Lehninger
Prinzipien der Biochemie

Albert L. Lehninger

Prinzipien der Biochemie

ins Deutsche übertragen
von Gislinde Peters und Diether Neubert

Walter de Gruyter
Berlin · New York 1987

Titel der Originalausgabe

Principles of Biochemistry
Copyright © 1982 by Worth Publishers, Inc.
33 Irving Place
New York, New York 10003

Autor der Originalausgabe

Albert L. Lehninger, Ph. D.
Professor of Biochemistry
The Johns Hopkins University
School of Medicine
Baltimore, Maryland 21205

Deutschsprachige Ausgabe

Dr. Gislinde Peters
Redaktion
Biological Chemistry Hoppe-Seyler
Am Klopferspitz 1
8033 Martinsried

Prof. Dr. Diether Neubert
Freie Universität Berlin
Institut für Toxikologie und
Embryopharmakologie
Garystr. 5
1000 Berlin 33

Das Buch enthält zahlreiche zweifarbige Abbildungen und Tabellen.

CIP-Kurztitelaufnahme der Deutschen Bibliothek

Lehninger, Albert L.:
Prinzipien der Biochemie / Albert L. Lehninger.
Ins Dt. übertr. von Gislinde Peters u. Diether Neubert. –
Berlin ; New York : de Gruyter, 1987. –
    Einheitssacht.: Principles of biochemistry ⟨dt.⟩
    ISBN 3-11-008988-2

Copyright © 1987 by Walter de Gruyter & Co., Berlin 30. Alle Rechte, insbesondere das Recht der Vervielfältigung und Verbreitung sowie der Übersetzung, vorbehalten. Kein Teil des Werkes darf in irgendeiner Form (durch Photokopie, Mikrofilm oder ein anderes Verfahren) ohne schriftliche Genehmigung des Verlages reproduziert oder unter Verwendung elektronischer Systeme verarbeitet, vervielfältigt oder verbreitet werden.
Printed in Germany.
Einbandentwurf: Hansbernd Lindemann, Berlin. Satz und Druck: Tutte Druckerei GmbH, Passau-Salzweg. Bindung: Lüderitz & Bauer GmbH, Berlin.

Vorwort

Die Prinzipien der Biochemie sind in erster Linie für Studenten gedacht, die ihren ersten Lehrgang in der Biochemie absolvieren. Es handelt sich um ein neues Buch und nicht nur um eine neue Version meiner früheren Bücher *Biochemie* (1970, 1975) und *Grundkurs Biochemie* (1973). Als ich begann, diese Bücher für Neuauflagen zu überarbeiten, kamen mir zunehmend Bedenken. Die erste, 1970 erschienene Auflage von *Biochemie* war hauptsächlich für Anfänger gedacht, für Leser, die sich das erste und vielleicht einzige Mal mit Biochemie beschäftigen. Die zweite Auflage, 1975, war um etwa 20% umfangreicher. Eine dritte Auflage würde, bei gleichbleibendem Bemühen, neuerliche Fortschritte der Biochemie mit einzubeziehen, einen Umfang von 1500 Seiten erreichen. Ein solches Buch könnte natürlich für den Biochemie-Unterricht nützlich sein; es wäre aber weniger geeignet für den Leserkreis mit geringen Kenntnissen, für den ich *Biochemie* ursprünglich geschrieben hatte. Die *Prinzipien der Biochemie* sind demnach eine Rückkehr zum ursprünglichen Konzept. Sie sind sozusagen die Wiedergeburt der ersten Auflage der *Biochemie*.

Der Umfang war dabei nicht der einzige Gesichtspunkt. Heutzutage kann ein Lehrbuch der Biochemie nicht mehr allen Studenten das gesamte Stoffgebiet vermitteln. Ein ausführliches Buch, das die Fülle der heutigen Biochemie auf einem Niveau beschreibt, das den Anforderungen von Examens-Studenten genügt, würde auf die meisten Anfänger bei ihrer ersten Begegnung mit diesem Gebiet sicher entmutigend wirken. Lehrbücher haben außerdem die Tendenz, von Auflage zu Auflage in ihrer Struktur komplexer und in ihrer Schreibweise gedrängter zu werden. Sie verlieren oft in Darstellung und Aufbau die Klarheit, die den ersten Auflagen zum Erfolg verholfen hat.

Die Zeit für einen Neubeginn schien deshalb gekommen zu sein. Ich war früher der Meinung, daß die Biochemie hauptsächlich ein Fach für Fortgeschrittene wäre, ein Fach, dem man sich nur mit soliden Grundlagen in Chemie und Biologie nähern sollte. Heute neige ich zu einer anderen Ansicht: Biochemie sollte bereits frühzeitig unterrichtet werden, da sie eine Art universeller Sprache der Wissenschaften des Lebendigen geworden ist, durch die ein nachfolgendes Studium irgendeines Gebiets der Biologie in einem neuen Licht erscheint. Das gilt nicht nur für die Biologie selbst: früh erworbene Kenntnisse der Biochemie können auch Studenten der Chemie oder Physik interessante Einblicke in die Mechanismen gewähren, mit denen lebende Organismen einige grundlegende chemische und physikalische Probleme lösen.

Ganz allgemein kann ein Anfängerkursus in Biochemie auch ein wichtiger Bestandteil der Erziehung junger Menschen für eine Zukunft sein, in der das Interesse für die Gesundheit und das Wohlergehen der Menschheit ständig zunimmt. Bereits jetzt sind die außerordentlichen Fortschritte in der biochemischen Genetik und der Gentechnologie zusammen mit ihren sozialen Auswirkungen Gegenstand eines weitreichenden öffentlichen Interesses. Wir erkennen, wie die wachsende Weltbevölkerung mit ihren zunehmenden Bedürfnissen an Nahrung, Rohstoffen und Energie in das empfindliche ökologische Gleichgewicht der Biosphäre störend eingreift. Die Gesellschaft muß in zunehmendem Maße wichtige Entscheidungen bei Konflikten zwischen biologischen Prinzipien und politischen, industriellen oder ethischen Belangen treffen. Kenntnisse in Biochemie sind daher für viele Bürger von Bedeutung, gleich welchen Beruf sie haben – ganz abgesehen von dem besonderen intellektuellen Vergnügen, das sich demjenigen bietet, der die molekularen Wechselwirkungen in lebenden Organismen zu erforschen und zu verstehen versucht.

Die *Prinzipien der Biochemie* bestehen aus vier Teilen: Biomoleküle, Bioenergetik und Stoffwechsel, Aspekte der menschlichen Biochemie, Grundlagen der molekularen Genetik. Sie sind im gleichen Stil und der gleichen Sprache geschrieben wie die *Biochemie*. Durch das ganze Buch hindurch habe ich versucht, den Schwerpunkt besonders auf die Grundprinzipien und die molekulare Logik der Biochemie zu legen und nicht auf enzyklopädische Details; die grundlegenden Vorgänge wurden aber immer ausführlich erklärt.

Das Buch beginnt mit Kapiteln über die Zellstruktur und einem Abriß der organischen Chemie, soweit sie für die Biochemie von Bedeutung ist. Dadurch wird es auch für solche Leser verständlich sein, die nur über minimale Kenntnisse in Biologie und organischer Chemie verfügen. Nach einigen Überlegungen über die Eigenschaften des Wassers werden Struktur und biologische Funktionen von Proteinen eingehend beschrieben. Dabei wird im Detail auf das Hämoglobin eingegangen, um zu zeigen, wie Aminosäuresequenz und Primärstruktur die Konformation festlegen und wie diese wiederum auf die Struktur und Funktion der Zelle Einfluß nimmt. Anschließend werden die Enzyme und die Regulation ihrer Aktivitäten abgehandelt, mit wiederholter Betonung der Rolle ihrer Konformation, illustriert durch eine ganze „Galerie" von Enzymstrukturen. Teil I wird durch Kapitel über Vitamine und Coenzyme, über Kohlenhydrate sowie über Lipide und Membranen vervollständigt.

Teil II behandelt die Bioenergetik und den Zellstoffwechsel. Auf eine solide Einführung in die Zell-Bioenergetik folgt eine detaillierte Diskussion der Glycolyse, des Citratcyclus, des Elektronentransports und der oxidativen Phosphorylierung. Es folgen Kapitel über den Katabolismus von Fettsäuren und Aminosäuren sowie Kapitel über Biosynthese-Wege und Photosynthese. Die Regulation der Stoffwechselwege wird eingehend besprochen.

Teil III ist speziell der Biochemie des Menschen gewidmet. Er enthält Kapitel über die Beteiligung der Organe am Stoffwechsel, die endokrine Regulation und die menschliche Ernährung. Ernährung bedeutet nicht einfach die Erkenntnis, welches Vitamin z. B. Teil von welchem Coenzym ist. Meiner Meinung nach ist die Wissenschaft der Ernährung einer der größten Beiträge der Biochemie zum Wohlergehen der Menschen und verdient daher eine ganzheitliche Behandlung; dies wird oft nicht berücksichtigt.

Im Teil IV wird das „Instrumentarium" der Molekulargenetik besonders ausführlich behandelt. Diese Kapitel tragen der großen Geschwindigkeit neuer Entwicklungen auf diesem Gebiet Rechnung, einschließlich der Technik des DNA-Klonens.

In den Text eingeflochten sind zahlreiche Beispiele mit Informationen, die zum Hauptstoff des Kapitels in Beziehung stehen. Einige von ihnen sind historischer Art, viele aus dem Gebiet der Medizin und menschlichen Gesundheit, andere streifen die Bereiche Zoologie und Tierphysiologie, Ackerbau und Ernährung, Themen der Umweltfragen und Welternährungsprobleme. Darunter sind auch gelegentliche kurze Abschnitte mit einem schwierigeren Stoff, mit quantitativen oder interessanten, aber nicht obligaten Angaben. Dieses Material wurde in Kästen vom übrigen Stoff abgetrennt. Hierzu gehört z.B. die Ableitung der Henderson-Hasselbalch-Gleichung, das *RS*-System, die Altersbestimmung mit Hilfe der Aminosäurechemie und das Sequenzieren von DNA.

Das Buch enthält fast 850 Abbildungen, Tabellen, Formeln und Fotografien. Jedes Kapitel schließt mit einer Zusammenfassung, und am Ende des Buches befindet sich ein ausführliches Glossar mit mehr als 400 biochemischen Begriffen.

Erwähnenswert sind auch die Aufgaben am Ende jedes Kapitels, insgesamt mehr als 350 Stück, von denen die meisten von Paul van Eikeren vom Harvey Mudd College erstellt wurden. Dabei handelt es sich nicht nur um Rechenaufgaben, sondern die Fragen verlangen biochemische Begründungen und gedankliche Analysen. Alle Aufgaben wurden von erfahrenen Lehrern auf dem Gebiet der Biochemie durchgesehen.

Indem ich dieses neue Buch vorstelle, begrüße ich wiederum Vorschläge und Kritik von Lehrenden wie von Studenten.

Danksagung

Ich bin allen, die bei der Vorbereitung dieses Buches geholfen haben, sehr dankbar. Zuerst muß ich Paul van Eikeren dafür danken, daß er die meisten Aufgaben und ihre Lösungen in diesem Buch formuliert hat. Carl Shonk von der Central Michigan State University hat diese gründlich durchgesehen und viele wertvolle Vorschläge zur Erhöhung ihres didaktischen Wertes gemacht. Ich danke auch Barbara

Sollner-Webb von der Johns Hopkins School of Medicine für die Formulierung der Aufgaben zu den Kapiteln über die genetische Biochemie.

Der gesamte Text wurde sowohl im Entwurf als auch in der fertigen Version bis ins Detail von Edward Harris, Texas A & M University, von James Hageman, New Mexico State University, und von Carl Shonk durchgesehen. Einzelne Abschnitte des Manuskripts wurden außerdem von Norman Sansing, University of Georgia; James Bamburg, Colorado State University; Michael Dahmus, University of California; Davis und Paul Englund und Barbara Sollner-Webb, Johns Hopkins School of Medicine geprüft. Keith Roberts, Johns Innes Institute, machte nützliche Vorschläge für die Abbildungen in den ersten Kapiteln. Geoffrey Martin kontrollierte alle Gleichungen und Strukturformeln, Linda Hansford las die Korrektur des ganzen Buches und stellte das Sachregister zusammen. Dennoch liegt natürlich die Verantwortung für alle Fehler bei mir.

Besonders dankbar bin ich Peggy Jane Ford, die nicht nur das Manuskript mehrere Male geschrieben, sondern auch meine Zeit für die miteinander konkurrierenden Anforderungen von Lehre, Forschung, Verwaltung und dem Schreiben des Buches eingeteilt hat. Ich möchte auch June Fox und besonders Sally Anderson vom Verlag Worth Publishers danken, die das Buch herausgegeben und auf seinem Produktionsweg begleitet haben. Darüber hinaus danke ich allen Mitarbeitern von Worth Publishers für ihr Verständnis, ihre Ermutigung und ihre praktische Hilfe. Ein Autor kann sich keine bessere Zusammenarbeit wünschen, wenn er sein geistiges Kind zum Druck gibt.

Schließlich möchte ich noch meine tiefe Dankbarkeit für die unentbehrliche Hilfe und Ermutigung durch meine Frau zum Ausdruck bringen. Sie hat nicht nur die völlige Absorption durch die Arbeit toleriert, die das Los des Langstreckenschreibers ist, sondern sie war auch meine schärfste Kritikerin in Fragen des Stils und der Sprache.

Sparks, Maryland *Albert L. Lehninger*
Januar 1982

In Erinnerung an meinen Lehrer und Freund *A. L. Lehninger* und in Dankbarkeit an die für mich wichtige Zeit, die ich vor 25 Jahren in seiner Arbeitsgruppe in Baltimore, USA, verbringen konnte.

Diether Neubert

Inhaltsübersicht

Teil I: Biomoleküle 1

Biochemie: Die molekulare Logik in lebenden Organismen . 3
Zellen 17
Die Zusammensetzung lebender Materie: Biomoleküle 51
Wasser 75
Aminosäuren und Peptide 105
Proteine: Kovalente Struktur und biologische Funktion 135
Faserproteine 163
Globuläre Proteine: Struktur und Funktionen des
Hämoglobins 189
Enzyme 229
Die Rolle von Vitaminen und Spurenelementen für die
Funktion von Enzymen 275
Kohlenhydrate: Struktur und biologische Funktion 307
Lipide und Membranen 335

Teil II: Bioenergetik und Stoffwechsel 365

Eine Übersicht über den Stoffwechsel 367
Der ATP-Cyclus und die Bioenergetik der Zelle 399
Glycolyse: Ein zentraler Weg des Glucose-Katabolismus ... 439
Der Citracyclus 481
Elektronentransport, oxidative Phosphorylierung und
Regulation der ATP-Bildung 515
Die Oxidation von Fettsäuren in tierischen Geweben 563
Oxidativer Abbau von Aminosäuren: Der Harnstoffcyclus .. 585
Die Biosynthese von Kohlenhydraten in tierischen Geweben 617
Die Biosynthese der Lipide 641
Die Biosynthese der Aminosäuren und Nucleotide 675
Photosynthese 707

Teil III: Einige Aspekte der Biochemie des Menschen 745

Die Verdauung, Transportvorgänge und das
Ineinandergreifen des Stoffwechsels 747
Hormone 789
Die menschliche Ernährung 825

Teil IV: Die molekulare Weitergabe der genetischen Information 867

DNA: Die Struktur von Chromosomen und Genen 869
Replikation und Transkription der DNA 915
Die Proteinsynthese und ihre Regulation 953
Mehr über Gene: Reparatur, Mutation, Rekombination und Klonen... 999

Inhalt

Teil 1: Biomoleküle 1

Kapitel 1
Biochemie: Die molekulare Logik in lebenden
Organismen... 3

Die lebende Materie besitzt mehrere typische Eigenschaften........ 3
Die Biochemie versucht, den Zustand „Leben" zu verstehen 5
Alle lebenden Organismen enthalten organische Makromoleküle,
die nach einem einheitlichen Plan gebildet werden................ 6
Lebende Organismen tauschen Energie und Materie aus 8
Enzyme, die Katalysatoren der lebenden Zelle, beschleunigen
strukturierte Sequenzen chemischer Reaktionen 10
Zellen benutzen chemische Energie............................. 10
Der Zellstoffwechsel wird ständig reguliert...................... 11
Lebende Organismen reproduzieren sich mit großer Genauigkeit ... 12

Kapitel 2
Zellen 17

Alle Zellen besitzen einige gemeinsame Strukturmerkmale 18
Zellen müssen sehr kleine Abmessungen haben................... 18
Es gibt zwei große Klassen von Zellen: Prokaryoten und
Eukaryoten... 20
Die Prokaryoten sind die kleinsten und einfachsten Zellen 20
Escherichia coli ist die am besten untersuchte Prokaryoten-Zelle.... 22
Eukaryoten-Zellen sind größer und komplexer als Prokaryoten..... 25
Der Zellkern der Eukaryoten besitzt eine sehr komplexe Struktur .. 28
Mitochondrien sind die Kraftwerke der Eukaryoten-Zellen......... 29
Das endoplasmatische Reticulum bildet Kanäle durch das
Cytoplasma... 30
Der Golgi-Apparat ist ein Sekretionsorgan 31
Lysosomen sind Bläschen mit hydrolysierenden Enzymen.......... 32
Peroxisomen sind Peroxid-zerstörende Vesikel................... 33
Mikrofilamente spielen bei kontraktilen Prozessen der Zelle eine
Rolle... 33
Mikrotubuli haben ebenfalls eine Funktion bei der Zellbewegung... 34
Mikrofilamente, Mikrotubuli und das mikrotrabekulare Geflecht
bilden das Cytoskelett 34
Cilien und Geißeln erzeugen die Antriebskräfte der Zellen 35
Das Cytoplasma enthält außerdem Granula 37
Das Cytosol ist die wäßrige Phase des Cytoplasmas 38
Die Zellmembran besitzt eine große Oberfläche 38
Die Oberflächen vieler Tierzellen haben außerdem „Antennen"..... 39
Eukaryotische Pflanzenzellen besitzen einige spezielle Eigenschaften. 41
Viren sind supramolekulare Parasiten 43

Zusammenfassung.. 45
Aufgaben.. 46

Kapitel 3
Die Zusammensetzung lebender Materie: Biomoleküle....... 51

Die chemische Zusammensetzung lebender Materie unterscheidet
sich von der in der Erdkruste..................................... 51
Die meisten Biomoleküle sind Kohlenstoffverbindungen 52
Organische Biomoleküle haben spezifische Formen und
Abmessungen... 53
Die funktionellen Gruppen organischer Biomoleküle bestimmen ihre
chemischen Eigenschaften... 56
Viele Biomoleküle sind asymmetrisch 58
Die Hauptklassen von Biomolekülen in Zellen sind sehr große
Moleküle... 60
Makromoleküle sind aus kleinen Bausteinmolekülen aufgebaut..... 61
Die Bausteinmoleküle besitzen einfache Strukturen............... 62
Es gibt eine Hierarchie der Zellstrukturen 63
Biomoleküle entstanden ursprünglich durch chemische Evolution... 66
Die chemische Evolution kann simuliert werden 67
Zusammenfassung.. 70
Aufgaben.. 71

Kapitel 4
Wasser 75

Die ungewöhnlichen physikalischen Eigenschaften des Wassers
beruhen auf Wasserstoffbindungen................................. 75
Wasserstoffbindungen kommen in biologischen Systemen häufig vor 77
Wasser besitzt als Lösungsmittel ungewöhnliche Eigenschaften 78
Gelöste Substanzen verändern die Eigenschaften des Wassers....... 80
Die Lage des Gleichgewichtes reversibler Reaktionen wird durch die
Gleichgewichtskonstante ausgedrückt 82
Die Dissoziation des Wassers wird durch eine Gleichgewichts-
konstante ausgedrückt.. 83
Die pH-Skala ist ein Maß für die H^+- und die OH^--Konzentra-
tionen... 85
Kasten 4-1: Das Ionenprodukt des Wassers 86
Säuren und Basen spiegeln die Eigenschaften des Wassers wider ... 87
Schwache Säuren besitzen charakteristische Titrationskurven...... 88
Puffer sind Mischungen schwacher Säuren und ihrer konjugierten
Basen 91
Phosphat und Hydrogencarbonat sind wichtige biologische Puffer .. 93
Kasten 4-2: Die Henderson-Hasselbalch-Gleichung 94
Kasten 4-3: Die Wirkung des Hydrogencarbonat-Puffersystems im
Blut... 96
Die Eignung des Wassers als Umwelt für lebende Organismen...... 97
Saurer Regen verschmutzt unsere Seen und Flüsse 98
Zusammenfassung.. 99
Aufgaben.. 100

Kapitel 5
Aminosäuren und Peptide.................................. 105

Aminosäuren haben gemeinsame strukturelle Eigenschaften........ 105
Fast alle Aminosäuren haben ein asymmetrisches Kohlenstoffatom . 106
Stereoisomere werden nach ihrer absoluten Konfiguration benannt . 107
Kasten 5-1: Das RS-System zur Bezeichnung optischer Isomere 109
Kasten 5-2: Bestimmung des Alters einer Person durch die
Aminosäure-Chemie... 110
Die optisch aktiven Aminosäuren der Proteine sind L-Stereoisomere 110
Aminosäuren können aufgrund ihrer R-Gruppen klassifiziert
werden... 111
Acht Aminosäuren haben unpolare R-Gruppen.................. 111
Sieben Aminosäuren haben ungeladene polare R-Gruppen......... 111
Zwei Aminosäuren haben negativ geladene (saure) R-Gruppen..... 113
Drei Aminosäuren haben positiv geladene (basische) R-Gruppen ... 113
Einige Proteine enthalten außerdem „besondere" Aminosäuren 114
Aminosäuren sind in wäßriger Lösung ionisiert 114
Aminosäuren können als Säuren und als Basen reagieren 115
Aminosäuren besitzen charakteristische Titrationskurven 115
Aus der Titrationskurve läßt sich die elektrische Ladung einer
Aminosäure ermitteln....................................... 117
Aminosäuren unterscheiden sich in ihren Säure-Basen-Eigenschaften 118
Die Säure-Basen-Eigenschaften der Aminosäuren bilden die
Grundlagen für ihre Analyse 119
Die Papierelektrophorese trennt Aminosäuren nach ihrer
elektrischen Ladung.. 120
Die Ionenaustauschchromatographie ist ein sehr nützliches
Trennungsverfahren.. 121
Aminosäuren gehen charakteristische chemische Reaktionen ein.... 122
Peptide sind Aminosäureketten............................... 123
Peptide können auf der Basis ihres Ionisations-Verhaltens getrennt
werden... 124
Peptide gehen charakteristische chemische Reaktionen ein 125
Einige Peptide besitzen ausgeprägte biologische Aktivitäten 126
Zusammenfassung.. 127
Aufgaben.. 128

Kapitel 6
Proteine: Kovalente Struktur und biologische Funktion 135

Kasten 6-1: Wie viele Aminosäuresequenzen sind möglich?......... 136
Proteine haben viele verschiedene biologische Funktionen.......... 136
Proteine können auch nach ihrer Form klassifiziert werden 138
Bei der Hydrolyse von Proteinen werden die Aminosäuren
freigesetzt... 139
Einige Proteine enthalten neben Aminosäuren noch andere
chemische Gruppen... 140
Proteine sind sehr große Moleküle............................. 140
Proteine können isoliert und gereinigt werden................... 142
Die Aminosäuresequenz der Polypeptidketten kann bestimmt
werden... 144
Insulin war das erste Protein, dessen Sequenz aufgeklärt wurde 149
Seitdem wurden die Sequenzen vieler anderer Proteine aufgeklärt... 150
Homologe Proteine verschiedener Spezies besitzen homologe
Sequenzen 151

Die Immunreaktion kann Unterschiede zwischen homologen
Proteinen aufzeigen.. 152
Proteine können denaturiert werden 155
Zusammenfassung... 157
Aufgaben... 158

Kapitel 7
Faserproteine 163

Konfiguration und Konformation sind nicht das gleiche 163
Erstaunlicherweise besitzen natürliche Proteine nur eine oder wenige
Konformationen.. 164
α-Keratine sind Faserproteine, die von Epidermiszellen hergestellt
werden 165
Röntgenanalysen zeigen die sich wiederholenden Struktureinheiten
im Keratin... 166
Röntgenstrukturuntersuchungen von Peptiden zeigen, daß die
Peptidbindungen starr und die Peptidgruppen planar sind 167
Im α-Keratin bilden die Polypeptidketten eine α-Helix 168
Einige Aminosäuren sind in die α-Helixstruktur nicht einzubeziehen 169
α-Keratine sind reich an Aminosäuren, die die α-Helixstruktur
begünstigen.. 170
In nativen α-Keratinen sind α-Helix-Polypeptidketten zu „Seilen"
verdrillt 171
Die Unlöslichkeit der α-Keratine beruht auf ihren unpolaren
R-Gruppen... 171
Bei β-Keratinen haben die Polypeptidketten eine andere
Konformation: die β-Struktur 172
Dauerwellen entstehen durch eine biochemische „Technologie".... 173
Collagen und Elastin sind die hauptsächlichen Faserproteine des
Bindegewebes... 174
Collagen ist das häufigste Protein im Körper 175
Collagen besitzt einige ungewöhnliche Eigenschaften 176
Die Polypeptide des Collagens sind zu dreisträngigen Helixstruk-
turen angeordnet.. 176
Die Struktur des Elastins verleiht elastischem Gewebe besondere
Eigenschaften 178
Was uns Faserproteine über die Proteinstruktur verraten können ... 180
Im Innern von Zellen kommen noch andere Arten fibrillärer oder
filamentöser Proteine vor 181
Zusammenfassung... 182
Aufgaben... 183

Kapitel 8
Globuläre Proteine: Struktur und Funktionen des
Hämoglobins 189

Die Polypeptidketten globulärer Proteine sind stark gefaltet........ 189
Die Röntgenstrukturanalyse des Myoglobins war der Durchbruch.. 190
Myoglobine verschiedener Spezies besitzen ähnliche Konforma-
tionen... 193
Jeder Typ globulärer Proteine hat seine, ihn kennzeichnende
Tertiärstruktur.. 194
Aminosäuresequenzen bestimmen die Tertiärstrukturen 197
Vier verschiedene Kräfte stabilisieren die Tertiärstruktur globulärer
Proteine.. 199

Die Faltungsgeschwindigkeit der Polypeptidketten ist eine noch
offene Frage 200
Oligomere Proteine besitzen sowohl Tertiär- als auch
Quartärstrukturen 200
Die vollständige Struktur der Hämoglobine wurde mit Hilfe von
Röntgenanalysen aufgeklärt 202
Myoglobin und die α- und β-Ketten des Hämoglobins besitzen fast
dieselbe Tertiärstruktur 204
Auch die Quartärstrukturen anderer oligomerer Proteine wurden
aufgeklärt 205
Rote Blutzellen sind für den Transport von Sauerstoff spezialisiert.. 206
Myoglobin und Hämoglobin unterscheiden sich in ihren
Sauerstoff-Sättigungskurven 208
Die kooperative Bindung des Sauerstoffs steigert die
Leistungsfähigkeit des Hämoglobins als Sauerstoffträger 209
Hämoglobin transportiert auch H^+ und CO_2 210
Die Oxygenierung von Hämoglobin verändert seine
dreidimensionale Konformation 213
Kasten 8-1: Biphosphoglycerat und die Sauerstoff-Affinität des
Hämoglobins 214
Die Sichelzellenanämie ist eine molekulare Krankheit des
Hämoglobins 216
Sichelzell-Hämoglobin besitzt eine veränderte Aminosäuresequenz.. 217
Die Sichelform entsteht durch die Neigung der
Hämoglobin-S-Moleküle zusammenzukleben...................... 220
Gen-Mutationen führen zu Proteinen mit „falschen" Aminosäuren . 220
Kann eine molekulare Heilung für Sichelzell-Hämoglobin gefunden
werden? 222
Zusammenfassung... 222
Aufgaben.. 224

Kapitel 9
Enzyme 229

Die Geschichte der Biochemie ist zum großen Teil auch die
Geschichte der Enzymforschung 230
Enzyme weisen alle Eigenschaften von Proteinen auf 231
Enzyme werden nach den von ihnen katalysierten Reaktionen
klassifiziert... 232
Enzyme beschleunigen chemische Reaktionen durch Herabsetzung
der Aktivierungsenergie 233
Die Substratkonzentration übt einen entscheidenden Einfluß auf die
Geschwindigkeit enzymkatalysierter Reaktionen aus............... 235
Zwischen der Substratkonzentration und der Geschwindigkeit der
enzymatischen Reaktion existiert eine quantitative Beziehung 236
Jedes Enzym besitzt für ein gegebenes Substrat einen
charakteristischen K_m-Wert.. 237
Kasten 9-1: Die Michaelis-Menten-Gleichung 238
Kasten 9-2: Umwandlung der Michaelis-Menten-Gleichung:
Die doppeltreziproke Darstellung.................................... 240
Viele Enzyme katalysieren Reaktionen, an denen zwei Substrate
teilnehmen.. 240
Enzyme besitzen ein pH-Optimum 241
Enzyme können quantitativ bestimmt werden...................... 242
Enzyme sind für ihre Substrate spezifisch........................... 243
Enzyme können durch chemische Substanzen gehemmt werden..... 245

Es gibt zwei Arten von reversiblen Inhibitoren: kompetitive und nicht-kompetitive.. 247
Nicht-kompetive Hemmungen sind ebenfalls reversibel – können aber nicht durch das Substrat rückgängig gemacht werden......... 248
Kasten 9-3: Methoden zur Unterscheidung einer kompetitiven von einer nicht-kompetitiven Hemmung............................. 249
Zur katalytischen Wirksamkeit von Enzymen tragen mehrere Faktoren bei.. 249
Mit Hilfe der Röntgenstrukturanalyse wurden wichtige strukturelle Merkmale der Enzyme entdeckt 251
Kasten 9-4: Eine „Galerie" von Enzymstrukturen, wie sie durch die Röntgenstrukturanalyse aufgedeckt wurde..................... 252
Multienzymsysteme besitzen einen Schrittmacher oder ein regulierbares Enzym... 257
Allosterische Enzyme werden durch die nicht-kovalente Bindung von Modulatormolekülen reguliert.............................. 258
Allosterische Enzyme können durch ihren Modulator gehemmt oder stimuliert werden.. 259
Allosterische Enzyme weichen vom Michaelis-Menten-Verhalten ab. 261
Bei allosterischen Enzymen gibt es eine Kommunikation zwischen den Untereinheiten 262
Kasten 9-5: Die dreidimensionale Struktur des regulierbaren Enzyms Aspartat-Carbamoyltransferase....................... 263
Einige Enzyme werden durch reversible kovalente Modifikation reguliert... 263
Viele Enzyme kommen in mehreren Formen vor 265
Genetische Mutationen können bei Enzymen katalytische Defekte auslösen... 267
Zusammenfassung.. 268
Aufgaben... 269

Kapitel 10
Die Rolle von Vitaminen und Spurenelementen für die Funktion von Enzymen..................................... 275

Vitamine sind essentielle organische Mikronährstoffe.............. 276
Vitamine sind essentielle Bestandteile der Coenzyme und prosthetischen Gruppen von Enzymen 277
Vitamine können in zwei Klassen unterteilt werden................ 278
Thiamindiphosphat ist die funktionelle Form von Thiamin (Vitamin B_1)... 279
Riboflavin (Vitamin B_2) ist ein Bestandteil der Flavinnucleotide.... 280
Nicotinamid ist die aktive Gruppe der Coenzyme NAD und NADP 282
Pantothensäure ist ein Bestandteil des Coenzyms A 283
Pyridoxin (Vitamin B_6) ist für den Stoffwechsel der Aminosäuren wichtig.. 285
Biotin ist der aktive Bestandteil des Biocytins, der prosthetischen Gruppe einiger carboxylierender Enzyme...................... 286
Folsäure ist die Vorstufe des Coenzyms Tetrahydrofolsäure 288
Vitamin B_{12} ist die Vorstufe des Coenzyms B_{12} 290
Die biochemische Funktion des Vitamins C (Ascorbinsäure) ist nicht bekannt.. 291
Die fettlöslichen Vitamine sind Isoprenderivate 292
Vitamin A hat wahrscheinlich mehrere Funktionen................ 292
Vitamin D ist die Vorstufe eines Hormons....................... 294
Vitamin E schützt Zellmembranen vor Sauerstoff 295

Vitamin K ist ein Bestandteil eines carboxylierenden Enzyms 296
Für die tierische Ernährung sind viele anorganische Elemente
notwendig... 297
Viele Enzyme benötigen Eisen.. 298
Auch Kupfer hat in einigen oxidativen Enzymen eine Funktion 299
Zink ist für die Wirkung vieler Enzyme unersetzlich 299
Mangan-Ionen werden von mehreren Enzymen benötigt........... 300
Cobalt ist ein Bestandteil des Vitamins B_{12} 300
Selen ist sowohl ein essentielles Spurenelement als auch ein Gift.... 300
Von einigen Enzymen werden auch andere Spurenelemente benötigt 301
Zusammenfassung.. 301
Aufgaben... 302

Kapitel 11
Kohlenhydrate: Struktur und biologische Funktion 307

Je nach der Anzahl der Zuckereinheiten unterscheidet man
drei Klassen von Kohlenhydraten..................................... 307
Es gibt zwei Familien von Monosacchariden: Aldosen und Ketosen 308
Die meisten Monosaccharide besitzen mehrere asymmetrische
Zentren.. 310
Die meisten Monosaccharide kommen in Ringform vor 312
Einfache Monosaccharide sind Reduktionsmittel 314
Disaccharide enthalten zwei Monosaccharideinheiten.............. 315
Polysaccharide enthalten viele Monosaccharideinheiten 318
Einige Polysaccharide dienen als Speicherform für Zell-Brennstoffe . 318
Cellulose ist das häufigste Strukturpolysaccharid................... 321
Zellwände sind reich an Struktur- und Schutz-Polysacchariden 324
Glycoproteine sind Hybridmoleküle................................... 326
Die Oberfläche der Tierzellen enthält Glycoproteine............... 327
Saure Mucopolysaccharide und Proteoglycane sind wichtige
Bestandteile des Bindegewebes.. 328
Zusammenfassung.. 329
Aufgaben... 331

Kapitel 12
Lipide und Membranen... 335

Fettsäuren kommen als Bausteine in den meisten Lipiden vor 335
Triacylglycerine sind Fettsäureester des Glycerins 338
Triacylglycerine sind Speicherlipide 340
Wachse sind Ester aus Fettsäuren und langkettigen Alkoholen 341
Phospholipide sind die Hauptbestandteile der Membranlipide 342
Auch die Sphingolipide sind wichtige Bestandteile der Membranen . 344
Steroide sind unverseifbare Lipide mit speziellen Funktionen....... 347
In den Lipoproteinen sind die Eigenschaften von Lipiden und
Proteinen vereinigt 348
Polare Lipide bilden Micellen sowie monomolekulare und
bimolekulare Schichten 349
Die Hauptbestandteile der Membranen sind polare Lipide und
Proteine 351
Kasten 12-1: Elektronenmikroskopische Untersuchungen
an Membranen.. 353
Membranen besitzen die Struktur eines flüssigen Mosaiks.......... 354
Der Aufbau der Membranen ist asymmetrisch bzw. gerichtet....... 355

Die Membranen der roten Blutkörperchen sind eingehend
untersucht worden.. 356
Lectine sind spezifische Proteine, die sich an bestimmte Zellen
binden oder diese agglutinieren können 358
Membranen haben sehr komplexe Funktionen 359
Zusammenfassung... 360
Aufgaben... 361

Teil II: Bioenergetik und Stoffwechsel 365

Kapitel 13
Eine Übersicht über den Stoffwechsel 367

Lebende Organismen nehmen am Kreislauf von Kohlenstoff und
Sauerstoff teil... 367
Der Stickstoff durchläuft in der Biosphäre einen Kreislauf 369
Für die Stoffwechselwege existieren aufeinanderfolgende
Enzymsysteme.. 371
Der Stoffwechsel besteht aus katabolen (abbauenden) und anabolen
(synthetisierenden) Reaktionswegen............................ 372
Die Abbauwege führen zu einer kleinen Zahl von Endprodukten ... 373
Die biosynthetisierenden (anabolen) Stoffwechselwege verzweigen
sich unter Bildung vieler Produkte 375
Es gibt wichtige Unterschiede zwischen den sich entsprechenden
Reaktionswegen von Anabolismus und Katabolismus 375
ATP transportiert Energie von den katabolen zu den anabolen
Reaktionen... 378
NADPH transportiert Energie in Form von
Reduktions-Äquivalenten 380
Der Zellstoffwechsel ist ein ökonomischer, streng regulierter
Vorgang.. 381
Die Reaktionsketten werden auf drei Ebenen reguliert............ 381
Stoffwechsel-Nebenwege 383
Es gibt drei Haupt-Verfahrensweisen zur Aufklärung von
Reaktionsfolgen des Stoffwechsels 384
Mutanten von Organismen ermöglichen die Identifikation von
Zwischenschritten des Stoffwechsels............................ 384
Isotopen-Markierungen sind ein wichtiges Hilfsmittel der
Stoffwechseluntersuchungen 387
Die Stoffwechselwege sind auf verschiedene Zellkompartimente
verteilt 388
Zusammenfassung.. 392
Aufgaben... 393

Kapitel 14
Der ATP-Cyclus und die Bioenergetik der Zelle............ 399

Der erste und zweite Hauptsatz der Thermodynamik 399
Kasten 14-1: Der Begriff Entropie................................. 402
Zellen brauchen freie Energie...................................... 404
Die Änderung der freien Standardenergie einer chemischen
Reaktion läßt sich berechnen..................................... 404
Verschiedene Reaktionen haben verschiedene, für sie
charakteristische $\Delta G^{\circ\prime}$-Werte 406

Es gibt einen wichtigen Unterschied zwischen $\Delta G^{\circ\prime}$ und ΔG	408
Die Werte für die freie Standardenergie von chemischen Reaktionen sind additiv	409
ATP ist das hauptsächliche chemische Bindeglied zwischen energieerzeugenden und energieverbrauchenden Zellaktivitäten	410
Die Reaktionen des ATP sind weitgehend aufgeklärt	411
Die ATP-Hydrolyse hat eine charakteristische freie Standardenergie	413
Warum hat die freie Standardenergie für die Hydrolyse von ATP einen relativ hohen Wert?	414
ATP ist ein gemeinsames Zwischenprodukt bei Phosphat-Transferreaktionen	415
Kasten 14-2: Die freie Hydrolyseenergie von ATP in lebenden Zellen	416
Beim Abbau von Glucose zu Lactat entstehen zwei superenergiereiche Phosphat-Verbindungen	417
Die Übertragung einer Phosphatgruppe von ATP auf ein Akzeptormolekül kann dieses aktivieren	418
ATP liefert auch die Energie für die Muskelkontraktion	420
Phosphocreatin stellt eine vorübergehende Speicherform für energiereiche Phosphatgruppen in Muskeln dar	423
ATP liefert auch die Energie für den aktiven Transport durch Membranen	424
ATP kann auch zu AMP und Diphosphat abgebaut werden	427
Kasten 14-3: ATP liefert die Energie für die Biolumineszenz des Leuchtkäfers	428
Außer ATP gibt es noch andere energiereiche Nucleosid-5'-triphosphate	429
Das ATP-System befindet sich in einem Fließgleichgewicht	431
Zusammenfassung	432
Aufgaben	433

Kapitel 15
Glycolyse: Ein zentraler Weg des Glucose-Katabolismus 439

Die Glycolyse ist bei den meisten Organismen der zentrale Stoffwechselweg	439
Die Bildung von ATP ist mit der Glycolyse gekoppelt	441
Ein großer Teil der freien Energie verbleibt in den Produkten der Glycolyse	442
Die Glycolyse verläuft in zwei Stufen	442
Kasten 15-1: Anaerobe Glycolyse und Sauerstoffschuld bei Alligatoren und Quastenflossern	443
Die Glycolyse verläuft über phosphorylierte Zwischenprodukte	445
In der ersten Stufe der Glycolyse erfolgt die Spaltung der Hexosekette	446
In der zweiten Stufe der Glycolyse wird die Energie konserviert	450
Zum zentralen Glycolyseweg führen Zubringerwege vom Glycogen und von anderen Kohlenhydraten	458
Auch andere Monosaccharide können in den Glycolyseweg eintreten	460
Disaccharide müssen zuerst zu Monosacchariden hydrolysiert werden	463
Der Eintritt von Glucoseresten in die Glycolyse unterliegt einer Regulation	464
Die Interkonversion von Phosphorylase a und b wird letztlich von Hormonen reguliert	466

Die eigentliche glycolytische Reaktionsfolge wird hauptsächlich an zwei Stellen reguliert 467
Wie kann man feststellen, welche Schritte der Glycolyse in der lebenden Zelle reguliert werden? 469
Die alkoholische Gärung unterscheidet sich von der Glycolyse nur im letzten Schritt 471
Kasten 15-2: Das Bierbrauen 472
Zusammenfassung 473
Aufgaben 474

Kapitel 16
Der Citratcyclus 481

Die Oxidation von Glucose zu CO_2 und H_2O setzt viel mehr Energie frei als die Glycolyse 483
Pyruvat muß zuerst zu Acetyl-CoA und CO_2 oxidiert werden 483
Der Citratcyclus ist eher ein zirkuläres als ein lineares Enzymsystem 487
Wie kam man auf die Idee, daß der Citratcyclus existiert? 488
Der Citratcyclus besteht aus acht Schritten 490
Zusammenfassung des Citratcyclus 495
Warum gibt es den Citratcyclus? 495
Markierungsversuche zur Untersuchung des Citratcyclus 496
Die Umsetzung von Pyruvat zu Acetyl-CoA ist ein regulierter Vorgang 496
Kasten 16-1: Ist Citrat die erste im Cyclus gebildete Tricarbonsäure? 498
Der Citratcyclus wird reguliert 498
Die Zwischenprodukte des Citratcyclus werden auch für andere Stoffwechselprozesse gebraucht und können wieder aufgefüllt werden 501
Der Glyoxylatcyclus ist eine Modifikation des Citratcyclus 502
Der Pentosephosphat-Weg ist ein Nebenweg des Glucoseabbaus 504
Der sekundäre Stoffwechselweg von Glucose zu Glucuronsäure und Ascorbinsäure 505
Zusammenfassung 507
Aufgaben 508

Kapitel 17
Elektronentransport, oxidative Phosphorylierung und Regulation der ATP-Bildung 515

Der Elektronenfluß von den Substraten zum Sauerstoff ist die Quelle der ATP-Energie 515
Elektronentransport und oxidative Phosphorylierung finden in der inneren Mitochondrienmembran statt 517
Die Elektronentransportreaktionen sind Oxidoreduktions-Reaktionen 518
Jedes konjugierte Redoxpaar hat ein charakteristisches Standardpotential 520
Der Elektronentransport ist mit Änderungen der freien Energie verbunden 522
Es gibt viele Elektronen-Carrier in der Elektronentransportkette ... 524
Die Pyridinnucleotide haben eine Sammelfunktion 524
Die NADH-Dehydrogenase nimmt Elektronen vom NADH auf 527
Ubichinon ist ein lipidlösliches Chinon 528
Die Cytochrome sind elektronentransportierende Häm-Proteine 529

Unvollständige Reduktion von Sauerstoff verursacht Beschädigung der Zelle... 530
Die Elektronen-Carrier reagieren immer in einer bestimmten Reihenfolge.. 531
Die Energie aus dem Elektronentransport wird durch oxidative Phosphorylierung konserviert....................................... 533
Das ATP-synthetisierende Enzym wurde isoliert und aus seinen Untereinheiten rekonstituiert 534
Wie wird die Redox-Energie des Elektronentransportes an die ATP-Synthetase abgegeben?... 536
Die chemoosmotische Hypothese postuliert, daß ein Protonengradient Energie vom Elektronentransport auf die ATP-Synthese überträgt.. 539
Die Energie des Elektronentransportes ist auch für andere Zwecke nützlich... 541
Kasten 17-1: Viele Fragen zum Mechanismus der oxidativen Phosphorylierung sind noch unbeantwortet...................... 542
Bakterien und Chlorplasten enthalten ebenfalls H^+-transportierende Elektronentransportketten 542
Die innere Mitochondrienmembran enthält spezifische Transportsysteme... 544
Für die Oxidation von extramitochondrialem NADH werden Shuttle-Systeme gebraucht 546
Die vollständige Oxidation eines Moleküls Glucose führt zur Bildung von 38 Molekülen ATP.................................... 547
Die Bildung von ATP durch oxidative Phosphorylierung wird über den Energiebedarf der Zelle reguliert..................... 548
Die Energiebeladung ist eine weitere Meßgröße für den Energiezustand einer Zelle 550
Glycolyse, Citratcyclus und oxidative Phosphorylierung verfügen über ineinandergreifende und konzertierte Regulationsmechanismen 551
Die Zellen enthalten noch andere sauerstoffverbrauchende Enzyme . 553
Zusammenfassung... 554
Aufgaben.. 556

Kapitel 18
Die Oxidation von Fettsäuren in tierischen Geweben 563

Die Fettsäuren werden in den Mitochondrien aktiviert und oxidiert 563
Die Fettsäuren gelangen über einen dreistufigen Transportvorgang in die Mitochondrien 564
Die Fettsäuren werden in zwei Stufen oxidiert 567
Die erste Stufe der Oxidation gesättigter Fettsäuren besteht aus vier Schritten.. 567
In der ersten Stufe der Fettsäurenoxidation entsteht Acetyl-CoA und ATP 569
In der zweiten Stufe der Fettsäureoxidation wird Acetyl-CoA über den Citratcyclus oxidiert 571
Für die Oxidation ungesättigter Fettsäuren sind zwei zusätzliche enzymatische Schritte erforderlich................................. 572
Die Oxidation von Fettsäuren mit einer ungeraden Anzahl von Kohlenstoffatomen 574
Hypoglycin, ein toxischer pflanzlicher Wirkstoff, hemmt die Fettsäureoxidation 576
Die Bildung von Ketonkörpern in der Leber und ihre Oxidation in anderen Organen... 576

Die Regulierung der Fettsäureoxidation und Ketonkörperbildung .. 579
Zusammenfassung.. 580
Aufgaben.. 581

Kapitel 19
Oxidativer Abbau von Aminosäuren: Der Harnstoffcyclus ... 585

Die Übertragung von α-Aminogruppen wird durch Aminotransferasen katalysiert 585
Kasten 19-1: Die Aminotransferasen und andere Enzyme im Blut sind wichtig für die medizinische Diagnostik..................... 589
Die Aminogruppe des Glutamats wird als Ammoniak freigesetzt ... 589
Die Kohlenstoffgerüste der Aminosäuren werden über 20 verschiedene Wege abgebaut...................................... 590
Zehn Aminosäuren werden zu Acetyl-CoA abgebaut 591
Manche Menschen haben einen genetischen Defekt im Phenylalanin-Katabolismus... 594
Kasten 19-2: Die menschliche, soziale und ökonomische Belastung durch erbliche Schäden 597
Fünf Aminosäuren werden in 2-Oxoglutarat umgewandelt 597
Drei Aminosäuren werden zu Succinyl-CoA umgewandelt 598
Aus Phenylalanin und Tyrosin entsteht Fumarat 599
Der Oxalacetatweg 599
Einige Aminosäuren können in Glucose und einige in Ketonkörper umgewandelt werden 600
Ammoniak ist für tierische Organismen toxisch 600
Glutamin transportiert den Ammoniak von zahlreichen peripheren Geweben zur Leber.. 601
Alanin transportiert den Ammoniak von den Muskeln zur Leber... 602
Die Ausscheidung des Aminostickstoffes ist ein weiteres biochemisches Problem 603
Die Glutaminase ist an der Ammoniakausscheidung beteiligt....... 605
Der Harnstoff wird über den Harnstoffcyclus gebildet 605
Der Harnstoffcyclus enthält mehrere komplexe Schritte............ 606
Der Energieverbrauch des Harnstoffcyclus....................... 610
Genetische Defekte im Harnstoffcyclus führen zu einem Überschuß an Ammoniak im Blut... 610
Vögel, Schlangen und Eidechsen scheiden Harnsäure aus 611
Zusammenfassung... 612
Aufgaben.. 613

Kapitel 20
Die Biosynthese von Kohlenhydraten in tierischen Geweben . 617

Der Gluconeogeneseweg hat sieben Schritte mit dem Glycolyseweg gemeinsam.. 618
Die Umwandlung von Pyruvat zu Phosphoenolpyruvat erfordert einen Umweg 620
Die zweite Reaktion in der Gluconeogenese, die über einen Umweg erfolgt, ist die Umwandlung von Fructose-1,6-bisphosphat in Fructose-6-phosphat... 621
Die Umwandlung von Glucose-6-phosphat in freie Glucose ist die dritte Umgehungsreaktion...................................... 622
Die Gluconeogenese ist aufwendig............................... 622
Gluconeogenese und Glycolyse werden reziprok reguliert 623

Die Zwischenprodukte des Citratcyclus sind auch Vorstufen der
Glucose 624
Die meisten Aminosäuren sind glucogen........................ 625
Die Gluconeogenese findet während der Erholungsphase nach
Muskelarbeit statt... 625
Die Gluconeogenese ist bei Wiederkäuern besonders aktiv 626
Alkoholkonsum hemmt die Gluconeogenese 627
„Nutzlose" Cyclen im Kohlenhydratstoffwechsel 628
Die Glycogenbiosynthese erfolgt über einen anderen Weg als der
Glycogenabbau 629
Die Glycogen-Synthase und die Glycogen-Phosphorylase werden
reziprok reguliert 631
Im Glycogenstoffwechsel können genetische Defekte vorkommen... 633
Die Lactose-Synthese wird auf eine einzigartige Weise reguliert..... 634
Zusammenfassung.. 635
Aufgaben.. 636

Kapitel 21
Die Biosynthese der Lipide............................... 641

Die Biosynthese der Fettsäuren verläuft über einen besonderen
Reaktionsweg.. 641
Malonyl-CoA wird aus Acetyl-CoA gebildet..................... 643
Das Fettsäure-Synthase-System hat sieben aktive Zentren.......... 645
Die Sulfhydrylgruppen der Fettsäure-Synthase werden zunächst
mit Acylgruppen beladen 646
Für das Anfügen jeder C_2-Einheit sind vier Reaktionsschritte nötig. 648
Palmitinsäure ist die Vorstufe anderer langkettiger Fettsäuren 652
Die Regulation der Fettsäurebiosynthese 654
Die Biosynthese von Triacylglycerinen und die von Glycerin-
phosphatiden beginnt mit gemeinsamen Vorstufen................ 654
Die Triacylglycerin-Biosynthese wird durch Hormone reguliert 656
Triacylglycerine sind die Energiequelle für einige winterschlafende
Tiere 657
Kasten 21-1: Eine ungewöhnliche biologische Funktion der
Triacylglycerine 658
Für die Biosynthese von Phosphoglyceriden wird eine Kopfgruppe
gebraucht.. 659
Phosphatidylcholin wird über zwei verschiedene Wege gebildet 660
Polare Lipide werden in Zellmembranen eingebaut 662
Im Lipidstoffwechsel kommen genetische Defekte vor 663
Es gibt viele lysosomale Erkrankungen......................... 665
Auch Cholesterin und andere Steroide werden aus C_2-Vorstufen
hergestellt 667
Isopentenyldiphosphat ist die Vorstufe für viele andere lipidlösliche
Biomoleküle 670
Zusammenfassung.. 671
Aufgaben.. 672

Kapitel 22
Die Biosynthese der Aminosäuren und Nucleotide 675

Einige Aminosäuren müssen mit der Nahrung aufgenommen
werden 675
Glutamat, Glutamin und Prolin werden über einen gemeinsamen
Weg synthetisiert 676

Auch Alanin, Aspartat und Asparagin entstehen aus zentralen Metaboliten.. 678
Tyrosin wird aus der essentiellen Aminosäure Phenylalanin gebildet 678
Cystein wird aus zwei anderen Aminosäuren gebildet, aus Methionin und Serin 679
Serin ist eine Vorstufe des Glycins 680
Die Biosynthese der essentiellen Aminosäuren 682
Die Aminosäurebiosynthesen stehen unter allosterischer Kontrolle.. 682
Die Aminosäurebiosynthesen werden auch durch Änderungen der Enzymkonzentration reguliert 685
Glycin ist eine Vorstufe der Porphyrine............................. 686
Die Porphyrinderivate reichern sich bei einigen Erbkrankheiten an . 687
Der Abbau der Hämgruppe führt zu Gallenpigmenten............. 688
Die Purinnucleotide werden über einen komplexen Weg hergestellt . 688
Die Biosynthese der Purinnucleotide wird durch Rückkopplung reguliert.. 691
Pyrimidinnucleotide werden aus Aspartat und Ribosephosphat gebildet.. 692
Die Regulation der Pyrimidinnucleotid-Biosynthese 694
Ribonucleotide sind die Vorstufen der Desoxyribonucleotide 694
Der Abbau von Purinen führt beim Menschen zur Harnsäure....... 696
Purinbasen werden über einen Wiederverwendungsweg recyclisiert.. 696
Die Überproduktion von Harnsäure verursacht Gicht 697
Der Kreislauf des Stickstoffs 698
Nur wenige Organismen können Stickstoff fixieren 699
Die Stickstoff-Fixierung ist ein komplexer symbiotischer Vorgang .. 700
Zusammenfassung... 702
Aufgaben.. 703

Kapitel 23
Photosynthese 707

Die Entdeckung der Gleichung für die Photosynthese 707
Die photosynthetisierenden Organismen sind sehr verschiedenartig . 710
Die photosynthetisierenden Organismen bedienen sich verschiedener Wasserstoffdonatoren.. 710
Bei der Photosynthese unterscheidet man Hell- und Dunkelphasen . 711
Die Photosynthese der Pflanzen findet in den Chloroplasten statt... 712
Durch Lichtabsorption werden Moleküle angeregt 712
Chlorophylle sind die hauptsächlichen lichtabsorbierenden Pigmente 714
Die Thylakoide enthalten zusätzlich Hilfspigmente 716
Die Thylakoidmembranen enthalten zwei Arten photochemischer Reaktionssysteme 716
Durch die Belichtung der Chloroplasten wird ein Elektronenfluß induziert... 717
Das eingefangene Licht bewirkt das Bergauffließen der Elektronen . 718
Die Elektronensysteme I und II kooperieren beim Elektronentransport vom H_2O zum $NADP^+$ 720
Das Z-Schema zeigt das Energieprofil des Energietransportes bei der Photosynthese 721
Am Elektronentransport der Photosynthese sind mehrere Elektronen-Carrier beteiligt 721
Die Phosphorylierung von ADP ist an den Elektronentransport der Photosynthese gekoppelt... 723
In den Chloroplasten gibt es außerdem einen cyclischen Elektronenfluß und eine cyclische Photophosphorylierung.......... 723

Die photosynthetische Phosphorylierung hat Ähnlichkeit mit der
oxidativen Phosphorylierung 724
Die Summengleichung der Photosynthese bei den Pflanzen 725
Die photosynthetische Herstellung von Hexosen schließt die
Netto-Reduktion von Kohlenstoffdioxid mit ein.................. 726
Kohlenstoffdioxid wird unter Bildung von Phosphoglycerat fixiert .. 727
Die Synthese von Glucose aus CO_2 erfolgt über den Calvin-Cyclus . 727
Glucose ist die Vorstufe der pflanzlichen Kohlenhydrate Saccharose,
Stärke und Cellulose... 731
Die Regulation der Dunkelreaktion 732
Tropische Pflanzen verwenden den C_4- oder Hatch-Slack-Weg...... 733
Der C_4-Weg hat den Zweck, das CO_2 zu konzentrieren 735
Die Photorespiration begrenzt den Wirkungsgrad der C_3-Pflanzen .. 736
Die Photorespiration ist für den Ackerbau in den gemäßigten
Zonen ein schwerwiegendes Problem............................. 737
Halophile Bakterien verwenden Lichtenergie für die Synthese von
ATP 738
Photosynthetisierende Organismen dienen als Modelle für den
Entwurf von Solarzellen 739
Zusammenfassung.. 740
Aufgaben... 741

Teil III:
Einige Aspekte der Biochemie des Menschen 745

Kapitel 24
Die Verdauung, Transportvorgänge und das Ineinandergreifen des Stoffwechsels 747

Die Nahrung wird enzymatisch verdaut und damit für die
Absorption vorbereitet... 747
Die Leber verarbeitet und verteilt die Nährstoffe 756
Die Zucker werden in der Leber über fünf verschiedene Wege
verarbeitet.. 756
Auch für die Aminosäuren gibt es fünf Stoffwechselwege 758
Für Lipide gibt es fünf Stoffwechselwege 759
Jedes Organ hat spezielle Stoffwechselfunktionen................ 760
Der Skelettmuskel verwendet ATP für zeitweise stattfindende
mechanische Arbeit.. 761
Der Herzmuskel muß ununterbrochen und rhythmisch arbeiten 763
Das Gehirn verwendet Energie für die Weitergabe von Impulsen ... 764
Das Fettgewebe besitzt einen aktiven Stoffwechsel................ 766
Die Nieren verwenden ATP für osmotische Arbeit 768
Das Blut ist eine sehr komplexe Flüssigkeit..................... 770
Vom Blut werden große Volumina an Sauerstoff transportiert 772
Hämoglobin ist der Sauerstoffträger 774
Die roten Blutkörperchen transportieren auch CO_2 775
Diagnose und Behandlung von Diabetes mellitus bauen auf
biochemischen Messungen auf.................................... 777
Beim Diabetes tritt Ketose auf................................. 780
Die Harnstoffausscheidung ist bei Diabetikern erhöht 780
Schwerer Diabetes ist von Azidose begleitet 781
Zusammenfassung.. 782
Aufgaben... 783

Kapitel 25
Hormone 789

Die Hormone wirken in einer komplexen Hierarchie mit
Wechselbeziehungen 789
Einige allgemeine Eigenschaften von Hormonen 791
Die Hormone des Hypothalamus und der Hypophyse sind Peptide . 793
Das Nebennierenmark sezerniert die Aminohormone Adrenalin und
Noradrenalin 795
Kasten 25-1: Der Radioimmuntest (Radioimmunoassay) für
Polypeptidhormone 796
Adrenalin stimuliert die Bildung von cyclischem Adenylat 798
Cyclo-AMP stimuliert die Aktivität der Protein-Kinase 799
Die Stimulierung des Glycogenabbaus durch Adrenalin erfolgt über
eine Verstärkungskaskade 801
Adrenalin hemmt auch die Glycogensynthese 803
Die Phosphodiesterase inaktiviert cyclo-Adenylat 804
Der Pankreas sezerniert mehrere stoffwechselregulierende Hormone 805
Insulin ist das hypoglykämische Hormon 805
Die Insulinsekretion wird hauptsächlich durch die Blutglucose
reguliert 807
Der zweite Messenger für Insulin ist noch nicht bekannt 807
Insulin beeinflußt auch viele andere Stoffwechselbereiche 808
Glucagon ist das hyperglykämische Pankreashormon 809
Somatostatin hemmt die Sekretion von Insulin und Glucagon 810
Somatotropin beeinflußt ebenfalls die Insulinwirkung 810
Die Nebennierenrinden-Hormone sind Steroide 811
Die Schilddrüsenhormone überwachen die Geschwindigkeit des
Stoffwechsels 812
Die Sexualhormone sind Steroide 814
Wir stehen auf der Schwelle zum Verständnis der Östrogenwirkung
in ihren Erfolgszellen 815
Man kennt noch viele andere Hormone 816
Prostaglandine und Thromboxane modulieren die Wirkungen
einiger Hormone 817
Zusammenfassung 818
Aufgaben 820

Kapitel 26
Die menschliche Ernährung 825

Eine gesunde Ernährung besteht aus fünf Grundbestandteilen 825
Die Energie wird durch die Oxidation der Grundnahrungsmittel
gewonnen 828
Auch Alkohol liefert Energie 834
Fettleibigkeit ist die Folge kalorischer Überernährung 835
Proteine werden wegen ihres Aminosäuregehaltes gebraucht 837
Bestimmte pflanzliche Proteine können sich gegenseitig ergänzen ... 839
Marasmus und Kwashiorkor sind Weltgesundheitsprobleme 839
Vitaminmangel kann lebensbedrohlich sein 841
Thiaminmangel ist auch heute noch ein Ernährungsproblem 842
Der Bedarf an Nicotinamid hängt von der Tryptophan-Zufuhr ab .. 843
Viele Nahrungsmittel sind arm an Ascorbinsäure 844
Kasten 26-1: Einer der ersten Berichte über die Heilung von
Skorbut ist der über die Mannschaft der Expedition von
Jacques Cartier im Jahre 1535 nach Neufundland 845

Ein latenter Riboflavinmangel ist ebenfalls verbreitet 846
Folsäure-Mangel ist der am weitesten verbreitete Vitaminmangel ... 847
Ein Mangel an Pyridoxin, Biotin und Pantothensäure ist selten 847
Ein echter ernährungsbedingter Vitamin-B_{12}-Mangel ist sehr selten . 848
Ein Vitamin-A-Mangel hat vielfältige Auswirkungen 848
Durch Vitamin-D-Mangel kommt es zu Rachitis und Osteomalazie . 850
Ein Mangel an Vitamin E oder K ist sehr selten 851
Für die menschliche Ernährung werden viele chemischen Elemente gebraucht... 852
Calcium und Phosphor sind für die Entwicklung der Knochen und Zähne essentiell 853
Ein latenter Magnesiummangel ist relativ häufig 854
Natrium und Kalium sind wichtig für die Verhütung bzw. Behandlung von Bluthochdruck 854
Eisen und Kupfer werden für die Synthese der Hämproteine gebraucht... 855
Ein Kropf entsteht als Folge von Iodmangel..................... 857
Die Zahnfäule ist ein wichtiges Ernährungsproblem 857
Zink und mehrere andere Mikroelemente sind für die Ernährung essentiell... 858
Eine ausgewogene Ernährung muß abwechslungsreich sein......... 859
Die Kennzeichnungspflicht von Nahrungsmitteln ist ein Schutz für den Verbraucher 860
Aufgaben... 862

Teil IV: Die molekulare Weitergabe der genetischen Information 867

Kapitel 27
DNA: Die Struktur von Chromosomen und Genen 869

DNA und RNA üben verschiedene Funktionen aus 870
Die Nucleotid-Einheiten von DNA und RNA enthalten charakteristische Basen und Pentosen 872
Phosphodiester-Bindungen verknüpfen die aufeinanderfolgenden Nucleotide der Nucleinsäuren 873
DNA speichert genetische Information 877
Die DNAs verschiedener Spezies haben unterschiedliche Basenzusammensetzungen.. 879
Watson und Crick postulierten die Doppelhelix-Struktur der DNA . 880
Die Basensequenz der DNA bildet die Matrize................... 883
Die DNA in der Doppelhelix kann denaturiert, d.h. entspiralisiert werden 885
DNA-Stränge aus zwei verschiedenen Spezies können DNA-DNA-Hybride bilden... 886
Einige physikalische Eigenschaften der DNA-Doppelhelix spiegeln das Verhältnis von G≡C- zu A=T-Paaren wider 886
Native DNA-Moleküle sind sehr zerbrechlich.................... 887
Die DNA-Moleküle der Viren sind relativ klein.................. 888
Die Chromosomen von Prokaryoten sind einzelne, sehr große DNA-Moleküle 889
Zirkuläre DNAs sind superspiralisiert........................... 890
Einige Bakterien enthalten außerdem DNA in Form von Plasmiden 890
Die Zellen von Eukaryoten enthalten viel mehr DNA als Prokaryoten 892

Die Chromosomen von Eukaryoten bestehen aus Chromatinfasern . 893
Histone sind kleine, basische Proteine 895
DNA-Histon-Komplexe bilden perlenartige Nucleosomen 896
Eukaryotische Zellen enthalten auch cytoplasmatische DNA 897
Gene sind DNA-Abschnitte, die für Polypeptidketten oder RNAs
codieren 898
Ein einzelnes Chromosom enthält viele Gene 899
Wie groß sind Gene? 900
Die DNA von Bakterien wird durch Restriktions-Modifikations-
Systeme geschützt 901
Eukaryotische DNA enthält Basensequenzen, die sich vielfach
wiederholen 903
Einige Eukaryoten-Gene kommen pro Zelle in vielen Exemplaren
vor 904
Die Eukaryoten-DNA enthält viele Palindrome 904
Viele eukaryotische Gene enthalten intervenierende, nicht
transkribierte Sequenzen (Introns) 905
Die Basensequenzen einiger DNAs konnten bestimmt werden 905
Kasten 27-1: Die Sequenzierung eines kurzen DNA-Fragmentes
mit der chemischen Methode von Maxam und Gilbert 908
Zusammenfassung 910
Aufgaben 911

Kapitel 28
Replikation und Transkription der DNA 915

Die DNA wird semikonservativ repliziert 915
Die zirkuläre DNA wird in beiden Richtungen repliziert 918
Eukaryoten-DNAs enthalten viele Startpunkte für die Replikation . 919
Manchmal wird DNA als „rollender Ring" repliziert 920
Bakterien-Extrakte enthalten DNA-Polymerasen 920
Die DNA-Polymerase braucht für ihre Reaktion präformierte DNA 923
Für die DNA-Replikation werden viele Enzyme und Protein-
Faktoren gebraucht 924
In E. coli gibt es drei DNA-Polymerasen 924
Die gleichzeitige Replikation beider DNA-Stränge wirft ein
Problem auf 925
Die Entdeckung der Okazaki-Stücke löst das Problem 926
Die Synthese der Okazaki-Stücke erfordert einen RNA-Primer 926
Die Okazaki-Stücke werden mit Hilfe der DNA-Ligase
zusammengespleißt 927
Die Replikation erfordert eine physikalische Trennung der
elterlichen DNA-Stränge 927
DNA-Polymerasen können korrekturlesen und Fehler korrigieren .. 929
Die Replikation in Eukaryotenzellen ist ein sehr komplexer Vorgang 931
Gene werden unter Bildung von RNAs transkribiert 932
Messenger-RNAs codieren für Polypeptidketten 932
Messenger-RNA wird durch eine DNA-abhängige RNA-Polymerase
gebildet 933
Eukaryotische Zellkerne enthalten drei RNA-Polymerasen 936
Die DNA-abhängige RNA-Polymerase kann selektiv gehemmt
werden 936
Die RNA-Transkripte werden weiter umgewandelt (processed) 937
Heterogene nucleare RNAs sind Vorstufen der eukaryotischen
Messenger-RNAs 939
Die Intron-RNA muß aus der mRNA-Vorstufe entfernt werden 939
Kleine nucleare RNAs helfen bei der Entfernung der Intron-RNAs . 941

Der Transkriptionsvorgang kann sichtbar gemacht werden 942
Von manchen Virus-RNAs kann DNA mittels einer reversen
Transkriptase transkribiert werden 943
Einige Virus-DNAs werden durch eine RNA-abhängige
RNA-Polymerase repliziert....................................... 945
Polynucleotid-Phosphorylase erzeugt RNA-ähnliche Polymere mit
statistisch verteilten Basensequenzen 946
Zusammenfassung... 947
Aufgaben.. 948

Kapitel 29
Die Proteinsynthese und ihre Regulation 953

Frühe Entdeckungen schaffen die Grundlagen 954
Die Proteinsynthese verläuft in fünf Hauptschritten 955
Die Transfer-RNAs werden für die Aktivierung der Aminosäuren
gebraucht... 957
Aminoacyl-tRNA-Synthetasen befestigen die richtigen Aminosäuren
an den tRNAs 960
Transfer-RNA ist ein Adapter 962
Polypeptidketten werden vom aminoterminalen Ende aus gebildet .. 963
N-Formylmethionin ist die initiierende Aminosäure bei den
Prokaryoten und Methionin die bei den Eukaryoten 963
Ribosomen sind molekulare Maschinen zur Herstellung von
Polypeptidketten 964
Die extramitochondrialen Ribosomen der Eukaryoten sind größer
und komplexer.. 967
Die Initiation eines Polypeptids erfolgt in mehreren Schritten 967
Die Elongation der Polypeptidkette ist ein sich wiederholender
Vorgang.. 969
Die Termination der Polypeptidsynthese erfordert ein spezielles
Signal.. 972
Für die Sicherstellung der Wiedergabetreue bei der Proteinsynthese
wird Energie gebraucht 974
Polyribosomen ermöglichen die gleichzeitige Entstehung mehrerer
Polypeptidketten an einer Messenger-RNA 974
Polypeptidketten werden gefaltet und unterliegen einer
Molekularreifung... 976
Neu synthetisierte Proteine werden oft an ihren Bestimmungsort
geleitet 978
Die Proteinsynthese wird durch zahlreiche verschiedene Antibiotika
gehemmt... 979
Der genetische Code wurde geknackt 980
Der genetische Code hat einige interessante Besonderheiten 982
Der „Wackel"-Mechanismus erlaubt einigen tRNAs mehr als ein
Triplett zu erkennen 983
Virus-DNAs enthalten manchmal Gene innerhalb von Genen oder
überlappende Gene 985
Die Proteinsynthese wird reguliert 986
Bakterien besitzen konstitutive und induzierbare Enzyme 987
Bei Prokaryoten ist auch die Repression der Proteinsynthese
möglich.. 988
Die Operon-Hypothese 989
Es ist gelungen, Repressormoleküle zu isolieren 991
Operons haben auch eine Promotorregion 992
Zusammenfassung... 994
Aufgaben... 996

Kapitel 30
Mehr über Gene: Reparatur, Mutation, Rekombination und
Klonen... 999

Die DNA ist fortwährend zerstörenden Einflüssen ausgesetzt...... 1000
Durch ultraviolette Strahlung entstandene Schäden können
herausgeschnitten und repariert werden 1000
Die spontane Desaminierung von Cytosin zu Uracil kann repariert
werden 1001
Auch Beschädigungen durch externe chemische Substanzen können
repariert werden... 1002
Die Änderung eines einzelnen Basenpaares bewirkt eine
Punktmutation.. 1003
Insertionen und Deletionen verursachen Leseraster-Mutationen ... 1006
Mutationen sind zufällige, beim einzelnen Individuum seltene
Ereignisse... 1008
Viele mutagene Agentien sind auch carcinogen................... 1008
Gen-Rekombinationen sind häufig................................ 1010
Einige Chromosomenabschnitte werden oft transponiert 1014
Die Vielfalt der Antikörper ist das Ergebnis von Transponierungs-
und Rekombinations-Vorgängen................................... 1015
Gene verschiedener Organismen können künstlich rekombiniert
werden 1018
Plasmide und der Phage λ sind Vektoren für die Einführung
fremder Gene in Bakterien 1019
Die Isolierung von Genen und die Darstellung von cDNAs 1020
Konstruktion des Gen-tragenden Vektors......................... 1022
Einbau der „beladenen" Plasmide in das E.-coli-Chromosom 1022
Geklonte cDNAs können dazu verwendet werden, das
entsprechende natürliche Gen wiederzufinden 1025
Die Expression geklonter Gene wird durch eine Promotor
beschleunigt 1025
Viele Gene sind in verschiedenen Wirtszellen geklont worden 1026
Das Rekombinieren von DNA und das Klonen von Genen eröffnet
der genetischen Forschung neue Möglichkeiten 1027
Die Erforschung der Rekombinanten-DNA könnte viele praktische
Anwendungsmöglichkeiten haben.................................. 1028
Interferon-Gene sind geklont worden 1029
Zusammenfassung.. 1030
Aufgaben... 1031

Anhang A
In der biochemischen Literatur häufig verwendete
Abkürzungen 1035

Anhang B
Einheitenzeichen, Vorsätze, Konstanten und
Umrechnungsfaktoren 1039

Anhang C
Protonenzahlen (Ordnungszahlen) und relative
Atommassen der Elemente.. 1041

Anhang D
Logarithmen.. 1043

Anhang E
Lösungen der Aufgaben 1045

Anhang F
Glossar... 1067

Abbildungsnachweis................................... 1081
Register 1083

Teil I
Biomoleküle

Vor ungefähr 20 Milliarden Jahren entstand das Universum durch den Urknall, eine alles verändernde Explosion, die heiße, energiereiche, subatomare Teilchen in das All schleuderte. Nach und nach, mit der Abkühlung des Universums, verbanden sich diese Elementarteilchen zu positiv geladenen Atomkernen, die negativ geladene Elektronen anzogen. Auf diese Weise wurden die etwa hundert chemischen Elemente gebildet. Jedes einzelne Atom, das heute im Universum existiert, entwickelte sich aus dem Urknall. Man kann daher mit Recht sagen, daß der Mensch und alles andere Lebendige sich aus „Sternenstaub" entwickelt haben.

Die einfachen organischen Bestandteile, aus denen lebende Organismen entstehen, sind von einzigartiger Bedeutung für das Leben. Sie kommen auch heute nur als Produkte biologischer Aktivitäten vor. Diese Bausteinverbindungen, Biomoleküle genannt, wurden während der biologischen Evolution nach ihren Fähigkeiten zur Verrichtung spezifischer Zellfunktionen selektiert. Sie sind in allen Organismen identisch. Biomoleküle stehen miteinander in einer bestimmten Beziehung und wirken in einer Art molekularen „Spiels" oder molekularer Logik zusammen. Die Größe, Form und chemische Reaktivität der Biomoleküle befähigen sie nicht nur, als Bausteine für komplizierte Zellstrukturen zu dienen, sondern auch, an deren dynamischen, selbsterhaltenden Transformation von Energie und Materie teilzunehmen. Daher müssen Biomoleküle von zwei Standpunkten aus untersucht werden, von dem des Chemikers und von dem des Biologen. Biochemie ist „Superchemie".

Abbildung 1-0
Gas- und Staubformationen des Weltraumes im Sternbild des Schützen. Außerdem existieren im Weltraum viele einfache organische Verbindungen, die als Vorstufen der Biomoleküle auf der Erde oder vielleicht auch anderswo im Universum angesehen werden.

Kapitel 1
Biochemie: Die molekulare Logik in lebenden Organismen

Lebende Organismen bestehen aus „leblosen" Molekülen. Werden diese Moleküle isoliert und einzeln untersucht, gehorchen sie allen physikalischen und chemischen Gesetzen, die für die unbelebte Materie erkannt wurden. Dennoch besitzen lebende Organismen außergewöhnliche Merkmale, die bei Ansammlungen lebloser Moleküle nicht vorhanden sind. Durch die Untersuchung dieser besonderen Merkmale können wir das Studium der Biochemie mit einem besseren Verständnis der fundamentalen Fragen, die diese zu beantworten versucht, beginnen.

Die lebende Materie besitzt mehrere typische Eigenschaften

Eines der auffallendsten Merkmale der lebenden Materie ist, daß sie äußerst komplizierte und hoch organisierte Systeme darstellt. In diesen Systemen existieren komplizierte innere Strukturen, die aus vielen Arten komplexer Moleküle aufgebaut sind. Darüber hinaus kommen lebende Organismen in Millionen verschiedener Spezies vor. Die unbelebte Materie unserer Umwelt – wie sie beispielsweise in der Form von Ton, Sand, Stein oder Meerwasser zu finden ist – besteht demgegenüber gewöhnlich aus regellosen Mischungen relativ einfacher chemischer Verbindungen.

Zweitens scheint jeder Bestandteil eines lebenden Organismus einem bestimmten Zweck zu dienen oder eine bestimmte Funktion auszuüben. Dies gilt nicht nur für makroskopische Strukturen, wie Herz, Lunge oder Gehirn, sondern auch für mikroskopische intrazelluläre Strukturen, wie z. B. den Zellkern. Selbst individuelle chemische Verbindungen innerhalb der Zelle, wie die Proteine und Lipide, haben spezifische Funktionen. Darum ist es bei der Analyse eines lebenden Organismus auch durchaus legitim, sich zu fragen, welche Aufgabe ein bestimmtes Molekül oder eine chemische Reaktion haben. Im Gegensatz dazu ist es sinnlos, nach der Funktion verschiedener chemischer Verbindungen der unbelebten Materie zu fragen; sie sind einfach vorhanden.

Drittens, und dies kommt der eigentlichen Besonderheit des Le-

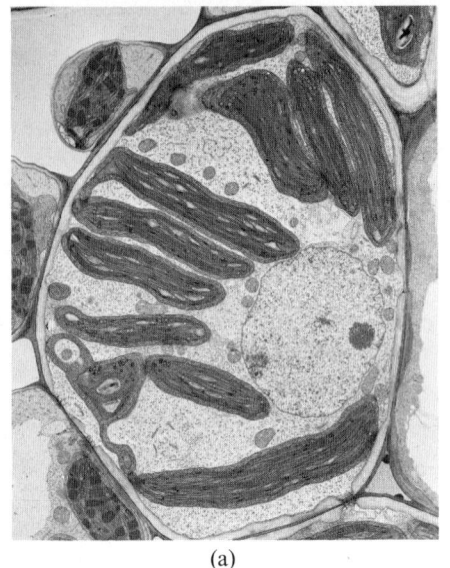
(a)

(b)

(c)

(d)

Abbildung 1-1
Einige charakteristische Eigenschaften der lebenden Materie: die „Lebenszeichen".
(a) Querschnitt durch eine photosynthetisierende Zelle, deren verworrene und komplexe innere Struktur klar zu erkennen ist. Die dunklen Strukturen sind Chloroplasten, die tausende von Chlorophyllmolekülen zur Aufnahme von Sonnenenergie enthalten.
(b) Die lange Zunge der Sphinxmotte ist während der biologischen Evolution einem bestimmten Zweck angepaßt worden: Sie holt aus tiefen Blütenköpfen Nektar heraus.
(c) Delphine, die sich von kleinen Fischen ernähren, wandeln die chemische Energie der Nahrungsmittel in kraftvolle Stöße von Muskelenergie um.
(d) Die biologische Reproduktion geschieht mit nahezu perfekter Genauigkeit.

bensablaufes schon sehr nah, haben lebende Organismen die Fähigkeit, ihrer Umwelt Energie in Form von organischen Nährstoffen oder in Form von Sonnenenergie zu entziehen, diese zu transformieren und zu verbrauchen. Diese Energie befähigt lebende Organismen, ihre eigenen komplizierten, energiereichen Strukturen aufzubauen und zu erhalten, sowie die mechanische Arbeit der Fortbewegung und des Transportes bestimmter Stoffe durch Membranen zu leisten. In lebenden Organismen und zwischen diesen und ihrer Umwelt herrscht niemals Gleichgewicht. Auf der anderen Seite verwendet die leblose Materie keine Energie auf sinnvolle Weise, wie z.B. zur Erhaltung ihrer Struktur oder zur Verrichtung von Arbeit. Statt dessen strebt sie, wenn sie sich selbst überlassen wird, einen weniger geordneten Zustand und letztlich den Gleichgewichtszustand mit ihrer Umgebung an.

Die hervorstechendste Eigenschaft lebender Organismen ist jedoch ihre Fähigkeit, sich aus sich selbst heraus in sehr präziser Weise zu reproduzieren. Diese Fähigkeit kann als die eigentliche Quintessenz des Lebens angesehen werden. Keine der uns bekannten Formen der unbelebten Natur zeigt die Fähigkeit zu wachsen und sich zu Strukturen zu reproduzieren, die dem Ausgangsmaterial in Masse, Form und innerem Aufbau gleichen – und das über „Generationen und Generationen".

Die Biochemie versucht, den Zustand „Leben" zu verstehen

Es stellt sich nun die Frage: Sind lebende Organismen aus Molekülen zusammengesetzt, die ihrem Wesen nach unbelebt sind, warum unterscheidet sich dann ein Lebewesen so wesentlich von unbelebter Materie, die ebenfalls aus unbelebten Molekülen besteht? Warum scheint ein lebender Organismus mehr zu sein als die Summe seiner unbelebten Teile? Die Philosophen beantworteten diese Frage einmal dahingehend, daß der lebende Organismus mit einer geheimnisvollen und göttlichen Lebenskraft begabt sei. Diese Doktrin – der *Vitalismus* – wird jedoch von der modernen Wissenschaft abgelehnt, die für dieses Phänomen rationelle und vor allem beweisbare Erklärungen sucht. Ein wesentliches Ziel der Biochemie ist es aufzuklären, wie die unbelebten Moleküle, die die lebenden Organismen bilden, miteinander in Wechselwirkung treten, um den Zustand des Lebens zu erhalten und auf Dauer zu garantieren. Sicher liefert die Biochemie auch viele wichtige Erkenntnisse und praktische Anwendungen für die Medizin, Landwirtschaft, Ernährung und Industrie, aber ihr eigentliches Anliegen ist doch die Erforschung des Wunders des Lebens und der lebenden Organismen.

Die Moleküle, die einen lebenden Organismus ausmachen, gehorchen den uns geläufigen Gesetzen der Chemie, reagieren jedoch miteinander nach weiteren Gesetzen, die wir – etwas pauschal – als *molekulare Logik im lebenden Zustand* bezeichnen wollen. Diese Prinzipien beruhen nicht notwendigerweise auf bisher unentdeckten physikalischen Gesetzen oder Kräften. Man sollte sie eher als eine besondere Art von „Grundregeln" auffassen, an die sich die spezifischen Molekülarten eines lebenden Organismus – die *Biomoleküle* – ihrer Natur nach, in ihrer Funktion und bei ihren Wechselwirkungen halten.

Im folgenden soll versucht werden, einige der wichtigen Axiome der molekularen Logik im lebenden Zustand zu erkennen.

Alle lebenden Organismen enthalten organische Makromoleküle, die nach einem einheitlichen Plan gebildet werden

Die meisten chemischen Komponenten lebender Organismen sind organische Kohlenstoffverbindungen, in denen Kohlenstoffatome kovalente Bindungen mit anderen Kohlenstoffatomen und mit Wasserstoff, Sauerstoff oder Stickstoff eingehen.

Die in der lebenden Materie vorkommenden organischen Verbindungen treten in außergewöhnlicher Vielfalt auf und viele sind extrem groß und komplex. So enthält zum Beispiel bereits die einfachste und kleinste Zelle – ein Bakterium – eine sehr große Anzahl verschiedener organischer Moleküle. Eine einzige Zelle des Bakteriums *Escherichia coli* enthält etwa 5000 verschiedene organische Verbindungen, davon bis zu 3000 verschiedene Arten von Proteinen und 1000 verschiedene Arten von Nucleinsäuren. Proteine und Nucleinsäuren sind sehr große und komplexe Moleküle (*Makromoleküle*), deren genaue Strukturen nur in einigen Fällen bekannt sind. Im viel komplexeren menschlichen Organismus mögen mehr als 50 000 verschiedene Arten von Proteinen vorkommen. Es ist unwahrscheinlich, daß eines der Proteinmoleküle des *E.-coli*-Bakteriums mit irgendeinem im Menschen gefundenen Protein identisch ist. Analoge Funktionen werden demnach in den beiden Organismen von verschiedenen Proteinen übernommen. Jede Spezies hat also die für sie charakteristische Ausstattung an Nucleinsäuren und Proteinmolekülen, von denen nahezu alle eindeutig von denen anderer Spezies unterscheidbar sind. Da es wahrscheinlich fast 10 Millionen verschiedene Spezies lebender Organismen gibt, enthalten alle Spezies zusammen wenigstens 10^{11} verschiedene Arten von Proteinmolekülen und fast ebenso viele verschiedene Arten von Nucleinsäuren.

Unter diesem Gesichtspunkt muß der Versuch von Biochemikern, alle diese verschiedenen in lebenden Organismen vorkommenden organischen Moleküle zu isolieren, zu identifizieren und zu synthetisieren, als hoffnungsloses Unterfangen betrachtet werden. Zum Glück kann jedoch die ungeheure Verschiedenartigkeit der organischen Moleküle im lebenden Organismus auf ein einfaches Grund-

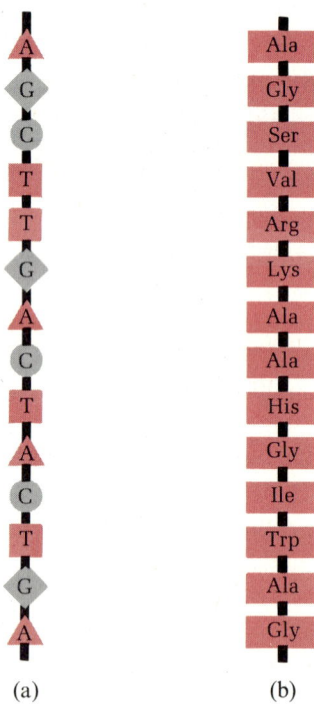

Abbildung 1-2
(a) Segment eines DNA-Moleküles, mit der Sequenz seiner vier verschiedenen Nucleotid-Bausteine.
(b) Segment eines Proteinmoleküls mit der Sequenz seiner Aminosäure-Einheiten.

prinzip zurückgeführt werden. Dies ist möglich, weil alle in den Zellen enthaltenen Makromoleküle aus wenigen verschiedenen Arten einfacher kleiner Bausteinmoleküle bestehen, die zu langen Ketten von 50 bis 1000 Einheiten zusammengefügt sind. Die langen, kettenähnlichen Moleküle der Desoxyribonucleinsäure (DNA) sind aus nur vier verschiedenen Arten von Bausteinen, den Desoxyribonucleotiden, in einer charakteristischen Reihenfolge zusammengesetzt. Proteine bestehen aus kovalent gebundenen Ketten von 20 verschiedenen Arten von Aminosäuren, welche niedermolekulare organische Verbindungen mit bekannter Struktur sind. Diese 20 verschiedenen Aminosäuren können in vielen unterschiedlichen Reihenfolgen – Sequenzen – aneinander gereiht sein, um die vielen verschiedenen Arten von Proteinen zu bilden, ähnlich wie die 26 Buchstaben des lateinischen Alphabetes zu einer nahezu unendlichen Zahl von Wörtern und Sätzen angeordnet werden können. Die wenigen Arten von Nucleotiden, aus denen alle Nucleinsäuren aufgebaut sind, und die 20 verschiedenen Arten von Aminosäuren, aus denen alle Proteine gebildet werden, sind in allen Spezies identisch, gleichgültig ob es sich um Mikroorganismen, Pflanzen oder Tiere handelt. Diese Tatsache spricht sehr dafür, daß alle lebenden Organismen von einem gemeinsamen „Urahnen" abstammen.

Die einfachen Bausteinmoleküle, aus denen alle Makromoleküle aufgebaut sind, haben noch eine weitere interessante Eigenschaft: jedem dieser Moleküle ist in der lebenden Zelle mehr als eine Funktion zugeordnet. So dienen die verschiedenen Aminosäuren nicht nur als Bausteine beim Aufbau von Proteinen, sondern sie stellen auch die Vorstufen von Hormonen, Alkaloiden, Farbstoffen und vielen anderen Biomolekülen dar. In ähnlicher Weise dienen die Nucleotide nicht nur als Bausteine beim Aufbau von Nucleinsäuren, sondern sie haben auch Funktionen als Coenzyme und als energieübertragende Moleküle. Soweit wir es heute übersehen können, enthalten lebende Organismen normalerweise keine funktionslosen Verbindungen, obgleich zugegeben werden muß, daß es Biomoleküle gibt, deren Funktion wir zur Zeit noch nicht verstehen.

Von diesen Überlegungen ausgehend, können wir jetzt einige Axiome der molekularen Logik im lebenden Zustand formulieren:

Die Struktur biologischer Makromoleküle ist von erstaunlicher Einfachheit.
Alle lebenden Organismen verwenden dieselbe Art von Bausteinmolekülen und scheinen demnach einen gemeinsamen Ursprung zu haben.
Die Identität jeder Spezies oder jedes Organismus wird durch seinen charakteristischen Bestand an Nucleinsäuren und Proteinen gewährleistet.
Alle Biomoleküle haben spezifische Funktionen in Zellen.

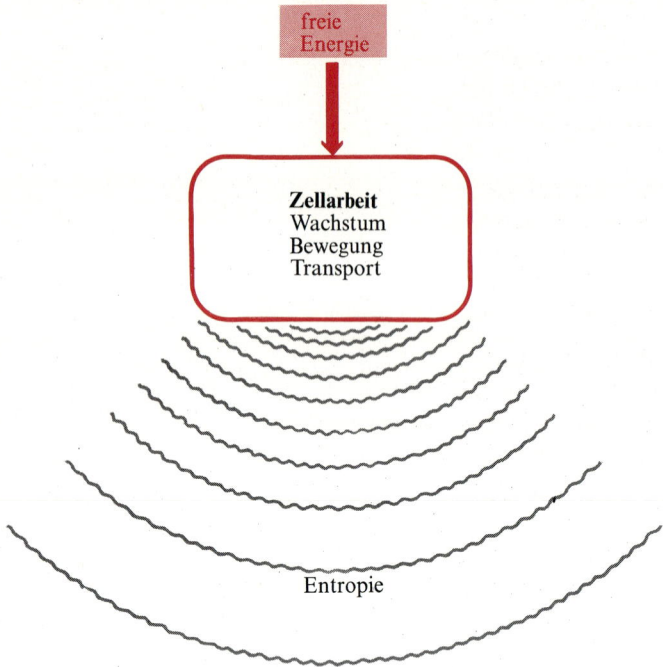

Abbildung 1-3
Lebende Organismen leisten auf Kosten der freien Energie ihrer Umgebung verschiedene Arten von Arbeit. Sie führen an ihre Umgebung eine gleiche Menge an Wärme und anderen Energieformen ab, die biologisch nutzlos sind. Dabei nimmt der „Unordnungsgrad" der Energie, die Entropie, zu.

Lebende Organismen tauschen Energie und Materie aus

Lebende Organismen stellen bezüglich der physikalischen Gesetze des Energieaustausches keine Ausnahme dar. Ihr Wachstum und ihre Erhaltung erfordern Energie, die in irgendeiner Form aufgebracht werden muß. Sie entnehmen ihrer Umgebung Energie in bestimmter Form, die für sie unter den speziellen Druck- und Temperaturbedingungen, bei denen sie leben, verwertbar ist. Andererseits führen sie an ihre Umgebung eine äquivalente Menge Energie in einer anderen, weniger nutzbringenden Form ab. Die verwertbare Form von Energie, die Zellen aufnehmen, ist die *freie Energie*. Damit bezeichnet man den Energieanteil, der bei konstantem Druck und konstanter Temperatur Arbeit verrichten kann. Die weniger nützliche Energieform, die von Zellen an ihre Umgebung abgegeben wird, ist größtenteils Wärme, die sich schnell in ihrer Umgebung verteilt. Hier haben wir nun ein weiteres Axiom der molekularen Logik im lebenden Zustand erkannt:

> Lebende Organismen erzeugen und erhalten ihre komplexen, geordneten, sinnvollen Strukturen auf Kosten freier Energie aus ihrer Umgebung, an welche sie eine weniger nützliche Form von Energie zurückführen.

Obwohl lebende Organismen wie die von Menschenhand hergestellten Maschinen energietransformierende Systeme sind, unterscheiden sie sich stark von diesen. Die energietransformierenden Sy-

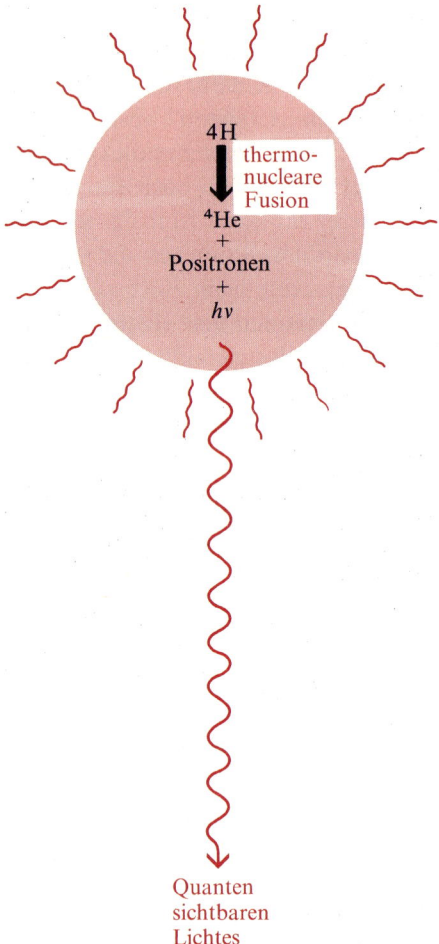

Abbildung 1-4
Sonnenlicht ist letztendlich die Quelle jeder biologischen Energie.

steme der lebenden Zelle sind vollständig aus relativ empfindlichen und instabilen organischen Molekülen aufgebaut, die keineswegs in der Lage sind, hohe Temperaturen, starke elektrische Ströme oder extrem saure oder basische Umweltbedingungen auszuhalten. Alle Teile einer lebenden Zelle besitzen im wesentlichen die gleiche Temperatur. Darüberhinaus sind auch signifikante Druckunterschiede in verschiedenen Teilen einer Zelle nicht nachweisbar. Daraus können wir schließen, daß Zellen nicht in der Lage sind, Wärme als *Energiequelle* zu verwenden. Wärme kann nämlich nur dann Arbeit verrichten, wenn sie von einem Körper mit höherer auf einen mit niedrigerer Temperatur übergeht. Aus diesem Grund können Zellen z. B. nicht mit Dampfmaschinen verglichen werden – d. h. mit den Apparaten, die uns als Lieferanten mechanischer Energie besonders vertraut sind. Statt dessen gilt – und dies ist ein weiteres wichtiges Axiom der molekularen Logik im lebenden Zustand:

> Lebende Zellen sind „chemische Maschinen", die bei konstanter Temperatur arbeiten.

Zellen verwenden chemische Energie, um chemische Arbeit zu leisten, z. B. zur Zellreparatur und zum Zellwachstum, zur osmotischen Arbeit – um Materialien in die Zelle hineinzutransportieren – und zur mechanischen Arbeit für Kontraktion und Bewegung.

Letztendlich erhalten alle lebenden Organismen in der Biosphäre der Erde ihre Energie aus dem Sonnenlicht, welches durch die Kernfusion von Wasserstoff zu Heliumatomkernen bei den ungeheuer hohen Temperaturen der Sonne entsteht. Photosynthetisierende Zellen der Pflanzenwelt nehmen die Strahlungsenergie des Sonnenlichtes auf und verwenden sie zur Umwandlung von Kohlenstoffdioxid und Wasser in verschiedenartige energiereiche Pflanzenprodukte, wie z. B. Stärke und Cellulose. Während dieser Umwandlung setzen sie molekularen Sauerstoff in die Atmosphäre frei. Nicht photosynthetisierende Organismen erhalten die Energie für ihre Versorgung aus energiereichen pflanzlichen Produkten, indem sie diese mit atmosphärischem Sauerstoff zu Kohlenstoffdioxid und anderen Endprodukten oxidieren, die in die Umwelt zurückgeleitet und dort von der Pflanzenwelt wiederverwertet werden. Demnach ergeben sich weitere Axiome der molekularen Logik im lebenden Zustand:

> Die Energieversorgung aller Organismen erfolgt direkt oder indirekt durch die Sonnenenergie.
> Die Pflanzen- und Tierwelt – also alle lebenden Organismen – hängen durch Energie- und Stoffaustausch über ihre Umgebung voneinander ab.

Enzyme, die Katalysatoren der lebenden Zelle, beschleunigen strukturierte Sequenzen chemischer Reaktionen

Zellen können als „chemische Maschinen" wirken, weil sie *Enzyme* enthalten, d. h. Katalysatoren, die die Geschwindigkeit spezifischer chemischer Reaktionen stark beschleunigen, ohne dabei verbraucht zu werden. Enzyme sind hochspezialisierte Proteinmoleküle, die in den Zellen aus einfachen Bausteinen, den Aminosäuren, aufgebaut werden. Jeder Typ von Enzymen kann nur eine spezifische Art von chemischer Reaktion katalysieren. Deshalb werden hunderte verschiedene Arten von Enzymen für den Stoffwechsel jeder beliebigen Zelle benötigt. Enzyme sind spezifischer, haben eine höhere katalytische Effizienz und können besser unter Bedingungen von gemäßigter Temperatur und Wasserstoffionenkonzentration arbeiten als alle Katalysatoren, die von Chemikern hergestellt wurden. Enzyme können in Sekunden komplexe Reaktionsfolgen katalysieren, die in einem chemischen Laboratorium eine Arbeitszeit von Tagen, Wochen oder sogar Monaten beanspruchen würden. Dazu kommt, daß enzymkatalysierte Reaktionen mit hundertprozentiger Ausbeute ablaufen, es entstehen keine Nebenprodukte. Im Gegensatz dazu entstehen bei organisch-chemischen Reaktionen, im Laboratorium fast immer Nebenprodukte. Enzyme können die Reaktion eines Moleküls über einen ganz bestimmten Reaktionsweg beschleunigen, ohne daß gleichzeitig andere, an dem Molekül prinzipiell mögliche Reaktionen, stattfinden. Auf diese Weise kann der lebende Organismus gleichzeitig viele verschiedene chemische Reaktionen durchführen, ohne in einem Sumpf von nutzlosen Nebenprodukten stecken zu bleiben.

Die hunderte von enzymkatalysierten chemischen Reaktionen in Zellen sind zu vielen Sequenzen aufeinanderfolgender Reaktionen angeordnet. Diese Sequenzen können aus nur 2, oder in anderen Fällen aus mehr als 20 Reaktionsschritten bestehen. Einige dieser Sequenzen enzymkatalysierter Reaktionen bauen organische Nährstoffe zu einfachen Endstoffen ab, um chemische Energie zu gewinnen. Andere fangen mit kleinen Vorstufen-Molekülen an und bauen schrittweise große und komplexe Makromoleküle auf. Diese enzymkatalysierten Reaktionswege, die zusammen den Stoffwechsel der Zellen bilden, haben eine ganze Reihe von Querverbindungen.

Zellen benutzen chemische Energie

Lebende Zellen nehmen Energie hauptsächlich in Form chemischer Energie auf und speichern und transportieren sie größtenteils als *Adenosintriphosphat* (ATP). Diese Verbindung ist der wesentliche Träger chemischer Energie in den Zellen aller Lebewesen. ATP kann

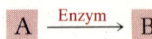

Abbildung 1-5
Enzyme beschleunigen die Geschwindigkeit spezifischer chemischer Reaktionen erheblich.

Abbildung 1-6
Häufig wirken viele Enzyme bei der Katalyse von Reaktionsfolgen zusammen.

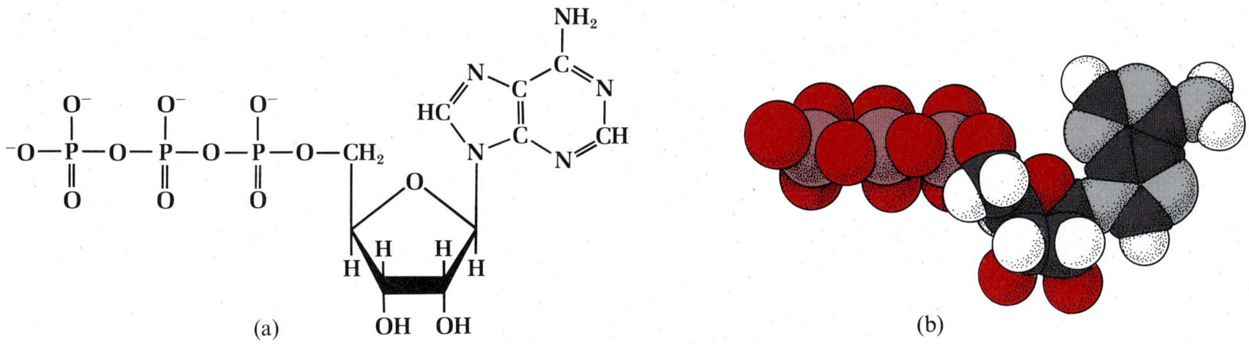

Abbildung 1-7
(a) Strukturformel und (b) Kalottenmodell des Adenosintriphosphats (ATP).

seine Energie auf bestimmte andere Biomoleküle übertragen, wobei seine terminale Phosphatgruppe abgespalten wird. Aus dem energiereichen ATP entsteht dabei das energieärmere *Adenosindiphosphat* (ADP), welches jedoch, unter Rückbildung von ATP, wieder eine Phosphatgruppe aufnehmen kann. Die dafür notwendige Energie stammt bei photosynthetisierenden Zellen aus der Sonnenenergie, bei Tierzellen aus chemischer Energie. Das ATP-System ist das herausragende Bindeglied zwischen zwei großen Systemen enzymkatalysierter Reaktionen in der Zelle. Eines dieser Systeme wandelt chemische Energie aus der Umgebung in eine für die Zelle verwertbare Energieform um, hauptsächlich durch Phosphorylierung des energiearmen ADP zum energiereichen ATP. Das andere System verbraucht die Energie des ATP für die Biosynthese von Zellkomponenten aus einfachen Vorstufen, für die Arbeit der Muskelkontraktion bei der Bewegung und für die osmotische Arbeit beim Transport durch Membranen. Ähnlich wie bei den Bausteinbiomolekülen sind auch die in logischer Reihenfolge miteinander verknüpften Netzwerke enzymkatalysierter Reaktionen in den meisten lebenden Organismen nahezu identisch.

Der Zellstoffwechsel wird ständig reguliert

Wachsende Zellen können gleichzeitig tausende verschiedene Arten von Protein- und Nucleinsäuremolekülen synthetisieren, und zwar

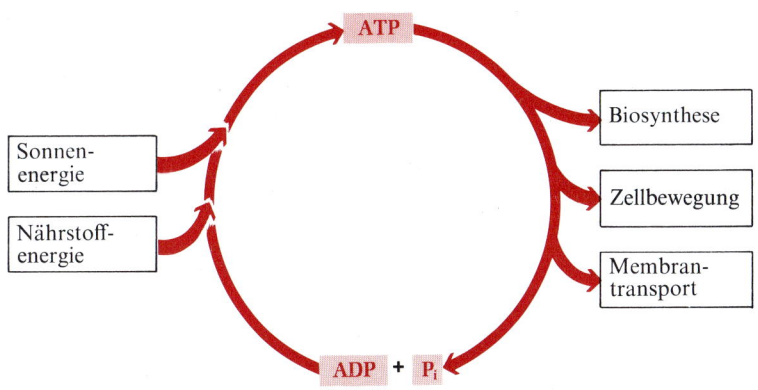

Abbildung 1-8
ATP ist ein chemischer Transmitter, der die Energiequellen mit den energieverbrauchenden Zellvorgängen verbindet.

genau in dem Verhältnis, das notwendig ist, um lebendes, funktionsfähiges, für die Spezies charakteristisches Protoplasma zu bilden. Die enzymkatalysierten Reaktionen des Stoffwechsels werden so genau reguliert, daß nur die erforderlichen Mengen der Bausteinmoleküle gebildet werden, die zur Herstellung einer bestimmten Anzahl von Molekülen jeder Art von Nucleinsäuren, jeder Art von Proteinen, und jeder Art von Lipiden oder Pflanzensacchariden notwendig sind. Lebende Zellen besitzen auch die Fähigkeit, die Synthese ihrer eigenen Katalysatoren, der Enzyme, zu regulieren. So kann die Zelle die Synthese von Enzymen, die für die Herstellung eines bestimmten Produkts aus seinen Vorstufen erforderlich ist, dann „abschalten", wenn das Produkt fertig aus der Umgebung aufgenommen werden kann. Diese Fähigkeiten zur Anpassung und Selbstregulation macht es den lebenden Zellen möglich, in einem Fließgleichgewicht (engl. steady-state) zu verweilen, selbst wenn ihre äußere Umgebung sich verändert. Wir können also ein weiteres Axiom der molekularen Logik im lebenden Zustand definieren:

> Lebende Zellen sind sich selbst regulierende chemische Maschinen, die nach dem Prinzip der größtmöglichen Wirtschaftlichkeit arbeiten.

Lebende Organismen reproduzieren sich mit großer Genauigkeit

Die bemerkenswerteste Eigenschaft der lebenden Zellen ist ihre Fähigkeit, sich über hunderte und tausende von Generationen mit fast vollkommener Genauigkeit zu reproduzieren. Drei Merkmale sind offensichtlich.

Erstens: Lebende Organismen sind so ungeheuer komplex, daß die Menge der zu übertragenden genetischen Informationen in keinem Verhältnis zur Winzigkeit ihres Zellkernes, dem Aufbewahrungsort dieser Informationen, zu stehen scheint. Wir wissen heute, daß die gesamte genetische Information einer Bakterienzelle in einem einzigen großen Molekül der *Desoxyribonucleinsäure* (DNA) enthalten ist. Die um vieles größere Menge an genetischer Information einer menschlichen Keimzelle ist in einem Satz von DNA-Molekülen verschlüsselt, deren Gesamtgewicht nur 6×10^{-12} g (6 pg) beträgt. Damit haben wir ein weiteres Axiom der molekularen Logik im lebenden Zustand gefunden:

> Die genetische Information ist in submolekularen Einheiten verschlüsselt; diese Einheiten sind die vier Arten von Nucleotiden, aus denen DNA zusammengesetzt ist.

Eine zweite bemerkenswerte Eigenschaft der Replikation in lebenden Organismen ist die außergewöhnliche Beständigkeit der genetischen Information in DNA. Sehr wenige der frühen historischen

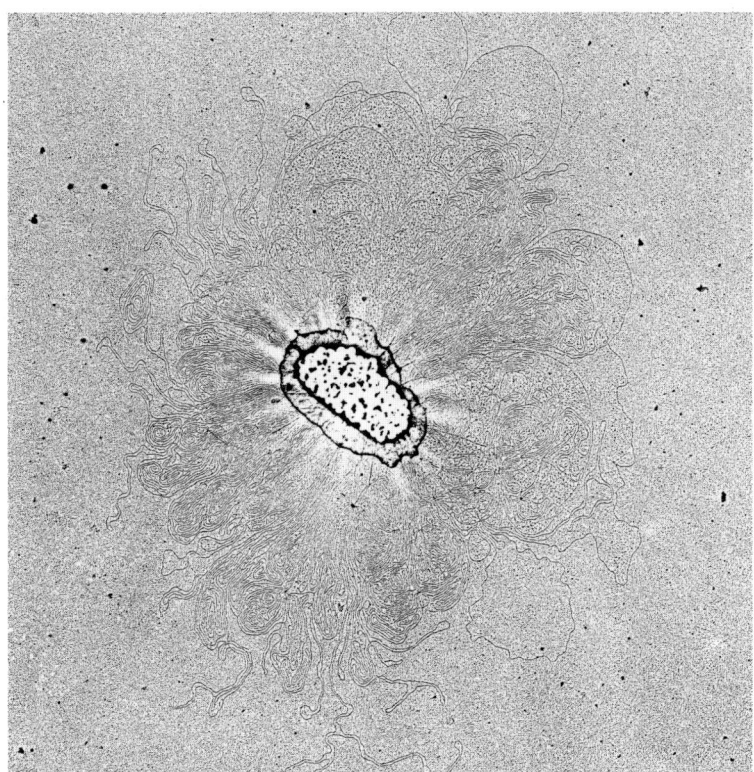

Abbildung 1-9
Ein einzelnes DNA-Molekül, wie es aus einer geplatzten Zelle des Bakteriums *Hämophilus influenzae* austritt. Das DNA-Molekül ist mehrere hundert mal länger als die Zelle.

Aufzeichnungen hatten eine lange Lebensdauer, obwohl sie in Kupfer gestochen oder in Stein gehauen waren. Die Schriftrollen des Toten Meeres und der Rosettastein, die Schlüssel zur Entzifferung der ägyptischen Hieroglyphen, sind nur wenige tausend Jahre alt. Man kann jedoch mit Sicherheit annehmen, daß viele heute lebende Bakterien nahezu dieselbe Größe, Form und innere Struktur haben, und daß sie dieselben Arten von Bausteinmolekülen und von Enyzmen enthalten, wie jene, die vor Milliarden von Jahren lebten, und dies trotz der Tatsache, daß Bakterien wie alle Organismen einem ständigen Wandel während der Evolution unterliegen. Genetische Information wird nicht auf Kupferplatten oder Stein, sondern in Form von DNA aufbewahrt. Dieses organische Molekül ist so empfindlich, daß es, isoliert und in Lösung, in viele Stücke zerbricht, wenn die Lösung auch nur gerührt oder pipettiert wird. Sogar in der intakten Zelle zerbrechen DNA-Stränge häufig, werden hier jedoch schnell und automatisch repariert. Die bemerkenswerte Fähigkeit lebender Zellen, ihr genetisches Material zu bewahren, ist eine Folge der *strukturellen Komplementarität* von Nucleinsäuren: ein DNA-Strang dient jeweils als Matrize oder Muster für die enzymatische Replikation oder Reparatur eines strukturell komplementären DNA-Stranges. Trotz der fast perfekten Genauigkeit der genetischen Replikation geschieht es dennoch zuweilen, daß es zu kleinen Veränderungen in der DNA, zu sogenannten *Mutationen*, kommt, die manchmal zu besseren oder besser angepaßten Nachkommen führen, manchmal jedoch auch die Nachkommenschaft in ihrer Lebensfähigkeit stark einschränken. Auf diese Weise können lebende Organismen ihre Lebensfähigkeit kontinuierlich verbessern und somit einer Differenzierung und weiteren Evolution der neuen Spezies Raum schaffen, während ihre Umgebung sich verändert.

Es gibt noch ein drittes bemerkenswertes Charakteristikum für die Übertragung genetischer Information in lebenden Organismen. Die genetische Information ist festgelegt in Form einer linearen, eindimensionalen Sequenz der Nucleotidbausteine der DNA. Lebende Zellen sind jedoch dreidimensional, wie auch ihre Bestandteile oder Komponenten dreidimensional sind. Die eindimensionale Information der DNA wird in die für lebende Organismen spezifische dreidimensionale Information überführt, und zwar durch die Translation der DNA-Struktur in eine Proteinstruktur. Diese Translation geschieht mit Hilfe der Ribonucleinsäure (RNA). Im Gegensatz zu DNA-Molekülen, die alle grundsätzlich dieselbe Form besitzen, knäueln sich verschiedene Proteinmoleküle spontan auf und falten sich zu einer enormen Vielfalt von spezifischen dreidimensionalen Strukturen, von denen eine jede eine spezifische Funktion besitzt. Die exakte Form jedes Proteintyps ergibt sich aus einer Aminosäuresequenz, welche wiederum durch die Nucleotidsequenz der DNA festgelegt ist.

Jetzt können wir die verschiedenen Axiome der molekularen Logik in Zellen zusammenfassen:

Eine lebende Zelle ist ein sich selbst aufbauendes, regulierendes und fortpflanzendes isothermes System organischer Moleküle, welches freie Energie und Rohstoffe aus seiner Umgebung aufnimmt.
Sie führt viele hintereinandergeschaltete organische Reaktionen durch, die durch zelleigene organische Katalysatoren ermöglicht werden.
Sie hält sich in einem dynamischen Fließgleichgewicht, das deutlich von dem Gleichgewichtszustand ihrer Umgebung abweicht.
Sie funktioniert nach dem Prinzip der größtmöglichen Wirtschaftlichkeit im Hinblick auf ihre Bestandteile und Reaktionsabläufe.
Ihre fast exakte Selbstreproduktion (Replikation) wird für viele Generationen durch ein sich selbst reparierendes lineares Codierungssystem sichergestellt.

Das Ziel der Biochemie ist zu verstehen, wie die Wechselwirkung der Biomoleküle untereinander diese Charakteristika im lebenden Zustand hervorbringt. Nirgendwo in unseren Untersuchungen sind wir auf Verletzungen bekannter physikalischer Gesetze gestoßen, noch war es notwendig, neue Gesetze zu schaffen. Die „weiche" organische Maschinerie der lebenden Zellen hält sich an dieselben Gesetze, denen auch die vom Menschen erfundenen Maschinen unterliegen. Die chemischen Reaktionen und Regulationsprozesse der Zellen

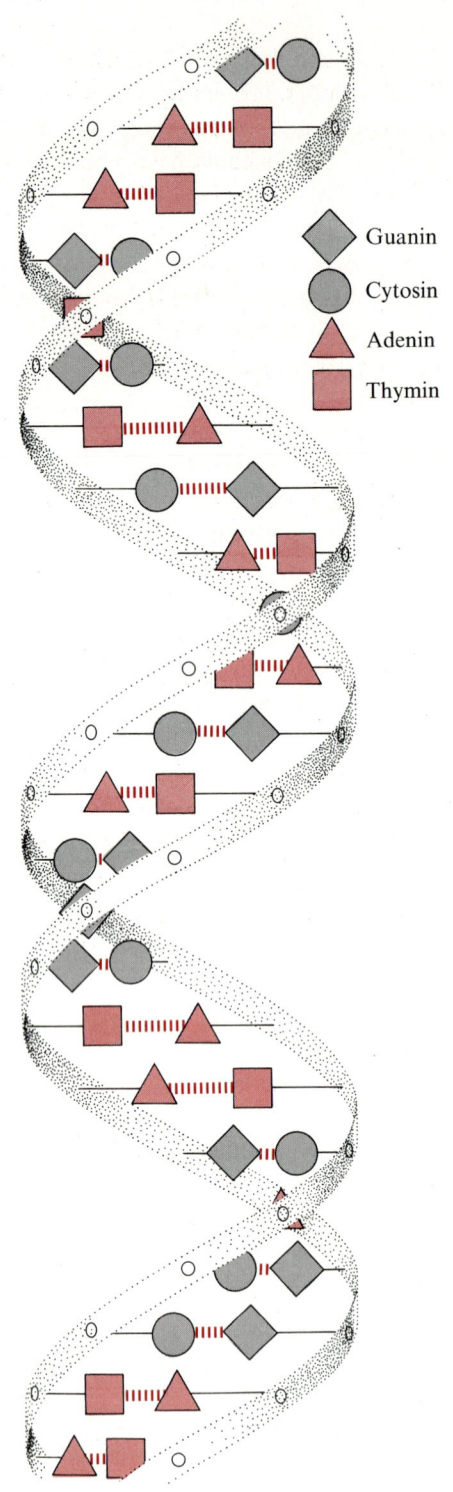

Abbildung 1-10
Komplementäre Anordnung der codierenden Elemente der beiden DNA-Stränge.

sind jedoch den Fähigkeiten der chemischen Technologie weit voraus.

Diese Sammlung von Prinzipien, die eine Zusammenfassung der molekularen Logik im lebenden Zustand darstellt, scheint auf alle Zellen anwendbar zu sein, obwohl wir diese Aussagen als allzu vereinfacht und mechanisch empfinden könnten. Kann eine solche molekulare Logik im lebenden Zustand auch auf sehr viel komplexere multizelluläre Organismen, besonders auf höhere Lebensformen, angewandt werden? Kann sie auch auf den menschlichen Organismus, mit seiner außergewöhnlichen und einzigartigen Fähigkcit des Denkens, Sprechens, und der Kreativität angewandt werden? Wir können darauf jetzt noch keine Antwort geben, obwohl wir heute schon wissen, daß die Entwicklung und das Verhalten höherer Organismen von chemischen Substanzen abhängig ist und auch durch sie verändert werden kann, und deshalb auf einer biochemischen Grundlage beruhen könnte. Wir müssen jedoch mit der Beantwortung dieser größeren Fragen noch einige Zeit warten, denn heute kennt die Wissenschaft der Biochemie erst einen sehr kleinen Teil von dem, was es über lebende Organismen zu wissen gibt.

In dieser, der Orientierung dienenden Übersicht stellen wir fest, daß die Biochemie einer Reihe von übergeordneten Prinzipien unterworfen ist. Sie stellt also keine bloße Sammlung unzusammenhängender chemischer Fakten über die belebte Materie dar. Wenn wir jetzt das Studium der Biochemie beginnen, sollten uns diese übergeordneten Grundprinzipien als Gerüst dienen, auf dem wir aufbauen können. In diesem Buch beschreiben wir zuerst die verschiedenen Klassen von Biomolekülen. Anschließend werden wir die isothermen, hintereinandergeschalteten, selbstregulierenden, enzymkatalysierten Reaktionen, die den Stoffwechsel und den Austausch von Materie und Energie zwischen dem Organismus und der Umgebung ermöglichen, analysieren. Schließlich werden wir die molekularen Grundlage der Selbstreplikation der Zellen und die Translation der eindimensionalen Information der DNA zu dreidimensionalen Proteinen betrachten. Zwischendurch werden wir sehen, daß die Biochemie außerdem neue und wichtige Einblicke in die menschliche Physiologie und Ernährung, die Medizin, Pflanzenbiologie und Landwirtschaft, sowie in die Evolution und Ökologie, die großen Kreisläufe der Energie und Materie zwischen der Sonne, der Erde, sowie der Pflanzen- und Tierwelt, gewährt.

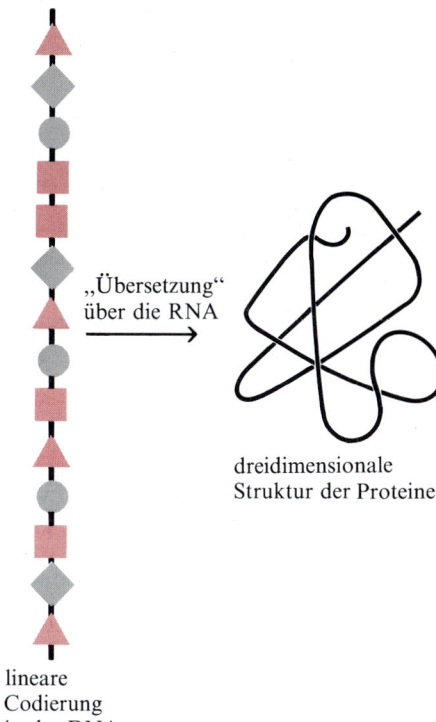

Abbildung 1-11
Die lineare Nucleotidsequenz der DNA wird in die dreidimensionale Struktur der Proteine „übersetzt".

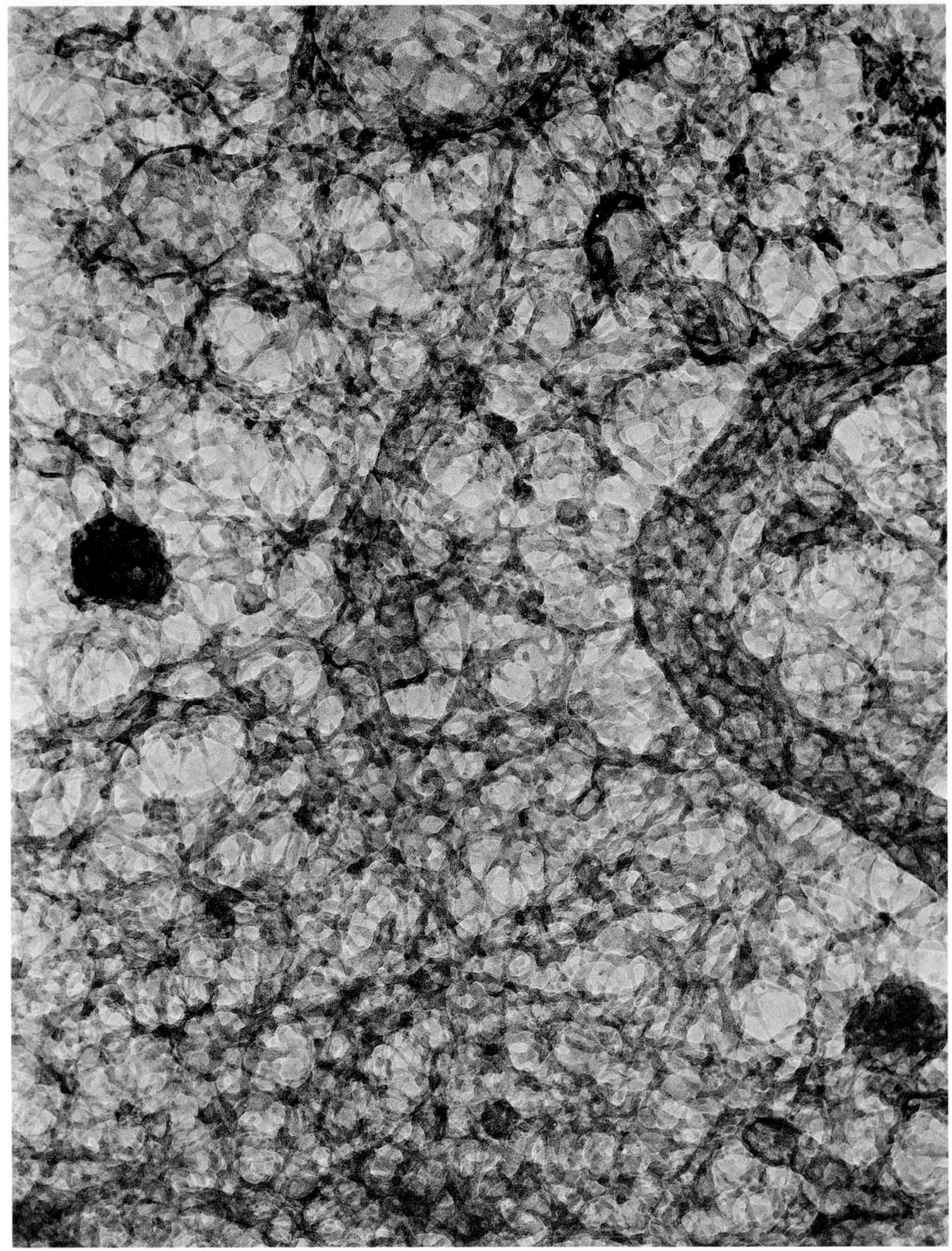

Kapitel 2
Zellen

Der Leser mag sich wundern, daß eine Diskussion der Biochemie mit der Besprechung von Zellen beginnt. Einige von Ihnen können sich sogar bereits mit Zellbiologie beschäftigt haben; dennoch ist es wichtig, hier mit der Biologie von Zellen zu beginnen, weil sich die meisten biochemischen Reaktionen in Zellen und nicht in Reagenz- oder Bechergläsern abspielen. Ein Hauptunterschied zwischen der Biochemie und der „gewöhnlichen" Chemie besteht darin, daß biochemische Reaktionen in den Beschränkungen ablaufen, die durch die Größe und innere Unterteilung von Zellen vorgegeben ist, und unter physikalischen und chemischen Bedingungen, die mit dem Leben der Zellen vereinbar sind.

Wir lassen gewöhnlich chemische Reaktionen in Reaktionsgefäßen aus nichtbiologischem Material ablaufen, die zudem noch ungeheuer groß im Vergleich zu den sich umwandelnden Molekülen sind. Außerdem benötigen chemische Reaktionen im Labor oft hohe Temperaturen oder Drücke, aggressive Reagenzien oder die Zufuhr elektrischer Energie; häufig lassen wir sie in organischen Lösungsmitteln ablaufen. Im Gegensatz dazu spielen sich die biochemischen Reaktionen in den extrem kleinen lebenden Zellen oder in deren „Kompartimenten" ab, deren Wände fragil und nur wenige Moleküle dick sind. Außerdem finden biochemische Reaktionen in wäßrigem Medium bei relativ niedriger und konstanter Temperatur statt. Zellen können weder extreme Temperaturen, Drücke oder Säuregehalte noch die Gegenwart aggressiver Reagenzien vertragen. Bei der Chemie der Lebensprozesse müssen wir den Einfluß des Zelldurchmessers sowie der biologischen Struktur und Aktivität der Zelle berücksichtigen. Wir müssen außerdem zwei verschiedene Gesichtspunkte beachten, nämlich den des Chemikers und den des Zellbiologen.

In diesem Kapitel wollen wir uns darum zunächst auf die Struktur und die biochemische Aktivität einiger repräsentativer Zellen konzentrieren. In späteren Kapiteln werden solche Beziehungen dann eingehend diskutiert werden.

Der Irrgarten des Cytoplasmas! Sehr starke Vergrößerung des komplexen Geflechtes oder Gitters sehr feiner Filamente, die die „Grundsubstanz" tierischer Zellen bilden. Dieses Netz, das durch die übliche Elektronenmikroskopie nicht sichtbar gemacht werden kann, wurde kürzlich durch Verwendung eines neuen Elektronenmikroskopes mit sehr großem Auflösungsvermögen entdeckt. Dieses Bild zeigt nur einen sehr kleinen Ausschnitt des Zell-Cytoplasmas, das von diesem komplexen, dreidimensionalen Netz durchzogen wird.

Alle Zellen besitzen einige gemeinsame Strukturmerkmale

Zellen sind die strukturellen und funktionellen Einheiten lebender Organismen. Der kleinste Organismus besteht aus einer einzigen Zelle; im Gegensatz dazu schätzt man, daß der menschliche Körper wenigstens 10^{14} Zellen enthält. Es gibt viele verschiedene Arten von Zellen, die sich sehr stark in ihrer Größe, Form und Funktion unterscheiden. In einer Handvoll Gartenerde oder einer Tasse Teichwasser können Dutzende verschiedene Arten einzelliger Organismen vorhanden sein. In jedem höheren, multizellulären Organismus, z. B. im menschlichen Körper oder aber in einer Getreidepflanze, befinden sich Dutzende oder Hunderte verschiedener Zellarten, die alle hochspezialisiert sind und in Form von Geweben und Organen zusammenwirken. Wie groß und komplex ein Organismus auch sein mag, ein gewisses Maß an Individualität und Unabhängigkeit bleibt jeder seiner Zellen erhalten.

Trotz der erheblichen äußerlichen Unterschiede sind die verschiedenen Arten von Zellen in ihren grundsätzlichen strukturellen Eigenschaften erstaunlich ähnlich (Abb. 2-1): Jede Zelle besitzt eine sehr dünne Membran, die es ihr erlaubt, in sich abgeschlossen und weitgehend eigenständig zu sein. Diese Zellmembran, auch *Plasmamembran* oder *Cytoplasmamembran* genannt, ist selektiv permeabel. Durch sie hindurch können Nährstoffe und Salze in die Zelle hinein und Abfallprodukte aus der Zelle heraus gelangen. Normalerweise verhindert sie, daß nicht benötigte Substanzen aus der Umgebung eindringen. In allen Zellen ist der molekulare Aufbau der Plasmamembran grundsätzlich gleich. Sie besteht aus zwei Schichten von Lipidmolekülen, in die eine Vielzahl spezialisierter Proteine eingebettet ist. Einige dieser Membranproteine sind Enzyme, andere können Nährstoffe aus der Umgebung an sich binden und sie in die Zelle hineintransportieren. Innerhalb der Zelle befindet sich das *Cytoplasma*, in dem sich die meisten enzymkatalysierten Reaktionen des Zellstoffwechsels abspielen. Hier verwenden die Zellen chemische Energie, um Arbeit zu leisten, die dazu dient, ihre Struktur aufzubauen und zu erhalten und Zellbewegungen und Kontraktionen auszuführen. Das Cytoplasma aller Zellen enthält auch *Ribosomen*, kleine Partikel mit einem Durchmesser von 18 bis 22 nm, an denen die Proteinsynthese abläuft. Alle lebenden Zellen besitzen entweder einen *Zellkern* (Nucleus) oder einen Kernkörper, in dem das genetische Material repliziert und in Form von Desoxyribonucleinsäure (DNA) gespeichert wird.

Zellen müssen sehr kleine Abmessungen haben

Zellen besitzen eine weitere wichtige Eigenschaft: Sie sind notwendigerweise alle sehr klein. In Laboratorien lassen wir normalerweise

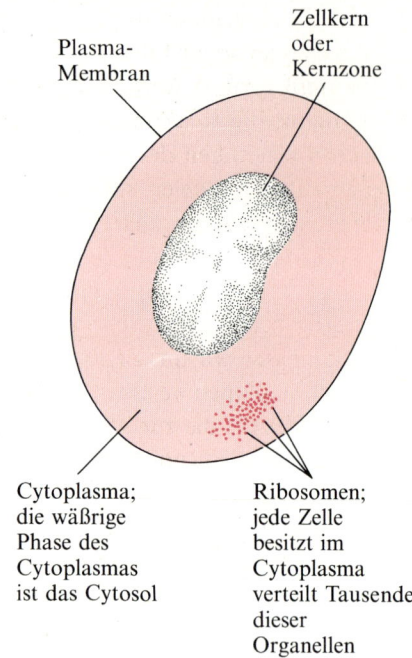

Abbildung 2-1
Alle Zellen besitzen eine sie umgebende Membran, einen Zellkern oder eine Kernzone und Ribosomen. Später werden wir sehen, daß es zwei Zellarten gibt, die sich in noch anderen strukturellen Aspekten voneinander unterscheiden.

chemische Reaktionen in Gefäßen mit einem Volumen von vielen Millilitern oder sogar Litern ablaufen. Der Inhalt dieser Reaktionsgefäße muß gerührt werden, um die Reagenzien gründlich zu mischen, damit die Reaktionsgeschwindigkeit nicht durch die Diffusionsgeschwindigkeit der reagierenden Moleküle begrenzt wird. In lebenden Zellen spielen sich biochemische Reaktionen jedoch in Kompartimenten von mikroskopischer Größe ab. So beträgt z. B. das Volumen einer Zelle des Bakteriums *Escherichia coli* nur 2×10^{-12} Milliliter (ml). Um die Konsequenzen der Zellgröße für die chemischen Aspekte der Zellaktivitäten richtig beurteilen zu können, müssen wir uns zuerst mit den Abmessungen der Biomoleküle und der Zellen vertraut machen. Tab. 2-1 zeigt die wichtigen Längeneinheiten, die zur Angabe der Größe von Zellen verwendet werden: *Nanometer* (nm) und *Mikrometer* (µm). Obwohl ältere Einheiten wie *Angström* (Å), oder ältere Namen wie *Mikron* immer weniger verwendet werden, sollte man sie trotzdem noch kennen. Um die Größe von Zellen richtig beurteilen zu können, ist in Tab. 2-2 die Größe einiger wichtiger biologischer Strukturen zusammengestellt. Sie finden hier die Größe einiger kleiner Biomoleküle (Alanin und Glucose), die einiger Makromoleküle (drei Proteine und ein Lipid), die von zusammengesetzten Systemen (Ribosomen und Viren) von Zellorganellen (Mitochondrien und Chloroplasten), sowie die eines Bakteriums und einer Leberzelle. Viele Bakterienzellen haben ungefähr eine Länge von 2 µm, die meisten Zellen höherer Tiere eine Länge von 20 oder 30 µm.

Man kann sich fragen, warum lebende Zellen gerade diese Abmessungen besitzen. Warum sind Zellen nicht viel kleiner oder viel größer als wir es festgestellt haben? Dafür gibt es wichtige Gründe. Die kleinsten vollständigen Zellen, Mikroorganismen, die als *Mycoplasmen* bekannt sind, könnten nicht viel kleiner sein, als sie tatsächlich sind. Die Größe der Bausteinmoleküle, aus denen ihre organische Substanz besteht, ist nämlich vorgegeben durch die Radien der Kohlenstoff-, Wasserstoff-, Sauerstoff- und Stickstoffatome. Da ein Minimum verschiedener Biomoleküle für das Leben erforderlich ist, müßten noch kleinere Zellen aus kleineren Atomen oder Molekülen zusammengesetzt sein; dies ist natürlich nicht möglich.

Auf der anderen Seite können Zellen auch nicht viel größer sein, weil die Stoffwechselgeschwindigkeit dann durch die Diffusion der Nährstoffmoleküle in das Innere der Zelle begrenzt würde. Dadurch würde auch die Fähigkeit der Zellen, ihren Stoffwechsel zu regulieren, eingeschränkt. Die obere Grenze der Zellgröße ist deshalb durch die Grundgesetze der Physik limitiert, die die Diffusion gelöster Moleküle in wäßrigen Systemen beschreiben. Tatsächlich ist bei den größten Zellen das Cytoplasma in Sub-Strukturen, die *Zellorganellen*, unterteilt. Dies ist der Fall, um eine schnelle Wechselwirkung zwischen spezifischen Molekülen zu erleichtern, indem die zurückzulegende Distanz bis zum Zusammenstoß und zur Reaktion verkürzt wird. Der einfachste Grund, warum Zellen so klein sind, ist

Tabelle 2-1 Einige physikalische Größen und Einheiten, Vorsätze und häufig verwendete Längeneinheiten.

Basisgrößen	Basiseinheiten
Länge	Meter (m)
Masse	Kilogramm (kg)
Zeit	Sekunde (s)

Vorsätze

10^3, kilo (k)	10^{-3}, milli (m)
10^6, mega (M)	10^{-6}, mikro (µ)
10^9, giga (G)	10^{-9}, nano (n)

In der Zellbiologie und Biochemie gebräuchliche Längeneinheiten

Nanometer (nm)	= 10^{-9} m
	= 10^{-6} mm
	= 10^{-3} µm
Mikrometer (µm)	= 10^{-6} m
	= 10^{-3} mm
	= 1000 nm

Ältere, aber noch häufig benutzte Einheiten

1 Mikron (µ) = 1 Mikrometer (µm)
1 Millimikron (mµ) = 1 Nanometer (nm)
1 Ångström (Å) = 0.1 Nanometer (nm)

Tabelle 2-2 Die Länge einiger biologischer Strukturen.

Struktur	Länge nm
Alanin, eine Aminosäure	0.5
Glucose, ein Zucker	0.7
Phosphatidylcholin, ein Membran-Lipid	3.5
Myoglobin, ein kleines Protein	3.6
Hämoglobin, ein mittelgroßes Protein	6.8
Ribosom von *E. coli*	18
Poliomyelitis-Virus	30
Myosin, ein langes, stäbchenförmiges Protein	160
Tabakmosaikvirus	300
Mitochondrium einer Leberzelle	1 500
E.-coli-Zelle	2 000
Chloroplast aus der Zelle eines Spinatblattes	8 000
Leberzelle	20 000

darin zu sehen, daß sie ohne mechanische oder elektrische Rührgeräte zurecht kommen müssen. Ein weiterer Grund ist der, daß es ein optimales Verhältnis zwischen der Oberfläche der Zellen und ihrem Volumen gibt. Eine große Oberfläche im Verhältnis zum Zellvolumen ermöglicht es, daß pro Zeiteinheit viele Nährstoffmoleküle in die Zelle gelangen. Das Verhältnis der Oberfläche zum Volumen eines Körpers verkleinert sich bei einer Vergrößerung des Körpers. (Hier ein Beispiel: Berechnen Sie das Verhältnis Oberfläche/Volumen für Kugeln von 1, 10 und 100 μm Durchmesser. Die Oberfläche einer Kugel ist durch $4\pi r^2$, ihr Volumen durch $4/3 \pi r^3$ gegeben, wobei r der Radius ist und $\pi = 3.14$).

Es gibt zwei große Klassen von Zellen: Prokaryoten und Eukaryoten

Die einfachsten und kleinsten Zellen, die auch als erste entstanden sind, werden als *Prokaryoten* bezeichnet. Hierzu gehören die verschiedenen Familien einzelliger Mikroorganismen, die generell als *Bakterien* bekannt sind. *Prokaryoten-Zellen* waren die ersten vorkommenden Zellen während der biologischen Evolution. Fossile Überreste solcher Zellen werden auf über 3 Milliarden Jahre zurückdatiert und wurden in altem Schieferton in Afrika (Abb. 2-2) und in Australien gefunden. *Eukaryoten-Zellen* entstanden vielleicht eine Milliarde Jahre nach den Prokaryoten und sind viel größer und komplexer. Sie weisen ein weites Spektrum an Variabilität und Differenzierung auf. Dies ist der Typ von Zellen, der in allen multizellulären Tieren, Pflanzen und Pilzen vorkommt.

Die Begriffe Prokaryoten und Eukaryoten leiten sich vom griechischen Wort *Karyon* ab, das „Nuss" oder „Kern", d. h. Zellkern, bedeutet. Prokaryot bedeutet „vor dem Zellkern" und Eukaryot „mit gut entwickeltem Zellkern". Bei Prokaryoten-Zellen ist das genetische Material innerhalb eines Areals lokalisiert, das als *Nucleoid* bezeichnet wird. Dieser Bereich ist gegen den Rest der Zelle durch keine Membran abgegrenzt. Eukaryoten besitzen andererseits einen hochentwickelten und sehr komplexen Zellkern, der von einer *Zellkernmembran* – bestehend aus einer Doppelmembran – umgeben ist. Im folgenden sollen Prokaryoten und Eukaryoten näher betrachtet werden.

Die Prokaryoten sind die kleinsten und einfachsten Zellen

Zu den Prokaryoten gehören etwa 3000 Spezies von Bakterien, einschließlich der Organismen, die gewöhnlich als *Blaugrünalgen* bezeichnet werden. Die Blaugrünalgen sind eine besondere Familie der Bakterien, deren moderner und bevorzugter Name *Cyanobakterien*

Abbildung 2-2
Dieses bakterienähnliche Mikrofossil, das in Südafrika in einer Ablagerung eines kieselartigen Steines – dem schwarzen Feuerstein – gefunden wurde, ist etwa 3.4 Milliarden Jahre alt. Es ist eines der ältesten der heute bekannten Fossilien und erhielt deshalb den Namen: *Eobakterium isolatum*, „einziges Bakterium am Lebensanfang".
Die kurze Linie rechts unter dem Bild und unter den folgenden Bildern gibt den Maßstab an (beachte: 1 μm entspricht 0/10 000 cm).

(Cyano = blau) ist. Sie werden deshalb als eigene Gruppe angesehen, weil sie häufig ein sauerstoffbildendes photosynthetisierendes System besitzen, das dem der höheren grünen Pflanzen ähnelt. Zwar sind auch einige andere Klassen von Bakterien zur Photosynthese befähigt, doch setzen diese keinen Sauerstoff frei. Die meisten Spezies von Bakterien sind nicht-photosynthetisierend und beziehen ihre Energie aus dem Abbau von Nährstoffen aus ihrer Umgebung. Es gibt mehr als 20 unterschiedliche Familien von Prokaryoten, die nach ihrer Form (Abb. 2-3), ihrer Bewegungsfähigkeit, ihrer Anfärbbarkeit mit bestimmten Farbstoffen, ihren bevorzugten Nährstoffen oder den von ihnen hergestellten Produkten klassifiziert und benannt werden. Einige Bakterien sind *pathogen* (krankheitserregend), viele sind jedoch sehr nützlich. Unter den Prokaryoten gibt es Familien mit sehr kleinen Zellen, die normalerweise als Parasiten innerhalb anderer Zellen leben.

Prokaryoten-Zellen bilden einen sehr wichtigen Teil der gesamten Biomasse der Erde, obwohl sie mit bloßem Auge nicht gesehen werden können und uns daher nicht so bekannt sind wie höhere Tiere

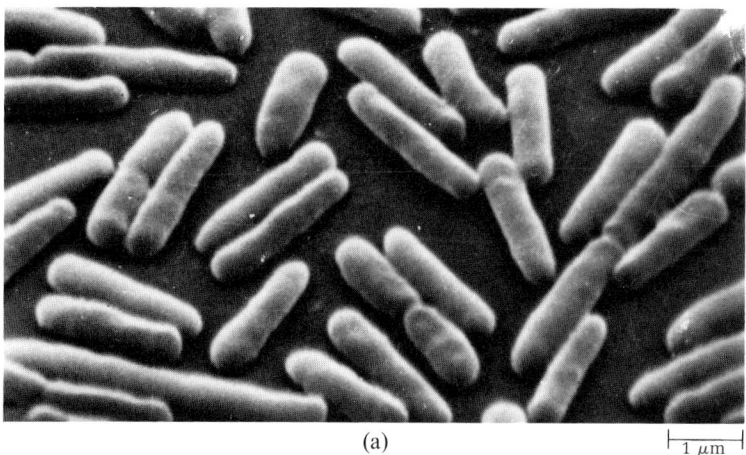

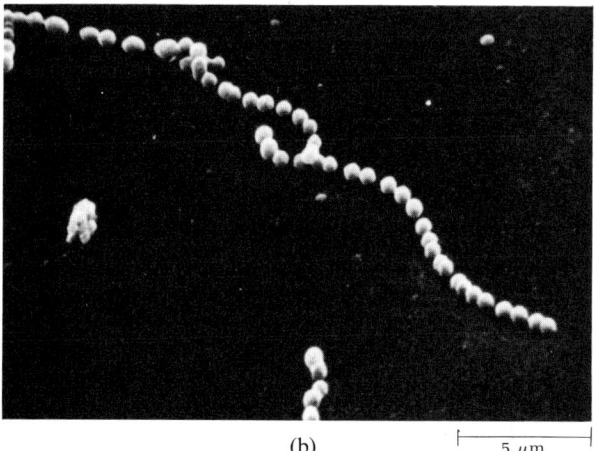

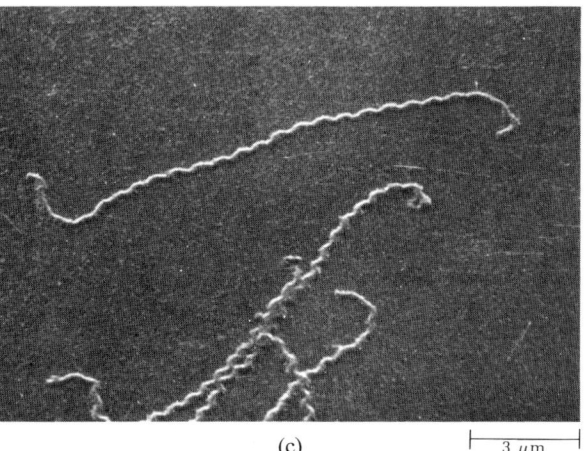

Abbildung 2-3
Einige Prokaryoten wurden nach ihrer Form klassifiziert und benannt.
(a) Zu den stäbchenförmigen Bazillen gehören die pathogenen Erreger von Diphtherie und Tetanus.
(b) Kokken sind kugelförmige Bakterien. Manchmal lagern die sich zu Paaren (Diplokokken), Haufen (Staphylokokken) oder Strängen (die hier abgebildeten Streptokokken) zusammen. Die Erreger des Scharlachs, sowie einiger Formen von Lungenentzündung und Wundinfektionen, sind Kokken.
(c) Die spiralförmigen Spirillen sind ziemlich lang (bis zu 500 μm). Die abgebildeten sind 10-15 μm lang. Der Erreger der Syphilis gehört zu dieser Klasse von Mikroorganismen.

und Pflanzen. Ungefähr drei Viertel der Biomasse besteht aus mikroskopisch kleinen Organismen, von denen die meisten Prokaryoten sind. Außerdem spielen Prokaryoten beim biologischen Austausch von Materie und Energie auf der Erde eine wichtige Rolle. Photosynthetisierende Bakterien im Süß- und im Salzwasser nehmen Sonnenenergie auf und verwenden sie zur Herstellung von Kohlenhydraten und weiteren Zellbestandteilen, die wiederum von anderen Lebensformen als Nahrung aufgenommen werden. Einige Bakterien können molekularen Stickstoff (N_2) aus der Atmosphäre binden, um biologisch nützliche stickstoffhaltige Verbindungen zu synthetisieren. Prokaryoten bilden deshalb den Anfang vieler Nahrungsketten in der Biosphäre. Darüberhinaus stellen sie aber auch oft die „Endverbraucher" dar, denn eine ganze Reihe von Bakterienarten zersetzen die organischen Strukturen toter Pflanzen und Tiere und geben die Endprodukte an die Atmosphäre, die Erde und das Meer zurück. Hier werden die Elemente Kohlenstoff, Stickstoff und Sauerstoff im biologischen Cyclus wiederverwendet.

Prokaryoten-Zellen sind wegen ihrer einfachen Struktur, weil sie sich in großer Menge schnell und einfach züchten lassen und wegen ihres relativ unkomplizierten Mechanismus der Reproduktion und Übertragung genetischer Information für die biochemische und molekularbiologische Forschung besonders wichtig. Unter optimalen Bedingungen teilt sich das Bakterium *E. coli* bei 37 °C in einem einfachen Nährstoffmedium aus Glucose, Ammoniumsalzen und Mineralstoffen alle 20 bis 30 Minuten. Eine weitere wichtige Eigenschaft der Prokaryoten-Zellen ist ihre einfache ungeschlechtliche Vermehrung. Sie wachsen, bis sie ihre doppelte Größe erreicht haben, und teilen sich dann in zwei identische Tochterzellen, von denen jede eine Kopie des genetischen Materials (DNA) der ursprünglichen Zelle erhält. Prokaryoten-Zellen haben nur ein Chromosom, welches aus einem doppelsträngigen DNA-Molekül besteht. Außerdem können in Prokaryoten genetische Mutanten leicht induziert und weitergezüchtet werden. Wegen dieser Eigenschaften haben Bakterien viel zu unserem Verständnis der fundamentalen molekularen Vorgänge bei der Übermittlung genetischer Information beigetragen.

Escherichia coli ist die am besten untersuchte Prokaryoten-Zelle

Escherichia coli (Abb. 2-4) ist der am intensivsten untersuchte Prokaryot und wahrscheinlich die am besten untersuchte Zelle überhaupt. Sie ist ein normalerweise harmloser Bewohner des Verdauungstraktes des Menschen. *E.-coli*-Zellen sind ungefähr 2 μm lang und haben einen Durchmesser von etwas weniger als 1 μm. Sie besitzen eine schützende Zellwand, deren Innenseite mit einer zarten Zellmembran ausgekleidet ist. Von der Membran umgeben ist das Cytoplasma, sowie ein Nucleoid, das ein einziges Molekül doppelsträngi-

Kapitel 2 Zellen 23

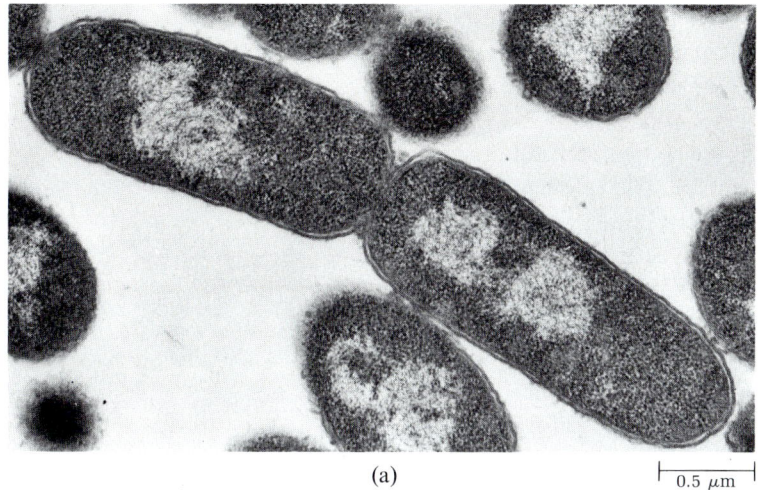

(a) |—— 0.5 μm ——|

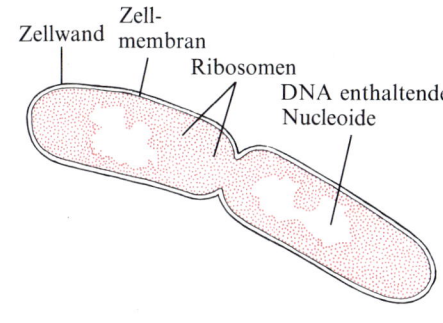

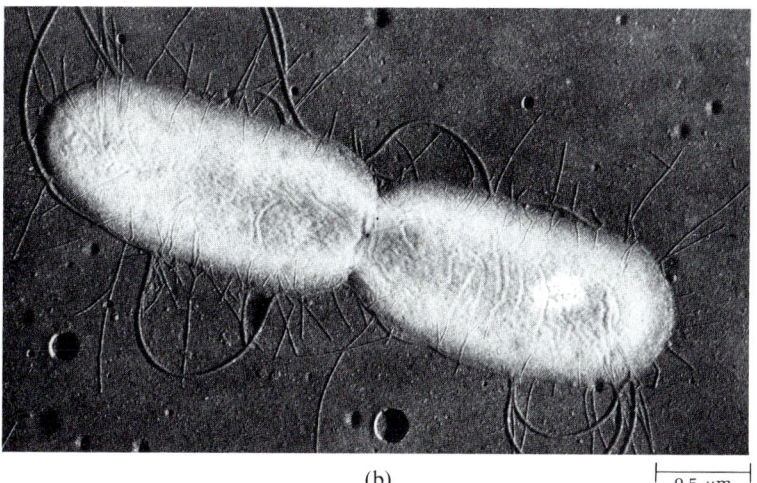

(b) |—— 0.5 μm ——|

Abbildung 2-4
Zwei Bilder der *E.-coli*-Zelle.
(a) Eine elektronenmikroskopische Aufnahme von einem Dünnschnitt. In der Mitte befinden sich zwei Zellen, die gerade die Zellteilung beendet, sich aber noch nicht getrennt haben. Die weniger dichten, zentralen Bereiche in jeder Zelle sind die Kernzonen oder Nucleoide, welche die DNA enthalten. Die sehr dichten Granula im Cytoplasma sind Ribosomen.
(b) Rasterelektronenmikroskopische Abbildung der Oberfläche einer *E.-coli*-Zelle. Die Pili und Geißeln sind gut zu erkennen.

ger DNA in Form einer sehr langen endlosen Schleife, oft als *Ring* bezeichnet, enthält. Das DNA-Molekül einer *E.-coli*-Zelle ist fast 1 000mal so lang wie die Zelle selbst und muß deshalb sehr eng gefaltet sein, um in das Nucleoid, das in seiner Ausdehnung normalerweise weniger als 1 μm beträgt, hineinzupassen. Wie bei allen Prokaryoten ist auch das genetische Material von *E. coli* von keiner Membran umgeben. Zusätzlich zum Hauptanteil der DNA in den Nucleoiden enthält das Cytoplasma der meisten Bakterien noch kleine, ringförmige Segmente von DNA, die als *Plasmide* bezeichnet werden. Später werden wir sehen, daß dies abgelöste, nahezu unabhängige genetische Elemente sind, die heute wichtige neue Entwicklungen in der genetischen Biochemie und der Gentechnologie ermöglicht haben.

Die äußere Zellwand der *E.-coli*-Zellen ist von einer Schicht aus einer schleimigen Substanz umhüllt, aus der kurze, haarähnliche Strukturen, *Pili* genannt, hervorragen. Die Funktion dieser Pili ist noch nicht vollständig aufgeklärt. Einige Arten von *E.-coli* und andere bewegungsfähige Bakterien besitzen außerdem eine oder mehrere lange *Geißel(n)* (Flagellae), die das Bakterium durch seine wäßrige Umgebung vorwärtstreiben. Bakterielle Geißeln sind dünne, starre, gekrümmte Stäbe mit einem Durchmesser von etwa 10 bis 20 nm. Sie sind an der Innenseite der Membran an einer getriebeähnlichen Struktur befestigt, durch die sie bewegt werden. Die Zellmembran besteht aus einer sehr dünnen Doppelschicht von Lipidmolekülen, in die Proteine eingelagert sind. Sie ist selektiv permeabel und enthält Proteine, die in der Lage sind, bestimmte Nährstoffe in die Zellen hinein und die Abfallprodukte aus der Zelle heraus zu transportieren. Die Zellmembran der meisten Prokaryoten schließt außerdem wichtige elektronentransportierende Proteine ein, die Energie aus der Oxidation von Nährstoffen in die chemische Energieform ATP umwandeln können. In Bakterien, die zur Photosynthese befähigt sind, enthalten die inneren Membranen, die von den Plasmamembranen herstammen, Chlorophyll und andere lichtabsorbierende Pigmente (Abb. 2-5).

Das Cytoplasma der *E.-coli*-Zelle enthält eine Reihe körniger Elemente. Am auffallendsten sind die dunkel gefärbten *Ribosomen*, die in Prokaryoten einen Durchmesser von etwa 18 µm haben. Ribosomen, die Ribonucleinsäure sowie einige Proteinmoleküle enthalten, führen die Synthese der Zellproteine durch. Sie treten häufig in Gruppen auf, die dann als *Polyribosomen* oder *Polysomen* bezeichnet werden. Außerdem sind im Cytoplasma vieler Bakterien *Granula*

Abbildung 2-5
Elektronenmikroskopische Abbildung des Cyanobakteriums *Anabaena azollae*. Die zahlreichen inneren Membranen stammen von der Plasmamembran her. Sie enthalten Chlorophyll und andere für die Photosynthese benötigte Pigmente. Cyanobakterien lagern sich häufig zu langen Strängen oder Filamenten zusammen.

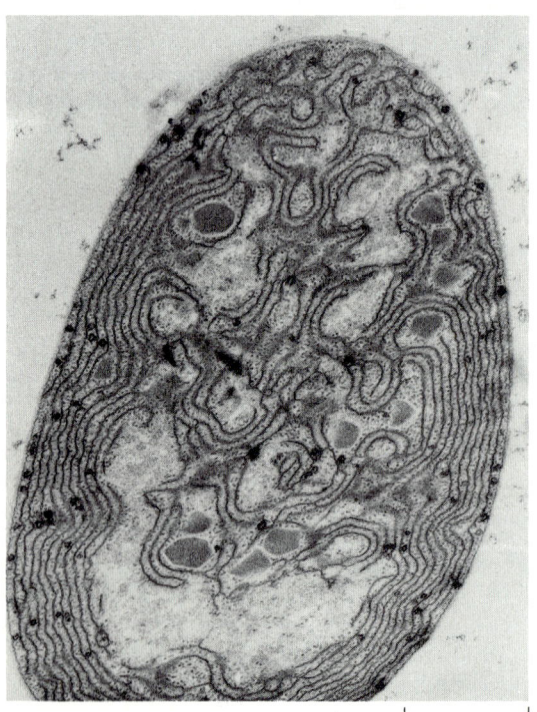

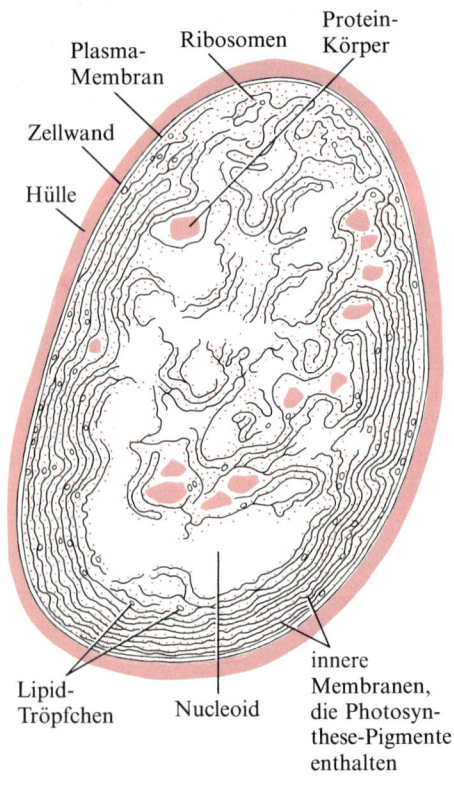

vorhanden, in denen Nährstoffe gespeichert sind; davon enthalten einige Stärke, andere Fett. Das *Cytosol* ist die wäßrige Phase des Cytoplasmas und enthält viele Enzyme in gelöster Form sowie viele Bausteinmoleküle, die als Vorstufen der Zell-Makromoleküle dienen, und einige anorganischen Salze.

Selbst in einfachen Bakterien läßt sich eine primitive Arbeitseinteilung innerhalb der Zelle nachweisen. Die Zellwand ist die äußere Begrenzung der Zelle mit einer schützenden Funktion; die Zellmembran transportiert Nährstoffe hinein und Abfallstoffe heraus und erzeugt außerdem chemische Energie in Form von ATP. Das Cytoplasma ist der Ort vieler enzymkatalysierter Reaktionen, die zur Synthese vieler Zellbestandteile führen; die Ribosomen produzieren Proteine und das Nucleoid nimmt an der Speicherung und Übermittlung genetischer Informationen teil.

Obwohl Prokaryoten relativ einfach und klein im Vergleich zu Eukaryoten-Zellen sind, besitzen einige von ihnen doch überraschend komplexe Aktivitäten. So zeigen z. B. viele Bakterien das Phänomen der *Chemotaxis*. Sie werden von bestimmten chemischen Substanzen, besonders von Nährstoffen, angelockt und können sich zu ihnen hinbewegen; von toxischen Substanzen werden sie hingegen abgestoßen und können sich von ihnen entfernen. Daraus läßt sich schließen, daß sie ein primitives Sinnessystem besitzen, welches Signale an die Geißeln weiterleiten kann, die dann die Zelle zu einer anziehenden Substanz hin- oder von einer abstoßenden fortbewegen können (Abb. 2-6). Sie besitzen auch ein primitives „Gedächtnis".

Die Zellen einiger Prokaryoten-Spezies tendieren dazu, sich zu Zellgruppen oder -ketten zusammenzulagern. Dies gibt ihnen den Anschein primitiver multizellulärer Organismen; wirkliche multizelluläre Organismen enthalten jedoch ausschließlich Eukaryoten-Zellen.

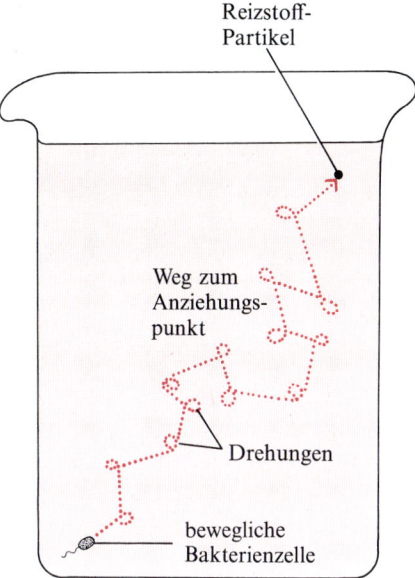

Abbildung 2-6
Chemotaxis bei Bakterien. Bewegliche Bakterien können kleine Konzentrationsgradienten wahrnehmen und „schwimmen" auf bestimmte Reizstoffe – wie z. B. Nährstoffe – zu. Die Zelle gleitet, von einer oder mehreren Geißeln angetrieben, durch eine Reihe geradliniger Bewegungen, die von Drehungen unterbrochen werden, vorwärts. Die Bewegung zu einem Anziehungspunkt hin (oder von einem Abstoßungspunkt weg) erfolgt nicht direkt, sondern sie verläuft in einer Art Zickzack-Kurs.

Eukaryoten-Zellen sind größer und komplexer als Prokaryoten

Typische Eukaryoten-Zellen sind viel größer als Prokaryoten. So haben zum Beispiel Hepatozyten, der Hauptzelltyp der Leber höherer Tiere, einen Durchmesser von 20 bis 30 µm; Bakterien dagegen nur von 1 bis 2 µm. Auffallender jedoch ist, daß das Zellvolumen von Eukaryoten-Zellen zwischen 1000- und 10000mal größer als das von Bakterien ist. Die relativen Volumina der Eukaryoten- und Prokaryoten-Zellen können durch die Formel für das Volumen einer Kugel ungefähr abgeschätzt werden. Einige Eukaryoten-Zellen sind sehr groß, so z. B. das unbefruchtete Ei eines Huhns, dessen Volumen jedoch fast vollständig von einem Vorrat an Nährstoffen für den wachsenden Embryo eingenommen wird. Manche Eukaryoten-Zellen sind außergewöhnlich lang; einige motorische Zellen des menschlichen Nervensystems z. B. können eine Länge von 1 m über-

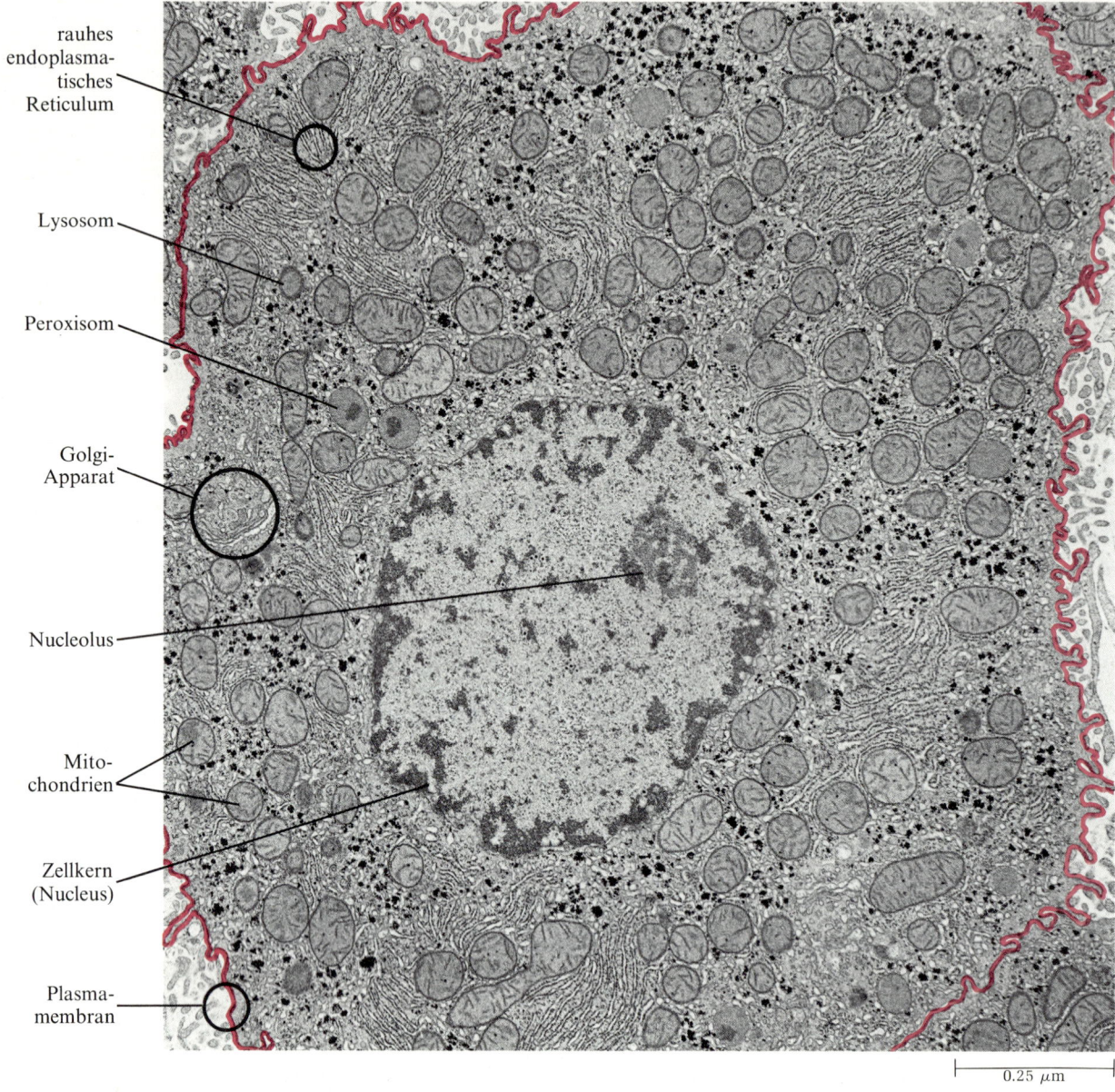

Abbildung 2-7
Elektronenmikroskopisches Bild eines Ratten-Hepatozyten, der vorherrschenden Zellart in der Leber. Die Plasmamembran, die intensiv gefaltet ist und dadurch eine große Oberfläche besitzt, ist farbig dargestellt. Die vielen fingerartigen Fortsätze der Zellmembran sind auf der rasterelektronenmikroskopischen Darstellung in der Abb. 2-20 noch besser zu erkennen.

schreiten. Charakteristisch für Eukaryoten-Zellen jedoch ist, daß sie einen gut entwickelten Zellkern besitzen, der von einer doppelten Membran umgeben ist und eine sehr komplexe innere Struktur besitzt. Wie schon die Prokaryoten, machen auch Eukaryoten-Zellen eine ungeschlechtliche Zellteilung durch. Dies geschieht jedoch durch einen sehr viel komplexeren Vorgang, der als *Mitose* bezeichnet wird. Die Keimzellen der Eukaryoten können außerdem eine komplexe Konjugation durchmachen, die zu einem Gen-Austausch führt.

Ein weiterer auffallender Unterschied zwischen Prokaryoten und Eukaryoten besteht darin, daß Eukaryoten zusätzlich zu einem gutentwickelten Zellkern mehrere andere innere membranumschlossene Organellen, nämlich die *Mitochondrien*, das *endoplasmatische Reticulum* und den *Golgi-Apparat*, enthalten. Jede dieser Strukturen hat eine spezifische Aufgabe beim Stoffwechsel und im Zellhaushalt. Abb. 2-7 zeigt eine typische Eukaryoten-Zelle, eine Rattenleberzelle, die eine äußerst komplizierte und hochgradig unterteilte innere Struktur besitzt. Wie wir sehen werden, haben Eukaryoten-Zellen eine stärker entwickelte Arbeitsteilung zwischen ihren inneren Zellstrukturen, von denen jede eine spezifische Rolle bei den Zellaktivitäten spielt.

Die Zellen aller höheren Tiere, Pflanzen und Pilze sind eukaryotisch. Es gibt außerdem viele einzellige Eukaryoten, einschließlich diverser Spezies von Protozoen, Kieselalgen, *Euglena*, Hefen und Schleimpilzen. Eukaryotische Lebensformen sind in der Lage, ein breiteres Spektrum an Differenzierungen und Spezialisierungen durchzuführen als Prokaryoten. Dies beruht darauf, daß sie eine größere Menge an genetischem Material besitzen und häufig Chromosomen-Konjugationen durchführen, bei denen Gene ausgetauscht werden können. Darum kommen eukaryotische Organismen in Millionen verschiedener Spezies, Prokaryoten jedoch nur in einigen tausend Spezies vor. Auf der anderen Seite können prokaryotische Organismen Veränderungen ihrer Umgebung besser tolerieren und sich in sehr viel größerer Anzahl reproduzieren. Dies verhilft ihnen dazu, auch unter ungünstigen Bedingungen zu überleben.

Abbildung 2-8
(a) Elektronenmikroskopisches Bild eines gut ausgebildeten Zellkerns der eukaryotischen Alge *Chlamydomonas*. Der dunkle Körper in der Mitte des Nucleus ist der Nucleolus, die Produktionsstätte der Hauptbestandteile von Ribosomen. Unfertige Ribosomen sind an der Peripherie des Nucleolus erkennbar. Die Zellkernmembran ist paarig angelegt, und sie besitzt Poren (zwei sind durch farbige Pfeile markiert).
(b) Auf der Oberfläche der Zellkernmembran sind zahlreiche Poren erkennbar. Durch diese Poren kann man in das Innere des Nucleus hineinschauen. Diese rasterelektronenmikroskopische Aufnahme wurde durch die Gefrierbruch-Methode gewonnen.

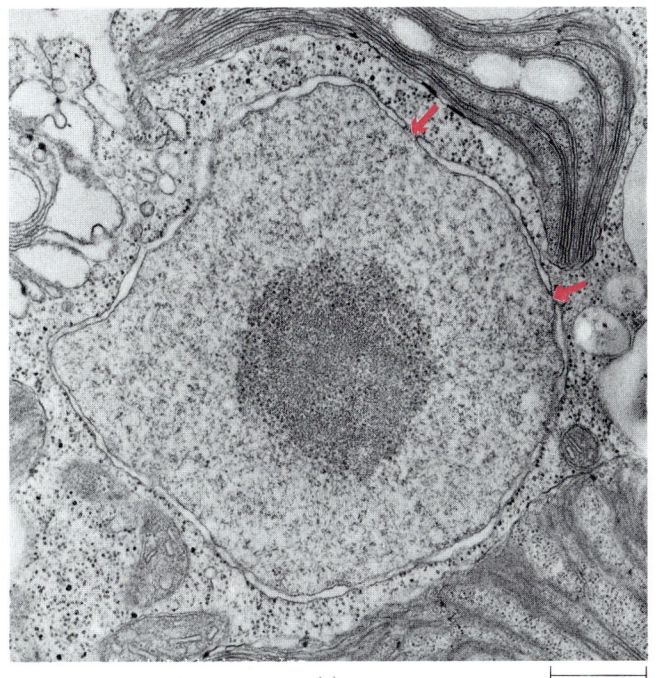

(a) 0.5 μm

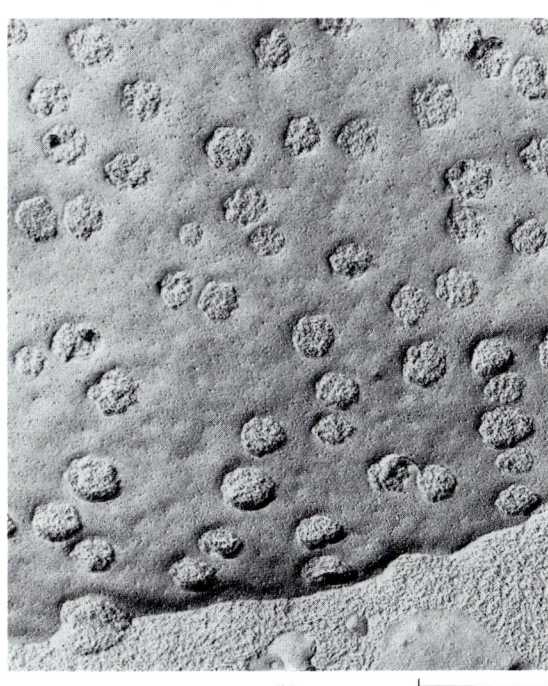

(b) 0.5 μm

Im folgenden soll die Struktur und die Aufgabe der Bestandteile von Eukaryoten-Zellen untersucht werden.

Der Zellkern der Eukaryoten besitzt eine sehr komplexe Struktur

Der Zellkern enthält fast die gesamte DNA der Eukaryoten-Zelle. Sowohl in Tierzellen (Abb. 2-7) als auch in Pflanzenzellen (Abb. 2-8) ist der Zellkern von einer *Kernmembran* umgeben. Sie besteht aus zwei Membranen, die durch eine dünne Spalte getrennt sind. In bestimmten Abständen sind die beiden Membranen verschmolzen und bilden Öffnungen, die sogenannten *Kernporen*, mit einem Durchmesser von etwa 90 nm. Durch diese Öffnungen können eine Reihe von Substanzen ausgetauscht werden. Innerhalb des Zellkerns (Nucleus) befindet sich der *Nucleolus* (Abb. 2-8), der dunkler erscheint, da er reich an Ribonucleinsäure (RNA) ist. Der Nucleolus ist eine „RNA-Fabrik"; hier finden auch die ersten Stadien der Ribosomensynthese statt.

Der Rest des Zellkerns enthält *Chromatin*, das wegen seiner charakteristischen Anfärbbarkeit (Abb. 2-7 und 2-8) so genannt wird. Chromatin besteht aus DNA, RNA und einer Anzahl spezialisierter Proteine. Zwischen den Zellteilungen ist das Chromatin willkürlich im Zellkern verteilt; kurz vor einer Zellteilung ordnet es sich in charakteristischer Weise zu *Chromosomen* an.

Jede Spezies eukaryotischer Zellen enthält eine charakteristische Anzahl von Chromosomen; im menschlichen Körper sind es 46. Nachdem die Chromosomen sich repliziert haben, werden die Tochterchromosomen getrennt und im Verlauf der Mitose an die Tochterzellen weitergegeben. Die Mitose ist eine sehr komplexe Folge von Vorgängen, von denen einige Stadien in Abb. 2-9 gezeigt werden. Nach Beendigung der Mitose verteilt sich das Chromatin wieder. Der gut ausgebildete Zellkern der Eukaryoten ist also nicht nur

Abbildung 2-9
Die wesentlichen Schritte bei der Mitose einer Eukaryotenzelle.
(a) Die Phase zwischen den Zellteilungen. Das Chromatin ist über den Zellkern verteilt.
(b) Beginn der Zellteilung. Das Chromatin kondensiert sich und bildet Chromosomen; außerdem wird es verdoppelt. Die Zellkernmembran beginnt sich aufzulösen. An den Zellpolen bildet sich der Spindelapparat aus, und der Nucleolus löst sich auf.
(c) Die Chromosomen werden zu den beiden Polen auseinandergezogen. Jede Tochterzelle erhält einen kompletten Chromosomensatz.
(d) Die Zellkerne der Tochterzellen. Ihre Zellkernmembran und ihre Nucleoli bilden sich aus, das Chromatin verteilt sich gleichmäßig, und die Mutterzelle teilt sich in die beiden Tochterzellen.

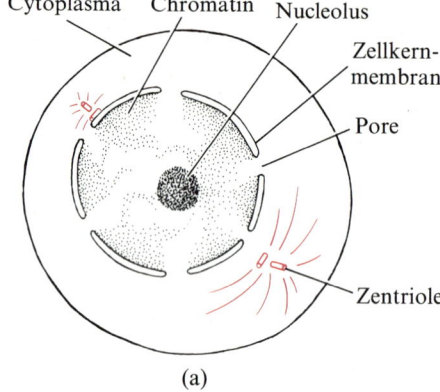

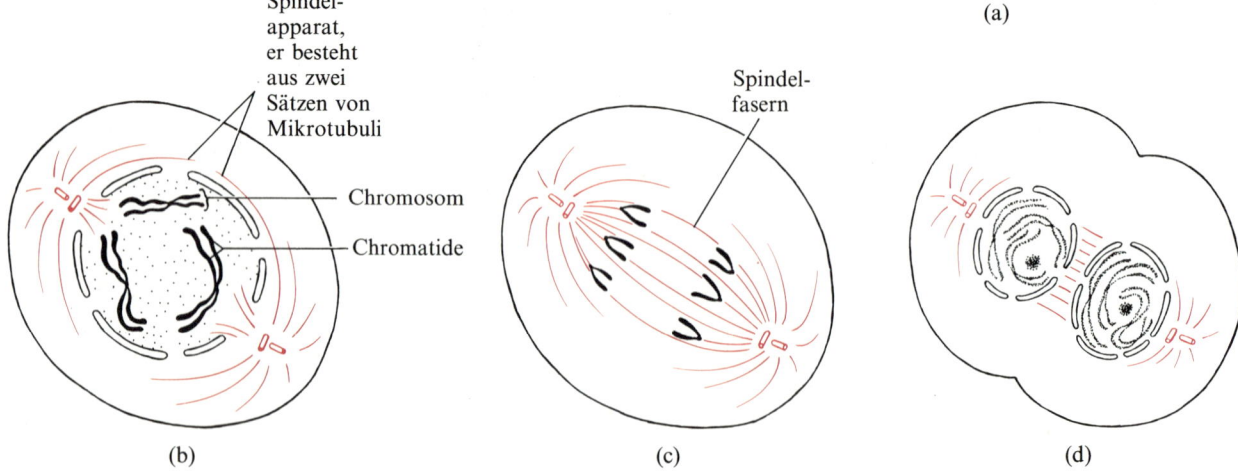

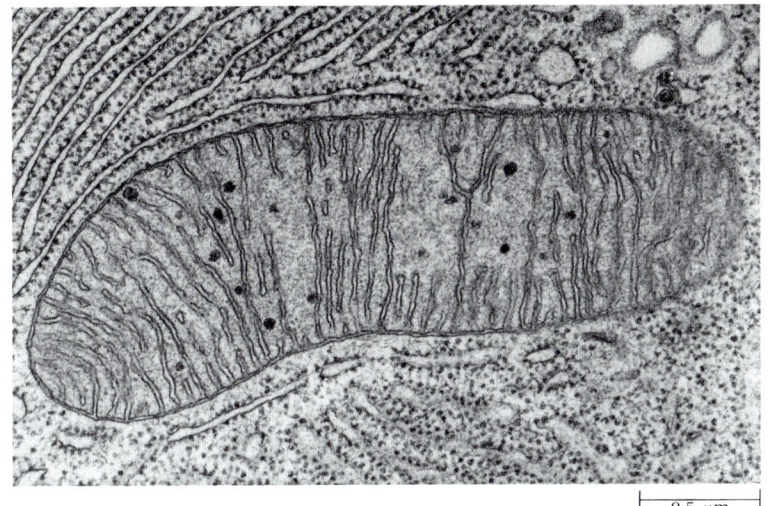

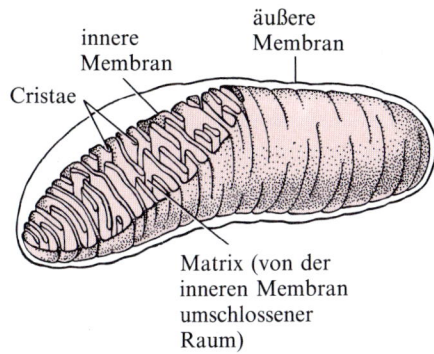

Abbildung 2-10
Struktur der Mitochondrien. Ihr Name ist aus dem Griechischen abgeleitet und bedeutet: *mitos*, „Faden" und *chondros* „Körnchen" oder „Samen". In einigen Zellen sind Mitochondrien lang, fast filamentös, in anderen dagegen sind sie elliptisch oder kugelförmig. Dieses elektronenmikroskopische Bild eines Mitochondriums in einer Pankreaszelle zeigt die glatte äußere Membran und die innere Membran mit ihren zahlreichen Faltungen, die als *Cristae* bezeichnet werden.

in seiner Struktur, sondern auch in seiner biologischen Aktivität sehr komplex im Vergleich zu den relativ einfachen Nucleoiden der Prokaryoten.

Mitochondrien sind die Kraftwerke der Eukaryoten-Zellen

Sehr auffallend im Cytoplasma der Eukaryoten-Zellen sind die *Mitochondrien* (Singular: *Mitochondrium*), die in Abb. 2-10 dargestellt sind. Diese Strukturen sind in ihrer Größe, Form, Anzahl und Lage je nach Art der Zelle unterschiedlich. In jeder Leberzelle einer Ratte sind etwa 1 000 Mitochondrien enthalten. Sie haben einen Durchmesser von etwa 1 µm, ähnlich wie eine Bakterienzelle. Einige Arten von Eukaryoten-Zellen, z. B. Spermienzellen oder Hefezellen enthalten nur wenige, sehr große Mitochondrien, wogegen andere, z. B. Eizellen, viele tausend enthalten. Einige Mitochondrien sind hochgradig verzweigt und verästeln sich über einen großen Teil des Cytoplasmas.

Jedes Mitochondrium besitzt zwei Membransysteme. Die äußere Membran ist glatt und umgibt das Mitochondrium vollständig. Die innere Membran hat Einfaltungen, die als *Cristae* bezeichnet werden. In den Lebermitochondrien ist die Anzahl der Cristae relativ gering, in den Mitochondrien der Herzzellen dagegen sind sie sehr zahlreich und liegen parallel zueinander angeordnet. Das innere Kompartiment der Mitochondrien ist mit der Gel-artigen *Matrix* gefüllt.

Die Mitochondrien sind die Kraftwerke der Zelle. Sie enthalten viele Enzyme, die zusammen die Oxidation organischer Nährstoffe durch molekularen Sauerstoff zu Kohlenstoffdioxid und Wasser katalysieren. Einige dieser Enzyme befinden sich in der Matrix, andere in der inneren Membran. Während dieser Oxidation wird viel chemische Energie freigesetzt, die zur Herstellung von *Adenosintriphosphat* (ATP), dem wichtigsten energieübertragenden Molekül der Zellen, verwendet wird. Das von den Mitochondrien erzeugte ATP verteilt sich in alle Teile der Zelle und wird dort für die Zellarbeit verwendet.

Mitochondrien enthalten außerdem kleine Mengen an DNA sowie RNA und Ribosomen. Mitochondriale DNA dient zur Kodierung der Synthese einiger bestimmter spezifischer Proteine der inneren Membran. Man kann sich nun fragen, warum Mitochondrien DNA enthalten. Diese Frage führte zu dem interessanten Konzept, daß Mitochondrien ursprünglich während der biologischen Evolution dadurch entstanden sein könnten, daß in das Cytoplasma größerer anaerober Prokaryoten-Zellen andere kleinere Prokaryoten eingedrungen sind, die molekularen Sauerstoff für die Oxidation ihrer Nährstoffe verwenden konnten (Abb. 2-11). Die eingedrungenen Bakterien wurden dadurch zu Parasiten innerhalb der Wirtszellen. Mit der Zeit und mit fortschreitender Evolution wurde diese Beziehung symbiotisch, das heißt: von Vorteil für den Wirt *und* den Parasiten. Wir wissen heute, daß sich Mitochondrien während der Zellteilung selbst teilen. Mitochondriale DNA und mitochondriale Ribosomen könnten demnach die evolutionären Nachfahren der DNA und Ribosomen dieser kleinen eingedrungenen Bakterien sein.

Das endoplasmatische Reticulum bildet Kanäle durch das Clytoplasma

Im Cytoplasma fast aller Eukaryoten-Zellen befindet sich ein sehr komplexes dreidimensionales Labyrinth von Membrankanälen, das *endoplasmatische Reticulum*, das sich in vielen Falten und Windungen durch den cytoplasmatischen Raum hindurchzieht (Abb. 2-12). Die Räume, die innerhalb des endoplasmatischen Reticulums liegen, werden *Cisternae* genannt und dienen als Kanäle für den Transport verschiedener Produkte durch die Zelle, meistens aber aus der Zelle

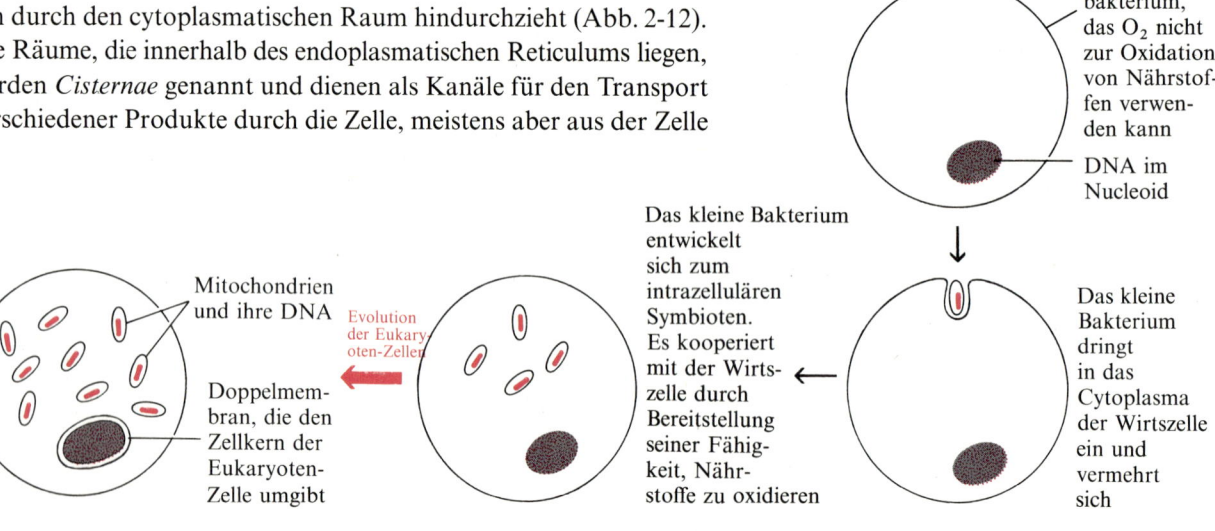

Abbildung 2-11
Eine plausible Theorie über den Ursprung der Mitochondrien während der Evolution. Sie stützt sich auf eine Reihe auffallender biochemischer und genetischer Ähnlichkeiten zwischen Bakterien und Mitochondrien eukaryotischer Zellen. Während der Evolution der Eukaryoten-Zellen könnten eingedrungene Bakterien – zum Vorteil beider Organismen – symbiotisch geworden sein. Aus diesen Bakterien im Cytoplasma entstanden schließlich die Mitochondrien.

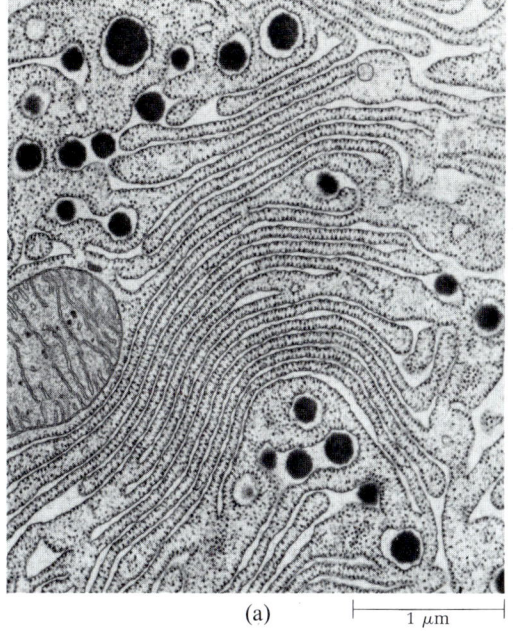
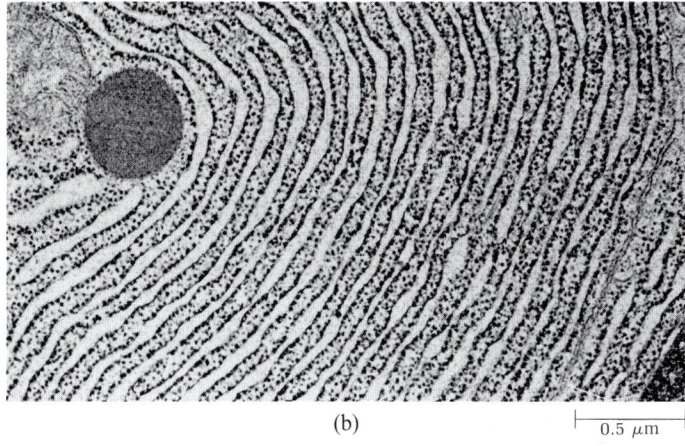
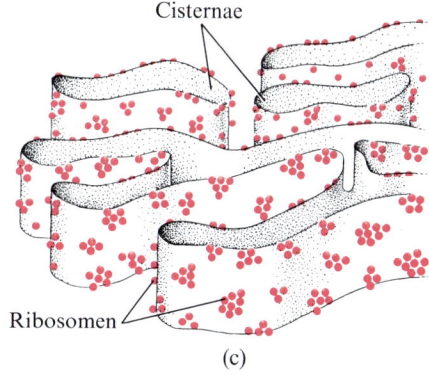

heraus. In einigen Zellen jedoch dienen die Cisternae als Speicherräume. Es gibt *zwei* Arten von endoplasmatischem Reticulum, *rauhes* und *glattes*. In der ersten Art ist die äußere Fläche der Membran mit Ribosomen besetzt; glattes endoplasmatisches Reticulum besitzt dagegen keine Ribosomen. Die Ribosomen des rauhen endoplasmatischen Reticulums sind an der Biosynthese von Proteinen beteiligt, die vorübergehend gespeichert oder aus der Zelle heraustransportiert werden sollen. Proteine, die durch die membrangebundenen Ribosomen synthetisiert werden, werden durch die Membran in die Cisternae ausgeschleust und gelangen schließlich in den Extrazellulärraum. Das endoplasmatische Reticulum spielt außerdem bei der Biosynthese von Lipiden eine Rolle. Es hat in verschiedenen Arten von eukaryotischen Zellen unterschiedliche Formen und Funktionen. In Skelettmuskelzellen, deren Kontraktion durch Ca^{2+} stimuliert wird, nimmt das Reticulum durch Wiederaufnahme der Ca^{2+}-Ionen am Erschlaffungsprozess teil.

Abbildung 2-12
(a) Endoplasmatisches Reticulum (mit rauher Oberfläche) einer Pankreaszelle. Diese Zellen produzieren besonders viele Proteine, und zwar werden sie von den der Membranoberfläche aufsitzenden Ribosomen synthetisiert und dann in die Cisternae sezerniert.
(b) Eine stärkere Vergrößerung, die die einzelnen Ribosomen und Cisternae erkennen läßt.
(c) Eine dreidimensionale Darstellung des endoplasmatischen Reticulums. Es wird deutlich, daß die engen Cisternae ein kontinuierliches Labyrinth von Kanälen durch einen großen Teil des Cytoplasmas bilden.

Der Golgi-Apparat ist ein Sekretionsorgan

Fast alle Eukaryoten-Zellen haben charakteristische Gruppen membranumschlossener Bläschen, die nach Camillo Golgi, einem italie-

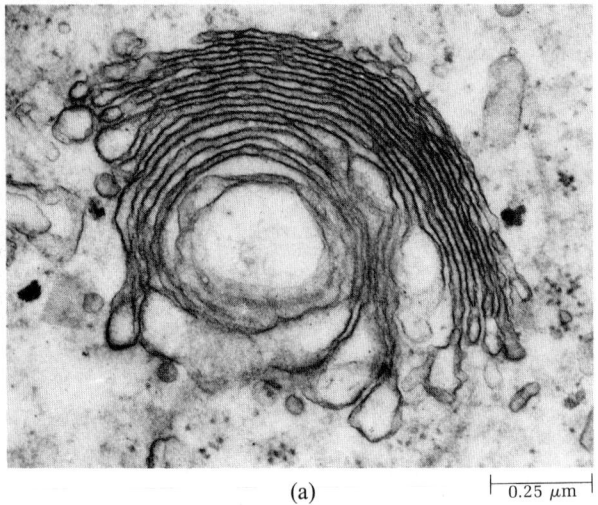 

(a)   0.25 μm   (b)

nischen Cytologen, der sie Ende des 19. Jahrhunderts zuerst beschrieb, Golgi-Apparat genannt werden (Abb. 2-13). Der Golgi-Apparat hat in verschiedenen Zellarten unterschiedliche Formen. Die charakteristischste Anordnung ist jedoch die eines Stapels abgeflachter Bläschen, von denen jedes von einer einfachen Membran umhüllt ist. Am Rande der Golgi-Bläschen befinden sich viel kleinere Bläschen, die von den Enden der größeren abgelöst worden sind.

Golgi-Apparate erhalten bestimmte Zellprodukte vom endoplasmatischen Reticulum und „verpacken" diese in Sekretionsbläschen, die sich ihren Weg zur äußeren Plasmamembran der Zelle bahnen und mit ihr verschmelzen. Der fusionierte Teil kann sich nun öffnen und seinen Inhalt nach außen abgeben, ein Vorgang, der als *Exocytose* bezeichnet wird. Oft wird dieser Vorgang dazu benutzt, im Innern der Zelle vorgefertigte Anteile der äußeren Zellwand nach außen zu transportieren und dort in die wachsende Zellwand einzubauen.

Abbildung 2-13
(a) Der Golgi-Apparat in einer Amöbe. Kleine kugelförmige Vesikel werden vom Rande der großen, flachen Vesikel abgestoßen.
(b) Eine Zeichnung, die einen Golgi-Apparat in dreidimensionaler Darstellung zeigt.

Lysosomen sind Bläschen mit hydrolysierenden Enzymen

Lysosomen sind membranumgebene kugelförmige Bläschen im Cytoplasma (Abb. 2-14). Sie sind von unterschiedlicher Größe, aber normalerweise nicht größer als Mitochondrien. Lysosomen enthalten viele verschiedene Enzyme, die zur Verdauung, d. h. zum hydrolytischen Abbau von Zellproteinen, Polysacchariden und Lipiden, die nicht mehr benötigt werden, dienen. Da diese Enzyme für den Rest der Zelle schädlich sind, sind sie in den Lysosomen abgesondert. Die Proteine und andere für den Abbau bestimmte Komponenten werden selektiv in die Lysosomen gebracht, und dort in ihre einfachen Bausteine hydrolysiert, die dann wiederum in das Cytoplasma zurückgebracht werden. Beim Tay-Sachs-Syndrom, einer genetischen Störung beim Menschen, tritt ein Defekt im Gehalt be-

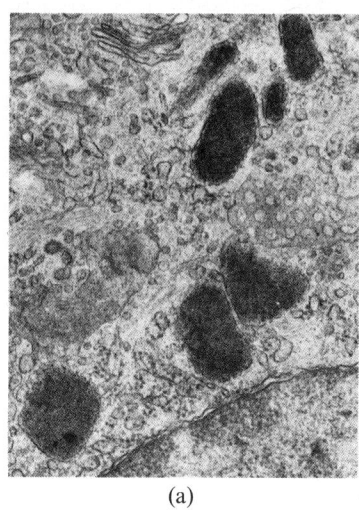 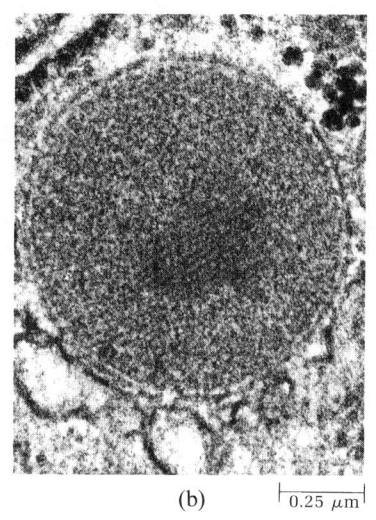

(a) (b) |—0.25 μm—|

Abbildung 2-14
Lysosomen und Peroxisomen sind mit Enzymen angefüllte „Säcke".
(a) Teil einer Zelle der Nebennierenrinde. Die sehr dunklen ovalen und unregelmäßig geformten Körper sind Lysosomen. Sie sind kleiner als Mitochondrien. Zusätzlich zu 40 oder mehr hydrolytischen Enzymen, enthalten die Lysosomen noch Stapel von zusätzlichen Membranen, die zum Verpacken von Proteinen und anderen Zellkomponenten benutzt werden können.
(b) Ein Peroxisom. Das kristalline Material ist *Urat-Oxidase*, eines der vielen Peroxidbildenden Enzyme, die in den Peroxisomen enthalten sind.

stimmter lipidabbauender Enzyme der Lysosomen auf. Dies führt zu einer Lipidansammlung im Gehirn und in anderen Geweben, es kommt zu einer geistigen Behinderung.

Peroxisomen sind Peroxid-zerstörende Vesikel

Eine weitere Art membranumgebener Organellen im Cytoplasma sind die *Peroxisomen* (Abb. 2-14). Diese Strukturen, auch als *Mikrokörper* (englisch: Microbodies) bekannt, sind etwas größer als Lysosomen, haben nur eine einfache äußere Membran und enthalten viel Protein, oft in kristalliner Form. Innerhalb dieser Strukturen, abgetrennt vom Rest der Zelle, befinden sich Enzyme, die Wasserstoffperoxid bilden und verwenden; daher der Name Peroxisomen. Wasserstoffperoxid (H_2O_2) ist sehr stark toxisch für die lebende Zelle und wird durch ein anderes Enzym, die *Catalase*, zu Wasser und Sauerstoff abgebaut. Durch die ausschließliche Lokalisation der Wasserstoffperoxid-bildenden Enzyme und der Catalase innerhalb der Peroxisomen wird der Rest der Zelle vor den zerstörenden Wirkungen der Peroxide geschützt.

Mikrofilamente spielen bei kontraktilen Prozessen der Zelle eine Rolle

Die hochauflösende Elektronenmikroskopie hat gezeigt, daß das Cytoplasma der meisten Eukaryoten-Zellen viele Filamente enthält, die aus Strängen von Proteinmolekülen bestehen. Diese Filamente kommen in drei Klassen vor, die sich in Durchmesser, Zusammensetzung und Funktion unterscheiden. Am kleinsten sind die *Mikrofilamente*, die einen Durchmesser von etwa 5 nm besitzen (Abb. 2-15).

Oft bilden sie ein loses Netz direkt unterhalb der Zellmembran. Es wurde nachgewiesen, daß diese Mikrofilamente mit den dünnen *Actinfilamenten* des kontraktilen Systems der Skelettmuskulatur identisch sind. Die Mikrofilamente sind bei der Erzeugung mechanischer Spannungen beteiligt, sei es bei der Muskelkontraktion, der Faltung oder Streckung der Zellmembran, oder bei der Bewegung von Strukturen innerhalb der Zelle.

Der zweite Typ von Filamenten in Eukaryoten-Zellen sind die *Myosinfilamente*, die viel dicker sind als die Actinfilamente (Abb. 2-15). Myosinfilamente sind Hauptbestandteile des kontraktilen Systems im Skelettmusekel, werden jedoch auch in anderen Körperzellen gefunden, oft zusammen mit dünnen oder Actinfilamenten. In einigen Arten von Zellen sind Myosinfilamente an der Zellmembran befestigt. Actin- und Myosinfilamente sind an verschiedenen Arten von zellulären oder intrazellulären Bewegungen beteiligt.

Ein dritter Typ von Filamenten ist noch dicker, mit einem Durchmesser von etwa 10 nm. Diese 10-nm-Filamente befinden sich in vielen Zellen und werden verschieden bezeichnet.

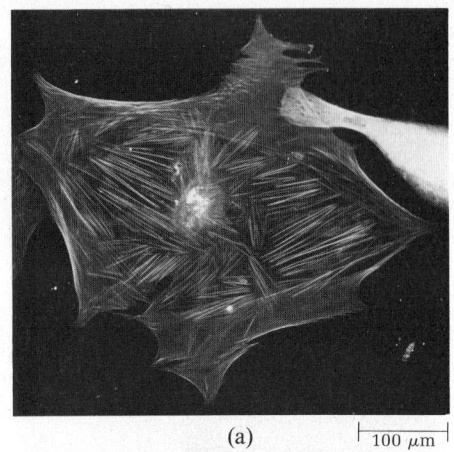

(a)

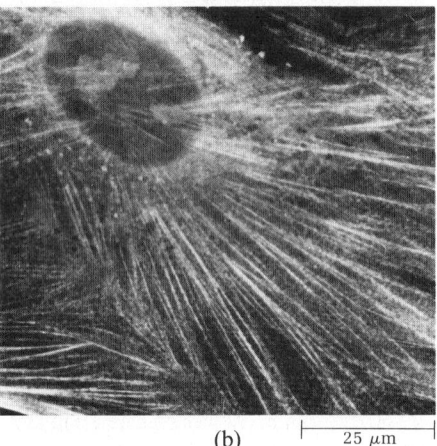

(b)

Abbildung 2-15
Actin- und Myosinfilamente in Fibroblasten, spezialisierten Zellen des Bindegewebes.
(a) Dünne Actinfilamente, durch einen fluoreszierenden Marker sichtbar gemacht.
(b) Myosinfilamente nahe dem Nucleus.

Mikrotubuli haben ebenfalls eine Funktion bei der Zellbewegung

Viele Eukaryoten-Zellen, besonders die langen Zellen der tierischen Nervensysteme, enthalten Mikrotubuli, die einen Durchmesser von etwa 25 nm besitzen (Abb. 2-16). Jede dieser Fasern besteht aus 13 Strängen von Proteinmolekülen, die dicht um einen leeren zentralen Raum angeordnet sind. In Nervenzellen nehmen Bündel von Mikrotubuli am Transport von Material vom Zellkörper zum Ende der Zelle oder zum *Axon* teil. Mikrotubuli haben viele Funktionen. Sie spielen eine Rolle bei der Ausbildung der mitotischen Spindel während der Zellteilung und dienen außerdem als bewegliche Einheiten in eukaryotischen Cilien und Geißeln.

Mikrofilamente, Mikrotubuli und das mikrotrabekulare Geflecht bilden das Cytoskelett

In vielen Eukaryoten-Zellen bilden die verschiedenen Arten der Mikrofilamente und der Mikrotubuli zusammen ein flexibles Gerüst, das als *Cytoskelett* bezeichnet wird. Kürzlich wurde ein drittes Element des Cytoskeletts entdeckt, das *mikrotrabekulare Geflecht*, welches auf dem Titelbild dieses Kapitels dargestellt wird. Diese Struktur wurde mit einem Elektronenmikroskop mit hohem Auflösungsvermögen sichtbar gemacht. Bis zur Verwendung dieser Methode wurde das mikrotrabekulare Geflecht nur als ein amorpher Hintergrund gesehen und als *Grundsubstanz* des Cytoplasmas bezeichnet. Das mikrotrabekulare Geflecht besteht aus sehr dünnen, verschlun-

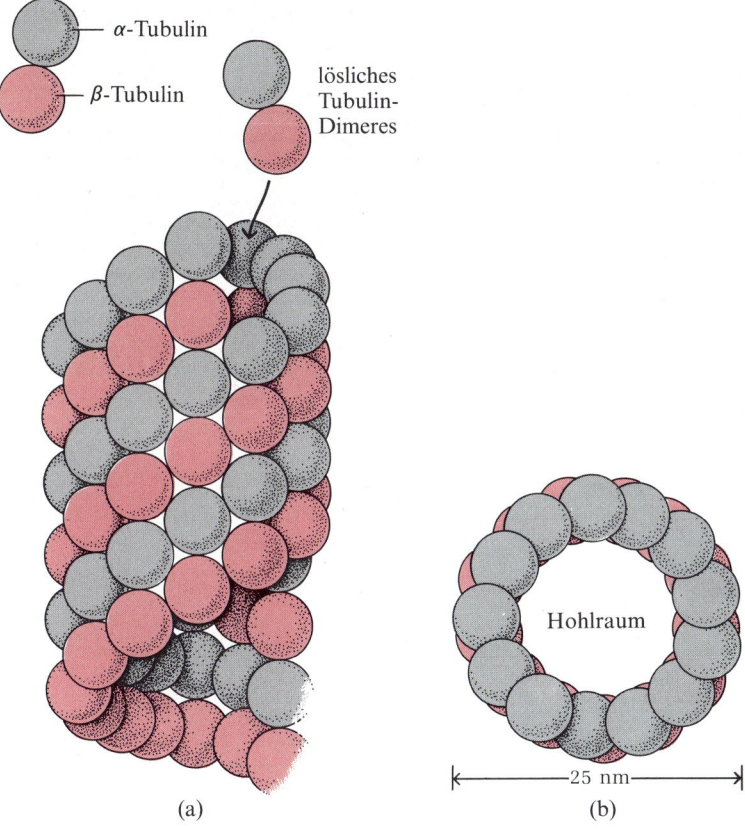

Abbildung 2-16
Mikrotubuli. Diese langgestreckten, hohlen Strukturen sind in der Zellbiologie an vielen Funktionen beteiligt. Sie verleihen den Zellen ihre Form, nehmen an der Zellteilung teil (Abb. 2-9), transportieren Materialien in die Zellen hinein, dienen als strukturelle und bewegliche Einheiten in eukaryotischen Cilien und Geißeln (Abb. 2-18) und bilden einen Teil des Cytoskelettes (Abb. 2-17).
(a) Struktur eines Mikrotubulus. Er ist aus Komplexen zweier Proteine – α- und β-Tubulin – zusammengesetzt. Um einen Hohlraum in helicaler Form angeordnet, bilden diese Elemente 13 vertikale Filamente. Durchmesser und Länge einer Windung variieren etwas bei verschiedenen Zelltypen.
(b) Querschnitt durch einen Mikrotubulus, der die Profile der 13 vertikalen Stränge zeigt.

genen Filamenten, deren chemische Zusammensetzung noch nicht bekannt ist, die jedoch mit großer Wahrscheinlichkeit Proteine enthalten. Die genaue dreidimensionale Anordnung und Funktion des mikrotrabekularen Geflechts in verschiedenen Arten von Zellen wird zur Zeit eingehend untersucht.

Das Cytoskelet gibt den Zellen ihre charakteristische Gestalt und Form, bietet Befestigungspunkte für Organellen und andere Strukturen, fixiert deren Position in den Zellen und ermöglicht die Kommunikation zwischen verschiedenen Teilen der Zelle. Das Cytoskelett darf nicht als festes, statisches Gerüst der Zelle, sondern als dynamische, sich verändernde Struktur angesehen werden. Mikrotubuli zum Beispiel unterliegen einem dauernden An- und Abbau ihrer Bausteine. Die Struktur des Cytoskeletts einer menschlichen Fibroblastenzelle ist in Abb. 2-17 dargestellt.

Cilien und Geißeln erzeugen die Antriebskräfte der Zellen

Cilien und Geißeln, bewegliche Strukturen oder Fortsätze, die aus der Oberfläche vieler einzelliger Eukaryoten und auch bestimmter Zellen im Tiergewebe (aber nicht im Pflanzengewebe) herausragen,

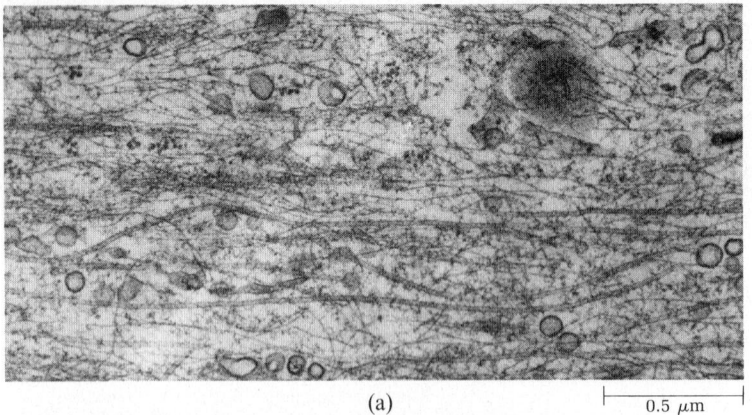

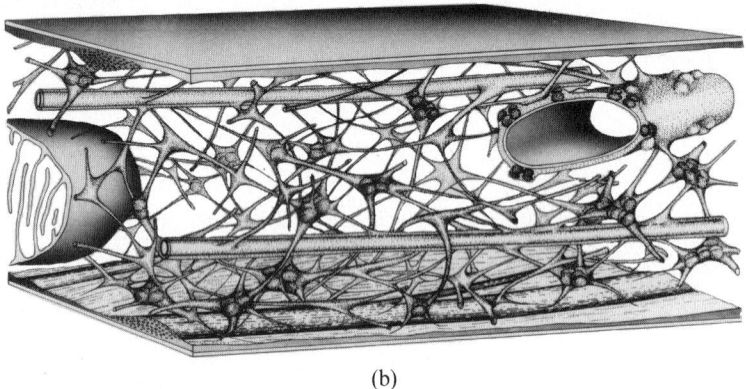

Abbildung 2-17
(a) Elektronenmikroskopisches Bild des filamentösen Cytoskelettes eines Fibroblasten.
(b) Eine schematische Darstellung des Cytoskelettes eines Fibroblasten. Die langen Röhren sind Mikotubuli; die dünneren Elemente sind verschiedene Arten von Mikrofilamenten.

sind nach demselben Strukturprinzip gebaut (Abb. 2-18). Hier muß jedoch betont werden, daß die Geißeln von Eukaryoten sehr verschieden von den Geißeln der Prokaryoten sind. Geißeln von Prokaryoten sind dünn (10 bis 20 nm) und bestehen aus einzelnen Proteinsträngen. Sie sind starre, gebogene Stäbe, deren rotierende Bewegung ausschließlich durch ihre „Motoren" in der Zellmembran ermöglicht wird. Die Geißeln von Eukaryoten sind viel dicker (200 nm), haben eine sehr viel komplexere Struktur und haben die Fähigkeit, auf ihrer gesamten Länge Bewegung zu erzeugen. Cilien und Geißeln von Eukaryoten werden von einer Fortsetzung der Zellmembran umhüllt. Sie enthalten 9 Paare von Mikrotubuli, die um zwei Zentraltubuli angeordnet sind. Diese Struktur wird häufig als *9 + 2-Anordnung* bezeichnet (Abb. 2-18). Cilien und Geißeln haben denselben Durchmesser, doch sind Cilien weniger als 10 µm lang, während Geißeln bis zu 200 µm lang sind. In den meisten Fällen dienen die Cilien zur Beförderung von Material an der Zelle vorbei, bewirkt durch eine wellenartige, fegende Bewegung, während Geißeln zur Fortbewegung von Zellen dienen. Tierische Spermien haben eine einzige lange Geißel (Abb. 2-18). Die Bewegungen von Cilien und Geißeln werden dadurch hervorgerufen, daß sich die Mikrotubuli der 9 + 2-Struktur gegeneinander bewegen. Die Bewegung der sich gegeneinander verschiebenden Filamente oder Mikro-

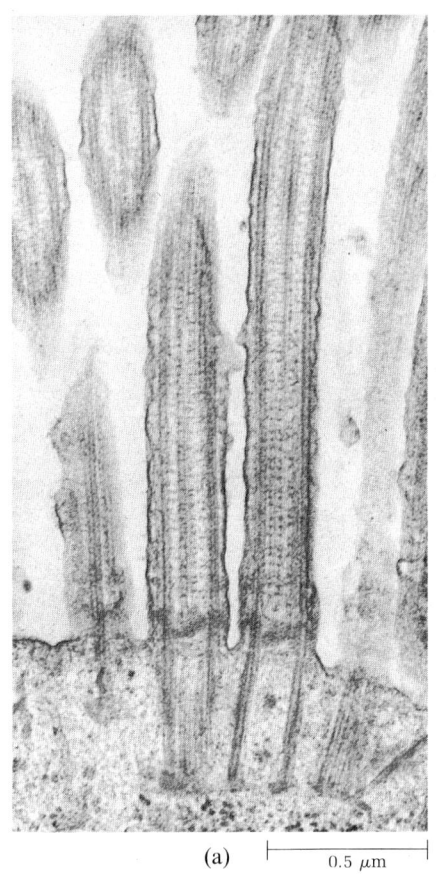
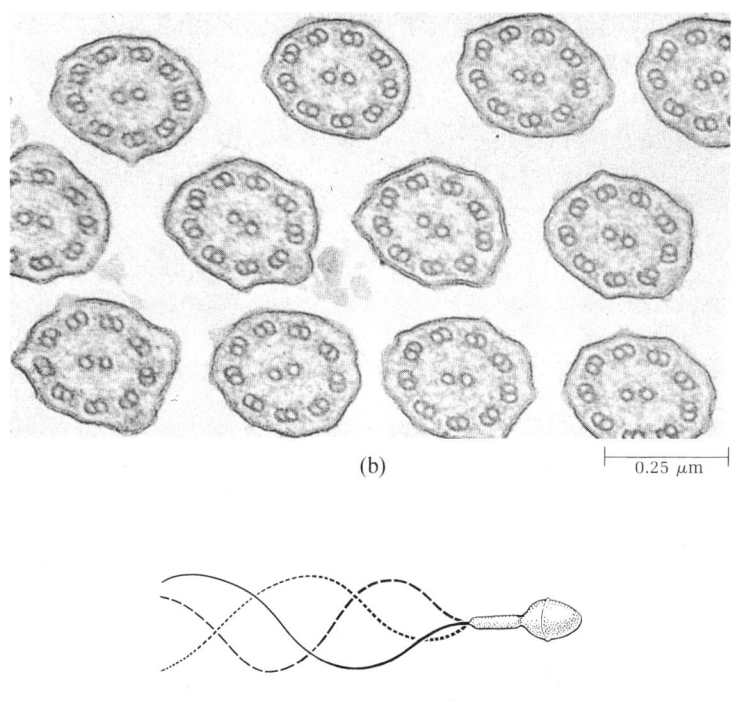
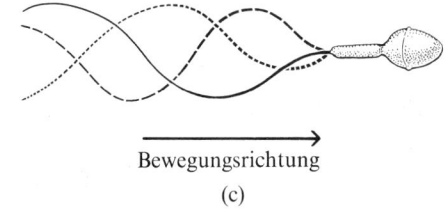

Bewegungsrichtung
(c)

Abbildung 2-18
Cilien und Geißeln besitzen die gleiche Architektur, obwohl Cilien viel kürzer sind. Die paarweise angeordneten Mikrotubuli sind von einer Ausstülpung des Cytoplasmas und von der Zellmembran umgeben. Das durch ATP ermöglichte Gleiten und Drehen der Mikrotubuli aneinander veranlaßt die Geißeln zur Ausführung wellenförmiger Bewegungen.
(a) Längsschnitt, der die parallelen Mikrotubuli der Cilien zeigt.
(b) Querschnitt durch Cilien, der die 9 + 2-Anordnung, – d.h. 9 gepaarte oder doppelte Mikrotubuli um 2 zentrale Tubuli herum – verdeutlicht.
(c) Fortbewegung eines Spermiums mit Hilfe einer Geißel.

tubuli, ein Vorgang, der Energie in Form von ATP benötigt, ist der Grundprozeß, der die Kontraktion von Skelettmuskeln, die peitschende Bewegung der Cilien und Flagellen und die charakteristischen Bewegungen der Zellmembran, z. B. bei Amöben, ermöglicht.

Das Cytoplasma enthält außerdem Granula

Das Cytoplasma der Eukaryoten enthält außerdem Granula, die nicht von einer Membran umgeben sind. Dies sind vor allem die *Ribosomen* (Abb. 2-19), die sowohl in ungebundener Form im Cytoplasma als auch an das endoplasmatische Reticulum gebunden vorkommen. Die Ribosomen der Eukaryoten sind größer als die der Prokaryoten, haben jedoch dieselbe Grundfunktion, nämlich die Biosynthese von Proteinen aus Aminosäuren durchzuführen.

Eine weitere Art von Granula im Cytoplasma der Eukaryoten-Zellen, besonders in Leberzellen, sind *Glycogengranula* (Abb. 2-19). Glycogen ist ein Makromolekül, das aus stark verzweigten Strängen von Glucosemolekülen aufgebaut ist. Glycogengranula dienen als Brennstoffreserve besonders in Leber- und Muskelzellen. Einige Eukaryoten-Zellen enthalten *Fett-Tröpfchen*, die ebenfalls eine energiereiche Brennstoffreserve bilden.

Das Cytosol ist die wäßrige Phase des Cytoplasmas

Cytoplasmatische Organellen, Ribosomen und granuläre Elemente schwimmen in einer wäßrigen Phase, die als *Cytosol* bezeichnet wird. Das Cytosol ist nicht einfach eine verdünnte wäßrige Lösung: es ist in seiner Zusammensetzung ziemlich komplex und in seiner Konsistenz fast Gel-artig. Das Cytosol enthält in gelöster Form viele Enzyme und Enzymsysteme sowie andere Proteine, die Nährstoffe, Spurenelemente und Sauerstoff binden, speichern und transportieren. Es enthält sehr viele verschiedene Arten kleiner Biomoleküle gelöst, und zwar nicht nur Bausteine wie Aminosäuren und Nucleotide, sondern auch Hunderte kleiner organischer Moleküle, die *Metaboliten*. Als Metaboliten bezeichnet man die Zwischenprodukte bei der Biosynthese oder beim Abbau von Bausteinmolekülen und Makromolekülen. So findet zum Beispiel die Umwandlung des Blutzuckers zu Milchsäure durch arbeitende Skelettmuskeln über 10 aufeinanderfolgende Zwischenstufen statt, wobei die letzte direkt in Milchsäure umgewandelt wird.

Eine dritte Klasse von im Cytosol gelösten Substanzen besteht aus verschiedenen *Coenzymen* sowie ATP und ADP, Hauptbestandteilen des zellulären energieübertragenden Systems. Schließlich enthält das Cytosol verschiedene *Elektrolyte*, wie zum Beispiel K^+, Mg^{2+}, Ca^{2+}, Cl^-, HCO_3^- und HPO_4^{2-}.

Die Konzentration und das Konzentrationsverhältnis aller Bestandteile des Cytosols wird durch das Zusammenwirken mehrerer Transportsysteme, die durch die Plasmamembran hindurch arbeiten, konstant gehalten.

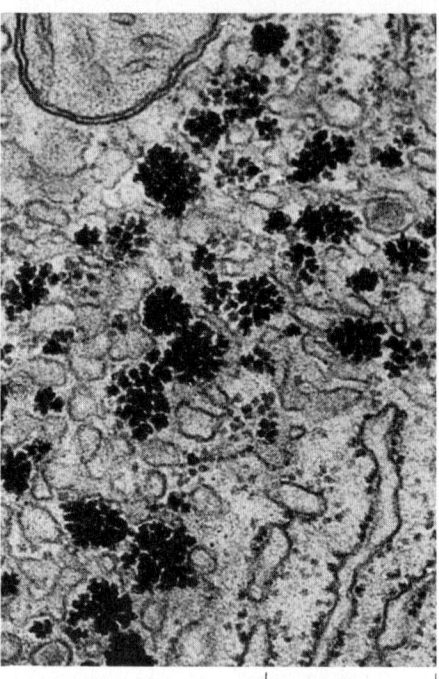

Abbildung 2-19
Glycogen-Granula (dunkel gefärbt) im Cytoplasma einer Hamster-Leberzelle. Sie bestehen aus großen Zusammenlagerungen von Glycogen-Molekülen und sind viel größer als Ribosomen, die auf der Oberfläche des endoplasmatischen Reticulums in der unteren rechten Ecke zu sehen sind.

Die Zellmembran besitzt eine große Oberfläche

Wir haben gesehen, daß es für Zellen generell von Vorteil ist, eine große Oberfläche im Verhältnis zu ihrem Volumen zu besitzen, damit die Stoffwechselgeschwindigkeit nicht durch die Diffusionsgeschwindigkeit von Nährstoffen und Sauerstoff begrenzt wird. Dieses Problem wird bei Eukaryoten durch die Kombination zweier Faktoren gelöst. Erstens haben viele Eukaryoten-Zellen eine wesentlich niedrigere Stoffwechselgeschwindigkeit als Prokaryoten-Zellen, deren Hauptaufgabe ihr Wachstum und eine möglichst schnelle Vermehrung zur Erhaltung der Spezies ist. Da das Zellenwachstum Energie benötigt, die durch Nährstoffe aus der Umgebung oder aufgenommene Lichtenergie geliefert wird, sind Prokaryoten von einem großen Verhältnis ihrer Membranoberfläche zum Zellvolumen abhängig, damit die Geschwindigkeit der Aufnahme von Nährstoffen oder Lichtenergie ausreichend groß ist. Eukaryoten-Zellen stehen nicht unter dem Druck, zu wachsen und sich zu teilen, und haben deshalb normalerweise einen viel niedrigeren Energieumsatz.

Kapitel 2 Zellen 39

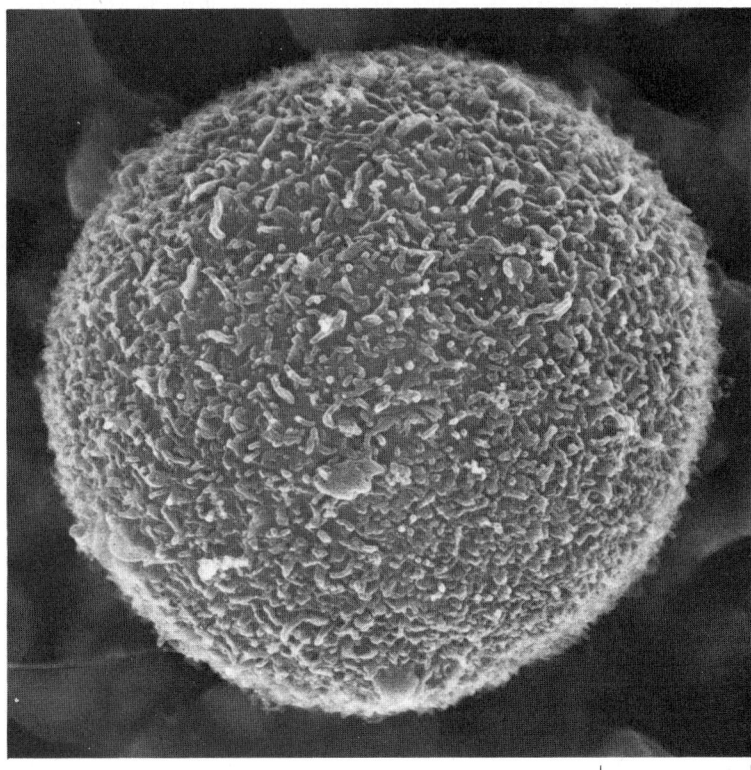

5 μm

Abbildung 2-20
Rasterelektronenmikroskopisches Bild der Oberfläche einer isolierten Ratten-Leberzelle. Man erkennt, wie die Oberfläche der Zelle durch die hervorstehenden Mikrovilli stark vergrößert wird; diese verändern fortwährend ihre Form und ihre Position.

Viele Eukaryoten-Zellen haben jedoch spezielle strukturelle Eigenschaften, die ein günstiges Verhältnis von Oberflächen zu Volumen sichern. Nervenzellen, die eine relativ hohe Stoffwechselgeschwindigkeit besitzen, sind lang und dünn und haben deshalb eine große Oberfläche. Andere Zellen sind stark verzweigt oder sternförmig. Die häufigste Art zur Vergrößerung der Oberfläche ist jedoch die Kräuselung der Zellmembran bzw. die Bildung zahlreicher fingerartiger Fortsätze (sogenannte *Mikrovilli*) auf derselben. Wie man in dem elektronenmikroskopischen Bild einer Leberzelle erkennen kann (Abb. 2-7), ist die Zellmembran nicht glatt, sondern stark gewunden. Dieses Kennzeichen wird auf einem rasterelektronenmikroskopischen Bild der Oberfläche einer Leberzelle, wie in Abb. 2-20 dargestellt, viel deutlicher. Viele Tierzellen haben derartige Mikrovilli, besonders die Zellen des Dünndarmepithels, durch die die Nährstoffmoleküle während der Absorption der verdauten Nahrung hindurchtreten müssen.

Die Oberflächen vieler Tierzellen haben außerdem „Antennen"

Außerhalb der Plasmamembran haben viele Zellen tierischer Gewebe einen dünnen, flexiblen Zellmantel. Er besteht aus einer Reihe verschiedener Polysaccharide, Lipide und Proteingruppen an der äußeren Oberfläche der Plasmamembran. Die Zelloberfläche enthält eine Reihe verschiedener molekularer Strukturen, die äußere Signale wahrnehmen oder erkennen. Unter diesen sind Orte zur *Zellerkennung*, durch welche Zellen andere Zellen derselben Art erkennen, und die Befestigungspunkte zur Erhaltung der Struktur spezifischer Gewebe darstellen. Die Oberfläche vieler Tierzellen enthält außerdem mehrere Arten von *Hormon-Rezeptoren*. Hormone sind chemische Boten, die von bestimmten Zellen in das Blut abgegeben werden und die Aktivität anderer Zellarten irgendwo im Körper regulieren können. Wenn sich Hormonmoleküle an ihre Rezeptoren an der Oberfläche ihrer Zielzellen (engl. target cells) anlagern, stimulieren sie spezifische Zellaktivitäten. Andere spezifische Stellen an der Oberfläche von Tierzellen können körperfremde Proteine erkennen und binden. Die Bindung fremder Proteine an diesen Stellen bewirkt eine zelluläre Reaktion, die zu einer Allergie führt. Diese zellspezifischen Stellen sind außerdem für die Abstoßung chirurgisch transplantierter Gewebe oder Organe verantwortlich. Die Oberfläche vieler Tierzellen ist also ein komplexes Mosaik verschiedener molekularer „Antennen", durch welche die Zellen die Außenwelt wahrnehmen können und zu einer Reaktion auf spezifische Substanzen in ihrer Umgebung stimuliert werden.

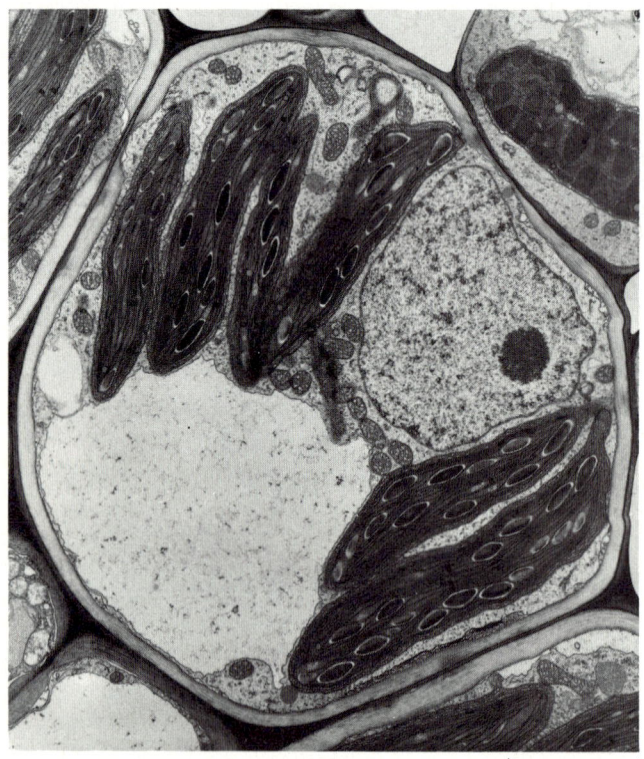

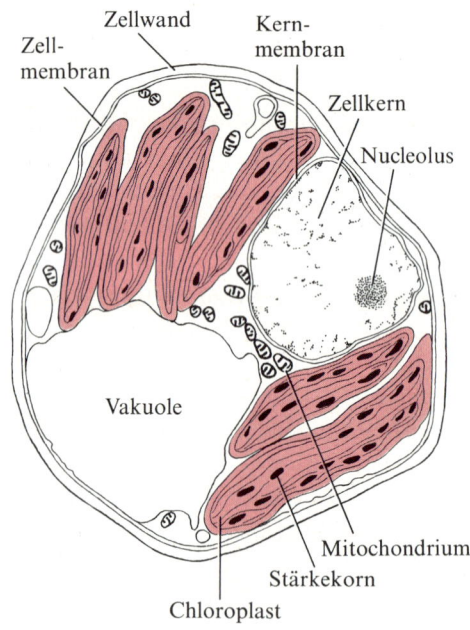

Abbildung 2-21
Elektronenmikroskopisches Bild einer Zelle des Blattes einer Mais-Pflanze. Beachten Sie, daß Chloroplasten viel länger sind als Mitochondrien, daß aber ihre Anzahl viel geringer ist. Die Vakuole wird normalerweise mit steigendem Alter der Zelle größer. Die Zellwand ist relativ dick und starr.

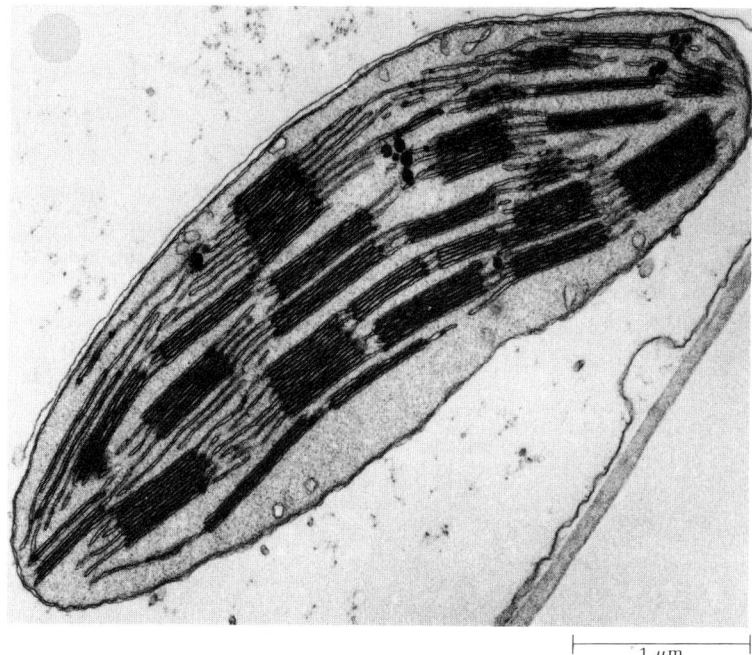
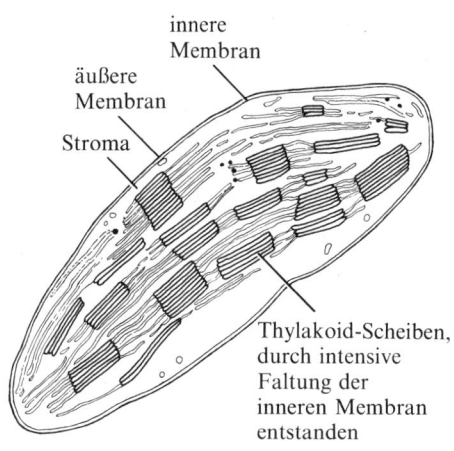

Abbildung 2-22
Ein Chloroplast in einer photosynthetisierenden Zelle eines Salatblattes.

Eukaryotische Pflanzenzellen besitzen einige spezielle Eigenschaften

Obwohl grundsätzlich ähnlich, unterscheiden sich die Zellen höherer Pflanzen (Abb. 2-21) in einigen Einzelheiten von denen höherer Tiere. Der vielleicht auffälligste Unterschied besteht darin, daß die meisten Pflanzenzellen *Plastide* enthalten. Plastide sind spezialisierte Organellen im Cytoplasma. Sie sind von zwei Membranen umgeben. Am auffälligsten an den Plastiden, und charakteristischerweise Bestandteil aller Grünpflanzen, sind die *Chloroplasten* (Abb. 2-22). Ähnlich wie Mitochondrien können auch Chloroplasten als Kraftwerke angesehen werden, wobei der Hauptunterschied darin besteht, daß Chloroplasten *Sonnenkraftwerke* sind, d. h. daß sie Lichtenergie verwenden, wogegen Mitochondrien *chemische Kraftwerke* sind, die die chemische Energie der Nährstoffmoleküle verwenden. Chloroplasten nehmen Lichtenergie auf und verwenden sie, um Kohlenstoffdioxid zu reduzieren und Kohlenhydrate, wie z. B. Stärke, zu bilden. Dabei wird molekularer Sauerstoff freigesetzt. Photosynthetisierende Pflanzenzellen enthalten sowohl Chloroplasten als auch Mitochondrien, wobei Chloroplasten als Kraftwerke im Licht und Mitochondrien im Dunkeln dienen, wenn sie das im Tageslicht durch Photosynthese entstandene Kohlenhydrat oxidieren.

Chloroplasten sind erheblich größer als Mitochondrien und kommen in vielen verschiedenen Formen vor. Weil sie große Mengen des Pigments *Chlorophyll* enthalten, sind photosynthetisierende Zellen im allgemeinen grün, können jedoch auch andere Farben, je nach den relativen Mengen anderer Pigmente in den Chloroplasten, aufweisen. Diese Pigmentmoleküle, deren gemeinsame Eigenschaft es ist, Lichtenergie über ein weites Spektrum des sichtbaren Lichtes zu absorbieren, sind in der inneren Membran der Chloroplasten enthalten, die kompliziert zu *Thylakoid-Scheiben* gefaltet ist. Wie Mitochondrien enthalten auch Chloroplasten DNA, RNA und Ribosomen. In der Tat scheinen auch die Chloroplasten ihren evolutionären Ursprung parasitierenden Prokaryoten (Abb. 2-11) zu verdanken. In diesem Falle mögen die Prokaryoten, die in die Wirtszelle eingedrungen sind, primitive Cyanobakterien gewesen sein, die ihre Fähigkeit zur Photosynthese und Sauerstoffbildung mitgebracht haben.

Pflanzenzellen enthalten außerdem noch andere Arten von Plastiden. *Leukoplasten* sind farblos und dienen zur Speicherung von Stärke und Fetten. Auffallend in vielen Pflanzenzellen sind große *Vakuolen*, die von einer Einzelmembran umgeben sind (Abb. 2-21). Diese Vesikel sind mit Zellflüssigkeit und Abfallprodukten der Zelle angefüllt, letztere oft in Form von kristallinen Aggregaten. Vakuolen sind in jungen Zellen klein, werden jedoch mit zunehmendem Alter größer. Häufig füllen sie den größten Teil des Zellvolumens aus. Vakuolen kommen auch in einigen Tierzellen vor, sind dann jedoch sehr viel kleiner. Pflanzenzellen besitzen weder Cilien noch Geißeln.

Die meisten Zellen höherer Pflanzen sind vollständig von *Zellwänden* umgeben, die hauptsächlich als feste, schützende Schalen dienen. Sie sind relativ dick, porös und sehr kräftig (Abb. 2-21 und Abb. 2-23). Die Zellwände der Pflanzen bestehen im wesentlichen aus Cellulosefasern, die mit einer komplexen, polymeren Zement-

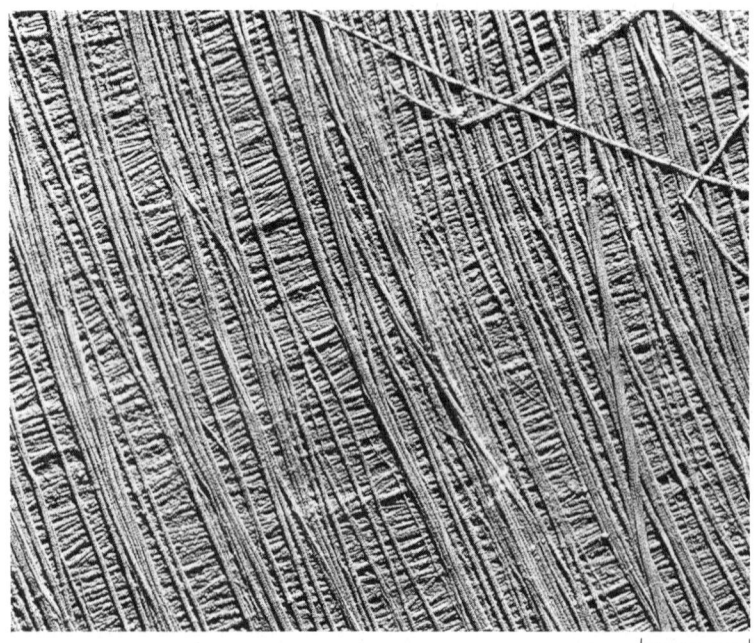

Abbildung 2-23
Elektronenmikroskopisches Bild einer Pflanzen-Zellwand. Sie besteht aus einer Schicht kreuz und quer angeordneter Cellulosefibrillen, die in einen organischen „Klebstoff" eingebettet sind. Die Zellwände der Pflanzen sind sehr stabil; sie sind ähnlich aufgebaut wie Stahlbeton.

substanz zusammen „geklebt" sind. Pflanzenzellwände sind für Wasser und kleine Moleküle durchlässig, die einfach durch ihre Poren dringen können, sie verhindern jedoch ein Anschwellen oder eine Vergrößerung der eingeschlossenen Zelle. Im holzigen Teil der Pflanzen sowie in den Stämmen von Bäumen sind die primären Zellwände von einer dicken, festen äußeren oder *sekundären Wand* umgeben, die große Gewichte tragen und abstützen kann.

Viren sind supramolekulare Parasiten

Unser Überblick über die Zellen als Einheiten des Lebens kann nicht ohne die Betrachtung der Viren abgeschlossen werden. Viren sind leblose, aber biologisch geformte supramolekulare Aggregate, die sich in geeigneten Wirtszellen selbst replizieren können. Sie bestehen aus Nucleinsäuremolekülen, die von einer schützenden Schale oder *Kapsel* aus Proteinmolekülen umgeben sind. Viren existieren in zwei Stadien. Außerhalb der sie formenden Zelle sind Viren leblose Partikel, *Virione* genannt, die eine definierte Größe, Form und Zusammensetzung besitzen. Einige Viren können sogar kristallin sein und dadurch wie sehr große Moleküle wirken. Wenn jedoch Viruspartikel oder ihre Nucleinsäure-Bestandteile in eine Wirtszelle eingetreten sind, nehmen sie eine andere Existenzform an, sie werden zu intrazellulären Parasiten. Die Nucleinsäure des Virus enthält die genetische Information über die gesamte Struktur des intakten Virus. Sie übernimmt und verändert den normalen Stoffwechsel der Wirtszelle und dirigiert die biochemische Parasitierung der Zelle, indem sie die Aktivität der Enzyme und Ribosomen von ihren normalen Funktionen weg in Richtung auf die Herstellung vieler neuer Viruspartikel lenkt. Als Folge können Dutzende oder Hunderte von Nachkommen an Viruspartikeln aus einem einzigen Virion, das eine Wirtszelle infiziert hat, entstehen (Abb. 2-24). In einigen Wirt-Virus-Systemen werden die nachkommenden Virione von der Wirtszelle freigesetzt, die abstirbt und aufgelöst wird (Lysis). In anderen Wirt-Virus-Systemen verbleibt jedoch die neu hergestellte Nucleinsäure in der Wirtszelle. Sie hat manchmal nur geringen Einfluß auf das Überleben der Zelle, ruft jedoch starke Veränderungen in deren Erscheinung und Aktivität hervor. Einige Viren enthalten DNA, andere RNA.

Hunderte verschiedener Viren sind bekannt, wobei jedes für eine bestimmte Art von Wirtszelle spezifisch ist. Der Wirt kann eine tierische Zelle, eine Pflanzenzelle oder eine Bakterienzelle sein (Tab. 2-3). Viren, die spezifisch für Bakterien sind, sind als *Bakteriophagen*, oder einfach als *Phagen*, bekannt. (Das Wort „Phage" bedeutet: auffressen oder konsumieren). Ein Virus enthält manchmal nur eine Art von Proteinen in seiner Kapsel, wie zum Beispiel das pflanzliche *Tabakmosaikvirus*, eines der einfachsten Viren und das erste, das kristallisiert wurde (Abb. 2-25). Andere Viren enthalten Dutzende

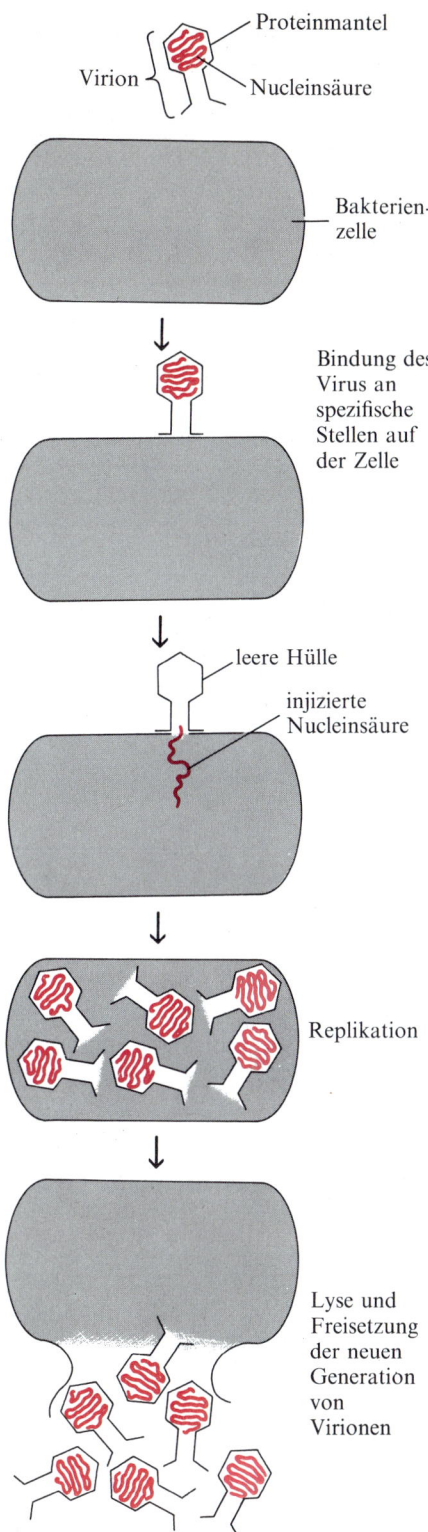

Abbildung 2-24
Die Replikation eines Bakteriophagen in seiner Wirtszelle.

Tabelle 2-3 Eigenschaften einiger Viren

Virus	Nuclein-säure	Relative Partikel-masse in Millionen	Längsaus-dehnung in nm	Form
E.-coli-Bakteriophagen				
ΦX174	DNA	6	18	polyedrisch
T4	DNA	220	200	kaulquappen-förmig
λ (Lambda)	DNA	50	120	kaulquappen-förmig
MS2	RNA	3.6	20	polyedrisch
Pflanzen-Viren				
Tabakmoasaikvirus	RNA	40	300	stäbchen-förmig
Buschig wachsender Tomatenvirus (tomato bushy stunt virus)	RNA	10.6	28	polyedrisch
Tier-Viren				
Poliomyelitis-Virus	RNA	6.7	30	polyedrisch
Simianvirus 40 (SV-40) (verursacht Krebs bei Neugeborenen)	DNA	28	45	kugelförmig
Adenovirus (Erreger der gewöhn-lichen Erkältung)	DNA	200	70	polyedrisch
Pockenvirus	DNA	4000	250	kugelförmig

oder Hunderte verschiedener Proteinarten. Viren sind sehr unterschiedlich in ihrer Größe. Der Bakteriophage ΦX174, einer der kleinsten, hat einen Durchmesser von 18 nm. Das Pockenvirus ist eines der größten. Seine Virione sind fast so groß wie das kleinste Bakterium. Viren unterscheiden sich außerdem in ihrer Form und strukturellen Komplexität. Unter den komplexeren ist der Bakteriophage T4 (Abb. 2-25), dessen Wirtszelle *E. coli* ist. T4 hat einen Kopf und einen Schwanz sowie einen komplexeren Satz von Schwanzfasern, die zusammen als „Stachel" oder „Spritze" zur Injektion der viralen DNA in die Wirtszelle dienen. Abb. 2-25 und Tab. 2-3 fassen die Größe, Form und Partikelmassen einer Reihe von Viren sowie die Art und Größe ihrer Nucleinsäurebestandteile zusammen. Einige Viren sind hochgradig pathogen für den Menschen, z. B. die Erreger der Pocken, der Kinderlähmung (Poliomyelitis), der Influenza, der üblichen Erkältungskrankheiten, der infektiösen Mononucleose und der Gürtelrose. Es wird vermutet, daß latente Viren in Tieren krebserregend sind. Viren spielen eine zunehmend wichtige Rolle in der biochemischen Forschung, denn sie haben außerordentlich nützliche Informationen über die Struktur der Chromosomen, über den enzymatischen Mechanismus der Nucleinsäuresynthese und über die Regulation der Weitergabe genetischer Information geliefert.

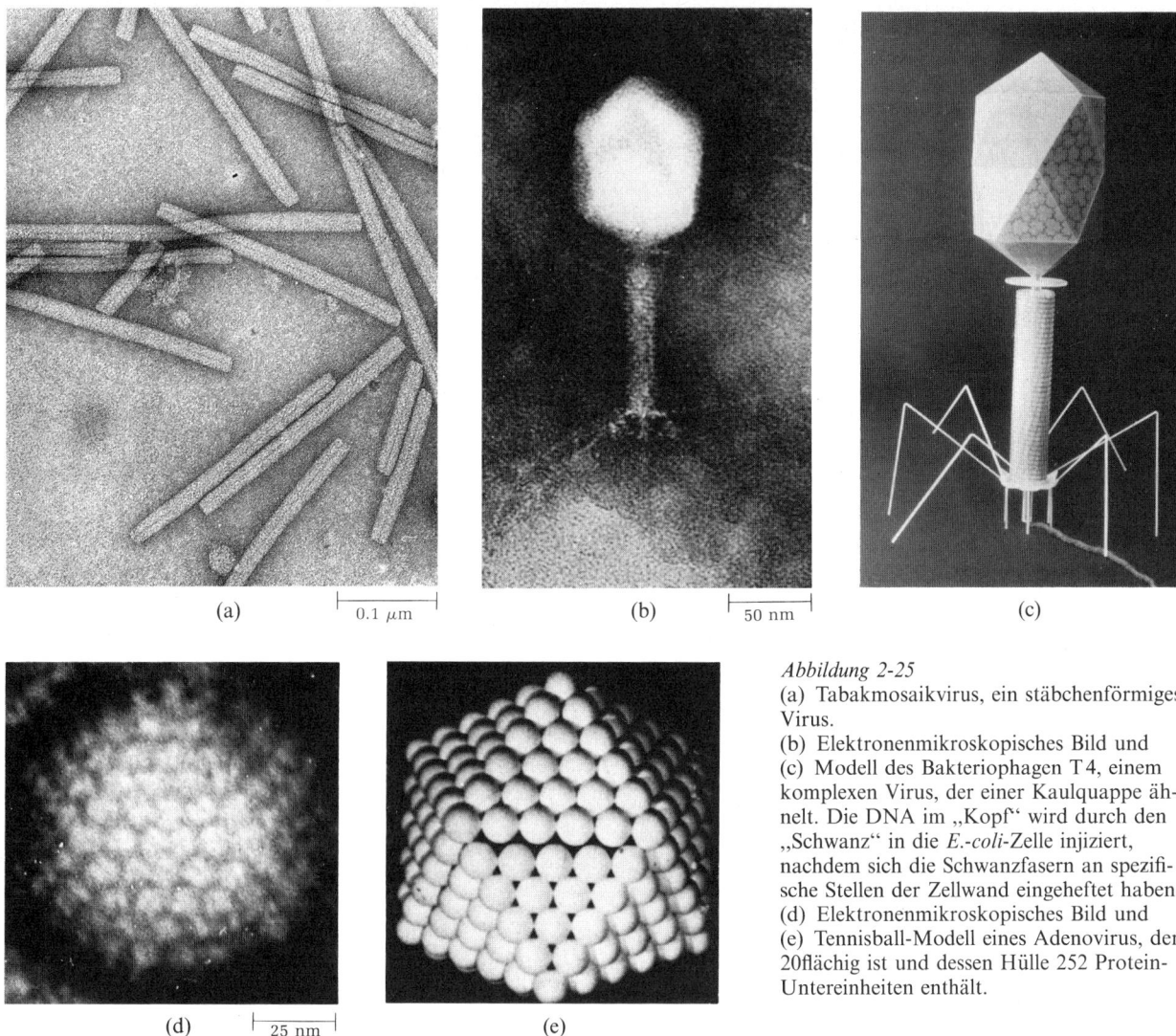

Abbildung 2-25
(a) Tabakmosaikvirus, ein stäbchenförmiges Virus.
(b) Elektronenmikroskopisches Bild und
(c) Modell des Bakteriophagen T4, einem komplexen Virus, der einer Kaulquappe ähnelt. Die DNA im „Kopf" wird durch den „Schwanz" in die *E.-coli*-Zelle injiziert, nachdem sich die Schwanzfasern an spezifische Stellen der Zellwand eingeheftet haben.
(d) Elektronenmikroskopisches Bild und
(e) Tennisball-Modell eines Adenovirus, der 20flächig ist und dessen Hülle 252 Protein-Untereinheiten enthält.

Zusammenfassung

Alle Zellen bestehen aus einer sie umschließenden Plasmamembran, dem Cytoplasma (das die Ribosomen enthält) und einer Kernzone oder einem Zellkern. Form und Größe der Zellen werden durch die Geschwindigkeit der Diffusion von Nährstoffmolekülen und von Sauerstoff sowie durch das Verhältnis der Oberfläche zum Volumen beeinflußt. Es gibt zwei große Klassen von Zellen: Prokaryoten und Eukaryoten. Die Prokaryoten, zu denen die Bakterien und Cyanobakterien gehören, sind einfache, kleine Zellen, deren genetisches Material charakteristischerweise von keiner Membran umgeben ist. Sie haben eine Zellwand und eine Plasmamembran, und einige besitzen Geißeln für ihren Antrieb. Das Cytoplasma der Prokaryoten-Zellen enthält keine membranumgebenen Organellen, aber Ribosomen und Nährstoffgranula. Prokaryoten-Zellen wachsen und teilen sich sehr rasch. *Escherichia coli* ist der am besten untersuchte Prokaryot. Er ist außerordentlich nützlich für biochemische und genetische Untersuchungen.

Eukaryoten-Zellen sind viel größer als Prokaryoten. Ihr Volumen ist 1 000 bis 10 000mal größer. Zusätzlich zu einem gut entwickelten, membranumgebenen Zellkern mit mehreren Chromosomen enthalten Eukaryoten-Zellen auch membranumgebene Organellen. Unter diesen sind die Mitochondrien, deren Funktion die Oxidation von Zellbrennstoffen und die Herstellung von ATP ist, und Chloroplasten (in photosynthetisierenden Zellen), die Lichtenergie aufnehmen, um CO_2 in Glucose umzuwandeln. Es wird angenommen, daß Mitochondrien und Chloroplasten bakteriellen Ursprungs sind. Andere Organellen in Eukaryoten sind das endoplasmatische Reticulum, welches Sekretionsprodukte zu den Golgi-Apparaten leiten kann, damit sie dort zur Ausschleusung aus der Zelle „verpackt" werden können. Die Lysosomen enthalten hydrolysierende Enzyme, und Peroxisomen trennen Peroxid-bildende und Peroxid-zerstörende Enzyme vom Rest der Zelle ab. Das Cytoplasma der Eukaryoten-Zellen enthält außerdem mindestens drei Arten von Mikrofilamenten sowie Mikrotubuli. Die Mikrofilamente, Mikrotubuli und das mikrotrabekulare Geflecht bilden gemeinsam ein flexibles inneres Gerüst, das Cytoskelett. Viele tierische Zellen haben Geißeln. Ihr Gehalt an gepaarten Mikrotubuli erlaubt ihnen, propellerartige Bewegungen auszuführen. Cilien und Eukaryoten-Zellen enthalten außerdem Ribosomen; von denen einige frei vorkommen und einige an die Oberfläche des rauhen endoplasmatischen Reticulums gebunden sind. Die Oberfläche tierischer Zellen enthält spezifische Erkennungs- und Bindungsorte für andere Zellen und Hormone.

Viren sind leblose supramolekulare Strukturen, die aus einem Nucleinsäuremolekül, das von einem Proteinmantel umgeben ist, bestehen. Sie besitzen die Fähigkeit, spezielle Wirtszellen zu infizieren und sie zur Replikation der Viruspartikel entsprechend den genetischen Anweisungen der viralen Nucleinsäure zu veranlassen. Viren haben viel wertvolle Information in bezug auf die biochemischen Aspekte des genetischen Informationsflusses geliefert.

Aufgaben

Um die molekulare Logik der Zellen zu verstehen, müssen wir die Biomoleküle und ihre Wechselwirkungen qualitativ betrachten. Wir müssen außerdem komplexe Zellphänomene in bezug auf ihre einfachsten Bestandteile und die beteiligten Prozesse analysieren können. Aus diesem Grund endet jedes Kapitel mit einer Reihe von Aufgaben, welche sich auf die wichtigsten biochemischen Prinzipien beziehen. Einige sind Berechnungen, die wichtige Abmessungen von Molekülen und Zellen oder Geschwindigkeiten biochemischer Prozesse betreffen. Andere fordern die Anwendung von Grundprinzipien, und einige sind als Analyse einer vorgegebenen biochemischen Struktur oder von Zellprozessen gedacht. Einige der Aufgaben sind relativ einfach und unkompliziert, doch andere stellen höhere Anforderungen. Die Lösung der Aufgaben ist die beste Möglichkeit zur Vertiefung Ihrer Kenntnisse biochemischer Prinzipien.

Es folgen einige Aufgaben über den Inhalt des 2. Kapitels. Sie schließen einfache Berechnungen von Zellstrukturen und Aktivitäten ein. Jede Aufgabe ist der Übersicht halber mit einem Titel versehen.

1. *Die geringe Größe von Zellen und ihren Komponenten.* Berechnen Sie aus den Werten der Tab. 2-2 die ungefähre Anzahl von (a) Leberzellen, (b) Mitochondrien und (c) Myoglobinmolekülen, die bei einschichtiger Anordnung auf einem Stecknadelkopf (0.5 mm Durchmesser) Platz finden, unter der Annahme, daß jede der Strukturen kugelförmig sei. Die Fläche eines Kreises ist durch πr^2 gegeben, wobei $\pi = 3.14$ ist.

2. *Die Anzahl gelöster Moleküle in der kleinsten bekannten Zelle.* Mycoplasmen sind die kleinsten bekannten Zellen. Sie sind kugelförmig und haben einen Durchmesser von etwa 0.33 µm. Wegen ihrer geringen Größe dringen sie ohne weiteres durch Filter, die zur Abwehr größerer Bakterien verwendet werden. Eine Spezies, *Mycoplasma pneumoniae*, kann eine atypische Pneumonie verursachen.

   (a) D-Glucose ist der wichtigste energieliefernde Nährstoff der *Mycoplasma*-Zellen. Ihre Konzentration innerhalb dieser Zellen ist etwa 1.0 mM. Berechnen Sie die Anzahl von Glucosemolekülen in einer *Mycoplasma*-Zelle.
   Die Avogadro-Zahl, die Anzahl von Molekülen in 1 mol einer nicht ionisierten Substanz, ist 6.02×10^{23}. Das Volumen einer Kugel ist durch $4/3 \, \pi r^3$ gegeben.

   b) Die intrazelluläre Flüssigkeit der *Mycoplasma*-Zellen enthält 10 g Hexokinase ($M_r = 100\,000$) pro Liter. Berechnen Sie die molare Konzentration von Hexokinase, dem ersten Enzym, das für den energieliefernden Stoffwechsel der Glucose notwendig ist.

3. *Die Bestandteile von E. coli.* *E.-coli*-Zellen sind stäbchenförmig, etwa 2 µm lang, und haben einen Durchmesser von 0.8 µm. Das Volumen eines Zylinders ist durch $\pi r^2 h$ gegeben, wobei h die Länge darstellt.

   (a) Wenn die durchschnittliche Dichte von *E. coli* (hauptsächlich Wasser) 1.1 g/cm^3 ist, welche Masse hat dann eine einzelne Zelle?
   (b) Die schützende Zellwand von *E. coli* ist 10 nm dick. Welchen Anteil am Gesamtvolumen des Bakteriums nimmt die Zellwand ein? Geben Sie das Ergebnis in Prozent an.

(c) *E. coli* wächst und vermehrt sich sehr schnell. Es enthält etwa 15 000 kugelförmige Ribosomen (Durchmesser 18 nm), die die Proteinsynthese durchführen. Welchen Anteil am gesamten Zellvolumen nehmen die Ribosomen ein?

4. *Die genetische Information in E.-coli-DNA.* Die genetische Information, die in DNA enthalten ist, besteht aus einer linearen Sequenz aneinandergereihter Code-Wörter, die als Codons bezeichnet werden. Jedes Codon hat eine spezifische Sequenz von drei Nucleotiden (drei Nucleotidpaare in doppelsträngiger DNA), und jedes codiert für eine einzige Aminosäureneinheit in einem Protein. Die relative Molekülmasse eines *E.-coli*-DNA-Moleküls ist sehr groß, etwa 2.5×10^9. Die durchschnittliche relative Molekülmasse eines Nucleotidpaares beträgt 660, und jedes Nucleotidpaar trägt 0.34 nm zur Länge eines DNA-Moleküls bei.
   (a) Berechnen Sie die Länge eines *E.-coli*-DNA-Moleküls an Hand dieser Information. Vergleichen Sie die Länge des DNA-Moleküls mit den Abmessungen der Zelle. Wie paßt es hinein?
   (b) Nehmen Sie an, daß ein durchschnittliches Protein in *E. coli* aus einer Kette von 400 Aminosäuren besteht. Welche maximale Anzahl von Proteinen kann dann von einem *E.-coli*-DNA-Molekül codiert werden?

5. *Die hohe Geschwindigkeit des bakteriellen Stoffwechsels.* Bakterienzellen haben eine sehr viel höhere Stoffwechselgeschwindigkeit als Tierzellen. Unter idealen Bedingungen kann ein Bakterium seine Größe innerhalb von 20 Minuten verdoppeln und sich teilen, während Tierzellen gut 24 h dafür brauchen. Für die hohe Geschwindigkeit des bakteriellen Stoffwechsels ist ein großes Verhältnis von Oberfläche zu Zellvolumen nötig.
   (a) Warum könnte das Verhältnis von Oberfläche zu Volumen einen Einfluß auf die maximale Stoffwechselgeschwindigkeit haben?
   (b) Berechnen Sie das Verhältnis von Oberfläche zu Volumen für das kugelförmige Bakterium *Neisseria gonorrhoeae* (Durchmesser 0.5 µm), das für die Krankheit Gonorrhoe verantwortlich ist. Vergleichen Sie es mit dem Oberfläche/Volumen-Verhältnis einer kugelförmigen Amöbe, einer großen Eukaryoten-Zelle mit einem Durchmesser von 150 µm.
   (c) Schätzen Sie das Verhältnis von Oberfläche zu Volumen für einen typischen 70 kg schweren Menschen. (Tip: Behandeln Sie die Person als Kugel plus einem Satz von Zylindern). Vergleichen Sie dieses Verhältnis der Oberfläche zum Volumen mit dem eines Bakteriums.

6. *Eine Möglichkeit zur Vergrößerung der Oberfläche von Zellen.* Bestimmte Zellen, deren Funktion die Aufnahme von Nährstoffen aus der Umgebung ist, wie zum Beispiel die Zellen an der Innen-

Aufgabe 6

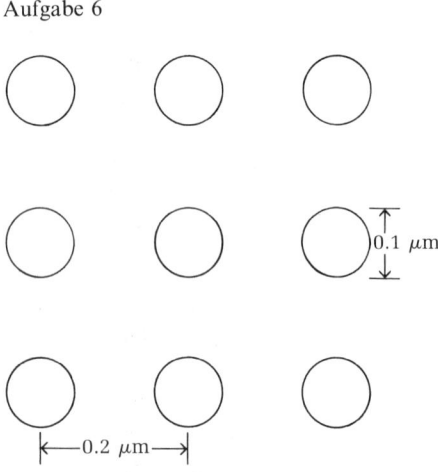

Anordnung der Mikrovilli auf dem „Fleck"

wand des Dünndarms oder die Wurzelhaarzellen einer Pflanze, sind ihrer Aufgabe optimal angepaßt, denn ihre den Nährstoffen ausgesetzte Oberfläche ist durch Mikrovilli vergrößert. Betrachten Sie eine kugelförmige Epithelzelle (20 µm im Durchmesser), die den Dünndarm auskleidet. Nur ein Teil ihrer Oberfläche ist auf die Innenseite des Darms gerichtet. Nehmen Sie an, daß dieser „Fleck" 25% der Zelloberfläche einnimmt und mit Mikrovilli besetzt ist. Nehmen Sie außerdem an, daß die Mikrovilli Zylinder von 0.1 µm Durchmesser und 1.0 µm Länge sind und zu einem regelmäßigen Gitter mit einem Abstand von 0.2 µm von Mittelpunkt zu Mittelpunkt angeordnet sind. Die Oberfläche einer Kugel beträgt $4\pi r^2$.

(a) Berechnen Sie die Anzahl der Mikrovilli auf dem „Fleck".
(b) Berechnen Sie die Oberfläche des „Fleckes" unter der Annahme, daß er keine Mikrovilli besitzt.
(c) Berechnen Sie die Oberfläche des „Fleckes" unter der Annahme, daß er Mikrovilli besitzt.
(d) Welche prozentuale Verbesserung der Aufnahmefähigkeit (dargestellt durch die Oberflächenvergrößerung des „Fleckes") wird durch die Mikrovilli erreicht?

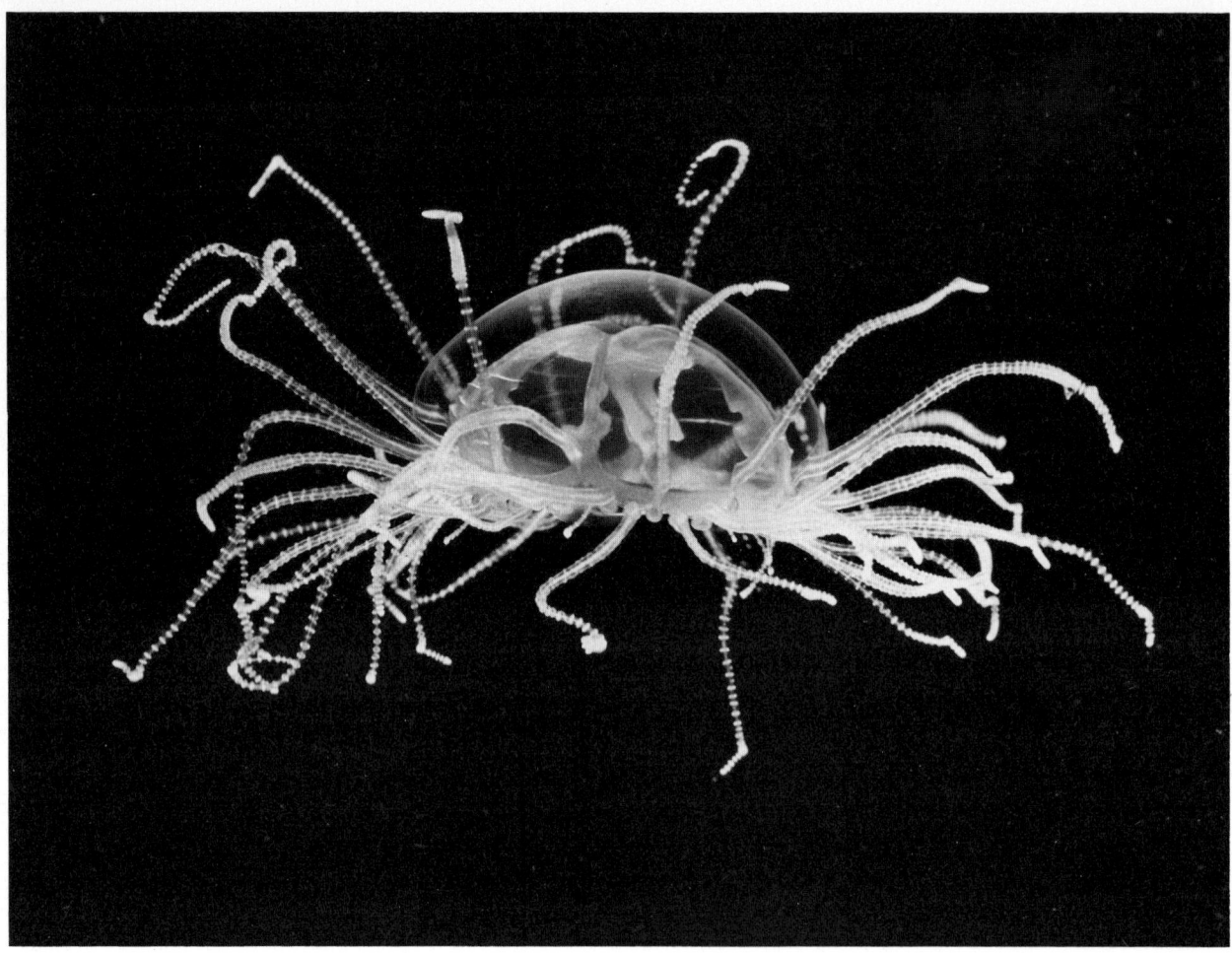

⊢ 2 mm ⊣

Die chemische Zusammensetzung lebender Materie – wie die der Qualle *Gonionemus murbachii* – unterscheidet sich von der ihrer physikalischen Umgebung, die für diesen Organismus das Salzwasser ist.

Kapitel 3
Die Zusammensetzung lebender Materie: Biomoleküle

Wir haben gesehen, daß es viele Gemeinsamkeiten in der chemischen Zusammensetzung der verschiedenen Tier- und Pflanzenspezies gibt. So sind zum Beispiel alle Proteinmoleküle jeder lebenden Spezies aus den gleichen 20 Aminosäuren aufgebaut. In ähnlicher Weise bestehen die Nucleinsäuren aller Spezies aus den gleichen Nucleotiden. Dennoch werden wir nun sehen, daß die chemische Zusammensetzung lebender Materie sehr verschieden von der der unbelebten Materie der Erdkruste ist. Wenn wir Biomoleküle und deren Wechselwirkungen untersuchen, sollten wir deshalb einige grundsätzliche Fragen stellen: Welche chemischen Elemente kommen in Zellen vor? Welche Arten von Molekülen sind in lebender Materie vorhanden? In welchem Verhältnis? Was ist ihr Ursprung? Warum sind die in lebenden Zellen vorkommenden Molekülarten besonders für ihre Aufgaben geeignet?

Um Antworten auf diese Fragen zu finden, müssen wir Biomoleküle genauso untersuchen, wie wir es mit nicht-biologischen Molekülen tun würden, d. h. nach denselben Prinzipien und Ansätzen, die in der klassischen Chemie verwendet werden. Wir müssen sie jedoch auch vom biologischen Standpunkt her betrachten und berücksichtigen, daß die verschiedenen Arten von Molekülen der lebenden Materie zueinander in Beziehung stehen und zusammenwirken im Rahmen dessen, was wir als molekulare Logik des lebenden Zustandes bezeichnet haben.

Die chemische Zusammensetzung lebender Materie unterscheidet sich von der in der Erdkruste

Nur 27 der 92 natürlichen chemischen Elemente sind für die verschiedenen Lebensformen notwendig; sie sind in Tab. 3-1 aufgeführt. Die meisten Elemente in der lebenden Materie haben relativ niedrige Ordnungszahlen: nur 3 besitzen Ordnungszahlen über 34. Darüber hinaus ist die Verteilung der in lebenden Organismen gefundenen Elemente nicht proportional zu der in der Erdrinde (Tab. 3-2). Die vier häufigsten Elemente in lebenden Organismen – bezogen auf die Gesamtanzahl der Atome – sind Wasserstoff, Sauerstoff, Kohlenstoff und Stickstoff. Zusammen machen sie über 99% der Masse der meisten Zellen aus. Drei dieser Elemente – Wasserstoff, Stickstoff und Kohlenstoff – kommen in lebender Materie viel häufiger als in der Erdkruste vor. Der Unterschied in der Elementzusammensetzung der Erdkruste und der lebenden Materie wird noch viel größer, wenn wir nur die Trockenmasse der lebenden Materie betrachten und damit den Wassergehalt ausschließen, der über 75% ausmacht. Die Trockenmasse lebender Zellen besteht zu 50 bis 60% aus Kohlenstoff, zu 8 bis 10% aus Stickstoff, zu 25 bis 30% aus Sauerstoff und zu 3 bis 4% aus Wasserstoff. Im Gegensatz dazu machen Kohlenstoff, Wasserstoff und Stickstoff viel weniger als 1% der Masse der Erdkruste aus. Andererseits sind 8 der 10 häufigsten Elemente im menschlichen Körper auch unter den 10 häufigsten Elementen im Meerwasser.

Man könnte versuchen, zwei Schlußfolgerungen aus diesen Daten zu ziehen. Die erste ist, daß diejenigen chemischen Verbindungen, die Kohlenstoff, Wasserstoff, Sauerstoff und Stickstoff enthalten und die in lebenden Organismen überwiegen, während der Evolution selektiert wurden, da sie für die Lebensprozesse besonders geeignet sind. Die zweite ist, daß Meerwasser das flüssige Medium gewesen sein könnte, aus dem lebende Organismen in der frühen Geschichte der Erde hervorgegangen sind.

Die meisten Biomoleküle sind Kohlenstoffverbindungen

Die Chemie lebender Organismen ist um das Element Kohlenstoff herum aufgebaut, welches etwa die Hälfte ihrer Trockenmasse ausmacht. Kohlenstoff hat, wie auch Wasserstoff, Sauerstoff und Stickstoff, die Fähigkeit, kovalente Bindungen einzugehen, d. h. Bindungen, die durch gemeinsame Elektronenpaare gebildet werden (Abb. 3-1). Das Wasserstoffatom benötigt ein Elektron, Sauerstoff braucht zwei, Stickstoff drei, und das Kohlenstoffatom vier, um die äußere Schale aufzufüllen. Daher kann ein Kohlenstoffatom vier Elektronenpaare mit vier Wasserstoffatomen teilen. Dabei entsteht ein *Methan*-Molekül (CH_4), in dem jedes der gemeinsamen Elektronenpaare eine *Einfachbindung* darstellt. Kohlenstoff kann auch Einfachbindungen mit Sauerstoff- und Stickstoffatomen eingehen. Besonders bedeutungsvoll in der Biologie ist jedoch die Fähigkeit der Kohlenstoffatome, Elektronenpaare miteinander zu teilen, und auf diese Weise sehr stabile Kohlenstoff-Kohlenstoff-Einfachbindungen zu bilden. Jedes Kohlenstoffatom kann Einfachbindungen mit einem, zwei, drei oder vier anderen Kohlenstoffatomen eingehen. Außerdem können zwei Kohlenstoffatome auch zwei Elektronenpaare miteinander teilen und eine Kohlenstoff-Kohlenstoff-*Doppelbildung* bilden (Abb. 3-2). Dank dieser Eigenschaften können kovalent gebundene Kohlenstoffatome zu vielen Arten von Strukturen – line-

Tabelle 3-1 Die Bioelemente. Von den folgenden Elementen ist bekannt, daß sie essentielle Komponenten der lebenden Materie darstellen. Aber nicht alle aufgeführten Spurenelemente werden von jeder Spezies benötigt.

Hauptsächlich vorkommende Elemente der organischen Materie	
Kohlenstoff	C
Wasserstoff	H
Sauerstoff	O
Stickstoff	N
Phosphor	P
Schwefel	S
Als Ionen vorkommende Elemente	
Natrium	Na^+
Kalium	K^+
Magnesium	Mg^{2+}
Calcium	Ca^{2+}
Chlor	Cl^-
Spurenelemente	
Eisen	Fe
Kupfer	Cu
Zink	Zn
Mangan	Mn
Cobalt	Co
Iod	I
Molybdän	Mo
Vanadium	V
Nickel	Ni
Chrom	Cr
Fluor	F
Selen	Se
Silicium	Si
Zinn	Sn
Bor	B
Arsen	As

Tabelle 3-2 Stoffmengenanteil der acht häufigsten Elemente der Erdkruste und des menschlichen Körpers in Prozent.

Erdkruste		menschlicher Körper	
Element	%	Element	%
O	47	H	63
Si	28	O	25.5
Al	7.9	C	9.5
Fe	4.5	N	1.4
Ca	3.5	Ca	0.31
Na	2.5	P	0.22
K	2.5	Cl	0.08
Mg	2.2	K	0.06

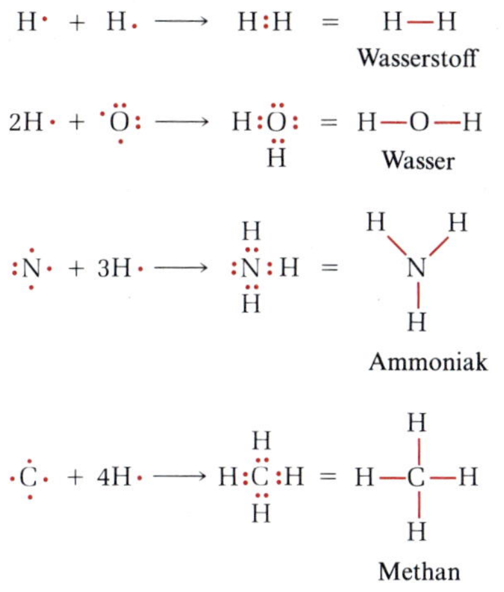

H· + H· ⟶ H:H = H—H
Wasserstoff

2H· + ·Ö: ⟶ H:Ö: = H—O—H
      H
Wasser

:N· + 3H· ⟶ :N:H = N(H)(H)(H)
      H
Ammoniak

·C· + 4H· ⟶ H:C:H = H—C(H)(H)—H
      H
Methan

Atom	Anzahl ungepaarter Elektronen (farbig)	Anzahl von Elektronen in gefüllten äußeren Schalen
H·	1	2
:Ö·	2	8
:N·	3	8
·C·	4	8

Abbildung 3-1
Kovalente Bindungen. Zwei Atome mit ungepaarten Elektronen in ihren äußeren Schalen können kovalente Bindungen miteinander eingehen, indem sie Elektronenpaare miteinander teilen. Atome, die an kovalenten Bindungen beteiligt sind, neigen dazu, ihre äußeren Schalen aufzufüllen.

aren Ketten, cyclischen und gitterförmigen Strukturen und Kombinationen daraus – zusammengesetzt werden, um die Gerüste sehr vieler verschiedener Arten organischer Moleküle zu bilden (Abb. 3-3). An diese Kohlenstoffgerüste können andere Atome gebunden werden, da Kohlenstoff auch kovalente Bindungen mit Sauerstoff, Wasserstoff, Stickstoff und Schwefel eingeht. Moleküle, die derartige Kohlenstoffgerüste enthalten, bezeichnen wir als *organische* Moleküle; von ihnen existiert eine fast grenzenlose Vielfalt. Die meisten Biomoleküle sind organische Kohlenstoffverbindungen. Wir können annehmen, daß die Bindungs-Vielseitigkeit des Kohlenstoffs ein Hauptfaktor dafür gewesen ist, daß Kohlenstoffverbindungen während der Entstehung der lebenden Organismen für die molekulare Maschinerie der Zellen ausgewählt worden sind.

Organische Biomoleküle haben spezifische Formen und Abmessungen

Die vier kovalenten Einfachbindungen eines Kohlenstoffatoms sind gerichtet; sie zeigen in die vier Ecken eines Tetraeders, bilden also untereinander Winkel von etwa 109.5° (Abb. 3-4). Dieser Winkel verändert sich in den verschiedenen organischen Molekülen nur wenig. Organische Kohlenstoffverbindungen können viele verschiedene dreidimensionale Strukturen besitzen. Kein anderes chemisches Element kann Moleküle in so unterschiedlichen Größen und Formen oder mit einer solchen Vielfalt von Seitenketten und funktionellen Gruppen bilden. Die Komplexität innerer Zellstrukturen spiegelt sich in der verschiedenen Größe und Form organischer Moleküle, aus denen sie aufgebaut sind, wider.

Eine zweite wichtige Eigenschaft organischer Verbindungen besteht darin, daß die durch eine C—C-Einfachbindung verbundenen Molekülteile um die Bindungsachse rotieren können. Die freie Drehbarkeit ist nur dann eingeschränkt, wenn an beide Kohlenstoff-

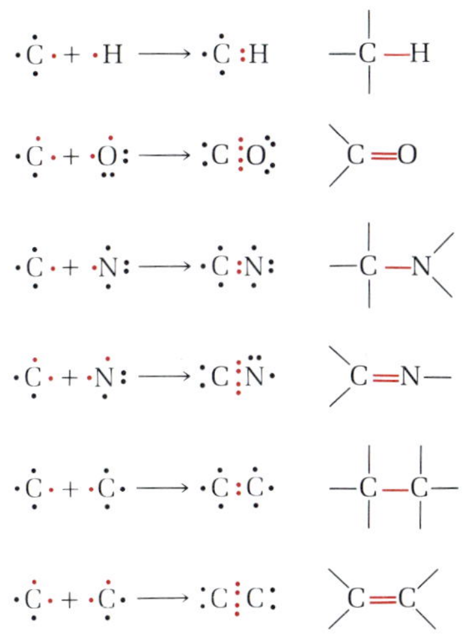

·C· + ·H ⟶ ·C:H   —C—H

·C· + ·Ö: ⟶ :C:Ö: C=O

·C· + ·N: ⟶ ·C:N: —C—N

·C· + ·N: ⟶ :C:N·   C=N—

·C· + ·C· ⟶ ·C:C·   —C—C—

·C· + ·C· ⟶ :C:C: C=C

Abbildung 3-2
Die Fähigkeit des Kohlenstoffatoms zur Ausbildung kovalenter Einfach- und Doppelbindungen. Dreifachbindungen kommen in Biomolekülen nur selten vor.

linear

cyclisch

Abbildung 3-3
Kohlenstoff-Kohlenstoff-Bindungen bilden die Grundgerüste vieler Arten organischer Moleküle.

verzweigt

atome sehr große oder stark ionisierte Gruppen gebunden sind. Daher können organische Moleküle mit C—C-Einfachbindungen eine Reihe verschiedener Formen annehmen, die *Konformationen* genannt werden (Abb. 3-4).

Eine dritte wichtige Eigenschaft kovalenter Bindungen des Kohlenstoffs ist, daß sie eine charakteristische Bindungslänge besitzen. Die Länge einer Kohlenstoff-Kohlenstoff-Einfachbindung beträgt 0.154 nm, während Kohlenstoff-Kohlenstoff-Doppelbindungen nur 0.134 nm lang sind. Im Gegensatz zu Einfachbindungen sind Kohlenstoff-Kohlenstoff-Doppelbindungen starr und erlauben kei-

Abbildung 3-4
(a) Kohlenstoffatome besitzen eine charakteristische Anordnung ihrer vier Einfachbindungen, die etwa 0.154 nm lang, und in einem Winkel von etwa 109.5° zueinander angeordnet sind.
(b) Die durch C—C-Einfachbindungen verknüpften Molekülteile sind um die Bindungsachse frei drehbar, wie dies am Beispiel des Ethans (C_2H_6) dargestellt ist.
(c) Kohlenstoff-Kohlenstoff-Doppelbindungen sind kürzer und erlauben keine freie Rotation. Die Einfachbindungen an jedem doppelt gebundenen Kohlenstoffatom bilden zwischen sich Winkel von 120°. Die beiden doppelt gebundenen Kohlenstoffatome und die mit A, B, X, und Y gekennzeichneten Atome liegen alle in derselben Ebene.

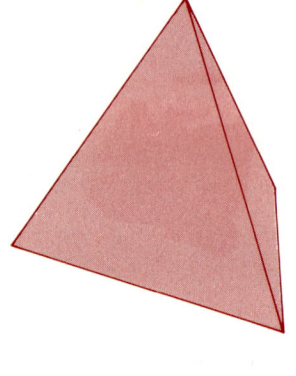
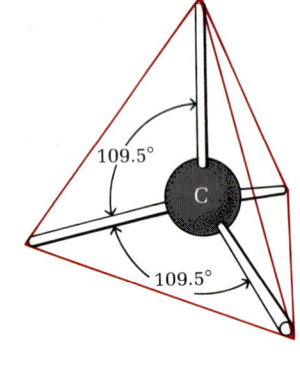

(a)

Ansicht von oben   Ansicht von vorn

(b)

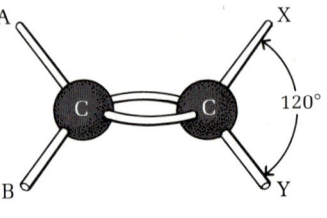

(c)

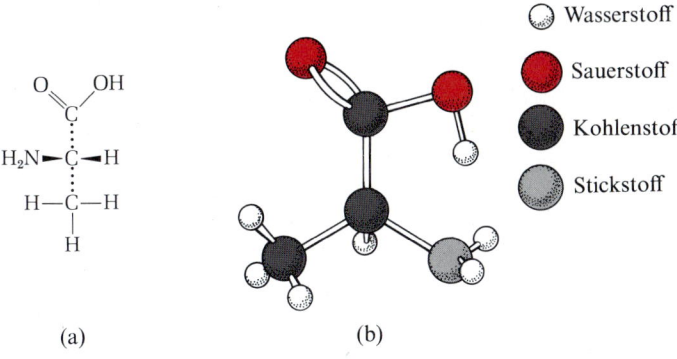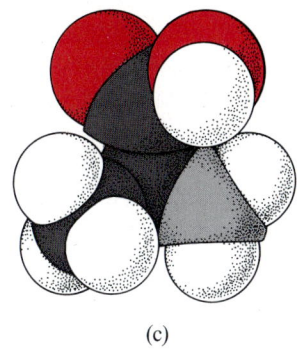

(a)　(b)　(c)

Abbildung 3-5
Modelle der Aminosäure Alanin.
(a) Struktur als perspektivische Formel.
(b) Modell, das die relative Bindungslänge veranschaulicht.
(c) Kalottenmodell, in dem jedes Atom in seinem richtigen relativen Durchmesser dargestellt ist (s. a. Tab. 3-3).

Tabelle 3-3 Einige Atomradien.
Die Daten geben Van-der-Waals-Radien für die raumerfüllenden Dimensionen der Atome wieder. Wenn diese Atome durch kovalente Bindungen miteinander verknüpft sind, werden die Atomradien an den Bindungsstellen kleiner, weil die Atome durch das gemeinsame Elektronenpaar zueinander hingezogen werden.

Element	Radius in nm	Kugel- bzw. Kalottenmodell
Kohlenstoff	0.077	
Wasserstoff	0.037	
Sauerstoff	0.066	
Stickstoff	0.070	
Phosphor	0.110	
Schwefel	0.104	

Einige kovalente Bindungen

ne Rotation um die Bindungsachse. Gehen von einem Kohlenstoffatom eine Doppelbindung und zwei Einfachbindungen aus, so liegen alle drei Bindungen in einer Ebene. Der Winkel zwischen den Bindungen beträgt 120° (Abb. 3-4c). Bindungswinkel und Bindungslängen kann man sich bei organischen Molekülen am besten mit Modellen aus Kugeln und Stäbchen veranschaulichen, während die äußeren Konturen organischer Moleküle am besten durch *Kalottenmodelle* (Abb. 3-5) wiedergegeben werden, bei denen die Radien der Kalotten den Radien der symbolisierten Atome proportional sind (Tab. 3-3). Wir sehen daran, daß organische Biomoleküle eine charakteristische Größe und raumerfüllende Eigenschaften besitzen, in Abhängigkeit von ihrer Gerüststruktur und den Substituenten.

Die dreidimensionale Konformation organischer Biomoleküle ist für viele Aspekte der Biochemie von äußerster Wichtigkeit, wie z. B. für die Reaktion zwischen dem katalytischen Zentrum eines Enzyms und dem hiermit reagierenden Substrat (Abb. 3-6). Für eine entsprechende biologische Funktion müssen die beiden Moleküle in *komplementärer* Weise exakt zueinander passen. Solch ein präzises Aufeinanderpassen wird auch bei der Bindung eines Hormonmoleküls an seinen Rezeptor an der Zelloberfläche, bei der Replikation von DNA und bei vielen anderen Zellaktivitäten verlangt. Aus diesem Grund ist die Aufklärung der dreidimensionalen Struktur der Biomoleküle mit physikalischen Methoden ein wichtiger Teil der gegenwärtigen Forschung über die Zellstruktur und ihre biochemischen Funktionen.

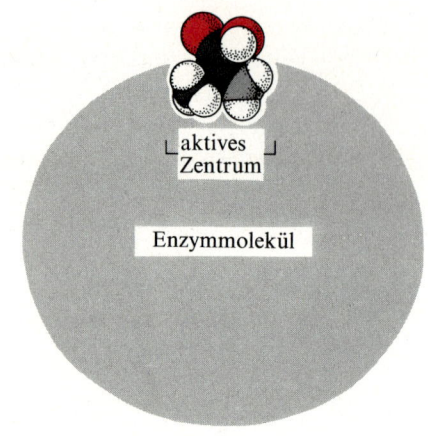

Abbildung 3-6
Komplementäre Anpassung eines Substratmoleküls an das aktive oder katalytische Zentrum eines Enzymmoleküls. Das katalytische Zentrum erkennt und transformiert nur diejenigen Moleküle, die hinsichtlich Größe und Form exakt in das Zentrum hineinpassen.

Die funktionellen Gruppen organischer Biomoleküle bestimmen ihre chemischen Eigenschaften

Fast alle organischen Biomoleküle sind Derivate von *Kohlenwasserstoffen*, das sind Verbindungen aus Kohlenstoff und Wasserstoff mit einem Gerüst aus kovalent miteinander verbundenen Kohlenstoffatomen.

In Kohlenwasserstoffen können ein oder mehrere Wasserstoffatome durch verschiedene Arten von *funktionellen Gruppen* ersetzt werden, wodurch verschiedene Klassen organischer Verbindungen entstehen. Typische Klassen organischer Verbindungen und deren charakteristische funktionelle Gruppen sind *Alkohole* mit einer oder mehreren *Hydroxylgruppen*, *Amine* mit *Aminogruppen*, *Ketone* mit *Carbonyl*gruppen und *Säuren* mit *Carboxylgruppen* (Tab. 3-4). Darüber hinaus gibt es eine Reihe anderer funktioneller Gruppen, die in Biomolekülen wichtig sind (Tab. 3-5).

Die funktionellen Gruppen organischer Biomoleküle sind chemisch viel reaktiver als gesättigte Kohlenwasserstoffgerüste, die von den meisten chemischen Reagenzien nicht leicht angegriffen werden.

Funktionelle Gruppen können die Elektronenverteilung im Molekül und die Geometrie benachbarter Atomgruppen verändern, und damit die chemische Reaktivität eines organischen Moleküls im Ganzen beeinflussen. Man kann auf Grund der funktionellen Gruppen von organischen Biomolekülen auf ihr chemisches Verhalten und ihre Reaktionsweise schließen und diese vorhersagen. Wie wir sehen werden, erkennen Enzyme, die Katalysatoren lebender Zellen, spezifische funktionelle Gruppen an einem Biomolekül und katalysieren eine charakteristische chemische Veränderung in seiner Struktur.

Die meisten der von uns zu untersuchenden Biomoleküle sind *polyfunktionell*, d.h. sie enthalten zwei oder mehr verschiedene Arten funktioneller Gruppen. In solchen Molekülen hat jeder Typ einer funktionellen Gruppe seine eigenen chemischen Charakteristika und Reaktionsweisen. Zur Verdeutlichung können wir die *Aminosäuren*, eine wichtige Familie von Biomolekülen, die hauptsächlich als Bausteine der Proteine dienen, betrachten. Alle Aminosäuren enthalten wenigstens zwei verschiedene Arten funktioneller Gruppen, nämlich eine Aminogruppe und eine Carboxylgruppe, wie am Beispiel des *Alanins* (Abb. 3-7) gezeigt wird. Die chemischen Eigenschaften dieser Aminosäure sind sehr von den chemischen Eigenschaften der Aminogruppe und der Carboxylgruppe geprägt. Ein weiteres Beispiel eines polyfunktionellen Biomoleküls ist der einfache Zucker *Glucose*, der zwei Arten von funktionellen Gruppen enthält: Hydroxylgruppen und eine Aldehydgruppe (Abb. 3-7). Immer wieder werden wir sehen, daß die funktionellen Gruppen von Biomolekülen bei ihren biologischen Aktivitäten eine wesentliche Rolle spielen.

Tabelle 3-4
Funktionelle Gruppen, durch die bestimmte Klassen von organischen Verbindungen charakterisiert werden. R_1 und R_2 bezeichnen die Kohlenwasserstoffe, an die die funktionellen Gruppen gebunden sind.

Funktionelle Gruppe	Struktur	Verbindungsklasse
Hydroxyl-	R_1—O—H	Alkohole
Aldehyd-	R_1—C(=O)—H	Aldehyde
Carbonyl-	R_1—C(=O)—R_2	Ketone
Carboxyl-	R_1—C(=O)—OH	Säuren
Amino-	R_1—N(H)(H)	Amine
Amido-	R_1—C(=O)—N(H)(H)	Amide
Thiol-	R_1—S—H	Thiole
Ester-	R_1—C(=O)—O—R_2	Ester
Ether-	R_1—O—R_2	Ether

Tabelle 3-5 Einige andere in Biomolekülen vorkommende funktionelle Gruppen.

Methyl- Ethyl- Disulfid- Phospho-

Guanido- Imidazol- Phenyl-

Viele Biomoleküle sind asymmetrisch

Die Anordnung der Einfachbindungen um ein Kohlenstoffatom herum in Form eines Tetraeders verleiht einigen organischen Molekülen eine weitere sehr auffallende Eigenschaft, die in der Biologie von höchster Wichtigkeit ist. Immer wenn in einem organischen Molekül vier *verschiedene* Atome oder funktionelle Gruppen mit einer Einfachbindung an ein Kohlenstoffatom gebunden sind, liegt ein *asymmetrisches Kohlenstoffatom* vor. Verbindungen mit einem asymmetrischen C-Atom können in zwei isomeren Formen existieren, die als *Enantiomere* bezeichnet werden und unterschiedliche räumliche Konfigurationen besitzen. Wie in Abb. 3-8 deutlich gemacht wird, sind Enantiomere nicht-deckungsgleiche Spiegelbilder voneinander. Enantiomere, die auch *optische Isomere* oder *Stereoisomere* genannt werden, sind chemisch in ihren Reaktionen identisch, unterscheiden sich aber in einer sehr charakteristischen physikalischen Eigenschaft, nämlich der Fähigkeit, die Ebene polarisierten Lichtes zu drehen. Eine Lösung eines der beiden Enantiomere dreht die Ebene solchen Lichtes nach rechts, die andere nach links, eine Eigenschaft, die mit Hilfe eines Polarimeters gemessen werden kann. Verbindungen, die kein asymmetrisches Kohlenstoffatom besitzen, drehen die Ebene des polarisierten Lichtes nicht.

Abb. 3-8 zeigt, daß die Aminosäure Alanin ein asymmetrisches Molekül ist, da an das zentrale Kohlenstoffatom vier verschiedene Substituenten gebunden sind: eine Methylgruppe, eine Aminogruppe, eine Carboxylgruppe und ein Wasserstoffatom. Wir erkennen außerdem, daß die zwei verschiedenen Enantiomere des Alanins nicht-deckungsgleiche Spiegelbilder voneinander sind. Die beiden Formen des Alanins stehen in derselben Beziehung zueinander wie die rechte zur linken Hand. Wir wissen aus Erfahrung, daß die rechte Hand nicht in einen linken Handschuh hineinpaßt. Da man sich Verbindungen mit asymmetrischen Kohlenstoffatomen als links- bzw. rechtshändige Form vorstellen kann, bezeichnet man sie auch als *chirale Verbindungen* (griechisch: chiros = die „Hand"). Dementsprechend wird das asymmetrische Atom oder das Zentrum der chiralen Verbindungen als *chirales Atom* oder *chirales Zentrum* bezeichnet.

Außer den Aminosäuren gehören auch viele organische Biomoleküle zu den chiralen Verbindungen mit einem oder mehreren asymmetrischen Kohlenstoffatomen. Glucose, ein häufig vorkommender Zucker, ist ein weiteres Beispiel; sie hat nicht weniger als 5 asymmetrische Kohlenstoffe. Normalerweise sind chirale Moleküle in lebenden Organismen nur in einer ihrer möglichen stereoisomeren Formen anzutreffen. Dies gilt z. B. für die Aminosäuren – wie zum Beispiel Alanin – die die Proteinmoleküle aufbauen. In ähnlicher Weise kommt Glucose, die Bausteineinheit der Stärke, biologisch in nur einer ihrer beiden chiralen Formen vor. Im Gegensatz dazu entstehen beide Enantiomere in *gleicher* Menge, wenn ein Chemiker

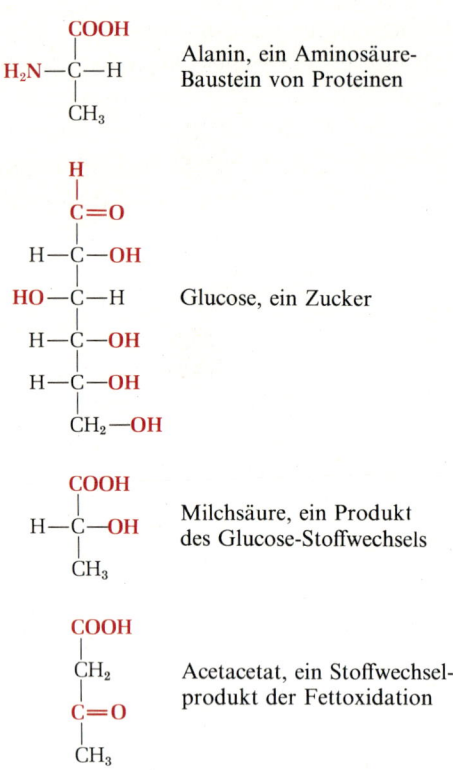

Abbildung 3-7
Biomoleküle mit mehreren funktionellen Gruppen.

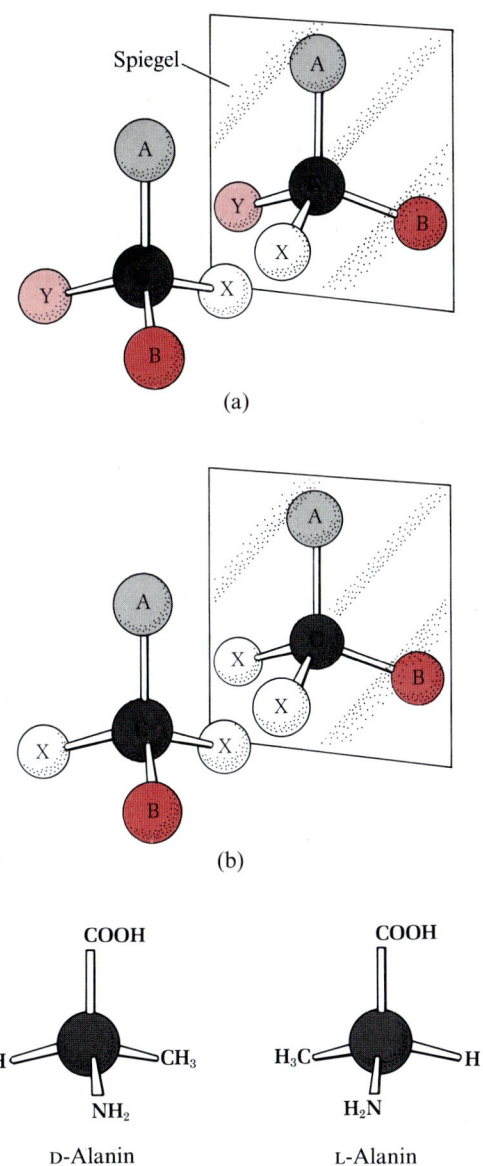

Abbildung 3-8
Chirale Moleküle. (a) Besitzt ein Kohlenstoffatom *vier* verschiedene Substituenten (A,B,X,Y), so können diese auf *zweierlei* Arten angeordnet sein. Die beiden Formen verhalten sich zueinander wie Bild und Spiegelbild und können nicht durch Drehung ineinander überführt werden. Ein solches Kohlenstoffatom ist asymmetrisch und wird als chirales Atom oder chirales Zentrum bezeichnet.
(b) Sind nur *drei* Substituenten an einem Kohlenstoffatom verschieden (A,B,X,X), so ist nur *eine* räumliche Konfiguration möglich. Das Spiegelbild kann durch Drehung, bei der gezeigten Aufstellung durch Drehung um die A–C-Achse, in das Original überführt werden.
(c) Die Aminosäure Alanin ist ein chirales Molekül mit vier verschiedenen Gruppen an einem zentralen Kohlenstoffatom. Die beiden Enantiomere werden als D-Alanin und L-Alanin bezeichnet. Sie verhalten sich wie Bild und Spiegelbild zueinander, genau wie das in (a) gezeigte Molekül. Die Kennzeichnung chiraler Moleküle durch die Buchstaben D und L wird in Kapitel 5 besprochen.

organische Verbindungen mit einem asymmetrischen Kohlenstoffatom durch nicht-biologische Reaktionen synthetisiert. Die beiden Enantiomere im Reaktionsgemisch können voneinander nur durch aufwendige physikalische Methoden getrennt werden. In lebenden Zellen wird von chiralen Biomolekülen mit Hilfe von Enzymen jeweils nur eines der beiden Enantiomere hergestellt. Das ist möglich, weil Enzymmoleküle selbst chirale Strukturen sind.

Die Stereospezifität vieler Biomoleküle ist eine charakteristische Besonderheit der molekularen Logik lebender Zellen und ein starkes Indiz dafür, daß die dreidimensionale Form der Biomoleküle äußerst wichtig für ihre biologische Funktion ist. Wir werden chirale Moleküle und Stereoisomerie später genauer betrachten, wenn wir die Aminosäuren (Kapitel 5) und die Zucker (Kapitel 11) besprechen.

Die Hauptklassen von Biomolekülen in Zellen sind sehr große Moleküle

Tab. 3-6 zeigt die Hauptklassen von Biomolekülen, die im Bakterium *Escherichia coli* gefunden werden, den Anteil jeder Klasse an der Gesamtmasse der Zelle und eine Abschätzung der Anzahl der verschiedenen Arten von Biomolekülen in jeder Klasse. Wasser ist die am häufigsten vorkommende Einzelverbindung in *E. coli*, wie auch in allen anderen Zellarten und Organismen. Dagegen machen anorganische Salze nur einen sehr kleinen Teil der gesamten festen Stoffe aus, aber viele von ihnen liegen in etwa den gleichen Mengenverhältnissen vor wie im Meerwasser. Fast die gesamte feste Materie in *E.-coli*-Zellen (wie in allen Zellarten) ist organisch. Wir können vier Hauptklassen von Verbindungen unterscheiden: *Proteine, Nucleinsäuren, Polysaccharide* und *Lipide*. Proteine machen den größten Teil der lebenden Materie aus, nicht nur in *E. coli*, sondern in allen Zellarten. Der Name Protein (griechisch: proteios) bedeutet „erster" oder „vorderster". Die Proteine sind direkte Produkte und Effektoren der Gentätigkeit in allen Lebensformen. Viele Proteine haben eine spezifische katalytische Aktivität und wirken als Enzyme. Andere Proteine dienen als strukturelle Elemente in Zellen und Geweben. Wieder andere sind in Zellmembranen eingebaut und beteiligen sich am Transport bestimmter Substanzen in die Zelle hinein oder heraus. Proteine, die wahrscheinlich die vielseitigsten unter den Biomolekülen sind, haben noch viele andere biologische Funktionen. Die *Nucleinsäuren*, DNA und RNA, haben in allen Zellen dieselben allgemeinen Funktionen, nämlich die Beteiligung an der Speicherung, Übermittlung und „Übersetzung" (Translation) genetischer Information. DNA dient als der Speicher der genetischen Information, wogegen verschiedene Arten von RNA bei der Translation dieser Information in Proteinstrukturen helfen.

Tabelle 3-6 Molekulare Bestandteile einer *E.-coli*-Zelle.

	Massenanteil in Prozent	Ungefähre Anzahl molekularer Spezies
Wasser	70	1
Proteine	15	3000
Nucleinsäuren		
DNA	1	1
RNA	6	>3000
Polysaccharide	3	5
Lipide	2	20
Bausteinmoleküle und		
Zwischenstufen	2	500
anorganische Ionen	1	20

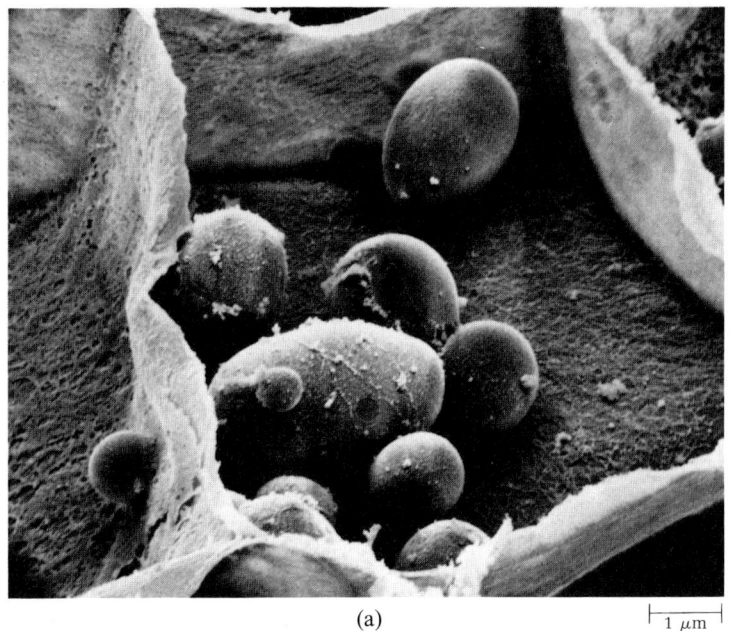 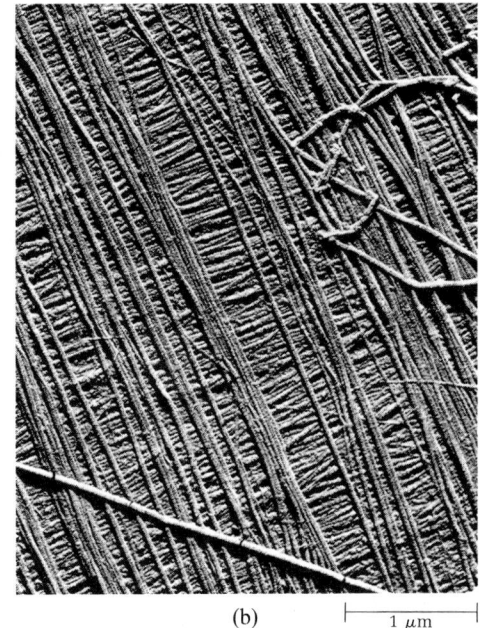

(a) ⊢ 1 μm ⊣ (b) ⊢ 1 μm ⊣

Abbildung 3-9
(a) Rasterelektronenmikroskopisches Bild von Stärkekörnern in einer Kartoffelzelle.
(b) Elektronenmikroskopisches Bild, das zeigt, wie Lagen von Cellulosesträngen das strukturelle Gerüst in Pflanzenzellwänden bilden.

Die *Polysaccharide* haben zwei Hauptfunktionen. Einige, wie z. B. *Stärke*, sind Speicherformen energieliefernder Brennstoffe, und andere, wie z. B. *Cellulose*, fungieren als extrazelluläre Strukturelemente (Abb. 3-9). Die *Lipide*, fettige oder ölige Substanzen, haben zwei wichtige Aufgaben: als strukturelle Hauptbestandteile von Membranen und als Speicherformen energiereicher Brennstoffe.

Diese vier großen Klassen der Biomoleküle haben eine gemeinsame Eigenschaft: sie sind relativ große Strukturen mit großen relativen Molekülmassen und werden deshalb als *Makromoleküle* bezeichnet. Proteine haben relative Molekülmassen von 5000 bis über 1 Million. Die vielen verschiedenen Nucleinsäuren besitzen relative Molekülmassen bis zu mehreren Milliarden; die relativen Molekülmassen von Polysacchariden, wie z. B. von Stärke, können ebenfalls bis zu einige Millionen betragen. Einzelne Lipidmoleküle sind viel kleiner ($M_r = 750-1500$), aber da sich Lipidmoleküle normalerweise zu Tausenden zusammenlagern und sehr große Strukturen bilden, die besonders in Zellmembranen in ähnlicher Weise wie makromolekulare Systeme funktionieren, können wir solche Lipidstrukturen zu den Makromolekülen rechnen.

Makromoleküle sind aus kleinen Bausteinmolekülen aufgebaut

Lebende Organismen enthalten zwar eine sehr große Anzahl verschiedener Proteine und unterschiedliche Nucleinsäuren, doch wir haben gesehen (Kapitel 1), daß sie dennoch nach einem einfachen

Strukturplan gebaut sind. Alle Proteine und Nucleinsäuren sind aus einer geringen Anzahl verschiedener einfacher Bausteinmoleküle aufgebaut, die in allen lebenden Spezies identisch sind. Die Proteine aller Spezies sind aus nur 20 verschiedenen Aminosäuren aufgebaut, die in unterschiedlichen linearen Sequenzen zu langen Ketten aufgereiht sind. Auf ähnliche Weise sind die langen Nucleinsäureketten aller Organismen aus einer kleinen Anzahl von Nucleotiden zusammengesetzt, die ebenfalls in vielen verschiedenen Sequenzen angeordnet sind. Proteine und Nucleinsäuren sind *Makromoleküle* mit einem *Informationsgehalt*: jedes Protein und jede Nucleinsäure hat eine charakteristische informationsreiche Bausteinsequenz.

Polysaccharide sind ebenfalls aus vielen Bausteineinheiten zusammengesetzt. Stärke und Cellulose bestehen zum Beispiel aus langen Ketten einer einzigen Art von Bausteinen, nämlich der Glucose. Da Polysaccharide nur aus einer einzigen Art von Einheiten oder aus zwei alternierenden Einheiten aufgebaut sind, können sie keine verschlüsselte genetische Information tragen (Abb. 3-10).

Über 90% der festen organischen Materie lebender Organismen, die viele verschiedene Makromoleküle enthält, ist nur aus etwa drei Dutzend verschiedenen Arten einfacher, kleiner organischer Moleküle aufgebaut. Daher müssen wir die Struktur und Eigenschaften nur relativ weniger organischer Verbindungen kennenlernen, um die Struktur der biologischen Makromoleküle und das Organisationsprinzip der Biochemie zu verstehen.

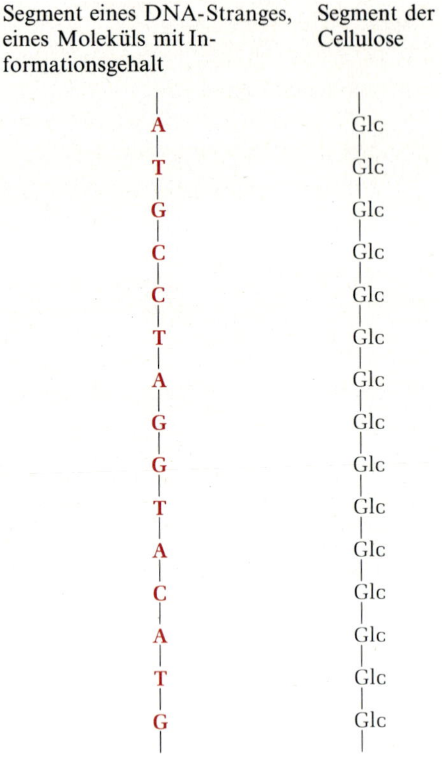

Die Bausteinmoleküle besitzen einfache Strukturen

Abb. 3-11 zeigt die Strukturen der Bausteinmoleküle nach Klassen geordnet. Die Bausteine der Proteine sind 20 verschiedene Aminosäuren; alle haben eine Aminogruppe und eine Carboxylgruppe an dasselbe Kohlenstoffatom gebunden. Diese Aminosäuren unterscheiden sich voneinander in nur einem Teil des Moleküls, der *R-Gruppe* (vgl. Abb. 3-11a).

Die sich wiederholenden strukturellen Einheiten aller Nucleinsäuren sind acht verschiedene *Nucleotide*; vier der Nucleotide sind die Bausteine der DNA, vier andere sind die strukturellen Einheiten der RNA. Jedes Nucleotid besteht seinerseits aus drei kleineren Bausteinen: (1) einer stickstoffhaltigen organischen Base, (2) einem Zukker mit 5 Kohlenstoffatomen und (3) Phosphorsäure. Die fünf verschiedenen organischen Basen und die zwei verschiedenen Zuckerverbindungen der Nucleotide sind in Abb. 3-11b dargestellt.

Wir haben bereits gesehen, daß die häufigsten Polysaccharide – Stärke und Cellulose – aus sich wiederholenden Einheiten der D-Glucose aufgebaut sind. Lipide sind ebenfalls aus relativ wenigen verschiedenen Arten organischer Bausteinmoleküle zusammengesetzt. Die meisten Lipidmoleküle enthalten eine oder mehrere langkettige Fettsäuren, zum Beispiel *Palmitinsäure* oder *Ölsäure* (siehe

Segment eines DNA-Stranges, eines Moleküls mit Informationsgehalt	Segment der Cellulose
|	|
A	Glc
|	|
T	Glc
|	|
G	Glc
|	|
C	Glc
|	|
C	Glc
|	|
T	Glc
|	|
A	Glc
|	|
G	Glc
|	|
G	Glc
|	|
T	Glc
|	|
A	Glc
|	|
C	Glc
|	|
A	Glc
|	|
T	Glc
|	|
G	Glc

Abbildung 3-10
Baustein-Sequenzen in Makromolekülen mit und ohne Informationsgehalt. A, T, G und C repräsentieren die vier Basen in der DNA, einem informationstragenden Molekül. Glc steht für Glucose, die repetitive Einheit in der Cellulose, die keine Information in sich tragen kann.

Abb. 3-11c). Viele Lipide enthalten außerdem einen Alkohol, zum Beispiel *Glycerin*, und einige Phosphorsäure. Die etwa drei Dutzend verschiedenen organischen Verbindungen, die in Abb. 3-11 zusammengefaßt sind, sind also die Stammverbindungen der meisten Biomoleküle.

Die Bausteinmoleküle in Abb. 3-11 haben in lebenden Organismen mehrere Funktionen. So zeigt zum Beispiel Abb. 3-12, daß D-Glucose nicht nur als Baustein für das Speicher-Kohlenhydrat Stärke und das Struktur-Kohlenhydrat Cellulose dient, sondern auch die Vorstufe für andere Zucker wie D-*Fructose*, D-*Mannose* und *Saccharose* ist. Fettsäuren sind nicht nur Bestandteile der komplexeren Membranlipide, sondern auch der Fette, energiereicher Moleküle, die als Brennstoffspeicher dienen. Fettsäuren sind außerdem Bestandteile der schützenden Wachsschicht auf Blättern und Früchten und sie dienen als Vorstufen anderer spezialisierter Moleküle. Aminosäuren sind nicht nur Bausteine von Proteinen, sondern einige wirken als Neurotransmitter und sind Vorstufen von Hormonen, sowie von toxischen Alkaloiden in manchen Pflanzen. Adenin ist nicht nur ein Baustein der Nucleinsäuren, sondern auch Bestandteil einiger Coenzyme und des ATP, des Energieträgers der Zelle.

Die Bausteinmoleküle, die in Abb. 3-11 dargestellt sind, sind daher die „Vorfahren" der meisten anderen Biomoleküle. Wir können sie als das molekulare ABC der lebenden Materie ansehen. Wir sollten diese Gruppe einfacher organischer Substanzen mit Erstaunen und Bewunderung betrachten, da sie während der Evolution selektiert wurden und Partner in einer außergewöhnlichen und einzigartigen Reihe von Beziehungen sind, die wir als die molekulare Logik lebender Organismen bezeichnet haben.

Es gibt eine Hierarchie der Zellstrukturen

Die Bausteinmoleküle, die wir behandelt haben, sind im Vergleich mit biologischen Makromolekülen sehr klein. So ist z. B. ein Aminosäuremolekül – wie Alanin – weniger als 0.7 nm lang. Ein typisches Protein – wie *Hämoglobin*, das sauerstofftransportierende Protein der roten Blutkörperchen – besteht dagegen aus etwa 600 Aminosäureeinheiten, die zu langen Ketten aufgereiht und zu kugelförmiger Gestalt gefaltet sind. Proteinmoleküle ihrerseits sind klein im Vergleich etwa zu *Ribosomen* tierischer Gewebe, die ca. 70 verschiedene Proteine und 4 Nucleinsäuren enthalten. Ribosomen wiederum sind klein im Vergleich zu anderen Zellorganellen, wie z. B. Mitochondrien. Es ist daher ein großer Sprung von einfachen Biomolekülen zu größeren makroskopischen Aspekten der Zellstruktur.

Abb. 3-13 zeigt, daß es eine strukturelle *Hierarchie* in der Zellorganisation gibt. *Organellen*, die größten Untereinheiten der Eukaryoten-Zellen, bestehen aus kleineren Substrukturen, den *supramolekularen Einheiten*, die ihrerseits wieder aus *Makromolekülen* beste-

(a) **die 20 Aminosäure-Bausteine der Proteine (die R-Gruppen sind farbig wiedergegeben)**

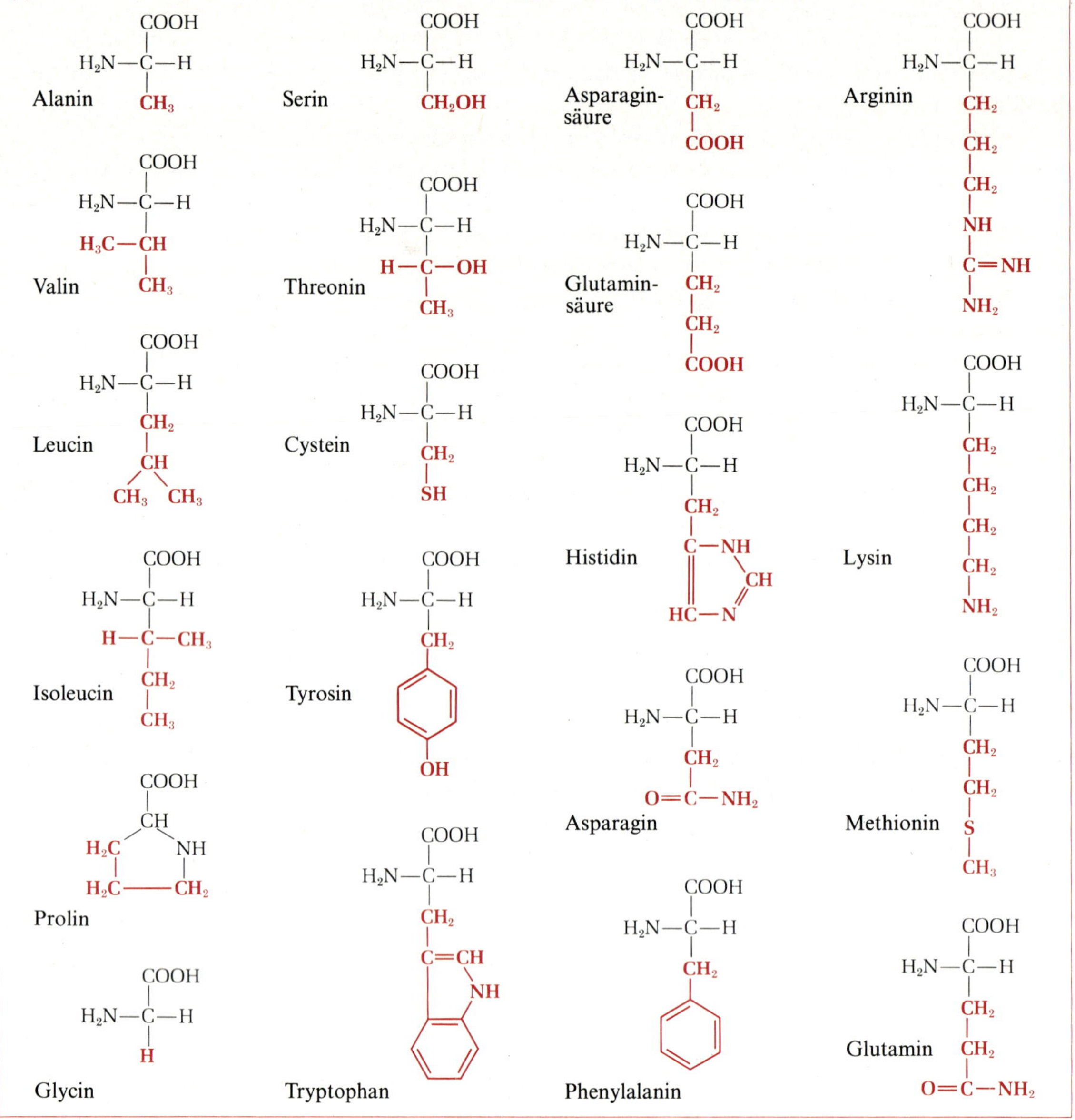

Alanin — CH₃	Serin — CH₂OH	Asparaginsäure — CH₂—COOH	Arginin — CH₂—CH₂—CH₂—NH—C(=NH)—NH₂
Valin — CH(CH₃)₂	Threonin — CH(OH)—CH₃	Glutaminsäure — CH₂—CH₂—COOH	
Leucin — CH₂—CH(CH₃)₂	Cystein — CH₂—SH	Histidin — CH₂—(Imidazol)	Lysin — CH₂—CH₂—CH₂—CH₂—NH₂
Isoleucin — CH(CH₃)—CH₂—CH₃	Tyrosin — CH₂—C₆H₄—OH	Asparagin — CH₂—C(=O)—NH₂	Methionin — CH₂—CH₂—S—CH₃
Prolin	Tryptophan — CH₂—(Indol)	Phenylalanin — CH₂—C₆H₅	Glutamin — CH₂—CH₂—C(=O)—NH₂
Glycin — H			

Alle Aminosäuren haben die allgemeine Struktur H₂N—CH(R)—COOH.

---

hen. So enthält z. B. der Zellkern mehrere Arten supramolekularer Einheiten, wie die *Membran*, das *Chromatin* und die *Ribosomen*. Jede dieser supramolekularen Einheiten besteht aus Makromolekülen. Das Chromatin besteht z. B. aus DNA, RNA und vielen verschiedenen Proteinen. Jedes Makromolekül ist seinerseits aus kleinen Bausteinen aufgebaut.

In Proteinen und Nucleinsäuren sowie in Polysacchariden sind die einzelnen Bausteine durch kovalente Bindungen aneinander gebunden, wogegen in supramolekularen Zelleinheiten, wie z. B. in Ribosomen, Membranen oder Chromatin, die Makromoleküle durch viel

Abbildung 3-11
Die Baustein-Biomoleküle, das ABC der Biochemie. Auf diesen beiden Seiten werden (a) die 20 Aminosäuren, aus denen die Proteine aller Organismen aufgebaut sind, (b) die fünf stickstoffhaltigen Basen und die beiden C₅-Zucker, aus denen alle Nucleinsäuren aufgebaut sind, (c) die Hauptbausteine der Lipide und (d) α-D-Glucose, der Stammzucker, aus dem die meisten Kohlenhydrate entstehen, wiedergegeben.

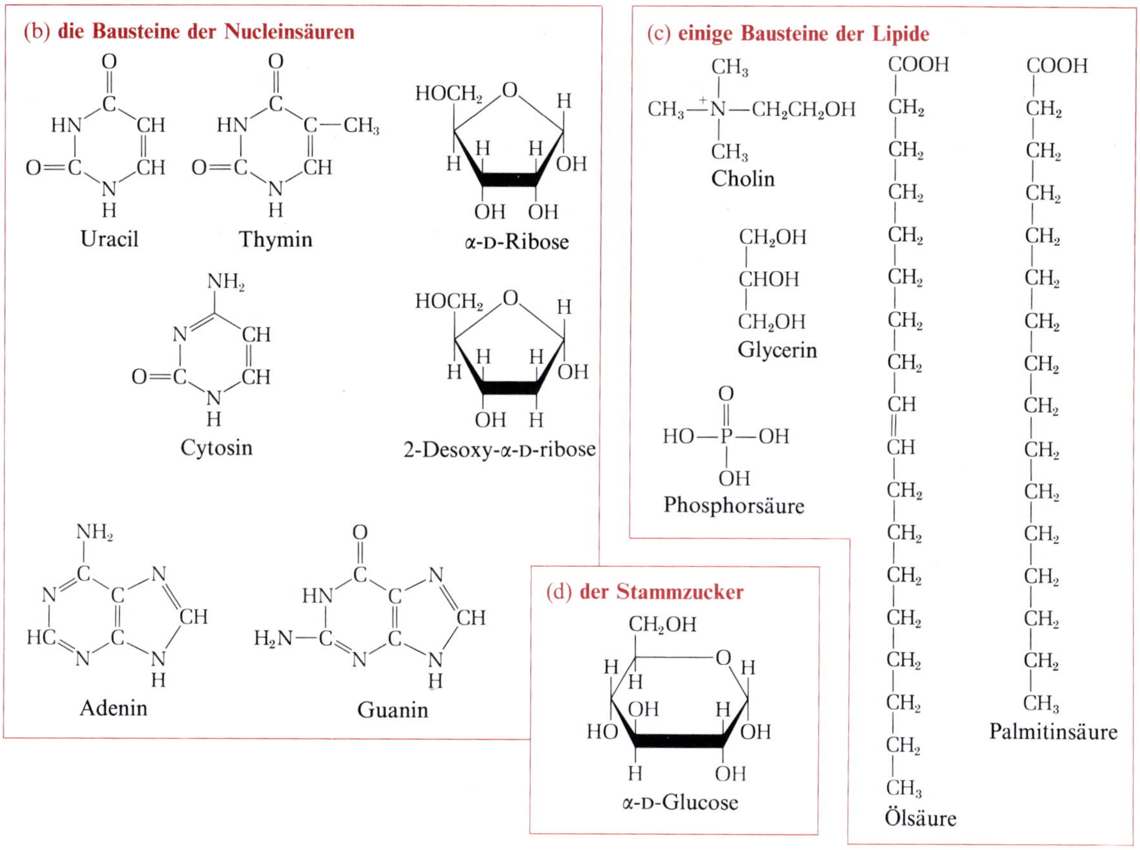

schwächere Wechselwirkungen zusammengehalten werden. Hierzu gehören die *Wasserstoffbindungen*, die eine Bindungsenergie von nur wenigen kJ/mol besitzen. Im Vergleich dazu weisen kovalente Bindungen in Biomolekülen eine Bindungsenergie von etwa 300 bis 400 kJ/mol auf. Auch die vielen Protein- und RNA-Moleküle der Ribosomen werden in einer charakteristischen und spezifischen dreidimensionalen Anordnung zusammengehalten, die sich aus ihren Strukturen im Zusammenspiel mit vielen einzelnen schwachen Wechselwirkungen zwischen den Atomen der Moleküle ergibt, unter anderem auch durch Wasserstoffbindungen (Abb. 3-14). Die einzelnen Wechselwirkungen sind zwar schwach, als ihre Summe resultieren aber doch recht starke Anziehungskräfte.

Obwohl die Bausteinmoleküle sehr klein im Verhältnis zur Größe der Zelle und ihrer Organellen sind, können sie die Gestalt und Funktion dieser viel größeren Strukturen beeinflussen. So sind zum Beispiel bei der *Sichelzellenanämie*, einer menschlichen Erbkrankheit, die sauerstofftransportierenden Hämoglobinmoleküle der roten Blutkörperchen defekt, weil bei ihrer Synthese 2 der fast 600 Aminosäureeinheiten, aus denen Hämoglobin besteht, falsch eingefügt worden sind. Dieser sehr kleine Unterschied in der Struktur des Hämoglobinmoleküls stört dessen normale Funktion bei dem be-

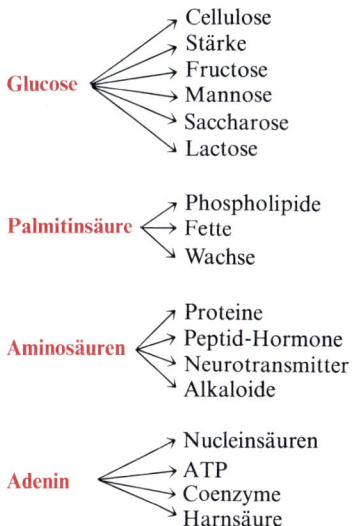

Abbildung 3-12
Jedes Bausteinmolekül ist die Vorstufe vieler anderer Arten von Biomolekülen.

troffenen Menschen. Seine roten Blutkörperchen sind deformiert und in ihrer Funktion abnorm. Daraus können wir erkennen, daß die Größe, Form und biologische Funktion nicht nur der Makromoleküle, sondern der gesamten Zelle abhängig von der Größe und Form ihrer einfachen Bausteinkomponenten sein kann.

Biomoleküle entstanden ursprünglich durch chemische Evolution

Aus der Tatsache, daß die Makromoleküle aller Spezies lebender Organismen aus nur einigen Dutzend Bausteinmolekülen aufgebaut sind, wurde geschlossen, daß alle lebenden Organismen von einer einzigen Zell-Linie abstammen. Vielleicht wurden die ersten auf der Erde entstandenen und überlebenden Zellen aus nur einigen Dutzend organischen Molekülen gebildet, die zufällig einzeln und gemeinsam die geeignetste Kombination chemischer und physikalischer Fähigkeiten für ihre Funktion als Bausteine von Makromolekülen und zur Ausführung fundamentaler energietransformierender und selbstreplizierender Eigenschaften einer lebenden Zelle besaßen. Diese Garnitur von ursprünglichen Biomolekülen mag während der biologischen Evolution über Milliarden von Jahren wegen ihrer einzigartigen Eignung beibehalten worden sein.

Nun aber kommen wir in ein Dilemma. Außer in lebenden Organismen kommen organische Verbindungen, einschließlich der fundamentalen Biomoleküle, heute in der Erdkruste nur in Spuren vor. Wie haben dann die ersten lebenden Organismen ihre organischen Bausteine erhalten? In den zwanziger Jahren stellte A. I. Oparin eine Theorie auf, nach der in der Frühgeschichte der Erde viele verschiedene organische Verbindungen in den Oberflächen-Gewässern in verhältnismäßig hohen Konzentrationen vorhanden waren. Aus dieser warmen „Suppe" organischer Verbindungen sind vor über 3 Milliarden Jahren irgendwie die ersten primitiven lebenden Zellen entstanden. Oparin vermutete, daß natürliche chemische und physikalische Prozesse, die damals auf der Erde abliefen, zur spontanen Bildung einfacher organischer Verbindungen, wie z. B. der Aminosäuren und Zucker, geführt haben, und zwar aus den Bestandteilen der Uratmosphäre, deren Zusammensetzung von der heutigen sehr verschieden war. Nach seiner Theorie können die elektrische Energie von Blitzentladungen oder die Hitze, welche durch vulkanische Aktivität entstand (Abb. 3-15), Methan, Ammoniak, Wasserdampf und andere Bestandteile der Uratmosphäre aktiviert und sie zur Reaktion miteinander gebracht haben, wobei einfache organische Verbindungen gebildet wurden. Diese Verbindungen haben sich vermutlich im Urmeer kondensiert und gelöst und sich über einen langen Zeitraum hinweg langsam in einer großen Vielfalt angereichert. In dieser warmen Lösung zeigten einige organische Moleküle stärker als andere die Tendenz, sich zu größeren Komplexen und Strukturen

Zelle

Organellen
- Nucleus
- Mitochondrien
- Golgi-Apparat
- endoplasmatisches Reticulum

supramolekulare Zusammenlagerungen
- Membranen
- Ribosomen
- Chromatin
- Mikrotubuli

Makromoleküle
- Proteine
- DNA
- RNA
- Polysaccharide

Bausteine
- Aminosäuren
- Glucose
- Adenin und andere Basen
- Palmitinsäure usw.

Abbildung 3-13
Die strukturelle Hierarchie der molekularen Organisation der Zellen.

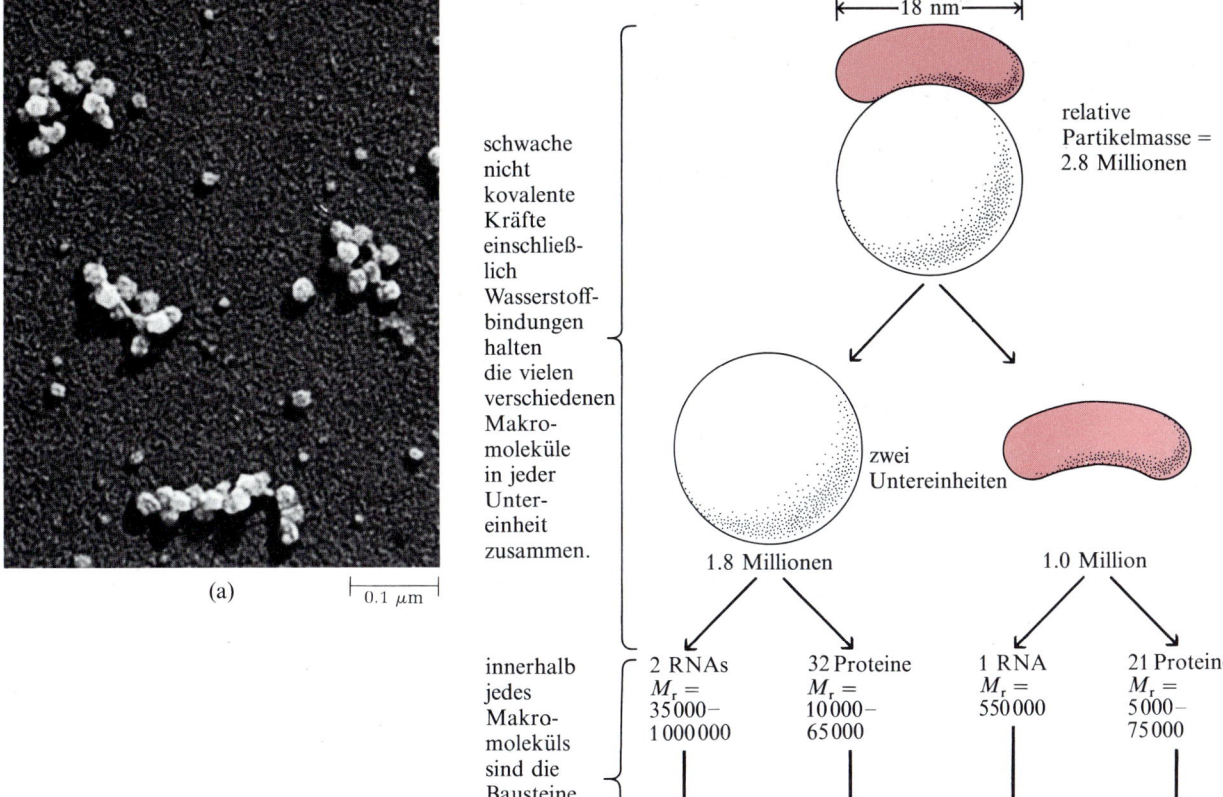

Abbildung 3-14
Ribosomen. (a) Elektronenmikroskopische Aufnahme einer Gruppe von Ribosomen aus Hefezellen.
(b) Strukturelle Organisation eines Ribosoms von *E. coli*. Die beiden Untereinheiten des *E.-coli*-Ribosoms sind eigentlich – wie wir im Kapitel 29 sehen werden – von unregelmäßiger Gestalt.

zu assoziieren. Diese Vorstufen sollen sich dann ihrerseits sehr langsam und Schritt für Schritt über Millionen von Jahren schließlich spontan zu Membranen, Proteinen und Katalysatoren zusammengefunden haben. So können die Vorstufen der ersten überlebenden primitiven Zelle entstanden sein. Für viele Jahre blieben Oparins Ansichten Spekulationen und erschienen als nicht belegbar.

Die chemische Evolution kann simuliert werden

Heute wird dieses Konzept der Entstehung von Biomolekülen durch Versuche in Laboratorien unterstützt. Ein klassisches Experiment zur abiotischen (nicht-biologischen) Entstehung organischer Biomoleküle wurde 1953 von Stanley Miller ausgeführt. Er setzte eine Mischung der Gase Methan, Ammoniak, Wasserdampf und Wasserstoff für eine Woche oder länger elektrischen Funkenentladungen aus, um Blitze zu simulieren (Abb. 3-16). Dann kühlte er den Inhalt des geschlossenen Behälters ab, wobei ein Teil der Stoffe kondensier-

Abbildung 3-15
Durch einen Vulkanausbruch, der 1963 die Entstehung der Insel Surtsey vor der Küste von Island auslöste, hervorgerufene Blitze. Derartige Felder von immenser elektrischer und thermischer Energie sowie von Druckwellen waren im Frühstadium der Erdgeschichte häufige Ereignisse, und sie könnten ein Hauptfaktor bei der Entstehung organischer Verbindungen gewesen sein.

te, und analysierte die Produkte. Er fand in der Gasphase Kohlenstoffmonoxid, Kohlenstoffdioxid und Stickstoff, welche offensichtlich aus den ursprünglich eingegebenen Gasen entstanden waren. In dem dunkelfarbigen Kondensat fand er nennenswerte Mengen wasserlöslicher organischer Substanzen. Unter den von Miller identifizierten Verbindungen dieses Gemisches waren α-Aminosäuren, von denen einige in Proteinen vorkommen. Er fand außerdem mehrere einfache organische Säuren, die in lebenden Organismen vorkommen, z. B. Essigsäure.

Miller nahm an, daß aus Methan und Ammoniak Blausäure (HCN) entstanden sei, eine sehr reaktive Substanz, die dann mit anderen Komponenten der Gasmischung reagiert und bestimmte Aminosäuren bildet. Andere Forscher haben seither viele derartige Simulationsexperimente mit vielfältigen Gasmischungen durchgeführt, die auch Stickstoff, Wasserstoff, Kohlenstoffmonoxid und Kohlenstoffdioxid enthielten. Sie fanden ebenfalls, daß Aminosäuren und organische Biomoleküle leicht gebildet werden, wenn Energie zugeführt wird. Zu den vielen verschiedenen Formen von Energie und Strahlung, die untersucht und als Aktivatoren der Bildung einfacher organischer Moleküle erkannt wurden, gehören Wärme, sichtbares Licht, ultraviolettes Licht, Röntgenstrahlen, γ-Strahlung, Funken und elektrische Entladungen, Ultraschall-Wellen, Schockwellen und α- und β-Strahlung. Mehrere hundert verschiedener organischer Verbindungen lassen sich leicht in derartigen, das Frühstadium der Erde simulierenden Experimenten erzeugen; zu ihnen gehören die Vertreter aller wichtigen Arten von Molekülen, die in Zellen vorkommen, sowie auch vieler, die nicht in Zellen zu finden sind. Unter ihnen sind viele der bekannten Aminosäuren der Proteine,

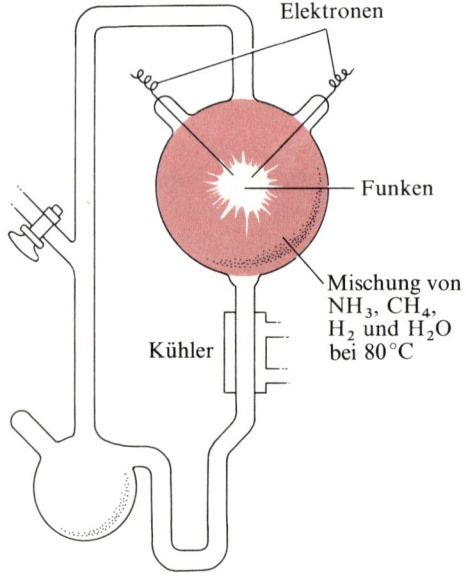

Abbildung 3-16
Funkenentladungsgerät zur Demonstration der abiotischen Bildung organischer Verbindungen unter den Bedingungen der Uratmosphäre.

stickstoffhaltige Basen, die als Bausteine der Nucleinsäuren fungieren und viele biologisch vorkommende organische Säuren und Zukker. Daher scheint es durchaus möglich, daß sich im Urmeer gelöste organische Verbindungen angereichert haben, einschließlich vieler oder aller Grund-Bausteinmoleküle, die wir heute in lebenden Zellen finden.

Die Tatsache, daß einfache organische Moleküle auf nicht-biologische Weise gebildet werden können, ist durch die Entdeckung hunderter verschiedener organischer Moleküle im Weltraum durch spektroskopische Methoden bestätigt worden. Derartige Beobachtungen haben dazu geführt, die Möglichkeit zu diskutieren, daß Leben in anderen Teilen des Universums entstanden sein könnte. Die Bezeichnung *chemische Evolution* soll darauf hinweisen, daß die Entstehung und Entwicklung organischer Moleküle aus anorganischen Vorstufen in Gegenwart von Energie stattfinden kann. Wir wissen jetzt, daß die Erde vor etwa 4800 Millionen Jahren entstanden ist. Es wird vermutet, daß die chemische Evolution auf der Erde während der ersten 1000 Millionen Jahre stattfand. Die ersten lebenden Zellen entstanden vielleicht vor etwa 3500 Millionen Jahren. Schließlich begann der Prozeß der biologischen Evolution, der auch heute noch nicht abgeschlossen ist.

Die Ozeane enthalten heute keine hohen Konzentrationen an organischen Verbindungen mehr. Biomoleküle werden nur noch in Spuren außerhalb lebender Organismen gefunden. Was ist mit der reichhaltigen organischen „Suppe" geschehen? Es wird vermutet, daß die frühesten lebenden Zellen nach und nach die organischen Verbindungen der Meere aufgebraucht haben, nicht nur als Bausteine für ihre eigenen Strukturen, sondern auch als Nährstoffe oder Brennstoffe, um sich mit der notwendigen Energie für ihr Wachstum zu versorgen. Nachdem das Leben einmal entstanden war, wurden die organischen Verbindungen der Urmeere schneller verbraucht, als sie durch die Naturkräfte erneuert werden konnten. Diese Idee, und eigentlich das ganze Konzept der Evolution, wurde bereits vor 100 Jahren von Charles Darwin erwogen, wie aus einem Brief hervorgeht, den er 1871 an Sir Joseph Hooker geschrieben hat:

> Es wird oft gesagt, daß alle Bedingungen, für die erste Bildung eines lebenden Organismus auch heute noch gegeben sind. Aber wenn (oh, welch ein gewaltiges „wenn"!) wir uns vorstellen könnten, daß in irgendeinem kleinen warmen Teich, in Gegenwart zahlreicher Ammonium- und Phosphorsäuresalze sowie Licht, Wärme, Elektrizität usw. eine Proteinverbindung chemisch entstehen könnte, die in der Lage wäre noch komplexere Veränderungen durchzumachen, so würde heute eine solche Substanz sofort zerstört oder adsorbiert. Dies könnte anders gewesen sein, bevor Lebewesen entstanden sind*.

* Zitiert aus Melvin Calvins „Chemical Evolution", Oxford University Press, London 1969

Während organische Moleküle aus den Meeren verschwanden, begannen lebende Organismen zu „lernen", wie man seine eigenen organischen Biomoleküle herstellt. Sie lernten, die Energie des Sonnenlichtes durch die Photosynthese zur Herstellung von Zuckern und anderen organischen Molekülen aus Kohlenstoffdioxid zu nutzen. Sie lernten, atmosphärischen Stickstoff zu binden und zu stickstoffhaltigen Biomolekülen, wie Aminosäuren, umzuformen. Mit dem weiteren Ablauf der Evolution begannen verschiedene Arten von Organismen, miteinander in Wechselwirkung zu treten, Nährstoffe und Energie auszutauschen und somit immer komplexer werdende ökologische Systeme zu bilden.

Nach diesen einleitenden Kapiteln über Zellen und die miteinander reagierenden Biomoleküle, aus denen sie bestehen, sind wir jetzt in der Lage, die molekularen Komponenten der Zellen etwas näher zu betrachten, wobei wir immer die zugrunde liegende Logik beachten wollen. Wir werden mit der Betrachtung des Wassers beginnen, der flüssigen Grundsubstanz aller lebenden Organismen.

Zusammenfassung

Der größte Teil der festen Materie lebender Organismen besteht aus organischen Kohlenstoffverbindungen, die kovalent gebundene Kohlenstoff-, Wasserstoff-, Sauerstoff- oder Stickstoffatome enthalten. Kohlenstoff scheint während der biologischen Evolution wegen einer Reihe vorteilhafter Eigenschaften selektioniert worden zu sein. Unter ihnen ist die Fähigkeit der Kohlenstoffatome, Einfach- und Doppelbindungen miteinander einzugehen und lineare, verzweigte oder cyclische Gerüststrukturen zu bilden, an die verschiedene Arten funktioneller Gruppen gebunden sein können. Organische Biomoleküle haben außerdem charakteristische dreidimensionale Formen oder Konformationen. Viele Biomoleküle besitzen asymmetrische Kohlenstoffatome (chirale Verbindungen). Sie können in zwei optisch aktiven isomeren Formen auftreten, die sich wie Bild und Spiegelbild verhalten und die als Enantiomere bezeichnet werden.

Der größte Teil der organischen Materie in lebenden Zellen besteht aus vier Hauptklassen von Makromolekülen: Nucleinsäuren, Proteinen, Polysacchariden und Aggregaten von Lipidmolekülen. Diese Makromoleküle bestehen aus kleinen, kovalent gebundenen Bausteinmolekülen. Proteine sind Ketten aus 20 verschiedenen Arten von Aminosäuren, Nucleinsäuren sind Ketten aus vier verschiedenen Nucleotiden, und Polysaccharide sind Ketten aus einfachen, sich wiederholenden Zuckereinheiten. Nucleinsäuren und Proteine werden als Makromoleküle mit Informationsgehalt bezeichnet, da die charakteristischen Sequenzen ihrer Bausteineinheiten die genetische Individualität einer Spezies widerspiegeln. Polysaccharide dagegen sind keine Makromoleküle mit Informationsgehalt, da sie aus identischen, sich wiederholenden Einheiten bestehen.

In der molekularen Organisation der Zellen existiert eine strukturelle Hierarchie. Zellen enthalten Organellen, wie z. B. Zellkerne (Nuclei) und Mitochondrien, die ihrerseits supramolekulare Strukturen, wie Membranen und Ribosomen, enthalten, die wiederum aus Gruppen zusammengelagerter Makromoleküle bestehen und durch relativ schwache Kräfte aneinander gebunden sind. In Makromolekülen jedoch sind die Bausteine durch kovalente Bindungen miteinander verbunden.

Die häufigen Bausteinmoleküle sind wahrscheinlich zuerst spontan aus den atmosphärischen Gasen und Wasser unter dem Einfluß von Energie während der frühen Erdgeschichte entstanden. Derartige Prozesse, als chemische Evolution bezeichnet, können im Laboratorium simuliert werden. Die Bausteinbiomoleküle von heute scheinen während der frühen biologischen Evolution als die für ihre biologischen Funktionen am geeignetsten selektioniert worden zu sein. Es gibt nur relativ wenige Bausteinbiomoleküle, aber diese sind sehr vielseitig. Jedes kann verschiedene Funktionen innerhalb der Zelle ausüben.

Aufgaben

1. *Vitamin C: Ist das künstliche Vitamin genauso gut wie natürliches?* Es wird behauptet, daß Vitamine aus natürlichen Quellen gesünder seien als die durch chemische Synthese gewonnenen. So wird zum Beispiel gesagt, daß reine L-Ascorbinsäure (Vitamin C) aus Hagebutten besser für den Menschen sei als reine L-Ascorbinsäure, die in einer chemischen Fabrik hergestellt wird. Sind die Vitamine dieser beiden Quellen unterschiedlich? Kann der Körper die Herkunft des Vitamins erkennen?

2. *Die Identifizierung funktioneller Gruppen.* Tab. 3-4 und 3-5 zeigen die häufigsten funktionellen Gruppen. Da die Eigenschaften und biologischen Aktivitäten von Biomolekülen größtenteils durch ihre funktionellen Gruppen bestimmt werden, ist es wichtig, sie zu kennen. Identifizieren und benennen Sie bei jedem der unten abgebildeten Biomoleküle die funktionellen Gruppen.

(a)
$$H_2N-\underset{\underset{H}{|}}{\overset{\overset{H}{|}}{C}}-\underset{\underset{H}{|}}{\overset{\overset{H}{|}}{C}}-OH$$
Ethanolamin

(b)
$$H-\underset{|}{\overset{\overset{H}{|}}{C}}-OH$$
$$H-\underset{|}{\overset{|}{C}}-OH$$
$$H-\underset{\underset{H}{|}}{\overset{|}{C}}-OH$$
Glycerin

(c)
Phospho*enol*pyruvat, ein Intermediärprodukt im Glucose-Stoffwechsel

72   Teil I Biomoleküle

(d) Threonin, eine Aminosäure

(e) Pantothenat, ein Vitamin

(f) D-Glucosamin

3. *Die pharmakologische Wirkung und die Stereochemie.* In einigen Fällen sind die quantitativen Unterschiede der biologischen Aktivität zwischen den beiden Enantiomeren einer Verbindung recht groß. Das D-Isomere des Medikamentes Isoproterenol zum Beispiel, das zur Behandlung von leichtem Asthma verwendet wird, ist als Bronchodilatator 50- bis 80mal stärker wirksam als das L-Isomere. Identifizieren Sie das chirale Zentrum im Isoproterenol. Warum können die beiden Enantiomere so grundverschiedene Bioaktivitäten besitzen?

Aufgabe 3

Isoproterenol

4. *Die pharmakologische Wirkung und die Molekülform.* Zwei Arzneimittelfirmen bringen eine Substanz unter dem Handelsnamen Dexedrin und Benzedrin auf den Markt. Die Struktur dieses Mittels ist rechts abgebildet. Die physikalischen Eigenschaften (C-, H- und N-Analyse, Schmelzpunkt, Löslichkeit etc.) von Dexedrin und Benzedrin sind identisch. Die empfohlene orale Dosis für Dexedrin ist 5 mg/d; die empfohlene Dosis für Benzedrin ist jedoch wesentlich höher. Man benötigt erheblich mehr Benzedrin als Dexedrin, um die gleiche Wirkung auszulösen. Erklären Sie diesen scheinbaren Widerspruch!

Aufgabe 4

5. *Die Bausteine komplexer Moleküle.* Obwohl die Anzahl und Komplexität natürlich vokommender Biomoleküle enorm ist, liegt ihnen ein einfaches Bauprinzip zugrunde, denn sie sind nur aus einer begrenzten Anzahl von Bausteinen aufgebaut. Abb. 3-11 zeigt die Strukturen der Hauptbausteine komplexer Biomoleküle. Identifizieren Sie für jedes der drei wichtigen unten angegebenen Biomoleküle die Bausteine, aus denen es aufgebaut ist.
(a) Adenosintriphosphat (ATP), ein energiereiches Biomolekül

(b) Phosphatidylcholin, eine Hauptkomponente von Membranen in Zellen höherer Organismen

$$\begin{array}{c}
\text{CH}_3 \\
| \\
\text{H}_3\text{C}-\overset{+}{\text{N}}-\text{CH}_2-\text{CH}_2-\text{O}-\overset{\overset{\text{O}^-}{|}}{\underset{\underset{\text{O}}{\|}}{\text{P}}}-\text{O}-\text{CH}_2 \\
| \\
\text{CH}_3
\end{array}$$

$$\text{HC}-\text{O}-\underset{\underset{\text{O}}{\|}}{\text{C}}-(\text{CH}_2)_7-\overset{\overset{\text{H}}{|}}{\text{C}}=\overset{\overset{\text{H}}{|}}{\text{C}}-(\text{CH}_2)_7-\text{CH}_3$$

$$\text{CH}_2-\text{O}-\underset{\underset{\text{O}}{\|}}{\text{C}}-(\text{CH}_2)_{14}-\text{CH}_3$$

(c) Methionin-Enkephalin, das „Opiat" des Gehirns

$$\text{HO}-\underset{}{\bigcirc}-\text{CH}_2-\underset{\underset{\text{NH}_2}{|}}{\overset{\overset{\text{H}}{|}}{\text{C}}}-\underset{}{\overset{\overset{\text{O}}{\|}}{\text{C}}}-\underset{\underset{\text{H}}{|}}{\text{N}}-\underset{\underset{\text{H}}{|}}{\overset{\overset{\text{H}}{|}}{\text{C}}}-\underset{}{\overset{\overset{\text{O}}{\|}}{\text{C}}}-\underset{\underset{\text{H}}{|}}{\text{N}}-\underset{\underset{\text{H}}{|}}{\overset{\overset{\text{H}}{|}}{\text{C}}}-\underset{}{\overset{\overset{\text{O}}{\|}}{\text{C}}}-\underset{\underset{\text{H}}{|}}{\text{N}}-\underset{\underset{\text{H}}{|}}{\overset{\overset{\text{CH}_2-\bigcirc}{|}}{\text{C}}}-\underset{}{\overset{\overset{\text{O}}{\|}}{\text{C}}}-\underset{\underset{\text{H}}{|}}{\text{N}}-\underset{\underset{\text{CH}_2}{|}}{\overset{\overset{\text{H}}{|}}{\text{C}}}-\text{COOH}$$

$$\begin{array}{c}
\text{CH}_2 \\
| \\
\text{S} \\
| \\
\text{CH}_3
\end{array}$$

6. *Die Bestimmung der Struktur eines Biomoleküls*. Eine unbekannte Substanz X wurde aus Kaninchenmuskel isoliert. Die Struktur von X bestimmte man durch die folgenden Beobachtungen und Experimente. Eine quantitative Analyse zeigte, daß X ausschließlich aus C, H und O besteht. Eine abgewogene Probe von X wurde vollständig oxidiert und die entstandenen Mengen an H_2O und CO_2 gemessen. Aus dieser Analyse wurden folgende Massenanteile bestimmt: 40.00% C, 6.17% H und 53.29% O. Die relative Molekülmasse von X bestimmte man mit Hilfe eines Massenspektrometers zu $M_r = 90.0$. Ein Infrarotspektrum von X zeigte, daß es eine Doppelbindung enthält. X ist gut in Wasser löslich und reagiert sauer. Eine Lösung von X wurde in einem Polarimeter getestet und erwies sich als optisch aktiv mit einer spezifischen Drehung von $[\alpha]_D = +2.6°$.

(a) Berechnen Sie die empirische und die Summenformel von X.

(b) Zeichnen Sie die möglichen Strukturen von X, die zur Bruttoformel passen und eine Doppelbindung enthalten. Berücksichtigen Sie *nur* lineare oder verzweigte Strukturen, und lassen Sie cyclische Strukturen außer Betracht. Bedenken Sie, daß Sauerstoff-Bindungen in organischen Molekülen energetisch ungünstig sind.

(c) Welche Bedeutung hat die beobachtete optische Aktivität für die Struktur der Verbindung? Welche in b) angegebenen Strukturen entfallen durch diese Beobachtung? Welche Strukturen sind mit dieser Beobachtung vereinbar?

(d) Welche Bedeutung besitzt die Beobachtung, daß eine Lösung von X sauer reagiert? Welche Strukturen unter b) entfallen damit? Welche Strukturen sind mit dieser Beobachtung vereinbar?

(e) Was für eine Struktur hat X? Ist mehr als eine Struktur mit allen experimentellen Ergebnissen vereinbar?

Kapitel 4
Wasser

Wasser ist die in lebenden Systemen häufigste Substanz; es macht 70% oder mehr des Gewichtes der meisten Lebewesen aus. Überdies haben wir gesehen, daß die ersten lebenden Organismen wahrscheinlich aus den urzeitlichen Ozeanen hervorgegangen sind. Wasser ist daher unser aller „Urquell". Da es alle Teile der Zelle durchdringt, ist Wasser das Medium, in dem der Transport der Nährstoffe, die enzymkatalysierten Reaktionen des Stoffwechsels und der Transfer chemischer Energie stattfinden. Daher sind notwendigerweise alle Aspekte der Zellstrukturen den physikalischen und chemischen Eigenschaften des Wassers angepaßt. Wir werden sehen, wie Zellen gelernt haben, aus seinen Eigenschaften Nutzen zu ziehen.

Wir betrachten Wasser oft als eine „uninteressante", inerte Flüssigkeit, die für viele praktische Zwecke nützlich ist. Obwohl chemisch stabil, ist Wasser jedoch eine Substanz mit ziemlich ungewöhnlichen Eigenschaften. So beeinflussen Wasser und seine Ionisationsprodukte (H^+- und OH^--Ionen) die Eigenschaften vieler wichtiger Zellkomponenten – wie zum Beispiel der Enzyme, Proteine, Nucleinsäuren und Lipide – ganz wesentlich. Die katalytische Aktivität der Enzyme hängt entscheidend von der Konzentration der H^+- und OH^--Ionen ab.

Die ungewöhnlichen physikalischen Eigenschaften des Wassers beruhen auf Wasserstoffbindungen

Wasser besitzt einen höheren Schmelz- und Siedepunkt und eine höhere Verdampfungswärme als die meisten anderen vergleichbaren Flüssigkeiten (Tab. 4-1). Dies deutet darauf hin, daß es zwischen benachbarten Wassermolekülen Anziehungskräfte gibt, die flüssigem Wasser starke innere Haftung (Kohäsion) verleihen. So ist zum Beispiel die Verdampfungswärme ein direktes Maß für die Energie, die einer Flüssigkeit zur Überwindung der Anziehungskräfte zwischen benachbarten Molekülen zugeführt werden muß, damit sich die Moleküle voneinander lösen und in den gasförmigen Zustand übergehen können.

Warum weist flüssiges Wasser so starke intermolekulare Anziehungskräfte auf? Die Antwort liegt in der Struktur des Wassermoleküls. Jedes der zwei Wasserstoffatome teilt sich ein Elektronenpaar

Tabelle 4-1
Schmelzpunkt, Siedepunkt und Verdampfungswärme einiger häufig benutzter Flüssigkeiten.

	Schmp. in °C	Sp. in °C	Verdampfungswärme in J g^{-1}
Wasser	0	100	2260
Methanol	− 98	65	1101
Ethanol	−117	78	854
Propanol	−127	97	687
Aceton	− 95	56	523
Hexan	− 98	69	423
Benzol	6	80	394
Chloroform	− 63	61	247

* Die ΔH-Werte beziehen sich auf 1.0 g Substanz bei deren Siedetemperatur und dem Druck $p = 1.013$ bar.

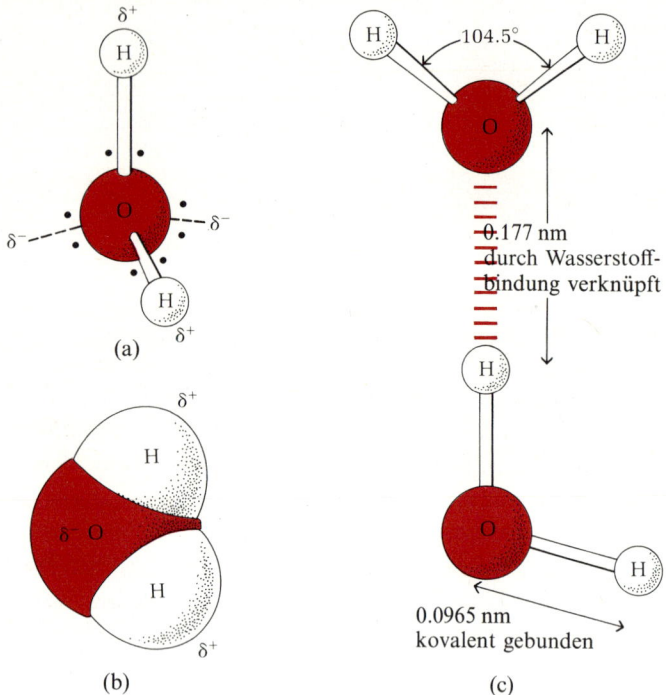

Abbildung 4-1
Die Dipolnatur des Wassermoleküls an einem „Kugel-Stab"-Modell (a) und an einem Kalotten-Modell (b) veranschaulicht. Da Sauerstoff viel elektronegativer als Wasserstoff ist, besitzen die beiden Wasserstoffatome positive Partialladungen und das Sauerstoffatom eine negative Partialladung. Weil die Schwerpunkte der positiven und der negativen Ladungen nicht zusammenfallen, ist das Wassermolekül ein *elektrischer Dipol*. (c) Zwei durch eine Wasserstoffbindung (durch farbige Striche markiert) zwischen dem Sauerstoffatom des oberen Moleküls und einem Wasserstoffatom des unteren verbundene H_2O-Moleküle. Jedes H_2O-Molekül kann mit bis zu 4 anderen H_2O-Molekülen Wasserstoffbindungen eingehen – wie z. B. im Eis (s. Abb. 4-2).

mit dem Sauerstoffatom. Die Geometrie dieser gemeinsamen Elektronenpaare bedingt den gewinkelten Bau des Moleküls (Abb. 4-1). Die beiden Elektronenpaare des freien Sauerstoffatoms verleihen diesem eine lokalisierte negative Teilladung (Partialladung), und die starke elektronenabziehende Tendenz des Sauerstoffs bewirkt an den beiden Wasserstoffkernen positive Partialladungen. Obwohl das Wassermolekül insgesamt elektrisch neutral ist, weisen die einzelnen Atome also positive und negative Ladungen auf, deren Schwerpunkte nicht zusammenfallen. Das Molekül ist deshalb ein *elektrischer Dipol*. Wegen dieser Trennung der Ladungen können sich zwei Wassermoleküle durch die elektrostatischen Kräfte zwischen der negativen Partialladung am Sauerstoffatom des einen Wassermoleküls und der positiven Partialladung am Wasserstoffatom eines anderen gegenseitig anziehen (Abb. 4-1). Diese Art elektrostatischer Anziehung wird als *Wasserstoffbindung* bezeichnet.

Da die Elektronen am Sauerstoffatom ungefähr in Tetraederform angeordnet sind, kann ein Wassermolekül theoretisch mit bis zu 4 benachbarten Wassermolekülen Wasserstoffbindungen bilden. Bei Zimmertemperatur bildet jedes Wassermolekül im Wasser zu jedem Zeitpunkt mit durchschnittlich 3.4 anderen Wassermolekülen Wasserstoffbindungen. Da Wassermoleküle im flüssigen Zustand in dauernder Bewegung sind, werden diese Wasserstoffbindungen fortwährend aufgebrochen und wieder neu gebildet. In Eis jedoch ist jedes Wassermolekül im Raum fixiert und über die maximalen 4 Wasserstoffbindungen vernetzt, so daß eine reguläre Gitterstruktur entsteht (Abb. 4-2). Dieses bewirkt den relativ hohen Schmelzpunkt von Eis

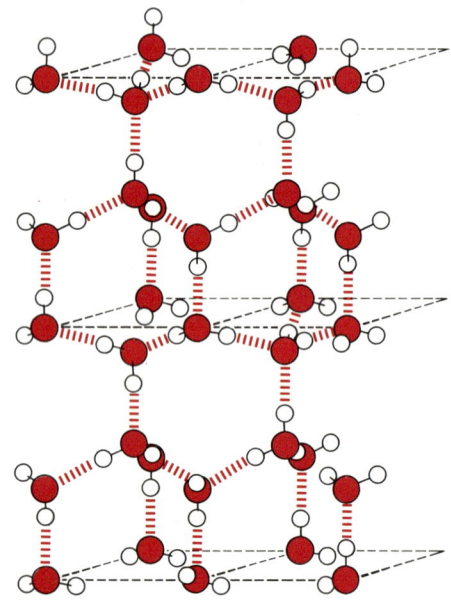

Abbildung 4-2
Jedes Wassermolekül ist mit 4 anderen Wassermolekülen durch Wasserstoffbindungen verknüpft. Die Moleküle bilden ein regelmäßiges Kristallgitter. In flüssigem Wasser geht jedes Wassermolekül bei Zimmertemperatur mit etwa 3.4 anderen Wassermolekülen Wasserstoffbindungen ein. Das Kristallgitter des Eises ist „offener" als die Anordnung der H_2O-Moleküle in flüssigem Wasser. Dies erklärt die Tatsache, daß Eis eine geringere Dichte als flüssiges Wasser besitzt und daher schwimmt.

(Tab. 4-1). Wasser ist ein Beispiel einer *polaren* Flüssigkeit. Im Gegensatz dazu besteht zwischen den Molekülen *unpolarer* Flüssigkeiten wie Benzol oder Hexan, nur eine geringe elektrostatische Anziehung. Es wird viel weniger Energie benötigt, um die Moleküle solcher Flüssigkeiten zu trennen. Aus diesem Grund sind die Verdampfungswärmen von Hexan und Benzol viel niedriger als die des Wassers (Tab. 4-1).

Wasserstoffbindungen sind schwächer als kovalente Bindungen. Die Wasserstoffbindungen in flüssigem Wasser haben schätzungsweise eine Bindungsenergie (die Energie, die zum Aufbrechen von einem Mol Bindungen nötig ist) von nur etwa 18.8 kJ/mol, verglichen mit 460 kJ/mol für die kovalenten H-O-Bindungen in Wassermolekülen. Wegen ihrer großen Anzahl verleihen die Wasserstoffbindungen dem flüssigen Wasser jedoch eine starke innere Haftung (Kohäsion). Zwar sind in jedem beliebigen Moment die meisten Moleküle in flüssigem Wasser über Wasserstoffbindungen verbunden, aber die *Halbwertszeit* für die Dauer der Wasserstoffbindungen beträgt weniger als 1×10^{-9}s. Flüssiges Wasser besitzt daher eine sehr geringe Viskosität. Die kurzlebigen Gruppierungen wasserstoffgebundener Moleküle in flüssigem Wasser erhielten die treffende englische Bezeichnung *flickering clusters*. (deutsch etwa: schnell wechselnde Zusammenballungen).

Wasserstoffbindungen kommen in biologischen Systemen häufig vor

Wasserstoffbindungen kommen nicht nur in Wasser vor. Sie bilden sich allgemein zwischen elektronegativen Atomen (normalerweise Sauerstoff oder Stickstoff) und Wasserstoffatomen, welche an ein weiteres elektronegatives Atom des gleichen oder eines anderen Moleküls kovalent gebunden sind (Abb. 4-3). Wasserstoffatome, die an

Wasserstoff-donator Wasserstoff-akzeptor

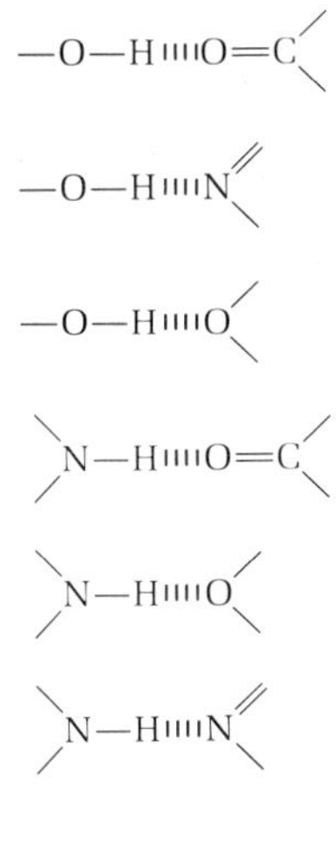

Abbildung 4-3
Wasserstoffbindungen. Bei dieser Art von Bindung beteiligen sich zwei elektronegative Atome in ungleicher Weise an der Bindung eines Wasserstoffatoms. Das Atom, an das H kovalent gebunden ist, ist der Wasserstoffdonator. Das andere elektronegative Atom ist der Akzeptor. In biologischen Systemen sind die an Wasserstoffbindungen beteiligten elektronegativen Atome Sauerstoff und Stickstoff. Nur selten kann Kohlenstoff an Wasserstoffbindungen teilnehmen. Der Abstand zwischen zwei durch Wasserstoffbrücken verbundenen Atomen schwankt zwischen 0.26 und 0.31 nm. Die häufigsten Arten von Wasserstoffbindungen sind im folgenden dargestellt.

zwischen zwei komplementären Basenpaaren in zwei DNA-Strängen

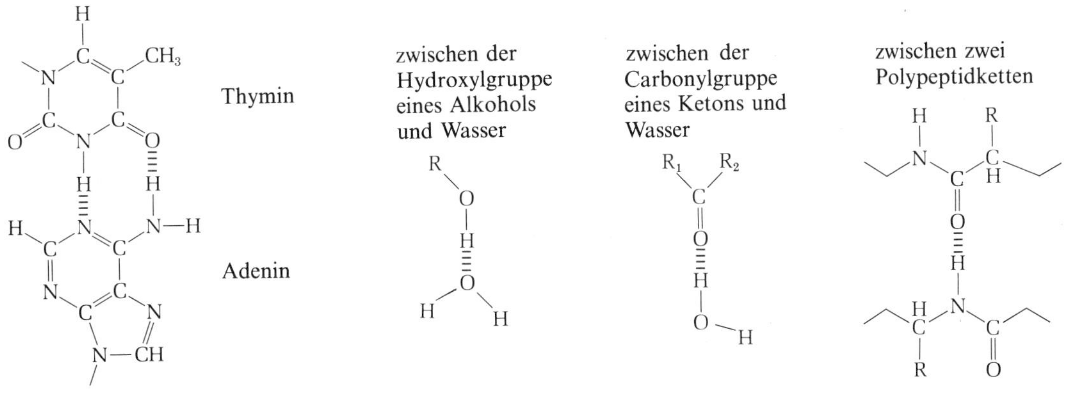

Abbildung 4-4
Einige Wasserstoffbindungen von biologischer Bedeutung.

stark elektronegative Atome gebunden sind, haben im allgemeinen eine stark positive Partialladung. Dagegen können Wasserstoffatome, die kovalent an Kohlenstoffatome gebunden sind, an keinen Wasserstoffbindungen teilnehmen, da die Elektronegativität von Wasserstoff und Kohlenstoff ungefähr gleich groß ist. Dieser Unterschied ist für die Tatsache verantwortlich, daß Butanol ($CH_3CH_2CH_2CH_2OH$), von dem ein Wasserstoff an Sauerstoff gebunden ist und das somit Wasserstoffbindungen mit anderen Butanolmolekülen eingehen kann, den relativ hohen Siedepunkt von 117 °C hat. Auf der anderen Seite hat Butan ($CH_3CH_2CH_2CH_3$), welches keine Wasserstoffbindungen bilden kann, da alle Wasserstoffatome an Kohlenstoff gebunden sind, einen Siedepunkt von nur -0.5 °C. Zwischen Butanmolekülen existieren also offensichtlich viel schwächere Anziehungskräfte als zwischen Butanolmolekülen. Einige Beispiele von biologisch wichtigen Wasserstoffbindungen sind in Abb. 4-4 dargestellt.

Wasserstoffbindungen haben eine weitere Eigenschaft: sie sind am stärksten, wenn die gebundenen Moleküle so ausgerichtet sind, daß sie ein Maximum an elektrostatischen Wechselwirkungen erlauben (Abb. 4-5). Wasserstoffbindungen sind daher gerichtet und besitzen die Fähigkeit, Moleküle oder Gruppen in einer spezifischen geometrischen Anordnung zu fixieren. Wir werden später sehen, daß diese Eigenschaft der Wasserstoffbindungen für die Ausbildung der dreidimensionalen Strukturen von Proteinen und Nucleinsäuren, in denen viele intramolekulare Wasserstoffbindungen vorhanden sind, von größter Wichtigkeit ist (Kapitel 7, 8 und 27).

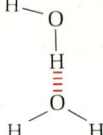

Abbildung 4-5
Abhängigkeit der Stärke einer Wasserstoffbindung von der Ausrichtung der Bindung. Die obere Struktur besitzt die stärkere Wasserstoffbindung, da die Anziehung zwischen den Partialladungen in dieser Orientierung am größten ist.

Wasser besitzt als Lösungsmittel ungewöhnliche Eigenschaften

Wasser ist ein viel besseres Lösungsmittel als die meisten anderen Flüssigkeiten. Viele kristalline Salze, z.B. Natriumchlorid, lösen sich leicht in Wasser, sind jedoch fast unlöslich in unpolaren Flüssigkeiten wie Chloroform oder Benzol. Diese Eigenschaft beruht auf dem Dipol-Charakter des Wassermoleküls. Das Kristallgitter eines Salzes wird durch die sehr starken elektrostatischen Anziehungskräfte zwischen den alternierenden positiven und negativen Ionen zusammengehalten. Wird kristallines NaCl mit Wasser in Verbindung gebracht, so werden die polaren Wassermoleküle sehr stark von den Na^+- und Cl^--Ionen angezogen und lösen die Kristallstruktur, indem sie hydratisierte Na^+- und Cl^--Ionen bilden (Abb. 4-6). Wasser kann auch viele einfache organische Verbindungen lösen, wenn diese Carboxyl- oder Aminogruppen enthalten, die die Tendenz besitzen, durch die Wechselwirkung mit Wasser zu ionisieren.

Eine zweite Klasse von Substanzen, die in Wasser gut löslich ist, umfaßt organische Verbindungen mit polaren funktionellen Grup-

Das Kristallgitter von NaCl wird von elektrostatischen Anziehungskräften zwischen Na$^+$- und Cl$^-$-Ionen zusammengehalten.

Wasser löst die Kristalle durch Hydratation der Na$^+$- und Cl$^-$-Ionen, indem es sie von dem Kristallgitter fortzieht.

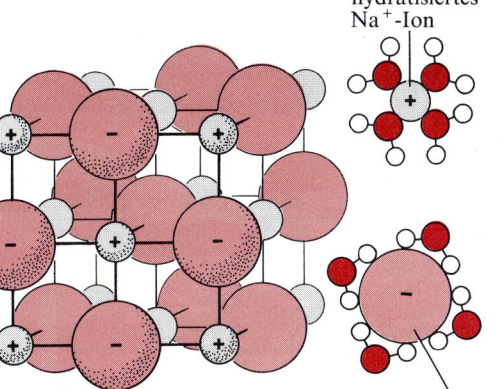
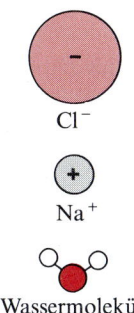

Abbildung 4-6
Wasser löst viele kristalline Salze durch Hydratation ihrer Ionen.

pen, wie Zucker, Alkohole, Aldehyde und Ketone. Ihre Löslichkeit beruht auf der Eigenschaft der Wassermoleküle, Wasserstoffbindungen mit den Hydroxylgruppen von Zuckern und Alkoholen oder den Carbonylgruppen von Aldehyden und Ketonen einzugehen, wie in Abb. 4-4 dargestellt ist.

Eine dritte Klasse von Substanzen, die in Wasser verteilt werden können, besteht aus Verbindungen, deren Moleküle sowohl hydrophobe (Wasser „fürchtende") als auch hydrophile (Wasser „liebende") Gruppen enthalten. Derartige Verbindungen werden oft als *amphipathisch* bezeichnet. Ein Beispiel hierfür ist das Natriumsalz der *Ölsäure*, einer langkettigen Fettsäure. Da die lange Kohlenwasserstoffkette hydrophob und grundsätzlich in Wasser unlöslich ist, besitzt Natriumoleat (eine Seife) nur eine geringe Neigung, sich in Wasser in Form einer echten molekularen Lösung zu *verteilen*. Sie kann jedoch leicht in Wasser in Form von Aggregaten suspendiert werden, welche man als *Micellen* bezeichnet. Bei diesen sind die hydrophilen, negativ geladenen Carboxylgruppen des Oleats zum Wasser hin gerichtet und schirmen die hydrophoben, unpolaren Kohlenwasserstoffketten ab (Abb. 4-7). Micellen können Hunderte oder Tausende von Oleatanionen oder Anionen anderer Fettsäuren enthalten. Derartige Seifenmicellen bleiben in Wasser gleichmäßig suspendiert, da sie alle negativ geladen sind und sich somit gegenseitig abstoßen. Seifenwasser ist trüb, da die Micellen relativ groß sind und das Licht streuen.

Die charakteristische innere Lage der unpolaren Gruppen in derartigen Micellen ist das Resultat der Eigenschaft der umgebenden Wassermoleküle, untereinander Wasserstoffbindungen auszubilden und mit den hydrophilen Carboxylgruppen in Wechselwirkung zu treten. Dadurch werden die Kohlenwasserstoffketten in das Innere der Micellen gedrängt, wo sie keinen Kontakt mehr mit dem Wasser haben. Wasser „mag" Wasser lieber als es Kohlenwasserstoffketten „mag", die keine Wasserstoffbindungen ausbilden können. Wir verwenden den Ausdruck *hydrophobe Wechselwirkung*, um die Assoziation hydrophober Anteile amphipatischer Moleküle innerhalb solcher Micellen zu kennzeichnen. Es ist jedoch der Dipolcharakter der umgebenden Wassermoleküle, der die treibende Kraft für die Bildung und Stabilität der Micellen darstellt. Die Phospholipide (S. 350), die Proteine (S. 199), und die Nucleinsäuren (Kapitel 27) gehören zu den vielen amphipatischen Zellkomponenten, die dazu neigen, Strukturen zu bilden, in denen unpolare, hydrophobe Teile vom Wasser abgeschirmt sind. Wir werden später sehen (Kapitel 12), daß micellare Anordnungen amphipatischer Lipidmoleküle die Grundstruktur biologischer Membranen bilden.

Gelöste Substanzen verändern die Eigenschaften des Wassers

Es gibt vier besondere Eigenschaften von Lösungen, die *kolligativen Eigenschaften*, die nur von der Anzahl der gelösten Teilchen abhängen. Diese sind die Gefrierpunktserniedrigung, (2) die Siedepunktserhöhung, (3) die Dampfdruckerniedrigung und (4) der osmotische Druck. Der Ausdruck „kolligativ" bedeutet „miteinander verbunden" und bezieht sich auf die Tatsache, daß diese vier Eigenschaften eine gemeinsame Grundlage besitzen und alle vorhersehbar von gelösten Substanzen modifiziert werden.

Eine Lösung, die 1 mol einer nicht-flüchtigen idealen Substanz in 1 kg Wasser enthält, bezeichnet man als 1 *molal*. Mit einer geeigneten Versuchsanordnung (Abb. 4-8) kann man feststellen, daß die in einer 1 molalen Lösung gelöste Substanz bei einem Druck von 1.013 bar (1 atm) den Gefrierpunkt von 0 °C auf −1.86 °C erniedrigt, den Siedepunkt von 100 °C auf 100.543 °C erhöht und einen osmotischen Druck von 22.7 bar (22.4 atm) erzeugt. Eine „ideal" zu lösende Substanz ist eine Verbindung, die weder in zwei oder mehr Komponenten dissoziiert noch sich in einer Weise mit anderen Substanzen verbindet, daß die Gesamtzahl der gelösten Partikel vermindert wird. Die kolligativen Eigenschaften hängen allein von der *Anzahl* der gelösten Moleküle bezogen auf die Masse des Lösungsmittels ab und sind von der chemischen Struktur der gelösten Substanz unabhängig. 1 mol jeder nicht-ionisierten Verbindung enthält 6.02×10^{23} Moleküle (Avogadro-Zahl). Daher kann man erwarten, daß molale wäßrige Lösungen von Glycerin ($M_r = 92$) oder Glucose ($M_r = 180$) denselben Gefrierpunkt (−1.86 °C), Siedepunkt (100.543 °C) oder osmotischen Druck (22.7 bar) besitzen, da beide dieselbe Anzahl von Molekülen pro kg Wasser enthalten. Eine 0.1 molale Lösung von

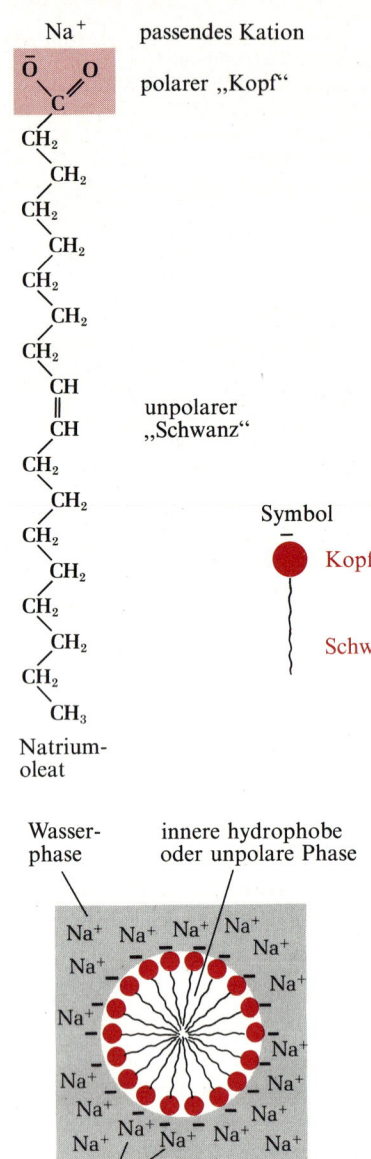

Abbildung 4-7
Bildung einer Seifenmicelle in Wasser. Die unpolaren „Schwänze" der Natriumoleat-Moleküle sind innerhalb der Micelle, vom Wasser abgewandt, die negativ geladenen Carboxylgruppen sind dagegen auf der Oberfläche der Micelle zum Wasser hin orientiert. Die Anzahl der Na^+-Ionen in der Wasserphase entspricht der Anzahl negativer Ladungen an der Micelle, so daß die Lösung elektroneutral ist.

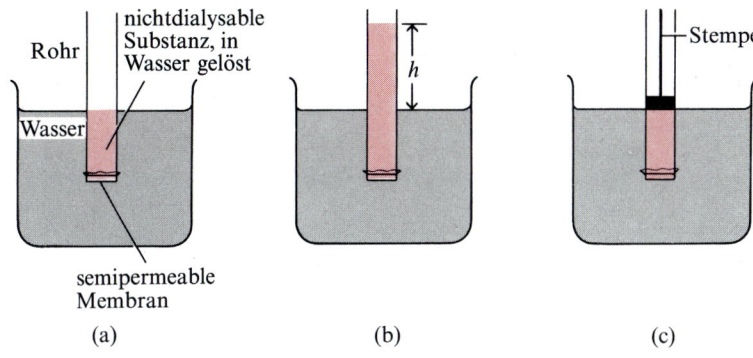

Abbildung 4-8
Osmose und osmotischer Druck.
(a) Ausgangszustand. Wasser wird vom äußeren Bereich in die Lösung in dem Rohr fließen, da es versucht die Konzentration durch die Membran hindurch auszugleichen.
(b) Endzustand. Wasser ist in die Lösung der nichtdialysablen Substanz übergetreten, und verdünnt diese nun. Im Gleichgewicht entspricht die Höhe h der Säule gerade dem osmotischen Druck, d.h. der Tendenz des Wassers, in den Bereich geringerer Konzentration zu fließen.
(c) Osmotischer Druck ist der Druck, der aufgewandt werden muß, um den osmotischen Fluß zu unterbinden. Er ist gleich dem hydrostatischen Druck der Säule mit der Höhe h.

Glucose würde jedoch nur 1/10 dieser Gefrierpunktserniedrigung hervorrufen. Sie würde bei $-0.186\,°C$ gefrieren, denn sie enthält gegenüber der 1 molalen Lösung nur 1/10 der Anzahl von Molekülen pro kg. Eine 0.1 molale NaCl-Lösung, die vollständig in Na^+- und Cl^--Ionen dissoziiert ist, würde einen Gefrierpunkt von $-0.372\,°C$ besitzen, da sie doppelt so viele gelöste Teilchen pro Liter enthält wie eine 0.1 molale Glucoselösung. Die lineare Abhängigkeit zwischen den kolligativen Eigenschaften und der Anzahl der gelösten Teilchen gilt exakt nur für verdünnte Lösungen.

Die Einflüsse gelöster Substanzen auf die Eigenschaften des Wassers besitzen eine erhebliche biologische Bedeutung. Sie erlauben es z.B. den Süßwasserfischen, auch bei Temperaturen unter $0\,°C$ aktiv zu bleiben, da die Konzentration gelöster Substanzen im Blut der Fische den Gefrierpunkt des Blutes unter den des Wassers absenkt. Außerdem verleiht die Gegenwart gelöster Substanzen im Blut, die nicht durch die Kapillarmembranen dringen können, besonders die von Proteinen, dem Blut einen höheren osmotischen Druck, als er in der extrazellulären Flüssigkeit herrscht. Als Folge davon tendiert Wasser dazu, aus dem Kompartiment der extrazellulären Flüssigkeit in die Blutkapillaren zu diffundieren. Dadurch bleibt das Gefäßsystem gefüllt und kann nicht kollabieren.

Gelöste Substanzen können die Eigenschaften des Wassers noch auf eine andere Weise beeinflussen, nämlich dadurch, daß sie die Ausbildung von Wasserstoffbindungen zwischen den Wassermolekülen stören. Die Gegenwart gelöster ionischer Substanzen, wie NaCl, bewirkt eine Änderung der Struktur des flüssigen Wassers, da jedes Na^+- und jedes Cl^--Ion von einer aus Wasser-Dipolen bestehenden Hydrathülle umgeben ist. Die hydratisierten Na^+- und Cl^--Ionen haben jedoch geometrische und andere Eigenschaften, die sich von denen der durch Wasserstoffbindungen zusammengehaltenen Gruppierungen von Wassermolekülen unterscheiden; sie besitzen ein höheres Maß an Ordnung und eine regelmäßigere Struktur. Deshalb können gelöste Stoffe die normale Struktur des flüssigen Wassers „aufbrechen" und seine Lösungseigenschaften verändern. Wir werden später sehen, daß die Löslichkeit von Proteinen durch hohe Konzentrationen von Salzen, wie NaCl, Na_2SO_4 und $(NH_4)_2SO_4$, wesentlich vermindert wird. Dieses geschieht, weil die Substanzen die Eigenschaften des Wassers verändern und seine Wirksamkeit als Lösungsmittel für Proteine reduzieren (Aussalzeffekt). Der Effekt kann zur Trennung verschiedener Proteine voneinander verwendet werden, wenn sie sich in ihrer Ausfällbarkeit in Salzlösungen unterscheiden.

Die Lage des Gleichgewichtes reversibler Reaktionen wird durch die Gleichgewichtskonstante ausgedrückt

Wassermoleküle besitzen eine geringe reversible Tendenz zur Ionisierung, d.h. zur Bildung eines Wasserstoffions (H^+) und eines Hydroxidions (OH^-):

$$H_2O \rightleftharpoons H^+ + OH^- \qquad (1)$$

Da die reversible Ionisierung des Wassers sehr wichtig für seine Eigenschaften und seine Wirkungen auf die Zellfunktion ist, müssen wir einen Weg finden, um den Ionisierungs*grad* des Wassers quantitativ auszudrücken. Darum werden wir nun kurz abschweifen und einige Eigenschaften reversibler chemischer Reaktionen wiederholen.

Die Gleichgewichtslage jeder beliebigen chemischen Reaktion ist durch den Wert ihrer *Gleichgewichtskonstante* im *Massenwirkungsgesetz* gegeben. Dieses besagt, daß im Gleichgewicht das Produkt der Konzentrationen der Stoffe auf der rechten Seite der Reaktionsgleichung, dividiert durch das Produkt der Konzentrationen auf der linken Seite, konstant ist. Im Falle der allgemeinen Reaktion

$$A + B \rightleftharpoons C + D \qquad (2)$$

ergibt sich demnach der Ausdruck

$$K'_{eq} = \frac{[C][D]}{[A][B]}.$$

K'_{eq} ist die Gleichgewichtskonstante der Reaktion. Der Apostroph gibt an, daß sich die Konstante auf molare Konzentrationen der Reaktionspartner bezieht. Aus dem Massenwirkungsgesetz folgt, daß eine Reaktion wie (2) ihr Gleichgewicht auf die rechte Seite verschiebt, wenn die Konzentration von A, B oder beiden erhöht wird. Dagegen verschiebt sich das Gleichgewicht nach links, wenn die Konzentration von C und/oder D erhöht wird.

Das Massenwirkungsgesetz kann durch reaktionskinetische Betrachtungen abgeleitet werden. Die Geschwindigkeit der Hinreaktion v_F, die von links nach rechts abläuft, ist dem Produkt der Konzentration der Ausgangsstoffe A und B proportional:

$$v_F = k_F [A][B],$$

wobei k_F die Proportionalitätskonstante und die eckigen Klammern die molaren Konzentrationen ausdrücken. Ähnlich gilt für die Geschwindigkeit v_R der Rückreaktion von rechts nach links:

$$v_R = k_R [C][D].$$

Da im Gleichgewicht die Geschwindigkeiten der Hin- und Rückreaktion gleich sind, gilt im Gleichgewichtszustand:

$$v_F = v_R$$

und somit:

$$k_F [A][B] = k_R [C][D]$$

Eine Umformung ergibt:

$$\frac{k_F}{k_R} = \frac{[C][D]}{[A][B]}.$$

Das Verhältnis der beiden Konstanten k_F/k_R kann durch die neue Konstante K'_{eq} ersetzt werden, die Gleichgewichtskonstante:

$$K'_{eq} = \frac{[C][D]}{[A][B]}.$$

Die Gleichgewichtskonstante hat bei einer bestimmten Temperatur für jede chemische Reaktion einen charakteristischen Wert. Sie definiert die Konzentration der Komponenten im Gleichgewicht einer jeden Reaktion, unabhängig von den Anfangsmengen der Ausgangsstoffe und Produkte. Wir können somit die Gleichgewichtskonstante jeder Reaktion bei gegebener Temperatur berechnen, wenn wir die Konzentrationen der Ausgangsstoffe und Produkte im Gleichgewichtszustand kennen.

Die Dissoziation des Wassers wird durch eine Gleichgewichtskonstante ausgedrückt

Nun wollen wir von unserer Abschweifung zurückkehren, um die Dissoziation des Wassers quantitativ zu betrachten. Dieser reversible Prozeß führt zur Bildung von Wasserstoff- und Hydroxidionen. Wenn wir jedoch den Ausdruck „Wasserstoffion" und das Symbol H^+ verwenden, müssen wir immer daran denken, daß reine Wasserstoffionen, d.h. Protonen, in Wasser nicht existieren. Wasserstoffionen sind, genau wie die meisten anderen Ionen, immer hydratisiert. Das hydratisierte H^+-Ion wird *Hydronium-Ion* genannt und meistens durch die Formel H_3O^+ symbolisiert. Dabei ist jedoch zu bedenken, daß jedes H^+-Ion von mehreren H_2O-Molekülen umgeben ist, deren Anzahl von der Temperatur abhängt.

Die Dissoziation des Wassers nach der Gleichung:

$$H_2O \rightleftharpoons H^+ + OH^- \qquad (3)$$

erfolgt nur in einem sehr geringen Ausmaß. In reinem Wasser ist bei einer Temperatur von 25 °C nur etwa eines von 10 Millionen Molekülen ionisiert. Da H^+- und OH^--Ionen sehr bedeutende biologische Wirkungen haben, müssen wir in der Lage sein, den Dissoziationsgrad des Wassers quantitativ auszudrücken.

Das können wir erreichen, indem wir die Gleichgewichtskonstante für die reversible Reaktion (3) formulieren:

$$K'_{eq} = \frac{[H^+][OH^-]}{[H_2O]}.$$

Diesen Ausdruck kann man vereinfachen, da die Konzentration von H_2O relativ zur Konzentration der H^+- und OH^--Ionen sehr hoch und damit praktisch konstant ist. Sie entspricht der Stoffmenge von H_2O in 1 l, d.h. der Masse in g von 1 l, geteilt durch die molare Masse: $1000/18 = 55.5$ mol/l. Im Gegensatz dazu ist die Konzentration von H^+- und OH^--Ionen in reinem Wasser bei 25 °C sehr klein, nämlich 1×10^{-7} mol/l. Daher können wir den Wert 55.5 als Konstante in die obige Gleichung einsetzen und erhalten:

$$K'_{eq} = \frac{[H^+][OH^-]}{55.5}$$

und nach Umformung:

$$55.5 \, K'_{eq} = [H^+][OH^-].$$

Der genaue Wert für K'_{eq} wurde durch Messung der elektrischen Leitfähigkeit des Wassers bestimmt (nur die bei der Dissoziation von H_2O entstandenen Ionen können in reinem Wasser den elektrischen Strom leiten). Bei 25 °C beträgt der K'_{eq}-Wert 1.8×10^{-16} mol/l. Durch Einsetzen dieses Wertes in die obenstehende Gleichung erhalten wir:

$$(55.5)(1.8 \times 10^{-16}) = [H^+][OH^-]$$
$$99.9 \times 10^{-16} = [H^+][OH^-]$$
$$1.0 \times 10^{-14} = [H^+][OH^-]$$

Wenn wir K_w für das Produkt $55.5 \, K'_{eq}$ mol/l einsetzen, erhalten wir die Beziehung:

$$K_w = 1.0 \times 10^{-14} = [H^+][OH^-].$$

K_w, das *Ionenprodukt* des Wassers, hat bei 25 °C den Wert 1.0×10^{-14}. Das bedeutet, daß das Produkt $[H^+][OH^-]$ in wäßriger Lösung bei 25 °C immer gleich groß ist, und zwar 1×10^{-14}. Wenn die Konzentrationen von H^+ und OH^- genau gleich sind, so wie in reinem Wasser, wird die Lösung als *neutral* bezeichnet. Unter diesen Bedingungen kann die Konzentration von H^+ und OH^- aus dem Ionenprodukt des Wassers folgendermaßen berechnet werden:

$$K_w = [H^+][OH^-] = [H^+]^2$$

Nach $[H^+]$ aufgelöst erhalten wir:

$$[H^+] = \sqrt{K_w} = \sqrt{1 \times 10^{-14}}$$
$$[H^+] = [OH^-] = 10^{-7}\ mol/l$$

Außerdem zeigt das Ionenprodukt des Wassers, daß bei einer höheren H^+-Ionen-Konzentration als $1 \times 10^{-7}\ mol/l$ die Konzentration von OH^- kleiner als $1 \times 10^{-7}\ mol/l$ werden muß, und umgekehrt. Daher ist bei sehr hoher H^+-Konzentration, wie in einer Lösung von HCl, die OH^--Konzentration sehr gering, denn das Produkt beider Konzentrationen muß $1 \times 10^{-14}\ mol/l$ betragen. Ist dagegen die OH^--Konzentration sehr hoch, wie in Natronlauge, so muß die H^+-Konzentration sehr niedrig sein. Wir können die H^+-Konzentration aus dem Ionenprodukt des Wassers berechnen, wenn wir die OH^--Konzentration kennen, oder auch umgekehrt (Kasten 4-1).

Die pH-Skala ist ein Maß für die H^+- und OH^--Konzentrationen

K_w, das Ionenprodukt des Wassers, bildet die Grundlage der *pH-Skala* (Tab. 4-2), die eine bequeme Art zur Kennzeichnung der Konzentration von H^+ (und somit von OH^-) in jeder wäßrigen Lösung im Bereich von $1.0\ mol/l\ H^+$ und $1.0\ mol/l\ OH^-$ ist. Der Ausdruck pH ist definiert als:

$$pH = \log \frac{1}{[H^+]} = -\log[H^+]$$

In einer neutralen Lösung bei 25 °C, in der die Wasserstoffionen-Konzentration $1.0 \times 10^{-7}\ mol/l$ beträgt, wäre der pH-Wert:

$$pH = \log \frac{1}{1 \times 10^{-7}} = \log(1 \times 10^7) = \log 1.0 + \log 10^7$$
$$= 0 + 7$$
$$pH = 7.$$

Der Wert von 7 als pH-Wert einer genau neutralen Lösung ist also keine willkürlich gewählte Zahl. Sie ergibt sich aus dem Ionenprodukt des Wassers bei 25 °C. Lösungen, die einen höheren pH-Wert als 7 besitzen, sind basisch, da die OH^--Konzentration größer als die H^+-Konzentration ist. Umgekehrt sind Lösungen mit einem pH-Wert unterhalb von 7 sauer (Tab. 4-2).

Es ist besonders wichtig zu bedenken, daß die pH-Skala logarithmisch, nicht arithmetisch, aufgebaut ist. Wenn sich der pH-Wert von zwei Lösungen um 1 pH-Einheit unterscheidet, bedeutet das, daß die H^+-Konzentration der einen Lösung 10mal so groß wie die der anderen ist. Wir erhalten jedoch keine Auskunft über die absolute Größe des Unterschiedes. In Abb. 4-9 sind die pH-Werte einiger

Tabelle 4-2 Die pH-Skala

$[H^+]$ in mol/l	pH	$[OH^-]$ in mol/l	pOH
1.0	0	10^{-14}	14
0.1	1	10^{-13}	13
0.01	2	10^{-12}	12
0.001	3	10^{-11}	11
10^{-4}	4	10^{-10}	10
10^{-5}	5	10^{-9}	9
10^{-6}	6	10^{-8}	8
10^{-7}	7	10^{-7}	7
10^{-8}	8	10^{-6}	6
10^{-9}	9	10^{-5}	5
10^{-10}	10	10^{-4}	4
10^{-11}	11	0.001	3
10^{-12}	12	0.01	2
10^{-13}	13	0.1	1
10^{-14}	14	1.0	0

Kasten 4-1 Das Ionenprodukt des Wassers.

Wie die folgenden Aufgaben zeigen, ermöglicht das Ionenprodukt des Wassers die Berechnung der H^+-Konzentration bei gegebener OH^--Konzentration oder umgekehrt.

1. Wie hoch ist die H^+-Konzentration in einer 0.1 M NaOH-Lösung?

$$K_w = [H^+][OH^-]$$

ergibt nach $[H^+]$ aufgelöst:

$$[H^+] = \frac{K_w}{[OH^-]} = \frac{1 \times 10^{-14}}{0.1}$$
$$= \frac{10^{-14}}{10^{-1}} = 10^{-13}\,M$$

2. Wie hoch ist die OH^--Konzentration in einer Lösung, in der die H^+-Konzentration 0.00013 mol/l beträgt?

$$K_w = [H^+][OH^-]$$

ergibt nach $[OH^-]$ aufgelöst

$$[OH^-] = \frac{K_w}{[H^+]} = \frac{1 \times 10^{-14}}{0.00013}$$
$$= \frac{1 \times 10^{-14}}{1.3 \times 10^{-4}}$$
$$= 7.7 \times 10^{-11}\,M$$

---

häufig vorkommender wäßriger Flüssigkeiten angegeben. Beachten Sie, daß ein Cola-Getränk (pH = 3.0) oder Rotwein (pH = 3.7) eine etwa 10000mal höhere H^+-Konzentration besitzen als Blut.

Manchmal wird der Ausdruck pOH verwendet, um die „Basizität" bzw. die OH^--Konzentration einer Lösung zu beschreiben; er ist analog dem pH definiert als:

$$pOH = \log \frac{1}{[OH^-]} = -\log[OH^-]$$

Daher ist der pOH-Wert einer 0.1 mol/l OH^--Lösung gleich 1, und der pOH einer 10^{-7} mol/l OH^--Lösung gleich 7. Zwischen pH und pOH besteht eine einfache Beziehung:

$$pH + pOH = 14$$

Tab. 4-2 zeigt diese gegenläufige Beziehung.

Der pH-Wert einer wäßrigen Lösung kann durch die pH-Wert-abhängige Farbe von Indikatorfarbstoffen, z. B. Lackmus, Phenolphthalein und Phenolrot, abgeschätzt werden. Genaue Messungen des pH-Wertes werden in chemischen oder klinischen Laboratorien mit einer speziellen Glaselektrode vorgenommen, die selektiv für H^+-Ionen empfindlich ist, jedoch unempfindlich gegenüber Na^+, K^+ und anderen Kationen.

Die Messung des pH-Wertes ist eines der wichtigsten und am häufigsten angewendeten Verfahren in der Biochemie, da der pH-Wert viele wichtige Eigenschaften der Struktur und Aktivität biologischer Makromoleküle bestimmt, wie z. B. die katalytische Aktivität der Enzyme. Außerdem benutzt man die Messung des pH-Wertes von Blut und Urin bei der Diagnose von Krankheiten. Der pH-Wert des Blutplasmas zum Beispiel ist bei Patienten mit einem ausgeprägten Diabetes mellitus häufig niedriger als der Normalwert von 7.4. Die-

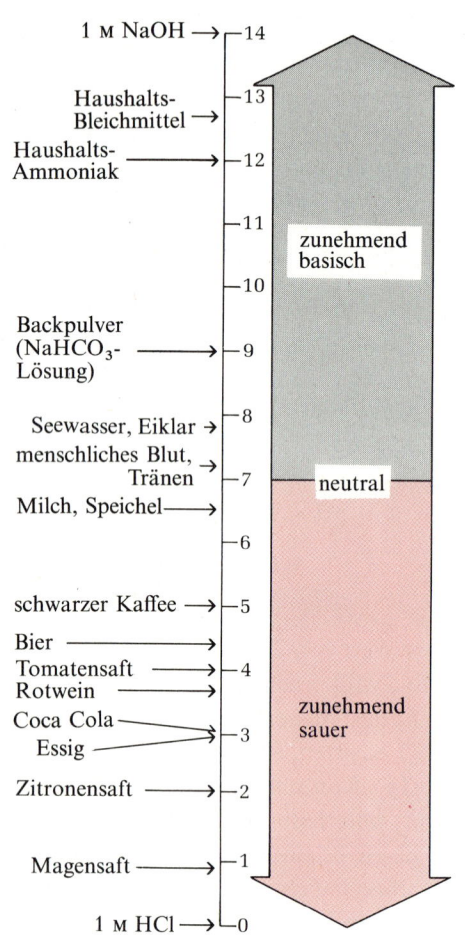

Abbildung 4-9
pH-Wert einiger Flüssigkeiten.

ser Zustand wird als *Acidose* bezeichnet. Im Gegensatz dazu ist der pH-Wert bei bestimmten anderen Krankheiten höher als normal, ein Zustand, der als *Alkalose* bezeichnet wird.

Säuren und Basen spiegeln die Eigenschaften des Wassers wider

Salzsäure, Schwefelsäure und Salpetersäure bezeichnet man als *starke Säuren*; sie sind in wäßriger Lösung vollständig dissoziiert. Auf ähnliche Weise sind auch die *starken Basen* NaOH und KOH vollständig dissoziiert.

In der Biochemie beschäftigen wir uns mehr mit dem Verhalten *schwacher Säuren* und *schwacher Basen*, die nicht vollständig dissoziieren, wenn sie in Wasser gelöst sind. Ein Beispiel einer schwachen Säure ist die *Essigsäure* (CH_3COOH), die dem Essig seinen sauren Geschmack verleiht. Ein Beispiel einer schwachen Base ist *Ammoniak* (NH_3), der im Haushalt als Reinigungsmittel verwendet wird. Schwache Säuren und Basen kommen in biologischen Systemen häufig vor und spielen eine wichtige Rolle im Stoffwechsel und bei dessen Regulation. Das Verhalten wäßriger Lösungen schwacher Säuren oder Basen ist am besten zu verstehen, wenn wir einige Begriffe definieren.

Säuren sind als *Protonendonatoren* und Basen als *Protonenakzeptoren* definiert. Ein Protonendonator und sein entsprechender Protonenakzeptor bilden ein *konjugiertes Säure-Basen-Paar* (Tab. 4-3). Essigsäure (CH_3COOH), ein Protonendonator, und das Acetat-Anion (CH_3COO^-), der entsprechende Protonenakzeptor, bilden zum Beispiel ein konjugiertes Säure-Basen-Paar, die miteinander durch die folgende reversible Reaktion in Beziehung stehen:

$$CH_3COOH \rightleftharpoons H^+ + CH_3COO^-$$

Protonendonator,   Proton   Protonenakzeptor,
konjugierte Säure   konjugierte Base

Jede Säure hat in wäßriger Lösung eine charakteristische Tendenz, ihre Protonen abzugeben. Je stärker die Säure, desto leichter kann sie ihr Proton abgeben. Wie groß die Neigung einer Säure HA ist, ein Proton abzugeben und die konjugierte Base A^- zu bilden, ist durch die Gleichgewichtskonstante K' für die reversible Reaktion

$$HA \rightleftharpoons H^+ + A^-$$

definiert, also durch

$$K' = \frac{[H^+][A^-]}{[HA]}$$

Gleichgewichtskonstanten für Ionisationsreaktionen werden meistens als *Ionisations-* oder *Dissoziationskonstanten* bezeichnet. Die Dissoziationskonstanten K'_a einiger Säuren (a für „acid", Säure),

Tabelle 4-3 Einige konjugierte Säure-Basen-Paare.
Jedes Paar besteht aus einem Protonendonator und einem Protonenakzeptor.

Protonen-donator	Protonen-akzeptor
CH_3COOH	CH_3COO^-
$H_2PO_4^-$	HPO_4^{2-}
NH_4^+	NH_3

Tabelle 4-4 Dissoziationskonstanten und pK'-Werte einiger häufig vorkommender Säuren bei 25 °C.
Ameisensäure ist im Ameisengift vorhanden, Essigsäure verleiht dem Essig seinen sauren Geschmack, Propionsäure wird im Pansen der Rinder hergestellt, und Milchsäure ist das Stoffwechsel-Abbauprodukt der Glucose in arbeitenden Skelettmuskeln.

Säure (Protonendonator)	K'	pK'
HCOOH (Ameisensäure)	1.78×10^{-4}	3.75
CH_3COOH (Essigsäure)	1.74×10^{-5}	4.76
CH_3CH_2COOH (Propionsäure)	1.35×10^{-5}	4.87
$CH_3CHOHCOOH$ (Milchsäure)	1.38×10^{-4}	3.86
H_3PO_4 (Phosphorsäure)	7.25×10^{-3}	2.14
$H_2PO_4^-$ (Dihydrogenphosphat-Ion)	1.38×10^{-7}	6.86
HPO_4^{2-} (Monohydrogenphosphat-Ion)	3.98×10^{-13}	12.4
H_2CO_3 (Kohlensäure)	1.70×10^{-4}	3.77
HCO_3^- (Hydrogencarbonat-Ion)	6.31×10^{-11}	10.2
NH_4^+ (Ammonium-Ion)	5.62×10^{-10}	9.25

sind in Tab. 4-4 angegeben. Beachten Sie, daß sich Säuren in ihrer Tendenz, Protonen abzugeben, voneinander unterscheiden. Die stärkeren Säuren in Tab. 4-4, wie Ameisensäure und Milchsäure, besitzen größere Dissoziationskonstanten als die schwächeren, wie das Ion $H_2PO_4^-$. Eine der schwächsten Säuren in Tab. 4-4 ist das NH_4^+-Ion, das nur eine sehr geringe Neigung zur Protonenabgabe besitzt, wie seine sehr kleine Dissoziationskonstante zeigt.

Tab. 4-4 gibt außerdem den pK'-Wert der Säuren an, der durch die folgende Gleichung definiert ist:

$$pK' = \log \frac{1}{K'} = -\log K'$$

In den Symbolen pH und pK' steht also p jeweils für „negativer Logarithmus von". Je stärker eine Säure ist, desto niedriger ist ihr pK'-Wert. Wie wir sehen werden, kann der pK'-Wert einer schwachen Säure ziemlich einfach bestimmt werden.

Schwache Säuren besitzen charakteristische Titrationskurven

Die Bestimmung der Säuremenge in einer Lösung kann durch Titration mit einer Base erfolgen. Bei diesem Verfahren wird ein abgemessenes Volumen der Säure mit der Lösung einer Base, häufig Natriumhydroxid (NaOH), titriert, deren Konzentration genau bekannt ist. NaOH wird in kleinen Mengen solange zugesetzt, bis die Säure genau neutralisiert ist, was mit einem Indikator oder einem pH-Meter bestimmt werden kann. Aus dem Volumen der Natronlauge, das hinzugefügt wurde, und ihrer Konzentration kann die

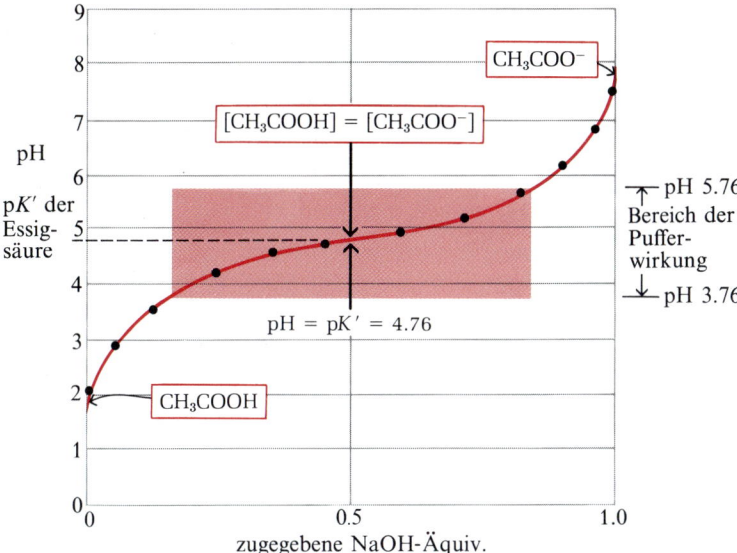

Abbildung 4-10
Die Titrationskurve von Essigsäure (Einzelheiten s. Text). Nach jeder Zugabe von Natronlauge wird der pH-Wert gemessen. Dieser pH-Wert wird gegen das Verhältnis zugesetzte Menge NaOH durch zur Neutralisation insgesamt erforderliche Menge NaOH aufgetragen. In den Kästchen sind die an den bezeichneten Punkten der Titrationskurve in der Lösung vorherrschenden Ionen angegeben. Am Wendepunkt der Titrationskurve sind die Konzentrationen des Protonendonators und des Protonakzeptors gleich groß. An diesem Punkt ist der pH-Wert der Lösung genauso groß wie der pK'-Wert der Essigsäure. Die farbige Zone ist der Bereich der Pufferwirkung.

Konzentration der Säure in der zu titrierenden Lösung berechnet werden.

Aus einer derartigen Titration einer schwachen Säure können wir viele zusätzliche Informationen bekommen, wenn wir den pH-Wert der zu titrierenden Säure jeweils nach Zugabe einer kleinen Menge an NaOH messen. Eine graphische Darstellung, bei der der pH-Wert der Lösung gegen die Menge des zugegebenen NaOH aufgetragen wird, nennt man eine *Titrationskurve*. Die Titrationskurve der Essigsäure, einer typischen schwachen Säure, ist in Abb. 4-10 dargestellt. Wir wollen nun den Verlauf der Titration einer 0.1 M Lösung von Essigsäure mit 0.1 M Natronlauge bei 25 °C verfolgen und beachten, daß dabei zwei reversible Gleichgewichte existieren:

$$H_2O \rightleftharpoons H^+ + OH^- \quad (4)$$

$$HAc \rightleftharpoons H^+ + Ac^- \quad (5)$$

Für die Gleichgewichtskonstanten gilt:

$$K_w = [H^+][OH^-] = 1 \times 10^{-14} \quad (6)$$

$$K' = \frac{[H^+][Ac^-]}{[HAc]} = 1.74 \times 10^{-5} \text{ M} \quad (7)$$

Vor dem Beginn der Titration, d. h. bevor NaOH zugegeben wird, ist die Essigsäure bereits etwas dissoziiert. Das Ausmaß kann aus der Dissoziationskonstanten der Essigsäure (7) berechnet werden. Versuchen Sie diese Berechnung! Nehmen Sie zur Vereinfachung an, daß die Dissoziation der Essigsäure so gering ist, daß die Konzentration der undissoziierten Essigsäure nicht nennenswert geringer ist als die gesamte Konzentration von 0.1 M.

Wenn wir nacheinander kleine Mengen von NaOH hinzufügen, verbinden sich die OH^--Ionen mit den freien H^+-Ionen der Lösung und bilden H_2O, und zwar so, daß das Ionenprodukt $K_w = [H^+][OH^-] = 1 \times 10^{-14}$ erhalten bleibt. Sobald jedoch freie H^+-Ionen auf diese Weise entfernt wurden, dissoziiert sofort etwas HAc in H^+ und Ac^-, da die Gleichgewichtskonstante (7) gleichbleiben muß. Das Resultat bei weiterer Titration ist, daß HAc mit jeder Zugabe von NaOH weiter dissoziiert. Daraus folgt die Abnahme von [HAc] und die Zunahme von [Ac^-], weil die Gleichgewichtskonstanten (6) und (7) der Gleichgewichte (4) und (5) ja gleichbleiben müssen. Am Wendepunkt der Titrationskurve (siehe Abb. 4-10), an dem genau 0.5 Äquivalente NaOH dazugegeben wurden, ist die Hälfte der ursprünglichen Essigsäure dissoziiert, so daß die Protonendonator-Konzentration [HAc] nun der Protonenakzeptor-Konzentration [Ac^-] gleich ist. An diesem Punkt gilt eine sehr wichtige Beziehung: der pH-Wert der äquimolaren Lösung von Essigsäure und Acetat, nämlich 4.76, ist zahlenmäßig gleich dem pK'-Wert der Essigsäure. Dies zeigt ein Vergleich der pK'-Werte in Tab. 4-4 mit der Titrationskurve in Abb. 4-10. Wir werden bald das Grundprinzip dieser wichtigen Beziehung erkennen, das für alle schwachen Säuren gilt.

Bei Fortsetzung der Titration durch Zugabe weiterer Teilmengen von NaOH wird die restliche undissoziierte Essigsäure allmählich in Acetat (CH_3COO^-) umgewandelt, indem H^+ unter Bildung von Wasser mit den dazukommenden OH^+-Ionen entfernt wird. Schließlich erreichen wir bei etwa pH = 8.8 den Endpunkt der Titration, an dem die gesamte Essigsäure ihre Protonen an OH^- unter Bildung von Wasser und Acetat abgegeben hat. Während der Titration bestehen die beiden Gleichgewichte (4) und (5) nebeneinander, wobei die Konzentrationen der Reaktionsteilnehmer die Gleichgewichtsbedingungen (6) und (7) erfüllen müssen. Die beiden Ionisierungsreaktionen sind reversibel. Da sie ionisch sind, verlaufen sie äußerst schnell. Wir können deshalb den Titrationsvorgang auch in umgekehrter Richtung ablaufen lassen. Vom Neutralpunkt ausgehend können wir dem System H^+-Ionen zufügen und das Acetat in seinen ursprünglichen Zustand zurücktitrieren. Wir werden genau dieselbe Kurve wie in Abb. 4-10 erhalten, wenn wir eine Korrektur für die Volumenänderung während der Titration vornehmen. Während dieser Rücktitration reagieren die H^+-Ionen mit Ac^- zu HAc. Das Verhältnis [Ac^-]/[HAc] wird durch die Zugabe von H^+-Ionen verkleinert, bis es den ursprünglichen Zustand, bei dem wir die Titration mit NaOH begonnen haben, erreicht hat.

Abb. 4-11 zeigt einen Vergleich der Titrationskurven dreier schwacher Säuren mit unterschiedlichen Dissoziationskonstanten, nämlich der von Essigsäure ($pK' = 4.76$), Dihydrogenphosphat ($H_2PO_4^-$, $pK' = 6.86$) und Ammoniumionen (NH_4^+, $pK' = 9.25$). Die Kurven verlaufen prinzipiell gleichartig, sie sind lediglich auf der pH-Achse gegeneinander verschoben, weil die Säuren unterschiedlich stark sind. Am stärksten ist die Essigsäure. Sie gibt ihr Proton

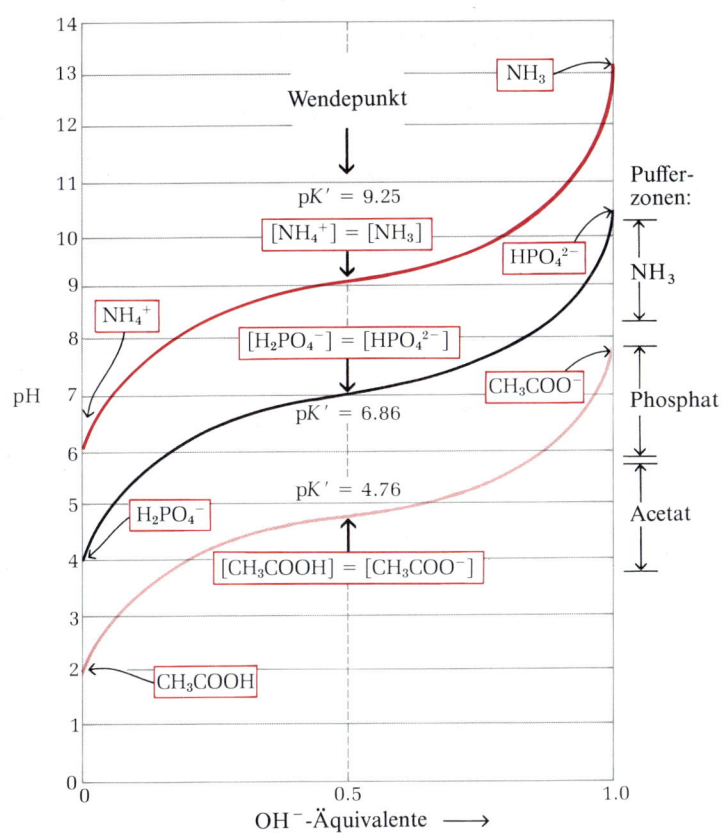

Abbildung 4-11
Vergleich der Titrationskurven der drei schwachen Säuren Essigsäure, $H_2PO_4^-$ und NH_4^+. In den Kästchen sind die in den bezeichneten pH-Punkten vorherrschenden Ionenformen dargestellt. Die Zone der Pufferwirkung ist an der rechten Achse angegeben. Konjugierte Säure-Basen-Paare sind zwischen 25- und 75prozentiger Neutralisation des Protonendonators wirkungsvolle Puffer.

am leichtesten an OH^- ab, da sie den größten K'-Wert (den kleinsten pK'-Wert) der drei Säuren hat. Essigsäure ist bereits bei pH = 4.76 zur Hälfte dissoziiert. $H_2PO_4^-$ verliert sein Proton weniger leicht an OH^- als Essigsäure und ist bei pH = 6.86 zur Hälfte dissoziiert. NH_4^+ ist die schwächste der drei Säuren und ist erst bei pH 9.25 zur Hälfte dissoziiert.

Wir kommen nun zum wichtigsten Punkt der Titrationskurve einer schwachen Säure: ihr Verlauf läßt erkennen, daß eine schwache Säure und ihr Anion als Puffer wirken können.

Puffer sind Mischungen schwacher Säuren und ihrer konjugierten Basen

Puffer sind wäßrige Systeme, die ihren pH-Wert nur wenig ändern, wenn kleine Mengen von Säure (H^+) oder Base (OH^-) dazugegeben werden. Ein Puffersystem besteht aus einer schwachen Säure (dem Protonendonator) und ihrer konjugierten Base (dem Protonenakzeptor). Ein Beispiel für ein Puffersystem ist eine Mischung aus Essigsäure und Acetat-Ionen. Wie wir in Abb. 4-10 sehen, besitzt die Titrationskurve der Essigsäure eine relativ flache Zone mit einer

Ausdehnung von je einer pH-Einheit rechts und links vom Wendepunkt, der bei pH = 4.76 liegt. In diesem Bereich kommt es bei Zugabe von OH$^-$ (oder H$^+$) nur zu einer geringen Veränderung des pH-Wertes. Diese relativ flache Zone stellt den *puffernden Bereich* des Essigsäure-Acetat-Puffers dar. In der Mitte dieses Bereichs, wo die Konzentration des Protonendonators (Essigsäure) der seiner konjugierten Base (Acetat) entspricht, ist die Pufferwirkung des Systems maximal, d. h. sein pH-Wert verändert sich hier bei Zugabe von H$^+$ oder OH$^-$ am wenigsten. Außerdem ist der pH-Wert an diesem wichtigen Punkt der Titrationskurve gleich dem pK'-Wert der Essigsäure. Es ist sehr wichtig zu beachten, daß sich der pH-Wert des Acetat-Puffersystems leicht verändert, wenn eine kleine Menge H$^+$ oder OH$^-$ zugefügt wird. Diese Veränderung ist jedoch sehr gering, verglichen mit der pH-Änderung, die durch die Zugabe derselben Menge von H$^+$ oder OH$^-$ zu reinem Wasser oder zu der Lösung eines Salzes einer starken Säure und starken Base, wie NaCl, die beide keine Pufferwirkung besitzen, resultieren würde.

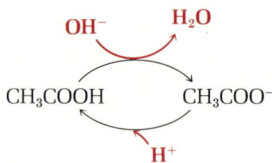

Abbildung 4-12
Die Pufferwirkung des Essigsäure-Acetat-Paares, d. h. seine Fähigkeit, wegen der Reversibilität der Essigsäure-Dissoziation sowohl H$^+$- als auch OH$^-$-Ionen abzufangen (s. Text).

Die Pufferwirkung ist keine schwarze Magie, sondern sie ist lediglich die Resultante von zwei fundamentalen reversiblen Reaktionsgleichgewichten, die in einer Lösung eines Protonendonators und seines konjugierten Protonenakzeptors nebeneinander existieren. Wir wollen nun mit Hilfe von Abb. 4-12 untersuchen, wie ein Puffersystem wirkt. Die schwache Säure (HA) in einem Puffersystem stellt eine Reserve an gebundenen H$^+$ dar, die freigesetzt werde kann, um zugefügte OH$^-$-Ionen durch Bildung von H$_2$O abzufangen. Dieses geschieht, weil im Moment der Zugabe das Ionenprodukt [H$^+$][OH$^-$] für einen winzigen Augenblick den Wert 1×10^{-14} überschreitet. Das Gleichgewicht wird schnell wieder hergestellt, indem H$^+$- und OH$^-$-Ionen zu Wassermolekülen reagieren, wodurch die Konzentration von H$^+$ abnimmt. Dies wiederum hat zur Folge, daß der Quotient [H$^+$][A$^-$]/[HA] kleiner als der Wert von K' wird, so daß das Gleichgewicht durch weitere Dissoziation der Säure HA wiederhergestellt werden muß. Auf ähnliche Weise kann der konjugierte Basenbestandteil des Puffers, das Anion A$^-$, mit H$^+$-Ionen reagieren, die zur Pufferlösung zugegeben werden, wobei die Säure HA gebildet wird. Wieder wirken die beiden Ionisierungsreaktionen zusammen, um zu einem Gleichgewichtszustand zu gelangen. Nun verstehen wir, warum die konjugierten Säure-Basen-Paare eines Puffersystems einer Änderung des pH-Wertes entgegenwirken können, wenn kleine Mengen Säure oder Base hinzugefügt werden. Die Pufferwirkung ist die automatische Folge davon, daß zwei reversible Reaktionen entsprechend ihren Gleichgewichtskonstanten K_w und K' ihrem Gleichgewichtszustand zustreben. Immer wenn wir zu einem Puffer H$^+$ oder OH$^-$ hinzufügen, ist das Ergebnis eine kleine Änderung des Verhältnisses der relativen Konzentrationen der schwachen Säure und ihres Anions, und damit eine kleine Veränderung des pH-Wertes. Die Verringerung der Konzentration einer Komponente des Puffersystems durch die Zugabe einer kleinen

Menge an Säure oder Base wird durch den Anstieg der anderen exakt ausbalanciert. Es verändert sich nicht die *Summe* der Pufferkomponenten, sondern nur ihr Verhältnis.

Ein weiterer wichtiger Punkt ist folgender: das Essigsäure-Acetat-Paar ist, wie wir gesehen haben, ein effektiver Puffer im Bereich um pH = 4.76, als Konsequenz der Tatsache, daß der pK'-Wert der Essigsäure 4.76 beträgt. Offensichtlich kann dieses System beim pH-Wert des Blutes, (etwa 7.4) nicht als Puffer funktionieren. Betrachten wir Abbildung 4-11, so können wir sehen, daß jedes konjugierte Säure-Basen-Paar einen charakteristischen pH-Bereich besitzt, in dem es ein effektiver Puffer ist. Wir sehen, daß das Paar $H_2PO_4^-/HPO_4^{2-}$ einen pK'-Wert von 6.86 besitzt und somit als Puffersystem im Bereich von pH 6.86 dient, wogegen das Paar NH_4^+/NH_3, mit einem pK'-Wert von 9.25, im pH-Bereich um 9.25 als Puffer arbeiten kann. Von diesen ist also nur das Paar $H_2PO_4^-/HPO_4^{2-}$ beim pH-Wert des Blutes ein effektiver Puffer.

Die quantitative Beziehung zwischen dem pH-Wert, der Pufferwirkung einer Mischung aus einer schwachen Säure und ihrer konjugierten Base, und dem pK'-Wert der schwachen Säure wird durch die *Henderson-Hasselbalch-Gleichung* ausgedrückt. Die Bedeutung dieser einfachen Gleichung für die Lösung von Problemen, die mit Puffern zu tun haben, ist im Kasten 4-2 eingehender dargestellt.

Phosphat und Hydrogencarbonat sind wichtige biologische Puffer

Die intra- und extrazellulären Flüssigkeiten aller Organismen weisen einem charakteristischen und konstanten pH-Wert auf, der durch vielfältige biologische Aktivitäten reguliert wird. Puffersysteme schützen den lebenden Organismus gegen Veränderungen der internen pH-Werte. Die beiden wichtigsten Puffersysteme in Säugetieren sind das Phosphat- und das Hydrogencarbonatsystem. Das für intrazelluläre Flüssigkeiten wichtige Phosphat-Puffersystem besteht aus dem konjugierten Säure-Basen-Paar $H_2PO_4^-$ als Protonendonator und HPO_4^{2-} als Protonenakzeptor:

$$\underset{\text{Protonen-} \atop \text{donator}}{H_2PO_4^-} \rightleftharpoons H^+ + \underset{\text{Protonen-} \atop \text{akzeptor}}{HPO_4^{2-}}$$

Das Phosphat-Puffersystem arbeitet genau wie das Acetat-Puffersystem, jedoch in einem anderen pH-Bereich. Es hat seine maximale Wirkung um pH = 6.86, da der pK'-Wert von $H_2PO_4^-$ 6.86 beträgt (siehe Tab. 4-4, Abb. 4-11). Daher wirkt das Phosphat-Pufferpaar $H_2PO_4^-/HPO_4^{2-}$ einer pH-Änderung im Bereich von etwa pH = 6.1 bis pH = 7.7 entgegen und ist deshalb ein wirksamer Puffer für den Intrazellulärbereich, dessen pH-Wert zwischen 6.9 und 7.4 liegt.

Kasten 4-2 Die Henderson-Hasselbalch-Gleichung.

Aus Abb. 4-11 kann man ersehen, daß die Titrationskurven von Essigsäure, $H_2PO_4^-$ und NH_4^+ in ihrem Verlauf nahezu identisch sind. Dies weist auf eine grundsätzliche Gesetzmäßigkeit oder Beziehung hin. Der Verlauf der Titrationskurve jeder schwachen Säure ist durch die Henderson-Hasselbalch-Gleichung gegeben, die wichtig für das Verständnis der Pufferwirkung und des Säure-Basen-Ausgleiches im Blut und in Geweben von Säugetierorganismen ist. Ihre einfache Ableitung wird im folgenden dargestellt, zusammen mit einigen Aufgaben, die mit dieser Gleichung gelöst werden können.

Die Henderson-Hasselbalch-Gleichung ist einfach eine andere Art, die Dissoziationskonstante einer Säure auszudrücken:

$$K' = \frac{[H^+][A^-]}{[HA]}$$

Zuerst lösen wir nach $[H^+]$ auf:

$$[H^+] = K' \frac{[HA]}{[A^-]}$$

Dann bilden wir auf beiden Seiten den negativen Logarithmus:

$$-\log[H^+] = -\log K' - \log \frac{[HA]}{[A^-]}$$

Nach Substitution von pH für $-\log[H^+]$ und pK' für $-\log K'$ erhalten wir:

$$pH = pK' - \log \frac{[HA]}{[A^-]}$$

Da $-\log[HA]/[A^-] = +\log[A^-]/[HA]$ ist, erhalten wir die Henderson-Hasselbalch-Gleichung,

$$pH = pK' + \log \frac{[A^-]}{[HA]}$$

die man auf folgende allgemeinere Form bringen kann:

$$pH = pK' + \log \frac{[\text{Protonenakzeptor}]}{[\text{Protonendonator}]}$$

Die Henderson-Hasselbalch-Gleichung gilt für die Titrationskurven aller schwachen Säuren und erlaubt uns, eine Reihe wichtiger quantitativer Beziehungen zu berechnen. Wir verstehen jetzt, warum der pK'-Wert einer schwachen Säure dem pH-Wert der Lösung beim Wendepunkt der Titrationskurve entspricht. An diesem Punkt ist $[HA] = [A^-]$, und es ergibt sich

$$pH = pK' + \log 1.0$$
$$= pK' + 0$$
$$pH = pK'$$

Mit der Henderson-Hasselbalch-Gleichung lassen sich folgende Parameter berechnen: der pK'-Wert jeder Säure aus dem Stoffmengenverhältnis von Protonendonator und Protonenakzeptor bei jedem vorgegebenen pH-Wert; der pH-Wert eines konjugierten Säure-Base-Paares bei gegebenem pK'-Wert und gegebenem Stoffmengenverhältnis; das Stoffmengenverhältnis von Protonendonator und Protonenakzeptor bei jedem pH-Wert und vorgegebenem pK'-Wert einer schwachen Säure.

Nachfolgend finden Sie einige Beispiele zu diesen drei Problemen zusammen mit ihren Lösungen:

1. Berechnen Sie den pK'-Wert der Milchsäure. Bei einer Konzentration der freien Milchsäure von 0.010 M und einer Konzentration der Lactat-Ionen von 0.087 M beträgt der pH-Wert 4.80.

$$pH = pK' + \log \frac{[\text{Lactat}]}{[\text{Milchsäure}]}$$

$$pK' = pH - \log \frac{[\text{Lactat}]}{[\text{Milchsäure}]}$$

$$= 4.80 - \log \frac{0.087}{0.010} = 4.80 - \log 8.7$$

$$= 4.80 - 0.94 = 3.86$$

2. Berechnen Sie den pH-Wert einer Mischung, die 0.1 mol/l Essigsäure und 0.2 mol/l Natriumacetat enthält. Der pK'-Wert der Essigsäure beträgt 4.76.

$$pH = pK' + \log \frac{[\text{Acetat}]}{[\text{Essigsäure}]}$$

$$= 4.76 + \log \frac{0.2}{0.1} = 4.76 + 0.301$$

$$= 5.06$$

3. Berechnen Sie das Verhältnis der Konzentrationen von Acetat und Essigsäure, die für ein Puffersystem mit pH = 5.30 benötigt werden.

$$pH = pK' + \log \frac{[\text{Acetat}]}{[\text{Essigsäure}]}$$

$$\log \frac{[\text{Acetat}]}{[\text{Essigsäure}]} = pH - pK'$$

$$= 5.30 - 4.76 = 0.54$$

$$\frac{[\text{Acetat}]}{[\text{Essigsäure}]} = \text{antilog } 0.54 = 3.47$$

Das wichtigste Puffersystem im Blutplasma ist das Hydrogencarbonat-Puffersystem, das aus Kohlensäure (H_2CO_3) als Protonendonator und Hydrogencarbonat (HCO_3^-) als Protonenakzeptor besteht:

$$H_2CO_3 \rightleftharpoons H^+ + HCO_3^-$$

Dieses System mit der Gleichgewichtskonstanten:

$$K_1' = \frac{[H^+][HCO_3^-]}{[H_2CO_3]}$$

wirkt als Puffer in analoger Weise wie andere konjugierte Säure-Basen-Paare, ist jedoch einzigartig darin, daß eines seiner Komponenten, die Kohlensäure (H_2CO_3), nach folgender reversibler Reaktion aus gelöstem (d) Kohlenstoffdioxid und Wasser gebildet wird:

$$CO_2(d) + H_2O \rightleftharpoons H_2CO_3$$

Diese Reaktion hat folgende Gleichgewichtskonstante:

$$K_2' = \frac{[H_2CO_3]}{[CO_2(d)][H_2O]}$$

Da Kohlenstoffdioxid unter Normalbedingungen als Gas (g) vorliegt, besteht ein Gleichgewicht zwischen dem gelösten CO_2 und dem CO_2 in der Gasphase:

$$CO_2(g) \rightleftharpoons CO_2(d)$$

Dieser Vorgang hat die Gleichgewichtskonstante:

$$K_3' = \frac{[CO_2(d)]}{[CO_2(g)]}$$

Der pH-Wert eines Hydrogencarbonat-Puffersystems hängt von dem Verhältnis der Konzentrationen an gelöstem H_2CO_3 und HCO_3^-, den Protonendonatoren und -akzeptoren, ab. Da aber die H_2CO_3-Konzentration wiederum von der Konzentration an gelöstem CO_2, und diese wieder vom Partialdruck des CO_2 in der Gasphase abhängig ist, wird der pH-Wert eines Hydrogencarbonat-Puffers, der einer Gasphase ausgesetzt ist, letztendlich durch die Konzentration von HCO_3^- in der wäßrigen Phase und den Partialdruck des CO_2 in der Gasphase bestimmt (Kasten 4-3).

Das Hydrogencarbonat-Puffersystem ist ein wirksamer physiologischer Puffer im Bereich um pH = 7.4, da der Protonendonator H_2CO_3 im Blutplasma in labilem Gleichgewicht mit einer großen Reservekapazität von gasförmigem CO_2 in den Lufträumen der Lunge steht. Unter allen Bedingungen, bei denen das Blut überschüssiges OH^- aufnehmen muß, wird das H_2CO_3 des Blutes, welches sich durch die Reaktion mit OH^- zu HCO_3^- umwandelt, schnell aus dem großen Reservoir von gasförmigem CO_2 in den Lungen wieder aufgefüllt. Dieses löst sich im Blut, und aus dem gelösten CO_2 und Wasser wird wiederum H_2CO_3 gebildet (Kasten 4-

Kasten 4-3 Die Wirkung des Hydrogencarbonat-Puffersystems im Blut

Der pH-Wert dieses Puffersystems hängt von einer Serie von drei reversiblen Gleichgewichten zwischen dem CO_2 der Gasphase in den Lungen und den Hydrogencarbonaten (HCO_3^-) im Blutplasma ab (s. Abb.). Die Bildung von H^+ führt beim Durchtritt des Blutes durch die Gewebe zu einem kurzfristigen Anstieg der H^+-Konzentration. Dieser Anstieg führt dazu, daß sich in der 3. Reaktion ein neues Gleichgewicht einstellt, in dem die Konzentration von H_2CO_3 ansteigt und eine Erhöhung der Konzentration von $CO_2(d)$ im Blut bewirkt. Die Folge ist ein Anstieg des CO_2-Partialdruckes in der Gasphase der Lungen. Dieses zusätzliche CO_2 wird ausgeatmet.

Wenn im Gegensatz dazu dem Blutplasma etwas OH^- hinzugefügt wird, läuft die umgekehrte Reihenfolge von Ereignissen ab. Die H^+-Konzentration wird gesenkt; dies führt zu einer vermehrten Dissoziation von H_2CO_3 in H^+ und HCO_3^-. Dadurch wird wiederum mehr $CO_2(g)$ aus den Lungen im Blutplasma gelöst. Durch die Atmungsgeschwindigkeit, d.h. die Geschwindigkeit, mit der CO_2 aufgenommen und abgegeben wird, können damit die Gleichgewichtszustände schnell eingestellt und damit der pH-Wert des Blutes nahzu konstant gehalten werden.

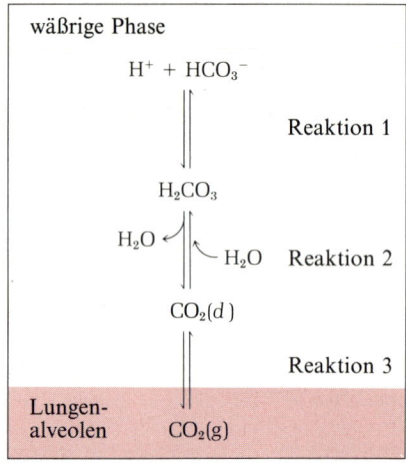

Das CO_2 in den Alveolen der Lunge steht im Gleichgewicht mit dem Hydrogencarbonat-Puffer des Blutplasmas, das durch die Lungenkapillaren strömt. Da die Konzentration des gelösten CO_2 durch Veränderungen der Atmungsgeschwindigkeit schnell verändert werden kann, befindet sich das Hydrogencarbonat-Puffersystem des Blutes in der Nähe des Gleichgewichtes mit einem großen potentiellen CO_2-Reservoir.

3). Auf der anderen Seite verbindet sich, wenn der pH-Wert des Blutes absinkt, ein Teil der HCO_3^--Ionen des Puffers mit überschüssigem H^+ unter Bildung von H_2CO_3. Dieses zerfällt zu gelöstem CO_2, das dann in die Lungen freigesetzt und ausgeatmet wird. Während das Blut durch die vielen kleinen Kapillaren in den Lungen hindurchströmt, stellt sich sein Hydrogencarbonat-Puffersystem schnell zu einem Gleichgewicht mit dem CO_2 der Gasphase in den Lungen ein. Das Zusammenwirken zwischen Hydrogencarbonat-Puffersystem und der Lungenfunktion bildet einen sehr wirksamen Mechanismus zur Erhaltung eines konstanten pH-Wertes im Blut.

Der pH-Wert des Blutplasmas bleibt erstaunlich konstant. Das menschliche Blutplasma besitzt normalerweise einen pH-Wert von etwa 7.40. Sollte das pH-regulierende System einmal versagen, wie es z.B. bei schwerem unkontrolliertem Diabetes durch Überproduktion von Stoffwechselsäuren und somit Übersäuerung des Blutes vorkommt, kann der pH-Wert des Blutes auf 6.8 oder tiefer fallen. Dies kann zu irreparablen Schäden und sogar zum Tode führen. Bei anderen Krankheiten kann der pH-Wert des Blutes unverhältnismäßig ansteigen. Wir können nun fragen, welche molekularen Mechanismen in den Zellen so ungewöhnlich empfindlich reagieren, daß eine Erhöhung der H$^+$-Ionenkonzentration um nicht mehr als 5×10^{-8} M (ungefähr die Differenz zwischen dem pH-Wert 7.4 und 6.8) lebensbedrohlich sein kann. Obwohl auch viele andere Zellstrukturen und -funktionen durch den pH-Wert beeinflußt werden, ist es die katalytische Aktivität von Enzymen, die ganz besonders empfindlich reagiert. Die typischen Kurven der pH-Abhängigkeiten einiger Enzyme in Abb. 4-13 zeigen, daß sie bei einem jeweils charakteristischen pH-Wert, dem *pH-Optimum*, maximale Aktivitäten besitzen. Auf beiden Seiten dieses Optimums sinkt ihre Aktivität häufig steil ab. Daher kann schon eine kleine Veränderung des pH-Wertes eine große Veränderung in der Geschwindigkeit einer enzymkatalysierten Reaktion bewirken, die von entscheidender Bedeutung für den Organismus ist. Dies trifft z. B. in der Skelettmuskulatur oder im Gehirn zu. Die biologische Kontrolle des pH-Wertes innerhalb von Zellen und in Körperflüssigkeiten ist daher von entscheidender Bedeutung bei allen Aspekten des Stoffwechsels und der Zellaktivität.

Die Eignung des Wassers als Umwelt für lebende Organismen

Die lebenden Organismen haben sich sehr erfolgreich an die Allgegenwart des Wassers angepaßt und sogar Mechanismen entwickelt, um die ungewöhnlichen Eigenschaften des Wassers zu nutzen. Die hohe spezifische Wärme des Wassers ist für die Zelle nützlich, da Wasser als „Wärmepuffer" wirken kann, der die Temperatur eines Organismus relativ konstant hält, auch wenn die Lufttemperatur schwankt. Darüberhinaus wird die hohe Verdampfungswärme des Wassers von einigen Wirbeltieren beim Vorgang des Schwitzens zur Abgabe von Wärme genutzt. Die auf Wasserstoffbindungen beruhende innere Kohäsion des Wassers wird von Pflanzen ausgenutzt, um gelöste Nährstoffe während des Verdunstungsvorganges von den Wurzeln bis in die Blätter zu transportieren. Sogar die Tatsache, daß Eis eine geringere Dichte als flüssiges Wasser besitzt und deshalb schwimmt, hat wichtige biologische Konsequenzen für den Lebenscyclus von Organismen, die sich in Wasser aufhalten. Am bedeutungsvollsten für alle lebenden Organismen ist jedoch die Tatsache, daß viele wichtigen biologischen Eigenschaften der Makromoleküle in Zellen, besonders die von Proteinen und Nucleinsäuren, auf ihre Wechselwirkungen mit den Wassermolekülen des umgebenden Mediums zurückgeführt werden können. Wir werden bald sehen, daß die charakteristischen dreidimensionalen Strukturen der Proteine, die ihre biologischen Aktivitäten bestimmen, durch die Eigenschaften des Wassers erhalten werden. Selbst die Genauigkeit der Replikation der Doppelhelix-Struktur der DNA ist von den Eigenschaften des Wassers abhängig.

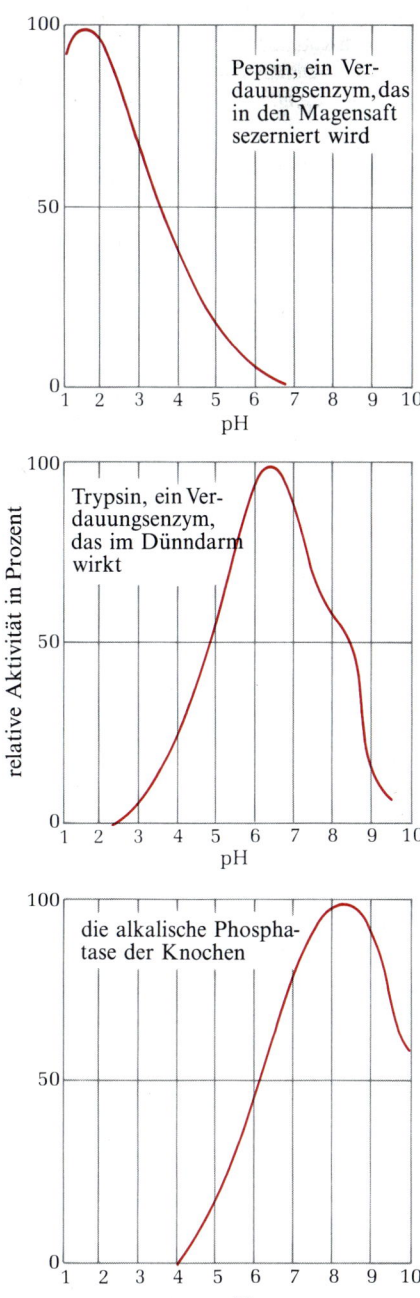

Abbildung 4-13
Die Wirkung des pH-Wertes auf die Aktivität einiger Enzyme. Jedes Enzym besitzt ein charakteristisches pH-Aktivitäts-Profil.

Abbildung 4-14
Der Wasserläufer nutzt die große Oberflächenspannung des Wassers aus. Dieses Insekt, das auf der Oberfläche von Teichen lebt, besitzt an seinen ersten und dritten Beinpaaren spezialisierte Haare, die ihm das Verweilen auf der Oberfläche ermöglichen. Sie drücken diese zwar ein, dringen aber nicht durch sie hindurch. Das mittlere Beinpaar, das durch die Oberfläche hindurchtritt, dient als Ruder.

Saurer Regen verschmutzt unsere Seen und Flüsse

Wasser, das „normaler" Luft ausgesetzt ist, besitzt einen pH-Wert von etwa 5.6 statt des theoretischen Wertes von 7. Das beruht darauf, daß Luft eine kleine Menge an gasförmigem CO_2 (etwa 0.04 Vol.-%, entsprechend einem Partialdruck von 0.4 Pa) enthält. Wenn reines Wasser mit dem pH-Wert 7 dem Kohlenstoffdioxid der Luft ausgesetzt wird, verändern die folgenden reversiblen Reaktionen, die zur Bildung von H^+ und HCO_3^- (Kasten 4-3) führen, den pH-Wert des Wassers auf etwa 5.6:

$$CO_2(g) \rightleftharpoons CO_2(d)$$
$$CO_2(d) + H_2O \rightleftharpoons H_2CO_3$$
$$H_2CO_3 \rightleftharpoons H^+ + HCO_3^-$$

In den letzten hundert oder mehr Jahren hat sich der Säuregehalt des Regens und des Schnees im Osten der Vereinigten Staaten und im nördlichen Europa stetig, bis auf das dreißigfache, erhöht, was die Veränderung des pH-Wertes von Seen und Flüssen in diesen Gebieten von etwa 5.6 auf erheblich unter 5 bewirkt hat.

Saurer Regen entsteht durch die Reaktion von Regenwasser mit Schwefeldioxid und Stickoxiden in der Atmosphäre. Diese stammen aus der Verbrennung von Kohle und Öl, die kleine Mengen von Schwefel- und Stickstoffverbindungen enthalten. Daher wird Regenwasser zu einer verdünnten Lösung von Schwefel- und Salpetersäure. Da der Rauch von Kohle- und Ölkraftwerken und von Stahlwerken normalerweise durch hohe Schornsteine in die Atmosphäre geleitet wird, um Verschmutzung der unmittelbaren Umgebung zu verhindern, wurden die oberen Luftschichten ganzer Regionen der Erdkugel mit diesen Säuren verunreinigt, die mit dem Regen auf die Erdoberfläche gelangen. Manchmal sind lokale Regenfälle extrem sauer. Während eines Regensturmes in Schottland 1974 wurde ein pH-Wert von 2.4 gemessen, das ist niedriger als der pH-Wert von Essig!

Als Folge des sauren Regens sind viele Seen in den skandinavischen Ländern und im östlichen Kanada sowie in den nördlichen Neu-England-Staaten und Florida stark angesäuert worden. Dies führte zu einer starken Verringerung oder der vollständigen Vernichtung ihres Fischbestandes, da viele Fischspezies keinen pH-Wert wesentlich unterhalb von 5.0 ertragen können. Der erhöhte Säuregehalt hat außerdem das empfindliche Gleichgewicht zwischen dem Tier- und Pflanzenleben in einigen Süßwasser-Ökosystemen gestört. Da es in Zukunft notwendig werden mag, noch mehr Kohle zu verbrennen, können wir mit noch stärkeren Verunreinigungen unserer Frischwasserreserven rechnen, wenn die Kraftwerke nicht mit wirkungsvollen Anlagen zur Beseitigung der Schadstoffe aus ihren Emissionen ausgerüstet werden.

Zusammenfassung

Wasser ist die in lebenden Organismen am häufigsten vorkommende Verbindung. Sein Gefrierpunkt und Siedepunkt sowie seine Verdampfungswärme sind relativ hoch, bedingt durch starke intermolekulare Anziehungskräfte (Wasserstoffbindungen) zwischen benachbarten Wassermolekülen. Flüssiges Wasser hat eine bemerkenswerte Struktur und besteht aus vielen kurzlebigen wasserstoffgebundenen Zusammenlagerungen. Die Polarität des Wassermoleküls und seine Fähigkeit zur Ausbildung von Wasserstoffbindungen machen es zu einem geeigneten Lösungsmittel für viele ionische Verbindungen und andere polare Moleküle. In Wasser können auch amphipathische Moleküle, wie Seifen, unter Bildung von Micellen verteilt werden. Micellen sind Zusammenlagerungen von Molekülen oder Ionen, in denen die hydrophoben Gruppen vor der Berührung mit Wasser geschützt sind und die geladenen Gruppen an der äußeren Oberfläche liegen.

Wasser ionisiert nur geringfügig unter Bildung von H^+- und OH^--Ionen. In verdünnten wäßrigen Lösungen verhalten sich die Konzentrationen von H^+- und OH^--Ionen umgekehrt proportional nach der Gleichung: $K_w = [H^+][OH^-] = 1 \times 10^{-14}$ (bei 25°C). Die Wasserstoffionen-Konzentrationen biologischer Systeme wird normalerweise durch den pH-Wert ausgedrückt, der als pH $= -\log[H^+]$ definiert ist. Der pH-Wert wäßriger Lösungen wird mit Hilfe einer Glaselektrode gemessen, die selektiv für H^+-Ionen empfindlich ist.

Säuren sind als Protonendonatoren und Basen als Protonenakzeptoren definiert. Ein konjungiertes Säure-Basen-Paar besteht aus einem Protonendonator (HA) und seinem entsprechenden Protonenakzeptor (A⁻). Das Bestreben einer Säure HA zur Abgabe von Protonen wird durch ihre Dissoziationskonstante K' ($K' = [H^+][A^-]/[HA]$) oder durch die Funktion pK' (definiert als $pK' = -\log K'$) ausgedrückt. Der pH-Wert der Lösung einer schwachen Säure hängt von ihrem pK'-Wert und ihrer Konzentration ab.

Ein konjugiertes Säure-Basen-Paar kann als Puffer wirken und Veränderungen des pH-Wertes auffangen. Seine puffernde Wirkung ist bei dem pH-Wert am größten, der dem pK'-Wert entspricht. Die wichtigsten biologischen Puffersysteme sind H_2CO_3/HCO_3^- und $H_2PO_4^-/HPO_4^{2-}$. Die katalytische Aktivität vieler Enzyme wird durch pH-Wert-Änderungen stark beeinflußt.

Aufgaben

1. *Frostschutz für Autokühler.* Ethylenglycol, ein Alkohol mit zwei Hydroxylgruppen (CH_2OH-CH_2OH), wird häufig zur Erniedrigung des Gefrierpunktes in Kühler-Flüssigkeiten bei Autos benutzt. Berechnen Sie die ungefähre Konzentration von Ethylenglycol in mol/l, die gerade ausreicht, um die Kühlflüssigkeit bei $-18\,°C$ vor dem Gefrieren zu schützen.

2. *Die Herstellung von „Kunstessig".* Eine Möglichkeit, Essig herzustellen (*nicht* die allgemein bevorzugte) besteht darin, eine Lösung von Essigsäure, dem einzigen sauren Bestandteil des Essigs, herzustellen, diese auf den richtigen pH-Wert (siehe Tab. 4-4) einzustellen und entsprechende Geschmacksstoffe zuzusetzen. Essigsäure („Eisessig") ist bei $25\,°C$ eine Flüssigkeit mit einer Dichte von 1.049 g/ml. Berechnen Sie die Menge Eisessig, die zu destilliertem Wasser zugegeben werden muß, um 1 *l* „Kunstessig" herzustellen.

3. *Der pH-Wert der Magensäure (HCl).* In einem Krankenhaus-Labor wurde eine mehrere Stunden nach einer Mahlzeit abgenommende Magensaft-Probe (10.0 m*l*) mit 0.1 M Natronlauge bis zum Neutralpunkt titriert. Es wurden 7.2 m*l* benötigt. Da der Mageninhalt keine verdauten Nahrungsmittel enthielt, ist anzunehmen, daß keine Puffer vorhanden sind. Welchen pH-Wert hatte der Magensaft?

4. *Die Bestimmung von Acetylcholin-Konzentrationen durch Messung von pH-Wert-Änderungen.* Die Konzentration des Neurotransmitters Acetylcholin kann durch pH-Wert-Änderungen, die bei seiner Hydrolyse auftreten, bestimmt werden. Inkubiert man Acetylcholin mit dem Enzym Acetylcholin-Esterase, so wird es quantitativ in Cholin und Essigsäure umgewandelt. Diese dissoziiert zu Acetat und einem Wasserstoffion:

$$CH_3-\underset{\underset{O}{\|}}{C}-O-CH_2-CH_2-\overset{CH_3}{\underset{\underset{CH_3}{|}}{\overset{|}{\overset{+}{N}}}}-CH_3 \xrightarrow{H_2O} HO-CH_2-CH_2-\overset{CH_3}{\underset{\underset{CH_3}{|}}{\overset{|}{\overset{+}{N}}}}-CH_3 + CH_3-\underset{\underset{O}{\|}}{C}-O^- + H^+$$

Acetylcholin   Cholin   Acetat

Bei einer Analyse einer 15-ml-Probe einer wäßrigen Lösung, die eine unbekannte Menge Acetylcholin enthielt, betrug der pH-Wert zu Beginn 7.65. Nach Zugabe von Acetylcholin-Esterase sank der pH-Wert der Lösung auf 6.87. Berechnen Sie die Anzahl der Mole Acetylcholin unter der Annahme, daß die zu untersuchende Mischung keinen Puffer enthielt.

5. *Die Bedeutung des pK'-Wertes einer Säure.* Eine übliche Definition des pK'-Wertes einer schwachen Säure ist, daß er den pH-Wert darstellt, bei dem die Hälfte der Säure-Moleküle in ionisierter Form vorliegt, d. h. den pH-Wert, bei dem die Konzentration der Säure und der konjungierten Base gleich groß sind. Zeigen Sie anhand der Gleichgewichtskonstanten, daß dieses Verhältnis richtig ist.

6. *Die Eigenschaften eines Puffers.* Die Aminosäure Glycin wird häufig als Hauptbestandteil eines Puffers bei biochemischen Experimenten verwendet. Die Aminogruppen des Glycins, die einen pK'-Wert von 9.3 besitzt, kann entweder in protonierter Form ($-NH_3^+$) oder als freie Base ($-NH_2$) existieren, entsprechend dem Gleichgewicht:

$$-\overset{+}{N}H_3 \rightleftharpoons NH_2 + H^+$$

(a) In welchem pH-Bereich kann Glycin auf Grund seiner Aminogruppe als wirksamer Puffer dienen?
(b) Ein wie großer Anteil der Aminogruppen einer 0.1 M Glycin-Lösung von pH = 9.0 liegt in der $-NH_3^+$-Form vor?
(c) Wieviel 5 M KOH-Lösung muß zu 1.0 l einer 0.1 M Glycin-Lösung von pH = 9.0 gegeben werden, um den pH-Wert auf genau 10.0 zu bringen?
(d) Wie muß das Verhältnis zwischen dem pH-Wert einer Lösung und dem pK'-Wert der Aminogruppe des Glycins sein, damit 99% der Aminogruppen des Glycins in protonierter Form vorliegen?

7. *Der Einfluß des pH-Wertes auf die Löslichkeit.* Die stark polare, zur Bildung von Wasserstoffbrücken neigende Natur des Wassers macht das Wasser zu einem sehr guten Lösungsmittel für ionisierte (geladene) Substanzen. Im Gegensatz dazu sind nicht-ionisierte unpolare organische Moleküle, wie z. B. Benzol, in Wasser fast unlöslich. Im Prinzip kann die Löslichkeit aller organischen Säuren und Basen in Wasser erhöht werden, wenn der Anteil geladener Moleküle durch Protonenanlagerung oder -abspaltung vergrößert wird. So ist z. B. die Löslichkeit von Benzoesäure in Was-

Aufgabe 7

Benzoesäure pK' ≈ 5
unlöslich in Wasser

Benzoat-Ion
(geladen)
in Wasser löslich

ser gering. Der Zusatz von Natriumhydrogencarbonat erhöht den pH-Wert der Lösung und deprotoniert die Benzoesäure zum Benzoat-Ion (s. Abb.), das in Wasser gut löslich ist.

Sind die mit (a), (b), und (c) bezeichneten Moleküle in den Abbildungen besser in 0.1 M Natronlauge oder 0.1 M Salzsäure löslich?

(a) Pyridin-Ion
$pK' \approx 5$

(b) β-Naphthol
$pK' \approx 10$

(c) N-Acetyltyrosin-methyl-ester
$pK' \approx 10$

8. *Behandlung eines Hautausschlages nach Kontakt mit Giftsumach (Rhus toxicodendrum, engl. poison ivy oder poison oak).* Mit langen Alkylketten substituierte Catechole sind die Verbindungen im Giftsumach, die einen charakteristischen juckenden Hautausschlag verursachen:

$pK' = 8$

Wären Sie mit einer derartigen Pflanze in Berührung gekommen, welche der unten angegebenen Behandlungen würden Sie anwenden? Begründen Sie Ihre Wahl.
(a) Die Stelle mit kaltem Wasser waschen.
(b) Die Stelle mit verdünnten Essig oder Zitronensaft waschen.
(c) Die Stelle mit Wasser und Seife waschen.
(d) Die Stelle mit Seife, Wasser und Backpulver (Natriumhydrogencarbonat) waschen.

9. *pH-Wert und Arzneimittel-Resorption.* Das häufig verschriebene Medikament Aspirin (Acetylsalicylsäure) ist eine schwache Säure mit einem pK'-Wert von 3.5:

$pK' = 3.5$

Aspirin wird durch die Zellen der Magen- und Dünndarmwand in das Blut aufgenommen. Hierzu muß es die Zellmembranen durchdringen können. Für das Durchdringen der Zellmembran ist die Polarität des Moleküls entscheidend: Ionisierte (geladene) und stark polare Moleküle werden nur langsam, neutrale und hydrophobe Substanzen dagegen schnell resorbiert. Der pH-Wert des Magensaftes ist etwa 1 und der pH-Wert des Dünndarmes etwa 6. Wo wird mehr Aspirin in das Blut aufgenommen, im Magen oder im Dünndarm? Begründen Sie Ihre Entscheidung.

10. *Herstellung eines Standard-Puffers zur Eichung eines pH-Meters.* Die Glaselektrode, die in kommerziellen pH-Metern verwendet wird, liefert in Verbindung mit einer Bezugselektrode eine Spannung, die der Wasserstoffionenkonzentration proportional ist. Um den Ausschlag am Instrument richtig mit pH-Werten korrelieren zu können, müssen Glaselektroden mit Standard-Lösungen bekannter Wasserstoffionen-Konzentration geeicht werden. Berechnen Sie die Masse in Gramm von Natriumdihydrogenphosphat ($NaH_2PO_4 \cdot H_2O$; $M_r = 138.01$) und Dinatriumhydrogenphosphat (Na_2HPO_4; $M_r = 141.98$), die zur Herstellung von 1 l eines Standard-Puffers mit pH = 7.0 benötigt wird, dessen gesamte Phosphatkonzentration 0.100 M ist. Der pK'-Wert des Dihydrogenphosphates ist bei 25 °C 6.86.

11. *Die Kontrolle des Blut-pH-Wertes durch die Atmungsgeschwindigkeit.*
    (a) Der CO_2-Partialdruck in den Lungen kann durch die Atmungsgeschwindigkeit und -tiefe verändert werden. So wird manchmal versucht, einen Schluckauf dadurch zu beseitigen, daß die CO_2-Konzentration in den Lungen erhöht wird. Das kann durch Anhalten des Atems, durch sehr langsames flaches Atmen (Hypoventilation) oder durch Ein- und Ausatmen in einen Papierbeutel erreicht werden. Unter solchen Umständen steigt der CO_2-Partialdruck in der Lunge über den Normalwert. Geben Sie eine qualitative Erklärung der Auswirkung dieser Prozeduren auf den pH-Wert des Blutes.
    (b) Ein häufiges Verfahren bei Kurzstreckenläufern ist, 1/2 Minute lang schnell und tief durchzuatmen (Hyperventilation), zum Beispiel vor einem 100-m-Lauf, um vor dem Lauf CO_2 aus ihren Lungen zu entfernen. Der pH-Wert des Blutes kann dadurch bis auf 7.60 ansteigen. Erklären Sie warum.
    (c) Während eines Kurzstreckenlaufes produzieren die Muskeln große Mengen an Milchsäure aus ihren Glucose-Vorräten. Warum ist auf Grund dieser Tatsache eine Hyperventilation vor einem Sport nützlich?

Kapitel 5
Aminosäuren und Peptide

Proteine sind die häufigsten Makromoleküle in lebenden Zellen. Sie stellen 50% oder mehr der Zelltrockenmasse dar und finden sich in allen Zellen und Zellteilen. Proteine kommen in großer Vielfalt vor: in einer einzigen Zelle können hunderte verschiedener Arten gefunden werden. Proteine besitzen eine Vielzahl verschiedener biologischer Funktionen, denn sie sind das molekulare Instrumentarium zur Expression der genetischen Information. Es ist daher sinnvoll, das Studium der biologischen Makromoleküle mit den Proteinen zu beginnen, deren Name „erste" oder „vorderste" bedeutet.

Der Weg zur Strukturaufklärung Tausender verschiedener Proteine führt über eine Gruppe relativ einfacher Bausteinmoleküle, aus denen alle Proteine gebildet sind. Alle Proteine, gleich ob sie aus den ältesten Bakterienarten stammen oder aus den höchsten Formen des Lebens, bestehen aus demselben Satz von 20 Aminosäuren, die kovalent zu charakteristischen Sequenzen miteinander verbunden sind. Da jede dieser Aminosäuren eine für sie typische Seitenkette besitzt, welche ihr eine chemische Individualität verleiht, kann diese Gruppe von 20 Bausteinmolekülen als das „Alphabet" der Proteinstruktur angesehen werden.

In diesem Kapitel werden wir auch *Peptide* – kurze Ketten zweier oder mehrerer Aminosäuren –, die kovalent verbunden sind, untersuchen. Am bemerkenswertesten ist, daß die Zellen diese 20 Aminosäuren zu sehr vielen verschiedenen Kombinationen zusammensetzen können, um Peptide und Proteine mit stark unterschiedlichen Eigenschaften und Aktivitäten hervorzubringen. Aus diesen wenigen Bausteinen können die verschiedenen Organismen so verschiedene Produkte wie Enzyme, Hormone, das Protein der Linse des Auges, Federn, Spinnweben, Schildkrötenpanzer (Abb. 5-1), Milchproteine, Enkephaline (körpereigene Opiate), Antibiotika, Pilzgifte und viele andere Substanzen mit spezifischen biologischen Aktivitäten erzeugen.

Abbildung 5-1
Das Protein Keratin wird von allen Wirbeltieren gebildet. Es ist der strukturelle Hauptbestandteil von Haaren, Schuppen, Hörnern, Wolle, Nägeln und Federn. Keratin ist außerdem die Hauptkomponente des festen Panzers der Schildkröte.

Aminosäuren haben gemeinsame strukturelle Eigenschaften

Kocht man Proteine mit starken Säuren oder Basen, so werden die kovalenten Bindungen, die die Aminosäure-Bausteine zu Ketten zusammenhalten, gelöst. Die gebildeten freien Aminosäuren sind relativ kleine Moleküle, deren Strukturen alle bekannt sind. Die erste Aminosäure – *Asparagin* – wurde 1806 entdeckt. Die letzte der 20, die es zu finden gab, – *Threonin* – wurde erst 1938 identifiziert. Alle Aminosäuren haben Trivialnamen, die manchmal aus der Quelle abgeleitet wurden, aus der sie zuerst isoliert wurden. Asparagin wurde zuerst im Spargel (*Asparagus*) gefunden, wie der Name schon vermuten läßt: *Glutaminsäure* wurde im Gluten des Weizens gefunden: Glycin (griech. glykos = süß) wurde wegen seines süßlichen Geschmackes so genannt.

Alle 20 Aminosäuren, die in Proteinen gefunden wurden, haben als gemeinsamen Nenner eine Carboxylgruppe und eine Aminogruppe, die an dasselbe Kohlenstoffatom gebunden sind (Abb. 5-2). Sie unterscheiden sich voneinander in ihren Seitenketten, oder R-Gruppen, die von unterschiedlicher Struktur, Größe, elektrischer Ladung und Löslichkeit in Wasser sind. Die 20 Aminosäuren der Proteine werden häufig als *primäre* oder *normale* oder als *Standard-Aminosäuren* bezeichnet, um sie von anderen Arten von Aminosäuren in lebenden Organismen zu unterscheiden, die nicht in Proteinen vorkommen. Den Standard-Aminosäuren wurden 3-Buchstaben- und 1-Buchstaben-Abkürzungen zugeordnet (Tab. 5-1), die als eine Art Kurzschrift für die Bezeichnung der Zusammensetzung und Sequenz von Aminosäuren in Polypeptid-Ketten benutzt werden.

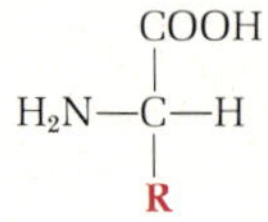

$$\begin{array}{c} COOH \\ | \\ H_2N-C-H \\ | \\ R \end{array}$$

Abbildung 5-2
Allgemeine Struktur der in Proteinen enthaltenen Aminosäuren, in anionischer Form. Der schwarz dargestellte Anteil kommt in jeder α-Aminosäure der Proteine vor (außer im Prolin). R (in Farbe) stellt die Seitenkette oder R-Gruppe dar, die in jeder Aminosäure verschieden ist. In allen Aminosäuren außer Glycin besitzt das α-Kohlenstoffatom vier verschiedene Substituenten und ist daher ein asymmetrisches oder chirales Kohlenstoffatom.

Fast alle Aminosäuren haben ein asymmetrisches Kohlenstoffatom

Wir können aus Abb. 5-2 ableiten, daß das α-Kohlenstoffatom aller Standard-Aminosäuren (außer Glycin, s. Abb. 5-3) ein *asymmetrisches* Kohlenstoffatom ist. An dieses Atom sind vier verschiedene Substituentengruppen, nämlich eine Carboxylgruppe, eine Aminogruppe, eine R-Gruppe und ein Wasserstoffatom gebunden. Das asymmetrische α-Kohlenstoffatom ist daher ein *chirales Zentrum* (S. 58).

Wie wir gesehen haben, kommen Verbindungen mit einem chiralen Zentrum in zwei verschiedenen isomeren Formen vor. Sie sind in allen chemischen und physikalischen Eigenschaften identisch, außer in einer: sie drehen die Ebene des polarisierten Lichts (gemessen mit einem *Polarimeter*, s. S. 58) in verschiedene Richtungen. Mit der einzigen Ausnahme von *Glycin*, das kein asymmetrisches Kohlenstoffatom besitzt (Abb. 5-3), sind alle Aminosäuren, die durch die Hydrolyse von Proteinen unter ausreichend milden Bedingungen entstehen, *optisch aktiv*, d.h. sie drehen die Ebene von polarisiertem Licht. Da die Bindungen am α-C-Atom der Aminosäuren in die Ecken eines Tetraeders gerichtet sind, können die vier verschiedenen Substituenten räumlich in zwei spiegelbildlichen, nicht deckungsgleichen Anordnungen vorkommen (Abb. 5-4). Diese beiden For-

Tabelle 5-1 Abkürzungen für Aminosäuren.

Aminosäure	Drei-Buchstaben-Abkürzung	Ein-Buchstaben-Symbol
Alanin	Ala	A
Arginin	Arg	R
Asparagin	Asn	N
Asparaginsäure	Asp	D
Cystein	Cys	C
Glutamin	Gln	Q
Glutaminsäure	Glu	E
Glycin	Gly	G
Histidin	His	H
Isoleucin	Ile	I
Leucin	Leu	L
Lysin	Lys	K
Methionin	Met	M
Phenylalanin	Phe	F
Prolin	Pro	P
Serin	Ser	S
Threonin	Thr	T
Tryptophan	Trp	W
Tyrosin	Tyr	Y
Valin	Val	V

men werden als *optische Isomere*, *Enantiomere* oder *Stereoisomere* bezeichnet. Eine Lösung des einen Stereoisomers einer gegebenen Aminosäure dreht die Ebene polarisierten Lichts nach links (gegen den Uhrzeigersinn), und wird daher *linksdrehendes Isomer* genannt (−); das andere Stereoisomer dreht die Ebene polarisierten Lichts (um den gleichen Betrag, aber nach rechts (im Uhrzeigersinn), und wird daher *als rechtsdrehendes Isomer* (+) bezeichnet. Eine äquimolare Mischung der (−) und (+)-Formen dreht die Ebene des polarisierten Lichts nicht. Da alle Aminosäuren (außer Glycin) aus Proteinen – wenn sie vorsichtig isoliert werden – die Ebene polarisierten Lichts drehen, existieren sie in den Proteinmolekülen offensichtlich in nur einer ihrer stereoisomeren Formen.

Die optische Aktivität einer Stereoisomers wird quantitativ durch seine *spezifische Drehung* ausgedrückt. Diese wird durch Messung der Drehung polarisierten Lichts durch eine Lösung des reinen Stereoisomers bei bekannter Konzentration in einer Röhre mit bekannter Länge in einem Polarimeter bestimmt:

$$[\alpha]_D^{25} = \frac{\text{beobachtete Drehung in Grad}}{\text{Rohrlänge in dm} \times \text{Konzentration in g/m}l}$$

Die Abkürzung dm steht für Dezimeter (0.1 m). Die Temperatur und die verwendete Wellenlänge (meist die D-Linie von Natrium, 589 nm) müssen angegeben werden. Tab. 5-2 gibt die spezifische Drehung einiger Aminosäuren wieder. Beachten Sie, daß einige linksdrehend und andere rechtsdrehend sind.

Stereoisomere werden nach ihrer absoluten Konfiguration benannt

Eine systematischere Grundlage zur Klassifizierung und Benennung von Stereoisomeren als die Drehrichtung der Ebene polarisierten Lichts ist die *absolute Konfiguration* der vier verschiedenen Substituentengruppen, die das asymmetrische Kohlenstoffatom in tetraedrischer Anordnung umgeben. Aus diesem Grunde wurde eine Referenzverbindung ausgewählt, mit der alle anderen optisch aktiven Verbindungen verglichen werden, nämlich die C_3-Verbindung *Glycerinaldehyd* (Abb. 5-5), der einfachste Zucker mit einem asymmetrischen Kohlenstoffatom. (Die Struktur der Zucker wird in Kapitel 11 beschrieben). Übereinkunftsgemäß werden die beiden Stereoisomere des Glycerinaldehyds als L und D bezeichnet (beachten Sie die Benutzung von kleineren Großbuchstaben). Sie besitzen die in Abb. 5-5 dargestellten Konfigurationen, die durch Röntgenstrukturanalyse ermittelt wurden. Direkt unter den Stereoisomeren des Glycerinaldehyds sind die beiden korrespondierenden Stereoisomere der Aminosäure *Alanin* dargestellt. Das *Referenzatom* ist das am stärksten oxidierte Kohlenstoffatom, das mit dem asymmetrischen Kohlenstoffatom verbunden ist. Daher sind der Carboxyl-Kohlen-

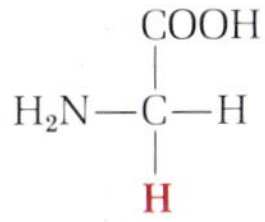

Abbildung 5-3
Glycin ist die einzige Aminosäure ohne asymmetrisches Kohlenstoffatom. Seine R-Gruppe, ein Wasserstoffatom, ist farbig eingezeichnet.

Tabelle 5-2 Spezifische Drehung einiger aus Protein isolierter Aminosäuren. Alle besitzen L-Konfiguration; beachten Sie, daß einige rechts- und einige linksdrehend sind.

Aminosäure	spezifische Drehung $[\alpha]_D^{25}$
L-Alanin	+ 1.8
L-Arginin	+12.5
L-Isoleucin	+12.4
L-Phenylalanin	−34.5
L-Glutaminsäure	+12.0
L-Histidin	−38.5
L-Lysin	+13.5
L-Serin	− 7.5
L-Prolin	−86.2
L-Threonin	−28.5

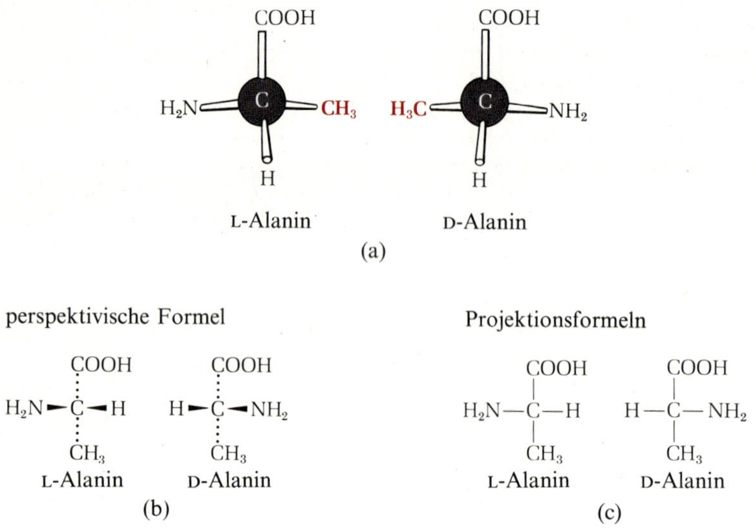

Abbildung 5-4
(a) Die beiden optischen Isomere des Alanins mit ihren Referenzgruppen (den Carboxylgruppen) an der vertikalen Bindung des chiralen Zentrums. L- und D-Alanin sind nicht ineinander überführbare Spiegelbilder. (b,c): Zwei verschiedene Darstellungsarten der räumlichen Konfiguration optischer Isomere. Bei den perspektivischen Formeln liegen die keilförmigen Bindungen oberhalb der Papierebene und die gepunkteten Bindungen unterhalb. Bei Projektionsformeln sollen die horizontalen Bindungen oberhalb der Papierebene und die vertikalen Bindungen unterhalb von ihr liegen. Häufig werden jedoch Projektionsformeln ohne Angabe der stereochemischen Konfiguration verwendet.

stoff von L-Alanin und der Aldehyd-Kohlenstoff von L-Glycerinaldehyd Referenzatome, die dieselbe räumliche Position einnehmen. Sind einmal die Referenzatome festgelegt, kann man erkennen, daß die Aminogruppe von L-Alanin der $-CH_2OH$-Gruppe des Glycerinaldehyds entspricht. In ähnlicher Weise entspricht die absolute Konfiguration der Substituentengruppe im D-Alanin derjenigen des D-Stereoisomers vom Glycerinaldehyd. *Die Stereoisomere aller chiralen Verbindungen, deren Konfiguration dem L-Glycerinaldehyd entspricht, werden mit L bezeichnet, und die, deren Konfiguration dem D-Glycerinaldehyd entspricht, mit D, unabhängig von der Richtung der Drehung der Ebene des polarisierten Lichts.* Die Symbole L und D bezeichnen daher die *absolute Konfiguration* der vier Substituenten, welche das chirale Kohlenstoffatom umgeben, nicht die Richtung der Lichtdrehung. Tab. 5-2 gibt die spezifische Drehung einiger L-Aminosäuren an.

Besitzt eine Verbindung zwei oder mehr chirale Zentren, so sind 2^n Stereoisomere möglich, wobei n die Anzahl der chiralen Zentren ist. Glycin hat kein asymmetrisches Kohlenstoffatom (Abb. 5-3) und kann daher nicht in stereoisomeren Formen auftreten. Alle anderen Aminosäuren, die häufig in Proteinen gefunden werden, haben *ein* asymmetrisches Kohlenstoffatom. *Threonin* und *Isoleucin* bilden eine Ausnahme: sie besitzen *zwei*, und damit $2^n = 2^2 = 4$ Stereoisomere. Jedoch kommt in Proteinmolekülen nur eines der vier möglichen Isomere vor.

Die Benennung der Stereoisomere von Verbindungen mit zwei oder mehr chiralen Zentren wird manchmal schwierig oder führt zu Mehrdeutigkeit. Man benutzt daher immer mehr ein anderes Benennungssystem, das *RS-System*, um Isomere, besonders diejenigen mit zwei oder mehr chiralen Zentren, eindeutiger zu bezeichnen. (Kasten 5-1)

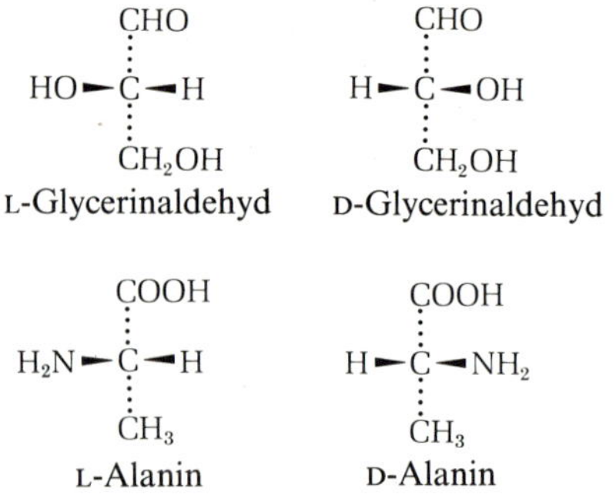

Abbildung 5-5
Sterische Beziehung der Enantiomere des Alanins zu der absoluten Konfiguration des L- und D-Glycerinaldehyds.

Kasten 5-1 Das *RS*-System zur Bezeichnung optischer Isomere

Besitzt eine Verbindung zwei oder mehr chirale Zentren, so können bei der Benennung ihrer Isomere durch das DL-System Mehrdeutigkeiten entstehen. Das *RS*-System zur Benennung optischer Isomere wurde zur Vermeidung dieser und möglicher anderer Vieldeutigkeiten entwickelt. Lassen Sie uns an einem Beispiel betrachten, wie es funktioniert. Zuerst müssen wir die vier Substituenten-Atome um jedes asymmetrische Kohlenstoffatom inspizieren und einordnen. Dies erfolgt nach abnehmender Ordnungszahl oder nach abnehmender Valenzdichte, wobei die *kleinste* oder niederrangigste Gruppe vom Betrachter fortzeigen soll. Es ist so, als schaue der Betrachter auf ein Steuerrad mit drei Speichen herab, wobei die Lenksäule die Bindung zum Substituenten mit dem niedrigsten Rang darstellt. Wenn dann die Rangordnung der drei anderen Substituenten im Uhrzeigersinn abnimmt, bezeichnet man die Konfiguration um dieses chirale Zentrum als *R* (latein.: rectus, „rechts"); nimmt die Rangordnung gegen den Uhrzeigersinn ab, so hat das Zentrum *S*-Konfiguration (sinister, „links"). Jedes chirale Zentrum wird in dieser Weise bezeichnet.

Bei einigen häufigen funktionellen Gruppen von Biomolekülen ergibt sich folgende abnehmende Rangordnung:

$$SH > OR > OH > NHCOR > NH_2 > COOH > CHO$$
$$> CH_2OH > C_6H_5 > CH_3 > H$$

Die meisten der in Proteinen gefundenen Aminosäuren können durch das DL-System eindeutig bezeichnet werden. Threonin und Isoleucin besitzen jedoch *zwei* asymmetrische Kohlenstoffatome, und daher $2^2 = 4$ Stereoisomere. Die Konfigurationen dieser Isomere an den beiden chiralen Zentren wurden bestimmt, auf L- und D-Glycerinaldehyd bezogen und mit den folgenden Bezeichnungen versehen. (Die Vorsilbe *allo* stammt vom griechischen *allos*, „andere".)

```
      COOH                COOH
       |                   |
H2N—C—H             H2N—C—H
       |                   |
  H—C—OH            HO—C—H
       |                   |
      CH3                 CH3
   L-Threonin        L-allo-Threonin

      COOH                COOH
       |                   |
  H—C—NH2            H—C—NH2
       |                   |
 HO—C—H              H—C—OH
       |                   |
      CH3                 CH3
   D-Threonin        D-allo-Threonin
```

Bei Aminosäuren beziehen sich die Bezeichnungen L und D auf die Konfiguration des α-Kohlenstoffatoms, also auf C-2.

Die Bezeichnung *allo* bezieht sich auf die Konfiguration von C-3. Die Isomere von Verbindungen mit zwei chiralen Zentren werden als *Diastereoisomere* bezeichnet.

Lassen Sie uns nun festellen, wie L-Threonin, das normale Isomere in Proteinen, nach dem *RS*-System benannt wird. Wie beginnen wir mit dem Kohlenstoffatom 2. Seine vier Substituenten, nach abnehmender Ordnungszahl oder Valenzdichte der an das Kohlenstoffatom 2 gebundenen Atome, sind: —NH$_2$, —COOH, —CHOHCH$_3$, —H. Ändern wir nun die Position des gesamten L-Threonin-Moleküls, so daß die Bindung des 2. Kohlenstoffatoms zum H-Atom die „Lenksäule" wird, also auf der folgenden Abbildung hinter die Ebene der Buchseite gerichtet ist, so sehen wir die drei Gruppen folgendermaßen angeordnet:

```
         NH2
          |
         C2
   HOOC /  \ CHOH
          |
         CH3
```

Beachten Sie, daß die Reihenfolge abnehmende Priorität gegen den Uhrzeigersinn gerichtet ist (s. Pfeile). Daher hat das Kohlenstoffatom 2 S-Konfiguration. Auf dieselbe Weise können wir nun ein vergleichbares sterisches Diagramm für das Kohlenstoffatom 3 herstellen, bei dem die Bindung zum Substituenten niedrigster Priorität, dem H-Atom, hinter diese Buchseite zeigt.

```
         OH
          |
         C3
              NH2
   H3C—C
         |
         H    COOH
```

Die Prioritäten-Sequenz am Kohlenstoff 3 verläuft im Uhrzeigersinn, also hat es R-Konfiguration. Wir bezeichnen daher L-Threonin nach dem *RS*-System als (2*S*, 3*R*)Threonin.

Die traditionellen Bezeichnungen L-, D-, L-*allo* und D-*allo* für Threonin sind seit langem so bekannt, daß sie immer noch verwendet werden. Dasselbe gilt auch für einfache Zucker (Kapitel 11). Das *RS*-System ist eine eindeutige Methode zur Benennung optischer Isomere von Molekülen, bei denen die Beziehung zu den Glycerinaldehyd-Isomeren nicht eindeutig hergestellt werden kann. Dies ist häufig bei komplexeren, natürlich vorkommenden Substanzen mit zwei oder mehr chiralen Zentren der Fall.

Kasten 5-2 Bestimmung des Alters einer Person durch die Aminosäure-Chemie

Die optischen Isomere von Aminosäuren werden spontan, d.h. nicht-enzymatisch, sehr langsam in Racemate umgewandelt, so daß über einen langen Zeitraum eine äquimolare Mischung von D- und L-Isomeren aus dem reinen L- oder reinen D-Isomer gebildet wird. Jede Aminosäure bildet bei vorgegebener Temperatur Racemate mit einer bekannten Geschwindigkeit. Diese Tatsache kann zur Bestimmung des Alters von lebenden Personen und Tieren oder des Alters fossiler Knochen verwendet werden. So racemisiert zum Beispiel das L-Aspartat des Proteins *Dentin*, das im äußeren, harten Zahnschmelz vorkommt, bei Körpertemperatur spontan mit einer Geschwindigkeit von 0.10% pro Jahr. Dentin enthält zur Zeit der Zahnbildung während der Kindheit nur L-Aspartat. Das Dentin eines Zahnes kann isoliert und sein Gehalt an D-Aspartat bestimmt werden. Solche Dentin-Analysen wurden an Bewohnern von Bergdörfern in Ecuador vorgenommen, wo einige Menschen behaupteten, ein besonders hohes Lebensalter erreicht zu haben. Einige dieser Behauptungen sind natürlich mit Vorsicht zu beurteilen. Die Racemat-Tests ergaben jedoch relativ genaue Ergebnisse. So ergab der Test z. B. bei einer Frau, deren Alter nach amtlichen Urkunden 97 Jahre war, ein tatsächliches Lebensalter von 99 Jahren.

Untersuchungen an prähistorischen fossilen Skeletten von Elefanten, Delphinen und Bären zeigten, daß diese Methode sehr gut mit den Ergebnissen von Alterbestimmungen übereinstimmt, die auf Daten des radioaktiven Zerfalls basieren.

Die optisch aktiven Aminosäuren der Proteine sind L-Stereoisomere

Fast alle biologisch vorkommenden Verbindungen, die chirale Zentren enthalten, werden in der Natur nur in einer ihrer stereoisomeren Formen gefunden. Mit Ausnahme von Glycin, das kein asymmetrisches Kohlenstoffatom besitzt, sind die in Proteinmolekülen vorkommenden Aminosäuren alle L-Stereoisomere. Diese Schlußfolgerung ist das Resultat vieler eingehender chemischer Untersuchungen der optischen Eigenschaften und der organischen Reaktionen von Aminosäuren. Wie wir später sehen werden (S. 128), kommen einige D-Aminosäuren in lebender Materie vor; sie wurden jedoch noch nie in Proteinen gefunden.

Es ist besonders bemerkenswert, daß die Aminosäuren von Proteinen alle L-Stereoisomere sind, da gewöhnliche nicht-biologische chemische Reaktionen, die zur Synthese einer Verbindung mit einem asymmetrischen Kohlenstoffatom verwendet werden, immer optisch inaktive Produkte hervorbringen. Dies geschieht, weil gewöhnliche chemische Reaktionen beide, d.h. D- *und* L-Stereoisomere, mit gleicher Geschwindigkeit bilden. Das Resultat ist ein *Racemat*. Das ist eine äquimolare Mischung von D- und L-Isomeren, die die Ebene des polarisierten Lichts nicht dreht. Racemate können nur durch komplizierte physikalische Fraktionierungsmethoden in ihre D- und L-Isomere getrennt werden. Reine D- oder L-Isomere werden außerdem langsam in Racemate zurückverwandelt (Kasten 5-2).

Lebende Zellen besitzen die einzigartige Fähigkeit, L-Aminosäuren durch *stereospezifische* Enzyme zu synthetisieren. Die Stereospezifität dieser Enzyme beruht auf dem asymmetrischen Charakter ihres aktiven Zentrums. Später werden wir sehen, daß für die charakteristischen dreidimensionalen Strukturen von Proteinen, die für ihre diversen biologischen Aktivitäten verantwortlich sind, *alle* ihre Baustein-Aminosäuren die gleiche Konfiguration haben müssen.

Aminosäuren können auf Grund ihrer R-Gruppen klassifiziert werden

Lassen Sie uns nun die Strukturen der 20 in Proteinen gefundenen Aminosäuren untersuchen. Dies wird uns dadurch erleichtert, daß die Aminosäuren auf Grund der Eigenschaften ihrer R-Gruppen, und besonders deren *Polarität* (Tab. 5-3), die ihre Tendenz zur Wechselwirkung mit Wasser bei biologischen pH-Werten (um pH = 7) bestimmt, in Klassen eingeteilt werden können. Die R-Gruppen der Aminosäuren unterscheiden sich erheblich in ihrer Polarität: Das Spektrum reicht von absolut unpolaren oder hydrophoben (wasserabstoßenden) R-Gruppen, bis zu hochgradig polaren oder hydrophilen (wasseranziehenden) R-Gruppen.

Die Strukturen der 20 Standard-Aminosäuren sind in Abb. 5-6 dargestellt. Man unterscheidet vier Hauptklassen von Aminosäuren, nämlich solche mit: (1) unpolaren oder hydrophoben R-Gruppen; (2) polaren, aber ungeladenen R-Gruppen; (3) negativ geladenen R-Gruppen und (4) positiv geladenen R-Gruppen. Innerhalb jeder Klasse gibt es Abstufungen im Hinblick auf Polarität, Größe und Form der R-Gruppen.

Tabelle 5-3 Klassifikation der Aminosäuren nach der Polarität ihrer R-Gruppen (bei pH = 7).

Unpolare R-Gruppen
 Alanin
 Isoleucin
 Leucin
 Methionin
 Phenylalanin
 Prolin
 Tryptophan
 Valin

Polare, aber ungeladene R-Gruppen
 Asparagin
 Cystein
 Glutamin
 Glycin
 Serin
 Threonin
 Tyrosin

Negativ geladene R-Gruppen
 Asparaginsäure
 Glutaminsäure

Positiv geladene R-Gruppen
 Arginin
 Histidin
 Lysin

Acht Aminosäuren haben unpolare R-Gruppen

Die R-Gruppen in dieser Klasse von Aminosäuren sind ihrer Natur nach Kohlenwasserstoffe, und daher hydrophob (Abb. 5-6). Diese Gruppe umfaßt fünf Aminosäuren mit aliphatischen R-Gruppen (*Alanin, Valin, Leucin, Isoleucin* und *Prolin*), zwei mit aromatischen Ringen (*Phenylalanin* und *Tryptophan*), und eine schwefelhaltige (*Methionin*). Von dieser Gruppe ist Prolin besonders bemerkenswert, da die α-Aminogruppe nicht frei vorliegt, sondern ein Wasserstoffatom durch die R-Gruppe unter Bildung einer cyclischen Struktur substituiert ist. (Abb. 5-6).

Sieben Aminosäuren haben ungeladene polare R-Gruppen

Die R-Gruppen dieser Aminosäuren (Abb. 5-6) sind hydrophiler als die der unpolaren Aminosäuren, da sie funktionelle Gruppen enthalten, die Wasserstoffbindungen mit Wasser ausbilden, und diese Aminosäuren sind daher besser in Wasser löslich. Zu ihnen gehören *Glycin, Serin, Threonin, Cystein, Tyrosin, Asparagin* und *Glutamin*.

Abbildung 5-6
Die 20 in Proteinen vorkommenden Aminosäuren. Sie sind mit ionisierten Amino- und Carboxylgruppen dargestellt, wie sie bei pH = 7 vorliegen. Die farbig unterlegten Teile der Strukturformeln haben alle Aminosäuren gemeinsam.

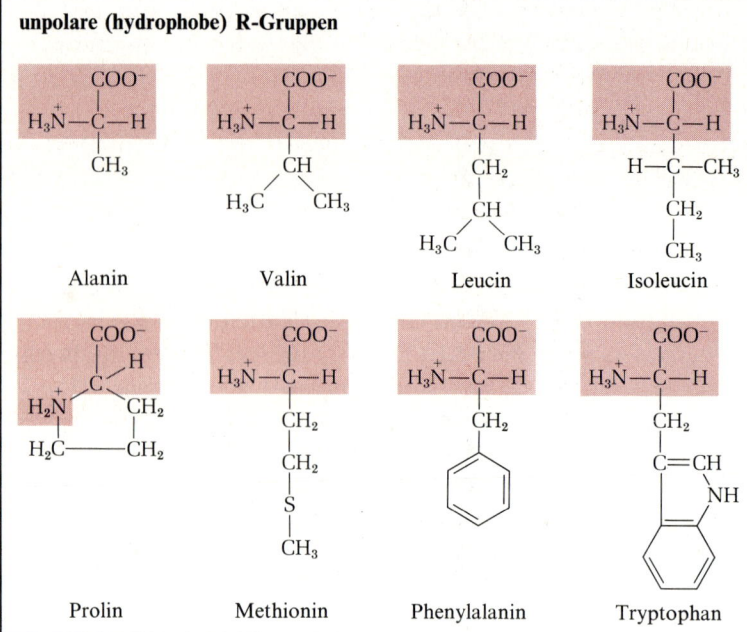
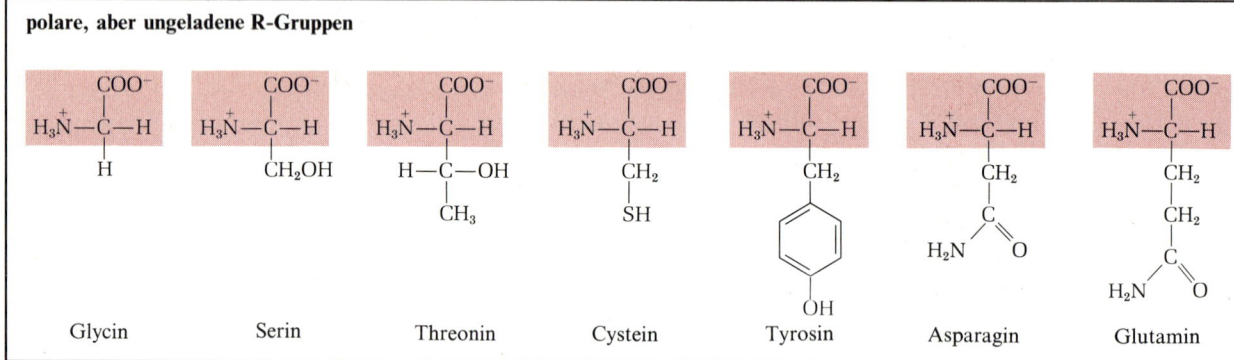
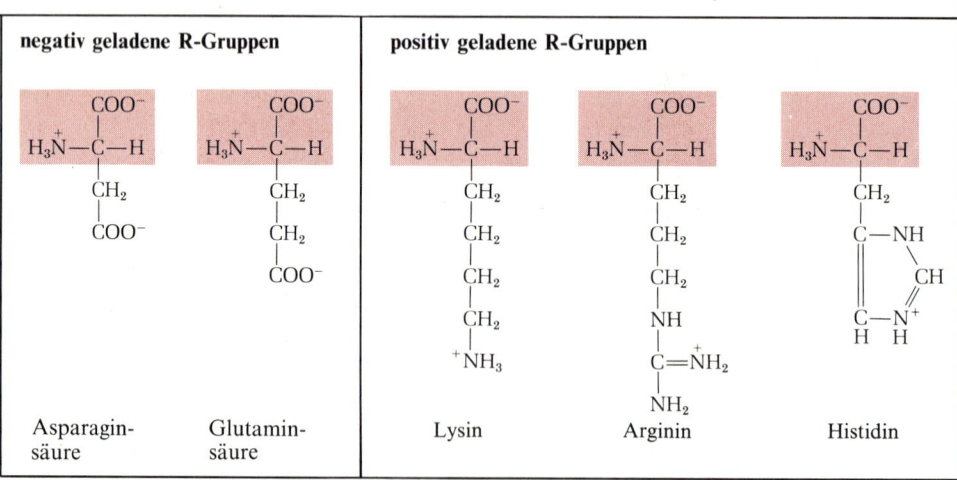

Die Polarität von Serin, Threonin und Tyrosin wird durch ihre *Hydroxyl-Gruppen*, die des Asparagins und Glutamins durch ihre *Amidgruppen*, und die des Cysteins durch seine *Sulfhydryl-* oder *Thiolgruppe* bestimmt. Die R-Gruppe von Glycin, ein einzelnes Wasserstoffatom, ist zu klein, um den hohen Grad an Polarität der α-Amino- und α-Carboxylgruppen zu beeinflussen.

Asparagin und Glutamin sind die Amide zweier anderer Baustein-Aminosäuren, der *Asparaginsäure* und der *Glutaminsäure*, die durch saure oder basische Hydrolyse leicht aus Asparagin und Glutamin entstehen können. Cystein und Tyrosin besitzen R-Gruppen, die dazu neigen, H^+-Ionen abzudissoziieren. Die Thiolgruppe von Cystein und die phenolische Hydroxylgruppe vom Tyrosin sind bei pH = 7 nur leicht ionisiert.

Cystein verdient aus einem weiteren Grund besondere Aufmerksamkeit. Es kann in Proteinen in zwei Formen vorkommen, entweder als Cystein selbst oder als *Cystin*. Letzteres besteht aus zwei Cysteinmolekülen, kovalent miteinander verbunden durch eine Disulfidbrücke, die durch Oxidation der Thiolgruppen (Abb. 5-7) entstanden ist. Cystin spielt für die Struktur einiger Proteine eine besondere Rolle, so z. B. für die des Hormons *Isulin* und der *Immunoglobuline* oder *Antikörper*. In diesen Proteinen sind die beiden Hälften des Cystinmoleküls als Bausteine in zwei verschiedenen Polypeptidketten verankert und verknüpfen diese durch die Disulfidbindung miteinander (S. 149). Solche Quervernetzungen werden für gewöhnlich nicht in intrazellulären Proteinen gefunden, aber sie sind verbreitet in Proteinen, die in extrazelluläre Flüssigkeiten sezerniert werden und dort ihre Funktion ausüben.

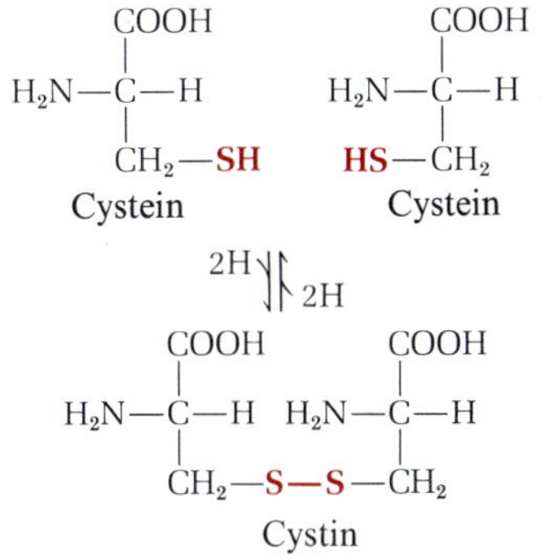

Abbildung 5-7
Cystein und Cystin. Die Thiol- (-SH)gruppen *zweier* Cysteinmoleküle können leicht zur Disulfidgruppe *eines* Cystins oxidiert werden. Sowohl Cystein als auch Cystin können in Proteinen vorkommen.

Zwei Aminosäuren haben negativ geladene (saure) R-Gruppen

Die beiden Aminosäuren, deren R-Gruppen bei pH = 7 eine negative Ladung besitzen, sind *Asparaginsäure* und *Glutaminsäure*. Jede enthält eine zweite Carboxylgruppe (Abb. 5-6). Diese Aminosäuren sind die Ausgangsverbindungen für Asparagin und Glutamin (s. oben).

Drei Aminosäuren haben positiv geladene (basische) R-Gruppen

Die Aminosäuren, in denen die R-Gruppen bei pH = 7 eine positive Netto-Ladung besitzen, sind *Lysin*, welches eine zweite Aminogruppe an der ε-Position seiner aliphatischen Kette hat, *Arginin* welches eine positiv geladene *Guanidinogruppe* besitzt, und *Histidin*, welches eine schwach ionisierte *Imidazolgruppe* enthält (Abb. 5-6).

Einige Proteine enthalten außerdem „besondere" Aminosäuren

Zusätzlich zu den 20 *Standard-Aminosäuren*, die in allen Proteinen vorkommen, wurden andere, *besondere* Aminosäuren als Bestandteil nur einiger bestimmter Protein-Arten gefunden (Abb. 5-8). Jede dieser besonderen Aminosäuren leitet sich von einer der 20 häufigen Aminosäuren ab. Unter den besonderen Aminosäuren sind *4-Hydroxyprolin*, ein Prolin-Derivat, und *5-Hydroxylysin*, die beide im fibrillären *Collagen* der Bindegewebe zu finden sind (Kapitel 7). *N-Methyllysin* wird im Myosin gefunden, einem Muskelprotein, das für die Kontraktion der Muskeln notwendig ist (S. 420). Eine weitere wichtige *besondere* Aminosäure ist die *γ-Carboxyglutaminsäure*, die im Blutgerinnungs-Protein *Prothrombin* vorkommt (Kapitel 25), sowie auch in bestimmten anderen Proteinen, die Ca^{2+}-Ionen binden. Kompliziert ist die besondere Aminosäure *Desmosin*, ein Lysin-Derivat, das nur im fibrillären Protein *Elastin* gefunden wird (S. 179).

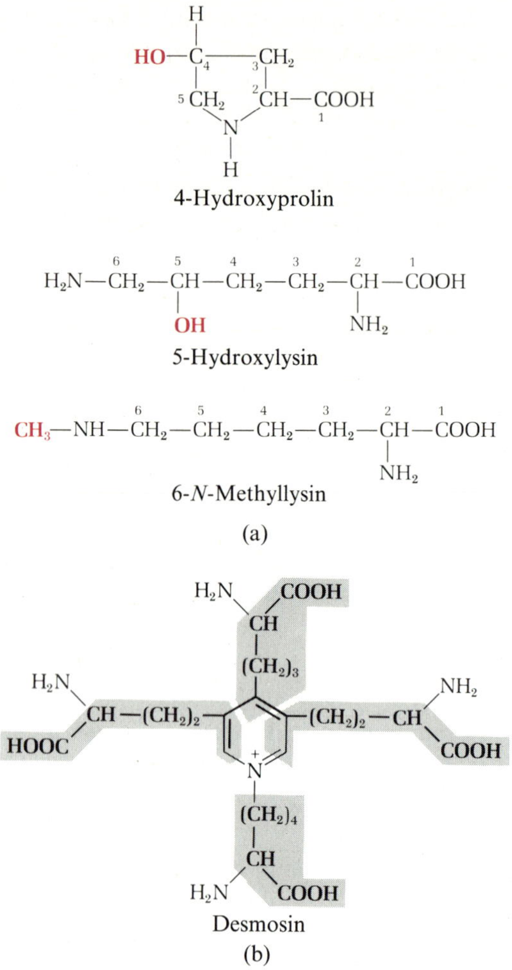

Aminosäuren sind in wäßriger Lösung ionisiert

Aminosäuren sind in wäßriger Lösung ionisiert und können als Säuren oder Basen wirken. Die Kenntnis der Säure-Basen-Eigenschaften von Aminosäuren ist besonders wichtig für das Verständnis vieler Eigenschaften von Proteinen. Die Methoden der Trennung, Identifizierung und Quantifizierung der verschiedenen Aminosäuren, die wichtige Schritte bei der Bestimmung der Aminosäurezusammensetzung und -sequenz von Proteinmolekülen sind, stützen sich auf das charakteristische Säure-Basen-Verhalten.

Diejenigen α-Aminosäuren, die eine einzige Aminogruppe und eine einzige Carboxylgruppe besitzen, kristallieren aus neutralen wäßrigen Lösungen in voll ionisierter Form, die als *dipolares Ion* oder *Zwitterion* (Abb. 5-9) bezeichnet wird. Obwohl derartige dipolare Ionen elektrisch neutral sind und daher in einem elektrischen Feld nicht wandern, haben sie an ihren beiden Polen entgegengesetzte elektrische Ladungen. Die Dipol-Natur der Aminosäuren wurde zuerst aus der Tatsache geschlossen, daß kristalline Aminosäuren viel höhere Schmelzpunkte als organische Moleküle ähnlicher Größe besitzen. Das Kristallgitter der Aminosäuren wird durch starke elektrostatische Kräfte zwischen den positiv und negativ geladenen funktionellen Gruppen benachbarter Moleküle zusammengehalten. Es gleicht dem stabilen ionischen Kristallgitter des NaCl (S. 79). Wegen der starken Wechselwirkungen zwischen den positiven und negativen Ladungen müssen sehr hohe Temperaturen auf ein ionisches Gitter einwirken, um die Ladungen voneinander zu trennen und so die Kristalle zum Schmelzen zu bringen. Im Gegensatz dazu haben die meisten einfachen nicht ionisierten organischen Verbindungen ähnlicher relativer Molekülmasse niedrige Schmelzpunkte –

Abbildung 5-8
(a) Einige spezielle in Proteinen vorkommende Aminosäuren. Die im Vergleich zu den Standard-Aminosäuren Prolin und Lysin zusätzlich vorhandenen funktionellen Gruppen sind in Farbe wiedergegeben.
(b) Das im Protein Elastin vorkommende Desmosin wird aus vier Lysinmolekülen gebildet. Die Lysin-Kohlenstoffgerüste sind fett gedruckt und grau unterlegt.

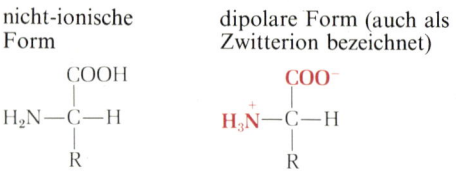

Abbildung 5-9
Nicht-ionische und dipolare (zwitterionische) Formen der Aminosäuren. Beachten Sie die räumliche Trennung der positiven und negativen Ladungen, durch die das Molekül zu einem elektrischen Dipol wird.

in Übereinstimmung mit ihren relativ „weichen" und instabilen nicht-ionischen Kristallgittern.

Aminosäuren können als Säuren und als Basen reagieren

Wenn eine kristalline Aminosäure, wie z. B. Alanin, in Wasser gelöst wird, erscheint sie als dipolares Ion, das entweder als Säure (Protonendonator):

$$R-\underset{\underset{+}{NH_3}}{\overset{H}{C}}-COO^- \rightleftharpoons R-\underset{NH_2}{\overset{H}{C}}-COO^- + H^+$$

oder als Base (Protonenakzeptor) reagieren kann:

$$R-\underset{\underset{+}{NH_3}}{\overset{H}{C}}-COO^- + H^+ \rightleftharpoons R-\underset{\underset{+}{NH_3}}{\overset{H}{C}}-COOH$$

Substanzen mit solchen Doppel-Eigenschaften sind *amphoter* (griech: amphi, „zwei"). Sie werden auch *Ampholyte* genannt, ein Ausdruck, der sich von „amphotere Elektrolyte" ableitet. Eine einfache Monoamino-monocarboxyl-α-aminosäure, wie z. B. Alanin, ist eine zweibasische – diprotische – Säure, wenn sie vollständig protoniert ist, d. h. wenn sowohl die Carboxylgruppe als auch die Aminogruppe Protonen aufgenommen hat. In dieser Form hat sie zwei Gruppen, die Protonen abspalten können, wie in den folgenden Gleichungen verdeutlicht wird:

$$R-\underset{\underset{+}{NH_3}}{\overset{H}{C}}-COOH \xrightarrow{H^+} R-\underset{\underset{+}{NH_3}}{\overset{H}{C}}-COO^- \xrightarrow{H^+} R-\underset{NH_2}{\overset{H}{C}}-COO^-$$

Aminosäuren besitzen charakteristische Titrationskurven

Abb. 5-10 zeigt die Titrationskurve der diprotischen Form von Alanin. Die Kurve zeigt zwei verschiedene Stadien, wobei jedes Stadium der Abgabe eines Protons enspricht. Jedes dieser beiden Stadien gleicht in seiner Form der Titrationskurve einer einbasischen Säure, wie z. B. der Essigsäure (Abb. 4-10, S. 89), und kann auf dieselbe

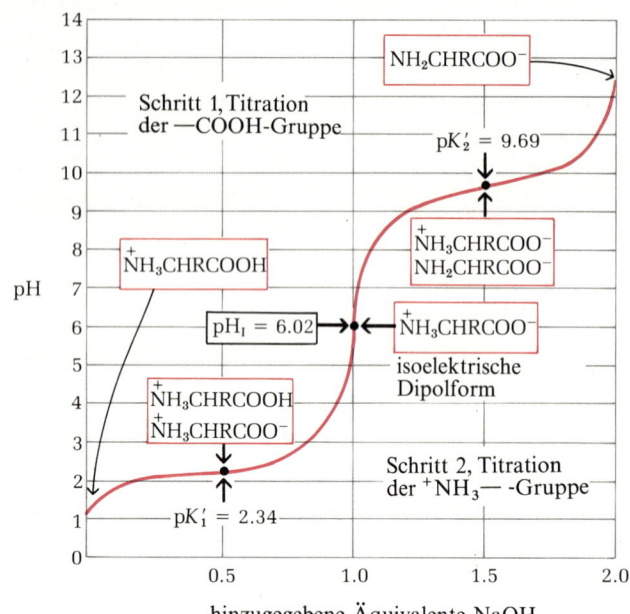

Abbildung 5-10
Die Titrationskurve von 0.1 M Alanin. Die bei verschiedenen pH-Werten vorherrschenden ionischen Formen sind in den Kästchen angegeben. R kennzeichnet die Methylgruppe des Alanins. Die flachen Bereiche der Titrationskurve um pH = 2.34 und um pH = 9.69 sind die Zonen, in denen Alanin als guter Puffer wirkt.

Weise analysiert werden. Zu Beginn der Titration von Alanin ist die überwiegende Komponente $^+NH_3-CHR-COOH$, die voll protonierte Form (in dieser Formel stellt R die Methylgruppe des Alanins dar). Am Wendepunkt des ersten Stadiums der Titration, in dem die Carboxylgruppe des Alanins ihr Proton verliert, sind die Konzentrationen des Protonendonators ($^+NH_3-CHR-COOH$) und des Protonenakzeptors ($^+NH_3-CHR-COO^-$) gleich. An diesem Wendepunkt (wir erinnern uns an S. 91), ist der pH-Wert gleich dem pK'-Wert der protonierten Gruppe, die titriert wird. Da der Wendepunkt bei pH = 2.34 liegt, hat die Carboxylgruppe von Alanin den pK'-Wert 2.34. Fahren wir mit der Titration fort, so kommen wir zu einem weiteren wichtigen Punkt, bei einem pH-Wert von 6.02. Hier ist ein Wendepunkt, an dem die Entfernung des ersten Protons abgeschlossen ist, und die Entfernung des zweiten beginnt. Bei diesem pH-Wert liegt Alanin größtenteils als das dipolare Ion $^+NH_3-CHR-COO^-$ vor. Wir werden bald auf die Besonderheit dieses Punktes in der Titrationskurve zurückkommen.

Das zweite Stadium der Titration entspricht der Entfernung eines Protons aus der $^+NH_3$-Gruppe des Alanins. Am Wendepunkt haben wir gleiche Konzentrationen von $^+NH_3-CHR-COO^-$ und $NH_2-CHR-COO^-$. Der pH-Wert an diesem Punkt beträgt 9.69 und ist gleich dem pK'-Wert der $^+NH_3$-Gruppe. Die Titration ist bei einem pH-Wert von etwa 12 abgeschlossen, bei dem Alanin hauptsächlich als $NH_2-CHR-COO^-$ vorliegt.

Aus der Titrationskurve von Alanin können wir mehrere wichtige Informationen entnehmen. Erstens gibt sie uns ein quantitatives Maß für den pK'-Wert jeder der beiden ionisierenden Gruppen. Der pK'-Wert für die Carboxylgruppe beträgt 2.34, und der für die substituierte Ammoniumgruppe 9.69. Beachten Sie, daß die Carboxylgruppe des Alanins viel stärker dissoziiert ist als die Carboxylgruppe der Essigsäure, deren pK'-Wert 4.76 beträgt. Das mag unerwartet erscheinen, da die pK'-Werte anderer einfacher Monocarbonsäuren, wie Ameisensäure oder Propionsäure, denen der Essigsäure ähneln (s. Tab. 4-4, S. 88). Die verstärkte Tendenz der Carboxylgruppe des Alanins, zu ionisieren, kommt durch die elektrostatische Abstoßung des Carboxyl-Protons durch die nahegelegene positiv geladene $^+NH_3$-Gruppe des α-Kohlenstoffatoms zustande (Abb. 5-11). Aus diesem Grund wird das Ionisationsgleichgewicht der Alanin-Carboxylgruppe zugunsten der Dissoziation von H^+ verschoben. Die Ionisation der —COOH-Gruppe von Essigsäure wird durch keine derartige Abstoßungskraft beeinflußt (Abb. 5-11).

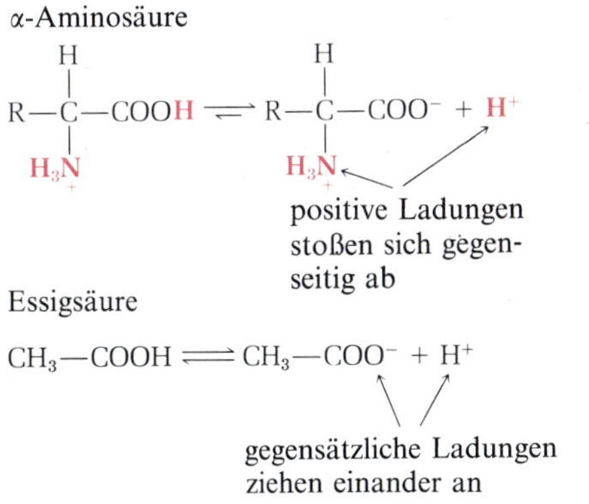

Als zweite Information zeigt uns die Titrationskurve des Alanins (Abb. 5-10), daß diese Aminosäure *zwei* Regionen mit Pufferwirkung besitzt (s. S. 89). Die eine dieser Regionen ist der relativ flache Teil der Kurve im pH-Bereich um 2.34, was bedeutet, daß Alanin in diesem Bereich ein guter Puffer ist. Die andere Pufferzone liegt zwischen pH = 8.7 und pH = 10.7. Beachten Sie auch, daß Alanin kein guter Puffer bei dem pH-Wert der intrazellulären Flüssigkeit oder des Blutes – etwa 7.4 – ist.

Mit Hilfe der Henderson-Hasselbalch-Gleichung (S. 94) können wir das Verhältnis von Protonendonator- und Protonenakzeptor-Komponenten des Alanins berechnen, das zur Herstellung eines Puffers bei gegebenem pH-Wert innerhalb der Pufferzonen des Alanins benötigt wird. Sie ermöglicht uns außerdem die Lösung anderer Probleme die mit der Pufferwirkung von Aminosäuren zusammenhängen.

Abbildung 5-11
Die Aminogruppe der α-Aminosäuren steigert die Ionisierungstendenz der Carboxylgruppe, da eine gegenseitige Abstoßung zwischen der positiven Ladung an der $^+NH_3$-Gruppe und dem posiv geladenen H^+-Ion (farbig) existiert. Die Carboxylgruppe der α-Aminosäuren gibt daher ihr Proton leichter ab als die der Essigsäure.

Aus der Titrationskurve läßt sich die elektrische Ladung einer Aminosäure ermitteln

Die dritte wichtige Information, die aus der Titrationskurve einer Aminosäure abzulesen ist, betrifft die Beziehung zwischen ihrer elektrischen Nettoladung und dem pH-Wert der Lösung. Bei pH = 6.02, dem Wendepunkt zwischen den beiden Abschnitten seiner Titrationskurve, liegt Alanin in seiner dipolaren oder Zwitterionenform vor, die voll ionisiert ist, jedoch keine elektrische *Netto*ladung besitzt (Abb. 5-10). Das Alaninmolekül ist bei diesem pH-Wert elektrisch neutral und wandert nicht in einem elektrischen Feld. Dieser charakteristische pH-Wert wird als *isoelektrischer pH-Wert* oder *isoelektrischer Punkt* (pH$_I$ oder pI) bezeichnet. Der isoelektrische Punkt ist der arithmetische Mittelwert der beiden pK'-Werte:

$$pH_I = \tfrac{1}{2}(pK'_1 + pK'_2),$$

welcher im Fall von Alanin

$$pH_I = \tfrac{1}{2}(2.34 + 9.69) = 6.02$$

ist. Bei jedem pH-Wert oberhalb des isoelektrischen Punktes hat Alanin eine negative Nettoladung und wird daher in einem elektrischen Feld in Richtung auf die positive Elektrode wandern (die *Anode*). Bei jedem pH-Wert unterhalb seines isoelektrischen Punktes hat Alanin eine positive Nettoladung, wie aus Abb. 5-10 ersichtlich ist, und wird in einem elektrischen Feld zur negativen Elektrode, der *Kathode*, wandern. Je weiter der pH-Wert einer Alanin-Lösung vom isoelektrischen Punkt entfernt ist, desto größer ist die durchschnittliche Nettoladung der Alaninmoleküle. Bei pH = 1 liegt Alanin z. B. vollständig in der $^+NH_3-CHR-COOH$-Form vor, wobei die positive Nettoladung 1.0 beträgt. Bei pH = 2.34 dagegen, bei dem eine Mischung aus gleichen Teilen von $^+NH_3-CHR-COOH$ und $^+NH_3-CHR-COO^-$ vorliegt, beträgt diese Ladung 0.5. Auf dieselbe Art können wir das Vorzeichen und den Betrag der Nettoladung bei anderen pH-Werten für jede Aminosäure voraussagen.

Diese Information ist von besonderer Wichtigkeit, wie wir bald sehen werden. Verschiedene Aminosäuren können auf Grund von Richtung und Geschwindigkeit ihrer Wanderung voneinander separiert werden, wenn eine Mischung von ihnen bei bekanntem pH-Wert in ein elektrisches Feld gebracht wird.

Aminosäuren unterscheiden sich in ihren Säure-Basen-Eigenschaften

Wir haben die Titrationskurve von Alanin in Abb. 5-10 eingehend analysiert. Wie aber sieht es bei den anderen 19 Aminosäuren aus? Glücklicherweise können wir einige einfache Verallgemeinerungen über das Säure-Basen-Verhalten der verschiedenen Klassen von Aminosäuren machen.

Die Titrationskurven aller Aminosäuren, die nur eine α-Aminogruppe, eine Carboxylgruppe und eine nicht-ionisierbare R-Gruppe besitzen, ähneln der des Alanins. Diese Gruppe von Aminosäuren (Abb. 5-3) wird durch pK'_1-Werte im Bereich von 2.0 bis 3.0 und durch pK'_2-Werte im Bereich von 9.0 bis 10.0 charakterisiert. Dies geht aus einigen Beispielen in Tab. 5-4 hervor. Alle Aminosäuren in dieser Gruppe verhalten sich daher wie Alanin, und ihre Titrationskurve gleicht der in Abb. 5-10 wiedergegebenen.

Die Titrationskurven von Aminosäuren mit ionisierbarer R-Gruppe (Tab. 5-3) sind komplexer und enthalten *drei* Abschnitte, die den drei möglichen Ionisierungs-Schritten entsprechen; diese Aminosäuren haben daher drei pK'-Werte. Das dritte Stadium, die Titration der ionisierbaren R-Gruppe, verschmilzt bis zu einem gewissen Grad mit den anderen. Zwei Beispiele von Titrationskurven dieser Gruppe – *Glutaminsäure* und *Histidin* – sind in Abb. 5-12 dargestellt. Die isoelektrischen Punkte der Aminosäuren in dieser Klasse spiegeln den Typ der vorhandenen ionisierbaren R-Gruppe wider. So hat z.B. Glutaminsäure mit zwei Carboxylgruppen und einer Aminogruppe einen isoelektrischen Punkt bei pH = 3.22 (der Mittelwert der pK'-Werte der beiden Carboxylgruppen). Dieser Wert ist bedeutend niedriger als der des Alanins. In gleicher Weise ist der isoelektrische Punkt von Lysin mit zwei Aminogruppen bei pH = 9.74 viel höher als der vom Alanin.

Eine weitere wichtige Verallgemeinerung kann über das Säure-Basen-Verhalten der 20 Standard-Aminosäuren gemacht werden: für alle praktischen Zwecke hat nur eine, nämlich *Histidin*, eine nennenswerte Pufferwirkung in der Nähe des pH-Wertes der Intrazellulär-Flüssigkeit und des Blutes. Wie aus Tab. 5-4 und Abb. 5-12 hervorgeht, hat die R-Gruppe des Histidins den pK'-Wert 6.0, so daß sich bei pH = 7 noch eine hinreichende Pufferwirkung ergibt. Die pK'-Werte aller anderen Aminosäuren sind zu weit von 7 entfernt, als daß sie bei pH = 7 effektive Puffer sein könnten. Das sauerstofftransportierende Protein *Hämoglobin* der roten Blutzellen ist einzigartig in bezug auf seinen hohen Gehalt an Histidin. Deshalb ist Hämoglobin bei pH = 7 ein wirksamer Puffer. Dies ist wichtig für die Aufgabe der roten Blutzellen beim Transport von Sauerstoff und Kohlenstoffdioxid durch das Blut (Kapitel 25).

Tabelle 5-4 pK'-Werte der ionisierbaren Gruppen einiger Aminosäuren bei 25 °C.

Amino-säure	pK'_1 —COOH	pK'_2 —NH_3^+	pK'_R R-Gruppe
Glycin	2.34	9.6	
Alanin	2.34	9.69	
Leucin	2.36	9.60	
Serin	2.21	9.15	
Threonin	2.63	10.43	
Glutamin	2.17	9.13	
Aspargin-säure	2.09	9.82	3.86
Glutamin-säure	2.19	9.67	4.25
Histidin	1.82	9.17	6.0
Cystein	1.71	10.78	8.33
Tyrosin	2.20	9.11	10.07
Lysin	2.18	8.95	10.53
Arginin	2.17	9.04	12.48

Die Säure-Basen-Eigenschaften der Aminosäuren bilden die Grundlage für ihre Analyse

Wie wir in Kapitel 6 sehen werden, ist der erste Schritt bei der Aufklärung der Struktur eines Proteins die Hydrolyse in seine Aminosäure-Bestandteile und die anschließende Bestimmung der Anzahl jeder dieser Aminosäuren. Die 20 Aminosäuren einer Mischung voneinander zu trennen, zu identifizieren und quantitativ zu bestimmen, erscheint mühsam und schwierig; wir verfügen aber über sehr

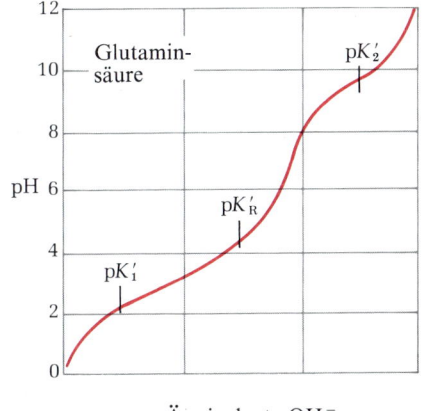
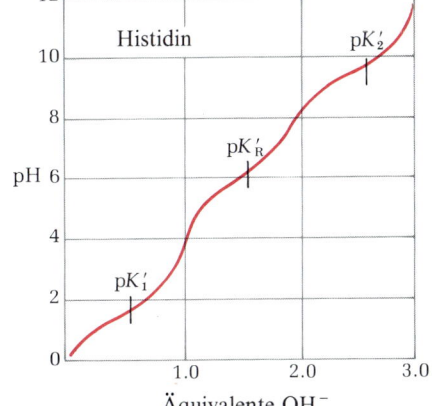

Abbildung 5-12
Die Titrationskurven von Glutaminsäure und Histidin. pK'_R ist der pK'-Wert der R-Gruppe.

empfindliche und effektive Methoden, um diese Aufgabe schnell durchführen zu können. Hierzu zählen insbesondere die *Elektrophorese* und die *Ionenaustauschchromatographie*. Beide Methoden nutzen die Unterschiede im Säure-Basen-Verhalten der Aminosäuren aus, d. h. Unterschiede in Vorzeichen und Ausmaß ihrer elektrischen Nettoladungen bei einem gegebenen pH-Wert, welche aus ihren pK'-Werten und ihren Titrationskurven vorhersagbar sind.

Die Papierelektrophorese trennt Aminosäuren nach ihrer elektrischen Ladung

Die einfachste Methode zur Trennung von Aminosäuren ist die *Papierelektrophorese* (Abb. 5-13). Ein Tropfen einer wäßrigen Lösung verschiedener Aminosäuren wird auf ein Filterpapier aufgetragen und mit einem Puffer von bekanntem pH-Wert benetzt. Dann wird eine Hochspannung angelegt. Wegen ihrer unterschiedlichen pK'-Werte wandern die Aminosäuren in verschiedene Richtungen und mit unterschiedlichen Geschwindigkeiten den Streifen entlang, abhängig von dem pH-Wert des Puffersystems und der angelegten Spannung. Bei pH = 1 haben Histidin, Arginin und Lysin eine Ladung von +2 und bewegen sich schneller zur negativ geladenen Kathode als die anderen Aminosäuren, deren Ladung nur +1 beträgt. Bei pH = 6 dagegen wandern die positiv geladenen Aminosäuren (Lysin, Arginin, Histidin) zur Kathode und die negativ geladenen Aminosäuren (Asparaginsäure und Glutaminsäure) zur Anode. Alle anderen Aminosäuren bleiben nahe dem Auftragungspunkt, da sie keine ionisierbaren Gruppen außer ihren α-Amino- und α-Carboxylgruppen besitzen. Sie haben daher ungefähr denselben isoelektrischen Punkt, der aus den pK'_1- und pK'_2-Werten in Tab. 5-4 bestimmt werden kann. Um die Aminosäure auf dem Papier aufzufinden, wird dieses getrocknet, mit *Ninhydrin* (S. 122) besprüht und erhitzt. Das Auftreten blauer oder lila gefärbter Flecken auf dem Papier zeigt das Vorhandensein bestimmter Aminosäuren an. Bekannte Aminosäuren läßt man unter denselben Bedingungen als

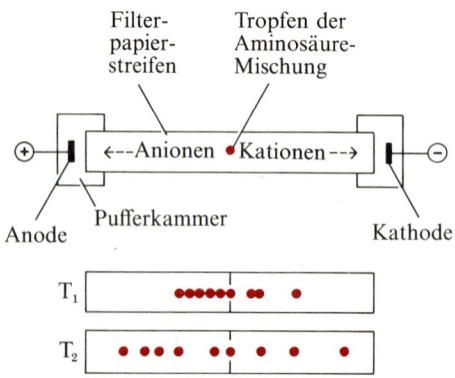

Abbildung 5-13
Trennung von Aminosäuren durch Elektrophorese. Ein Tropfen einer Lösung einer Aminosäuremischung wird auf dem Papier getrocknet. Der Papierstreifen wird mit einem Puffer befeuchtet und zwischen Kühlplatten gelegt. Die Enden des Streifens tauchen in die Elektrodenkammern ein. Nach Anlegen eines elektrischen Gleichstromfeldes trennen sich die Aminosäuren nach den elektrischen Nettoladungen, die sie bei dem verwendeten pH-Wert tragen. Aminosäuren, die bei diesem pH-Wert Kationen sind, werden sich zu der Kathode oder dem negativen Pol hinbewegen. Anionische Aminosäuren bewegen sich in Richtung auf den positiven Pol oder die Anode zu, wie es hier für die Zeit T_1 gezeigt ist. Am Ende des Vorgangs, T_2, wird das Papier getrocknet, mit Ninhydrin besprüht, und erhitzt. Dies führt zur Erkennung der Positionen der einzelnen Aminosäuren, die durch Vergleich mit der Position der Original-Aminosäuren identifiziert werden können.

Markierungssubstanzen (Marker) mitlaufen, um ihre charakteristische Lokalisation festzustellen (Abb. 5-13).

Die Ionenaustauschchromatographie ist ein sehr nützliches Trennungsverfahren

Die Ionenaustauschchromatographie ist die am häufigsten verwendete Methode zur Trennung, Identifizierung und quantitativen Bestimmung der Aminosäuren in einer Mischung. Sie nutzt die Unterschiede im Säure-Basen-Verhalten der Aminosäuren aus; jedoch tragen zusätzliche Faktoren wesentlich zur Wirkung dieser Methode bei. Die Chromatographiesäule besteht aus einer langen Röhre, die mit Körnchen eines synthetischen Harzes gefüllt ist, das fixierte geladene Gruppen enthält. Harze mit fixierten anionischen Gruppen wirken als *Kationenaustauscher*, Harze mit fixierten kationischen Gruppen als *Anionenaustauscher*. Bei der einfachsten Form der Ionenaustauschchromatographie werden Aminosäuren über Säulen mit kationenaustauschenden Harzen getrennt, deren fixierte anionische Gruppen, meist Sulfonsäure-Gruppen ($-SO_3^-$), zunächst mit Na^+-Ionen „beladen" sind (Abb. 5-14). Eine saure Lösung (pH = 3) der zu analysierenden Aminosäure-Mischung wird auf die Säule gegeben und sickert in ihr hinunter. Bei pH = 3 sind die Aminosäuren überwiegend Kationen mit positiver Nettoladung, die sich jedoch im Grad ihrer Ionisierung unterscheiden. Während die Mischung an der Säule hinunterläuft, werden die positiv geladenen Aminosäuregruppen die an die $-SO_3^-$-Gruppen der Harzpartikel gebundenen Na^+-Ionen verdrängen. Bei pH = 3 werden zuerst die Aminosäuren mit der größten positiven Ladung (Lysin, Arginin, Histidin) die Na^+-Ionen verdrängen und besonders fest an das Harz gebunden werden. Die Aminosäuren mit der geringsten positiven Ladung bei pH = 3 (Glutaminsäure und Asparaginsäure) werden am lockersten gebunden. Alle anderen Aminosäuren werden eine mittlere positive Ladung besitzen. Die verschiedenen Aminosäuren werden sich daher innerhalb der Säule mit unterschiedlichen Geschwindigkeiten nach unten bewegen. Diese Geschwindigkeit hängt hauptsächlich von ihren pK'-Werten ab, aber auch zum Teil von ihrer Absorption oder Löslichkeit in den Harzpartikeln. Glutaminsäure und Asparaginsäure werden mit der höchsten Geschwindig-

Abbildung 5-14
Verschiedene ionische Formen eines Kationaustauscherharzes. Die negativ geladenen Sulfonatgruppen ($-SO_3^-$) ziehen Kationen wie H^+, Na^+ oder kationische Formen von Aminosäuren (s. u.) an und binden sie. Bei pH = 3 sind die meisten Aminosäuren Kationen, unterscheiden sich jedoch im Betrag ihrer positiven Ladungen und daher auch in der Fähigkeit, Na^+ von den fixierten anionischen Gruppen zu verdrängen. Lysin würde wegen seiner beiden $-^+NH_3$-Gruppen am festesten gebunden, Glutaminsäure und Asparaginsäure dagegen würden am lockersten gebunden sein, da sie bei pH = 3 die kleinsten positiven Ladungen besitzen. Die Bindung von Aminosäuren an Ionenaustauscherharze wird auch vom Grad ihrer Adsorption an, oder ihrer Löslichkeit in den Harzteilchen beeinflußt.

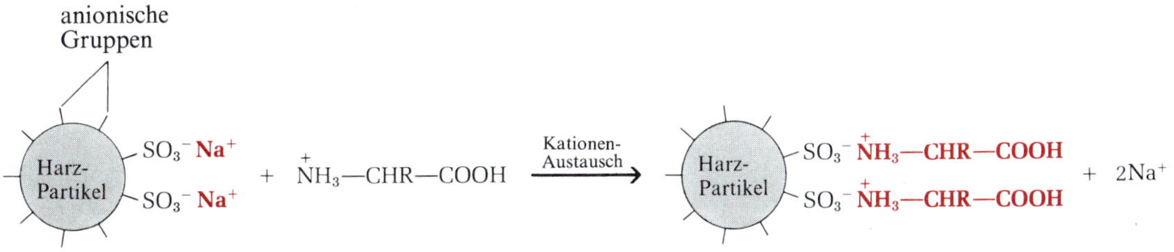

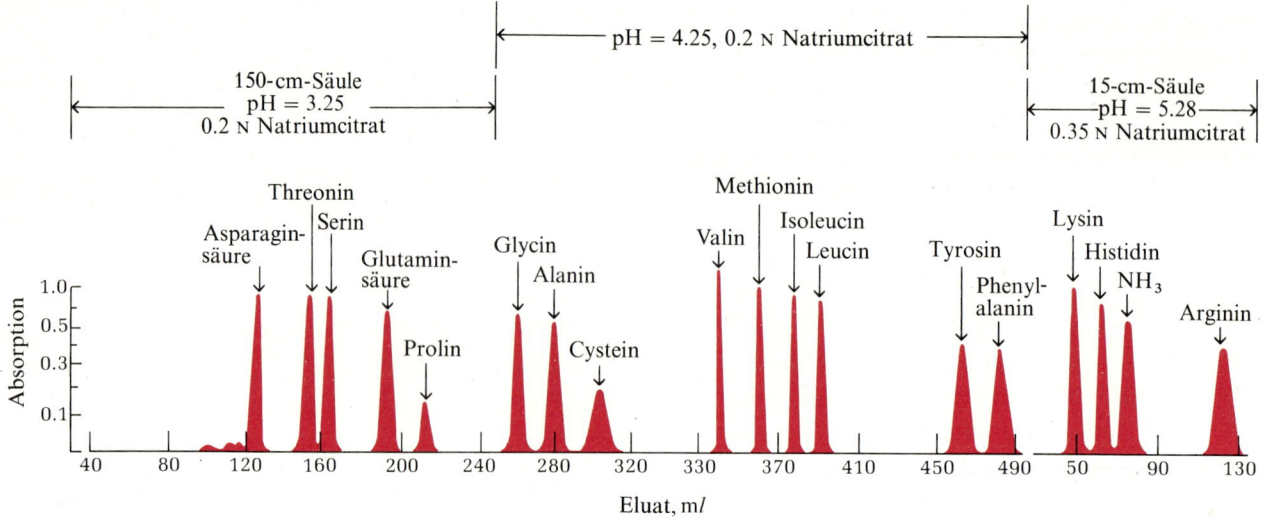

Abbildung 5-15
Automatisierte, chromatographische Aminosäureanalyse an einem Kationenaustauscher. Die Elution wurde mit verschiedenen Puffern von ansteigendem pH-Wert durchgeführt. Das Eluat wurde in kleinen Portionen aufgefangen, und der Aminosäuregehalt in jeder Portion automatisch bestimmt. Die Fläche unter jedem Peak ist der Menge der entsprechenden Aminosäure in der Mischung proportional.

keit die Säule hinunterlaufen, da sie bei pH = 3 am lockersten gebunden sind. Dagegen wandern Lysin, Arginin und Histidin am langsamsten. Am Boden der Säule werden kleine Flüssigkeitsportionen von nur wenigen Millilitern gesammelt und dann quantitativ analysiert. Die Elution, das Sammeln der Fraktionen, die Analyse der Fraktionen und die Registrierung der Versuchsergebnisse kann heute automatisch in einem *Aminosäureanalysator* durchgeführt werden. Abb. 5-15 zeigt ein Chromatogramm einer auf diese Weise analysierten Aminosäure-Mischung.

Aminosäuren gehen charakteristische chemische Reaktionen ein

Wie bei allen organischen Verbindungen hängen die chemischen Reaktionen von Aminosäuren in charakteristischer Weise von ihren funktionellen Gruppen ab (Kapitel 3). Da alle Aminosäuren Amino- und Carboxylgruppen enthalten, finden wir bei ihnen alle chemischen Reaktionen, die für diese Gruppen charakteristisch sind. So können z. B. ihre Aminogruppen acetyliert und ihre Carboxylgruppen verestert werden. Wir wollen nicht alle dieser organischen Reaktionen untersuchen, doch soll hier auf zwei der wichtigen Reaktionen eingegangen werden, die häufig zum Nachweis, zur Bestimmung und zur Identifizierung von Aminosäuren benutzt werden.

Die erste ist die *Ninhydrin-Reaktion* (Abb. 5-16), die zum Nachweis und zur quantitativen Bestimmung kleiner Mengen von Aminosäuren verwendet wird. Bei Erhitzen mit überschüssigem Ninhydrin tritt bei allen Aminosäuren mit einer freien α-Aminogruppe ein lila Produkt auf; dagegen wird aus Prolin, in dem die α-Aminogruppe substituiert ist, ein gelbes Produkt gebildet. Unter bestimmten

Bedingungen kann man die Aminosäure-Konzentration aus der Farbintensität colorimetrisch bestimmen.

Ein zweites wichtiges Reagens auf Aminosäuren ist 1-Fluor-2,4-dinitrophenol (FDNB). In schwach alkalischer Lösung reagiert es mit α-Aminosäuren unter Bildung von 2,4-Dinitrophenyl-Derivaten (Abb. 5-17), die bei der Identifizierung einzelner Aminosäuren hilfreich sind. Später werden wir die Bedeutung dieser Reaktion bei der Bestimmung der Aminosäuresequenz von Peptiden kennenlernen.

Peptide sind Aminosäureketten

Zwei Aminosäuremoleküle können über eine substituierte Amidbindung (S. 57), die als *Peptidbindung* bezeichnet wird, kovalent zu einem *Dipeptid* verbunden sein. Eine derartige Bindung kommt durch H_2O-Abspaltung von der Carboxylgruppe der einen und von der α-Aminogruppe der anderen Aminosäure unter Einwirkung eines stark wasserentziehenden Agens zustande (Abb. 5-18). Ähnlich können drei Aminosäuren durch zwei Peptidbindungen zu einem *Tripeptid* verbunden werden. Genauso können auch *Tetrapeptide* und *Pentapeptide* entstehen. Werden viele Aminosäuren auf diese Weise miteinander verknüpft, so nennt man die Verbindung ein *Polypeptid*. Unterschiedlich lange Peptide entstehen bei der partiellen Hydrolyse sehr langer Polypeptidketten von Proteinen, die hunderte von Aminosäureeinheiten enthalten können.

Abb. 5-19 zeigt die Struktur eines Pentapeptids. Die Aminosäure-

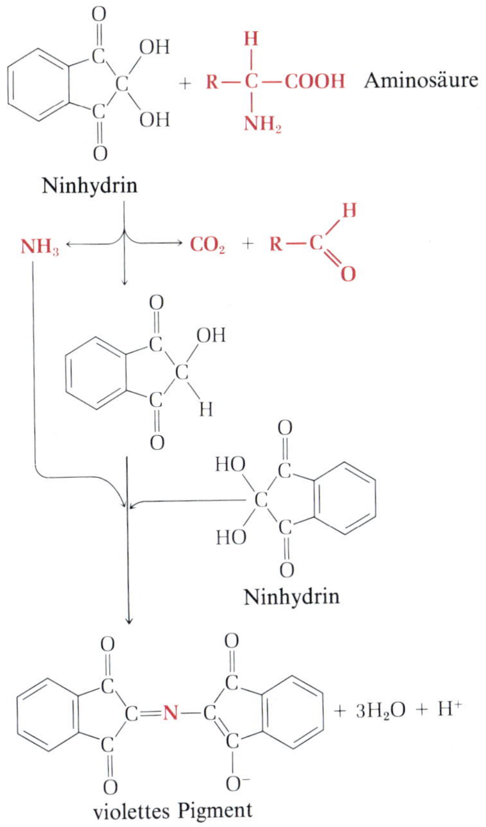

Abbildung 5-16
Die Ninhydrin-Reaktion zum Nachweis und zur Bestimmung von α-Aminosäuren. Aminosäure-Atome sind farbig dargestellt. Zwei Moleküle des Ninhydrins und das Stickstoffatom der Aminosäure bilden schließlich das violette Pigment.

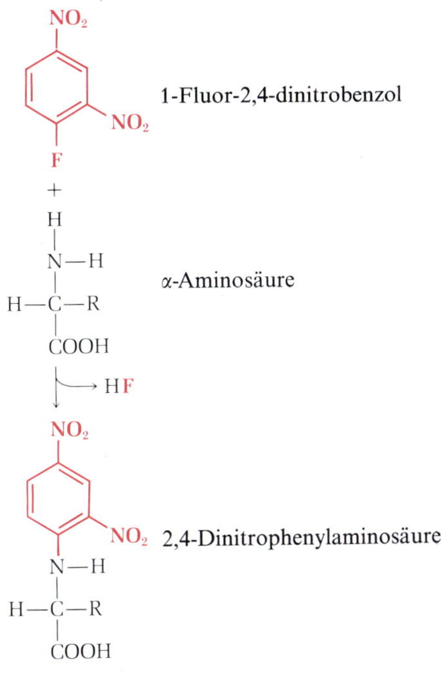

Abbildung 5-17
Bildung der 2,4-Dinitrophenyl-Derivate von Aminosäuren.

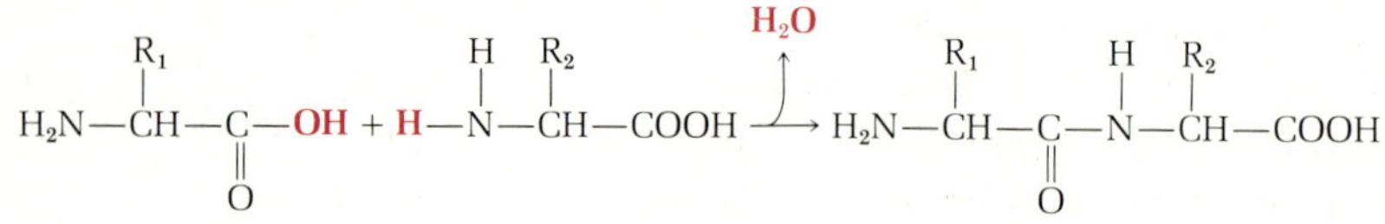

$$\underset{\text{H}_2\text{N}-\text{CH}-\text{C}-\text{OH}}{\overset{R_1}{|}}\,\,\underset{\overset{||}{\text{O}}}{}+ \underset{\text{H}-\text{N}-\text{CH}-\text{COOH}}{\overset{H\,\,\,R_2}{|\,\,\,\,\,\,\,\,|}} \xrightarrow{\text{H}_2\text{O}\uparrow} \underset{\text{H}_2\text{N}-\text{CH}-\text{C}-\text{N}-\text{CH}-\text{COOH}}{\overset{R_1\,\,\,\,\,\,\,\,\,\,\,\,\,\,\,\,H\,\,\,R_2}{|\,|\,\,\,\,\,\,\,\,|}}\,\,\underset{\overset{||}{\text{O}}}{}$$

Abbildung 5-18
Bildung eines Dipeptids

einheiten eines Peptids werden normalerweise als *Aminosäurereste* bezeichnet (sie sind keine Aminosäuren mehr, denn sie haben ein Wasserstoffatom ihrer Aminogruppe und eine OH-Gruppe ihrer Carboxylgruppe verloren). Der Aminosäurerest mit einer freien α-Aminogruppe am Ende eines Peptids ist der *aminoterminale Rest* (auch *N-terminale Rest*); der Rest am entgegengesetzten Ende, welcher eine freie Carboxylgruppe besitzt, ist der *carboxylterminale Rest* oder *C-terminale Rest*. Peptide werden nach der Sequenz der sie aufbauenden Aminosäuren benannt, vom N-Terminus ausgehend, wie in Abb. 5-19 dargestellt.

Peptide können auf der Basis ihres Ionisations-Verhaltens getrennt werden

Peptide, die durch partielle Hydrolyse von Proteinen entstehen, kommen in enormer Vielfalt vor. So kann zum Beispiel eine gegebene Aminosäure mit 20 verschiedenen Aminosäuren ein Dipeptid, und zwar in zwei verschiedenen Sequenzen, bilden. Dies entspricht einer Gesamtanzahl von 39 Dipeptiden (Abb. 5-20). Jede der anderen 19 Aminosäuren kann ebenfalls eine ähnliche Serie von Dipeptiden bilden. Insgesamt sind 780 verschiedene Dipeptide möglich. Die Anzahl der möglichen Tripeptide und Tetrapeptide unterschiedlicher Zusammensetzung und Sequenz ist noch sehr viel größer. Die quantitative Trennung kurzer Peptide ist daher ein viel komplizierteres Unternehmen als die Trennung der 20 Aminosäuren. Trotzdem ist es möglich, komplexe Mischungen von Peptiden zu trennen, und zwar durch die Nutzung der Unterschiede in ihrem Säure-Basen-Verhalten und ihrer Polarität.

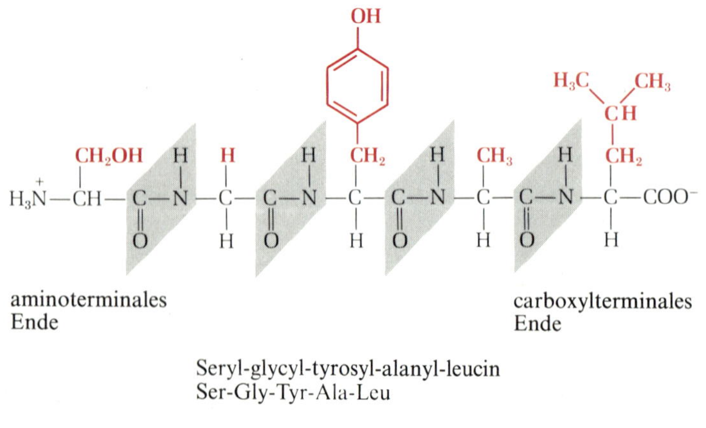

aminoterminales Ende   carboxylterminales Ende

Seryl-glycyl-tyrosyl-alanyl-leucin
Ser-Gly-Tyr-Ala-Leu

Abbildung 5-19
Struktur des Seryl-glycyl-tyrosyl-alanyl-leucins – eines Pentapeptids. Peptide werden beginnend mit dem aminoterminalen Rest benannt. Die Peptidbindungen sind grau unterlegt, die R-Gruppen farbig dargestellt.

Peptide enthalten nur eine freie α-Aminogruppe und eine freie α-Carboxylgruppe an ihren terminalen Aminosäureresten (Abb. 5-21). Diese Gruppen ionisieren in ähnlicher Weise, wie dies bei einfachen Aminosäuren der Fall ist. Alle anderen α-Amino- und α-Carboxyl-gruppen der Aminosäure-Bestandteile sind kovalent in Form von Peptidbindungen zusammengefügt, welche nicht ionisieren und daher für das Säure-Basen-Verhalten der Peptide ohne Bedeutung sind. Die R-Gruppen einiger Aminosäuren können jedoch ebenfalls ionisieren (Tab. 5-4). Wenn sich solche Aminosäuren in Peptiden befinden, tragen ihre R-Gruppen zu deren Säure-Basen-Eigenschaften bei (Abb. 5-21). Daher kann das gesamte Säure-Basen-Verhalten eines Peptids aufgrund der einzelnen freien α-Amino- und α-Carboxylgruppen an den Enden der Kette sowie der Art und Anzahl seiner ionisierbaren R-Gruppen vorausgesagt werden. Wie die freien Aminosäuren, so besitzen auch Peptide charakteristische Titrationskurven und einen charakteristischen pH-Wert, bei dem sie in einem elektrischen Feld nicht wandern.

Trotz der sehr großen Anzahl verschiedener Peptide, die bei der unvollständigen Hydrolyse von Proteinen gebildet werden können, ist es möglich, komplexe Mischungen von Peptiden voneinander zu trennen. Dies geschieht mit Hilfe der Ionenaustauschchromatographie oder der Elektrophorese, oder mit einer Kombination von beiden, immer auf der Basis von Unterschieden in ihrem Säure-Basen-Verhalten und der Polarität bei verschiedenen pH-Werten.

Gly-Gly	Ala-Gly
Gly-Ala	Val-Gly
Gly-Val	Leu-Gly
Gly-Leu	Ile-Gly
Gly-Ile	Pro-Gly
Gly-Pro	Met-Gly
Gly-Met	Phe-Gly
Gly-Phe	Trp-Gly
Gly-Trp	Ser-Gly
Gly-Ser	Thr-Gly
Gly-Thr	Cys-Gly
Gly-Cys	Tyr-Gly
Gly-Tyr	Asn-Gly
Gly-Asn	Gln-Gly
Gly-Gln	Asp-Gly
Gly-Asp	Glu-Gly
Gly-Glu	Lys-Gly
Gly-Lys	Arg-Gly
Gly-Arg	His-Gly
Gly-His	

Abbildung 5-20
Die 39 möglichen Glycin enthaltenden Dipeptide. Der aminoterminale Rest befindet sich auf der linken Seite.

Peptide gehen charakteristische chemische Reaktionen ein

Wie andere organische Moleküle können auch Peptide chemische Reaktionen eingehen. Diese sind nicht nur für die funktionellen Gruppen charakteristisch, d. h. für die freien α-Amino- und α-Carboxylgruppen, sondern auch für ihre R-Gruppen.

Es gibt zwei sehr nützliche Reaktionen, die an Peptiden ablaufen können. Ihre Peptidbindungen können durch Kochen mit starken Säuren oder Basen hydrolysiert werden, wobei die sie aufbauenden Aminogruppen frei werden:

$$R_1-\overset{\overset{H}{|}}{\underset{\underset{NH_3}{|}}{C}}-\overset{H}{\underset{O}{\overset{\|}{C}}}-\overset{H}{\underset{}{N}}-\overset{H}{\underset{\underset{R_2}{|}}{C}}-COO^- \xrightarrow{H_2O} R_1-\overset{\overset{H}{|}}{\underset{\underset{NH_3}{|}}{C}}-COO^- + R_2-\overset{\overset{H}{|}}{\underset{\underset{NH_3}{|}}{C}}-COO^-$$

Eine derartige Hydrolyse der Peptidbindungen ist ein notwendiger Schritt zur Bestimmung der Aminosäurezusammensetzung und -sequenz von Proteinen. Peptidbindungen können auch durch bestimmte Enzyme hydrolysiert werden, so z. B. durch *Trypsin* und *Chymotrypsin*. Dies sind proteolytische (Protein-auflösende) Enzyme, die zur Verdauung, d. h. zur Hydrolyse von Nahrungsmittelproteinen, in den Darm sezerniert werden. Während Kochen mit Säuren oder Basen alle Peptidbindungen hydrolysiert – unabhängig von der Art oder Sequenz der Aminosäureeinheiten, die sie verbinden – sind Trypsin und Chymotrypsin selektiv in ihrer Katalyse der Peptidhydrolyse. Trypsin hydrolysiert nur diejenigen Peptidbindungen, in denen die Carboxylgruppe von einem Lysin- oder Argininrest stammt. Chymotrypsin dagegen greift nur Peptidbindungen an, in denen die Carboxylgruppe Phenylalanin, Tryptophan oder Tyrosin angehört. Wie wir sehen werden, ist eine derartige selektive enzymatische Hydrolyse bei der Analyse von Aminosäuresequenzen sehr nützlich.

Die andere wichtige chemische Reaktion, die zur Aufklärung der Aminosäuresequenzen von Peptiden verwendet wird, ist die Umsetzung mit 1-Fluor-2,4-dinitrophenol. Wir haben gesehen (Abb. 5-17), daß dieses Reagens mit der α-Aminogruppe einer freien Aminosäure reagiert, wobei 2,4-Dinitrophenylaminosäure gebildet wird. Es reagiert ebenfalls mit der α-Aminogruppe des aminoterminalen Restes von Peptiden jeder Länge unter Bildung von Dinitrophenylpeptiden. Durch diese Reaktion wird der Aminoterminus eines Peptids markiert (Abb. 5-22). In Kapitel 6 werden wir sehen, wie diese und andere Reaktionen zur Markierung des Aminoterminus für die Bestimmung von Aminosäuresequenzen verwendet werden.

Einige Peptide besitzen ausgeprägte biologische Aktivitäten

Zusätzlich zu den Peptiden, die als Produkte der partiellen Hydrolyse von Proteinmolekülen entstanden sind, kommen in lebender Materie viele Peptide in freier Form vor, die nicht mit Proteinstrukturen assoziiert sind. Viele dieser freien Peptide besitzen ausgeprägte biologische Aktivitäten. So gehören viele der bekannten Hormone zu den Peptiden oder Polypeptiden. Hormone sind chemische Boten (Messenger), die von spezifischen Zellen endokriner Drüsen (Pankreas, Hypophyse, Nebennierenrinde) abgegeben und nach dem Transport durch das Blut zur Stimulation bestimmter Funktionen in anderen Geweben oder Organen benutzt werden. Das Hormon *Insulin* wird von den B-Zellen des Pankreas sezerniert und gelangt durch das Blut zu anderen Organen, besonders zur Leber und zur Muskulatur. Dort wird es an Rezeptoren auf der Zelloberfläche gebunden und stimuliert die Fähigkeit dieser Zellen, Glucose als „Brennstoff" im Stoffwechsel zu verwenden. Insulin enthält zwei Polypeptidketten: eine mit 30 und eine mit 21 Aminosäuren. Andere Polypeptid-Hormone sind *Glucagon*, ein Pankreas-Hormon, das dem Effekt von Insulin entgegenwirkt, und *Corticotropin*, ein Hormon des Hypophysen-Vorderlappens, das die Nebennierenrinde stimuliert. Corticotropin besteht aus 39 Aminosäureresten.

Einige Hormone bestehen aus viel kürzeren Peptidketten. Zu ih-

kationische Form (unterhalb von pH = 3)

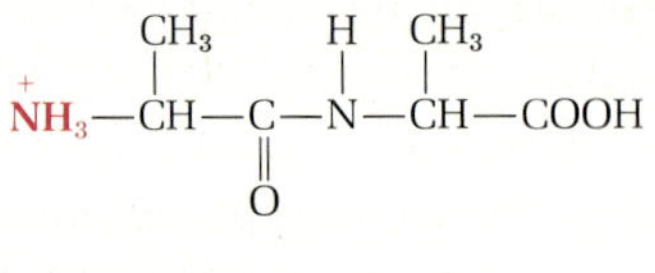

isoelektrische Form

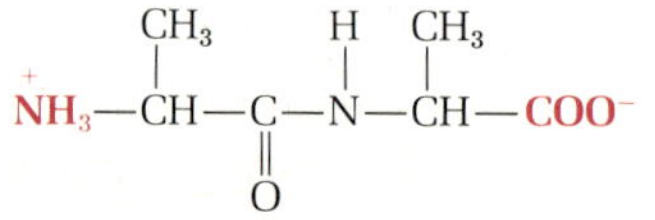

anionische Form (oberhalb von pH = 10)

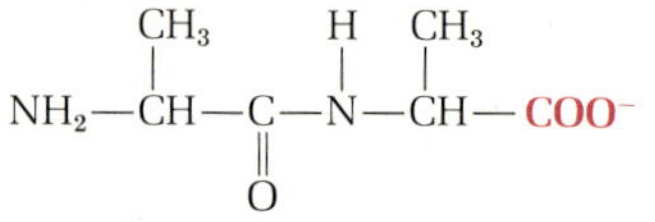

Alanyl-glutamyl-glycyl-lysin, ein Tetrapeptid, das zwei Reste mit ionisierten R-Gruppen besitzt.

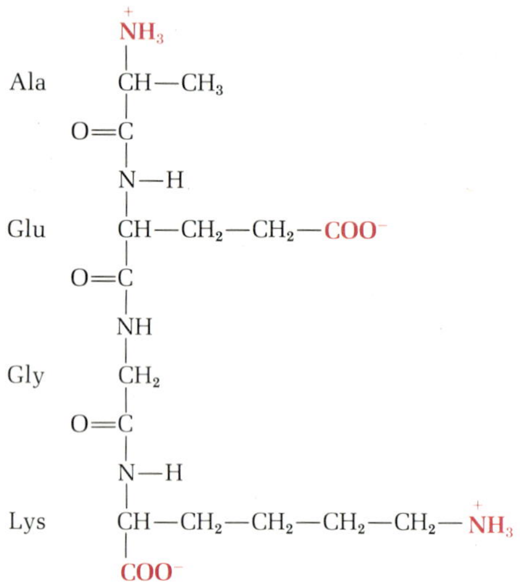

Abbildung 5-21
Ionisation und elektrische Ladung der Peptide. Die bei pH = 6 ionisierten Gruppen sind farbig dargestellt. Die kationischen, isoelektrischen und anionischen Formen des Dipeptids Alanyl-alanin sind oben dargestellt. Unten wird ein Tetrapeptid gezeigt.

nen gehören *Ocytocin* (neun Aminosäurereste), ein vom Hypophysen-Hinterlappen sezerniertes Hormon, das die Kontraktion des Uterus stimuliert, *Bradykinin* (neun Aminosäurereste), ein Hormon, das die Entzündung in Geweben hemmt, und *Thyroliberin (Thyrotropin-freisetzender Faktor;* drei Aminosäurereste), das im Hypothalamus gebildet wird, und die Freisetzung eines weiteren Hormons, *Thyrotropin,* aus dem Hypophysen-Vorderlappen (Abb. 5-23) veranlaßt. Besonders bemerkenswert unter den kurzen Peptiden sind die *Enkephaline;* sie werden im zentralen Nervensystem gebildet. Wenn sich Enkephaline an spezifische Rezeptoren bestimmter Zellen des Gehirns binden, induzieren sie Analgesie, d. h. Schmerzlosigkeit. Enkephaline (das Wort bedeutet „im Kopf") sind „körpereigene Opiate". Sie werden an dieselben Zentren im Gehirn gebunden wie auch Morphin, Heroin und andere suchterzeugende Betäubungsmittel. Einige extrem toxische Pilzgifte, wie *Amanitin,* sind ebenfalls Peptide; desgleichen auch zahlreiche *Antibiotika,* die als Stoffe zur „chemischen Kriegsführung" betrachtet werden können. Sie werden von einigen Mikroorganismen gebildet, sind jedoch für andere toxisch.

Es ist höchst bemerkenswert, daß diese Peptide so starke biologische Wirkungen ausüben, obwohl die Aminosäuren, aus denen sie bestehen, harmlose ungiftige Substanzen sind. Es ist eindeutig die *Sequenz* der Aminosäuren in den Peptiden und Polypeptiden, die ihnen ihre besonderen biologischen Eigenschaften und ihre Spezifität verleiht.

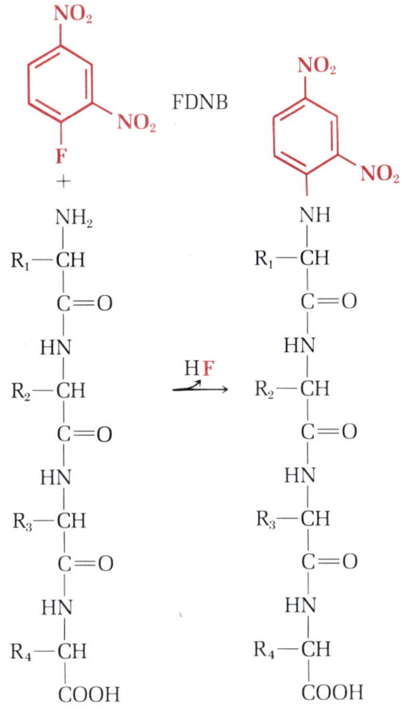

Abbildung 5-22
Markierung des aminoterminalen Restes eines Tetrapeptids mit Hilfe von 1-Fluor-2,4-dinitrobenzol (FDNB).

Zusammenfassung

Die 20 Aminosäuren, die man gewöhnlich als Hydrolyseprodukte von Proteinen findet, enthalten eine α-Carboxylgruppe, eine α-Aminogruppe und eine typische R-Gruppe, die am α-C-Atom substituiert ist. Das α-C-Atom der Aminosäuren (außer Glycin) ist asymmetrisch, und diese können daher in wenigstens zwei stereoisomeren Formen vorkommen. In Proteinen werden nur die L-Stereoisomeren gefunden, die sich vom L-Glycerinaldehyd ableiten. Die Aminosäuren werden nach der Polarität ihrer R-Gruppen klassifiziert. Zu den unpolaren Aminosäuren gehören Alanin, Leucin, Isoleucin, Valin, Prolin, Phenylalanin, Tryptophan und Methionin. Die Klasse der polaren neutralen Aminosäuren umfaßt Glycin, Serin, Threonin, Cystein, Tyrosin, Asparagin und Glutamin. Asparaginsäure und Glutaminsäure sind negativ geladen (sauer), und die Aminosäuren Arginin, Lysin und Histidin sind positiv geladen (basisch).

Monoamino-monocarbonsäuren sind bei einem niedrigen pH-Wert zweibasische Säuren ($^+NH_3CHRCOOH$). Bei Anhebung des pH-Wertes auf etwa 6 (den isoelektrischen Punkt), wird das Proton der Carboxylgruppe abgegeben, und die dipolare oder Zwitterionen-Komponente ($^+NH_3CHRCOO^-$) gebildet, die elektrisch neutral ist. Bei weiterer Erhöhung des pH-Wertes kommt es zu einem Verlust des zweiten Protons unter Bildung der ionisierten Komponente $NH_2CHRCOO^-$. Aminosäuren mit ionisierbaren R-Gruppen können, abhängig vom pH-Wert, in zusätzlichen ionischen Formen existieren. Aminosäuren bilden mit Ninhydrin gefärbte Derivate. Komplexe Mischungen von Aminosäuren können mittels der Elektrophorese oder der Ionenaustauschchromatographie getrennt, indentifiziert und bestimmt werden.

Aminosäuren können kovalent durch Peptidbindungen zu Peptiden verbunden werden, die außerdem durch unvollständige Hydrolyse von Polypeptiden entstehen können. Das Säure-Basen-Verhalten eines Peptids ist die Resultante seiner aminoterminalen Aminogruppe, seiner carboxyterminalen Carboxylgruppe und der ionisierbaren R-Gruppen. Peptide können zu freien Aminosäuren hydrolysiert werden. Der aminoterminale Rest eines Peptids kann mit 1-Fluor-2,4-dinitrophenol reagieren und charakteristische gelbe Derivate ergeben. Einige Peptide kommen frei in Zellen und Geweben vor und haben spezifische biologische Funktionen. Hierbei handelt es sich um Hormone, Antibiotika und andere Agenzien mit hoher biologischer Aktivität.

Aufgaben

1. *Die spezifische Drehung einer Aminosäure aus Wassermelonen.* Die Aminosäure Citrullin wurde zuerst aus Wassermelonen, *Citrullus vulgaris*, isoliert. Sie wird jedoch auch in den meisten Tiergeweben gefunden. Citrullin kommt zwar nicht in Proteinen vor, ist aber eine metabolische Vorstufe von Arginin und von Harnstoff dem End- und Ausscheidungsprodukt des Aminogruppen-Stoffwechsels. Es besitzt folgende Struktur:

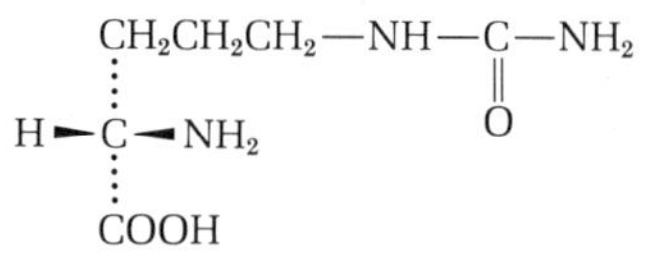

$$
\begin{array}{c}
CH_2CH_2CH_2-NH-C-NH_2 \\
| \quad\quad\quad\quad\quad\quad\quad\quad \| \\
H-C \leftarrow NH_2 \quad\quad\quad\quad O \\
| \\
COOH
\end{array}
$$

Bei 25 °C dreht ein 20 cm langes Röhrchen, das mit 5 proz. Citrullin-Lösung in 0.3 M HCl gefüllt ist, die Ebene des polarisierten Lichts um 1.79° nach rechts. Wie groß ist die *spezifische Drehung* von Citrullin? Kann man aus der spezifischen Drehung von Citrullin ersehen, ob Citrullin eine D- oder L-Aminosäure ist?

2. *Die absolute Konfiguration von Citrullin.* Ist Citrullin aus Wassermelonen (oben abgebildet) eine D- oder L-Aminosäure? Erklären Sie warum?

Bradykinin, ein hormonähnliches Peptid, hemmt Entzündungsreaktionen.

Arg-Pro-Pro-Gly-Phe-Ser-Pro-Phe-Arg

Ocytocin, das vom Hypophysen-Hinterlappen gebildet wird. Der farbig unterlegte Teil ist ein Rest des Glycinamids ($NH_2-CH_2-CONH_2$).

```
    ┌─────S—S─────┐
Cys-Tyr-Ile-Gln-Asn-Cys-Pro-Leu-Gly-NH_2
```

Thyroliberin (= Thyrotropin freisetzender Faktor), der im Hypothalamus gebildet wird.

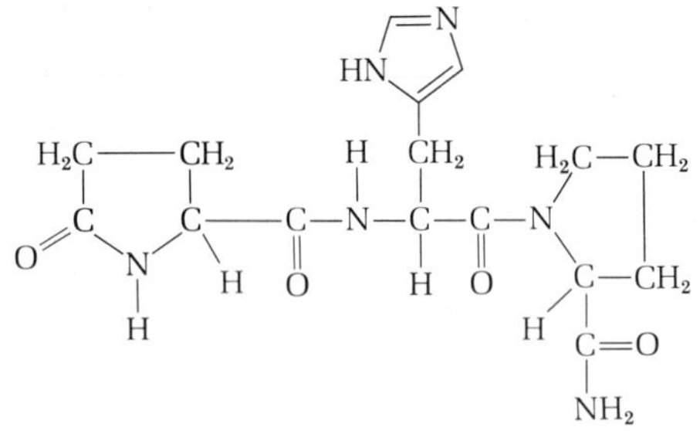

Pyroglutamin- Histidin Prolinamid
säure

Enkephaline, Peptide im Gehirn mit Opiat-ähnlicher Wirkung.

Tyr-Gly-Gly-Phe-Met
Tyr-Gly-Gly-Phe-Leu

Gramicidin S, ein Antibiotikum. Die Pfeile zeigen vom aminoterminalen zum carboxyterminalen Rest. Orn ist die Abkürzung für Ornithin, eine Aminosäure, die in Proteinen nicht vorkommt. Beachten Sie, daß Gramicidin S zwei D-Aminosäurereste enthält.

D-Phe→L-Leu→L-Orn→L-Val→L-Pro
↑   ↓
L-Pro←L-Val←L-Orn←L-Leu←D-Phe

Abbildung 5-23
Einige natürliche vorkommende Peptide mit ausgeprägter biologischer Aktivität. Die aminoterminalen Reste befinden sich jeweils am rechten Ende.

3. *Der Zusammenhang zwischen den Strukturen und chemischen Eigenschaften der Aminosäuren.* Da die Aminosäuren als Bausteine von Proteinen dienen, ist das Verständnis ihrer Strukturen und chemischen Eigenschaften auch von entscheidender Bedeutung für das Verständnis der biologischen Funktionen der Proteine. Die Strukturformeln der Seitenketten bzw. R-Gruppen von 16 der Aminosäuren sind auf der nächsten Seite aufgeführt und numeriert. Ordnen Sie den auf der rechten Seite wiedergegebenen Strukturen die entsprechenden Namen zu: Ala, Arg, Asn, Asp, Cys, Glu, Gly, His, Lys, Met, Phe, Pro, Ser, Trp, Tyr und Val. Ordnen Sie den numerierten Strukturen darüber hinaus auch passende Beschreibung aus der ebenfalls auf der Gegenseite aufgeführten (a bis m) Liste von Eigenschaften der R-Gruppen zu.

Eigenschaften der R-Gruppen

(a) Kleine polare R-Gruppe, die eine Hydroxylgruppe enthält. Diese Aminosäure ist für das aktive Zentrum einiger Enzyme wichtig.
(b) Leistet den geringsten sterischen Widerstand.
(c) Die R-Gruppe hat einen pK'-Wert von ungefähr 10.5, d.h. sie ist beim pH-Wert innerhlab der Zelle positiv geladen.
(d) Schwefelhaltige R-Gruppe; neutral bei allen pH-Werten.
(e) Aromatische R-Gruppe, hydrophob und neutral bei allen pH-Werten.
(f) Gesättigter Kohlenwasserstoff, wichtig für hydrophobe Wechselwirkungen.
(g) Die einzige Aminosäure, die eine ionisierbare R-Gruppe mit einem pK'-Wert um 7 besitzt. Sie ist eine wichtige Gruppe im aktiven Zentrum einiger Enzyme.
(h) Die einzige Aminosäure, die eine substituierte α-Aminogruppe besitzt. Beeinflußt die Faltung der Proteine, indem ein Knick in der Kette erzwungen wird.
(i) Die R-Gruppe hat einen pK'-Wert um 4 und ist daher bei pH = 7 negativ geladen.
(j) Eine aromatische R-Gruppe mit der Fähigkeit, Wasserstoffbrücken auszubilden. Ihr pK'-Wert liegt bei 10.
(k) Bildet Disulfidbrücken zwischen Polypeptidketten; der pK'-Wert ihrer funktionellen Gruppen liegt bei 8.
(l) Hat eine R-Gruppe mit einem pK'-Wert von 12, d.h. sie ist bei allen physiologischen pH-Werten positiv geladen. Ihre positive Ladung ist in einigen Proteinen bei der Bildung negativ geladener Phosphatgruppen wichtig.
(m) Wird diese polare, aber ungeladene R-Gruppe hydrolysiert, so wird diese Aminosäure in eine andere Aminosäure umgewandelt, die bei einem pH-Wert um 7 eine negativ geladene R-Gruppe trägt.

Die Strukturen der R-Gruppen

(1) —H

(2) —CH_3

(3) —CH(CH$_3$)—CH$_3$ (i.e., —CH with two CH$_3$ groups and an H)

(4) —CH_2OH

(5) —CH_2—CH_2—CH_2—

(6) —CH_2—[phenyl]

(7) —CH_2—[indole (NH)]

(8) —CH_2—[phenyl]—OH

(9) —CH_2—C(=O)—O^-

(10) —CH_2—CH_2—C(=O)—O^-

(11) —CH_2—CH_2—S—CH_3

(12) —CH_2—SH

(13) —CH_2—[imidazole (NH)]

(14) —CH_2—CH_2—CH_2—NH—C(=NH_2^+)—NH_2

(15) —CH_2—CH_2—CH_2—CH_2—NH_3^+

(16) —CH_2—C(=O)—NH_2

4. *Der Zusammenhang zwischen der Titrationskurve und den Säure-Basen-Eigenschaften von Glycin.* 100 ml einer 0.1 M Glycin-Lösung (pH = 1.72) wurden mit 2 M NaOH-Lösung titriert. Während der Titration wurde der pH-Wert gemessen; die Resultate sind in der nebenstehenden Abbildung wiedergegeben. Die wesentlichen Punkte der Titrationskurve sind in der Abbildung mit I bis V bezeichnet. Identifizieren Sie für die folgenden Feststellungen die passenden Punkte (I bis V) und begründen Sie ihre Entscheidung.

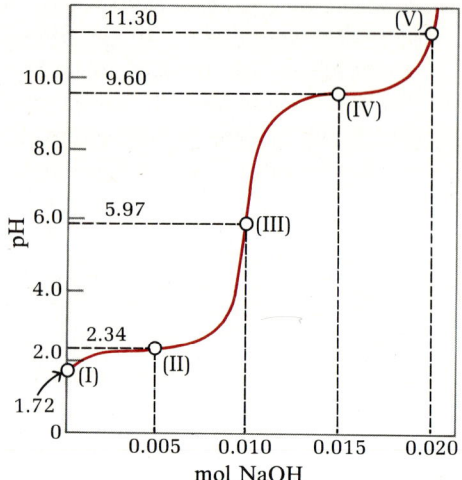

Aufgabe 4

(a) Bei welchem pH-Wert liegt eine 0.1 M Lösung von Glycin in der Form $H_3N^+-CH_2-COOH$ vor?

(b) An welchem Punkt ist die *durchschnittliche* Nettoladung des Glycins + 1/2?

(c) An welchem Punkt ist die Aminogruppe der Hälfte der Glycinmoleküle ionisiert?

(d) An welchem Punkt ist der pH-Wert gleich dem pK'-Wert der Carboxylgruppe am Glycin?

(e) An welchem Punkt ist der pH-Wert gleich dem pK'-Wert der protonierten Aminogruppe ($-{}^+NH_3$) am Glycin?

(f) An welchem Punkt hat Glycin seine maximale Pufferwirkung?

(g) An welchem Punkt ist die *durchschnittliche* Nettoladung am Glycin gleich Null?

(h) An welchem Punkt ist die Carboxylgruppe des Glycins vollständig titriert worden (erster Äquivalenzpunkt)?

(i) An welchem Punkt ist die Hälfte der Carboxylgruppen ionisiert?

(j) An welchem Punkt ist Glycin vollständig titriert worden (zweiter Äquivalenzpunkt)?

(k) An welchem Punkt ist $H_3N^+-CH_2-COO^-$ die vorherrschende Komponente?

(l) An welchem Punkt liegen $H_3N^+-CH_2-COO^-$ und $H_2N-CH_2-COO^-$ in gleicher Konzentration vor?

(m) An welchem Punkt ist die durchschnittliche Nettoladung am Glycin −1?

(n) An welchem Punkt liegen $H_3N^+-CH_2-COOH$ und $H_3N^+-CH_2-COO^-$ in gleicher Konzentration vor?

(o) Welcher Punkt entspricht dem isoelektrischen Punkt des Glycins?

(p) An welchem Punkt ist die *durchschnittliche* Nettoladung am Glycin −1/2?

(q) Welcher Punkt stellt das Ende der Titration dar?

(r) Wenn jemand Glycin als wirksamen Puffer verwenden möchte, welche Punkte würden die *schlechtesten* pH-Werte für eine Pufferung darstellen?

(s) An welchem Punkt bei der Titration ist die vorherrschende Komponente $H_2N-CH_2-COO^-$?

5. *Wieviel Glycin liegt als völlig ungeladene Komponente vor?* Beim isoelektrischen Punkt ist die *Nettoladung* am Glycin gleich Null. Obwohl zwei Strukturen von Glycin mit einer Nettoladung von Null (dipolare und ungeladene Formen) aufgezeichnet werden können (s. Abb.), ist die vorherrschende Form des Glycins am isoelektrischen Punkt dipolar.
   (a) Erklären Sie, warum die Konfiguration des Glycins am isoelektrischen Punkt dipolar, statt völlig ungeladen ist.
   (b) Schätzen Sie den Anteil des Glycins, der am isoelektrischen Punkt als völlig ungeladene Form vorliegt. Begründen Sie Ihre Annahme.

6. *Ionisierungs-Zustände der Aminosäuren.* Jede ionisierbare Gruppe einer Aminosäure kann in zwei Zuständen, geladen und neutral, existieren. Die elektrische Ladung an der funktionellen Gruppe wird durch das Verhältnis zwischen ihrem pK'-Wert und dem pH-Wert der Lösung bestimmt. Dieses Verhältnis wird durch die Henderson-Hasselbalch-Gleichung beschrieben.
   (a) Histidin hat drei ionisierbare funktionelle Gruppen. Schreiben Sie die Gleichungen für die drei Ionisationsstufen auf und geben Sie die Gleichgewichtskonstante (pK') für jede Ionisation an. Zeichnen Sie die Struktur von Histidin in jeder Ionisationsstufe. Wie groß ist die Nettoladung am Histidinmolekül in jeder Stufe?
   (b) Zeichnen Sie die Strukturen des vorherrschenden Ionisations-Zustandes von Histidin bei pH = 1, 4, 8 und 12 auf. Beachten Sie, daß der Ionisations-Zustand jeder ionisierbaren Gruppe einzeln festgelegt werden kann.
   (c) Wie groß ist die Nettoladung des Histidins bei pH = 1, 4, 8 und 12? Geben Sie für jeden pH-Wert an, ob Histidin während einer Elektrophorese zur Anode (+) oder zur Kathode (−) wandert.

7. *Die Herstellung eines Glycin-Puffers.* Glycin wird häufig als Puffer verwendet. Zur Herstellung eines 0.1 M Glycin-Puffers geht man von 0.1 M. Lösungen von Glycin-hydrochlorid ($^+NH_3 - CH_2 - COOHCl^-$) und von Glycin ($^+NH_3 - CH_2 - COO^-$) aus, die kommerziell erhältlich sind. Welche Volumina dieser beiden Lösungen müssen gemischt werden, um 1 l eines 0.1 M Glycin-Puffers mit einem pH-Wert von 3.2 herzustellen?

8. *Die Papierelektrophorese von Aminosäuren.* Ein Tropfen einer Lösung, die eine Mischung aus Glycin, Alanin, Glutaminsäure, Lysin, Arginin und Histidin enthält, wurde in die Mitte eines Papierstreifens gegeben und dieser getrocknet. Das Papier wurde mit einem Puffer von pH = 6.0 benetzt und dann unter Hochspannung gesetzt.
   (a) Welche Aminosäure(n) wanderten zur Kathode?
   (b) Welche Aminosäure(n) wanderten zur Anode?
   (c) Welche blieben bei oder nahe dem Auftragungspunkt?

Aufgabe 5

dipolar (Zwitterion)   ungeladen

9. *Die Trennung von Aminosäuren durch Ionenaustauschchromatographie.* Bei Aminosäureanalysen werden zuerst die Aminosäuregemische durch Ionenaustauschchromatographie in ihre Komponenten aufgetrennt. Ein Teil der Mischung wird auf eine Säule mit Polystyrol-Körnchen, die Sulfonsäuregruppen (s. Abb. 5-14) enthalten, gegeben. Die Säule wird dann mit einer Pufferlösung eluiert. Die Aminosäuren laufen die Säule mit unterschiedlichen Geschwindigkeiten hinunter, weil es zwei bewegungshemmende Faktoren gibt: (1) die ionische Anziehung zwischen den negativ geladenen Sulfonsäureresten des Harzes und den positiv geladenen funktionellen Gruppen, der Aminosäuren – und (2) die hydrophobe Wechselwirkung zwischen den Aminosäure-Seitenketten und dem stark hydrophoben Gerüst der Polystyrolreste. Geben Sie für jedes Aminosäure-Paar der folgenden Liste an, welche der beiden Aminosäuren als erste mit einem pH-7-Puffer von einer Ionenaustauschersäule eluiert (d.h. am wenigsten zurückgehalten wird):
   (a) Asp und Lys
   (b) Arg und Met
   (c) Glu und Val
   (d) Gly und Leu
   (e) Ser und Ala

10. *Die Vielfalt der Tripeptide.* Stellen Sie sich vor, Sie wollten ein Tripeptid aus Glycin-, Alanin- und Serin-Bausteinen synthetisieren.
    (a) Wieviele verschiedene Tripeptide können Sie herstellen, wenn Sie jede der drei Aminosäuren in jeder der drei Positionen anordnen, und wenn Sie jede Aminosäure mehrfach verwenden können?
    (b) Wieviele verschiedene Tripeptide können Sie herstellen, wenn Sie jede Aminosäure nur einmal verwenden?

11. *Die Benennung der optischen Isomere des Isoleucins.* Die Struktur der Aminosäure Isoleucin ist auf der linken Seite dargestellt.
    (a) Wieviele chirale Zentren besitzt sie?
    (b) Wieviele optische Isomere?
    (c) Zeichnen Sie perspektivisch die Formeln für alle optischen Isomere des Isoleucins.
    (d) Wie würden Sie jede dieser Formeln nach dem *RS*-System benennen? (Tip: die CH_3CH_2-Gruppe besitzt eine Valenzdichte zwischen den $C_6H_5^-$- und den CH_3^--Gruppen).

Aufgabe 11

$$\begin{array}{c} COOH \\ | \\ H_2N-C-H \\ | \\ H-C-CH_3 \\ | \\ CH_2 \\ | \\ CH_3 \end{array}$$
Isoleucin

12. *Der Vergleich der pK'-Werte einer Aminosäure und seiner Peptide.* Die Titrationskurve der Aminosäure Alanin zeigt die Ionisation zweier funktioneller Gruppen mit den pK'-Werten 2.34 und 9.69, die der Ionisation der Carboxylgruppe und der Protonierung der Aminogruppe entsprechen. Die Titration von Di-, Tri- und Oligo- (mehr als vier) -peptiden des Alanins zeigt ebenfalls die Ioni-

sation nur zweier funktioneller Gruppen, wenn auch die experimentell gefundenen pK'-Werte unterschiedlich sind. Die Änderung der pK'-Werte mit zunehmender Anzahl der Reste ist in der Tabelle zusammengefaßt.

(a) Zeichnen Sie die Struktur von Ala-Ala-Ala auf. Identifizieren Sie die funktionellen Gruppen, die pK'_1 bzw. pK'_2 zugeordnet werden.

(b) Der Wert von pK'_1 wird von Ala zum Oligopeptid Ala$_4$ zunehmend größer. Erklären Sie dieses Phänomen.

(c) Der pK'_2-Wert wird von Ala zum Oligopeptid Ala$_4$ immer kleiner. Erklären Sie dieses Phänomen ebenfalls.

Aminosäuren oder Peptide	pK'_1	pK'_2
Ala	2.34	9.69
Ala-Ala	3.12	8.30
Ala-Ala-Ala	3.39	8.03
Ala-(Ala)$_n$-Ala, $n \geq 4$	3.42	7.94

Kapitel 6
Proteine: Kovalente Struktur und biologische Funktion

Im vorigen Kapitel untersuchten wir die Aminosäuren – die Einheiten der Proteinstruktur – sowie auch einfache, aus nur wenigen Aminosäuren bestehende Peptide, in denen die Aminosäuren durch Peptidbindungen miteinander verknüpft sind. Wir werden nun die Struktur der Proteine untersuchen, das sind Polypeptide, also lange Ketten aus vielen Aminosäuren-Einheiten.

Proteine sind Substanzen, in denen sich die genetische Information widerspiegelt. So wie es im Zellkern Tausende von Genen gibt, von denen jedes eine charakteristische Eigenschaft des Organismus spezifiziert, so gibt es auch Tausende verschiedener Arten von Proteinen in der Zelle. Jedes besitzt eine spezifische Funktion, die in seinem Gen festgelegt ist. Proteine sind deshalb nicht nur die häufigsten Makromoleküle, sondern auch die vielseitigsten.

Es ist erstaunlich, daß die Proteine aller Spezies – unabhängig von ihrer Funktion oder biologischen Aktivität – aus demselben Satz von 20 Aminosäuren, die ihrerseits keine eigentliche biologische Aktivität besitzen, aufgebaut werden. Was ist wohl die Ursache dafür, daß dem einen Protein eine enzymatische, einem anderen eine hormonelle, und wieder einem anderen eine Antikörper-Aktivität zukommt? Wodurch unterscheiden sie sich chemisch? Ganz einfach: Proteine unterscheiden sich dadurch, daß bei jedem von ihnen die Aminosäurebausteine eine charakteristische *Sequenz* bilden. Die Aminosäuren sind das „Alphabet" der Proteinstruktur; sie können zu einer fast unendlichen Anzahl von Sequenzen und somit zu einer fast unendlichen Anzahl verschiedener Proteine zusammengesetzt werden (Kasten 6-1).

In diesem Kapitel werden wir die *Primärstruktur* der Proteinmoleküle untersuchen; hierunter verstehen wir ihr kovalentes Gerüst, d.h. die Sequenz der Aminosäurereste. Wir werden außerdem einige Beziehungen zwischen der Aminosäuresequenz und der biologischen Funktion untersuchen.

Kasten 6-1 Wieviele Aminosäuresequenzen sind möglich?

Es gibt Tausende verschiedener Proteine in jeder der verschiedenen Spezies, und es gibt vielleicht 10 Millionen verschiedener Spezies. Können wirklich nur 20 Aminosäuren zu 10^{11} oder mehr verschiedenen Sequenzen zusammengesetzt werden?

Die Mathematik kann uns diese Frage beantworten. Von einem Dipeptid, das zwei verschiedene Aminosäuren enthält, können zwei Sequenzisomere existieren. Von einem Tripeptid mit drei verschiedenen Aminosäuren A, B und C sind sechs Sequenz-Anordnungen möglich: ABC, ACB, BAC, BCA, CAB und CBA. Der allgemeine Ausdruck zur Berechnung der Anzahl der möglichen Sequenzen ist $n!$ (sprich: „n-Fakultät"), wobei n die Anzahl der Elemente ist. Für ein Tetrapeptid mit vier verschiedenen Aminosäuren würden wir $4! = 4 \times 3 \times 2 \times 1 = 24$ mögliche Sequenzen erhalten. Für ein Polypeptid mit 20 verschiedenen Aminosäuren (in dem jede nur einmal vorkommen soll), ist die Anzahl von Sequenzen $20! = 20 \times 19 \times 18 \times \ldots \times 1$; dies führt zu der überraschenden Anzahl von 2×10^{18}. Dieses ist jedoch nur ein sehr kleines Polypeptid mit 20 Aminosäureresten und einer relativen Molekülmasse von etwa 2600. Für ein Protein mit $M_r = 34000$, das 12 verschiedene Aminosäuren in gleicher Anzahl enthält, sind mehr als 10^{300} Sequenzen möglich. Wenn wir weiter annehmen, daß dieses Protein aus 20 Aminosäuren in gleichen Mengen aufgebaut wäre, so würde die Zahl möglicher Sequenzen noch sehr viel größer sein. Gäbe es nur ein Molekül von jedem dieser möglichen Sequenzisomeren eines solchen Proteins, würde ihre Masse die Erdmasse weit überschreiten.

Die Zahl der Sequenzen, zu denen 20 Aminosäuren kombiniert werden können, reicht daher nicht nur aus für die Tausende von Proteinen in allen jetzt lebenden Organismen, sondern auch für alle Spezies, die jemals in der Vergangenheit existiert haben oder in der Zukunft existieren werden. Die jetzt lebenden Spezies von Organismen repräsentieren schätzungsweise nur ein Tausendstel von dem, was jemals auf der Erde existiert hat. Die molekulare Logik in den Aminosäuren und Proteinen gewährt reichlich Raum für die biologische Evolution sich immer weiter auseinander entwickelnder Organismen.

Proteine haben viele verschiedene biologische Funktionen

Lassen Sie uns zuerst die Vielfältigkeit der biologischen Funktionen von Proteinen untersuchen. Es ist ein wichtiges Ziel der heutigen Biochemie, herauszufinden, inwieweit die unterschiedlichen Funktionen verschiedener Proteine durch ihre Aminosäuresequenzen ermöglicht werden. Wir können die Proteine je nach ihren biologischen Aufgaben in mehrere Hauptklassen unterteilen (Tab. 6-1).

Enzyme

Die strukturell vielfältigsten und am höchsten spezialisierten Proteine sind die mit katalytischen Aktivitäten, nämlich die Enzyme. Fast alle chemischen Reaktionen organischer Biomoleküle in Zellen werden durch Enzyme katalysiert. Bis heute wurden in den verschiedenen Erscheinungsformen des Lebens mehr als 2000 verschiedene Enzyme entdeckt, die jeweils unterschiedliche Arten chemischer Reaktionen katalysieren.

Transportproteine

Transportproteine binden spezifische Moleküle oder Ionen und transportieren sie im Blutplasma von einem Organ zum anderen. Das Hämoglobin der roten Blutzellen bindet Sauerstoff, während das Blut durch die Lungen hindurchströmt, und transportiert ihn zu den peripheren Geweben. Hier wird der Sauerstoff freigesetzt, um die energieliefernde Oxidation von Nährstoffen auszuführen. Das Blutplasma enthält *Lipoproteine*; sie transportieren Lipide von der Leber zu anderen Organen. Andere Arten von Transportproteinen sind in Zellmembranen anzutreffen. Sie sind dafür eingerichtet, Glucose, Aminosäuren und andere Nährstoffe zu binden und durch die Membran in die Zelle zu transportieren.

Nährstoff- und Speicherproteine

Die Samen vieler Pflanzen speichern Nährstoffproteine, die für das Wachstum der embryonalen Pflanze benötigt werden. Beispiele sind die Samenproteine von Weizen, Mais und Reis. *Ovalbumin*, das wichtigste Protein im Eiklar, und *Casein*, das wichtigste Protein der Milch, sind weitere Beispiele für Nährstoffproteine. Das *Ferritin* in Tiergeweben speichert Eisen.

Kontraktile oder Bewegungsproteine

Einige Proteine verleihen den Zellen und Organismen die Fähigkeit, zu kontrahieren, ihre Form zu verändern, oder sich fortzubewegen. *Actin* und *Myosin* sind filamentöse Proteine, die in den kontraktilen Systemen der Skelettmuskeln vorkommen, aber auch in einigen anderen Zellarten. Ein weiteres Beispiel ist *Tubulin*, das Protein, aus dem Mikrotubuli aufgebaut sind. Mikrotubuli sind wichtige Bestandteile von Geißeln und Cilien (S. 34), mit denen sich Zellen fortbewegen können.

Strukturproteine

Viele Proteine dienen als stützende Filamente, Kabel oder Schichten, um biologischen Strukturen Stabilität und Schutz zu verleihen. Der Hauptbestandteil von Sehnen und Knorpel ist das fibrilläre *Collagen*, ein Protein mit sehr großer Elastizität. Leder ist beinahe reines Collagen. Ligamente enthalten *Elastin*, ein strukturelles Protein, das in zwei Richtungen dehnbar ist. Haare, Fingernägel und Federn bestehen hauptsächlich aus dem festen, unlöslichen Protein *Keratin*. Der Hauptbestandteil von Seidenfasern und Spinnweben ist das Protein *Fibroin*.

Verteidigungsproteine

Viele Proteine schützen den Organismus vor dem Eindringen anderer Spezies oder bewahren ihn vor Verletzungen. Die *Immunglobuline* oder *Antikörper* der Wirbeltiere sind spezialisierte Proteine, die von Lymphozyten hergestellt werden. Sie können eindringende Bakterien, Viren oder fremde Proteine anderer Spezies erkennen, ausfällen (präzipitieren) oder unwirksam machen. *Fibrinogen* und *Throm-*

Tabelle 6-1 Einteilung von Proteinen nach ihrer biologischen Funktion.

Klasse	Beispiele
Enzyme	Ribonuclease
	Trypsin
Transportproteine	Hämoglobin
	Serumalbumin
	Myoglobin
	β_1-Lipoprotein
Nährstoff- und Speicherproteine	Gliadin (Weizen)
	Ovalbumin (Ei)
	Casein (Milch)
	Ferritin
Kontraktile oder Bewegungsproteine	Actin
	Myosin
	Tubulin
	Dynein
Strukturproteine	Keratin
	Fibroin
	Collagen
	Elastin
	Proteoglycane
Verteidigungsproteine	Antikörper
	Fibrinogen
	Thrombin
	Botulinus-Toxin
	Diphtherie-Toxin
	Schlangengifte
	Ricin
Regulatorische Proteine	Insulin
	Wachstumshormon
	Corticotropin
	Repressoren

bin sind Blutgerinnungsproteine. Sie verhindern einen Blutverlust bei Verletzungen des Gefäßsystems. *Schlangengifte, bakterielle Toxine* und toxische Pflanzenproteine – wie das *Ricin* – scheinen auch zur Abwehr zu dienen.

Regulatorische Proteine

Einige Proteine helfen bei der Regulation zellulärer oder physiologischer Funktionen. Unter diesen befinden sich viele *Hormone*, wie *Insulin*, das den Zuckerstoffwechsel reguliert und dessen Fehlen eine Ursache des Diabetes mellitus ist. In diese Gruppe gehört auch das *Wachstumshormon* der Hypophyse und das *Parathormon* der Nebenschilddrüse, welches den Ca^{2+}- und den Phosphattransport reguliert. Andere regulatorische Proteine – *Repressoren* genannt – regulieren die Biosynthese der Enzyme in Bakterienzellen.

Sonstige Proteine

Es gibt zahlreiche andere Proteine, deren Funktion relativ „exotisch" und nicht leicht zu klassifizieren ist. *Monellin*, das Protein aus einer afrikanischen Pflanze, hat einen intensiv süßen Geschmack. Es wird geprüft, ob es als nicht zu Fettansatz führendes, ungiftiges Süßmittel für den täglichen Gebrauch geeignet ist. Das Blutplasma einiger antarktischer Fische enthält *„Frostschutz"-Proteine*, die das Blut vor dem Gefrieren bewahren. Die Flügelgelenke einiger Insekten bestehen aus dem Protein *Resilin*, welches fast vollkommene elastische Eigenschaften besitzt.

Es ist erstaunlich, daß alle diese Proteine mit ihren sehr unterschiedlichen Eigenschaften und Funktionen aus den gleichen Grundelementen, nämlich den 20 Aminosäuren, bestehen.

Proteine können auch nach ihrer Form klassifiziert werden

Proteine können nach ihrer Form und nach bestimmten Charakteristika in zwei große Klassen eingeteilt werden: in globuläre und fibrilläre Proteine (Abb. 6-1). Bei den *globulären Proteinen* sind die Polypeptidketten eng zu kompakten Kugelformen zusammengefaltet. Globuläre Proteine sind gewöhnlich in wäßrigen Systemen löslich und diffundieren leicht. Die meisten haben eine mobile oder dynamische Funktion. Fast alle Enzyme, aber auch Transportproteine des Blutes, Antikörper und nährstoffspeichernde Proteine sind globuläre Proteine. *Fibrilläre Proteine* sind wasserunlösliche, lange, faserige Moleküle, deren Polypeptidketten sich entlang einer Achse erstrecken und nicht zu einer Kugelform gefaltet sind. Die meisten fibrillären Proteine stabilisieren Strukturen oder besitzen Schutzfunktio-

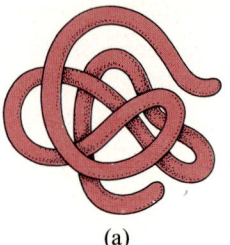
(a)

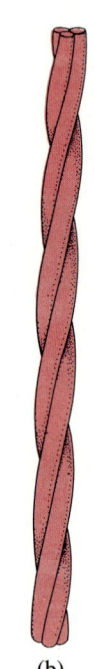
(b)

Abbildung 6-1
Globuläre Proteine und Faserproteine.
(a) In globulären Proteinen sind die Polypeptidketten eng gefaltet. Sie sind normalerweise in wäßrigen Medien löslich.
(b) Im Keratin, dem Faserprotein der Haare, sind die Polypeptidketten entlang einer Achse angeordnet. Diese Zeichnung zeigt drei Keratinmoleküle, die umeinander herum zu einer seilähnlichen Struktur verdrillt sind. Faserproteine sind in Wasser nicht löslich.

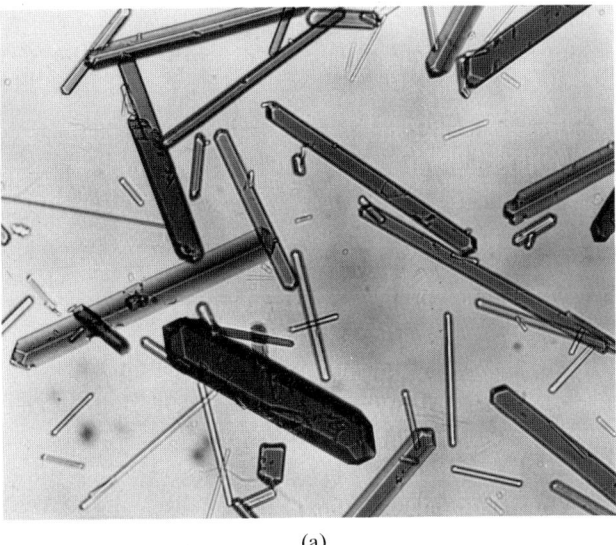
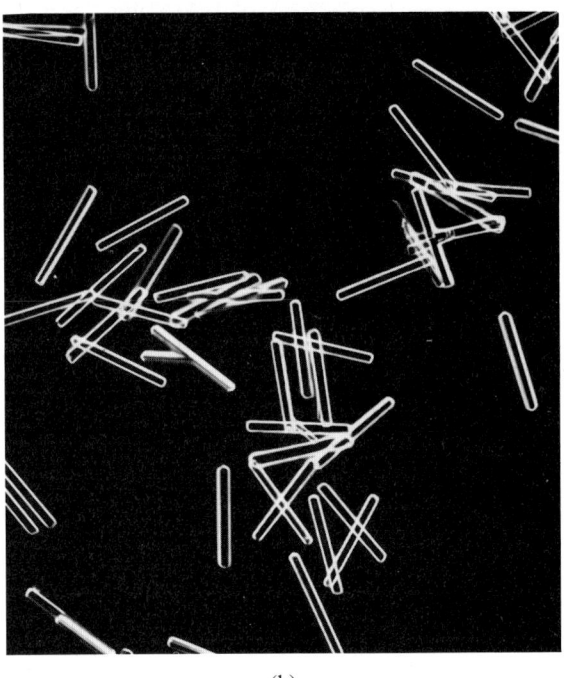

(a)

(b)

Abbildung 6-2
(a) Kristalle von reinem Cytochrom *c* (aus Pferdeherz), einem elektronenübertragenden Protein der Mitochondrien.
(b) Kristalle des Trypsins vom Rind.

nen. Typische fibrilläre Proteine sind das α-*Keratin* der Haare und Wolle, das *Fibroin* der Seide und das *Collagen* der Sehnen.

Wir können zu dieser Klasse auch die fibrillären Proteine zählen, die bei Kontraktionen in Muskelzellen und in einigen anderen Zellarten beteiligt sind, z.B. *Actin* und *Myosin*. In diese Klasse gehören auch die Protofilamente, aus denen Mikrotubuli aufgebaut sind.

Bei der Hydrolyse von Proteinen werden die Aminosäuren freigesetzt

Viele Proteine wurden in reiner kristalliner Form isoliert. Kristallines, reines *Trypsin*, ein in den Darm sezerniertes Verdauungsenzym, sowie *Cytochrom c*, ein elektronentransportierendes Protein der Mitochondrien, sind in Abb. 6-2 dargestellt. Die Hydrolyse von Proteinen sowie einfacher Peptide (S. 125) mit Säuren oder Basen ergibt eine Mischung freier α-Aminosäuren. Diese sind die Bausteineinheiten von Proteinen und Peptiden. Jede Art von Proteinen ergibt bei vollständiger Hydrolyse eine Mischung mit einem charakteristischen Verhältnis der verschiedenen Aminosäuren. Tab. 6-2 zeigt die Zusammensetzung der Aminosäuremischung, die bei der vollständigen Hydrolyse von *Cytochrom c* bzw. *Rinder-Chymotrypsinogen*, der inaktiven Vorstufe des Verdauungsenzyms *Chymotrypsin*, entsteht. Wir sehen, daß diese beiden Proteine mit sehr verschiedenen Funk-

Tabelle 6-2 Aminosäurezusammensetzung zweier Proteine.
Die Daten geben die Anzahl der Reste jeder Aminosäure pro Proteinmolekül an.

Aminosäure	menschliches Cytochrom *c*	Rinder-Chymotrypsinogen
Ala	6	22
Arg	2	4
Asn	5	15
Asp	3	8
Cys	2	10
Gln	2	10
Glu	8	5
Gly	13	23
His	3	2
Ile	8	10
Leu	6	19
Lys	18	14
Met	3	2
Phe	3	6
Pro	4	9
Ser	2	28
Thr	7	23
Trp	1	8
Tyr	5	4
Val	3	23
Summe:	104	245

Tabelle 6-3 Konjugierte Proteine.

Klasse	prosthetische Gruppe	Beispiel
Lipoproteine	Lipide	β_1-Lipoprotein des Blutes
Glycoproteine	Kohlenhydrate	γ-Globolin des Blutes
Phosphoproteine	Phosphatgruppen	Casein der Milch
Hämproteine	Häm (Eisen-Porphyrin)	Hämoglobin
Flavoproteine	Flavinnucleotide	Succinat-Dehydrogenase
Metalloproteine	Eisen Zink	Ferritin Alkohol-Dehydrogenase

tionen sich auch im Anteil der in ihnen enthaltenen Aminosäureeinheiten erheblich unterscheiden. Die 20 Aminosäuren kommen in verschiedenen Proteinen niemals in den gleichen Anteilen vor. In einem bestimmten Protein kommen einige Aminosäuren vielleicht nur einmal pro Molekül vor, in anderen dagegen in großer Anzahl. Außerdem enthält nicht jedes Protein alle üblichen Aminosäuren. Jede Art von Proteinen enthält also eindeutig verschiedene Anteile der Aminosäurebausteine.

Einige Proteine enthalten neben Aminosäuren noch andere chemische Gruppen

Viele Proteine, wie das Enzym Ribonuclease und das Proenzym Chymotrypsinogen, enthalten nur Aminosäuren und keine anderen chemischen Gruppen. Sie werden als *einfache Proteine* bezeichnet. Andere Proteinarten ergeben jedoch bei einer Hydrolyse zusätzlich zu Aminosäuren noch einige andere chemische Komponenten. Diese nennt man *zusammengesetzte oder konjugierte Proteine*: Der zusätzliche Teil eines konjugierten Proteins wird als *prosthetische Gruppe* bezeichnet. Zusammengesetzte Proteine werden auf Grund der chemischen Natur ihrer prosthetischen Gruppe klassifiziert (Tab. 6-3): *Lipoproteine* enthalten Lipide, *Glycoproteine* Zuckergruppen, in *Metalloproteinen* sind Metalle enthalten, wie z. B. Eisen, Kupfer oder Zink. Die prosthetische Gruppe eines Proteins spielt normalerweise eine wichtige Rolle bei seiner biologischen Funktion.

Proteine sind sehr große Moleküle

Wie lang sind die Polypeptidketten in Proteinen? Im menschlichen Cytochrom *c* sind, wie Tab. 6-2 zeigt, 104 Aminosäureeinheiten zu

Tabelle 6-4 Molekulare Daten einiger Proteine.

	M_r	Anzahl der Reste	Anzahl der Ketten
Insulin (Rind)	5733	51	2
Ribonuclease (Rinder-Pankreas)	12640	124	1
Lysozym (Eiklar)	13930	129	1
Myoglobin (Pferdeherz)	16890	153	1
Chymotrypsin (Rinder-Pankreas)	22600	241	3
Hämoglobin (Mensch)	64500	574	4
Serumalbumin (Mensch)	68500	≈ 550	1
Hexokinase (Hefe)	96000	≈ 800	4
γ-Globulin (Pferd)	149900	≈ 1250	4
Glutamat-Dehydrogenase (Rinderleber)	1000000	≈ 8300	≈ 40

einer einzigen Kette zusammengefaßt. Rinder-Chymotrypsinogen besteht aus 245 Aminosäureeinheiten. Die Polypeptide verschiedener Proteine können zwischen 100 bis 1800 – oder noch mehr – Aminosäurereste aufweisen. Proteine sind nicht lediglich Mischungen einer Reihe von Polypeptiden unterschiedlicher Länge, Zusammensetzung oder Sequenz. *Alle Moleküle eines bestimmten Proteins sind in ihrer Aminosäurezusammensetzung, -sequenz und der Länge der Polypeptidkette(n) identisch.*

Einige Proteine enthalten nur eine einzige Polypeptidkette, andere jedoch, die *oligomeren Proteine*, zwei oder mehr (Tab. 6-4). So hat z. B. das Enzym Ribonuclease nur eine Polypeptidkette, Hämoglobin dagegen vier.

Die relative Molekülmasse der Proteine kann durch verschiedene Methoden bestimmt werden. Sie liegt zwischen 12000 – bei kleinen Proteinen wie dem Cytochrom c, das nur 104 Reste besitzt – und 10^6 oder mehr, wie bei Proteinen mit sehr langen oder mit mehreren Polypeptidketten. Die relativen Molekülmassen einiger typischer Proteine sind in Tab. 6-4 wiedergegeben. Zwischen der relativen Molekülmasse von Proteinen und ihrer Funktion lassen sich keine einfachen, allgemeingültigen Beziehungen finden. Die relativen Molekülmassen verschiedener Enzyme können z. B. über einen weiten Bereich streuen.

Wir können die ungefähre Anzahl von Aminosäureresten eines einfachen Proteins ohne prosthetische Gruppe abschätzen, indem wir die relative Molekülmasse durch 110 teilen. Die durchschnittliche relative Molekülmasse der 20 Aminosäuren beträgt zwar etwa 138, aber da die kleinen Aminosäuren in den meisten Proteinen überwiegen, liegt die durchschnittliche relative Molekülmasse eher bei 128. Da ferner bei der Bildung einer Peptidbindung ein Wassermolekül ($M_r = 18$) abgespalten wird, beträgt die durchschnittliche Molekülmasse eines Aminosäurerestes etwa $128 - 18 = 110$. Tab. 6-4 gibt die Anzahl der Aminosäurereste, die in verschiedenen Proteinen enthalten sind, wieder.

Proteine können isoliert und gereinigt werden

Zellen enthalten Hunderte oder sogar Tausende verschiedener Arten von Proteinen. Natürlich ist es notwendig, ein reines Präparat eines gegebenen Proteins zu haben, bevor wir seine Aminosäurezusammensetzung und -sequenz bestimmen können. Wie aber ist es möglich, ein Protein, z. B. ein Enzym, von den Hunderten verschiedenen Proteinarten einer gegebenen Zelle oder eines Gewebeextraktes zu trennen und in reiner Form zu erhalten?

Zunächst einmal können alle Proteine von den niedermolekularen Substanzen, die sich in einem Zell- oder Gewebeextrakt befinden, durch die *Dialyse* abgetrennt werden (Abb. 6-3). Große Moleküle, wie Proteine, werden in einem Schlauch aus einem Material mit ultramikroskopischen Poren, z. B. Zellophan, zurückgehalten. Kleine Moleküle dagegen, z. B. Salze, werden aus einem solchen Schlauch, der einen Zell- oder Gewebeextrakt enthält, und in Wasser gehängt wird, durch die Poren hindurchtreten.

Ist eine Proteinmischung mit Hilfe der Dialyse von den kleinen Molekülen befreit worden, so können die Proteine durch *Gelfiltration* nach ihrer Größe sortiert werden. Bei diesem Vorgang, einer Art von Chromatographie, fließt die Lösung mit der Proteinmischung eine Säule hinab, die mit sehr kleinen porösen Perlen eines stark hydratisierten Polymers gefüllt ist. Die kleineren Proteinmoleküle können in die Poren der Perlen eindringen, und ihr Durchfluß durch die Säule wird deshalb verzögert (Abb. 6-4). Die großen Proteinmoleküle jedoch können nicht in die Poren der Perlen eindringen und fließen schneller in der Säule abwärts. Proteine mittlerer Größe fließen mit mittleren Geschwindigkeiten die Säule hinab je nach ihrem Vermögen, in die Poren einzudringen. Die verwendeten Polymere werden auch als *Molekularsiebe* bezeichnet.

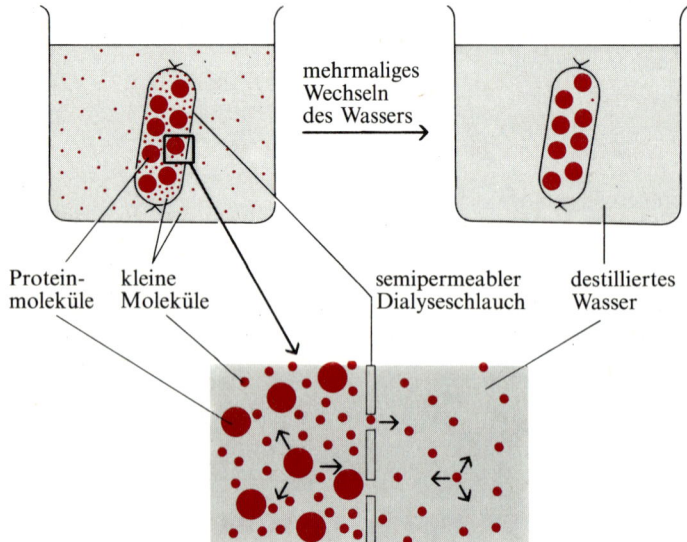

Abbildung 6-3
Dialyse. Eine die Proteinlösung umschließende Membran ermöglicht es Wasser und kleinen gelösten Molekülen – wie Glucose –, sie zu durchdringen, verhindert jedoch, daß große gelöste Moleküle – wie Proteine – hindurchgelangen können. Kleine Moleküle diffundieren aus dem Dialyseschlauch in die äußere Kammer, da Moleküle dazu neigen, in einen Bereich zu diffundieren, in dem ihre Konzentration niedriger ist. Durch mehrmaliges Ersetzen der äußeren wäßrigen Phase durch destilliertes H_2O kann die Konzentration der kleinen in der Proteinlösung gelösten Moleküle sehr stark reduziert werden.

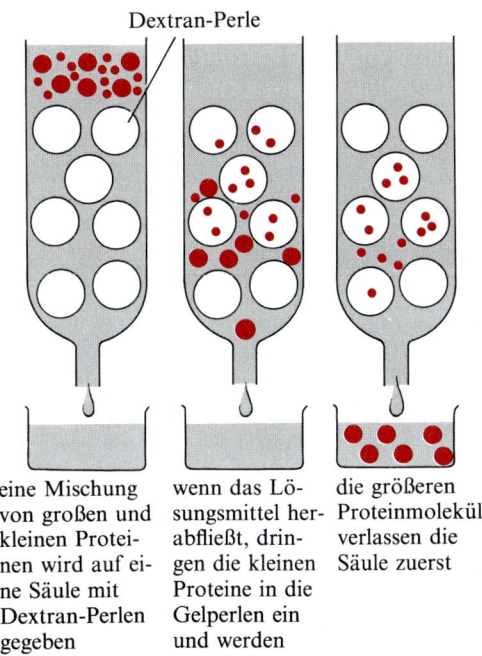

eine Mischung von großen und kleinen Proteinen wird auf eine Säule mit Dextran-Perlen gegeben

wenn das Lösungsmittel herabfließt, dringen die kleinen Proteine in die Gelperlen ein und werden aufgehalten

die größeren Proteinmoleküle verlassen die Säule zuerst

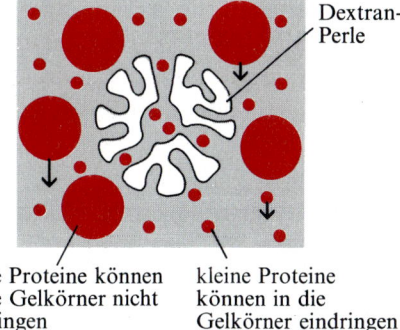

große Proteine können in die Gelkörner nicht eindringen

kleine Proteine können in die Gelkörner eindringen

Abbildung 6-4
Trennung von Proteinen nach ihrer Größe durch Gelfiltration. Die Mischung gelöster Proteine wird über eine Säule mit sehr kleinen porösen Perlen eines hydrophilen Polymers gegeben. Als Polymer wird häufig ein Dextran-Derivat verwendet. Kleine Proteine können in die Perlen eindringen, große jedoch nicht. Die relative Molekülmasse eines gegebenen Proteins kann dadurch bestimmt werden, daß man seine Wanderungsgeschwindigkeit in der Säule mit der anderer Proteine vergleicht, deren relative Molekülmasse bekannt ist.

Proteine können außerdem durch *Elektrophorese* (S. 120) voneinander getrennt werden. Diese Trennung erfolgt nach Vorzeichen und Betrag der elektrischen Ladungen der Proteine, die sie in ihren R-Gruppen sowie den geladenen aminoterminalen und carboxyterminalen Gruppen tragen. Ähnlich wie einfache Peptide haben die Polypeptidketten der Proteine charakteristische *isoelektrische Punkte*, die die relative Anzahl saurer und basischer R-Gruppen widerspiegeln (Tab. 6-5). Bei jedem gegebenen pH-Wert enthält eine Mischung von Proteinen einige mit einer negativen und einige mit einer positiven Nettoladung sowie einige ungeladene Proteine. Bringt man eine solche Mischung in ein elektrisches Feld, so werden sich die Proteine mit einer positiven Ladung zur negativ geladenen Elektrode bewegen und die mit einer negativen Nettoladung zur positiven Elektrode, während sich die ungeladenen nicht bewegen. Außerdem nähern sich Proteinmoleküle mit relativ großer Ladung der Elektrode schneller als die mit relativ geringer Ladung. Häufig wird eine Elektrophorese auf oder in einem Trägermaterial durchgeführt, das entweder aus Papier, Celluloseacetat oder einem hydrophilen Gel besteht, um zu verhindern, daß sich die getrennten Proteine durch Diffusion schnell über die gesamte wäßrige Phase verteilen (Abb. 6-5).

Eine weitere wirkungsvolle Methode zur Trennung von Proteinen ist die *Ionenaustauschchromatographie*. Sie basiert im wesentlichen auf den Unterschieden in der Dichte und im Vorzeichen der elektrischen Ladung der Proteine bei gegebenem pH-Wert. Daher ist die Ionenaustauschchromatographie zur Trennung von Aminosäuren (S. 121), Peptiden (S. 125) oder Proteinen geeignet.

Tabelle 6-5 Der isoelektrische Punkt einiger Proteine.

	Isoelektrischer pH
Pepsin	< 1.0
Ei-Albumin	4.6
Serumalbumin	4.9
Urease	5.0
β-Lactoglobulin	5.2
γ_1-Globulin	6.6
Hämoglobin	6.8
Myoglobin	7.0
Chymotrypsinogen	9.5
Cytochrom *c*	10.7
Lysozym	11.0

Die Abtrennung eines spezifischen Proteins von vielen anderen erfordert eine bestimmte Meßtechnik, um die Reinigungsschritte überwachen zu können. Während der Reinigung eines Enzyms kann man z. B. dessen katalytische Aktivität messen. Diese Aktivität unterscheidet das Protein von allen anderen.

Die Aminosäuresequenz der Polypeptidketten kann bestimmt werden

1953 führten zwei wichtige Entdeckungen in die moderne Ära der Biochemie. In diesem Jahr klärten James D. Watson und Francis Crick an der Cambridge University in England die Doppel-Helix-Struktur der DNA auf und fanden damit die strukturelle Basis zur präzisen Replikation der DNA. Entscheidend war die Idee, daß die Sequenz von Nucleotid-Einheiten in der DNA verschlüsselte genetische Information enthält. In demselben Jahr klärte Frederick Sanger an derselben Universität die Aminosäuresequenz der Peptidketten des Hormons Insulin auf. Das war eine sehr wichtige Entdeckung. Jahrelang galt es als hoffnungslos, die Aminosäuresequenz eines Polypeptids jemals zu entschlüsseln. Auch das Resultat von Sangers Arbeit, die zur gleichen Zeit wie der Vorschlag von Watson und Crick bekannt wurde, deutete auf eine Beziehung zwischen der Nucleotidsequenz der DNA und der Aminosäuresequenz von Proteinen hin. Diese Erkenntnis führte innerhalb eines Jahrzehnts zur Identifizierung der Nucleotid-Codewörter in der DNA und RNA, welche die Aminosäuresequenz von Proteinmolekülen festlegen.

Bis zu Sangers Leistung, die mehrere Jahre in Anspruch nahm, war es nicht einmal sicher, ob alle Moleküle eines gegebenen Proteins eine identische relative Molekülmasse und eine identische Aminosäurezusammensetzung besitzen. Heute sind die Aminosäuresequenzen hunderter verschiedener Proteine aus vielen verschiedenen Spezies bekannt. Die Aminosäuresequenz einer Polypeptidkette wird auch heute noch nach dem von Sanger entwickelten Prinzip bestimmt, jedoch mit vielen Veränderungen und Verbesserungen in den Details. Das Verfahren basiert auf sechs grundsätzlichen Schritten:

Schritt 1: Bestimmung der Aminosäurezusammensetzung

Der erste Schritt besteht in der Hydrolyse aller Peptidbindungen eines gereinigten Polypeptids. Die entstehende Aminosäuremischung wird dann mit Hilfe der Ionenaustauschchromatographie (S. 121) analysiert. So kann man bestimmen, welche Aminosäuren vorhanden sind und in welchen Anteilen.

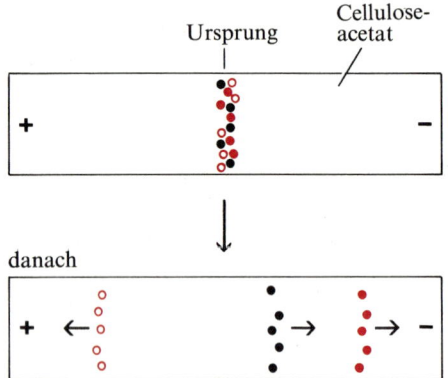

Abbildung 6-5
Elektrophorese einer Mischung von drei Proteinen auf einem Celluloseacetat-Streifen, der mit einem Puffer getränkt ist. Die Enden des Streifens tauchen in die Elektrodenkammern ein. Das Celluloseacetat dient zur Verhinderung der willkürlichen Diffusion der Proteinmoleküle. Die Proteinmischung wird in der Mitte des Streifens aufgetragen und ist dem Gleichstromfeld ausgesetzt, das an den Elektroden angelegt wird. Die drei Proteinmoleküle wandern mit unterschiedlichen Geschwindigkeiten entweder zum positiven oder zum negativen Pol. Die Geschwindigkeit hängt vom pH-Wert des Mediums und den Säure-Basen-Eigenschaften jedes Proteins ab. Am Ende des Vorganges wird die Position der Proteine mit Hilfe eines Farbstoffes, der sich an die Proteine bindet, sichtbar gemacht.

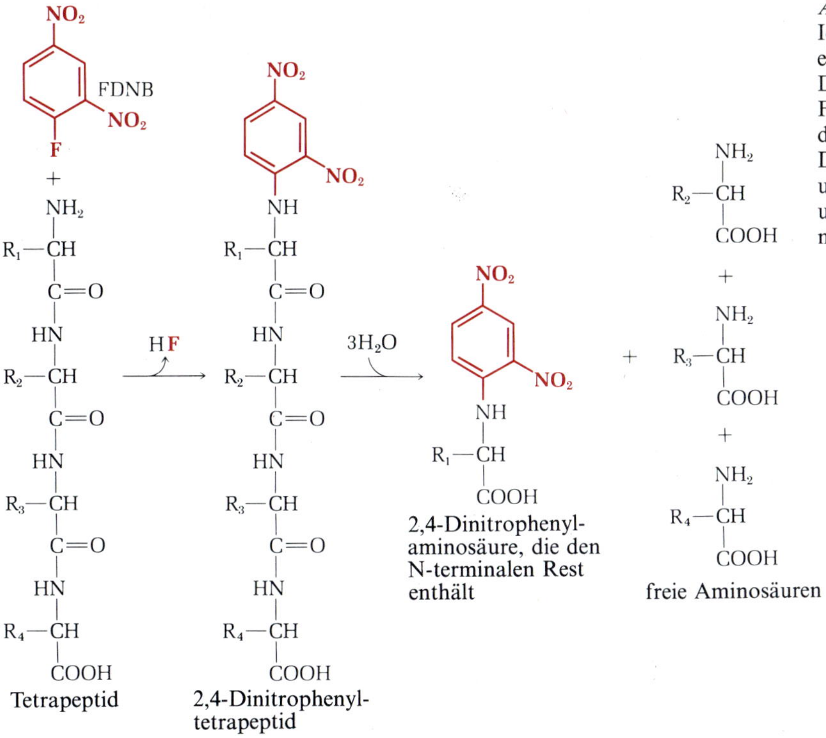

Abbildung 6-6
Identifizierung des aminoterminalen Restes eines Tetrapeptids als 2,4-Dinitrophenyl-Derivat. Das Tetrapeptid reagiert mit 1-Fluor-2,4-dinitrobenzol (FDNB) unter Bildung seines 2,4-Dinitrophenyl-Derivates. Dieses wird dann mit 6M Salzsäure gekocht, um alle Peptidbindungen zu hydrolysieren und das 2,4-Dinitrophenyl-Derivat der aminoterminalen Aminosäure zu erhalten.

Schritt 2: Identifizierung der terminalen Amino- und Carboxylreste

Der nächste Schritt ist die Identifizierung des Aminosäurerests am Ende der Polypeptidkette, der die freie α-Aminosäure trägt, d. h. des aminoterminalen Endes. Für diesen Vorgang entwickelte Sanger das Reagens 1-Fluor-2,4-dinitrobenzol (S. 126). Diese Substanz markiert den aminoterminalen Rest der Kette in Form eines gelben 2,4-Dinitrophenyl (DNP)-Derivates. Hydrolysiert man ein solches DNP-Derivat eines Polypeptids mit Säure, so werden alle Peptidbindungen der Kette hydrolysiert. Die kovalente Bindung zwischen der 2,4-Dinitrophenyl-Gruppe und der α-Aminogruppe des aminoterminalen Restes ist jedoch dieser Behandlung gegenüber unempfindlich. Der aminoterminale Rest liegt daher in dem Hydrolysat als 2,4-Dinitrophenyl-Derivat vor (Abb. 6-6). Dieses Derivat kann leicht von den anderen, unsubstituierten freien Aminosäuren abgetrennt und durch einen chromatographischen Vergleich mit Dinitrophenyl-Derivaten der verschiedenen Aminosäuren identifiziert werden.

Ein weiteres Reagens, das zur Markierung des aminoterminalen Restes verwendet wird, ist *Dansylchlorid* (Abb. 6-7). Es reagiert mit der freien α-Aminogruppe zu einem Dansyl-Derivat. Ein solches Derivat besitzt eine ausgeprägte Fluoreszenz, und es kann daher in viel kleineren Konzentrationen als ein Dinitrophenyl-Derivat erkannt und bestimmt werden.

Auch der carboxyterminale Aminosäurerest eines Polypeptids kann identifiziert werden. Bei einem der Verfahren wird das Poly-

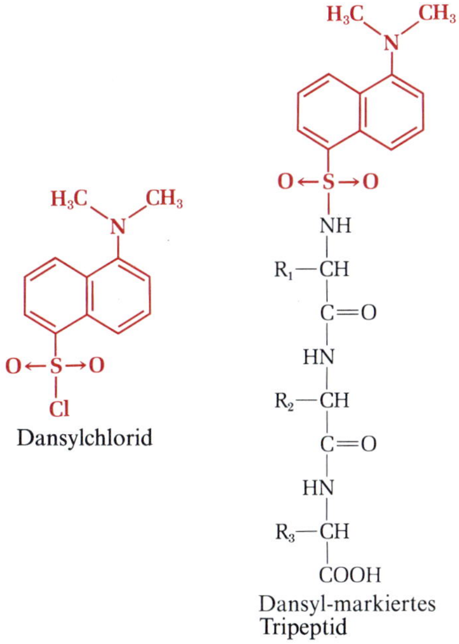

Abbildung 6-7
Kennzeichnung des aminoterminalen Restes eines Tripeptids mit Dansylchlorid. Das Dansyl-Derivat des aminoterminalen Restes kann nach Hydrolyse aller Peptidbindungen abgetrennt und identifiziert werden. Da die fluoreszierende Dansylgruppe in viel kleineren Mengen nachgewiesen werden kann, als die Dinitrophenylgruppe, ist die Dansyl-Methode viel empfindlicher als die Fluordinitrobenzol-Methode.

peptid mit dem Enzym *Carboxypeptidase* inkubiert. Dieses Enzym hydrolysiert zunächst die Peptidbindung am carboxyterminalen Ende der Kette. Man bestimmt nun, welche Aminosäure bei Einwirkung von Carboxypeptidase als erste freigesetzt wird, und kennt damit den carboxyterminalen Rest.

Mit der Identifizierung der amino- und carboxyterminalen Reste des Polypeptids haben wir zwei wichtige Anhaltspunkte für seine Aminosäuresequenz.

Schritt 3: Fragmentierung der Polypeptidkette

Eine weitere Probe des Polypeptids wird nun in kleinere Teile fragmentiert. Die entstandenen kurzen Peptide bestehen durchschnittlich aus 10–15 Aminosäureresten. Diese Fragmente sollen nun getrennt und ihre Sequenzen bestimmt werden.

Für die Fragmentierung der Polypeptidkette stehen mehrere Methoden zur Verfügung. Eine häufig benutzte Methode ist die enzymatische partielle Hydrolyse der Proteine durch das Verdauungsenzym *Trypsin*. Dieses Enzym ist in seiner katalytischen Wirkung sehr spezifisch. Es katalysiert nur die Hydrolyse solcher Peptidbindungen, in denen die Carboxylgruppe entweder vom Lysin- oder einem Argininrest stammt, unabhängig von der Länge oder der Aminosäuresequenz der Kette (Tab. 6-6). Die Anzahl kleinerer Peptide, die durch diese Trypsin-Spaltung entstehen, kann daher aus der Gesamtzahl von Lysin- oder Argininresten im ursprünglichen Polypeptid vorhergesagt werden. Ein Polypeptid mit fünf Lysin- und/oder Argininresten ergibt gewöhnlich bei der Spaltung mit Trypsin sechs kleinere Peptide. Alle – außer einem – dieser entstandenen Peptide besitzen einen Lysin- oder Argininrest an ihrem carboxyterminalen Ende. Die durch die Trypsin-Wirkung erhaltenen Fragmente werden dann voneinander durch Ionenaustauschchromatographie, durch Papierelektrophorese oder durch andere chromatographische Methoden – häufig in zwei Dimensionen ausgeführt – getrennt. So erhält man eine *Peptidkarte* (Abb. 6-8).

Schritt 4: Bestimmung der Sequenzen der Peptidfragmente

Als nächstes wird die Aminosäuresequenz der bei Schritt 3 erhaltenen Peptidfragmente bestimmt. Normalerweise wird hierfür eine von Pehr Edman entwickelte chemische Methode angewendet. Beim *Edman-Abbau* wird jeweils nur der aminoterminale Rest einer Peptidkette markiert und abgetrennt, während alle anderen Peptidbindungen intakt bleiben (Abb. 6-9). Nach Abschluß eines solchen Reaktionscyclus kann dann der nun freigelegte neue aminoterminale Rest in einem neuen Cyclus, in dem die gleiche Folge von Reaktionen wiederholt wird, markiert und abgespalten werden. Mit Hilfe dieses „Rest-für-Rest"-Verfahrens kann man mit dem Edman-Abbau die gesamte Aminosäuresequenz eines Peptids an nur einer ein-

Tabelle 6-6 Die Spezifität von vier wichtigen Methoden zur Fragmentierung von Polypeptidketten.

Behandlung	Spaltungsstellen (Rest, der die Carbonyl-Gruppe der zu spaltenden Peptidbindung stellt)
Trypsin	Lysin Arginin
Chymotrypsin	Phenylalanin Tryptophan Tyrosin
Pepsin	Phenylalanin Tryptophan Tyrosin u.v.a.
Bromcyan	Methionin

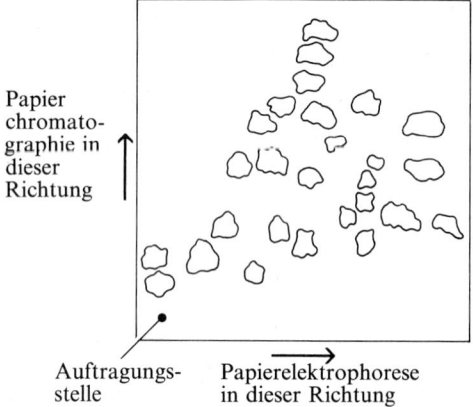

Abbildung 6-8
Zweidimensionale Verteilung, die sich ergibt, wenn normales menschliches Hämoglobin mit Trypsin gespalten wird. Jeder Fleck enthält eines der Peptide. Eine derartige zweidimensionale Karte wird gewonnen, indem eine *Elektrophorese* der Peptidmischung in der *einen* Richtung des Papierquadrates ausgeführt, das Papier getrocknet, und dann eine *chromatographische Trennung* der Peptide in der *anderen* Richtung vorgenommen wird. Keiner der Vorgänge allein würde die Peptide vollständig trennen, aber ihre Kombination ist für die Trennung komplexer Peptidmischungen sehr effektiv.

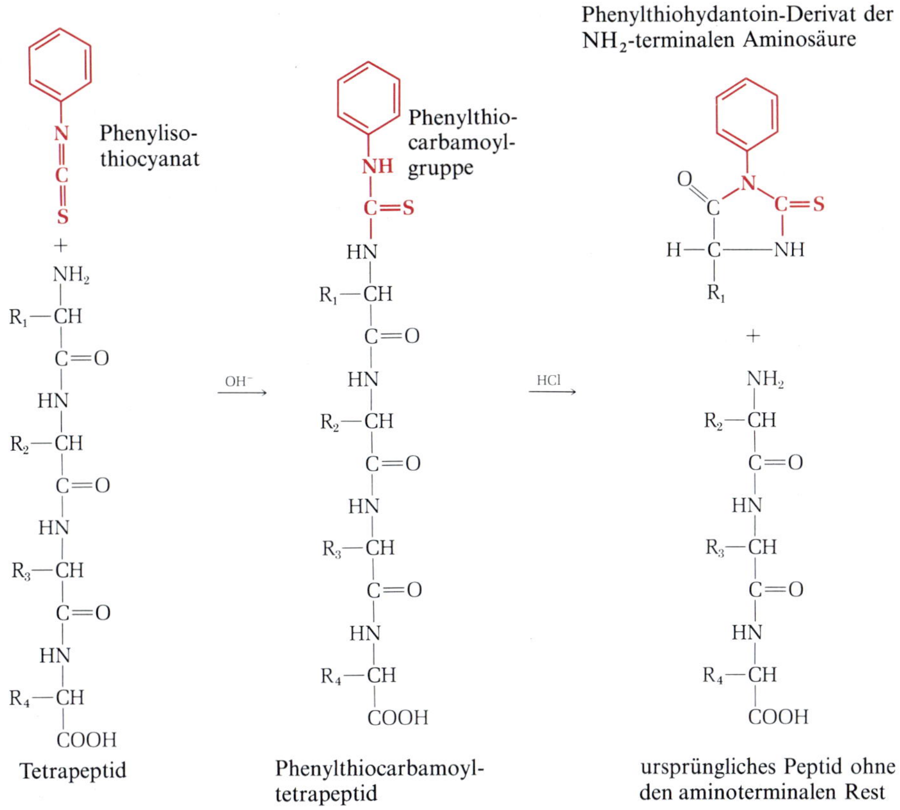

zigen Probe ermitteln. Abb. 6-9 zeigt den Verlauf der Edman-Methode: Das Peptid reagiert zuerst mit *Phenylisothiocyanat*, das sich mit der freien α-Aminogruppe des aminoterminalen Restes verbindet. Mit kalter verdünnter Säure wird der aminoterminale Rest vom Peptid abgespalten und in ein *Phenylthiohydantoin-Derivat* umgewandelt. Dieses kann nun chromatographisch identifiziert werden. Der Rest der Peptidkette bleibt intakt. Das verkürzte Peptid wird einer weiteren Folge dieser Reaktionen unterworfen die zur Identifizierung des nächsten aminoterminalen Restes führt. Die Aminosäuresequenz von Peptiden mit 10 bis 20 Resten kann sehr leicht durch wiederholte Abspaltung aufeinanderfolgender aminoterminaler Reste eines Peptids mit Hilfe dieser „subtraktiven" Methode bestimmt werden.

Alle aus der Reaktion mit Trypsin stammenden Peptidfragmente werden auf diese Weise „sequenziert". Es gilt nun noch herauszufinden, wie diese Trypsinfragmente in der ursprünglichen Polypeptidkette angeordnet waren.

Abbildung 6-9
Schritte des Edman-Abbaus zur Sequenzierung eines Peptids. Das ursprüngliche Tetrapeptid reagiert mit Phenylisothiocyanat und ergibt das Phenylthiocarbamoyl-Derivat des aminoterminalen Restes. Dieses Derivat wird vom Rest des Peptids abgespalten, ohne daß die anderen Peptidbindungen gespalten werden. Es liegt dann das Phenylthiohydantoin-Derivat vor, das chromatographisch identifiziert werden kann. Das zurückbleibende Tripeptid wird nun dem gleichen Reaktionscyclus unterworfen, was zur Identifikation des zweiten Restes führt usw., bis alle Reste identifiziert sind.

Schritt 5: Spaltung der ursprünglichen Polypeptidkette mit Hilfe einer anderen Methode

Um die Reihenfolge der von Trypsin gebildeten Peptidfragmente festzustellen, wird eine weitere Probe des ursprünglichen Polypep-

148 Teil I Biomoleküle

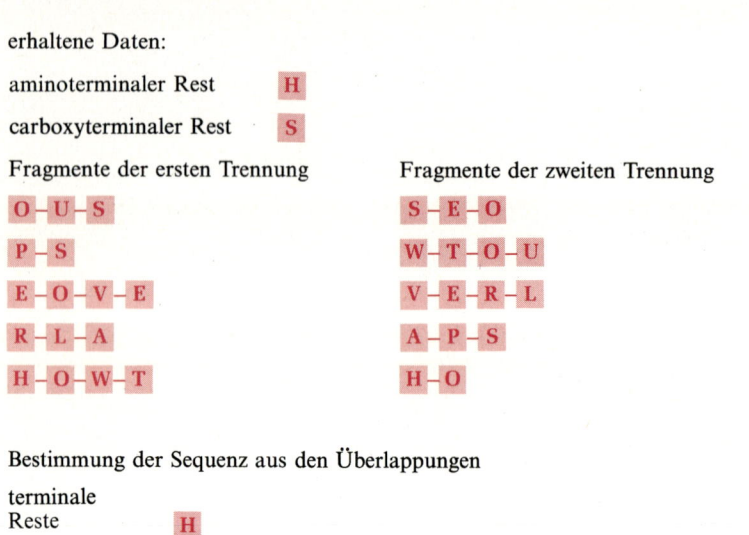
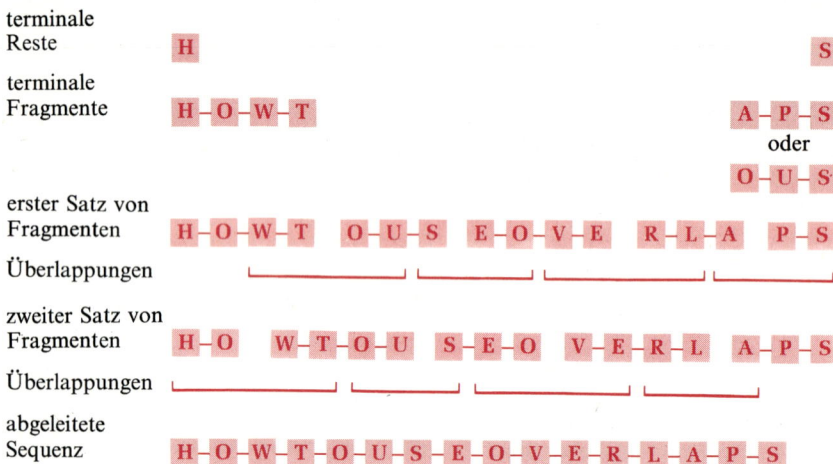

Abbildung 6-10
Einordnung von Peptidfragmenten in ihre richtige Reihenfolge auf Grund von Sequenzüberlappungen. In diesem Beispiel werden bei einem Polypeptid mit 16 Aminosäureresten die amino- und carboxyterminalen Reste bestimmt und dann wird das Polypeptid durch zwei verschiedene Enzyme fragmentiert. Die gewonnenen Daten sind im oberen Teil der Abbildung dargestellt, und die Bestimmung der Sequenz aus den Überlappungen im unteren Teil.

tids in kleine Fragmente gespalten. Hierzu bedient man sich jedoch diesmal einer anderen Methode. Durch sie werden Peptidbindungen an Stellen gespalten, die von Trypsin unberührt blieben. Es ist häufig vorteilhaft, hierfür eine chemische statt einer enzymatischen Methode zu verwenden. Das Reagenz *Cyanogenbromid* ist besonders geeignet. Es spaltet nur die Peptidbindungen, in denen die Carboxylgruppe von einem Methioninrest stammt (Tab. 6-6). Ein Polypeptid mit acht Methioninresten ergibt daher bei der Spaltung mit Cyanogenbromid 9 Peptidfragmente. Die bei diesem Verfahren entstehenden Fragmente werden nun wiederum durch Elektrophorese oder Chromatographie voneinander getrennt. Jedes dieser kleinen Peptide wird dann wie beim Schritt 4 dem wiederholten Edman-Abbau unterworfen, um seine Aminosäuresequenz zu bestimmen.

Wir erhalten nun zwei verschiedene Sätze von Peptidfragmenten; den einen durch Trypsin-Spaltung, den anderen durch chemische Spaltung mit Cyanogenbromid. Außerdem ist uns die Aminosäuresequenz der Peptide in jedem der beiden Sätze von Peptidfragmenten bekannt.

Schritt 6: Anordnen der Peptidfragmente durch Feststellung von Überlappungen

Die Sequenzen der Aminosäuren in jedem der durch die beiden Spaltungsvorgänge gewonnenen Fragmente werden nun verglichen. Man versucht, im zweiten Satz von Peptid-Bruchstücken Sequenzen zu finden, die eine Übereinstimmung oder eine Überlappung mit den Fragmenten des ersten Satzes aufweisen. Dieses Prinzip ist in Abb. 6-10 dargestellt. Die überlappenden Peptide der zweiten Fragmentierung ermöglichen die korrekte Anordnung der Peptidfragmente aus der ersten Spaltung. Die beiden Fragmentsätze lassen sich darüberhinaus wechselseitig auf mögliche Fehler bei der Bestimmung der Aminosäuresequenz bei jedem Fragment untersuchen.

Manchmal ergibt der zweite Satz von zwei oder mehr Peptiden keine Überlappung mit dem ersten. In diesem Fall muß eine dritte oder sogar vierte Spaltungsmethode hinzugezogen werden, um weitere Sätze von Peptiden zu erhalten, welche die notwendige(n) Überlappung(en) zur Vervollständigung der Sequenzanalyse ergeben. So könnte man z. B. die Spaltung des Polypeptids durch andere proteolytische Enzyme wie *Chymotrypsin* oder *Pepsin* vornehmen. Im Vergleich zu Trypsin sind diese Enzyme jedoch in ihrer Wirkung auf Peptidbindungen weniger spezifisch (Tab. 6-6).

Insulin war das erste Protein, dessen Sequenz aufgeklärt wurde

Wir haben jetzt die Gedankengänge und das Vorgehen bei der Bestimmung der Aminosäuresequenz von Polypeptidketten kennengelernt. Nun wollen wir die Resultate betrachten, die Sanger bei der Bestimmung der Aminosäuresequenz des Rinder-Insulins erhalten hat. Sie sind in Abb. 6-11 wiedergegeben. Rinder-Insulin besitzt eine relative Molekülmasse von etwa 5700. Es enthält zwei Polypeptidketten: die A-Kette mit 21 und die B-Kette mit 30 Aminosäureresten. Beide Ketten werden durch zwei Disulfidbrücken zusammengehalten. Eine der Ketten besitzt eine intramolekulare Disulfidbindung. Die beiden Polypeptidketten wurden zuerst durch Spaltung der Disulfidbrücken getrennt. Hierzu verwendete Sanger das Oxidationsmittel *Perameisensäure*. Diese Säure spaltet jeden Cystinrest in zwei *Cysteinreste* (Abb. 6-12), einen in jeder Kette. Die Ketten wurden dann getrennt und die Sequenzen bestimmt. Die Aminosäuresequenz beider Ketten zeigt kein offensichtliches Muster und keine Periodizität irgendeiner der Aminosäuren, und die Sequenzen der beiden Ketten sind recht verschieden.

Die erfolgreiche Bestimmung der Aminosäuresequenz der Insulinketten löste viele weiteren Untersuchungen aus. Sie konzentrierten sich auf die Beziehung zwischen der Insulinstruktur verschiedener Spezies und ihrer stimulierenden Wirkung auf den Glucosestoff-

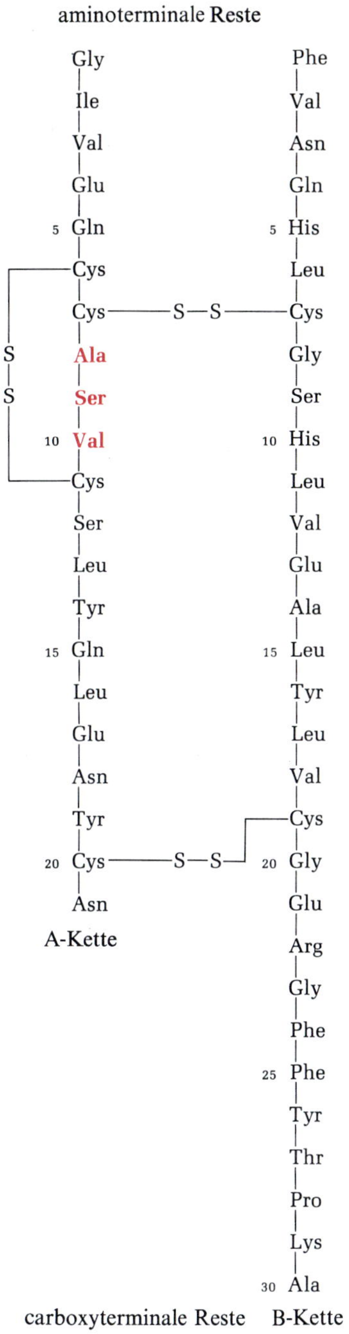

Abbildung 6-11
Die Struktur des Rinder-Insulins. Die Aminosäurensequenz der beiden Ketten und die Querverbindungen sind klar ersichtlich. Die A-Kette des Insulins von Mensch, Schwein, Hund, Kaninchen und Pottwahl ist identisch. Die B-Ketten von Kuh, Schwein, Hund, Ziege und Pferd sind ebenfalls identisch. Die Aminosäure-Substitutionen finden sich für gewöhnlich in der A-Kette in Position 8, 9 und 10 (farbig dargestellt).

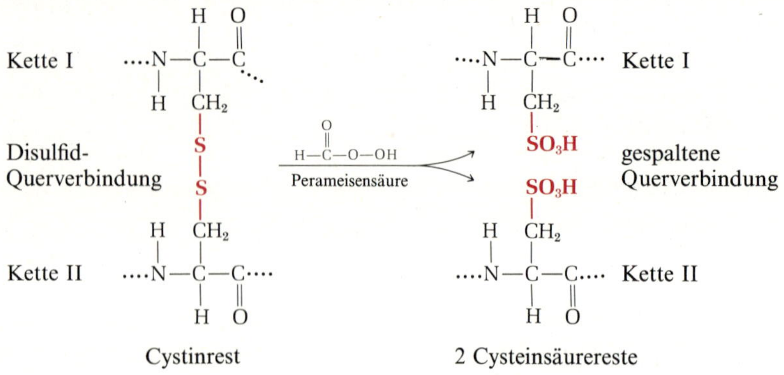

Abbildung 6-12
Spaltung von Cystin-Querverbindungen durch Perameisensäure.

wechsel. Insulin benötigt beide Ketten – die A- und die B-Kette – für seine biologische Aktivität. Auch die Disulfidbrücken müssen intakt sein. Der Verlust von Teilstücken der einen oder anderen Kette durch selektive Spaltung führt zu eingeschränkter, oder sogar zum Verlust der gesamten Aktivität. Das aus dem Pankreas mehrerer Spezies isolierte Insulin, zum Beispiel von Kühen, Schweinen, Schafen und Walen, ist zwar in Menschen hormonell aktiv und wird zur Behandlung bei Diabetes-Patienten verwendet, es ist jedoch mit dem menschlichen Insulin nicht identisch. Auffallend ist aber, daß an bestimmten Positionen in beiden Insulinketten immer die gleichen Aminosäuren enthalten sind, unabhängig von der Spezies, aus der das Insulin gewonnen wurde. An anderen Stellen des Moleküls können sich jedoch die Aminosäuren von einer Spezies zur anderen unterscheiden. Diese Beobachtungen weisen darauf hin, daß die biologische Aktivität des Insulins von den Aminosäuresequenzen ihrer Ketten und auch von den Querverbindungen der Ketten an spezifischen Punkten abhängig ist.

Seitdem wurden die Sequenzen vieler anderer Proteine aufgeklärt

Schon bald nach Sangers Erfolg faßten andere Wissenschaftler den Mut, die Aminosäuresequenz noch längerer Polypeptidketten zu bestimmen. In kurzer Zeit wurde die Aminosäuresequenz des *Corticotropins*, des Hormons des Hypophysenvorderlappens, das die Nebennierenrinde stimuliert, aufgeklärt. Dieses Hormon besitzt eine einzige Kette mit 39 Resten und hat eine relative Molekülmasse von etwa 4600. Ende 1950 wurde die erste Sequenzanalyse eines Enzymproteins, der *Ribonuclease*, von Stanford Moore und William Stein am Rockefeller Institute sowie von Christian Anfinsen und seinen Mitarbeitern an den National Institutes of Health erfolgreich durchgeführt. Rinder-Ribonuclease enthält 124 Aminosäurereste in einer Kette mit vier Disulfidbrücken (Abb. 6-13).

Menschliches Corticotropin

Ser-Tyr-Ser-Met-Glu-His-Phe-Arg-Trp-Gly-$_{10}$
Lys-Pro-Val-Gly-Lys-Lys-Arg-Arg-Pro-Val-$_{20}$
Lys-Val-Tyr-Pro-Asp-Ala-Gly-Glu-Asp-Gln-$_{30}$
Ser-Ala-Glu-Ala-Phe-Pro-Leu-Glu-Phe$_{39}$

Rinder-Ribonuclease

Lys-Glu-Thr-Ala-Ala-Ala-Lys-Phe-Glu-Arg-$_{10}$
Gln-His-Met-Asp-Ser-Ser-Thr-Ser-Ala-Ala-$_{20}$
Ser-Ser-Ser-Asn-Tyr-Cys-Asn-Gln-Met-Met-$_{30}$
Lys-Ser-Arg-Asn-Leu-Thr-Lys-Asp-Arg-Cys-$_{40}$
Lys-Pro-Val-Asn-Thr-Phe-Val-His-Glu-Ser-$_{50}$
Leu-Ala-Asp-Val-Gln-Ala-Val-Cys-Ser-Gln-$_{60}$
Lys-Asn-Val-Ala-Cys-Lys-Asn-Gly-Gln-Thr-$_{70}$
Asn-Cys-Tyr-Gln-Ser-Tyr-Ser-Thr-Met-Ser-$_{80}$
Ile-Thr-Asp-Cys-Arg-Glu-Thr-Gly-Ser-Ser-$_{90}$
Lys-Tyr-Pro-Asn-Cys-Ala-Tyr-Lys-Thr-Thr-$_{100}$
Gln-Ala-Asn-Lys-His-Ile-Ile-Val-Ala-Cys-$_{110}$
Glu-Gly-Asn-Pro-Tyr-Val-Pro-Val-His-Phe-$_{120}$
Asp-Ala-Ser-Val$_{124}$

Die Zeichnung des Ribonuclease-Moleküls zeigt die Positionen der vier Disulfid-Querverbindungen, die von den Cystinresten gebildet werden.

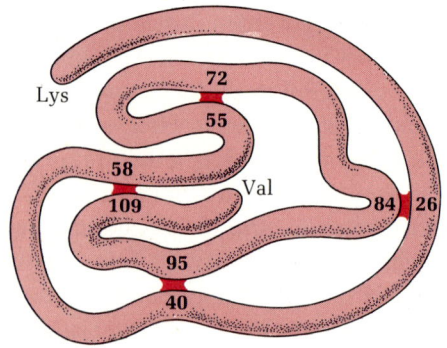

Abbildung 6-13
Die Aminosäuresequenzen des Hypophysenhormons Corticotropin (39 Reste) und der Rinder-Ribonuclease (124 Reste).

Die nächste wichtige Leistung war die Identifizierung der Aminosäuresequenz der beiden Arten von Polypeptidketten im kristallisierten Hämoglobin. Dies war die erste Sequenzanalyse eines oligomeren Proteins. Hämoglobin enthält vier Polypeptidketten, *Globine* genannt; zwei identische α-Globine (je 141 Reste) und zwei identische β-Globine (je 146 Reste). Diese Ketten sind im Hämoglobinmolekül nicht-kovalent miteinander verbunden. Sie werden durch Wasserstoffbindungen und hydrophobe Wechselwirkungen fest aneinander gehalten (Kapitel 7). Die α- und β-Globine wurden getrennt und ihre Sequenz von zwei Arbeitsgruppen in den Vereinigten Staaten und einer in der Bundesrepublik Deutschland bestimmt. Zu den langkettigen Polypeptiden, deren Aminosäuresequenz inzwischen aufgeschlüsselt wurde, gehören Rinder-Trypsinogen (229 Reste), Rinder-Chymotrypsinogen (245 Reste), Glycerinaldehyd-3-phosphat-Dehydrogenase (333 Reste), sowie das aus nur einer Kette bestehende menschliche Serumalbumin (582 Reste).

Die vielen zur Bestimmung der Aminosäuresequenz langer Polypeptidketten notwendigen Schritte und die mühsamen Protokollierungen können heute durch programmierte und automatisierte Analysatoren ausgeführt werden. Selbst der Edman-Abbau wird von einem programmierten Apparat, einem *Sequenator*, durchgeführt. Er mischt Reagenzien in den richtigen Verhältnissen, führt Trennungsvorgänge von Produkten durch, identifiziert diese und protokolliert die Ergebnisse. Derartige Instrumente haben den Zeit- und Arbeitsaufwand bei der Bestimmung der Aminosäuresequenz von Polypeptiden stark herabgesetzt. Außerdem sind diese neuen Methoden äußerst empfindlich. Aminosäuren-Analysatoren können schnell die Menge jeder einzelnen in einem menschlichen Daumenabdruck vorhandenen Aminosäuren bestimmen! Für die Bestimmung einer vollständigen Aminosäuresequenz benötigt man heute nicht mehr als 1 mg eines Proteins.

Homologe Proteine verschiedener Spezies besitzen homologe Sequenzen

Mehrere wichtige Schlußfolgerungen konnten aus Untersuchungen der Aminosäuresequenzen von *homologen* Proteinen verschiedener Spezies gezogen werden. Als homologe Proteine bezeichnet man Proteine, die in verschiedenen Spezies dieselbe Funktion haben. Ein Beispiel hierfür ist das Hämoglobin. Es hat bei den verschiedenen Wirbeltieren dieselbe Funktion, nämlich den Transport von Sauerstoff. Homologe Proteine verschiedener Spezies haben normalerweise Polypeptidketten, die in ihrer Länge fast oder sogar vollständig identisch sind. Viele Positionen in der Aminosäuresequenz homologer Proteine sind bei allen Spezies von derselben Aminosäure besetzt. Sie werden deshalb als *invariante Reste* bezeichnet. An anderen Positionen kann es jedoch von einer Spezies zur anderen beträchtliche Unterschiede zwischen den Aminosäuren geben. Man bezeichnet sie als *variable Reste*. Die Ähnlichkeit in der Aminosäuresequenz homologer Proteine wird *Sequenzhomologie* genannt. Sie ist eine Folge des gemeinsamen evolutionären Ursprungs dieser Tiere.

Die biologische Bedeutung der Sequenzhomologie läßt sich am besten am *Cytochrom c*, einem eisenhaltigen mitochondrialen Protein, veranschaulichen. Cytochrom *c* transportiert Elektronen bei biologischen Oxidationen in eukaryoten Zellen. Die Polypeptidkette dieses Proteins besitzt eine relative Molekülmasse von etwa 12 500 und weist in den meisten Spezies ungefähr 100 Aminosäurereste auf. Die Aminosäuresequenz des Cytochroms *c* ist bei über 60 verschiedenen Spezies bestimmt worden. An 27 Stellen der Kette sind die Aminosäurereste bei allen untersuchten Spezies identisch (Abb. 6-14). Dies weist darauf hin, daß es sich um jene wichtigen Reste handelt, welche die Spezifität der biologischen Aktivität des Cytochroms *c* ausmachen. Die Aminosäurereste an anderen Stellen der Kette können von einer Spezies zur anderen unterschiedlich sein. Eine weitere Schlußfolgerung wurde aus den Resultaten der Sequenzuntersuchungen am Cytochrom *c* gezogen: die Anzahl der Reste, durch die sich zwei beliebige Spezies in ihrer Cytochrom-*c*-Sequenz unterscheiden, ist proportional zu den phylogenetischen Unterschieden zwischen den beiden Spezies. Zum Beispiel unterscheiden sich die Cytochrom-*c*-Moleküle von Pferd und Hefe, zwei verwandtschaftlich sehr weit entfernter Spezies, in 48 Aminosäuren. Bei den Cytochrom-*c*-Molekülen der sehr viel näher verwandten Gattungen Ente und Huhn sind nur zwei Reste verschieden. Die Cytochrom-*c*-Moleküle von Huhn und Pute sind sogar identisch, ebenso wie die Cytochrom-*c*-Sequenzen von Schweinen, Kühen und Schafen. Die Information über die Anzahl unterschiedlicher Reste in homologen Proteinen verschiedener Spezies ermöglicht die Aufstellung von Evolutions-Karten oder Stammbäumen, die den Ursprung und die Reihenfolge der Entwicklung verschiedener Tiere und Pflanzen während der Evolution der Spezies wiedergeben (Abb. 6-14).

Die Immunreaktion kann Unterschiede zwischen homologen Proteinen aufzeigen

Homologe Proteine verschiedener Spezies sind gewöhnlich nicht identisch. Das wurde auch aus Untersuchungen an Proteinen, die als *Antikörper* oder *Immunglobuline* bekannt sind, geschlossen. Antikörpermoleküle treten im Blutserum und in bestimmten Geweben einer Wirbeltier-Spezies als Reaktion auf die Injektion eines *Antigens*, eines körperfremden Moleküls oder Proteins, auf. Jedes Fremdprotein bewirkt die Bildung eines anderen Antikörpers. Diese Reaktion des Organismus, die für das injizierte Protein sehr spezifisch ist, nennt man *Immunreaktion*. Sie bildet die Grundlage der gesamten Immunologie. Antikörpermoleküle, von spezialisierten

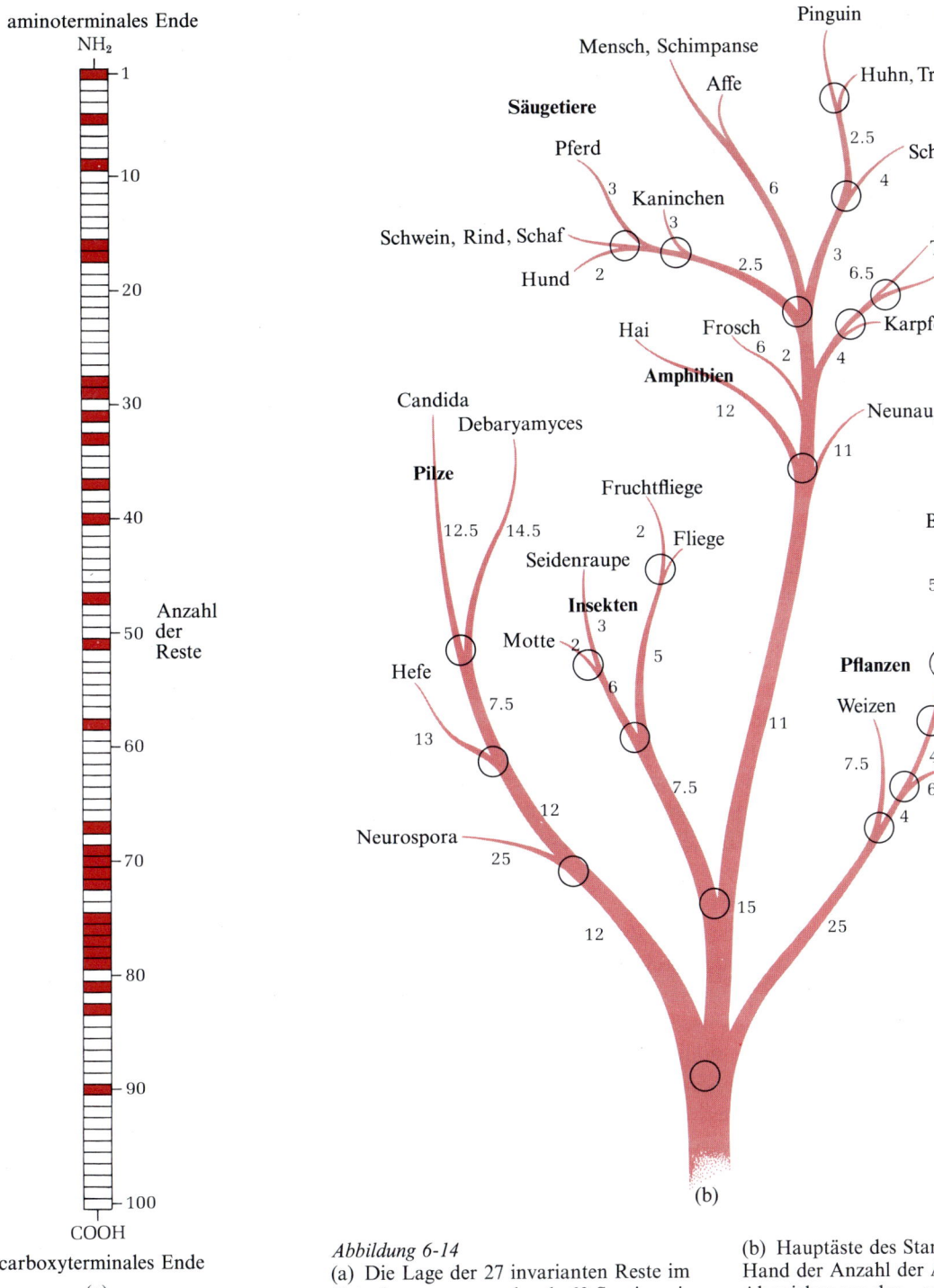

Abbildung 6-14
(a) Die Lage der 27 invarianten Reste im Cytochrom *c* von mehr als 60 Spezies, einschließlich Säugetieren, Fischen, Reptilien, Amphibien, Vögeln, Insekten und anderen wirbellosen Tieren, sowie Pilzen und anderen Pflanzen. Mit zunehmender Anzahl von Spezies, deren Cytochrom *c* untersucht wird, kann die Anzahl der invarianten Reste kleiner werden.

(b) Hauptäste des Stammbaumes, der an Hand der Anzahl der Aminosäure-Abweichungen der – aus den verschiedenen Spezies gewonnenen – unterschiedlichen Cytochrom-*c*-Moleküle aufgestellt wurde. Die schwarzen Zahlen geben die Anzahl der Reste an, in denen sich das Cytochrom *c* einer gegebenen Reihe von Organismen von seinen Vorfahren unterscheidet. Die Kreise stellen Divergenzpunkte in der Evolution dar.

Zellen – den *Lymphozyten* – gebildet, können sich mit dem Antigen, das ihre Bildung hervorgerufen hat, verbinden und einen *Antigen-Antikörper-Komplex* bilden. Eine Immunität gegen Infektionskrankheiten kann häufig dadurch ausgelöst werden, daß kleine Mengen bestimmter makromolekularer Bestandteile, d. h. Antigene, des verursachenden Mikroorganismus oder Virus injiziert werden. Von den Lymphozyten des Wirtes werden dann Antikörper gegen diese fremden Antigene gebildet. Gelangt der Mikroorganismus, der das Antigen lieferte, später in Blut- oder Lymphbahnen des immunisierten Tieres, so neutralisieren oder inaktivieren die von dem Tier gebildeten Antikörper den eindringenden Mikroorganismus oder das Virus, indem sie sich mit seinen Antigen-Komponenten verbinden. Die Immunreaktion erfolgt nur bei Wirbeltieren und ist daher ein relativ neues Produkt der biologischen Evolution.

Die Bildung von Antikörpern kann quantitativ durch eine *Präzipitations-Reaktion* untersucht werden. Ein Empfänger-Wirbeltier, häufig ein Kaninchen, wird gegen ein spezifisches fremdes Protein immunisiert, z. B. gegen Ovalbumin des Hühnereis. Das Blutserum des immunisierten Kaninchens (das *Antiserum*) mit dem gebildeten Antikörper wird dann mit einer kleinen Menge Antigen gemischt, in diesem Fall also mit Ovalbumin. Die Mischung wird trüb und es bildet sich ein Niederschlag, der den Antigen-Antikörper-Komplex enthält. Wird das Blutserum eines nicht immunisierten Tieres mit dem Antigen vermischt, so bildet sich kein derartiger Niederschlag.

Antikörper sind Y-förmige Proteinmoleküle mit vier Polypeptidketten. Sie besitzen Bindungsstellen, die zu spezifischen strukturellen Merkmalen der Antigenmoleküle komplementär gebaut sind. Das Antikörpermolekül besitzt zwei dieser Bindungsstellen; sie ermöglichen die Bildung eines dreidimensionalen Gitters alternierender Antigen- und Antikörpermoleküle (Abb. 6-15).

Antikörper sind sehr spezifisch für das Fremdprotein, das ihre Bildung bewirkt hat. Der Antikörper eines Kaninchens, der gegenüber dem Pferde-Serumalbumin gebildet wurde, wird sich mit letzterem verbinden, jedoch nicht mit anderen Pferde-Proteinen, d. h. zum Beispiel nicht mit Pferde-Hämoglobin. Während die vom Kaninchen gebildeten Antikörper gegen Pferde-Serumalbumin mit diesem am besten reagieren, werden sie bis zu einem gewissen Grad auch mit dem Serumalbumin anderer, dem Pferd verwandter Spezies (Zebra, Kuh, Schwein und anderen Huftieren) reagieren. Die Reaktion mit Serumalbuminen von Nagetieren, Vögeln und Amphibien wird dagegen sehr viel schwächer sein. Diese Beobachtungen stimmen somit völlig mit den Untersuchungen über die Aminosäuresequenzen homologer Proteine überein. Sie zeigen außerdem, daß die Spezifität der Immunreaktion mit der Aminosäuresequenz der Proteine zusammenhängt. Wir werden später andere Eigenheiten der Antikörper kennenlernen. Sie sind von wesentlicher Bedeutung in der Medizin, und sie haben uns Erkenntnisse über die Struktur von Proteinen und die Bedeutung der Gene ermöglicht (Kapitel 30).

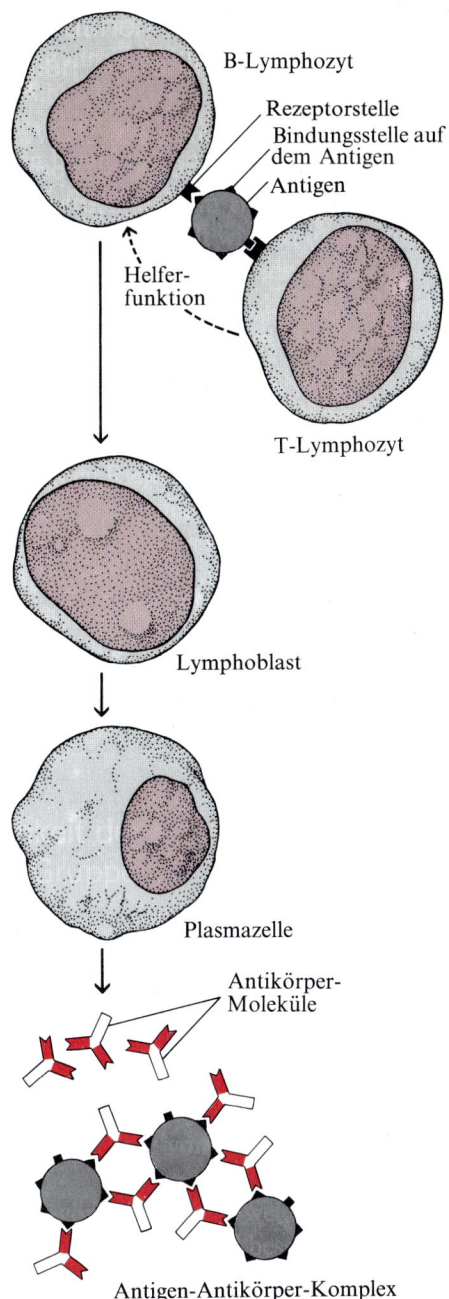

Abbildung 6-15
Die Immunreaktion und die Wirkung von Antikörpern. Tritt ein körperfremdes Makromolekül – besonders ein Protein einer anderen Spezies – in Blut oder Gewebe ein, so ruft es eine Verteidigungsreaktion, die als Immunreaktion bezeichnet wird, hervor. Das fremde Makromolekül – das Antigen – bindet sich an eine spezielle Art von weißen Blutkörperchen – einen B-Lymphozyten – und veranlaßt ihn, sich zu einer Plasmazelle zu entwickeln, die eine große Menge Antikörper gegen dieses Antigen herstellt. Die Bildung der spezifischen Antikörper durch die B-Lymphozyten wird von anderen Zellen, den T-Lymphozyten, unterstützt. Antikörper oder Immunglobuline sind komplexe Proteine mit großen relativen Molekülmassen und enthalten vier Polypeptidketten sowie mehrere Kohlenhydratgruppen. Sie können sich spezifisch mit dem Antigen, das ihre Bildung hervorrief, verbinden, jedoch nicht mit anderen Proteinen. Immunglobuline sind Y-förmig und besitzen zwei Bindungsstellen für das Antigen. Sie können das Antigen durch Bildung eines unlöslichen Aggregates präzipitieren. Jedes Antigen kann die Bildung einer für es spezifischen Art von Antikörpern hervorrufen, die nur dieses Antigen oder eng verwandte Moleküle erkennt und sich mit ihnen verbindet.

Proteine können denaturiert werden

In diesem Kapitel haben wir den Schwerpunkt der Diskussion auf die Bedeutung der Aminosäuresequenz von Proteinen, ihre biologische Aktivität und ihre Spezies-Spezifität gelegt. Es gibt jedoch an Proteinen noch viel mehr zu untersuchen als ihre *Primärstruktur*, womit wir ihr kovalentes Strukturgerüst, d.h. die Aminosäuresequenz, bezeichnet haben. Dies zeigt am besten eine seit langem bekannte Eigenschaft von Proteinen, die wir noch nicht betrachtet haben: Wird die Lösung eines Proteins, zum Beispiel Ei-Albumin, langsam auf 60 bis 70 °C erhitzt, so wird sie allmählich trüb und es bildet sich ein Koagulat. Dieser Vorgang ist von der Zubereitung von verlorenen Eiern bekannt. Das Albumin-enthaltende Eiklar koaguliert beim Erhitzen zu einer weißen festen Masse. Es wird sich auch nach dem Abkühlen nicht wieder zu der klaren Lösung zurückbilden, in der es ursprünglich einmal vorlag. Offenbar ist die durch Erhitzen des Ei-Albumins eingetretene Veränderung irreversibel. Diese durch Hitze ausgelöste Veränderung tritt bei praktisch allen globulären Proteinen auf, unabhängig von ihrer Größe oder biologischen Funktion. Die genaue Temperatur, bei der dieser Vorgang eintritt, kann jedoch verschieden sein. Diese Veränderung an einem Protein, die durch Hitze hervorgerufen wird, bezeichnet man als *Denaturierung*. Proteine in ihrem natürlichen Zustand heißen *native Proteine*; nach der Veränderung nennt man sie *denaturierte Proteine*.

Es gibt eine zweite wichtige Konsequenz der Protein-Denaturierung: das Protein verliert fast immer seine biologische Aktivität. Wenn daher eine wäßrige Lösung eines Enzyms für einige Minuten bis zum Siedepunkt erhitzt und dann abgekühlt wird, so wird das Enzym unlöslich und vor allem nicht mehr katalytisch aktiv sein. Die Denaturierung von Proteinen kann nicht nur durch Hitze erfolgen, sondern auch durch extreme pH-Werte; durch verschiedene mit Wasser mischbare organische Lösungsmittel wie Alkohol oder Aceton; durch bestimmte hochkonzentrierte Lösungen, z. B. von Harnstoff; durch Einwirkung bestimmter Detergentien; oder einfach durch heftiges Schütteln einer Proteinlösung mit Luft, bis Schaum entsteht. Bei all diesen Prozeduren handelt es sich um relativ milde Einwirkungen. Man hat gefunden, daß während der Denaturierung von Proteinen keine kovalenten Bindungen in den Polypeptidketten aufgebrochen werden. Daher ist die charakteristische Aminosäuresequenz der Proteine nach der Denaturierung auch noch intakt. Die biologische Aktivität der meisten Proteine geht jedoch verloren. Wir müssen daraus schließen, daß die biologische Aktivität der Proteine von anderen Faktoren als nur der Aminosäuresequenz abhängig ist.

Was ist das Geheimnis dieses Vorganges? Es ist ganz einfach die Tatsache, daß Proteine außer ihrer Primärstruktur noch höhere Strukturordnungen aufweisen. Kurz gesagt sind die kovalent gebundenen Polypeptidketten nativer Proteine dreidimensional gefaltet, und zwar nach einem Muster, das für jeden Proteintyp charakteristisch ist. Die Art, in der die Kette gefaltet ist, gibt jedem Protein seine charakteristische biologische Aktivität (Abb. 6-16). Wird ein Protein denaturiert, so wird die charakteristische dreidimensionale Anordnung zerstört. Seine Polypeptidketten entfalten sich zu willkürlichen Strukturen, jedoch ohne Veränderung der kovalenten Grundstruktur. Native Proteinmoleküle sind fragil und daher durch Hitze und andere relativ milde Einwirkungen leicht zu verändern.

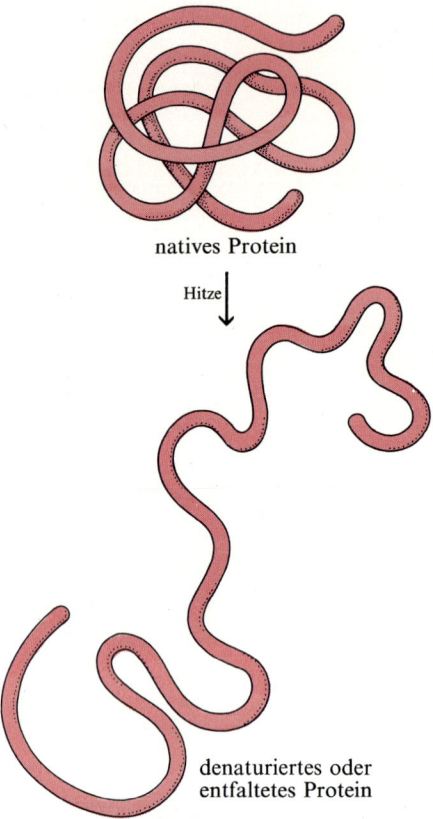

Abbildung 6-16
Hitze und verschiedene andere Bedingungen können native globuläre Proteine denaturieren oder entfalten, ohne ihr kovalentes Gerüst zu zerstören. Das denaturierte Protein kann viele verschiedene willkürliche Formen einnehmen, die normalerweise biologisch inaktiv sind.

Wenn wir versuchen, Proteine zu isolieren, zu reinigen und ihr biologisches Verhalten zu untersuchen, müssen wir sie vorsichtig behandeln, um sie nicht zu denaturieren.

In den nächsten beiden Kapiteln werden wir sehen, wie Polypeptidketten nativer Proteine zu charakteristischen und spezifischen Strukturen gefaltet sind, und wie diese Konformation von der Aminosäuresequenz abhängt.

Zusammenfassung

Proteine sind die in Zellen am häufigsten vorkommenden Makromoleküle. Sie machen über die Hälfte der Trockenmasse aus. Sie bestehen aus sehr langen Polypeptidketten, die 100 bis über 1000 Aminosäure-Einheiten enthalten, die durch Peptidbindungen verbunden sind. Einfache Proteine ergeben bei einer Hydrolyse nur Aminosäuren; konjugierte Proteine dagegen enthalten außerdem einige andere Komponenten: entweder ein Metall-Ion oder eine organische prosthetische Gruppe. Einige Proteine sind faserartig und unlöslich; andere sind globulär mit stark gefalteten Polypeptidketten.

Zellen enthalten Hunderte oder sogar Tausende verschiedener Proteine, jedes mit einer anderen Funktion oder biologischen Aktivität. Dennoch sind alle aus dem gleichen Satz von 20 Aminosäuren aufgebaut. Sie unterscheiden sich aber in der Sequenz ihrer Aminosäure-Einheiten. Die Aminosäuresequenz kann durch Spaltung der Polypeptidketten in kleinere Fragmente ermittelt werden, mit anschließender Bestimmung der Aminosäuresequenz jedes Fragmentes durch den Edman-Abbau. Um die Peptidfragmente in die richtige Reihenfolge zu bringen, braucht man überlappende Peptide. Diese erhält man dadurch, daß man das ursprüngliche Polypeptid nach einem zweiten Verfahren spaltet, bei dem die Spaltungen an anderen Stellen liegen als beim ersten Verfahren. Aus den Aminosäuresequenzen des zweiten Fragmentsatzes werden dann die notwendigen Überlappungen herausgesucht.

Homologe Proteine verschiedener Spezies zeigen eine Sequenz-Homologie, d.h. bestimmte kritische Stellen in den Polypeptidketten homologer Proteine enthalten – unabhängig von der Spezies – dieselben Aminosäuren. An anderen Stellen der homologen Proteine können die Aminosäuren unterschiedlich sein. Je artverwandter die Spezies, desto ähnlicher sind die Aminosäuresequenzen ihrer homologen Proteine. Daher deuten die Sequenzen homologer Proteine auf einen gemeinsamen Ursprung der sie enthaltenden Organismen hin. Unterschiede in den Aminosäuren homologer Proteine repräsentieren Veränderungen, die entstanden, als die verschiedenen Spezies sich während der Evolution auseinanderentwickelten. Ähnliche Schlußfolgerungen sind aus den Ergebnissen von Untersuchungen über die Spezifität von Antikörpern gegenüber Antigenen gezogen worden.

Globuläre Proteine werden normalerweise beim Erhitzen, bei der Einwirkung extremer pH-Werte oder bei der Behandlung mit bestimmten Reagenzien unlöslich und verlieren ihre biologische Aktivität, ohne daß ihre Primärstruktur zerstört wird. Dieser Vorgang, die Denaturierung, beruht auf der Entfaltung der Polypeptidkette(n).

Aufgaben

1. *Wieviele β-Galactosidase-Moleküle gibt es in einer E.-coli-Zelle?* E. coli ist ein stäbchenförmiges Bakterium, 2 km lang und 1 μm im Durchmesser. Werden diese Bakterien auf Lactose kultiviert, so synthetisieren sie das Enzym β-Galactosidase ($M_r = 450000$). Dieses Enzym katalysiert den Abbau von Lactose. Die durchschnittliche Dichte der Bakterienzelle beträgt 1.2 g/ml. 14% ihrer Gesamtmasse besteht aus löslichem Protein, davon ist 1% β-Galactosidase. Berechnen Sie die Anzahl von β-Galactosidase-Molekülen in einer auf Lactose kultivierten *E.-coli*-Zelle.

2. *Die Anzahl von Tryptophanresten in Rinder-Serumalbumin.* Eine quantitative Aminosäureanalyse ergibt, daß Rinder-Serumalbumin 0.58 Gewichtsprozent an Tryptophan enthält. Tryptophan besitzt eine relative Molekülmasse von 204.
   (a) Berechnen Sie den Mindestwert für die relative Molekülmasse des Rinder-Serumalbumins.
   (b) Eine Gelfiltration des Rinder-Scrumalbumins ergibt für die relative Molekülmasse einen ungefähren Wert von 70 000. Wieviele Tryptophanreste sind in einem Molekül des Rinder-Serumalbumins enthalten?

3. *Die relative Molekülmasse der Ribonuclease.* Lysin macht 10.5 Gewichtsprozent der Ribonuclease aus. Berechnen Sie den Mindestwert der relativen Molekülmasse der Ribonuclease. Das Ribonucleasemolekül enthält 10 Lysinreste. Berechnen Sie die relative Molekülmasse der Ribonuclease.

4. *Die elektrische Nettoladung der Polypeptide.* Ein aus dem Gehirn isoliertes Polypeptid besitzt folgende Sequenz:

   Glu – His – Trp – Ser – Tyr – Gly – Leu – Arg – Pro – Gly

   Bestimmen Sie die Nettoladung dieses Peptids bei den pH-Werten 3; 5.5; 8 und 11. Die pK'-Werte der R-Gruppen von Glu, His, Ser, Tyr und Arg betragen 4.3; 6.0; 13.6; 10 und 12.48. Berechnen Sie den isoelektrischen pH-Wert für dieses Peptid.

5. *Der isoelektrische Punkt des Pepsins.* Pepsin des Magensaftes (pH ≈ 1.5) besitzt einen isoelektrischen Punkt von etwa 1. Dieser

liegt nach Tab. 6-5 viel tiefer als bei anderen Proteinen. Welche funktionellen Gruppen müssen in relativ großer Anzahl vorhanden sein, um Pepsin einen so niedrigen isoelektrischen Punkt zu verleihen? Von welchen Aminosäuren können diese Gruppen herstammen?

6. *Der isoelektrische Punkt der Histone.* Histone sind Proteine eukaryoter Zellkerne. Sie sind fest an die Desoxyribonucleinsäure (DNA) gebunden, die viele Phosphatgruppen enthält. Der isoelektrische Punkt der Histone liegt sehr hoch, etwa bei pH = 10,8. Welche Aminosäuren müssen in relativ großer Anzahl in den Histonen kommen? Auf welche Weise tragen diese Reste zur festen Bindung der Histone an die DNA bei?

7. *Die Löslichkeit von Polypeptiden.* Eine Methode zur Trennung von Polypeptiden beruht auf ihrer unterschiedlichen Löslichkeit. Wie bereits im Text erwähnt, hängt die Wasserlöslichkeit großer Polypeptide von der relativen Polarität ihrer R-Gruppen und besonders von der Anzahl der ionisierten Gruppen ab. Je mehr ionisierte Gruppen vorhanden sind, desto löslicher ist das Polypeptid. Bestimmen Sie bei den untenstehenden Polypeptid-Paaren, welche Substanzen die größere Löslichkeit unter den angegebenen Bedingungen aufweist.
   (a) $(Gly)_{20}$ oder $(Glu)_{20}$ bei pH = 7
   (b) $(Lys-Ala)_3$ oder $(Phe-Met)_3$ bei pH = 7
   (c) $(Ala-Ser-Gly)_5$ oder $(Asn-Ser-His)_5$ bei pH = 9
   (d) $(Ala-Asp-Gly)_5$ oder $(Asn-Ser-His)_5$ bei pH = 3

8. *Die Spaltung einer Polypeptidkette durch proteolytische Enzyme.* Trypsin und Chymotrypsin sind spezifische Enzyme, die eine Hydrolyse von Polypeptiden an bestimmten Stellen katalysieren (Tab. 6-6). Die Sequenz der B-Kette des Polypeptidhormons Insulin ist im folgenden dargestellt. Beachten Sie, daß die Cystin-Quervernetzung zwischen der A- und B-Kette durch die Einwirkung von Perameisensäure gespalten wurde (s. Abb. 6-12).

   Phe—Val—Asn—Gln—His—Leu—Cys(O$_3$H)—Gly—Ser—
   His—Leu—Val—Glu—Ala—Leu—Tyr—Leu—Val—
   Cys(O$_3$H)—Gly—Glu—Arg—Gly—Phe—Phe—Tyr—Thr—
   Pro—Lys—Ala

   Kennzeichnen Sie die Stellen der B-Kette, die durch (a) Trypsin und (b) Chymotrypsin gespalten werden.

9. *Die Sequenzbestimmung des Gehirn-Peptids Leucin-Enkephalin.* Eine Gruppe von Polypeptiden, die die Nervenübertragung in bestimmten Bereichen des Gehirns beeinflussen, wurde aus normalem Gehirngewebe isoliert. Diese Polypeptide sind als Opiatähnliche Substanzen bezeichnet worden, weil sie an die gleichen Rezeptoren gebunden werden, die auch Betäubungsmittel wie Morphin und Naloxon binden. Enkephaline ahmen daher einige

Eigenschaften dieser Opiate nach. Einige Wissenschaftler betrachten diese Polypeptide als gehirneigene Analgetica („Schmerztöter"). Bestimmen Sie mit Hilfe der folgenden Information die Aminosäuresequenz des Leucin-Enkephalins. Erklären Sie, warum die von Ihnen angegebene Struktur mit der gegebenen Information übereinstimmt.

(a) Die vollständige Hydrolyse durch 1 M Salzsäure bei 110 °C mit anschließender Aminosäureanalyse ergab ein molares Verhältnis von 2:1:1:1 für Gly, Leu, Phe und Tyr.

(b) Die Behandlung des Polypeptids mit 2,4-Dinitrofluorbenzol sowie anschließender vollständiger Hydrolyse und Chromatographie zeigte das Vorhandensein des 2,4-Dinitrophenyl-Derivates von Tyrosin an. Freies Tyrosin konnte nicht gefunden werden.

(c) Die partielle Hydrolyse des Polypeptids durch Chymotrypsin ergab Leu, Tyr und ein kurzes Peptid. Vollständige Hydrolyse des letzteren mit anschließender Aminosäureanalyse deutete auf das Vorhandensein von Gly und Phe in einem Verhältnis von 2:1 hin.

10. *Die Elektrophorese von Peptiden.* Werden ionisierte Aminosäuren und Peptide in ein elektrisches Feld gebracht, so wandern sie abhängig vom pH-Wert zur Anode oder Kathode (s. Abb. 6-5). Diese Methode wurde vielfach zur Trennung von Peptiden nach ihrer Nettoladung verwendet. Sie ist besonders vielseitig, denn die Nettoladung eines Peptids kann durch Veränderung des pH-Wertes des Mediums variiert werden.

(a) Bestimmen Sie für jede der folgenden Aminosäuren und Peptide die Wanderungsrichtung (Anode oder Kathode) bei dem angegebenen pH-Wert.

(1) Glu (pH = 7)
(2) Glu (pH = 1)
(3) Asp−His (pH = 1)
(4) Asp−His (pH = 10)

(b) Bestimmen Sie den pH-Wert, bei dem die drei Dipeptide Gly-Lys, Asp-Val und Ala-His leicht elektrophoretisch getrennt werden können.

11. *Löslichkeit: „Aussalzen" von Proteinen.*
(a) Die meisten Proteine sind in destilliertem Wasser unlöslich, lösen sich jedoch in verdünnten Salzlösungen. Die Zugabe großer Mengen eines neutralen Salzes zu einer wäßrigen Proteinlösung bewirkt jedoch ein Ausfällen der Proteine. Dieses Phänomen bezeichnet man als „Aussalzen". Die meisten Proteine sind z. B. in 1 M $(NH_4)_2SO_4$ löslich; wird die Konzentration von $(NH_4)_2SO_4$ aber auf 3 M erhöht, so fallen sie aus. Entfernt man das überschüssige $(NH_4)_2SO_4$ durch Dialyse, so lösen sich die Proteine wieder. Geben Sie eine Erklä-

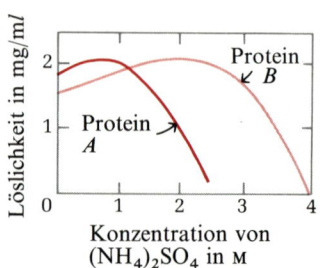

Aufgabe 11

rung auf molekularer Grundlage für die Beobachtung, daß hohe Konzentrationen eines zugesetzten Salzes die Löslichkeit von Proteinen herabsetzen.

(b) Die Löslichkeiten zweier Proteine in Abhängigkeit von der $(NH_4)_2SO_4$-Konzentration sind in der nebenstehenden Abbildung dargestellt. Wie kann diese Information verwendet werden, um Protein A und B zu trennen?

12. *Affinitätschromatographie: eine sehr spezifische und effektive Methode zur Isolierung von Proteinen.* Wegen der Empfindlichkeit vieler Proteine mußten die Biochemiker spezielle Methoden zur Isolierung und Reinigung von Proteinen entwickeln. Viele der konventionellen Methoden, die für organische Verbindungen angewendet werden können, wie z. B. Destillation und Extraktion, waren nicht geeignet. Häufig muß ein Protein bei einer Konzentration von 10^{-3} bis 10^{-6} M aus einer Mischung mit mehreren tausend anderen Verbindungen isoliert werden. Die Technik der Affinitätschromatographie bedeutete einen wichtigen Anstoß für die Isolierung und Reinigung bestimmter Enzyme, Immunglobuline und Rezeptorproteine. Diese Technik verwendet die bekannte Tatsache, daß ein Protein in seiner normalen biologischen Funktion ein anderes spezifisches Molekül – einen Liganden – unter Bildung eines Protein-Ligand-Komplexes sehr fest, aber doch nicht-kovalent und reversibel binden kann.

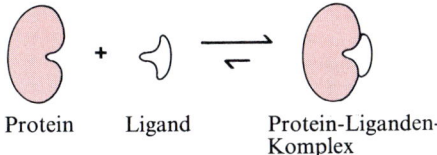

Protein   Ligand   Protein-Liganden-Komplex

Bei dieser Technik wird der Ligand für das zu isolierende Protein kovalent an unlösliche 10 bis 15 μm große Polymeren-Perlen gebunden.

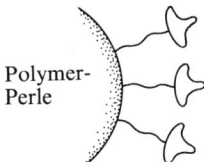

Polymer-Perle

Um das betreffende Protein aus einem Zellextrakt zu isolieren, wird eine Probe des Extraktes auf eine Säule gegeben und diese wiederholt mit einem Puffer gewaschen. Die Säule enthält den gebundenen Liganden. Die einzigen Proteine, die an der Säule zurückgehalten werden, sind die, die eine große Affinität für den an die Säule gebundenen Liganden besitzen. Die übrigen Proteine werden einfach weggewaschen. Da die Affinität und Spezifität des Proteins für seinen Liganden sehr hoch ist, kann häufig ein in winzigen Mengen vorkommendes spezifisches Protein in einem

einzigen Schritt aus einem Zellextrakt, der hunderte verschiedener Proteine enthält, isoliert und gereinigt werden.
Wie bekommt man das zurückgehaltene Protein von der Affinitätssäule in reiner Form herunter? Erklären Sie Ihren Vorschlag.

13. *Die Struktur eines antibiotischen Polypeptids aus Bacillus brevis.* Extrakte von *Bacillus brevis* enthalten ein Peptid mit antibiotischen Eigenschaften. Derartige Peptid-Antibiotika bilden mit Metall-Ionen Komplexe und unterbrechen offenbar den Ionentransport durch Zellmembranen. Dabei töten sie bestimmte Bakterien-Spezies ab. Die Struktur des Polypeptids wurde aus den folgenden Beobachtungen erschlossen:

(a) Die vollständige Säurehydrolyse der Peptide, gefolgt von einer Aminosäureanalyse, ergab äquimolare Mengen an Leu, Orn, Phe, Pro und Val. Ornithin (Orn) ist eine Aminosäure, die nur in einigen Peptiden enthalten ist. Sie besitzt folgende Struktur:

$$\overset{+}{N}H_3-CH_2-CH_2-CH_2-\underset{\underset{+}{NH_3}}{\overset{H}{\underset{|}{C}}}-CO_2^-$$

(b) Die Messungen der relativen Molekülmasse ergaben einen ungefähren Wert von 1200.

(c) Die Peptide ließen sich durch Carboxypeptidase nicht hydrolysieren.

(d) Behandlung des intakten Polypeptids mit Fluordinitrobenzol, gefolgt von einer vollständigen Hydrolyse und Chromatographie, ergab nur freie Aminosäuren und das folgende Derivat:

$$O_2N-\underset{}{\underset{}{\bigcirc}}\overset{NO_2}{-}NH-CH_2-CH_2-CH_2-\underset{\underset{+}{NH_3}}{\overset{H}{\underset{|}{C}}}-CO_2^-$$

(Tip: Beachten Sie, daß das 2,4-Dinitrophenyl-Derivat die Aminosäure der Seitenkette anstatt des üblichen α-Stickstoffes bevorzugt).

(e) Die partielle Hydrolyse des Polypeptids mit anschließender chromatographischer Trennung und Sequenzanalyse ergab die untenstehenden Di- und Tripeptide (die aminoterminale Aminosäure steht immer links).

Leu — Phe   Phe — Pro   Phe — Pro — Val
Val — Orn — Leu   Orn — Leu   Val — Orn
Pro — Val — Orn

Leiten Sie mit Hilfe dieser Information die Aminosäuresequenz des antibiotischen Polypeptids ab. Stellen Sie ihre Überlegungen dar. Haben Sie eine Struktur erkannt, so zeigen Sie, daß die von Ihnen vorgeschlagene Struktur mit jeder der obengenannten experimentellen Beobachtungen übereinstimmt.

Kapitel 7
Faserproteine

Proteine können in zwei Hauptgruppen unterteilt werden: in *Faserproteine* oder *Skleroproteine,* deren Polypeptidketten zu langen Strängen oder Netzen angeordnet sind, und in *globuläre Proteine,* deren Polypeptidketten eng in kugelartige Formen gefaltet sind. In diesem Kapitel werden wir die dreidimensionale Struktur der Faserproteine oder fibrillären Proteine untersuchen. Vom biologischen Standpunkt aus spielen Faserproteine in der Anatomie und Physiologie der Tiere eine sehr wichtige Rolle. Sie können ein Drittel, oder sogar mehr, der gesamten Körperproteine großer Wirbeltiere ausmachen. Sie sind die Hauptbestandteile der äußeren Hautschicht, sowie von Haaren, Federn, Nägeln und Hörnern. Sie dienen somit dem Schutz vor äußeren Einwirkungen. Faserproteine besitzen außerdem stützende sowie formgebende Eigenschaften; sie sind die wichtigsten organischen Komponenten im Bindegewebe, einschließlich der Sehnen, des Knorpels, Knochens und der unteren Hautschichten.

Es gibt einen weiteren Grund, Faserproteine zuerst zu besprechen: sie besitzen eine einfachere Struktur als globuläre Proteine. Dieser Umstand ermöglichte die Bestimmung der dreidimensionalen Struktur der Faserproteine durch Röntgenanalyse. Dieser bahnbrechende Fortschritt stellte nicht nur eine Möglichkeit dar, neue Einsichten in die Struktur und Funktion der Faserproteine zu erhalten, sondern er lieferte gleichzeitig auch den Schlüssel zur Röntgenanalyse der Struktur und Funktion globulärer Proteine.

Konfiguration und Konformation sind nicht das gleiche

In diesem und im folgenden Kapitel werden wir die dreidimensionale Anordnung von Polypeptidketten diskutieren. Daher müssen wir zuerst zwei häufig verwendete Begriffe definieren, die sich auf die räumliche Anordnung der Moleküle beziehen: *Konfiguration* und *Konformation.* Diese beiden Begriffe sind *keine* Synonyme. Die Konfiguration beschreibt die festgelegte räumliche Anordnung eines organischen Moleküls, die ihm durch zwei Phänomene verliehen wird: (1) durch *Doppelbindungen,* um die es keine Rotationsfreiheit gibt, und (2) durch *chirale Zentren,* um welche die Substituentengruppen in einer spezifischen Sequenz angeordnet sind. Abb. 7-1 zeigt die Konfiguration der Fumarsäure, einer Zwischenstufe des Zucker-Stoffwechsels, sowie ihr Isomer, die *Maleinsäure*, die in einigen Pflanzen vorkommt. Diese Verbindungen sind *geometrische* oder cis-*trans*-Isomere. Sie unterscheiden sich in der Anordnung ihrer Substituentengruppen an den Doppelbindungen. Fumarsäure ist das *trans*-Isomere und Maleinsäure das *cis*-Isomere. Beide sind jedoch gut definierte Verbindungen, die in reiner Form isoliert werden können. Abb. 7-1 zeigt außerdem die L- und D-Isomere des Alanins (S. 59 u. 108), bei denen die Substituentengruppen zwei verschiedene Konfigurationen um ein chirales Zentrum besitzen. *Die wesentliche Eigenschaft von Konfigurations-Isomeren besteht darin, daß sie nur durch Aufbrechen einer oder mehrerer konvalenter Bindungen ineinander umgewandelt werden können.*

geometrische (*cis-trans-*) Isomere

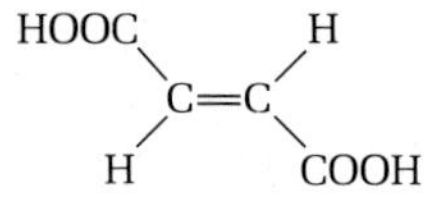

Fumarsäure (*trans*)

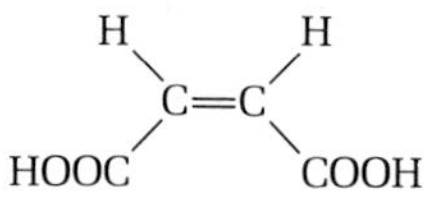

Maleinsäure (*cis*)

optische Isomere
(Enantiomere)

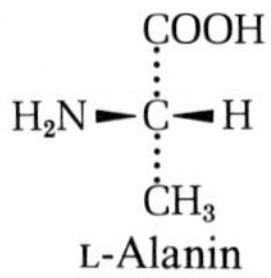

L-Alanin

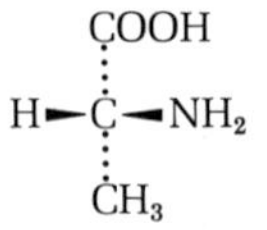

D-Alanin

Abbildung 7-1
Konfiguration von Stereoisomeren. Derartige Isomere können nicht ineinander überführt werden, ohne daß kovalente Bindungen aufgebrochen werden.

Der Begriff *Konformation* bezieht sich auf die räumliche Anordnung von Substituentengruppen organischer Moleküle, die wegen der Rotationsfreiheit um ihre Kohlenstoff-Kohlenstoff-Einfachbindung verschiedene räumliche Positionen einnehmen können, ohne irgendwelche Bindungen aufzubrechen. In dem einfachen Kohlenwasserstoff *Ethan* existiert z. B. völlige Rotationsfreiheit um die C-C-Einfachbindung. Deshalb sind viele verschiedene Konformationen des Ethan-Moleküls möglich, abhängig von der Stellung der beiden CH_3-Gruppen zueinander; sie können aber alle durch Rotation ineinander übergehen. Die *gestaffelte* Konformation des Ethans (Abb. 7-2) ist stabiler als alle anderen und überwiegt daher.

Die *ekliptische* Form dagegen ist am wenigsten beständig. Es ist nicht möglich, eine der beiden Konformeren getrennt zu isolieren, da sie ständig ineinander übergehen und im Gleichgwicht miteinander stehen. Nach den in Abb. 7-2 wiedergegebenen Modellen können wir jedoch vorhersagen, daß durch Ersetzen eines oder mehrerer Wasserstoffatome an den beiden Kohlenstoffen des Ethans durch entweder sehr große oder aber elektrisch geladene funktionelle Gruppen die Rotationsfreiheit um die C-C-Einfachbindung herum eingeschränkt und somit die Anzahl möglicher Konformationen des Ethans limitiert werden müßte.

Erstaunlicherweise besitzen natürliche Proteine nur eine oder wenige Konformationen

Das kovalente Grundgerüst der Polypeptidketten enthält nur Einfachbindungen; deshalb würden wir erwarten, daß die Polypeptide die Fähigkeit haben, eine unendliche Anzahl von Konformationen einzunehmen. Außerdem könnten wir wegen der thermischen Bewegung und der willkürlichen Rotation der Kettensegmente um jede Einfachbindung des Gerüstes herum eine fortwährende Veränderung der Polypeptid-Konformation erwarten. Es mag daher überraschen, daß die Polypeptidkette eines natürlichen Proteins bei normalen biologischen Temperatur- und pH-Bedingungen nur eine (oder nur einige wenige) räumliche Konformationen aufweist. Diese *natürliche oder native Konformation* ist hinreichend stabil, um das Protein mit intakter biologischer Aktivität isolieren zu können, wenn es vorsichtig behandelt wird, so daß es nicht denaturiert, d. h., daß sich die Peptidketten nicht entfalten. Diese Tatsache spricht dafür, daß Einfachbindungen im Grundgerüst nativer Proteine keine Rotationsfreiheit besitzen. Wir werden sehen, daß dies tatsächlich so ist. Zuerst soll jedoch ein Überblick über die Biologie der *Keratine* gegeben werden, das sind die Faserproteine, deren Struktur den Schlüssel zur Erforschung der Konformation der Proteine lieferte.

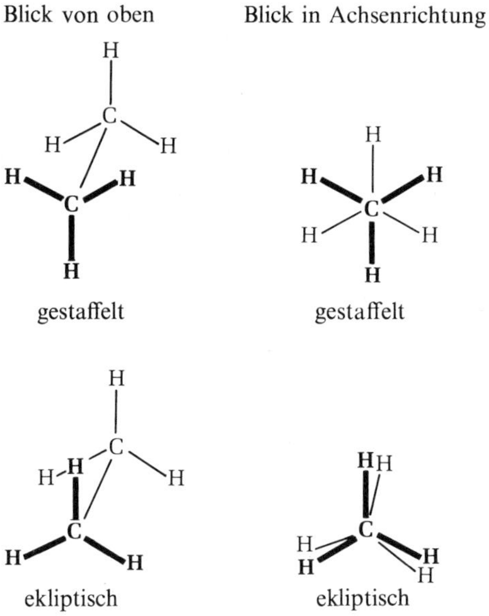

α-Keratine sind Faserproteine, die von Epidermiszellen hergestellt werden

α-Keratine sind die wichtigsten Faserproteine zum äußeren Schutz der Wirbeltiere. Sie machen fast die gesamte Trockenmasse von Haaren, Wolle, Federn, Nägeln, Krallen, Stacheln, Schuppen, Hörnern, Hufen und Schildkrötenpanzern aus (S. 105), und sie bilden einen großen Teil der äußeren Hautschicht. Die α-Keratine sind eine Familie von Proteinen, die alle eine ähnliche Aminosäure-Zusammensetzung und eine ähnliche räumliche Anordnung ihrer Polypeptidketten besitzen.

Obwohl Haare, Federn, Nägel und andere äußere Bildungen dieser Art extrazellulär angeordnet sind, werden die Keratine innerhalb

Abbildung 7-2
Zwei extreme Konformationen des Ethanmoleküls. Wegen der freien Rotation um die C—C-Bindung sind viele Konformationen möglich. Die verschiedenen Formen sind leicht ineinander überführbar und können voneinander nicht getrennt werden. Die gestaffelte Form ist stabiler und überwiegt.

Abbildung 7-3
Struktur einer Feder. Federn bestehen fast nur aus α-Keratin. Die Polypeptidketten werden während der Entstehung in den Epidermiszellen zu außerordentlich komplexen Strukturen angeordnet. Federn sind fest aber flexibel. Sie isolieren den Organismus und bieten durch ihre Pigmentierung einigen Schutz vor Feinden. Vor allem müssen sie leicht sein. Sie sind darüberhinaus auch in der mikroskopischen Dimension an ihre biologische Funktion angepaßt. Hier ist eine rasterelektronenmikroskopische Aufnahme einer schillernden Feder von Anna's Kolibri wiedergegeben. Der Federnschaft trägt tausende von Fortsätzen und jeder wiederum viele kleine Härchen, die am äußeren Ende winzige Häkchen besitzen, mit denen sie an benachbarten Härchen verankert sind (wie bei einem Klettenverschluß). Wenn sich ein Vogel putzt, zieht er seine Federn zu einer Stromlinienform zusammen.

von Zellen gebildet, und zwar innerhalb der Epidermiszellen, aus denen die Haare, Federn und Nägel stammen. In den Haarbildungszellen werden die Polypeptidketten des Keratins zu Filamenten zusammengefügt. Die Filamente lagern sich dann zu seilförmigen und kabelartigen Strukturen zusammen, die nach und nach die Haarzellen ausfüllen. Die Haarzellen flachen sich dann ab und sterben, wobei die Zellwände einen schlauchförmigen Mantel um das Haar bilden. Diesen bezeichnet man als *Cuticula*. Nägel, Federn und die Schuppen von Reptilien entwickeln sich auf ähnliche Weise, jedoch nach sehr viel komplexeren Mustern (Abb. 7-3).

α-Keratin, besonders die in Haaren und Wolle vorkommende Form, hat bei der Entwicklung unserer heutigen Vorstellungen über Proteinstrukturen eine sehr wichtige Rolle gespielt. Seine Polypeptidketten sind in langen, gewundenen Strukturen angeordnet, die sich für die Röntgenanalyse geradezu anbieten, und dadurch zum Sprungbrett wurden für das Verständnis der viel komplexeren globulären Proteine.

Röntgenanalysen zeigen die sich wiederholenden Struktureinheiten im Keratin

In Kristallen kann die Anordnung der Atome durch die Messung der Beugungswinkel und der Intensität der Reflexe eines Röntgenstrahls von gegebener Wellenlänge bestimmt werden. Die Beugung erfolgt an den Elektronenschalen der Atome des Kristallgitters. Die Röntgenstrukturanalyse eines Natriumchlorid-Kristalls zeigt zum Beispiel, daß Na^+- und Cl^--Ionen in einem kubischen Gitter angeordnet sind. Die Anordnung der verschiedenen Atome kann durch Röntgenbeugungsmethoden auch in komplexen organischen Molekülen, selbst in sehr großen Molekülen wie Proteinen, analysiert werden. Dies ist jedoch weitaus schwieriger als bei einfachen Salzkristallen, da die sehr große Anzahl von Atomen in einem Proteinmolekül tausende von Beugungspunkten ergibt, die mit Computer-Methoden analysiert werden müssen.

In den frühen dreißiger Jahren führte William Astbury in England die ersten bahnbrechenden Röntgenstrukturuntersuchungen an Proteinen durch. Er fand, daß ein Röntgenstrahl, der auf Haare oder Wollfasern – die hauptsächlich aus α-Keratin bestehen – gerichtet wurde, ein charakteristisches Beugungsmuster erzeugt. Aus diesem Muster leitete er ab, daß Haare und Wolle eine Periodizität besitzen, d.h. aus sich wiederholenden, strukturellen Einheiten von etwa 0.54 nm Länge bestehen. Diese Beobachtung ließ außerdem vermuten, daß die Polypepidketten dieser Familie von Faserproteinen nicht völlig gestreckt, sondern spiralförmig gewunden sind, mit gleichmäßigen Windungsabständen.

Astbury fand andererseits, daß *Fibroin*, das Protein der Seidenfasern, ein etwas anderes Beugungsmuster aufwies, mit sich wiederholenden Einheiten von 0.70 nm Länge. Bemerkenswerterweise ergab Haar oder Wolle nach einer Behandlung mit Dampf und Dehnung ein der Seide ähnliches Röntgenmuster mit einer Periodizität von annähernd 0.70 nm. Wegen mangelnder Kenntnis der dreidimensionalen Struktur von Polypeptiden konnten diese Befunde eine ganze Zeit lang nicht weiter analysiert werden.

Röntgenstrukturuntersuchungen von Peptiden zeigen, daß die Peptidbindungen starr und die Peptidgruppen planar sind

Der nächste Schritt zur Erweiterung unserer Kenntnisse über räumliche Proteinstrukturen wurde von Linus Pauling und Robert Corey in den Vereinigten Staaten in den vierziger und fünfziger Jahren gemacht. Sie registrierten die Röntgenbeugungsmuster von Kristallen von Aminosäuren und einfachen Di- und Tripeptiden, und leiteten davon die exakte Struktur der Peptidgruppierung ab. Nach ihren Untersuchungen ist die C—N-Bindung einer Peptidbindung (Abb. 7-4) kürzer als die meisten anderen C—N-Bindungen, zum Beispiel die einfacher Amine. Außerdem besitzt die C—N-Bindung in einer Peptidbindung einen gewissen Doppelbindungs-Charakter. Sie fanden darüberhinaus, daß die vier Atome einer Peptidgruppe in einer Ebene liegen, und zwar so, daß das Sauerstoffatom der Carboxylgruppe und das Wasserstoffatom der —NH-Gruppe *trans*-ständig sind. (Abb. 7-4). Aus diesen Untersuchungen schlossen sie, daß um die C—N-Bindungen, die ein Drittel aller Bindungen im Gerüst der Polypeptide ausmachen, wegen ihres partiellen Doppelbindungs-Charakters keine Rotation möglich ist. Das Grundgerüst einer Polypeptidkette kann, wie aus Abb. 7-5 ersichtlich wird, als Reihe starrer Ebenen, die durch substituierte Methylengruppen

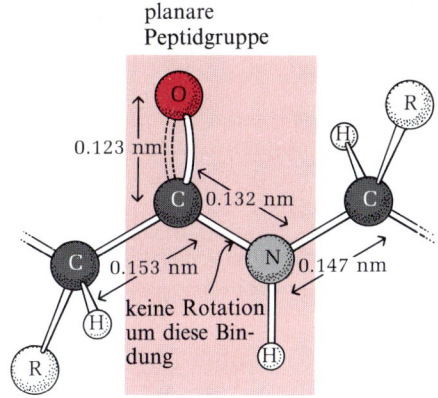

Abbildung 7-4
Die planare Peptidgruppe. Ihre C—N-Bindung besitzt einen leichten Doppelbindungs-Charakter und ist nicht frei drehbar. Beachten Sie, daß die Sauerstoff- und Wasserstoffatome in der Ebene auf entgegengesetzten Seiten der C—N-Bindung liegen (*trans*-Konfiguration).

Abbildung 7-5
Eingeschränkte Drehbarkeit um die Einfachbindungen einer Polypeptidkette. Die C—N-Bindungen in den planaren Peptidgruppen (farbig schattiert) machen ein Drittel aller Bindungen des Gerüstes aus; sie besitzen keine Rotationsfreiheit. Die freie Drehbarkeit um andere Einfachbindungen des Gerüstes kann ebenfalls behindert sein, in Abhängigkeit von der Größe und der Ladung der R-Gruppen.

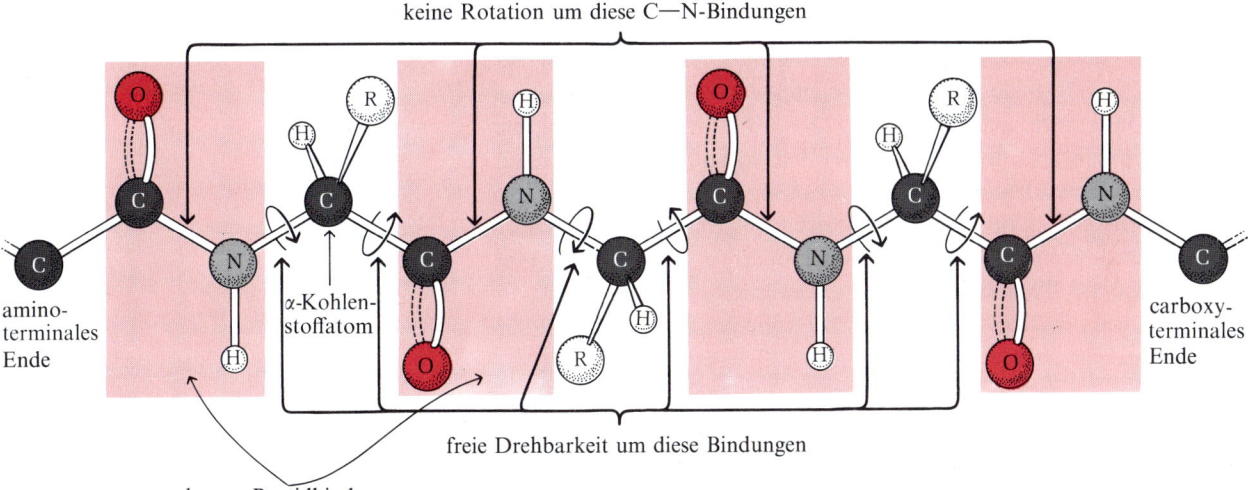

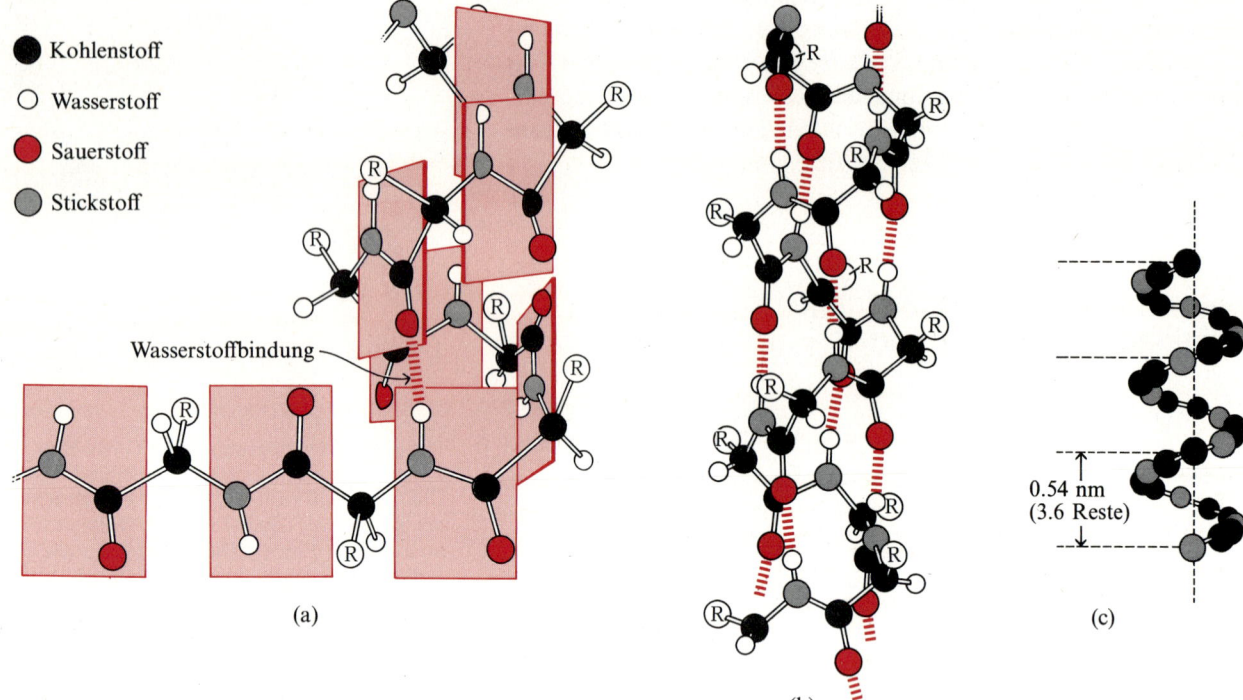

(−CHR−) voneinander getrennt sind, angesehen werden. Jetzt sehen wir ein, warum die starren Peptidbindungen nur eine beschränkte Anzahl von räumlichen Konformationen einer Polypeptidkette gestatten.

Im α-Keratin bilden die Polypeptidketten eine α-Helix

Mit Hilfe von präzise angefertigten Modellen untersuchten Pauling und Corey, wie sich eine Polypeptidkette, trotz der durch die starren Peptidbindungen auferlegten Beschränkungen falten oder drehen kann. Sie suchten besonders nach Konformationen, die eine Erklärung für die sich wiederholenden Einheiten von 0.54 nm Länge im α-Keratin des Haares liefern könnten. Die einfachste Anordnung, die eine Polypeptidkette mit ihren starren Peptidbindungen (aber auch mit ihren anderen Einfachbindungen, um die Rotation möglich ist), einnehmen könnte, ist die helicale Struktur, wie sie in Abb. 7-6 dargestellt wird. Sie wird als *α-Helix* bezeichnet. In dieser Struktur ist das Polypeptid-Grundgerüst um die Längsachse des Moleküls gewunden, während die R-Gruppen der Aminosäurereste von dieser Grundstruktur nach außen herausragen. Eine repetitive Einheit ergibt sich aus einer Windung der Helix, das sind etwa 0.54 nm entlang der Längsachse. Dies entspricht der Periodizität, die bei der Röntgenanalyse des Haar-Keratins beobachtet wurde.

Die nächste Frage lautete: welche Kräfte halten die α-Helix in

Abbildung 7-6
Drei Modelle der α-Helix; Darstellung verschiedener Aspekte der Struktur.
(a) Abbildung einer rechtsgedrehten α-Helix. Die Ebenen der starren Peptidbindungen sind parallel zur Längsachse der Helix angeordnet. Eine der Wasserstoffbindungen ist farbig dargestellt.
(b) Kugel-Stab-Modell einer α-Helix. Die Wasserstoffbindungen innerhalb der Kette sind eingezeichnet.
(c) Repetitive Einheit ist eine einzelne Windung der Helix.

dieser Konformation? Warum sollte sich eine Helix dieser Art ausbilden, wenn auch andere Konformationen möglich sind? Die Antwort ist, daß die α-Helix eine beständige, energetisch bevorzugte Konformation der Polypeptidkette des α-Keratins ist. Sie ermöglicht die Bildung einer Wasserstoffbindung zwischen jedem an ein elektronegatives Stickstoffatom der Peptidbindung gebundenen H-Atom und dem elektronegativen Carbonyl-Sauerstoffatom der vierten, dahinter angeordneten Aminosäure in der Helix (Abb. 7-6). *Jede* Peptidbindung der Kette ist an einer derartigen Wasserstoffbindung beteiligt. Daher wird jede der aufeinanderfolgenden Windungen der α-Helix durch mehrere Wasserstoffbindungen mit der benachbarten Windung verankert. Dies verleiht dem gesamten Gerüst eine erhebliche Stabilität. Wir sehen also, daß die α-Helix eine beständige Konformation der Polypeptidkette ist, denn hier existieren zwei Arten von Beschränkungen der freien Drehbarkeit um die Einfachbindungen herum: die starren Peptidbindungen und die Bildung vieler Wasserstoffbindungen innerhalb der Ketten. Die charakteristische α-Helix-Konformation der Polypeptidketten im α-Keratin konnte inzwischen durch viele Untersuchungen gesichert werden.

Weitere Modellversuche haben gezeigt, daß sich eine α-Helix aus L-oder D-Aminosäuren bilden kann. Die Aminosäuren müssen allerdings alle dem einen oder dem anderen Typ von Stereoisomeren angehören, da sich eine Helix nicht aus einer Peptidkette mit gemischten L- und D-Resten bilden kann. Ausgehend von den natürlich vorkommenden L-Aminosäuren kann entweder eine rechts- oder linksgedrehte Helix entstehen. Die rechtsgedrehte Helix kommt in den meisten Faserproteinen vor.

Einige Aminosäuren sind in die α-Helixstruktur nicht einzubeziehen

Wenn auch die α-Helix die Konformation der Polypeptidkette im α-Keratin darstellt, bedeutet dies nicht, daß sich alle Polypeptide zu einer beständigen α-Helix falten können. Besitzt zum Beispiel eine Polypeptidkette in einem langen Teilstück viele Glutaminsäurereste, so wird dieser Abschnitt der Kette bei pH = 7 keine α-Helix ausbilden. Die negativ geladenen Carboxylgruppen der benachbarten Glutaminsäurereste stoßen sich gegenseitig so stark ab, daß sie den stabilisierenden Einfluß der Wasserstoffbrücken auf die α-Helix aufheben. Aus einem ähnlichen Grund stoßen sich auch viele dicht beieinanderliegende Lysin- und/oder Argininreste ab, deren R-Gruppen eine positive Nettoladung bei pH = 7 besitzen. So wird auch hier die Bildung einer α-Helix verhindert. Bestimmte andere Aminosäuren, wie Asparagin, Serin, Threonin und Leucin behindern ebenfalls die Bildung einer α-Helix, wenn sie dicht beieinander in der Kette vorliegen. Hier liegt der Grund in der Größe und Form ihrer R-Gruppen.

Eine weitere Einschränkung bei der Bildung der α-Helix ergibt sich durch einen oder mehrere Prolinreste in einer Polypeptidkette. Im Prolin ist das Stickstoffatom ein Teil eines starren Ringes, und es ist deshalb keine Rotation um die N−C-Bindung möglich (Abb. 7-7). Außerdem trägt das an der Peptidbindung beteiligte Stickstoffatom des Prolinrestes keinen Wasserstoff. Daher können innerhalb der Ketten keine Wasserstoffbindungen mit der Prolin-Peptidbindung als Partner gebildet werden. Als Folge davon entsteht ein Knick oder eine Krümmung, wo immer ein Prolinrest in einer Polypeptidkette vorkommt. Die α-Helixstruktur wird somit unterbrochen.

Wir haben vier verschiedene Arten von Beschränkungen der räumlichen Konformation einer Polypeptidkette kennengelernt: (1) die Starrheit und *trans*-Konfiguration der Peptidbindungen, (2) die elektrostatische Abstoßung (oder Anziehung) zwischen Aminosäureresten mit geladenen R-Gruppen, (3) die sperrige Größe benachbarter R-Gruppen und (4) das Vorkommen von Prolinresten.

Wir können nun einen wichtigen neuen Begriff einführen. Wir haben die kovalenten Peptidbindungen und die Aminosäuresequenz der Polypeptidketten als ihre *Primärstruktur* bezeichnet. Jetzt führen wir den Begriff der *Sekundärstruktur* ein, um die räumliche Anordnung, d. h. die *Konformation*, aufeinanderfolgender Aminosäurereste in Polypeptidketten zu charakterisieren. Im Fall des α-Keratins ist die Sekundärstruktur der Polypeptidkette die α-Helix.

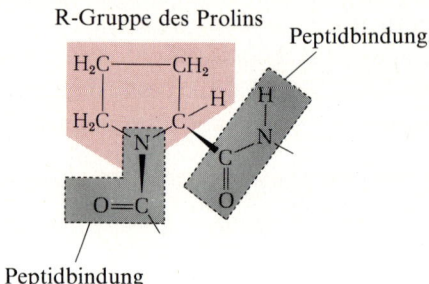

Abbildung 7-7
Ein Prolinrest in einer Polypeptidkette ruft eine Biegung hervor. Die grau unterlegten Gebiete zeigen die starren Peptidbindungen. Die starre R-Gruppe des Prolins ist farbig unterlegt.

α-Keratine sind reich an Aminosäuren, die die α-Helixstruktur begünstigen

Das Grundgerüst der Polypeptide tendiert dazu, die räumliche Konformation einzunehmen, die ihm durch die einschränkenden Eigenschaften der jeweiligen Aminosäure-Zusammensetzung und Sequenz aufgezwungen wird, bzw. als Möglichkeit bleibt. Bei nativen α-Keratinen sind Aminosäure-Zusammensetzung und -Sequenz so beschaffen, daß die Polypeptide spontan die α-Helixform einnehmen und diese Struktur durch viele Wasserstoffbindungen innerhalb der Ketten eine beachtliche Stabilität erlangt. Die α-Keratine enthalten viele Aminosäuren, welche die Bildung einer α-Helix positiv beeinflussen, und sie enthalten nur wenige Aminosäuren, die mit einer α-Helix nicht in Übereinstimmung zu bringen sind (z. B. Prolin). Die α-Keratine sind außerdem reich an Cystinresten (Abb. 7-8), die Disulfid-(−S−S−)brücken zwischen benachbarten Polypeptidketten bilden können (S. 113). Derartige Brücken sind kovalent gebunden und daher sehr fest. Die kovalenten Brücken vieler Cystinreste halten auch benachbarte α-Helices zusammen und verleihen den Fasern des α-Keratins eine große Festigkeit.

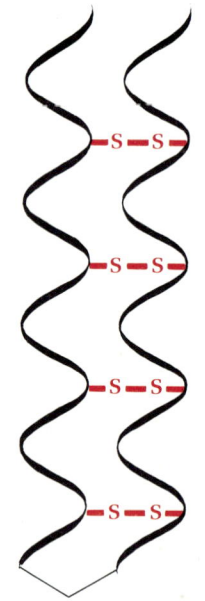

Abbildung 7-8
Cystinbrücken zwischen benachbarten α-Helix-Ketten im α-Keratin. In harten Keratinen, wie z. B. im Schildkrötenpanzer, sind die Cystinbrücken sehr zahlreich.

In nativen α-Keratinen sind α-Helix-Polypeptidketten zu „Seilen" verdrillt

Wird Haar oder Wolle unter einem Elektronenmikroskop untersucht, so kann, besonders an ausgefransten Enden abgebrochener Haare, festgestellt werden, daß ein Haar aus vielen Fasern besteht. Jede dieser kleinen Fasern besteht wiederum aus noch kleineren Fibrillen, die seilartig umeinander gewunden sind. In höher auflösenden Röntgenaufnahmen wurde entdeckt, daß die α-Helix-Polypeptidketten des Haares umeinander verdrillt sind und so eine dreisträngige, seilartige Struktur mit einer übergeordneten Verdrillung (supercoiled) ergeben (Abb. 7-9). Jeder Strang entspricht dabei einem α-Helixstrang. An derartigen Strukturen verlaufen die α-Helix-Polypeptide alle in derselben Richtung, so daß sich alle aminoterminalen Reste an demselben Ende befinden. Die dreisträngige Anordnung der Polypeptidketten des Haares wird durch kovalente Cystinbrücken zwischen benachbarten Polypeptiden fest zusammengehalten. α-Keratine verschiedener Herkunft unterscheiden sich in ihrem Cystingehalt. Die härtesten und festesten α-Kertine, z. B. die der Schildkrötenpanzer, besitzen einen sehr hohen Cystingehalt von bis zu 18 %.

Die Unlöslichkeit der α-Keratine beruht auf ihren unpolaren R-Gruppen

α-Keratine sind nicht nur wegen ihrer Festigkeit, sondern auch wegen ihrer Unlöslichkeit in Wasser bei pH = 7 und Körpertemperatur bemerkenswert. Sie stehen damit in auffälligem Gegensatz zu globulären Proteinen, wie zum Beispiel Serumalbumin. Dieses ist in Wasser so leicht löslich, daß 60prozentige Lösungen hergestellt werden können. Wie erklären sich diese Unterschiede zwischen zwei Proteinen, die aus demselben Satz von 20 Aminosäuren aufgebaut wurden?

Ein Teil der Antwort liegt darin, welche Aminosäuren in einem Protein dominieren. α-Keratine sind besonders reich an Aminosäuren mit hydrophoben R-Gruppen, z. B. Phenylalanin, Isoleucin, Valin, Methionin und Alanin. Wir haben außerdem gesehen, daß die R-Gruppen der Aminosäurereste in den Polypeptidketten der α-Keratine an der Außenseite der Helix liegen. Die α-Keratine sind also wegen der vielen hydrophoben R-Gruppen, die dem Wasser an der Außenseite der Keratinfasern zugewandt sind, unlöslich. Zwar können auch globuläre Proteine hydrophobe R-Gruppen enthalten, doch sind diese Proteine so gefaltet, daß die hydrophoben R-Gruppen im Inneren der globulären Konformation, also vom Wasser abgewandt, liegen. Die hydrophilen oder polaren R-Gruppen dieser Proteine befinden sich an der Oberfläche. Globuläre Proteine, wie

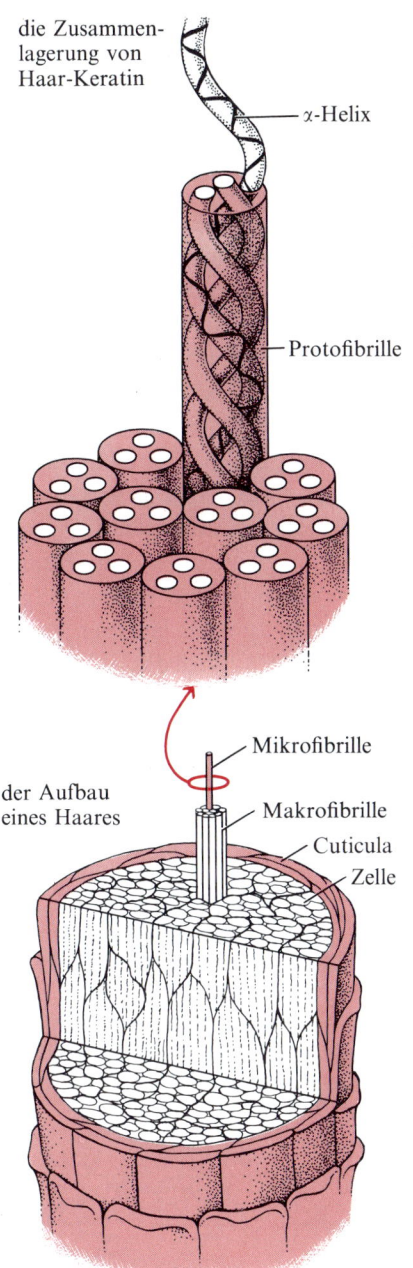

Abbildung 7-9
Die Struktur von Haaren und von Haar-α-Keratin. Die Grundeinheit der Struktur ist eine α-Keratin-Polypeptidkette in ihrer natürlichen α-Helix-Form. Drei α-Helix-Ketten bilden ein stark gedrehtes, dreisträngiges „Seil". 11 dieser dreisträngigen „Seile" bilden eine Haar-Mikrofibrille.

Bei β-Keratinen haben die Polypeptidketten eine andere Konformation: die β-Struktur

β-Keratine, wie zum Beispiel das *Fibroin* das Protein der Seide und der Spinnweben, sind ebenfalls fadenartige unlösliche Proteine. Sie sind beweglich und biegsam, aber nicht dehnbar. Sie unterscheiden sich von α-Keratinen durch eine andere Periodizität in der Struktur, die sich in Intervallen von 0.70 nm wiederholt. Ein weiterer Unterschied ergab einen wichtigen Hinweis für die Aufklärung der β-Keratinstruktur: α-Keratin, in Form von Haaren, kann nach Behandlung mit Dampf auf fast seine doppelte Länge gedehnt werden. In dieser Form ähnelt das Röntgenbeugungsmuster des gedehnten Haares dem des Seiden-Fibroins. Diese Beobachtungen führen zu dem Schluß, daß bei der Dehnung des α-Keratins die α-Helix-Konformation verändert wird und die Polypeptidkette zu einer Konformation von fast doppelter Länge der α-Helix gedehnt wird. Dies geschieht, weil die die α-Helix zusammenhaltenden Wasserstoffbindungen durch feuchte Wärme aufgebrochen werden und die Windungen nun zu einer längeren Konformation auseinandergezogen werden können. Wird das gedehnte α-Keratin wieder abgekühlt und die mechanische Spannung aufgehoben, so kehrt es spontan zu seiner ursprünglichen α-Helix-Konformation zurück.

Die gestreckte Form der Polypeptidketten in der Seide sowie in gedehnten Haaren wurde durch Röntgenmethoden analysiert. Sie wird als *β-Konformation* bezeichnet. Abb. 7-10 zeigt, daß in der β-

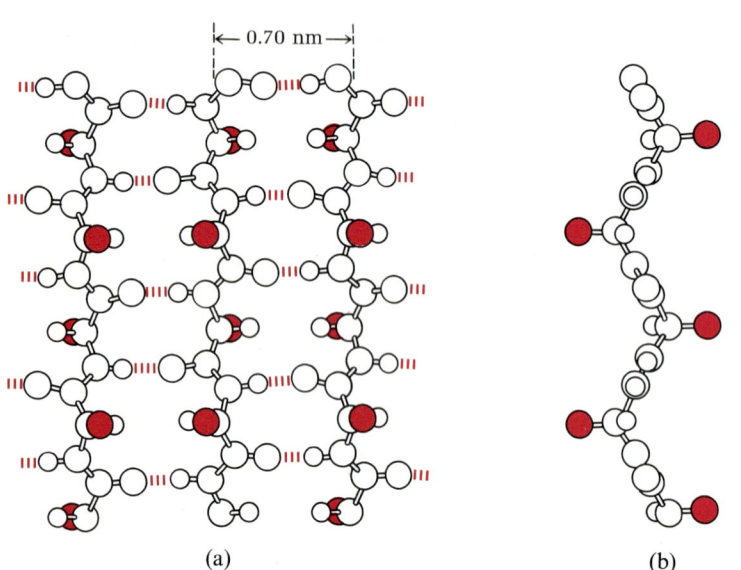

Abbildung 7-10
Die β-Konformation der Polypeptidketten von β-Keratinen.
(a) Anordnung von drei Ketten zu einem Faltblatt (von oben gesehen). Die Wasserstoffbindungen zwischen benachbarten Ketten sind dargestellt. Die R-Gruppen sind farbig angedeutet.
(b) Eine Seitenansicht, aus der man erkennen kann, wie die R-Gruppen aus der Faltblattstruktur herausragen.

Konformation das Grundgerüst der Polypeptidkette in einer Zickzack-, statt in einer Helixstruktur vorliegt. Im Fibroin sind die Zickzack-Polypeptidketten Seite an Seite angeordnet, so daß sie eine Struktur bilden, die einer Reihe von Plisseefalten ähnelt. Eine solche Struktur wird darum auch als *Faltblattstruktur* bezeichnet (Abb. 7-10). In der β-Konformation existieren keine Wasserstoffbindungen innerhalb der Ketten, aber dafür zwischen den Peptidbindungen *benachbarter* Polypeptidketten in ihrer ausgestreckten Konformation. Alle Peptidbindungen des β-Keratins beteiligen sich an derartigen Wasserstoffbrücken zwischen den Ketten. Die R-Gruppen der Aminosäuren ragen aus der Zickzack-Struktur hervor, wie aus einer Seitenansicht hervorgeht. Es existieren zwei weitere wichtige Unterschiede zwischen α- und β-Keratinen: Zwischen benachbarten Ketten des β-Keratins gibt es keine Cystinbrücken. Benachbarte Polypeptidketten des β-Keratins sind außerdem normalerweise in entgegengesetzter oder *antiparalleler* Richtung angeordnet, während die α-Keratinketten charakteristischerweise *parallel* ausgerichtet sind (Abb. 7-8).

Die β-Struktur kann nur in Polypeptiden ausgebildet werden, die geeignete Aminosäurearten in der geeigneten Sequenz enthalten. Sie kann nur gebildet werden, wenn die R-Gruppen der Aminosäurereste relativ klein sind. Seiden-Fibroin und andere β-Keratine, wie das Protein der Spinnweben, besitzen einen hohen Gehalt an Glycin und Alanin, den Aminosäuren mit den kleinsten R-Gruppen. Im Seiden-Fibroin ist jede zweite Aminosäure ein Glycin.

Dauerwellen entstehen durch eine biochemische „Technologie"

Wir haben gesehen, daß α-Keratine bis zur β-Konformation gedehnt werden können, wenn sie feuchter Hitze ausgesetzt werden. Bei Abkühlung kehrt das α-Keratin spontan zu seiner α-Helix-Konformation zurück, weil die R-Gruppen der α-Keratine durchschnittlich größer als die der β-Keratine sind und daher unvereinbar mit der Bildung einer stabilen β-Konformation. Diese Eigenschaft der α-Keratine sowie ihr Gehalt an Disulfidbrücken ermöglicht die Herstellung von Dauerwellen (Abb. 7-11). Das zu wellende Haar wird zunächst um einen Gegenstand von geeigneter Form aufgedreht. Dann wird die Lösung eines Reduktionsmittels – normalerweise eine Thiol- oder Sulfhydrylgruppen (−SH) enthaltende Verbindung – aufgetragen und erwärmt. Das Reduktionsmittel spaltet die Disulfidbrücke durch Reduktion der Cystine zu Cysteinresten, ein Rest in jeder Kette. Die feuchte Wärme bricht die Wasserstoffbindungen auf und bewirkt die Entspiralisierung und Dehnung der α-Helix-Polypeptidketten des Haar-Keratins. Nach einiger Zeit wird die Reduktionslösung entfernt und ein Oxidationsmittel aufgetragen, um *neue* Disulfidbindungen zwischen Cysteinresten benachbarter Polypep-

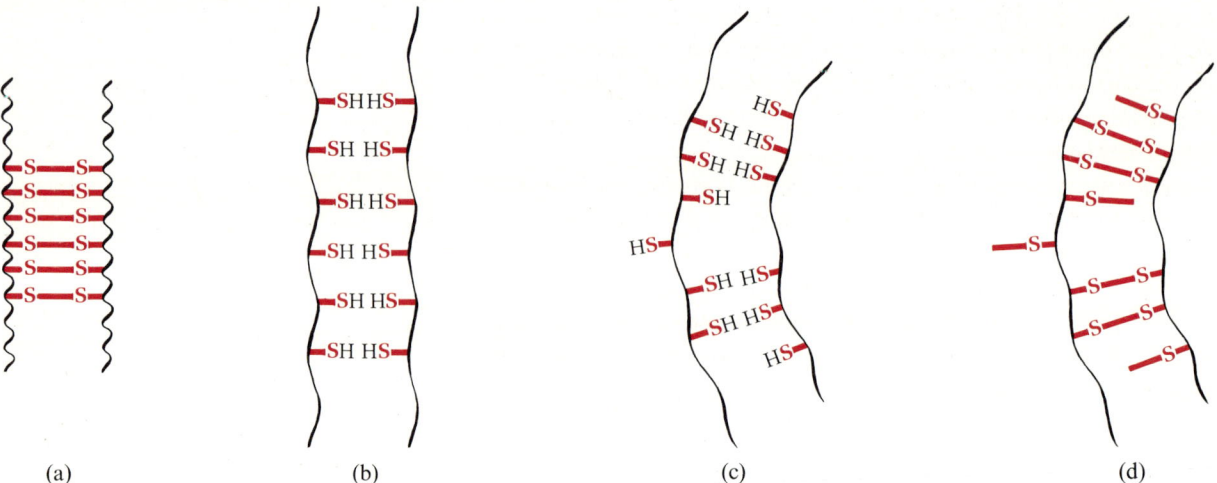

Abbildung 7-11
Schritte bei der Herstellung einer Dauerwelle.
(a) In glattem Haar werden die α-Helix-Windungen des Keratins durch Disulfid-Brücken in einer geraden Position gehalten.
(b) Um Locken entstehen zu lassen, werden die Querverbindungen durch Reduktionsmittel aufgebrochen. Hierdurch entsteht durch die Spaltung der Disulfidbindungen des Cystins jeweils ein Cysteinrest an jeder Kette.
(c) Das Haar wird auf einem Lockenwickler in Form gebracht. Dadurch, daß die Polypeptid-Spiralen gedehnt und gebogen werden, kommt es zu einer Verschiebung der Thiolgruppen zueinander.
(d) Durch Oxidation der SH-Gruppen werden neue Cystin-Querverbindungen ausgebildet. Diese neuen Querverbindungen machen die Locken „dauerhaft".

tidketten herzustellen. Diese entstehen jedoch nicht zwischen denselben Paaren wie vor der Behandlung. Beim Waschen und Abkühlen der Haare kehren die Polypeptidketten zu ihrer α-Helix-Konformation zurück. Die Haarfasern wellen sich nun in der gewünschten Weise, da die neuen Disulfidbrücken eine gewisse Drehung oder Windung der Bündel des α-Helixstranges in den Haarfasern bewirken.

Collagen und Elastin sind die hauptsächlichen Faserproteine des Bindegewebes

Bindegewebe bestehen aus extrazellulären, strukturellen und stützenden Körperelementen, die einen großen Teil der gesamten organischen Materie höherer Tiere ausmachen. Sehnen, Ligamente, Knorpel und die Grundsubstanz der Knochen sind die bekanntesten. Das Bindegewebe umschließt Blutgefäßte, bildet eine wichtige strukturelle Schicht unterhalb der Haut, hilft beim Zusammenhalt von Zellen in einem Gewebe, und es bildet eine extrazelluläre Grundsubstanz zwischen den Zellen. Es gibt drei molekulare Hauptbestandteile des Bindegewebes: einmal die beiden Faserproteine *Collagen* und *Elastin*, die gemeinsam in den meisten Bindegeweben vorkommen, jedoch in ihren Anteilen variieren können. Außerdem gibt es die *Proteoglycane*, eine Familie von „Hybrid-Molekülen". Sie bestehen aus Proteinen, die kovalent an Polysaccharide gebunden sind.

Collagenfasern sind nicht dehnbar. Elastinfasern dagegen sind elastisch. Sehnen, welche die Muskelspannung auf das Skelett übertragen, bestehen größtenteils aus Collagen. Ligamente, reich an Elastin, binden und halten die Knochen eines Gelenkes in ihrer Position. Sie sind notwendigerweise flexibel und elastisch. Werden die Ligamente am Knie oder an der Schulter zu weit gedehnt, können die Gelenke ausgekugelt werden; sie können auch wieder eingerenkt werden. Proteoglycane unterscheiden sich von Glycoproteinen (S. 140) darin, daß sie viel Polysaccharid und relativ wenig Protein enthalten. Glycoproteine dagegen bestehen aus mehr Protein und weniger Kohlenhydraten. Proteoglycane dienen als *Grundsubstanz*, in die die Faserelemente des Bindegewebes eingebettet sind. Sie dienen außerdem zur Polsterung einiger Gewebe und zur Versorgung der Gelenke mit Feuchtigkeit.

Collagen, Elastin und Proteoglycane werden von *Fibroblasten* und *Chondrozyten* gebildet; dies sind spezialisierte Zellen des Bindegewebes. Die Proteine werden aus den Zellen ausgeschleust und fügen sich zu einer Vielzahl von Bindegewebs-Strukturen zusammen.

Collagen ist das häufigste Protein im Körper

Collagen macht fast ein Drittel der gesamten Proteinmasse der Wirbeltiere aus und ist somit das am reichlichsten vorhandene Protein im Körper. Mit zunehmender Größe eines Tieres nimmt auch der Anteil des Collagens an den gesamten Proteinen zu. Eine Kuh mit einer Masse von 500 kg wird hauptsächlich durch die starken Collagenfasern in den Sehnen, Knorpeln und Knochen gestützt und gehalten.

Collagenhaltige Bindegewebe bestehen aus Fasern. Diese wiederum enthalten *Collagenfibrillen* und erscheinen quergestreift (Abb. 7-12). Fibrillen sind, je nach der biologischen Funktion des Bindegewebes, in unterschiedlicher Weise angeordnet. In Sehnen sind Collagenfibrillen in querverbundenen parallelen Bündeln angeordnet und bilden Strukturen von großer Festigkeit die nicht dehnbar sind. Collagenfibrillen können ungefähr das 10000fache ihres eigenen Gewichts tragen, und sollen eine größere Festigkeit haben als ein Stahldraht gleichen Durchmessers. Die Collagenfibrillen der Kuhhaut bilden ein unregelmäßig verflochtenes und sehr zähes Netzwerk. Leder schließlich besteht aus fast reinem Collagen. Die Cornea des Auges besitzt Schichten aus Collagenfibrillen mit netzförmigem Aufbau. Unabhängig von der Anordnung in verschiedenen Bindegeweben, weisen Collagenfibrillen unter dem Elektronenmikroskop immer charakteristische Querstreifen auf, die sich – je nach ihrer Herkunft – in Intervallen von 60–70 nm wiederholen. Der Abstand variiert etwas, da die Collagene eine Familie sehr ähnlicher Proteine mit gewissen strukturellen Variationen sind. Diese Variationen sind abhängig von der anatomischen Funktion und von der Spezies. Die häufigsten Collagene haben repetitive Einheiten von 64 nm.

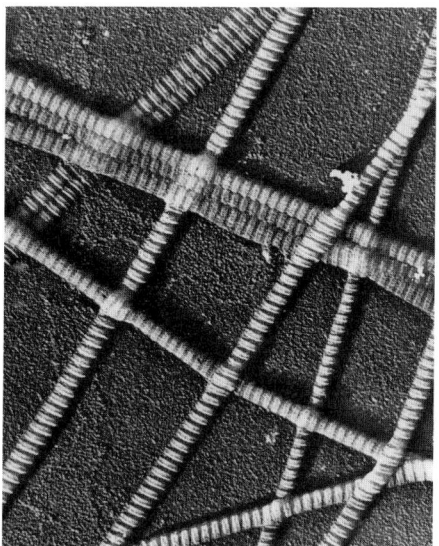

Abbildung 7-12
Elektronenmikroskopisches Bild von Collagenfibrillen des Bindegewebes. Man erkennt die Querstreifung, die in vielen Geweben eine Periodizität von 64 nm aufweist.

Collagen besitzt einige ungewöhnliche Eigenschaften

Durch kochendes Wasser wird Collagen, das strängig, unlöslich und unverdaulich ist, in *Gelatine* umgewandelt. Gelatine ist eine lösliche Mischung von Polypeptiden und die Grundlage vieler Gelatine-Speisen. Die Umwandlung schließt die Hydrolyse eines Teils der kovalenten Bindungen des Collagens ein, und sie ist der Hauptgrund dafür, warum man Fleisch kocht: denn das Collagen des Bindegewebes und der Blutgefäße ist für die Zähigkeit des Fleisches verantwortlich. Käufliche Fleischzartmacher enthalten pflanzliche Enzyme, die die Peptidbindungen des Collagens zum Teil hydrolysieren, so daß leichtverdauliche Polypeptide entstehen.

Collagen enthält etwa 35% *Glycin* und etwa 11% *Alaninreste*. Das sind ungewöhnlich hohe Anteile dieser Aminosäuren. Noch auffälliger ist der hohe Gehalt an *Prolin* und dem ungewöhnlichen *Hydroxyprolin* (Abb. 7-13), einer Aminosäure, die außer im Collagen und Elastin nur selten in anderen Proteinen gefunden wird. Prolin und Hydroxyprolin machen zusammen etwa 21% der Aminosäurereste im Collagen aus. Die ungewöhnliche Aminosäure-Zusammensetzung des Collagens – sehr reich an vier Aminosäuren, jedoch arm an fast allen anderen – ist der Grund für die relativ niedrige biologische Wertigkeit von Gelatine als Nahrungsprotein. Die besten Nahrungsproteine enthalten alle 20 Aminosäuren, insbesondere die Gruppe der 10 *essentiellen Aminosäuren*, die für die Ernährung der meisten Tiere notwendig sind.

Es wurde bereits erwähnt, daß Prolin und Hydroxyprolin Knicke oder Biegungen in den Polypeptidketten hervorrufen und mit der α-Helixstruktur nicht vereinbar sind.

Die Polypeptide des Collagens sind zu dreisträngigen Helixstrukturen angeordnet

Das fibrilläre Protein Collagen besteht aus sich wiederholenden Polypeptid-Untereinheiten, genannt *Tropocollagen*. Sie sind „Kopf-an-Schwanz" zu parallelen Bündeln angeordnet (Abb. 7-14). Die Köpfe der Tropocollagen-Moleküle sind entlang der Faser versetzt angeordnet. Dies führt zu den charakteristischen 64-nm-Intervallen der Querstreifung bei den meisten Collagenen.

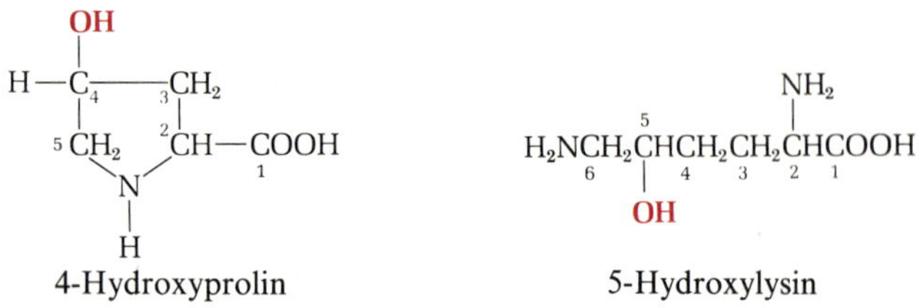

4-Hydroxyprolin

5-Hydroxylysin

Abbildung 7-13
Zwei speziell in Collagen vorkommende Aminosäuren. Sie entstehen aus den Standard-Aminosäuren Prolin und Lysin durch Addition von Hydroxylgruppen (farbig).

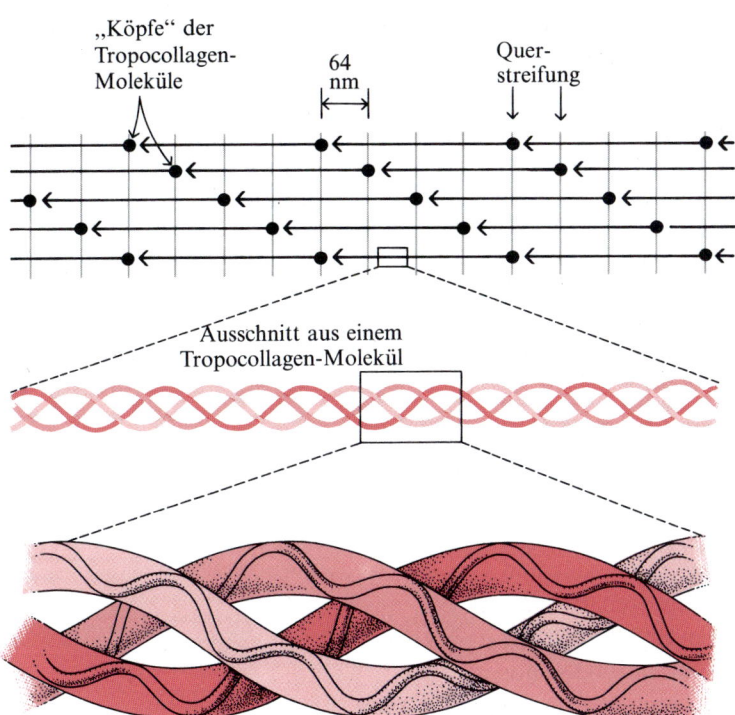

Abbildung 7-14
Anordnung von Tropocollagen-Molekülen in Collagenfibrillen. Jedes Tropocollagen-Molekül erstreckt sich über vier der 64-nm-Querstreifen. Die „Köpfe" der Tropocollagen-Moleküle sind in 64-nm-Intervallen versetzt angeordnet. Unter der schematischen Zeichnung der Fibrille ist ein Teil eines Tropocollagen-Moleküls wiedergegeben. Man erkennt das Grundgerüst der Tropocollagen-Tripelhelix. Die Ausschnitts-Vergrößerung darunter zeigt, daß jede der drei Polypeptidketten des Tropocollagens wiederum aus einer α-Helix besteht, deren Windungen und Abstände durch die starren R-Gruppen der zahlreichen Prolin- und Hydroxyprolinreste fixiert sind.

Collagenfasern besitzen außerdem ein charakteristisches Röntgenbeugungsmuster. Es unterscheidet sich wesentlich von dem der α- oder β-Keratine. Aus Röntgenanalysen schloß man, daß die Tropocollagen-Untereinheiten aus drei Polypeptidketten bestehen, die fest zu einem dreisträngigen „Seil" verdrillt sind.

Tropocollagen ($M_r \approx 300000$) ist ein stäbchenförmiges Molekül, das etwa 300 nm lang und nur 1.5 nm dick ist. Die drei helixartig umeinander gewundenen Polypeptide haben dieselbe Länge, und jedes besteht aus etwa 1000 Aminosäureresten. In einigen Collagenen haben alle drei Ketten identische Aminosäuresequenzen, in anderen stimmen nur zwei überein. Viele Anstrengungen wurden unternommen, um die Aminosäuresequenz der Hauptarten von Collagenketten zu bestimmen. Sie stellen mit die längsten in Proteinen überhaupt vorkommenden Ketten dar.

Röntgenuntersuchungen zeigen, daß jede Polypeptidkette des Tropocollagens selbst eine Helix ist, jedoch mit einer anderen Periodizität und anderen Abmessungen als die α-Helix. Die Helix ist linksgedreht und besitzt pro Windung nur drei Reste. Wegen des reichli-

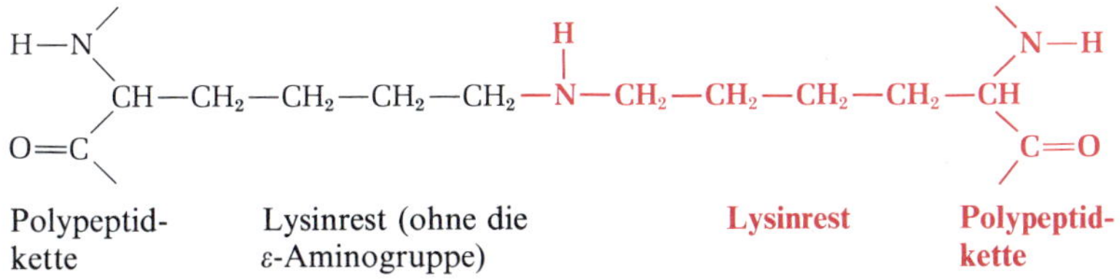

Abbildung 7-15
Eine Art der Querverbindungen zwischen parallelen Collagenketten. Sie wird aus zwei Lysinresten, einem von jeder Kette, enzymatisch gebildet.

chen Vorkommens von Prolin- und Hydroxyprolinresten, die eine starre, geknickte Konformation bedingen, sind die drei helixförmigen Polypeptidketten fest miteinander verschlungen. Sie sind außerdem durch Wasserstoffbindungen und durch eine ungwöhnliche Art von kovalenten Querverbindungen, die nur im Collagen vorkommt und zwischen den Lysinresten zweier Ketten ausgebildet wird, miteinander verbunden (Abb. 7-15). Benachbarte Tropocollagen-Tripelhelices sind ebenfalls miteinander querverbunden. Wegen der festen Verdrillung der Tripelhelix und wegen seiner Quervernetzungen besitzt das Tropocollagen keine Dehnbarkeit. Tropocollagen enthält außerdem einige Kohlenhydrat-Seitenketten, die an die Hydroxylgruppen des Hydroxylysins gebunden sind.

Mit zunehmendem Alter bilden sich mehr und mehr kovalente Querverbindungen innerhalb und zwischen den Tropocollagen-Einheiten, die das fibrilläre Protein Collagen unseres Bindegewebes dann starrer und zerbrechlicher machen. Da Collagen in sehr vielen Strukturen vorkommt, verändert die abnehmende Elastizität und Geschmeidigkeit beim Altern die mechanischen Eigenschaften der Sehnen und des Knorpels; sie führt zu verstärkter Brüchigkeit der Knochen und macht die Augen-Hornhaut (Cornea) undurchsichtiger.

Die Collagen-Helix ist einzigartig und kommt in keinem anderen Protein vor. Die α-Helix und β-Konformation dagegen existiert, wenigstens abschnittsweise, in vielen globulären Proteinen.

Die Struktur des Elastins verleiht elastischem Gewebe besondere Eigenschaften

Die hauptsächlichen Bindegewebsarten, die viel Elastin, aber nur wenig Collagen enthalten, sind das gelbe elastische Gewebe der Ligamente und die elastische Bindegewebsschicht großer Arterien. Die Elastizität der arteriellen Wände erleichtert die Verteilung und fördert einen gleichmäßigen Fluß des vom Herzen gepumpten, pulsierenden Blutes. Elastische Bindegewebe enthalten ein Faserprotein, das einige Eigenschaften des Collagens besitzt, sich in anderen Ei-

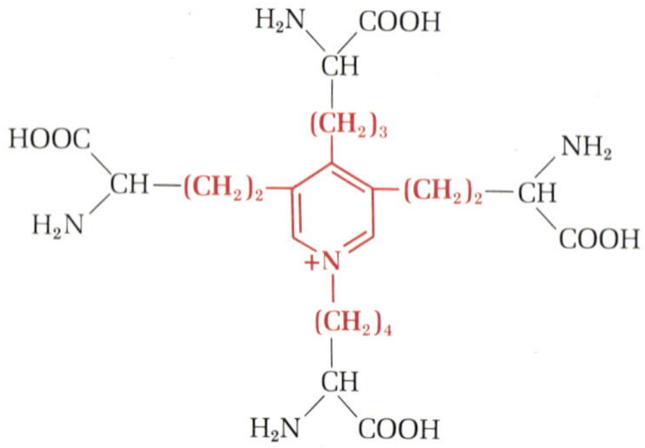

Abbildung 7-16
Ein Rest des Desmosins (farbig), einer speziellen Aminosäure, die nur im Elastin vorkommt. Sie wird aus den R-Gruppen von vier Lysinmolekülen gebildet und stellt Querverbindungen zwischen Polypeptidketten des Elastins her.

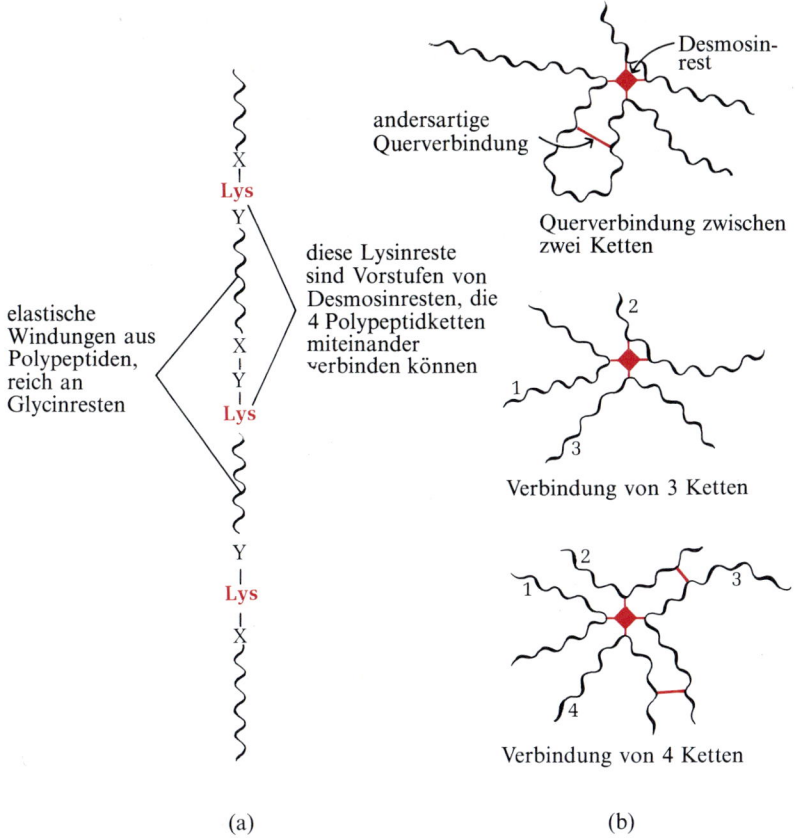

Abbildung 7-17
Tropoelastin-Moleküle und ihre Verbindungen zu einem Polypeptidketten-Netz im Elastin.
(a) Segment eines Tropoelastin-Moleküls.
(b) Die genaue Struktur des Elastins ist nicht bekannt. Es besteht aus Tropoelastin-Molekülen, die so miteinander querverbunden sind, daß eine zwei- oder dreidimensionale Elastizität besteht. Zusätzlich zu Desmosinresten (farbig), die 2,3 oder 4 Tropoelastin-Moleküle miteinander verbinden können, enthält Elastin andere Arten von Querverbindungen, die ebenfalls farbig gekennzeichnet sind.

genschaften jedoch sehr von diesem unterscheidet. Die Untereinheit der Elastinfibrillen ist das *Tropoelastin*. Es besitzt eine relative Molekülmasse von etwa 72 000 und enthält etwa 800 Aminosäurereste. Wie auch Collagen ist es reich an Glycin und Alanin. Tropoelastin unterscheidet sich von Tropocollagen jedoch dadurch, daß es viele Lysin- und wenige Prolinreste enthält. Tropoelastin bildet eine spezielle Helix-Art, die sich von der α-Helix und Collagen-Helix unterscheidet. Sie besteht aus Helixbereichen, die reich an Glycinresten sind und die von kurzen, Lysin- und Alanin-reichen Regionen unterbrochen werden. Die helicalen Anteile dehnen sich unter Spannung aus, kehren jedoch zu ihrer ursprünglichen Länge zurück, wenn die Spannung nachläßt. Die Lysin-reichen Regionen sind an der Ausbildung kovalenter Querverbrückungen beteiligt. Vier Lysin-R-Gruppen treten zusammen und werden enzymatisch in *Desmosin* (S. 114, Abb. 7-16) und *Isodesmosin*, eine ähnliche Verbindung, umgewandelt. Beide Verbindungen können Tropoelastin-Ketten sternförmig miteinander verbinden, so daß sie in alle Richtungen reversibel gedehnt werden können (Abb. 7-17).

Was uns Faserproteine über die Proteinstruktur verraten können

Die von uns besprochenen Faserproteine lehren uns drei wichtige Dinge über die Proteinstruktur: Erstens haben wir gesehen, daß Proteine nicht nur eine Primärstruktur, d. h. ein kovalentes Grundgerüst, sondern auch eine charakteristische Sekundärstruktur besitzen. Dies ist die Art, in der aufeinanderfolgende Aminosäurereste angeordnet sind.

Die zweite wichtige Feststellung betrifft die Ausbildung der Sekundärstruktur von Polypeptiden, wie z. B. der α-Helix und der β-Konformation. Sie sind nämlich die spontane Konsequenz ihrer Aminosäurezusammensetzung und -sequenz. Die charakteristische Sekundärstruktur eines Proteins ist unter den gegebenen biologischen Bedingungen seine beständigste Form. Die α-Helix und die β-Strukturen sind beständig, weil sie viele Wasserstoffbindungen besitzen, im Fall der α-Helix *innerhalb der Ketten* und im Fall der β-Struktur *zwischen den Ketten*. Obwohl die einzelnen Wasserstoffbindungen relativ schwach sind, verleihen sie gemeinsam der α-Helix und der β-Konformation eine beachtliche Stabilität.

Die dritte Feststellung besagt, daß die dreidimensionalen Konformationen der Faserproteine dafür angepaßt sind, spezifische biologische Funktionen auszuführen. So ist die α-Helixstruktur der α-Keratine gut geeignet, den Wirbeltieren einen äußeren Schutz in Form von Haaren, Federn, Hörnern und Schuppen zu verleihen. Die β-Konformation dagegen ermöglicht die Geschmeidigkeit und Nicht-Dehnbarkeit der Seidenfasern und Spinnweben. Die Collagen-Konformation bietet die große Festigkeit, die für die Sehnen benötigt wird (Tab. 7-1). Letztendlich werden alle diese spezifischen biologischen Eigenschaften durch die spezifische Aminosäuresequenz der Faserproteine bestimmt. Die charakteristische Sekundärstruktur der Faserproteine hat sehr zum Verständnis der viel komplexeren dreidimensionalen Struktur der globulären Proteine beige-

Tabelle 7-1 Sekundärstrukturen und Eigenschaften von Faserproteinen.

Struktur	Charakteristika	Beispiele
α-Helix, durch Cystin querverbunden	zähe, unlösliche, schützende Strukturen unterschiedlicher Härte und Flexibilität	Haare, Federn, Nägel
β-Konformation	weiche, flexible Filamente	Seide
Collagen-Tripelhelix	große Belastbarkeit, keine Dehnbarkeit	Sehnen, Knochenmatrix
Elastinketten, durch Desmosin querverbunden	Dehnung mit Elastizität in zwei Dimensionen	Ligamente

tragen. Im nächsten Kapitel werden wir sehen, daß Teilbereiche mit α-Helix- und mit β-Struktur häufig auch in globulären Proteinen gefunden werden.

Im Innern von Zellen kommen noch andere Arten fibrillärer oder filamentöser Proteine vor

Skelettmuskeln und viele extramuskuläre Gewebe enthalten zwei Proteine, die charakteristische fibrilläre oder filamentöse Strukturen ausbilden: *Myosin* und *Actin*. Diese Proteine haben jedoch primär nicht-strukturelle Aufgaben, ihre biologische Funktion ist insbesondere die Beteiligung an energieverbrauchenden kontraktilen Vorgängen.

Myosin ist ein sehr langes stäbchenförmiges Molekül mit einem „Schwanz" aus zwei α-helicalen umeinander gedrehten Polypeptiden. Außerdem besitzt es einen komplexen „Kopf", der über enzymatische Aktivitäten verfügt (Abb. 7-18). Seine relative Molekülmasse beträgt 450 000; es ist etwa 160 nm lang und enthält sechs Polypeptidketten. Der lange Schwanz besteht aus zwei Ketten, deren relative Molekülmasse, jeweils 200 000 beträgt; dies sind die *schweren Ketten*. Das Molekül besitzt scharnierartige, flexible Gelenke. Der Kopf ist kugelförmig und enthält die Enden der schweren Ketten sowie vier leichte Ketten, deren jeweilige relative Molekülmasse etwa 18 000 beträgt. Sie sind alle zu einer globulären Konformation zusammengefaltet. Die enzymatische Aktivität des Kopfanteils katalysiert die Hydrolyse von ATP zu ADP und Phosphat. Viele Myosinmoleküle lagern sich zu den *dicken Filamenten* des Skelettmuskels zusammen. Myosin kommt auch in anderen als Muskelzellen vor (S. 34).

Die *dünnen Filamente* sind eng mit den dicken Filamenten der Skelettmuskeln vergesellschaftet und sie bestehen aus dem Protein Actin. Actin kommt in zwei Formen vor: dem *globulären Actin* (G-Actin) und dem *Faser-Actin* (F-Actin). Faser-Actin ist eigentlich ein langer Strang von G-Actinmolekülen (M_r = 46 000), die zu einem Filament zusammengelagert sind. Zwei F-Actinmoleküle sind miteinander verdrillt und bilden so eine zweisträngige, seilähnliche Struktur (Abb. 7-18).

Die dicken Filamente (Aus Myosin-Molekülen gebildet) und die dünnen Filamente (aus G-Actin gebildet) sind im kontraktilen System des Muskels parallel angeordnet. Wie wir später sehen werden (Kapitel 14 und 25), gleiten die dünnen Filamente bei der Kontraktion der Skelettmuskeln an den dicken Filamenten entlang. Dieser Vorgang wird durch bestimmte andere Muskelproteine und Ca^{2+} ausgelöst. Für diese Verschiebung wird ATP benötigt, das für die Verkürzung des Skelettmuskels während der Kontraktion verantwortlich ist.

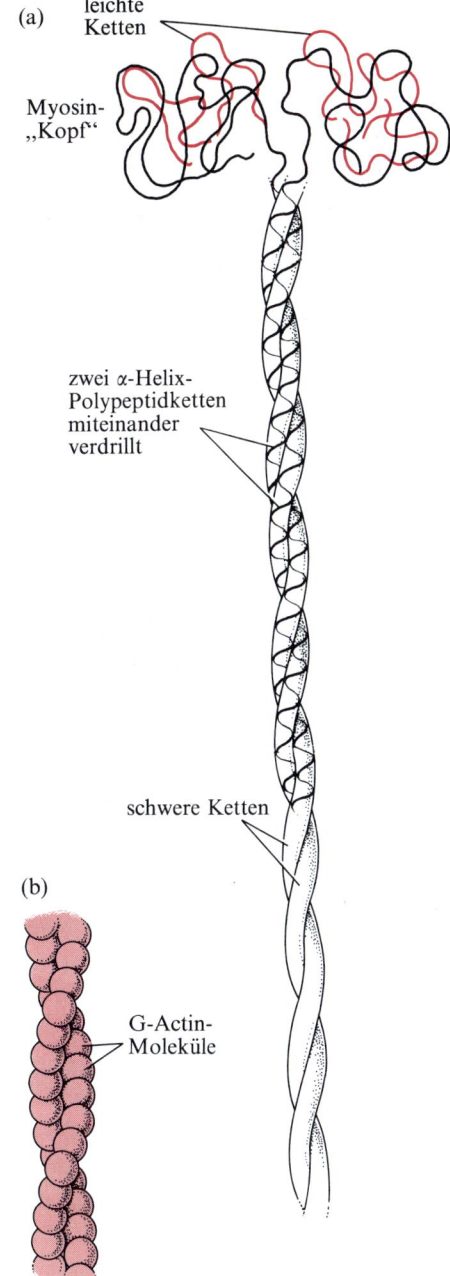

Abbildung 7-18
Myosin und Actin, zwei Faserproteine des kontraktilen Systems.
(a) Myosin enthält einen langen „Schwanz", der aus zwei stark gedrehten α-Helix-Polypeptidketten besteht (schwere Ketten). Der „Kopf" des Moleküls, der vier leichte Ketten enthält, ist ein Enzym mit der Fähigkeit, ATP zu hydrolysieren.
(b) Eine Darstellung des F-Actins, das aus zwei Ketten von umeinander gedrehten G-Actin-Einheiten besteht.

Ein weiterer Typ langer, filamentöser Proteine findet sich, wie bereits beschrieben (S. 35), in den *Mikrotubuli*. Mikrotubuli sind lange Röhrchen, die aus 13 parallel um einen Hohlraum herum angeordneten Proteinfilamenten bestehen. In jedem Filament sind zwei globuläre Proteine, *α-Tubulin* und *β-Tubulin*, alternierend angeordnet, Mikrotubuli kommen in Cilien und Geißeln von Eukaryoten vor. Ihre gleitenden und drehenden Bewegungen gegeneinander erzeugen die charakteristischen Korkenzieher-, Rotations- oder Peitschenschnur-Bewegung, die zum Antrieb verwendet werden. Mikrotubuli beteiligen sich jedoch auch an vielen anderen Zellfunktionen, wie der Zellteilung, und sie bestimmen Gestalt und Form einiger Zellen (S. 34). Auch die Bewegung der Mikrotubuli in den Geißeln hängt von der Hydrolyse von ATP ab (Kapitel 2 und 14).

Zusammenfassung

Es gibt vier Arten von Faserproteinen, die im tierischen Organismus Schutzfunktionen übernehmen oder für die Körperstruktur verantwortlich sind: α-Keratin, β-Keratin, Collagen und Elastin. Sie haben zu vielen wichtigen Erkenntnissen über Beziehungen von Struktur und Funktion der Proteinmoleküle beigetragen. Die α-Keratine sind unlösliche, feste Proteine, die in Haaren, Wolle, Federn, Schuppen, Hörnern, Hufen und Schildkrötenpanzern zu finden sind. Röntgenstrukturanalysen zeigen, daß die α-Keratinfibrillen sich wiederholende Einheiten von etwa 0.54 nm Länge aufweisen, und daß ihre Polypeptidketten verdrillt sind. Röntgenstrukturanalysen haben weiterhin ergeben, daß Peptidgruppen starre, planare Strukturen darstellen, da die C—N-Bindungen im Polypeptidgerüst partiellen Doppelbindungscharakter besitzen. Diese Erkenntnisse führten zu dem Schluß, daß die Polypeptidketten der α-Keratine in rechtsgedrehten α-Helix-Windungen vorliegen, in denen jede Schleife oder Drehung 3.6 Aminosäurereste enthält und 0.54 nm der Helixachse ausmacht. Alle Peptidgruppen nehmen an Wasserstoffbindungen innerhalb der Kette teil. Dadurch wird die α-Helix stabilisiert. Benachbarte R-Gruppen mit gleichgerichteter Ladung, mit großen, sperrigen Gruppen oder mit Prolinresten, die Biegungen in der α-Helix verursachen, behindern die Helixstruktur. Haarfasern bestehen aus mehrsträngigen molekularen Seilen oder Kabeln, bei denen jeder Strang eine α-Helix-Polypeptidkette ist. Die einzelnen Stränge sind miteinander verdrillt. α-Keratine enthalten viele Cystinbrücken

Die β-Keratine, für die das Seiden-Fibroin das beste Beispiel ist, haben eine Periodizität von etwa 0.70 nm, wie sie auch bei gedehnten α-Keratinen nach Dampfbehandlung beobachtet wird. In α-Keratinen besitzt die Polypeptidkette in einer Achsenrichtung eine zickzackartige Struktur. Die benachbarten Polypeptidketten der β-Keratine sind durch Wasserstoffbindungen miteinander verknüpft, besitzen außerdem eine „antiparallele" Richtung und sind zu gefalteten Flächen („Faltblattstruktur" – engl.: pleated sheet) angeordnet. Hierbei ragen die R-Gruppen über und unter die Plattenebene heraus. ß-Keratine enthalten viele Glycin- und Alaninreste.

Collagen ist das am häufigsten vorkommende Protein. Es findet sich in Sehnen, Hautfasern, Blutgefäßen, Knochen und Knorpeln. Collagenfasern bestehen aus drei verdrillten Polypeptidketten. Jede Kette ist in einer besonderen Form einer geknickten Helix angeordnet und enthält etwa 21 % Prolin- und Hydroxyprolinreste. Collagenfasern sind nicht dehnbar, und sie besitzen eine große Belastungsfähigkeit. Collagen wird durch partielle Hydrolyse in Gelatine umgewandelt, d.h. in eine Mischung von löslichen, verdaulichen Polypeptiden. Elastin, das charakteristische Protein des elastischen Bindegewebes, besteht aus einem Netz von Polypeptidketten, die durch Desmosin quervernetzt sind. Es besitzt elastische Eigenschaften. Myosin, Actin und Tubulin sind die unteren Einheiten intrazellulärer filamentöser Proteine, die an ATP-anhängigen kontraktilen Prozessen und an Bewegungsfunktionen teilnehmen.

Aufgaben

1. *Eigenschaften der Peptidbindung*. Bei Röntgenuntersuchungen an kristallinen Peptiden fanden Linus Pauling und Robert Corey, daß die C—N-Bindung der Peptidbindung eine Länge aufweist (0.132 nm), die zwischen der einer typischen C—N-Einfachbindung (0.149 nm) und der einer C—N-Doppelbindung (0.127 nm) liegt. Sie fanden auch, daß die Peptidgruppe eben ist, d.h. daß alle vier Atome, die an die C—N-Gruppe gebunden sind, mit dieser in derselben Ebene liegen. Außerdem stehen die beiden α-Kohlenstoffatome, die an die C—N-Gruppe gebunden sind, immer in *trans*-Stellung zueinander, d.h. sie befinden sich an entgegengesetzten Seiten der Peptidbindung:

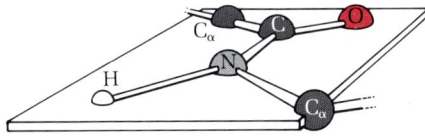

(a) Was sagt die Länge der C—N-Bindung in der Peptidbindung über ihre Stärke und die Art der Bindung, d.h. Einfach-, Doppel- oder Dreifachbindung, aus?
(b) Erklären Sie – unter Berücksichtigung der Antwort zu Teil (a) – die Beobachtung, daß eine derartige C—N-Bindung eine mittlere Länge aufweist, die zwischen der einer Einfach- und der einer Doppelbindung liegt.
(c) Welche Schlüsse können wir aus den Beobachtungen von Pauling und Corey im Hinblick auf die Drehbarkeit um die C—N-Peptidbindung ziehen?

2. *Erste Beobachtungen über die Struktur der Wolle.* William Astbury entdeckte, daß Röntgenbeugungsmuster von Wolle eine sich wiederholende strukturelle Einheit von 0.54 nm Länge in Faserrichtung zeigen. Behandelte er die Wolle mit Dampf und dehnte sie, so zeigte das Röntgenbeugungsmuster eine andere sich wiederholende Einheit von 0.70 nm Länge. Ließ er die Wolle sich unter Erwärmung wieder zusammenziehen, so zeigte sich wieder ein dem ursprünglichen Abstand von 0.54 nm entsprechendes Muster. Obwohl diese Beobachtungen wichtige Aufschlüsse über die molekulare Struktur der Wolle ergeben, war Astbury seinerzeit noch nicht in der Lage, das Phänomen zu erklären. Interpretieren Sie Astburys Beobachtungen entsprechend unseren heutigen Kenntnissen über die Wollstruktur.

3. *Die Geschwindigkeit der Synthese des Haar-α-Keratins.* Nach unseren Maßstäben ist das Haarwachstum ein relativ langsamer Prozeß, der mit einer Geschwindigkeit von etwa 15–20 cm/Jahr abläuft. Das gesamte Wachstum findet im untersten Teil der Haarfasern statt, in dem die α-Keratinfilamente in den lebenden Epidermiszellen synthetisiert und zu seilähnlichen Strukturen zusammengefügt werden (Abb. 7-9). Das strukturelle Element des α-Keratins ist die α-Helix, die pro Drehung 3.6 Aminosäuren und eine Länge von 0.54 nm (Abb. 7-6) besitzt. Berechnen Sie die Geschwindigkeit, mit der die Polypeptidbindungen der α-Keratinketten synthetisiert werden müssen (Zahl der Peptidbindungen pro Sekunde), um das angegebene jährliche Haarwachstum zu erreichen, unter der Annahme, daß die Biosynthese von α-Helix-Keratinketten der geschwindigkeitsbestimmende Faktor des Haarwuchses ist.

4. *Der Einfluß des pH-Wertes auf die Konformation von Polyglutaminsäure und Polylysin.* Die Entfaltung der α-Helix-Konformation eines Polypeptids zu einer willkürlich geknäulten Konformation wird von einer erheblichen Verminderung der spezifischen Rotation begleitet. Polyglutaminsäure, ein Polypeptid, das nur aus Glutaminsäureresten besteht, besitzt bei pH = 3 die α-Helix-Konformation. Wird jedoch der pH-Wert auf 7 erhöht, so nimmt die spezifische Rotation der Lösung erheblich ab. Polylysin besitzt bei pH = 10 eine α-Helixstruktur. Wird der pH-Wert auf 7 gesenkt, so nimmt die spezifische Rotation ebenfalls ab, wie es aus der folgenden Graphik ersichtlich ist.
Wie erklären Sie den Effekt der pH-Wert-Änderung auf die Konformationen der Polyglutaminsäure und des Polylysins? Warum tritt diese Transformation bei einer so geringen pH-Wert-Änderung auf?

5. *Der Cystingehalt bestimmt die mechanischen Eigenschaften vieler Proteine.* Eine Anzahl natürlicher Proteine ist sehr reich an Cystin, und ihre mechanischen Eigenschaften (Dehnungsfestigkeit,

Aufgabe 4

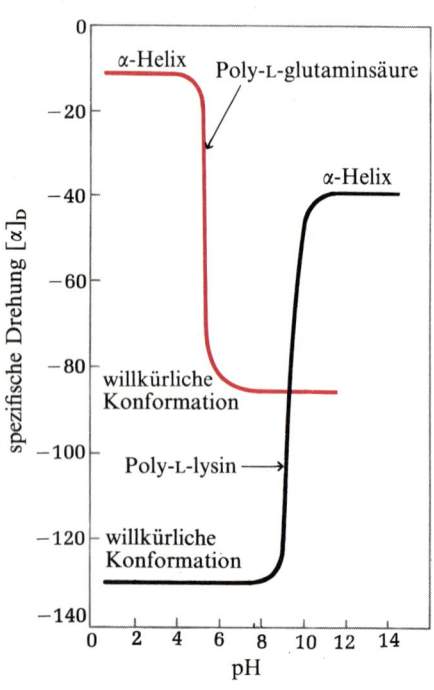

Viskosität, Härte usw.) korrelieren mit dem Cystingehalt. Glutenin, ein Cystin-reiches Protein des Weizens, ist z. B. für den klebrigen und elastischen Charakter eines aus Weizenmehl hergestellten Teiges verantwortlich. Ebenso ist die harte, feste Konsistenz eines Schildkrötenpanzers auf den hohen Cystingehalt seines α-Keratins zurückzuführen. Auf welcher molekularen Grundlage beruht die Korrelation des Cystingehaltes mit den mechanischen Eigenschaften der Proteine?

6. *Warum läuft Wolle ein?* Werden Wollpullover oder -socken in heißem Wasser gewaschen oder in einem elektrischen Trockner getrocknet, so laufen sie ein. Wie können Sie dieses Phänomen mit Hilfe Ihrer Kenntnisse der α-Keratinstruktur erklären? Seide andererseits läuft unter denselben Bedingungen nicht ein. Erklären Sie das.

7. *Die Stabilität der Cystin-haltigen Proteine.* Die meisten globulären Proteine denaturieren (sie entfalten ihre Struktur) und verlieren ihre Funktion, wenn sie kurz auf 65 °C erhitzt werden. Dagegen müssen solche globulären Proteine, die mehrere Cystinreste enthalten, oft über einen längeren Zeitraum bei höheren Temperaturen gehalten werden, um sie zu denaturieren. Die Ribonuclease ist ein solches Protein. Sie besitzt 104 Aminosäurereste in einer einzigen Kette und vier Disulfidbrücken aus Cystinresten. Ribonuclease muß auf höhere Temperaturen erhitzt werden, um ihre Struktur zu entfalten. Wird eine derartige Lösung rasch abgekühlt, so ist sie enzymatisch aktiv. Können Sie eine Erklärung (auf der Grundlage der molekularen Struktur) für diese Verhalten geben?

8. *Die Spaltung von Cystinbrücken.* Die —S—S—Brücken des Cystins entstehen in Proteinen, wenn zwei Cysteinreste innerhalb einer Kette oder auch in zwei benachbarten Ketten oxidiert werden und eine —S—S-Bindung bilden. Bei der Bestimmung der Aminosäuresequenz eines Proteins muß man aus einer Reihe von praktischen Gründen zuerst alle —S—S-Brücken spalten. Da dieser Vorgang die Umkehrung der Oxidation ist, kann er mit einem Reduktionsmittel durchgeführt werden.

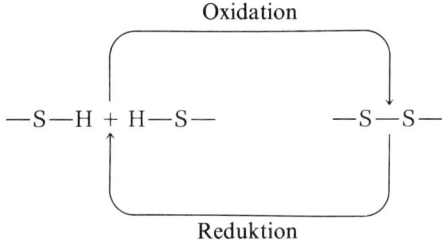

(a) Eine der Standard-Techniken zur Spaltung von Disulfidbrücken in einem Protein besteht in der Behandlung mit einem

Überschuß an 2-Mercaptoethanol (HSCH$_2$CH$_2$OH). Erklären Sie die chemische Grundlage für diese Technik.

(b) Ein Nachteil bei dieser Technik ist, daß sich Cystinbrückenbindungen, nachdem sie gespalten wurden, spontan zurückbilden. Warum geschieht das?

9. *Die Abstände zwischen den β-Blättern in der Faltblattstruktur der Seide.* Chemische Untersuchungen des Seiden-Fibroins von *Bombyx mori* nach partieller Hydrolyse haben gezeigt, daß sich entlang seiner Polypeptidkette eine aus 6 Aminosäureresten bestehende Grundeinheit vielfach wiederholt:

$$(-Gly-Ser-Gly-Ala-Gly-Ala-)_n$$

Röntgenuntersuchungen zeigten ferner, daß eine Haupt-Periodizität von 0.70 nm existiert, wie bereits im Text beschrieben wurde. Es gibt jedoch noch zwei andere Arten sich wiederholender Einheiten von 0.35 und 0.57 nm Länge, die den Abstand zwischen den β-Faltblättern widerspiegeln. Machen Sie einen Vorschlag, wie die Sechs-Reste-Einheiten, die die Polypeptidketten bilden, den Abstand zwischen den β-Faltblättern in der Seide ermöglichen.

10. *Das Bakteriorhodopsin in den Membranproteinen von Pupurbakterien.* Unter geeigneten Umweltbedingungen synthetisiert das salzliebende Bakterium *Halobacterium halobium* ein Membranprotein ($M_r = 26\,000$), das als Bakteriorhodopsin bezeichnet wird. Moleküle dieses Proteins, das wegen seines Retinal-Gehaltes purpurfarbig ist, aggregieren zu „purpurnen Flecken" in der Zellmembran. Bakteriorhodopsin wirkt als eine durch Licht aktivierte Protonenpumpe und dient der Energieversorgung für Zellfunktionen. Röntgenanalysen dieses Proteins zeigen, daß es aus sieben parallelen α-Helix-Abschnitten besteht, von denen jeder durch die 4.5 nm dicke Bakterien-Zellmembran hindurchreicht. Berechnen Sie die Anzahl von Aminosäuren, die ein Segment der α-Helix mindestens enthalten muß, um die Membran vollständig zu durchdringen. Schätzen Sie den Anteil des Proteins Bakteriorhodospin, der in der α-Helixform vorliegt. Begründen Sie alle Ihre Aussagen.

11. *Die Biosynthese des Collagens.* Collagen, das in Säugetieren am häufigsten vorkommende Protein, besitzt eine ungewöhnliche Aminosäuren-Zusammensetzung. Im Gegensatz zu den meisten anderen Proteinen enthält Collagen sehr viel Prolin und Hydroxyprolin (Abb. 7-13). Da Hydroxyprolin nicht eine der üblicherweise in Proteinen gefundenen 20 Aminosäuren ist, gibt es zwei Erklärungsmöglichkeiten für sein Vorkommen im Collagen: (1) Prolin wird durch Enzyme hydroxyliert, *bevor* es in Collagen aufgenommen wird; (2) Prolin wird *nach* dem Einbau in das Collagen hydroxyliert. Um zwischen diesen beiden Hypothesen

zu unterscheiden, wurden folgende Experimente durchgeführt. Wird eine Ratte mit [^{14}C] Prolin behandelt und das Collagen aus dem Schwanz isoliert, so ist das neu synthetisierte Collagen des Schwanzes radioaktiv. Wird eine Ratte jedoch mit [^{14}C] Hydroxyprolin behandelt, so wird keine Radioaktivität im neu synthetisierten Collagen festgestellt. Erlauben es diese Experimente, eine der beiden Hypothesen zu stützen bzw. zu verwerfen?

12. *Die pathogene Wirkung der Bakterien, die Gasbrand verursachen.* Das stark pathogene, anaerobe Bakterium *Clostridium perfringens* ist der Erreger des Gasbrandes, einer Erkrankung, bei der Gewebestrukturen zerstört werden. Dieses Bakterium sondert ein Enzym ab, das sehr effektiv die Hydrolyse der Peptidbindung der folgenden Sequenz katalysiert:

$$-X-Gly-Pro-Y- \xrightarrow[\text{Enzym}]{\text{H}_2\text{O}} -X-CO_2^- + \overset{+}{\text{H}_3\text{N}}-Gly-Pro-Y-$$

Hierbei können X und Y je eine beliebige der 20 Aminosäuren sein. Welche Wirkung hat die Sekretion dieses Enzyms auf das Eindringungsvermögen des Bakteriums in menschliches Gewebe? Warum wirkt dieses Enzym nicht auch auf das Bakterium selbst?

Kapitel 8
Globuläre Proteine: Struktur und Funktionen des Hämoglobins

In globulären Proteinen ist die Polypeptidkette zu einer kompakten, kugelartigen Form gefaltet. Insgesamt besitzt diese Klasse von Proteinen eine komplexere Konformation als Faserproteine. Sie übt eine größere Vielfalt biologischer Funktionen aus und diese Proteine sind dynamisch, statt statisch in ihren Aktivitäten. Fast alle der mehr als 2000 Enzyme sind globuläre Proteine. Andere globuläre Proteine dienen zum Transport von Sauerstoff, Nährstoffen und anorganischen Ionen im Blut; einige dienen als Antikörper, andere als Hormone und einige weitere als Bestandteile von Membranen und Ribosomen.

In diesem Kapitel werden wir sehen, wie die Polypeptidketten einiger globulärer Proteine gefaltet sind und wie die Aminosäuresequenz ihre dreidimensionalen Strukturen bestimmt. Wir werden außerdem erkennen, warum die gefaltete Konformation der globulären Proteine im nativen Zustand für ihre biologische Aktivität notwendig ist. Dann werden wir die Chemie, Biologie und einige medizinische Bedeutungen des sauerstofftransportierenden Proteins Hämoglobin der roten Blutzellen besprechen, um zu verdeutlichen, wie die dreidimensionale Struktur der globulären Proteine ihren wichtigen biologischen Funktionen angepaßt ist.

Die Polypeptidketten globulärer Proteine sind stark gefaltet

Zwei wichtige Tatsachen weisen darauf hin, daß die Polypeptidketten globulärer Proteine stark gefaltet und ihre gefalteten Konformationen wichtig für ihre biologischen Funktionen sind: Globuläre Proteine werden *denaturiert*, wenn sie erhitzt, extremen pH-Werten ausgesetzt oder mit Harnstoff behandelt werden (S.156). Ist ein globuläres Protein denaturiert, so bleibt sein kovalentes Grundgerüst intakt, die Polypeptidkette entfaltet sich jedoch zu willkürlichen, irregulären und wechselnden räumlichen Konformationen. Ein denaturiertes globuläres Protein wird generell in einem wäßrigen System bei einem pH-Wert nahe 7 unlöslich, und es verliert normalerweise seine biologische Aktivität.

Den zweiten Hinweis dafür, daß globuläre Proteine gefaltet sind, bietet ein Vergleich der Länge ihrer Polypeptidketten mit den tatsächlichen Abmessungen der Moleküle, die durch physikalisch-chemische Messungen ermittelt werden können. Serumalbumin ($M_r = 64\,500$) besteht z. B. aus einer Polypeptidkette mit 584 Aminosäureresten. Befände sich diese Kette in der vollständig gestreckten β-Konformation, wäre sie fast 200 nm lang und etwa 0.5 nm dick. Läge sie als α-Helix vor, wäre sie etwa 90 nm lang und 1.1 nm dick (Abb. 8-1). Physikalisch-chemische Messungen ergeben jedoch, daß die Länge des nativen Serumalbumins nur etwa 13 nm und sein Durchmesser etwa 3 nm beträgt (Abb. 8-1). Daraus folgt, daß die Polypeptidkette des Serumalbumins sehr eng gefaltet sein muß. Es ist heute bekannt, daß *alle* globulären Proteine auf eine spezielle Weise kompakt zusammengefaltet sind, die für ihre biologische Aktivität wichtig ist. *Wir verwenden den Begriff der tertiären Struktur, um zu beschreiben, wie die Polypeptidketten globulärer Proteine zu kompakten kugelförmigen oder globulären Formen gefaltet sind.*

Damit treten eine Reihe von Fragen auf. Wie kann das Faltungsmuster globulärer Proteine bestimmt werden? Ist die Polypeptidkette in allen globulären Proteinen in identischer Weise gefaltet? Welche Faktoren halten die Polypeptidketten in ihrer gefalteten Konformation?

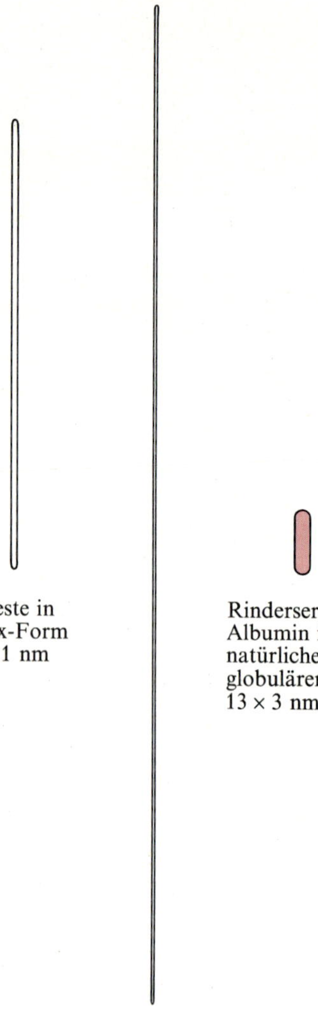

Die Röntgenstrukturanalyse des Myoglobins war der Durchbruch

Die Antworten auf diese Fragen wurden mit Hilfe der Röntgenstrukturanalyse gefunden, mit der, wie wir bereits gesehen haben, die Strukturen verschiedener Faserproteine aufgeklärt wurden. Röntgenstrukturanalysen globulärer Proteine sind jedoch viel schwieriger durchzuführen als die von Faserproteinen, die sich nur in einer Dimension erstrecken und normalerweise periodische Strukturen besitzen. Für die Analyse der dreidimensionalen Strukturen globulärer Proteine mit Hilfe von Röntgenbeugungsmustern sind komplexe Computerberechnungen notwendig.

Der Durchbruch gelang durch Röntgenbeugungsuntersuchungen des globulären Proteins *Myoglobin*. Die entsprechenden Arbeiten wurden von John Kendrew und seinen Mitarbeitern in England in den fünfziger Jahren durchgeführt. Myoglobin ist ein relativ kleines, sauerstoffbindendes Protein ($M_r = 16\,700$), das in Muskelzellen vorkommt. Seine Funktion besteht darin, gebundenen Sauerstoff zu speichern und seinen Transport zu den Mitochondrien zu beschleunigen. Mitochondrien verwenden den Sauerstoff für die Oxidation von Nährstoffen. Myoglobin enthält eine Polypeptidkette mit 153 Aminosäureresten von bekannter Sequenz sowie ein einzelnes Eisen-Porphyrin – das *Häm* (Abb. 8-2) –, das sich auch im Hämoglobin, dem sauerstoffbindenden Protein der roten Blutzellen, findet. Die

584 Reste in
α-Helix-Form
90 × 1.1 nm

Rinderserum-
Albumin in
natürlicher
globulärer Form
13 × 3 nm

584 Reste in
β-Konformation
200 × 0.5 nm

Abbildung 8-1
Abmessungen des Rinder-Serumalbumins in seiner nativen, globulären Konformation. Serumalbumin enthält 584 Reste in einer einzigen Kette. Die beiden linken Darstellungen geben hypothetisch die Abmessungen wieder, die auftreten würden, wenn die Polypeptidkette des Serumalbumins als α-Helix oder in der gedehnten β-Konformation vorliegen würde. Die wirklichen Abmessungen der nativen Serumalbumins sind rechts wiedergegeben.

Struktur des Häms

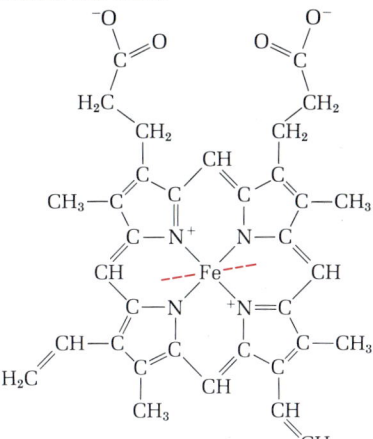

Kalottenmodell des Häms

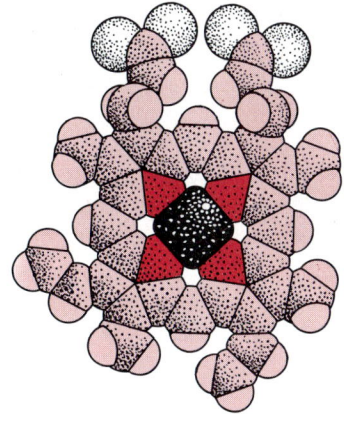

die Bindungen des Eisens

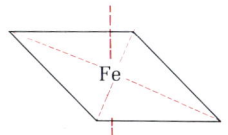

Seitenansicht

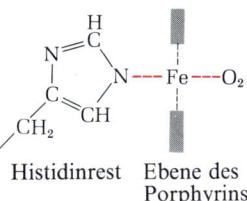

Histidinrest   Ebene des Porphyrins

Abbildung 8-2
Die im Myoglobin, Hämoglobin und vielen anderen Häm-Proteinen vorkommende Hämgruppe besteht aus einer komplexen organischen Ringstruktur, Protoporphyrin, an die ein Eisenatom in seiner Fe(II)-Form gebunden ist. Das Eisenatom besitzt sechs Bindungen, von denen vier zu dem flachen Porphyrin-Molekül führen und zwei senkrecht zu ihm liegen. Im Myoglobin und Hämoglobin ist eine der senkrechten Bindung an ein Stickstoffatom eines Histidinrestes geknüpft. Die andere Bindung ist „offen" und dient als Bindungsstelle für ein Sauerstoffmolekül, wie es in der Seitenansicht unten rechts dargestellt ist. In Myoglobin und Hämoglobin kann Kohlenstoffmonoxid (CO) mit O_2 um die Anlagerung an die leere Bindung konkurrieren. CO wird etwa 200mal fester gebunden als O_2. Bei Kohlenstoffmonoxid-Vergiftungen liegt ein großer Teil des Hämoglobins als Kohlenstoffmonoxid-Hämoglobin vor, und hemmt somit den O_2-Transport zu den Geweben.

Hämgruppe ist für die tief rotbraune Farbe des Myoglobins und des Hämoglobins verantwortlich. Myoglobin ist besonders reichlich in den Muskeln tauchender Säugetiere (Wale, Robben und Delphine) vorhanden, deren Muskeln so reich an diesem Protein sind, daß sie braun aussehen. Die Speicherung von Sauerstoff im Muskel-Myoglobin ermöglicht es diesen Tieren, sehr lange zu tauchen.

Kendrew fand, daß die Röntgenbeugungsmuster (Abb. 8-3) von kristallinem Myoglobin aus Muskeln des Pottwals sehr komplex sind und fast 25 000 Reflexe aufweisen. Computeranalysen dieser Reflexe wurden in Teilschritten vorgenommen. Im ersten Schritt, 1957 fertiggestellt, wurde die dreidimensionale Struktur des Myoglobins mit einer Auflösung von 0.6 nm berechnet. Mit dieser Auflösung gelang es, die Faltung der Polypeptidketten-Grundstruktur im Myoglobinmolekül zu erkennen, obwohl die Genauigkeit nicht ausreichte, um die genaue Position der einzelnen Atome anzugeben. Der „wurstähnliche" Umriß der tertiären Struktur der Myoglobinkette, die zu einer seltsamen unregelmäßigen Form gefaltet ist, geht aus Abb. 8-4 hervor. Da die R-Gruppen fehlen, erscheint die Struktur viel offener als sie tatsächlich ist. Die Zeichnung zeigt außerdem die flache Hämgruppe, die fest, aber nicht kovalent an die Polypeptidkette gebunden ist. In einem zweiten Schritt wurde die Röntgenanalyse des Myoglobins mit einer Auflösung von 0.2 nm durchge-

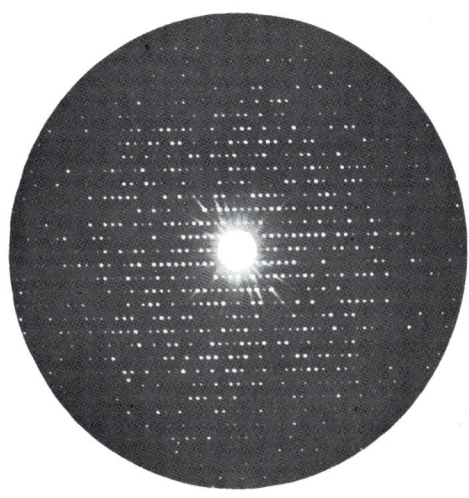

Abbildung 8-3
Photographie eines Röntgenbeugungsmusters des kristallinen Pottwal-Myoglobins. Aus den Positionen und Intensitäten der Röntgenreflexe (weiße Punkte) wurde die genaue dreidimensionale Struktur von Myoglobin berechnet.

192 Teil I Biomoleküle

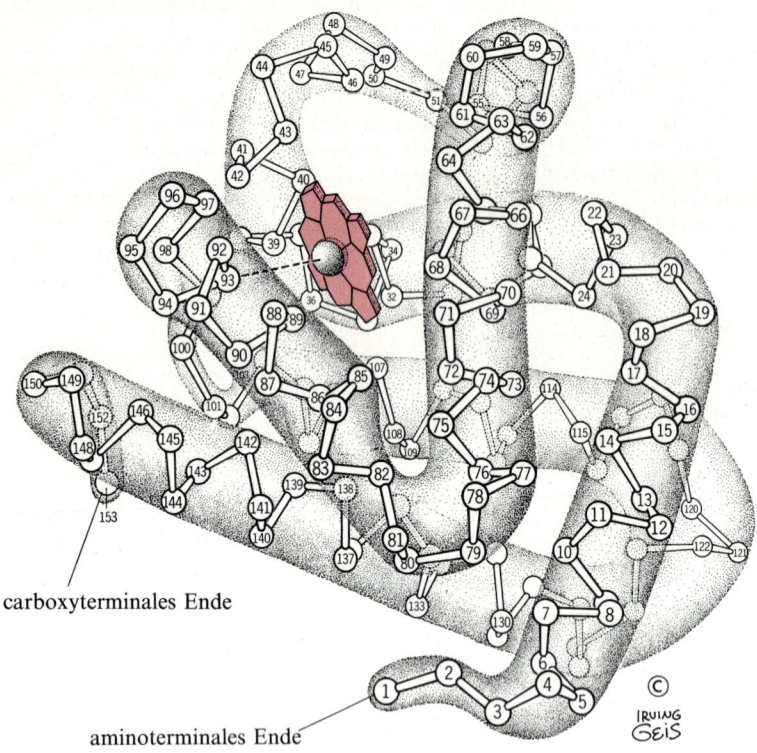

carboxyterminales Ende

aminoterminales Ende

Abbildung 8-4
Tertiärstruktur des Pottwal-Myoglobins nach der Röntgenstrukturanalyse. Die Zeichnung zeigt die Gerüststruktur nach Daten einer Analyse mit einer Auflösung von 0.2 nm. Nur die Gerüstatome sind innerhalb der wurstähnlichen Kette eingezeichnet. Die Zwischenräume zwischen den Windungen der Kette sind nicht leer, sondern mit R-Gruppen gefüllt, die in dieser Zeichnung nicht berücksichtigt wurden. Das Myoglobin-Molekül besitzt acht α-Helix-Abschnitte. Die Hämgruppe ist farbig markiert.

führt. Dieses Auflösungsvermögen reichte aus, um die meisten R-Gruppen identifizieren zu können. Im dritten Schritt, bei einer Auflösung von 0.14 nm, konnten alle Aminosäurereste identifiziert werden. Ihre Sequenz stimmte mit der durch chemische Analyse gewonnenen überein.

Abb. 8-4 zeigt die detaillierte *Sekundärstruktur* der Polypeptid-Kette des Myoglobins innerhalb des wurstartigen Umrisses der Polypeptidkette, und die *Tertiärstruktur*, d.h. die dreidimensionale Faltung der Kette. Das Grundgerüst des Myoglobinmoleküls besteht aus acht relativ geraden Abschnitten, die durch Biegungen voneinander getrennt sind. Jeder gerade Abschnitt hat α-Helix-Sturktur. Der längste Abschnitt besteht aus 23, der kürzeste nur aus 7 Aminosäureresten. Alle α-Helix-Abschnitte wurden als rechtsdrehend identifiziert. Fast 80 Prozent der Aminosäuren des Myoglobinmoleküls sind in diesen α-Helix-Regionen enthalten. Röntgenstrukturanalysen zeigten auch die genauen Positionen der R-Gruppen, die aus dem wurstähnlichen Umriß des Grundgerüstes herausragen und nahezu alle offenen Stellen zwischen den gefalteten Windungen ausfüllen.

Aus diesem genau konstruierten, aus den Röntgendaten abgeleiteten Modell des Myoglobinmoleküls können weitere wichtige Tatsachen abgeleitet werden:

1. Das Myoglobinmolekül ist so kompakt, daß in seinem Inneren nur Platz für vier Wassermoleküle bleibt.

2. Alle polaren R-Gruppen der Myoglobinkette bis auf zwei sind an der äußeren Oberfläche des Moleküls angeordnet, und sie alle sind hydratisiert.
3. Die meisten der hydrophoben R-Gruppen befinden sich im Inneren des Myoglobinmoleküls, vor der Berührung mit Wasser geschützt (die Aminosäuren mit besonders hydrophilen und besonders hydrophoben R-Gruppen sowie solche mit R-Gruppen, die eine mittlere Polarität besitzen, sind in Tab. 8-1 aufgeführt).
4. Jeder der vier Prolinreste des Myoglobins liegt an einer Biegung (erinnern Sie sich, daß die starre R-Gruppe des Prolins mit der α-Helix-Struktur nicht vereinbar ist; S. 170). Andere Biegungen oder Drehungen enthalten Serin-, Threonin- und Asparaginreste. Dies sind Aminosäuren, die dazu neigen, nicht mit der α-Helix-Struktur vereinbar zu sein, wenn sie in zu enger Nachbarschaft zueinander vorkommen (S. 170).
5. Alle Peptidbindungen befinden sich in der planaren *trans*-Konfiguration (S. 167).
6. Die flache Hämgruppe befindet sich in einer Nische oder Tasche des Myoglobinmoleküls. Das Eisenatom im Zentrum der Hämgruppe besitzt zwei Koordinationsstellen. An die eine ist die R-Gruppe des Histidinrestes in Position 93 gebunden, an die andere kann ein O_2-Molekül gebunden werden.

Myoglobine verschiedener Spezies besitzen ähnliche Konformationen

Wir haben gesehen, daß in einer Reihe von homologen Proteinen verschiedener Spezies, – wie beim Cytochrom *c* – die Aminosäurereste in bestimmten Positionen der Sequenz *invariant*, d.h. stets dieselben sind, wogegen an anderen Stellen die Aminosäurereste variieren können (S. 153). Dieses gilt auch für Myoglobine, die von verschiedenen Arten von Walen, Robben und von einigen auf dem Lande lebenden Vertebraten isoliert wurden. Die Vermutung, daß alle Myoglobine einen gemeinsamen Ursprung und einige gemeinsame Eigenschaften in bezug auf die Faltung ihrer Polypeptidketten besitzen, wurde durch Röntgenanalysen der Myoglobine verschiedener Spezies voll und ganz bestätigt. Da ihre Tertiärstrukturen alle dem Myoglobin der Pottwale sehr ähnlich sind, führen die Aminosäuresequenz-Homologien zusammen mit den Ähnlichkeiten in den Tertiärstrukturen der verschiedenen Myoglobine zu dem Schluß, daß die Art der dreidimensionalen Faltung irgendwie durch die Aminosäuresequenz bestimmt werden muß. Auch andere homologe Proteine weisen diese Beziehung auf: bei ihnen kommen ebenfalls Sequenzhomologien zusammen mit ähnlichen Tertiärstrukturen vor.

Tabelle 8-1 Klassifikation der Aminosäuren nach Polarität und Lage im globulären Proteinmolekül.

Stark hydrophile Aminosäuren, die fast immer an der äußeren Oberfläche globulärer Proteine vorkommen
  Asparaginsäure
  Glutaminsäure
  Asparagin
  Lysin
  Arginin
  Histidin

Stark hydrophobe Aminosäuren, die hauptsächlich im Inneren globulärer Proteine zu finden sind
  Phenylalanin
  Leucin
  Isoleucin
  Methionin
  Valin
  Tryptophan

Aminosäuren mittlerer Polarität, die sowohl im Inneren als auch außen an der Oberfläche globulärer Proteine vorkommen
  Prolin
  Threonin
  Serin
  Cystein
  Alanin
  Glycin
  Tyrosin

Jeder Typ globulärer Proteine hat seine, ihn kennzeichnende Tertiärstruktur

Sind alle globulären Proteine wie das Myoglobin gefaltet? Diese Frage kann nun beantwortet werden, da die Tertiärstrukturen anderer kleiner, einkettiger globulärer Proteine durch Röntgenmethoden analysiert wurden. Besonders interessant ist das elektronenübertragende mitochondriale Protein *Cytochrom c*, dessen Aminosäuresequenz in mehr als 60 Spezies untersucht wurde (S. 152). Wie Myo-

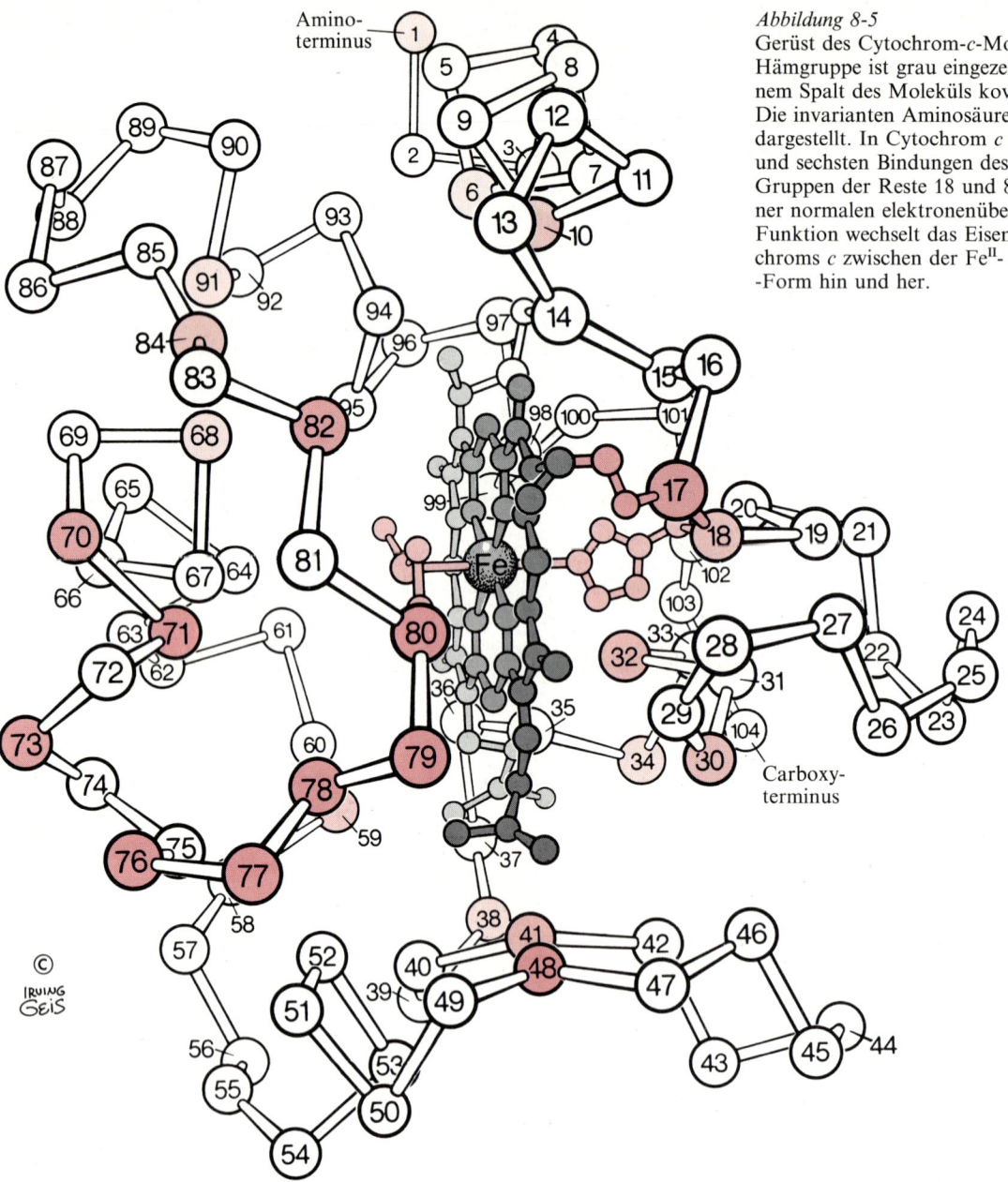

Abbildung 8-5
Gerüst des Cytochrom-*c*-Moleküls. Die Hämgruppe ist grau eingezeichnet und in einem Spalt des Moleküls kovalent gebunden. Die invarianten Aminosäurereste sind farbig dargestellt. In Cytochrom *c* sind die fünften und sechsten Bindungen des Eisens von R-Gruppen der Reste 18 und 80 besetzt. In seiner normalen elektronenübertragenden Funktion wechselt das Eisen des Cytochroms *c* zwischen der Fe^{II}- und der Fe^{III}-Form hin und her.

Tabelle 8-2 Ungefährer Anteil von α-Helix- und β-Struktur in einigen Proteinen mit einer Kette.

Protein	Gesamtzahl der Reste	Anteil in % α-Helix	Anteil in % β-Struktur
Myoglobin	153	78	0
Cytochrom c	104	39	0
Lysozym	129	40	12
Ribonuclease	124	26	35
Chymotrypsin	247	14	45
Carboxypeptidase	307	38	17

Einige Bereiche der Polypeptidkette liegen weder in der α-Helix- noch in der β-Konformation vor. Diese Anteile bestehen aus Biegungen und irregulär gewundenen oder gedehnten Bereichen. Einige Segmente der α-Helix- oder β-Strukturen weichen manchmal etwas von ihrer normalen Ausdehnung und Geometrie ab. Daten von C. R. Cantor und P. R. Schimmel, *Biophysical Chemistry,* Teil I, *The Conformation of Biological Macromolecules,* S. 100, Freeman, San Francisco, 1980.

globin ist auch Cytochrom c ein kleines Hämprotein ($M_r = 12\,400$) mit einer einzigen Polypeptidkette von etwa 100 Resten und einer einzigen Hämgruppe, die in diesem Fall kovalent an das Polypeptid gebunden ist. Cytochrom c ist, wie auch Myosin, in der Weise gefaltet, daß die meisten der hydrophilen R-Gruppen nach außen, und die meisten der hydrophoben R-Gruppen in das Innere seiner globulären Struktur weisen. Da sowohl Cytochrom c als auch Myosin Hämproteine sind, könnte man annehmen, sie besäßen auch ähnliche Tertiärstrukturen. Dies ist jedoch nicht der Fall. Röntgenstrukturanalysen von Cytochrom c zeigen, daß es eine völlig andere dreidimensionale Struktur (Ab. 8-5 und Tab. 8-2) besitzt. Während fast 80 Prozent der Myoglobinkette in α-Helix-Form vorliegt, verfügt Cytochrom c nur über etwa 40 Prozent an α-Helix-Segmenten. Der Rest der Cytochrom-c-Kette besteht aus vielfältigen Biegungen, Drehungen und unregelmäßig gewundenen und gestreckten Abschnitten. Somit unterscheiden sich Cytochrom c und Myosin, obwohl sie beide kleine Hämproteine sind, deutlich in ihrer Sekundär- und Tertiärstruktur sowie in ihrer Aminosäuresequenz; sie sind dadurch an ihre sehr verschiedenen biologischen Funktionen angepaßt.

Im folgenden soll noch die Tertiärstruktur von zwei weiteren kleinen Proteinen verglichen werden. *Lysozym* ist ein Enzym im Eiklar und in menschlichen Tränen, das die hydrolytische Spaltung komplexer Polysaccharide in den schützenden Zellwänden einiger Bakterienfamilien katalysiert. Der Name Lysozym stammt von der Funktion des Proteins. Es lysiert oder löst bakterielle Zellwände auf und dient so als bakterizides Agens. Wie Myoglobin und Cytochrom c besitzt Lysozym eine kompakt gefaltete Konformation. Die meisten seiner hydrophoben R-Gruppen befinden sich im Inneren der globulären Struktur – vor Wasser geschützt –, und seine hydrophilen R-

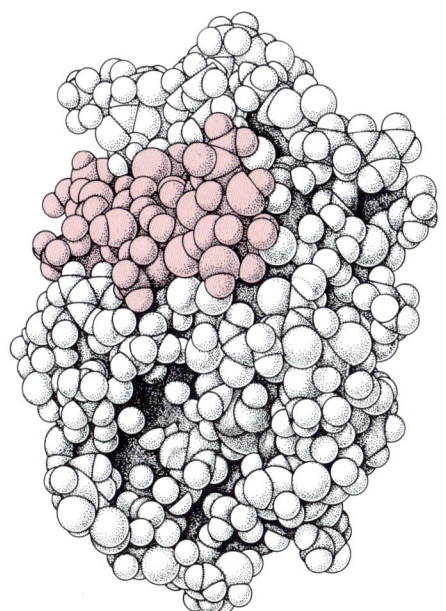

Abbildung 8-6
Kalottenmodell des Lysozymmoleküls mit seinem fest gebundenen Polysaccharid--Substrat (farbig). Beachten Sie, daß das Lysozym-Molekül sehr kompakt ist, mit wenig Freiraum im Inneren. Eine weitere Ansicht des Lysozyms ist in Kapitel 9 auf S. 252 dargestellt.

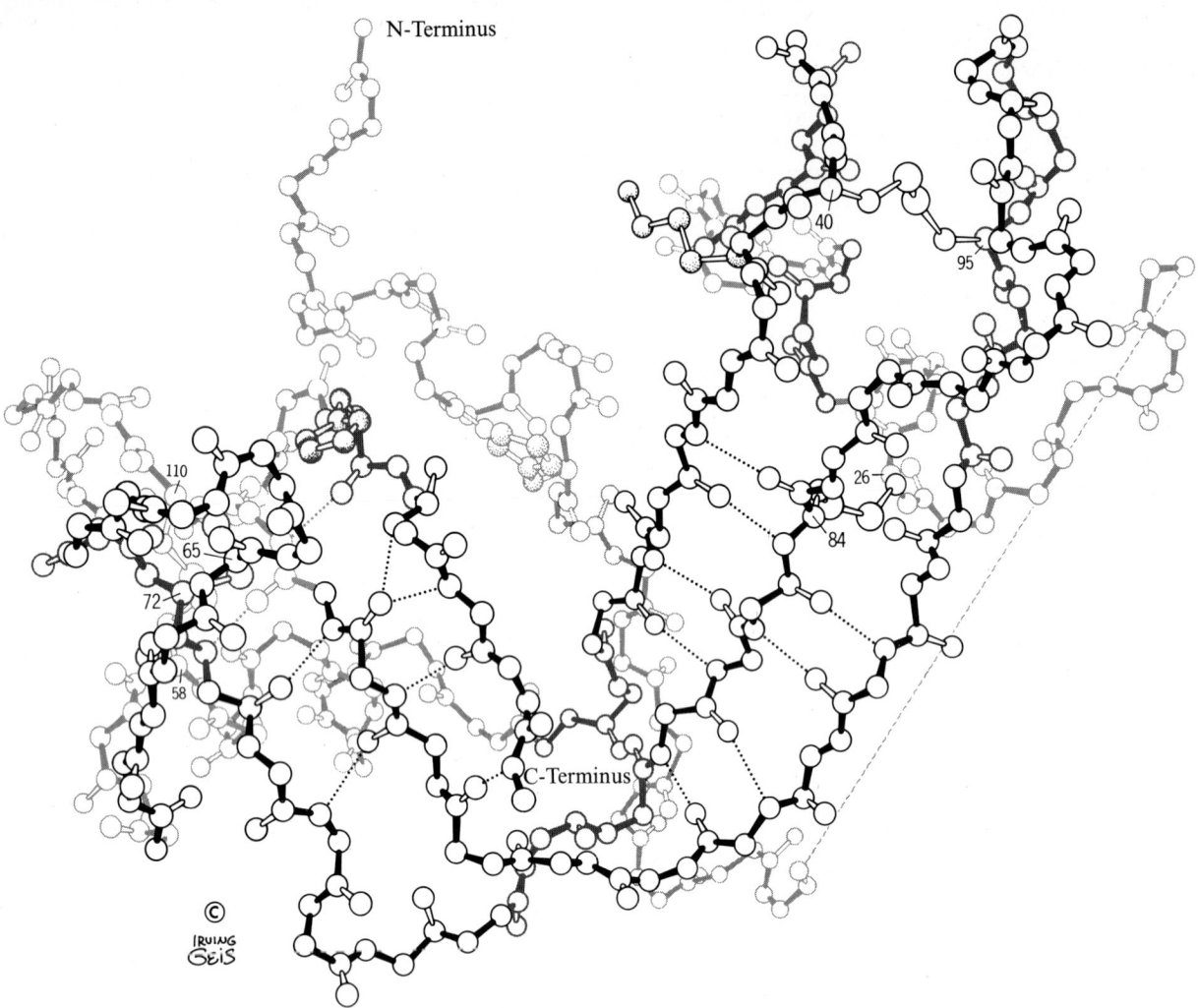

Abbildung 8-7
Die Konformation des Ribonuclease-Moleküls, wie sie aus Röntgen-Strukturanalysen abgeleitet wurde. Die gepunkteten Linien stellen Wasserstoffbindungen zwischen Schleifen der Polypeptidkette dar, die in einer β-Faltblattstruktur angeordnet sind. Die Spalte in der oberen Hälfte des Moleküls ist die Bindungsstelle für das Substrat. Abbildung 8-8 zeigt die Position der Disulfid-Querverbindungen zwischen den Ketten.

Gruppen liegen außen, dem wäßrigen Medium zugewandt. Etwa 40 % seiner 129 Aminosäurereste bilden α-Helix-Abschnitte (Tab. 8-2), die eine lange Spalte an der Seite des Moleküls auskleiden. Diese Spalte oder Nische ist das katalytische (aktive) Zentrum des Enzyms. Wir wir später sehen werden (Kapitel 9), besitzt jedes Enzym ein katalytisches Zentrum, welches das *Substrat*, d.h. das Molekül, auf das es einwirkt, bindet. Das bakterielle Polysaccharid, auf das das Lysozym einwirkt, paßt während der katalytischen Wirkung des Enzyms in diese Nische hinein. Abb. 8-6 zeigt das Kalottenmodell des Lysozyms, bei dem auch die Dichte der globulären Zellstruktur deutlich wird.

Ribonuclease, ein weiteres kleines globuläres Protein, ist ein vom Pankreas in den Dünndarm abgesondertes Enzym, das dort die Hydrolyse der mit der Nahrung aufgenommenen Ribonucleinsäuren katalysiert. Die Tertiärstruktur, die durch Röntgenstrukturanalyse (Abb. 8-7) bestimmt wurde, zeigt zahlreiche Kettenabschnitte, die jedoch β-Konformation haben, so daß nur ein sehr geringer Anteil der Polypeptidkette in der α-Helix-Konformation vorliegt. Ribonuclease unterscheidet sich außerdem von Myoglobin und Lysozym dadurch, daß es vier Cystinreste hat, die kovalente Disulfid-Querverbindungen zwischen den Windungen der Polypeptidkette bilden. Diese dienen der Stabilisierung der Tertiärstruktur (Abb. 8-7). Viele Proteine, besonders solche mit extrazellulären Funktionen, enthalten solche Disulfid-Querverbindungen innerhalb der Kette.

Die besprochenen vier kleinen, einkettigen, globulären Proteine unterscheiden sich also deutlich voneinander (Tab. 8-2). Sie besitzen sehr verschiedene Anteile an α-Helix- und β-Konformationen in diversen Faltungsmustern. Sie haben auch verschiedene Aminosäuresequenzen und sehr verschiedene biologische Funktionen. Aus Röntgen- und Sequenzdaten von vielen Arten globulärer Proteine weiß man heute mit Sicherheit, daß jeder Typ von Proteinen eine charakteristische dreidimensionale Konformation besitzt, die auf ihre spezifische biologische Funktion zugeschnitten ist.

Aminosäuresequenzen bestimmen die Tertiärstrukturen

Wir haben bei der Betrachtung der α-Helix- und β-Konformation gesehen, daß die Sekundärstruktur der Polypeptidkette durch ihre Aminosäuresequenz bestimmt wird. Nur wenn eine Reihe benachbarter Aminosäurereste entlang der Kette eine passende Folge von R-Gruppen besitzt, bildet sich die α-Helix- oder β-Konformation spontan aus und bleibt stabil. Die Tertiärstruktur globulärer Proteine wird ebenfalls durch ihre Aminosäuresequenz bestimmt. Während die Sekundärstruktur von Polypeptidketten durch Sequenzen von R-Gruppen über *kurze Bereiche* festgelegt ist, wird die Tertiärstruktur durch Eigenschaften von Aminosäuresequenzen über eine *längere Spanne* determiniert. Die Ausbildung von Biegungen in der Polypeptidkette sowie die Richtung und der Winkel solcher Biegungen wird durch die genaue Anordnung der spezifischen, eine Biegung verursachenden Aminosäureresten – also z.B. Prolin, Threonin oder Serin – festgelegt. Außerdem werden die Schleifen einer stark gefalteten Polypeptidkette durch verschiedene Arten von Wechselwirkungen zwischen R-Gruppen benachbarter Schleifen in ihrer charakteristischen Tertiärposition gehalten.

Viele der invarianten Aminosäurereste homologer Proteine, die unabhängig von der Spezies immer an denselben Positionen vorkommen, scheinen an kritischen Stellen der Polypeptidkette zu liegen. Einige befinden sich bei den oder in der Nähe der Biegungen in der Kette; andere, wie die Cystinreste, an Querverbindungspunkten zwischen Schleifen in der Tertiärstruktur. Wieder andere kommen in den katalytischen Zentren der Enzyme vor, oder an Stellen des Moleküls, an die eine prosthetische Gruppe – zum Beispiel die Hämgruppe von Cytochrom *c* – gebunden ist.

Der wichtigste Hinweis darauf, daß die Tertiärstruktur eines globulären Proteins durch seine Aminosäuresequenz bestimmt wird, stammt aus Versuchen, die zeigen, daß die Denaturierung einiger Proteine reversibel ist. Hitze oder extreme pH-Bedingungen führen bei den meisten globulären Proteine zur Entfaltung und zum Verlust ihrer biologischen Aktivität, ohne die kovalenten Bindungen im Polypeptid-Grundgerüst aufzubrechen. Lange Zeit hielt man die Denaturierung von Proteinen für irreversibel, da z. B. beim Kochen koaguliertes Eiklar-Protein beim Abkühlen nicht wieder in Lösung geht. Es wurde jedoch festgestellt, daß einige globuläre Proteine nach ihrer Denaturierung tatsächlich ihre ursprüngliche Struktur sowie ihre biologische Aktivität zurückerhalten, wenn sie langsam abgekühlt oder zu ihrem normalen pH-Wert zurückgeführt werden. Diesen Vorgang bezeichnet man als *Renaturierung*.

Ein klassisches Beispiel für eine Renaturierung bietet die Ribonuclease, ein einkettiges Protein mit vier Disulfidbindungen zwischen den Ketten. Kristalline Ribonuclease kann durch eine konzentrierte Harnstofflösung in Anwesenheit eines Reduktionsmittels denaturiert werden. Dieses bewirkt die Spaltung der Disulfidbindungen der vier Cystinreste unter Bildung von 8 Cysteinresten. Unter diesen Bedingungen verliert das Enzym seine katalytische Aktivität, es entfaltet sich vollständig zu einer willkürlich geknäulten Form (Abb. 8-8). Wenn wir die Lösung der denaturierten Ribonuclease in einen Dialyseschlauch (S. 142) geben und diesen in Wasser hängen, so diffundieren die Verbindungen mit niedriger relativer Molekülmasse (Harnstoff und das Reduktionsmittel) aus der Lösung heraus. Während diese Stoffe langsam entfernt werden, faltet sich die denaturierte Ribonuclease langsam und spontan in ihre ursprüngliche dreidimensionale Tertiärstruktur zurück. Dies geschieht unter vollständiger Wiederherstellung der katalytischen Aktivität (Abb. 8-8). Dieser Versuch beweist, daß die notwendige Information zur korrekten Faltung der Polypeptidkette der Ribonuclease in der Primärstruktur der Polypeptidkette, d. h. in der Aminosäuresequenz enthalten ist.

Die Genauigkeit der Rückfaltung der Ribonuclease wird durch einen weiteren Teil dieses Versuches beweisen. Die acht Cysteinreste der vollständig reduzierten und entfalteten Ribonuclease werden durch atmosphärischen Sauerstoff zu vier Cystinresten zwischen den Ketten-Windungen oxidiert, die sich an exakt denselben Positionen des Moleküls befinden, wie im ursprünglichen nativen Protein. Diese Entdeckung ist bemerkenswert. Obwohl die acht Cysteinreste sich theoretisch auf 105 verschiedene Arten zu Cystinresten wiederverbinden konnten, wurde nur *ein* spezifischer Satz von Disulfid-Querverbindungen, und zwar der der nativen Ribonuclease, bei der Renaturierung gebildet (Abb. 8-8). Dies zeigt, daß sich die Polypeptidkette denaturierter Ribonuclease sehr genau in ihre spezielle biologisch aktive Konformation zurückfaltet, und nicht etwa in irgendeine

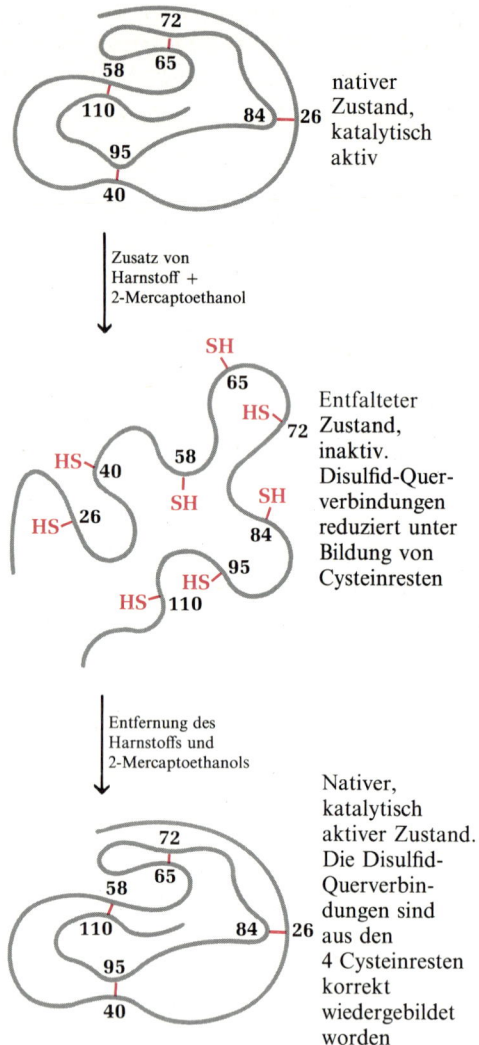

Abbildung 8-8
Renaturierung der entfalteten, denaturierten Ribonuclease mit Wiederherstellung der korrekten Disulfid-Querverbindungen. Der Harnstoff wurde hinzugefügt, um die Wasserstoffbindungen der Ribonuclease zu dissoziieren.
2-Mercaptoethanol ($OH-CH_2-CH_2-SH$) wurde hinzugefügt, um die Disulfid-Bindungen der vier Cystinreste zu reduzieren und zu acht Cysteinresten zu spalten.

„falsche". Dieses klassische Experiment, von Christian Anfinsen in den fünfziger Jahren ausgeführt, bewies, daß die Aminosäuresequenz der Polypeptidkette eines Proteins alle Informationen enthält, die zur Faltung der Kette in ihre native dreidimensionale Struktur notwendig sind.

Vier verschiedene Kräfte stabilisieren die Tertiärstruktur globulärer Proteine

Wir haben gesehen, wie die Sekundärstruktur von Polypeptiden gebildet und erhalten wird. Wasserstoffbindungen innerhalb der gleichen Kette halten die α-Helix, und Wasserstoffbindungen zwischen verschiedenen Ketten die β-Konformation zusammen (S. 172). Bei bestimmten Aminosäuresequenzen sind die α-Helix oder aber die β-Konformation die beständigsten Strukturen, die diese Ketten annehmen können, d. h. sie sind die Strukturen mit der geringsten freien Energie. Welche Kräfte stabilisieren die Tertiärstruktur globulärer Proteine? Vier Arten von Wechselwirkungen halten die gewundenen Polypeptidketten globulärer Proteine bei biologischen Temperaturen, pH-Werten und Ionenkonzentrationen in der richtigen Position (Abb. 8-9).

1. *Wasserstoffbindungen zwischen R-Gruppen der Reste benachbarter Schleifen der Kette.* Die Hydroxylgruppe des Serinrestes in einem Abschnitt einer Polypeptidkette kann zum Beispiel eine Wasserstoffbindung mit einem Ring-Stickstoffatom eines Histidinrestes einer benachbarten Schleife derselben Kette eingehen.
2. *Ionische Anziehungskräfte zwischen gegensätzlich geladenen R-Gruppen.* Die negativ geladene Carboxylgruppe ($-COO^-$) des Glutaminsäurerestes kann beispielsweise von der positiv geladenen ε-Aminogruppe ($-NH_3^+$) eines Lysinrestes in einer benachbarten Schleife angezogen werden.
3. *Hydrophobe Wechselwirkungen.* Die hydrophoben R-Gruppen einiger Aminosäurereste (s. Tab. 8-1) tendieren zur Zusammenlagerung im Inneren der globulären Struktur, von Wasser abgewandt.
4. *Kovalente Querverbindungen.* Benachbarte Schleifen der Polypeptidketten einiger Proteine, wie z. B. der Ribonuclease, können Cystinreste enthalten, die kovalente Querverbindungen zwischen diesen benachbarten Schleifen bilden. Derartige kovalente Querverbindungen sind natürlich viel stärker als die oben beschriebenen, nicht-kovalenten Querverbindungen. Sie sind jedoch nicht in allen Proteinen enthalten. Proteine, denen Disulfid-Querverbindungen fehlen, erhalten ihre charakteristische Tertiärstruktur durch viele nicht-kovalente Wechselwirkungen, die zwar individuell schwach, in ihrer Summe aber stark genug sind, um die Tertiärstruktur zu stabilisieren.

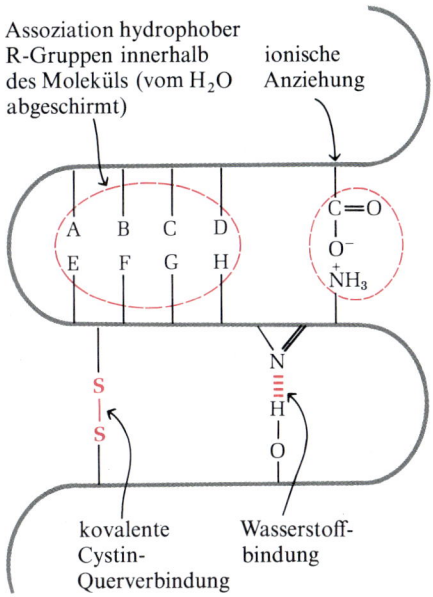

Abbildung 8-9
Faktoren, die die Tertiärstruktur globulärer Proteine erhalten.

Obwohl die nativen Tertiär-Konformationen globulärer Proteine die stabilsten Formen sind, die von ihren Polypeptidketten eingenommen werden können, d. h. die Form mit dem niedrigsten Energieinhalt, darf die Tertiär-Konformation globulärer Proteine nicht als absolut starr und fest angesehen werden. Viele globuläre Proteine verändern während ihrer biologischen Funktion ihre Konformation. Das Hämoglobinmolekül – das wir später genauer kennenlernen werden – verändert seine Konformation bei der Bindung des Sauerstoffs, es kehrt jedoch zu seiner ursprünglichen Konformation zurück, sobald der Sauerstoff freigesetzt wird. Auch viele Enzymmoleküle verändern ihre Konformation bei der Bindung ihres Substrates, ein Vorgang, der Teil ihrer katalytischen Wirkung ist. Globuläre Proteine verfügen über ein gewisses Maß an Flexibilität ihrer Grundstruktur, und sie führen kurzzeitige innere Fluktuationen durch, d. h. sie „atmen".

Die Faltungsgeschwindigkeit der Polypeptidketten ist eine noch offene Frage

In lebenden Zellen werden Proteine mit sehr hoher Geschwindigkeit hergestellt. *E.-coli*-Zellen können z. B. bei 37 °C ein komplettes, biologisch aktives Proteinmolekül mit 100 Aminosäureresten in etwa 5 Sekunden bilden. Berechnungen zeigen jedoch, daß es wenigstens 10^{50} Jahre dauern würde, bis eine Polypeptidkette mit 100 Aminosäureresten rein zufällig ihre native, biologisch aktive Konformation findet, wenn sie sämtliche möglichen Konformationen um jede einzelne Bindung ihres Grundgerüstes herum ausprobiert.

Daher kann die Faltung der Proteine in ihre richtige Konformation nicht durch einen Prozeß des Ausprobierens erfolgen. Es müssen Abkürzungen dieses Verfahrens existieren. Wir wissen nicht genau, wie oder auf welchen Wegen sich ein Protein spontan faltet, ob es an einem Ende der Kette, in der Mitte, oder an mehreren Stellen gleichzeitig beginnt. Es scheint jedoch, daß die spontane Faltung der Polypeptid-Ketten zu ihren richtigen Tertiärstrukturen hochgradig *kooperativ* ist. Das heißt: ist einmal ein bestimmter minimaler Anteil der Kette ordnungsgemäß gefaltet, so ist die Wahrscheinlichkeit, daß der Rest der Kette sich ebenfalls richtig faltet, sehr groß.

Oligomere Proteine besitzen sowohl Tertiär- als auch Quartärstrukturen

Oligomere Proteine bestehen aus zwei oder mehr getrennten Polypeptid-Ketten. Einige haben nur zwei, andere mehrere, und noch andere Dutzende von Ketten (Tab. 8-3). Die Polypeptide in oligomeren Proteinen können identisch oder verschieden sein. Die Anzahl der Polypeptidketten oligomerer Proteine kann durch Bestimmung

Tabelle 8-3 Einige oligomere Proteine.*
Die meisten besitzen eine gerade Anzahl von Ketten.

Protein	M_r	Ketten pro Molekül
Hämoglobin (Säugetiere)	64 500	4
Adenylat-Kinase (Rattenleber)	18 000	3
Hexokinase (Hefe)	102 000	2
Lactat-Dehydrogenase (Rinderherz)	140 000	4
Cytochrom-Oxidase	200 000	7
Glutamat-Dehydrogenase (Rinderleber)	320 000	6
F_1ATPase	380 000	9 oder 10
RNA-Polymerase (*E. coli*)	400 000	5
Aspartat-Carbamoyltransferase (*E. coli*)	310 000	12
Isocitrat-Dehydrogenase (Rinderherz)	1 000 000	10
Glutamin-Synthetase (*E. coli*)	600 000	12
Pyruvat-Dehydrogenase-Komplex	4 600 000	72

* Daten von D. W. Darnall und I. M. Klotz, „Subunit Constitution of Proteins: A Table", *Arch. Biochem. Biophys.*, **166**: 651–682 (1975).

der Anzahl aminoterminaler Reste pro Proteinmolekül mit einem entsprechenden Markierungs-Reagenz, wie zum Beispiel 2,4-Dinitrofluorbenzol (S. 145) gefunden werden. Ein oligomeres Protein mit vier getrennten Polypeptidketten – wie das Hämoglobin – wird vier aminoterminale Reste besitzen, einen pro Kette. Insulin besteht aus zwei Ketten, die aber kovalent miteinander verbunden sind.

Oligomere Proteine haben höhere relative Molekülmassen und komplexere Funktionen als Einzelketten-Proteine. Das bekannteste Beispiel eines oligomeren Proteins ist Hämoglobin. Seine Funktion als sauerstofftransportierendes Protein der roten Blutzellen wird durch den Blut-pH-Wert und die CO_2-Konzentration reguliert, wie wir später sehen werden. Zu den größeren, komplexeren oligomeren Proteinen gehört das Enzym *RNA-Polymerase* aus *E. coli* (fünf Ketten), das für die Initiation und Synthese der RNA-Ketten verantwortlich ist; das Enzym *Aspartat-Carbamoyltransferase* (zwölf Ketten) ist wichtig für die Nucleotid-Synthese und, als Extremfall, der enorm große *Pyruvat-Dehydrogenase-Komplex* der Mitochondrien, der eine Zusammenlagerung von drei Enzymen mit insgesamt 72 Polypeptidketten darstellt (Tab. 8-3).

In oligomeren Proteinen hat jede Polypeptidkette ihre eigene, charakteristische, räumliche Sekundär- und Tertiär-Konformation. Diese Proteine besitzen jedoch noch eine weitere Konformation, die *Quartärstruktur*. Diese Bezeichnung beschreibt die Anordnung der Ketten der Untereinheiten im Verhältnis zueinander, d.h. wie sie ineinander passen und im nativen Gesamtgefüge des oligomeren Proteins zusammengepackt sind.

Röntgenanalysen sind für oligomere Proteine viel schwieriger durchzuführen als für Einzelketten-Proteine. Dennoch verfügt man bereits über genügend Kenntnisse, um einige wichtige Schlüsse über die komplexen biologischen Aktivitäten oligomerer Proteine ziehen zu können.

Die vollständige Struktur der Hämoglobine wurde mit Hilfe von Röntgenanalysen aufgeklärt

Das erste oligomere Protein, das der Röntgenstrukturanalyse unterzogen wurde, war das Hämoglobin ($M_r = 64\,500$). Es enthält vier Polypeptidketten, sowie vier prosthetische Hämgruppen, in denen die Eisenatome in der Form von Fe^{II} vorliegen. Der Proteinanteil, der als *Globin* bezeichnet wird, besteht aus zwei α-Ketten (je 141 Reste) und zwei β-Ketten (je 146 Reste). Hämoglobin ist viermal so groß wie Myoglobin; deshalb brauchte man viel mehr Zeit und Arbeit, um die dreidimensionale Struktur aufzuklären. Dies gelang schließlich Max Perutz und seinen Mitarbeitern in Cambridge. Röntgenanalysen ergaben, daß das Hämoglobin-Molekül nahezu kugelförmig ist, mit einem Durchmesser von 5.5 nm. Jede der vier Ketten ist zu einer charakteristischen *Tertiärstruktur* gefaltet. Wie beim Myoglobin enthalten auch die α- und β-Ketten des Hämoglobins mehrere durch Biegungen getrennte α-Helix-Abschnitte. Die vier Polypeptidketten haben angenähert die Form von Tetraedern und lassen sich so zur charakteristischen *Quartärstruktur* des Hämoglobins (Abb. 8-10) zusammenlagern. An jede Kette ist eine Hämgruppe gebunden. Diese Gruppen liegen relativ weit auseinander – ungefähr 2.5 nm – und sind in verschiedenen Winkeln geneigt. Jedes Häm ist zum Teil in eine von hydrophoben R-Gruppen ausgekleideten Tasche eingebettet. Durch eine Koordinationsbindung des Eisenatoms zu der R-Gruppe eines Histidinrestes wird das Häm an seine Polypeptidkette gebunden (Abb. 8-2). Die sechste Koordinationsstelle des Eisenatoms jeder Hämgruppe steht für die Bindung eines O_2-Moleküls zur Verfügung.

Nähere Untersuchungen der Quartärstruktur des Hämoglobins mit Hilfe von Modellen haben ergeben, daß zwischen den beiden α- oder den beiden β-Ketten wenige Berührungspunkte bestehen, zwischen α- und β-Ketten der ungleichen Kettenpaare $α_1β_1$ und $α_2β_2$ jedoch viele Kontaktpunkte existieren. Diese Kontaktstellen bestehen vorwiegend aus hydrophoben R-Gruppen von Aminosäureresten. Sowohl die $α_1β_1$-Paare als auch die $α_2β_2$-Paare bestehen aus unregelmäßig geformten Polypeptidketten und passen nicht genau zusammen. Es entsteht ein zentraler, offener Kanal (oder Spalt), der direkt durch das Hämoglobinmolekül hindurch verläuft und beim Betrachten des Moleküls von oben sichtbar wird (Abb. 8-10). Wir werden auf diese Öffnung später noch eingehen.

Kapitel 8   Globuläre Proteine   203

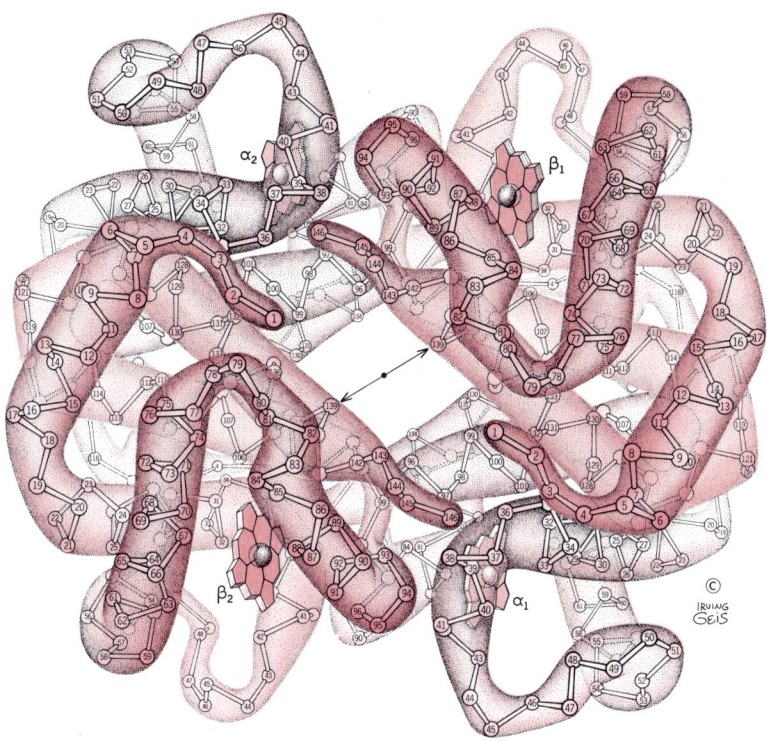

Oxyhämoglobin

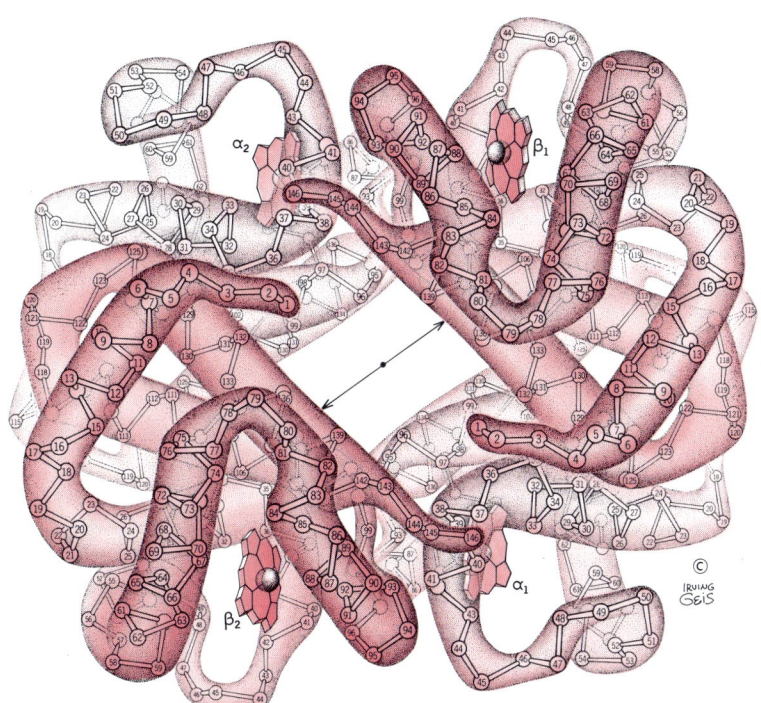

Desoxyhämoglobin

Abbildung 8-10
Die dreidimensionale Struktur des Oxy- und des Desoxyhämoglobins, wie sie sich aus der Röntgenstrukturanalyse ergibt. Die Quartärstruktur, d.h. die Anordnung der vier Untereinheiten, ist zu erkennen. Die Untereinheiten treten paarweise auf, $\alpha_1\beta_1$ und $\alpha_2\beta_2$. Es existieren nur wenige Berührungspunkte zwischen α_1 und α_2 oder zwischen β_1 und β_2, aber es gibt zahlreiche Stellen, an denen die $\alpha_1\beta_1$- und $\alpha_2\beta_2$-Paare zusammengehalten werden. Wenn auch das Molekül eine unregelmäßige Form aufweist, besitzt es doch eine zweizählige Symmetrieachse, denn Rotation um die zentrale Achse, die senkrecht zur Papierebene steht, bringt nach jeweils 180° α_1 und α_2 sowie β_2 und β_1 zur Deckung. Die Numerierung der Reste ist in jeder Kette angegeben. Die zentrale Furche spielt eine wichtige Rolle. Diese wird im Kasten 8-1 auf Seite 214 besprochen. Beachten Sie, daß die Hämgruppen relativ weit voneinander entfernt sind. Die Unterschiede zwischen Oxy- und Desoxyhämoglobin sind nicht sehr groß, aber für die Funktion des Hämoglobins sehr wichtig. Sie werden später in diesem Kapitel besprochen.

Myoglobin und die α- und β-Ketten des Hämoglobins besitzen fast dieselbe Tertiärstruktur

Die Röntgenbeugung und die chemischen Analysen der Hämoglobinstruktur ergaben eine Reihe wichtiger Zusammenhänge. Zunächst wurde festgestellt, daß die α- und β-Ketten des Hämoglobins nahezu identische Tertiärstrukturen aufweisen. Beide besitzen zu gut 70 Prozent α-Helix-Charakter, ähnliche Längen der α-Helix-Abschnitte, und die Biegungen oder Windungen haben fast denselben Winkel.

Zweitens weisen die Hämoglobine vieler verschiedener Wirbeltierspezies ungefähr dieselbe Tertiärstruktur ihrer Polypeptidketten auf. Außerdem sind sich die Quartärstrukturen verschiedener Hämoglobine sehr ähnlich.

Der dritte wichtige Punkt ist, daß die Tertiärstrukturen der α- und β-Ketten des Hämoglobins denen des Myoglobins sehr ähnlich sind. Deshalb kann man die Ähnlichkeit der Tertiärstrukturen dieser Proteine mit der Ähnlichkeit ihrer sauerstoffbindenden Kapazitäten in Zusammenhang bringen.

Die Tatsache, daß die Myoglobin- und Hämoglobinketten eine Familie ähnlicher Moleküle darstellen, wird durch einen Vergleich der Aminosäuresequenzen des Pottwal-Myoglobins mit den α- und β-Ketten des Pferde-Hämoglobins deutlich. Abb. 8-11 zeigt, daß bei diesen Ketten die Reste in 27 vergleichbaren Positionen identisch und in weiteren 40 Positionen sehr ähnlich sind, wie z. B. die sich ähnelnden Reste von Asparaginsäure und Glutaminsäure, oder Valin und Isoleucin. Wir stellen erneut fest, daß homologe Proteine in ihren Aminosäuresequenzen an entsprechenden Positionen eine Anzahl invarianter Reste besitzen und auch ähnliche dreidimensionale Strukturen aufweisen.

Man kann noch ein weiteres Prinzip aus den Daten der Myoglobin- und Hämoglobinstruktur ableiten. Es ist durchaus naheliegend, anzunehmen, daß Myoglobin und Hämoglobin von einem gemeinsamen sauerstoffbindenden Ur-Hämprotein abstammen (Abb. 8-12), das nur eine Polypeptidkette besessen haben mag. Irgendwann

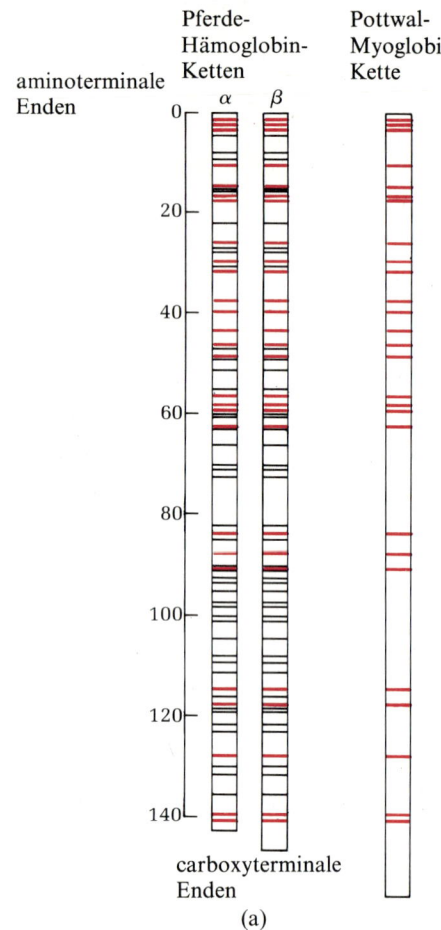

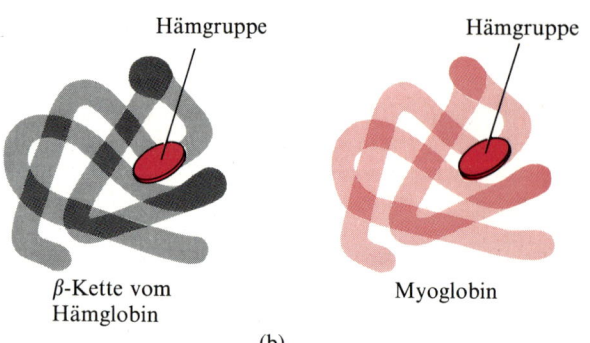

Abbildung 8-11
(a) Positionen (farbig) der invarianten Aminosäurereste, die in den α- und β-Ketten des Pferde-Hämoglobins und des Pottwal-Myoglobins vorkommen. Die schwarzen Linien deuten die Positionen der in den α- und β-Ketten identischen Aminosäuren an.
(b) Die ähnlichen Tertiärstrukturen der β-Ketten des Pferde-Hämoglobins und des Pottwal-Myoglobins.

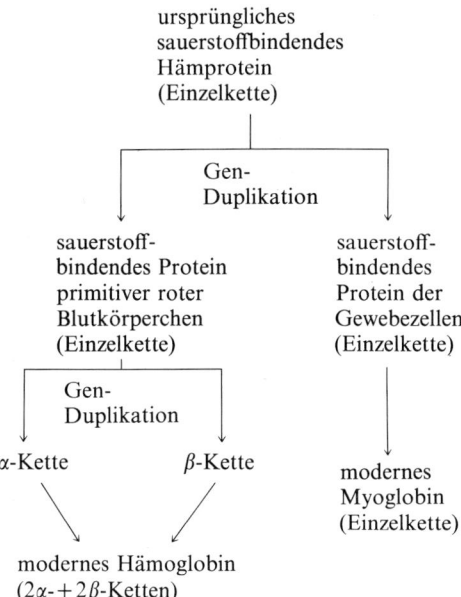

Abbildung 8-12
Entstehung von Myoglobin und Hämoglobin aus einem sauerstoffbindendem Hämprotein während der Evolution. Alle Myoglobine sowie die α- und β-Ketten aller „modernen" Hämoglobine (zusammen wurden 145 Sequenzen untersucht) haben sechs invariante Reste gemeinsam und besitzen viele andere Positionen, an denen nahe verwandte Aminosäuren gefunden werden. Vermutlich wurde das ursprüngliche, einzelne Gen, das das einzelkettige Hämprotein codierte, verdoppelt. Das eine Gen wurde dann zum Myoglobin-, das andere zum ursprünglichen Hämoglobin-Gen. Die beiden Gene machten dann anschließend unabhängig voneinander Mutationen durch. Das ursprüngliche Hämoglobin-Gen könnte sich dann noch einmal verdoppelt haben, wodurch sich die „modernen" α- und β-Gene bildeten. Außer den α- und β-Ketten des normalen Hämoglobins besitzt der Erwachsene Mensch auch ein Gen zur Kodierung einer im fötalen Hämoglobin vorhandenen γ-Kette, die die Zusammensetzung $\alpha_2\gamma_2$ besitzt. Fötales Hämoglobin hat eine höhere Sauerstoff-Affinität als das Hämoglobin eines Erwachsenen. Die roten Blutkörperchen eines Erwachsenen enthalten außerdem in kleiner Menge ein Hämoglobin, das δ-Ketten besitzt. Seine Zusammensetzung ist: $\alpha_2\delta_2$.

während der Evolution der Spezies könnte sich die Gen-Codierung des Ur-Proteins verdoppelt haben. Diese beiden Gen-Kopien unterlagen dann jeweils unterschiedlichen Mutationen, so daß nun die eine ein Protein des Myoglobintyps kodiert, das für die Sauerstoffspeicherung in den Zellen geeignet ist, und die andere die α- und β-Ketten des Hämoglobins, die für den Sauerstofftransport in den roten Blutzellen spezialisiert sind. Wir werden noch viele andere funktionell und strukturell verwandte Proteine kennenlernen, die möglicherweise von einem gemeinsamen Ur-Protein abstammen.

Auch die Quartärstrukturen anderer oligomerer Proteine wurden aufgeklärt

Inzwischen wurden an weiteren oligomeren Proteinen Röntgenstrukturanalysen durchgeführt. Ein Beispiel ist das Enzym *Hexokinase* der Hefe, das die Reaktion

ATP + D-Glucose → ADP + D-Glucose-6-phosphat

katalysiert. Diese wichtige Reaktion läuft in fast allen Organismen ab. Sie ist ein notwendiger Schritt des Glucosestoffwechsels. Die Hexokinase der Hefe ($M_r \approx 108\,000$) enthält zwei Polypeptidketten. Röntgenstrukturanalysen ergaben die Tertiärstruktur der beiden Polypeptidketten sowie die Quartärstruktur der Hexokinase, in der die beiden Polypeptide passgenau zusammengefügt sind (Abb. 8-13). Die Struktur des katalytischen Zentrums des Enzymmoleküls, d. h. der Stelle, an die ATP und Glucose gebunden werden müssen, um katalytisch miteinander reagieren zu können, ist von besonderem Interesse. Wie wir in Kapitel 9 sehen werden, ändert das Hexokinase-Molekül während des katalytischen Cyclus seine Konformation.

Ein weiteres oligomeres Protein, dessen Struktur bestimmt wurde, ist das Enzym *Lactat-Dehydrogenase* aus Skelettmuskeln, das den letzten Schritt der metabolischen Umwandlung von Glucose zu Lactat katalysiert. Lactat-Dehydrogenase ($M_r = 140\,000$) enthält vier Polypeptidketten. Die Tertiärstruktur dieser Ketten unterscheidet sich erheblich von der des Hämoglobins.

Ein weiteres Protein, dessen Quartärstruktur untersucht wurde, ist das Enzym *Glutamin-Synthetase* aus *E. coli*, das die Bildung von Glutamin aus Glutamat und Ammoniak katalysiert. Die hierfür notwendige Energie stammt vom ATP (Kapitel 19). Dieses Enzym ist ein noch viel komplexeres oligomeres Protein als Hämoglobin oder Hexokinase. Abb. 8-14 zeigt die Anordnung der 12 Untereinheiten.

Diese drei eben erwähnten oligomeren Proteine – alle drei sind Enzyme – besitzen mit dem Hämoglobin eine gemeinsame Eigenschaft: Ein wesentlicher Teil ihrer Funktion besteht in der Beteiligung an den biologischen Regulationsvorgängen. Hexokinase, Lactat-Dehydrogenase und Glutamin-Synthetase gehören zu einer speziellen Klasse von Enzymen, den *regulatorischen Enzymen*. Wie wir im nächsten Kapitel sehen werden, katalysieren diese Enzyme nicht nur spezifische Reaktionen, sondern sie tragen auch dazu bei, den Stoffwechselweg zu regulieren, an dem sie beteiligt sind. Auch Hämoglobin spielt eine regulatorische Rolle. Es transportiert nicht nur Sauerstoff von den Lungen zu den peripheren Geweben, sondern es *reguliert* auch die Bindung von Sauerstoff in den Lungen und die Freisetzung des Sauerstoffes als Reaktion auf bestimmte Signale, zu denen besonders der pH-Wert und die CO_2-Konzentration in den Geweben gehören. Viele oligomere Proteine besitzen offensichtlich eine derartige regulatorische Fähigkeit.

Wir werden nun das Hämoglobin genauer untersuchen und sehen, warum es für den Transport des Sauerstoffes von den Lungen zu den Geweben sowie von H^+ und CO_2 von den Geweben zu den Lungen befähigt ist. Wir wollen analysieren, auf welche Weise es ihm seine Quartärstruktur ermöglicht, zur Regulation dieser wichtigen Transportfunktionen beizutragen. Hämoglobin ist ein gutes Beispiel und ein gutes Modell für das Verständnis der Funktion regulatorischer, oligomerer Proteine.

Rote Blutzellen sind für den Transport von Sauerstoff spezialisiert

Der erwachsene menschliche Körper enthält zwischen 5 und 6 *l* Blut. Erythrozyten machen zwischen einem Drittel und der Hälfte des

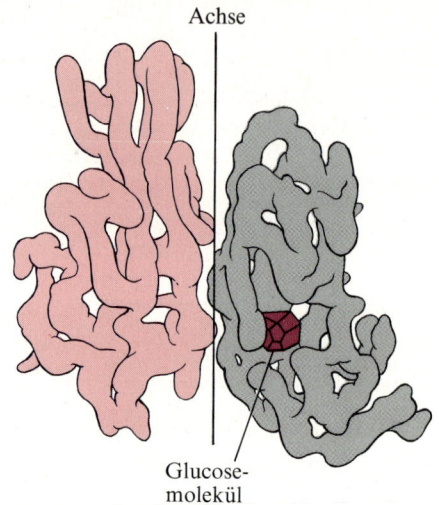

Abbildung 8-13
Die Struktur des oligomeren Proteins Hefe-Hexokinase. Seine beiden Untereinheiten stehen miteinander durch eine zweizählige Schraubenachse in Beziehung. Wird das Molekül um 180° um die vertikale Achse gedreht und gleichzeitig nach oben bewegt, so wird die untere Untereinheit mit der oberen zur Deckung gebracht. Hexokinase in ein regulierbares Enzym, das die Geschwindigkeit der Aufnahme von Glucose in den Zell-Stoffwechsel kontrolliert. Die Untereinheit auf der rechten Seite enthält ein gebundenes Glucosemolekül an seinem katalytischen Zentrum. Eine andere Ansicht der Hexokinase wird in Kapitel 9 auf Seite 256 gezeigt.

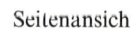

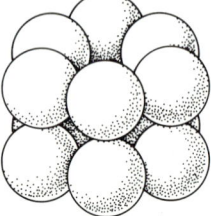

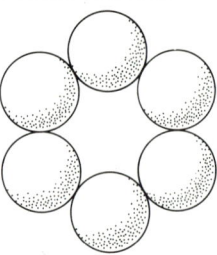

Abbildung 8-14
Die Zusammensetzung der Glutamin-Synthetase (*E. coli*) aus ihren Untereinheiten. Das regulierbare Enzym besitzt 12 Untereinheiten, die wie abgebildet angeordnet sind.

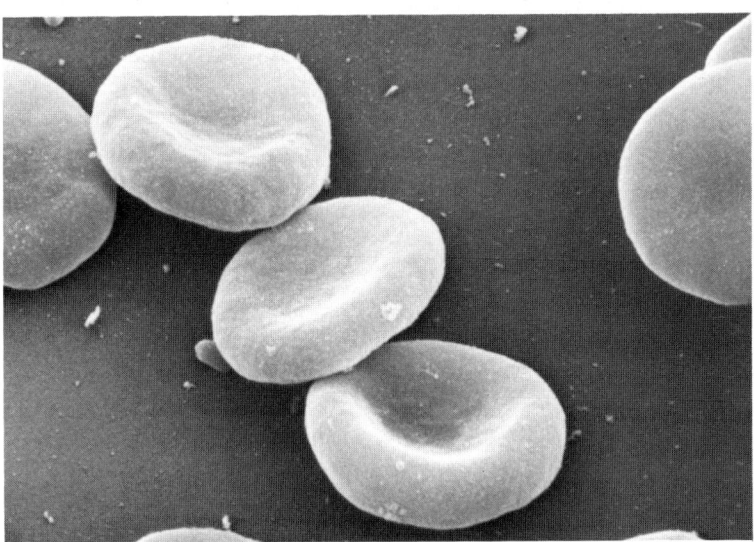

Abbildung 8-15
Rasterelektronenmikroskopische Aufnahme einer normalen roten Blutzelle.

Blutvolumens aus. Sie sind im proteinreichen *Blutplasma* suspendiert. Das Blut muß pro Tag etwa 600 l Sauerstoff von den Lungen zu den Geweben transportieren, aber nur ein sehr kleiner Teil davon wird vom Blutplasma befördert, da Sauerstoff in wäßrigen Lösungen nur wenig löslich ist. Deshalb wird fast der gesamte vom Blut transportierte Sauerstoff an das Hämoglobin der Erythrozyten gebunden und so befördert. Das Hämoglobin von 100 ml Blut bindet etwa 20 ml gasförmigen Sauerstoff.

Normale menschliche Erythrozyten sind relativ kleine (6 bis 9 μm) bikonkave Scheibchen (Abb. 8-15). Sie haben keinen Zellkern, keine Mitochondrien, kein endoplasmatisches Reticulum oder andere Organellen. Erythrozyten bilden sich aus Vorstufen-Zellen, den *Reticulozyten*. Während des Reifungsprozesses verlieren die Reticulozyten ihre normalen intrazellulären Organellen und bilden große Mengen an Hämoglobin. Rote Blutzellen sind daher unvollständige, verstümmelte Zellen und unfähig, sich zu reproduzieren. Sie leben im menschlichen Körper nur etwa 120 Tage. Ihre Hauptfunktion ist die Beförderung des Hämoglobins, das in ihrem wäßrigen Cytosol in einer sehr konzentrierten Lösung von etwa 34 Prozent vorliegt.

Das Hämoglobin roter Blutzellen ist in arteriellem Blut, das von den Lungen zu den Geweben fließt, zu etwa 96 % mit Sauerstoff gesättigt, in dem zum Herzen strömenden venösen Blut dagegen nur zu 64 %. Das bedeutet, daß das Blut beim Durchströmen der Gewebe etwa ein Drittel seines Sauerstoffgehaltes abgibt. Dies entspricht für je 100 ml Blut ca. 6.5 ml gasförmigem Sauerstoff bei atmosphärischem Druck und Körpertemperatur.

Myoglobin und Hämoglobin unterscheiden sich in ihren Sauerstoff-Sättigungskurven

Die besonderen Eigenschaften des Hämoglobin-Moleküls, die es zu einem so effektiven Sauerstoffträger im Blut machen, lassen sich am besten durch einen Vergleich der Sauerstoff-Bindungsaffinität von Myoglobin und Hämoglobin verstehen. Abb. 8-16 zeigt ihre *Sauerstoff-Sättigungskurven*. In diesen Kurven sind die Prozentsätze der gesamten Sauerstoff-Bindungsstellen am Hämoglobin bzw. Myoglobin, an die Sauerstoffmoleküle gebunden sind, aufgetragen gegen die Sauerstoff-Partialdrucke in den Gasphasen, mit denen die Lösungen dieser Proteine im Gleichgewicht stehen.

Myoglobin besitzt eine sehr hohe Affinität für Sauerstoff; schon bei einem Druck von 1 bis 2 mbar ist es zu 50% mit Sauerstoff gesättigt. Wir sehen, daß die Sauerstoff-Sättigungskurve des Myoglobins eine einfache *Hyperbel*-Funktion ist. Dies ist nach dem Massenwirkungsgesetz auch zu erwarten:

$$\text{Myoglobin} + O_2 \rightleftharpoons \text{Oxymyoglobin}$$

Myoglobin ist bei 27 mbar Sauerstoffdruck bereits zu über 95% gesättigt. Die Affinität des Hämoglobins für Sauerstoff ist dagegen viel niedriger. Die Sauerstoff-Sättigungskurve von Hämoglobin ist *S-förmig* (Abb. 8-16). Diese Form der Kurve deutet darauf hin, daß die Affinität des Hämoglobins zur Bindung des ersten Sauerstoffmoleküls relativ niedrig ist, (s. unterer Teil der S-Kurve bei weniger als 15 mbar). Alle folgenden Sauerstoff-Moleküle werden jedoch mit sehr viel höherer Affinität gebunden. Das führt zu dem steil ansteigenden Abschnitt der S-förmigen Kurve. Die Affinität von Hämoglobin vervielfältigt sich nach Bindung des ersten Sauerstoffes um fast das 500fache. Dies zeigt, daß die vier Polypeptid-Untereinheiten des Hämoglobins in ihrer Sauerstoff-Affinität weder gleich noch voneinander unabhängig sind.

Wir sehen, daß – sobald die erste Polypeptid-Untereinheit eines Hämoglobin-Moleküls ein Sauerstoffmolekül gebunden hat – diese Information an die übrigen Untereinheiten weitergegeben wird, die darauf mit einer Erhöhung ihrer Sauerstoff-Affinität reagieren. Die Kommunikation zwischen den vier Polypeptid-Untereinheiten des Hämoglobins kommt durch *kooperative Wechselwirkungen* zwischen den Untereinheiten zustande. Die Bindung eines Sauerstoffmoleküls erhöht die Wahrscheinlichkeit, daß weitere Sauerstoffmoleküle an die übrigen Untereinheiten gebunden werden. Wir sprechen daher beim Hämoglobin von *positiver Kooperativität*. S-förmige Bindungskurven, wie die des Hämoglobins für Sauerstoff, sind für positiv kooperative Bindungen charakteristisch. Eine kooperative Sauerstoffbindung kann beim Myoglobin nicht entstehen, denn es enthält nur eine Hämgruppe und kann nur ein Sauerstoffatom binden. Seine Sättigungskurve entspricht daher einer Hyberbel. Wir sehen nun,

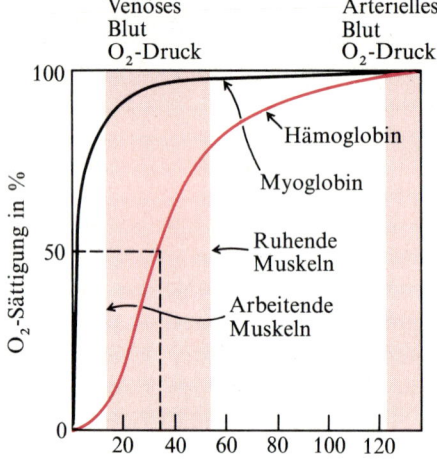

Abbildung 8-16
Die Sauerstoffsättigungskurven von Myoglobin und Hämoglobin. Myoglobin besitzt eine viel größere Affinität für Sauerstoff als Hämoglobin. Es ist bei nur 1 bis 2 mbar O_2-Druck zu 50% gesättigt, wogegen Hämoglobin etwa 35 mbar O_2-Druck zur 50proz. Sättigung benötigt. Beachten Sie, daß Hämoglobin in ruhenden Muskeln nur zu 75% gesättigt ist, wenn der O_2-Druck 53 mbar beträgt, und nur zu 10% in arbeitenden Muskeln, wenn der O_2-Druck nur 13 mbar beträgt. Dagegen sind Hämoglobin und Myoglobin bei dem Sauerstoff-Partialdruck in dem die Lungen verlassenden arteriellen Blut zu über 95% gesättigt. Hämoglobin kann daher seinen Sauerstoff in Muskeln und anderen peripheren Geweben effektiv freisetzen. Myoglobin ist andererseits bei 13 mbar O_2-Druck noch zu etwa 90% gesättigt und setzt daher selbst bei sehr niedrigen Partialdrucken des Sauerstoffes sehr wenig Sauerstoff frei. Die S-förmige Sättigungskurve des Hämoglobins ist also eine molekulare Anpassung für seine Transportfunktion in roten Blutkörperchen.

warum ein fundamentaler Unterschied zwischen den Sauerstoff-bindenden Eigenschaften des Myoglobins und des Hämoglobins besteht.

Man verwendet den Begriff *Ligand*, um ein spezifisches Molekül zu bezeichnen, z. B. den Sauerstoff im Fall des Hämoglobins, das von einem Protein gebunden wird (das Wort Ligand kommt aus dem lateinischen: knüpfen oder binden, und bedeutet „gebundene Einheit"). Auch andere oligomere Proteine besitzen mehrere Bindungsstellen für ihre Liganden, und zeigen, wie das Hämoglobin, eine positive Kooperativität. Einige oligomere Proteine zeigen jedoch eine *negative Kooperativität*. Das bedeutet, daß die Bindung eines Liganden-Moleküls die Wahrscheinlichkeit, weitere Liganden-Moleküle zu binden, vermindert.

Die kooperative Bindung des Sauerstoffes steigert die Leistungsfähigkeit des Hämoglobins als Sauerstoffträger

In den Lungen beträgt der Sauerstoff-Partialdruck in den Alveolen etwa 135 mbar. Bei diesem Druck ist Hämoglobin zu etwa 96 % mit Sauerstoff gesättigt. In den Zellen arbeitender Muskeln beträgt der Sauerstoff-Partialdruck jedoch nur etwa 35 mbar, da Muskelzellen Sauerstoff mit hoher Geschwindigkeit verbrauchen und daher die lokale Konzentration rasch herabsetzen. Während das Blut durch die Muskelkapillaren hindurchströmt, wird Sauerstoff von dem nahezu gesättigten Hämoglobin der roten Blutzellen in das Blutplasma freigesetzt, und somit auch in die Muskelzellen abgegeben. Wir sehen aus der Sauerstoff-Sättigungskurve in Abb. 8-16, daß beim Durchfließen des Blutes durch die Muskelkapillaren etwa ein Drittel des gebundenen Sauerstoffes abgegeben wird, so daß das Hämoglobin nur noch zu ungefähr 64 % gesättigt ist, wenn es den Muskel verläßt. Ist das Blut nun zu den Lungen zurückgekehrt, in denen der Partialdruck des Sauerstoffes viel höher – nämlich bei 135 mbar – liegt, bindet das Hämoglobin rasch Sauerstoff, bis es wieder zu 96 % gesättigt ist.

Nehmen Sie nun einmal an, das Hämoglobin der roten Blutzellen würde durch Myoglobin ersetzt werden. Wir sehen aus der Hyperbelform der Sauerstoff-Sättigungskurve des Myoglobins (Abb. 8-16), daß nur 1 oder 2 % des gebundenen Sauerstoffes vom Myoglobin freigesetzt werden könnten, wenn der Sauerstoff-Partialdruck von 135 mbar in den Lungen auf 35 mbar in den Muskeln herabgesetzt wird. Myoglobin ist also für die Funktion des Sauerstofftransportes nicht gut geeignet, da es eine zu hohe Affinität für Sauerstoff besitzt und viel weniger davon bei den in Muskeln und anderen peripheren Geweben herrschenden Sauerstoffdrucken abgeben kann. Hämoglobin dagegen ist sehr geeignet für diese Funktion, da seine S-förmige Sauerstoff-Sättigungskurve es ihm ermöglicht, einen großen Teil seines Sauerstoffes bei den in den Geweben herrschenden Sauerstoff-Partialdrucken freizusetzen.

Wir dürfen aus diesem Vergleich nicht schließen, daß Myoglobin ein unbrauchbares oder schlecht ausgestattetes Protein sei. Für seine biologische Funktion innerhalb der Muskelzellen, also für die Sauerstoff-Speicherung und seine Bereitstellung für die Mitochondrien, ist Myoglobin sogar viel tauglicher als Hämoglobin. Seine große Affinität für Sauerstoff bei geringem Sauerstoffdruck ermöglicht es ihm, Sauerstoff effektiv zu binden und zu speichern. Hämoglobin und Myoglobin sind also für verschiedene Funktionen spezialisiert und adaptiert. Wir werden sehen, daß Hämoglobin noch für weitere Funktionen spezialisiert ist.

Hämoglobin transportiert auch H^+ und CO_2

Außer dem Sauerstofftransport von den Lungen zu den Geweben befördert Hämoglobin auch zwei Endprodukte des Gewebe-Stoffwechsels – nämlich H^+ und CO_2 – von den Geweben zu den Lungen und Nieren, den beiden Organen, die für die Ausscheidung dieser Produkte verantwortlich sind. In den Zellen der peripheren Gewebe werden organische Brennstoffe in den Mitochondrien oxidiert. Diese Zellorganellen verbrauchen den von den Lungen durch das Hämoglobin herangebrachten Sauerstoff, und sie bilden gleichzeitig Kohlenstoffdioxid, Wasser und andere Produkte. Die Bildung von CO_2 bewirkt eine Zunahme der H^+-Konzentration (d.h. eine pH-Wert-Erniedrigung) in den Geweben. Dies geschieht durch die Hydratisierung von CO_2 zu H_2CO_3, das eine schwache Säure ist, die zu H^+ und Hydrogencarbonat dissoziiert.

$$H_2CO_3 \rightleftharpoons H^+ + HCO_3^-$$

Außer dem nahezu gesamten Sauerstoff von den Lungen zu den Geweben transportiert das Hämoglobin eine signifikante Menge – etwa 20 Prozent – des insgesamt in den Geweben gebildeten CO_2 und H^+ zu den Lungen bzw. zu den Nieren.

Es ist seit langem bekannt, daß die Bindung von Sauerstoff an das Hämoglobin stark durch den pH-Wert und die CO_2-Konzentration beeinflußt wird, und daß die Bindung von H^+ und CO_2 sich umgekehrt verhält wie die Bindung von O_2. Bei relativ niedrigem pH-Wert und hoher CO_2-Konzentration in peripheren Geweben wird die Affinität des Hämoglobins für Sauerstoff erniedrigt, und H^+ und CO_2 werden gebunden. In den Lungenkapillaren wird dagegen – während CO_2 abgeatmet wird und der pH-Wert demzufolge ansteigt – die Affinität von Hämoglobin zu Sauerstoff vergrößert. Diese Wirkung des pH-Wertes und der CO_2-Konzentration auf die Bindung und Freisetzung von Sauerstoff wird nach ihrem Entdecker, dem dänischen Physiologen Christian Bohr, als *Bohr-Effekt* bezeichnet.

Der Bohr-Effekt ist das Resultat eines Gleichgewichtes, das nicht nur den Liganden Sauerstoff einbezieht, sondern noch zwei weitere Liganden, die an Hämoglobin gebunden werden können, H^+ und CO_2. Das Bindungsgleichgewicht für Sauerstoff, welches wir bis jetzt durch die Reaktion

$$Hb + O_2 \rightleftharpoons HbO_2$$

dargestellt haben, ist in Wirklichkeit unvollständig. Um die Wirkung der H^+-Konzentration auf die Bindung von Sauerstoff an das Hämoglobin zu verdeutlichen, können wir diese Reaktion folgendermaßen schreiben:

$$HHb^+ + O_2 \rightleftharpoons HbO_2 + H^+$$

Hierbei stellt HHb^+ die protonierte Form des Hämoglobins dar. Diese Gleichung sagt aus, daß die Sauerstoff-Sättigungskurve des Hämoglobins von der H^+-Konzentration beinflußt wird (Abb. 8-17). Sowohl Sauerstoff als auch H^+ können an Hämoglobin gebunden werden, aber umgekehrt proportional. Ist der Sauerstoff-Partialdruck hoch, wie zum Beispiel in den Lungen, wird dieser an das Hämoglobin gebunden, unter gleichzeitiger Freisetzung von H^+. Ist der Sauerstoff-Partialdruck niedrig, wie zum Beispiel in den Geweben, wird H^+ gebunden. Sauerstoff und H^+ werden jedoch nicht an denselben Stellen des Hämoglobins gebunden. Der Sauerstoff wird an die Eisenatome der Hämgruppen gebunden, wogegen H^+ an die R-Gruppen der Histidinreste (Position 146) der β-Globinketten und an zwei andere Reste der α-Ketten angelagert wird. Wir sehen also, daß die vier Polypeptidketten des Hämoglobins miteinander kommunizieren, und das nicht nur in Bezug auf die Bindung von Sauerstoff durch ihre Hämgruppen, sondern auch in Bezug auf die Bindung von H^+ durch spezifische Aminosäurereste.

Aber die Situation ist noch komplizierter, da Hämoglobin auch Kohlenstoffdioxid bindet, und zwar wieder umgekehrt proportional zu der Anlagerung von Sauerstoff. Das CO_2 kann an jede der α-Aminogruppen an den aminoterminalen Enden jeder der vier Polypeptidketten des Hämoglobins gebunden werden. So entsteht das *Carbamino-Hämoglobin*.

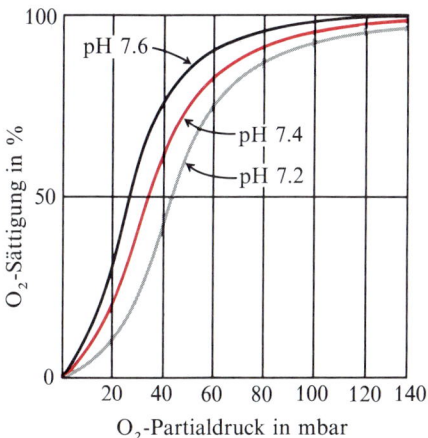

Abbildung 8-17
Einfluß des pH-Wertes auf die Sauerstoffsättigungskurve von Hämoglobin. Bei dem niedrigen pH-Wert der Gewebe (pH = 7.2) wird Sauerstoff leichter freigesetzt, wogegen bei dem höheren pH-Wert in den Lungen (pH = 7.6) Sauerstoff leichter aufgenommen wird.

Bei hohen CO_2-Konzentrationen, wie sie in Geweben existieren, wird ein Teil des CO_2 an das Hämoglobin gebunden, die Affinität zu O_2 sinkt, und es wird Sauerstoff freigesetzt. Wird O_2 dagegen in den Lungen gebunden, sinkt die Affinität des Hämoglobins für CO_2. Die

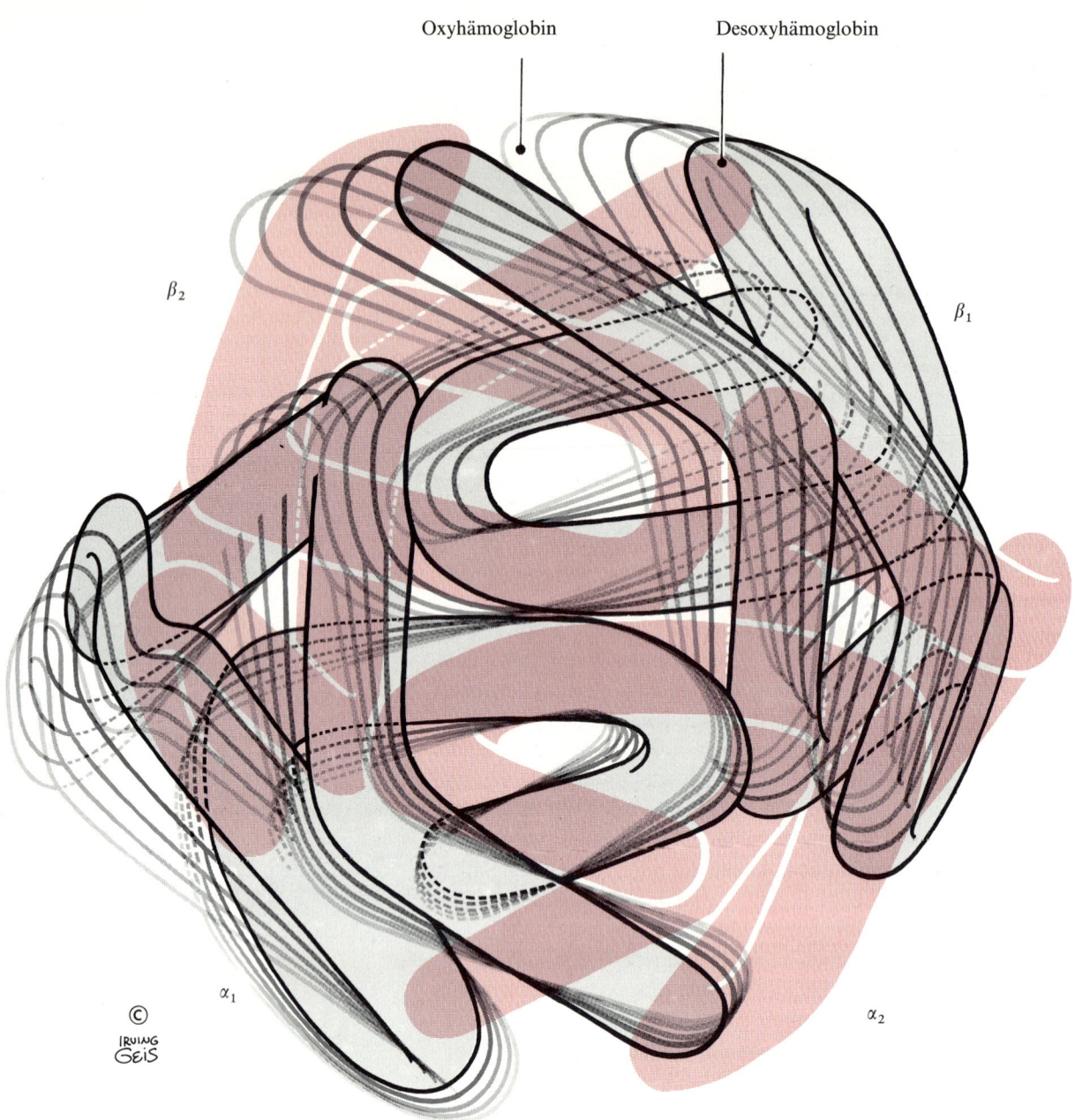

Abbildung 8-18
Schematische Darstellung der Änderung der Quartärstruktur während der Positionsveränderung des $\alpha_1\beta_1$-Untereinheiten-Paares relativ zum $\alpha_2\beta_2$-Paar (hier in seiner Position fixiert dargestellt). Zu dieser Positionsveränderung kommt es, wenn Oxyhämoglobin seinen Sauerstoff abgibt und zu Desoxyhämoglobin wird.

Sauerstoff-Sättigungskurve des Hämoglobins wird daher sowohl vom pH-Wert als auch von der CO_2-Konzentration beeinflußt. Die reziproke Beziehung zwischen der Bindung des Sauerstoffes einerseits und der Bindung von H^+ und CO_2 andererseits ist für den Organismus sehr günstig. In den Geweben begünstigt der niedrige pH-Wert und die hohe CO_2-Konzentration die Freisetzung des Sauerstoffes vom Hämoglobin, während in den Lungen der hohe Sauerstoff-Partialdruck die Freisetzung von H^+ und CO_2 fördert. Die Fähigkeit, die Information über die Liganden-Bindung von einer Polypeptid-Untereinheit an die anderen weiterzugeben, macht das Hämoglobin-Molekül in geradezu idealer Weise geeignet, einen integrierten Transport von O_2, CO_2 und H^+ durch die roten Blutzellen durchzuführen.

Einige Fragen müssen jedoch noch beantwortet werden: Was ist so besonders an der Struktur des Hämoglobins, das diese gegenläufigen Änderungen seiner Affinität für O_2 bzw. H^+ und CO_2 bewirkt? Wie wird die Bindungsinformation von einer Polypeptid-Untereinheit des Hämoglobins zu den anderen übermittelt? Warum besitzt Hämoglobin diese Fähigkeiten, Myoglobin jedoch nicht?

Die Oxygenierung von Hämoglobin verändert seine dreidimensionale Konformation

Zur Beantwortung dieser Fragen trägt der Befund bei, daß das Desoxyhämoglobin-Molekül bei der Bindung von Sauerstoff eine Änderung seiner Konformation erleidet. Eine derartige Änderung wurde zuerst entdeckt, als man fand, daß Desoxyhämoglobin-Kristalle, die in Abwesenheit von Sauerstoff hergestellt worden waren, in einer sauerstoffhaltigen Atmosphäre zerbrachen. Diese Beobachtung führte zu dem Schluß, daß sich durch die Bindung von Sauerstoff die Form der Hämoglobinmoleküle verändert und nicht mehr mit dem Kristallgitter des Desoxyhämoglobins vereinbar ist. Diese Annahme konnte durch vergleichende Röntgenstrukturanalysen bestätigt werden. Sie ergaben, daß Desoxyhämoglobin und Oxyhämoglobin in ihren dreidimensionalen Konformationen unterschiedlich sind (Abb. 8-10 und 8-18). Bei der Oxygenierung von Desoxyhämoglobin kommt es zu keiner Änderung der *Tertiärstruktur* der α- und β-Ketten, auch die Art, in der α- und β-Ketten zusammengefügt sind, um $\alpha_1\beta_1$- und $\alpha_2\beta_2$-Paare zu bilden, bleibt unverändert. Wird jedoch Sauerstoff an die Hämgruppen des Desoxyhämoglobins gebunden, ändern die $\alpha_1\beta_1$- und $\alpha_2\beta_2$-Hälften des Moleküls, die starr bleiben, ihre Position zueinander etwas und rücken näher zusammen, d. h. es erfolgt eine Änderung der *Quartärstruktur* oder der Anordnung der Untereinheiten zueinander. Das Oxyhämoglobin-Molekül besitzt demnach eine etwas kompaktere Struktur als das Desoxyhämoglobin-Molekül, und auch der zentrale Hohlraum wird kleiner. Die beiden α-Hämgruppen kommen dadurch näher zusammen, und die beiden β-Hämgruppen entfernen sich voneinander; dies mag mit der S-förmigen Sauerstoff-Sättigungskurve zusammenhängen. Zusammen mit diesen Veränderungen werden auch die H^+-bindenden Reste der α- und β-Ketten von relativ hydrophilen zu relativ hydrophoben Umgebungen verschoben. Diese Verschiebung verstärkt die Tendenz dieser protonierten Gruppen, H^+ abzugeben, d. h. sie werden durch die Oxygenierung des Hämoglobins zu stärkeren Säuren, – eine Veränderung, die den Bohr-Effekt erklären kann. Es zeigt sich also, daß diese bei der Oxygenierung des Hämoglobins auftretenden

Kasten 8-1 Bisphosphoglycerat und die Sauerstoff-Affinität des Hämoglobins.

Seit langem ist bekannt, daß *2,3-Bisphosphoglycerat* (Abb. 1) in den roten Blutkörperchen in relativ hoher Konzentration vorkommt. Lange Zeit war jedoch seine Funktion ungeklärt, bis man herausfand, daß es einen entscheidenden Einfluß auf die Sauerstoff-Affinität des Hämoglobins besitzt. Wird 2,3-Bisphosphoglycerat (P_2-Glyc) zu einer reinen Hämoglobinlösung hinzugegeben, so verringert es die Sauerstoff-Affinität erheblich. Diese Wirkung ist darauf zurückzuführen, daß Bisphosphoglycerat selber durch Desoxyhämoglobin gebunden wird. Wir können also eine Gleichung für ein viertes Bindungsgleichgewicht des Hämoglobins aufstellen:

$$Hb P_2\text{-Glyc} + O_2 \rightleftharpoons HbO_2 + P_2\text{-Glyc}$$

Wir haben somit eine umgekehrte Beziehung zwischen der Bindung von Sauerstoff und der Bindung von Bisphosphoglycerat vor uns, die beide an verschiedenen Stellen des Hämoglobin-Moleküls gebunden werden.

Bisphosphoglycerat reguliert die Sauerstoff-Bindungsaffinität des Hämoglobins der roten Blutkörperchen im Verhältnis zum Sauerstoffpartialdruck der Lungen. Schon wenige Stunden, nachdem sich ein Mensch von einer Höhe von 0 m über dem Meeresspiegel auf eine Höhe von etwa 4000 m begibt, steigt der P_2-Glyc-Gehalt in den roten Blutkörperchen an. Das Bisphosphoglycerat wird gebunden und die Sauerstoff-Affinität des Hämoglobins wird vermindert. In großen Höhen ist der Sauerstoffpartialdruck wesentlich geringer als auf Meereshöhe. Dementsprechend ist auch der Sauerstoffdruck in den Geweben geringer. Die Zunahme an Bisphosphoglycerat beim Aufstieg in größere Höhen ermöglicht es dem Hämoglobin, den Sauerstoff leichter an die Gewebe abzugeben. Umgekehrt verhält es sich wenn Menschen, die an große Höhen akklimatisiert sind – aus dem Himalaya oder den Anden – auf Meereshöhe herabsteigen. Ein Anstieg des P_2-Glyc-Gehaltes der roten Blutkörperchen kommt auch bei

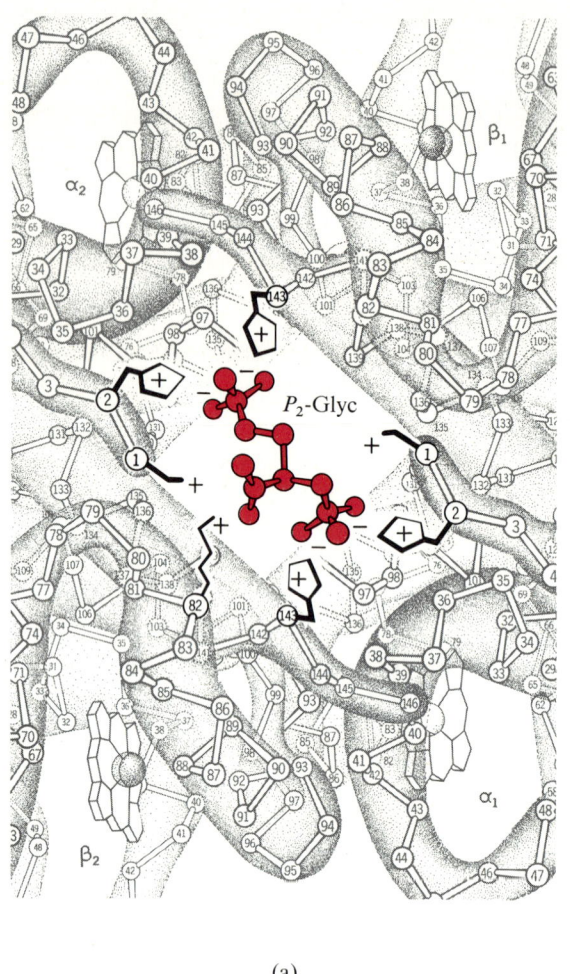

(a)

Änderungen der Quartärstruktur mit den umgekehrten Bindungs-Affinitäten des Hämoglobins für Sauerstoff bzw. für H^+ und CO_2 in Beziehung stehen.

Ein weiterer Aspekt der regulatorischen Wirkung des Hämoglobins wurde von Reinhold und Ruth Benesch entdeckt, die einen *vierten* Liganden dieses Proteins – *2,3-Bisphosphoglycerat* – fanden. Diese interessante Entdeckung wird im Kasten 8-1 beschrieben.

Hämoglobin kann als ein molekularer Computer betrachtet werden, der Konzentrationsveränderungen seiner vier Liganden aufspüren, diese Information durch Konformationsänderungen des Moleküls weitergeben, und dadurch die Bindungsaffinität für die anderen Liganden auf die richtige Höhe bringen kann. Man nimmt an, daß bei der Bindung von Sauerstoff an eine oder zwei der Untereinheiten die dadurch hervorgerufenen kleinen strukturellen Verän-

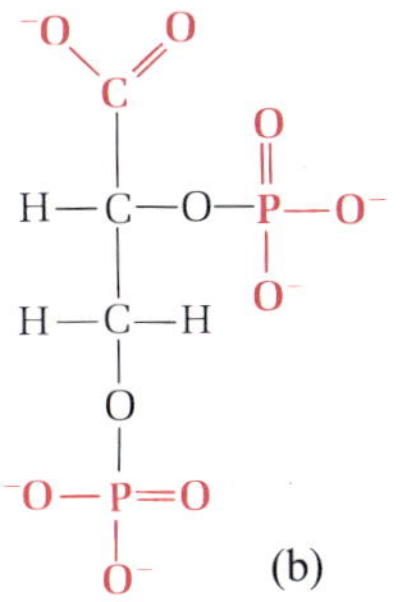

Auf normalem Wege isoliertes Hämoglobin enthält bereits eine bemerkenswerte Menge an Bisphosphogylcerat, das nur schwer vollständig zu entfernen ist. Wird Hämoglobin von einem P_2-Glyc befreit, so geht sein S-förmiges Sauerstoff-Bindungsverhalten weitgehend verloren und es resultiert eine viel höhere Affinität für Sauerstoff. Wird wieder ein Überschuß an P_2-Glyc zugeführt, so nimmt die Sauerstoff-Bindungsaffinität ab (Abb. 2). 2,3-Bisphosphoglycerat ist daher für die normale Freisetzung des Sauerstoffes aus dem Hämoglobin in den Geweben notwendig. Die Erythrozyten einiger Vögel enthalten zwar kein P_2-Glyc, aber dafür eine andere Phosphat-Verbindung, *Inosithexaphosphat*, dessen Fähigkeit, die Sauerstoff-Affinität des Hämoglobins herabzusetzen, sogar noch größer ist.

Abbildung 1
(a) Lokalisation des farbig dargestellten P_2-Glyc-Moleküls im zentralen Hohlraum des Hämoglobins. Die negativ geladenen Gruppen des P_2-Glyc werden von den benachbarten, positiv geladenen R-Gruppen (schwarz) der β-Ketten angezogen.
(b) Struktur von 2,3-Bisphosphoglycerat (P_2-Glyc). Die geladenen Gruppen, die an die beiden β-Ketten gebunden werden, sind farbig dargestellt.

Patienten mit einer *Hypoxie* vor. Hierbei ist die Sauerstoffversorgung der Gewebe durch die inadequate Funktion der Lungen oder des Kreislaufsystems herabgesetzt.

An welcher Stelle des Hämoglobinmoleküls wird das Bisphosphoglycerat gebunden? Hämoglobin besitzt, wie wir in Abb. 8-10 gesehen haben, eine zentrale Öffnung oder einen Kanal. Diese Öffnung, die mit vielen positiv gelandenen R-Gruppen ausgekleidet ist, ist die Bindungsstelle für das Bisphosphoglycerat. Es wird so an das Desoxyhämoglobin gebunden, daß es eine Querverbindung oder Brücke zwischen den beiden β-Untereinheiten bildet. Wenn Sauerstoff gebunden wird, verdrängt er das P_2-Glyc aus der zentralen Öffnung. Hämoglobin bindet nur ein P_2-Glyc-Molekül, aber vier O_2-, vier CO_2-Moleküle und annähernd vier H^+-Ionen (Abb. 1).

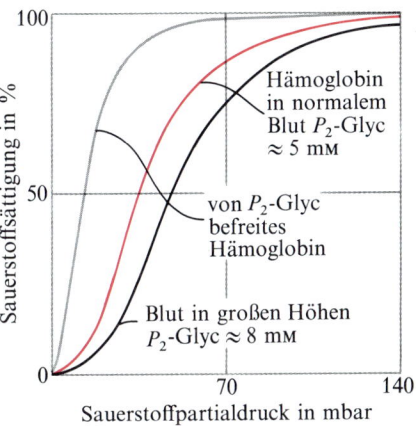

Abbildung 2
Wirkung von 2,3-Bisphosphoglycerat (P_2-Glyc) auf die Sauerstoffsättigungskurve des Hämoglobins

derungen die noch freien Untereinheiten beeinflussen. Die resultierende Änderung der Quartärstruktur des gesamten Moleküls führt zu einer Form, die eine hohe Affinität für Sauerstoff und eine niedrige für H^+ und CO_2 besitzt. Wird im umgekehrten Fall O_2 freigesetzt, so kehrt die Quartärstruktur in ihre ursprüngliche Form zurück, und H^+ und CO_2 werden gebunden. Zur Erklärung der detaillierten Änderungen an Struktur und Bindungskapazität, die beim Oxygenierungs-Desoxygenierungscyclus (Abb. 8-19) auftreten, sind mehrere Theorien aufgestellt worden. Wie immer auch die Details aussehen mögen – Hämoglobin ist ein nützliches Modell für die computerähnliche regulatorische Aktivität vieler anderer oligomerer Proteine, besonders solcher Enzyme, die sowohl katalytische als auch regulatorische Aktivität besitzen. Die meisten Proteine mit eingebauten regulatorischen Eigenschaften haben zwei oder mehr Poly-

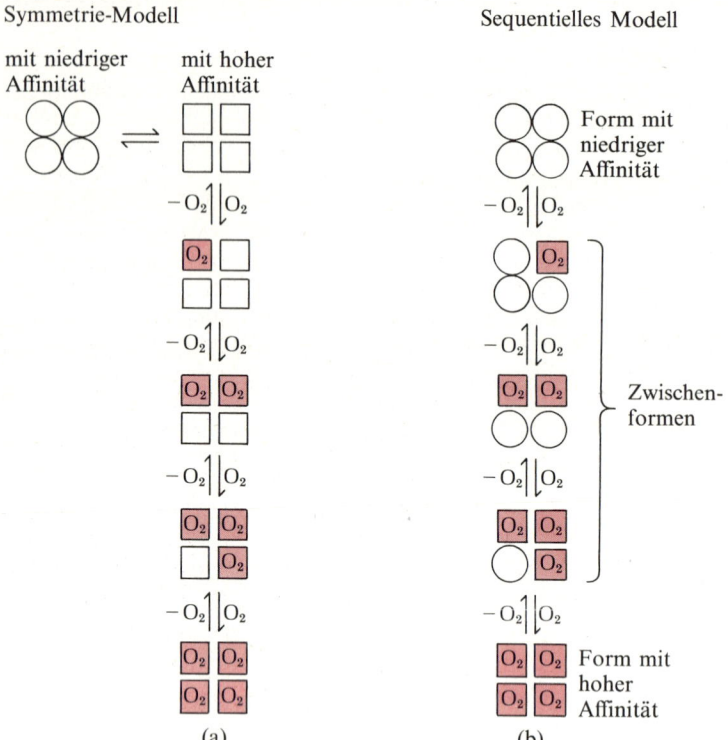

Abbildung 8-19
Symmetrie- (Alles-oder-Nichts) -Modell und sequentielles (Modell der induzierten Anpassung) für die kooperative Bindung von Sauerstoff durch Hämoglobin. In beiden Modellen besitzen die Untereinheiten zwei verschiedene Zustände. Die Kreise stellen die Untereinheiten mit niedriger Sauerstoffaffinität und die Quadrate den Zustand mit hoher Sauerstoffaffinität dar.
(a) Für das Symmetrie-Modell wird angenommen, daß Hämoglobin in nur zwei Formen vorkommt. Die eine Form enthält alle Untereinheiten im Zustand niedriger Affinität, die andere alle Untereinheiten im Zustand hoher Affinität. Ist kein Sauerstoff vorhanden, so befinden sich die beiden Formen des Hämoglobins im Gleichgewicht; die Form mit der geringeren Affinität überwiegt jedoch. Ist Sauerstoff vorhanden, so bindet er sich bevorzugt an die Form mit der hohen Affinität. Damit wird das Gleichgewicht nach rechts verlagert und die Bindung weiterer Sauerstoffatome erleichtert. Bei dem Symmetrie-Modell existieren keine Zwischenformen zwischen den Zuständen mit niedriger und mit hoher Affinität.
(b) Bei dem sequentiellen (oder „induced-fit")-Modell bilden sich mehrere Zwischen-Konformationen, bevor der Zustand mit der hohen Affinität erreicht wird. Ist ein Sauerstoffmolekül an eine Untereinheit mit niedriger Affinität gebunden, so ruft diese Bindung eine Änderung hervor, die eine Untereinheit mit hoher Affinität entstehen läßt. Einmal gebildet, erhöht sie die Wahrscheinlichkeit, daß auch andere Untereinheiten dieser induzierten Anpassung unterliegen und zu ihren Formen mit hohen Affinitäten überwechseln, derweil sie nacheinander Sauerstoffmoleküle binden.

peptidketten, die in einer charakteristischen Quartärkonformation zusammenpassen. Diese scheint sich beim Übergang des Proteinmoleküls von einem Aktivitätszustand zum anderen zu verändern.

Die Sichelzellenanämie ist eine molekulare Krankheit des Hämoglobins

Die Wichtigkeit der Aminosäuresequenz zur Festlegung der Sekundär-, Tertiär- und Quartärstruktur globulärer Proteine und somit ihrer biologischen Funktion kann hervorragend an einer Erbkrankheit, der *Sichelzellenanämie*, demonstriert werden. Bei dieser Erkrankung ist das Hämoglobinmolekül genetisch verändert. Patienten mit dieser Krankheit leiden an Anfällen, die durch physische Anstrengung ausgelöst werden. Während dieser Anfälle fühlen sie sich schwach, schwindelig und sind kurzatmig, und es können pathologische Herzgeräusche und eine erhöhte Pulsgeschwindigkeit beobachtet werden. Der Hämoglobingehalt im Blut dieser Patienten beträgt nur etwa die Hälfte des Normalwertes von 15 bis 16 g pro 100 m l. Sie sind daher *anämisch* (das Wort bedeutet „blutarm", d. h. arm an roten Blutzellen). Mikroskopische Untersuchungen zeigen, daß nicht nur zahlenmäßig weniger rote Blutzellen vorhanden sind, sondern daß diese auch abnorm sind. Zusätzlich zu der ungewöhnlich hohen Anzahl unreifer roter Zellen gibt es viele langgestreckte dünne, halbmondförmige rote Blutzellen, die der Klinge einer Sichel ähneln (Abb. 8-20). Die Anzahl derartiger Sichelzellen wird stark erhöht, wenn das Blut sauerstoffarm ist. Sichelzellen sind sehr zerbrechlich und platzen leicht auf, wodurch der niedrige Hämoglobingehalt des Blutes erklärt wird, Eine andere, gefährlichere Folge ist jedoch, daß die kleinen Blutkapillaren verschiedener Organe durch die langen, abnorm geformten roten Zellen verstopft werden. Das ist ein Hauptfaktor für den frühen Tod vieler dieser Patienten.

Die Sichelzellenanämie ist eine Erbkrankheit, bei der ein mutiertes Hämoglobin-Gen von beiden Eltern vererbt wurde. Man muß sie von der schwächeren *Sichelzellanlage* unterscheiden, bei der das mutierte Hämoglobin-Gen nur von einem Elternteil vererbt wurde. Bei Menschen mit dieser Anlage, die bei etwa 8 Prozent der schwarzen Bevölkerung in den Vereinigten Staaten auftritt, werden nur etwa 1 Prozent der roten Zellen sichelförmig. Bei dieser Erscheinungsform können Menschen völlig normal leben, wenn sie vom Leistungssport und anderen kreislaufbelastenden Anstrengungen absehen.

Die pathologische Form der roten Blutzellen bei der Sichelzellenanämie wird durch die abnorme Form des in ihnen enthaltenen Hämoglobins hervorgerufen. Dieses Hämoglobin der Sichelzellen wird als *Hämoglobin S* bezeichnet, das Hämoglobin normaler erwachsener Menschen als *Hämoglobin A*. Wird Hämoglobin S desoxygeniert, so wird es unlöslich und bildet faserige Bündel (Abb. 8-21). Hämoglobin A dagegen bleibt auch bei Desoxygenierung löslich. Die unlöslichen Fasern des desoxygenierten Hämoglobins S sind für die Deformierung der roten Blutzellen zu ihrer Sichelform verantwortlich.

Sichelzell-Hämoglobin besitzt eine veränderte Aminosäuresequenz

In den späten vierziger Jahren zeigten Linus Pauling und Harvey Itano, daß Sichelzell-Hämoglobin etwas langsamer zur positiv geladenen Elektrode wandert als normales Hämoglobin A, wenn beide elektrophoretisch getrennt werden (S. 143). Sie schlossen daraus,

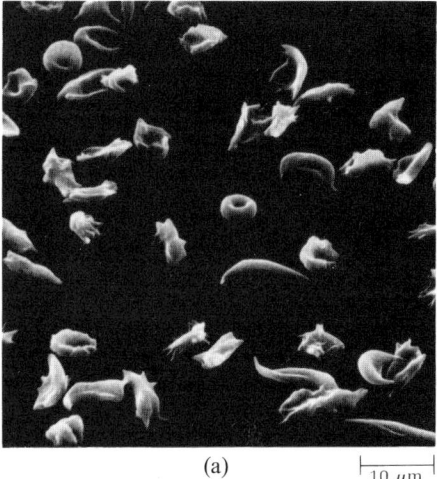
(a)

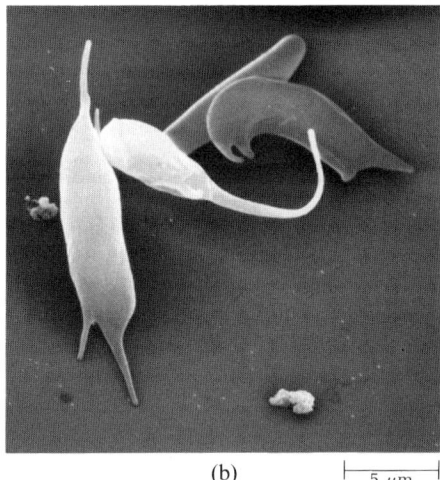
(b)

(c)

Abbildung 8-20
(a) Rasterelektronenmikroskopisches Bild sichelförmiger roter Blutkörperchen. In der Mitte befindet sich eine normale Zelle zum Vergleich (s. a. Abb. 8-15).
(b) Einige Sichelzellen stark vergrößert, um die bizarren Formen zu zeigen, die sie annehmen können.
(c) Mit einem Transmissionselektronenmikroskop aufgenommenes Bild einer Sichelzelle. Man erkennt die Längsanordnung der Sichel-Hämoglobinpolymere, die diesen Zellen ihre bizarren Formen verleihen.

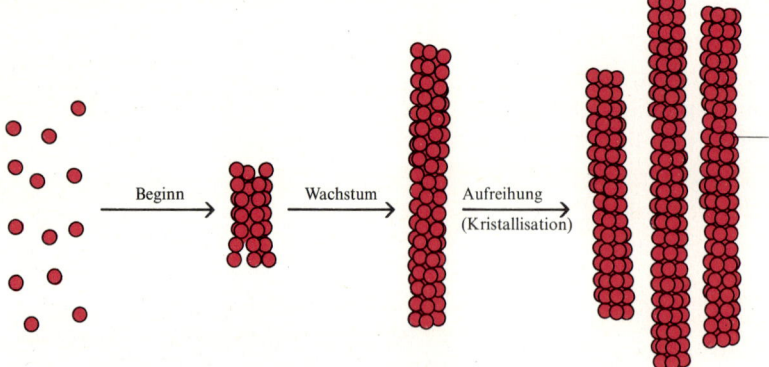

Abbildung 8-21
Anordnung von Desoxyhämoglobin-S-Molekülen zu Bündeln unlöslicher tubulärer Fasern, durch die die Erythrozyten zu einer Sichelgestalt verformt werden.

daß die Polypeptidketten des Hämoglobin-S-Moleküls eine etwas geringere Anzahl negativ geladener R-Gruppen besitzen müssen als Hämoglobin A. Vernon Ingram entwickelte später eine einfache experimentelle Methode, um Unterschiede zwischen Hämoglobin S und Hämoglobin A präziser festzustellen. Seine Technik – als *Peptid--Fingerprinting* oder *-Kartierung (Peptid-,,Mapping")* bekannt – wird heute vielfach angewendet, um genetische Varianten des Hämoglobins und anderer Proteine festzustellen. Er behandelte Proben von Hämoglobin S und Hämoglobin A mit Trypsin, das nur diejenigen Peptidbindungen spaltet, an denen eine Carboxylgruppe von Lysin- und Argininresten beteiligt ist (S. 146). Die Behandlung führte zur Bildung von 28 Peptidfragmenten, da insgesamt 27 Lysin- und Argininreste in den α- und β-Ketten zusammen vorkommen. Die Peptidmischung jeder Hämoglobinart wurde auf mit Pufferlösung befeuchtetes Filterpapier gegeben und in der ersten Trennrichtung der Elektrophorese unterworfen. Dies führte zu einer noch unvollständigen Trennung der Peptidfragmente in verschiedene Zonen. Das Papier wurde getrocknet und in einen frischen Puffer mit einem anderen pH-Wert gegeben. Dann wurde senkrecht zur ersten Trennrichtung eine Papierchromatographie durchgeführt (S. 125). Das Papier wurde getrocknet und mit Ninhydrin erhitzt (S. 123), und so ergab sich ein charakteristischer zweidimensionaler ,,Fingerabdruck" (finger-print) oder eine Karte aller Peptidfragmente. Wie aus Abb. 8-22 ersichtlich ist, unterscheidet sich Hämoglobin S von Hämoglobin A nur in einem Peptid-Fleck, der im Fingerprint an verschiedenen Stellen liegt. Das bedeutet, daß nur dieses Peptid in den beiden Hämoglobin-Formen verschiedene elektrische Ladungen besitzt. Diese Flecken wurden aus den beiden Papieren herausgeschnitten und die Peptide eluiert und analysiert. Es zeigte sich, daß sie sich nur in einer Hinsicht unterscheiden: *das veränderte Peptid des Hämoglobins S enthält einen Valinrest an der Stelle, an der das gleiche Peptid des normalen Hämoglobins A einen Glutaminsäurerest enthält* (Abb. 8-22). Alle anderen Aminosäurereste der beiden Ketten des Hämoglobins S sind mit denen des Hämoglobins A identisch. Der abnorme Rest wurde in Position 6 der β-Ketten des Hämoglobins

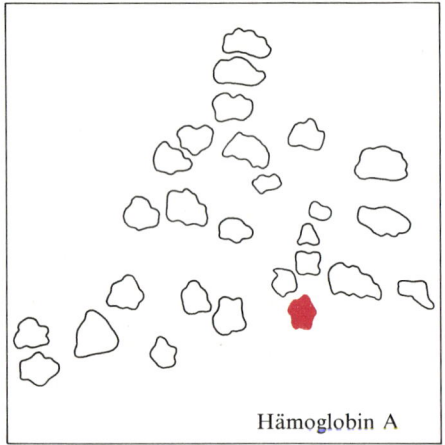

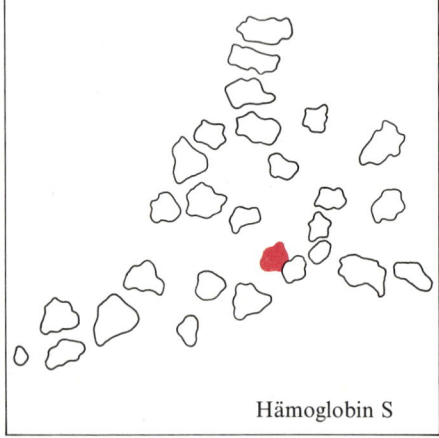

Abbildung 8-22
,,Fingerabdrücke" (fingerprints) oder Peptidkarten der Trypsin-Peptide von Hämoglobin A und Hämoglobin S. Nur ein einziges Peptid (farbig) ist in seiner Position verändert. Es enthält die genetisch ausgetauschte Aminosäure.

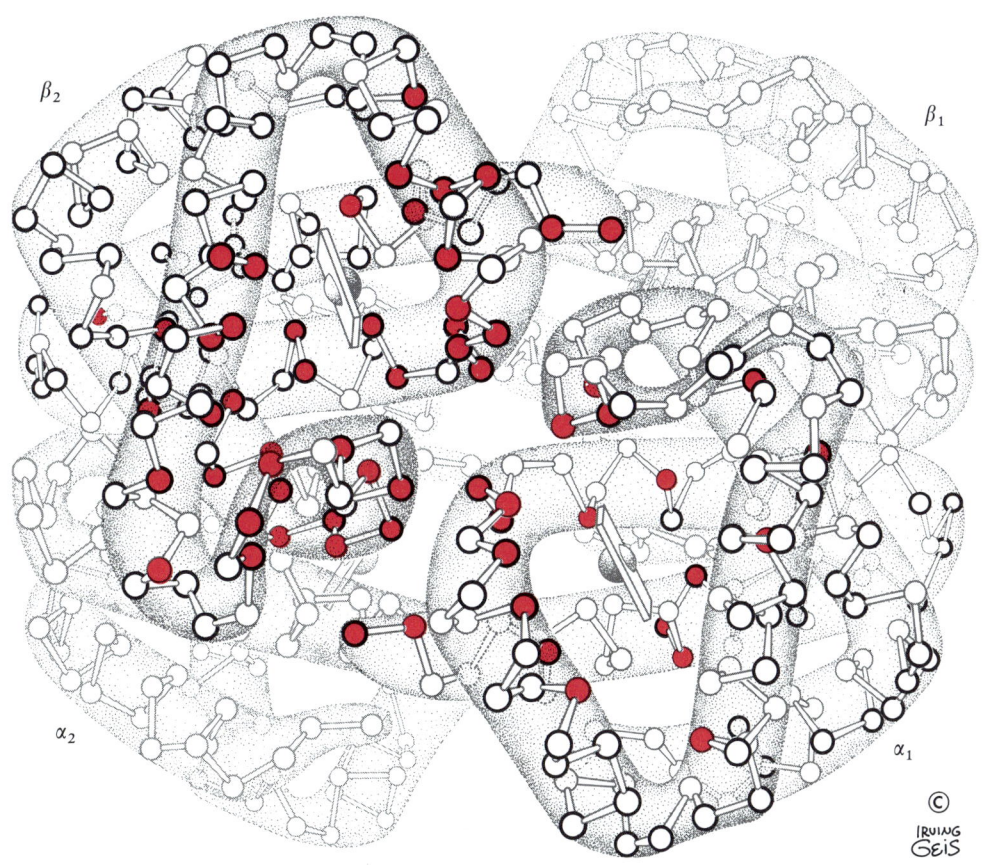

Abbildung 8-23
(a) Der genetische Defekt im Sichelzellen-Hämoglobin. Durch eine Mutation in dem β-Ketten-Gen ist der normalerweise in Position 6 der β-Kette des Hämoglobins A befindliche Glutaminsäurerest durch einen Valinrest ersetzt worden. Dieser Austausch führt zum Verlust einer negativen Ladung in jeder der beiden β-Ketten.
(b) Positionen der 163 Mutationen (schwarze Kreise) im menschlichen Hämoglobin, die bis 1979 entdeckt wurden. Es gibt 105 Mutationen in den β-Ketten und 58 in den α-Ketten. Die invarianten Positionen im Hämoglobin sind farbig dargestellt. Mutationen, die in der Nähe der Hämgruppen auftreten, verursachen am wahrscheinlichsten ernsthafte Defekte der Hämoglobin-Funktion.

lokalisiert. Die R-Gruppe des Valins ist elektrisch nicht geladen, wogegen Glutaminsäure bei pH = 8 eine negative Ladung besitzt (Abb. 8-23). Daraus folgt, daß das Sichelzell-Hämoglobin zwei negative Ladungen weniger als Hämoglobin A enthalten muß, und zwar eine in jeder der beiden β-Ketten des Hämoglobin-Moleküls. Dieser Unterschied führt dazu, daß Hämoglobin S sich in einem elektrischen Feld mit einer etwas anderen Geschwindigkeit bewegt als Hämoglobin A.

Die Sichelform entsteht durch die Neigung der Hämoglobin-S-Moleküle zusammenzukleben

Die Substitution zweier Valinreste durch zwei Glutaminsäurereste in einem Proteinmolekül mit insgesamt 574 Aminosäureresten mag eine nicht sehr signifikante Veränderung sein. Die Position 6 der β-Kette ist jedoch ein kritischer Punkt in der Quartärstruktur des Hämoglobins. Der Austausch des normalen Glutaminsäurerestes gegen Valin läßt einen „klebrigen" hydrophoben Kontaktpunkt in Position 6 der β-Kette entstehen, der sich an der äußeren Oberfläche des Moleküls befindet. Diese klebrigen Stellen führen zu abnormen Assoziationen zwischen den Desoxyhämoglobin-S-Molekülen, so daß lange, faserige Aggregate entstehen, die für die Bildung der Sichelform roter Blutkörperchen verantwortlich sind (Abb. 8-21).

Gen-Mutationen führen zu Proteinen mit „falschen" Aminosäuren

Die Gen-Codierung der β-Kette des Hämoglobins ist bei Menschen mit Sichelzellenanämie irreversibel mutiert, so daß für einen Valinrest codiert wird, wo ein Glutaminsäurerest sein sollte. Alle anderen Aminosäuren der β-Kette sind normal. Sichelzell-Hämoglobin ist das Ergebnis von einer der über 300 verschiedenen Mutationen des Hämoglobin-Gens, die beim Menschen gefunden wurden. Bei den meisten dieser Mutationen ist nur eine Aminosäure entweder in der α- oder β-Kette ausgetauscht (Abb. 8-23; Tab. 8-4). Viele dieser Mutationen sind durch Elektrophorese-Tests und/oder Fingerprints des Hämoglobins von Patienten mit Erythrozyten-Störungen gefunden worden.

Hämoglobin ist nicht das einzige Protein des menschlichen Körpers, das genetisch durch Mutationen verändert werden kann. Alle Proteine des Körpers, ob globulär oder fibrillär, unterliegen der Wirkung von Mutationen. Hämoglobin ist beim Menschen am besten untersucht worden, da Abweichungen seiner molekularen Struktur auffällige Symptome von Kreislauf- oder Atemfunktionen hervorrufen können. Außerdem ist Hämoglobin aus kleinen Proben

Tabelle 8-4 Einige mutierte Hämoglobine des Menschen.
Diese Mutanten werden häufig nach der Stadt oder dem Gebiet, in dem sie entdeckt wurden, benannt. Nur Hämoglobin S verursacht die Sichelzellen-Bildung. Andere Hämoglobin-Mutanten zeigen andere funktionelle Veränderungen.

Abnormes Hämoglobin	Position und normaler Rest	Ersatz
	α-Kette	
I	16 Lys	Glu
$G_{Honolulu}$	30 Glu	Gln
Norfolk	57 Gly	Asp
M_{Boston}	58 His	Tyr
$G_{Philadelphia}$	68 Asn	Lys
$O_{Indonesia}$	116 Glu	Lys
	β-Kette	
C	6 Glu	Lys
S	6 Glu	Val
$G_{San\ Jose}$	7 Glu	Gly
E	26 Glu	Lys
$M_{Saskatoon}$	63 His	Tyr
Zürich	63 His	Arg
$M_{Milwaukee}$	67 Val	Glu
D_{Punjab}	121 Glu	Gln

menschlichen Blutes einfach zu isolieren. Es wurden auch für viele andere menschliche Proteine Mutationen nachgewiesen, die zu einer Veränderung der Aminosäuresequenz führten, u.a. bei verschiedenen, mit dem Stoffwechsel verbundenen Enzymen sowie Faserproteinen, wie Collagen.

Mutationen, die zu veränderten Proteinmolekülen führen, werden als genetische „Defekte" bezeichnet. Die Gen-Mutation spezifischer Proteinstrukturen kann aber auch zur „Verbesserung" der Funktion eines Proteinmoleküls führen, so daß das Protein besser funktionieren kann und die Fähigkeit eines Organismus zum Überleben in seiner natürlichen Umgebung erhöht wird. Dieses gilt sogar für die Gen-Mutation, die das Sichelzell-Hämoglobin verursacht. In einigen Gegenden Afrikas sind bis zu 40% der schwarzen Bevölkerung Sichelzellträger. Dies weist darauf hin, daß Träger dieser Mutation eine gute Überlebenschance gehabt haben. Die Eingeborenen mit Sichelzell-Genen weisen eine viel geringere Anfälligkeit gegen Malaria auf. Malaria wird durch von Mücken übertragene Parasiten hervorgerufen, die in die roten Blutzellen eindringen. Sichelförmige rote Blutzellen sind für das Wachstum der Malaria-Parasiten nicht so geeignet wie normale rote Blutzellen. Die Gebiete Afrikas mit dem stärksten Vorkommen der Sichelzell-Gene sind auch die Gebiete, die früher einmal die höchste Verbreitung der Malaria aufwiesen (Abb. 8-24). Der Besitz des Sichelzell-Gens weist also auf bemerkenswerte Überlebenschancen der in diesen Gebieten Afrikas leben-

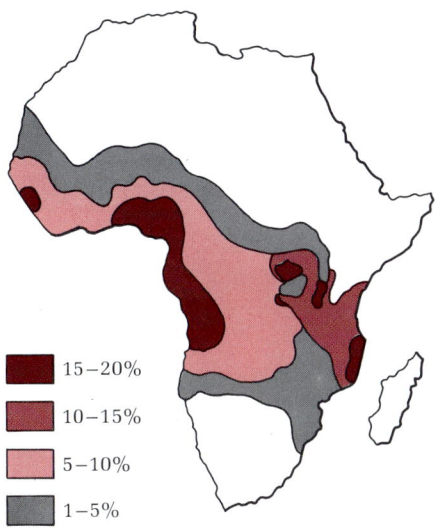

Abbildung 8-24
Relative Häufigkeit des Sichelzellen-Gens in verschiedenen Gebieten Afrikas. Die Zonen großer Häufigkeit liegen in einem Gebiet, in dem die Malaria eine Haupt-Todesursache war.

den Menschen hin, bei denen die Malaria einst endemisch auftrat und im Kindesalter häufig tödlich war.

Kann eine molekulare Heilung für Sichelzell-Hämoglobin gefunden werden?

Obwohl das Sichelzellen-Gen in den Teilen Afrikas, in denen die Malaria endemisch auftrat, durchaus von Vorteil gewesen sein mag, so ist es doch heute ein Nachteil für diejenigen Schwarz-Afrikaner, die in anderen Teilen der Erde leben, wo die Malaria eine seltene Krankheit und die Lebenserwartung viel höher ist. Bei unseren fortgeschrittenen Kenntnissen der Hämoglobin-Struktur und -Konformation wird auch der Versuch gemacht, eine rationelle molekulare Behandlung der Sichelzellen-Anämie zu entwickeln. Man sucht nach einem harmlosen Medikament oder chemischem Mittel, das mit einer oder mehreren spezifischen funktionellen Gruppen des Hämoglobin-S-Moleküls reagieren kann, um den schädlichen Sichel-Effekt der Valin-Substitution an Stelle der Glutaminsäure in den β-Ketten zu unterbinden. Es sind bereits mehrere chemische Mittel gefunden worden, die die Sichelbildung im Reagenzglas größtenteils verhindern können. *Kaliumcyanat* zum Beispiel wird an bestimmte Aminogruppen von Hämoglobin S gebunden, unter Bildung von Carbamoyl-Derivaten (Abb. 8-25), die bei einer Desoxygenierung nicht zu sichelförmigen Erythrozyten führen. Die Behandlung von Patienten mit Kaliumcyanat verbietet sich aber, da toxische Wirkungen auftreten. Die derzeitige Forschung, die sich mit Anti-Sichelzell-Agenzien befaßt, läßt hoffen, daß mit Hilfe einer geeigneten biochemischen Technologie ein Reagenz gefunden werden kann, das nicht nur die Sichelbildung verhindert, sondern auch keine schädlichen Wirkungen auf andere Körperproteine ausübt.

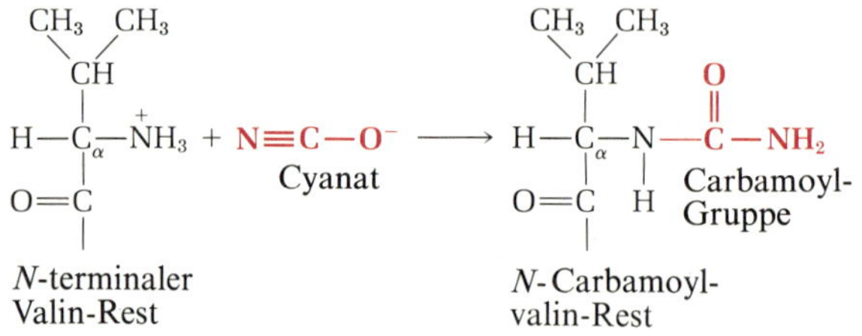

Abbildung 8-25
Bildung des *N*-Carbamoyl-Derivates des aminoterminalen Valinrestes der β-Kette vom Hämoglobin S nach In-vitro-Behandlung mit Kaliumcyanat. Diese chemische Veränderung verhindert, daß sich die Erythrozyten eines Sichelzellenanämie-Patienten zu sichelförmigen Zellen verformen, wenn ihnen der Sauerstoff entzogen wird.

Zusammenfassung

Die Polypeptidketten globulärer Proteine sind eng gefaltet. Das ließ sich aus Untersuchungen über Größe und Form der Moleküle ableiten. Röntgenbeugungsanalysen des Myoglobins und anderer kleiner Ein-Ketten-Proteine wie Cytochrom *c*, Lysozym und Ribonuclease ergaben, daß jedes ein eigenes charakteristisches tertiäres Faltungsmuster besitzt. Bei allen globulären Proteinen ist die Kette sehr kompakt gefaltet, so daß nur wenige oder gar kein innerer Raum für Wassermoleküle vorhanden ist. Fast alle hydrophoben R-Gruppen befinden sich im Inneren des Moleküls, vom Wasser abgewandt. Die meisten ionischen R-Gruppen sind hydratisiert und befinden sich an der Außenseite, d. h. dem wäßrigen Medium zugewandt. Die gefaltete Tertiärstruktur wird durch eine Kombination von nicht-kovalenten Wechselwirkungen (besonders hydrophoben Wechselwirkungen zwischen hydrophoben R-Gruppen), elektrostatischen Anziehungskräften zwischen gegensätzlich geladenen R-Gruppen und Wasserstoffbindungen zusammengehalten. Diese Wechselwirkungen sind individuell schwach, gemeinsam jedoch stark. In einigen globulären Proteinen wird die Tertiärstruktur auch durch kovalente Cystin-Querverbindungen bestimmt und gefestigt. Die Information, die eine bestimmte Tertiärstruktur determiniert, ist in der Aminosäuresequenz der Polypeptide enthalten. Dies ergibt sich aus der Tatsache, daß homologe Proteine verschiedener Spezies nicht nur viele invariante Aminosäurereste, sondern auch identische Konformationen besitzen. Der Beweis erfolgte durch die Entdeckung, daß viele denaturierte globuläre Proteine mit verlorener biologischer Aktivität spontan renaturieren und ihre biologische Aktivität wiedergewinnen.

Oligomere globuläre Proteine, d. h. Proteine mit zwei oder mehreren Polypeptidketten, sind größer und in ihrer Struktur komplexer. Sie sind häufig an Regulationsvorgängen beteiligt. Die Quartärstruktur beschreibt die Art und Weise, in der die Protein-Untereinheiten zusammengefügt sind. Röntgenstrukturanalysen des Hämoglobins und anderer oligomerer Proteine zeigen ihre kompakten Strukturen, bei denen die meisten hydrophoben R-Gruppen im Inneren und die meisten hydrophilen Gruppen an der Außenseite liegen. Im Hämoglobin, das zwei α- und zwei β-Ketten enthält, existieren nur wenige Kontakte zwischen gleichartigen Ketten, jedoch viele Kontakte, welche die $\alpha_1\beta_1$- und $\alpha_2\beta_2$-Paare zusammenhalten. Hämoglobin besitzt eine S-förmige Sauerstoff-Bindungskurve und ist dadurch gut geeignet für die Bindung von Sauerstoff in den Lungen sowie dessen Freisetzung in peripheren Geweben. Myoglobin dagegen hat eine viel größere Affinität zu Sauerstoff und eine Sättigungskurve mit der Form einer Hyperbel, die es mit günstigen Eigenschaften zur Speicherung von Sauerstoff in Muskeln ausstattet. Die Bindungsfähigkeit des Sauerstoffes an Hämoglobin wird durch einen erhöhten pH-Wert und eine niedrige CO_2-Konzentration gesteigert, wogegen die Freisetzung des Sauerstoffs durch eine Erniedrigung des pH-Wertes und eine hohe CO_2-Konzentration begünstigt wird. Diese Wechselbeziehungen, sowie die Regulation der O_2-Affinität durch die Bindung von 2,3-Bisphosphoglycerat werden durch spezifische Bindungsstellen für O_2, H^+, CO_2 und Bisphosphoglycerat, sowie durch Veränderungen der Quartärstruktur des Hämoglobins während des Oxygenierungs-Desoxygenierungscyclus vermittelt.

Daher sind die Untereinheiten des Hämoglobins, wie auch die anderer oligomerer Proteine, in der Lage, regulatorische Wechselwirkungen durch Änderungen der Konformation durchzuführen. Veränderungen der Aminosäuresequenz globulärer Proteine durch Gen-Mutation – wie bei der Sichelzellenanämie – können deutliche Veränderungen der Konformationen und somit der biologischen Funktionen hervorrufen.

Aufgaben

1. *Die Bildung von Biegungen und Querverbindungen innerhalb der Polypeptidketten.* Wo könnten im dargestellten Polypeptid Biegungen vorkommen? Wo könnten Disulfid-Querverbindungen innerhalb der Kette gebildet werden?

1	2	3	4	5	6	7	8	9	10	11
Ile	Ala	His	Thr	Tyr	Gly	Pro	Phe	Glu	Ala	Ala

12	13	14	15	16	17	18	19	20	21	22
Met	Cys	Lys	Trp	Glu	Ala	Gln	Pro	Asp	Gly	Met

23	24	25	26	27	28
Glu	Cys	Ala	Phe	His	Arg

2. *Die Lage spezifischer Aminosäuren in globulären Proteinen.* Röntgenstrukturanalysen der Tertiärstruktur des Myoglobins und anderer kleiner Einzelketten und globulärer Proteine führten zu einigen Verallgemeinerungen im Hinblick auf die Faltung von Polypeptidketten löslicher Proteine. Geben Sie die wahrscheinliche Lage – d.h. im Inneren oder an der äußeren Oberfläche – der folgenden Aminosäurereste in nativen, globulären Proteinen an: Aspartat, Leucin, Serin, Valin, Glutamin, Lysin. Begründen Sie Ihre Antworten.

3. *Funktionelle Proteine aus linearen Polymeren.* Ein Protein ist nur biologisch aktiv, wenn es die richtige dreidimensionale Struktur besitzt. Proteine werden nach der Information synthetisiert, die in einer linearen, d.h. eindimensionalen Kodierungssequenz in der DNA enthalten ist. Der Zusammenbau der Aminosäuren zu linearen, eindimensionalen Sequenzen findet an den Ribosomen statt. Wie können, auf der Grundlage dieser Tatsachen, biologisch aktive Proteine mit spezifischen dreidimensionalen Strukturen in Zellen gebildet werden? Geben Sie einige experimentelle Beweise für ihre Erklärungen.

4. *Disulfid-Querverbindungen und Proteinfaltung.* Die Hypothese, daß die lineare Aminosäuresequenz eines Proteins sein Faltungsmuster (Sekundär- und Tertiärstruktur) bestimmt, kann durch Entfaltung und anschließende spontane Rückfaltung geprüft werden. Ein Vergleich der biologischen Aktivität eines Proteins

vor der Entfaltung und nach der Rückfaltung ist ein Maß für den Anteil des Proteins, der in seinen natürlichen Zustand zurückkehrt. Ribonuclease zum Beispiel wird durch Spaltung der vier Disulfid-Querverbindungen und anschließender Behandlung mit 8 M Harnstoff vollständig entfaltet. Wird der Harnstoff dann durch Dialyse entfernt, so daß sich die Disulfid-Querverbindungen unter kontrollierten Bedingungen zurückbilden können, so werden 95–100 % der Aktivität zurückgewonnen. Dieser Versuch ist in Abb. 8-8 dargestellt. Die Ergebnisse ähnlicher Versuche an anderen Proteinen sind in der folgenden Tabelle dargestellt:

Protein	Anzahl der Disulfid-Bindungen	Zurückgewonnene Aktivität, %	
		beobachtet	vorhergesagt*
Ribonuclease	4	95–100	≈ 1
Lysozym	4	50–80	≈ 1
Alkalische Phosphatase	2	80	≈ 33
Insulin (Rind)	3	5–10	≈ 6–7

* Wenn sich Disulfidbindungen willkürlich bilden.

(a) Würden die vier Disulfid-Querverbindungen der entfalteten Ribonuclease durch eine völlig willkürliche Paarung der Cysteinreste gebildet, so betrüge die erhaltene biologische Aktivität nur etwa 1 % der ursprünglichen Aktivität. Warum würden Sie eine so geringe Ausbeute erwarten?

(b) Die beobachtete Aktivität nach der Rückfaltung ist bei Ribonuclease, Lysozym und alkalischer Phosphatase bedeutend höher als die Aktivitäten, die bei willkürlicher Paarung der Disulfid-Querverbindungen zu erwarten sind. Erklären Sie diese Beobachtung.

(c) Eines der in der Tabelle aufgeführten Beispiele, nämlich Insulin, weicht deutlich von den anderen ab. Die beobachtete biologische Aktivität nach der Rückfaltung ist sehr niedrig und fast dieselbe, wie bei willkürlicher Disulfid-Rückbildung zu erwarten. Was sagt diese Beobachtung über die native Struktur des Insulins aus? Stellen Sie Vermutungen an, wie Insulin seine native Struktur erhält.

5. *Die Anzahl von Polypeptidketten in einem oligomeren Protein.* Eine Probe (660 mg) eines oligomeren Proteins ($M_r = 132\,000$) wurde mit einem Überschuß an 2,4-Dinitrofluorbenzol bei leicht alkalischen Bedingungen behandelt, bis die chemische Reaktion abgeschlossen war. Die Peptidbindungen des Proteins wurden dann vollständig durch Erhitzen mit konzentrierter Salzsäure hydrolysiert. Das Hydrolysat enthielt 5.5 mg der folgenden Verbindung:

2,4-Dinitrophenyl-Derivate der α-Aminogruppe anderer Aminosäuren konnten nicht gefunden werden.
(a) Erklären Sie, warum diese Information zur Bestimmung der Anzahl von Polypeptidketten in einem oligomeren Protein verwendet werden kann.
(b) Berechnen Sie die Anzahl der Polypeptidketten in diesem Protein.

6. *Die relative Molekülmasse des Hämoglobins.* Das erste Anzeichen dafür, daß Proteine viel größere Molekülmassen besitzen als andere seinerzeit bekannte organische Verbindungen, wurde vor über 100 Jahren gefunden. Damals wurde festgestellt, daß Hämoglobin 0.34 Gewichtsprozent Eisen enthält.
(a) Bestimmen Sie mit Hilfe dieser Information den Mindestwert für die relative Molekülmasse des Hämoglobins.
(b) Spätere Versuche deuteten darauf hin, daß die wahre relative Molekülmasse des Hämoglobins 64 500 beträgt. Welche Information erhalten Sie damit über die Anzahl der Eisenatome im Hämoglobin?

7. *Das Hämoglobin in menschlichen Erythrozyten.* Menschliches Blut enthält 160 g/l Hämoglobin. Blut enthält 5.0×10^9 Erythrozyten m l. Obwohl jeder Erythrozyt eine bikonkave Scheibe ist, nehmen wir zur Vereinfachung der Berechnung an, er sei ein einfacher Zylinder mit den folgenden Abmessungen:

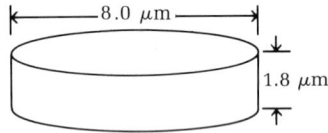

(a) Berechnen Sie die Masse des Hämoglobins in einem Erythrozyten.
(b) Berechnen Sie die Anzahl der Hämoglobinmoleküle in einem Erythrozyten.
(c) Berechnen Sie das Volumen eines Erythrozyten.
(d) Hämoglobin ist ein globuläres Protein mit einem Durchmesser von 6.8 nm. Welcher Anteil des Gesamtvolumens des Erythrozyten wird vom Hämoglobin eingenommen?
(e) Das Verhältnis des Volumens von Hämoglobin zu dem Gesamtvolumen des Erythrozyten [Teil (d) oben] gibt ein falsches Bild von der Packung des Hämoglobins in den Erythrozyten. Wir müssen bedenken, daß, wenn Kugeln zusammengelagert werden, die Zwischenräume zwischen ihnen einen wesentlichen Teil des Gesamtvolumens ausmachen. Angenommen, das Hämoglobin würde in den Erythrozyten in der Anordnung gelagert, wie es die folgende Zeichnung veranschaulicht,

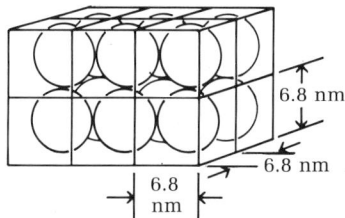

wie groß wäre dann das Volumen aller Hämoglobinmoleküle in einem einzelnen Erythrozyten. Vergleichen Sie es mit dem Zellvolumen. Wie dicht sind Hämoglobinmoleküle in den Erythrozyten gepackt?

(f) Sind – unter Berücksichtigung Ihrer Schlußfolgerungen zum Teil (c) der Frage – die Moleküle eng genug gelagert, um miteinander in Wechselwirkung zu treten? Wenn ja, ist es möglich, daß Wechselwirkungen der Hämoglobin-S-Moleküle in sichelförmigen roten Blutzellen die Form der Erythrozyten beeinflussen?

8. *Der Einfluß von Myoglobin auf die Sauerstoffspeicherungsfähigkeit von Geweben.*
  (a) Tiergewebe enthalten etwa 70 Gewichtsprozent Wasser. Die Konzentration von Sauerstoff in der Gewebsflüssigkeit lebender Tiere ist normalerweise 3.5×10^{-5} M. Berechnen Sie die Masse des Sauerstoffes pro kg Gewebe, das in der Gewebsflüssigkeit gelöst sein kann.
  (b) Die meisten Säugetiergewebe enthalten Myoglobin zur Speicherung von Sauerstoff. Beim Menschen kommt Myoglobin am meisten im Herzgewebe vor, hier macht es 0.7 Gewichtsprozent des gesamten Gewebes aus. Berechnen Sie die Masse des Sauerstoffs, die in 1 kg menschlichen Herzgewebes gespeichert werden kann. Vergleichen Sie diese Zahl mit ihrer Antwort zu (a).
  (c) Die Skelettmuskeln tieftauchender Säugetiere enthalten viel mehr Myoglobin. Die Konzentration ist proportional zur Zeitdauer, die diese Tiere tauchen können. Frische Robbenmuskeln, die der Luft ausgesetzt werden, enthalten 0.15 g Sauerstoff pro kg Feuchtmasse. Berechnen Sie den prozentualen Gehalt an Myoglobin in frischen Robbenmuskeln.

9. *Vergleich von fötalem und maternalem Hämoglobin.* Untersuchungen des Sauerstofftransportes bei schwangeren Frauen ergaben, daß sich die Sauerstoff-Sättigungskurven des fötalen und des maternalen Blutes deutlich unterscheiden, wenn sie unter denselben Bedingungen gemessen werden. Dieses Phänomen kommt daher, daß fötale Erythrozyten eine strukturelle Variante des Hämoglobins enthalten (Hämoglobin F, $\alpha_2 \gamma_2$), während maternale Erythrozyten das normale Hämoglobin A ($\alpha_2 \beta_2$) besitzen.
  (a) Welches Hämoglobin – Hämoglobin A oder Hämoglobin F –

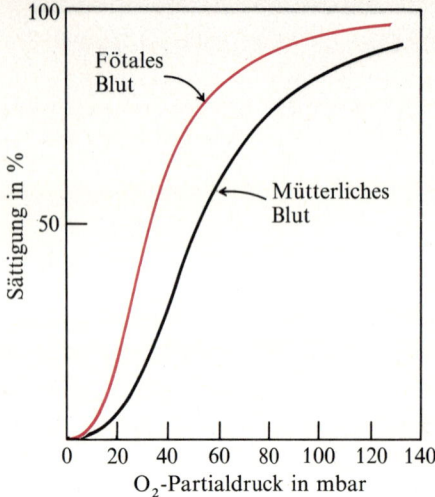

besitzt unter physiologischen Bedingungen eine größere Affinität zum Sauerstoff? Begründen Sie Ihre Aussage.
(b) Welche physiologische Bedeutung haben die verschiedenen Sauerstoff-Affinitäten? Begründen Sie Ihre Aussage.
(c) Wird das gesamte 2,3-Bisphosphoglycerat (P_2-Glyc) aus Hämoglobin A- und F-Proben entfernt, verschieben sich die gemessenen Sauerstoff-Sättigungskurven (und somit auch die Sauerstoff-Affinitäten) nach links. Hämoglobin A besitzt nun eine größere Affinität zum Sauerstoff als Hämoglobin F. Wird P_2-Glyc wieder zugeführt, erhalten auch die Sauerstoff-Sättigungskurven wieder das in der Abbildung dargestellte normale Aussehen. Welchen Einfluß hat P_2-Glyc auf die Sauerstoff-Affinität des Hämoglobins? Wie kann die oben gegebene Information dazu verwendet werden, die unterschiedlichen Sauerstoff-Affinitäten des fötalen und maternalen Hämoglobins zu erklären?

10. *Die Identifizierung von Hämoglobin-Mutanten.* Von einer Probe eines mutierten adulten Hämoglobins wird nach Trypsin-Hydrolyse eine Peptidkarte oder ein Fingerprint angefertigt. Der Fingerprint unterscheidet sich von dem des normalen Hämoglobins A durch einen Lysin- statt eines Asparaginrests in einem der Peptide.
 (a) Was ist der Sinn des Trypsin-Hydrolyse-Verfahrens?
 (b) Um welche Mutante des Hämoglobins könnte es sich handeln (s. Tab. 8-4)?
 (c) Wie können Sie diese Mutante durch ein schnelleres und einfacheres Verfahren nachweisen?

11. *Die Unterscheidung des Hämoglobins C von Hämoglobin S.* Zwei Blutproben – die eine Hämoglobin C, die andere Hämoglobin S enthaltend – verloren bei der Lagerung in einem Kühlschrank ihre Beschriftungen. Wie würden Sie herausfinden, welche Probe welches Hämoglobin enthält (s. Tab. 8-4)?

Kapitel 9
Enzyme

Nun kommen wir zu den bemerkenswertesten und am höchsten spezialisierten Proteinen, den Proteinen mit katalytischer Aktivität. Enzyme besitzen außergewöhnliche katalytische Fähigkeiten, die im allgemeinen viel ausgeprägter sind als bei synthetischen Katalysatoren. Enzyme besitzen eine hohe Substratspezifität, sie beschleunigen spezifische chemische Reaktionen ohne Bildung von Nebenprodukten, und sie katalysieren diese Reaktionen in verdünnten wäßrigen Lösungen schon bei sehr milden Temperaturen und pH-Bedingungen. Nur wenige nicht-biologische Katalysatoren weisen solche Eigenschaften auf.

Enzyme sind unentbehrlich für den Zell-Stoffwechsel. Hintereinander geschaltet katalysieren sie Hunderte von Reaktionsschritten, durch die Nährstoffmoleküle abgebaut, chemische Energie konserviert und umgewandelt und Makromoleküle aus einfachen Vorstufen hergestellt werden. Unter den vielen, am Stoffwechsel beteiligten Enzymen gibt es eine besondere Klasse – die *regulatorischen Enzyme* –, die Stoffwechsel-Signale wahrnehmen und die Umsatzgeschwindigkeit der Substrate entsprechend verändern können. Enzymsysteme sind durch ihre Funktionen in hohem Maße miteinander koordiniert, wodurch eine reibungslose Wechselwirkung zwischen den verschiedenen lebenserhaltenden Stoffwechselvorgängen gewährleistet wird.

Bei einigen Krankheiten – besonders bei vererbbaren genetischen Defekten – liegt ein Mangel an einem oder mehreren Enzymen in den Geweben vor. In einigen Fällen können Enzyme auch ganz fehlen. Bei anderen Arten von Störungen ist es manchmal möglich, die überhöhte Aktivität eines Enzyms durch ein Medikament auszugleichen, das diese katalytische Aktivität hemmt. Die Messung der Aktivität bestimmter Enzyme im Blutplasma, in roten Blutkörperchen oder sogar in Gewebeproben wird häufig auch zur Diagnose von Krankheiten herangezogen. Enzyme sind darüberhinaus in der chemischen Industrie bei der Produktion bestimmter Nahrungsmittel zu wichtigen Hilfsmitteln geworden. Selbst im alltäglichen Leben zu Hause spielen Enzyme eine Rolle.

In diesem Kapitel werden wir nicht die fast 2000 bekannten Enzyme katalogisieren, sondern wir werden versuchen, die Eigenschaften und Charakteristika zu erkennen, die praktisch alle Enzyme gemeinsam besitzen. In den folgenden Kapiteln werden wir dann den Verlauf des Zell-Stoffwechsels untersuchen; wir werden viele Enzyme und ihre Wirkungen eingehender beschreiben und einige Beispiele für die praktische Anwendung von Enzymen geben.

Die Geschichte der Biochemie ist zum großen Teil auch die Geschichte der Enzymforschung

Die Tatsache, daß die Katalyse in biologischen Systemen eine Rolle spielt, wurde im frühen 19. Jahrhundert bei Untersuchungen über die Fleischverdauung durch Magensekrete, sowie die Umwandlung von Stärke zu Zucker durch Speichel oder verschiedene Pflanzenextrakte erkannt. Daraufhin wurden sehr viele biologische Katalysen – heute bekannterweise enzymatischer Natur – beschrieben. Um 1850 fand Louis Pasteur, daß die Umwandlung von Zucker zu Alkohol durch Hefe von „Fermenten" katalysiert wird. Er nahm an, daß diese Fermente – später als *Enzyme* („in Hefe") bezeichnet –, nicht von der Struktur lebender Hefezellen zu trennen seien. Diese Ansicht hielt sich über viele Jahre. Es war deshalb ein wichtiger Meilenstein in der Geschichte der Biochemie, als 1897 Eduard Buchner Enzyme, die Zucker zu Alkohol umwandeln können, in löslicher, aktiver Form aus Hefezellen extrahieren konnte. Diese Entdeckung bewies, daß diese wichtigen Enzyme, die einen wichtigen energieliefernden Stoffwechselvorgang katalysieren, auch abgetrennt von lebenden Zellen funktionieren. Diese Beobachtung spornte andere Biochemiker an, weitere Enzyme zu isolieren und ihre katalytischen Eigenschaften zu untersuchen.

Um die Jahrhundertwende führte Emil Fischer die ersten systematischen Untersuchungen zur Spezifität der Enzyme durch. Andere Forscher untersuchten die Kinetik von Enzymaktivitäten und formulierten Theorien der Enzymwirkung. Erst 1926 wurde jedoch das erste Enzym in reiner, kristalliner Form isoliert. Dieses Enzym war die *Urease*, die aus Extrakten einer Bohnen-Art von James Sumner gewonnen wurde. Sumner stellte fest, daß Urease vollständig aus Protein besteht. Er postulierte deshalb, daß alle Enzyme Proteine seien. Dieser Schlußfolgerung wurde jedoch von dem deutschen Biochemiker Richard Willstätter (einer Autorität auf diesem Gebiet) scharf widersprochen. Dieser bestand darauf, daß Enzyme niedermolekulare Verbindungen seien und das in den Urease-Kristallen gefundene Protein nur eine Verunreinigung darstelle. Erst in den dreißiger Jahren, nachdem John Northrop und seine Mitarbeiter Pepsin und Trypsin kristallisierten und feststellten, daß auch diese Proteine waren, wurde die Proteinnatur der Enzyme allgemein anerkannt. Nun folgte eine Zeit intensiver Forschung an Enzymen, die Reaktionen des Zellstoffwechsels katalysieren. Bis heute sind etwa 2000 verschiedene Enzyme identifiziert worden, von denen jedes eine andere chemische Reaktion katalysiert. Hunderte von ihnen sind in reiner kristalliner Form dargestellt worden (Abb. 9-1).

Abbildung 9-1
Kristalle des Rinder-Chymotrypsins.

Auch heute gibt es jedoch noch viele offene Fragen über Enzyme. Warum wurden gerade Proteine ausgewählt, um die Funktion von Zellkatalysatoren zu übernehmen? Warum sind Enzymmoleküle so groß im Vergleich zu den Substratmolekülen, auf die sie wirken? Wie können Aminosäuren, die selber keine chemische Reaktion beschleunigen können, derartig wirkungsvolle Katalysatoren sein, wenn sie zu bestimmten Sequenzen zusammengefügt werden? Wie wird die Enzymwirkung reguliert?

Enzyme weisen alle Eigenschaften von Proteinen auf

Alle bis heute untersuchten Enzyme sind Proteine. Ihre katalytische Aktivität hängt von der Unversehrtheit ihrer Proteinstruktur ab. Beim Kochen eines Enzyms mit starker Säure oder bei Inkubation mit Trypsin, also bei einer Behandlung, die zur Spaltung der Polypeptidketten führt, wird die katalytische Aktivität normalerweise zerstört. Das zeigt, daß eine intakte Primärstruktur des Enzymproteins für dessen Aktivität notwendig ist. Zerstören wir die charakteristische Faltung der Polypeptidkette(n) eines nativen Enzymproteins durch Erhitzen, extreme pH-Werte oder durch Behandlung mit anderen denaturierenden Mitteln, so geht die katalytische Aktivität ebenfalls verloren. Sowohl die Primär-, Sekundär- und Tertiärstrukturen von Enzymproteinen sind also für ihre katalytische Aktivität wichtig.

Enzyme besitzen, genau wie andere Proteine, relative Molekülmassen von etwa 12000 bis über 1 Million. Sie sind daher im Vergleich zu den Substraten oder funktionellen Gruppen, auf die sie wirken, sehr groß (Abb. 9-2). Manche Enzyme bestehen nur aus Polypeptiden und enthalten außer Aminosäureresten keine anderen chemischen Gruppen. Ein Beispiel dafür ist die *Ribonuclease* des Pankreas. Andere Enzyme benötigen für ihre Aktivität jedoch eine zusätzliche chemische Komponente, den *Cofaktor*. Der Cofaktor kann entweder anorganisch sein, wie z. B. Fe^{2+}-, Mn^{2+}- oder Zn^{2+}-Ionen (Tab. 9-1), oder ein komplexes organisches Molekül, das man als *Coenzym* bezeichnet (Tab. 9-2). Einige Enzyme benötigen sowohl ein Coenzym als auch ein oder mehrere Metall-Ionen für ihre Aktivität. In manchen Enzymen ist das Coenzym oder Metall-Ion nur locker und vorübergehend an das Protein angelagert, in anderen dagegen ist es fest und dauerhaft gebunden. Im letzteren Fall bezeichnet man es als *prosthetische Gruppe*. Die Kombination eines katalytisch aktiven Enzyms mit seinem Coenzym oder Metall-Ion nennt man ein *Holoenzym*. Coenzyme und Metall-Ionen sind hitzebeständig. Der Proteinteil des Enzyms, das *Apoenzym*, wird dagegen durch Hitze denaturiert. Coenzyme, die wir in Kapitel 10 besprechen werden, wirken als Zwischenträger spezifischer funktioneller Gruppen (Tab. 9-2).

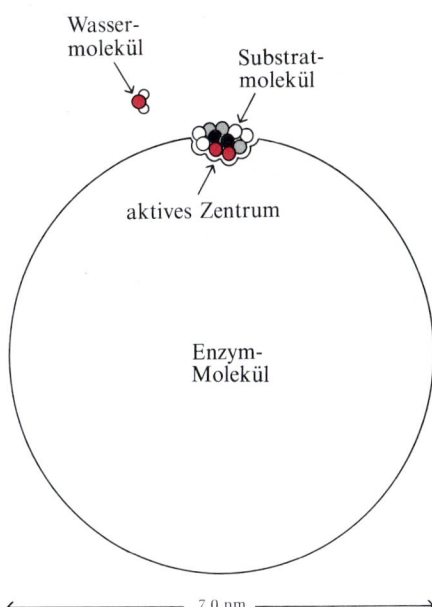

Abbildung 9-2
Relative Größe eines mittelgroßen Enzymmoleküls (M_r = 100000; Durchmesser 7 nm) und eines typischen Substratmoleküls (M_r = 250; Länge 0.8 nm). Das aktive Zentrum nimmt nur einen kleinen Teil der Oberfläche des Enzymmoleküls ein (zum Vergleich: ein Wassermolekül).

Tabelle 9-1 Einige Enzyme, die essentielle anorganische Elemente als Cofaktoren enthalten oder benötigen.

Fe^{2+} oder Fe^{3+}	Cytochrom-Oxidase
	Catalase
	Peroxidase
Cu^{2+}	Cytochrom-Oxidase
Zn^{2+}	DNA-Polymerase
	Carbonat-Dehydratase
	Alkohol-Dehydrogenase
Mg^{2+}	Hexokinase
	Glucose-6-phosphatase
Mn^{2+}	Arginase
K^+	Pyruvat-Kinase (benötigt auch Mg^{2+})
Ni^{2+}	Urease
Mo	Nitrat-Reduktase
Se	Glutathion-Peroxidase

Tabelle 9-2 Coenzyme, die als Zwischenträger für spezifische Atome oder funktionelle Gruppen dienen.*

Coenzym	übertragene Einheit
Thiamindiphosphat	Aldehyde
Flavin-adenin-dinucleotid	Wasserstoffatome
Nicotinamid-adenin-dinucleotid	Hydrid-Ion (H$^-$)
Coenzym A	Acylgruppen
Pyridoxalphosphat	Aminogruppen
5'-Desoxyadenosylcobalamin (Coenzym B$_{12}$)	H-Atome und Alkylgruppen
Biocytin	CO_2
Tetrahydrofolat	andere Ein-Kohlenstoff-Gruppen

* Ihre Struktur und Reaktionsweise werden in Kapitel 10 beschrieben.

Enzyme werden nach den von ihnen katalysierten Reaktionen klassifiziert

Viele Enzyme wurden durch Anfügen der Endung -ase an den Namen ihres Substrates gekennzeichnet. So katalysiert *Urease* die Hydrolyse von Harnstoff (lat.: Urea) und *Arginase* die Hydrolyse von Arginin. Viele Enzyme haben jedoch einen Namen erhalten, der nicht auf das Substrat hinweist, so z. B. *Pepsin* und *Trypsin*. Es kann auch vorkommen, daß ein Enzym unter zwei oder mehr Namen bekannt ist, oder daß zwei verschiedene Enzyme mit demselben Namen bezeichnet werden. Wegen dieser und anderer Mehrdeutigkeiten, und wegen der ständig wachsenden Zahl neu entdeckter Enzyme, wurde ein internationales System zur Bezeichnung und Klassifizierung von Enzymen eingeführt. Dieses System ordnet alle Enzyme in sechs Hauptklassen ein, jede mit Unterklassen, je nach der von ihnen katalysierten Art von Reaktionen (Tab. 9-3). Jedes Enzym wird durch eine vierstellige Zahl klassifiziert und erhält einen systematischen Namen, der die katalysierte Reaktion identifiziert. Ein Beispiel ist die Benennung des Enzyms, das die folgende Reaktion katalysiert:

$$\text{ATP} + \text{D-Glucose} \rightarrow \text{ADP} + \text{D-Glucose-6-phosphat}$$

Die systematische Bezeichnung dieses Enzyms ist *ATP: Glucose-Phosphotransferase*. Aus diesem Namen ist ersichtlich, daß dieses Enzym die Übertragung einer Phosphatgruppe vom ATP auf die Glucose katalysiert. Es wird der Klasse 2 in Tab. 9-3 zugeordnet und seine Klassifikationsziffer ist: 2.7.1.1. Die erste Ziffer (2) bezeichnet den Klassennamen (Transferase), die zweite Ziffer (7) verweist auf

Tabelle 9-3 Internationale Klassifikation der Enzyme auf Grund der von ihnen katalysierten Reaktion.
Die meisten Enzyme katalysieren den Transfer von Elektronen, Atomen oder funktionellen Gruppen. Sie werden deshalb nach der Art ihrer Transfer-Reaktionen, des Gruppendonators und des Gruppenakzeptors klassifiziert, mit Code-Zahlen versehen und benannt. Es existieren sechs Hauptklassen von Enzymen.

Nr.	Klasse	Art der katalysierten Reaktion
1	Oxidoreduktasen	Transfer von Elektronen
2	Transferasen	Gruppentransfer-Reaktionen
3	Hydrolasen	Hydrolyse-Reaktionen (Übertragung von funktionellen Gruppen auf Wasser)
4	Lyasen	Addition von Gruppen an Doppelbindungen oder Abspaltung von Gruppen unter Bildung von Doppelbindungen
5	Isomerasen	Übertragung von Gruppen innerhalb eines Moleküls und Bildung isomerer Formen
6	Ligasen	Ausbildung von C—C-, C—S-, C—O- und C—N-Bindungen durch Kondensations-Reaktionen verbunden mit einer ATP-Spaltung

die Gruppenbezeichnung (Phosphotransferasen), die dritte Ziffer (1) kennzeichnet die Untergruppe (Phosphotransferasen mit Hydroxylgruppen als Akzeptor), und die vierte Ziffer (1) ist eine fortlaufende Zahl zur Bezeichnung der verschiedenen Vertreter dieser Untergruppe, die sich im Phosphatgruppen-Akzeptor unterscheiden (in diesem Fall D-Glucose). Wenn die systematische Bezeichnung eines Enzyms lang oder kompliziert ist, so wird häufig ein Trivialname verwendet. In dem oben beschriebenen Fall handelt es sich um das unter dem Trivialnamen *Hexokinase* bekannte Enzym.

Enzyme beschleunigen chemische Reaktionen durch Herabsetzung der Aktivierungsenergie

Enzyme sind echte Katalysatoren. Sie beschleunigen spezifische chemische Reaktionen, die sonst nur sehr langsam ablaufen könnten, ganz wesentlich. Enzyme können jedoch die Lage des Gleichgewichts der von ihnen beeinflußten Reaktionen nicht verändern. Außerdem werden sie während der Reaktion nicht verbraucht oder bleibend verändert.

Auf welche Weise beschleunigen nun Katalysatoren chemische Reaktionen? Zunächst müssen wir uns daran erinnern, daß in einem Molekülverband der Energieinhalt der einzelnen Moleküle bei konstanter Temperatur sehr variiert, was durch eine glockenförmige Verteilungskurve dargestellt werden kann. Einige Moleküle liegen auf einem hohen Energieniveau, andere auf einem niedrigen; die meisten besitzen einen mittleren Energieinhalt. Eine chemische Reaktion, z. B. A → P, läuft ab, da ein bestimmter Anteil der A-Moleküle zu jedem gegebenen Zeitpunkt eine innere Energie besitzt, die ausreicht, um sie auf den „Gipfel des Berges" zu bringen (Abb. 9-3), d. h. in einen reaktiven oder angeregten Zustand, der auch als *Übergangszustand* (engl.: transition state) bezeichnet wird. Die *Aktivierungsenergie* einer Reaktion bei gegebener Temperatur ist die Energiemenge in Joule, die benötigt wird, um ein Mol der Ausgangsverbindung A in den angeregten Zustand zu bringen. Auf diesem Niveau ist die Wahrscheinlichkeit, daß das angeregte Molekül das Reaktionsprodukt P bildet, genauso groß wie die Wahrscheinlichkeit, daß die Ausgangsverbindung A zurückgebildet wird (Abb. 9-3). Die Geschwindigkeit einer chemischen Reaktion wird daher dann sehr hoch sein, wenn sich ein großer Teil der A-Moleküle in dem energiereichen, angeregten Zustand befindet. Sie wird niedrig sein, wenn nur ein kleiner Teil von A im angeregten Zustand vorliegt.

Es gibt prinzipiell zwei Möglichkeiten, die Geschwindigkeit einer chemischen Reaktion zu beschleunigen: Die erste besteht darin, die Temperatur zu erhöhen. Dadurch wird die thermische Bewegung der Moleküle heftiger, und die Anzahl der mit ausreichender innerer Energie ausgestatteten Moleküle im angeregten Zustand wird größer. In der Regel wird die Reaktionsgeschwindigkeit einer chemischen Reaktion bei einer Temperaturerhöhung von 10 °C ungefähr verdoppelt.

Die zweite Möglichkeit, eine chemische Reaktion zu beschleunigen, besteht darin, einen Katalysator zuzusetzen. Katalysatoren be-

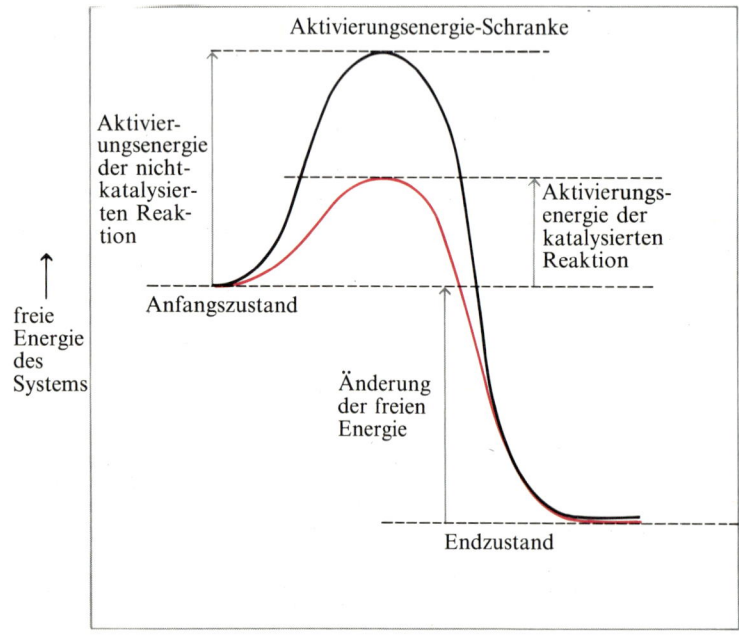

Abbildung 9-3
Katalysatoren setzen die Aktivierungsenergie chemischer Reaktionen herab, ohne die freie Energie der Reaktion zu verändern oder die Lage des Gleichgewichtes zu beeinflußen. Am Maximum der Aktivierungsenergie liegt der angeregte Zustand vor.

schleunigen chemische Reaktionen, indem sie die Aktivierungsenergie herabsetzen, d. h. sie finden einen Weg, um die Energiebarriere zu erniedrigen. Der Katalysator, der hier mit C bezeichnet werden soll, verbindet sich vorübergehend mit dem Reaktionspartner A und bildet einen neuen Komplex CA, dessen angeregter Zustand bei einer viel niedrigeren Aktivierungsenergie eintritt als der angeregte Zustand von A in einer nicht-katalysierten Reaktion (Abb. 9-3). Der Komplex des Katalysators mit dem Reaktionspartner (CA) reagiert nun unter Bildung des Produktes P. Dabei wird der Katalysator wieder freigesetzt und kann sich mit einem weiteren A-Molekül verbinden usw. Katalysatoren setzen also die Aktivierungsenergie chemischer Reaktionen herab. Dadurch kann ein viel größerer Teil einer gegebenen Population von Molekülen pro Zeiteinheit reagieren, als ohne Katalysator. Es liegt ein reiches Beweismaterial dafür vor, daß sich auch die Enzyme, wie andere Katalysatoren, während der Dauer des katalytischen Cyclus mit ihren Substraten verbinden.

Die Substratkonzentration übt einen entscheidenden Einfluß auf die Geschwindigkeit enzymkatalysierter Reaktionen aus

Lassen Sie uns nun den Einfluß wechselnder Substratkonzentrationen auf die Anfangsgeschwindigkeit einer enzymkatalysierten Reaktion bei konstanter Enzymkonzentration untersuchen (Abb. 9-4). Bei sehr niedrigen Substratkonzentrationen ist auch die Reaktionsgeschwindigkeit sehr niedrig; sie steigt jedoch bei einer Erhöhung der Substratkonzentration an. Wenn man die Substratkonzentration jedoch weiter erhöht, so nimmt die Anfangsgeschwindigkeit der katalysierten Reaktion immer weniger zu. Schließlich wird eine Region erreicht, in der bei steigender Substratkonzentration nur noch eine geringe Zunahme der Reaktionsgeschwindigkeit beobachtet wird (Abb. 9-4). Bei weiterer Erhöhung der Substratkonzentration nähert sich die Reaktionsgeschwindigkeit asymptotisch einem konstanten Wert. Bei diesem Wert – der *Maximalgeschwindigkeit* (V_{max}) – ist das Enzym mit Substrat „gesättigt", und kann nicht mehr schneller „arbeiten".

Einen solchen Sättigungseffekt gibt es bei fast allen Enzymen. Dies führte Victor Henri 1903 zu der Schlußfolgerung, daß sich ein Enzym mit seinem Substratmolekül verbindet, um – als einen notwendigen Schritt der Enzymkatalyse – einen Enzym-Substrat-Komplex zu bilden. Diese Idee wurde 1913 insbesondere durch Leonor Michaelis und Maud Menten zu einer allgemeinen Theorie der Enzymwirkung ausgeweitet. Sie postulieren, daß das Enzym E sich zunächst in einer relativ schnellen reversiblen Reaktion mit seinem Substrat S zu einem Enzym-Substrat-Komplex ES verbindet:

$$E + S \rightleftharpoons ES$$

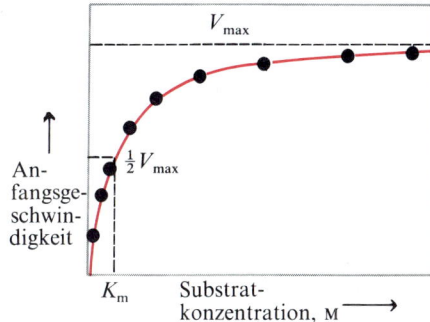

Abbildung 9-4
Einfluß der Substratkonzentration auf die Anfangsgeschwindigkeit einer enzymkatalysierten Reaktion. V_{max} muß aus einer derartigen Graphik abgeschätzt werden, da die Anfangsgeschwindigkeit sich V_{max} nähert, sie theoretisch aber nie erreicht. Die Substratkonzentration, bei der die Geschwindigkeit den halben Maximalwert hat, ist K_m, die Michaelis-Konstante.

Der ES-Komplex wird dann in einer zweiten, ebenfalls reversiblen, aber langsameren Reaktion unter Bildung des Reaktionsproduktes P und unter Freisetzung des Enzyms E aufgebrochen:

$$ES \rightleftharpoons P + E$$

Da die zweite Reaktion der geschwindigkeitsbestimmende Schritt ist, muß die Gesamtgeschwindigkeit der enzymkatalysierten Reaktion der Konzentration des Enzym-Substrat-Komplexes (ES) proportional sein. Die Geschwindigkeit der katalysierten Reaktion wird offensichtlich dann maximal sein, wenn nahezu das gesamte Enzym als ES-Komplex vorliegt und die Konzentration des freien Enzyms E verschwindend gering ist. Diese Bedingung ist bei sehr hoher Substratkonzentration erfüllt, da nach dem Massenwirkungsgesetz bei einer Erhöhung der Konzentration von S das Gleichgewicht der ersten Reaktion nach rechts verschoben wird:

$$E + S \rightleftharpoons ES$$

Bei genügend hoher Substratkonzentration wird nahezu das gesamte Enzym in der ES-Form vorliegen. In der zweiten Reaktion des katalytischen Cyclus zerfällt der ES-Komplex kontinuierlich und schnell unter Bildung des Produktes P und des freien Enzyms E. Ist die Konzentration von S hoch genug, so wird sich das frei gewordene Enzym sofort wieder mit einem anderen Substratmolekül verbinden. Unter diesen Bedingungen stellt sich ein Fließgleichgewicht (engl.: steady state) ein, in dem das Enzym immer mit Substrat gesättigt ist und die Reaktionsgeschwindigkeit ihren maximalen Wert hat.

Zwischen der Substratkonzentration und der Geschwindigkeit der enzymatischen Reaktion existiert eine quantitative Beziehung

Bei der Betrachtung der Abb. 9-4, die die Abhängigkeit der enzymatischen Reaktionsgeschwindigkeit von der Substratkonzentration darstellt, stellen wir fest, daß es sehr schwierig ist, die Substratkonzentration abzulesen, bei der eine Maximalgeschwindigkeit (V_{max}) erreicht ist. Die Kurve, die diese Beziehung ausdrückt, besitzt jedoch für die meisten Enzyme dieselbe Form (eine gleichseitige Hyperbel). Michaelis und Menten definierten darum eine Konstante K_m, die sich zur Charakterisierung der Beziehung zwischen Substratkonzentration und enzymatischer Reaktionsgeschwindigkeit als sehr nützlich erweist. Die *Michaelis-Konstante K_m* eines Enzyms ist als die *Substratkonzentration* definiert, bei der *die Reaktionsgeschwindigkeit der durch das Enzym katalysierten Reaktion halb so groß ist wie die Maximalgeschwindigkeit* (s. Abb. 9-4).

Der charakteristische Verlauf der Substrat-Sättigungskurve eines

Enzyms (Abb. 9-4) kann mathematisch durch die *Michaelis-Menten-Gleichung*

$$v_0 = \frac{V_{max}[S]}{K_m + [S]} \qquad (1)$$

ausgedrückt werden, in der v_0 die Anfangsgeschwindigkeit bei der Substratkonzentration [S], V_{max} die Maximalgeschwindigkeit und K_m die Michaelis-Konstante des Enzyms für ein bestimmtes Substrat bedeuten. Diese von Michaelis und Menten aufgestellte Gleichung basierte auf der Hypothese, daß die Aufspaltung des ES-Komplexes unter Bildung des Produktes und des freien Enzyms den geschwindigkeitsbestimmenden Schritt in der enzymatischen Reaktion darstellt. Kasten 9-1 zeigt eine moderne Ableitung der Michaelis-Menten-Gleichung.

Die Michaelis-Menten-Gleichung ist die Grundlage aller kinetischen Aspekte von Enzymreaktionen. Kennen wir K_m und V_{max}, so können wir die Geschwindigkeit einer enzymkatalysierten Reaktion bei jeder gegebenen Substratkonzentration berechnen. Die meisten enzymatischen Reaktionen einschließlich derer, an denen zwei oder mehr Substrate beteiligt sind (s. unten), können mit Hilfe der Michaelis-Menten-Theorie quantitativ beschrieben werden. Diese Tatsache war ein wichtiger Hinweis dafür, daß Enzyme vorübergehend Verbindungen mit ihren Substraten bilden und dadurch die Aktivierungsenergie der Gesamtreaktion herabsetzen. Die Bildung eines Enzym-Substrat-Komplexes kann häufig direkt nachgewiesen werden, z. B. durch charakteristische Veränderungen des Absorbtionsspektrums des Enzyms bei Zugabe eines Substrates.

Jedes Enzym besitzt für ein gegebenes Substrat einen charakteristischen K_m-Wert

Das Schlüsselelement der Michaelis-Menten-Gleichung ist der K_m-Wert, der für jedes Substrat eines Enzyms bei definierten pH- und Temperatur-Bedingungen charakteristisch ist. Der ungefähre Wert

Tabelle 9-4 K_m-Werte für einige Enzyme.

Enzym	Substrat	K_m, mM
Catalase	H_2O_2	25
Hexokinase (Gehirn)	ATP	0.4
	D-Glucose	0.05
	D-Fructose	1.5
Carbonat-Dehydratase	HCO_3^-	9
Chymotrypsin	Glycyltyrosinylglycin	108
	N-Benzoyltyrosinamid	2.5
β-Galactosidase	D-Lactose	4.0
Threonin-Dehydratase	L-Threonin	5.0

Kasten 9-1 Die Michaelis-Menten-Gleichung.

Viele Enzyme zeigen die typische hyperbelförmige Kurve (Abb. 9-4), wenn die Reaktionsgeschwindigkeit in Abhängigkeit von der Substratkonzentration dargestellt wird und eine allmähliche Sättigung des Enzyms mit dem Substrat eintritt. Einer solchen graphischen Darstellung lassen sich zwei Parameter entnehmen:

(1) Der K_m-Wert, die Substratkonzentration, bei der die halbe Maximalgeschwindigkeit erreicht ist, und (2) V_{max}, die Maximalgeschwindigkeit, der sich die Reaktionsgeschwindigkeit bei unendlich großer Substratkonzentration annähert. Michaelis und Menten haben gezeigt, daß aus der hyperbelförmigen Sättigungskurve von Enzymen noch sehr viel mehr an brauchbarer Information herausgelesen werden kann, wenn diese in eine einfache mathematische Form übersetzt wird. Die *Michaelis-Menten-Gleichung* ist ein algebraischer Ausdruck, in dem die wichtigen Parameter *Substratkonzentration* ([S]), Anfangsgeschwindigkeit der Reaktion (v_0), V_{max} und K_m zueinander in Beziehung gesetzt sind. Diese Gleichung bildet das Fundament für alle Untersuchungen der Enzymkinetik, denn sie erlaubt eine quantitative Bestimmung der Charakteristika von Enzymen und eine Analyse von Enzymhemmungen.

Hier sollen die Voraussetzungen und die algebraische Ableitung der Michaelis-Menten-Gleichung in einer modernen Version dargestellt werden. Die Ableitung beginnt zunächst mit den beiden grundlegenden Reaktionen, welche die Bildung und die Aufspaltung des Enzym-Substrat-Komplexes darstellen:

$$E + S \underset{k_{-1}}{\overset{k_1}{\rightleftharpoons}} ES \qquad (a)$$

$$ES \underset{k_{-2}}{\overset{k_2}{\rightleftharpoons}} E + P \qquad (b)$$

Weiterhin soll $[E_t]$ die Konzentration des gesamten Enzyms darstellen (die Summe von freiem und gebundenem Enzym), [ES] ist die Konzentration des Enzym-Substrat-Komplexes, und $[E_t] - [ES]$ die Konzentration des freien oder nicht gebundenen Enzyms. Die Substratkonzentration [S] ist normalerweise sehr viel größer als $[E_t]$, so daß die an E gebundene Menge S gegenüber der Gesamtmenge von S zu vernachlässigen ist. Die mathematische Ableitung beginnt mit Überlegungen über die Geschwindigkeit, mit der ES gebildet und wieder gespalten wird.

1. *Die Bildungsgeschwindigkeit von ES*. Die Geschwindigkeit der Bildung von ES in der Reaktion (a) beträgt:

$$\text{Bildungsgeschwindigkeit} = k_1([E_t] - [ES])[S] \quad (c)$$

wobei k_1 die Geschwindigkeitskonstante der Reaktion (a) ist. Die Geschwindigkeit der Bildung von ES aus E + P durch Umkehrung der Reaktion (b) ist sehr klein und kann darum vernachlässigt werden.

2. *Die Spaltungsgeschwindigkeit von ES*. Die Geschwindigkeit der Spaltung von ES beträgt:

$$\text{Spaltungsgeschwindigkeit} = k_{-1}[ES] + k_2[ES]$$

wobei k_{-1} und k_2 die Geschwindigkeitskonstanten der Rückreaktion von (a) und der Hinreaktion von (b) sind.

3. *Das Fließgleichgewicht (steady state)*. Wenn die Bildungsgeschwindigkeit von ES seiner Spaltungsgeschwindigkeit gleichkommt, bleibt die ES-Konzentration konstant, und das Reaktionssystem befindet sich im Fließgleichgewicht:

$$k_1([E_t] - [ES])[S] = k_{-1}[ES] + k_2[ES] \qquad (d)$$

4. *Umformung der Gleichung*. Wenn wir die linke Seite der Gleichung (d) ausmultiplizieren, erhalten wir

$$k_1[E_t][S] - k_1[ES][S]$$

Wenn die rechte Seite zu $(k_{-1} + k_2) \times [ES]$ vereinfacht wird, erhalten wir

$$k_1[E_t][S] - k_1[ES][S] = (k_{-1} + k_2)[ES]$$

Durch weitere Umformung erhalten wir

$$k_1[E_t][S] = k_1[ES][S] + (k_{-1} + k_2)[ES]$$

---

von K_m kann z. B. nach Abb. 9-4 graphisch ermittelt werden. Es ist jedoch schwierig, V_{max} aus dieser Abb. zu bestimmen. Ein genauerer Wert von K_m kann aus einer anderen graphischen Darstellung, der *doppeltreziproken Darstellung*, erhalten werden. Ein solches Diagramm basiert auf einer algebraischen Umwandlung der Michaelis-Menten-Gleichung, die im Kasten 9-2 beschrieben ist.

Tab. 9-4 enthält die K_m-Werte einiger Enzyme. Wir sehen, daß manche Enzyme – z. B. Carbonat-Dehydratase und Catalase – relativ hohe Substratkonzentrationen benötigen, um die Hälfte der maximalen Reaktionsgeschwindigkeiten zu erreichen. Andere Enzyme, wie die Hexokinase aus Gehirn, die den Transfer einer Phosphatgruppe von ATP auf die Glucose katalysiert, erreichen diese bereits

und
$$k_1[E_t][S] = (k_1[S] + k_{-1} + k_2)[ES]$$

Nun können wir die Gleichung nach [ES] auflösen

$$[ES] = \frac{k_1[E_t][S]}{k_1[S] + k_{-1} + k_2}$$

Diese Gleichung kann weiter dadurch vereinfacht werden, daß die Geschwindigkeitskonstanten zu *einem* Ausdruck vereinigt werden.

$$[ES] = \frac{[E_t][S]}{[S] + (k_2 + k_{-1})/k_1} \quad (e)$$

5. *Definition der Anfangsgeschwindigkeit v_0 als Funktion von [ES]*. Die Anfangsgeschwindigkeit ist entsprechend der Michaelis-Menten-Theorie durch die Spaltungsgeschwindigkeit von [ES] in der Reaktion (b) bestimmt, deren Geschwindigkeitskonstante k_2 ist. Wir haben also

$$v_0 = k_2[ES]$$

Da jedoch [ES] gleichbedeutend ist mit der gesamten rechten Seite der Gleichung (e), erhalten wir

$$v_0 = \frac{k_2[E_t][S]}{[S] + (k_2 + k_{-1})/k_1} \quad (f)$$

Wir wollen diesen Ausdruck weiter vereinfachen, indem wir $(k_2 + k_{-1})/k_1$ durch K_m (die Michaelis-Konstante) ersetzen und indem wir $k_2[E_t]$ als V_{max} definieren, das ist die Reaktionsgeschwindigkeit, wenn das gesamte verfügbare Enzym [E] als [ES] vorliegt. Wenn wir diese Ausdrücke in die Gleichung (f) einsetzen, erhalten wir

$$v_0 = \frac{V_{max}[S]}{[S] + K_m}$$

Dies ist die Michaelis-Menten-Gleichung, die *Geschwindigkeitsgleichung* für eine enzymkatalysierte Reaktion mit nur *einem* Substrat. Sie gibt die quantitative Beziehung zwischen der Anfangsgeschwindigkeit v_0, der Maximalgeschwindigkeit V_{max} und der Anfangskonzentration des Substrats wieder, alles Größen, die über die Michaelis-Konstante K_m miteinander in Beziehung stehen.

Eine wichtige Beziehung kann aus der Michaelis-Menten-Gleichung für den speziellen Fall abgeleitet werden, in dem die Anfangsgeschwindigkeit genau der halben Maximalgeschwindigkeit entspricht, d. h. wenn v_0 gleich $\frac{1}{2}V_{max}$ ist (Abb. 9-4). Dann wird

$$\frac{V_{max}}{2} = \frac{V_{max}[S]}{K_m + [S]}$$

wenn wir durch V_{max} teilen, erhalten wir

$$\frac{1}{2} = \frac{[S]}{K_m + [S]}$$

und wenn wir nun nach K_m auflösen,

$$K_m + [S] = 2[S]$$
$$K_m = [S]$$

wenn v_0 genau $\frac{1}{2}V_{max}$ ist.

Die Michaelis-Menten-Gleichung kann algebraisch in entsprechende Gleichungen umgewandelt werden, die für die praktische Bestimmung von K_m und V_{max} besonders gut geeignet sind und für die Analyse von Inhibitor-Wirkungen benutzt werden (Kasten 9-2).

bei sehr niedrigen Substratkonzentrationen. Enzyme, die zwei oder mehr Substrate besitzen – wie Hexokinase oder *Aspartat-Aminotransferase* – können für jedes Substrat einen anderen K_m-Wert besitzen. Aspartat-Aminotransferase katalysiert die reversible Reaktion:

Aspartat + 2-Oxoglutarat $\rightleftharpoons$ Oxalacetat + Glutamat

Wenn ein Enzym, wie *Chymotrypsin*, viele verschiedene Substrate umwandeln kann, die gemeinsame strukturelle Eigenschaften besitzen, kann es sehr unterschiedliche K_m-Werte für die verschiedenen Substrate haben (Tab. 9-4).

Unter intrazellulären Bedingungen sind die Enzyme normalerwei-

Kasten 9-2 Umwandlung der Michaelis-Menten-Gleichung: Die doppeltreziproke Darstellung.

Die Michaelis-Menten-Gleichung

$$v_0 = \frac{V_{max}[S]}{[S] + K_m} \quad (a)$$

kann mathematisch auch in anderer Weise ausgedrückt werden, die für die graphische Darstellung experimenteller Daten besser geeignet ist. Eine besonders nützliche Transformation erhält man, wenn man auf beiden Seiten der Michaelis-Menten-Gleichung (a) die reziproken Werte bildet:

$$\frac{1}{v_0} = \frac{K_m + [S]}{V_{max}[S]}$$

Nach Trennung des Ausdruckes auf der rechten Seite erhält man

$$\frac{1}{v_0} = \frac{K_m}{V_{max}[S]} + \frac{[S]}{V_{max}[S]}$$

oder vereinfacht:

$$\frac{1}{v_0} = \frac{K_m}{V_{max}} \frac{1}{[S]} + \frac{1}{V_{max}} \quad (b)$$

Die Gleichung (b) ist eine Abwandlung der Michaelis-Menten-Gleichung und wird als *Lineweaver-Burk-Gleichung* bezeichnet. Bei Enzymen, die der Michaelis-Menten-Beziehung gehorchen, ergibt die Darstellung $1/v_0$ gegen $1/[S]$ eine Gerade (Abb. 1). Diese Gerade hat eine Steigung von K_m/V_{max}, und sie schneidet die $1/v_0$-Achse bei $1/V_{max}$ und die $1/[S]$-Achse bei $-1/K_m$. Die *doppeltreziproke* oder *Lineweaver-Burk-Darstellung* hat den großen Vorteil, daß V_{max} sehr viel genauer bestimmt werden kann, als dies an Hand einer einfachen graphischen Darstellung von v_0 gegen [S] möglich ist (s. Abb. 2).

Es wurden noch andere Umformungen der Michaelis-Menten-Gleichung durchgeführt und benutzt. Jede dieser Umformungen hat bestimmte Vorteile, wenn man enzymkinetische Daten analysieren möchte.

Die doppeltreziproke Darstellung von enzymkinetischen Daten ist auch sehr gut brauchbar, wenn man eine Enzymhemmung analysieren möchte (s. Kasten 9-3).

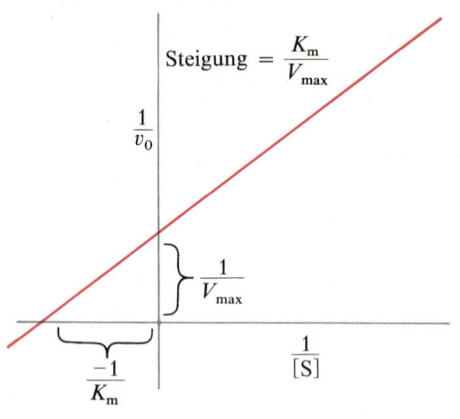

Abbildung 1

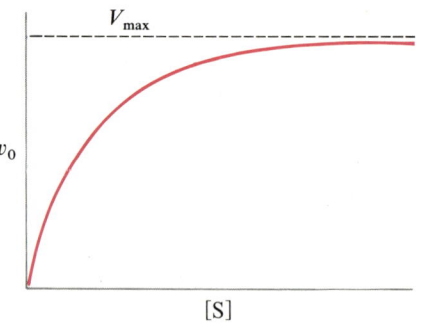

Abbildung 2

se nicht mit ihren Substraten gesättigt; sie arbeiten somit gewöhnlich nicht mit „Höchstgeschwindigkeit". Die Geschwindigkeit enzymatischer Reaktionen in den Zellen kann darum durch Veränderungen der intrazellulären Substratkonzentrationen reguliert werden.

Viele Enzyme katalysieren Reaktionen, an denen zwei Substrate teilnehmen

Wir haben gesehen, wie die Substratkonzentration die Geschwindigkeit einfacher Enzymreaktionen beeinflußt, an denen nur ein Substrat beteiligt ist, d. h. bei Reaktionen der Art A → P. An vielen enzymatischen Reaktionen des Stoffwechsels sind jedoch zwei, (manch-

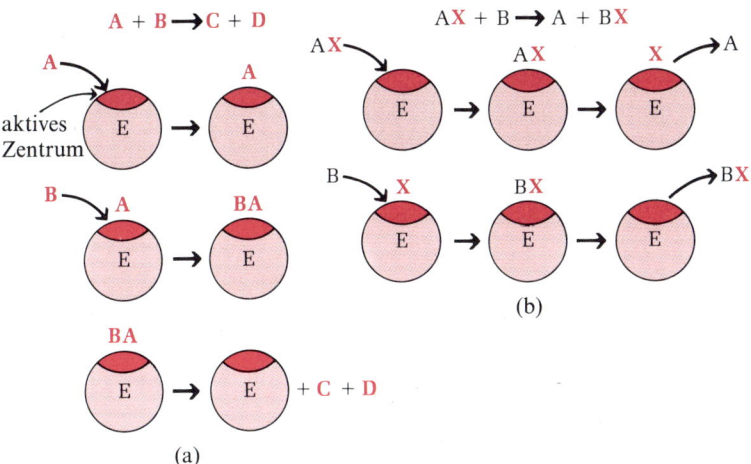

Abbildung 9-5
Schematische Darstellung zweier Klassen von Bisubstrat-Reaktionen.
(a) Einzel-Verdrängungsreaktion. In einigen Einzel-Verdrängungsreaktionen, können sich die Substrate A und B mit dem Enzym in beliebiger Reihenfolge verbinden; in anderen ist diese Reihenfolge festgelegt.
(b) Doppel-Verdrängungs- (Pingpong-) -Reaktion. Das erste Substrat AX gibt die Gruppe X an das Enzym ab. A muß dann wieder abgelöst werden, bevor Substrat B, der Akzeptor von X, gebunden wird.

mal sogar drei) verschiedene Substratmoleküle beteiligt, die sich an das Enzym binden. Bei der durch die Hexokinase katalysierten Reaktion sind z. B. ATP und Glucose die Substratmoleküle und ADP und Glucose-6-phosphat die Produkte.

ATP + Glucose → ADP + Glucose-6-phosphat

Auch die Geschwindigkeiten solcher *Bi-Substrat-Reaktionen* können durch den Michaelis-Menten-Ansatz analysiert werden. Wir haben bereits gesehen, daß die Hexokinase für jedes seiner beiden Substrate einen charakteristischen K_m-Wert besitzt (Tab. 9-4).

Enzymatische Reaktionen, an denen zwei oder mehr Substrate teilnehmen, schließen die Übertragung eines Atoms oder einer funktionellen Gruppe von dem einen zum anderen Substrat ein. Derartige Reaktionen verlaufen auf zwei verschiedenen Wegen (Abb. 9-5): Bei der ersten Klasse, den sogenannten *Einzel-Verdrängungsreaktionen* werden die beiden Substrate A und B und das Enzym E entweder in festgelegter oder willkürlicher Reihenfolge unter Bildung eines EAB-Komplexes gebunden, der dann weiter reagiert und die Produkte C und D ergibt. In der anderen Klasse der Bi-Substrat-Reaktionen, den sogenannten *Doppel-Verdrängungs-* oder *Pingpong-Reaktionen*, kann zu einem gegebenen Zeitpunkt nur eines der beiden Substrate an das katalytische Zentrum gebunden werden. Dieses zuerst gebundene Substrat überträgt dann seine funktionelle Gruppe auf das Enzymmolekül. Erst nachdem das Produkt des ersten Substrates freigesetzt ist, kann das zweite Substrat an das Enzym gebunden werden und die funktionelle Gruppe übernehmen.

Enzyme besitzen ein pH-Optimum

Enzyme besitzen ein charakteristisches *pH-Optimum*, an dem ihre Aktivität ein Maximum erreicht (Abb. 9-6 und Tab. 9-5). Das pH-

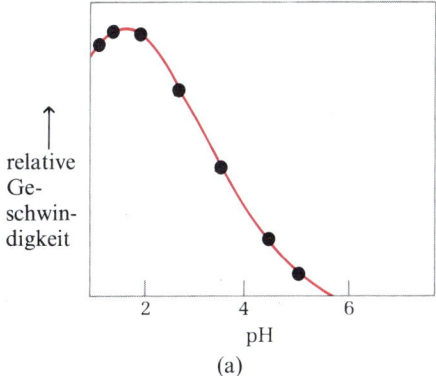

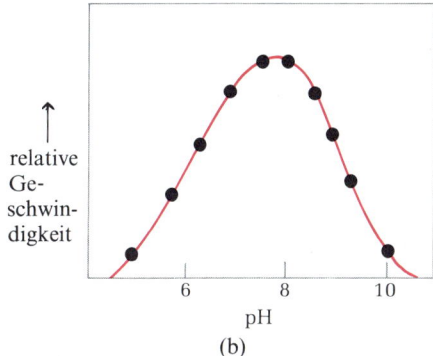

Abbildung 9-6
pH-Aktivitätsprofile zweier Enzyme. Derartige Kurven werden auf Grund von Messungen der Anfangsgeschwindigkeiten erstellt, wenn die Reaktion in Puffern unterschiedlicher pH-Werte durchgeführt wird.
(a) Das pH-Aktivitätsprofil von Pepsin, das bestimmte Peptidbindungen der Proteine während der Verdauung im Magen hydrolysiert. Der pH-Wert des Magensaftes liegt zwischen 1 und 2.
(b) Das pH-Aktivitätsprofil von Glucose-6-phosphatase aus Leberzellen, die für die Freisetzung von Glucose in das Blut verantwortlich ist. Der normale pH-Wert des Cytosols der Leberzellen liegt bei etwa 7.2.

Aktivitätsprofil von Enzymen zeigt den pH-Wert, bei dem wichtige protonenabgebende oder -aufnehmende Gruppen am katalytischen Zentrum des Enzyms sich im geeigneten Ionisationszustand befinden. Das pH-Optimum eines Enzyms ist nicht unbedingt mit dem pH-Wert seiner normalen Umgebung identisch, der etwas über oder unter dem pH-Optimum liegen kann. In einem gewissen Umfang kann die katalytische Aktivität von Enzymen in den Zellen durch Veränderungen des pH-Wertes im umgebenden Medium reguliert werden.

Tabelle 9-5 pH-Optimum einiger Enzyme.

Enzym	pH-Optimum
Pepsin	1.5
Trypsin	7.7
Catalase	7.6
Arginase	9.7
Fumarase	7.8
Ribonuclease	7.8

Enzyme können quantitativ bestimmt werden

Die Menge eines Enzyms in einer Lösung oder einem Gewebeextrakt kann auf Grund seiner katalytischen Wirkung quantitativ bestimmt werden. Dafür muß bekannt sein: 1. die Gleichung der katalysierten Reaktion, 2. ein analytisches Verfahren, um entweder die Abnahme des Substrates oder die Zunahme des Reaktionsproduktes bestimmen zu können, 3. ob das Enzym Cofaktoren braucht, wie Metallio-

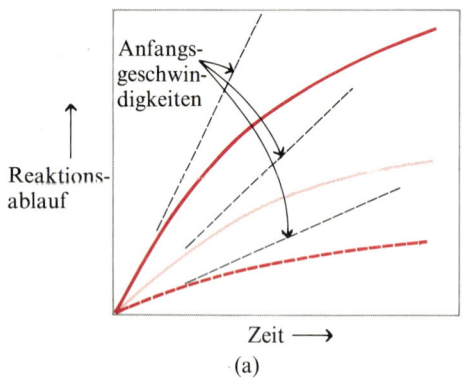

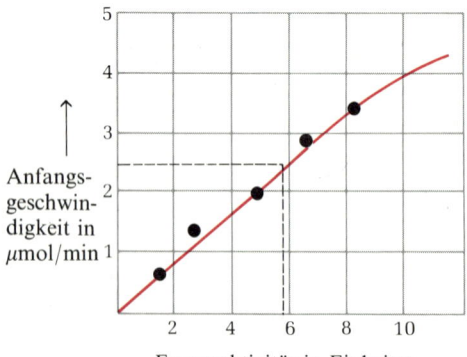

Abbildung 9-7
Quantitative Analyse der Enzymaktivität. Sie wird in 3 Schritten durchgeführt: (1) Bestimmung von K_m (Abb. 9-4 und Kasten 9-2), (2) Messung der Anfangsgeschwindigkeiten bei verschiedenen Konzentrationen des Enzyms wie in (a) mit einer Substratkonzentration nahe der Sättigung, z. B. bei $10 \times K_m$, und (3) graphische Darstellung der Anfangsgeschwindigkeiten gegen die Enzymkonzentration, wie in (b). Der lineare Teil der Kurve kann zur Bestimmung der Anzahl von Enzymeinheiten in einer unbekannten Probe benutzt werden. In dem abgebildeten Beispiel enthält die unbekannte Probe, die zu einer Anfangsgeschwindigkeit von 2.5 μmol/min führt, 5.8 Enzymeinheiten.

nen oder Coenzyme, 4. die Abhängigkeit der Enzymaktivität von der Substratkonzentration (d. h. der K_m-Wert für das Substrat muß bekannt sein), 5. das pH-Optimum und 6. der Temperaturbereich, in dem das Enzym einerseits stabil und andererseits hoch aktiv ist. Für gewöhnlich erfolgt die Bestimmung von Enzymen bei ihrem pH-Optimum, bei einer vereinbarten Temperatur – meist zwischen 25 °C und 38 °C –, und bei nahezu gesättigten Substratkonzentrationen. Unter solchen Bedingungen ist die Anfangsgeschwindigkeit im allgemeinen proportional zur Enzymkonzentration, zumindestens in einem bestimmten Bereich (Abb. 9-7).

Nach internationaler Übereinkunft von 1961 wurde die Einheit der Enzymaktivität (*Unit*; Symbol: U) definiert als die Menge des Enzyms, die bei Standardbedingungen die Umwandlung von 1 Mikromol (1 µmol = 10^{-6} mol) Substrat pro Minute katalysiert. Seit 1972 wird jedoch die Verwendung des *Katal* (Symbol Kat) empfohlen, das auf den SI-Grundeinheiten basiert. Ein Katal ist die Menge eines Enzyms, das die Umwandlung von 1 mol Substrat pro Sekunde bewirkt. Da das Katal eine sehr große Einheit darstellt, gibt man für praktische Zwecke die Aktivität in Mikro-, Nano- oder Picokatal (µkat, nkat, pkat) an.

Als spezifische Aktivität bezeichnet man die Aktivität in U pro Milligramm Protein, bzw. von Katal pro kg Protein. Die spezifische Aktivität ist ein Maß für die Reinheit eines Enzyms. Sie steigt von Reinigungsschritt zu Reinigungsschritt und erreicht einen maximalen, konstanten Wert, wenn das Enzym rein vorliegt. Die *Wechselzahl* (engl.: *turnover number*) eines Enzyms gibt die Anzahl der Substratmoleküle an, die pro Zeiteinheit von einem Enzymmolekül (oder von einem einzelnen katalytischen Zentrum) umgesetzt werden, wenn die Enzymkonzentration geschwindigkeitsbestimmend ist (Tab. 9-6). Die *Carbonat-Dehydratase*, die als ein wichtiges Enzym in hoher Konzentration in roten Blutkörperchen vorkommt, gehört zu den aktivsten Enzymen: Sie besitzt eine Wechselzahl von 36 000 000 pro Minute. Dieses Enzym katalysiert die reversible Hydratisierung von gelöstem Kohlenstoffdioxid zu Kohlensäure, einer spontan nur langsam ablaufenden Reaktion:

$$CO_2 + H_2O \rightleftharpoons H_2CO_3$$

Die Hydratisierung von CO_2 in Erythrozyten ist ein wichtiger Teilschritt beim Transport von CO_2 aus den Geweben, in denen es gebildet wird, zur Lunge, wo es freigesetzt und ausgeatmet wird (S. 95; Kapitel 24).

Tabelle 9-6 Wechselzahlen einiger Enzyme (Anzahl der umgesetzten Substratmoleküle pro Minute bei 20–38 °C).

Carbonat-Dehydratase	36 000 000
β-Amylase	1 100 000
β-Galactosidase	12 500
Phosphoglucomutase	1 240

Enzyme sind für ihre Substrate spezifisch

Einige Enzyme besitzen nahezu vollkommene Spezialität für ein bestimmtes Substrat und greifen nicht einmal Moleküle an, die diesem

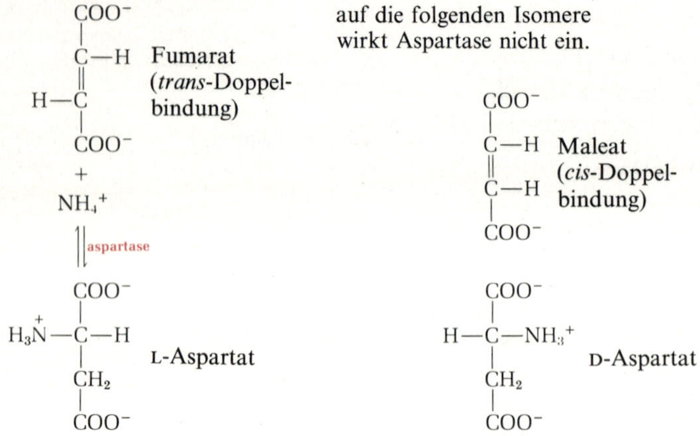

```
         COO⁻                auf die folgenden Isomere
          |                  wirkt Aspartase nicht ein.
         C—H   Fumarat
         ‖    (trans-Doppel-
    H—C        bindung)
         |                          COO⁻
         COO⁻                        |
          +                         C—H     Maleat
         NH₄⁺                        ‖     (cis-Doppel-
                                    C—H     bindung)
         ⇅ aspartase                 |
                                    COO⁻
         COO⁻                        COO⁻
          |                           |
    H₃N⁺—C—H   L-Aspartat     H—C—NH₃⁺      D-Aspartat
          |                           |
         CH₂                         CH₂
          |                           |
         COO⁻                        COO⁻
```

Abbildung 9-8
Die Aspartase-Reaktion und ihre Substrat-Spezifität. Aspartase ist absolut spezifisch für Fumarat in der Hinreaktion und für L-Aspartat in der Rückreaktion. Es greift weder Maleat, das *cis*-Isomere des Fumarats, noch D-Aspartat an.

sehr ähnlich sind. Ein gutes Beispiel hierfür ist das Enzym *Aspartase*, das in vielen Pflanzen und Bakterien gefunden wird. Es katalysiert die reversible Anlagerung von Ammoniak an die Doppelbindung der Fumarsäure unter Bildung von L-Aspartat (Abb. 9-8), jedoch nicht die Anlagerung von Ammoniak an irgendeine andere ungesättigte Säure. Aspartase zeigt außerdem eine ausgeprägte optische und geometrische Spezifität. So wirkt sie weder auf D-Aspartat, noch lagert sie Ammoniak an Maleat, das *cis*-Isomere des Fumarats, an.

Andererseits gibt es auch Enzyme, die eine relativ geringe Spezifität besitzen und mit vielen Verbindungen reagieren, die ein gemeinsames strukturelles Merkmal besitzen. Chymotrypsin zum Beispiel katalysiert die Hydrolyse vieler verschiedener Peptide oder Polypeptide; doch spaltet es nur Peptidbindungen, in denen die Carbonylgruppe von Phenylalanin, Tyrosin oder Tryptophan an der Bindung teilnimmt (S. 146). Ein etwas anderes Beispiel ist die Phosphatase des Darms, welche die Hydrolyse vieler verschiedener Phosphorsäureester katalysiert, allerdings mit sehr unterschiedlichen Geschwindigkeiten. Untersuchungen über die Substratspezifität von Enzymen führten zu dem Konzept einer komplementären „Schlüssel-Schloß-Beziehung" zwischen dem Substratmolekül und einem bestimmten Bereich auf der Oberfläche des Enzymmoleküls. Dieser Bereich wird als *aktives* oder *katalytisches Zentrum* bezeichnet, und an diese Stelle wird das Substratmolekül während der katalytischen Reaktion gebunden.

Untersuchungen über die Substratspezifität haben ergeben, daß ein Substratmolekül zwei voneinander abgrenzbare strukturelle Merkmale besitzen muß: (1) eine spezifische chemische Bindung oder Gruppe, die von dem Enzym angegriffen werden kann und (2) normalerweise eine weitere funktionelle Gruppe – eine sogenannte *bindende Gruppe* – die an das Enzym anbindet und das Substratmolekül so ausrichtet, daß die empfindliche und reaktive Bindung in geeigneter Weise zum katalytischen Zentrum des Enzyms lokalisiert wird. Abb. 9-9 zeigt die Substratspezifität des Chymotrypsins, das normalerweise die Peptidbindungen in Proteinen und einfachen Peptiden hydrolysiert, in denen die Carbonylgruppe von Aminosäuren mit aromatischen Ringen gestellt wird, nämlich Tyrosin-, Tryptophan- und Phenylalaninresten. Die Prüfung ergab jedoch, daß Chymotrypsin auch einfache Amide sowie Esterbindungen spalten kann. Die aromatischen R-Gruppen von Tyrosin, Tryptophan und Phenylalanin, für die Chymotrypsin in Polypeptiden spezifisch ist, scheinen außerdem nur als hydrophobe Bindungsgruppen zu dienen. Der Beweis hierfür ist die Tatsache, daß Chymotrypsin auch synthetische Peptide als Substrat annimmt, in denen große hydrophobe Alkylgruppen den Platz des aromatischen Ringes einnehmen.

Solche Untersuchungen über die Substratspezifität – zusammen mit Untersuchungen über Enzymhemmungen – machen es möglich, die Besonderheiten des aktiven Zentrums von Enzymen aufzuzeichnen.

Enzyme können durch chemische Substanzen gehemmt werden

Die meisten Enzyme können durch bestimmte chemische Substanzen „vergiftet" oder gehemmt werden. Durch die Untersuchung von Enzymhemmungen konnten wichtige Informationen über die Substratspezifität der Enzyme, die Besonderheit der funktionellen Gruppen am aktiven Zentrum und über den Mechanismus der katalytischen Aktivität gewonnen werden. Hemmstoffe von Enzymen stellen ebenfalls wertvolle Hilfsmittel bei der Aufklärung von Stoffwechselwegen innerhalb der Zelle dar. Darüber hinaus wirken offenbar einige in der Medizin benutzte Arzneimittel dadurch, daß sie bestimmte Enzyme innerhalb der Gewebe hemmen.

Es gibt zwei Haupttypen von enzymhemmenden Substanzen: *irreversibel* und *reversibel* wirkende. Irreversible Inhibitoren verbinden sich mit der funktionellen Gruppe des Enzymmoleküls, die für die katalytische Aktivität notwendig ist, oder sie zerstören sie. Ein Beispiel eines irreversiblen Inhibitors ist die Verbindung *Diisopropylfluorophosphat* (iPr$_2$P-F, häufig verwendete Abkürzung auch DFP), die das Enzym *Acetylcholinesterase* hemmen kann, das für die Übertragung von Nervenimpulsen wichtig ist. Acetycholinesterase katalysiert die Hydrolyse von *Acetylcholin* (Abb. 9-10), einer Neurotransmitter-Substanz in bestimmten Bereichen des Nervensystems. Acetylcholin wird von einer stimulierten Nervenzelle in die *Synapse*, d. h. den verbindenden Raum mit einer anderen Nervenzelle – freigesetzt. Das in die Synapse freigesetzte Acetylcholin bindet sich an einen entsprechenden Rezeptor der nächsten Nervenzelle, und überträgt so den Nervenimpuls. Bevor ein zweiter Impuls über diese Synapse weitergeleitet werden kann, muß jedoch das nach dem ersten Impuls freigesetzte Acetylcholin von der Acetylcholinesterase hydrolysiert werden. Die Produkte dieser Spaltung – Acetat und Cho-

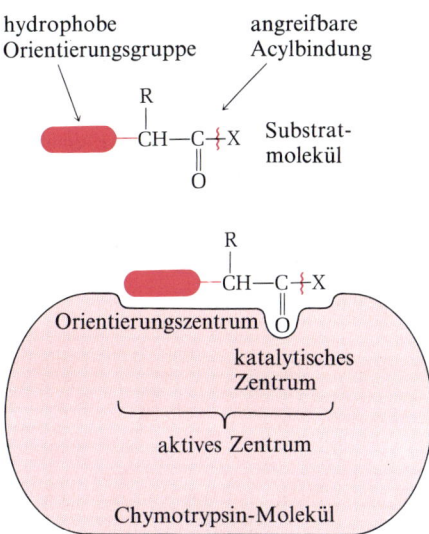

Einige von Chymotrypsin hydrolysierte synthetische Verbindungen. Jede besitzt eine hydrophobe ausrichtende Gruppe und eine angreifbare Acylbindung (beide farbig).

Abbildung 9-9
Substratspezifität von Chymotrypsin. Obwohl Chymotrypsin biologisch als Peptidase fungiert, kann es auch Amide und Ester sowie einige synthetische nicht-biologische Verbindungen hydrolysieren, wenn diese einige entsprechende, für das Enzym empfindliche Bindungen besitzen und eine hydrophobe, das Substrat ausrichtende Gruppe.

246 Teil I Biomoleküle

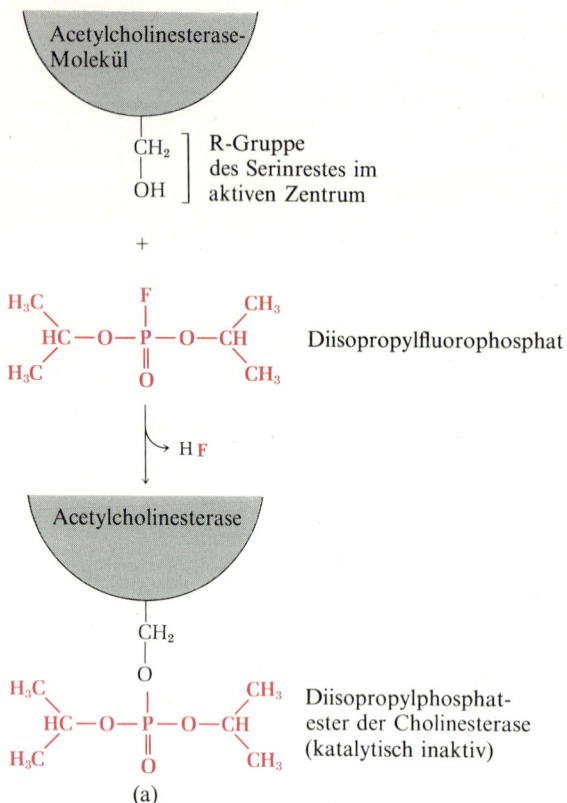

(b)

Abbildung 9-10
Irreversible Hemmung der Acetylcholinesterase durch Diisopropylfluorophosphat.
(a) Reaktion des Diisopropylfluorophosphates mit der essentiellen Serin-Hydroxylgruppe.
(b) Die von der Acetylcholinesterase katalysierte Reaktion.

lin – (Abb. 9-10) besitzen keine Transmitter-Aktivität mehr. Der irreversibel wirkende und sehr reaktive Hemmstoff iPr_2P-F verbindet sich mit der Hydroxylgruppe des essentiellen Serinrestes im katalytischen Zentrum der Acetylcholinesterase. Dadurch entsteht ein katalytisch nicht mehr aktives Zentrum. Ist dieser Komplex einmal gebildet, so kann das Enzymmolekül nicht mehr funktionieren. Mit iPr_2P-F behandelte Tiere sind gelähmt, da die Nervenimpulse nicht mehr richtig übertragen werden können. iPr_2P-F ist eines der ersten entdeckten „Nervengase". Es gibt auch einen nützlichen Aspekt der Entwicklung von iPr_2P-F. Die Weiterentwicklung dieses Alkylphosphates führte zur Herstellung von *Malathion* und anderen Insektiziden, die für Menschen und Tiere relativ ungiftig sind. Malathion selbst ist inaktiv und wird von höheren Tieren zu Produkten abgebaut, die als harmlos angesehen werden. Von Enzymen der Insekten wird Malathion jedoch zu einem aktiven Inhibitor ihrer Acetylcholinesterase umgewandelt.

iPr_2P-F ist als Inhibitor einer ganzen Klasse von Enzymen bekannt, die die Hydrolyse von Peptid- oder Esterbindungen katalysieren können. Zu ihnen gehört nicht nur die *Acetylcholinesterase*, sondern auch *Trypsin, Chymotrypsin, Elastase, Phosphoglucomutase* und *Cocoonase*. Cocoonase ist ein von der Puppe der Seidenraupe sezerniertes Enzym, das die Seidenfasern des Kokons hydrolysiert und dadurch das Schlüpfen der Larve ermöglicht. Alle durch iPr_2P-

F hemmbaren Enzyme besitzen einen Serinrest in ihrem katalytischen Zentrum, der für die Aktivität essentiell ist (Abb. 9-10).

Ein weiterer irreversibler Inhibitor für einige Enzyme ist *Iodacetamid* (Abb. 9-11), das mit der Sulfhydryl(—SH)-Gruppe essentieller Cysteinreste oder mit der Imidazolgruppe essentieller Histidinreste reagieren kann. Mit Hilfe derartiger Hemmstoffe konnte gezeigt werden, daß die Hydroxylgruppe im Serin, die Thiolgruppe im Cystein und die Imidazolgruppe im Histidin bei der katalytischen Aktivität verschiedener Klassen von Enzymen eine entscheidende Rolle spielen.

Es gibt zwei Arten von reversiblen Inhibitoren: kompetitive und nicht-kompetitive

Auch die reversiblen Enzyminhibitoren haben wichtige Informationen über die Struktur der aktiven Zentren verschiedener Enzyme geliefert. *Ein kompetitiver Inhibitor konkurriert mit dem Substrat um die Bindung an das aktive Zentrum, kann jedoch nach erfolgter Anlagerung nicht vom Enzym umgewandelt werden.* Das Charakteristikum einer kompetitiven Hemmung ist die Möglichkeit der Aufhebung des Hemmeffektes einfach durch Erhöhung der Substratkonzentration. Ist zum Beispiel ein Enzym bei einer gegebenen Konzentration des Substrates und des kompetitiven Inhibitors zu 50 % gehemmt, so kann man den Prozentsatz der Hemmung durch Erhöhung der Substratkonzentration vermindern.

Kompetitive Inhibitoren ähneln gewöhnlich in ihrer dreidimensionalen Struktur dem normalen Substrat. Wegen dieser Ähnlichkeit „überlistet" der kompetitve Inhibitor das Enzym bei der Anlagerung. Kompetitive Hemmungen können sogar durch die Michaelis-Menten-Theorie quantitativ beschrieben werden. Der kompetitive Inhibitor I verbindet sich reversibel mit dem Enzym und bildet einen EI-Komplex:

$$E + I \rightleftharpoons EI$$

Der Inhibitor I kann jedoch vom Enzym nicht angegriffen werden, und es entstehen keine neuen Reaktionsprodukte.

Ein klassisches Beispiel für einen solchen Vorgang ist die kompetitive Hemmung der Succinat-Dehydrogenase durch das Malonat-Anion (Abb. 9-12). Succinat-Dehydrogenase gehört zu der Gruppe von Enzymen, die den Citratcyclus katalysieren, d. h. die letzten Stoffwechselschritte beim oxidativen Abbau von Kohlenhydraten und Fetten in den Mitochondrien. Das Enzym katalysiert die Abspaltung zweier Wasserstoffatome von Succinat, eines von jeder der beiden Methylen(—CH_2-)-Gruppen. Succinat-Dehydrogenase wird durch Malonat gehemmt, das dem Succinat ähnelt, da es bei pH = 7 zwei ionisierte Carboxylgruppen besitzt. Es unterscheidet sich vom

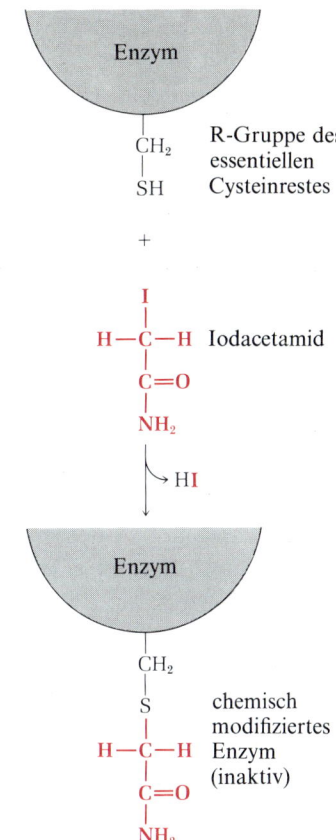

Abbildung 9-11
Irreversible Hemmung eines —SH-Enzyms durch Iodacetamid.

Succinat dadurch, daß es nur drei Kohlenstoffatome enthält. Malonat wird jedoch nicht durch Succinat-Dehydrogenase dehydrogeniert, sondern nur an das aktive Zentrum gebunden und verhindert so die Wirkung auf das normale Substrat. Die Reversibilität der Hemmung ergibt sich aus der Tatsache, daß eine Erhöhung der Succinatkonzentration bei konstanter Malonatkonzentration das Ausmaß der Hemmung vermindert.

Andere Verbindungen mit geeignetem Abstand zwischen den zwei anionischen Gruppen können ebenfalls als kompetitve Hemmstoffe der Succinat-Dehydrogenase wirken. Eine solche Substanz ist z. B. das *Oxalacetat*, ein normales Zwischenprodukt des Citratcyclus (Abb. 9-12). Aus diesen strukturellen Beziehungen hat man geschlossen, daß das katalytische Zentrum der Succinat-Dehydrogenase zwei entsprechend angeordnete positiv geladene Gruppen besitzt, die fähig sind, die beiden negativ geladenen Carboxylatgruppen des Succinat-Anions anzuziehen. Das katalytische Zentrum der Succinat-Dehydrogenase ist daher zu der Struktur ihres Substrates komplementär (Abb. 9-12).

Eine kompetitive Hemmung wird am einfachsten experimentell durch Bestimmung des Einflußes der Inhibitorkonzentration auf die Abhängigkeit der Anfangsreaktionsgeschwindigkeit von der Substratkonzentration erkannt. Die doppeltreziproke Auftragung der Michaelis-Menten-Gleichung (s. Kasten 9-2) ist für die Entscheidung, ob die reversible Enzym-Hemmung kompetitiv oder nichtkompetitiv ist, (Kasten 9-3) besonders geeignet. Doppeltreziproke graphische Darstellungen ergeben auch die Dissoziationskonstante K_i des Enzym-Inhibitor-Komplexes. Für die Dissoziationsreaktion

$$EI \rightleftharpoons E + I$$

ist die Dissoziationskonstante

$$K_I = \frac{[E][I]}{[EI]}$$

Nicht-kompetitive Hemmungen sind ebenfalls reversibel – können aber nicht durch das Substrat rückgängig gemacht werden

Bei einer nicht-kompetitiven Hemmung wird der Inhibitor nicht an das Orientierungszentrum, sondern an eine andere Stelle des Enzyms gebunden. Dadurch wird die Konformation des Enzymmoleküls verändert, und es resultiert eine reversible Unwirksamkeit des katalytischen Zentrums. Nicht-kompetitive Inhibitoren verbinden sich reversibel sowohl mit dem freien Enzym als auch mit dem ES-Komplex. Sie bilden damit die inaktiven Komplexe EI und ESI:

$$E + I \rightleftharpoons EI$$
$$ES + I \rightleftharpoons ESI$$

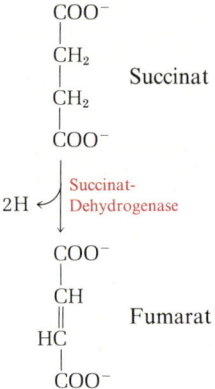

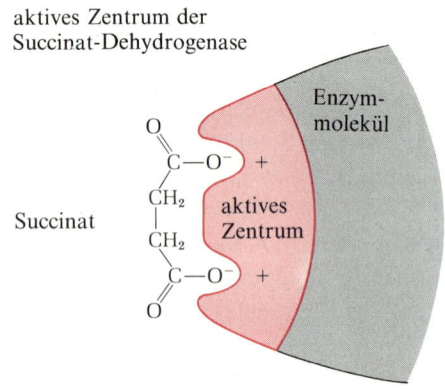

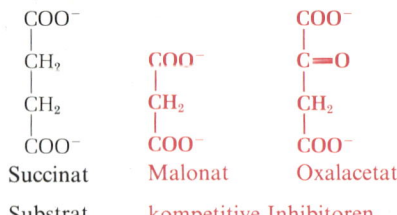

Abbildung 9-12
Die Succinat-Dehydrogenase-Reaktion und ihre kompetitive Hemmung. Beachten Sie, daß die kompetitiven Inhibitoren dem Succinat darin ähneln, daß sie zwei negativ geladene Gruppen besitzen, die so angeordnet sind, daß sie wie das Substrat in das aktive Zentrum passen.

Kasten 9-3 Methoden zur Unterscheidung einer kompetitiven von einer nicht-kompetitiven Hemmung.

Die doppeltreziproke Darstellung enzymkinetischer Daten bietet auch eine einfache Möglichkeit, um festzustellen, ob ein Enzym-Inhibitor kompetitiv oder nicht-kompetitiv wirkt. Bei konstanter Enzymkonzentration wird zunächst die Inhibitorkonzentration konstant gehalten und die Anfangsgeschwindigkeit v_0 bei verschiedenen Substratkonzentrationen untersucht. Die reziproken Reaktionsgeschwindigkeiten $1/v_0$ werden gegen die reziproken Substratkonzentrationen $1/[S]$ aufgetragen. Dann wird eine weitere Reihe von Meßpunkten für eine andere Inhibitorkonzentration erstellt. Die Abb. 1 zeigt eine Serie reziproker Darstellungen, die ohne Inhibitor und mit 2 verschiedenen Konzentrationen eines kompetitiven Inhibitors erhalten wurde. Kompetitive Inhibitoren ergeben unter diesen Bedingungen eine Schar von Geraden mit einem gemeinsamen Schnittpunkt auf der $1/v_0$-Achse, aber mit verschiedenen Steigungen. Daraus, daß der Schnittpunkt mit der $1/v_0$-Achse dem Wert von $1/V_{max}$ entspricht, kann man erkennen, daß V_{max} in Gegenwart eines kompetitiven Inhibitors nicht verändert wird. Das heißt, daß es unabhängig von der Konzentration des kompetitiven Inhibitors, immer eine hohe Substratkonzentration gibt, die den Inhibitor vom aktiven Zentrum des Enzyms verdrängt.

Bei einer nicht-kompetitiven Hemmung erhält man bei der graphischen Darstellung der enzymkinetischen Daten eine Schar von Geraden, wie sie Abb. 2 zeigt. Diese Geraden schneiden sich alle auf der $1/[S]$-Achse. Dies zeigt, daß der K_m-Wert für das Substrat bei einer nicht-kompetitiven Hemmung nicht verändert wird, daß aber V_{max} abnimmt.

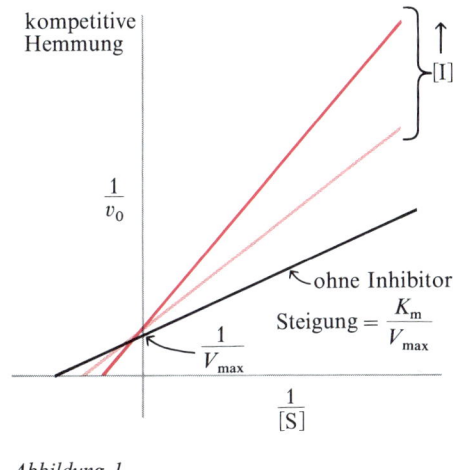

Abbildung 1

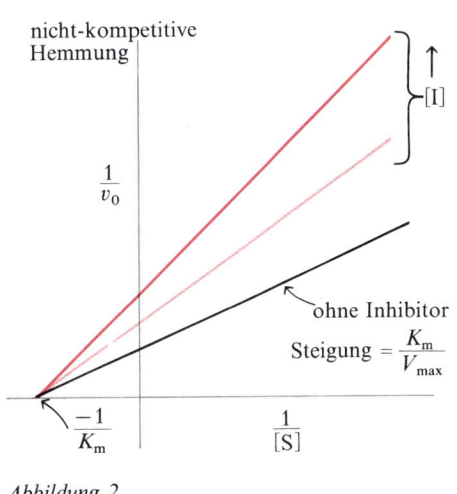

Abbildung 2

Die nicht-kompetitive Hemmung von Enzymen wird im Kasten 9-3 in doppeltreziproker Darstellung mit der kompetitiven Hemmung verglichen.

Die wichtigsten nicht-kompetitiven Inhibitoren sind natürlich vorkommende Intermediärprodukte des Stoffwechsels, die sich mit spezifischen Bindungsstellen bestimmter regulatorischer Enzyme reversibel verbinden und somit die Aktivität der katalytischen Zentren verändern können. Ein Beispiel hierfür ist die Hemmung der L-Threonin-Dehydratase durch L-Isoleucin, die auf S. 259 besprochen wird.

Zur katalytischen Wirksamkeit von Enzymen tragen mehrere Faktoren bei

Enzyme beschleunigen die Geschwindigkeiten der von ihnen katalysierten Reaktionen um einen Faktor zwischen 10^8 und 10^{20}. Urease

Tabelle 9-7 Faktoren, die zur katalytischen Wirksamkeit von Enzymen beitragen.

1. Nähe und Orientierung des Substrates zur katalytischen Gruppe.
2. Verformung und Torsion der zu spaltenden Bindung durch die induzierte Paßform des Enzyms.
3. Allgemeine Säure-Basen-Katalyse
4. Kovalente Katalyse

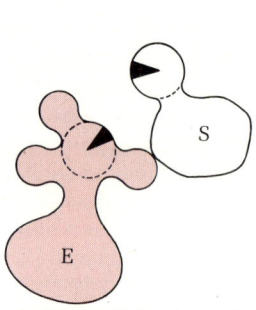
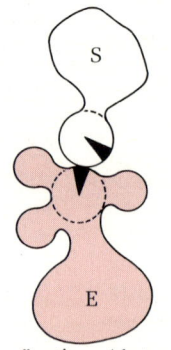
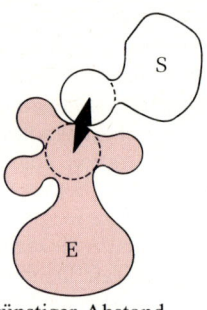

ungünstige Orientierung, ungünstiger Abstand

günstiger Abstand, ungünstige Orientierung

günstiger Abstand, günstige Orientierung

Abbildung 9-13
Schematische Darstellung der Faktoren *Nähe* und *Orientierung* bei der Wechselwirkung des Substratmoleküls S mit einer katalytischen Gruppe am aktiven Zentrum E des Enzyms.

beschleunigt z. B. bei pH = 8 und 20 °C die Geschwindigkeit der Harnstoff-Hydrolyse um den Faktor 10^{14}. Wie können Enzyme solche enormen katalytischen Wirkungen bei so milden Temperatur- und pH-Bedingungen entfalten?

Vier wesentliche Faktoren (Tab. 9-7) scheinen für die Beschleunigung der Geschwindigkeit chemischer Reaktionen durch Enzyme verantwortlich zu sein:

Nähe und Lage des Substrats. Das Enzym kann ein Substratmolekül so binden, daß die empfindliche und reaktive Bindung nicht nur dem katalytischen Zentrum sehr nahe kommt, sondern auch exakt zu ihr hin ausgerichtet ist. So wird die Wahrscheinlichkeit, daß der ES-Komplex in den angeregten und energiereichen Zustand übergeht, stark vergrößert (Abb. 9-13).

Verformung und Torsion: die induzierte Anpassung. Die Bindung des Substrates kann eine Konformationsänderung am Enzymmolekül hervorrufen, welche die Struktur des katalytischen Zentrums einer verformenden Spannung aussetzt und auch das gebundene Substrat verformt. Dies trägt dazu bei, den ES-Komplex in den Übergangszustand zu überführen. Eine derartige Veränderung wird als *induzierte Anpassung* (engl.: induced fit) des Enzyms an das Substrat bezeichnet (Abb. 9-14). Änderungen der Tertiär- oder Quartärstruktur an relativ großen Enzymmolekülen können daher auch mechanische Wechsel- oder „Hebel"-Wirkungen auf das Substrat ausüben. Dieses Konzept könnte erklären, warum Enzyme Proteine, und damit viel größer als die meisten Substratmoleküle sind.

Allgemeine Säure-Basen-Katalyse. Das katalytische Zentrum eines Enzyms kann R-Gruppen spezifischer Aminosäurereste beisteuern, die gute Protonendonatoren oder Protonenakzeptoren sind (Abb. 9-15). Derartige saure oder basische Gruppen sind wirksame Katalysatoren für viele organische Reaktionen in wäßrigen Systemen.

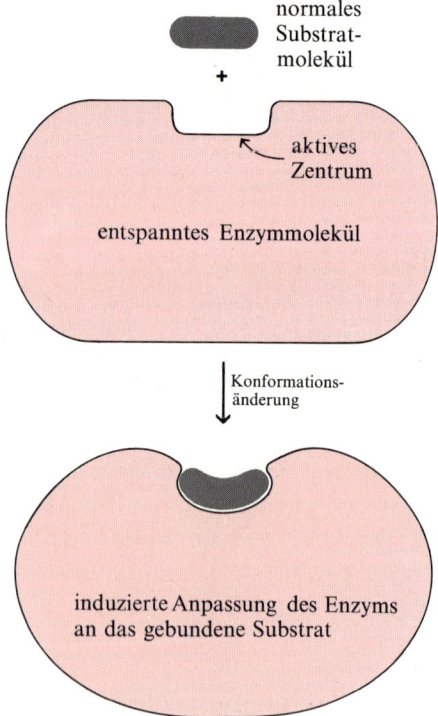

Abbildung 9-14
Induzierte Anpassung des aktiven Zentrums eines Enzyms an den formveränderten Zustand des Substrats.

Kovalente Katalyse. Einige Enzyme reagieren mit ihren Substraten unter Bildung sehr unbeständiger, kovalent gebundener Enzym-Substrat-Komplexe. Aus derartigen Komplexen können in einer weiteren Reaktion die entsprechenden Produkte sehr viel leichter gebildet werden als in einer unkatalytisierten Reaktion (Abb. 9-16).

Obwohl man heute annimmt, daß diese vier Faktoren (Tab. 9-7) bei den verschiedenen Arten von Enzymen in unterschiedlichem Maße zur Reaktionsbeschleunigung beitragen, so besitzen wir doch in keinem Fall eine genaue Kenntnis über den Mechanismus, durch den ein Enzym die Erhöhung der Reaktionsgeschwindigkeit bewerkstelligt.

Mit Hilfe der Röntgenstrukturanalyse wurden wichtige strukturelle Merkmale der Enzyme entdeckt

Wichtige Informationen über die Struktur und den katalytischen Mechanismus der Enzyme konnten durch die Röntgenbeugungsanalyse gewonnen werden (S. 194). Viele in kristalliner Form isolierte Enzyme sind mit dieser Methode untersucht worden, und die Ergebnisse ergänzen die mit chemischen Methoden gewonnenen Informationen. Einige dieser wichtigen Erkenntnisse über Enzyme, die durch die Röntgenstrukturanalyse gewonnen wurden, sind auf den folgenden Seiten in einer „Galerie" von Enzymstrukturen dargestellt (Kasten 9-4).

Erstens kann die Röntgenstrukturanalyse die Sekundär-, Tertiär- und Quartärstrukturen von Enzymmolekülen aufklären, so daß sie mit nicht-katalytischen globulären Proteinen verglichen werden können. Es ist nicht möglich, aus solchen Vergleichen auf eine bestimmte dreidimensionale Konformation von Peptidkette(n) zu schließen, die für alle Enzyme charakteristisch und von der Struktur nicht-katalytischer Proteine verschieden wäre. Enzyme einer bestimmten Enzymklasse – wie z. B. solche, die einen Transfer der Phosphatgruppen vom ATP auf Phosphat-Akzeptormoleküle katalysieren – können jedoch einige gemeinsame strukturelle Merkmale aufweisen.

Zweitens ermöglichte die Röntgenstrukturanalyse die Identifizierung des aktiven Zentrums vieler Enzyme. Häufig besteht dieses Zentrum aus einer Spalte oder einer Tasche im Enzymmolekül, in die das Substratmolekül in komplementärer Weise hineinpaßt. Das Zentrum einiger Enzyme ist mit Schleifen von Polypeptidketten mit β-Konformation ausgekleidet. In anderen Fällen hat das aktive Zentrum die Form einer Tasche und ist mit Aminosäureresten, die geladene polare Gruppen besitzen, ausgekleidet. In einigen Fällen ist es auch gelungen, die Struktur eines Enzym-Substrat-Komplexes mit Hilfe von Röntgenmethoden zu bestimmen. Ein Beispiel dafür ist

einige Protonen abgebende Gruppen

—COOH

—$\overset{+}{N}H_3$

—SH

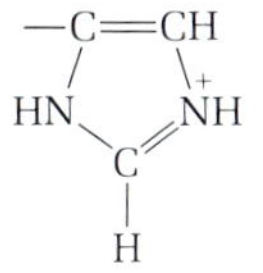

—C=CH
HN $\overset{+}{N}$H
  \ /
   C
   |
   H

einige Protonen aufnehmende Gruppen

—COO$^-$

—NH$_2$

—S$^-$

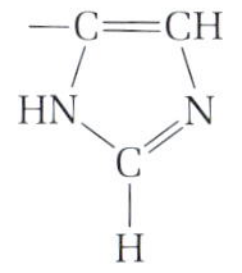

—C=CH
HN   N
  \ /
   C
   |
   H

Abbildung 9-15
Viele organische Reaktionen werden durch Protonendonatoren oder Protonenakzeptoren, d.h. durch Säuren oder Basen, begünstigt. Die aktiven Zentren einiger Enzyme enthalten funktionelle Gruppen von Aminosäureresten (s. Abb.), die am katalytischen Vorgang als Protonendonatoren oder Protonenakzeptoren teilnehmen. Die —SH-Gruppe wird vom Cystein beigesteuert, die Imidazolgruppe vom Histidin.

nicht-katalysierte Reaktion

RX + H$_2$O ⟶ ROH + HX

katalysierte Reaktion

RX + E—OH ⟶ ROH + EX

EX + H$_2$O ⟶ E—OH + HX

Summe: RX + H$_2$O ⟶ ROH + HX

Abbildung 9-16
Ein Modell einer kovalenten Katalyse. Bei einigen enzymatischen Reaktionen verdrängt das Enzym eine funktionelle Gruppe (R) des Substrates (RX) unter Bildung eines kovalenten (EX)-Komplexes, der instabil und schneller hydrolysierbar als (RX) ist. Chymotrypsin ist ein Beispiel (Kasten 9-4 auf Seite 253).

Kasten 9-4 Eine „Galerie" von Enzymstrukturen, wie sie durch die Röntgenstrukturanalyse aufgedeckt wurde.

Viele kristallin dargestellte Enzyme wurden der Röntgenstrukturanalyse unterworfen. Derartige Untersuchungen wurden oft durch chemische Untersuchungen über (1) Die Aminosäuresequenz, (2) die Substratspezifität, (3) die Wirkung spezischer Hemmstoffe, und (4) die Identifizierung spezifischer funktioneller Gruppen im katalytischen Zentrum ergänzt. Repräsentative Vertreter der meisten Hauptklassen von Enzymen (s. Tab. 9-3) wurden untersucht, um eine mögliche Beziehung zwischen der katalytischen Wirkung der Enzyme und ihrer dreidimensionalen Struktur zu erkennen. In dieser „Galerie" sind Zeichnungen wiedergegeben, die verschiedene Charakteristika von Enzymstrukturen zeigen sollen, die aus Röntgenstrukturanalysen kristalliner Enzyme abgeleitet wurden.

A. Der Lysozym-Substrat-Komplex

Obgleich Enzym-Substrat-Komplexe normalerweise sehr schnell gespalten werden, ist es manchmal möglich, ein Substratmolekül chemisch so zu verändern, daß es vom Enzymmolekül angenommen und gebunden, aber nicht von ihm umgesetzt wird. Ein solches Substratmolekül konnte für das Lysozym gefunden werden, das normalerweise bestimmte Bindungen im Grundgerüst bakterieller Polysaccharide hydrolysiert. Abb. 1 stellt die Struktur dar, die für den normalen Enzym-Substrat-Komplex des Lysozyms vorgeschlagen wurde. Sie basiert auf Untersuchungen des Röntgenbeugungsmusters eines Komplexes von kristallinem Lysozym mit einem „falschen", nicht reagierenden Substrat, einem Analogen zum normalen Substrat des Enzyms. Diese Untersuchungen wurden von David C. Phillips und seinen Mitarbeitern an der Oxford University durchgeführt. Die Polypeptidkette einschließlich der R-Gruppen und der H-Atome ist farbig dargestellt. Ein Segment des Substratmoleküls (schwarz wiedergegeben) liegt in einem Kanal oder einer Spalte des Lysozymmoleküls und wird durch Wasserstoffbindungen (farbig dargestellt) zwischen dem Enzym und dem Substrat in der richtigen Position gehalten. Bei dem Substratmolekül handelt es sich um ein Polymer, das alternierende Einheiten von *N*-Acetylglucosamin und *N*-Acetylmuraminsäure (alle in cyclischer Form) enthält, die durch glycosidische Bindungen, mit A bis F bezeichnet, zusammengehalten werden (Kap. 11). Die Stelle, an der das Substratmolekül gespalten wird, ist durch eine gestrichelte Linie gekennzeichnet.

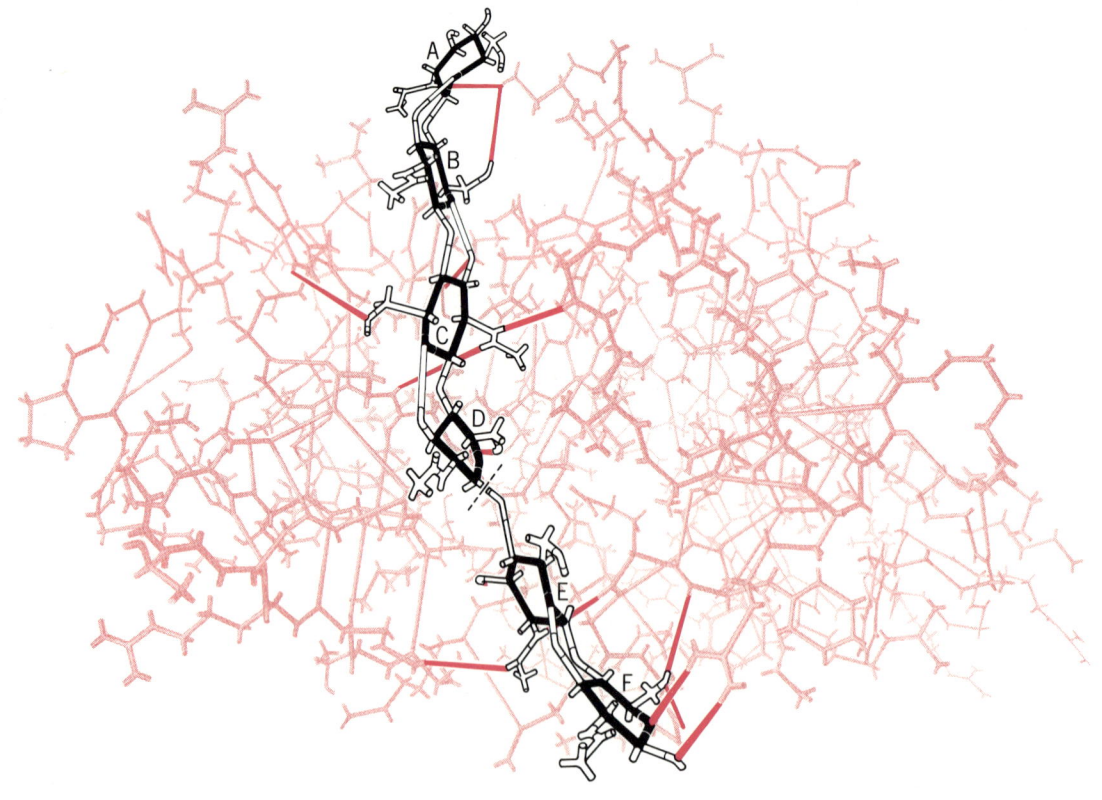

B. Das aktive Zentrum des Chymotrypsins

Chymotrypsin ist ein proteolytisches Enzym, das vom Pankreas sezerniert und in den Dünndarm abgegeben wird, und zwar in Form einer inaktiven Vorstufe (Zymogen), die *Chymotrypsinogen* genannt wird. Chymotrypsinogen, das aus einer einzelnen Polypeptidkette mit 245 Aminosäureresten besteht und fünf Disulfid-Querverbindungen innerhalb der Kette besitzt, wird von Trypsin, einem anderen proteolytischen Enzym im Dünndarm, aktiviert. Trypsin spaltet zwei Dipeptide, die Positionen 14–15 sowie 147–148 aus dem Chymotrypsinogen heraus und bildet so das aktive Chymotrypsin, das nun aus drei Polypeptidketten besteht, die kovalent durch zwei Disulfidbrücken zusammengehalten werden (eine zwischen den Ketten A und B und die andere zwischen den Ketten B und C – wie in Abb. 1 dargestellt). Für seine enzymatische Aktivität benötigt das Chymotrypsin den Histidinrest 57 und den Asparaginsäurerest 102 in der B-Kette sowie den Serinrest in Position 195 der C-Kette. Obgleich diese Aminosäurereste auf der Sequenz sehr weit auseinander liegen und ein Rest sogar auf einer anderen Kette lokalisiert ist als die anderen, liegen diese drei Aminosäurereste in der dreidimensionalen Struktur des Enzymmoleküls sehr eng beieinander. Dies zeigt die Zeichnung des Grundgerüstes des Chymotrypsin-Moleküls (Abb. 2), die von David M. Blow und seinen Mitarbeitern an der University of Cambridge aus Röntgenbeugungsmustern des kristallinen Chymotrypsins abgeleitet wurde. In dieser Zeichnung sind die R-Gruppen nur bei den drei spezifischen Aminosäureresten im aktiven Zentrum wiedergegeben.

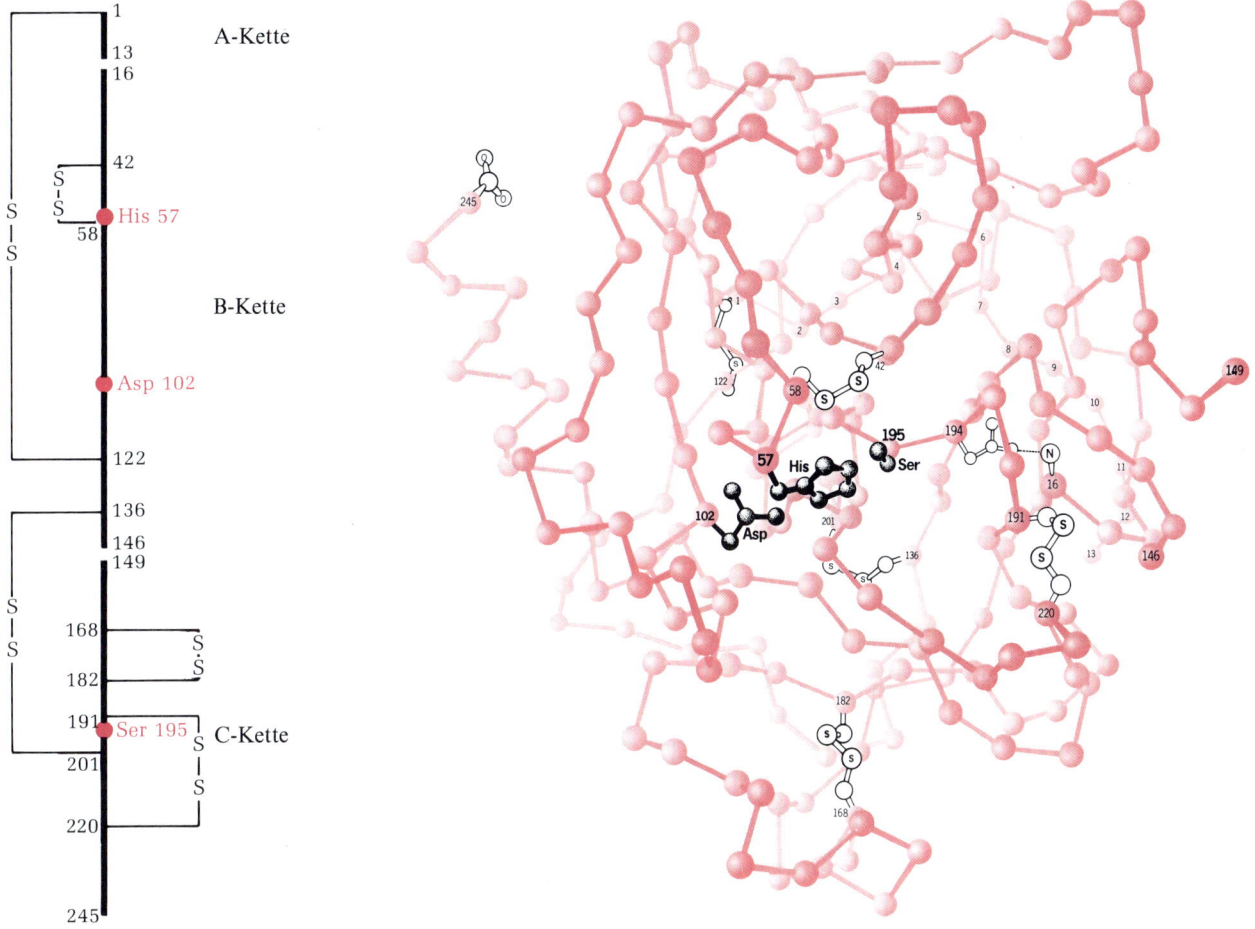

Abbildung 1   Abbildung 2

Kasten 9-4 Fortsetzung

C. Ein möglicher Mechanismus der Hydrolyse spezifischer Peptide durch Chymotrypsin

Die enge Nachbarschaft der Aminosäurereste Histidin 57, Asparaginsäure 102 und Serin 195 im Chymotrypsinmolekül, wie sie aus den Röntgenstrukturanalysen (s. Teil B) abgeleitet wurde, läßt eine Vermutung über den möglichen Mechanismus zu, über den diese Aminosäurereste am katalytischen Cyclus des Chymotrypsins teilnehmen. Man nimmt an, daß das Substratmolekül so an das aktive Zentrum gebunden wird, daß seine hydrophobe Bindungsgruppe (s. S. 245) in eine hydrophobe Tasche des aktiven Zentrums paßt (Abb. 1).

Die zu spaltende Peptidbindung wird auf diese Weise in die Nähe der Hydroxylgruppe des Serinrestes 195 (Abb. 2) gebracht. Es ist bekannt, daß dieser Rest einen kovalenten Komplex mit der Acylgruppe des Substrates ausbildet (s. S. 251). Die Hydroxylgruppe des Serins verliert leicht ihr H-Atom, das unter Bildung einer Wasserstoffbindung vom elektronegativen Stickstoffatom der Imidazolgruppe des Histidins 57 angezogen wird. Über ein kurzlebiges Zwischenprodukt (Abb. 3) wird dann eine kovalente Esterbindung zwischen dem Serin-Sauerstoff und dem Acyl-C-Atom des Substrats gebildet, bei gleichzeitiger Spaltung der Peptidbindung. Das Resultat dieses Vorganges ist, daß das erste Pro-

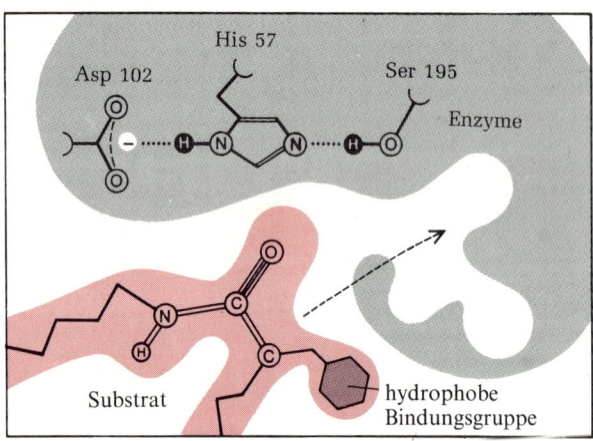

Abbildung 1
Das Substrat diffundiert an das Enzym.

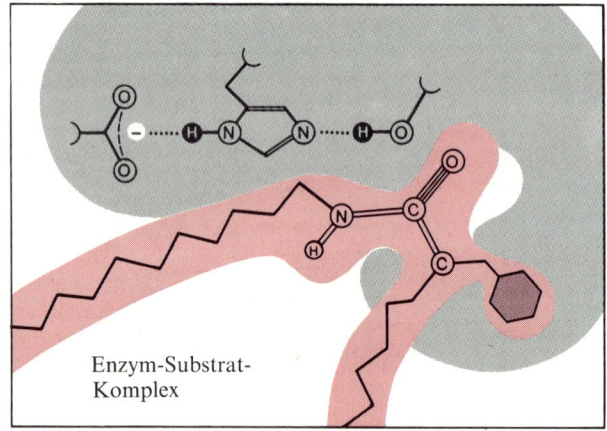

Abbildung 2
Das Substrat bindet sich an das Enzym.

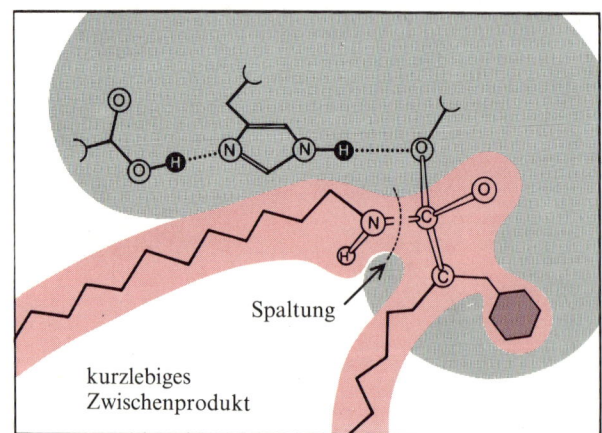

Abbildung 3
Die Substratbindung wird gespalten.

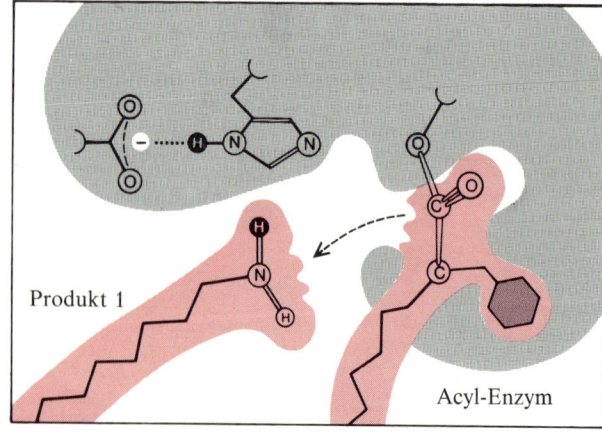

Abbildung 4
Das erste Produkt verläßt das Enzym.

dukt das aktive Zentrum verläßt und die Acylgruppe des Substrats kovalent an das Serin-Hydroxyl des Enzyms gebunden ist. Dieses Zwischenprodukt wird als *Acyl-Enzym* bezeichnet (Abb. 4). Seine Esterbindung, die verglichen mit der ursprünglichen Peptidbindung im Substrat sehr instabil ist, unterliegt dann der weiteren Hydrolyse unter Bildung des zweiten Produktes – nämlich des Carboxylanteils des Substrates – und die Hydroxylgruppe des Serins erhält ihr Wasserstoffatom zurück (Abb. 5 und 6) und kann den Enzym-Produkt-Komplex (Abb. 7) bilden. Das zweite Produkt verläßt das aktive Zentrum. Damit ist der katalytische Cyclus beendet (Abb. 8). Das Acyl-Enzym ist das entscheidende Zwischenprodukt, in diesem Fall einer kovalenten Katalyse. Die Imidazolgruppe des Histidins 57 nimmt an der Protonen-Bewegung durch eine allgemeine Säure-Basen-Katalyse teil.

Es ist behauptet worden, daß die Funktion des Asparaginsäurerestes 102 mit seiner starken negativen Ladung darin liegt, die Imidazolgruppe des Histins 57 zu labilisieren und das Wasserstoffatom des Serins 195 anzuziehen. Es sind jedoch Zweifel angemeldet worden, ob – wegen des Abstandes zwischen Asparaginsäure 102 und Histidin 57 – tatsächlich ein solcher Austausch von Ladungen stattfinden kann. Was immer der Wirkungsmechanismus sein mag, der Asparaginsäurerest 102 ist für die katalytische Aktivität notwendig.

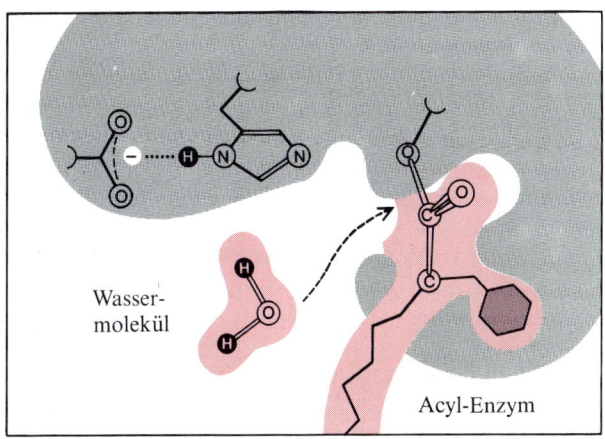

Abbildung 5
Ein Wassermolekül nähert sich dem Komplex.

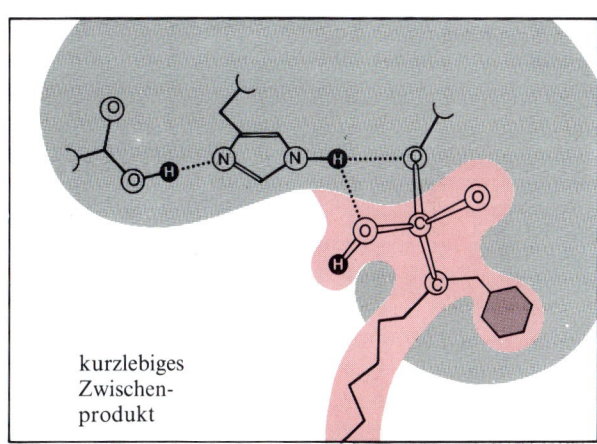

Abbildung 6
Das Wasser reagiert mit dem Acyl-Enzym.

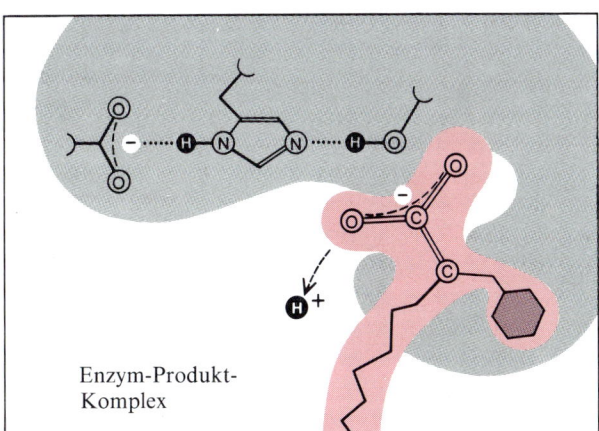

Abbildung 7
Die Acylbindung mit dem Enzym wird gespalten.

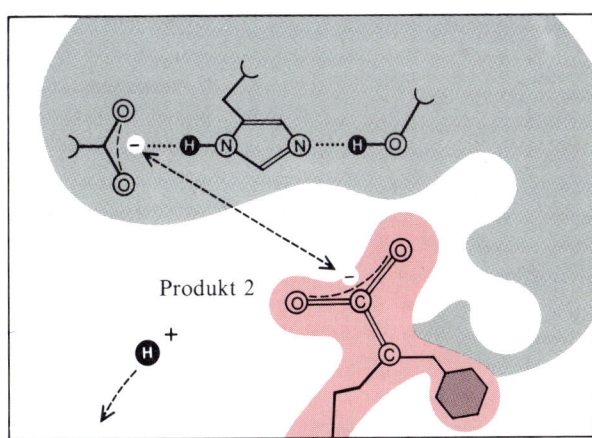

Abbildung 8
Das zweite Produkt verläßt das Enzym.

Kasten 9-4 Fortsetzung

D. „Induzierte Anpassung" des Hexokinasemoleküls an die D-Glucose, eines ihrer Substrate

Die Hexokinase katalysiert die Phosphorylierung von D-Glucose und anderen Hexosen durch ATP:

ATP + D-Glucose → ADP + D-Glucose-6-phosphat

Das Enzym besteht aus zwei Polypeptidketten-Untereinheiten, wie aus der Zeichnung (Abb. 1) zu ersehen ist. In dieser Abbildung ist auch das freie Glucosemolekül (tief-rot) zusammen mit dem „offenen" Hexokinase-Molekül dargestellt. Wenn D-Glucose an das aktive Zentrum des Enzyms gebunden wird (in Abwesenheit des zweiten Substrats ATP), bewegen sich die beiden Untereinheiten aufeinander zu und umschließen das Glucosemolekül in einer Tasche (s. Abb. 2).

Es kommt also zu einer ziemlich ausgeprägten Änderung in der Quartärstruktur der Hexokinase, d. h. bei der Bildung des Hexokinase-Glucose-Komplexes in Abwesenheit von ATP entsteht eine „induzierte Paßform". Dieser Komplex ist stabil genug für eine Gewinnung in kristalliner Form. Dadurch war es möglich, daß Thomas A. Steitz an der Yale University Röntgenuntersuchungen dieser Strukturen durchführen konnte.

Wenn sowohl ATP als auch Glucose anwesend sind, werden sie an ihre spezifischen Zentren gebunden und der katalytische Cyclus läuft dann sehr schnell ab – unter Bildung von ADP und D-Glucose-6-phosphat und deren Freisetzung vom Enzym, das dann wieder seine „leere" Konformation einnimmt und einen weiteren enzymatischen Cyclus beginnen kann.

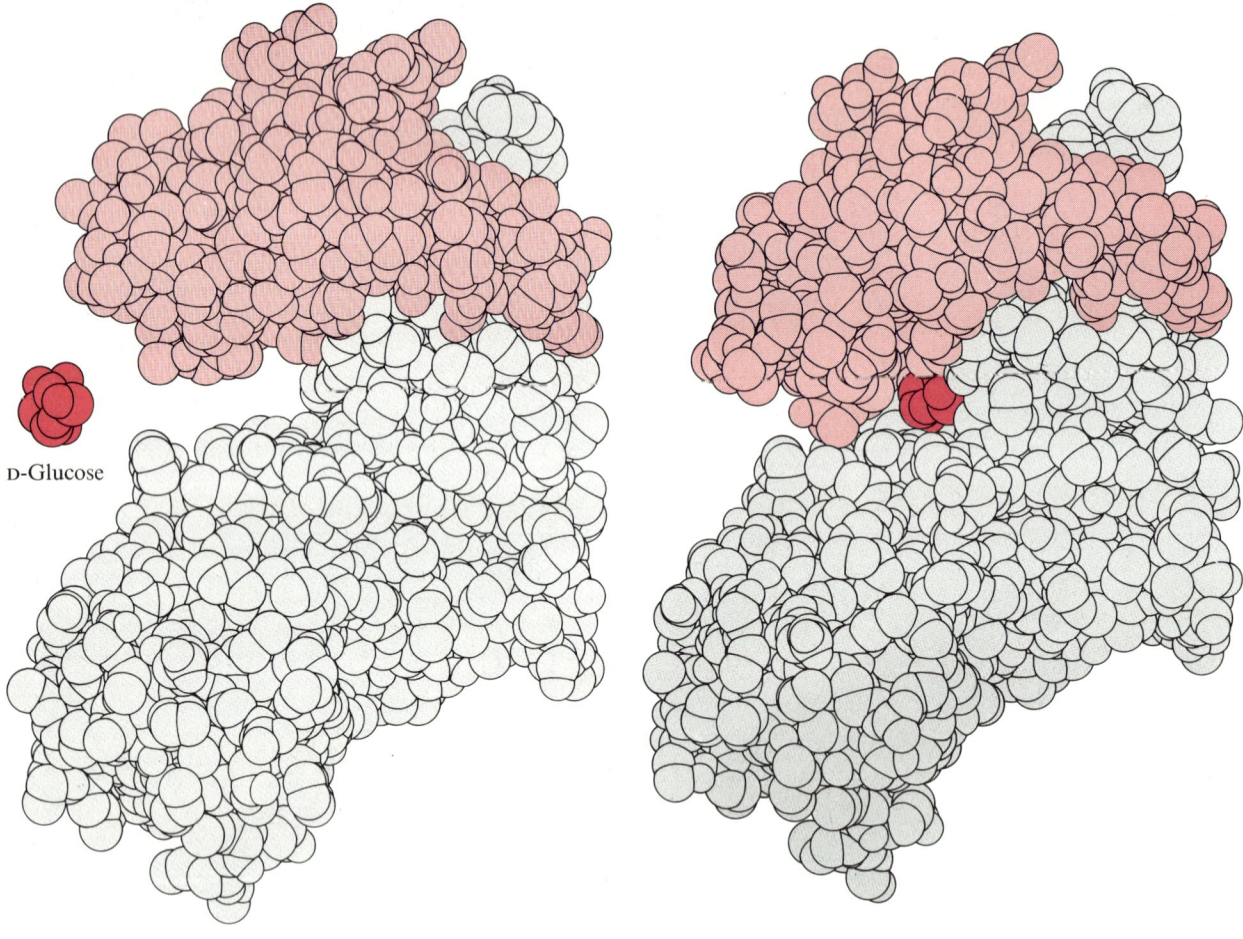

Hexokinase   Hexokinase-Glucose-Komplex

Abbildung 1   *Abbildung 2*

das Enzym *Lysozym* (Kasten 9-4 A), das bestimmte Bindungen im Bausteingerüst eines bakteriellen Polysaccharids spaltet.

Röntgenstrukturanalysen haben zusammen mit chemischen Untersuchungen ein detailliertes Bild des aktiven Zentrums des Chymotrypsins ergeben. Dieses Zentrum besteht aus drei durch Cystin-Querverbindungen zusammengehaltenen Polypeptidketten (Kasten 9-4 B). Chemische Untersuchungen haben gezeigt, daß bei der Inaktivierung von Chymotrypsin durch Diisopropylfluorophosphat ein kovalentes Derivat des Serinrestes in Position 195 der Polypeptidkette gebildet wird, der damit als ein Teil des aktiven katalytischen Zentrums identifiziert ist. Andere chemische Untersuchungen ergaben, daß ein Histidinrest in Position 57 und ein Asparaginsäurerest in Position 102 bei der Katalyse ebenfalls eine Rolle spielen. Obwohl diese Reste auf dem Polypeptid-Grundgerüst sehr weit auseinander liegen und sich einer der Reste sogar auf einer anderen Kette befindet, liegen sie, wie die Röntgenstrukturanalyse zeigt, in der gefalteten dreidimensionalen Struktur des nativen Chymotrypsins sehr nahe beieinander (Kasten 9-4 B). Diese genaue Strukturanalyse ermöglichte es – zusamen mit chemischen Untersuchungen – Vermutungen über den Mechanismus der katalytischen Wirkung des Chymotrypsins anzustellen und solche Mechanismen auszuschließen, die mit der Struktur des aktiven Zentrums nicht in Einklang stehen. Eine solche Hypothese ist im Kasten 9-4 C dargestellt. Obwohl wir noch nicht im Detail wissen, wie Chymotrypsin seine katalytische Wirkung ausübt, verstehen wir seine Wirkungsweise doch besser als die jedes anderen Enzyms.

Noch ein weiterer Aspekt der Enzymwirkung wurde durch Röntgenmethoden aufgeklärt, nämlich das Auftreten von Konformationsänderungen am Enzymmolekül, während es sich an das Substrat bindet und auf dieses einwirkt. Ein hervorragendes Beispiel ist die Hexokinase (S. 233), welche die Phosphorylierung der D-Glucose durch ATP katalysiert. Wie im Kasten 9-4 D dargestellt wird, bewirkt die Bindung des relativ kleinen Glucosemoleküls an das aktive Zentrum der Hexokinase, daß die beiden Polypeptid-Untereinheiten wie die Bügel einer Falle zuschnappen. Dadurch wird das Glucosemolekül eingeschlossen und für den Angriff des ATP-Moleküls vorbereitet. Vermutlich verformt diese induzierte Paßform des Enzyms das Glucosemolekül und läßt es leichter in den angeregten Zustand übergehen.

Multienzymsysteme besitzen einen Schrittmacher oder ein regulierbares Enzym

Im Zell-Stoffwechsel arbeiten Gruppen von Enzymen sequentiell in Ketten oder Systemen zusammen, um einen bestimmten Stoffwechselvorgang auszuführen, wie die Umwandlung von Glucose in

Milchsäure in der Skelettmuskulatur oder die Synthese einer Aminosäure aus einfacheren Vorstufen. In derartigen Enzymsystemen wird das Reaktionsprodukt des ersten Enzyms zum Substrat für das nächste, und so weiter (Abb. 9-17). Multienzymsysteme können bis zu 15 oder mehr Enzyme enthalten, die in einer bestimmten Reihenfolge tätig werden.

In jedem Multienzymsystem existiert mindestens ein Enzym, das als „Schrittmacher", die Geschwindigkeit der Gesamtsequenz festlegt, weil es den langsamsten und damit geschwindigkeitsbestimmenden Teilschritt katalysiert. Schrittmacherenzyme haben nicht nur die übliche katalytische Funktion, sondern besitzen auch die Fähigkeit, ihre katalytische Aktivität auf bestimmte Signale hin zu erhöhen oder zu erniedrigen. Durch die Wirkung derartiger Schrittmacherenzyme wird die Geschwindigkeit jeder Stoffwechselsequenz fortwährend den veränderten Bedürfnissen des Zell-Stoffwechsels hinsichtlich der benötigten Energie und der Menge an Bausteinmolekülen für Zellwachstum und für Reparaturvorgänge angepaßt. In den meisten Multienzymsystemen ist das erste Enzym der Sequenz das Schrittmacherenzym. Die anderen Enzyme der Sequenz, die normalerweise in Mengen vorhanden sind, aus denen sich ein großer Überschuß an katalytischer Aktivität ergibt, folgen einfach dem Schrittmacher. Sie können ihre Reaktion nur mit der Geschwindigkeit ablaufen lassen, in der ihnen das Substrat durch die vorhergehenden Schritte zur Verfügung gestellt wird.

Schrittmacherenzyme, deren Aktivität durch molekulare Signale reguliert werden kann, bezeichnet man als *regulierbare Enzyme*. Es gibt zwei Hauptklassen regulierbarer Enzyme: *allosterische* oder *nicht-kovalent regulierte Enzyme* und *kovalent regulierte Enzyme*.

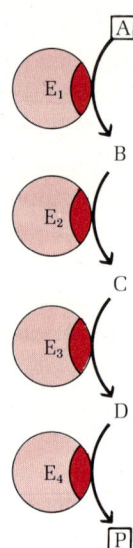

Abbildung 9-17
Schematische Zeichnung eines Multienzymsystems, das die Umwandlung von A zu P in vier aufeinanderfolgenden Schritten bewirkt.

Allosterische Enzyme werden durch die nicht-kovalente Bindung von Modulatormolekülen reguliert

In einigen Multienzymsystemen besitzt das erste, oder regulierbare, Enzym eine besondere Eigenschaft: es wird durch das Endprodukt des Multienzymsystems gehemmt. Immer wenn die Konzentration des Endproduktes einer solchen Stoffwechselkette über die normale Konzentration des Fließgleichgewichtes ansteigt, d.h. wenn das Endprodukt über die Bedürfnisse der Zelle hinaus produziert wird, wirkt es als Inhibitor des ersten – nämlich des regulierbaren – Enzyms dieser Enzymkette. Die gesamte Reaktionsfolge wird dann verlangsamt, bis die Produktionsgeschwindigkeit des Endproduktes wieder im Gleichgewicht mit den Bedürfnissen der Zelle steht. Diese Art der Regulation wird als *Rückkopplungshemmung* (engl.: feedback inhibition) bezeichnet. Ein klassisches Beispiel einer derartigen allosterischen Rückkopplungshemmung – eine der zuerst entdeckten – ist das bakterielle Enzymsystem, das die Umwandlung von L-Threonin zu L-Isoleucin katalysiert (Abb. 9-18). In dieser Sequenz von fünf Enzymen wird das erste – *Threonin-Dehydratase* – durch Isoleucin, das Produkt des letzten Enzyms der Kette, gehemmt. Isoleucin ist als Inhibitor ziemlich spezifisch. Kein anderes Zwischenprodukt in der Reaktionskette hemmt die Threonin-Dehydratase, und kein anderes Enzym der Sequenz wird durch Isoleucin gehemmt. Die „Feedback"-Hemmung stellt nur eine von mehreren Möglichkeiten für eine allosterische Regulation dar.

Die Threonin-Dehydratase-Hemmung durch Isoleucin ist reversibel. Bei Verminderung der Isoleucin-Konzentration steigt die Geschwindigkeit der durch Threonin-Dehydratase katalysierten Reaktion. Das Enzym reagiert sehr schnell und reversibel auf Schwankungen der Isoleucin-Konzentration in der Zelle. Obwohl Isoleucin ein sehr spezifischer Inhibitor für dieses Enzym ist, wird es nicht an das entsprechende Substrat-Zentrum gebunden. Es bindet sich vielmehr an eine andere Stelle des Enzymmoleküls – an das *regulatorische* oder *allosterische Zentrum*. Die Anlagerung von Isoleucin an das regulatorische Zentrum der Threonin-Dehydratase ist nicht-kovalent und daher leicht reversibel. *Threonin-Dehydratase ist ein typischer Vertreter der Klasse allosterischer Enzyme* – d. h. *regulierbarer Enzyme, die durch reversible, nicht-kovalente Bindung eines Modulatormoleküls reguliert werden.* Der Begriff „allosterisch" kommt aus dem Griechischen: *allo* („andere") und *stereos* („Raum" oder „Stelle"). Allosterische Enzyme sind Enzyme mit „anderen, zusätzlichen Bindungsstellen".

Die Eigenschaften allosterischer Enzyme unterscheiden sich stark von denen einfacher nicht-regulierbarer Enzyme, die bereits in diesem Kapitel behandelt wurden. Erstens besitzen allosterische Enzyme – wie alle Enzyme – aktive Zentren, die das Substrat binden und umwandeln. Außerdem haben sie ein oder mehrere *regulatorische* oder *allosterische Zentren* zur Bindung regulierender Metaboliten, die als *Effektoren* oder *Modulatoren* bezeichnet werden (Abb. 9-19). Wie das katalytische Zentrum eines Enzyms für sein Substrat spezifisch ist, so ist das allosterische Zentrum für seinen Modulator spezifisch. Zweitens sind allosterische Enzymmoleküle im allgemeinen größer und komplexer als einfache Enzyme. Die meisten von ihnen besitzen zwei oder mehr Polypeptidketten oder Untereinheiten. Drittens weichen allosterische Enzyme normalerweise in ihrer Kinetik deutlich vom klassischen Michaelis-Menten-Verhalten ab; dies ist eine der Eigenschaften, an denen sie zuerst erkannt wurden.

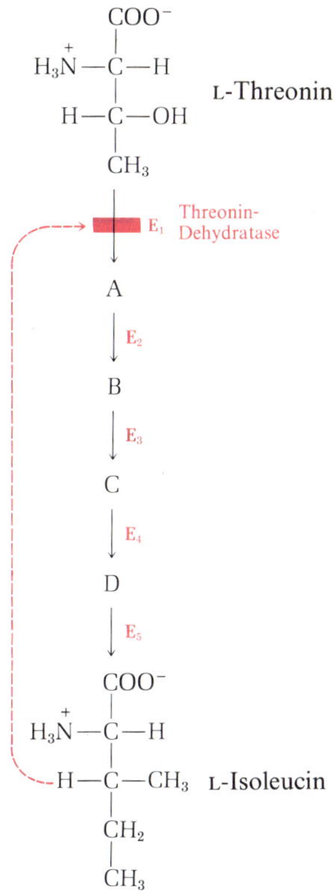

Allosterische Enzyme können durch ihren Modulator gehemmt oder stimuliert werden

Ist das allosterische Zentrum eines spezifischen *Inhibitors* oder *negativen Modulators* besetzt – dies geschieht immer dann, wenn die Mo-

Abbildung 9-18
Rückkopplungs(„feedback")-Hemmung der Umwandlung von L-Threonin in L-Isoleucin, die durch eine Sequenz von fünf Enzymen (E_1 bis E_5) über vier Zwischenstufen A, B, C, und D katalysiert wird. Das erste Enzym, Threonin-Dehydratase (E_1) wird spezifisch durch L-Isoleucin – das Endprodukt der Sequenz – gehemmt, jedoch nicht durch die Zwischenstufen A, B, C, oder D. In der Abbildung ist diese Art von Hemmung durch die gestrichelte „feedback-Linie" sowie einen farbigen Balken dargestellt, der den Reaktionspfeil der Threonin-Dehydratase kreuzt.

Andererseits hat Hämoglobin vier Bindungsstellen, eine an jeder seiner vier Untereinheiten, und diese kooperieren miteinander. Wie bereits erwähnt, verstärkt sich die Affinität der übrigen sauerstoffbindenden Stellen, wenn an eine der Bindungsstellen des Hämoglobins ein Sauerstoffmolekül angelagert wird. Dies führt zu einem steileren Anstieg der Sauerstoffsättigungskurve nach der Bindung des ersten Sauerstoffs und verleiht der Kurve eine S-förmige Form. In ähnlicher Weise besitzt ein *homotropes* allosterisches Enzym (Abb. 9-21 a) mehrere Bindungsstellen für sein Substrat, und auch diese Stellen kooperieren in der Weise, daß die Bindung eines Substratmoleküls die Bindung weiterer Substratmoleküle begünstigt. Dies erklärt den S-förmigen – und nicht hyperbelförmigen – Anstieg der Reaktionsgeschwindigkeit bei Erhöhung der Substratkonzentration.

Für *heterotrope* Enzyme, bei denen der Modulator ein Metabolit, aber nicht das Substrat selber ist, fällt es schwer, Verallgemeinerungen über die Form der Substratsättigungskurve aufzustellen. Sie ist abhängig davon, ob der Modulator positiv (stimulierend) oder negativ (hemmend) wirkt. Ist der Modulator stimulierend, so kann die Substratsättigungskurve annähernd hyperbelförmig verlaufen. Damit verbunden ist eine Abnahme von $K_{0.5}$, aber keine Veränderung von V_{max}, und eine Zunahme der Geschwindigkeit bei konstanter Substratkonzentration (Abb. 9-21 b). Andere allosterische Enzyme reagieren auf stimulierende Modulatoren mit einem Anstieg von V_{max} bei nur geringer Veränderung von $K_{0.5}$ (Abb. 9-21 c). Ist der Modulator negativ oder hemmend, kann die Substratsättigungskurve stärker S-förmig sein, mit einem Anstieg von $K_{0.5}$ (Abb. 9-21 b). Allosterische Enzyme zeigen also verschiedene Verläufe der Substrataktivitätskurven, da einige hemmende, andere stimulierende, und wieder andere beide Arten von Modulatoren besitzen.

Bei allosterischen Enzymen gibt es eine Kommunikation zwischen den Untereinheiten

Allosterische Enzyme und Hämoglobin besitzen noch weitere Ähnlichkeiten: Einmal bestehen allosterische Enzyme, wie auch das Hämoglobin, gewöhnlich aus mehreren Polypeptid-Untereinheiten. Einige allosterische Enzyme besitzen sechs, acht oder sogar ein Dutzend und mehr Untereinheiten. Zweitens besteht bei allosterischen Enzymen offenbar eine Kommunikation zwischen der Bindungsstelle des Modulators und dem katalytischen Zentrum des Substrats, ähnlich wie bei der Bindung eines Sauerstoffmoleküls an eine Untereinheit des Hämoglobins, welches ein Signal an die anderen Untereinheiten auslöst, ihre Sauerstoffaffinität zu erhöhen. Drittens verändern allosterische Enzyme mit der Bindung des Modulatormoleküls ihre Konformation und wechseln somit zwischen relativ inaktiven und relativ aktiven Zuständen hin und her (Abb. 9-19). Auch

Kasten 9-5 Die dreidimensionale Struktur des regulierbaren Enzyms Aspartat-Carbamoyltransferase.

Dieses allosterische, regulierbare Enzym (Abb. 1) enthält zwei katalytische Gruppierungen, von denen jede drei katalytische Polypeptidketten enthält, die zu ihrer tertiären Struktur zusammengefaltet sind. Darüberhinaus existieren drei regulierende Gruppierungen (farbig dargestellt), die beide je zwei regulatorische Polypeptidketten enthalten. Eine der katalytischen Gruppierungen ist stärker umrandet, die andere (schwächer umrandete) liegt darunter. Diese Struktur wurde von William Lipscomb und seinen Mitarbeitern an der Harvard University abgeleitet.* Die Rolle des Enzyms bei der Nucleotidsynthese und seine Regulation werden in Kapitel 22 diskutiert.

* s.a. C. R. Cantor und P. R. Schimmel, Biophysical Chemistry, I, S. 139–144, Freeman, San Francisco, 1980, eine ausgezeichnete Beschreibung.

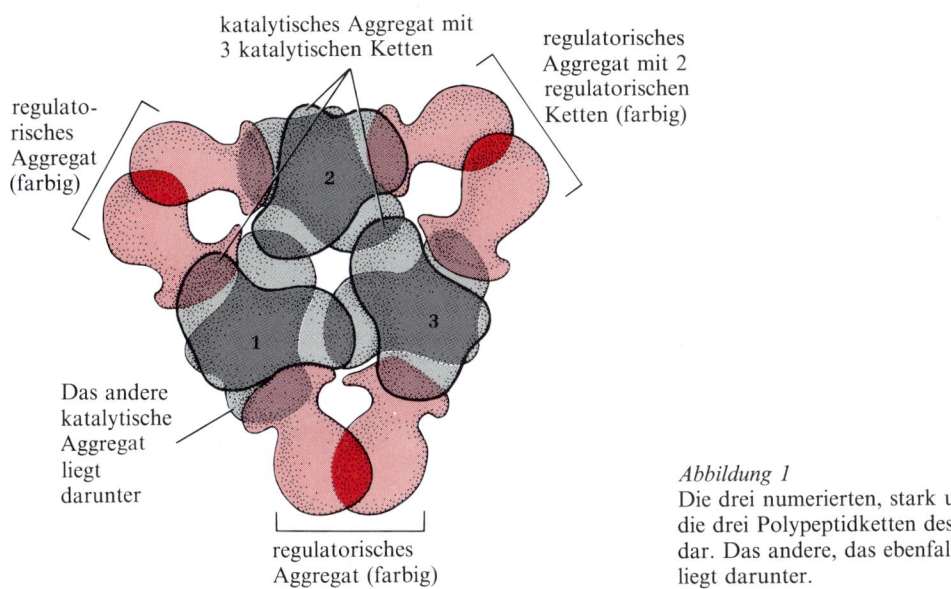

Abbildung 1
Die drei numerierten, stark umrandeten Strukturen stellen die drei Polypeptidketten des einen katalytischen Aggregats dar. Das andere, das ebenfalls drei Polypeptidketten enthält, liegt darunter.

hier stellen wir eine Ähnlichkeit mit den Änderungen von Konformation und Eigenschaften des Hämoglobins fest.

Einige allosterische Enzyme weisen eine sehr komplexe Struktur auf, und bestehen aus vielen Polypeptidketten. Ein typisches Beispiel ist die *Aspartat-Carbamoyltransferase*, deren 12 Polypeptidketten zu *katalytischen* und *regulatorischen* Untereinheiten angeordnet sind. Der Kasten 9-5 zeigt die sehr komplexe Quartärstruktur dieses Enzyms, die nach Röntgenstrukturanalysen abgeleitet wurde. Dieses Enzym katalysiert eine wichtige Reaktion bei der Biosynthese von Nucleotiden. Wir werden auf die Funktion und auf die Regulation dieses Enzyms im Kapitel 22 näher eingehen.

Einige Enzyme werden durch reversible kovalente Modifikation reguliert

Bei einer weiteren wichtigen Klasse regulierbarer Enzyme entsteht die Regulierbarkeit durch *kovalente Modifikation* des Enzymmoleküls, wobei die aktive Form in die inaktive umgewandelt wird und umgekehrt.

Ein wichtiges Beispiel ist das regulierbare Enzym *Glycogen-Phosphorylase* aus Muskeln und Leber, das die Reaktion

(Glucose)$_n$ + Phosphat → (Glucose)$_{n-1}$ + Glucose-1-phosphat
Glycogen   verkürzte
                                Glycogen-Kette

katalysiert. Das dabei gebildete Glucose-1-phosphat kann im Muskel zu Milchsäure und in der Leber zu freier Glucose umgewandelt werden. Glycogen-Phosphorylase kommt in zwei Formen vor: in der aktiven Form *Phosphorylase a* und der relativ inaktiven Form *Phosphorylase b* (Abb. 9-22). Phosphorylase *a* besitzt zwei Polypeptid-Untereinheiten, von denen jede in ihrer Aminosäuresequenz einen spezifischen Serinrest trägt, der an der Hydroxylgruppe phosphoryliert ist. Diese Serinphosphat-Reste werden für die maximale Aktivität des Enzyms benötigt. Die Phosphatgruppen können von der Phosphorylase *a* durch ein als *Phosphorylase-Phosphatase* bezeichnetes Enzym hydrolytisch abgespalten werden:

Phosphorylase *a* − 2H$_2$O $\xrightarrow{\text{Phosphorylase-Phosphatase}}$ Phosphorylase *b* − 2P$_i$
(aktiver)   (weniger aktiv)

Bei dieser Reaktion wird Phosphorylase *a* in Phosphorylase *b* umgewandelt, die beim Glycogenabbau viel weniger aktiv ist als Phosphorylase *a*. Somit wird die aktive Form der Glycogen-Phosphorylase durch Spaltung zweier kovalenter Bindungen zwischen Phosphorsäure und den zwei spezifischen Serinresten in die relativ inaktive Form umgewandelt.

Phosphorylase *b* kann durch ein anderes Enzym, die *Phosphorylase-Kinase* reaktiviert, d.h. in die aktive Phosphorylase *a* umgewandelt werden. Phosphorylase-Kinase katalysiert die Phosphatgruppen-Übertragung von ATP auf die Hydroxylgruppen der spezifischen Serinreste in der Phosphorylase *b* (Abb. 9-22).

2ATP + Phosphorylase *b* $\xrightarrow{\text{Phosphorylase-Kinase}}$ 2ADP + Phosphorylase *a*
(weniger aktiv)   (aktiver)

Der Glycogenabbau in der Skelettmuskulatur und der Leber wird daher durch Veränderungen des Verhältnisses von aktiver zu inaktiver Form des Enzyms reguliert. Diese beiden Formen unterscheiden sich in ihrer Quartärstruktur, so daß sich die Struktur des katalytischen Zentrums und damit auch die katalytische Aktivität ändert.

Obwohl in den meisten bekannten Fällen die kovalente Regulation der Enzymwirkung durch Phosphorylierung und Dephosphorylierung spezifischer Serinreste hervorgerufen wird, wie dies für die Glycogen-Phosphorylase eben beschrieben wurde, existieren auch andere Arten kovalenter Modulationen. Dazu gehört die Methylie-

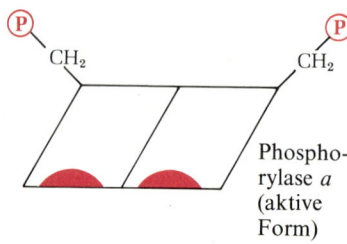

Abbildung 9-22
Regulation der Glycogen-Phosphorylase-Aktivität durch kovalente Modifikation. In der aktiven Form des Enzyms – der Phosphorylase *a* liegen spezifische Serinreste an jeder Untereinheit in phosphorylierter Form vor. Phosphorylase *a* wird in Phosphorylase *b* umgewandelt, welche relativ inaktiv ist. Die Umwandlung geschieht durch enzymatische Abspaltung der Phosphatgruppen durch Phosphorylase-Phosphatase. Phosphorylase *b* kann zu Phosphorylase *a* reaktiviert werden, und zwar durch die Wirkung der Phosphorylase-Kinase, die die Phosphorylierung der Serin-Hydroxylgruppen durch ATP katalysiert.

rung spezifischer Aminosäurereste oder die Anlagerung von Adenylatgruppen. Weitere Beispiele für eine kovalente Modulation regulierbarer Enzyme werden in den nachfolgenden Kapiteln beschrieben.

Einige besonders komplexe regulierbare Enzyme werden sowohl durch kovalente als auch durch nicht-kovalente Mechanismen reguliert. Derartige Enzyme sind an kritischen Stellen des Stoffwechsels plaziert und reagieren auf mehrere regulierende Metaboliten mit allosterischer und kovalenter Modifikation. Die gerade besprochene Glycogen-Phosphorylase ist dafür ein gutes Beispiel. Ihre primäre Regulation erfolgt durch kovalente Modifikation, die sekundäre dagegen nicht-kovalent bzw. allosterisch durch Adenylat, das als stimulierender Modulator der Phosphorylase *b* wirkt (Kapitel 20).

Ein weiteres Beispiel ist die *Glutamin-Synthetase* in *E. coli*, eines der komplexesten regulierbaren Enzyme, das man kennt. Es besitzt viele allosterische Modulatoren und wird außerdem durch reversible kovalente Modifikation reguliert (Kapitel 23). Beide Enzyme werden später bei der Diskussion ihrer Rolle im Stoffwechsel besprochen.

Viele Enzyme kommen in mehreren Formen vor

Viele Enzyme kommen in derselben Spezies, in demselben Gewebe oder sogar in derselben Zelle in mehr als einer Form vor. In diesem Falle katalysieren die verschiedenen Formen des Enzyms dieselbe Reaktion. Da sie jedoch unterschiedliche kinetische Eigenschaften und deutlich verschiedene Aminosäure-Zusammensetzungen oder -sequenzen besitzen, können sie durch geeignete Verfahren voneinander unterschieden und getrennt werden. Derartige verschiedene Formen von Enzymen werden als *Isoenzyme* oder *Isozyme* bezeichnet. Eines der ersten entdeckten Enzyme mit mehreren Formen war die *Lactat-Dehydrogenase*, welche die reversible Oxidations-Reduktions-Reaktion

$$\text{Lactat} + \text{NAD}^+ \rightleftharpoons \text{Pyruvat} + \text{NADH} + \text{H}^+$$

katalysiert. Bei dieser Reaktion gibt Lactat zwei Wasserstoffatome ab und wird zu Pyruvat oxidiert (NAD^+ und NADH sind die oxidierte und reduzierte Form des Coenzyms *Nicotinamid-adenin-dinucleotid*, das im nächsten Kapitel besprochen wird). Lactat-Dehydrogenase kommt in tierischen Geweben in der Form von fünf verschiedenen, durch Elektrophorese trennbaren Isoenzymen vor (Ab. 9-23). Alle Lactat-Dehydrogenase-Isozyme enthalten vier Polypeptidketten, jede mit einer relativen Molekülmasse von 33 500. Die fünf Isozyme enthalten jedoch unterschiedliche Anteile von zwei Arten von Polypeptiden, die sich in ihrer Zusammensetzung und Sequenz unterscheiden. Die A-Ketten (auch mit M für Muskel be-

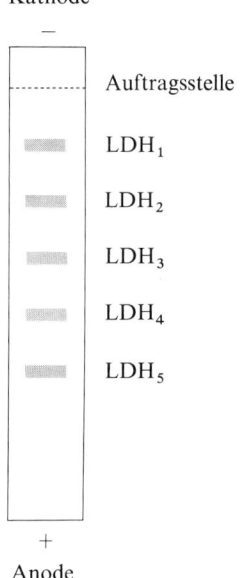

Abbildung 9-23
Elektrophoretische Trennung der Lactat-Dehydrogenase- (LDH-) Isozyme. Isozyme werden normalerweise mit Nummern versehen, die die relative Geschwindigkeit der elektrophoretischen Wanderung in Polyacrylamid- oder Stärke-Gel unter Standard-Bedingungen angeben. LDH-Isozyme werden auch durch Buchstaben, wie im Text beschrieben, gekennzeichnet.
Isozym-Analysen werden häufig für medizinische Diagnosen verwendet. Das im Herzgewebe dominierende LDH-Isozym, LDH_1 (auch als H_4 oder A_4 bezeichnet) tritt vermehrt im Blutplasma nach einem Herzinfarkt auf, bei dem die Blutzirkulation des Herzes zu einem Teil oder sogar vollständig unterbunden wird. Die Membranen der geschädigten Herzzellen funktionieren nicht mehr richtig, so daß einige Enzyme des Cytosols, einschließlich der Lactat-Dehydrogenase, in das Blut gelangen können. Bei einigen Krankheiten der Leber, z.B. bei infektiöser Hepatitis, steigen die charakteristischen LDH-Isozyme der Leber, LDH_4 und LDH_5, im Blut an.

zeichnet) und die B-Ketten (auch mit H für Herz bezeichnet) werden von zwei verschiedenen Genen codiert. Das in Skelettmuskeln überwiegende Lactat-Dehydrogenase-Isozym enthält vier A-Ketten, das im Herz vorherrschende Isozym vier B-Ketten. Die Lactat-Dehydrogenase-Isozyme anderer Gewebe sind Mischungen der fünf möglichen Formen, die als A_4, A_3B, A_2B_2, AB_3 und B_4 bezeichnet werden. Die verschiedenen Lactat-Dehydrogenase-Isozyme unterscheiden sich erheblich in ihren Maximalgeschwindigkeiten (V_{max}) und in den Michaelis-Konstanten (K_m) für ihre Substrate, besonders für Pyruvat. Die Eigenschaften des Isozyms A_4 begünstigen die schnelle Reduktion von Pyruvat zu Lactat bei sehr niedrigen Konzentrationen in Skelettmuskeln. Isozym B_4 katalysiert dagegen bevorzugt die schnelle Oxidation von Lactat zu Pyruvat im Herzen. Andere Lactat-Dehydrogenase-Isozyme besitzen dazwischenliegende kinetische Eigenschaften.

Bei vielen verschiedenen Enzymen des Zell-Stoffwechsels hat man festgestellt, daß sie in mehreren Isozymformen vorkommen. Alle Isozymformen eines Enzyms katalysieren dieselbe Reaktion, unterscheiden sich jedoch in ihren kinetischen Eigenschaften und können auch auf allosterische Modulatoren unterschiedlich reagieren. Die Verteilung der verschiedenen Isozymformen eines Enzyms weist auf mindestens vier Aspekte hin:

1. *Auf die unterschiedlichen Stoffwechselmuster in verschiedenen Organen.* Die verschiedenen Eigenschaften der Lactat-Dehydrogenase-Isozyme im Herzen und in den Skelettmuskeln zeigen z. B., daß zwischen diesen Organen Unterschiede im Stoffwechsel bestehen.
2. *Auf die unterschiedliche Lokalisation und Rolle im Stoffwechsel eines Enzyms innerhalb eines Zelltyps.* Das Enzym Malat-Dehydrogenase kommt z. B. in der gleichen Zelle in den Mitochondrien und im Cytosol in verschiedenen Formen vor, und die verschiedenen Isoenzyme haben dort auch verschiedene Funktionen (Kapitel 17).
3. *Auf die Differenzierung und Entwicklung erwachsener Gewebe aus ihren embryonalen oder fötalen Formen.* Die Lactat-Dehydrogenasen der fötalen Leber besitzen z.B. ein charakteristisches Isozymmuster, das sich während der Differenzierung des Organs zu seiner endgültigen Form verändert. Eine weitere interessante Beobachtung ist, daß die Glucoseabbauenden Enzyme maligner Tumorzellen in ihren fötalen Isozymformen vorkommen.
4. *Auf die feine Steuerung von Stoffwechselgeschwindigkeiten durch die unterschiedliche Antwort von Isozymformen auf allosterische Modulatoren.* Einige regulierbare Enzyme kommen in Isozymformen vor, die sich in ihrem Verhalten gegenüber Modulatoren unterscheiden (Kapitel 22).

Genetische Mutationen können bei Enzymen katalytische Defekte auslösen

Es gibt beim Menschen zahlreiche vererbbare Krankheiten, bei denen ein Enzymsystem entweder völlig inaktiv oder aber in seiner katalytischen oder regulatorischen Funktion defekt ist. Bei diesen Krankheiten kann das defekte Enzymmolekül als Folge einer Mutation in dem codierenden DNA-Bereich eine oder mehrere „falsche" Aminosäurereste in seiner Peptidkette besitzen. Die katalytische Aktivität eines Enzyms hängt nicht nur vom Vorhandensein spezifischer Aminosäurereste an seinen katalytischen oder regulatorischen Zentren ab, sondern auch von seiner gesamten dreidimensionalen Konformation. Die Substitution eines einzigen Aminosäurerestes an einem kritischen Punkt der Kette kann darum die katalytische Aktivität verändern oder sogar zerstören, genau wie die Substitution eines einzigen Aminosäurerestes im Sichelzellenhämoglobin seine Funktion behindert (S. 217). Ist das genetisch veränderte Enzym ein Glied in einem zentralen Stoffwechselweg, so können daraus ernste oder gar letale Störungen des Stoffwechsels resultieren.

Einige genetisch bedingte Erkrankungen des Menschen sind mit den verursachenden Enzymdefekten in Tab. 9-8 aufgeführt. Diese Erkrankungen werden in späteren Kapiteln besprochen. Es werden viele Anstrengungen unternommen, um die negativen Auswirkungen genetisch bedingter Enzymdefekte zu verhindern. Eine Möglichkeit, die zur Zeit verfolgt wird, ist, die normale, aktive Form des defekten Enzyms in immobilisierter Form in einer Filterkapsel in ein Blutgefäß einzuführen. Auf diese Weise hofft man zu erreichen, daß die sich im Körper als Folge des genetischen Defektes anhäufenden Metabolite zu ihren normalen Produkten umgewandelt werden,

Tabelle 9-8 Einige Erbkrankheiten des Menschen, bei denen Enzyme defekt sind.

Krankheit	verändertes Enzym
Albinismus	Tyrosin-3-Monooxygenase
Alkaptonurie	Homogentisat-1,2-Dioxygenase
Galactosämie	Galactose-1-phosphat-Uridylyltransferase
Homocystinurie	Cystathionin-β-Synthase
Phenylketonurie	Phenylalanin-4-Monooxygenase
Tay-Sachs-Syndrom	Hexosaminidase A

während das Blut an der Kapsel mit dem aktiven Enzym vorbeifließt.

Genetisch bedingte Veränderungen an Enzymen sind nicht immer schädlich. Häufig bewirken sie Veränderungen von sekundären Merkmalen, wie Veränderungen der Augenfarbe oder der Eigenschaften der Haare (Abb. 9-24). Manchmal kann eine genetische Veränderung das betroffene Enzym auch leistungsfähiger machen

Abbildung 9-24
Das charakteristische Farbmuster der Siamkatze beruht auf einer genetischen Veränderung eines bei der Synthese des dunklen Haar-Pigmentes beteiligten Enzyms. Auf Grund dieses Defektes wirkt das Enzym nur in den Teilen des Körpers, die eine niedrigere Temperatur aufweisen.

und so dem Organismus einen Vorteil beim Kampf ums Überleben verschaffen.

Zusammenfassung

Enzyme sind Proteine, die spezifische chemische Reaktionen katalysieren. Sie binden das Substratmolekül und bilden einen kurzlebigen Enzym-Substrat-Komplex, der in das freie Enzym und die entsprechenden Produkte zerfällt. Wird die Substratkonzentration [S] erhöht, so nimmt die katalytische Aktivität bei einer gegebenen Enzymkonzentration in der Form einer hyperbelförmigen Kurve zu. Die Reaktionsgeschwindigkeit nähert sich einer charakteristischen Maximalgeschwindigkeit (V_{max}), bei der praktisch das gesamte Enzym in Form des ES-Komplexes vorliegt und somit mit S gesättigt ist. Die Substratkonzentration, bei der die Höhe der maximalen Reaktionsgeschwindigkeit erreicht wird, entspricht der Michaelis-Konstante K_m, die für jedes Enzym und ein gegebenes Substrat charakteristisch ist. Die Michaelis-Menten-Gleichung

$$v_0 = \frac{V_{max}[S]}{K_m + [S]}$$

beschreibt die Geschwindigkeit einer enzymatischen Reaktion in Abhängigkeit von der Substratkonzentration und die Beziehung von V_{max} zu K_m. Diese Gleichung kann auch bei Bisubstrat-Reaktionen angewendet werden, die entweder als Einzel- oder Doppelverdrängungs-(Ping-pong)-Reaktionen vorkommen. Jedes Enzym besitzt außerdem ein pH-Optimum sowie eine charakteristische Spezifität für sein Substrat. Enzyme können durch irreversible Modifikationen einiger – für die katalytische Aktivität essentieller – funktioneller Gruppen inaktiviert werden. Sie können auch reversibel gehemmt werden, und zwar kompetitiv oder nicht-kompetitiv. Kompetitive Inhibitoren, die gewöhnlich dem Substrat in ihrer Struktur ähneln, konkurrieren reversibel mit dem Substrat um die Bindung am aktiven Zentrum. Sie werden jedoch durch das Enzym nicht umgewandelt. Nicht-kompetitive Inhibitoren werden an andere Stellen des freien Enzyms und des Enzym-Substrat-Komplexes gebunden. Ihre Wirkung kann durch das Substrat nicht aufgehoben werden. Enzyme beschleunigen chemische Reaktionen durch Orientierung des Substrats in die Nähe des katalytischen Zentrums, durch Bereitstellung katalytischer Protonendonatoren und Protonenakzeptoren, durch die Bildung unbeständiger kovalenter Zwischenformen mit dem Substrat, oder durch Streckung oder Verformung des Substrats.

Zusätzlich zu ihrer katalytischen Aktivität besitzen einige Enzyme eine regulierende Aktivität. Diese dienen als Schrittmacher bei metabolischen Umsetzungen. Die Geschwindigkeit einiger regulierbarer Enzyme, die als allosterische Enzyme bezeichnet werden, wird durch die reversible nicht-kovalente Bindung eines spezifischen Modulators oder Effektors an das regulatorische oder allosterische Zentrum variiert. Der Modulator kann entweder das Substrat selber oder ein anderer Stoffwechsel-Metabolit sein. Bei der anderen Klasse regulierbarer Enzyme erfolgt die Modulation der Enzymaktivität durch kovalente Modifikation einiger spezifischer funktioneller Gruppen, die für die Aktivität notwendig sind. Einige Enzyme kommen in mehreren Formen vor, genannt Isozyme, die unterschiedliche kinetische Charakteristika besitzen. Bei vielen genetisch bedingten Krankheiten des Menschen funktionieren – als Folge vererbbarer Mutationen – ein oder mehrere Enzyme fehlerhaft.

Aufgaben

1. *Die Konservierung des süßlichen Geschmacks von Mais.* Der süßliche Geschmack von frisch geerntetem Mais ist auf den hohen Zuckergehalt der Körner zurückzuführen. Im Geschäft (mehrere Tage nach der Ernte) gekaufter Mais ist nicht so süß, denn etwa 50 % des freien Zuckers im Mais werden innerhalb eines Tages nach der Ernte in Stärke umgewandelt. Um den süßlichen Geschmack von frischem Mais zu erhalten, werden die geernteten Kolben für wenige Minuten in kochendes Wasser getaucht („abhülsen") und danach in kaltem Wasser abgekühlt. Der auf diese Weise behandelte und dann eingefrorene Mais behält seinen süßen Geschmack. Welches ist die biochemische Grundlage für dieses Vorgehen?

2. *Die intrazelluläre Konzentration der Enzyme.* Um eine ungefähre Abschätzung der Enzymkonzentration in einer Bakterienzelle zu erhalten, wollen wir annehmen, daß diese Zelle etwa 1 000 verschiedene gelöste Enzyme im Cytosol enthält. Wir können die Aufgabe sehr vereinfachen, wenn wir annehmen, daß jedes eine relative Molekülmasse von 100 000 besitzt, und daß alle 1 000 Enzyme in gleicher Konzentration vorliegen. Nehmen wir weiter an, das Volumen des Cytosols in einer Bakterienzelle (ein Zylinder von 1 μm Durchmesser und 2.0 μm Höhe) wäre 1.57 μm^3, es bestände bei einer Dichte von 1.2 g/cm^3 zu 20 Gewichtsprozent aus löslichem Protein, und diese löslichen Proteine wären ausschließlich verschiedene Enzyme. Berechnen Sie die Konzentration der Enzyme in dieser hypothetischen Zelle in mol/l.

3. *Die Beschleunigung der chemischen Umsetzung durch Urease.* Das Enzym Urease beschleunigt die Geschwindig der Harnstoff-Hydrolyse bei pH = 8.0 und 20 °C um den Faktor 10^{14}. Wenn eine gegebene Menge Urease eine gegebene Menge Harnstoff in 5 min bei 20 °C und pH = 8.0 vollständig hydrolysieren kann, wie lange dauert es dann, bis dieselbe Menge Harnstoff unter denselben Bedingungen – aber ohne Urease – hydrolysiert ist?

Nehmen Sie an, daß beide Reaktionen in sterilen Systemen ablaufen, so daß der Harnstoff nicht von Bakterien angegriffen werden kann.

4. *Charakteristika der aktiven Zentren in Enzymen.* Das aktive Zentrum eines Enzyms besteht gewöhnlich aus einer Tasche in der Enzymoberfläche, die mit Aminosäure-Seitenketten ausgekleidet ist. Diese Seitenketten sind zur Bindung des Substrats und zur Katalyse der chemischen Umwandlung notwendig. Carboxypeptidase, das sequenziell carboxyterminale Aminosäurereste von seinen Peptid-Substraten abspaltet, besteht aus einer einzelnen Kette von 307 Aminosäuren. Die drei essentiellen aktiven Gruppen im katalytischen Zentrum werden von Arginin-145, Tyrosin-248 und Glutaminsäure-270 beigesteuert; die Zahlen geben die Position der Aminosäure in der Aminosäuresequenz an.
   (a) Wäre die Carboxypeptidase-Kette eine perfekte α-Helix, wie weit (in Nanometer) würden Arginin-145 und Tyrosin-248 bzw. Arginin-145 und Glutaminsäure-270 auseinanderliegen? (Tip: s. Abb. 7-6).
   (b) Erklären Sie, warum diese drei Aminosäuren, die in der Sequenz so weit auseinander liegen, eine Reaktion katalysieren können, die in einem Raum von einigen Zehnteln eines Nanometers abläuft.
   (c) Wenn nur diese drei katalytischen Gruppen am Mechanismus der Hydrolyse beteiligt sind, warum ist es dann für das Enzym notwendig, eine so große Anzahl von Aminosäureresten zu enthalten?

5. *Eine quantitative Bestimmung der Lactat-Dehydrogenase.* Das Muskelenzym Lactat-Dehydrogenase katalysiert die Reaktion:

$$CH_3-\overset{O}{\underset{\|}{C}}-COO^- + NADH + H^+ \longrightarrow CH_3-\underset{H}{\overset{OH}{\underset{|}{\overset{|}{C}}}}-COO^- + NAD^+$$

Pyruvat — absorbiert Licht bei 340 nm

Lactat — absorbiert bei 340 nm kein Licht

Im Gegensatz zu NAD^+ absorbieren NADH-Lösungen Licht im Bereich des nahen UV. Diese Eigenschaft wird zur Bestimmung der NADH-Konzentration in Lösungen verwendet, indem die Lichtabsorption durch die Lösung bei 340 nm mit einem Spektrophotometer gemessen wird. Erklären Sie, wie diese Eigenschaft von NADH zur Entwicklung einer quantitativen Bestimmung der Lactat-Dehydrogenase verwendet werden kann.

6. *Grobe Abschätzung von V_{max} und K_m.* Für eine exakte Bestimmung der V_{max}- und K_m-Werte einer enzymkatalysierten Reaktion sind graphische Methoden bekannt (Beispiel s. Kasten 9-2), aber auch ohne graphische Auftragung können diese Werte aus den Reaktionsgeschwindigkeiten bei steigenden Substratkonzentrationen

schnell abgeschätzt werden. Schätzen Sie auf Grund der Definition von V_{max} und K_m den ungefähren Wert von V_{max} und K_m für die enzymkatalysierte Reaktion, für die folgende Daten gewonnen wurden:

[S] in mol/l	V in µmol/(l · min)
2.5×10^{-6}	28
4.0×10^{-6}	40
1×10^{-5}	70
2×10^{-5}	95
4×10^{-5}	112
1×10^{-4}	128
2×10^{-3}	139
1×10^{-2}	140

7. *Die Bedeutung von V_{max}*. In einem Laborversuch isolierten zwei Studenten unabhängig voneinander aus Hühnerherzen das Enzym Lactat-Dehydrogenase, das die Reduktion von Pyruvat zu Lactat katalysiert. Das Enzym wurde in Form einer konzentrierten Lösung gewonnen. Die Studenten bestimmten die Aktivität ihrer Enzymlösungen als Funktion der Substratkonzentration unter identischen Bedingungen und ermittelten daraus die V_{max}- und K_m-Werte ihrer Präparate. Bei dem Vergleich fiel auf, daß ihre K_m-Werte identisch, ihre V_{max}-Werte jedoch sehr unterschiedlich waren. Der eine Student argumentierte, die unterschiedlichen V_{max}-Werte bewiesen, daß sie unterschiedliche Formen desselben Enzyms isoliert hätten. Der andere Student argumentierte, trotz der verschiedenen V_{max}-Werte hätten sie dieselbe Form des Enzyms isoliert. Welcher Student hat recht? Wie können die Studenten diese Diskrepanz auflösen? Begründen Sie Ihre Antwort.

8. *Die Beziehung zwischen Reaktionsgeschwindigkeit und Substratkonzentration: die Michaelis-Menten-Gleichung.*
   (a) Bei welcher Substratkonzentration besitzt ein Enzym mit einer Maximalgeschwindigkeit von 30 µmol/(min × mg) und einem K_m-Wert von 0.005 mol/l ein Viertel seiner Maximalgeschwindigkeit?
   (b) Bestimmen Sie den Prozentsatz von V_{max}, der bei einer Substratkonzentration von 1/2 K_m, 2 K_m und 10 K_m gefunden würde.

9. *Die graphische Analyse von V_{max}- und K_m-Werten*. Die folgenden experimentellen Daten wurden während einer Untersuchung der katalytischen Aktivität einer aus Darmgewebe gewonnenen Peptidase (mit der Fähigkeit das Dipeptid Glycylglycin zu hydrolysieren) erhalten.

Glycylglycin + H_2O → 2 Glycin

[S], mM	1.5	2.0	3.0	4.0	8.0	16.0
Bildung des Produktes, mg/min	0.21	0.24	0.28	0.33	0.40	0.45

Bestimmen Sie durch eine graphische Analyse (s. Kasten 9-2) die K_m- und V_{max}-Werte für dieses Enzympräparat.

10. *Die Wechselzahl der Carbonat-Dehydratase.* Carbonat-Dehydratase der roten Blutzellen, relative Molekülmasse 30000, ist das aktivste aller bekannten Enzyme. Es katalysiert die reversible Hydratisierung von CO_2:

$$H_2O + CO_2 \rightleftharpoons H_2CO_3$$

die für den CO_2-Transport aus den Geweben in die Lungen wichtig ist. Berechnen Sie die Wechselzahl der Carbonat-Dehydratase, wenn 10 µm reiner Carbonat-Dehydratase die Hydratisierung von 0.30 g CO_2 in 1 min bei 37 °C unter optimalen Bedingungen katalysieren.

11. *Die irreversible Hemmung eines Enzyms.* Viele Enzyme werden irreversibel durch Schwermetall-Ionen wie Hg^{2+}, Cu^{2+} oder Ag^+ gehemmt, die mit essentiellen Sulfhydrylgruppen unter Bildung von Mercaptiden reagieren können:

$$E-SH + Ag^+ \rightarrow E-S-Ag + H^+$$

Die Affinität von Ag^+ für Sulfhydrylgruppen ist so groß, daß Ag^+ zur quantitativen Titration von -SH-Gruppen verwendet werden kann. Zu 10 m*l* einer Lösung, die 1.0 mg/m*l* eines reinen Enzyms enthielt, wurde gerade so viel $AgNO_3$ hinzugefügt, daß das Enzym vollständig inaktiviert wurde. Dafür wurde eine Gesamtmenge von 0.342 µmol $AgNO_3$ benötigt. Berechnen Sie den Mindestwert für die relative Molekülmasse des Enzyms. Warum gibt der so gewonnene Wert nur den Mindestwert für die relative Molekülmasse an?

12. *Schutz eines Enzyms vor der Denaturierung durch Hitze.* Werden Enzymlösungen erhitzt, so kommt es zu einem fortschreitenden Verlust der katalytischen Aktivität. Dieser Verlust ist das Ergebnis der Entfaltung des nativen Enzymmoleküls zu einer willkürlich verknäuelten Konformation. Eine Lösung des Enzyms Hexokinase verliert, auf 45 °C erhitzt, in 12 min 50 % ihrer Aktivität. Wird jedoch Hexokinase bei einer sehr hohen Konzentration eines seiner Substrate – Glucose – auf 45 °C erhitzt, so verliert es nur 3 % seiner Aktivität. Erklären Sie, warum die Wärmedenaturierung der Hexokinase beim Vorhandensein eines seiner Substrate eingeschränkt ist.

13. *Die klinische Anwendung einer spezifischen Enzymhemmung.* Menschliches Blutserum enthält eine Klasse von Enzymen, die saure Phosphatasen genannt werden. Sie hydrolysieren biologische Phosphatester unter leicht sauren Bedingungen (pH $\approx$ 5):

$$R-O-\overset{\overset{\displaystyle O^-}{|}}{\underset{\underset{\displaystyle O}{\|}}{P}}-O^- + H_2O \longrightarrow R-OH + HO-\overset{\overset{\displaystyle O^-}{|}}{\underset{\underset{\displaystyle O}{\|}}{P}}-O^-$$

Saure Phosphatasen werden im Blut, in der Leber, Niere, Milz und Prostata gebildet. Vom klinischen Standpunkt aus ist das Enzym in der Prostata am wichtigsten. Eine erhöhte Konzentration im Blut ist häufig ein Anzeichen für Prostatakrebs. Die Phosphatase der Prostata wird durch das Tartrat-Ion stark gehemmt, während die sauren Phosphatasen anderer Gewebe davon unbeeinflußt bleiben. Wie kann diese Information für eine Methode zur Messung der Aktivität der sauren Phosphatase der Prostata im menschlichen Blutserum verwendet werden?

14. *Die Hemmung der Carbonat-Dehydratase durch Acetazolamid.* Carbonat-Dehydratase wird durch das Medikament Acetazolamid stark gehemmt, das zur Steigerung der Urinausscheidung (Diureticum) und zur Behandlung des Glaukoms, das durch einen zu hohen Augendruck charakterisiert ist, verwendet wird. Bei diesen und anderen Sekretionsvorgängen spielt Carbonat-Dehydratase eine wichtige Rolle. Es nimmt an der Regulation des pH-Wertes und des Hydrogencarbonatgehaltes einer Reihe von Körperflüssigkeiten teil. Nachfolgend ist eine experimentelle Kurve der Reaktionsgeschwindigkeit in Abhängigkeit von der Substratkonzentration bei der Carbonat-Dehydratase-Reaktion dargestellt. Wird dieser Versuch in Gegenwart von Acetazolamid wiederholt, so ergibt sich die untere Kurve. Bestimmen Sie nach Betrachtung der Kurven und mit Ihren Kenntnissen über die kinetischen Eigenschaften kompetitiver und nicht-kompetitiver Enzyminhibitoren den Typ der durch Acetazolamid erzeugten Inhibition. Begründen Sie Ihre Antwort.

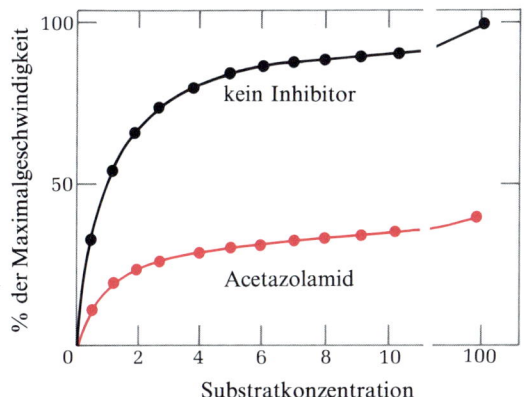

15. *Die Behandlung einer Methanolvergiftung.* Methanol ist ein Lösungsmittel, das früher auch als Frostschutzmittel für Autos ver-

wendet wurde. Es ist sehr giftig und kann schon zum Tode führen, wenn kleine Mengen wie 30 m*l* getrunken werden. Die Toxizität ist nicht allein auf Methanol zurückzuführen, sondern vielmehr auf sein Stoffwechselprodukt Formaldehyd. Methanol wird durch die Alkohol-Dehydrogenase der Leber schnell zu Formaldehyd oxidiert:

$$NAD^+ + CH_3-OH \longrightarrow NADH + H^+ + \underset{H}{\overset{H}{\diagdown}}C=O$$

Methanol $\qquad\qquad\qquad\qquad$ Formaldehyd

Ein Teil der Behandlung einer Methanolvergiftung besteht in der Verabreichung von Ethanol (Ethylalkohol), entweder oral oder intravenös, in Mengen, die normalerweise einen Rauschzustand hervorrufen. Erklären Sie, warum diese Behandlung erfolgreich ist.

16. *Das pH-Optimum von Lysozym.* Die enzymatische Aktivität von Lysozym erreicht bei pH = 5.2 ihr Optimum und nimmt oberhalb oder unterhalb dieses Wertes ab (s. Abb. links). Lysozym enthält zwei Aminosäurereste an den für die Aktivität essentiellen katalytischen Zentren: Glutaminsäure in Position 35 und Asparaginsäure in Position 52 der Proteinkette. Die pK'-Werte der Carboxyl-Seitenketten dieser beiden Reste betragen 5.9 und 4.5. Welchen Ionisationszustand (protoniert oder deprotoniert) hat jeder der beiden Reste beim pH-Optimum des Lysozyms? Wie können die Ionisationszustände dieser beiden Aminosäurereste das pH-Aktivitätsprofil von Lysozym – das in der Abbildung dargestellt ist – erklären?

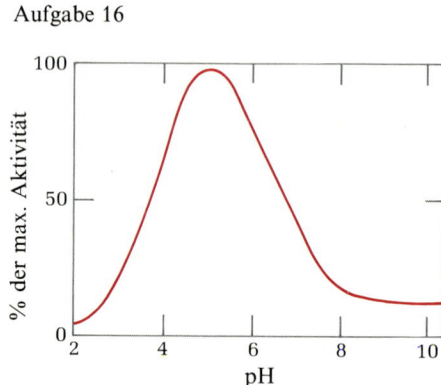

Aufgabe 16

Kapitel 10
Die Rolle von Vitaminen und Spurenelementen für die Funktion von Enzymen

Viele Enzyme benötigen für ihre katalytische Aktivität einen Cofaktor, der keine Proteinstruktur besitzt. Der Cofaktor kann entweder ein organisches Molekül – d.h. ein Coenzym – oder ein anorganischer Bestandteil – wie z. B. ein Metall-Ion – sein. Bei einigen Enzymen nimmt der Cofaktor direkt am katalytischen Vorgang teil, bei anderen dient er nur vorübergehend als Träger einer spezifischen funktionellen Gruppe, die er vom Substrat übernimmt. Die Cofaktoren von Enzymen kommen in der Zelle nur in sehr kleinen Mengen vor, doch sind sie für die Wirkung vieler Enzyme essentiell, und sie spielen daher im Zellstoffwechsel eine bedeutende Rolle.

In diesem Kapitel werden wir die chemischen Eigenschaften und die Funktion dieser Substanzen untersuchen. Wie wir sehen werden, sind die Vitamine essentielle Vorstufen verschiedener Coenzyme. Vitamine sind organische Nährstoffe, die in kleinen Mengen mit der menschlichen und tierischen Nahrung aufgenommen werden müssen und die zum Wachstum und für eine optimale Funktion des Organismus notwendig sind. Die Entdeckung der Vitamine und ihrer lebenserhaltenden Bedeutung bei der Prävention und Behandlung von Ernährungsmängeln ist einer der wichtigsten Beiträge der Biochemie für die Medizin und das menschliche Wohlbefinden, wie wir in Kapitel 26 sehen werden. Ein ebenso wichtiger Fortschritt wurde durch die Erforschung der Wirkungsweise von Vitaminen und essentiellen Mineralien für die Aktivität von Enzymen erreicht. Dies hat sehr zum Verständnis der Zusammenhänge zwischen Ernährung und Gesundheit geführt.

In diesem Kapitel sollen – als Vorbereitung für die folgenden Kapitel über Zell-Stoffwechselvorgänge – Informationen über die Struktur der Vitamine und Coenzyme sowie der essentiellen Mineralstoffe zusammengetragen und die Funktion von Cofaktoren bei der Wirkung verschiedener Enzyme diskutiert werden. Später werden uns diese Coenzyme und Mineralstoffe wiederbegegnen, und wir können dann erkennen, wie ein Mangel an Vitaminen und Mineralstoffen bestimmte Stoffwechselwege beeinflussen kann. In Kapitel 26 werden wir schließlich einen weiteren Aspekt von Vitaminen und essentiellen Elementen untersuchen: ihre Rolle bei der menschlichen Ernährung.

Vitamine sind essentielle organische Mikronährstoffe

Da Vitamine in der menschlichen Ernährung pro Tag nur in Milligramm- oder Mikrogramm-Mengen benötigt werden, bezeichnet man sie als *Mikronährstoffe*. Dieser Begriff dient zur Unterscheidung von den *Makronährstoffen*, also Kohlenhydraten, Proteinen und Fetten, die in der menschlichen Ernährung in großen Mengen – in Hunderten oder wenigstens Dutzenden von Gramm pro Tag – notwendig sind. Makronährstoffe werden in großen Mengen zur Energiegewinnung, zur Herstellung organischer Vorstufen vieler Körperbestandteile sowie zur Bereitstellung von Aminosäuren für die Synthese von Körperproteinen benötigt. Vitamine dagegen sind nur in kleinen Mengen notwendig, da sie katalytische Wirkung haben und somit zahlreiche chemische Umwandlungen von Makronährstoffen ermöglichen, die wir zusammen als Zellstoffwechsel bezeichnen. Die aktiven Formen der Vitamine sind – wie die Enzyme – in den Geweben nur in sehr geringen Konzentrationen vorhanden.

Man weiß heute, daß für ein normales Wachstum und eine normale Funktion des Organismus in der menschlichen Nahrung und der vieler Tierspezies 13 verschiedene Vitamine notwendig sind. Zusätzlich werden die Makronährstoffe – Kohlenhydrate, Fette und Proteine – benötigt. Die Bezeichnung »Vitamin« erhielt zunächst ein organischer Mikronährstoff, der zur Verhinderung der Vitaminmangelerkrankung *Beriberi* notwendig ist. Diese Krankheit trat vornehmlich in Ländern auf, deren Bevölkerung sich von Reis ernährt. Da dieser Faktor die Eigenschaften eines Amins besaß, nannte ihn Casimir Funk – ein polnischer Biochemiker, der ihn zuerst isolieren konnte – »Vitamin«. Der Name bedeutet »lebenswichtiges Amin«. Später fand man jedoch, daß nicht alle essentiellen organischen Mikronährstoffe Amine sind.

Fast alle bekannten Vitamine kommen in den Zellen aller Tiere und der meisten Pflanzen und Mikroorganismen vor und führen überall dieselben wichtigen biologischen Funktionen aus. Nicht alle bekannten Vitamine sind jedoch für die Ernährung aller Tierspezies notwendig. Vitamin C muß z. B. von Menschen, Affen, Meerschweinen und bestimmten Fledermäusen mit der Nahrung aufgenommen werden, die meisten anderen Tiere benötigen es jedoch nicht, denn sie besitzen Enzyme, die Vitamin C aus seiner Vorstufe, der Glucose, herstellen können. Der Name Vitamin bezeichnet daher allgemein eine Gruppe organischer Substanzen, die in sehr kleinen Mengen an der normalen Funktion der Zellen teilnehmen und von einigen Organismen nicht selber synthetisiert werden können. Diese Organismen müssen daher die betreffenden Substanzen aus exogenen Quellen aufnehmen.

Vitamine sind essentielle Bestandteile der Coenzyme und prosthetischen Gruppen von Enzymen

Die biochemische Funktion einiger Vitamine wurde erstmals in den dreißiger Jahren durch die Konvergenz zweier Forschungsrichtungen aufgeklärt. Die eine Richtung beschäftigte sich mit der chemischen Struktur von Coenzymen, die andere mit der Struktur von Vitaminen. 1935 gelang dem deutschen Biochemiker Otto Warburg die Isolierung und Identifizierung der Struktur eines Coenzyms, das heute als *Nicotinamid-adenin-dinucleotid-phosphat* (NADP) bekannt ist. Dieses Coenzym wird bei bestimmten enzymkatalysierten Oxidations-Reduktions-Reaktionen in der Zelle benötigt. Warburg identifizierte einen der Bestandteile dieses Coenzyms als die einfache organische Verbindung *Nicotinamid* (Abb. 10-1), das bereits viele Jahre zuvor aus Tabak isoliert wurde. Etwas später versuchten die amerikanischen Biochemiker D. Wayne Wooley und Conrad Elvehjem die Struktur einer Substanz aufzuklären, die sie aus Fleisch und anderen Lebensmitteln isoliert hatten. Diese Substanz war in der Lage, eine Vitaminmangelerkrankung der Hunde, »*Black-tongue*« (schwarze Zunge), zu verhindern oder zu heilen. Beim Menschen ist diese Erkrankung unter dem Namen »*Pellagra*« bekannt. Einige chemische Ähnlichkeiten zwischen Nicotinamid und dem von ihnen untersuchten Faktor brachten Wooley und Elvehjem auf die Idee, die Wirkung von reinem Nicotinamid an ihren erkrankten Hunden zu testen, und sie fanden, daß es »Black-tongue« heilen konnte. Sehr bald danach wurde festgestellt, daß Nicotinamid auch Pellagra heilen kann. Heute wissen wir, daß Nicotinamid ein wichtiger Bestandteil eines Coenzyms ist, das bei der enzymatischen Katalyse bestimmter lebenswichtiger Oxidationsreaktionen eine wesentliche Rolle spielt. Obwohl Nicotinamid ein sehr einfaches Molekül ist, können es die meisten Tiere nicht in ausreichender Menge herstellen. Sie müssen es daher mit ihrer Nahrung aufnehmen.

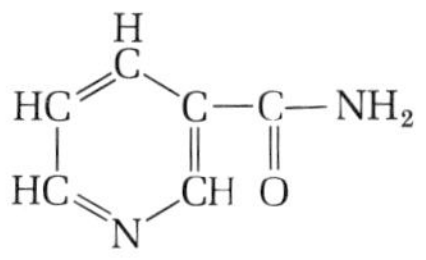

Bald fand man heraus, daß auch andere Vitamine als Bestandteile anderer Coenzyme oder prosthetischer Gruppen von Enzymen fungieren. Da Coenzyme katalytisch und deshalb schon in sehr geringen Konzentrationen wirksam sind, kann der Vitaminbedarf durch sehr kleine Mengen gedeckt werden. Der tägliche Minimalbedarf des Menschen an Vitamin B_6 beträgt etwa 2 mg, der an Vitamin B_{12} weniger als 3 µg.

Gleichzeitig mit diesen Entdeckungen kam die Erkenntnis, daß aus einem ähnlichen Grund auch eine Anzahl anorganischer Elemente für die Tierernährung notwendig ist: sie sind notwendige Bestandteile für die Wirkung bestimmter anderer Enzyme. Das Element Zink ist zum Beispiel bei der Ernährung von Menschen und Tieren essentiell. Es ist ein wichtiger Bestandteil sehr vieler Enzyme.

Wir werden im folgenden die Coenzymfunktionen verschiedener

Abbildung 10-1
Nicotinamid, der Pellagra-verhindernde Faktor. Er ist Bestandteil des Coenzyms Nicotinamidadenindinucleotid (s. Abb. 10-6 auf Seite 282).

Vitamine skizzieren. In späteren Kapiteln werden wir sehen, warum ein Vitaminmangel – und damit ein Ausfall von Enzymwirkung – schwere Schäden an den zentralen Stoffwechselwegen von Kohlenhydraten, Fetten und Proteinen hervorrufen kann.

Vitamine können in zwei Klassen unterteilt werden

Vitamine werden in zwei Klassen eingeteilt: in die *wasserlöslichen* und in die *fettlöslichen* (Tab. 10-1). Zu den wasserlöslichen Vitaminen gehören Thiamin (Vitamin B_1), Riboflavin (Vitamin B_2), Nicotinsäure, Pantothensäure, Pyridoxin (Vitamin B_6), Biotin, Folsäure, Cyanocobalamin (Vitamin B_{12}) und Ascorbinsäure (Vitamin C). Die Coenzymfunktion fast aller dieser Vitamine ist bekannt. Die biochemischen Funktionen der fettlöslichen Vitamine A, D, E und K, die ölige, schlecht wasserlösliche Substanzen darstellen, sind dagegen noch weniger bekannt. Außer den oben aufgeführten Vitami-

Tabelle 10-1 Vitamine und ihre Rolle bei Enzym-Funktionen.

Vitamin	Coenzym-Form (oder aktive Form)	geförderte Reaktion
Wasserlöslich		
Thiamin	Thiamindiphosphat	Decarboxylierung von 2-Oxosäuren
Riboflavin	Flavinmononucleotid, Flavinadenin-dinucleotid	Oxidations-Reduktions-Reaktionen
Nicotinsäure	Nicotinamid-adenin-dinucleotid, Nicotinamid-adenin-dinucleotidphosphat	Oxidations-Reduktions-Reaktionen
Pantothensäure	Coenzym A	Acylgruppen-Übertragung
Pyridoxin	Pyridoxalphosphat	Aminogruppen-Übertragung
Biotin	Biocytin	CO_2-Übertragung
Folsäure	Tetrahydrofolsäure	C_1-Gruppen-Übertragung
Vitamin B_{12}	Desoxyadenosylcobalamin	1,2-Wasserstoff-Verlagerung
Ascorbinsäure	nicht bekannt	Cofaktor bei Hydroxylierungen
Fettlöslich		
Vitamin A	Retinal	Sehcyclus
Vitamin D	1,25-Dihydroxycholecalciferol	Regulation des Ca^{2+}-Stoffwechsels
Vitamin E	nicht bekannt	Schutz von Membranlipiden
Vitamin K	nicht bekannt	Cofaktor bei Carboxylierungen

nen gibt es andere Substanzen, die von einigen Spezies benötigt werden, die man aber im allgemeinen nicht als Vitamine ansieht. Zu ihnen gehören *Carnitin* (S. 568), *Inosit* und *α-Liponsäure* (Kapitel 26). Wir werden zuerst die Eigenschaften der wasserlöslichen Vitamine und ihre Funktion als Bestandteile spezifischer Coenzyme sowie Beispiele enzymatischer Reaktionen anführen, bei denen diese Coenzyme eine Rolle spielen (Tab. 10-1).

Thiamindiphosphat ist die funktionelle Form von Thiamin (Vitamin B$_1$)

Vitamin B$_1$, oder Thiamin, wird für die Ernährung der meisten Wirbeltiere und einiger Mikroorganismen benötigt. Bei Thiaminmangel kommt es beim Menschen zu der Erkrankung Beriberi, die durch neurologische Störungen, Paralyse und Gewichtsverlust charakterisiert ist. Im 19. und frühen 20. Jahrhundert führte Beriberi in Asien bei Hunderttausenden von Menschen, für die geschälter und polier-

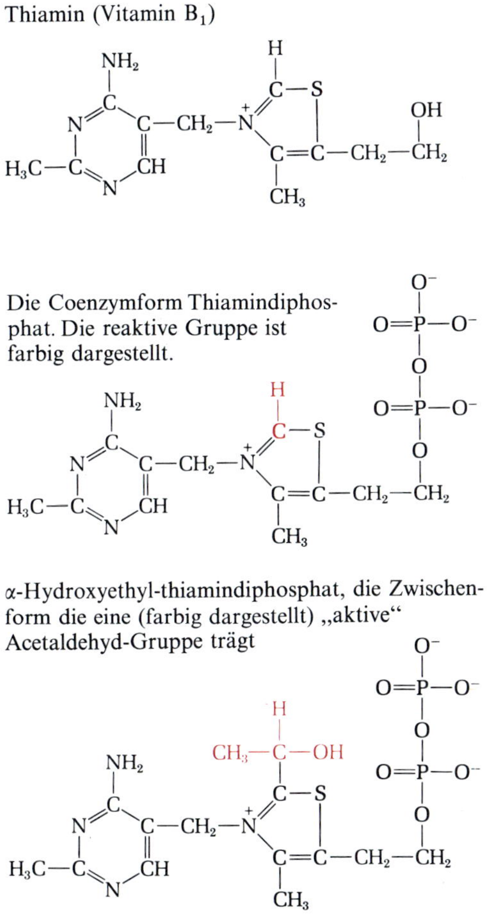

Thiamin (Vitamin B$_1$)

Die Coenzymform Thiamindiphosphat. Die reaktive Gruppe ist farbig dargestellt.

α-Hydroxyethyl-thiamindiphosphat, die Zwischenform die eine (farbig dargestellt) „aktive" Acetaldehyd-Gruppe trägt

Abbildung 10-2
Thiamin und seine aktiven Formen.

Gesamtreaktion

$$CH_3-\underset{\underset{O}{\|}}{C}-COO^- + H_2O \xrightarrow{\text{Pyruvat-Decarboxylase}} CH_3-\underset{\underset{O}{\|}}{C}-H + HCO_3^-$$

Pyruvat   Acetaldehyd

in Einzelschritten:

Pyruvat + H_2O + TPP—E → **α-Hydroxyethyl**—TPP—E + **HCO_3^-**

α-Hydroxyethyl—TPP—E → **Acetaldehyd** + TPP—E

Abbildung 10-3
Die enzymatische Decarboxylierung des Pyruvats durch Pyruvat-Decarboxylase, als E bezeichnet, die Thiamindiphosphat (TPP) als eine fest gebundene prosthetische Gruppe benötigt. Die Gesamtreaktion ist zuerst dargestellt. Darunter ist die Gesamtreaktion in einzelne Schritte unterteilt, um die Rolle des Thiamindiphosphats als Zwischenträger des Acetaldehyds zu verdeutlichen.

ter Reis das Hauptnahrungsmittel war, zum Tode. Die Hülsen, die beim Polieren des Reises entfernt werden, enthalten fast das gesamte im Reis vorhandene Thiamin. Thiamin wurde erstmals 1926 in reiner Form isoliert. Seine chemische Struktur wurde in den frühen dreißiger Jahren von Robert R. Williams in den Vereinigten Staaten aufgeklärt und die chemische Synthese gelang bald darauf.

Thiamin enthält zwei Ringsysteme, einen Pyrimidin- und einen Thiazolring (Abb. 10-2). In tierischen Geweben kommt es vorwiegend als *Thiamindiphosphat* – seiner Coenzymform – vor (Abb. 10-2). Thiamindiphosphat fungiert als Coenzym in mehreren enzymatischen Reaktionen, bei denen Aldehydgruppen von einem Donatorauf ein Akzeptormolekül übertragen werden. Bei derartigen Reaktionen dient Thiamindiphosphat als ein Zwischenträger der Aldehydgruppe, die kovalent an den Thiazolring gebunden wird. Ein einfaches Beispiel ist die durch *Pyruvat-Decarboxylase* (Abb. 10-3) katalysierte Reaktion, die einen wichtigen Teilschritt bei der Vergärung von Glucose zu Ethanol durch Hefe darstellt. Bei der Pyruvat-Decarboxylase-Reaktion wird die Carboxylgruppe des Pyruvats als CO_2 abgespalten. Der Rest des Pyruvatmoleküls – manchmal auch als *aktiver Acetaldehyd* bezeichnet – wird gleichzeitig an die Position 2 des Thiazolringes am Thiamindiphosphat übertragen; dabei entsteht das entsprechende Hydroxyethyl-Derivat. Diese Zwischenform existiert nur vorübergehend, da die Hydroxyethyl-Gruppe schnell vom Coenzym abgetrennt wird und freien Acetaldehyd ergibt. Thiamindiphosphat dient auch bei der komplexeren *Pyruvat-Dehydrogenase-* und der *2-Oxoglutarat-Dehydrogenase-Reaktion* als Coenzym. Diese Reaktionen sind Teil des Haupt-Oxidationsweges der Kohlenhydrate.

Riboflavin (Vitamin B_2) ist ein Bestandteil der Flavinnucleotide

Vitamin B_2 oder *Riboflavin* wurde zuerst aus Milch isoliert, die Strukturaufklärung und die Synthese gelang 1935. Seine intensive gelbe Farbe beruht auf dem komplexen Isoalloxazin-Ringsystem (Abb. 10-4). Später entdeckte man, daß Riboflavin ein Bestandteil zweier verwandter Coenzyme ist, *Flavinmononucleotid* (FMN) und

Riboflavin

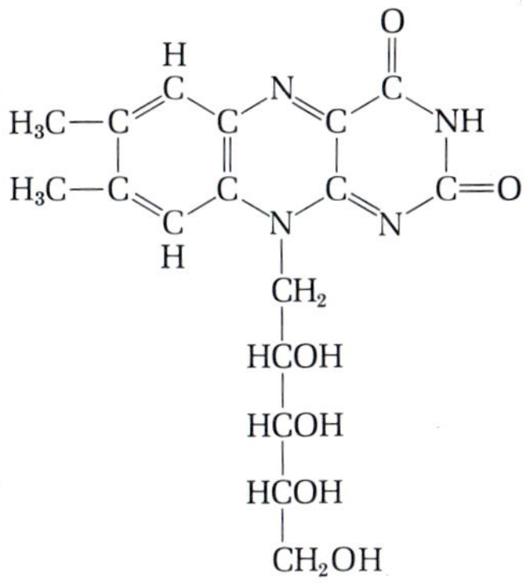

das Isoalloxazin-Ringsystem

Flavinmononucleotid (FMN). Die reaktive Gruppe ist farbig dargestellt.

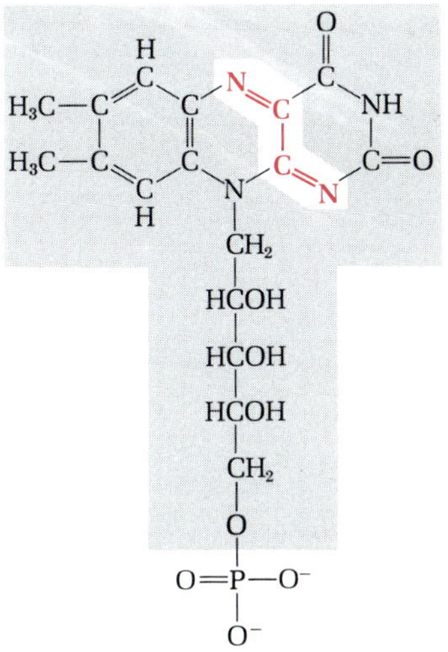

Flavinadenindinucleotid (FAD). Die reaktive Gruppe ist farbig dargestellt.

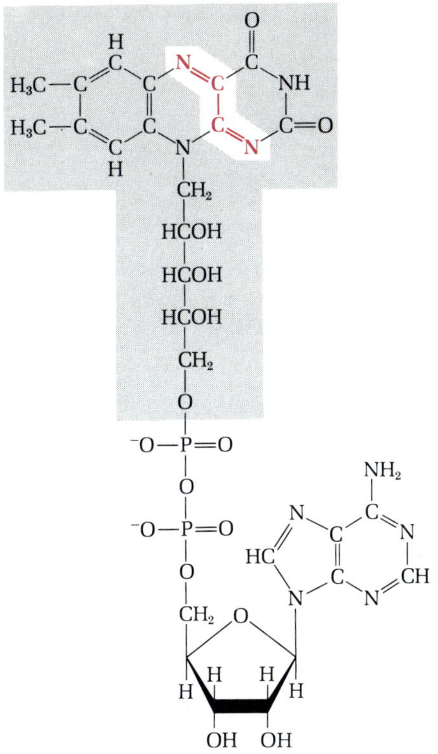

Abbildung 10-4
Riboflavin (Vitamin B_2) und seine Coenzymformen.

Flavin-adenin-dinucleotid (FAD). Beide Coenzyme sind in Abb. 10-4 dargestellt. Sie fungieren als festgebundene prosthetische Gruppen einer als *Flavoproteine* oder *Flavin-Dehydrogenasen* bekannten Klasse von Dehydrogenasen. In den durch diese Enzyme katalysierten Reaktionen dient der Isoalloxazinring der Flavinnucleotide als Zwischenträger eines Wasserstoffatompaares, das vom Substratmolekül abgespalten wurde (Abb. 10-5). Die *Succinat-Dehydrogenase*, die bereits besprochen wurde (S. 247) ist ein Beispiel einer Flavin-Dehydrogenase. Sie enthält als kovalent gebundene prosthetische Gruppe FAD und katalysiert die Reaktion:

$$\text{Succinat} + \text{E—FAD} \rightarrow \text{Fumarat} + \text{E—FADH}_2$$

bei der E-FAD das Succinat-Dehydrogenase-Molekül mit seinem gebundenem FAD darstellt. In den meisten anderen Flavin-Dehydrogenasen sind FMN oder FAD nicht kovalent gebunden. Einige Flavin-Dehydrogenasen enthalten auch Eisen oder andere Metalle als Teil ihrer aktiven Zentren.

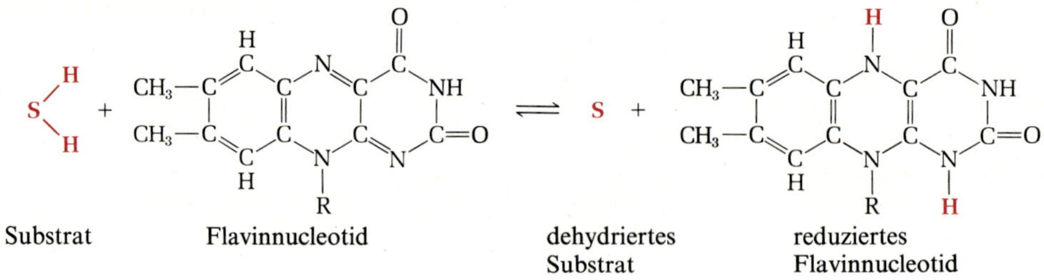

Abbildung 10-5
Der reversible Transfer eines H-Atompaares vom Substrat auf den Isoalloxazin-Ring des FMN oder FAD durch eine Flavin-Dehydrogenase. R kennzeichnet den Rest des Flavinnucleotids.

Nicotinamid ist die aktive Gruppe der Coenzyme NAD und NADP

Ein Mangel an *Nicotinsäure* (Abb. 10-6) bei der Ernährung führt beim Menschen zur Mangelerkrankung *Pellagra* (aus dem Italienischen: „rauhe Haut"). Pellagra kommt in vielen Regionen der Welt vor, in denen die Ernährung wenig Fleisch, Milch und Eier enthält und Mais als Hauptnahrungsmittel dient. Sowohl Nicotinsäure als auch sein Amid *Nicotinamid* sind bei der Vorsorge und Heilung von Pellagra wirksam. Da die Bezeichnung bei einigen Menschen den Eindruck erwecken könnte, daß Tabak nahrhaft sei, hat man der Nicotinsäure für den allgemeinen Gebrauch einen zweiten Namen gegeben: *Niacin*.

Nicotinamid ist ein Bestandteil der zwei verwandten Coenzyme *Nicotinamid-adenin-dinucleotid* (NAD) und *Nicotinamid-adenin-dinucleotid-phosphat* (NADP), die in Abb. 10-6 dargestellt sind.

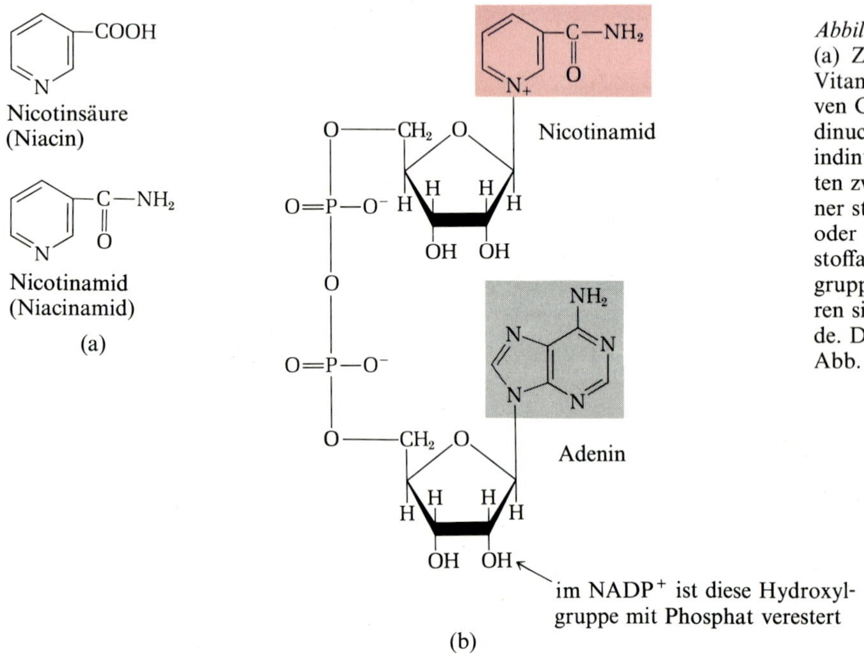

Abbildung 10-6
(a) Zwei Formen des Pellagra-verhütenden Vitamins und (b) die Strukturen seiner aktiven Coenzymformen: Nicotinamid-adenin-dinucleotid (NAD^+) und Nicotinamid-adenindinucleotidphosphat ($NADP^+$). Sie enthalten zwei Nucleotid-Einheiten, die je aus einer stickstoffhaltigen Base (Nicotinamid oder Adenin), einem Zucker mit 5 Kohlenstoffatomen (D-Ribose), und einer Phosphatgruppe bestehen. Die abgebildeten Strukturen sind die oxidierten Formen der Nucleotide. Die reduzierte Form von NAD wird in Abb. 10-7 wiedergegeben.

NADP besteht aus NAD und einer zusätzlichen Phosphatgruppe. Diese Coenzyme kommen in oxidierter (NAD^+ und $NADP^+$) und in reduzierter Form (NADH und NADPH) vor. Die Nicotinamid-Bestandteile dieser Coenzyme dienen als kurzzeitige Zwischenträger („carrier") eines *Hydrid-Ions*, das durch *Dehydrogenasen* enzymatisch vom Substratmolekül abgespalten wird (Abb. 10-7). Ein Beispiel einer solchen enzymatischen Reaktion ist die durch *Malat-Dehydrogenase* katalysierte Reaktion, durch die Malat in Oxalacetat umgewandelt wird. Die Reaktion ist ein Teilschritt bei der Oxidation von Kohlenhydraten und Fettsäuren. Die Malat-Dehydrogenase katalysiert die reversible Übertragung eines Hydrid-Ions vom Malat auf NAD^+ unter Bildung von NADH. Das andere Wasserstoffatom verläßt die Hydroxylgruppe des Malats und liegt als freies H^+-Ion vor:

$$\text{L-Malat} + NAD^+ \xrightleftharpoons{\text{Malat-Dehydrogenase}} \text{Oxalacetat} + NADH + H^+$$

Viele Dehydrogenasen dieser Art sind bekannt, von denen jede spezifisch für ein gegebenes Substrat ist. Einige können nur mit NAD^+ als Coenzym arbeiten, andere benötigen $NADP^+$ und einige wenige können sowohl mit dem einen als auch mit dem anderen Coenzym aktiv sein. In den meisten Dehydrogenasen ist NAD (oder NADP) nur vorübergehend während des katalytischen Cyclus an das Enzymprotein gebunden. Im anderen dagegen ist das Coenzym sehr fest gebunden und bleibt dauerhaft am aktiven Zentrum des Enzyms verankert.

Pantothensäure ist ein Bestandteil des Coenzyms A

Panthothensäure (Abb. 10-8) wurde erstmals 1938 durch Roger Williams (dem Bruder von Robert Williams, der die Thiaminstruktur aufklärte) aus Hefe- und Leberextrakten isoliert. Panthothensäure (*pan* bedeutet „überall") wurde in allen untersuchten Pflanzen- und Tiergeweben sowie in Mikroorganismen gefunden. Erst viele Jahre nach der Isolierung der Pantothensäure wurde ihre Coenzymfunktion von Fritz Lipmann und Nathan Kaplan nachgewiesen. Sie entdeckten einen hitzebeständigen Cofaktor, der für die ATP-abhängige enzymatische Acetylierung der Alkohole und Amine notwendig war. Bei der Isolierung und Identifizierung dieses Faktors – des

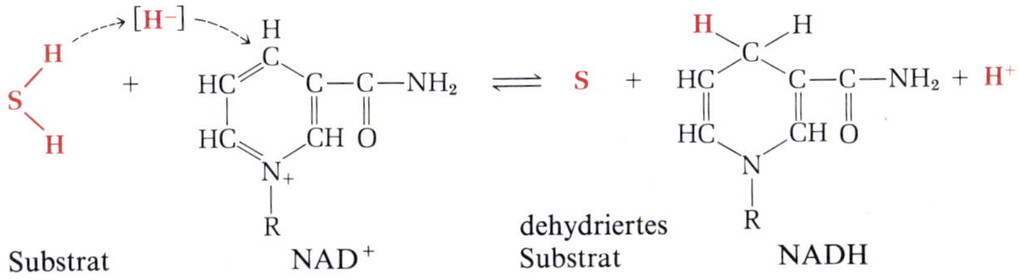

Abbildung 10-7
Allgemeine Übersicht über die Wirkungsweise von NAD^+ als Coenzym in enzymatischen Dehydrierungen. Das Substratmolekül und seine Reaktionsprodukte sind farbig dargestellt. Nur der Nicotinamid-Anteil des NAD^+ ist gezeigt, der Rest des NAD^+-Moleküls ist mit R bezeichnet.

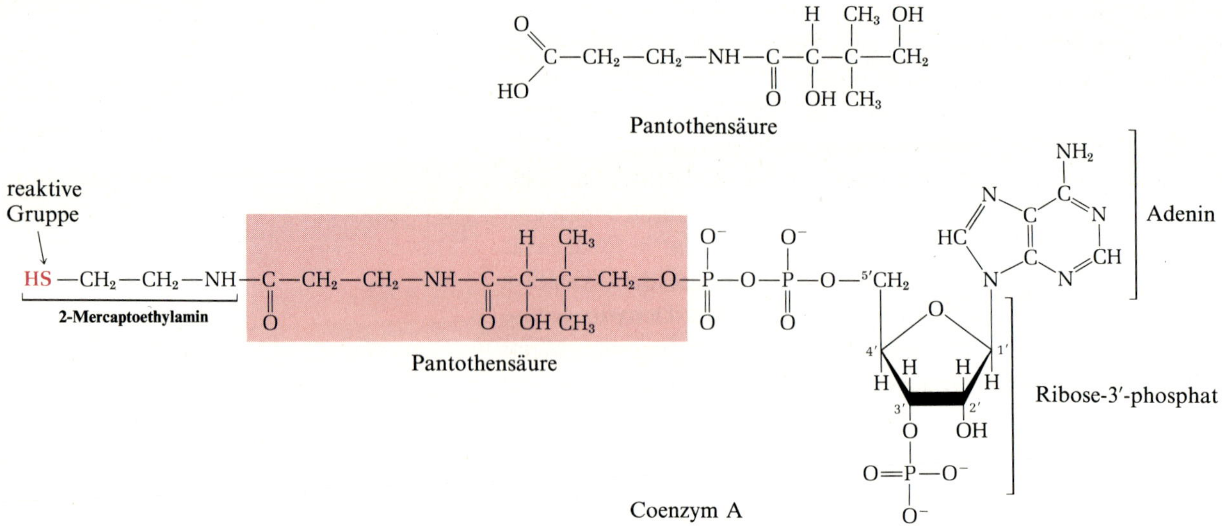

Pantothensäure

(Struktur: HOOC—CH₂—CH₂—NH—C(=O)—C(H)(OH)—C(CH₃)₂—CH₂—OH)

Coenzym A

reaktive Gruppe: HS—CH₂—CH₂—NH— (2-Mercaptoethylamin)
— C(=O)—CH₂—CH₂—NH—C(=O)—C(H)(OH)—C(CH₃)₂—CH₂—O—P(=O)(O⁻)—O—P(=O)(O⁻)—O—5'CH₂— (Pantothensäure, Diphosphat)
— Ribose-3'-phosphat — Adenin

Abbildung 10-8
Pantothensäure und Coenzym A.

Coenzyms A (A für Acetylierung) – entdeckten sie, daß er Pantothensäure in gebundener Form enthielt. Heute wissen wir, daß das Coenzym A eine viel größere Bedeutung besitzt, da es für viele verschiedene enzymatische Reaktionen notwendig ist, die nicht nur Acetylgruppen, sondern Acylgruppen generell betreffen. Das Coenzym A (als CoA oder CoA-SH abgekürzt) ist ein Zwischenträger für Acylgruppen.

Das Coenzym-A-Molekül (Abb. 10-8) besitzt eine reaktive Thiol-(SH-) Gruppe, an die Acylgruppen kovalent gebunden werden und somit während der Acylgruppen-Übertragungsreaktionen Thioester bilden. *Thioester* sind Ester, in denen *Thiole* (als R-SH symbolisiert) an die Stelle der Alkohole (R-OH) getreten sind. Abb. 10-9 zeigt die Wirkungsweise der Thiolgruppe des Coenzyms A als Acylgruppen-Carrier. In der ersten Reaktion in Abb. 10-9 wird Acetyl-CoA während der oxidativen Decarboxylierung von Pyruvat durch den *Pyruvat-Dehydrogenase-Komplex* gebildet. In der zweiten Reaktion wird die Acetylgruppe des Acetyl-CoA auf Oxalacetat übertragen, unter Bildung von Citrat durch die *Citrat-Synthase* (Abb. 10-9).

Abbildung 10-9
Die Aufgabe von Coenzym A bei den Pyruvat-Dehydrogenase- und Citrat-Synthase-Reaktionen. Die transferierte Acetylgruppe ist farbig dargestellt.

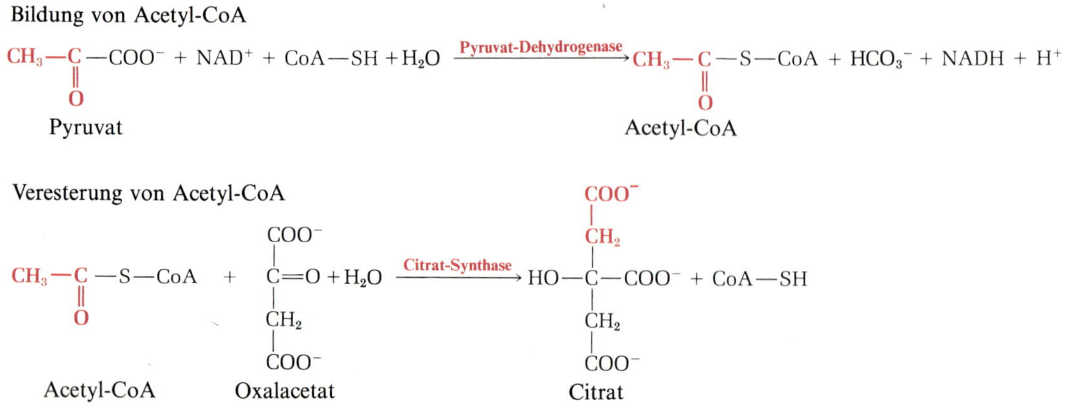

Bildung von Acetyl-CoA

$$CH_3-C(=O)-COO^- + NAD^+ + CoA-SH + H_2O \xrightarrow{\text{Pyruvat-Dehydrogenase}} CH_3-C(=O)-S-CoA + HCO_3^- + NADH + H^+$$

Pyruvat → Acetyl-CoA

Veresterung von Acetyl-CoA

$$CH_3-C(=O)-S-CoA + \begin{array}{c} COO^- \\ | \\ C=O \\ | \\ CH_2 \\ | \\ COO^- \end{array} + H_2O \xrightarrow{\text{Citrat-Synthase}} \begin{array}{c} COO^- \\ | \\ CH_2 \\ | \\ HO-C-COO^- \\ | \\ CH_2 \\ | \\ COO^- \end{array} + CoA-SH$$

Acetyl-CoA   Oxalacetat   Citrat

Die zweite Reaktion ist die erste Reaktion des *Citratcyclus*, dem zentralen Weg des oxidativen Abbaus der Kohlenhydrate und Fettsäuren in aeroben Zellen (Kapitel 16).

Pyridoxin (Vitamin B$_6$) ist für den Stoffwechsel der Aminosäuren wichtig

Die Vitamin-B$_6$-Gruppe besteht aus drei nahe verwandten Verbindungen *Pyridoxin, Pyridoxal* und *Pyridoxamin* (Abb. 10-10), die biologische leicht ineinander überführbar sind. Die aktive Form des

aktive Formen des Vitamins B$_6$

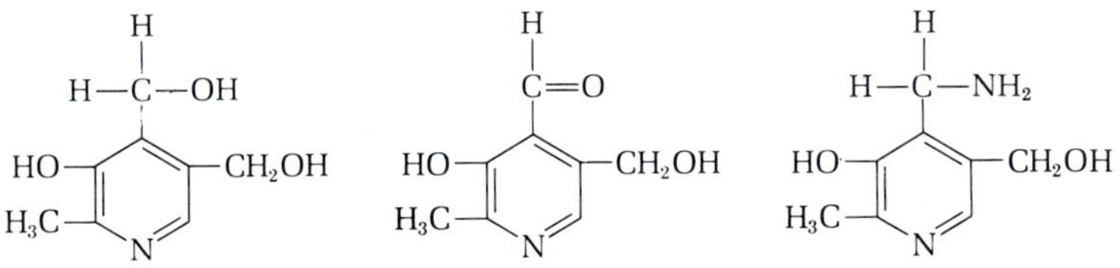

Pyridoxin   Pyridoxal   Pyridoxamin

Coenzymformen des Vitamins B$_6$

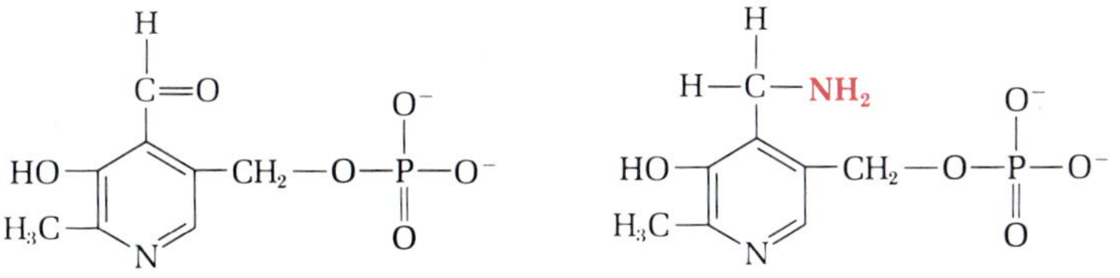

Pyridoxalphosphat, die Amino-   Pyridoxaminphosphat, die Amino-
gruppenaufnehmende Form   gruppenabgebende Form

Eine Transaminierungs-Reaktion, bei der Pyridoxalphosphat als Aminogruppen-Zwischenträger am aktiven Zentrum des Enzyms fungiert. Die Reaktion ist in zwei Schritten dargestellt. Die Transaminase mit ihrer prosthetischen Gruppe ist als: E—φ—C—H und E—φ—C—H bezeichnet.

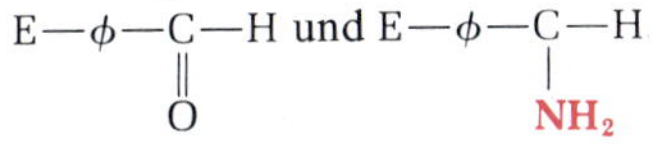

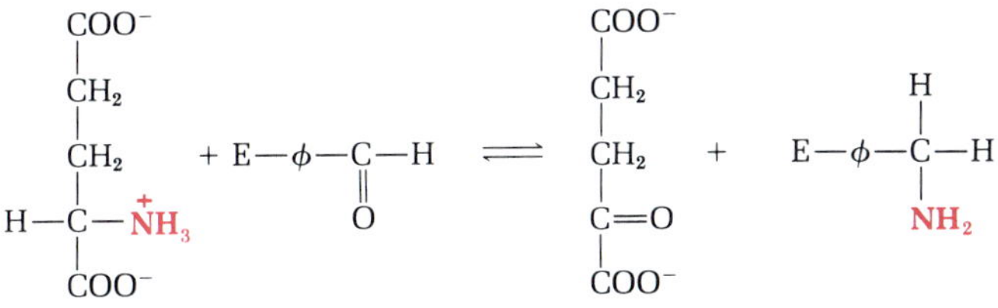

Glutamat   2-Oxoglutarat

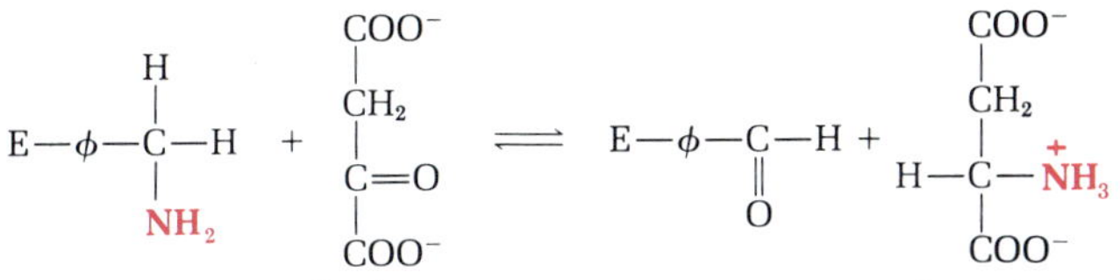

            Oxalacetat   Aspartat

Abbildung 10-10
Aktive Formen des Vitamins B$_6$, seine Coenzymformen und die Transaminase-Reaktion.

Vitamins B_6 ist *Pyridoxalphosphat*, das auch in seiner Aminoform, *Pyridoxaminphosphat*, vorkommt. Pyridoxalphosphat dient als die fest gebundene prosthetische Gruppe einer Reihe von Enzymen, die Umwandlungen von Aminosäuren katalysieren. Die häufigsten und bekanntesten dieser Reaktionen sind *Transaminierungen*, bei denen die Aminogruppe einer α-Aminosäure reversibel auf das α-Kohlenstoffatom einer α-Ketosäure (2-Oxosäure) übertragen wird (Abb. 10-10). Bei derartigen Reaktionen, die von *Aminotransferasen* (auch *Transaminasen* genannt) katalysiert werden, dient das fest gebundene Pyridoxalphosphat als kurzzeitiger Carrier der Aminogruppe von seinem Donator – der α-Aminogruppe – zu dem Aminogruppenakzeptor – der 2-Oxosäure. Im katalytischen Cyclus der Aminotransferasen wird die Aminogruppe des hinzukommenden α-Aminosäuresubstrats auf das enzymgebundene Pyridoxalphosphat übertragen. Das resultierende Aminoderivat des Coenzyms – Pyridoxaminphosphat – gibt nun seine Aminogruppe an das zweite Substrat, die 2-Oxosäure, ab, und das Coenzym liegt nun wieder in seiner Pyridoxalphosphat-Form vor. Solche Transaminierungen können von vielen verschiedenen Aminosäuren zum *2-Oxoglutarat* verlaufen. 2-Oxoglutarat wirkt als Aminogruppenakzeptor und geht in *Glutaminsäure* über, einen zentralen Metaboliten des Aminogruppenstoffwechsels.

Aminotransferasen katalysieren typischerweise *Doppel-Verdrängungs-* oder *Pingpong-Reaktionen* (S. 241). Beachten Sie, daß die Aminogruppe des ersten Substrats (der Aminosäure) auf das Coenzym übertragen wird, gefolgt von der Abspaltung der resultierenden 2-Oxosäure, bevor das zweite Substrat (die hinzukommende neue 2-Oxosäure) gebunden wird. Die Aminogruppe wird dann von Pyridoxaminphosphat auf das zweite Substrat übertragen.

Biotin ist der aktive Bestandteil des Biocytins, der prosthetischen Gruppe einiger carboxylierender Enzyme

1935 isolierte der holländische Biochemiker Frits Kögl aus 250 kg getrocknetem Eigelb etwa 1 mg eines Wachstumsfaktors in kristalliner Form, der sowohl von Hefezellen als auch von Ratten, die mit viel rohem Eiweiß ernährt wurden, benötigt wird. Der neue Wachstumsfaktor wurde *Biotin* genannt. Obwohl Eier Biotin enthalten, kann der Konsum großer Mengen von ungekochtem Eiklar bei Tieren zu Biotinmangel führen. Dieses Paradoxon beruht auf der Tatsache, daß Eiklar ein Protein enthält, das *Avidin*, das Biotin sehr fest bindet, so daß es im Darm nicht resorbiert werden kann.

In biotinabhängigen Enzymen ist das Biotinmolekül kovalent an das Enzymprotein gebunden, usw. ist eine Amidbindung des Biotins mit der ε-Aminogruppe eines spezifischen Lysinrestes im aktiven

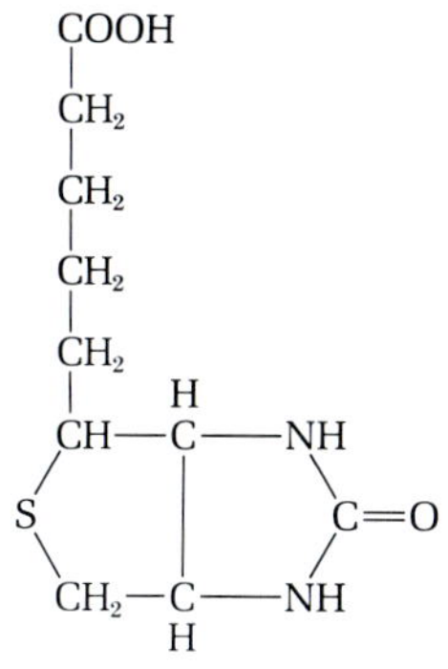

Kapitel 10 Die Rolle von Vitaminen und Spurenelementen

Biotin

Das *N*-Carboxy-Derivat des Biocytins, das als Zwischenprodukt in Biotin-abhängigen Carboxylierungs-Reaktionen gebildet wird. Nur das Ringsystem des Biocytins ist dargestellt.

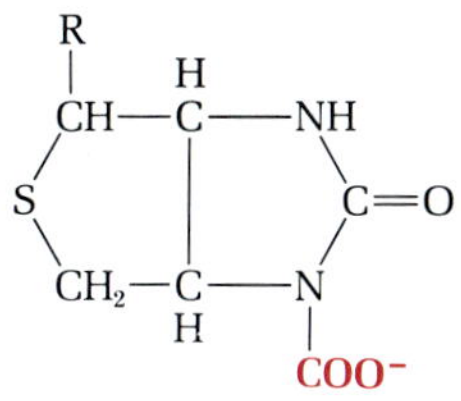

Biocytin (Biotinyllysin-Rest). Die reaktive Gruppe ist farbig eingezeichnet.

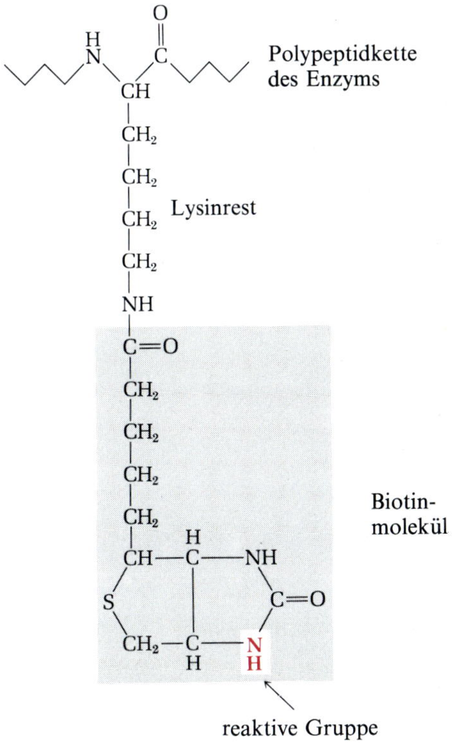

Die Carboxylierung von Pyruvat zu Oxalacetat ist ein wichtiger Schritt bei der Biosynthese der Glucose aus Pyruvat. Er wird durch Pyruvat-Carboxylase, einem Biotin-abhängigen Enzym, katalysiert.

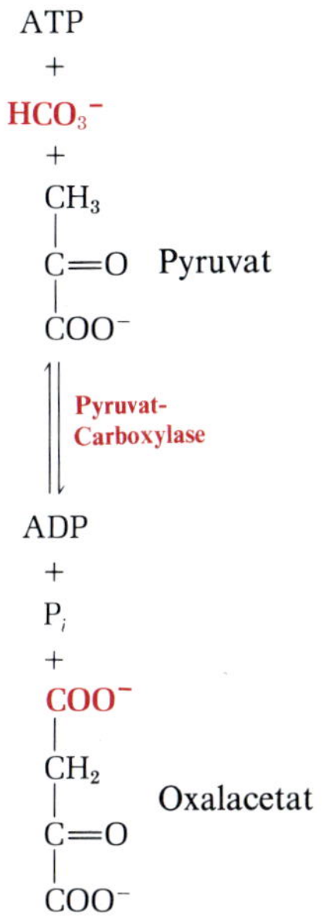

Polypeptidkette des Enzyms

Lysinrest

Biotinmolekül

reaktive Gruppe

$$\text{ATP} + \text{HCO}_3^- + \text{Pyruvat} \xrightleftharpoons[\text{Carboxylase}]{\text{Pyruvat-}} \text{ADP} + P_i + \text{Oxalacetat}$$

Abbildung 10-11
Biotin und seine aktive Form, Biocytin, die prosthetische Gruppe einiger caboxylierender Enzyme.

Zentrum des Enzyms verknüpft. Der *Biotinyllysin-Rest* wird Biocytin genannt, er kann aus biotinhaltigen Enzymen nach Säure- oder enzymatischer Hydrolyse isoliert werden (Abb. 10-11). Biotin ist Zwischenträger einer Carboxyl-($-COO^-$)Gruppe bei einer Reihe enzymatischer Carboxylierungsreaktionen, die ATP benötigen. Die Carboxylgruppe wird vorübergehend an einem Stickstoffatom im

288 Teil I Biomoleküle

Folsäure

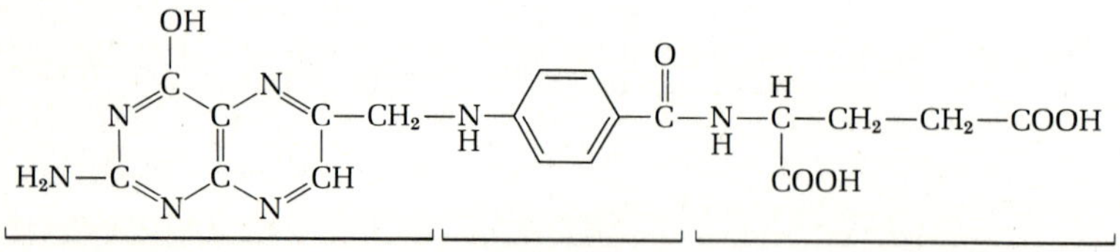

[Strukturformel: Pteridin-Derivat — 4-Aminobenzoesäure — Glutaminsäure]

Abbildung 10-12
Folsäure, ihre Coenzymform: Tetrahydrofolat und Methylentetrahydrofolat. Die Methylengruppe ist eine von fünf verschiedenen C_1-Gruppen, die durch Tetrahydrofolat übertragen werden können.

Tetrahydrofolat, die Coenzymform der Folsäure.
Die vier hinzugefügten Wasserstoffatome sind farbig dargestellt.

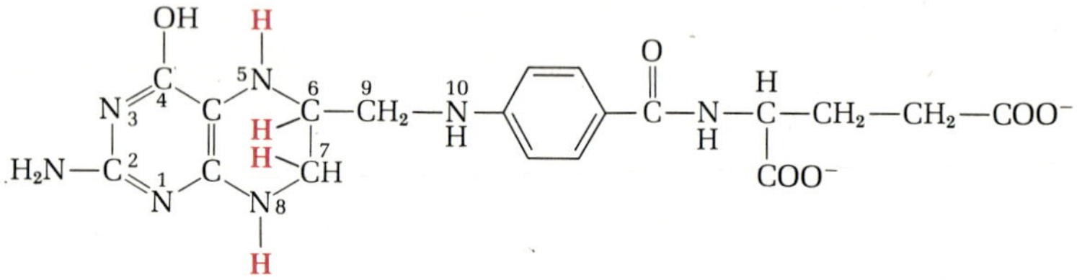

N^5,N^{10}-Methylentetrahydrofolat. Die übertragene Methylengruppe ist farbig dargestellt.

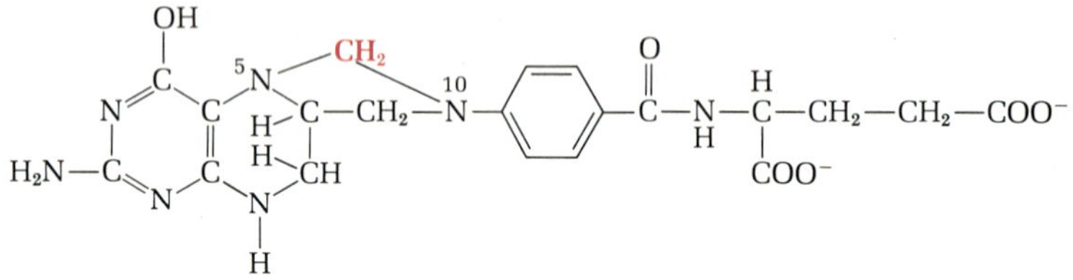

Die C_1-Gruppen, die von Tetrahydrofolat-abhängigen Enzymen transferiert werden.

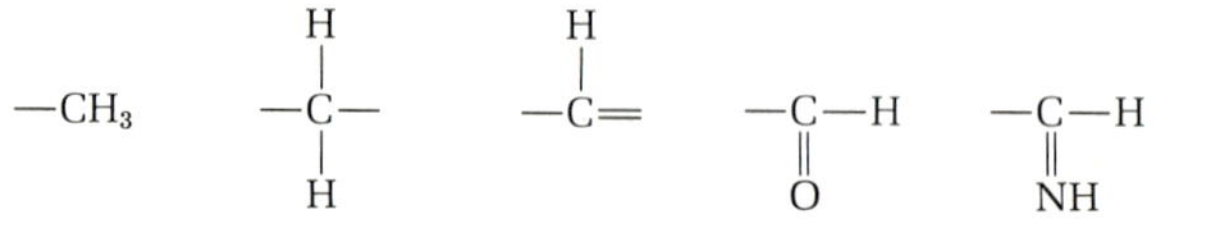

| —CH$_3$ | Methylen | Methenyl | Formyl | Formimino |

Methyl   Methylen   Methenyl   Formyl   Formimino

Doppelringsystem des Biotins befestigt. Ein Beispiel einer biotinabhängigen Carboxylierungs-Reaktion ist die durch *Pyruvat-Carboxylase* katalysierte Reaktion, bei der Pyruvat zu Oxalacetat carboxyliert wird (Abb. 10-11).

Folsäure ist die Vorstufe des Coenzyms Tetrahydrofolsäure

Folsäure (lateinisch: folium – Blatt), wurde erstmals aus Spinatblättern isoliert, besitzt jedoch eine sehr große biologische Verbreitung. Ihre drei Hauptbestandteile sind: *Glutaminsäure, 4-Aminobenzoesäure* und ein Derivat der heterocyclischen Ringverbindung *Pteridin*

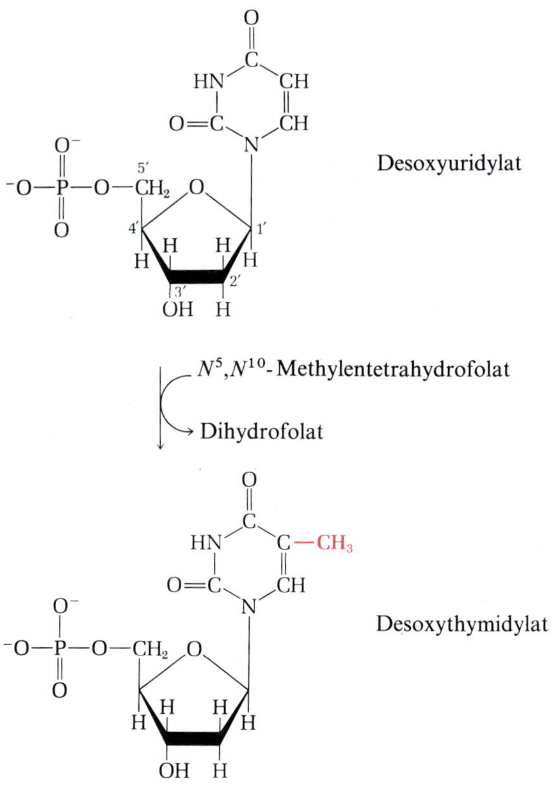

Abbildung 10-13
Die Rolle von N^5, N^{10}-Methylentetrahydrofolat (Abb. 10-12) als Methylgruppen-Donator bei der enzymatischen Bildung von Thymidylsäure, einem Baustein der DNA. Die eingefügte Methylgruppe ist farbig dargestellt.

(Abb. 10-12). Ein Mangel an Folsäure – auch als *Pteroyl-L-glutaminsäure* bekannt – führt zu einer Anämie, bei der sich die roten Blutkörperchen nicht richtig entwickeln. Die Folsäure besitzt selbst keine Coenzymaktivität. Sie wird jedoch in den Geweben enzymatisch zu ihrer aktiven Coenzymform – *Tetrahydrofolsäure* (FH_4) – reduziert. Tetrahydrofolat dient als mittelbarer Überträger von C_1-Gruppen in einer Reihe komplexer enzymatischer Reaktionen, in denen *Methyl-*($-CH_3$), *Methylen-* ($-CH_2$), *Methenyl-*($-CH=$), *Formyl-* ($-CHO$) oder *Formimino-*($-CH=NH$)gruppen von einem Molekül zum anderen übertragen werden (Abb. 10-12). Ein Beispiel einer derartigen Reaktion wird in Abb. 10-13 wiedergegeben.

Die Reduktion des Vitamins Folsäure zu ihrer aktiven Form Tetrahydrofolat geschieht in zwei Teilschritten, bei denen zwei aufeinanderfolgende Wasserstoffatompaare addiert werden. Die durch *Dihydrofolat-Reduktase* katalysierte Reaktion wird von bestimmten Medikamenten, die bei der Behandlung einiger Krebsarten eingesetzt werden, stark gehemmt. Da Tetrahydrofolat ein essentielles Coenzym bei der Biosynthese von *Thymidylsäure* – einem Nucleotidbaustein der DNA – ist, hemmen diese Medikamente die DNA-Replikation in den dafür empfindlichen Krebszellen.

Einige Bakterien benötigen keine vorgefertigte Folsäure als Wachstumsfaktor. Wenn 4-Aminobenzoesäure – ein Bestandteil der

Folsäure – zur Verfügung steht, können sie sie selbst herstellen. 4-Aminobenzoesäure ist daher für diese Bakterien ein Vitamin. Dies war eine wertvolle Entdeckung, denn sie führte zum Verständnis der Wirkungsweise von *Sulfonamiden*, einer Gruppe wichtiger Medikamente, die das Wachstum pathogener Bakterien hemmen, die 4-Aminobenzoesäure benötigen. Abb. 10-14 zeigt die große strukturelle Ähnlichkeit zwischen 4-Aminobenzoat und Sulfanilamid, das bei der enzymatischen Synthese der Folsäure mit 4-Aminobenzoat konkurriert.

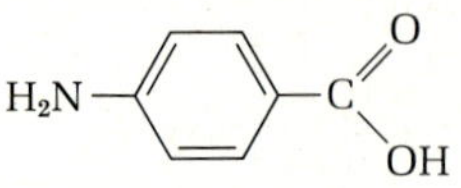

4-Aminobenzoesäure

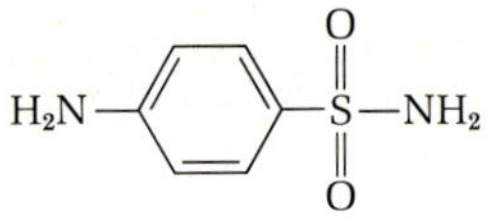

Sulfanilamid

Abbildung 10-14
Strukturelle Ähnlichkeit zwischen der 4-Aminobenzoesäure und dem Sulfanilamid, einem kompetitiven Inhibitor des Enzymsystems, das 4-Aminobenzoat in die Folsäure einbaut.

Vitamin B_{12} ist die Vorstufe des Coenzyms B_{12}

Vitamin B_{12} – das komplexeste aller Vitamine – hat eine außergewöhnliche Geschichte. 1926 entdeckten zwei amerikanische Ärzte, George Minot und William Murphy, daß große Mengen nicht ganz gar gekochter Leber in der Nahrung von Patienten mit perniziöser Anämie heilend wirken. Perniziöse Anämie ist eine komplexe und

In der Coenzymform des Vitamins B_{12}, die auch als Adenosylcobalamin (oder als Coenzym B_{12}) bezeichnet wird, wird die Cyanogruppe (farbig) durch die oben abgebildete 5′-Desoxyadenosyl-Gruppe ersetzt.

5′-Desoxyadenosyl-Gruppe des Coenzyms B_{12}

Vitamin B_{12} (Cyanocobalamin)

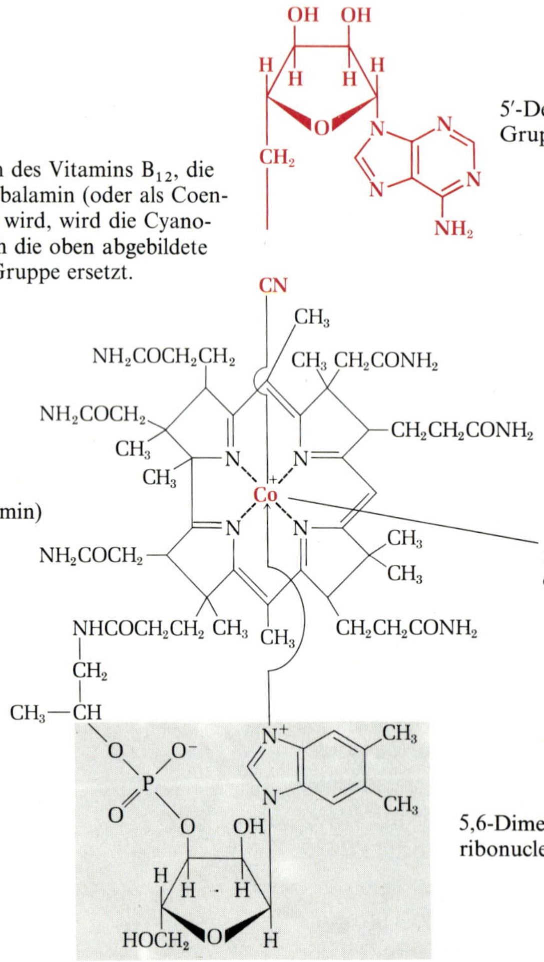

das Corrin-ringsystem

reaktives Zentrum des Coenzyms B_{12}

5,6-Dimethylbenzimidazol-ribonucleotid

Abbildung 10-15
Vitamin B_{12} und seine Coenzymform.

häufig tödliche Krankheit, für die keine Entsprechung im Tierreich bekannt ist. Bis in die späten vierziger Jahre wurde kein Fortschritt bei der Isolierung des Antiperniziosafaktors aus der Leber gemacht, bis Mary Shorb eine Bakterienspezies identifizierte, die diesen Faktor als Wachstumsfaktor benötigt. Die Stimulierung des Wachstums dieses Organismus konnte für einen schnellen und einfachen Test für diesen Faktor verwendet werden. Vitamin B_{12} wurde 1948 von E. Lester Smith in England und von Edward Rickes und Karl Folkers in den Vereinigten Staaten in kristalliner Form isoliert. Es dauerte jedoch noch weitere 10 Jahre, um die sehr komplexe Struktur (Abb. 10-15) zu bestimmen. Dies geschah schließlich durch Röntgenbeugungsanalyse.

Vitamin B_{12} ist einzigartig unter allen Vitaminen, da es nicht nur ein komplexes organisches Molekül ist, sondern auch ein essentielles Spurenelement – *Cobalt* – enthält. In üblicher Weise isoliertes Vitamin B_{12} wird als *Cyanocobalamin* bezeichnet, wegen seiner an Cobalt angelagerten Cyanogruppe. Das komplexe *Corrinringsystem* des Vitamins B_{12} (Abb. 10-15), an das Cobalt angelagert wird, ist chemisch dem Porphyrinringsystem im Häm und den Hämproteinen verwandt (S. 191). In der Coenzymform des Vitamins B_{12} – *5'-Desoxyadenosylcobalamin* – wird die Cyanogruppe durch die *5'-Desoxyadenosylgruppe* ersetzt (Abb. 10-15).

Vitamin B_{12} wird weder von Pflanzen noch von Tieren hergestellt und kann nur von wenigen Mikroorganismen synthetisiert werden. Es wird von gesunden Menschen nur in winzigen Mengen – etwa 3 µg pro Tag – benötigt. Seine komplexe Rolle bei der Heilung perniziöser Anämie wird in Kapitel 26 beschrieben.

Coenzym-B_{12}-abhängige Enzyme besitzen die gemeinsame Fähigkeit, einen Austauschvorgang durchzuführen, bei dem ein Wasserstoffatom von einem Kohlenstoffatom zu einem benachbarten verlagert wird, und gleichzeitig eine Alkyl-, Carboxyl-, Hydroxyl- oder Aminogruppe auf die ursprüngliche Position des Wasserstoffatoms umgesetzt wird, wie aus Abb. 10-16 zu ersehen ist. Außerdem ist in dieser Abbildung eine der charakteristischen Reaktionen wiedergegeben, bei der das Coenzym B_{12} oder Cobamid als essentieller Cofaktor dient. *Methylcobalamin* – eine weitere Coenzymform des Vitamins B_{12} – nimmt an einigen enzymatischen Reaktionen teil, die zu einem Methylgruppen-Transfer führen.

Die 1,2-Verlagerung eines Wasserstoffatoms im Austausch gegen eine Gruppe X, die durch Coenzym-B_{12}-abhängige Enzyme katalysiert wird.

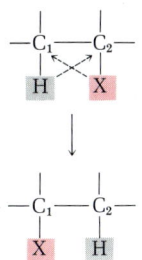

Eine durch die Methylaspartat-Mutase katalysierte Coenzym-B_{12}-Reaktion. Beachten Sie den Austausch der H- und X-Gruppen zwischen benachbarten Kohlenstoffatomen.

Abbildung 10-16
Reaktionen, für deren Ablauf die Coenzymformen des Vitamins B_{12} notwendig sind.

Die biochemische Funktion des Vitamins C (Ascorbinsäure) ist nicht bekannt

Obwohl seit etwa 1790 bekannt ist, daß ein Faktor der Zitrusfrüchte den Skorbut verhindern kann, wurde dieser Faktor erst 1933 isoliert und identifiziert, als C. Glen King und W. A. Waugh in den Vereinigten Staaten den Anti-Skorbut-Faktor aus Zitronensaft isolierten.

Die Aufklärung seiner Struktur folgte bald danach (Abb. 10-17). Ascorbinsäure kommt in allen tierischen Geweben und in höheren Pflanzen vor. Sie muß in der Nahrung des Menschen und im Futter einiger weniger anderer Wirbeltiere vorhanden sein. Die meisten Tiere und wahrscheinlich alle Pflanzen können Ascorbinsäure aus Glucose synthetisieren. Ascorbinsäure kommt nicht in Mikroorganismen vor und wird von ihnen auch nicht benötigt.

Ascorbinsäure scheint als Cofaktor bei der enzymatischen Hydroxylierung von Prolinresten des Collagens im Bindegewebe der Wirbeltiere zu wirken, wobei 4-Hydroxyprolinreste (Abb. 5-7) gebildet werden. Hydroxyprolinreste kommen nur in Collagen (S. 175), aber in keinen anderen tierischen Proteinen vor. Obwohl Ascorbinsäure daher offenbar bei der Bildung und Erhaltung eines Hauptbestandteils des Bindegewebes höherer Tiere eine Rolle spielt, ist ungewiß, ob dies die einzige oder auch nur die Hauptfunktion dieses Vitamins ist.

L-Ascorbinsäure L-Dehydroascorbinsäure

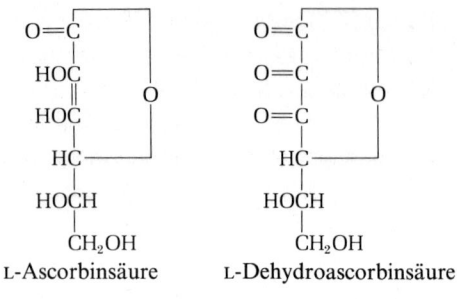

Abbildung 10-17
Ascorbinsäure (Vitamin C). Ihr Oxidationsprodukt, die Dehydroascorbinsäure, ist zwar biologisch aktiv, sie ist jedoch sehr instabil und zerfällt leicht.

Die fettlöslichen Vitamine sind Isoprenderivate

Die vier fettlöslichen Vitamine (A, D, E und K) werden biologisch aus *Isopreneinheiten gebildet. Isopren ist ein Kohlenwasserstoff aus 5 C-Atomen, der auch als 2-Methylbutadien* (Abb. 10-18) bezeichnet wird und ein Baustein vieler natürlich vorkommender öliger, fettiger oder gummiartiger Substanzen pflanzlichen Ursprungs ist. Natürlicher Gummi und Guttapercha, das zur Beschichtung von Golfbällen verwendet wird, sind Polymere des Isoprens. Um die Zusammensetzung der vier fettlöslichen Vitamine aus Isopreneinheiten zu zeigen, sind diese in den betreffenden Strukturformeln gekennzeichnet, wie z. B. bei der Struktur des Vitamins A (Abb. 10-19).

Die biochemischen bzw. Coenzymfunktionen der fettlöslichen Vitamine sind lange Zeit unklar gewesen, doch konnten inzwischen erhebliche Fortschritte bei der Aufklärung gemacht werden. Eine bemerkenswerte Eigenschaft fettlöslicher Vitamine ist die Möglichkeit, in großen Mengen im Körper gespeichert zu werden, weshalb ihr vollständiges Fehlen in der Nahrung viele Monate lang nicht erkennbar ist.

Isopren

Kopf-an-Schwanz-Anordnung der Isopren-Einheiten (durch farbige, gestrichelte Linien getrennt)

Schwanz-an-Schwanz-Anordnung

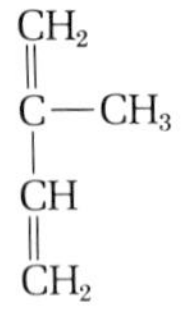

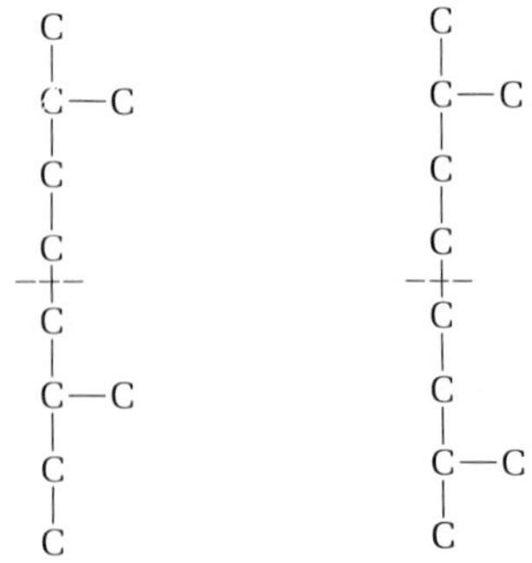

Abbildung 10-18
Isopren, die Struktureinheit der Isoprenoid-Verbindungen.

Vitamin A hat wahrscheinlich mehrere Funktionen

Vitamin A wurde erstmals 1915 als essentieller Ernährungsfaktor von Elmer McCollum entdeckt und später aus Fischleberölen isoliert. Es gibt zwei natürliche Formen: Vitamin A_1 oder *Retinol*, das aus der Leber von Salzwasserfischen, und Vitamin A_2, das aus der Leber von Süßwasserfischen gewonnen wird (Abb. 10-19). Beide sind Alkohole mit 20 C-Atomen, die aus Isopreneinheiten aufgebaut sind. Vitamin A kommt nicht in Pflanzen vor, doch enthalten viele

Pflanzen isoprenoide Verbindungen, die als *Carotinoide* bekannt sind und die enzymatisch von den meisten Tieren in Vitamin A umgewandelt werden können. Abb. 10-19 zeigt, wie Vitamin A durch Spaltung von *β-Carotin* entsteht, das Karotten, Süßkartoffeln und anderen gelben Gemüsesorten ihre charakteristische Färbung verleiht.

Ein Mangel an Vitamin A führt bei Menschen und Versuchstieren zu einer Reihe charakteristischer, aber auch sehr verschiedenartiger Symptome. Zu diesen Symtomen gehören trockene Haut, Xerophthalmie („trockene Augen"), trockene Schleimhäute, Entwicklungs- und Wachstumsverzögerung, Sterilität bei männlichen Tieren und Nachtblindheit – ein frühes Symptom, das häufig zur Diagnose von Vitamin-A-Mangel beim Menschen verwendet wird (S. 850).

Mit Hilfe intensiver biochemischer und biophysikalischer Untersuchungen, die als erster George Wald an der Harvard University durchführte, sind wir heute im Besitz umfassender Informationen über die Funktion des Vitamins A beim Sehvorgang. Abb. 10-20 skizziert den *Sehcyclus* in den Stäbchenzellen der Retina. Diese Zellen registrieren geringe Lichtstärken, jedoch keine Farben. Beim Sehcyclus ist eine oxidierte Form des Retinols – *Retinal* oder *Vitamin-A-aldehyd* – die aktive Komponente, die an ein Protein, das *Opsin*, gebunden ist. Der Retinal-Opsin-Komplex, der als *Rhodopsin* bezeichnet wird, ist in den intrazellulären Membranen der Stäbchenzellen lokalisiert. Wird Rhodopsin durch sichtbares Licht angeregt, so wird Retinal, in dem die Doppelbindung an Position 11 in der *cis*-Form vorliegt (die übrigen Doppelbindungen haben) *trans*-Konfiguration, einer Reihe sehr komplexer schneller molekularer Veränderungen unterworfen und schließlich zu all-*trans*-Retinal isomeri-

Vitamin A_1

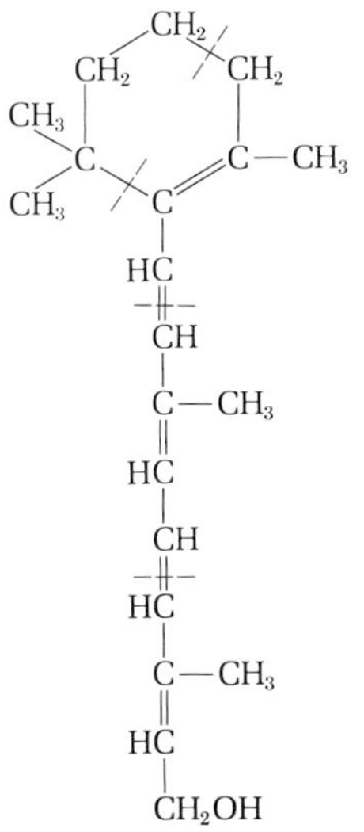

β-Carotin, eine Vorstufe des Vitamins A in Pflanzen

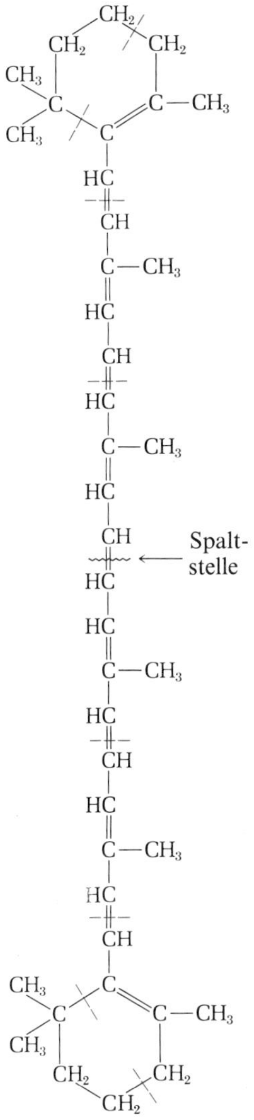

Abbildung 10-19
Vitamin A und seine Vorstufe β-Carotin. Die Struktur-Einheiten des Isoprens sind durch farbige, gestrichelte Linien abgeteilt. Die Spaltung von β-Carotin ergibt zwei Vitamin-A-Moleküle. Diese Reaktion findet im Dünndarm statt.

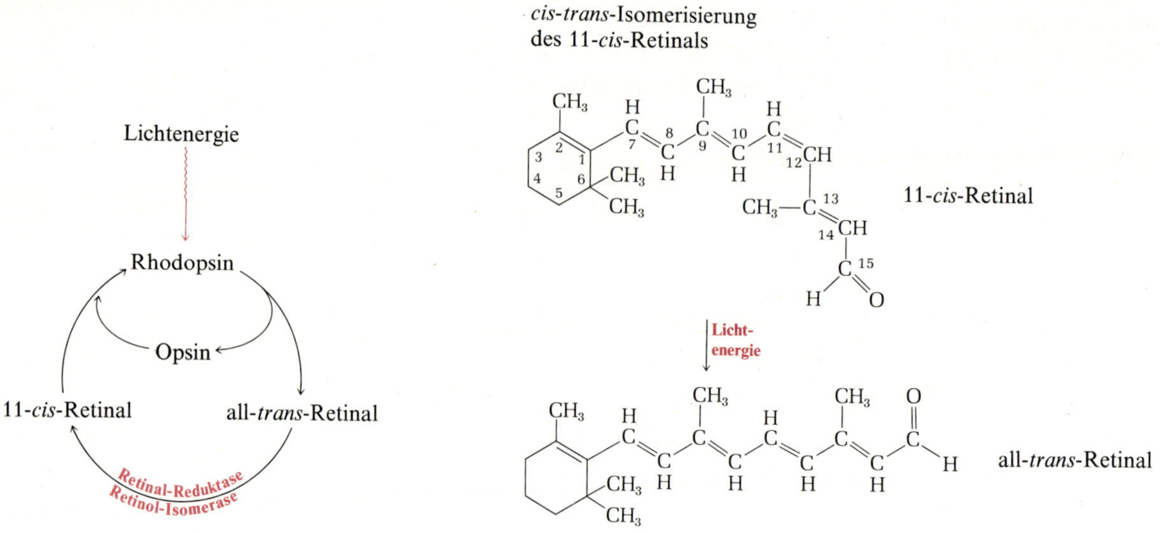

cis-trans-Isomerisierung
des 11-*cis*-Retinals

Abbildung 10-20
Der Sehcyclus. Wird ein Rhodopsinmolekül durch sichtbares Licht angeregt, so wird seine prosthetische Gruppe, 11-*cis*-Retinal, die Lichtenergie aufnimmt, in mehreren Schritten zum all-*trans*-Retinal isomerisiert, ein Vorgang, der den Nervenimpuls auslöst. Das all-*trans*-Retinal paßt nun nicht mehr in das aktive Zentrum des Opsin-Proteins und verläßt dieses. Durch zwei aufeinander folgende Reaktionen wird das all-*trans*-Retinal wieder in 11-*cis*-Retinal umgewandelt, das sich wiederum an Opsin bindet, so daß Rhodopsin entsteht.

siert. Diese Umwandlung der geometrischen Konfiguration des Retinals (Abb. 10-20) scheint von einer Veränderung der Gestalt des gesamten Rhodopsinmoleküls begleitet zu werden. Dieser Vorgang ist ein „molekularer Auslöser" oder „Trigger", der in den Endungen des Sehnerven einen Impuls entstehen läßt, der dann an das Gehirn weitergeleitet wird. Das während der Belichtung gebildete all-*trans*-Retinal wird dann enzymatisch durch die „Dunkel"-Reaktionen zu 11-*cis*-Retinal zurückgebildet.

Retinal ist auch im *Bakteriorhodopsin* enthalten, einem lichtempfindlichen purpurnen Retinal-Protein-Komplex in der Zellmembran der *Halobakterien*. Diese sind Prokaryoten, die in einer salzhaltigen Umgebung leben können und die einen großen Teil ihrer Energie aus Licht gewinnen, das mit Hilfe dieses Pigmentes absorbiert wird (Kapitel 17).

Vitamin D ist die Vorstufe eines Hormons

Ein Vitamin-D-Mangel führt zu abnormalem Calcium- und Phosphatstoffwechsel und zu Störungen der Knochenbildung, wie z.B. bei der Kinderkrankheit *Rachitis*, die unter anderem zu O-Beinen und Hühnerbrust führt. *Vitamin D_3* oder *Cholecalciferol* (Abb. 10-21) wird normalerweise in der Haut des Menschen und der Tiere aus einer inaktiven Vorstufe, dem *7-Dehydrocholesterin*, gebildet. Diese Umwandlung wird durch ultraviolette Anteile des Sonnenlichtes gefördert. Cholecalciferol kommt auch in erheblicher Menge in Fischleberölen vor. Die andere häufige Form ist das *Vitamin D_2* oder *Ergocalciferol*, ein kommerzielles Produkt, das durch ultraviolette Bestrahlung des *Ergosterins* der Hefe hergestellt wird. Vom Menschen wird zusätzliches Vitamin D nicht benötigt, solange die Haut genügend Sonnenlicht erhält.

Bildung von Vitamin D in Tieren.

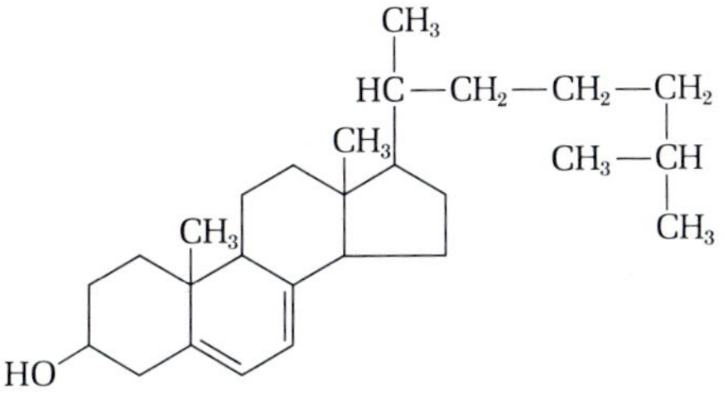

7-Dehydrocholesterin

Bestrahlung der Haut

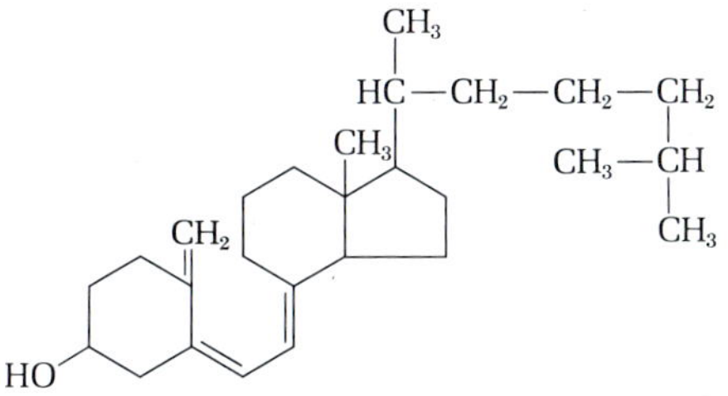

Vitamin D_3 (Cholecalciferol)

Vitamin D_2 (Ergocalciferol), ein kommerziell erhältliches Produkt, das durch Bestrahlung von Ergosterol in Hefe und anderen Pilzarten gebildet wird.

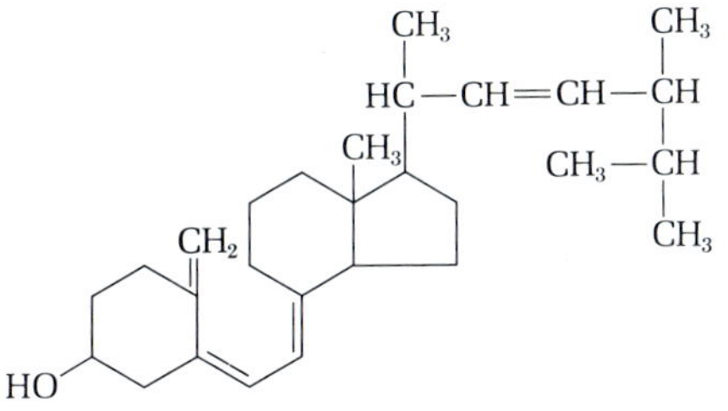

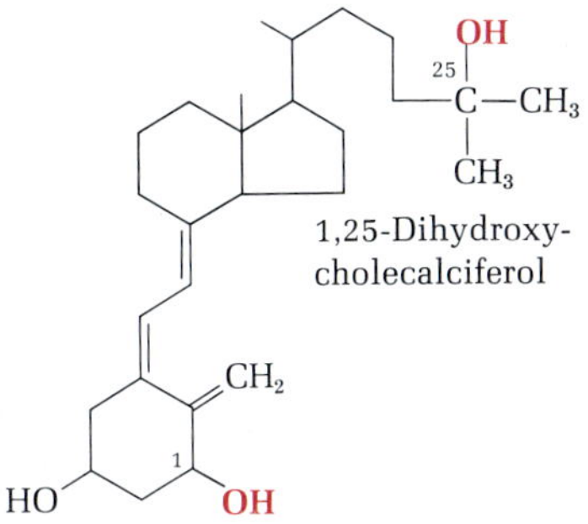

Abbildung 10-21
Formen des Vitamins D.

1,25-Dihydroxy-cholecalciferol

Vorstufen, Bildungsorte und Funktion von Vitamin D.

Die biochemische Funktion von Vitamin D ist in den letzten Jahren eingehend untersucht worden. Vitamin D_3 ist biologisch nicht aktiv, aber es ist die Vorstufe des *1,25-Dihydroxycholecalciferols* (Abb. 10-22). Vitamin D_3 wird in zwei Stufen hydroxyliert, zuerst in der Leber und dann in der Niere. 1,25-Dihydroxycholecalciferol wird in den Nieren gebildet und zu anderen Körperteilen weitergeleitet – besonders zum Dünndarm und den Knochen –, wo es den Ca^{2+}- und Phosphatstoffwechsel reguliert. Es wird daher als Hormon angesehen, das als ein chemischer Bote (messenger) von einem Organ synthetisiert wird und die biologische Aktivität eines anderen Gewebes reguliert.

Vitamin E schützt Zellmembranen vor Sauerstoff

Vitamin E besteht aus wenigstens drei verschiedenen Verbindungen, α-, β- und γ-*Tocopherol*, von denen das α-Tocopherol die wichtigste

7-Dehydrocholesterin
↓ Haut (UV-Bestrahlung)
Cholecalciferol (D_3)
↓ Leber
25-Hydroxycholecalciferol
↓ Niere (ausgelöst durch Parathormon und niedrigen Phosphat-Blutspiegel)
1,25-Dihydroxycholecalciferol
↙ ↘
fördert im Darm die Ca^{2+}-Resorption (primärer Effekt) | bewirkt Freisetzung von Ca^{2+} aus den Knochen

Abbildung 10-22
Bildung und Funktion der aktiven Form des Vitamins D_3 (1,25-Dihydroxycholecalciferol).

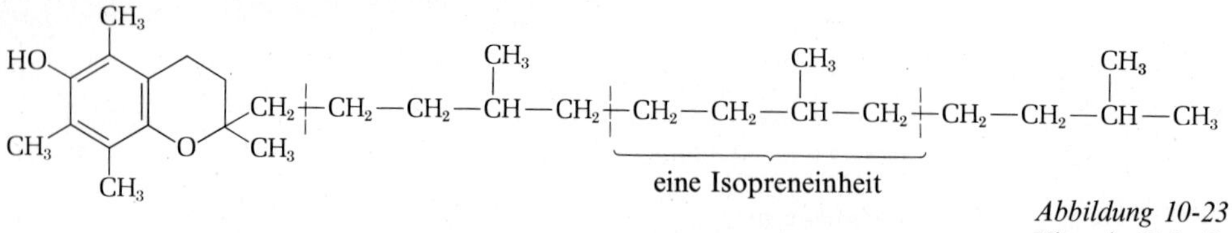

$$\text{HO}-\underset{\underset{\text{CH}_3}{|}}{\overset{\overset{\text{CH}_3}{|}}{\text{C}}}\!$$

[Strukturformel von α-Tocopherol mit Chromanring und Isoprenoid-Seitenkette: CH₂—CH₂—CH₂—CH(CH₃)—CH₂ | CH₂—CH₂—CH(CH₃)—CH₂ | CH₂—CH₂—CH(CH₃)—CH₃ mit Markierung "eine Isopreneinheit"]

Abbildung 10-23
Vitamin E (α-Tocopherol). Die Isopreneinheiten der Seitenkette sind durch farbig gestrichelte Linien getrennt.

ist (Abb. 10-23). Tocopherole kommen in Pflanzenölen und besonders reichlich in Weizenkeimen vor. Vitamin-E-Mangel führt bei Ratten und anderen Tieren zu einer schuppigen Haut, Muskelschwäche und Sterilität. Der Name stammt von dem griechischen Wort tokos (Geburt). Ob Vitamin E einen Einfluß auf die menschliche Fertilität besitzt, ist nicht bekannt. Tocopherolmangel führt zu anderen Symptomen, zu denen eine Leber-Degeneration und eine veränderte Membranfunktion gehören. Die Tocopherole enthalten einen substituierten aromatischen Ring und eine lange Isoprenoid-Seitenkette. Die genaue biochemische Wirkung des Vitamins E ist noch nicht bekannt, jedoch scheint es bei der Verhinderung schädigender Einflüße von Sauerstoff auf die Lipide der Zellmembranen mitzuwirken. (S. 340)

Vitamin K ist ein Bestandteil eines carboxylierenden Enzyms

Die beiden Hauptformen dieses Vitamins, Vitamin K_1 und K_2, kommen in großer Menge in höheren Pflanzen vor. Sie sind Naphthochinone mit isoprenoiden Seitenketten verschiedener Länge (Abb. 10-24). Vitamin-K-Mangel bei Hühnern und anderen Tieren führt zu Störungen der Blutgerinnung.

Die biochemische Funktion von Vitamin K in Blutgerinnungs-

Vitamin K_1 (Phyllochinon). Diese pflanzliche Form besitzt vier Isopreneinheiten in ihrer Seitenkette.

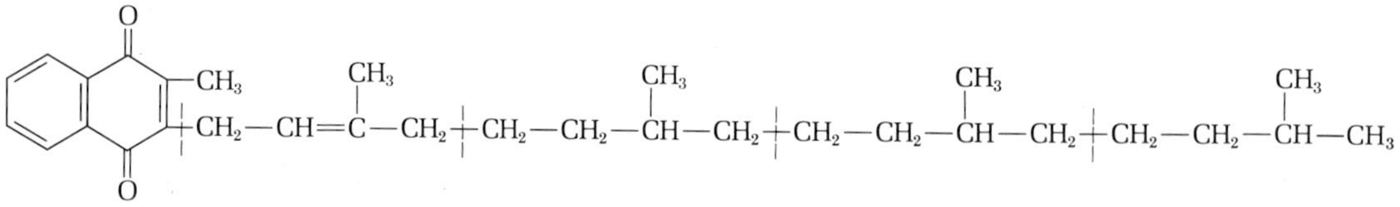

[Strukturformel Vitamin K₁: Naphthochinon mit Seitenkette —CH₂—CH=C(CH₃)—CH₂ | CH₂—CH₂—CH(CH₃)—CH₂ | CH₂—CH₂—CH(CH₃)—CH₂ | CH₂—CH₂—CH(CH₃)—CH₃]

Vitamin K_2 (Menachinon). In dieser in Tieren vorkommenden Form enthält die Seitenkette sechs Isopreneinheiten, jede mit einer Doppelbindung.

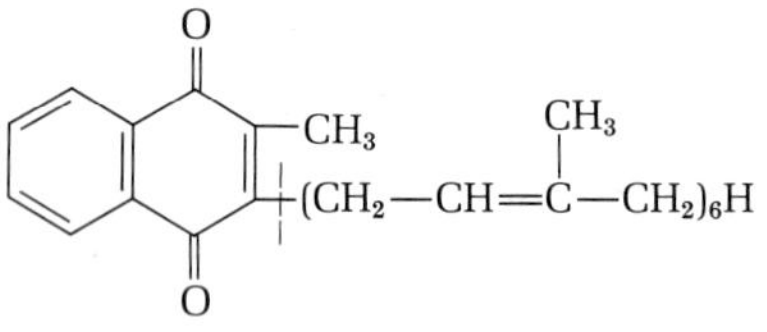

[Strukturformel Vitamin K₂: Naphthochinon mit CH₃ und Seitenkette —(CH₂—CH=C(CH₃)—CH₂)₆H]

Abbildung 10-24
Formen des Vitamins K.

Mechanismen ist kürzlich aufgeklärt worden. Vitamin K ist für die Bildung des Blutplasmaproteins *Prothrombin*, einer inaktiven Vorstufe des *Thrombins*, notwendig. Thrombin ist ein Enzym, das das Protein *Fibrinogen* des Blutplasmas zu *Fibrin* – einem unlöslichen Faserprotein, das Blutgerinnsel (Thromben) zusammenhält – umwandelt. Prothrombin muß Ca^{2+} binden, bevor es zum Thrombin aktiviert werden kann. Bei einem Vitamin-K-Mangel ist das Prothrombinmolekül defekt und nicht in der Lage, Ca^{2+} normal zu binden. Normales Prothrombin enthält mehrere Reste der speziellen Aminosäure *4-Carboxyglutaminsäure*, die eine Rolle bei der Ca^{2+}-Bindung spielt. Bei Tieren mit Vitamin-K-Mangel enthält das Prothrombinmolekül Glutaminsäure statt des normalen 4-Carboxyglutamin-Restes. John Suttie von der University of Wisconsin entdeckte ein Enzymsystem, das den Glutaminsäurerest des Prothrombins aus Tieren mit Vitamin-K-Mangel zu 4-Carboxyglutaminsäure-Resten umwandelt. Dieses Enzym benötigt Vitamin K für seine Aktivität (Abb. 10-25). Auch mehrere andere Ca^{2+}-bindende Proteine des Körpers enthalten 4-Carboxyglutaminsäure-Reste.

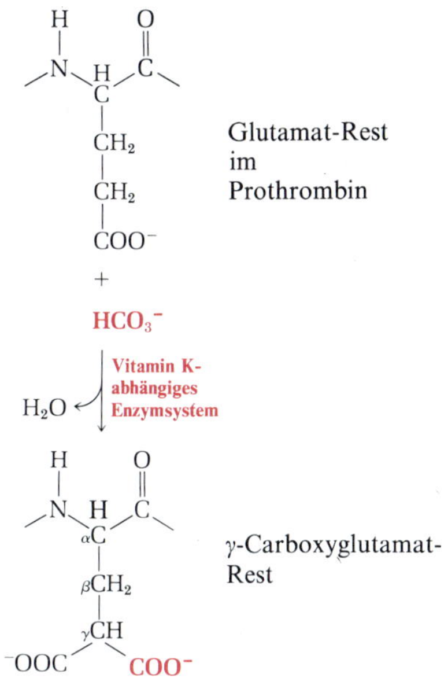

Abbildung 10-25
Funktion von Vitamin K als Cofaktor bei der Bildung von γ-Carboxyglutamat-Resten im Prothrombin und anderen Proteinen.

Für die tierische Ernährung sind viele anorganische Elemente notwendig

Zusätzlich zu Vitaminen benötigen Tiere und Menschen in ihrer Nahrung für ein reguläres Wachstum und optimale biologische Funktionen eine Reihe chemischer Elemente in anorganischer Form. Diese Elemente können in zwei Klassen unterteilt werden: diejenigen, die in großer Menge benötigt werden und sogenannte *Spurenelemente*. Zu den Elementen, die in großer Menge gebraucht werden, gehören Calcium, Magnesium, Natrium, Kalium, Phosphor, Schwefel und Chlor, die in der Größenordnung von einigen Gramm pro Tag benötigt werden. Häufig besitzen sie mehr als eine Funktion. Calcium z. B. ist ein struktureller Bestandteil des Knochen-Minerals *Hydroxylapatit*, dessen ungefähre Zusammensetzung $[Ca_3(PO_4)_2]_3 \cdot Ca(OH)_2$ ist. Freies Ca^{2+} dient auch als eine sehr wichtige regulatorische Komponente im Zellcytosol. Hier beträgt seine Konzentration weniger als 10^{-6} M. Phosphor in der Form von Phosphat ist ein lebenswichtiger Bestandteil des intrazellulären energieübertragenden ATP-Systems.

Von besonderer Bedeutung für Enzymwirkungen sind die *essentiellen Spurenelemente* (Tab. 10-2 und 10-3), die vergleichbar mit dem Vitaminbedarf, nur in Milligramm- oder Mikrogramm-Mengen pro Tag benötigt werden. Von etwa 15 Spurenelementen ist heute bekannt, daß sie für die tierische Ernährung notwendig sind.

Die meisten der essentiellen Spurenelemente dienen als Enzym-Cofaktoren oder prosthetische Gruppen. Essentielle Elemente scheinen in derartigen Enzymen über mindestens drei verschiedene Mechanismen zu funktionieren: (1) Die essentiellen Elemente können

Tabelle 10-2 Spurenelemente und ihre biologischen Funktionen.

Element	Beispiele für ihre biologische Funktion
Eisen	prosthetische Gruppe von Häm-Enzymen
Iod	für das Schilddrüsen-Hormon notwendig
Kupfer	prosthetische Gruppe der Cytochrom-Oxidase
Mangan	Cofaktor der Arginase und anderer Enzyme
Zink	Cofaktor in Dehydrogenasen, DNA-Polymerase, Carbonat-Dehydratase
Cobalt	Komponente des Vitamins B_{12}
Molybdän	Cofaktor der Xanthin-Oxidase
Selen	Cofaktor der Glutathion-Peroxidase und anderer Enzyme
Vanadium	Cofaktor der Nitrat-Reduktion
Nickel	Cofaktor der Urease

bereits in sich die Fähigkeit besitzen, chemische Reaktionen zu katalysieren. Dieser Effekt wird durch das Enzymprotein deutlich verstärkt. Dies gilt besonders für die Metalle Eisen und Kupfer. (2) Das essentielle Metall-Ion kann sowohl mit dem Substrat als auch mit dem aktiven Zentrum des Enzyms einen Komplex bilden, der beide Komponenten somit in einer aktiven Form vereinigt. (3) Ein essentielles Metall-Ion kann an einem Punkt des katalytischen Cyclus als wirksames elektronenentziehendes Mittel dienen. Enzyme, die ein Metall-Ion für ihre Aktivität benötigen, werden häufig als *Metalloenzyme* bezeichnet.

Tabelle 10-3 Essentielle Spurenelemente, deren genaue Rolle noch unbekannt ist.

Element	Erkennbare Wirkung
Chrom	Richtige Verwertung der Blutglucose
Zinn	Knochenbildung
Fluor	Knochenbildung
Silicium	Bildung von Bindegewebe und Knochen
Arsen	unbekannt

Viele Enzyme benötigen Eisen

Eisen gehört zu den Spurenelementen, deren biologische Funktionen am besten bekannt sind. Es ist ein Bestandteil der Hämgruppen der sauerstofftransportierenden Proteine Hämoglobin und Myoglobin und des elektronenübertragenden Proteins *Cytochrom c* (Kapitel 8). Mehrere wichtige Enzyme besitzen das Häm als prosthetische Gruppe (Abb. 10-26). Ein gutes Beispiel ist die *Cytochrom-Oxidase*. Diese Oxidase katalysiert die Reduktion molekularen Wasserstoffs zu Wasser durch Elektronen der Nährstoffmoleküle. In der Cytochrom-Oxidase wechselt die Oxidationszahl des Eisens zwischen II und III hin und her, ($Fe^{II} \rightleftharpoons Fe^{III} + e^-$), was den Elektronentransfer vom Cytochrom *c* zu molekularem Sauerstoff bewirkt. *Cytochrom P-450*, das an enzymatischen Hydroxylierungsreaktionen teilnimmt, kann ebenfalls Elektronen auf Sauerstoff übertragen.

Andere Häm-Enzyme sind die *Catalase*, die eine Zersetzung von Wasserstoffperoxid katalysiert, und die *Peroxidasen*, die die Oxidation verschiedener organischer Substanzen durch Peroxide katalysieren. In der Catalase ist das Eisenatom selber ein aktiver Teilnehmer am katalytischen Cyclus. Einfache Eisensalze, wie $FeSO_4$, zeigen bereits eine gewisse katalytische Aktivität, sie fördern die Spaltung von Wasserstoffperoxid zu H_2O und O_2. Wahrscheinlich verstärken die Porphyringruppe und der Proteinanteil der Catalase die katalytische Aktivität des Eisens.

Die *Eisen-Schwefel-Enzyme* stellen eine weitere wichtige Klasse der eisenhaltigen Enzyme dar, die auch an elektronenübertragenden Reaktionen bei Tieren, Pflanzen und Bakterienzellen teilnehmen. Die Eisen-Schwefel-Enzyme besitzen keine Hämgruppe, sondern charakteristischerweise eine gleiche Anzahl von Eisen- und Schwefelatomen in einer besonders labilen Form, die durch Säure zerstört werden kann. Ein Beispiel dafür ist das *Ferredoxin* der Chloroplasten, das Elektronen vom durch Licht angeregten Chlorophyll auf verschiedene Elektronenakzeptoren überträgt (Kapitel 23). Andere Eisen-Schwefel-Enzyme spielen bei den Elektronentransfer-Reaktionen in den Mitochondrien eine Rolle, wie wir später sehen werden (S. 527).

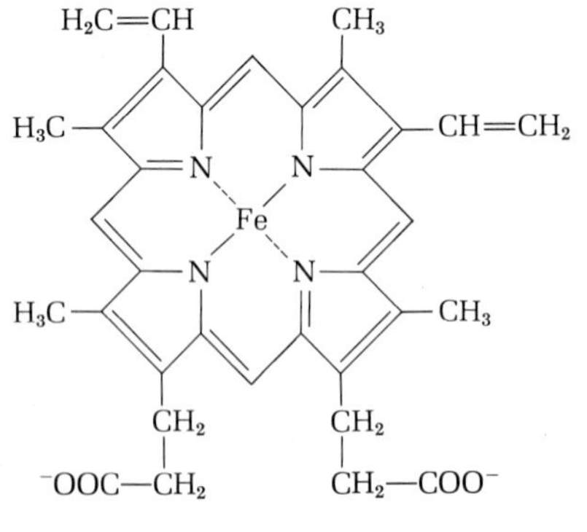

Abbildung 10-26
Die Eisenporphyrin- oder Hämgruppe. Sie ist die prosthetische Gruppe mehrerer Häm-Enzyme, z.B. der Cytochrom-Oxidase, Catalase und Peroxidase, s.a. Abb. 8-5, S. 194.

Einige Flavoproteine enthalten zusätzlich zu einem Flavinnucleotid noch Eisen.

Auch Kupfer hat in einigen oxidativen Enzymen eine Funktion

Kupfer spielt bei der katalytischen Aktivität der *Cytochrom-Oxidase* eine wichtige Rolle, die sowohl Eisen als auch Kupfer in ihrer elektronenübertragenden prosthetischen Gruppe enthält. Die Kupferatome der Cytochrom-Oxidase unterliegen cyclischen Änderungen der Oxidationszahl von Cu^{II} nach Cu^{I}, während sie an der Übertragung von Elektronen auf den Sauerstoff teilnehmen. Kupfer ist auch in der aktiven Gruppe der *Lysin-Oxidase*, einem Enzym, das die Quervernetzungen zwischen den Polypeptidketten im Collagen und Elastin herstellt, vorhanden (S. 178). Tiere, die an Kupfermangel leiden, entwickeln defekte Collagenmoleküle, denen Quervernetzungen fehlen. Dies führt dazu, daß Collagen und Elastin in den Wänden der größeren Arterien in ihrer Funktion geschwächt werden und diese Arterien brechen können. Kupfer wird auch für die normale Verwertung von Eisen im Körper benötigt.

Zink ist für die Wirkung vieler Enzyme unersetzlich

Zn^{2+} ist ein essentieller Bestandteil von fast hundert verschiedenen Enzymen. Es kommt in *NAD- und NADP-abhängigen Dehydrogenasen* vor, d.h. in Enzymen, die den Hydridionen-Transfer von Substratmolekülen auf die Coenzyme NAD^+ und $NADP^+$ katalysieren. Das NAD-abhängige Enzym *Alkohol-Dehydrogenase* der Leber katalysiert z. B. die Dehydrierung von Ethanol zu Acetaldehyd, und es enthält zwei Zn^{2+}-Atome, die offenbar das NAD-Coenzym an das aktive Zentrum des Enzyms binden. Zn^{2+} ist auch ein essentieller Bestandteil von *DNA- und RNA-Polymerasen*, und nimmt somit an wichtigen enzymatischen Reaktionen bei der Replikation und Transkription der genetischen Information teil. Zn^{2+} ist ebenfalls in der *Carbonat-Hydratase enthalten, welche die Hydratisierung von CO_2 zu H_2CO_3* katalysiert, und in dem proteolytischen Enzym *Carboxypeptidase*, das in den Dünndarm sezerniert wird. Das Hormon Insulin wird als Zink-Komplex gespeichert. Zu den besonders interessanten Aufgaben des Zinks gehört die Mitwirkung bei der Funktion der Geschmacks- und Geruchsrezeptoren der Zunge und des Nasenraumes.

Mangan-Ionen werden von mehreren Enzymen benötigt

Das Enzym *Arginase*, das Arginin unter Bildung von Harnstoff, dem Endprodukt des menschlichen Aminogruppen-Stoffwechsels, hydrolysiert, enthält fest gebundenes Mn^{2+}, das für seine enzymatische Aktivität notwendig ist. Mn^{2+} dient auch als Cofaktor bei einigen phosphatübertragenden Enzymen und bei enzymatischen Reaktionen, durch die während der Photosynthese in pflanzlichen Chloroplasten Sauerstoff hergestellt wird.

Cobalt ist ein Bestandteil des Vitamins B_{12}

Eine besondere Eigenschaft des Vitamins B_{12} ist, daß es sowohl einen organischen als auch einen anorganischen Bestandteil – nämlich *Cobalt* – besitzt. Die Vitamin-B_{12}-synthetisierenden Mikroorganismen brauchen Cobalt. Da Vitamin B_{12} in Tierzellen und in einigen Mikroorganismen nur in sehr kleinen Mengen vorkommt, werden auch nur sehr kleine Mengen von Cobalt für die Biosynthese des Vitamins benötigt.

Selen ist sowohl ein essentielles Spurenelement als auch ein Gift

Es ist seit Jahren bekannt, daß es bei Rindern zu Selenvergiftungen kommt, wenn diese in bestimmten Gegenden von Montana oder Dakota oder in anderen Teilen der Erde grasen, in denen Selensalze in großen Mengen natürlicherweise im Boden vorkommen. Es war daher eine große Überraschung, als man feststellte, daß sehr kleine Mengen von Selen in der Nahrung von Ratten und Hühnern sogar notwendig sind. Neuere Forschungen ergaben, daß Selen gemeinsam mit einer Aminosäure eine essentielle Komponente der prosthetischen Gruppe mehrerer Enzyme – besonders der *Glutathion-Peroxidase* – ist. Dieses Enzym schützt im Zusammenwirken mit dem Peptid *Glutathion* (Abb. 10-27) Zellen gegen die schädliche Wirkung von Wasserstoffperoxid. In roten Blutkörperchen liegt das Eisen des Hämoglobins normalerweise als Fe^{II} vor, es wird jedoch leicht durch Wasserstoffperoxid zu Fe^{III} oxidiert. Das dabei gebildete *Methämoglobin* kann keinen Sauerstoff transportieren. Glutathion-Peroxidase schützt gegen die Bildung von Methämoglobin, indem sie das Wasserstoffperoxid durch die Reaktion:

$$2\,GSH + H_2O_2 \rightarrow GSSG + 2\,H_2O$$

reduziertes Glutathion   oxidiertes Glutathion

entfernt.

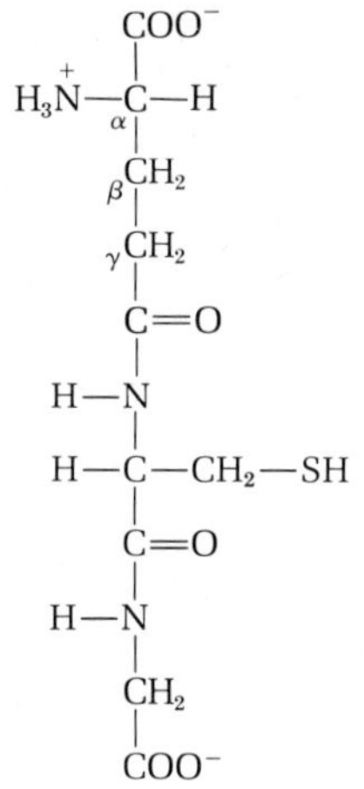

Abbildung 10-27
Glutathion (GSH), ein L-Glutaminsäure, L-Cystein und Glycin enthaltendes Tripeptid. Beachten Sie, daß der Glutaminsäurerest durch seine γ-Carboxylgruppe, und nicht durch seine α-Carboxylgruppe an den Cysteinrest gebunden ist. Glutathion ist in allen Tierzellen in hohen Konzentrationen vorhanden. Eine seiner Funktionen ist die eines Reduktionsmittels für toxische Peroxide, vermittelt durch die Wirkung der Glutathion-Peroxidase (s. Text). Es dient außerdem als Cofaktor in einigen enzymatischen Reaktionen, wird jedoch nicht als Coenzym angesehen. Glutathion soll auch beim Transport von Aminosäuren durch die Zellmembranen teilnehmen.

Das aktive Zentrum der Glutathion-Peroxidase enthält die ungewöhnliche Aminosäure *Selenocystein* (Abb. 10-28), in der das Schwefelatom des Cysteins gegen ein Selenatom ausgetauscht ist.

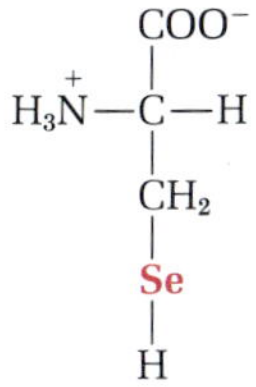

Von einigen Enzymen werden auch andere Spurenelemente benötigt

Es wurde gefunden, daß in den aktiven Zentren bestimmter Flavin-Dehydrogenasen *Molybdän* und *Vanadium* enthalten sind. Das Enzym *Xanthin-Oxidase*, das die Oxidation bestimmter Purine katalysiert, wobei das Ausscheidungsprodukt Harnsäure entsteht, besitzt z. B. als prosthetische Gruppe ein FAD und außerdem Molybdän und Eisen als weitere essentielle Komponenten.

Silicium wird von Ratten, Hühnern und anderen Tieren benötigt, wie durch Versuche mit absolut siliciumfreier Diät bewiesen wurde. Die Funktion von Silicium ist noch nicht bekannt. Es kommt in verhältnismäßig hoher Konzentration in Knochen und Bindegeweben von Tieren – offenbar in einer organischen Form – vor.

Nickel wurde erst kürzlich als Bestandteil der *Urease* entdeckt, dem ersten Enzym, das 1926 in kristalliner Form dargestellt wurde (S. 230).

Chrom ist bei der Regulation der Glucose-Aufnahme in tierischen Geweben beteiligt.

Zinn ist für die normale Entwicklung des Skeletts, vermutlich bei Verkalkungsvorgängen, notwendig.

Einige Pflanzen benötigen zwei weitere Elemente: *Bor* und *Aluminium*.

Abbildung 10-28
Selenocystein, eine dem Cystein analoge Verbindung, bei der Schwefel durch Selen ersetzt ist. Ein Selenocysteinrest ist am aktiven Zentrum der Glutathion-Peroxidase und in anderen Selen-abhängigen Enzymen vorhanden.

Zusammenfassung

Vitamine sind organische Spurensubstanzen, die für die normale Funktion der meisten Lebensformen gebraucht werden, aber von einigen Organismen nicht synthetisiert werden können und daher aus exogenen Quellen aufgenommen werden müssen. Die meisten der wasserlöslichen Vitamine dienen als Komponenten verschiedener Coenzyme oder prosthetischer Gruppen von Enzymen, die im Zellstoffwechsel eine wichtige Rolle spielen. Thiamin (Vitamin B_1) ist ein aktiver Bestandteil von Thiamindiphosphat, einem Coenzym, das als Zwischenträger von Acetaldehyd bei der enzymatischen Decarboxylierung von Pyruvat – einem Hauptprodukt des Glucoseabbaus in Zellen – benötigt wird. Riboflavin (Vitamin B_2) ist ein Bestandteil der Coenzyme: Flavin-mononucleotid (FMN) und Flavin-adenin-dinucleotid (FAD), die als wasserstoffübertragende prosthetische Gruppen bestimmter oxidativer Enzyme wirken. Nicotinsäure ist eine Komponente der Nicotinamid-adenin-dinucleotide (NAD und NADP), die als Zwischenträger von Hydrid-Ionen bei der Wirkung bestimmter Dehydrogenasen dient. Pantothensäure ist eine essentielle Komponente des Coenzyms A, das als Acylgruppen-Überträger während der enzymatischen Oxidation von Pyruvat und Fettsäuren dient. Vitamin B_6 (Pyridoxin) ist eine notwendige Vorstufe von Pyridoxalphosphat, der prosthetischen Gruppe der Transaminasen und anderer Aminosäure-umwandelnder Enzyme. Biotin fungiert als prosthetische Gruppe bestimmter Carboxylasen. Es überträgt Carboxylgruppen. Folsäure ist die Vorstufe von Tetrahydrofolsäure, einem Coenzym, das beim enzymatischen Transfer von Ein-Kohlenstoff-Verbindungen mitwirkt. Vitamin B_{12}, wie auch sein 5′-Desoxyadenosyl-Derivat, ist am enzymatischen Austausch von Wasserstoffatomen und bestimmten Substituentengruppen zwischen benachbarten Kohlenstoffatomen beteiligt.

Die fettlöslichen Vitamine besitzen andere wichtige Aufgaben. Vitamin A ist eine Vorstufe eines lichtempfindlichen Pigments des Sehcyclus der Stäbchenzellen in Wirbeltieren. Vitamin D_3 oder Cholecalciferol, das aus 7-Dehydrocholesterin in der Haut bei der Einwirkung von Sonnenlicht gebildet wird, ist die hauptsächliche Vorstufe von 1,25-Dihydroxycholecalciferol. Dieses wiederum besitzt eine hormonähnliche Wirkung bei der Regulierung des Ca^{2+}-Stoffwechsels im Dünndarm und im Knochen. Vitamin K ist ein Cofaktor bei der enzymatischen Bildung des 4-Carboxyglutamyl-Restes von Prothrombin, einem Ca^{2+}-bindenden Plasmaprotein, das für die Blutgerinnung wichtig ist. Eisen, Kupfer, Zink, Mangan, Cobalt, Molybdän, Selen und Nickel sind essentielle Komponenten einer Vielzahl verschiedener Enzyme. Zusätzlich sind eine Reihe anderer Elemente, wie Vanadium, Zinn, Chrom und Silicium für die Ernährung notwendig, deren genaue Funktion jedoch noch nicht bekannt ist.

Aufgaben

1. *Der Nicotinsäure-Bedarf bei der Ernährung.* Ein Mangel des Vitamins Nicotinsäure in der Nahrung führt zu einer Krankheit Pellagra.
   (a) Der tägliche Bedarf eines erwachsenen Menschen an Nicotinsäure – 7.5 mg – nimmt ab, wenn der Tryptophangehalt in der Nahrung hoch ist. Was sagt diese Beobachtung über das Stoffwechselverhältnis zwischen Nicotinsäure und Tryptophan aus?
   (b) Pellagra gehörte um die Jahrhundertwende herum einmal zu den häufigeren Krankheiten, besonders im Süden der Vereinigten Staaten, als die Ernährung in ländlichen Gebieten wenig Fleisch enthielt und hauptsächlich Maisprodukte gegessen wurden. Können Sie erklären, warum diese Bedingungen zu Nicotinsäuremangel führten?

2. *Polyneuritis bei Tauben.* Bei einem klassischen Versuch, in dem man Tauben auf eine experimentelle Diät setzte, kam es zu Störungen des Gleichgewichtes und der Bewegungskoordination. Der Pyruvatgehalt im Blut und im Gehirn dieser Tauben lag deutlich über dem normaler Vögel. Diese Erscheinung konnte durch Fütterung der Vögel mit Fleischstückchen verhindert bzw. geheilt werden. Erklären sie diese Beobachtung.

3. *Bestimmung des Riboflavins mit Hilfe von Mikroorganismen. Lactobacillus casei* gehört zu einer Familie von Bakterien die man zur Herstellung fermentierter Produkte, wie z. B. Joghurt oder Sauerkraut, benutzt. Es kann Riboflavin nicht synthetisieren. Ein charakteristisches Merkmal dieses Bakteriums ist, daß es seine Energie aus dem Abbau von Glucose zu Milchsäure ($pK' = 3.5$) gewinnt. Entwickeln Sie auf Grund dieser Information eine Methode zur quantitativen Bestimmung des Riboflavins.

4. *Pyridoxin und der Aminosäurebedarf von Bakterien.* Das Bakterium *Lactobacillus casei* wächst in einem einfachen Kulturmedium, das die Vitamine Riboflavin und Pyridoxin sowie vier Aminosäuren enthält. Wird eine vollständige Aminosäure-Mischung zusammen mit Riboflavin zu dem Kulturmedium hinzugegeben, so erniedrigt sich die für das optimale Wachstum benötigte Menge an Pyridoxin um 90 Prozent. Erklären Sie diese Beobachtung.

5. *Eiklar verhindert, daß Eigelb vedirbt.* Eier halten sich im Kühlschrank für 4–6 Wochen, ohne zu verderben. Isoliertes Eigelb (ohne Eiklar) verdirbt dagegen selbst im Kühlschrank sehr schnell.
   (a) Wodurch wird dieses schnelle Verderben hervorgerufen?
   (b) Wie können Sie die Beobachtung erklären, daß in Gegenwart von Eiklar das Verderben des Eigelbs verhindert wird?
   (c) Welchen biologischen Vorteil hat diese Schutzfunktion für einen Vogel?

6. *Der Bedarf an Folsäure für das Wachstum von Streptococcus faecalis.* Ein im Dickdarm vorhandenes Bakterium – *Streptooccus faecalis* – benötigt Folsäure. Enthält das Kulturmedium Adenin und Thymidin, so kann das Bakterium auch ohne Folsäure gedeihen. Eine Untersuchung derartiger Kulturen zeigt, daß die Bakterien, die auf diese Weise kultiviert wurden, keine Folsäure enthalten. Warum brauchen die Bakterien Folsäure? Warum reduziert die Zugabe von Adenin und Thymidin den Bedarf an Folsäure?

7. *Der Cobalt-Bedarf von Wiederkäuern.* Den größten Teil des Gewichtes von Pflanzen machen Polysaccharide aus, von denen die Cellulose die Hauptkomponente ist. Den meisten Tieren fehlt das zum Cellulose-Abbau notwendige Enzym. Wiederkäuer (Kühe, Pferde, Schafe und Ziegen) nutzen mikrobielle Wirkungen aus, um Gras und Blattpflanzen vorzuverdauen. Im Gegensatz zu anderen Tieren haben Wiederkäuer einen hohen Bedarf an Cobalt.

In Gebieten – wie Australien – in denen der Cobaltgehalt des Bodens niedrig ist, stellt Cobaltmangel bei Rindern und Schafen ein ernstes Problem dar. Schlagen Sie einen Grund für den hohen Bedarf an Cobalt bei der Ernährung von Wiederkäuern vor.

8. *Die Häufigkeit der Einnahme von Vitaminen.* Obwohl es möglich ist, den Bedarf an Vitamin A und D auf einmal zu verabreichen, müssen die B-Komplex-Vitamine häufiger eingenommen werden. Warum?

9. *Vitamin-A-Mangel.* Die Xerophthalmie, eine zur Erblindung führende Krankheit, ist durch trockene und glanzlose Augäpfel charakterisiert. Sie wird durch Vitamin-A-Mangel hervorgerufen. Diese Krankheit befällt Kinder, aber nur wenige Erwachsene. In tropischen Ländern führt diese Krankheit jährlich bei Zehntausenden von Kindern im Alter von 18 bis 36 Monaten zur Erblindung. Bei erwachsenen Freiwilligen, die sich für mehr als zwei Jahre mit einer Vitamin-A-freien Diät ernährten, wurde nur verschlechtertes Sehen bei Nacht beobachtet. Dieser minimale Schaden kann durch die Gabe von Vitamin A leicht wieder rückgängig gemacht werden. Schlagen Sie eine Erklärung für die beobachteten Unterschiede der Wirkung von Vitamin-A-Mangel bei Kindern und Erwachsenen vor.

10. *Renale Osteodystrophie.* Renale Osteodystrophie – auch als Renale Rachitis bezeichnet – tritt häufig trotz ausgewogener Diät bei Patienten mit Nierenschäden auf. Sie ist eine Krankheit, die mit einer Demineralisierung der Knochen verbunden ist. Welches Vitamin ist an der Knochen-Mineralisierung beteiligt? Warum führt ein Nierenschaden zur Demineralisierung?

11. *Die Wirkung von Warfarin und Dicumarol.* Warfarin, das kommerziell als Nagetiergift hergestellt wird, ist ein wirksamer Antagonist des Vitamins K, d.h. seine Einnahme verhindert die Wirkung von Vitamin K.
    (a) Geben Sie eine molekulare Erklärung, wie Warfarin als Antagonist wirken könnte.
    (b) Warum führt die Einnahme von Warfarin bei Nagetieren zum Tode?
    (c) Füttert man Kühe oder Pferde mit unvorschriftsmäßig getrocknetem Klee, so entwickeln sie eine Krankheit, die durch innere Blutungen charakterisiert wird. Die für diesen Effekt verantwortliche Komponente ist als Dicumarol identifiziert worden, das bei der Einwirkung von Mikroorganismen aus Cumarin – einem natürlichen Bestandteil des Klees – entsteht. Dicumarol wird klinisch zur Behandlung von Patienten mit akuter Thrombophlebitis (Bildung von Blutgerinnseln) verwendet. Auf welcher Grundlage beruht diese Behandlung?

Cumarin

Dicumarol

12. *Methylmalonsäure im Urin.* Ein Patient leidet an einer Stoffwechselstörung, die durch eine Acidose charakterisiert ist, d. h. durch niedrige Blut- und Urin-pH-Werte. Eine chemische Analyse der Körperflüssigkeiten des Patienten ergaben, daß große Mengen an Methylmalonsäure in den Urin abgesondert werden. Wird diese Verbindung an normale Tiere verfüttert, so wandelt sie sich in Bernsteinsäure um. Können Sie eine Erklärung für diese Beobachtung geben?

Methylmalonsäure

Bernsteinsäure

13. *Zinkmangel beim Menschen.* In bestimmten Gegenden des Mittleren Ostens, besonders im Iran und in Ägypten, wird Zinkmangel beim Menschen beobachtet. Dieser lokal begrenzte Ernährungsmangel wird auf den übermäßigen Konsum von Getreide zurückgeführt. Getreide enthält viel Phytansäure (Myoinosithexaphosphat), eine Substanz, die divalente Kationen – besonders Zn^{2+} – fest bindet.

(a) Warum führt der Konsum von Getreide zu Zinkmangel?

(b) Die Krankheit ist besonders verbreitet in ländlichen Gegenden, in denen Fladenbrot – gebacken ohne Hefe, um den Teig nicht aufgehen zu lassen – ein Hauptteil der Nahrung ist. In größeren Dörfern, in denen Hefe verwendet wird, ist Zinkmangel viel seltener. Erklären Sie dieser Beobachtung.

Aufgabe 13

Phytansäure

Kapitel 11

Kohlenhydrate: Struktur und Biologische Funktion

Da wir uns nun dem Studium des Zell-Stoffwechsels nähern, ist es an der Zeit, die Kohlenhydrate zu untersuchen, die das „Brot" der meisten Organismen darstellen. Kohlenhydrate in Form von Zucker und Stärke stellen einen Hauptteil der gesamten Energieaufnahme für den Menschen, für die meisten Tiere und für viele Mikroorganismen dar. Kohlenhydrate stehen außerdem im Zentrum des Stoffwechsels grüner Pflanzen und anderer zur Photosynthese befähigter Organismen, die Sonnenenergie benutzen, um Kohlenhydrate aus CO_2 und H_2O zu synthetisieren. Die durch die Photosynthese hergestellten großen Mengen an Stärke und anderen Kohlenhydraten sind letztlich auch die Energie- und Kohlenstoffquellen der nicht-photosynthetisierenden Zellen von Tieren, Pflanzen und Mikroben.

Kohlenhydrate besitzen noch andere wichtige biologische Funktionen. Stärke und Glycogen dienen als Speicherformen der Glucose. Unlösliche Polymere aus Kohlenhydraten dienen als strukturelle und stützende Elemente in Zellwänden von Bakterien und Pflanzen und in Bindegeweben und Zellhüllen von tierischen Organismen. Andere Kohlenhydrate wiederum dienen zum Schmieren der Gelenke des Skeletts, zur Adhäsion zwischen Zellen, und dazu, der Oberfläche tierischer Zellen ihre biologische Spezifität zu verleihen.

In diesem Kapitel werden wir die Strukturen, Eigenschaften und Funktionen der wichtigsten Kohlenhydrate untersuchen. Wir werden außerdem sehen, wie die Eigenschaften von Kohlenhydraten mit denen von Proteinen in Hybridmolekülen vereinigt werden – den sogenannten *Glycoproteinen* und *Proteoglycanen*. Diese sind wichtige Bestandteile von Zelloberflächen und des extrazellulären Stütz-Systems bei Tieren.

Je nach der Anzahl der Zuckereinheiten unterscheidet man drei Klassen von Kohlenhydraten

Kohlenhydrate sind Polyhydroxyaldehyde oder -ketone oder bilden diese, wenn sie hydrolysiert werden. Der Name Kohlenhydrate leitet sich von der Tatsache ab, daß die meisten Verbindungen in dieser Klasse Summenformeln besitzen, die suggerieren, sie seien „Hydrate" des Kohlenstoffs, weil das Verhältnis Kohlenstoff zu Wasserstoff zu Sauerstoff 1:2:1 beträgt. Die Summenformel von D-Glucose z. B. ist $C_6H_{12}O_6$. Man kann hierfür auch $(CH_2O)_6$ oder $C_6(H_2O)_6$ schreiben. Viele der häufig vorkommenden Kohlenhydrate haben zwar die Summenformel $(CH_2O)_n$, andere dagegen nicht, und manche enthalten außerdem Stickstoff, Phosphor oder Schwefel.

Es gibt drei Hauptklassen von Kohlenhydraten: *Monosaccharide*, *Oligosaccharide* und *Polysaccharide* (das Wort „Saccharid" kommt vom griechischen Wort für Zucker).

Monosaccharide oder *Einfachzucker* bestehen aus einer einzigen Polyhydroxyaldehyd- oder Polyhydroxyketoneinheit. Das am häufigsten in der Natur vorkommende Monosaccharid ist der C_6-Zucker D-Glucose.

Oligosaccharide (Griech. oligos, „einige") bestehen aus kurzen Ketten von Monosaccharid-Einheiten, die durch kovalente Bindungen verknüpft sind. Am häufigsten sind die *Disaccharide*, die aus zwei Monosaccharid-Einheiten bestehen. Typisch ist die *Saccharose* (Engl.: *Sucrose*) oder *Rohrzucker*, in dem die C_6-Zucker D-Glucose und D-Fructose kovalent miteinander verbunden sind. Die meisten Oligosaccharide mit drei oder mehr Einheiten kommen nicht frei vor, sondern sind als Seitenketten an Polypeptide in *Glycoproteinen* und *Proteoglycanen* gebunden, die wir später noch besprechen werden.

Polysaccharide bestehen aus langen Ketten mit Hunderten oder Tausenden von Monosaccharid-Einheiten. Einige Polysaccharide, wie Cellulose, haben lineare, andere dagegen, wie *Glycogen*, verzweigte Ketten. Die am häufigsten vorkommenden Polysaccharide – *Stärke* und *Cellulose* des Pflanzenreiches – bestehen aus D-Glucose-Einheiten. Sie unterscheiden sich jedoch in der Art, wie diese D-Glucose-Einheiten miteinander verknüpft sind.

Die häufigsten Monosaccharide und Disaccharide besitzen Namen, die auf die Silbe -*ose* enden.

Es gibt zwei Familien von Monosacchariden: Aldosen und Ketosen

Monosaccharide sind farblose, kristalline Substanzen, die in Wasser gut löslich und in unpolaren Lösungsmitteln unlöslich sind. Die meisten haben einen süßlichen Geschmack.

Wie bereits erwähnt, besitzen die meisten Monosaccharide die Summenformel: $(CH_2O)_n$; n ist 3 oder eine etwas größere Zahl. Das Grundgerüst der Monosaccharide ist eine unverzweigte Kohlenstoffkette mit Einfachbindungen. Eines der Kohlenstoffatome ist durch eine Doppelbindung an Sauerstoff gebunden und bildet somit eine Carbonylgruppe. Jedes der anderen Kohlenstoffatome trägt eine Hydroxylgruppe. Ist die Carbonylgruppe am Ende der Kohlenstoffkette, so ist das Monosaccarid ein *Aldehyd* (S. 57) und wird als *Aldose* bezeichnet. Befindet sich die Carbonylgruppe jedoch an einer

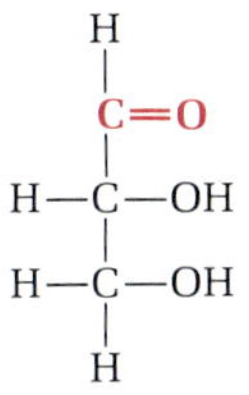

H | C=O | H—C—OH | H—C—OH | H Glycerinaldehyd, eine Aldose	H | H—C—OH | C=O | H—C—OH | H Dihydroxyaceton, eine Ketose

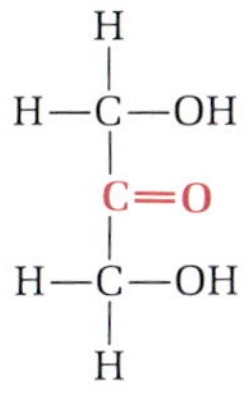

Abbildung 11-1
Die beiden Triosen. Die Carbonylgruppen sind farbig eingezeichnet.

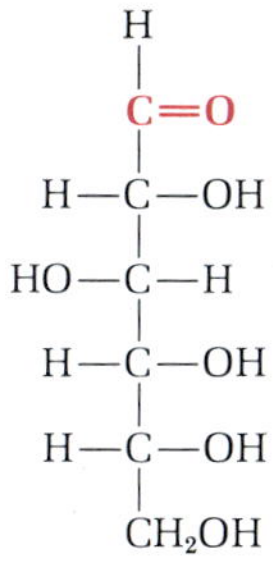

H | C=O | H—C—OH | HO—C—H | H—C—OH | H—C—OH | CH$_2$OH D-Glucose, eine Aldohexose	H | H—C—OH | C=O | HO—C—H | H—C—OH | H—C—OH | CH$_2$OH D-Fructose, eine Ketohexose

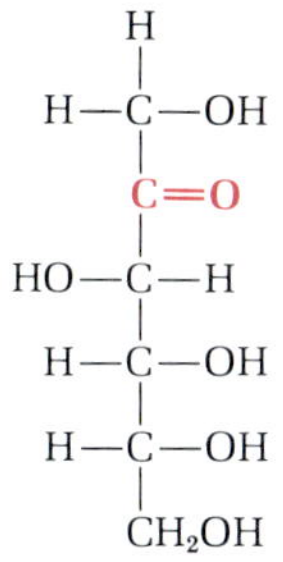

Abbildung 11-2
Zwei häufig vorkommende Hexosen.

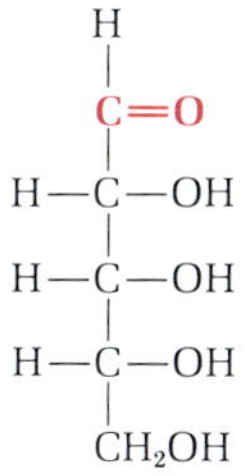

H | C=O | H—C—OH | H—C—OH | H—C—OH | CH$_2$OH D-Ribose, die Zuckerkomponente der Ribonucleinsäure (RNA)	H | ^{1}C=O | ^{2}CH$_2$ | H—^{3}C—OH | H—^{4}C—OH | ^{5}CH$_2$OH 2-Desoxy-D-ribose, die Zuckerkomponente der Desoxyribonucleinsäure (DNA)

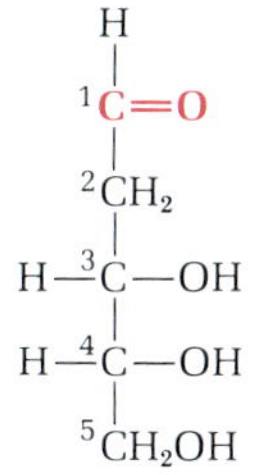

Abbildung 11-3
Die Pentose-Bestandteile der Nucleinsäuren.

beliebigen anderen Position, so ist das Monosaccarid ein *Keton* (S. 57), und man bezeichnet es als *Ketose*. Die einfachsten Monosaccharide sind die beiden C$_3$-Verbindungen (*Triosen*) *Glycerinaldehyd* – eine Aldose – und *Dihydroxyaceton* – eine Ketose (Abb. 11-1).

Monosaccharide, deren Grundgerüst aus 4, 5, 6 und 7 Kohlenstoffatomen besteht, nennt man *Tetrosen, Pentosen, Hexosen* und *Heptosen*. Es existieren jeweils zwei Reihen: Aldotetrosen und Ketotetrosen, Aldopentosen und Ketopentosen, Aldohexosen und Ketohexosen, usw. Die Hexosen, zu denen auch die Aldohexose D-*Glucose* und die Ketohexose D-*Fructose* gehören (Abb. 11-2), sind die in der Natur am häufigsten vorkommenden Monosaccharide. Die Aldopentosen D-*Ribose* und *2-Desoxy*-D-*ribose* (Abb. 11-3) sind Bestandteile der Nucleinsäuren.

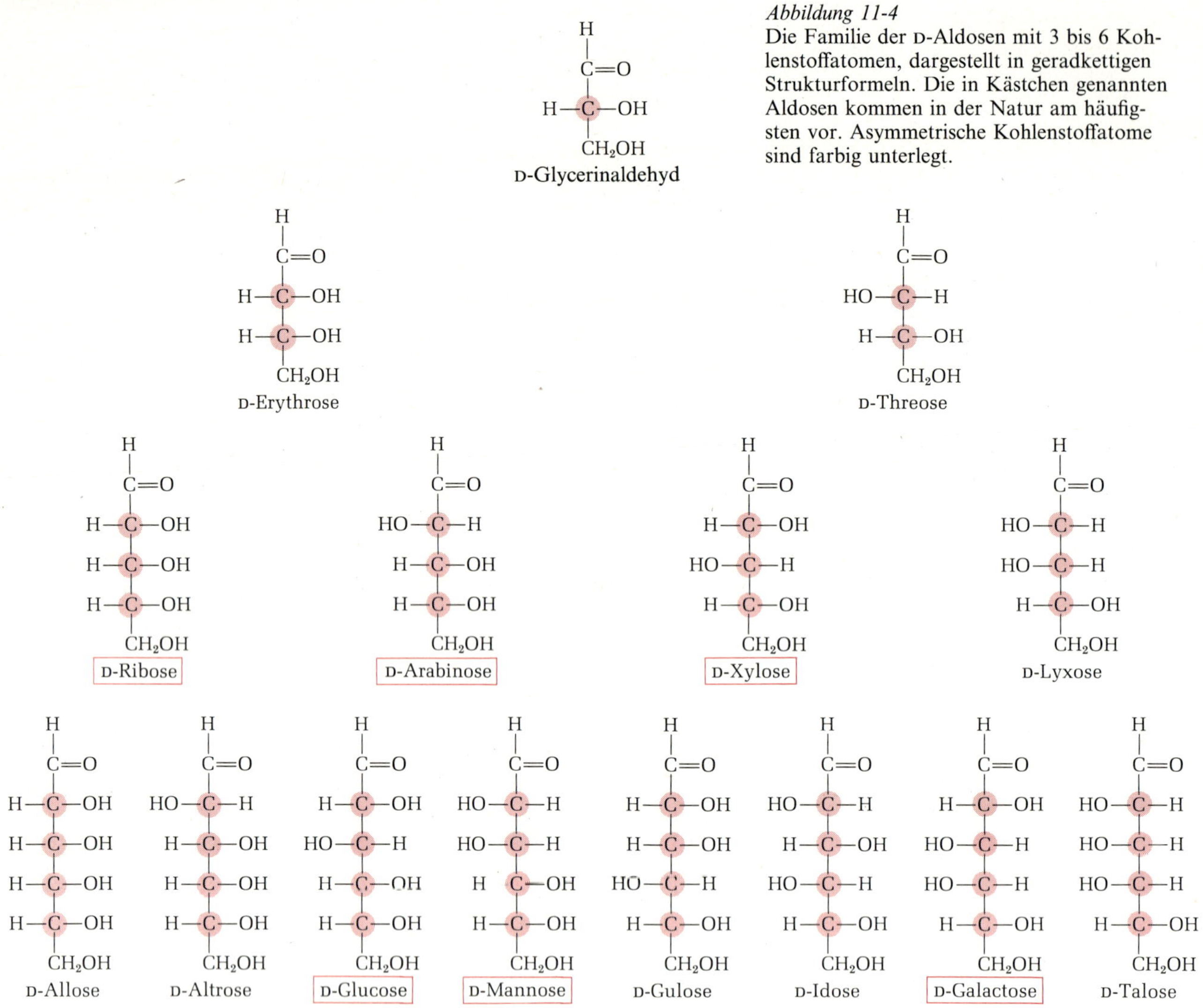

Abbildung 11-4
Die Familie der D-Aldosen mit 3 bis 6 Kohlenstoffatomen, dargestellt in geradkettigen Strukturformeln. Die in Kästchen genannten Aldosen kommen in der Natur am häufigsten vor. Asymmetrische Kohlenstoffatome sind farbig unterlegt.

Die meisten Monosaccharide besitzen mehrere asymmetrische Zentren

Alle Monosaccharide außer Dihydroxyaceton enthalten ein oder mehrere asymmetrische Zentren (S. 59) und kommen daher in optisch aktiven, isomeren Formen vor. Die einfachste Aldose – Glycerinaldehyd (auch Glyceraldehyd) – enthält nur ein asymmetrisches C-Atom und existiert daher in zwei verschiedenen optischen Isomeren (S. 108). Aldohexosen besitzen vier asymmetrische C-Atome und können als $2^n = 2^4 = 16$ verschiedene Stereoisomere vorkommen, unter denen sich auch die übliche Form der Glucose – die D-Glucose – befindet. Abb. 11-4 zeigt die Strukturen aller Stereoisomere der Aldotriosen, Aldotetrosen, Aldopentosen und Aldohexosen der D-Serie. Sie sind als *Fischer-Projektionsformeln* dargestellt

Perspektiv-Formeln

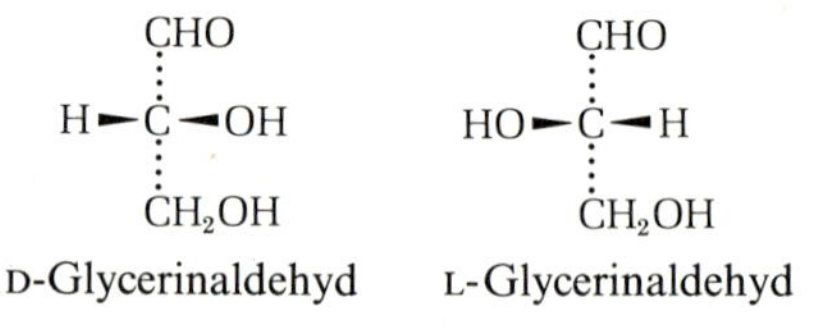

Fischer-Projektionsformeln; die horizontalen Bindungen stehen nach vorne aus der Papierebene heraus (s. S. 108).

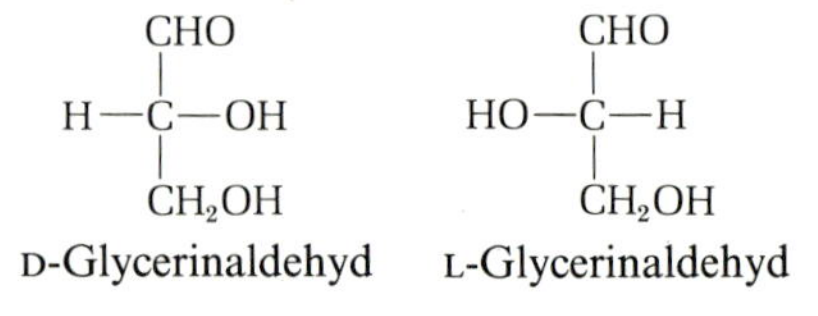

Abbildung 11-5
Die Stereoisomere des Glycerinaldehyds.

(S. 108), in denen am zweiten C-Atom von unten die horizontalen Bindungen aus der Papierebene nach vorn herausragen und die vertikalen Bindungen nach hinten stehen (Abb. 11-5). Später werden wir zwei andere Darstellungsarten der dreidimensionalen Strukturen von Zuckermolekülen, die *Haworth-Projektion* und die *Konformations-Formeln*, kennenlernen.

Die in der Natur am häufigsten vorkommenden Monosaccharide (mit der Ausnahme von Dihydroxyaceton) sind optisch aktiv. D-Glucose, die in der Natur normalerweise vorkommende Form der Glucose, ist rechtsdrehend mit der spezifischen Drehung $[\alpha]_D^{20} = +52,7°$. D-Fructose – die normale Form der Fructose – ist dagegen linksdrehend ($[\alpha]_D^{20} = -92,4°$). Wie die stereoisomeren Formen der Aminosäuren (Kapitel 5) können auch die stereoisomeren Formen der Monosaccharide alle auf eine Referenz-Verbindung – nämlich den Glycerinaldehyd – bezogen werden, der eine D-Form und eine L-Form besitzt (Abb. 11-5). *Da aber viele der Aldosen zwei oder mehr asymmetrische Kohlenstoffatome besitzen, verwendet man den Vorsatz D- und L- in Bezug auf die Konfiguration des am weitesten vom Carbonyl-Kohlenstoffatom entfernten asymmetrischen Kohlenstoffatoms. Weist die Hydroxylgruppe dieses Kohlenstoffatoms in der Fischer-Projektionsformel nach rechts, so kennzeichnet sie einen D-Zucker. Weist die Gruppe nach links, so handelt es sich um einen L-Zucker.* Obwohl die meisten der möglichen D-Aldosen (Abb. 11-4) in der Natur vorkommen, sollte man sich besonders die Pentose D-*Ribose* sowie die Hexosen D-*Glucose,* D-*Mannose* und D-*Galactose* merken.

Man kann auf ähnliche Weise auch die Strukturen aller D-Ketosen mit bis zu 6 Kohlenstoffatomen aufschreiben. Sie besitzen die gleiche Konfiguration am asymmetrischen Kohlenstoffatom, das am weitesten von der Carbonylgruppe entfernt ist. Die systematische Bezeichnung der Ketosen erfolgt durch Einfügen von „ul" in den Namen der entsprechenden Aldose. D-*Ribulose* z. B. ist die Ketopentose, die der Aldopentose D-*Ribose* entspricht. Einige Ketosen besitzen jedoch Trivialnamen, wie z. B. Fructose. Biologisch sind die wichtigsten Ketosen die Ketopentose D-Ribulose, die Ketohexose D-*Fructose* und die Ketoheptose D-*Sedoheptulose* (Abb. 11-6). Einige Aldosen

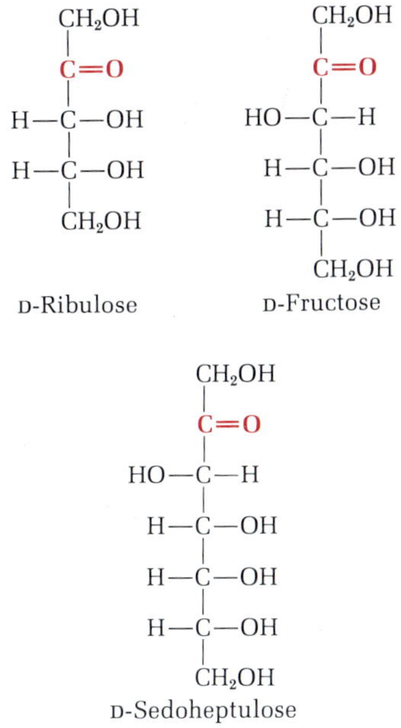

Abbildung 11-6
Drei wichtige Ketosen.

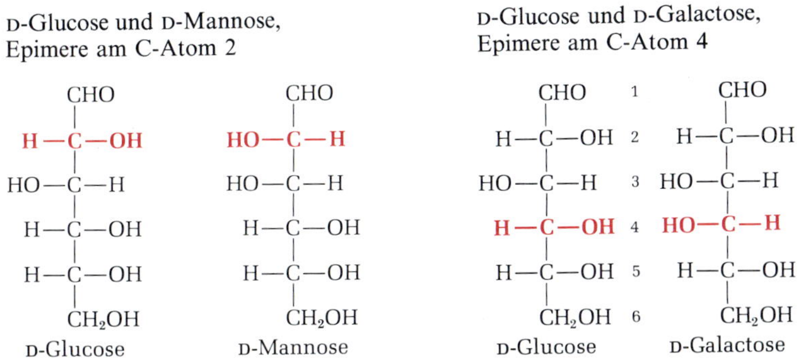

D-Glucose und D-Mannose, Epimere am C-Atom 2

D-Glucose und D-Galactose, Epimere am C-Atom 4

Abbildung 11-7
Zwei Epimere der D-Glucose.

und Ketosen der L-Serie kommen zwar in der Natur vor, sind jedoch relativ selten.

Unterscheiden sich zwei Zucker nur in der Konfiguration um ein einziges Kohlenstoffatom herum, so werden sie als *Epimere* bezeichnet. D-Glucose und D-Mannose sind Epimere in Bezug auf das Kohlenstoffatom 2; D-Glucose und D-Galactose sind Epimere in Bezug auf das Kohlenstoffatom 4 (Abb. 11-7).

Die meisten Monosaccharide kommen in Ringform vor

In Abb. 11-1 bis 11-4 und 11-6 sind die Strukturen der verschiedenen Aldosen und Ketosen als offene Ketten aufgezeichnet. Diese Strukturen treffen für Triosen und Tetrosen zu. Monosaccharide mit fünf oder mehr Kohlenstoffatomen in ihrem Grundgerüst besitzen jedoch gewöhnlich in Lösusng cyclische Strukturen, da die Carbonylgruppe nicht frei vorliegt, sondern eine kovalente Bindung mit einer der Hydroxylgruppen in der Kette eingegangen ist. Ein Hinweis darauf, daß D-Glucose Ringstruktur besitzt, ist die Tatsache, daß sie in zwei kristallinen Formen existieren kann, die etwas unterschiedliche Eigenschaften besitzen. Wird D-Glucose aus Wasser kristallisiert, entsteht eine als α-D-Glucose bezeichnete Form, deren spezifische Drehung (S.107) $[\alpha]_D^{20} = +112.2°$ beträgt. Wird D-Glucose aus Pyridin kristallisiert, entsteht β-D-Glucose mit $[\alpha]_D^{20} = +18.7°$. Die beiden Formen sind in ihrer chemischen Zusammensetzung identisch. Aus verschiedenen chemischen Daten hat man geschlossen, daß die α- und β-Isomere der D-Glucose zwei verschiedene Sechsring-Verbindungen sind (Abb. 11-8). Derartige cyclische Zuckerformen werden wegen ihrer Ähnlichkeit mit der Sechsring-Verbindung *Pyran* als *Pyranosen* bezeichnet. Die systemischen Namen der beiden Ringformen der D-Glucose sind α-D-*Glucopyranose* und β-D-*Glucopyranose* (Abb. 11-8).

Löst man α-D-Glucose in Wasser, so verändert sich im Laufe der Zeit die spezifische Drehung, bis ein konstanter Wert von 52.7° erreicht ist. Genau der gleiche Wert der spezifischen Drehung stellt sich auch allmählich in einer wäßrigen Lösung von β-D-Glucose ein. Diese Veränderung wird als *Mutarotation* bezeichnet. Die Mutarotation beruht darauf, daß sich bei 25 °C sowohl in einer Lösung von α- als auch in einer von β-D-Glucose ein Gleichgewicht einstellt. Dieses liegt bei etwa einem Drittel α-D-Glucose und zwei Dritteln β-D-Glucose, sowie einer sehr kleinen Menge der offenkettigen Verbindung. Die α- und β-Isomere der D-Glucose sind also in wäßriger Lösung ineinander überführbar.

Die Bildung von Pyranoseringen in der D-Glucose ist das Resultat einer allgemeinen Reaktion zwischen Aldehyden und Alkoholen unter Bildung von Derivaten, die als *Halbacetale* bezeichnet werden (Abb. 11-9). Halbacetale enthalten ein asymmetrisches Kohlenstoff-

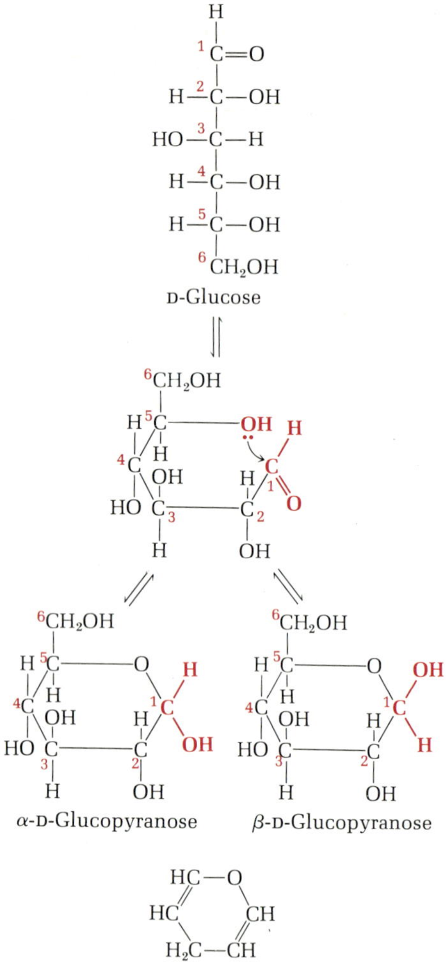

Abbildung 11-8
Bildung der beiden Formen der D-Glucopyranose. Reagieren die Aldehydgruppe am C-Atom 1 und die Hydroxylgruppe am C-Atom 5 unter Bildung eines Halbacetals, so können zwei Stereoisomere gebildet werden, die sich in ihrer Konfiguration am C-Atom 1 unterscheiden und die mit α oder β bezeichnet werden.

Bildung eines Halbacetals

$$R_1-\underset{H}{\overset{O}{C}} + HO-R_2 \rightleftharpoons R_1-\underset{H}{\overset{OH}{\underset{|}{C}}}-OR_2$$

Aldehyd   Alkohol   Halbacetal

Bildung eines Halbketals

$$R_1-\underset{O}{\overset{}{C}}-R_2 + HO-R_3 \rightleftharpoons R_1-\underset{OR_3}{\overset{OH}{\underset{|}{C}}}-R_2$$

Keton   Alkohol   Halbketal

Abbildung 11-9
Aldehyde und Ketone können mit Alkoholen reagieren und Halbacetale bzw. Halbketale bilden. Der Carbonylkohlenstoff wird durch diese Reaktionen chiral.

atom und können daher in zwei stereoisomeren Formen existieren. D-Glucopyranose ist ein *intramolekulares* Halbacetal, bei dem die freie Hydroxylgruppe des Kohlenstoffatomes 5 mit dem Aldehyd-Kohlenstoffatom 1 reagiert hat. Durch diese Reaktion wird das Kohlenstoffatom 1 zu einem asymmetrischen C-Atom. Die Ringform der D-Glucose hat also ein asymmetrisches Zentrum mehr, als durch die geradkettige Formel angegeben wird, und D-Glucose kann deshalb in zwei verschiedenen Stereoisomeren existieren, die mit α und β bezeichnet werden (Abb. 11-8). *Isomere Formen der Monosaccharide, die sich voneinander nur in ihrer Konfiguration um das Halbacetal-Kohlenstoffatom unterscheiden – wie α-D-Glucose und β-D-Glucose – werden als Anomere bezeichnet.* Das Halbacetal- oder Carbonyl-Kohlenstoffatom nennt man ein *anomeres Kohlenstoffatom*. Stabile Pyranoseringe können nur von Aldosen mit fünf oder mehr Kohlenstoffatomen gebildet werden. Cyclische Formen von Aldohexosen können auch als Fünfringe existieren. Da derartige Verbindungen der Fünfring-Verbindung *Furan* ähneln, bezeichnet man sie als *Furanosen* (Abb. 11-10). Ein Aldopyranose-Sechsring ist jedoch viel stabiler als ein Aldofuranose-Fünfring und überwiegt deshalb in Aldohexoselösungen.

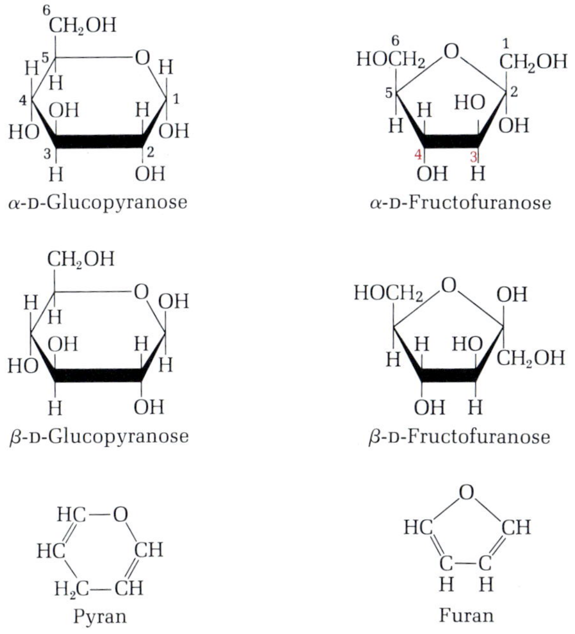

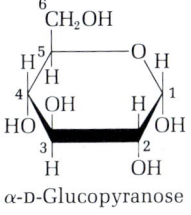

Abbildung 11-10
Haworth-Projektionsformeln der Pyranose-Formen der D-Glucose und der Furanose-Formen der D-Fructose.

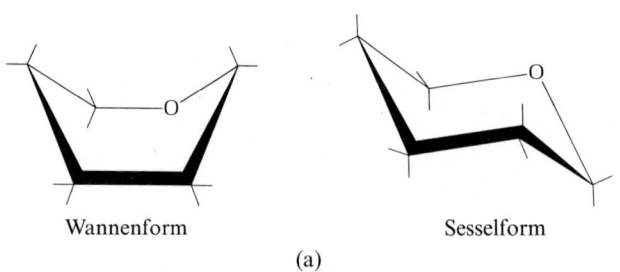
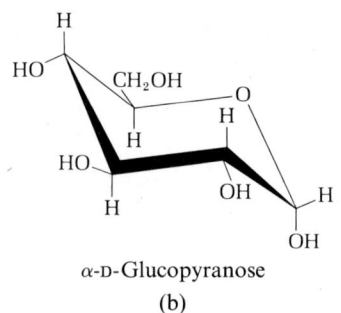

Abbildung 11-11
(a) Konformationsformeln der Wannen- und Sesselform des Pyranoseringes.
(b) Die Konformationsformel der α-D-Glucopyranose in der Sesselkonformation.

Auch Ketohexosen kommen in α- und β-anomeren Formen vor. Bei diesen Verbindungen reagiert die Hydroxylgruppe des Kohlenstoffatoms 5 mit der Carbonylgruppe des Kohlenstoffatoms 2 und bildet einen Furanose-Fünfring, der eine *Hemiketal*-Bindung enthält (Abb. 11-9). D-Fructose bildet zwei unterschiedliche Furanosen (Abb. 11-10); die häufigere Form ist die β-D-*Fructofuranose*.

Häufig werden zur Verdeutlichung der Ringformen von Monosacchariden *Haworth-Projektionsformeln* verwendet. Obwohl die dem Leser zugewandte Ringkante normalerweise fettgedruckt wird (Abb. 11-10), ist der Pyranose-Sechsring nicht planar, wie aus Haworth-Projektionen hervorzugehen scheint. Bei den meisten Zuckern liegt der Pyranosering in der *Sesselform* vor, bei einigen aber auch in der *Wannenform*. Diese Formen werden durch *Konformationsformeln* dargestellt (Abb. 11-11). Die spezifischen dreidimensionalen Konformationen einfacher Zucker mit 6 C-Atomen sind, wie wir noch sehen werden, für die Ausprägung der biologischen Eigenschaften und Funktionen einiger Polysaccharide sehr wichtig.

Einfache Monosaccharide sind Reduktionsmittel

Monosaccharide können Oxidationsmittel wie Hexacyanoferrat (III)-Ionen, Wasserstoffperoxid oder Kupfer-Ionen (Cu^{2+}) leicht reduzieren. Bei derartigen Reaktionen wird die Carbonylgruppe des Zuckers oxidiert und das Oxidationsmittel wird reduziert (Reduktionsmittel sind bekanntlich Elektronendonatoren und Oxidationsmittel Elektronenakzeptoren). Glucose und andere Zucker, die Oxidationsmittel reduzieren können, heißen *reduzierende Zucker*. Diese Eigenschaft ist bei der Analyse von Zuckern sehr nützlich. Durch Messung der Menge eines Oxidationsmittels, das von einer Zuckerlösung reduziert wird, ist es möglich, die Konzentration des Zuckers zu bestimmen. Auf diese Weise kann der Glucosegehalt des Blutes und des Urins analysiert werden. Dies spielt bei der Diagnose des *Diabetes mellitus* eine große Rolle. Bei dieser Erkrankung sind die Blutglucose-Werte abnorm hoch, und es kommt zur Glucoseausscheidung in den Urin.

Disaccharide enthalten zwei Monosaccharideinheiten

Disaccharide bestehen aus zwei kovalent miteinander verbundenen Monosacchariden. In den meisten Disacchariden ist die chemische Bindung, die die beiden Monosaccharide verbindet, eine sogenannte *Glycosidbindung*. Sie entsteht, wenn die Hydroxylgruppe des einen Zuckers mit dem anomeren Kohlenstoffatom des zweiten Zuckers reagiert. Glycosidbindungen werden durch Säure leicht hydrolysiert, widerstehen jedoch der Spaltung durch Basen. Disaccharide können daher hydrolysiert werden, sie zerfallen in die freien Monosaccharide, wenn sie mit verdünnter Säure gekocht werden.

Auch die Disaccharide kommen in der Natur zahlreich vor. Die häufigsten Disaccharide sind *Saccharose* (Engl.: *Sucrose*), *Lactose* und *Maltose* (Abb. 11-12). *Maltose*, das einfachste Disaccharid, enthält zwei D-Glucosereste, die durch eine Glycosidbindung zwischen dem Kohlenstoffatom 1 (dem anomeren Kohlenstoffatom) des ersten Glucoserestes und dem Kohlenstoffatom 4 des zweiten Glucoserestes verbunden sind (Abb. 11-12). Die Konfiguration des anomeren Kohlenstoffatoms der glycosidischen Bindung zwischen den beiden D-Glucoseresten ist die α-Form, die Bindung wird daher als α(1 → 4) bezeichnet. Das den anomeren Kohlenstoff enthaltende Monosaccharid wird in diesem Symbol durch die erste Zahl (oder den *Lokanten*) gekennzeichnet. Beide Glucosereste der Maltose liegen in der Pyranoseform vor. Maltose ist ein reduzierender Zucker, da er eine potentiell freie Carbonylgruppe besitzt, die oxidiert werden kann. Der zweite Glucoserest der Maltose kann in der α- oder der β-Form vorkommen. Die in Abb. 11-12 dargestellte α-Form wird durch die Einwirkung des Speichel-Enzyms *Amylase* auf Stärke gebildet (S. 748). Maltose wird durch das Enzym *Maltase*, das für die α(1 → 4) Bindung spezifisch ist, zu zwei Molekülen D-Glucose hydrolysiert. Das Disaccharid *Cellobiose* enthält ebenfalls zwei D-Glucosereste, die jedoch durch eine β(1 → 4)-Bindung zusammengehalten werden.

Das Disaccharid *Lactose* (Abb. 11-12), das bei der Hydrolyse D-Galactose und D-Glucose ergibt, kommt nur in der Milch vor. Da es eine potentiell freie Carbonylgruppe am Glucoserest enthält, ist Lactose ein reduzierendes Disaccharid. Während der Verdauung unterliegt Lactose einer enzymatischen Hydrolyse durch die *Lactase* der Mucosazellen des Darms. Dieses Enzym besitzt bei Säuglingen eine hohe Aktivität, im Erwachsenenalter behalten aber nur Nordeuropäer und einige afrikanische Stämme die Darm-Lactase. Erwachsene der meisten anderen Völker, z. B. der Orientalen, Araber, Juden, der meisten Afrikaner, Indianer und Mittelmeervölker besitzen nur wenig Darm-Lactase und viele weisen eine *Lactose-Intoleranz* auf. Dieser Unterschied ist genetisch bedingt. Da Lactose als solche nicht aus dem Darm in den Blutkreislauf absorbiert werden kann, sondern vorher zu Monosacchariden hydrolysiert werden muß, verbleibt die Lactose bei Menschen mit einer Lactose-Intoleranz unverändert im Darmtrakt. Bei ihnen führt die Aufnahme großer Mengen Milch zu einem wäßrigen Durchfall, abnormaler Darmpassage und kolikartigen Schmerzen. Lactose-Intoleranz ist nicht mit der Erbkrankheit *Galactosämie* (S. 462) zu verwechseln.

Saccharose oder Rohrzucker (Engl.: *Sucrose*) ist ein Disaccharid aus Glucose und Fructose. Es wird von vielen Pflanzen gebildet, kommt aber in höheren Tieren nicht vor. Im Gegensatz zu Maltose und Lactose enthält Saccharose keine freien anomeren Kohlenstoffatome, da die anomeren Kohlenstoffatome seiner beiden Monosac-

Maltose (β-Form) [*O*-α-D-Glucopyranosyl-(1 → 4)-β-D-glucopyranose]

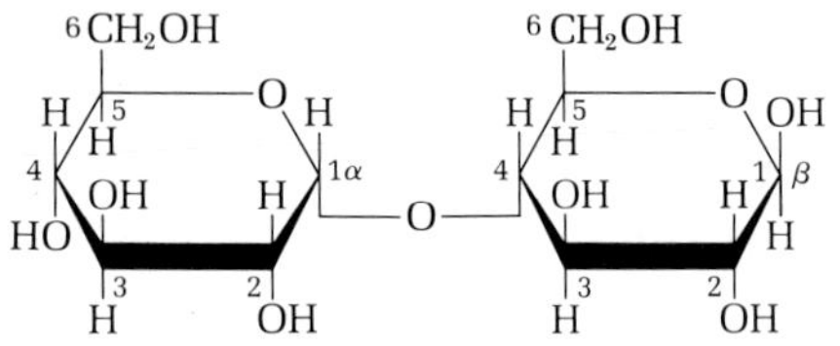

Haworth-Projektion

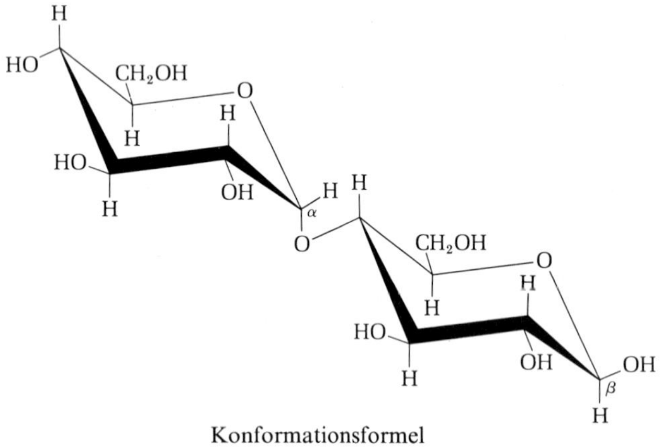

Konformationsformel

Lactose (β-Form) [*O*-β-D-Galactopyranosyl-(1 → 4)-β-D-glucopyranose]

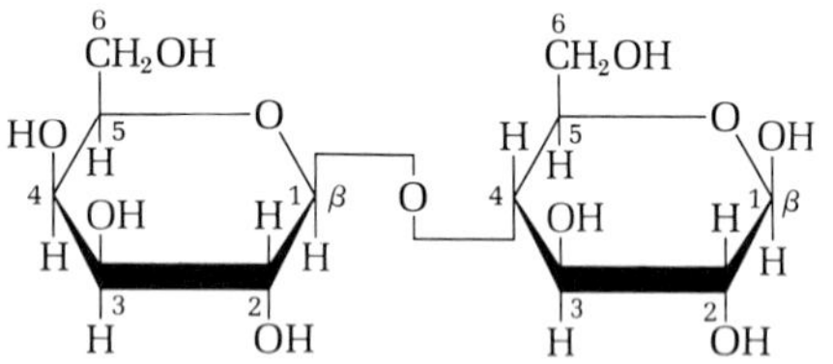

Saccharose [*O*-β-D-Fructofuranosyl-(2 → 1)-α-D-glucopyranoside]

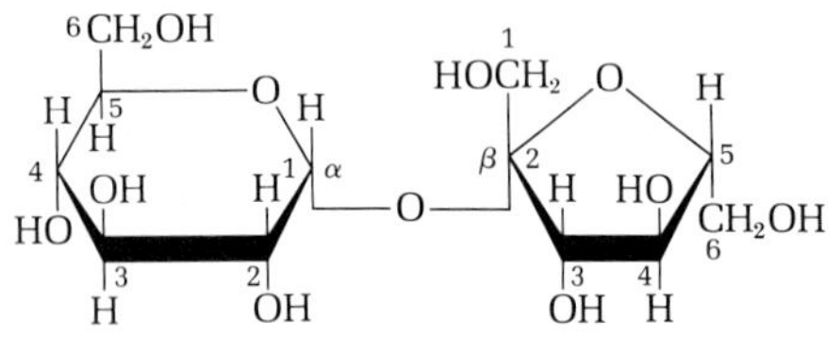

Abbildung 11-12
Wichtige Disaccharide. Die Struktur von Maltose ist in der Haworth-Projektion und als Konformationsformel dargestellt.

charid-Komponenten miteinander verbunden sind (Abb. 11-12). Aus diesem Grund zählt Saccharose nicht zu den reduzierenden Zuckern. Die Saccharose gibt der Pflanzen-Biochemie bislang ungelöste Rätsel auf. Obwohl D-Glucose den Grundbaustein sowohl von Stärke als auch von Cellulose darstellt, ist die Saccharose das Haupt-Zwischenprodukt bei der Photosynthese. In vielen Pflanzen ist sie die Hauptform, in der Zucker von den Blättern über das Gefäßsystem zu anderen Teilen der Pflanzen transportiert wird. Der Vorteil der Saccharose gegenüber der D-Glucose als Transportform besteht vielleicht darin, daß ihre anomeren Kohlenstoffatome verbunden und so vor einem oxidativen oder hydrolytischen Angriff von Pflanzenenzymen geschützt sind, bis das Molekül seinen Bestimmungsort innerhalb der Pflanze erreicht hat.

Tiere können Saccharose als solche nicht absorbieren, aber sie wird für die Absorption verfügbar gemacht durch ein Enzym in der Zellauskleidung des Dünndarms (S. 749), die *β*-D-*Fructofuranosidase* (auch als *Saccharase* oder *Invertase* bezeichnet). Saccharase katalysiert die Hydrolyse der Saccharose zu D-Glucose und D-Fructose. Diese beiden Monosaccharide können dann leicht in den Blutkreislauf aufgenommen werden.

Von den drei am häufigsten vorkommenden Disacchariden hat die Saccharose bei weitem den süßesten Geschmack. Sie ist auch süßer als Glucose (Tab. 11-1). Wegen der steigenden Kosten des importierten Rohrzuckers – der aus Zuckerrohr und Zuckerrüben hergestellt wird – und da in den USA riesige Mengen von D-Glucose zur Verfügung stehen, die aus der Hydrolyse von Mais-Stärke gewonnen werden kann, wurde dort ein neuer industrieller Prozeß entwickelt, um einen Süßstoff aus D-Glucose herzustellen. Dabei wird die Stärke zunächst zu D-Glucose – in Form von Glucosesirup, einer konzentrierten neutralen Lösung der D-Glucose – hydrolysiert. Diese Lösung fließt dann durch eine große Säule eines inerten Trägermaterials, an welches das aus Pflanzen isolierte Enzym *Glucose-Isomerase* kovalent gebunden ist. Dieses auf dem inerten Träger fixierte Enzym katalysiert die reversible Reaktion

D-Glucose $\rightleftharpoons$ D-Fructose.

So entsteht aus Glucosesirup eine äquimolare Mischung von D-Glucose und D-Fructose. Da D-Fructose etwa 2.5mal süßer als D-Glucose ist (Tab. 11-1), wird die Süßkraft des Sirups stark erhöht. Dieses neue Erzeugnis, das billiger und gleichzeitig genauso nahrhaft wie Saccharose ist, wird in der Nahrungsmittel-, Getränke- und Eiscreme-Industrie viel verwendet. Vor einiger Zeit wurde ein neues Produkt – 90 % reine Fructose – als Süßmittel auf den Markt gebracht, das ebenfalls durch das Isomerase-Verfahren hergestellt wird. Es kostet jedoch doppelt soviel wie Saccharose. Obwohl es süßer als Saccharose ist, also zu einem niedrigeren Energiekonsum beim Süßen von Nahrungsmitteln führt, besitzt es sonst keine weiteren ernährungsbezogenen Vorteile gegenüber der Saccharose.

Tabelle 11-1 Süßkraft von einigen Zuckerarten und Saccharin.

Zucker	relative Süßkraft
Saccharose	100
Glucose	70
Fructose	170
Maltose	30
Lactose	16
Saccharin	40 000

Künstliche Süßstoffe, die keinen Nährwert besitzen, sind besonders für Übergewichtige oder Diabetes-Patienten entwickelt worden, für die ein übermäßiger Zuckerkonsum schädlich ist. Künstliche Süßstoffe stimulieren dieselben Geschmacksknospen der Zunge, die auch von Zucker stimuliert werden. Sie werden jedoch vom Körper nicht als Nahrungsmittel verwertet (s. Kapitel 26). Der am häufigsten verwendete künstliche Süßstoff ist Saccharin (Ab. 11-13), der 400mal süßer als Saccharose ist (vgl. auch S. 317).

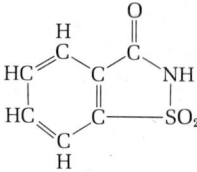

Abbildung 11-13
Saccharin, ein synthetischer Süßstoff ohne Nährwert.

Polysaccharide enthalten viele Monosaccharid-Einheiten

Die meisten Kohlenhydrate in der Natur sind Polysaccharide mit hohen relativen Molekülmassen. Einige Polysaccharide dienen als Monosaccharid-Speicher, andere als strukturelle Elemente in Zellwänden und Bindegeweben. Bei vollständiger Hydrolyse durch Säure oder durch Enzyme entstehen aus den Polysacchariden Monosaccharide oder ihre Derivate.

Polysaccharide, die auch als *Glycane* bezeichnet werden, unterscheiden sich in den Monosaccharid-Einheiten sowie in der Länge und im Verzweigungsgrad ihrer Ketten voneinander. Es gibt zwei Arten von Glycanen: *Homo-Polysaccharide*, die nur eine Art, und *Hetero-Polysaccharide*, die zwei oder mehr verschiedene Arten von monomeren Einheiten enthalten. Ein Beispiel eines Homo-Polysaccharides ist das Speicherkohlenhydrat *Stärke*, das nur D-Glucoseeinheiten enthält. Ein Beispiel für ein Hetero-Polysaccharid ist die *Hyaluronsäure* des Bindegewebes, die aus abwechselnden Resten zweier verschiedener Monosaccharide besteht. Polysaccharide besitzen im Gegensatz zu Proteinen normalerweise keine genau feststehenden Molekülmassen. Sie sind Mischungen von Molekülen hoher Molekülmassen, an die Monosaccharid-Einheiten enzymisch anoder von ihnen abgekoppelt werden können, je nach den Stoffwechselbedürfnissen der Zelle, in der sie gelagert werden.

Einige Polysaccharide dienen als Speicherform für Zell-Brennstoffe

Die wichtigsten Speicher-Polysaccharide der Natur sind die *Stärke* – charakteristisch für Pflanzenzellen – und das *Glycogen* der tierischen Zellen. Sowohl Stärke als auch Glycogen kommen intrazellulär in Form großer Zusammenlagerungen oder Granula vor (Abb. 11-14). Stärke- und Glycogenmoleküle sind stark hydratisiert, da sie viele exponierte Hydroxylgruppen besitzen. Daher bilden Stärke und Glycogen nach Extraktion aus ihren Granula mit heißem Wasser trübe kolloidale Lösungen oder Dispersionen.

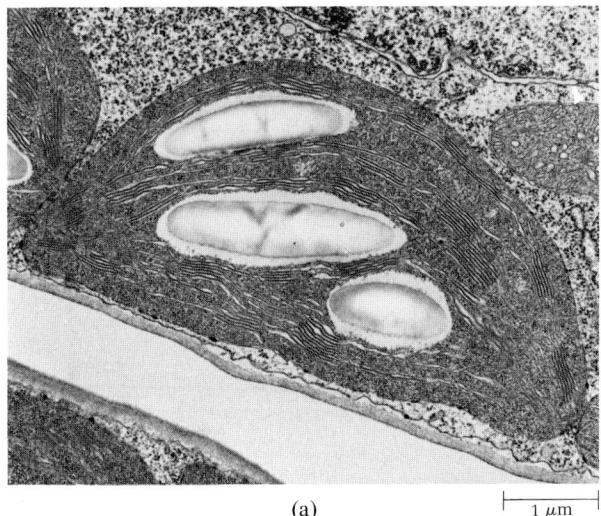 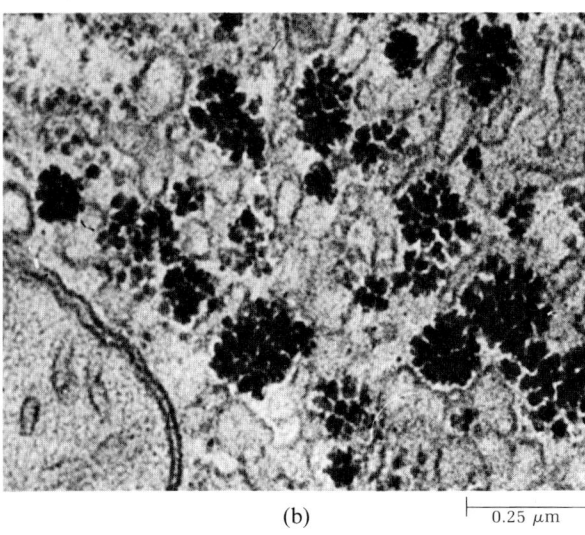

(a) 1 μm (b) 0.25 μm

Stärke ist besonders häufig in Knollengewächsen (z. B. Kartoffeln) und Samen (z. B. im Getreide) zu finden; jedoch besitzen die meisten Pflanzenzellen die Fähigkeit, selbst Stärke zu bilden (Abb. 11-14). Stärke enthält zwei Arten von Glucosepolymeren, α-*Amylose* und *Amylopectin*. α-Amylose besteht aus langen, unverzweigten Ketten aus D-Glucoseeinheiten, die durch α(1 → 4)-Bindungen knüpft sind. Derartige Ketten variieren in der relativen Molekülmasse von wenigen Tausend bis 500 000. Amylopectin besitzt ebenfalls eine hohe relative Molekülmasse, ist jedoch stark verzweigt (Abb. 11-15). Die glycosidischen Bindungen, die aufeinanderfolgende Glucosereste in Amylopectinketten verbinden, sind α(1 → 4)-Bindungen, die Verzweigungspunkte des Amylopectins dagegen sind α(1 → 6)-Bindungen. Werden Kartoffeln gekocht, so wird Amylose vom heißen Wasser extrahiert und es entsteht eine milchige opaleszierende Flüssigkeit. Das zurückbleibende Amylopectin stellt den größten Teil der Stärke in gekochten Kartoffeln dar.

Glycogen ist das hauptsächliche Speicher-Polysaccharid der Tierzellen – das Gegenstück zur Stärke in Pflanzenzellen. Wie Amylopectin ist auch Glycogen ein verzweigtes Polysaccharid der D-Glucose mit α(1 → 4)-Bindung (Abb. 11-15), es ist jedoch stärker verzweigt und kompakter. Die Bindungen an den Verzweigungspunkten sind α(1 → 6)-Bindungen. Glycogen kommt besonders in der Leber vor, in der es bis zu 7 % des Feuchtgewichtes ausmacht. Es kommt auch in der Skelettmuskulatur vor. In der Leber findet man Glycogen als große Granula, die selbst wieder Zusammenlagerungen kleiner Granula sind, die aus den einzelnen, stark verzweigten Glycogenmolekülen mit einer durchschnittlichen relativen Molekülmasse von mehreren Millionen bestehen (Abb. 11-14). Derartige Leberglycogen-Granula enthalten außerdem in fest gebundener Form die für die Synthese und den Abbau von Glycogen verantwortlichen Enzyme.

Abbildung 11-14
Stärke und Glycogen werden als Granula in Pflanzen- bzw. Tierzellen gespeichert.
(a) Große Stärkegranula in einem Chloroplasten. In vielen photosynthetisierenden Blatt-Zellen wird Stärke photosynthetisch aus D-Glucose hergestellt.
(b) Elektronenmikroskopisches Bild der Glycogengranula in der Leberzelle eines Hamsters. Diese Granula sind viel kleiner als die Stärkegranula auf der linken Seite.

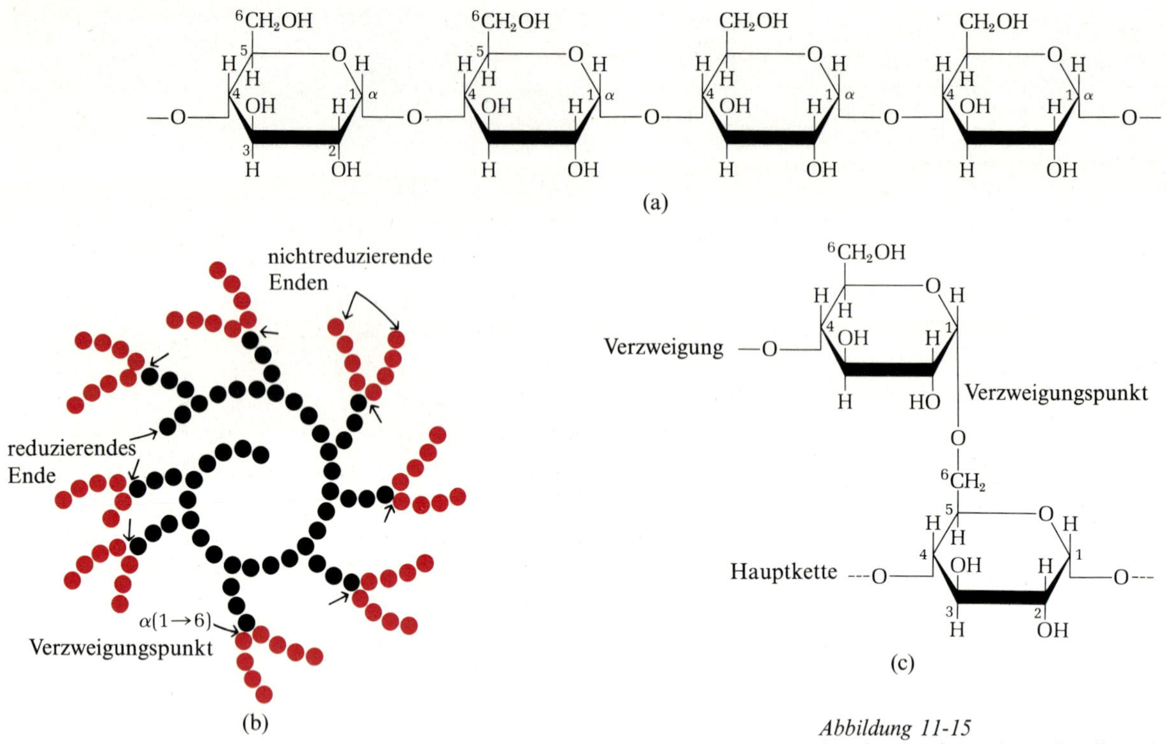

Abbildung 11-15
Amylose und Amylopectin, die Polysaccharide der Stärke.
(a) Amylose, ein lineares Polymeres aus D-Glucoseeinheiten mit α (1→4)-Bindungen. (b) Amylopectin. Die farbigen Kreise stellen die Glucosereste der äußeren Äste dar, die durch α-Amylase abgetrennt werden. Die schwarzen Kreise stellen die Struktur des Dextrins dar, nachdem die α-Amylase alle äußeren Glucosereste abgetrennt hat. Die α-(1→6)-Bindungen an den Verzweigungspunkten (durch die kleinen Pfeile angegeben) werden durch α (1→6)-Glucosidase gespalten; dadurch wird ein weiterer Satz von α-(1→4)-Bindungen der Wirkung von Amylase ausgesetzt. Glycogen hat eine ähnliche Struktur, ist aber verzweigter und kompakter.

Glycogen und Stärke werden im Verdauungstrakt durch *Amylasen* hydrolysiert, die in den Darmtrakt sezerniert werden. Die α-Amylasen in Speichel und Pankreassaft hydrolysieren die α(1→4)-Bindungen der äußeren Glycogen- und Amylopectinäste, dabei entstehen D-Glucose, eine kleine Menge Maltose und ein resistenter „Kern", das *Rest-Dextrin* (Abb. 11-15). Dextrine bilden die Grundlage von Klebstoffen. Dextrin wird durch α-Amylase nicht weiter hydrolysiert, da diese die α(1→6)-Bindungen an den Verzweigungspunkten nicht angreifen kann. Hierfür wird das Enzym *α(1→6)-Glucosidase* benötigt. Dieses Enzym kann die Bindungen an den Verzweigungen hydrolysieren und somit eine weitere Lage von α(1→4)-gebundenen Ästen für die Einwirkung der α-Amylase freilegen. Eine weitere Reihe von Verzweigungspunkten wird nun erreichbar, die wiederum von α(1→6)-Glucosidase gespalten werden können. Durch die gemeinsame Wirkung von α-Amylase und α(1→6)-Glucosidase können somit Glycogen und Amylopectin vollständig zu Glucose und einer kleinen Menge Maltose abgebaut werden. Bei Tierzellen wird Glycogen von einem anderen Enzym, der *Glycogen-Phosphorylase*, abgebaut, die Glycogen zu *Glucose-1-phosphat* statt zu freier Glucose spaltet.

Das Enzym β-Amylase aus Malz unterscheidet sich von α-Amylase dadurch, daß es nur jede zweite α(1→4)-Bindung hydrolysiert, so daß größtenteils Maltose und nur wenig Glucose entsteht. In diesem Fall beziehen sich α- und β- in den Namen der Amylasen nicht auf die Glycosidbindungen, sondern es handelt sich um eine willkürliche

Bezeichnung zur Unterscheidung zwischen zwei unterschiedlichen Amylase-Arten.

Cellulose ist das häufigste Strukturpolysaccharid

Viele Polysaccharide dienen als extrazelluläre strukturelle Elemente in den Zellwänden einzelliger Mikroorganismen und in höheren Pflanzen, sowie in den Oberflächen von Tierzellen. Andere Polysaccharide sind Bestandteile des Bindegewebes von Wirbeltieren und des Exoskeletts der Arthropoden. Struktur-Polysaccharide bieten Schutz, Form und Halt für Zellen, Gewebe oder Organe.

Es gibt viele verschiedene Strukturpolysaccharide. Wir werden eines von ihnen – die *Cellulose* – genauer untersuchen und erkennen, wie seine Molekularstruktur der biologischen Funktion angepaßt ist. Cellulose, eine faserige, feste, wasserunlösliche Substanz, kommt in den schützenden Zellwänden von Pflanzen, besonders in deren Stielen und Stämmen, sowie den holzigen Teilen der Pflanzengewebe vor. Holz besteht zum größten Teil aus Cellulose und anderen polymeren Substanzen. Baumwolle ist fast reine Cellulose. Cellulose ist nicht nur das häufigste *extrazelluläre* Struktur-Polysaccharid der Pflanzenwelt, sondern das häufigste aller Biomoleküle sowohl bei Pflanzen als auch bei Tieren. Proteine sind natürlich die häufigsten *intrazellulären* Makromoleküle (S. 60).

Cellulose ist ein lineares unverzweigtes Homopolysaccharid aus 10 000 oder mehr D-Glucoseeinheiten, die durch 1 → 4-Glycosidbindungen miteinander verknüpft sind. Man könnte also annehmen, daß es der Amylose sowie den Hauptketten des Glycogens ähnelt. Es gibt jedoch einen sehr wichtigen Unterschied: Bei der Cellulose haben die 1 → 4-Bindungen β-Konfiguration, bei Amylose, Amylopectin und Glycogen dagegen α-Konfiguration. Dieser anscheinend belanglose Strukturunterschied zwischen Cellulose und Amylose führt zu polymeren Strukturen mit sehr verschiedenen Eigenschaften (Abb. 11-16). Durch die Geometrie ihrer $\alpha(1 \rightarrow 4)$-Bindungen bevorzugen die Hauptketten aus D-Glucoseeinheiten im Glycogen und in der Stärke eine gewundene Helix-Konformation. Diese fördert die Bildung dichter Granula. Solche Granula finden sich in vielen Tier- und Pflanzenzellen. Die $\alpha(1 \rightarrow 4)$-Bindungen im Glycogen und in der Stärke werden durch α-Amylase im Verdauungstrakt der Wirbeltiere hydrolysiert. Die dabei gebildete D-Glucose wird absorbiert und als Brennstoff verwendet. Andererseits nehmen die D-Glucoseketten in der Cellulose wegen ihrer β-Bindungen eine gestreckte Konformation an, und lagern sich parallel zu unlöslichen Fibrillen zusammen (Abb. 11-16). Die $\beta(1 \rightarrow 4)$-Bindungen der Cellulose werden durch α-Amylase nicht hydrolysiert. Da in den Verdauungstrakt der Wirbeltiere kein Enzym sezerniert wird, das Cellulose hydrolysieren kann, ist Cellulose unverdaulich. Ihre D-Glucoseeinheiten sind also als Nahrungsmittel von den meisten höheren Or-

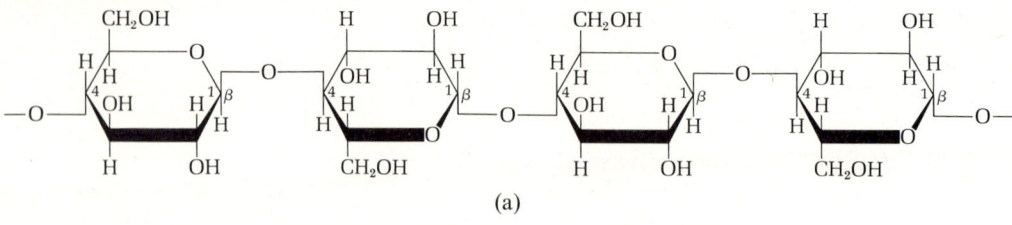

(a)

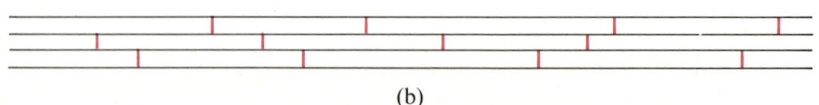

(b)

Quervernetzung durch eine Wasserstoffbindung

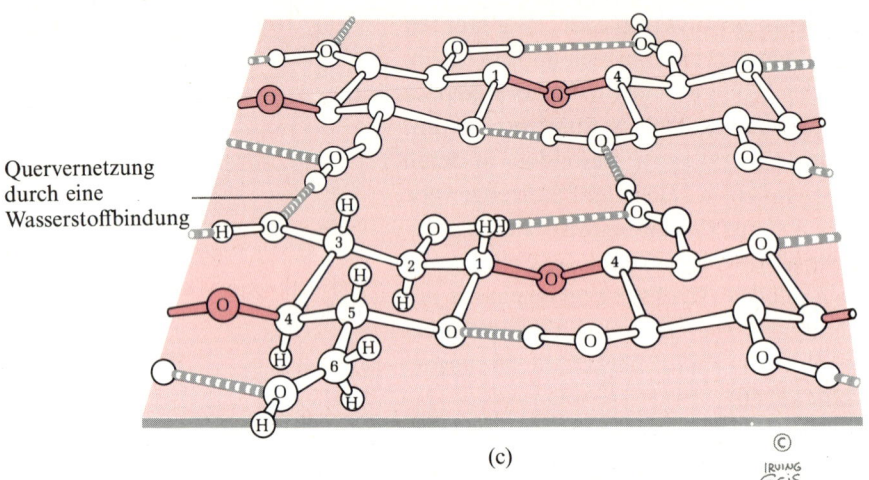

(c)

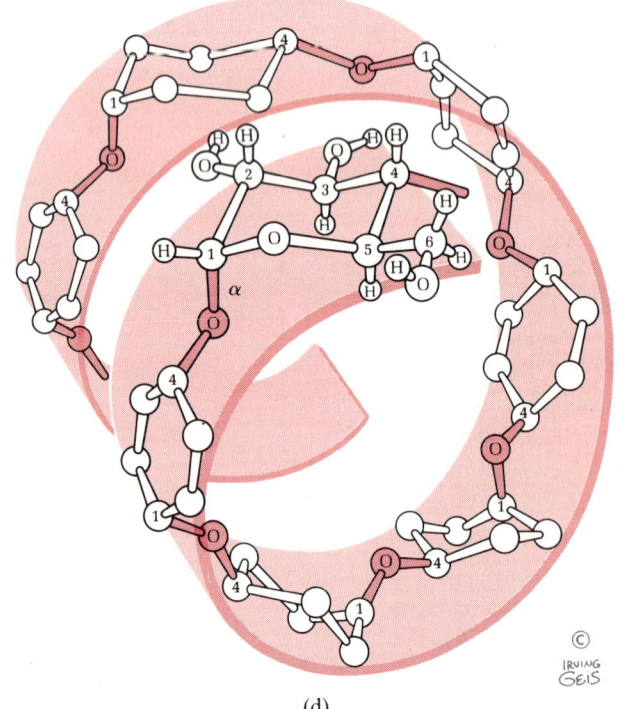

(d)

Abbildung 11-16
Die Struktur der Cellulose und die unterschiedlichen Konformationen, die von den β (1→4)-Celluloseketten und den α (1→4)-Stärke- und Glycogenketten eingenommen werden.
(a) Celluloseketten: Die D-Glucoseeinheiten sind durch β (1→4)-Bindungen verbunden.
(b) Schematische Darstellung der Quervernetzung der parallelen Celluloseketten über Wasserstoffbindungen (farbig dargestellt).
(c) Ausschnitt aus zwei parallelen Celluloseketten. Die Konformation der D-Glucosereste und der Wasserstoffbindungen ist zu erkennen.
(d) Ausschnitt aus einer Amylosekette. Die α (1→4)-Bindungen in Amylose, Amylopectin und Glycogen führen zu einer eng gefalteten helicalen Struktur, bei der viele Hydroxylgruppen nach außen gerichtet sind.

ganismen nicht verwertbar. Termiten können Cellulose leicht verdauen, jedoch nur deshalb, weil ihr Verdauungstrakt einen parasitischen Mikroorganismus beherbergt – *Trichonympha* (Abb. 11-17) –, der *Cellulase*, ein Cellulose hydrolysierendes Enzym, sezerniert. Pilze und Bakterien, die Holz zerstören, produzieren ebenfalls Cellulase.

Die einzigen Wirbeltiere, die Cellulose als Nahrungsmittel nutzen können, sind Rinder und andere Wiederkäuer (Schafe, Ziegen, Kamele, Giraffen). Sie bewerkstelligen dies auf eine sehr indirekte Weise. Ein großer Teil des abdominalen Volumens wird von ihren vier hintereinander geschalteten Mägen eingenommen, die 15% des Gesamtgewichts einer Kuh ausmachen. Die ersten beiden, die zusammen den *Pansen* bilden, arbeiten mit Cellulase-sezernierenden Mikroorganismen zusammen, und hier wird Cellulose zu D-Glucose abgebaut. Diese wird anschließend in kurzkettige Fettsäuren (Kapitel 12), Kohlenstoffdioxid und Methangas (CH_4) umgewandelt. Die von den Mikroorganismen im Pansen gebildeten Fettsäuren werden in den Blutkreislauf der Kuh resorbiert, von den Geweben aufgenommen und als Brennstoff verwertet. Kohlenstoffdioxid und Methan werden in einer Menge von 2 l/min produziert. Sie werden durch einen kontinuierlichen, kaum hörbaren Reflexvorgang, dem Aufstoßen ähnlich, freigesetzt. In den beiden anderen Mägen der Wiederkäuer werden die Mikroorganismen nach vollendeter Arbeit von Enzymen verdaut und ergeben Aminosäuren, Zucker und andere Hydrolyseprodukte, die absorbiert werden und für die Kuh als Nährstoffe zur Verfügung stehen. Diese Enzyme werden von der Magenauskleidung sezerniert. So entsteht eine nützliche symbiotische Beziehung zwischen der Kuh und den Mikroorganismen, die ein kurzes, aber gutes Leben in einer warmen und angenehmen Umgebung verbringen. Sowohl für die Kuh als auch für die Mikroorganismen stellt die Cellulose in Gras und Klee die Hauptquelle für ihren Brennstoff dar.

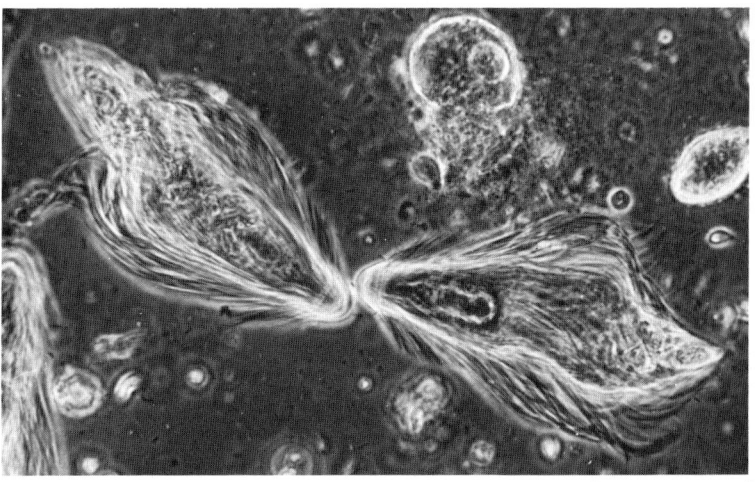

0.1 mm

Abbildung 11-17
Zwei *Trichonympha*-Zellen. Diese Protozoen, Bewohner des Magen-Darm-Traktes von Termiten, sezernieren Cellulase. Die Wirts-Termiten sind nicht in der Lage, Cellulose ohne die Hilfe dieser Parasiten zu verdauen.

Große Mengen an Cellulose werden jährlich von der Pflanzenwelt hergestellt, nicht nur durch das Wachstum der Wälder, sondern auch durch Ackerbau. Man schätzt, daß jeden Tag pro Kopf der Weltbevölkerung etwa 50 kg Cellulose in der Pflanzenwelt synthetisiert werden. Cellulose ist eine sehr nützliche Substanz. Holz, Baumwolle, Papier und Pappe bestehen größtenteils aus Cellulose. Außerdem ist sie die Ausgangssubstanz für viele andere Erzeugnisse, wie Kunstseide, Isoliermaterial sowie andere Verpackungs- und Baumaterialien.

Die kräftigen Schalen (Exoskelette) von Hummern, Krebsen und vielen Insekten bestehen größtenteils aus dem Struktur-Polysaccharid *Chitin*, einem linearen Polymer, in dem *N-Acetyl-D-glucosamin*-Einheiten (Abb. 11-18) durch β-Bindungen miteinander verbunden sind. Das Chitin-Gerüst der Hummer- oder Krebsschalen enthält Calciumcarbonat, wodurch es härter und fester wird.

Abbildung 11-18
N-Acetyl-D-Glucosamin, ein wichtiger Baustein von Chitin und vielen anderen Struktur- und Polysacchariden. D-Glucosamin, ein Aminozucker, besitzt eine Aminogruppe (farbig unterlegt) statt einer Hydroxylgruppe am C-Atom 2.

Zellwände sind reich an Struktur- und Schutz-Polysacchariden

Die meisten Pflanzenzellen sind von starren und sehr kräftigen Polysaccharid-Strukturen umgeben, die mit glasfaserverstärktem Kunststoff zu vergleichen sind. Das Gerüst der Pflanzen-Zellwände besteht aus netzförmigen Lagen langer Cellulosefasern, die fester als Stahldrähte desselben Durchmessers sind (Abb. 11-19). Dieses Fasergerüst ist mit einer zementähnlichen Grundsubstanz imprägniert, die aus anderen Arten struktureller Polysaccharide und einer weiteren polymeren Substanz, dem *Lignin*, besteht. In den holzigen Teilen von Baumstämmen sind die Zellwände sehr dick und besitzen die Fähigkeit, enormen Druckkräften zu widerstehen (Abb. 11-19).

Abbildung 11-19
Cellulose ist die Hauptkomponente pflanzlicher Zellwände.
(a) Ein elektronenmikroskopisches Bild der Zellwand einer Alge (*Chaetomorpha*). Sie besteht aus kreuz und quer liegenden Cellulosefibrillen, die mit einer zementartigen polymeren Substanz imprägniert sind.
(b) Querschnitt durch den Stamm einer Robinie. Die Jahresringe sind gut zu erkennen. Das im Frühjahr entstandene Holz besitzt große Zellen mit dünnen Wänden; das spät im Jahr entstandene Holz besteht aus dicken Wänden und einer größeren Zahl von Lagen von Cellulosefibrillen. Das leichtere Holz um das Kernholz herum ist das Grünholz.

(a)   0.5 μm

(b)

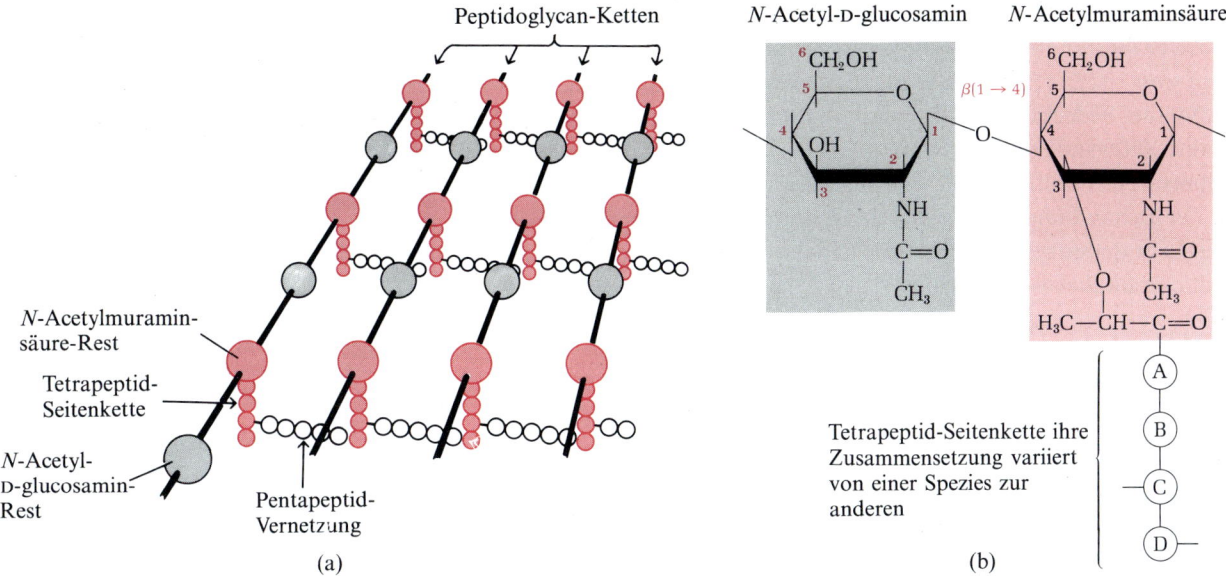

Abbildung 11-20
(a) Schematische Zeichnung des Peptidoglycans der Zellwand des grampositiven Bakteriums *Staphylococcus aureus*.
(b) Struktur der sich wiederholenden Disaccharideinheit im Gerüst des Peptidoglycans.

Die bakterielle Zellwand (Abb. 11-20), die sich außerhalb der Zellmembran befindet, bildet eine starre, poröse Schale um die Zelle herum. Sie schützt die empfindliche Zellmembran sowie das Cytoplasma. Die Zellwände der meisten Bakterien bestehen aus kovalent verbundenen strukturellen Gerüsten, die die Zelle vollständig umgeben. Ein derartiges Gerüst besteht aus langen, parallelen Polysacchariden, die in gewissen Abständen durch kurze Polypeptidketten miteinander verbunden sind. Die Polysaccharidketten sind aus sich abwechselnden Monosaccharideinheiten des *N-Acetyl-D-glucosamins* (Abb. 11-18) und der *N-Acetylmuraminsäure* zusammengesetzt. N-Acetylmuraminsäure ist ein komplexer Zucker mit 9 C-Atomen, der mit N-Acetyl-D-glucosamin durch $\beta(1 \rightarrow 4)$-Bindungen verknüpft ist (Abb. 11-20). An jeder N-Acetylmuramineinheit setzt eine Tetrapeptid-Seitenkette an. Die parallelen Polysaccharidketten sind durch kurze Polypeptidketten querverbunden. Diese Seitenketten sind von Spezies zu Spezies in ihrer Struktur etwas verschieden. In dem Eiterbakterium *Staphylococcus aureus*, das Furunkel und Wundinfektionen hervorruft, sind die N-Acetylmuraminsäurereste benachbarter Polysaccharidketten miteinander durch Pentapeptide aus fünf Glycinresten querverbunden. Die gesamte querverbundene Struktur, die eine solche Zelle umgibt, wird als *Murein* (Lateinisch: murus – „Wand") oder als *Peptidoglycan* bezeichnet. Diese Bezeichnung weist auf die Hybridnatur der Struktur hin, die Peptid- und Polysaccharid-Elemente vereinigt. Peptidoglycan, das kontinuierlich die gesamte Bakterienzelle umgibt, kann als ein einziges großes käfigartiges Molekül angesehen werden. In grampositiven Bakterien (reagieren positiv bei der Gram-Färbung, einer Farbreaktion mit dem Farbstoff Kristallviolett) gibt es um die Zelle herum mehrere konzentrische Lagen des Peptidoglycans, die mit anderen makromolekularen Bestandteilen verknüpft sind. In gramnegativen Arten – wie *E. coli* – ist das Peptidoglycangerüst mit einem lipidreichen äußeren Mantel bedeckt, der hydrophobe Proteine enthält (Kapitel 12). Intakte Zellwände sind für Schutz, Wachstum und Teilung des Bakteriums lebenswichtig. *Penicillin*, eines der wertvollsten Antibiotika bei der Behandlung bakterieller Infektionen, hemmt einen späten Teilschritt der enzymatischen Synthese der Peptidoglycane in Penicillin-empfindliches Organismen, so daß die Zellwand unvollständig bleibt, wodurch ein normales Wachstum der Zelle verhindert wird (s. Abb. 11-21).

Glycoproteine sind Hybridmoleküle

Glycoproteine sind Proteine, die kovalent gebundene Kohlenhydrate – entweder einzelne Monosaccharide oder relativ kurze Oligosaccharide – enthalten. Der Kohlenhydratanteil kann zwischen weniger als 1 Prozent und mehr als 30 Prozent liegen. Einige Glycoproteine besitzen nur eine oder wenige Kohlenhydratgruppen. Andere besitzen zahlreiche Oligosaccharidseitenketten, die linear oder auch ver-

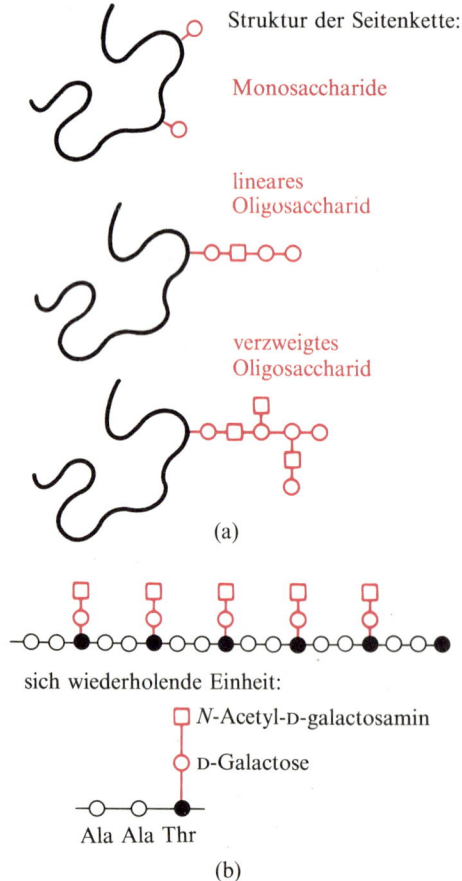

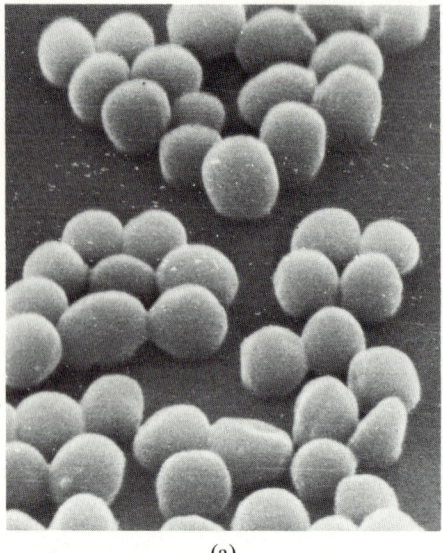

(a)

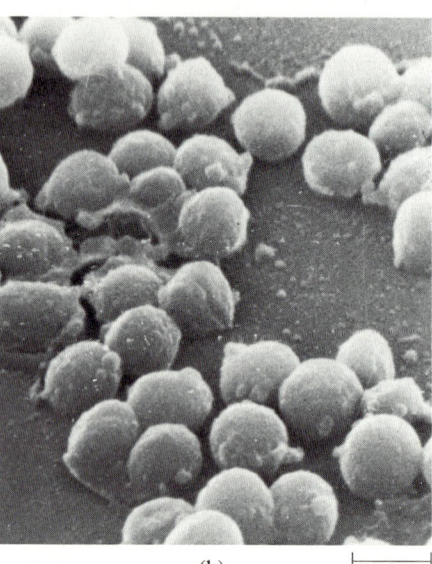

(b) ⊢ 1 µm

Abbildung 11-21
Die Wirkung von Penicillin auf *Staphylococcus-aureus*-Zellen.
(a) Zellen vor der Behandlung.
(b) Nach Behandlung mit Penicillin sind die Zellwände defekt und fallen zusammen.

Abbildung 11-22
Einige Glycoproteine und die Struktur eines Proteoglycans.
(a) Drei Arten von Glycoproteinen, die sich in der Größe und Zusammensetzung ihrer Kohlenhydrat-Seitenketten unterscheiden.
(b) Die sich wiederholende Einheit des Frostschutz-Glycoproteins einiger Fischarten der Polarregion.

zweigt sein können (Abb. 11-22). Fast alle Proteine an der Oberfläche von Tierzellen sind Glycoproteine. Auch die meisten in den extrazellulären Raum sezernierten Proteine sind Glycoproteine, wie auch die meisten Proteine des Blutplasmas. Allgemein läßt sich sagen, daß die meisten Proteine, die extrazellulär exponiert oder lokalisiert sind oder die extrazelluläre Funktionen besitzen, Glycoproteine sind.

Besonders bemerkenswerte extrazelluläre Glycoproteine sind die *„Frostschutzproteine"* im Blut einiger arktischer und antarktischer Fischarten, sowie im Blut der Winterflunder und des Dorsches der Ostküste Nordamerikas. Die Frostschutzproteine sind von Art zu Art etwas unterschiedlich. Das bekannteste von ihnen besteht aus einem Polypeptid-Grundgerüst, in dem sich die Tripeptideinheit — Ala — Ala — Thr — bis 50mal wiederholt (Abb. 11-22). An jeden Threoninrest ist das Disaccharid D-*Galactosyl-N-acetyl*-D-*galactosamin* angeknüpft. Frostschutzproteine führen zu einer Gefrierpunktserniedrigung des Wassers, anscheinend durch Hemmung der Eiskristallbildung. Die Kombination von Frostschutzproteinen und einer sehr hohen NaCl-Konzentration im Blut (die ebenfalls zu einer Gefrierpunktserniedrigung führt (S. 80) ermöglicht es den Fischen, bei den tiefen Temperaturen polarer Gewässer zu überleben, bei denen das Blut der auf dem Land lebenden Wirbeltiere gefrieren würde.

Die Oberfläche der Tierzellen enthält Glycoproteine

Statt starrer Wände besitzen Tierzellen eine weiche, flexible Oberfläche, die häufig als *Zellmantel* bezeichnet wird. Hier finden sich verschiedene Arten von Oligosaccharidketten. Die den Verdauungstrakt auskleidenden Zellen besitzen einen sehr dicken, kohlenhydratreichen Mantel, den man *Glycocalyx* nennt (Abb. 11-23). Die Oligosaccharide solcher Zelloberflächen stammen größtenteils von spezifischen Glycoproteinen aus der Plasmamembran. Diese enthält außerdem eine weitere Klasse von Hybridmolekülen mit Kohlenhydratgruppen – die *Glycolipide*.

Eines der am besten bekannten Membran-Glycoproteine ist *Glycophorin*. Es findet sich in der Zellmembran roter Blutzellen (Kapitel 12, S. 356). Glycophorin enthält fast 50% Kohlenhydrat in Form einer langen Polysaccharidkette, die kovalent an ein Ende der Polypeptide gebunden ist. Die Polysaccharidkette geht von der äußeren Oberfläche der Zellmembran aus, wogegen die Polypeptidkette im Inneren der Membran verankert ist. Ein weiteres Membran-Glycoprotein ist das *Fibronectin* (Lateinisch: fibra – „Faser" und nectere – „binden" oder „knoten"). Fibronectin scheint die Adhäsion gleichartiger Zellen zueinander zu fördern (S. 39). Auf diese und andere Glycoproteine wird bei der Behandlung der Membranstruktur im folgenden Kapitel näher eingegangen.

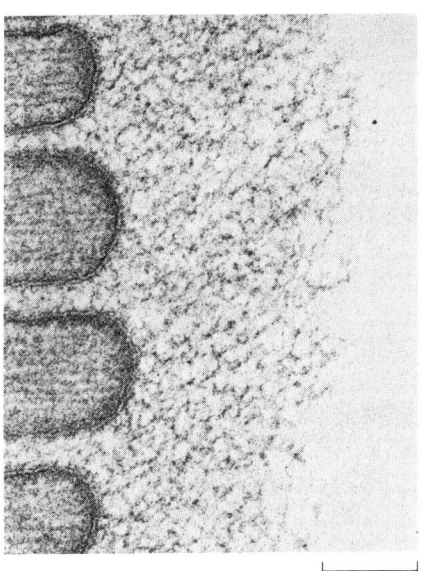

Abbildung 11-23
Der Glycocalyx, die zottige Oberfläche einer filamentösen netzartigen Oligosaccharid-Struktur auf den Mikrovilli (links) einer Epithelzelle des Magen-Darm-Traktes.

Saure Mucopolysaccharide und Proteoglycane sind wichtige Bestandteile des Bindegewebes

Eine weitere Gruppe von Struktur- und Schutz-Polysacchariden sind die sauren Mucopolysaccharide. Sie sind normalerweise an Proteine gebunden unter Bildung von *Proteoglycanen*, eine Bezeichnung, die solchen Hybridmolekülen aus Polysacchariden und Protein vorbehalten ist, bei denen das Polysaccharid den größten Teil des Gesamtgewichtes ausmacht, oft 95% oder mehr (Abb. 11-24). Glycoproteine sind dagegen Hybridmoleküle aus Protein und Kohlenhydraten, in denen das Protein überwiegt.

Saure Mucopolysaccharide oder *Glycosaminoglycane* bestehen aus aneinandergereihten Disaccharideinheiten. Eine der Komponenten im Disaccharid ist ein Derivat einer Aminohexose – normalerweise D-Glucosamin oder D-Galactosamin. Wenigstens einer der beiden Zucker in der Disaccharideinheit der sauren Mucopolysaccharide enthält eine Säuregruppe mit einer bei pH = 7 negativen Ladung, entweder eine Carboxyl- oder eine Sulfatgruppe. Ein Beispiel für eine saure Hexose ist D-Glucuronat, das bei der Oxidation des Kohlenstoffatoms 6 der D-Glucose zu einer Carboxylatgruppe entsteht (Abb. 11-25). Saure Mucopolysaccharide sind Heteropolysaccharide, da sie aus zwei Arten von Monosacchariden bestehen, die alternierend angeordnet sind (Tab. 11-2). Die Vorsilbe Muco- weist auf die Tatsache hin, daß diese Polysaccharide zuerst aus *Mucin* isoliert wurden, dem glitschigen „Schmier"-Proteoglycan in schleimartigen Sekreten. Heute hat die Bezeichnung „saure Mucopolysaccharide" jedoch eine breitere Bedeutung, und sie bezieht sich auf saure Polysaccharide bei den verschiedensten Wirbeltierarten. Proteoglycane werden in der gelartigen *Grundsubstanz* oder dem *interzellulären Zement* gefunden, der die Zwischenräume zwischen den Zellen der meisten Gewebe ausfüllt. Sie finden sich auch im Knorpel, den Sehnen und der Haut sowie in der Gelenksflüssigkeit, die die Gelenke befeuchtet.

Das saure Mucopolysaccharid *Hyaluronsäure* der interzellulären Grundsubstanz tierischer Gewebe enthält viele alternierende Einheiten der D-*Glucuronsäure* und des *N-Acetyl*-D-*glucosamins* (Abb. 11-26). Hyaluronsäure bildet sehr viscose, gelartige Lösungen. Hyaluronsäure verbindet sich häufig mit anderen Mucopolysacchariden. *Hyaluronidase*, ein von pathogenen (krankheitserregenden) Bak-

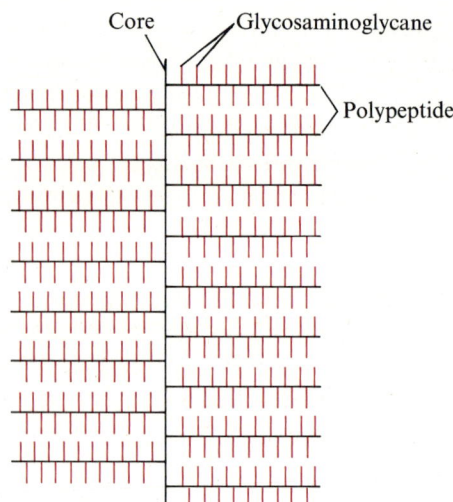

Abbildung 11-24
Schematische Darstellung eines Proteoglycans. Es besteht aus einem verzweigten Kern („Core") oder Gerüst aus Protein, an das viele Seitenketten von Glycosaminoglycanen angelagert sind. Die gesamte Struktur ist stark hydratisiert.

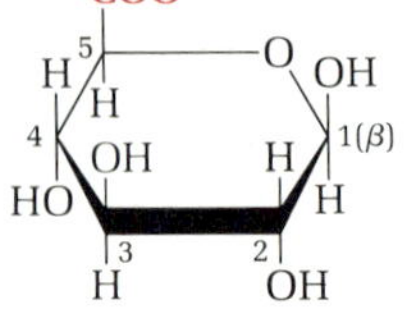

Abbildung 11-25
D-Glucuronat. Es besitzt eine Carboxylgruppe am C-Atom 6, die bei einem pH-Wert um 7 dissoziiert vorliegt.

Tabelle 11-2 Monosaccharid-Komponenten repräsentativer saurer Polysaccharide des Bindegewebes.

Polysaccharide	Komponenten
Hyaluronsäure	D-Glucuronat + *N*-Acetyl-D-glucosamin
Chondroitin	D-Glucuronat + *N*-Acetyl-D-galactosamin
Dermatansulfat	D-Iduronat + *N*-Acetyl-D-galactosamin-4-sulfat

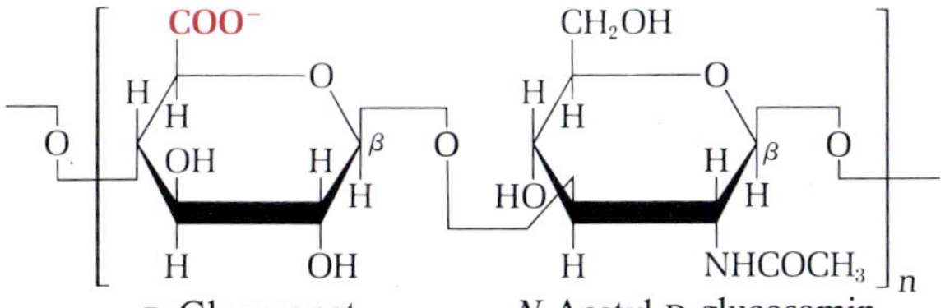

Abbildung 11-26
Die sich wiederholende Einheit des Hyaluronats, einem linearen Polymer, welches Tausende derartiger Disaccharideinheiten enthält. Bei pH = 7 ist die Carboxylgruppe des D-Glucuronat-Restes vollständig dissoziiert.

terien sezerniertes Enzym, kann die Glycosidbindungen der Hyaluronsäure hydrolysieren und so die Gewebe für das Eindringen von Bakterien empfindlicher machen. Dieses Enzym kann außerdem eine äußere saure Polysaccharidschicht der Eizellen von Wirbeltieren hydrolysieren und so das Eindringen der Spermien für die Befruchtung ermöglichen. *Chondroitin* ist ein wichtiges Polysaccharid der Knorpel-Proteoglycane. Es enthält alternierende Einheiten der D-*Glucuronsäure* und des *N-Acetyl-*D*-galactosamins*. Das *Dermatansulfat* der Haut enthält ebenfalls alternierende Einheiten zweier verschiedener Zucker (Tab. 11-2).

Ein weiteres wichtiges saures Polysaccharid ist *Heparin*, das von verschiedenen Zellarten hergestellt wird. Es besteht aus repetitiven Einheiten von sechs Zuckerresten, von denen jede aus einer alternierenden Sequenz von Sulfatderivaten des *N*-Acetyl-D-glucosamins und der D-*Iduronsäure* besteht. Heparin ist ein sehr wirksamer Hemmstoff der Blutgerinnung, es hilft, die Bildung von Thromben im zirkulierenden Blut zu verhüten. Aus Lungengewebe isoliertes Heparin wird medizinisch zur Verhinderung der Gerinnung von Blutproben verwendet. Außerdem wird es zur Gerinnungshemmung in den Blutgefäßen bei verschiedenen pathologischen Bedingungen, z. B. nach Herzinfarkten, angewandt.

Die sauren Mucopolysaccharid-Moleküle der Proteoglycane des Knorpels sind kovalent an Protein gebunden. Ein typisches Knorpel-Proteoglycan enthält etwa 150 Polysaccharidketten, jede mit einer relativen Molekülmasse von 20000, die als Seitenketten kovalent an Gerüst-Polypeptide (core-Proteine) gebunden sind. Derartige Proteoglycane sind stark hydratisierte Strukturen (Abb. 11-24).

Zusammenfassung

Kohlenhydrate sind Polyhydroxyaldehyde oder -ketone mit der empirischen Formel $(CH_2O)_n$. Sie werden klassifiziert als Monosaccharide (eine Aldehyd- oder Ketogruppe), Oligosaccharide (mehrere Monosaccharideinheiten) und Polysaccharide, das sind große lineare oder verzweigte Moleküle, die viele Monosaccharideinheiten enthalten. Monosaccharide oder Einfachzucker besitzen eine einzige Aldehyd- oder Ketoeinheit. Sie haben mindestens ein asymmetrisches Kohlenstoffatom und kommen deshalb in stereoisomeren Formen vor. Die am häufigsten natürlich vorkommenden Zucker, wie

Ribose, Glucose, Fructose und Mannose gehören der D-Serie an. Einfache Zucker mit fünf oder mehr Kohlenstoffatomen können in Form geschlossener Ring-Halbacetale entweder als Furanosen (Fünfring) oder Pyranosen (Sechsring) existieren. Furanosen und Pyranosen kommen in anomeren α- und β-Formen vor, die durch den Vorgang der Mutarotation ineinander überführt werden können. Zucker, die Oxidationsmittel reduzieren können, werden als reduzierende Zucker bezeichnet.

Disaccharide bestehen aus zwei kovalent verbundenen Monosacchariden. Maltose enthält zwei D-Glucosereste, die durch α(1 → 4)-Glycosidbindungen verknüpft sind. Lactose enthält D-Galactose und D-Glucose. Saccharose, ein nicht-reduzierender Zucker, enthält D-Glucose- und D-Fructoseeinheiten, die durch ihre anomeren Kohlenstoffatome verbunden sind.

Polysaccharide (Glycane) enthalten viele Monosaccharideinheiten in glycosidischer Verknüpfung. Einige dienen als Speicherformen für Kohlenhydrate. Die wichtigsten Speicher-Polysaccharide sind Stärke und Glycogen, hochmolekulare, verzweigte Polykondensate der Glucose, die α(a → 4)-Bindungen in den Hauptketten und α(1 → 6)-Bindungen an den Verzweigungspunkten aufweisen. Die α(1 → 4)-Bindungen werden von α-Amylase und die α(1 → 6)-Bindungen von α(1 → 6)-Glucosidase hydrolysiert. Andere Polysaccharide haben in den Zellwänden eine Srukturfunktion.

Cellulose, das Struktur-Polysaccharid der Pflanzen, besteht aus durch α(1 → 4)-Bindungen verknüpften D-Glucoseeinheiten. Cellulose wird weder von α- noch von β-Amylasen angegriffen und von Wirbeltieren nicht verdaut. Eine Ausnahme bilden die Wiederkäuer, bei denen die von Bakterien sezernierte Cellulase die Cellulose zu D-Glucose abbaut. Die starren, porösen Wände der Bakterienzellen enthalten Peptidoglycane, lineare Polysaccharide (alternierend *N*-Acetylmuraminsäure und *N*-Acetylglucosamineinheiten), die durch kurze Peptidketten querverbunden sind. Pflanzenzellwände sind starre, starke Gerüste aus Cellulosefasern, die mit anderen polymeren Substanzen durchsetzt sind. Tierzellen besitzen oft einen geschmeidigen, flexiblen Glycocalyx oder äußeren Mantel aus Oligosaccharidketten, die an Lipide und Proteine gebunden sind. Glycoproteine enthalten einen oder mehrere Zuckerreste. Die meisten Proteine der Zelloberflächen und fast alle extrazellulären Proteine sind Glycoproteine. Bindegewebe von Tieren enthalten mehrere saure Mucopolysaccharide, die aus alternierenden Zuckereinheiten bestehen; eine dieser Einheiten besitzt eine Säuregruppe. Verbindungen, in denen das Polysaccharid überwiegt, werden als Proteoglycane bezeichnet.

Aufgaben

1. *Die Umwandlung der D-Galactose-Formen ineinander.* Eine frisch hergestellte Lösung der α-Form (1 g/ml in einer 10-cm-Küvette weist eine optische Drehung von + 150.7° auf. Nach längerem Stehenlassen nimmt die Drehung langsam ab und erreicht einen Gleichgewichtswert bei + 80.2°. Eine frisch hergestellte Lösung (1 g/ml) der β-Form weist dagegen eine Drehung von nur + 52.8° auf. Steht diese Lösung für mehrere Stunden, so steigt die Drehung auf + 80.2°, auf genau den Gleichgewichtswert der α-D-Glucose.
   (a) Zeichnen Sie die Haworth-Projektionsformeln der α- und β-Formen der Galactose. Worin unterscheiden sich diese beiden Formen?
   (b) Warum nimmt die Drehung einer frisch zubereiteten Lösung der α-Form mit der Zeit ab? Warum erreichen Lösungen der α- und β-Form (bei gleichen Konzentrationen) im Gleichgewichtszustand denselben Wert?
   (c) Berechnen Sie den prozentualen Anteil der beiden Formen der Galactose im Gleichgewichtszustand.

2. *Glucose-Isomerase „invertiert" Saccharose.* Die Hydrolyse von Saccharose ($[\alpha]_D^{20} = + 66.5°$) ergibt eine äquimolare Mischung aus D-Glucose ($[\alpha]_D^{20} = + 52.5°$) und D-Fructose ($[\alpha]_D^{20} = - 92°$).
   (a) Schlagen Sie eine bequeme Bestimmungsmethode der Hydrolyse-Geschwindigkeit von Saccharose durch ein aus der Dünndarm-Mucosa extrahiertes Enzympräparat vor.
   (b) Erklären Sie, warum eine äquimolare Mischung von D-Glucose und D-Fructose, die durch die Hydrolyse von Saccharose hergestellt wird, in der Nahrungsmittelindustrie als Invertzucker bezeichnet wird.
   (c) Man läßt das Enzym Invertase solange auf eine Saccharoselösung einwirken, bis die optische Drehung des Systems gleich Null ist. Welcher Anteil der Saccharose ist hydrolysiert worden? (Heute ist der bevorzugte Name für Invertase = Saccharase.)

3. *Herstellung von mit Flüssigkeit gefüllter Schokolade.* Die Herstellung von Schokolade mit flüssiger Füllung beruht auf einer interessanten praktischen Anwendung von Enzymwirkungen. Die gut schmeckende Füllung besteht größtenteils aus einer wäßrigen Zuckerlösung, die reich an Fructose ist. Das technische Dilemma ist folgendes: Der Schokoladenüberzug muß in Form heißer, geschmolzener Schokolade über einen festen Kern gegossen werden. Dennoch soll das Endprodukt eine flüssige, fructosereiche Füllung besitzen. Schlagen Sie einen Lösungsweg für dieses Problem vor. (Tip: Die Löslichkeit der Saccharose ist viel geringer als die gemeinsame Löslichkeit von Glucose und Fructose)

4. *Anomere der Lactose.* Lactose, ein Disaccharid aus Galactose und Glucose, existiert in zwei anomeren Formen, die mit α und β bezeichnet werden. Die Eigenschaften der beiden Anomere sind deutlich verschieden. Das β-Anomere besitzt z. B. einen süßeren Geschmack als das α-Anomere. Außerdem ist das β-Anomere löslicher als das α-Anomere. Das α-Anomere kann folglich auskristallisieren, wenn Eiscreme z. B. für lange Zeit in einer Gefriertruhe aufbewahrt wird, was zu einer sandigen Beschaffenheit führt.
    (a) Zeichnen Sie die Haworth-Projektionsformeln für die beiden anomeren Formen der Lactose.
    (b) Zeichnen Sie die Haworth-Projektionsformeln für sämtliche bei der Hydrolyse des α-Anomeren zu Galactose und Glucose entstehenden Produkte. Zeichnen Sie die Formeln für die Hydrolyse des β-Anomeren.

5. *Anomere der Saccharose?* Obwohl das Disaccharid Lactose in zwei anomeren Formen existiert, sind keine anomeren Formen des Disaccharids Saccharose bekannt. Warum nicht?

6. *Wachstumsgeschwindigkeit des Bambus.* Die Halme des Bambus, einer tropischen Grasform, können unter optimalen Bedingungen mit der phänomenalen Geschwindigkeit von etwa 30 cm/Tag wachsen. Berechnen Sie – unter der Annahme, daß die Halme ausschließlich aus längsorientierten Cellulosefasern bestehen – die Anzahl der Zuckerreste, die pro Sekunde durch die Wirkung von Enzymen zu den wachsenden Celluloseketten hinzukommen müssen, um die angegebene Wachstumsgeschwindigkeit zu erreichen. Jede D-Glucoseeinheit im Cellulosemolekül ist etwa 0.45 nm lang.

7. *Vergleich von Cellulose und Glycogen.* Die fast reine Cellulose, die aus Samenfäden der Pflanzenspezies *Gossypium* (Baumwolle) gewonnen wird, ist fest, faserig und völlig unlöslich in Wasser. Glycogen, das aus Muskeln oder Leber gewonnen wird, verteilt sich dagegen leicht in heißem Wasser und ergibt eine trübe Lösung. Obwohl sie auffallend verschiedene physikalische Eigenschaften besitzen, sind beide Substanzen aus 1 → 4-verbundenen Polymeren der D-Glucose mit vergleichbaren Molekülmassen aufgebaut. Welche Merkmale ihrer Struktur rufen die unterschiedlichen Eigenschaften dieser beiden Polysaccharide hervor? Welches sind die biologischen Vorteile ihrer jeweiligen physikalischen Eigenschaften?

8. *Glycogen als Energiespeicher*: Wie lange kann ein gejagter Vogel fliegen? Seit dem Altertum ist bekannt, daß bestimmte Vögel, wie Birkhühner, Wachteln und Fasanen schnell ermüden, wenn sie gejagt werden. Der griechische Historiker Xenophon (434–355 v. Chr.) schrieb: „Die Trappen können andererseits gefangen werden, wenn man sie schnell aufschreckt, denn sie fliegen nur eine kurze Strecke – wie Rebhühner – und ermüden schnell; ihr Fleisch

ist vorzüglich". Die Flugmuskeln dieser jagbaren Vögel sind für ihren Stoffwechsel fast ausschließlich auf den Abbau von Glucose-1-phosphat angewiesen, das die notwendige Energie liefert (siehe Glycolyse, Kapitel 15). In Vögeln wird Glucose-1-phosphat durch den Abbau des gespeicherten Muskelglycogens gebildet, katalysiert durch das Enzym Glycogen-Phosphorylase. Die Geschwindigkeit der Energieproduktion zum Fliegen (in Form von ATP) ist durch die Geschwindigkeit, mit der Glycogen abgebaut werden kann, begrenzt. Während eines „Panik-Fluges" ist die Geschwindigkeit des Glycogenabbaus bei diesen Vögeln recht hoch. Es werden pro Minute etwa 120 Mikromol Glucose-1-phosphat pro Gramm Frischgewebe produziert. Berechnen Sie, wie lange ein gejagter Vogel fliegen kann, unter der Annahme, daß die Flugmuskeln normalerweise etwa 0.35 Gewichtsprozent Glycogen enthalten.

9. *Bestimmung des Verzweigungsgrades in Amylopectin.* Der Verzweigungsgrad [Anzahl der α(1 → 6)-Glycosidbindungen] in Amylopectin kann mit Hilfe des folgenden Verfahrens bestimmt werden: Eine gewogene Probe von Amylopectin wird mit einem methylierenden Mittel behandelt, das alle Wasserstoffatome der Zucker-OH-Gruppen durch eine Methylgruppe ersetzt (—OH → —OCH$_3$). Daraufhin werden alle Glycosidbindungen der behandelten Probe mit Säure hydrolysiert. Dann wird die Menge z. B. der 2,3-Dimethylglucose in der hydrolysierten Probe bestimmt.

Aufgabe 9

2,3-Dimethylglucose

(a) Erklären Sie die Grundlage dieser Methode zur Bestimmung der α(1 → 6)-Verzweigungspunkte in Amylopectin. Was geschieht mit den unverzweigten Glucoseresten des Amylopectins während des beschriebenen Vorganges?
(b) Eine Probe von 258 mg Amylopectin, die in der oben beschriebenen Weise behandelt wurde, ergibt 12.4 mg 2,3-Dimethylglucose. Bestimmen Sie, welcher Anteil der Glucosemoleküle im Amylopectin einen α(1 → 6)-Zweig enthält.

10. *Strukturbestimmung der Trehalose.* Fast 30 % des Kokons des parasitischen Käfers *Larinus maculatus* besteht aus dem Kohlenhydrat Trehalose. Bei der Säurehydrolyse ergibt Trehalose als einziges Produkt D-Glucose. Wird Trehalose vollständig methyliert (alle Zucker-OH-Gruppen in OCH$_3$-Gruppen umgewandelt) und danach mit Säure hydrolysiert, so wird als einziges Produkt 2,3,4,6-Tetramethylglucose gewonnen. Welche Struktur besitzt Trehalose? Zeigen Sie, daß die von ihnen vorgeschlagene Struktur die oben genannten Fakten erklären kann.

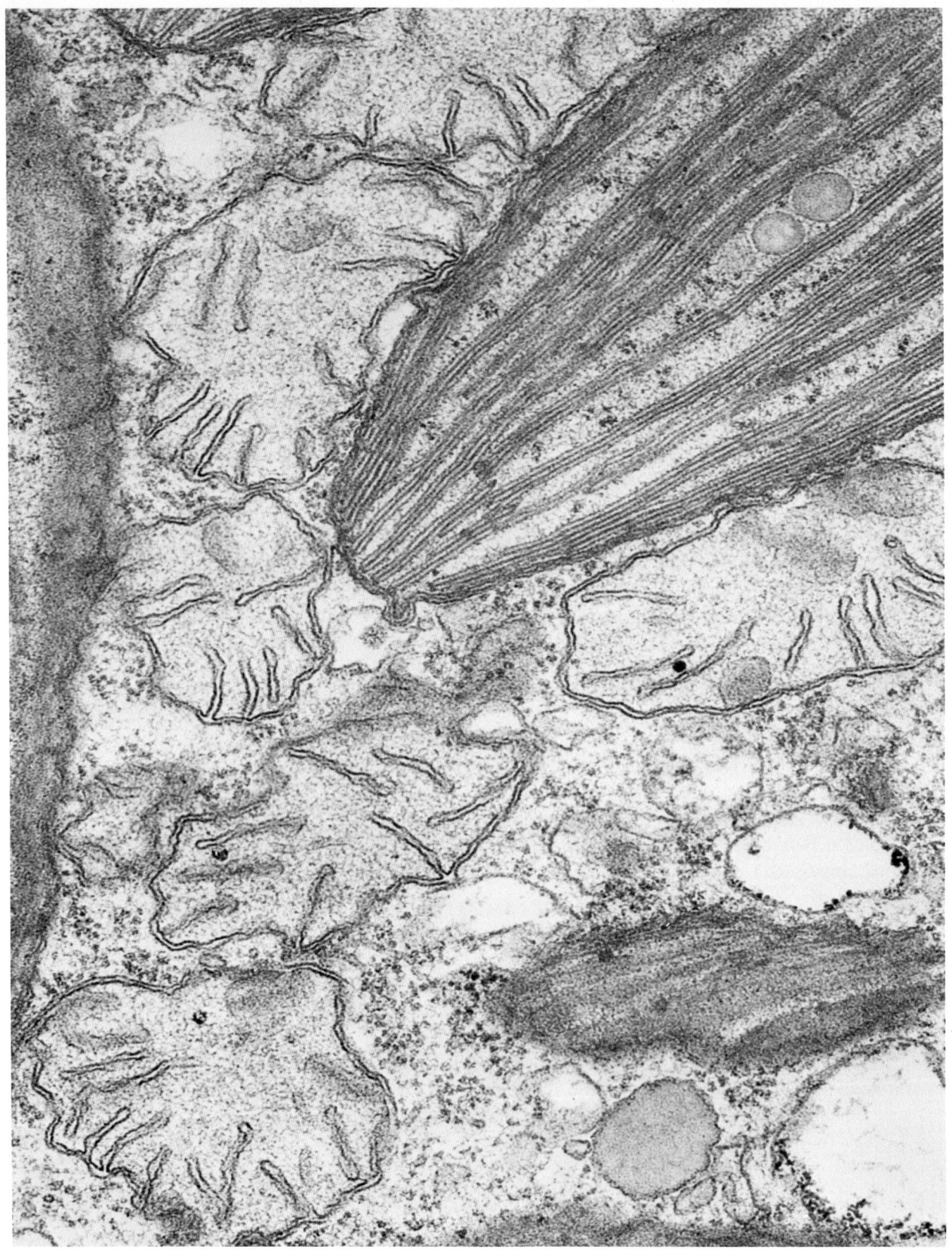

0.2 μm

Kapitel 12
Lipide und Membranen

In den vorangegangenen Kapiteln haben wir mehrere wichtige Zellbestandteile untersucht: Wasser, Proteine, Enzyme, Coenzyme und Kohlenhydrate. Bevor wir uns dem Stoffwechsel der Zelle zuwenden, bleibt uns nun noch eine Familie von Biomolekülen zu besprechen, die *Lipide*. Bei ihnen handelt es sich um wasserunlösliche, ölige oder fettige organische Verbindungen, die durch unpolare Lösungsmittel, wie Chloroform oder Ether aus den Zellen und Geweben extrahiert werden können. Die häufigste Art von Lipiden sind die *Neutralfette* oder *Triacylglycerine*, die für die meisten Organismen den Hauptbrennstoff darstellen. Sie sind die wichtigste Speicherform für chemische Energie.

Es gibt aber noch einen anderen Grund, die Lipide an dieser Stelle zu behandeln: Eine andere Klasse von Lipiden, die *polaren Lipide*, sind die Hauptbestandteile der Zellmembranen, der „Behälter", in denen die Stoffwechselreaktionen stattfinden. Die Membranen schließen die Zellen von der Umgebung ab und ermöglichen außerdem die Verteilung der Stoffwechselaktivitäten auf verschiedene Kompartimente innerhalb der Zellen. Membranen sind aber keineswegs nur tote „Häute", sondern sie enthalten viele wichtige Enzyme und Transportsysteme. Darüberhinaus sind auf der äußeren Oberfläche der Zellmembranen viele verschiedene Erkennungs- und Rezeptorstellen lokalisiert, die andere Zellen erkennen, bestimme Hormone binden und andere Formen von Signalen aus der äußeren Umgebung wahrnehmen können. Viel Eigenschaften der Zellmembran ergeben sich aus ihrem Gehalt an polaren Lipiden.

Fettsäuren kommen als Bausteine in den meisten Lipiden vor

Es gibt mehrere Klassen von Lipiden, von denen jede besondere biologische Funktionen hat; die wichtigsten Arten sind in Tab. 12-1 zusammengestellt. Wir wollen unsere Diskussion mit den *Fettsäuren* beginnen, die als charakteristische Komponenten in den meisten Lipiden vorkommen. Fettsäuren sind langkettige organische Säuren mit 4 bis 24 C-Atomen; sie bestehen aus einer Carboxylgruppe und einer langen unpolaren Kohlenwasserstoffkette (Abb. 12-1), die für die Wasserunlöslichkeit und die fettige Konsistenz der meisten Lipi-

Die Lipide spielen eine wichtige Rolle für Struktur und Funktion der Zelle. Auf dieser elektronenmikroskopischen Aufnahme vom Cytoplasma der photosynthetisierenden Alge *Euglena* sind die lipidhaltigen Membranen eines Chloroplasten (oben rechts) und mehrere Mitochondrien (um den Chloroplasten herum und unten links) deutlich zu erkennen. Die graue Struktur unten rechts ist ein lipidgefüllter Einschluß im Cytoplasma.

de verantwortlich ist. Fettsäuren kommen in der Zelle nicht in freier Form vor, sondern kovalent gebunden und können durch chemische oder enzymatische Hydrolyse aus den verschiedenen Lipiden freigesetzt werden. Aus den Lipiden verschiedener Spezies sind viele verschiedene Fettsäuren isoliert worden. Sie unterscheiden sich in ihrer Kettenlänge sowie in Vorhandensein, Anzahl und Position von Doppelbindungen; einige Fettsäuren enthalten auch verzweigtständige Methylgruppen. Abb. 12-1 und Tab. 12-2 geben die Strukturen einiger wichtiger Fettsäuren aus natürlich vorkommenden Lipiden wieder.

Fast alle natürlich vorkommenden Fettsäuren enthalten eine gerade Anzahl von C-Atomen; diejenigen mit 16 und 18 C-Atomen sind die häufigsten. Diese langen Kohlenwasserstoffketten können gesättigt sein, d.h. nur Einfachbindungen enthalten, oder sie können ungesättigt sein mit einer oder mehreren Doppelbindungen. Ganz allgemein sind ungesättigte Fettsäuren sowohl in tierischen wie in pflanzlichen Fetten doppelt so häufig wie gesättigte. Die meisten ungesättigten Fettsäuren haben eine Doppelbindung zwischen den C-Atomen 9 und 10; die Position wird mit Δ^9 bezeichnet. Weitere Doppelbindungen, sofern vorhanden, liegen im allgemeinen zwischen der Δ^9-Doppelbindung und dem methylterminalen Ende der Kette. Bei Fettsäuren mit zwei oder mehr Doppelbindungen sind

Tabelle 12-1 Die wichtigsten Arten von Lipiden, zusammengestellt nach ihren chemischen Strukturen.
Man kennt noch einige andere Lipide, die aber in tierischem Gewebe weniger häufig sind.

Triacylglycerine
Wachse
Phosphoglyceride
   Phosphatidylethanolamin
   Phosphatidylcholin
   Phosphatidylserin
   Phosphatidylinosit
   Cardiolipin
Sphingolipide
   Sphingomyelin
   Cerebroside
   Ganglioside
Sterine und ihre Fettsäureester

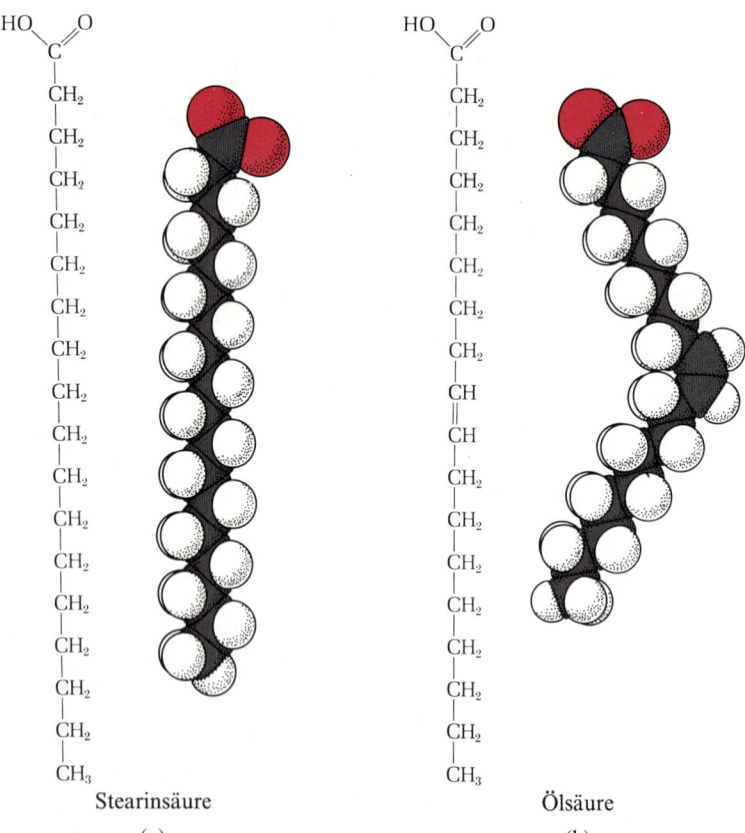

Abbildung 12-1
Strukturformeln und Kalottenmodelle zweier häufiger vorkommender Fettsäuren.
(a) Stearinsäure, dargestellt in ihrer gestreckten Form. Die Form der Darstellung darf aber nicht den Eindruck erwecken, als handele es sich um ein starres, stabförmiges Molekül. Da um jede der Einfachbindungen freie Drehbarkeit herrscht, kann der Schwanz der Stearinsäure sowie der jeder anderen gesättigten Fettsäure viele verschiedene Konformationen annehmen, er ist also biegsam und kann sich z.B. zusammenknäueln.
(b) Bei der Ölsäure dagegen ist durch die *cis*-Doppelbindung ein starrer Knick in der Kohlenwasserstoffkette entstanden. Alle anderen Bindungen in der Ölsäurekette sind Einfachbindungen und folglich frei drehbar.

Tabelle 12-2 Einige natürlich vorkommende Fettsäuren.

Zahl der Kohlenstoffatome	Formel	Systematischer Name	Trivialname	Schmelzpunkt in °C
		Gesättigte Fettsäuren		
12	$CH_3(CH_2)_{10}COOH$	n-Dodecansäure	Laurinsäure	44.2
14	$CH_3(CH_2)_{12}COOH$	n-Tetradecansäure	Myristinsäure	53.9
16	$CH_3(CH_2)_{14}COOH$	n-Hexadecansäure	Palmitinsäure	63.1
18	$CH_3(CH_2)_{16}COOH$	n-Octadecansäure	Stearinsäure	69.6
20	$CH_3(CH_2)_{18}COOH$	n-Eicosansäure	Arachidinsäure	76.5
24	$CH_3(CH_2)_{22}COOH$	n-Tetracosansäure	Lignocerinsäure	86.0
		Ungesättigte Fettsäuren		
16	$CH_3(CH_2)_5CH=CH(CH_2)_7COOH$		Palmitoleinsäure	− 0.5
18	$CH_3(CH_2)_7CH=CH(CH_2)_7COOH$		Ölsäure	13.4
18	$CH_3(CH_2)_4CH=CHCH_2CH=CH(CH_2)_7COOH$		Linolensäure	− 5
18	$CH_3CH_2CH=CHCH_2CH=CHCH_2CH=CH(CH_2)_7COOH$		Linoleninsäure	− 11
20	$CH_3(CH_2)_4CH=CHCH_2CH=CHCH_2CH=CHCH_2CH=CH(CH_2)_3COOH$		Arachidonsäure	− 49.5

diese niemals konjugiert ($-CH=CH-CH=CH-$), sondern stets isoliert:

$$-CH=CH-CH_2-CH=CH-$$

Die Doppelbindungen fast aller natürlich vorkommenden ungesättigten Fettsäuren haben *cis*-Konformation, wodurch ein Knick in der aliphatischen Kette entsteht (Abb. 12-1). Fettsäuren mit mehreren Doppelbindungen, wie die *Arachidonsäure* mit vier Doppelbindungen, sind geknickt und relativ steif verglichen mit den gesättigten Fettsäuren, die dank der freien Drehbarkeit um ihre Einfachbindungen biegsamer sind und eine größere Längenausdehnung haben. Die gesättigten Fettsäuren mit Kettenlängen zwischen C_{12} und C_{24} sind bei Körpertemperatur fest und haben eine wachsartige Konsistenz, während die ungesättigten Fettsäuren bei dieser Temperatur ölige Flüssigkeiten sind.

Die längerkettigen Fettsäuren sind in Wasser unlöslich, können aber unter Bildung von *Micellen* (S. 79) in verdünnter Natronlauge oder Kalilauge dispergiert werden. Durch die verdünnten Laugen werden sie in *Seifen* umgewandelt, wie die Salze von Fettsäuren genannt werden. Badeseife besteht größtenteils aus einer Mischung verschiedener Fettsäure-Kaliumsalze. K^+- oder Na^+-Seifen sind *amphipathisch* (S. 79): Die ionisierte Carboxylgruppe bildet den polaren Kopf und die Kohlenwasserstoffkette den unpolaren Schwanz. Kalium- oder Natriumseifen haben die Eigenschaft, ölige oder fettige wasserunlösliche Substanzen zu emulgieren. Sie bilden um ein Fett-Tröpfchen herum einen hydrophilen Mantel, wobei ihre hydrophoben Ketten in das Fett-Tröpfchen eintauchen und die polaren Köpfe dem Wasser zugewandt sind. Auf diese Weise entsteht eine feine Dispersion oder Emulsion (Abb. 12-2).

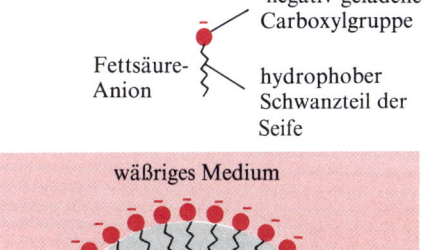

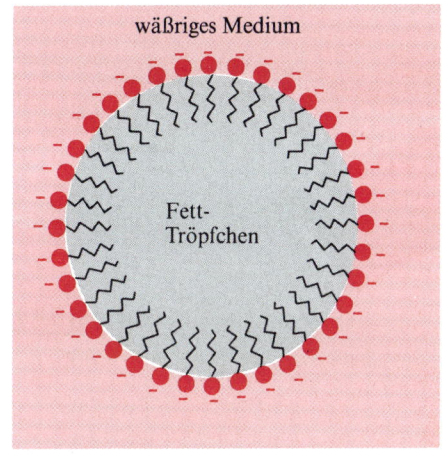

Abbildung 12-2
Die Wirkung von Seife beim Emulgieren von Fett oder Schmiermitteln. Bei der Dispersion des Fettes in einzelne Tröpfchen bildet die Seife aus hydrophilen, hochpolaren Carboxylgruppen bestehende Hüllen um die Fett-Tröpfchen, wodurch die Emulsion stabilisiert wird. Die negativ geladenen Carboxylationen werden dabei durch eine gleich große Anzahl positiver Ionen, z.B. Na^+-Ionen, neutralisiert.

Die Calcium- und Magnesiumseifen sind kaum wasserlöslich und können daher ölige Substanzen nicht emulgieren. Wird Badeseife (hauptsächlich K-Salze) in hartem Wasser verwendet, so bildet sich ein käsiger Niederschlag, der aus den Ca- und Mg-Salzen besteht.

Triacylglycerine sind Fettsäureester des Glycerins

Die häufigsten und einfachsten der fettsäurehaltigen Lipide sind die *Triacylglycerine*; sie werden auch als *Fette* oder *Neutralfette* (früher auch als *Triglyceride*) bezeichnet. In den Triacylglycerinen ist ein Molekül des Alkohols Glycerin mit drei Molekülen Fettsäure verestert (Abb. 12-3). Sie sind der Hauptbestandteil des Speicher- oder Depotfetts in Tieren und Pflanzen, kommen aber normalerweise nicht in Membranen vor. Beachten Sie, daß Triacylglycerine unpolare hydrophobe Moleküle sind und daß sie keine elektrisch geladenen oder hochpolaren funktionellen Gruppen enthalten.

Es gibt viele verschiedene Arten von Triacylglycerinen, die sich durch die Art und Position der drei veresterten Fettsäuren unterscheiden. Diejenigen, die nur eine Art von Fettsäure enthalten, werden als *einfache Triacylglycerine* bezeichnet. Die einzelnen Verbindungen werden nach der in ihnen enthaltenen Fettsäure benannt,

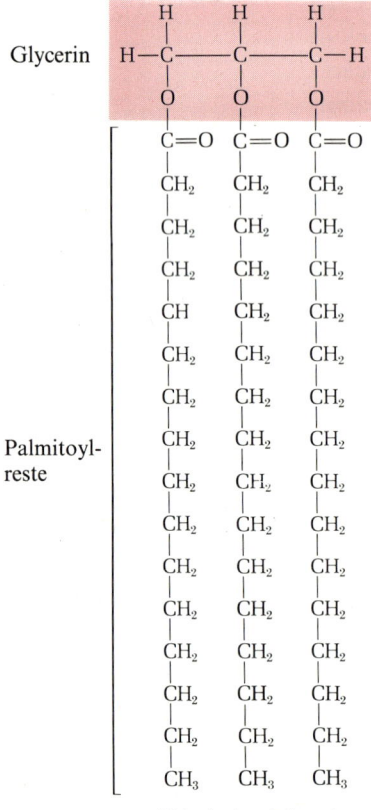

Abbildung 12-3
Glycerin und die allgemeine Strukturformel der Triacylglycerine. Beachten Sie, daß das C-Atom 2 des Glycerins chiral wird, wenn in Position 1 und 3 zwei verschiedene Fettsäuren substituiert sind. Das abgebildete Tripalmitoylglycerin und alle anderen Triacylglycerine mit identischen Fettsäuren in Position 1 und 3 sind optisch inaktiv.

Tabelle 12-3 Die Fettsäurezusammensetzung von drei natürlich vorkommenden Nahrungsfetten.*

	Massenanteil in % Gesättigt				Ungesättigt
	$C_4 - C_{12}$	C_{14}	C_{16}	C_{18}	$C_{16} + C_{18}$
Olivenöl	<2	<2	13	3	80
Butter	11	10	26	11	40
Rinderfett	<2	<2	29	21	46

* Diese Fette bestehen aus einer Mischung von Triacylglycerinen, die sich in ihrer Fettsäurezusammensetzung unterscheiden und damit auch in ihren Schmelzpunkten. Das bei Raumtemperatur flüssige Olivenöl enthält hauptsächlich ungesättigte (flüssige) Fettsäuren. Das bei Raumtemperatur feste Rinderfett dagegen ist reich an langkettigen gesättigten Fettsäuren. Beim Butterfett besteht ein bedeutender Anteil aus kurzkettigen Fettsäuren; dieses Fett ist bei Raumtemperatur weich.

z. B. Tristearoylglycerin, Tripalmitoylglycerin und Trioleoylglycerin, wenn sie *Stearinsäure, Palmitinsäure* bzw. *Ölsäure* enthalten. Triacylglycerine, die zwei oder drei verschiedene Fettsäuren enthalten, werden *gemischte Triacylglycerine* genannt. Die meisten natürlichen Fette, wie die in Olivenöl, Butter und anderen Nahrungsfetten, sind komplexe Mischungen aus einfachen und gemischten Triacylglycerinen, die eine Vielfalt von Fettsäuren verschiedener Kettenlänge und verschiedenen Sättigungsgrades enthalten (Tab. 12-3).

Triacylglycerine, die nur gesättigte Fettsäuren enthalten, wie Tristearoylglycerin, der Hauptbestandteil des Rindertalgs, sind bei Raumtemperatur weiße, feste, fettige Substanzen. Triacylglycerine mit drei ungesättigten Fettsäuren, wie Trioleoylglycerin, die Hauptkomponente des Olivenöls, sind dagegen Flüssigkeiten. Butter besteht aus einer Mischung verschiedener Triacylglycerine, von denen einige relativ kurzkettige Fettsäuren enthalten. Da die kürzerkettigen Fettsäuren niedrigere Schmelzpunkte haben, geben sie der Butter bei Zimmertemperatur ihre weiche Konsistenz (Tab. 12-3).

Natürlich vorkommende Triacylglycerine sind in Wasser unlöslich. Ihre Dichte ist niedriger als die des Wassers; deshalb bildet das Öl in einer Salatsauce aus Essig und Öl die obere Schicht. Triacylglycerine sind leicht löslich in unpolaren Lösungsmitteln wie Chloroform, Benzol oder Ether, die oft für die Extraktion von Fett aus Geweben verwendet werden. Triacylglycerine lassen sich durch Kochen mit Säuren oder Basen sowie auch durch die Einwirkung des Enzyms *Lipase* hydrolysieren, das vom Pankreas in den Dünndarm abgegeben wird. Bei der Hydrolyse von Triacylglycerinen mit KOH oder NaOH, genannt *Verseifung* (= Seifenbildung), entstehen Kalium- oder Natriumseifen und Glycerin (Abb. 12-4). Das ist die Hauptreaktion bei der Herstellung von Haushaltsseife aus Triacylglycerinen.

Triacylglycerine mit überwiegend ungesättigten Fettsäuren, die bei Raumtemperatur flüssig sind, können chemisch durch partielle Hydrierung ihrer Doppelbindungen in feste Fette umgewandelt wer-

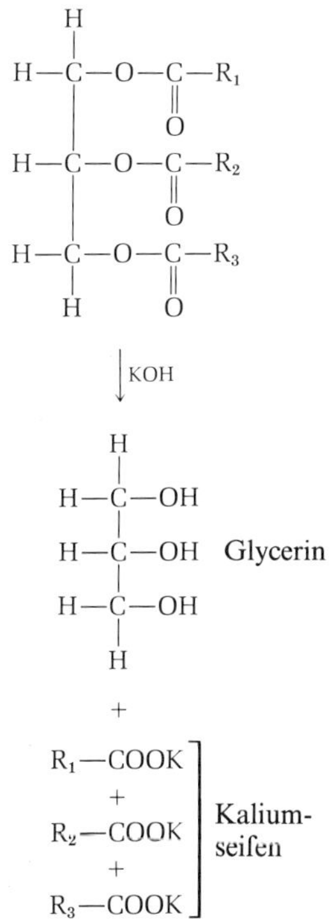

Abbildung 12-4
Die Verseifung (alkalische Hydrolyse) eines Triacylglycerins. Haushaltsseife wird durch die Hydrolyse einer Mischung von Triacylglycerinen mit Kalilauge hergestellt. Die Kaliumseifen der Fettsäuren werden abgetrennt, KOH-frei gewaschen und in Formen gepreßt.

Atome) (Abb. 12-7). Bei Wirbeltieren werden Wachse von den Hautdrüsen als Schutzschicht ausgeschieden, um die Haut geschmeidig, gleitfähig und wasserabstoßend zu halten. Auch Haare, Wolle und Fell sind von wachsartigen Sekreten überzogen. Vögel, besonders Wasservögel, sezernieren Wachse in ihre Bürzeldrüse, mit denen sie ihre Federn wasserabstoßend machen. Die Blätter vieler Pflanzen sind mit einer Schutzschicht aus Wachs überzogen. Der Glanz von Blättern vieler tropischer Pflanzen, z. B. der Stechpalme, des Rhododendrons und des Efeus, beruht auf Lichtreflexion an ihren Wachsschichten.

Wachse werden von den Lebewesen der Meere in sehr großen Mengen gebildet und verwendet, besonders von den Organismen des Planktons, bei denen Wachs als Haupt-Brennstoffreserve dient. Da einige Wale sowie Hering, Lachs und viele andere marine Arten große Mengen an Plankton fressen, zählen die Wachse zu den wichtigen Nahrungs- und Speicherlipiden in der Nahrungskette der Ozeane.

Phospholipide sind die Hauptbestandteile der Membranlipide

Es gibt mehrere Klassen von Membranlipiden, die sich alle von den Triacylglycerinen dadurch unterscheiden, daß sie zusätzlich zu den Kohlenwasserstoffketten eine oder mehrere hochpolare „Kopf"-Gruppen enthalten. Deshalb werden sie oft als *polare Lipide* bezeichnet. Die verbreitetsten Membranlipide sind die *Phospholipide*; sie dienen in erster Linie als Strukturelemente der Membranen und werden nie in großen Mengen gespeichert. Wie der Name schon sagt, enthält diese Lipidklasse Phosphor, und zwar in Form von Phosphatgruppen. Die häufigsten in Membranen vorkommenden Phospholipide sind die *Phosphoglyceride* (Abb. 12-8). Sie enthalten zwei Fettsäuremoleküle, die mit der ersten und der zweiten Hydroxylgruppe des Glycerins verestert sind. Die dritte Hydroxylgruppe des Glycerins ist mit Phosphorsäure verestert. Außerdem enthalten die Phosphoglyceride noch einen zweiten Alkohol, der mit der Phosphorsäure einen Ester bildet. Diese zweite Alkoholgruppe befindet sich also im polaren Kopfteil des Phosphoglycerid-Moleküls. Man unterteilt die Phosphoglyceride nach ihren verschiedenen Kopf-Alkoholgruppen in mehrere Klassen. Allen gemeinsam sind zwei langkettige, unpolare Fettsäurereste, am häufigsten solche mit 16 und 18 C-Atomen. Von diesen beiden Fettsäuren ist im allgemeinen eine gesättigt und eine ungesättigt, wobei die ungesättigte immer mit der mittleren bzw. 2-ständigen Hydroxylgruppe des Glycerins verestert ist. Beachten Sie, daß das C-Atom 2 des Glycerinanteils der Phosphoglyceride chiral ist; es hat L-Konfiguration entsprechend der Konfiguration des L-Glycerinaldehyds (S. 108).

Die verschiedenen Arten von Phosphoglyceriden werden nach ihrer Kopf-Alkoholgruppe benannt (Abb. 12-8). Ausgangsverbin-

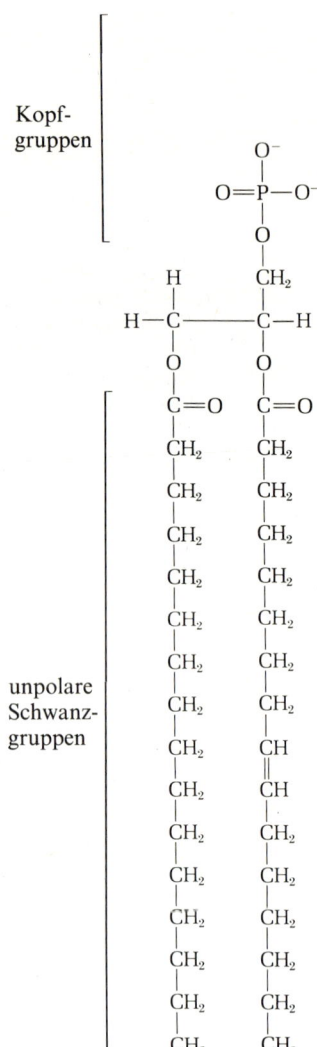

Phosphatidat, die Ausgangssubstanz der Phosphoglyceride

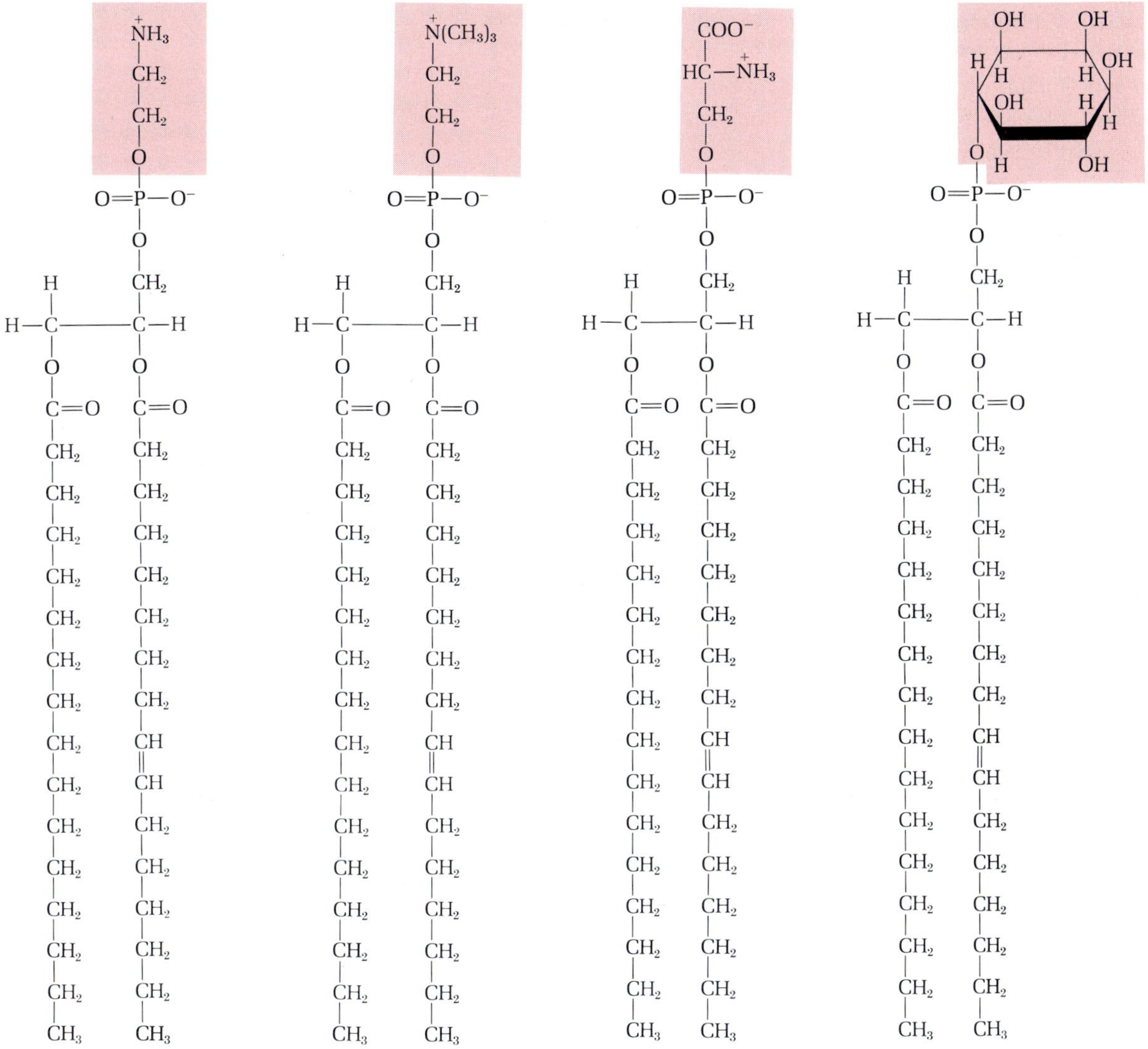

Phosphatidyletholamin   Phosphatidylcholin   Phosphatidylserin   Phosphatidylinosit

Abbildung 12-8
Die häufig vorkommenden Phosphoglyceride. Ihre polaren Köpfe sind die bei pH = 7 negativ geladenen Phosphatgruppen, die mit dem Alkohol am Kopfteil (farbig unterlegt) verestert sind. Diese Alkoholgruppen können auch elektrische Ladungen tragen.

dung für die Phosphoglyceride ist die *Phosphatidsäure*, die keinen Kopf-Alkohol besitzt. Sie kommt in freier Form nur in kleinen Mengen vor, ist aber ein Zwischenprodukt bei der Biosynthese der Phosphoglyceride. Die häufigsten Phosphoglyceride sind die nahe verwandten Verbindungen *Phosphatidyletholamin* und *Phosphatidylcholin*, die als Alkohol am polaren Ende *Ethanolamin* bzw. *Cholin* enthalten. Jede von ihnen kann mit verschiedenen Kombinationen von Fettsäuren verestert sein. Andere Phosphoglyceride sind *Phosphatidylserin* mit der Hydroxyaminosäure *Serin* (S. 111) als Kopfgruppe und *Phosphatidylinosit* mit dem cyclischen Alkohol *Inosit*. *Cardiolipin*, ein charakteristischer Bestandteil der inneren Mitochondrienmembran, ist anders aufgebaut als die übrigen Phosphoglyceride; es ist eine Art „doppeltes" Phosphoglycerid (Abb. 12-9).

Bei allen Phosphogliceriden sind die Phosphatgruppen bei pH = 7 negativ geladen und, wie Abb. 12-8 zeigt, können bei pH-Werten um 7 auch die Kopf-Alkoholgruppen eine oder mehrere elektrische Ladungen tragen. Die Phosphoglyceride enthalten demnach zwei sehr verschiedene Arten von Gruppen: eine polare, hydrophile Kopfgruppe und einen hydrophoben, unpolaren Schwanzteil. Sie sind folglich *amphipathisch* (S. 79). Im allgemeinen sind Membranlipide amphipathische Verbindungen, Speicherlipide, Triacylglycerine und Wachse dagegen nicht.

Beim Erhitzen mit Säuren oder Basen werden Phosphoglyceride in ihre Bausteine hydrolysiert, also in Fettsäuren, Glycerin, Phosphorsäure und den Kopf-Alkohol. Enzymatisch können sie von *Phospholipasen* verschiedener Art hydrolysiert werden, die die Hydrolyse bestimmter Bindungen im Phosphoglycerid-Molekül katalysieren.

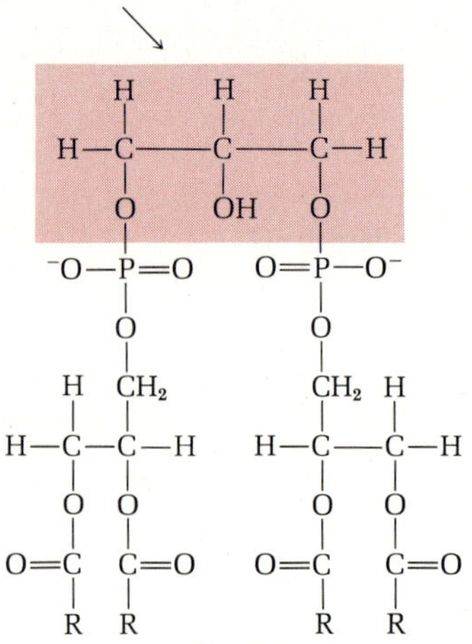

Abbildung 12-9
Cardiolipin, ein „doppeltes" Phosphoglycerid, kommt in großen Mengen in den Membranen von Mitochondrien und Bakterien vor.

Auch die Sphingolipide sind wichtige Bestandteile der Membranen

Die Sphingolipide, die zweite große Klasse der Membranlipide, enthalten ebenfalls einen polaren Kopf und zwei unpolare Schwanzketten, aber kein Glycerin. Sphingolipide bestehen aus einem Molekül einer langkettigen Fettsäure, einem Molekül des langkettigen Aminoalkohols *Sphingosin* oder einem Derivat davon und aus einem polaren Kopf-Alkohol.

Sphingosin ist die Ausgangsverbindung für eine Reihe langkettiger Aminoalkohole, die in den verschiedenen Sphingolipiden gefunden werden. Bei den Säugern sind hiervon das Sphingosin und das Dihydrosphingosin (Abb. 12-10) am häufigsten. Die Hydroxylgruppe des Sphingosins ist bei den Sphingolipiden mit der polaren Kopfgruppe verbunden und ihre Aminogruppe bildet mit der Aminosäure eine Amidbindung. Man unterscheidet bei den Sphingolipiden drei Unterklassen: die *Sphingomyeline*, die *Cerebroside* und die *Ganglioside*. Die Sphingomyeline enthalten Phosphor, die Cerebroside und Ganglioside nicht.

Die *Sphingomyeline* (Abb. 12-11) sind die einfachsten und häufigsten Sphingolipide. Sie enthalten als polare Kopfgruppe Phosphocholin oder Phosphoethanolamin. Da die Sphingomyeline Phosphat enthalten, kann man sie auch zu den Phospholipiden rechnen. Tatsächlich haben sie in ihren allgemeinen Eigenschaften starke Ähnlichkeiten mit den Phosphogliceriden Phosphatidylethanolamin und Phosphatidylcholin und tragen ähnliche elektrische Ladungen. Sphingomyeline kommen in den meisten Membranen tierischer Zellen vor, besonders reichlich in den *Myelinscheiden*, von denen bestimmte Nervenzellen umgeben sind.

Die *Cerebroside* enthalten keinen Phosphor und keine elektrischen Ladungen; ihre polaren Kopfgruppen sind elektrisch neutral.

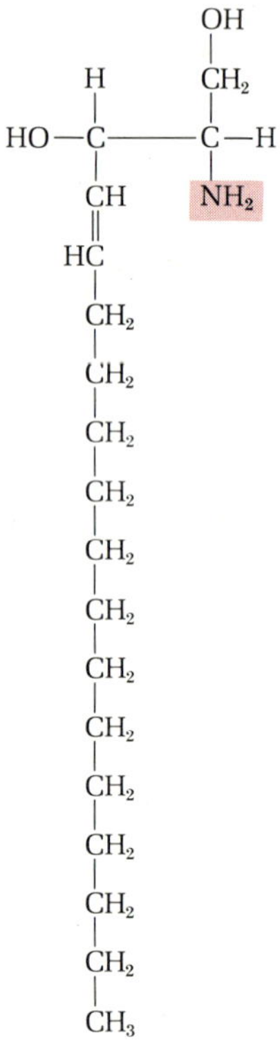

Abbildung 12-10
Strukturformel von Sphingosin. Im Dihydrosphingosin ist die Doppelbindung des Sphingosins reduziert. In den Sphingolipiden ist eine Fettsäure über eine Amidbindung an die Aminogruppe (farbig unterlegt) gebunden.

Teil I Biomoleküle 345

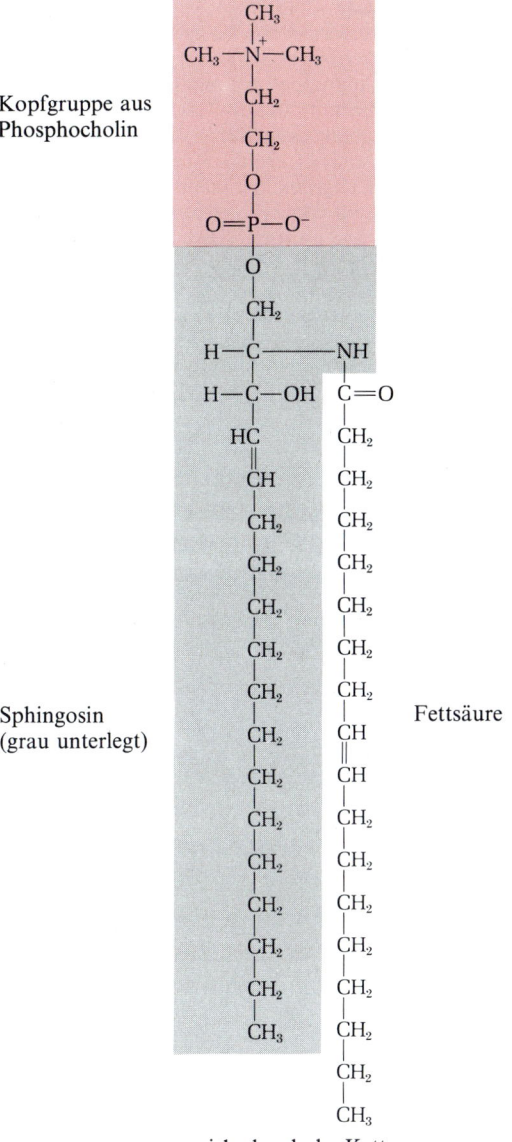

Abbildung 12-11
Strukturformel von Sphingomyelin. Sphingomyelin kommt in den Membranen vieler tierischer Gewebe vor. Es wurde zuerst aus Myelin isoliert, einer membranösen Scheide, die bestimmte Zellen im Gehirn umgibt.

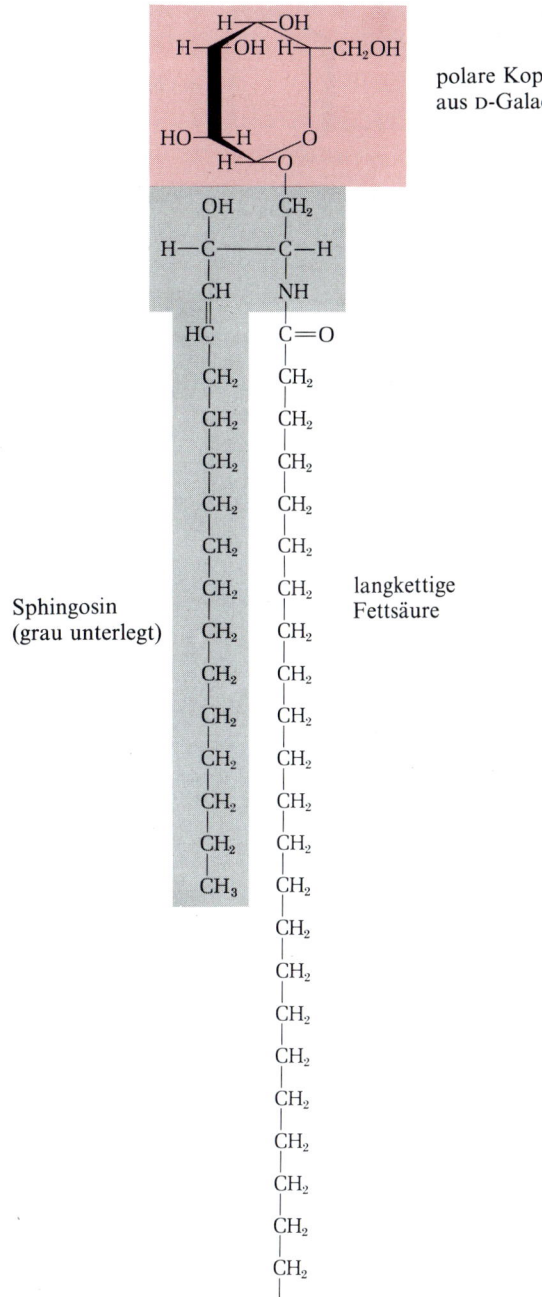

Abbildung 12-12
Strukturformel eines Galactocerebrosids. Die Fettsäure in den Cerebrosiden enthält gewöhnlich 24 C-Atome.

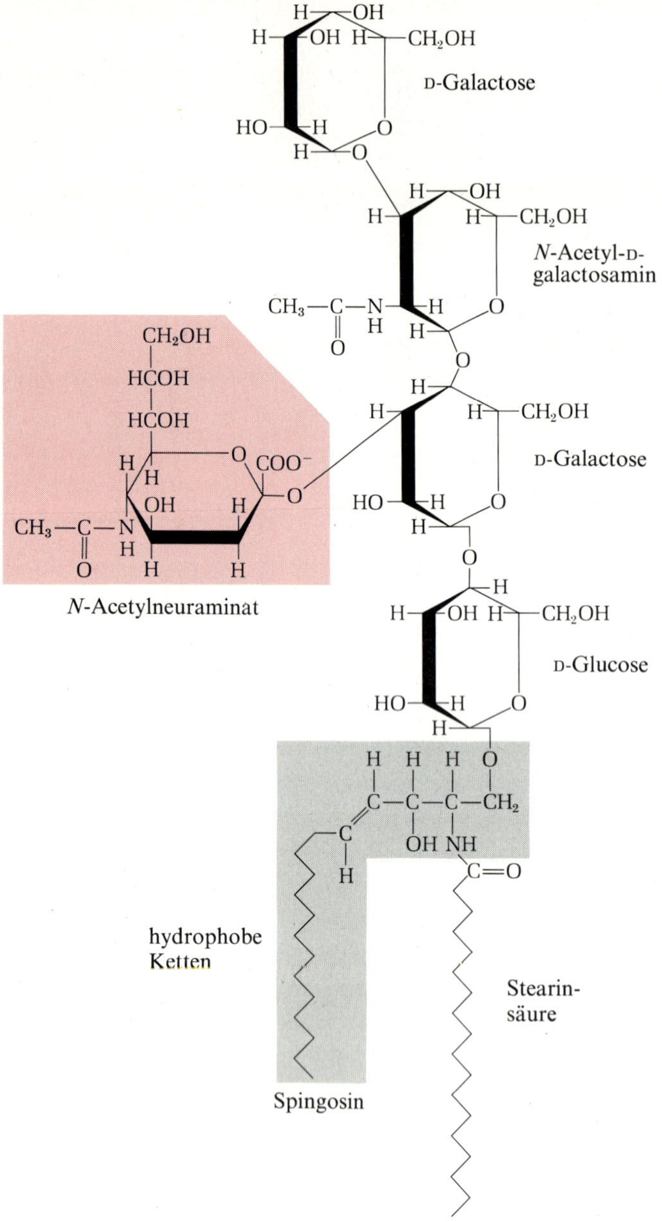

Abbildung 12-13
Strukturformel von Gangliosid GM$_1$. Ganglioside besitzen sehr komplexe Oligosaccharid-Kopfgruppen mit mindestens einem *N*-Acetylneuraminsäure-Rest, der bei pH = 7 ionisiert ist. Ganglioside werden mit Symbolen bezeichnet, die die Struktur der Kopfgruppe angeben. Sie kommen besonders häufig auf den Zelloberflächen von Nervenenden und an spezifischen Rezeptorstellen vor. (Die hydrophoben Ketten sind im Verhältnis wesentlich länger als durch die Zickzacklinie angedeutet ist.)

Da ihre Kopfgruppen im allgemeinen aus einer oder mehreren Zuckereinheiten bestehen, werden die Cerebroside auch oft als *Glycosphingolipide* bezeichnet (Griech. glykos: süß). Sie gehören zu den *Glycolipiden*; das ist eine allgemeine Bezeichnung für zuckerhaltige Lipide. Abb. 12-12 zeigt die Strukturformel eines *Galactocerebrosids*, das als polare Kopfgruppe den Zucker D-*Galactose* (S. 311) enthält. Galactocerebroside sind charakteristische Bestandteile der Zellmembranen im Gehirn. *Glucocerebroside*, mit D-Glucose als Kopfgruppe, kommen in den Zellmembranen nicht-neuraler Gewebe vor.

Außerdem gibt es Cerebroside mit zwei, drei oder vier Zuckereinheiten, die aus D-Glucose, D-Galactose oder *N*-Acetyl-D-galactosamin bestehen können. Diese komplexeren Cerebroside kommen hauptsächlich in den äußeren Schichten der Zellmembranen vor und bilden, wie wir noch sehen werden, wichtige Bestandteile der Zelloberfläche.

Die *Ganglioside* sind die komplexesten unter den Sphingolipiden (Abb. 12-13). Sie enthalten sehr große polare Kopfgruppen, die aus mehreren Zuckereinheiten bestehen. Charakteristischerweise ist eine oder mehrere der endständigen Zuckereinheiten *N-Acetylneuraminsäure* (im Amerikanischen auch als *Sialinsäure* bezeichnet) (Abb. 12-13), die bei pH = 7 negativ geladen ist. *N*-Acetylneuraminat-Reste sind auch in den Oligosaccharid-Seitenketten einiger Membran-Glycoproteine anzutreffen. In der grauen Substanz des Gehirns machen die Ganglioside bis zu 6% der Membranlipide aus. Sie werden in geringen Mengen auch in den Membranen der meisten nicht-neuralen Gewebe gefunden. Ganglioside sind wichtige Bestandteile der *Rezeptorstellen* auf der Oberfläche von Zellmembranen. Sie werden z.B. an den Stellen der Nervenenden gefunden, an die die Neurotransmitter-Moleküle während der chemischen Übertragung eines Impulses von einem Nerv zum nächsten gebunden werden.

Steroide sind unverseifbare Lipide mit speziellen Funktionen

Die bisher besprochenen Lipide sind alle *verseifbar*, d.h. sie können durch Erhitzen mit Laugen hydrolysiert werden, wobei Seifen gebildet werden. In den Zellen kommen aber auch *unverseifbare* Lipide vor, die keine Fettsäuren enthalten und daher auch keine Seifen bilden können. Unter diesen unverseifbaren Lipiden unterscheidet

Abbildung 12-14
(a) Die Struktur von Cholesterin, einem Steroidalkohol. In der Abbildung sind die Bezeichnungen für die einzelnen Ringe sowie die Bezifferung der C-Atome angegeben. Wegen der Starrheit des 4Ring-Systems bewirkt die Gegenwart von Cholesterin eine Verringerung der Fluidität der Membranen. Die (farbig unterlegte) Hydroxylgruppe bildet den polaren Kopf, der Rest des Moleküls ist hydrophob. (b) Kalottenmodell des Cholesterinmoleküls, mit der Hydroxylgruppe an der Spitze. (c) Ein Cholesterinester. Die Cholesterinester sind wie Triacylglycerine verseifbar.

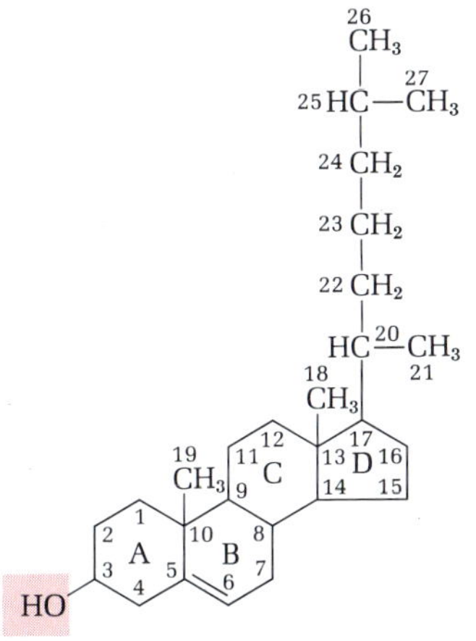

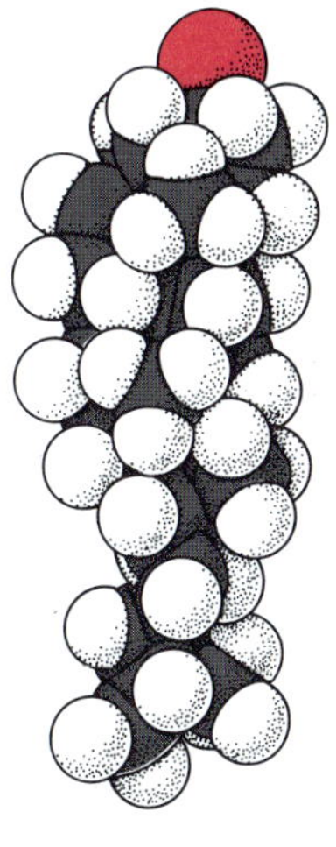

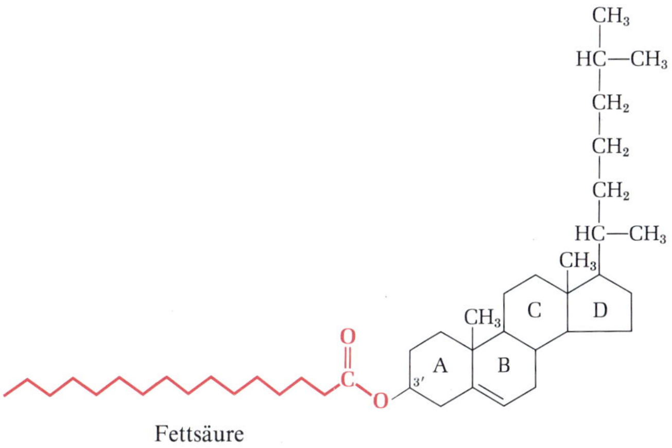

man zwei Hauptklassen, die *Steroide* und die *Terpene*. Wir wollen hier nur diejenigen Steroide betrachten, die wichtige Bestandteile von Membranen sind.

Steroide sind komplexe, fettlösliche Moleküle mit vier kondensierten Ringen (Abb. 12-14). Die verbreitetsten Steroide sind die *Sterine*, das sind Steroidalkohole, deren Hauptvertreter in tierischen Geweben das *Cholesterin* ist. Cholesterin und seine Ester mit langkettigen Fettsäuren sind wichtige Bestandteile der Plasma-Lipoproteine und der äußeren Zellmembranen. Die Membranen der Pflanzenzellen enthalten andere Sterine, besonders *Stigmasterin*, das sich vom Cholesterin nur dadurch unterscheidet, daß es eine Doppelbindung zwischen den C-Atomen 22 und 23 hat. Das Cholesterinmolekül besitzt eine polare Kopfgruppe, nämlich die Hydroxylgruppe in Position 3. Der Rest des Moleküls ist unpolar und hat eine ziemlich starre Struktur, wie aus dem Kalottenmodell in Abb. 12-14 zu ersehen ist.

In den Lipoproteinen sind die Eigenschaften von Lipiden und Proteinen vereinigt

Einige Lipide sind mit Proteinen zu *Lipoproteinen* verbunden. Man unterscheidet im Blutplasma drei Hauptklassen von *Plasma-Lipoproteinen*, deren Lipidgehalte von 50 bis 90 % reichen. In diesen Proteinkonjugaten sind die Lipidmoleküle nicht durch kovalente Bindungen mit den Polypeptiden verknüpft. Die Plasma-Lipoproteine enthalten sowohl polare Lipide als auch Triacylglycerine und außerdem Cholesterin und seine Ester. Die unpolaren Triacylglycerine und das Cholesterin befinden sich im Innern dieser Moleküle, hinter einem äußeren Mantel aus hydrophilen Abschnitten der Polypeptidketten oder aus hydrophilen Kopfgruppen von Phosphoglycerid-Molekülen verborgen (Abb. 12-15). Der äußere, hydrophile Mantel der Lipoproteine ist dem Wasser ausgesetzt und macht sie trotz des hohen Lipidgehalts wasserlöslich. Dadurch werden sie zu geeigneten Transportmitteln für Lipide auf dem Weg vom Dünndarm über die Blutbahn zu den Fettgeweben (s. Kapitel 24). Die Lipoproteine des Blutplasmas werden nach ihrer Dichte eingeteilt, die wiederum ein Maß für ihren Lipidgehalt ist (Tab. 12-4). Je größer ihr Lipidgehalt, desto niedriger ihre Dichte und desto größer ihre Tendenz, sich bei hochtouriger Zentrifugation nach oben zu bewegen, d.h. zu flotieren. Zusätzlich zu diesen drei Klassen von Lipoproteinen enthält das Blutplasma besonders nach einer fettreichen Mahlzeit noch *Chylomikronen*. Chylomikronen sind Tröpfchen aus fast reinen Triacylglycerinen, die von einer sehr dünnen Proteinschicht umgeben sind (Tab. 12-4). Sie sind viel größer als die Lipoproteine. Chylomikronen transportieren Triacylglycerine aus dem Dünndarm, wo sie während der Verdauung absorbiert werden, zu den Fettdepots.

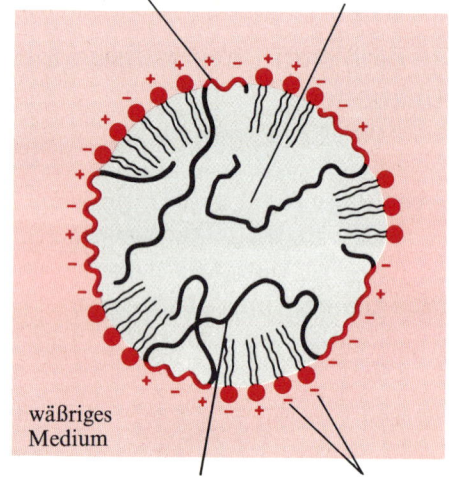

Abbildung 12-15
Schematisches Modell eines Plasma--Lipoproteins. An der äußeren Oberfläche, dem Medium zugewandt befinden sich polare Abschnitte der Polypeptidkette und die polaren Kopfgruppen der Phospholipide. Auf diese Weise wird der hydrophobe Kern der Triacylglycerine und des Cholesterins vom Wasser abgeschirmt.

Tabelle 12-4 Ungefähre Zusammensetzung der Blutplasma-Lipoproteine.*

Lipid-Art	Dichte g/m*l*	Proteine %	Triacylglycerine %	Phospholipide %	Cholesterin %	Massenanteile von Triacylglycerinen und Proteinen
Chylomikronen	0.92–0.96	1.7	96	0.8	1.7	
„Very low density" (VLDL)	0.95–1.00	10	60	18	15	
„Low density" (LDL)	1.00–1.06	25	10	22	45	
„High density" (HDL)	1.06–1.21	50	3	30	18	

* Man unterscheidet drei Hauptklassen von Lipoproteinen, die nach ihrer Dichte, d. h. nach ihrem Lipidgehalt unterschieden werden. Das Blutplasma enthält außerdem noch Chylomikronen, das sind wesentlich größere Strukturen mit sehr niedriger Dichte (s. a. Kapitel 24).

Es gibt zahlreiche Beweise dafür, daß ein hoher Spiegel an Lipoproteinen mit sehr niedriger Dichte (*very-low-density lipoproteins, VLDL*) in Kombination mit einem niedrigen Spiegel an Lipoproteinen mit hoher Dichte (*high-density lipoproteins, HDL*) einen wichtigen Faktor für die Entstehung der *Arteriosklerose* darstellt. Unter Arteriosklerose versteht man die Bildung dicker Ablagerungen von Cholesterin und seinen Estern auf der Innenseite von Blutgefäßen, wodurch der Blutstrom gebremst wird. Dadurch kommt es in den Blutgefäßen des Gehirns und des Herzens zu einer Prädisposition für einen Schlaganfall oder einen Herzinfarkt (s. Kapitel 24 und 26).

Polare Lipide bilden Micellen sowie monomolekulare und bimolekulare Schichten

Die polaren Lipide sind wie die Seifen (S. 337) amphipathische Verbindungen (S. 79). In wäßrigen Systemen dispergieren polare Lipide spontan unter Bildung von *Micellen*, in denen die Kohlenwasserstoffketten vor der wäßrigen Umgebung abgeschirmt werden und die elektrisch geladenen hydrophilen Köpfe an der Oberfläche dem wäßrigen Medium ausgesetzt sind (Abb. 12-16). Solche Micellen können aus Tausenden von Lipidmolekülen bestehen. An der Oberfläche einer wäßrigen Lösung breiten sich polare Lipide spontan aus und bilden dabei eine ein Molekül dicke, d. h. *monomolekulare Schicht (monolayer)*. In solchen Systemen sind die Kohlenwasserstoffketten in die Luft gerichtet und vermeiden dadurch die wäßrige

Phase, während die hydrophilen Köpfe ins Wasser eintauchen (Abb. 12-16).

Außerdem können polare Lipide, ebenfalls spontan, sehr dünne *Doppelschichten (bilayers)* bilden, durch die zwei wäßrige Kompartimente voneinander getrennt werden. In diesen Strukturen sind die Kohlenwasserstoffketten der Lipidmoleküle nach innen gerichtet, weg von beiden Oberflächen, so daß sie einen zusammenhängenden inneren Kohlenwasserstoff-Bereich bilden, während die hydrophilen Köpfe auch hier der wäßrigen Phase zugewendet sind. Phospholipid-Doppelschichten sind 6 bis 7 nm dick, je nach Art der Fettsäuren in den Lipiden. Sie sind nicht starr, sondern von flüssiger Konsistenz und sehr beweglich. Im Labor lassen sich solche Doppelschichten leicht herstellen, wenn man Phospholipide in wäßrigen Suspensionen mit hoher Frequenz rührt oder schüttelt. Dabei bilden sich *Liposomen*, das sind geschlossene, von einer zusammenhängenden Lipid-Doppelschicht umgebene Vesikel (Abb. 12-16). Phospholipid-Doppelschichten können sich auch an kleinen Öffnungen bilden, die zwei wäßrige Kompartimente voneinander trennen. Solche Doppelschichten und Liposomen sind eingehend untersucht worden, weil ihre Eigenschaften denen natürlicher Membranen sehr ähnlich sind. Z. B. haben sowohl polare Lipid-Doppelschichten als auch natürliche Membranen einen hohen elektrischen Widerstand; sie lassen Wasser ohne Schwierigkeiten hindurch, aber sie verhindern den Durchtritt von Kationen oder Anionen.

Injiziert man Liposomen in den Blutstrom, so werden sie von den Zellen des reticuloendothelialen Systems absorbiert und ihre Lipide

Abbildung 12-16
Polare Lipide können spontan Micellen sowie monomolekulare und bimolekulare Schichten bilden. Das gilt besonders für die Phosphoglyceride. Außerdem können sie geschlossene Vesikel bilden, die Liposomen genannt werden und als Modelle bei der Aufklärung der Membraneigenschaften gedient haben.

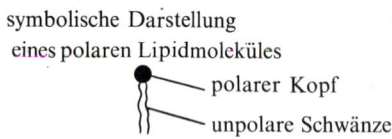

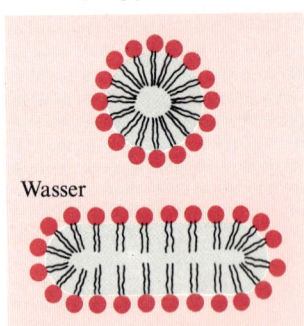

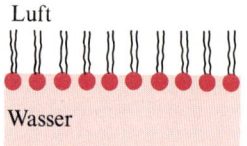

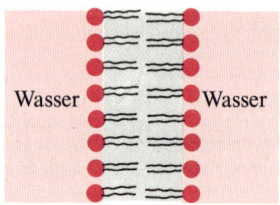

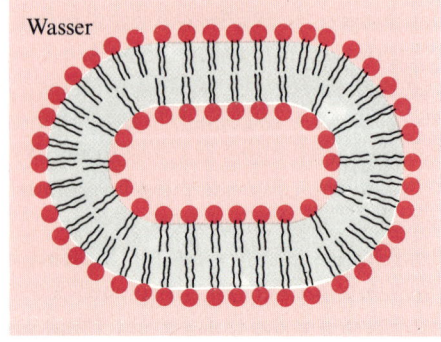

werden verstoffwechselt. Auf Grund dieser Tatsache kann man Liposomen dazu verwenden, Medikamente gezielt in die hauptsächlich im Knochenmark und in der Milz lokalisierten Zellen des endothelialen Systems zu transportieren, wenn die Wirkung auf dieses Gewebe konzentriert werden soll. Zu diesem Zweck werden Liposomen mit einem gelösten Wirkstoff „beladen" und dann injiziert. Im Tierexperiment wurde gezeigt, daß sich auf diese Weise Wirkung und Sicherheit von Medikamenten gegen die Leishmaniase (Kala-Azar) stark erhöhen läßt. Leishmaniase ist eine entkräftende, parasitäre Erkrankung, die durch ein Protozoon verursacht wird und von der Millionen von Menschen in tropischen Ländern befallen sind. Unter bestimmten Bedingungen können Liposomen auch zur Fusion mit Plasmamembranen gebracht werden, so daß die Auswirkung einer veränderten Lipidzusammensetzung auf die Zellmembranen untersucht werden kann.

Die spontane Bildung von Phospholipid-Doppelschichten und -Liposomen in wäßrigen Medien erfolgt durch dieselben Kräfte, die auch die Struktur eines globulären Proteins stabilisieren. Sie erinnern sich, daß eine Polypeptidkette sich im Wasser zu einer solchen Konformation faltet, daß die hydrophoben Aminosäurereste im Innern einer globulären Struktur zu liegen kommen, abgeschirmt vom Wasser, während die hydrophilen, polaren Reste sich auf der Außenseite befinden, dem Wasser zugewandt. Genau das gleiche geschieht mit polaren Lipidmolekülen. Sie haben die Tendenz, sich so zu ordnen, daß die unpolaren Kohlenwasserstoffketten innen liegen und die polaren Köpfe außen. Triacylglycerine können für sich allein keine Micellen bilden, weil sie keine polaren Köpfe haben; werden sie aber mit Phosphoglyceriden gemischt, so bilden sie fein emulgierte Tröpfchen mit den Phosphoglyceriden außen und den Triacylglycerinen im Innern. Die Fett-Tröpfchen in den Zellen (Abb. 12-5) und die Chylomikronen sind Strukturen dieser Art.

Die Hauptbestandteile der Membranen sind polare Lipide und Proteine

Die äußeren oder Plasmamembranen vieler Zellen wie auch die Membranen intrazellulärer Organellen, wie Mitochondrien und Chloroplasten, können isoliert und ihre molekulare Zusammensetzung kann untersucht werden. Alle Membranen enthalten polare Lipide, die je nach Art der Membran zwischen 20% und 80% der Membranmasse ausmachen. Der Rest besteht größtenteils aus Proteinen. Im allgemeinen enthalten die Plasmamembranen tierischer Zellen etwa gleiche Mengen an Lipiden und Proteinen, aber die innere Mitochondrienmembran hat einen Proteingehalt von 80% und einen Lipidgehalt von nur 20%, während die Myelinmembranen im Gehirn zu 80% aus Lipiden und nur zu 20% aus Proteinen bestehen. Der Lipidanteil der Membranen besteht aus einer Mischung

Tabelle 12-5 Ungefähre Lipidzusammensetzung subzellulärer Rattenlebermembranen.
Beachten Sie die hohe Konzentration an Cholesterin und Cholesterinestern in der Plasmamembran sowie den hohen Gehalt an Glycolipiden, von denen die meisten Ganglioside sind.

Membran	Phospholipide	Cholesterin	Glycolipide	Cholesterin, Cholesterinester und Nebenkomponenten
Plasma	57	15	6	22
Golgi-Apparat	57	9	0	34
Endoplasmatisches Reticulum	85	5	0	10
Innere Mitochondrienmembran	92	0	0	8
Zellkernmembran	85	5	0	10

verschiedener Arten polarer oder amphipathischer Lipide. Membranen in Tierzellen enthalten hauptsächlich Phosphoglyceride und geringere Mengen Sphingolipide. Triacylglycerine sind in Membranen nur in geringen Mengen vorhanden. Einige Membranen tierischer Zellen, vor allem die äußere Plasmamembran, enthalten beträchtliche Mengen an Cholesterin und Cholesterinestern. Jeder Membrantyp einer bestimmten tierischen Zelle hat eine charakteristische und ziemlich konstante Lipidzusammensetzung (Tab. 12-5).

Natürlich vorkommende Membranen sind sehr dünn (6 bis 9 nm), flexibel und von flüssiger Konsistenz. Sie sind frei durchlässig für Wasser, aber grundsätzlich unpassierbar für elektrisch geladene Ionen, wie Na^+, Cl^- oder H^+, und für polare, aber ungeladene Moleküle, wie die verschiedenen Zucker. Durch natürliche Membranen können nur solche polaren Moleküle hindurchtreten, für die besondere Transportsysteme oder Carrier existieren. Lipidlösliche Moleküle können dagegen leicht durch natürliche Membranen hindurchgelangen, da sie im inneren Kohlenwasserstoffbereich der Membran in Lösung gehen können. Sowohl die natürlichen Membranen als auch die polaren Lipid-Doppelschichten haben einen hohen elektrischen Widerstand und sind daher gute Isolatoren. Wegen dieser gemeinsamen Eigenschaften nimmt man an, daß die natürlichen Membranen aus einer zusammenhängenden polaren Lipid-Doppelschicht bestehen, die eine Reihe von Proteinen enthält.

Die Proteine machen 20% bis 80% der Masse von Membranen aus. Die Membranen der roten Blutkörperchen enthalten nur 20 verschiedene Proteine, die innere Membran der Mitochondrien dagegen sehr viel mehr. Einige der Proteine in den Membranen sind Enzyme, andere haben die Aufgabe, polare Moleküle zu binden und durch die Membran zu transportieren. Die Anordnung der Membranproteine ändert sich mit der Membranstruktur. Einige, die *ex-*

Kasten 12-1 Elektronenmikroskopische Untersuchungen an Membranen

In Kombination mit verschiedenen Färbemethoden und Methoden der Gewebepräparation konnten mit Hilfe der Elektronenmikroskopie viele wichtige Einzelheiten der Membranstruktur aufgeklärt werden. Hier werden drei verschiedene Formen elektronenoptischer Betrachtung von Membranen gezeigt.

Abb. 1 zeigt die Randansicht einer Erythrozyten-Plasmamembran, auf der nach Fixierung mit Osmiumtetraoxid zwei Linien („Eisenbahnschienen") zu erkennen sind. Diese zwei Linien entsprechen den Kopfgruppen der inneren und äußeren Schicht der Membranlipide. Die helle Zone dazwischen ist der hydrophobe Bereich der Lipid-Doppelschicht mit den unpolaren Fettsäureketten. Die Aufnahme wurde mit einem *Transmissionselektronenmikroskop* gemacht.

In Abb. 2 ist der Glycokalyx (Kohlenhydrat-Saum, S. 327) auf der Oberfläche eines roten Blutkörperchens gezeigt, sichtbar gemacht durch eine spezielle Färbemethode. Der „Fusselsaum" (fuzzy coat), der die hydrophilen Oligosaccharidreste der Glycoproteine und Glycopeptide enthält, ist mehr als 100 nm dick, etwa 10mal so dick wie die Lipid-Doppelschicht selbst.

Ein Blick ins Innere der Erythrozytenmembran wird durch die in Abb. 3 und 4 dargestellte *Gefrierbruch-Methode* möglich gemacht. Bei dieser Methode werden die Zellen gefroren und der gefrorene Block wird zertrümmert. Die dabei entstehenden Bruchflächen spalten eine Membran manchmal entlang der Ebene zwischen den beiden Lipidschichten (Abb. 3). Von diesen beiden sich gegenüberstehenden Oberflächen werden Abdrücke hergestellt und diese elektronenmikroskopisch untersucht (Abb. 4). Die innere Oberfläche der einen Lipidschicht bildet den glatten Hintergrund; die gehäuft auftretenden kugeligen Körperchen sind innere Membranproteine. Der Pfeil zeigt auf die Außenkante des Bruchs.

Andere charakteristische Eigenschaften der Membranstruktur wurden mit der *Rasterelektronenmikroskopie* (scanning electron microscopy) gefunden [z. B. die von der Zelloberfläche in die Umgebung hineinreichenden Mikrovilli (Abb. 2-20, S. 39)] sowie mit der Negativ-Kontrastierung, mit der das Vorkommen großer peripherer Proteine gezeigt werden konnte [z. B. der F_1ATPase der inneren Mitochondrienmembran (Kapitel 17)].

Abbildung 1

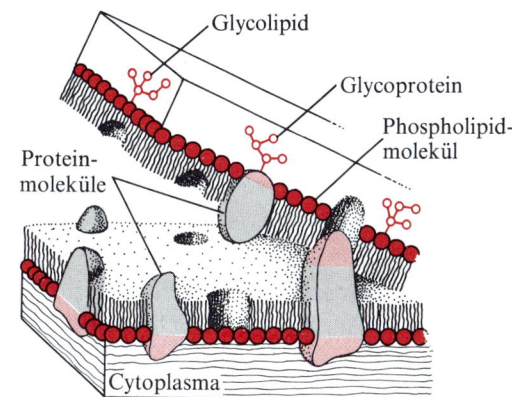

Abbildung 3

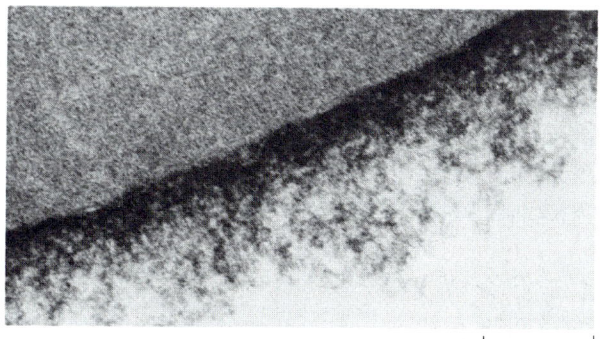

Abbildung 2. Der Glycokalyx (Kohlenhydrat-Saum). Diese Zellen besitzen einen ungewöhnlich üppigen, 140 nm dicken Saum aus Oligosaccharid-Filamenten mit einem Durchmesser von 1.2 bis 2.5 nm.

Abbildung 4

trinsischen oder *peripheren Proteine*, sind nur lose an die Membranoberfläche gebunden. Andere sind in die Membranstruktur eingebettet, und ihre Ausdehnung kann sich durch den ganzen Membranquerschnitt hindurch erstrecken; sie werden *intrinsische* oder *innere Membranproteine* genannt (Abb. 12-17). Die peripheren Proteine lassen sich im allgemeinen leicht aus der Membran extrahieren, während die inneren Proteine nur mit Hilfe von Detergenzien oder organischen Lösungsmitteln herausgelöst werden können.

Außer durch die chemische Analyse hat man viele Erkenntnisse über die Membranstruktur mit Hilfe der Elektronenmikroskopie gewonnen (Kasten 12-1).

Membranen besitzen die Struktur eines flüssigen Mosaiks

Aus den Ergebnissen chemischer und elektronenmikroskopischer Untersuchungen und aus den Ähnlichkeiten der Eigenschaften synthetischer Phospholipid-Doppelschichten und natürlicher Membranen entwickelten S. Jonathan Singer und Garth Nicolson 1972 eine vereinheitlichende Theorie der Membranstruktur, die das Modell des *flüssigen Mosaiks* genannt wird (Abb. 12-18). Sie besagt, daß die Matrix, der zusammenhängende Teil der Membranstruktur, eine polare Lipid-Doppelschicht ist. Die Doppelschicht hat eine flüssige Konsistenz, weil die hydrophoben Ketten aus einer Mischung von gesättigten und ungesättigten Fettsäuren bestehen, die bei normaler Zellentemperatur flüssig ist. Das Modell des flüssigen Mosaiks fordert, daß die inneren Membranproteine an ihrer Oberfläche hydrophobe Aminosäurereste haben, durch die ein solches Protein im inneren, hydrophoben Bereich der Doppelschicht „gelöst" werden kann. Für die peripheren Membranproteine besagt das Modell, daß sich auf ihren Oberflächen essentielle hydrophile Reste befinden, die durch elektrostatische Anziehung an die hydrophilen, elektrisch geladenen, polaren Köpfe der Doppelschicht-Lipide gebunden werden. Die inneren Membranproteine, zu denen Enzyme und Transportsysteme gehören, sind außerhalb des hydrophoben Membran-Innenbereichs inaktiv, weil sie nur dort die für ihre Aktivität richtige dreidimensionale Konformation haben. Es wird noch einmal darauf hingewiesen, daß weder zwischen den Lipidmolekülen der Doppelschicht noch zwischen den Lipiden und den Proteinen kovalente Bindungen existieren.

Nach dem Modell des flüssigen Mosaiks ist ferner eine seitliche Bewegung der Membranproteine möglich. Die peripheren Proteine treiben auf der Membranoberfläche quasi auf einem See aus Kohlenwasserstoffketten, in den die inneren Membranproteine wie Eisberge fast vollständig eingetaucht sind (Abb. 12-18). Die seitliche Bewegungsfreiheit der Membranproteine in der Lipid-Doppelschicht kann eingeschränkt sein, wenn funktionell zusammengehörende

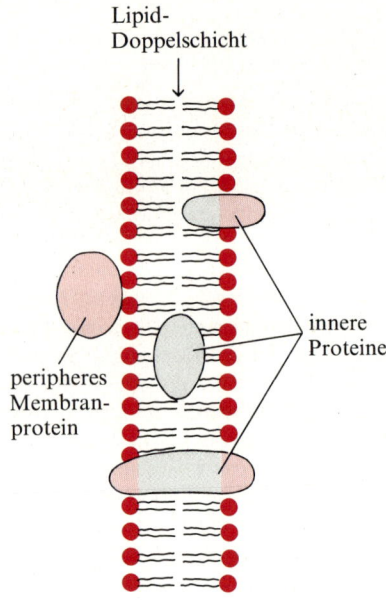

Abbildung 12-17
Die Membranproteine. Die peripheren (extrinsischen) Proteine lassen sich leicht extrahieren, während die in der Membran befindlichen inneren Membranproteine schwer in wäßrige Lösung zu bringen sind.

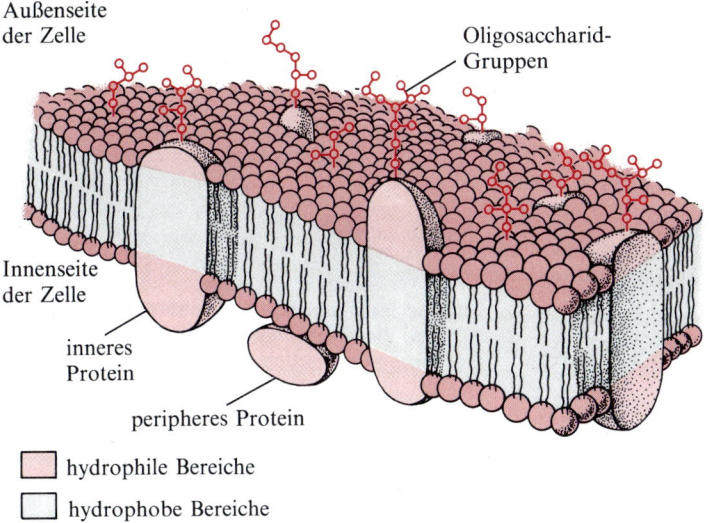

Abbildung 12-18
Das Modell des flüssigen Mosaiks für die Membranstruktur nach Singer und Nicolson.

Membranproteine sich untereinander anziehen und funktionelle Gruppierungen (interacting clusters) bilden. Auf diese Weise entsteht ein Mosaik oder Oberflächenmuster von Membranproteinen in der flüssigen Doppelschicht. Im Verlauf des Lebenscyclus mancher Zellarten bewegen sich bestimmte Membranproteine an eine bestimmte Stelle oder in einen bestimmten Bereich der Membran, ein Vorgang, den man als „Capping" bezeichnet hat. Um ihn zu erklären, wurde angenommen, daß die Membran-Protein-Cluster sich in der Doppelschicht seitlich bewegen können. Das Singer-Nicolson-Modell kann viele der physikalischen, chemischen und biologischen Eigenschaften von Membranen erklären und hat als die wahrscheinlichste Anordnung von Lipid- und Proteinmolekülen in den Membranen weite Zustimmung gefunden. Wie wir jedoch bald sehen werden, können biologische Membranen noch andere Eigenheiten haben, die über dieses Modell hinausgehen oder dahinter zurückbleiben.

Der Aufbau der Membranen ist asymmetrisch bzw. gerichtet

Die meisten Membranen sind nach einer Seite hin ausgerichtet (asymmetrisch); das ist mit dem Modell des flüssigen Mosaiks in Übereinstimmung. Erstens unterscheiden sich die polaren Lipide der äußeren und der inneren Schichten von bakteriellen und tierischen Plasmamembranen in ihrer Zusammensetzung. Z.B. enthält die innere Schicht der menschlichen Erythrozytenmembran den größten Teil des Phosphatidylethanolamins und Phosphatidylserins, während sich der Hauptanteil des Phosphatidylcholins und des Sphingomyelins in der äußeren Schicht befindet. Zweitens sind einige Transportsysteme der Membranen nur in einer Richtung aktiv. Z. B. enthalten die roten Blutkörperchen ein Membran-Transportsystem oder eine „Pumpe", die Na$^+$ aus der Zelle hinaus in das umgebende Medium pumpt und K$^+$ hinein. Dabei wird Energie verbraucht, die die Zelle aus der Hydrolyse von ATP erhält. Diese, als Na$^+$, K$^+$-transportierende ATPase bezeichnete Pumpe transportiert niemals Na$^+$- und K$^+$-Ionen in umgekehrter Richtung. Drittens ist die äußere Oberfläche von Plasmamembranen reich an Oligosaccharidgruppen, die von den Kopfgruppen der Glycolipide und den Oligosaccharid-Seitenketten der Membran-Glycoproteine stammen, während auf der inneren Oberfläche der Plasmamembran solche Oligosaccharidgruppen fast vollständig fehlen.

Diese Asymmetrie der biologischen Membranen wird zum größten Teil dadurch aufrecht erhalten, daß in den Lipid-Doppelschichten eine Umlagerung einzelner Phospholipidmoleküle von der einen auf die andere Seite nur sehr schwer möglich ist (Abb. 12-19). Der Widerstand gegen eine solche Umlagerung erklärt sich durch die hohe Energie, die nötig ist, um den geladenen polaren Phospholipidkopf durch den Kohlenwasserstoffbereich der Membran hindurchzuschieben. Ein polares Lipidmolekül auf der einen Membranseite hat demnach zwar die Freiheit, sich auf seiner Seite herumzubewegen, aber nicht, auf die andere Oberfläche hinüberzuwechseln (Abb. 12-19).

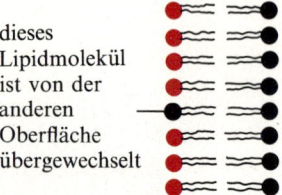

Abbildung 12-19
Die Asymmetrie der Lipidverteilung auf die zwei Schichten der Zellmembran. Das Überwechseln eines Lipidmoleküls von einer Seite auf die andere, wie es die Abbildung zeigt, kommt nur selten vor. Im Gegensatz dazu sind die Lipidmoleküle zur Seite hin, also innerhalb jeder der beiden Schichten, frei beweglich.

Die Membranen der roten Blutkörperchen sind eingehend untersucht worden

Die Untersuchungen über die in den Plasmamembranen der roten Blutkörperchen vorkommenden Proteine haben zu neuen Einblicken in die Struktur der Membranen geführt. Sie lassen vermuten, daß zumindestens einige Membranen ein „Skelett" besitzen. Die Membranen menschlicher Erythrozyten enthalten fünf Haupt-Proteine und viele andere in geringen Mengen. Die meisten Membranproteine sind Glycoproteine. Zu den inneren Membranproteinen der roten Blutkörperchen gehört das *Glycophorin* („Zuckerträger"). Es hat eine relative Molekülmasse von 30 000, enthält eine Polypeptidkette mit 130 Aminosäureresten und viele Zuckerreste, die etwa 60 % des Glycophorinmoleküls ausmachen. An dem einen Ende der Polypeptidkette befindet sich der komplexe hydrophile Kopf, der aus etwa 15 Oligosaccharid-Verzweigungsketten besteht, von denen jede etwa 10 Zuckereinheiten lang ist, und am anderen Ende befinden sich in der Glycophorin-Peptidkette zahlreiche Glutamyl- und Aspartylreste, die bei pH = 7 negativ geladen sind (Abb. 12-20). In der Mitte zwischen diesen beiden hydrophilen Enden liegt eine Sequenz mit etwa 30 hydrophoben Aminosäureresten. Das zuckerhaltige Ende des Glycophorins befindet sich an der äußeren Membranoberfläche und bildet dort eine buschige Vorwölbung. Das hydro-

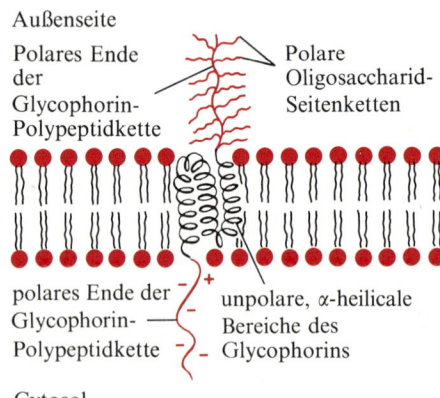

Abbildung 12-20
Das Glycophorinmolekül in der Membran der roten Blutkörperchen. Die herausragenden, buschigen Kohlenhydratketten enthalten charakteristische Blutgruppen-Erkennungsstellen und Bindungsstellen für einige Viren.

Kapitel 12 Lipide und Membranen 357

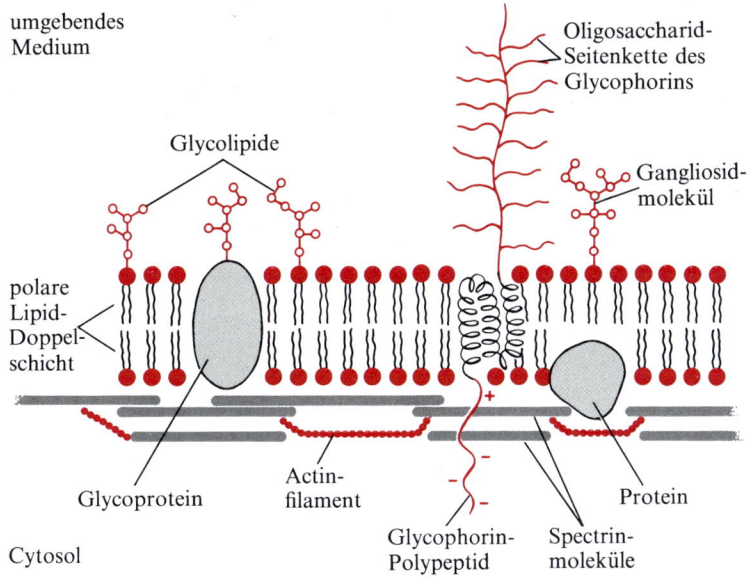

Abbildung 12-21
Schematische Darstellung eines Teils der Erythrozytenmembran mit den Oligosaccharid-Antennen der Membran-Glycoproteine und -Glycopeptide, den Oligosaccharidketten des Glycophorins und dem darunterliegenden Membranskelett, das aus Spectrinmolekülen besteht, die durch kurze Actinfilamente an die innere Membranoberfläche gebunden sind.

phobe Mittelstück liegt vermutlich im Innern der Lipid-Doppelschicht und das andere Ende mit seinen hochpolaren, negativ geladenen Aminosäureresten ragt auf der Innenseite ins Cytosol. Das zuckerreiche Ende des Glycophorins enthält Blutgruppen-Antigene mit Spezifitäten für die Blutgruppe des jeweiligen Organismus (A, B oder 0). Es enthält außerdem Bindungsstellen für einige krankheitserregende Viren.

Ein anderes wichtiges Protein der Erythrozytenmembran ist das *Spectrin*, ein peripheres Protein auf der inneren Oberfläche, das 20% des gesamten Membranproteins ausmacht. Es ist leicht extrahierbar, besteht aus vier Polypeptidketten mit einer relativen Molekülmasse von zusammen fast 1 Million und bildet 100 bis 200 nm lange biegsame Stäbchen. Die Spectrinmoleküle werden an bestimmte Protein- oder Lipidmoleküle an der Membraninnenseite gebunden und bilden ein flexibles, aus Stäbchen zusammengesetztes Netzwerk auf der inneren Oberfläche, das vermutlich die Funktion einer Skelettstruktur für die Membran hat. Außerdem sind Mikrofilamente aus Actin an das Spectrin gebunden, die anscheinend die Spectrinstäbchen miteinander verbinden. Die Erythrozytenmembran verfügt also offenbar über ein Skelett oder Gerüst, an dem spezifische Lipide und Membranproteine verankert sind (Abb. 12-21).

Die Plasmamembranen anderer Zellarten haben komplexere Strukturen. Ein weiteres wichtiges Membran-Glycoprotein, das an der äußeren Zelloberfläche vieler fester Gewebe vorkommt, ist das *Fibronectin* (S. 327). Es ist stark adhäsiv und hat offenbar die Funktion, Zellen der gleichen Art zu einem Gewebe aneinander zu heften.

Lectine sind spezifische Proteine, die sich an bestimmte Zellen binden oder diese agglutinieren können

Vor vielen Jahren wurde die Entdeckung gemacht, daß bestimmte Pflanzenproteine, manchmal als *Phytohämagglutinine* bezeichnet, an Erythrozyten gebunden werden und diese agglutinieren (verklumpen) können. Heute weiß man, daß sie an die Oberfäche vieler Arten tierischer Zellen gebunden werden. Sie sind in Pflanzen verbreitet, besonders in der Familie der Leguminosen, und werden auch in vielen Wirbellosen gefunden. *Concanavalin A* aus der Futterbohne *Canavalia ensiformis* und *Ricin* aus Rizinuskörnern gehörten zu den ersten Hämagglutininen, die entdeckt wurden. Diese und viele andere pflanzliche und tierische Proteine, die an die Oberflächen von Zellen gebunden werden, nennt man *Lectine* (lat. legere: auswählen), weil sie nur an ganz bestimmte Kohlenhydratgruppen der Zelloberfläche gebunden werden. Z. B. wird Concanavalin A an D-Glucose- und D-Mannosereste gebunden und Sojabohnen-Lectin an D-Galactose und *N*-Acetyl-D-galactosamin. Insgesamt sind mehr als 1 000 Lectine identifiziert worden. Höchst bemerkenswert und signifikant ist die Tatsache, daß einige Lectine bevorzugt maligne Tumorzellen agglutinieren. Die Oberfläche von Tumorzellen muß sich demnach von der normaler Zellen unterscheiden, wobei die für die Bindung der Lectine spezifischen Kohlenhydratreste offensichtlich auf der Oberfläche von Tumorzellen stärker exponiert sind.

Ein Beispiel für die Spezifität wie auch die praktische Verwendbarkeit der Lectine ist ihre Fähigkeit, zwischen den roten Blutkörperchen der Blutgruppe A, B und 0 zu unterscheiden, die nur in der Struktur der Oligosaccharidgruppen des Glycophorins voneinander verschieden sind. Das Lectin der Limabohne agglutiniert nur rote Blutkörperchen der Blutgruppe A, ein Lectin aus einer Lotusart nur solche der Blutgruppe B und ein drittes, ebenfalls pflanzliches Lectin nur die der Blutgruppe 0. Limabohnen-Lectin wird an Glycoproteine gebunden, deren Reste überwiegend aus *N*-Acetyl-D-galactosamin bestehen, während Lectine, die mit Blutkörperchen der Gruppe 0 reagieren, an Oberflächen-Glycoproteine gebunden werden, die den Zucker *Fucose* enthalten. Typenspezifische Glycoproteine gibt es nicht nur auf der Oberfläche roter Blutkörperchen, sondern auch bei anderen Zellen tierischer Gewebe. Das ist der Grund dafür, warum für eine Transplantation von Haut oder Organen, z.B. Niere oder Herz, Spender und Empfänger zum gleichen Gewebstyp gehören müssen, wenn die Transplantation erfolgreich sein soll.

Die Lectine der Pflanzen und Wirbellosen scheinen Verteidigungsproteine zu sein, mit denen Organismen, die kein Immunsystem und folglich keine Antikörper besitzen, vor der Invasion durch mikrobielle Parasiten geschützt werden sollen. Wahrscheinlich sind die Lectine an der Oberfläche der Pflanzenzellen lokalisiert.

Membranen haben sehr komplexe Funktionen

Es ist nun wohl deutlich geworden, daß Membranen etwas anderes sind als einfache, inaktive Häute, die nur die Zelle zusammenhalten. Sie sind auch keine statischen, festen Strukturen, denn sie haben viele komplexe dynamische Aufgaben und recht bemerkenswerte biologische Eigenschaften. Die meisten Membranen enthalten Enzyme, von denen einige mit Substraten außerhalb und andere mit Substraten innerhalb des von der Membran umschlossenen Kompartiments reagieren. Die innere Mitochondrienmembran und die Thylakoidmembran der Chloroplasten enthalten komplexe Systeme aus zahlreichen Enzymproteinen. Die meisten Membranen enthalten Transportsysteme, die bestimmte organische Nährstoffmoleküle, wie Glucose, befördern oder bestimmten anorganischen Ionen ermöglichen, ein Kompartiment zu betreten und anderen erlauben, es zu verlassen. Diese Transportsysteme tragen dazu bei, im Inneren der Zelle das Fließgleichgewicht konstant zu halten, indem sie den Materialfluß in und aus der Zelle regulieren. Membranen tragen außerdem an der Oberfläche elektrisch geladene Gruppen, die zur Erhaltung einer elektrischen Potentialdifferenz zwischen der Innen- und Außenseite der Membran beitragen. Diese Eigenschaft ist besonders wichtig für die Funktion der Nervenzellen, die Impulse in Form sehr schneller wellenförmiger Änderungen der Membraneigenschaften entlang einem ausgedehnten Zellfortsatz, dem Axon, weiterleiten können. Die Zellmembranen haben die Fähigkeit der Selbstabdichtung. Werden sie durchlöchert oder mechanisch unterbrochen, so schließen sie sich schnell und selbsttätig wieder.

Außerdem befinden sich an den äußeren Oberflächen der Membranen spezifische *Erkennungsstellen*, bestimmte Bereiche zur Erkennung molekularer Signale. Die Membranen einiger Bakterien können z. B. geringe Konzentrationsunterschiede eines Nährstoffs wahrnehmen und werden dadurch stimuliert, auf die Quelle des Nährstoffs zuzuschwimmen. Dieses Phänomen wird *Chemotaxis* genannt. Die äußere Oberfläche von tierischen Zellmembranen enthält Stellen, die andere Zellen derselben Zellart erkennen können und die in der normalen Entwicklung der Gewebestrukturen die Assoziation der Zellen bewirken. Andere Arten von Erkennungsstellen auf der Zelloberfläche dienen als Rezeptoren für Hormonmoleküle; z. B. enthalten die Oberflächen von Leber- und Muskelzellen Stellen zum Erkennen und Binden der Hormone *Insulin, Glucagon* und *Adrenalin*. Sind diese Hormonrezeptoren erst einmal besetzt, so übernehmen *diese* die weitere Übermittlung des Signals durch die Membran hindurch zu den intrazellulären Enzymsystemen und regulieren deren Aktivität. Wieder andere Stellen der Zelloberfläche, die *Histokompatibilitätszentren*, sind charakteristisch für das jeweilige Individuum einer Spezies.

Bei vielen spezifischen Erkennungsstellen oder Rezeptoren an tierischen Zellmembranen scheinen die Ganglioside wichtige Bestandteile zu sein. Sie sind zwar mengenmäßig unter den Membranlipiden nicht stark vertreten, scheinen aber an bestimmten Stellen gehäuft aufzutreten. Da es sehr viele verschiedene Ganglioside gibt, von denen jedes eine andere Kopfgruppe hat, glaubt man, daß verschiedene Ganglioside und auch Glycoproteine zu mosaikartigen Gruppierungen angeordnet sind, die die verschiedenartigen Rezeptorstellen an der äußeren Oberfläche darstellen, die „Antennen", die aus der Membranoberfläche herausragen und in der Lage sind, bestimmte molekulare Signale, wie z. B. Hormone, wahrzunehmen.

Zellmembranen sind also hochkomplexe Strukturen, in denen viele verschiedene Arten von Molekülgruppierungen zu Mosaiken angeordnet sind, die den Oberflächen ihre biologische Spezifität verleihen. Der molekulare Aufbau von Zellmembranen gehört heute zu den wichtigsten Forschungsobjekten der Zellbiologie.

Zusammenfassung

Lipide sind ölige oder fettige wasserunlösliche Zellbestandteile, die mit unpolaren Lösungsmitteln extrahiert werden können. Einige Lipide dienen als Strukturbestandteile der Membranen und andere als Speicherform für Brennstoffe. Fettsäuren sind die Komponenten, die den Lipiden die fettige Beschaffenheit verleihen. Sie bestehen gewöhnlich aus einer geraden Anzahl von C-Atomen; die am häufigsten vorkommenden haben 16 und 18 C-Atome. Fettsäuren können gesättigt oder ungesättigt sein, die ungesättigten haben *cis*-Konfiguration. Bei den meisten ungesättigten Fettsäuren befindet sich eine Doppelbindung in Δ^9-Position. Die Natrium- und Kaliumsalze der Fettsäuren werden Seifen genannt. Triacylglycerine enthalten drei Fettsäuremoleküle in Esterbindung an den drei Hydroxylgruppen eines Glycerinmoleküls. Einfache Triacyglycerine enthalten nur eine Art von Fettsäuren, gemischte Triacylglycerine zwei oder drei verschiedene Arten. Triacylglycerine sind hauptsächlich Speicherfette.

Die polaren Lipide enthalten polare Kopf- und Schwanzgruppen und sind die Hauptbestandteile der Membranen. Die häufigsten von ihnen sind die Phosphoglyceride. Sie bestehen aus zwei Fettsäuremolekülen, die mit den zwei freien Hydroxylgruppen des Glycerin-3-phosphats verestert sind, und aus einer zweiten Alkoholgruppe, der kopfständigen Alkoholgruppe, die mit der Phosphorsäure einen Ester bildet. Die verschiedenen Phosphoglyceride unterscheiden sich in den Kopfgruppen. Die häufigsten von ihnen sind Phosphatidylethanolamin und Phosphatidylcholin. Die polaren Köpfe der Phosphoglyceride tragen bei pH-Werten um 7 elektrische Ladungen. Die Sphingolipide, die ebenfalls Membrankomponenten sind, enthalten die Base Sphingosin, aber kein Glycerin. Sphingomyelin enthält außer Phosphorsäure und Cholin zwei lange Kohlenwasserstoffketten, eine Fettsäure und den langkettigen aliphatischen Aminoalkohol Sphingosin. Das Sterin Cholesterin ist eine Vorstufe für viel Steroide und außerdem ein wichtiger Bestandteil der Plasmamembran.

Alle polaren Lipide besitzen polare oder elektrisch geladene Köpfe und unpolare Kohlenwasserstoff-Schwanzgruppen. Sie bilden spontan Micellen sowie monomolekulare und bimolekulare Schichten, die durch hydrophobe Wechselwirkungen stabilisiert werden. Polare Lipid-Doppelschichten bilden die strukturelle Grundlage der Zellmembranen. Sie enthalten viele verschiedene Proteine, einige an der Oberfläche (extrinsische Proteine) und andere im Innern der Membran (intrinsische Proteine). Die Zellmembranen besitzen eine asymmetrische Ausrichtung und tragen an ihrer *äußeren* Oberfläche die hydrophilen Oligosaccharidreste von Glycoproteinen und Glycolipiden. Einige dieser Oligosaccharidgruppen spielen eine wichtige Rolle bei der Erkennung der Zellen untereinander und bei der Ausbildung von Zellverbänden und damit der Entstehung verschiedener Arten von Geweben. Außerdem spielen sie eine Rolle als Hormonrezeptoren.

Aufgaben

1. *Die Schmelzpunkte von Fettsäuren.* Die Schmelzpunkte einer Reihe von C_{18}-Fettsäuren sind: Stearinsäure 69.6 °C; Ölsäure 13.4 °C; Linolsäure -5 °C und Linolensäure -11 °C. Mit welchen strukturellen Eigenschaften dieser C_{18}-Säuren stehen die Schmelzpunkte in Beziehung? Geben Sie für den Gang der Schmelzpunkte eine Erklärung auf molekularer Ebene.

2. *Die Verderblichkeit von Speisefett.* Einige zum Kochen verwendete Fette, wie Butter, verderben bei Raumtemperatur an der Luft ziemlich schnell, während andere, wie die festen Backfette, sich nicht verändern. Warum?

3. *Die Zubereitung von Sauce Bearnaise.* Bei der Zubereitung von Sauce Bearnaise wird Phosphatidylcholin (Lecithin) aus Eidotter in geschmolzene Butter eingetragen, um die Sauce zu stabilisieren und eine Auftrennung in ihre Bestandteile zu verhindern. Erklären Sie, warum das funktioniert!

4. *Die Hydrolyse der Lipide.* Benennen Sie die Produkte, die bei der milden Hydrolyse der folgenden Verbindungen mit verdünnter Natronlauge anfallen:
   (a) 1-Stearoyl-2,3-dipalmitoylglycerin;
   (b) 1-Palmitoyl-2-oleoylphosphatidylcholin;
   Welches Produkt erhält man, wenn die Substanz (b) mit heißer, konzentrierter Natronlauge behandelt wird?

5. *Die elektrische Nettoladung von Phospholipiden.* Welche elektrischen Ladungen tragen die folgenden Verbindungen bei pH = 7:

(a) Phosphatidylcholin, (b) Phosphatidylethanolamin und (c) Phosphatidylserin?

6. *Eine Schutzvorrichtung bei sukkulenten Pflanzen.* Die Oberflächen der in den Dürreregionen vorkommenden Sukkulenten sind im allgemeinen mit einer Wachsschicht bedeckt. Welche Bedeutung hat diese Wachsschicht für das Überleben der Pflanzen?

7. *Die Anzahl der Moleküle eines Detergens in einer Micelle.* Wird eine kleine Menge Natriumdodecylsulfat [$CH_3(CH_2)_{11}OSO_3^-$] Na^+, ein handelsübliches Detergens] in Wasser gelöst, so gehen die Detergensmoleküle als monomolekulare Schicht in Lösung. Gibt man mehr Detergens hinzu, so wird schließlich ein Punkt erreicht (die kritische Micellenkonzentration), bei der sich die monomolekularen Schichten zu Micellen formieren (Abb. 12-16). Für Natriumdodecylsulfat beträgt die kritische Micellenkonzentration 8.2 mM. Eine Untersuchung der Micellen ergibt, daß sie eine durchschnittliche relative Molekülmasse von 18 000 haben. Berechnen Sie die Anzahl der Detergensmoleküle in einer durchschnittlichen Micelle.

8. *Die hydrophoben und hydrophilen Bereiche der Membranlipide.* Eine allgemeine Strukturbesonderheit der Membranlipid-Moleküle ist ihr amphipathischer Charakter, d. h. daß sie sowohl hydrophobe als auch hydrophile Gruppen enthalten. Beim Phosphatidylcholin z. B. sind die beiden Fettsäureketten hydrophob und die Kopfgruppe ist hydrophil. Geben Sie für jedes der folgenden Membranlipide an, wie die hydrophoben und die hydrophilen Anteile heißen:
   (a) Phosphatidylethanolamin;
   (b) Sphingomyelin;
   (c) Galactocerebrosid;
   (d) Gangliosid;
   (e) Cholesterin.

9. *Die Eigenschaften von Lipiden und Lipid-Doppelschichten.* Lipid-Doppelschichten, die sich zwischen zwei wäßrigen Phasen ausbilden, besitzen drei wichtige Eigenschaften: Sie bilden zweidimensionale, dünne Blätter, deren Ränder sich gegen die Umgebung abschließen und sich bei Leckbildung selbsttätig abdichten und dabei Liposomen bilden können.
   (a) Welche Eigenschaften der Lipide sind für diese Eigenschaften der Doppelschichten verantwortlich? Geben Sie eine Erklärung dafür.
   (b) Welche Auswirkungen haben diese Eigenschaften der Doppelschichten auf die Strukturen biologischer Membranen?

10. *Die Ionenwanderung durch Zellmembranen.* Die Lipid-Doppelschicht der Zellmembranen verhindert ein schnelles Entweichen von Ionen, wie K^+, Cl^- und Mg^{2+}, aus den Zellen. Warum?

11. *Die Extraktion der intrinsischen (inneren) Membranproteine.* Im Gegensatz zu den Proteinen im Cytosol, ist es bei vielen in die Membran eingebetteten Proteinen praktisch unmöglich, sie aus ihrer Umgebung herauszulösen und in wäßrige Lösung zu bringen (Abb. 12-17). Eine Solubilisierung solcher Proteine gelingt aber oft, wenn die Extraktionslösung Natriumdodecylsulfat (vgl. Übungsaufgabe Nr. 7) oder ein anderes Detergens, wie Natriumcholat, enthält. Auf welcher Grundlage beruht diese Methode?

12. *Die Ausrichtung der Glycoproteine in der Membran durch die Zuckerreste.* Untersuchungen an verschiedenen Membran-Glycoproteinen haben ergeben, daß die Zuckerreste immer an der äußeren Membranoberfläche liegen (z. B. Abb. 12-18). Eine Erklärung für dieses Phänomen ist die, daß der Zucker dazu dient, die asymmetrische Ausrichtung des Glycoproteins in der Membran aufrechtzuerhalten.
    (a) Warum sind die Zuckerreste an der äußeren Oberfläche lokalisiert und nicht im Inneren der Membran?
    (b) Auf welche Weise können die Zuckerreste der Glycoproteine die asymmetrische Anordnung in der Membran aufrechterhalten? Geben Sie eine Erklärung dafür.

13. *Die Fluidität der Membran und ihre Funktion.* Eine zentrale Hypothese auf dem Gebiet der Membranforschung besagt, daß die Membranlipide flüssig sein müssen (im Gegensatz zu fest im Sinne von „gefroren"), wenn die Membran ihre Funktion ausüben soll. Diese Hypothese wird durch die Beobachtung unterstützt, daß die Fettsäurezusammensetzung von Bakterien verschieden sein kann, je nachdem, bei welchen Temperaturen die Bakterien wachsen. Wachsen sie bei niedrigeren Temperaturen als normal, so ist der Gehalt an ungesättigten Fettsäuren im Verhältnis zu dem an gesättigten höher als normal. Und umgekehrt ist der zu beobachtende Gehalt an ungesättigten Fettsäuren in den Membranlipiden im Verhältnis zu dem an gesättigten niedriger als normal, wenn die Bakterien bei übernormal hohen Temperaturen wachsen.
    (a) Welche Gründe könnte es dafür geben, daß die Bakterienmembran flüssig sein muß, um richtig arbeiten zu können?
    (b) Erklären Sie, warum die beobachtete Änderung des Gehaltes an ungesättigten Fettsäuren die Flüssigkeitshypothese der Membran unterstützt.

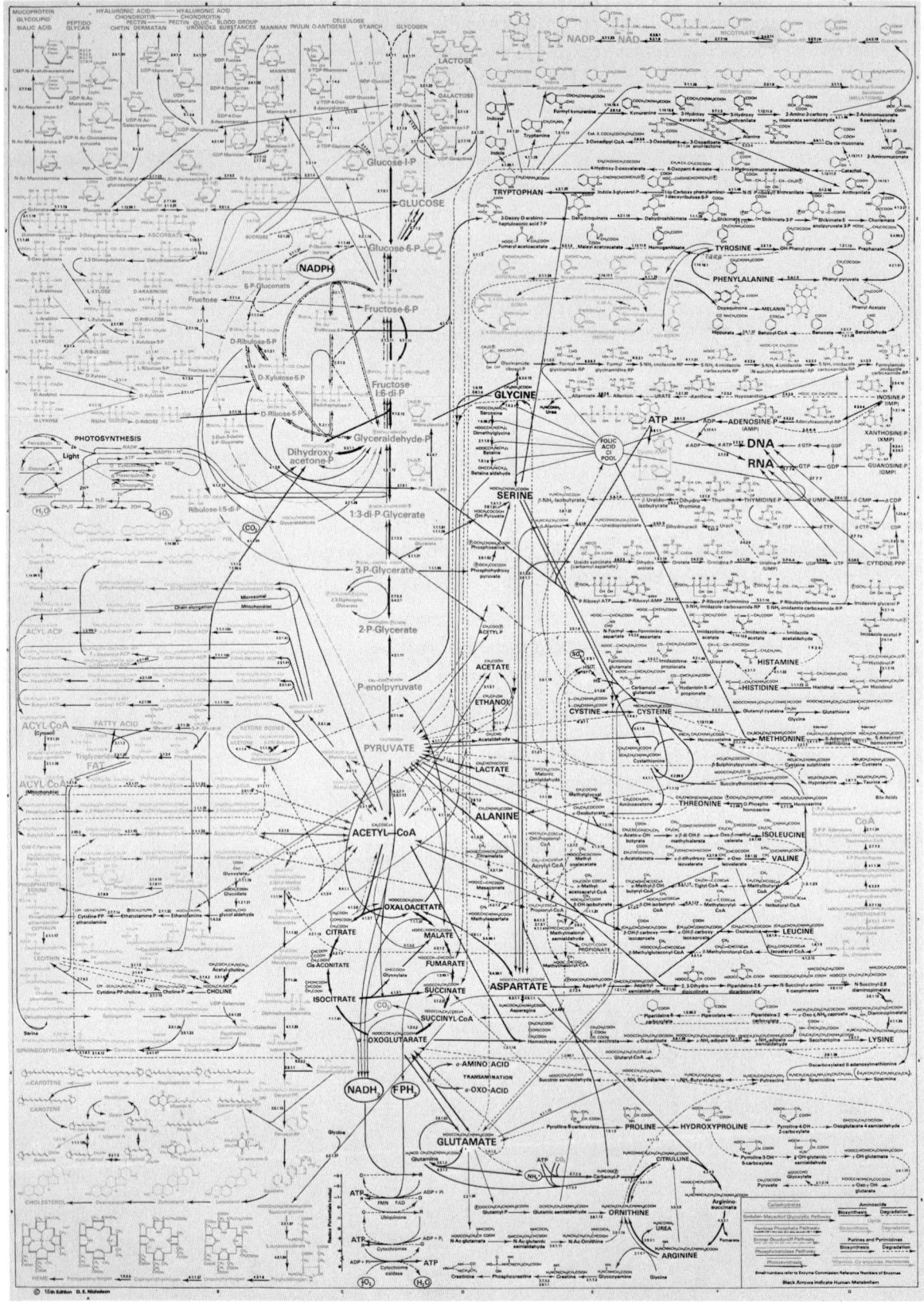

Teil II
Bioenergetik und Stoffwechsel

Wir Menschen sind wie alle lebenden Organismen aus sehr komplexen und komplizierten Strukturen aufgebaut. Viele von uns sind sich in etwa dessen bewußt, daß die Komplexität lebender Organismen durch die Aufnahme und Umwandlung der Nährstoffe aufrechterhalten wird. Für die Physiker sind lebende Organismen jedoch eine ganz besondere Herausforderung gewesen, denn sie scheinen einem der Grundgesetze der Physik zu widersprechen. Dieses Gesetz, der zweite Hauptsatz der Thermodynamik, besagt, daß eine geordnete Ansammlung von Elementen die Tendenz hat, in einen zufälligeren und weniger geordneten Zustand überzugehen. Heute wissen wir, daß die lebende Zelle keineswegs eine Ausnahme von diesem Gesetz darstellt. Sie umgeht es dadurch, daß sie ihre innere Ordnung in einem dynamischen Gleichgewicht hält. Sie tut dies auf Kosten von Nährstoffen und freier Energie, die aus der Umgebung aufgenommen und durch den Stoffwechsel umgewandelt werden.

Um die Reaktionswege, die Energetik und Dynamik des Zellstoffwechsels richtig einschätzen zu können, wollen wir uns als erstes den charakteristischen Energieaustauschprozessen zuwenden, wie sie bei den einzelnen, von spezifischen Enzymen katalysierten Reaktionen unter den in der Zelle herrschenden Bedingungen von konstantem Druck und Temperatur stattfinden. Wir werden sehen, wie mehrere Enzym-katalysierte Reaktionen durch gemeinsame Zwischenprodukte zu einer Kette oder einem System verknüpft werden können, um einen wirkungsvollen Transfer der Energie zu ermöglichen. Dann werden wir die zentralen Stoffwechselwege von Zellen untersuchen, die Reihen von aufeinanderfolgenden Enzym-katalysierten Reaktionen, die zum Abbau der Haupt-Nährstoffmoleküle (Kohlenhydrate, Fette und Aminosäuren) und zur Freisetzung eines Teils ihrer freien Energie als ATP führen. Anschließend wollen wir Schritt für Schritt einige der wesentlichen zentralen Stoffwechselwege untersuchen, über die die wichtigsten Makromoleküle der Zelle aus einfachen Vorstufen unter Verbrauch von chemischer Energie gebildet werden. Die Reaktionsgeschwindigkeit all dieser Stoffwechselvorgänge, der aufbauenden wie der abbauenden, unterliegt einer äußerst empfindlichen Kontrolle. Das Ergebnis dieser Aktivitäten, die die koordinierten Wirkungen von hunderten von Enzymen umfassen, ist ein großartiges gesteuertes Netzwerk enzymatischer Reatio-

Stoffwechsel-Schema. Am Zellstoffwechsel nehmen über 2000 bekannte und sicherlich viele noch nicht entdeckte Enzyme teil. Viele katalysieren die viel begangenen Hauptwege des Stoffwechsels. Andere Wege führen zu zahlreichen spezialisierten Produkten, die nur in kleinen Mengen gebraucht werden. Alle diese Stoffwechselwege sind miteinander verbunden. Ähnlich wie ein Fremder in einer Großstadt wollen wir zuerst die Hauptstraßen kennenlernen, von denen aus wir dann die Seitenstraßen und Nebenwege erreichen können.

nen, die mit computerartiger Effizienz funktionieren und die innere Ordnung der Zellen trotz ständiger Veränderungen ihrer Umgebung aufrechterhalten.

Kapitel 13
Eine Übersicht über den Stoffwechsel

In lebenden Zellen finden Myriaden von Enzym-katalysierten chemischen Reaktionen statt, die wir kollektiv *Stoffwechsel* nennen. Wir dürfen uns den Zellstoffwechsel jedoch nicht als einen Membran-umschlossenen Beutel mit zufällig darin ablaufenden Enzym-Reaktionen vorstellen, sondern er stellt eine hochgradig koordinierte und gezielte Aktivität der Zelle dar, bei der viele Multienzymsysteme miteinander koordinieren. Der Stoffwechsel hat vier spezifische Funktionen: (1) chemische Energie durch den Abbau energiereicher Nahrungsstoffe aus der Umgebung oder aus eingefangener Sonnenenergie zu gewinnen, (2) die Nahrungsmoleküle in die Bausteinvorstufen der Makromoleküle umzuwandeln, (3) diese Bausteine zu Proteinen, Nucleinsäuren, Lipiden, Polysacchariden oder anderen Zellbestandteilen zusammenzubauen und (4) diejenigen Biomoleküle zu synthetisieren oder abzubauen, die für die spezialisierten Funktionen einer Zelle gebraucht werden.

Obwohl der Stoffwechsel Hunderte verschiedener enzymkatalysierter Reaktionen umfaßt, gibt es nur eine geringe Anzahl von zentralen Stoffwechselwegen, die in fast allen Lebensformen identisch sind. In diesem Kapitel wollen wir einen Überblick geben über die Herkunft von Materie und Energie für den Stoffwechsel, über die zentralen Stoffwechselwege für Synthese und Abbau der wichtigsten Zellbestandteile sowie über die Mechanismen der chemischen Energieübertragung. Wir werden auch sehen, mit welchen Experimenten der Stoffwechsel untersucht werden kann.

Lebende Organismen nehmen am Kreislauf von Kohlenstoff und Sauerstoff teil

Vom gesamten Stoffwechselgeschehen in den lebenden Organismen unserer Biosphäre wollen wir zunächst nur die makroskopischen Erscheinungsformen betrachten. Die lebenden Organismen können nach der chemischen Form, in der der Kohlenstoff in der Umgebung für sie vorliegen muß, in zwei große Gruppen eingeteilt werden. *Autotrophe* („sich selbst ernährende") Zellen können das Kohlenstoffdioxid aus der Atmosphäre als einzige Kohlenstoffquelle verwenden und ihre gesamten kohlenstoffhaltigen Biomoleküle daraus aufbauen. Beispiele hierfür sind photosynthetisierende Bakterien und die

Zellen der grünen Blätter von Pflanzen. Einige autotrophe Organismen, wie die Cyanobakterien, können auch den *Stickstoff* der Atmosphäre für den Aufbau ihrer stickstoffhaltigen Verbindungen verwenden. *Heterotrophe* („von anderen ernährte") Zellen können kein atmosphärisches Kohlenstoffdioxid verwenden, sondern müssen den Kohlenstoff in Form von relativ komplexen organischen Molekülen, wie Glucose, aus der Umgebung erhalten. Die Zellen der höheren Tiere und der meisten Mikroorganismen sind heterotroph. Autotrophe Zellen sind weitgehende Selbstversorger, während heterotrophe Zellen mit ihrem anspruchsvollen Kohlenstoffbedarf von Produkten leben müssen, die von anderen Zellen gebildet worden sind.

Es gibt noch einen anderen grundlegenden Unterschied. Viele autotrophe Organismen erhalten ihre Energie durch Photosynthese aus dem Sonnenlicht, während die heterotrophen ihre Energie aus dem Abbau der von den Autotrophen hergestellten organischen Nahrungsstoffe erhalten. In unserer Biosphäre stehen Autotrophe und Heterotrophe über einen gewaltigen Kreislauf miteinander in Beziehung: autotrophe Organismen verwenden atmosphärisches CO_2 zum Aufbau ihrer Biomoleküle und einige von ihnen erzeugen Sauerstoff. Die Heterotrophen dagegen verwenden die organischen Produkte der Autotrophen als Nahrung und geben CO_2 an die Atmosphäre zurück. Auf diese Weise wechseln Kohlenstoff und Sauerstoff zwischen der Tier- und Pflanzenwelt hin und her, wobei die Antriebskraft für diesen gewaltigen Kreislauf letztlich aus der Sonnenenergie stammt (Abb. 13-1).

Autotrophe und heterotrophe Organismen können in Unterklassen eingeteilt werden. Unter den heterotrophen Organismen gibt es z. B. die zwei großen Klassen der Aerobier und der Anaerobier. *Aerobier* leben an der Luft und verwenden für die Oxidation ihrer organischen Nahrungsstoffe molekularen Sauerstoff. *Anaerobier* leben in Abwesenheit von Sauerstoff und bauen ihre Nahrungsstoffe ohne

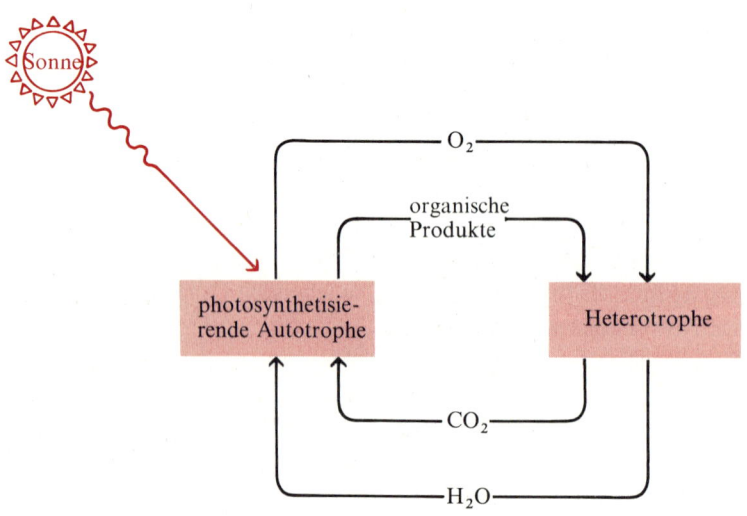

Abbildung 13-1
Der Kreislauf von Kohlenstoffdioxid und Sauerstoff zwischen photosynthetisierenden und heterotrophen Bereichen der irdischen Biosphäre. Die Ausmaße dieses Kreislaufes sind gewaltig. Mehr als 3.5×10^{11} Tonnen Kohlenstoff werden jährlich in der Biosphäre umgesetzt. Das Gleichgewicht zwischen CO_2-Produktion und -Verbrauch ist vermutlich ein wichtiger Faktor für das Klima der Erde. In den letzten 100 Jahren hat sich der CO_2-Gehalt der Atmosphäre wegen der gesteigerten Verbrennung von Kohle und Öl um etwa 25% erhöht. Einige Geowissenschaftler meinen, daß ein weiterer Anstieg des CO_2 in der Atmosphäre einen Anstieg der Durchschnittstemperatur zur Folge haben würde (Treibhaus-Effekt). Diese Ansicht wird nicht von allen Wissenschaftlern geteilt, weil es als zu schwierig gilt, die von der Biosphäre produzierten und in Umlauf gebrachten sowie die von den Ozeanen absorbierten Mengen an CO_2 genau genug abzuschätzen. Das atmosphärische CO_2 braucht fast 300 Jahre, um den gesamten Kreislauf einmal zu durchlaufen.

Verwendung von Sauerstoff ab. Viele Zellen, wie Hefe, können aerob oder anaerob leben; solche Organismen werden *fakultativ anaerob* genannt. Anaerobier, die überhaupt keinen Sauerstoff verwenden können und für die er sogar Giftwirkung hat, z. B. Mikroorganismen, die tief in der Erde oder auf dem Meeresboden leben, werden *streng anaerob* genannt. Die meisten heterotrophen Zellen, besonders die höherer Organismen, sind fakultativ anaerob; in Gegenwart von Sauerstoff benutzen sie ihre aeroben Stoffwechselwege für die Oxidation ihrer Nahrungsstoffe.

Nicht alle Zellen eines bestimmten Organismus gehören in dieser Hinsicht zur selben Klasse. Bei höheren Pflanzen z. B. sind die grünen chlorphyllhaltigen Zellen photosynthetisierende Autotrophe, ihre Wurzelzellen aber, die kein Chlorophyll enthalten, sind heterotroph. Außerdem sind die Zellen der grünen Blätter nur bei Tageslicht autotroph, bei Dunkelheit sind sie heterotroph und erhalten ihre Energie durch Oxidation von Kohlenhydraten, die sie bei Tageslicht hergestellt haben.

Der Stickstoff durchläuft in der Biosphäre einen Kreislauf

Außer Kohlenstoff, Sauerstoff und Energie brauchen alle lebenden Organismen auch Stickstoff. Stickstoff wird für die Biosynthese von Aminosäuren sowie von Purin- und Pyrimidinbasen benötigt, also für die stickstoffhaltigen Bausteine von Proteinen und Nucleinsäuren. Auch in bezug auf den Stickstoff gibt es große Unterschiede zwischen den Lebewesen im Hinblick auf die chemischen Formen, in der sie ihn aufnehmen können. Bei den meisten höheren Tieren muß mindestens ein Teil der Stickstoffaufnahme in Form von Aminosäuren erfolgen. Beim Menschen und bei der Albinoratte müssen z. B. 10 der 20 Aminosäuren, die als Bausteine für die Proteinsynthese benötigt werden, bereits in der Nahrung vorliegen, da diese Organismen sie nicht aus einfachen Vorstufen synthetisieren können. Pflanzen sind im allgemeinen in der Lage, entweder Ammoniak oder lösliche Nitrate als einzige Stickstoffquelle zu verwenden. Aber nur relativ wenige Organismen haben die Fähigkeit, den gasförmigen Stickstoff (N_2), aus dem etwa 80 % unserer Atmosphäre besteht, zu verwerten (zu „*fixieren*"). Da die Erdkruste nur sehr wenig anorganischen Stickstoff in Form löslicher Salze enthält, sind alle lebenden Organismen letztlich von atmosphärischem Stickstoff und von Stickstoff-fixierenden Organismen abhängig. Stickstoff kann von den vollständig autotrophen Cyanobakterien (Blaugrünalgen) fixiert werden, die außerdem auch photosynthetisieren, also auch ihren Kohlenstoffbedarf aus der Atmosphäre decken können. Die meisten Stickstoff-fixierenden Bakterien-Arten leben in der Erde, einige von ihnen symbiontisch in den Wurzelknöllchen bestimmter Pflan-

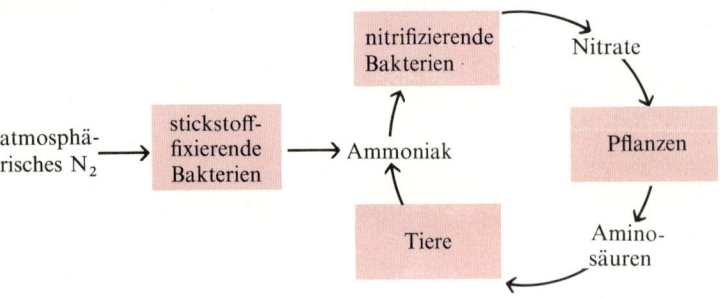

Abbildung 13-2
Der Kreislauf des Stickstoffs in der Biosphäre.

zen, besonders der Leguminosen. Diese Form der Stickstoffaufnahme wird als *symbiontische Stickstoff-Fixierung* bezeichnet.

Andere Mikroorganismen (*nitrifizierende Bakterien*) oxidieren Ammoniak zu Nitriten und Nitraten, wieder andere (*denitrifizierende Bakterien*) können Nitrate in Ammoniak zurückverwandeln. Auf diese Weise gibt es zusätzlich zu den großen Kohlenstoff- und Sauerstoffcyclen (Abb. 13-1) noch einen Stickstoffkreislauf in unserer Biosphäre, über den riesige Mengen von Stickstoff umgesetzt werden (Abb. 13-2). Diese Kreisläufe von Kohlenstoff, Sauerstoff und Stickstoff, die viele Arten von Lebewesen mit einschließen, hängen offensichtlich von einem ungestörten Gleichgewicht zwischen Erzeugern und Verbrauchern in unserer Biosphäre ab (Abb. 13-3). Darüber hinaus sind diese großen Materiekreisläufe von einem enormen Energiefluß begleitet, der damit beginnt, daß photosynthetisierende Organismen Sonnenenergie einfangen und zur Herstellung energiereicher Kohlenhydrate und anderer organischer Nahrungsstoffe verwenden, die wiederum den heterotrophen Organismen als Energiequelle dienen. Beim Stoffwechsel aller an diesen

Abbildung 13-3
Ein anderer Aspekt des Flusses der Sonnenenergie sowie des Kreislaufs des Kohlenstoffs, Sauerstoffs und Stickstoffs. In diesem isoliert betrachteten Ökosystem wird Kohlenstoffdioxid aus der Atmosphäre durch die Photosynthese im Gras fixiert und daraus organische Nahrung und molekularer Sauerstoff hergestellt. Mikroorganismen im Boden fixieren den atmosphärischen Stickstoff und wandeln ihn in Ammoniak und Nitrate um, die dem Gras als Stickstoffquelle für die Synthese von Proteinen und Nucleinsäuren dienen. Die Zebras erhalten Sauerstoff aus der Luft, organischen Kohlenstoff und Aminosäuren durch die Oxidation von Stärke, Proteinen und anderen Bestandteilen des Grases. Die Löwen ernähren sich von Zebras und geben ihre Stoffwechselprodukte an die Erde und ihre Mikroorganismen zurück, womit sich der Kreis schließt.
Die treibende Kraft für diesen Kreislauf ist die Sonnenenergie. Bei jedem Schritt in dieser Nahrungskette werden aber nur weniger als 10% der eingesetzten Energie in der gebildeten Biomasse gespeichert. Der Rest geht an die Umgebung verloren. In diesem Ökosystem werden also nicht einmal 0.1% der eingesetzten Sonnenenergie als chemische Energie in den Endverbrauchern, den Löwen, gespeichert. Deshalb ist eine große Grasfläche nötig, um eine Herde von Zebras zu ernähren und eine große Herde von Zebras für die Ernährung von zwei Löwen.

Kreisläufen beteiligter Organismen und auch beim Ablauf der verschiedenen Arten energieverbrauchender Vorgänge kommt es immer zu einem Verlust an *freier* (d.h. verwendbarer) *Energie* und zu einer unvermeidbaren Zunahme *nicht-verfügbarer* (d.h. nutzloser) *Energie*. Dabei wird Energie in Form von Wärme oder in anderer Form in die Umgebung verstreut, sie wird statistisch verteilt und steht damit nicht mehr zur Verfügung. Der Energiefluß durch die Biosphäre erfolgt demnach eher nach dem Einbahnstraßen-Prinzip als nach dem Prinzip eines Kreislaufes, denn aus verstreuter, unverwertbar gewordener Energie kann keine verwertbare Energie zurückgewonnen werden. Kohlenstoff, Sauerstoff und Stickstoff befinden sich also in einem ununterbrochenen Kreislauf, während verwertbare Energie fortwährend auf eine unverwertbare Stufe hinabsinkt.

Wenn wir uns nun von den makroskopischen Aspekten des Stoffwechsels abwenden und uns mit den mikroskopischen Bereichen des Stoffwechsels in lebenden Zellen befassen, so sollten wir dabei daran denken, daß jede Art von Zellen ihre eigenen charakteristischen Bedürfnisse in bezug auf Kohlenstoff-, Sauerstoff- und Stickstoffquellen sowie auch in bezug auf eine Energiequelle hat. Der Zellstoffwechsel umfaßt demnach die enzymatischen Umwandlungen sowohl von Materie als auch von Energie; ausgehend von relativ einfachen Verbindungen endet er mit der Biosynthese lebender Materie.

Für die Stoffwechselwege existieren aufeinanderfolgende Enzymsysteme

Enzyme sind die einfachsten Einheiten der Stoffwechselaktivität, jedes katalysiert eine spezifische chemische Reaktion. Das Stoffwechselgeschehen läßt sich am besten an Hand von *Multienzymsequenzen* veranschaulichen, in denen jedes einzelne Enzym einen der aufeinanderfolgenden Schritte eines bestimmten Stoffwechselweges ermöglicht. Solche Enzymsysteme können 2 bis 20 Enzyme enthalten, die alle nacheinander zur Wirkung kommen, und zwar so, daß das Produkt des ersten Enzyms zum Substrat des zweiten wird, usw. (Abb. 13-4). Die aufeinanderfolgenden Umwandlungsprodukte eines solchen Reaktionsweges (B, C, D usw. in Abb. 13-4) werden *Zwischenprodukte* oder *Metaboliten* genannt. In jedem Schritt der Reaktionsfolge kommt es zu einer kleinen spezifischen chemischen Änderung, wie der Abspaltung, dem Transfer oder der Anfügung eines spezifischen Atoms, Moleküls oder einer funktionellen Gruppe. Durch solche geordnet ablaufenden Änderungen wird das Eingangsmolekül Schritt für Schritt in das Stoffwechsel-Endprodukt umgewandelt. Die meisten Stoffwechselwege verlaufen linear, manche aber auch cyclisch (Abb. 13-4). Normalerweise haben sie hinein- und herausführende Verzweigungen. Der Begriff *Zwischenstoffwechsel* (*Intermediärstoffwechsel*) wird oft verwendet, um zu betonen, daß

Ein cyclischer Stoffwechselweg. Die Oxidation von Acetylresten zu CO_2 und H_2O erfolgt über eine solche cyclische Reaktionsfolge, den Citratcyclus.

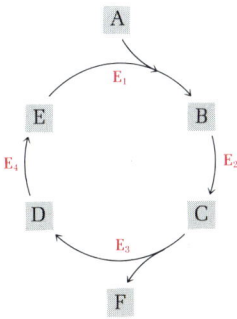

Abbildung 13-4
Multienzymsysteme.
Ein linearer Stoffwechselweg. Die Vorstufe A wird durch vier Enzym-katalysierte Schritte in das Produkt E umgewandelt. Die Umwandlung erfolgt in der Weise, daß das Produkt des einen Schrittes zum Substrat des nächsten wird.

eine bestimmte Sequenz von Zwischenprodukten an den Reaktionswegen des Zellstoffwechsels beteiligt ist.

Der Stoffwechsel besteht aus katabolen (abbauenden) und anabolen (synthetisierenden) Reaktionswegen

Im Zwischenstoffwechsel gibt es zwei Phasen: den *Katabolismus* und den *Anabolismus*. Mit Katabolismus wird die *abbauende Phase* des Stoffwechsels bezeichnet, in der organische Nahrungsstoffe, wie Kohlenhydrate, Lipide und Proteine, die entweder aus der Umgebung oder aus den zelleigenen Nahrungsvorräten kommen, stufenweise zu kleineren, einfacheren Endprodukten, wie Lactat, CO_2 und Ammoniak, abgebaut werden. Der Katabolismus wird begleitet von der Freisetzung der in den komplexen Strukturen großer organischer Moleküle enthaltenen freien Energie. Bei bestimmten Schritten des abbauenden Stoffwechsels wird ein großer Teil der erzeugten freien Energie mit Hilfe gekoppelter enzymatischer Reaktionen in Form des energiereichen Moleküls *Adenosintriphosphat* (ATP) konserviert. Ein Teil der Energie kann auch in Form energiereicher Wasserstoffatome konserviert werden, die das Coenzym *Nicotinamid-adenin-dinucleotid-phosphat* in seiner reduzierten Form (NADPH) enthält (Abb. 13-5).

Der *Anabolismus*, auch *Biosynthese* genannt, ist die Aufbau- oder Synthesephase des Stoffwechsels. Dabei werden aus kleinen Vorstufen- oder Bausteinmolekülen große makromolekulare Zellkomponenten wie Proteine und Nucleinsäuren aufgebaut. Da bei der Bio-

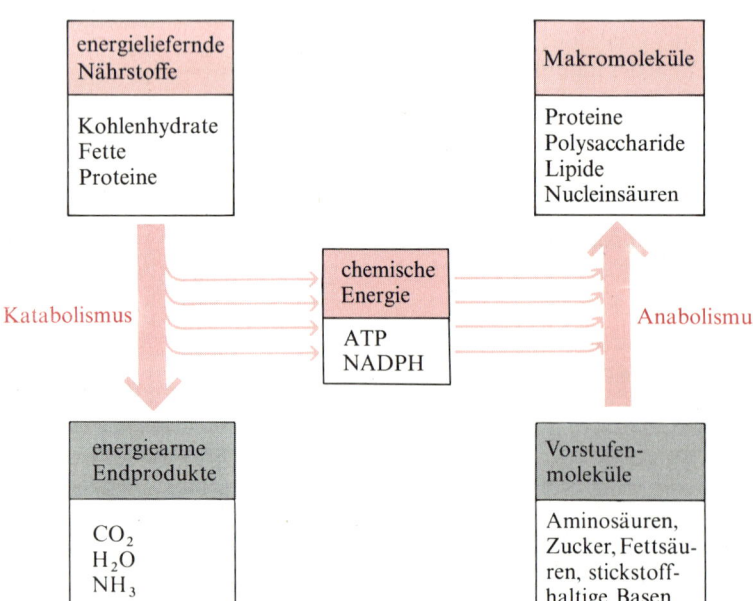

Abbildung 13-5
Energetische Beziehungen zwischen katabolen und anabolen Stoffwechselwegen. Katabole Reaktionsfolgen liefern chemische Energie in Form von ATP und NADPH. Diese wird auf den Biosynthesewegen dazu verwendet, kleine Vorstufenmoleküle in Makromoleküle umzuwandeln.

synthese die Größe und Komplexität von Strukturen zunimmt, braucht sie die Zufuhr freier Energie. Diese wird meist durch den Abbau von ATP zu ADP (*Adenosindiphosphat*) und Phosphat bereitgestellt, für die Biosynthese mancher Zellkomponenten werden aber auch energiereiche Wasserstoffatome aus NADPH gebraucht (Abb. 13-5). Katabolismus und Anabolismus finden gleichzeitig in der Zelle statt; ihre Geschwindigkeiten werden unabhängig voneinander reguliert.

Die Abbauwege führen zu einer kleinen Zahl von Endprodukten

Lassen Sie uns nun den Katabolismus näher betrachten. Der enzymatische Abbau der wichtigen energiespendenden Nährstoffe (Kohlenhydrate, Lipide und Proteine) erfolgt schrittweise über eine Anzahl aufeinanderfolgender enzymatischer Reaktionen. Beim aeroben Abbau kann man, wie Abb. 13-6 zeigt, drei Stufen unterschei-

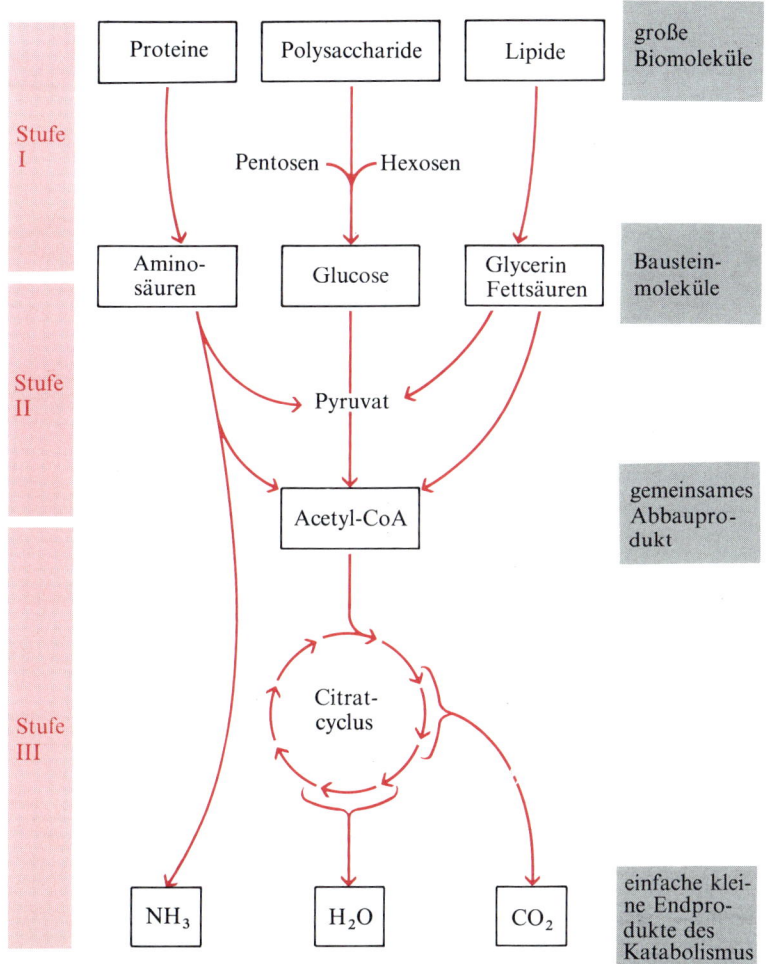

Abbildung 13-6
Die drei Abbaustufen der wichtigsten energieliefernden Nahrungsstoffe. In Stufe I werden Hunderte von Proteinen und viele Arten von Polysacchariden und Lipiden in ihre Bausteinmoleküle gespalten, von denen es nur eine relativ geringe Anzahl gibt. In Stufe II werden die Bausteinmoleküle weiter zu einem gemeinsamen Endprodukt abgebaut, zur Acetylgruppe von Acetyl-CoA. In Stufe III schließlich münden alle Abbaureaktionen in den Citratcyclus ein. Endprodukte des gesamten Katabolismus sind im wesentlichen nur drei einfache Verbindungen. Auch Nucleinsäuren werden stufenweise abgebaut. Ihr Katabolismus ist hier aber nicht dargestellt, da er nicht wesentlich zum Energiebedarf der Zelle beiträgt.

den. In Stufe I werden die Makromoleküle zu ihren Bausteinen abgebaut, also Polysaccharide zu Hexosen und Pentosen, Lipide zu Fettsäuren, Glycerin und anderen Komponenten und Proteine zu den 20 Aminosäuren.

In Stufe II des Katabolismus werden die verschiedenen, in Stufe I gebildeten Produkte zusammengefaßt und in eine kleine Anzahl noch einfacherer Moleküle umgewandelt. Die Hexosen, Pentosen und das Glycerin werden zu einem einzigen Zwischenprodukt mit drei Kohlenstoffatomen abgebaut, dem *Pyruvat*, das in eine Zwei-Kohlenstoff-Einheit, die Acetylgruppe des *Acetyl-Coenzyms A* (Acetyl-CoA) umgewandelt wird. Auch die Fettsäuren und das Kohlenstoffgerüst der meisten Aminosäuren werden zu Acetylgruppen des Acetyl-CoA abgebaut. Acetyl-CoA ist also das gemeinsame Endprodukt der Stufe II des Katabolismus.

In Stufe III wird diese Acetylgruppe in den *Citratcyclus* eingeschleust. Dieser ist der gemeinsame Endabbauweg, über den die meisten energieliefernden Nährstoffe letztendlich zu Kohlenstoffdioxid oxidiert werden. Weitere Endprodukte des Katabolismus sind Wasser und Ammoniak (oder andere Stickstoffverbindungen).

Beachten Sie, daß im Citratcyclus alle Abbauwege *zusammenfließen*. Im Verlauf des Abbaus werden in Stufe I Dutzende oder gar Hunderte von verschiedenen Proteinen zu 20 verschiedenen Aminosäuren abgebaut; in Stufe II werden die 20 Aminosäuren weitgehend zu Acetyl-CoA und Ammoniak abgebaut; in Stufe III schließlich

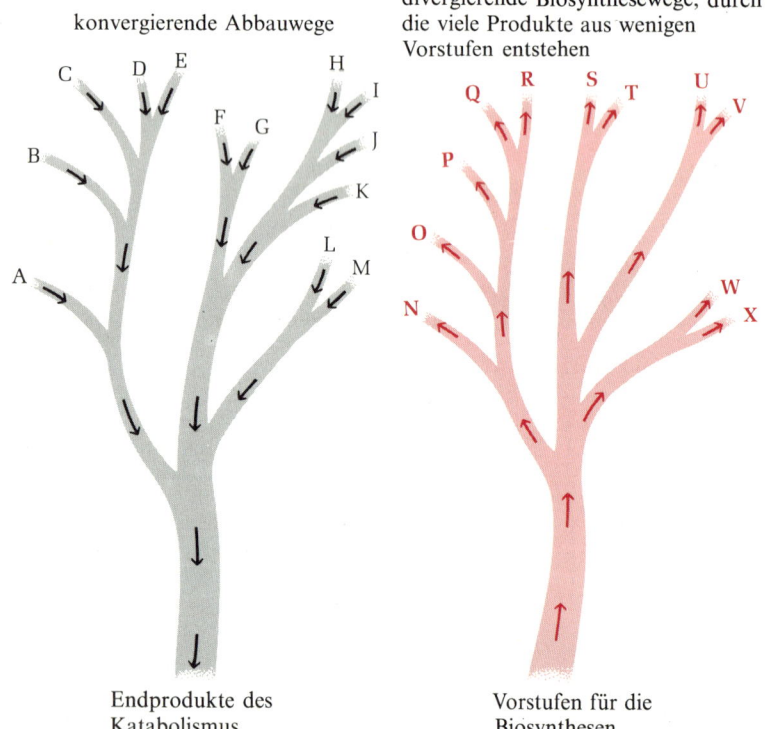

Abbildung 13-7
Konvergenz der katabolen und Divergenz der anabolen Stoffwechselwege. Der Katabolismus beginnt mit vielen verschiedenen Zellkomponenten und endet in einer gemeinsamen Reaktionsfolge mit nur wenigen Endprodukten.

werden die Acetylgruppen des Acetyl-CoA über den Citratcyclus zu CO_2 und H_2O oxidiert. Ähnlich werden die verschiedenen Polysaccharide und Disaccharide in Stufe I in einige wenige einfache Zucker zerlegt, die in Stufe II zu Acetyl-CoA und in Stufe III zu CO_2 und H_2O weiter abgebaut werden. Der Katabolismus ähnelt demnach einem sich verbreiternden Strom, der von vielen Nebenflüssen gespeist wird (Abb. 13-7).

Die biosynthetisierenden (anabolen) Stoffwechselwege verzweigen sich unter Bildung vieler Produkte

Der Anabolismus oder die Biosynthese findet ebenfalls in drei Stufen statt; er beginnt mit kleinen Vorstufenmolekülen. Die Proteinsynthese beginnt z. B. mit der Bildung von α-Ketosäuren (α-Oxosäuren), und anderen Vorstufen. Im nächsten Schritt werden die α-Ketosäuren durch Aminogruppen-Donatoren zu α-Aminosäuren aminiert und in der Endstufe des Anabolismus werden diese unter Bildung vieler verschiedener Proteine zu Polypeptidketten verknüpft. Entsprechend werden aus Acetylgruppen Fettsäuren gebildet und für den Aufbau der verschiedenen Lipide verwendet. Der Anabolismus ist im gleichen Maße ein divergierender Prozeß, wie der Katabolismus ein konvergierender ist, denn er beginnt mit wenigen einfachen Vorstufenmolekülen, aus denen dann eine große Anzahl verschiedener Makromoleküle aufgebaut wird (Abb. 13-7). Der Anabolismus besteht aus einem zentralen Syntheseweg mit vielen Verzweigungen, die zu Hunderten von verschiedenen Zellbestandteilen führen.

Jede der Hauptstufen beim Aufbau oder Abbau eines bestimmten Biomoleküls wird durch ein Multienzymsystem katalysiert. Die nacheinander erfolgenden chemischen Änderungen auf jedem der Haupt-Stoffwechselwege sind bei allen Formen des Lebens praktisch identisch. Der Abbau von D-Glucose zu Pyruvat erfolgt z. B. bei den meisten Organismen mit derselben Anzahl von Reaktionen über dieselben Zwischenprodukte.

Es gibt wichtige Unterschiede zwischen den sich entsprechenden Reaktionswegen von Anabolismus und Katabolismus

Der abbauende und der ihm entsprechende aufbauende, also umgekehrt gerichtete Stoffwechselweg zwischen einer bestimmten Vorstufe und einem bestimmten Produkt sind normalerweise nicht identisch. Abbau und Synthese können über verschiedene Zwischenprodukte führen oder für Zwischenschritte andere enzymatische Reaktionen verwenden. Die aufeinanderfolgenden Schritte des Abbaus

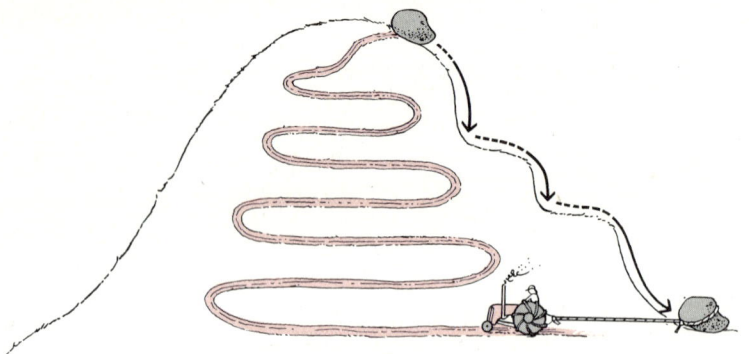

Abbildung 13-8
Die Berg-und-Stein-Analogie. Katabolismus ist ein Bergab-Vorgang mit einem Verlust an freier Energie. Die Energieverluste sind dort am größten, wo die Abwärtsbewegung des Steines am steilsten ist (ausgezogene Pfeile). Anabolismus ist ein Bergauf-Vorgang und benötigt Energiezufuhr, die nur in kleinen, feststehenden Mengen zur Verfügung gestellt werden kann. Der Traktor muß daher die steilen Stellen umgehen, an denen der Energiebedarf besonders groß ist, und einen flacher ansteigenden Weg wählen.

von Glucose zu Pyruvat in der Leber werden z. B. von 11 spezifischen Enzymen katalysiert. Obwohl es scheinbar logisch und ökonomisch wäre, für die Synthese von Glucose aus Pyruvat die enzymatischen Reaktionen des Glucoseabbaus einfach umzukehren, werden für die Synthese nur 9 der 11 Reaktionen des Abbaus verwendet. Die übrigen zwei Schritte werden durch einen Satz völlig anderer enzymatischer Reaktionen ersetzt, die nur in der Syntheserichtung verwendet werden. In ähnlicher Weise unterscheiden sich auch die auf- und abbauenden Wege zwischen Proteinen und Aminosäuren oder zwischen Fettsäuren und Acetyl-CoA.

Es mag verschwenderisch erscheinen, daß es zwischen zwei festgelegten Punkten zwei Stoffwechselwege gibt, aber es existieren gewichtige Gründe dafür, daß Katabolismus und Anabolismus über verschiedene Routen erfolgen. Der erste Grund ist, daß der für den Abbau eines Biomoleküls eingeschlagene Weg für dessen Biosynthese energetisch unbrauchbar sein kann. Der Abbau eines komplexen organischen Moleküls ist normalerweise ein „bergab" verlaufender Prozeß, der mit einem Verlust an freier Energie verbunden ist, während die Biosynthese ein „bergauf" verlaufender Prozeß ist, dem Energie zugeführt werden muß. Hierzu ein einfaches Beispiel (Abb. 13-8): Ein Stein, der sich auf dem Gipfel eines Berges lockert, rollt bergab und verliert dabei potentielle Energie. An einer oder mehreren Stellen seiner Talfahrt fällt der Stein über Steilhänge herunter und verliert dabei größere Teile seiner Energie auf einmal. Ein Traktor wird nicht in der Lage sein, den Stein auf demselben Wege, den er heruntergerollt ist, wieder hinaufzubringen, aber er kann ihn hinaufschaffen, wenn er die steilen Stellen auf einem langsamer ansteigenden Weg umgeht. In analoger Weise können bei der Biosynthese „bequeme Wege" benutzt werden, um steile Stellen des Energie-Berges zu überwinden.

Ein zweiter Grund für die Benutzung unterschiedlicher Reaktionswege ist der, daß Auf- und Abbau unabhängig voneinander regulierbar sein müssen. Würde für beide Richtungen ein und derselbe reversible Weg benutzt, so würde eine Verlangsamung des Abbaus durch Hemmung eines der Enzyme gleichzeitig die entsprechende Biosynthese verlangsamen. Eine unabhängige Regulation ist nur

Kapitel 13 Eine Übersicht über den Stoffwechsel 377

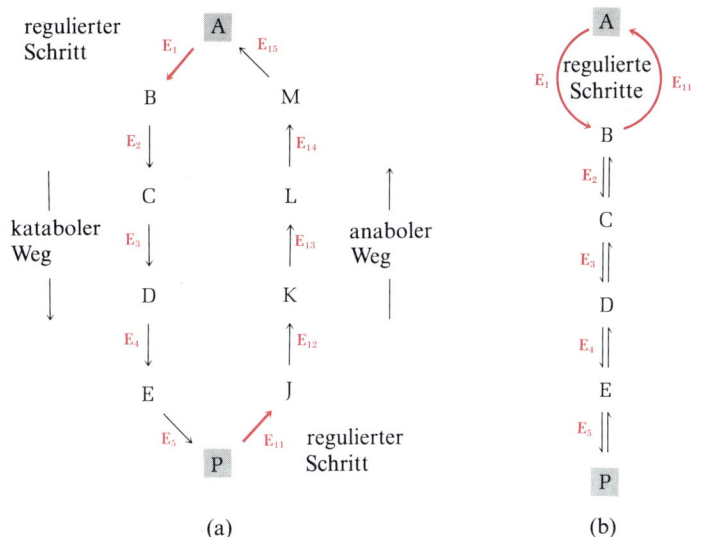

Abbildung 13-9
Parallele Abbau- und Synthesewege müssen sich in mindestens einem enzymatischen Schritt unterscheiden, damit sie unabhängig voneinander reguliert werden können. Es werden zwei Beispiele für eine unabhängige Regulation von katabolen und anabolen Reaktionsfolgen zwischen den Punkten A und P gezeigt. Bei (a) werden die parallelen Reaktionswege mit völlig verschiedenen Enzymsätzen durchlaufen. Bei (b) unterscheiden sich die beiden Wege nur in einem Enzym. In beiden Fällen sind die regulierten Schritte durch farbige Pfeile hervorgehoben.

möglich, wenn sich der Abbauweg vom Syntheseweg ganz oder teilweise unterscheidet. Für den Fall, daß sie einige Zwischenschritte gemeinsam haben, müssen sich die geschwindigkeitsbestimmenden Enzyme in den getrennten Abschnitten des Reaktionsweges befinden (Abb. 13-9).

Manchmal finden die entgegengesetzt gerichteten Stoffwechsel-Vorgänge in verschiedenen Teilen der Zelle statt. Die Oxidation der Fettsäuren in der Leber bis zur Stufe des Acetyl-CoA wird z. B. mit Hilfe eines Enzymsatzes durchgeführt, der hauptsächlich in den Mitochondrien lokalisiert ist, wo bevorzugt oxidative Vorgänge stattfinden, während die Biosynthese von Fettsäuren aus Acetyl-CoA, die eine Zufuhr von Wasserstoffatomen (d. h. von Reduktionsäquivalenten) erfordert, von einem völlig anderem Enzymsatz katalysiert wird, der im Cytosol lokalisiert ist, wo bevorzugt reduzierende Reaktionen stattfinden (Abb. 13-10).

Obwohl Abbau- und Synthesewege nicht identisch sind, dient in der Stufe III des Katabolismus der Citratcyclus (Abb. 13-6) als zentraler Treffpunkt, in den sowohl katabole als auch anabole Reaktionsfolgen einmünden. Diese Stufe wird wegen ihrer *Doppelfunktion* manchmal die *amphibole* Stufe des Stoffwechsels genannt (griech. „amphi": beide). Sie hat in der katabolen Richtung die Funktion, den Abbau der kleinen, aus der Stufe II des Katabolismus stammenden Moleküle zu Ende zu führen. Wie wir später noch sehen werden, kann sie aber auch für Synthesen verwendet werden, indem sie kleine Moleküle als Vorstufen für die Biosynthese von Aminosäuren, Fettsäuren und Kohlenhydraten zur Verfügung stellt.

Letztlich sind fast alle Stoffwechselreaktionen miteinander verbunden, denn das Produkt der einen Reaktion wird zum Substrat der nächsten usw. Wir können daher den Stoffwechsel als ein extrem komplexes Netzwerk enzymatisch katalysierter Reaktionen be-

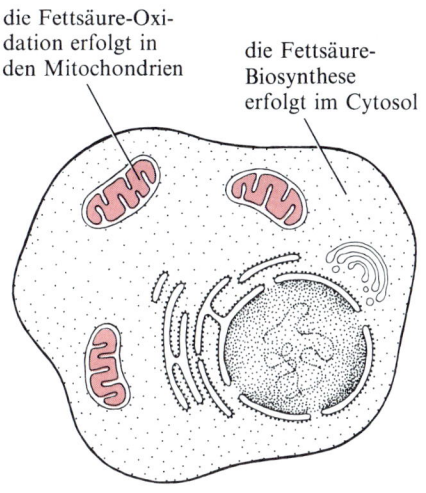

Abbildung 13-10
Getrennte Kompartimente für entgegengesetzt verlaufende Stoffwechselwege. Die Oxidation der Fettsäuren findet hauptsächlich in den Mitochondrien statt, die Synthese der Fettsäuren, für die Reduktionsäquivalente gebraucht werden, im Cytosol.

trachten. Wird der Fluß von Nährstoffen in einem Teil dieses Netzwerkes gestört, so kann es im gesamten Netzwerk zu Änderungen kommen, um die Störung zu kompensieren und ein neues Gleichgewicht einzustellen. Für jeden der zentralen katabolen oder anabolen Stoffwechselwege kann die Geschwindigkeit entsprechend dem augenblicklichen Bedarf eingestellt werden. Außerdem sind die auf- und abbauenden Reaktionen so reguliert, daß sie so ökonomisch wie möglich ablaufen, d. h. mit dem geringstmöglichen Verlust an Material und Energie. Die Zellen oxidieren z. B. ihre Nährstoffe jeweils mit einer Geschwindigkeit, die gerade ausreicht, um ihren momentanen Energiebedarf zu decken.

ATP transportiert Energie von den katabolen zu den anabolen Reaktionen

Wir haben in Grundzügen gesehen, wie organische Nährstoffe im Stoffwechsel durch enzymatische Reaktionen umgeformt werden. Nun wollen wir uns mit der Umwandlung von Energie befassen. Nährstoffe, wie die Glucose, enthalten auf Grund des hohen Grades ihrer strukturellen Ordnung viel potentielle Energie. Durch den oxidativen Abbau von Glucose zu den einfachen kleinen Molekülen CO_2 und H_2O wird viel freie Energie verfügbar gemacht. *Freie Energie* ist die Form von Energie, die bei konstantem Druck und konstanter Temperatur Arbeit leisten kann. Die bei der Glucose-Oxidation entstehende Energie wird aber einfach als Wärme frei, wenn sie nicht auf irgendeine Weise als chemische Energie gespeichert wird. Wärmeenergie wird zwar bei höheren Tieren zur Aufrechterhaltung der Körpertemperatur gebraucht, sie kann jedoch nicht dazu verwendet werden, mechanische Arbeit bei der Muskelkontraktion oder chemische Arbeit bei der Biosynthesen zu verrichten. Wärmeenergie kann bei konstantem Druck nur dann Arbeit leisten, wenn sie von einem wärmeren auf einen kälteren Körper übergehen kann,

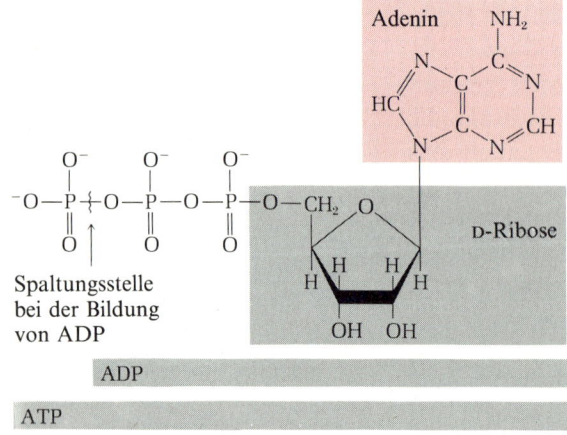

Abbildung 13-11
Adenosintriphosphat (ATP) bei pH 7 in seiner ionisierten Form. Adenosindiphosphat (ADP) enthält eine Phosphatgruppe weniger. Die organischen Bestandteile des ATP-Moleküls sind die Purinbase Adenin und der Zucker D-Ribose (nähere Erläuterungen s. Kapitel 14).

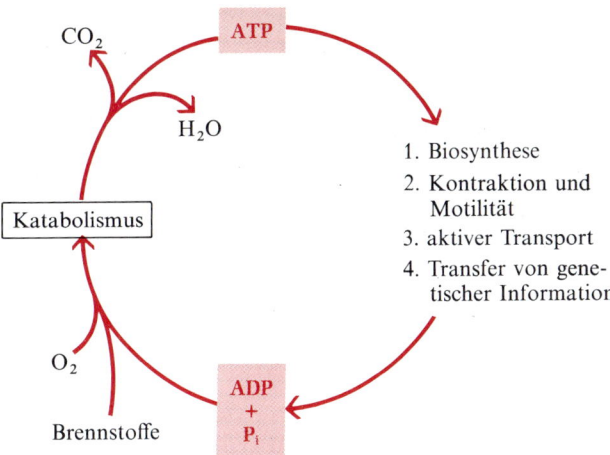

Abbildung 13-12
Die energieverbrauchenden Zellaktivitäten sind auf die Übertragung von Energie durch ATP angewiesen, das dabei zu ADP und Phosphat gespalten wird. ATP wird auf Kosten der beim Abbau von Zell-Brennstoffen frei werdenden Energie regeneriert.

was in lebenden Zellen nicht möglich ist, da diese *isotherm* sind, d. h. die Temperatur ist in allen Bereichen der Zelle gleich. Die notwendige Speicherung der Energie, die beim Abbau von Glucose oder anderen zellulären Brennstoffen frei wird, erfolgt durch die gekoppelte Synthese von *Adenosintriphosphat* (ATP) aus *Adenosindiphosphat* (ADP) (Abb. 13-11) und *anorganischem Phosphat*. ATP, ADP und Phosphat kommen in allen lebenden Zellen vor und dienen universell als energieübertragendes System. Die in Form von ATP konservierte chemische Energie kann vier verschiedene Arten von Arbeit leisten (Abb. 13-12). (1) Sie kann die Energie zur Verfügung stellen, die für die chemische Arbeit bei Biosynthesen gebraucht wird. Dabei wird (werden) die endständige(n) Phosphatgruppe(n) des ATP enzymatisch auf Bausteinmoleküle übertragen, die damit als Vorbereitung für ihren Einbau in Makromoleküle „aktiviert" werden. (2) ATP dient auch als Energiequelle für die Motilität und Kontraktion von Zellen und (3) für den Transport von Nährstoffen durch Membranen entgegen einem Konzentrationsgefälle. (4) ATP-Energie wird außerdem dazu verwendet, bei der Biosynthese von DNA, RNA und Proteinen eine fehlerfreie Weitergabe der genetischen Information zu gewährleisten; tatsächlich ist Information eine Form von Energie. Die in ATP gespeicherte Energie wird in der Zelle freigesetzt, indem die endständige Phosphatgruppe abgespalten wird. Es entsteht wiederum ADP als „entladene" Form des Energie-Transportsystems. Das ADP kann bei Reaktionen, die an den energieliefernden Abbau von Zellbrennstoffen gekoppelt sind, wieder mit einer Phosphatgruppe beladen werden, so daß ATP zurückgebildet wird. Es gibt in den Zellen also einen Energiekreislauf, bei dem ATP als energietransportierendes Verbindungsglied zwischen energieliefernden und energieverbrauchenden Zellprozessen dient.

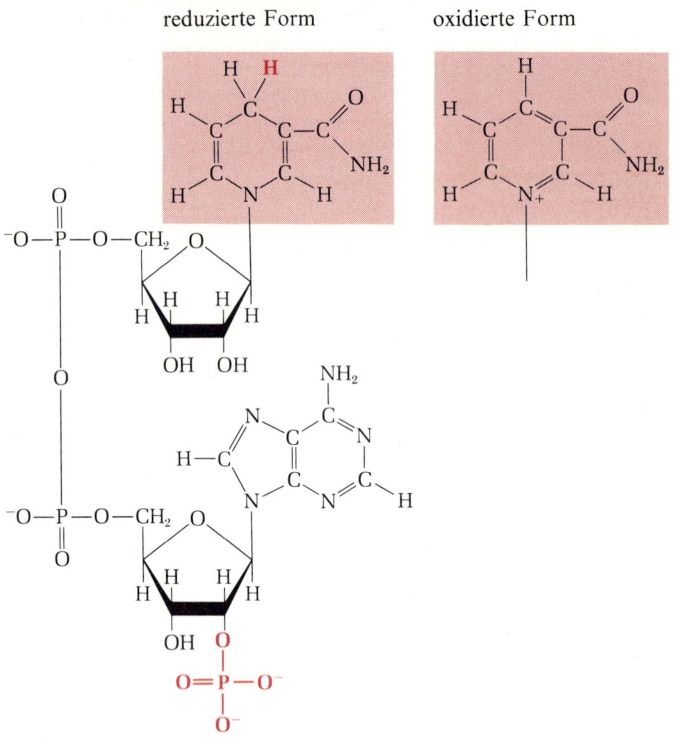

Abbildung 13-13
Nicotinamid-adenin-dinucleotid-phosphat in seiner reduzierten Form (NADPH). Der Nicotinamid-Ring, der das energiereiche Wasserstoffatom und Elektronen enthält, ist farbig unterlegt. Daneben ist die oxidierte Form des Nicotinamid-Teiles gezeigt (s.a. S. 282 und 283).

NADPH transportiert Energie in Form von Reduktions-Äquivalenten

Eine zweite Art, chemische Energie von den katabolen Reaktionen zu den energieverbrauchenden Biosynthesen zu transportieren, besteht in der Übertragung von Wasserstoff oder Elektronen. Wenn während der Photosynthese Glucose aus Kohlenstoffdioxid gebildet wird, oder wenn Fettsäuren in der Leber aus Acetat aufgebaut werden, so erfordert das Reduktionsäquivalente in Form von Wasserstoffatomen für die Reduktion der Doppelbindungen zu Einfachbindungen. Um reduzierend wirken zu können, müssen die Wasserstoffatome über eine beträchtliche Menge an freier Energie verfügen. Solche energiereichen Wasserstoffatome werden aus Brennstoffen mit Hilfe von Dehydrogenasen erhalten, die die Abtrennung der Wasserstoffatome aus den Brennstoffmolekülen und ihre Übertragung auf spezifische Coenzyme, insbesondere auf die oxidierte Form von Nicotinamid-adenin-dinucleotid-phosphat (NADP$^+$) (Abb. 13-13), katalysieren. Die reduzierte oder wasserstofftragende Form dieses Coenzyms, NADPH, ist ein Überträger energiereicher Elektronen von katabolen Reaktionen auf elektronenverbrauchende Biosynthesen (Abb. 13-14), analog zur Rolle des ATP als Überträger energiereicher Phosphatgruppen.

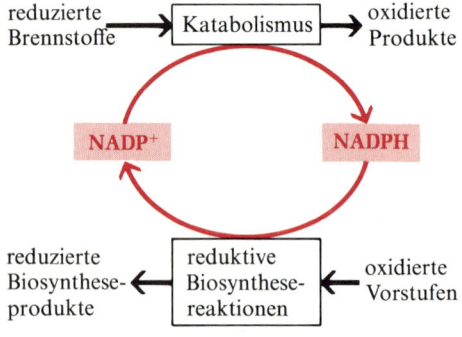

Abbildung 13-14
Transfer von Reduktionsäquivalenten von den katabolen zu den biosynthetischen Reaktionsketten über den NADP-Cyclus

Der Zellstoffwechsel ist ein ökonomischer, streng regulierter Vorgang

Der Zellstoffwechsel arbeitet offenbar nach dem Prinzip maximaler Sparsamkeit. Die Geschwindigkeit der energieliefernden Abbauvorgänge wird durch den Energiebedarf der Zelle, also deren Bedarf an ATP und NADPH, kontrolliert, und nicht einfach durch die Verfügbarkeit oder die Konzentration von Zellbrennstoffen. Zellen verbrennen also gerade so viele Nährstoffe, wie sie momentan benötigen. Ähnlich wird auch die Geschwindigkeit der Biosynthese von Bausteinmolekülen und Makromolekülen den wechselnden Bedürfnissen angepaßt. Wachsende Zellen synthetisieren z. B. jede der 20 zur Proteinsynthese benutzten Aminosäuren mit genau der Geschwindigkeit und in genau dem Mengenverhältnis, wie es für das gerade produzierte Protein erforderlich ist, so daß kein Überschuß an einer der 20 Aminosäuren entsteht. Viele Tiere und Pflanzen können Nährstoffe als Energie- und Kohlenstoffvorräte speichern, z. B. als Fette und Kohlenhydrate, aber im allgemeinen nicht als Proteine, Nucleinsäuren oder einfache Bausteinmoleküle, die nur bei Bedarf und nur in den erforderlichen Mengen hergestellt werden. Pflanzensamen und Eizellen bilden eine Ausnahme: sie enthalten oft große Mengen an Speicherproteinen, die als Aminosäurequelle für den heranwachsenden Embryo dienen.

Katabole Stoffwechselvorgänge reagieren sehr empfindlich auf Änderungen des Energiebedarfs. Wenn z. B. eine Hausfliege losfliegt, steigt ihr Sauerstoff- und Brennstoffverbrauch, bedingt durch den plötzlichen Anstieg des ATP-Verbrauchs in den Flugmuskeln, in weniger als einer Sekunde um das Hundertfache. Die zentralen Stoffwechselvorgänge, besonders die ATP-verbrauchenden, sind also in der Lage, schnell und mit hoher Empfindlichkeit auf Stoffwechsel-Bedürfnisse zu reagieren.

Die Reaktionsketten werden auf drei Ebenen reguliert

Die Regulation von Reaktionsketten erfolgt über drei verschiedene Mechanismen. Die erste und direkteste Art einer regulatorischen Antwort ist die der *allosterischen Enzyme* (Abb. 13-15), die auf hemmende oder stimulierende Effektormoleküle mit einer entsprechenden Änderung ihrer Aktivität reagieren können (S. 258). Allosterische Enzyme sind normalerweise am Anfang oder nahe dem Anfang einer Multienzymsequenz lokalisiert und katalysieren den geschwindigkeitsbestimmenden Schritt, der meistens eine irreversible Reaktion ist. Bei katabolen Reaktionsfolgen, die zur Bildung von ATP aus ADP führen, fungiert das Endprodukt ATP oft als allosterischer Inhibitor eines frühen Schrittes dieser Reaktionsfolge. Bei anabolen

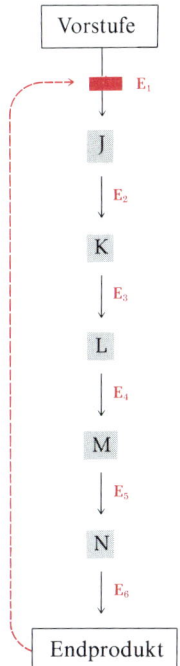

Abbildung 13-15
Regulation von katabolen Stoffwechselwegen mit Hilfe von Rückkopplungs- oder Endprodukthemmung durch ein allosterisches Enzym. Mit den Buchstaben J, K, L, usw. sind die chemischen Zwischenprodukte der Reaktionskette bezeichnet, mit E_1, E_2, E_3, usw. die Enzyme für die einzelnen Schritte. Das erste Enzym der Kette (E_1) ist ein allosterisches Enzym. Es wird durch das Endprodukt der Reaktionsfolge gehemmt. Die allosterische Hemmung ist durch einen gestrichelten farbigen Pfeil dargestellt, der vom hemmenden Metaboliten zum farbigen Balken führt, der die vom allosterischen Enzym katalysierte Reaktion kreuzt. Der von Enzym E_1 katalysierte regulierte Schritt ist normalerweise praktisch irreversibel.

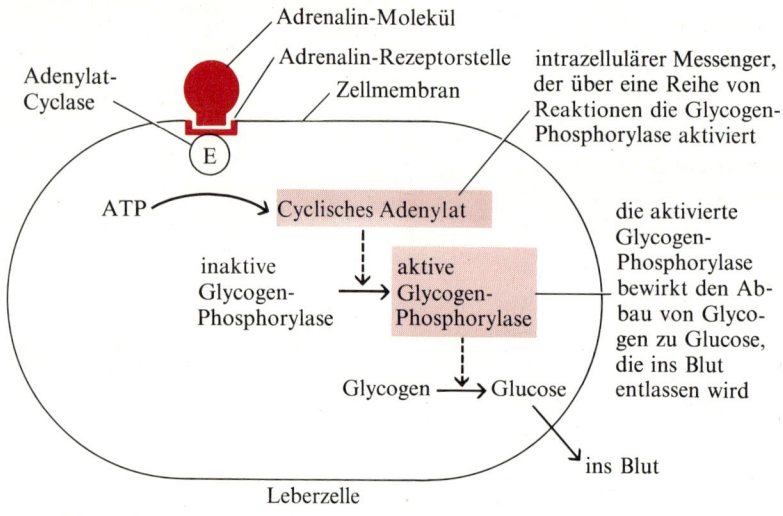

Abbildung 13-16
Hormonelle Regulation einer enzymatischen Reaktion. Die Bindung des Hormons Adrenalin an seinen spezifischen Rezeptor an der Oberfläche einer Leberzelle bewirkt die Bildung von cyclischem Adenylat durch die membrangebundene Adenylat-Cyclase. Cyclisches Adenylat ist ein allosterischer Aktivator, ein intrazellulärer Messenger, der schließlich die Umwandlung der Glycogen-Phosphorylase von der inaktiven in die aktive Form bewirkt, wodurch die Geschwindigkeit des Abbaus von Leberglycogen zu Blutglucose erhöht wird. Einzelheiten dieses Reaktionsweges werden in Kapitel 25 beschrieben.

Reaktionsketten liegt diese Funktion oft beim Endprodukt der Biosynthese, z. B. einer Aminosäure (S. 259). Einige allosterische Enzyme werden durch bestimmte positive Modulatoren stimuliert. Ein allosterisches Enzym, das eine katabole Reaktionskette reguliert, kann z. B. durch die positiven Modulatoren ADP oder AMP stimuliert und durch den negativen Modulator ATP gehemmt werden. Ein allosterisches Enzym in einem bestimmten Reaktionsweg kann möglicherweise auch die Zwischenprodukte oder Endprodukte anderer Stoffwechselwege spezifisch regulieren. Auf diese Weise können die Reaktionsgeschwindigkeiten verschiedener Enzymsysteme miteinander koordiniert werden.

Bei höheren Organismen wird Stoffwechselkontrolle auch auf einer zweiten Ebene, nämlich der der *hormonellen Regulation*, ausgeübt (Abb. 13-16). Hormone sind chemische Boten, die von verschiedenen endokrinen Drüsen sezerniert und vom Blut zu anderen Geweben oder Organen transportiert werden, wo sie eine bestimmte Stoffwechselaktivität stimulieren oder hemmen. Das Hormon *Adrenalin* z. B., das von der Medulla der Nebenniere sezerniert wird, gelangt mit dem Blut in die Leber, wo es den Abbau von Glycogen zu Glucose stimuliert und dadurch den Blutzuckerspiegel erhöht. Adrenalin stimuliert den Abbau von Glycogen auch in der Skelettmuskulatur, wobei Lactat und Energie in Form von ATP entstehen. Das Hormon bewirkt diese Effekte durch seine Bindung an spezifische *Adrenalin-Rezeptorstellen* an der Zelloberfläche in Leber und Muskel. Die Bindung des Adrenalins ist ein Signal, das in das Innere der Zelle weitergegeben wird und dort die Umwandlung einer wenig aktiven Form der *Glycogen-Phosphorylase* (S. 264) in eine aktive bewirkt. Glycogen-Phosphorylase ist das erste Enzym in einer Reaktionskette, in der Glycogen in Glucose und weitere Folgeprodukte umgewandelt wird (Abb. 13-16).

Die dritte Ebene, auf der eine Stoffwechselkontrolle stattfindet, ist die der Konzentration eines bestimmten Enzyms in der Zelle. Die Konzentration eines Enzyms ist zu jedem Zeitpunkt das Ergebnis eines Gleichgewichts zwischen den Geschwindigkeiten der Synthese und des Abbaus dieses Enzyms. Unter bestimmten Bedingungen wird die Synthesegeschwindigkeit bestimmter Enzyme stark erhöht, so daß die *Konzentration* dieser Enzyme in der Zelle stark ansteigt. Bekommt ein Tier z. B. eine Kost, die reich an Kohlenhydraten und arm an Proteinen ist, so sind die Enzyme, die normalerweise Aminosäuren zu Acetyl-CoA abbauen, nur in sehr niedrigen Konzentrationen in der Leber vorhanden. Da für diese Enzyme so lange kein Bedarf besteht, wie das Tier auf einer proteinarmen Diät gehalten wird, werden sie einfach nicht in größeren Mengen hergestellt. Wird das Tier aber auf proteinreiche Kost gesetzt, so kommt es innerhalb eines Tages zu einem bedeutenden Anstieg der Konzentrationen derjenigen Enzyme, die am Abbau der aufgenommenen Aminosäuren beteiligt sind. Die Leberzelle kann also die Biosynthese spezifischer Enzyme je nach Art der aufgenommenen Nährstoffe an- und abschalten. Dieser Vorgang wird *Enzym-Induktion* genannt (Abb. 13-17).

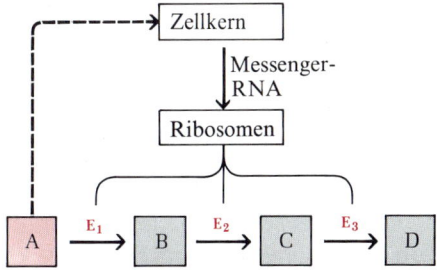

Abbildung 13-17
Enzym-Induktion. Hohe Konzentrationen von Substrat A in der Zelle können die Biosynthese der Enzyme E_1, E_2 und E_3 erhöhen und dadurch deren Konzentration in der Zelle, was eine höhere Geschwindigkeit genau der Reaktionskette zur Folge hat, durch die der Überschuß an Substrat A entfernt oder umgewandelt wird. Auf diese Weise dient der Überschuß an Substanz A als Signal für den Zellkern, die für E_1, E_2 und E_3 spezifischen Gene „einzuschalten". Die dadurch gebildete Messenger-RNA bewirkt eine höhere Synthesegeschwindigkeit für die drei Enzyme an den Ribosomen.

Stoffwechsel-Nebenwege

Bisher haben wir hauptsächlich die *zentralen Stoffwechselwege* besprochen, auf denen die Grundnährstoffe, Kohlenhydrate, Fette und Proteine, umgewandelt werden. Auf diesen zentralen Reaktionswegen ist die umgesetzte Menge von Metaboliten relativ groß, So werden von einem erwachsenen Menschen z. B. täglich mehrere hundert Gramm Glucose zu CO_2 und H_2O oxidiert. Es gibt aber andere Reaktionswege, auf denen der Substanzfluß nur in der Größenordnung von einigen Milligramm pro Tag liegt. Dieses sind die *Stoffwechsel-Nebenwege* oder *sekundären Stoffwechselwege*, deren Aufgabe die Herstellung spezialisierter Produkte ist, die von den Zellen nur in kleinen Mengen gebraucht werden, z. B. die Biosynthese von Coenzymen und Hormonen. Diese Stoffwechsel-Nebenwege führen bei den verschiedenen Formen des Lebens zu Hunderten hoch spezialisierter Biomoleküle, z. B. Nucleotide, Pigmente, Toxine, Antibiotika und Alkaloide. Jedes dieser Produkte dient einem spezifischen biologischen Zweck von lebenswichtiger Bedeutung. Wir können aber in diesem Buch nicht auf alle diese, im Detail oft nicht bekannten Nebenwege eingehen, sondern werden uns hauptsächlich mit den *zentralen* oder *Haupt-Stoffwechselwegen* befassen.

Es gibt drei Haupt-Verfahrensweisen zur Aufklärung von Reaktionsfolgen des Stoffwechsels

Zur Aufklärung der chemischen Details eines Stoffwechselweges werden hauptsächlich drei Techniken benutzt. Die erste und direkteste ist die In-vitro-Untersuchung (lateinisch: im Glas, d. h. im Reagenzglas) in zellfreiem Gewebeextrakt, der den zu untersuchenden Prozeß katalysieren kann. Es ist z. B. schon seit der Mitte des vorigen Jahrhunderts bekannt, daß die Gärung von Glucose zu Ethanol und CO_2 in zellfreiem Hefeextrakt stattfinden kann (S. 230). Später fand man, daß man für den Abbau von Glucose in solchen Extrakten anorganisches Phosphat hinzufügen mußte, da dieses mit dem Verbrauch der Glucose aus dem Extrakt verschwand. Danach wurde gefunden, daß sich im Medium ein phosphoryliertes Derivat einer Hexose anreichert, das alle Eigenschaften besaß, die man von einem Zwischenprodukt bei der Umwandlung von Glucose zu Ethanol und CO_2 erwartete. Nachdem dieses Zwischenprodukt identifiziert war, wurde in Hefeextrakt ein Enzym gefunden, das mit ihm unter Bildung eines anderen Produktes reagierte und das schließlich auch isoliert und identifiziert werden konnte. Damit waren zwei Zwischenprodukte des Glucoseabbaus bekannt. Durch Zugabe von Enzym-Inhibitoren zum Hefeextrakt wurden weitere Zwischenprodukte angereichert. Durch Kombinationen solcher Versuchsanordnungen konnten die 11 Metabolite, die als Zwischenprodukte bei der Umwandlung von Glucose zu Ethanol auftreten, schließlich isoliert und identifiziert werden. Jedes der 11 daran beteiligten Enzyme wurde isoliert und gereinigt. Mit dieser direkten Methode, bei der die Zwischenprodukte und die sie bildenden und abbauenden Enzyme nacheinander identifiziert werden, sind viele Stoffwechselwege aufgeklärt worden. Ist die gesamte Reaktionssequenz bekannt, so kann sie mit den gereinigten Bestandteilen im Reagenzglas nachvollzogen werden.

Mutanten von Organismen ermöglichen die Identifikation von Zwischenschritten des Stoffwechsels

Eine andere wichtige Methode, Stoffwechselwege aufzuklären, ist die Untersuchung genetischer Mutanten, bei denen ein bestimmtes Enzym nicht in der aktiven Form synthetisiert wird. Ein solcher Defekt kann, sofern er nicht letal ist, zur Akkumulation und Exkretion des Substrats des defekten Enzyms führen. Genetische Defekte bestimmter Enzyme beim Menschen haben z. B. die Aufklärung der entsprechenden Schritte im Aminosäure-Stoffwechsel ermöglicht (Abb. 13-18). Solche genetischen Störungen sind beim Menschen selten und reichen für systematische Untersuchungen nicht aus. Bei

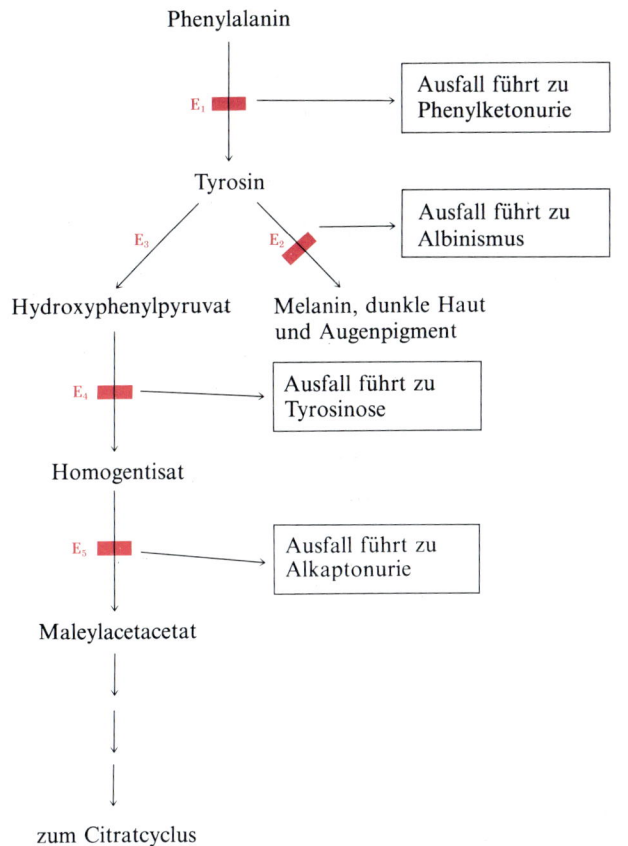

Abbildung 13-18
Einige Ein-Gen-Defekte, die im Stoffwechsel der Aminosäure Phenylalanin beim Menschen gefunden wurden. Die Aufklärung dieser Defekte brachte Klarheit über einige Zwischenprodukte des Phenylalanin-Stoffwechsels.

Mikroorganismen jedoch können genetische Stoffwechseldefekte willkürlich durch Röntgenstrahlen oder bestimmte Chemikalien erzeugt werden, die die Struktur der DNA verändern. Mutierte Mikroorganismen, mit defekten Enzymen, sind wichtige Hilfsmittel für Stoffwechseluntersuchungen.

Lassen Sie uns nun sehen, wie solche Mutanten Verwendung finden können. Normale, d. h. nicht mutierte Zellen des verbreiteten Schimmelpilzes *Neurospora crassa* (Abb. 13-19) können auf einem einfachen Medium wachsen, das Glucose als einzige Kohlenstoffquelle und Ammoniak als einzige Stickstoffquelle enthält. Werden Sporen von *Neurospora* Röntgenstrahlung ausgesetzt, so entstehen einige Mutanten, die nicht mehr mit diesem einfachen Medium auskommen, sondern nur dann wachsen können, wenn ein spezifischer Metabolit zugegeben wird. Bestimmte Mutanten von *Neurospora* können z. B. normal wachsen, wenn das Basalmedium mit der Aminosäure Arginin ergänzt wird, die von nicht mutierten Zellen nicht gebraucht wird. Bei einer solchen Mutante ist offensichtlich eines der für die Arginin-Synthese benötigten Enzyme defekt oder es fehlt. Wegen des Mangels an Arginin können diese Zellen keine Proteine herstellen, die Arginin enthalten, und wachsen daher nicht. Wird dagegen Arginin zusammen mit Glucose und Ammoniak im Kultur-

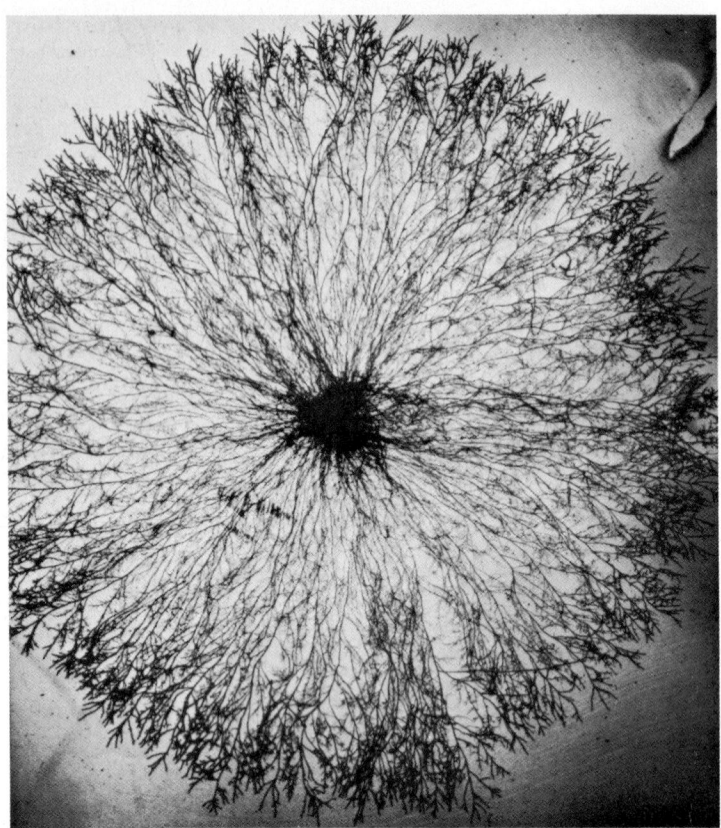

Abbildung 13-19
Die vegetative Form des Mycels des Brot-Schimmels *Neurospora crassa*. Von diesem Organismus lassen sich leicht Mutanten herstellen, die sich für die Untersuchung von Stoffwechselwegen als sehr nützlich erwiesen haben. Versuche mit solchen Mutanten führten zum Ein-Gen-ein-Enzym-Konzept.

medium angeboten, so wachsen sie ungestört. Solche Mutanten, bei denen ein Biosyntheseweg defekt ist und deren Wachstum durch Gabe des fehlenden Produktes wieder hergestellt werden kann, werden *auxotrophe* oder *Mangelmutanten* genannt (die griechische Vorsilbe auxo- bezieht sich auf einen Anstieg, d.h. einen gestiegenen Bedarf für ein normales Wachstum).

Die *Neurospora*-Mutanten, die kein Arginin mehr synthetisieren können, sind nicht alle identisch, sondern es können unterschiedliche Reaktionsschritte defekt sein (Abb. 13-20). Mit einem solchen Satz von Arginin-Mangelmutanten lassen sich die Zwischenprodukte der Arginin-Biosynthese identifizieren. Läßt man die Mutante I (Abb. 13-20) in Gegenwart kleiner Mengen von Arginin wachsen, so wachsen die Zellen nur so lange, bis das ganze Arginin für die Synthese von Zellproteinen verbraucht ist. Gleichzeitig wird sich die blockierte Vorstufe D im Kulturmedium anreichern, weil sie nicht zu Arginin umgesetzt werden kann. Wenn wir nun die Zellen der Mutanten I durch Filtration aus dem Kulturmedium entfernen und durch Zellen der Mutanten II ersetzen, die das Zwischenprodukt D nicht herstellen kann, so wird das Wachstum der Mutanten II durch das Kulturmedium der Mutanten I gefördert, weil es die Substanz D enthält. Das filtrierte Medium der Mutanten II kann dagegen das Wachstum der Mutanten I nicht stimulieren. Auf diese Weise konn-

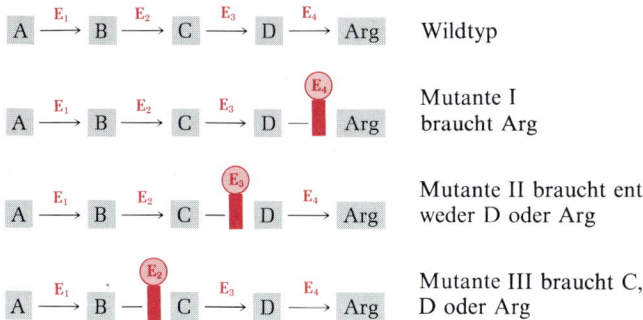

Abbildung 13-20
Auxotrophe Mutanten von *Neurospora crassa* mit Enzymdefekten (Farbtest) an verschiedenen Schritten der Biosynthese von Arginin (Arg) aus der Vorstufe A. B, C und D sind Zwischenprodukte dieser Umsetzung. Die Mutante I hat ein defektes Enzym E_4, kann aber in einem Arginin-haltigen Medium wachsen, wobei das Zwischenprodukt angereichert wird. Die Mutante II hat ein defektes Enzym E_3, während die E_4-Aktivität erhalten geblieben ist. Diese Mutante kann also wachsen, wenn das Medium entweder Arginin oder das Zwischenprodukt D enthält, das von der Mutante I gebildet wird. Ähnlich kann die Mutante III mit einem defekten E_2 wachsen, wenn sie entweder C, D oder Arginin erhält, denn sie kann Arginin aus C oder D herstellen.

ten die Arginin-Vorstufen A, B, C und D identifiziert werden. Die Reaktionsfolgen der Biosynthesen vieler Aminosäuren konnten ursprünglich durch solche Mediumaustausch-Versuche mit auxotrophen Mutanten von *Neurospora crassa* und *E. coli* ermittelt werden.

Isotopen-Markierungen sind ein wichtiges Hilfsmitel der Stoffwechseluntersuchungen

Eine weitere wirkungsvolle Methode, um den Verlauf eines Stoffwechselweges in seinen Grundzügen zu erkennen, ist die Verwendung von Isotopen (Tab. 13-1) zur Markierung eines bestimmten Metaboliten. Z. B. wird das radioaktive Isotop ^{14}C häufig verwendet, um ein bestimmtes Kohlenstoffatom in einem organischen Molekül zu markieren. Ein solches ^{14}C-markiertes Molekül unterscheidet sich chemisch nicht von normalen, unmarkierten Molekülen und läßt sich wegen seiner Radioaktivität leicht finden und quantitativ bestimmen. Man kann z. B. Essigsäure synthetisieren, die am Carboxyl-Kohlenstoffatom mit ^{14}C markiert ist, das heißt, daß ein klei-

Tabelle 13-1 Einige für Markierungen verwendete Isotope.

Element	Mittlere relative Atommasse	Für Markierungen verwendbare Isotope	Eigenschaft des Isotops	Halbwertszeit
H	1.01	^2H	Stabil	
		^3H	Radioaktiv	12.1 Jahre
C	12.01	^{13}C	Stabil	5700 Jahre
		^{14}C	Radioaktiv	
N	14.01	^{15}N	Stabil	
O	16.00	^{18}O	Stabil	
Na	22.99	^{24}Na	Radioaktiv	15 h
P	30.97	^{32}P	Radioaktiv	14.3 d
S	32.06	^{35}S	Radioaktiv	87.1 d
K	39.10	^{42}K	Radioaktiv	12.5 h
Fe	55.85	^{59}Fe	Radioaktiv	45 d
I	126.90	^{131}I	Radioaktiv	8 d

ner Teil der ^{12}C-Atome der Carboxylgruppe durch ^{14}C-Atome ersetzt wurde. Wird eine Probe dieses radioaktiv markierten Acetats an ein Tier verfüttert, so kann ihr Stoffwechsel-Schicksal leicht verfolgt werden. Man findet z. B. ^{14}C im ausgeatmeten CO_2 eines solchen Tieres, ein Beweis dafür, daß während des Stoffwechsels bei einem Teil des Acetats die Carboxylgruppe in CO_2 umgewandelt wurde. Nach Isolierung von Palmitinsäure aus den Leber-Lipiden des Tieres wird man auch in dieser ^{14}C finden, woraus man sieht, daß die Carboxylgruppe des Acetats eine Vorstufe für der Biosynthese von Palmitinsäure ist. Baut man nun die Palmitinsäure stufenweise chemisch ab, findet man, daß nur jedes zweite Kohlenstoffatom der Kette, angefangen beim Carboxyl-Kohlenstoff, die radioaktive Markierung trägt (Abb. 13-21). Wird dagegen ein Acetat verfüttert, dessen Methylgruppe ^{14}C enthält, so ist auch in diesem Fall jedes zweite C-Atom der Palmitinsäure radioaktiv markiert, aber jetzt sind es gerade diejenigen Atome, die im ersten Fall nicht markiert waren, d.h. die Markierung beginnt mit dem α- oder 2-ständigen Kohlenstoffatom. Diese Beobachtungen führen zu dem Schluß, daß alle Kohlenstoffatome der Palmitinsäure aus dem Acetat stammen und daß die Acetat-Moleküle in Kopf-Schwanz-Bindungen miteinander verknüpft worden sind.

Die Isotopen-Markierungsmethode kann auch verwendet werden, um die Geschwindigkeit von Stoffwechselvorgängen im intakten Organismus zu bestimmen. Einer der wichtigsten Fortschritte, die mit dieser Methode erzielt werden konnten, war die Entdeckung, daß die makromolekularen Zellbestandteile einer *fortwährenden Umsetzung (turnover)* unterliegen, d.h. daß sie sich in der Zelle in einem dynamischen Gleichgewicht (steady state) befinden, in dem eine konstante Biosynthese-Geschwindigkeit exakt durch eine gleich hohe Abbau-Geschwindigkeit ausgeglichen wird. Isotopen-Messungen haben z.B. gezeigt, daß die Proteine der Rattenleber eine Halbwertszeit von 5 bis 6 Tagen haben (Tab. 13-2). Die Proteine im Skelettmuskel oder Gehirn werden dagegen sehr viel langsamer umgesetzt.

Die Isotopen-Markierungstechnik hat einen außerordentlich großen Bereich von Stoffwechselbeobachtungen ermöglicht.

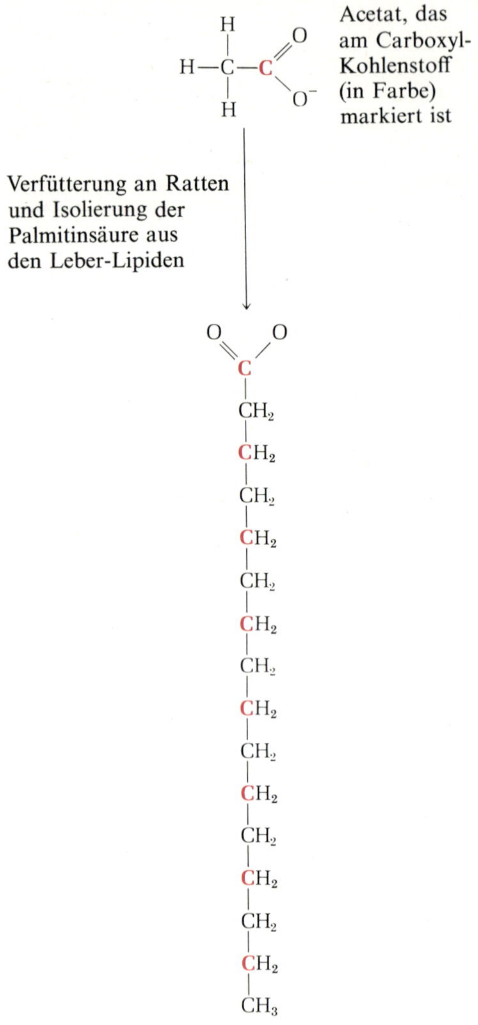

Abbildung 13-21
Verwendung eines Kohlenstoffisotops, um das Schicksal des Carboxyl-Kohlenstoffs des Acetats im Stoffwechsel zu verfolgen. Obwohl ein großer Teil des Kohlenstoffisotops aus dem markierten Acetat im ausgeatmeten CO_2 erscheint, wird auch ein bedeutender Teil in die Palmitinsäure der Leberlipide eingebaut. Da das Isotop in der dargestellten Weise nur in jedem zweiten Kohlenstoffatom auftritt, besagt dieses Experiment, daß die Palmitinsäure aus acht Molekülen Acetat durch Kopf-Schwanz-Verknüpfung entsteht.

Die Stoffwechselwege sind auf verschiedene Zellkompartimente verteilt

In Kapitel 1 haben wir gesehen, daß es zwei große Klassen von Zellen gibt, die Prokaryoten und die Eukaryoten, die sich in ihrer Größe und inneren Struktur sowie in ihrer Organisation in bezug auf Genetik und Stoffwechsel unterscheiden. Prokaryoten, zu denen die Bakterien und Blaugrünalgen gehören, sind sehr kleine, einfache Zellen mit nur einem Membransystem, das die Zelle umgibt.

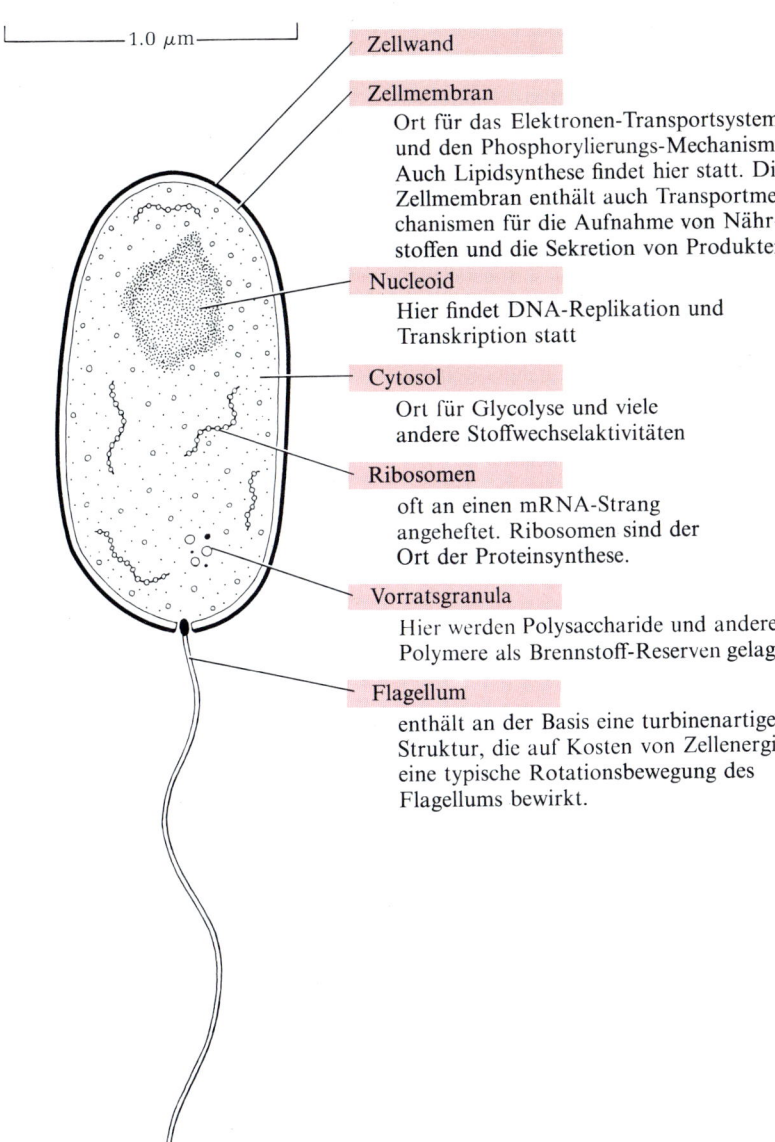

Abbildung 13-22
Lokalisation einiger Stoffwechselaktivitäten in einer Bakterienzelle.

Zellwand

Zellmembran
Ort für das Elektronen-Transportsystem und den Phosphorylierungs-Mechanismus. Auch Lipidsynthese findet hier statt. Die Zellmembran enthält auch Transportmechanismen für die Aufnahme von Nährstoffen und die Sekretion von Produkten.

Nucleoid
Hier findet DNA-Replikation und Transkription statt

Cytosol
Ort für Glycolyse und viele andere Stoffwechselaktivitäten

Ribosomen
oft an einen mRNA-Strang angeheftet. Ribosomen sind der Ort der Proteinsynthese.

Vorratsgranula
Hier werden Polysaccharide und andere Polymere als Brennstoff-Reserven gelagert

Flagellum
enthält an der Basis eine turbinenartige Struktur, die auf Kosten von Zellenergie eine typische Rotationsbewegung des Flagellums bewirkt.

Prokaryoten enthalten zwar keine durch zellinnere Membranen getrennten Kompartimente, doch gibt es bei Bakterien für bestimmte Enzymsysteme ein gewisses Maß an räumlicher Trennung (Abb. 13-22). Die meisten an der Proteinbiosynthese beteiligten Enzyme sind z.B. in den Ribosomen lokalisiert, einige an der Biosynthese von Phospholipiden beteiligte Enzyme in der Zellmembran.

Die Zellen von Eukaryoten, zu denen die höheren Tiere, aber auch die Pilze, Protozoen und höheren Algen gehören, sind viel größer und komplexer als die Prokaryotenzellen (Abb. 13-23). Zusätzlich zur Zellumhüllung gibt es bei Eukaryoten auch eine Umhüllung des Zellkerns, der einige oder viele Chromosomen enthält. Weitere

Tabelle 13-2 Stoffwechsel-turnover einiger Verbindungen aus Rattengeweben (aus einer frühen Untersuchung mit ^{14}C-markierten Verbindungen).

Gewebe	Halbwertszeit in d
Leber	
Gesamt-Protein	5.0–6.0
Glycogen	0.5–1.0
Phosphoglyceride	1–2
Triacylglycerine	1–2
Cholesterin	5–7
Mitochondrien-Proteine	9.7
Muskel	
Gesamt-Protein	≈ 50
Glycogen	0.5–1.0
Gehirn	
Triacylglycerine	10–15
Phospholipid	200
Cholesterin	100

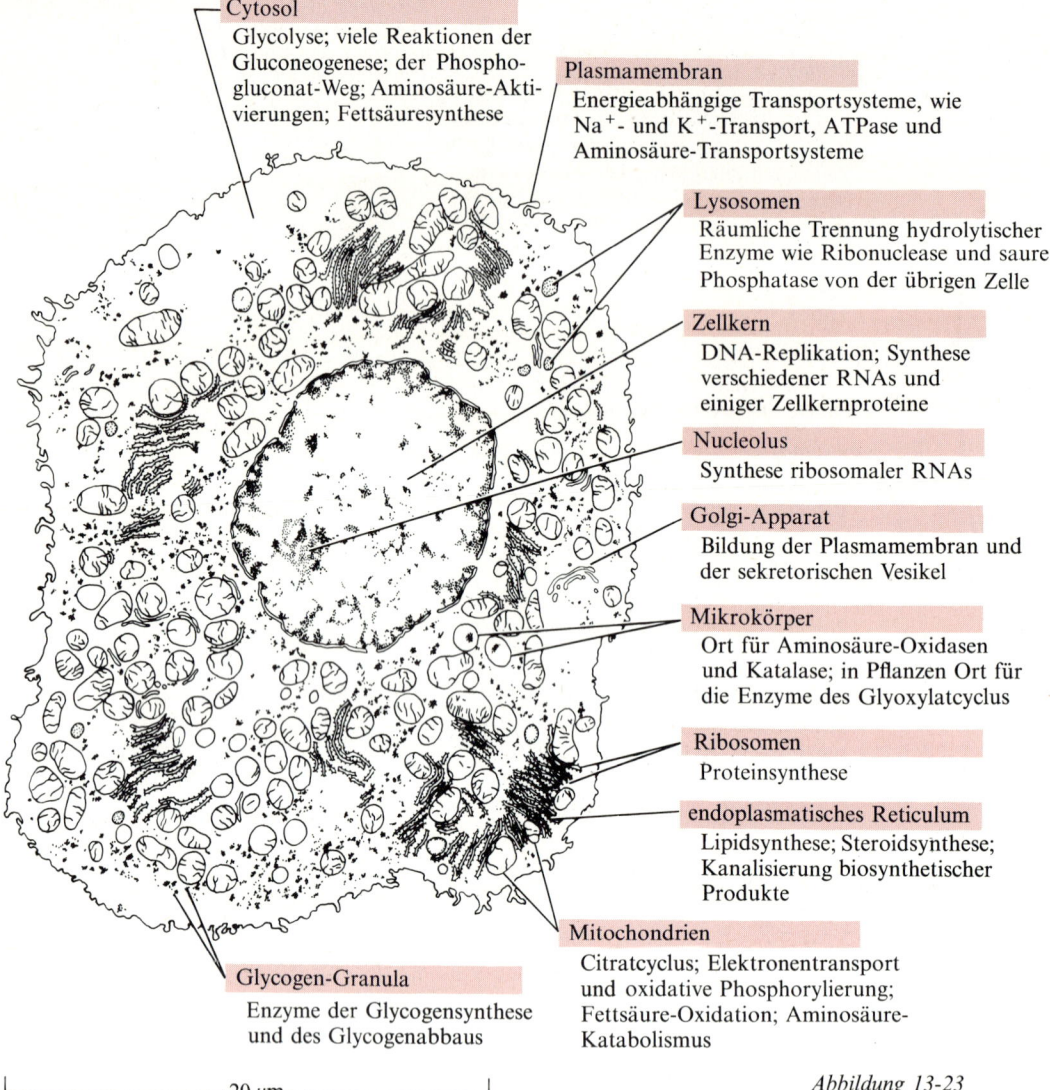

Abbildung 13-23
Kompartimentierung einiger wichtiger Enzyme und Stoffwechselsequenzen in der Leberzelle der Ratte. Die elektronenmikroskopische Aufnahme, nach der die Zeichnung angefertigt wurde, ist in Abb. 2-7 (S. 26) gezeigt.

membranöse Zell-Organellen sind die *Mitochondrien*, das *endoplasmatische Reticulum*, der *Golgi-Apparat* und in grünen Pflanzenzellen die *Chloroplasten*. In Eukaryotenzellen sind Enzyme, die ganze Stoffwechselketten katalysieren, oft in spezifischen Organellen oder Kompartimenten lokalisiert. Woher wissen wir das? Man kann Zell-Organellen durch Zentrifugieren isolieren (Abb. 13-24). Hierfür wird das tierische oder pflanzliche Gewebe zunächst schonend in einem isotonischen Saccharose-Medium homogenisiert. Dadurch wird die Plasmamembran aufgebrochen, während die meisten zellinneren Organellen intakt bleiben. Saccharose wird verwendet, weil sie nicht leicht durch Membranen diffundieren kann und die Organellen, z. B. Chloroplasten und Mitochondrien, deshalb nicht anschwellen. Die subzellulären Organellen, wie Zellkern und Mito-

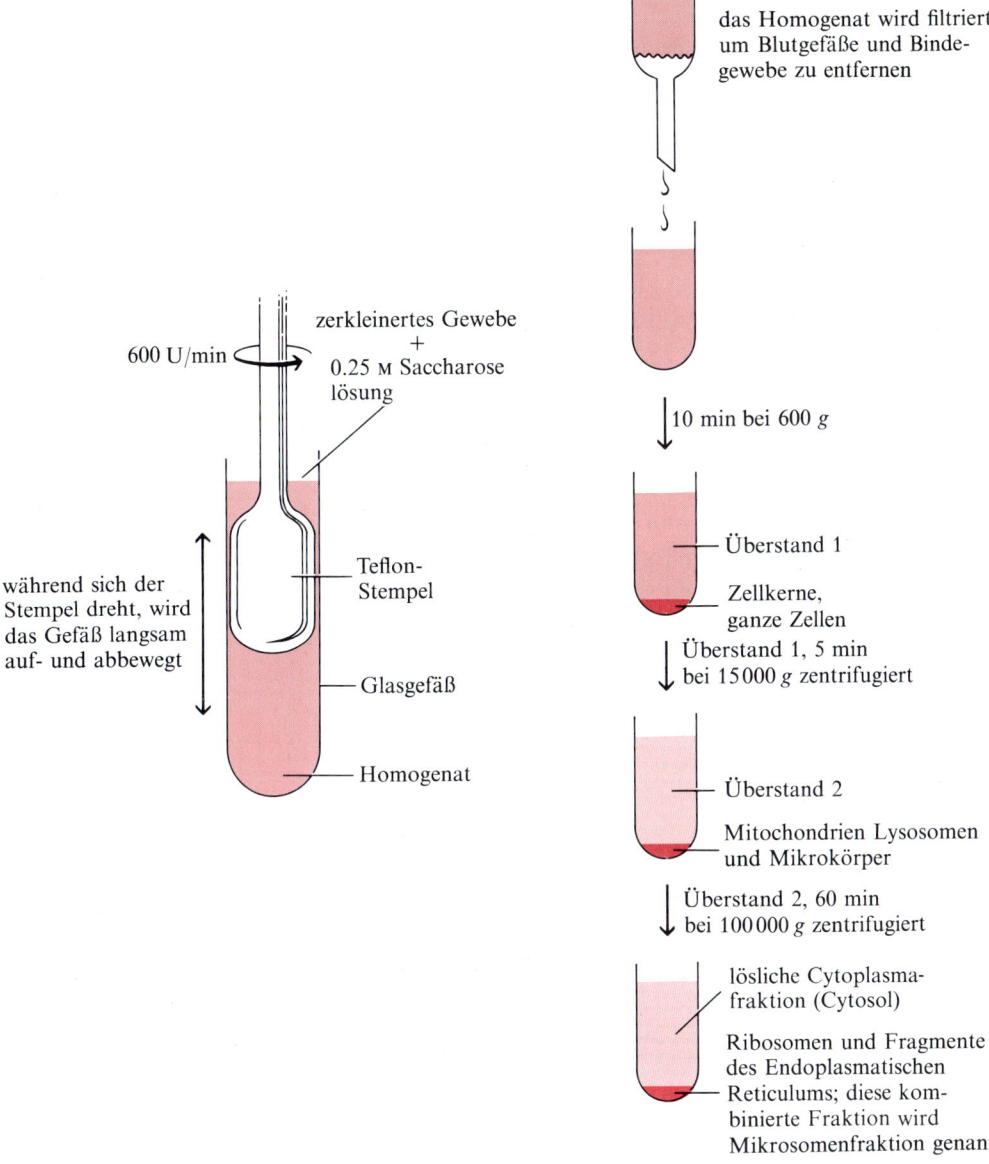

Abbildung 13-24
Fraktionierung eines Zellextraktes durch differentielle Zentrifugation. Die Zellmembran wird durch die Scherungskräfte aufgebrochen, die durch den sich drehenden Homogenisatorstempel entstehen. Nach der Entfernung von Bindegewebe und Blutgefäßresten durch ein Edelstahlsieb werden die Zellextrakte mehrfach mit steigender Umdrehungsgeschwindigkeit zentrifugiert.
(g = Erdbeschleunigung, $600\,g$ bedeutet also z. B., daß die Zentrifugalkraft das 600fache der Gewichtskraft beträgt)

chondrien, unterscheiden sich in Größe und spezifischer Dichte, sedimentieren daher in einem Zentrifugalfeld mit unterschiedlicher Geschwindigkeit und lassen sich demnach durch eine *differentielle Zentrifugation* getrennt aus einem Homogenisat isolieren (Abb. 13-24). Die so erhaltenen Mitochondrien und anderen Fraktionen können nun auf ihre Fähigkeit getestet werden, bestimmte Stoffwechselreihen zu katalysieren. Mit diesem Verfahren wurde gefunden, daß verschiedene Reaktionsketten in verschiedenen Teilen der eukaryotischen Zelle stattfinden (Abb. 13-23). Z. B. ist in einigen Zellen die gesamte Enzymkette, die an der Umwandlung von Glucose in Lactat beteiligt ist, im *Cytosol*, dem löslichen Anteils des Cytoplasmas der Zelle lokalisiert, während die Enzyme des Citratcyclus in den *Mitochondrien* lokalisiert sind. Dort befinden sich auch die Enzyme, die beim Elektronentransport und bei der Konservierung der oxidativen Energie durch ATP beteiligt sind.

Zusammenfassung

Die Organismen können nach ihre Kohlenstoffbasis eingeteilt werden. Die Autotrophen können Kohlenstoffdioxid verwerten, während die Heterotrophen den Kohlenstoff in Form von reduzierten organischen Verbindungen aufnehmen müssen, z. B. als Glucose. Viele autotrophe Zellen, wie die von grünen Pflanzen, erhalten ihre Energie aus dem Sonnenlicht; heterotrophe erhalten ihre Energie durch die Oxidation organischer Nährstoffe.

Der Intermediärstoffwechsel läßt sich unterteilen in den Katabolismus, das ist der Abbau energiereicher Nährstoffmoleküle, und den Anabolismus, die Biosynthese neuer Zellbestandteile. Beim Katabolismus und Anabolismus kann man drei Hauptstufen unterscheiden. In der ersten Stufe des Katabolismus werden Polysaccharide, Lipide und Proteine enzymatisch zu ihren Bausteinen abgebaut, in der zweiten Stufe werden die Bausteine zu Acetyl-CoA als Hauptprodukt oxidiert und in der dritten Stufe werden die Acetylgruppen des Acetyl-CoA zu Kohlenstoffdioxid oxidiert. Katabole Stoffwechselwege fließen in einen gemeinsamen Endweg zusammen (konvergieren), während anabole Wege unter Bildung vieler verschiedener Biosynthese-Produkte aus wenigen Vorstufen auseinanderführen (divergieren). Die einander entsprechenden anabolen und katabolen Stoffwechselwege sind enzymatisch nicht identisch, sie werden unterschiedlich reguliert und sind oft in verschiedenen Teilen der Zelle lokalisiert. Der Abbau der Nahrungsmoleküle ist von der Konservierung eines Teils ihrer Energie in Form von Adenosintriphosphat (ATP) begleitet. ATP dient als Carrier (Träger) für chemische Energie von den katabolen Reaktionen zu den energieverbrauchenden Vorgängen in der Zelle, das sind die Biosynthesen, die Kontraktion oder Bewegung, der Transport durch Membranen und die Weitergabe genetischer Information. Chemische Energie wird außerdem in Form von Reduktionsäquivalenten als reduziertes Coenzym NADPH von den katabolen zu den anabolen Vorgängen transportiert.

Der Stoffwechsel wird reguliert (1) durch allosterische Enzyme, (2) durch hormonelle Kontrolle und (3) durch Regulation der Enzymsynthese. Stoffwechselwege können in Extrakten von Zellen und Geweben untersucht werden, aus denen die einzelnen Enzyme und Zwischenprodukte isoliert werden können. Mikroorganismen, die in einem bestimmten Stoffwechselweg einen genetischen Defekt haben (Auxotrophe), stellen ein wichtiges Hilfsmittel für die Analyse von Stoffwechselvorgängen dar, das gleiche gilt für die Isotopen-Markierungstechnik. In den Zellen von Eukaryoten sind die Enzyme, die verschiedene Reaktionsketten des Stoffwechsels katalysieren, auf verschiedene Organellen wie z. B. Zellkern, Mitochondrien und endoplasmatisches Reticulum, verteilt (kompartimentiert). Diese Organellen können isoliert und direkt untersucht werden.

Aufgaben

1. *Aspekte der Stoffwechselwege*. Die Bilanz eines Stoffwechselweges zu errechnen, ist ein ähnlicher Vorgang wie das Bilanzziehen in einem Kontobuch. Im Kontobuch registriert man die einzelnen Transaktionen (Einzahlungen und Entnahme) und stellt am Ende des Monats die Bilanz auf. Damit vergleichbar besteht ein Stoffwechselweg aus einer Folge von chemischen Umsetzungen (Transaktionen), die für die Durchführung der Stoffwechselfolge notwendig sind. Analog zu Beträgen auf Schecks entsprechen chemische Umsetzungen quantitativen Werten und daher muß für jede Umsetzung eine Bilanzgleichung existieren. In der lebenden Zelle ist ein solches Aufrechnen nicht immer leicht, da ein oder mehrere Zwischenprodukte der einen Reaktionsfolge in andere Stoffwechselwege einmünden können. Die für den Abbau von Glycerin-3-phosphat bei der Hefegärung nötigen enzymatischen Reaktionen sind unten aufgeführt. Beachten Sie, daß zwar jede der Umsetzungen in Form einer Bilanzgleichung geschrieben ist, daß die angegebene Reihenfolge aber nicht notwendigerweise die gleiche sein muß wie im Stoffwechselgeschehen:

   Glycerinaldehyd-3-phosphat + P_i + NAD^+ → 3-Phosphoglyceroylphosphat + NADH + H^+

   Phospho*enol*pyruvat + ADP → Pyruvat + ATP

   Ethanol + NAD^+ → Acetaldehyd + NADH + H^+

   3-Phosphoglyceroylphosphat + ADP → 3-Phosphoglycerat + ATP

   2-Phosphoglycerat ⇌ 3-Phosphoglycerat

   2-Phosphoglycerat → Phospho*enol*pyruvat + H_2O

   Pyruvat → CO_2 + Acetaldehyd

   (a) Benutzen Sie alle aufgeführten Wortgleichungen und das, was Sie über die chemischen Strukturen der einzelnen Zwischenprodukte wissen, und leiten Sie daraus die Reihenfolge der chemischen Umsetzungen ab. Schreiben Sie diesen ganzen Stoffwechselweg des Glycerin-3-phosphat-Abbaus auf.
   (b) Wie sieht die Nettogleichung des Gesamtprozesses aus? Füh-

ren Sie eine Bilanz durch, indem Sie ähnlich wie im Kontobuch alle Ein- und Ausgänge aufrechnen.

(c) Schreiben Sie ein Reaktionsschema des Stoffwechselweges nieder (ähnlich wie in Abb. 13-4). Zeigen Sie die Beziehungen zwischen verschiedenen Teilen der Reaktionskette auf.

2. *Die cyclischen Stoffwechselwege.* Einige Bakterien der Gattung *Pseudomonas* können Oxalat ($^-$OOC-COO$^-$; für die meisten Säugetiere eine hoch toxische Substanz) als Brennstoff verwenden. Der Stoffwechsel von Oxalat verläuft über folgenden schematisch dargestellten Cyclus:

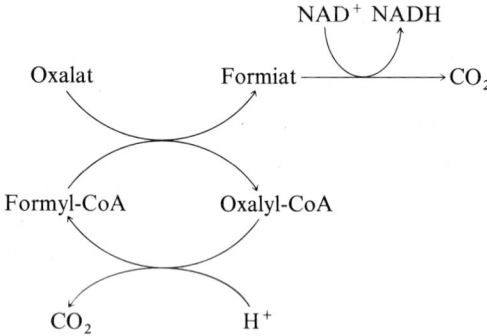

(a) Schreiben Sie den Stoffwechselweg des Oxalats als eine Folge von chemischen Umsetzungen in Bilanzgleichungen nieder und zwar so, daß das Produkt der einen Umsetzung als Reaktionspartner der nächsten erscheint. Schreiben Sie für jeden Schritt auch die Strukturformeln auf.

(b) Schreiben Sie die Summengleichung für den Abbau von Oxalat zu CO_2 auf, wieder unter Verwendung von Strukturformeln.

3. *^{14}C-Einbau in Aminosäuren.* Im Jahre 1955 veröffentlichten R. B. Roberts und seine Kollegen ihre Untersuchungen über das Wachstum von *E. coli* in einem Medium, das ^{14}C-markierte Glucose als einzige Kohlenstoffquelle enthielt. Ziel ihrer Versuche war, die Biomoleküle mit ^{14}C zu markieren. Sie beobachteten, daß das Wachstum der Bakterien auf [^{14}C]Glucose zu einem schnellen Einbau von ^{14}C in alle Aminosäuren führte. Wurden die Bakterien in einem Medium aufgezogen, das außer [^{14}C]Glucose unmarkiertes Histidin enthielt, so daß jetzt Glucose und Histidin als Kohlenstoffquellen dienten, so wurde ^{14}C in alle Aminosäuren außer in Histidin eingebaut. Warum wurde in Abwesenheit von Histidin ^{14}C in Histidin eingebaut? Warum verhindert die Gegenwart von unmarkiertem Histidin die Bildung von ^{14}C-markiertem Histidin? Liegt hier ein Fall von Rückkopplungs-Hemmung oder von Ezym-Repression vor?

4. *Regulation des Lactose-Stoffwechsels bei E. coli. E. coli* kann in einem Medium mit Lactose als einziger Kohlenstoffquelle wach-

sen. Die durch das Enzym β-Galactosidase katalysierte Hydrolyse von Lactose zu Galactose und Glucose ist essentiell für den Lactose-Stoffwechsel und folglich für das Überleben des Bakteriums. Bei auf Lactose wachsenden *E. coli* enthält jede Zelle mehrere tausend Moleküle β-Galactosidase (s. Übungsaufgabe 1 auf S. 158) für diese Hydrolyse. Wächst *E. coli* dagegen auf Glucose oder Glycerin als einziger Kohlenstoffquelle, so enthält jede Zelle nur fünf bis zehn β-Galactosidase-Moleküle.

(a) Wie wird der Lactose-Stoffwechsel reguliert? Geben Sie eine Erklärung.

(b) Warum sinkt der Gehalt an β-Galactosidase, wenn das Lactat-Medium gegen Glycerin ausgetauscht wird? Warum bleibt das Enzym-Niveau nicht konstant?

(c) Wenn das Kulturmedium Methyl-β-galactosid als einzige Kohlenstoffquelle enthält, so wachsen die Zellen ebenfalls mit hoher Geschwindigkeit und enthalten Tausende von β-Galactosidase-Molekülen. Ist aber Methyl-α-galactosid die einzige Kohlenstoffquelle, so wachsen die Zellen nur sehr langsam und enthalten nur wenig β-Galactosidase. Geben Sie eine Erklärung hierfür.

5. *Vergleich von katabolen und anabolen Stoffwechselwegen.* Die untenstehende Abbildung zeigt, auf welchem Wege sich Glucose und Fructose-1,6-bisphosphat ineinander umwandeln können. Diese Reaktionsfolge nimmt eine Schlüsselstellung im Kohlenhydrat-Stoffwechsel ein. Die Umsetzung von Glucose zu Fructose-1,6-bisphosphat ist der katabole Weg und die umgekehrte Umsetzung der anabole. Beide Wege verlaufen über dieselben Hexosemonophosphate als Zwischenprodukte. Obwohl diese Wege sehr ähnlich sind, gibt es ausgeprägte Unterschiede zwischen ihnen, mit denen sich diese Übungsaufgabe befaßt.

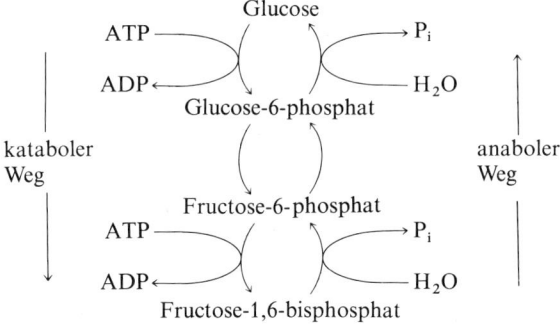

(a) Schreiben Sie eine Bilanzgleichung für jeden Schritt des katabolen Weges nieder. Schreiben Sie die Summengleichung auf, die aus der Addition der Einzelschritte resultiert.

(b) Wiederholen Sie Teil (a) für den anabolen Weg.

(c) Welches sind auf Grund der Gesamtreaktionen die entscheidenden Unterschiede zwischen dem katabolen und dem anabolen Weg? Ist ein Weg jeweils nur die Umkehrung des anderen?

(d) Wodurch wird die Richtung des Katabolismus der Glucose abgesichert, d. h. was verhindert, daß der Katabolismus der Glucose rückwärts läuft?

(e) Könnte die Umwandlung von Glucose in Glucose-6-phosphat und die Umkehrung dieser Reaktion von demselben Enzym katalysiert werden? Geben Sie eine Erklärung dafür. Könnte die Umwandlung von Glucose-6-phosphat in Fructose-6-phosphat und die Umkehrung dieser Reaktion von demselben Enzym katalysiert werden? Geben Sie auch hierfür eine Erklärung.

6. *Die Messung von Radioisotopen.* Eine quantitative Messung der bei biologischen Untersuchungen gemeinhin benutzten Radioisotope (^{3}H, ^{14}C, ^{32}P und ^{35}S) ist mit Hilfe einer als Flüssigkeits-Szintillationszählung bekannten Technik bequem durchführbar. Maßeinheit der Radioaktivität ist das Curie (Ci). 1 Ci ist die Menge an Radioaktivität, die pro Minute 2.22×10^{12} radioaktive Zerfälle (Zpm) bewirkt. Da die Zählausbeute der Flüssigkeits-Szintilationszähler unter 100% liegt, werden die experimentell meßbaren Radioaktivitäten in Impulsen pro Minute (Ipm) ausgedrückt.

$$\text{Zählausbeute (in \%)} = \frac{\text{Ipm}}{\text{Zpm}} \times 100$$

(Im Englischen heißt es statt Zpm: dpm = desintergrations per minute und statt Ipm: cpm = counts per minute). Radioaktive Markierungen sind für biologische Messungen von größter Bedeutung, weil die Radioaktivität ein Maß für die Konzentration einer chemischen Verbindung ist. Die auf die Masse bezogene Radioaktivität einer Substanz wird als spezifische Radioaktivität bezeichnet, die auf die Stoffmenge bezogene als molare Radioaktivität. Es ist wichtig, sich klar zu machen, daß nicht jedes Molekül der Probe markiert zu sein braucht, sondern daß es dabei allein darauf ankommt, daß die meßbaren Impulse proportional zur Konzentration sind, wobei die spezifische Aktivität und die Zählausbeute Proportionalitätskonstanten sind.

(a) Ein kommerzieller Lieferant radioaktiver Verbindungen verkauft Ihnen 250 µCi [^{14}C] Glucose, gelöst in 1 m*l* Wasser mit einer molaren Aktivität von 500 mCi/mmol. Berechnen Sie die Glucose-Konzentration in dem 1-m*l*-Glas der Originalverpackung.

(b) Wieviele Impulse pro Minute ergibt die Messung, wenn 10 µ*l* der Originallösung entnommen und mit 70% Ausbeute gezählt werden?

7. *Messung der intrazellulären Methionin-Konzentration.* Wenn *E. coli* auf radioaktivem $^{35}SO_4^{2-}$ als einziger Schwefelquelle

wächst, werden alle schwefelhaltigen Aminosäuren und Proteine mit ^{35}S markiert sein. Als Beispiel ein typisches Experiment: Man ließ *E. coli* auf einem Medium mit 0.85 mM ^{35}SO$_4^{2-}$ wachsen. Eine 250-µl-Probe des Mediums ergab 4.50×10^5 Ipm bei einer Zählausbeute von 87%. Nach Erreichen des maximalen Wachstums wurden die Zellen abfiltriert und mit kaltem Wasser gewaschen. Die freien Aminosäuren wurden mit kochendem Wasser aus den Zellen extrahiert und durch Ionenaustausch-Chromatographie getrennt. In den extrahierten 1.85 g feuchter Zellen wurden insgesamt 3.2×10^5 Ipm an L-[^{35}S] Methionin gefunden, bei einer Zählausbeute von 82%. Berechnen Sie die intrazelluläre Konzentration an freiem L-Methionin in *E. coli* unter der Annahme, daß die feuchten Zellen zu 80% aus Wasser bestanden und der Rest feste Bestandteile waren.

Kapitel 14

Der ATP-Cyclus und die Bioenergetik der Zelle

Wir sind uns heute mehr als zuvor bewußt, daß Energie, d.h. die Kapazität, Arbeit zu leisten, für unsere moderne Zivilisation lebenswichtig ist. Wir brauchen Energie, um Waren herzustellen, Material und Menschen zu transportieren, Wohnungen zu heizen und für vieles mehr. Für den Mikrokosmos der lebenden Zelle hat die Energie eine vergleichbare Bedeutung. Die Zellen stellen fortlaufend neue Substanzen her, sie leisten die mechanische Arbeit der Bewegung, sie transportieren Substanzen und sie erzeugen Wärme. Während der Millionen von Jahren der Evolution haben die Zellen gelernt, Energie ökonomischer und mit höherem Wirkungsgrad zu gebrauchen als es der Mensch mit den meisten seiner Maschinen kann. Tatsächlich werden Zellen heute als Modelle für die Entwicklung neuer energieumwandelnder Einrichtungen, besonders für das Einfangen von Sonnenenergie, betrachtet.

Bioenergetik ist das Gebiet der Biochemie, das sich mit der Umwandlung und Verwendung von Energie in der lebenden Zelle befaßt. In diesem Kapitel wollen wir zunächst ein paar Grundsätze der Thermodynamik betrachten; das ist der Zweig der Physik, der von Energieumwandlungen handelt. Dann wollen wir sehen, wie das ATP-System als wirkungsvolles Energie-Transportsystem funktioniert, indem es energieerzeugende mit energieverbrauchenden Zellvorgängen verknüpft.

Der erste und zweite Hauptsatz der Thermodynamik

Wir kennen Energie in verschiedenen Formen, als Elektrizität, mechanische Energie, chemische Energie, Wärme und Licht. Wir wissen auch, daß verschiedene Formen von Energie ineinander umgewandelt werden können. Ein Elektromotor verwandelt elektrische in mechanische Energie, eine Batterie chemische in elektrische Energie und eine Dampfmaschine Wärmeenergie in mechanische Energie. Die verschiedenen Formen von Energie stehen quantitativ miteinander in Beziehung.

Wir wissen aber auch, daß bei jeder Umwandlung der einen Energieart in eine andere Verluste entstehen. Wenn ein Elektromotor elektrische Energie in mechanische umwandelt, so ist die dabei erzeugte Menge an mechanischer Energie immer kleiner als die hineingesteckte Energiemenge. Ein Teil der Energie wird durch Reibung im Motor in Wärme umgewandelt. Diese wird an die Umgebung abgegeben und ist nicht länger verwendbar. Zu einem solchen Verlust kommt es praktisch bei jeder Energieumwandlung. Bei vielen Maschinen beträgt die Ausbeute an Arbeit weniger als 25% der hineingesteckten Energie. Zahlreiche quantitative Beobachtungen von Physikern und Chemikern über die gegenseitige Umwandlung verschiedener Energieformen haben zu zwei Grundgesetzen der Thermodynamik geführt, die hier in ganz einfacher Form wiedergegeben werden sollen:

Der erste Hauptsatz

Bei jedem physikalischen oder chemischen Vorgang bleibt die gesamte Energiemenge im Universum konstant.

Der erste Hauptsatz gibt das Prinzip von der Erhaltung der Energie wieder; anders ausgedrückt besagt er, daß Energie weder entstehen noch zerstört werden kann. Wenn also Energie von einer Form in eine andere umgewandelt wird, z.B. chemische in mechanische, so bleibt die Gesamt-Energiemenge unverändert.

Der zweite Hauptsatz

Alle physikalischen oder chemischen Vorgänge haben die Tendenz, in der Richtung abzulaufen, daß verwertbare Energie irreversibel in eine statistisch verteilte, ungeordnete Form umgewandelt wird. Die Verteilung, der Ordnungsgrad, der Energie (und auch der Materie) wird durch den Begriff *Entropie* bezeichnet. Je gleichmäßiger die Energie verteilt ist, d.h., je größer ihre Unordnung ist, desto größer ist die Entropie. Alle Vorgänge kommen zum Stillstand, wenn ein Gleichgewicht erreicht ist, bei dem die Entropie das unter den gegebenen Bedingungen mögliche Maximum erreicht hat.

Diese einfache, etwas abstrakte Definition erfordert einige Erklärungen. Es gibt zwei Arten von verwertbarer Energie: (1) *freie Energie,* die *bei konstanter Temperatur und konstantem Druck* Arbeit leisten kann und (2) *Wärmeenergie,* die nur bei einer *Änderung von Druck oder Temperatur* Arbeit leisten kann. Wenn freie Energie in Wärmeenergie umgewandelt wird, nimmt der Ordnungsgrad der Energie ab, d.h., die Entropie nimmt zu. Eine quantitative Definition des Begriffes Entropie ist nicht ohne eine mathematische Erklärung der statistischen Verteilung möglich, aber im Kasten 14-1 wird er an einigen einfachen Beispielen erläutert.

Es gibt noch einen weiteren Aspekt des zweiten Hauptsatzes, der für das Verständnis bei seiner Anwendung, besonders in biologischen Systemen, von Bedeutung ist. Zunächst müssen wir die Begriffe *System* und *Umgebung* definieren. Unter einem System verstehen wir eine Ansammlung von Materie, die einem besonderen physikalischen oder chemischen Prozeß unterliegt; das kann ein Tier oder eine Zelle oder es können zwei miteinander reagierende Verbindungen sein. Das System bildet zusammen mit der Umgebung das *Universum* (Abb. 14-1), was praktisch die ganze Erde und eigentlich sogar den Weltraum einschließt. Bei *isolierten* oder *abgeschlossenen Systemen* findet weder Stoff- noch Energieaustausch mit der Umgebung statt. In der realen Welt aber, und besonders in der biologischen, tauschen reagierende Systeme Energie (geschlossene Systeme) oder Energie und Materie (offene Systeme) mit ihrer Umgebung aus. Wir werden bald sehen, welche Bedeutung die Unterscheidung zwischen dem System und seiner Umgebung beim Energieaustausch hat.

Die Änderungen an freier Energie, Wärme und Entropie, die bei chemischen Reaktionen bei konstanter Temperatur und konstantem Druck (also bei den in biologischen Systemen herrschenden Bedingungen) stattfinden, stehen durch folgende Gleichung miteinander in Beziehung:

$$\Delta G = \Delta H - T\Delta S,$$

wobei ΔG die Änderung der freien Energie des *Systems* ist, ΔH die Änderung des Wärmeinhaltes oder der *Enthalpie* (das Wort bedeutet „Innenerwärmung"). *T* ist die absolute Temperatur, bei der der Vorgang abläuft und ΔS die Entropieänderung des *Universums*, also einschließlich des reagierenden Systems. Wann immer eine chemische Reaktion fortschreitet, wird die Entropie des Universums (System + Umgebung) erhöht, und daher ist ΔS in der realen Welt immer positiv. Nur theoretisch, in einem idealen System, kann eine Reaktion ohne Anstieg der Entropie vor sich gehen. Entsprechend der *Entropiezunahme im Universum* während einer Reaktion kommt es zu einer *Abnahme* an freier Energie des reagierenden *Systems*. Daher ist bei *einem reagierenden System* ΔG immer negativ. Die Enthalpieänderung ΔH ist definiert als die Wärmemenge, die das reagierende System bei konstanter Temperatur und bei konstantem Druck an die Umgebung abgibt oder von ihr aufnimmt. Wenn das reagierende System Wärme abgibt, ist ΔH negativ, wenn das System Wärme aus der Umgebung aufnimmt, ist ΔH positiv.

Es gibt ein weiteres wichtiges Merkmal der Entropieänderung, das unmittelbare Bedeutung für biologische Systeme hat. Der zweite Hauptsatz besagt zwar, daß die Entropie des Universums während chemischer oder physikalischer Vorgänge ansteigt, er sagt aber nicht, daß dieser Anstieg im reagierenden System stattfinden muß. Genauso gut kann er irgendwo im Universum stattfinden. Lebende Organismen erleiden beim Stoffwechsel keinen Anstieg ihrer Unordnung oder Entropie. Wir wissen aus Erfahrung, daß eine Fliege oder

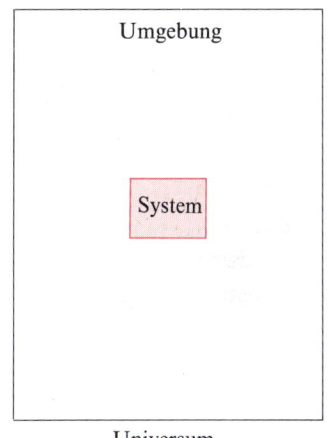

Abbildung 14-1
Schematische Darstellung eines Systems und seiner Umgebung. Durch Reaktionen bei konstanter Temperatur und konstantem Druck kann Energie zwischen dem System und seiner Umgebung ausgetauscht werden. Der Energieaustausch muß aber den Hauptsätzen der Thermodynamik gehorchen:
1. Die gesamte Energie des „Universums" d.h. des Systems und der Umgebung, muß konstant bleiben. 2. Der zweite Hauptsatz besagt, daß die Entropie des Universums zunimmt, wenn in einem System irgendwelche physikalischen oder chemischen Änderungen auftreten: Dabei nimmt gleichzeitig die freie Energie des für sich betrachteten reagierenden Systems ab. Diese Änderungen können von einem Wärmestrom begleitet sein, der vom System in die Umgebung oder von der Umgebung ins System fließt und die Beziehung $\Delta G = \Delta H - T\Delta S$ erfüllt.

Kasten 14-1 Der Begriff Entropie.

Der Begriff Entropie, der wörtlich „innere Änderung" bedeutet, wurde zuerst 1851 von Rudolf Clausius in Deutschland benutzt. Die Eigenschaften der Entropie sollen durch drei einfache Beispiele qualitativ erläutert werden, von denen jedes einen Aspekt der Entropie zeigt. Ihr entscheidendes Kennzeichen ist die Unordnung, die sich auf verschiedene Weise äußern kann.

Beispiel 1: Der Teekessel und die Gleichverteilung von Wärme. Wir wissen, daß aus kochendem Wasser entstehender Dampf nützliche Arbeit leisten kann. Aber stellen Sie sich vor, wir machen den Brenner unter dem mit 100 °C heißem Wasser gefüllten Teekessel aus, der das „System" darstellt, und lassen ihn in der Küche (der „Umgebung") abkühlen. Während des Abkühlens wird keine Arbeit geleistet, aber Wärme entweicht vom Teekessel in die Umgebung, deren Temperatur dadurch so lange ansteigt, bis ein Gleichgewicht erreicht ist. In diesem Gleichgewichtszustand haben alle Teile des Teekessels und der Küche dieselbe Temperatur. Die freie Energie, die vorher in dem 100 °C heißen Wasser des Teekessels konzentriert war und *potentiell* in der Lage war, Arbeit zu leisten, ist verschwunden. Ihr Äquivalent an Wärmeenergie ist noch in Teekessel + Küche, d.h. im Universum, vorhanden, ist aber gleichmäßig verteilt worden. Diese Energie steht nicht mehr für eine Arbeitsleistung zur Verfügung, weil innerhalb der Küche kein Temperaturgefälle existiert. Außerdem ist die Entropiezunahme in der Küche (der Umgebung) irreversibel. Wir wissen aus unserer Alltagserfahrung, daß die Wärmeenergie niemals von der Küche in den Teekessel zurückkehrt und die Wassertemperatur wieder auf 100 °C bringt.

Beispiel 2: Die Oxidation von Glucose. Entropie ist nicht nur ein Zustand der Energie, sondern auch der Materie. Aerobe Organismen beziehen freie Energie aus der Glucose, die sie aus ihrer Umgebung erhalten. Um an die Energie heranzukommen, oxidieren sie die Glucose mit molekularem Sauerstoff, den sie ebenfalls aus der Umgebung beziehen. Die Endprodukte des oxidativen Glucose-Stoffwechsels sind CO_2 und H_2O, die an die Umgebung zurückgegeben werden. Bei diesem Vorgang steigt die Entropie der Umgebung an, während der Organismus selbst in seinem Fließgleichgewicht (steady state) verbleibt und keine Änderung der inneren Ordnung erleidet. Außer durch die Verteilung von Wärmeenergie wird Entropie auch durch andere Prozesse gebildet, bei denen die Unordnung zunimmt. Die Gleichung für die Oxidation von Glucose in lebenden Organismen kann wie folgt geschrieben werden:

$$C_6H_{12}O_6 + 6\,O_2 \rightarrow 6\,CO_2 + 6\,H_2O$$

oder schematisch:

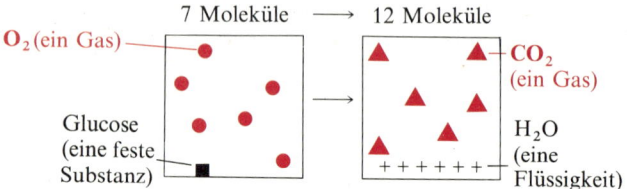

Die Atome in 1 Molekül Glucose + 6 Molekülen Sauerstoff, zusammen 7 Moleküle, nehmen durch die Reaktion eine stärker statistische Verteilung an und sind nachher auf 12 Moleküle ($6\,CO_2 + 6\,H_2O$) verteilt.

ein Elefant (d. h. ein System) ihre charakteristischen komplexen, geordneten Strukturen während der Auzusübung ihrer Aktivitäten aufrechterhalten. Es ist eher die *Umgebung* der lebenden Organismen, deren Entropie während der Lebensvorgänge ansteigt. *Lebende Organismen bewahren ihre innere Ordnung dadurch, daß sie freie Energie aus den Nährstoffen oder dem Sonnenlicht, also aus der Umgebung aufnehmen und eine gleich große Energiemenge wieder an diese abgeben, aber in schlechter verwertbarer Form – meist als Wärme, die über das Universum verteilt wird.*

Wir müssen noch betonen, daß die Bildung von Entropie oder Unordnung kein völlig nutzloser Vorgang ist. Die Zunahme an Entropie während der biologischen Prozesse stellt dadurch, daß sie irreversibel ist, die *treibende Kraft* für diese Prozesse dar und legt die *Richtung* für alle biologischen Aktivitäten fest. Lebende Organismen geben fortwährend Entropie an ihre Umgebung ab. Das ist ein notwendiger Vorgang für die Aufrechterhaltung ihrer eigenen inneren Ordnung.

Wann immer bei einer chemischen Reaktion die Zahl der Moleküle ansteigt oder wenn dabei feste Substanzen wie Glucose in flüssige oder gasförmige Produkte umgewandelt werden, so ist dieser Vorgang mit einer Zunahme der molekularen Unordnung und folglich einer Zunahme der Entropie verbunden.

Beispiel 3: Information und Entropie. Die folgende kurze Textstelle aus Julius Caesar von William Shakespeare (IV. Akt, 3. Szene) wird von Brutus gesprochen, als ihm klar wird, daß er der Armee von Mark Anton gegenübertreten muß. Sie besteht aus einer, nicht-zufälligen Anordnung von 125 Buchstaben, die uns – auf verschiedenen Ebenen – eine Vielzahl an Informationen liefert:

> There is a tide in the affairs of men,
> Which taken at the flood, leads on to fortune;
> Omitted, all the voyage of their life
> Is bound in shallows and in miseries.

> (Es gibt Gezeiten in den Geschäften der Menschen:
> Nimmst die Flut Du wahr, führt sie zum Glück;
> Versäumst Du sie, geht die Fahrt des Lebens
> Hinfort durch Untiefen nur und Elend.)

Zusätzlich zu dem, was in diesem Zitat offen gesagt wird, hat es viele verborgene Bedeutungen. Es deutet die Folge der Ereignisse im Verlauf des Dramas an und es spiegelt auch die Grundhaltung des Stückes wider in bezug auf Konflikte, Ehrgeiz und die Forderung nach Führungseigenschaften. Da es außerdem von Shakespeares Grundvorstellung über das Wesen des Menschen durchdrungen ist, ist es wahrhaft reich an Information.

Schüttelt man jedoch diese 125 Buchstaben so durcheinander, daß sie eine völlig zufällige Verteilung erhalten, wie es unten dargestellt ist, so sind sie ohne jede Bedeutung. In dieser Form enthalten sie keine oder fast keine Information, sind aber reich an Entropie. Solche Überlegungen haben zu dem Schluß geführt, daß Information eine Form von Energie ist. Die Information ist „negative Entropie" genannt wor-

den. Tatsächlich steht der Zweig der Mathematik, der *Informationstheorie* genannt wird, und der die Grundlagen für die Computer-Programmierung geliefert hat, in enger Beziehung zur Theorie der Thermodynamik. Lebende Organismen sind hoch geordnete, nicht-zufällige Strukturen, die immens reich an Information und daher arm an Entropie sind.

An dieser Stelle könnte es hilfreich sein, eine einzelne Zell-Reaktion energetisch zu betrachten, um eine Vorstellung von der Größenordnung der dabei stattfindenden Energieänderungen zu bekommen. Aerobe Zellen oxidieren bei konstanter Temperatur und konstantem Druck Glucose ($C_6H_{12}O_6$) zu CO_2 und H_2O:

$$C_6H_{12}O_6 + 6O_2 \rightarrow 6CO_2 + 6H_2O$$

Unter der Annahme, daß die Temperatur 25 °C oder 298 K beträgt und der Druck 1.013 bar (1 atm) (das sind die Standardbedingungen für thermodynamische Berechnungen), finden pro Mol oxidierter Glucose folgende Änderungen statt:

$\Delta G = -2\,870\,000$ J/mol (die freie Energie des Systems hat abgenommen)

$\Delta H = -2\,816\,000$ J/mol (bei der Reaktion wurde Wärme frei)

$$\Delta S = \frac{\Delta H - \Delta G}{T} = \frac{-2\,816\,000 - (-2\,870\,000)}{298} = 182\,\text{J/mol}$$

(die Entropie des Universums hat zugenommen)

Der Anstieg der molekularen Unordnung oder Entropie als Folge der Glucose-Oxidation ist aus dem Kasten 14-1 zu ersehen.

Zellen brauchen freie Energie

Wärme hat als Energiequelle für lebende Zellen keine besondere Bedeutung, denn sie kann nur dann Arbeit leisten, wenn sie von einem Gegenstand oder Bereich mit einer bestimmten Temperatur auf einen anderen mit einer niedrigeren Temperatur hinüberwechselt. Außerdem hängt der Wirkungsgrad, mit der eine Wärmemaschine Wärme in Arbeit umwandeln kann, vom Temperaturgefälle ab: je größer das Gefälle, desto größer ist der Prozentsatz, der von der hineingesteckten Energie als geleistete Arbeit herauskommt. Da in einer lebenden Zelle durchweg eine einheitliche Temperatur herrscht, kann die Zelle von der Wärmeenergie keinen bedeutenden Gebrauch machen. Wärme hat für Zellen nur den Nutzen, die optimale Arbeitstemperatur aufrechtzuerhalten.

Die Energieform, die von Zellen genutzt werden kann und muß, ist die *freie Energie*, die bei konstanter Temperatur und konstantem Druck Arbeit leisten kann. Heterotrophe Zellen beziehen ihre Energie aus energiereichen Nährstoffmolekülen, photosynthetisierende Zellen aus dem Sonnenlicht. Beide Zellarten wandeln die aufgenommene freie Energie in chemische Energie um und verwenden diese für die zu leistende Arbeit. Bei den hierfür verwendeten Prozessen kommen keine bedeutsamen Temperaturunterschiede vor. Einfach gesagt: *Zellen sind chemische Maschinen*, die bei konstanter Temperatur und konstantem Druck arbeiten.

Jetzt bleibt zu überlegen, wie die freie Energie chemischer Reaktionen gemessen und in quantitativen Einheiten ausgedrückt werden kann.

Die Änderung der freien Standardenergie einer chemischen Reaktion läßt sich berechnen

Jede chemische Reaktion hat einen charakteristischen Wert für $\Delta G°$, die Änderung der *freien Standardenergie* (d.h. der freien Energie unter Standardbedingungen. Wie wir noch sehen werden, ist $\Delta G°$ nicht dasselbe wie das in Gleichung (1) erklärte ΔG). Die Änderung der freien Standardenergie kann für jede gegebene Reaktion aus der Gleichgewichtskonstanten für *Standardbedingungen* berechnet werden. Unter Standardbedingungen versteht man eine Temperatur von

25 °C (298 K) und einen Druck von 1.013 bar (1 atm). Die Gleichgewichtskonstante (S. 83) für die Reaktion A + B ⇌ C + D wird durch die Formel

$$K'_{eq} = \frac{[C][D]}{[A][B]}$$

wiedergegeben, wobei [A], [B], [C] und [D] die Stoffmengenkonzentrationen der Reaktionsteilnehmer im Gleichgewichtszustand der Reaktion unter Standardbedingungen sind. Bei allgemeinen Reaktionen

$$aA + bB \rightleftharpoons cC + dD$$

wird die Gleichgewichtskonstante durch die Formel

$$K'_{eq} = \frac{[C]^c[D]^d}{[A]^a[B]^b}$$

wiedergegeben.

Haben wir erst einmal die Gleichgewichtskonstante K'_{eq} für eine chemische Reaktion bestimmt, so können wir die freie Standardenergie in Einheiten wie *Kalorien* oder *Joule* pro Mol angeben. Eine Kalorie (cal) ist definiert als die Energiemenge, die nötig ist, um 1.00 g Wasser von 15 °C auf 16 °C zu erwärmen. Heute ist das Joule (J) die empfohlene Maßeinheit für die Energie; 1 cal = 4.187 J. Um Änderungen der freien Standardenergie ($\Delta G°$) zu berechnen, verwenden wir die Beziehung

$$\Delta G° = -2.303\, RT\, \lg K'_{eq},$$

wobei R die Gaskonstante ist mit 8.314 JK^{-1} mol^{-1} und T die absolute Temperatur, in diesem Fall 298 K. Hat die Gleichgewichtskonstante einer bestimmten chemischen Reaktion den Wert 1, so ist $\Delta G° = 0$, da der Logarithmus von 1 Null ist (Logarithmentafeln sind im Anhang). Ist die Gleichgewichtskonstante einer Reaktion größer als 1, so ist $\Delta G°$ negativ; ist die Gleichgewichtskonstante kleiner als 1, so ist $\Delta G°$ positiv.

Zur Erleichterung des Verständnisses wollen wir die Änderung der freien Standardenergie noch auf eine andere Weise definieren. $\Delta G°$ ist die Differenz zwischen dem Gehalt an freier Energie der Produkte und der freien Energie der Ausgangsstoffe unter Standardbedingungen, d.h. bei einer Temperatur von 298 K, einem Druck von 1.013 bar (1 atm) und einer Konzentration von 1 mol/l für alle Reaktionspartner. Ist $\Delta G°$ negativ, so bedeutet das, daß die Produkte weniger freie Energie enthalten als die Ausgangsverbindungen und daß die Reaktion daher unter Standardbedingungen in Richtung der Produktbildung fortschreiten wird; denn alle chemischen Reaktionen laufen freiwillig nur in der Richtung ab, die mit einer Abnahme der freien Energie des Systems verbunden ist. Ist $\Delta G°$ positiv, bedeutet das, daß die Produkte der Reaktion mehr freie Energie enthalten als die Ausgangsverbindungen. Solche Reaktionen laufen in umgekehrter Richtung ab, wenn die Anfangskonzentrationen aller Komponenten 1 mol/l betragen. Um es deutlicher zu sagen: Reaktionen mit negativem $\Delta G°$ schreiten von links nach rechts fort, wenn sie mit 1 M Konzentrationen aller Reaktionsteilnehmer gestartet werden, bis sie ein Gleichgewicht erreichen. Reaktionen mit positivem $\Delta G°$ werden sich in der umgekehrten Richtung bewegen, wenn sie von einer Konzentration von 1 M für alle Reaktionsteilnehmer ausgehen. Tab. 14-1 faßt diese Punkte zusammen. *Im Grunde ist die Änderung der freien Standardenergie einer chemischen Reaktion nur ein anderer mathematischer Ausdruck für ihre Gleichgewichtskonstante.* Tab. 14-2 zeigt die numerischen Beziehungen zwischen $\Delta G°$ und der Gleichgewichtskonstanten K'_{eq}.

Zwei zusätzliche Anmerkungen müssen jetzt noch gemacht werden. Da biochemische Reaktionen bei pH-Werten in der Nähe von 7 stattfinden und dabei oft H^+-Ionen entstehen oder verbraucht werden, *ist man übereingekommen, pH 7 als Standard-pH-Wert bei biochemischen Reaktionen zu verwenden.* Die Änderung der freien Standardenergie in einem biochemischen System bei pH 7 erhält die Bezeichnung $\Delta G°'$, die wir von nun an verwenden wollen.

Der zweite Punkt betrifft die Einheit der Energie. Auf Grund einer internationalen Übereinkunft ist die SI-Einheit (SI = Système International) der Energie das *Joule* (J), benannt nach dem britischen Ingenieur James Joule (1818–1889), der die experimentellen Grundlagen für den ersten Hauptsatz der Thermodynamik (Satz von der Erhaltung der Energie) lieferte. In der Biologie und Medizin wurden Energiewerte bisher allgemein in Kalorien angegeben, es sollen aber auch hier Joule verwendet werden. Die beiden Einheiten können leicht ineinander umgerechnet werden: 1 cal = 4.187 J.

Tabelle 14-1 Beziehungen zwischen K_{eq}, $\Delta G°'$ und der Reaktionsrichtung unter Standardbedingungen.

K_{eq}	$G°'$	Reaktionsrichtung unter Standardbedingungen, wenn die Konzentration aller Komponenten am Anfang 1 M beträgt
>1.0	Negativ	Verläuft von links nach rechts
1.0	Null	Befindet sich im Gleichgewicht
<1.0	Positiv	Verläuft von rechts nach links

Tabelle 14-2 Beziehung zwischen den Gleichgewichtskonstanten chemischer Reaktionen und den Änderungen ihrer freien Standardenergie.

K'_{eq}	$\Delta G°'$ in kJ/mol
0.001	+17 100
0.01	+11 410
0.1	+ 5 710
1.0	0
10.0	− 5 710
100.0	−11 410
1000.0	−17 100

Verschiedene Reaktionen haben verschiedene, für sie charakteristische $\Delta G°'$-Werte

Lassen Sie uns nun an einem Beispiel die freie Standardenergie einer enzymatischen Reaktion durchrechnen. Wir wählen hierfür eine Reaktion, die durch das Enzym *Phosphoglucomutase* katalysiert wird (die Rolle dieses Enzyms wollen wir im nächsten Kapitel untersuchen):

$$\text{Glucose-1-phosphat} \xrightleftharpoons{\text{Phosphoglucomutase}} \text{Glucose-6-phosphat}$$

Die chemische Analyse zeigt, daß es gleichgültig ist, ob wir von Glucose-1-phosphat, z. B. der Konzentration 0.020 M, ausgehen und die Reaktion in der Richtung von links nach rechts erfolgt, oder ob wir von 0.020 M Glucose-6-phosphat ausgehen und die Reaktion in der umgekehrten Richtung abläuft. In jedem Fall stellt sich in der

Lösung bei 25 °C und pH 7 schließlich dasselbe Gleichgewicht ein, nämlich eine Mischung aus 0.001 M Glucose-1-phosphat und 0.019 M Glucose-6-phosphat. (Erinnern wir uns, daß Enzyme ein Gleichgewicht nicht verschieben, sondern nur dessen Einstellung beschleunigen.) Aus den so gewonnenen Ergebnissen läßt sich die Gleichgewichtskonstante errechnen:

$$K'_{eq} = \frac{\text{Glucose-6-phosphat}}{\text{Glucose-1-phosphat}} = \frac{0.019}{0.001} = 19$$

Aus diesen Wert für K'_{eq} können wir die Änderung der freien Standardenergie errechnen:

$$\begin{aligned}\Delta G° &= -2.303 \, RT \lg K'_{eq} \\ &= -2.303 \times 8.314 \times 298 \times \lg 19 \\ &= -5700 \times 1.28 = 7300 \, \text{J/mol} = 7.3 \, \text{kJ/mol}\end{aligned}$$

Da die Änderung der freien Standardenergie ein negatives Vorzeichen trägt, nimmt bei der Umsetzung von Glucose-1-phosphat zu Glucose-6-phoshat die freie Energie ab, wenn sie mit 1 M Glucose-1-phosphat und Glucose-6-phosphat gestartet wird.

Tab. 14-3 gibt die Änderung der freien Standardenergie für einige representative chemische Reaktionen wieder. Beachten Sie, daß die

Tabelle 14-3 Änderung der freien Standardenergie verschiedener chemischer Reaktionen bei pH 7.0 und 25 °C.

Art der Reaktion	$\Delta G°'$ in kJ/mol
Hydrolysen	
Säureanhydride	
Essigsäureanhydrid + H_2O → 2 Acetat	−91.2
ATP + H_2O → ADP + Phosphat	−30.5
Ester	
Ethylacetat + H_2O → Ethanol + Acetat	−19.7
Glucose-6-phosphat + H_2O → Glucose + Phosphat	−13.8
Amide und Peptide	
Glutamin + H_2O → Glutamat + NH_4^+	−14.2
Glycylglycin + H_2O → Glycin	−9.2
Glycoside	
Maltose + H_2O → 2 Glucose	−15.5
Lactose + H_2O → Glucose + Galactose	−15.9
Umlagerungen	
Glucose-1-phosphat → Glucose-6-phosphat	−7.28
Fructose-6-phosphat → Glucose-6-phosphat	−1.67
Wasserabspaltung	
Malat → Fumarat + H_2O	+3.15
Oxidationen mit molekularem Sauerstoff	
Glucose + $6O_2$ → $6CO_2$ + $6H_2O$	−2870
Palminsäure + $23O_2$ → $16CO_2$ + $16H_2O$	−9780

Hydrolyse von einfachen Säuren, Amiden, Peptiden und Glycosiden sowie Umgruppierungen und Elimininierungen mit einer relativ geringfügigen Änderung der freien Standardenergie verbunden sind, während bei der Hydrolyse von Säureanhydriden eine vergleichsweise große Abnahme der freien Energie erfolgt. Die Oxidation organischer Verbindungen zu CO_2 und H_2O erfolgt mit einem besonders großen Abfall der freien Standardenergie. Wie wir jedoch später sehen werden (Kapitel 15 und 17), sagt uns die Änderung der freien Standardenergie (Tab. 14-3) nichts darüber, wieviel davon biologisch zur Verfügung steht.

Es gibt einen wichtigen Unterschied zwischen $\Delta G^{\circ\prime}$ und ΔG

Wir müssen sorgfältig zwischen zwei Angaben unterscheiden, zwischen ΔG, der Änderung der freien Energie, und $\Delta G^{\circ\prime}$, der Änderung der freien Energie unter Standardbedingungen. Wir haben gesehen, daß in jedem spontan ablaufenden chemischen oder physikalischen Prozeß die freie Energie des reagierenden Systems abnimmt, d.h. daß ΔG negativ ist. Wir haben aber auch gesehen, daß jede chemische Reaktion einen charakteristischen Wert für $\Delta G^{\circ\prime}$, also für die *Änderung der freien Standardenergie* hat, der je nach der Gleichgewichtskonstanten der Reaktion positiv, negativ oder Null sein kann. Die Änderung der freien Standardenergie $\Delta G^{\circ\prime}$ sagt etwas darüber aus, in welche Richtung und wie weit eine bestimmte Reaktion ablaufen muß, um das Gleichgewicht zu erreichen, wenn Standardbedingungen herrschen, *d.h. wenn die Anfangskonzentration aller Reaktionsteilnehmer 1 M, der pH-Wert 7 und die Temperatur 25 °C ist*. $\Delta G^{\circ\prime}$ ist also eine unveränderliche Größe: sie hat für jede Reaktion einen ganz bestimmten Wert. Dagegen ist die Änderung der aktuellen freien Energie, ΔG, einer bestimmten Reaktion eine Funktion der Reaktionsbedingungen, also z.B. abhängig vom pH-Wert und der Temperatur. Temperatur und pH-Wert sind variable Größen, die nicht die oben definierten Standardwerte haben müssen und sie bei biochemischen Reaktionen wohl auch selten haben. Außerdem ist ΔG bei jeder Reaktion, die sich auf ihr Gleichgewicht zubewegt, negativ, wird bei Annäherung an das Gleichgewicht immer kleiner (d.h. weniger negativ) und im Gleichgewicht Null, was bedeutet, daß die Reaktion in diesem Zustand keine Arbeit mehr leisten kann.

ΔG und $\Delta G^{\circ\prime}$ sind für jede Reaktion $A + B \rightarrow C + D$ durch die folgende Beziehung miteinander verbunden:

$$\Delta G = \Delta G^{\circ\prime} + 2.303\, RT \lg \frac{[\mathbf{C}][\mathbf{D}]}{[\mathbf{A}][\mathbf{B}]}$$

Dabei geben die fett gedruckten Symbole die im System tatsächlich herrschenden Bedingungen an. Nehmen wir an, die Reaktion A + B → C + D läuft bei Standardtemperatur (25 °C) und -druck (1.013 bar, 1 atm) freiwillig ab, die Anfangskonzentrationen von A, B, C und D sind aber nicht gleich und keine von ihnen entspricht der Standardkonzentration von 1 M. Um die Änderung der aktuellen freien Energie ΔG bei diesen nicht standardisierten Konzentrationen zu bestimmen, setzen wir einfach die tatsächlichen Anfangskonzentrationen von A, B, C und D ein; für den Wert von T verwenden wir natürlich den Standardwert. Die Lösung der Gleichung ergibt ΔG, die Änderung der freien Energie unter den tatsächlich herrschenden Konzentrationsverhältnissen. ΔG wird negativ sein und mit fortschreitender Reaktion abnehmen, da die Konzentrationen von A und B niedriger und die von C und D höher werden. Bei einer freiwillig ablaufenden Reaktion ist ΔG immer negativ und geht im Gleichgewicht gegen Null; $\Delta G^{\circ\prime}$ ist dagegen eine Konstante.

Es ist wichtig, sich klar zu machen, daß $\Delta G^{\circ\prime}$ und ΔG den Maximalwert der freien Energie angeben, die eine Reaktion theoretisch abgeben kann. Diese Energie kann nur aufgefangen oder nutzbar gemacht werden, wenn hierfür ein wirkungsvoller Mechanismus zur Verfügung steht; ohne einen solchen kann die Reaktion bei konstanter Temperatur und konstantem Druck keine Arbeit leisten.

Die Werte für die freie Standardenergie von chemischen Reaktionen sind additiv

Im Fall der zwei aufeinanderfolgenden Reaktionen:

$$A \rightarrow B \quad \Delta G_1^{\circ\prime}$$
$$B \rightarrow C \quad \Delta G_2^{\circ\prime}$$

hat jede Reaktion ihre eigene Gleichgewichtskonstante und ihre charakteristische Änderung der freien Standardenergie, $\Delta G_1^{\circ\prime}$ und $\Delta G_2^{\circ\prime}$. Da beide Reaktionen nacheinander ablaufen, tritt B nur als Zwischenprodukt auf, und die Gesamtreaktion ist

$$A \rightarrow C.$$

Auch die Reaktion A → C hat ihre eigene Gleichgewichtskonstante und folglich ihren eigenen Wert für die Änderung der freien Standardenergie $\Delta G_S^{\circ\prime}$. Nun kommen wir zu einer sehr wichtigen Eigenschaft von $\Delta G^{\circ\prime}$: *die Werte für aufeinanderfolgende chemische Reaktionen sind additiv.* $\Delta G_S^{\circ\prime}$ der Gesamtreaktion ist gleich der Summe der Einzelwerte $\Delta G_1^{\circ\prime}$ und $\Delta G_2^{\circ\prime}$ der beiden Teilreaktionen:

$$\Delta G_s^{\circ\prime} = \Delta G_1^{\circ\prime} + \Delta G_2^{\circ\prime}$$

Mit dieser Beziehung ist es leicht, die Änderung der freien Standardenergie für eine Folge von Stoffwechselreaktionen zu berechnen.

Wie wir im nächsten Kapitel sehen werden, findet z. B. beim Glycogenabbau im Muskel folgende Serie von Reaktionen statt:

Glucose-1-phosphat
Phosphoglucomutase ↓ $\Delta G^{\circ\prime} = -7.3$ J/mol
Glucose-6-phosphat
Glucosephosphat-Isomerase ↓ $\Delta G^{\circ\prime} = +1.67$ J/mol
Fructose-6-phosphat

Für die Summe der beiden Reaktionen

Glucose-1-phosphat → Fructose-6-phosphat

beträgt daher die Änderung der freien Standardenergie

$$\Delta G_s^{\circ\prime} = -7.3 + (+1.67) = -5.63 \text{ J/mol}$$

Oft kann man die Änderung der freien Standardenergie einer Reaktion bestimmen, ohne ihre Gleichgewichtskonstante zu kennen. Wenn die betrachtete Reaktion mit einer anderen gekoppelt werden kann, deren $\Delta G^{\circ\prime}$-Wert bekannt ist und wenn man die Gleichgewichtskonstante der Summe der beiden Reaktionen bestimmen kann, so kann man das gesuchte $\Delta G^{\circ\prime}$ errechnen.

ATP ist das hauptsächliche chemische Bindeglied zwischen energieerzeugenden und energieverbrauchenden Zellaktivitäten

Wir haben bisher einige grundlegende Prinzipien der Energieänderung in chemischen Systemen erläutert und können jetzt den Energiecyclus in der Zelle untersuchen. Heterotrophe Zellen enthalten freie Energie in chemischer Form. Diese Energie stammt aus dem Abbau (Katabolismus) von Nährstoffen, besonders von Kohlenhydraten und Fetten. Die Zellen verwenden sie, (1) um Biomoleküle aus kleineren Vorstufen herzustellen, (2) um mechanische Arbeit zu leisten, wie bei der Muskelkontraktion, und (3) um Biomoleküle oder Ionen entgegen einem Konzentrationsgefälle durch Membranen zu transportieren. Adenosintriphosphat (ATP) (Abb. 14-2) ist das wichtigste Bindeglied zwischen den energieerzeugenden und den energieverbrauchenden Reaktionen in der Zelle. Während des Abbaus von energiereichen Brennstoffen wird ein Teil ihrer freien Energie dadurch nutzbar gemacht, daß ATP aus Adenosindiphosphat (ADP) und Phosphat (P_i) gebildet wird, ein Vorgang, der die Zufuhr von Energie erfordert. ATP gibt dann einen großen Teil seiner chemischen Energie an energieverbrauchende Prozesse ab, wobei es zu ADP und Phosphat abgebaut wird (Abb. 14-3). ATP dient so als Träger für chemische Energie. Es wird aber auch für ausgefallene

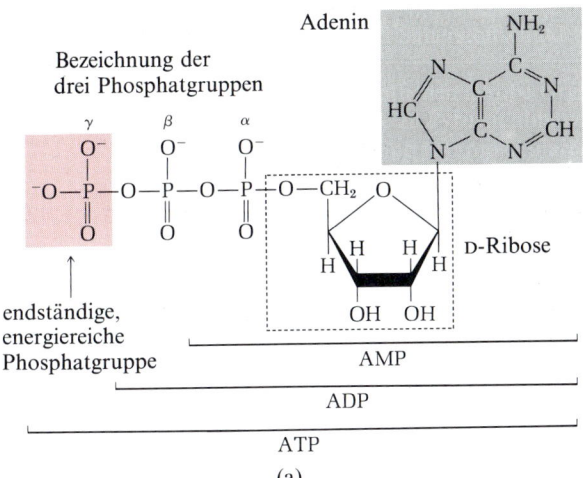
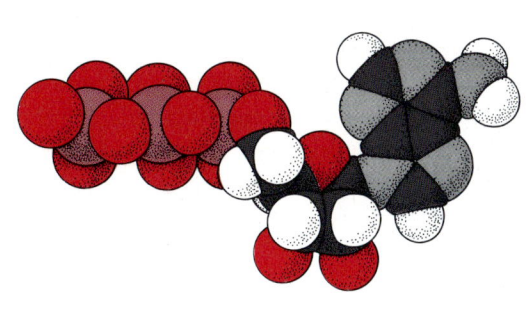

Abbildung 14-2
(a) Die Struktur von ATP, ADP und AMP. Die Phosphatgruppen werden wie angegeben mit α, β und γ bezeichnet. Die endständige Phosphatgruppe kann enzymatisch auf verschiedene Phosphatakzeptoren übertragen werden. Bei pH 7 sind die Phosphatgruppen vollständig ionisiert.
(b) Kalottenmodell von ATP.

Zellarbeiten verwendet, z. B. für die Produktion der Paarungs-Leuchtsignale von Leuchtkäfern.

ATP wurde 1929 in Deutschland von Karl Lohmann in Skelettmuskel-Extrakten entdeckt und fast gleichzeitig von Cyrus Fiske und Yellapragada Subbarow in den Vereinigten Staaten. Zunächst dachte man, daß ATP nur an Muskelaktivitäten beteiligt sei, aber dann fand man es in allen Zellen – tierischen, pflanzlichen und in Mikroben. Später zeigte sich, daß ATP außer an Muskelkontraktionen noch an vielen anderen Zellaktivitäten beteiligt ist. Im Jahre 1941 sah Fritz Lipman die breite Bedeutung dieser Befunde und postulierte ein einheitliches Konzept für das ATP als primären und universellen chemischen Energieträger in der Zelle. Er war es, der als erster den in Abb. 14-3 dargestellten ATP-Cyclus vorschlug.

Die Reaktionen des ATP sind weitgehend aufgeklärt

ATP und seine Hydrolyseprodukte *Adenosindiphosphat* (ADP) und *Adenosinmonophosphat* (AMP) sind *Nucleotide* (Abb. 14-2). Rufen wir uns ins Gedächtnis zurück (Kapitel 3), daß Nucleotide aus einer heterocyclischen Purin- oder Pyrimidinbase, einem 5-Kohlenstoff-Zucker und einer oder mehreren Phosphatgruppen bestehen. Bei

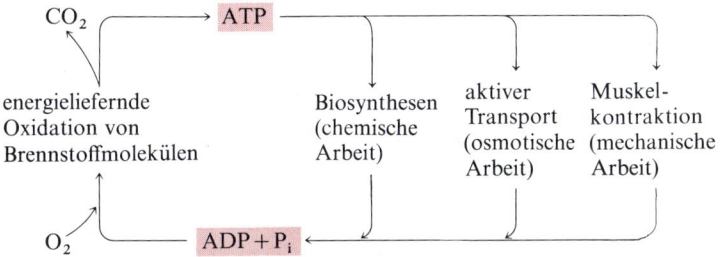

Abbildung 14-3
Der ATP-Cyclus der Zelle.

ATP, ADP und AMP ist diese Base *Adenin*, der 5-Kohlenstoff-Zucker D-*Ribose* (Abb. 14-2). Nucleotide haben verschiedene Funktionen, aber man kennt sie hauptsächlich als Bausteine von DNA und RNA, wo sie als Codierungseinheiten fungieren. ATP, ADP und AMP kommen in allen Lebensformen vor und haben überall die gleichen universellen Funktionen. Sie werden im Cytosol und außerdem in den Mitochondrien und im Zellkern gefunden. Bei normal atmenden Zellen beträgt der Anteil des ATP an der Gesamtmenge aller drei Adeninribonucleotide 80 % oder mehr (Tab. 14-4).

Tabelle 14-4 Intrazelluläre Konzentrationen von Adeninnucleotiden, Phosphaten und Phosphocreatin (PCr) in verschiedenen Zellen in mM.*

	ATP	ADP	AMP	P_i	PC_r
Rattenleber	3.38	1.32	0.29	4.8	0
Rattenmuskel	8.05	0.93	0.04	8.05	28
Menschliche Erythrozyten	2.25	0.25	0.02	1.65	0
Rattenhirn	2.59	0.73	0.06	2.72	4.7
E. coli	7.90	1.04	0.82	7.9	0

* Bei den Erythrozyten handelt es sich um die Konzentrationen im Cytosol, da Erythrozyten weder einen Zellkern noch Mitochondrien haben. Bei den anderen Zellarten geben die Werte die Konzentrationen über den ganzen Zellinhalt an, obwohl bekannt ist, daß die ADP-Konzentrationen in Cytosol und Mitochondrien sehr verschieden sind. Das Creatinphosphat wird später in diesem Kapitel besprochen.

Bei pH 7 kommen sowohl ATP als auch ADP als mehrfach geladene Anionen (ATP^{4-} und ADP^{3-}) vor, da ihre Phosphatgruppen bei diesem pH-Wert fast vollständig ionisiert sind. In der intrazellulären Flüssigkeit dagegen, die hohe Konzentrationen an Mg^{2+} enthält, kommen ATP und ADP überwiegend als MgATP^{2-} und MgADP$^-$-Komplexe vor (Abb. 14-4). Bei vielen enzymatischen Reaktionen, an denen ATP als Phosphatdonator teilnimmt, ist die aktive Form in Wirklichkeit der MgATP^{2-}-Komplex. In den Zellen befindet sich ATP normalerweise in einem Fließgleichgewicht; da seine Entstehungsgeschwindigkeit genausogroß ist wie die Abbaugeschwindigkeit, bleibt seine Konzentration relativ konstant. Die endständige Phosphatgruppe des ATP wird laufend entfernt und aus dem anorganischen Phosphat-Pool wieder ersetzt.

ATP ist in vitro synthetisiert worden, seine Struktur und Eigenschaften sind bekannt. Seine Funktion ist die Verknüpfung von energieerzeugenden mit energieverbrauchenden Aktivitäten mit Hilfe bekannter Reaktionen, die wir uns jetzt näher anschauen wollen.

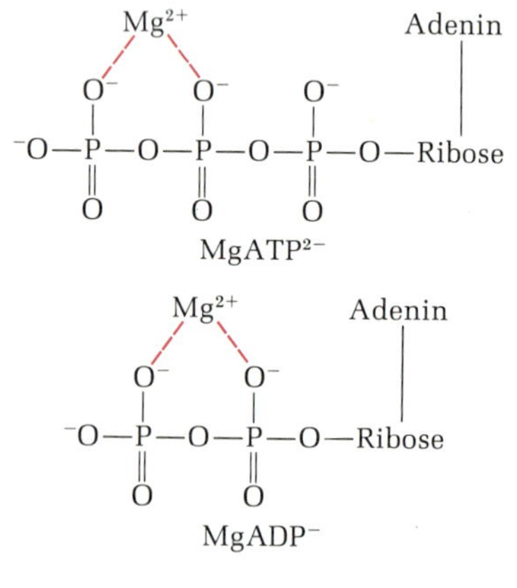

Abbildung 14-4
Mg^{2+}-Komplexe von ATP und ADP.

Die ATP-Hydrolyse hat eine charakteristische freie Standardenergie

Wenn die terminale Phosphatgruppe des ATP hydrolytisch abgespalten wird:

$$ATP + H_2O \rightarrow ADP + P_i,$$

so beträgt die Änderung der freien Standardenergie -30.5 kJ/mol (Tab. 14-3).

Die Änderung der freien Standardenergie ist auch für die Hydrolyse anderer phosphorylierter Verbindungen bestimmt worden (Tab. 14-5). Manche Phosphat-Verbindungen liefern bei der Hydrolyse mehr, manche weniger freie Energie. Für die enzymatische Reaktion:

$$\text{Glucose-6-phosphat} + H_2O \xrightarrow{\text{Glucose-6-phosphatase}} \text{Glucose} + \text{Phosphat}$$

ist $\Delta G^{\circ\prime}$ z. B. -13.8 kJ/mol, d. h. diese Reaktion liefert viel weniger freie Energie als die Hydrolyse von ATP ($\Delta G^{\circ\prime} = -30.5$ kJ/mol). Da schon frühe Untersuchungen gezeigt hatten, daß ATP deutlich mehr Hydrolyse-Energie liefert als Glucose-6-phosphat oder eine Reihe anderer Phosphat-Ester, wurde ATP als *energiereiche Phosphat-Verbindung* bezeichnet und Glucose-6-phosphat als *energiearme Phosphat-Verbindung*. Später fand man noch Phosphat-Verbindungen mit viel höheren freien Hydrolyseenergien als ATP, z. B. *Phosphoenolpyruvat* und *3-Phosphoglyceroylphosphat* (Tab. 14-5). Diese Verbindungen sind ebenfalls energiereich. Die Bezeichnungen energiereich und energiearm reichen aber nicht aus, da es in Wirklichkeit drei verschiedene Klassen von Phosphat-Verbindungen gibt. Solche Verbindungen wie Phospho*enol*pyruvat und 3-Phosphoglyceroylphosphat, deren freie Standard-Hydrolyseenergie viel größer ist als die von ATP (Tab. 14-5), könnten wir super-energiereiche Verbindungen nennen. Wie wir bald sehen werden, ist die mittlere Stellung des $\Delta G^{\circ\prime}$-Wertes der Hydrolyse von ATP sehr wichtig für dessen biologische Funktion.

Beachten Sie bei Tab. 14-5, daß die Änderung der freien Standardenergie der Hydrolyse von ADP zu AMP und Phosphat ebenfalls -30.5 kJ/mol beträgt. Das ist derselbe Wert wie für die terminale Phosphatgruppe des ATP. Demnach sind also die endständigen Phosphatgruppen des ATP (die β- und die γ-Gruppe) beide energiereich. Das $\Delta G^{\circ\prime}$ der Hydrolyse von AMP zu Adenosin und Phosphat ist dagegen viel kleiner; es beträgt nur -14.2 kJ/mol. AMP gehört damit zur Klasse der energiearmen Verbindungen. Wir werden später sehen, daß mit Hilfe spezieller Enzyme beide Phosphatgruppen für energieverbrauchende Reaktionen verwendet werden können (S. 427).

Tabelle 14-5 Die freie Energie für die Hydrolyse einiger phosphorylierter Verbindungen unter Standardbedingungen.

	$\Delta G^{\circ\prime}$ in kJ/mol
Phospho*enol*pyruvat	-61.9
3-Phosphoglyceroylphosphat ($\rightarrow$ 3-Phosphoglycerat + P_i)	-49.3
Phosphocreatin	-43.1
ADP ($\rightarrow$ AMP + P_i)	-30.5
ATP ($\rightarrow$ ADP + P_i)	-30.5
AMP ($\rightarrow$ Adenosin + P_i)	-14.2
Glucose-1-phosphat	-20.9
Fructose-6-phosphat	-15.9
Glucose-6-phosphat	-13.8
Glycerin-1-phosphat	-9.2

Warum hat die freie Standardenergie für die Hydrolyse von ATP einen relativ hohen Wert?

Auf Grund welcher strukturellen Besonderheiten kann ATP bei der Hydrolyse der endständigen Phosphatgruppe beträchtlich mehr freie Energie liefern als beispielsweise bei der Hydrolyse von Glucose-6-phosphat frei wird? Die Antwort auf diese Frage muß in den Eigenschaften sowohl des Substrates als auch der Reaktionsprodukte gesucht werden, denn die Änderung der freien Standardenergie ist die Differenz zwischen der freien Energie der Produkte und der Ausgangssubstanzen. Es sind im wesentlichen drei strukturelle Besonderheiten, von denen die freien Standardenergie der ATP-Hydrolyse abhängt. Die erste ist der *Ionisationsgrad* des ATP und seiner Hydrolyseprodukte. Bei pH 7 ist ATP fast vollständig ionisiert und liegt als ATP^{4-}-Ion vor. Bei der Hydrolyse bilden sich in Wirklichkeit drei Produkte, nämlich ADP^{3-}, HPO_4^{2-} und H^+. Die Summengleichung der ATP-Hydrolyse sieht etwa so aus:

$$ATP^{4-} + H_2O \rightarrow ADP^{3-} + HPO_4^{2-} + H^+.$$

Unter Standardbedingungen lägen ATP^{4-}, ADP^{3-} und HPO_4^{2-} und H^+ in jeweils 1 M Konzentration vor. Bei pH 7 (dem Standardwert für die Berechnung von $\Delta G^{\circ\prime}$) ist die Wasserstoffionen-Konzentrationen aber nur 10^{-7} M. Das bedeutet nach dem Massenwirkungsgesetz, daß das Gleichgewicht der ATP-Hydrolyse weit nach rechts verschoben wird, denn $[H^+]$ ist bei pH 7 sehr klein im Vergleich zu den 1 M Konzentrationen der anderen Reaktionskomponenten. Wird andererseits Glucose-6-phosphat bei pH 7.0 hydrolysiert, so werden keine zusätzlichen H^+-Ionen gebildet und folglich hat der pH-Wert keinen Einfluß auf die Lage des Gleichgewichts:

$$\text{Glucose-6-phosphat}^{2-} + H_2O \rightarrow \text{Glucose} + HPO_4^{2-}$$

Der zweite Grund für den höheren $\Delta G^{\circ\prime}$-Wert für die Hydrolyse des ATP ist der, daß das ATP-Molekül bei pH 7 vier eng benachbarte negative Ladungen enthält, die sich gegenseitig stark abstoßen (s. Abb. 14-2). Wird die terminale Phosphatgruppe abhydrolysiert, so wird ein Teil dieser innermolekularen Spannung dadurch aufgehoben, daß sich die beiden negativ geladenen Ionen ADP^{3-} und HPO_4^{2-} voneinander entfernen. Ihre Tendenz, sich einander wieder zu nähern und zu ATP zu vereinigen, ist recht gering. Im Gegensatz hierzu hat eines der Hydrolyseprodukte von Glucose-6-phosphat, nämlich die Glucose, keine Nettoladung. Daher stoßen sich die Glucosemoleküle und das andere Produkt, HPO_4^{2-}-Ionen, nicht ab und haben eine größere Tendenz, wieder zu rekombinieren.

Einen dritten Beitrag zu dem hohen negativen $\Delta G^{\circ\prime}$-Wert der ATP-Hydrolyse liefert die Tatsache, daß beide Produkte, ADP^{3-} und HPO_4^{2-}, *Resonanz-Hybride* sind. Das sind besonders stabile

Strukturformen, bei denen bestimmte Elektronen eine viel energieärmere Konfiguration besitzen als im ATP-Ausgangsmolekül. Deshalb sinken diese Elektronen bei der Hydrolyse des ATP auf ein niedrigeres Energieniveau, d.h. die beiden Anionen ADP^{3-} und HPO_4^{2-} enthalten nach ihrer Trennung voneinander weniger freie Energie als in der kombinierten Form im ATP^{4-}.

Von energiereichen Phosphat-Verbindungen, deren Hydrolyse mit einer starken Abnahme der freien Standardenergie verbunden ist, wird oft gesagt, sie enthielten „energiereiche Phosphatbindungen". In Strukturformeln werden diese durch eine Wellenlinie ($\sim$) dargestellt. Der Ausdruck „energiereiche Phosphatbindung" ist, obwohl er unter Biochemikern zur Gewohnheit geworden ist, unkorrekt und irreführend, da er die falsche Vorstellung erweckt, daß sich die Energie in der Bindung befände; das aber ist nicht der Fall. Um eine chemische Bindung zu spalten, muß man vielmehr Energie hineinstecken. Die bei der Hydrolyse von Phosphat-Estern entstehende freie Energie stammt also nicht aus einer spezifischen Bindung, die gespalten wurde, sondern sie resultiert aus der Tatsache, daß die *Endprodukte der Reaktion weniger freie Energie enthalten als die Ausgangssubstanzen*. Eine angemessene Bezeichnung für ATP und andere Phosphat-Verbindungen mit einem hohen negativen $\Delta G^{\circ\prime}$ für die Hydrolyse ist „energiereiche Phosphat-Verbindungen".

Eine letzte, sehr wichtige Anmerkung zu den Änderungen der freien Energie bei biochemischen Reaktionen soll noch gemacht werden. Die tatsächliche freie Hydrolyseenergie des ATP in der lebenden Zelle ist von der freien Standard-Hydrolyseenergie ($\Delta G^{\circ\prime} = -30.5$ kJ/mol) sehr verschieden, denn die Konzentrationen von ATP, ADP und P_i in der Zelle sind viel niedriger als 1 M. Die tatsächlichen Werte für andere als die Standardkonzentrationen können berechnet werden. Im Kasten 14-2 wird gezeigt, wie die ΔG-Werte für die ATP-Hydrolyse in roten Blutkörperchen aus den Werten der Tab. 14-4 berechnet werden. ΔG für die ATP-Hydrolyse in lebenden Zellen, im allgemeinen als ΔG_p bezeichnet, ist viel höher als $\Delta G^{\circ\prime}$; in den meisten Zellen liegt es zwischen 50 und 67 kJ/mol. ΔG_p wird oft *Phosphorylierungs-Potential* genannt; wir werden später darauf zurückkommen (S. 548).

ATP ist ein gemeinsames Zwischenprodukt bei Phosphat-Transferreaktionen

Wir haben gesehen, daß ATP bezüglich des Wertes der freien Hydrolyseenergie unter den Phosphat-Verbindungen eine mittlere Stellung einnimmt. Das ist eine der Eigenschaften, die es dem ATP ermöglichen, als Zwischenträger für Phosphat zu fungieren. Es kann Phosphatgruppen von den super-energiereichen Verbindungen, die bei der Hydrolyse mehr Energie freisetzen als ATP, auf Akzeptor-

Kasten 14-2 Die freie Hydrolyseenergie von ATP in lebenden Zellen.

Die freie Standardenergie der ATP-Hydrolyse beträgt 30.5 kJ/mol. In der Zelle jedoch sind die Konzentrationen von ATP, ADP und Phosphat nicht nur ungleich, sondern auch viel niedriger als die 1M Konzentration der Standardbedingungen (Tab. 14-4). Außerdem kann der pH-Wert in der Zelle etwas vom Standardwert 7 abweichen. Die tatsächliche freie Hydrolyse-Energie für ATP unter intrazellulären Bedingungen (ΔG_p) unterscheidet sich also vom Standardwert $\Delta G^{\circ\prime}$. Sie läßt sich leicht berechnen. In menschlichen Erythrozyten betragen z. B. die Konzentrationen von ATP, ADP und P_i 2.25, 0.25 und 1.65 mM (Tab. 14-4). Nehmen wir der Einfachheit halber an, der pH-Wert und die Temperatur hätten Standardwerte, also pH = 7 und $t = 25\,°C$. Die tatsächliche freie Energie ΔG für die ATP-Hydrolyse ist dann durch die Beziehung

$$\Delta G = \Delta G^{\circ\prime} + 2.303\, RT \lg \frac{[ADP][P_i]}{[ATP]}$$

gegeben. Durch Einsetzen der entsprechenden Werte erhalten wir:

$$\Delta G = -30500 + 5700 \lg \frac{(2.50 \times 10^{-4})(1.65 \times 10^{-3})}{2.25 \times 10^{-3}}$$
$$= -30500 + 5700 \lg 1.83 \times 10^{-4}$$
$$= -30500 + 5700(-3.74)$$
$$= -30500 - 21300 = -51800\, J/mol$$
$$= -51.8\, kJ/mol$$

Wir sehen also, daß ΔG_p, die tatsächlich bei der ATP-Hydrolyse in lebenden Erythrozyten auftretende Änderung der freien Energie (−51.8 kJ/mol), viel größer ist als der Wert bei Standardbedingungen (−30.5 kJ/mol). Das heißt aber auch, daß für die Synthese von 1 mol ATP aus ADP unter den in Erythrozyten herrschenden Bedingungen eine entsprechend große Energiemenge aufgebracht werden muß.

Da die Konzentrationen von ATP, ADP und P_i von Zelltyp zu Zelltyp verschieden sein können (Tab. 14-4), kann auch der ΔG_p-Wert für die ATP-Hydrolyse von einem Zelltyp zum anderen differieren. Außerdem kann sich der ΔG_p-Wert in einer bestimmten Zelle mit der Zeit ändern, je nach der Stoffwechselsituation der Zelle und je nach dem, wie sich diese auf die Konzentrationen der einzelnen Komponenten sowie auf den pH-Wert auswirkt. Wir können die tatsächlich auftretende Änderung der freien Energie für jede in der Zelle vorkommende Stoffwechselreaktion berechnen, vorausgesetzt wir kennen die Konzentrationen aller Reaktionsteilnehmer und andere Faktoren, wie pH-Wert, Temperatur und die Konzentration von Mg^{2+}, das die Gleichgewichtskonstante und damit den $\Delta G^{\circ\prime}$-Wert beeinflußt.

moleküle übertragen, deren Phosphatderivate einen niedrigeren $\Delta G^{\circ\prime}$-Wert der Hydrolyse als das ATP aufweisen.

Wie übt das ATP diese Zwischenträger-Rolle aus? Wir wissen bereits, daß die Stoffwechselreaktionen Ketten aufeinanderfolgender Enzym-katalysierter Reaktionen sind, die durch *gemeinsame Zwischenprodukte* derart miteinander verbunden sind, daß das Produkt der einen Reaktion zum Substrat der nächsten wird. Auf diese Weise sind die Reaktionen

$$A + B \rightarrow C + D$$
$$D + E \rightarrow F + G$$

durch das gemeinsame Zwischenprodukt D miteinander verbunden. Die Existenz gemeinsamer Zwischenprodukte ist der einzige Weg, chemische Energie bei konstantem Druck und konstanter Temperatur von einer Reaktion auf eine andere zu übertragen. So kann für diese beiden Reaktionen die Substanz D als Mittel für den Energietransfer von der ersten zur zweiten Reaktion dienen.

In der Zelle fungiert ATP als ein solches energieübertragendes gemeinsames Zwischenprodukt, das die energieliefernden und die energieverbrauchenden Reaktionen miteinander verbindet. Während der energieliefernden Abbaureaktionen werden unter Verbrauch der beim Abbau von Nährstoffen freigesetzten Energie super-energiereiche Phosphat-Verbindungen gebildet. Der Transfer einer Phosphatgruppe von einer solchen super-energiereichen Phosphat-Verbindung (X-Ⓟ) auf ADP unter Bildung von ATP wird durch ein spezielles Enzym, eine *Kinase*, katalysiert. Im zweiten Schritt katalysiert eine andere spezifische Kinase den Transfer der terminalen Phosphatgruppe von ATP auf ein Akzeptormolekül Y, dessen Energie durch die Aufnahme der Phosphatgruppe unter Bildung von Y-Ⓟ zunimmt. Diese zwei Reaktionen können wie folgt geschrieben werden:

$$X-Ⓟ + ADP \rightarrow X + ATP$$
$$ATP + Y \rightarrow ADP + Y-Ⓟ$$

Der Netto-Effekt der beiden durch das gemeinsame Zwischenprodukt ATP gekoppelten Reaktionen ist der Transfer von chemischer Energie von X-Ⓟ auf Y durch den Transport der Phosphatgruppe. Fast immer ist bei solchen Phosphatgruppen-Übertragungsreaktionen ATP der Vermittler. Die Zellen enthalten im allgemeinen keine Kinasen, die die Phosphatgruppen direkt von einer super-energiereichen Phosphat-Verbindung auf einen energiearmen Akzeptor übertragen können.

Beim Abbau von Glucose zu Lactat entstehen zwei super-energiereiche Phosphat-Verbindungen

Zwei wichtige Lieferanten von Phosphatgruppen für ADP sind *3-Phosphoglyceroylphosphat* und *Phosphoenolpyruvat* (Tab. 14-5). Beide werden während des energieerzeugenden Abbaus von Glucose zu Lactat gebildet (Abb. 14-5). Dieser *Glycolyse* genannte Abbau wird im nächsten Kapitel behandelt. In den oben genannten beiden Verbindungen wird ein großer Teil der beim Abbau von Glucose zu Lactat frei gewordenen Energie konserviert. Diese energiereichen Phosphate werden in der Zelle nicht hydrolysiert, sondern ihre Phosphatgruppen werden mit Hilfe spezifischer Kinasen unter Bildung von ATP auf ADP übertragen. Für 3-Phosphoglyceroylphosphat (Abb. 14-6) lautet die durch *Phosphoglycerat-Kinase* katalysierte Phosphat-übertragende Reaktion:

3-Phosphoglyceroylphosphat + ADP $\rightleftharpoons$
$$ATP + 3\text{-Phosphoglycerat}$$

Von den zwei Phosphatgruppen des Phosphoglyceroylphosphats wird nur eine, und zwar die carboxylständige, auf ADP übertragen (die andere, am Kohlenstoffatom 3, ist eine energiearme Phosphat-

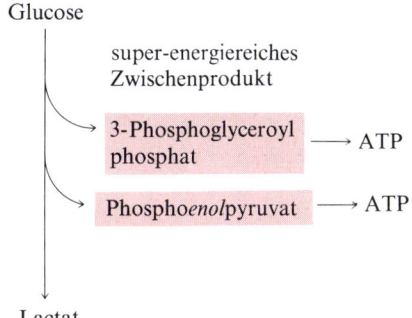

Abbildung 14-5
Bildung zweier Arten von super-energiereichen Phosphat-Zwischenprodukten während des energieliefernden Abbaus von Glucose zu Lactat. Jedes von ihnen kann eine Phosphatgruppe an ADP abgeben und ATP bilden.

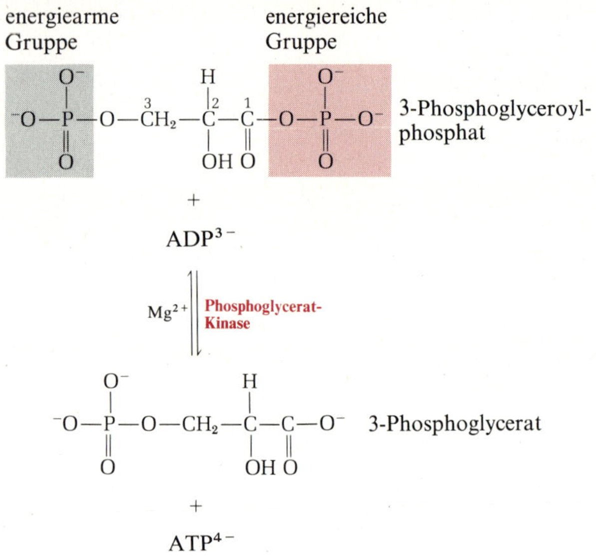

Abbildung 14-6
Übertragung einer Phosphatgruppe von 3-Phosphoglyceroylphosphat auf ADP.

gruppe). Diese Kinase-Reaktion ist reversibel; das Gleichgewicht liegt weit auf der rechten Seite, denn der $\Delta G^{\circ\prime}$-Wert, für die Hydrolyse von 3-Phosphoglyceroylphosphat ist mit -49.5 kJ/mol höher als der für die Hydrolyse von ATP (-30.5 kJ/mol).

Das andere beim Abbau von Glucose zu Pyruvat gebildete energiereiche Phosphat ist das Phospho*enol*pyruvat. Es gibt seine Phosphatgruppe ebenfalls an ADP ab. Die Reaktion (Abb. 14-7), wird von *Pyruvat-Kinase* und Mg^{2+} katalysiert:

$$\text{Phospho}enol\text{pyruvat} + \text{ADP} \xrightarrow{Mg^{2+}} \text{Pyruvat} + \text{ATP}$$

Diese Reaktion hat ebenfalls die Tendenz, unter Standardbedingungen bis weit auf die rechte Seite zu verlaufen, da $\Delta G^{\circ\prime}$ für die Hydrolyse von Phospho*enol*pyruvat (-62 kJ/mol) viel größer ist als für die Hydrolyse von ATP. Die Reaktion ist in der Zelle irreversibel. Phospho*enol*pyruvat und 3-Phosphoglyceroylphosphat, in denen zunächst die bei der Glycolyse erzeugte Energie gespeichert wurde, übertragen mit Hilfe dieser beiden Reaktionen einen großen Teil dieser Energie weiter auf ADP, wobei ATP gebildet wird.

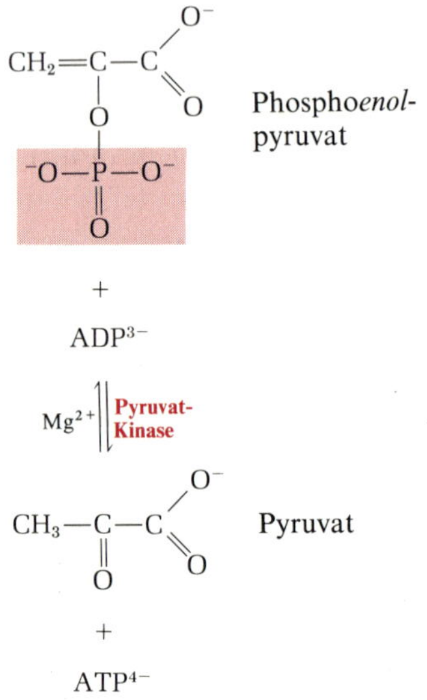

Die Übertragung einer Phosphatgruppe von ATP auf ein Akzeptormolekül kann dieses aktivieren

Die Phosphatgruppe des ATP kann nun auf verschiedene Akzeptormoleküle übertragen werden. Die dabei entstehenden energiearmen Phosphat-Verbindungen sind meistens Phosphat-Ester von Alkoholen (Tab. 14-5). Solche Reaktionen werden ebenfalls von Kinasen katalysiert. Eine von ihnen ist die *Hexokinase*; sie katalysiert die

Abbildung 14-7
Übertragung einer Phosphatgruppe von Phospho*enol*pyruvat auf ATP.

Phosphatgruppen-Übertragung von ATP auf D-Glucose:

$$\text{ATP} + \text{D-Glucose} \xrightarrow{\text{Mg}^{2+}} \text{ADP} + \text{D-Glucose-6-phosphat}$$

Eine andere ist die *Glycerin-Kinase*; sie katalysiert die Reaktion:

$$\text{ATP} + \text{Glycerin} \xrightarrow{\text{Mg}^{2+}} \text{ADP} + \text{Glycerin-3-phosphat}$$

In beiden Fällen wird eine Hydroxylgruppe des Akzeptormoleküls unter Bildung eines Phosphat-Esters phosphoryliert (Abb. 14-8). Da die $\Delta G^{\circ\prime}$-Werte für die Hydrolyse von Glucose-6-phosphat ($\Delta G^{\circ\prime} = -13.8$ kJ/mol) und Glycerin-3-phosphat ($\Delta G^{\circ\prime} = -9.2$ kJ/mol) kleiner sind als für die Hydrolyse von ATP, haben die obenstehenden Reaktionen die Tendenz, nach rechts abzulaufen, wenn man von 1 M Substratkonzentrationen ausgeht.

Glucose-6-phosphat und Glycerin-3-phosphat enthalten mehr Energie als die beiden unphosphorylierten Verbindungen Glucose und Glycerin. Wir können die Phosphate als aktivierte Formen von Glucose und Glycerin ansehen, die in nachfolgenden enzymatischen Reaktionen als Bausteine für die Synthese größerer Moleküle dienen können. Glucose-6-phosphat ist z. B. die aktivierte Vorstufe für die Biosynthese von Glycogen und Glycerin-3-phosphat eine aktivierte Vorstufe für die Lipidbiosynthese. Durch Phosphorylierung kann ein Teil der freien Energie, die ursprünglich aus dem Abbau von Glucose zu Lactat stammt und in Form von 3-Phosphoglyceroylphosphat und Phospho*enol*pyruvat gespeichert war, auf Glycerin, Glucose oder andere Phosphatakzeptoren übertragen werden, wobei ATP als Zwischenträger dient.

Abb. 14-9 zeigt ein Reaktionsschema der enzymatischen Phosphat-Übertragungsreaktionen in der Zelle. Ein wichtiges Merkmal dieser Reaktion ist, daß eigentlich alle super-energiereichen Phosphat-Verbindungen ihre Phosphatgruppen in zwei durch spezifische Kinasen katalysierten Schritten über ATP an Akzeptormoleküle für energiearme Phosphate abgeben müssen.

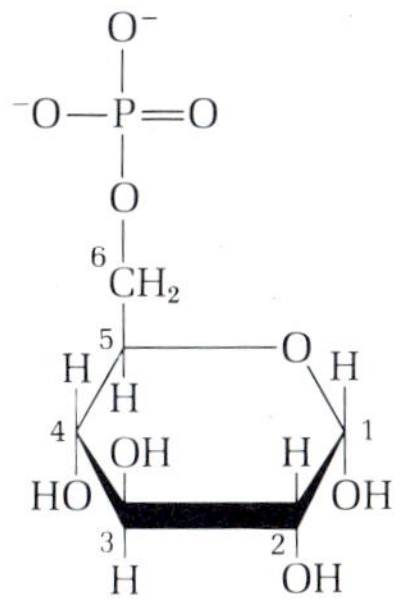

α-D-Glucose-6-phosphat

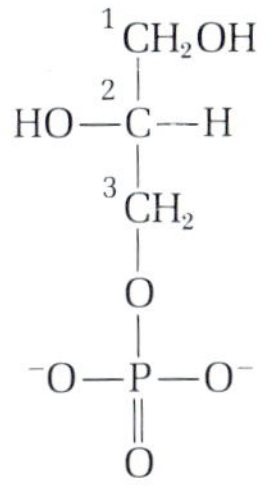

L-Glycerin-3-phosphat

Abbildung 14-8
Energiearme Phosphat-Verbindungen. Dabei handelt es sich um Ester von Phosphorsäure mit Hydroxylgruppen.

Abbildung 14-9
Der Fluß der Phosphatgruppen von den super-energiereichen Phosphatdonatoren über ATP zu den verschiedenen Akzeptormolekülen, wo sie energiearme Phosphatderivate bilden. Dieser, von Kinasen katalysierte Fluß der Phosphatgruppen ist unter intrazellulären Bedingungen insgesamt mit einem Verlust an freier Energie verbunden. Phosphocreatin dient in Muskel- und Nervenzellen als Speicher für energiereiche Phosphatgruppen.

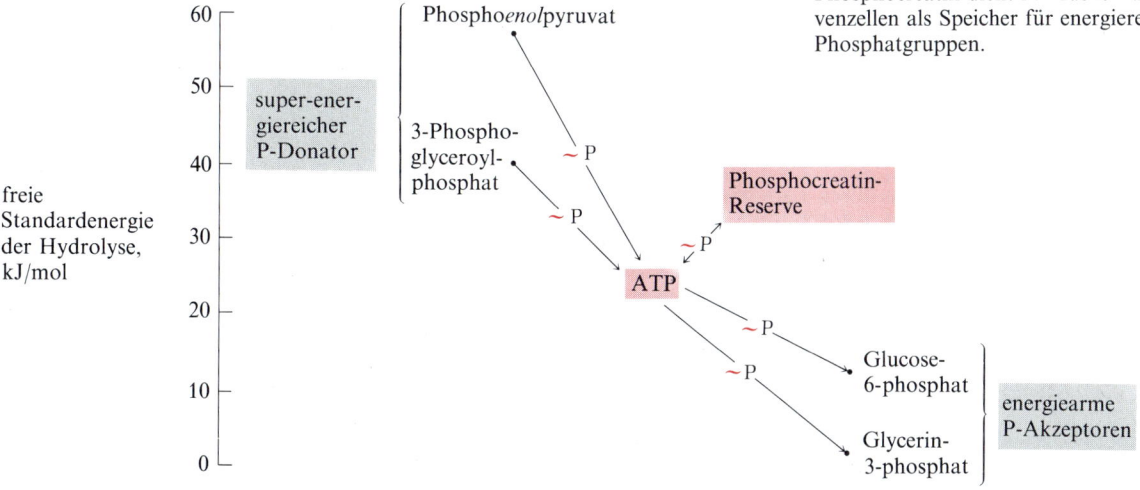

ATP liefert auch die Energie für die Muskelkontraktion

ATP liefert nicht nur die Energie für die Aktivierung von Vorstufenmolekülen für die Biosynthese verschiedener Zellkomponenten, sondern auch für zwei andere Grundformen von Zellarbeit: für die *mechanische Arbeit* der Muskelkontraktion und für die *osmotische* oder *Konzentrationsarbeit*, die geleistet werden muß, um Substanzen entgegen einem Konzentrationsgradienten zu transportieren.

Unter den kontraktilen Elementen der Skelettmuskelzellen gibt es zwei Grundtypen von Filamenten (Abb. 14-10). Die dicken Filamente setzen sich aus Bündeln von parallel angeordneten, stäbchenförmigen *Myosinmolekülen* zusammen, die dünnen Filamente bestehen aus zwei umeinander verdrillten Strängen aus *fibrösem Actin* (F-Actin), das seinerseits aus globulären Actinmolekülen (G-Actin) aufgebaut ist, die zu Schnüren aufgereiht sind. In den Muskelfibrillen sind die dicken und die dünnen Filamente regelmäßig und parallel zueinander in der Weise angeordnet, daß sie wie Finger ineinandergreifen. Sie sind zu sich wiederholenden Einheiten zusammengefaßt, die *Sarcomere* genannt werden. Während der Muskelkontraktion gleiten die dicken Filamente in jedem Sarcomer in Hohlräume zwischen den dünnen Filamenten hinein. Die chemische Energie für das Gleiten der Filamente wird durch die Hydrolyse von ATP geliefert. Wie Abb. 14-10 zeigt, hat jedes Myosinmolekül in einem dicken Filament einen ausgedehnten Endteil (Kopf). Diese entlang der Filamente regelmäßig angeordneten Köpfe sind genaugenommen Enzyme. Sie hydrolysieren ATP während ihrer sich wiederholenden Bindungs-Spaltungs-Kontakte mit den dünnen Filamenten, die so verlaufen, daß Verschiebungskräfte ausgeübt werden. Dadurch bewegen sich die dicken Filamente an den dünnen Filamenten entlang auf das Ende des Sarcomers zu. Man nimmt an, daß die Hydrolyse des ATP von einer Konformationsänderung des Myosinkopfes begleitet ist, die eine mechanische Kraft erzeugt. Auf diese Weise sind Myosin und Actin, wie auch andere Proteine des kontraktilen Systems, darauf spezialisiert, die chemische Energie des ATP in die mechanische der Muskelkontraktion umzuwandeln.

Die Kontraktion und Relaxation von Skelettmuskeln wird durch die Ca^{2+}-Konzentration im Cytosol kontrolliert. In ruhenden Zellen ist die Ca^{2+}-Konzentration normalerweise sehr niedrig. Bei einer Stimulation der Muskelfaser durch den motorischen Nerv wird Ca^{2+} aus den durch die Muskelzelle verlaufenden membranösen Tubuli freigesetzt. Das freigesetzte Ca^{2+} wird an ein komplexes Regulatorprotein, das *Troponin*, gebunden, das in Abständen entlang der dünnen Filamente lokalisiert ist. Das Troponinmolekül hat die Funktion eines Auslösers; es unterliegt einer Konformationsumwandlung, durch die die ATPase-Aktivität in den Myosinköpfen der dicken Filamente ausgeschaltet und damit die Kontraktion in Gang gesetzt wird. Das Troponin bleibt so lange aktiv, wie sich freies Ca^{2+}

Kapitel 14 Der ATP-Cyclus und die Bioenergetik der Zelle   421

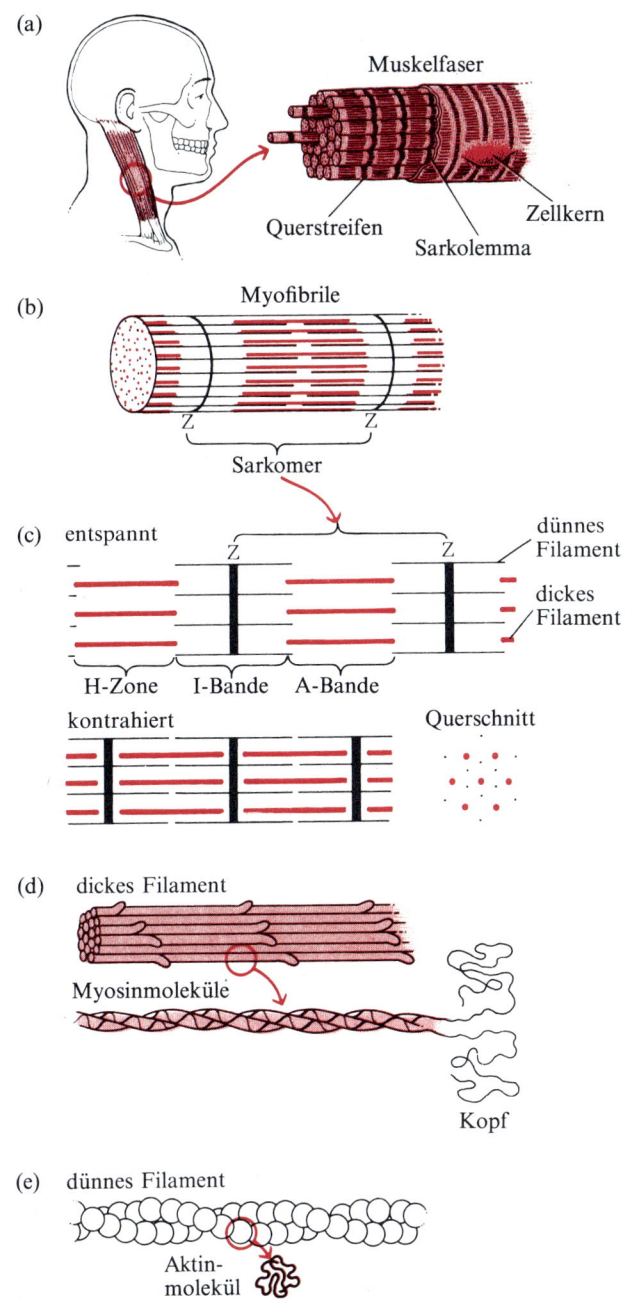

Abbildung 14-10
Das kontraktile System des Skelettmuskels.
(a) Der Skelettmuskel ist aus Bündeln von parallelen Muskelfasern zusammengesetzt. Die Muskelfasern sind langgestreckte Zellen mit zahlreichen Kernen.
(b) Jede Muskelfaser enthält zahlreiche Myofibrillen, die wiederum aus vielen parallel angeordneten Filamenten bestehen. Die Myofibrillen sind durch dunkle Trennscheiben, die Z-Linien, in Sarcomere unterteilt.
(c) Jedes Sarcomer besteht aus regulär angeordneten dicken und dünnen Filamenten. Die dicken Filamente können an den dünnen entlanggleiten.
(d) Die dicken Filamente bestehen aus Bündeln eines langen, dünnen Proteins, des Myosins. Jedes Myosinmolekül besteht aus zwei Polypeptidketten, die unter Bildung einer α-Helix umeinandergewunden sind. Das eine Ende des Moleküls ist zu einer globulären Struktur aufgefaltet, dem Kopf, der ATP zu ADP und P_i hydrolysieren kann.
(e) Jedes dünne Filament besteht aus zwei umeinander gewundenen F-Actinsträngen. Jeder dieser Stränge besteht aus einer Kette von aufgereihten G-Actinmolekülen.
(f) Die globulären Köpfe der Myosinmoleküle stehen von den übrigen Teilen der dicken Filamente seitlich ab. Man nimmt an, daß sie in Gegenwart von ATP wie Hebel funktionieren, indem sie sich an den dünnen Filamenten festhalten, diese in Richtung auf das Zentrum des Sarcomers ziehen und es dadurch verkürzen, wodurch die Myofibrille kontrahiert. Gleichzeitig wird ATP durch die Myosinköpfe zu ADP und P_i hydrolysiert. Der Kontraktionsvorgang wird durch ein Ca^{2+}-bindendes Protein, das Troponin, kontrolliert, das in Abständen an den Actinfilament befestigt ist.

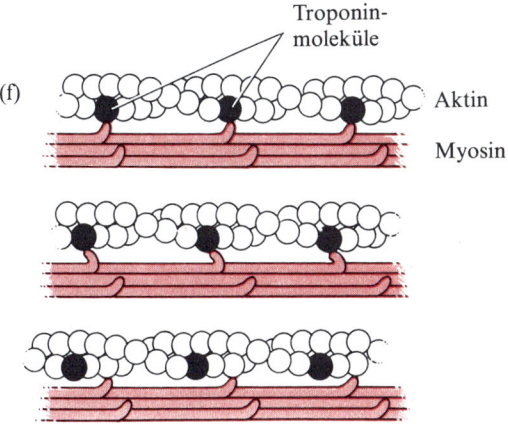

im Cytoplasma der Muskelzellen befindet. Eine Entspannung des Muskels setzt dann ein, wenn die Nervenimpulse aufhören und Ca^{2+} durch die Wirkung einer Ca^{2+}-pumpenden ATPase-Aktivität in den Membranen aus dem Sarcoplasma heraus transportiert wird. Folglich wird ATP-Energie nicht nur für die Kontraktion von Muskeln gebraucht, sondern auch für deren Relaxation. Wie wir sehen werden, kann die durch ATP-Hydrolyse freigesetzte Energie auch verwendet werden, um andere Ionen durch Membranen zu pumpen.

Muskeln können auf verschiedene Weise spezialisiert sein. Die glatten Muskeln der Eingeweide z. B. kontrahieren sehr langsam, während die Flugmuskeln der Insekten, wie Fliegen und Mücken, sehr hohe Kontraktions- und Relaxations-Geschwindigkeiten haben. Manche Muskeln, wie die Schließmuskeln der Muscheln, können im kontrahierten Zustand blockiert werden. Der Herzmuskel

Abbildung 14-11
Mit Hilfe seiner starken und gut koordinierten Skelettmuskulatur kann der Leopard über viele hundert Meter eine Geschwindigkeit von etwa 120 km/h aufrechterhalten

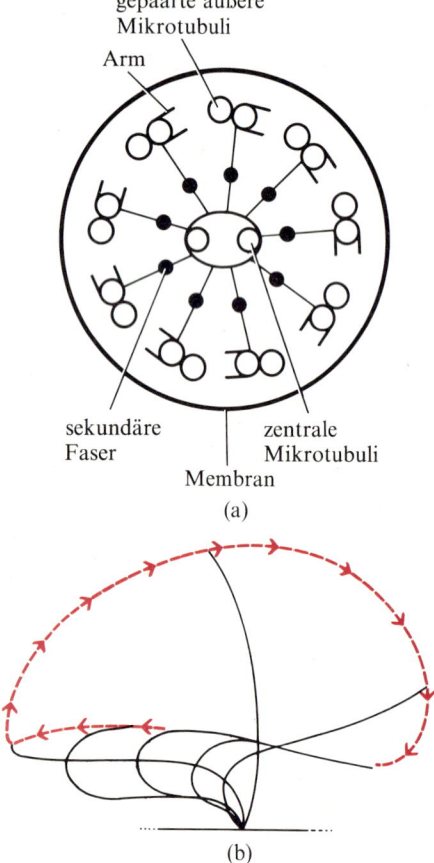

Abbildung 14-12
In den Cilien und Geißeln von Eukaryoten wird ebenfalls ATP zur Erzeugung der mechanischen Kraft verwendet.
(a) Querschnitt durch eine Cilie. In einem äußeren Ring befinden sich 9 Paare von Mikrotubuli und im Zentrum zwei ungepaarte Tubuli. Das ergibt die Anordnung 9 + 2 (S. 36). Die Cilien sind von einer Erweiterung der Zellmembran umgeben. Die treibende Kraft für die charakteristischen fegenden oder rotierenden Bewegungen der Cilien stammt aus der Hydrolyse von ATP. Die Form der Bewegung der Cilie resultiert durch Gleit- und Drehbewegungen der gepaarten Mikrotubuli. Diese Bewegungen der Tubuli ähneln dem ATP-abhängigen Ineinandergleiten der dicken und dünnen Filamente des Skelettmuskels. Die äußeren, gepaarten Mikrotubuli besitzen in Abständen „Arme", die von Myosinköpfen der dicken Filamente im Muskel vergleichbar sind. Diese Arme bestehen aus Dynein, einem hochmolekularen Protein mit ATPase-Aktivität. Durch die vom Dynein katalysierte ATP-Hydrolyse wird die Energie für das mechanische Gleiten und Verwinden der Mikrotubuli zur Verfügung gestellt. Man hat vermutet, daß die zentralen Tubuli die Schrittmacher für die Aktivität der Cilien sein könnten.
(b) Verschiedene Stadien des Schlages einer Cilie an den Kiemen eines marinen Wurmes. Die Cilien dieser Zellen sind etwa 30 μm lang.

kontrahiert rhythmisch. Auch Skelettmuskeln können spezialisiert sein; weiße Skelettmuskeln sind »schnelle« Muskeln, die ohne Sauerstoff arbeiten können, während rote Skelettmuskeln langsam reagieren und Sauerstoff brauchen. Die Skelettmuskeln mancher Tiere können eine große Kraft und einen hohen Wirkungsgrad entfalten (Abb. 14-11). Alle Muskeln aber, wie auch immer sie spezialisiert sein mögen, arbeiten mit Actin, Myosin und Troponin als molekularen Komponenten ihrer kontraktilen Elemente und alle benutzen ATP als Energiequelle. Eine andere Form von Bewegung und Antrieb (Kapitel 2) bei eukaryotischen Zellen ist die durch Cilien (Wimpern) und Flagellen (Geißeln) (Abb. 14-12). ATP dient auch als Energiequelle für die Chromosomentrennung durch die kontrahierende Wirkung des Spindelapparates während der Mitose. Es ermöglicht, daß die Mikrotubuli sich verdrillen und aneinander entlanggleiten können.

Das Actin-Myosin-Troponin-System stellt einen einzigartigen Typ einer chemischen Maschine dar. Dieses System kann chemische Energie bei konstanter Temperatur und konstantem Druck direkt in mechanische Energie umwandeln, wozu keine von Menschenhand gebaute Maschine in der Lage ist. Lebende Organismen haben demnach eine Art der Energieumwandlung zur Perfektion entwickelt, zu der die Ingenieure noch nicht in der Lage sind.

Phospocreatin stellt eine vorübergehende Speicherform für energiereiche Phosphatgruppen in Muskeln dar

Unter den energiereichen Phosphaten spielt *Phosphocreatin* (Abb. 14-13) eine einzigartige Rolle für die Energetik von Muskeln und anderen elektrisch erregbaren Geweben, wie Gehirn und Nerven. Es dient als vorübergehende Speicherform für energiereiche Phosphatgruppen. Die freie Standard-Hydrolyseenergie von Phosphocreatinin (auch *Creatinphosphat* genannt) ist mit -43.1 kJ/mol größer als die von ATP. Es kann seine Phosphatgruppe in einer durch das Enzym *Creatin-Kinase* katalysierten Reaktion auf ATP übertragen:

$$\text{Phosphocreatin} + \text{ADP} \rightleftharpoons \text{Creatin} + \text{ATP}$$

Phosphocreatin hat die Funktion, die ATP-Konzentration in den Muskelzellen auf einem konstanten, hohen Niveau zu halten, besonders im Skelettmuskel, der nur zeitweise, aber dann angestrengt und mit hoher Geschwindigkeit arbeiten muß. Wann immer ein Teil des ATP zu Muskelkontraktionen verbraucht wird, entsteht ADP. Der normale ATP-Spiegel wird aber schnell wieder eingestellt, indem Phosphocreatin seine Phosphatgruppe mit Hilfe der Creatin-Kinase an das ADP abgibt. Da der Phosphocreatin-Gehalt des Muskels

```
            O⁻  H    CH₃
            |   |    |
       ⁻O—P—N—C—N—CH₂—C—O⁻        Phosphocreatin
            ‖       |         ‖
            O      NH₂⁺       O

                       +

                      ADP

                  ‖ Creatin-Kinase

              H    CH₃
              |    |
         H—N—C—N—CH₂—C—O⁻           Creatin
              |          ‖
             NH₂⁺        O

                       +

                      ATP
```

Abbildung 14-13
Die Funktionsweise von Phosphocreatin als Reserve-Donator von energiereichen Phosphatgruppen im Muskel. Phosphocreatin kann als „Puffer" für energiereiche Phosphatgruppen bezeichnet werden, der dazu beiträgt, die ATP-Konzentration konstant zu halten.

etwa 3- bis 4mal so hoch ist wie sein ATP-Gehalt (Tab. 14-4), sind genügend Phosphatgruppen gespeichert, um den ATP-Spiegel während kurzer Perioden intensiver Aktivität konstant zu halten. In der darauffolgenden Erholungsphase wird das angesammelte Creatin durch ATP zu Phospocreatin rephosphoryliert, denn die Creatin-Kinase-Reaktion ist reversibel. Weil es keinen anderen Stoffwechselweg für die Synthese und den Abbau von Phosphocreatin gibt, ist diese Verbindung als vorübergehender Speicher besonders geeignet.

Die Muskeln vieler Wirbelloser enthalten *Phosphoarginin* statt Phosphocreatin als Reserveform für Energie. Verbindungen wie Phosphocreatin und Phosphoarginin, die als Energiespeicher dienen, werden *Phosphagene* genannt.

ATP liefert auch die Energie für den aktiven Transport durch Membranen

Die chemische ATP-Energie kann auch verwendet werden, um Konzentrationsarbeit zu leisten, das ist die Arbeit, die nötig ist, um ein Ion oder ein Molekül durch eine Membran in ein anderes Kompartiment zu transportieren, in dem die Konzentration dieses Ions oder Moleküls größer ist. Wir können die freie Energie für den Transport von 1 mol eines nicht-ionischen Stoffes von einem Kompartiment in ein anderes, z. B. vom umgebenden Medium in die Zelle, berechnen. Dazu müssen wir die Konzentration des gelösten Stoffes in den Kompartimenten kennen (Abb. 14-14). Die zugrunde liegende Beziehung lautet:

$$\Delta G = 2.303\, RT\, \lg \frac{C_2}{C_1},$$

wobei C_1 die molare Konzentration des gelösten Stoffes in dem umgebenden Medium und C_2 dessen molare Konzentration in der Zelle

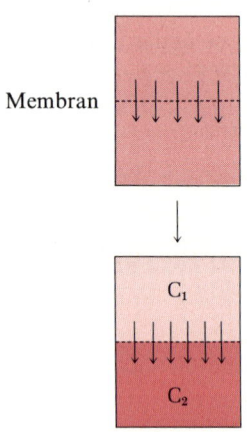

durch den aktiven Transport wird die freie Energie des Systems erhöht

Abbildung 14-14
Aktiver Transport einer gelösten Substanz gegen einen Konzentrationsgradienten. Ausgehend von einem Gleichgewichtszustand, in dem die Konzentration der gelösten Substanz in beiden Kompartimenten gleich ist, bewirkt der aktive Transport von einem Kompartiment in das andere, daß diese Substanz entgegen einem Konzentrationsgradienten bewegt wird. Um einen Konzentrationsgradienten durch die Membran zu erzeugen und aufrechtzuerhalten, ist die Zufuhr freier Energie nötig. Wird die Energiezufuhr unterbrochen, so diffundiert die Substanz aus dem Kompartiment, in dem sie angereichert ist, zurück, bis der Gleichgewichtszustand mit gleicher Konzentration in beiden Kompartimenten wieder erreicht ist.

ist. Mit dieser Gleichung können wir die freie Energie berechnen, die man braucht, um 1 mol Glucose gegen einen 100fachen Gradienten vom Medium in ein Zellkompartiment zu transportieren, wenn die Glucose z. B. im Medium eine Konzentration von 1.0 mM und im Kompartiment von 100 mM hat. Wir erhalten dann für

$$\Delta G = 2.30 (8.31)(298) \lg \frac{0.100}{0.001}$$
$$= 5700 (2.0) = 11\,400 \text{ J/mol}$$
$$= 11.4 \text{ kJ/mol}.$$

Die Änderung der freien Energie ist positiv; das bedeutet, daß der Transport von 1 mol Glucose (oder jeder anderen neutralen Verbindung) entgegen einem 100fachen Konzentrationsgradienten mindestens 11.4 kJ an freier Energie erfordert, die dem System zugeführt werden muß, und zwar mit Hilfe eines Mechanismus, der diese Art der Energieumwandlung ermöglicht.

Die Konzentrationsgradienten in Membranen haben sehr verschiedene Werte. Den vielleicht größten finden wir in der Plasmamembran der *Magenwandzellen,* die Salzsäure in den Magensaft sezernieren. Da die Salzsäurekonzentration im Magensaft 0.1 M (pH 1) sein kann und die H^+-Konzentration in den Zellen etwa 10^{-7} M (pH 7) ist, bedeutet das, daß die Magenwandzellen H^+-Ionen entgegen einem Gradienten von 1 Million sezernieren können. Diese Zellen müssen sehr aktive Membran-„Pumpen" für die Sekretion von H^+-Ionen besitzen, denn ein so großer Gradient kann nur unter beträchtlichem Energieaufwand aufgebaut werden. Der Transport von gelösten Stoffen durch Membranen entgegen einem Konzentrationsgradienten wird *aktiver Transport* genannt. Die HCl-Produktion im Magen erfolgt durch ein membrangebundenes Enzym, die H^+-*transportierende ATPase.* Bei der Magensaftproduktion werden für jedes Molekül ATP, das hydrolysiert wird, 2 H^+-Ionen aus dem Cytosol durch die Plasmamembran in den Magen transportiert.

Ein weiteres wichtiges Beispiel für einen aktiven Transportvorgang ist der Transport von Na^+ und K^+ durch die Plasmamembranen aller tierischen Zellen. Dieser Transport ist in roten Blutkörperchen am gründlichsten untersucht worden. In diesen beträgt die K^+-Konzentration im Cytosol etwa 110 mM, im Blutplasma dagegen nur 3 mM. Umgekehrt beträgt die Na^+-Konzentration im Blutplasma ungefähr 140 mM und hat in den roten Blutkörperchen einen Wert von nur 4 mM. Zur Aufrechterhaltung dieser Gradienten ist die Zufuhr von ATP notwendig. Die Membran der roten Blutkörperchen enthält ein spezielles Enzym, die Na^+, K^+-*transportierende ATPase,* die sowohl die Funktion eines Enzyms als auch die einer molekularen Pumpe hat. Sie katalysiert die Hydrolyse von ATP zu ADP und Phosphat und verwendet die freigesetzte Energie, um K^+ in die Zellen hinein- und Na^+ aus den Zellen herauszupumpen (Abb. 14-15).

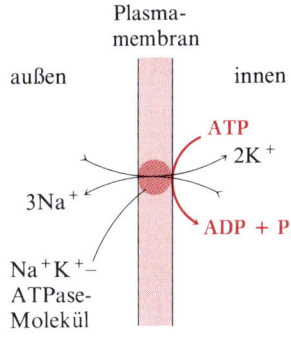

Abbildung 14-15
Schematische Darstellung der Na^+, K^+-ATPase-Wirkung. Der Transport von K^+ in die Zellen, wo die K^+-Konzentration hoch ist, und der Na^+-Transport aus der Zelle in das extrazelluläre Wasser, wo die Na^+-Konzentration hoch ist, erfordert freie Energie, die durch die Hydrolyse von ATP bereitgestellt wird. Für jedes ATP-Molekül, das zu ADP und P_i hydrolysiert wird, werden drei Na^+-Ionen herausgeschleust und zwei K^+-Ionen in die Zelle transportiert. Der Transportvorgang findet in zwei Schritten statt. Im ersten Schritt wird das ATPase-Molekül durch ATP phosphoryliert, wodurch es die Fähigkeit erhält, Na^+ zu binden. Im zweiten Schritt wird K^+ gebunden, so daß der Transport von Na^+ und K^+ durch die Membran stattfinden kann. Er wird begleitet durch die Abgabe des freigesetzten Phosphats in das Cytosol. ATP und seine Hydrolyseprodukte ADP und P_i bleiben in der Zelle.

Der aktivierende Schritt bei diesem Vorgang ist die Übertragung der terminalen Phosphatgruppe des ATP auf das Na$^+$, K$^+$-ATPase-Molekül. dieses enzymgebundene Phosphat wird für die Energieversorgung des Transportvorganges hydrolytisch abgespalten. Na$^+$ und K$^+$ werden gleichzeitig in entgegengesetzte Richtungen transportiert, jedes entgegen seinem Gradienten. Das abhydrolysierte Phosphat wird im Cytosol mit Hilfe von Energie aus dem Glucoseabbau wieder mit ADP zu ATP rekombiniert. Die Na$^+$, K$^+$- ATPase hydrolysiert ATP nur dann, wenn Na$^+$ innerhalb und K$^+$ außerhalb der Zelle vorhanden ist. Das Na$^+$, K$^+$-ATPase-Molekül besteht aus 2α- und 2 β-Untereinheiten und reicht von der Außenseite bis zur Innenseite der Membran hindurch. Während des Transportvorganges erleidet es eine Konformationsänderung. In der Niere, die einen Überschuß an Na$^+$ in den Harn abgeben und K$^+$ im Blut zurückhalten muß, werden fast zwei Drittel des durch die Zellatmung gebildeten ATP für den Transport von Na$^+$ und K$^+$ verbraucht. In den verschiedenen Zellmembranen spielen mehrere verschiedene Ionen-transportierende ATPasen eine wichtige Rolle (Tab. 14-6).

Tabelle *14-6* Kationentransportierende Membran-ATPasen.

ATPase	Zellart	Lokalisation	Funktion
Na$^+$, K$^+$-ATPase	Die meisten tierischen Zellen	Plasmamembran	Aufrechterhaltung einer hohen intrazellulären K$^+$-Konzentration
H$^+$-ATPase	Wandzellen der Magenschleimhaut	Plasmamembran	Sekretion von H$^+$ in den Magensaft
H$^+$-ATPase	Tier- und Pflanzenzellen	Innere Mitochondrienmembran	Teilnahme an der oxidativen und photosynthetischen Phosphorylierung von ADP zu ATP
	Pflanzenzellen	Innere Chloroplastenmembran	
	Bakterien	Plasmamembran	
Ca^{2+}-ATPase	Tierische Zellen	Plasmamembran	Pumpt Ca^{2+} aus der Zelle und hilft, den cytosolischen Ca^{2+}-Gehalt aufrechtzuerhalten
		Sarcoplasmisches Reticulum	Pumpt Ca^{2+} in die Zisternen des sarcoplasmischen Reticulums und entspannt den Muskel

ATP kann auch zu AMP und Diphosphat abgebaut werden

Obwohl bei vielen ATP-verbrauchenden Reaktionen ADP und Phosphat als Abbauprodukte anfallen und obwohl ADP der unmittelbare Phosphatakzeptor bei den energieerzeugenden Reaktionen ist, werden bei manchen Reaktionen des ATP beide Phosphatgruppen in einem Stück als anorganisches Diphosphat (symbolisch dargestellt als PP_i) entfernt, und es entsteht Adenosinmonophosphat (AMP). Ein Beispiel hierfür ist die enzymatische Aktivierung von Fettsäuren durch die Bildung ihrer Coenzym-A-Ester (S. 566). Die Fettsäure-CoA-Ester (Abb. 14-16) sind die aktiven Vorstufen für die Biosynthese der Lipide. Die Aktivierungsreaktion:

$$ATP + RCOOH + CoA\text{—}SH \rightleftharpoons AMP + PP_i + RCO\text{—}S\text{—}CoA$$
Fettsäure   Fettsäure-CoA-Ester

$$\Delta G^{\circ\prime} = +0.84 \text{ kJ/mol}$$

wird durch eine Diphosphatspaltung des ATP in Gang gesetzt, bei der Diphosphat und AMP entstehen, im Gegensatz zur sonst üblichen *Orthophosphatspaltung*, bei der ATP nur eine Phosphatgruppe verliert, wie bei der Hexokinase-Reaktion:

$$ATP + \text{d-Glucose} \rightarrow ADP + \text{d-Glucose-6-phosphat}$$

$$\Delta G^{\circ\prime} = -13.8 \text{ kJ/mol}$$

Für die Hydrolyse von ATP zu AMP und PP_i:

$$ATP + H_2O \rightarrow AMP + PP_i$$

ist $\Delta G^{\circ\prime} = -32.2$ kJ/mol, also etwas größer als für die Hydrolyse der terminalen oder γ-Phosphatbindung. Das anorganische Diphosphat wird anschließend mit *Diphosphatase* hydrolysiert, wobei zwei Moleküle anorganisches Phosphat entstehen:

$$\text{Diphosphat} + H_2O \rightarrow 2\,\text{Phosphat}$$

$$\Delta G^{\circ\prime} = -28.9 \text{ kJ/mol}$$

Der $\Delta G^{\circ\prime}$-Wert für die Summengleichung:

$$ATP + 2H_2O \rightarrow AMP + 2P_i$$

$$\Delta G^{\circ\prime} = -61.1 \text{ kJ/mol}$$

ist gleich der Summe der $\Delta G^{\circ\prime}$-Werte für die zwei Einzelreaktionen. Wir sehen auch, daß das $\Delta G^{\circ\prime}$ der Gesamtreaktion genau doppelt so groß ist wie das $\Delta G^{\circ\prime}$ der endständigen Phosphatgruppen von ATP und ADP.

Der Verbrauch von *zwei* ATP-Phosphatgruppen für die Aktivierung eines Vorstufenmoleküls mag verschwenderisch erscheinen,

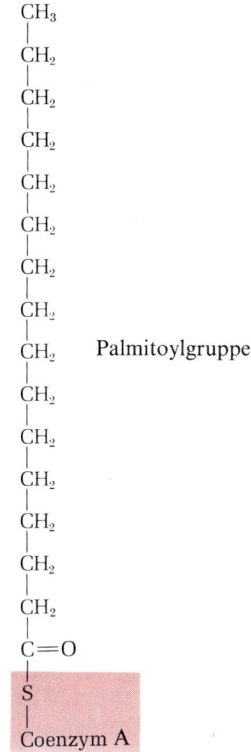

Abbildung 14-16
Palmitoyl-CoA, ein typischer Fettsäure-Coenzym-A-Ester. Der Thioester, die Kohlenstoff-Schwefel-Verbindung (in Farbe), die die Fettsäure mit dem CoA-SH verbindet, besitzt einen hohen $\Delta G^{\circ\prime}$-Wert für die Hydrolyse von etwa 31.4 kJ/mol. Fettsäure-CoA-Ester sind aktivierte Vorstufen für die Lipidbiosynthese.

Kasten 14-3 ATP liefert die Energie für die Biolumineszenz des Leuchtkäfers.

Viele Pilze, marine Mikroorganismen, Quallen und Krebse sind ähnlich wie der Leuchtkäfer (Abb. 1) in der Lage, Biolumineszenz zu erzeugen, wofür beträchtliche Mengen an Energie gebraucht werden. Beim Leuchtkäfer wird eine Kombination aus ATP- und oxidativer Energie in einer Reihe von Reaktionen dazu verwendet, chemische Energie in Lichtenergie umzuwandeln. William McElroy und seine Mitarbeiter an der John-Hopkins-Universität isolierten aus vielen Tausenden von in Baltimore gesammelten Leuchtkäfern die an der Lumineszenz hauptsächlich beteiligten biochemischen Komponenten, das *Luciferin* (Abb. 2), eine komplexe Carboxylsäure, und das Enzym *Luciferase*. Für die Erzeugung von Lichtblitzen muß das Luciferin zuerst durch eine enzymatische Reaktion mittels ATP aktiviert werden. Dabei erfolgt eine Diphosphatspaltung des ATP und die Bildung von *Luciferyladenylat* (Abb. 2). Auf diese Verbindung wirken nun Sauerstoff und die Luciferase ein, wobei Luciferin oxidativ zu *Oxyluciferin* decarboxyliert wird. Diese Reaktion, die über einige Zwischenschritte verläuft, ist von Lichtemission begleitet (Abb. 3). Die Farbe der Lichtblitze variiert bei den verschiedenen Leuchtkäfer-Arten und scheint durch Unterschiede in der Struktur der Luciferase bedingt zu sein. In einer nachfolgenden Serie von Reaktionen wird Luciferin aus Oxyluciferin regeneriert. Bei anderen biolumineszierenden Organismen werden andere Arten enzymatischer Reaktionen für die Erzeugung von Licht verwendet.

Gereinigtes Leuchtkäfer-Luciferin und Luciferase werden für die Bestimmung sehr kleiner ATP-Mengen verwendet, und zwar durch Messung der Intensität der erzeugten Lichtblitze. Auf diese Weise können bereits wenige Picomol (10^{-12} mol) ATP bestimmt werden.

Abbildung 1
Der Leuchtkäfer.

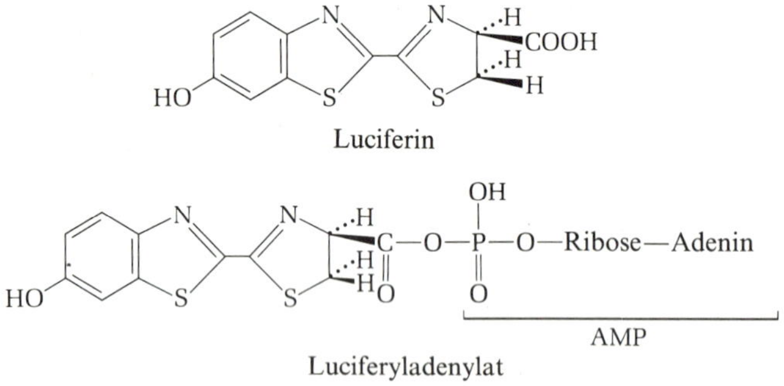

Abbildung 2
Wichtige Komponenten für die Biolumineszenz des Leuchtkäfers

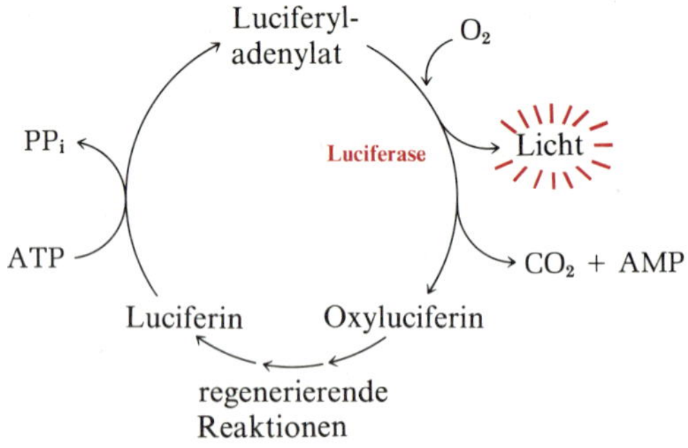

Abbildung 3
Der Reaktionscyclus für die Lichtproduktion

aber wir werden später sehen, daß es sich dabei um ein wichtiges Mittel handelt, um den vollständigen Ablauf bestimmter biochemischer Reaktionen zu garantieren. Eine ungewöhnliche Verwendung der Diphosphatspaltung des ATP findet man beim Leuchtkäfer, der sie als Energiequelle für seine Lichtblitze verwendet (Kasten 14-3).

AMP kann mit Hilfe des Enzyms *Adenylat-Kinase*, das in allen tierischen Zellen vorkommt, in den ATP-Cyclus zurückkehren. Es katalysiert die reversible Phosphorylierung von AMP zu ADP:

$$ATP + AMP \underset{}{\overset{Mg^{2+}}{\rightleftharpoons}} ADP + ADP$$

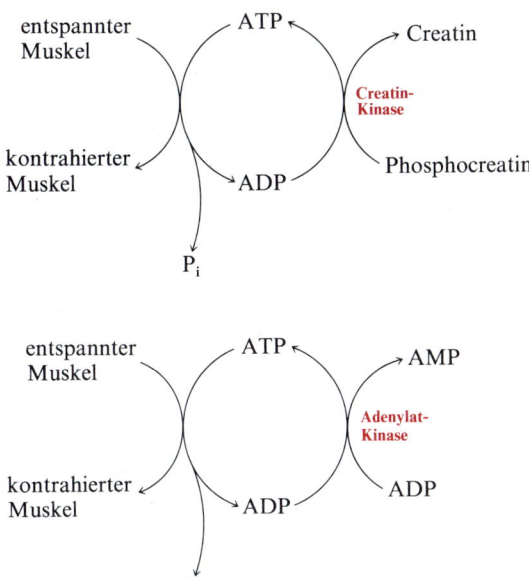

Abbildung 14-17
Zwei Wege für die Aufrechterhaltung des ATP-Spiegels im schnell kontrahierten Skelettmuskel unter anaeroben Bedingungen.

Das so gebildete ADP kann nun wieder zu ATP phosphoryliert werden.

Die Adenylat-Kinase hat noch eine andere wichtige Funktion. Wenn sie in der umgekehrten Richtung wirkt:

$$2\,\text{ADP} \xrightleftharpoons{\text{Mg}^{2+}} \text{ATP} + \text{AMP}$$

trägt sie dazu bei, den ATP-Spiegel in der Zelle aufrechtzuerhalten, denn sie bildet ATP, indem sie Phosphat von einem ADP-Molekül auf ein anderes überträgt. Im kontrahierenden Muskel macht es die Adenylat-Kinase auf diese Weise möglich, daß beide Phosphatgruppen des ATP (die γ- und die β-ständige) als Energiequellen genutzt werden können (Abb. 14-17). Die Adenylat-Kinase mit ADP als Substrat stellt demnach eine Ergänzung für das Phosphocreatin dar.

Außer ATP gibt es noch andere energiereiche Nucleosid-5′-triphosphate

Uridintriphosphat (UTP), *Guanosintriphosphat* (GTP) und *Cytidintriphosphat* (CTP) sind phosphorylierte Ribonucleotide mit ähnlichen Strukturen wie ATP (Abb. 14-18) und denselben $\Delta G^{\circ\prime}$-Werten für die Hydrolyse. Sie kommen in allen Zellen vor, aber in wesentlich niedrigeren Konzentrationen als ATP. Ebenfalls in niedrigen Konzentrationen sind die *2′-Desoxyribonucleosid-5′-triphosphate* anzutreffen: *2′-Desoxyadenosin-5′-triphosphat* (dATP), *2′-Desoxyguanosin-5′-triphosphat* (dGTP), *2′-Desoxycytidin-5′-triphosphat* (dCTP), *2′-Desoxythymidin-5′-triphosphat* (dTTP). Während ATP der Phos-

430 Teil II Bioenergetik und Stoffwechsel

Abbildung 14-18
(a) Die vier Nucleosid-5-triphosphate. Jede der vier Verbindungen hat eine charakteristische Base (in Farbe).
(b) Die Desoxynucleosid-5-triphosphate haben in Position 2 ein Wasserstoffatom statt einer Hydroxylgruppe. Desoxythymidintriphosphat ist die Vorstufe der Thymidylatreste in der DNA. Sie werden nicht in RNA gefunden. RNA enthält statt dessen Uridylatreste, die aus Uridintriphosphat entstehen.

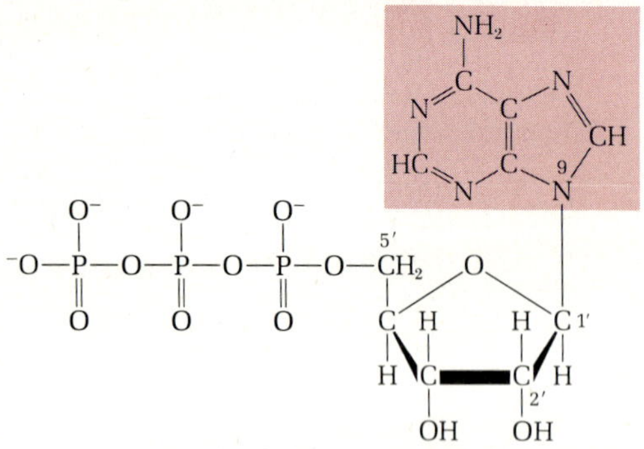

Adenosintriphosphat (ATP)

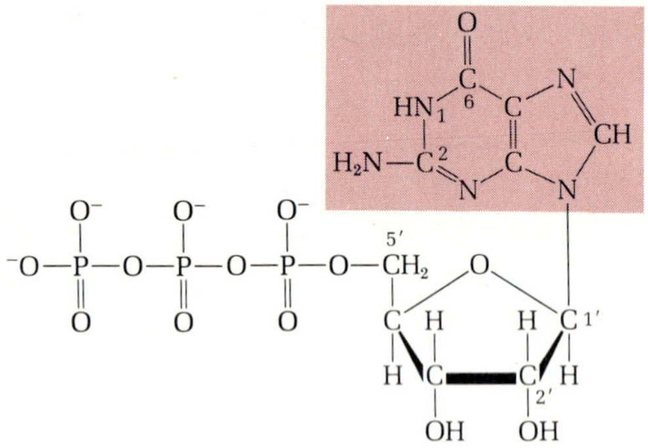

Guanosintriphosphat (GTP)

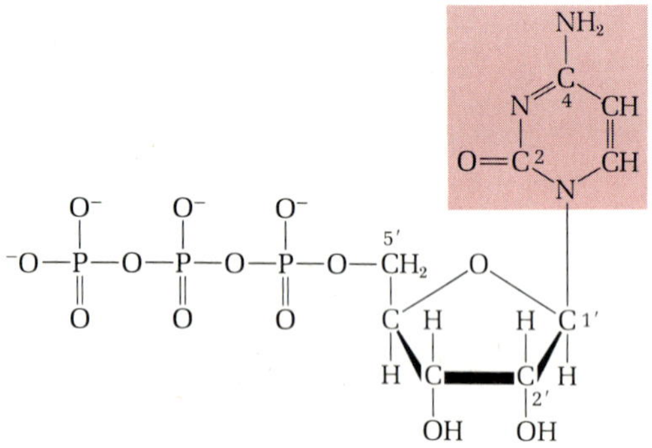

Desoxyadenosintriphosphat (dATP)

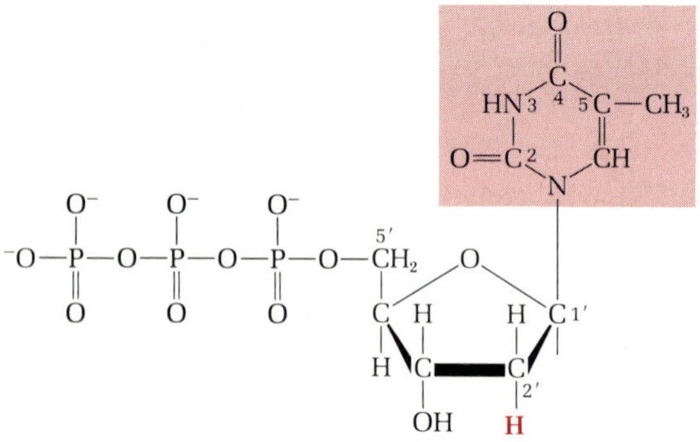

Cytidintriphosphat (CTP)

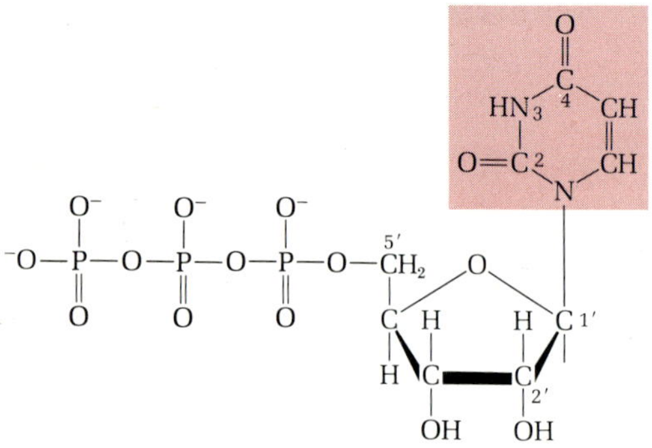

Desoxythymidintriphosphat (dTTP)

(b)

Uridintriphosphat (UTP)

(a)

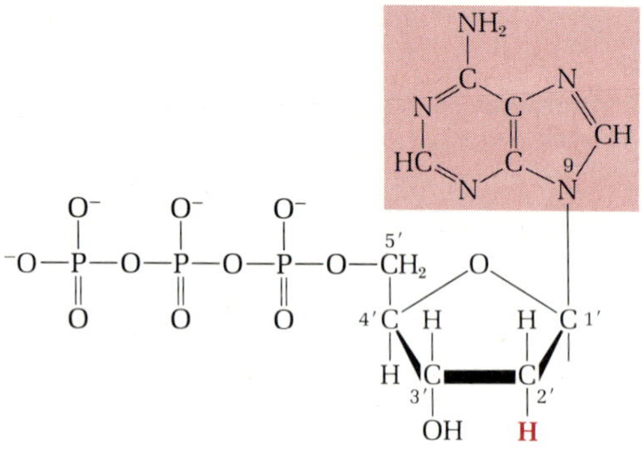

phatgruppen-Überträger für den Hauptstrom des Energieflusses ist, sind die anderen Nucleosid-5'-triphosphate für ganz bestimmte Stoffwechselwege spezialisiert. Sie erhalten ihre terminalen Phosphatgruppen meistens von ATP. Einige der daran beteiligten reversiblen Reaktionen sind unten aufgeführt. Sie werden von Mg^{2+}-abhängigen Enzymen, den *Nucleosid-Diphosphokinasen*, katalysiert:

$$ATP + UDP \rightleftharpoons ADP + UTP$$
$$ATP + GDP \rightleftharpoons ADP + GTP$$
$$ATP + CDP \rightleftharpoons ADP + CTP$$
$$GTP + UDP \rightleftharpoons GDP + UTP$$
$$ATP + dCDP \rightleftharpoons ADP + dCTP$$
$$GTP + dADP \rightleftharpoons GDP + dATP$$

Abb. 14-19 zeigt, wie die anderen Nucleosid- und Desoxynucleosidtriphosphate als Energie- oder Bausteinlieferanten auf die verschiedenen Stoffwechselwege verteilt sind.

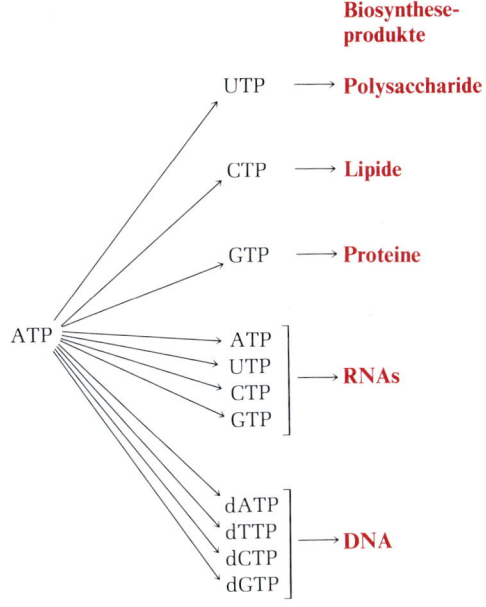

Abbildung 14-19
Kanalisierung der ATP-Energie in verschiedene Biosynthesewege über verschiedene Nucleosid- und Desoxynucleosidtriphosphate.

Das ATP-System befindet sich in einem Fließgleichgewicht

Woher wissen wir, daß das ATP-System die Phosphatgruppenenergie tatsächlich so überträgt, wie es in Abb. 14-3 gezeigt ist? Diese Frage läßt sich durch Versuche mit radioaktivem Phosphat (^{32}P) beantworten. Ein möglicher Weg ist es, mit Hilfe von ^{32}P-markiertem ATP die Umsetzungsgeschwindigkeit des terminalen ATP-Phosphats zu bestimmen: Markiertes anorganisches Phosphat wird in atmende Zellen eingebracht. Danach werden in kurzen Zeitabständen Proben entnommen, aus denen das ATP isoliert wird. Man findet, daß trotz gleichbleibender Konzentration des ATP dessen terminale Phosphatgruppe schnell radioaktiv wird. Das zeigt, daß diese Gruppe einem raschen Austausch unterliegt, das heißt, sie wird in kurzen Zeitabständen abgespalten und aus den anorganischen Phosphat-Pool wieder ersetzt, der in diesem Falle radioaktiv markiertes Phosphat enthält. Die spezifische Radioaktivität der terminalen Phosphatgruppe des ATP nimmt so lange zu, bis sie genauso hoch ist wie die des anorganischen Phosphat-Pools. Die Umsetzungsgeschwindigkeit der terminalen Phosphatgruppe des ATP ist sehr hoch. Ihre Halbwertszeit in atmenden Leberzellen beträgt nur ein bis zwei Minuten; in aeroben Bakterien, die eine viel stärkere Atmung haben als tierische Zellen, liegt sie im Bereich von Sekunden. Die mit der Ribose verbundene α-Phosphatgruppe des ATP wird dagegen sehr langsam umgesetzt.

Trotz der hohen Umsetzungsgeschwindigkeit der terminalen ATP-Phosphatgruppe bleibt, die ATP-Konzentration konstant, da ein dynamisches Gleichgewicht oder Fließgleichgewicht zwischen Bildung und Verbrauch besteht. Die Geschwindigkeit, mit der ATP zur Energieerzeugung verbraucht wird, d.h. die Geschwindigkeit, mit der die terminale Phosphatgruppe abgespalten wird, ist genauso groß wie die Geschwindigkeit der Rephosphorylierung von ADP zu ATP, die an die energieliefernde Oxidation der Zell-Brennstoffe gekoppelt ist. Die Geschwindigkeit der ATP-Synthese auf Kosten der Zell-Brennstoffe wird so reguliert, daß gerade so viel ATP gebildet wird, wie die Zelle braucht, um ihren momentanen Energiebedarf zu decken.

Zusammenfassung

Chemische Reaktionen verlaufen immer in Richtung auf ein Gleichgewicht, bei dem die Summe der Entropie S des Systems und der Umgebung ein Maximum erreicht und die freie Energie G der reagierenden Moleküle ein Minimum. Jede chemische Reaktion hat einen charakteristischen Wert für die Änderung der freien Standardenergie $\Delta G^{\circ\prime}$ (also bei der Standard-Temperatur von 25°C, einem Druck von 1.013 bar (1atm), 1 M Konzentration aller Ausgangssubstanzen und Produkte und bei pH 7.0). $\Delta G^{\circ\prime}$ kann aus der Gleichgewichtskonstanten K'_{eq} mit Hilfe der Gleichung $\Delta G^{\circ\prime} = -2.303\ RT$ lg K'_{eq} berechnet werden. Der $\Delta G^{\circ\prime}$-Wert für die Hydrolyse von ATP zu ADP beträgt -30.5 kJ/mol bei pH 7 und 25°C. Die Hydrolyse einiger phosphorylierter Verbindungen, z.B. von 3-Phosphoglyceroylphosphat und Phospho*enol*pyruvat, die während des Abbaus von Glucose zu Lactat gebildet werden, hat viel höhere $\Delta G^{\circ\prime}$-Werte als die von ATP, man bezeichnet diese Verbindungen als super-energiereich. Andere Phosphate, wie Glucose-6-phosphat, haben niedrigere $\Delta G^{\circ\prime}$-Werte für die Hydrolyse als ATP und heißen deshalb energiearme Phosphat-Verbindungen. Von den super-energiereichen, im Katabolismus enstehenden Phosphaten können durch die Aktivität spezifischer Kinasen Phosphatgruppen auf ADP unter Bildung von ATP übertragen werden. Andere spezifische Kinasen können die terminale Phosphatgruppe des ATP unter Bildung energiearmer Phosphate auf bestimmte Akzeptormoleküle übertragen, die auf diese Weise für Biosynthese-Reaktionen aktiviert werden. Das ATP ist der bei weitem wichtigste Phosphatgruppen-Überträger im Stoffwechsel. Außerdem transportiert ATP die Energie zu den kontraktilen Actin- und Myosinfilamenten des Skelettmuskels. Diese erhalten dadurch die Fähigkeit, aneinander entlangzugleiten, was die Muskelverkürzung bewirkt, während das ATP gleichzeitig zu ADP und Phosphat hydrolysiert wird. Phosphocreatin stellt eine vorrübergehende Speicherform für energiereiche Phosphate in Muskel- und Nervenzellen dar. Es kann seine Phosphatgruppe mit Hilfe der Creatin-Kinase an ADP abgeben. ATP versorgt auch die Membran-ATPasen mit Energie und aktiviert sie für den Transport von H^+ und anderen Kationen durch Membranen entgegen Konzentrationsgradienten.

ATP kann bei seiner Verwendung zu biochemischen Reaktionen entweder eine Orthophosphatgruppe oder eine Diphosphatgruppe abspalten, so daß entweder ADP oder AMP entsteht. Das bei der Diphosphatspaltung gebildete AMP kann durch die Adenylat-Kinase-Reaktion (ATP + AMP $\rightleftharpoons$ 2 ADP) zu ADP rephosphoryliert werden. Andere Nucleosidtriphosphate, wie GTP, UTP, CTP, dATP dTTP usw. sind ebenfalls Träger energiereicher Phosphatgruppen; sie schleusen diese in jeweils verschiedene Synthesewege ein. Diese Triphosphate dienen außerdem als Vorstufen in der Nucleinsäure-Biosynthese. Die terminale Phosphatgruppe des ATP wird in intakten, atmenden Zellen fortwährend extrem schnell gegen anorganisches Phosphat ausgetauscht. Zwischen dem Abbau von ATP durch Hydrolyse der terminalen Phosphatgruppe und seiner Bildung aus ADP und anorganischem Phosphat bildet sich ein dynamisches Gleichgewicht (Fließgleichwicht) aus.

Aufgaben

1. *Die Berechnung von $\Delta G^{\circ\prime}$ aus der Gleichgewichtskonstanten.* Berechnen Sie die Änderung der freien Standardenergie folgender für den Stoffwechsel wichtiger enzymkatalysierter Reaktionen bei 25 °C aus den angegebenen Gleichgewichtskonstanten (pH 7):

(a) Glutamat + Oxalacetat $\underset{}{\overset{\text{Aspartat-Transaminase}}{\rightleftharpoons}}$ Aspartat + α-Oxoglutarat

$$K'_{eq} = 6.8$$

(b) Dihydroxyacetonphosphat $\xrightleftharpoons{\text{Triosephosphat-Isomerase}}$

Glycerinaldehyd-3-phosphat $\quad K'_{eq} = 0.0475$

(c) Fructose-6-phosphat + ATP $\xrightleftharpoons{\text{Phosphofructokinase}}$

Fructose-1,6-bisphosphat + ADP $\quad K'_{eq} = 254$

2. *Die Berechnung der Gleichgewichtskonstanten aus $\Delta G^{\circ\prime}$*. Berechnen Sie die Gleichgewichtskonstante für folgende Reaktionen bei pH 7 und 25 °C unter Verwendung der $\Delta G^{\circ\prime}$-Werte aus Tab. 14-3:

(a) Glucose-6-phosphat + H_2O $\xrightarrow{\text{Glucose-6-phosphatase}}$ Glucose + Phosphat

(b) Lactose + H_2O $\xrightarrow{\beta\text{-Galactosidase}}$ Glucose + Galactose

(c) Malat $\xrightarrow{\text{Fumarat-Hydratase}}$ Fumarat + H_2O

3. *$\Delta G^{\circ\prime}$ für gekoppelte Reaktionen*. Glucose-1-phosphat wird in zwei aufeinanderfolgenden Reaktionen zu Fructose-6-phosphat umgesetzt:

Glucose-1-phosphat $\rightarrow$ Glucose-6-phosphat

Glucose-6-phosphat $\rightarrow$ Fructose-6-phosphat

Berechnen Sie die Gleichgewichtskonstante K'_{eq} für die Summe der beiden Reaktionen bei 25 °C unter Verwendung der $\Delta G^{\circ\prime}$-Werte aus Tab. 14-3.

Glucose-1-phosphat $\rightarrow$ Fructose-6-phosphat

4. *Eine Strategie für die Bewältigung einer ungünstigen Reaktion: Die ATP-abhängige chemische Kopplung*. Die Phosphorylierung von Glucose zu Glucose-6-phosphat ist der erste Schritt beim Glucoseabbau. Die direkte Phosphorylierung von Glucose durch anorganisches Phosphat läßt sich durch folgende Gleichung beschreiben:

Glucose + Phosphat $\rightarrow$ Glucose-6-phosphat + H_2O
$$\Delta G^{\circ\prime} = +13{,}8 \text{ kJ/mol}$$

(a) Berechnen Sie die Gleichgewichtskonstante für die oben stehende Reaktion. In der Rattenleberzelle werden die physiologischen Konzentrationen von Glucose und Phosphat bei etwa 4,8 mM gehalten. Welchen Wert hat die Gleichgewichtskonstante für die Entstehung von Glucose-6-phosphat durch direkte Phosphorylierung von Glucose mit anorganischem Phosphat? Ist das ein sinnvoller Weg für den Glucose-Abbau? Geben Sie eine Erklärung.

(b) Eine Möglichkeit, die Glucose-6-phosphat-Konzentration zu erhöhen, ist, wenigstens im Prinzip, die Verschiebung des Reaktionsgleichgewichtes nach rechts durch Erhöhen der intrazellulären Konzentration von Glucose und Phosphat. Angenommen, Phosphat habe eine feststehende Konzentration von 4.8 mM, auf welchen Wert muß dann die Glucose-Konzentration angehoben werden, damit sich für Glucose-6-phosphat eine Gleichgewichtskonzentration von 250 µM (normale physiologische Konzentration) einstellt? Wäre das ein physiologisch sinnvoller Weg, wenn man bedenkt, daß die maximale Löslichkeit von Glucose unter 1 M liegt?

(c) Wie in diesem Kapitel beschrieben, ist die Phosphorylierung von Glucose in der Zelle an die Hydrolyse von ATP gekoppelt, d.h. ein Teil der freien Energie aus der ATP-Hydrolyse wird dazu verwendet, die energetisch ungünstige Phosphorylierung von Glucose zu ermöglichen.

Glucose + Phosphat → Glucose-6-phosphat + H_2O
$$\Delta G^{\circ\prime} = +13.8 \text{ kJ/mol}$$

ATP + H_2O → ADP + Phosphat
$$\Delta G^{\circ\prime} = -30.5 \text{ kJ/mol}$$

Summe: Glucose + ATP → Glucose-6-phosphat + ADP

Berechnen Sie $\Delta G^{\circ\prime}$ und K'_{eq} für die Summenreaktion. Welche Glucosekonzentration ist nötig, um bei der ATP-abhängigen Glucose-Phosphorylierung eine 250µM intrazelluläre Glucose-6-phosphat-Konzentration zu erhalten, wenn die Konzentration von ATP 3.38 mM und die von ADP 1.32 mM ist? Ist dieser gekoppelte Vorgang ein wenigstens im Prinzip gangbarer Weg für die Phosphorylierung der Glucose, wie sie in der Zelle stattfindet? Geben Sie eine Erklärung.

(d) Die Kopplung von ATP-Hydrolyse und Glucose-Phosphorylierung ist zwar thermodynamisch sinnvoll, es wurde aber noch nicht gesagt, wie man sich diese Kopplung vorzustellen hat. Da für die Kopplung ein gemeinsames Zwischenprodukt nötig ist, wäre es eine Denkmöglichkeit, daß durch die ATP-Hydrolyse die intrazelluläre Konzentration von anorganischem Phosphat erhöht und dadurch die energetisch ungünstige Glucose-Phosphorylierung angetrieben wird. Ist diese Möglichkeit sinnvoll? Geben Sie eine Erklärung.

(e) Die ATP-gekoppelte Glucose-Phosphorylierung wird in der Leberzelle durch das Enzym Glucokinase katalysiert. Dieses Enzym bindet ATP und Glucose zu einem Glucose-ATP-Enzym-Komplex, in dem das Phosphat direkt vom ATP auf die Glucose übertragen wird. Erklären Sie die Vorteile dieses Vorgangs.

5. *Berechnung von $\Delta G^{\circ\prime}$ für ATP-gekoppelte Reaktionen.* Berechnen

Sie für die folgenden Reaktionen die $\Delta G^{\circ\prime}$-Werte aus den Angaben in Tab. 14-5.

(a) Phosphocreatin + ADP → Creatin + ATP

(b) ATP + Fructose → ADP + Fructose-6-phosphat

6. *Die Berechnung von ΔG bei physiologischen Konzentrationen.* Berechnen Sie den physiologischen $\Delta G'$-Wert (nicht $\Delta G^{\circ\prime}$) für die Reaktion

$$\text{Phosphocreatin} + \text{ADP} \rightarrow \text{Creatin} + \text{ATP}$$

bei 25 °C, 4.7 mM Phosphocreatin, 1.0 mM Creatin, 0.20 mM ADP und 2.6 mM ATP. (Das sind Bedingungen, wie sie im Cytosol von Gehirnzellen vorkommen.)

7. *Die für die ATP-Synthese unter physiologischen Bedingungen nötige freie Energie.* Im Cytosol von Rattenleberzellen lautet die Gleichung für das Massenwirkungsgesetz:

$$Q = \frac{[\text{ATP}]}{[\text{ADP}][\text{P}_i]} = 5.33 \times 10^2$$

Berechnen Sie die für die ATP-Synthese in Rattenleberzellen benötigte freie Energie.

8. *Der tägliche ATP-Verbrauch eines erwachsenen Menschen.*
(a) Um 1 mol ATP aus ADP und anorganischem Phosphat zu synthetisieren, sind 30.5 kJ an freier Energie nötig, wenn Ausgangssubstanzen und Produkte in 1 M Konzentrationen vorliegen (Standardbedingungen). Da die physiologischen Konzentrationen hiervon abweichen, weicht auch die unter physiologischen Bedingungen für die Synthesese benötigte Menge an freier Energie vom $\Delta G^{\circ\prime}$-Wert ab. Berechnen Sie die für die ATP-Synthese in der menschlichen Leberzelle benötigte freie Energie bei den physiologischen Konzentrationen von 3.5 mM ATP, 1.50 mM ADP und 5.0 mM P_i.
(b) Ein normaler 68 kg schwerer erwachsener Mensch hat einen täglichen Nahrungsbedarf von etwa 8400 kJ. Diese Nahrung wird im Stoffwechsel abgebaut (metabolisiert) und die freie Energie zur Synthese von ATP verwendet, das dann für die chemische und mechanische Arbeit im Körper verwendet wird. Angenommen, die Effizienz für die Umwandlung der Nahrungsenergie in ATP beträgt 50 %, wie groß ist dann die Masse an ATP, die von einem erwachsenen Menschen in 24 h verbraucht wird? Wie hoch ist dieser Wert in Prozent der Körpermasse?
(c) Obwohl ein erwachsener Mensch täglich große Mengen an ATP synthetisiert, ändern sich das Gewicht, die Struktur und Zusammensetzung seines Körpers während dieses Zeitab-

schnittes nicht signifikant. Erklären Sie diesen scheinbaren Widerspruch.

9. *Die ATP-Reserve im Muskelgewebe.* Die ATP-Konzentration im Muskelgewebe (das zu etwa 70 % aus Wasser besteht) ist ungefähr 8 mM. Bei anstrengender Arbeit hat jedes Gramm Muskel einen ATP-Verbrauch von 300 µmol/min.
   (a) Wie lange würde die ATP-Reserve während eines 100-m-Laufs reichen?
   (b) Der Phosphocreatin-Spiegel im Muskel beträgt etwa 40 mM. Wie kann er zu einer Vergrößerung der ATP-Reserve im Muskel beitragen?
   (c) Wie kann ein Mensch bei dieser Größe des ATP-Reserve-Pools einen Marathonlauf durchstehen?

10. *Die Spaltung von ATP zu AMP und PP_i im Stoffwechsel.* Die Synthese der aktivierten Acetatform (Acetyl-CoA) erfolgt in einem ATP-abhängigen Prozeß:

    $$\text{Acetat} + \text{CoA} + \text{ATP} \rightarrow \text{Acetyl-CoA} + \text{AMP} + PP_i$$

   (a) Der $\Delta G^{\circ\prime}$-Wert für die Hydrolyse von Acetyl-CoA zu Acetat und CoA beträgt -31.4 kJ/mol und der für die Hydrolyse von ATP zu AMP und PP_i -32.2 kJ/mol. Berechnen Sie $\Delta G^{\circ\prime}$ für die ATP-abhängige Synthese von Acetyl-CoA.
   (b) Fast alle Zellen enthalten das Enzym anorganische Diphosphatase, das die Hydrolyse von PP_i zu anorganischem Phosphat (P_i) katalysiert. Welche Wirkung hat dieses Enzym auf die Synthese von Acetyl-CoA? Geben Sie eine Erklärung.

Kapitel 15

Glycolyse: Ein zentraler Weg des Glucose-Katabolismus

In den letzten beiden Kapiteln haben wir das Prinzip untersucht, nach dem der Stoffwechsel und die Bioenergetik der Zelle organisiert sind. Nun haben wir die Voraussetzung, uns anzusehen, wie die Energie des Glucosemoleküls in verwertbarer Form freigesetzt wird, um verschiedene Formen biologischer Zellarbeit zu verrichten. Erinnern Sie sich, daß Glucose für die meisten Organismen der Hauptbrennstoff ist, daß sie viel Energie enthält und daß sie bei plötzlichem Energiebedarf schnell aus den Glycogenvorräten mobilisiert werden kann.

In diesem Kapitel wollen wir die *Glycolyse* behandeln, den Vorgang, durch den das 6-Kohlenstoff-Molekül Glucose in einer Folge von 10 Enzym-katalysierten Reaktionen zu zwei Molekülen Pyruvat abgebaut wird, das 3 Kohlenstoffatome enthält. Während dieser Reaktionsfolge wird ein großer Teil der aus Glucose freigesetzten Energie in Form von ATP konserviert. Da die Glycolyse (aus den griechischen Worten für „Zucker" und „Auflösung") der am besten aufgeklärte zentrale Stoffwechselweg ist, wollen wir ihn etwas ausführlicher behandeln. Die Prinzipien, nach denen er funktioniert und reguliert wird, sind allen Stoffwechselwegen gemeinsam. Außerdem wollen wir die „Zubringerwege" berücksichtigen, die vom Glycogen, den Disacchariden und Monosacchariden zur Glycolyse führen.

Die Glycolyse ist bei den meisten Organismen der zentrale Stoffwechselweg

Die Glycolyse ist ein fast universeller zentraler Weg des Glucose-Katabolismus, nicht nur bei Pflanzen und Tieren, sondern auch bei vielen Mikroorganismen. Die glycolytische Reaktionsfolge unterscheidet sich bei den unterschiedlichen Organismen nur dadurch, wie ihre Geschwindigkeit reguliert wird und wie das gebildete Pyruvat weiterverarbeitet wird.

Für die Weiterverwendung des Pyruvats nach der Glycolyse gibt es im wesentlichen drei Möglichkeiten. Bei aeroben Organismen stellt die Glycolyse nur die erste Stufe des vollständigen aeroben Abbaus von Glucose zu CO_2 und H_2O dar (Abb. 15-1). Das in der

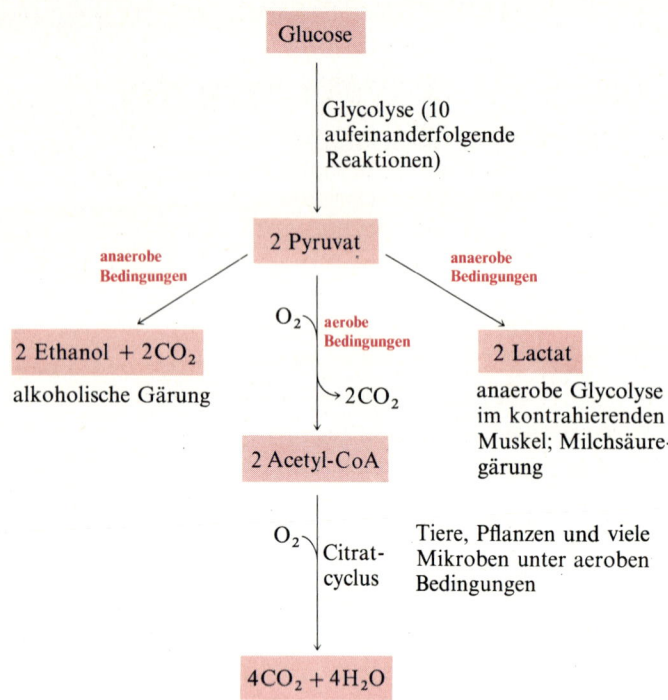

Abbildung 15-1
Pyruvat, das Endprodukt der Glycolyse, wird je nach Organismus und Stoffwechselbedingungen auf verschiedenen Wegen abgebaut.

Glycolyse gebildete Pyruvat wird unter Verlust seiner CO_2-Gruppe zur Acetylgruppe des *Acetyl-Coenzym A* oxidiert (S. 284), die im *Citratcyclus* unter Beteiligung von molekularem Sauerstoff vollständig zu CO_2 und H_2O oxidiert wird. Das ist der Weg des Pyruvats in aeroben Tier- und Pflanzenzellen.

Der zweite Pyruvat-Weg ist die Reduktion zu Lactat. Wenn einige tierische Gewebe, insbesondere stark kontrahierte Skelettmuskeln, anaerob arbeiten müssen, so kann das aus Glucose entstandene Pyruvat wegen Mangel an Sauerstoff nicht weiter oxidiert werden. Unter diesen Umständen wird das glycolytisch gebildete Pyruvat zu *Lactat* reduziert. Im Skelettmuskel ist dieser *anaerobe Glycolyse* genannte Vorgang eine wichtige Quelle für ATP-Energie bei intensiver physischer Arbeit. Auch bei den anaeroben Mikroorganismen, die eine *Milchsäure-Gärung* durchführen, ist Lactat das Endprodukt der Glycolyse (Abb. 15-1). Die Bildung von Milchsäure aus Zucker durch Milchsäurebakterien verursacht das Sauerwerden der Milch sowie den sauren Geschmack des Sauerkrauts bei der Gärung von Kohl.

Der dritte Hauptweg des Pyruvats führt zu Ethanol. Bei einigen Mikroorganismen, z. B. Bierhefe, wird das Pyruvat anaerob zu Ethanol und CO_2 umgesetzt. Dieser Vorgang heißt *alkoholische Gärung* (Abb. 15-1). *Gärung* ist ein allgemeiner Begriff; man bezeichnet damit den *anaeroben* Abbau von Glucose oder anderen organischen Nährstoffen zu verschiedenen, für den jeweiligen Organismus charakteristischen Produkten zum Zweck der Energiegewinnung in Form von ATP (S. 417). Da die ersten lebenden Organismen in einer sauerstoffreien Atmosphäre entstanden sind, stellt der anaerobe Glucoseabbau den ältesten Typ biochemischer Mechanismen zur Energiegewinnung aus Brennstoffmolekülen dar.

Die Bildung von ATP ist mit der Glycolyse gekoppelt

Während der Glycolyse wird ein großer Teil der freien Energie des Glucosemoleküls in Form von ATP konserviert, wie aus der Gesamt-Bilanzgleichung der anaeroben Glycolyse zu ersehen ist:

Glucose + $2P_i$ + 2ADP → $2\,\text{Lactat}^-$ + $2H^+$ + 2ATP + $2H_2O$

Für jedes Molekül abgebauter Glucose entstehen also zwei Moleküle ATP aus ADP und P_i. Wir können diese Gleichung in zwei Vorgänge unterteilen: (1) Die Umsetzung von Glucose zu Lactat, bei der freie Energie entsteht

$$\text{Glucose} \rightarrow 2\,\text{Lactat}^- + 2H^+ \qquad (1)$$
$$\Delta G_1^{\circ\prime} = -197 \text{ kJ/mol}$$

und (2) die Bildung von ATP aus ADP und Phosphat, für die Energiezufuhr nötig ist:

$$2P_i + 2\text{ADP} \rightarrow 2\text{ATP} + 2H_2O \qquad (2)$$
$$\Delta G_2^{\circ\prime} = +2 \times 30.5 = +61 \text{ kJ/mol}$$

Diese zwei Vorgänge können nicht unabhängig voneinander ablaufen; sie sind miteinander zwangsläufig gekoppelt. Werden jedoch die energieliefernden und die energieverbrauchenden Reaktionen in dieser Weise getrennt geschrieben, so erkennt man, daß der Abbau von 1 mol Glucose zu Lactat unter Standardbedingungen mehr Energie liefern könnte (197 kJ) als für die Bildung von 2 mol ATP nötig ist ($2 \times 30.5 = +61$ kJ). Bei den tatsächlich auftretenden intrazellulären Konzentrationen von ATP, ADP und Phosphat sowie von Glucose und Lactat werden jedoch mehr als 60% der Glycolyse-Energie in Form von ATP zurückgewonnen (S. 416).

Aus der Summe der Gleichungen (1) und (2) können wir die Änderung der freien Standardenergie der Glycolyse einschließlich der ATP-Bildung als algebraische Summe $\Delta G_s'$ aus $\Delta G_1^{\circ\prime}$ und $\Delta G_2^{\circ\prime}$ bestimmen.

Glucose + $2P_i$ + 2ADP → $2\,\text{Lactat}^-$ + $2H^+$ + 2ATP + $2H_2O$ (3)
$$\Delta G_s^{\circ\prime} = \Delta G_1^{\circ\prime} + \Delta G_2^{\circ\prime} = -197 + 61 = -136 \text{ kJ/mol}$$

Wir sehen also, daß die Glycolyse insgesamt mit einer starken Abnahme an freier Energie erfolgt. Die Glycolyse ist sowohl unter Standardbedingungen als auch unter den Bedingungen in der Zelle im Grunde ein irreversibler Prozeß, bei dem die starke Abnahme der freien Energie den Antrieb für die Vollständigkeit seines Ablaufes liefert.

Ein großer Teil der freien Energie verbleibt in den Produkten der Glycolyse

Durch die Glycolyse wird nur ein kleiner Teil der insgesamt verfügbaren Energie des Glucosemoleküls freigesetzt. Bei vollständiger Oxidation der Glucose zu CO_2 und H_2O beträgt die Änderung der freien Standardenergie -2870 kJ/mol (S. 407). Der glycolytische Abbau der Glucose zu zwei Molekülen Lactat ($\Delta G^{o\prime} = 196.7$ kJ/mol) liefert aber nur $(196.7/2870) \times 100 = 6.9\%$ der Energiemenge, die bei vollständiger Oxidation der Glucose zu CO_2 und H_2O freigesetzt wird. Die zwei Moleküle Lactat enthalten demnach noch den größten Teil der ursprünglich in der Glucose vorhandenen biologisch verfügbaren Energie. Diese Energie kann nur freigesetzt werden, wenn die Glycolyseprodukte mit molekularem Sauerstoff als Akzeptor vollständig zu CO_2 und H_2O oxidiert werden, wie wir im nächsten Kapitel sehen werden. Anaerobe Glycolyse bis zum Lactat ist dennoch keine Verschwendung, sondern ein sinnvoller Vorgang, mit dem der Glucose Energie entzogen werden kann, *ohne sie zu oxidieren*. Im tierischen Organismus kann das vom arbeitenden Muskel gebildete und ins Blut diffundierte Lactat dem Kreislauf wieder zugeführt werden; es wird von der Leber aufgenommen und während der Erholungsphase nach schwerer Muskelarbeit in Blutglucose zurückverwandelt. Die anaerobe Glycolyse ist bei einigen Tieren sehr wichtig für ihre Muskelaktivität (Kasten 15-1).

Die Glycolyse verläuft in zwei Stufen

Bevor wir die einzelnen enzymatischen Schritte untersuchen, wollen wir die Glycolyse erst einmal aus der Vogelperspektive betrachten. Der Abbau des 6 Kohlenstoffatome enthaltenden Glucosemoleküls zu zwei Molekülen Pyruvat, das 3 Kohlenstoffatome enthält, geschieht durch die aufeinanderfolgende Wirkung von 10 Enzymen, von denen jedes aus mehreren verschiedenen Organismen isoliert und im Detail untersucht worden ist. Die ersten fünf Schritte bilden die *präparative Stufe* (Abb. 15-2). Bei diesen Reaktionen wird die Glucose durch ATP zuerst am Kohlenstoffatom 6 und dann am Kohlenstoffatom 1 enzymatisch phosphoryliert. Dabei entsteht *Fructose-1.6-bisphosphat*. Dieses wird in zwei Teile gespalten. Dadurch entstehen als Produkt der ersten Glycolysestufe zwei Moleküle *Glycerinaldehyd-3-phosphat* mit 3 Kohlenstoffatomen. Beachten Sie, daß zwei Moleküle ATP eingesetzt werden müssen, um das Glucosemolekül zu aktivieren und es für seine Spaltung vorzubereiten.

Kasten 15-1 Anaerobe Glycolyse und Sauerstoffschuld bei Alligatoren und Quastenflossern.

Die meisten Vertebraten sind im wesentlichen aerobe Organismen, die Glucose über die Glycolyse zu Pyruvat abbauen und dann das Pyruvat unter Verwendung von molekularem Sauerstoff vollständig zu CO_2 und H_2O oxidieren. *Anaerobe Glycolyse* kommt bei den meisten Vertebraten einschließlich des Menschen während der Phasen intensiver Muskelaktivität vor, z. B. bei einem 100-m-Lauf, wenn der Sauerstoff für die Pyruvat-Oxidation bzw. die ATP-Erzeugung nicht schnell genug zum Muskel transportiert werden kann. In einem solchen Fall benutzt der Muskel sein gespeichertes Glycogen als Brennstoff für die Erzeugung von ATP, die dann über die anaerobe Glycolyse mit Lactat als Endprodukt erfolgt. Bei einem Kurzstreckenlauf sammelt sich Lactat im Blut zu hohen Konzentrationen an. In der nachfolgenden Erholungsphase wird es in der Leber langsam wieder in Glucose zurückverwandelt. Dabei wird Sauerstoff mit langsam abnehmender Geschwindigkeit verbraucht, bis sich die Atmung wieder normalisiert hat. Der in der Erholungsphase zusätzlich verbrauchte Sauerstoff entspricht der Rückzahlung der *Sauerstoffschuld,* das ist die Sauerstoffmenge, die benötigt wird, um genügend ATP für die Wiederauffüllung des „geborgten" Leber- und Muskel-Glycogens bereitzustellen.

Die Verwendung der anaeroben Glycolyse als Energiequelle für Muskelkontraktionen ist besonders in weißen Muskeln ausgeprägt. Die meisten Skelettmuskeln enthalten sowohl weiße als auch rote Fasern. Es gibt aber auch Muskeln, in denen fast nur weiße, und andere, in denen fast nur rote Fasern vorkommen. Die Flugmuskeln des Truthahns z. B. sind weiß; sie sind nur für kurze Flüge geeignet. Dagegen besteht die Beinmuskulatur des Pferdes, das ein ausdauernder Läufer ist, überwiegend aus roten Fasern. Weiße Muskelfasern können sehr schnell kontrahieren. Sie enthalten nur wenige Mitochondrien, beziehen den größten Teil ihrer ATP-Energie aus der anaeroben Glycolyse und können wegen dieser ineffektiven Verwendung des Glycolysevorrates nur jeweils für kurze Zeit mit maximaler Geschwindigkeit arbeiten. Im Gegensatz dazu kontrahieren die roten Muskeln langsamer, sind reich an Mitochondrien, erhalten den größten Teil ihrer Energie durch die Oxidation ihrer Brennstoffe mit Sauerstoff und können über lange Zeit hinweg ausdauernd aktiv sein.

Ganz allgemein kann man sagen, daß bei kleinen Tieren der Sauerstoff schnell genug über den Kreislauf zu den Muskeln gebracht werden kann, so daß sie ohne anaeroben Verbrauch von Muskel-Glycogen auskommen können. Wandervögel z. B. fliegen oft ohne Pause mit hoher Geschwindigkeit über große Entfernungen, ohne Sauerstoffschulden zu machen. Auch viele laufende Tiere mit relativ geringer Körpergröße haben in ihren roten Skelettmuskeln einen im wesentlichen aeroben Stoffwechsel. Bei größeren Tieren jedoch kann das Kreislaufsystem den aeroben Stoffwechsel während länger andauernder Aktivitäten nicht aufrechterhalten. Solche Tiere bewegen sich unter normalen Umständen langsam; zu einer intensiven Beanspruchung der Muskulatur kommt es bei ihnen nur in Notsituationen, denn jeder Aktivitätsausbruch erfordert lange Erholungsphasen, um die Sauerstoffschuld zurückzuzahlen.

Alligatoren und Krokodile sind z. B. normalerweise träge und apathisch, können aber blitzschnell angreifen und mit ihrem kräftigen Schwanz gefährliche Hiebe austeilen. Solche intensiven Aktivitätsausbrüche sind aber kurz und erfordern anschließend lange Erholungszeiten. Die schnellen Bewegungen in Notsituationen erfordern eine anaerobe Glycolyse für die ATP-Bildung in den weißen Muskeln. Da die Glycogenvorräte im Muskel nicht groß sind, sind sie bei intensiver Muskelarbeit schnell verbraucht. Außerdem erreicht das Lactat, das Produkt der anaeroben Glycolyse, während solcher kurzen Aktivitätsausbrüche in den Muskeln und in der extrazellulären Flüssigkeit sehr hohe Konzentrationen. Während ein trainierter Sportler sich von einem 100-m-Lauf in 30 min oder weniger erholen kann, braucht ein Alligator nach einer kurzen Anstrengung unter Umständen viele Stunden Erholung, in denen er einen hohen Sauerstoffverbrauch hat, um das Blut von dem Lactat-Überschuß zu befreien und den Glycogenvorrat im Muskel wieder aufzufüllen.

Andere große Tiere, z. B. der Elefant und das Nashorn, haben ähnliche Probleme; das gleiche gilt auch für tauchende Säugetiere, wie Wale und Robben. Dinosaurier und andere prähistorische Riesentiere waren wahrscheinlich auf die anaerobe Glycolyse als Energiequelle für die Muskeln angewiesen, so daß sie nach jeder Aktivität lange Ruhepausen brauchten, während der sie kleineren Raubtieren schutzlos ausgeliefert waren, die den Sauerstoff besser nutzen konnten und damit für langanhaltende Muskelaktivitäten besser ausgerüstet waren.

Die Tiefseeforschung hat viele Formen von Leben in großen Tiefen gefunden, wo die Sauerstoffkonzentration fast Null ist. Bei dem primitiven Quastenflosser* z. B., einem großen Fisch, der von Fischern vor der südafrikanischen Küste aus mehr als 4000 m Tiefe heraufgeholt wurde, fand man, daß er in fast all seinen Geweben einen praktisch völlig anaeroben Stoffwechsel hatte, wobei er die meisten Endprodukte (Lactat und andere) ausscheiden mußte. Tatsächlich vergären einige marine Vertebraten Glucose nicht zu Lactat, sondern zu Ethanol und CO_2, um ATP-Energie zu gewinnen.

* Ein Coelacanthide; die Gattung *Coelacanthus* (Hohlstachler) ist ausgestorben.

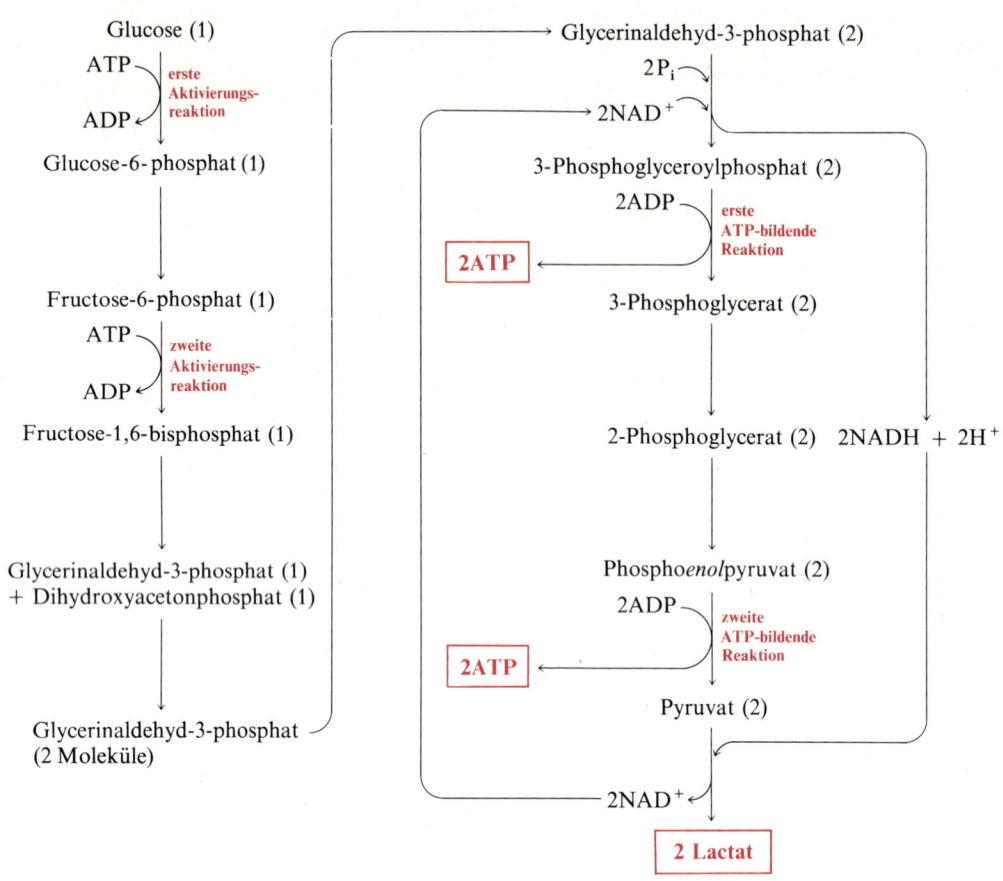

Abbildung 15-2
Die zwei Stufen der anaeroben Glycolyse. Die nachgestellte, eingeklammerte 2 bedeutet, daß jeweils zwei Moleküle dieses Zwischenproduktes pro Glucosemolekül in die bezeichnete Reaktion eingehen.

Auch andere Hexosen, besonders D-Fructose, D-Galactose und D-Mannose können nach ihrer Phosphorylierung in diese präparative Stufe der Glycolyse Eingang finden, wie wir später in diesem Kapitel sehen werden. Zusammenfassend kann man sagen: *Die präparative Stufe der Glycolyse dient dazu, die Kohlenstoffketten aller Hexosen des Stoffwechsels zusammenzufassen und zu ein und demselben Produkt, dem Glycerinaldehyd-3-phosphat umzusetzen.*

Auf der zweiten Stufe der Glycolyse, die durch die restlichen Enzyme katalysiert wird, zahlt sich die Glycolyse energetisch aus. Hier wird die Energie, die bei der Umsetzung von zwei Molekülen Glycerinaldehyd zu zwei Molekülen Pyruvat frei wird, an die Phosphorylierung von vier Molekülen ADP zu ATP gekoppelt (Abb. 15-2). Obwohl auf der zweiten Stufe vier Moleküle ATP gebildet werden, beträgt die Ausbeute letztlich nur zwei Moleküle ATP pro Molekül Glucose, da ja auf der ersten Stufe zwei Moleküle ATP in den Prozeß hineingesteckt wurden.

Während der Glycolyse finden drei Arten chemischer Umwandlungen statt: (1) der Abbau des Kohlenstoffgerüsts der Glucose zu Pyruvat, d. h. Reaktionen des Kohlenstoffs; (2) die Phosphorylierung von ADP zu ATP durch energiereiche Phosphorverbindungen, die während der Glycolyse gebildet werden, d. h. Reaktionen der Phosphatgruppen und (3) der Transport von Wasserstoffatomen oder Elektronen. Wir werden diese Stoffwechselwege bei der Besprechung der einzelnen Glycolysereaktionen genauer betrachten.

Noch ein Punkt ist erwähnungswert. In den meisten Zellarten kommen die Enzyme der Glycolyse in gelöster Form im Cytosol, dem zusammenhängenden wäßrigen Medium des Cytoplasmas (S. 38), vor. Die Enzyme für die sauerstoffverbrauchende Stufe der Kohlenhydrat-Oxidation sind dagegen bei den Eukaryoten in der Mitochondrienmembran und bei den Prokaryoten in der Plasmamembran lokalisiert.

Die Glycolyse verläuft über phosphorylierte Zwischenprodukte

Wenn wir die glycolytischen Reaktionen eine nach der anderen betrachten, fällt uns auf, daß jedes der neun Zwischenprodukte, von der Glucose bis zum Pyruvat, eine phosphorylierte Verbindung ist (s. Abb. 15-2). Die Phosphatgruppen haben drei verschiedene Funktionen.

1. Die Phosphatgruppen sind bei pH 7 vollständig protolysiert, so daß jedes der Glycolyse-Zwischenprodukte eine negative Ladung trägt. Da Zellmembranen für elektrisch geladene Moleküle allgemein undurchlässig sind, können die glycolytischen Zwischenprodukte nicht aus der Zelle entweichen. Glucose kann nur deswegen in die Zelle hinein und Lactat und Pyruvat aus der Zelle heraus, weil die Zellmembranen spezifische Transportsysteme für diese speziellen Moleküle besitzen.
2. Die zweite Funktion der Phosphatgruppen liegt auf der Hand. Sie konservieren die Stoffwechselenergie bis zu deren Übertragung auf ADP unter Bildung von ATP.
3. Schließlich dienen die Phosphatgruppen als Erkennungs- oder Bindungsstellen, ohne die die glycolytischen Zwischenprodukte nicht in die aktiven Zentren ihrer Enzyme passen.

Fast alle Glycolyse-Enzyme brauchen Mg^{2+}. Da Mg^{2+} Komplexe mit den Phosphatgruppen sowohl der Zwischenprodukte als auch des ADP und ATP (S. 412) bildet, sind die Bindungsstellen vieler Glycolyse-Enzyme spezifisch für die Mg^{2+}-Komplexe der phosphorylierten Zwischenprodukte.

In der ersten Stufe der Glycolyse erfolgt die Spaltung der Hexosekette

Abb. 15-3 zeigt die enzymatischen Schritte der ersten Glycolysestufe unter Verwendung der Strukturformeln. Anhand dieser Abb. und Abb. 15-2 wollen wir uns jetzt anschauen, wie die C_6-Kette der Glucose in zwei Moleküle Glycerinaldehydphosphat mit jeweils 3 C-Atomen gespalten wird.

Die Phosphorylierung der Glucose

Im ersten Schritt wird die D-Glucose in Position 6 unter Verbrauch von ATP zu *Glucose-6-phosphat* phosphoryliert (Abb. 15-3) und damit für die nachfolgenden Reaktionen vorbereitet. Diese, unter intrazellulären Bedingungen irreversible Reaktion wird durch die *Hexokinase* katalysiert, die in den meisten Tieren, Pflanzen und Mikroorganismen vorkommt:

$$ATP^{4-} + \alpha\text{-D-Glucose} \xrightarrow{Mg^{2+}}$$
$$ADP^{3-} + \alpha\text{-D-Glucose-6-phosphat}^{2-} + H^+$$
$$\Delta G^{\circ\prime} = -16.7 \text{ kJ/mol}$$

Hexokinase bewirkt nicht nur die Phosphorylierung von Glucose, sondern auch die einiger anderer häufig vorkommender Hexosen, wie D-Fructose und D-Mannose. Die Hexokinase der Hefe wurde kristallisiert und ihre dreidimensionale Struktur mittels Röntgenstrukturanalyse aufgeklärt. Bei der Bindung an die Hexose kommt es zu einer grundlegenden Änderung der Form des Hexokinase-Moleküls, zu einer induzierten Formanpassung (induced fit) (S. 256). Hexokinase braucht Mg^{2+}, denn das eigentliche Substrat dieses Enzyms ist nicht ATP^{4-} sondern $MgATP^{2-}$ (S. 412).

Hexokinase kommt in verschiedenen Geweben und Organismen in Form mehrerer Isoenzyme vor (S. 265), die zwar alle die in Abb. 15-3 dargestellten Reaktionen katalysieren, sich aber in bezug auf ihre kinetischen Eigenschaften unterscheiden. In Muskelzellen z. B. hat die Hexokinase einen niedrigen K_M-Wert für Glucose (etwa 0.1 mM) und kann daher die Blutglucose (4–5 mM) mit großer Geschwindigkeit phosphorylieren. Die Muskel-Hexokinase wird durch ihr Produkt Glucose-6-phosphat stark gehemmt. Aus diesen und anderen Fakten hat man geschlossen, daß die Hexokinase im Muskel ein Regulationsenzym ist, für das Glucose-6-phosphat sowohl Reaktionsprodukt als auch allosterischer Inhibitor ist. Steigt die Glucose-6-phosphat-Konzentration in der Zelle über ihr normales Niveau an, so hemmt Glucose-6-phosphat die Hexokinase vorübergehend, um die Produktion mit dem Verbrauch ins Gleichgewicht zu bringen.

In der Leber gibt es ein anderes Enzym für die Phosphorylierung der Glucose, die *Glucokinase*, die in anderen Geweben nicht gefun-

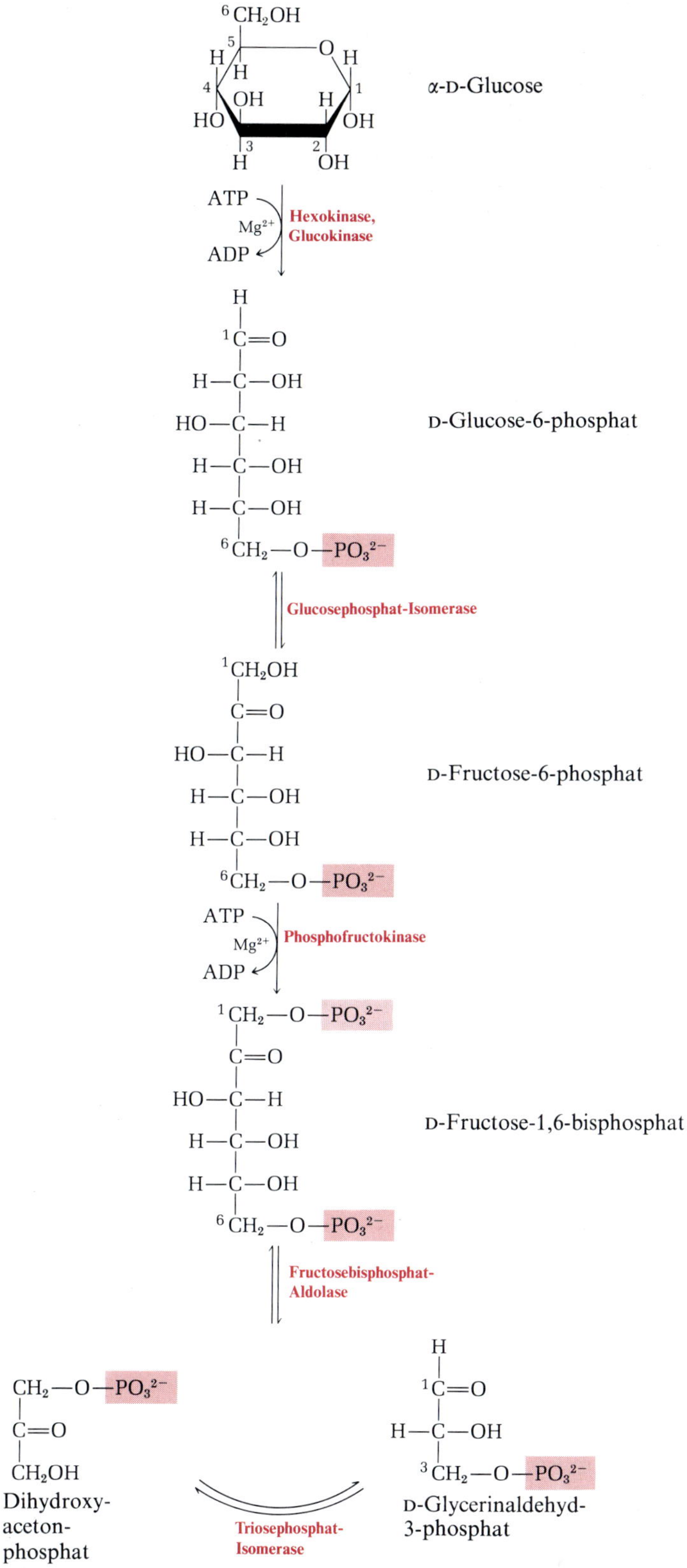

Kapitel 15 Glycolyse: ein zentraler Weg des Glucose-Katabolismus 447

Abbildung 15-3
Die Reaktionsschritte der ersten Glycolysestufe. Enzyme sind farbig dargestellt. Ziffern an den Strukturformeln bezeichnen die Nummern des Kohlenstoffatoms. Glucose-6-phosphat, Fructose-6-phosphat und Fructose-1,6-bisphosphat sind der Einfachheit halber in der offenen Kettenform dargestellt, obwohl sie unter Zellbedingungen in der α-anomeren Ringform vorliegen.

α-D-Glucose

↓ ATP, Mg^{2+} → ADP **Hexokinase, Glucokinase**

D-Glucose-6-phosphat

↕ **Glucosephosphat-Isomerase**

D-Fructose-6-phosphat

↓ ATP, Mg^{2+} → ADP **Phosphofructokinase**

D-Fructose-1,6-bisphosphat

↕ **Fructosebisphosphat-Aldolase**

Dihydroxy-acetonphosphat ⇌ **Triosephosphat-Isomerase** D-Glycerinaldehyd-3-phosphat

den wird. Sie unterscheidet sich von den Hexokinase-Isoenzymen in dreierlei Hinsicht: (1) sie ist spezifisch für D-Glucose und reagiert nicht mit anderen Hexosen; (2) sie wird durch Glucose-6-phosphat nicht gehemmt und (3) sie hat für Glucose einen viel höheren K_M-Wert als Hexokinase (etwa 10 mM). Die Leber-Glucokinase tritt bei hoher Blutglucose-Konzentration, d.h. nach einer zuckerreichen Mahlzeit, in Aktion. Die überschüssige Blutglucose wird dann von der Glucokinase zu Glucose-6-phosphat umgesetzt und als Leber-Glycogen gespeichert. Bei Patienten mit *Diabetes mellitus* (Zuckerkrankheit) ist die Glucokinase nicht in ausreichenden Mengen vorhanden, ihr Pankreas sezerniert Insulin nicht in normalen Mengen (Kapitel 25), der Blutglucose-Spiegel ist sehr hoch und Leber-Glycogen wird nur in geringer Menge gebildet.

Die Umwandlung von Glucose-6-phosphat zu Fructose-6-phosphat

Das Enzym *Glucosephosphat-Isomerase*, das in hochgereinigter Form aus Muskeln gewonnen wurde, katalysiert die reversible Isomerisierung der Aldose Glucose-6-phosphat zur Ketose Fructose-6-phosphat (Abb. 15-3). Bei dieser Reaktion kommt es zu einer Verschiebung des Carbonyl-Sauerstoffs von Kohlenstoffatom 1 zu Kohlenstoffatom 2:

$$\alpha\text{-D-Glucose-6-phosphat} \xrightleftharpoons{Mg^{2+}} \alpha\text{-D-Fructose-6-phosphat}$$
$$\Delta G^{\circ\prime} = +1.7 \text{ kJ/mol}$$

Wie sich aus der relativ kleinen Änderung der freien Standardenergie vorhersehen läßt, kann die Reaktion problemlos in beiden Richtungen ablaufen. Glucosephosphat-Isomerase ist Mg^{2+}-abhängig und spezifisch für Glucose-6-phosphat und Fructose-6-phosphat.

Die Phosphorylierung von Fructose-6-phosphat zu Fructose-1,6-bisphosphat

Dieses ist die andere der beiden Aktivierungsreaktionen für die Glucose. Die Mg^{2+}-abhängige *Phosphofructokinase* (Abb. 15-3) katalysiert den Transfer einer Phosphatgruppe vom ATP in die Position 1 von Fructose-6-phosphat, so daß *Fructose-1,6-bisphosphat* entsteht.

$$\text{ATP} + \text{D-Fructose-6-phosphat} \xrightarrow{Mg^{2+}}$$
$$\text{ADP} + \text{D-Fructose-1,6-bisphosphat} + H^+$$
$$\Delta G^{\circ\prime} = -14.2 \text{ kJ/mol}$$

Die Phosphofructokinase-Reaktion ist unter den Bedingungen in der Zelle praktisch irreversibel. Sie ist die zweite wichtige Kontrollstelle in der Glycolyse. Phosphofructokinase ist wie die Hexokinase ein regulatorisches Enzym (Kapitel 9), und zwar eins der komplexesten, die man kennt. Es ist das hauptsächliche Regulationsenzym der

Muskel-Glycolyse. Die Aktivität der Phosphofructokinase wird immer dann erhöht, wenn der Zellvorrat an ATP abnimmt oder wenn sich die ATP-Abbauprodukte ADP und besonders AMP ansammeln. Sie wird gehemmt, wenn die Zelle reichlich über ATP verfügt und auch mit anderen Brennstoffen wie Citrat oder Fettsäuren gut versorgt ist. Die Regulationswirkung der Phosphofructokinase wird an anderer Stelle noch weiter besprochen.

Die Spaltung von Fructose-1,6-bisphosphat

Diese Reaktion wird durch das Enzym *Fructosebisphosphat-Aldolase* katalysiert, das oft einfach *Aldolase* genannt wird. Das Enzym kann aus Kaninchenmuskelextrakt in kristalliner Form gewonnen werden. Die katalysierte Reaktion ist eine Aldolkondensation (Abb. 15-3). Fructose-1,6-bisphosphat wird dabei reversibel in zwei verschiedene Triosephosphate gespalten, in die Aldose *Glycerinaldehyd-3-phosphat* und die Ketose *Dihydroxyacetonphosphat*:

D-Fructose-1,6-bisphosphat $\rightleftharpoons$
Dihydroxyacetonphosphat + D-Glycerinaldehyd-3-phosphat
$\Delta G^{\circ\prime} = +24.0 \text{ kJ/mol}$

Die Aldolase aus tierischen Geweben ist nicht Mg^{2+}-abhängig; bei vielen Mikroorganismen enthält sie Zn^{2+}. Die Aldolase-Reaktion hat zwar unter Standardbedingungen einen hohen positiven Wert für die Änderung der freien Energie, aber unter den pH- und Konzentrationsbedingungen in der Zelle kann sie leicht in beide Richtungen ablaufen. In der Vorwärtsrichtung werden die Reaktionsprodukte durch den nächsten Schritt schnell weiter verbraucht.

Die Triosephosphate können sich ineinander umwandeln

Nur eins der beiden durch die Aldolase gebildeten Triosephosphate, nämlich das Glycerinaldehyd-3-phosphat, kann direkt in die folgenden Glycolyseschritte eingeschleust werden. Dihydroxyacetonphosphat kann aber schnell und reversibel in Glycerinaldehyd-3-phosphat umgewandelt werden. Diese Umwandlung wird durch das fünfte Enzym der Glycolyse, die *Triosephosphat-Isomerase* (Abb. 15-3) katalysiert:

Dihydroxyacetonphosphat $\rightleftharpoons$ D-Glycerinaldehyd-3-phosphat
$\Delta G^{\circ\prime} = +7.66 \text{ kJ/mol}$

Beachten Sie, daß nach dieser Reaktion die Kohlenstoffatome 1 und 6 bzw. 2 und 5 sowie 3 und 4 der Glucose jeweils nicht mehr zu unterscheiden sind (Abb. 15-4).

Mit dieser Reaktion endet die erste Stufe der Glycolyse. In ihr

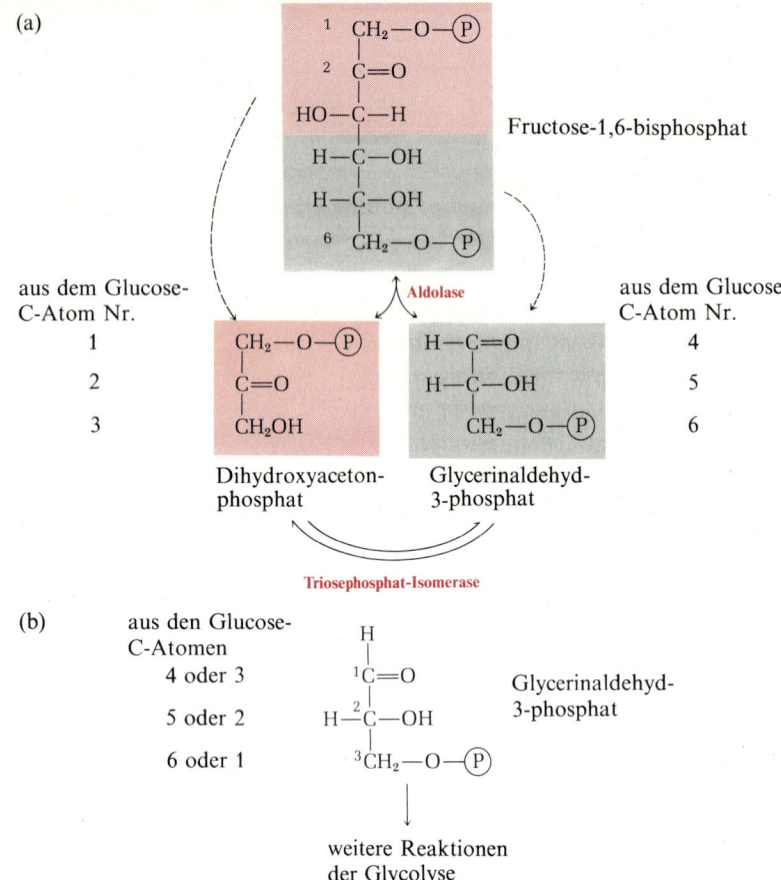

Abbildung 15-4
Der Verbleib der Kohlenstoffatome der Glucose bei der Bildung des Glycerinaldehyd-3-phosphats.
(a) Herkunft der bei der Aldolase- und Triosephosphat-Isomerase-Reaktion entstehenden C$_3$-Produkte.
(b) Durch die Triosephosphat-Isomerase-Reaktion entstehen aus den beiden Glucosehälften zwei Moleküle Glycerinaldehyd-3-phosphat. Wie in der Abb. dargestellt wird, stammt jedes der drei Kohlenstoffatome des Glycerinaldehyd-3-phosphats von einem von zwei möglichen spezifischen C-Atomen der Glucose ab. Die Numerierung der Kohlenstoffatome ist für Glycerinaldehyd-3-phosphat und Glucose nicht identisch. Das ist wichtig für die Interpretation von Experimenten, bei denen nur ein Kohlenstoffatom der Glucose isotopenmarkiert ist.

wurde das Hexosemolekül in Position 1 und 6 phosphoryliert und dann unter Bildung von letztlich zwei Molekülen Glycerinaldehyd-3-phosphat gespalten. Andere Hexosen wie D-Fructose, D-Mannose und D-Galactose können ebenfalls zu Glycerinaldehyd-3-phosphat umgewandelt werden, wie wir später in diesem Kapitel noch sehen werden.

In der zweiten Stufe der Glycolyse wird die Energie konserviert

Die zweite Stufe der Glycolyse (Einzelheiten s. Abb. 15-5) umfaßt die energiekonservierenden Phosphorylierungsschritte, in denen die freie Energie der Glucose in Form von ATP konserviert wird. Da ein Molekül Glucose zwei Moleküle Glycerinaldehyd-3-phosphat ergibt, münden beide Hälften des Glucosemoleküls in denselben Stoffwechselweg ein. Die Umwandlung von zwei Molekülen Glycerinaldehyd-3-phosphat in zwei Moleküle Pyruvat ist von der Bildung von vier Molekülen ATP aus ADP begleitet. Die Netto-Ausbeute beträgt jedoch nur zwei Moleküle ATP pro Molekül Glucose, da in der ersten Glycolysestufe zwei Moleküle ATP für die Phosphorylierung der Glucose eingesetzt wurden.

Die Oxidation von Glycerinaldehyd-3-phosphat zu 3-Phosphoglyceroylphosphat

Dieses ist die erste der beiden energiekonservierenden Reaktionen der Glycolyse, die zur Bildung von ATP führen (Abb. 15-5). Die reversible Reaktion wird vom Enzym *Glycerinaldehydphosphat-Dehydrogenase* katalysiert:

D-Glycerinaldehyd-3-phosphat + NAD$^+$ + P$_i$ $\rightleftharpoons$
  3-Phosphoglyceroylphosphat + NADH + H$^+$
  $\Delta G^{\circ\prime} = +6{,}28$ kJ/mol

In dieser komplexen Reaktion wird die Aldehydgruppe von D-Glycerinaldehyd-3-phosphat dehydriert, aber nicht, wie man meinen könnte, zu einer freien Carboxylgruppe, sondern zu einem Säureanhydrid der Phosphorsäure, dem *3-Phophoglyceroylphosphat*. Diese Art Anhydrid, genannt *Acylphosphat*, hat eine sehr hohe Standardenergie der Hydrolyse ($\Delta G^{\circ\prime} = -49{,}4$ kJ/mol) und gehört damit zu den super-energiereichen Phosphaten (S. 413). Die freie Standardenergie der Hydrolyse der 3-ständigen Phosphatgruppe am anderen Ende des Moleküls liegt dagegen bei nur 13,4 kJ/mol. Ein großer Teil der freien Energie der Oxidation der Aldehydgruppen ist in der energiereichen Acylphosphatgruppe konserviert.

Der Wasserstoff-Akzeptor der Glycerinaldehydphosphat-Dehydrogenase-Reaktion ist das Coenzym NAD$^+$ (Abb. 15-6), die oxidierte Form von *Nicotinamid-adenin-dinucleotid*, das das Vitamin Nicotinamid (S. 282) enthält. Die Reduktion von NAD$^+$ erfolgt durch die enzymatische Übertragung eines *Hydrid-Ions* (H$^-$) aus der Aldehydgruppe des Glycerinaldehyd-3-phosphats in die Position 4 des Nicotinamid-Ringes von NAD$^+$, was zu dessen Reduktion in den Ringpositionen 1 und 4 führt. Dabei entsteht das reduzierte Coenzym NADH (Abb. 15-6). Das andere Wasserstoffatom des Substratmoleküls taucht im Medium als H$^+$ auf. Deshalb wird die enzymatische Reduktion von NAD$^+$ einschließlich des gebildeten Wasserstoff-Ions so geschrieben:

Substrat + NAD$^+$ $\rightleftharpoons$ dehydriertes Substrat + NADH + H$^+$

Der Reaktionsmechanismus der Glycerinaldehydphosphat-Dehydrogenase ist ziemlich komplex (Abb. 15-7). Das Substrat reagiert zuerst mit der SH-Gruppe eines essentiellen Cysteinrestes am aktiven Zentrum des Enzyms. Das Enzym bewirkt dann den Transfer eines Hydrid-Ions vom kovalent gebundenen Substrat auf das ebenfalls fest an das aktive Zentrum gebundene NAD$^+$. Dadurch wird ein energiereicher, kovalent gebundener Acyl-Enzym-Komplex ge-

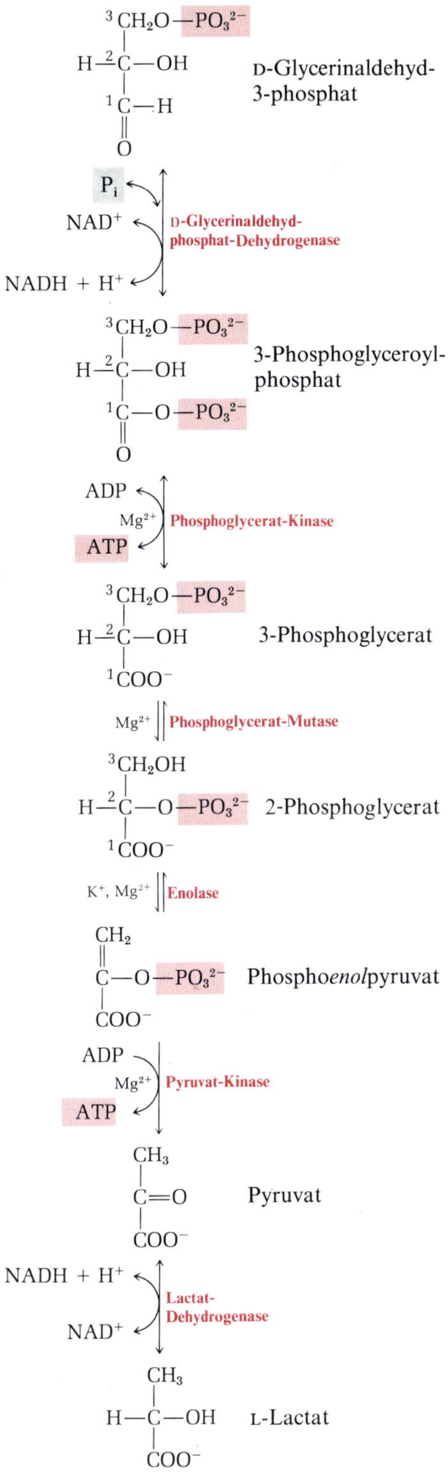

Abbildung 15-5
Die zweite Glycolysestufe.

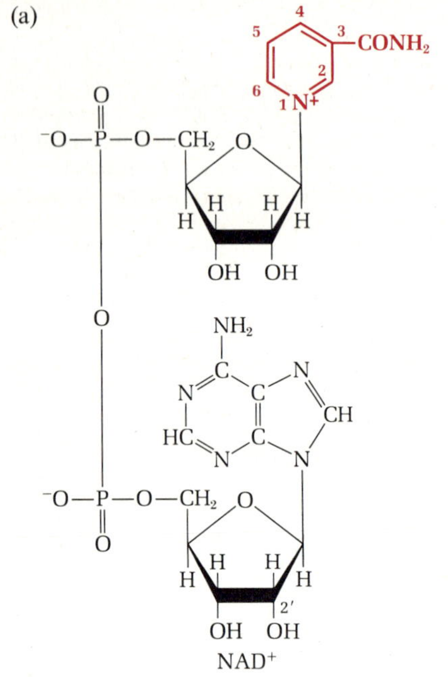

Abbildung 15-6
(a) Die Struktur von Nicotinamid-adenin-dinucleotid in seiner oxidierten Form (NAD$^+$).
(b) Reduktion von NAD$^+$ durch Übertragung eines Hydridions (:H$^-$) von einem Substrat RH$_2$ in die Position 4 des Nicotinamid-Ringes (s. auch S. 283).

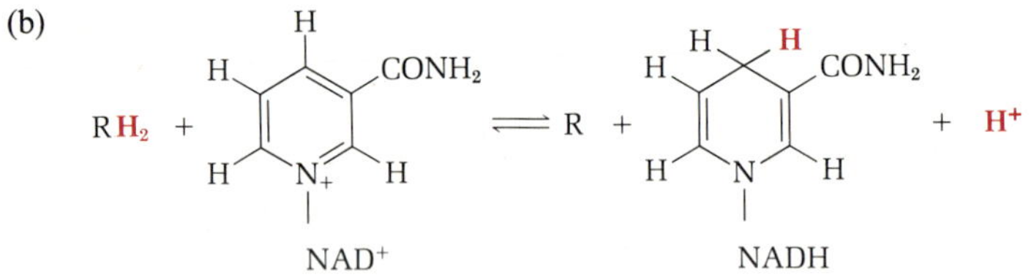

bildet, der mit anorganischem Phosphat weiter reagiert, wobei 3-Phosphoglyceroylphosphat freigesetzt und die unbeladene Form des Enzyms zurückgewonnen wird. Das in dieser Reaktion gebildete NADH muß zu NAD$^+$ reoxidiert werden, damit es am Abbau weiterer Moleküle Glucose zu Pyruvat teilnehmen kann. Sonst würde die Glycolyse wegen NAD$^+$-Mangel bald zum Stillstand kommen.

Glycerinaldehydphosphat-Dehydrogenase wurde aus Kaninchen-Skelettmuskel isoliert und kristallisiert. Sie hat eine relative Molekülmasse von 140000 und ist aus identischen Untereinheiten zusammengesetzt, die aus einer Polypeptidkette mit etwa 330 Aminosäureresten bestehen. Das Enzym wird durch Iodacetat (S. 247) gehemmt, das sich mit seinen essentiellen SH-Gruppen verbindet und so deren Teilnahme an der Katalyse verhindert (Abb. 15-7b). Die Entdeckung, daß Idoacetat die Glycolyse hemmt, hat historische Bedeutung für die Erforschung von Enzymsystemen (S. 384).

Die Phosphatübertragung von 3-Phosphoglyceroylphosphat auf ADP

Das Enzym *Phosphoglycerat-Kinase* überträgt die energiereiche Phosphatgruppe von der Carboxylgruppe des 3-Phophoglyceroylphosphats auf ADP. Dabei wird ATP und *3-Phosphoglycerat* gebildet (Abb. 15-5):

3-Phosphoglyceroylphosphat + ADP $\xrightleftharpoons{Mg^{2+}}$

$$3\text{-Phosphoglycerat} + ATP$$
$$\Delta G^{\circ\prime} = -18{,}82\,\text{kJ/mol}$$

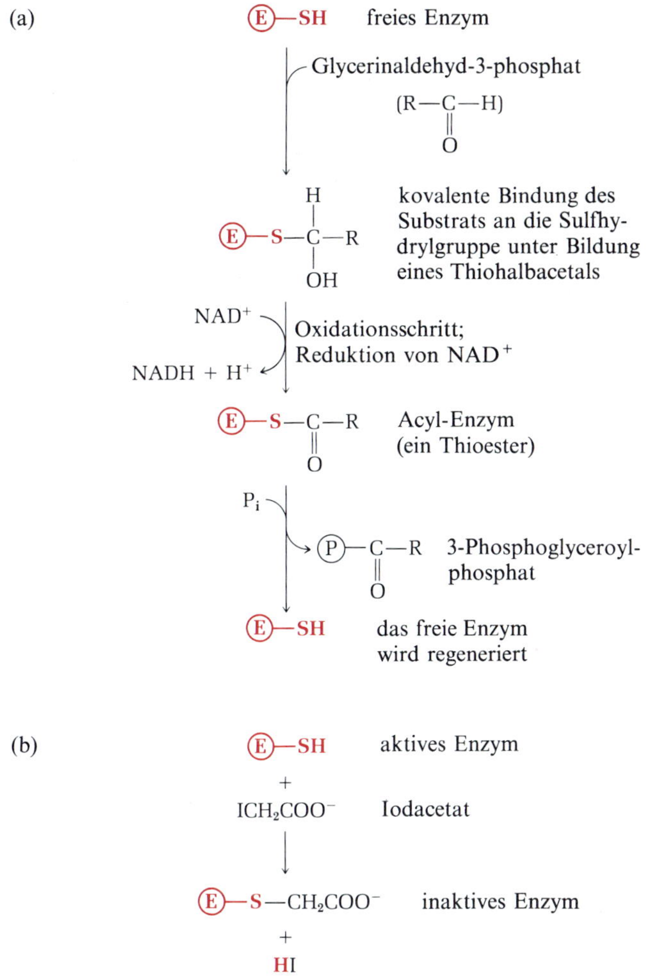

Kapitel 15   Glycolyse: ein zentraler Weg des Glucose-Katabolismus   453

(a)

E—SH   freies Enzym

Glycerinaldehyd-3-phosphat

$$(R-\underset{\underset{O}{\|}}{C}-H)$$

E—S—C(H)(OH)—R   kovalente Bindung des Substrats an die Sulfhydrylgruppe unter Bildung eines Thiohalbacetals

NAD^+ ⟶ Oxidationsschritt; Reduktion von NAD^+
$NADH + H^+$

E—S—C(=O)—R   Acyl-Enzym (ein Thioester)

P_i ⟶

P—C(=O)—R   3-Phosphoglyceroyl-phosphat

E—SH   das freie Enzym wird regeneriert

Abbildung 15-7
(a) Schema für die Reaktion der Glycerinaldehydphosphat-Dehydrogenase, das die Bildung der kovalenten Thiohalbacetalbindung zwischen dem Substrat und der essentiellen SH-Gruppe des Enzyms zeigt. Dieses Enzym-Substrat-Zwischenprodukt wird durch das ebenfalls an das aktive Zentrum gebundene NAD^+ oxidiert, wodurch es in ein kovalent gebundenes Acyl-Enzym-Zwischenprodukt, einen Thioester, übergeht. Die Bindung zwischen der Acylgruppe und der Thiolgruppe des Enzyms besitzt eine sehr hohe freie Standardenergie der Hydrolyse. Im letzten Schritt wird die Thioesterbindung unter Freisetzung des Enzyms und einer Acylgruppe phosphorolysiert. Dabei wird ein großer Teil der bei der Oxidation der Aldehydgruppe freigewordenen Energie konserviert.
(b) Iodacetat ist ein starker Inhibitor der Glycerinaldehydphosphat-Dehydrogenase, denn es verbindet sich kovalent mit der essentiellen SH-Gruppe des Enzyms und inaktiviert es dadurch.

(b)

E—SH   aktives Enzym
+
ICH_2COO^- Iodacetat

⟶

E—S—CH_2COO^- inaktives Enzym
+
HI

Diese und die vorausgehende Glycolysereaktion bilden zusammen einen Energie-Kopplungsprozeß. Wir sehen aus den Reaktionsgleichungen, daß 3-Phosphoglyceroylphosphat das gemeinsame Zwischenprodukt ist; es wird in der ersten Reaktion gebildet und in der zweiten wird seine Acylphosphatgruppe auf ADP übertragen:

Glycerinaldehyd-3-phosphat + P_i + NAD^+ ⇌
   3-Phosphoglyceroylphosphat + $NADH + H^+$

3-Phosphoglyceroylphosphat + ADP ⇌ 3-Phosphoglycerat + ATP

Die Summe dieser beiden aufeinanderfolgenden und durch das gemeinsame Zwischenprodukt 3-Phosphoglyceroylphosphat gekoppelten Reaktionen wird durch die kombinierte Gleichung

Glycerinaldehyd-3-phosphat + P_i + ADP + NAD^+ ⇌
   3-Phosphoglycerat + ATP + $NADH + H^+$
   $\Delta G^{\circ\prime} = -12{,}6 \text{ kJ/mol}$

dargestellt. Das Ergebnis der beiden unter Zellbedingungen reversiblen Reaktionen ist die Speicherung der durch Oxidation einer Aldehydgruppe zu einer Carboxylgruppe freigesetzten Energie durch die damit gekoppelte Bildung von ATP aus ADP und Phosphat. Die an die enzymatische Umwandlung eines „Substrats", d.h. eines Stoffwechsel-Zwischenprodukts wie Glycerinaldehyd-3-phosphat, gekoppelte Bildung von ATP nennt man *Substratketten-Phosphorylierung*. Wir werden später noch andere Beispiele hierfür kennenlernen.

Die Umwandlung von 3-Phosphoglycerat zu 2-Phosphoglycerat

Diese Reaktion, bei der eine reversible Verschiebung der Phosphatgruppe innerhalb des Substratmoleküls stattfindet, wird durch das Enzym *Phosphoglycerat-Mutase* katalysiert:

$$\text{3-Phosphoglycerat} \underset{}{\overset{Mg^{2+}}{\rightleftharpoons}} \text{2-Phosphoglycerat}$$
$$\Delta G^{\circ\prime} = +4.44 \text{ kJ/mol}$$

Die Reaktion ist Mg^{2+}-abhängig. Der Ausdruck *Mutase* wird oft für Enzyme verwendet, die eine intramolekulare Verschiebung funktioneller Gruppen katalysieren.

Die Dehydratisierung von 2-Phosphoglycerat zu Phosphoenolpyruvat

Diese ist die zweite Reaktion in der Glycolysekette, bei der eine energiereiche Phosphatverbindung entsteht. Bei der durch das Enzym *Enolase* katalysierten Reaktion wird ein Molekül Wasser reversibel aus dem 2-Phosphoglycerat entfernt und es entsteht *Phosphoenolpyruvat* (Abb. 15-5):

$$\text{2-Phosphoglycerat} \underset{}{\overset{Mg^{2+}}{\rightleftharpoons}} \text{Phospho}enol\text{pyruvat} + H_2O$$
$$\Delta G^{\circ\prime} = +1.84 \text{ kJ/mol}$$

Die Änderung der freien Standardenergie ist hierbei zwar gering, aber Ausgangssubstanz und Produkt unterscheiden sich sehr stark in der freien Standardenergie für die Hydrolyse ihrer Phosphatgruppen. Für 2-Phosphoglycerat (eine energiearme Phosphatverbindung) beträgt sie -17.6 kJ/mol und für Phospho*enol*pyruvat (eine super-energiereiche Phosphatverbindung) -61.9 kJ/mol (S. 413). 2-Phosphoglycerat und Phospho*enol*pyruvat enthalten insgesamt fast die gleiche Energiemenge, der Verlust des einen Moleküls Wasser bewirkt aber eine Umverteilung der Energie innerhalb des Moleküls, so daß die Abspaltung der Phosphatgruppe bei Phospho*enol*pyruvat mit einem viel größerem Energieverlust verbunden ist als bei Phosphoglycerat.

Enolase ist aus mehreren Quellen in reiner, kristalliner Form isoliert worden (M_r 85000). Sie braucht Mg^{2+}, mit dem sie einen Komplex bildet, bevor das Substrat gebunden wird. Charakteristisch ist die Hemmbarkeit durch die gleichzeitige Anwesenheit von Fluorid (F^-) und Phosphat, wobei Mg^{2+}-bindende Fluorophosphat-Ionen das eigentliche hemmende Agens sind.

Der Transfer der Phosphatgruppe von Phosphoenolpyruvat zum ADP

Der letzte Schritt der Glycolyse ist der durch die *Pyruvat-Kinase* katalysierte Transfer der energiereichen Phosphatgruppe des Phospho*enol*pyruvats zum ADP (Abb. 15-5). Bei dieser Reaktion, die ein weiteres Beispiel für Substratketten-Phosphorylierung ist, tritt das Produkt Pyruvat in seiner *Enolform* auf.

$$\text{Phospho}enol\text{pyruvat} + \text{ADP} \xrightarrow[K^+]{Mg^{2+}} Enol\text{pyruvat} + \text{ATP}$$

Die Enolform lagert sich schnell und nichtenzymatisch zur Ketoform, der bei pH 7 überwiegenden Form des Pyruvats um:

$$\underset{Enol\text{pyruvat}}{CH_2=\underset{\underset{OH}{|}}{C}-COO^-} \rightleftharpoons \underset{\text{Pyruvat (Ketoform)}}{CH_3-\underset{\underset{O}{\|}}{C}-COO^-}$$

Da das Gleichgewicht dieser Reaktion sehr weit auf der rechten Seite liegt, „zieht" sie die vorhergehende Pyruvat-Kinase-Reaktion nach dem Massenwirkungsgesetz ebenfalls nach rechts. Die Summe von Pyruvat-Kinase-Reaktion und nichtenzymatischer Bildung von der Ketoform des Pyruvats (Ketopyruvat) läßt sich durch folgende Gleichung darstellen:

$$\text{Phospho}enol\text{pyruvat} + \text{ADP} + H^+ \xrightarrow{Mg^{2+}, K^+} Keto\text{pyruvat} + \text{ATP}$$
$$\Delta G^{\circ\prime} = -31.4 \text{ kJ/mol}$$

Die Gesamtreaktion hat wegen des großen Beitrags der Keto-Enol-Umlagerung des Pyruvats einen hohen negativen $\Delta G^{\circ\prime}$-Wert. Der $\Delta G^{\circ\prime}$-Wert für die Hydrolyse von Phosphonenolpyruvat beträgt -61.9 kJ/mol; etwa die Hälfte davon bleibt als ATP erhalten ($\Delta G^{\circ\prime} = -30.5$ kJ/mol), der Rest (-31.4 kJ/mol) bildet die starke treibende Kraft, die die Reaktion bis weit auf die rechte Seite verschiebt. Die Pyruvat-Kinase-Reaktion ist unter intrazellulären Bedingungen praktisch irreversibel.

Die Pyruvat-Kinase wurde gereinigt und kristallisiert ($M_r = 250000$). Sie braucht K^+ und entweder Mg^{2+} oder Mn^{2+}. Sie ist ein wichtiges Regulationsenzym, dessen Wirkungsweise später beschrieben wird.

Die Reduktion von Pyruvat zu Lactat

Das Pyruvat bildet einen wichtigen Knotenpunkt im Kohlenhydrat-Katabolismus. In tierischem Gewebe ist unter aeroben Bedingungen

Pyruvat das Produkt der Glycolyse und das durch die Dehydrierung von Glycerinaldehydphosphat gebildete NADH wird anschließend durch O_2 zu NAD^+ oxidiert (Kapitel 17). Unter anaeroben Bedingungen, im angestrengt arbeitenden Muskel oder in Milchsäure-Bakterien, kann das bei der Glycolyse gebildete NADH nicht durch O_2 reoxidiert werden, sondern nur durch Pyruvat, das dabei in Lactat umgewandelt wird. Unter diesen Bedingungen werden Elektronen, die ursprünglich von Glycerinaldehydphosphat an NAD^+ abgegeben wurden, in Form von NADH auf Pyruvat übertragen. Die Reduktion von Pyruvat wird durch *Lactat-Dehydrogenase* katalysiert, wobei das L-Isomere von Lactat gebildet wird:

$$\text{Pyruvat} + \text{NADH} + H^+ \rightleftharpoons \text{L-Lactat} + NAD^+$$
$$\Delta G^{\circ\prime} = -25.1 \text{ kJ/mol}$$

Das Gleichgewicht dieser Reaktion liegt weit auf der rechten Seite, wie der hohe negative Wert für $\Delta G^{\circ\prime}$ zeigt. Da bei der Dehydrierung der zwei mol Glycerinaldehydphosphat, die aus jedem mol Glucose entstehen, zwei mol NAD^+ verbraucht und zwei mol NADH erzeugt werden, ermöglicht es die Regenerierung von zwei mol NAD^+ durch die Reduktion von zwei mol Pyruvat zu zwei mol Lactat, daß das NAD immer wieder für die Glycolyse verwendet werden kann.

Wie wir auf Seite 266 gesehen haben, kommt die Lactat-Dehydrogenase in den meisten Geweben in Form fünf verschiedener Isoenzyme vor, die sich in ihren K_M-Werten für Pyruvat, in ihren Wechselzahlen (turnover numbers) oder V_{max} und dem Ausmaß ihrer allosterischen Hemmbarkeit durch Pyruvat unterscheiden. Der im Herz vorkommende Typ der Lactat-Dehydrogenase (als H_4 bezeichnet) besteht aus vier Polypeptidketten vom H-Typ. Dieses Isoenzym hat einen niedrigen K_M-Wert für Pyruvat und wird durch dieses stark gehemmt, während das Muskel-Isoenzym (als M_4 bezeichnet) einen hohen K_M-Wert für Pyruvat hat, durch dieses nicht gehemmt wird und katalytisch aktiver ist. Obwohl große Anstrengungen gemacht wurden, eine zusammenfassende, logische Erklärung für Funktion und Bedeutung der Lactat-Dehydrogenase-Isoenzyme in den verschiedenen Geweben (besonders in Herz, Skelettmuskel und Leber) zu finden, zeichnet sich dieser Bereich auch heute noch durch viele Kontroversen und wenige Übereinstimmungen aus. So weiß man noch nicht, welche Rolle die beiden Isoenzyme und die beiden für ihre Synthese verantwortlichen Gene spielen. Interessanterweise wurden bei einem 64jährigen Mann als Folge eines genetischen Defektes überhaupt keine Polypeptidketten des H-Typs gefunden. Dieser Mann litt unter keinen erkennbaren Herz- oder Stoffwechselbeschwerden. Diese Beobachtung wirft die Frage auf, ob wirklich jedes Enzym einer Zelle oder eines Gewebes notwendig ist. Möglicherweise sind einige Rudimente früherer Entwicklungsstufen und werden heute nicht mehr gebraucht.

Die Gesamtbilanz der Glycolyse

Wir können jetzt ein Schema der anaeroben Glycolyse erstellen, das 1. dem Schicksal des Kohlenstoffskeletts der Glucose, 2. dem Weg der Elektronen bei den Redox-Reaktionen und 3. der Bilanz von Phosphat, ADP und ATP Rechnung trägt. Die linke Seite der folgenden Gleichung zeigt alle eingesetzten Substanzen: ATP, P_i, ADP, NAD^+, NADH und H^+ (s. Abb. 15-4 und 15-5); die rechte Seite zeigt alle Substanzen, die bei der Glycolyse entstehen. (Bedenken Sie, daß aus jedem Molekül Glucose zwei Moleküle Glycerinaldehydphosphat entstehen):

$$Glucose + 2\,ATP + 2\,P_i + 2\,NAD^+ + 2\,NADH + 2\,H^+ + 4\,ADP \rightarrow$$
$$2\,Lactat^- + 2\,H^+ + 4\,ATP + 2\,H_2O + 2\,NADH +$$
$$2\,H^+ + 2\,NAD^+ + 2\,ADP$$

Wenn wir die sowohl rechts als auch links auftretenden Stoffe streichen, erhalten wir:

$$Glucose + 2\,P_i + 2\,ADP \rightarrow 2\,Lactat^- + 2\,H^+ + 2\,ATP + 2\,H_2O$$

Das ist die Summengleichung für die anaerobe Glycolyse im anaeroben Skelettmuskel oder bei der Milchsäuregärung.

Bei der Gesamtreaktion wird ein Molekül D-Glucose zu zwei Molekülen Lactat umgesetzt (Kohlenstoffweg). Zwei Moleküle ADP und zwei Moleküle Phosphat bilden zwei Moleküle ATP (Weg der Phosphatgruppen). Vier Elektronen werden in Form von Hydrid-Ionen von zwei Molekülen Glycerinaldehydphosphat über zwei Moleküle NAD^+ auf zwei Moleküle Pyruvat übertragen (Weg der Elektronen). Obwohl während der glycolytischen Reaktionsfolge zwei Redoxschritte stattfinden, kommt es bei der Umsetzung von Glucose zu Lactat zu keiner Netto-Änderung des Oxidationszustandes des Kohlenstoffs. Das zeigt ein Vergleich der Summenformeln von Glucose ($C_6H_{12}O_6$) und Lactat ($C_3H_6O_3$). In beiden Formeln ist das Verhältnis von C- zu H- zu O-Atomen gleich, ein Zeichen dafür, daß keine Netto-Oxidation des Kohlenstoffs stattgefunden hat. Trotzdem ist dem Glucosemolekül während der anaeroben Glycolyse ein Teil seiner Energie entzogen worden, der für eine Netto-Ausbeute von zwei Molekülen ATP ausreicht.

Unter aeroben Bedingungen ist Pyruvat und nicht Lactat das Produkt des glycolytischen Glucoseabbaus. Die durch Dehydrierung von zwei mol Glycerinaldehydphosphat gebildeten zwei mol NADH werden dann nicht durch Pyruvat reoxidiert. Die Gesamtgleichung der Glycolyse sieht dann so aus:

$$Glucose + 2\,P_i + 2\,ADP + 2\,NAD^+ \rightarrow$$
$$2\,Pyruvat^- + 2\,ATP + 2\,NADH + 4\,H^+ + 2\,H_2O$$

Unter aeroben Bedingungen geben die zwei im Cytosol gebildeten Moleküle NADH ihre Elektronen an die (in eukaryotischen Zellen in den Mitochondrien lokalisierte) Elektronentransportkette ab und werden dabei zu NAD$^+$ reoxidiert. Die Elektronen werden letztlich an Sauerstoff abgegeben, der dadurch zu H$_2$O reduziert wird.

$$2\,NADH + 2\,H^+ + O_2 \rightarrow 2\,NAD^+ + 2\,H_2O$$

Zum zentralen Glycolyseweg führen Zubringerwege vom Glycogen und von anderen Kohlenhydraten

Außer Glucose können auch viele andere Kohlenhydrate über den Glycolyseweg unter Energiegewinnung abgebaut werden. Die wichtigsten von ihnen sind die Speicher-Kohlenhydrate *Glycogen* und *Stärke*, die Disaccharide *Maltose, Lactose* und *Saccharose* und die Monosaccharide *Fructose, Mannose* und *Galactose*. Wir wollen nun die Wege, über die diese Kohlenhydrate in die Glycolyse eintreten können, näher betrachten. Sie sind in Abb. 15-8 zusammengefaßt.

Die D-Glucose-Einheiten der endständigen Äste von Glycogen und Stärke gelangen mit Hilfe zweier Enzyme in den Glycolyseweg. Es sind die *Glycogen-Phosphorylase* (oder die ihr ähnliche *Stärke-Phosphorylase*) und die *Phosphoglucomutase*. Die in tierischen Zellen weit verbreitete Glycogen-Phosphorylase katalysiert die unten wiedergegebene allgemeine Reaktion, bei der (Glucose)$_n$ ein endständiger Kettenabschnitt von Glycogen oder Stärke ist, bei dem n D-Glucosereste in α(1 → 4)-Bindung verknüpft sind, und (Glucose)$_{n-1}$ ein um einen D-Glucose-Rest verkürzter Abschnitt. (Zur Struktur von Glycogen und Stärke s. S. 320).

$$(\text{Glucose})_n + P_i \rightarrow (\text{Glucose})_{n-1} + \alpha\text{-D-Glucose-1-phosphat}$$
$$\Delta G^{\circ\prime} = +3.05 \text{ kJ/mol}$$

Unter intrazellulären Bedingungen, also bei relativ hoher Phosphatkonzentration, läuft die Glycogen-Phosphorylase-Reaktion in der abbauenden Richtung, bei der Glucose-1-phosphat gebildet wird. Bei dieser Reaktion kommt es am nicht-reduzierenden Ende der Glycogenkette zu einer *Phosphorolyse*, d.h. zur Entfernung des endständigen Glucoserestes durch den Angriff von Phosphat, wobei α-*D-Glucose-1-phosphat* entsteht. Zurück bleibt eine um einen Glucoserest verkürzte Kette (Abb. 15-9). Glycogen-Phosphorylase reagiert immer wieder von neuem mit dem Ende des Glycogen-Astes, aber nur bis zu einem bestimmten Punkt. Dieser liegt vier Glucosereste vor einer α(1 → 6)-Verzweigungsstelle (S. 320). Hier endet die Wirkung der Glycogen-Phosphorylase.

Ein weiterer Abbau durch die Phosphorylase kann erst nach dem Eingreifen eines anderen, die Verzweigung aufhebenden Enzyms (*debranching enzyme*) erfolgen, das zwei Reaktionen katalysiert. Zuerst entfernt es die nächsten drei Glucosereste und transferiert sie an das Ende eines anderen Verzweigungsastes (4α-D-Glucotransfera-

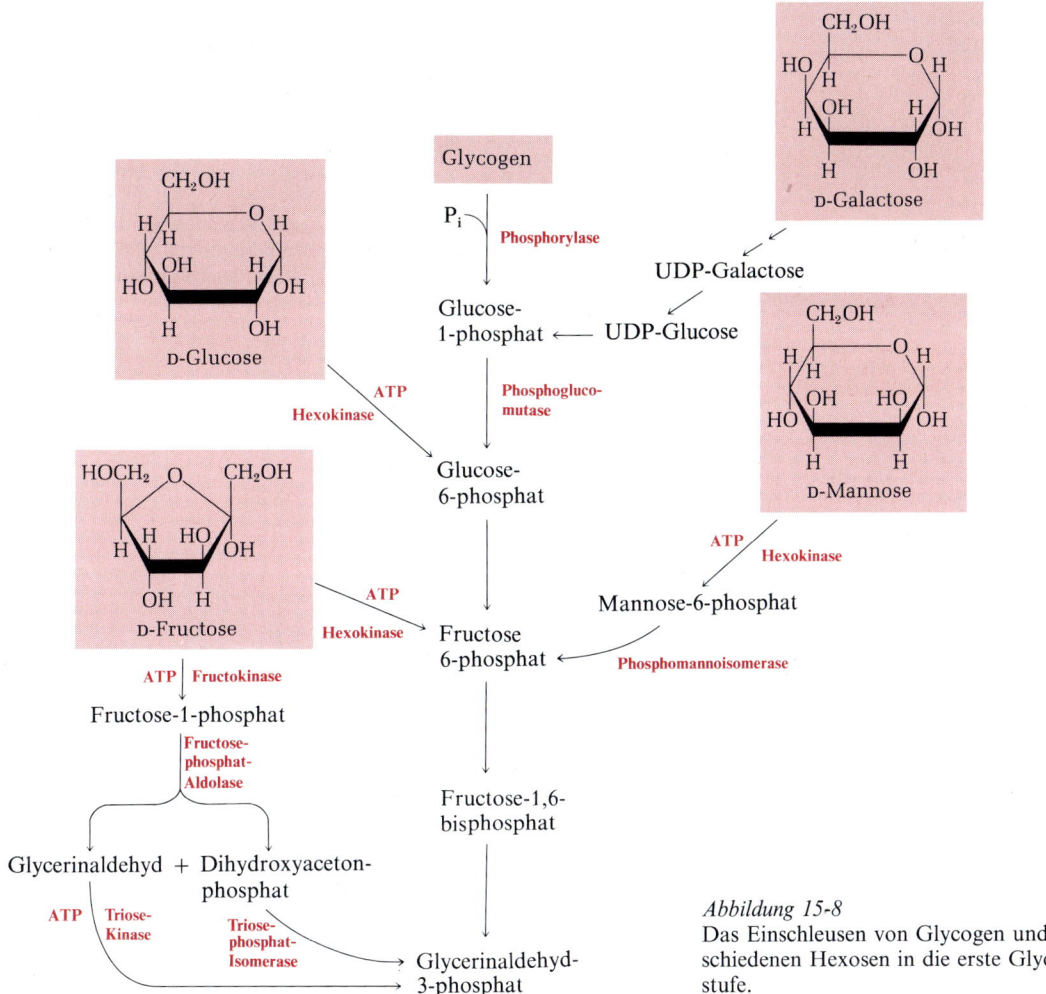

Abbildung 15-8
Das Einschleusen von Glycogen und verschiedenen Hexosen in die erste Glycolysestufe.

se-Aktivität). Danach entfernt es den letzten vom alten Glycogen-Ast übrig gebliebenen Glucoserest, der sich in α(1 → 6)-Bindung an der Verzweigungsstelle befindet (Amylo-1,6-Glucosidase-Aktivität). Dadurch wird ein Molekül Glucose freigesetzt und ein weiterer Kettenabschnitt von Glucoseresten in α(1 → 4)-Verknüpfung der Wirkung der Glycogen-Phosphorylase zugänglich gemacht.

Glucose-1-phosphat, das Endprodukt der Glycogen-(und Stärke-) Phosphorylase-Reaktion, wird durch *Phosphoglucomutase* in Glucose-6-phosphat umgewandelt. Dieses Enzym ist aus vielen Ausgangsmaterialien in reiner Form isoliert worden. Es katalysiert die reversible Reaktion:

$$\text{Glucose-1-phosphat} \rightleftharpoons \text{Glucose-6-phosphat}$$
$$\Delta G^{\circ\prime} = -7{,}24 \text{ kJ/mol}$$

Phosphoglucomutase braucht *Glucose-1,6-bisphosphat* als Cofaktor (Abb. 15-10). Seine Rolle wird aus den beiden Teilschritten der Re-

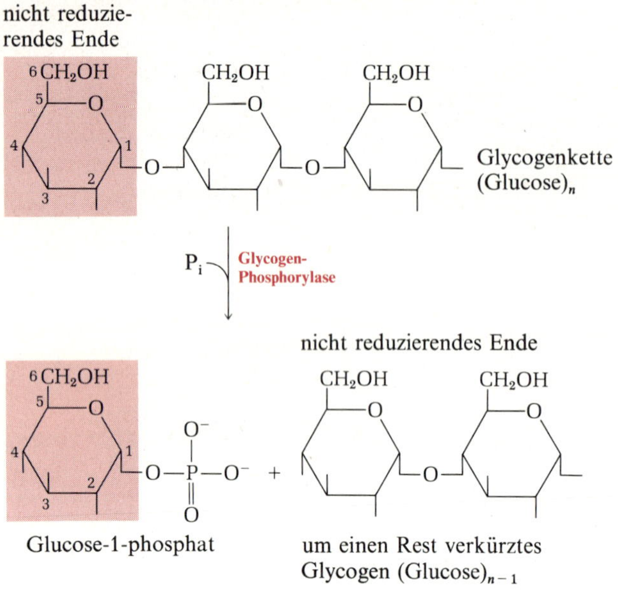

Abbildung 15-9
Entfernung eines endständigen Glucoserestes vom nicht-reduzierenden Ende einer Glycogenkette mit Hilfe der Glycogen-Phosphorylase. Dieser Vorgang wird wiederholt, so daß ein Glucoserest nach dem anderen entfernt wird, bis das viertletzte Glucosemolekül vor einem Verzweigungspunkt erreicht ist (vgl. Text). Beachten Sie die schematische Kurzdarstellung der Hydroxylgruppen der Glucosereste; die Wasserstoffatome am Pyranose-Ring werden nicht dargestellt.

aktion ersichtlich, in denen das Enzym zwischen einer phosphorylierten und einer nicht-phosphorylierten oder Dephospho-Form hin- und herwechselt:

Phosphoenzym + Glucose-1-phosphat $\rightleftharpoons$
    Dephosphoenzym + **Glucose-1,6-bisphosphat**

Glucose-1,6-bisphosphat + Dephosphoenzym $\rightleftharpoons$
    Phosphoenzym + Glucose-6-phosphat

Summe: Glucose-1-phosphat $\rightleftharpoons$ Glucose-6-phosphat

Die Phosphoglucomutase ist noch aus einem anderen Grund erwähnenswert; sie gehört zur großen Gruppe der Enzyme, die in ihrem aktiven Zentrum einen essentiellen Serinrest tragen, dessen Hydroxylgruppe genau die Stelle ist, an der das Enzym durch das Glucose-1,6-bisphosphat phosphoryliert wird. Wie andere Vertreter der sogenannten *Serinenzyme* (S. 246) wird auch die Phosphoglucomutase durch bestimmte organische Phosphate wie *Diisopropylfluorophosphat* irreversibel gehemmt. Dabei entstehen katalytisch inaktive Organophosphatester mit der essentiellen Hydroxylgruppe des Serins (S. 246).

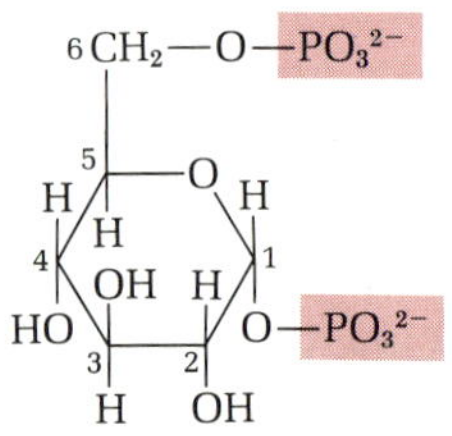

Auch andere Monosaccharide können in den Glycolyseweg eintreten

In tierischen Geweben können außer Glucose auch andere Monosaccharide so umgewandelt werden, daß sie in den Glycolyseweg

Abbildung 15-10
α-D-Glucose-1,6-bisphosphat, ein Cofaktor, den die Phosphoglucomutase braucht.

Eingang finden und daß aus ihrem Abbau Energie gewonnen werden kann (Abb. 15-8).

D-*Fructose* kommt in vielen Früchten frei vor und entsteht im Dünndarm durch Hydrolyse aus Saccharose (Rohrzucker). Sie kann durch die *Hexokinase* phosphoryliert werden, die auch mit einer Reihe anderer Hexosen reagiert:

D-Fructose + ATP $\xrightarrow{Mg^{2+}}$ D-Fructose-6-phosphat + ADP + H$^+$

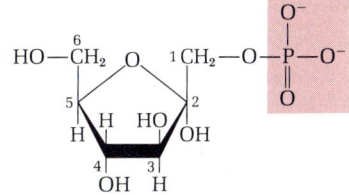

Abbildung 15-11
α-D-Fructose-1-phosphat, ein Zwischenprodukt bei der Umwandlung von Glucose zu Glycerinaldehydphosphat.

Dies ist ein wichtiger Reaktionsweg in Muskeln und Niere. In der Leber jedoch erfolgt die Einschleusung der Fructose in die Glycolyse über einen anderen Weg. Die durch das Leberenzym *Fructokinase* katalysierte Phosphorylierung der Fructose erfolgt nicht am Kohlenstoffatom 6, sondern am Kohlenstoffatom 1 (Abb. 15-11):

D-Fructose + ATP $\xrightarrow{Mg^{2+}}$ D-Fructose-1-phosphat + ADP + H$^+$

Das Fructose-1-phosphat wird durch *Aldolase* zu D-Glycerinaldehyd und Dihydroxyacetonphosphat gespalten:

D-Fructose-1-phosphat ⇌
    D-Glycerinaldehyd + Dihydroxyacetonphosphat

Dihydroxyacetonphosphat kennen wir schon als das glycolytische Zwischenprodukt, das in Glycerinaldehyd-3-phosphat umgewandelt werden kann. Das andere Produkt, D-Glycerinaldehyd, wird mit ATP und *Triose-Kinase* ebenfalls zu Glycerinaldehyd-3-phosphat umgesetzt:

D-Glycerinaldehyd + ATP $\xrightarrow{Mg^{2+}}$
    D-Glycerinaldehyd-3-phosphat + ADP + H$^+$

Auf diese Weise macht die Leber aus einem Molekül D-Fructose zwei Moleküle Glycerinaldehyd-3-phosphat.

D-Galactose wird bei der Hydrolyse des Disaccharids Lactose (Milchzucker) freigesetzt. Sie wird zunächst in Position 1 mit Hilfe von ATP und dem Enzym *Galactokinase* phosphoryliert:

ATP + D-Galactose $\xrightarrow{Mg^{2+}}$ D-Galactose-1-phosphat + ADP + H$^+$

Das Produkt D-*Galactose-1-phosphat* wird dann in einer Reihe von Reaktionen in sein C-4-Epimer D-Glucose-1-phosphat umgewandelt (Abb. 15-12). In diesen Reaktionen fungiert *Uridindiphosphat* (UDP) (S. 430) als Coenzym-ähnlicher Carrier für Hexosegruppen. In menschlicher Leber reagiert Galactose-1-phosphat mit UDP-Glucose unter Bildung von UDP-D-Galactose und Glucose-1-phosphat. Diese Reaktion wird durch das Enzym *UDP-Glucose:α-D-Galactose-1-phosphat-Uridylyltransferase* katalysiert. Der Galactoserest der UDP-D-Galactose wird dann enzymatisch am Kohlenstoffatom 4 zu UDP-D-Glucose epimerisiert. Das Enzym hierfür ist die *UDP-Glucose-4-Epimerase* (Abb. 15-12). Aus UDP-Glucose wird in einer komplexen Reaktion D-Glucose-1-phosphat abgespalten, das dann durch Phosphoglucomutase in Glucose-6-phosphat umgewandelt wird. Diese Reaktionsfolge ist nicht nur für die Umsetzung von D-Galactose zu D-Glucose verantwortlich, sondern sie wird auch in umgekehrter Richtung benutzt, um in der Milchdrüse die für die Bildung von Milchzucker benötigte D-Galactose zu synthetisieren. Die wichtige Rolle des UDP als Carrier für Zuckergruppen wurde zuerst von dem argentinischen Biochemiker Luis Leloir entdeckt. Wir werden später noch andere Reaktionen kennenlernen, in denen UDP-Zuckerderivate als Zwischenprodukte vorkommen.

Bei Patienten mit der am weitesten verbreiteten erblichen Mangelkrankheit, der *Galactosämie*, ist die UDP-Glucose: α-D-Galactose-1-phosphat-Uridylyltransferase (Abb. 15-12) genetisch defekt und daher die Umwandlung von D-Galactose in D-Glucose gehemmt. Als Folge davon können D-Galactose und D-Galactose-1-phosphat nicht umgesetzt werden und häufen sich in Blut und Geweben an.

Abbildung 15-12
(a) Stoffwechsel für die Umwandlung von D-Galactose in D-Glucose. Einzelheiten des eingerahmten Schrittes sind in (b) dargestellt. Bei der Umwandlung von UDP-Glucose in UDP-Galactose nimmt das für die Enzymaktivität nötige NAD$^+$ offenbar zwei Wasserstoffe vom C-Atom der Glucose auf und gibt sie dann in der Weise zurück, daß das 4-Epimere entsteht. Galactosämie, eine bei Kindern auftretende menschliche Erbkrankheit, wird normalerweise durch eine Mangel an UDP-Glucose: α-D-Galactose-1-phosphat-Uridylyltransferase verursacht. Wegen der gestörten Umwandlung von Galactose in Glucose reichern sich Galactose und Galactose-1-phosphat, die aus der Lactose in der Nahrung stammen, im Gewebe an und verursachen Schäden in Gehirn und Leber sowie grauen Star. Auch im Blut tritt Galactose in erheblichen Mengen auf. Eine leichtere Form der Galactosämie tritt bei Galactokinase-Mangel auf.

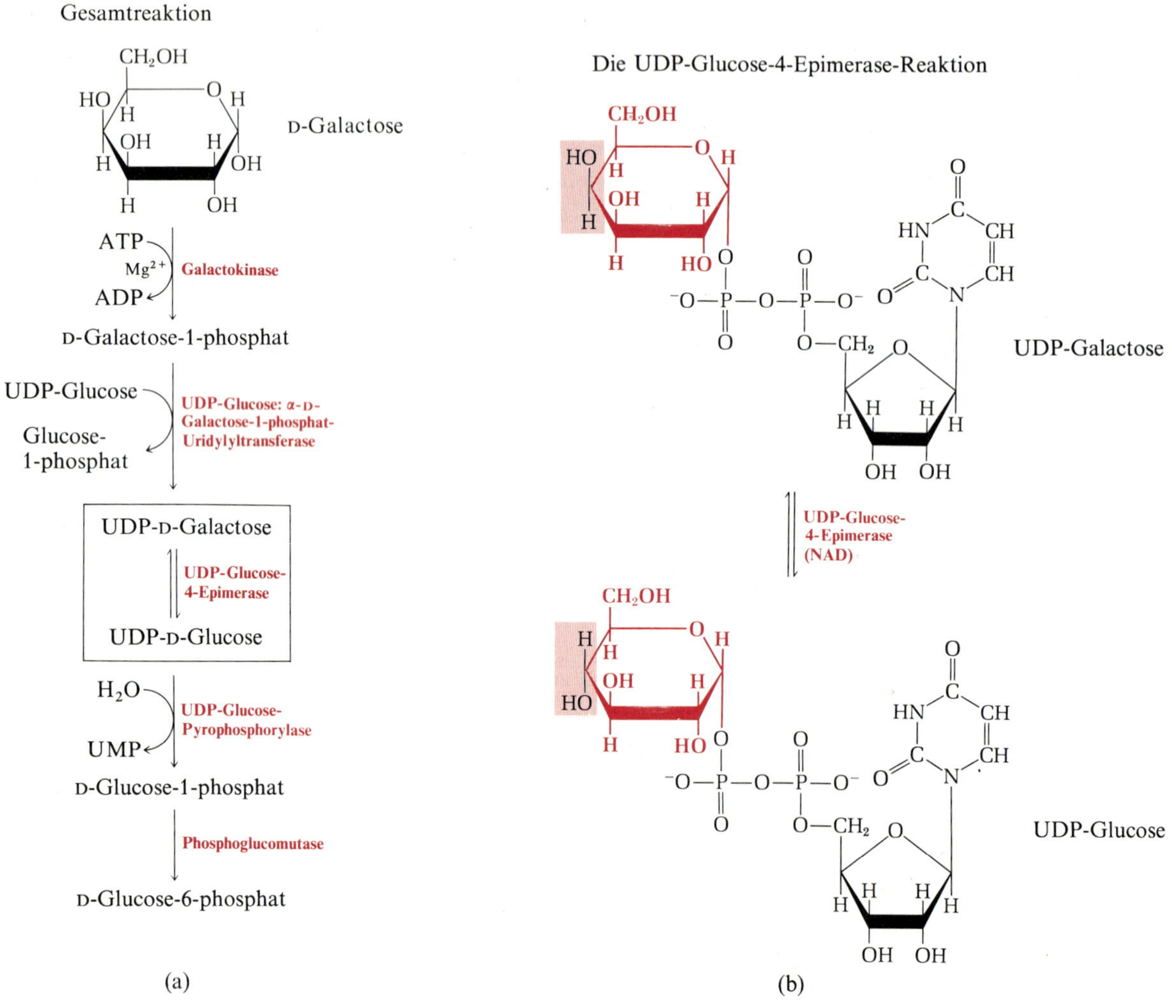

Die Leber und andere Organe werden dadurch vergrößert, die Sehfähigkeit wird durch die Bildung von grauem Star beeinträchtigt und die geistige Entwicklung wird verzögert. Da die Hauptquelle für Galactose die Lactose in der Milch ist, tritt die Krankheit bei Kindern in Erscheinung und kann durch eine Diät gemildert werden, die keine Milch oder Milchprodukte enthält. Bei anderen Formen von Galactosämie ist entweder die Galactokinase oder die UDP-Glucose-4-Epimerase genetisch defekt.

D-Mannose wird bei der Verdauung verschiedener in der natürlichen Nahrung vorkommender Polysaccharide und Glycoproteine freigesetzt. Sie kann durch *Hexokinase* in Position 6 phosphoryliert werden:

$$\text{D-Mannose} + \text{ATP} \xrightarrow{Mg^{2+}} \text{D-Mannose-6-phosphat} + \text{ADP} + \text{H}^+$$

D-Mannose-6-phosphat wird dann durch die *Phosphomannoisomerase* zu D-Fructose-6-phosphat, einem Zwischenprodukt der Glycolyse, isomerisiert:

$$\text{D-Mannose-6-phosphat} \rightleftharpoons \text{D-Fructose-6-phosphat}$$

Abb. 15-8 faßt die Zubringerwege zusammen, über die einige Zucker in die Glycolyse eingeschleust werden.

Disaccharide müssen zuerst zu Monosacchariden hydrolysiert werden

Disaccharide können nicht direkt in den Glycolyseweg eintreten. In die Blutbahn injizierte Disaccharide werden nicht verwertet. Mit der Nahrung aufgenommene Disaccharide müssen zuerst in den Dünndarmzellen enzymatisch in ihre Hexose-Einheiten hydrolysiert werden:

$$\text{Maltose} + \text{H}_2\text{O} \xrightarrow{\text{Maltase}} \text{D-Glucose} + \text{D-Glucose}$$

$$\text{Lactose} + \text{H}_2\text{O} \xrightarrow{\text{Lactase}} \text{D-Galactose} + \text{D-Glucose}$$

$$\text{Saccharose} + \text{H}_2\text{O} \xrightarrow{\text{Saccharase}} \text{D-Fructose} + \text{D-Glucose}$$

Die gebildeten Monosaccharide werden ins Blut aufgenommen und in die Leber transportiert, wo sie phosphoryliert und wie beschrieben zu Zwischenprodukten der Glycolyse umgesetzt werden.

Die *Lactose-Intoleranz* (S. 316 und 750) der meisten menschlichen Rassen außer der nordeuropäischen und einigen afrikanischen beruht darauf, daß nach der Kindheit die gesamte oder fast die gesamte Lactase-Aktivität in den Darmzellen verlorengeht, so daß Lactose nicht mehr vollständig verdaut und absorbiert werden kann. Bei Personen mit Lactose-Intoleranz verursacht die im Darm zurückbleibende Lactose Unwohlsein und Durchfall. Es handelt sich aber nicht um ein ernstes Problem, da in den betroffenen Teilen der Welt

Erwachsene keine Milch trinken. Zwischen Lactose-Intoleranz und Galactosämie ist kein Zusammenhang bekannt.

Der Eintritt von Glucoseresten in die Glycolyse unterliegt einer Regulation

Die Geschwindigkeit, mit der Glucose über die zentralen Wege des Katabolismus unter Energiegewinnung abgebaut wird, wird zu jeder Zeit dem ATP-Bedarf der Zellen angepaßt, gleichgültig, ob das ATP für biochemische Reaktionen, aktiven Transport oder mechanische Kontraktionsarbeit gebraucht wird. Da Abbauprodukte der Glucose auch für andere Stoffwechselbereiche als Vor- und Zwischenprodukte wichtig sein können, sind die Regulationsenzyme des Kohlenhydratstoffwechsels auch in der Lage, die entsprechenden Signale anderer Stoffwechselwege zu erkennen und zu beantworten. Wir wollen nun die verschiedenen Regulationsenzyme kennenlernen, die die Geschwindigkeit des Kohlenhydratabbaus über den Glycolyseweg kontrollieren.

Zuerst wollen wir uns ansehen, wie der Eintritt von Glucoseresten in die glycolytische Reaktionsfolge reguliert wird. Die beiden wichtigen Reaktionen, durch die Glucosereste in die Glycolyse eintreten, werden von Regulationsenzymen kontrolliert. Die eine der beiden Reaktionen ist der Eintritt freier Glucose, der über eine von *Hexokinase* katalysierte Phosphorylierung der Glucose in Position 6 erfolgt. In einigen Geweben, wie dem Skelettmuskel, ist die Hexokinase ein allosterisches Enzym, das, wie Abb. 15-13 schematisch zeigt, durch sein Produkt Glucose-6-phosphat gehemmt wird. Immer dann, wenn die Glucose-6-phosphat-Konzentration in der Zelle signifikant ansteigt, ein Zeichen dafür, daß Glucose-6-phosphat langsamer verbraucht als produziert wird, kommt es zu einer Hemmung der Hexokinase durch dieses Produkt, womit jede weitere Glucose-Phosphorylierung so lange verhindert wird, bis der Glucose-Überschuß verbraucht ist. Im Gegensatz dazu enthält die Leber hauptsächlich Glucokinase, die durch Glucose-6-phosphat nicht gehemmt wird (S. 448). Auf diese Weise kann die Leber, die große Mengen Glycogen speichern kann, überschüssige Blutglucose zu Glucose-6-phosphat phosphorylieren, das über Glucose-1-phosphat in Glycogen umgewandelt und gespeichert werden kann. Das Hormon Insulin, das bei hoher Blutglucose-Konzentration von der Bauchspeicheldrüse ins Blut sezerniert wird (Kapitel 25), stimuliert die Synthese von Glucokinase. Bei Diabetes und im Hungerzustand ist die Glucokinase-Aktivität vermindert.

Die zweite Eintrittsreaktion für Glucosereste in die Glycolyse ist der Abbau von Glycogen mit Hilfe der *Glycogen-Phosphorylase*, die ebenfalls ein Regulationsenzym ist. Sowohl in der Leber als auch im Muskel wird die Glycogen-Phosphorylase an einem strategisch wichtigen Punkt eingesetzt: zwischen dem Brennstoff-Reservoir

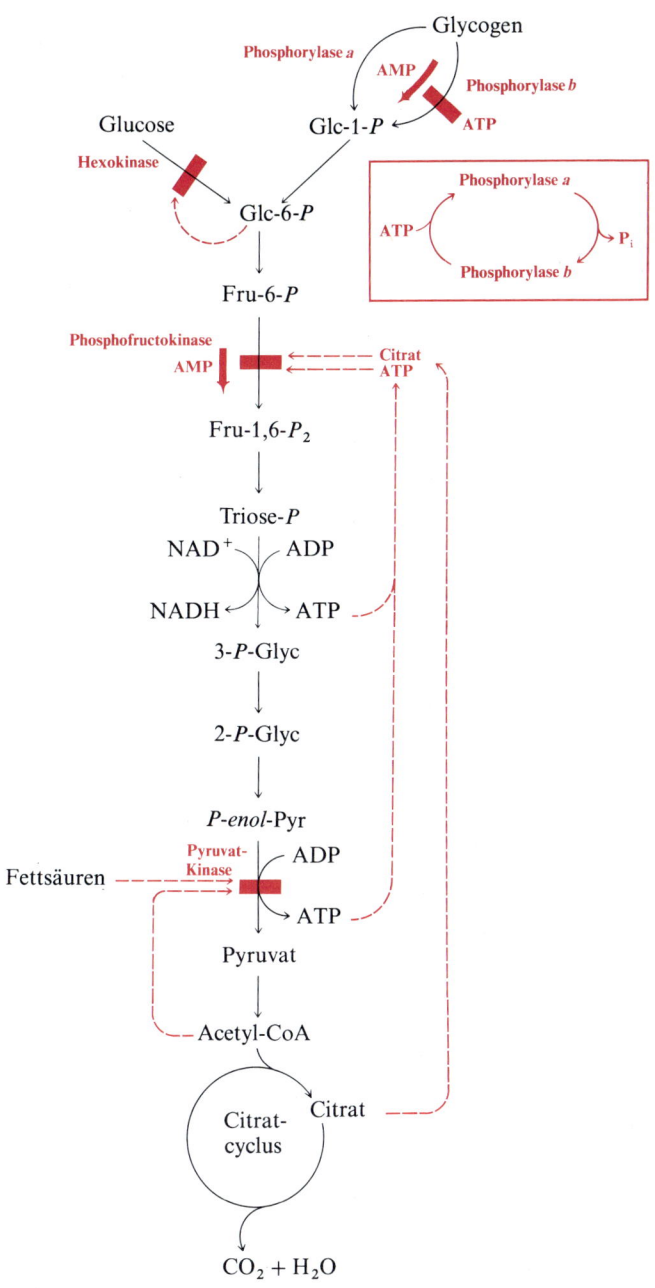

Abbildung 15-13
Regulation von Eintritt und Verwendung der Glucosereste in der Glycolyse. Regulierende Hemmungen werden durch gestrichelte Rückkopplungspfeile dargestellt. Diese führen zu Balken, die die Reaktionspfeile kreuzen (in Farbe). Regulierende Stimulierungen werden dagegen durch farbige, parallel zu den Reaktionspfeilen verlaufende Pfeile dargestellt.
Abkürzungen: Glc-1-P = Glucose-1-phosphat; Glc-6-P = Glucose-6-phosphat; Fru-6-P = Fructose-6-phosphat; Fru-1,6-P_2 = Fructose-1,6-bisphosphat; Triose-P = 3-Triosephosphate; 3-P-Glyc = 3-Phosphoglycerat; 2-P-Glyc = 2-Phosphoglycerat; P-*enol*-Pyr = Phospho*enol*pyruvat.

Glycogen und dem glycolytischen System zur Verwertung dieses Brennstoffs. Im Skelettmuskel kommt dieses Enzym in zwei Formen vor, in einer katalytisch aktiven, phosphorylierten Form (*Phosphorylase a*) und einer viel weniger aktiven, dephosphorylierten Form (*Phosphorylase b*). Phosphorylase *a* ist kristallisiert worden. Sie hat eine relative Molekülmasse von 190 000 und besteht aus zwei identischen Untereinheiten, von denen jede einen essentiellen Serinrest trägt, der phosphoryliert ist (Abb. 15-14). Im Muskel wird die Umsetzung von Glycogen zu Glucose-1-phosphat durch das Verhältnis der aktiven Phosphorylase *a* zur weniger aktiven Phosphorylase *b* reguliert.

Für das Hin- und Herwechseln der Phosphorylase zwischen den Formen *a* und *b* sind spezifische Enzyme verantwortlich, die die kovalente Modifikation (S. 264) der Phosphorylase herbeiführen. Das Enzym *Phosphorylase-a-Phosphatase* wandelt die Phosphorylase *a* in die weniger aktive Phosphorylase *b* um, indem sie die essentielle Phosphatgruppe im Phosphorylase-*a*-Molekül hydrolytisch entfernt (Abb. 15-14). Das Enzym *Phosphorylase-b-Kinase* kann die Phosphorylase *b* in die aktive Phosphorylase *a* zurückverwandeln, indem es die Phosphorylierung des essentiellen Serinrestes mit Hilfe von ATP katalysiert. Auf diese Weise kann durch die Wirkung der beiden Enzyme Phosphorylase-*a*-Phosphatase und Phosphorylase-*b*-Kinase das Verhältnis von Phosphorylase *a* zu *b* variiert werden.

Die Glycogen-Phosphorylase im Muskel wird auf eine andere Art reguliert. Die relativ inaktive Phosphorylase *b* kann durch eine nichtkovalente Bindung ihres allosterischen Modulators AMP stimuliert werden, dessen Konzentration beim Abbau von ATP durch das kontraktile System im Muskel ansteigt (Abb. 15-14, s. a. S. 429). Die Stimulierung von Phosphorylase *b* durch AMP wird durch ATP, einem negativen Modulator, verhindert. Auf diese Weise spiegelt die Aktivität der Phosphorylase *b* das Verhältnis von AMP zu ATP wider. Phosphorylase *a* wird dagegen nicht durch AMP stimuliert; sie wird daher manchmal als AMP-unabhängige Form, Phosphorylase *b* als AMP-abhängige Form bezeichnet. Die Glycogen-Phosphorylase des Skelettmuskels wird also mit Hilfe zweier Mechanismen reguliert: (1) durch eine kovalente Modifikation, nämlich die Phosphorylierung und Dephosphorylierung ihrer essentiellen Serin-Hydroxylgruppe und (2) durch eine allosterische Regulation der Phosphorylase *b* über die nicht-kovalente Bindung von AMP und ATP. In der ruhenden Zelle befindet sich fast die gesamte Phosphorylase in der *b*-Form, die inaktiv ist, da ATP in wesentlich höherer Konzentration vorliegt als AMP.

Die Interkonversion von Phosphorylase *a* und *b* wird letztlich von Hormonen reguliert

Wir haben gesehen, daß die gegenseitige Umlagerung von Phosphorylase *a* und *b* im Muskel durch zwei Enzyme bewirkt wird, die Phosphorylase-*a*-Phosphatase und die Phosphorylase-*b*-Kinase, deren gemeinsame Wirkung das Verhältnis von Phosphorylase *a* zu *b* bestimmt und die deshalb wichtige Faktoren für die Regulierung der Geschwindigkeit des Glucoseabbaus zu Glucose-1-phosphat darstellen. Wie werden nun die Aktivitäten dieser beiden Enzyme reguliert?

Eine detaillierte Antwort auf diese wichtige Frage wollen wir spä-

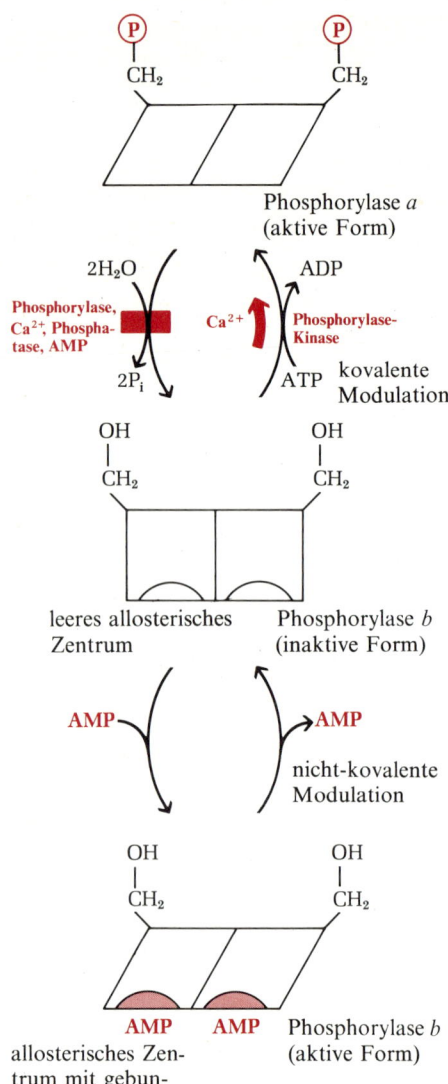

Abbildung 15-14
Regulation der Glycogenphosphorylase. Das Enzym besteht aus zwei Untereinheiten, von denen jede an einer essentiellen Serin-Hydroxylgruppe durch Phosphorylase-Kinase phosphoryliert werden kann. Bei dieser Ca^{2+}-abhängigen Reaktion entsteht Phosphorylase *a*. Die Dephosphorylierung von Phosphorylase *a* wird durch Ca^{2+} und AMP blockiert. Phosphorylase *b* kann auch durch eine nicht-kovalente Bindung von AMP am allosterischen Zentrum aktiviert werden. Die Konformationsänderungen des Enzyms sind schematisch dargestellt.

ter geben (Kapitel 25). An dieser Stelle sei nur so viel gesagt, daß bei plötzlich auftretender Gefahr das Hormon *Adrenalin* als ein molekulares Signal für Leber und Niere vom Nebennierenmark ins Blut ausgeschüttet wird. Auf dieses Signal hin schaltet die Leber ihre Glycogen-Phosphorylase an und erhöht die Produktion von Blutglucose, so daß den Muskeln mehr Brennstoff zur Verfügung gestellt wird. Auch für die Muskelzellen ist das Adrenalin ein Signal, auf das hin sie mit dem Abbau von Glycogen beginnen, der über die Glycolyse zum Lactat führt, so daß für die Bewältigung der Notsituation vermehrt ATP gebildet wird. Über eine Kaskade von Reaktionen, die wir später kennenlernen, stimuliert Adrenalin letztlich die Phosphorylase-*b*-Kinase, wodurch das Verhältnis von Phosphorylase *a* zu *b* stark erhöht wird. Ist die Gefahr vorüber und hört die Adrenalin-Sekretion auf, so kehrt die Phosphorylase-*b*-Kinase zu ihrer weniger aktiven Form zurück und das Verhältnis von Phosphorylase *a* zu *b* sinkt wieder auf seinen normalen Wert ab (Kapitel 25).

Auch in der Leber kommt die Glycogen-Posphorylase in einer *a*- und einer *b*-Form vor, die im Prinzip wie die Phosphorylasen im Muskel funktionieren, sich aber von diesen in der Struktur und in den regulatorischen Eigenschaften etwas unterscheiden. Der Glycogenabbau in der Leber dient einem anderen Zweck als im Muskel, nämlich der Produktion freier Blutglucose. Das in der Leber gebildete Glucose-1-phosphat wird in Glucose-6-phosphat umgewandelt und dieses mit Hilfe von *Glucose-6-phosphatase* zu freier Blutglucose hydrolysiert:

$$\text{D-Glucose-6-phosphat} + H_2O \rightarrow \text{D-Glucose} + P_i$$

Die Stimulierung der Bildung von Phosphorylase *a* aus Phosphorylase *b* durch Adrenalin führt demnach in der Leber zu einem Anstieg der Blutglucose-Konzentration als Vorbereitung auf eine lebensbedrohliche Situation. Später werden wir weitere Einzelheiten über die Synthese und den Abbau des Glycogens und deren Regulation erfahren (Kapitel 20 und 25).

Die eigentliche glycolytische Reaktionsfolge wird hauptsächlich an zwei Stellen reguliert

Zusätzlich zu der oben beschriebenen Regulation der Glycolysegeschwindigkeit durch die Kontrolle des Eintritts von freier Glucose sowie von Glucoseresten aus dem Glycogen, steht auch die Reaktionsfolge selbst zwischen Glucose-6-phosphat und Pyruvat noch unter biologischer Kontrolle. Dabei gibt es zwei Haupt-Regulationsstellen, nämlich die beiden durch die *Phosphofructokinase* und die *Pyruvat-Kinase* katalysierten Schritte.

Phosphofructokinase (PFK) ist ein komplexes allosterisches Enzym mit vielen stimulierenden und hemmenden Modulatoren, über dessen Regulation in den verschiedenen Zellarten Dutzende von Veröffentlichungen geschrieben worden sind. Im Skelettmuskel wird die Phosphofructokinase durch die Konzentration ihrer Substrate ATP und Fructose-6-phosphat und die ihrer Produkte ADP und Fructose-1,6-bisphosphat reguliert, die alle als allosterische Regulatoren fungieren. Wichtige Modulatoren sind außerdem AMP, Citrat, Mg^{2+}, Phosphat und bestimmte Stoffwechselprodukte des Muskelgewebes (Tab. 15-1). Bei der Regulation des Enzyms kommt es zu einem komplexen Wechselspiel verschiedener Faktoren, von denen ATP und Citrat die wichtigsten hemmenden und AMP und Fructose-1,6-bisphosphat die wichtigsten stimulierenden Faktoren sind. Immer wenn die ATP-Konzentration während der Muskelkontraktion abfällt und weitere Energie gebraucht wird, erhöht sich die Aktivität der Phosphofructokinase sogar dann, wenn die Fructose-6-phosphat-Konzentration sehr niedrig ist (hyperbolische Substratkonzentrationskurve in Abb. 15-15a). Ist der ATP-Spiegel in der Zelle im Vergleich zu ADP und AMP jedoch bereits hoch, so wird die in Erscheinung tretende (apparente) Affinität der Phosphofructokinase für Fructose-6-phosphat stark abgeschwächt, (sigmoide Kurve in Abb. 15-15a). In diesem Fall wird die Phosphofructokinase ihr Produkt nur bei ziemlich hohen Fructose-6-phosphat-Konzentrationen herstellen. Citrat, ein Metabolit des Citratcyclus, verstärkt den Hemmeffekt hoher ATP-Konzentration. Dagegen ist AMP, dessen Konzentration im kontrahierenden Muskel durch die Adenylat-Kinase-Reaktion (S. 429) ansteigt, ein sehr wirksamer stimulierender Modulator, der der Hemmung durch ATP entgegenarbeitet (Abb. 15-15b). Als Folge dieser vielfältigen allosterischen Wechselwirkungen wird die Geschwindigkeit der Phosphofructokinase-Reaktion mehrere hundert mal größer, wenn ein ruhender Muskel zu maximaler Aktivität angeregt wird.

Die *Pyruvat-Kinase*-Reaktion ist ein sekundärer Kontrollpunkt der Glycolyse. Pyruvat-Kinase ist ebenfalls ein allosterisches Enzym. Sie kommt in mindestens drei Isozym-Formen vor (S. 265), die sich etwas in ihrer Verteilung auf die Gewebe und in ihrer Beeinfluß-

Tabelle 15-1 Einige allosterische Aktivatoren und Inhibitoren der Phosphofructokinase.

Aktivatoren	Inhibitoren
AMP	ATP
Fructose-1,6-bisphosphat	Citrat
ADP	Mg^{2+}
Phosphat, K^+	Ca^{2+}

Abbildung 15-15
Einige Faktoren bei der allosterischen Regulation der Muskel-Phosphofructokinase.
(a) Wirkung der Konzentration von ATP und Fructose-6-phosphat auf die Geschwindigkeit der Phosphofructokinase-Reaktion. Bei niedrigen ATP-Konzentrationen ist der K_M-Wert des Enzyms für Fructose-6-phosphat relativ niedrig, so daß das Enzym auch bei niedrigen Fructose-6-phosphat-Konzentration mit hoher Geschwindigkeit reagieren kann. Bei hohen ATP-Konzentrationen ist der K_M-Wert für Fructose-6-phosphat, wie die s-förmige Kurve zeigt, stark erhöht.
(b) Die Wirkung von AMP, Citrat und Fructose-1,6-bisphosphat. Fructose-1,6-bisphosphat ist ein starker Aktivator, der für eine maximale Stimulierung AMP braucht. Citrat dagegen ist ein starker Inhibitor.
Das sind nur einige wenige der komplexen Beziehungen zwischen den vielen allosterischen Regulatoren der Phosphofructokinase.

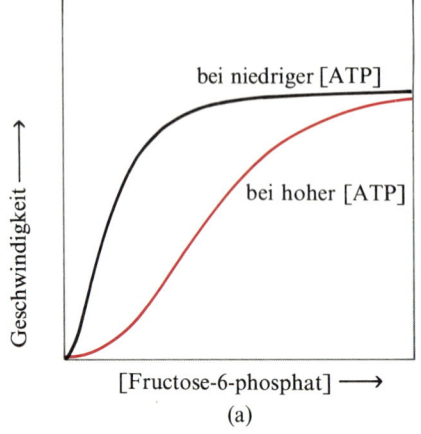

(a)

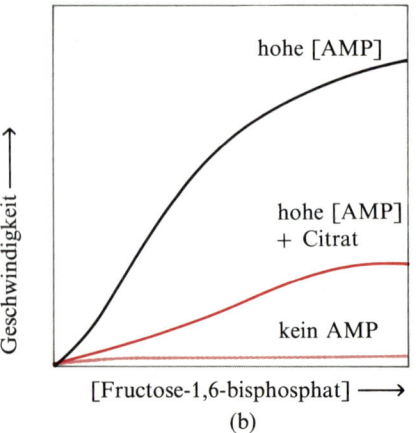

(b)

barkeit durch Modulatoren unterscheiden. Bei hohen ATP-Konzentrationen ist die apparente Affinität der Pyruvat-Kinase für Phospho*enol*pyruvat relativ gering, so daß die Reaktionsgeschwindigkeit bei normalen Phospho*enol*pyruvat-Konzentrationen niedrig ist. Pyruvat-Kinase wird auch durch Acetyl-CoA und langkettige Fettsäuren gehemmt, beides wichtige Brennstoffe für den Citratcyclus. Das heißt also, daß immer, wenn die ATP-Konzentration in der Zelle hoch ist oder wenn reichlich Brennstoffe für die energieerzeugende Zellatmung vorhanden sind, die Glycolyse je nach den gerade herrschenden Bedingungen entweder über die Phosphofructokinase oder die Pyruvat-Kinase gehemmt wird. Andererseits steigt bei niedrigen ATP-Konzentrationen die apparente Affinität der Pyruvat-Kinase für Phospho*enol*pyruvat, so daß das Enzym auch bei relativ niedrigen Phospho*enol*pyruvat-Konzentration die Phosphatgruppe von diesem auf ADP übertragen kann. Auch bestimmte Aminosäuren haben besonders in der Leber einen modulierenden Einfluß auf die Pyruvat-Kinase.

Die Glycolyse wird in jeder Zelle mit computerartiger Effizienz reguliert, so daß Konzentrationsänderungen vieler verschiedener Metaboliten die Gesamtgeschwindigkeit beeinflussen können. Da die Glycolyse der stammesgeschichtlich älteste Weg des Katabolismus ist und im Stoffwechsel eine so wichtige Rolle spielt, ist es nicht überraschend, daß ihre Regulation so komplex erfolgt.

Wie kann man feststellen, welche Schritte der Glycolyse in der lebenden Zelle reguliert werden?

Die regulierende Wirkung gereinigter Enzym-Präparate auf die Aktivität allosterischer Enzyme kann bereits im Reagenzglas leicht sichtbar gemacht werden, doch stellt sich die Frage: Woher wissen wir wirklich, daß die Phosphofructokinase in der lebenden Zelle eine Hauptregulationsstelle darstellt? Die besten Aufschlüsse hierüber erhält man, wenn man die Konzentrationsänderungen verschiedener Glycolyse-Zwischenprodukte in intakten Zellen oder Geweben in Abhängigkeit von der Glycolyse-Geschwindigkeit mißt. Wenn wir uns noch einmal der Abb. 15-13 zuwenden und uns vorstellen, die Glycolyse von Glucose-6-phosphat zu Pyruvat fände im ruhenden Muskel bei gleichbleibender Geschwindigkeit statt, so wäre die Folge ein Fließgleichgewicht mit konstanten Konzentrationen aller Zwischenprodukte. Wenn wir nun plötzlich eine Hemmung der Phosphofructokinase herbeiführen, so wird die Konzentration ihres Substrates Fructose-6-phosphat ansteigen und die ihres Produktes Fructose-1,6-bisphosphat sowie aller folgenden glycolytischen Zwischenprodukte abnehmen, da sie mit unveränderter Geschwindigkeit zu Pyruvat weiterverarbeitet werden. Der Schritt von Fructose-6-phosphat zu Fructose-1,6-bisphosphat wird der *Staupunkt* (*crossover point*) genannt. Durch Bestimmung des Staupunktes kann man

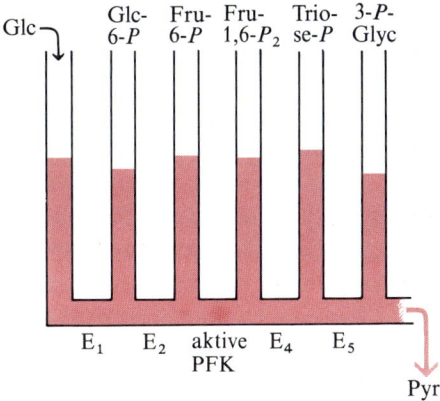

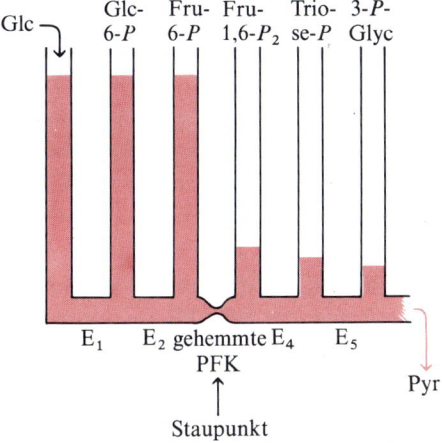

Abbildung 15-16
Hydraulische Analogie für den Staupunkt bei der Regulation der Muskel-Glycolyse. Durch Messung der Konzentrationen der aufeinanderfolgenden Zwischenprodukte (a) im aktiven und (b) im ruhenden Muskel erhält man Aufschluß darüber, welcher Schritte reguliert wird. Der Staupunkt befindet sich bei der Reaktion, für deren Enzym sich die Substratkonzentration erhöht und die Konzentration(en) der (des) Produkte(s) erniedrigt, wenn der Muskel vom aktiven zum inaktiven Zustand wechselt. Der hier dargestellte Staupunkt ist der von der Phosphofructokinase (PFK) katalysierte Schritt, der die Geschwindigkeit der Pyruvat--Produktion reguliert.
Abkürzungen: Glc = Glucose; Glc-6-P = Glucose-6-phosphat; Fru-6-P = Fructose-6-phosphat; Fru-1,6-P_2 = Fructose-1,6-bisphosphat; Triose-P = Triosephosphate; 3-P-Glyc = 3-Phosphoglycerat; Pyr = Pyruvat. Es sind nicht alle glycolytischen Zwischenprodukte aufgeführt.

die Stelle identifizieren, an der ein Enzymsystem beim Übergang von der Ruhestellung zur aktiven Form reguliert wird. Die Abb. 15-16 zeigt eine hydraulische Analogie zu diesem Staupunkt. Auf diese Weise kann man durch Messung der Konzentration verschiedener Zwischenstufen einer Stoffwechselfolge im intakten Gewebe sowie durch Messung der Konzentrationsänderungen in Abhängigkeit von Änderungen der Gesamtreaktionsgeschwindigkeit diejenigen Reaktionen feststellen, die reguliert werden. Auf diesem Weg wurde nachgewiesen, daß die Phosphofructokinase-Reaktion im Skelettmuskel, Gehirn und anderen Geweben der Hauptregulationsschritt der Glycolyse ist. Die Konzentrationen der Zwischenprodukte in ruhenden und stimulierten Zellen wurde durch schnelles Einfrieren der Zellen oder Gewebe in flüssigem Stickstoff fixiert, da durch diese *Gefrier-Stop* genannte Methode die enzymatischen Reaktionen gestoppt werden. Das gefrorene Gewebe wird mit einem sauren Medium extrahiert, durch das die Enzyme denaturiert werden. Dann werden die Metabolite in den Gewebeextrakten analysiert.

Zu jedem Zeitpunkt wird die Geschwindigkeit des Glucose- oder Glycogenabbaus zu Pyruvat nur von einer der regulierenden Reaktionen bestimmt. Warum gibt es dann aber in der Glycolyse mehr als einen regulierbaren Schritt? Der Grund dafür ist, daß der Zellstoffwechsel ein sehr komplexer Vorgang ist. Bei bestimmten Stoffwechselbedingungen kann es für die Zelle günstig sein, die Glycolyse durch die Kontrolle des Glucose-Eintritts zu regulieren, was über die Regulation der Hexokinase oder Glycogen-Phosphorylase erfolgen kann. Unter anderen Bedingungen kann es vorteilhafter sein, die Phosphofructokinase-Reaktion zu regulieren, unter wieder anderen Bedingungen die Pyruvat-Kinase-Reaktion. Da alle Gewebe oder Zellarten etwas unterschiedliche Stoffwechselaktivitäten und -funktionen haben sowie verschiedene Mischungen von Brennstoffen enthalten, kann der Regulationspunkt für die Glycolyse von Zelle zu Zelle und je nach Stoffwechselbedingung verschieden sein. Die Existenz mehrerer Regulationsstellen im zentralen Glycolyseweg gibt der Zelle eine große Stoffwechselflexibilität.

Zwei weitere Punkte sollte man sich zur Regulation der Glycolyse – und aller anderen Stoffwechselwege – merken: (1) Die regulierten Schritte sind im allgemeinen unter intrazellulären Bedingungen irreversibel. Phosphorylase, Hexokinase, Phosphofructokinase und Pyruvat-Kinase katalysieren Reaktionen, die unter intrazellulären Bedingungen mit einer starken Abnahme der freien Energie verbunden und daher praktisch irreversibel sind. (2) Alle anderen, d.h. die nicht regulierten Reaktionen, befinden sich bei der Glycolyse im oder nahe dem Gleichgewicht. Der Gesamtprozeß der Glycolyse ist aber, da er irreversible Schritte enthält, irreversibel. In lebenden Zellen können sich viele einzelne enzymatische Reaktionen im oder nahe dem Gleichgewicht befinden, aber insgesamt betrachtet befinden sich lebende Organismen und ihre Stoffwechselfunktionen niemals im Gleichgewicht.

Die alkoholische Gärung unterscheidet sich von der Glycolyse nur im letzten Schritt

Bei Hefe und anderen Mikroorganismen, die Glucose nicht zu Lactat sondern zu Ethanol und CO_2 vergären, ist der enzymatische Weg des Glucoseabbaus mit Ausnahme des durch die Lactat-Dehydrogenase katalysierten Schrittes identisch mit dem für die anaerobe Glycolyse beschriebenen. In Hefe, die keine Lactat-Dehydrogenase enthält wie das Muskelgewebe, finden stattdessen zwei enzymatische Reaktionen statt (Abb. 15-17). In der ersten verliert das aus dem Glucoseabbau stammende Pyruvat seine Carboxylgruppe durch die Wirkung der *Pyruvat-Decarboxylase*. Diese Reaktion ist eine einfache Decarboxylierung und bewirkt keine Netto-Oxidation des Pyruvats:

$$CH_3-\underset{\underset{O}{\|}}{C}-COO^- + H^+ \rightarrow CH_3-\underset{\underset{O}{\|}}{C}-H + CO_2$$

$$\text{Pyruvat} \qquad\qquad\qquad \text{Acetaldehyd}$$

Die Reaktion ist in der Zelle irreversibel. Die Pyruvat-Decarboxylase ist Mg-abhängig und besitzt ein fest gebundenes Coenzym, das *Thiamindiphosphat*, dessen Funktion als vorübergehender Carrier der Acetaldehydgruppe bereits früher diskutiert worden ist (S. 279).

Im letzten Schritt der alkoholischen Gärung wird Acetaldehyd von NADH zu Ethanol reduziert. (Das NADH entsteht bei der Glycerinaldehyd-3-phosphat-Dehydrierung.) Katalysiert wird die Reduktion des Acetaldehyds durch die *Alkohol-Dehydrogenase*:

$$CH_3-\underset{\underset{O}{\|}}{C}-H + NADH + H^+ \rightleftharpoons CH_3-CH_2OH + NAD^+$$
$$\qquad\qquad\qquad\qquad\qquad \text{Ethanol}$$

Anstelle von Lactat sind also bei der alkoholischen Gärung Ethanol und CO_2 die Endprodukte. Als Gesamtgleichung für die alkoholische Gärung kann man daher schreiben:

$$\text{Glucose} + 2P_i + 2ADP \rightarrow 2\,\text{Ethanol} + 2CO_2 + 2ATP + 2H_2O$$

Wie wir sehen, wird bei der Vergärung von Glucose das Verhältnis von Kohlenstoff- zu Wasserstoffatomen nicht verändert (H/C = 12/6 = 2).

Pyruvat-Decarboxylase kommt in Bierhefe und in allen anderen Organismen vor, die eine alkoholische Gärung durchführen können, aber sie fehlt in tierischen Geweben und in Organismen, die Milchsäure vergären, wie den Milchsäurebakterien.

Die Kunst des Bier- und Weinherstellens ist uralt und wurde schon ausgeübt, lange bevor die Chemie als Wissenschaft geboren war. Die aus alten Zeiten stammenden Rezepte zur Bier- und Weinherstellung lieferten in der frühen Geschichte der Biologie und Biochemie Auf-

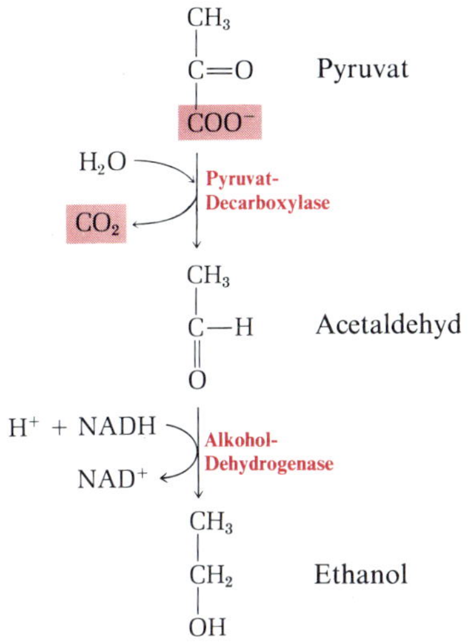

Abbildung 15-17
Die letzten Schritte der alkoholischen Gärung.

Kasten 15-2 Das Bierbrauen.

Bier entsteht durch alkoholische Gärung von Kohlenhydraten in verschiedenen Getreiden, wie z. B. der Gerste. Diese Kohlenhydrate, meist Polysaccharide, sind aber kein Substrat für die glycolytischen Enzyme der Hefezellen, die nur Disaccharide und Monosaccharide vergären können. Die Gerste muß daher vorher einen Prozeß durchmachen, der *Malzen* genannt wird. Man läßt die Getreidesamen so lange keimen, bis sie die Enzyme für den Abbau der Zellwand-Polysaccharide sowie der Stärke und anderer Polysaccharide gebildet haben, die sich als Nährstoffreserven in den Zellen des Samenkornes befinden. Bevor ein weiteres Wachstum der Keime einsetzt, wird die Keimung durch kontrolliertes Erhitzen abgebrochen. Das Produkt nennt man *Malz*; es enthält Enzyme wie α-Amylase und Maltase, die Stärke zu Maltose, Glucose und anderen einfachen Zuckern abbauen können. Außerdem enthält das Malz Enzyme, die für die β-Verknüpfung der Cellulose und anderer Zellwand-Polysaccharide der Gerstenhülsen spezifisch sind. Diese müssen aufgebrochen werden, wenn die α-Amylase mit der Stärke im Innern des Kornes reagieren soll.

Im nächsten Schritt bereitet der Brauer die *Bierwürze*, das Nährmedium für die Vergärung durch die Hefezellen. Das Malz wird mit Wasser gemischt und zerquetscht. Nun können die beim Malzen gebildeten Enzyme auf die Polysaccharide des Getreides einwirken und Maltose, Glucose und andere einfache Zucker bilden, die im wäßrigen Medium löslich sind. Das übrige Zellmaterial wird abgetrennt und die flüssige Würze wird mit Hopfen gekocht. Dabei entstehen die Aromastoffe, die für den typischen Geschmack des Bieres verantwortlich sind. Die Würze wird nun abgekühlt und filtriert.

Anschließend wird Hefe zugegeben. In der aeroben Würze wächst und vermehrt sich die Hefe sehr schnell. Als Energiequelle verwendet sie einen Teil des Zuckers in der Würze. In dieser Phase wird kein Alkohol gebildet, denn die Hefe wird reichlich mit Sauerstoff versorgt und oxidiert das glycolytisch gebildete Pyruvat über den Citratcyclus zu CO_2 und H_2O. Der aerobe Stoffwechsel der Hefe bewirkt eine sehr schnelle Vermehrung der Zellen, die durch die Dosierung der Sauerstoffzufuhr kontrolliert wird. Ist der gesamte gelöste Sauerstoff verbraucht, so schalten die fakultativ anaeroben Hefezellen auf die anaerobe Nutzung der Zucker in der Würze um. Von diesem Punkt an vergärt die Hefe die verschiedenen Zucker in der Würze zu Ethanol und Kohlenstoffdioxid. Der Gärungsvorgang wird teilweise durch die Konzentration des gebildeten Ethanols kontrolliert und teilweise durch den pH-Wert und die noch verbleibende Zuckermenge. Nachdem die Gärung zum Stillstand gekommen ist, werden die Zellen entfernt und das „rohe" Bier ist bis auf einige Verfeinerungen fertig. Die sehr beliebt gewordenen leichten Biere (in den USA, d. Übers.) enthalten weniger Zucker und Alkohol als normales Bier, haben aber den gleichen Geschmack.

Bei den letzten Schritten des Brauvorganges wird die Menge des Schaumes, der durch gelöste Proteine verursacht wird, eingestellt. Normalerweise wird die Schaumbildung durch die Wirkung proteolytischer Enzyme begrenzt, die beim Malzen auftreten. Wirken sie zu lange ein, so hat das Bier nur sehr wenig Schaum und schmeckt schal. Wirken sie nicht lange genug, so sieht das Bier im abgekühlten Zustand nicht klar aus. Manchmal werden aus anderem Material stammende proteolytische Enzyme zugesetzt, um die richtige Schaummenge zu erhalten*. Ein wichtiger Faktor für das Aroma des Bieres ist eine in Spuren vorkommende Verbindung, das *Dimethylsulfid*. In hohen Konzentrationen hat diese Substanz einen sehr unangenehmen Geschmack, aber ohne sie ist Bier fade und geschmacklos. Dimethylsulfid entsteht enzymatisch beim Malzen und sein Gehalt muß sehr sorgfältig überwacht werden.

Viele wichtige Bestandteile des Bieres hängen immer noch von der Braukunst ab und sind für den Biochemiker noch nicht völlig erklärbar. Wahrscheinlich ist es das Beste, wenn das so bleibt.

---

* In der Bundesrepublik Deutschland gilt das *Reinheitsgebot*, wonach die Verwendung solcher fremden Stoffe untersagt ist.

---

schlüsse für einige der wichtigsten Entdeckungen; z. B. wurde erst im Jahr 1856 von Louis Pasteur schlüssig bewiesen, daß die Vergärung von Zucker zu Alkohol durch Mikroorganismen hervorgerufen wird und nicht durch schwarze Magie. Pasteur erhielt von französischen Winzern den Auftrag, herauszufinden, warum der Wein in manchen Jahren schlecht war und in Essig umschlug. Er führte daraufhin die klassisch gewordenen Experimente durch, die zeigten, daß sterile Glucoselösungen nicht gären, wohl aber Glucoselösungen, die unfiltrierter Luft ausgesetzt sind, bedingt durch in der Luft befindliche Sporen von Hefen und anderen Mikroorganismen. Es gelang ihm, aus dem Belag frisch gepflückter Weintrauben Hefekulturen zu ziehen und zu zeigen, daß diese für die Vergärung des Traubenmostes verantwortlich waren.

Pasteur fand weiter, daß die Bildung von Essigsäure aus Ethanol von anderen Mikroorganismen, den Essigsäurebakterien, verursacht wird. Sie sind aerob und oxidieren Ethanol zu Essigsäure. Das Bierbrauen, eine andere alte Kunst, umfaßt zusätzlich zur alkoholischen Gärung eine Reihe weiterer enzymatischer Reaktionen (Kasten 15-2).

Zusammenfassung

Die Glycolyse, bei der aus jeweils einem Molekül D-Glucose zwei Moleküle Pyruvat entstehen, ist bei den meisten lebenden Organismen ein zentraler Stoffwechselweg für das Einfangen chemischer Energie in Form von ATP. Unter anaeroben Bedingungen wird das Pyruvat in den meisten tierischen und pflanzlichen Geweben zu Lactat reduziert, bei der alkoholischen Gärung durch Hefe jedoch zu Ethanol und CO_2. Die Summengleichung für die anaerobe Glycolyse im Muskel und für die Milchsäuregärung in einigen Mikroorganismen lautet:

$$\text{Glucose} + 2\,\text{ADP} + 2\,P_i \rightarrow 2\,\text{Lactat}^- + 2\,H^+ + 2\,\text{ATP} + 2\,H_2O$$

und entsprechend für die alkoholische Gärung:

$$\text{Glucose} + 2\,\text{ADP} + 2\,P_i \rightarrow 2\,\text{Ethanol} + 2\,CO_2 + 2\,\text{ATP} + 2\,H_2O$$

In aeroben Zellen wird das Pyruvat zu Acetyl-CoA und CO_2 oxidiert und nicht zu Lactat (oder Ethanol und CO_2) reduziert. Die Glycolyse ist also bei vielen Organismen das obligatorische erste Stadium des aeroben Glucose-Katabolismus.

Die Umwandlung von Glucose in Pyruvat wird durch 10 Enzyme katalysiert, die nacheinander wirken. Die Glycolyse läßt sich in zwei Stufen unterteilen. Auf der ersten, die fünf der enzymkatalysierten Reaktionen umfaßt, wird D-Glucose durch ATP enzymatisch phosphoryliert und schließlich in zwei Moleküle D-Glycerinaldehyd-3-phosphat gespalten. Auf der zweiten Stufe der Glycolyse wird das Glycerinaldehyd-3-phosphat mit Hilfe von NAD^+ und unter Aufnahme von anorganischem Phosphat zu 3-Phosphoglyceroylphosphat oxidiert, das seine energiereiche Phosphatgruppe an ADP abgibt. Dabei entsteht ATP und 3-Phosphoglycerat, das zu 2-Phosphoglycerat isomerisiert wird. Das 2-Phosphoglycerat wird durch Enolase zu Phospho*enol*pyruvat dehydriert, das seine Phosphatgruppe an ADP abgibt, wobei freies Pyruvat entsteht. Auf der ersten Stufe treten zwei Moleküle ATP in die Glycolyse ein, auf der zweiten werden vier aus ADP gebildet, so daß die Netto-Ausbeute zwei Moleküle ATP pro Molekül Glucose beträgt. Bei Abwesenheit von Sauerstoff wird in tierischen Geweben das durch die Dehydrierung von Glycerinaldehyd-3-phosphat gebildete NADH durch Pyruvat-

und Lactat-Dehydrogenase unter Bildung von Lactat zu NAD$^+$ reoxidiert.

Die Umsetzung der Glucosereste von Glycogen oder Stärke zu Glucose-6-phosphat wird durch die Glycogen- oder Stärke-Phosphorylase und die Phosphoglucomutase ermöglicht. Andere Hexosen wie Fructose, Mannose und Galactose werden ebenfalls phosphoryliert und zu Zwischenprodukten der Glycolyse umgesetzt. Der durch die Hexokinase katalysierte Eintritt der Glucose in die Glycolyse wird durch den hemmenden Modulator Glucose-6-phosphat reguliert. Die Glycogen-Phosphorylase, die die Umsetzung der Glucose-Einheiten des Glycogens zu Glucose-1-phosphat katalysiert, ist ein Regulationsenzym, das in einer aktiven (Phosphorylase *a*) und einer weniger aktiven Form (Phosphorylase *b*) vorkommt. Die Phosphorylase *b* wird durch AMP stimuliert. Das Haupt-Regulationsenzym der Glycolyse ist die Phosphofructokinase, die durch ATP und Citrat gehemmt und durch AMP stimuliert wird. Eine weitere Regulationsstelle in der Glycolyse ist die Pyruvat-Kinase-Reaktion. Für die alkoholische Gärung ist die Reaktionsfolge bis zum Pyruvat die gleiche, das Pyruvat wird aber dann nicht zu Lactat reduziert, sondern zu Acetaldehyd decarboxyliert, das mit Hilfe von NADH und Alkohol-Dehydrogenase zu Ethanol reduziert wird.

Aufgaben

1. *Die Gleichung für die erste Glycolysestufe.* Schreiben Sie die Bilanzgleichungen für die Reaktionsfolge des Glucoseabbaus zu D-Glycerinaldehyd-3-phosphat (erste Stufe der Glycolyse) und die Änderung der freien Standardenergie für jede Gleichung auf. Leiten Sie daraus die Summengleichung für die erste Glycolysestufe einschließlich der Nettoänderung der freien Standardenergie ab.

2. *Die zweite Glycolysestufe im Skelettmuskel.* Im arbeitenden Muskel wird Glycerinaldehyd-3-phosphat unter anaeroben Bedingungen in Lactat umgewandelt (zweite Stufe der Glycolyse). Schreiben Sie die Bilanzgleichungen für die Reaktionsfolge auf und geben Sie für jede Gleichung die Änderung der freien Standardenergie an. Bestimmen Sie die Summengleichung für die zweite Glycolysestufe einschließlich der Nettoänderung der freien Standardenergie.

3. *Fructosestoffwechsel in Spermatozoen.* Fructose kommt in Samen von Rindern und Menschen in Konzentrationen bis ≈ 12 mM vor. Die Spermatozoen verwenden die Fructose für die anaerobe Bildung von ATP, das für die Bewegung der Geißeln nötig ist (Schwimmbewegung). Der Haupt-Abbauweg der Fructose zum Lactat umgeht in diesen Zellen die Phosphofructokinase-Reaktion der Glycolyse und verwendet ein Enzym, das Fructose-1-phosphat in zwei C_3-Verbindungen spaltet (Abb. 15-8). Schreiben

Sie die Gleichungen für die daran beteiligten chemischen Umwandlungen und auch die Summengleichung für den anaeroben Katabolismus der Fructose zum Lactat in den Spermatozoen auf.

4. *Das Schicksal einzelner Atome bei der Gärung.* In einem Hefeextrakt, der für die Produktion von Ethanol unter streng anaeroben Bedingungen gehalten wird, wird ein Pulse-chase-Experiment mit einer radioaktiv markierten Kohlenstoffquelle durchgeführt. Bei diesem Experiment wird der Hefeextrakt mit einer kleinen Menge des radioaktiv markierten Substrats gerade so lange inkubiert, bis jedes Zwischenprodukt des Stoffwechselweges markiert ist (pulsed). Die Markierung wird dann durch die Zugabe von unmarkiertem Substrat im Überschuß über den gleichen Stoffwechselweg verdrängt (chased). Der Zweck dieser Verdrängung ist, einen Wiedereintritt der markierten Produkte in andere Stoffwechselwege zu verhindern.

   (a) Welches C-Atom des Endprodukts Ethanol wird markiert sein, wenn man Glucose als Substrat einsetzt, die in Position 1 ^{14}C-markiert ist? Die in der Glucose markierte Position ist in der nebenstehenden Strukturformel dargestellt.

   (b) In welcher Position muß die Glucose markiert sein, um sicher zu gehen, daß die gesamte ^{14}C-Aktivität während der alkoholischen Gärung als ^{14}CO$_2$ freigesetzt wird? Geben Sie eine Erklärung.

Aufgabe 4

5. *Die Beziehung zwischen den kinetischen Eigenschaften eines Enzyms und seinen physiologischen Funktionen.* Die Glucosekonzentration ist im Innern einer Säugetierzelle im Vergleich zur Konzentration im Blutplasma ziemlich niedrig, da der Glucosetransport in die Zelle reguliert wird und da Glucose durch die Reaktion

   $$\text{Glucose} + \text{ATP} \rightarrow \text{Glucose-6-phosphat} + \text{ADP} + \text{H}^+$$

   schnell phosphoryliert wird. Bei Säugern wird diese Reaktion durch zwei verschiedene Enzyme katalysiert, die sich in ihren Eigenschaften deutlich voneinander unterscheiden. Der Skelettmuskel enthält nur eins von ihnen, die Hexokinase, die einen K_M-Wert von 0.1 mM hat und durch Glucose-6-phosphat gehemmt wird. Die Leber dagegen enthält sowohl Hexokinase als auch Glucokinase, letztere überwiegend. Die Glucokinase hat einen viel höheren K_M-Wert (10.0 mM) und wird durch Glucose-6-phosphat nicht gehemmt. Welche Bedeutungen haben die beiden verschiedenen K_M-Werte der Muskel-Hexokinase und der Leber-Glucokinase? Erörtern Sie die Unterschiede zwischen den kinetischen Eigenschaften der beiden Enzyme (K_M-Werte und Hemmung durch Glucose-6-phosphat) in bezug auf die physiologische Rolle, die sie im Muskel bzw. in der Leber spielen.

6. *Die Rolle der Lactat-Dehydrogenase.* Bei anstrengender Arbeit braucht das Muskelgewebe, verglichen mit dem ruhenden Gewe-

be, gewaltige Mengen an ATP. Im weißen Skelettmuskel, z. B. in der Beinmuskulatur des Kaninchens oder dem Flugmuskel des Truthahns, wird dieses ATP nahezu ausschließlich durch die anaerobe Glycolyse gebildet. Wie Abb. 15-5 zeigt, wird ATP in der zweiten Glycolysestufe in zwei Reaktionen hergestellt, die durch die Enzyme Phosphoglycerat-Kinase und Pyruvat-Kinase katalysiert werden. Nehmen Sie an, der weiße Skelettmuskel enthielte keine Lactat-Dehydrogenase. Kann er dann trotzdem anstrengende physikalische Arbeit leisten, d.h. ATP mit hoher Geschwindigkeit über die Glycolyse herstellen? Begründen Sie Ihre Ansicht. Bedenken Sie dabei, daß die Lactat-Dehydrogenase-Reaktion ohne ATP abläuft. Ein klares Verständnis dieser Frage ist die Voraussetzung für das Verständnis des glycolytischen Cyclus.

7. *Arsenat-Vergiftung.* Da Arsenat dem Phosphat (P_i) strukturell und chemisch sehr ähnlich ist, können viele mit Phosphat reagierende Enzyme auch mit Arsenat reagieren, aber die entstehenden organischen Arsenat-Verbindungen sind weniger stabil als die entsprechenden Phosphat-Verbindungen. Acylarsenate werden z. B. schnell hydrolysiert, und zwar auch in Abwesenheit von Katalysatoren:

$$R-\underset{\underset{O}{\|}}{C}-O-\underset{\underset{O^-}{}}{\overset{\overset{O}{\|}}{As}}-O^- + H_2O \rightarrow R-\overset{\overset{O}{\|}}{C}-O^- + HOAsO_3^{2-} + H^+$$

Acylphosphate dagegen, wie z. B. das 3-Phosphoglyceroylphosphat, sind stabiler und werden in der Zelle enzymatisch umgewandelt.

(a) Welchen Effekt hat ein Austausch von Phosphat gegen Arsenat in der durch Glycerinaldehyd-3-phosphat-Dehydrogenase katalysierten Reaktion auf die Nettogleichung?

(b) Welche Folge hätte ein Ersatz des Phosphats durch Arsenat für einen Organismus? Arsenat ist für die meisten Organismen äußerst giftig. Erklären Sie, warum.

8. *Der Phosphatbedarf bei der alkoholischen Gärung.* Im Jahre 1905 führten Harden und Young eine Reihe von klassischen Experimenten über die anaerobe alkoholische Gärung von D-Glucose zu Ethanol und CO_2 mit Hilfe von Bierhefe-Extrakten durch und machten dabei die folgenden Beobachtungen: (1) Anorganisches Phosphat ist für die Gärung essentiell; war der Phosphatvorrat erschöpft, so hörte die Gärung auf, bevor die gesamte Glucose verbraucht war. (2) Während der Gärung unter diesen Bedingungen sammelten sich Ethanol, Kohlenstoffdioxid und ein Hexosebisphosphat an. (3) Wurde das Phosphat durch Arsenat ersetzt, so sammelte sich kein Hexosebisphosphat an, aber die Gärung ging weiter, bis die gesamte Glucose zu Ethanol und Kohlenstoffdioxid abgebaut war.

(a) Warum hört die Gärung auf, wenn der Phosphatvorrat erschöpft ist?

(b) Warum reichern sich Ethanol und Kohlenstoffdioxid an? Ist die Umwandlung von Pyruvat in Ethanol und Kohlenstoffdioxid essentiell? Warum? Welches Hexosebisphosphat wird angereichert? Warum?

(c) Warum verhindert die Substitution des Phosphats durch Arsenat die Anreicherung des Hexosebisphosphats, ohne gleichzeitig zu verhindern, daß die Gärung zu Ethanol und Kohlenstoffdioxid bis zu Ende abläuft? (vgl. Übungsaufgabe 7).

9. *Der Glycerinstoffwechsel.* Das aus dem Fettabbau stammende Glycerin wird in zwei enzymkatalysierten Reaktionen zu Dihydroxyacetonphosphat umgesetzt, einem Zwischenprodukt der Glycolyse. Schlagen Sie eine Reaktionsfolge für den Glycerinstoffwechsel vor. Auf welchen bekannten enzymkatalysierten Reaktionen beruht Ihre Annahme? Schreiben Sie die Summengleichung für die Umwandlung von Glycerin zu Pyruvat, d.h. für die von Ihnen vorgeschlagenen Reaktionen.

Aufgabe 9

$$HO-CH_2-\underset{\underset{H}{|}}{\overset{\overset{OH}{|}}{C}}-CH_2-OH$$

Glycerin

10. *Die Messung intrazellulärer Metaboliten-Konzentrationen.* Die Messung intrazellulärer Metaboliten-Konzentrationen in der lebenden Zelle stellt ein schwieriges experimentelles Problem dar. Da Metaboliten-Umwandlungen in der Zelle sehr schnell erfolgen, bedeutet jede experimentelle Störung der Zelle die Gefahr, daß die gemessenen Werte eher den Gleichgewichtskonzentrationen entsprechen als den physiologischen Konzentrationen. Daher braucht man eine zuverlässige experimentelle Technik, mit der alle Enzym-katalysierten Reaktionen im intakten Gewebe augenblicklich unterbrochen werden können, so daß sich die Stoffwechsel-Zwischenprodukte nicht weiter verändern können. Diese Forderung wird dadurch erfüllt, daß man das Gewebe zwischen zwei große, mit flüssigem Stickstoff ($-190\,°C$) gekühlte Aluminiumplatten preßt (Gefrierstop-Methode). Nach dem Einfrieren, das die Enzymwirkung augenblicklich unterbricht, wird das Gewebe pulverisiert und die Enzyme werden durch Fällung mit Perchlorsäure inaktiviert. Der Niederschlag wird abzentrifugiert und im klaren Überstand werden die Metabolite mit Hilfe spezifischer enzymatischer Methoden analysiert. Die tatsächliche Konzentration eines Metaboliten in der Zelle wird aus dem Wassergehalt des Gewebes und dem gemessenen extrazellulären Volumen bestimmt. Tab. 1 zeigt die tatsächlichen intrazellulären Konzentrationen der Substrate und Produkte, die an der Phosphorylierung von Fructose-6-phosphat durch das Enzym Phosphofructokinase im isolierten Rattenherzen beteiligt sind.

(a) Berechnen Sie den Massenwirkungsquotienten Q für die Phosphofructokinase-Reaktion unter physiologischen Be-

Tabelle 1

Metabolite	Scheinbare Konzentration, mM (μmol/ml intrazelluläres H_2O)
Fructose-6-phosphat	0.087
Fructose-1,6-bisphosphat	0.022
ATP	11.52
ADP	1.32

(Aus J.R. Williamson, *J. Biol. Chem.* (1965), **240**, 2308)

dingungen unter Verwendung der Angaben in der Tabelle, wenn

$$Q = \frac{[\text{Fructose-1,6-bisphosphat}][\text{ADP}]}{[\text{Fructose-6-phosphat}][\text{ATP}]}$$

ist.

(b) Angenommen, $\Delta G^{\circ\prime}$ für die Phosphofructokinase-Reaktion ist -14.22 kJ/mol, wie groß ist dann die Gleichgewichtskonstante für die Phosphofructokinase-Reaktion?

(c) Vergleichen Sie die Werte für Q und K_{eq}. Befindet sich die physiologische Reaktion im Gleichgewicht? Geben Sie eine Erklärung. Was besagt dieses Experiment über die Rolle der Phosphofructokinase als Regulationsenzym?

11. *Die Regulation der Phosphofructokinase.* Die untenstehende Abb. zeigt den Effekt von ATP auf das allosterische Enzym Phosphofructokinase. Für eine bestimmte Fructose-6-phosphat-Konzentration steigt die Phosphofructokinase-Aktivität mit steigender ATP-Konzentration, aber nur bis zu einem bestimmten Punkt. Danach bewirkt eine weitere Steigerung der ATP-Konzentration eine Hemmung der Phosphofructokinase.

(a) Erklären Sie, auf welche Weise ATP sowohl Substrat als auch Inhibitor der Phosphofructokinase sein kann: Wie erfolgt die Regulation des Enzyms durch ATP?

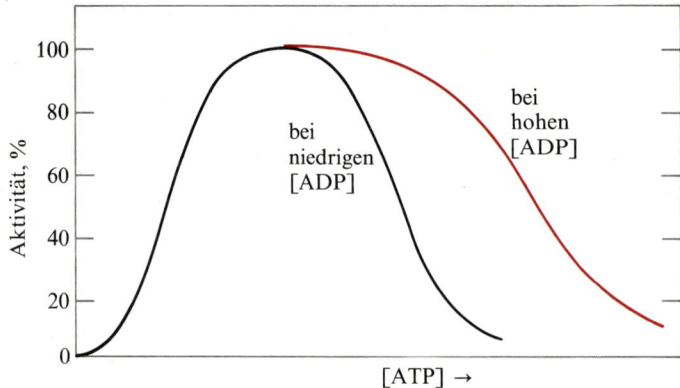

(b) Auf welche Weise wird die Glycolyse durch den ATP-Spiegel reguliert?

(c) Die Hemmwirkung von ATP auf die Phosphofructokinase ist bei hohen ADP-Konzentrationen vermindert. Wie läßt sich diese Beobachtung erklären?

12. *Aktivität und physiologische Wirkung eines Enzyms.* Der V_{max}-Wert für die Glycogen-Phosphorylase aus Skelettmuskel ist viel höher als der V_{max}-Wert für dasselbe Enzym aus Leber.

(a) Welche physiologische Funktion hat die Glycogen-Phosphorylase im Skelettmuskel und im Lebergewebe?

(b) Warum muß der V_{max}-Wert für das Muskelenzym größer sein als für das Leberenzym?

13. Enzymdefekte im Kohlenhydratstoffwechsel. Nachfolgend werden die Zusammenfassungen von vier klinischen Falluntersuchungen gegeben. Stellen Sie für jeden der Fälle fest, welches Enzym defekt ist und welche der in der Liste aufgeführten Behandlungsmethoden jeweils die geeignete ist. Rechtfertigen Sie ihre Wahl. Beantworten Sie die in jeder der Falluntersuchungen aufgeworfenen Fragen.

Fall A. Beim Patienten kommt es kurz nach Einnahme von Milch zu Diarrhoe mit Erbrechen. Ein Lactose-Toleranztest wurde durchgeführt. (Dabei erhält der Patient eine Standarddosis Lactose oral verabreicht und in bestimmten Zeitabständen danach werden im Blutplasma die Glucose- und Galactosekonzentration gemessen. Bei gesunden Personen steigen die Werte eine Stunde lang und nehmen dann wieder ab.) Bei dem Patienten stiegen die Glucose- und Galactosekonzentration nicht, sondern blieben konstant. Warum steigen bei gesunden Personen die Glucose- und Galactosekonzentration im Blut und sinken dann wieder? Warum steigen sie bei dem Patienten nicht?

Fall B. Der geistig retardierte Patient zeigt Diarrhoe mit Erbrechen nach der Einnahme von Milch. Seine Blutglucose-Konzentration ist niedrig, aber die Werte für reduzierende Zucker sind höher als normal. Der Galactose-Test im Urin positiv. Warum ist die Konzentration der reduzierenden Zucker im Blut erhöht? Warum tritt Galactose im Urin auf?

Fall C. Der Patient klagt über schmerzhafte Muskelkrämpfe, wenn er schwere physische Arbeit leistet, ist aber sonst gesund. Eine Muskelbiopsie zeigt, daß die Glycogenkonzentration viel höher ist als normal. Warum reichert sich Glycogen an?

Fall D. Die Patientin ist lethargisch, ihre Leber ist vergrößert und eine Biopsie der Leber zeigt große Mengen an überschüssigem Glycogen. Der Blutglucose-Wert liegt unter der Norm. Geben Sie einen Grund für die niedrige Blutglucosekonzentration bei dieser Patientin an.

Defekte Enzyme
(a) Muskel-Phosphofructo-
    kinase
(b) Phosphomannoisomerase
(c) Galactose-1-phosphat-
    Uridylyltransferase
(d) Leber-Phosphorylase
(e) Triose-Kinase
(f) Lactase in der Darm-
    schleimhaut
(g) Maltase in der Darm-
    schleimhaut

Behandlungsmethoden
1. Täglich 5 km joggen
2. Fettfreie Diät
3. Lactose-arme Diät
4. Anstrengende Arbeit vermeiden
5. Hohe Dosen Nicotinsäure
6. Häufige und regelmäßige Mahlzeiten

14. *Die Schwere klinischer Symptome bei Enzym-Defizienz.* Die zwei Formen von Galactosämie, von denen die eine auf dem Fehlen

der Galactokinase und die andere auf dem Fehlen der Galactose-1-phosphat-Uridylyltransferase beruht, zeigen klinische Symptome von sehr verschiedenem Schweregrad. Beide Defekte bewirken ein Unbehagen vom Magen her, aber das Fehlen des zweiten Enzyms hat außerdem eine Dysfunktion von Leber, Niere, Milz und Gehirn zur Folge und kann zum Tode führen. Welche Produkte reichern sich bei jeder der Enzym-Defizienzen in Blut und Gewebe an? Schätzen Sie die relative Toxizität dieser Produkte aufgrund der oben gegebenen Information.

Kapitel 16
Der Citracyclus

In Kapitel 15 haben wir gesehen, wie ATP in Abwesenheit von Sauerstoff durch den Abbau von Glucose gewonnen werden kann. Die meisten Tier- und Pflanzenzellen sind jedoch normalerweise aerob und oxidieren ihre organischen Brennstoffe vollständig zu Kohlenstoffdioxid und Wasser. Unter diesen Umständen wird das durch den glycolytischen Glucoseabbau gebildete Pyruvat nicht zu Lactat oder Ethanol und CO_2 reduziert wie unter anaeroben Bedingungen, sondern es wird in der aeroben Phase des Katabolismus zu CO_2 und H_2O oxidiert. Dieser Vorgang wird in der Biochemie *Atmung (Respiration)* genannt. Unter Atmung stellen wir uns für gewöhnlich die Aufnahme von O_2 und Abgabe von CO_2 durch die Lungen vor. Der Biochemiker und Zellbiologe verwendet diesen Begriff aber nicht für diesen makroskopischen physiologischen Vorgang, sondern für den mikroskopischen, molekularen O_2-Verbrauch und die CO_2-Bildung in der Zelle.

Die Zellatmung erfolgt in drei Hauptstufen, wie das Schema Abb. 16-1 zeigt. In der ersten Stufe werden organische Brennstoffmoleküle – Kohlenhydrate, Fettsäuren und einige Aminosäuren – zu einem C_2-Fragment, der Acetylgruppe des Acetyl-Coenzyms A oxidiert. In der zweiten Stufe werden diese Acetylgruppen in den Citratcyclus eingefüttert, in dem sie enzymatisch zu energiereichen Wasserstoffatomen und CO_2 abgebaut werden, den Endprodukten bei der Oxidation organischer Brennstoffe. In der dritten Stufe der Atmung werden die Wasserstoffatome in Protonen (H^+) und energiereiche Elektronen aufgetrennt, die entlang einer Kette elektronenübertragender Moleküle, der *Atmungskette*, transportiert und auf Sauerstoff übertragen werden, den sie zu H_2O reduzieren. Während dieses *Elektronentransportes* wird viel Energie freigesetzt und in einem Vorgang, der *oxidative Phosphorylierung* genannt wird, unter Bildung von ATP konserviert. Die Atmung ist wesentlich komplexer als die Glycolyse; man kann sagen, daß sich die Atmung zur Glycolyse verhält wie eine moderne Jet-Turbine zu einem Einzylinder-Kolbenmotor. Deshalb müssen wir ihr zwei Kapitel widmen.

In diesem Kapitel untersuchen wir den *Citratcyclus (Krebs-Cyclus)*, der auch *Tricarbonsäurecyclus* genannt wird. Er ist der gemeinsame Endweg für die Oxidation der Acetylgruppen, in den die Abbauwege der Kohlenhydrate, Fettsäuren und Aminosäuren einmünden.

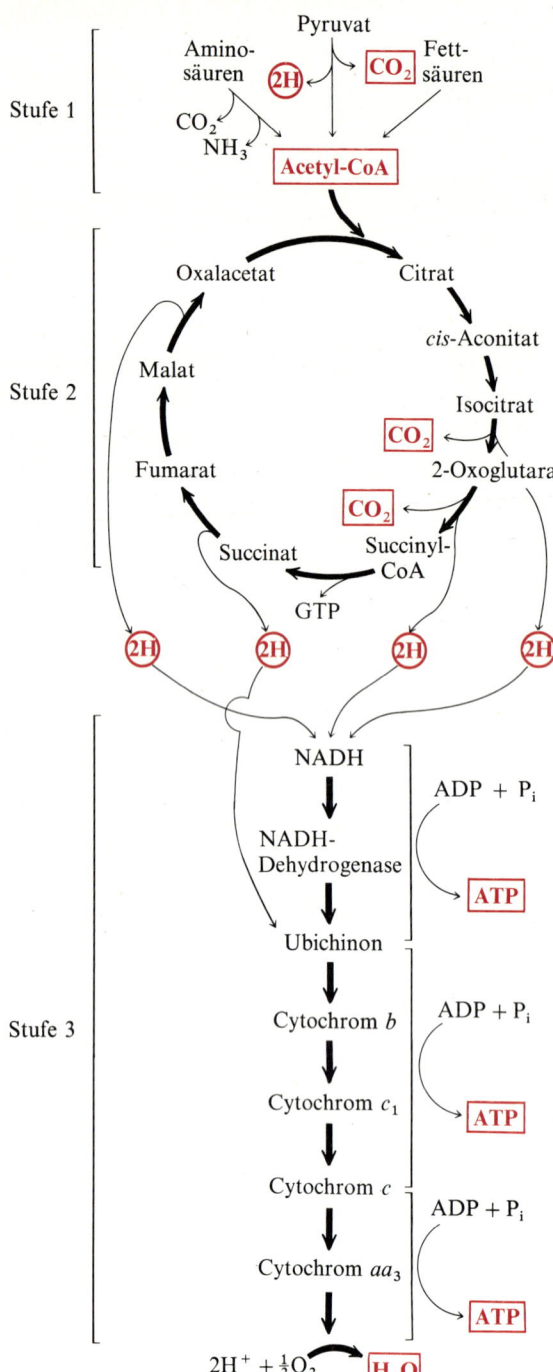

Abbildung 16-1
Verschiedene Stufen der Zellatmung. Stufe 1: Mobilisierung von Acetyl-CoA aus Glucose, Fettsäuren und einigen Aminosäuren. Stufe 2: Der Citratcyclus. Stufe 3: Elektronentransport und oxidative Phosphorylierung. Für jedes Paar H-Atome, das die Elektronentransport-Kette in Form von NADH betritt, werden drei Moleküle ATP gebildet.

Die Oxidation von Glucose zu CO_2 und H_2O setzt viel mehr Energie frei als die Glycolyse

Auf S. 443 haben wir gesehen, daß durch den Abbau von Glucose zu Lactat über die Glycolse nur ein kleiner Teil des chemischen Energiepotentials freigesetzt wird, das in der Struktur des Glucosemoleküls enthalten ist. Bei der vollständigen Oxidation des Glucosemoleküls zu CO_2 und H_2O wird wesentlich mehr Energie freigesetzt, wie aus der Änderung der freien Standardenergie der Reaktionsgleichungen zu erkennen ist:

$$\text{Glucose} \rightarrow 2\,\text{Lactat} + 2\,H^+$$
$$\Delta G^{\circ\prime} = -197\ \text{kJ/mol}$$

$$\text{Glucose} + 6\,O_2 \rightarrow 6\,CO_2 + 6\,H_2O$$
$$\Delta G^{\circ\prime} = -2870\ \text{kJ/mol}$$

Beim anaeroben Glucoseabbau enthält das Lactat noch etwa 93% der ursprünglich in der Glucose vorhandenen, verfügbaren Energie. Das liegt daran, daß Lactat eine beinahe ebenso komplexe Molekülstruktur besitzt wie Glucose und daß bei der Lactatbildung keine Netto-Oxidation erfolgt. Die bei der vollständigen Verbrennung organischer Moleküle freigesetzte Energie steht in annähernder Beziehung zum Verhältnis zwischen den an Kohlenstoff gebundenen Wasserstoffatomen und der Gesamtzahl der Kohlenstoffe. Dies ist für einen einfachen Fall in Abb. 16-2 dargestellt. Die gesamte biologisch verfügbare freie Energie kann nur durch Entfernung aller Wasserstoffatome von den Kohlenstoffatomen der Glucose oder anderer Brennstoffe freigesetzt werden. Der Wasserstoff wird durch Sauerstoff ersetzt und es entsteht CO_2.

Pyruvat muß zuerst zu Acetyl-CoA und CO_2 oxidiert werden

Kohlenhydrate, Fettsäuren und die meisten Aminosäuren werden letztlich über den Citratcyclus zu CO_2 und H_2O oxidiert. Bevor diese Nährstoffe den Citratcyclus betreten können, müssen ihre Kohlenstoffgerüste jedoch zu den Acetylgruppen des Acetyl-CoA abgebaut werden. Der Citratcyclus nimmt die meisten Brennstoffe in dieser Form auf. In Kapitel 18 und 19 werden wir sehen, wie aus Fettsäuren die Acetylgruppen für den Citratcyclus entstehen. In diesem Kapitel wollen wir uns anschauen, wie das durch die Glycolyse aus Glucose entstandene Pyruvat durch eine strukturierte Enzymanhäufung, den *Pyruvat-Dehydrogenase-Komplex*, zu Acetyl-CoA und CO_2 dehydriert wird. Dieser Komplex ist bei den Eukaryoten in den Mitochondrien und bei den Prokaryoten im Cytoplasma lokalisiert. Die

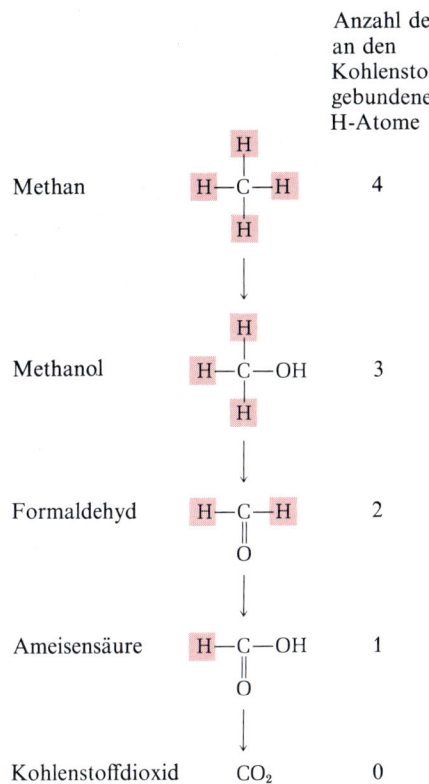

Abbildung 16-2
Die Folge von Oxidationsschritten vom Methan zum CO_2. Mit der aufeinanderfolgenden Entfernung der H-Atome vom Kohlenstoffatom erfolgt stufenweise ein Verlust an verfügbarer freier Energie. Das Verhältnis der Anzahl der an Kohlenstoff gebundenen H-Atome zur Anzahl der Kohlenstoffatome ist bei einfachen Molekühlen annähernd proportional zur freien Standardenergie ihrer Oxidation zu CO_2.

vom Pyruvat-Dehydrogenase-Komplex katalysierte Gesamtreaktion ist:

Pyruvat + NAD$^+$ + CoA-SH → Acetyl-CoA + NADH + CO$_2$
$$\Delta G^{\circ\prime} = -33.5 \text{ kJ/mol}$$

Bei dieser recht komplizierten Reaktion wird das Pyruvat *oxidativ decarboxyliert*. Dabei handelt es sich um eine Dehydrierung, bei der die Carboxylgruppe in Form eines Moleküls CO$_2$ entfernt wird und die Acetylgruppe als Acetyl-CoA erscheint. Die zwei Wasserstoffatome treten als NADH und H$^+$ auf. Das gebildete NADH gibt seine Elektronen an die Elektronen-Transportkette ab (Abb. 16-1), durch die sie an den molekularen Sauerstoff weitergeleitet werden.

An der kombinierten Dehydrierung und Decarboxylierung von Pyruvat zu Acetyl-CoA sind nacheinander drei verschiedene Enzyme beteiligt: die *Pyruvat-Dehydrogenase* (E$_1$), die *Dihydrolipoamid-Acetyltransferase* (E$_2$) und die *Dihydrolipoamid-Dehydrogenase* (E$_3$) sowie fünf verschiedene Coenzyme oder prosthetische Gruppen: *Thiamindiphosphat* (TDP; auch TPP, von Thiaminpyrophosphat), *Flavinadenindinucleotid* (FAD), *Coenzym A* (CoA), *Nicotinamidadenindinucleotid* (NAD$^+$) und *Liponsäure*. Alle diese Enzyme und Coenzyme bilden einen Multienzymkomplex, der zuerst von Lester Reed und seinen Mitarbeitern an der Universität von Texas isoliert und in seinen Einzelheiten untersucht worden ist. Vier verschiedene Vitamine, die in der menschlichen Nahrung enthalten sein müssen, sind essentielle Komponenten dieses Systems: Thiamin (in TDP, Riboflavin (in FAD), Pantothensäure (in CoA) und Nicotinamid (in NAD$^+$). Außerdem wird für die Reaktion *Liponsäure* gebraucht (Abb. 16-3), die für einige Mikroorganismen ein Vitamin oder ein Wachstumsfaktor ist, aber von höheren Tieren aus leicht erhältlichen Vorstufen hergestellt werden kann. Dieser große Multienzymkomplex hat bei *E. coli* eine Partikelmasse von mehr als 6 Millionen und ist mit einem Durchmesser von 45 nm ein wenig größer als ein Ribosom. Der Kern („core") des Komplexes, an dem die anderen Enzyme befestigt sind, besteht aus Dihydrolipoamid-Acetyltransferase ($M_r = 200000$). Sie besteht aus 24 Polypeptidketten-Untereinheiten, von denen jede zweite Liponsäuregruppen trägt, die in Amidbindung an die 6-Aminogruppe von spezifischen Lysinresten in den aktiven Zentren der Untereinheiten gebunden sind (Abb. 16-3). An dieser Dihydrolipoamid-Acetyltransferase sind die sehr großen Moleküle der Pyruvat-Dehydrogenase und der Dihydrolipoamid-Dehydrogenase befestigt. Die Pyruvat-Dehydrogenase enthält gebundenes Thiamindiphosphat, die Dihydrolipoamid-Dehydrogenase gebundenes FAD. Die Lipoyllysingruppen des Kern-Enzyms sind etwa 1.4 nm lang und dienen als „Arme", die in der Lage sind, Wasserstoffatome und Acetylgruppen im Pyruvat-Dehydrogenase-Komplex von einem Enzym zum nächsten weiterzureichen. Außerdem gehören zum Pyruvat-Dehydrogenase-Komplex noch zwei weitere

Enzyme, die die Pyruvat-Dehydrogenase-Reaktion regulieren (wird später besprochen).

Abb. 16-4 zeigt schematisch, wie der in den Mitochondrien lokalisierte Pyruvat-Dehydrogenase-Komplex die aufeinanderfolgenden Reaktionen ausführt, die an der fünfstufigen Decarboxylierung und Dehydrierung des Pyruvats beteiligt sind. Im 1. Schritt, während der Reaktion mit dem an die Pyruvat-Dehydrogenase (E_1) gebundenen Thiamindiphosphat, verliert das Pyruvat seine Carboxylgruppe. Dabei bildet sich das Hydroxyethyl-Derivat des Thiazolringes des Thiamindiphosphats (S. 280). Die Pyruvat-Dehydrogenase führt auch den 2. Schritt aus, den Transfer der H-Atome und der Acetylgruppe vom Thiamindiphosphat auf die oxidierte Form der prosthetischen Gruppe (den Lipoyllysin-Rest) am Kern-Enzym Dihydrolipoamid-Acetyltransferase. Dabei entsteht der 6-Acetylthioester der reduzierten Liponsäuregruppen. Im 3. Schritt reagiert ein Molekül CoA-SH mit dem Acetylderivat der Dihydrolipoamid-Acetyltransferase unter Bildung von Acetyl-S-CoA und der völlig reduzierten oder Dithiolform der Liponsäuregruppen. Im 4. Schritt wirkt die Dihydrolipoamid-Dehydrogenase auf die reduzierte Form der Dihydrolipoamid-Acetyltransferase ein und bewirkt einen Transfer der Wasserstoffatome von den reduzierten Liponsäuregruppen zum FAD, der prosthetischen Gruppe der Dihydrolipoamid-Dehydrogenase. Im 5. und letzten Schritt überträgt die reduzierte FAD-Gruppe

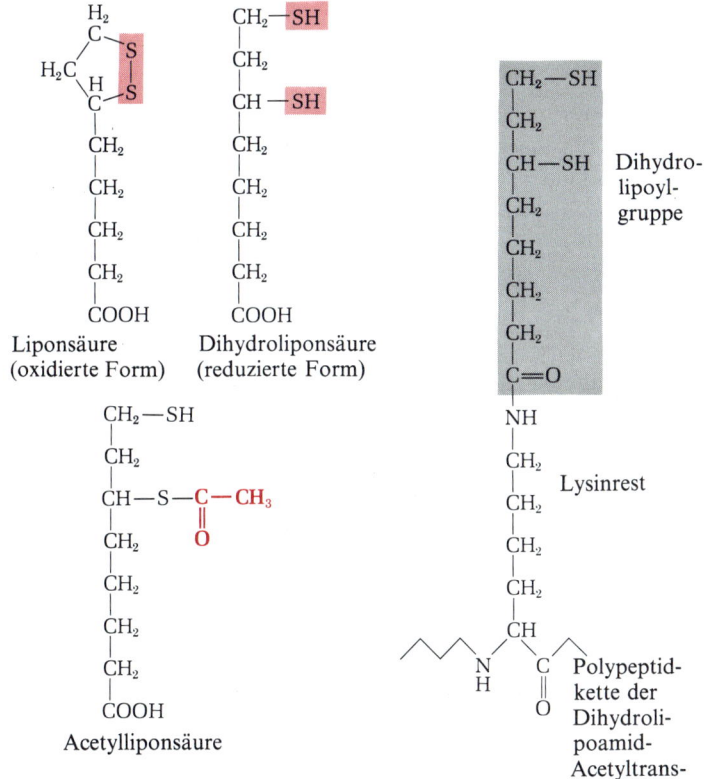

Abbildung 16-3
Liponsäure und ihre aktive Form, die prosthetische Gruppe der Dihydrolipoamid-Acetyltransferase. Die Liponsäure und die Lipoylgruppe kommen in oxidierter (oder Disulfid-) Form, in reduzierter (oder Dithiol-) Form und in acetylierter Form vor. Die Lipoylgruppe fungiert also als Wasserstoff- und Acetylträger. Die Lipoyllysylgruppe ist etwa 1.4 nm lang und stellt eine Art Pendel dar, das H-Atome von der Pyruvat-Dehydrogenase zur Dihydrolipoamid-Dehydrogenase transportiert und auch Acetylgruppen von CoA-SH überträgt.
Liponsäure wird manchmal als Pseudovitamin bezeichnet.

Schritt

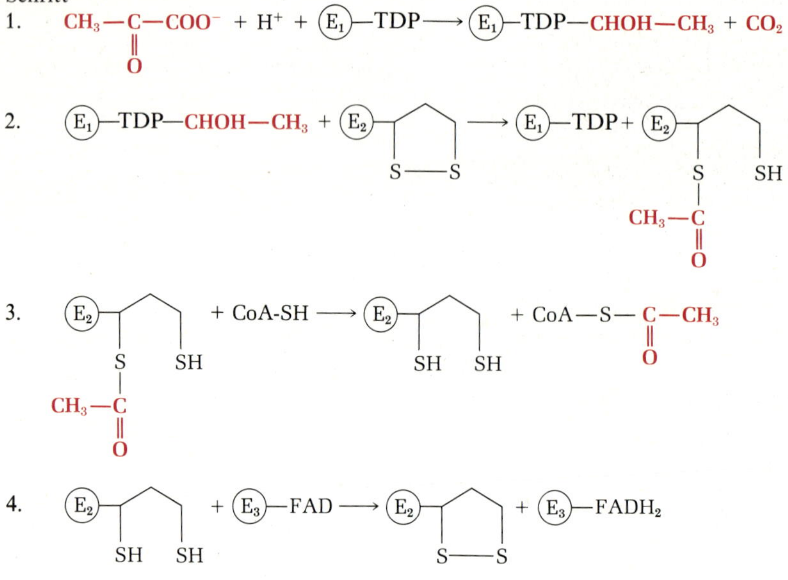

1. $CH_3-\underset{\underset{O}{\|}}{C}-COO^- + H^+ + \text{(E}_1\text{)}-TDP \longrightarrow \text{(E}_1\text{)}-TDP-CHOH-CH_3 + CO_2$

2. $\text{(E}_1\text{)}-TDP-CHOH-CH_3 + \text{(E}_2\text{)}\genfrac{}{}{0pt}{}{\diagup}{\diagdown}\genfrac{}{}{0pt}{}{S-S}{} \longrightarrow \text{(E}_1\text{)}-TDP + \text{(E}_2\text{)}\genfrac{}{}{0pt}{}{\diagup}{\diagdown}\genfrac{}{}{0pt}{}{S\quad SH}{|}$
$\qquad\qquad\qquad\qquad\qquad\qquad\qquad\qquad\qquad\qquad\qquad\qquad CH_3-\underset{\underset{O}{\|}}{C}$

3. $\text{(E}_2\text{)}\genfrac{}{}{0pt}{}{\diagup}{\diagdown}\genfrac{}{}{0pt}{}{S\quad SH}{|} + CoA\text{-}SH \longrightarrow \text{(E}_2\text{)}\genfrac{}{}{0pt}{}{\diagup}{\diagdown}\genfrac{}{}{0pt}{}{SH\quad SH}{} + CoA-S-\underset{\underset{O}{\|}}{C}-CH_3$
$\qquad CH_3-\underset{\underset{O}{\|}}{C}$

4. $\text{(E}_2\text{)}\genfrac{}{}{0pt}{}{\diagup}{\diagdown}\genfrac{}{}{0pt}{}{SH\quad SH}{} + \text{(E}_3\text{)}-FAD \longrightarrow \text{(E}_2\text{)}\genfrac{}{}{0pt}{}{\diagup}{\diagdown}\genfrac{}{}{0pt}{}{S-S}{} + \text{(E}_3\text{)}-FADH_2$

5. $\text{(E}_3\text{)}-FADH_2 + NAD^+ \longrightarrow \text{(E}_3\text{)}-FAD + NADH + H^+$

Gesamtgleichung:

$CH_3-\underset{\underset{O}{\|}}{C}-COO^- + CoA\text{-}SH + NAD^+ \longrightarrow CH_3-\underset{\underset{O}{\|}}{C}-S-CoA + CO_2 + NADH$

Abbildung 16-4
Die Schritte der oxidativen Decarboxylierung von Pyruvat zu Acetyl-CoA mit Hilfe des Pyruvat-Decarboxylase-Komplexes. Der Weg des Pyruvats ist farbig hervorgehoben. Die Strukturformeln von Thiamindiphosphat und seinem 2-Hydroxyethylderivat sind in Abb. 10-2 wiedergegeben.

Abkürzungen:
E_1 = Pyruvat-Dehydrogenase
TDP = Thiamindiphosphat
TDP−CHOH−CH$_3$ = 2-Hydroxyethyl-thiamindiphosphat
E_2 = Dihydrolipoamid-Acetyltransferase
E_3 = Dihydrolipoamid-Dehydrogenase

der Dihydrolipoamid-Dehydrogenase den Wasserstoff unter Bildung von NADH auf NAD$^+$. Von zentraler Bedeutung für diesen Prozeß sind die Lipoyllysin-Schwenkarme, die die H-Atome und Acetylgruppen von einem Enzym zum nächsten weiterreichen. Alle diese Enzyme und Coenzyme sind in Komplexen zusammengefaßt. Dadurch bleiben die prosthetischen Gruppen dicht beieinander, so daß die Zwischenprodukte ohne Verzögerung miteinander reagieren können. Befänden sich die sehr großen Enzymmoleküle getrennt voneinander im Cytosol, so würde die Diffusion der Zwischenprodukte über die großen Abstände viel mehr Zeit brauchen, und die Reaktionsgeschwindigkeit wäre viel geringer. Abb. 16-5 zeigt die elektronenmikroskopische Aufnahme eines Pyruvat-Dehydrogenase-Komplexes.

Bei der Mangelkrankheit *Beri-Beri* liegt ein Mangel an Vitamin B$_1$ oder Thiamin (S. 278) vor. Wie man nun vorhersagen kann, sind Tiere mit Thiaminmangel nicht in der Lage, Pyruvat normal zu oxidieren, besonders nicht im Gehirn, das normalerweise seine gesamte Energie aus der aeroben Glucose-Oxidation bezieht, so daß die Pyruvat-Oxidation hier lebensnotwendig ist. Für die charakteristische Polyneuritis oder die allgemeine Disfunktion des motorischen Nervensystems bei Beri-Beri (Kapitel 10) ist eine defekte Funktion der Pyruvat-Dehydrogenase verantwortlich.

Als wichtiger Punkt sei bemerkt, daß die durch den Pyruvat-Dehydrogenase-Komplex katalysierte Reaktion in tierischem Gewebe

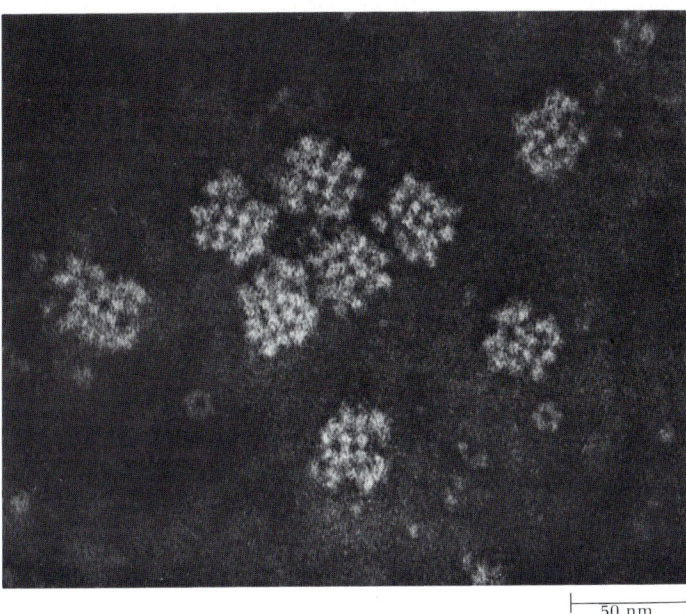

Abbildung 16-5
Elektronenmikroskopische Aufnahme des aus *E. coli* isolierten Pyruvat-Dehydrogenase-Komplexes, auf der die Struktur der Untereinheiten erkennbar ist.

irreversibel ist. Das wurde mit Isotopen-Experimenten bewiesen, die zeigten, daß die Radioaktivität aus markiertem CO_2 nicht wieder im Acetyl-CoA und dann in den Carboxylgruppen von Pyruvat auftaucht.

Die Regulation der Pyruvat-Dehydrogenase-Aktivität ist, wie wir später sehen werden, ein wichtiger Bestandteil der biologischen Kontrolle der Zellatmung.

Der Citratcyclus ist eher ein zirkuläres als ein lineares Enzymsystem

Nachdem wir gesehen haben, wie Acetyl-CoA aus Pyruvat gebildet wird, können wir jetzt den Citratcyclus untersuchen. Vielleicht ist es eine Hilfe, zu Beginn seine Funktionen quasi aus der Vogelperspektive zu betrachten. Da fällt uns als erstes auf, daß der Citratcyclus, im Unterschied zur Glycolyse, eine *cyclische* Folge von Enzym-katalysierten Reaktionen darstellt. Eine Runde durch diesen Cyclus (Abb. 16-6) beginnt damit, daß das Acetyl-CoA seine Acetylgruppe an die C_4-Verbindung *Oxalacetat* abgibt, wobei das Citrat mit 6 Kohlenstoffatomen entsteht. Das *Citrat* wird dann in *Isocitrat*, ebenfalls ein C_6-Molekül umgewandelt, das unter Verlust von CO_2 zur C_5-Verbindung *2-Oxoglutarat* dehydriert wird. Diese liefert, ebenfalls unter Abspaltung von CO_2, die C_4-Verbindung *Succinat*. Das Succinat wird dann in drei Schritten enzymatisch in die C_4-Verbindung *Oxalacetat* umgewandelt, mit der der Cyclus begonnen hatte. Das Oxalacetat wird also am Ende des Cyclus regeneriert und steht für die Reaktion mit einen weiteren Molekül Acetyl-CoA in einer neuen Runde zur Verfügung. Bei jeder Runde tritt eine Acetyl-

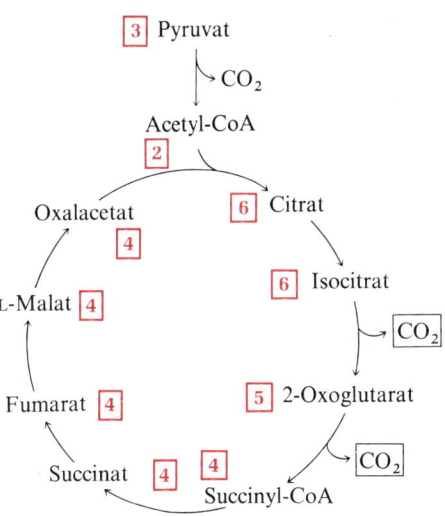

Abbildung 16-6
Schematische Darstellung des Citratcyclus. Die farbig eingerahmten Ziffern geben die Anzahl der Kohlenstoffatome der Zwischenprodukte an. Succinyl-CoA enthält vier Kohlenstoffatome in der Succinylgruppe, dem Teil des Moleküls, der als Succinat freigesetzt wird.

gruppe (2 Kohlenstoffe) in Form von Acetyl-CoA in den Cyclus ein und zwei Moleküle CO_2 werden gebildet. Außerdem wird bei jeder Runde ein Molekül Oxalacetat für die Bildung von Citrat gebraucht, das aber am Ende regeneriert wird. Beim Citratcyclus wird also kein Oxalacetat verbraucht; theoretisch genügt ein einziges Molekül Oxalacetat für die Oxidation einer unbegrenzten Anzahl von Acetylgruppen.

Wie kam man auf die Idee, daß der Citratcyclus existiert?

Das ist eine verständliche Frage, denn ein so komplexer Cyclus, bei dem die Oxidation der nur 2 Kohlenstoffe enthaltenden Acetylgruppe zu CO_2 auf dem Umweg über die C_6-Verbindung Citrat erfolgt, mag unnötig kompliziert erscheinen und als unvereinbar mit dem Prinzip maximaler Ökonomie als dem Grundgesetz für die Biochemie der lebenden Zelle.

Der Citratcyclus wurde zuerst von Hans Krebs im Jahre 1937 als Reaktionsweg der Pyruvat-Oxidation postuliert. Die Idee dazu kam ihm bei Untersuchungen über den Effekt, den die Anionen verschiedener organischer Säuren auf die Geschwindigkeit des Sauerstoffverbrauchs in Suspensionen Pyruvat-oxidierender Tauben-Brustmuskeln hatte. Dieser Flugmuskel hat eine sehr hohe Respirationsgeschwindigkeit, was ihn für die Untersuchung von Oxidationsaktivitäten besonders geeignet macht. Andere Forscher, besonders Albert Szent-Györgyi in Ungarn, hatten schon früher gefunden, daß bestimmte C_4-Dicarbonsäuren, von denen man wußte, daß sie in tierischem Gewebe vorkommen, nämlich *Succinat, Fumarat, Malat* und *Oxalacetat*, den Sauerstoffverbrauch des Muskels stimulieren. Krebs bestätigte diese Beobachtungen und fand, daß sie auch die Oxidation von Pyruvat stimulieren. Ferner fand er, daß die Oxidation von Pyruvat im Muskel außerdem durch die 6 Kohlenstoffatome enthaltenden Tricarbonsäuren *Citrat, cis-Aconitat* und *Isocitrat*, sowie durch die C_5-Säure *2-Oxoglutarat* stimuliert wird. Abb. 16-7 zeigt die Strukturformeln dieser natürlich vorkommenden organischen Säuren. Keine andere der getesteten natürlich vorkommenden Säuren besaß diese Aktivität. Die stimulierende Wirkung der aktiven Säuren war bemerkenswert hoch; die Zugabe einer kleinen Menge von einer von ihnen bewirkte die Oxidation eines Vielfaches dieser Menge an Pyruvat.

Die zweite wichtige Entdeckung, die Krebs machte, war, daß *Malonat* (Abb. 16-8), ein spezifischer Inhibitor der Succinat-Dehydrogenase (S. 248), die aerobe Verwertung von Pyruvat durch die Muskelsuspensionen unabhängig davon hemmt, welche der aktiven Säuren zugefügt worden war. Das zeigte, daß Succinat und Succinat-Dehydrogenase essentielle Komponenten der an der Pyruvat-Oxidation beteiligten enzymatischen Reaktionen sein mußten. Krebs

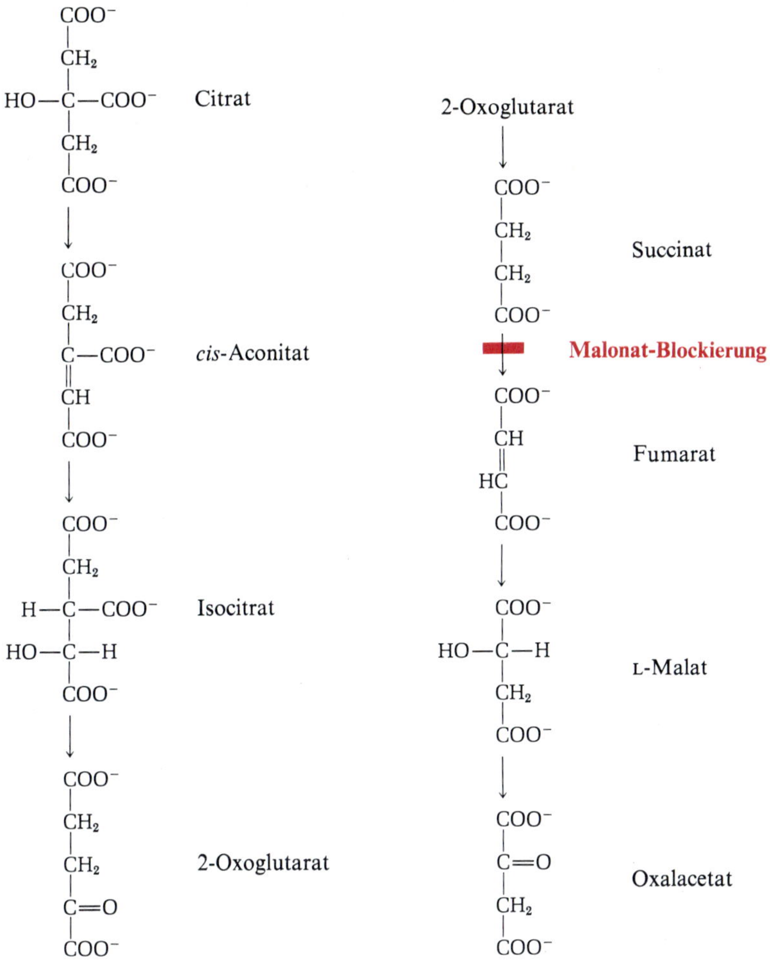

Kapitel 16 Der Citracyclus 489

```
     COO⁻
      |
     CH₂
      |
HO — C — COO⁻      Citrat                    2-Oxoglutarat
      |                                           |
     CH₂                                         COO⁻
      |                                           |
     COO⁻                                        CH₂
                                                  |              Succinat
                                                 CH₂
     COO⁻                                         |
      |                                          COO⁻
     CH₂
      |                                    ▬▬▬▬  Malonat-Blockierung
     C — COO⁻    cis-Aconitat                    COO⁻
      ‖                                           |
     CH                                          CH
      |                                           ‖              Fumarat
     COO⁻                                        HC
                                                  |
                                                 COO⁻
     COO⁻
      |                                          COO⁻
     CH₂                                          |
      |                                          CH₂
 H — C — COO⁻    Isocitrat                        |
      |                                     HO — C — H           L-Malat
 HO — C — H                                       |
      |                                          CH₂
     COO⁻                                         |
                                                 COO⁻

     COO⁻
      |                                          COO⁻
     CH₂                                          |
      |                                          C = O           Oxalacetat
     CH₂             2-Oxoglutarat                |
      |                                          CH₂
     C = O                                        |
      |                                          COO⁻
     COO⁻
```

Abbildung 16-7
Die natürlich vorkommenden Di- und Tricarbonsäuren, die die Oxidation von Pyruvat in Muskelsuspensionen ermöglichen. Andere natürlich vorkommende oganische Säuren, wie Weinsäure, Oxalsäure oder Oxoadipinsäure, haben diese Wirkung nicht. Die aktiven Säuren sind in der Reihenfolge aufgeführt, in der sie am Citratcyclus teilnehmen. Bei jedem Schritt findet eine einzelne chemische Umsetzung statt. Der Ort der Malonat-Hemmung ist angegeben; in Gegenwart von Malonat wird Citrat zu Succinat oxidiert, das sich ansammelt.

fand ferner, daß sich, wenn die anaerobe Verwertung von Pyruvat durch Malonat gehemmt wurde, Citrat, 2-Oxoglutarat und Succinat im Suspensionsmedium anhäuften, was vermuten ließ, daß normalerweise, d. h. in Abwesenheit von Malonat, Citrat und 2-Oxoglutarat in Succinat umgewandelt werden.

Aus diesem und anderem Beweismittel schloß Krebs, daß die in Abb. 16-7 aufgelisteten Di- und Tricarbonsäuren in eine logische Reihenfolge gebracht werden können, in der jede aus der vorhergehenden durch einfache Enzym-katalysierte Umwandlungen entstehen kann (Abb. 16-7). Da sich außerdem bei einer Inkubation von Pyruvat und Oxalacetat mit gemahlenem Muskelgewebe Citrat im Medium ansammelte, schloß Krebs, daß diese Reaktionsfolge durch Verknüpfung von Anfang und Ende zu einem Cyclus geschlossen ist (Abb. 16-9). Für das den Kreis schließende, fehlende Glied schlug er folgende Reaktion vor:

$$\text{Pyruvat} + \text{Oxalacetat} \rightarrow \text{Citrat} + CO_2$$

Aufgrund dieser einfachen Experimente und Schlußfolgerungen po-

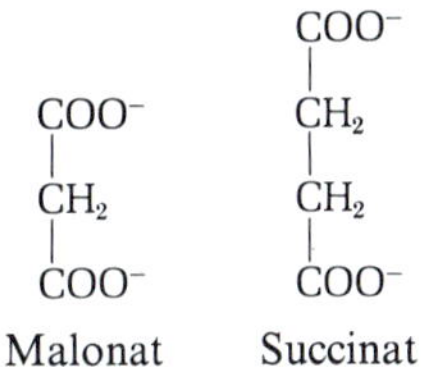

```
     COO⁻           COO⁻
      |              |
     CH₂            CH₂
      |              |
     COO⁻           CH₂
                     |
                    COO⁻
    Malonat        Succinat
```

Abbildung 16-8
Malonat, der kompetitive Inhibitor der Succinat-Dehydrogenase, hat eine ähnliche Struktur wie Succinat (s. a. Abb. 9-12 auf S. 248).

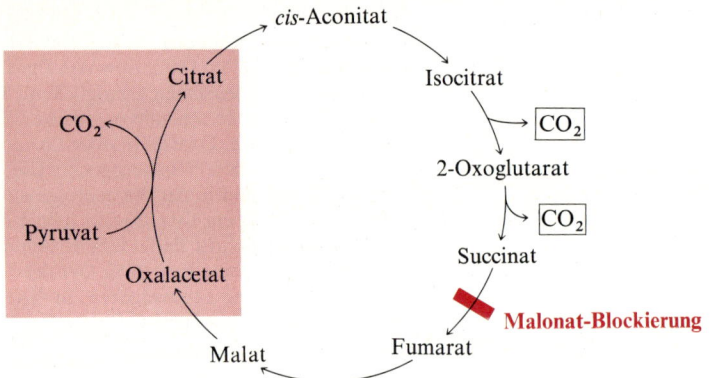

Abbildung 16-9
Der Citratcyclus in seiner ursprünglichen Formulierung. Als Krebs fand, daß Pyruvat und Oxalacetat miteinander unter Bildung von Citrat reagieren (farbig dargestellte Reaktion), war das ein Beweis dafür, daß die Reaktionsfolge in sich geschlossen ist. Beachten Sie, daß sich bei Blockierung mit Malonat Succinat anreichern muß, wenn Pyruvat und Oxalacetat über Citrat oxidiert werden.

stulierte Krebs, daß der von ihm so genannte *Citratcyclus* der Hauptweg für die Oxidation der Kohlenhydrate im Muskel sei. In den Jahren nach seiner Entdeckung wurde gefunden, daß der Citratcyclus nicht nur im Muskel, sondern in praktisch allen Geweben höherer Tiere und Pflanzen und in vielen Mikroorganismen abläuft. Für diese wichtige Entdeckung wurde Krebs (Abb. 16-10) 1953 mit dem Nobelpreis ausgezeichnet, den er mit Fritz Lipmann, dem „Vater" des ATP-Cyclus (S. 411), teilte.

Der Citratcyclus wird auch *Tricarbonsäurecyclus* genannt, denn nach seiner Postulierung durch Krebs war es einige Jahre lang unklar, ob das erste, nämlich das aus Pyruvat und Oxalacetat gebildete Produkt wirklich Citrat war oder aber eine andere Tricarbonsäure, wie z. B. Isocitrat. Dieser Punkt wurde später aufgeklärt. Heute wissen wir, daß Citrat tatsächlich die erste gebildete Tricarbonsäure ist. Man sollte daher die Bezeichnung Citratcyclus oder einfach Krebscyclus verwenden.

Später zeigten Eugene Kennedy und Albert Lehninger, daß die gesamte Reaktionsfolge des Citratcyclus in den Mitochondrien stattfindet. In isolierten Rattenleber-Mitochondrien (S. 29) wurden nicht nur sämtliche Enzyme und Coenzyme des Citratcyclus gefunden, sondern auch alle Enzyme und Proteine, die für die letzte Stufe der Zellatmung, nämlich den Elektronentransport und die oxidative Phosphorylierung, gebraucht werden. Deshalb bezeichnet man die Mitochondrien auch als das Kraftwerk der Zelle. Abb. 16-11 zeigt die Lokalisation der Enzyme des Citratcyclus in den Mitochondrien.

Der Citratcyclus besteht aus acht Schritten

Lassen Sie uns nun die acht aufeinanderfolgenden Reaktionsschritte des Citratcyclus untersuchen und dabei besonders auf die chemischen Umwandlungen bei der Umlagerung der Acetylgruppe des Acetyl-CoA achten. Dabei entstehen schließlich CO_2 und H-Atome, wobei letztere in den reduzierten Coenzymen aufgefangen werden.

Abbildung 16-10
Sir Hans Krebs bei seinem 80. Geburtstag im August 1980. Krebs wurde in Deutschland geboren und erhielt dort seine medizinische Ausbildung. Von 1926 bis 1930 arbeitete er in Berlin zusammen mit Otto Warburg, der ebenfalls einer der großen Wegbereiter der modernen Biochemie war. 1932 erarbeitete Krebs als medizinischer Assistent an der Universität Freiburg zusammen mit dem Medizinstudenten Kurt Henseleit (Kapitel 19) die Grundzüge des Harnstoffcyclus. 1933 emigrierte Krebs nach England und arbeitete an der University of Cambridge. Später wechselte er an die University of Sheffield, wo er den größten Teil seiner Arbeit über den Citratcyclus durchführte. Von 1954 an war er Leiter der biochemischen Abteilung der University of Oxford. Nach seiner Emeritierung im Jahre 1967 begann er mit Untersuchungen über Dynamik und Regulation von Stoffwechselvorgängen eine völlig neue Forscherkarriere an der medizinischen Abteilung der University of Oxford. Er war mit mehreren Mitarbeitern bis zu seinem Tode im November 1981 aktiv tätig. Er war ein gern gesehener Dozent an den Universitäten in allen Teilen der Welt. Der Citratcyclus wird als die wichtigste Einzelentdeckung in der Geschichte der Biochemie des Stoffwechsels angesehen.

Die Abb. 16-12 und 16-13 zeigen die Bilanzgleichungen der Reaktionen des Cyclus und die Strukturformeln der Zwischenprodukte.

Acetyl-CoA und Oxalacetat kondensieren zu Citrat

Die erste Reaktion des Cyclus ist die durch *Citrat-Synthase* katalysierte Kondensation von Acetyl-CoA und Oxalacetat zu Citrat (Abb. 16-12). Bei dieser Reaktion kondensiert der Methyl-Kohlenstoff der Acetylgruppe des Acetyl-CoA mit der Carbonylgruppe des Oxalacetats. Gleichzeitig wird die Thioesterbindung gespalten und das Coenzym A freigesetzt.

$$\text{Acetyl-S-CoA} + \text{Oxalacetat} + H_2O \xrightarrow{\text{Citrat-Synthase}} \text{Citrat} + \text{CoA-SH} + H^+$$
$$\Delta G^{\circ\prime} = -32.3 \text{ kJ/mol}$$

Wie man aus dem hohen Wert für die freie Standardenergie der Hydrolyse ersehen kann, wird die Reaktion unter den meisten Bedingungen bis weit auf die rechte Seite verlaufen. Dabei wird CoA-SH freigesetzt und steht nun für die oxidative Decarboxylierung eines weiteren Moleküls Pyruvat zur Verfügung, wodurch wiederum ein Molekül Acetyl-CoA für den Eintritt in den Cyclus gebildet wird. Man nimmt an, daß bei der Citrat-Synthase-Reaktion Citroyl-CoA als vorübergehendes Zwischenprodukt entsteht. Es wird am aktiven Zentrum des Enzyms gebildet und schnell zu freiem CoA-SH und Citrat hydrolysiert, die vom aktiven Zentrum abgelöst werden.

Die Citrat-Synthase ist ein Regulationsenzym. Die von ihm katalysierte Reaktion ist in vielen Zellarten der geschwindigkeitsbestimmende Schritt des Citratcyclus.

Citrat wird über cis-Aconitat in Isocitrat umgewandelt

Das Enzym *Aconitat-Hydratase* katalysiert die reversible Umwandlung von *Citrat* in *Isocitrat*. Als Zwischenprodukt entsteht dabei die Tricarbonsäure *cis-Aconitat*, die normalerweise nicht vom aktiven Zentrum des Enzyms abdissoziiert (Abb. 16-12). Aconit-Hydratase kann die reversible Addition von H_2O an die Doppelbindung des Enzym-gebundenen Aconitats auf zweierlei Weise katalysieren; eine davon führt zum Citrat und die andere zum Isocitrat.

$$\text{Citrat} \underset{+H_2O}{\overset{-H_2O}{\rightleftarrows}} [\textit{cis-Aconitat}] \underset{-H_2O}{\overset{+H_2O}{\rightleftarrows}} \text{Isocitrat}$$

Das Gleichgewichtsgemisch enthält zwar bei pH 7.4 und 25 °C nur weniger als 10 % Isocitrat, die Reaktion wird aber in der Zelle durch das schnelle Weiterreagieren des Isocitrats auf die rechte Seite gezogen. Die Aconitat-Hydratase ist ein ziemlich komplexes Enzym. Sie enthält Eisen und säurelabile Schwefelatome, die in einem *Eisen-Schwefel-Zentrum* konzentriert vorliegen (S. 528). Die genaue Funk-

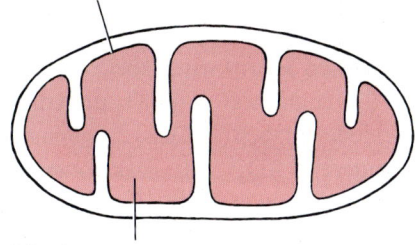

Innere Membran:
Aconitat-Hydratase
Succinat-Dehydrogenase
Elektronentransportketten

Matrix:
Citrat-Synthase
Isocitrat-Dehydrogenase
2-Oxoglutarat-Dehydrogenase-Komplex
Succinyl-CoA-Synthetase
Fumarat-Hydratase
Malat-Dehydrogenase
Pyruvat-Dehydrogenase-Komplex

Abbildung 16-11
Lokalisation der Enzyme des Citratcyclus in den Mitochondrien.

tion dieses Zentrums, das wahrscheinlich die prosthetische Gruppe des Enzyms darstellt, ist noch nicht bekannt.

Isocitrat wird zu 2-Oxoglutarat und CO_2 dehydriert

Im nächsten Schritt wird Isocitrat durch die *Isocitrat-Dehydrogenase* zu 2-Oxuglutarat und CO_2 dehydriert (Abb. 16-12). Es gibt zwei verschiedene Isocitrat-Dehydrogenasen, von denen die eine NAD^+, die andere $NADP^+$ als Elektronenakzeptor benötigt. Abgesehen davon sind die von den beiden Enzymen katalysierten Gesamtreaktionen identisch.

Isocitrat + NAD^+ ($NADP^+$) →
$$2\text{-Oxoglutarat} + CO_2 + NADH (NADPH) + H^+$$
$$\Delta G^{\circ\prime} = -20.9 \text{ kJ/mol}$$

Mitochondrien enthalten beide Isocitrat-Dehydrogenasen. Während aber die NAD-gebundene ausschließlich in Mitochondrien gefunden wird, kommt die NADP-gebundene sowohl in Mitochondrien als auch im Cytosol vor. Beide Mitochondrien-Enzyme scheinen am Citratcyclus beteiligt zu sein, aber die NAD-gebundene Isocitrat-Dehydrogenase ist die vorherrschende. Sie benötigt Mg^{2+} oder Mn^{2+} und ist in Abwesenheit ihres positiven Modulators ADP praktisch inaktiv. Das Vorkommen zweier Isocitrat-Dehydrogenasen in den Mitochondrien könnte mit der Regulation des Cyclus zusammenhängen.

2-Oxoglutarat wird zu Succinat und CO_2 oxidiert

Im nächsten Schritt wird 2-Oxoglutarat oxidativ zu *Succinyl-CoA* und CO_2 decarboxyliert (Abb. 16-13). Katalysator für diese Reaktion ist der *2-Oxoglutarat-Dehydrogenase-Komplex*.

2-Oxoglutarat + NAD^+ + CoA →
$$\text{Succinyl-CoA} + CO_2 + NADH$$

Beachten Sie, daß diese Reaktion praktisch die gleiche ist wie die oben beschriebene Pyruvat-Dehydrogenase-Reaktion; beide bewirken die Oxidation einer 2-Oxosäure unter Verlust der Carboxylgruppe durch Abspaltung von CO_2. Der 2-Oxoglutarat-Dehydrogenase-Komplex ist dem Pyruvat-Dehydrogenase-Komplex in Struktur und Funktion sehr ähnlich. Er enthält analog dem Pyruvat-System drei Enzyme sowie gebundenes Thiamindiphosphat, Mg^{2+}, Coenzym A, NAD^+, FAD und Liponsäure. Ein wichtiger Unterschied ist jedoch der, daß das 2-Oxoglutarat-Dehydrogenase-System keinen so ausgefeilten Regulationsmechanismus hat wie der Pyruvat-Dehydrogenase-Komplex.

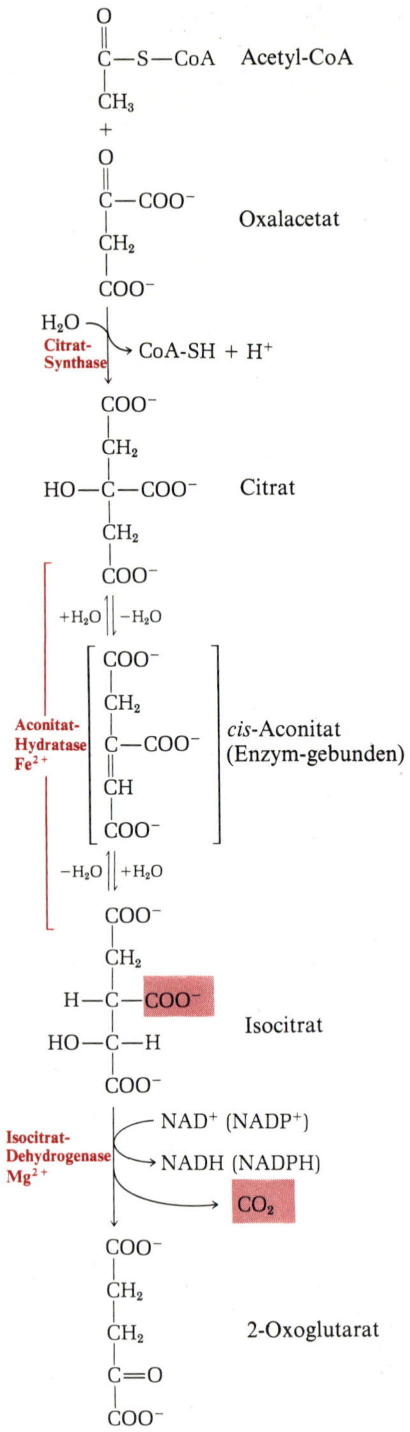

Abbildung 16-12
Die ersten vier Reaktionen des Citratcyclus.

Die Umwandlung von Succinyl-CoA zu Succinat

Succinat, das Produkt des vorhergehenden Schrittes, ist eine energiereiche Verbindung. Wie Acetyl-CoA besitzt es einen stark negativen $\Delta G°'$-Wert für die Hydrolyse der Thioesterbindung:

Succinyl-S-CoA + H_2O → Succinat + CoA-SH + H^+
$$\Delta G°' = -33.5 \text{ kJ/mol}$$

In der Zelle wird die CoA-Gruppe jedoch nicht durch einfache Hydrolyse vom Succinyl-CoA abgespalten – das wäre Energieverschwendung –, sondern ihre Abspaltung wird in einer energiekonservierenden Reaktion mit der Phosphorylierung von *Guanosindiphosphat* (GDP) zu *Guanosintriphosphat* (GTP) gekoppelt (Abb. 16-13).

Succinyl-S-CoA + P_i + GDP $\xrightarrow{Mg^{2+}}$ Succinat + GTP + CoA-SH
$$\Delta G°' = -2.9 \text{ kJ/mol}$$

Das Enzym, das diese Reaktion katalysiert, die *Succinyl-CoA-Synthetase*, erzeugt freies Succinat und bewirkt die Bildung der energiereichen Phosphatverbindung GTP aus GDP und P_i auf Kosten der freien Energie, die bei der Spaltung von Succinyl-CoA gewonnen wird. Diese energiekonservierende Reaktion erfolgt über einen Zwischenschritt, in dem das Enzymmolekül selbst an einem Histidinrest des aktiven Zentrums phosphoryliert wird. Diese Phosphatgruppe ist bereits energiereich gebunden und wird unter Bildung von GTP auf GDP übertragen. Die gekoppelte Bildung von GTP auf Kosten von Energie, die aus der oxidativen Decarboxylierung von 2-Oxoglutarat stammt, ist ein weiteres Beispiel für eine Substratketten-Phosphorylierung. Wir wollen uns ein früheres Beispiel für diesen Typ von Phosphorylierung ins Gedächtnis zurückrufen, nämlich die gekoppelte Synthese von ATP auf Kosten der Energie, die bei der Glycolyse durch die Dehydrierung von Glycerinaldehyd-3-phosphat frei wird (S. 453). Solche Reaktionen werden Substratketten-Phosphorylierung genannt, weil die hierfür benötigte Energie aus der Dehydrierung von organischen Substratmolekülen stammt. Mit dieser Bezeichnung unterscheidet man diese Art der Phosphorylierung von der *oxidativen Phosphorylierung*, die an den Elektronentransport gekoppelt ist und daher auch *Atmungsketten-Phosphorylierung* genannt wird (Kapitel 17).

Das durch Succinyl-CoA-Synthetase gebildete GTP kann dann seine endständige Phosphatgruppe unter Bildung von ATP mit Hilfe einer reversibel wirkenden *Nucleosid-Diphosphokinase* (S. 431) an ATP weitergeben.

GTP + ADP $\xrightleftharpoons{Mg^{2+}}$ GDP + ATP
$$\Delta G°' = 0.0 \text{ kJ/mol}$$

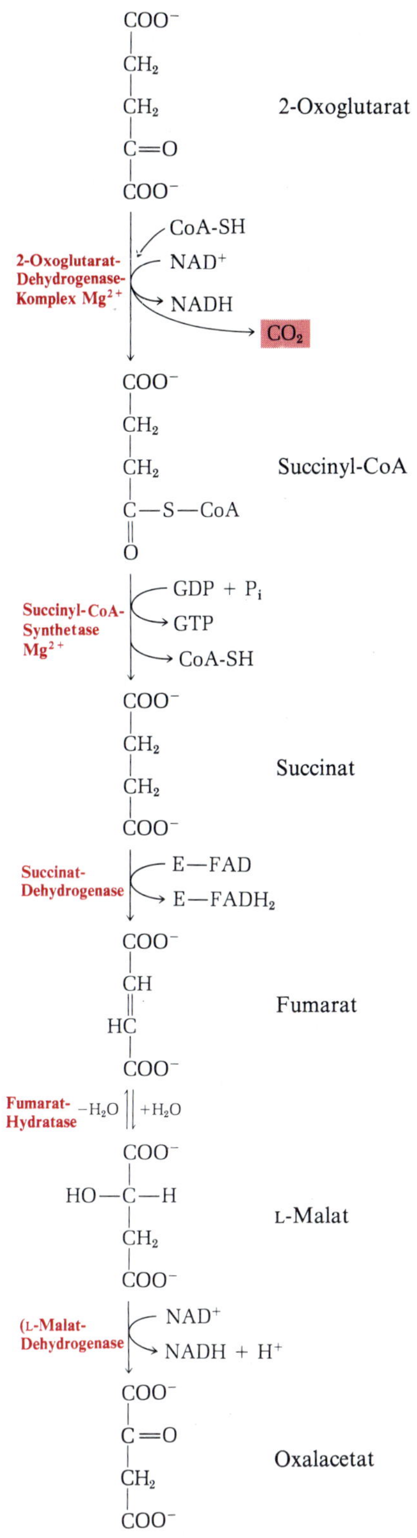

```
COO⁻
|
CH₂
|
CH₂                    2-Oxoglutarat
|
C=O
|
COO⁻
         ┌ CoA-SH
2-Oxoglutarat-   ├ NAD⁺
Dehydrogenase-
Komplex Mg²⁺  └ NADH → CO₂

COO⁻
|
CH₂
|
CH₂                    Succinyl-CoA
|
C—S—CoA
‖
O
         ┌ GDP + Pᵢ
Succinyl-CoA-    ├ GTP
Synthetase
Mg²⁺          └ CoA-SH

COO⁻
|
CH₂
|
CH₂                    Succinat
|
COO⁻
         ┌ E—FAD
Succinat-
Dehydrogenase  └ E—FADH₂

COO⁻
|
CH
‖
HC                     Fumarat
|
COO⁻
Fumarat-   −H₂O ‖ +H₂O
Hydratase

COO⁻
|
HO—C—H
|                       L-Malat
CH₂
|
COO⁻
         ┌ NAD⁺
(L-Malat-
Dehydrogenase └ NADH + H⁺

COO⁻
|
C=O
|                       Oxalacetat
CH₂
|
COO⁻
```

Abbildung 16-13
Die restlichen Reaktionen des Citratcyclus. (Die vorhergehenden Reaktionen s. Abb. 16-12).

Dehydrierung von Succinat zu Fumarat

Im nächsten Schritt des Cyclus wird das aus Succinyl-CoA gebildete Succinat durch das Flavoprotein *Succinat-Dehydrogenase* zu *Fumarat* dehydriert (Abb. 16-13). Die Succinat-Dehydrogenase enthält kovalent gebundenes *Flavinadenindinucleotid*. Diese reduzierbare prosthetische Gruppe fungiert in der folgenden Reaktion als Wasserstoffakzeptor (E = Enzym-Protein):

$$\text{Succinat} + \text{E—FAD} \rightarrow \text{Fumarat} + \text{E—FADH}_2$$

Die Succinat-Dehydrogenase ist fest an die innere Mitochondrienmembran gebunden. Das Enzym aus Rinderherz-Mitochondrien hat eine relative Molekülmasse von etwa 100 000. Es enthält ein Molekül kovalent gebundenes FAD sowie zwei Eisen-Schwefel-Zentren, von denen das eine zwei und das andere vier Eisenatome enthält. Die Eisenatome wechseln während der Reaktion ihre Oxidationszahl (Fe(II) und Fe(III)), und man nimmt daher an, daß sie als Elektronenträger wirken (Kapitel 17).

Succinat-Dehydrogenase wird durch Malonat kompetitiv gehemmt (S. 248 und 489); wie wir gesehen haben, spielte die Hemmung durch Malonat eine wichtige Rolle bei der Erforschung der Grundlagen des Citratcyclus.

Fumarat wird zu Malat hydriert

Die reversible Hydrierung von Fumarat zu Malat (Abb. 16-13)

$$\text{Fumarat} + \text{H}_2\text{O} \rightleftharpoons \text{L-Malat}$$
$$\Delta G^{\circ\prime} \approx 0 \text{ kJ/mol}$$

wird durch die *Fumarat-Hydratase* katalysiert, die aus Schweineherz in kristalliner Form gewonnen werden konnte. Fumarat-Hydratase ist hoch spezifisch; sie hydriert die *trans*-Doppelbindung des Fumarats, reagiert aber weder mit Maleat, dem *cis*-Isomeren von Fumarat noch mit ungesättigten Monocarbonsäuren, gleich ob deren Doppelbindung *cis*- oder *trans*-Konfiguration hat. In der Gegenrichtung (vom L-Malat zum Fumarat) ist die Fumarat-Dehydrogenase stereospezifisch, D-Malat wird nicht dehydriert. Fumarat-Hydratase hat eine relative Molekülmasse von 200 000 und besteht aus vier Polypeptidketten; sie braucht kein Coenzym.

Malat wird zu Oxalacetat dehydriert

In der letzten Reaktion des Citratcyclus erfolgt die Dehydrierung von L-Malat zu Oxalacetat durch die NAD-gebundene L-*Malat-Dehydrogenase*, die in der Mitochondrienmatrix vorkommt (Abb. 16-13).

$$\text{L-Malat} + \text{NAD}^+ \rightleftharpoons \text{Oxalacetat} + \text{NADH} + \text{H}^+$$
$$\Delta G^{\circ\prime} = +29{,}7 \text{ kJ/mol}$$

Das Gleichgewicht dieser Reaktion liegt unter Standardbedingungen (1 M Konzentration aller Komponenten und pH 7.0) weit auf der linken Seite. In der lebenden Zelle verläuft die Reaktion jedoch nach rechts, da das Reaktionsprodukt Oxalacetat durch die Citrat-Synthase-Reaktion schnell entfernt wird. Deshalb ist die Oxalacetat-Konzentration in der Zelle extrem niedrig, nämlich unter 10^{-6}M.

Zusammenfassung des Citratcyclus

Wir haben nun eine Umdrehung im Cyclus vollendet. Eine Acetylgruppe mit zwei Kohlenstoffatomen wurde in den Cyclus eingeschleust und an Oxalacetat gekoppelt. Zwei Kohlenstoffatome verlassen den Cyclus als Kohlenstoffdioxid. Am Ausgang des Cyclus wurde ein Molekül Oxalacetat gebildet. Von vier Zwischenprodukten wurde je ein Paar Wasserstoffatome durch enzymatische Dehydrierung entfernt; hiervon wurden drei Paare für die Reduktion von NAD^+ zu NADH verwendet und ein Paar für die Reduktion des FAD der Succinat-Dehydrogenase zu $FADH_2$. Die vier Paare Elektronen wandern die Elektronentransportkette entlang und reduzieren an deren Ende zwei Moleküle O_2 zu vier Molekülen H_2O. Beachten Sie, daß die zwei Kohlenstoffatome, die den Kreis als CO_2 verlassen, nicht dieselben sind, die ihn in Form einer Acetylgruppe betreten haben. Wie aus Abb. 16-12 und 16-13 zu sehen ist, sind weitere Passagen durch den Cyclus nötig, bis die Kohlenstoffatome der eingetretenen Acetylgruppen im CO_2 wieder auftauchen.

Als Nebenprodukt entsteht ein Molekül ATP aus ADP und Phosphat über das bei der Succinyl-CoA-Synthetase-Reaktion gebildete GTP. Im nächsten Kapitel wollen wir sehen, wie die vier Paare Elektronen, die aus den vier Paaren Wasserstoffatomen entstehen, die Elektronen-Transportkette hinunterwandern und mit molekularen Sauerstoff H_2O bilden. Obwohl der Krebs-Cyclus selbst nur ein Molekül ATP pro Durchlauf liefert, bewirken seine vier Dehydrierungsschritte einen starken Fluß energiereicher Elektronen entlang der Atmungskette und führen damit zur Bildung einer großen Anzahl von ATP-Molekülen während der oxidativen Phosphorylierung (Kapitel 17).

Warum gibt es den Citratcyclus?

Wir können nun eine wichtige Frage stellen. Warum ist für die Oxidation der einfachen C_2-Acetylgruppe ein so komplexer Cyclus mit C_6-, C_5- und C_4-Verbindungen als Zwischenprodukten nötig? Die Antwort ist in den Grundlagen der organischen Chemie zu suchen. Essigsäure ist nämlich sehr resistent gegen eine chemische Oxidation ihres Methyl-Kohlenstoffs. Um Acetat direkt zu zwei Molekülen CO_2 zu oxidieren, wären extreme, mit dem Milieu in der Zelle unvereinbare Bedingungen erforderlich. Die Zellen haben während der Evolution „gelernt", einen leichteren Weg zu wählen, der zwar einen Umweg darstellt, aber eine niedrigere Aktivierungsenergie benötigt; sie haben gelernt, die Essigsäure mit einem anderen Molekül (Oxalacetat) zu verbinden, wodurch ein Produkt entsteht (Citrat), das der Dehydrierung und Decarboxylierung leichter zugänglich ist als das Acetat. Obwohl einige Stoffwechselreaktionen komplexer als notwendig erscheinen mögen, zeigt in solchen Fällen eine nähere Untersuchung unter Berücksichtigung der Grundprinzipien organischer Reaktionsmechanismen, daß sie die chemisch leichteren Wege für die Bewerkstelligung bestimmter Umsetzungen darstellen.

Markierungsversuche zur Untersuchung des Citratcyclus

Der Citratcyclus wurde ursprünglich aufgrund von Experimenten an Suspensionen mit gemahlenem Muskelgewebe postuliert. Seine Details wurden dann mit den hochgereinigten Enzymen des Cyclus ausgearbeitet. Man kann nun fragen, ob diese Enzyme in der lebenden Zelle tatsächlich in einem Cyclus reagieren und ob die Reaktionsgeschwindigkeit des Cyclus für die gesamte Glucoseoxidation im tierischen Gewebe ausreicht. Diese Fragen sind mit Hilfe von isotopenmarkierten Metaboliten untersucht worden, z. B. mit Pyruvat oder Acetat, bei denen bestimmte C-Atome mit ^{13}C oder ^{14}C markiert waren. Daß der Citratcyclus in lebenden Zellen tatsächlich und mit hoher Geschwindigkeit abläuft, konnte mit Hilfe vieler Isotopentests zwingend nachgewiesen werden.

Einer der ersten Isotopenversuche brachte jedoch ein unerwartetes Ergebnis, das beträchtliche Kontroversen über Verlauf und Mechanismus der Citratcyclus nach sich zog. Dieses Experiment schien nämlich zu zeigen, daß die als erste gebildete Tricarbonsäure nicht Citrat war. Aus diesem Grunde wurde der Name Citratcyclus durch die Bezeichnung Tricarbonsäurecyclus verdrängt. Schließlich stellte sich aber heraus, daß Citrat tatsächlich die erste gebildete Tricarbonsäure ist. Im Kasten 16-1 sind einige Einzelheiten dieser Episode der Wissenschaftsgeschichte dargestellt.

Die Umsetzung von Pyruvat zu Acetyl-CoA ist ein regulierter Vorgang

In Kapitel 15 haben wir gesehen, daß die Reaktionsgeschwindigkeit der Glycolyse auf zwei Ebenen kontrolliert wird. Zunächst wird die Menge an Brennmaterial reguliert, die in den Glycolyseweg einfließt. In diesem Sinne sind die Hexokinase, die die Phosphorylierung von D-Glucose zu Glucose-6-phosphat bewirkt, und die Glycogen-Phosphorylase, die den ersten Schritt der Glucose-6-phosphat-Bildung aus Glycogen katalysiert, die regulierenden Enzyme, die den Eintritt von Glucose in die Glycolyse kontrollieren. In ähnlicher Weise wird die Geschwindigkeit des Citratcyclus in erster Instanz durch die Geschwindigkeit reguliert, mit der sein Brennstoff Acetyl-CoA durch die Oxidation von Pyruvat und Fettsäuren entsteht (Kapitel 18). Abb. 16-14 zeigt, wie die Bildung von Acetyl-CoA durch die kovalente Modifizierung der Pyruvat-Dehydrogenase (S. 264) reguliert wird. Ist die ATP-Konzentration in den Mitochondrien relativ hoch und sind Acetyl-CoA sowie Zwischenprodukte des Krebs-Cyclus in einer Menge vorhanden, die ausreicht, um die Energieversorgung der Zelle zu decken, so stellt diese Situation ein Signal für eine Verlangsamung der weiteren Acetyl-CoA-Bildung dar. Unter solchen Bedingungen dient ATP als stimulierender Modulator, der ein Hilfsenzym, die *Pyruvat-Dehydrogenase-Kinase*, aktiviert. Dieses Enzym phosphoryliert mit Hilfe von ATP einen spezifischen Serinrest im Pyruvat-Dehydrogenase-Molekül, wodurch dessen inaktive Form entsteht, das *Pyruvat-Dehydrogenase-phosphat* (Abb. 16-14). Steigt aber der ATP-Verbrauch, so daß der ATP-Spiegel sinkt, so kann die inaktive, phosphorylierte Form der Pyruvat-Dehydrogenase wieder reaktiviert werden. Das geschieht durch die hydrophile Entfernung der hemmenden Phosphatgruppe durch ein anderes Enzym, die *Pyruvat-Dehydrogenase-phosphat-Phosphatase*. Es wird durch den Anstieg der Konzentration des freien Ca^{2+} stimuliert, einem wichtigen Stoffwechselmessenger, dessen Konzentration bei ATP-Bedarf steigt. Pyruvat-Dehydrogenase-Kinase und Pyruvat-Dehydrogenase-phosphat-Phosphatase sind Bestandteile des Pyruvast-Dehydrogenase-Komplexes, der demnach ein sehr komplexes selbstregulierendes Enzymsystem darstellt.

Der Pyruvat-Dehydrogenase-Komplex wird außerdem durch allosterische Modulatoren reguliert. Er wird stark gehemmt durch ATP und die Produkte der Pyruvat-Dehydrogenase-Reaktion Acetyl-CoA und NADH, die als allosterische Inhibitoren des Systems fungieren. Die allosterische Hemmung der Pyruvat-Oxidation ist in Gegenwart langkettiger Fettsäuren stark erhöht; in Kapitel 18 werden wir sehen, daß die Fettsäuren auch eine Quelle für Acetyl-CoA

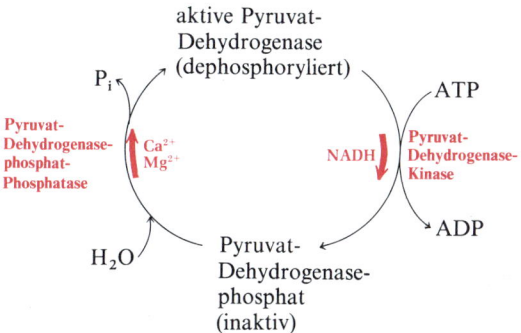

Abbildung 16-14
Regulation der Pyruvat-Dehydrogenase-Reaktion durch Wechselwirkung zwischen der aktiven und der inaktiven Form. Ca^{2+} bewirkt die Bildung der aktiven Enzymform durch Stimulierung der Pyruvat-Dehydrogenase-phosphat-Phosphatase.

Kasten 16-1 Ist Citrat die erste im Cyclus gebildete Tricarbonsäure?

Als das schwere Kohlenstoffisotop ^{13}C und die radioaktiven Isotope ^{11}C und ^{14}C erhältlich wurden, setzte man sie sehr bald ein, um den Weg der Kohlenstoffatome durch den Citratcyclus zu verfolgen. In einem dieser Experimente, das die Kontroverse über die Rolle des Citrats auslöste, wurde Carboxyl-markiertes Acetat ($CH_3\overset{*}{C}OO^-$) aerob mit einer Gewebepräparation inkubiert. Da Acetat in tierischem Gewebe enzymatisch in Acetyl-CoA umgewandelt wird (S. 565), konnte der Weg des Carboxyl-Kohlenstoffs der Acetylgruppe durch die Reaktionen des Cyclus verfolgt werden. Nach der Inkubation wurde das 2-Oxoglutarat aus dem Gewebe isoliert und mit Hilfe bekannter chemischer Reaktionen abgebaut, um die Stellung des aus der Acetyl-Carboxylgruppe stammenden Kohlenstoffisotops feststellen zu können. Man sollte erwarten, daß nach Kondensation von unmarkiertem Oxalacetat mit Carboxyl-markiertem Acetat ein Citrat entsteht, das in einem der primären C-Atome markiert ist (Abb. 1). Da Citrat ein symmetrisches Atom ist, das keinen asymmetrischen Kohlenstoff enthält, sind die beiden endständigen Carboxylgruppen chemisch nicht zu unterscheiden. Daher erwartete man, daß aus der Hälfte der markierten Citratmoleküle 2-Oxoglutarat mit dem Isotop in 1-Stellung entstehen würde und aus der anderen Hälfte 2-Oxoglutarat mit dem Isotop in 5-Stellung, d.h. das isolierte 2-Oxoglutarat sollte

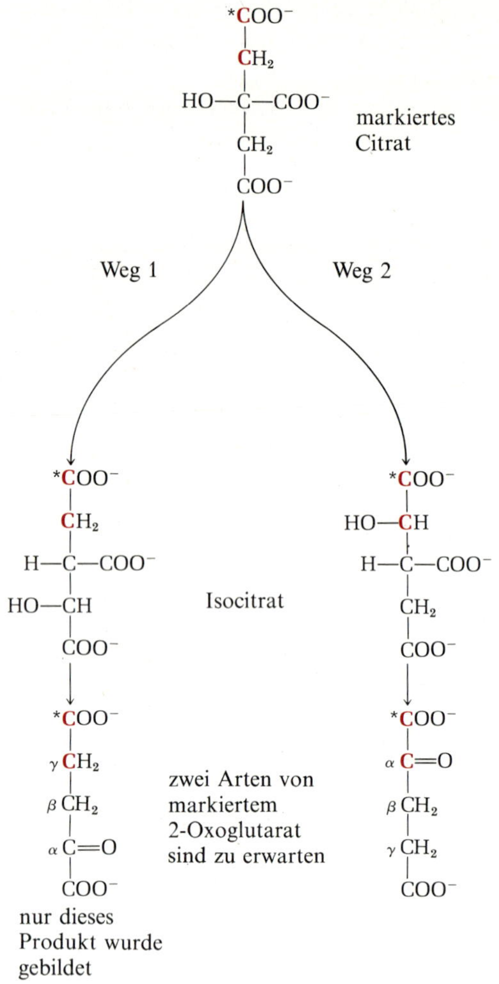

Abbildung 1
Der Einbau des Kohlenstoffisotops aus der markierten Acetylgruppe über den Citratcyclus in das 2-Oxoglutarat. Das in der Citrat-Synthase-Reaktion gebildete Citrat ist ein symmetrisches Molekül ohne chirales Zentrum. Man erwartete daher, daß beide der in der Abbildung dargestellten Arten von markiertem 2-Oxoglutarat entstehen würden. Erhalten wurde aber nur die in 5-Stellung markierte Form, die über den Weg 1 entstanden war. Die aus der Acetylgruppe des Acetyl-CoA stammenden Kohlenstoffatome sind farbig dargestellt.

darstellen. Die Aktivität des Pyruvat-Dehydrogenase-Komplexes wird also abgeschaltet, wenn reichlich Brennstoffe in Form von Fettsäuren und Acetyl-CoA zur Verfügung stehen und wenn der ATP-Gehalt der Zelle und das $NADH/NAD^+$-Verhältnis hoch sind.

Der Citratcyclus wird reguliert

Nun wollen wir uns die Regulation des Citratcyclus ansehen (Abb. 16-15). Man nimmt an, daß beim Citratcyclus, wie bei den meisten Stoffwechselcyclen, der erste Schritt für den ganzen Cyclus geschwindigkeitsbestimmend ist. In vielen Geweben ist die erste Reaktion

$$\text{Acetyl-CoA} + \text{Oxalacetat} \rightarrow \text{Citrat} + \text{CoA}$$

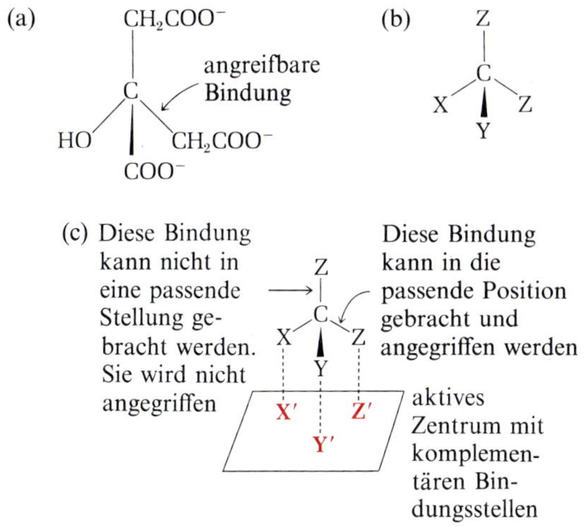

Abbildung 2
Die prochirale Eigenschaft des Citrats. Eine einfache Erklärung für diese Eigenschaft des Citrats bietet die Annahme, daß es über drei Punkte an das aktive Zentrum eines Enzyms (z. B. Aconitat-Hydratase) gebunden wird. Obwohl Citrat kein asymmetrisches Kohlenstoffatom besitzt, kann es für die drei verschiedenen Substituenten um den zentralen Kohlenstoff herum komplementäre Bindungsstellen geben, zu denen diese nur in einer Stellung passen. (a) Strukturformel des Citrats. (b) Schematische Darstellung des Citrats: X = −OH, Y = COO$^-$, Z = −CH$_2$COO$^-$. (c) Passgerechte Bindung des Citrats an die komplementären Bindungsstellen von Aconitat-Hydratase. Für die drei Endgruppen des Citrats gibt es nur eine mögliche Stellung, die zu den Bindungsstellen paßt. Auf diese Weise kann nur eine der zwei −CH$_2$COO$^-$-Gruppen durch die Aconitat-Hydratase angegriffen werden.

das Isotop in beiden Carboxylgruppen enthalten. Im Gegensatz zu dieser Erwartung wurde das Isotop aber ausschließlich in der 5-ständigen Carboxylgruppe des Oxoglutarats gefunden (Abb. 1). Daraus schloß man, daß weder Citrat noch ein anderes symmetrisches Molekül als Zwischenprodukt der Umwandlung von Acetat in 2-Oxoglutarat in Frage kam. Es wurde postuliert, daß eine asymmetrische Tricarbonsäure, cis-Aconitat oder Isocitrat, das erste Kondensationsprodukt sein müsse. Daraufhin wurde die Bezeichnung Tricarbonsäurecyclus eingeführt.

Im Jahre 1948 wies jedoch Alexander Ogston, ein Biochemiker an der Oxford University, darauf hin, daß, obwohl Citrat kein asymmetrisches Kohlenstoffatom besitzt, es doch die Fähigkeit zu asymmetrischen Reaktionen besitzen könnte, wenn das Enzym, mit dem es reagiert, ein asymmetrisches aktives Zentrum hat. Er vermutete, daß das aktive Zentrum der Aconitat-Hydratase, also des Enzyms, das mit dem frisch gebildeten Citrat reagiert, drei Bindungsstellen für das Citrat haben müsse, so daß dieses eine dreifache Bindung mit dem Enzym eingeht. Wie Abb. 2 zeigt, gibt es nur eine Möglichkeit, wie eine Drei-Punkt-Bindung des Citrats erfolgen kann, wenn sie für die Tatsache verantwortlich gemacht werden soll, daß nur eine Art von markiertem 2-Oxoglutarat entsteht.

Organische Moleküle, die kein chirales Zentrum besitzen, aber doch *potentiell* in der Lage sind, mit einem asymmetrischen aktiven Zentrum asymmetrisch zu reagieren, werden *prochirale Moleküle* genannt.

der Schrittmacher für die Gesamtreaktion des Cyclus. Die Geschwindigkeit der Citrat-Synthase-Reaktion hängt natürlich von der Acetyl-CoA-Konzentration ab, die wiederum durch die Aktivität der Pyruvat-Dehydrogenase kontrolliert wird. Sie wird außerdem durch die Konzentration des Oxalacetats kontrolliert, das möglicherweise der wichtigste Faktor ist, da seine Konzentration in den Mitochondrien sehr niedrig und je nach den Stoffwechselbedingungen verschieden ist. Die Aktivität der Citrat-Synthase wird auch durch Änderungen der Succinyl-CoA-Konzentration reguliert, einem späteren Zwischenprodukt des Cyclus. Steigt die Succinyl-CoA-Konzentration über ihren normalen Wert, so wird die Citrat-Synthase durch eine Verringerung ihrer Affinität für Acetyl-CoA gehemmt. Fettsäure-Vorstufen von Acetyl-CoA hemmen die Citrat-Synthase ebenfalls über einen allosterischen Effekt. In einigen Zellen sind Citrat und NADH Inhibitoren der Citrat-Synthase.

Der Pentosephosphat-Weg ist ein Nebenweg des Glucoseabbaus

Der Hauptteil der im tierischen Gewebe umgesetzten Glucose wird über den Glycolyseweg in Pyruvat umgewandelt, dessen Hauptteil wiederum über den Citratcyclus oxidativ abgebaut wird. Die Hauptfunktion des Glucose-Katabolismus über diesen Weg ist die Erzeugung von ATP-Energie. Es gibt aber noch zwei weitere, weniger bedeutende Abbauwege der Glucose, die für andere Zwecke spezialisiert sind. Diese Wege bilden einen Teil des *Sekundärstoffwechsels* der Glucose. Es sind Nebenwege, die zu speziellen von der Zelle benötigten Produkten führen. Zwei dieser sekundären Wege sollen aufgezeigt werden.

Der *Pentosephosphat-Weg*, auch *Phosphogluconat-Weg* genannt (Abb. 16-20), führt zu zwei besonderen Produkten des tierischen Gewebes: zu NADPH und Ribose-5-phosphat. Erinnern Sie sich, daß NADPH ein Träger für chemische Energie in Form von *Reduktionsäquivalenten* ist (S. 380). Diese Funktion spielt eine herausragende Rolle in solchen Geweben, in denen Fettsäuren und Steroide aus kleinen Vorstufen synthetisiert werden; das sind besonders die Milchdrüse, das Fettgewebe, die Nebennierenrinde und die Leber. Bei der Biosynthese der Fettsäuren werden die Reduktionsäquivalente in Form von NADPH für die Reduktion der Doppelbindungen von Zwischenprodukten dieses Prozesses gebraucht. In anderen Geweben dagegen, wie Skelettmuskel, in denen die Fettsäuresynthese weniger aktiv ist, fehlt der Pentosephosphat-Weg fast völlig. Eine Nebenfunktion des Pentosephosphat-Weges ist die Herstellung von Pentosen, besonders von D-Ribose, für die Biosynthese von Nucleinsäuren.

Die erste Reaktion des Pentosephosphat-Weges ist die Dehydrierung von Glucose-6-phosphat mit Hilfe von *Glucose-6-phosphat-Dehydrogenase* zu *6-Phosphogluconat* (Abb. 16-20). Elektronenakzeptor ist $NADP^+$. Das erste Produkt ist *6-Phosphoglucono-1,5-lacton*, das durch eine spezifische *Gluconolactonase* (Abb. 16-20) zur freien Säure hydrolysiert wird. Das Gleichgewicht liegt weit in Richtung der NADPH-Bildung. Im nächsten Schritt wird 6-Phosphogluconat durch die *6-Phosphogluconat-Dehydrogenase* zur Ketopentose D-*Ribulose-5-phosphat* (Abb. 16-20) dehydriert und decarboxyliert. Bei dieser Reaktion entsteht ein zweites Molekül NADPH. Die *Phosphopentose-Isomerase* verwandelt dann D-Ribulose-5-phosphat in das entsprechende Aldose-Isomere D-*Ribose-5-phosphat* (Abb. 16-20), das für die Biosynthese von Ribo- und Desoxyribonucleotiden verwendet werden kann. In einigen Zellen endet der Pentosephosphat-Weg an dieser Stelle und die Summengleichung lautet dann:

Glucose-6-phosphat + $2\,NADP^+$ + H_2O →

D-Ribose-5-phosphat + CO_2 + $2\,NADPH$ + $2\,H^+$

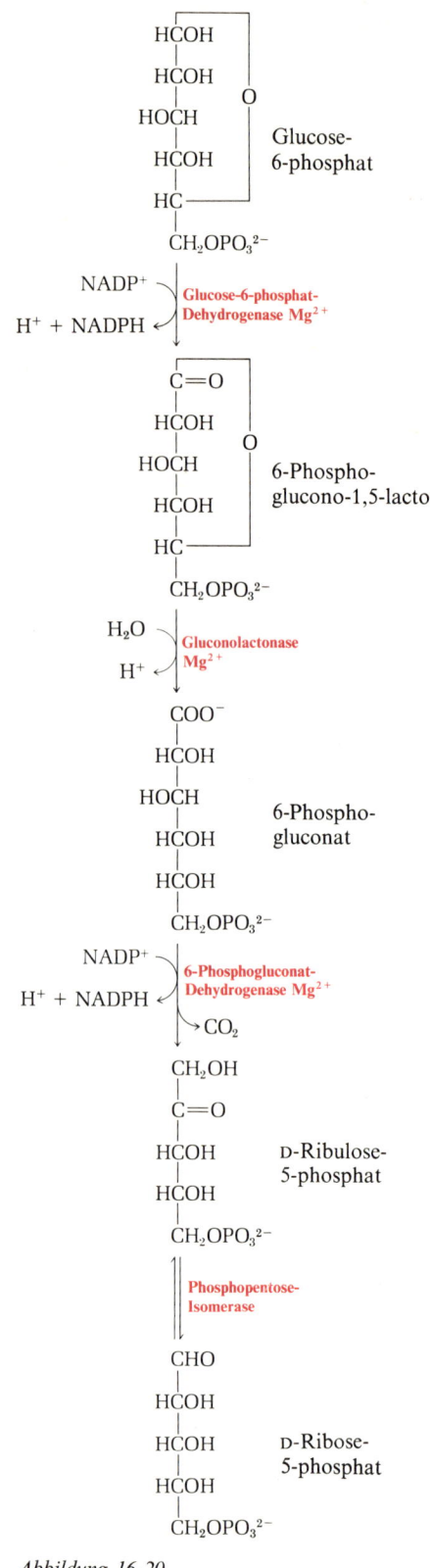

Abbildung 16-20
Der Pentosephosphat-Weg.

Das Netto-Ergebnis ist, daß NADPH für die reduktiven Biosynthese-Reaktionen im extramitochondrialen Cytoplasma und D-Ribose-5-phosphat als Vorstufe für die Nucleotidsynthese gebildet werden.

Der Pentosephosphat-Weg ist auch in menschlichen roten Blutkörperchen aktiv. Das gebildete NADPH wird gebraucht, um zu verhindern, daß die ungesättigten Fettsäuren in der Zellmembran unerwünschte Reaktionen mit Sauerstoff eingehen, und um die Eisenatome des Hämoglobins im zweiwertigen Zustand (Fe^{2+}) zu halten. Es gibt eine Reihe menschlicher Erbkrankheiten, bei denen entweder die Glucose-6-phosphat-Dehydrogenase oder ein anderes Enzym des Pentosephosphat-Weges defekt oder inaktiv ist. Die roten Blutkörperchen dieser Menschen neigen zur *Hämolyse*. Der durch die Membranzerstörung bedingte Verlust an Hämoglobin verursacht Anämie. Dieser Zustand verschlechtert sich hochgradig durch die Einahme bestimmter Medikamente, besonders durch *Primaquin*, ein Mittel gegen Malaria. An diesem erblichen Defekt leiden Millionen von Menschen in Afrika und Asien.

Wir werden später noch andere Aspekte des Pentosephosphat-Weges erörtern (Kapitel 23).

Der sekundäre Stoffwechselweg von Glucose zu Glucuronsäure und Ascorbinsäure

Ein zweiter Nebenweg der Glucose in tierischem Gewebe führt zu zwei speziellen Produkten, zum D-*Glucuronat*, das für die Entgiftung und Ausscheidung von organischen Fremdstoffen wichtig ist, und zu L-*Ascorbinsäure* oder *Vitamin C*. Auf diesem Nebenweg (Abb. 16-21) wird D-Glucose-1-phosphat zuerst mit UTP zu *UDP-Glucose* umgesetzt. Der Glucose-Anteil der UDP-Glucose wird dann enzymatisch zu *UDP-D-Glucuronat* dehydriert. Diese Reaktion stellt ein weiteres Beispiel für die Verwendung von UDP-Derivaten als Zwischenprodukte bei der enzymatischen Umsetzung von Zuckern dar (S. 462). UDP-D-Glucuronat kann für die Entgiftung von Fremdstoffen, wie z. B. Phenol, verwendet werden und damit deren Ausscheidung durch die Niere beschleunigen (Abb. 16-21). UDP-Glucuronat ist auch die Vorstufe der D-Glucuronatreste bestimmter Polysaccharide, wie Hyaluronsäure und Heparin (S. 329).

D-Glucuronat ist außerdem ein Zwischenprodukt bei der Umwandlung von D-Glucose in L-Ascorbinsäure. Es wird durch NADPH zum C_6-Zucker L-*Gulonat* umgesetzt, der in sein Lacton überführt wird. L-*Gulonolacton* wird dann durch das Flavoprotein *Gulonolacton-Oxidase* zu L-Ascorbat oder Vitamin C dehydriert. Auf diesem Wege wird Ascorbat von allen Pflanzen und denjenigen Tieren, die ihr Vitamin C selbst produzieren können, hergestellt. Einige Arten, darunter der Mensch, das Meerschweinchen, Affen, einige Vögel, eine Fledermaus und einige Fische, sind nicht in der Lage, Ascorbat zu synthetisieren und müssen es mit der Nahrung

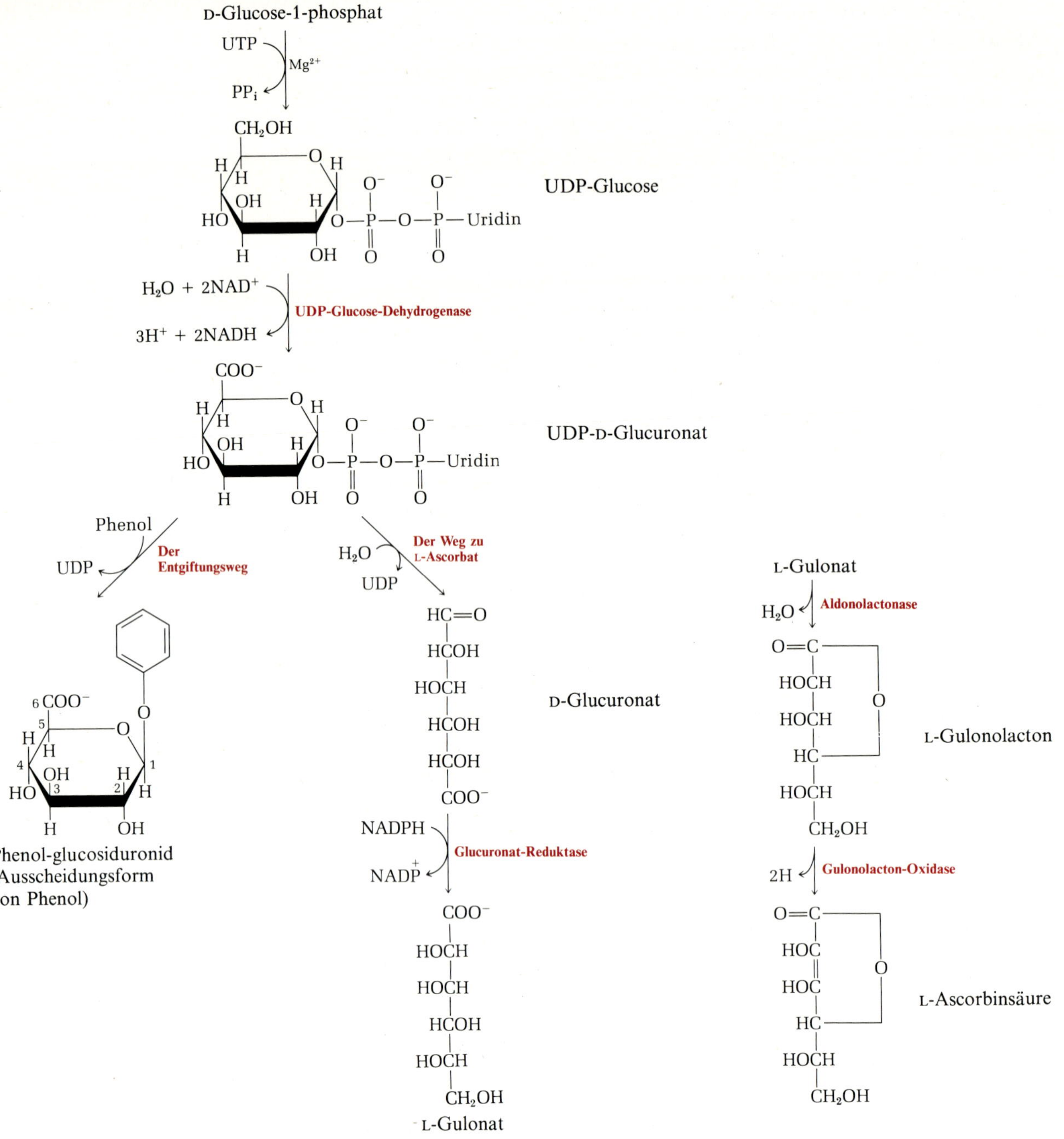

Abbildung 16-21
Sekundäre Stoffwechselwege der Glucose über die UDP-Glucuronsäure.

aufnehmen. Beim Menschen, beim Meerschweinchen und bei verschiedenen Affen-Arten beruht diese Unfähigkeit auf einem genetisch bedingten Ausfall des Enzyms Gulonolacton-Oxidase. Möglicherweise konnten ursprünglich alle Tiere Ascorbinsäure herstellen, aber einige Arten haben diese Fähigkeit durch eine Mutation verloren, die nicht letal war, wenn sie von Vitamin-C-reichen Pflanzen lebten.

Obwohl die Glucosemenge, die in diese Sekundärwege einmündet, sehr klein ist im Vergleich zu den Mengen, die über die Glycolyse und den Citratcyclus verarbeitet werden, sind sie doch lebensnotwendig für den Organismus.

Zusammenfassung

Die Zellatmung erfolgt in drei Stufen: (1) oxidative Bildung von Acetyl-CoA aus Pyruvat, Fettsäuren und Aminosäuren, (2) Abbau der Acetylreste über den Citratcyclus zu CO_2 und H-Atomen und (3) Übertragung der Elektronen auf molekularen Sauerstoff mit gekoppelter oxidativer Phosphorylierung des ADP zu ATP. Beim oxidativen Abbau von Glucose wird viel mehr Energie frei als bei der anaeroben Glycolyse. Pyruvat, unter aeroben Bedingungen das Endprodukt der Glycolyse, wird zunächst durch den Pyruvat-Dehydrogenase-Komplex zu Acetyl-CoA und CO_2 dehydriert und decarboxyliert. Der Pyruvat-Dehydrogenase-Komplex enthält drei Enzyme, die nacheinander reagieren. Die Reaktionen des Citratcyclus laufen in den Mitochondrien ab. Jede Runde beginnt mit der von der Citrat-Synthase katalysierten Kondensation von Acetyl-CoA und Oxalacetat zu Citrat. Danach katalysiert die Aconitat-Hydratase die reversible Bildung von Isocitrat aus Citrat. Isocitrat wird dann durch NAD- und NADP-gebundene Isocitrat-Dehydrogenasen zu 2-Oxoglutarat und CO_2 dehydriert. Das 2-Oxoglutarat wird zu Succinyl-CoA und CO_2 dehydriert und decarboxyliert. Succinyl-CoA reagiert in einer von der Succinyl-CoA-Synthetase katalysierten Reaktion mit GDP und Phosphat zu freiem Succinat und GTP, das seine terminale Phosphatgruppe auf ADP überträgt. Das Succinat wird dann durch das Flavin-gebundene Enzym Succinat-Dehydrogenase zu Fumarat oxidiert. Fumarat wird durch die Fuamrat-Hydratase reversibel zu L-Malat hydratisiert und dieses durch die NAD-gebundene L-Malat-Dehydrogenase oxidiert, wodurch ein Molekül Oxalacetat zurückgebildet wird. Dieses neue Oxalacetat kann dann mit einem weiteren Molekül Acetyl-CoA reagieren und damit einen weiteren Durchlauf durch den Cyclus einleiten. Durch Isotopen-Markierungsversuche mit kohlenstoffmarkierten Brennstoffmolekülen oder Zwischenprodukten wurde nachgewiesen, daß der Citratcyclus in tierischen Zellen der Hauptweg der Kohlenhydrat-Oxidation ist. Die Gesamtgeschwindigkeit des Cyclus wird in der Leber durch die Geschwindigkeit der Umwandlung von Pyruvat zu Acetyl-CoA bestimmt sowie durch die Geschwindigkeit, mit der aus Acetyl-CoA Citrat gebildet wird. Das Enzym für diese Reaktion, die Citrat-Synthase, ist ein allosterisches Enzym, das durch Succinyl-CoA und andere negative Modulatoren gehemmt wird.

Die Zwischenprodukte des Citratcyclus finden auch als Vorstufen für die Synthese von Aminosäuren und anderen Biomolekülen Verwendung. Sie können wieder aufgefüllt werden durch anaplerotische

Reaktionen, von denen die wichtigste die ATP-verbrauchende Carboxylierung von Pyruvat zu Oxalacetat ist. Bei Pflanzen und einigen Mikroorganismen, die von Acetat als einziger Kohlenstoffquelle leben, gibt es eine Variante des Citratcyclus, den Glyoxylatcyclus. Er ermöglicht die Bildung von Succinat und anderen Zwischenprodukten des Cyclus aus Acetyl-CoA.

Für die Glucose existieren sekundäre Abbauwege, die zu spezialisierten Produkten führen. Durch den Pentosephosphat-Weg wird Glucose-6-phosphat zu Ribose-5-phosphat und NADPH dehydriert. Die Reaktionsfolge findet im löslichem Cytosol statt. Ribosephosphate sind Vorstufen für die Synthese von Nucleotiden und Nucleinsäuren. NADPH ist das Hauptreduktionsmittel bei der Biosynthese von wasserstoffreichen Biomolekülen, wie Fettsäuren und Cholesterin. Von der Glucose führt auch ein Weg zum UDP-D-Glucuronat, das als Entgifter für einige Fremdstoffe und als Vorstufe der L-Ascorbinsäure (Vitamin C) dient.

Aufgaben

1. *Bilanz des Citratcyclus.* Im Citratcyclus verläuft der Abbau von Acetyl-CoA über acht Enzyme: Citrat-Synthase, Aconitat-Hydratase, Isocitrat-Dehydrogenase, 2-Oxoglutarat-Dehydrogenase, Succinyl-CoA-Synthetase, Succinat-Dehydrogenase, Fumarat-Hydratase und Malat-Dehydrogenase.
   (a) Schreiben Sie die Bilanzgleichungen für jede der durch diese Enzyme katalysierten Reaktionen auf.
   (b) Welche(n) Cofaktor(en) benötigen die einzelnen enzymatischen Reaktionen?
   (c) Entscheiden Sie für jedes der Enzyme, welchen der im folgenden aufgeführten Reaktionstypen es katalysiert: Kondensation (Bildung einer Kohlenstoff-Kohlenstoff-Bindung); Dehydratisierung (Verlust von Wasser); Hydratisierung (Anlagerung von Wasser); Decarboxylierung (Verlust von CO_2); Oxidation/Reduktion; Substratketten-Phosphorylierung; Isomerisierung.
   (d) Formulieren Sie die Summengleichung für den Abbau von Acetyl-CoA zu Kohlenstoffdioxid.

2. *Erkennung von Oxidations- und Reduktionsvorgängen im Stoffwechsel.* Der lebende Organismus folgt einer biochemischen Strategie, die darauf beruht, daß die Oxidation organischer Verbindungen zu Kohlenstoffdioxid und Wasser stufenweise erfolgt. Durch geeignete Kopplungen dieser Reaktionen kann der Hauptteil der bei der Oxidation frei werdenden Energie in Form von ATP konserviert werden. Es ist wichtig, erkennen zu können, ob bei einer biochemischen Umwandlung eine Oxidation oder eine Reduktion vorliegt. Die Reduktion eines organischen Moleküls

erfolgt durch Hydrierung (Anlagerung von Wasserstoff H-H) einer Doppelbindung (1) oder einer Einfachbindung bei gleichzeitiger Spaltung (2). Umgekehrt erfolgt die Oxidation eines organischen Moleküls durch Dehydrierung (Entfernung von Wasserstoff H-H). Bei biochemischen Redoxreaktionen (siehe Übungsaufgabe 3) haben die Coenzym-Paare $NAD^+/NADH$ und $FAD/FADH_2$ die Funktion, die organischen Moleküle in Gegenwart geeigneter Enzyme zu dehydrieren/oxidieren.

$$CH_3-\underset{Acetaldehyd}{\overset{O}{\overset{\|}{C}}-H} + H-H \underset{Oxidation}{\overset{Reduktion}{\rightleftharpoons}} \left[CH_3-\overset{O\leftarrow H}{\underset{H}{\overset{|}{C}}-H}\right] \underset{Oxidation}{\overset{Reduktion}{\rightleftharpoons}} CH_3-\underset{H}{\overset{O-H}{\overset{|}{C}}-H} \underset{Ethanol}{} \quad (1)$$

$$CH_3-\underset{Essigsäure}{\overset{O}{\overset{\|}{C}}}_{O-H} + H-H \underset{Oxidation}{\overset{Reduktion}{\rightleftharpoons}} \left[CH_3-\overset{O}{\overset{\|}{C}}\underset{H\ H}{\times}_{O\ H}\right] \underset{Oxidation}{\overset{Reduktion}{\rightleftharpoons}} CH_3-\overset{O}{\overset{\|}{C}}-H + O\overset{H}{\underset{H}{}} \underset{Acetaldehyd}{} \quad (2)$$

Entscheiden Sie bei den folgenden Stoffwechselumwandlungen, ob eine Oxidation oder eine Reduktion vorliegt.
Balancieren Sie jede Reaktionsgleichung durch Hinzufügen von H-H aus.

(a) $CH_3-OH \longrightarrow H-\overset{O}{\overset{\|}{C}}-H$
    Methanol   Formaldehyd

(b) $H-\overset{O}{\overset{\|}{C}}-H \longrightarrow H-\overset{O}{\overset{\|}{C}}_{OH}$
    Formaldehyd   Ameisensäure

(c) $O=C=O \longrightarrow H-\overset{O}{\overset{\|}{C}}\underset{O}{\overset{}{}}^H$
    Kohlenstoffdioxid   Ameisensäure

(d) $\underset{Glycerinsäure}{\overset{OH}{\underset{}{\overset{|}{CH_2}}}-\overset{OH}{\underset{H}{\overset{|}{C}}}-\overset{O}{\overset{\|}{C}}_{O-H}} \longrightarrow \underset{Glycerinaldehyd}{\overset{OH}{\underset{}{\overset{|}{CH_2}}}-\overset{OH}{\underset{H}{\overset{|}{C}}}-\overset{O}{\overset{\|}{C}}_{H}}$

(e) $\underset{Glycerin}{\overset{OH}{\underset{}{\overset{|}{CH_2}}}-\overset{OH}{\underset{H}{\overset{|}{C}}}-\overset{OH}{\underset{}{\overset{|}{CH_2}}}} \longrightarrow \underset{Dihydroxyaceton}{\overset{OH}{\underset{}{\overset{|}{CH_2}}}-\overset{O}{\overset{\|}{C}}-\overset{OH}{\underset{}{\overset{|}{CH_2}}}}$

(f) Toluol → Benzoesäure

(g) Succinat → Fumarat

(h) Brenztraubensäure → Essigsäure + CO_2

3. *Nicotinamid-Coenzyme als reversible Redox-Carrier.* Die Nicotinamid-Coenzyme (Kapitel 10) können mit spezifischen Substraten in Gegenwart der passenden Dehydrogenasen Oxidoreduktionsreaktionen eingehen. Der an der Redoxreaktion beteiligte Anteil des Coenzyms ist der Nicotinamid-Ring; der übrige Bereich des Coenzyms dient als Bindungsstelle, die von Dehydrogenasen erkannt werden muß. Formal dient, wie in Übungsaufgabe 2 beschrieben, $NADH + H^+$ als Wasserstoffquelle (H-H). Wann immer ein Coenzym oxidiert wird, muß gleichzeitig ein Substrat reduziert werden:

$$\text{Oxidiertes Substrat} + NADH + H^+ \rightarrow \text{reduziertes Substrat} + \text{oxidiertes } NAD^+$$

Entscheiden Sie für jede der folgenden Reaktionen, ob das Substrat oxidiert wird, reduziert wird oder ob sein Oxidationszustand erhalten bleibt (s. Übungsaufgabe 2). Schreiben Sie für die Reaktionen, bei denen das Substrat seinen Oxidationszustand ändert, die Gleichungen mit den stöchiometrischen Mengen an NAD^+, $NADH$, H^+ und H_2O auf. Das Ziel der Übung ist, zu erkennen, wann für eine Stoffwechselreaktion ein Coenzym benötigt wird.

(a) $CH_3CH_2OH \longrightarrow CH_3-CHO$
    Ethanol   Acetaldehyd

(b) 3-Phosphoglyceroylphosphat → Glycerinaldehyd-3-phosphat + HPO_4^{2-}

(c) $CH_3-\underset{\underset{O}{\|}}{C}-C\underset{O}{\overset{O^-}{\diagup}} \longrightarrow CH_3-C\underset{H}{\overset{O}{\diagup}} + CO_2$

Pyruvat Acetaldehyd

(d) $CH_3-\underset{\underset{O}{\|}}{C}-C\underset{O^-}{\overset{O^-}{\diagup}} \longrightarrow CH_3-C\underset{O^-}{\overset{O}{\diagup}} + CO_2$

Pyruvat Acetat

(e) $^-OOC-CH_2-\underset{\underset{O}{\|}}{C}-COO^- \longrightarrow{} ^-OOC-CH_2-\underset{\underset{H}{|}}{\overset{\overset{OH}{|}}{C}}-COO^-$

Oxalacetat Malat

(f) $CH_3-\underset{\underset{O}{\|}}{C}-CH_2-C\underset{O^-}{\overset{O}{\diagup}} + H^+ \longrightarrow CH_3-\underset{\underset{O}{\|}}{C}-CH_3 + CO_2$

Acetacetat Aceton

4. *Stimulierung des Sauerstoffverbrauchs durch Oxalacetat und Malat.* In den frühen 30er Jahren berichtete Albert Szent-Györgyi über eine interessante Beobachtung: die Zugabe kleiner Mengen von Oxalacetat oder Malat zu einer Suspension aus gemahlenem Taubenbrustmuskel stimulierte den Sauerstoffverbrauch. Überraschenderweise fand er, daß die gemessene Menge verbrauchten Sauerstoffs etwa 7mal so hoch war wie die Menge, die für die vollständige Oxidation des zugegebenen Oxalacetats zu Kohlenstoffdioxid und Wasser nötig gewesen wäre.

(a) Warum wird der Sauerstoffverbrauch durch die Zugabe von Oxalacetat oder Malat stimuliert?

(b) Warum ist die Menge des verbrauchten Sauerstoffs so viel größer als für die vollständige Oxidation des zugegebenen Oxalacetats oder Malats nötig wäre?

5. *Die Anzahl der Oxalacetatmoleküle in einem Mitochondrium.* In der letzten Reaktion des Citratcyclus wird Malat dehydriert, wodurch Oxalacetat zurückgebildet wird, das für den Eintritt von Acetyl-CoA in den Cyclus über die Citrat-Synthase gebraucht wird:

$$\text{L-Malat} + NAD^+ \rightarrow \text{Oxalacetat} + NADH + H^+$$
$$\Delta G^{\circ\prime} = +29.3 \text{ kJ/mol}$$

(a) Berechnen Sie die Gleichgewichtskonstante für die Reaktion bei 25 °C.

(b) Da $\Delta G^{\circ\prime}$ einen Standard-pH-Wert von 7 voraussetzt, entspricht die nach (a) erhaltene Gleichgewichtskonstante folgendem K'_{eq}-Wert:

$$K'_{eq} = \frac{[\text{Oxalacetat}][NADH]}{[\text{L-Malat}][NAD^+]}$$

Die in Rattenleber-Mitochondrien gemessene L-Malat-Konzentration beträgt etwa 0.20 mM bei einem NAD^+/NADH-Verhältnis von 10. Berechnen Sie die Oxalacetat-Konzentration in Rattenleber-Mitochondrien bei pH 7.

(c) Rattenleber-Mitochondrien sind kugelförmig und haben einenDurchmesser von etwa 2 μm. Berechnen Sie die Anzahl der Oxalacetatmoleküle in einem einzelnen Rattenleber-Mitochondrium, um damit eine anschauliche Vorstellung von der Oxalacetat-Konzentration in den Mitochondrien zu bekommen.

6. *Untersuchungen zur Atmung in isolierten Mitochondrien.* Die Zellatmung läßt sich mit Hilfe isolierter Mitochondrien-Präparationen untersuchen, wobei der Sauerstoffverbrauch unter verschiedenen Bedingungen gemessen werden kann. Gibt man zu aktiv atmenden Mitochondrien mit Pyruvat als einziger Kohlenstoffquelle 0.01 M Natriummalonat, so kommt es bald zum Stillstand der Atmung und zur Ansammlung eines Zwischenprodukts.
   (a) Welche Formel hat das angereicherte Produkt?
   (b) Erklären Sie, warum es sich anreichert.
   (c) Erklären Sie, warum der Sauerstoffverbrauch zum Stillstand kommt.
   (d) Wie kann die durch Malonat verursachte Atmungshemmung überwunden werden? (Außer durch Entfernung von Malonat). Erklären Sie den Sachverhalt.

7. *Markierungsversuche mit isolierten Mitochondrien.* Der Stoffwechselweg organischer Verbindungen ist oft durch die Verwendung radioaktiv markierter Substrate und anschließende Untersuchungen über den Verbleib der Markierung nachgezeichnet worden.
   (a) Wie können Sie bestimmen, ob die zu einer Suspension isolierter Mitochondrien hinzugefügte Glucose zu CO_2 und H_2O abgebaut wird?
   (b) Nehmen Sie an, Sie versetzen die Mitochondrien mit Pyruvat, das in der Methylgruppe mit ^{14}C markiert ist. In welcher Position des Oxalacetats befindet sich das ^{14}C nach einem Umlauf durch den Citratcyclus? Verfolgen Sie die ^{14}C-Markierung durch den ganzen Stoffwechselweg.
   (c) Wieviele Durchläufe durch den Citratcyclus sind nötig, bis die Gesamtmenge des Isotops als $^{14}CO_2$ freigesetzt ist?

8. *Der Abbau von [1-^{14}C]Glucose.* Eine aktiv atmende Bakterienkultur wird kurzzeitig mit [1-^{14}C]Glucose inkubiert. Anschließend werden die Zwischenprodukte des Citratcyclus isoliert. In welcher Position befindet sich das ^{14}C in jedem der unten aufgeführten Zwischenprodukte nach *einem* Durchlauf durch den Cyclus?
   (a) Fructose-1,6-bisphosphat
   (b) Glycerinaldehyd-3-phosphat

(c) Phospho*enol*pyruvat
(d) Acetyl-CoA
(e) Citrat
(f) 2-Oxoglutarat
(g) Oxalacetat

9. *Die Synthese von Oxalacetat im Citratcyclus.* Oxalacetat wird im letzten Schritt des Citratcyclus durch die NAD$^+$-abhängige Oxidation von L-Malat gebildet. Ist eine Netto-Synthese von Oxalacetat aus Acetyl-CoA möglich, wenn nur die Enzyme und Coenzyme des Citratcyclus verwendet werden und es nicht zu einer Verschwendung der Zwischenprodukte des Cyclus kommen soll? Begründen Sie Ihre Antwort! Wie wird das Oxalacetat wieder aufgefüllt?

10. *Die Wirkungsweise des Nagetiergiftes (Rodenticids) Fluoracetat.* Das als Mittel zur Bekämpfung von Nagetieren produzierte Fluoracetat wird auch in der Natur von einer südafrikanischen Pflanze hergestellt. Nach dem Eindringen in die Zelle wird Fluoracetat in einer durch das Enzym Acetyl-CoA-Synthase katalysierten Reaktion zu Fluoroacetyl-CoA umgesetzt.

$$\text{F—CH}_2\text{COO}^- + \text{CoA-SH} + \text{ATP} \rightarrow$$
$$\text{F—CH}_2\overset{\text{O}}{\underset{\|}{\text{C}}}\text{—S—CoA} + \text{AMP} + \text{PP}_i$$

Um die toxische Wirkung von Fluoracetat zu untersuchen, wurde ein Stoffwechsel-Experiment an einem intakten isolierten Rattenherzen durchgeführt. Nach Perfusion des Herzens mit 0.22 mM Fluoracetat sank die Geschwindigkeit der Glucoseaufnahme und der Glycolyse, Glucose-6-phosphat und Fructose-6-phosphat reicherten sich an. Eine Untersuchung der Zwischenprodukte des Citratcyclus ergab, daß ihre Konzentrationen niedriger waren als normal, mit Ausnahme von Citrat, dessen Konzentration auf das 10fache gestiegen war.

(a) An welcher Stelle wurde der Citratcyclus blockiert? Wodurch wird die Anreicherung mit Citrat und die Verarmung an den anderen Zwischenprodukten verursacht?
(b) Fluoracetat wird im Citratcyclus enzymatisch umgesetzt. Welche Struktur besitzt das Stoffwechselendprodukt von Fluoracetat? Warum blockiert es den Citratcyclus? Wie kann diese Hemmung überbrückt werden?
(c) Warum nehmen Glucoseaufnahme und Glycolyse nach der Perfusion mit Fluoracetat ab? Warum akkumulieren Hexosemonophosphate?
(d) Warum wirkt sich die Fluoracetat-Vergiftung so gravierend aus?

11. *Die Netto-Synthese von 2-Oxoglutarat.* 2-Oxoglutarat spielt bei

der Biosynthese mehrerer Aminosäuren eine zentrale Rolle. Schreiben Sie eine Folge bekannter enzymatischer Reaktionen nieder, durch die es zu einer Netto-Synthese von 2-Oxoglutarat auf Pyruvat kommt. Die von Ihnen vorgeschlagene Folge darf nicht zum Netto-Verbrauch anderer Zwischenprodukte des Citratcyclus führen. Formulieren Sie die Summengleichung der von Ihnen vorgeschlagenen Reaktionsfolge und identifizieren Sie die Herkunft jedes Reaktionsteilnehmers.

12. *Der Glyoxylatcyclus in Pflanzensamen.* Tiere können keine Kohlenhydrate aus Fett aufbauen, denn sie können Acetyl-CoA (aus dem Fettsäureabbau) weder in Pyruvat umwandeln noch in Oxalacetat (das für die Biosynthese von Glucose gebraucht wird). Einige Mikroorganismen und Pflanzen verfügen aber über die Enzyme Isocitrat-Lyase und Malat-Synthase (Abb. 16-18), durch die sie in der Lage sind, Oxalacetat über den Glyoxylatcyclus aus Acetyl-CoA zu synthetisieren. Die Samen höherer Pflanzen enthalten große Mengen an Ölen als Fettsäurevorrat für die keimende Pflanze, d. h., als Vorrat an Cellulosevorstufen für die frühen Entwicklungsstadien, bevor der Photosynthese-Apparat funktionsfähig ist. Formulieren Sie die Folge bekannter enzymatischer Reaktionen, durch die eine Netto-Synthese von Oxalacetat möglich ist. Ihr Schema darf keinen Netto-Verbrauch irgendeines Zwischenprodukts des Citratcyclus mit einschließen. Schreiben Sie die Netto-Summengleichung für die Synthese von Oxalacetat aus Acetyl-CoA auf. Geben Sie die Herkunft aller Cofaktoren an.

13. *Glucose-Abbau: Glycolyse oder Pentosephosphat-Weg?* Mit Hilfe von Isotopenversuchen kann man feststellen, wie groß in einer bestimmten Zelle der Anteil des Glucoseabbaus über den glycolytischen oder den Pentosephosphat-Weg ist. Die Zellen werden auf zwei Ansätze verteilt: einer wird mit [1-^{14}C]Glucose inkubiert und der andere mit [6-^{14}C]Glucose. Dann werden die Anfangsgeschwindigkeiten verglichen, mit denen ^{14}C in dem durch die Glucose-Oxidation gebildeten CO_2 auftritt. Erklären Sie die chemischen Voraussetzungen für diesen Versuchsansatz. Sagen Sie das Verhältnis der Anfangsgeschwindigkeit für Leberzellen unter der Annahme voraus, daß der Glucoseabbau auf die beiden Wege gleichmäßig verteilt ist.

Kapitel 17
Elektronentransport, oxidative Phosphorylierung und Regulation der ATP-Bildung

Nun kommen wir zum Höhepunkt der Zellatmung, zum Elektronentransport und zur oxidativen Phosphorylierung. Alle enzymatischen Schritte des oxidativen Abbaus von Kohlenhydraten, Fetten und Aminosäuren münden in aeroben Zellen in die letzte Stufe der Zellatmung, in der die Elektronen vom Substrat zum Sauerstoff fließen und dabei Energie für die Bildung von ATP aus ADP und Phosphat liefern.

Die quantitative Bedeutung der oxidativen Phosphorylierung für den menschlichen Körper soll durch eine grobe Berechnung veranschaulicht werden. Ein gesunder, nicht körperlich arbeitender erwachsener Mann mit 70 kg Körpergewicht braucht etwa 11 700 kJ (2800kcal) pro Tag. Diese Energiemenge kann erzeugt werden durch die Hydrolyse (unter Standardbedingungen) von 11 700/30.5 = 384 mol ATP, das sind 190 Kilogramm. Die tatsächlich in seinem Körper vorhandene ATP-Menge beträgt aber nur 50 Gramm. Um die für die Bedürfnisse des Körpers notwendige Energie bereitzustellen, müssen also die 50 g ATP an einem Tag einige tausend mal zu ADP und Phosphat gespalten und wieder resynthetisiert werden. Die Geschwindigkeit des ATP-Umsatzes im Körper muß außerdem stark variieren können zwischen einem Minimalwert während des Schlafes und einem Maximalwert bei schwerer Muskelarbeit. Die oxidative Phosphorylierung ist ein lebensnotwendiger Prozeß, der über einen weiten Bereich regulierbar sein muß.

Der Elektronenfluß von den Substraten zum Sauerstoff ist die Quelle der ATP-Energie

Abb. 17-1 zeigt eine Übersicht des Elektronentransportes und der oxidativen Phosphorylierung. Bei jedem Umlauf des Citratcyclus werden vier Paare Wasserstoffatome mit Hilfe spezifischer Dehydrogenasen aus Isocitrat, 2-Oxoglutarat, Succinat und Malat entfernt. Diese Wasserstoffatome geben ihre Elektronen an einer bestimmten Stelle an die Elektronentransportkette ab. Die dabei entstehenden H^+-Ionen entweichen ins wäßrige Medium. Die Elektronen werden

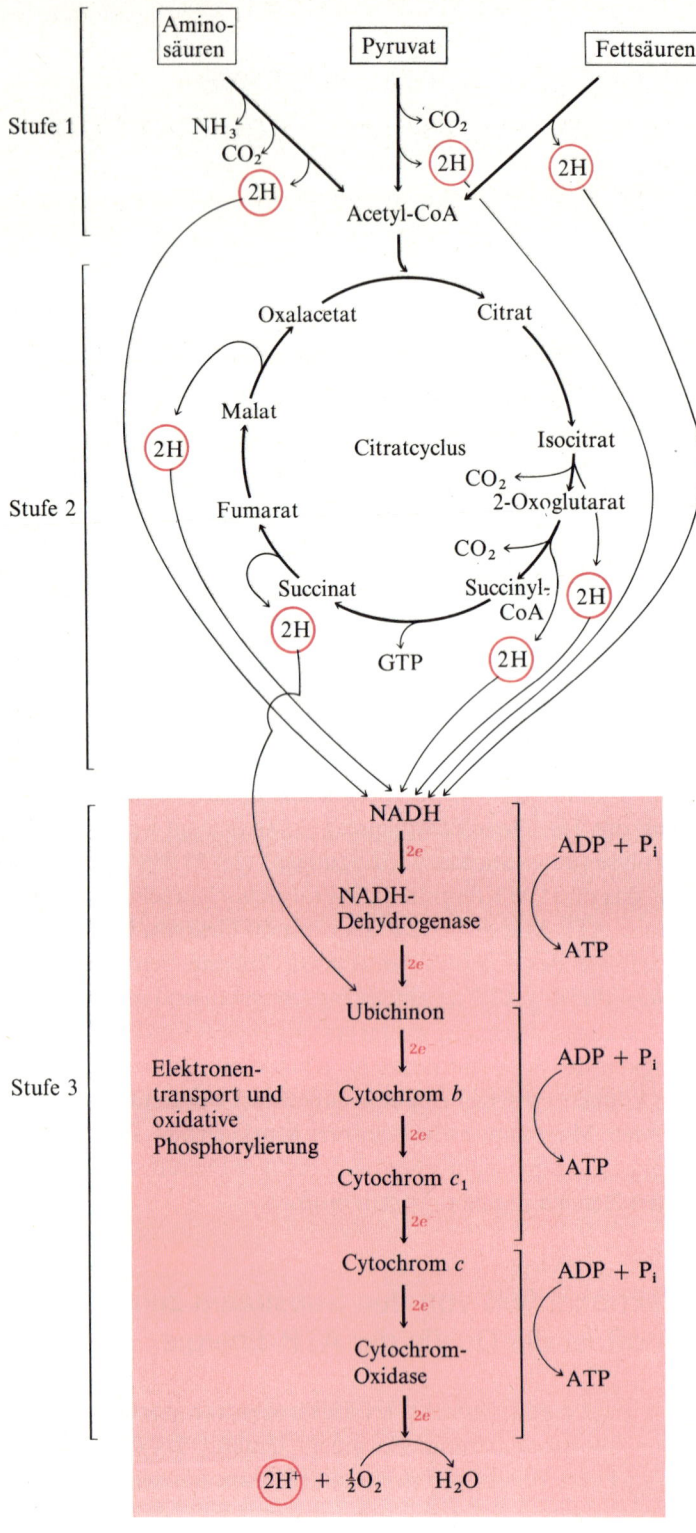

Abbildung 17-1
Das Übersichtsschema der Atmung zeigt, an welchen Stellen Dehydrogenasen Wasserstoffatompaare aufnehmen und deren Elektronen ($2e^-$) an die Elektronentransportkette abgeben, die sie bis zum Sauerstoff weiterreicht. Die Reduktion eines Sauerstoffatoms erfordert $2e^-$ und $2H^+$. Die beim Transport eines Elektronenpaares vom NADH bis zum Sauerstoff freigesetzte Energie wird dazu benutzt, in einem gekoppelten Vorgang drei Moleküle ATP aus ADP und Phosphat in einem oxidativen Phosphorylierungsprozeß zu synthetisieren. Die Elektronentransportkette ist abgekürzt wiedergegeben.

entlang einer Kette von Elektronen-Carrier-Molekülen bis zum *Cytochrom aa₃* (*Cytochrom-Oxidase*) transportiert, das den Transfer der Elektronen auf Sauerstoff ermöglicht, der bei aeroben Organismen am Ende der Kette steht. Für jedes Sauerstoffatom, das zwei Elektronen aus der Atmungskette erhält, werden unter Bildung von Wasser zwei H^+-Ionen aufgenommen. Diese entsprechen den zwei vorher von den Dehydrogenasen entfernten H-Atomen.

Zu den vier Wasserstoffatompaaren, die aus dem Citratcyclus stammen, kommen noch weitere, die durch die Reaktion von Dehydrogenasen mit Pyruvat, Fettsäuren und Aminosäuren entstehen (Abb. 17-1). Praktisch alle Wasserstoffatome, die in aeroben Zellen mit Hilfe von Dehydrogenasen aus Brennstoffmolekülen freigesetzt werden, geben ihre Elektronen letztlich an die Atmungskette ab, den gemeinsamen Endweg, der zum Sauerstoff führt.

Die Atmungskette besteht aus einer Reihe von Proteinen mit fest gebundenen prosthetischen Gruppen, die Elektronen vom vorhergehenden Kettenglied aufnehmen und an das nachfolgende abgeben können. Die in die Elektronentransportkette eintretenden Elektronen sind energiereich, verlieren aber freie Energie, während sie Schritt für Schritt die Kette bis zum Sauerstoff hinunterwandern. Ein großer Teil dieser Energie wird in Form von ATP konserviert. Die hierzu notwendigen molekularen Mechanismen sind an der inneren Mitochondrienmembran lokalisiert. Abb. 17-1 zeigt, daß mit jedem Elektronenpaar, das die Kette vom NADH zum Sauerstoff hinunterwandert, drei Moleküle ATP gebildet werden. Die drei Abschnitte der Atmungskette, die die Energie für die Bildung von ATP durch oxidative Phosphorylierung liefern, nennt man *Energiekonservierungsstellen* oder *-abschnitte*.

Elektronentransport und oxidative Phosphorylierung finden in der inneren Mitochondrienmembran statt.

In eukaryotischen Zellen sind fast alle spezifischen Dehydrogenasen, die für die Oxidation von Pyruvat und anderen Brennstoffen über den Citratcyclus gebraucht werden, im Innern der Mitochondrien, der *Matrix*, lokalisiert (Abb. 17-2). Die elektronentransportierenden Moleküle der Atmungskette und die ATP-synthetisierenden Enzyme sind in die innere Membran eingebettet. Brennstoffe des Citratcyclus, wie Pyruvat, müssen aus dem Cytosol, wo sie gebildet werden, durch beide Mitochondrienmembranen in die im Innern gelegene Matrix gelangen, wo sie mit den Dehydrogenasen reagieren. Ebenso muß ADP, das im Cytosol durch energieverbrauchende Vorgänge aus dem ATP entsteht, in die Mitochondrienmatrix gelangen, um zu ATP phosphoryliert werden zu können. Das neugebildete ATP muß dann ins Cytosol zurückwandern. Der Eintritt von

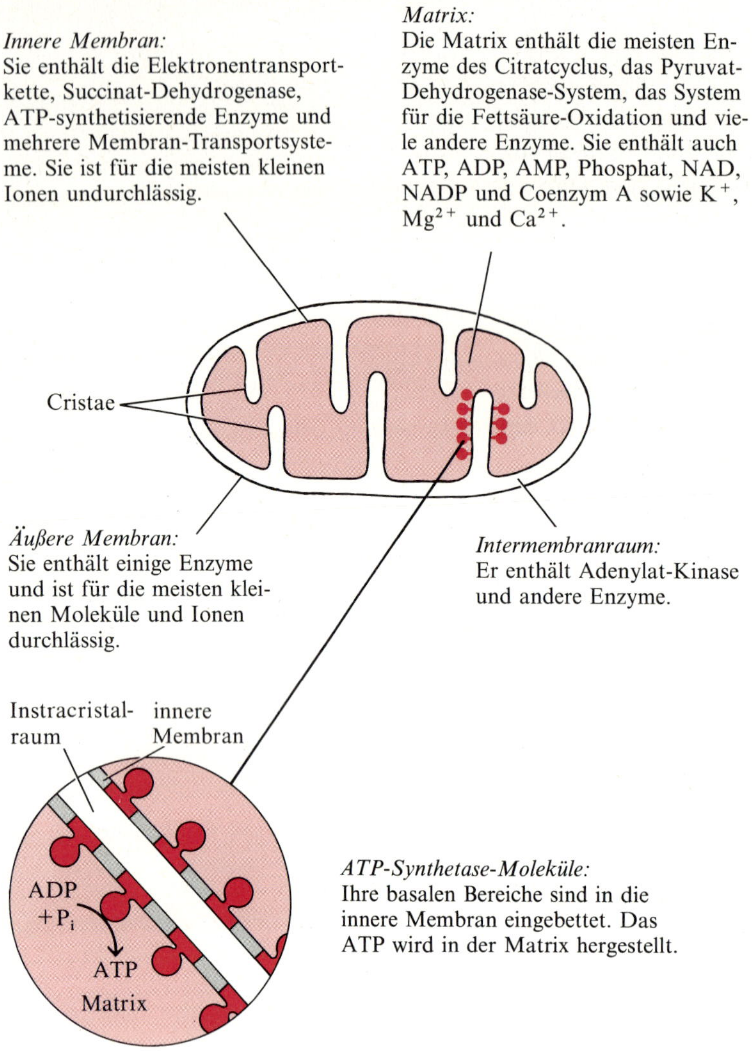

Innere Membran:
Sie enthält die Elektronentransportkette, Succinat-Dehydrogenase, ATP-synthetisierende Enzyme und mehrere Membran-Transportsysteme. Sie ist für die meisten kleinen Ionen undurchlässig.

Matrix:
Die Matrix enthält die meisten Enzyme des Citratcyclus, das Pyruvat-Dehydrogenase-System, das System für die Fettsäure-Oxidation und viele andere Enzyme. Sie enthält auch ATP, ADP, AMP, Phosphat, NAD, NADP und Coenzym A sowie K^+, Mg^{2+} und Ca^{2+}.

Abbildung 17-2
Die biochemische Anatomie der Mitochondrien. Die Abbildung zeigt die Lokalisation der Enzyme des Citratcyclus, der Elektronentransportkette, der Enzyme, die die oxidative Phosphorylierung katalysieren, und die Lokalisation des inneren Coenzym-Pools. Die innere Membran eines einzigen Leber-Mitochondriums kann 10000 komplette Sätze von Elektronentransportketten und ATP-Synthetase-Molekülen enthalten. Die Anzahl solcher Sätze ist proportional zur Fläche der inneren Membran. Herz-Mitochondrien, die sehr stark entwickelte Cristae haben und deren innere Membranen daher ausgedehntere Flächen besitzen, enthalten mehr als dreimal so viele Sätze des Elektronentransportsystems wie Leber-Mitochondrien. Der innere Pool an Coenzymen und Zwischenprodukten ist funktionell vom cytosolischen Pool getrennt. Einzelheiten der Mitochondrienstruktur s. Kapitel 2.

Cristae

Äußere Membran:
Sie enthält einige Enzyme und ist für die meisten kleinen Moleküle und Ionen durchlässig.

Intermembranraum:
Er enthält Adenylat-Kinase und andere Enzyme.

Instracristalraum   innere Membran

ADP + P_i
ATP
Matrix

ATP-Synthetase-Moleküle:
Ihre basalen Bereiche sind in die innere Membran eingebettet. Das ATP wird in der Matrix hergestellt.

Pyruvat und andereren Brennstoffen sowie von Phosphat und ADP und das Ausschleusen von ATP werden durch spezielle Transportsysteme durchgeführt (S. 544). Die innere Mitochondrienmembran ist ein komplexes Gebilde, das Elektronen-Carrier-Moleküle, eine Anzahl von Enzymen und mehrere Membran-Transportsysteme enthält. Diese Bestandteile machen zusammen 75% oder mehr der Masse der Membran aus, der Rest sind Lipide. Die innere Membran hat eine komplizierte Mosaikstruktur, deren Unversehrtheit essentiell für die lebenserhaltende Aktivität der ATP-Erzeugung ist.

Die Elektronentransportreaktionen sind Oxidoreduktions-Reaktionen

Wir haben bereits einige Enzym-katalysierte Reaktionen untersucht bei denen Wasserstoffatome oder Elektronen von einem Molekül zum anderen transferiert werden. Jetzt müssen wir solche Reaktionen auf eine mehr quantitative Art betrachten. Chemische Reaktionen, bei denen Elektronen von einem Molekül zum anderen transportiert werden, nennt man *Oxidoreduktions-Reaktionen* (auch *Redoxreaktionen*). Das *Elektronendonator-Molekül* wird bei einer solchen Reaktion das *reduzierende Agens* oder *Reduktionsmittel* genannt; das *Elektronenakzeptor-Molekül* ist das *oxidierende Agens* oder *Oxidationsmittel*.

Reduktions- und Oxidationsmittel bilden zusammen ein *Redoxpaar (konjugiertes reduzierendes/oxidierendes Paar)*, ähnlich wie Säuren und Basen konjugierte Säure-Base-Paare bilden (S. 87). Erinnern wir uns, daß wir für Säure-Base-Paare die allgemeine Gleichung aufstellen können:

$$\text{Protonendonator} \rightleftharpoons H^+ + \text{Protonenakzeptor}$$

Für Redoxpaare können wir eine ähnliche allgemeine Gleichung schreiben:

$$\text{Elektronendonator} \rightleftharpoons e^- + \text{Elektronenakzeptor}$$

Ein Beispiel dafür ist die Reaktion

$$Fe^{2+} \rightleftharpoons e^- + Fe^{3+},$$

bei der das Eisen(II)-Ion (Fe^{2+}) der Elektronendonator und das Eisen(III)-Ion (Fe^{3+}) der Elektronenakzeptor ist. Fe^{2+} und Fe^{3+} bilden zusammen ein *konjugiertes Redoxpaar*.

Elektronen können auf vier verschiedene Weisen von einem Molekül zum anderen transportiert werden:

1. Sie können direkt als Elektronen transportiert werden. Das Redoxpaar Fe^{2+}/Fe^{3+} kann z. B. ein Elektron an das Redoxpaar Cu^+/Cu^{2+} abgeben:

$$Fe^{2+} + Cu^{2+} \rightarrow Fe^{3+} + Cu^+$$

2. Elektronen können in Form von Wasserstoffatomen transportiert werden. Erinnern wir uns, daß ein Wasserstoffatom aus einem Proton (H^+) und einem einzelnen Elektron (e^-) besteht. Für diesen Fall können wir als allgemeine Gleichung schreiben:

$$AH_2 \rightleftharpoons A + 2e^- + 2H^+,$$

wobei AH_2 der Wasserstoff- (oder Elektronen-)donator und A der Wasserstoffakzeptor ist. AH_2 und A bilden zusammen ein konjugiertes Redoxpaar, das den Elektronenakzeptor B durch den Transfer von H-Atomen reduzieren kann:

$$AH_2 + B \rightarrow A + BH_2$$

3. Elektronen können in Form eines *Hydrid-Ions* ($:H^-$), das zwei

Elektronen trägt, von einem Elektronendonator auf einen Elektronenakzeptor transportiert werden, wie es bei den NAD-gebundenen Dehydrogenasen der Fall ist (S. 283).

4. Elektronentransport findet auch dort statt, wo ein organisches Reduktionsmittel direkt mit Sauerstoff reagiert, wobei ein Produkt entsteht, in das Sauerstoff kovalent eingebaut ist. Ein Beispiel ist die Oxidation eines Kohlenwasserstoffs zu einem Alkohol:

$$R-CH_3 + \tfrac{1}{2}O_2 \rightarrow R-CH_2-OH$$

Bei dieser Reaktion ist der Kohlenwasserstoff der Elektronendonator und das Sauerstoffatom der Elektronenakzeptor.

Alle vier Arten des Elektronentransports kommen in der Zelle vor. Der neutrale Ausdruck *Reduktionsäquivalent* wird allgemein verwendet, um ein an einer Oxidoreduktion teilnehmendes Einelektronen-Äquivalent zu bezeichnen, gleich ob es in Form eines Elektrons, eines Wasserstoffatoms oder, eines Hydrid-Ions vorliegt, oder ob es an einer Reaktion mit Sauerstoff beteiligt ist, bei der ein oxygeniertes Produkt entsteht. Wie wir sehen werden, können die Elektronen im mitochondrialen Elektronentransport in verschiedener Form transportiert werden, nämlich als Hydrid-Ionen, Wasserstoffatome und in den durch Cytochrome katalysierten Schritten direkt als Elektronen.

Da bei der enzymatischen Dehydrierung von organischen Brennstoffmolekülen normalerweise immer zwei Reduktionsäquivalente gleichzeitig abgegeben werden, und da ein Sauerstoffatom zwei Reduktionsäquivalente aufnehmen kann, ist es üblich, *ein Paar* von Reduktionsäquivalenten als die Einheit für biologische Oxidoreduktionen anzusehen.

Jedes konjugierte Redoxpaar hat ein charakteristisches Standardpotential

Das Bestreben eines konjugierten Säure-Base-Paares, ein Proton reversibel abzugeben, wird durch die Dissoziationskonstante K (S. 87) quantitativ ausgedrückt. Auf ähnliche Weise kann auch die Tendenz eines konjugierten Redoxpaares zur Abgabe eines Elektrons durch eine Konstante ausgedrückt werden, nämlich durch das *Standard-Oxidoreduktionspotential* E_0. Es ist definiert als die elektromotorische Kraft (EMK), die an einer Elektrode gemessen wird, wenn diese in eine Lösung eintaucht, die sowohl den Elektronendonator als auch den Elektronenakzeptor in 1.0M Konzentration enthält (bei 25°C und pH 7; siehe Abb. 17-3). Die Elektrode muß Elektronen vom Elektronendonator aufnehmen und an den konjugierten Elektronenakzeptor abgeben können. Eine solche in eine Lösung

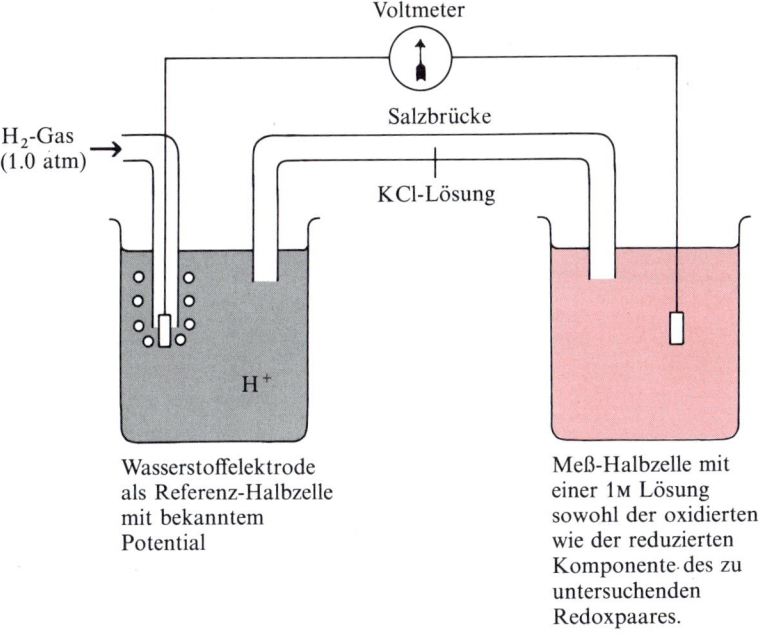

Abbildung 17-3
Messung des Standard-Reduktionspotentials. Die Lösung mit einer Mischung von je 1.0 M oxidierter und reduzierter Form des zu untersuchenden Redoxpaares befindet sich im rechten Gefäß. Die Elektrode, gewöhnlich aus Platin, ist über einen externen Stromkreis mit der Referenz-Halbzelle verbunden (linke Seite), z.B. mit einer Wasserstoffelektrode. Die Standard-Wasserstoffelektrode besteht aus einer Platinelektrode, die in 1.0 M H^+-Lösung (also pH 0) eintaucht und von Wasserstoff von 1.013 bar (1.0 atm) umspült wird. Das Potential dieser Elektrode ist willkürlich auf 0.0 Volt festgelegt worden. Die Elektroden können mit jedem Redoxpaar in jeder Zelle Elektronen austauschen, d.h. je nach deren Potential Elektronen abgeben oder aufnehmen. Eine Salzbrücke mit einer gesättigten KCl-Lösung bildet eine ionenleitende Verbindung zwischen der Meßzelle und der Referenzzelle, so daß Elektronen über den äußeren Stromkreis von der Meßelektrode zur Referenzelektrode fließen können oder umgekehrt. Die Fließrichtung hängt vom relativen Elektronen-„Druck" oder Potential der beiden Zellen ab und verläuft immer von der Zelle mit dem negativeren zu der mit dem positiveren Potential. Aus der gemessenen elektromotorischen Kraft (EMK) und dem bekannten Potential der Referenzzelle kann man das Potential der Meßzelle mit dem Redoxpaar bestimmen.

von konjugierten Redoxpaaren eingetauchte Elektrode stellt eine *Halbzelle* dar. Um die elektromotorische Kraft zu bestimmen, muß diese elektrisch und ionisch leitend mit einer *Referenz-Halbzelle* verbunden werden, deren EMK-Wert bekannt ist (Abb. 17-3). Als Referenz-Halbzellen dienen *Wasserstoff-Elektroden*, deren EMK für 1 M H^+ (pH = 0), das mit gasförmigen H_2 bei 25 °C und 1.013 bar (1 atm) im Gleichgewicht steht, gleich Null gesetzt wurde. Bei pH 7 haben sie jedoch eine EMK von −0.41 V (Abb. 17-3).

Die Standardpotentiale von konjugierten Redoxpaaren werden durch Konvention als *Reduktionspotentiale* angegeben, die mit steigender Tendenz zur Elektronenabgabe kleiner und umgekehrt mit steigender Tendenz zur Elektronenaufnahme größer werden. Die Bezeichnungen *Standard-Reduktionspotential*, *Standardpotential* und *Standard-Oxidoreduktionspotential* werden synonym verwendet.

In Tab. 17-1 sind die Standard-Reduktionspotentiale einer Anzahl konjugierter Redoxpaare angegeben, die für den Elektronentransport von Bedeutung sind. Sie sind in der Reihenfolge steigender Potentiale angegeben, d.h. in der Reihenfolge abnehmender Neigung, ihre Elektronen abzugeben. Konjugierte Redoxpaare mit relativ negativen Standardpotentialen haben also das Bestreben, ihre Elektronen an die in der Tabelle tiefer stehenden abzugeben, die ein positiveres Standardpotential haben. Das Paar Isocitrat/ 2-Oxoglutarat + CO_2 hat z.B., wenn es in 1.0 M Konzentration vorliegt, ein Standardpotential von $E'_0 = -0.38$ V. Die oxidierte Form, 2-Oxoglutarat + CO_2, hat das Bestreben, ihre Elektronen in Gegenwart von Isocitrat-Dehydrogenase (S. 492) an NADH, die reduzierte Form des Redoxpaars NADH/NAD^+ abzugeben, das ein vergleichsweise positiveres Potential hat. Umgekehrt zeigt das stark

Tabelle 17-1 Die Standard-Reduktionspotentiale E_0' einiger konjugierter Redoxpaare, die am oxidativen Stoffwechsel beteiligt sind.*

Redoxpaare	E_0' in V
Substrat-Paare	
Acetyl-CoA + CO_2 + $2H^+$ + $2e^-$ → Pyruvat + CoA	−0.48
2-Oxoglutarat + CO_2 + $2H^+$ + $2e^-$ → Isocitrat	−0.38
3-Phosphoglyceroylphosphat + $2H^+$ + $2e^-$ → Glycerinaldehyd-3-phosphat + P_i	−0.29
Pyruvat + $2H^+$ + $2e^-$ → Lactat	−0.19
Oxalacetat + $2H^+$ + $2e^-$ → Malat	−0.18
Fumarat + $2H^+$ + $2e^-$ → Succinat	+0.03
Redoxpaare in der Elektronentransportkette	
$2H^+$ + $2e^-$ → H_2	**−0.41**
NAD^+ + H^+ + $2e^-$ → NADH	−0.32
$NADP^+$ + H^+ + $2e^-$ → NADPH	−0.32
NADH-Dehydrogenase (FMN-Form) + $2H^+$ + $2e^-$ → NADH-Dehydrogenase ($FMNH_2$-Form)	−0.30
Ubichinon + $2H^+$ + $2e^-$ → Ubihydrochinon	+0.04
Cytochrom *b* (ox.) + e^- → Cytochrom *b* (red.)	+0.07
Cytochrom c_1 (ox.) + e^- → Cytochrom c_1 (red.)	+0.23
Cytochrom *c* (ox.) + e^- → Cytochrom *c* (red.)	+0.25
Cytochrom *a* (ox.) + e^- → Cytochrom *a* (red.)	+0.29
Cytochrom a_3 (ox.) + e^- → Cytochrom a_3 (red.)	+0.55
$\frac{1}{2}O_2$ + $2H^+$ + $2e^-$ → H_2O	**+0.82**

* Unter der Annahme, daß alle Komponenten in einer Konzentration von 1M bei pH 7 und 25 °C vorliegen. Je niedriger der E_0'-Wert, desto niedriger die Affinität des Systems für Elektronen und umgekehrt. Daher haben Elektronen die Neigung, von einem Redoxpaar zum anderen in der Richtung zunehmender positiver Werte zu fließen. Die Potentiale der Paare $H_2/2H^+$ und $H_2O/\frac{1}{2}O_2$ sind farbig hervorgehoben.

positive Standardpotential des Paares $H_2O/2H^+ + \frac{1}{2}O_2$ von +0.82 V, daß das Wassermolekül nur eine sehr geringe Tendenz hat, seine Elektronen abzugeben und molekularen Sauerstoff zu bilden. Die Einheit für das Standardpotential ist das *Volt*, aus praktischen Gründen werden Standardpotentiale aber oft in *Millivolt* angegeben.

Der Elektronentransport ist mit Änderungen der freien Energie verbunden

Die E_0'-Werte der verschiedenen Redoxpaare machen es uns möglich, die Richtung des Elektronenflusses von einem Paar zum anderen vorherzusagen, wenn beide unter Standardbedingungen vorliegen und wenn ein Katalysator anwesend ist. Um von einem Redoxpaar zum anderen zu gelangen, brauchen Elektronen normalerweise einen Katalysator oder ein Enzym, das den Vorgang beschleunigt; der Katalysator ändert jedoch nicht die Richtung des Elektronenflusses und verändert auch nicht die Lage des Gleichgewichts. Unter solchen Bedingungen haben Elektronen die Tendenz, von einem re-

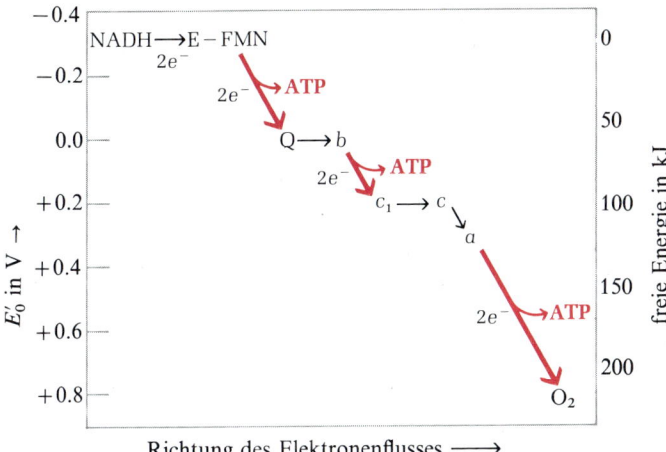

Abbildung 17-4
Die Richtung des Elektronenflusses und die Energieverhältnisse in der Mitochondrien-Atmungskette. E-FMN bezeichnet die NADH-Dehydrogenase, Q das Ubichinon und b, c_1, c und a die Cytochrome. Beachten Sie, daß es drei Schritte in der Elektronentransportkette gibt (farbige Pfeile), bei den die Abnahme an freier Energie besonders groß ist. Dies sind die Schritte, die die Energie für die ATP-Synthese liefern (E'_0-Werte für die Elektronen-Carrier, s. Tab. 17-1).

lativ negativen Redoxpaar, wie NADH/NAD$^+$ ($E'_0 = -0.32$ V), zu einem elektropositiveren zu fließen, wie reduziertes Cytochrom c/oxidiertes Cytochrom c ($E'_0 = +0.23$ V). Vom Cytochrom-Redoxpaar fließen sie dann weiter zum Wasser/Sauerstoff-Paar ($E'_0 = +0.82$ V). Die Tendenz der Elektronen, von elektronegativen zu elektropositiven Systemen zu fließen, folgt aus dem Verlust an freier Energie, denn Elektronen haben immer die Tendenz, sich in der Richtung zu bewegen, in der die freie Energie des reagierenden Systems abnimmt. Je größer der Unterschied zwischen den Standardpotentialen der beiden Redoxpaare ist, desto größer ist der Verlust an freier Energie beim Fluß der Elektronen vom elektronegativeren zum elektropositiveren Paar. Wenn Elektronen die gesamte Elektronentransportkette vom NADH ($E'_0 = -0.32$ V) bis zum Sauerstoff ($E'_0 = +0.82$ V) hinunterfließen, so verlieren sie wegen des großen Unterschiedes zwischen dem Standardpotential von NADH/NAD$^+$ und H$_2$O/$\frac{1}{2}$O$_2$ einen großen Betrag an freier Energie.

Lassen Sie uns nun berechnen, wie groß der Gewinn an freier Energie bei dieser Passage eines Elektronenpaares ist. Die Änderung der freien Standardenergie einer Reaktion, bei der es zu einem Elektronentransfer kommt, wird durch die Gleichung

$$\Delta G^{\circ\prime} = -n \mathscr{F} \Delta E'_0$$

wiedergegeben, wobei $\Delta G^{\circ\prime}$ die Änderung der freien Energie in Joule bedeutet, n die Anzahl der übertragenen Elektronen, $\mathscr{F}$ die *Faraday-Konstante* [96.49 J/(V × mol)] und $\Delta E'_0$ die Differenz zwischen dem Standardpotential des Elektronendonator-Systems und dem des Elektronenakzeptor-Systems (Konzentration aller Komponenten 1 M, bei 25 °C und pH 7. Die Änderung der freien Standardenergie für die Übertragung eines Paares von Elektronenäquivalenten vom Redoxpaar NADH/NAD$^+$ ($E'_0 = -0.32$ V) zum Redoxpaar H$_2$O/$\frac{1}{2}$O$_2$ ($E'_0 = +0.82$ V) beträgt demnach

$$\Delta G^{\circ\prime} = -2 \times 96.49 \times [0.82 - (-0.32)] = 220 \text{ kJ}.$$

Diese 220 kJ an freier Energie sind beträchtlich mehr als für die Synthese von drei mol ATP gebraucht wird (3 × 30.5 = 91.5 kJ, unter Standardbedingungen).

Auf diese Weise können wir die Änderungen an freier Energie auch für einzelne Abschnitte der Elektronentransportkette berechnen. Abb. 17-4 gibt ein Energiediagramm wieder; es zeigt (1) die Standardpotentiale für einige Elektronen-Carrier der Atmungskette, (2) die Richtung des Elektronenflusses, die immer bergab in Richtung Sauerstoff verläuft und (3) die relative Änderung der freien Energie für jeden Schritt. Beachten Sie, daß es bei dreien der Schritte zu großen Änderungen der freien Energie kommt. Das sind die energiekonservierenden Stellen, die die Energie für die ATP-Synthese liefern.

Es gibt viele Elektronen-Carrier in der Elektronentransportkette

Die Atmungskette der Mitochondrien enthält viele verschiedene elektronentransportierende Proteine, die nacheinander wirken, um die Elektronen von den Substraten zum Sauerstoff zu transportieren. Die in Abb. 17-1 aufgeführten sieben Elektronen-Carrier der Atmungskette sind nur eine abgekürzte Darstellung, in Wirklichkeit enthält die Elektronentransportkette 15 oder mehr chemische Gruppen, die Reduktionsäquivalente aufnehmen und weitergeben können. Sie sind in Abb. 17-5 zusammengefaßt.

Beachten Sie die verschiedenen Arten von Elektronenträger-Gruppen, die alle an Proteine gebunden sind. Zu ihnen gehört das *Nicotinamidadenindinucleotid* (NAD), das mit verschiedenen Dehydrogenasen reagiert; das *Flavinmononucleotid* (FMN), das in NADH-Dehydrogenasen vorkommt; das *Ubichinon* (= *Coenzym Q*), ein fettlösliches Chinon aus der Reihe der Isoprenoide; außerdem zwei verschiedene Arten von eisenhaltigen Proteinen, solche mit *Eisen-Schwefel-Zentren* (Fe-S) und die *Cytochrome*; sowie das Kupfer von Cytochrom aa_3. Ein weiterer wichtiger Punkt ist, daß fast alle Elektronen-Carrier-Proteine der Atmungskette wasserunlöslich und in die innere Mitochondrienmembran eingebettet sind.

Die Pyridinnucleotide haben eine Sammelfunktion

Die meisten der in die Atmungskette gelangenden Elektronenpaare stammen aus den Reaktionen derjenigen Dehydrogenasen, die mit NAD^+ und $NADP^+$ (Abb. 17-6) als Elektronenakzeptoren reagieren. Man hat ihnen die Gruppenbezeichnung *NAD(P)-abhängige Dehydrogenasen* gegeben. Einige von ihnen haben wir bereits bei der Besprechung der Glycolyse und des Citratcyclus angetroffen, man

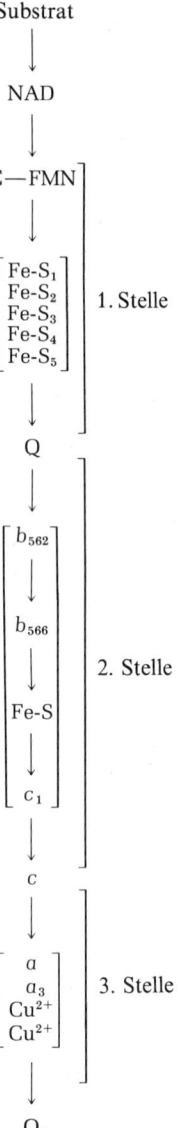

Abbildung 17-5
Der vollständige Satz der Elektronen-Carrier der Atmungskette. An der 1. ATP-Synthesestelle sind mindestens fünf Eisen-Schwefel-Zentren beteiligt. Die 2. Stelle enthält zwei verschiedene Cytochrome *b*, die verschiedene Absorptionsspektren haben, und ein Eisen-Schwefel-Zentrum, das sich von denen in der ersten Stelle unterscheidet. In der 3. Synthesestelle finden wir zwei Kupferionen und die Cytochrome *a* und a_3. Die genaue Reihenfolge und Funktion aller Redoxzentren steht noch nicht fest.

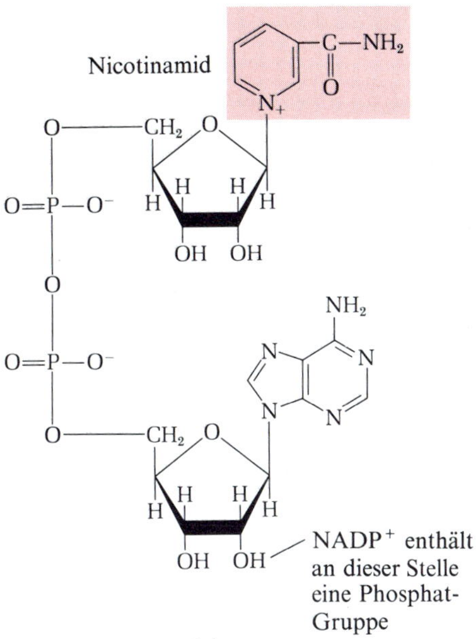

Abbildung 17-6
Nicotinamid-adenin-dinucleotid (NAD$^+$) und Nicotinamid-adenin-dinucleotid-phosphat (NADP$^+$). (a) Oxidierte Formen (NAD$^+$ und NADP$^+$). Nicotinamid (farbig unterlegt) ist ein Vitamin des B-Komplexes (S. 282). Es ist der Teil des Moleküls, der am Elektronentransport teilnimmt.
(b) Reduktion des Nicotinamid-Ringes durch ein Substrat. Die zwei Reduktionsäquivalente werden vom Substrat (RCH$_2$OH) in Form von Hydrid-Ionen (:H$^-$) auf NAD$^+$ übertragen. Die anderen beiden aus dem Substrat entfernten Wasserstoffatome werden als H$^+$-Ionen freigesetzt.

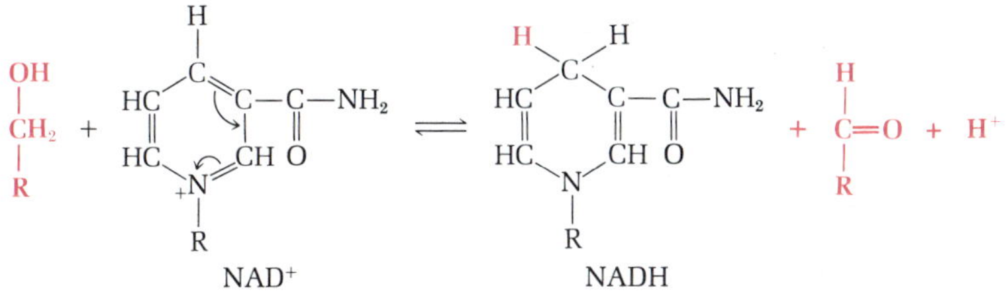

kennt aber noch viele andere. In Tab. 17-2 sind einige wichtige Vertreter aufgeführt. Alle katalysieren reversible Reaktionen des folgenden allgemeinen Typs:

Reduziertes Substrat + NAD$^+$ $\rightleftharpoons$
$\qquad$ oxidiertes Substrat + NADH + H$^+$

Reduziertes Substrat + NADP$^+$ $\rightleftharpoons$
$\qquad$ oxidiertes Substrat + NADPH + H$^+$

Die große Mehrzahl aller Pyridin-abhängigen Dehydrogenasen ist spezifisch für NAD$^+$ (Tab. 17-2). Bestimmte Dehydrogenasen, wie *Glucose-6-phosphat-Dehydrogenase* (S. 504), brauchen aber NADP$^+$ als Elektronenakzeptor. Einige wenige, wie *Glutamat-Dehydrogenase*, können sowohl mit NAD$^+$ als auch mit NADP$^+$ reagieren (Tab. 17-2). Einige Pyridin-abhängige Dehydrogenasen sind im Cytosol lokalisiert, einige in den Mitochondrien und wieder andere in beiden Zellräumen. Cytosolische Dehydrogenasen können nur mit den Pyridinnucleotiden im Cytosol reagieren, und mitochondriale Dehydrogenasen reagieren nur mit den Pyridinnucleotiden in der Matrix. Die NAD- und die NADP-Poole im Cytosol bzw. in den Mitochondrien werden durch die innere Mitochondrienmembran voneinander getrennt, die für die Coenzyme undurchlässig ist. Wir werden auf diesen Punkt später zurückkommen.

Die wichtigsten NAD-abhängigen Dehydrogenasen des Kohlenhydrat-Stoffwechsels sind die im Cytosol lokalisierten Enzyme *Glycerinaldehydphosphat-Dehydrogenase* und *Lactat-Dehydrogenase* des Glycolyse-Systems und die *Pyruvat-Dehydrogenase* der Mitochondrien (Tab. 17-2). drei NAD-abhängige Dehydrogenasen neh-

Tabelle 17-2 Wichtige, durch NAD(P)-abhängige Dehydrogenasen katalysierte Reaktionen.

	Lokalisation*
NAD-abhängig	
Isocitrat + NAD$^+$ ⇌ 2-Oxoglutarat + CO_2 + NADH + H$^+$	M
2-Oxoglutarat + CoA + NAD$^+$ ⇌ Succinyl-CoA + CO_2 + NADH + H$^+$	M
L-Malat + NAD$^+$ ⇌ Oxalacetat + NADH + H$^+$	M und C
Pyruvat + CoA + NAD$^+$ ⇌ Acetyl-CoA + CO_2 + NADH + H$^+$	M
Glycerinaldehyd-3-phosphat + P$_i$ + NAD$^+$ ⇌ 1,3-Bisphosphoglycerat + NADH + H$^+$	C
Lactat + NAD$^+$ ⇌ Pyruvat + NADH + H$^+$	C
NADP-abhängig	
Isocitrat + NADP$^+$ ⇌ 2-Oxoglutarat + CO_2 + NADPH + H$^+$	M und C
Glucose-6-phosphat + NADP$^+$ ⇌ 6-Phosphogluconat + NADPH + H$^+$	C
NAD- oder NADP-abhängig	
L-Glutamat + H_2O + NAD$^+$ (NADP$^+$) ⇌ 2-Oxoglutarat + NH_3 + NADH (NADPH) + H$^+$	M

* M = Mitochondrien, C = Cytosol.

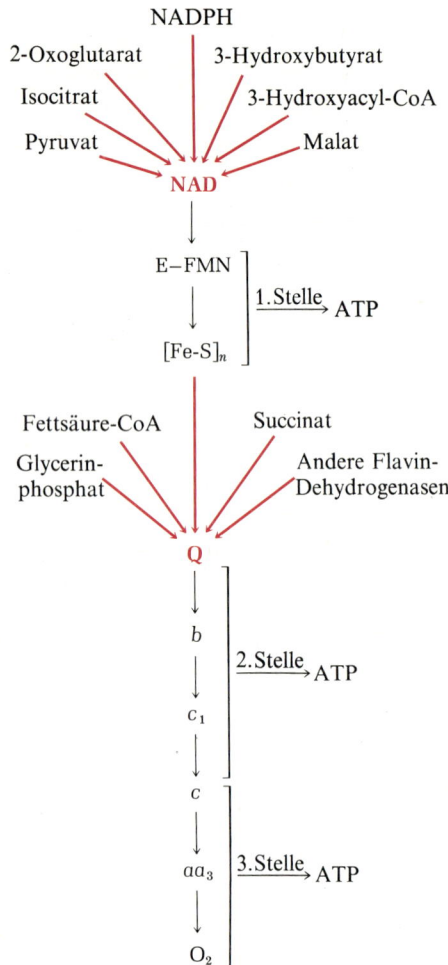

Abbildung 17-7
Die sammelnde Funktion von NAD und Ubichinon (Q). NAD sammelt die Reduktionsäquivalente von vielen NAD-abhängigen Substraten und von NADPH. Ubichinon sammelt die Reduktionsäquivalente von den NADH-Dehydrogenasen und verschiedenen Substraten, die mit anderen Flavin-Dehydrogenasen reagieren. Die meisten Flavin-Dehydrogenasen geben ihre Reduktionsäquivalente an der 2. Stelle der Atmungskette ab, so daß diese nur zur Bildung von zwei Molekülen ATP pro Elektronenpaar führen.

men am Citratcyclus in den Mitochondrien teil: Die *Isocitrat-Dehydrogenase*, die *2-Oxoglutarat-Dehydrogenase* und die *Malat-Dehydrogenase*. Andere wichtige Mitochondrien-Dehydrogenasen sind die *3-Hydroxyacyl-CoA-Dehydrogenase* des Fettsäure-Oxidationscyclus, die *3-Hydroxybutyrat-Dehydrogenase* (Kapitel 18) und die *Glutamat-Dehydrogenase*, die am Aminosäure-Katabolismus beteiligt ist (Kapitel 19).

Die Pyridin-abhängigen Dehydrogenasen nehmen von ihren Substraten zwei Wasserstoffatome auf, von denen das eine als *Hydrid-Ion* (:H$^-$) auf NAD$^+$ oder NADP$^+$ übertragen wird und das andere als H$^+$ im Medium erscheint. Jedes Hydrid-Ion enthält zwei Reduktionsäquivalente; das eine wird als Wasserstoffatom auf das Kohlenstoffatom 4 des Nicotinamid-Ringes übertragen, das andere als Elektron auf den Ring-Stickstoff (Abb. 17-6).

Da die meisten Dehydrogenasen H-Atome von ihren Substraten zum NAD$^+$ transportieren, fällt diesem Coenzym die Funktion zu, die Reduktionsäquivalente aus den verschiedenen Substraten zu sammeln und in eine einheitliche chemische Form zu bringen, das NADH (Abb. 17-7). NAD$^+$ kann auch Reduktionsäquivalente von den NADP-abhängigen Dehydrogenasen übernehmen. Das wird durch die *NAD(P)$^+$-Transhydrogenase* ermöglicht, einem komplexen Enzym, das folgende Reaktion katalysiert:

$$NADPH + NAD^+ \rightleftharpoons NADP^+ + NADH$$

Die NADH-Dehydrogenase nimmt Elektronen vom NADH auf

Beim nächsten Schritt im Hauptstrom des Elektronentransports (Abb. 17-5) wird ein Paar Reduktionsäquivalente von NADH auf die *NADH-Dehydrogenase* übertragen, die in der inneren Mitochondrienmembran lokalisiert ist. Bei diesem Schritt wird die fest an das Enzym gebundene prosthetische Gruppe reduziert (Abb. 17-8). Prosthetische Gruppe ist das *Flavinmononucleotid (FMN)*, das ein Molekül Vitamin B_2 (= *Riboflavin*) enthält (S. 281). NADH-Dehydrogenase gehört zur Gruppe der *Flavin-Enzyme* oder *Flavoproteine*. Der Transfer der beiden Reduktionsäquivalente vom NADH zur NADH-Dehydrogenase (in der Formel als E-FMN bezeichnet) reduziert das FMN zu $FMNH_2$:

$$NADH + H^+ + E{-}FMN \rightleftharpoons NAD^+ + E{-}FMNH_2$$

Außer der prosthetischen Gruppe Flavin enthält die NADH-Dehydrogenase noch mehrere *Nicht-Häm-Eisenatome*. Sie kommen in mehreren *Eisen-Schwefel-Zentren* gehäuft vor und sind dort mit der gleichen Anzahl säurelabiler Schwefelatome gepaart (Abb. 17-9). Wir erinnern uns, daß auch in der *Succinat-Dehydrogenase* Eisen-Schwefel-Zentren vorkommen (S. 494). Die Eisenatome dieser Zentren übertragen Reduktionsäquivalente von der prosthetischen Gruppe $FMNH_2$ der NADH-Dehydrogenase auf den nächsten Elektronen-Carrier der Kette, das *Ubichinon*, wobei ihre Oxida-

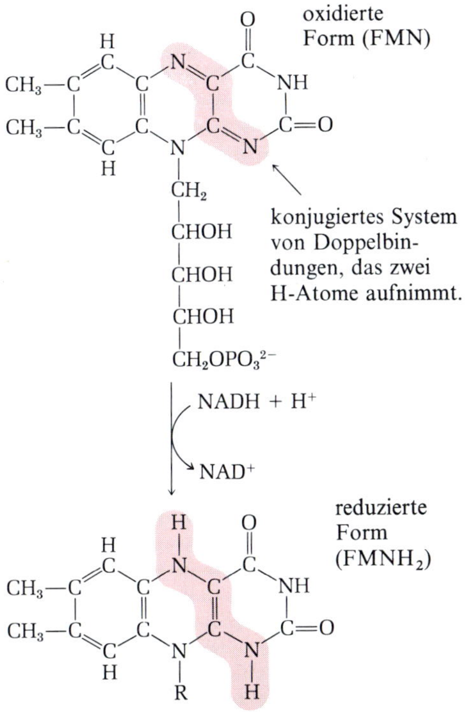

Abbildung 17-8
Der Transfer von Reduktionsäquivalenten vom NADH auf das Flavin-mononucleotid (FMN), die prosthetische Gruppe der NADH-Dehydrogenase. R steht für die phosphorylierte C_5-Seitenkette.

tionszahl zwischen +2 und +3 hin- und herwechselt. Der Komplex der NADH-Dehydrogenase mit dem Eisen-Schwefel-Protein, als *NADH-Ubichinon-Reduktase* bezeichnet, enthält demnach zwei Arten von elektronentransportierenden Strukturen: das FMN und die Eisen-Schwefel-Zentren, die offenbar nacheinander in Funktion treten.

Ubichinon ist ein lipidlösliches Chinon

Der nächste Carrier für Reduktionsäquivalente in der Atmungskette ist das *Ubichinon* oder *Coenzym Q* (nach dem englischen Wort Quinone für Chinon). Der Name Ubichinon spiegelt die ubiquitäre Verbreitung dieser Verbindung wider (sie kommt in praktisch jeder Zelle vor). Ubichinon ist ein fettlösliches Chinon mit einer sehr langen Isoprenoid-Seitenkette (Abb. 17-10). Bei den meisten Säugern enthält diese Seitenkette zehn Isoprenoid-Einheiten und wird daher als Q_{10} oder CoQ_{10} bezeichnet. In anderen Organismen enthält es u.U. nur sechs oder acht Isopren-Einheiten (Q_6 oder Q_8). Gibt die reduzierte NADH-Dehydrogenase (E-FMNH$_2$) ihre Reduktionsäquivalente über die Eisen-Schwefel-Zentren an Ubichinon ab, so wird dieses zu *Ubihydrochinon* oder QH$_2$ reduziert (Abb. 17-10), wobei die oxidierte Form der NADH-Dehydrogenase zurückgebildet wird:

$$E-FMNH_2 + Q \rightleftharpoons E-FMN + QH_2$$

Das Ubichinon ist ein viel längeres Molekül als die Phospholipide der inneren Membran; es kommt sowohl frei als auch an Proteine gebunden vor. Seine Funktion ist es, Reduktionsäquivalente nicht nur von den NADH-Dehydrogenasen, sondern auch von anderen Flavin-Enzymen der Mitochondrien zu sammeln (s. Abb. 17-7), besonders von der Succinat-Dehydrogenase und der Acyl-CoA-Dehydrogenase des Fettsäure-Oxidationscyclus (Kapitel 18).

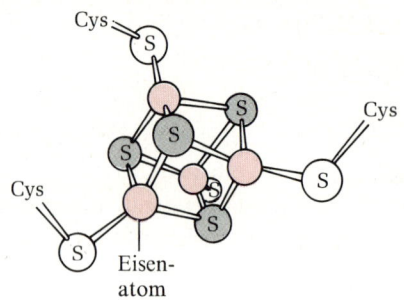

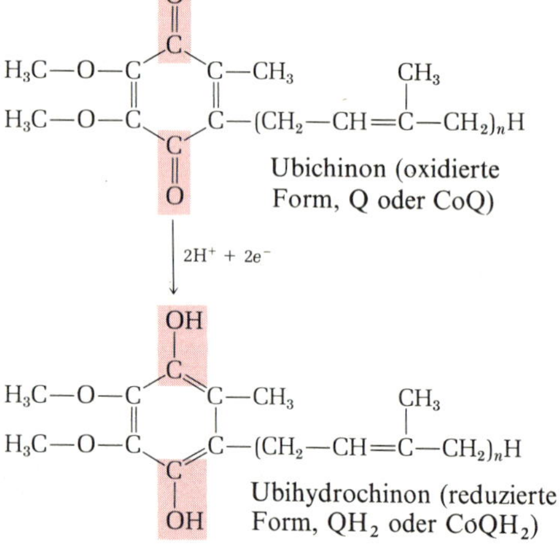

Abbildung 17-9
Die postulierte Anordnung der Eisen- (in Farbe) und Schwefelatome in den Eisen-Schwefel-Zentren. Die Anzahl der Eisenatome ist in diesen Clustern immer gleich der Anzahl *säurelabiler* Schwefelatome (grau dargestellt), aber einige Eisen-Schwefel-Zentren haben zwei und andere vier Eisenatome. Das hier gezeigte Zentrum hat vier Eisenatome. Die *peripheren* Schwefelatome gehören zu vier Cysteinresten der Polypeptidkette des Enzyms.

Abbildung 17-10
Ubichinon (Coenzym Q). Das tiefgestellte *n* gibt die Anzahl der Isoprenoid-Einheiten in der Seitenkette an (s. Text). Die farbig markierten Gruppen fungieren als Träger für H-Atome. Beachten sie, daß es bei der Reduktion von Ubichinon zu Ubihydrochinon zu einer Verschiebung der Doppelbindungen im Ring kommt.

Die Cytochrome sind elektronentransportierende Häm-Proteine

Die Cytochrome sind eisenhaltige, elektronentransportierende, rot oder braun gefärbte Proteine, die nacheinander reagieren und Elektronen vom Ubichinon zum molekularen Sauerstoff transferieren. Sie sind *Häm-Proteine*, bei denen das Eisen, ähnlich wie beim Hämoglobin (S. 298), in einer Häm-Gruppe vorliegt, also an Porphyrin gebunden. Die Funktion dieser ursprünglich als *Histohämatine* bezeichneten Cytochrome bei biologischen Oxidationen wurde erst 1925 (viele Jahre nach ihrer Entdeckung) von David Keilin entdeckt. Er sah im Lichtmikroskop, daß die Flugmuskeln lebender Insekten rotbraune Pigmente enthielten. Ihm fiel auf, daß sich die Spektren dieser Pigmente immer dann erheblich änderten, wenn das am Deckglas befestigte Insekt starke Anstrengungen machte, sich zu befreien. Er benannte die Pigmente in *Cytochrome* um und postulierte, daß sie Elektronen von den Nährstoffen zum Sauerstoff transportieren und dabei Oxidoreduktionen durchmachen. Es gibt drei Klassen von Cytochromen, a, b und c, die sich in ihren Lichtabsorptionsspektren unterscheiden. Jede der Cytochrom-Klassen zeigt in der reduzierten oder Fe(II)-Form drei getrennte Absorptionsbanden im sichtbaren Bereich (Abb. 17-11). Keilin zeigte, daß die Cytochrome nacheinander reagieren und daß das letzte von ihnen Elektronen an den Sauerstoff abgibt.

Heute wissen wir, daß die Cytochrome in der Atmungskette in der Reihenfolge $b \rightarrow c_1 \rightarrow c \rightarrow aa_3$ angeordnet sind (Abb. 17-1 und 17-7). Cytochrom b, das in zwei Formen vorkommt, nimmt Elektronen vom Ubichinon auf und überträgt sie auf das Cytochrom c_1, das sie an das Cytochrom c weitergibt. Jedes der Cytochrome nimmt die Elektronen in seiner Fe(III)-Form auf und geht dadurch in die Fe(II)-Form über. Am Elektronentransfer vom Ubichinon zum Cytochrom c nimmt außerdem ein Eisen-Schwefel-Protein teil (Abb. 17-5). Der letzte Elektronen-Carrier ist das *Cytochrom aa_3*, auch *Cytochrom-Oxidase* genannt. Es kann Elektronen direkt an den Sauerstoff abgeben und bildet damit das Ende der Elektronentransportkette.

Cytochrom c ist das bekannteste Cytochrom. Es ist ein kleines Protein ($M_r = 12\,500$), das aus einer einzigen Peptidkette besteht, an die eine Eisen-Phorphyrin-Gruppe kovalent gebunden ist (S. 194). Seine Aminosäuresequenz (S. 153) und seine dreidimensionale Struktur (S. 194) wurden bis ins Detail untersucht. Cytochrom c läßt sich aus Mitochondrien leicht isolieren und wurde aus vielen Organismen in kristalliner Form gewonnen. Wie wir gesehen haben (S. 153) ist Cytochrom c ein phylogenetisch altes Protein, da seine Aminosäuresequenzen bei allen Eukaryoten (Mikroorganismen, Pflanzen und Tieren) viele Ähnlichkeiten aufweisen.

Cytochrom aa_3 unterscheidet sich in einigen Merkmalen von den anderen Cytochromen. Es enthält zwei fest gebundene Moleküle

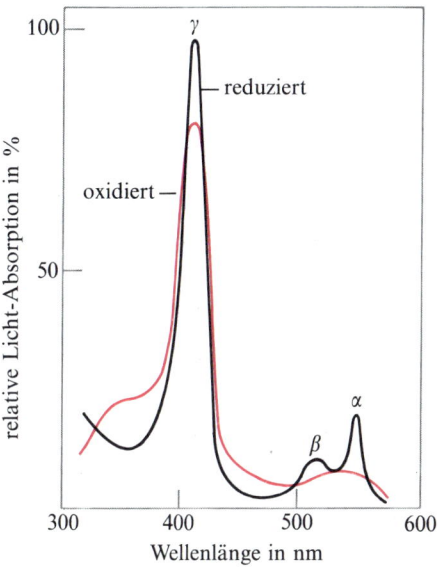

Abbildung 17-11
Absorptionsspektrum der oxidierten (in Farbe) und reduzierten (schwarz) Form von Cytochrom c. Die charakteristischen Banden der reduzierten Form, α, β und γ sind bezeichnet.

Häm A, das sich vom Protohäm des Hämoglobins dadurch unterscheidet, daß sein Porphyrinring eine lange Kohlenwasserstoff-Seitenkette trägt. Außerdem enthält es zwei essentielle Kupferatome. Cytochrom aa_3 besteht aus zwei Komponenten, dem Cytochrom a und dem Cytochrom a_3. Die Komponente a übernimmt als erste die Elektronen vom Cytochrom c und gibt sie an die Komponente a_3 weiter, von wo sie dann zum molekularen Sauerstoff (O_2) gelangen. Die beiden gebundenen Kupferatome nehmen an der Funktion der beiden Häm-Gruppen teil und wechseln dabei von der Cu(I)- zur Cu(II)-Form. Dieser letzte Übertragungsschritt ist ein komplexer Vorgang, bei dem vier Elektronen praktisch gleichzeitig auf O_2 übertragen werden müssen. Dabei entstehen unter Aufnahme von vier H^+-Ionen aus dem Medium zwei Moleküle H_2O. Von allen Komponenten der Elektronentransportkette ist allein das Cytochrom aa_3 in der Lage, direkt mit dem Sauerstoff zu reagieren.

Unvollständige Reduktion von Sauerstoff verursacht Beschädigung der Zelle

Es ist für die Zelle sehr wichtig, daß die Reduktion des Sauerstoffs zu H_2O vollständig verläuft. Erfolgt sie nur teilweise, z. B. durch die Aufnahme von nur zwei statt vier Elektronen, so entsteht *Wasserstoffperoxid* (H_2O_2). Bei Aufnahme von nur einem Elektron entsteht das *Superoxid-Radikal* ($:O_2^-$). Wasserstoffperoxid und Superoxid sind für die Zelle sehr toxisch, denn sie greifen die ungesättigten Fettsäuren in den Membran-Lipiden an und zerstören damit die Membranstruktur. Aerobe Zellen schützen sich gegen diese Nebenprodukte mit Hilfe der *Superoxid-Dismutase*, eines Metall-Enzyms, das das Superoxid-Radikal in Wasserstoffperoxid umwandelt, und mit Hilfe der *Katalase*, die Wasserstoffperoxid zu H_2O und molekularem Sauerstoff umsetzt:

$$2O_2^- + 2H^+ \xrightarrow{\text{Superoxid-Dismutase}} H_2O_2 + O_2$$

$$2H_2O_2 \xrightarrow{\text{Katalase}} 2H_2O + O_2$$

Trotz seiner Toxizität kann Wasserstoffperoxid eine nützliche Funktion haben. Der Bombardierkäfer stellt in einem Beutel seiner Spritzdrüse eine konzentrierte Wasserstoffperoxid-Lösung her und in einem anderen Beutel eine Hydrochinon-Lösung. Bei Bedrohung erschreckt und vergiftet dieses eigentümliche Insekt seine Feinde damit, daß es einen heißen (38 °C) Sprühnebel aus toxischem Chinon abfeuert, der durch die explosionsartige Oxidation des Hydrochinons durch das Wasserstoffperoxid entstanden ist.

Die Elektronen-Carrier reagieren immer in einer bestimmten Reihenfolge

Woher wissen wir, daß die Elektronen-Carrier der Atmungskette in der besprochenen Reihenfolge reagieren? Erstens werden ihre Standarpotentiale (Abb. 17-4 und Tab. 17-1) zum Sauerstoff hin immer positiver, was man ja auch erwarten sollte, da Elektronen die Tendenz haben, von elektronegativen zu elektropositiven Systemen zu fließen, wodurch die freie Energie abnimmt. Zweitens ist jedes Glied der Kette für einen bestimmten Elektronendonator und einen bestimmten Elektronenakzeptor spezifisch. NADH kann z. B. Elektronen von der NADH-Dehydrogenase aufnehmen, aber es kann sie nicht direkt an das Cytochrom b oder c abgeben. Drittens sind strukturierte Komplexe, bestehend aus funktionell einander nahe stehenden Elektronen-Carriern, aus Mitochondrienmembranen isoliert worden (Abb. 17-12). Komplex I besteht aus NADH-Dehydrogena-

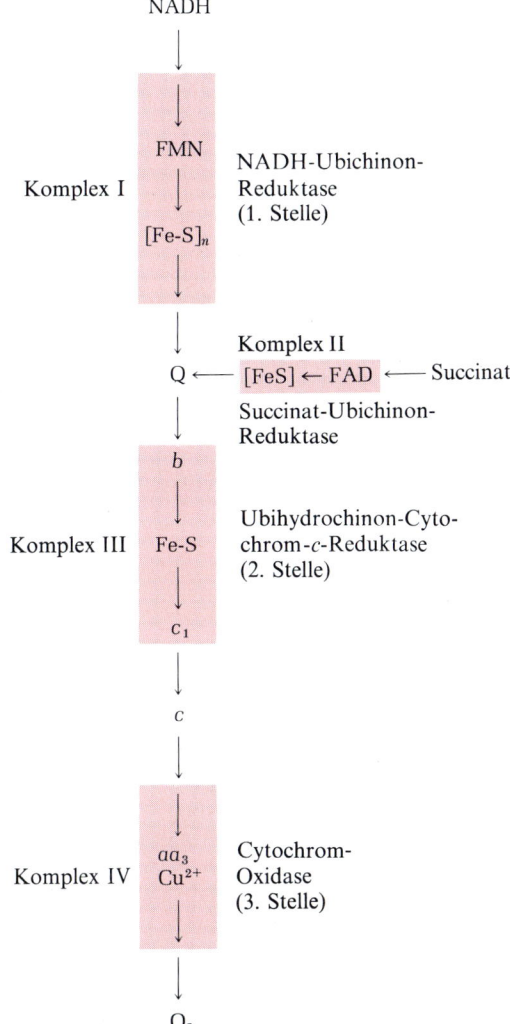

Abbildung 17-12
Die Elektronentransport-Komplexe. Sie können als funktionelle Einheiten isoliert werden.

se und ihren Eisen-Schwefel-Zentren, die in ihrer Funktion eng miteinander verbunden sind. Komplex II besteht aus Succinat-Dehydrogenase und ihren Eisen-Schwefel-Zentren, Komplex III aus den Cytochromen b und c_1 und einem spezifischen Eisen-Schwefel-Zentrum. Die Cytochrome a und a_3 bilden zusammen den Komplex IV. Ubichinon bildet das verbindende Glied zwischen den Komplexen I, II und III und Cytochrom c das verbindende Glied zwischen den Komplexen III und IV (Abb. 17-12).

Auch spezifische Inhibitoren, die an bestimmten Stellen der Kette angreifen, haben viel zur Erforschung des Elektronentransportes beigetragen. Die wichtigsten von ihnen sind: (1) *Rotenon*, ein extrem toxisches Pflanzenprodukt, das von den südamerikanischen Indianern als Fischgift benutzt wurde; es blockiert den Elektronentransport vom NADH zum Ubichinon; (2) das toxische Antibiotikum *Antimycin A* aus einem *Streptomyces*-Stamm, das den Transfer von Elektronen zwischen Ubichinon und Cytochrom c hemmt; (3) das *Cyanid*, eines der stärksten der bekannten Gifte, das die Reduktion von Sauerstoff durch das Cytochrom aa_3 unterbindet (Abb. 17-13).

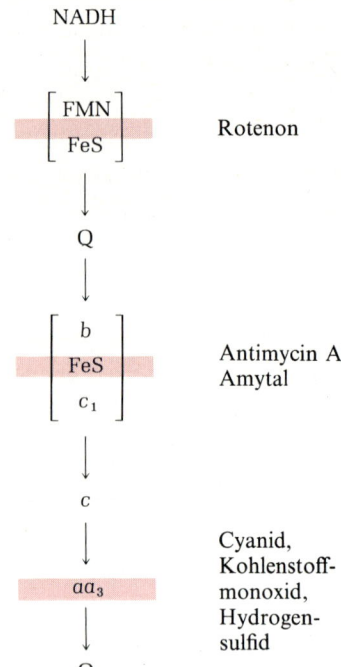

Abbildung 17-13
Die Angriffspunkte verschiedener Inhibitoren des Elektronentransportes. Amytal ist ein Barbiturat, das als Sedativum verabreicht wird. Die Cytochrom-Oxidase wird außer durch Cyanid auch durch Hydrogensulfid und Kohlenstoffmonoxid gehemmt.

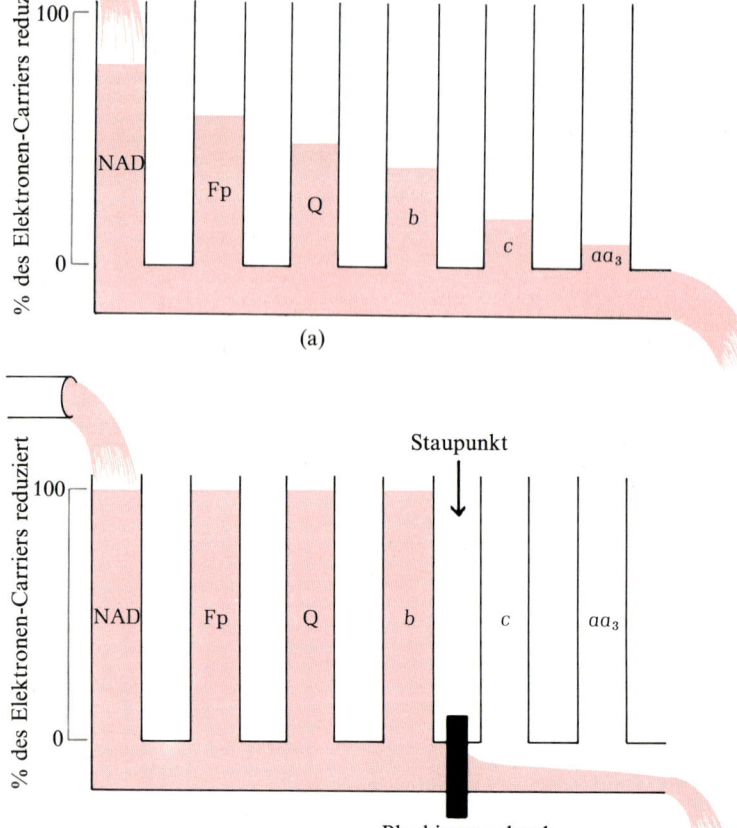

Abbildung 17-14
Ein hydraulisches Analogon zur Atmungskette.
(a) Normales Fließgleichgewicht (steady state) der Atmung. Der Reduktionsgrad der aufeinanderfolgenden Carrier-Moleküle nimmt in einer Mitochondrien-Population vom Substrat zum Sauerstoff kontinuierlich ab.
(b) Der Atmungsketten-Inhibitor Antimycin A führt zu einem Stau reduzierter Carrier, der bis zu einem bestimmten Punkt, dem Staupunkt, reicht.

Ein weiterer wichtiger Inhibitor für das Cytochrom aa_3 ist das Kohlenstoffmonoxid. In Abb. 17-14 ist eine hydraulische Analogie zur Atmungskette dargestellt. Sie zeigt, daß am Ort der Hemmung eine Art *Staupunkt* entsteht (S. 469), vor welchem die Elektronen-Carrier stärker reduziert sind und nach welchem sie stärker oxidiert sind. Da die oxidierten und reduzierten Formen der Elektronen-Carrier deutlich voneinander verschiedene Spektren haben, lassen sich diese Änderungen in einem Spektrophotometer beobachten.

Die Energie aus dem Elektronentransport wird durch oxidative Phosphorylierung konserviert

Wir haben gesehen, daß es in der Elektronentransportkette drei energiekonservierende Abschnitte gibt, in denen die Energie für die ATP-Synthese aus der oxidativen Phosphorylierung gewonnen wird (Abb. 17-4, 17-7 und 17-12). Elektronenpaare, die von NAD-abhängigen Dehydrogenasen herstammen, passieren alle drei energiekonservierenden Stellen und führen daher zur Bildung der maximalen Anzahl von drei ATP-Molekülen. Die Gesamtgleichung hierfür lautet:

$$NADH + H^+ + \tfrac{1}{2}O_2 + 3P_i + 3ADP \rightarrow NAD^+ + 3ATP + 4H_2O$$

Wird jedoch Succinat durch das Flavin-Enzym Succinat-Dehydrogenase dehydriert, so werden für jedes Elektronenpaar, das zum Sauerstoff fließt, nur zwei Moleküle ATP gebildet (Abb. 17-7 und Tab. 17-3). Das liegt daran, daß das Elektronenpaar aus dem Succinat die Kette erst auf der Höhe des Ubichinons betritt, d. h. an einem Punkt *nach* der ersten Phosphorylierungsstelle. Auch die Elektronenpaare anderer Flavin-Dehydrogenasen, wie der Acyl-CoA-Dehydrogenase des Fettsäure-Oxidationscyclus (Kapitel 18), führen nur zur Bildung von zwei Molekülen ATP (Abb. 17-7). Die oxidative Phosphorylierung ist nicht auf die Dehydrierungen im Citratcyclus beschränkt, sondern die Elektronen hierfür können auch aus allen mitochondrialen Dehydrogenasen stammen, die am Abbau von Kohlenhydraten, Fettsäuren oder Aminosäuren beteiligt sind.

Durch die Bildung von ATP wird ein großer Teil der während des Elektronentransportes freigesetzten Energie konserviert. Da durch den Transfer von Elektronenpaaren vom NADH bis zum Sauerstoff 220 kJ/mol freigesetzt werden und da unter thermodynamischen Standardbedingungen für die Bildung von 1 mol ATP 30.5 kJ eingesetzt werden müssen, kann durch die Entstehung von 3 mol ATP theoretisch ein beträchtlicher Teil des beim Elektronentransport insgesamt auftretenden Energieabfalls festgehalten werden. Nun können wir uns der Frage nähern, warum die Elektronentransportkette eine so große Zahl von Carriern enthält. Die Antwort ist, daß durch diese – der große Abfall an freier Energie bei der Gesamtreaktion in

Tabelle 17-3 Die Anzahl der bei den verschiedenen Oxidationsschritten des Citratcyclus gebildeten ATP-Moleküle.

Schritt	Anzahl der ATP-Moleküle
Isocitrat → 2-Oxoglutarat + CO_2	3
2-Oxoglutarat → Succinat + CO_2	4*
Succinat → Fumarat	2
Malat → Oxalacetat	3
Insgesamt	12

* Da bei der Umwandlung von Succinyl-CoA zu Succinat GTP entsteht und aus diesem dann ATP (S. 493), werden durch den Schritt vom 2-Oxoglutarat zum Succinat insgesamt vier Moleküle ATP gebildet.

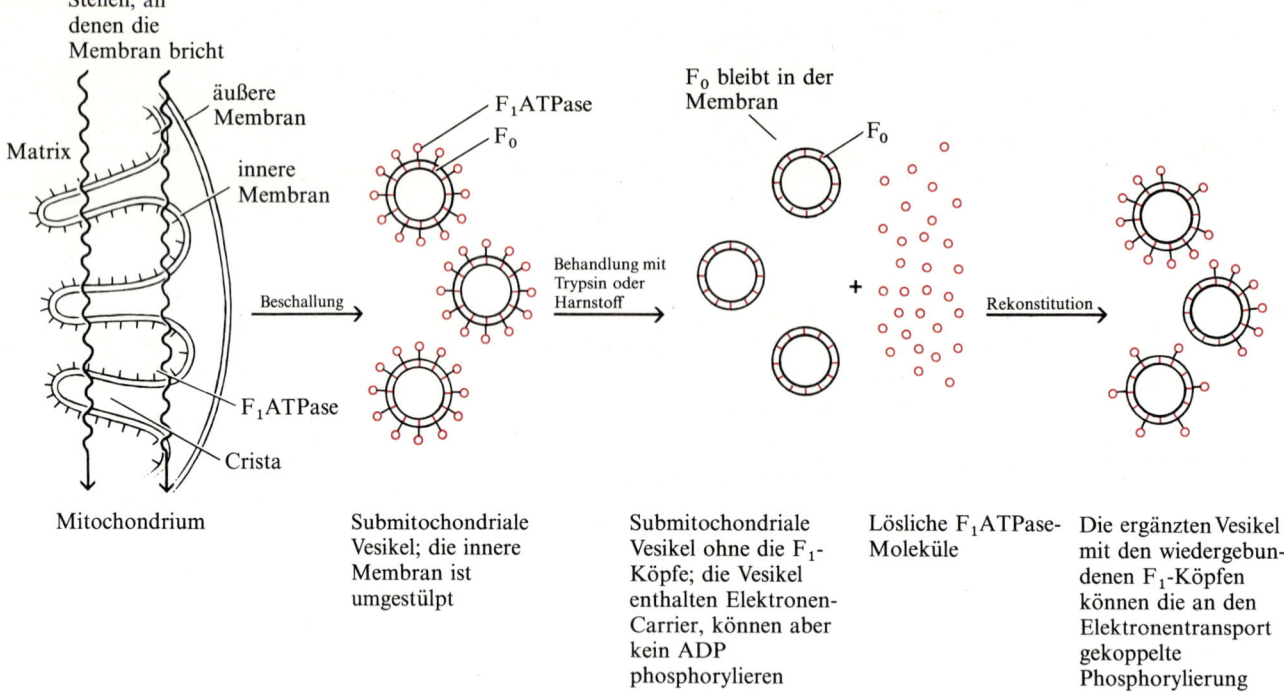

Abbildung 17-15
Die Bildung von Vesikeln aus der inneren Membran durch Beschallung von Mitochondrien und die Wiederaufnahme der oxidativen Phosphorylierung. Durch die Schallbehandlung zerbrechen Cristae der inneren Membran. Die Fragmente schließen sich wieder zu Vesikeln zusammen, bei denen sich F_1-Köpfe häufiger auf der Außenseite befinden als auf der Innenseite. Durch Behandlung dieser invertierten Vesikeln mit Trypsin oder Harnstoff werden die F_1-Köpfe abgelöst. Dadurch entstehen Vesikel, die noch die F_O-Anteile enthalten, so daß sie den Elektronentransport noch durchführen können, aber nicht die Phosphorylierung. Werden zu diesen unvollständigen Vesikeln die abgetrennten F_1-Moleküle wieder hinzugegeben, so werden sie auch wieder an die F_O-Einheiten der inneren Membran gebunden. Die nun wieder funktionsfähigen Vesikel können sowohl den Elektronentransport als auch die oxidative Phosphorylierung katalysieren.

eine Reihe von Einzelschritten mit kleineren Energieabfällen unterteilt wird. Bei dreien dieser Teilschritte reicht die frei werdende Energie für die Synthese von ATP aus. (Abb. 17-4). Die Atmungskette stellt demnach eine Art Kaskade dar, in der die aus den Brennstoffen stammende freie Energie in verwertbare Packungsgrößen unterteilt wird.

Das ATP-synthetisierende Enzym wurde isoliert und aus seinen Untereinheiten rekonstituiert

Lassen Sie uns nun das ATP-synthetisierende Enzymsystem in der inneren Mitochondrienmembran betrachten. Dieser Enzymkomplex, die *ATP-Synthetase* oder $F_O F_1 ATPase$, besteht aus zwei Hauptkomponenten, F_O und F_1 (F steht für Faktor). Die Komponente F_1 hat die Form einer herausragenden Verdickung (Knopf), die von der inneren Membran aus in die Matrix hineinreicht (Abb. 17-2 und 17-15). Sie ist durch einen Stiel mit dem Teil F_O verbunden, der in die innere Membran eingebettet ist und sich ganz durch diese hindurch erstreckt. Das Suffix von F_O ist keine Null, sondern der Buchstabe O, es bezeichnet den Teil der ATP-Synthetase, an den das toxische Antibiotikum *Oligomycin* gebunden wird, das ein wirksamer Inhibitor dieses Enzyms und damit auch der oxidativen Phosphorylierung ist.

F_1 wurde zuerst von Efraim Racker und seinen Mitarbeitern aus

Kapitel 17 Elektronentransport 535

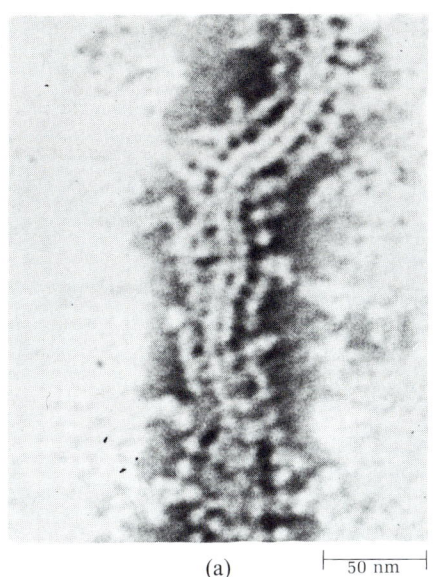

(a)

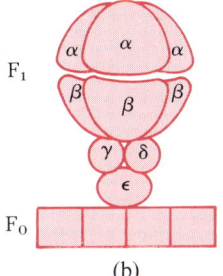

(b)

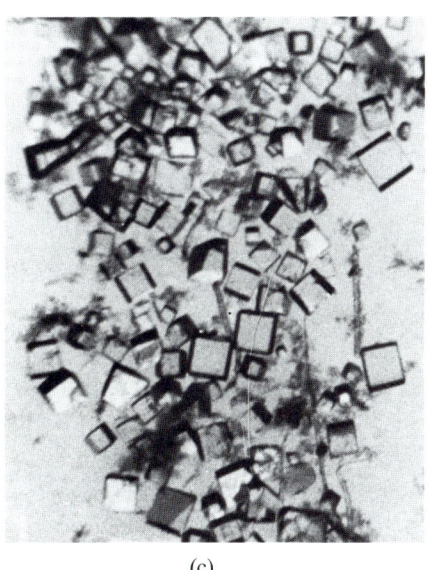

(c)

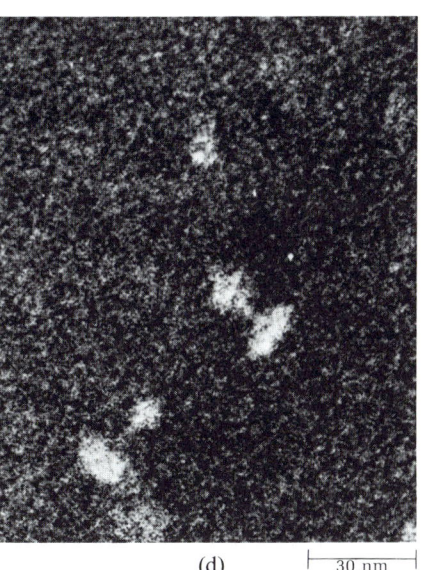

(d)

Abbildung 17-16
Die Struktur der F_0F_1 ATPase (ATP-Synthetase).
(a) Von der F_0F_1 ATPase wurden zuerst die Ausstülpungen der inneren Membranoberfläche entdeckt, die in der elektronenmikroskopischen Aufnahme zu erkennen sind.
(b) Modell der F_0F_1 ATPase, das eine mögliche Anordnung seiner Untereinheiten zeigt.
(c) Kristalle des F_1-Anteils aus Rattenleber-Mitochondrien.
(d) Elektronenmikroskopische Aufnahme von zwei F_0F_1 ATPase-Molekülen aus Rattenleber-Mitochondrien.

der inneren Mitochondrienmembran extrahiert und gereinigt. F_1 allein kann kein ATP aus ADP und Phosphat bilden, aber es kann ATP zu ADP und Phosphat hydrolysieren und wird daher auch *F_1ATPase* genannt. Extrahiert man F_1 vorsichtig aus umgestülpten Vesikeln (aus der inneren Mitochondrienmembran präparierte Vesikel, bei denen die Innenseite nach außen gestülpt ist, Abb. 17-15), so enthalten diese Vesikel noch intakte Atmungsketten und können daher den Elektronentransport noch katalysieren. Da ihnen aber die F_1-Köpfe fehlen, was man elektronenmikroskopisch nachweisen kann, können sie auch kein ATP bilden. Mischt man nun solche unvollständigen Vesikel unter geeigneten Bedingungen mit der abgetrennten F_1-Fraktion, so wird die normale Struktur der inneren Membran (mit vollständigen F_1-Köpfen) rekonstituiert und damit auch die Fähigkeit der inneren Membran-Vesikel wieder hergestellt, Elektronentransport und ATP-Synthese zu koppeln (Abb. 17-15). Membran-Rekonstitutionsversuche dieser zuerst von Racker durchgeführten Art haben den Weg bereitet für eine große Zahl bedeutender Untersuchungen über Struktur und Funktion von Membranen.

F_1 wurde vor einigen Jahren in reiner kristalliner Form gewonnen (Abb. 17-16). Es hat eine relative Molekülmasse von etwa 380 000 und besteht aus neun Polypeptid-Untereinheiten, die fünf verschiedenen Arten von Untereinheiten angehören und in Gruppen angeordnet sind. Es hat mehrere Bindungsstellen für ATP und ADP. Das vollständige $F_O F_1$ATPase-Molekül konnte ebenfalls in hochgereinigter Form erhalten werden. Auf stark vergrößerten elektronenmikroskopischen Aufnahmen kann man erkennen, daß es den F_1-Kopf enthält, daran einen Stiel und ein Basis-Stück, das sich in vivo durch die Membran erstreckt (Abb. 17-16). $F_O F_1$ATPase wird deshalb als ATPase bezeichnet, weil es in isolierter Form ATP zu ADP und P_i hydrolysiert. Da seine biologische Funktion in intakten Mitochondrien jedoch die Bildung von ATP aus ADP und P_i ist, ist der Name *ATP-Synthetase* der passendere.

Wie wird die Redox-Energie des Elektronentransportes an die ATP-Synthetase abgegeben?

In den vorausgegangenen Abschnitten dieses Kapitels haben wir den Vorgang des Elektronentransportes und die Struktur der ATP-Synthetase untersucht. Nun stoßen wir auf eine wichtige Frage: Wie erfolgt die Kooperation der Elektronentransport-Kette und der ATP-Synthetase, die zur oxidativen Phosphorylierung von ADP zu ATP führt? Diese Frage ist eines der schwierigsten Probleme der biochemischen Zellforschung. Obwohl wir heute sehr viel über die Verwendung von ATP-Energie bei biochemischen Reaktionen wissen, haben wir immer noch keine genauen Vorstellungen von den molekularen Vorgängen bei der oxidativen Phosphorylierung. Einer der Gründe hierfür ist, daß die am Elektronentransport und an der oxidativen Phosphorylierung beteiligten Enzyme sehr komplex sind und daß sie in die innere Mitochondrienmembran eingebettet sind, was eine detaillierte Untersuchung ihrer Wechselwirkungen erschwert. Für die Energieübertragung zwischen Elektronentransport und ATP-Synthese sind drei verschiedene Mechanismen vorgeschlagen worden.

Die *chemische Kopplungshypothese* besagt, daß der Elektronentransport durch eine Reihe aufeinanderfolgender Reaktionen mit der ATP-Synthese gekoppelt ist, bei denen ein energiereiches kovalentes Zwischenprodukt entsteht, das anschließend unter Bildung von ATP gespalten wird. Das erinnert an die Rolle des Zwischenproduktes 3-Phosphoglyceroylphosphat bei der ATP-Bildung durch die Glycolyse (S. 453).

Die *Konformations-Kopplungshypothese* postuliert, daß der Elektronentransport Konformationsänderungen bei den Protein-Komponenten der inneren Membran bewirkt, wobei energiereiche Formen entstehen sollen, die an das $F_O F_1$ATPase-Molekül übermittelt werden können und dieses dadurch aktivieren. Die Relaxation dieser aktivierten $F_O F_1$ATPase zu ihrer normalen Konformation soll die Energie für die Synthese von ATP und seine Freisetzung vom Enzym liefern.

Die *chemoosmotische Hypothese*, die von dem britischen Biochemiker Peter Mitchell vorgeschlagen worden ist, enthält ein anderes, neues Prinzip. Sie fordert, daß durch den Elektronentransport H^+-Ionen aus der Matrix durch die innere Mitochondrienmembran in das äußere wäßrige Medium gepumpt werden, wodurch ein H^+-Gradient in der inneren Membran entsteht. Die in diesem Gradienten enthaltene osmotische Energie soll dann die energieverbrauchende ATP-Synthese antreiben. Diese Hypothese scheint den tatsächlichen Verhältnissen am nächsten zu kommen. Lassen Sie uns nun einige Eigenschaften der oxidativen Phosphorylierung untersuchen, die die chemoosmotische Hypothese stützen.

Es sind keine energiereichen Zwischenprodukte gefunden worden, die Elektronentransport und ATP-Synthese verbinden

Trotz jahrelangen intensiven Suchens konnte keines der hypothetischen Zwischenprodukte der oxidativen Phosphorylierung gefunden werden.

Die oxidative Phosphorylierung erfordert die intakte Struktur der inneren Membran

Die innere Membran muß intakt sein und ein völlig geschlossenes Vesikel bilden. Brüche oder Löcher in der inneren Membran zerstören die Fähigkeit zur oxidativen Phosphorylierung auch dann, wenn der Elektronentransport von den Substraten zum Sauerstoff noch weiterläuft.

Die innere Mitochondrienmembran ist undurchlässig für H^+-, K^+-, OH^-- und Cl^--Ionen

Auch diese Eigenschaft steht mit der oxidativen Phosphorylierung in Beziehung. Wird die Membran beschädigt oder so behandelt, daß sie für diese oder bestimmte andere Ionen durchlässig wird, so erfolgt keine oxidative Phosphorylierung. Diese Beobachtungen lassen vermuten, daß für die ATP-Synthese ein Gefälle in der Zusammensetzung oder Konzentration der Ionen durch die innere Membran atmender Mitochondrien nötig ist.

Die oxidative Phophorylierung kann durch Entkoppler verhindert werden

Bei der Einwirkung bestimmter Chemikalien, wie z. B. *2,4-Dinitrophenol* (Abb. 17-17), läuft der Elektronentransport weiter, aber die Phosphorylierung von ADP zu ATP wird unterbunden, d.h. die essentielle Kopplung von Elektronentransport und ATP-Synthese wird unterbrochen. Daher werden solche Chemikalien *Entkoppler* genannt. In ihrer Gegenwart wird die Elektronentransportenergie nicht zur Synthese von ATP verwendet, sondern als Wärmeenergie freigesetzt. Entkoppler bewirken eine sehr starke Erhöhung der Permeabilität der inneren Membran für H^+. Es sind lipophile Substanzen, die die H^+-Ionen auf der einen Seite der Membran binden und durch die Membran hindurch auf die Seite mit der niedrigeren H^+-Konzentration transportieren können.

Einige Entkoppler wurden früher als Schlankheitsmittel verwendet, d.h. die Fettleibigkeit wurde duch Erniedrigung der ATP-Ausbeute bekämpft. Diese Mittel haben sich aber als extrem toxisch herausgestellt und sind seit langem nicht mehr auf dem Markt.

Die oxidative Phosphorylierung kann auch durch bestimmte Ionophore verhindert werden

Ionophore (Ionen-Carrier) sind lipidlösliche Substanzen, die bestimmte Ionen binden und durch die Membran transportieren können. Sie unterscheiden sich von den Entkopplern dadurch, daß sie auch den Transport anderer als nur H^+-Ionen bewirken. Das toxische Antibiotikum *Valinomycin* (Abb. 17-18) bildet mit K^+ einen lipidlöslichen Komplex, der leicht durch die innere Membran hindurch gelangt, während K^+ allein nur sehr langsam hindurchgeht. Das Ionophor *Gramicidin* ermöglicht den Durchtritt durch die innere Membran für K^+, Na^+ und einige andere einwertige Kationen. Es zeigt sich, daß eine Erhöhung der Permeabilität der inneren Mitochondrienmembran für H^+, K^+ oder Na^+ durch Entkoppler oder Inophore die oxidative Phosphorylierung verhindert.

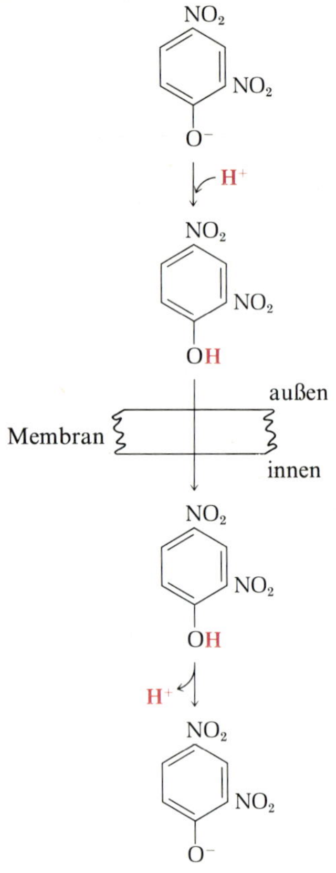

Abbildung 17-17
Wirkungsweise des typischen Entkopplers 2,4-Dinitrophenol. Bei einem pH-Wert um 7 liegt diese Verbindung überwiegend als Anion vor, das nicht in Lipiden löslich ist. In ihrer protonierten Form dagegen ist sie lipidlöslich und kann durch die Membran hindurchtreten. Das dabei transportierte H^+-Ion wird auf der anderen Seite wieder abgegeben. Auf diese Weise können Entkoppler die Bildung von H^+-Gradienten in der Membran verhindern. H^+-leitende Entkoppler nennt man auch Protonophore.

Der Elektronenfluß bewirkt den Ausstoß von H^+-Ionen aus den atmenden Mitochondrien

Die durch den Elektronenfluß von den Substraten über die Atmungskette zum Sauerstoff freigesetzte Energie kann unter bestimmten Bedingungen den Transport von H^+ von der Mitochondrienmatrix ins Medium bewirken. Als Folge davon wird das Kompartiment Matrix alkalischer, d. h. der pH-Wert steigt, und das umgebende Medium wird saurer. Demnach enthält die innere Membran H^+-Pumpen, die die freie Energie des Elektronenflusses dazu verwenden, H^+-Ionen entgegen einem Konzentrationsgradienten nach außen zu transportieren. Hand in Hand mit diesem H^+-Ionen-Ausstoß bildet sich ein elektrisches Potential an der inneren Membran aus, denn durch das Abwandern der H^+-Ionen aus der Matrix wird die Membran-Außenseite positiv und die Innenseite negativ aufgeladen. Auf diese Weise erzeugt der Elektronentransport einen *elektrochemischen H^+-Gradienten*, der aus zwei Anteilen besteht:

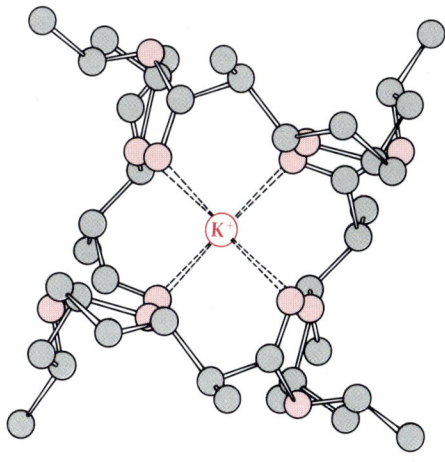

Abbildung 17-18
Valinomycin, ein toxisches Antibiotikum, das K^+-Ionen durch Membranen transportiert. Dieses K^+-Ionophor besteht aus L- und D-Valin-, Lactat- und Hydroxyisovalerat-Resten, die ringförmig verknüpft sind. Im hydrophilen Innern des Ringes kann ein spezifischer Komplex mit einem K^+-Ion (in Farbe) gebildet werden. Die lipidlöslichen Außenbereiche des Valinomycin-Moleküls (grau schattiert) ermöglichen den schnellen Durchtritt durch die Membran.

$$\begin{array}{ccc} \Delta \tilde{\mu}_{H^+} & = \Delta \Psi & - Z\Delta pH \\ \text{Elektrochemischer} & \text{Membran-} & \text{pH-Gradient} \\ H^+\text{-Gradient} & \text{potential} & \text{(außen sauer)} \\ & \text{(innen negativ)} & \end{array}$$

Der Faktor Z wandelt pH-Einheiten in Millivolt um, die Einheit, in der $\Delta \tilde{\mu}_H^+$ und $\Delta \psi$ normalerweise ausgedrückt werden. Das Membranpotential stellt ungefähr 15% des insgesamt durch den Elektronentransport erzeugten elektrochemischen Gradienten dar.

Die chemoosmotische Hypothese postuliert, daß ein Protonengradient Energie vom Elektronentransport auf die ATP-Synthese überträgt

Die eben beschriebenen Eigenschaften der Mitochondrien bilden das Fundament für die chemoosmotische Hypothese (Abb. 17-19). Sie besagt, daß der in der inneren Membran ablaufende Elektronentransport die Funktion hat, H^+-Ionen aus der Matrix in das äußere Medium zu pumpen und dadurch einen H^+-Gradienten zwischen den beiden wäßrigen Bereichen zu erzeugen, die durch die innnere Membran voneinander getrennt sind. Gradienten enthalten potentielle Energie (S.424). Die chemoosmotische Hypothese fordert weiterhin, daß die durch den Elektronentransport ins äußere Medium gepumpten H^+-Ionen durch einen spezifischen H^+-Kanal oder eine H^+-Pore im F_OF_1ATPase-Molekül wieder in die Mitochondrienmatrix zurückfließen, wobei der Konzentrationsgradient die treibende Kraft ist. Die durch diesen Rückfluß durch das ATPase-Molekül freigesetzte Energie bewirkt die gekoppelte Synthese von ATP aus ADP und Phosphat.

Wir sehen, daß für die Kopplung von Elektronentransport und

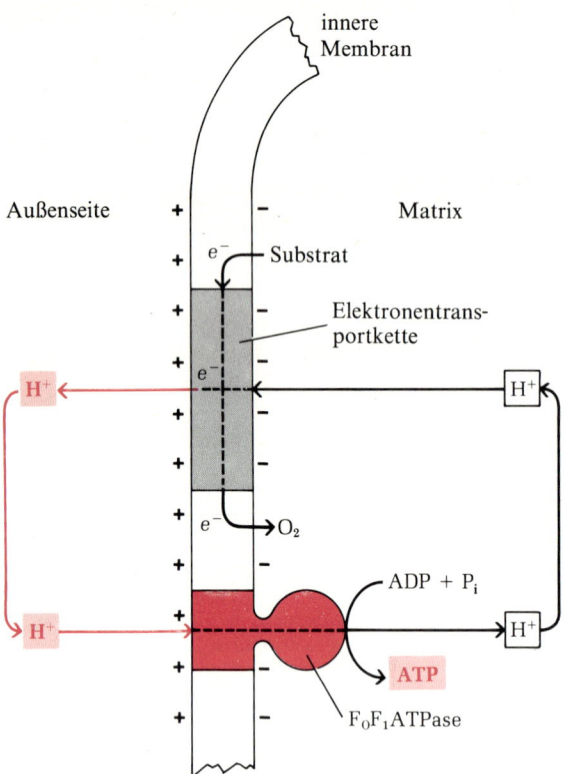

Abbildung 17-19
Das Prinzip der chemoosmotischen Hypothese. Man nimmt an, daß die Elektronentransportkette als H^+-Pumpe wirkt. Mit Hilfe der beim Elektronentransport freigesetzten Energie werden H^+-Ionen aus der Matrix nach außen transportiert, es bildet sich ein Konzentrationsgefälle zwischen innen und außen (außen sauer). Durch diesen Vorgang wird außerdem ein elektrisches Potential an der Membran aufgebaut (außen positiv). Die außen aufgestauten H^+-Ionen fließen, entsprechend ihrem elektrochemischen Gradienten, katalysiert durch die F_0F_1 ATPase, in die Matrix zurück. Dabei bilden sie ATP auf Kosten der freien Energie, die beim Konzentrationsausgleich entsteht. Nach der chemoosmotischen Hypothese muß also ein fortwährender Kreislauf der H^+-Ionen aus den Mitochondrien heraus und wieder hinein stattfinden, der vom Elektronentransport angetrieben wird. Weitere Einzelheiten s. Kasten 17-1.

ATP-Synthese kein energiereiches gemeinsames Zwischenprodukt nötig ist, sondern daß der über die Membran aufgebaute H^+-Gradient als Energieüberträger zwischen Elektronentransport und ATP-Synthese dient. Außerdem, muß auf Grund der Hypothese die Membran intakt sein und ein geschlossenes Vesikel bilden, entweder in Form des unbeschädigten Mitochondriums oder als submitochondriale Vesikel aus der inneren Membran (Abb. 17-15), denn nur dann kann sich ein H^+-Gradient in der Membran aufbauen. Wird also durch einen Entkoppler ein „Leck" erzeugt, wie es Abb. 17-17 zeigt, so bricht der Konzentrationsgradient zusammen und eine Energiekopplung ist nicht mehr möglich. Schließlich konnte gezeigt werden, daß das Ausschleusen von H^+-Ionen aus den Mitochondrien und ihre Rückabsorption von außen durch die ATP-Synthetase mit Geschwindigkeiten erfolgt, die mit der Gesamtgeschwindigkeit der oxidativen Phosphorylierung in Übereinstimmung sind.

Obwohl das chemoosmotische Prinzip die meisten Eigenschaften des oxidativen Phosphorylierungsvorganges erklärt, sind einige Aspekte, noch immer rätselhaft, z. B. der Mechanismus der Membranpumpen (Kasten 17-1).

Die Energie des Elektronentransportes ist auch für andere Zwecke nützlich

Die Hauptrolle des Elektronentransportes besteht darin, Energie für die ATP-Synthese während der oxidativen Phosphorylierung zu liefern. Die Energie des Elektronentransportes kann aber auch für andere biologische Zwecke verwendet werden (Abb. 17-20), z. B. für die Erzeugung von Wärme. Menschliche Säuglinge oder Neugeborene anderer Säuger, die ebenfalls haarlos zur Welt kommen, sowie einige Tiere, die Winterschlaf halten, besitzen im Nacken und im oberen Rücken eine spezielle Art von Fett, das *braune Fettgewebe*. Es hat die Aufgabe, durch die Oxidation von Fett Wärme zu erzeugen. Die braune Farbe erhält es durch den enorm hohen Gehalt an Mitochondrien, genauer durch die darin enthaltenen, rotbraun gefärbten Cytochrome. Die spezialisierten Mitochondrien dieses Gewebes (Abb. 17-21) produzieren normalerweise kein ATP; statt dessen konvertieren sie die Energie des Elektronentransportes in Wärmeenergie, um die Körpertemperatur der Jungtiere oder der Säuglinge aufrecht zu erhalten. Die Mitochondrien des braunen Fettgewebes besitzen spezielle H^+-Poren in der inneren Membran, die den Rückfluß der H^+-Ionen erlauben, ohne daß diese den Weg über die F_0F_1ATPase nehmen müssen. Damit wird die freie Energie von der ATP-Synthese zur Wärmeproduktion umgeleitet.

Der durch den Elektronentransport erzeugte H^+-Gradient wird auch für den Ca^{2+}-Transport aus dem Medium oder dem Cytosol in die Matrix verwendet (Abb. 17-22). Dem Ca^{2+}-Transport ins Innere steht ein Ca^{2+}-Ausstrom gegenüber, dessen Geschwindigkeit reguliert wird. Auf diese Weise tragen die Mitochondrien zu der Regulation der charakteristisch niedrigen Ca^{2+}-Konzentration in den Zellen (etwa 10^{-7} M) bei. Freie Ca^{2+}-Ionen sind ein wichtiger intrazel-

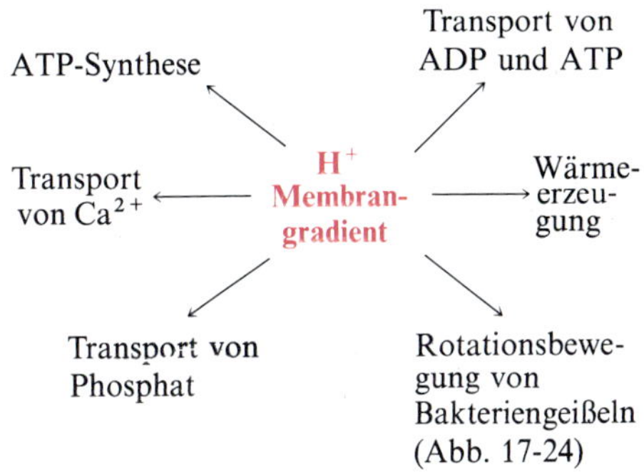

Abbildung 17-20
Die zentrale Rolle des H^+-Gradienten an der Membran für die Energieversorgung verschiedener Zellaktivitäten

Abbildung 17-21
Querschnitt durch ein Mitochondrium im braunen Fettgewebe der Ratte. Es enthält viele lange, dicht gepackte Cristae, die reich an Cytochromen sind, und hat dadurch eine sehr hohe Atmungsaktivität. In den Mitochondrien des braunen Fettgewebes wird fast die gesamte Energie des Elektronentransportes in Wärme umgewandelt, da die nach außen gepumpten H^+-Ionen zum größten Teil durch offene H^+-Poren und weniger durch die F_0F_1ATPase in die Matrix zurückfließen.

Kasten 17-1 Viele Fragen zum Mechanismus der oxidativen Phosphorylierung sind noch unbeantwortet.

Obwohl die chemoosmotische Hypothese für die Energieübertragung von der Elektronentransportkette auf die ATP-Synthese in Mitochondrien, Bakterien und Chloroplasten (Kapitel 23) allgemein anerkannt ist, läßt sie noch viele wichtige Fragen offen. Die dabei am häufigsten diskutierte Frage ist wohl die, auf welche Weise der Elektronentransport in der inneren Membran das Herauspumpen der H^+-Ionen aus der Matrix bewirkt. Mitchell hat dafür ein intelligentes Schema entworfen (Abb. 1). Es baut auf der Tatsache auf, daß Reduktionsäquivalente von einigen Elektronen-Carriern, wie Ubichion, als H-Atome transportiert werden und von anderen, wie den meisten Eisen-Schwefel-Zentren und den Cytochromen, als Elektronen. Er postulierte, daß sich die wasserstofftransportierenden und die elektronentransportierenden Proteine in der Atmungskette unter Bildung von drei Schleifen („Loops") abwechseln. In jeder dieser Schleifen werden zwei H-Atome nach außen befördert und in Form von zwei H^+-Ionen an das Außenmedium abgegeben. Das von ihnen abgetrennte Elektronenpaar wird durch einen anderen Carrier von der äußeren zur inneren Oberfläche zurückgebracht (Abb. 1). Jedes Paar von Reduktionsäquivalenten, das eine solche Schleife durchläuft, befördert zwei H^+-Ionen aus der Matrix in das äußere Medium. Jeder Durchlauf durch eine Schleife liefert die osmotische Energie für die Synthese eines ATP-Moleküls.

So einleuchtend dieser Mechanismus auch erscheinen mag, so ist er doch nicht mit allen experimentellen Ergebnissen in Einklang. Erstens macht er eine Reihenfolge und ungleichseitige (gerichtete) Verteilung der wasserstoff- und elektronentransportierenden Zentren nötig, die nicht völlig mit den vorliegenden Daten übereinstimmt. Zweitens können auf diese Weise nur zwei H^+-Ionen pro Elektronenpaar und Phosphorylierungsstelle befördert werden, denn jedes nach außen wandernde Elektron entspricht jeweils einem H^+-Ion.

Neue Untersuchungen zeigen aber, daß pro Elektronenpaar und Phosphorylierungsstelle mindestens drei, wahrscheinlich aber vier H^+-Ionen transportiert werden, und daß drei oder vier H^+-Ionen in die Matrix zurückkehren, um ein ATP-Molekül zu synthetisieren.

Außerdem ist es fraglich, ob H^+-Ionen während der normalen oxidativen Phosphorylierung tatsächlich durch die Membran hindurchfließen. Es scheint nämlich so zu sein, daß zumindest ein Teil der Bewegung der H^+-Ionen eher in der Membran oder auf ihrer Oberfläche stattfindet als zwischen den wäßrigen Kompartimenten, die durch die Membran getrennt sind. Eine weitere Frage ist die nach dem genauen Mechanismus der ATP-Synthese. Wie erzeugt der Fluß der Wasserstoffionen die kovalente Bindung zur endständigen Phosphatgruppe im ATP?

Es gibt also über die molekularen Bestandteile und Eigenschaften der energieleitenden Membranen von Mitochondrien, Bakterien und Chloroplasten noch viel zu untersuchen. Eines Tages, nach vielen weiteren Experimenten, werden wir die Antwort auf diese Fragen kennen, die jetzt noch im komplexen Aufbau der Membran verborgen ist. Der einzuschlagende Weg ist folgender: Aus experimentellen Beobachtungen muß eine Hypothese formuliert und diese immer wieder geprüft werden, um sicher zu gehen, daß jedem beobachteten Faktum Rechnung getragen wird. In gewisser Hinsicht sind biologische Untersuchungen niemals wirklich abgeschlossen. Manches, was als wohlfundierte, gesicherte Schlußfolgerung gilt, kann sich, wenn neue Fakten auftauchen und neue Einblicke gewonnen werden, als bloße Näherung herausstellen. Die Erforschung der molekularen Gesetzmäßigkeiten der Zelle ist eine nie endende Konfrontation mit der Grenze zum Unbekannten.

---

lulärer Messenger für die Kontrolle vieler Zellfunktionen. Ein Anstieg ihrer Konzentration bewirkt Muskelkontraktion (S. 420), Glycogenabbau (S. 801) und die Oxidation von Pyruvat (S. 500), ein Abfall des Ca^{2+}-Gehaltes kehrt diese Wirkungen um.

Bakterien und Chloroplasten enthalten ebenfalls H^+-transportierende Elektronentransportketten

Auch bei Bakterien gibt es den Elektronentransport von NAD-abhängigen Substraten zum Sauerstoff, an den die Phosphorylierung von cytosolischem ADP zu ATP gekoppelt ist. Die Dehydrogenasen befinden sich im Cytosol, aber die Elektronen-Carrier der Atmungskette sowie die ATP-bildenden Faktoren sind in der Plasmamembran der Bakterien lokalisiert. Bakterien pumpen während des Elek-

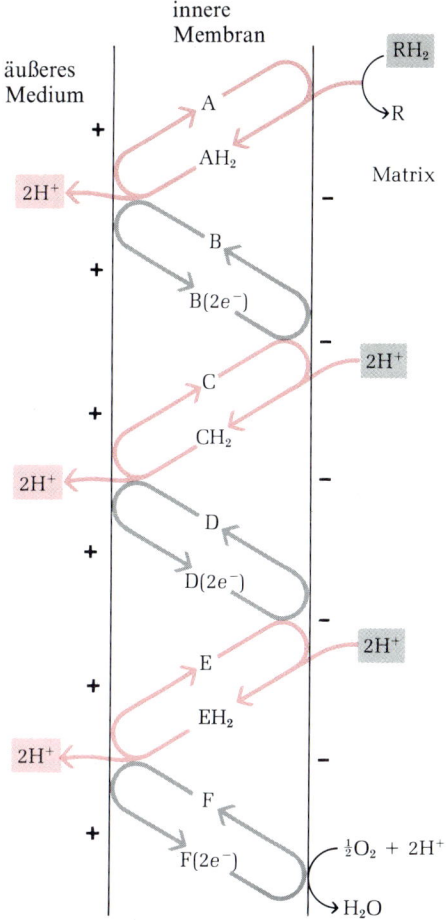

Abbildung 1
Der Schleifen-(Loop-)Mechanismus des H^+-Transportes bei der chemoosmotischen Hypothese. Es wird postuliert, daß drei H^+-leitende Schleifen existieren, die sich in den aufeinanderfolgenden Carrier-Molekülen (A—F) der Atmungskette befinden. In jeder dieser Schleifen werden zwei H^+-Ionen aus der Matrix mit Hilfe eines Carriers, der Reduktionsäquivalente als H-Atome transportiert (in Farbe), nach außen befördert. Nach der Abgabe von zwei H^+-Ionen an das äußere Medium bleiben zwei Elektronen übrig. Sie werden durch einen Carrier, der Reduktionsäquivalente als Elektronen transportiert (in Grau), zur Innenseite der Membran zurückgebracht. Für jedes Elektronenpaar, das vom Substrat RH_2 bis zum Sauerstoff wandert, werden in drei solchen Schleifen $3 \times 2 = 6\,H^+$-Ionen von der Matrix ins Medium befördert. Es wird angenommen, daß die einzelnen Glieder der Atmungskette an der Membran befestigt sind, so daß dadurch die richtige Seitenverteilung gegeben ist.

tronentransportes ebenfalls H^+-Ionen nach außen. Diese Ähnlichkeiten zwischen Bakterien und Mitochondrien in bezug auf die Organisation ihrer Elektronentransportketten (Abb. 17-23) sind ein weiterer Hinweis darauf, daß Mitochondrien aus aeroben Bakterien entstanden sein könnten, die während der Evolution der eukaryotischen Zellen in diese eingedrungen sind (S. 29 und 963). Die Energie für die Bewegung von Bakterien-Geißeln stammt aus „Protonen-Turbinen", die sich in der Zellmembran befinden (Abb. 17-24).

Wie wir in Kapitel 23 sehen werden, besitzen auch die Chloroplasten photosynthetisierender Pflanzenzellen, die ATP auf Kosten eingefangener Lichtenergie aus ADP und Phosphat herstellen, eine komplex organisierte innere Membran mit Elektronentransportketten und ATP-synthetisierenden Enzymen. Die Mechanismen der Phosphorylierung sind sowohl in Bakterien als auch in Chloroplasten sehr ähnlich wie in den Mitochondrien. Hier haben wir ein wei-

544　Teil II　Bioenergetik und Stoffwechsel

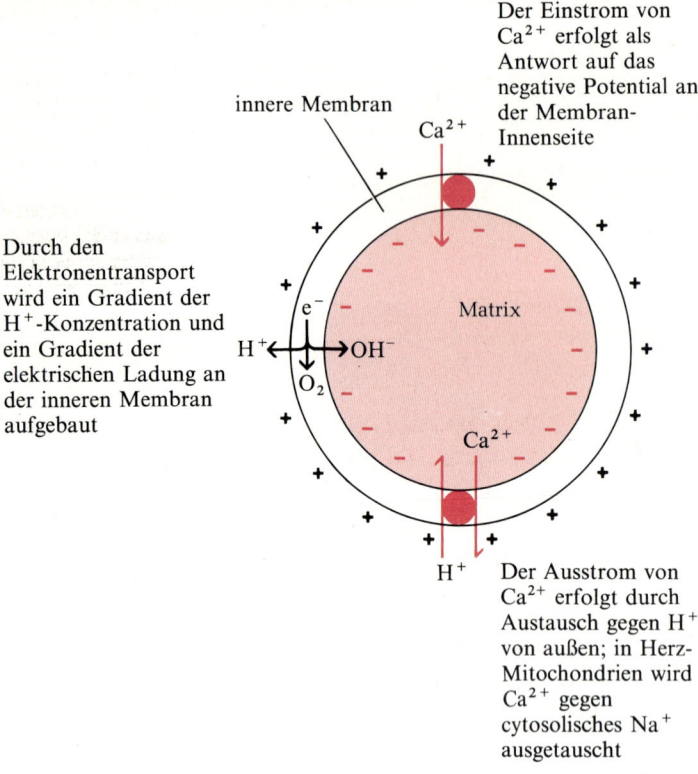

Abbildung 17-22
Energieabhängiger Ein- und Ausstrom von Ca^{2+} in Mitochondrien. Die innere Membran enthält zwei Transportsysteme für Ca^{2+}, wahrscheinlich Proteine. Das eine transportiert Ca^{2+} nach innen und das andere nach außen. Durch Regulation der Ein- und Ausflußgeschwindigkeit kann die externe Ca^{2+}-Konzentration auf dem für dieses Kompartiment charakteristischen niedrigen Wert gehalten werden.

teres Beispiel für die molekulare Einheitlichkeit vor uns, die sich über die verschiedenen Formen lebender Organismen erstreckt.

Die innere Mitochondrienmembran enthält spezifische Transportsysteme

Die innere Mitochondrienmembran ist für H^+, OH^-, K^+ und viele andere gelöste Ionen undurchlässig. Wie können nun das elektrisch geladene ADP^{3-} und $Phosphat^{2-}$, die im Cytosol aus ATP entste-

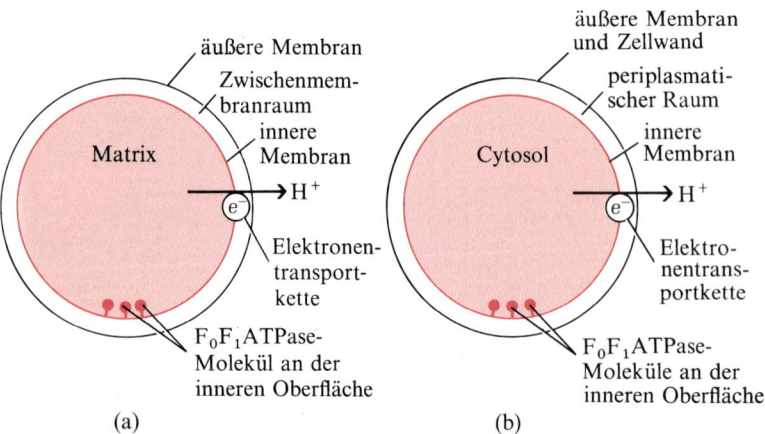

Abbildung 17-23
Ähnlichkeiten in der Anordnung von Elektronentransportketten, H^+-Pumpen und F_0F_1ATPase-Molekülen bei
(a) Mitochondrien und (b) aeroben Bakterien.

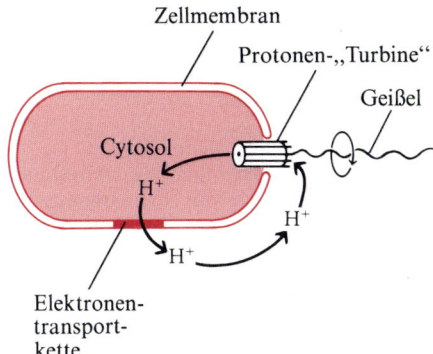

Abbildung 17-24
Die Rotationsbewegung der Bakterien-Geißel, angetrieben durch protonenmotorische Kräfte. Die Geißeln von Bakterien sind, im Gegensatz zu denen in Eukaryotenzellen, ziemlich steife Gebilde. Die rotierende Bewegung entsteht an ihrer Basis in der Zellmembran durch eine Struktur, die Protonen-„Turbine" genannt worden ist. Die durch den Elektronentransport nach außen beförderten H^+-Ionen fließen durch die „Turbine" in die Zelle zurück und erzeugen die Rotation der Geißel.

hen, in die Matrix gelangen, wo die oxidative Phosphorylierung stattfindet, und wie kann das dort synthetisierte ATP^{4-} diese wieder verlassen?

Das alles wird durch zwei spezifische Transportsysteme in der inneren Mitochondrienmembran ermöglicht (Abb. 17-25). Das erste, *Adeninnucleotid-Translokase*, transportiert ADP^{3-} im Austausch gegen ATP^{4-} nach innen (für jedes Molekül ADP^{3-}, das in die Matrix eingeschleust wird, wird ein Molekül ATP^{4-} heraustransportiert). Das System besteht aus einem spezifischen Protein, das sich durch die innere Membran hindurch erstreckt und ADP^{3-} an einer spezifischen Bindungsstelle an der äußeren Oberfläche binden kann. Durch eine Konformationsänderung des Translokase-Moleküls wird dann ADP^{3-} nach innen und ATP^{4-} nach außen verlagert. Das Adeninnucleotid-Translokase-System ist spezifisch. Es transportiert nur ATP und ADP, aber nicht AMP oder irgendein anderes Nucleotid, wie GDP oder GTP. Die Adeninnucleotid-Translokase wird durch *Atractylosid*, ein toxisches Glycosid aus einer mediterranen Distel, sehr spezifisch gehemmt. Seit Jahrhunderten war bekannt, daß weidendes Vieh sich vergiftete, wenn es diese Pflanzen zu bestimmten Jahreszeiten fraß. Die Isolierung des toxischen Faktors und seine Identifizierung als spezifischer Inhibitor der Adeninnucleotid-Translokase war ein großartiges Stück Detektivarbeit, das von Biochemikern aus Italien, Frankreich, Deutschland und den Vereinigten Staaten geleistet wurde. Wenn der Transport von ADP nach innen und der von ATP nach außen gehemmt ist, kann das cytosolische ATP natürlich nicht mehr aus ADP regeneriert werden.

Das zweite Transportsystem in der Membran bewirkt den gemeinsamen Transport eines $H_2PO_4^-$- und eines H^+-Ions von außen in die Matrix (Abb. 17-25). Der Carrier wird *Phosphat-Carrier* oder *Phosphat-Translokase* genannt und ist spezifisch für Phosphat. Auch er wird durch bestimmte chemische Verbindungen gehemmt. Durch die kombinierte Wirkung von Phosphat- und Adeninnucleotid-Translokase gelangt externes Phosphat und ADP in die Matrix und das dort gebildete ATP zurück ins Cytosol, wo die meisten ATP-verbrauchenden Aktivitäten stattfinden.

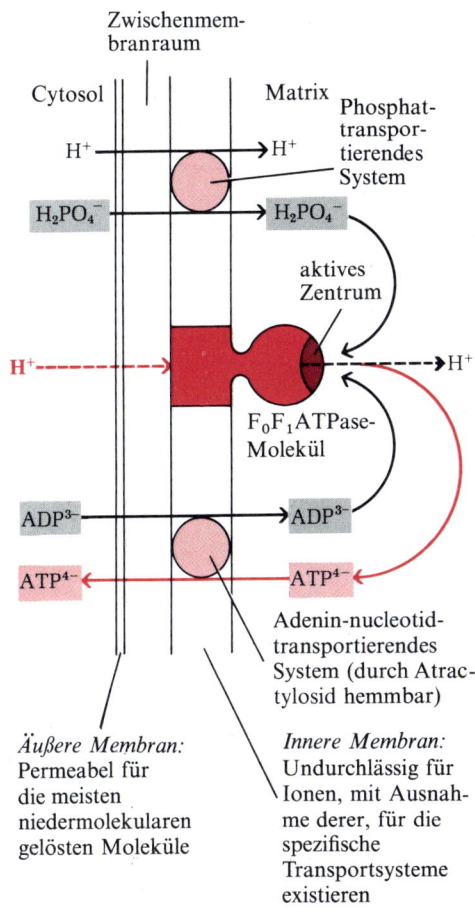

Abbildung 17-25
Transportsysteme der inneren Membran, die Phosphat und ADP in die Matrix hinein- und das frisch synthetisierte ATP wieder heraustransportieren.

Die innere Membran der Leber-Mitochondrien enthält auch spezifische Transportsysteme für *Pyruvat, damit es aus dem Cytosol, wo es gebildet wird, in die Matrix gelangen kann;* ferner für *Dicarboxylate*, wie Malat und Succinat und für die *Tricarboxylate* Citrat und Isocitrat. Wie wir gleich sehen werden, enthalten Mitochondrien auch spezifische Transportsysteme für Aspartat und Glutamat.

Für die Oxidation von extramitochondrialem NADH werden Shuttle-Systeme gebraucht

Die NADH-Dehydrogenase der inneren Mitochondrienmembran kann Elektronen nur vom NADH *der Matrix* aufnehmen. Wie kann nun das in der Glycolyse, also außerhalb der Mitochondrien, gebildete NADH durch molekularen Sauerstoff über die Atmungskette zu NAD^+ reoxidiert werden, wenn die innere Membran für externes (cytosolisches) NADH undurchlässig ist?

Spezielle *Pendel-Transportsysteme (Shuttle-Systeme)* transportieren Reduktionsäquivalente vom cytosolischen NADH über einen indirekten Weg in die Mitochondrien. Das aktivste dieser Shuttle-Systeme ist der *Malat-Aspartat-Shuttle*, der in Leber-, Nieren- und Herz-Mitochondrien vorkommt. Sein Prinzip ist in Abb. 17-26 dargestellt. Die Reduktionsäquivalente des cytosolischen NADH werden zuerst auf das cytosolische Oxalacetat transferiert, wobei mit Hilfe der cytosolischen Malat-Dehydrogenase Malat entsteht. Das Malat, das die vom cytosolischen NADH aufgenommenen Reduktionsäquivalente enthält, kann nun durch ein Dicarboxylat-Trans-

Abbildung 17-26
Der Malat-Aspartat-Shuttle für den Transport von Reduktionsäquivalenten von cytosolischen NADH in die Mitochondrienmatrix. Das die Reduktionsäquivalente tragende Malat wird über ein Dicarboxylat-Transportsystem durch die innere Membran befördert (A). Die Reduktionsäquivalente werden dann durch die Malat-Dehydrogenase der Matrix auf das NAD^+ in der Matrix übertragen. Das entstandene Matrix-NADH wird durch die Elektronentransportkette oxidiert und führt zu oxidativer Phosphorylierung. Das in der Matrix entstandene Oxalacetat kann nicht zurück ins Cytosol gelangen, sondern es wird durch eine Aminotransferase in Aspartat umgewandelt, und diese kann mit Hilfe eines Aminosäure-Transportsystems (C) die Membran passieren. Die übrigen Reaktionen und das mit B bezeichnete Transportsystem haben die Funktion, das Oxalacetat im Cytosol zu regenerieren. Das Transportsystem B ermöglicht den Austausch von Glutamat gegen Aspartat. Das Dicarboxylat-Transportsystem (A) befördert 2-Oxoglutarat im Austausch gegen hineinströmendes Malat nach außen. Die Aminotransferase (Kapitel 19) katalysiert die reversible Übertragung von Aminogruppen von Glutamat auf Oxalacetat:

Glutamat + Oxalacetat $\rightleftharpoons$
2-Oxoglutarat + Aspartat

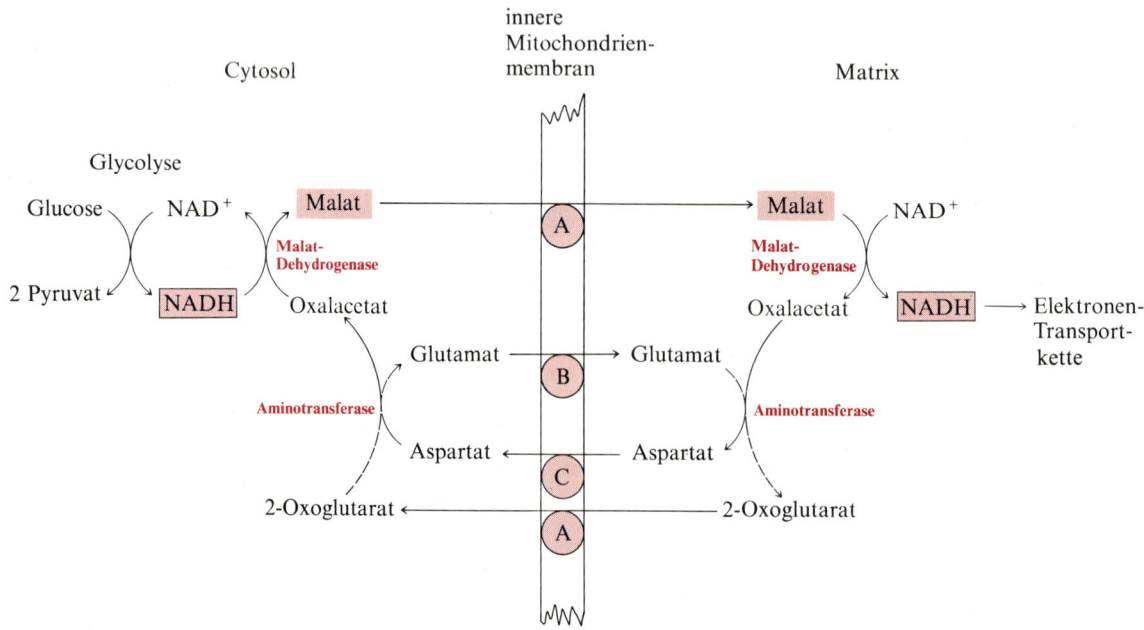

portsystem durch die Membran befördert werden. Im Innern des Mitochondriums werden die Reduktionsäquivalente mit Hilfe einer Malat-Dehydrogenase auf das NAD^+ in der Matrix übertragen, das dadurch zu NADH reduziert wird. Dieses NADH kann seine Elektronen direkt an die Atmungskette in der inneren Membran abgeben. Durch den Transport eines Elektronenpaares zum Sauerstoff entstehen drei Moleküle ATP. Die restlichen Reaktionen des Shuttles (Abb. 17-26) sorgen für die Regenerierung von cytosolischem Oxalacetat für den nächsten Durchgang durch das Shuttle-System.

Im Skelettmuskel und im Gehirn gibt es eine andere Art von NADH-Shuttle-System, den *Glycerinphosphat-Shuttle*. Er unterscheidet sich vom Malat-Aspartat-Shuttle u. a. durch das Endresultat, denn er gibt seine Reduktionsäquivalente nicht an die erste, sondern an die zweite energiekonservierende Stufe der Atmungskette ab. Daher werden nur zwei ATP-Moleküle gebildet.

Die vollständige Oxidation eines Moleküls Glucose führt zur Bildung von 38 Molekülen ATP

Wir wollen jetzt die gesamte Ausbeute an ATP bei der Oxidation von Glucose zu CO_2 und H_2O berechnen.

1. Durch die Glycolyse unter aeroben Bedingungen entstehen im Cytosol aus einem Molekül Glucose je zwei Moleküle Pyruvat, NADH und ATP:

$$\text{Glucose} + 2P_i + 2ADP + 2NAD^+ \rightarrow$$
$$2\,\text{Pyruvat} + 2ATP + 2NADH + 2H^+ + 2H_2O$$

2. Aus den zwei während dieser Reaktion entstandenen Molekülen cytosolsischem NADH (S. 451) werden zwei Paar Elektronen über den Malat-Aspartat-Shuttle in die Mitochondrien gebracht und wandern dort über die Elektronentransportkette zum Sauerstoff. Dabei entstehen $2 \times 3 = 6$ ATP nach der Gleichung:

$$2NADH + 2H^+ + 6P_i + 6ADP + O_2 \rightarrow$$
$$2NAD^+ + 6ATP + 8H_2O$$

(Wird statt des Malat-Aspartat-Shuttle der Glycerinphosphat-Shuttle benutzt, so enstehen natürlich nur 2 ATP pro NADH).

3. Bei der Dehydrierung von zwei Molekülen Pyruvat zu zwei Acetyl-CoA und zwei CO_2 in den Mitochondrien werden zwei NADH und daraus je 3 ATP gebildet.

$$2\,\text{Pyruvat} + 2CoA + 6P_i + 6ADP + O_2 \rightarrow$$
$$2\,\text{Acetyl-CoA} + 2CO_2 + 6ATP + 8H_2O$$

4. Bei der Oxidation von 2 Molekülen Acetyl-CoA zu CO_2 und H_2O

und die oxidative Phosphorylierung, wodurch ATP aus ADP regeneriert wird. Dieser Prozeß dauert so lange an, bis das Verhältnis [ATP]/([ADP] [P_i]) wieder seinen normalen hohen Wert erreicht hat; dann verlangsamt sich die Atmung wieder. Normalerweise wird die Geschwindigkeit, mit der Zellbrennstoffe oxidiert werden, so schnell und so genau reguliert, daß sich der Quotient [ATP]/([ADP] [P_i]) in den meisten Geweben auch bei wechselndem Energiebedarf nur geringfügig ändert: ATP wird nur so schnell gebildet, wie es verbraucht wird.

Die Energiebeladung ist eine weitere Meßgröße für den Energiezustand einer Zelle

Wie wir gesehen haben, werden eine Reihe von Enzymen der Glycolyse, des Citratcyclus und der oxidativen Phosphorylierung von ATP und ADP moduliert, wobei ATP ein hemmender und ADP im allgemeinen ein stimulierender Modulator im Katabolismus der Kohlenhydrate ist. Daraus folgt, daß jede Änderung des Massenwirkungsquotienten [ATP]/([ADP] [P_i]) eine entsprechende Änderung der Aktivitäten bestimmter Regulationsenzyme der Hauptabbauwege nach sich ziehen kann. Einige der Regulationsenzyme werden auch von AMP stimuliert. Um der Beteiligung von AMP neben ATP und ADP an der Stoffwechselregulation Rechnung zu tragen, schlug Daniel Atkinson die *Energiebeladung* als alternative Bezeichnung für den Energiezustand einer Zelle vor. Mit dieser Größe wird angegeben, in welchem Ausmaß der gesamte Adeninnucleotid-Pool, also die Summe von ATP, ADP und AMP, mit energiereichen Phosphatgruppen „aufgefüllt" ist:

$$\text{Energiebeladung} = \frac{[\text{ATP}] + \frac{1}{2}[\text{ADP}]}{[\text{ATP}] + [\text{ADP}] + [\text{AMP}]}$$

Die Energiebeladung ist 1, wenn der Adeninnuceotid-Pool vollständig zu ATP phosphoryliert ist, und 0, wenn die Adeninnucleotide „leer" sind, d.h. wenn nur AMP vorliegt. Normalerweise hat die Energiebeladung der Zelle einen Wert von etwa 0.9, was besagt, daß das Adenylat-System fast vollständig beladen ist. Unter bestimmten Bedingungen ist die Energiebeladung als Parameter zur Darstellung allosterischer Signalübermittlung zwischen energieerzeugenden und energieverbrauchenden Stoffwechselvorgängen geeigneter als das Massenwirkungsverhältnis. Das aber ist eine kontroverse Frage und vielleicht gibt es keinen allumfassenden Ausdruck für Energiezustände, der auf die Regulationsvorgänge aller Stoffwechselsysteme anwendbar ist.

Glycolyse, Citratcyclus und oxidative Phorphorylierung verfügen über ineinandergreifende und konzertierte Regulationsmechanismen

Im Kohlenhydrat-Katabolismus gibt es drei energieerzeugende Abschnitte: die Glycolyse (Kapitel 15), den Citratcyclus (Kapitel 16) und die oxidative Phosphorylierung. Jeder ist durch einen eigenen Satz von Kontrollmechanismen so reguliert, daß er mit genau der Geschwindigkeit abläuft, die notwendig ist, um den augenblicklichen Bedarf an den Produkten dieses Abschnitts zu decken. Außerdem sind diese drei Reaktionsreihen aber noch untereinander koordiniert und wirken auf ökonomische und selbstregulierende Weise zusammen als reibungslos funktionierende Produktionsanlage für ATP und bestimmte Zwischenprodukte, wie Pyruvat und Citrat, die als Vorstufen anderer Biomoleküle gebraucht werden. Die Integration dieser drei Reaktionsreihen wird durch ineinandergreifende Regulationsmechanismen ermöglicht. In Abb. 17-29 sehen wir, daß die relativen Konzentrationen von ATP und ADP (bzw. der Massenwirkungsquotient des ATP, ADP-Systems) nicht nur die Geschwindigkeit des Elektronentransportes und der oxidativen Phosphorylierung, sondern auch die des Citratcyclus, der Pyruvat-Oxidation und der Glycolyse kontrollieren. Sobald der ATP-Verbrauch steigt, so daß die Konzentration von ATP sinkt und die von ADP und P_i ansteigt, erhöht sich die Geschwindigkeit des Elektronentransportes und der oxidativen Phosphorylierung. Gleichzeitig steigt die Geschwindigkeit der Pyruvat-Oxidation über den Citratcyclus, so daß der Elektronenfluß durch die Atmungskette zunimmt. Diese Zunahme wiederum bewirkt einen Anstieg der Glycolyse-Geschwindigkeit wodurch es zu einer höheren Bildungsgeschwindigkeit von Pyruvat kommt. Ist das $[ATP]/([ADP][P_i])$-Verhältnis auf seinen normalen, hohen Wert zurückgebracht worden, so verlangsamt sich der Elektronentransport und die oxidative Phosphorylierung wieder weil die ADP-Konzentration ihr normales, niedriges Ruheniveau erreicht; durch die quervernetzende Wirkung von ATP als allosterischem Inhibitor von Glycolyse und Pyruvat-Oxidation verlangsamen sich auch der Citratcyclus und die Glycolyse wieder.

Die Regulationsenzyme von Glycolyse und Citratcyclus fungieren konzertiert: Immer, wenn das durch die oxidative Phosphorylierung gebildet ATP und Citrat (erstes Zwischenprodukt des Citratcyclus) über ihren normalen Spiegel ansteigen, kommt es zu einer konzertierten allosterischen Hemmung der Phosphofructokinase (Abb. 17-29), wobei ATP und Citrat gemeinsam stärker hemmend wirken als der Summe ihrer Einzelwirkungen entspricht. Auf diese Weise wird die Glycolyse durch ein Netzwerk von querverknüpften und konzertierten Regulationsmechanismen kontrolliert, so daß Pyruvat nur so schnell gebildet wird, wie es im Citratcyclus, dem Elektronendonator für die oxidative Phosphorylierung, gebraucht wird.

werden sie auch *Hydroxylasen* genannt; da sie zwei verschiedene Substrate gleichzeitig oxidieren, werden sie auch *mischfunktionelle Oxidasen* genannt.

Je nach Art des verwendeten Cosubstrats gibt es verschiedene Klassen von Monooxygenasen. Manche verwenden Flavinnucleotide ($FMNH_2$ oder $FADH_2$), andere NADH oder NADPH und wieder andere 2-Oxoglutarat. Ein wichtiges Enzym ist die Monooxygenase, die den Phenylring des Phenylalanins hydroxyliert, wobei Tyrosin entsteht (Kapitel 19). Dieses Enzym ist bei der menschlichen Erbkrankheit *Phenylketonurie* defekt.

Am zahlreichsten und am komplexesten sind die Monoxygenase-Reaktionen, an denen das Hämprotein *Cytochrom P-450* beteiligt ist. Dieses Cytochrom kommt normalerweise eher im endoplasmatischen Reticulum als in den Mitochondrien vor. Cytochrom P-450 kann ähnlich wie die Cytochrom-Oxidase der Mitochondrien mit Sauerstoff und mit Kohlenstoffmonoxid reagieren. Von der Cytochrom-Oxidase unterscheidet es sich durch die Lichtabsorption seiner reduzierten Form bei 450 nm.

Cytochrom P-450 katalysiert Hydroxylierungsreaktionen, bei denen das organische Substrat RH durch ein Sauerstoffatom aus O_2 zu R-OH hydroxyliert wird, während das andere durch Reduktionsäquivalente reduziert wird, die vom NADH oder NADPH stammen, aber normalerweise über ein Eisen-Schwefel-Protein auf das Cytochrom P-450 übertragen werden. Abb. 17-30 zeigt ein vereinfachtes Schema der Wirkung des Cytochrom-P-450, bei der es zahlreiche Zwischenschritte gibt, die noch nicht genau bekannt sind. In der Nebennierenrinde nimmt Cytochrom P-450 z.B. an der Hydroxylierung von Steroiden bei der Synthese von Adrenocorticoid-Hormonen teil. Cytochrom P-450 ist auch für die Hydroxylierung vieler Pharmaka und anderer Fremdstoffe im Körper von Bedeutung, besonders, wenn es sich um relativ schwer lösliche handelt. Die Hydroxylierung macht diese Fremdstoffe wasserlöslicher und ist daher ein wichtiger Schritt bei ihrer Entgiftung und Ausscheidung (Kapitel 24). Cytochrom P-450 kommt in verschiedenen Formen mit verschiedenen Substratspezifitäten vor.

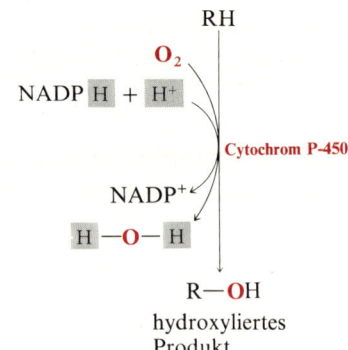

Abbildung 17-30
Hydroxylierung eines lipidlöslichen Pharmakums, RH, durch Cytochrom P-450, das als Monooxygenase reagiert. Das Produkt R-OH ist stärker wasserlöslich und wird dadurch leichter ausgeschieden als RH. Cosubstrat ist $NADPH + H^+$, das die H-Atome liefert (schattiert), mit denen das andere Sauerstoffatom zu H_2O reduziert wird.

Zusammenfassung

Bei elektronentransportierenden Reaktionen (Oxidoreduktionen) ist die Bereitschaft eines Elektronendonators (des Reduktions-Mittels) zur Abgabe von Elektronen durch das Standardpotential E'_0 gegeben. Redoxsysteme mit einem relativ negativeren E'_0 haben die Tendenz, Elektronen an Redoxsysteme mit positiverem E'_0 abzugeben. Die Änderung der freien Standardenergie läßt sich für Elektronentransportreaktionen aus der Beziehung $\Delta G^{\circ\prime} = -n \mathscr{F} e \cdot \Delta E_0$ errechnen. Die mit Hilfe von Dehydrogenasen aus ihren Substraten entfernten H-Atome geben ihre Elektronen an die Elektronentransportkette in den Mitochondrien ab. Durch diese Transportkette werden sie auf molekularen Sauerstoff übertragen, der dadurch zu H_2O reduziert wird. Die durch den Elektronentransport freigesetzte Energie wird für die oxidative Phosphorylierung von ADP zu ATP in der inneren Mitochondrienmembran verwendet.

Die Reduktionsäquivalente aus allen NAD-abhängigen Dehydrogenasen werden auf die Mitochondrien-NADH-Dehydrogenase transferiert, die FMN als prosthetische Gruppe enthält. Sie werden dann über eine Reihe von Eisen-Schwefel-Zentren zum Ubichinon weitergeleitet, das die Elektronen auf das Cytochrom b überträgt. Danach werden die Elektronen nacheinander an Cytochrom c_1 und c und an das kupferhaltige Cytochrom aa_3 (Cytochrom-Oxidase) weitergegeben. Die Cytochrom-Oxidase befördert die Elektronen zum O_2, das vier Elektronen für seine vollständige Reduktion braucht. Der Elektronentransport kann durch Rotenon, Antimycin A und Cyanid an charakteristischen Stellen gehemmt werden. Der starke Abfall der freien Energie während des Elektronentransportes wird an drei energiekonservierenden Stellen der Atmungskette genutzt. An diesen Stellen wird ATP aus ADP und P_i gebildet. Die oxidative Phosphorylierung kann durch Entkoppler oder durch Ionophore wie Valinomycin vom Elektronentransport abgekoppelt werden. Damit die oxidative Phosphorylierung stattfinden kann, muß die innere Membran intakt sein und undurchlässig für H^+- und andere Ionen. Der Elektronentransport ist von einem Ausstoß von H^+-Ionen aus den Mitochondrien begleitet. Die chemoosmotische Hypothese, eine von drei Hypothesen, die für den Mechanismus der oxidativen Phosphorylierung aufgestellt worden sind, besagt, daß durch den Elektronentransport ein H^+-Ionen-Gradient in der inneren Mitochondrienmembran aufgebaut wird und dieser Gradient die ATP-Synthese dadurch antreibt, daß auf Grund des Gefälles H^+-Ionen durch F_0F_1ATPase-Moleküle in die Matrix wandern. Die innere Membran der Mitochondrien enthält spezifische Transportsysteme für Adeninnucleotide, Phosphat und verschiedene Metabolite. Die Geschwindigkeit des Elektronentransportes ist bei niedriger ADP-Konzentration klein und steigt, wenn sich die ADP-Konzentration durch ATP-verbrauchende Reaktionen erhöht. Die Geschwindigkeiten der Glycolyse, des Citratcyclus und der oxidativen Phosphorylierung sind durch querverbindende Regulationsmechanismen koordiniert, die auf das Verhältnis $[ATP]/([ADP][P_i])$ und auf einige zentrale Metabolite reagieren, alles Meßgrößen, die den Energiezustand der Zelle wiederspiegeln.

Außerdem kommen in Zellen Oxygenierungsreaktionen vor, bei denen Sauerstoffatome in organische Moleküle eingebaut werden, besonders in relativ hydrophobe, körperfremde Moleküle (Pharmaka), wobei hydroxylierte oder carboxylierte Produkte entstehen.

Aufgaben

1. *Oxidoreduktionsreaktionen.* Der NADH-Dehydrogenase-Komplex der Elektronentransportkette in den Mitochondrien bewirkt die nachstehende Folge von Oxidoreduktionsreaktionen. (Dabei sind Fe^{3+} und Fe^{2+} die Eisenatome der Schwefel-Eisen-Zentren, Q ist das Ubichinon, QH_2 das Ubihydrochinon und E das Enzym):

(1) $NADH + H^+ + E\text{—}FMN \rightarrow NAD^+ + E\text{—}FMNH_2$
(2) $E\text{—}FMNH_2 + 2Fe^{3+} \rightarrow E\text{—}FMN + 2Fe^{2+} + 2H^+$
(3) $2Fe^{2+} + 2H^+ + Q \rightarrow 2Fe^{3+} + QH_2$

Summe: $NADH + H^+ + Q \rightarrow NAD^+ + QH_2$

Identifizieren Sie für jede der drei durch den NADH-Dehydrogenase-Komplex katalysierten Reaktionen (a) den Elektronendonator, (b) den Elektronenakzeptor, (c) das konjugierte Redoxpaar, (d) das Reduktionsmittel und (e) das Oxidationsmittel.

2. *Standard-Reduktionspotentiale.* Das Standard-Reduktionspotential eines Redoxpaares ist durch die Halbzellen-Reaktion Oxidationsmittel + n Elektronen $\rightleftharpoons$ Reduktionsmittel definiert. Das Standard-Reduktionspotential für die konjugierten Paare NAD^+ / NADH und Pyruvat/Lactat beträgt -0.32 V bzw. -0.19 V.
   (a) Welches Redoxpaar neigt stärker zur Abgabe von Elektronen? Warum?
   (b) Welches wirkt stärker oxidierend? Warum?
   (c) In welcher Richtung wird die folgende Reaktion verlaufen, wenn wir von 1 M Konzentrationen aller Stoffe ausgehen?
   Pyruvat + NADH + H^+ $\rightleftharpoons$ Lactat + NAD^+
   (d) Wie groß ist für diese Reaktion die Änderung der freien Standardenergie $\Delta G^{\circ\prime}$ bei 25 °C?
   (e) Wie groß ist die Gleichgewichtskonstante für diese Reaktion bei 25 °C?

3. *Die Reihenfolge der Elektronen-Carrier in der Elektronentransportkette einer Pflanze.* Untersuchungen über die Elektronentransportkette in den Zellen von Spinatblättern haben ergeben, daß sie eine ganze Reihe von reversiblen Elektronen-Carriern enthält, die folgende Standard-Reduktionspotentiale haben:

Reduzierte Form	Oxidierte Form	E'_0 in V
Cytochrom b_6 (Fe^{2+})	Cytochrom b_6 (Fe^{3+})	-0.06
Cytochrom f (Fe^{2+})	Cytochrom f (Fe^{3+})	$+0.365$
Ferredoxin (reduziert)	Ferredoxin (oxidiert)	-0.432
Ferredoxin-reduzierendes Substrat (reduziert)	FRS (oxidiert)	-0.60
Plastocyanin (reduziert)	Plastocyanin (oxidiert)	$+0.40$

Geben Sie die auf Grund der Standard-Reduktionspotentiale zu vermutende Reihenfolge dieser Elektronen-Carrier in der Elektronentransportkette an. Zeichnen Sie ein Energiediagramm analog zu Abb. 17-4. Bei welchen Reaktionsschritten ist nicht zu erwarten, daß unter Standardbedingungen genügend Energie freigesetzt wird, um pro transportiertem Elektronenpaar ein Molekül ATP zu bilden?

4. *Bilanz-Schema für die ATP-Synthese während der Substrat-Oxidation.* Berechnen Sie die Anzahl der ATP-Moleküle, die beim vollständigen Abbau von jeweils einem Molekül der folgenden Verbindungen zu CO_2 und H_2O gebildet werden:

   (a) Fructose-6-phosphat
   (b) Acetyl-CoA
   (c) Glycerinaldehyd-3-phosphat
   (d) Saccharose

5. *Der Energiebereich der Atmungskette.* Der Elektronentransport in der Atmungskette der Mitochondrien läßt sich durch folgende Summengleichung darstellen:

   $$NADH + H^+ + \tfrac{1}{2}O_2 \rightarrow H_2O + NAD^+$$

   (a) Berechnen Sie $\Delta E'_0$ für die Summengleichung des Elektronentransportes in den Mitochondrien.
   (b) Berechnen Sie die Änderung der freien Standardenergie $\Delta G^{\circ\prime}$ für diese Reaktion.
   (c) Wieviele ATP-Moleküle können *theoretisch* durch diese Reaktion gebildet werden, wenn die freie Standardenergie der ATP-Synthese $+ 30.5$ kJ/mol beträgt?

6. *Die Verwendung von FAD statt NAD^+ bei der Oxidation von Succinat.* Bei allen Dehydrierungsschritten der Glycolyse und des Citratcyclus wird NAD^+ ($E'_0 = -0.32$ V) als Elektronenakzeptor verwendet, außer bei denen der Succinat-Dehydrogenase, die mit kovalent gebundenem FAD ($E'_0 = +0.05$ V) arbeitet. Warum ist für die Succinat-Dehydrierung FAD als Akzeptor besser geeignet als NAD^+? Geben Sie eine mögliche Erklärung auf Grund eines Vergleichs der E'_0-Werte des Succinat/Fumarat-Systems und der beiden Paare $NAD^+/NADH$ sowie $FAD/FADH_2$;

7. *Der Reduktionsgrad der Elektronen-Carrier in der Atmungskette.* Das Ausmaß der Reduktion eines jeden Elektronen-Carriers in der Atmungskette wird durch die in den Mitochondrien herrschenden Bedingungen bestimmt. Sind NADH und O_2 reichlich vorhanden, so nimmt das Ausmaß der Reduktion der Carrier im Fließgleichgewicht während der Wanderung der Elektronen von Substrat zu Substrat ab. Wird der Elektronentransport blockiert, so nimmt für den Carrier vor der Blockierungsstelle der Reduktionsgrad und für den Carrier dahinter der Oxidationsgrad zu,

wie es Abb. 17-24 in einer hydraulischen Analogie zeigt. Zeichnen Sie entsprechende Darstellungen für jede der folgenden Bedingungen:
(a) Reichlicher Vorrat an NADH und O_2, aber mit Cyanid versetzt.
(b) Reichlicher Vorrat an NADH, aber der O_2-Vorrat ist erschöpft.
(c) Reichlicher Vorrat an O_2, aber der NADH-Vorrat ist erschöpft.
(d) Reichlicher Vorrat an NADH und O_2.

8. *Der Effekt von Rotenon und Antimycin A auf den Elektronentransport.* Rotenon, eine toxische Substanz aus Pflanzen, hat eine stark hemmende Wirkung auf die NADH-Dehydrogenase der Mitochondrien. Das toxische Antibiotikum Antimycin A wirkt stark hemmend auf die Oxidation von Ubichinol.
(a) Erklären Sie, weshalb die Aufnahme von Rotenon für einige Insekten- und Fischarten letal ist.
(b) Erklären Sie, warum Antimycin A in tierischem Gewebe ein Gift ist.
(c) Angenommen, Rotenon und Antimycin A blockieren die für sie spezifischen Hemmstellen mit gleicher Effektivität, welcher von beiden Hemmstoffen ist dann das stärkere Gift? Warum?

9. *Entkoppler der oxidativen Phosphorylierung.* Im Normalzustand ist die Elektronentransportgeschwindigkeit in den Mitochondrien eng mit dem ATP-Bedarf gekoppelt. Bei niedrigem ATP-Verbrauch ist also auch die Geschwindigkeit des Elektronentransportes niedrig. Wird umgekehrt viel ATP gebraucht, so verläuft der Elektronentransport mit hoher Aktivität. Unter diesen Bedingungen der engen Kopplung ist der P/O-Quotient, nämlich die Anzahl der pro Sauerstoffatom gebildeten ATP-Moleküle, nahe 3, wenn NADH der Elektronenakzeptor ist.
(a) Welchen Effekt hat eine relativ niedrige und eine relativ hohe Konzentration eines Entkopplers auf die Geschwindigkeit des Elektronentransportes und den P/O-Quotienten?
(b) Die Aufnahme eines Entkopplers in den Körper verursacht übermäßiges Schwitzen und einen Anstieg der Körpertemperatur. Erklären Sie dieses Phänomen auf molekularer Ebene. Welchen Einfluß haben Entkoppler auf den P/O-Quotienten?
(c) Der Entkoppler 2,4-Dinitrophenol galt früher als Schlankheitsmittel. Wie kann dieser Wirkstoff gewichtsreduzierend wirken? Nachdem es zu einigen Todesfällen gekommen war, wurde dieser Entkoppler nicht mehr in der Medizin verwendet. Warum kann die Einnahme von Entkopplern zum Tode Führen?
(d) Einige pathogene Mikroorganismen produzieren ein lösliches Toxin, das zu hohem Fieber führt. Schlagen Sie einen Wirkungsmechanismus für dieses Toxin vor.

10. *Die Wirkungsweise von Dicyclohexylcarbodiimid (DCCD).* Wird DCCD zu einer Suspension eng gekoppelter aktiv atmender Mitochondrien gegeben, so sinkt die Geschwindigkeit des Elektronentransportes, gemessen am Sauerstoffverbrauch, und die Geschwindigkeit der ATP-Bildung drastisch ab. Wird nun eine Lösung mit 2,4-Dinitrophenol hinzugegeben, so kehrt der Sauerstoffverbrauch der Mitochondrien-Präparation zu normalen Werten zurück, aber die ATP-Bildung bleibt gehemmt.
   (a) Welcher Vorgang des Elektronentransportes oder der oxidativen Phosphorylierung wird durch DCCD beeinträchtigt?
   (b) Warum beeinträchtigt DCCD den Sauerstoffverbrauch der Mitochondrien? Erklären Sie die Wirkung von 2,4-Dinitrophenol auf die gehemmte Mitochondrien-Präparation.
   (c) Welcher der folgenden Inhibitoren kommt dem DCCD in seiner Wirkung am nächsten: Antimycin A, Rotenon, Oligomycin oder Arsenat?

11. *Die oxidative Phosphorylierung in umgestülpten submitochondrialen Vesikeln.* Die chemoosmotische Hypothese besagt, daß der Elektronentransport in intakten Mitochondrien bewirkt, daß H^+-Ionen aus der Matrix an die Außenseite des Mitochondriums gepumpt werden, so daß ein pH-Gradient in der Membran entsteht. Dieser pH-Gradient ist energiereich und verursacht ein Zurückströmen der H^+-Ionen durch die F_oF_1ATPase hindurch in die Matrix, wobei ATP aus ADP und P_i entsteht. Es konnte gezeigt werden, daß auch umgestülpte Vesikel der inneren Membran, bei denen sich die F_oF_1ATPase-Köpfe an der äußeren Oberfläche befinden (s. Abb. 17-15), oxidativ phosphorylieren können.
   (a) Zeichnen Sie ein Diagramm, das die Pumprichtung der H^+-Ionen während des Elektronentransports in den submitochondrialen Vesikeln zeigt.
   (b) Geben Sie in dem Diagramm die Fließrichtung der H^+-Ionen durch die F_oF_1ATPase während der ATP-Synthese an.
   (c) Welche Wirkungen von Oligomycin und Atractylosid auf den Elektronentransport und die ATP-Synthese kann man in solchen submitochondrialen Vesikeln erwarten?

12. *Die Mitochondrien des braunen Fettgewebes.* Braunes Fett ist eine Art von Fettgewebe, das im Nacken und oberen Rücken Neugeborener vorkommt, aber Erwachsenen weitgehend fehlt. Es enthält sehr viele Mitochondrien, die ihm das braune Aussehen geben. Braunes Fettgewebe wird auch bei einigen Winterschläfern oder kälteangepaßten Tieren gefunden. In den Mitochondrien des braunen Fettgewebes wird weniger als ein ATP-Molekül pro verbrauchtem Sauerstoffatom gebildet, während in Leber-Mitochondrien drei ATP-Moleküle gebildet werden.
    (a) Schlagen Sie eine physiologische Funktion für den niedrigen

P/O-Quotienten in den Mitochondrien im braunen Fettgewebe Neugeborener vor.

(b) Schlagen Sie einen Mechanismus vor, der diesen niedrigen P/O-Quotienten erklärt.

13. *Das Dicarboxylat-Transportsystem der Mitochondrien.* Das Dicarboxylat-Transportsystem der inneren Mitochondrienmembran, das Malat und 2-Oxoglutarat durch die Membran transportiert, wird durch n-Butylmalonat gehemmt. Stellen Sie sich vor, n-Butylmalonat wird einer Suspension von aeroben Nierenzellen zugefügt, die als Brennstoff ausschließlich Glucose benutzt. Welche Wirkung hat ihrer Meinung nach das n-Butylmalonat auf

    (a) die Glycolyse,
    (b) den Sauerstoffverbrauch,
    (c) die Lactatbildung und
    (d) die ATP-Synthese?

14. *Der Pasteur-Effekt.* Wird eine anaerobe Zellsuspension, die Glucose mit großer Geschwindigkeit verbraucht, einer sauerstoffhaltigen Atmosphäre ausgesetzt, so kommt es bei einsetzendem Sauerstoffverbrauch zu einer drastischen Abnahme des Glucoseverbrauchs. Außerdem hört die Akkumulation von Lactat auf. Dieser nach Louis Pasteur benannte und von ihm in den 60er Jahren des vorigen Jahrhunderts erstmals beobachtete Effekt ist für alle Zellen charakteristisch, die Glucose aerob und anerob verwerten können.

    (a) Warum hört die Akkumulation von Lactat nach dem Zutritt von Sauerstoff auf?
    (b) Warum vermindert die Gegenwart von Sauerstoff die Geschwindigkeit des Glucoseverbrauchs?
    (c) Wie verlangsamt der Beginn des Sauerstoffverbrauchs die Geschwindigkeit des Glucoseverbrauchs? Geben Sie eine Erklärung auf der Basis spezifischer Enzyme.

15. *Änderungen der Energiebeladung.* Während einer Änderung der physiologischen Aktivität von Skelettmuskelzellen sank die Energiebeladung der Zellen plötzlich von ihrem normalen Wert von 0.89 auf etwa 0.70 und kehrte dann langsam auf das normale Niveau zurück.

    (a) Welche Art von Aktivitätsänderung könnte für den plötzlichen Abfall der Energiebeladung verantwortlich sein? Geben Sie eine Erklärung.
    (b) Welchen Effekt hat diese plötzliche Änderung auf die Geschwindigkeiten von Glycolyse und Atmung?
    (c) Geben Sie eine präzise Erklärung dafür, wie die Energiebeladung die Glycolyse und die Atmung beeinflussen kann.

16. *Wieviele H^+-Ionen enthält ein Mitochondrium?* Die chemoosmotische Hypothese besagt, daß beim Elektronentransport H^+-Io-

nen von der Mitochondrienmatrix in das äußere Medium gebracht werden, wodurch ein pH-Gradient durch die innere Membran entsteht, so daß die Außenseite saurer ist als die Innenseite. Das Bestreben der H^+-Ionen, von der Außenseite in die Matrix zu diffundieren, wo die H^+-Ionenkonzentration niedriger ist, wird als die treibende Kraft für die ATP-Synthese durch die F_oF_1 ATPase angesehen. Es wurde gefunden, daß während der oxidativen Phosphorylierung einer Mitochondrien-Suspension in einem Medium mit einem pH-Wert von 7.4 der pH-Wert im Innern der Matrix 7.7 beträgt.

(a) Berechnen Sie die molaren Konzentrationen der H^+-Ionen unter diesen Bedingungen im Außenmedium und in der Matrix.

(b) Wie groß ist der Quotient aus der äußeren und der inneren H^+-Ionenkonzentration? Kommentieren Sie die in diesem Konzentrationsverhältnis enthaltene Energie. (Hinweis: vgl. Kapitel 14).

(c) Berechnen Sie die Anzahl der in einem atmenden Leber-Mitochondrium enthaltenen H^+-Ionen unter der Annahme, das Kompartiment der inneren Matrix sei eine Kugel mit einem Durchmesser von 1.5 μm.

(d) Folgern Sie aus diesen Daten, ob der pH-Gradient allein ausreicht, um ATP zu bilden.

(e) Wenn nicht, woher kann dann Ihrer Meinung nach die für die ATP-Synthese nötige Energie stammen?

Kapitel 18
Die Oxidation von Fettsäuren in tierischen Geweben

Die Triacylglycerine spielen für die Energieversorgung der tierischen Organismen eine herausragende Rolle. Sie haben den größten Energiegehalt von allen Grundnahrungsmitteln (mehr als 38 kJ/g). Sie werden in den Zellen als Tröpfchen aus fast reinem Fett gelagert und können im Fettgewebe in großen Mengen gespeichert werden. In den hochentwickelten Ländern werden durchschnittlich 40% oder mehr des täglichen Energiebedarfes in Form von Triacylglycerinen aus der Nahrung aufgenommen. Manche Organe, besonders die Leber, das Herz und der ruhende Skelettmuskel, decken über die Hälfte ihres Energiebedarfs mit Triacylglycerinen. Außerdem sind die Triacylglycerin-Vorräte praktisch die einzige Energiequelle für Tiere im Winterschlaf und Zugvögel auf ihrer großen Wanderung. Im Überschuß aufgenommene Kohlenhydrate, d.h. mehr als der sehr begrenzten Kapazität des Körpers zur Glycogenspeicherung entsprechen, werden zur Langzeitspeicherung in Triacylglycerine umgewandelt (Kapitel 21).

Etwa 95% der biologisch verfügbaren Energie der Triacylglycerine befinden sich in den drei langkettigen Fettsäuren und nur 5% im Glycerinanteil. In diesem Kapitel wollen wir die Stoffwechselwege und die Energieausbeute bei der Oxidation der energiereichen Fettsäuren zu Kohlenstoffdioxid und Wasser untersuchen. Wie wir sehen werden, hat die Oxidation der Fettsäuren den Endweg des Abbaus, nämlich den Citratcyclus, mit der Oxidation der Kohlenhydrate gemeinsam.

Die Fettsäuren werden in den Mitochondrien aktiviert und oxidiert

Da fast alle Fettsäuren in tierischen Geweben eine geradzahlige Anzahl von Kohlenstoffatomen enthalten, hat man schon seit langem vermutet, daß Fettsäuren durch Anfügen oder Abspalten von C_2-Fragmenten synthetisiert und abgebaut werden. Die klassischen Versuche von Franz Knoop in Deutschland zu Beginn dieses Jahrhunderts bestätigten diese Ansicht und führten ihn zu der Schlußfolgerung, daß Fettsäuren durch aufeinanderfolgende Abtrennungen

verfütterte Verbindungen   aus dem Urin isolierte Produkte

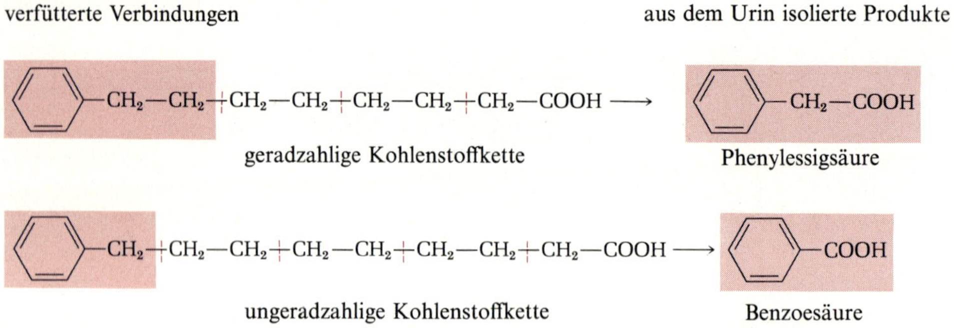

⌬—CH$_2$—CH$_2$⫫CH$_2$—CH$_2$⫫CH$_2$—CH$_2$⫫CH$_2$—COOH ⟶ ⌬—CH$_2$—COOH

geradzahlige Kohlenstoffkette   Phenylessigsäure

⌬—CH$_2$⫫CH$_2$—CH$_2$⫫CH$_2$—CH$_2$⫫CH$_2$—CH$_2$⫫CH$_2$—COOH ⟶ ⌬—COOH

ungeradzahlige Kohlenstoffkette   Benzoesäure

Abbildung 18-1
Der Versuch von Knoop zur Oxidation von Phenylfettsäuren nach Verfütterung an Kaninchen. Die Fettsäuren wurden am ω-Kohlenstoff, d. h. am methylterminalen Ende, mit Phenylresten substituiert. ω-Phenylfettsäure mit geradzahligen Kohlenstoffketten lieferten immer Phenylessigsäure als End-Ausscheidungsprodukt im Urin, solche mit ungeraden Kohlenstoffzahlen immer Benzoesäure. Daraus schloß Knoop, daß der oxidative Angriff am C-Atom 3 beginnt und daß dann ein C$_2$-Fragment nach dem anderen als Acetat abgespalten und zu CO$_2$ und H$_2$O oxidiert wird. (Die Spaltstellen sind durch punktierte Linien angedeutet.) Der farbig dargestellte zurückbleibende Rest wird nicht weiter oxidiert, sondern ausgeschieden.

von C$_2$-Fragmenten oxidiert werden. Diese Abtrennung sollte nach dem Schema der *β-Oxidation* erfolgen, bei der das β- (3-ständige) Kohlenstoffatom der Fettsäure oxidiert und eine 3-Oxosäure entsteht, die gespalten wird. Dabei sollte ein C$_2$-Bruchstück entstehen, von dem er annahm, es sei Essigsäure, sowie eine um 2 Kohlenstoffatome verkürzte Fettsäure (Abb. 18-1). Jahrzehntelang bemühte man sich vergeblich, die Fettsäureoxidation in zellfreien Extrakten oder in tierischen Gewebehomogenaten nachzuweisen, bis Albert Lehninger in den Vereinigten Staaten entdeckte, daß die Fähigkeit von Leberhomogenaten, Fettsäuren zu oxidieren, durch ATP regeneriert wird. Er postulierte, daß ATP nötig sei, um die Fettsäuren durch eine enzymatische Reaktion an ihrer Carboxylgruppe zu aktivieren. Er fand auch, daß die Fettsäureoxidation in Leberhomogenaten aktivierte C$_2$-Fragmente liefert, die in den Citratcyclus eintreten können. Später wurde entdeckt, daß die Fettsäureoxidation in den Mitochondrien der Leberzellen stattfindet. Der nächste wichtige Schritt – er führte zur Aufklärung der enzymatischen Reaktionen der Fettsäureoxidation – kam von Feodor Lynen und seinen Mitarbeitern in München. Sie fanden, daß bei der ATP-abhängigen Aktivierung der Fettsäuren die Carboxylgruppe enzymatisch mit der Thiolgruppe des Coenzyms A verestert wird und daß alle folgenden Zwischenprodukte der Fettsäureoxidation Thioester des Coenzyms A sind. Lassen Sie uns nun den Stoffwechsel der Fettsäureoxidation betrachten, wie wir ihn heute verstehen.

Die Fettsäuren gelangen über einen dreistufigen Transportvorgang in die Mitochondrien

Die Fettsäuren im Cytosol stammen aus zwei verschiedenen Quellen. Ein Teil wird an Albumin gebunden mit dem Blutstrom transportiert, freigesetzt und gelangt durch die Zellmembran ins Cytosol. Ein anderer Teil stammt aus dem von Lipasen katalysierten Abbau von Zell-Triacylglycerinen. Die freien Fettsäuren können nicht als solche die Mitochondrienmembran passieren. Um in die Mitochondrienmatrix zu gelangen, wo die Fettsäureoxidation stattfindet, müssen sie erst drei enzymatische Reaktionen durchmachen. Die erste wird von Enzymen in der äußeren Mitochondrienmembran katalysiert, den *Acyl-CoA-Synthetasen*, die für folgende Reaktionen spezifisch sind:

$$\text{RCOOH} + \text{ATP} + \text{CoA-SH} \rightleftharpoons \underset{\text{Acyl-CoA}}{\text{R}-\underset{\underset{\text{O}}{\|}}{\text{C}}-\text{S}-\text{CoA}} + \text{AMP} + \text{PP}_i \quad (1)$$

RCOOH ist eine langkettige Fettsäure und PP_i anorganisches Diphosphat. Bei dieser Reaktion wird eine *Thioester-Bindung* zwischen der Carboxylgruppe der Fettsäure und der Thiolgruppe des Coenzyms A gebildet, wobei ein *Acyl-CoA** entsteht (Abb. 18-2); gleichzeitig wird ATP zu AMP und anorganischem Phosphat gespalten. Es handelt sich um eine *gekoppelte Reaktion*: die Energie, die im aktiven Zentrum durch die ATP-Spaltung frei wird, wird zur Bildung der neuen Thioester-Bindung verwendet. Die verschiedenen Acyl-CoA-Verbindungen, wie Acetyl-CoA, sind energiereiche Verbindungen; ihre Hydrolyse zu freier Fettsäure und CoA-SH hat einen hohen negativen Wert von etwa -31.4 kJ/mol für $\Delta G^{\circ\prime}$.

Die in Gleichung (1) gezeigte Gesamtreaktion ist reversibel, da ihr $\Delta G^{\circ\prime}$-Wert nur -0.84 kJ/mol beträgt. Bei dieser Reaktion wurde ein enzymgebundenes Zwischenprodukt gefunden das als gemischtes Anhydrid der Fettsäure mit der Phosphatgruppe des AMP identifiziert wurde und als *Acyladenylat* bezeichnet wird (Abb. 18-3). Es wird am aktiven Zentrum des Enzyms gebildet, wo es mit freiem CoA-SH zu Acyl-CoA und AMP reagiert.

Das bei der Aktivierungsreaktion gebildete Diphosphat kann dann durch ein zweites Enzym, die *anorganische Diphosphatase* hydrolysiert werden:

$$\text{Diphosphat} + \text{H}_2\text{O} \rightarrow 2\,\text{Phosphat} \quad (2)$$
$$\Delta G^{\circ\prime} = -28.9 \text{ kJ/mol}$$

Da diese Reaktion in lebenden Zellen fast bis zur vollständigen Hydrolyse des Diphosphats abläuft, zieht sie die vorausgegangene Aktivierungsreaktion (1) stark auf die rechte Seite herüber, also in die Richtung der Acyl-CoA-Bildung. Die Gesamtreaktion, die Summe der Reaktionen (1) und (2), ist dann:

$$\text{Fettsäure} + \text{ATP} + \text{CoA-SH} \rightarrow \text{Acyl-S-CoA} + \text{AMP} + 2\,\text{P}_i$$
$$\Delta G^{\circ\prime} = -29.7 \text{ kJ/mol}$$

---

* Der Schwefel des Coenzyms A wird in der abgekürzten Schreibweise manchmal eigens aufgeführt und manchmal nicht, so daß „CoA" und „CoA-SH" gleichbedeutend sind. Dasselbe gilt für „Acyl-CoA" und „Acyl-S-CoA" sowie für alle anderen entsprechenden Bezeichnungen (vgl. insbesondere auch Kap. 21; d. Übers.)

Wir werden noch anderen Beispielen begegnen, wo es bei der Aktivierung von Biomolekülen zu einer Diphosphat-Abspaltung vom ATP (S. 427) mit anschließender Hydrolyse des Diphosphats kommt.

Die Fettsäure-CoA-Ester können als solche die innere Mitochondrienmembran nicht durchqueren, aber das an der äußeren Oberfläche der inneren Membran befindliche Enzym *Carnitin-Acyltransferase I* katalysiert die zweite Reaktion des Eintrittsvorganges:

Acyl-S-CoA + Carnitin ⇌ Acylcarnitin + CoA-SH

Der Fettsäure-Carnitinester tritt nun durch die innere Membran und gelangt in die Matrix des Mitochondriums. Beachten Sie, daß das Acylcarnitin ein Sauerstoffester und das Acyl-CoA ein Thioester ist. Carnitin (Abb. 18-4) kommt in den meisten Tier- und Pflanzengeweben vor. Einige niedere Organismen, wie z. B. der Mehlwurm, können es nicht synthetisieren und müssen es deshalb mit der Nahrung aufnehmen. Wir Menschen und andere Wirbeltiere stellen Carnitin aus Lysin her.

Der dritte und letzte Schritt des Eintrittsprozesses der Fettsäuregruppen ist ihre enzymatische Übertragung vom Carnitin auf intramitochondriales Coenzym A mit Hilfe der *Carnitin-Acyltransferase II*. Dieses Enzym ist an der inneren Oberfläche der inneren Membran lokalisiert, wo es das Acyl-CoA freisetzt und in die Matrix entläßt:

Acylcarnitin + CoA-SH ⇌ Acyl-S-CoA + Carnitin   (3)

Dieser Dreistufenvorgang [Gleichungen (1) bis (3)] für den Transport der Fettsäuren in das Mitochondrium mag unnötig erscheinen, aber durch ihn wird der cytosolische vom intramitochondrialen CoA-Pool getrennt gehalten, und das ist nötig, weil sie verschiedene Funktionen haben. Der CoA-Pool in den Mitochondrien wird hauptsächlich für den oxidativen Abbau von Pyruvat, Fettsäuren und einigen Aminosäuren gebraucht, während der cytosolische CoA-Pool für die Biosynthese von Fettsäuren verwendet wird. Erinnern Sie sich, daß auch die cytosolischen und intramitochondrialen Pools von NAD und ATP durch die innere Mitochondrienmembran getrennt gehalten werden (S. 518). Im vorliegenden Fall gibt es noch einen zweiten wichtigen Grund für die Trennung: das erste Enzym des Eintrittsvorganges, die Carnitin-Acyltransferase I, ist ein Regulationsenzym; es kontrolliert die Geschwindigkeit des Fettsäure-

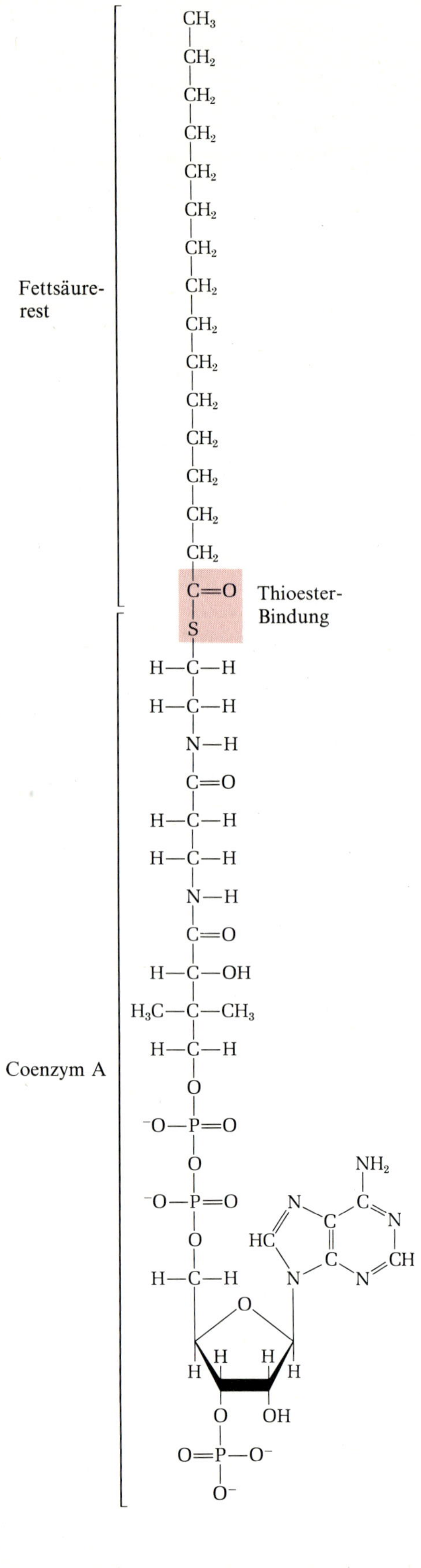

Abbildung 18-2
Palmitoyl-CoA. Die Carboxylgruppe der Palmitinsäure (16 Kohlenstoffatome) und die Thiolgruppe des Coenzyms A sind durch eine Thioesterbindung miteinander verknüpft. Beachten Sie, daß Fettsäure-CoA-Ester ziemlich große Moleküle sind.

gruppen-Eintritts und damit, wie wir noch sehen werden, die Geschwindigkeit der Fettsäureoxidation.

Das Acyl-CoA steht nun bereit für die Oxidation seiner Fettsäurekomponente, die von einem Satz spezifischer Enzyme in der Mitochondrienmatrix durchgeführt wird.

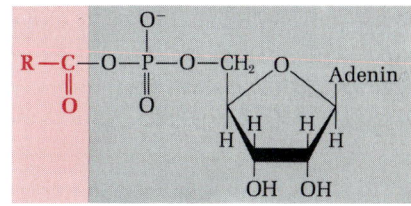

Abbildung 18-3
Die Struktur des Zwischenprodukts Acyladenylat. Die Acylgruppe ist farbig hervorgehoben. Bedenken Sie auch hierbei, daß der Fettsäurerest (R—CO—) verglichen mit dem Adenylat-Anteil (vgl. Abb. 18-2), sehr lang ist.

Die Fettsäuren werden in zwei Stufen oxidiert

Nachdem die Fettsäuren in die Mitochondrien hineingelangt sind, findet ihre Oxidation in zwei Stufen statt (siehe Abb. 18-5). In der ersten Stufe kommt es, beginnend mit dem Carboxylende der Fettsäurekette, zur oxidativen Entfernung der aufeinanderfolgenden C_2-Fragmente. Dabei wird eine Folge enzymatischer Reaktionen wiederholt durchlaufen und jedesmal wird eine C_2-Einheit als Acetylgruppe in Form von Acetyl-CoA abgetrennt. Die C_{16}-Fettsäure Palmitinsäure muß also z. B. diese Folge von Enzymen siebenmal durchlaufen. Am Ende des letzten Durchlaufes steht die letzte C_2-Einheit, ebenfalls als Acetyl-CoA. Insgesamt wird die C_{16}-Kette in acht C_2-Bruchstücke umgewandelt, die als Acetylgruppen des Acetyl-CoA anfallen. Für die Bildung eines jeden Moleküls Acetyl-CoA müssen vier Wasserstoffatome durch Dehydrogenasen aus den Fettsäuren entfernt werden.

In der zweiten Stufe der Fettsäureoxidation werden die Acetylreste des Acetyl-CoA, ebenfalls in den Mitochondrien, über den Citratcyclus zu CO_2 und H_2O oxidiert. Das aus der Fettsäureoxidation stammende Acetyl-CoA betritt damit einen End-Abbauweg, den es mit dem Acetyl-CoA aus der Glucose (über die Pyruvatoxidation, S. 516) gemeinsam hat.

Beide Stufen der Fettsäureoxidation münden in den Fluß der Wasserstoffatome oder der ihnen entsprechenden Elektronen durch die Elektronentransportkette zum Sauerstoff ein. An den Fluß der Elektronen ist die oxidative Phosphorylierung von ADP zu ATP gekoppelt. Auf diese Weise wird die von beiden Stufen der Fettsäureoxidation gelieferte Energie als ATP konserviert.

Die erste Stufe der Oxidation gesättigter Fettsäuren besteht aus vier Schritten

An der ersten Stufe der Fettsäureoxidation sind vier Enzyme beteiligt.

Der erste Dehydrierungsschritt

Nach dem Eintritt des Esters aus einer gesättigten Fettsäure und Coenzym A in die Matrix erfolgt eine Dehydrierung an den Kohlenstoffatomen 2 und 3 (α und β) unter Bildung einer Doppelbindung in der Kohlenstoffkette, so daß ein *trans*-Δ^2-Enoyl-CoA entsteht. Katalysierendes Enzym ist die *Acyl-CoA-Dehydrogenase*, ein Enzym mit FAD als prosthetischer Gruppe (in der folgenden Gleichung mit E bezeichnet):

$$\text{Acyl-S-CoA} + \text{E—FAD} \rightarrow$$
$$\textit{trans-}\Delta^2\text{-Enoyl-S-CoA} + \text{E—FADH}_2$$

Mit Δ^2 wird die Position der Doppelbindung bezeichnet (Abb. 18-6). Es muß betont werden, daß die neugebildete Doppelbindung *trans*-Konformation hat. Sie erinnern sich (S. 337), daß bei natürlich vorkommenden ungesättigten Fettsäuren die Doppelbindungen normalerweise *cis*-Konformation haben. Wir werden auf diese anscheinende Diskrepanz später zurückkommen. Bei der hier beschriebenen Reaktion werden die Wasserstoffatome vom Acyl-CoA entfernt und auf das FAD (S. 281), die fest gebundene prosthetische Gruppe der Acyl-CoA-Dehydrogenasen, übertragen. Die reduzierte Form der Dehydrogenasen gibt dann ihre Elektronen an den darauffolgenden Elektronen-Carrier, das elektronenübertragende Flavoprotein, ab, das sie wiederum auf das Ubichinon der Atmungskette überträgt (Abb. 18-7). Während des nun folgenden Transportes des Elektronenpaares bis zum Sauerstoff werden zwei Moleküle ATP gebildet (S. 526).

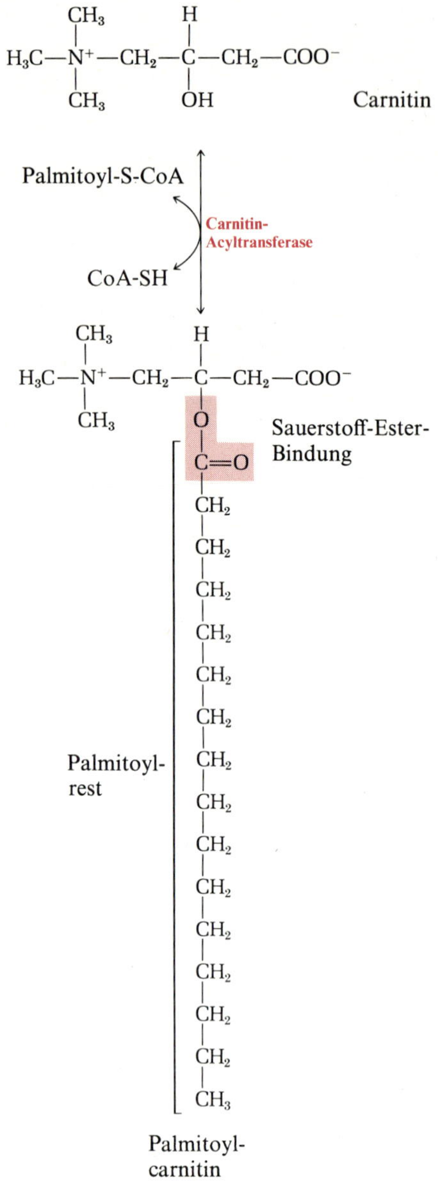

Der Hydratisierungsschritt

Im zweiten Schritt des Fettsäureoxidationscyclus lagert sich Wasser an die Doppelbindung des *trans*-Δ^2-Enoyl-CoA an, unter Bildung des L-Stereoisomeren eines *3-Hydroxyacyl-Coenzyms A*. Katalysiert wird diese Anlagerung durch die *Enoyl-CoA-Hydratase*, die kristallin gewonnen werden konnte:

trans-Δ^2-Enoyl-S-CoA + H$_2$O $\rightleftharpoons$ L-3-Hydroxyacyl-S-CoA

Die katalysierte Reaktion ist in Abb. 18-6 dargestellt.

Der zweite Dehydrierungsschritt

Beim dritten Schritt des Fettsäureoxidationscyclus wird das L-3-Hydroxyacyl-CoA mit Hilfe der *3-Hydroxyacyl-CoA-Dehydrogenase* zu *3-Oxoacyl-CoA* dehydriert (Abb. 18-6). Spezifischer Elektronenakzeptor ist NAD$^+$:

L-3-Hydroxyacyl-S-CoA + NAD$^+$ $\rightleftharpoons$
3-Oxoacyl-S-CoA + NADH + H$^+$

Dieses Enzym ist absolut spezifisch für das L-Isomere. Das in dieser Reaktion gebildete NADH gibt seine Reduktionsäquivalente an die NADH-Dehydrogenase der Atmungskette ab (Abb. 18-7). Beim

Abbildung 18-4
Die reversible Carnitin-Acyltransferase-Reaktion.

Weitertransport dieser Elektronen durch die Atmungskette werden, wie bei den anderen NAD-abhängigen Substrat-Dehydrogenasen der Mitochondrien, drei Moleküle ATP pro Elektronenpaar gebildet (S. 533).

Die Spaltung

Der vierte und letzte Schritt des Fettsäureoxidationscyclus wird durch die *Acetyl-CoA-Acetyltransferase* (auch *Thiolase* genannt) katalysiert. Das 3-Oxoacyl-CoA reagiert mit einem Molekül freiem CoA-SH. Dabei wird ein C_2-Fragment vom Carboxylende der ursprünglichen Fettsäure als Acetyl-CoA abgespalten und zurück bleibt der CoA-Ester der um zwei Kohlenstoffatome verkürzten Fettsäure (Abb. 18-6):

3-Oxoacyl-S-CoA + CoA-SH ⇌
          verkürztes Acyl-S-CoA + Acetyl-S-CoA

Diese Reaktion wird oft als in Analogie zur Hydrolyse *Thiolyse* bezeichnet, weil das 3-Oxoacyl-CoA durch die Reaktion mit der Thiolgruppe des CoA gespalten wird (Abb. 18-6).

In der ersten Stufe der Fettsäureoxidation entsteht Acetyl-CoA und ATP

Wir haben nun einen Durchgang durch den Fettsäureoxidationscyclus beendet. Vom ursprünglichen langkettigen Acyl-CoA wurden eine Acetylgruppe und zwei Paar Wasserstoffatome entfernt, wodurch es um zwei Kohlenstoffatome verkürzt worden ist. Beginnend mit dem CoA-Ester der Palmitinsäure (16 Kohlenstoffatome) lautet die Summengleichung für einen Durchgang:

Palmitoyl-S-CoA + CoA-SH + FAD + NAD^+ + H_2O →
Myristoyl-S-CoA + Acetyl-S-CoA + $FADH_2$ + NADH + H^+

Nach der Entfernung eines Acetyl-CoA bleibt der CoA-Ester der verkürzten Fettsäure zurück, nämlich der der C_{14}-Verbindung *Myristinsäure*. Das Myristoyl-CoA durchläuft nun in gleicher Weise die vier Reaktionen des Cyclus, und es entsteht ein zweites Molekül Acetyl-CoA sowie *Lauroyl-CoA*, der CoA-Ester der homologen C_{12}-Säure *Laurinsäure*. Insgesamt sind sieben Durchläufe durch den Fettsäureoxidationscyclus nötig, um ein Molekül Palmitoyl-CoA zu acht Molekülen Acetyl-CoA zu oxidieren (Abb. 18-6):

Palmitoyl-S-CoA + 7 CoA-SH + 7 FAD + 7 NAD^+ + 7 H_2O →
     8 Acetyl-S-CoA + 7 $FADH_2$ + 7 NADH + 7 H^+

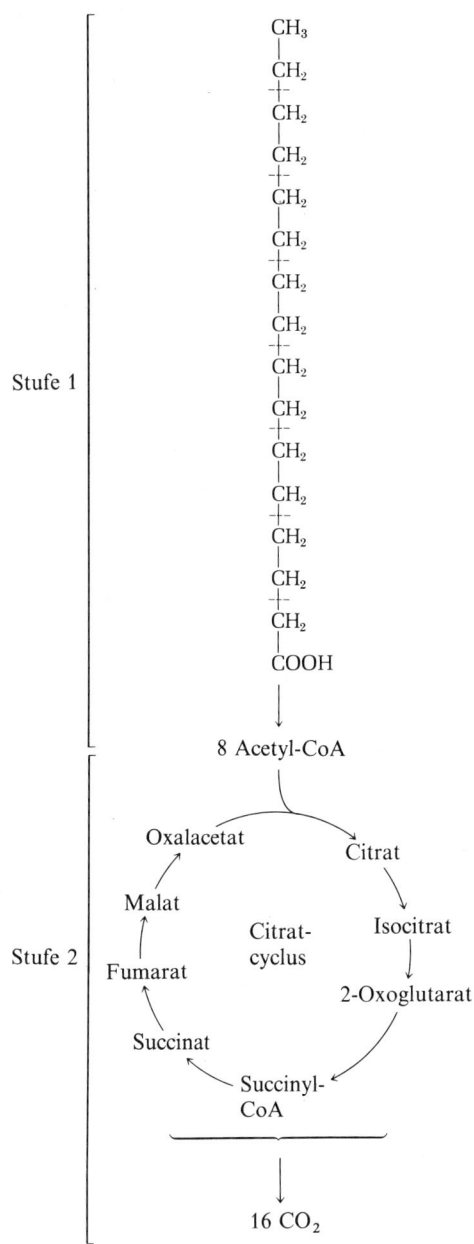

Abbildung 18-5
Die Stufen der Fettsäureoxidation. Stufe 1: Oxidation einer langkettigen Fettsäure zu Acetylresten in Form von Acetyl-CoA. Stufe 2: Oxidation der Acetylreste zu CO_2.

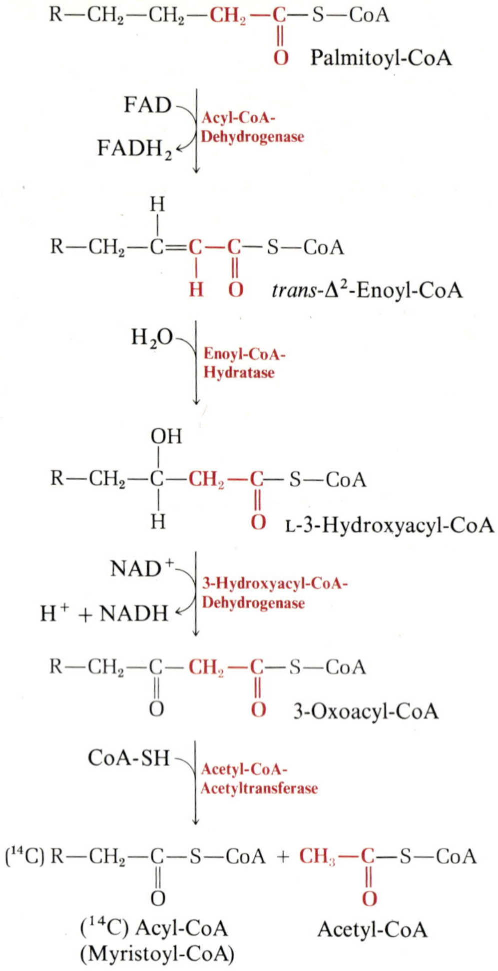

$$R-CH_2-CH_2-CH_2-\underset{\underset{O}{\|}}{C}-S-CoA \quad \text{Palmitoyl-CoA}$$

$$FAD \searrow \text{Acyl-CoA-Dehydrogenase}$$
$$FADH_2 \swarrow$$

$$R-CH_2-\underset{H}{\overset{H}{C}}=\underset{H}{\overset{}{C}}-\underset{\underset{O}{\|}}{C}-S-CoA \quad trans\text{-}\Delta^2\text{-Enoyl-CoA}$$

$$H_2O \searrow \text{Enoyl-CoA-Hydratase}$$

$$R-CH_2-\underset{H}{\overset{OH}{C}}-CH_2-\underset{\underset{O}{\|}}{C}-S-CoA \quad L\text{-3-Hydroxyacyl-CoA}$$

$$NAD^+ \searrow \text{3-Hydroxyacyl-CoA-Dehydrogenase}$$
$$H^+ + NADH \swarrow$$

$$R-CH_2-\underset{\underset{O}{\|}}{C}-CH_2-\underset{\underset{O}{\|}}{C}-S-CoA \quad \text{3-Oxoacyl-CoA}$$

$$CoA\text{-}SH \searrow \text{Acetyl-CoA-Acetyltransferase}$$

$$(^{14}C)\ R-CH_2-\underset{\underset{O}{\|}}{C}-S-CoA + CH_3-\underset{\underset{O}{\|}}{C}-S-CoA$$

$$(^{14}C)\ \text{Acyl-CoA} \qquad \text{Acetyl-CoA}$$
$$(\text{Myristoyl-CoA})$$

(a)

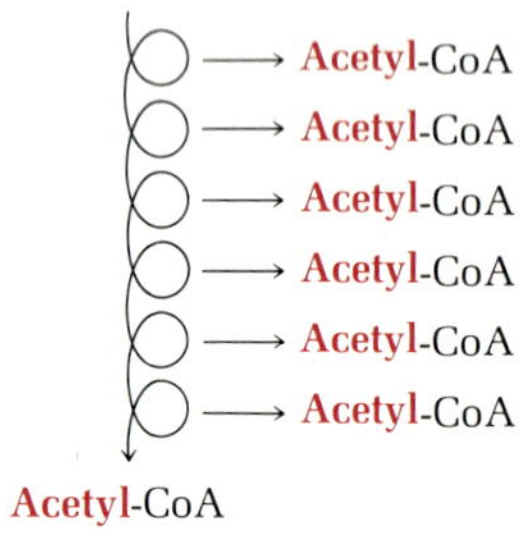

(b)

Abbildung 18-6
Der Fettsäureoxidationscyclus. (a) Bei einem Durchgang durch den Cyclus wird ein Acetylrest (in Farbe) als Acetyl-CoA vom Carboxylende der Palmitinsäure (C_{16}) entfernt, die den Cyclus als Palmitoyl-CoA betreten hatte. (b) Danach finden sechs weitere Durchgänge statt, bei denen sieben weitere Acetyl-CoA gebildet werden. (Die siebente entsteht aus den letzten beiden C-Atomen, die übrig bleiben).

Jedes während der Fettsäureoxidation gebildete Molekül $FADH_2$ gibt ein Elektronenpaar an Ubichinon in der Atmungskette ab, dessen Weitertransport zwei Moleküle ATP liefert. Jedes Molekül des gebildeten NADH gibt ein Elektronenpaar an die NADH-Dehydrogenase in den Mitochondrien ab, dessen Weitertransport die Bildung von drei Molekülen ATP bewirkt. Pro Molekül Acetyl-CoA werden also in tierischen Geweben wie Leber und Herz 5 Moleküle ATP

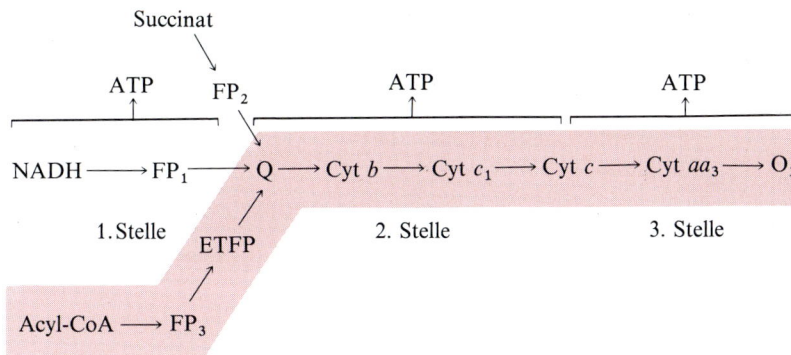

Abbildung 18-7
Die aus den Acyl-CoA-Verbindungen durch die Acyl-CoA-Dehydrogenase erhaltenen Reduktionsäquivalente (FP_3 = Flavoprotein 3) werden durch das elektronentransportierende Flavoprotein (ETFP) zum Ubichinon (Q) der mitochondrialen Elektronentransportkette weitergeleitet. Für jedes Elektronenpaar, das vom Ubichinon aus zum Sauerstoff wandert, werden zwei Moleküle ATP gebildet. Ubichinon sammelt also die Elektronen von der NADH-Dehydrogenase (FP_1), der Succinat-Dehydrogenase (FP_2) und der Acyl-CoA-Dehydrogenase (FP_3).

gebildet. Wir können daher als Summengleichung für die Oxidation von Palmitoyl-CoA zu acht Molekülen Acetyl-CoA, einschließlich Elektronentransport und oxidativer Phosphorylierung, schreiben:

$$\text{Palmitoyl-S-CoA} + 7\,\text{CoA-SH} + 7\,O_2 + 35\,P_i + 35\,\text{ADP} \rightarrow$$
$$8\,\text{Acetyl-S-CoA} + 35\,\text{ATP} + 42\,H_2O \quad (4)$$

Beachten Sie, daß das nur die Summengleichung der *ersten Stufe* der Fettsäureoxidation ist (s. Abb. 18-5).

In der zweiten Stufe der Fettsäureoxidation wird Acetyl-CoA über den Citratcyclus oxidiert

Das durch die Fettsäureoxidation entstandene Acetyl-CoA unterscheidet sich natürlich nicht von dem aus Pyruvat entstandenen. Seine Acetylgruppe wird über denselben Weg, d. h. über den Citratcyclus (S. 482), zu CO_2 und H_2O oxidiert. Die folgende Gleichung ist die Summe der zweiten Stufe der Fettsäureoxidation (Ab. 18-5), nämlich die Oxidation der acht aus Palmitoyl-CoA entstandenen Acetyl-CoA-Moleküle, zusammen mit den damit verbundenen Phosphorylierungen:

$$8\,\text{Acetyl-S-CoA} + 16\,O_2 + 96\,P_i + 96\,\text{ADP} \rightarrow$$
$$8\,\text{CoA-SH} + 96\,\text{ATP} + 104\,H_2O + 16\,CO_2 \quad (5)$$

Fassen wir die Gleichungen (4) und (5) für die erste und die zweite Stufe der Fettsäureoxidation zusammen, so erhalten wir eine Gesamtgleichung für die vollständige Oxidation von Palmitoyl-CoA zu Kohlenstoffdioxid und Wasser:

$$\text{Palmitoyl-S-CoA} + 23\,O_2 + 131\,P_i + 131\,\text{ADP} \rightarrow$$
$$\text{CoA-SH} + 131\,\text{ATP} + 16\,CO_2 + 146\,H_2O \quad (6)$$

Tab. 18-1 faßt die Ausbeuten an NADH, $FADH_2$ und ATP bei den verschiedenen Schritten der Fettsäureoxidation zusammen. Die Än-

Tabelle 18-1 Die Ausbeute an ATP bei den verschiedenen Oxidationsschritten während der Oxidation eines Moleküls Palmitoyl-CoA zu CO_2 und H_2O.

	NAD-abhängige Schritte	FAD-abhängige Schritte	ATP
Acyl-CoA-Dehydrogenase		7	14
3-Hydroxyacyl-CoA-Dehydrogenase	7		21
Isocitrat-Dehydrogenase	8		24
2-Oxoglutarat-Dehydrogenase	8		24
Succinyl-CoA-Synthetase*			8
Succinat-Dehydrogenase		8	16
Malat-Dehydrogenase	8		24
Insgesamt gebildetes ATP			131

* Unter der Annahme, daß das entstandene GTP mit ADP unter Bildung von ATP reagiert.

derung der freien Standardenergie beträgt für die Oxidation von Palmitinsäure zu CO_2 und H_2O etwa 9800 kJ/mol. Unter Standardbedingungen werden $30.54 \times 131 = 4000$ kJ/mol als phosphatgebundene Energie wiedergewonnen. Berechnet man jedoch die Änderungen an freier Energie für die in der Zelle tatsächlich herrschenden Konzentrationen der Reaktionsteilnehmer, so beträgt die Ausbeute an freier Energie mehr als 80%.

Für die Oxidation ungesättigter Fettsäuren sind zwei zusätzliche enzymatische Schritte erforderlich

Die eben beschriebene Reaktionsfolge der Fettsäureoxidation gilt für gesättigte Fettsäuren, die nur Einfachbindungen in ihrer Kohlenstoffkette haben. Wie wir gesehen haben, sind aber die meisten der in den Triacylglycerinen und Phospholipiden von Tieren und Pflanzen vorkommenden Fettsäuren ungesättigt und enthalten folglich eine oder mehrere Doppelbindungen (S. 336). Diese Doppelbindungen haben *cis*-Konfiguration und befinden sich außerdem normalerweise nicht in der für die Enoyl-CoA-Hydratase spezifischen Position; deshalb kann das Enzym, das an die bei der β-Oxidation gebildete Doppelbindung des Δ^2-Enoyl-CoA Wasser anlagert, hier nicht reagieren.

Statt dessen existieren zwei Hilfsenzyme, die die Verwertung der ungesättigten Fettsäuren als Brennstoff ermöglichen. Die Wirkungsweise dieser beiden Enzyme, einer *Isomerase* und einer *Epimerase*, soll an zwei Beispielen erläutert werden. Lassen Sie uns zunächst den Verlauf der Oxidation der *Ölsäure* verfolgen, einer verbreiteten ungesättigten C_{18}-Fettsäure, deren *cis*-Doppelbindung sich zwischen den Kohlenstoffatomen 9 und 10 befindet (Bezeichnung: Δ^9). Ölsäure wird zuerst in *Oleoyl-CoA* (Abb. 18-8) umgewandelt, die analog

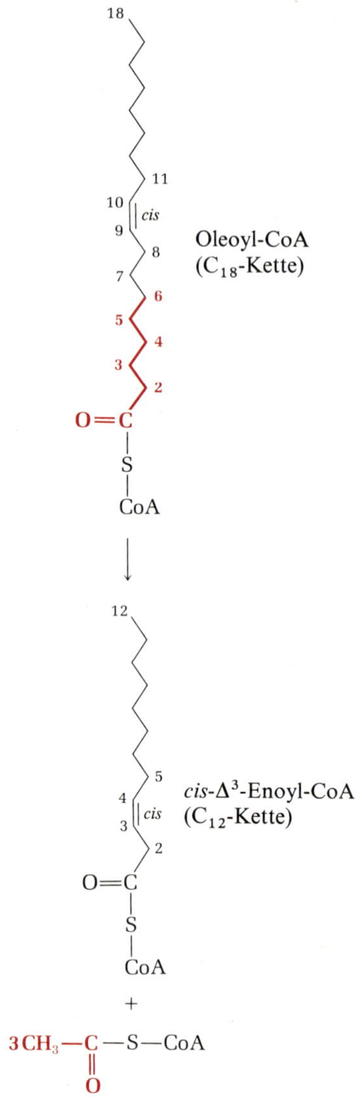

Abbildung 18-8
Die oxidative Abtrennung von Acetyl-CoA-Einheiten aus Oleoyl-CoA unter Bildung einer C_{12}-*cis*-Δ^3-Enoyl-CoA-Verbindung.

der Palmitinsäure als *Oleoyl-carnitin* durch die Mitochondrienmembran transportiert und in der Matrix in Oleoyl-CoA zurückverwandelt wird. Dieses Oleoyl-CoA durchläuft dann dreimal den Fettsäureoxidationscyclus. Dabei entstehen drei Moleküle Acetyl-CoA und der CoA-Ester der ungesättigten C_{12}-Verbindung, mit einer *cis*-Doppelbindung zwischen dem 3. und 4. Kohlenstoffatom (Abb. 18-8). Mit diesem Produkt kann das nächste Enzym des normalen Fettsäurecyclus, die Enoyl-CoA-Hydratase, nicht reagieren. (Sie arbeitet nur mit *trans*-Doppelbindungen.) Statt dessen wird das *cis*-Δ^3-Enoyl-CoA durch eines der beiden Hilfsenzyme, die *Enoyl-CoA-Isomerase*, zu *trans*-Δ^2-Enoyl-CoA isomerisiert (siehe Abb. 18-9), einem normalen Substrat der Enoyl-CoA-Hydratase, die es dann zum entsprechenden L-3-Hydroxyacyl-CoA umsetzt. Dieses Produkt ist nun wieder ein ganz normales Substrat des Fettsäurecyclus, so daß am Ende dieses Umlaufes Acetyl-CoA und ein gesättigter C_{10}-Acyl-CoA-Ester entsteht, der den Cyclus noch vier weitere Male durchläuft, bis schließlich aus einem Molekül der C_{18}-Verbindung Ölsäure neun CoA-gebundene Acetylgruppen entstanden sind.

Das andere Hilfsenzym, die Epimerase, wird für die Oxidation mehrfach ungesättigter Fettsäuren gebraucht. Wir nehmen als Beispiel die C_{18}-Verbindung *Linolsäure*, die zwei *cis*-Doppelbindungen enthält, eine zwischen den Kohlenstoffatomen 9 und 10 (Δ^9) und eine weitere zwischen den Kohlenstoffatomen 12 und 13 (Δ^{12}). Linoeoyl-CoA* durchläuft den Cyclus dreimal und liefert dabei neben drei Acetyl-CoA-Molekülen den ungesättigten C_{12}-CoA-Ester mit einer *cis*-Δ^3-Doppelbindung (also wie beim Ölsäureabbau), und einer weiteren *cis*-Δ^6-Doppelbindung. Die Δ^3-ungesättigte Verbindung wird wiederum durch die Enoyl-CoA-Isomerase zu *trans*-Δ^2-Enoyl-CoA isomerisiert, das nun wieder den normalen Fettsäurecyclus durchläuft. Nach zwei weiteren Durchgängen entsteht ein ungesättigter C_8-Fettsäure-CoA-Ester mit einer *cis*-Δ^2-Doppelbindung. Mit dieser Verbindung kann die Enoyl-CoA-Hydratase zwar reagieren, aber als Produkt entsteht das D-Stereoisomere des 3-Hydroxyacyl-CoA anstelle des normalerweise gebildeten L-Stereoisomeren. An dieser Stelle kommt das zweite Hilfsenzym, die *3-Hydroxyacyl-CoA-Epimerase* ins Spiel. Sie epimerisiert die D- zur L-Form (Abb. 18-10). Diese kann zu Acetyl-CoA und dem gesättigten Acyl-CoA mit 6 Kohlenstoffatomen weiterreagieren. Die weitere Oxidation verläuft wieder normal. Im Endeffekt entstehen aus Linolsäure unter Einsatz der beiden Hilfsenzyme neun Moleküle Acetyl-CoA.

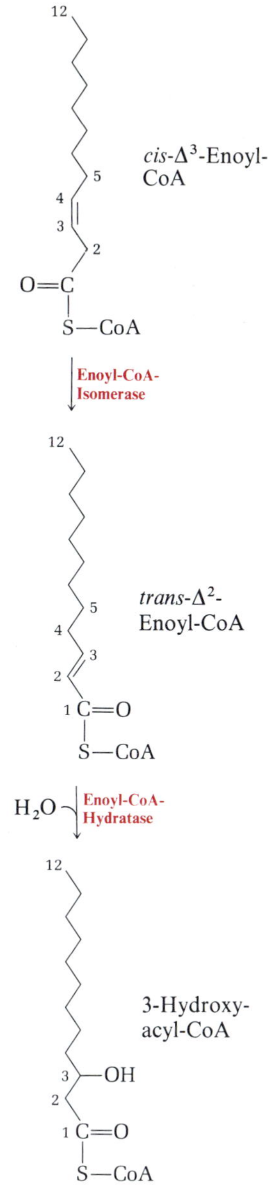

Abbildung 18-9
Die Wirkung der Enoyl-CoA-Isomerase bei der Umwandlung von *cis*-Δ^3-Enoyl-CoA in *trans*-Δ^2-Enoyl-CoA. Letztere Verbindung wird dann zu 3-Hydroxyacyl-CoA umgesetzt.

---

* Der Säurerest der Linolsäure heißt Linoleoylat, der der Linolensäure Linolenoylat, da die Bezeichnungen für die Säurereste immer von den englischen Namen für die Säuren abgeleitet werden, also von linoleic acid für die Linolsäure (d. Übers.).

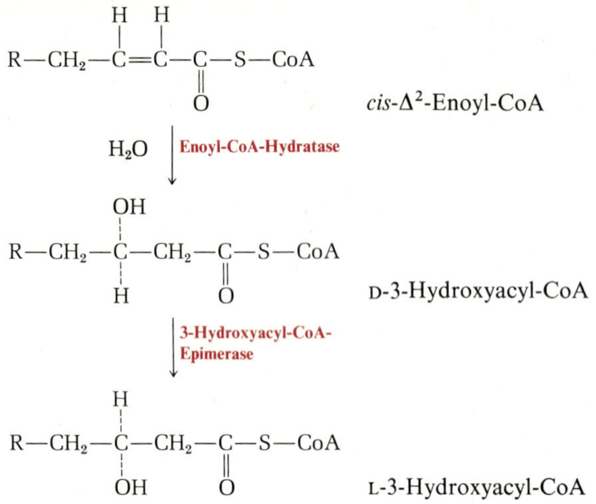

Abbildung 18-10
Die Bildung von D-3-Hydroxyacyl-CoA und dessen Umwandlung in das L-Stereoisomere, das dann über die Fettsäure-Oxidationsreaktionen weiter abgebaut werden kann.

Die Oxidation von Fettsäuren mit einer ungeraden Anzahl von Kohlenstoffatomen

Die meisten natürlich vorkommenden Fette enthalten zwar eine gerade Anzahl von Kohlenstoffatomen, aber in den Lipiden vieler Pflanzen und einiger Meeresorganismen werden auch beträchtliche Mengen von Fettsäuren mit ungeradzahligen Kohlenstoffketten gefunden. Außerdem bilden Rinder und andere Wiederkäuer während der Kohlenhydrat-Gärung im Pansen große Mengen der C_3-Verbindung *Propionsäure*. Diese wird in die Blutbahn absorbiert und von der Leber und anderen Geweben oxidiert. Langkettige ungeradzahlige Fettsäuren werden zunächst genauso oxidiert wie die geradzahligen. Der letzte Durchlauf für sie ist der, bei dem aus einem C_5-Ester ein *Acetyl-CoA* und ein *Propionyl-CoA* entstehen, von denen letzteres aus den letzten 3 Kohlenstoffatomen der langkettigen, ungeradzahligen Fettsäure gebildet wurde. Dieses Propionyl-CoA, wie auch das aus anderen Quellen, wird über einen recht ungewöhnlichen enzymatischen Weg weiter verarbeitet. Es wird durch ein Biotin-haltiges Enzym, die *Propionyl-CoA-Carboxylase*, zum D-Stereoisomeren des *Methylmalonyl-CoA* (Abb. 18-11) carboxyliert. Vorstufe für die neue Carboxylgruppe ist Hydrogencarbonat, die Energie für die neue kovalente Bindung stammt aus ATP, das zu Diphosphat und AMP gespalten wird:

Propionyl-CoA + ATP + CO_2 →
  D-Methylmalonyl-CoA + AMP + PP_i

Die Reaktion ist Mg^{2+}-abhängig. Das so gebildete D-Isomere des Methylmalonyl-CoA wird enzymatisch mit Hilfe der *Methylmalonyl-CoA-Epimerase* zur L-Form epimerisiert (S. 311, Abb. 18-11):

  D-Methylmalonyl-CoA ⇌ L-Methylmalonyl-CoA

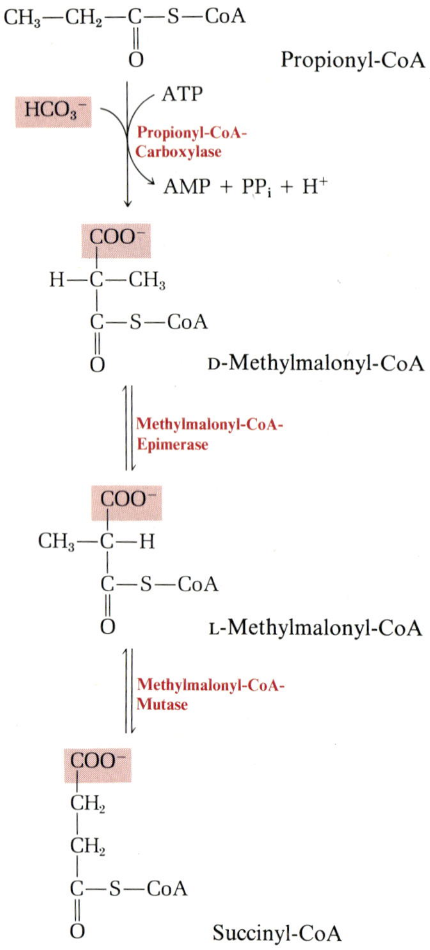

Abbildung 18-11
Carboxylierung von Propionyl-CoA zu D-Methylmalonyl-CoA und dessen Umwandlung zu Succinyl-CoA (s. a. Abb. 18-12).

Das L-Methylmalonyl-CoA erleidet nun eine höchst ungewöhnliche intramolekulare Umformung, bei der, katalysiert durch die *Methylmalonyl-CoA-Mutase, Succinyl-CoA* gebildet wird. Hierzu wird das Coenzym *Desoxyadenosylcobalamin* benötigt, das ist die Coenzymform des Vitamins B_{12} oder Cobalamins (S. 290):

L-Methylmalonyl-CoA $\rightleftharpoons$ Succinyl-CoA

Succinyl-CoA ist natürlich ein Zwischenprodukt des Citratcyclus und liefert schließlich Oxalacetat.

Diese Reaktionsfolge vom Propionyl-CoA zum Succinyl-CoA wirkt unnötig umständlich. Man könnte sich vorstellen, daß Succinyl-CoA in *einem* Schritt durch Addition eines CO_2 an das Kohlenstoffatom 3 des Propionsäure-Anteiles von Propionyl-CoA entstehen könnte. Statt dessen haben es die Zellen vorgezogen, das CO_2 an das Atom 2 anzuknüpfen und noch dazu auf der spiegelbildlich falschen Seite. Nachdem die Epimerase das CO_2 durch Bildung von L-Methylmalonyl-CoA auf die richtige Seite des C-Atoms 2 gebracht hat, sollte man meinen, daß es eine leichte Sache sei, die Carboxylgruppe nun vom Kohlenstoffatom 2 zum Kohlenstoffatom 3 des Propionylrestes zu verschieben (s. Abb. 18-12). Statt dessen wird die sperrige -CO-S-CoA-Gruppe mit Hilfe des komplexen Coenzyms Desoxyadenosincobalamin versetzt. Wir können auch hier wieder annehmen, daß die Zellen gelernt haben, ein schwieriges chemisches Problem dadurch zu lösen, daß sie es über einen Umweg umgehen.

Die Methylmalonyl-CoA-Mutase-Reaktion ist bemerkenswert. Sie besteht aus einem Austausch der -CO-S-CoA-Gruppe (siehe Abb. 18-12) am C-Atom 2 der ursprünglichen Propionylgruppe des Methylmalonyl-CoA gegen ein H-Atom vom C-Atom 3. Dieses ist eine der relativ wenigen, in der Natur vorkommenden, enzymatischen Reaktionen, bei denen ein Austausch von Alkylgruppen oder substituierten Alkylgruppen gegen ein Wasserstoffatom des benachbarten Kohlenstoffs stattfindet. Die Enzyme, die diese ungewöhnli-

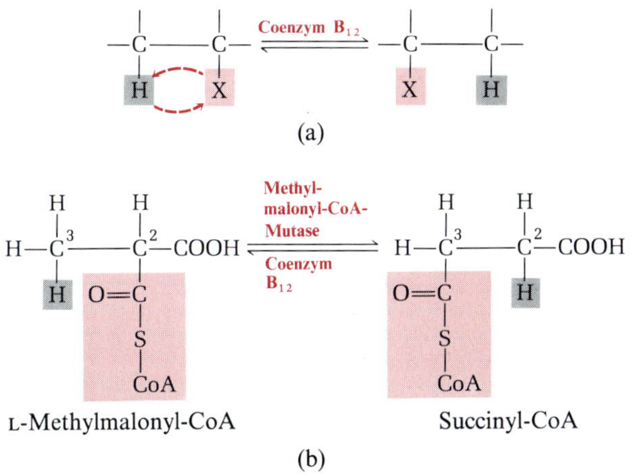

Abbildung 18-12
Die intramolekulare Umgruppierung bei der Methylmalonyl-CoA-Mutase-Reaktion. Coenzym B_{12} ist an Reaktionen beteiligt, bei denen ein Wasserstoffatom gegen eine Gruppe X an einem benachbarten Kohlenstoffatom ausgetauscht wird.
(a) Reaktionsmodell; (b) Die Methylmalonyl-CoA-Mutase-Reaktion.

che Reaktionen katalysieren, enthalten alle 5'-Desoxyadenosylcobalamin (S. 290). Wir erinnern uns, daß ein Defekt in der Absorption von Vitamin B_{12} aus dem Darm zu perniziöser Anämie führt. Methylmalonyl-CoA tritt nicht nur bei der Oxidation ungeradzahliger Fettsäuren als Zwischenprodukt auf, sondern auch beim oxidativen Abbau von drei Aminosäuren (S. 599), nämlich von *Methionin, Valin* und *Isoleucin.* Mehrere genetische Defekte, die den Stoffwechsel von Methylmalonyl-CoA betreffen, sind beim Menschen gefunden worden, meist bei Kleinkindern. Es gibt einen erblichen Defekt der Methylmalonyl-CoA-Mutase, durch den das Methylmalonyl-CoA nicht mehr in Succinyl-CoA umgewandelt werden kann. Als Folge davon erscheint die Methylmalonsäure, die nicht weiter metabolisiert werden kann, in großen Mengen im Blut und Urin und senkt den pH-Wert des Blutes. Dieser, *Methylmalonyl-Azidämie* genannte Zustand, kann bei einigen der Patienten durch Injektion großer Dosen von Vitamin B_{12} gemildert werden, denn der genetische Defekt bewirkt eine Verlangsamung der Enzymreaktionen, durch die das Vitamin B_{12} in seine aktive Coenzym-Form umgewandelt wird. Bei einer anderen Gruppe von Patienten mit Methylmalonyl-Azidämie liegt der Defekt jedoch im Proteinanteil der Methylmalonyl-CoA-Mutase und kann nicht durch Vitamin-B_{12}-Gaben gemildert werden. In diesen Fällen kann die Krankheit tödlich verlaufen.

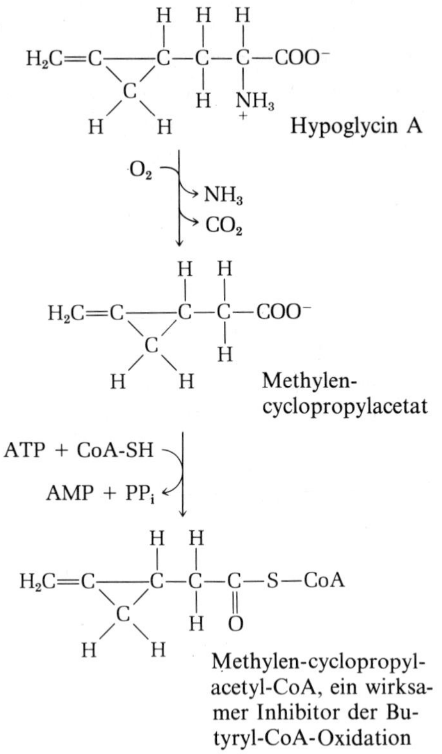

Hypoglycin, ein toxischer pflanzlicher Wirkstoff hemmt die Fettsäureoxidation

Es ist seit langem bekannt, daß der Genuß unreifer Früchte des Ackee-Baumes (*Sapindaceae*) bei der unterernährten Bevölkerung Jamaikas eine endemische Stoffwechselstörung verursacht. Charakteristische Merkmale dieser Störung sind Hypoglykämie (niedriger Blutzuckerspiegel) und eine Störung des Fettsäurestoffwechsels. Der toxische Wirkstoff der Ackee-Früchte ist *Hypoglycin,* ein Derivat der Propionsäure (Abb. 18-13), das im Stoffwechsel in eine Substanz umgewandelt wird, deren CoA-Ester ein starker, spezifischer Inhibitor für die Oxidation kurzkettiger Acyl-CoA-Verbindungen ist, besonders des Butyryl-CoA. Als Folge davon wird Butyryl-CoA zu freiem Butyrat hydrolysiert, das sich im Blut in abnormen Mengen anreichert und indirekt zu einer Senkung des Blutzuckerspiegels führt.

Die Bildung von Ketonkörpern in der Leber und ihre Oxidation in anderen Organen

Beim Menschen und bei den meisten Säugetieren kann der weitere Stoffwechsel des während der Fettsäureoxidation entstandenen

Abbildung 18-13
Hypoglycin A, das in unreifen Ackee-Früchten vorkommt, wird enzymatisch in einen hochwirksamen Inhibitor der Oxidation kurzkettiger Fettsäure-CoA-Ester umgewandelt.

Acetyl-CoA in der Leber über zwei verschiedene Wege erfolgen. Einer, die Oxidation über den Citratcyclus, ist bereits besprochen worden. Der andere führt zu *Acetacetat* und D-*3-Hydroxybutyrat*, die zusammen mit *Aceton* als *Ketonkörper* bezeichnet werden (Abb. 18-14). Acetacetat und 3-Hydroxybutyrat werden in der Leber nicht weiter oxidiert, sondern über die Blutbahn in die peripheren Gewebe gebracht, wo sie über den Citratcyclus oxidiert werden. Der erste Schritt der Synthese von Acetacetat in der Leber ist die durch die Thiolase katalysierte Kondensation von zwei Molekülen Acetyl-CoA:

Acetyl-S-CoA + Acetyl-S-CoA ⇌ Acetacetyl-S-CoA + CoA-SH

Als nächstes verliert das Acetacetyl-CoA in zwei Reaktionen sein CoA, so daß freies Acetacetat entsteht (Abb. 18-15). Die Gesamtgleichung für diese beiden Reaktionen ist:

Acetacetyl-S-CoA + H$_2$O → Acetacetat + CoA-SH

Das so gebildete freie Acetacetat wird mit Hilfe des Mitochondrienenzyms D-*3-Hydroxybutyrat-Dehydrogenase* zu D-*3-Hydroxybutyrat* reduziert:

Acetacetat + NADH$^+$ ⇌ D-3-Hydroxybutyrat + NAD$^+$

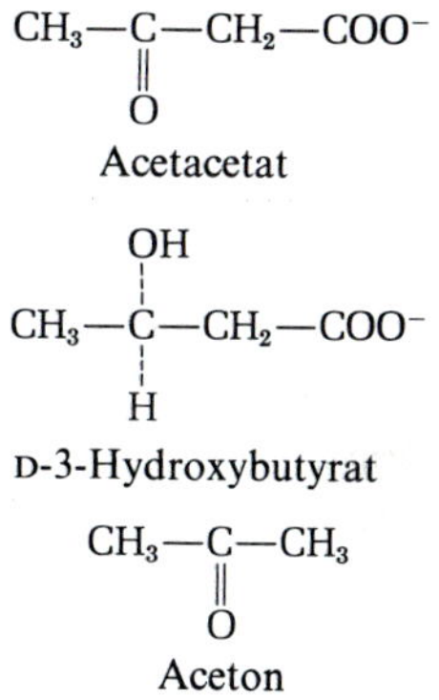

$$CH_3-\underset{\underset{O}{\|}}{C}-CH_2-COO^-$$
Acetacetat

$$CH_3-\underset{\underset{H}{|}}{\overset{\overset{OH}{|}}{C}}-CH_2-COO^-$$
D-3-Hydroxybutyrat

$$CH_3-\underset{\underset{O}{\|}}{C}-CH_3$$
Aceton

Abbildung 18-14
Die Ketonkörper.

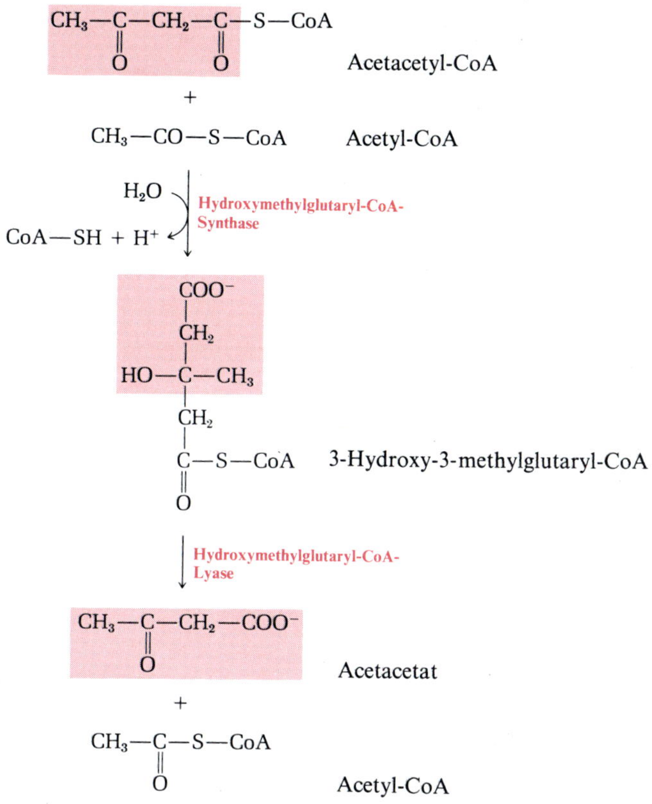

Abbildung 18-15
Die Abspaltung von CoA aus Acetacetyl-CoA. Dieser Vorgang wird Desacylierung genannt. Hydroxymethylglutaryl-CoA ist auch ein wichtiges Zwischenprodukt bei der Cholesterin-Biosynthese (Kapitel 21).

Diese Dehydrogenase ist spezifisch für das D-Isomere; sie reagiert nicht mit L-3-Hydroxyacyl-CoA-Verbindungen. Man darf also die D-3-Hydroxybutyrat-Dehydrogenase nicht mit der L-3-Hydroxyacyl-CoA-Dehydrogenase (S. 568) verwechseln. Acetacetat ist auch eine Vorstufe des Acetons. Dieses entsteht in kleinen Mengen, wenn Acetacetat, eine unstabile Verbindung, seine Carboxylgruppe entweder spontan oder durch die Aktivität der *Acetacetat-Decarboxylase* verliert:

$$CH_3-\underset{\underset{O}{\|}}{C}-CH_2-COO^- + H^+ \rightarrow CH_3-\underset{\underset{O}{\|}}{C}-CH_3 + CO_2$$

Acetacetat   Aceton

Aceton ist eine flüchtige Verbindung. Sie kommt im Blut von Diabetikern in beträchtlichen Mengen vor und verursacht einen charakteristischen Geruch ihres Atems, der oft fälschlicherweise für Alkoholgeruch gehalten wird. Freies Acetacetat und D-3-Hydroxybutyrat, die in der oben beschriebenen Reaktion entstehen, diffundieren aus den Leberzellen heraus in den Blutstrom und gelangen ins periphere Gewebe.

Der Sinn der Ketonkörper-Bildung ist, einen Teil des aus Fettsäuren gebildeten Acetyl-CoA vor weiterer Oxidation in der Leber zu bewahren und in Form von Ketonkörpern zur Endoxidation in andere Gewebe zu schicken. Die Ketonkörperbildung ist ein „Überfluß"-Weg. Dabei handelt es sich um einen von zahlreichen Wegen, die die Leber benutzt, um Brennstoffe auf den übrigen Körper zu verteilen. Normalerweise ist die Konzentration von Ketonkörpern im Blut sehr niedrig, aber beim Fasten oder beim Diabetes mellitus kann sie extrem hohe Werte erreichen. Dieser, als *Ketose* bezeichnete Zustand entsteht, wenn die Geschwindigkeit der Ketonkörperbildung in der Leber größer ist als die Kapazität der peripheren Gewebe, sie zu verbrauchen. Beim Diabetes sind die Gewebe nicht in der Lage, die Glucose aus dem Blut zu verwerten. Die Folge ist, daß die Leber als Kompensation mehr Fettsäuren verbrennt. Dadurch kommt es zu einer Überproduktion von Ketonkörpern in der Leber, d. h. es werden mehr Ketonkörper gebildet, als die peripheren Gewebe oxidieren können.

In den peripheren Geweben wird D-3-Hydroxybutyrat mit Hilfe der D-3-Hydroxybutyrat-Dehydrogenase zu Acetacetat oxidiert:

D-3-Hydroxybutyrat + NAD$^+$ $\rightleftharpoons$ Acetacetat + NADH + H$^+$

Das gebildete Acetacetat wird durch Veresterung mit CoA aktiviert, das aus Succinyl-CoA stammt, einem Zwischenprodukt des Citratcyclus (S. 492). Die Übertragungsreaktion wird von der *3-Oxoacyl-CoA-Transferase* katalysiert:

Succinyl-S-CoA + Acetacetat $\rightleftharpoons$ Succinat + Acetacetyl-S-CoA

Das entstandene Acetacetyl-CoA wird durch die Thiolase in Acetyl-

CoA gespalten:

$$\text{Acetacetyl-S-CoA} + \text{CoA-SH} \rightleftharpoons 2\,\text{Acetyl-S-CoA}$$

Das so gebildete Acetyl-CoA kann dann in den peripheren Geweben zur vollständigen Oxidation in den Citratcyclus eintreten.

Die Regulierung der Fettsäureoxidation und Ketonkörperbildung

In der Leber stehen den im Cytosol gebildeten Acyl-CoA-Verbindungen zwei Hauptstoffwechselwege zur Verfügung: (1) die Oxidation in den Mitochondrien oder (2) die Umsetzung zu Triacylglycerinen und Phospholipiden durch Enzyme im Cytoplasma. Welcher Weg eingeschlagen wird, hängt von der Geschwindigkeit ab, mit der die langkettigen Acyl-CoA-Moleküle in die Mitochondrien transportiert werden. Der dreistufige Transportvorgang, durch den die Fettsäurereste vom cytosolischen Acyl-CoA über Carnitin in die Mitochondrienmatrix gelangen, ist der geschwindigkeitsbestimmende Schritt bei der Fettsäureoxidation. Sind die Fettsäurereste erst einmal in die Mitochondrien gelangt, so werden sie dort zu Acetyl-CoA oxidiert.

Die Carnitin-Acyltransferase I, die außerhalb der Matrix die Übertragung der Fettsäurereste von Acyl-CoA auf Carnitin katalysiert, ist ein allosterisches Enzym. Es wird spezifisch gehemmt durch seinen Modulator *Malonyl-CoA* (Abb. 18-16), ein Stoffwechselprodukt, dem wir bisher noch nicht begegnet sind. Es ist das erste Zwischenprodukt bei der im Cytosol stattfindenden Biosynthese langkettiger Fettsäuren aus Acetyl-CoA. Die Konzentration von Malonyl-CoA steigt immer bei ausreichender Versorgung mit Kohlenhydraten, da überschüssige Glucose, die nicht oxidiert oder als Glycogen gespeichert werden kann, im Cytosol zu Triacylglycerinen umgewandelt und in dieser Form gespeichert wird. Deshalb wird die Fettsäureoxidation immer dann abgeschaltet, wenn die Leber reichlich mit Glucose als Brennstoff versorgt ist und aus der überschüssigen Glucose Triacylglycerine herstellt. Das Abschalten erfolgt durch allosterische Hemmung des Fettsäure-Eintritts in die Mitochondrien.

Für das weitere Schicksal des durch die Fettsäureoxidation gebildeten Acetyl-CoA gibt es zwei Möglichkeiten: es kann über den Citratcyclus zu CO_2 oxidiert oder in Ketonkörper umgewandelt werden, die mit dem Blutstrom zu den peripheren Organen gelangen. Welcher Weg gewählt wird, hängt von der Verfügbarkeit von Oxalacetat für die Eintrittsreaktion in den Citratcyclus ab. Ist die Oxalacetat-Konzentration sehr niedrig, so gelangt nur wenig Acetyl-CoA in den Citratcyclus; dann wird die Ketonkörper-Produktion bevorzugt. Die Oxalacetat-Konzentration sinkt beim Fasten oder bei kohlenhydratarmer Nahrung. In diesem Fall steigt die Fettsäureoxida-

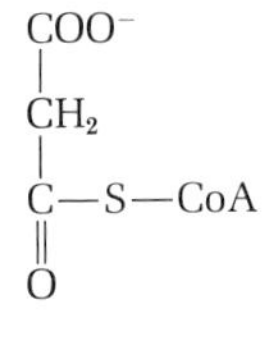

$$\begin{array}{c} COO^- \\ | \\ CH_2 \\ | \\ C-S-CoA \\ \| \\ O \end{array}$$

Abbildung 18-16
Malonyl-CoA, der hauptsächliche allosterische Inhibitor der Carnitin-Acyltransferase I. Malonyl-CoA ist das erste Zwischenprodukt in der Folge von Biosynthesereaktionen, die vom Acetyl-CoA zu langkettigen Fettsäuren führen.

tion und ein großer Teil des gebildeten Acetyl-CoA wird über Hydroxymethylglutaryl-CoA in freies Acetacetat und D-3-Hydroxybutyrat umgewandelt, die über den Blutstrom in die peripheren Organe gelangen. Dort dienen die Ketonkörper als Hauptbrennstoff und werden über den Citratcyclus zu CO_2 und H_2O oxidiert.

Zusammenfassung

Der Fettsäureanteil der Lipide liefert einen großen Teil der Oxidationsenergie in tierischen Geweben. Freie Fettsäuren werden zunächst in den äußeren Mitochondrienmembranen durch Veresterung mit CoA zu Fettsäure-CoA-Estern aktiviert. Dann werden sie in die Fettsäure-Carnitinester umgewandelt, die durch die innere Mitochondrienmembran in die Matrix gelangen, wo wieder Acyl-CoA-Verbindungen aus ihnen entstehen. Bei allen folgenden Oxidationsschritten, die in der Matrix stattfinden, liegen die Fettsäuren als CoA-Ester vor. Für das Entfernen eines Acetyl-CoA-Restes vom Carboxylende eines gesättigten Fettsäure-CoA-Esters sind vier Reaktionsschritte nötig: (1) Dehydrierung von Kohlenstoffatom 2 und 3 durch FAD-abhängige Acyl-CoA-Dehydrogenasen, (2) Hydratation der resultierenden *trans*-Δ^2-Doppelbindung durch die Enoyl-CoA-Hydratase, (3) Dehydrierung des entstandenen L-3-Hydroxyacyl-CoA durch eine NAD^+-abhängige 3-Hydroxyacyl-CoA-Dehydrogenase und (4) Spaltung des entstandenen 3-Oxoacyl-CoA mit Hilfe der Thiolase unter Verbrauch von CoA. Es entstehen ein Acetyl-CoA und der CoA-Ester der um zwei Kohlenstoffatome verkürzten Fettsäure. Der verkürzte Fettsäure-CoA-Ester kann erneut in diese Reaktionsfolge eintreten und verliert dabei ein weiteres Acetyl-CoA. Die C_{16}-Verbindung Palmitinsäure liefert insgesamt acht Moleküle Acetyl-CoA, die anschließend über den Citratcyclus zu CO_2 oxidiert werden. Von der bei der Fettsäureoxidation frei werdenden freien Energie wird ein großer Teil durch die oxidative Phosphorylierung als ATP-Energie gespeichert. Für die Oxidation ungesättigter Fettsäuren werden zwei weitere Enzyme gebraucht, die Enoyl-CoA-Isomerase und die 3-Hydroxyacyl-CoA-Epimerase; letztere ist nötig, um die entstandenen D-3-Hydroxyacyl-CoA-Verbindungen in die L-Stereoisomeren umzuwandeln. Fettsäuren mit ungeradzahligen Kohlenstoffketten werden zunächst über den normalen Weg abgebaut, liefern aber zum Schluß ein Molekül Propionyl-CoA, das zu Methylmalonyl-CoA carboxyliert wird. Dieses wird in einer sehr komplexen Reaktion zu Succinyl-CoA isomerisiert. Katalysiert wird die Reaktion von der Coenzym-B_{12}-abhängigen Methylmalonyl-CoA-Mutase. Die Ketonkörper Acetacetat, D-3-Hydroxybutyrat und Aceton werden in der Leber gebildet und dann zu anderen Organen transportiert, wo sie über Acetyl-CoA und den Citratcyclus oxidiert werden. Die Fettsäureoxidation in der Leber wird über die Geschwindigkeit reguliert, mit der die Fettsäurereste in die Mitochondrien eintreten können, und zwar über eine allosterische Hemmung der Carnitin-Acyltransferase I durch Malonyl-CoA, das ein frühes Zwischenprodukt der Fettsäurebiosynthese im Cytosol ist. Bei starker Kohlenhydrataufnahme wird die Fettsäureoxidation zugunsten der Fettsäurebiosynthese unterdrückt.

Aufgaben

1. *Die Energie in den Triacylglycerinen.* In welchem Teil des Triacylglycerin-Moleküls befindet sich die größere Menge biologisch verfügbarer Energie (bezogen auf die Anzahl der Kohlenstoffatome): im Fettsäureanteil oder im Glycerinanteil? Wie hängt die Antwort auf diese Frage mit der chemischen Struktur der Triacylglycerine zusammen?

2. *Die Brennstoffreserven im Fettgewebe.*
   (a) Berechnen Sie die insgesamt als Triacylglycerine vorhandenen Brennstoffreserven (in Joule) eines 70 kg schweren Erwachsenen, bei dem die Triacylglycerine 15% seiner Körpermasse ausmachen.
   (b) Angenommen, die erforderliche Mindestenergiemenge beträgt 8500 J/d, wie lange kann dann dieser Mensch mit den gespeicherten Triacylglycerinen als einziger Energiequelle überleben?
   (c) Wie groß wäre unter diesen Bedingungen der tägliche Gewichtsverlust?

3. *Gemeinsame Reaktionsschritte bei der Fettsäureoxidation und dem Citratcyclus.* In der Zelle werden oft dieselben Reaktionsmuster verwendet, um analoge Stoffwechselreaktionen durchzuführen, z. B. sind die Reaktionen bei der Oxidation von Pyruvat zu Acetyl-CoA und der von α-Oxoglutarat zu Succinyl-CoA sehr ähnlich, obwohl sie von verschiedenen Enzymen katalysiert werden. Die erste Stufe der Fettsäureoxidation geschieht in einer Reaktionsfolge, die einer Folge von Reaktionen des Citratcyclus sehr ähnlich ist. Schreiben Sie die Gleichungen der Reaktionsfolgen auf, die in beiden Stoffwechselwegen ähnlich sind.

4. *Die Acyl-CoA-Synthetase-Reaktion.* Die Fettsäuren werden in einer reversiblen Reaktion in ihre Coenzym-A-Ester umgewandelt:

$$R-COOH + ATP + CoA\text{-}SH \rightleftharpoons$$
$$R-\overset{O}{\overset{\|}{C}}-S-CoA + AMP + PP_i$$

   (a) Das enzymgebundene Zwischenprodukt dieser Reaktion wurde als gemischtes Anhydrid der Fettsäure mit Adenosinmonophosphat (AMP) identifiziert:

$$\text{R—C(=O)—O—P(=O)(O}^-\text{)—O—CH}_2\text{—[Ribose: H, H, H; HO, OH]—Adenin}$$

Acyl-AMP

Schreiben Sie die beiden Gleichungen für die zwei von der Acyl-CoA-Synthetase katalysierten Reaktionsschritte auf, mit dem Acyl-AMP als Zwischenprodukt.

(b) Die oben angegebene Reaktion läßt sich leicht umkehren, da die Gleichgewichtskonstante ungefähr 1 beträgt. Wie kann man erreichen, daß diese Reaktion zugunsten der AMP-Bildung abläuft? Wie kann man erreichen, daß bevorzugt R-CO-S-CoA gebildet wird?

5. *Die Oxidation von tritiummarkiertem Palmitat.* Gleichmäßig an allen C-Atomen tritiummarkiertes Palmitat mit einer molaren Aktivität von 2.48×10^8 Ipm pro Mikromol (µmol) Palmitat wird zu einer Mitochondrien-Präparation gegeben, die es zu Acetyl-CoA oxidiert. Das Acetyl-CoA wird isoliert und zu Acetat hydrolysiert. Die spezifische Aktivität des isolierten Acetats beträgt 1.00×10^7 Ipm/µmol Acetat. Ist dieses Ergebnis in Übereinstimmung mit dem β-Oxidationsweg? Geben Sie eine Erklärung. Wo ist das übrige Tritium geblieben?

6. *Fettsäuren als Wasserquelle.* Entgegen der Legende speichern Kamele kein Wasser in ihren Höckern, sondern diese enthalten ein großes Fettdepot. Wie kann dieser Fettvorrat als Wasserquelle dienen? Berechnen Sie die Wassermenge, die das Kamel aus einem Kilogramm Fett bilden kann. Nehmen Sie der Einfachheit halber an, das Fett bestünde nur aus Tripalmitin (Tripalmitoylglycerin).

7. *Petroleum als Nahrungsquelle für Mikroben.* Einige Mikroorganismen der Gattung *Nocardia* und *Pseudomonas* können in einer Umgebung leben, in der Kohlenwasserstoffe die einzige Nahrungsquelle sind. Diese Bakterien oxidieren geradkettige, aliphatische Kohlenwasserstoffe zu den entsprechenden Carbonsäuren, z. B.:

$$NAD^+ + CH_3(CH_2)_6CH_3 + O_2 \longrightarrow CH_3(CH_2)_6COOH + H^+ + NADH$$

Octan

Wie könnten solche Bakterien eine Ölpest beseitigen?

8. *Der Stoffwechsel von unverzweigtkettigen, phenylierten Fettsäuren.* Aus dem Urin von Kaninchen, an die eine verzweigtkettige Fettsäure mit einer endständigen Phenylgruppe

$$\text{C}_6\text{H}_5\text{—CH}_2(\text{CH}_2)_n\text{COOH}$$

verfüttert worden war, wurde ein Metabolit isoliert und kristallisiert. Die wäßrige Lösung des Metaboliten war sauer; eine 302-mg-Probe des Metaboliten ließ sich mit 22.2 ml 0.1 M NaOH neutralisieren.
   (a) Welche molare Masse und welche Struktur hat dieser Metabolit?
   (b) Hat die unverzweigte Kette der verfütterten Fettsäure eine gerade oder ungerade Anzahl von Methylengruppen ($-CH_2-$) enthalten, d. h. ist n geradzahlig oder ungeradzahlig? Geben Sie dafür eine Erklärung.

9. *Die Fettsäureoxidation bei Diabetikern.* Wenn das bei der β-Oxidation in der Leber gebildete Acetyl-CoA die Kapazität des Citratcyclus übersteigt, werden aus dem überschüssigen Acetyl-CoA die Ketonkörper Acetacetat, D-3-Hydroxybutyrat und Aceton gebildet. Dies ist der Fall bei schwerem Diabetes, da die Gewebe von Patienten mit Diabetes nicht in der Lage sind, Glucose zu verwerten, und statt dessen große Mengen an Fettsäuren oxidieren. Obwohl Acetyl-CoA nicht toxisch ist, muß das Mitochondrium das Acetyl-CoA in Ketonkörper umwandeln. Warum? Wie löst diese Umwandlung das Problem?

10. *Die Folgen einer fettreichen Diät ohne Kohlenhydrate.*
    (a) Welche Folgen hat der Kohlenhydratmangel für die Verwertung von Fett als Energiequelle?
    (b) Angenommen, die Nahrung ist völlig kohlenhydratfrei, ist es dann besser Fettsäuren mit geradzahligen oder ungeradzahligen Kohlenstoffketten zu sich zu nehmen? Begründen Sie Ihre Antwort!

11. *Die Bildung von Acetyl-CoA aus Fettsäurevorstufen.* Formulieren Sie die Bilanzgleichungen für die Bildung von Acetyl-CoA einschließlich aller Aktivierungsschritte aus den folgenden Ausgangssubstanzen:
    (a) Myristoyl-CoA;
    (b) Stearinsäure;
    (c) D-3-Hydroxybuttersäure.

12. *Der Reaktionsweg markierter Atome entlang der Fettsäure-Oxidationsfolge.* Eine am Kohlenstoffatom 9 markierte Palmitinsäure wird unter Bedingungen markiert, unter denen der Citratcyclus aktiv ist. In welchen Positionen wird man die Markierung bei (a) Acetyl-CoA, (b) Citrat, und (c) Butyryl-CoA finden? Nehmen Sie an, es sei nur *ein* Durchgang durch den Citratcyclus erfolgt.

13. *Die Nettogleichung für die vollständige Oxidation von 3-Hydroxybutyrat.* Formulieren Sie die Nettogleichung für die vollständige Oxidation von 3-Hydroxybutyrat in der Niere, einschließlich evtl. erfolgender Aktivierungsschritte und aller oxidativen Phosphorylierungen.

Kapitel 19

Oxidativer Abbau von Aminosäuren: Der Harnstoffcyclus

Der größte Teil der im Gewebe erzeugten Stoffwechselenergie stammt aus der Oxidation von Kohlenhydraten und Triacylglycerinen, die bis zu 90% des Energiebedarfes liefern. Den Rest, je nach Nahrungszusammensetzung 10 bis 15%, liefert die Oxidation von Aminosäuren.

Obwohl Aminosäuren hauptsächlich als Bausteine für die Proteinbiosynthese dienen, gibt es doch drei Stoffwechselsituationen, bei denen sie oxidativ abgebaut werden können. (1) Die während des normalen dynamischen Turnovers der Körper-Proteine freigesetzten Aminosäuren können oxidativ abgebaut werden, wenn sie nicht für die Synthese neuer Körperproteine gebraucht werden. (2) Werden mehr Aminosäuren aufgenommen, als der Körper zur Proteinsynthese braucht, so kann der Überschuß oxidativ abgebaut werden, da Aminosäuren nicht gespeichert werden können.
(3) Beim Fasten oder beim Diabetes mellitus, also wenn keine Kohlenhydrate zur Verfügung stehen oder diese nicht genutzt werden können, greift der Körper auf sein körpereigenes Protein als Brennstoff zurück. Unter diesen Umständen verlieren die Aminosäuren ihre Aminogruppe und die dadurch entstandenen 2-Oxosäuren können oxidativ zu Kohlenstoffdioxid und Wasser, z. T. über den Citratcyclus, abgebaut werden.

In diesem Kapitel wollen wir die Stoffwechselwege untersuchen, die für den Abbau der 20 in den Proteinen vorkommenden Aminosäuren eingeschlagen werden. Wir werden auch sehen, daß der aus den Aminosäuren freigesetzte Ammoniak je nach Art des Organismus in verschiedener chemischer Form ausgeschieden wird.

Die Übertragung von α-Aminogruppen wird durch Aminotransferasen katalysiert

Die α-Aminogruppen der 20 in den Proteinen häufig vorkommenden L-Aminosäuren werden beim oxidativen Abbau abgetrennt. Wenn sie nicht für die Synthese neuer Aminosäuren oder anderer Stickstoffverbindungen Verwendung finden, werden diese Aminogruppen gesammelt und in ein einziges Ausscheidungsprodukt umgewandelt. Dieses ist beim Menschen und den meisten anderen auf dem Land lebenden Wirbeltieren der *Harnstoff*. Das Abspalten der α-Aminogruppen der meisten L-Aminosäuren erfolgt durch Enzyme, die *Aminotransferasen* (oder *Transaminasen*). In dieser *Transaminierung* genannten Reaktion wird die α-Aminogruppe enzymatisch von der Aminosäure auf das α- (2-ständige) Kohlenstoffatom von 2-Oxoglutarat übertragen. Dabei entsteht die zur ursprünglichen Aminosäure analoge Oxosäure und das 2-Oxoglutarat wird zu L-Glutamat *aminiert* (Abb. 19-1):

L-α-Aminosäure + 2-Oxoglutarat ⇌ 2-Oxosäure + L-Glutamat

Wichtig ist, daß es dabei nicht zu einer Netto-Desaminierung, d.h. zu einem Verlust von Aminogruppen kommt, denn das 2-Oxoglutarat wird aminiert, während die α-Aminosäure desaminiert wird. Der Sinn dieser Transaminierungsreaktionen ist, die Aminogruppen der vielen verschiedenen Aminosäuren zu sammeln, so daß sie nur noch in Form einer einzigen Verbindung, des L-Glutamats, vorliegen. Auf diese Weise konvergiert der Aminogruppen-Katabolismus in *einem* Produkt.

Die meisten Aminotransferasen sind für 2-Oxoglutarat als Aminogruppenakzeptor spezifisch. Für das andere Substrat, den Aminogruppendonator, sind sie jedoch weniger spezifisch. Die Aminotransferasen werden nach ihrem Aminogruppendonator benannt. Im folgenden werden einige der wichtigsten mit ihren Reaktionsgleichungen aufgeführt:

L-Alanin + 2-Oxoglutarat $\xrightleftharpoons{\text{Alanin-Aminotransferase}}$ Pyruvat + L-Glutamat

L-Aspartat + 2-Oxoglutarat $\xrightleftharpoons{\text{Aspartat-Aminotransferase}}$ Oxalacetat + L-Glutamat

L-Leucin + 2-Oxoglutarat $\xrightleftharpoons{\text{Leucin-Aminotransferase}}$ 2-Oxoisocaproat + L-Glutamat

L-Tyrosin + 2-Oxoglutarat $\xrightleftharpoons{\text{Tyrosin-Aminotransferase}}$ 4-Hydroxyphenylpyruvat + L-Glutamat

2-Oxoglutarat ist auch der Akzeptor für die Aminogruppen der meisten anderen Aminosäuren. Das gebildete L-Glutamat dient der Kanalisierung der Aminogruppen in bestimmte Biosynthesewege (Kapitel 22) oder in eine Folge von Reaktionen, durch die die Stickstoff-Ausscheidungsprodukte gebildet und dann ausgeschieden werden. Die von den Aminotransferasen katalysierten Reaktionen sind re-

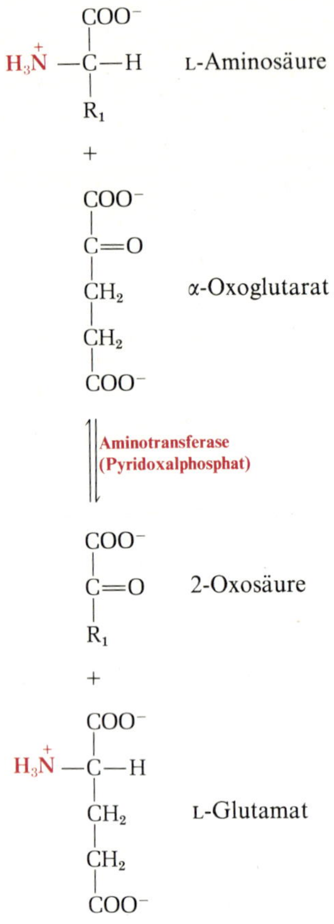

Abbildung 19-1
Die Aminotransferase-Reaktion. Die übertragene Aminogruppe ist farbig dargestellt. Die meisten Aminotransferasen arbeiten mit 2-Oxolgutarat als Aminogruppen-Akzeptor.

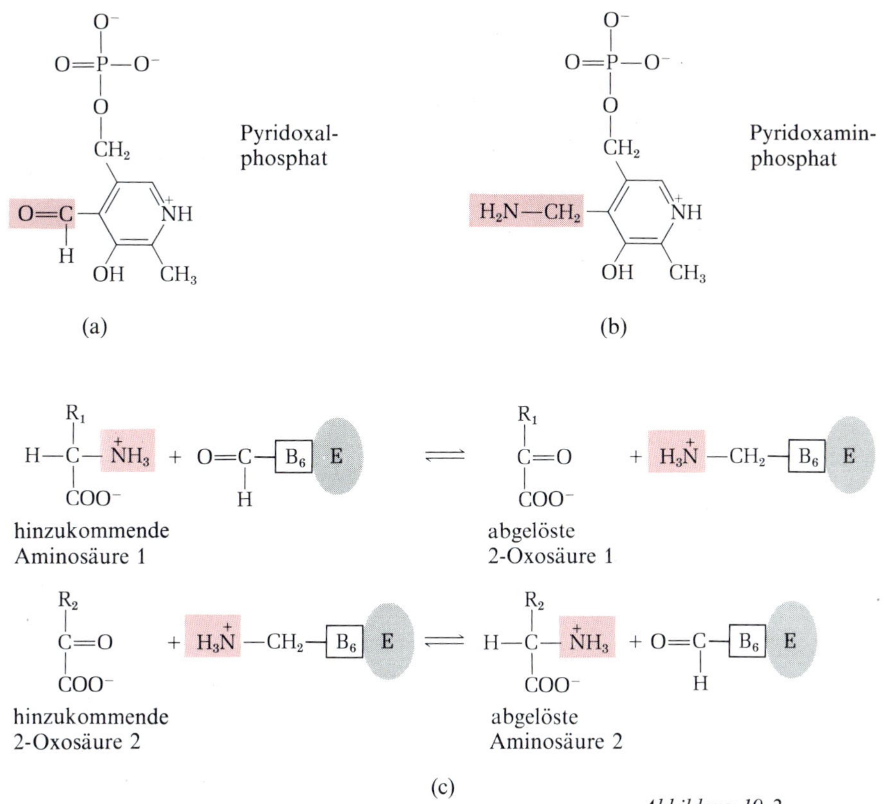

Kapitel 19 Oxidativer Abbau von Aminosäuren: Der Harnstoffcyclus

Abbildung 19-2
Die prosthetische Gruppe der Aminotransferasen. Pyridoxalphosphat (a) und seine aminierte Form Pyridoxaminphosphat (b) sind fest gebundene Coenzyme der Aminotransferasen. Die bei ihrer Reaktion beteiligten funktionellen Gruppen sind farbig unterlegt. (c) Bei der Reaktion der Aminotransferasen dient Pyridoxalphosphat als Zwischenträger für eine Aminogruppe. E stellt das Enzymprotein dar und O=C—B_6 das fest gebundene Pyridoxalphosphat.

Aminotransferasen katalysieren bimolekulare Ping-Pong-Reaktionen (S. 241). Das erste Substrat, die α-Aminosäure 1 verläßt das System als 2-Oxosäure 1, nachdem sie ihre Aminogruppe abgegeben hat. Erst danach wird das zweite Substrat, die 2-Oxosäure 2 gebunden.

versibel, da sie eine Gleichgewichtskonstante von etwa 1 haben und daher für $\Delta G^{\circ\prime}$ einen Wert nahe Null (S. 406).

Alle Aminotransferasen besitzen eine fest gebundene prosthetische Gruppe und ihre Reaktionen verlaufen nach demselben Mechanismus. Die prosthetische Gruppe ist *Pyridoxalphosphat*, ein Derivat des Pyridoxins (Vitamin B_6) (S. 285). Pyridoxalphosphat wirkt am aktiven Zentrum der Aminotransferasen als Zwischenträger für Aminogruppen (Abb. 19-2). Während des katalysierten Cyclus erleidet es reversible Umwandlungen zwischen einer Aldehydform, dem *Pyridoxalphosphat*, die Aminogruppen aufnehmen kann, und einer aminierten Form, dem *Pyridoxaminphosphat*, das seine Aminogruppe an das 2-Oxoglutarat abgeben kann. Auf diese Weise wirkt die prosthetische Gruppe als reversibler, vorübergehender Aminogruppen-Carrier von einer α-Aminosäure zum 2-Oxoglutarat (Abb. 19-2). Aminosäuretransferasen sind klassische Beispiele für Enzyme, die bimolekulare Ping-Pong-Reaktionen katalysieren (S. 241). Bei solchen Reaktionen muß das erste Substrat das aktive Zentrum verlassen, bevor das zweite Substrat gebunden werden kann. Eine Aminosäure wird an das aktive Zentrum gebunden, gibt ihre Aminogruppe an das Pyridoxalphosphat ab und die entstandene 2-Oxosäure wird entfernt. Danach wird die als zweites Substrat hinzukommende 2-Oxosäure gebunden und nimmt die Aminogruppe vom Pyridoxaminphosphat auf; die dabei gebildete Aminosäure wird wiederum entfernt, ein neuer Cyclus kann sich anschließen.

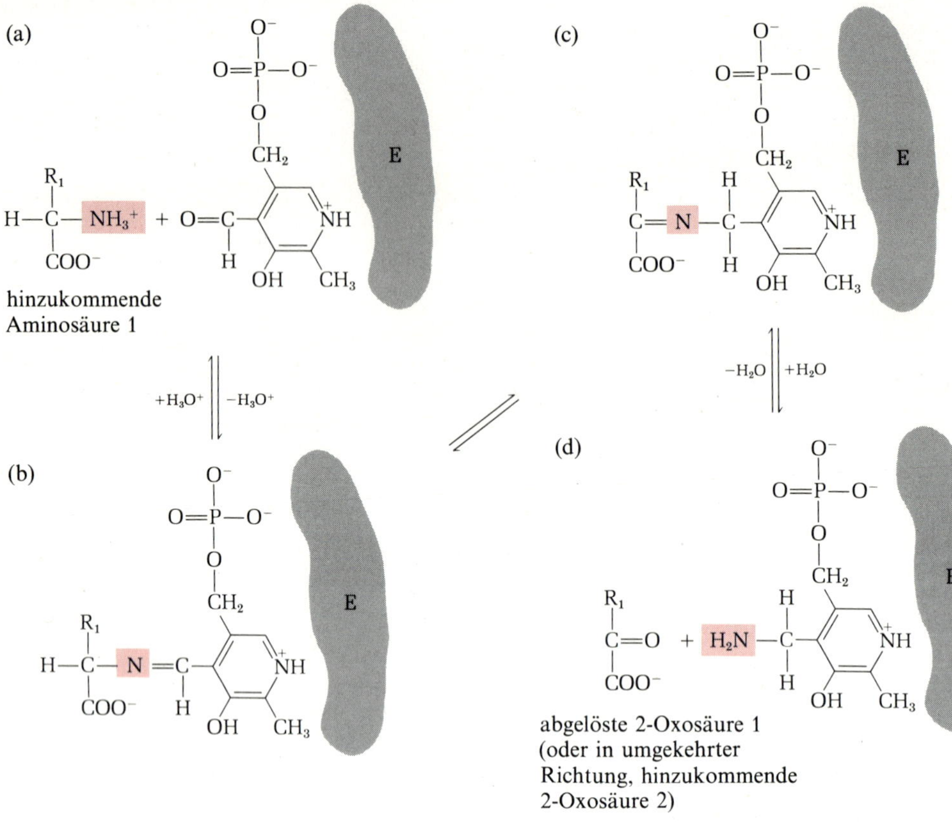

Abb. 19-3 zeigt, wie die Carbonylgruppe des enzymgebundenen Pyridoxalphosphats mit der α-Aminogruppe der hinzukommenden Aminosäure reagiert und dabei ein kovalent gebundenes Zwischenprodukt vom Verbindungstyp einer *Schiffschen Base* bildet. Danach kommt es zu einer Verschiebung der C = N-Doppelbindung und zu einer hydrolytischen Abspaltung des Kohlenstoffgerüstes der Aminosäure. Die Aminogruppe bleibt dabei kovalent an die prosthetische Gruppe gebunden, die nun in Form des Pyridoxaminphosphats vorliegt. Dieses bildet darauf eine Schiffsche Base mit einem hinzukommenden 2-Oxoglutarat, auf das die Aminogruppe übertragen wird. Die letzte Reaktion ist im wesentlichen die Umkehr der Reaktion, bei der die Schiffsche Base gebildet worden war.

Die Bestimmung von Alanin- und Aspartat-Aminotransferase im Blutserum ist ein wichtiges diagnostisches Verfahren in der Medizin. Es wird verwendet, um den Schweregrad von Herzanfällen zu bestimmen und die Behandlungsmethoden danach auszurichten. Außerdem kann man mit dieser Messung die Toxizität industrieller Chemikalien feststellen (Kasten 19-1).

Abbildung 19-3
Einige Details der Wirkungsweise des Pyridoxalphosphats in den Aminotransferasen. Die Aminogruppe der ankommenden α-Aminosäure 1 (a) reagiert mit der Carbonylgruppe vom Pyridoxalphosphat, das fest an das Enzym gebunden ist, unter Bildung einer Schiffschen Base als Zwischenprodukt (b), die in ihre tautomeren Formen übergeht (c). Diese wird zu der ihr entsprechenden 2-Oxosäure 1 hydrolysiert und verläßt in dieser Form die Aminotransferase, während die Aminogruppe kovalent gebunden im Pyridoxaminphosphat zurückbleibt (d). Da diese Reaktion reversibel ist, kann die aminierte Form der Aminotransferase ihre Aminogruppe an eine neu hinzukommende 2-Oxosäure 2 abgeben, wobei die neue Aminosäure entsteht.

Kasten 19-1 Die Aminotransferasen und andere Enzyme im Blut sind wichtig für die medizinische Diagnostik.

Alanin-Aminotransferase (auch Glutamat-Pyruvat-Transaminase (GPT) genannt) und Asparat-Aminotransferase (auch Glutamat-Oxalacetat-Transaminase (GOT) genannt) spielen eine Rolle bei der Diagnose von Herz- und Leberschäden. Der Verschluß einer Herzkranz-(Koronar-)Arterie durch Fettablagerungen kann einen schweren lokalen Sauerstoffmangel (Anoxie) verursachen und zur Degeneration eines begrenzten Teiles des Herzmuskels führen. Diesen Vorgang nennt man *Myokardinfarkt.* Durch die Degeneration gelangen die oben genannten und auch andere Enzyme aus den beschädigten Herzzellen in den Blutstrom. Konzentrationsmessungen der beiden Transferasen sowie eines weiteren Herzenzyms, der *Creatin-Kinase,* können wichtige Aufschlüsse über Schweregrad und Stadium des Herzschadens geben. Die Creatin-Kinase erscheint nach einer Koronar-Attacke als erste im Blut und verschwindet auch schnell wieder. Als nächstes erscheint GOT, während GPT erst später nachfolgt. Auch Lactat-Dehydrogenase gelangt aus beschädigten anaeroben Herzmuskelzellen ins Blut.

Die Messung von GOT und GPT im Serum ist außerdem wichtig, um festzustellen, ob ein Leberschaden eingetreten ist, wenn Personen mit Kohlenstofftetrachlorid, Chloroform oder anderen, bei der chemischen Reinigung verwendeten Lösungsmitteln in Berührung gekommen sind. Diese Lösungsmittel verursachen Leberschäden, bei denen verschiedene Enzyme aus den beschädigten Zellen ins Blut auslaufen. Die Aminotransferasen in der Leber sind sehr aktiv und sie können deshalb noch in sehr geringen Mengen nachgewiesen werden. Das macht sie besonders geeignet für einen Routinetest zur Überwachung der Blutwerte von Personen, die solchen Industriechemikalien ausgesetzt sind.

Durch die Messung verschiedener Enzymaktivitäten im Blutserum kann man wertvolle diagnostische Hinweise auf eine ganze Reihe von pathologischen Zuständen erhalten.

Die Aminogruppe des Glutamats wird als Ammoniak freigesetzt

Wir haben gelernt, daß die Aminogruppen aus fast allen Aminosäuren durch Transaminierung von 2-Oxoglutarat zu L-Glutamat entfernt werden. Auf welche Weise verläßt diese Aminogruppe nun das Glutamat wieder und wie gelangt sie zur Ausscheidung?

Glutamat wird *oxidativ desaminiert*. Die hierfür nötige L-*Glutamat-Dehydrogenase* braucht NAD^+ als Akzeptor für die Reduktionsäquivalente:

$$\text{L-Glutamat}^- + NAD^+ + H_2O \rightleftharpoons$$
$$\text{2-Oxoglutarat}^{2-} + NH_4^+ + NADH + H^+$$

Dieses Enzym kommt nur in Mitochondrien vor und ist dort in der Matrix lokalisiert. Die Glutamat-Dehydrogenase ist für die Bildung des größten Teils des in tierischen Geweben gebildeten Ammoniaks verantwortlich, da Glutamat die einzige Aminosäure ist, deren α-Aminogruppe auf diese Weise mit hoher Geschwindigkeit abgespalten werden kann. Glutamat und Glutamat-Dehydrogenase spielen daher eine Sonderrolle im Stoffwechsel der Aminogruppen.

Glutamat-Dehydrogenase ist ein komplexes allosterisches Enzym. Ihre relative Molekülmasse beträgt 300 000. Das Molekül ist aus sechs identischen Untereinheiten zusammengesetzt, die jeweils aus einer Polypeptidkette mit 500 Aminosäureresten bestehen. Sie wird durch ihren positiven Modulator ADP stark aktiviert und wird gehemmt durch GTP, dem Produkt der Succinyl-CoA-Synthetase-Reaktion im Citratcyclus (S. 493). Wann immer die Leber Brennmaterial braucht, um mehr ATP über den Citratcyclus zu bilden, steigt die Aktivität der Glutamat-Dehydrogenase, so daß mehr 2-Oxoglutarat für den Citratcyclus zur Verfügung gestellt und mehr NH_3 für die Exkretion freigesetzt wird. Sammelt sich aber GTP als Folge einer hohen Aktivität des Citratcyclus in den Mitochondrien an, so wird die oxidative Desaminierung von Glutamat gehemmt.

Ammoniak kann auch für die Synthese von Aminosäuren wiederverwendet werden. In diesem Fall reagiert die Glutamat-Dehydrogenase in umgekehrter Richtung, indem sie Ammoniak und 2-Oxoglutarat zu Glutamat reduziert. Die Reaktion ist aber nicht einfach die genaue Umkehrung der obigen NAD-abhängigen Reaktion, sondern sie ist NADP-abhängig:

$$NADPH + H^+ + NH_4^+ + \text{2-Oxoglutarat}^{2-} \rightarrow$$
$$NADP^+ + \text{Glutamat}^- + H_2O$$

Die Verwendung zweier verschiedener Coenzyme für die Aufnahme oder die Freisetzung von NH_3 ermöglicht die unabhängige Regulation von Glutamat-Desaminierung und 2-Oxoglutarat-Aminierung, obwohl beide Reaktionen durch dasselbe Enzym katalysiert werden.

Wir wollen nun die Stoffwechselwege betrachten, über die die desaminierten Aminosäuren oxidiert werden. Dabei wollen wir den Stoff der vorausgegangenen Kapitel im Auge behalten, nämlich die katabolen Wege, über die die Hauptnahrungsstoffe schließlich oxidiert und als Energiequelle verwertet werden. Im letzten Teil des Kapitels wollen wir das Schicksal der Aminogruppen zusammenfassend diskutieren.

Die Kohlenstoffgerüste der Aminosäuren werden über 20 verschiedene Wege abgebaut

In den Proteinen gibt es 20 Standard-Aminosäuren, die sich alle im Kohlenstoffgerüst unterscheiden; dementsprechend gibt es 20 verschiedene katabole Wege für ihren Abbau. Da diese Abbauwege zusammengenommen nur etwa 10% der Körperenergie liefern, macht jeder einzelne von ihnen im Durchschnitt nur etwa 0.5% des Gesamtkatabolismus aus. Die einzelnen Aminosäure-Stoffwechselwege haben daher in keinem Fall auch nur entfernt die Aktivität der Glycolyse oder des Citratcyclus. Aus diesem Grunde wollen wir sie nicht alle im Detail kennenlernen. Die Abbauwege der 20 Aminosäuren konvergieren in der Bildung von nur fünf Produkten, die alle in den Citratcyclus eingeschleust und dort zu CO_2 und H_2O oxidiert werden (Abb. 19-4).

Wie Abb. 19-4 zeigt, werden die Kohlenstoffgerüste von 10 Aminosäuren zu *Acetyl-CoA* abgebaut, fünf ergeben *2-Oxoglutarat*, drei *Succinyl-CoA*, zwei *Oxalacetat* und zwei *Fumarat*. Die Wege für die einzelnen Aminosäuren wollen wir in Reaktionsschemata zusam-

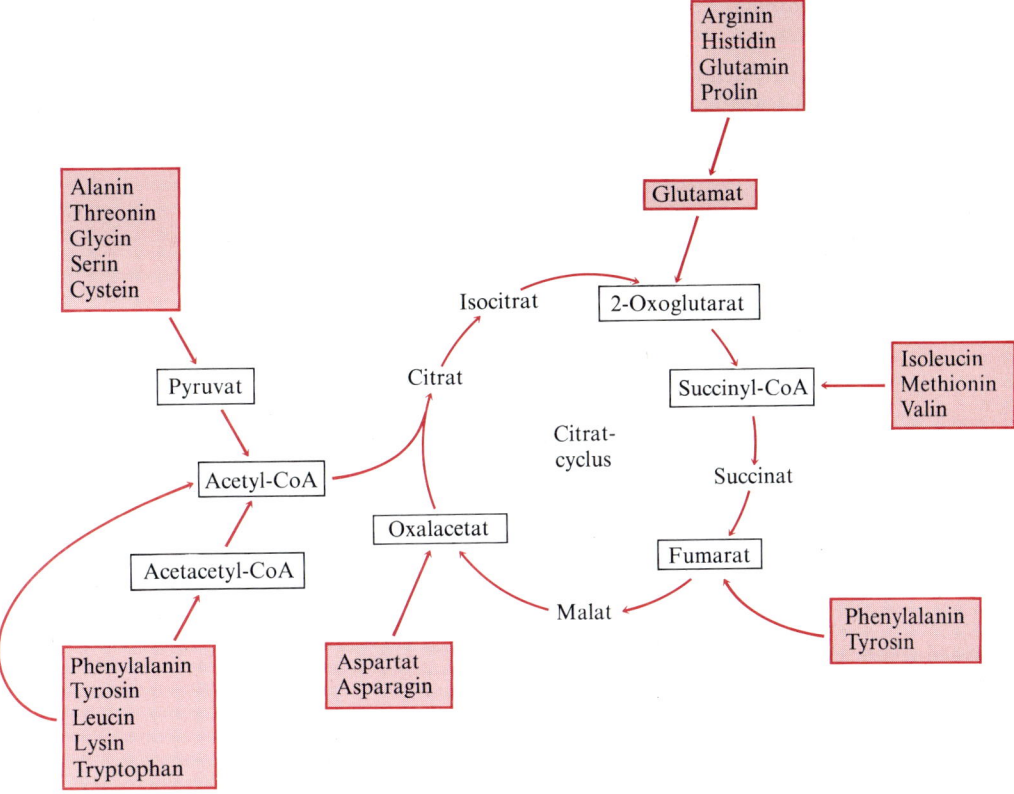

Abbildung 19-4
Das Einschleusen der Kohlenstoffgerüste der verbreiteten Aminosäuren in den Citratcyclus. Beim Abbau von Leucin und Tryptophan entsteht sowohl Acetacetyl-CoA als auch Acetyl-CoA.

menfassen, die jeweils bis zum Punkt des Eintritts in den Citratcyclus führen; dabei werden die Kohlenstoffatome, die in den Citratcyclus gelangen, farbig dargestellt. Einzelne Enzymreaktionen dieser Abbauwege, die wegen ihres Mechanismus oder ihrer medizinischen Bedeutung besonders bemerkenswert sind, werden herausgegriffen und gesondert diskutiert.

Zehn Aminosäuren werden zu Acetyl-CoA abgebaut

Die Kohlenstoffgerüste von 10 Aminosäuren liefern Acetyl-CoA, das direkt in den Citratcyclus eintreten kann. Fünf von ihnen werden über *Pyruvat* zu Acetyl-CoA abgebaut; die anderen fünf werden in *Acetacetyl-CoA* umgewandelt, das dann zu Acetyl-CoA gespalten wird (Abb. 19-4). Die fünf Aminosäuren, deren Abbau über Pyruvat verläuft, sind *Alanin, Cystein, Glycin, Serin* und *Threonin* (Abb. 19-5). Alanin liefert Pyruvat direkt durch Transaminierung mit 2-Oxoglutarat. Die C_4-Aminosäure *Threonin* wird zur C_2-Aminosäure Glycin abgebaut. Für *Glycin* gibt es zwei Wege. Es kann durch enzymatische Anlagerng einer Hydroxymethylgruppe zur C_3-Aminosäure *Serin* aufgebaut werden. Diese Reaktion erfolgt mit

Hilfe des Coenzyms *Tetrahydrofolat* (Abb. 19-6). Wie wir bereits gesehen haben (S. 288), dient Tetrahydrofolat als Carrier für C_1-Gruppen, wie Methyl-, Formyl-, Formimino- und Hydroxymethylgruppen (Abb. 19-6). Der Hauptabbauweg für Glycin verläuft jedoch über eine andere Tetrahydrofolat-abhängige Reaktion, in der es oxidativ in CO_2, NH_4 und eine Methylengruppe gespalten wird, die von Tetrahydrofolat (TH_4) aufgenommen wird. Diese leicht umkehrbare Reaktion wird von der *Glycin-Synthase* katalysiert:

$$H_3\overset{+}{N}-CH_2-COO^- + FH_4 + NAD^+ \rightleftharpoons$$
Glycin $\quad N^5,N^{10}$-Methylen-FH_4 + CO_2 + NADH + NH_4^+

Dieser Abbauweg des Glycins führt nicht zum Citratcyclus. Ein C-Atom geht als CO_2 verloren, das andere wird zur Methylengruppe des N^5, N^{10}-Methylentetrahydrofolats (Abb. 19-6), das bei bestimmten Biosynthese-Reaktionen als Methylengruppendonor dient.

Teile der Kohlenstoffgerüste von *Phenylalanin, Tyrosin, Lysin, Tryptophan* und *Leucin* liefern Acetacetyl-CoA, das in Acetyl-CoA umgewandelt wird (Abb. 19-7).

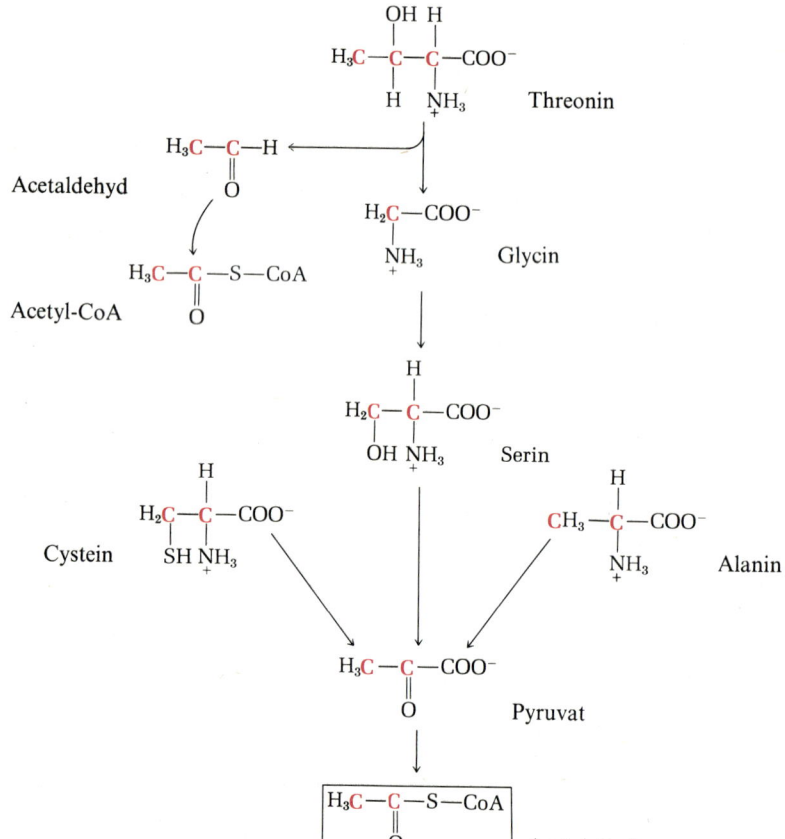

Abbildung 19-5
Übersicht über die Stoffwechselwege von Threonin, Glycin, Serin, Cystein und Alanin über Pyruvat zu Acetyl-CoA.

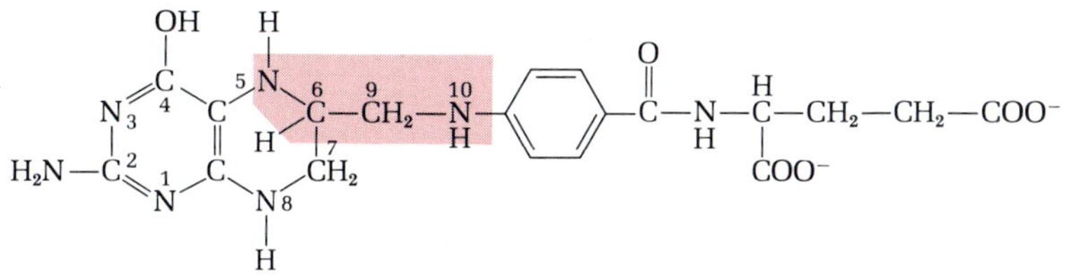

Kapitel 19 Oxidativer Abbau von Aminosäuren: Der Harnstoffcyclus 593

Tetrahydrofolat
(a)

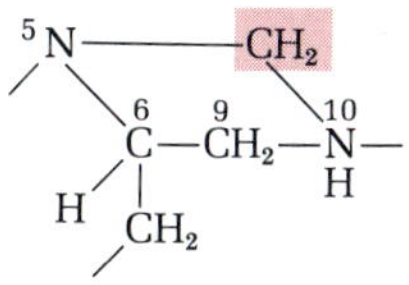

Das N^5,N^{10}-Methylenderivat
(b)

Die Abbauwege von zweien dieser Aminosäuren verdienen besondere Erwähnung. Der Weg vom Tryptophan zu Acetyl-CoA ist der komplexeste des gesamten Aminosäurekatabolismus in tierischen Geweben. Er besteht aus 13 Stufen. Einige der dabei auftretenden Zwischenprodukte werden als Vorstufen für die Biosynthese anderer wichtiger Biomoleküle gebraucht. Dazu gehört das Neurohormon *Serotonin* und das Vitamin *Nicotinsäure* (Abb. 19-8). Der Tryptophan-Abbauweg hat also eine Reihe von Verzweigungen, über die

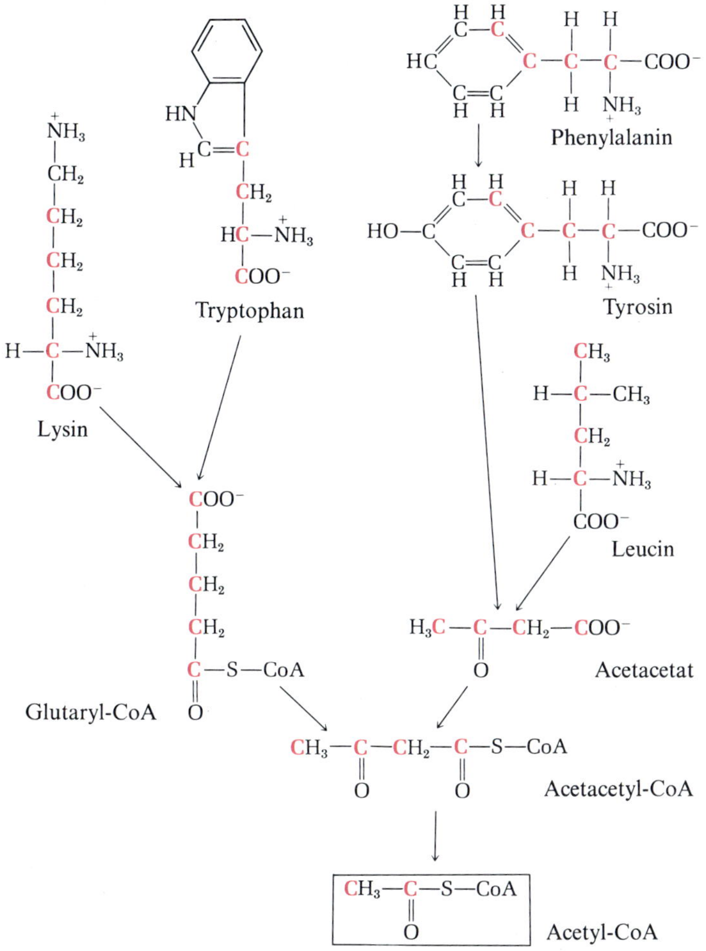

Abbildung 19-6
(a) Tetrahydrofolat (FH_4). Der Molekülteil, der die C_1-Gruppe trägt, ist farbig unterlegt.
(b) Das N^5, N^{10}-Methylenderivat von FH_4, das bei der Glycin-Synthase-Reaktion entsteht. Die Methylengruppe ist farbig unterlegt.

Abbildung 19-7
Übersicht über die Stoffwechselwege von Lysin, Tryptophan, Phenylalanin, Tyrosin und Leucin über Acetacetyl-CoA zu Acetyl-CoA.

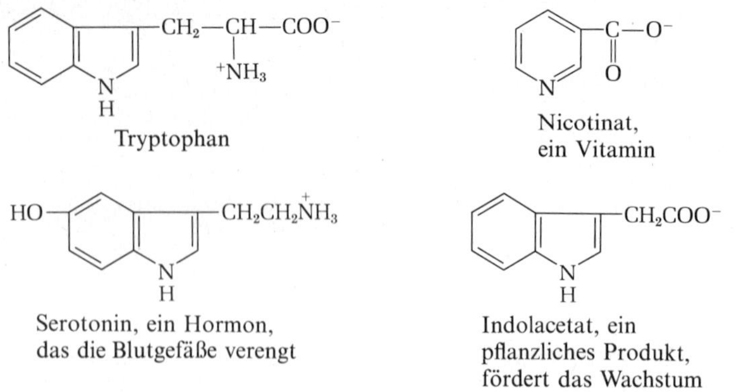

Abbildung 19-8
Trytophan und einige seiner biologisch bedeutenden Stoffwechselprodukte.

Tryptophan

Nicotinat, ein Vitamin

Serotonin, ein Hormon, das die Blutgefäße verengt

Indolacetat, ein pflanzliches Produkt, fördert das Wachstum

aus der einen Vorstufe Tryptophan mehrere Produkte gebildet werden können.

Der zweite erwähnenswerte Stoffwechselweg ist der, der von *Phenylalanin* ausgeht (Abb. 19-9). Phenylalanin und sein Oxidationsprodukt Tyrosin werden zu zwei Bruchstücken abgebaut, die zwar beide in den Citratcyclus gelangen, aber an verschiedenen Stellen. Von den neun Kohlenstoffatomen des Phenylalanins und Tyrosins bilden vier freies Acetacetat, das dann zu Acetacetyl-CoA umgesetzt wird (Abb. 19-7). Ein zweites C_4-Fragment von Tyrosin und Phenylalanin liefert *Fumarat*, ebenfalls ein Zwischenprodukt des Citratcyclus. Damit gelangen acht der neun Kohlenstoffatome dieser beiden Aminosäuren in den Citratcyclus. Das neunte C-Atom geht als CO_2 verloren. Tyrosin – und nach seiner Hydroxylierung zu Tyrosin auch Phenylalanin – sind außerdem Vorstufen für das Thyroidhormon *Thyroxin* und für die Hormone *Adrenalin* und *Noradrenalin*, die vom Nebennierenmark sezerniert werden (Kapitel 25).

Manche Menschen haben einen genetischen Defekt im Phenylalanin-Katabolismus

Beim Menschen wurden viele verschiedene genetische Defekte des Aminosäurestoffwechsels gefunden. In diesen, meist seltenen Fällen ist ein spezifisches Gen mutiert, das für die Aminosäuresequenz eines Enzyms des Aminosäurestoffwechsels codiert. Als Folge davon ist das von dem veränderten Gen synthetisierte Enzym defekt, denn es enthält an irgendeiner kritischen Stelle der Polypeptidkette eine falsche oder zusätzliche Aminosäure, oder eine Aminosäure fehlt. Ein solches genetisch verändertes Enzym kann völlig inaktiv sein oder es kann einen Teil der Aktivität des normalen Enzyms besitzen (durch veränderte Werte für K_m oder V_{max}). Die meisten genetischen Defekte im Aminosäurestoffwechsel bewirken, daß sich bestimmte Zwischenprodukte anreichern. In einigen dieser Fälle entwickeln sich bestimmte Nervenbündel nicht richtig, was zu Störungen der geistigen Entwicklung führt.

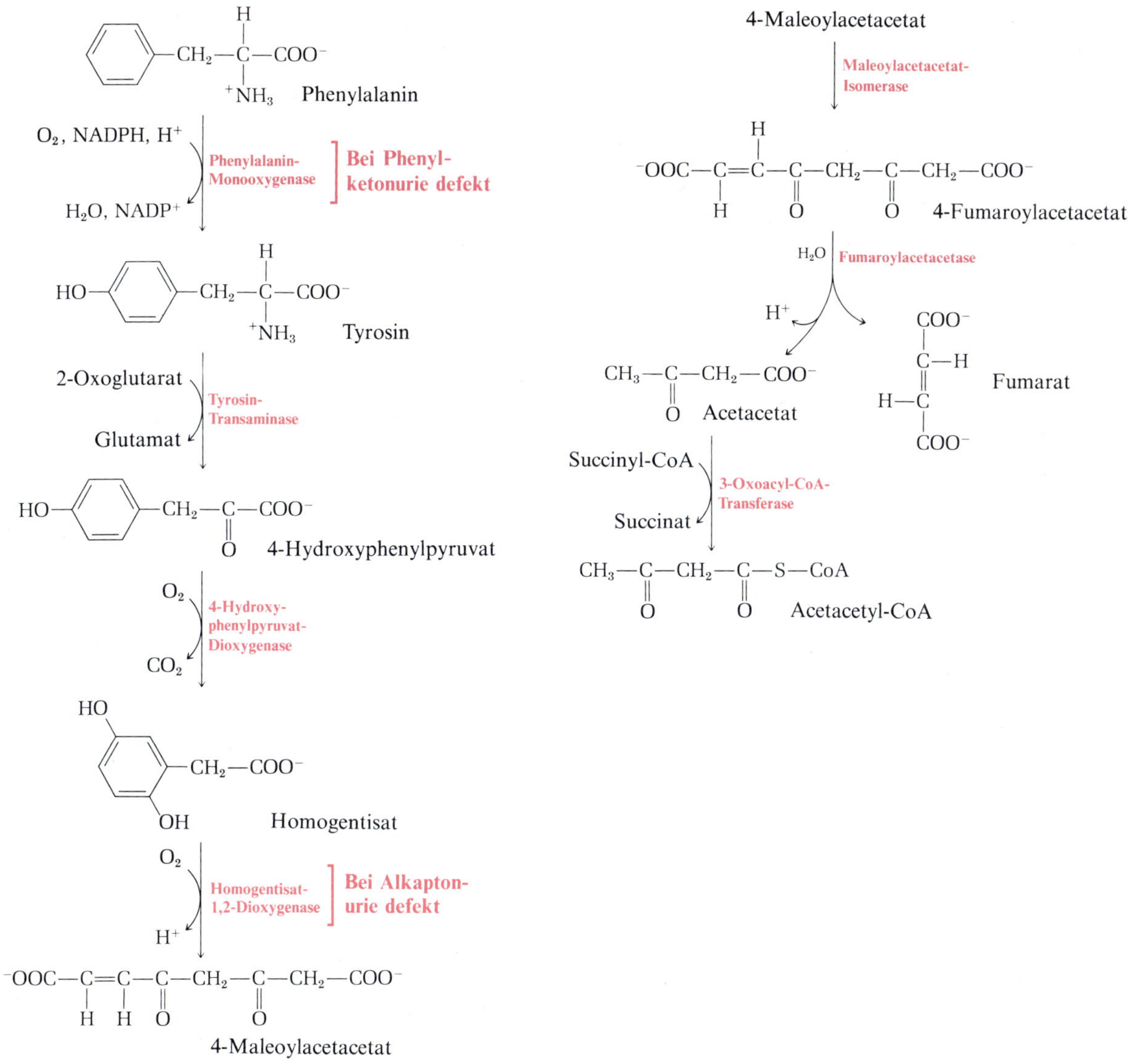

In dieser Hinsicht muß der Phenylalanin-Tyrosin-Weg besonders erwähnt werden, denn drei seiner enzymatischen Schritte neigen besonders zu genetischen Veränderungen und führen zu drei verschiedenen Formen erblicher Stoffwechseldefekte beim Menschen. Ist das erste Enzym dieses Wegs (Abb. 19-9), die *Phenylalanin-4-Monooxygenase* (auch *Phenylalanin-Hydroxylase* genannt), die die Hydroxylierung von Phenylalanin zu Tyrosin katalysiert, defekt, so kommt es zur Erbkrankheit *Phenylketonurie*. Phenylalanin-Monooxygenase baut das *eine* Sauerstoffatom eines O_2-Moleküls in Phenylalanin ein, so daß Tyrosin entsteht, und reduziert das *andere* Sauerstoffatom mit Hilfe von NADPH zu H_2O:

L-Phenylalanin + NADPH + H^+ + O_2 →

L-Tyrosin + $NADP^+$ + H_2O

Abbildung 19-9
Der normale Weg für die Umwandlung von Phenylalanin und Tyrosin zu Acetacetyl-CoA und Fumarat. Bei der Erbkrankheit Phenylketonurie ist das erste Enzym dieses Weges defekt.

Ist die Phenylalanin-4-Monooxygenase defekt, so kommt ein Sekundärweg des Phenylalanin-Stoffwechsels ins Spiel, der normalerweise nur wenig begangen wird. Auf diesem Weg wird Phenylalanin mit 2-Oxoglutarat zu *Phenylpyruvat* desaminiert (Abb. 19-10):

Phenylalanin + 2-Oxoglutarat ⇌ Phenylpyruvat + Glutamat

Der Weg zum Phenylpyruvat ist aber eine Sackgasse, da es nicht weiter umgesetzt werden kann. Daher reichert es sich (wie auch das Phenylalanin) in Blut und Geweben an und wird im Harn ausgeschieden. Ein Überschuß von Phenylpyruvat im Blut während der frühen Lebensabschnitte beeinträchtigt die normale Entwicklung des Gehirns und führt zu Störungen der geistigen Entwicklung. *Phenylketonurie* war eine der ersten menschlichen Erbkrankheiten, die entdeckt wurden. Bei rechtzeitiger Erkennung des Defektes im frühen Kleinkindalter kann die geistige Fehlentwicklung durch eine geeignete Diät weitgehend vermieden werden. Die Diät darf keine Proteine mit einem hohen Anteil an Phenylalanin enthalten. Da aber fast alle Proteine wenigstens geringe Mengen Phenylalanin enthalten, und da das Phenylalanin andererseits in geringen Mengen für das Wachstum nötig ist (es ist eine *essentielle* Aminosäure, Kapitel 26), muß die Zusammensetzung der Diät sorgfältig kontrolliert werden. Natürliche Proteine, wie das Casein der Milch, müssen hydrolysiert und das Phenylalanin entfernt werden.

Die Diagnose der Phenylketonurie und der Beginn der Diät-Behandlung müssen bereits in den ersten Wochen nach der Geburt erfolgen, sonst kommt es zu einer irreversiblen Hemmung der geistigen Entwicklung. Viele nicht behandelte Phenylketonuriker sterben vor dem 25. Lebensjahr, andere müssen ihr Leben lang institutionell versorgt werden. Das ist eine große menschliche und soziale Belastung (Kasten 19-2). Phenylketonurie ist ein ernstes Problem der öffentlichen Gesundheitsfürsorge. Sie ist relativ häufig, von 10 000 Kindern wird eins mit diesem Defekt geboren. Die meisten Staaten verlangen heute, daß jedes Neugeborene auf diese Erkrankung hin untersucht wird. Der Test ist leicht durchführbar, indem man Phenylalanin oder Phenylpyruvat im Harn bestimmt.

Das vierte Enzym des Phenylalanin-Abbauweges (Abb. 19-9), die *Homogentisat-Dioxygenase*, ist ebenfalls bei einigen Menschen als Folge einer genetischen Mutation defekt. Menschen mit diesem Erbfehler sind nicht in der Lage, Homogentisat, ein Zwischenprodukt des Phenylalanin-Katabolismus, abzubauen. Als Folge davon reichert es sich in den Körperflüssigkeiten an und wird im Harn ausgeschieden. Der Harn dieser Menschen wird beim Stehen an der Luft schwarz. Beim Stehenlassen zerfällt ein Teil des Harnstoffs unter Freisetzung von Ammoniak. Dadurch wird der Harn alkalisch und das wiederum hat zur Folge, daß das Homogentisat durch atmosphärischen Sauerstoff zu einem schwarzen Pigment oxidiert wird, das dem in der Haut von Negern ähnlich ist. Dieser genetische De-

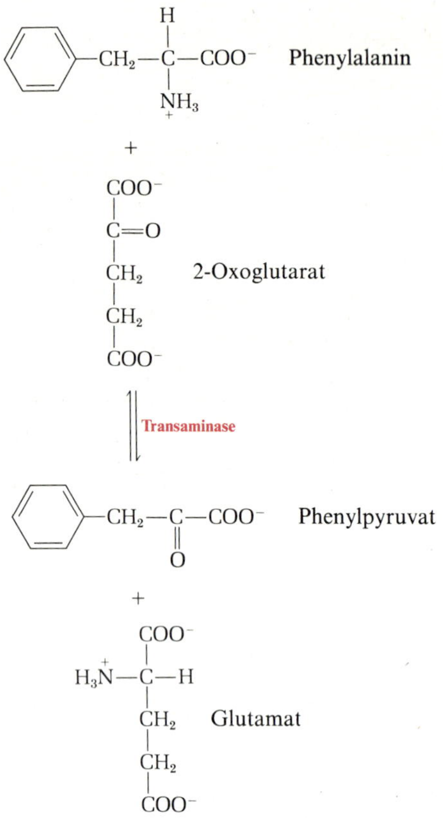

Abbildung 19-10
Die Bildung von Phenylpyruvat bei Phenylketonurie über einen alternativen Weg.

Tabelle 19-1 Einige genetische Störungen beim Menschen im Bereich des Aminosäurestoffwechsels.

Name der Störung	defektes Enzym
Albinismus	Tyrosin-3-Monooxygenase
Alkaptonurie	Homogentisat-1,2-Dioxygenase
Argininbernsteinsäure-Krankheit	Argininosuccinat-Lyase
Homocystinurie	Cystathionin-β-Synthase
Ahornsirup-Krankheit	Verzweigtketten-2-Oxosäure-Dehydrogenase
Phenylketonurie	Phenylalanin-4-Monooxygenase
Hypervalinämie	Valin-Aminotransferase

Kasten 19-2 Die menschliche, soziale und ökonomische Belastung durch erbliche Schäden.

Man nimmt an, daß es über 2000 menschliche Erbkrankheiten gibt, und die Zahl der bekannten Erbschäden steigt schnell. In den USA werden jährlich 120 000 Kinder mit vererbten Krankheiten geboren. Die große seelische Belastung der Betroffenen ist nicht wägbar, aber auch die Kosten, die die Gesellschaft zu tragen hat, sind groß und es bedarf einer umfangreicheren Beratung zukünftiger Eltern und einer besseren Aufklärung der Öffentlichkeit.

Phenylketonurie (PKU) ist ein Beispiel für eine vergleichsweise verbreitete Erbkrankheit, die erkannt und behandelt werden kann. Wenn sie früh erkannt wird und das Kind die ersten 6 Lebensjahre eine sorgfältig kontrollierte Diät erhält, kann es sich zu einem gesunden Erwachsenen entwickeln. Erkennung und Behandlung sind sehr teuer, aber bei Nichterkennung und Nichtbehandlung sind die Kosten, ganz abgesehen von humanitären Überlegungen, noch wesentlich höher. 1980 betrug der Preis für den PKU-Test etwa 2 $ pro Kind, das sind 6 Millionen $ für den Test an allen 3 Millionen jährlich in den USA geborenen Kindern. Da ungefähr jeder zehntausendste Test positiv ist, führt das Testprogramm zur Erkennung von jährlich 300 PKU-Kranken, die eine Phenylalanin-freie Spezialdiät brauchen. Die Kosten für diese Diät betragen über 1000 $ pro Kind und Jahr, d. h. die jährlichen Kosten für die Diätbehandlung belaufen sich auf 1.8 Millionen $. Die Gesamtkosten dieses Programms betragen also jährlich 8 Millionen $ und werden voraussichtlich weiter steigen. Das mag viel erscheinen für die Behandlung von nur 300 Kindern, und doch ist es die wesentlich billigere der beiden Möglichkeiten. Ohne den Routinetest bei der Geburt müßten diese 300 Kinder ihr Leben in psychiatrischen Anstalten verbringen, was pro Kind und Jahr 10 000 $ kostet, bei einer durchschnittlichen Lebenserwartung von 30 Jahren. Eine solche Kosten-Nutzen-Rechnung zeigt, daß mit Hilfe des PKU-Programms, das jährlich 8 Millionen $ kostet, etwa das 10fache dieser Summe eingespart werden kann, d. h. daß sich der Aufwand, wenigstens was die Phenylketonurie betrifft, bezahlt macht. Das gleiche könnte auch für andere Erbkrankheiten zutreffen.

Bei manchen erblichen Erkrankungen besteht die Möglichkeit, die Träger defekter Gene unter den zukünftigen Eltern durch Reihenuntersuchungen festzustellen. Diese Tests sind nicht unfehlbar und es besteht meist keine Verpflichtung, sich ihnen zu unterziehen. Zu den Erbkrankheiten, die schon beim Träger erkannt werden können, gehören die Sichelzellenanämie (S. 216) und das Tay-Sachs-Syndrom (Kapitel 21), aber leider ist das nicht bei allen möglich. Bei manchen Erbschäden kann man durch Punktion der Fruchtblase vor der Geburt feststellen, ob der Fötus von ihr betroffen ist oder nicht. Zu diesen gehört ebenfalls das Tay-Sachs-Syndrom (Kapitel 21). Unglücklicherweise besteht für einige Erbkrankheiten, die durch die Fruchtblasen-Punktion erkannt werden können, die einzige „Behandlung" in einer Abtreibung, so daß die Eltern vor einer schwerwiegenden Entscheidung stehen.

Besonders tragisch sind die Fälle, bei denen die Krankheit nicht durch Tests an den Eltern vorhergesagt werden kann, bei denen auch eine Früherkennung nicht möglich ist und für die es bis heute praktisch keine Hilfe gibt. Die Kosten der Langzeit-Fürsorge für die Opfer dieser Krankheiten können nicht durch private Mittel aufgebracht werden. Dadurch werden diese Patienten zu Sozialfällen. Auch wenn es den Biochemikern gelänge, die Ursachen der genetischen Störungen in allen Fällen bis auf ihren Ursprung zurückzuverfolgen, so könnte doch die Wissenschaft allein die sozialen und ethischen Probleme nicht lösen, die dadurch entstehen.

---

fekt wird *Alkaptonurie* genannt; er verursacht keine erkennbare Beeinträchtigung der Gesundheit. Aus historischen Berichten weiß man, daß Leute, die schwarzen Harn ließen, sich buchstäblich krank ängstigten, weil schwarzer Harn als böses Omen galt.

Außer den besprochenen sind noch viele weitere Erbkrankheiten bekannt, die den Aminosäurestoffwechsel betreffen (Tab. 19-1).

Fünf Aminosäuren werden in 2-Oxoglutarat umgewandelt

Das Kohlenstoffgerüst der fünf Aminosäuren *Arginin, Histidin, Glutaminsäure, Glutamin* und *Prolin* gelangt über *2-Oxoglutarat* in den Citratcyclus (Abb 19-11).

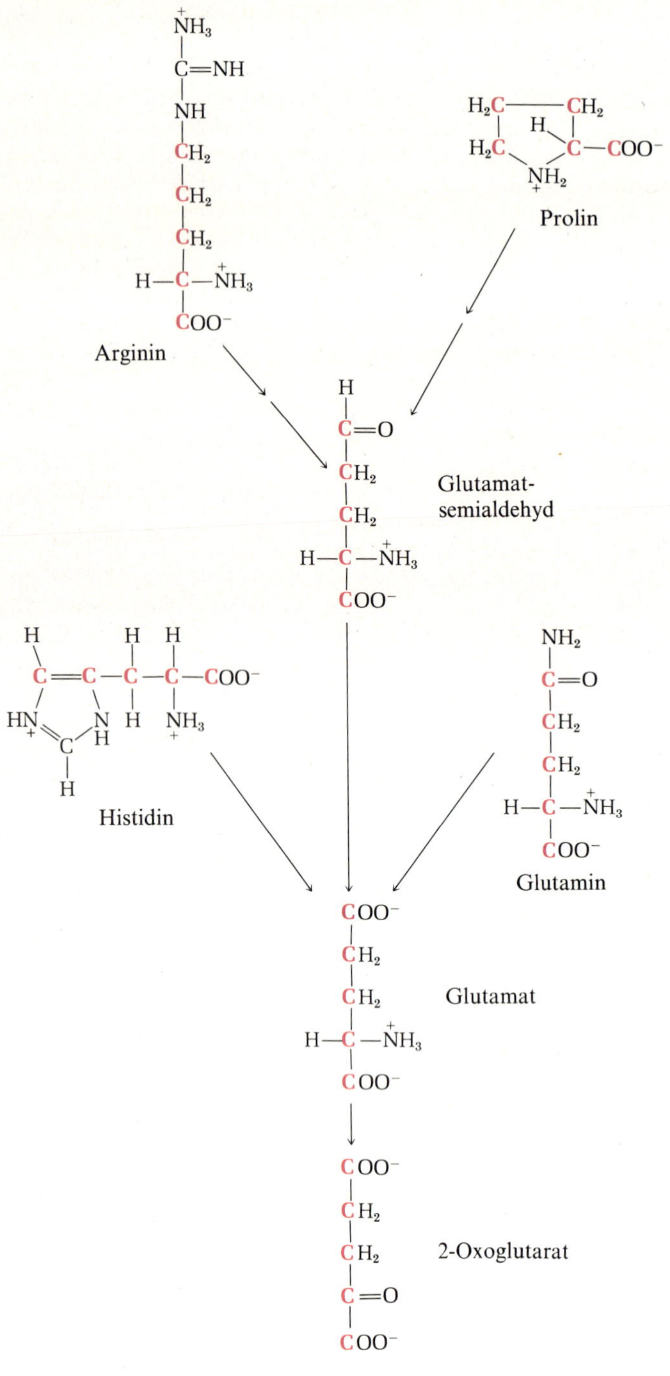

Abbildung 19-11
Übersicht über die Stoffwechselwege von Arginin, Histidin, Prolin, Glutamin und Glutamat zum 2-Oxoglutarat.

Drei Aminosäuren werden zu Succinyl-CoA umgewandelt

Die Abbauwege für *Methionin, Isoleucin* und *Valin* führen zu *Succinyl-CoA*, einem Zwischenprodukt des Citratcyclus (Abb. 19-12). Isoleucin und Valin werden auf sehr ähnliche Weise abgebaut. Beide werden desaminiert und die entstandene 2-Oxosäure wird anschließend decarboxyliert. Von den fünf Kohlenstoffatomen des Valins gelangen vier, von den sechs Kohlenstoffatomen des Isoleucins drei in das Succinat.

Die drei durch Desaminierung von Valin, Isoleucin und Leucin entstandenen 2-Oxosäuren werden durch denselben Enzymkomplex, das *2-Oxosäure-Dehydrogenase*-System, oxidativ decarboxyliert. Dieses System ist bei manchen Menschen genetisch defekt, so daß sich die 2-Oxosäuren im Blut anreichern und in den Harn „überlaufen". Der relativ seltene Defekt, ist mit einer Fehlentwicklung des Gehirns verbunden und führt bei Nicht-Behandlung zum frühen Tod im Kleinkindalter. Wegen des charakteristischen Geruchs, den der Harn durch die Ketonsäuren erhält, wird er *Ahornsirup-Krankheit* genannt. Die sehr teure Behandlung besteht in einer strengen Diät, in der die häufigen Aminosäuren Valin, Isoleucin und Leucin so weit wie möglich ausgeschlossen sind.

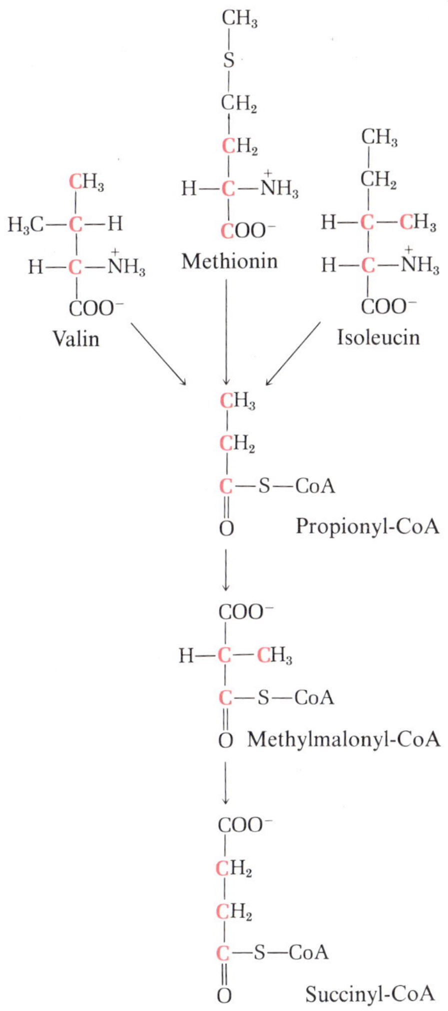

Aus Phenylalanin und Tyrosin entsteht Fumarat

Wie bereits ausgeführt, entstehen aus *Phenylalanin* und *Tyrosin* je zwei C_4-Produkte, *Acetacetat* und *Fumarat* (s. Abb. 19-9). Das Acetacetat gelangt in Form von Acetyl-CoA in den Citratcyclus, während das Fumarat bereits ein Zwischenprodukt dieses Cyclus darstellt.

Der Oxalacetatweg

Die Kohlenstoffgerüste von Asparagin und Aspartat gelangen über Oxalacetat in den Citratcyclus (Abb. 19-4). Das Enzym *Asparaginase* katalysiert die Hydrolyse von Asparagin zu Aspartat:

$$\text{Asparagin} + H_2O \rightarrow \text{Aspartat}^- + NH_4^+$$

Das Aspartat gibt seine Aminogruppe in einer Transaminierungsreaktion an 2-Oxoglutarat ab, wobei Glutamat entsteht:

$$\text{Aspartat} + \text{2-Oxoglutarat} \rightleftharpoons \text{Oxalacetat} + \text{Glutamat}$$

Das als Oxalacetat zurückbleibende Kohlenstoffgerüst von Aspartat gelangt in den Citratcyclus.
Wir haben nun gesehen, wie die 20 verschiedenen Aminosäuren nach ihrer Desaminierung durch Dehydrierung, Decarboxylierung und andere Reaktionen zu fünf verschiedenen zentralen Zwischenprodukten abgebaut werden, die über den Citratcyclus weiter oxidiert werden können. Während des anschließenden Elektronentransports wird ATP durch oxidative Phosphorylierung gebildet. Auf diesem Wege tragen Aminosäuren zum Gesamtenergiehaushalt des Organismus bei.

Abbildung 19-12
Übersicht über die Stoffwechselwege von Isoleucin, Methionin und Valin zum Succinyl-CoA.

Alanin transportiert den Ammoniak von den Muskeln zur Leber

Auch Alanin spielt eine besondere Rolle beim Transport von Ammoniak in nicht-toxischer Form in die Leber. Muskeln bilden wie andere Gewebe Ammoniak durch den Abbau von Aminosäuren. Außerdem entsteht Ammoniak aber noch bei der Desaminierung von Adenylat (AMP), einer ziemlich wichtigen Reaktion im hochaktiven Skelettmuskel. Der aus beiden Quellen stammende Ammoniak wird in der Aminosäure Alanin mit Hilfe des *Glucose-Alanin-Cyclus* (Abb. 19-14) vom Muskel in die Leber transportiert. In diesem Cyclus wird der Ammoniak zunächst mit Hilfe der Glutamat-Dehydrogenase in die Aminogruppe des Glutamats umgewandelt:

$$NH_4^+ + \text{2-Oxoglutarat}^{2-} + NADPH + H^+ \rightarrow \text{Glutamat}^- + NADP^+ + H_2O$$

Das Glutamat gibt seine α-Aminogruppe mit Hilfe der *Alanin-Aminotransferase* an Pyruvat ab, ein leicht zugängliches Produkt der Glycolyse im Muskel:

$$\text{Glutamat} + \text{Pyruvat} \rightleftharpoons \text{2-Oxoglutarat} + \text{Alanin}$$

Das Alanin, eine neutrale Aminosäure, die bei pH-Werten um 7 keine Nettoladung hat, gelangt ins Blut und wird zur Leber transportiert. Hier überträgt das Alanin seine Aminogruppe mit Hilfe von Alanin-Aminotransferase auf 2-Oxoglutarat. Dabei entsteht Glutamat, das dann zu 2-Oxoglutarat und Ammoniak desaminiert wird.

Die Wahl von Alanin für den Transport des Ammoniaks vom schwer arbeitenden Muskel in die Leber ist ein weiteres Beispiel für das den lebenden Organismen innewohnende ökonomische Prinzip.

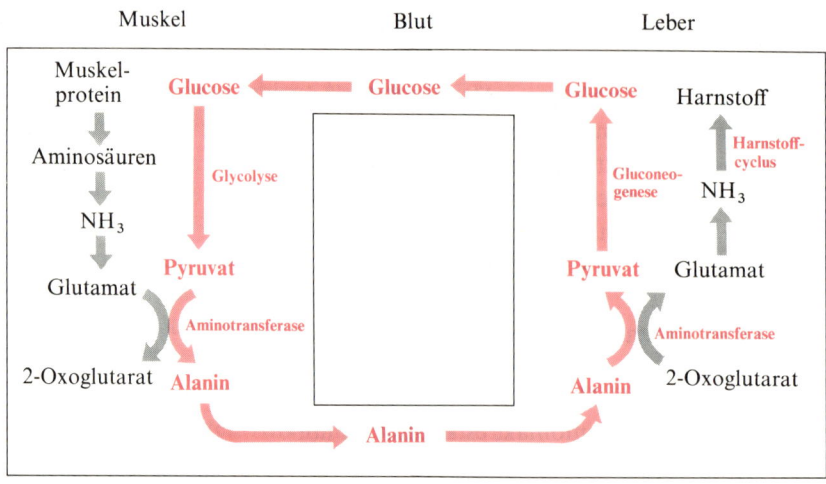

Abbildung 19-14
Der Glucose-Alanin-Cyclus. Dieser Cyclus hat eine doppelte Funktion: (1) Er transportiert Aminogruppen vom Skelettmuskel in die Leber, wo sie zu Harnstoff umgewandelt werden und (2) er versorgt den arbeitenden Muskel mit Blutglucose, die in der Leber aus dem Kohlenstoffgerüst von Alanin gebildet wird.

Starke Skelettmuskelkontraktionen führen nicht nur zur Bildung von Ammoniak, sondern über die einsetzende Glycolyse auch zur Bildung großer Mengen von Pyruvat. Diese beiden Produkte müssen in die Leber gebracht werden, wo Ammoniak für die Ausscheidung in Harnstoff umgewandelt wird und Pyruvat in Blutglucose zurückverwandelt wird, die zu den Muskeln zurückgebracht wird. Die tierischen Organismen haben gelernt, diese zwei Probleme mit *einem* Cyclus zu lösen, indem sie Ammoniak mit Pyruvat zu Alanin verbinden (Abb. 19-14).

Die Ausscheidung des Aminostickstoffes ist ein weiteres biochemisches Problem

Wie wird der überschüssige Aminostickstoff letztlich aus dem Körper ausgeschieden? Aus vergleichenden biochemischen Untersuchungen weiß man, daß der Aminostickstoff immer in *einer* von *drei* Hauptformen ausgeschieden wird: als *Ammoniak*, als *Harnstoff* oder als *Harnsäure*. Die meisten im Wasser lebenden Formen, z. B. die Teleostier (Knochenfische), sezernieren den Aminostickstoff als *Ammoniak* und werden daher *ammonotelisch* genannt, die meisten Landtiere scheiden den Aminostickstoff als *Harnstoff* aus und werden *ureotelisch* genannt, während Vögel, Eidechsen und Schlangen ihn als *Harnsäure* ausscheiden und *urikotelisch* genannt werden (Abb. 19-15).

Die Ursache für diese Unterschiede liegt in der durch den Lebensraum bedingten Anatomie und Physiologie der verschiedenen Organismen. Die Knochenfische transportieren den Stickstoff als Glutamin im Blut und scheiden ihn in Form von Ammoniak durch die Kiemen aus. Die Kiemen enthalten das Enzym Glutaminase und können daher Glutamin zu Glutamat und Ammoniak hydrolysie-

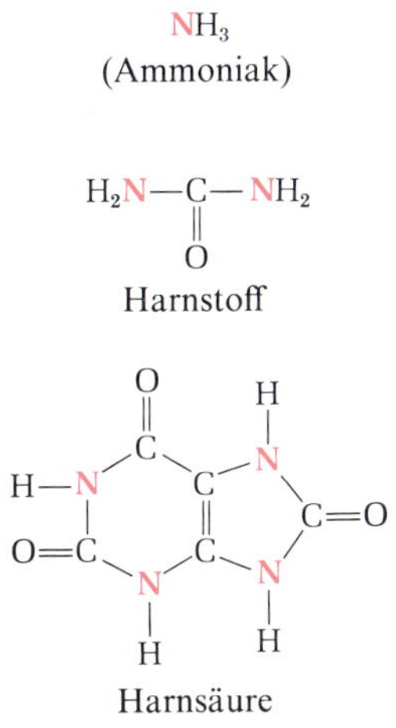

NH_3 (Ammoniak) — Ammonotelische Tiere; meist im Wasser lebende Wirbeltiere, besonders Knochenfische und Amphibienlarven

$H_2N-C(=O)-NH_2$ Harnstoff — Ureotelische Tiere; meist auf dem Lande lebende Vertebraten, auch Haifische

Harnsäure — Urikotelische Tiere; Vögel, Schlangen, Eidechsen

Abbildung 19-15
Die Ausscheidungsformen für den Stickstoff der Aminogruppen bei verschiedenen Formen tierischen Lebens.

ren. Da Ammoniak in Wasser leicht löslich ist, wird er durch die großen Mengen Wasser, die durch die Kiemen strömen, schnell verdünnt und weggeschwemmt. Deshalb brauchen Knochenfische kein kompliziertes Harnsystem für die Ammoniakausscheidung.

Mit fortschreitender biologischer Evolution jedoch lernten einige aquatische Arten, auf dem trockenen Lande zu leben. Jetzt war die Ausscheidung des Aminostickstoffs durch die Kiemen nicht mehr möglich. Die terrestrischen Formen entwickelten andere Methoden für diese Ausscheidung, sie brauchen Nieren und eine Harnblase, um wasserlösliche Stickstoff-Abfallprodukte auszuscheiden. Da aber freies NH_3 leicht durch Membranen hindurchdiffundieren kann, würde die Ausscheidung größerer Mengen von Ammoniak direkt in den Harn zur Rückabsorption von NH_3 ins Blut führen. Die direkte Ausscheidung von Ammoniak hätte noch einen weiteren Nachteil: da es im Blut hauptsächlich als NH_4^+ vorliegt, würde damit auch die Ausscheidung der äquivalenten Menge an Anionen, wie Chlorid oder Phosphat erforderlich werden. Um solche Komplikationen zu vermeiden, haben die meisten Landtiere die Fähigkeit erworben, den Aminostickstoff als Harnstoff auszuscheiden, eine neutrale, leicht lösliche und nicht-toxische Verbindung. Die Fähigkeit, Harnstoff zu synthetisieren und auszuscheiden, hat aber ihren Preis; wie wir noch sehen werden, wird dafür eine beträchtliche Menge an ATP-Energie gebraucht.

Bei Vögeln ist das Körpergewicht ein bedeutender Faktor. Da die Harnstoffausscheidung mit der gleichzeitigen Ausscheidung einer beträchtlichen Menge Wasser verbunden ist, lernten die Vögel während ihrer Evolution, den Aminostickstoff in einer Form auszuscheiden, die keine große Wassermenge erfordert. Sie setzen den Aminostickstoff in Harnsäure um, eine relativ schwer lösliche Verbindung, die als halbfeste Masse wenig Wasser enthaltender Harnsäurekristalle ausgeschieden wird (Abb. 19-15). Für den Vorteil, Aminostickstoff in Form von fester Harnsäure ausscheiden zu können, müssen die Vögel eine beträchtliche Stoffwechselarbeit leisten, denn die Harnsäurebiosynthese ist ein komplizierter, energieverbrauchender Vorgang.

Die Bedeutung der biologischen Umgebung für die Ausscheidungsform zeigt sich deutlich bei der Metamorphose der Kaulquappe zum Frosch: die im Wasser lebende Kaulquappe scheidet den Aminostickstoff als Ammoniak durch ihre Kiemen aus, in ihrer Leber fehlen die Enzyme für die Harnstoffsynthese. Während der Metamorphose werden diese Enzyme jedoch gebildet, und die Fähigkeit, Ammoniak auszuscheiden, geht verloren. Beim erwachsenen Frosch, der eine mehr terrestrische Lebensweise hat, wird der Aminostickstoff fast ausschließlich als Harnstoff ausgeschieden.

Die Glutaminase ist an der Ammoniakausscheidung beteiligt

Bei ammonotelischen Tieren werden die Aminogruppen der verschiedenen Aminosäuren auf 2-Oxoglutarat übertragen, wobei Glutamat entsteht, das mit Hilfe der Glutamat-Dehydrogenase oxidativ desaminiert wird. Dabei bildet sich in den Lebermitochondrien freier Ammoniak. Da dieser sehr toxisch ist und deshalb nicht über die Blutbahn transportiert werden darf, wird er mit Hilfe der *Glutamin-Synthetase* in die Amidgruppe von Glutamin umgewandelt. Das nicht-toxische, neutrale Glutamin wird dann mit dem Blut in die Kiemen gebracht, wo sein Amidstickstoff durch die *Glutaminase* als Ammonium (NH_4^+) abgespalten wird:

$$\text{Glutamin} + H_2O \rightarrow \text{Glutamat}^- + NH_4^+$$

Der Harnstoff wird über den Harnstoffcyclus gebildet

Bei den ureotelischen Tieren erfolgt die Umsetzung des Ammoniaks, der aus der Desaminierung von Aminosäuren stammt, über einen cyclischen Vorgang in der Leber, den *Harnstoffcyclus*, der 1932 von Hans Krebs (S. 490) und Kurt Henseleit entdeckt wurde. Krebs war also der Entdecker zweier wichtiger Stoffwechselcyclen. Diese Entdeckung fiel in die Zeit seiner Forschungstätigkeit an einem Krankenhaus in Freiburg. Er und ein Medizinstudent, Henseleit, fanden, daß die Geschwindigkeit der Harnstoffsynthese aus Ammoniak in Leber-Dünnschnitten in einem gepufferten, aeroben Medium stark erhöht wurde, wenn eine der drei Verbindungen *Ornithin, Citrullin* oder *Arginin* (Ab. 19-16) hinzugegeben wurde. Arginin ist eine der Standard-Aminosäuren, Ornithin und Citrullin sind zwar ebenfalls α-Aminosäuren, aber sie kommen nicht als Bausteine in Proteinen vor. Diese drei Verbindungen stimulierten die Harnstoffsynthese in weit größerem Ausmaß als irgendeine der anderen häufig vorkom-

Abbildung 19-16
Die drei Aminosäuren, für die Hans Krebs eine stimulierende Wirkung auf die Bildung von Harnstoff aus Ammoniak in Leberschnitten gefunden hat. Wie die Abbildung zeigt, können Ornithin und Citrullin als aufeinanderfolgende Vorstufen des Arginins angesehen werden. Die aus Ammoniak gebildeten Aminogruppen sind farbig dargestellt.

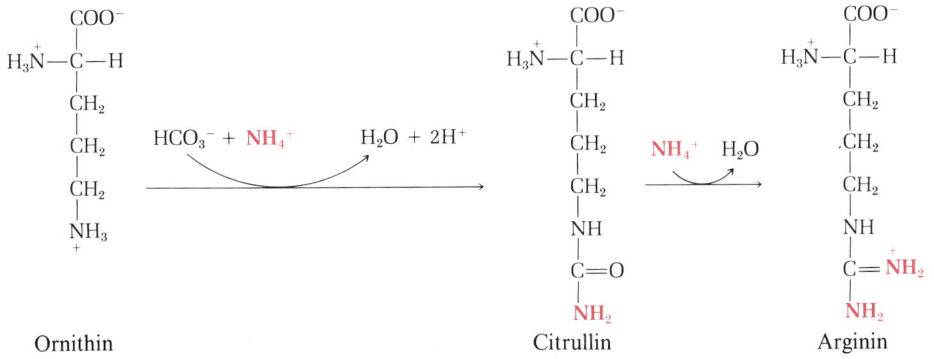

menden Stickstoffverbindungen, die ebenfalls getestet wurden. Die Struktur der drei wirksamen Verbindungen ließ vermuten, daß sie in einer Sequenz zueinander in Beziehung stehen könnten, mit Ornithin als Vorstufe von Citrullin und Citrullin wiederum als Vorstufe von Arginin (Abb. 19-16). Vom Arginin war schon lange bekannt, daß es durch das Enzym *Arginase* zu Ornithin und Harnstoff hydrolysiert wird:

$$\text{Arginin} + H_2O \rightarrow \text{Ornithin} + \text{Harnstoff}$$

Aus diesen Tatsachen schloß Krebs, daß es einen cyclischen Prozeß gibt, in dem Ornithin eine ähnliche Rolle spielt wie Oxalacetat im Citratcyclus. Ein Molekül Ornithin verbindet sich mit einem Molekül NH_3 und einem Molekül CO_2 zu Citrullin. Ein zweites Molekül Ammoniak wird an das Citrullin angelagert. Dabei entsteht Arginin, von dem dann Harnstoff hydrolytisch abgespalten wird, so daß Ornithin zurückgebildet wird (Ab. 19-17). Alle Organismen mit der Fähigkeit, Arginin zu synthetisieren, können diese Reaktionskette bis zum Arginin katalysieren, aber nur ureotelische Tiere besitzen größere Mengen des Enzyms *Arginase*, das die reversible Hydrolyse von Arginin in Harnstoff und Ornithin katalysiert. Das wiedergebildete Ornithin steht dann für den nächsten Durchgang durch den Harnstoffcyclus zur Verfügung. Das Produkt, Harnstoff, ist eine neutrale, nichttoxische, wasserlösliche Substanz. Es wird über den Blutstrom in die Niere transportiert und in den Harn ausgeschieden.

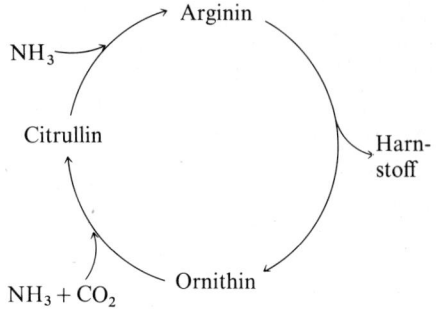

Abbildung 19-17
Der Harnstoffcyclus in der ursprünglich von Krebs und Henseleit postulierten Form.

Der Harnstoffcyclus enthält mehrere komplexe Schritte

Lassen Sie uns nun die aufeinanderfolgenden Schritte des Harnstoffcyclus betrachten, wie wir sie heute kennen (Abb. 19-18). Die erste der beiden Aminogruppen, die in den Cyclus eintreten, entsteht als freier Ammoniak bei der oxidativen Desaminierung von Glutamat in den Mitochondrien der Leberzelle. Die Reaktion wird von der NAD-abhängigen *Glutamat-Dehydrogenase* katalysiert:

$$\text{Glutamat}^- + NAD^+ + H_2O \rightleftharpoons \text{2-Oxoglutarat}^{2-} + NH_4^+ + NADH + H^+$$

Der freie Ammoniak wird sofort weiterverarbeit. Er bildet zusammen mit Kohlenstoffdioxid, das durch die Atmung in den Mitochondrien entsteht, in einer ATP-verbrauchenden Reaktion in der Matrix *Carbamoylphosphat*. Katalysierendes Enzym ist die *Carbamoylphosphat-Synthetase I*. Die römische Ziffer gibt an, daß es sich um die mitochondriale Form handelt, zur Unterscheidung von der mit II bezeichneten cytosolischen Form des Enzyms, die eine andere Funktion hat und bei der Nucleotid-Biosynthese gebraucht wird (Kapitel

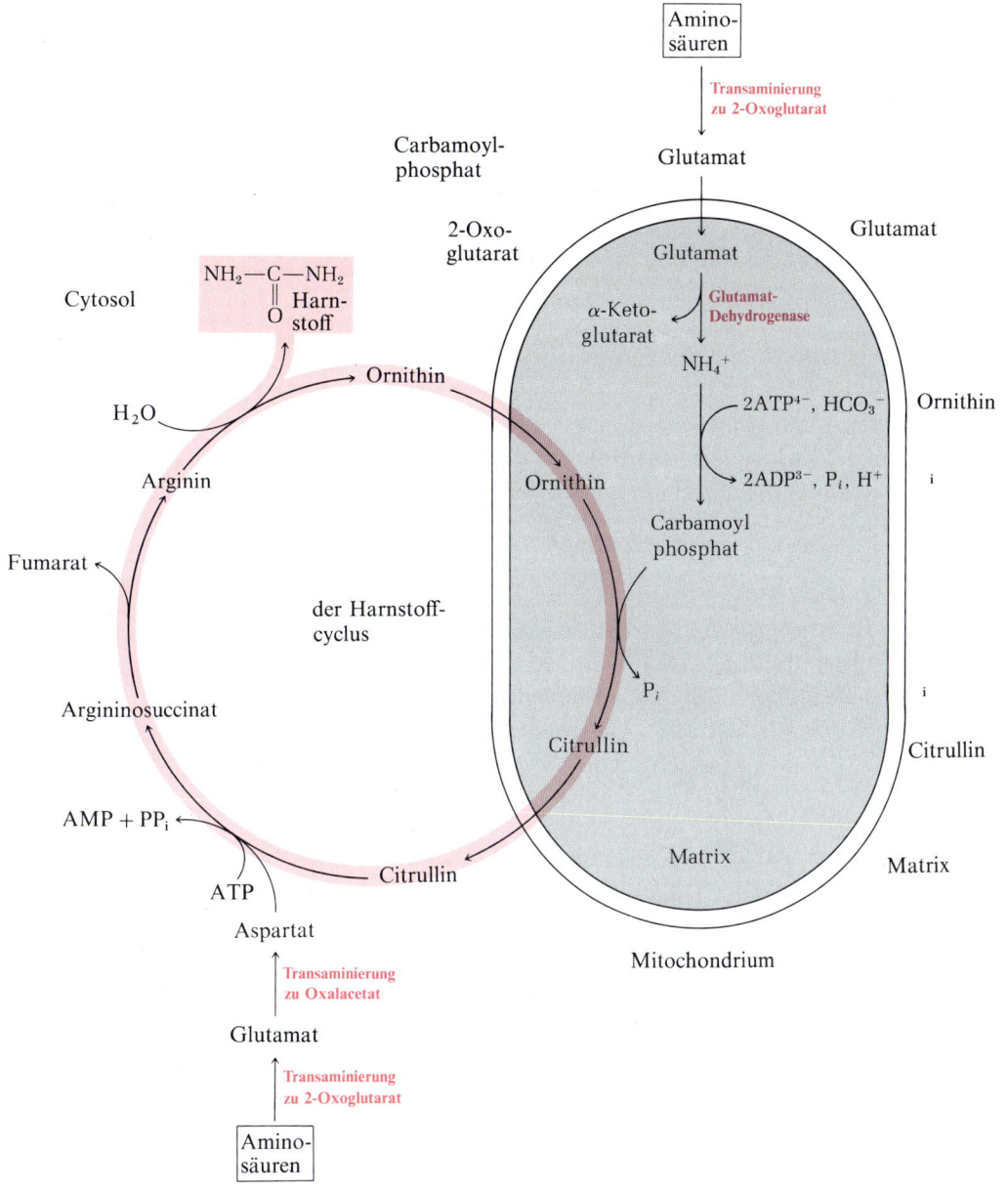

Abbildung 19-18
Der Harnstoffcyclus (farbig unterlegt), wie man ihn heute kennt. Außerdem sind die Stoffwechselwege dargestellt, über die die Aminogruppen in den Cyclus gelangen. Beachten Sie, daß die Enzyme des Harnstoffcyclus z. T. in den Mitochondrien und z. T. im Cytosol lokalisiert sind, so daß ein Teil des Cyclus sich in dem einen und ein Teil in dem anderen Kompartiment abspielt. Die eine der beiden Aminogruppen gelangt in den Mitochondrien in den Cyclus, die andere wird im Cytosol von Aspartat geliefert.

22). Die in den Mitochondrien ablaufende Reaktion ist:

$$HCO_3^- + NH_4^+ + 2ATP^{4-} \rightarrow$$
$$H_2N-\underset{\underset{O}{\|}}{C}-O-PO_3^{2-} + 2ADP^{3-} + P_i^- + H^+$$

Carbamoylphosphat $\Delta G^{\circ\prime} = -13{,}8$ kJ/mol

Carbamoylphosphat-Synthetase I ist ein Regulationsenzym. Es braucht *N-Acetylglutamat* als positiven oder stimulierenden Modulator. Carbamoylphosphat ist eine energiereiche Verbindung

(Abb. 19-19), man kann sie als einen aktivierten Carbamoylgruppen-Donator auffassen. Beachten Sie, daß *zwei* Moleküle ATP gebraucht werden, um *ein* Molekül Carbamoylphosphat herzustellen.

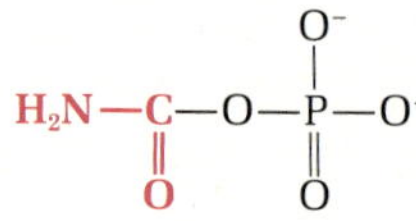

Beim nächsten Schritt des Harnstoffcyclus gibt Carbamoylphosphat seine Carbamoylgruppe unter Bildung von *Citrullin* und Freisetzung von Phosphat an Ornithin ab (Abb. 19-20). Die Reaktion wird durch das Mg^{2+}-abhängige Mitochondrienenzym *Orninithin-Carbamoyltransferase* katalysiert:

$$\text{Carbamoylphosphat} + \text{Ornithin} \rightarrow \text{Citrullin} + P_i^- + H^+$$

Das Citrullin verläßt das Mitochondrium und gelangt in das Cytosol der Leberzelle.

Nun wird die zweite Aminogruppe eingeführt. Sie wird einem L-Aspartat entnommen, das sie wiederum mit Hilfe der *Aspartat-Aminotransferase* von einem L-Glutamat übernommen hat:

$$\text{Oxalacetat} + \text{L-Glutamat} \rightleftharpoons \text{L-Aspartat} + \text{2-Oxoglutarat}$$

Die Übertragung der zweiten Aminogruppe auf das Citrullin erfolgt durch Kondensation zwischen der Aminogruppe des Aspartats und der Carbonylgruppe des Citrullins in Gegenwart von ATP. Dabei entsteht *Argininosuccinat* (Abb. 19-21). Katalysierendes Enzym ist die *Argininosuccinat-Synthetase*, ein Mg^{2+}-abhängiges Enzym im Lebercytosol:

Citrullin + Aspartat + ATP →
$$\text{Argininosuccinat} + \text{AMP} + PP_i + H^+$$

Im nächsten Schritt wird Argininosuccinat durch die *Argininosuccinat-Lyase* (Abb. 19-22) reversibel gespalten, wobei freies Arginin und Fumarat entstehen:

$$\text{Argininosuccinat} \rightleftharpoons \text{Arginin} + \text{Fumarat}$$

Das Fumarat kehrt zum Pool der Zwischenprodukte des Citratcyclus zurück. Beachten Sie, daß wir hier eine Verkettung zwischen Harnstoffcyclus und Citratcyclus vor uns haben (weshalb die beiden Cyclen auch als Krebs-Bicyclus bezeichnet worden sind).

In der letzten Reaktion des Harnstoffcyclus spaltet das Leberenzym *Arginase* das Arginin in Harnstoff und Ornithin (Abb. 19-23):

$$\text{Arginin} + H_2O \rightarrow \text{Ornithin} + \text{Harnstoff}$$

Auf diese Weise wird Ornithin zurückgebildet und kann für eine weitere Reaktionsrunde wieder in das Mitochondrium eindringen.

Die Gesamtgleichung für den Harnstoffcyclus ist:

$$2NH_4^+ + HCO_3^- + 3ATP^{4-} + H_2O \rightarrow$$
$$\text{Harnstoff} + 2ADP^{3-} + 2P_i^- + AMP^- + PP_i^{3-} + H^+$$

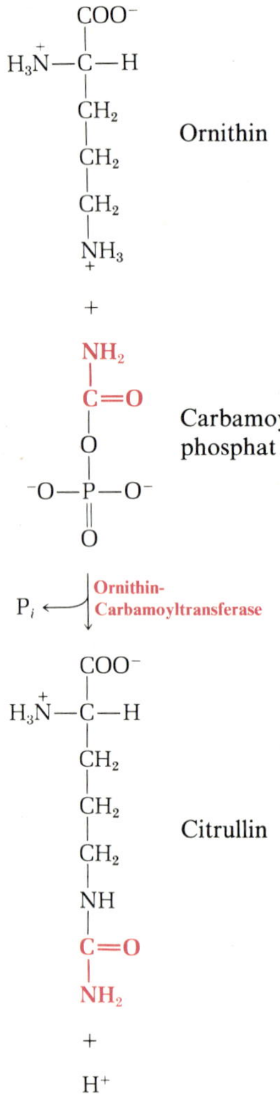

Abbildung 19-19
Carbamoylphosphat. Beachten Sie, daß es sich um ein Acylphosphat handelt, ein gemischtes Anhydrid aus einer Carbonsäure und Phosphorsäure. Carbamoylphosphat ist also eine energiereiche Verbindung. Die Carbamoylgruppe ist farbig dargestellt.

Abbildung 19-20
Die Bildung von Citrullin aus Ornithin und Carbamoylphosphat. Die Carbamoylgruppe ist farbig dargestellt.

Kapitel 19 Oxidativer Abbau von Aminosäuren: Der Harnstoffcyclus   609

Beim Harnstoffcyclus werden zwei Aminogruppen und HCO_3^- zu einem Molekül Harnstoff zusammengefügt, das aus der Leberzelle in den Blutstrom diffundiert, von dort in die Niere gelangt und in den Harn ausgeschieden wird.

Beachten Sie, daß für jedes gebildete Molekül Harnstoff ein Molekül HCO_3^- verbraucht wird. Der Harnstoffcyclus beseitigt also gleichzeitig *zwei* Abfallprodukte, nämlich Ammoniak und Hydrogencarbonat. Dies bedeutet außerdem, daß der Harnstoffcyclus an

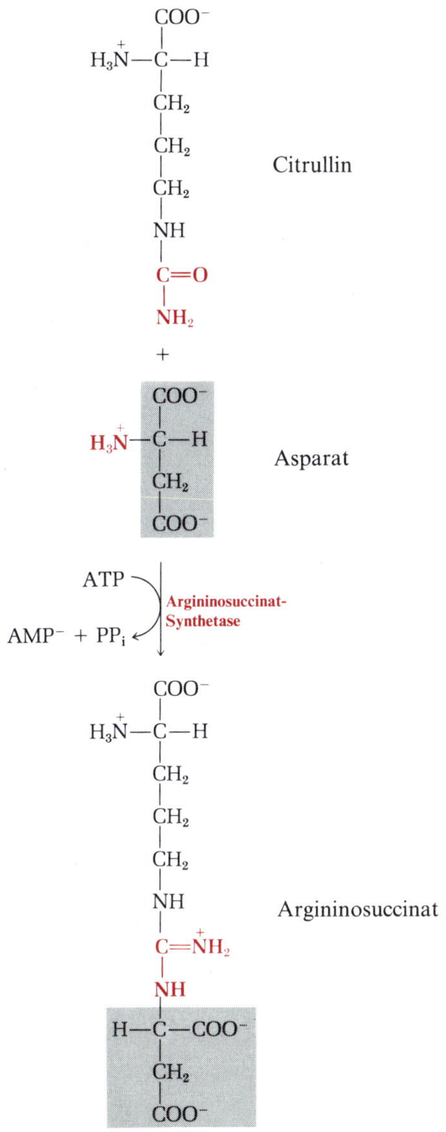

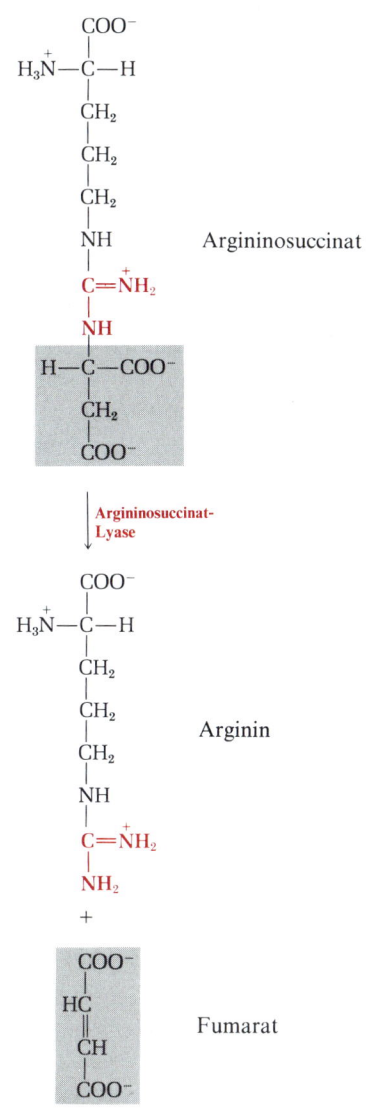

Abbildung 19-21
Die Bildung von Argininosuccinat. Die Carbamoylgruppe des Citrullins und die vom Aspartat gelieferte Aminogruppe sind farbig dargestellt. Der Rest des Aspartatmoleküls ist grau unterlegt.

Abbildung 19-22
Die Bildung von Arginin aus Argininosuccinat.

der Regulation des Blut-pH-Wertes beteiligt ist, der vom Verhältnis des gelösten CO_2 zum HCO_3^- abhängt (S. 96).

Der Energieverbrauch des Harnstoffcyclus

Wir sehen aus der obenstehenden Gleichung, daß für die Synthese eines Moleküls Harnstoff drei Moleküle ATP gebraucht werden. Zwei Moleküle ATP sind für die Synthese von Carbamoylphosphat erforderlich und eins für die von Argininosuccinat, bei der jedoch das ATP in AMP und Diphosphat gespalten wird (S. 427). Das Diphosphat kann anschließend in zwei Orthophosphate hydrolysiert werden.

Für den Vorteil, Harnstoff statt Ammoniak ausscheiden zu können, verlieren ureotelische Tiere etwa 15 % der Energie der Aminosäuren, aus denen der Stickstoff stammt. Dieser Verlust wird von einigen Wiederkäuern, z. B. der Kuh, dadurch ausgeglichen, daß ein großer Teil des Harnstoffs aus dem Blut in den Pansen sezerniert wird. Dort wird er von den Mikroorganismen des Pansen für die Synthese von Aminosäuren benutzt, die dann wieder von der Kuh absorbiert und verwendet werden. Das Kamel vermeidet einen Teil des mit der Harnstoffausscheidung verbundenen Wasserverlustes dadurch, daß es Harnstoff in den Darmtrakt abgibt und ihn von dort wieder aufnimmt. Das ist eine von mehreren biochemischen und physiologischen Anpassungen, die es dem Kamel ermöglichen, mit einer sehr geringen Wassermenge auszukommen. Weder Wiederkäuer noch nichtwiederkauende Tiere können Harnstoff ohne die Hilfe von Mikroorganismen für die Aminosäuresynthese verwenden, weil ihnen die für die Hydrolyse von Harnstoff nötigen Enzyme fehlen.

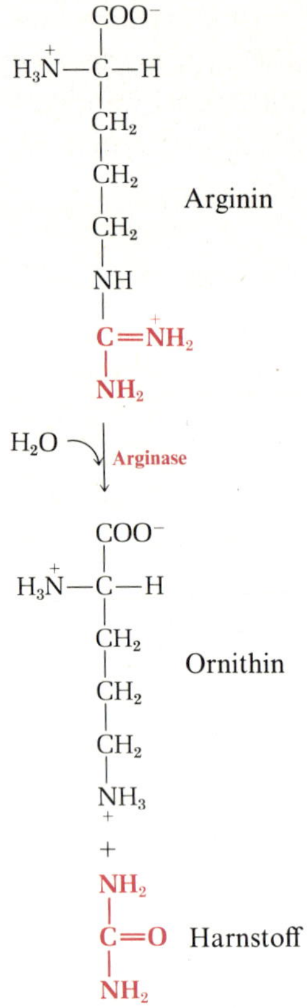

Abbildung 19-23
Die Bildung von Harnstoff in der Arginase-Reaktion.

Genetische Defekte im Harnstoffcyclus führen zu einem Überschuß an Ammoniak im Blut

Bei Menschen mit einem ererbten Defekt in einem der Enzyme des Harnstoffcyclus ist die Fähigkeit, aus Ammoniak Harnstoff zu bilden, beeinträchtigt. Sie vertragen keine proteinreiche Kost, da bei ihnen über den Minimalbedarf für die Proteinsynthese hinaus aufgenommene Aminosäuren in der Leber desaminiert werden und zum Auftreten von freiem Ammoniak im Blut führen. Wie wir gesehen haben, ist Ammoniak sehr toxisch und verursacht Geistesstörungen, eine verzögerte Entwicklung und bei hohen Dosen Koma und Tod. Patienten mit defektem Harnstoffcyclus erhalten oft eine Diät, in der die für das Wachstum essentiellen Aminosäuren durch die analogen 2-Oxosäuren ersetzt sind (Kapitel 26). Essentiell an den unverzichtbaren Aminosäuren sind nämlich ihre Kohlenstoffgerüste und nicht ihre Aminogruppen. Die 2-Oxo-Analoga der essentiellen Aminosäuren können Aminogruppen über die Aminotransferase-Reaktion (Abb. 19-24) von überschüssigen, nicht-essentiellen Aminosäuren aufnehmen. Auf diese Weise wird verhindert, daß die nicht-essentiellen Aminosäuren ihre Aminogruppen als Ammoniak in das Blut abgeben können.

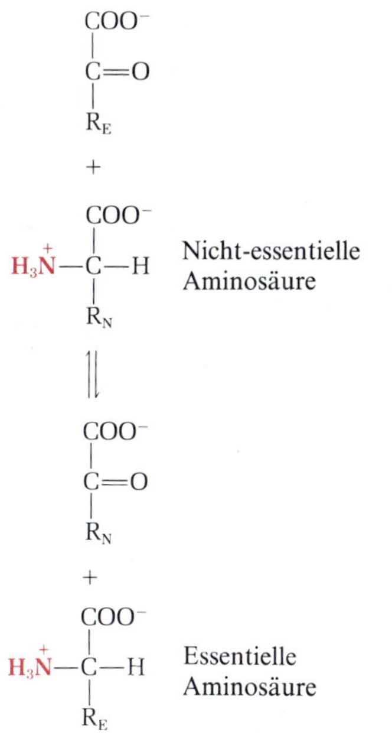

Vögel, Schlangen und Eidechsen scheiden Harnsäure aus

Bei den urikotelischen Tieren (Vögel, Schlangen und Eidechsen) ist die Harnsäure (Abb. 19-25) die Hauptausscheidungsform des Aminostickstoffs. Zufälligerweise ist Harnsäure auch das hauptsächliche Endprodukt des Purinstoffwechsels bei Primaten, Vögeln und Reptilien. Harnsäure ist ein komplexes Molekül mit zwei kondensierten Ringen, dem *Purin-Ringsystem*. Auch die Adenin- und Guanin-Anteile der entsprechenden Nucleotide sind Purine. Der Syntheseweg der Harnsäure besteht aus vielen Schritten, in denen der Purinring schrittweise aus einer Reihe einfacher Vorstufen aufgebaut wird. Abb. 14 in Kapitel 22 zeigt die Herkunft der Kohlenstoff- und Stickstoffatome im Purinring, die durch Isotopenmarkierungsversuche ermittelt werden konnte. Wir werden den komplizierten Syntheseweg der Purine und der Harnsäure in Kapitel 22 besprechen. Hier genügt es zu sagen, daß er aus vielen Stufen besteht und einen beträchtlichen Energiebedarf hat. Die urikotelischen Tiere müssen also für den Vorteil, Aminostickstoff in halbfester Form ausscheiden zu können, einen hohen Preis zahlen. Eine gewisse Kompensation hierfür resultiert aus dem Umstand, daß Harnsäure außer für Aminostickstoff auch das Hauptausscheidungsprodukt des Purin-Katabolismus ist (Kapitel 22).

Harnsäure wird auf manchen Inseln vor der südamerikanischen Küste, die unzähligen Seevögeln als Nistplätze dienen (Abb. 19-26), in riesigen Mengen abgelagert und als Düngemittel (Guano) abgebaut.

Abbildung 19-24
Die Aminierung der 2-Oxosäure-Analoga von essentiellen Aminosäuren durch Transaminierung nicht-essentieller Aminosäuren.

Abbildung 19-25
Die Ausscheidung von Aminostickstoff als Harnsäure bei Vögeln, Schlangen und Eidechsen. Die (farbig dargestellten) Stickstoffatome gelangen über sehr komplexe Reaktionswege aus den α-Aminogruppen der Aminosäuren in die Harnsäure. Harnsäure wird deshalb eine Säure genannt, weil sie in tautomeren Formen vorkommt, die zu Uraten ionisieren können. die Na^+- und K^+-Urate sind nur um ein Weniges leichter löslich als Harnsäure.

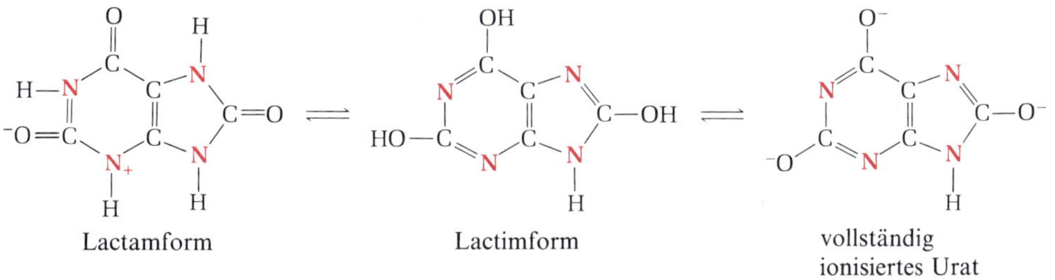

Abbildung 19-26
Ein Blick auf die Insel San Lorenzo, eine der Guano-Inseln vor der Küste von Peru. Auf diesen Inseln nisten Hunderttausende von „Guano-Vögeln", und im Laufe von Jahrhunderten sind enorme, klippenartige Guano-Ablagerungen entstanden, die größtenteils aus fester Harnsäure bestehen. Guano ist ein wertvolles Düngemittel mit einem Wert von mehr als 300 DM pro Tonne. Im späten 19. Jahrhundert betrieben ganze Flotten von Segelschiffen einen weltweiten Handel mit Guano.

Zusammenfassung

Ein kleiner Teil der durch die Oxidation von Nährstoffen erzeugten Energie stammt beim Menschen aus dem oxidativen Abbau von Aminosäuren. Nach der Abtrennung der Aminogruppen durch Transaminierung auf 2-Oxoglutarat wird das Kohlenstoffgerüst der Aminosäuren oxidativ zu Verbindungen abgebaut, die im Citratcyclus zu CO_2 und H_2O oxidiert werden. Für das Einschleusen der Kohlenstoffgerüste der Aminosäuren in den Citratcyclus gibt es fünf Stoffwechselwege: (1) über Acetyl-CoA, (2) über 2-Oxoglutarat, (3) über Succinat, (4) über Fumarat und (5) über Oxalacetat. Die über Acetyl-CoA eintretenden Aminosäuren lassen sich in zwei Gruppen unterteilen; in der ersten (Alanin, Cystein, Gycin, Serin und Threonin) entsteht das Acetyl-CoA über Pyruvat und in der zweiten (Leucin, Lysin, Phenylalanin, Tyrosin und Tryptophan) über Acetacetyl-CoA. Die Aminosäuren Prolin, Histidin, Arginin, Glutamin und Glutamat erreichen den Cyclus über 2-Oxoglutarat und Methionin, Isoleucin und Valin über Succinat. Von Phenylalanin und Tyrosin gelangen vier Kohlenstoffatome über Fumarat in den Cyclus, während Asparagin und Aspartat ihn über Oxalacetat betreten. Es gibt beim Menschen eine Reihe von erblichen Defekten im Aminosäure-Katabolismus. Die Phenylketonurie stellt eine besonders ernste und vergleichsweise häufige dieser Erbkrankheiten dar.

Ammonotelische Tiere (Knochenfische, Kaulquappen) scheiden den Aminostickstoff als Ammoniak durch ihre Kiemen aus, nachdem er durch Hydrolyse aus Glutamin freigesetzt worden ist. Ureotelische Tiere (die meisten Landtiere) scheiden den Aminostickstoff als Harnstoff aus. Er wird in der Leber über den von Hans Krebs entdeckten Harnstoffcyclus gebildet. Unmittelbare Vorstufe des Harnstoffs ist das Arginin, aus dem mit Hilfe von Arginase Harnstoff und Ornithin entsteht. Das Ornithin wird durch Carbamoylierung mit Carbamoylphosphat in Citrullin umgewandelt, an das eine Aminogruppe aus Aspartat angelagert wird, so daß Arginin entsteht. Bei jedem Umlauf des Cyclus wird Ornithin regeneriert. Urikotelische Tiere (Vögel, Schlangen, Eidechsen) scheiden den Aminostickstoff in halbfester Form als Harnsäure (ein Purinderivat) aus. Die Herstellung des nicht-toxischen Harnstoffs und der festen Harnsäure kostet viel ATP-Energie.

Aufgaben

1. *Die Produkte der Aminosäuretransaminierung.* Zeichnen Sie die Strukturformeln und nennen Sie die Namen der 2-Oxosäuren, die bei der Transaminierung aus den folgenden Aminosäuren und 2-Oxoglutarat entstehen:
   (a) Aspartat
   (b) Glutamat
   (c) Alanin
   (d) Phenylalanin

2. *Die Messung der Alanin-Aminotransferase-Reaktionsgeschwindigkeit.* Die Aktivität (Reaktionsgeschwindigkeit) der Alanin-Aminotransferase wird normalerweise in einem Reaktionssystem gemessen, das einen Überschuß an gereinigter Lactat-Dehydrogenase und NADH enthält. Alanin und NADH werden mit der gleichen Geschwindigkeit verbraucht. Die Abbaugeschwindigkeit wird spektrophotometrisch gemessen. Erklären sie, wie dieser Test funktioniert.

3. *Die Verteilung des Aminostickstoffs.* Wenn Sie von einer Diät leben, die reich an Alanin und arm an Aspartat ist, werden sich dann Anzeichen eines Aspartatmangels zeigen?

4. *Ein genetischer Defekt im Aminosäurestoffwechsel: eine Fallbeschreibung.* Ein zweijähriges Kind wird in ein Krankenhaus gebracht. Die Mutter berichtet, daß es häufig erbricht, besonders nach dem Essen. Gewicht und physische Entwicklung des Kindes sind unterhalb der Norm. Seine von Natur dunklen Haare enthalten weiße Stellen. Eine Urinprobe ergibt mit Eisen(III)-chlorid (FeCl$_3$) eine grüne Farbe, die charakteristisch für Phenylbrenztraubensäure ist. Eine quantitative Analyse der Urinprobe brachte die in der Tabelle angeführten Ergebnisse.
   (a) Welches Enzym ist Ihrer Meinung nach defekt? Schlagen Sie eine Behandlungsmethode vor.
   (b) Warum erscheint Phenylpyruvat in großen Mengen im Urin?

Substanz	Patient mmol/l	Normal mmol/l
Phenylalanin	7.0	0.01
Phenylpyruvat	4.8	0
Phenylacetat	10.3	0

(c) Woher stammen das Phenylpyruvat und das Phenylacetat? Warum wird von diesem (normalerweise nicht begangenen) Weg Gebrauch gemacht, wenn die Phenylalanin-Konzentration steigt?

(d) Warum hat das Haar des Patienten weiße Stellen?

5. *Die Rolle des Cobalamins im Aminosäurestoffwechsel.* Perniziöse Anämie wird durch eine gestörte Cobalamin-Absorption verursacht, die auf dem Fehlen eines vom Magen sezernierten Glycoproteins (intrinsischen Faktors) beruht. Welche Wirkung hat diese Störung auf den Katabolismus der Aminosäuren? Werden alle Aminosäuren in gleichem Maße betroffen?

6. *Lactat oder Alanin als Brennstoffe im Stoffwechsel: der Preis der Stickstoffausscheidung.* Die drei Kohlenstoffatome im Lactat und im Alanin liegen in denselben Oxidationsgraden vor. Jede der beiden Verbindungen kann im tierischen Organismus als Stoffwechselbrennstoff verwendet werden. Vergleichen Sie den Netto-Gewinn an ATP (mol ATP/mol Substrat) für die vollständige Oxidation (zu CO_2 und H_2O) von Lactat mit der von Alanin unter Berücksichtigung des Aufwands an ATP für die Ausscheidung des Stickstoffes als Harnstoff.

7. *Die Wege von Kohlenstoff und Stickstoff im Glutamatstoffwechsel.* Stellen Sie sich vor, Glutaminsäure, die in C_2-Stellung ^{14}C-markiert und in der Aminogruppe ^{15}N-markiert ist, wird in der Leber einer Ratte oxidativ abgebaut. In welchen Atomen der folgenden Verbindungen werden dann die beiden Isotope gefunden?
   (a) Harnstoff
   (b) Succinat
   (c) Arginin
   (d) Citrullin
   (e) Ornithin
   (f) Aspartat

8. *Das chemische Prinzip des Isoleucin-Katabolismus.* Isoleucin wird über eine Folge von sechs Reaktionen zu Propionyl-CoA und Acetyl-CoA abgebaut (s. nebenstehende Formeln).
   (a) Der Isoleucinabbau erfolgt nach einem chemischen Prinzip, das auch im Citratcyclus und bei der β-Oxidation der Fettsäuren gefunden wird. Die unten aufgeführten Zwischenprodukte des Isoleucinabbaus (I bis V) stehen nicht in ihrer richtigen Reihenfolge. Stellen Sie die richtige Reihenfolge fest, mit Hilfe dessen, was Sie vom Citratcyclus und der Fettsäureoxidation wissen.
   (b) Beschreiben Sie die chemische Reaktion für jeden der unter (a) von Ihnen vorgeschlagenen Schritte. Suchen Sie ein analoges Beispiel aus dem Citratcyclus oder der β-Oxidation und geben Sie die nötigen Cofaktoren an.

9. *Ammoniakvergiftung als Folge einer Arginin-Mangeldiät.* In einer Veröffentlichung von J. Morris & Q. Rogers (Science (1978), *199*, 431) wird ein Fütterungsversuch an Katzen beschrieben. Die fast erwachsenen Tiere ließ man über Nacht fasten und gab ihnen dann eine einzige Mahlzeit, die aus einem Gemisch aller Aminosäuren mit Ausnahme von Arginin bestand. Innerhalb von 2 h stiegen die Ammoniakspiegel im Blut von ihren normalen Werten um 18 µg/l auf 140 µg/l und die Katzen zeigten die klinischen Symptome einer Ammoniakvergiftung. Eine Katze starb nach 4.5 h, obwohl sie nur 8 g dieser Kost zu sich genommen hatte. Die Kontrollgruppen erhielten entweder eine vollständige Aminosäurediät oder eine, in der Arginin durch Ornithin ersetzt war. Sie zeigten keine auffallenden klinischen Symptome.
   (a) Welche Bedeutung hat das Fasten für das Experiment?
   (b) Was verursacht das Ansteigen des Ammoniakspiegels? Warum führt das Fehlen von Arginin zu Ammoniakvergiftung? Ist Arginin für Katzen eine essentielle Aminosäure?
   (c) Warum kann Arginin durch Ornithin ersetzt werden?

10. *Die Oxidation von Glutamat.* Formulieren Sie die einzelnen Bilanzgleichungen sowie die Summengleichung für die Oxidation von 2 mol Glutamat zu 2 mol 2-Oxoglutarat plus 1 mol ausgeschiedenen Harnstoffs.

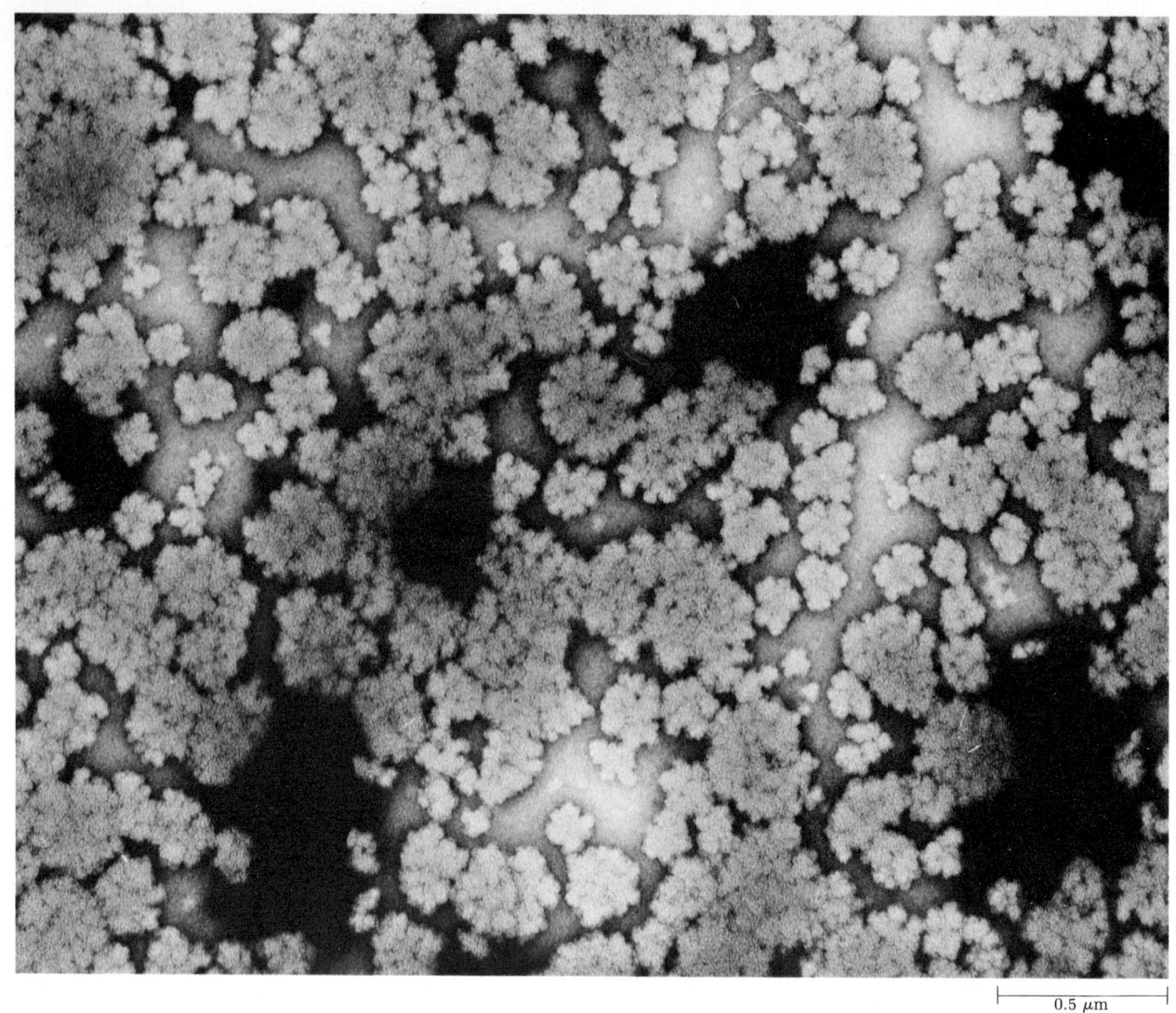

0.5 μm

Elektronenmikroskopische Aufnahme nach dem Negativ-Kontrastverfahren von Glycogen-Granula aus Rattenleber. Diese Granula stellen die Speicherform des Glucose-Brennstoffs in der Leber dar und werden α-Partikel genannt. Die kleineren Einheiten, aus denen sie sich zusammensetzten, heißen β-Partikel. Die Granula enthalten nicht nur Glycogen, sondern auch die Glycogen-synthesierenden und -abbauenden Enzyme, sowie die Enzyme, die Synthese und Abbau auf reziproke Weise regulieren.

Kapitel 20
Die Biosynthese von Kohlenhydraten in tierischen Geweben

Wir sind jetzt in unseren Untersuchungen über den Zellstoffwechsel an einem Wendepunkt angekommen. In den vorrangegangenen Kapiteln haben wir gesehen, wie die Hauptnahrungsstoffe – Kohlenhydrate, Fettsäuren und Aminosäuren – über die konvergierenden *katabolen* Wege abgebaut werden und schließlich im Citratcyclus landen, von wo sie ihre energiereichen Elektronen an die Atmungskette weitergeben. Auf ihrem Weg bergab zum Sauerstoff liefern diese die Energie für die Bildung von ATP. Nun wollen wir *anabole* Wege untersuchen, die die in ATP gespeicherte Energie und NADPH dazu verwenden, aus einfachen Vorstufen wichtige Zellbestandteile herzustellen. Katabolismus und Anabolismus finden gleichzeitig statt und befinden sich in einem dynamischen Gleichgewicht (steady state), in dem der energieliefernde Abbau von Zellbestandteilen durch Biosyntheseprozesse aufgegangen wird, die die komplizierte Ordnung lebender Zellen schaffen und aufrechterhalten.

Drei der Organisationsprinzipien der Biosynthese (Kapitel 10) müssen an dieser Stelle noch einmal betont werden. *Erstes Prinzip: Der Weg für die Biosynthese eines Biomoleküls ist normalerweise nicht identisch mit dem Weg für seinen Abbau.* Die beiden entgegengesetzt verlaufenden Wege können einen oder mehrere reversible Reaktionen gemeinsam haben, aber es gibt immer mindestens einen enzymatischen Schritt, in dem sie sich unterscheiden. Würden die katabolen und die anabolen Reaktionen von ein und demselben Satz reversibel reagierender Enzyme katalysiert werden, so wären keine stabilen biologischen Strukturen von einiger Komplexität möglich, da sich die Anzahl der Makromoleküle in einer Zelle fortwährend mit den schwankenden Konzentration ihrer Vorstufen ändern würde.

Zweites Prinzip: die Biosynthesewege werden von anderen Regulationsenzymen kontrolliert als die entsprechenden Abbauwege. Normalerweise werden die einander entsprechenden Biosynthese- und Abbauwege auf eine koordinierte, reziproke Weise reguliert, d.h. daß eine Stimulierung der Biosynthese von einer Hemmung des entsprechenden Abbaus begleitet wird und umgekehrt. Außerdem werden Biosynthesewege für gewöhnlich in ihrem ersten Reaktionsschritt reguliert. Dadurch vermeidet die Zelle eine Vergeudung von Vorstufen für die Produktion nicht notwendiger Zwischenprodukte. Durch diese Beziehungen wird wieder einmal betont, daß die molekulare Organisation der lebenden Zelle vom Prinzip einer ihr innewohnenden Ökonomie getragen wird.

Drittes Prinzip: Die energieverbrauchenden Biosyntheseprozesse sind obligatorisch an den energieliefernden ATP-Abbau gekoppelt, und zwar derart, daß der gesamte Vorgang praktisch irreversibel ist, wie auch der Gesamtvorgang des Katabolismus irreversibel ist. Das bedeutet, daß die für einen bestimmten Biosyntheseweg verwendete Menge an ATP- (und NADPH-)Energie immer größer ist als die für die Umwandlung der Vorstufe in das Biosyntheseprodukt mindestens erforderliche freie Energie.

Wir wollen unseren Überblick über die Vorgänge bei der Biosynthese mit dem zentralen Weg beginnen, der im tierischen Gewebe zur Bildung der verschiedenen Kohlenhydrate führt. Die Biosynthese von D-Glucose ist für alle höheren Tiere absolut lebensnotwendig, denn Gehirn und Nervensystem, Nierenmark, Testes, rote Blutkörperchen und Embryonalgewebe verwenden die Glucose aus dem Blut als ihre einzige oder hauptsächliche Brennstoffquelle. Allein das menschliche Gehirn verbraucht täglich 120 g Glucose. D-Glucose wird in Tieren fortwährend in einer Serie sorgfältig regulierter Biosynthesereaktionen aus einfachen Vorstufen, wie Pyruvat und bestimmten Aminosäuren, hergestellt und dann in das Blut abgegeben. Auch andere wichtige Kohlenhydrate werden aus Nicht-Kohlenhydrat-Vorstufen hergestellt (Abb. 20-1). Besondere Bedeutung hat die Synthese von Glycogen in der Leber und den Muskeln. Das Leberglycogen dient als Glucosespeicher, der leicht in Blutglucose umgewandelt werden kann, während das Muskelglycogen eine wichtige Quelle für ATP-Energie darstellt, die für die Muskelkontraktion gebraucht wird und die beim Abbau über die Glycolyse entsteht. Die Bildung von D-Glucose aus Nicht-Kohlenhydrat-Vorstufen bei den Tieren wird *Gluconeogenese* („Zuckerneubildung") genannt. Die wichtigsten Vorstufen der D-Glucose sind Lactat, Pyruvat, Glycerin, die Mehrzahl der Aminosäuren und die Zwischenprodukte des Citratcyclus (Abb. 20-1). Die Gluconeogenese erfolgt überwiegend in der Leber und zu einem geringen Teil in der Nierenrinde.

In Kapitel 23 werden wir sehen, daß in der Pflanzenwelt enorme Mengen an Glucose und anderen Kohlenhydraten durch die photosynthetische Reduktion von Kohlenstoffdioxid hergestellt werden; Tiere sind nicht in der Lage, eine Nettosynthese von Glucose aus CO_2 durchzuführen.

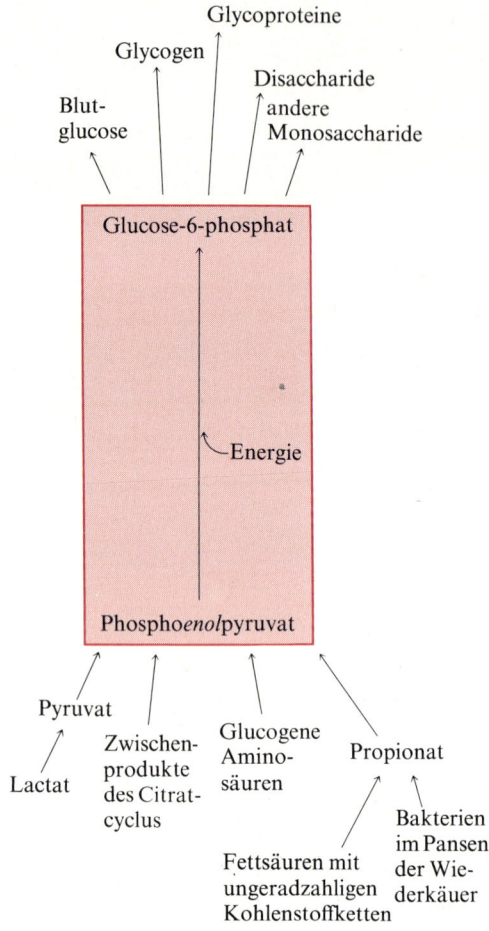

Abbildung 20-1
Den Weg von Phospho*enol*pyruvat zu Glucose-6-phosphat haben viele biosynthetische Umsetzungen in tierischen Geweben gemeinsam, die von einer Reihe verschiedener Vorstufen zu einer Vielfalt von Kohlenhydraten führen.

Der Gluconeogeneseweg hat sieben Schritte mit dem Glycolyseweg gemeinsam

So wie die Umwandlung von Glucose zu Pyruvat ein zentraler Weg des Kohlenhydrat-Katabolismus ist, ist die Umwandlung von Pyruvat zu Glucose ein zentraler Weg der Gluconeogenese. Die beiden

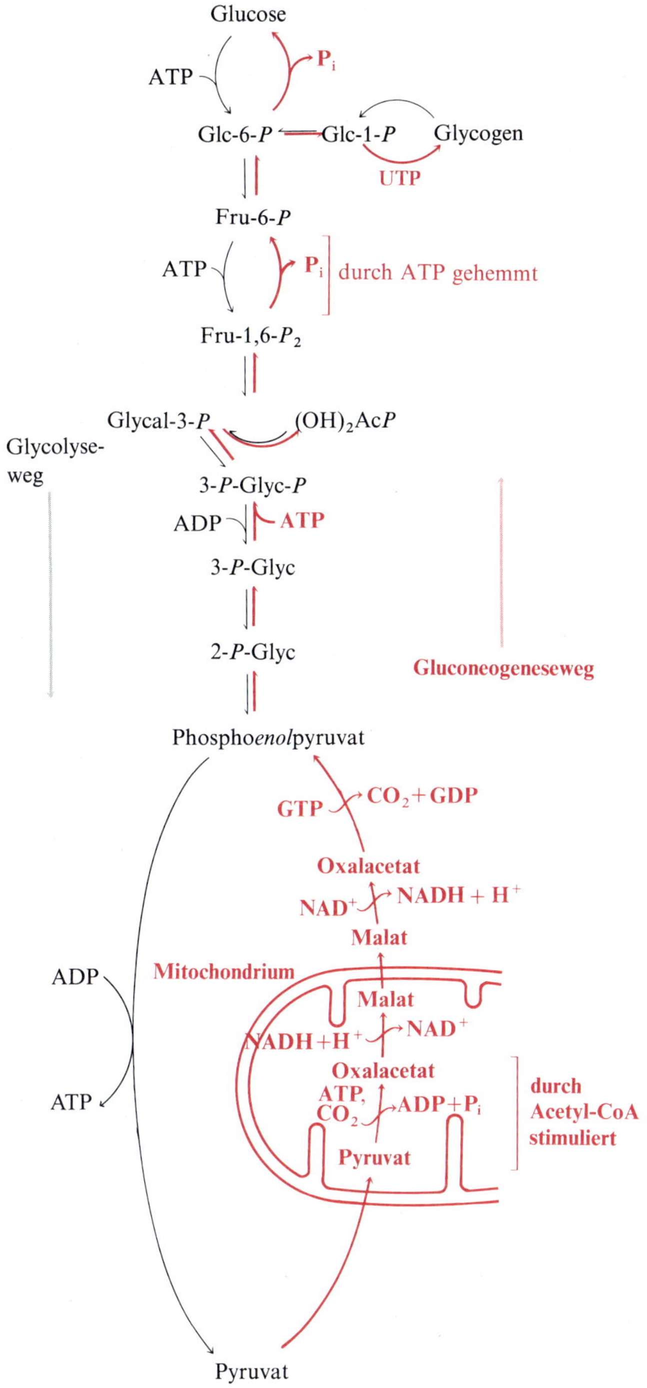

Kapitel 20 Die Biosynthese von Kohlenhydraten in tierischen Geweben   619

Abbildung 20-2
Die entgegengesetzt verlaufenden Wege von Glycolyse und Gluconeogenese in der Rattenleber. Der Gluconeogeneseweg ist farbig dargestellt. Bei einigen Organismen kann Phospho*enol*pyruvat ohne Beteiligung der Mitochondrien im Cytosol hergestellt werden. Die beiden Hauptregulationsstellen der Gluconeogenese sind ebenfalls angegeben.

Abkürzungen:
Glc-6-P = Glucose-6-phosphat;
Glc-1-P = Glucose-1-phosphat;
Fru-6-P = Fructose-6-phosphat;
Fru-1,6-P_2 = Fructose-1,6-bisphosphat;
Glycal-3-P = Glycerinaldehyd-3-phosphat;
(OH)$_2$AcP = Dihydroxyacetonphosphat;
3-P-Glyc-P = 3-Phosphoglyceroylphosphat;
3-P-Glyc = 3-Phosphoglycerat;
2-P-Glyc = 2-Phosphoglycerat.

Wege sind nicht identisch, haben aber sieben gemeinsame reversible Schritte (Abb. 20-2).

Andererseits sind drei Schritte der Glycolyse praktisch irreversibel und können daher nicht an der Gluconeogenese teilnehmen. Diese Stellen werden durch Enzyme umgangen, die andere Reaktionen katalysieren. Sie haben nur bei der Gluconeogenese eine Funktion, nicht in der Glycolyse (Abb. 20-2), d.h. diese Umgehungsenzyme (die weiter unten im einzelnen besprochen werden) arbeiten irreversibel in der Richtung der Glucosesynthese. In der Zelle sind also Glycolyse und Gluconeogenese irreversible Vorgänge. Sie werden auch unabhängig voneinander reguliert, indem die Kontrollen bei solchen enzymatischen Schritten erfolgen, die *nicht* beiden Vorgängen gemeinsam sind.

Die Umwandlung von Pyruvat zu Phospho*enol*pyruvat erfordert einen Umweg

Die erste der Umgehungsreaktionen in der Gluconeogenese ist die Umwandlung von Pyruvat zu Phospho*enol*pyruvat (Abb. 20-2). Diese Reaktion kann nicht durch Umkehrung der Pyruvat-Kinase-Reaktion erfolgen (S. 455),

$$\text{Phospho}enol\text{pyruvat} + \text{ADP} \rightarrow \text{Pyruvat} + \text{ATP}$$
$$\Delta G^{\circ\prime} = -31.4 \text{ kJ/mol}$$

die einen hohen negativen Wert für die Änderung der freien Standardenergie hat und sich in der lebenden Zelle als irreversibel erwiesen hat. Statt dessen erfolgt die Phosphorylierung von Pyruvat durch eine Serie von Umgehungsreaktionen, für die bei einigen Tieren die Zusammenarbeit von Enzymen sowohl im Cytosol als auch in den Mitochondrien der Leberzellen erforderlich ist (Abb. 20-2). Der erste Schritt dieser Umgehungsreihe wird durch die *Pyruvat-Carboxylase* der Mitochondrien katalysiert, ein Biotin-haltiges Enzym, das die Bildung von Oxalacetat aus Pyruvat katalysiert (Abb. 20-3). Dieser Schritt ist eine *anaplerotische Reaktion* (S. 501), die den Pool für den Citratcyclus auffüllen kann:

$$\text{Pyruvat} + \text{CO}_2 + \text{ATP} \xrightarrow{\text{Acetyl-CoA}} \text{Oxalacetat} + \text{ADP} + \text{P}_i \quad (1)$$

Die Pyruvat-Carboxylase ist ein Regulationsenzym, das ohne seinen positiven Modulator, Acetyl-CoA, fast vollkommen inaktiv ist.

Das in den Mitochondrien aus Pyruvat gebildete Oxalacetat wird mit Hilfe der Malat-Dehydrogenase in den Mitochondrien unter Verbrauch von NADH reversibel zu Malat reduziert:

$$\text{NADH} + \text{H}^+ + \text{Oxalacetat} \rightleftharpoons \text{NAD}^+ + \text{Malat} \quad (2)$$

Das Malat verläßt die Mitochondrien über ein spezielles Dicarboxylat-Transportsystem in der inneren Mitochondrienmembran (S. 546) und gelangt ins Cytosol, wo es durch die cytosolische Form der NAD-abhängigen Malat-Dehydrogenase zu extramitochondrialem Oxalacetat reoxidiert wird:

$$\text{Malat} + \text{NAD}^+ \rightarrow \text{Oxalacetat} + \text{NADH} + \text{H}^+ \quad (3)$$

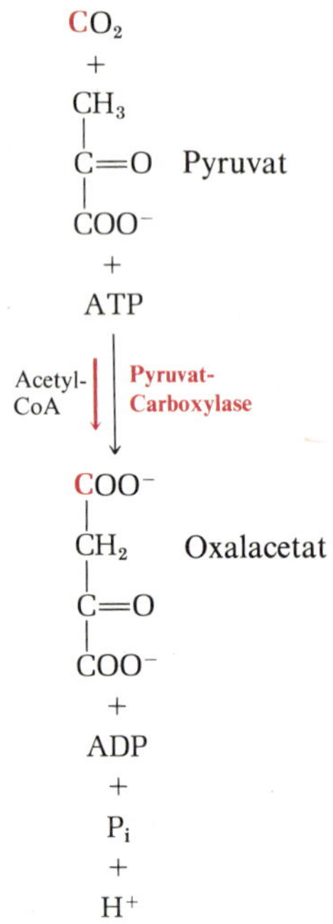

Abbildung 20-3
Die Carboxylierung von Pyruvat zu Oxalacetat. Das ins Oxalacetat eingebaute CO_2 geht bei einer nachfolgenden Reaktion wieder verloren (s. Abb. 20-4).

Das Oxalacetat wird durch die *Phosphoenolpyruvat-Carboxykinase* (S. 502) zu Phospho*enol*pyruvat umgewandelt. Die Reaktion ist Mg^{2+}-abhängig und verwendet *Guanosintriphosphat* (GTP) als Phosphatdonator (Abb. 20-4):

$$\text{Oxalacetat} + \text{GTP} \rightleftharpoons \text{Phosphoenolpyruvat} + CO_2 + \text{GDP} \quad (4)$$

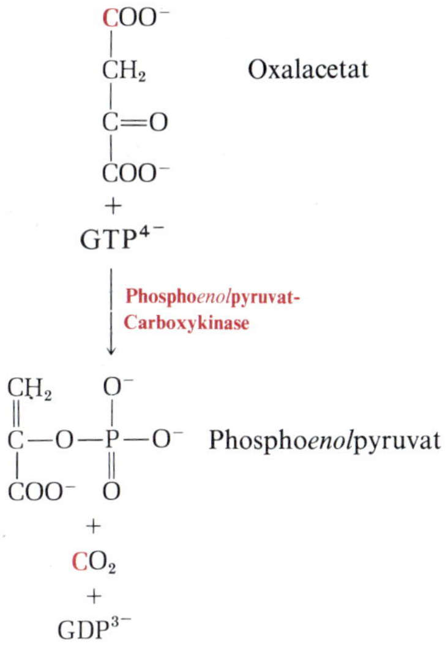

Diese Reaktion ist unter den Bedingungen in der Zelle reversibel. Phospho*enol*pyruvat-Carboxykinase kommt in der Leber der Ratte nur im Cytosol vor, in der Leber einiger anderer Arten aber sowohl im Cytosol als auch in den Mitochondrien.

Wir können jetzt die Summengleichung für die Bildung von Phospho*enol*pyruvat aus Pyruvat in der Reaktionsfolge (1)–(4) formulieren:

$$\text{Pyruvat} + \text{ATP} + \text{GTP} \rightarrow$$
$$\text{Phosphoenolpyruvat} + \text{ADP} + \text{GDP} + P_i \quad (5)$$
$$\Delta G^{\circ\prime} = +0.85 \text{ kJ/mol}$$

Für die Phosphorylierung von Pyruvat zu Phospho*enol*pyruvat werden also zwei energiereiche Phosphatgruppen gebraucht, von denen eine aus ATP und eine aus GTP stammt und von denen jede unter Standardbedingungen -30.5 kJ/mol liefert. Wird dagegen Phospho*enol*pyruvat durch die Glycolyse zu Pyruvat umgesetzt, so wird nur *ein* ATP aus ADP gewonnen. Obwohl die Änderung der freien Energie für die Gesamtreaktion der Phospho*enol*pyruvat-Synthese unter Standardbedingungen $+0.84$ kJ/mol beträgt, ist die *tatsächliche* Änderung der freien Energie $\Delta G'$ unter den Bedingungen in der Zelle stark negativ, etwa -25 kJ/mol. Die Reaktion ist daher praktisch irreversibel.

Abbildung 20-4
Die Umsetzung von Oxalacetat zu Phospho*enol*pyruvat. Das bei der Carboxylierungsreaktion (s. Abb. 20-3) fixierte CO_2 geht nun wieder als CO_2 verloren.

Die zweite Reaktion in der Gluconeogenese, die über einen Umweg erfolgt, ist die Umwandlung von Fructose-1,6-bisphosphat in Fructose-6-phosphat

Die zweite Reaktion der bergab verlaufenden glycolytischen Folge, die nicht an der bergauf verlaufenden Gluconeogenese teilnehmen kann, ist die Phosphorylierung von Fructose-6-phosphat durch die Phosphofructokinase:

$$\text{ATP} + \text{Fructose-6-phosphat} \rightarrow \text{ADP} + \text{Fructose-1,6-bisphosphat}$$

Diese, in der lebenden Zelle irreversible Reaktion wird durch das Enzym *Fructosebisphosphatase* umgangen (Abb. 20-2), das die praktisch irreversible Hydrolyse der 1-Phosphatgruppe zum Fructose-6-phosphat durchführt:

$$\text{Fructose-1,6-bisphosphat} + H_2O \xrightarrow{Mg^{2+}} \text{Fructose-6-phosphat} + P_i$$
$$\Delta G^{\circ\prime} = -16.2 \text{ kJ/mol}$$

Die Fructosebisphosphatase hat eine relative Molekülmasse von 150 000 und braucht für ihre Aktivität Mg^{2+}. Sie ist ein Regulationsenzym, das durch den negativen Modulator AMP stark gehemmt und durch den positiven Modulator ATP stimuliert wird.

Die Umwandlung von Glucose-6-phosphat in freie Glucose ist die dritte Umgehungsreaktion

Die dritte Umgehungsreaktion ist die letzte Reaktion der Gluconeogenese, nämlich die Dephosphorylierung von Glucose-6-phosphat zu freier Glucose, die von der Leber ins Blut abgegeben wird (Abb. 20-2). Diese Reaktion erfolgt nicht durch Umkehrung der Hexokinase-Reaktion (S. 446), die in der Leber irreversibel ist, sondern durch die *Glucose-6-phosphatase*, die folgende irreversible Reaktion katalysiert:

$$\text{Glucose-6-phosphat} + H_2O \rightarrow \text{Glucose} + P_i$$
$$\Delta G^{\circ\prime} = -12.1 \text{ kJ/mol}$$

Das Enzym braucht Mg^{2+} und wird in der Leber von Wirbeltieren charakteristischerweise im endoplasmatischen Reticulum gefunden. Glucose-6-phosphatase kommt nicht im Gehirn oder im Muskel vor. Diese Gewebe können daher keine freie Glucose an das Blut abgeben.

Die Gluconeogenese ist aufwendig

In Tab. 20-1 sind die Biosynthesereaktionen zusammengefaßt, die vom Pyruvat zur freien Blutglucose führen. Die Summengleichung für diese Reaktionen ist:

$$2\,\text{Pyruvat} + 4\,\text{ATP} + 2\,\text{NADH} + 2\,H^+ + 4\,H_2O \rightarrow$$
$$\text{Glucose} + 2\,\text{NAD}^+ + 4\,\text{ADP} + 2\,\text{GDP} + 6\,P_i$$

Für jedes Molekül Glucose, das aus Pyruvat gebildet wird, werden sechs energiereiche Phosphatgruppen verbraucht, von denen vier von ATP und zwei von GTP stammen. Außerdem werden zwei Moleküle NADH für die Reduktionsschritte gebraucht. Diese Gleichung ist ganz offensichtlich nicht die einfache Umkehrung der Gleichung für die Umwandlung von Glucose in Pyruvat in der Glycolyse, bei der nur *zwei* Moleküle ATP entstehen:

$$\text{Glucose} + 2\,\text{ADP} + 2\,P_i + 2\,\text{NAD}^+ \rightarrow$$
$$2\,\text{Pyruvat} + 2\,\text{ATP} + 2\,\text{NADH} + 2\,H^+ + 2\,H_2O$$

Tabelle 20-1 Die Reaktionsfolge der Gluconeogenese, beginnend mit Pyruvat*.

Pyruvat + CO$_2$ + ATP → Oxalacetat + ADP + P$_i$	×2
Oxalacetat + GTP ⇌ Phospho*enol*pyruvat + CO$_2$ + GDP	×2
Phospho*enol*pyruvat + H$_2$O ⇌ 2-Phosphoglycerat	×2
2-Phosphoglycerat ⇌ 3-Phosphoglycerat	×2
3-Phosphoglycerat + ATP ⇌ 3-Phosphoglyceroylphosphat + ADP	×2
3-Phosphoglyceroylphosphat + NADH + H$^+$ ⇌ Glycerinaldehyd-3-phosphat + NAD$^+$ + P$_i$	×2
Glycerinaldehyd-3-phosphat ⇌ Dihydroxyacetonphosphat	
Glycerinaldehyd-3-phosphat + Dihydroxyacetonphosphat ⇌ Fructose-1,6-bisphosphat	
Fructose-1,6-bisphosphat + H$_2$O → Fructose-6-phosphat + P$_i$	
Fructose-6-phosphat ⇌ Glucose-6-phosphat	
Glucose-6-phosphat + H$_2$O → Glucose + P$_i$	

Summe: 2 Pyruvat + 4 ATP + 2 GTP + 2 NADH + 2 H$^+$ + 4 H$_2$O → Glucose + 2 NAD$^+$ + 4 ADP + 2 GDP + 6 P$_i$

* Die Umgehungsreaktionen sind farbig dargestellt, alle anderen Reaktionen sind reversible Schritte der Glycolyse. Die Ziffern rechts an der Seite geben an, welche Reaktionen mit 2 multipliziert werden müssen, weil zwei C$_3$-Vorstufen für die Bildung eines Moleküls Glucose gebraucht werden.

Die Synthese von Glucose aus Pyruvat ist also eine recht kostspielige Angelegenheit. Ein Großteil des Energieaufwands ist notwendig, um sicherzustellen, daß die Gluconeogenese irreversibel ist. Unter den Bedingungen in der Zelle, unter denen der ΔG_p-Wert für die Hydrolyse von ATP bis zu 67 kJ/mol betragen kann (S. 415), beträgt die gesamte Änderung der freien Energie für die Glycolyse mindestens −63 kJ/mol. Unter den gleichen Bedingungen ist die Änderung der freien Energie für die Gluconeogenese aus Pyruvat noch beträchtlich größer. Die Glycolyse und die Gluconeogenese sind also unter den normalen intrazellulären Bedingungen praktisch irreversibel.

Gluconeogenese und Glycolyse werden reziprok reguliert

In Abb. 20-2 sind die Stellen eingetragen, an denen die Regulation der Gluconeogenese bzw. der Glycolyse erfolgt. Die erste Kontrollstelle in der Gluconeogenese ist die durch das Regulationsenzym Pyruvat-Carboxylase katalysierte Reaktion. Dieses Enzym ist ohne seinen positiven allosterischen Modulator Acetyl-CoA praktisch inaktiv. Die Folge davon ist, daß es immer dann zur Biosynthese von Glucose aus Pyruvat kommt, wenn in den Mitochondrien ein Überschuß an Acetyl-CoA gebildet wird, der über den unmittelbaren Brennstoffbedarf der Zelle für den Citratcyclus hinausgeht. Da Acetyl-CoA ein negativer, d. h. hemmender Modulator für den Pyruvat-Dehydrogenase-Komplex ist, wird die Oxidation von Pyruvat zu Acetyl-CoA vermindert und die Umwandlung von Pyruvat zu Glucose bevorzugt, sobald Acetyl-CoA sich ansammelt.

Der zweite Kontrollpunkt in der Gluconeogenese ist die durch die Fructosebisphosphatase katalysierte Reaktion, die durch AMP stark gehemmt wird. Da das entsprechende Glycolyse-Enzym, die Phosphofructokinase, durch AMP und ADP stimuliert und durch Citrat und ATP gehemmt wird (S. 468), verläuft die Regulation dieser beiden entgegengesetzten Schritte reziprok. Daher wird immer, wenn der Citratcyclus reichlich mit Brennstoffen versorgt ist, sei es mit Acetyl-CoA, sei es mit dem ersten Zwischenprodukt, dem Citrat, oder wenn die Zelle reichlich ATP enthält, der Biosyntheseweg vom Pyruvat zur Glucose bevorzugt, die dann in Form von Glycogen gespeichert werden kann.

In gewissem Maß wird die Gluconeogenese auch indirekt durch die Kontrolle der Pyruvat-Kinase reguliert, eines der glycolytischen Enzyme, die nicht an der Gluconeogenese teilnehmen. Die Pyruvat-Kinase kommt in zwei verschiedenen Formen vor, als L-Enzym (L für Leber) und als M-Enzym (M für Muskel). Die L-Form überwiegt in den Geweben, die eine Gluconeogenese durchführen können. Sie wird allosterisch gehemmt durch ATP und bestimmte Aminosäuren, besonders Alanin, das eine Vorstufe von Glucose in der Gluconeogenese ist. Durch Hemmung der L-Form der Pyruvat-Kinase wird die Glycolyse verlangsamt, wenn reichlich Energie und Glucose-Vorstufen zur Verfügung stehen, so daß dadurch die Gluconeogenese begünstigt wird. Die M-Form der Pyruvat-Kinase wird nicht in dieser Weise reguliert.

In Kapitel 25 werden wir sehen, daß die Gluconeogenese außerdem durch bestimmte Hormone reguliert wird.

Die Zwischenprodukte des Citratcyclus sind auch Vorstufen der Glucose

Der eben beschriebene Weg der Glucose-Biosynthese ermöglicht eine Nettosynthese von Glucose nicht nur aus Pyruvat, sondern auch aus verschiedenen Vorstufen des Pyruvats und Phospho*enol*pyruvats (Abb. 20-1). Das gilt vor allem für die Zwischenprodukte des Citratcyclus, Citrat, Isocitrat, 2-Oxoglutarat, Succinat, Fumarat und Malat. Sie alle können im Citratcyclus zu Oxalacetat oxidiert werden, das durch die Phospho*enol*pyruvat-Carboxykinase zu Phospho*enol*pyruvat umgesetzt wird, wie es in Abb. 20-2 bereits dargestellt wurde. Von jedem dieser Zwischenprodukte werden allerdings nur drei Kohlenstoffatome in die Glucose übernommen.

Auf einen wichtigen Punkt soll noch hingewiesen werden: Acetyl-CoA ist in tierischen Geweben normalerweise keine Vorstufe der Glucose, da es nicht in Pyruvat umgewandelt werden kann. Wir erinnern uns, daß die Pyruvat-Dehydrogenase-Reaktion unter den Bedingungen in der Zelle irreversibel ist (S. 486). Daher gibt es normalerweise keine *Netto*-Umwandlung von geradzahligen Fettsäuren in Glucose, denn bei der oxidativen Spaltung dieser Fettsäuren entsteht ausschließlich Acetyl-CoA.

Die meisten Aminosäuren sind glucogen

Wie in Kapitel 19 gezeigt wurde, werden alle oder einige Kohlenstoffatome vieler Aminosäuren letztlich in Pyruvat oder bestimmte Zwischenprodukte des Citratcyclus umgewandelt. Diese Aminosäuren können „unterm Strich" Glucose und Glycogen liefern und werden deshalb *glucogene* Aminosäuren genannt (Tab. 20-2). Einleuchtende Beispiele hierfür sind Alanin, Glutamat und Aspartat, die nach Desaminierung Pyruvat, 2-Oxoglutarat bzw. Oxalacetat bilden, alles Verbindungen, die über die oben beschriebenen Reaktionen Vorstufen von Phospho*enol*pyruvat sind. Bei Patienten mit Diabetes mellitus verläuft die Netto-Umwandlung der glucogenen Aminosäuren in Glucose mit großer Aktivität und mit viel höherer Geschwindigkeit als bei Gesunden. Als Folge davon werden von Diabetikern große Mengen von Harnstoff in den Urin ausgeschieden, der aus der Desaminierung der glucogenen Aminosäuren stammt.

Die Gluconeogenese findet während der Erholungsphase nach Muskelarbeit statt

Die Synthese von Glucose aus kleineren Vorstufen erfolgt mit besonders hoher Geschwindigkeit in der Erholungsphase nach einem vollen Einsatz der Muskelkraft z. B. nach einem 100-m-Lauf (S. 443). Während einer solchen intensiven Muskelaktivität ist das Kreislaufsystem nicht in der Lage, Sauerstoff und Glucose mit der Geschwindigkeit zum Muskel zu schaffen, die erforderlich wäre, um den enormen ATP-Bedarf des Muskels zu decken. In so einem Fall wird das Muskel-Glycogen als Reserververbrennstoff über die Glycolyse schnell zu Lactat abgebaut, wodurch ATP, die Energiequelle für die Muskelkontraktion, gebildet wird. Da unter diesen Bedingungen Sauerstoffmangel eintritt, kann das Lactat im Muskel nicht weiter umgesetzt werden und diffundiert ins Blut, wo seine Konzentration während einer intensiven Muskelanstrengung sehr hoch ansteigen kann. Nach einem 100-m-Lauf bleibt die Atmung des Läufers zunächst noch erhöht und geht dann allmählich auf ihr normales Maß zurück. Während dieser Erholungsphase kehrt auch der Lactatspiegel auf sein normales Niveau zurück. Ein großer Teil des während dieser Erholungsphase zusätzlich aufgenommenen Sauerstoffs, die *Sauerstoffschuld*, wird für die Bildung des ATP gebraucht, das nötig ist, um aus dem während des Laufes anaerob gebildeten Lactat wieder Glucose und Muskel-Glycogen zu resynthetisieren. Bis zur vollständigen Erholung, die bis zu 30 min dauern kann, wird das Lactat von

Tabelle 20-2 Glucogene Aminosäuren*.

Bildung von Pyruvat
   Alanin
   Serin
   Cystein
   Glycin

Bildung von Oxalacetat
   Asparagin
   Aspartat

Bildung von Succinyl-CoA
   Valin
   Threonin
   Methionin

Bildung von 2-Oxoglutarat
   Glutamat
   Glutamin
   Prolin
   Arginin
   Histidin

Lieferung von Kohlenstoffatomen für die Synthese von Glucose und Ketonkörpern
   Phenylalanin
   Tyrosin
   Isoleucin
   Tryptophan
   Lysin

* Diese Aminosäuren sind Vorstufen von Blutglucose oder Leber-Glycogen, denn sie können in Pyruvat oder in ein Zwischenprodukt des Citratcyclus umgewandelt werden. Sie sind hier entsprechend ihrer Eintrittsstelle in den Citratcyclus in Gruppen zusammengefaßt. Leucin ist die einzige Aminosäure, die überhaupt keinen Kohlenstoff zur Nettosynthese von Glucose beiträgt.

der Leber aus dem Blut entfernt und über den oben beschriebenen Gluconeogeneseweg in Blutglucose umgewandelt. Die Blutglucose wird zum Muskel zurücktransportiert und dort wieder zu Glycogen kondensiert (Abb. 20-5). Da für die Resynthese eines Moleküls Glucose aus zwei Molekülen Lactat sechs energiereiche Phosphatgruppen verbraucht werden, während der entsprechende Glucose-Abbau im Muskel ursprünglich nur zwei Moleküle ATP geliefert hatte, ist die Verwendung von Muskel-Glycogen als anaerober Brennstoff energetisch sehr teuer. Außerdem sind lange Erholungsphasen nötig, um die Energievorräte wieder aufzubauen (S. 443). Für den Vorteil, eine kurze Strecke mit voller Kraft sprinten zu können, mag dieser Preis hoch erscheinen, doch hat die Evolution gezeigt, welchen Wert diese Fähigkeit im Existenzkampf zwischen Raubtier und Beutetier hat (vgl. Kasten 15-1, S. 443).

Große Meeressäugetiere, wie Seehund und Walroß, sowie amphibische Reptilien, wie Alligator und Schildkröte, können lange Zeit untergetaucht bleiben, und das nicht nur, weil sie bedeutende Mengen an Sauerstoff als Oxyhämoglobin speichern können, sondern auch, weil sie für die ATP-Bildung Glycogen über die anaerobe Glycolyse verwenden können.

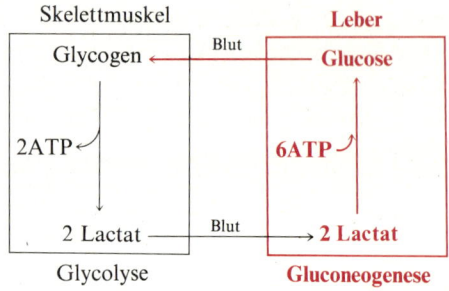

Abbildung 20-5
Die Zusammenarbeit von Skelettmuskel und Leber bei der Erholung von schwerer Muskelarbeit, während der das Glycogen unter Bildung von ATP anaerob zu Lactat abgebaut worden war. In der Erholungsphase (in Farbe) wird das aus dem Muskel stammende Lactat aus dem Blut aufgenommen und in der Leber in Blutglucose umgewandelt. Für die Wiedergewinnung von einem Molekül Glucose aus zwei Molekülen Lactat werden sechs ATP gebraucht. Die Glucose kehrt über das Blut in den Muskel zurück und wird wieder als Glycogen gespeichert.

Die Gluconeogenese ist bei Wiederkäuern besonders aktiv

Die für Tierversuche viel verwendete Ratte hat einen Stoffwechsel, der dem des Menschen erstaunlich ähnlich ist. Das gilt aber nicht für alle uns vertrauten Tiere. Bei Wiederkäuern, wie z. B. den Rindern, wird die aufgenommene Nahrung im Pansen, dem ersten von vier Teilmägen, durch Bakterien vergoren. Der Pansen der Kuh hat ein sehr großes Fassungsvermögen von etwa 70 *l*. Er enthält eine große Gärungskammer (Abb. 20-6), in der verschiedene Bakterienarten zusammenarbeiten, um die Hauptbestandteile der Pflanzen, abzubauen, besonders die Cellulose, die von keinem der normalerweise von Tieren sezernierten Verdauungsenzyme hydrolysiert werden kann. Die Pansen-Bakterien hydrolysieren die Cellulose mit ihren β(1 → 4)-Bindungen zwischen den Glucoseresten zu freier D-Glucose. Sie machen aber an dieser Stelle nicht halt, sondern vergären fast die gesamte Glucose zu Lactat und anderen Produkten, besonders Acetat, Propionat und Butyrat. Innerhalb von 24 h gelangen nur wenige Gramm unvergorener Glucose aus dem Darmtrakt der Kuh in ihr Blut. Kühe brauchen aber Blutglucose, ebenso wie Ratten und Menschen, nicht nur für die Versorgung von Gehirn und anderen Geweben mit Brennstoff, sondern auch als Vorstufe von Lactose (Milchzucker) für die Milcherzeugung.

Wie kommt die Kuh zu ihrer Glucose, wenn die aufgenommenen Kohlenhydrate im Pansen fast vollständig zu kurzkettigen organischen Säuren vergoren werden? Die Antwort ist, daß Rinder auf

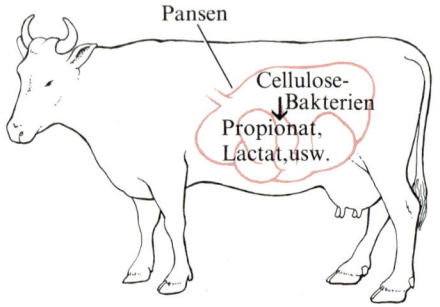

Abbildung 20-6
Der Pansen, der bei Rindern einem großen Teil der Bauchhöhle ausfüllt, ist ein großer Gärungsraum, in dem Cellulose durch Bakterien enzymatisch zu Glucose hydrolysiert wird. Die Glucose wird vergoren und liefert Lactat, Propionat, Acetat und Butyrat, die ins Blut absorbiert werden. Lactat und Propionat werden in der Leber schnell zu Glucose umgesetzt.

eine fortwährend ablaufende Gluconeogenese angewiesen sind, die in der Leber mit hoher Geschwindigkeit erfolgt. Das im Pansen durch die bakterielle Gärung gebildete Lactat wird in das Blut aufgenommen und von der Leber über den bereits besprochenen Weg in Glucose umgewandelt, genau wie beim Menschen und bei der Ratte. Ein anderes Hauptprodukt der Glucose-Gärung im Pansen, die C_3-Verbindung *Propionat* (S. 574), wird über einen Weg in Glucose umgewandelt, der sowohl bei Wiederkäuern als auch bei Nicht-Wiederkäuern vorkommt, aber bei ersteren quantitativ wesentlich bedeutender ist. Dieser Weg (Abb. 20-7) ist aus zwei Gründen erwähnenswert: (1) er enthält einen Schritt, bei dem CO_2 durch die Carboxylierung von Propionyl-CoA in eine organische Form gebracht („fixiert") wird; (2) die Gluconeogenese, der Weg vom Propionat zur Glucose, enthält eine Reaktion, deren Enzym die Coenzymform von Vitamin B_{12}, das *Desoxyadenosylcobalamin* (S. 290), als prosthetische Gruppe enthält. Das Enzym heißt *Methylmalonyl-CoA-Mutase* (S. 575). Bei dieser Reaktion wird eine komplexe, substituierte Alkylgruppe im Austausch gegen ein H-Atom von einem C-Atom zum nächsten bewegt, so daß *Succinyl-CoA* entsteht (Abb. 20-7). Das Succinyl-CoA wird in Malat, eine Vorstufe von Phospho*enol*pyruvat (Ab. 20-2), und schließlich in Glucose umgewandelt. Beachten Sie, daß das bei der Carboxylierung von Propionyl-CoA fixierte CO_2 später wieder verlorengeht. Bei Nicht-Wiederkäuern verläuft die Umwandlung von Propionat zu Glucose viel langsamer, bei ihnen tritt Propionat nur bei der Oxidation von Fettsäuren mit ungeradzahliger Kohlenstoffkette (S. 574) und beim oxidativen Abbau der Aminosäuren Methionin und Valin auf.

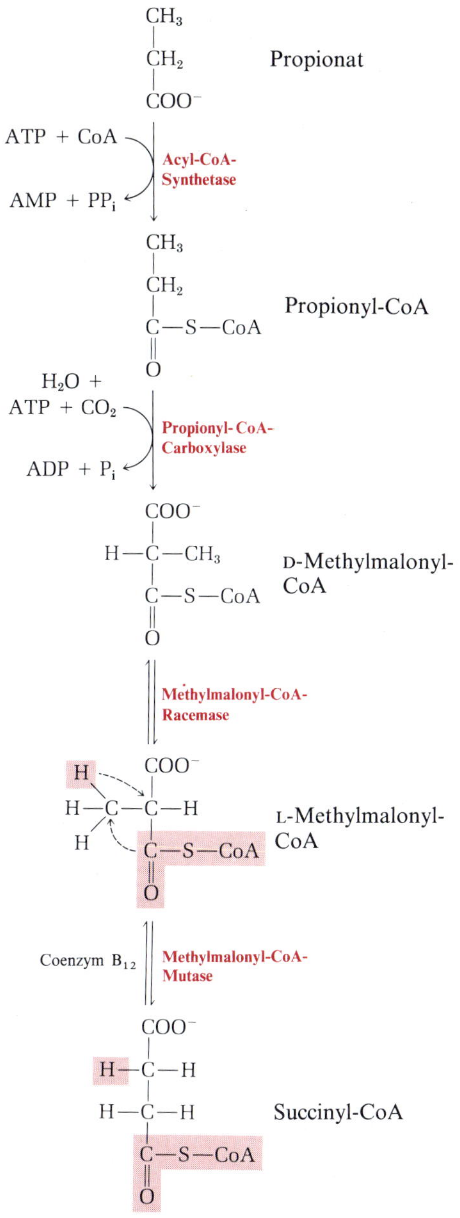

Alkoholkonsum hemmt die Gluconeogenese

Ein anderer Aspekt ist von speziellem Interesse für die Biologie und Medizin des Menschen. Übermäßiger Genuß von Ethylalkohol wirkt stark hemmend auf die Gluconeogenese in der Leber und verursacht dadurch Glucosemangel im Blut, genannt *Hypoglycämie*. Diese Wirkung des Alkohols ist besonders verhängnisvoll nach einer längeren Zeit physischer Anstrengung oder geringer Nahrungsaufnahme. Nimmt jemand nach einer erschöpfenden physischen Anstrengung Alkohol zu sich, so kann der Blutglucosespiegel auf 30 bis 40 % des Normalwertes absinken. Hypoglycämie schadet der Gehirnfunktion. Durch sie werden speziell die Bereiche des Gehirns betroffen, die für die Temperaturregulation zuständig sind, so daß die Rektaltemperatur um 2 °C oder mehr sinken kann. Nach oraler Verabreichung von Glucose stellt sich die normale Körpertemperatur aber schnell wieder ein. Die alte Gewohnheit, erschöpften und ausgehungerten Personen, die aus Seenot oder der Wüste gerettet wurden, Branntwein oder Whiskey zu geben, ist physiologisch

Abbildung 20-7
Die Umwandlung von Propionat in Succinyl-CoA, das zu Phospho*enol*pyruvat und dann weiter zu Glucose umgesetzt werden kann. Das bei der Bildung von Methylmalonyl-CoA aufgenommene CO_2 geht bei der Umwandlung von Oxalacetat zu Phospho*enol*pyruvat wieder verloren. Beachten Sie den Austausch der Substituenten zweier benachbarter Kohlenstoffatome des L-Methylmalonyl-CoA durch die Coenzym-B_{12}-abhängige Methylmalonyl-CoA-Mutase (s. a. S. 575).

schädlich oder gar gefährlich; es wäre sinnvoller, ihnen Glucose zu geben.

„Nutzlose" Cyclen im Kohlenhydratstoffwechsel

Scharfsichtige Leser, die den Glycolyseweg und den Gluconeogenese-Weg in Abb. 20-2 sorgfältig studiert haben, werden jetzt eine sehr unbequeme Frage stellen. Wie dort gezeigt wird, gibt es bei den entgegengesetzt verlaufenden Stoffwechselwegen drei Punkte zwischen Glucose und Pyruvat, wo die enzymatische Reaktion in der katabolen Richtung durch eine andere enzymatische Reaktion in der anabolen Richtung umgangen wird. Z. B. katalysiert die Phosphofructokinase die Phosphorylierung von Fructose-6-phosphat durch ATP, während in der Umgehung der Gegenrichtung die Fructose-1,6-bisphosphatase die Hydrolyse von Fructose-1,6-bisphosphat zu Fructose-6-phosphat katalysiert. Die zwei gegenläufigen Reaktionen sind:

$$ATP + \text{Fructose-6-phosphat} \rightarrow ADP + \text{Fructose-1,6-bisphosphat}$$

$$\text{Fructose-1,6-bisphosphat} + H_2O \rightarrow \text{Fructose-6-phosphat} + P_i$$

Wie man sehen kann ist die Summe der beiden Reaktionen:

$$ATP + H_2O \rightarrow ADP + P_i$$

Das ist ein energieverschwendender Vorgang, dessen Ergebnis die Hydrolyse von ATP ist, ohne daß irgendeine Stoffwechselarbeit dafür geleistet wird. Es ist klar, daß diese beiden Reaktionen, wenn sie mit hoher Geschwindigkeit gleichzeitig in derselben Zelle ablaufen, zum Verlust großer Energiemengen führen, die dann als Wärme in Erscheinung treten müßten. Solch ein ATP-abbauender Cyclus wird *Leerlaufcyclus (futile cycle)* genannt. Ein ähnlicher unsinniger Kreislauf ist mit dem korrespondierenden Enzympaar Hexokinase und Glucose-6-phosphatase möglich:

$$ATP + \text{Glucose} \rightarrow \text{Glucose-6-phosphat} + ADP$$
$$\text{Glucose-6-phosphat} + H_2O \rightarrow \text{Glucose} + P_i$$
$$\text{Summe:} \quad ATP + H_2O \rightarrow ADP + P_i$$

Unter normalen Bedingungen werden diese Kreisläufe wohl nicht durchlaufen, da dies durch reziproke Regulationsmechanismen verhindert wird, d. h. immer, wenn der Netto-Durchfluß katabolisch ist, also wenn er in glycolytischer Richtung erfolgt, wird die Fructosebisphosphatase-Aktivität abgeschaltet, und umgekehrt, wenn der Netto-Durchfluß in Richtung der Gluconeogenese erfolgt, wird die Phosphofructokinase abgeschaltet.

Neuere Untersuchungen zeigen jedoch, daß diese Leerlaufcyclen doch manchmal begangen werden und einen echten biologischen Sinn haben, nämlich den der Wärmeproduktion. Ein interessantes Beispiel für einen Leerlaufcyclus wurde bei Insekten gefunden. Bei kaltem Wetter können Hummeln nicht fliegen, solange ihr Motor nicht angewärmt ist, d. h. bevor die Temperatur in ihren Muskeln auf etwa 30 °C gestiegen ist. Diese Temperatur wird durch den kurzgeschlossenen Kreislauf zwischen Fructose-6-phosphat und Fructose-1,6-bisphosphat und der damit verbundenen wärmeerzeugenden ATP-Spaltung erreicht und aufrechterhalten. Man nimmt auch an, daß solche Cyclen bei Winterschläfern zur Wärmeproduktion dienen, wenn diese aus ihrem Winterschlaf erwachen; denn während des Winterschlafs kann die Körpertemperatur weit unter dem normalen Wert liegen.

Die Glycogenbiosynthese erfolgt über einen anderen Weg als der Glycogenabbau

Nachdem wir gesehen haben, wie Glucose aus einfacheren Vorstufen aufgebaut wird, wollen wir jetzt den biosynthetischen Zusammenbau der Glucosereste zu Glycogen untersuchen. Die Synthese von Glycogen erfolgt in praktisch allen tierischen Geweben, besonders aber in der Leber und im Skelettmuskel. Sie beginnt mit der *Hexokinase-Reaktion*, durch die Glucose zu Glucose-6-phosphat phosphoryliert wird:

$$\text{ATP} + \text{D-Glucose} \rightarrow \text{D-Glucose-6-phosphat} + \text{ADP}$$

Beim nächsten Schritt wird Glucose-6-phosphat mit Hilfe von *Phosphoglucomutase* reversibel in Glucose-1-phosphat umgewandelt (S. 459):

$$\text{Glucose-6-phosphat} \rightleftharpoons \text{Glucose-1-phosphat}$$

Nun kommen wir zur Schlüsselreaktion der Glycogenbiosynthese, einer Reaktion, die nicht am Glycogenabbau beteiligt ist. Diese Reaktion ist die Bildung von *Uridindiphosphat-glucose* (UDP-Glucose) (Abb. 20-8) mit Hilfe der *Glucose-1-phosphat-Uridylyltransferase*:

$$\text{UTP} + \text{Glucose-1-phosphat} \rightarrow \text{UDP-Glucose} + \text{PP}_i$$

Das entstandene Diphosphat (PP_i) wird durch Diphosphatase zu Orthophosphat (P_i) gespalten, wodurch die Reaktion zur rechten Seite hin verschoben wird. Wie wir früher gesehen haben, ist die UDP-Glucose ein Zwischenprodukt bei der Umwandlung von D-Galactose zu D-Glucose (S. 462). UDP-Glucose ist der unmittelbare Donator der Glucosereste für die enzymatische Glycogenbildung mit Hilfe der *Glycogen-Synthase*, die die Übertragung der Glucosylreste von der UDP-Glucose auf ein nicht-reduzierendes Ende des

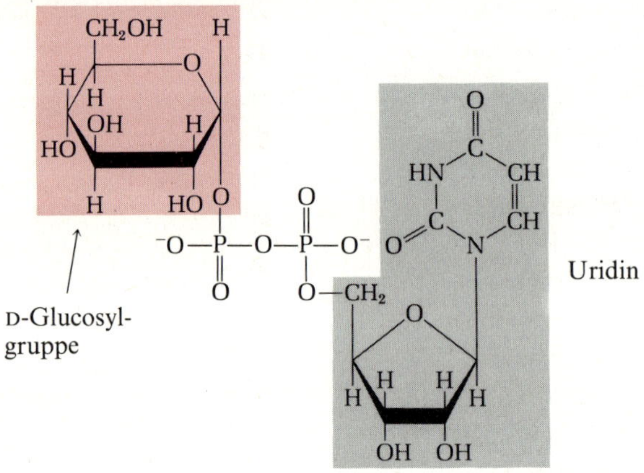

Abbildung 20-8
Uridindiphosphatglucose (UDP-Glucose), der Glucosyldonator bei der Glycogen-Synthase-Reaktion.

verzweigten Glycogenmoleküls katalysiert (Abb. 20-9). Bei dieser Reaktion wird eine neue α(1→4)-Bindung geknüpft zwischen dem C-Atom 1 der neu hinzukommenden Glucose und dem C-Atom 4 des endständigen Glucoserestes an einer der Verzweigungen des Glycogenmoleküls:

$$\text{UDP-Glucose} + (\text{Glucose})_n \rightarrow \text{UDP} + (\text{Glucose})_{n+1}$$

Ast des Glycogenmoleküls → Verlängerter Ast des Glycogenmoleküls

Das Gleichgewicht der Summenreaktion dieser drei Reaktionen begünstigt sehr die Glycogensynthese. Die Glycogen-Synthase braucht als Primer eine α(1→4)-Polyglucosekette mit mindestens vier Glucoseresten, an deren nicht-reduzierendes Ende sie dann nacheinander weitere Glucosylgruppen anhängt.

Abbildung 20-9
Die Verlängerung einer Glycogenkette durch die Glycogen-Synthase. Der D-Glucosylrest von UDP-D-Glucose wird unter Bildung einer neuen α(1→4)-Bindung auf das nicht-reduzierende Ende eines Glycogenzweiges übertragen.

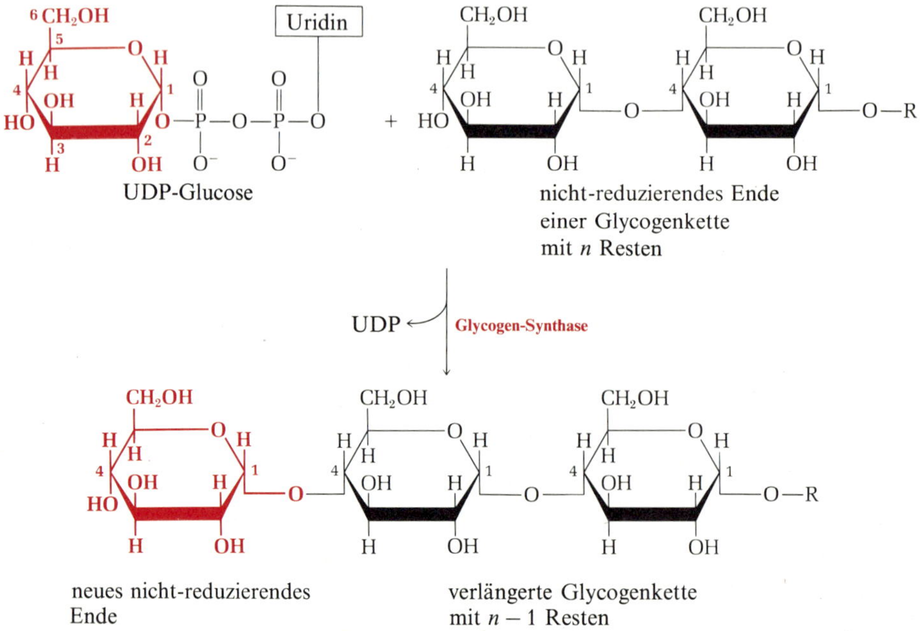

Die Rolle der UTP- und UDP-Glucose bei der Biosynthese von Glycogen und vielen anderen Kohlenhydrat-Derivaten wurde von dem argentinischen Biochemiker Luis Leloir entdeckt, der dafür 1970 den Nobelpreis erhielt. Wir haben bereits andere Beispiele gesehen, bei denen Nucleosiddiphosphat-Zucker als Zwischenprodukte bei der Biosynthese anderer Kohlenhydrate und ihrer Derivate auftreten (S. 462).

Die Glycogen-Synthase ist aber nicht in der Lage, auch die $\alpha(1 \rightarrow 6)$-Bindungen zu knüpfen, die die Verzweigungsstellen des Glycogens bilden (S. 319 und 458). Diese werden vom Glycogen-Verzweigungsenzym, der *Glycosyl-(4→6)-Transferase* gebildet, die ein aus sechs oder sieben Glucosylresten bestehendes Oligosaccharid-Bruchstück vom nicht-reduzierenden Ende eines Glycogenzweiges mit mindestens elf Resten abtrennt und auf die 6-Hydroxylgruppe eines Glucoserestes überträgt, der sich auf derselben oder einer anderen Glycogenkette in einer weiter innen liegenden Position befindet, so daß eine neue Verzweigung gebildet wird (Abb. 20-10). An die neue Verzweigung können die neuen Glycosylreste nun wieder von der Glycogen-Synthase angehängt werden. Die biologische Bedeutung der Verzweigungen liegt darin, daß das Glycogenmolekül dadurch besser löslich ist und eine größere Anzahl von nicht-reduzierenden Enden enthält, so daß es mehr reaktive Stellen für die Glycogen-Phosphorylase und die Glycogen-Synthase enthält.

Bei Pflanzen verläuft die Stärkesynthese über einen ähnlichen Weg, als Glucosyldonator wird aber ADP-Glucose statt UDP-Glucose verwendet.

Die Glycogen-Synthase und die Glycogen-Phosphorylase werden reziprok reguliert

Wir haben bereits gesehen, daß der Abbau von Glycogen sowohl durch kovalente als auch allosterische Modulatoren der Glycogen-Phosphorylase reguliert wird (S. 464). *Phosphorylase a*, die aktive Form, deren essentielle Serinreste phosphoryliert sind, wird durch die *Phosphorylase-Phosphatase* zu *Phosphorylase b* dephosphoryliert, der relativ inaktiven Form, die durch ihren allosterischen Modulator AMP stimuliert werden kann. Die Phosphorylase *b* kann durch die *Phosphorylase-Kinase* in die aktive Phosphorylase *a* zurückverwandelt werden (auf Kosten von ATP, das die essentiellen Serinreste phosphoryliert).

Die Glycogen-Synthase kommt ebenfalls in einer phosphorylierten und einer dephosphorylierten Form vor, wird aber in umgekehrter Weise reguliert (Abb. 20-11). Ihre aktive Form, die *Glycogen-Synthase a*, ist die dephosphorylierte Form, die durch Phosphorylierung von zwei Serin-Hydroxylgruppen mit Hilfe von Protein-Kinase und ATP in die weniger aktive *Glycogen-Synthase b* übergehen kann:

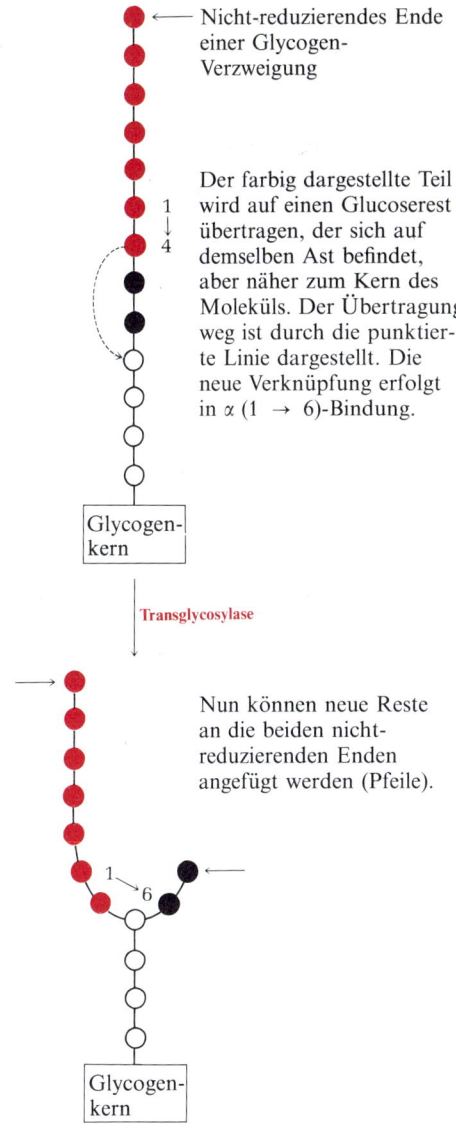

Abbildung 20-10
Wie das Glycogen-Verzweigungsenzym [Glycosyl-(4→6)-Transferase] in der Glycogensynthese einen neuen Verzweigungspunkt bildet.

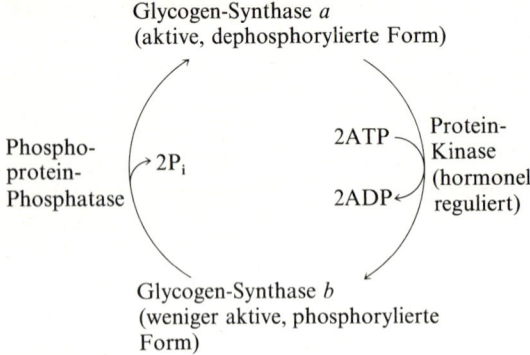

Abbildung 20-11
Die Regulation der Glycogen-Synthase-Aktivität durch enzymatische Phosphorylierung und Dephosphorylierung des Enzyms. Die Protein-Kinase kommt in zwei Formen vor, einer aktiven und einer inaktiven, deren Verhältnis zueinander hormonell reguliert wird (Kapitel 25).

Glycogen-Synthase a + 2 ATP $\xrightarrow{\text{Protein-Kinase}}$ Glycogen-Synthase b + 2 ADP

aktiv   weniger aktiv

Die Rückumwandlung der weniger aktiven Glycogen-Synthase b in die aktive Form wird durch die *Phosphoprotein-Phosphatase* katalysiert, die die Phosphatgruppen von den Serinresten entfernt:

Glycogen-Synthase b + 2 H$_2$O → Glycogen-Synthase a + 2 P$_i$

Glycogen-Phosphorylase und Glycogen-Synthase werden demnach reziprok reguliert: das eine Enzym wird stimuliert, wenn das andere gehemmt wird (Abb. 20-12), so daß nie beide gleichzeitig ihre volle Aktivität besitzen.

Die Glycogen-Synthase kann auch allosterisch reguliert werden. Die weniger aktive Form, Glycogen-Synthase b, wird durch ihren allosterischen Modulator Glucose-6-phosphat stimuliert. Sie wird auch als *Glycogen-Synthase D* bezeichnet, weil sie von Glucose-6-

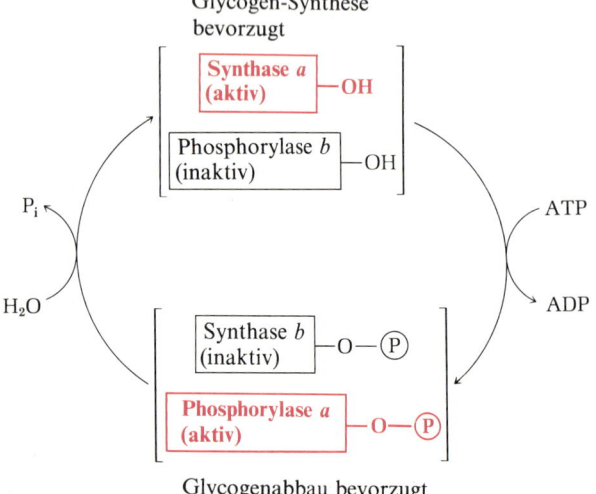

Abbildung 20-12
Die reziproke Regulation der Glycogen-Synthase und Glycogen-Phosphorylase durch Phosphorylierung und Dephosphorylierung. Die aktiven Formen der beiden Enzyme sind farbig dargestellt. —O—Ⓟ bezeichnet die phosphorylierten Serinreste.

phosphat abhängig (*d*ependent) ist, und entsprechend wird die Glycogen-Synthase *a* auch *Glycogen-Synthase I* genannt, weil sie von Glucose-6-phosphat unabhängig (*i*ndependent) ist.

Das Gleichgewicht zwischen der Synthese- und der Abbaugeschwindigkeit von Glycogen wird letztlich von zwei Hormonen gesteuert, von *Adrenalin* aus dem Nebennierenmark und von *Glucagon* aus dem Pankreas. Diese Hormone regulieren das Verhältnis der aktiven zur inaktiven Form für jedes der beiden Enzyme, die Glycogen-Phosphorylase und die Glycogen-Synthase. Adrenalin stimuliert den Glycogenabbau sowohl in der Leber als auch im Muskel durch eine Erhöhung des Verhältnisses Phosphorylase *a*/Phosphorylase *b* und durch eine Erniedrigung des Verhältnisses Glycogen-Synthase *a*/Glycogen-Synthase *b*. Glucagon hat im Endeffekt eine ähnliche Wirkung, sie wird aber über einen anderen Weg erreicht. Die Einzelheiten der hormonellen Regulation des Glycogenstoffwechsels werden wir in Kapitel 25 besprechen.

Im Glycogenstoffwechsel können genetische Defekte vorkommen

Man kennt mehrere menschliche Erbkrankheiten, bei denen die Synthese oder der Abbau von Glycogen beeinträchtigt ist. Unter den ersten beschriebenen Fällen ist der eines achtjährigen Mädchens in Deutschland mit einer chronisch vergrößerten Leber und Stoffwechselstörungen. Nachdem das Mädchen an Grippe gestorben war, fanden die Pathologen, daß ihre Leber die dreifache Größe einer normalen Leber hatte und eine Unmenge an Glycogen, fast 40% des Trockengewichts, enthielt. Das aus der Leber isolierte Glycogen erwies sich als chemisch in jeder Hinsicht normal, aber wenn eine Probe des Lebergewebes gemahlen, in Puffer suspendiert und inkubiert wurde, so blieb das Glycogen unangetastet und es wurde weder Lactat noch Glucose gebildet. Wurde aber Glycogen aus der Leber der Kranken zu einer Suspension mit normaler Leber gegeben, so erfolgte ein Abbau zu Glucose. Dieses Stück biochemischer Detektivarbeit führte zu dem Schluß, daß die Patientin einen Defekt im Glycogenabbau gehabt habe, der nach seinem Entdecker oft als *Gierke-Krankheit* bezeichnet wird. Zunächst hielt man die Glucose-6-phosphatase für das defekte Enzym, weil in der betroffenen Leber keine Glucose gebildet wurde, aber die Tatsache, daß kein Lactat gebildet wurde, ließ vermuten, daß entweder die Glycogen-Phosphorylase oder das verzweigungsaufhebende Enzym (debranching enzyme), die α(1 → 6)Glucosidase (S. 458), defekt waren. Man vermutet heute, daß bei diesem klassischen Fall das debranching enzyme defekt war. Als Folge davon konnten nur die äußeren Verzweigungsketten des Leber-Glycogenmoleküls zu Glucose oder Lactat abgebaut werden, so daß sich die großen Kernstücke der Glycogenmoleküle, die nicht weiter abgebaut werden konnten, anreicherten.

Heute sind 12 oder mehr verschiedene angeborene Schäden der Synthese oder des Abbaus von Glycogen bekannt, bei denen jeweils ein anderes Enzym defekt ist (Tab. 20-3). Die schwersten sind die zum Tode führenden Defekte der Glucose-6-phosphatase, des debranching enzyme und des Verzweigungsenzyms (branching enzyme). Außerdem sind genetische Schäden der Pyruvat-Carboxylase und der Phospho*enol*pyruvat-Carboxykinase letal, da sie frühe Schritte der Gluconeogenese betreffen.

Tabelle 20-3 Menschliche Erbschäden im Glycogenstoffwechsel und in der Gluconeogenese.

Glucose-6-phosphatase	Typ I
α(1 → 6)-Glucosidase	Typ II
„Debranching enzyme"	Typ III
Verzweigungsenzym	Typ IV
Muskel-Phosphorylase	Typ V
Leber-Phosphorylase	
Leberphosphorylase-Kinase	
Muskel-Phosphofructokinase	
Leber-Glycogen-Synthase	
Fructose-1,6-bisphosphatase	
Pyruvat-Carboxylase	
Phospho*enol*pyruvat-Carboxykinase	

Die Lactose-Synthese wird auf eine einzigartige Weise reguliert

In den meisten Geweben der Wirbeltiere kommt das Enzym *Galactosyltransferase* vor, das die Übertragung eines D-Galactoserestes auf *N*-Acetylglucosamin katalysiert:

UDP-D-Galactose + *N*-Acetylglucosamin →
UDP + D-Galactosyl-*N*-acetyl-D-glucosamin

Diese Reaktion ist ein Schritt in der Biosynthese des Kohlenhydratanteils galactosehaltiger Glycoproteine (S. 326). In der aktiven Milchdrüse dagegen ist D-Galactose die Vorstufe für ein anderes Produkt, die *Lactose* (Milchzucker), ein Disaccharid aus D-Galactose und D-Glucose (S. 315). Hier nimmt die Galactosyltransferase auf eine höchst ungewöhnliche Weise an der Synthese der Lactose teil. Während der Schwangerschaft ist die Galactosyltransferase in der Milchdrüse genau wie in den meisten anderen Geweben hoch aktiv mit *N*-Acetylglucosamin und nur schwach aktiv mit D-Glucose als Galactosylakzeptor. Mit Beginn der Laktation nach der Geburt ändert sich die Spezifität dieses Enzyms. Es überträgt nun die D-Galactosylgruppe mit hoher Aktivität auf D-Glucose, so daß Lactose entsteht:

UDP-D-Galactose + D-Glucose → UDP + D-Lactose

Dieses „neue" Enzym wird *Lactose-Synthase* genannt.

Die Änderung der Spezifität der Galactosyltranferase wird durch α-*Lactalbumin* bewirkt, ein Protein, das in der Milch vorkommt und dessen Funktion lange unbekannt war. α-Lactalbumin spielt die Rolle eines *Enzym-Modifikators*. Seine Synthese in der Milchdrüse wird durch die Hormone reguliert, die die Laktation einleiten. α-Lactalbumin bildet mit Galactosyltransferase den Komplex *Lactalbumin-Galactosyltransferase*; dieser *Komplex* ist die *Lactose-Synthase*. Die Lactosesynthese in der Milchdrüse wird also dadurch in Gang gesetzt, daß unter der Wirkung der Hormone eine spezifitätsmodulierende Untereinheit der Lactose-Synthase gebildet wird.

Zusammenfassung

Unter Gluconeogenese versteht man die Neubildung von Zucker aus Nicht-Zucker-Vorstufen, von denen Pyruvat, Lactat, die Zwischenprodukte des Citratcyclus und viele der Aminosäuren die wichtigsten sind. Wie alle Biosynthesen erfolgt auch die Gluconeogenese über einen enzymatischen Weg, der sich vom entsprechenden katabolen Weg dadurch unterscheidet, daß er unabhängig von ihm reguliert wird und die Zufuhr von chemischer Energie in Form von ATP braucht. Der Stoffwechselweg für die Biosynthese von Glucose aus Pyruvat, die bei Säugetieren hauptsächlich in der Leber und an zweiter Stelle in der Niere stattfindet, verwendet acht Glycolyse-Enzyme, die reversibel arbeiten und in großem Überschuß vorhanden sind. Es gibt aber drei irreversible Schritte in der bergab verlaufenden Glycolyse, die für die Gluconeogenese nicht verwendet werden können. Sie werden durch andere Reaktionen umgangen, die von ganz anderen Enzymen katalysiert werden. Die erste dieser Umgehungen betrifft die Umwandlung von Pyruvat in Phospho*enol*pyruvat über die Bildung von Oxalacetat, die zweite die Dephosphorylierung von Fructose-1,6-bisphosphat durch Fructosebisphosphatase und die dritte die Dephosphorylierung von Glucose-6-phosphat durch Glucose-6-phosphatase. Für jedes Molekül D-Glucose, das aus Pyruvat entsteht, werden die endständigen Phosphatgruppen von vier Molekülen ATP und zwei Molekülen GTP gebraucht. Die Gluconeogenese wird hauptsächlich an zwei Stellen reguliert: (1) bei der Carboxylierung von Pyruvat mit Hilfe von Pyruvat-Carboxylase, die durch den allosterischen Effektor Acetyl-CoA stimuliert wird, und (2) bei der Dephosphorylierung von Fructose-1,6-bisphosphat durch die Fructosebisphosphatase, die durch AMP gehemmt und durch Citrat stimuliert wird. Je drei C-Atome von jedem der Zwischenprodukte des Citratcyclus und viele der Aminosäuren können in Glucose umgewandelt werden. Fettsäuren mit geradzahligen Ketten oder Acetyl-CoA führen nicht zu einer Nettobildung von Glucose, aber drei C-Atome von Fettsäuren mit ungeradzahligen Ketten und Propionat (das von den Bakterien im Pansen gebildet wird) können über die Bildung von Methylmalonyl-CoA und dessen Coenzym-B_{12}-abhängige Umsetzung zu Succinyl-CoA in Glucose umgewandelt werden. Während der Erholung von schwerer körperlicher Arbeit findet die Gluconeogenese mit großer Aktivität statt und führt zur Umwandlung des Lactats im Blut zu Glucose und Glycogen.

Die Synthese von Glycogen erfolgt ebenfalls über einen Weg, der sich von dem abbauenden Weg unterscheidet. Glucose-1-phosphat wird zu Uridindiphosphat-glucose umgesetzt, das seinen Glucosylrest mit Hilfe der Glycogen-Synthase an das nicht-reduzierende Ende einer Verzweigung im Glycogenmolekül abgibt. Mit Hilfe der α(1,4 → 1,6)Transglycosylase können neue Verzweigungen gebildet werden. Synthese und Abbau von Glycogen werden unabhängig voneinander, reziprok, reguliert. Das Gleichgewicht zwischen den Geschwindigkeiten von Synthese und Abbau wird durch Adrenalin und Glucagon kontrolliert. Sowohl beim Abbau wie auch bei der Synthese von Glycogen können genetische Defekte auftreten.

Die Lactosesynthese in der Milchdrüse der Säuger wird durch einen Komplex aus Lactalbumin und Galactosyltransferase katalysiert, wobei das Lactalbumin die Funktion einer spezifitätsmodifizierenden Untereinheit hat. Die Bildung des Komplexes wird durch Hormone reguliert.

Aufgaben

1. *Die Rolle der oxidativen Phosphorylierung bei der Gluconeogenese.* Ist eine Nettosynthese von Glucose aus Pyruvat möglich, wenn der Citratcyclus und die oxidative Phosphorylierung vollständig gehemmt sind?

2. *Der Weg einzelner Atome durch die Gluconeogenese.* Ein Leberextrakt, der alle normalen Stoffwechselreaktionen durchführen kann, wird in getrennten Versuchen kurzzeitig mit folgenden Vorstufen inkubiert:

    (a) $HO-{}^{14}C\begin{smallmatrix}O^-\\O\end{smallmatrix}$

    [^{14}C]Hydrogencarbonat

    (b) $CH_3-\overset{O}{\underset{}{C}}-{}^{14}C\begin{smallmatrix}O\\O^-\end{smallmatrix}$

    [1-^{14}C]Pyruvat

    Verfolgen Sie den Weg beider Vorstufen durch die Gluconeogenese. Geben Sie die Stellung des ^{14}C bei allen Zwischenprodukten und beim Endprodukt Glucose an.

3. *Der Weg des CO_2 durch die Gluconeogenese.* Beim ersten Umgehungsschritt in der Gluconeogenese, der Umwandlung von Pyruvat in Phospho*enol*pyruvat, wird Pyruvat durch die Pyruvat-Carboxylase zu Oxalacetat carboxyliert und dann durch die Phospho*enol*pyruvat-Carboxykinase zu Phospho*enol*pyruvat decarboxyliert. Die Beobachtung, daß unmittelbar nach der CO_2-Aufnahme eine Abgabe von CO_2 erfolgt, läßt vermuten, daß ^{14}C oder $^{14}CO_2$ weder in Phospho*enol*pyruvat noch Glucose noch in irgendein anderes Zwischenprodukt der Gluconeogenese eingebaut wird. Man hat aber gefunden, daß bei Rattenleberschnitten, die Glucose in Gegenwart von $^{14}CO_2$ synthetisieren, ^{14}C allmählich im Phospho*enol*pyruvat auftaucht und schließlich in C-3 und C-4 der Glucose gefunden wird. Wie gelangt die Markierung in

das Phospho*enol*pyruvat und in die Kohlenstoffatome 3 und 4 der Glucose? (Hinweis: Während der Gluconeogenese in Gegenwart von $^{14}CO_2$ werden auch mehrere Zwischenprodukte des Citratcyclus im C-Atom 4 markiert.

4. *Die Regulation der Fructosebisphosphatase und der Phosphofructokinase.* Welche Wirkung haben steigende Konzentrationen von ATP und AMP auf die katalytischen Aktivitäten von Fructosebisphosphatase und Phosphofructokinase? Welche Folgen haben diese Wirkungen von ATP und AMP auf den relativen Fluß von Stoffwechselprodukten durch die Gluconeogenese und die Gycolyse?

5. *Glucogene Substrate.* Eine verbreitete Methode, festzustellen, ob eine Verbindung eine Vorstufe der Glucose darstellt, ist die, das Versuchstier so lange hungern zu lassen, bis die Glycogenvorräte verbraucht sind, und dann die fragliche Substanz zu verabreichen. Ein Substrat, das zu einer Nettosynthese von Leber-Glycogen führt, wird als glucogen bezeichnet, denn es muß vorher zu Glucose-6-phosphat umgesetzt werden. Zeigen Sie mit Hilfe bekannter enzymatischer Reaktionen, welche der folgenden Substanzen glucogen sind.

(a) $^-OOC-CH_2-CH_2-COO^-$
    Succinat

(b) $CH_2-\underset{H}{\overset{OH}{C}}-CH_2$ mit OH an jedem CH_2
    Glycerin

(c) $CH_3-\overset{O}{\underset{\|}{C}}-S-CoA$
    Acetyl-CoA

(d) $CH_3-\overset{O}{\underset{\|}{C}}-C\overset{O}{\underset{O^-}{\diagdown}}$
    Pyruvat

(e) $CH_3-CH_2-CH_2-C\overset{O}{\underset{O^-}{\diagdown}}$
    Butyrat

6. *Das Lactat im Blut während einer schweren körperlichen Anstrengung.* In der nebenstehenden Abb. ist die Lactatkonzentration im Blutplasma vor, während und nach einem 400-m-Lauf dargestellt.
   (a) Wie kommt es zu dem schnellen Anstieg der Lactatkonzentration?

(b) Was verursacht den Abfall des Lactatspiegels nach dem Lauf? Warum erfolgt der Abfall langsamer als der Anstieg?

(c) Warum ist die Lactatkonzentration im Ruhezustand nicht Null?

7. *Die überschüssige Sauerstoffaufnahme während der Gluconeogenese.* Das von der Leber aufgenommene Lactat wird in Glucose umgewandelt. Bei diesem Vorgang müssen für jedes mol Glucose 6 mol ATP eingesetzt werden. Das Ausmaß dieses Vorgangs kann in Rattenleberschnitten verfolgt werden, indem man [^{14}C]Lactat einsetzt und die entstandene Menge [^{14}C]Glucose mißt. Da die Stöchiometrie zwischen Sauerstoffaufnahme und ATP-Bildung bekannt ist (Kapitel 17), können wir voraussagen, um wieviel der Sauerstoffverbrauch höher sein muß als normal, wenn eine bestimmte Menge Lactat angeboten wird. Mißt man aber die für die Synthese von Glucose aus Lactat nötige zusätzliche Menge an O_2, so erhält man immer höhere Werte als die stöchiometrisch errechneten. Wie ist diese Beobachtung zu erklären?

8. *An welchem Punkt wird die Glycogensynthese reguliert?* Erklären Sie, auf welche Weise die beiden folgenden Beobachtungen dazu dienen, den Regulationspunkt für die Glycogensynthese im Skelettmuskel zu identifizieren.

(a) Die gemessene Aktivität der Glycogen-Synthase im ruhenden Muskel, ausgedrückt in µmol verbrauchter UDP-Glucose/(gMuskel × min), ist niedriger als die Aktivität der Phosphoglucomutase oder der UDP-Glucose-Pyrophosphorylase, jeweils ausgedrückt in µmol umgewandelten Substrats/(g × min).

(b) Eine Stimulierung der Glycogen-Synthase führt zu einem geringen Konzentrationsabfall von Glucose-6-phosphat und Glucose-1-phosphat, zu einem starken Konzentrationsabfall von UDP-Glucose, aber zu einem bedeutenden Anstieg der UDP-Konzentration.

9. *Wie aufwendig ist die Speicherung der Glucose in Form von Glycogen?* Formulieren Sie die Reaktionsfolgen für die Umwandlung von cytoplasmatischem Glucose-6-phosphat zu Glycogen und zurück zu Glucose-6-phosphat, sowie die Summengleichung, aus der die Anzahl der dafür verbrauchten Moleküle ATP hervorgeht. Wie hoch ist dieser Preis, gemessen an der Anzahl der maximal aus dem gesamten Glucose-6-phosphat-Abbau erhältlichen ATP-Moleküle?

10. *Die Identifizierung eines defekten Enzyms im Kohlenhydratstoffwechsel.* Nach dem Tod eines Patienten, bei dem man einen genetischen Defekt in einem der Enzyme des Kohlenhydratstoffwechsels vermutete, wird eine Leberprobe entnommen. Das Homogenat der Leberprobe zeigte folgende Eigenschaften: (1) Es

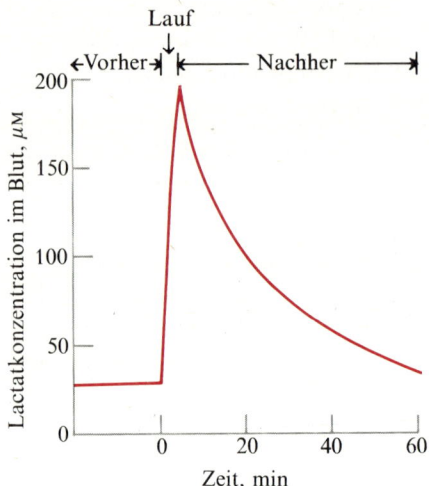

Aufgabe 6

baute Glycogen zu Glucose-6-phosphat ab, (2) es war nicht in der Lage, aus irgendeinem Zucker Glycogen herzustellen oder Galactose als Energiequelle zu verwenden und (3) es synthetisierte Glucose-6-phosphat aus Lactat. Welches der folgenden drei Enzyme ist defekt?
(a) Glycogen-Phosphorylase,
(b) Fructosebisphosphatase,
(c) UDP-Glucose-Diphosphorylase.
Begründen Sie Ihre Entscheidung.

11. *Ketose bei Schafen.* Fast 80% der von einem Mutterschaf synthetisierten Glucose werden im Euter gebraucht. Die Glucose wird für die Milchprodukten verwendet, hauptsächlich für die Synthese von Lactose und von Glycerinphosphat (letztere für die Triacylglycerine in der Milch). Während des Winters, wenn das Futter qualitativ schlechter ist, hört die Milchproduktion auf. Dann kommt es bei den Mutterschafen manchmal zur Ketose, d.h. einem erhöhten Spiegel von Ketonkörpern im Plasma. Was verursacht diese Änderung? Als Standardbehandlung werden große Dosen von Propionat verabreicht. Wie funktioniert diese Behandlung?

12. *Anpassung an Galactosämie.* Galactosämie ist ein pathologischer Zustand, bei dem die Verwertung der Galactose aus der in der Nahrung vorkommenden Lactose defekt ist. Eine Form dieser Krankheit beruht auf dem Fehlen des Enzyms Galactose-1-phosphat-Uridylyltransferase. Überlebt der Patient die Krankheit zu Beginn seines Lebens, so entwickelt er manchmal eine gewisse Fähigkeit, aufgenommene Galactose zu katabolisieren, indem er vermehrt das Enzym UDP-Galactose-Pyrophosphorylase bildet, das die folgende Reaktion katalysiert:

UTP + Galactose-1-phosphat → UDP-Galactose + PP_i

Auf welche Weise kann dieses Enzym die Fähigkeit des Patienten erhöhen, Galactose zu verwerten?

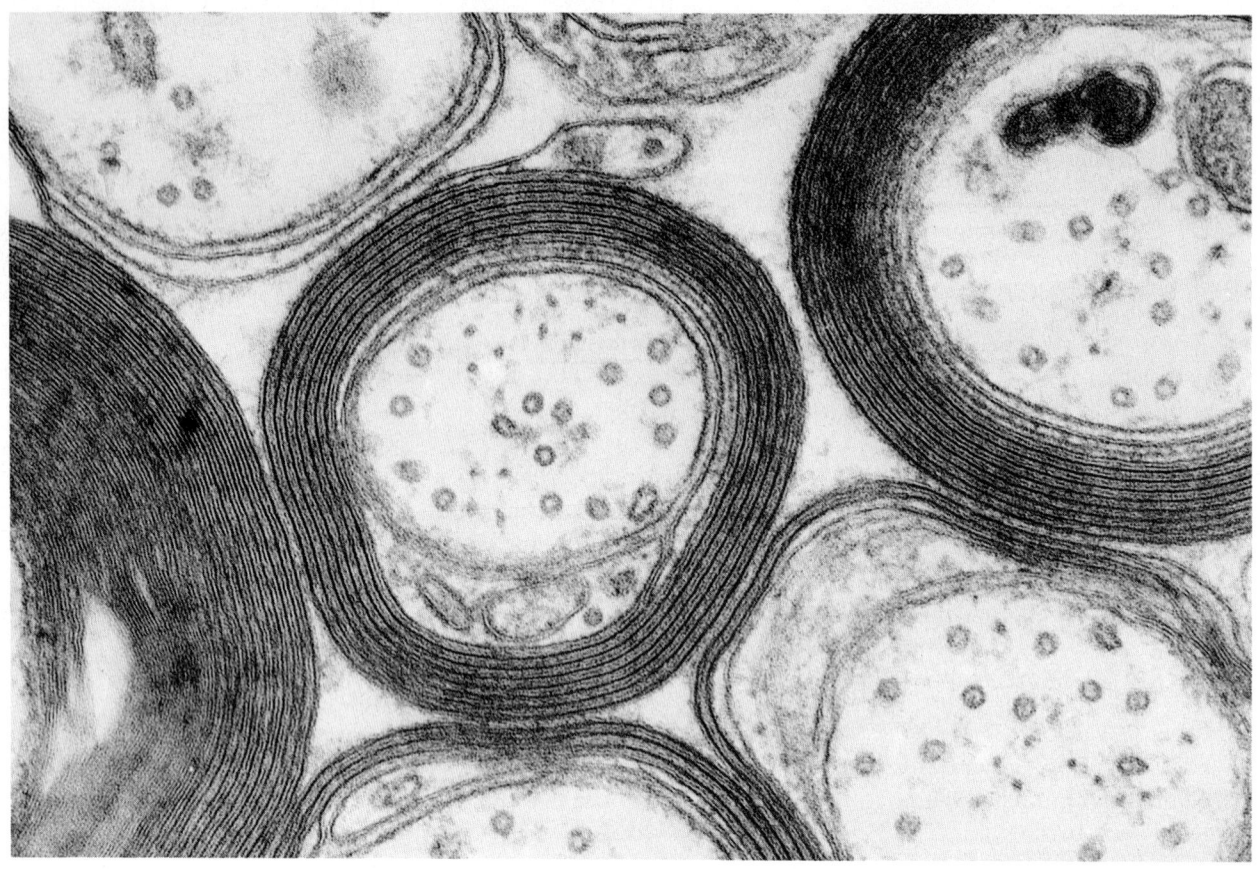

Querschnitt durch Nervenfasern. Man erkennt die Myelinscheiden, die das Axon umgeben, und hauptsächlich aus polaren Lipiden und einigen Proteinen bestehen. Sie stellen die Plasmamenbran einer Schwannschen Zelle dar. Wenn eine Schwansche Zelle wächst, wickelt sie sich um das Axon herum und zieht ihr Cytoplasma aus dem Raum zwischen den Membranen zurück. Die Myelinscheiden dienen zur Isolierung bestimmter Nervenfasern, in denen Impulse sehr schnell weitergeleitet werden.

Kapitel 21
Die Biosynthese der Lipide

Die Biosynthese der Triacylglycerine ist bei Tieren ein sehr aktiver Stoffwechselprozeß. Ein besonderer Grund hierfür ist die Möglichkeit, Triacylglycerine in großen Mengen zu speichern. Der Mensch kann in Leber und Muskeln nur wenige hundert Gramm Glycogen speichern, das reicht für den Energiebedarf von etwa 12 Stunden. Im Gegensatz dazu beträgt die Menge gespeicherter Triacylglycerine bei einem 70 kg schweren Mann im Durchschnitt 12 kg, ein Vorrat, der ausreicht, um den Energiegrundbedarf für 8 Wochen zu decken. Immer wenn mehr Kohlenhydrate aufgenommen werden als in Form von Glycogen gespeichert werden können, werden diese in Triacylglycerine umgewandelt, die in großen Mengen in Fettzellen in verschiedenen Teilen des Körpers gespeichert werden können, besonders unter der Haut und in der Bauchhöhle. Auch Pflanzen stellen Triacylglycerine als Speicherform für energiereiche Brennstoffe her, sie befinden sich besonders in Früchten, wie Nüssen und Samen.

Die polaren Membranlipide, die verschiedenen Phospholipide und Sphingolipide, die nicht gespeichert werden können, müssen bei Tieren laufend neu gebildet werden, entsprechend dem fortwährenden Turnover der Membranen. Die Halbwertszeit der Membran- und Phospholipide in der Rattenleber ist z. B. kürzer als 3 Tage.

In diesem Kapitel wollen wir zunächst die Biosynthese der Fettsäuren beschreiben, die die Haupt-Bausteine der Triacylglycerine und der polaren Lipide sind. Gut 90 % der gespeicherten Energie der Triacylglycerine befinden sich in den Fettsäureanteilen. Die Fettsäuren verleihen den Triacylglycerinen und Phospholipiden den hydrophoben Charakter. Danach wollen wir die Synthese der Triacylglycerine der einfacher gebauten Membran-Phospholipide sowie des Cholesterins untersuchen, das ein wichtiger Bestandteil einiger Membranen ist und eine Vorstufe so wichtiger Steroide wie der Gallensäuren, der Sexualhormone und der Nebennierenhormone.

Die Biosynthese der Fettsäuren verläuft über einen besonderen Reaktionsweg

Wir erinnern uns, daß die häufigsten Fettsäuren der Lipide tierischer Gewebe aus einer geraden Anzahl von Kohlenstoffatomen bestehen. Aus dieser Tatsache wurde schon vor langer Zeit geschlossen, daß sowohl die Oxidation als auch die Synthese der Fettsäuren über eine Abspaltung bzw. Anfügung von C_2-Einheiten erfolgen müsse. Als sich die Fettsäureoxidation tatsächlich als eine Aufeinanderfolge oxidativer Abspaltungen von Acetylgruppen erwiesen hatte, nahm man zunächst an, daß sich die Biosynthese der Fettsäuren als eine einfache Umkehrung derselben enzymatischen Schritte erweisen würde. Es stellte sich aber heraus, daß die Synthese über einen anderen Weg vor sich geht, von anderen Enzymen katalysiert wird und in einem anderen Teil der Zelle stattfindet. Darüber hinaus fand man, daß an der Fettsäurebiosynthese C_3-Zwischenprodukte teilnehmen und daß auch CO_2 dafür gebraucht wird.

Heute wissen wir, daß das *Fettsäure-Synthase-System* eine Reaktionsfolge katalysiert, bei der ein Molekül Acetyl-CoA und sieben Moleküle der C_3-Verbindung *Malonsäure* in Form ihres CoA-Thioesters *Malonyl-CoA* (Abb. 21-1) nacheinander zur C_{16}-Säure Palmitat zusammengebaut werden: dabei werden sieben Moleküle CO_2 freigesetzt:

$$\text{Acetyl-S-CoA} + 7\,\text{Malonyl-S-CoA} + 14\,\text{NADPH} + 20\,\text{H}^+ \rightarrow$$
$$CH_3(CH_2)_{14}COO^- + 7\,CO_2 + 8\,\text{CoA-SH} + 14\,\text{NADP}^+ + 6\,H_2O$$

Die Gleichung zeigt auch, daß die Reduktionsäquivalente für ein nur Einfachbindungen enthaltendes Rückgrat der Fettsäuren durch NADPH geliefert werden. Überraschend an diesem Syntheseweg ist, daß die Malonylgruppe mit drei Kohlenstoffatomen die unmittelbare Vorstufe von sieben der acht C_2-Einheiten der Palmitinsäure ist. Das eine Molekül Acetyl-CoA, das für die Synthese gebraucht wird, dient als „Starter"-Einheit, sein Methylteil liefert C-16 und sein Carboxylteil C-15 der Palmitinsäure (Abb. 21-2). Das Kettenwachstum beginnt mit dem Acetylrest und wird durch sukzessives Anfügen von C_2-Einheiten aus Malonyl-CoA fortgesetzt. Die Kette wächst in Richtung von der Methylgruppe zur Carboxylgruppe (Abb. 21-2). Die C_2-Einheiten, die auf die startende Acetylgruppe folgen, stammen von den zwei C-Atomen der Malonylgruppe, die dem CoA am nächsten sind; gleichzeitig wird das dritte C-Atom des Malonyl-CoA, nämlich das der unveresterten Carboxylgruppe, als CO_2 abgespalten. Letztlich aber stammen *alle* Kohlenstoffatome der Fettsäuren aus Acetyl-CoA, da Malonyl-CoA, wie wir noch sehen werden, aus Acetyl-CoA und CO_2 gebildet wird.

Ein zweites besonderes Merkmal der Fettsäurebiosynthese ist, daß die Acyl-Zwischenprodukte Thioester sind, und zwar nicht Thioester von CoA wie bei der Fettsäureoxidation, sondern von einem niedermolekularen Protein, dem *Acyl-Carrier-Protein* (ACP), das essentielle SH-Gruppen enthält.

Eine dritte Eigenheit ist, daß die Fettsäurebiosynthese bei Eukaryoten im *Cytosol* stattfindet, während die Fettsäureoxidation überwiegend in den Mitochondrien abläuft. Die im Cytosol entstande-

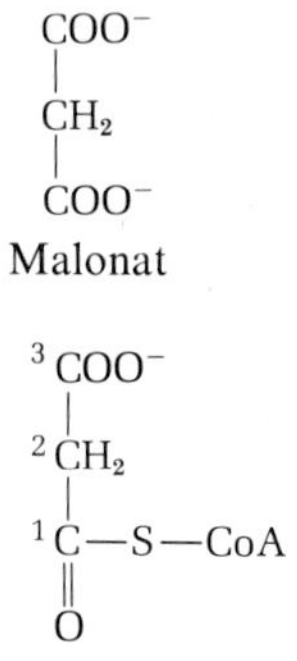

$$\begin{array}{c} COO^- \\ | \\ CH_2 \\ | \\ COO^- \end{array}$$
Malonat

$$\begin{array}{c} ^3COO^- \\ | \\ ^2CH_2 \\ | \\ ^1C-S-CoA \\ \| \\ O \end{array}$$
Malonyl-CoA

Abbildung 21-1
Malonyl-CoA, die unmittelbare Vorstufe der C_2-Einheiten der Fettsäureketten. Malonyl-CoA ist ein Derivat von Malonat, einem starken Inhibitor der Succinat-Dehydrogenase (S. 247). Es mag daher überraschen, daß Malonyl-CoA eine normale biosynthetische Vorstufe der Fettsäuren ist. Malonyl-CoA hemmt die Succinat-Dehydrogenase nicht, wahrscheinlich weil es nicht wie das Malonat zwei freie Carboxylgruppen besitzt, die so angeordnet sind, daß sie in die Succinat-Bindungsstellen passen. Freies Malonat kommt nicht als Stoffwechselprodukt vor. Malonyl-CoA entsteht, wie wir sehen werden, durch direkte Carboxylierung von Acetyl-CoA.

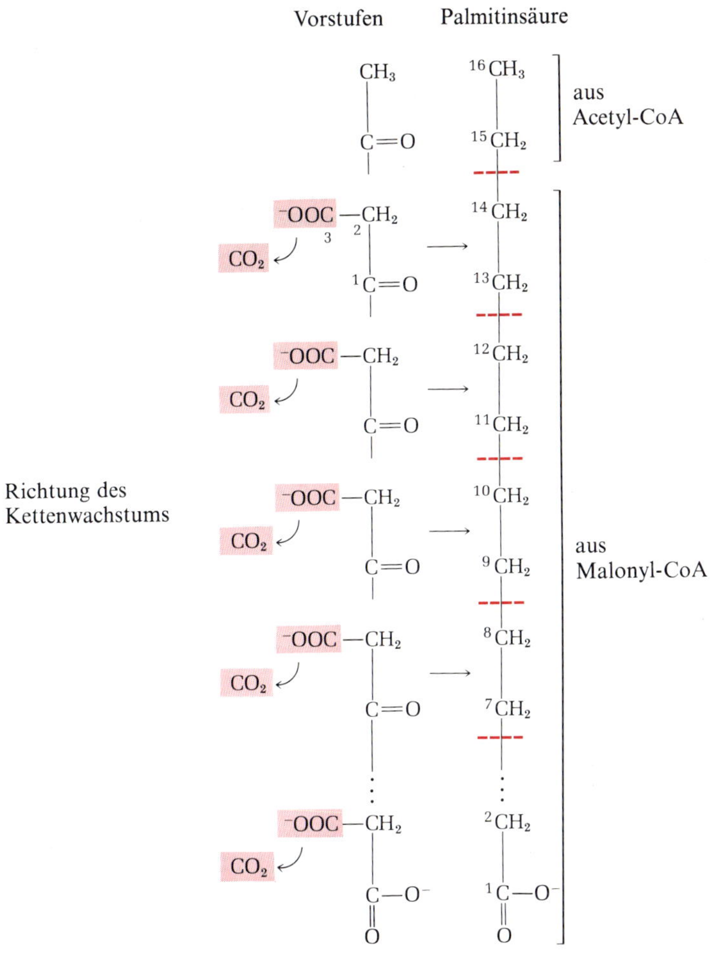

Abbildung 21-2
Herkunft der Kohlenstoffatome für die Fettsäuresynthese. Die Kohlenstoffatome 1 und 2 der Malonylgruppen werden an die wachsende Kette angehängt, während das Kohlenstoffatom 3 als CO_2 freigesetzt wird.

nen Fettsäuren werden als Bausteine für die Herstellung entweder von Triacylglycerinen oder von Phospholipiden verwendet.

Malonyl-CoA wird aus Acetyl-CoA gebildet

Die unmittelbare Vorstufe für die meisten in die Fettsäurebiosynthese eintretenden C_2-Einheiten ist das Malonyl-CoA, und das, obwohl es vorher im Cytosol aus Acetyl-CoA gebildet werden muß. Das cytosolische Acetyl-CoA wiederum entsteht aus intramitochondrialem Acetyl-CoA. Lassen Sie uns nun die einzelnen Schritte der Bildung von Malonyl-CoA nachvollziehen.

Fast das gesamte, im Stoffwechsel verwendete Acetyl-CoA entsteht in den Mitochondrien durch die Pyruvatoxidation (Kapitel 16), die Fettsäureoxidation (Kapitel 18) und den Abbau des Kohlenstoffskeletts der Aminosäuren (Kapitel 19). Weiterhin haben wir gesehen, daß das Acetyl-CoA die Mitochondrienmembran nicht passieren kann (S. 566). Wie kann dann cytosolisches Acetyl-CoA aus

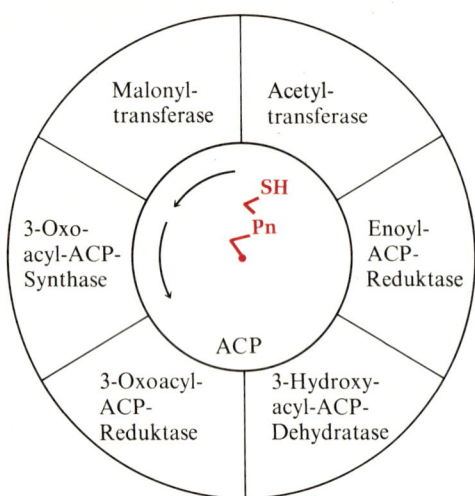

Abbildung 21-6
Schematische Darstellung des Fettsäure-Synthase-Komplexes. In tierischem Gewebe sind die an der Fettsäuresynthese beteiligten Enzyme um das Acyl-Carrier-Protein (ACP) herum angeordnet. Die prosthetische Gruppe 4′-Phosphopantethein (Pn-SH) ist an einen Serinrest gebunden (s. Abb. 21-5) und bildet einen 2.0 nm langen Schwingarm, der die Acylgruppe vom aktiven Zentrum des einen Enzyms zum nächsten weiterreicht (in dieser Darstellung entgegen dem Uhrzeigersinn). Bei Bakterien und Pflanzen liegen die Enzyme des Fettsäure-Synthase-Systems eher getrennt vor.

Protein mit einer relativen Molekülmasse von 9000. Seine prosthetische Gruppe ist das *4′-Phosphopantethein* (Abb. 21-5), das auch ein Bestandteil des Coenzym-A-Moleküls ist. Phosphopantethein enthält das Vitamin *Pantothensäure* (S. 284) sowie eine Sulfhydrylgruppe und ist über seine Phosphatgruppe kovalent an die Hydroxylgruppe eines Serinrestes im ACP-Molekül gebunden.

Die Funktion des ACP in der Fettsäurebiosynthese ist analog der Funktion des Coenzyms A bei der Fettsäureoxidation. Die Acylzwischenprodukte bleiben während der Reaktionen, in denen die Kette aufgebaut wird, mit ACP verestert, während sie bei der Fettsäureoxidation mit Coenzym A verestert sind. Die prosthetische Gruppe 4′-Phosphopantethein bildet zusammen mit dem Serinrest, an den sie gebunden ist, einen „Pendelarm", mit dem die kovalent gebundenen Acylgruppen in der richtigen Reihenfolge von einem aktiven Zentrum zum nächsten weitergereicht werden (Abb. 21-6), ähnlich wie es beim Pyruvat-Dehydrogenase-Komplex der Fall ist (S. 484). Die Fettsäure-Synthase besitzt zwei Arten von essentiellen Sulfhydrylgruppen (Abb. 21-7). Eine wird von der einen Phosphopantethein-Gruppe des ACP geliefert und die andere von einem spezifischen Cysteinrest der 3-Oxoacyl-ACP-Synthase (S. 648). Beide SH-Gruppen nehmen an der Fettsäuresynthese teil.

Die Sulfhydrylgruppen der Fettsäure-Synthase werden zunächst mit Acylgruppen beladen

Vor Beginn der eigentlichen Kettenaufbau-Reaktionen müssen die beiden Sulfhydrylgruppen mit den richtigen Acylgruppen beladen werden. Das geschieht in zwei enzymkatalysierten Reaktionen (Abb. 21-8). Die erste dieser Reaktionen wird durch die *ACP-Acetyl-Transferase* katalysiert. In dieser Reaktion wird die Acetylgrup-

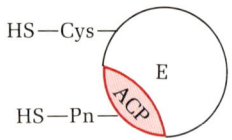

Abbildung 21-7
Die Fettsäure-Synthase besitzt zwei essentielle SH-Gruppen. Eine wird vom 4′-Phosphopantethein (Pn-SH) geliefert, die andere von einem spezifischen Cysteinrest (Cys-SH). Beide nehmen an der Fettsäuresynthese teil. Die SH-Gruppe am Phosphopantethein des ACP ist die Eintrittsstelle für die Malonylgruppen. Der gesamte Fettsäure-Synthase-Komplex ist mit E bezeichnet.

Tabelle 21-1 Die Unterschiede zwischen der enzymatischen Biosynthese und der enzymatischen Oxidation von Palmitinsäure.

	Biosynthese	Oxidation
Intrazelluläre Lokalisation	Cytosol	Mitochondrien
Acylgruppen-Carrier	ACP	CoA
Form der teilnehmenden C_2-Einheiten	Malonyl-CoA	Acetyl-CoA
Stereoisomere Form der 3-Hydroxyacylgruppe	D	L
Elektronendonator oder -akzeptor	NADPH	FAD, NAD$^+$
Ist CO_2 beteiligt?	Ja	Nein

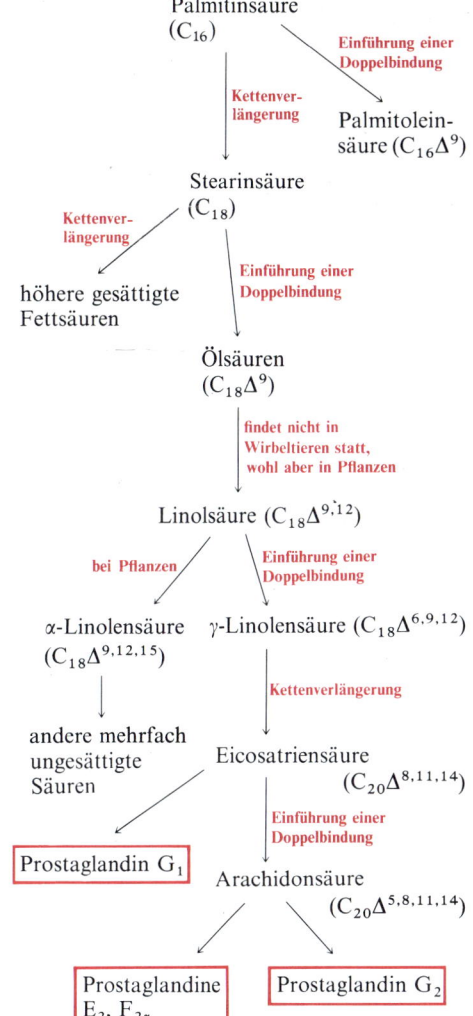

Abbildung 21-12
Die Synthesewege für andere Fettsäuren. Palmitinsäure ist die Vorstufe für Stearinsäure und die längerkettigen Fettsäuren sowie für die einfach ungesättigten Säuren Palmitoleinsäure und Ölsäure. In tierischen Geweben kann die Ölsäure nicht in Linolensäure umgewandelt werden; diese muß als essentielle Fettsäure mit der Nahrung aufgenommen werden. Die Abb. zeigt ebenfalls die Umwandlung der Linolsäure in die mehrfach ungesättigten Fettsäuren und in die Prostaglandine. Die ungesättigten Fettsäuren sind mit der Anzahl ihrer Kohlenstoffatome und mit Anzahl und Position der Doppelbindungen bezeichnet. Die Linolsäure ($C_{18}\Delta^{9,12}$) hat demnach 18 Kohlenstoffatome und zwei Doppelbindungen, die zwischen C-9 und C-10 und zwischen C-12 und C-13 liegen.

kettigen Fettsäuren verlängert werden. Diese Verlängerungssysteme gibt es im endoplasmatischen Reticulum und in den Mitochondrien, wobei das System im endoplasmatischen Reticulum das aktivere ist. Es hängt, auf genau dieselbe Weise wie bei der Palmitatsynthese, eine weitere C_2-Einheit an, die in Form eines Malonyl-CoA-Restes aufgenommen wird und Palmitoyl-CoA zu Stearoyl-CoA verlängert.

Palmitin- und Stearinsäure sind die Vorstufen für die verbreitetsten einfach ungesättigten Fettsäuren des tierischen Gewebes (Abb. 21-12), nämlich *Palmitoleinsäure* (16 C-Atome) und *Ölsäure* (18 C-Atome), die beide eine einzelne cis-Doppelbindung in Position Δ^9 besitzen (S. 336). Die Doppelbindung wird durch eine Oxidationsreaktion in die Fettsäurekette eingeführt, die durch die *Acyl-CoA-Oxygenase* katalysiert wird:

Palmitoyl-CoA + NADPH + H$^+$ + O$_2$ →
　　Palmitoleoyl-CoA + NADP$^+$ + 2 H$_2$O

Stearoyl-CoA + NADPH + H$^+$ + O$_2$ →
　　Oleoyl-CoA + NADP$^+$ + 2 H$_2$O

Diese Reaktionen sind Beispiele für *mischfunktionelle Oxidationen*, bei denen zwei verschiedene Gruppen oxidiert werden, in diesem Fall die Einfachbindung der Fettsäure und das Cosubstrat NADPH.

Tierisches Gewebe ist zwar in der Lage, die Doppelbindung in Position Δ^9 einzuführen, nicht aber weitere Doppelbindungen zwischen der Δ^9-Doppelbindung und dem methylterminalen Ende der Fettsäurekette. Die *Linolsäure* mit zwei Doppelbindungen in Δ^9 und Δ^{12} und die *α-Linolensäure* ($C_{18}\Delta^{9,12,15}$) können von Tieren nicht synthetisiert werden. Da sie aber wichtige Vorstufen für die Synthese anderer Produkte sind, müssen sie mit der Nahrung aus pflanzlichen Quellen aufgenommen werden. Man nennt sie daher *essentielle Fettsäuren*. Linolsäuremangel verursacht bei der Ratte eine schuppige Dermatitis. Die aufgenommene Linolsäure kann von Säugern in verschiedene andere polyungesättigte Säuren umgewandelt werden, besonders in γ-*Linolensäure* und *Arachidonsäure* (S. 337). Beide können nur aus Linolsäure gebildet werden (Abb. 21-12). Arachidonsäure ist eine C_{20}-Säure mit Doppelbindungen in Δ^5, Δ^8, Δ^{11} und Δ^{14}. Sie ist von entscheidender Bedeutung als essentielle Vorstufe für die meisten *Prostaglandine* und *Thromboxane*, hormonähnliche Substanzen, die viele verschiedene Zellfunktion regulieren (Kapitel 25).

Die Regulation der Fettsäurebiosynthese

Die Geschwindigkeit der Fettsäurebiosynthese wird in erster Linie durch die Geschwindigkeit der Acetyl-CoA-Carboxylase-Reaktion bestimmt, in der das Malonyl-CoA gebildet wird. Acetyl-CoA-Carboxylase ist ein allosterisches Enzym. Es ist in Abwesenheit seines stimulierenden Modulators Citrat kaum aktiv. Immer wenn die Konzentration des Citrats in den Mitochondrien steigt, gelangt es über den Shuttle auch ins Cytosol. Im Cytosol ist Citrat ein allosterisches Signal dafür, daß der Citratcyclus reichlich mit Brennstoff versorgt ist und daß überschüssiges Acetyl-CoA nun als Fett gespeichert werden muß. Die Bindung von Citrat an das allosterische Zentrum der Acetyl-CoA-Caboxylase bewirkt einen starken Anstieg der Umsetzungsgeschwindigkeit von Acetyl-CoA zu Malonyl-CoA. Das cytosolische Citrat ist außerdem die Quelle des Acetyl-CoA, das für die Fettsäuresynthese gebraucht wird. Kommt es andererseits zu einer Überproduktion von Palmitoyl-CoA (dem Produkt der Fettsäuresynthese und der unmittelbaren Vorstufe der Triacylglycerine), so dient dieses als allosterisches Signal für die *Hemmung* der Acetyl-CoA-Carboxylase. Da Fettsäuren nicht als solche gespeichert werden können, sondern nur als Triacylglycerine, kann die Fettsäuresynthese durch die Konzentration an Glycerinphosphat, einer Vorstufe der Triacylglycerine, kontrolliert werden. Andere Kontrollfaktoren, die wir später besprechen wollen, koordinieren die Fettsäurebiosynthese mit dem Kohlenhydratstoffwechsel.

Lassen Sie uns nun den Zusammenbau von Fettsäuren und Glycerin zu Tricylglycerinen untersuchen.

Die Biosynthese von Triacylglycerinen und die von Glycerinphosphatiden beginnt mit gemeinsamen Vorstufen

Triacylglycerine und die häufigsten Phospholipide, *Phosphatidylethanolamin* und *Phosphatidylcholin*, haben in tierischen Geweben zwei Vorstufen und mehrere enzymatische Schritte ihrer Biosynthese gemeinsam. Die gemeinsamen Vorstufen sind die *Acyl-CoA-Verbindungen* und *Glycerin-3-phosphat*. Glycerinphosphat kann auf zwei verschiedene Weisen entstehen. Es kann in der Glycolyse durch die Wirkung der cytosolischen NAD-abhängigen *Glycerinphosphat-Dehydrogenase* aus Dihydroxyacetonphosphat gebildet werden:

Dihydroxyacetonphosphat + NADH + H$^+$ ⇌
$\qquad\qquad\qquad$ L-Glycerin-3-phosphat + NAD$^+$

Außerdem kann es durch die Wirkung der *Glycerin-Kinase* aus Glycerin entstehen (S. 419):

$\qquad$ ATP + Glycerin → Glycerin-3-phosphat + ADP

Die anderen Vorstufen der Triacylglycerine sind die Acyl-CoA-Verbindungen, die mit Hilfe der *Acyl-CoA-Synthetasen* gebildet werden (S. 565):

Fettsäure + ATP + CoA-SH → Acyl-S-CoA + AMP + PP$_i$

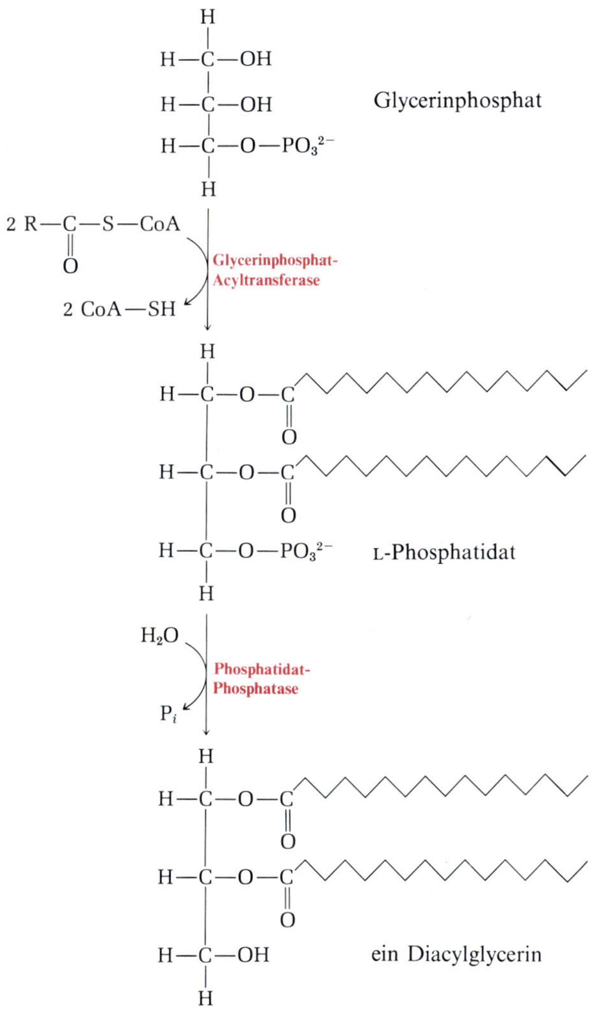

Abbildung 21-13
Die Synthese der Diacylglycerine. Die beiden neu hinzukommenden Acylgruppen reagieren nacheinander. Normalerweise handelt es sich dabei um zwei verschiedene, langkettige Acylgruppen (R$_1$ und R$_2$). Beachten Sie, daß die Acylgruppen im Verhältnis zur Größe des Glycerinphosphat-Moleküls (S. 338) sehr lang sind.

Die erste Stufe der Triacylglycerin-Biosynthese ist die Acylierung der zwei freien Hydroxylgruppen des Glycerinphosphats durch zwei Moleküle Acyl-CoA. Dabei entsteht *Diacylglycerin-3-phosphat* (Abb. 21-13):

Acyl-S-CoA + Glycerin →
$\qquad$ Monoacylglycerin-3-phosphat + CoA-SH

Monoacylglycerin-3-phosphat + Acyl-S-CoA →
$\qquad$ Diacylglycerin-3-phosphat + CoA-SH

Diacylglycerin-3-phosphat, allgemein auch *Phosphatidsäure* oder *Phosphatidat* genannt, kommt in den Zellen zwar nur in Spuren vor, ist aber ein wichtiges Zwischenprodukt der Lipidbiosynthese. Auf dem Weg zum Triacylglycerin wird das Phosphatidat durch die *Phosphatidat-Phosphatase* zu *1,2-Diacylglycerin* hydrolysiert (Abb. 21-13):

$\qquad$ Phosphatidat + H_2O → 1,2-Diacylglycerin + P_i

Die Diacylglycerine werden durch die Reaktion mit einem dritten Molekül Acyl-CoA zu Triacylglycerinen umgesetzt:

Acyl-S-CoA + 1,2-Diacylglycerin → Triacylglycerin + CoA-SH

Die Bildung einer jeden Esterbindung des Triacylglycerins erfordert eine beträchtliche Menge an freier Energie. Für eine solche Esterbindung muß die Fettsäure zunächst zu ihrem CoA-Ester aktiviert werden, wofür zwei energiereiche ATP-Phosphatgruppen gebraucht werden, denn die Reaktion erfolgt über eine Diphosphatspaltung von ATP mit anschließender Hydrolyse des gebildeten Diphosphats.

Die Triacylglycerin-Biosynthese wird durch Hormone reguliert

Bei normalen erwachsenen Menschen und Tieren erfolgen Biosynthese und Oxidation von Triacylglycerinen gleichzeitig und sind im Gleichgewicht, so daß die Menge an Körperfett über lange Zeiten recht konstant bleibt, obwohl es geringe kurzzeitige Schwankungen geben kann, wenn die Aufnahme von Nahrungsenergie schwankt. Werden Kohlenhydrate, Fett oder Proteine im Überschuß über den normalen Energiebedarf aufgenommen, so wird die überschüssige Energie in Form von Tiracylglycerinen gespeichert. Sowohl aus Kohlenhydraten (Kapitel 16) als auch aus den Kohlenstoffketten der Aminosäuren (Kapitel 18) kann Acetyl-CoA entstehen, das für die Biosynthese von Fettsäuren und Triacylglycerinen gebraucht wird. Das gespeicherte Fett kann zur Energiegewinnung herangezogen werden und ermöglicht dem Körper, Fastenzeiten zu überstehen (Kapitel 26).

Die Geschwindigkeit der Triacylglycerin-Biosynthese kann durch einige Hormone grundlegend beeinflußt werden. Insulin z. B. bewirkt die Umwandlung von Kohlenhydraten in Triacylglycerine. Im schweren Diabetes, d. h. bei Ausbleiben der Insulinsekretion oder ihrer Wirkung, sind die Patienten nicht nur unfähig, Glucose richtig zu verwerten, sondern sie können auch weder Fettsäuren noch Triacylglycerine aus Kohlenhydraten oder Aminosäuren synthetisieren. Fettsäureoxidation und Ketonkörperbildung sind bei ihnen erhöht. Als Folge davon verlieren sie an Gewicht. Der Stoffwechsel der Triacylglycerine wird außerdem durch die Sekretion von Wachstumshormonen der Hypophyse sowie durch Nebennierenhormone und Glucagon beeinflußt. (Kapitel 25).

Triacylglycerine sind die Energiequelle für einige winterschlafende Tiere

Viele Tiere sind während ihres Winterschlafes auf ihre Fettvorräte angewiesen. Dies ist auch der Fall bei langen Wanderungen oder in Situationen, die eine radikale Stoffwechselanpassung erfordern, wie beim Kamel, das aus der Oxidation von Fett seinen Wasservorrat beziehen kann.

Zu einer der ausgeprägtesten Anpassungserscheinungen im Fettstoffwechsel, die man kennt, kommt es beim Winterschlaf des Grizzlybären. Dieser hält einen 7 Monate dauernden ununterbrochenen Winterschlaf. Anders als die meisten anderen winterschlafenden Tiere hält der Grizzlybär seine Körpertemperatur fast auf der normalen Höhe, zwischen 32 und 35 °C. Obwohl der Bär in diesem Zustand etwa 25000 kJ/d verbraucht, ißt er nicht, trinkt nicht, uriniert nicht und scheidet keine Fäkalien aus, und das monatelang. Wird er durch irgendeinen Umstand geweckt, so ist er fast augenblicklich frisch und in der Lage, sich zu verteidigen.

Untersuchungen haben gezeigt, daß das Körperfett während des Winterschlafes der einzige Brennstoff des Bären ist. Die Oxidation des Fettes liefert genügend Energie, um die Körpertemperatur aufrechtzuerhalten, sie reicht auch für die Synthese von Aminosäuren und Proteinen und für andere energieverbrauchende Prozesse, wie den Transport durch Membranen. Wie wir gesehen haben (S. 571), werden durch die Fettoxidation auch große Mengen an Wasser freigesetzt, die die bei der Atmung verloren gegangene Wassermenge ersetzen. Der Abbau der Triacylglycerine liefert außerdem Glycerin, das in Blutglucose umgewandelt werden kann (über die Phosphorylierung zu Glycerinphosphat und die Oxidation zu Dihydroxyacetonphosphat). Der beim Aminosäureabbau gebildete Harnstoff wird reabsorbiert und recycliert, so daß die Aminogruppen für die Synthese neuer Aminosäuren verwendet werden können, wodurch die Körperproteine regeneriert und erhalten werden können.

Bären speichern während der Vorbereitungszeit auf den Winterschlaf enorme Mengen an Körperfett. Während des späten Früh-

Abbildung 21-14
Eine gut genährte Haselmaus kurz vor Beginn des Winterschlafes. Winterschlafende Tiere speichern große Mengen an Körperfett, das nicht nur als Nahrungsreserve, sondern auch zur Isolierung gegen die Kälte dient. Während des Winterschlafes rollt sich die Haselmaus zu einer Kugel zusammen. Dadurch hat sie das kleinstmögliche Verhältnis von Oberfläche zu Volumen und minimale Wärmeverluste.

Kasten 21-1 Eine ungewöhnliche biologische Funktion der Triacylglycerine.

Neuere Untersuchungen über die Anatomie und das Freßverhalten des Pottwales brachten eine weitere biologische Funktion der Triacylglycerine ans Tageslicht. Pottwale erreichen im Durchschnitt eine Länge von 18 m. Ihr Kopf ist sehr groß. Seine Länge macht ein Viertel der Gesamtlänge aus, sein Gewicht mehr als ein Drittel des gesamten Körpergewichtes (Abb. 1). Der Kopf enthält das *Walrat-Organ*, das etwa 90 % des Gewichtes des Kopfes ausmacht und sich über dem Oberkiefer befindet. Die speckige Masse dieses Organs besteht aus Bläschen, die von einem öligen Bindegewebe umgeben sind. Das Organ enthält bis zu 4 Tonnen Walrat, eine Mischung aus Triacylglycerinen mit einem Überschuß an ungesättigten Fettsäuren. Bei der normalen Körpertemperatur der ruhenden Wals, etwa 37 °C, ist dieses Öl flüssig, bei 31 °C beginnt es aber zu kristallisieren und wird bei einem weiteren Temperaturabfall um einige Grade fest.

Über die biologische Bedeutung des Walrats ist lange spekuliert worden, aber erst kürzlich war es möglich, aus Untersuchungen über die Anatomie und das Freßverhalten des Pottwales Rückschlüsse auf die wahrscheinliche Funktion dieses Öls zu ziehen. Pottwale leben fast ausschließlich von Tintenfischen, die in großer Tiefe leben. Bei der Nahrungssuche bleiben die Wale etwa 50 min untergetaucht. Danach brauchen sie nur 10 min an der Oberfläche zu bleiben, um ihren Sauerstoffvorrat wieder aufzufüllen und das CO_2 auszublasen. Pottwale können sehr tief tauchen, 1000 m und mehr. Der gemessene Rekord liegt bei 3000 m. In dieser Tiefe gibt es für den Pottwal keine Konkurrenten für die großen Mengen an Tintenfisch.

Während des Tauchens verbringt der Pottwal nur etwa 25 % der Zeit mit Herumschwimmen. Die restliche Zeit liegt er in großer Tiefe unbeweglich auf der Lauer und wartet auf Tintenfischschwärme, die er gierig verschlingt. Nun kommen wir auf den Walrat zurück. Will sich ein marines Tier in einer bestimmten Wassertiefe aufhalten, so muß es die gleiche Dichte haben wie das umgebende Wasser. Zu diesem Zweck haben manche Arten eine mit Luft oder Stickstoff gefüllte Schwimmblase, andere speichern Fett, das eine geringere Dichte als Seewasser hat. Der Pottwal aber ist in der Lage, seinen Auftrieb zu variieren. Er kann ihn der Dichte des Oberflächenwassers des tropischen Ozeans anpassen, aber

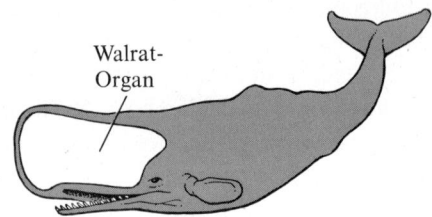

Abbildung 1
Seitenansicht eines Pottwals, die das von einer Kapsel umgebene große Walrat-Organ zeigt. Es befindet sich oberhalb des Oberkiefers in dem gewaltigen Kopf des Tieres.

auch der höheren Dichte des viel kälteren Wassers in großen Tiefen.

Der Schlüssel zur Erklärung dieses Phänomens liegt im Gefrierpunkt des Walrats. Wird die Temperatur des flüssigen Öls beim Tauchen um mehrere Grade gesenkt, so erstarrt es und seine Dichte nimmt zu. Dadurch kann der Auftrieb des Wales auf die größere Dichte des Wassers in der Tiefe eingestellt werden. Um ein schnelles Abkühlen des Öls während des Tauchens zu erreichen, ist das Walrat-Organ stark von Blutkapillaren durchzogen. Bevor das schnell zirkulierende Blut in diese Kapillaren gelangt, fließt es eine lange Strecke durch die Nase, die der Wal abschließen und während des Tauchens mit kaltem Wasser füllen kann. Dadurch wird das Absinken der Temperatur im Walrat-Organ beschleunigt. Während der Rückkehr zur Oberfläche wird das erstarrte Öl wieder angewärmt und geschmolzen, so daß seine Dichte abnimmt und der Wal eine Dichte erhält, die dem Oberflächenwasser entspricht.

Wir sehen also, daß die Evolution beim Pottwal eine bemerkenswerte anatomische und biochemische Anpassung hervorgebracht hat. Die vom Pottwal synthetisierten Triacylglycerine enthalten die Fettsäuren der passenden Länge und mit dem passenden Sättigungsgrad für den passenden Schmelzpunkt des Walrats. Dadurch kann das Tier mit einem minimalen Aufwand an Energie in großer Tiefe verweilen und Nahrung aufnehmen, ohne dauernd Schwimmbewegungen machen zu müssen.

---

jahrs und des Sommers nimmt ein Grizzlybär etwa 38 000 kJ/d zu sich. Wenn es auf den Winter zugeht, frißt er pro Tag 20 Stunden lang und nimmt dabei bis zu 85 000 kJ auf, ausgelöst durch jahreszeitlich bedingte Änderungen seiner Hormonsekretion. Aus den großen Mengen aufgenommener Kohlenhydrate werden während dieser Mastperiode große Mengen an Körper-Triacylglycerinen gebildet. Auch andere winterschlafende Tier, einschließlich der zierlichen Haselmaus, reichern große Mengen Körperfett an (Abb. 21-14). Das Kamel, obwohl kein Winterschläfer, kann ebenfalls große

Mengen Triacylglycerine synthetisieren und in seinem Höcker speichern. Sie dienen unter den Lebensbedingungen in der Wüste als Stoffwechselquelle sowohl für Energie als auch für Wasser.

Gespeicherte Triacylglycerine können auch weitere wichtige biologische Bedeutungen haben. Wir haben gesehen, daß arktische Seehunde und Walrosse zur Isolierung dicke Fettschichten unter der Haut tragen (S. 341). Im Kopf des Pottwals werden Triacylglycerine für einen ganz anderen Zweck gespeichert (Kasten 21-1).

Für die Biosynthese von Phosphoglyceriden wird eine Kopfgruppe gebraucht

Lassen Sie uns nun die Synthese der Membranlipide untersuchen. Die Phosphoglyceride *Phosphatidylethanolamin* und *Phosphatidylcholin*, die Hauptkomponenten der Membranlipide, werden, wie das Schema in Abb. 21-15 zeigt, ebenfalls aus 1,2-Diacylglycerinen hergestellt. Bei der Synthese der Phosphoglyceride werden ihre charakteristischen Kopfgruppen (S. 342) über bisher noch nicht besprochene Zwischenprodukte und enzymatische Reaktionen hergestellt. Bei der Synthese von Phosphatidylethanolamin wird das *Phosphoetha-*

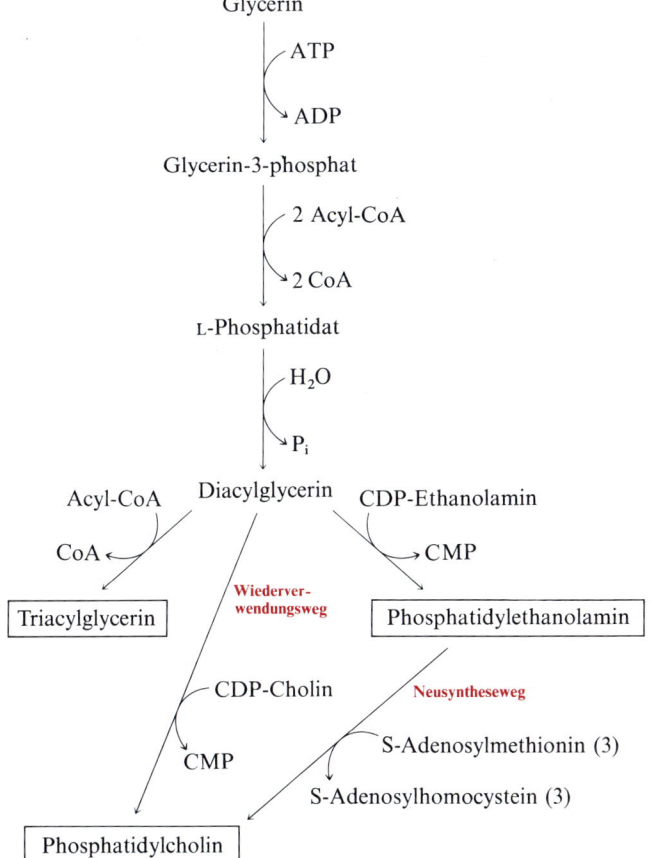

Abbildung 21-15
Schematische Übersicht über die Synthesewege der Glycerolipide, die zeigt, daß die Triacylglycerine und die hauptsächlichen glycerinhaltigen Phospholipide gemeinsame Vorstufen besitzen.
Die an der Biosynthese der Phosphoglyceride aus Diacylglycerinen beteiligten Enzyme sind fest an das endoplasmatische Reticulum gebunden.

nolamin durch eine Reaktion eingeführt, bei der Diacylglycerin mit *Cytidindiphosphatethanolamin* reagiert, das vorher aus drei Vorstufen hergestellt weden muß, aus *Ethanolamin*, *ATP* und *Cytidintriphosphat* (CTP, S. 430). Im ersten dieser Schritte wird mit Hilfe der *Ethanolamin-Kinase* Phosphoethanolamin gebildet:

$$\text{ATP} + \text{Ethanolamin} \xrightarrow{\text{Mg}^{2+}} \text{ADP} + \text{Phosphoethanolamin}$$

Das Phosphoethanolamin reagiert dann mit CTP und mit Hilfe der *Phosphoethanolamin-Cytidyltransferase* zu *Cytidinphosphat-ethanolamin* und Diphosphat (Abb. 21–16):

$$\text{CTP} + \text{Phosphoethanolamin} \rightarrow \text{CDP-Ethanolamin} + \text{PP}_i$$

Diese Kopfgruppe wird nun durch das Enzym *Ethanolamin-Phosphotransferase* an das Diacylglycerin gebunden, wobei Phosphatidylethanolamin entsteht (Abb. 21-17):

CDP-Ethanolamin + Diacylglycerin →
$$\quad\text{Phosphatidylethanolamin} + \text{CMP}$$

So wie ATP ein Träger für aktivierte Phosphatgruppen ist und UDP-Glucose ein Träger für Glucosylgruppen, ist CDP-Ethanolamin ein Träger für aktivierte Phosphoethanolamin-Gruppen. Wir haben hier ein weiteres Beispiel für die Funktion von Nucleotiden, spezifische chemische Gruppen zu transportieren. Die Cytidinnucleotide sind für ihre Rolle absolut spezifisch; CTP kann in tierischem Gewebe durch kein anderes Nucleosid-5′-triphosphat ersetzt werden. Die zentrale Bedeutung der Cytidinnucleotide für die Lipidbiosynthese wurde von Eugene P. Kennedy entdeckt.

Phosphatidylcholin wird über zwei verschiedene Wege gebildet

Der eine Weg der Phosphatidylcholin-Biosynthese wird die *De-novo-Synthese* genannt, da sie nicht auf bereits vorhandenes Cholin als Vorstufe angewiesen ist. Auf diesem De-novo-Weg (Abb. 21-15) wird der Cholin-Anteil des Phosphatidylcholin-Moleküls nicht als solcher in das Molekül eingeführt, sondern er wird in drei Methylierungsschritten aus dem Ethanolamin-Teil des Phosphatidylethanolamins gebildet. Methylgruppendonor ist das *S-Adenosylmethionin* (SAM, Abb. 21-18), eine aktivierte Form des Methionins, in der die Methylgruppe besonders reaktiv ist. Die Reaktionen sind:

Phosphatidylethanolamin + *S*-Adenosylmethionin →
$$\quad\text{Phosphatidylmonomethylethanolamin} + S\text{-Adenosylhomocystein}$$

Phosphatidylmonomethylethanolamin + SAM →
$$\quad\text{Phosphatidyldimethylethanolamin} + S\text{-Adenosylhomocystein}$$

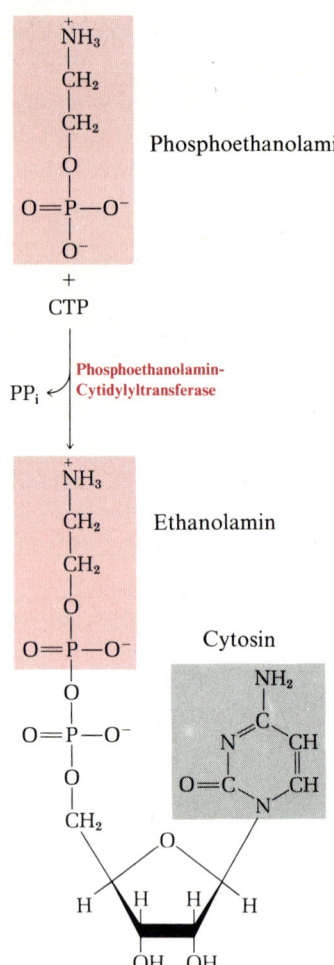

Abbildung 21-16
Die Bildung von Cytidindiphosphatethanolamin (a). Cytidindiphosphatcholin entsteht auf ähnliche Weise aus Phosphocholin (b).

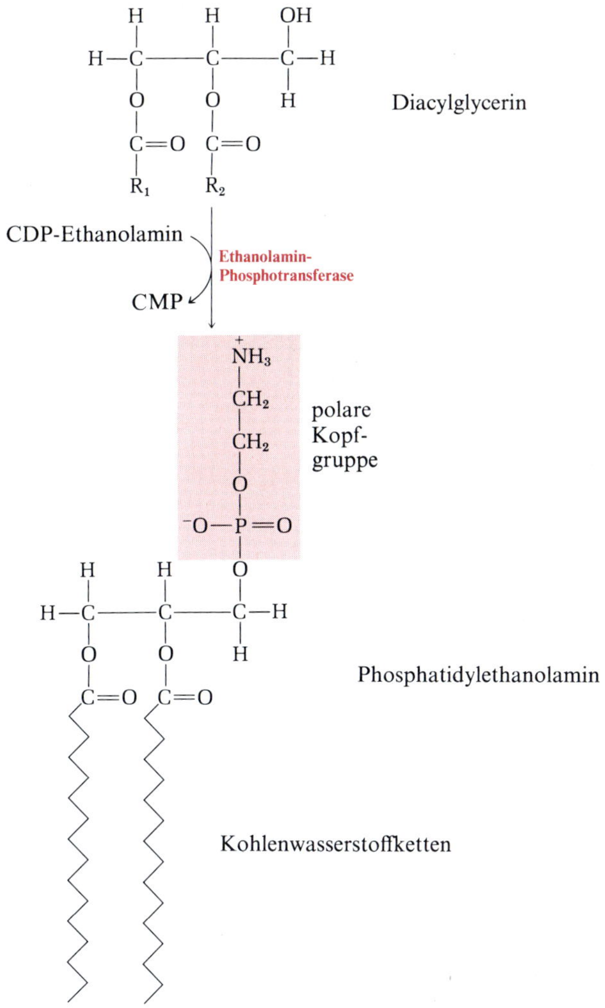

Abbildung 21-17
Die Bildung von Phosphatidylethanolamin aus CDP-Ethanolamin und Diacylglycerin. Die langen Kohlenwasserstoffketten der Fettsäure-Acylgruppen sind durch Zickzack-Linien dargestellt.

Phosphatidyldimethylethanolamin + SAM →
    Phosphatidylcholin + S-Adenosylhomocystein

Der andere Weg der Phosphatidylcholin-Synthese beruht auf der Wiedergewinnung des beim Stoffwechselabbau von Phosphatidylcholin freigesetzten Cholins. Dieser *Wiederverwendungsweg* (s. Abb. 21-15) ist dem Syntheseweg für Phsophatidylethanolamin sehr ähnlich. Das freie Cholin wird zunächst durch ATP mit Hilfe der *Cholin-Kinase* zu *Phosphocholin* aktiviert:

$$\text{ATP} + \text{Cholin} \xrightarrow{\text{Mg}^{2+}} \text{ADP} + \text{Phosphocholin}$$

Dann reagiert das Phosphocholin mit CTP zu *Cytidindiphosphatcholin*:

$$\text{CTP} + \text{Phosphocholin} \rightarrow \text{CDP-Cholin} + \text{PP}_i$$

Das CDP-Cholin reagiert mit 1,2-Diacylglycerin zu Phosphatidylcholin:

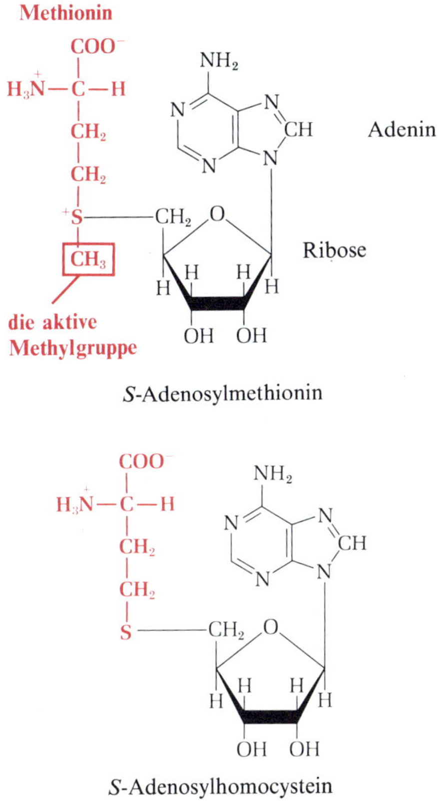

Abbildung 21-18
S-Adenosylmethionin (SAM) und sein Demethylierungsprodukt S-Adenosylhomocystein.

CDP-Cholin + 1,2-Diacylglycerin → CMP + Phosphatidylcholin

Viele höhere Tiere brauchen diesen Wiederverwendungsweg, weil ihre Möglichkeiten, Phosphatidylcholin über den De-novo-Weg herzustellen, begrenzt sind. Die Begrenzung beruht darauf, daß die erforderlichen Methylgruppen als *S*-Adenosylmethionin vorliegen müssen, das sich von der essentiellen Aminosäure Methionin ableitet. Ist die Aufnahme von Methionin mit der Nahrung gering, so ist die Kapazität zur Methylierung von Phosphatidylethanolamin und bestimmter anderer Methylgruppenakzeptoren begrenzt. Der Organismus scheut in diesem Fall keine Anstrengung, frei gewordenes Cholin wiederzuverwenden, das ja bereits methyliert ist. Bei unzureichender Methionin-Aufnahme kann dieses Defizit sogar teilweise durch das in der Nahrung vorliegende Cholin ausgeglichen werden, so daß das *Cholin* unter solchen Ernährungsbedingungen die Rolle eines *Hilfsvitamins* spielt (Kapitel 26).

Andere, an Membranen gebundene Phospholipide (Tab. 21-2), wie *Phosphatidylserin*, *Phosphatidylinosit* und *Cardiolipin* (S. 343) werden auf ähnliche Weise wie Phosphatidylcholin aus Diacylglycerinen und CDP-Derivaten hergestellt.

Tabelle 21-2 Die hauptsächlichen Membranlipide in tierischen Zellen (vgl. Kapitel 12).

Phosphatidylcholin
Phosphatidylethanolamin
Phosphatidylserin
Cardiolipin
Sphingomyelin
Cerebroside
Ganglioside

Polare Lipide werden in Zellmembranen eingebaut

Polare Lipide, also die gerade behandelten Phosphoglyceride sowie die Sphingolipide und Glycolipide werden nicht zu Speicherzwecken in Fettzellen abgelagert, sondern in ganz bestimmten Mengenverhältnissen in die Zellmembranen eingebaut. Die Phosphoglyceride, die im endoplasmatischen Reticulum entstehen, werden zum größten Teil in die Lipid-Doppelschichten des Reticulums eingebaut, das besonders in Leber und Pankreas eine ziemlich ausgedehnte Gesamtfläche besitzt.

Die Membran des endoplasmatischen Reticulums wiederum ist

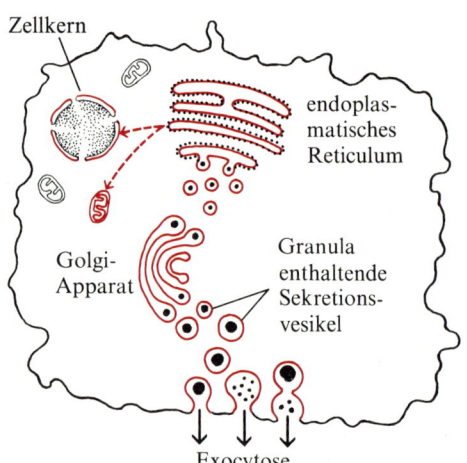

Abbildung 21-19
Nach ihrer Synthese werden die verschiedenen polaren Lipidmoleküle in spezifischen Mengenverhältnissen in die Lipid-Doppelschichten der Zellmembranen eingebaut. Der Hauptweg der polaren Lipide verläuft über die Doppelschicht des endoplasmatischen Reticulums und von dort aus Schritt für Schritt in die Membranen der Golgi-Apparate und der Sektretionsvesikeln sowie in die Plasmamembran. Im endoplasmatischen Reticulum gebildete Lipide können mit Hilfe spezifischer Proteine durch das Cytosol transportiert werden, um in die Mitochondrienmembran eingebaut zu werden. Der Weg der Membranlipide ist farbig dargestellt.

der Vorläufer für die Membran des Golgi-Apparates, von dem sich laufend Membranvesikel abschnüren und sich auf den Weg zur Plasmamembran machen, wohin sie Sekretionsprodukte transportieren (Abb. 21-19). Diese Vesikel verschmelzen oft mit der Plasmamembran. Phosphoglyceride können auch von Carrierproteinen aus dem endoplasmatischen Reticulum in die Mitochondrien transportiert werden. Auf diese Weise kommte es zu einem gerichteten Fluß neusynthetisierter polarer Lipide in die verschiedenen Arten von Zellmembranen.

Im Lipidstoffwechsel kommen genetische Defekte vor

Alle polaren Lipide der Membranen unterliegen einem konstanten Stoffwechsel-Turnover. Sie befinden sich in einem dynamischen Gleichgewicht, in dem die Geschwindigkeit, mit der sie synthetisiert werden, durch eine gleich große Abbaugeschwindigkeit aufgewogen wird. Der Abbau der Lipide erfolgt mit Hilfe von Hydrolyse-Enzymen, von denen jedes eine spezifische kovalente Bindung hydrolysieren kann. Der Abbau von Phosphatidylcholin einem der Haupt-Membranlipide, erfolgt z. B. durch die Wirkung mehrerer verschiedener Phospholipasen, deren Angriffspunkte in Abb. 21-20 gezeigt sind.

Der Stoffwechsel der Membran-Sphingolipide, zu denen Sphingomyelin, Cerebroside und Ganglioside gehören (S. 344), neigt besonders zu genetischen Defekten der an ihrem Abbau beteiligten Enzyme. Als Folge dieser Defekte reichern sich die Sphingolipide oder ihre Abbauprodukte in großen Mengen in den Geweben an; denn ihre Synthese erfolgt mit normaler Geschwindigkeit, aber ihr Abbau ist unterbrochen. Bei einer seltenen genetischen Abweichung, der *Niemann-Pick-Krankheit* reichert sich Sphingomyelin in Gehirn, Milz und Leber an. Die Krankheit wird im Kleinkindalter erkennbar und führt zu Störungen der geistigen Entwicklung und einem frühen Tod. Sie wird durch einen genetischen Schaden am Sphingomyelin-abbbauenden Enzym *Sphingomyelinase* verursacht, das das Phosphocholin vom Sphingomyelin abspaltet (Strukturformel s. S. 346).

Viel stärker verbreitet ist das *Tay-Sachs-Syndrom*, bei dem sich eine bestimmte Art von Gangliosid in Gehirn und Milz anreichert, bedingt durch den Ausfall des lysosomalen Enzyms *N-Acetylhexosaminidase*, einem abbauenden Enzym, das normalerweise eine spezifische Bindung zwischen einem N-Acetyl-D-galactosamin- und einem D-Galactoserest im polaren Kopfteil des Gangliosids spaltet (Abb. 21-21). Als Folge davon kommt der Abbau des Gangliosids auf einem Zwischenschritt zum Stillstand und es reichern sich große Mengen des teilabgebauten Gangliosids an. Dadurch kommt es zu

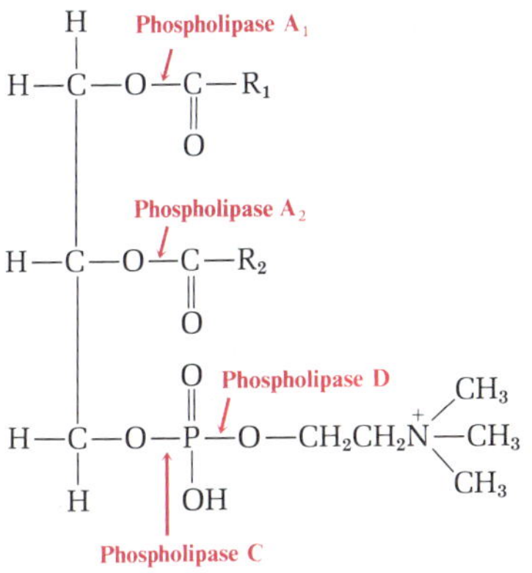

Abbildung 21-20
Die Angriffspunkte der Phospholipasen am Phosphatidylcholin. R_1 und R_2 sind langkettige Acylgruppen.

Tabelle 21-3 Einige lysosomale Krankheiten.
Die meisten lysosomalen Krankheiten beruhen auf Defekten bei Enzymen, die an der Hydrolyse oder dem Abbau komplexer Lipide, Glycogene, Glycoproteine oder Proteoglycane beteiligt sind.

Krankheit	Defektes Enzym
Fabry-Syndrom	Trihexosylceramid-Galactosylhydrolase
Gangliosidose	β-Galactosidase
Gaucher-Krankheit	Glucocerebrosidase
Hurler-Syndrom	α-L-Iduronidase
Krabbe-Syndrom	Galactosylceramid-β-Galactosylhydrolase
Mannosidose	α-Mannosidase
Niemann-Pick-Krankheit	Sphingomyelinase
Tay-Sachs-Syndrom	N-Acetylhexosaminidase
Glycogen-Speicherkrankheiten (Typ I, II und III)	S. Tab. 20-3, S. 634

des Sphingolipid-Abbaus hat daher eine Störung der Funktion der Gehirnzellen zur Folge.

Ein anderes Beispiel für lysosomale Erkrankungen ist die *Hurler-Krankheit* oder der *Gargoylismus*, bei dem ein Enzym defekt ist, das am Abbau des sauren Mucopolysaccharid-Anteils bestimmter Proteoglycane (S. 328) beteiligt ist, so daß sich teilabgebaute Produkte ansammeln. Kinder mit dieser Krankheit haben entstellte Gesichtszüge mit dicken Wülsten in der Haut, die reich an Proteoglycanen sind. Sie sind geistig gestört, erblinden und sterben früh.

Zur Zeit wird viel Forschungsarbeit darauf verwendet, genetische Defekte an lysosomalen Enzymen mit Hilfe biochemischer Technologien zu beheben. Hauptziel dabei ist, das defekte Enzym durch die normale, katalytisch aktive Form zu ersetzen. Man kann z. B. das genetisch defekte Enzym der Hurler-Krankheit in lebenden, von Patienten gewonnenen Zellen *in vitro* dadurch korrigieren, daß man aktives Enzym aus normalen Zellen hinzugibt. Man sieht sich aber großen Schwierigkeiten gegenüber, wenn man ein normales Enzym in den Körper einbringen will, damit es dort das defekte lysosomale Enzym ersetzt. Das normale Enzym muß menschlichen Ursprungs sein oder doch wenigstens für das menschliche Immunsystem verträglich (kompatibel). Außerdem muß es in der Weise eingeführt werden, daß es in die Lysosomen derjenigen spezifischen Zellen gelangt, in denen sich der genetische Defekt manifestiert hat. Ein anderes, in Kapitel 30 zu besprechendes Konzept läuft darauf hinaus, das normale Gen für das betroffene Enzym in die Chromosomen einzuführen, so daß die Zelle das normale aktive Enzym mit Hilfe der zugeführten Information synthetisieren und auch den Eintritt des neuen Enzyms in die Lysosomen steuern kann.

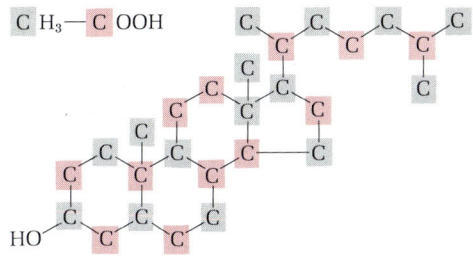

Abbildung 21-23
Herkunft der Kohlenstoffatome des Cholesterin-Moleküls, abgeleitet aus Markierungsversuchen mit Acetat, das entweder am Methyl-Kohlenstoff (grau unterlegt) oder am Carboxyl-Kohlenstoff markiert war (farbig unterlegt).

Auch Cholesterin und andere Steroide werden aus C_2-Vorstufen hergestellt

Cholesterin ist nicht nur ein wichtiger Bestandteil einiger Zellmembranen (S. 352) oder Plasma-Lipoproteine (S. 348), sondern auch die Vorstufe für viele andere, biologisch wichtige Steroide, wie Gallensäuren und verschiedene Steroidhormone. Wie die langkettigen Fettsäuren wird auch Cholesterin aus Acetyl-CoA aufgebaut, aber die Acetylgruppen werden auf eine andere Art miteinander verknüpft. Das ließ sich aus Isotopenmarkierungsversuchen ableiten, bei denen zwei Arten von markiertem Acetat an Tiere verfüttert wurden; die eine war im Methyl-Kohlenstoff und die andere im Carboxyl-Kohlenstoff ^{14}C-markiert. Das markierte Cholesterin wurde isoliert und Stufe für Stufe mit Hilfe bekannter chemischer Reaktionen zu den ebenfalls bekannten Produkten abgebaut. Die Bestimmung der Radioaktivität dieser Produkte zeigte dann, wo die C-Atome aus den Methylgruppen und wo die C-Atome aus den Carboxylgruppen des Acetats im Cholesterin-Molekül lokalisiert waren. Das Ergebnis dieser Pionierarbeiten von Konrad Bloch, Robert Woodward und anderen ist in Abb. 21-23 dargestellt. Auf Grund dieses Ergebnisses konnten die einzelnen enzymatischen Schritte der mehrstufigen Cholesterinbiosynthese erarbeitet werden (Abb. 21-24).

Die erste Stufe der Cholesterinbiosynthese führt über die nachstehende Reaktionsfolge zum Zwischenprodukt *Mevalonsäure* (Abb. 21-25):

Acetyl-CoA + Acetyl-CoA $\xrightarrow{\text{Thiolase}}$ Acetacetyl-CoA + CoA

Acetacetyl-CoA + Acetyl-CoA + H_2O $\xrightarrow{\text{Synthase}}$
3-Hydroxy-3-methylglutaryl-CoA + CoA + H^+

3-Hydroxy-3-methylglutaryl-CoA + 2 NADPH + 2 H^+
$\xrightarrow{\text{Hydroxymethyl-glutaryl-CoA-Reduktase}}$ Mevalonat + CoA + 2 NADP$^+$

In der nächsten Reaktionsfolge werden drei Phosphatgruppen an das Mevalonat gebunden. Danach verliert das phosphorylierte Me-

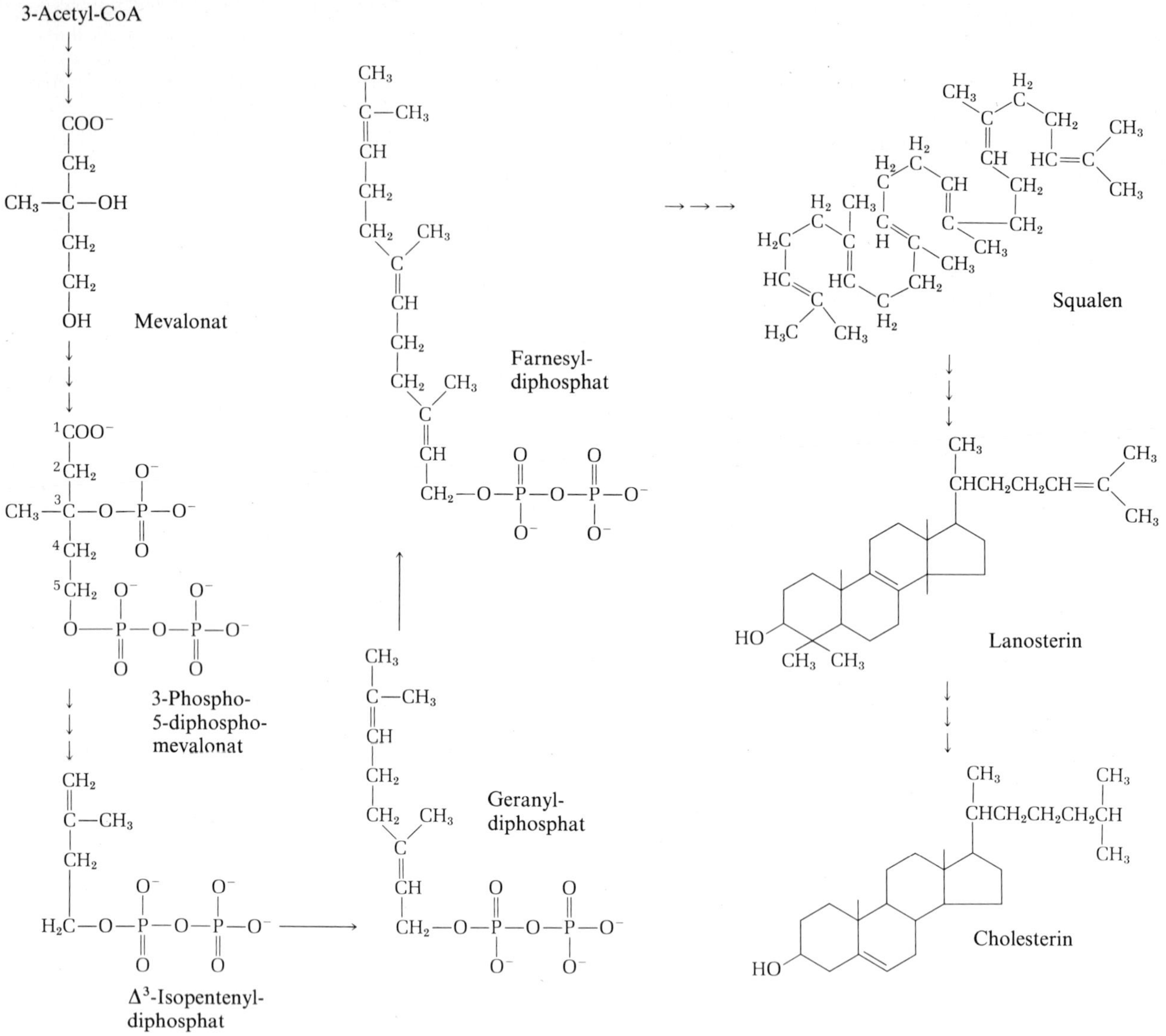

Abbildung 21-24
Verschiedene Schritte der Cholesterinbiosynthese. Drei Moleküle Acetyl-CoA verbinden sich zu Mevalonat, das zu 3-Phospho-5-diphosphomevalonat phosphoryliert wird. Nach Abspaltung von CO_2 und Phosphat entsteht 3-Isopentenyldiphosphat. Sechs Moleküle dieser Verbindung werden stufenweise zu dem linearen Kohlenwasserstoff Squalen zusammengebaut. Squalen cyclisiert zu Lanosterin, das schließlich in Cholesterin umgewandelt wird.

valonat eine Carboxylgruppe und ein Paar Wasserstoffatome, so daß Δ^3-Isopentenyldiphosphat entsteht (Abb. 21-26), eine aktivierte Form der *Isopreneinheit* (S. 292). Danach werden unter Verlust der Phosphatgruppen sechs Isopentenylgruppen zum Kohlenwasserstoff *Squalen* zusammengebaut (Abb. 21-27), der aus 30 Kohlenstoffatomen besteht, von denen sich 24 in der Kette und 6 in den Methylgruppen-Seitenketten befinden. Squalen wurde zuerst aus der Leber von Haifischen der Art *Squalus* isoliert.

In der dritten Stufe der Cholesterinbiosynthese wird die lineare Struktur des Squalens zum *Lanosterin* gefaltet und cyclisiert, das bereits die für Steroide charakteristischen kondensierten Ringe enthält (Abb. 21-24). Lanosterin wird schließlich in einer vierten Folge von Reaktionen in Cholesterin umgewandelt. Für die Aufklärung dieses ungewöhnlichen Biosyntheseweges, der einer der komplexesten ist, die man kennt, erhielten der Amerikaner Konrad Bloch, der Deutsche Feodor Lynen und der Engländer John Cornforth 1964 den Nobelpreis.

Auch die Regulation der Cholesterinbiosynthese ist komplex. Der geschwindigkeitsbestimmende Schritt liegt ziemlich am Anfang der Reaktionsfolge. Es ist die Reaktion, bei der Hydroxymethylglutaryl--CoA zu Mevalonat umgewandelt wird (Abb. 21-25). Das die Reaktion katalysierende Enzym (*Hydroxymethylglutaryl-CoA-Reduktase*) ist ein komplexes Regulationsenzym, dessen Aktivität über einen Bereich von zwei Zehnerpotenzen modulierbar ist. Es wird von Cholesterin, sowie von Mevalonat gehemmt. Das Enzym ist im endoplasmatischen Reticulum lokalisiert und kommt in einer phosphorylierten (inaktiven) und einer dephosphorylierten (aktiven) Form vor. Die Cholesterinbiosynthese wird außerdem durch die Konzentration eines spezifischen Proteins, des *Sterin-Carrier-Proteins* kontrolliert, das die wasserlöslichen Zwischenprodukte bindet und sie so für die aufeinanderfolgenden enzymatischen Schritte zugänglich macht. Die Geschwindigkeit der Cholesterinbiosynthese wird nicht nur durch die Gewebsspiegel an Cholesterin und anderen Steroiden beeinflußt, sondern auch durch Fasten und durch die täglichen Schwankungen in der Nahrungsaufnahme, und sie ist bei Tieren mit Krebs verändert. Sie wird auch gehemmt, wenn bestimmte Choleste-

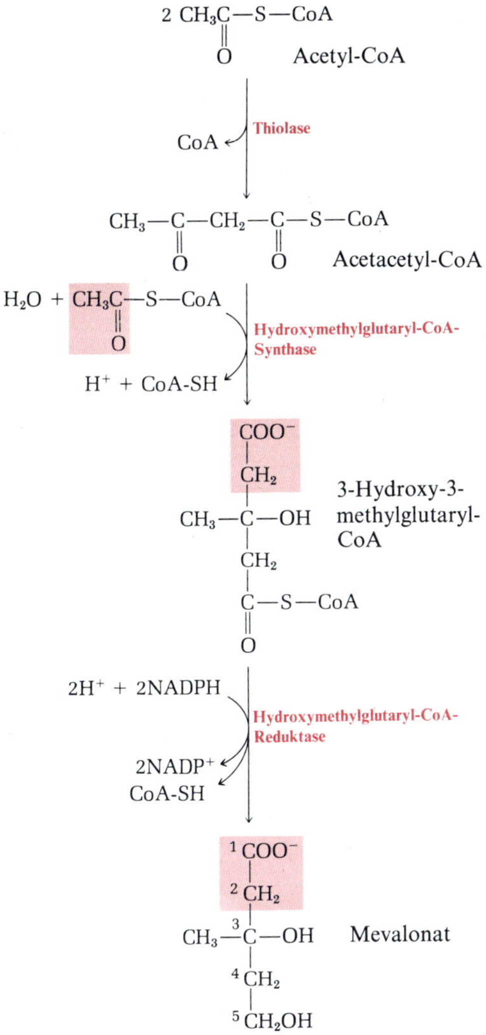

Abbildung 21-25
Die Bildung von Mevalonat aus Acetyl-CoA. Die Herkunft der C-Atome 1 und 2 des Mevalonats aus dem Acetyl-CoA ist durch Farbe gekennzeichnet.

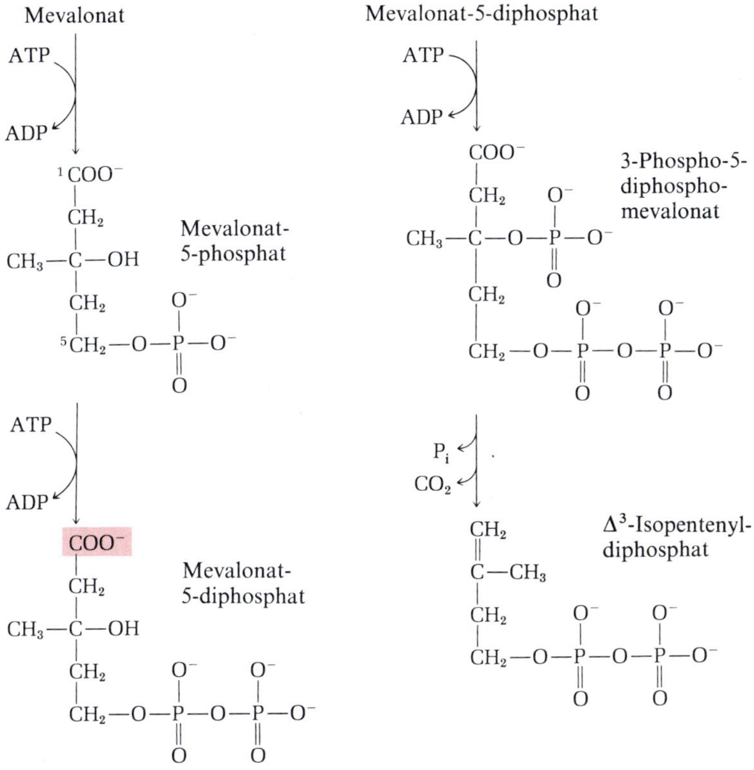

Abbildung 21-26
Die Umwandlung von Mevalonat in Δ^3-Isopentenyldiphosphat, die aktivierte Isopreneinheit. Sechs dieser Einheiten werden zu einem Molekül zusammengebaut.

rin enthaltende Plasma-Lipoproteine an spezifische Rezeptoren der Zelloberfläche gebunden werden.

Eine fehlerhafte Regulation der Cholesterinbiosynthese ist einer der Faktoren, die an der Entstehung der Arteriosklerose beteiligt sind, bei der es zu cholesterin- und lipidreichen Ablagerungen in Arterien und Arteriolen kommt. Diese Ablagerungen können den Blutstrom einengen und Herz- oder Schlaganfälle verursachen, wenn es dadurch zu einer Unterversorgung des Gewebes mit Sauerstoff kommt (Kapitel 26).

Isopentenyldiphosphat ist die Vorstufe für viele andere lipidlösliche Biomoleküle

Das aus Acetyl-CoA gebildete Isopentenyldiphosphat ist der aktivierte Baustein für viele wichtige Biomoleküle, die Isopreneinheiten enthalten (Abb. 21-28). Dazu gehören die Vitamine A, E und K, die Carotinoide, Gummi, Guttapercha, Chlorophyll (Kapitel 23), viele duftende Öle, wie Zitronenöl, Eukalyptus- und Moschusöl, sowie die Kohlenwasserstoffe, die im Terpentinöl gefunden werden.

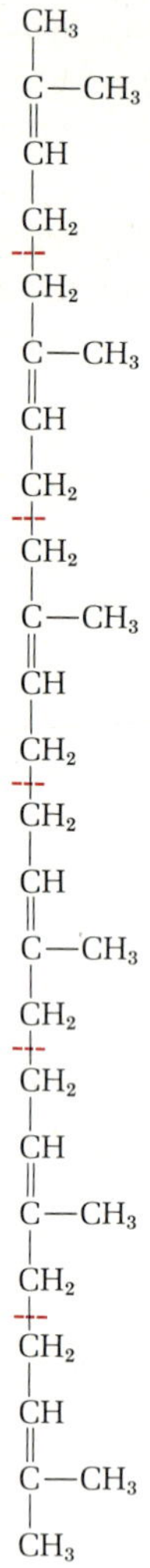

Abbildung 21-27
Squalen, ein aus 30 Kohlenstoffatomen bestehender Isoprenoid-Kohlenwasserstoff, ist die Vorstufe von Lanosterin und Cholesterin. Die Isopreneinheiten sind durch farbige Striche voneinander abgesetzt.

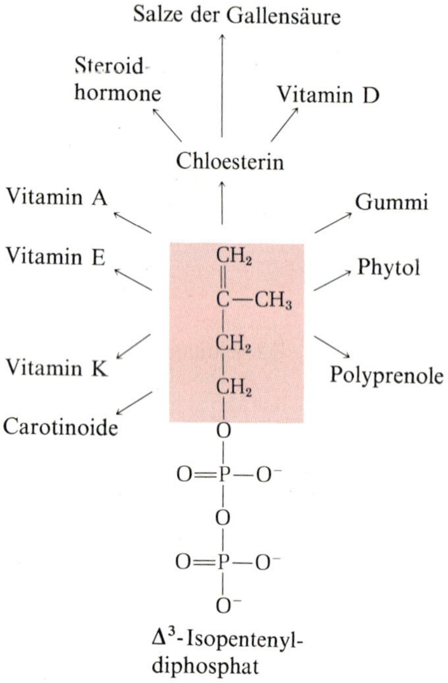

Abbildung 21-28
Isopentenyldiphosphat ist eine Vorstufe für zahlreiche Verbindungen, die zu den Isoprenoiden gerechnet werden. Bei ihnen sind die Isopreneinheiten (farbig unterlegt) auf verschiedene Weise zu langen Ketten oder Ringen verknüpft.

Zusammenfassung

Langkettige gesättigte Fettsäuren werden mit Hilfe eines cytosolischen Enzymkomplexes aus Acyl-CoA aufgebaut. Ein Bestandteil des Komplexes ist das Acetyl-Carrier-Protein (ACP, bzw. ACP-SH), das Phosphopantethein als prosthetische Gruppe enthält und als Carrier für die Acyl-Zwischenprodukte dient. Der Enzymkomplex enthält noch eine zweite Art von essentiellen SH-Gruppen, u. zw. die eines Cysteinrestes der Fettsäure-Synthase. An diese SH-Gruppe wird die Acetylgruppe des Acetyl-CoA gebunden und bildet mit dem (aus Malonyl-CoA und ACP-SH entstandenen) Malonyl-S-ACP unter Freisetzung von CO_2 Acetacetyl-S-ACP. Auf die Reduktion zum D-3-Hydroxy-Derivat und die Wasserabspaltung zum trans-Δ^2-ungesättigten Acyl-S-ACP folgt die Reduktion zum Butyryl-S-ACP mit Hilfe von NADPH. Sechs weitere Moleküle Malonyl-CoA reagieren nacheinander mit dem Carboxylende der wachsenden Fettsäurekette. Es entsteht Palmitoyl-S-ACP, das Endprodukt der durch den Fettsäure-Synthase-Komplex katalysierten Reaktionsfolge. Die Palmitinsäure wird dann durch Hydrolyse freigesetzt. Sie kann zur 18 C-Atome enthaltenden Stearinsäure verlängert werden. Palmitin- und Stearinsäure wiederum können mit Hilfe mischfunktioneller Oxygenasen in die ungesättigten Verbindungen Palmitinsäure und Ölsäure umgewandelt werden. Säuger können keine Linolsäure synthetisieren und müssen sie aus pflanzlicher Nahrung aufnehmen. Diese exogene Linolsäure können Sie zu Arachidonsäure umsetzen, die wiederum die Vorstufe für die Prostaglandine ist.

Triaglycerine entstehen durch die Reaktion von zwei Molekülen Acyl-CoA mit Glycerin-3-phosphat zu Phosphatidsäure, die zu Diacylglycerin dephosphoryliert wird. Das Diacylglycerin wird dann durch ein drittes Molekül Acyl-CoA zum Triacylglycerin acyliert. Diacylglycerine sind außerdem die wichtigsten Vorstufen für die Phosphoglyceride. Zunächst wird die Kopfgruppe von Phosphatidylethanolamin gebildet, und zwar durch die Reaktion von Cytidintriphosphat (CTP) mit Phosphoethanolamin zu Cytidindiphosphatethanolamin, dessen Phosphoethanolamingruppe dann unter Bildung von Phosphatidylethanolamin auf das Diacylglycerin übertragen wird. Phosphatidylcholin entsteht entweder durch Methylierung von Phosphatidylethanolamin oder durch Reaktion von Diacylglycerin mit Cytidindiphosphatcholin. Auch Cholesterin wird aus Acetyl-CoA aufgebaut. Die sehr komplexe Reaktionsfolge führt über die wichtigen Zwischenprodukte Hydroxymethylglutaryl-CoA, Mevalonat und den linearen Kohlenwasserstoff Squalen, der dann mit seiner Seitenkette zum Steroid-Ringsystem cyclisiert. Die Cholesterinbiosynthese wird durch Cholesterin in der Nahrung gehemmt.

Aufgaben

1. *Die Rolle des Kohlenstoffdioxids bei der Fettsäuresynthese.* Kohlenstoffdioxid nimmt an der Fettsäurebiosynthese unmittelbar teil. Welche spezifische Rolle spielt es? Wenn eine lösliche Leberfraktion mit $^{14}CO_2$ und anderen für die Fettsäurebiosynthese nötigen Komponenten inkubiert wird, enthält das dabei gebildete Palmitat dann ^{14}C?

2. *Der Weg des Kohlenstoffs bei der Fettsäurebiosynthese.* Geben Sie für die folgenden experimentellen Beobachtungen eine Erklärung auf Grund Ihrer Kenntnisse über die Fettsäurebiosynthese:
   (a) Nach Zugabe von gleichmäßig an allen C-Atomen markiertem [^{14}C]Acetyl-CoA zu einer löslichen Leberfraktion erhielt man gleichmäßig markiertes Palmitat.
   (b) Dagegen erhielt man nach Zugabe von nur einer *Spur* an gleichmäßig markiertem [^{14}C] Acetyl-CoA zu einer löslichen Leberfraktion in Gegenwart eines Überschusses an Malonyl-CoA ein Palmitat, das nur in C-15 und C-16 markiert war.

3. *Die Summengleichung der Fettsäuresynthese.* Formulieren Sie die Summengleichung für die Biosynthese von Palmitat in Rattenleber, beginnend mit mitochondrialem Acetyl-CoA und cytosolischem NADPH, ATP und CO_2.

4. *Der Weg des Wasserstoffs bei der Fettsäuresynthese.* Stellen Sie sich eine Präparation vor, die alle Enzyme und Cofaktoren enthält, die für eine Fettsäurebiosynthese aus zugefügtem Acetyl-CoA und Malonyl-CoA nötig sind.
   (a) Zu diesem System werden als Substrate Acetyl-CoA, das mit Deuterium (einem Wasserstoffisotop) markiert ist,

   $$CD_3-C\overset{O}{\underset{S-CoA}{\diagdown}}$$

   sowie ein Überschuß an unmarkiertem Malonyl-CoA zugegeben. Wieviele Deuteriumatome werden in jedes Molekül Palmitat eingebaut? Wo sind sie lokalisiert?
   (b) Wenn unmarkiertes Acetyl-CoA und Deuterium-markiertes Malonyl-CoA

   $$^-OOC-CD_2-C\overset{O}{\underset{S-CoA}{\diagdown}}$$

   als Substrate zugegeben werden, wieviele Deuteriumatome werden dann in jedes Molekül Palmitat eingebaut? Wo sind sie lokalisiert?

5. *Die Erzeugung von NADPH für die Fettsäurebiosynthese.* Da die innere Mitochondrienmembran für Acetyl-CoA nicht durchlässig

ist, werden die Acetylgruppen über einen „Shuttle" auf dem in Abb. 21-3 dargestellten Weg in das Cytosol gebracht. Das Cytosol enthält eine NADPH-abhängige Malat-Dehydrogenase, die folgende Reaktion katalysiert:

Malat + NADP$^+$ → Pyruvat + CO_2 + NADPH + H$^+$

Konstruieren Sie das Schema für einen Shuttle, der cytosolisches NADPH bildet. Nehmen Sie an, daß die innere Mitochondrienmembran für Pyruvat durchlässig ist (sowie auch für Citrat und Malonat). Verwenden Sie das NADP-anhängige Malat-Enzym und andere Enzyme, von denen bekannt ist, daß sie sich in den Mitochondrien bzw. im Cytosol befinden. Formulieren Sie die Summengleichung für den Transfer der Acetylgruppen aus den Mitochondrien ins Cytosol.

6. *Die Modulation der Acetyl-CoA-Carboxylase.* Die Acetyl-CoA-Carboxylase ist das wichtigste Regulationsenzym für die Biosynthese der Fettsäuren. Einige seiner Eigenschaften werden nachstehend beschrieben:
    (a) Durch Zugabe von Citrat oder Isocitrat steigt der V_{max}-Wert auf das 10fache.
    (b) Das Enzym kommt in zwei gegenseitig ineinander umwandelbaren Formen vor, die sich deutlich in ihrer Aktivität unterscheiden.

    Protomer ⇌ filamentöses Polymer
    (inaktiv)   (aktiv)

    Citrat und Isocitrat werden bevorzugt an die filamentöse Form gebunden, während Palmitoyl-CoA bevorzugt an das Protomer gebunden wird.
    Erklären Sie den Zusammenhang zwischen diesen Eigenschaften und der Rolle, die die Acetyl-CoA-Carboxylase bei der Regulation der Fettsäurebiosynthese hat.

7. *Der Preis der Triacylglycerinsynthese.* Stellen Sie für die Biosynthese von Tripalmitin aus Glycerin und Palmitinsäure die Summengleichung auf und zeigen Sie, wieviele Moleküle ATP pro Molekül Tripalmititn gebraucht werden.

8. *Der Energieaufwand für die Synthese von Phosphatidylcholin.* Formulieren Sie die Folge der Einzelschritte sowie die Summengleichung für die Biosynthese von Phosphatidylcholin über den Wiedergewinnungsweg aus Ölsäure, Palmitinsäure, Dihydroxyacetonphosphat und Cholin. Wie hoch ist der Preis für die Phosphatidylcholin-Synthese über diesen Weg in Form verbrauchter ATP-Moleküle, wenn Sie von den oben angegebenen Substraten ausgehen?

9. *Die Behandlung von Hypercholesterinämie.* In Pflanzen wird kein Cholesterin synthetisiert, sondern andere Arten von Sterolen, die

als Phytosterine bezeichnet werden. Zu ihnen gehört das β-Sitosterin, dessen Strukturformel nebenstehend gezeigt wird. Verabreichung von β-Sitosterin an Patienten mit Hypercholesterinämie führt zu einer Senkung des Plasma-Cholesterinspiegels und damit wohl zu einer Verminderung der Arteriosklerose-Gefahr. Schlagen Sie Wege vor, über die β-Sitosterin diesen Effekt ausüben könnte.

Aufgabe 9

β-Sitosterin

10. *Die Koordination von Aminosäure- und Fettsäurestoffwechsel.* Einer Ratte wird [3-^{14}C] Alanin injiziert.

$$*CH_3-\underset{\underset{+NH_3}{|}}{\overset{\overset{H}{|}}{C}}-C\underset{O^-}{\overset{O}{\diagup}}$$

Nach einer Stunde wird das Tier getötet, die Leber entnommen und die Lipide daraus extrahiert. Das isolierte Palmitat enthält ^{14}C. Warum? Wo ist das ^{14}C im isolierten Palmitat lokalisiert? Kann Alanin als Vorstufe für die *Netto*-Synthese von neuem Palmitat dienen?

11. *Unterschiedliche Merkmale der anabolen und katabolen Wege der Fettsäuren.* Ein Durchgang durch den anabolen bzw. den katabolen Weg einer kurzkettigen Fettsäure wird durch die folgende Gleichung dargestellt:

$$CH_3-CH_2-CH_2-COO^- \underset{anabol}{\overset{katabol}{\rightleftharpoons}} 2\,CH_3-COO^-$$

(a) Vergleichen Sie die Summengleichungen der einander entsprechenden katabolen und anabolen Stoffwechselwege. Sind sie nur die Umkehrung des jeweils anderen? Wodurch unterscheiden sie sich?
(b) Welche spezifischen Faktoren machen es möglich, daß sie unabhängig voneinander ablaufen können?

Kapitel 22
Die Biosynthese der Aminosäuren und Nucleotide

Aus verschiedenen Gründen werden in diesem Kapitel die zu den Aminosäuren und die zu den Nucleotiden führenden Biosynthesewege zusammengefaßt. Beide Substanzklassen enthalten Stickstoffatome, die aus den üblichen biologischen Quellen stammen. Außerdem dienen Aminosäuren als Vorstufen bei der Nucleotidbiosynthese. Aminosäuren und Nucleotide haben noch andere Gemeinsamkeiten: Sie sind die Bausteine in der Biochemie der Vererbung. Nucleotide sind als Codierungselemente essentiell für die Erhaltung und Weitergabe von genetischer Information, Aminosäuren werden als Bausteine der Proteine für die Expression der genetischen Information gebraucht.

Die Synthesewege, die zu den 20 Aminosäuren der Proteine und den acht Standard-Nucleotiden der Nucleinsäuren führen, sind nicht nur zahlreich, sondern meist auch recht komplex. Wir wollen sie nicht alle im Detail untersuchen, sondern werden die daran beteiligten wichtigen Stoffwechselprinzipien aufzeigen. Da jede der Aminosäuren und jedes der Nucleotide nur in relativ kleinen Mengen gebraucht werden, ist der Materialfluß entlang dieser Stoffwechselwege in keinem Fall auch nur annähernd so groß wie bei der Biosynthese der Kohlenhydrate oder Fette. Da aber andererseits die verschiedenen Aminosäuren und Nucleotide für die Proteine bzw. Nucleinsäuren im richtigen Verhältnis und zur richtigen Zeit hergestellt werden müssen, ist es nötig, ihre Biosynthesen sorgfältig zu regulieren und miteinander zu koordinieren.

Wir bei anderen Stoffwechselwegen gilt auch hier, daß die Wege für die Biosynthese von Aminosäuren und Nucleotiden nicht die gleichen sind wie für ihren Abbau. Die einander entsprechenden biosynthetischen und abbauenden Wege werden außerdem unabhängig voneinander reguliert.

Einige Aminosäuren müssen mit der Nahrung aufgenommen werden

Die lebenden Organismen unterscheiden sich beträchtlich in bezug auf ihre Fähigkeit, die 20 Aminosäuren zu synthetisieren. Sie unterscheiden sich außerdem darin, in welcher Form sie Stickstoff als Vorstufe für die Aminogruppen verwenden können. Albinoratten und Menschen können z. B. nur 10 der 20 Aminosäuren synthetisieren, die für die Proteinbiosynthese gebraucht werden (Tab. 22-1). Diese 10 werden die *nicht-essentiellen* oder *entbehrlichen Aminosäuren* genannt; sie werden aus Ammoniak und verschiedenen Kohlenstoffquellen hergestellt. Die anderen 10 müssen in der Nahrung vorliegen und werden die *essentiellen* oder *unentbehrlichen Aminosäuren* genannt. Höhere Pflanzen sind vielseitiger, sie können alle Aminosäuren herstellen und als Vorstufe für deren Aminogruppen entweder Ammoniak oder Nitrat verwenden. Bei Mikroorganismen variiert die Fähigkeit, Aminosäuren zu synthetisieren, über einen weiten Bereich. *Escherichia coli* z. B. kann alle Aminosäuren aus einfachen Vorstufen herstellen, Milchsäurebakterien dagegen nicht; sie müssen bestimmte Aminosäuren aus ihrer Umgebung aufnehmen.

Tabelle 22-1 Nicht-essentielle und essentielle Aminosäuren (für Mensch und Albinoratte).

Nicht-essentiell	Essentiell
Glutamat	Isoleucin
Glutamin	Leucin
Prolin	Lysin
Aspartat	Methionin
Asparagin	Phenylalanin
Alanin	Threonin
Glycin	Tryptophan
Serin	Valin
Tyrosin	Arginin*
Cystein	Histidin

* Essentiell nur während des Wachstums

Glutamat, Glutamin und Prolin werden über einen gemeinsamen Weg synthetisiert

Lassen Sie uns zunächst die Biosynthese der nicht-essentiellen Aminosäuren betrachten, die auch vom Menschen, der Albinoratte und anderen Säugern synthetisiert werden können. Bei ihnen ist die Vorstufe für das Kohlenstoffgerüst in den meisten Fällen die entsprechende α-Oxosäure, die wiederum aus dem Citratcyclus stammt. Die Aminogruppen werden normalerweise durch Transaminierungsreaktionen (S. 585) aus Glutamin übertragen. Katalysiert werden diese Reaktionen durch Transaminasen mit Pyridoxalphosphat als prosthetischer Gruppe (S. 285).

Die Biosynthesewege der verwandten Aminosäuren *Glutamat, Glutamin* und *Prolin* (Abb. 22-1) sind einfach und scheinen bei allen Lebewesen gleich zu sein. *Glutamat* entsteht mit Hilfe der L-*Glutamat-Dehydrogenase* aus Ammoniak und 2-Oxoglutarat, einem Zwischenprodukt des Citratcyclus. Die nötigen Reduktionsäquivalente liefert NADPH:

$$NH_4^+ + \text{2-Oxoglutarat} + NADPH \rightleftharpoons$$
$$\text{L-Glutamat} + NADP^+ + H_2O$$

Diese Reaktion ist von grundlegender Bedeutung für die Biosynthese aller Aminosäuren, denn Glutamat fungiert über Transaminierungs-Reaktionen als Aminogruppendonor für andere Aminosäuren. Die L-Glutamat-Dehydrogenase ist in der Mitochondrienmatrix lokalisiert.

Aus Glutamat wird mit Hilfe von *Glutamin-Synthetase* Glutamin gebildet:

$$\text{Glutamat} + NH_4^+ + ATP \rightarrow \text{Glutamin} + ADP + P_i + H^+$$

Kapitel 22 Die Biosynthese der Aminosäuren und Nucleotide 677

Wir erinnern uns, daß bei dieser Reaktion, die in zwei Schritten verläuft, das enzymgebundene *Glutamyl-5-phosphat* (S. 601) die Rolle eines Zwischenproduktes spielt:

Glutamat + ATP ⇌ Glutamyl-5-phosphat + ADP
Glutamyl-5-phosphat + NH_4^+ ⇌ Glutamin + P_i + H^+

Summe: Glutamat + ATP + NH_4^+ ⇌
　　　　　　　　　　Glutamin + ADP + P_i + H^+

Diese Reaktion ist ebenfalls von zentraler Bedeutung für den Aminosäurestoffwechsel, denn sie stellt den Hauptweg dar, über den der toxische freie Ammoniak für den Transport über die Blutbahn in das nicht-toxische Glutamin umgewandelt wird (S. 601). Die Glutamin-Synthetase ist ein allosterisches Enzym. Wie wir noch sehen werden, wird ihre Aktivität bei *E. coli* und anderen Prokaryoten durch eine Anzahl verschiedener Metabolite reguliert.

Prolin, ein cyclisches Derivat von Glutamat, wird über den in

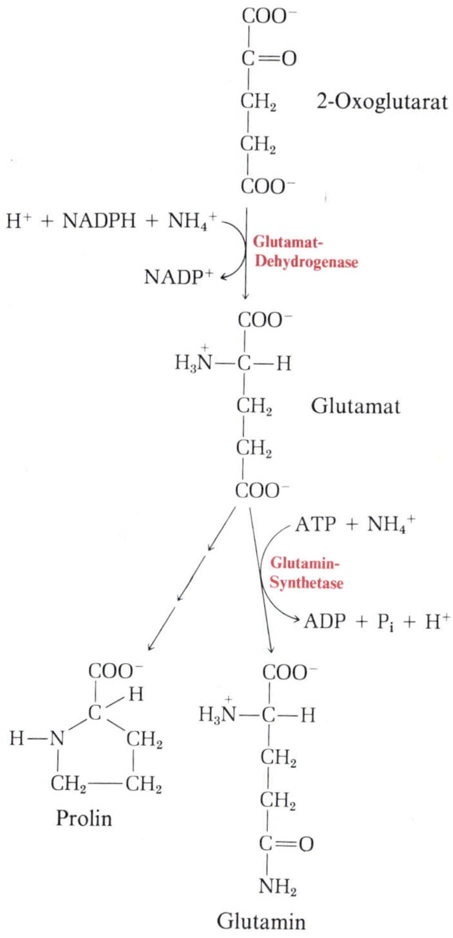

Abbildung 22-1
Die Biosynthese der Aminosäuren der Glutamatgruppe. Einzelheiten der Umwandlung von Glutamat in Prolin sind in Abb. 22-2 dargestellt.

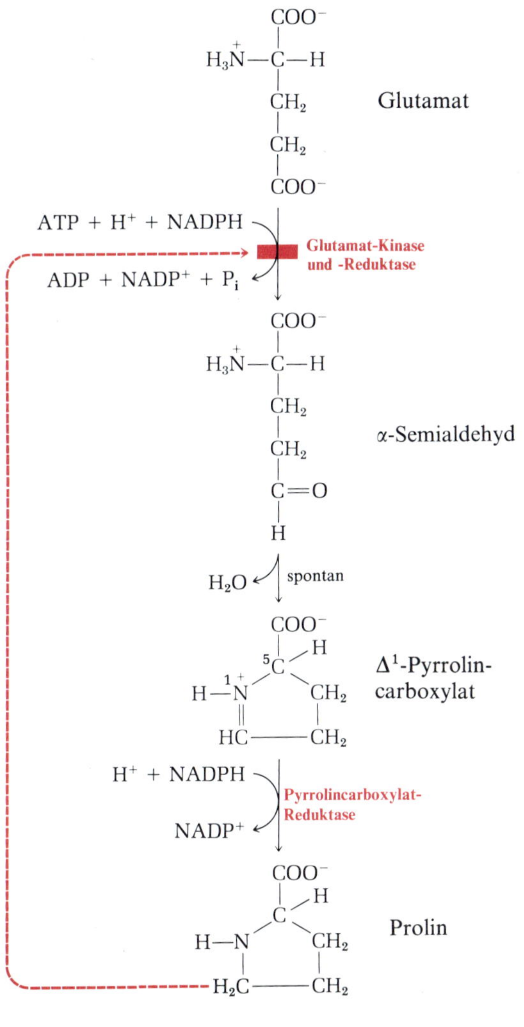

Abbildung 22-2
Die Biosynthese von L-Prolin. Alle fünf Kohlenstoffatome stammen aus der Glutaminsäure. Prolin ist ein allosterischer Inhibitor für die erste Reaktion seiner Biosynthese. Die negative Rückkopplungswirkung wird durch den farbigen Pfeil dargestellt, der Ort der Hemmung durch einen farbigen Balken.

Abb. 22-2 gezeigten Weg gebildet. Dabei wird Glutamat zunächst zu seinem γ-Semialdehyd reduziert, der dann cyclisiert und zu Prolin reduziert wird.

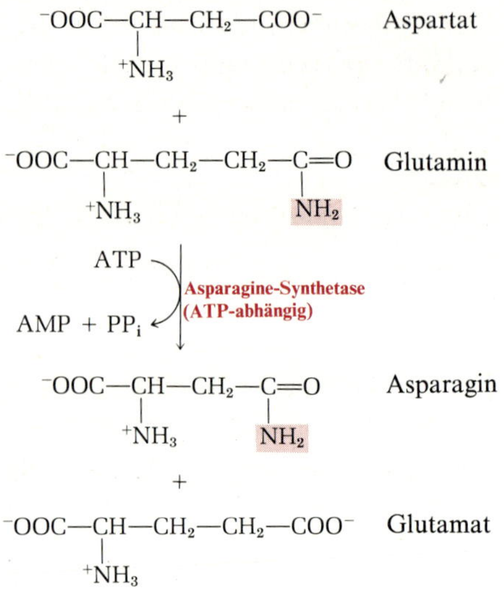

Auch Alanin, Aspartat und Asparagin entstehen aus zentralen Metaboliten

Bei den meisten Organismen entstehen die nicht-essentiellen Aminosäuren *Alanin* und *Aspartat* aus Pyruvat bzw. Oxalacetat durch Transaminierung mit Glutamat:

Glutamat + Pyruvat $\rightleftharpoons$ 2-Oxoglutarat + Alanin
Glutamat + Oxalacetat $\rightleftharpoons$ 2-Oxoglutarat + Aspartat

Bei vielen Bakterien ist Aspartat die unmittelbare Vorstufe von *Asparagin*. Es entsteht in einer von der *Asparagin-Synthetase* katalysierten Reaktion, die analog zur Glutamin-Synthetase-Reaktion verläuft:

Aspartat + NH_4^+ + ATP $\rightleftharpoons$ Asparagin + ADP + P_i + H^+

Bei den Säugern gibt es einen anderen Weg für die Asparaginsynthese: Die Aminogruppe wird durch die *ATP-abhängige Asparagin-Synthetase* von der Amidgruppe des Glutamins auf die β-Carboxylgruppe des Asparagins übertragen (Abb. 22-3):

Glutamin + Aspartat + ATP + H_2O →
   Glutamat + Asparagin + AMP + PP_i

Abbildung 22-3
Die Bildung von Asparagin aus Aspartat in tierischem Gewebe. Bei vielen Bakterien wird Asparagin in einer anderen Reaktion gebildet (s. Text).

Tyrosin wird aus der essentiellen Aminosäure Phenylalanin gebildet

Tyrosin ist zwar eine nicht-essentielle Aminosäure, sie wird aber bei Tieren aus der essentiellen Aminosäure *Phenylalanin* hergestellt, und zwar durch Hydroxylierung in Position 4 des Phenylringes mit Hilfe der *Phenylalanin-4-Monooxygenase*, die auch am Abbau von Phenylalanin beteiligt ist (S. 595). Bei dieser Reaktion wird NADPH als Co-Reduktionsmittel für die Reduktion eines Sauerstoffmoleküls gebraucht. Erinnern Sie sich, daß die Phenylalanin-Monooxygenase eine *mischfunktionelle Oxidase* ist (S. 554). Die katalysierte Reaktion sieht so aus:

Phenylalanin + NADPH + H^+ + O_2 →
   Tyrosin + $NADP^+$ + H_2O

Cystein wird aus zwei anderen Aminosäuren gebildet, aus Methionin und Serin

Bei den Säugern entsteht *Cystein* aus zwei anderen Aminosäuren, aus dem essentiellen *Methionin* und dem nicht-essentiellen *Serin*. Methionin liefert das Schwefelatom und Serin das Kohlenstoffgerüst. In der ersten Reaktion des Syntheseweges wird Methionin in einer ATP-verbrauchenden Reaktion in *S-Adenosylmethionin* (siehe Abb. 22-4) umgewandelt:

L-Methionin + ATP + H_2O → S-Adenosylmethionin + PP_i + P_i

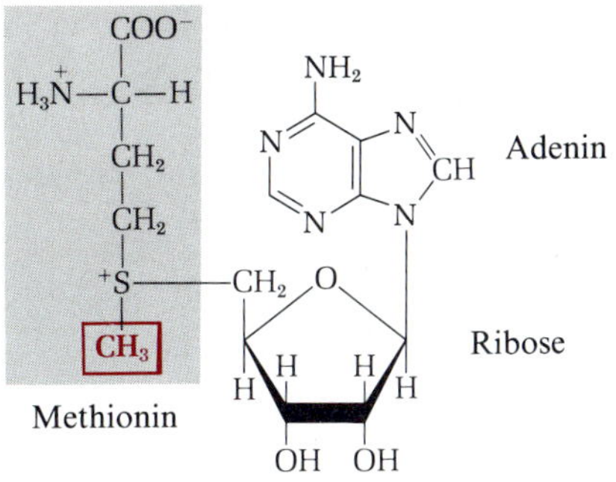

Die Adenosylgruppe kann als Carrier für das Methioninmolekül betrachtet werden. In dieser Form ist die Methylgruppe des Methionins sehr reaktiv und kann auf eine ganze Reihe von Methylgruppen-Akzeptoren enzymatisch übertragen werden. Dabei bleibt *S-Adenosylhomocystein* als demethyliertes Produkt zurück:

S-Adenosylmethionin + Methylgruppen-Akzeptor →
S-Adenosylhomocystein + methylierter Akzeptor

Wir haben z.B. gesehen, wie *S*-Adenosylmethionin bei der Umwandlung von Phosphatidylethanolamin zu Phosphatidylcholin (S. 660) als Methylgruppendonator dient.

Nach der Entfernung der Methylgruppe steht das *S*-Adenosylhomocystein für die nächste Reaktion (Abb. 22-5) zur Verfügung, bei der freies *Homocystein* entsteht:

S-Adenosylhomocystein + H_2O → Adenosin + Homocystein

Das Homocystein reagiert als nächstes mit Serin in einer durch die *Cystathionin-β-Synthase* katalysierten Reaktion zum *Cystathionin* (Abb. 22-5):

Homocystein + Serin → Cystathionin + H_2O

Im letzten Schritt katalysiert die *Cystathionin-γ-Lyase*, ebenfalls ein Pyridoxalphosphat-Enzym, die Abtrennung des Ammoniaks vom Cystathionin unter Bildung von freiem Cystein (Abb. 22-5):

Cystathionin + H^+ → 2-Oxobutyrat + NH_4^+ + Cystein

Wenn wir alle Einzelschritte summieren, erhalten wir insgesamt folgende Gleichung für die Cysteinsynthese:

L-Methionin + ATP + Methylakzeptor + H_2O + H^+ + Serin →
methylierter Akzeptor + Adenosin + 2-Oxobutyrat
+ NH_4^+ + Cystein + PP_i + P_i

Das Ergebnis dieser komplexen Reaktionsfolge ist der Ersatz der OH-Gruppe des Serins durch eine aus dem Methionin stammende

Abbildung 22-4
Strukturformel von *S*-Adenosylmethionin. Bei diesem Methioninderivat ist das stabile Schwefelatom der Thioesterbindung in ein hochreaktives Sulfoniumderivat umgewandelt worden, das seine Methylgruppe leicht an verschiedene Akzeptoren abgeben kann.

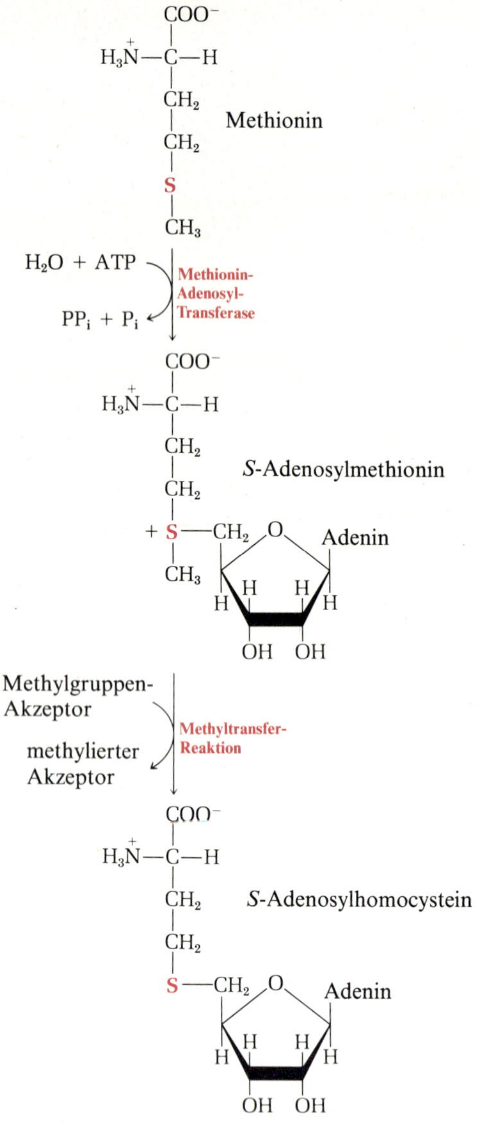

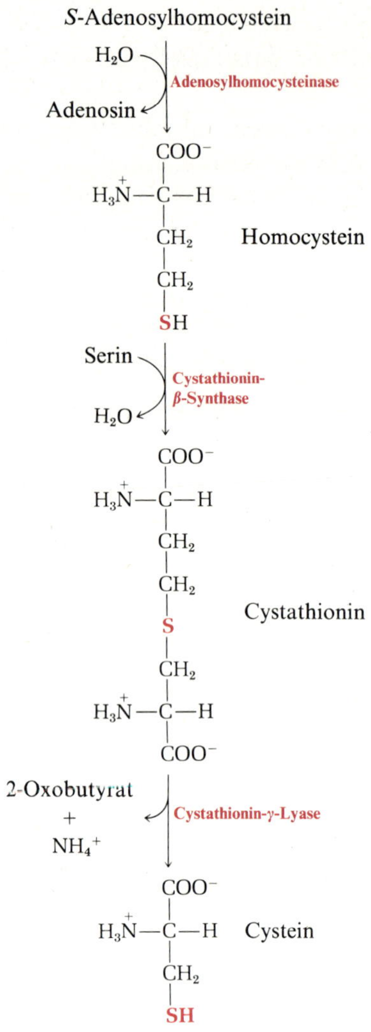

SH-Gruppe. Das so entstandene Produkt ist das Cystein (Abb. 22-5).

Abbildung 22-5
Die Biosynthese von Cystein aus Methionin, das das Schwefelatom liefert, und aus Serin, von dem sich das Kohlenstoffgerüst ableitet.

Serin ist eine Vorstufe des Glycins

Da Serin eine Vorstufe von Glycin ist, wollen wir die Biosynthese beider Aminosäuren gemeinsam behandeln. Der Hauptweg für die Synthese von Serin in tierischem Gewebe (Abb. 22-6) beginnt mit dem *3-Posphoglycerat*, einem Glycolyse-Zwischenprodukt. Beim ersten Schritt wird eine α- (2-ständige)Hydroxylgruppe durch NAD^+ zu *3-Phosphohydroxypyruvat* oxidiert. Durch Transaminierung von Glutamat entsteht *3-Phosphoserin*, das durch die *Phosphoserin-Phosphatase* zu Serin hydrolysiert wird.

Die C_3-Aminosäure Serin ist die Vorstufe der C_2-Aminosäure Glycin, die durch Entfernung des C-Atoms in β-Stellung (3-Stellung) entsteht (Abb. 22-6). Das hierfür notwendige Enzym braucht als Coenzym *Tetrahydrofolat*, die aktive Form des Vitamins *Folsäure* (S. 288). Tetrahydrofolat ist der Akzeptor für das β-C-Atom des Serins bei seiner Spaltung zum Glycin. Das vom Serin abgetrennte C-Atom bildet eine Methylenbrücke zwischen den Stickstoffatomen 5 und 10 des Tetrahydrofolats (S. 593), so daß N^5,N^{10}-Methylentetrahydrofolat entsteht (Ab. 22-7). Die reversible Gesamtreaktion lautet:

Serin + Tetrahydrofolat $\rightleftharpoons$
$\quad\quad\quad\quad$ Glycin + N^5,N^{10}-Methylentetrahydrofolat + H_2O

Damit ist die Bildung von Glycin aus Serin abgeschlossen.

N^5,N^{10}-Methylentetrahydrofolat gehört zu den Folsäure-Coenzymen, die zusamen mit *S*-Adenosylmethionin und Coenzym B_{12} die Fähigkeit besitzen, verschiedene Formen von C_1-Gruppen zu transportieren (S. 288 und 289). Die aus dem Serin stammende C_1-Einheit kann von Tetrahydrofolat auf verschiedene Akzeptormoleküle übertragen werden.

In der Leber von Wirbeltieren kann Glycin mit Hilfe der *Glycin-Synthase* über einen anderen Weg gebildet werden (S. 592):

$CO_2 + NH_4^+ + NADH + H^+ + N^5,N^{10}$-Methylentetrahydrofolat $\rightleftharpoons$
$\quad\quad\quad\quad$ Glycin + NAD^+ + Tetrahydrofolat

Abbildung 22-6
Die Biosynthese von Serin aus 3-Phosphoglycerat und die nachfolgende Umwandlung von Serin zu Glycin. Glycin kann auch aus CO_2 und NH_3 entstehen, mit Glycin-Synthase als Katalysator, die mit N^5, N^{10}-Methylentetrahydrofolat als Methylengruppendonator arbeitet (s. Text).

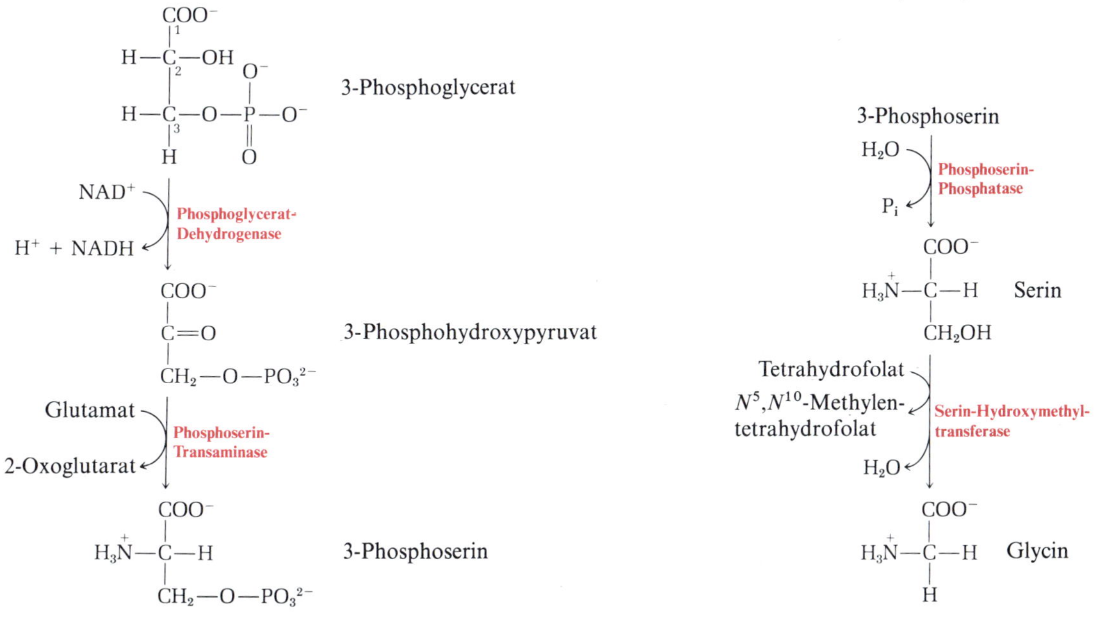

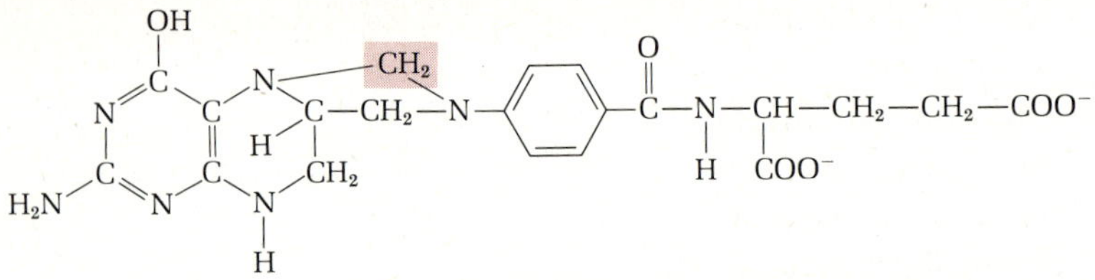

Abbildung 22-7
Strukturformel von N^5, N^{10}-Methylentetrahydrofolat. Die Methylengruppe, die übertragen wird, ist farbig unterlegt (S. 289).

Die Biosynthese der essentiellen Aminosäuren

Die Synthesewege für diejenigen Aminosäuren, die bei der Albinoratte und beim Menschen als essentielle Bestandteile in der Nahrung enthalten sein müssen, wurden durch biochemische Untersuchungen an Mikroorganismen aufgeklärt, die diese Aminosäuren bilden können. Wir wollen diese Reaktionswege nicht alle untersuchen, sondern nur ein paar allgemeine Anmerkungen dazu machen. Die Synthesewege für die essentiellen Aminosäuren sind im allgemeinen länger (5 bis 15 Schritte) und komplexer als die für die nicht-essentiellen Aminosäuren, von denen die meisten aus weniger als 5 Schritten bestehen. Höhere tierische Organismen können mehrere der essentiellen Aminosäuren nicht herzustellen, weil ihnen ein oder zwei der dafür notwendigen Enzyme fehlen. Das höchste Maß an Komplexität findet sich bei den Synthesen von *Phenylalanin, Tryptophan* und *Histidin*, also denjenigen mit Benzolringen oder heterocyclischen Ringen. Für die Synthese dieser Ringe, besonders der zwei kondensierten Ringe des Tryptophans, sind zahlreiche und komplexe enzymkatalysierte Schritte erforderlich.

Fünf der für Tiere essentiellen Aminosäuren werden von Pflanzen und Mikroorganismen aus nicht-essentiellen Aminosäuren gebildet: *Threonin, Methionin* und *Lysin* entstehen aus Aspartat, *Arginin* und *Histidin* aus Glutamat. *Isoleucin* wird in Bakterien aus der essentiellen Aminosäure Threonin hergestellt.

Die Aminosäurebiosynthesen stehen unter allosterischer Kontrolle

Die wirkungsvollste Form der Kontrolle der Aminosäuresynthese ist die *allosterische Hemmung* der ersten Reaktion durch das Endprodukt (S. 258 und 381). Die erste Reaktion einer solchen Reaktionsfolge, die im allgemeinen reversibel ist, wird durch ein allosterisches Enzym katalysiert. Abb. 22-8 zeigt als Beispiel die Regulation der Isoleucinsynthese aus Threonin, die bereits diskutiert wurde (S. 259). Das Endprodukt Isoleucin ist ein negativer Modulator für die erste Reaktion dieser Folge. Eine solche allosterische oder nichtkovalente Modulation der Aminosäuresynthese wird in Bakterien in Minutenschnelle wirksam.

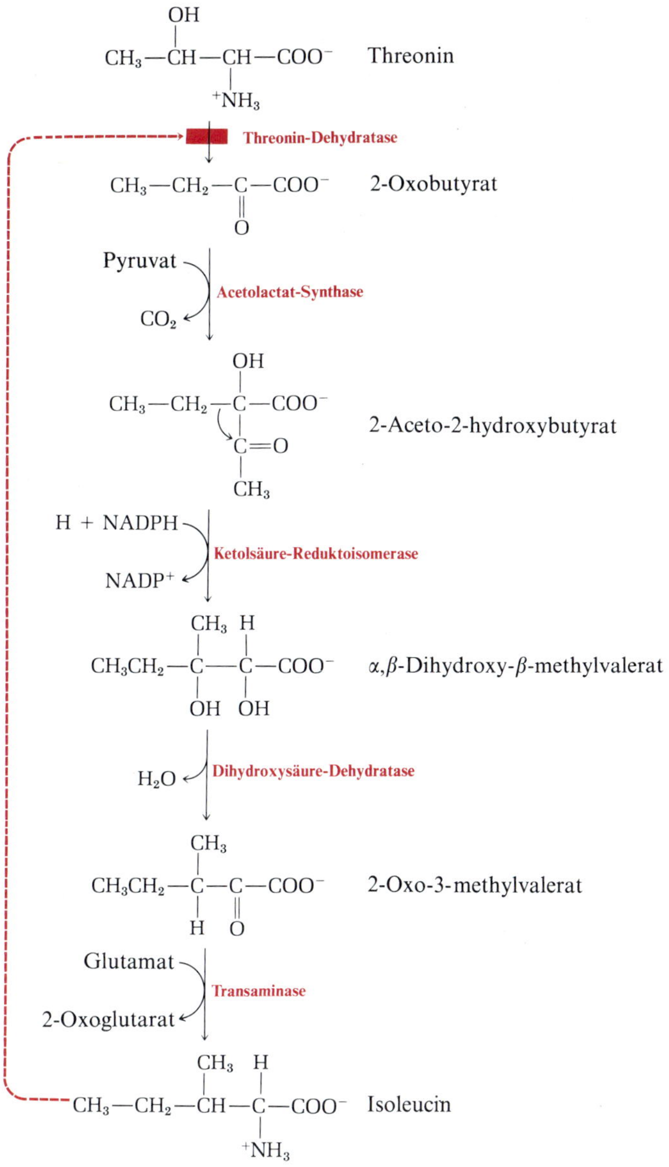

Kapitel 22 Die Biosynthese der Aminosäuren und Nucleotide

$$\text{CH}_3-\overset{\text{OH}}{\underset{\overset{|}{\text{NH}_3}}{\text{CH}}}-\text{CH}-\text{COO}^- \quad \text{Threonin}$$

↓ **Threonin-Dehydratase**

$$\text{CH}_3-\text{CH}_2-\underset{\overset{\|}{\text{O}}}{\text{C}}-\text{COO}^- \quad \text{2-Oxobutyrat}$$

Pyruvat ↘
  Acetolactat-Synthase
CO_2 ↙

$$\text{CH}_3-\text{CH}_2-\underset{\underset{\text{CH}_3}{\overset{|}{\text{C}=\text{O}}}}{\overset{\overset{\text{OH}}{|}}{\text{C}}}-\text{COO}^- \quad \text{2-Aceto-2-hydroxybutyrat}$$

H + NADPH ↘
  Ketolsäure-Reduktoisomerase
$NADP^+$ ↙

$$\text{CH}_3\text{CH}_2-\overset{\overset{\text{CH}_3}{|}}{\underset{\underset{\text{OH}}{|}}{\text{C}}}-\overset{\overset{\text{H}}{|}}{\underset{\underset{\text{OH}}{|}}{\text{C}}}-\text{COO}^- \quad \alpha,\beta\text{-Dihydroxy-}\beta\text{-methylvalerat}$$

H_2O ↙ **Dihydroxysäure-Dehydratase**

$$\text{CH}_3\text{CH}_2-\overset{\overset{\text{CH}_3}{|}}{\underset{\underset{\text{H}}{|}}{\text{C}}}-\underset{\overset{\|}{\text{O}}}{\text{C}}-\text{COO}^- \quad \text{2-Oxo-3-methylvalerat}$$

Glutamat ↘
  Transaminase
2-Oxoglutarat ↙

$$\text{CH}_3-\text{CH}_2-\overset{\overset{\text{CH}_3}{|}}{\text{CH}}-\overset{\overset{\text{H}}{|}}{\underset{\underset{\text{NH}_3}{\overset{|}{+}}}{\text{C}}}-\text{COO}^- \quad \text{Isoleucin}$$

Abbildung 22-8
Biosynthese von Isoleucin aus Threonin bei *E. coli*. Die erste Reaktion dieser Folge wird durch das Endprodukt Threonin gehemmt. Dieses Beispiel für allosterische Rückkopplungshemmung gehört zu den ersten, die entdeckt wurden. Durch Valin kann die Hemmwirkung von Isoleucin umgekehrt oder verhindert werden.

Ein anderes erwähnenswertes Beispiel ist die beachtliche Anzahl allosterischer Kontrollen, die bei *E. coli* auf die Aktivität der Glutamin-Synthetase ausgeübt werden. Bei diesem Bakterium ist Glutamin der Aminogruppen-Donator bei der Biosynthese vieler Stoffwechselprodukte (Abb. 22-9). Man kennt heute acht Produkte des Glutaminstoffwechsels bei *E. coli*, die als negative Rückkopplungs-Modulatoren auf die Aktivität der Glutamin-Synthetase einwirken. Die Glutamin-Synthetase ist eines der komplexesten Regulationsenzyme, die man kennt.

Da für die Proteinsynthese 20 Aminosäuren im richtigen Mengenverhältnis gebildet werden müssen, haben die Zellen Methoden entwickelt, nicht nur die Synthesegeschwindigkeit einzelner Aminosäu-

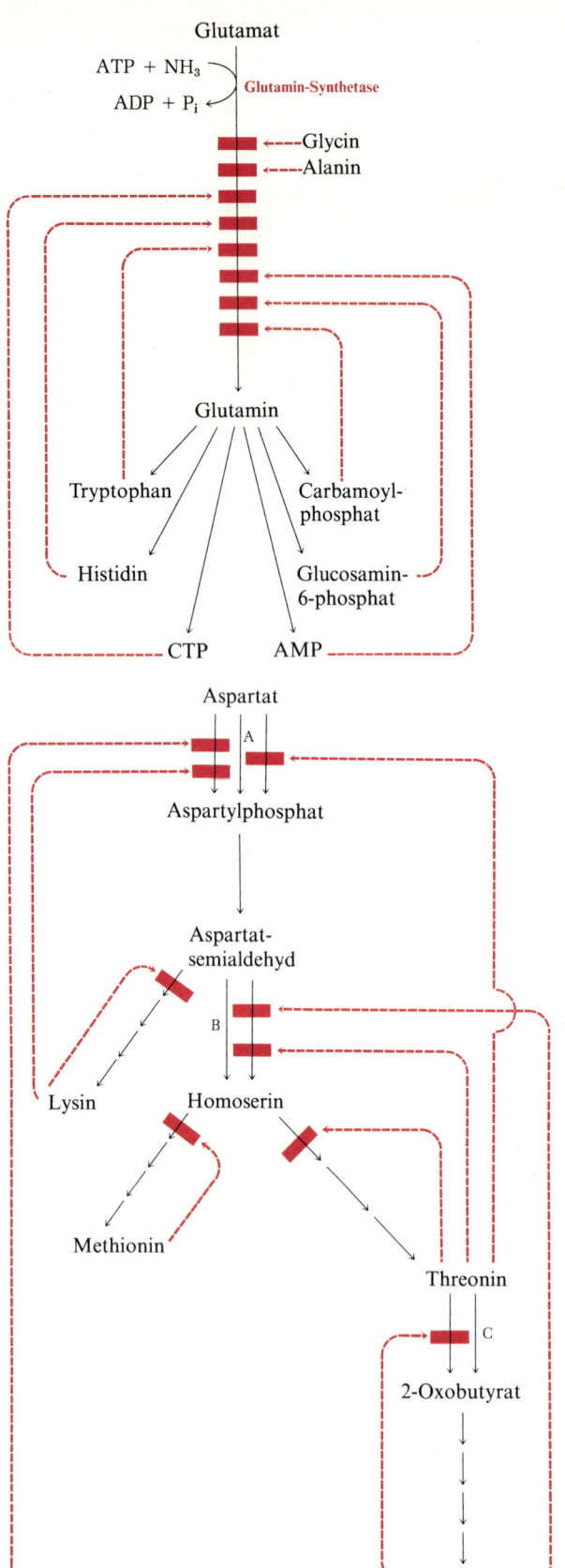

Abbildung 22-9
Allosterische Hemmung der Glutamin-Synthetase bei *E. coli*. Bei diesem Organismus ist Glutamin die Vorstufe aller in der Abb. dargestellten Produkte, und sie alle können als Rückkopplungshemmer wirksam werden. Eine solche Hemmung, die durch mehrere negative Modulatoren erfolgt, nennt man konjugierte Hemmung. Die Glutamin-Synthetase kann außerdem durch einen Überschuß an ATP stark gehemmt werden. Dabei wird sie durch kovalente Modifikation von essentiellen Tyrosingruppen in ihren Untereinheiten in eine inaktive Form umgewandelt. In tierischen Geweben erfolgt die Regulation der Glutamin-Synthetase viel einfacher.

Abbildung 22-10
Die netzartige Verkettung von Reaktionsmechanismen bei der Biosynthese verschiedener, vom Aspartat abgeleiteter Aminosäuren bei *E. coli*. Die verschiedenen daran beteiligten Regulationsarten sind im Text beschrieben. Dort sind auch die Bezeichnungen A, B und C erklärt. Die farbigen Pfeile bezeichnen allosterische Hemmungen.

ren zu kontrollieren, sondern auch deren Produktion zu *koordinieren*. Eine solche Koordination ist besonders gut in schnell wachsenden Bakterien entwickelt. Abb. 22-10 zeigt, wie bei *E. coli* die Synthesen von Lysin, Methionin, Threonin und Isoleucin, die alle aus Aspartat entstehen, miteinander koordiniert werden. Der Schritt vom Aspartat zum Aspartylphosphat wird durch drei *Isoenzym-Formen* (S. 265) katalysiert, von denen jede unabhängig von den anderen reguliert werden kann. Auch die Schritte vom Aspartatsemialdehyd zum Homoserin und vom Threonin zum 2-Oxobutyrat werden von dualen, voneinander unabhängig regulierten Isoenzymen katalysiert. Eines der Isoenzyme für die Umwandlung von Aspartat in Aspartylphosphat kann von zwei verschiedenen Modulatoren gehemmt werden, von Lysin und Isoleucin, deren Wirkungen mehr als additiv sind. Wir haben hier ein weiteres Beispiel für eine *konzertierte Hemmung* (S. 551) vor uns. In der Reaktionsfolge vom Aspartat zum Isoleucin findet man multiple, überlappende negative Rückkopplungshemmung; z.B. hemmt Isoleucin die Umwandlung von Threonin zu 2-Oxobutyrat, während Threonin seine eigene Entstehung an drei Stellen hemmt: jeweils nach Homoserin, Aspartatsemialdehyd und Aspartat. Man spricht in solchen Fällen von einer sequentiellen Rückkopplungshemmung.

Die Aminosäurebiosynthesen werden auch durch Änderungen der Enzymkonzentration reguliert

Ein anderer Mechanismus für die Regulation der Aminosäurebiosynthesen ist die Kontrolle der Konzentrationen der beteiligten Enzyme. Wenn die Zelle eine bestimmte Aminosäure nicht herzustellen braucht, weil sie bereits in hoher Konzentration vorhanden ist, so liegen die für ihre Synthese benötigten Enzyme in sehr niedrigen Konzentrationen vor. Fällt jedoch die Konzentration dieser Aminosäure auf einen unerwünscht niedrigen Wert ab, so beginnt die Zelle, die Produktion der für ihre Synthese nötigen Enzyme zu steigern. Diese Art von Regulation wird über eine Aktivitätsänderung der für diese Enzyme kodierenden Gene erreicht. Wenn das Produkt eines Aminosäure-Biosyntheseweges in ausreichender Konzentration zur Verfügung steht, werden die für die Enzyme dieses Weges kodierenden Gene inaktiviert oder *reprimiert*. Sinkt der Spiegel des Produktes, so werden diese Gene *dereprimiert*, so daß die entsprechenden Enzyme wieder reichlicher produziert werden. Später werden wir sehen, wie diese genetische Repression erfolgt (Kapitel 29).

In Abb. 22-10 sind drei Isoenzyme dargestellt (mit A, B und C bezeichnet), für die keine allosterischen Modulatoren angegeben sind. Dies sind die *reprimierbaren Enzyme*, die durch Änderung ihrer Synthesegeschwindigkeit reguliert werden. Bei *E. coli* wird die Synthese der Isoenzyme A und B immer dann reprimiert, wenn Methionin reichlich vorhanden ist, und die Biosynthese von Isoenzym C

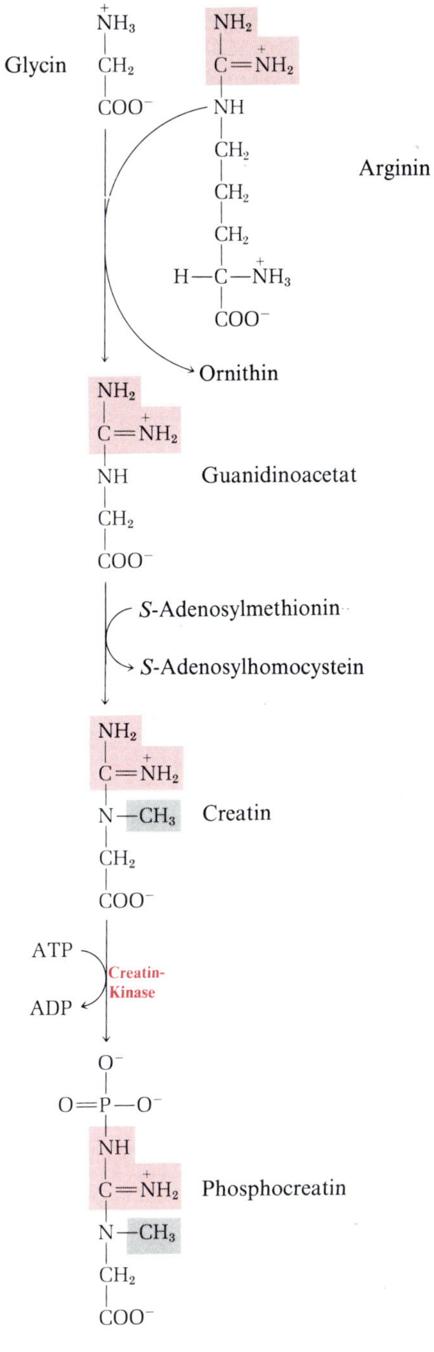

Abbildung 22-11
Die Biosynthese von Creatin und Phosphocreatin. Creatin entsteht aus drei Aminosäuren; aus Glycin, Arginin und Methionin. Arginin liefert die Guanidingruppe (farbig unterlegt) und Methionin die Methylgruppe (grau unterlegt). Dieser Weg zeigt die Vielseitigkeit der Aminosäuren als Vorstufen für andere stickstoffhaltige Verbindungen.

wird reprimiert, wenn reichlich Isoleucin im Medium ist. Eine Regulation durch Repression und Derepression (Kapitel 29) erfolgt im allgemeinen langsamer als eine allosterische Regulation.

Wir haben also für die Biosynthese dieser Gruppe verwandter Aminosäuren ein ineinandergreifendes Netzwerk verschiedener Regulationsarten vor uns. Bei schnell wachsenden Bakterienzellen sind die Synthesen aller Aminosäuren äußerst effizient miteinander koordiniert.

Glycin ist eine Vorstufe der Porphyrine

Zusätzlich zu ihrer Funktion als Proteinbausteine dienen die Aminosäuren als Vorstufen für viele spezialisierte Biomoleküle, wie Hormone, Vitamine, Coenzyme, Alkaloide, Zellwand-Polymere, Por-

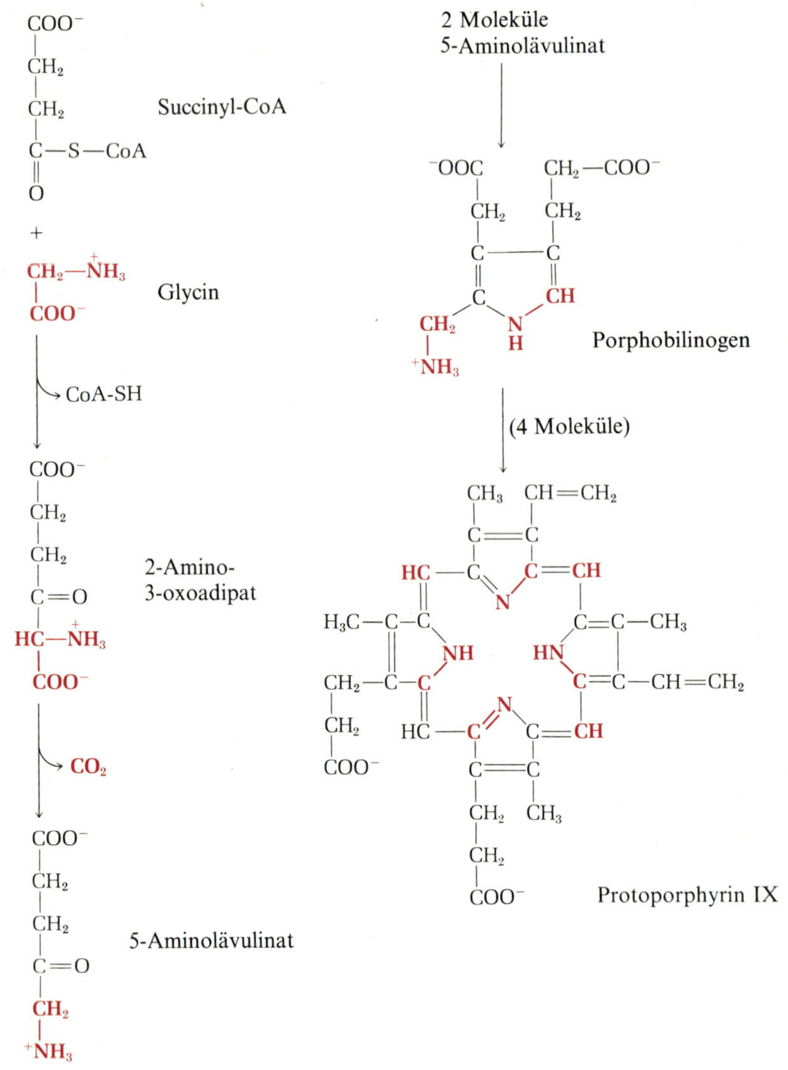

Abbildung 22-12
Die Biosynthese von Protoporphyrin IX, dem Porphyrin von Hämoglobin und Myoglobin. Die aus dem Glycin stammenden Kohlenstoff- und Stickstoffatome sind farbig dargestellt. Die übrigen Kohlenstoffatome stammen aus dem Succinat-Anteil von Succinyl-CoA.

phyrine, Antibiotika, Pigmente und Neurotransmitter-Substanzen, die alle unersetzliche biologische Funktionen haben. Es würde den Rahmen dieses Buches sprengen, alle zu diesen Produkten führenden, sekundären Biosynthesewege darzustellen, wir wollen aber einige Beispiele kurz beschreiben. Ein solches Beispiel ist die Synthese von Creatin, das in Form von Phosphocreatin für die Bioenergetik von Muskeln und Nerven Bedeutung hat (S. 423). Es wird aus den drei Aminosäuren Glycin, Arginin und Methionin gebildet (s. Abb. 22-11).

Ein anderes wichtiges Beispiel ist die Porphyrinsynthese, denn das Porphyrin-Ringsystem ist für Hämproteine, wie Hämoglobin und die Cytochrome, sowie für das Mg^{2+}-haltige Porphyrinderivat *Chlorophyll* von zentraler Bedeutung. Auch hier ist Glycin eine wichtige Vorstufe. Die Porphyrine bestehen aus vier Molekülen des Monopyrrol-Derivats *Porphobilinogen*, das über die in Abb. 22-12 dargestellte Reaktionsfolge synthetisiert wird. Dieser Weg wurde überwiegend durch die Markierungsversuche von David Shemin aufgeklärt. Beim ersten Schritt reagiert Glycin mit Succinyl-CoA zu *2-Amino-3-oxoadipinsäure*, die dann zu *5-Aminolävulinsäure* decarboxyliert wird. Danach kondensieren zwei Moleküle 5-Aminolävulinsäure zu Porphobilinogen. Vier Moleküle Porphobilinogen bilden über eine komplexe Reaktionsfolge ein Molekül *Protoporphyrin*. Nun wird das Eisenatom eingebaut. Abb. 22-12 zeigt, welche der Kohlenstoff- und Stickstoffatome des Protoporphyrins IX aus dem Glycin stammen. Die Porphyrinbiosynthese wird reguliert durch die Konzentration des Hämprotein-Produktes, wie Hämoglobin, das als Rückkopplungshemmer auf eine frühe Stufe der Porphyrinsynthese einwirken kann.

Porphyrinderivate reichern sich bei einigen Erbkrankheiten an

Genetische Defekte bestimmter Enzyme des Biosyntheseweges zwischen Glycin und Porphyrin führen zur Ansammlung spezifischer Porphyrin-Vorstufen in den roten Blutkörperchen, in der Körperflüssigkeit und in der Leber. Diese Erbkrankheiten nennt man *Porphyrien*. Bei einer dieser Porphyrien, die hauptsächlich die roten Blutkörperchen befällt, kommt es zur Anhäufung von *Uroporphyrinogen I*, einem abnormen Isomer einer Protoporphyrin-Vorstufe. Dieses färbt den Urin rot und bewirkt eine starke Fluoreszenz der Zähne in ultraviolettem Licht sowie eine unnormal hohe Empfindlichkeit der Haut gegenüber Sonnenlicht.

Eine andere dieser Porphyrien bewirkt eine Anhäufung der Porphyrin-Vorstufe *Porphobilinogen* in der Leber, schubweises Auftreten von neurologischen Veränderungen und Verhaltensabweichungen. Von Georg III., dem englischen König während der Zeit des amerikanischen Unabhängigkeitskrieges (1776–1781), nimmt man an, daß er diese Form von Porphyrie hatte. Medizinische Historiker vermuten, daß die Verhaltenssymptome dieser Krankheit für das unvernünftige Beharren Georgs III. auf einer unmäßigen Besteuerung und Bestrafung der amerikanischen Kolonien verantwortlich gewesen sein können.

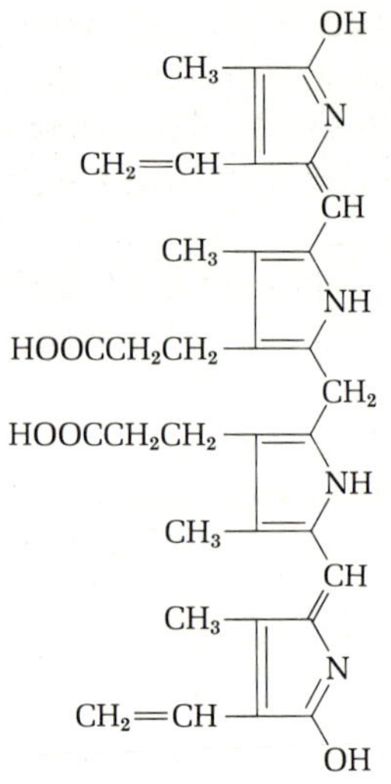

Der Abbau der Hämgruppe führt zu Gallenpigmenten

Die absterbenden roten Blutkörperchen setzen ihr Hämoglobin in der Milz frei. Die Eisen-Porphyrin-Verbindung (Häm) wird daraufhin zu freiem Fe^{3+} und Bilirubin abgebaut, einem linearen oder offenen Tetrapyrrol-Derivat (Abb. 22-13). Das *Bilirubin* wird an das Serumalbumin im Blut gebunden und in die Leber transportiert. Dort wird es weiter zu einem wasserlöslichem Derivat abgebaut, das in die Galle abgegeben wird. Bilirubin ist das Pigment, das bei der *Gelbsucht*, die auf einer Funktionsschädigung der Leber beruht, die Gelbfärbung von Haut und Augapfel verursacht. Konzentrationsbestimmungen von Bilirubin im Blut sind wichtig für die Diagnose dieser und anderer Lebererkrankungen.

Abbildung 22-13
Der Gallenfarbstoff Bilirubin. Er entsteht durch Spaltung des Häm-Ringsystems zum dargestellten offenen, linearen Tetrapyrrol. Die Messung der Bilirubinkonzentration im Blut ist für die Diagnose einiger Lebererkrankungen von Bedeutung.

Die Purinnucleotide werden über einen komplexen Weg hergestellt

Lassen Sie uns nun die Biosynthese der Nucleotide untersuchen. Auch für sie sind die Aminosäuren wichtige Vorstufen. Fast alle lebenden Organismen, mit Ausnahme einiger Bakterien, scheinen in der Lage zu sein, Purin- und Pyrimidinnucleotide zu synthetisieren. Die zwei wichtigsten Purinnucleotide der Nucleinsäuren sind *Adenosin-5'-monophosphat* (AMP), auch *Adenylat* genannt, und *Guanosin-5'-monophosphat* (GMP) oder *Guanylat*. Diese Nucleotide enthalten die Purinbasen *Adenin* bzw. *Guanin*. Die ersten wichtigen Aufschlüsse über die biosynthetische Herkunft der Purinnucleotide erhielt man durch Experimente, bei denen man verschiedene isotopenmarkierte Metabolite an Tiere verfütterte und dann ermittelte, an welchen Stellen des Purinringes die markierten Atome eingebaut worden waren. Diese Versuche wurden mit Vögeln durchgeführt, die den Stickstoff größtenteils in Form eines Oxidationsproduktes der Purine ausscheiden, nämlich als *Harnsäure* (S. 611). Diese läßt sich aus den Vogelexkrementen leicht isolieren. Abb. 22-14 zeigt die Herkunft der Kohlenstoff- und Stickstoffatome, wie sie in einem Markierungsversuch an Tauben gefunden wurden. Beachten Sie, daß alle vier Stickstoffatome des Purins aus Aminosäuren stammen.

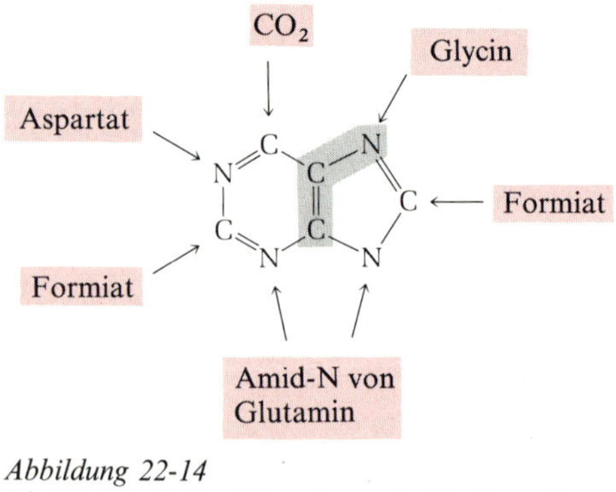

Man könnte annehmen, daß bei der Synthese von Purinnucleoti-

Abbildung 22-14
Die Herkunft der Ringatome der Purine, wie sie mit Hilfe von Isotopenversuchen mit ^{14}C- und ^{15}N-markierten Vorstufen ermittelt wurde.

den zuerst der Purinring hergestellt und dann mit einem Ribosephosphat-Anteil verknüpft wird. Die Biosynthese geht jedoch den umgekehrten Weg; sie beginnt mit Ribose-5-phosphat und baut darauf den Purinring Schritt für Schritt auf. Demzufolge wird in den ersten Schritten der De-novo-Synthese ein offenkettiges Ribonucleotid gebildet, das dann durch Ringschluß in ein Purinnucleotid übergeht.

Die Hauptschritte des zu AMP und GMP führenden Syntheseweges, der von den amerikanischen Biochemikern John Buchanan und G. Robert Greenberg aufgeklärt wurde, sind in Abb. 22-15 bis 22-17 dargestellt. Zuerst wird in zwei komplexen Schritten eine von Glutamin gelieferte Aminogruppe in Position 1 an das Ribose-5-phosphat angefügt (Abb. 22-15). Danach wird die Aminosäure Glycin an diese Aminogruppe gebunden. Nach einer Reihe weiterer Schritte erfolgt Ringschluß zum fünfgliedrigen Imidazolring des Purins (Abb. 22-16). Nun gibt ein Aspartat seine Aminogruppe an den Imidazolring ab und es kommt zu einem zweiten Ringschluß, durch den der zweite der beiden kondensierten Ringe des Purins entsteht. Das erste Zwischenprodukt, mit einem vollständigen Purinring ist die *Inosinsäure* (Abb. 22-16 und 17). Für die nun folgende Umwandlung der Inosinsäure in *Adenylsäure* (AMP) muß noch eine weitere aus Aspartat stammende Aminogruppe angefügt werden. Das geschieht über eine

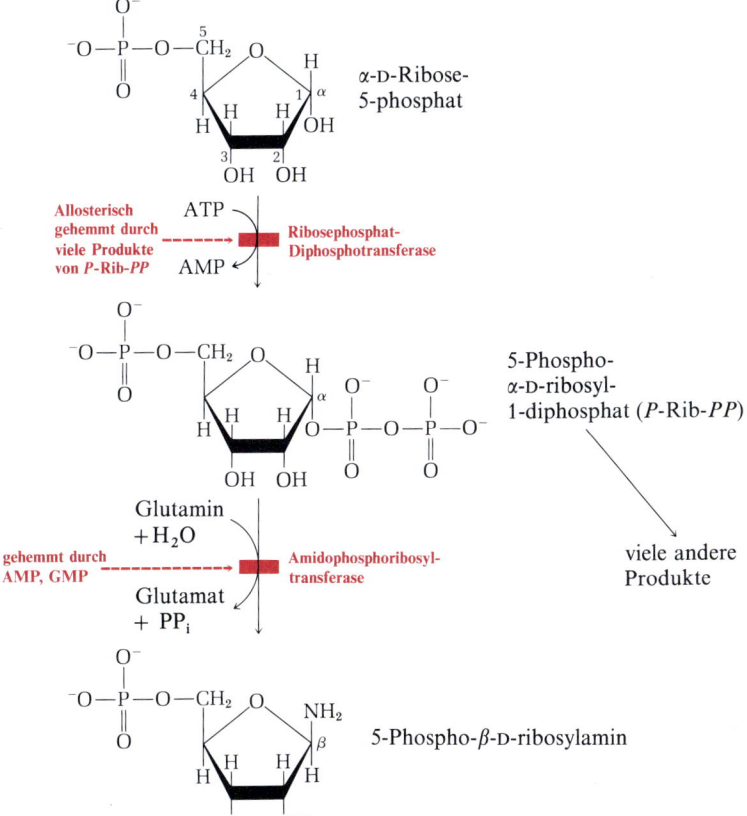

Abbildung 22-15
Die Umwandlung von D-Ribose-5-phosphat in 5-Phospho-β-D-ribosylamin.

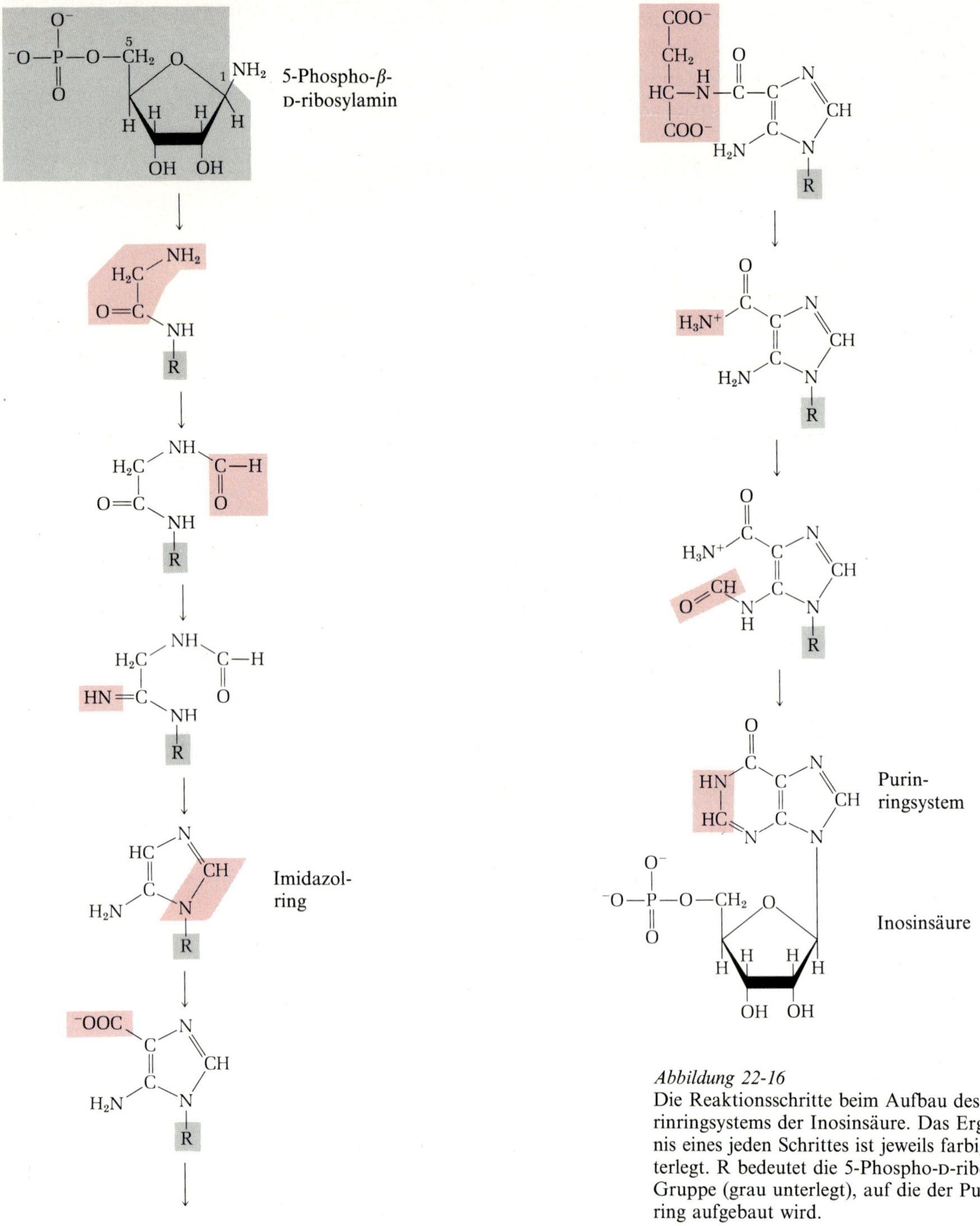

Abbildung 22-16
Die Reaktionsschritte beim Aufbau des Purinringsystems der Inosinsäure. Das Ergebnis eines jeden Schrittes ist jeweils farbig unterlegt. R bedeutet die 5-Phospho-D-ribosyl-Gruppe (grau unterlegt), auf die der Purinring aufgebaut wird.

ziemlich komplexe Reaktionsfolge, auf die hier nicht näher eingegangen werden soll. Die Umwandlung von Inosinsäure zu *Guanylsäure* (GMP) erfolgt über ATP-verbrauchende Reaktionen (siehe Abb. 22-17). Dieser Purinsyntheseweg wird *De-novo-Weg* genannt. Wir werden später sehen, daß Purinnucleotide auch über einen Wiederverwendungsweg entstehen können.

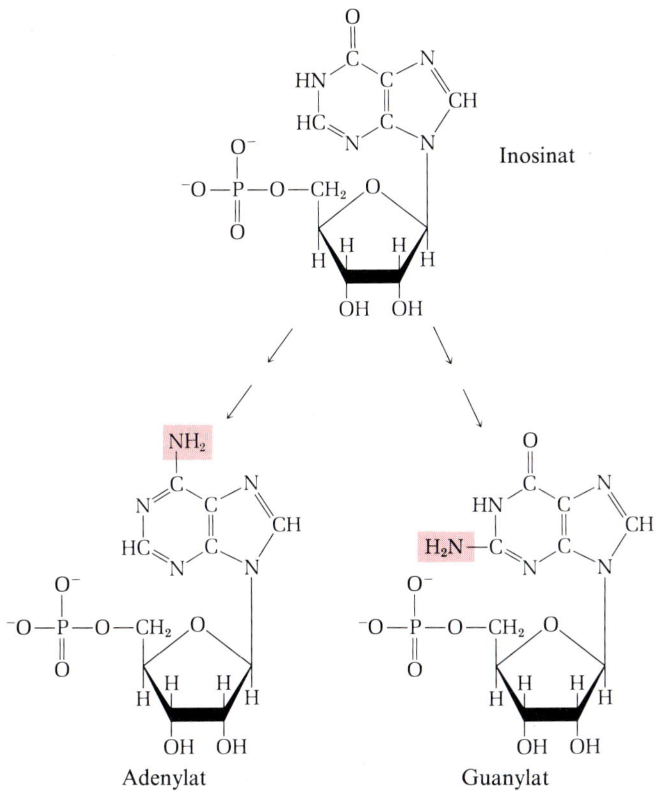

Abbildung 22-17
Die Umwandlung von Inosinsäure zu Adenyl- und Guanylsäure. Die Veränderungen am Purinring sind farbig unterlegt.

Die Phosphorylierung von AMP zu ADP erfolgt mit Hilfe von *Adenylat-Kinase* (S. 429):

$$ATP + AMP \rightleftharpoons 2\,ADP$$

Das ADP wird dann über die glycolytische Reaktionsfolge der Atmungskette zu ATP phosphoryliert. ATP seinerseits bewirkt die Bildung von GDP und GTP mit Hilfe der *Nucleosidmonophosphat-Kinase* bzw. der *Nucleosiddiphosphat-Kinase*:

$$ATP + GMP \rightleftharpoons GDP + ADP$$
$$ATP + GDP \rightleftharpoons GTP + ADP$$

Die Biosynthese der Purinnucleotide wird durch Rückkopplung reguliert

Drei wesentliche Rückkopplungsmechanismen arbeiten zusammen, um die Gesamtgeschwindigkeit der De-novo-Purinnucleotidsynthese und die relativen Bildungsgeschwindigkeiten der beiden Endprodukte Adenylsäure und Guanylsäure zu regulieren (Abb. 22-18). Die erste dieser Kontrollen wird auf die erste Reaktion ausgeübt, die ausschließlich bei der Purinsynthese vorkommt, also auf den Schritt, bei dem eine Aminogruppe auf das *5-Phosphoribosyl-1-diphosphat*

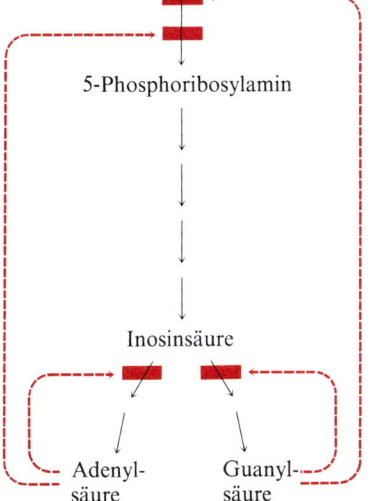

Abbildung 22-18
Rückkopplungs-Kontrollmechanismen bei der Biosynthese von Adenin- und Guaninnucleotiden bei *E. coli*. Bei anderen Organismen erfolgt die Regulation dieser Reaktionswege etwas anders.

Die Regulation der Pyrimidinnucleotid-Biosynthese

Die Regulation der Synthesegeschwindigkeit der Pyrimidinnucleotide erfolgt über das Enzym *Aspartat-Carbamoyltransferase*, das die erste Reaktion der Synthese katalysiert (Abb. 22-20). Dieses Enzym wird durch Cytidintriphosphat (CTP), das Endprodukt der Reaktionsfolge, gehemmt. Ein Molekül der Carbamoyltransferase besteht aus sechs katalytischen und sechs Regulationsuntereinheiten (S. 263). Die katalytischen Untereinheiten binden das Substratmolekül und die Regulationsuntereinheiten den allosterischen Inhibitor CTP. Das gesamte Enzymmolekül, wie auch seine Untereinheiten kommen in einer aktiven und einer inaktiven Konformation vor. Sind die Regulationsuntereinheiten unbesetzt, so hat das Enzym maximale Aktivität. Reichert sich jedoch CTP an, so wird es von den Regulationsuntereinheiten gebunden und bewirkt bei ihnen eine Konformationsänderung. Diese Änderung wird an die katalytischen Einheiten übermittelt, die dann ebenfalls in eine inaktive Konformation übergehen. Die Gegenwart von ATP verhindert die durch CTP verursachten Änderungen. Abb. 22-21 zeigt die Wirkungen der allosterischen Regulatoren auf die Aktivität der Aspartat-Carbamoyltransferase.

Ribonucleotide sind die Vorstufen der Desoxyribonucleotide

Desoxyribonucleotide, die Bausteine der DNA, entstehen aus Ribonucleotiden durch direkte Reduktion des 2'-Kohlenstoffatoms der Ribose, so daß die 2'-Desoxy-Verbindung entsteht. Auf diese Weise wird z. B. Adenosindiphosphat (ADP) zu *2'-Desoxyadenosindiphosphat* (dADP) und GDP zu dGDP reduziert. Für die Reduktion wird ein Paar Wasserstoffatome gebraucht. Sie werden vom NADPH geliefert und gelangen über ein dazwischengeschaltetes Wasserstoff-Carrier-Protein, das *Thioredoxin*, zu dem Nucleotid. Dieses Protein besitzt Paare von SH-Gruppen, die dem Transport von H-Atomen

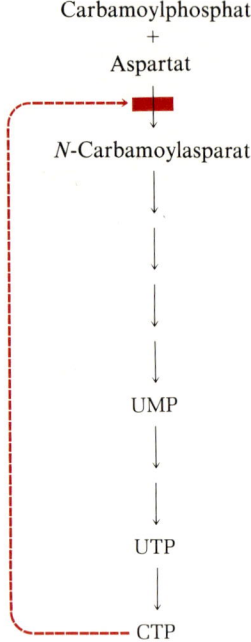

Abbildung 22-20
Die Regulation des Biosyntheseweges zum CTP durch Endprodukthemmung der Aspartat-Carbamoyltransferase. Die Hemmwirkung von CTP kann durch ATP verhindert werden.

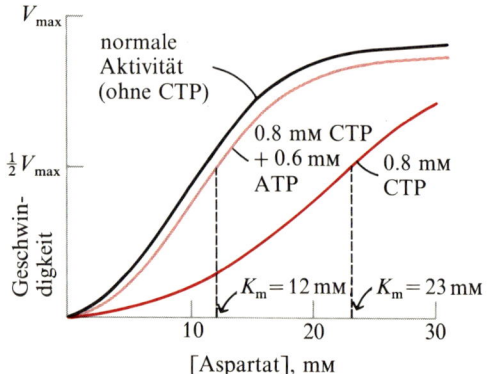

Abbildung 22-21
Die Wirkung der allosterischen Modulatoren CTP und ATP auf die Geschwindigkeit der Umwandlung von Aspartat zu Carbamoylaspartat mit Hilfe der Aspartat-Carbamoyltransferase. Beachten Sie, daß die Zugabe ihres allosterischen Inhibitors CTP den K_m-Wert für Aspartat erhöht. ATP macht diese Wirkung vollkommen rückgängig.

Kapitel 22 Die Biosynthese der Aminosäuren und Nucleotide   699

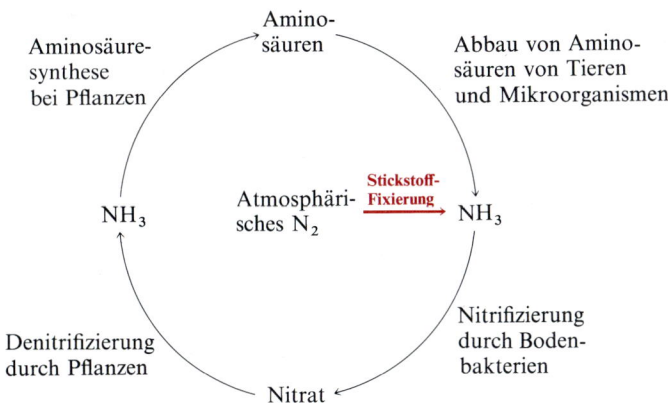

Abbildung 22-26
Der Stickstoffkreislauf. Die insgesamt jährlich in der Biosphäre fixierte Masse an Stickstoff beträgt mehr als 10^{11} kg.

von den Tieren als Quelle für essentielle und nicht-essentielle Aminosäuren zum Aufbau tierischer Proteine benutzt werden. Nach dem Tod der Tiere werden ihre Proteine von Mikroorganismen abgebaut. Dadurch kehrt der Ammoniak in die Erde zurück, wo nitrifizierende Bakterien ihn in Nitrit (NO_2^-) und Nitrat (NO_3^-) zurückverwandeln.

Lassen Sie uns nun den Vorgang der Stickstoff-Fixierung untersuchen, der für alle Lebensformen wichtig ist.

Nur wenige Organismen können Stickstoff fixieren

Nur relativ wenige Arten von Mikroorganismen sind in der Lage, atmosphärischen Stickstoff zu fixieren. Einige frei lebende Bakterien, wie die *Cyanobakterien* oder *Blaugrünalgen*, die außer in Süß- und Salzwasser auch im Boden vorkommen, sowie andere Arten von Bodenbakterien, wie *Azotobacter*, besitzen die Fähigkeit, atmosphärischen Stickstoff zu fixieren. Das erste wichtige Produkt der Stickstoff-Fixierung dieser Organismen ist Ammoniak (NH_3), der von anderen Lebensformen entweder direkt oder nach Umwandlung in andere lösliche Verbindungen, wie Nitrite, Nitrate oder Aminosäuren verwertet werden kann.

Eine andere Art von Stickstoff-Fixierung kommt in *Leguminosen* vor, zu denen die Erbsen, die Bohnen, der Klee und die Luzerne gehören. Hier kommt es zu einer *symbiotischen* Stickstoff-Fixierung, bei der die Wirtspflanze mit den symbiotischen Bakterien in ihren Wurzelknöllchen zusammenarbeitet. Die Stickstoff-fixierenden Enzyme befinden sich in den Bakterien, aber die Pflanze trägt einige essentielle Bestandteile bei, die den Bakterien fehlen (Abb. 22-27). Außer den Leguminosen gibt es noch einige wenige unter den höheren Pflanzen, die Stickstoff fixieren können, aber die ganz überwiegende Mehrzahl und alle Tiere sind nicht dazu in der Lage.

Wie notwendig Stickstoff für das Leben ist, zeigt sich auch darin, daß die meisten angebauten Pflanzen für ein optimales Wachstum

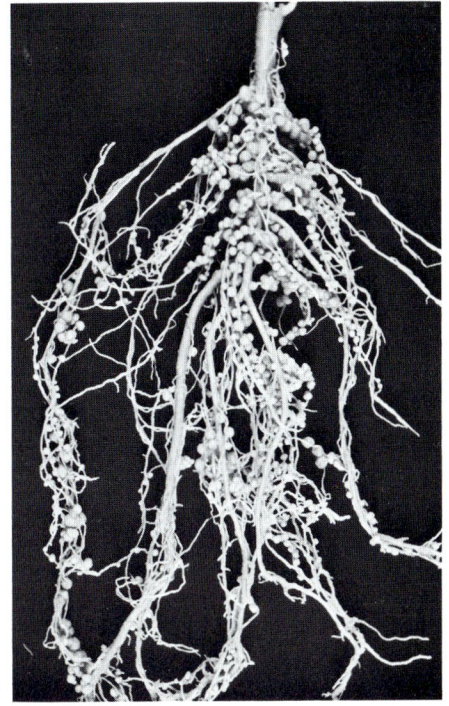

Abbildung 22-27
Stickstoff-fixierende Knollen an den Wurzeln des Schotenklee, einer Leguminose. Die symbiotischen, Stickstoff-fixierenden Bakterien wachsen in großen Anhäufungen eng angelagert an die Wurzelzellen. Diese liefern einige für die Fixierung notwendige Faktoren, besonders Leghämoglobin, das eine sehr hohe Bindungsaffinität für Sauerstoff besitzt; dieser wirkt nämlich stark hemmend auf die Nitrogenase.

große Mengen an Stickstoff in Form löslicher Verbindungen brauchen, und zwar mehr als der Boden hergibt. Stickstoff kann durch „natürlichen" Dünger wie Mist, Jauche oder Guano (S. 611), oder durch chemische Düngemittel, wie Ammoniumnitrat (NH_4NO_3), zugeführt werden. Eine andere Möglichkeit, Ackerpflanzen mit der nötigen Menge an Stickstoff zu versorgen, ist eine wechselnde Fruchtfolge. Ohne künstliche Stickstoffzufuhr kann auf einem Feld nur ein- bis zweimal hintereinander Getreide wachsen. Werden auf diesem Feld aber alle zwei bis drei Jahre Erbsen, Bohnen, Luzerne oder Klee angebaut, so kann der Boden, dank der Fähigkeit dieser Pflanzen zur symbiotischen Stickstoff-Fixierung mit genügend Ammoniak und Nitraten angereichert werden, um in den anderen Jahren Getreide anzubauen.

Die Stickstoff-Fixierung ist ein komplexer symbiotischer Vorgang

Die Stickstoff-Fixierung wird durch einen Enzymkomplex, das *Nitrogenase-System* katalysiert, dessen Wirkungsweise noch nicht vollständig aufgeklärt ist. Da das Nitrogenase-System instabil ist und bei Berührung mit Luftsauerstoff schnell inaktiviert wird, war es schwer, es in aktiver Form zu isolieren und zu reinigen. Das erste stabile Produkt der Stickstoff-Fixierung, das identifiziert werden konnte, ist Ammoniak (NH_3). Deshalb nimmt man an, daß der gesamte Vorgang aus einer Reduktion eines Stickstoffmoleküls (N_2) zu zwei Molekülen Ammoniak besteht:

$$N_2 + 3H_2 \rightarrow 2NH_3 \qquad \Delta G^{o\prime} = -33.5 \text{ kJ/mol}$$

Da die Änderung der freien Standardenergie stark negativ ist, wird die Reaktion unter Standardbedingungen nach rechts verlaufen. Molekularer Stickstoff ist jedoch ein reaktionsträges Gas mit einer sehr starken chemischen Bindung zwischen den zwei Stickstoffatomen. Seine Reduktion zu Ammoniak erfordert eine sehr hohe Aktivierungsenergie (S. 234). Diese Schwelle muß das Nitrogenase-System überwinden. Auf welche Weise das geschieht, ist nicht bekannt.

Der eigentliche Wasserstoffdonator für das Nitrogenase-System ist NADPH. Die Reduktionsäquivalente des NADPH werden zunächst auf das Eisen-Schwefel-Protein *Ferredoxin* (S. 721) übertragen, und dieses ist der unmittelbare Donator der Reduktionsäquivalente für die Stickstoffreduktion. Ferredoxin hat eine relative Molekülmasse von 6000 und enthält 7 Eisenatome sowie die gleiche Anzahl säurelabiler Schwefelatome. Der Nitrogenase-Komplex, an den das Ferredoxin seine Reduktionsäquivalente abgibt, besteht aus zwei Metalloenzymen. Das erste ist ein Eisenprotein und das zweite ein Protein, das Eisen und Molybdän enthält (Abb. 22-28). Auch ATP wird gebraucht, es wird während der Stickstoff-Fixierung zu ADP und Phosphat hydrolysiert. Die genaue Funktion des ATP ist

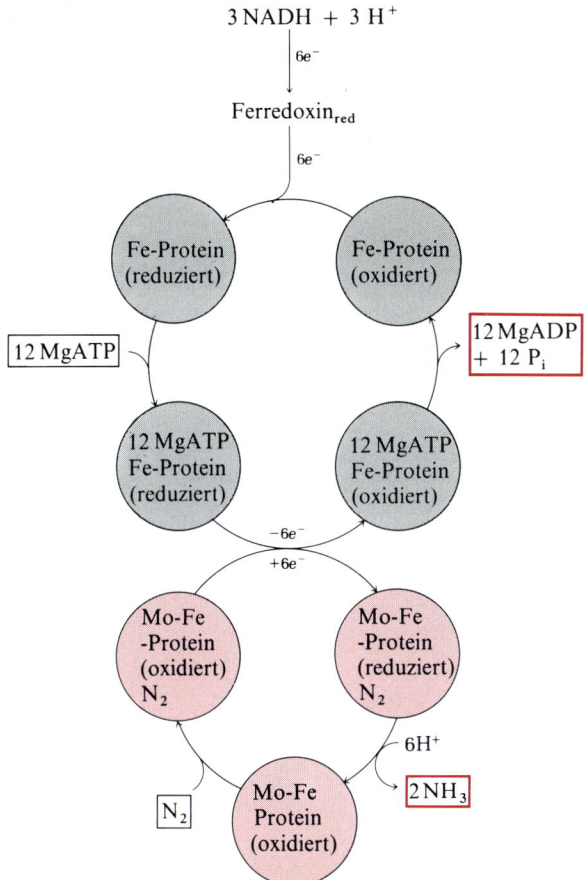

Abbildung 22-28
Angenommener Weg der Nitrogenase-Reaktion. Man glaubt, daß an den aktiven Zentren dieser Enzyme eine Reihe von Zwischenschritten ablaufen.

nicht bekannt, man hat kein phosphoryliertes Zwischenprodukt gefunden. Vermutlich trägt die freie Energie der Hydrolyse zu einer Senkung der Aktivierungsenergie bei. Wahrscheinlich werden für jedes Molekül N_2, das zu NH_4 reduziert wird, 12 Moleküle ATP zu ADP und P_i hydrolysiert. Daher kann man als Summengleichung für die Stickstoff-Fixierung schreiben:

$N_2 + 3\,NADPH + 5\,H^+ + 12\,ATP + 12\,H_2O \rightarrow$
$\qquad\qquad 2\,NH_4^+ + 3\,NADP^+ + 12\,ADP + 12\,P_i$

Das Nitrogenase-System hat eine interessante Eigenschaft, die es erlaubt, quantitative Untersuchungen über die Stickstoff-Fixierung in der lebenden Pflanze zu machen. Nitrogenase kann nämlich auch *Acetylen* (HC≡CH) zu *Ethylen* ($H_2C=CH_2$) reduzieren. Da das Verhältnis von Ethylen zu Acetylen in der Luft mit physikalischen Methoden gemessen werden kann, ist es möglich, die Aktivität des Nitrogenase-Systems von Pflanzen und Böden in einem Treibhaus zu messen, indem man Acetylen als Gas zugibt und mißt, wie schnell Ethylen gebildet wird.

Wegen seiner immensen praktischen Bedeutung ist das Nitrogenase-System Gegenstand vieler experimenteller Untersuchungen. Die kommerzielle Herstellung von Ammoniak für Düngemittel erfolgt nach dem Haber-Bosch-Verfahren durch katalytische Reduktion von Luftstickstoff:

$$N_2 + 3H_2 \rightarrow 2NH_3$$

Die Reaktion erfordert hohe Temperaturen und Drücke. Wenn es gelänge, das Nitrogenase-System mit einfacheren, billigeren Katalysatoren zu simulieren, so könnte man auf billige Weise lösliche Ammoniumsalze erhalten, was besonders für die Entwicklungsländer von Vorteil wäre, die sich das energieaufwendige Haber-Bosch-Verfahren nicht leisten können.

Es wird auch versucht, den Luftstickstoff auf biologischem Wege verfügbar zu machen. *Eine* Richtung der Bemühungen geht dahin, die Wurzeln nicht-leguminöser verbreiteter Nutzpflanzen, wie Getreide, mit verschiedenen Arten Stickstoff-fixierender Bakterien oder Bakterien-Mutanten zu infizieren. Man hofft, auf diesem Wege eine neue fruchtbare Symbiose schaffen zu können. Tatsächlich hat man gefunden, daß die Wurzeln einer Reihe nicht-leguminöser tropischer Pflanzen Stickstoff-fixierende Bakterien enthalten. Leider sind für die Stickstoff-Fixierung durch solche Pflanzen sehr warme Böden nötig; sie fixieren keinen Stickstoff, wenn sie in gemäßigten Zonen wachsen.

Eine andere Arbeitsrichtung versucht, die für das Nitrogenase-System von Bakterien kodierende DNA zu isolieren und sie in das Genom anderer Mikroorganismen oder Pflanzen einzubauen, denen die Nitrogenase fehlt. Gen-Übertragungen dieser Art auf nicht-fixierende Bakterien wie *E. coli* sind bereits gelungen. Eine bleibende und produktive Rekombination der Nitrogenase-DNA mit dem Genom höherer Pflanzen herzustellen, ist ein wesentlich schwierigeres Problem, aber mit wachsenden Kenntnissen auf dem Gebiet der Gentechnologie wird man es vielleicht eines Tages lösen können.

Zusammenfassung

Der Mensch und die Albinoratte können 10 von 20 Protein-Aminosäuren synthetisieren. Die übrigen, die mit der Nahrung aufgenommen werden müssen und essentielle Aminosäuren genannt werden, können von Pflanzen und Bakterien hergestellt werden. Von den nicht-essentiellen Aminosäuren wird das Glutamat durch reduktive Aminierung von 2-Oxoglutarat gebildet. Glutamat ist die Vorstufe für Glutamin und Prolin. Alanin und Aspartat werden durch Transaminierung aus Pyruvat bzw. Oxalacetat hergestellt. Tyrosin entsteht durch Hydroxylierung der essentiellen Aminosäure Phenylalanin. Cystein wird aus Methionin und Serin gebildet. Bei der komplexen Reaktionsfolge treten *S*-Adenosylmethionin und Cystathion als Zwischenprodukte auf. Die Kohlenstoffkette des Serins stammt aus 3-Phosphoglycerat. Serin ist eine Vorstufe von Glycin; das C-Atom 3 des Serins wird auf Tetrahydrofolat übertragen. Die Biosynthesewege für die essentiellen Aminosäuren in Bakterien und Pflanzen sind komplexer und länger. Sie entstehen aus einigen nicht-essentiellen Aminosäuren und anderen Stoffwechselprodukten. Die Biosynthesewege der Aminosäuren unterliegen allosterischer Endprodukthemmung. Das regulierende Enzym ist gewöhnlich das erste in der Reaktionsfolge. Aminosäuren sind Vorstufen für viele andere wichtige Biomoleküle. Das Porphyrinringsystem der Hämproteine leitet sich von Glycin und Succinyl-CoA ab.

Das Purinringsystem der Purinnucleotide wird Schritt für Schritt aufgebaut, ausgehend vom C-Atom 1 des 5-Phosphoribosylamins. Alle Stickstoffatome des Purins werden von Aminosäuren geliefert. Zwei Ringschlußreaktionen führen zur Bildung des eigentlichen Purinkernes. Die Pyrimidine werden aus Aspartat, CO_2 und Ammoniak gebildet. Erst jetzt wird Ribose-5-phosphat angehängt, so daß die Pyrimidinribonucleotide entstehen. Freie Purine werden über einen getrennten Weg wiederverwendet und in Nucleotide zurückverwandelt. Ein genetischer Defekt bei einem der Wiederverwendungsenzyme führt zum Lesch-Nyhan-Syndrom, das durch auffallende Verhaltenssymptome gekennzeichnet ist. Zu Gicht kommt es, wenn sich Harnsäurekristalle in den Gelenken ansammeln.

Die Fixierung von atmosphärischem Stickstoff findet in bestimmten Bodenbakterien und in den Wurzelknollen der Leguminosen statt. Katalysator ist das komplexe Nitrogenase-System. Der Stickstoffkreislauf wird geschlossen durch die Fixierung von molekularem Stickstoff zu Ammoniak in den Wurzelknollen der Leguminosen, die Nitrifizierung von Ammoniak zu Nitrat durch Bodenorganismen, die Denitrifizierung von Nitrat zu Ammoniak in höheren Pflanzen und die Synthese von Aminosäuren aus Ammoniak in Pflanzen und Tieren.

Aufgaben

1. *Phenylalanin-Hydroxylase-Defekt und Diät*. Bei gesunden Menschen gehört Tyrosin zu den nicht-essentiellen Aminosäuren, aber Patienten mit genetisch defekter Phenylalanin-Hydroxylase brauchen für ein normales Wachstum Tyrosin in der Nahrung. Warum?

2. *Die Gleichung für die Synthese von Aspartat aus Glucose.* Formulieren Sie die Summengleichung für die Synthese der nicht-essentiellen Aminosäure Aspartat aus Glucose, CO_2 und Ammoniak.

3. *Die Hemmung der Nucleotidsynthese durch Azaserin.* Die Diazoverbindung *O*-(2-Diazoacetyl)-L-serin, genannt Azaserin, ist ein starker Inhibitor für alle jene Enzyme, die bei einer Biosynthese Ammoniak von Glutamin auf einen Akzeptor übertragen (Amidotransferasen). Welches Zwischenprodukt der Inosinsäuresynthese wird sich anreichern, wenn Purin-synthetisierende Zellen mit Azaserin behandelt werden, und warum?

Aufgabe 3

$$\begin{array}{c} N \\ \| \\ N^+ \\ | \\ CH_2 \\ | \\ C=O \\ | \\ O \\ | \\ CH_2 \\ | \\ H-C-\overset{+}{N}H_3 \\ | \\ COO^- \end{array}$$

O-(2-Diazoacetyl)-L-serin (Azaserin)

4. *Die Nucleotidbiosynthese in Aminosäure-auxotrophen Bakterien.* Obwohl normale *E.-coli*-Zellen alle Aminosäuren synthetisieren können, sind einige Mutanten, die Aminosäure-auxotroph genannt werden, zur Biosynthese bestimmter Aminosäuren nicht in der Lage und brauchen für ein normales Wachstum diese Aminosäuren im Kulturmedium. Außer für die Proteinsynthese werden auch für die Biosynthesen anderer stickstoffhaltiger Zellprodukte spezifische Aminosäuren gebraucht. Stellen Sie sich drei Aminosäure-auxotrophe Mutanten vor, die kein Glycin, bzw. kein Glutamin oder Aspartat synthetisieren können. Welche Produkte außer Protein können die einzelnen Mutanten nicht mehr synthetisieren?

5. *Krebshemmende Wirkstoffe: Die Blockierung der Thymidylat-Synthese.*
   (a) Desoxyuridinmonophosphat (dUMP) wird in Thymidinmonophosphat (dTMP) umgewandelt, das für die DNA-Synthese gebraucht wird. Dabei wird dUMP durch N^5,N^{10}-Methylentetrahydrofolat methyliert. Die Methylierung wird durch das Enzym Thymidylat-Synthase katalysiert:

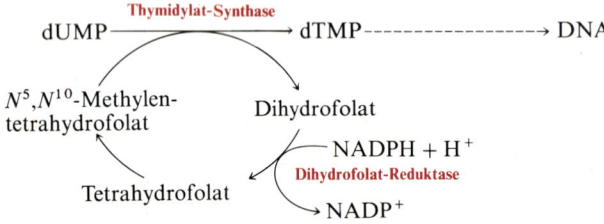

Das Uridinderivat Fluoruracil (s. nebenstehende Formel) wird von der Zelle zum Fluordesoxyuridylat umgesetzt, das ein starker Inhibitor der Thymidylat-Synthase ist. Versuchen Sie eine Erklärung für die Tatsache zu finden, daß Fluoruracil im Tierexperiment das Wachstum sich schnell teilender Krebszellen hemmt.

(b) Das bei der Thymidylat-Synthase-Reaktion entstandene Dihydrofolat wird durch die Dihydrofolat-Reduktase wieder in Tetrahydrofolat zurückverwandelt. Wie wird nun das Tetrahydrofolat in N^5,N^{10}-Methylentetrahydrofolat zurückverwandelt? Die Dihydrofolat-Reduktase wird stark gehemmt durch den Wirkstoff Methotrexat ($K_i = 10^{-9}$ M), der für die Behandlung einiger Krebsformen klinisch verwendet wird.

Aufgabe 5

Fluoruracil

Methotrexat

Wie kann dieser Wirkstoff das Wachstum der Krebszellen hemmen? Glauben Sie, daß er auch das Wachstum normaler Zellen hemmt?

6. *Nucleotide sind als Energiequellen nicht ergiebig.* Bei den meisten Organismen werden die Nucleotide nicht als energieliefernde Brennstoffe verwendet. Durch welche Beobachtung wird diese Schlußfolgerung unterstützt? Warum sind die Nucleotide bei Säugern relativ unergiebige Energiequellen?

7. *Die Wirkungsweise der Sulfonamide.* Manche Bakterien brauchen für ein normales Wachstum 4-Aminobenzoesäure im Kulturmedium. Das Wachstum solcher Bakterien wird stark gehemmt durch die Zugabe von Sulfanilamid, einem der ersten antibakteriell wirksamen Sulfonamide. In Gegenwart von Sulfanilamid sammelt sich außerdem 5'-Phosphoribosyl-4-carbamoyl-5-aminoimidazol im Kulturmedium an. Beide Effekte können durch Zugabe eines Überschusses an 4-Aminobenzoesäure rückgängig gemacht werden.
    (a) Welche Rolle spielt die 4-Aminobenzoesäure? (Hinweis: s. Abb. 22-7 und S. 288).
    (b) Warum reichert sich 5'-Phosphoribosyl-4-carbamoyl-5-aminoimidazol in Gegenwart von Sulfanilamid an? (s. Abb. 22-16).
    (c) Warum werden Hemmung und Anreicherung durch die Zugabe eines Überschusses an 4-Aminobenzosäure aufgehoben?

8. *Die Behandlung von Gicht.* Für die Behandlung von chronischer Gicht wird Allopurinol (Abb. 22-25) verwendet, ein Inhibitor der Xanthin-Oxidase. Erklären Sie die biochemischen Grundlagen für diese Behandlungsmethode. Mit Allopurinol behandelte Patienten entwickeln manchmal Xanthin-Steine, wobei es aber viel seltener zu Nierensteinen kommt als bei unbehandelter Gicht. Erklären Sie die Beobachtungen auf Grund der im folgenden angegebenen Löslichkeiten im Urin: Harnsäure 0.15 g/*l*; Xanthin 0.05 g/*l* und Hypoxanthin 1.4 g/*l*.

9. *Der ATP-Verbrauch in den Wurzelknollen von Leguminosen.* Die in den Wurzelknollen der Erbsenpflanze vorkommenden Bakterien verbrauchen mehr als 20% des gesamten von der Pflanze gebildeten ATP. Überlegen Sie, warum diese Bakterien so viel ATP verbrauchen.

10. *Der Kohlenstoffweg bei der Pyrimidinbiosynthese.* Eine wachsende Zelle erhält eine geringe Menge gleichmäßig markiertes [^{14}C]Succinat. In welchen Positionen taucht das ^{14}C im Orotat auf? Begründen Sie Ihre Antwort.

Aufgabe 7

4-Aminobenzoesäure

Sulfanilamid

5'-Phosphoribosyl-4-carbamoyl-5-aminoimidazol

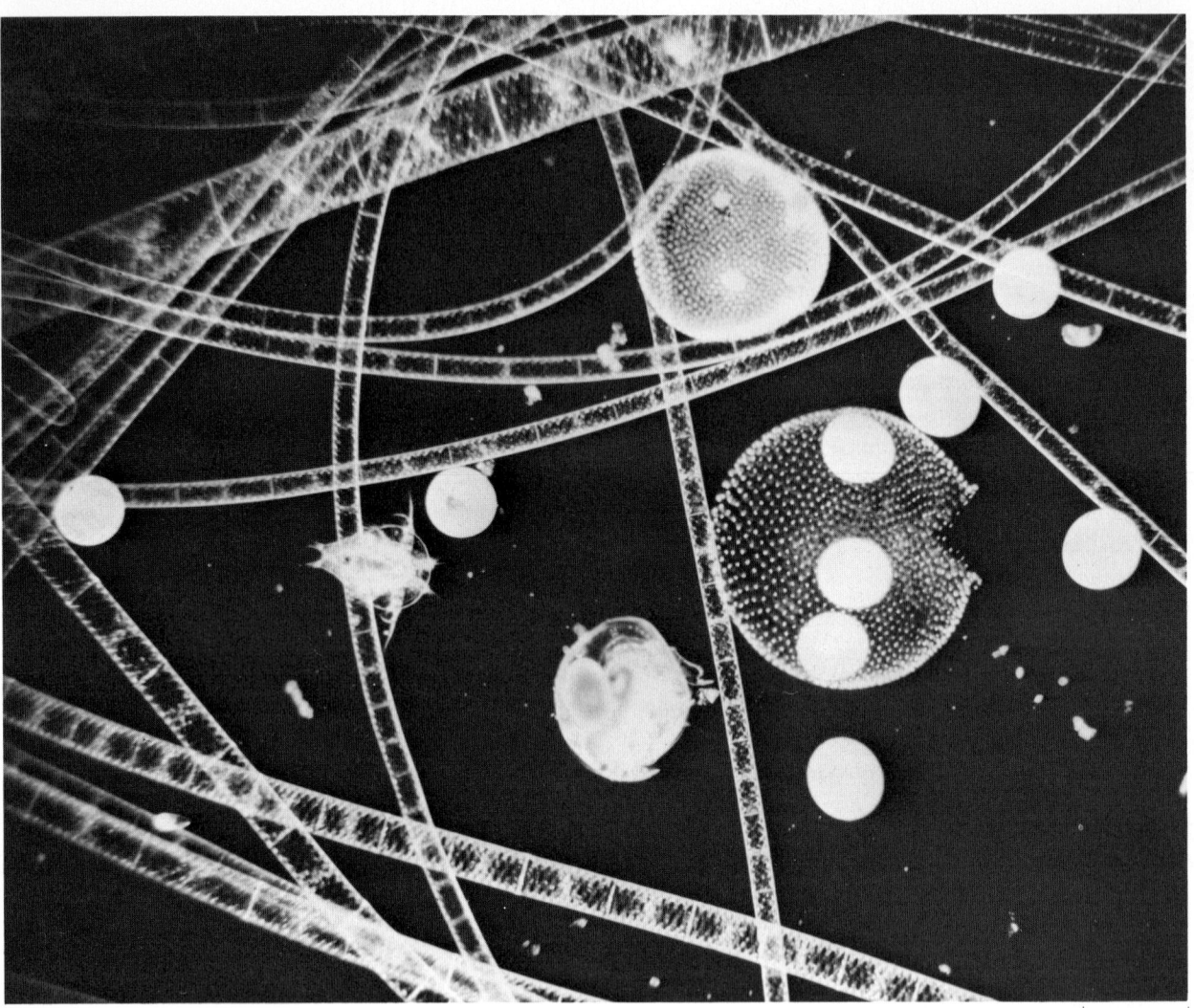

150 µm

Zwei photosynthetisierende Süßwasseralgen. die langen Filamente sind die zu Schnüren angeordneten photosynthetisierenden Zellen der Jochalge (*Spirogyra*), in denen die Chloroplasten die Form spiraliger Bänder haben. Die großen kugelförmigen Gebilde sind Kugelalgen (*Volvox*). Jede Kugel ist eine Kolonie aus Hunderten von Zellen. Die große (rechts im Bild) ist gerade geplatzt und entläßt Tochterkolonien. Links von der Bildmitte sieht man einen kleinen Ruderfußkrebs (*Copepoda*). Weitere photosynthetisierende Zellen im Süßwasser sind in Abb. 23-2 dargestellt. Die Organismen im Süß- und Salzwasser haben zusammengenommen einen höheren Anteil an der Photosynthese als die höheren terrestrischen Pflanzen.

Kapitel 23
Photosynthese

Nun kommen wir zur Urquelle fast aller biologischen Energie, der Sonnenenergie, die durch photosynthetisierende Organismen eingefangen und in die Energie der Biomasse umgewandelt wird. Photosynthetisierende und heterotrophe Organismen leben in unserer Biosphäre in einem biologischen Gleichgewicht (Abb. 23-1). Photosynthetisierende Pflanzen fangen die Sonnenenergie in Form von ATP und NADPH ein und verwenden sie als Energiequellen für die Synthese von Kohlenhydraten und anderen organischen Zellbestandteilen aus Kohlenstoffdioxid und Wasser; gleichzeitig geben sie Sauerstoff an die Atmosphäre ab. Die aeroben Heterotrophen dagegen verwenden den gebildeten Sauerstoff, um die energiereichen organischen Photosyntheseprodukte zu CO_2 und H_2O abzubauen und daraus ATP für ihre eigenen Aktivitäten herzustellen. Das durch die Atmung der Heterotrophen gebildete CO_2 gelangt in die Atmosphäre zurück und wird von den photosynthetisierenden Organismen erneut verwendet. Die Sonnenenergie ist also die treibende Kraft für den fortwährenden Kreislauf von atmosphärischem Kohlenstoffdioxid und Sauerstoff durch die Biosphäre (Abb. 23-1).

In den Photosyntheseprodukten sind gewaltige Energiemengen gespeichert. Pro Jahr werden von der Pflanzenwelt aus Sonnenenergie mindestens 4×10^{17} kJ an freier Energie gebildet. Das ist mehr als 10mal so viel wie die insgesamt vom Menschen verbrauchte aus fossilen Brennstoffen stammende Energie. Auch die fossilen Brennstoffe (Kohle, Erdöl, Erdgas) sind Produkte der Photosynthese, die allerdings vor Millionen von Jahren stattgefunden hat. Wegen unserer völligen Abhängigkeit von der Sonnenenergie – von der gegenwärtigen wie von der vergangener Zeiten – bezüglich unseres Energiebedarfs und unserer Ernährung ist die Frage nach dem Mechanismus der Photosynthese – die grundlegendste aller biochemischen Fragestellungen.

Die Entdeckung der Gleichung für die Photosynthese

Einige der ersten wichtigen Experimente zur Photosynthese wurden in den Jahren 1770 bis 1780 von Joseph Priestley durchgeführt, einem der Entdecker des Sauerstoffs. Er fand, daß eine in ein Glas

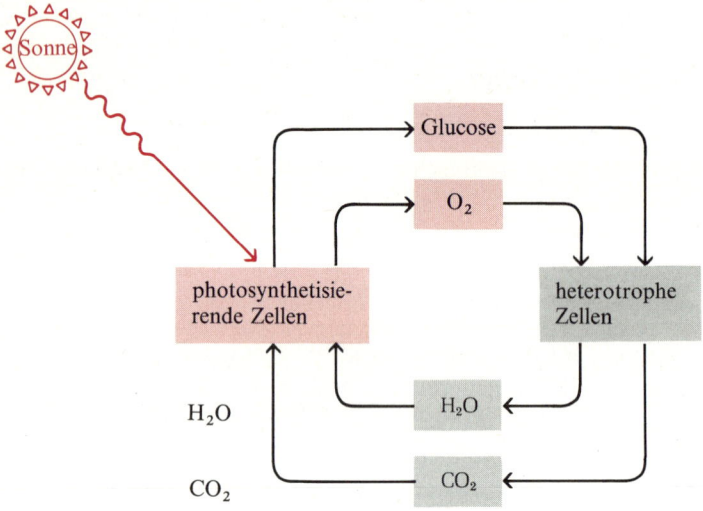

Abbildung 23-1
Die gesamte biologische Energie geht letztlich auf die Sonnenenergie zurück. Die photosynthetisierenden Zellen verwenden Sonnenenergie für die Synthese von Glucose und anderen organischen Zellprodukten, die den heterotrophen Zellen als Energie- und Kohlenstoffquelle dienen.

eingeschlossene Luftmenge durch eine brennende Kerze so „verarmt" werden konnte, daß in ihr keine Verbrennung mehr möglich war und auch eine Maus in dieser Luft nicht am Leben gehalten werden konnte. Priestley fand, daß, wenn dem Luftvolumen ein Zweig Minze beigefügt wurde, die Luft sich langsam „erholte", so daß eine Kerze wieder brannte und eine Maus am Leben blieb. Er schloß daraus, daß grüne Pflanzen Sauerstoff entwickeln, ein Vorgang, der die Umkehrung der Atmung der Tiere zu sein schien, bei der Sauerstoff verbraucht wurde. Erstaunlicherweise hat Priestley nach diesen scharfsinnigen Beobachtungen nicht erkannt, daß für die „Erholung" der Luft in Gegenwart des Minzezweiges Licht notwendig war. Die Bedeutung des Lichtes wurde einige Jahre später von Jan Ingenhousz, einem holländischen Arzt und Privatgelehrten, entdeckt. Aus Experimenten, die er zu Hause in seinem Privatlabor durchführte, schloß er, daß Sauerstoff nur in den grünen Teilen einer Pflanze und nur bei Licht gebildet wird.

Später, im frühen 19. Jahrhundert, wurden die ersten quantitativen Messungen durchgeführt über die Mengen des assimilierten Kohlenstoffdioxids, des gebildeten Sauerstoffs und der pflanzlichen Substanz, die bei der Photosynthese gebildet wird. Im Jahre 1842 schließlich veröffentlichte Robert Mayer, der Entdecker des ersten Hauptsatzes der Thermodynamik (Satz von der Erhaltung der Energie), eine Arbeit, in der er zu dem Schluß kam, daß das Sonnenlicht die Energie für die Bildung der Photosyntheseprodukte liefert. In der Mitte des 19. Jahrhunderts wurde also erkannt, daß die allgemeine Gleichung für die Photosynthese in den Pflanzen die folgende Form hat:

$$CO_2 + H_2O \xrightarrow{Licht} O_2 + \text{organische Substanz}$$

Abbildung 23-2
Photosynthetisierende Organismen im Plankton.
(a) und (b): Zwei typische Süßwasser-Organismen, *Euglena* und *Chlamydomonas*. Sie besitzen Geißeln und können sich selbständig nach dem Licht ausrichten.
(c) bis (e): Drei Arten von Diatomeen (Kieselalgen). Diatomeen sind im Plankton der Ozeane sehr verbreitet. Ihre Zellwände sind äußerst kompliziert gebaute Doppelschalen, die für jede Species ein eigenes Aussehen haben und zum größten Teil aus Siliciumdioxid (SiO_2) bestehen. Diese Schalen dienten früher dazu, das Auflösungsvermögen von Mikroskopen zu testen.
(f) und (g): Dinoflagellaten, ebenfalls typische photosynthetisierende Organismen des Meeresplanktons. Ihre oft sehr bizarr geformten Zellwände bestehen aus Cellulose. Sie haben Geißeln, einige Arten biolumineszieren und einige sind giftig für Fische und Menschen. Die „roten Gezeiten" vor der Küste der Vereinigten Staaten werden durch gewaltige Mengen roter Dinoflagellaten verursacht, die ein starkes Nervengift ausscheiden.

Kapitel 23 Photosynthese 709

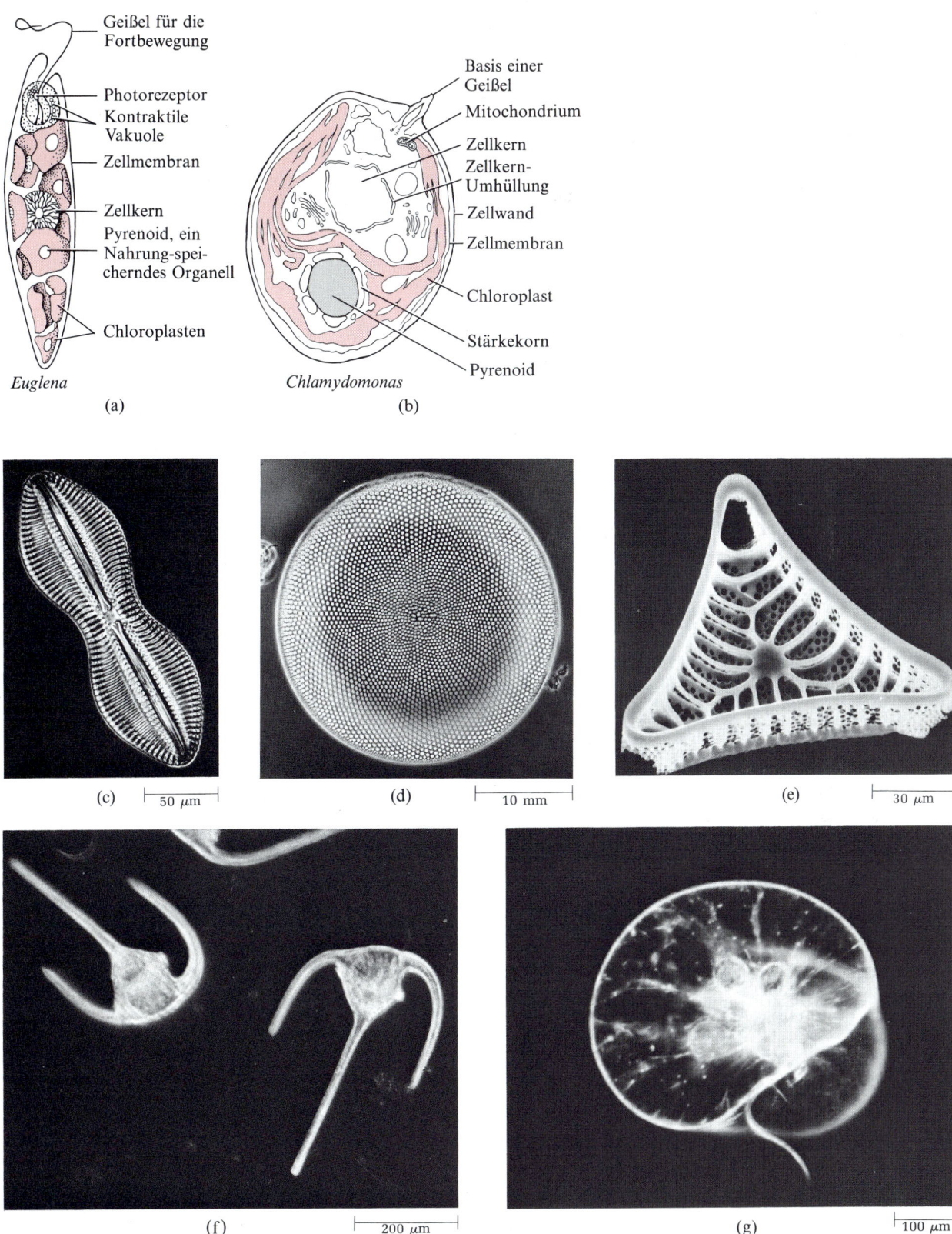

Die photosynthetisierenden Organismen sind sehr verschiedenartig

Die Photosynthese erfolgt nicht nur in den grünen Pflanzen, die uns ein vertrauter Anblick sind, sondern auch in niederen eukaryotischen Organismen, die mit dem bloßen Auge nicht erkennbar sind, wie *Algen, Eugleniden, Dinoflagellaten* und *Diatomeen* (Abb. 23-2). Außerdem gibt es auch photosynthetisierende Prokaryoten. Dazu gehören die *Cyanobakterien*, die *grünen Schwefelbakterien*, die man in Bergseen findet, und die *Purpur-Schwefelbakterien*, die in Schwefelquellen verbreitet sind. Die Cyanobakterien oder Blaugrünalgen (S. 20), die sowohl in Salz- wie in Süßwasser vorkommen, sind vielleicht die vielseitigsten aller photosynthetisierenden Organismen. Cyanobakterien gehören, da sie auch atmosphärischen Stickstoff fixieren können (S. 699), zu den eigenständigsten Organismen unserer Biosphäre. Insgesamt findet mindestens die Hälfte aller photosynthetischen Aktivitäten der Erde in den Ozeanen, Flüssen und Seen statt, bedingt durch die vielen verschiedenen Mikroorganismen, aus denen sich das Phytoplankton zusammensetzt.

Die photosynthetisierenden Organismen bedienen sich verschiedener Wasserstoffdonatoren

Die photosynthetisierenden Organismen können in zwei Klassen unterteilt werden: in solche, die Sauerstoff freisetzen und solche, die es nicht tun. Die grünen Blätter der höheren Pflanzen sind Sauerstoffbildner. Sie verwenden Wasser als Wasserstoffdonator für die Reduktion von Kohlenstoffdioxid und setzen dabei Sauerstoff frei, entsprechend der allgemeinen Gleichung:

$$n\,H_2O + n\,CO_2 \xrightarrow{\text{Licht}} (CH_2O)_n + n\,O_2 \qquad (1)$$

Dabei hat n häufig den Wert 6, was der Bildung von Glucose als Endprodukt der CO_2-Reduktion entspricht $[(CH_2O)_6 = C_6H_{12}O_6]$.

Mit Ausnahme der Cyanobakterien, deren Sauerstoff-bildendes Photosynthesesystem dem der grünen Pflanzen ähnelt, produzieren photosynthetisierende Bakterien keinen Sauerstoff. Als Wasserstoffdonatoren verwenden einige von ihnen anorganische Verbindungen. Die grünen Schwefelbakterien benutzen z. B. Schwefelwasserstoff als Wasserstoffdonator:

$$2\,H_2S + CO_2 \xrightarrow{\text{Licht}} (CH_2O) + H_2O + 2\,S$$

Diese Bakterien geben statt molekularen Sauerstoff elementaren Schwefel ab, der das Oxidationsprodukt von H_2S ist. Andere photosynthetisierende Bakterien verwenden organische Verbindungen

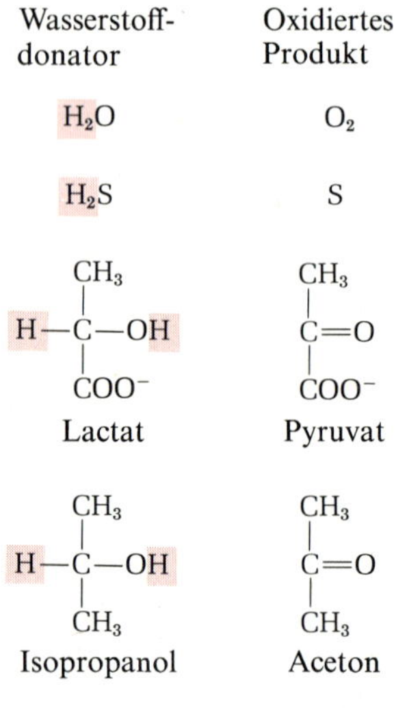

Abbildung 23-3
Einige Wasserstoffdonatoren (zugleich Elektronendonatoren) von verschiedenen photosynthetisierenden Organismen. Die verwendeten Wasserstoffatome sind farbig dargestellt. Grüne Pflanzen verwenden H_2O als Elektronendonator und setzen daraus O_2 frei.

z. B. Lactat, als Wasserstoffdonatoren:

$$2\,\text{Lactat} + CO_2 \xrightarrow{\text{Licht}} (CH_2O) + H_2O + 2\,\text{Pyruvat}$$

Cornelis van Niel, ein Pionier auf dem Gebiet des vergleichenden Stoffwechsels, postulierte, daß die Photosynthese bei Pflanzen und Bakterien trotz der Unterschiede im verwendeten Wasserstoffdonator prinzipiell ähnlich sei. Diese Ähnlichkeit wird deutlich, wenn man die Photosynthese-Gleichung in einer allgemeinen Form schreibt:

$$2\,H_2D + CO_2 \xrightarrow{\text{Licht}} (CH_2O) + H_2O + 2\,D$$

Dabei ist H_2D ein Wasserstoffdonator und D seine oxidierte Form. H_2D kann also Wasser, Schwefelwasserstoff, Lactat oder eine andere organische Verbindung sein, je nach Art des photosynthetisierenden Organismus (Abb. 23-3). Van Niel sagte auch voraus, daß der während der Photosynthese der Pflanzen gebildete Sauerstoff ausschließlich aus dem Wasser stammt und nicht aus dem Kohlenstoffdioxid. Diese Voraussage wurde durch Versuche mit ^{18}O-markiertem Wasser oder Kohlenstoffdioxid bestätigt (Abb. 23-4). Dieses Kapitel wird sich hauptsächlich mit der Photosynthese höherer Pflanzen befassen, bei der Sauerstoff gebildet wird.

Abbildung 23-4
Das bei der Photosynthese der Pflanzen freigesetzte O_2 stammt aus H_2O.

Bei der Photosynthese unterscheidet man Hell- und Dunkelphasen

Die Photosynthese in grünen Pflanzen findet in zwei Etappen statt, einer *Lichtreaktion*, die nur erfolgt, wenn die Pflanzen belichtet werden, und einer *Dunkelreaktion*, die in Anwesenheit *und* Abwesenheit von Licht stattfinden kann. Bei der Lichtreaktion wird Lichtenergie von Chlorophyll und anderen Pigmenten der photosynthetisierenden Zellen absorbiert und in Form von chemischer Energie in einem der beiden energiereichen Produkte ATP und NADPH konserviert; gleichzeitig wird Sauerstoff abgegeben. Bei der Dunkelreaktion wird das durch die Lichtreaktion gebildete ATP und NADPH zur Reduktion von Kohlenstoffdioxid und zur Synthese von Glucose und anderen organischen Verbindungen verwendet (Abb. 23-5). Die Bildung von Sauerstoff, die nur bei Licht erfolgt, und die Reduktion von Kohlenstoffdioxid, für die kein Licht erforderlich ist, sind also verschiedene, getrennt ablaufende Vorgänge.

Hier müssen wir einen wichtigen Punkt erwähnen, den wir aber erst später ausführlich besprechen wollen. Obwohl die an der Reduktion von CO_2 beteiligten, zur Glucose führenden Reaktionen auch bei Dunkelheit stattfinden können, werden sie durch Licht reguliert.

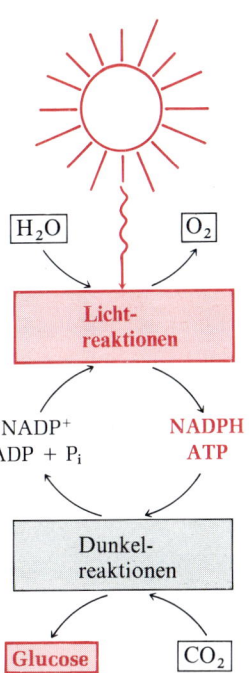

Abbildung 23-5
In den Lichtreaktionen wird mit Hilfe von Sonnenenergie energiereiches NADPH und ATP gebildet, das in den Dunkelreaktionen für die Reduktion von CO_2 und die Glucosebildung gebraucht wird.

Die Photosynthese der Pflanzen findet in den Chloroplasten statt

Bei eukaryotischen photosynthetisierenden Zellen finden Dunkel- und Hellreaktion in den *Chloroplasten* statt, die man als das Hauptkraftwerk solcher Zellen ansehen kann. Wir erinnern uns, daß auch die Zellen grüner Blätter Mitochondrien enthalten (S. 41). Nachts, wenn keine Sonnenenergie zur Verfügung steht, erzeugen die Mitochondrien das ATP für den Bedarf der Zelle, indem sie unter Verwendung von Sauerstoff die Kohlenhydrate oxidieren, die während des Tages von den Chloroplasten gebildet worden sind.

Chloroplasten können bei verschiedenen Arten viele verschiedene Formen haben, sind aber im allgemeinen viel voluminöser als die Mitochondrien (Abb. 23-6). Sie sind vollständig von einer Außenmembran umgeben, die recht zerbrechlich ist. Eine innere Membran umschließt das innere Kompartiment, das viele abgeflachte, wiederum von einer Membran umgebene Vesikel enthält, die oft mit der Innenmembran verbunden sind. Sie werden *Thylakoide* genannt und sind normalerweise zu Stapeln, den *Grana*, angeordnet (Abb. 23-6). In der Thylakoidmembran befinden sich alle Photosynthese-Pigmente des Chloroplasten und alle Enzyme, die für die primäre, lichtabhängige Reaktion gebraucht werden. Die Flüssigkeit des Kompartiments, das *Stroma*, das die Thylakoid-Vesikel umgibt, enthält die meisten Enzyme für die Dunkelreaktionen, bei denen CO_2 reduziert und Glucose gebildet wird. Bei vielen Arten finden die Dunkelreaktionen auch im Cytosol der Zelle statt. Chloroplasten lassen sich aus gemahlenen Spinatblättern leicht durch differentielle Zentrifugation gewinnen (S. 391).

Durch Lichtabsorption werden Moleküle angeregt

Sichtbares Licht ist elektromagnetische Strahlung der Wellenlänge 400 bis 700 nm. Das Sonnenlicht entsteht durch die Kernfusion von Wasserstoffatomen zu Heliumatomen und Positronen, ein Vorgang, der durch die enorm hohen Temperaturen in Sonneninneren hervorgerufen wird. Die Gesamtgleichung hierfür lautet:

$$4H \rightarrow {}^4He + 2e^+ + h\nu$$

Dabei ist $h\nu$ ein *Quant* Lichtenergie, auch *Lichtquant* oder *Photon* genannt. Erinnern Sie sich, daß Licht sowohl Wellen- als auch Teilchencharakter hat. Die Energie der Photonen ist umgekehrt proportional zur Wellenlänge des Lichts (Tab. 23-1). Die größte Energiemenge enthalten also die Photonen der kurzen Wellenlängen im violetten Bereich des sichtbaren Spektrums.

Die Fähigkeit einer chemischen Verbindung, Licht zu absorbieren, hängt von der Anordnung der Elektronen im Molekül ab. Wird ein Photon von einem Molekül absorbiert, so wird ein Elektron auf

Tabelle 23-1 Der Energiegehalt der Photonen.

Wellenlänge in nm	Farbe des Lichts	Energie in kJ/mol
400	Violett	300
500	Blau	241
600	Gelb	200
700	Rot	170

Kapitel 23 Photosynthese 713

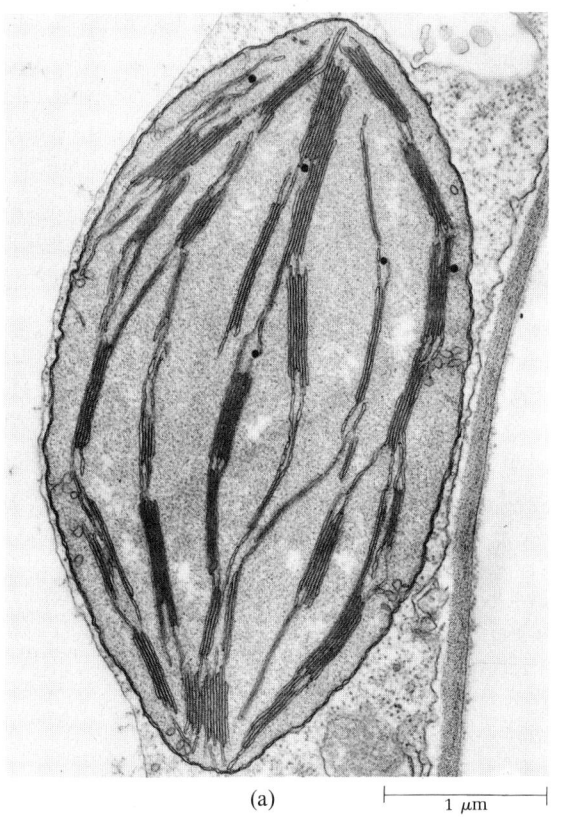

(a) 1 μm

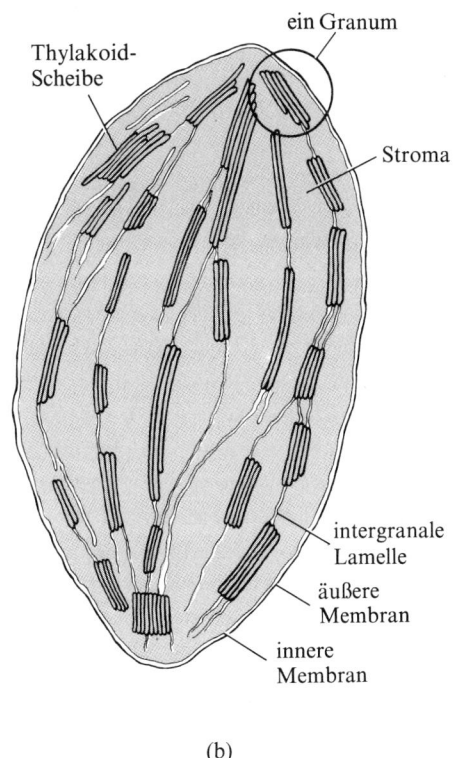

(b)

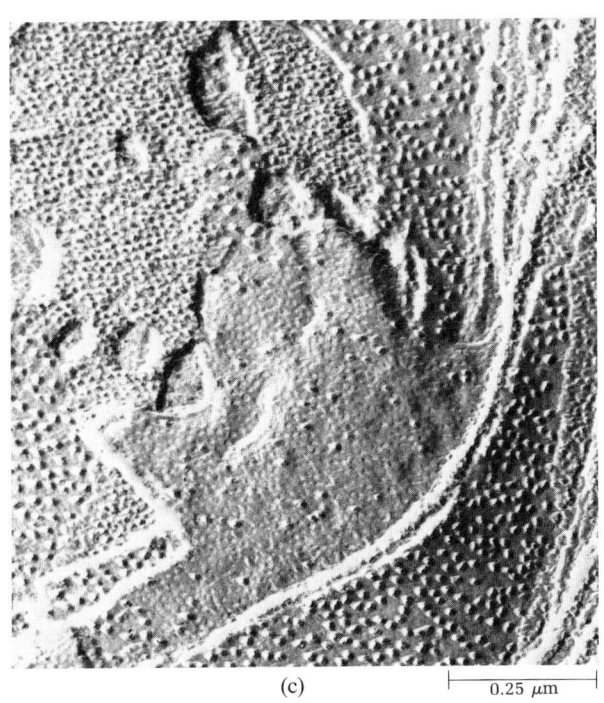

(c) 0.25 μm

Abbildung 23-6
(a) Elektronenmikroskopische Aufnahme eines Chloroplasten aus Spinatblättern.
(b) Schematische Zeichnung seiner Struktur.
(c) Elektronenmikroskopische Aufnahme nach der Gefrierbruch-Methode von der inneren Oberfläche einer Thylakoidmembran. Die pyramidenförmigen Partikel sind vermutlich an der Photosynthese beteiligte Enzymmoleküle.

ein höheres Energieniveau gehoben. Das geschieht nach dem Alles-oder-nichts-Prinzip: Um ein Elektron auf ein höheres Energieniveau zu heben, muß ein Photon eine bestimmte Minimalenergie besitzen. Ein Molekül, das ein Photon absorbiert hat, befindet sich in einem energiereichen, *angeregten Zustand*, der im allgemeinen sehr instabil ist: Die energiereichen Elektronen kehren sehr schnell auf ihre normalen, energiearmen Orbitale zurück und damit nimmt auch das Molekül seinen ursprünglichen, stabilen Zustand wieder an, genannt *Grundzustand*. Mit der Rückkehr in den Grundzustand geht auch die Energiemenge, die das Molekül im angeregten Zustand absorbiert hatte, wieder als Licht oder als Wärme verloren. Die absorbierte Energiewärme wird *Exiton* genannt, die Lichtemission bei der Rückkehr in den Grundzustand *Fluoreszenz* (Abb. 23-7). Die Anregung von Molekülen durch Licht und die Rückkehr in den Grundzustand durch Fluoreszenz sind extrem schnelle Vorgänge. Für die Anregung eines Chlorophyll-Moleküls im Reagenzglas werden nur wenige Picosekunden gebraucht (1 ps = 10^{-12} s). Die angeregten Moleküle bleiben nur sehr kurze Zeit im angeregten Zustand. Man kann ausrechnen, daß während der Zeitdauer, die ein Chlorophyllmolekül im angeregten Zustand bleibt, eine Concorde bei Höchstgeschwindigkeit nur 6 µm zurücklegt.

Nun kommen wir zu einem sehr grundlegenden Punkt. Werden isolierte Chlorophyllmoleküle im Reagenzglas durch Licht angeregt, so wird die absorbierte Energie schnell als Fluoreszenz und Wärme freigesetzt. Wird Chlorophyll jedoch in lebenden Spinatblättern durch sichtbares Licht angeregt, so beobachtet man keine Fluoreszenz. Stattdessen werden die energiereichen Elektronen aus dem angeregten Chlorophyllmolekül „verjagt" und „springen" auf das erste Glied einer Kette von Elektronen-Carriern. Mit dem lichtabhängigen Elektronenfluß entlang dieser Kette sind Prozesse gekoppelt, durch die ATP und NADPH gebildet werden.

Chlorophylle sind die hauptsächlichen lichtabsorbierenden Pigmente

Lassen Sie uns nun die lichtabsorbierenden Pigmente in der Thylakoidmembran untersuchen. Der Bedeutung nach nehmen die Chlorophylle den ersten Platz ein. Es sind Komplexe von Mg^{2+} mit Molekülen, die Ähnlichkeit mit dem Protoporphyrin der Hämoglobine haben (S. 191). Chlorophyll *a*, das in den Chloroplasten aller grünen Pflanzen vorkommt, enthält vier substituierte Pyrrolringe, von denen einer (Ring IV) reduziert ist (Abb. 23-8). Chlorophyll *a* besitzt noch einen fünften Ring, der aber kein Pyrrol ist. Dieses charakteristische Fünfring-Porphyrinderivat wird *Phäoporphyrin* genannt. Chlorophyll *a* besitzt außerdem eine lange Isoprenoid-Seitenkette; sie besteht aus dem Alkohol *Phytol*, der mit einer am Ring IV substi-

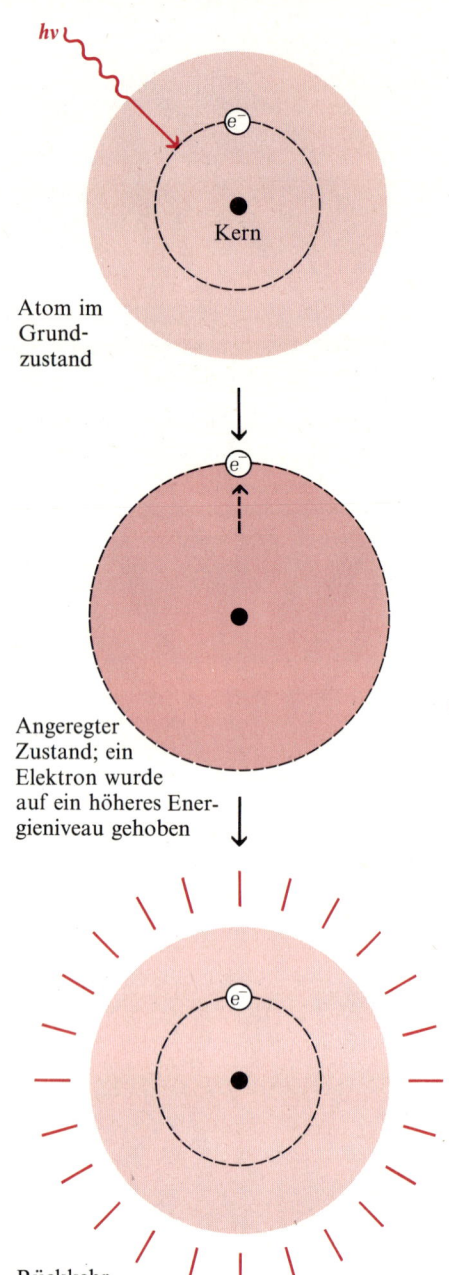

Atom im Grundzustand

Angeregter Zustand; ein Elektron wurde auf ein höheres Energieniveau gehoben

Rückkehr zum Grundzustand unter Verlust der Anregungsenergie durch Fluoreszenz oder Wärmeabstrahlung

Abbildung 23-7
Anregung eines Atoms durch die Absorption von Lichtenergie. Bei der Rückkehr des Atoms in den Grundzustand geht die absorbierte Energie durch Fluoreszenz oder Wärmeabstrahlung wieder verloren. Werden jedoch photosynthetisierende Zellen durch Licht angeregt, so wird die absorbierte Energie zur Synthese von NADPH und ATP verwendet und so gespeichert.

tuierten Carboxylgruppe verestert ist (Abb. 23-8). Die vier zentralen Stickstoffatome des Chlorophylls *a* binden das Mg^{2+}.

Die photosynthetisierenden Zellen höherer Pflanzen enthalten immer zwei Arten von Chlorophyll. Die eine davon ist immer Chlorophyll *a*, die andere ist bei vielen Arten *Chlorphyll b*, das am Ring II anstelle der Methylgruppe eine Aldehydgruppe trägt (Abb. 23-8). Reines Chlorophyll *a* und *b* kann man aus Blätterextrakten chromatographisch isolieren. Beide Chlorophylle sind grün gefärbt, aber ihre Absorptionsspektren sind geringfügig verschieden. Die meisten höheren Pflanzen enthalten etwa doppelt so viel Chlorophyll *a* wie *b*.

Die Abb. 23-8 zeigt für Chlorophyll *a* auch den Zusammenhang zwischen Struktur und biologischer Funktion. Das Fünfringsystem, das seinerseits wieder einen Ring um das Mg bildet, ist der Teil des Moleküls, der für die Farbigkeit und die Fähigkeit zur Lichtabsorp-

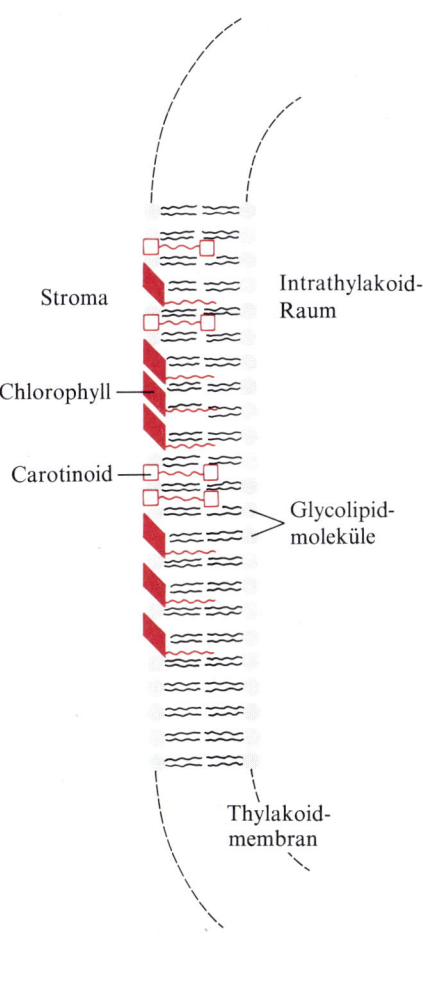

Abbildung 23-8
(a) Chlorophyll *a* und *b*. Ring V ist ein zusätzlicher, im Protoporphyrin nicht vorhandener Ring. Für Chlorophyll *a* ist R = $-CH_3$, für Chlorophyll *b* ist R = $-CHO$.
(b) Die Anordnung der verschiedenen lichtabsorbierenden Chlorophyll- und Carotinoid-Pigmente in der Thylakoidmembran. Sie sind in eine bestimmte Richtung ausgerichtet und zu Anhäufungen, den sogenannten Photosystemen, gruppiert.

tion wesentlich ist. Das Mg bewirkt die Ausbildung von Chlorophyll-Aggregaten, die das Einfangen des Lichtes erleichtern, und die lange hydrophobe Seitenkette verankert das Chlorophyllmolekül und gibt ihm in der Lipid-Doppelschicht der Membran die richtige Orientierung.

Die Thylakoide enthalten zusätzlich Hilfspigmente

Zusätzlich zu den Chlorophyllen enthalten die Thylakoidmembranen noch senkundäre lichtabsorbierende Pigmente, die als *Hilfspigmente* bezeichnet werden. Zu ihnen gehören die verschiedenen *Carotinoide*, die gelb, rot oder purpurn sind. Die wichtigsten sind das *β-Carotin* (Abb. 23-9), eine rote Isoprenoid-Verbindung, die bei Tieren die Vorstufe von Vitamin A (S. 293) ist, und das gelbe Carotinoid *Xanthophyll*. Die Carotinoid-Pigmente absorbieren Licht bei anderen Wellenlängen als die Chlorophylle und sind daher ergänzende Lichtrezeptoren. Die Mengenverhältnisse zwischen den Chlorophyllen und den verschiedenen Carotinoiden variieren in charakteristischer Weise von einer Pflanzenart zur anderen. Tatsächlich sind es die Variationen in den Mengenverhältnissen dieser Pigmente, die für die charakteristische Färbung photosynthetisierender Zellen verantwortlich sind, die vom tiefen Blaugrün der Fichtennadeln über das mittlere Grün der Ahornblätter bis hin zur roten, braunen oder gar purpurnen Färbung der verschiedenen Arten mehrzelliger Algen oder der Blätter einiger Zierpflanzen reicht.

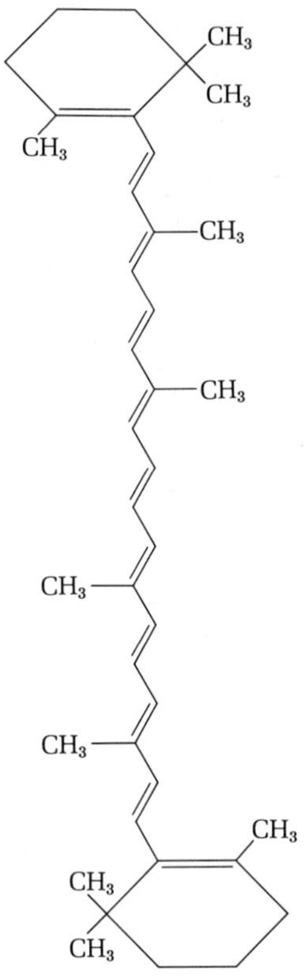

Die Thylakoidmembranen enthalten zwei Arten photochemischer Reaktionssysteme

Die lichtabsorbierenden Pigmente der Thylakoidmembranen sind zu funktionellen Einheiten zusammengeschlossen (Abb. 23-8 b). Bei Spinat-Chloroplasten enthält eine solche Einheit, die als *Photosystem* bezeichnet wird, etwa 200 Moleküle Chlorophyll und etwa 50 Moleküle Carotinoide. Sie können Licht des gesamten sichtbaren Spektrums absorbieren, besonders gut aber zwischen 400 und 500 sowie zwischen 600 und 700 nm (Abb. 23-10). Alle Pigmentmoleküle eines Photosystems können Photonen absorbieren, aber nur jeweils ein Molekül in jedem Photosystem ist in der Lage, Lichtenergie in chemische Energie umzuwandeln. Dieses spezialisierte Pigmentmolekül besteht aus einem Chlorophyllmolekül, das mit einem spezifischen Protein verbunden ist und *photochemisches Reaktionszentrum* genannt wird. Alle anderen Pigmentmoleküle in dem Photosystem werden *lichtabsorbierende* (*light harvesting*) oder *Antennenmoleküle* genannt. Ihre Funktion besteht in der Absorption von Licht, das sie mit hoher Ausbeute an das eine Reaktionszentrum weiterleiten, in dem die photochemische Reaktion stattfindet (Abb. 23-11).

Abbildung 23-9
β-Carotin, ein in grünen Blättern vorkommendes Hilfspigment. Bei anderen Arten kommen noch zahlreiche andere Carotinoide als Hilfspigmente vor. Beachten Sie, daß β-Carotin, ähnlich wie Chlorophyll, viele konjugierte Doppelbindungen besitzt, durch die das Molekül die Fähigkeit erhält, Licht zu absorbieren und Excitonen zu übertragen.

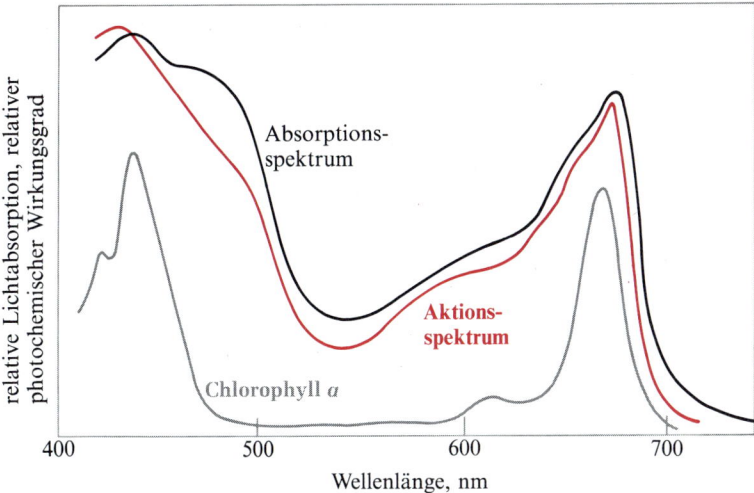

Abbildung 23-10
Absorptionsspektrum und photochemisches Wirkungsspektrum eines grünen Blattes. Das Absorptionsspektrum zeigt die vom Blatt absorbierte Lichtmenge in Abhängigkeit von der Wellenlänge. Das photochemische Wirkungsspektrum zeigt den Wirkungsgrad des Lichts für die Photosynthese bei verschiedenen Wellenlängen. Grundsätzlich kann sichtbares Licht jeder Wellenlänge für die Photosynthese verwendet werden, aber die Bereiche zwischen 400 und 500 sowie zwischen 600 und 700 nm sind effektiver als die übrigen. Zum Vergleich wird auch das Spektrum von reinem Chlorophyll *a* gezeigt, es absorbiert zwischen 500 und 600 nm nur sehr schwach. Einige photosynthetisierende Zellen besitzen Hilfspigmente, die gerade in diesem Bereich absorbieren und somit die Chlorophylle ergänzen.

Die Thylakoidmembranen der Pflanzen-Chloroplasten besitzen zwei verschiedene Arten von Photosystemen, von denen jedes seinen eigenen Satz von lichtabsorbierenden Chlorophyll- und Carotinoidmolekülen zusammen mit einem photochemischen Reaktionszentrum besitzt. Im *Photosystem I*, das durch Licht höherer Wellenlänge maximal angeregt wird, finden wir ein höheres Verhältnis von Chlorophyll *a* zu Chlorophyll *b*. *Photosystem II*, das durch Licht unterhalb von 680 nm maximal angeregt wird, enthält verhältnismäßig mehr Chlorophyll *b* und möglicherweise auch Chlorophyll *c*. Die Thylakoidmembranen eines einzigen Spinat-Chloroplasten enthalten mehrere hundert Exemplare von beiden Photosystemen. Wie wir noch sehen werden, haben die beiden Photosysteme verschiedene Funktionen, wir können aber an dieser Stelle bereits eine allgemeingültige Regel formulieren: *Alle sauerstoffabgebenden photosynthetisierenden Zellen, d.h. die der höheren Pflanzen und Cyanobakterien, enthalten sowohl das Photosystem I als auch das Photosystem II, während alle anderen Arten photosynthetisierender Bakterien, die keinen Sauerstoff freisetzen, nur das Photosystem I enthalten.*

Durch die Belichtung der Chloroplasten wird ein Elektronenfluß induziert

Auf welche Weise genau bewirkt die Lichtabsorption des Pigmentmoleküls in den Thylakoidmembranen eine chemische Änderung, die zur Umwandlung von Lichtenergie in chemische Energie führt?

Den Schlüssel zu dieser Frage lieferte eine Entdeckung, die Robert Hill, ein Pionier auf dem Gebiet der Photosynthese, im Jahre 1937 an der Universität von Cambridge machte. Er versetzte chloroplastenhaltige Extrakte von Blättern mit einem nicht-biologischen Wasserstoffakzeptor. Wurde dieser Extrakt belichtet, so kam es zur Freiset-

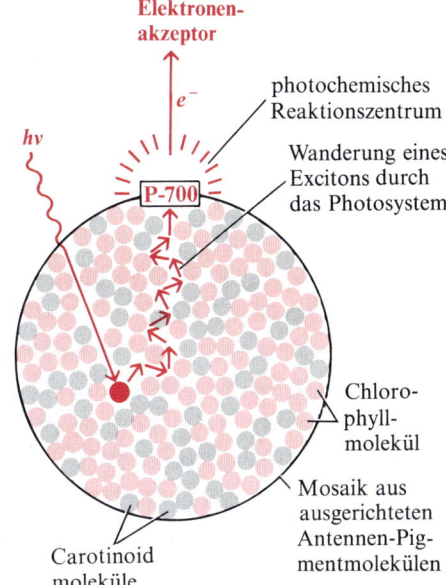

Abbildung 23-11
Schematische Darstellung der Oberfläche eines Photosystems in der Thylakoidmembran. Es enthält ein gesprenkeltes Mosaik aus mehreren hundert Chorophyll- und Carotin-Antennenmolekülen, die in der Membran in eine bestimmte Richtung ausgerichtet sind. Ein von einem Antennenmolekül absorbiertes Exciton wandert schnell über die Pigmentmoleküle zum Reaktionszentrum P-700. Sein Weg ist durch die farbigen Pfeile markiert. Alle Antennenmoleküle können Licht absorbieren, aber nur das Molekül des Reaktionszentrums kann die Exciton-Energie in einen Elektronenfluß umwandeln.

zung von Sauerstoff bei gleichzeitiger Reduktion des Wasserstoffakzeptors entsprechend der Gleichung:

$$2H_2O + 2A \xrightarrow{\text{Licht}} 2AH_2 + O_2 \qquad (2)$$

Dabei ist A der künstliche Wasserstoffakzeptor und AH_2 seine reduzierte Form. Einer der von Hill verwendeten nicht-biologischen Wasserstoffakzeptoren war der Farbstoff *2,6-Dichlorphenolindophenol*, der in seiner oxidierten Form (A) blau ist und in seiner reduzierten Form (AH_2) farblos. Wurde der mit diesem Farbstoff versetzte Blätterextrakt belichtet, so entfärbte sich der blaue Farbstoff und es entwickelte sich Sauerstoff. Im Dunkeln fand weder Sauerstoffentwicklung noch Reduktion des Farbstoffes statt. Das war der erste spezifische Hinweis darauf, wie die Umwandlung des absorbierten Lichtes in chemische Energie erfolgt: Die Lichtenergie verursacht einen Elektronenfluß von H_2O zu einem Elektronenakzeptor-Molekül. Außerdem fand Hill, daß für diesen Vorgang kein Kohlenstoffdioxid gebraucht wurde. Er folgerte daraus, daß die Freisetzung des Sauerstoffs von der Reduktion des Kohlenstoffdioxids getrennt verlaufe. Die mit Gleichung (2) beschriebene Reaktion wird auch als *Hill-Reaktion* bezeichnet, der künstliche Akzeptor A als *Hill-Reagenz*.

Danach setzte ein großes Suchen ein, um die natürlich vorkommende, biologisch aktive Entsprechung des Hill-Reagenzes zu identifizieren: den in den Chloroplasten enthaltenen Akzeptor, der die während der Lichteinwirkung aus Wasser freigesetzten Wasserstoffatome aufnimmt. Einige Jahre später fand man, daß das Coenzym $NADP^+$ in den Chloroplasten der natürliche Elektronenakzeptor ist, entsprechend der Gleichung:

$$2H_2O + 2NADP^+ \xrightarrow{\text{Licht}} 2NADPH + 2H^+ + O_2 \qquad (3)$$

Zu dieser Reaktion müssen wir eine sehr wichtige Anmerkung machen: Die Elektronen fließen hier vom Wasser zum $NADP^+$, während sie bei der Atmung in den Mitochondrien in die umgekehrte Richtung fließen, nämlich vom NADH oder NADPH zum Sauerstoff, wobei freie Energie entsteht (S. 523). Da der durch Licht induzierte Elektronenfluß in umgekehrter Richtung, also „bergauf" vom H_2O zum $NADP^+$ erfolgt, braucht er die Zufuhr freier Energie. Die Energie, die gebraucht wird, um die Elektronen bergauf zu treiben, stammt aus dem während der Beleuchtung absorbierten Licht.

Das eingefangene Licht bewirkt das Bergauffließen der Elektronen

Wie kann die von den Chloroplasten eingefangene Lichtenergie Elektronen dazu bringen, „bergauf" zu fließen.

Wird ein Chlorophyllmolekül in den Thylakoidmembranen durch Licht angeregt, so wird die Energie eines Elektrons in dem Molekül um den Betrag angehoben, der der Energie des absorbierten Lichtquants entspricht. Dadurch geht das Chlorophyll in einen angeregten Zustand über. Das anregende Energiepaket (das *Exciton*) wandert nun schnell über die lichtabsorbierenden Pigmente zum Reaktionszentrum des Photosystems, wo es ein Elektron dazu veranlaßt, eine große Energiemenge aufzunehmen. Dieses „heiße" Elektron wird aus dem Reaktionszentrum herauskatapultiert und vom ersten Glied einer Elektronencarrier-Kette aufgenommen. Dadurch wird der erste Elektronen-Carrier dieser Kette reduziert (Reduktion = Aufnahme von Elektronen), während das Reaktionszentrum oxidiert wird (weil es ein Elektron abgibt). Vom Reaktionszentrum in diesem oxidierten Zustand sagt man, es hätte ein *Elektronen-Loch*. Das energiereiche Elektron mit einem sehr hohen „Reduktionsdruck" durchläuft nun die Kette von Elektronen-Carriern vom ersten Elektronenakzeptor bis hin zum $NADP^+$, das es zu NADPH reduziert (Abb. 23-12). Natürlich muß das Standard-Reduktionspotential des photochemischen Reaktionszentrums einen sehr hohen negativen Wert haben, wenn die Passage zum $NADP^+$ noch bergab führen soll, denn das $NADP^+$/NADPH-Redoxpaar hat bereits ein ziemlich negatives Standardpotential von -0.32 V (S. 522).

Jetzt tauchen zwei Fragen auf. Wie wird das Elektronen-Loch im Reaktionszentrum wieder aufgefüllt? Und wie können wir die Bil-

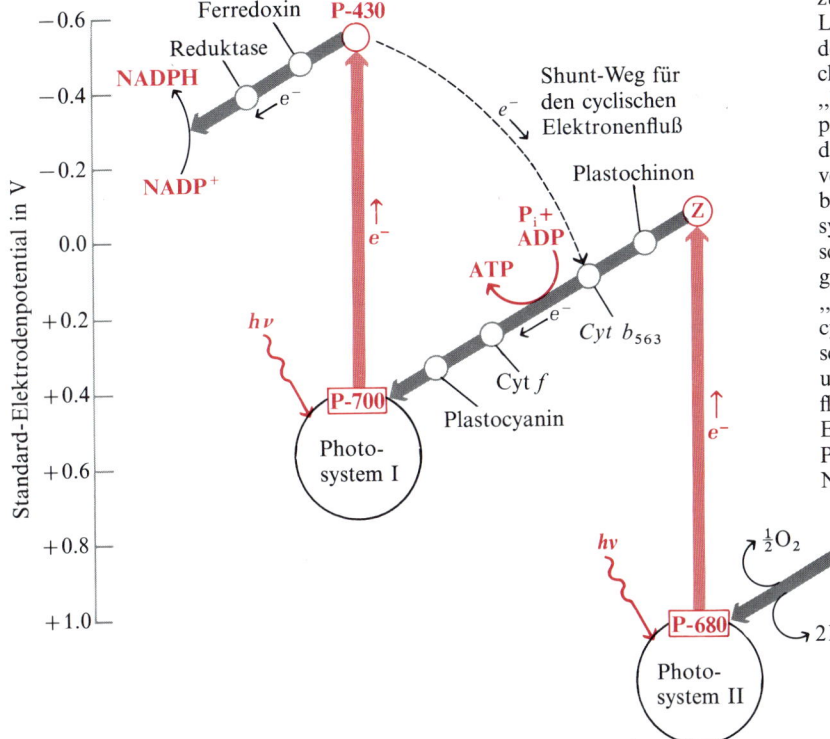

Abbildung 23-12
Die Zusammenarbeit der Photosysteme I und II. Das Zickzack-Schema (Z-Schema) zeigt den Weg des Elektronenflusses von H_2O (unten rechts) zu $NADP^+$ (oben links) bei der nicht-cyclischen Photosynthese der Pflanzen; außerdem stellt es die Energieverhältnisse dar. Um die aus dem Wasser stammenden Elektronen auf die Energiestufe anzuheben, die für die Reduktion von $NADP^+$ zu NADPH nötig ist, muß jedes Elektron zweimal angeregt werden (breite farbige Pfeile). Das geschieht durch Photonen, die von den Photosystemen I und II absorbiert werden. Um ein Elektron entsprechend anzuregen, wird für jedes der Photosysteme ein Lichtquant oder Photon gebraucht. Nach jedem Anregungsschritt fließen die energiereichen Elektronen über die dargestellten Wege „bergab" (breite graue Pfeile). Die Photophosphorylierung von ADP zu ATP ist an den Elektronenfluß in der zentralen oder verbindenden Elektronentransportkette gebunden, die von Photosystem II zum Photosystem I führt (s. S. 722). Der gestrichelte schwarze Pfeil von P-430 zum Cytochrom b gibt den alternativen Nebenschluß- oder „Shunt"-Weg an, den die Elektronen beim cyclischen Elektronenfluß und bei der cyclischen Phosphorylierung benutzen (s. Text und Abb. 23-14). Am cyclischen Elektronenfluß ist nur das Photosystem I beteiligt. Die Elektronen kehren über den Shunt-Weg zum Photosystem I zurück, anstatt $NADP^+$ zu NADPH zu reduzieren.

dung von O_2 aus Wasser erklären? Um diese Fragen zu beantworten, müssen wir einen Blick auf das vollständige Schema des photosynthetischen Elektronenflusses werfen.

Die Elektronensysteme I und II kooperieren beim Elektronentransport vom H_2O zum $NADP^+$

Der Satz lichtabsorbierender oder Antennenpigmente bildet zusammen mit seinem Reaktionszentrum, das energiereiche Elektronen für die $NADP^+$-Reaktion abgibt, das *Photosystem I*, das durch Licht der Wellenlänge 700 nm maximal angeregt wird. Man hat aber gefunden, daß eine Bestrahlung von Chloroplasten mit Licht dieser Wellenlänge nicht ausreicht, sondern daß für eine maximale Freisetzung von Sauerstoff auch Licht kleinerer Wellenlängen gebraucht wird, z. B. um 600 nm. Werden Chloroplasten nur mit Licht der Wellenlänge 600 nm (und nicht 700 nm) bestrahlt, so kommt es zu einem starken Abfall (drop) der Sauerstoffentwicklung, dem *Rotabfall (red drop)*, da 700 nm am roten Ende des sichtbaren Spektrums liegt. Diese Beobachtungen haben zu dem Schluß geführt, daß es zwei Photosysteme mit zwei verschiedenen Absorptionsmaxima gibt, die bei den Sauerstoff-freisetzenden Lichtreaktionen der Photosynthese zusammenarbeiten. Das Diagramm der Abb. 23-12, oft als *Z-Schema* bezeichnet, umreißt die Wege des Elektronenflusses zwischen den beiden Photosystemen sowie die Energiebeziehungen zwischen den Lichtreaktionen.

Lassen Sie uns zunächst den vom Licht angetriebenen Teil des Elektronenflusses betrachten. Wenn das Photosystem I Lichtquanten absorbiert, werden energiereiche Elektronen aus dem Reaktionszentrum ausgeschleust und fließen entlang einer Kette von Elektronen-Carriern bis zum $NADP^+$, das sie zu NADPH reduzieren. Dieser Vorgang hinterläßt ein Elektronen-Loch im Photosystem I. Das Loch wird durch ein Elektron aufgefüllt, das durch Bestrahlung aus dem Photosystem II vertrieben wurde und über eine verbindende Kette von Elektronen-Carriern zum Photosystem I gelangt. Dadurch aber entsteht ein Loch im Photosystem II und das wiederum wird durch Elektronen aus H_2O aufgefüllt. Das Wassermolekül wird gespalten in: (1) Elektronen, die die Löcher des Photosystems II auffüllen, (2) H^+-Ionen, die in das umgebende Medium freigesetzt werden, und (3) molekularen Sauerstoff, der in die Atmosphäre abgegeben wird. Die Gleichung für die Wasserspaltung lautet:

$$2H_2O \rightarrow 4H^+ + 4e^- + O_2$$

Das Z-Schema beschreibt also den gesamten Weg der Elektronen vom H_2O bis zum $NADP^+$ nach der Gleichung:

$$2H_2O + 2NADP^+ \xrightarrow{\text{Licht}} O_2 + 2NADPH + 2H^+$$

Für jedes Elektron, das vom H_2 zum $NADP^+$ fließt, werden zwei

Lichtquanten absorbiert, von jedem der Photosysteme eins. Um ein Molekül O_2 zu bilden, ist also der Fluß von vier Elektronen von H_2O zum $NADP^+$ nötig, d.h. es müssen insgesamt acht Quanten absorbiert werden, vier von jedem Photosystem.

Das Z-Schema zeigt das Energieprofil des Energietransportes bei der Photosynthese

In Abb. 23-12 ist nicht nur der Weg der Elektronen vom H_2O zum $NADP^+$ dargestellt, sondern auch die Energieverhältnisse. Auf der senkrechten Achse dieses Diagramms kann das Standard-Elektrodenpotential abgelesen werden. Die aufwärts verlaufenden Elektronen-Transportvorgänge (farbige Pfeile) brauchen die Zufuhr von Lichtenergie, während Transportvorgänge, bei denen die Elektronen abwärts wandern (graue Pfeile), unter Energieabnahme erfolgen. Die Absorption eines Lichtquants durch Photosystem I hebt ein Elektron von einem ziemlich energiearmen Zustand auf einen energiereichen Zustand an, wodurch das nun angeregte photochemische Reaktionszentrum von Photosystem I zu einem äußerst wirkungsvollen Reduktionsmittel wird. Dadurch wird ermöglicht, daß Elektronen von hier aus bergab zum $NADP^+$ fließen und dieses zu NADP reduzieren können. Die energiereichen Elektronen, die vom Photosystem II zum Photosystem I hinunterfließen, erhalten ihre Energie wiederum von Lichtquanten, die das Photosystem II absorbiert hatte. Das im Photosystem II zurückbleibende Elektronen-Loch macht dieses zu einem sehr wirksamen Oxidationsmittel oder Elektronenakzeptor. Das Loch wird aufgefüllt von Elektronen, die von H_2O kommend bergab fließen. Das Z-Schema beschreibt also den Weg, über den Elektronen von H_2O mit seinem sehr positiven Standard-Reduktionspotential ($+0.82$ V) zum $NADP^+$ fließen, das ein negatives Standard-Potential hat (-0.32 V). Die für diesen Elektronenfluß benötigte Energie wird von zwei Lichtquanten geliefert, von denen je eines von jedem der beiden Photosysteme absorbiert wird.

Am Elektronentransport der Photosynthese sind mehrere Elektronen-Carrier beteiligt

Wenn das Reaktionszentrum I (ein Komplex aus Chlorophyll *a* und einem spezifischen Protein) durch Lichtquanten angeregt wird, die es von den Atennenmolekülen erhält, so verringert sich die Lichtabsorption bei 700 nm. Deshalb wird das Reaktionszentrum vom Photosystem I im allgemeinen als *P-700* bezeichnet (Abb. 23-12). Der erste Elektronen-Carrier in der Kette zwischen P-700 und $NADP^+$ ist vermutlich ein *Eisen-Schwefel-Protein*, das *P-430* genannt wird. Der nächste Elektronen-Carrier ist *Ferredoxin*, ebenfalls ein Eisen-Schwefel-Protein, aber nicht identisch mit P-430. Das Ferredoxin von Spinat konnte isoliert und kristallisiert werden; es hat eine relative Molekülmasse von etwa 10 700 und enthält zwei Eisenatome, die an säurelabile Schwefelatome gebunden sind. Die Eisenatome in P-430 und Ferredoxin übertragen Elektronen über den Wechsel der Oxidationsstufe zwischen Fe^{II} und Fe^{III}.

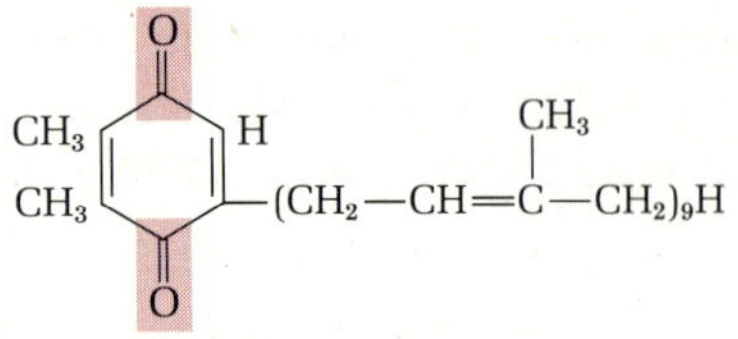

Der dritte Elektronen-Carrier ist das Flavoprotein *Ferredoxin-NADP-Oxidoreduktase*. Es überträgt Elektronen vom reduzierten Ferredoxin (Fd_{red}) auf $NADP^+$, das dadurch zu NADPH reduziert wird:

$$2Fd_{red}^{2+} + 2H^+ + NADP^+ \rightarrow 2Fd_{ox}^{3+} + NADPH + H^+$$

Jetzt kommen wir zur *verbindenden Kette* von Elektronen-Carriern, die Elektronen vom angeregten Reaktionszentrum des Photosystems II zum Elektronen-Loch im Photosystem I hinunterbefördert (Abb. 23-12). Das oxidierte Reaktionszentrum von Photosystem II absorbiert bei 680 nm (daher die Bezeichnung P-680). Über seine chemischen Eigenschaften ist sehr wenig bekannt, vermutlich ähnelt es dem P-700 des Photosystems I darin, daß es ein Chlorophyll-Protein-Komplex ist. Vom ersten Elektronen-Carrier in dieser Kette weiß man auch nicht sehr viel; er wird meistens als Z bezeichnet. Die reduzierte Form von Z transportiert Elektronen bergab zum *Plastochinon* oder PQ (Abb. 23-13), einem fettlöslichen Chinon mit einer langen Isoprenoid-Seitenkette, das Ähnlichkeit mit dem Ubichinon der Atmungskette in den Mitochondrien hat. Von der reduzierten Form des Plastochinons gelangen die Elektronen zu einem Cytochrom vom Typ *b*, dem *Cytochrom b_{563}*, und von da zum Cytochrom *f* (von lateinisch frons = Blatt), das Ähnlichkeit hat mit dem *Cytochrom c* der Mitochondrien. Von Cytochrom *f* fließen die Elektronen zum Plastocyanin, einem blauen Kupfer-Protein. Das Kupferatom dieses Proteins ist der eigentliche Carrier der Elektronen und durchläuft dabei cyclische Änderungen der Oxidationsstufe zwischen Cu^I und Cu^{II}. *Plastocyanin* ist der unmittelbare Elektronendonator für das Elektronen-Loch im P-700 von Photosystem I.

Die im Reaktionszentrum P-680 von Photosystem II zurückbleibenden Elektronen-Löcher werden durch Elektronen wieder aufgefüllt, die von einem Mg^{2+}-haltigen Enzym-Komplex, der *H_2O-Dehydrogenase*, aus H_2O entfernt werden. Von diesem Enzym-Komplex ist nicht viel bekannt.

An dieser Stelle bedarf es noch einer wichtigen Klarstellung. Wir bezeichnen alle in Abb. 23-12 dargestellten Reaktionen als die Lichtreaktionen der Photosynthese. Diese Definition ist nützlich, weil sie die energieerzeugende Phase der Photosynthese klar von den Dunkelreaktionen abgrenzt, bei denen CO_2 reduziert und Glucose synthetisiert wird. Die Bezeichnung „Lichtreaktionen" ist aber nicht ganz korrekt. Tatsächlich sind die einzigen Stellen innerhalb dieser „Lichtreaktionen", für die wirklich Licht gebraucht wird, die beiden Schritte, bei denen die beiden photochemischen Reaktionszentren angeregt werden (Abb. 23-12). Alle anderen Schritte des photosyn-

Plastochinon A

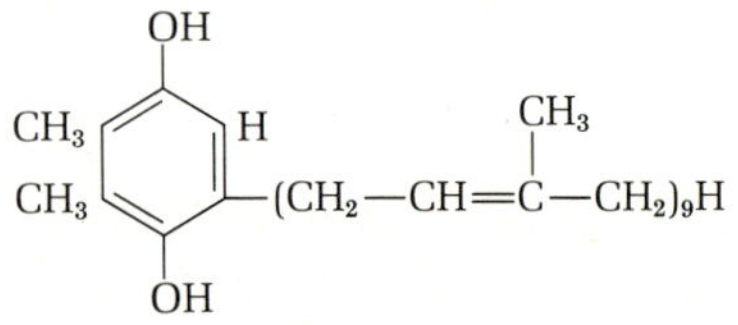

Plastohydrochinon A

Abbildung 23-13
Plastochinon A, das häufigste Plastochinon in terrestrischen Pflanzen und Algen. Die anderen Plastochinone unterscheiden sich von diesem in der Länge der Seitenkette und in den Substituenten am Chinonring. Plastohydrochinon ist die reduzierte Form von Plastochinon.

thetischen Elektronentransportes können eigentlich auch im Dunklen ablaufen. Dieser Tatsache sollten wir uns bewußt sein, wenn wir den Begriff „Lichtreaktionen" anwenden.

Die Phosphorylierung von ADP ist an den Elektronentransport der Photosynthese gekoppelt

Wir haben nun gesehen, wie eins der beiden energiereichen Produkte, die durch die Lichtreaktionen gebildet werden, nämlich das NADPH, durch den Elektronentransport vom H_2O zum $NADP^+$ entsteht. Wie steht es nun mit dem anderen energiereichen Produkt, dem ATP?

Im Jahre 1954 entdeckten Daniel Arnon und seine Mitarbeiter an der University of California in Berkeley, daß während des photosynthetischen Elektronentransportes in belichteten Spinat-Chloroplasten ATP aus ADP und Phosphat gebildet wird. Gleichzeitig und unabhängig von ihm machte Albert Franklin an der University of Minnesota eine ähnliche Beobachtung. Er belichtete *Chromatophoren* genannte Membran-Pigmente enthaltende Strukturen, aus photosynthetisierenden Bakterien. Beide Arbeitsgruppen folgerten, daß ein Teil der von den photosynthetisierenden Organismen eingefangenen Lichtenergie in die Phosphat-Bindungsenergie des ATP umgewandelt wird. Dieser Vorgang wird *photosynthetische Phosphorylierung* oder *Photophosphorylierung* genannt, zum Unterschied von der oxidativen Phosphorylierung der atmenden Mitochondrien.

Erinnern Sie sich (S. 533), daß die oxidative Phosphorylierung von ADP zu ATP in den Mitochondrien auf Kosten von freier Energie erfolgt, die in Form energiereicher Elektronen freigesetzt wird und die Elektronentransportkette von den Substraten bis zum Sauerstoff hinunterfließt. In ähnlicher Weise ist auch die Photophosphorylierung von ADP zu ATP an die Energie gekoppelt, die in Form energiereicher Elektronen die Elektronen-Transportkette vom angeregten Photosystem II zum Elektronen-Loch des Photosystems I hinunterfließen. Die meisten Ergebnisse sprechen dafür, daß für jedes Elektronenpaar, das die verbindende Kette hinunterwandert, ein Molekül ATP gebildet wird, es gibt aber auch die Auffassung, daß es zwei seien.

In den Chloroplasten gibt es außerdem einen cyclischen Elektronenfluß und eine cyclische Photophosphorylierung

In den Chloroplasten findet man noch eine andere Form von lichtinduziertem Elektronenfluß. Sie wird *cyclischer Elektronenfluß* genannt, im Unterschied zum normalen, in einer Richtung verlaufenden *nicht-cyclischen Elektronenfluß* vom H$_2$O zum NADP$^+$. Am cyclischen Elektronenfluß ist nur das Photosystem I beteiligt (Abb. 23-12 und 23-14). Cyclisch wird er genannt, weil die durch die Belichtung des Photosystems I zum ersten Elektronenakzeptor P-430 angetriebenen Elektronen, statt zum NADP$^+$ weiterzuwandern, zum Elektronen-Loch des Photosystems I zurückfließen. Der Rückfluß erfolgt über einen Nebenschlußweg (shunt), der einige der Elektronen-Carrier der Verbindungskette zwischen den Systemen I und II enthält, einschließlich des Bereiches, der den Phosphorylierungsschritt enthält. Auf diese Weise kann eine Belichtung des Photosystems I dazu führen, daß Elektronen ununterbrochen im Kreis fließen, angetrieben durch die Energie der absorbierten Lichtquanten. Während dieses cyclischen Elektronenflusses kommt es weder zur Netto-Bildung von NADPH noch zur Freisetzung von Sauerstoff, wohl aber zur Phosphorylierung von ADP zu ATP, die *cyclische Photophosphorylierung* genannt wird (Abb. 23-14). Die Summengleichung für den cyclischen Elektronenfluß und die Phosphorylierung lautet einfach:

$$P_i + ADP + \text{\textbf{Lichtenergie}} \rightarrow ATP + H_2O$$

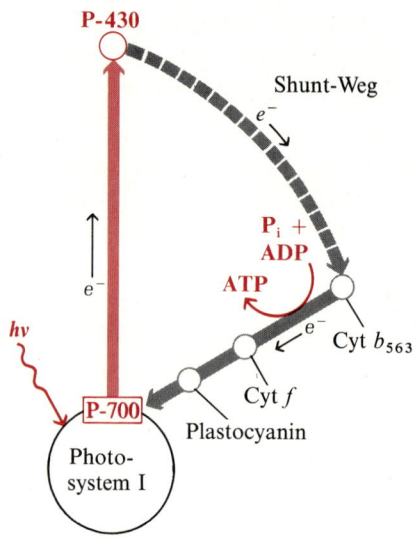

Abbildung 23-14
Der Weg der Elektronen bei der cyclischen Photophosphorylierung, an der nur das Photosystem I beteiligt ist. Die absorbierte Lichtenergie wird nur zur Erzeugung von ATP benutzt (vgl. Abb. 23-12).

Cyclischer Elektronenfluß und cyclische Photophosphorylierung finden vermutlich immer dann statt, wenn die Pflanzenzelle mit Reduktionsäquivalenten in Form von NADPH ausreichend versorgt ist, aber für andere Stoffwechselbedürfnisse zusätzliches ATP braucht. Über die Regulation dieses Cyclus ist nur wenig bekannt.

Die photosynthetische Phosphorylierung hat Ähnlichkeit mit der oxidativen Phosphorylierung

Der Elektronentransport der Photosynthese und die Photophosphorylierung in den Chloroplasten haben viel Ähnlichkeit mit dem Elektronentransport und der oxidativen Phosphorylierung in den Mitochondrien: (1) Die Reaktionszentren, die Elektronen-Carrier und die ATP-bildenden Enzyme sind in der Thylakoid*membran* lokalisiert. (2) Die Photophosphorylierung erfolgt nur, wenn die Thylakoidmembran unbeschädigt ist. (3) Die Thylakoidmembran ist undurchlässig für H$^+$-Ionen. (4) Die Photophosphorylierung kann vom Elektronenfluß durch Reagenzien entkoppelt werden, die einen Durchtritt von H$^+$-Ionen durch die Thylakoidmembranen ermöglichen. (5) Die Photosynthese kann durch *Oligomycin* und ähnliche Agenzien blockiert werden, die die von der ATP-Synthetase katalysierte ATP-Bildung hemmen (vgl. S. 534). (6) Das ATP wird von knopfförmigen Enzymmolekülen gebildet, die sich an der Außenseite der Thylakoidmembran befinden und in Struktur und Funktion der F$_1$ATPase der Mitochondrien sehr ähnlich sind. Das Enzym wird deshalb oft als CF$_1$ bezeichnet (C für Chloroplasten).

Wie die innere Mitochondrienmembran (S. 518) hat auch die Thylakoidmembran einen asymmetrischen molekularen Aufbau (s. Abb. 23-15). Die elektronenübertragenden Moleküle der verbindenden Kette zwischen den Photosystemen II und I sind in der Thylakoidmembran so ausgerichtet, daß es durch den Elektronenfluß zu einem Netto-Einstrom von H^+-Ionen durch die Thylakoidmembran von außen nach innen kommt. Auf diese Weise baut der photoinduzierte Elektronenfluß einen H^+-Gradienten über die Thylakoidmembran auf, u. zw. so, daß die Innenseite der Thylakoid-Vesikel saurer wird als die Außenseite. Alle diese Eigenschaften sind in Übereinstimmung mit der chemoosmotischen Hypothese, die ursprünglich für die oxidative Phosphorylierung vorgeschlagen wurde, aber inzwischen auch für die photosynthetische Phosphorylierung als gültig angesehen wird. Das Diagramm in Abb. 23-16 zeigt den von Lichtenergie angetriebenen Fluß von H^+-Ionen aus dem Stroma in das Innere des Thylakoids und wieder nach außen, aber diesesmal bewirkt durch die ATP-Synthetase.

Im Jahre 1966 führte André Jagendorf ein wichtiges Experiment durch, mit dem bewiesen wurde, daß ein pH-Gradient durch die Thylakoidmembran (außen alkalisch) die treibende Kraft für die ATP-Bildung sein kann. Er weichte Chloroplasten im Dunkeln in einem Puffer mit einem pH-Wert von 4 ein, der langsam ins Innere der Thylakoide eindrang und ihren inneren pH-Wert erniedrigte. Dazu gab er ADP und Phosphat und erhöhte dann den äußeren pH-Wert plötzlich durch Zugabe von alkalischen Puffer auf pH 8, so daß augenblicklich ein starker pH-Gradient durch die Membran entstand. Während dieser Gradient bedingt durch Abwandern von H^+-Ionen aus den Thylakoiden in das Medium schwächer wurde, wurde ATP aus ADP und Phosphat gebildet. Da das Experiment im Dunkeln stattfand, war damit bewiesen, daß ein pH-Gradient durch die Membran ein energiereicher Zustand ist, der die Grundlage für die Übertragung von Elektronentransport-Energie auf die ATP-Synthetase bildet, die dann entsprechend der chemoosmotischen Hypothese ATP herstellt.

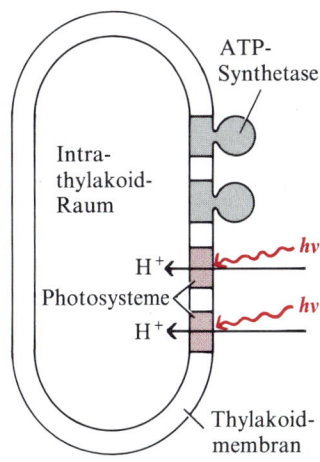

Abbildung 23-15
Die Thylakoidmembran hat eine gerichtete Struktur. Die Photosysteme und die Elektronentransportkette sind so angeordnet, daß sie H^+-Ionen in die Thylakoide hineinpumpen. Die ATP-Synthetase-„Knöpfe" (CF_1) befinden sich auf der äußeren Oberfläche.

Die Summengleichung der Photosynthese bei den Pflanzen

Die Änderung der freien Standardenergie für die Synthese von Glucose aus CO_2 und H_2O nach der Gleichung:

$$6 CO_2 + 6 H_2O \rightarrow C_6H_{12}O_6 + 6 O_2$$

beträgt + 2870 kJ/mol. (Wir erinnern uns, daß es bei der Glucose-Oxidation, für die die Umkehrung dieser Gleichung gilt, zu einem Energieabfall von 2870 kJ/mol kommt). Lassen Sie uns nun diesen Energiebedarf mit der Energie vergleichen, die bei der Lichtreaktion

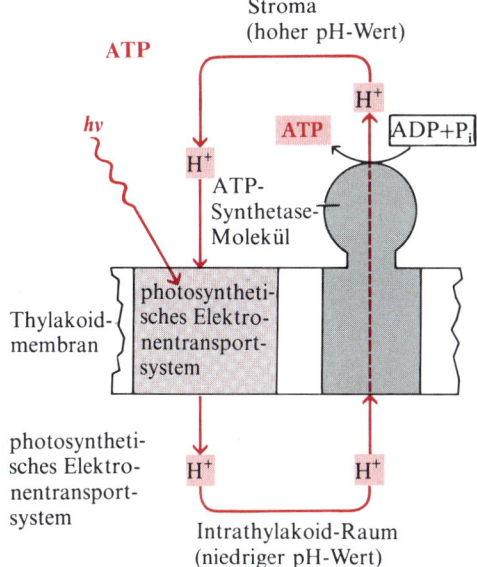

Abbildung 23-16
Der photosynthetische Wasserstoffionen-Cyclus. Durch den photosynthetischen Elektronentransport werden H^+-Ionen in die Thylakoide „gepumpt", so daß ein H^+-Gradient (innen saurer) aufgebaut wird. Die Rückkehr der H^+-Ionen durch das in einer bestimmten Richtung angeordnete ATP-Synthetase-Molekül liefert die Energie für die Synthese von ATP aus ADP und Phosphat.

gewonnen wird. Sie erinnern sich, daß zwei Lichtquanten absorbiert werden müssen, von jedem Photosystem eins, um ein Elektron vom H_2O zum $NADP^+$ zu transportieren. Für die Bildung eines Moleküls O_2 müssen vier Elektronen übertragen werden, wofür acht Quanten gebraucht werden. Für die Freisetzung von sechs Molekülen O_2 (s. obige Gleichung) müssen also $6 \times 8 = 48$ Lichtquanten absorbiert werden. Da die Energie eines Mols Lichtquanten von 301 kJ bei 400 nm bis 172 kJ bei 700 nm reicht (Tab. 23-1), werden von grünen Zellen unter Standardbedingungen je nach der Wellenlänge des absorbierten Lichts zwischen $48 \times 172 = 8256$ kJ und $48 \times 301 = 16450$ kJ gebraucht, um 1 mol Glucose zu bilden, das einen Brennwert von 2870 kJ hat.

Die photosynthetische Herstellung von Hexosen schließt die Netto-Reduktion von Kohlenstoffdioxid mit ein

Lassen Sie uns nun betrachten, wie die photosynthetisierenden Organismen Glucose und andere Kohlenhydrate aus CO_2 und H_2O herstellen und wie sie dazu die Energie aus ATP und NADPH verwenden, die beide durch den Elektronentransport der Photosynthese entstanden sind. Wir sehen hier einen entscheidenden Unterschied zwischen photosynthetisierenden und heterotrophen Organismen. Grüne Pflanzen und photosynthetisierende Bakterien können mit Kohlenstoffdioxid als einziger Kohlenstoffquelle auskommen, sowohl für die Biosynthese von Cellulose und Stärke als auch für die der Lipide, Proteine und vieler anderer organischer Bestandteile der Pflanzenzelle. Im Gegensatz hierzu sind Tiere und andere heterotrophe Organismen im allgemeinen nicht in der Lage, eine Netto-Reduktion von CO_2 durchzuführen und „neue" Glucose in nennenswerten Mengen herzustellen. Wir haben zwar gesehen, daß tierische Gewebe CO_2 aufnehmen können, z. B. in der Acetyl-CoA-Carboxylase-Reaktion bei der Fettsäuresynthese:

Acetyl-CoA + CO_2 + ATP + H_2O → Malonyl-CoA + ADP + P_i

Das in das Malonyl-CoA eingebaute CO_2-Molekül geht aber in einer darauffolgenden Reaktion wieder verloren (S. 654). Auch das CO_2, das von der Pyruvat-Carboxylase während der Gluconeogenase (S. 621) oder von der Carbamoylphosphat-Synthetase I während der Harnstoffsynthese (S. 607) aufgenommen wird, geht in ähnlicher Weise bei einem der folgenden Schritte wieder verloren. Folglich müssen die Pflanzen und andere photosynthetisierende Organismen einen eigenen Stoffwechselweg für die Nettosynthese von Glucose aus CO_2 als alleiniger Kohlenstoffquelle haben. Dieser Stoffwechselweg braucht kein Licht, er läuft in der Dunkelphase der Photosynthese ab.

Kohlenstoffdioxid wird unter Bildung von Phosphoglycerat fixiert

Einen der ersten wichtigen Schritte zur Aufklärung des Mechanismus der CO_2-Fixierung bei der Photosynthese unternahm Melvin Calvin und seine Kollegen in Berkeley an der University of California in den späten 40er Jahren. Sie bestrahlten eine Suspension grüner Algen in Gegenwart von radioaktivem Kohlenstoffdioxid ($^{14}CO_2$) nur wenige Sekunden lang, töteten die Zellen dann schnell ab und extrahierten sie. Mit chromatographischen Methoden suchten sie nach dem zuerst auftretenden radioaktiv markierten Metaboliten und konnten ihn als *3-Phosphoglycerat* identifizieren, ein Zwischenprodukt der Glycolyse (S. 453). Beim Abbau des 3-Phosphoglycerat-Moleküls stellten sie fest, daß sich das ^{14}C hauptsächlich im Carboxyl-C-Atom befand. Das war ein sehr bedeutsamer Befund, denn dieses C-Atom wird in tierischem Gewebe in Gegenwart von radioaktivem CO_2 nicht schnell markiert. Die Versuche ließen vermuten, daß 3-Phosphoglycerat ein frühes Zwischenprodukt der Photosynthese ist. Unterstützt wurde diese Vermutung dadurch, daß sich 3-Phosphoglycerat in Pflanzenextrakten leicht in Glucose umwandeln ließ.

Nach weiteren Untersuchungen wurde ein Enzym in Extrakten grüner Blätter identifiziert, das den Einbau von $^{14}CO_2$ in organische Verbindungen katalysiert. Dieses Enzym, die *Ribosebisphosphat-Carboxylase*, katalysiert den kovalenten Einbau von CO_2 und die gleichzeitige Spaltung des C_5-Zuckers *Ribose-1,5-bisphosphat* unter Bildung von zwei Molekülen 3-Phosphoglycerat, von denen eins das als CO_2 eingeführte ^{14}C in der Carboxylgruppe trägt (Abb. 23-17). Dieses Enzym, das nicht in tierischen Geweben vorkommt, hat eine sehr komplexe Struktur (Abb. 23-18), eine relative Molekülmasse von 550 000 und ist an der äußeren Oberfläche der Thylakoidmembran lokalisiert. Es macht etwa 15 % des gesamten Chloroplasten-Proteins aus. Ribulosebisphosphat-Carboxylase ist das verbreitetste Enzym der Biosphäre. Es ist das Schlüsselenzym für die Produktion der Biomasse aus CO_2 in der Pflanzenwelt.

Das durch dieses Enzym gebildete 3-Phosphoglycerat kann durch eine Umkehrung der Glycolyse-Reaktionen und durch die Fructosebisphosphat-„Umgehungs"-Reaktion (S. 621) genau wie in tierischen Geweben in Glucose-6-phosphat umgewandelt werden. Diese Reaktionsfolge ist in Abb. 23-19 schematisch dargestellt.

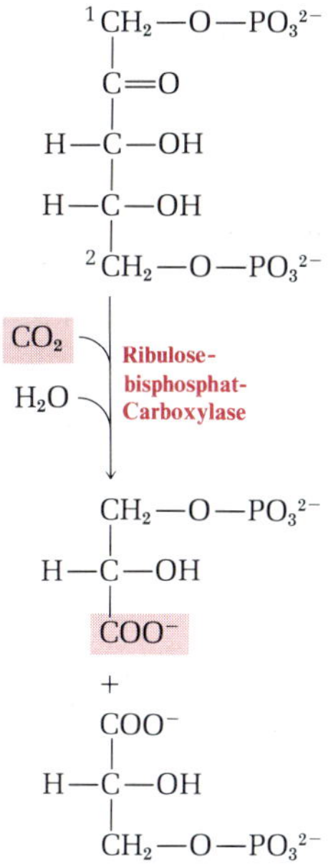

Die Synthese von Glucose aus CO_2 erfolgt über den Calvin-Cyclus

Die in Abb. 23-17 und 23-19 dargestellten Reaktionen führen zum Netto-Einbau von CO_2 in Glucose, erklären aber nur die Herkunft eines einzigen der sechs C-Atome. Wie aber leiten sich die anderen

Abbildung 23-17
Die Kohlenstoffdioxid-Fixierung durch die Ribulosebisphosphat-Carboxylase-Reaktion. Das fixierte CO_2 erscheint als Carboxylgruppe in einem der beiden als Produkte gebildeten 3-Phosphoglycerat-Moleküle.

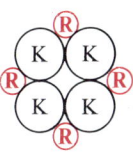

Abbildung 23-18
Aufbau der Ribulosebisphosphat-Carboxylase aus ihren Untereinheiten (Ansicht von oben). Genau unter dieser oberen Molekülhälfte liegt eine identisch aufgebaute untere Hälfte, so daß ein Molekül insgesamt acht große, katalytische (K), und acht kleine, regulierende (R) Untereinheiten enthält.

fünf C-Atome der Glucose vom CO_2 ab? Um diese Frage zu beantworten, schlugen Calvin und seine Kollegen einen komplexen cyclischen Mechanismus vor (Abb. 23-20). Im Calvin-Cyclus wird für jedes Molekül CO_2, das fixiert wird, ein Molekül Ribulose-1,5-bisphosphat verbraucht, das aber am Ende eines Umlaufs zurückgewonnen wird. Das ist der gleiche chemische Trick wie beim Citratcyclus und beim Harnstoffcyclus. Bei ihnen wird ebenfalls im letzten Schritt die Verbindung zurückgewonnen, die für den ersten Schritt gebraucht wird, nämlich Oxalacetat (S. 487) bzw. Ornithin (S. 606). Abb. 23-21 zeigt die Bilanzgleichungen der einzelnen Reaktionen des Calvin-Cyclus. In diesem Cyclus werden sieben der Gluconeogenese-Reaktionen in tierischen Geweben verwendet [Reaktion (2) bis (8)] (vgl. Kapitel 20), mit dem einzigen Unterschied, daß das Reduktionsmittel für Glycerinaldehyd-3-phosphat bei der Photosynthese NADPH anstelle von NADH ist. Die übrigen Reaktionen des Cyclus (Abb. 23-21) werden von sechs zusätzlichen Enzymen katalysiert. Zur Verdeutlichung schreiben wir die Summengleichung dieses komplexen Cyclus zunächst einmal in einer ausführlichen Form,

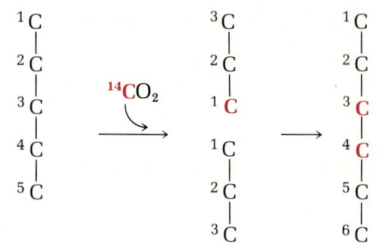

Ribulose-   3-Phospho-   Glucose
bisphosphat   glycerat

Abbildung 23-19
Da die Enzyme die zwei entstandenen Moleküle 3-Phosphoglycerat nicht voneinander unterscheiden können, findet man das angebotene $^{14}CO_2$ schließlich in den Atomen 3 und 4 der daraus gebildeten Glucose.

$$6 \text{ Ribulose-1,5-bisphosphat} + 6 CO_2 + 18 \text{ ATP} + 12 H_2O$$
$$+ 12 \text{ NADPH} + 12 H^+ \rightarrow 6 \text{ Ribulose-1,5-bisphosphat}$$
$$+ \text{Glucose} + 18 P_i + 18 \text{ ADP} + 12 \text{ NADP}^+$$

bei der das Ribulose-1,5-bisphosphat auf beiden Seiten steht, um anzuzeigen, daß diese wichtige Verbindung am Ende des Cyclus zurückgebildet wird. Kürzt man das Ribulose-1,5-bisphosphat auf beiden Seiten weg, so erhält man als Summengleichung für den Calvin-Cyclus:

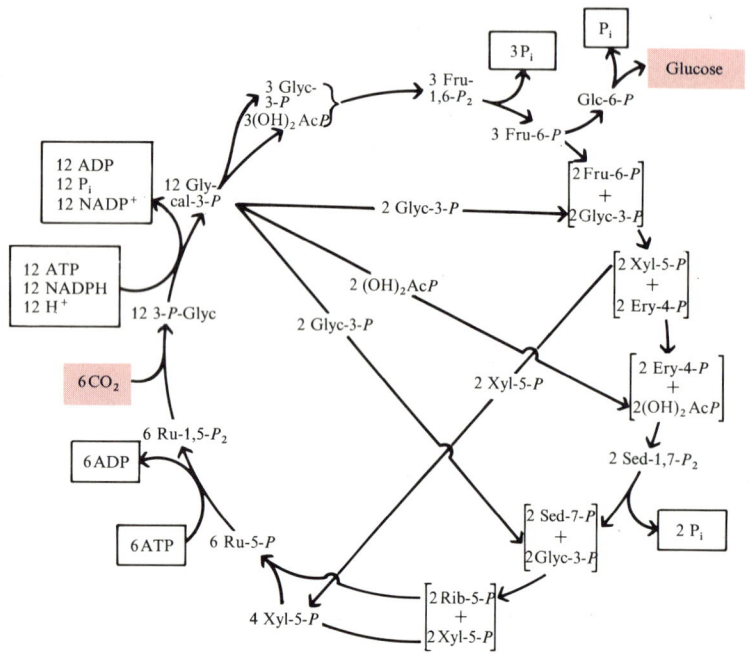

Abbildung 23-20
Der Calvin-Cyclus für die Umwandlung von CO_2 in Glucose während der Photosynthese. Das eintretenden $^{14}CO_2$ und die als Endprodukt gebildete Glucose sind farbig unterlegt. Die übrigen Ein- und Ausgänge sind eingerahmt (Bilanzgleichungen s. Abb. 23-21).

Abkürzungen:
3-P-Glyc = 3-Phosphoglycerat
Glycal-3-P = Glycerinaldehyd-3-phosphat
$(OH)_2AcP$ = Dihydroxyacetonphosphat
Fru-1,6-P_2 = Fructose-1,6-bisphosphat
Fru-6-P = Fructose-6-phosphat
Glc-6-P = Glucose-6-phosphat
Ery-4-P = Erythrose-4-phosphat
Xyl-5-P = Xylulose-5-phosphat
Sed-1,7-P_2 = Sedoheptulose-1,7-bisphosphat
Sed-7-P = Sedoheptulose-7-phosphat
Rib-5-P = Ribose-5-phosphat
Ru-5-P = Ribulose-5-phosphat
Ru-1,5-P_2 = Ribulose-1,5-bisphosphat

$6\,CO_2 + 6\,\text{Ribulose-1,5-bisphosphat} + 6\,H_2O \rightarrow 12\,\text{3-Phosphoglycerat}$ \hfill (1)

$12\,\text{3-Phosphoglycerat} + 12\,ATP \rightarrow 12\,\text{3-Phosphoglyceroylphosphat} + 12\,ADP$ \hfill (2)

$12\,\text{3-Phosphoglyceroylphosphat} + 12\,NADPH + 12\,H^+ \rightarrow$
$\qquad\qquad\qquad 12\,\text{Glycerinaldehyd-3-phosphat} + 12\,NADP^+ + 12\,P_i$ \hfill (3)

$5\,\text{Glycerinaldehyd-3-phosphat} \rightarrow 5\,\text{Dihydroxyacetonphosphat}$ \hfill (4)

$3\,\text{Glycerinaldehyd} + 3\,\text{Dihydroxyacetonphosphat} \rightarrow 3\,\text{Fructose-1,6-bisphosphat}$ \hfill (5)

$3\,\text{Fructose-1,6-bisphosphat} + 3\,H_2O \rightarrow 3\,\text{Fructose-6-phosphat} + 3\,P_i$ \hfill (6)

$\text{Fructose-6-phosphat} \rightarrow \text{Glucose-6-phosphat}$ \hfill (7)

$\text{Glucose-6-phosphat} + H_2O \rightarrow \boxed{\text{Glucose}} + P_i$ \hfill (8)

$2\,\text{Fructose-6-phosphat} + 2\,\text{Glycerinaldehyd-3-phosphat} \xrightarrow{\text{Transketolase}}$
$\qquad\qquad\qquad 2\,\text{Xylulose-5-phosphat} + 2\,\text{Erythrose-4-phosphat}$ \hfill (9)

$2\,\text{Erythrose-4-phosphat} + 2\,\text{Dihydroxyacetonphosphat} \xrightarrow{\text{Aldolase}} 2\,\text{Sedoheptulose-1,7-biphosphat}$ \hfill (10)

$2\,\text{Sedoheptulose-1,7-biphosphat} + 2\,H_2O \xrightarrow{\text{Phosphatase}} 2\,\text{Sedoheptulose-7-phosphat} + 2\,P_i$ \hfill (11)

$2\,\text{Sedoheptulose-7-phosphat} + 2\,\text{Glycerinaldehyd-3-phosphat} \xrightarrow{\text{Transketolase}}$
$\qquad\qquad\qquad 2\,\text{Ribose-5-phosphat} + 2\,\text{Xylulose-5-phosphat}$ \hfill (12)

$2\,\text{Ribose-5-phosphat} \xrightarrow{\text{Isomerase}} 2\,\text{Ribulose-5-phosphat}$ \hfill (13)

$4\,\text{Xylulose-5-phosphat} \xrightarrow{\text{Epimerase}} 4\,\text{Ribulose-5-phosphat}$

$6\,\text{Ribulose-5-phosphat} + 6\,ATP \xrightarrow{\text{Ribulosephosphat-Kinase}} 6\,\text{Ribulose-1,5-bisphosphat} + 6\,ADP$ \hfill (15)

Summe: $6\,CO_2 + 18\,ATP + 12\,H_2O + 12\,NADPH + 12\,H^+ \rightarrow C_6H_{12}O_6 + 18\,P_i + 18\,ADP + 12\,NADP^+$

$6\,CO_2 + 18\,ATP + 12\,H_2O + 12\,NADPH + 12\,H^+ \rightarrow$
$\qquad\qquad C_6H_{12}O_6 + 18\,P_i + 18\,ADP + 12\,NADP^+$

Abbildung 23-21
Die Bilanzgleichungen für die Umwandlung von CO_2 in Glucose (eingerahmt) über den Calvin-Cyclus. Die Gleichungen (1) bis (8) beschreiben die Bildung von D-Glucose und die Gleichungen (9) bis (15) die Rückbildung von Ribulose-1,5-bisphosphat.

Für die Synthese eines Glucosemoleküls aus 6 Molekülen CO_2 werden 18 Moleküle ATP und 12 Moleküle NADPH verbraucht, die durch die Lichtreaktionen der Photosynthese wieder aufgefüllt werden.

Jetzt können wir die einzelnen Reaktionen des Calvin-Cyclus untersuchen (Abb. 23-21). Die Reaktionen (1) bis (8) beschreiben die Bildung von Glucose aus CO_2 und Ribulose-1,5-bisphosphat, wäh-

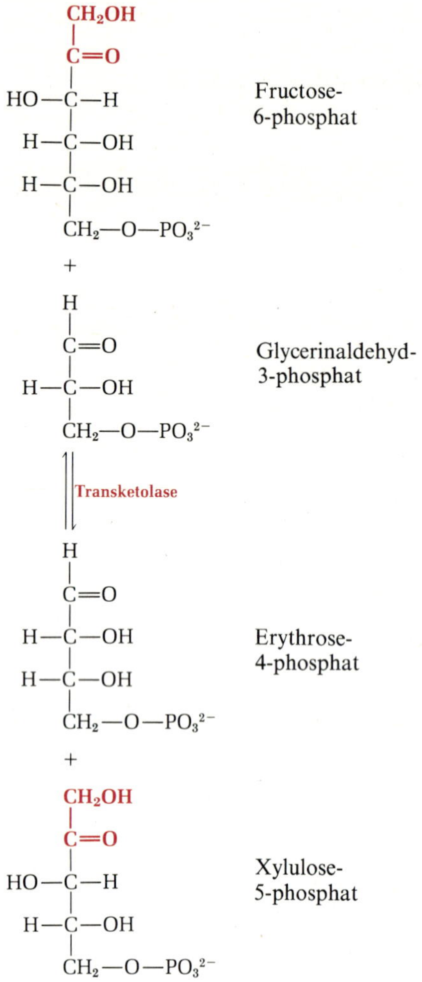

Abbildung 23-22
Die Transketolase-Reaktion. Das Thiamindiphosphat- und Mg^{2+}-abhängige Enzym überträgt eine Ketolgruppe (in Farbe) reversibel von einem Ketosephosphat auf ein Aldosephosphat.

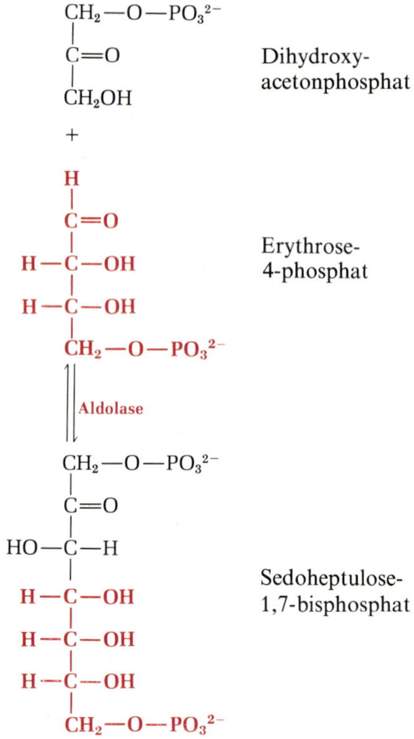

Abbildung 23-23
Die Bildung von Sedoheptulose-1,7-bisphosphat durch Aldolase, die die Kondensation verschiedener Aldehyde mit Dihydroxyacetonphosphat katalysiert.

rend in den Reaktionen (9) bis (15) das Ribulose-1,5-bisphosphat, das für den Start der nächsten Runde gebraucht wird, zurückgebildet wird. Die Reaktion (9) wird durch die *Transketolase* katalysiert, einem Mg^{2+}-abhängigen Enzym, das Thiamindiphosphat als prosthetische Gruppe enthält. Die Transketolase katalysiert die reversible Übertragung einer Ketolgruppe ($CH_2OH-CO-$) von einer Ketose, in diesem Fall Fructose-6-phosphat, auf ein Aldosephosphat, in diesem Fall Glycerinaldehyd-3-phosphat (Abb. 23-22). Die Reaktion (10) wird durch die Aldolase ermöglicht, die die reversible Kondensation eines Aldehyds, in diesem Fall Erythrose-4-phosphat, mit Dihydroxyacetonphosphat katalysiert. Dabei entsteht die C_7-Verbindung *Sedoheptulose-1,7-bisphosphat* (Abb. 23-23). Diese verliert ihre 1-ständige Phosphatgruppe und liefert nach einer weiteren Transketolase-Reaktion zwei verschiedene Pentosephosphate, die letztlich in Ribulose-1,5-bisphosphat umgewandelt werden.

Alle Reaktionen der Abb. 23-21, mit Ausnahme der ersten, durch Ribulosebisphosphat-Carboxylase katalysierten, kommen auch in tierischem Gewebe vor. Tiere können aber wegen des Fehlens der

Ribulosebisphosphat-Carboxylase keine Netto-Umwandlung von CO_2 in Glucose durchführen. Pflanzen, bei denen die Ribulosebisphosphat-Carboxylierung der erste Schritt der CO_2-Fixierung ist, werden C_3-Pflanzen genannt, weil das CO_2 in eine C_3-Verbindung eingebaut wird.

Glucose ist die Vorstufe der pflanzlichen Kohlenhydrate Saccharose, Stärke und Cellulose

Die während der Photosynthese gebildete Glucose ist die Vorstufe für Saccharose, Stärke und Cellulose, die drei charakteristischen Kohlenhydrate der Pflanzen, die von Tieren nicht hergestellt werden.

Saccharose entsteht durch die Übertragung eines D-Glucose-Restes von UDP-Glucose (S. 462) auf D-Fructose-6-phosphat unter Bildung von *Saccharose-6-phosphat*, das durch eine Phosphatase zu Saccharose hydrolysiert wird (Abb. 23-24). Saccharose ist der wichtigste Transportzucker der Pflanzen (Abb. 23-25). Sie entsteht wäh-

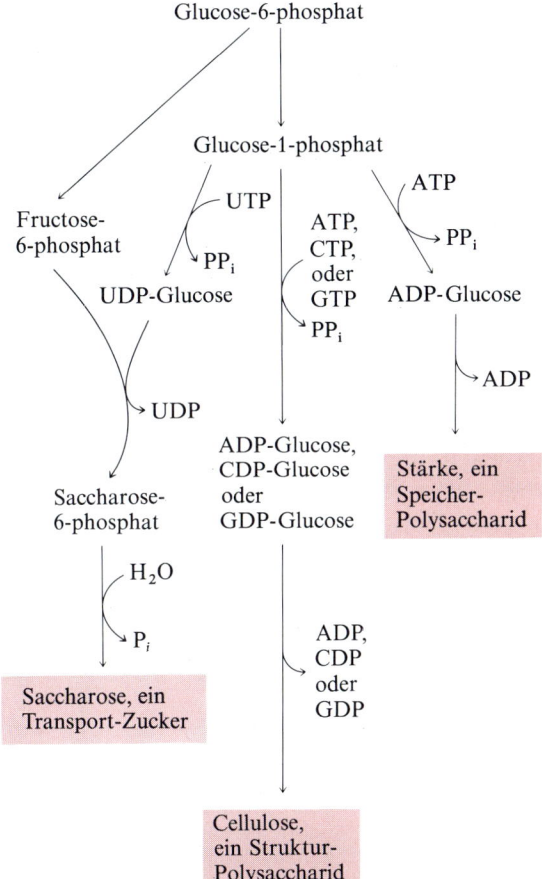

Abbildung 23-24
Die Synthese der charakteristischen pflanzlichen Kohlenhydrate aus photosynthetisch gebildetem Glucose-6-phosphat.

rend der Photosynthese in den Blättern und wird in hohen Konzentrationen in die *Siebröhren*, die „Kapillaren" der Blätter, sezerniert. Vielleicht ist die Saccharose für diese Funktion ausgewählt worden, weil sie eine ungewöhnliche Bindung enthält, die das anomere C-1-Atom der D-Glucose und das anomere C-2-Atom der D-Fructose miteinander verbindet und die nicht von Amylasen oder einem anderen der üblichen kohlenhydratspaltenden Enzyme hydrolysiert werden kann.

Cellulose, das hauptsächliche extrazelluläre Struktur-Polymer der meisten Pflanzen (S. 321), wird ebenfalls aus D-Glucose hergestellt. Die unmittelbare Vorstufe der Glucose-Einheiten in der Cellulose, die hier durch $\beta(1 \rightarrow 4)$-Bindungen miteinander verknüpft sind, ist, je nach Pflanzenart, ADP-Glucose, CDP-Glucose oder GDP-Glucose. Diese Nucleosiddiphosphatglucose-Verbindungen sind in Struktur und Funktion der UDP-Glucose analog (S. 630), die die Glycogen-Vorstufe in tierischen Zellen ist. Wir haben hier ein weiteres Beispiel für die Rolle der Nucleotide, Stoffwechsel-Zwischenprodukte in bestimmte biosynthetische Bahnen zu lenken (S. 429).

Die Stärke, mit $\alpha(1 \rightarrow 4)$-Bindungen in der Hauptkette, (S. 319) wird in den meisten Pflanzen auf ähnliche Weise wie die Cellulose aus ADP-Glucose hergestellt.

Die Regulation der Dunkelreaktion

Der geschwindigkeitsbestimmende Schritt der Dunkelreaktionen ist die Fixierung von CO_2 unter Bildung von 3-Phosphoglycerat. Katalysiert wird diese Reaktion durch die Ribulosebisphosphat-Carboxylase, ein aus 16 Untereinheiten bestehendes allosterisches Enzym, das durch Änderung dreier verschiedener Parameter stimuliert wird, die alle drei durch die Bestrahlung der Chloroplasten ausgelöst werden:

1. Die Ribulosebisphosphat-Carboxylase wird stimuliert durch einen Anstieg des pH-Wertes. Bei der Bestrahlung von Chloroplasten werden H^+-Ionen aus dem Stroma in die Thylakoide transportiert, wodurch der pH-Wert im Stroma ansteigt. Dadurch wird die an der Außenseite der Thylakoidmembran lokalisierte Carboxylase stimuliert.
2. Sie wird ferner stimuliert durch Mg^{2+}-Ionen, die in das Stroma eintreten, wenn H^+-Ionen es (während der Bestrahlung der Chloroplasten) verlassen.
3. Sie wird stimuliert durch NADPH, das während der Bestrahlung durch das Photosystem gebildet wird.

Auf diese Weise wird also die CO_2-Fixierung mit Hilfe der Ribulosebisphosphat-Carboxylase, obwohl sie eine Dunkelreaktion ist, indirekt durch die Bestrahlung von Chloroplasten stimuliert. Auf ähnliche Weise werden auch bestimmte andere Enzyme (Enzyme des

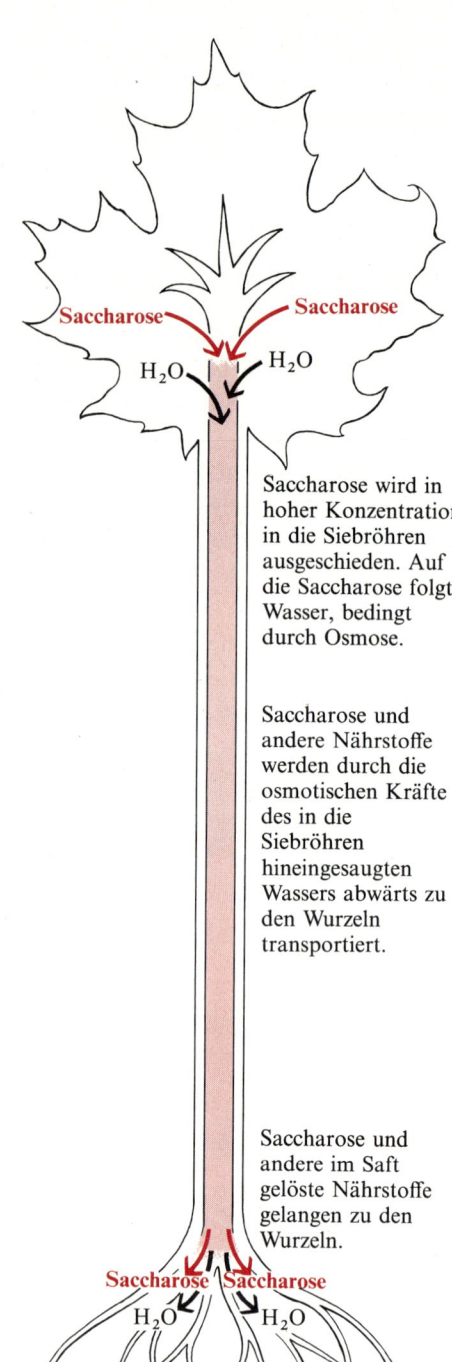

Abbildung 22-25
Die Funktion der Saccharose beim osmotischen Ansaugen von Wasser in die Siebröhren, wodurch die Kräfte für den Saftfluß in die Wurzeln bereitgestellt werden.

Calvin-Cyclus und die ATP-Synthetase) indirekt durch die Belichtung von Chloroplasten stimuliert.

Tropische Pflanzen verwenden den C_4- oder Hatch-Slack-Weg

Die meisten Pflanzen in den Tropen sowie Ackerpflanzen in den gemäßigten Zonen, die aus tropischen Zonen stammen, wie Getreide, Zuckerrohr und chinesisches Zuckerrohr (Sorghum), fixieren CO_2 über einen Weg, der *Hatch-Slack-* oder *C_4-Weg* genannt wird. Wir wollen aber gleich zu Anfang klarstellen, daß sowohl die C_3-Pflanzen als auch die C_4-Pflanzen letztlich den oben beschriebenen und in Abb. 23-21 zusammengefaßten C_3-Weg benutzen. Der Unterschied ist der, daß bei den C_4-Pflanzen dem C_3-Weg noch zusätzliche Schritte vorausgehen, in denen es zu einer vorläufigen CO_2-Fixierung in einer C_4-Verbindung kommt, bevor das CO_2 dann in das Phosphoglycerat eingebaut wird (Abb. 23-26). Wir wollen uns jetzt anschauen, wie dieser C_4-Weg funktioniert.

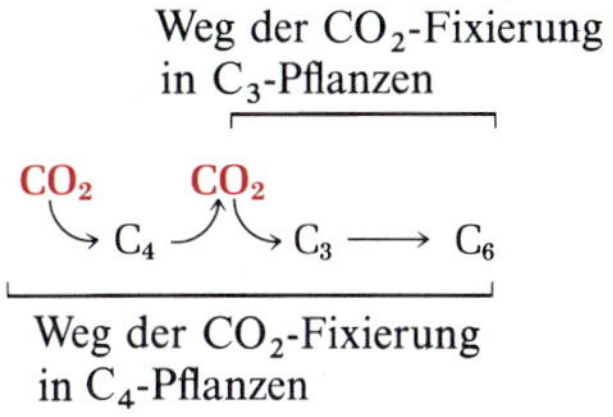

In den 60er Jahren entdeckten die beiden australischen Biochemiker M.D. Hatch und C.R. Slack, daß bei Pflanzen tropischer Herkunft das erste nachweisbare CO_2-Fixierungsprodukt das *Oxalacetat* ist, eine C_4-Verbindung. Diese Reaktion findet in den Mesophyllzellen der Blätter statt (Abb. 23-27) und wird durch die *Phosphoenolpyruvat-Carboxylase* katalysiert:

Phospho*enol*pyruvat + CO_2 → Oxalacetat + P_i

Dieses Enzym kommt in tierischen Geweben nicht vor und sollte nicht mit der *Phosphoenolpyruvat-Carboxykinase* (S. 621) verwechselt werden, die folgende Gluconeogenese-Reaktion in tierischem Gewebe katalysiert:

Phospho*enol*pyruvat + GDP + CO_2 ⇌ Oxalacetat + GTP

Das in den Mesophyllzellen gebildete Oxalacetat wird mit NADPH zu Malat reduziert:

Oxalacetat + NADPH + H^+ → Malat + $NADP^+$

Jetzt kommen wir zu einem kritischen Punkt des C_4-Cyclus. Das in den Mesophyllzellen gebildete Malat, das das fixierte CO_2 enthält, wird nun über spezielle Verbindungskanäle in die benachbarten *Leitbündelscheidenzellen* transportiert. In diesen Zellen wird das Malat mit Hilfe der *decarboxylierten Malat-Dehydrogenase* in Pyruvat und CO_2 gespalten:

Malat + $NADP^+$ → Pyruvat + CO_2 + NADPH + H^+

Das in den Leitbündelscheidenzellen freigesetzte CO_2 ist dasselbe,

Abbildung 23-26
C_4-Pflanzen bauen das CO_2 zuerst in eine C_4-Verbindung ein. Das geschieht in zwei Reaktionen, die dem C_3-Weg vorangestellt werden.

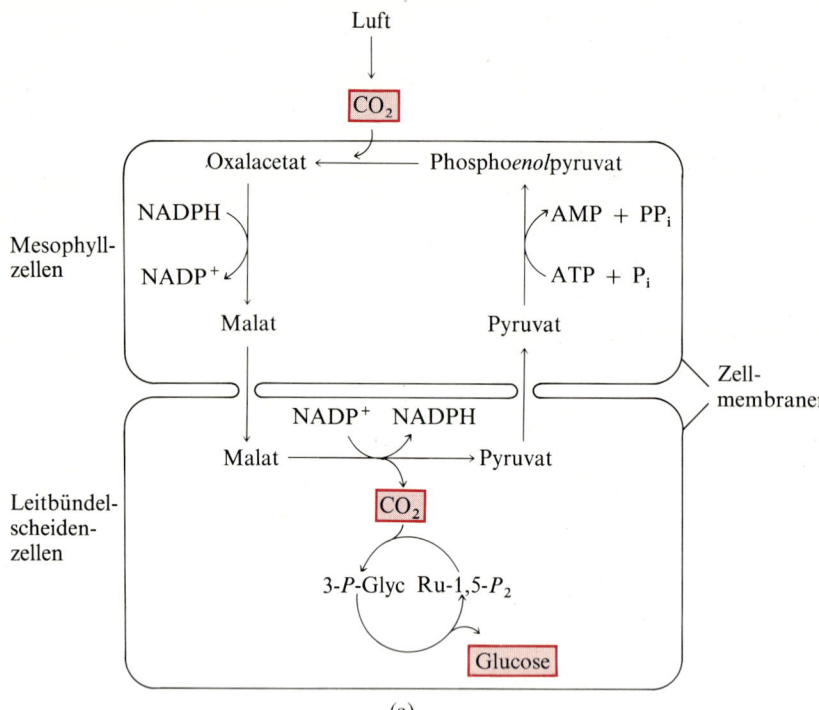

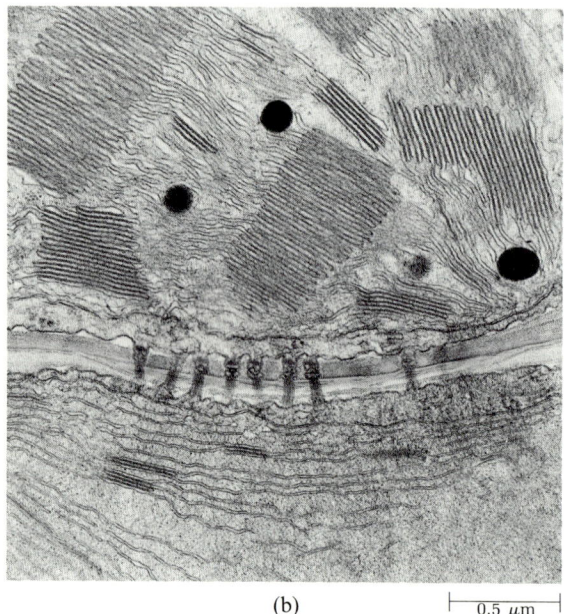

Abbildung 23-27
(a) Hatch-Slack-Weg der CO_2-Fixierung über ein C_4-Zwischenprodukt. Dieser Weg herrscht in Pflanzen tropischen Ursprungs vor.
(b) Eine elektronenmikroskopische Aufnahme zeigt die miteinander verbundenen Mesophyllzellen (oben) und Leitbündelscheidenzellen (unten). Die Zellen der Leitbündelscheiden enthalten Stärkekörner (Abkürzungen s. Legende zu Abb. 23-20).

das ursprünglich von den Mesophyllzellen unter Bildung von Oxalacetat fixiert worden war.

In den Leitbündelscheidenzellen wird das bei der Decarboxylierung von Malat entstandene CO_2 erneut fixiert, diesmal durch die Ribulosebisphosphat-Carboxylase in genau derselben Weise wie bei den C_3-Pflanzen, also in einer Reaktion, die zum Einbau von CO_2 in die Carboxylgruppe des 3-Phosphoglycerats führt. Das bei der Decarboxylierung von Malat in diesen Zellen entstandene Pyruvat wird nun in die Mesophyllzellen zurückgebracht, wo es durch eine ungewöhnliche Reaktion, die durch das Enzym *Pyruvat-Phosphat-Dikinase* katalysiert wird, in Phospho*enol*pyruvat umgewandelt wird:

Pyruvat + P_i + ATP → Phospho*enol*pyruvat + AMP + PP_i

Das Enzym wird Dikinase genannt, weil zwei verschiedene Moleküle durch ein Molekül ATP gleichzeitig phosphoryliert werden: Pyruvat wird zu Phospho*enol*pyruvat phosphoryliert und Phosphat zu Diphosphat. Das Diphosphat wird anschließend zu Phosphat hydrolysiert, so daß also zwei energiereiche Phosphatbindungen des ATP verbraucht werden. Mit dieser Reaktion wird Phospho*enol*pyruvat zurückgebildet, das nun für die Fixierung des nächsten CO_2-Moleküls in den Mesophyllzellen zur Verfügung steht.

Ist das CO_2 erst einmal in den Leitbündelscheidenzellen im 3-Phosphoglycerat fixiert – nachdem es vorübergehend in den Mesophyllzellen im Malat gebunden war – so finden alle weiteren Reaktionen des C_3- oder Calvin-Cyclus in genau der gleichen Weise statt, wie in Abb. 23-20 und 23-21 dargestellt. In den C_4-Pflanzen erfolgt demnach die CO_2-Fixierung in den Mesophyllzellen über den C_4-Weg, aber die Biosynthese der Glucose in den Leitbündelscheidenzellen über den C_3-Weg.

Ein zweiter wichtiger Punkt ist, daß die CO_2-Fixierung über den C_4-Weg mehr Energie erfordert als über den C_3-Weg. Für jedes Molekül CO_2, das über den C_4-Weg fixiert wird, muß ein Molekül Phospho*enol*pyruvat regeneriert werden, was, wie wir gesehen haben, zwei energiereiche ATP-Bindungen kostet. Die C_4-Pflanzen brauchen also für die Fixierung eines Moleküls CO_2 fünf Moleküle ATP, die C_3-Pflanzen nur drei.

Der C_4-Weg hat den Zweck, das CO_2 zu konzentrieren

Was könnte dadurch gewonnen werden, das CO_2 in der einen Zellart zu fixieren, nur um es in einer anderen Zellart wieder freizusetzen und erneut zu fixieren, besonders wenn dafür auch noch zusätzliche Energie verbraucht wird? Grundlegende Untersuchungen zur Biochemie und Histologie der CO_2-Fixierung in tropischen Pflanzen haben einen möglichen Sinn des C_4-Cyclus aufgedeckt. Tropische Pflanzen müssen vermeiden, zu viel Wasser durch Verdunstung zu verlieren. Das erreichen sie durch Schließen der *Spaltöffnungen*, der „Atemlöcher" in den Blättern. Damit wird aber auch der CO_2-Zustrom aus der Atmosphäre verringert, so daß die CO_2-Konzentration in den Leitbündelscheidenzellen ziemlich niedrig ist, was die Ribulosebisphosphat-Carboxylase eigentlich davon abhalten müßte, mit der maximalen Geschwindigkeit zu arbeiten. Die Phospho*enol*pyruvat-Carboxylase in den Mesophyllzellen hat dagegen eine viel höhere Affinität zum CO_2 und kann dieses daher mit einem höheren Wirkungsgrad fixieren. Die CO_2-Fixierung im Malat dient einer Konzentrierung des CO_2, denn bei der CO_2-Freisetzung aus dem Malat in den Leitbündelscheidenzellen entsteht eine CO_2-Konzentration, die ausreicht, um die Ribulosebisphosphat-Carboxylase fast mit ihrer maximalen Geschwindigkeit arbeiten zu lassen.

Paradoxerweise wachsen die C_4-Pflanzen tropischen Ursprungs schneller und produzieren, bezogen auf die Blattfäche, mehr Biomasse als die C_3-Pflanzen in den gemäßigten Zonen, und das, obwohl der Hatch-Slack-Weg fünf energiereiche Phosphatgruppen für jedes Molekül fixierten Kohlenstoffdioxids braucht. Zum Leidwesen der Gärtner gehören gerade viele Unkräuter zu den C_4-Pflanzen, die die Lichtenergie mit besonders hoher Ausbeute in Biomasse umwandeln.

Lassen Sie uns nun dieses Paradoxon ergründen.

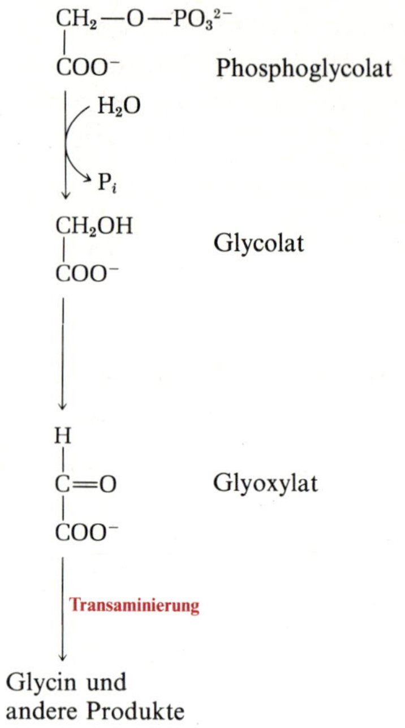

Die Photorespiration begrenzt den Wirkungsgrad der C_3-Pflanzen

Nachts laufen in den Mitochondrien der grünen Blätter sowohl der C_3- als auch der C_4-Pflanzen Zellatmung und Phosphorylierung ab. Dabei werden die in der vorausgegangenen Lichtphase photosynthetisch hergestellten Substrate verbraucht. Jetzt taucht die Frage auf: Atmen die Zellen der grünen Blätter auch bei Licht, also gleichzeitig mit der aktiven Photosynthese, oder ist die Zellatmung in den Mitochondrien bei Licht abgeschaltet? Genaue Untersuchungen über die Geschwindigkeiten des Sauerstoff- und Kohlenstoffdioxid-Austausches haben gezeigt, daß C_3-Pflanzen tatsächlich auch bei Licht atmen und dazu einen Teil des bei der Photosynthese freigesetzten Sauerstoffs verbrauchen. Bei dieser Atmung handelt es sich aber nicht ausschließlich um Mitochondrien-Atmung, denn sie läßt sich durch Cyanid, einem Inhibitor der mitochondrialen Cytochrom-Oxidase (S. 532), nur teilweise hemmen. Die nicht durch Cyanid beeinflußbare Atmung, die man bei Licht in den C_3-Pflanzen beobachtet, wird *Photoatmung* (*Photorespiration*) genannt.

Die Photorespiration scheint Energieverschwendung zu sein. Erstens wird ein Teil der durch die Lichtreaktion gebildeten Reduktionsäquivalente der Biosynthese von Glucose entzogen und für die Reduktion von Sauerstoff verwendet. Zweitens ist die Photorespiration, anders als die Mitochondrien-Atmung, nicht an eine oxidative Phosphorylierung gekoppelt. Auf diese Weise wird durch Photorespiration ein guter Teil der durch die Lichtreaktion eingefangenen Sonnenenergie vergeudet. Auffallenderweise ist die Photoatmung in

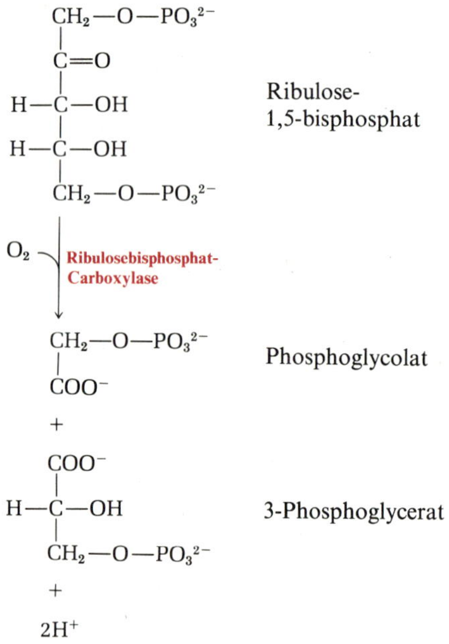

Abbildung 23-28
Durch Hydrolyse von Phosphoglycerat entsteht Glycolat, das Substrat der Photorespiration. Es wird zu Glyoxylat, CO_2 und anderen Produktionen oxidiert.

Abbildung 23-29
Die Oxygenierung von Ribulose-1,5-bisphosphat. Bei dieser Reaktion tritt Sauerstoff an die Stelle von CO_2, das normalerweise das Substrat ist. Dadurch entsteht Phosphoglycolat anstelle eines zweiten Moleküls 3-Phosphoglycerat.

den C_3-Pflanzen sehr aktiv und fehlt in den C_4-Pflanzen tropischen Ursprungs fast völlig.

Das bei der Photorespiration hauptsächlich oxidierte Substrat ist die *Glycolsäure* (Abb. 23-28). Das Glycolat wird in den Peroxysomen der Blattzellen zu Glyoxylat oxidiert und dieses wird in Glycin und andere Produkte umgewandelt. Glycolat wird in den Pflanzenzellen in einer höchst ungewöhnlichen Reaktion gebildet. Es entsteht beim oxidativen Abbau von Ribulose-1,5-bisphosphat durch die Ribulosebisphosphat-Carboxylase, dasselbe Enzym, das CO_2 in Phosphoglycerat einbaut. Wie kann es dazu kommen?

In der durch die Ribulosebisphosphat-Carboxylase katalysierten Reaktion kann das Ribulosebisphosphat sowohl mit CO_2 als auch mit O_2 reagieren. Ist die CO_2-Konzentration niedrig und die O_2-Konzentration hoch, so konkurriert O_2 mit CO_2 und kann es ersetzen. Die Folge dieser merkwürdigen Reaktion ist, daß das Ribulosebisphosphat in den C_3-Pflanzen teilweise oxygeniert statt carboxyliert wird. Die Oxygenierungsprodukte sind *Phosphoglycolat* und *3-Phosphoglycerat* (Abb. 23-29) anstelle der normalerweise bei der Carboxylierung gebildeten zwei Moleküle 3-Phosphoglycerat. Das bei der Oxygenierung gebildete Phosphoglycolat wird enzymatisch zu freiem Glycolat hydrolysiert, dem Substrat für die Photorespiration.

In den C_4-Pflanzen dagegen bleibt das CO_2/O_2-Verhältnis in den Leitbündelscheidenzellen, bedingt durch den vorausgegangenen C_4-Schritt immer relativ hoch, wodurch die Carboxylierung des Ribulose-1,5-bisphosphats begünstigt wird. Außerdem können die C_4-Pflanzen durch das Schließen der Spaltöffnungen in den Blättern nicht nur den Wasserverlust vermindern, sondern auch den Zutritt von atmosphärischem Sauerstoff begrenzen.

Die Photorespiration ist für den Ackerbau in den gemäßigten Zonen ein schwerwiegendes Problem

Die genaue biologische Funktion der Photorespiration ist noch nicht bekannt, aber man kann sagen, daß sie für den Ackerbau in den gemäßigten Zonen eine große Beeinträchtigung bedeutet, weil die C_3-Pflanzen dadurch weniger Biomasse produzieren. An einem windstillen, heißen Tag kann auf einem Feld mit C_3-Pflanzen die CO_2-Konzentration in der Luft über den Pflanzen von dem normalen Wert von 0.03 % bis auf 0.005 % absinken, bedingt durch den schnellen CO_2-Verbrauch bei der Photosynthese. Dadurch sinkt das CO_2/O_2-Verhältnis der Luft und O_2 kann in der Ribulosebisphosphat-Carboxylase-Reaktion effektiver mit CO_2 konkurrieren. Als Folge davon wird die CO_2-Fixierung verlangsamt und die energieverschwendende Photorespiration beschleunigt. Dadurch kann die Produktion von Biomasse um bis zu 50 % reduziert werden.

Zur Zeit wird daran gearbeitet, die Photorespiration zu hemmen, um die Produktion der Biomasse bei C_3-Pflanzen zu erhöhen. Einer der dabei eingeschlagenen Wege ist, die Glycolat-oxidierenden Enzyme zu hemmen, ein anderer, C_3-Pflanzen mit einer geringen Photorespiration zu züchten. Vielleicht löst sich dieses Problem aber durch den Anstieg des CO_2-Gehaltes in der Luft von selbst, den die Verbrennung fossiler Heizstoffe verursacht.

Halophile Bakterien verwenden Lichtenergie für die Synthese von ATP

Das halophile („salzliebende") Bakterium *Halobacterium halobium* kann Sonnenenergie mit Hilfe eines von der Photosynthese grundverschiedenen Mechanismus konservieren. Diese ungewöhnlichen Bakterien leben nur in Salzseen mit hohen Salzkonzentrationen (z. B. im Großen Salzsee in den USA und im toten Meer). In Wasser mit Salzkonzentrationen unter 3 M NaCl können sie nicht leben. Diese Bakterien sind aerob und verwenden normalerweise Sauerstoff für die Oxidation organischer Brennstoffmoleküle. In Salzseen, in denen die NaCl-Konzentration mehr als 4 M betragen kann, ist die Löslichkeit von Sauerstoff aber so gering, daß das Halobacterium manchmal auf eine andere Energiequelle ausweichen muß, nämlich das Sonnenlicht. Die Plasmamembran, die die Zelle von *H. halobium* umschließt, enthält Ansammlungen lichtabsorbierender Pigmente, die *Purpurflecke*. Diese Membranbereiche bestehen aus dicht gepackten Molekülen des Proteins *Bacteriorhodopsin* (relative Molekülmasse 26 000), mit je einem Molekül gebundenen *Retinal* (*Vitamin-A-Aldehyd*) (S. 294) als prosthetischer Gruppe). Bei Belichtung der Zelle wird das angeregte Bacteriorhodopsin vorübergehend ge-

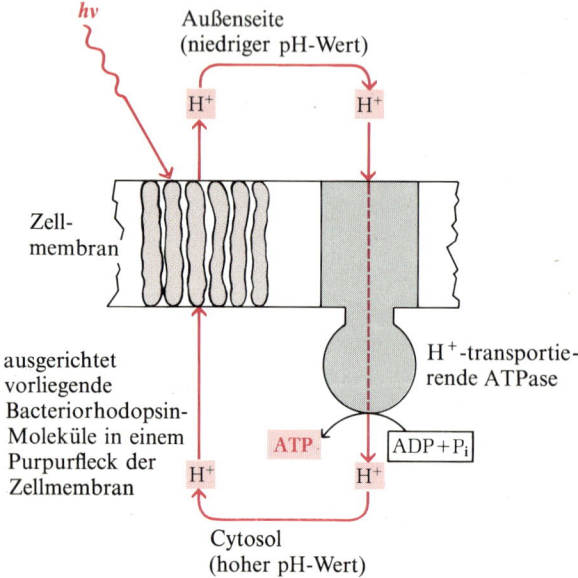

Abbildung 23-30
Bei den Halobakterien fungieren Bacteriorhodopsin-Moleküle, die in einer bestimmten Richtung orientiert in der Zellmembran angeordnet sind, als nach außen gerichtete, von Licht angetriebene H^+-Pumpen. Der dadurch entstehende H^+-Gradient bewirkt die Synthese von ATP durch ATP-Synthetase.

bleicht. Während die vom Licht angeregten Bacteriorhodopsin-Moleküle in der Membran in ihren Grundzustand zurückkehren, wird die freigesetzte Energie dazu verwendet, H^+-Ionen von der Innenseite auf die Außenseite der Zelle zu pumpen, so daß ein pH-Gradient (außen sauer) durch die Zellmembran entsteht. Da die Konzentration der H^+-Ionen außen höher ist, haben sie die Tendenz, in die Zelle zurück zu diffundieren. Dabei passieren sie ein ATP-synthetisierendes Enzym in der Membran, das der ATP-Synthetase in den Mitochondrien und der Chloroplasten ähnlich ist. Während ihres Durchtritts durch die Bakterien-ATPase geben die H^+-Ionen die Energie ab, die für die Synthese von ATP aus ADP und Phosphat verwendet wird (Abb. 23-30). Auf diese Weise können die Halobakterien Lichtenergie in Form von ATP speichern. Dieser Weg ist für sie eine Ergänzung zur oxidativen Phosphorylierung, die sie durchführen, wenn genügend Sauerstoff zur Verfügung steht. Die Halobakterien setzen aber keinen Sauerstoff frei und führen auch keine Photoreduktion von $NADP^+$ durch. Bacteriorhodopsin, ein relativ kleines Proteinmolekül, ist die einfachste, von Licht angetriebene H^+-Pumpe, die man kennt (Abb. 23-31). Von der Aufklärung seiner molekularen Struktur und seines Wirkungsmechanismus erwartet man wichtige neue Einblicke in die lichtabhängige Energieübertragung und die Wirkung verschiedener Arten von H^+-Pumpen bei der Atmung und der Photosynthese.

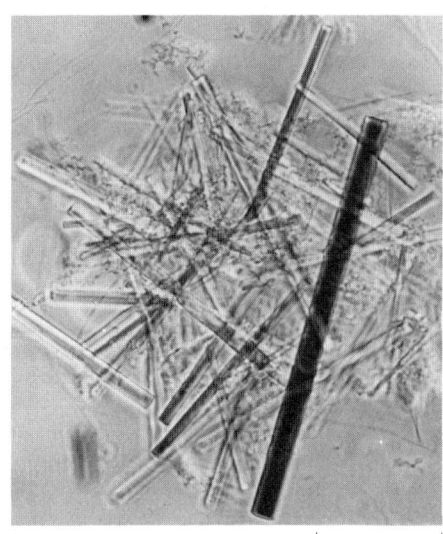

Abbildung 23-31
Bacteriorhodopsin-Kristalle.

Photosynthetisierende Organismen dienen als Modelle für den Entwurf von Solarzellen

Da die Photosynthese-Mechanismen der Chloroplasten bei der Umwandlung von Sonnenenergie in chemische Energie so wirkungsvoll arbeiten, steckt man viel Entwicklungsarbeit in Versuche, diese Vorgänge mit einfacheren künstlichen Molekülsystemen nachzuahmen, in der Hoffnung, den unerschöpflichen Fluß an Sonnenenergie nutzen zu können, der fortwährend auf unsere Erdoberfläche gelangt. Für die heutigen Solarzellen werden Halbleitermaterialien, wie einkristallines Silicium, als Lichtrezeptoren verwendet, die sehr teuer sind und einen kleineren Wirkungsgrad haben als die Chloroplasten. Wenn wir die molekularen und subatomaren Prinzipien verstehen, auf Grund derer Chlorophyll und Bacteriorhodopsin als wirkungsvolle Auffangstellen von Lichtenergie funktionieren, und wenn wir außerdem wissen, wie elektrische Ladungen und H^+-Ionen innerhalb einer Membran voneinander getrennt werden können, so daß sich energiereiche elektrochemische Gradienten bilden, dann könnten wir diese Vorgänge vielleicht eines Tages mit billigen Materialien wirkungsvoll nachahmen. Die biochemische und biophysikalische Grundlagenforschung über die energieübertragenden Membranen photosynthetisierender Organismen ist daher nicht nur für das Verstehen der Natur wichtig. Sie kann auch weitreichende praktische Bedeutung erlangen für die Landwirtschaft, die Energieproduktion und den Schutz unserer Umwelt vor Verschmutzung durch CO_2, H_2SO_4 und anderen Nebenprodukten der Verbrennung fossiler Brennstoffe.

Zusammenfassung

Bei der Lichtreaktion der Photosynthese grüner Pflanzen wird durch die absorbierte Lichtenergie ein Elektronenfluß von H_2O zu $NADP^+$ erzeugt, das zu NADPH reduziert wird; dabei wird Sauerstoff aus H_2O freigesetzt. Ein weiteres Produkt der Lichtreaktion ist ATP. In den Dunkelreaktionen werden ATP und NADPH dazu verwendet, CO_2 zu Glucose zu reduzieren. Die Photosynthese findet in den Chloroplasten der grünen Pflanzen statt. Die Lichtreaktionen sind in den Thylakoiden lokalisiert, das sind abgeflachte Membran-Vesikel in den Chloroplasten. Photosynthetisierende Pflanzenzellen enthalten zwei Arten lichteinfangender Pigmente, die Chlorophylle und die Carotinoide, die zu zwei verschiedenen Arten von Photosystemen angeordnet sind. Jedes Photosystem besitzt einen Satz lichtabsorbierender oder Antennenproteine und ein Reaktionszentrum, das die Lichtenergie dazu verwendet, Elektronen auf eine Kette von Elektronen-Carriern zu übertragen. Das Photosystem I wird durch Licht längerer Wellenlängen angeregt; es bewirkt die Reduktion von $NADP^+$ zu NADPH. Das Photosystem II wird durch kürzere Wellenlängen aktiviert; es entfernt Elektronen aus dem H_2O und setzt Sauerstoff frei. Die Anregung des Photosystems I führt zur Reduktion von $NADP^+$ über Ferredoxin und Ferredoxin-$NADP^+$-Reduktase. Die Elektronen zum Auffüllen des Elektronen-Lochs, das im Photosystem I zurückgelassen wird, stammen von dem angeregten Photosystem II. Sie werden über eine zentrale Elektronentransportkette übertragen, an die die photosynthetische Phosphorylierung gekoppelt ist. Die Elektronen, die gebraucht werden, um die Elektronen-Löcher des Photosystems II aufzufüllen, das ein sehr hohes Oxidationspotential hat, stammen aus dem H_2O. Die für die ATP-Synthese benötigte Energie stammt aus einem H^+-Gradienten durch die Membran, der von einem „bergab" gerichteten Elektronenfluß erzeugt wird. Für die Freisetzung eines Moleküls Sauerstoff und die Bildung von je zwei Molekülen NADPH ATP werden acht Lichtquanten gebraucht.

Während der Dunkelreaktion wird CO_2 fixiert und in die Kohlenstoffkette der Glucose eingebaut. Dabei reagiert CO_2 mit Ribulose-1,5-bisphosphat unter Bildung von zwei Molekülen 3-Phosphoglycerat, die über den Calvin-Cyclus zu Glucose umgesetzt werden. Insgesamt werden für die Photosynthese eines mol Glucose 18 mol ATP und 12 mol NADPH gebraucht, die während der Lichtreaktion entstanden sind. Der Calvin-Cyclus besteht aus miteinander verbundenen Reaktionen des Pentosephosphat- und des Glycolyse-Weges. Bei den C_4-Pflanzen wird das CO_2 zuerst in den Mesophyllzellen als Malat fixiert. Das Malat wird dann in die Leitbündelscheidenzellen transportiert, wo das CO_2 wieder freigesetzt wird, aber in einer für die Ribulosebisphosphat-Carboxylase-Reaktion ausreichend hohen Konzentration. Der weitere Verlauf erfolgt dann über den C_3-Weg. Durch die Photorespiration geht den C_3-Pflanzen Photosynthese-Energie verloren, weil das Glycolat, ein Oxygenierungsprodukt von Ribulose-1,5-bisphosphat, oxidiert wird.

Das Bacteriorhodopsin halophiler Bakterien in der Zellmembran bewirkt bei Belichtung die Translokation von H^+-Ionen aus der Zelle hinaus. Der dadurch gebildete H^+-Gradient wird von den Zellen für die ATP-Synthese genutzt.

Aufgaben

1. *Die Phasen der Photosynthese.* Wird eine Suspension aus grünen Algen in Abwesenheit von Kohlenstoffdioxid belichtet und dann im Dunkeln mit $^{14}CO_2$ inkubiert, so wird eine kurze Zeit lang [^{14}C]Glucose aus $^{14}CO_2$ synthetisiert. Welche Bedeutung hat diese Beobachtung in bezug auf die beiden Phasen der Photosynthese? Warum kommt die Umwandlung von $^{14}CO_2$ in [^{14}C]Glucose nach kurzer Zeit zum Stillstand?

2. *Der photochemische Wirkungsgrad von Licht verschiedener Wellenlängen.* Die an der O_2-Bildung gemessene Geschwindigkeit der Photosynthese ist höher, wenn eine grüne Pflanze mit Licht der Wellenlänge 680 nm bestrahlt wird, als wenn das Licht eine Wellenlänge von 700 nm hat. Die Geschwindigkeit wird noch größer, wenn eine kombinierte Bestrahlung mit Licht dieser beiden Wellenlängen erfolgt. Erklären Sie diesen Befund.

3. *Die Rolle von H_2S bei einigen photosynthetisierenden Bakterien.* Bestrahlte Purpur-Schwefelbakterien führen in Gegenwart von H_2O und CO_2 eine Photosynthese durch, aber nur, wenn H_2S zugefügt wird und O_2 abwesend ist. Während der Photosynthese, gemessen durch die Bildung ^{14}C-markierter Glucose, wird H_2S in elementaren Schwefel umgewandelt, aber es entwickelt sich kein Sauerstoff. Welche Rolle spielt die Umwandlung von H_2S in Schwefel? Warum bildet sich kein Sauerstoff?

4. *Die Steigerung der Reduktionskraft des Photosystems I durch die Absorption von Licht.* Wenn das Photosystem I rotes Licht bei 700 nm absorbiert, so ändert sich das Reduktionspotential von P-700 von $+0.4$ auf -0.6 V. Ein wie großer Teil des absorbierten Lichtes wird in Form von Reduktionskräften eingefangen?

5. *Die Wirkungsweise des Herbicids DCMU.* Werden Chloroplasten mit dem stark wirksamen Herbicid 3-(3,4-Dichlorphenyl)-1,1-

dimethylharnstoff (DCMU oder Diuron) behandelt, so hören Sauerstoffbildung und Photophosphorylierung auf. Durch Zugabe eines externen Elektronenakzeptors (d.h. eines Hill-Reagenzes) kann die Sauerstoffbildung wieder in Gang gebracht werden, nicht aber die Photophosphorylierung. Wie arbeitet dieses Herbicid als Unkrautvernichter? Wo in Abb. 23-12 könnte Ihrer Meinung nach die Hemmwirkung des Herbicids angreifen?

6. *Die Bioenergetik der Photophosphorylierung.* Die Gleichgewichtskonzentrationen von ATP, ADP und P_i betragen in isolierten Spinat-Chloroplasten bei pH 7.0 und bei voller Beleuchtung 120, 6 und 700 μM.
   (a) Wieviel freie Energie wird für die Synthese von 1 mol ATP unter diesen Bedingungen gebraucht?
   (b) Die Energie für die ATP-Synthese wird durch den lichtinduzierten Elektronentransport in den Chloroplasten bereitgestellt. Wie groß muß der Abfall des elektrischen Potentials unter diesen Bedingungen während des Transports eines Elektronenpaars mindestens sein, um ATP synthetisieren zu können?

7. *Die Identifizierung entscheidender Zwischenprodukte der Photosynthese-Dunkelreaktion.* Calvin und seine Mitarbeiter verwendeten für Untersuchungen der Photosynthese-Dunkelreaktion die einzellige Grünalge *Chlorella*. In ihren Experimenten inkubierten sie $^{14}CO_2$ unter verschiedenen Bedingungen mit belichteten Algensuspensionen und verfolgten den zeitlichen Verlauf des Einbaus von $^{14}CO_2$ in die beiden Verbindungen X und Y.
   (a) Bestrahlte *Chlorella*-Zellen wurden auf unmarkiertem CO_2 gezogen; nach Abschalten des Lichtes wurde $^{14}CO_2$ angeboten. Unter diesen Bedingungen wurde X als erste Verbindung ^{14}C-markiert. Die Verbindung Y bleibt unmarkiert.
   (b) Bestrahlte *Chlorella*-Zellen wurden auf radioaktivem $^{14}CO_2$ gezogen. Die Bestrahlung wurde fortgesetzt, bis das gesamte $^{14}CO_2$ verbraucht war (vertikale, gestrichelte Linie). Unter diesen Bedingungen wurde die Verbindung X schnell markiert, verlor aber ihre Radioaktivität allmählich wieder; die Radioaktivität der Verbindung Y dagegen nahm mit der Zeit zu.
   Um welche Verbindungen könnte es sich bei X und Y handeln? Stellen Sie hierzu Überlegungen aufgrund ihrer Kenntnisse des Calvin-Cyclus an.

Aufgabe 7a

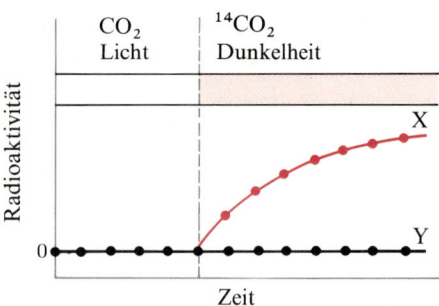

Aufgabe 7b

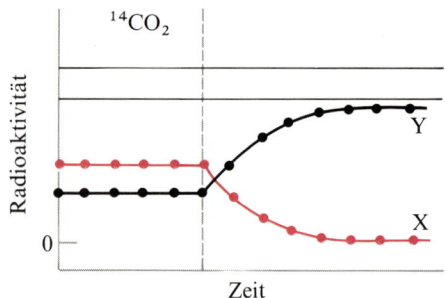

8. *Die Regulation der Ribulose-1,5-bisphosphat-Carboxylase durch den pH-Wert.* Der K_m-Wert der Ribulose-1,5-bisphosphat-Carboxylase für CO_2 nimmt signifikant ab, wenn der pH-Wert des Mediums ansteigt. Welche Wirkung hat dieser Anstieg auf die Geschwindigkeit der CO_2-Fixierung durch die Ribulosebisphosphat-Carboxylase-Reaktion? Wie kann diese Eigenschaft dazu

dienen, die Photosynthese-Geschwindigkeit während der Belichtung von Pflanzen zu regulieren? Welche Rolle spielt dieser Regulationsvorgang während der Dunkelzeit in den Pflanzen?

9. *Der Weg der CO_2-Fixierung beim Mais.* Wird eine Maispflanze in Gegenwart von $^{14}CO_2$ belichtet, so findet man nach etwa 1 s 90% der in die Blätter eingebauten Radioaktivität in den C-Atomen 4 von Malat, Aspartat und Oxalacetat wieder. Erst nach 60 s erscheint ^{14}C im C-Atom 1 von 3-Phosphoglycerat. Erklären Sie diese Beobachtung.

10. *Die Chemie der Malat-Dehydrogenase: Variation eines Themas.* Die in den Zellen der Leitbündelscheiden von C_4-Pflanzen gefundene decarboxylierende Malat-Dehydrogenase katalysiert eine Reaktion, für die es ein Gegenstück im Citratcyclus gibt. Um welches Enzym im Citratcyclus handelt es sich dabei und welches ist die analoge Reaktion?

11. *Das Fehlen des Photosystems II in den Mesophyllzellen.* Die Mesophyllzellen tropischer Gräser enthalten das Photosystem I, aber nicht das Photosystem II. Im Gegensatz dazu enthalten die Zellen der Leitbündelscheiden derselben Pflanzen beide Photosysteme. Sind diese Beobachtungen mit der Rolle des Hatch-Slack-Weges zu vereinbaren?

12. *Rekonstitutionsexperimente: ATP-synthetisierende Vesikel.* W. Stoeckenius und E. Racker haben über einige interessante Rekonstitutionsexperimente berichtet, in denen umgestülpte synthetische Phospholipid-Vesikel hergestellt wurden, die Bacteriorhodopsin-Moleküle aus *Halobacterium halobium* sowie F_oF_1ATPase aus Rinderherz-Mitochondrien enthielten (s. Zeichnung). Bei Bestrahlung synthetisierten diese Vesikel ATP aus ADP und P_i. Bestrahlung in Gegenwart von Dinitrophenol verhinderte jedoch die ATP-Bildung. Erklären Sie diese Versuche mit Hilfe der chemoosmotischen Hypothese.

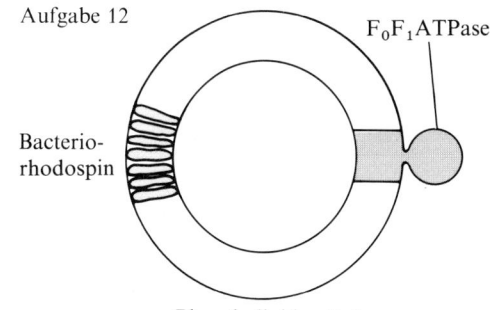

Aufgabe 12

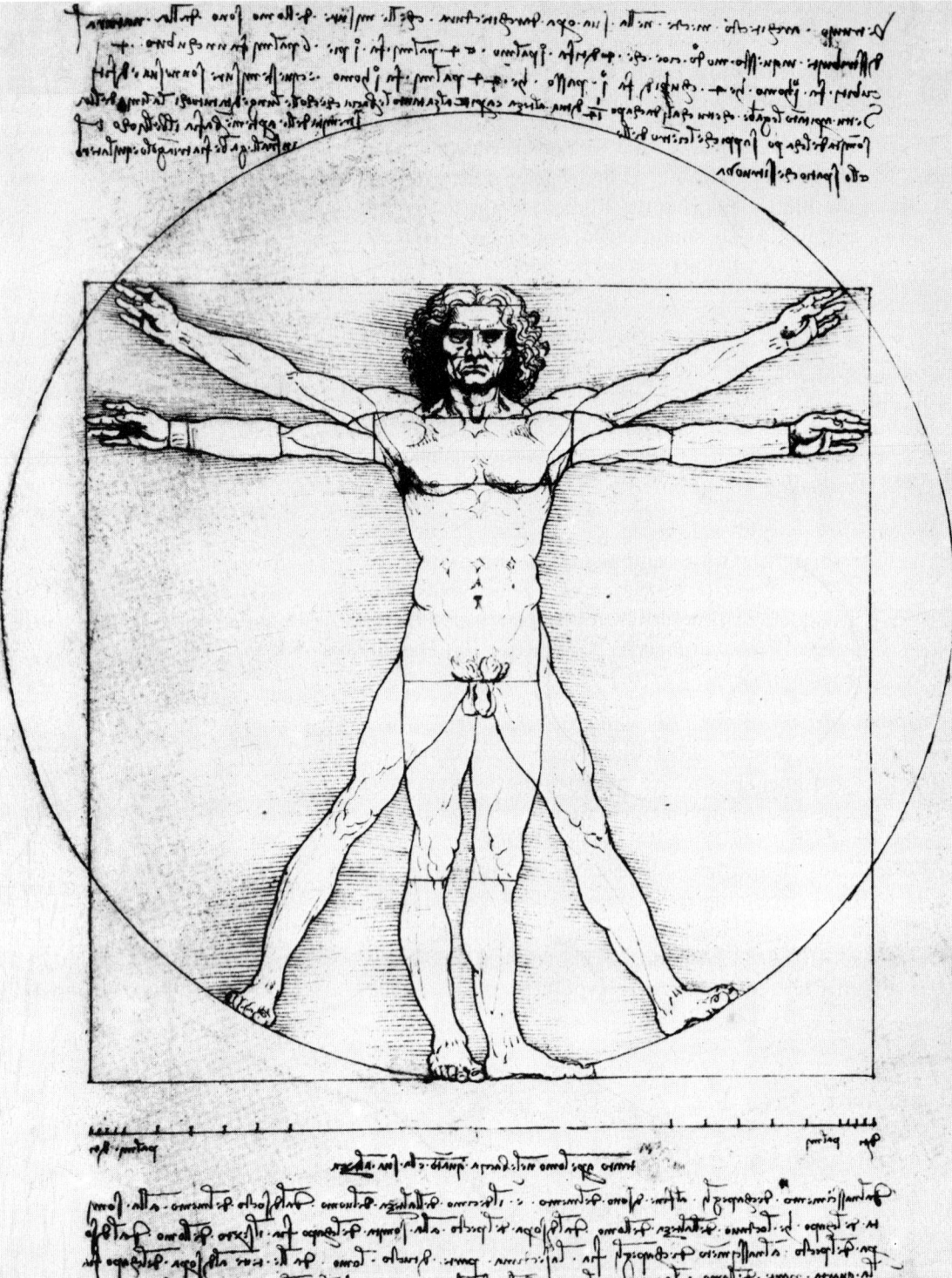

Teil III
Einige Aspekte der Biochemie des Menschen

In den vorausgegangenen Kapiteln haben wir gesehen, daß zwischen den verschiedenen Lebensformen ein grundlegender innerer Zusammenhang bezüglich der Struktur der Zellen und ihrer molekularen Bausteine, der Bioenergetik und der Mehrzahl der Stoffwechselwege besteht. Wegen dieser Parallelen war es den Biochemikern möglich, sich bestimmte Organismen als Versuchsobjekte zu wählen, die z. B. leicht zu bekommen waren oder andere praktische oder biologische Vorteile hatten. An diesen konnten sie dann solche Reaktionen eingehend untersuchen, die bei allen Lebewesen ablaufen. So haben wir z. B. von Hefezellen und Muskelextrakten viel über die Glycolyse erfahren, und an *E.-coli*-Zellen sind grundlegende Prinzipien der Molekulargenetik aufgeklärt worden. Außerdem sind viele wichtige Erkenntnisse über Regulationsmechanismen an so ungewöhnlichen Organismen erarbeitet worden wie dem Schleimpilz *Dictyostelium discoideum* oder dem südafrikanischen Krallenfrosch *Xeenopus laevis*. In bezug auf die biochemischen Grundvorgänge scheint es buchstäblich kaum Unterschiede zwischen Kohlköpfen und Königen zu geben.

Aber nun wollen wir *ein* bestimmtes Lebewesen näher betrachten und uns anschauen, inwiefern seine biochemische Ausstattung eine Anpassung an seine Aktivitäten darstellt und an das Leben in seiner Nische innerhalb der Biosphäre. Wir könnten dafür ein Bakterium wählen, besonders da wir gerade zu erkennen beginnen, daß Bakterien weit komplexere Organismen sind, als wir ursprünglich angenommen haben. Wir könnten auch die besondere Biosphäre der Pflanzenwelt untersuchen, vielleicht speziell unter dem Gesichtspunkt der zunehmenden Diskrepanz zwischen den landwirtschaftlichen Erträgen und dem Nahrungsbedarf in der Welt. Aber als Menschen möchten wir in erster Linie mehr wissen über die Biochemie des *Homo sapiens*, über die biochemischen Besonderheiten und Funktionen der verschiedenen Gewebe und Organe, wie deren Stoffwechselaktivitäten miteinander koordiniert sind und auf welche Weise biochemische Abweichungen die Gesundheit beeinträchtigen.

In den folgenden drei Kapiteln werden einige der biochemischen Grundmerkmale des Menschen behandelt, die allerdings auch für viele höhere Tiere gelten. Insbesondere werden wir sehen, wie der

Von Leonardo da Vinci illustriertes Manuskript: „Die menschlichen Proportionen". Der menschliche Körper enthält etwa 10^{13} Zellen, von denen jede mit einem Satz von Biomolekülen in spezifischen Mengenverhältnissen ausgestattet ist und jede eine charakteristische Feinstruktur besitzt. Zellen gruppieren sich zu Geweben, Gewebe zu Organen und Organe zu Organsystemen, deren biochemische Aktivitäten auf wunderbare Weise zu einem Organismus koordiniert sind, der nicht nur existiert und handelt, sondern auch denkt und schöpferisch ist.

Stoffwechsel der verschiedenen Organe miteinander koordiniert ist, wie die komplexen Reaktionen des menschlichen Organismus auf äußere und innere Veränderungen durch Hormone reguliert werden und nicht zuletzt, welche Nahrung für den Menschen die zuträglichste ist. Letzteres ist einer der wichtigsten Beiträge der Biochemie für das menschliche Wohlergehen. Diese drei Kapitel können aber lediglich einen Einstieg liefern, denn es ist nicht möglich, in diesem Buch die menschliche Biochemie in all ihrer Breite und Komplexität zu behandeln. Tatsächlich liegen die Endziele der Erforschung der menschlichen Biochemie noch in ferner Zukunft, denn wir wissen erst einen sehr kleinen Teil dessen, was es zu wissen gibt. Zu einem vollkommenen Verstehen der biochemischen Natur des Menschen werden wir erst dann gelangen, wenn wir die höheren Funktionen des menschlichen Gehirns kennenlernen, durch die sich der *Homo sapiens* von allen anderen Lebewesen absetzt; dazu gehört, wie das Gedächtnis arbeitet, wie die Gehirnzellen Sinneseindrücke interpretieren, wie logisches Denken entsteht und schließlich, wie es zu menschlichem Verhalten und zu menschlicher Intelligenz und Kreativität kommt.

Aber lassen Sie uns von vorne beginnen.

Kapitel 24

Die Verdauung, Transportvorgänge und das Ineinandergreifen des Stoffwechsels

Dieses ist das erste von drei Kapiteln, die einen Überblick über die Aspekte des Stoffwechsels und seiner Regulation im menschlichen Körper geben. Wir beginnen mit der Biochemie der Verdauung und Absorption im Darmtrakt, der Verteilung der Nährstoffe auf die verschiedenen Organe und der Zusammenarbeit der verschiedenen Gewebe im Stoffwechsel. Wir werden auch einen Überblick gewinnen über die biochemischen Mechanismen, durch die Sauerstoff zu den Geweben gebracht und Kohlenstoffdioxid und andere Stoffwechselendprodukte ausgeschieden werden.

Eine der wichtigsten praktischen Anwendungen der Biochemie ist die Diagnose von Krankheiten, die auf Stoffwechselstörungen beruhen. Am Beispiel der Stoffwechselkrankheit Diabetes mellitus wollen wir sehen, welchen Nutzen biochemische Messungen für die Medizin haben.

Die Nahrung wird enzymatisch verdaut und damit für die Absorption vorbereitet

Während der Verdauung im Darmtrakt werden die drei Hauptnährstoffe (Kohlenhydrate, Lipide und Proteine) enzymatisch zu ihren Bausteinen hydrolysiert. Das ist eine Voraussetzung für ihre Verwertung, da die Zellen, die den Darm auskleiden, nur relativ kleine Moleküle in den Blutstrom absorbieren können. Polysaccharide und sogar Disaccharide müssen z. B. mit Hilfe von Verdauungsenzymen vollständig in die Monosaccharide gespalten werden, ehe sie absorbiert werden können. Ähnlich müssen Proteine und Lipide in ihre Bausteine gespalten werden.

Abb. 24-1 gibt den menschlichen Verdauungsapparat wieder. Die Verdauung beginnt zwar schon im Mund und im Magen, die letzten Schritte der Verdauung aller Hauptnährstoffe sowie die Absorption ihrer Bausteine ins Blut findet aber im Dünndarm statt, der für diese Funktion gut eingerichtet ist, besitzt er doch eine sehr große Oberfläche, durch die die Absorption erfolgen kann. Der Dünndarm ist nicht nur ziemlich lang (3.5 bis 4.5 m), sondern auf seiner Oberfläche

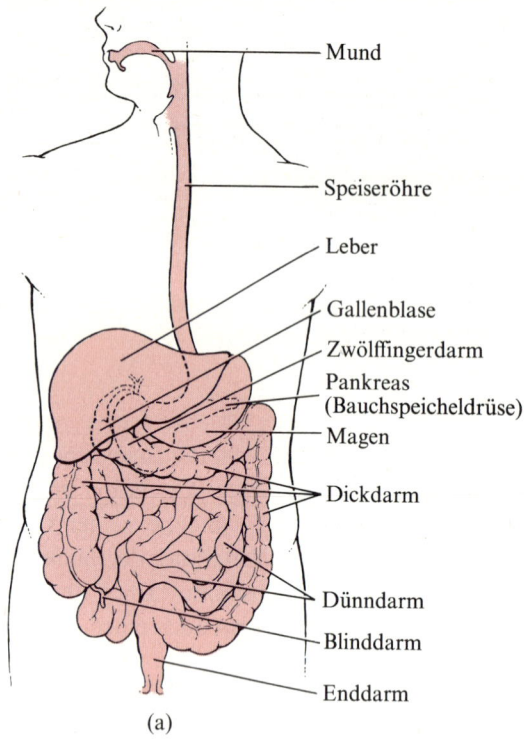
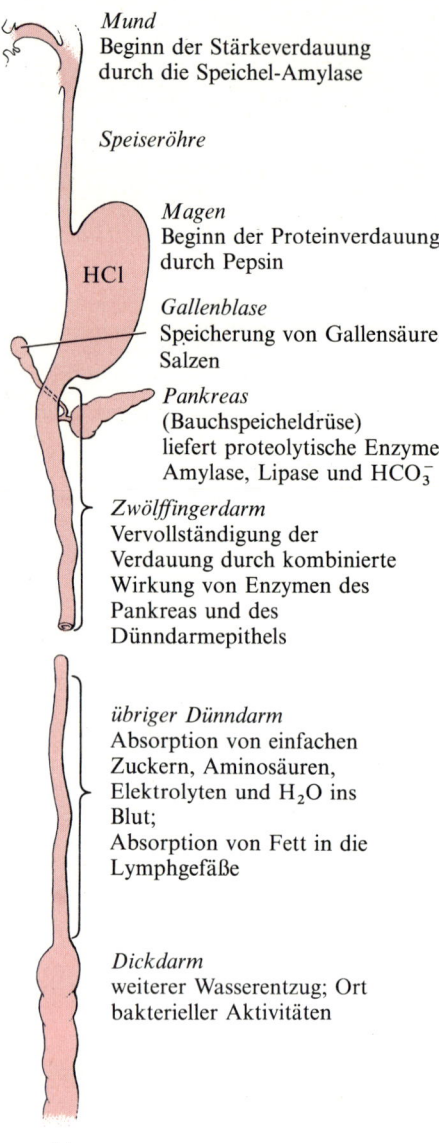

Abbildung 24-1
(a) Der menschliche Darmtrakt.
(b) Schematische Darstellung des Verlaufs von Verdauung und Absorption entlang des Darmtrakts.

sind viele Falten mit zahlreichen fingerförmigen Ausstülpungen, den *Zotten* oder *Villi*. Jede Zotte wiederum ist von vielen Epithelzellen bedeckt, die zahlreiche *Mikrovilli* besitzen (*Bürstensaum*) (Abb. 24-2). Durch die Zotten wird die Oberfläche stark vergrößert, so daß die Verdauungsprodukte schnell durch die Epithelzellen hindurch in die an der Innenseite befindlichen Blutkapillaren und Lymphgefäße transportiert werden können. Die Oberfläche des menschlichen Dünndarms beträgt etwa 180 m², das ist etwas weniger als die Fläche eines Tennisplatzes.

Die Mikrovilli enthalten Bündel von Actin-Mikrofilamenten (S. 181), die mit einem Gespinst aus Myosin-Filamenten an der Basis der Mikrovilli verbunden sind. Dieses Filamentsystem überträgt eine wellenförmige Bewegung auf die Mikrovilli, durch die der Darminhalt „umgerührt" und die Absorption beschleunigt wird.

Die Verdauung der Kohlenhydrate

Die vom Menschen am häufigsten aufgenommenen Kohlenhydrate sind die Polysaccharide Stärke und Cellulose aus pflanzlicher Nahrung und das Glycogen aus tierischer Nahrung. Stärke und Glycogen werden durch die Enzyme im Magen-Darm-Trakt vollständig zu freier D-Glucose hydrolysiert. Dieser Vorgang beginnt bereits im Mund beim Kauen, mit Hilfe der aus der Speicheldrüse ausgeschiedenen *Amylase*. Die Amylase des Speichels hydrolysiert viele der

Kapitel 24 Die Verdauung, Transportvorgänge und das Ineinandergreifen des Stoffwechsels 749

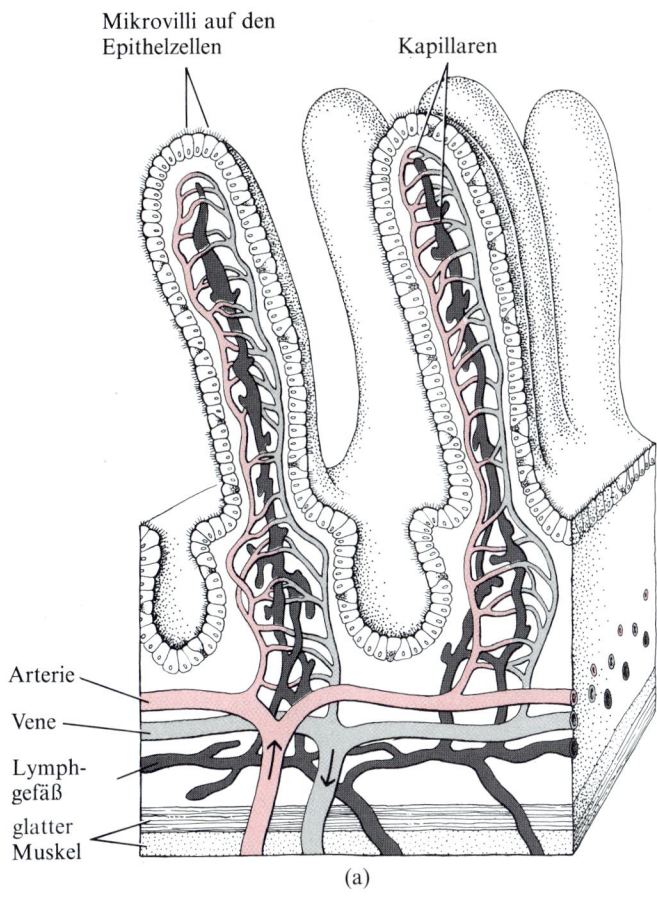

(a)

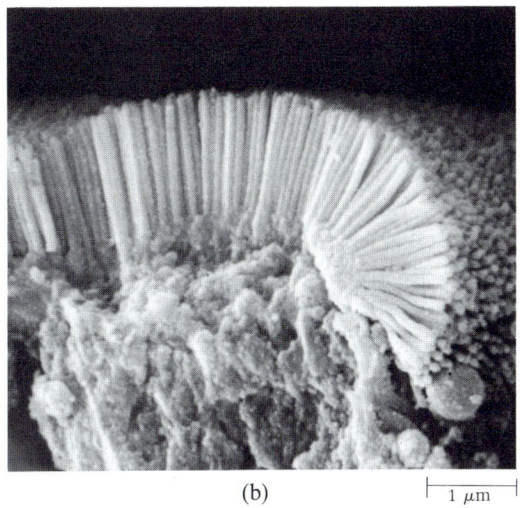

(b)

Abbildung 24-2
(a) Eine Gruppe von Dünndarmzotten. Man erkennt die große Oberfläche, die für die Absorption der Verdauungsprodukte zur Verfügung steht. Aminosäuren, Zucker und Salze werden in die Blutkapillaren absorbiert, während die Triacylglycerine in die zentralen Lymphgefäße eintreten. Jede Epithelzelle besitzt viele Mikrovilli.
(b) bis (d): Drei Ansichten der Mikrovilli.
(b) Elektronenmikroskopisches Aufsichtsbild.
(c) und (d) Elektronenmikroskopische Bilder von Längs- und Querschnitten. Sie zeigen die inneren Mikrofilamente, die eine wellenförmige Bewegung an die Villi weiterleiten.

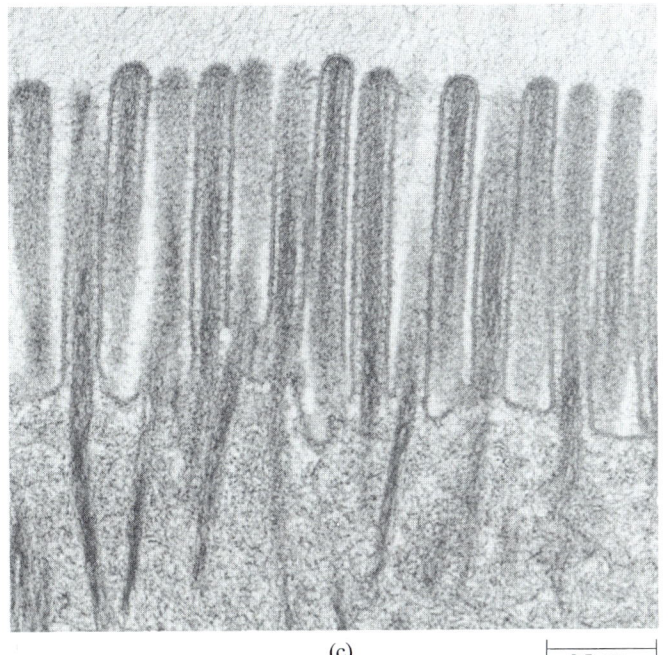

(c)

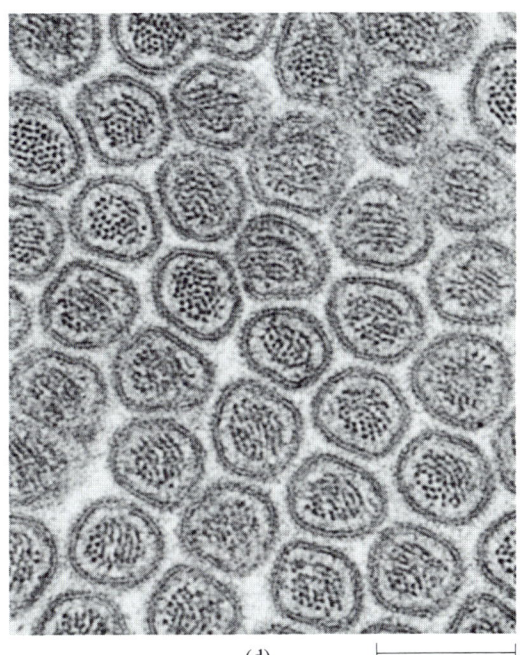

(d)

glycosidischen α(1 →4)-Bindungen in der Stärke und im Glycogen. Dadurch entsteht ein Gemisch aus Maltose, Glucose und Oligosacchariden. Brot schmeckt nach längerem Kauen allmählich süß, weil die geschmacklose Stärke enzymatisch in verschiedene Zucker gespalten wird. Die Verdauung von Stärke, Glycogen und anderen verdaulichen Polysacchariden zu D-Glucose wird im Dünndarm fortgesetzt und abgeschlossen. Wichtigstes Enzym hierfür ist die *pankreatische Amylase*, die in der Bauchspeicheldrüse (Pankreas) hergestellt und über den Pankreasgang in den oberen Teil des Dünndarms sezerniert wird. Dieser Teil des Dünndarms, in dem die größte Verdauungsaktivität herrscht, wird *Zwölffingerdarm (Duodenum)* genannt.

Cellulose kann von den meisten Säugern nicht enzymatisch verdaut werden, weil sie keine Enzyme haben, die die β(1 →4)-Bindungen zwischen den D-Glucose-Resten der Cellulose hydrolysieren können (S. 321). Unverdaute Cellulose-Rückstände aus der pflanzlichen Nahrung stellen die Ballast- oder Schlackenstoffe dar, die für die richtige Darmbewegung sorgen. Wiederkäuer können Cellulose auf indirekte Weise verdauen. Bei ihnen hydrolysieren die Pansen-Bakterien die Cellulose zu D-Glucose und vergären diese zu Lactat, Acetat und Propionat. Diese Verbindungen werden ins Blut der Wiederkäuer absorbiert und in der Leber in Blutzucker umgewandelt (S. 626).

Disaccharide werden durch Enzyme hydrolysiert, die sich an der Außenwand der Dünndarm-Epithelzellen befinden. Saccharose (Rohrzucker) wird durch die *Saccharose-α-D-Glucohydrolase* (auch Sucrase genannt) in D-Glucose und D-Fructose hydrolysiert, Lactose durch die *β-D-Galactosidase* (auch als Lactase bezeichnet) in D-Glucose und D-Galactose gespalten; und aus Maltose entstehen durch die α-D-*Glucosidase* (Maltase) zwei Moleküle D-Glucose. Wir erinnern uns (S. 315), daß erwachsene Menschen der meisten asiatischen und afrikanischen Rassen eine *Lactose-Unverträglichkeit* haben, die darauf beruht, daß sie nach ihrer Kindheit keine β-D-Galactosidase-Aktivität mehr besitzen. Bei ihnen bleibt die unverdaute Lactose im Dünndarm und wird teilweise durch die Mikroorganismen des Darmes vergoren. Die Folgen sind Durchfall und Blähungen.

In den Dünndarm-Epithelzellen werden D-Fructose, D-Galactose und D-Mannose teilweise in D-Glucose umgewandelt (S. 460). Das entstandene Gemisch aus Einfachzuckern wird in die Epithelzellen absorbiert und mit dem Blut in die Leber gebracht.

Die Verdauung der Proteine

Die Proteine werden im Magen-Darm-Trakt enzymatisch in ihre Aminosäuren hydrolysiert. Beim Eintritt in den Magen stimulieren Proteine die Sekretion des Hormons *Gastrin*, das wiederum die Sekretion von Salzsäure durch die *Belegzellen* der Magendrüsen

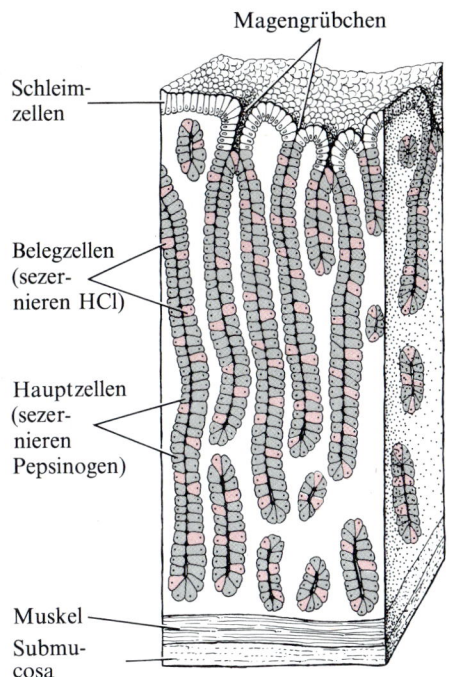

Abbildung 24-3
Die Magendrüsen in der Magenwand. Die Belegzellen sezernieren HCl. Die Sekretion wird ausgelöst durch das Hormon Gastrin, das bei Eintritt von Proteinen in den Magen in den Belegzellen gebildet wird. Die Hauptzellen sezernieren Pepsinogen.

(Abb. 24-3) sowie von Pepsinogen durch die *Hauptzellen* stimuliert. Der Magensaft hat einen pH-Wert von 1.5 bis 2.5. Durch seinen Säuregehalt hat er eine antiseptische Wirkung und tötet die meisten Bakterien und andere Zellen ab. Außerdem werden durch die Säure die globulären Proteine denaturiert, d.h. entfaltet, so daß die im Innern des Moleküls gelegenen Peptidbindungen für die hydrolysierenden Enzyme besser zugänglich werden. *Pepsinogen* $M_r = 40 000$, ist eine inaktive Vorstufe (Zymogen) (S. 253) des Pepsins und wird im Magensaft in aktives Pepsin umgewandelt. Diese enzymatische Reaktion wird durch das aktive Pepsin selbst katalysiert, sie ist also ein Beispiel für eine *Autokatalyse*. Dabei werden vom aminoterminalen Ende des Polypeptids Pepsinogen 42 Aminosäurereste als Gemisch kleiner Peptide abgespalten. Der zurückbleibende Rest des Pepsinogenmoleküls ist enzymatisch aktives Pepsin ($M_r = 33 000$). Das Pepsin hydrolysiert im Magen u.a. solche Peptidbindungen, an denen die aromatischen Aminosäuren *Tyrosin, Phenylalanin* und *Tryptophan* beteiligt sind (Tab. 24-1). Auf diese Weise werden lange Peptidketten zu kleineren Peptiden gespalten.

Wenn der saure Mageninhalt in den Dünndarm gelangt, bewirkt der niedrige pH-Wert die Sekretion des Hormons *Sekretin* ins Blut. Das Sekretin stimuliert die Bauchspeicheldrüse, Hydrogencarbonat in den Dünndarm abzugeben, um die Salzsäure aus dem Magen zu neutralisieren. Der pH-Wert steigt dann schnell von 1.5–2.5 auf etwa 7 an. Im Darm wird die Verdauung der Proteine fortgesetzt. Der Eintritt von Aminosäuren in den Zwölffingerdarm stimuliert die Sekretion proteolytischer Enzyme und Peptidasen mit pH-Optima

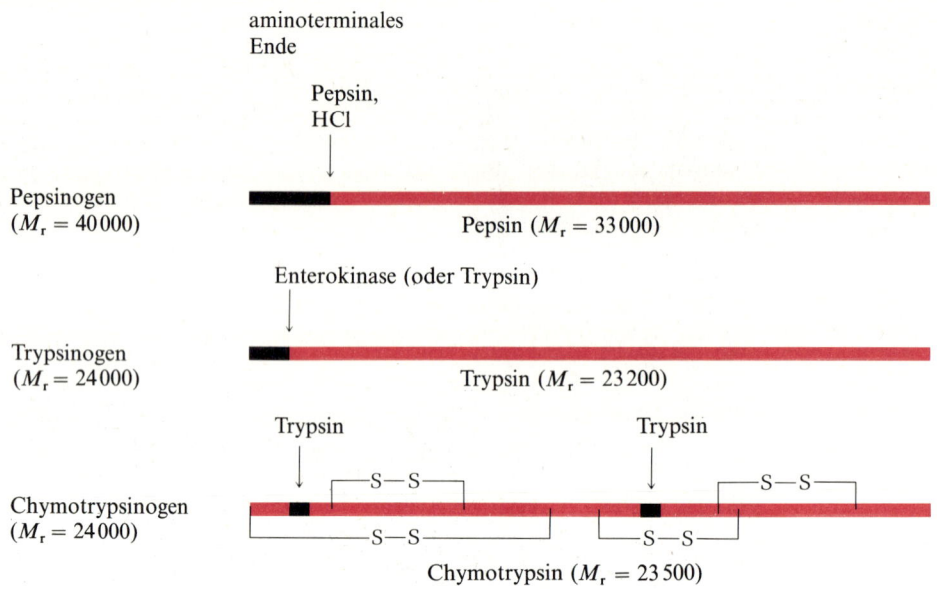

Abbildung 24-4
Die Aktivierung der Zymogene von Pepsin, Trypsin und Chymotrypsin. Die Diagramme zeigen die Orte des proteolytischen Angriffs in den Zymogenmolekülen, wobei die aktiven Enzyme (in Farbe) freigesetzt werden. Die Abschnitte der Zymogen-Polypeptidketten, die entfernt werden, sind schwarz dargestellt. Beachten Sie, daß Chymotrypsin aus drei Polypeptidketten besteht, die durch zwei kovalente Disulfid-Brücken sowie durch nicht-kovalente Wasserstoffbindungen und hydrophobe Wechselwirkungen zusammengehalten werden (S. 253).

bei 7 bis 8. Drei dieser Enzyme, *Trypsin, Chymotrypsin* und *Carboxypeptidase* werden in den *exokrinen Zellen* der Bauchspeicheldrüse (Abb. 24-5) als inaktive Vorstufen (Zymogene) gebildet, nämlich als *Trypsinogen, Chymotrypsinogen* und *Procarboxypeptidase*. Durch die Synthese in Form inaktiver Vorstufen werden die exokrinen Zellen vor einem zerstörenden proteolytischen Angriff geschützt. Trypsinogen wird nach dem Eintritt in den Dünndarm mit Hilfe der Enteropeptidase in seine aktive Form, das *Trypsin* umgewandelt (Abb. 24-4). Die *Enteropeptidase* ist ein spezialisiertes proteolytisches, von den Dünndarmzellen sezerniertes Enzym. Sobald es etwas freies Trypsin gebildet hat, kann dieses neugebildete Trypsin auch selbst die Umwandlung von Trypsinogen zu Trypsin katalysieren. Dabei wird ein Hexapeptid vom aminoterminalen Ende abgespalten. Wie wir auf S. 146 gesehen haben, hydrolysiert Trypsin solche Peptidbindungen, deren Carbonylgruppen von *Lysin-* oder *Arginin-*resten gebildet werden (Tab. 24-1).

Chymotrypsinogen besteht aus einer einzigen Polypeptidkette mit mehreren Disulfidbindungen innerhalb der Kette. Wenn es in den Dünndarm gelangt, wird es durch Trypsin in *Chymotrypsin* umgewandelt. Dabei wird die eine lange Polypeptidkette an zwei Stellen durch Herausschneiden eines Dipeptids durchtrennt (Abb. 24-4). Auf diese Weise entstehen aus der ursprünglichen Einzelkette drei Abschnitte, die jedoch noch durch die kreuzvernetzenden Disulfidbindungen zusammengehalten werden (S. 253). Chymotrypsin hydrolysiert Peptidbindungen, an denen *Phenylalanin, Tyrosin* oder *Tryptophan* beteiligt sind (Tab. 24-1). So werden die im Magen von Pepsin vorverdauten Polypeptide durch Trypsin und Chymotrypsin zu kleineren Peptiden hydrolysiert. Diese Stufe der Proteinverdau-

Tabelle 24-1 Die an der Protein-Verdauung beteiligten Enzyme und ihre Peptidbindungs-Spezifität.

Pepsin	Tyr, Phe, Trp sowie Leu, Glu, Gln
Trypsin	Lys, Arg
Chymotrypsin	Tyr, Phe, Trp
Carboxypeptidase	Carboxyterminale Reste
Aminopeptidase	Aminoterminale Reste (mit Ausnahme von Prolin)

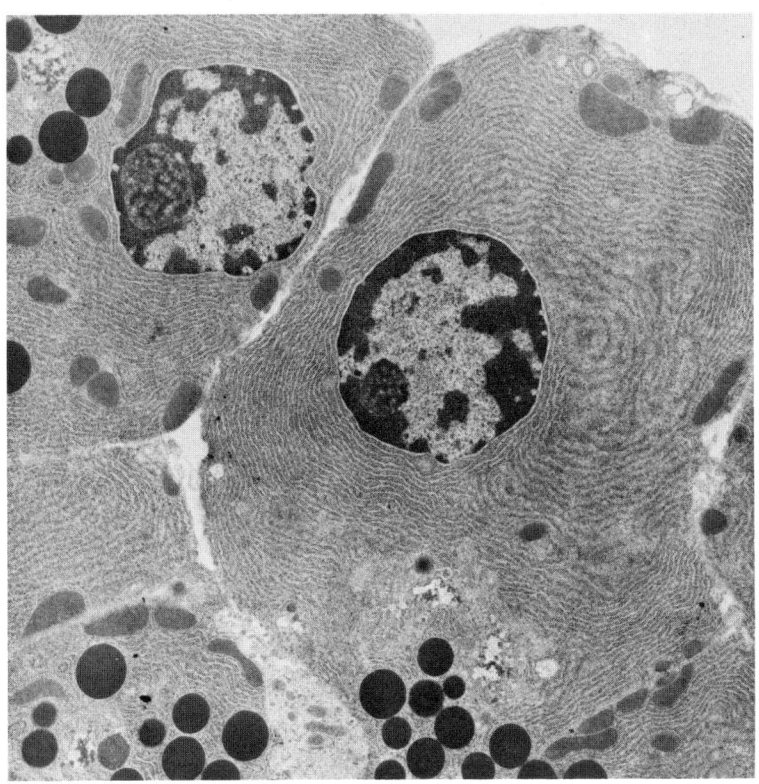

Abbildung 24-5
Die exokrinen Zellen des Pankreas. Das Cytoplasma ist vollständig ausgefüllt mit dem rauhen endoplasmatischen Reticulum, dessen Ribosomen die Polypeptidketten der Zymogene vieler Verdauungsenzyme sythetisieren. Die Zymogene sind in Vakuolen zusammengefaßt, aus denen nach Wasserentzug schließlich die reifen Zymogengranula entstehen. Nach Stimulierung der Zelle verschmilzt die Plasmamembran mit der Membran, die die Zymogengranula umgibt. Sie werden durch Exocytose in das Lumen des Sammelgangs freigesetzt. Die Sammelgänge führen zum Pankreasgang und durch diesen in den Dünndarm. Die dunklen Kugeln unten im Bild sind die Zymogengranula, die helle Region unten links ist der Sammelgang.

ung erfolgt sehr gründlich, weil Pepsin, Trypsin und Chymotrypsin verschiedene Aminosäure-Spezifitäten für die Spaltung haben.

Der abschließende Abbau der nun kurzen Peptide erfolgt im Dünndarm durch zwei Peptidasen. Die erste ist die *Carboxypeptidase*, ein zinkhaltiges Enzym (S. 299), das in der Bauchspeicheldrüse in Form des inaktiven Zymogens *Procarboxypeptidase* hergestellt wird. Die Carboxypeptidase entfernt nacheinander einzelne Aminosäurereste vom carboxyterminalen Ende aus. Der Dünndarm sezerniert auch eine *Aminopeptidase*, die bei kurzen Peptiden einzelne Reste vom aminoterminalen Ende aus abspaltet (Tab. 24-1). Durch die nacheinander erfolgende Einwirkung dieser proteolytischen Enzyme und Peptidasen werden die Proteine schließlich zu einem Gemisch freier Aminosäuren gespalten, die durch die Dünndarm-Epithelzellen hindurchtransportiert werden. Die freien Aminosäuren gelangen in den Darmzotten in die Blutkapillaren und werden in die Leber gebracht.

Nicht alle Proteine können vom Menschen vollständig verdaut werden (Kapitel 26). Von den tierischen Proteinen werden die meisten fast vollständig hydrolysiert, aber einige Faserproteine wie Keratin, werden nur teilweise verdaut. Viele Proteine aus pflanzlicher Nahrung, z. B. aus Getreidekörnern, werden nicht vollständig abgebaut, weil der Proteinanteil der Körner oder Samen von unverdaulichen Cellulosehüllen umgeben ist.

Bei der selten auftretenden Krankheit *Zöliakie* sind die Darmenzyme nicht in der Lage, bestimmte wasserunlösliche Proteine des Weizens zu verdauen, besonders das *Gliadin*, das die äußeren Dünndarmzellen schädigt. Zöliakie-Kranke müssen Weizenprodukte meiden. Eine andere Krankheit mit nicht normaler Aktivität der proteolytischen Enzyme des Verdauungstraktes ist die *akute Pankreatitis*, die durch Verstopfung des Ausführganges für das Pankreassekret in den Darm entsteht. Deshalb werden die Zymogene vorzeitig, noch *innerhalb* der Pankreaszellen, in ihre katalytisch aktive Form umgewandelt. Die Folge ist, daß diese starken Enzyme das Pankreasgewebe selbst angreifen und eine schmerzhafte, ernste Zerstörung von Pankreasgewebe verursachen, u.U. mit tödlichem Ausgang. Normalerweise werden die Pankreas-Zymogene nicht aktiviert, bevor sie den Dünndarm erreicht haben. Die Bauchspeicheldrüse schützt sich noch auf eine andere Weise gegen Selbstverdauung: Sie produziert einen spezifischen *Trypsin-Inhibitor*, der selbst ein Protein ist. Da freies Trypsin nicht nur Trypsinogen und Chymotrypsinogen aktivieren kann, sondern auch zwei andere Verdauungs-Zymogene, die Procarboxypeptidase und die *Proelastase*, kann der Trypsin-Inhibitor tatsächlich die vorzeitige Entstehung freier proteolytischer Enzyme in Pankreaszellen verhindern.

Die Verdauung von Lipiden

Die Verdauung der Triacylglycerine beginnt im Dünndarm, in den das Zymogen *Prolipase* aus dem Pankreas ausgeschieden wird. Es wird dort in die aktive *Triacylglycerin-Lipase* umgewandelt, die in Gegenwart von *Gallensäure-Salzen* (s. unten) und eines speziellen Proteins, der *Colipase*, an Tröpfchen aus Triacylglycerinen gebunden wird. Sie katalysiert die hydrolytische Entfernung eines oder beider außen stehender Fettsäurereste (also in 1- und/oder 3-Stellung). Dabei entsteht ein Gemisch aus den Na^+- oder K^+-Salzen (Seifen) der freien Fettsäuren und 2-Monoacylglycerinen (Abb. 24-6). Ein kleiner Teil der Triacylglycerine bleibt unhydrolysiert.

Die Fettsäure-Seifen und die ungespaltenen Acylglycerine werden durch die Peristaltik des Darmes zu kleinen Tröpfchen zerteilt. Die *Peristaltik*, die durchmischende Aktivität des Darmes, wird unterstützt durch die emulgierende Wirkung der amphipathischen Gallensäure-Salze und der Monoacylglycerine. Die Fettsäuren und Monoacylglycerine in den Tröpfchen werden von den Darmzellen absorbiert, wo der größte Teil wieder zu Triacylglycerinen zusammengefügt wird (S. 654). Die Triacylglycerine werden nicht in die Kapillaren, sondern in die *Lymphgefäße* der Darmzotten aufgenommen. Die Lymphe, die den Darm drainiert, die sogenannte Chylolymphe, hat nach einer fettreichen Mahlzeit ein milchiges Aussehen, das durch suspendierte *Chylomikronen* hervorgerufen wird, das sind Tröpfchen aus hochemulgierten Triacylglycerinen mit etwa 1 µm Durchmesser. Die Chylomikronen besitzen eine hydrophile Hülle

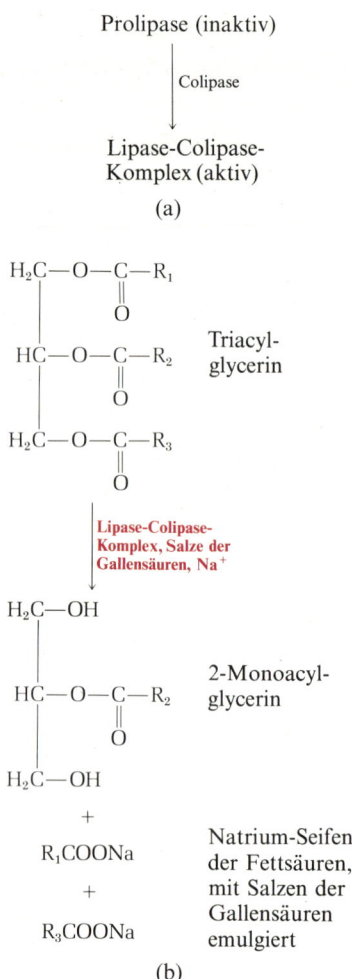

Abbildung 24-6
(a) Die Aktivierung der Lipase und (b) ihre Wirkung auf Triacylglycerine. (a) Die vom Prankreas sezernierte Prolipase wird im Dünndarm aktiv. Colipase ist ein niedermolekulares Protein ($M_r = 10000$), das an die Lipase gebunden wird und sie stabilisiert.
(b) Triacylglycerine werden von Lipase zu 2-Monoacylglycerin gespalten. Dabei fallen die abgespalteten 1- und 3-Acylgruppen als Natriumsalze der Fettsäuren (Seifen) an. Die Reaktion wird von den Salzen der Gallensäuren dadurch unterstützt, daß sie die Seifen der Fettsäuren emulgieren.

aus Phospholipiden und einem speziellen Protein, dessen Funktion darin besteht, die Chylomikronen im suspendierten Zustand zu halten. Die Chylomikronen gelangen über den Thoraxgang in die subklavikulare (unter dem Schlüsselbein gelegene) Vene (Abb. 24-7). Nach einer fettreichen Mahlzeit wird auch das Blutplasma durch die hohe Konzentration an Chylomikronen opaleszent. Diese Opaleszenz verschwindet nach 1 oder 2 Stunden wieder, weil die Triacylglycerine aus dem Blut entfernt werden; das geschieht hauptsächlich durch die Fettgewebe.

Die Emulgierung und Verdauung der Lipide im Dünndarm wird durch die Salze der *Gallensäuren* erleichtert. Die hauptsächlichen Gallensäure-Salze sind das *Natriumglycocholat* und das *Natriumtaurocholat*, beides Derivate der *Cholsäure* (Ab. 24-8). Sie sind die häufigsten von insgesamt vier hauptsächlich vorkommenden menschlichen Gallensäuren. Die Salze der Gallensäuren sind starke Emulgierungsmittel. Sie werden von der Leber in die Gallenblase ausgeschieden und von dort in den oberen Teil des Dünndarmes entleert. Nachdem die Fettsäuren und Monoacylglycerine der emulgierten Tröpfchen im unteren Dünndarm absorbiert worden sind, werden auch die Gallensäure-Salze reabsorbiert. Sie kehren zur Leber zurück und werden wieder verwendet. Sie befinden sich also in einem fortwährenden Kreislauf zwischen Leber und Darm (Abb. 24-7).

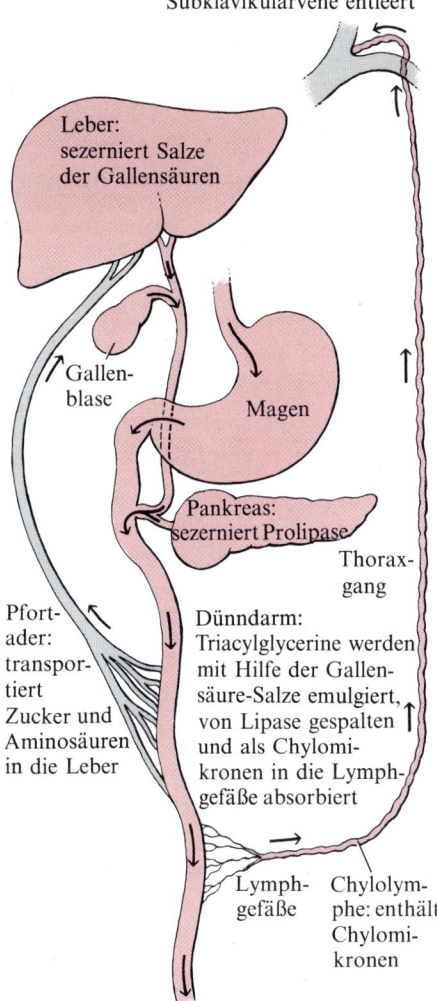

Abbildung 24-7
Schematische Darstellung der bei der Verdauung und Absorption der Fette beteiligten Organe. Beachten Sie, daß die Salze der Gallensäuren einen Cyclus durchlaufen, der sie von der Leber in den Dünndarm, von dort durch Absorption in die Lymphgefäße und in die Pfortader (Vena portae) und zurück in die Leber führt. Bei jedem Durchlauf geht ein Teil der Gallensäuren mit den Fäkalien verloren.

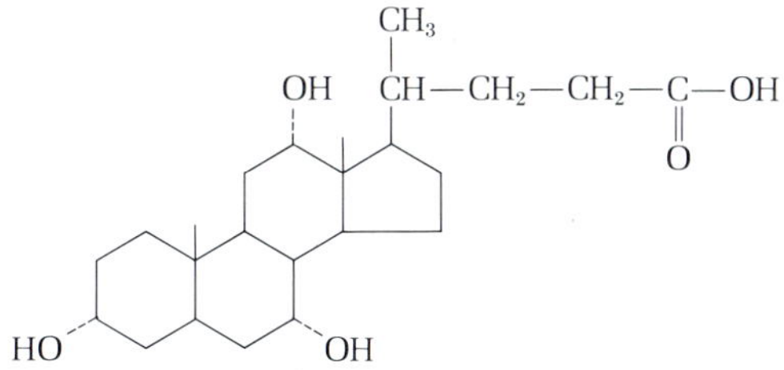

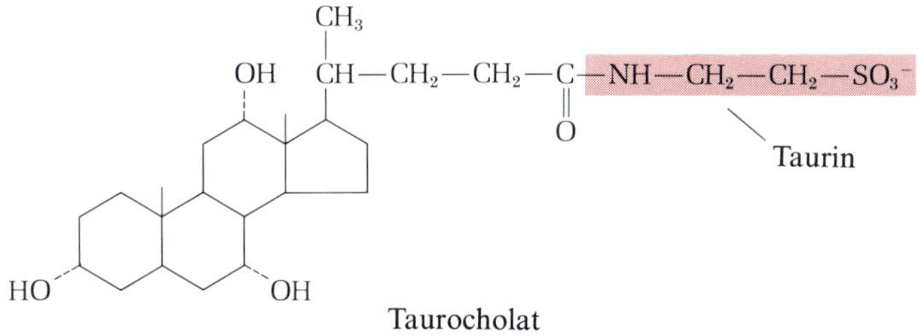

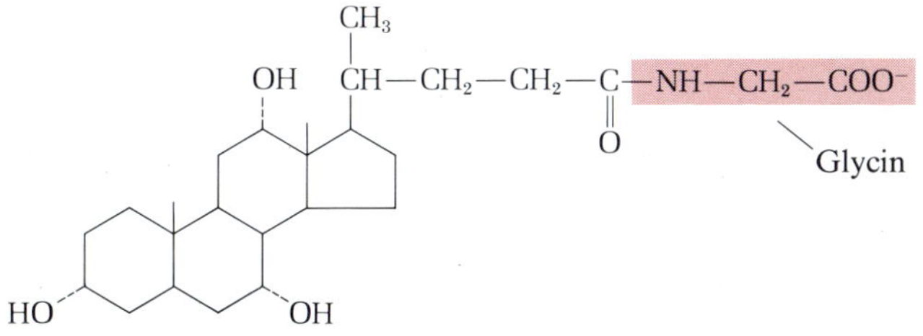

Abbildung 24-8
Cholsäure und ihre konjugierten Formen Taurocholat und Glycocholat. Auf Grund ihrer amphipathischen Eigenschaften sind sie ausgezeichnete Detergenzien und Emulsionsmittel. Die Glycin- und Tauringruppen (farbig unterlegt) sind hydrophil, während der Steroidanteil hydrophob ist.

Die Salze der Gallensäuren sind äußerst wichtig für die Absorption aller fettlöslichen Nährstoffe, nicht nur für die der Triacylglycerine. Ist die Bildung oder Sekretion von Gallensäuren defekt, was bei einigen Krankheiten vorkommt, so erscheinen unverdaute, nicht absorbierte Fette im Stuhl. Unter diesen Bedingungen werden die fettlöslichen Vitamine A, D, E und K (S. 292) nicht vollständig absorbiert und es kann zu einem Vitaminmangel kommen.

Die Leber verarbeitet und verteilt die Nährstoffe

Nach der Absorption aus dem Darmtrakt werden die Nährstoffe mit Ausnahme eines großen Teils der Triacylglycerine direkt zur Leber weitergeleitet, dem Hauptverteilungszentrum für Nährstoffe bei den Wirbeltieren. Hier werden die ankommenden Zucker, Aminosäuren und einige der Lipide verarbeitet und auf die anderen Gewebe und Organe verteilt. Lassen Sie uns nun sehen, wie die Stoffwechselwege der Hauptnährstoffe in der Leber miteinander verbunden sind.

Die Zucker werden in der Leber über fünf verschiedene Wege verarbeitet

In der Leber wird ein großer Teil der hereinkommenden D-Glucose durch ATP zu Glucose-6-phosphat phosphoryliert. Auch die aus dem Dünndarm absorbierten Zucker D-Fructose, D-Galactose und D-Mannose werden über enzymatische Wege, die bereits früher be-

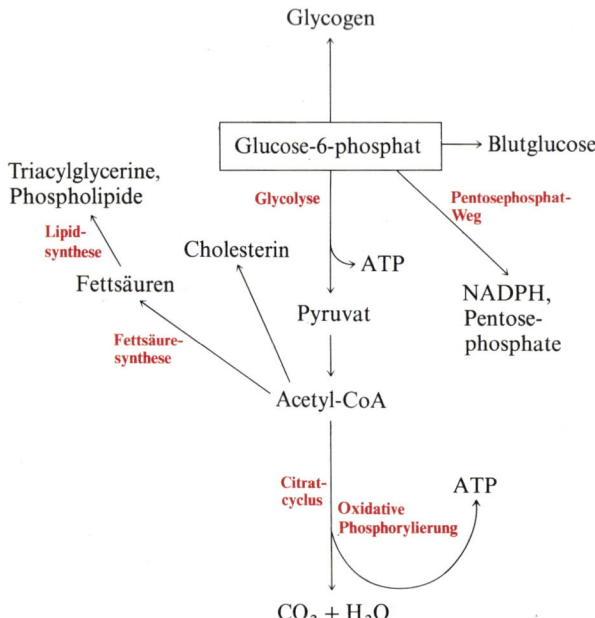

Abbildung 24-9
Die Stoffwechselwege von Glucose-6-phosphat in der Leber. In dieser sowie in Abb. 24-10 und 24-11 sind die Synthesewege aufwärts, die Abbauwege abwärts gezeichnet, während die Verteilung auf andere Organe durch horizontale Pfeile dargestellt ist.

sprochen wurden (S. 460) in D-Glucose-6-phosphat umgewandelt. Das D-Glucose-6-phosphat ist die Verzweigungsstelle für den Kohlenhydrat-Stoffwechsel in der Leber, es kann hier je nach Angebot und Nachfrage in fünf verschiedene Hauptstoffwechselwege eintreten (Abb. 24-9).

Die Umwandlung in Blutglucose

Glucose-6-phosphat wird durch die *Glucose-6-phosphatase* zu freier Glucose dephosphoryliert. Diese gelangt ins Blut und wird in andere Gewebe transportiert. Dieser Weg hat sozusagen das erste Anrecht auf das Glucose-6-phosphat, denn die Blutglucosekonzentration muß hoch genug gehalten werden, um das Gehirn und andere Gewebe ausreichend mit Energie versorgen zu können.

Die Umwandlung in Glycogen

Glucose-6-phosphat, das nicht sofort für die Bildung von Blutglucose gebraucht wird, wird durch die *Phosphoglucomutase* und die *Glycogen-Synthase* (S. 629) in Leber-Glycogen umgewandelt.

Die Umwandlung in Fettsäuren und Cholesterin

Überschüssiges Glucose-6-phosphat, das weder für die Bildung von Blutglucose noch Glycogen gebraucht wird, wird über die Glycolyse und die Pyruvat-Dehydrogenase-Reaktion in Acetyl-CoA umgewandelt, das zu Malonyl-CoA und dann weiter zu Fettsäuren umgesetzt wird (S. 654). Die Fettsäuren werden für die Synthese von Triacylglycerinen und Phospholipiden verwendet (S. 654 und 659), die zum Teil mit Hilfe von Plasma-Lipoproteinen als Träger in andere Gewebe exportiert werden. Ein Teil des Acetyl-CoA wird auch in der Leber für die Cholesterinsynthese gebraucht (S. 667).

Oxidativer Abbau zum CO_2

Das über die Glycolyse und Pyruvat-Decarboxylierung aus Glucose-6-phosphat entstandene Acetyl-CoA kann über den Citratcyclus oxidiert werden. Der anschließende Elektronentransport und die oxidative Phosphorylierung erzeugen Energie in Form von ATP. Normalerweise sind allerdings Fettsäuren der Hauptbrennstoff für den Citratcyclus in der Leber.

Der Abbau über den Pentosephosphat-Weg

Glucose-6-phosphat ist das Substrat für den *Pentosephosphat-Weg,* der erstens Reduktionsäquivalente in Form von NADPH liefert, die für die Reduktionsschritte der Biosynthesen von Fettsäuren und Cholesterin (S. 652) gebraucht werden und zweitens D-Ribose-5-

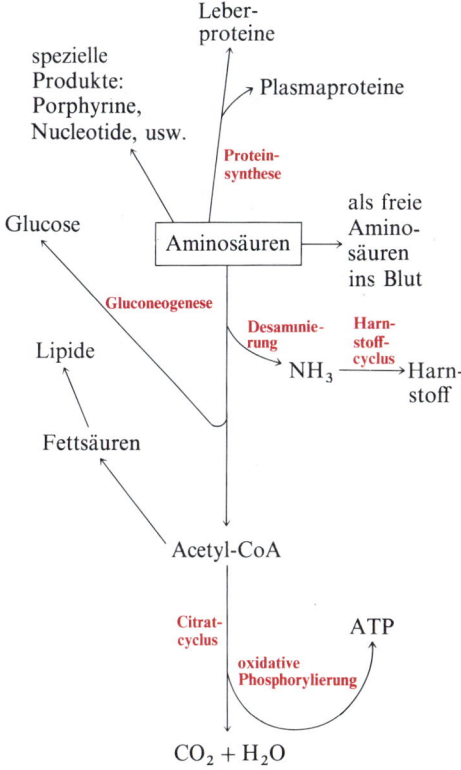

Abbildung 24-10
Aminosäurestoffwechsel in der Leber.

phosphat, eine Vorstufe für die Biosynthese der Nucleotide (S. 504). Durch die Wirkung verschiedener regulierender Enzyme und Hormone (Kapitel 25) dirigiert die Leber den Glucosefluß in diese verschiedenen Richtungen, je nach den im Organismus jeweils herrschenden Verhältnissen.

Auch für die Aminosäuren gibt es fünf Stoffwechselwege

Für die Aminosäuren, die nach der Absorption in den Darm in die Leber gelangen, gibt es ebenfalls mehrere wichtige Stoffwechselwege (Abb. 24-10).

Der Transport in andere Gewebe

Aminosäuren können ins Blut gelangen und in andere Organe gebracht werden, wo sie als Bausteine für die Biosynthese der Gewebsproteine verwendet werden (Kapitel 29).

Die Biosynthese der Leberproteine und anderer Plasmaproteine

Die Leber erneuert ihre eigenen Proteine fortlaufend; sie haben einen sehr hohen Turnover mit einer durchschnittlichen Halbwertszeit von nur wenigen Tagen. In der Leber werden auch die meisten *Plasmaproteine* des Bluts synthetisiert.

Desaminierung und Abbau

Aminosäuren, die nicht für die Proteinsynthese in der Leber oder anderswo gebraucht werden, werden desaminiert und zu Acetyl-CoA und Zwischenprodukten des Citratcyclus (S. 591) abgebaut. Diese Zwischenprodukte können über die Gluconeogenese in Glucose und Glycogen umgewandelt werden (S. 619). Acetyl-CoA kann für die Bildung von ATP-Energie über den Citratcyclus oxidiert oder zur Speicherung in Lipide umgewandelt werden. Der beim Aminosäure-Abbau freigesetzte Ammoniak wird von der Leber über den Harnstoffcyclus (S. 605) zum Ausscheidungsprodukt *Harnstoff* umgesetzt.

Die Beteiligung des Glucose-Alanin-Cyclus

Die Leber ist auch am Stoffwechsel der Aminosäuren beteiligt, die schubweise aus den peripheren Organen ankommen. Einige Stunden nach jeder Mahlzeit gibt es eine Phase, in der Alanin aus den Muskeln durch das Blut in die Leber gebracht und dort desaminiert wird. Das entstandene Pyruvat wird über die Gluconeogenese in Blutglucose umgewandelt (S. 602). Die Glucose kehrt zu den Muskeln zurück, um dort die Glycogen-Vorräte wieder aufzufüllen. Zweck dieses cyclischen Vorgangs, des *Glucose-Alanin-Cyclus*, ist es, zwischen den Mahlzeiten auftretende Schwankungen des Blutglucose-Spiegels auszugleichen. Unmittelbar nach Verdauung und Absorption ist das Blut ausreichend mit Glucose aus den Kohlenhydraten der Nahrung versorgt, und etwas später aus der Umwandlung von Leberglycogen in Blutglucose. Noch später aber wird etwas Muskelprotein zu Aminosäuren abgebaut, die ihre Aminogruppen an das Glycolyseprodukt Pyruvat abgeben, wodurch Alanin gebildet wird. In Form von Alanin werden also Pyruvat und NH_3 in die Leber transportiert. Dort wird das Alanin desaminiert, das Pyruvat in Blutglucose umgewandelt und das NH_3 für die Ausscheidung zu Harnstoff umgesetzt. Das in den Muskeln entstandene Aminosäuredefizit wird nach der nächsten Mahlzeit durch die neu hereinkommenden Aminosäuren ausgeglichen.

Die Umwandlung in Nucleotide und andere Produkte

Aminosäuren sind Vorstufen bei der Biosynthese der Purin- und Pyrimidinbasen der Nucleotide (S. 688) und bei der Synthese spezialisierter Produkte, wie der Porphyrine (S. 686), Hormone (S. 686) und anderer stickstoffhaltiger Verbindungen. Diese Zusammenhänge sind in Abb. 24-10 zusammengefaßt.

Für Lipide gibt es fünf Stoffwechselwege

Für die in die Leber gelangenden Fettsäurekomponenten der Lipide gibt es mehrere verschiedene Stoffwechselwege, die in Abb. 24-11 umrissen sind.

Die Oxidation zu CO_2 unter Bildung von ATP

Freie Fettsäuren können aktiviert und zu Acetyl-CoA und ATP oxidiert werden (S. 574). Das Acetyl-CoA wird über den Citratcyclus oxidiert und liefert durch die oxidative Phosphorylierung ATP. Fettsäuren sind die hauptsächlichen Brennstoffe der Leber.

Die Bildung von Ketonkörpern

Überschüssiges, bei der Fettsäureoxidation freigesetztes Acetyl-CoA, das in der Leber nicht benötigt wird, wird in die Ketonkörper Acetacetat und D-3-Hydroxybutyrat umgewandelt, die über die Blutbahn in die peripheren Gewebe gelangen und dort als Brennstoff für den Citratcyclus verwendet werden (S. 577). Man kann die Ketonkörper als Transportform der Acetylgruppen ansehen. Sie können für einige periphere Organe einen wesentlichen Anteil der Energie liefern, im Falle des Herzens bis zu einem Drittel.

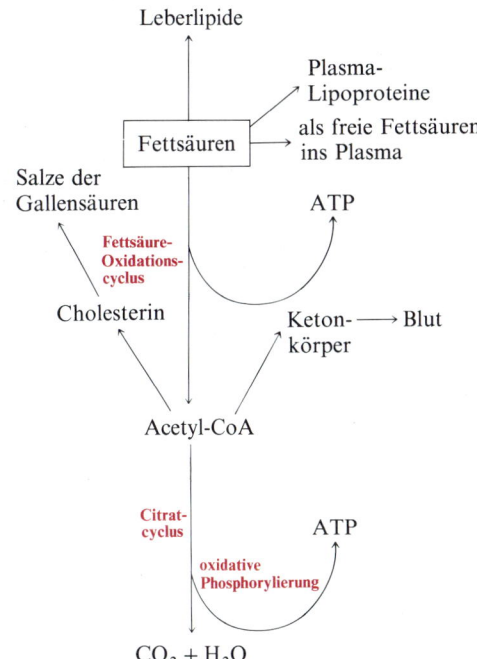

Abbildung 24-11
Fettsäurestoffwechsel in der Leber.

Die Biosynthese des Cholesterins und der Gallensäuren

Ein Teil des aus den Fettsäuren (und aus der Glucose) stammenden Acetyl-CoA wird als Vorstufe für die Biosynthese von Cholesterin verwendet, das wiederum die Vorstufe der für die Verdauung und Absorption der Lipide absolut notwendigen Gallensäuren darstellt (S. 670 u. 755).

Die Biosynthese der Plasma-Lipoproteine

Fettsäuren werden auch als Vorstufen für die Synthese des Lipidanteils der Plasma-Lipoproteine gebraucht, die die Lipide zur Speicherung in Form von Triacylglycerinen in das Fettgewebe transportieren.

Die Bildung der freien Fettsäuren des Plasmas

Freie Fettsäuren werden an Serumalbumin gebunden und so mit dem Blut ins Herz und die Skelettmuskeln gebracht, die die freien Fettsäuren als Hauptbrennstoffe absorbieren und oxidieren.

Das alles zeigt, daß der Stoffwechsel in der Leber eine außerordentliche Flexibilität besitzt und einen weiten Bereich überspannt, und daß die Leber für ihre Rolle als Hauptverteilungszentrum des Körpers gut ausgestattet ist. Sie erfüllt die Aufgabe, Nährstoffe in den richtigen Mengenverhältnissen an die anderen Organe weiterzugeben, Stoffwechselschwankungen, die durch die schubweise erfolgende Nahrungsaufnahme auftreten, auszugleichen sowie überschüssige Aminosäuren in Harnstoff und andere Ausscheidungsprodukte umzusetzen.

Eine weitere Aufgabe der Leber ist die enzymatische Entgiftung von körperfremden Verbindungen wie Medikamenten, Nahrungszusätzen, Konservierungsmitteln und anderen, möglicherweise schädlichen Wirkstoffen ohne Nährwert. Die Entgiftung schließt gewöhnlich eine enzymatische Hydroxylierung der relativ schwer löslichen organischen Verbindungen ein, durch die sie löslicher und für den weiteren Abbau und die Ausscheidung zugänglicher werden.

Jedes Organ hat spezielle Stoffwechselfunktionen

Fast alle Zellen von Wirbeltieren sind mit den Enzymen für die zentralen Stoffwechselwege ausgestattet; besonders mit den Enzymen für die Energieproduktion in Form von ATP, für die Ergänzung der Glycogen- und Lipidvorräte und für die Erhaltung der Proteine und Nucleinsäuren. Über den basalen „Haushalts"stoffwechsel hinaus, der in allen Zellen abläuft, zeigen die verschiedenen Organe jedoch charakteristische Unterschiede darin, wie sie an verschiedenen Körperfunktionen teilnehmen und wie sie ihre ATP-Energie verwerten.

Wir haben gesehen, daß die Leber eine zentrale Rolle für die Umsetzung und Verteilung spielt und alle anderen Organe und Gewebe über die Blutbahn mit der richtigen Mischung von Nährstoffen versorgt. Wir wollen jetzt die Stoffwechsel-Eigenheiten anderer wichtiger Organe und Gewebe untersuchen und uns ansehen, wie sie ihr ATP verwenden.

Der Skelettmuskel verwendet ATP für zeitweise stattfindende mechanische Arbeit

Die Skelettmuskeln sind beim ruhenden Menschen für mehr als 50% des gesamten Stoffwechsels verantwortlich. Bei schwerer Muskelarbeit steigt der Anteil bis auf 90%. Der Skelettmuskel ist in erster Linie darauf spezialisiert, ATP als unmittelbare Energiequelle für Kontraktion und Entspannung zu bilden. Der Skelettmuskel ist außerdem dafür eingerichtet, seine mechanische Arbeit mit Unterbrechungen aufzuführen, je nach Bedarf. Manchmal muß ein Skelettmuskel in sehr kurzer Zeit eine enorme Arbeitsleistung aufbringen, z.B. bei einem 100-m-Lauf.

Skelettmuskeln können als Brennstoffe je nach ihrem Aktivitätsgrad Glucose, freie Fettsäuren oder Ketonkörper verwenden. Im *ruhenden Muskel* sind die Brennstoffe hauptsächlich freie Fettsäuren und Ketonkörper, die mit dem Blut aus der Leber herangeschafft werden. Sie werden oxidiert und zu Acetyl-CoA abgebaut, das über den Citratcyclus zu CO_2 oxidiert wird. Der anschließende Elektronentransport zum Sauerstoff liefert die Energie für die oxidative Phosphorylierung von ADP zu ATP. *Mäßig aktive Muskeln* verwenden zusätzlich zu den Fettsäuren und Ketonkörpern Blutglucose. Die Glucose wird phosphoryliert und über die Glycolyse zu Pyruvat abgebaut, das als Acetyl-CoA zur Oxidation in den Citratcyclus eintritt. Der *maximal aktive Muskel* hat jedoch einen so großen Bedarf an ATP für die Kontraktion, daß der Blutstrom Sauerstoff und Brennstoffe nicht schnell genug heranschaffen kann. Unter diesen Bedingungen wird auf das gespeicherte Muskelglycogen zurückgegriffen. Das Muskelglycogen wird über die anaerobe Glycolyse zu

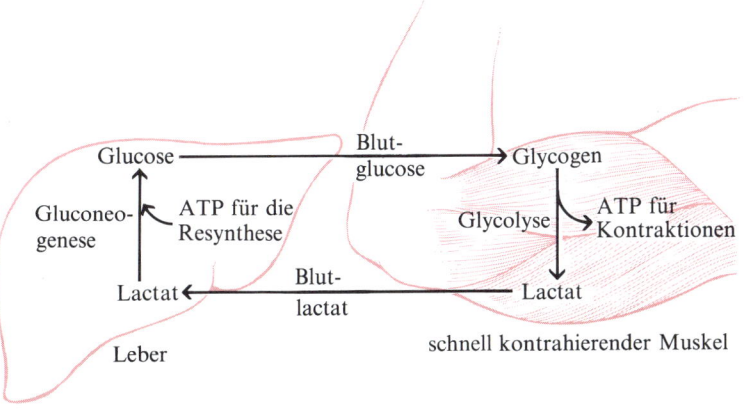

Abbildung 24-12
Die Zusammenarbeit im Stoffwechsel zwischen Skelettmuskeln und Leber. Bei anstrengender Arbeit benutzt der Skelettmuskel seinen Glycogenvorrat als Energiequelle (über die Glycolyse). Während der Erholungszeit wird die große Menge glycolytisch entstandenen Lactats an die Leber abgegeben, wo es zur Resynthese von Glucose verwendet wird, die zum Muskel zurückkehrt, um die Glycogenvorräte aufzufüllen.

Lactat abgebaut, mit einer Ausbeute von zwei ATP pro abgebautem Glucosemolekül (S. 457). Auf diese Weise liefert die anaerobe Glycolyse zusätzliche ATP-Energie, die die basale ATP-Produktion aus der aeroben Oxidation anderer Brennstoffe über den Citratcyclus ergänzt. Die Verwendung von Blutglucose und Muskelglycogen für die Muskelaktivität wird bei Gefahr durch die Sekretion von Adrenalin stark beschleunigt, das die Bildung von Blutglucose aus Glycogen in der Leber sowie den Abbau von Glycogen zu Lactat im Muskel stimuliert. Da der Skelettmuskel keine Glucose-6-phosphatase enthält, kann sein Glycogen ausschließlich für die Bereitstellung von Energie über den glycolytischen Abbau verwertet werden.

Da Skelettmuskeln keine großen Glycogenvorräte besitzen, ist die Menge an glycolytischer Energie, die während eines Sprints zur Verfügung steht, begrenzt. Darüberhinaus bewirkt die Anreicherung von Lactat und die Senkung des pH-Wertes im voll aktiven Muskel, daß er steifer und weniger leistungsfähig wird. In der Erholungsphase nach einer solchen kurzen, aber anstrengenden physischen Leistung atmet ein Sportler noch eine Zeit lang sehr heftig. Der auf diese Weise zusätzlich aufgenommene Sauerstoff wird für die Oxidation anderer Zellbrennstoffe verwendet, wobei ATP gebildet wird. Das zusätzliche ATP wird in der Leber (und in gewissem Maße auch in der Niere) dazu verwendet, Blutglucose und Glycogen aus Lactat über die Gluconeogenese (S. 618) zurückzubilden. Der zusätzlich aufgenommene Sauerstoff zahlt die „Sauerstoffschuld" zurück, die während der Kurzzeitanstrengung gemacht worden war. Es kommt also während und nach anstrengenden Muskelaktivitäten zu einer Zusammenarbeit zwischen der Leber und den Skelettmuskeln (Abb. 24-12).

Muskelzellen sind noch auf eine andere Weise dafür eingerichtet, bei Lebensgefahr eine maximale ATP-Menge zur Verfügung zu stellen. Sie enthalten beträchtliche Mengen an *Phosphocreatin* (S. 423), das die terminalen Phosphatgruppen des ATP schnell wieder auffüllen kann, wenn diese, für Kontraktionen verbraucht worden sind. Die Reaktion wird durch die Creatin-Kinase katalysiert:

$$\text{Phosphocreatin} + \text{ADP} \xrightleftharpoons{Mg^{2+}} \text{Creatin} + \text{ATP}$$

In Phasen aktiver Kontraktionen und Glycolyse verläuft die Gleichung überwiegend nach rechts, während der Erholung wird Phosphocreatin auf Kosten von ATP aus Creatin resynthetisiert.

Der Skelettmuskel braucht ATP nicht nur, um das Gleiten der Actinfilamente entlang den Myosin- oder dicken Filamenten zu bewirken (S. 421), sondern auch für das Wiederentspannen. Die Muskelkontraktion wird durch den Impuls eines motorischen Nervs initiiert, der auf die transversalen Tubuli und das sarcoplasmatische Reticulum übertragen wird. Von diesem wird Ca^{2+} in das Sarcoplasma freigesetzt. Das Ca^{2+} wird von *Troponin* gebunden, einem Regulatorprotein, das dieses Signal in das Gleiten von Actinfilamenten auf Kosten von ATP-Energie übersetzt. Hört der Impuls des motorischen Nerven auf, so muß das Ca^{2+} wieder aus dem Sarcoplasma entfernt werden, um den Muskel zu entspannen; es wird mit Hilfe einer Ca^{2+}-transportierenden Membran-ATPase in das sarcoplasmatische Reticulum zurückgebracht. Für je zwei nach innen transportierte Ca^{2+}-Ionen wird ein Molekül ATP hydrolysiert. Für die Entspannung eines Muskels wird fast genausoviel ATP gebraucht wie für seine Kontraktion.

Der Herzmuskel muß ununterbrochen und rhythmisch arbeiten

Der Herzmuskel enthält ebenfalls Myosin- und Actinfilamente, aber er unterscheidet sich vom Skelettmuskel dadurch, daß der kontinuierlich aktiv ist, in einem regelmäßigen Rhythmus von Kontraktion und Entspannung. Auch wenn der Herzmuskel manchmal stärker und schneller arbeiten muß als normal, z. B. wenn der Sauerstoffbedarf des Körpers ansteigt oder wenn das Herz durch Adrenalin stimuliert wird (Kapitel 25), so verfügt er doch nicht über den weiten Leistungsspielraum wie der Skelettmuskel. Der Stoffwechsel des Herzens ist immer vollständig aerob, im Gegensatz zum Skelettmus-

Abbildung 24-13
(a) Schema des Herzkreislaufsystems (cardiovasculäres System). A = Herzvorkammer (Atrium); V = Herzkammer (Ventrikel). Das menschliche Herz pumpt das Blut mit einer Geschwindigkeit von fast 5 l/min. durch die Adern. Das sind 300 l/h und über 20 Millionen Hektoliter im Verlauf eines 70jährigen Lebens.
(b) Elektronenmikroskopische Aufnahme eines Herzmuskels, die das überreiche Vorkommen von Mitochondrien zeigt. In der Mitte ist das Lumen einer Blutkapillare mit einem einzelnen Erythrozyt zu erkennen.

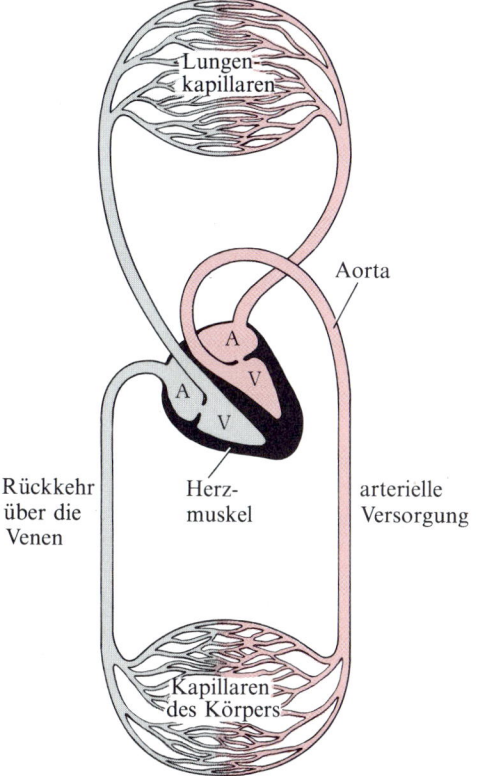

(a)

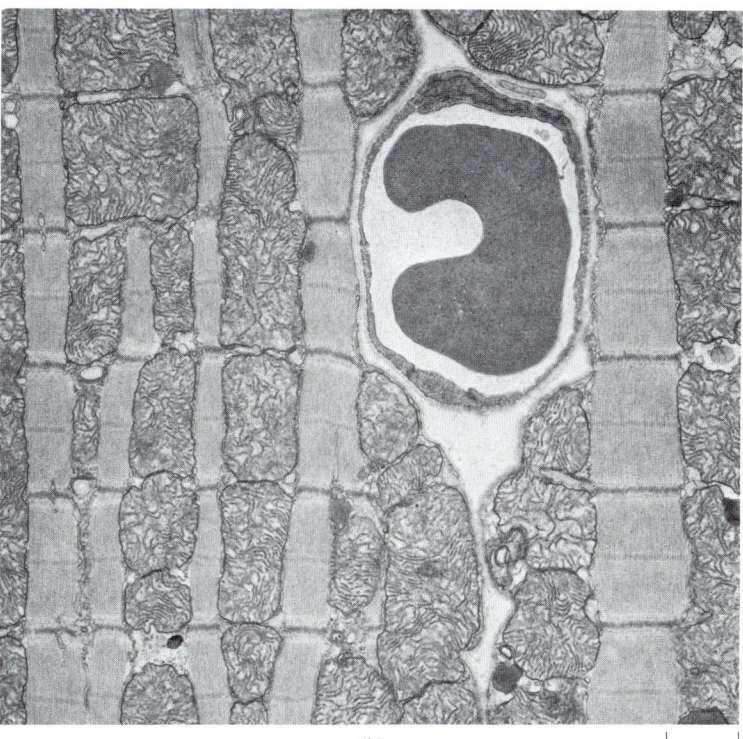

(b)

1 μm

kel, der für kurze Zeit anaerob arbeiten kann. Im Herzmuskel sind Mitochondrien viel reichlicher vorhanden als im Skelettmuskel; sie machen fast die Hälfte des Zellvolumens aus (Abb. 24-13). Als Brennstoffe verwendet der Herzmuskel eine Mischung aus Glucose, freien Fettsäuren und Ketonkörpern, die er aus dem Blut erhält. Diese Brennstoffe werden über den Citratcyclus oxidiert, um die Energie freizusetzen, die für die Bildung von ATP durch die oxidative Phosphorylierung nötig ist. Wie der Skelettmuskel speichert auch der Herzmuskel weder Lipide noch Glycogen in größeren Mengen. Kleine Mengen an Reserveenergie werden in Form von Phosphocreatin gespeichert. Die einzelnen Schläge oder Kontraktionen des Herzmuskels werden durch Nervenimpulse ausgelöst; sie bewirken eine Freisetzung von Ca^{2+}-Ionen in das Cytosol, das die Myofibrillen umspült. Umgekehrt kommt es durch eine ATP-abhängige Wiederaufnahme von Ca^{2+}-Ionen in das sarcoplasmatische Reticulum zur Entspannung. Da das Herz normalerweise aerob arbeitet und fast seine gesamte Energie aus der oxidativen Phosphorylierung erhält, kann der Zusammenbruch der Sauerstoffversorgung für einen Teil des Herzmuskels [bei Blockierung von Blutgefäßen durch Lipidablagerungen (S. 670)] dazu führen, daß dieser Teil abstirbt, ein Vorgang, der als *Herzinfarkt* bekannt ist.

Das Gehirn verwendet Energie für die Weitergabe von Impulsen

Der Stoffwechsel des Gehirns ist in mehrerer Hinsicht bemerkenswert. Erstens verwendet das Gehirn erwachsener Säuger normalerweise nur Glucose als Brennstoff. Zweitens hat das Gehirn einen sehr aktiven Respirationsstoffwechsel; es verbraucht fast 20 % des vom Menschen insgesamt im Ruhezustand verbrauchten Sauerstoffs. Außerdem ist der Sauerstoffverbrauch ziemlich konstant und zeigt keine wesentlichen Unterschiede zwischen anstrengender Gedankentätigkeit und Schlaf. Da das Gehirn nur wenig Glycogen enthält, hängt es in jedem Augenblick von der Sauerstoffzufuhr aus dem Blut ab. Fällt der Blutglucosewert, und sei es auch nur für kurze Zeit, unter einen bestimmten kritischen Wert ab, so treten schwere und möglicherweise irreversible Schäden der Gehirnfunktion auf. Aus diesem Grunde können Gehirnoperationen nur ausgeführt werden, wenn das Gehirn gleichgleibend mit Blutglucose versorgt wird.

Das Gehirn kann zwar freie Fettsäuren oder Lipide nicht direkt als Brennstoffe verwerten, wohl aber das in der Leber aus den Fettsäuren gebildete 3-Hydroxybutyrat. Die Fähigkeit des Gehirns, 3-Hydroxybutyrat über Acetyl-CoA zu oxidieren (S. 578), ist während langer Fasten- oder Hungerzeiten wichtig, wenn praktisch das gesamte Leberglycogen verbraucht ist, denn damit erhält das Gehirn die Möglichkeit, auch Körperfett als Energiequelle zu nutzen. Die Fettvorräte des Körpers sind wesentlich größer als die Glycogenvorräte, die nach wenigen Tagen verbraucht sind. Die Verwendung von 3-Hydroxybutyrat durch das Gehirn bei Hunger schont auch die Muskelproteine, die über die Gluconeogenese als letztes Mittel herhalten müssen, um im Hungerzustand das Gehirn mit Glucose zu versorgen.

Die Glucose wird vom Gehirn über die Reaktionsfolge der Glycolyse und den Citratcyclus verwertet; der ATP-Vorrat des Gehirns wird fast vollständig durch den Glucoseabbau gebildet. Die ATP-Energie wird gebraucht, damit die Nervenzellen (*Neuronen*) das elektrische Potential an der Plasmamembran aufrechterhalten können, besonders an den Abschnitten der Plasmamembran, die die langen Fortsätze der Nervenzellen umgeben, die *Axonen* und *Dendriten*, die die „Übertragungsleitung" des Nervensystems darstellen. Das Transportvehikel für die Übertragung eines Nervenimpulses entlang eines Neurons ist eine wellenförmig sich fortpflanzende Veränderung der elektrischen Membran-Eigenschaften, das sogenannte *Aktionspotential*. Die Plasmamembran-Na^+K^+-ATPase (S. 425) braucht ständig ATP, um K^+ in die Axonen hinein und Na^+ herauszupumpen (Abb. 24-14). Für jedes Molekül verbrauchtes ATP werden drei Na^+-Ionen hinein- und zwei K^+-Ionen heraustransportiert. Durch dieses Ungleichgewicht beim Transport der Ladungen erzeugt die Na^+K^+-ATPase eine elektrische Potentialdifferenz durch die Membran des Axons; sie ist normalerweise außen positiv.

Das Gehirn braucht auch große Mengen ATP für die Synthese von Neurotransmittersubstanzen, die die Impulse über die *Synapsen* (die Berührungsstellen zwischen aufeinanderfolgenden Nervenzellen) von einem Neuron zum nächsten befördern. Man kennt viele Neurotransmitter und inhibierende Substanzen. Jede von ihnen ist für bestimmte Nervenarten oder für bestimmte Gehirnregionen spezifisch. Zu ihnen gehören die Aminosäuren *Glutamat, Glutamin,*

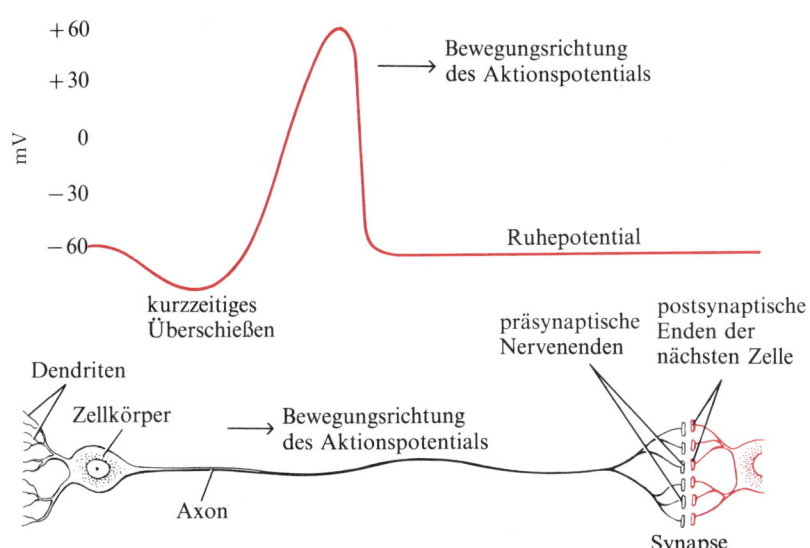

Abbildung 24-14
Neuron und Aktionspotential. Von Dendriten empfangene Impulse werden als wellenförmige Aktionspotentiale das Axon entlanggeleitet bis zum nächsten Neuron. Das Ruhepotential beträgt normalerweise -60 mV (innen negativ). Zur Ladungsumkehr des Potentials kommt es nach einem kurzzeitigen Einstrom von Na^+-Ionen aus dem extrazellulären Raum durch eine selektive Öffnung der Na^+-Poren. Das Ruhepotential wird durch die Wirkung der Na^+-K^+-transportierenden ATPase in der axonalen Membran wiederhergestellt.

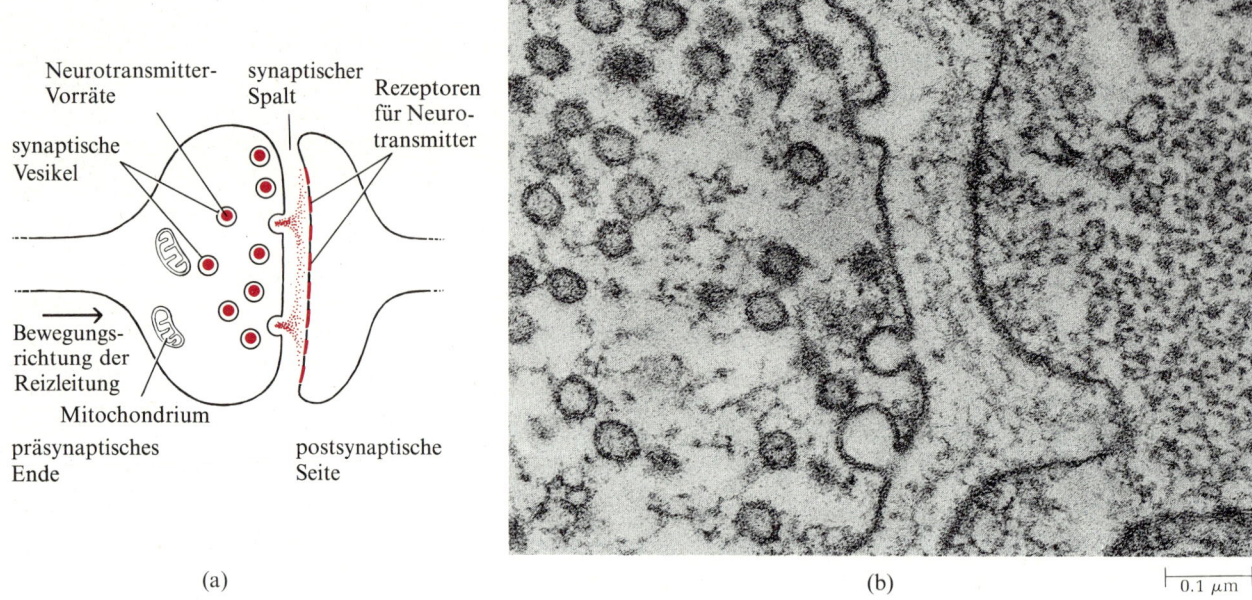

(a) (b) ⊢ 0.1 μm

Aspartat, Glycin und *4-Aminobutyrat.* Bei anderen Synapsen fungieren bestimmte andere Aminosäurederivate, Peptide oder *Acetylcholin* als Transmitter oder Inhibitoren. Die Neurotransmitter werden in den präsynaptischen Nervenenden in speziellen Vesikeln gespeichert (Abb. 24-15). Als Antwort auf das über die Axonmembran ankommende Aktionspotential wird der Inhalt einiger dieser Vesikel in den synaptischen Spalt entleert. Die Substanzen werden von Rezeptoren gebunden, die sich an den sensitiven Enden des postsynaptischen Neurons befinden, und stimulieren dadurch das postsynaptische Neuron, den Impuls weiterzuleiten. Nach der Stimulierung des postsynaptischen Neurons muß der in den Spalt freigesetzte Neurotransmitter schnell von Enzymen zerstört oder in das präsynaptische Ende resorbiert werden, damit die Synapse wieder für die Übertragung eines weiteren Impulses bereit ist. Acetylcholin, der Neurotransmitter bei einigen Nervenkreisläufen und bei neuromuskulären Kopplungen, wird im synaptischen Spalt durch das Enzym *Acetylcholinesterase* inaktiviert, indem es zu Acetat und freiem Cholin gespalten wird (S. 245).

Abbildung 24-15
(a) Eine Synapse mit ihren hauptsächlichen funktionellen Komponenten. Die Mitochondrien liefern ATP für die Konzentrierung des Neurotransmitters in den sekretorischen Vesikeln sowie auch die Energie für die Reabsorption des Neutrotransmitters aus dem synaptischen Spalt.
(b) Elektronenmikroskopische Aufnahme, die die Freisetzung von Neurotransmitter aus den sekretorischen Vesikeln in eine neuromuskuläre Kopplungsregion zeigt.

Das Fettgewebe besitzt einen aktiven Stoffwechsel

Das aus *Adipozyten* (Fettzellen) (Abb. 24-15) bestehende Fettgewebe ist amorph und kommt im Körper verstreut vor, z. B. unter der Haut, um tief gelegene Blutgefäße herum und in der Bauchhöhle. Die Fettmenge beträgt bei einem jungen Mann mit durchschnittlichem Körpergewicht insgesamt etwa 20 kg und ist damit fast so groß wie die gesamte Muskelmasse. Ungefähr 65 % des Fettgewebes bestehen aus gepeicherten Triacylglycerinen. Überraschenderweise hat

Fettgewebe einen sehr aktiven Stoffwechsel. Es reagiert schnell auf metabolische und hormonelle Stimuli und nimmt Teil am aktiven Wechselspiel mit Leber, Skelettmuskel und Herz.

Wie andere Zellarten haben auch die Fettzellen einen aktiven glycolytischen Stoffwechsel. Pyruvat und Fettsäuren werden über den Citratcyclus mit gekoppelter oxidativer Phosphorylierung oxidiert. In Zeiten hoher Kohlenhydrataufnahme wandelt das Fettgewebe mit hoher Aktivität Glucose über Pyruvat und Acetyl-CoA in Fettsäuren um, aus denen Triacylglycerine hergestellt und in großen Fettkügelchen gelagert werden (Abb. 24-16). Für diesen Vorgang wird NADPH als Reduktionsmittel gebraucht; es wird über den Pentosephosphat-Cyclus und durch die Malat-Dehydrogenase-Reaktion gebildet (S. 652).

Adipozyten speichern auch Triacylglycerine, die in Form von Chylomikronen besonders nach fettreichen Mahlzeiten aus dem Darmtrakt eintreffen (S. 348 und 754). Auf die im Fettgewebe ankommenden Chylomikronen wirkt die *Lipoprotein-Lipase* ein, die an der äußeren Oberfläche der Fettzellen lokalisiert ist. Das Enzym hydrolysiert eine oder mehr als eine Fettsäure der Triacylglycerine in den Chylomikronen ab. Ein Teil der Fettsäuren wird ins Blutplasma freigesetzt, wo sie vom Serumalbumin gebunden und zu den Skelettmuskeln und zum Herz transportiert werden. Die von der Lipoprotein-Lipase freigesetzten Fettsäuren können aber auch in dei Adipozyten absorbiert und dort zur Speicherung in Triacylglycerine umgewandelt werden. Mit zunehmendem Abbau der Triacylglycerine durch die Lipoprotein-Lipase schrumpft die Größe der Chylomikronen im Blut, sie behalten jedoch ihre Phospholipide und Lipoproteinanteile, können über die Blutbahn zum Dünndarm zurückkehren und mit Triacylglycerinen wiederaufgefüllt werden. Die bereits in den Adipozyten gespeicherten Triacylglycerine werden von der Lipoprotein-Lipase nicht angegriffen, da sich diese an der äußeren Zelloberfläche befindet. Sie können aber von intrazellulären Lipasen gespalten werden. Die dabei freigesetzten Fettsäuren können in das Blut abgegeben und dort an Serumalbumin gebunden werden.

Jedes Molekül Serumalbumin kann zwei Moleküle langkettiger Fettsäuren sehr fest binden und ein oder zwei weitere locker festhalten. Seine sehr hohe Konzentration im Blut macht das Serumalbumin zum wichtigsten Carrier für Fettsäuren im Blut. Die meisten der an Serumalbumin gebundenen Fettsäuren werden von Skelettmuskel und Herz verbraucht.

Die Freisetzung von Fettsäuren aus den Adipozyten wird durch das Hormon *Adrenalin* stark beschleunigt (Kapitel 25). Es wird an Rezeptoren an der Zelloberfläche gebunden und stimuliert die aus einer Phosphorylierungsreaktion bestehende Umwandlung der inaktiven Form der Adipozyten-Lipase in ihre aktive Form. Wird andererseits Insulin an die Zelloberfläche von Adipozyten gebunden, so hebt es die Adrenalinwirkung auf und verringert die Wirkung der Adipozyten-Lipase.

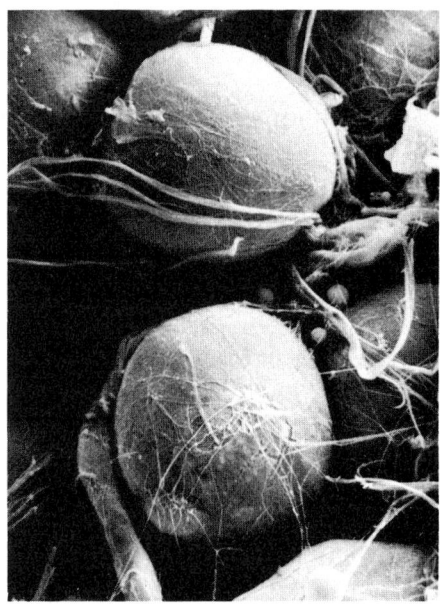

Abbildung 24-16
Elektronenmikroskopisches Aufsichtsbild von Adipozyten. Kapillaren und Collagenfasern bilden ein unterstützendes Netzwerk um die Adipozyten im Fettgewebe. Fast das gesamte Volumen der Zellen ist mit Fett-Tröpfchen angefüllt, die einen sehr aktiven Stoffwechsel besitzen.

Es gibt Menschen mit einem genetischen Defekt in der Lipoprotein-Lipase der Adipozyten. Als Folge davon bleiben die Chylomikronen noch lange Zeit nach einer fettreichen Mahlzeit im Blutstrom. Die Triacylglycerine, die wegen des Mangels an Lipoprotein-Lipase nicht richtig verwertet werden können, werden in gelben, mit Fett gefüllten Schwellungen unter der Haut abgelagert. Es gibt andere Erbkrankheiten, bei denen der Stoffwechsel eines Plasmaproteins defekt ist. Bei Menschen mit übernormal hohen Triacylglycerin-Konzentrationen im Blut scheint es eine größere Häufigkeit von Artheriosklerose und Infarkten der Herzkranzgefäße zu geben.

Menschen und viele Tiere, besonders die winterschlafenden, besitzen noch eine spezialisierte Art von Fettgewebe, das *braune Fett* (Abb. 24-17). Man findet es besonders bei Neugeborenen, bei denen es am Nacken, in der oberen Brustregion und am oberen Rücken vorkommt. Das braune Fettgewebe verdankt seine Farbe den zahlreichen Mitochondrien, die besonders viel Cytochrome enthalten (S. 541). Das braune Fett ist darauf spezialisiert, bei der Oxidation der Fettsäuren eher Wärme als ATP zu erzeugen. Die inneren Membranen der Mitochondrien im braunen Fett enthalten spezifische H^+-Ionen transportierende Poren, die einer Regulation unterliegen. Durch diese Poren können H^+-Ionen, die durch den Elektronentransport herausbefördert wurden (S. 538), wieder in die atmenden Mitochondrien zurückfließen, wodurch es zu einem Kurzschluß von H^+-Ionen kommt, durch den Wärme statt ATP gebildet wird (S. 542). Wenn keine Wärme gebraucht wird, werden die Poren geschlossen und die Mitochondrien des braunen Fettgewebes können dann ATP produzieren.

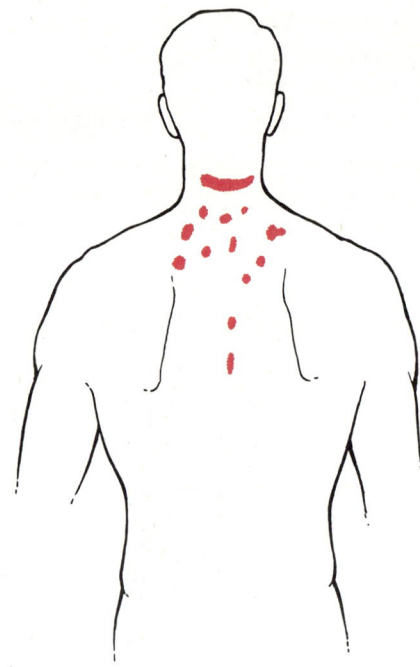

Abbildung 24-17
Lokalisation des braunen Fettgewebes (in Farbe) auf Nacken und Rücken eines Erwachsenen.

Die Nieren verwenden ATP für osmotische Arbeit

Die Nieren verfügen über einen sehr aktiven Atmungsstoffwechsel und über eine beachtliche Stoffwechsel-Flexibilität. Sie können Blutglucose, Ketonkörper, Fettsäuren und Aminosäuren als Brennstoffe verwenden und diese letztlich über den Citratcyclus abbauen, um mit Hilfe der oxidativen Phosphorylierung ATP-Energie zu produzieren. Der größte Teil dieser Energie wird für die Harnstoffbildung verbraucht, die in einem zweistufigen Prozeß erfolgt. Auf der ersten Stufe wird das Blutplasma durch mikroskopisch kleine Strukturen, die *Glomeruli* gefiltert, die sich in der Nierenrinde, der äußeren Gewebsschicht der Niere befinden (Abb. 24-18). Die Glomeruli lassen alle Bestandteile außer Proteine und Lipide passieren und in lange Gänge, die *Nierentubuli*, eintreten. Die Nierentubuli sind mit Epithelzellen ausgekleidet, die einen ATP-abhängigen aktiven Transport durchführen können, bei dem bestimmte Ionen und Stoffwechselprodukte zwischen dem Inneren der Tubuli und den umgebenden Blutkapillaren ausgetauscht werden. Während das Plasmafiltrat die Tubuli hinunterwandert, wird Wasser in die Blutkapillaren zurückresorbiert. Das Filtrat der Glomeruli wird dadurch konzentriert und in seiner Zusammensetzung verändert. Jeder m*l* Urin in der Blase entsteht durch Einengen von 50 bis 100 m*l* glomerulärem Filtrat. Vasopressin, ein Hormon des Hypophysenvorderlappens (Kapitel 25), bewirkt Rückabsorption von Wasser aus den Tubuli. Die Zusammensetzung der gelösten Substanzen in normalem Urin ist in Tab. 24-2 angegeben.

Einige gelöste Stoffe, besonders Glucose, kommen normalerweise im Urin in einer geringeren Konzentration als im Blut vor. Vertreter dieser Stoffgruppe werden aus dem glomerulären Filtrat entgegen einem Konzentrationsgradienten in das Blut zurückresorbiert. Dafür sind ATP-abhängige Membran-Transportsysteme verantwortlich. Eine zweite Gruppe gelöster Stoffe kommt im Urin, verglichen mit dem Blut, in relativ hohen Konzentrationen vor. Diese Substanzen, zu denen NH_4^+, K^+ und Phosphat gehören, werden aus dem Blut aktiv in die Tubuli transportiert, ebenfalls gegen einen Konzentrationsgradienten. Eine dritte Gruppe von Substanzen, zu ihnen gehören die Endprodukte des Phosphocreatin-Abbaus, *Harnstoff* und *Creatinin*, werden nicht reabsorbiert und nicht aktiv ausgeschieden. Ihre Konzentration nimmt daher im Verlauf des Weges durch die Tubuli allmählich zu. Na^+-Ionen stellen einen Sonderfall dar. Im ersten Abschnitt der Tubuli werden sie durch aktiven Transport aus dem glomerulären Filtrat ins Blut zurückresorbiert, aber ein Teil von ihnen gelangt später durch sekundären Austausch gegen andere Kationen in den Urin zurück.

Von ganz besonderer Wichtigkeit ist der Transport von Na^+ und K^+ in der Niere, denn sie muß die richtigen Konzentrationen dieser lebenswichtigen Kationen im Körper aufrechterhalten, indem sie Na^+ zurückhält und K^+ ausscheidet. Praktisch alle Säugerzellen enthalten relativ hohe K^+- und niedrige Na^+-Konzentrationen, während im Blutplasma und den meisten anderen extrazellulären Flüssigkeiten die Konzentrationen an Na^+ hoch und die an K^+ niedrig sind (Abb. 24-19).

Die Plasmamembran der meisten Zellen enthält Na^+K^+-ATPase (S. 425), die K^+ in die Zellen hinein- und gleichzeitig Na^+ herausbefördert. Dieser energieverbrauchende Prozeß ist an die Hydrolyse von cytosolischem ATP zu ADP und Phosphat gekoppelt. Die Na^+K^+-ATPase der Tubuli-Zellen bewirkt eine gleichmäßige Ausscheidung von K^+ in den Urin, während der Verlust an Na^+ sehr gering gehalten werden kann, und zwar auch dann, wenn nur wenig Na^+ aufgenommen wird (s. a. Kapitel 26).

Durch die Aktivität der Na^+K^+-ATPase sowie durch andere energieverbrauchende Membrantransportsysteme für Glucose und Aminosäuren wird eine Zusammensetzung des Urins erzielt, bei der diejenigen Substanzen, deren Konzentration im Blut vermindert werden muß, ausgeschieden werden und diejenigen Substanzen, deren Konzentration im Blut konstant gehalten werden muß, aus den Tubuli reabsorbiert werden. Mehr als drei Viertel des durch Respira-

Tabelle 24-2 Die Hauptbestandteile des menschlichen Harns*.

Substanz	Gramm in 24 Stunden	Ungefähres Harn/Plasma-Konzentrationsverhältnis
Glucose	0.05	0.05
Aminosäuren	0.80	1.0
Ammoniak	0.80	100
Harnstoff	25	70
Creatinin	1.5	70
Harnsäure	0.7	20
H^+	pH 5–8	bis 300
Na^+	3.0	1.0
K^+	1.7	15
Ca^{2+}	0.2	5
Mg^{2+}	0.15	2
Cl^-	6.3	1.5
HPO_4^{2-}	1.2 g P	25
SO_4^{2-}	1.4 g S	50
HCO_3^-	0–3	0–2

* Das 24-h-Volumen und die Zusammensetzung des Harns variieren sehr stark, je nach Flüssigkeitsaufnahme und Art der Nahrung. Die angegebenen Werte gelten für einen durchschnittlichen 24-h-Harn mit einem Gesamtvolumen von 1200 m*l*.

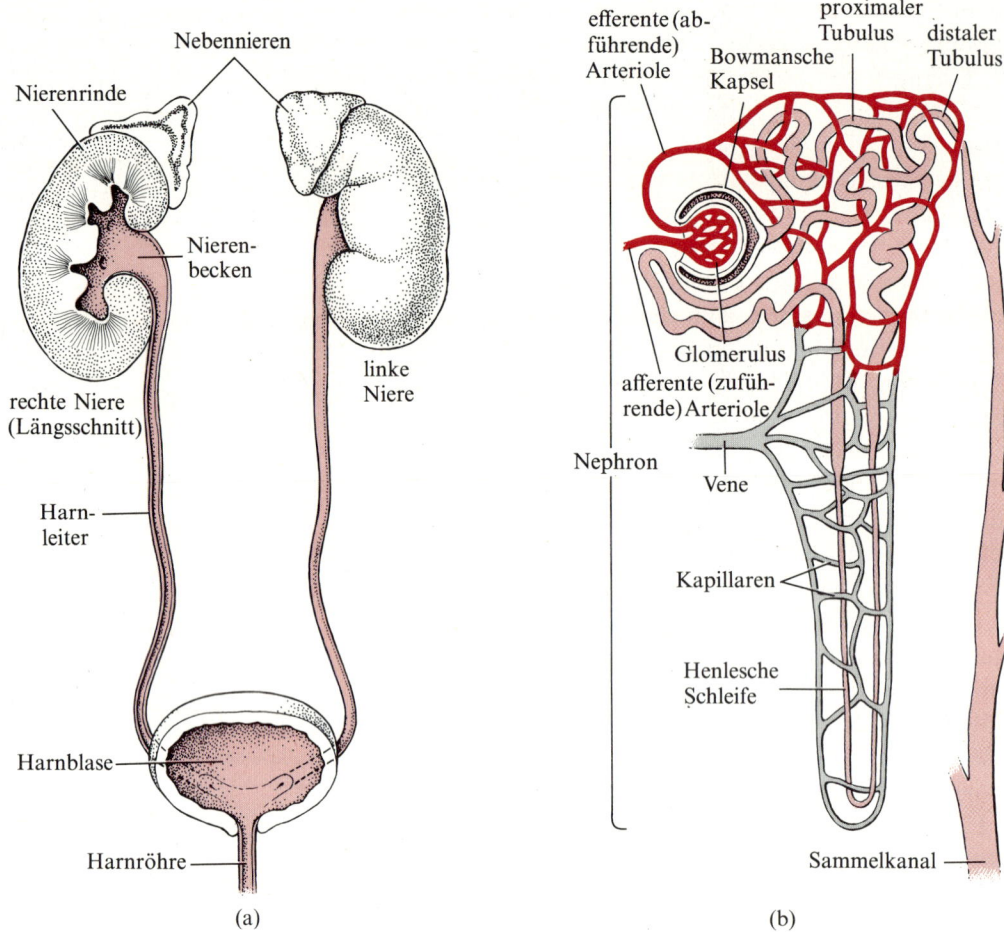

Abbildung 24-18
(a) Die Niere besteht aus zahllosen kleinen Funktionseinheiten, den Nephronen. Der von ihnen gesammelte Urin (Harn) gelangt zunächst ins Nierenbecken und von da über den Harnleiter in die Harnblase.
(b) Schematische Darstellung eines Nephrons. Im Glomerulus wird das Blutplasma filtriert, das Filtrat wird von der Bowmanschen Kapsel aufgefangen und fließt den langen Nierentubulus entlang, der mit Epithelzellen ausgekleidet ist. Der Urin in den Tubuli wird durch den Entzug von Wasser konzentriert, das in die umgebenden Blutkapillaren zurückkehrt. Einige Substanzen, wie z. B. Glucose, werden in das Blut zurückresorbiert, andere wiederum vom Blut in den Harn abgegeben, in beiden Fällen entgegen einem Konzentrationsgefälle. Solche in den Zellen der Nierentubuli ablaufende Prozesse des aktiven Transportes erfordern den Einsatz großer Mengen an ATP-Energie.

tion in den Nieren gebildeten ATP wird für solche aktive Transportvorgänge bei der Bildung des Urins gebraucht.

Das Blut ist eine sehr komplexe Flüssigkeit

Das Blut ist das Transportmittel, das das Zusammenspiel des Stoffwechsels zwischen den Organen des Körpers ermöglicht. Es transportiert Nährstoffe vom Dünndarm zur Leber und anderen Organen und bringt Abfallprodukte zur Ausscheidung in die Niere. Das Blut transportiert auch Sauerstoff aus den Lungen in die Gewebe und das bei der Zellatmung der Gewebe gebildete CO_2 zur Ausscheidung in die Lungen. Außerdem werden Hormone als chemische Messenger aus den endokrinen Drüsen über das Blut zu ihren spezifischen Zielorganen transportiert (Kapitel 25). Die chemische Zusammensetzung des Blutes ist sehr komplex, befördert es doch eine große Anzahl von Nährstoffen, Stoffwechselprodukten, Abfallprodukten und anorganischen Ionen. Dadurch kommt es zu einem koordinier-

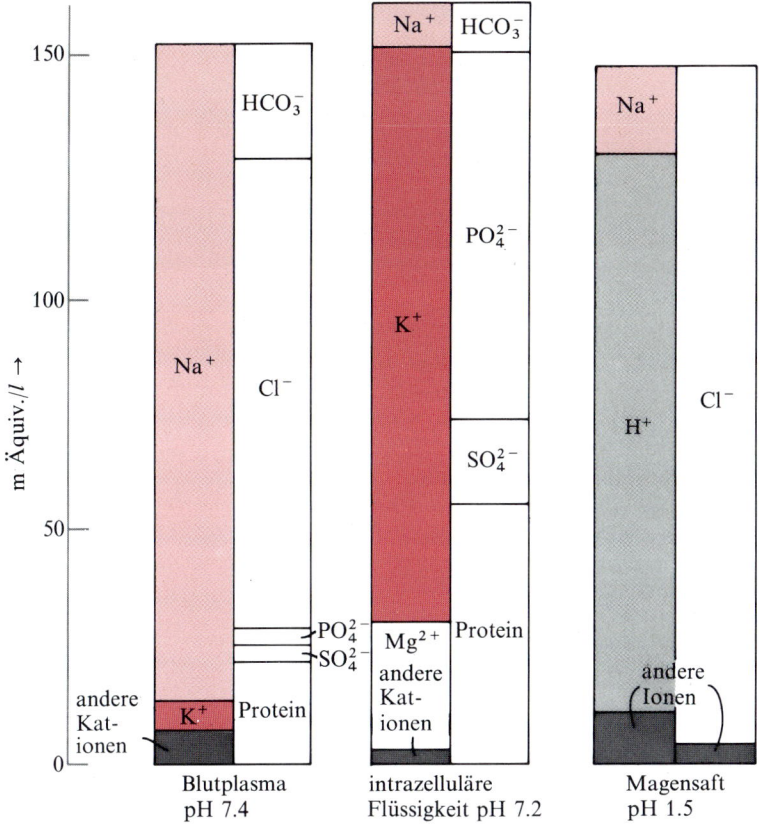

Abbildung 24-19
Die Elektrolytzusammensetzung des Blutplasmas, der intrazellulären Flüssigkeit und des Magensaftes. Die linke Säule zeigt jeweils die Zusammensetzung der Kationen, die rechte die der Anionen. Die dunkelgrauen Flächen stellen die Summen der in geringen Mengen vorkommenden Bestandteile dar. Beachten Sie die großen Unterschiede zwischen den Na^+- und K^+-Konzentrationen des Blutplasmas und der intrazellulären Flüssigkeit. Diese Konzentrationsunterschiede werden bei fast allen Zellen des Körpers von der Na^+K^+-ATPase der Plasmamembran aufrechterhalten.
Beachten Sie auch den ähnlich starken Unterschied zwischen der H^+-Konzentration im Magensaft und im Blutplasma, aus dem der Magensaft gebildet wird. Dieser Unterschied entsteht durch die Wirkung einer H^+-transportierenden ATPase in den Belegzellen (Parietalzellen) des Magens.

ten Wechselspiel, das die Integration des Stoffwechsels der verschiedenen Organe ermöglicht.

Das Blut im Gefäßsystem eines erwachsenen Menschen hat ein Volumen von etwa 5 bis 6 *l*. Fast die Hälfte dieses Volumens wird von Zellen eingenommen, und zwar hauptsächlich von den roten Blutkörperchen (Erythrozyten), einer wesentlich kleineren Menge an weißen Blutkörperchen (Leukozyten) und den Blutplättchen (Thrombozyten) (Abb. 24-20). Der flüssige Anteil ist das *Blutplasma*, das zu 90% aus Wasser und zu 10% aus gelösten Substanzen besteht. Von den festen Substanzen des Plasmas machen die *Plasmaproteine* 70% aus (Tab. 24-3). 20% sind organische Stoffwechselprodukte, die sich auf dem Wege zwischen verschiedenen Organen befinden, und die Abfallprodukte Harnstoff und Harnsäure, die auf dem Weg in die Nieren sind (Tab. 24-4). Die verbleibenden 10% sind anorganische Salze. In Abb. 24-20 ist die Verteilung der hauptsächlichen gelösten Substanzen in normalem menschlichem Blutplasma zusammengefaßt.

Die Konzentration einiger Blutbestandteile schwankt normalerweise etwas je nach Art der aufgenommenen Nahrung und je nach dem Zeitpunkt der Messung. Der Blutglucosespiegel erreicht z.B. unmittelbar nach einer Mahlzeit ein Maximum, besonders, wenn diese viel Zucker enthielt, und kann einige Stunden später unter den

772 Teil III Einige Aspekte der Biochemie des Menschen

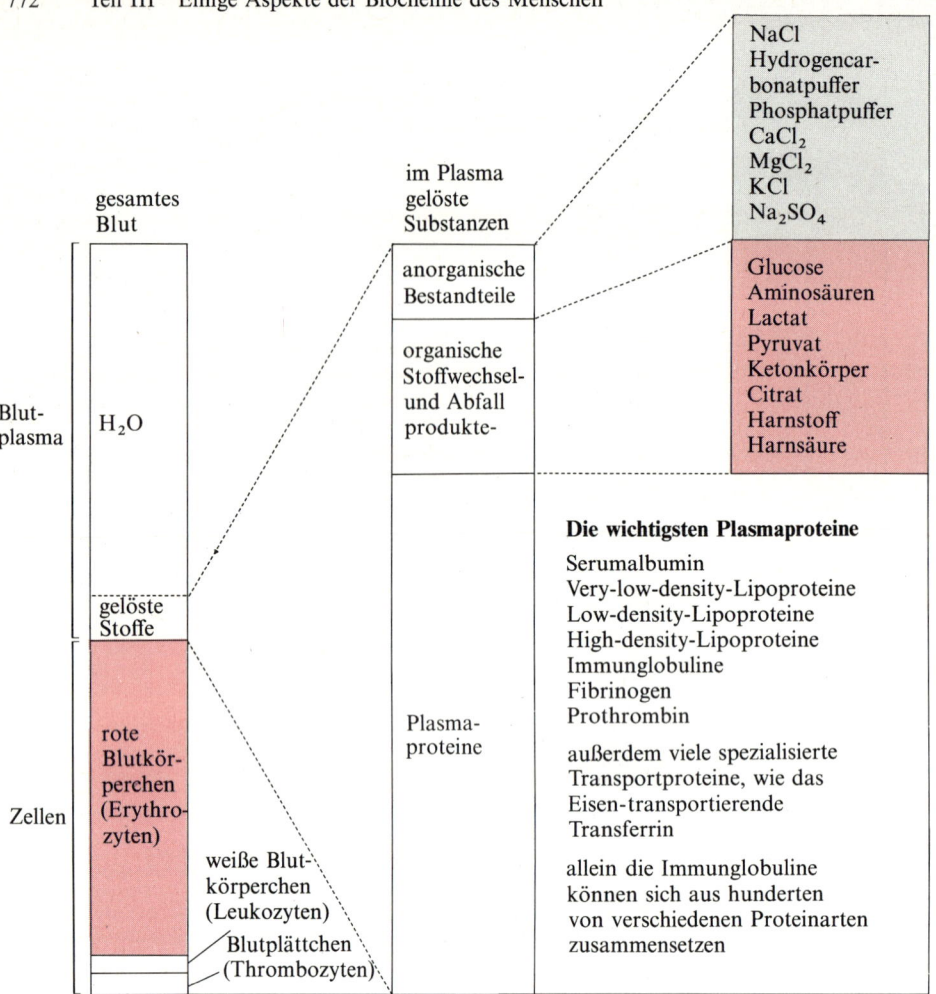

Abbildung 24-20
Die Zusammensetzung des Blutes. Das Blut kann durch Zentrifugation in das Blutplasma und die Zellen aufgetrennt werden. Das Blutplasma besteht zu etwa 10% aus gelösten Bestandteilen, von denen die Plasmaproteine 70% ausmachen, 10% sind anorganische Salze und etwa 20% niedermolekulare anorganische Vebindungen. Rechts im Bild sind die Hauptbestandteile jeder Fraktion angegeben. Die quantitative Zusammensetzung der anorganischen Plasmabestandteile ist in Fig. 24-19 aufgeführt, die der Plasmaproteine in Tab. 24-3 und die der organischen Nicht-Protein-Bestandteile in Tab. 24-4. Das Blutplasma enthält außerdem fast 700 mg Lipide pro 100 m*l*, die an die α- und β-Globuline gebunden sind (Tab. 24-3). Das Blut enthält noch viele andere Bestandteile, oft nur in Spuren. Dazu gehören hier nicht berücksichtigte Stoffwechselprodukte, Hormone, Vitamine, Spurenelemente und Gallenpigmente. Konzentrationsmessungen von Bestandteilen im Blutplasma sind wichtig für die Diagnose und Behandlungen von Krankheiten.

Durchschnittswert abfallen. Ähnliche Schwankungen zeigt die Konzentration der Chylomikronen im Blut. Die Konzentrationen der verschiedenen Bestandteile des Blutplasmas werden durch Regulationssysteme (Kapitel 25) auf einer für sie charakteristischen Höhe gehalten.

Vom Blut werden große Volumina an Sauerstoff transportiert

Ein normaler erwachsener Mann verbraucht bei völliger Ruhe täglich etwa 375 *l* reinen Sauerstoff, das entspricht dem Sauerstoffgehalt von 1900 *l* Luft. Bei sitzender Tätigkeit ist sein Sauerstoffbedarf mindestens doppelt so hoch. Ein trainierter Sportler, der mit voller Kraft läuft oder schwimmt, kann 10mal so viel Sauerstoff verbrauchen wie im Ruhezustand. Tab. 24-5 zeigt die relativen Mengen verbrauchten Sauerstoffs für die wichtigsten Organe eines erwachsenen Mannes im Ruhezustand und bei schwerer Arbeit.

Tabelle 24-3 Die hauptsächlichen Plasmaproteinfraktionen*.

Protein	Gehalt in mg/100 ml	M_r	Funktion
Serumalbumin	3500–4500	66 000	Regulation des Blutvolumens; Transport von Fettsäuren
α_1-Globuline	300– 600	40 000– 60 000	Transport von Lipiden, Thyroxin und Nebennierenrindenhormonen
α_2-Globuline	400– 900	100 000–400 000	Transport von Lipiden und Kupfer
β-Globuline	600–1100	110 000–120 000	Transport von Lipiden, Eisen, und Häm-Derivaten; Antikörperaktivität
γ-Globuline	700–1500	150 000–200 000	Mehrzahl der zirkulierenden Antikörper
Fibrinogen	3000	340 000	Vorstufe des Fibrins der Blutgerinnsel
Prothrombin	100	69 000	Vorstufe von Thrombin, das bei der Blutgerinnung gebraucht wird

* Der gesamte Plasmaproteingehalt beträgt 7000–7500 mg pro 100 ml. Von den zahlreichen, im Blutplasma gefundenen Proteinen sind hier nur die Hauptklassen aufgeführt.

Tabelle 24-4 Konzentrationen der hauptsächlichen organischen Nicht-Protein-Bestandteile des Blutplasmas.

Substanz	Normalbereich der Konzentration in mg/100 ml
Stickstoffhaltige Substanzen	
Harnstoff	20–30
Aminosäuren	35–65
Harnsäure	2–6
Creatinin	1–2
Kohlenhydrate	
Glucose	70–90
Fructose	6–8
Organische Säuren	
Ketonkörper	1–4
Lactat	8–17
Pyruvat	0.4–2.5
Citrat	1.5–3.0
Lipide (alle an Proteine gebunden, und zwar an α- und β-Globuline)	
Gesamtlipide	300–700
Triacylglycerine	80–240
Cholesterin und seine Ester	130–260
Phospholipide	160–300

Wie wir gesehen haben (S. 206 bis 216), wird der größte Teil des mit dem Blut beförderten Sauerstoffs vom Hämoglobin der roten Blutkörperchen transportiert. Diese Zellen stellen ein wichtiges „Gewebe" des menschlichen Körpers dar. Sie haben bei einem erwachsenen Mann ein Volumen von fast 3 l und wiegen etwa so viel wie die Leber. Erythrozyten sind sehr kleine, degenerierte Zellen, die weder einen Zellkern noch Mitochondrien noch irgendwelche andere Zellorganellen enthalten. Sie benötigen für ihren eigenen Stoffwechsel keinen Sauerstoff. Die relativ geringen ATP-Mengen, die sie verbrauchen, stammen ausschließlich aus der Glycolyse von Blut-

Tabelle 24-5 Der Sauerstoffverbrauch der wichtigsten Organe bei einem erwachsenen Mann (Angaben in relativen Mengen).

	Im Ruhezustand	Bei leichter Arbeit	Bei schwerer Arbeit
Skelettmuskeln	0.30	2.05	6.95
Organe des Unterleibs	0.25	0.24	0.24
Herz	0.11	0.23	0.40
Nieren	0.07	0.06	0.07
Gehirn	0.20	0.20	0.20
Haut	0.02	0.06	0.08
Andere Organe	0.05	0.06	0.06
Summe	1.00	2.90	8.00

glucose zu Lactat. Die Hauptfunktion der roten Blutzellen ist der Transport von O_2 aus den Lungen in die Gewebe. Eine ergänzende Funktion haben sie beim Transport von CO_2 aus den Geweben in die Lungen. Sie bestehen zu etwa 35 Gewichtsprozent aus Hämoglobin, das etwa 90% ihres Zellproteins ausmacht.

Hämoglobin ist der Sauerstoffträger

Hämoglobin besteht aus zwei α- und zwei β-Ketten sowie vier Hämgruppen, von denen je eine an jede der vier Polypeptidketten gebunden ist (S. 202 bis 205). Jede Hämgruppe kann ein Molekül Sauerstoff reversibel binden. Wegen der großen Mengen Hämoglobin in den roten Blutkörperchen können 100 ml Blut im voll oxygenierten Zustand etwa 21 ml gasförmigen Sauerstoff aufnehmen. Die Menge des an Hämoglobin gebundenen Sauerstoffs hängt von vier Faktoren ab: (1) vom Sauerstoffpartialdruck, (2) vom pH-Wert, (3) von der Konzentration an 2,3-Bisphosphoglycerat und (4) von der CO_2-Konzentration (S. 206 bis 216). Abb. 24-21 zeigt Sauerstoffsättigungskurven für Hämoglobin. Aus dem S-förmigen Verlauf der Kurven erkennt man, daß die Bindung des ersten Sauerstoffmoleküls die Affinität der übrigen Hämoglobin-Untereinheiten für die Bindung weiterer Sauerstoffmoleküle erhöht. Bei weiterem Ansteigen des Sauerstoffpartialdruckes nähern sich die Kurven einem Plateau, auf dem jedes Hämoglobinmolekül mit der maximalen Anzahl von vier Sauerstoffmolekülen gesättigt ist. Die reversible Sauerstoffbindung wird von einer Protonenfreisetzung begleitet, ungefähr nach der Gleichung:

$$HHb^+ + O_2 \rightleftharpoons HbO_2 + H^+$$

Ein Anstieg des pH-Wertes verschiebt also das Gleichgewicht auf die rechte Seite und bewirkt, daß bei einem gegebenen Sauerstoffpartialdruck mehr Sauerstoff an das Hämoglobin gebunden wird. Umgekehrt vermindert eine Senkung des pH-Wertes die Menge gebundenen Sauerstoffs.

In den Lungen, wo der Sauerstoffpartialdruck hoch ist (ungefähr 130 mbar) und der pH-Wert ebenfalls relativ hoch (bis 7.6), nähert sich die Sauerstoffbeladung dem Sättigungswert (Abb. 24-21). Andererseits wird in den Kapillaren im Innern der peripheren Organe, wo der Sauerstoffdruck niedrig ist (ungefähr 65 mbar) und der pH-Wert ebenfalls ziemlich niedrig (ungefähr 7.2 bis 7.3), die Freisetzung eines Teils des gebundenen Sauerstoffs an das atmende Gewebe begünstigt. Im venösen Blut, das die Gewebe verläßt, ist das Hämoglobin nur zu etwa 65% gesättigt. Das Hämoglobin durchläuft demnach einen Kreislauf zwischen 65- und 97prozentiger Sauerstoffsättigung, wenn es zwischen den Lungen und den peripheren Organen hin- und herwechselt.

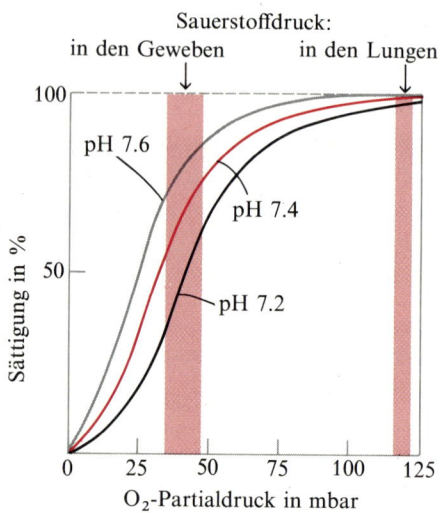

Abbildung 24-21
Der Einfluß des pH-Wertes auf die Sauerstoffsättigungskurve des Hämoglobins. Bei dem niedrigen pH-Wert der Gewebe wird der Sauerstoff leichter freigesetzt, während er bei dem höheren pH-Wert in den Lungen leichter aufgenommen wird.

Ein wichtiger Regulator für den Oxygenierungsgrad des Hämoglobins ist das 2,3-Bisphosphoglycerat (2,3-P_2-Glycerat): Je höher die 2,3-P_2-Glycerat-Konzentration in der Zelle, desto niedriger die Affinität des Hämoglobins zum Sauerstoff. Wenn die Versorgung der Gewebe mit Sauerstoff chronisch eingeschränkt ist, wie das bei manchen Menschen der Fall ist, die einen Mangel an roten Blutkörperchen haben oder die in großer Höhe leben, so ist die 2,3-P_2-Glycerat-Konzentration in den Zellen größer als bei gesunden Menschen, die im Tiefland leben. Diese biochemische Anpassung erleichtert dem Hämoglobin die Freisetzung seines gebundenen Sauerstoffs an die Gewebe und kompensiert die geringere Oxygenierung des Blutes in den Lungen.

Messungen des Sauerstoffgehaltes im Blut sind wichtig für Diagnose und Behandlung von Krankheiten, die mit einer Beeinträchtigung des Sauerstofftransportes verbunden sind. Zu ihnen gehören die *Anämie* (Blutarmut), bei der entweder die Zahl der roten Blutkörperchen oder der Hämoglobingehalt der Blutkörperchen vermindert ist, das *Asthma*, bei dem es durch Verengung der Bronchien zu einer ungenügenden Oxygenierung des Blutes kommen kann, und das *Herzversagen*, bei dem die Geschwindigkeit, mit der das Blut in Umlauf gepumpt wird, nicht mehr für eine Sauerstoffversorgung der Gewebe ausreicht.

Die roten Blutkörperchen transportieren auch CO_2

Das Blut transportiert auch Kohlenstoffdioxid aus den Geweben, wo es als Endprodukt bei der Oxidation von Brennstoffen entsteht, in die Lungen, wo es in die ausgeatmete Luft abgegeben wird. Das die Gewebe verlassende, venöse Blut enthält CO_2 in einer Menge, die 60 ml CO_2/100 ml Blut entspricht, während das die Lungen verlassende, arterielle Blut nur etwa 50 ml CO_2 pro 100 ml enthält. Etwa zwei Drittel des insgesamt im Blut enthaltenen CO_2 befinden sich im Plasma und etwa ein Drittel in den roten Blutkörperchen. Allerdings muß fast das gesamte CO_2 des Blutes während des CO_2-Transportes vom Gewebe zu den Lungen in die roten Blutkörperchen eintreten und wieder aus ihnen herauskommen. Sowohl im Plasma als auch in den Erythrozyten liegt das gesamte CO_2 in zwei Formen vor, als gelöstes CO_2 und als Hydrogencarbonat (HCO_3^-). Da das CO_2 reversibel zu Kohlensäure (H_2CO_3) hydratisiert werden kann, bildet die Mischung aus gelöstem CO_2 und HCO_3^- im Blut ein Puffersystem (S. 95), bei dem H_2CO_3 der Protonendonator ist und das HCO_3^--Ion der Protonenakzeptor. Das H_2CO_3/HCO_3^--System ist der Hauptpuffer des Blutplasmas.

Beim CO_2-Transport von den Geweben in die Lungen kommt es zu folgender Serie von Vorgängen (Abb. 24-22): Gelöstes CO_2, ein Produkt des Citratcyclus und anderer enzymatischer Decarboxylierungsreaktionen, diffundiert aus dem Gewebe ins Blutplasma und

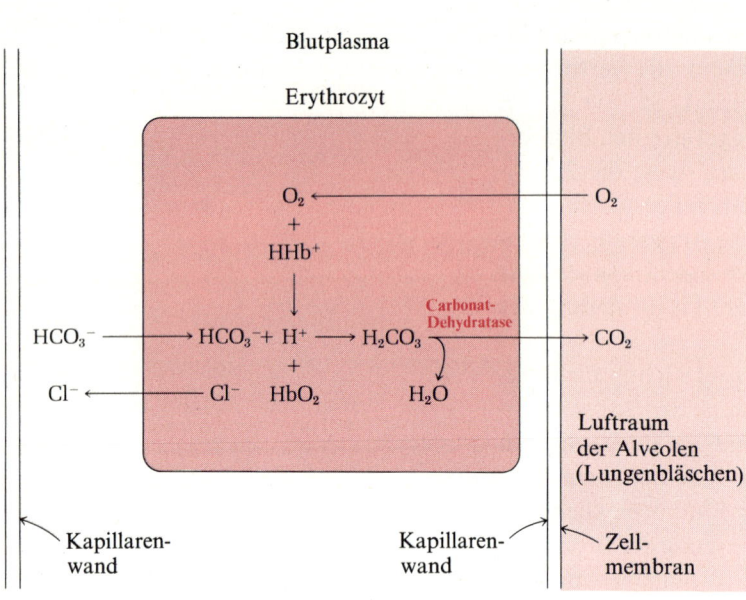

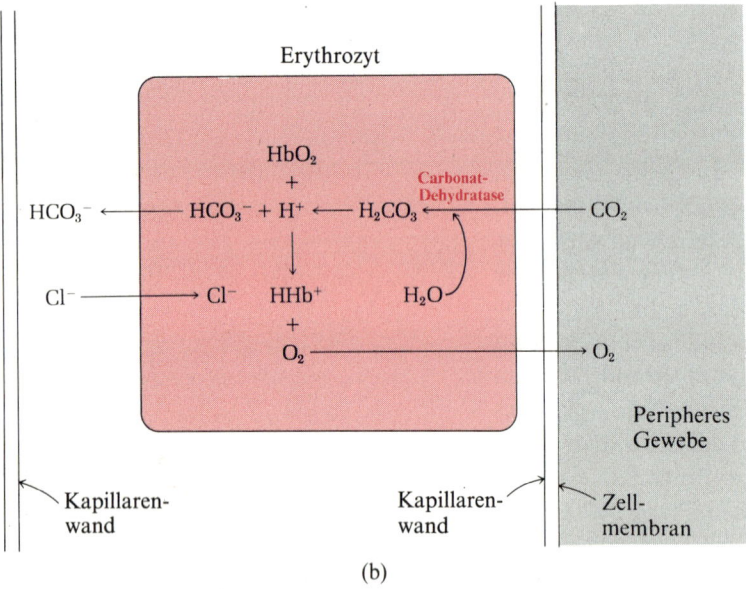

Abbildung 24-22
Die Koordination von Sauerstoff- und Kohlenstoffdioxid-Transport in den Erythrozyten.
(a) Die Oxygenierung von Hämoglobin in den Lungen führt zur Freisetzung von H^+, das sich mit HCO_3^- zu H_2CO_3 verbindet. Das H_2CO_3 wird durch die Carbonat-Dehydratase zu gelöstem CO_2 dehydratisiert, das in das Blutplasma diffundiert und von dort aus in den Luftraum der Lungen abgegeben und ausgeatmet wird.
(b) Für die Aufnahme des gelösten CO_2 durch die Erythrozyten in den peripheren Geweben ist seine Hydratisierung durch die Carbonat-Dehydratase zu H_2CO_3 notwendig. Dieses verliert dann ein H^+ und geht in HCO_3^- über. Das freigesetzte H^+-Ion trägt dazu bei, das Hämoglobin-Gleichgewicht in die Richtung der Sauerstoff-Freisetzung im Gewebe zu verschieben.
O_2 und CO_2 sind in Lipiden löslich und können daher leicht durch Zellmembranen hindurchgelangen, ohne ein Transportsystem zu benutzen. Der Austausch von Cl^- gegen HCO_3^- durch die Erythrozytenmembran erfolgt dagegen mit Hilfe eines Anionen-Transportsystems.

von dort in die Erythrozyten. In den Erythrozyten wird das CO_2 in einer reversiblen Reaktion schnell zu freier Kohlensäure hydratisiert:

$$CO_2 + H_2O \rightleftharpoons H_2CO_3$$

In Abwesenheit eines Katalysators erfolgt die Reaktion ziemlich langsam und ist nicht schnell genug, um mit der CO_2-Produktion im atmenden Gewebe Schritt halten zu können. Die Erythrozyten enthalten jedoch ein äußerst aktives Enzym, die *Carbonat-Dehydratase*, das die Reaktion stark beschleunigt. Ist H_2CO_3 erst einmal gebildet, ionisiert es spontan zu Hydrogencarbonat:

$$H_2CO_3 \rightleftharpoons H^+ + HCO_3^-$$

Das HCO_3^- verläßt das rote Blutkörperchen und gelangt im Austausch gegen Chloridionen (Cl^-) ins Blutplasma. Das bei der Ionisierung von Kohlensäure (H_2CO_3) frei gewordene H^+ bewirkt in den Erythrozyten die Freisetzung von Sauerstoff aus dem Oxyhämoglobin als Umkehrung der früher beschriebenen Reaktion:

$$H^+ + HbO_2 \rightleftharpoons HHb^+ + O_2$$

Auf diese Weise bewirken die H^+-Ionen, die als Folge der Aufnahme von CO_2 und seiner Umwandlung zu HCO_3^- in den roten Blutkörperchen entstehen, eine Sauerstoffabspaltung von Hämoglobin, während das Blut durch die peripheren Gewebe fließt.

Wenn das CO_2-reiche venöse Blut zu den Lungen zurückkehrt, läuft dieser Cyclus umgekehrt ab; durch die Bindung von Sauerstoff an das Hämoglobin in den Lungenkapillaren entsteht H^+:

$$HHb^+ + O_2 \rightleftharpoons H^+ + HbO_2$$

Das H^+ führt in den Erythrozyten zur Bildung von Kohlensäure aus HCO_3^-:

$$H^+ + HCO_3^- \rightleftharpoons H_2CO_3$$

Die Kohlensäure wird durch die Carbonat-Dehydratase zu CO_2 dehydratisiert:

$$H_2CO_3 \rightleftharpoons H_2O + CO_2$$

Das gelöste CO_2 gelangt aus den Erythrozyten in das Blutplasma und über die Kapillaren durch die immens große Oberfläche des Lungengewebes in den Luftraum (Abb. 24-23). In dieser Weise bedingen sich Sauerstofftransport und CO_2-Transport gegenseitig. Das dafür verwendete Hämoglobin ist für seine spezielle Transportfunktion hervorragend ausgerüstet.

Diagnose und Behandlung von Diabetes mellitus bauen auf biochemischen Messungen auf

Biochemische Messungen einzelner Komponenten des Blutes und des Urins sind wichtige Indikatoren für den Stoffwechselzustand und werden für die Diagnose von Krankheiten und ihre regulative Behandlung verwendet. Ein gutes Beispiel hierfür ist der *Diabetes*

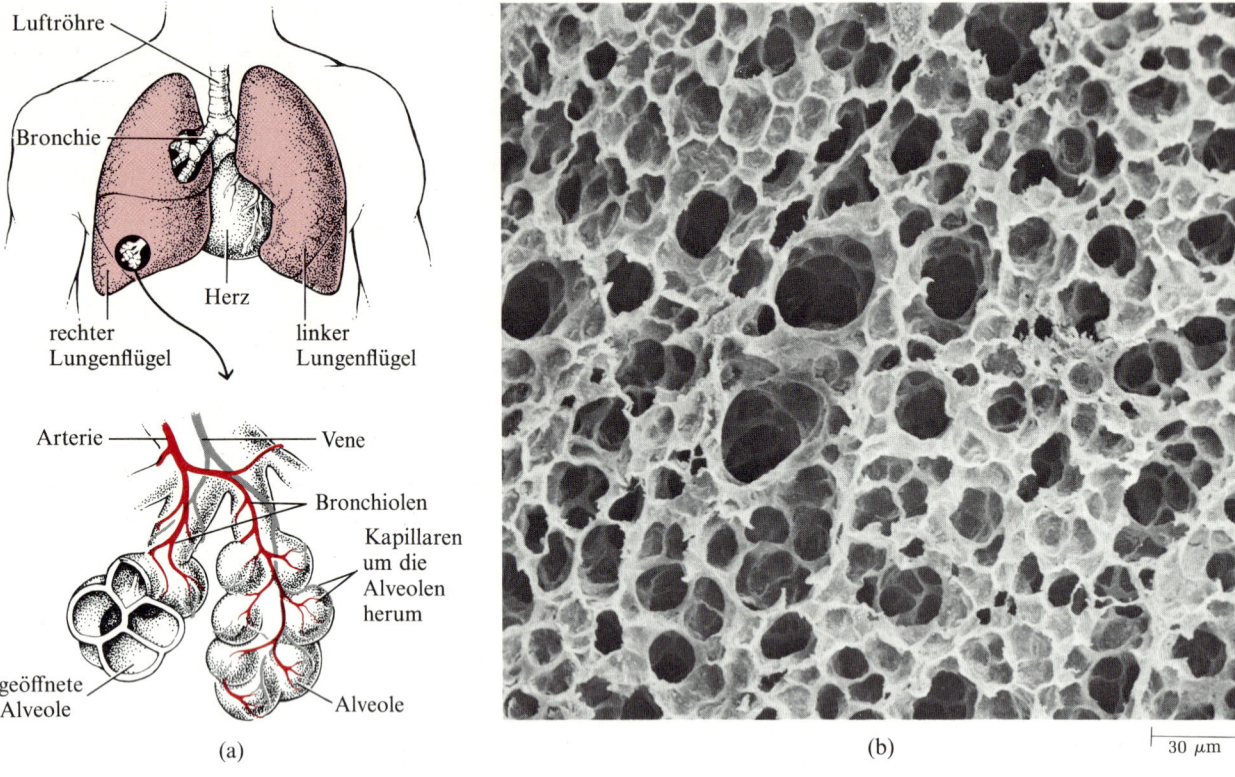

Abbildung 24-23
Die Alveolen oder Lungenbläschen (a) bilden eine große Oberfläche für den Austausch von O_2 und CO_2 zwischen der Luft in den Alveolen und den Blutkapillaren, vgl. die elektronenmikroskopische Aufnahme (b).

mellitus, der durch eine mangelnde Sekretion des Pankreas-Hormons Insulin entsteht, wodurch es zu grundlegenden Stoffwechselabweichungen kommt. In den Vereinigten Staaten steht der Diabetes mellitus an dritter Stelle der Todesursachen. Er ist ziemlich verbreitet: fast 5% der Bevölkerung der Vereinigten Staaten weisen eine Abweichung von normalen Glucosestoffwechsel auf, die Diabetes oder eine Tendenz dazu anzeigt. In Wirklichkeit ist Diabetes mellitus eine Sammelbezeichnung für eine ganze Reihe von Erkrankungen, bei denen die regulierende Aktivität des Insulins auf verschiedene Weise defekt sein kann. Außerdem kann der Glucosestoffwechsel noch durch mehrere andere Hormone beeinflußt werden. Zu den Ursachen des Diabetes gehören genetische Faktoren; man vermutet, daß auch Virusinfektionen bei seiner Entwicklung eine Rolle spielen können. Es gibt zwei Hauptklassen von Diabetes: eine in der Jugend beginnende *iuvenile (jugendliche) Form* und eine in späteren Jahren auftretende *Altersform*. Beim jugendlichen Diabetes beginnt die Krankheit früh und nimmt schnell einen schweren Verlauf. Die zweite Form entwickelt sich langsam, der Verlauf ist milder und sie bleibt oft unentdeckt. Die iuvenile Form des Diabetes erfordert eine Insulintherapie und eine lebenslange sorgfältige Kontrolle des Gleichgewichtes zwischen Glucoseaufnahme und verabreichter Insulindosis. Biochemische Messungen in Blut und Urin sind unverzichtbar für Diagnose und Behandlung von Diabetes, bei der es zu grundlegenden Stoffwechseländerungen kommt (Tab. 24-6).

Tabelle 24-6 Signifikante Änderungen der Bestandteile in Blut und Harn beim nicht eingestellten Diabetes mellitus (↑ bedeutet Zunahme, ↓ bedeutet Abnahme).

Harn	
Glucose	↑
Ketonkörper	↑
pH-Wert	↓
Na^+	↑
NH_4^+	↑
Harnstoff	↑
Volumen	↑
Blut	
Glucose	↑
Ketonkörper	↑
Harnstoff	↑
pH-Wert	↓
Gesamt-CO_2	
(Summe aus $CO_2 + HCO_3^-$)	↓

Charakteristische Symptome für Diabetes sind starker Durst und häufiges Urinieren (*Polyurie*), was zur Aufnahme großer Wassermengen führt (*Polydipsie*). Diese Symptome beruhen auf der Ausscheidung großer Mengen von Glucose in den Urin (*Glucosurie*). Der Ausdruck Diabetes mellitus bedeutet „erhöhte Ausscheidung von süßem Urin". Beim schweren, nicht eingestellten Diabetes mellitus kann die mit dem Urin ausgeschiedene Glucosemenge mehr als 100 g/24 h betragen, während der gesunde Mensch nur Spuren von Glucose ausscheidet. Die großen Urinmengen beim Diabetes rühren daher, daß die Niere notwendigerweise zusammen mit der Glucose eine bestimmte Wassermenge ausscheiden muß, weil ihre Fähigkeit, die gelösten Stoffe im Urin zu konzentrieren, eine obere Grenze hat. Die Messung der innerhalb von 24 h im Urin ausgeschiedenen Glucosemenge ist einer der diagnostischen Tests auf Diabetes.

Mehr Aussagekraft hat die Messung des Blutglucosespiegels und dessen Reaktion auf die Aufnahme von Glucose. Diabetiker haben gewöhnlich eine unnormal hohe Glucosekonzentration im Blut, ein Zustand, der *Hyperglykämie* genannt wird. Bei sehr schwerem, nicht eingestelltem Diabetes kann der Blutglucosespiegel enorm erhöht sein. Er kann bis 100 mM, das 25fache des normalen Wertes von 4 mM, betragen. Bei schwach ausgeprägtem Diabetes ist der Blutzuckerspiegel manchmal nur unwesentlich erhöht. Für diese Form gibt es wesentlich empfindlichere Kriterien, die der *Glucose-Toleranztest* liefert. Nach einer Nacht ohne Nahrungsaufnahme nimmt der Patient eine Testdosis von 100 g Glucose, gelöst in einem Glas Wasser, zu sich. Vorher und in 30-min-Abständen danach wird die Blutglucosekonzentration gemessen. Eine gesunde Person verarbeitet diese Glucosemenge ohne Schwierigkeiten. Dabei steigt der Blutglucosewert auf nicht mehr als 9 oder 10 mM an, denn die steigende Glucosekonzentration im Blut löst die Sekretion von Insulin aus dem Pankreas aus, wodurch die Geschwindigkeit der Glucoseaufnahme in die Gewebe ansteigt. Bei gesunden Personen tritt nach einem solchen Test im Urin nur wenig oder gar keine Glucose auf (Abb. 24-24).

Patienten jedoch, die schon im Fastenzustand einen hohen Blutglucosespiegel haben, zeigen bei der Verarbeitung der Testdosis an Glucose eine ausgeprägte Defizienz. Der Blutglucosespiegel steigt weit über die Nierenschwelle an, die bei 10 mM liegt, so daß Glucose im Urin auftritt. Außerdem kann der Blutglucosewert mehrere Stunden lang erhöht bleiben (Abb. 24-24). Die Unfähigkeit, den Blutglucosespiegel mit der normalen Geschwindigkeit zu senken, zeigt, daß die Sekretion von Insulin als Antwort auf den Anstieg der Blutglucosekonzentration defekt ist.

Hyperglykämie und Glucosurie spiegeln eine andere grundlegende Stoffwechseländerung beim Diabetes mellitus wider: das fast vollständige Ausbleiben der Umwandlung von überschüssiger Glucose in Fettsäuren für die Speicherung als Triacylglycerine. Schwer kranke Diabetiker können auch bei einem hohen Energiegehalt ihrer

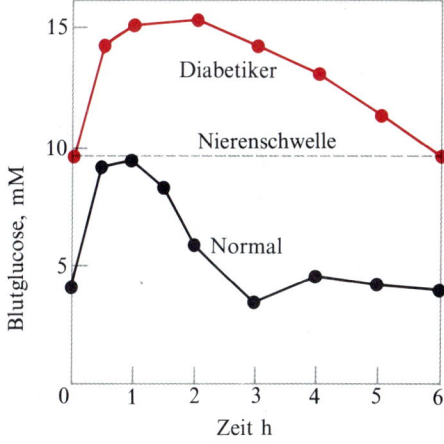

Abbildung 24-24
Glucose-Toleranzkurven bei einem Gesunden und einem Diabetiker. Nach Verabreichung einer Testdosis an Glucose steigt der Blutglucosespiegel der gesunden Person auf das Zweifache des normalen Wertes, sinkt dann aber schnell wieder ab, weil der Anstieg der Glucose im Blut die Sekretion von Insulin stimuliert. Dabei kommt es normalerweise zu einer Überregulation, einem vorübergehenden Abfall der Blutglucosewerte unter das normale Niveau, weil der erhöhte Insulinspiegel erst nach einer gewissen Verzögerung wieder gesenkt wird und die Glucosekonzentration erst danach zu ihrem normalen Wert zurückkehren kann. Bei Diabetikern dagegen ist der Blutglucosespiegel von Anbeginn sehr hoch, im dargestellten Fall in der Höhe der Nierenschwelle. Nach Verabreichung der Testdosis an Glucose steigt der Blutspiegel und bleibt, weil die Insulinsekretion defekt ist, längere Zeit auf dieser Höhe, bis er schließlich langsam auf den Ausgangswert zurückkehrt. Im Maximum scheidet der Diabetiker beträchtliche Glucosemengen in den Harn aus.

Nahrung Gewicht verlieren, einfach deswegen, weil die überschüssige Glucose nicht als Fett gespeichert, sondern ausgeschieden wird.

Beim Diabetes tritt Ketose auf

Eine andere charakteristische Stoffwechseländerung beim Diabetes ist eine lebhafte, aber unvollständige Oxidation von Fettsäuren in der Leber, mit dem Erfolg, daß es zu einer Überproduktion der Ketonkörper Acetacetat und 3-Hydroxybutyrat kommt, die von den peripheren Geweben nicht so schnell verbraucht werden können, wie sie von der Leber gebildet werden. Zusätzlich zu 3-Hydroxybutyrat und Acetacetat enthält das Blut von Diabetikern auch Aceton, das durch spontane Decarboxylierung von Acetacetat entsteht:

$$CH_3-\underset{\underset{O}{\|}}{C}-CH_2-COO^- + H_2O \rightarrow CH_3-\underset{\underset{O}{\|}}{C}-CH_3 + HCO_3^-$$

Acetacetat   Aceton

Aceton ist leicht flüchtig und folglich in der Atemluft der Diabetiker enthalten, die dadurch einen charakteristischen süßlichen Geruch erhält. Wegen dieses Geruchs des Atems nach Aceton werden Diabetiker im Koma gelegentlich für betrunken gehalten. Die Überproduktion von Ketonkörpern (*Ketose*) hat zur Folge, daß sie im Blut und im Urin in stark erhöhten Konzentrationen auftreten (*Ketonämie* und *Ketonurie*).

Die Harnstoffausscheidung ist bei Diabetikern erhöht

Ein weiteres Charakteristikum von schwerem Diabetes ist die erhöhte Ausscheidung von Harnstoff, dem Abfallprodukt, das die Hauptmenge des Stickstoffs beim oxidativen Abbau von Aminosäuren enthält (S. 603 bis 610). Die Menge des pro Tag ausgeschiedenen Harnstoffs ist ein Maß für die Gesamtmenge der oxidativ abgebauten Aminosäuren, welche wiederum das Gleichgewicht zwischen der Aufnahme von Proteinen und dem normalen täglichen Abbau von Körperproteinen widerspiegelt. Die Harnstoffkonzentration kann beim Diabetes im Blut auf Werte um 25 mM ansteigen – das ist das 5fache des normalen Wertes vom 5 mM.

Der erhöhte oxidative Aminosäureabbau beim Diabetes spiegelt die stark angestiegene Geschwindigkeit der Gluconeogenese aus Aminosäuren wider. In Abwesenheit von Insulin neigt die Leber dazu, Glucose ins Blut auszuscheiden. Als Folge davon sind die Glycogenvorräte sehr niedrig, und alle verfügbaren Aminosäuren, deren Kohlenstoffkette in die Gluconeogenese Eingang finden kann, werden abgebaut, um mehr Blutglucose zu bilden. Daher kann auch die Messung der Harnstoffkonzentration im Blut und Urin wertvolle Informationen über den Stoffwechselzustand von Diabetes-Patienten liefern.

Schwerer Diabetes ist von Azidose begleitet

Ein sehr auffallendes und ernst zu nehmendes Symptom bei schwerem, nicht eingestelltem Diabetes ist der starke Abfall des pH-Wertes im Blut, der bis auf pH 6.8 sinken kann (der normale Wert liegt bei 7.4). Dieser Anstieg der Azidität mag für sich genommen gering erscheinen, aber er zeigt eine sehr grundlegende Veränderung des Säure-Basen-Gleichgewichtes im Körper an. Die erhöhte Azidität beruht auf der ausgedehnten Produktion von Ketonkörpern in der Leber und deren Freisetzung ins Blut. Wird ein Molekül der neutralen Triacylglycerine in einer diabetischen Leber oxidiert, so werden mindestens 12 H^+-Ionen in Form von 3-Hydroxybuttersäure und Acetessigsäure gebildet. Diese kontinuierliche Säureproduktion kompensiert der Körper durch Verringerung der Konzentration des H_2CO_3, des Protonendonators oder Säureanteils des Hydrogencarbonat-Puffersystems (S. 95). Damit einher geht ein Anstieg der CO_2-Ausscheidung durch die Lungen (erinnern Sie sich, daß H_2CO_3 reversibel zu gelöstem CO_2 und H_2O dissoziiert). Die vermehrte Abscheidung von CO_2 über die Lungen zeigt also das Bestreben, das Verhältnis von Protonenakzeptor (HCO_3^-) und Protonendonator (H_2CO_3) auf den richtigen Wert zurückzubringen und das Blut in der Nähe des normalen pH-Wertes von 7.4 zu halten. Bei schwerem Diabetes wird jedoch für die Kompensation der durch den Ketonkörperüberschuß gebildeten Säuren so viel CO_2 durch die Lungen „abgeblasen", daß die Summe von HCO_3^- und H_2CO_3 sehr niedrig wird, wodurch die Pufferkapazität des Blutes stark nachläßt. Das ist eine ernste Komplikation.

Diese biochemischen Abnormitäten bei einem schwer Diabeteskranken Menschen, besonders die Änderung des Säure-Basen-Gleichgewichtes, können lebensbedrohlich werden. Verabreichung von Insulin zum Ausgleichen der endokrinen Defizienz und Verabreichung von $NaHCO_3$, um den Verlust von Na^+-Ionen auszugleichen und die Hydrogencarbonat-Pufferkapazität wieder herzustellen, können den Chemismus des ganzen Körpers innerhalb von 12 bis 24 h in ein fast normales Gleichgewicht zurückbringen. Um den Verlauf einer solchen Behandlung zu verfolgen, werden laufend Messungen des Blutglucosespiegels, des Blut-pH-Wertes oder des Blut-CO_2-Gehaltes durchgeführt.

Zusammenfassung

Stärke und andere Polysaccharide werden durch die Speichel-Amylase im Mund teilweise hydrolysiert. Die restliche Verdauung der Polysaccharide und Disaccharide erfolgt im Dünndarm durch die Pankreas-Amylase sowie durch die Lactase, Saccharose-Glucohydrolase und Maltase in den Dünndarmzellen. Proteine werden durch die nacheinander wirkenden Enzyme Trypsin und Chymotrypsin bei pH 7 bis 8 im Dünndarm verdaut. Kurze Peptide werden durch Carboxypeptidase und Aminopeptidase zu Aminosäuren hydrolysiert. Triacylglycerine werden durch die Pankreas-Lipase zu 2-Monoacylglycerin und freien Fettsäuren gespalten, die mit Hilfe der Salze von Gallensäuren emulgiert und dann absorbiert werden. Pepsin, Trypsin, Chymotrypsin, Carboxypeptidase und Lipase werden als inaktive Zymogene in den Magendarmtrakt abgegeben.

Die Leber ist das zentrale Verteilungs- und Verarbeitungsorgan für Nährstoffe. Glucose-6-phosphat, das Stoffwechselprodukt mit einer Schlüsselstellung für den Kohlenhydratstoffwechsel, kann in Glycogen, in Blutglucose oder über Acetyl-CoA in Fettsäuren umgewandelt werden. Es kann über die Glycolyse und den Citratcyclus abgebaut werden und ATP-Energie liefern, oder über den Pentosephosphat-Cyclus abgebaut werden und Pentosen und NADPH liefern. Aminosäuren können zu den Proteinen der Leber oder des Plasmas aufgebaut werden, oder sie können über die Gluconeogenese in Glucose und Glycogen umgewandelt werden. Der bei ihrer Desaminierung entstehende Ammoniak wird über den Harnstoffcyclus in Harnstoff umgewandelt. Fettsäuren können in der Leber in Triacylglycerine oder Cholesterin eingebaut werden oder in Plasma-Lipoproteine für den Transport zur Speicherung im Fettgewebe. Sie können auch oxidiert werden und ATP-Energie liefern oder Ketonkörper bilden, die über den Blutkreislauf in andere Gewebe gelangen.

Der Skelettmuskel ist spezialisiert auf die Bildung von ATP für die Kontraktion und die Relaxation. Bei sehr schwerer Muskelarbeit wird als letzte Brennstoffreserve Glycogen verwendet. Dabei entsteht Lactat, das während der Erholungsphase in der Leber in Glucose und Glycogen zurückverwandelt wird. Das Gehirn verwendet nur Glucose und 3-Hydroxybutyrat als Brennstoffe, von denen letzteres im Hungerzustand von Bedeutung ist. Das Gehirn verwendet den größten Teil seiner ATP-Energie für den aktiven Transport von Na^+ und K^+ und für die Aufrechterhaltung des Aktionspotentials in den Membranen der Neuronen.

Die Erythrozyten sind beteiligt am Transport sowohl von Sauerstoff als auch von CO_2 zwischen den Lungen und den peripheren Geweben. Die Be- und Entladung von Sauerstoff wird erreicht durch den relativ hohen pH-Wert in den Lungen einerseits und den niedrigen pH-Wert in den Geweben andererseits. Auch die S-förmige Abhängigkeit der Sauerstoffsättigung vom Sauerstoffdruck trägt hierzu bei. Der CO_2-Transport in den Erythrozyten ist über kompensierende H^+- und Cl^--Verschiebungen mit dem Sauerstofftransport gekoppelt.

Biochemische Methoden finden in der Diagnose und Behandlung von Krankheiten ausgedehnte Verwendung. Das gilt besonders für Diabetes mellitus, bei dem es zu charakteristischen Veränderungen des Blutglucosespiegels, der Ausscheidung von Harnstoff und des pH-Wertes kommt.

Aufgaben

1. *Die Bildung des Magensaftes.* Magensaft (pH 1.5) entsteht dadurch, daß Protonen aus dem Blutplasma (pH 7.4) in den Magen gepumpt werden. Berechnen Sie, wieviel freie Energie gebraucht wird, um einen 1 *l* Magensaft mit H^+-Ionen anzureichern. Wieviel mol ATP müssen hydrolysiert werden, um diese Energiemenge unter intrazellulären Bedingungen bereitzustellen? Erinnern Sie sich, daß ΔG_p für die ATP-Hydrolyse unter intrazellulären Bedingungen etwa 59 kJ beträgt.

2. *Die Einstellung des pH-Wertes beim Übergang vom Magen in den Dünndarm.* Die Protein-verdauenden Dünndarm-Enzyme Trypsin, Chymotrypsin und Carboxypeptidase haben Aktivitätsoptima bei pH 7–8. Ihre Substrate jedoch betreten den Darm zusammen mit einem Teil des Magensaftes, der einen pH-Wert von 1.5–2.5 hat. Wie wird der pH-Wert des Magensaftes auf das pH-Optimum der Dünndarm-Enzyme eingestellt?

3. *Die Verdaubarkeit von Casein und β-Keratin.* β-Casein vom Rind ($M_r = 23600$), das zu den Proteinen der Kuhmilch gehört, enthält keine Cystein- oder Cystinreste. Außerdem hat dieses Protein keine ausgeprägte Tertiärstruktur und seine native Konformation ähnelt einem statistischen Knäuel. Im Gegensatz dazu sind α-Keratine (in Haaren, Federn, Nägeln usw. vorkommende Proteine) reich an diesen Aminosäureresten. Diese Proteine haben außerdem sehr ausgeprägte Sekundär- und Tertiärstrukturen. Erklären Sie, welchen Einfluß die Eigenschaften dieser beiden Proteinarten auf ihre Verdaubarkeit haben. Warum z.B. ist Milch eine ausgezeichnete Aminosäurequelle für das Wachstum einer kleinen Katze, während ihr eigenes Fell unverdaulich ist (Haarknäuel können zu Darmverschluß führen)?

4. *Der Schutz vor einer Pepsin-katalysierten Verdauung der Hauptzellen des Magens.* Pepsinogen, die zymogene Vorstufe des Pepsins, wird durch die Entfernung eines aminoterminalen 42-Aminosäure-Abschnittes aktiviert. Diese Aktivierung wird normalerweise vom Pepsin selbst katalysiert, obwohl auch Pepsinogen unter pH 5 etwas katalytische Aktivität besitzt. Außerdem wird das abgespaltene 42-Aminosäure-Bruchstück an das aktive Zentrum

des Pepsins gebunden. Diese Bindung ist fest bei pH-Werten über 2 und schwach bei pH-Werten unter 2.
(a) Wie wird die Aktivierung des Pepsinogens im Magen eingeleitet?
(b) Wie können die oben beschriebenen Eigenschaften von Pepsin und Pepsinogen dazu dienen, die Zellen der Magenschleimhaut vor Selbstverdauung zu schützen?

5. *Das Schicksal der Verdauungsenzyme.* Während der Verdauung einer proteinreichen Mahlzeit werden große Mengen von Trypsin, Chymotrypsin und Carboxypeptidase aus dem Pankreas in den Magen-Darm-Trakt sezerniert. Obwohl eine vorzeitige Freisetzung der aktiven Enzymform im Pankreas schwere Schäden auslösen kann, beschädigen diese Enzyme die Epithelzellen des Dünndarms während der normalen Verdauung einer proteinreichen Mahlzeit nicht. Außerdem zeigen Proben aus dem Inhalt des unteren Dünndarmabschnittes während der Verdauung, daß diese Enzyme nur in Spuren vorhanden sind und aktives Pepsin überhaupt nicht nachweisbar ist. Machen Sie Vorschläge zur Erklärung dieser Beobachtungen.

6. *Die Wirksamkeit der Carboxypeptidasen.* Die vom Pankreas abgegebenen Carboxypeptidasen sind in den späteren Stadien der Verdauung für die Protein-Hydrolyse wesentlich wirkungsvoller als in den Anfangsstadien. Geben Sie hierfür eine Erklärung.

7. *Die Milch-Intoleranz bei Schwarzen und Orientalen.* Bei erwachsenen Schwarzen und Orientalen hat der Konsum von Milch häufig Blähungen, Krämpfe, Schmerzen und Durchfall zur Folge. Diese Symptome treten bereits nach 1 bis 4 Stunden auf und werden sowohl durch Frischmilch (es genügt bereits ein Glas) als auch durch Milchpulver hervorgerufen. Welche Substanz in der Milch ist dafür verantwortlich? Auf welche Weise verursacht diese Substanz die beobachteten Symptome?

8. *Die Ursachen der Steatorrhoe.* Die klinischen Symptome der Steatorrhoe, die durch einen Überschuß an Fett im Stuhl charakterisiert sind, können entweder durch insuffiziente Gallensekretion oder ausbleibende Pankreassekretion verursacht werden. Warum führen beide Zustände zu einem Lipidüberschuß im Stuhl? Wie lassen sich die beiden Ursachen durch eine Analyse des Stuhls unterscheiden?

9. *Alanin und Glutamin im Blut.* Das Blutplasma enthält alle Aminosäuren, die für die Synthese der Körperproteine gebraucht werden, aber in verschiedenen Konzentrationen. Zwei Aminosäuren, Alanin und Glutamin, sind in wesentlich höheren Konzentrationen im normalen menschlichen Blutplasma vorhanden als irgendeine der übrigen Aminosäuren. Welche Gründe können Sie hierfür finden?

10. *Die Wirkung von Ouabain auf das Nierengewebe.* Ouabain ist ein toxisches Glycosid, das spezifisch die Na^+K^+-ATPase-Aktivität der tierischen Gewebe hemmt, aber kein anderes der bekannten Enzyme. Wird Ouabain in abgestuften Konzentrationen zu lebenden Nieren-Dünnschnitten gegeben, so hemmt es den Sauerstoffverbrauch bis maximal 66 %. Welche Tatsachen liegen dieser Beobachtung zugrunde? Was sagt sie uns über die Verwendung der Atmungsenergie durch das Nierengewebe?

11. *Ist die Glycolyse für die Kontraktion von Skelettmuskeln notwendig?* Das alkylierende Agenz Iodacetat (ICH_2COO^-) ist ein wirksamer Inhibitor der Glycerinaldehyd-3-phosphat-Dehydrogenase, mit dessen essentiellen SH-Gruppen es sich verbindet. Werden Skelettmuskelstreifen mit einer Mischung aus Kalium-iodacetat und Antimycin A (Kapitel 17) behandelt, so können sie weiterhin durch elektrische Reize zu Kontraktionen stimuliert werden, aber es wird kein Lactat gebildet. Erklären Sie, was geschehen ist. Woher stammt unter diesen Bedingungen die Energie für die Kontraktion?

12. *ATP und Phosphocreatin als Energiequellen für den Muskel.* Im kontrahierenden Skelettmuskel nimmt die Phosphocreatin-Konzentration ab, während die ATP-Konzentration ziemlich konstant bleibt. Erklären Sie, wie das möglich ist. In einem klassischen Experiment fand Robert Davies, daß bei Behandlung eines Muskels mit Fluor-2,4-dinitrophenol die ATP-Konzentration schnell abnahm, die Phosphocreatin-Konzentration dagegen blieb während einer Serie von Kontraktionen unverändert. Schlagen Sie hierfür eine Erklärung vor.

13. *Der Stoffwechsel von Glutamat im Gehirn.* Das zum Gehirn fließende Blut enthält Glutamat, das im vom Gehirn abfließenden Blut als Glutamin wieder auftaucht. Welchen Sinn hat die Umwandlung von Glutamat zu Glutamin? Was findet dabei statt? Tatsächlich kann das Gehirn mehr Glutamin produzieren, als aus dem Glutamat im Blut hergestellt werden kann. Woher stammt das zusätzliche Glutamin?

14. *Das Fehlen von Glycerin-Kinase im Fettgewebe.* Glycerin-3-phosphat ist ein Schlüsselprodukt bei der Biosynthese der Triacylglycerine. Fettzellen, die auf Synthese und Abbau von Triacylglycerinen spezialisiert sind, können Glycerin nicht direkt verwenden, weil sie keine Glycerin-Kinase haben, die die folgende Reaktion katalysiert:

Glycerin + ATP → Glycerin-3-phosphat + ADP

Woher bekommt das Fettgewebe das für die Triacylglycerin-Synthese benötigte Glycerin-3-phosphat?

15. *Ödeme in Zusammenhang mit dem nephrotischen Syndrom.* Pa-

tienten mit Nephrose scheiden große Mengen an Serumalbumin aus. Dadurch kann der Serumalbumin-Spiegel im Blut bis auf 1.0 g/100 ml absinken (Normalwerte 3.5 bis 4.5 g/100 ml, siehe Tab. 24-3). Bei Patienten in diesem Zustand kommt es zu schweren Ödemen (Schwellungen) an den Extremitäten, die auf Flüssigkeitsansammlungen in den extrazellulären Räumen beruht. Erklären Sie die Ursachen für diese Symptome.

16. *Hyperglykämie bei Patienten mit akuter Pankreatitis.* Patienten mit akuter Pankreatitis erhalten eine eiweißfreie Diät und eine intravenös verabreichte Glucose-Salz-Lösung. Welches ist die biochemische Grundlage für diese Behandlung? Bei Patienten, die auf akute Pankreatitis behandelt werden, kommt es im allgemeinen zu Hyperglykämie. Warum?

17. *Der Sauerstoffverbrauch bei sportlicher Betätigung.* Ein Erwachsener verbraucht im Sitzen in 10 s etwa 0.05 l Sauerstoff. Ein Sprinter verbraucht beim 100-m-Lauf in derselben Zeit 1 l Sauerstoff. Nach Beendigung des Laufes bleibt die Atmung des Läufers noch für einige Minuten erhöht. In dieser Zeit verbraucht er 4 l mehr als im Sitzen. Warum steigt der Sauerstoffbedarf beim Laufen so stark an? Warum bleibt der Sauerstoffbedarf nach Beendigung des Laufes erhöht?

18. *Die Wirkung einer Milchdiät auf den pH-Wert des Urins.* Bei einer Diät, die nur aus Vollmilch besteht, neigt der pH-Wert des Urins zu niedrigeren Werten (≈ 5) als bei normaler gemischter Kost. Dabei hat Vollmilch einen pH-Wert von 7.5. Wie können Sie sich dieses Paradoxon erklären, wenn Sie an die Zusammensetzung der Milch denken (3.5% Lactose, 3.5% Butter-Fett und etwa 3.5% Casein, ein Phosphoprotein mit vielen Serinphosphat-Resten)?

19. *Atmungsazidose.* Ein 22jähriger Mann wurde in die Intensivstation eines Hospitals eingeliefert. Als Diagnose fand man: Überdosis eines Narkosemittels. Bei der Ankunft war sein Atem sehr flach und unregelmäßig. Sein Zustand verschlechterte sich und er wurde an eine eiserne Lunge angeschlossen. In einer arteriellen Blutprobe wurde ein pH-Wert von 7.18 gemessen. Daraufhin erhielt er 12 g Natriumhydrogencarbonat intravenös.
    (a) Warum kann ihrer Meinung nach eine Überdosis eines Narkotikums zu einer Respirationsazidose führen?
    (b) Wie kann durch eine mechanische Ventilation der Lunge der pH-Wert des Blutes beeinflußt werden? Wie kann eine mechanische Ventilation die Fähigkeit des Blutes beeinflussen, Sauerstoff in die Gewebe zu transportieren?
    (c) Erklären Sie, zu welchem Zweck das Hydrogencarbonat verabreicht wurde?

20. *Thiaminmangel und Gehirnfunktion.* Bei Patienten mit Thiamin-

mangel kommt es zu einer Reihe von charakteristischen neurologischen Anzeichen: Verlust von Reflexen, Angstzuständen und geistiger Verwirrung. Stellen Sie Überlegungen dazu an, warum Thiaminmangel sich in der Gehirnfunktion manifestiert.

21. *Überfunktion der Nebennierenrinde und Hyperkaliurie.* Die durch Nebennierenrinden-Tumore verursachte Überfunktion dieses Organs führt zu einer übermäßigen Rückresorption von Na^+ in die Nierentubuli. Die Patienten in diesem Zustand scheiden außerdem ungewöhnlich viel Kalium in den Urin aus. Warum tritt eine zu hohe Na^+-Rückresorption zusammen mit einer zu hohen K^+-Ausscheidung auf?

22. *Die toxische Wirkung von Seewasser.* Die menschliche Niere ist eine wunderbare Einrichtung, mit deren Hilfe die Entfernung von Na^+ aus dem Blut dadurch reguliert werden kann, daß die Na^+-Ionen im Urin bis zu einer Konzentration von 340 mM angereichert werden können. Seewasser jedoch enthält Na^+-Ionen in etwa doppelt so hoher Konzentration. Wenn jemand Seewasser als einzige Flüssigkeit zu sich nimmt, so reichert sich NaCl in der extrazellulären Flüssigkeit (die Flüssigkeit, die die Körperzellen umgibt) an, aber nicht in der intrazellulären Flüssigkeit. Die Einnahme von Seewasser über lange Zeit führt zum Tod durch Schädigung von Gehirnzellen. Wie kann das Trinken von Seewasser über längere Zeit Zellschäden verursachen?

Kapitel 25
Hormone

Wir wollen jetzt die Hormone untersuchen und wie sie das harmonische Wechselspiel zwischen den verschiedenen Geweben und Organen regulieren.

Das Wort *Hormon* leitet sich von einem griechischen Verb ab, das „antreiben" oder „aufrühren" bedeutet. Ein Hormon ist ein chemischer Bote (Messenger), der von einer Gewebsart in Spuren sezerniert und vom Blutstrom an seinen Wirkungsort in einem anderen Teil des Körpers gebracht wird, wo er eine bestimmte biochemische oder physiologische Aktivität stimuliert. Die *Endokrinologie*, das Teilgebiet der Biochemie, das von den Hormonen und ihren Wirkungen handelt, gehört zu den aufregendsten Gebieten der Biochemie, weil hier vor einigen Jahren eine Reihe wichtiger Entdeckungen zu neuen Einblicken geführt hat. Da Änderungen von Hormonwirkungen Krankheiten auslösen können, ist die Endokrinologie auch ein Gebiet, wo die Biochemie auf besonders unmittelbare Weise nutzbringend sein kann.

Viele Hormone sind bekannt und an der Aufklärung anderer wird gerade gearbeitet. Hormone regulieren nicht nur viele Teilbereiche des Stoffwechsels, sondern sie haben auch andere Funktionen: sie kontrollieren das Wachstum von Zellen und Geweben, die Herzfrequenz, den Blutdruck, die Nierenfunktion, die Beweglichkeit des Magen-Darm-Traktes, die Sekretion von Verdauungsenzymen, die Milchproduktion (Lactation) und das Fortpflanzungssystem. Wir wollen nicht auf alle diese Punkte näher eingehen; tatsächlich sind die biochemischen Grundlagen für die Wirkung der meisten Hormone noch unbekannt. Stattdessen wollen wir uns auf die Biochemie derjenigen Hormone konzentrieren, die die Hauptstoffwechselwege regulieren; dazu gehören Adrenalin, Insulin, Glucagon, Thyroxin und die Nebennierenrindenhormone.

Die Hormone wirken in einer komplexen Hierarchie mit Wechselbeziehungen

Lassen Sie uns zunächst die wichtigsten endokrinen Systeme des Körpers und einige ihrer funktionellen Wechselbeziehungen untersuchen. Abb. 25-1 zeigt die anatomische Lage der wichtigsten endo-

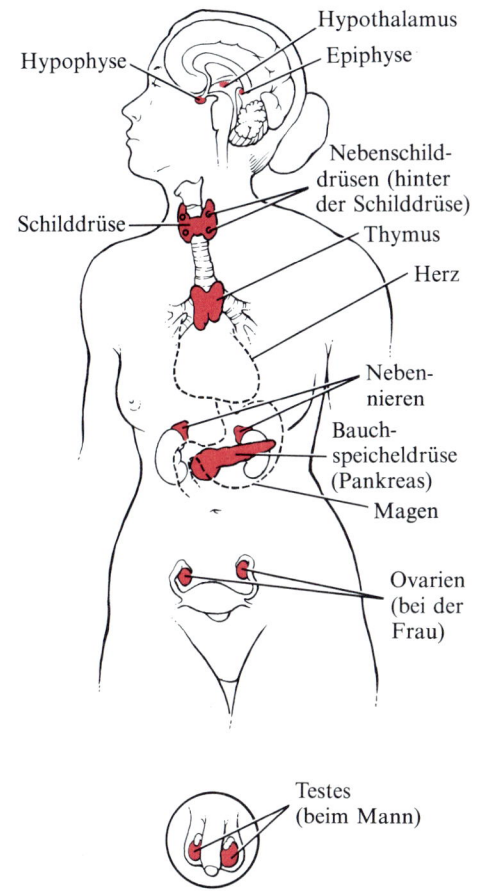

Abbildung 25-1
Die wichtigsten endokrinen Drüsen.

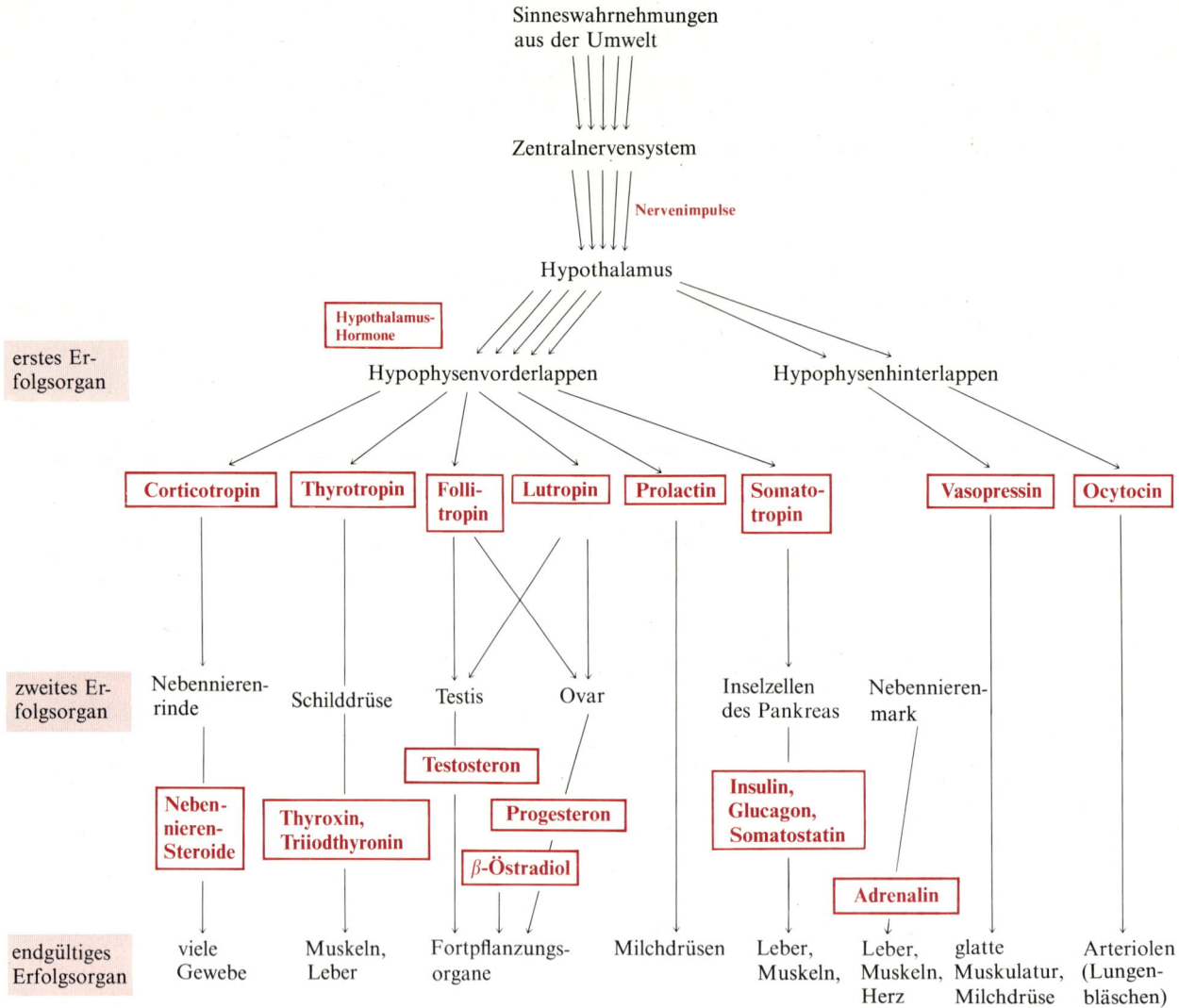

Abbildung 25-2
Die wichtigsten endokrinen Systeme und ihre Erfolgsorgane. Die aus dem Nervensystem ankommenden Signale werden über eine Reihe von Relais-Stellen zu ihrem Erfolgsorgan geleitet. Zusätzlich zu den hier dargestellten Systemen werden auch von der Thymusdrüse und der Epiphyse, (auch Zirbeldrüse oder Pinealorgan genannt) sowie von einigen Zellgruppen im Magen-Darmtrakt Hormone sezerniert. Follitropin ist die Kurzbezeichnung für Follikel-stimulierendes Hormon und Lutropin die für luteinisierendes Hormon.

krinen Drüsen, die Bedeutung für die Stoffwechselregulation haben. Das Wort endokrin („inwendig absondern") bedeutet, daß die Sekretion nach innen erfolgt, d.h. ins Blut. Außer den bekannten endokrinen Drüsen wie Schilddrüse und Hypophyse gibt es noch viele andere Gewebe, wie die Zirbeldrüse (Pinealorgan), die Thymusdrüse und zahlreiche Zellgruppen im Magen-Darm-Trakt, die Hormone freisetzen.

Abb. 25-2 zeigt einen Organisationsplan der Regulationsbeziehungen zwischen den endokrinen Drüsen und ihren *Erfolgsorganen*. Der *Hypothalamus*, ein spezialisierter Teil des Gehirns, ist das Koordinationszentrum des endokrinen Systems. Er empfängt Botschaften aus dem Zentralnervensystem, fügt sie zusammen und produziert als Antwort darauf eine Reihe von *Hypothalamus-Regulations-*

hormonen, die zur unmittelbar unterhalb des Hypothalamus gelegenen *Hypophyse* geschickt werden. Jedes der Hypothalamus-Hormone reguliert die Sekretion eines spezifischen Hormons aus dem vorderen oder hinteren Hypophysenlappen. Einige Hypothalamushormone stimulieren die Hypophyse zur Sekretion eines Hormons, andere dagegen haben eine Hemmwirkung. Sobald die Hypophyse stimuliert ist, gibt sie Hormone ins Blut ab, die zu den endokrinen Drüsen der nächst niedrigeren Rangstufe gebracht werden, zu denen die *Nebennierenrinde*, die endokrinen Zellen des *Pankreas*, die *Schilddrüse*, sowie die *Ovarien* und die *Testes* gehören. Diese Drüsen werden dadurch stimuliert und sezernieren ihre eigenen Hormone. Die Hormone werden vom Blut zu den *Hormonrezeptoren* transportiert, die sich an oder in den Zellen der endgültigen Erfolgsgewebe befinden. Es gibt noch ein weiteres Glied in diesem Übertragungssystem. In den Zellen des Erfolgsgewebes befindet sich noch ein molekulares Agens mit Signalwirkung, ein *intrazellulärer Messenger*, der die Botschaft vom Hormonrezeptor zur spezifischen Zellstruktur oder einem spezifischen Enzym bringt, also zum letzten eigentlichen Ziel. Das endokrine System arbeitet demnach mit „Relais-Stationen" und kann Information vom Nervensystem zu einem spezifischen Effektor-Molekül in der Erfolgszelle transportieren.

Das endokrine System wird außerdem durch Rückkopplungsbeziehungen moduliert. Abb. 25-3 zeigt an einem Beispiel, wie eine solche Kontrolle funktioniert. Der Hypothalamus kann ein *Thyrotropin-freisetzendes Hormon* (*Thyroliberin*) zum Hypophysenvorderlappen schicken, was diesen dazu veranlaßt, mehr Thyrotropin freizusetzen. Dadurch wiederum wird die Schilddrüse stimuliert, die Schilddrüsenhormone *Thyroxin* und *Triiodthyronin* abzugeben, die übers Blut zu ihren Erfolgsorganen gelangen. Die im Blut zirkulierenden Schilddrüsenhormone wirken jedoch auch als Rückkopplungshemmer auf die Sekretion von Thyroliberin aus dem Hypothalamus und von Thyrotropin aus der Hypophyse zurück. Außerdem kann die Sekretion von Thyroliberin auch von *Somatostatin* gehemmt werden, das vom Hypothalamus (und auch vom Pankreas) gebildet wird. Sekretion und Wirkung eines Hormons können also durch andere Hormone entscheidend beinflußt oder reguliert werden. Auf diese Weise werden die Aktivitäten verschiedener endokriner Systeme durch ein komplexes regulierendes Netzwerk kontrolliert.

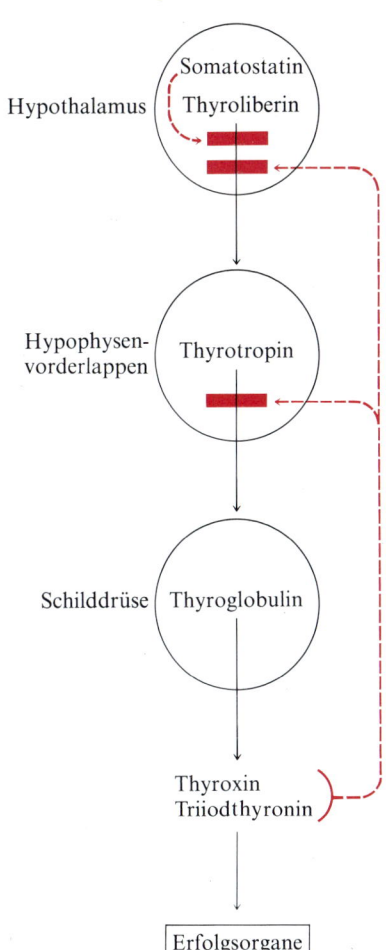

Abbildung 25-3
Rückkopplungsregulation der Sekretion der Schilddrüsenhormone Thyroxin und Triiodthyronin. Steigt ihre Konzentration im Blut, so hemmen sie die Sekretion des Thyrotropin-freisetzenden Hormons (Thyroliberin) durch den Hypothalamus sowie die Sekretion von Thyrotropin durch die Hypophyse. Ein anderes Hormon des Hypothalamus, das Somatostatin, hemmt ebenfalls die Sekretion von Thyroliberin.

Einige allgemeine Eigenschaften von Hormonen

Zu Struktur und Funktion der Hormone lassen sich einige allgemeine Angaben machen.

Es gibt drei Klassen von Hormonen: Peptide, Amine und Steroide

Zu den aus 3 bis 200 Aminosäureresten bestehenden *Peptidhormonen* (Tab. 25-1) gehören alle Hormone des Hypothalamus und der Hypophyse sowie das Insulin und das Glucagon des Pankreas. Die *Aminohormone* sind niedermolekulare, wasserlösliche Verbindungen, die Aminogruppen enthalten. Hierher gehören das Adrenalin des Nebennierenmarks und die Schilddrüsenhormone. Die fettlöslichen *Steroidhormone* umfassen die Nebennierenrindenhormone, die *Androgene* (männliche Sexualhormone) und die *Östrogene* (weibliche Sexualhormone).

Tabelle 25-1 Die Hormonklassen und einige Beispiele.

Hormon	Sezernierendes Organ
Peptidhormone	
Thyrotropin-freisetzendes Hormon (Thyroliberin)	Hypothalamus
Corticotropin	Hypophysenvorderlappen
Vasopressin	Hypophysenhinterlappen
Insulin	Pankreas (Bauchspeicheldrüse)
Glucagon	Pankreas
Amino-Hormone	
Adrenalin	Nebennierenmark
Thyroxin	Schilddrüse
Steroidhormone	
Cortisol	Nebennierenrinde
β-Östradiol	Ovarien (Eierstöcke)
Testosteron	Testes (Hoden)
Progesteron	Corpus luteum (Gelbkörper)

Einige Polypeptidhormone entstehen als inaktive Vorstufen

Mehrere Polypeptidhormone, unter ihnen Insulin und Glucagon, werden von ihren endokrinen Mutterzellen als inaktive Vorstufen synthetisiert, die *Prohormone* genannt werden. Solche inaktiven Vorstufen bestehen aus Polypeptidketten, die länger sind als die der aktiven Hormone. Ein Beispiel ist das *Proinsulin* mit einer Peptidkette aus etwa 80 Aminosäureresten, das durch enzymatische Abspaltung eines Kettenteils in das 51 Reste lange Insulin umgewandelt wird. Prohormone werden in ihrer inaktiven Form in den endokrinen Zellen gelagert, oft in Sekretgranula, in denen sie bereitstehen, um nach Eintreffen eines entsprechenden Signals schnell in die aktive Form umgewandelt zu werden.

Hormone wirken in sehr niedrigen Konzentrationen und die meisten sind kurzlebig

Im nicht-stimulierten Zustand kommen die Hormone im Blut in sehr geringen Konzentrationen vor, die im *mikromolaren* (10^{-6} M) bis *pikomolaren* (10^{-12} M) Bereich liegen. Die Glucosekonzentration liegt dagegen im millimolaren Bereich, etwa bei 4×10^{-3} M). Aus diesem Grunde war es sehr schwierig, Hormone zu isolieren, zu identifizieren und genau zu bestimmen. Die Technik des Radioimmuntests mit ihrer extrem hohen Empfindlichkeit hat die Hormonforschung revolutioniert, weil sie eine spezifische quantitative Bestimmung vieler Hormone in winzigen Konzentrationen ermöglicht.

Wird die Sekretion eine Hormons stimuliert, so steigt seine Konzentration im Blut manchmal um Größenordnungen. Hört die Sekretion auf, so kehrt die Hormonkonzentration schnell auf den Wert des Ruhezustandes zurück. Hormone haben im Blut eine kurze Lebenszeit, oft nur wenige Minuten. Wenn sie nicht mehr gebraucht werden, werden sie von Enzymen schnell inaktiviert.

Manche Hormone wirken sofort, andere kommen langsam zur Wirkung

Einige Hormone lösen eine sofort eintretende physiologische oder biochemische Antwort aus. Nur wenige Sekunden nach der Sekretion von Adrenalin in den Blutstrom antwortet die Leber mit der Ausschüttung von Glucose ins Blut. Andererseits erzielen Schilddrüsenhormone oder Östrogene ihre maximale Wirkung in den Erfolgsorganen erst nach Stunden oder gar Tagen. Wie wir sehen werden, hängen diese Unterschiede mit einer unterschiedlichen Wirkungsweise zusammen.

Hormone werden an spezifische Rezeptoren auf oder in der Erfolgszelle gebunden

Der erste Schritt der Hormonwirkung ist seine Bindung an ein spezifisches Molekül (oder eine Molekülfamilie), genannt *Hormonrezeptor*, der sich auf der Zelloberfläche oder im Cytoplasma der Erfolgszelle befindet. Solche Rezeptoren besitzen eine sehr hohe Spezifität und Affinität für ihre Hormonmoleküle. Die Rezeptoren für die *wasserlöslichen Peptid-* und *Aminohormone*, die nicht ohne weiteres durch die Zellmembran hindurchtreten können, sind an der äußeren Oberfläche der Zelle lokalisiert. Die Rezeptoren der *lipidlöslichen Steroidhormone*, für die die Plasmamembran ihrer Erfolgszellen kein Hindernis ist, sind spezifische Proteine im Cytosol der Zelle.

Die Hormonwirkung kann über einen intrazellulären „zweiten Messenger" erfolgen

Sobald der Hormonrezeptor auf oder in der Erfolgszelle von einem Hormonmolekül besetzt wird, erleidet er eine charakteristische Veränderung, durch die ein intrazelluläres Messengermolekül gebildet oder freigesetzt wird, das oft als *zweiter Messenger* bezeichnet wird. Dieser Messenger leitet das Signal vom Hormonrezeptor an ein Enzym oder molekulares System in der Zelle weiter, das die durch das Hormon gelieferte Anweisung ausführt. Der intrazelluläre Messenger reguliert entweder eine spezifische enzymatische Reaktion oder er veranlaßt die Expression eines aktiven Gens oder einer Gengruppe.

Die Hormone des Hypothalamus und der Hypophyse sind Peptide

Die vom Hypothalamus sezernierten Hormone (Tab. 25-2) sind relativ kurzkettige Peptide mit 3 bis 15 Aminosäureresten. Die Strukturen zweier solcher Hormone zeigt Abb. 25-4. Diese Hormone konnten erst nach Jahren intensiver Forschungsarbeit isoliert und inden-

Tabelle 25-2 Einige Hypothalamus-Hormone.

Adrenocorticotropin-freisetzendes Hormon (Corticoliberin)
Thyrotropin-freisetzendes Hormon (Thyroliberin)
Somatotropin-freisetzendes Hormon (Somatoliberin)
Somatotropin-hemmendes Hormon (Somatostatin)
Prolactin-freisetzendes Hormon (Prolactoliberin)
Prolactin-hemmendes Hormon (Prolactostatin)
Luteinisierungshormon-freisetzendes Hormon (Luliberin)

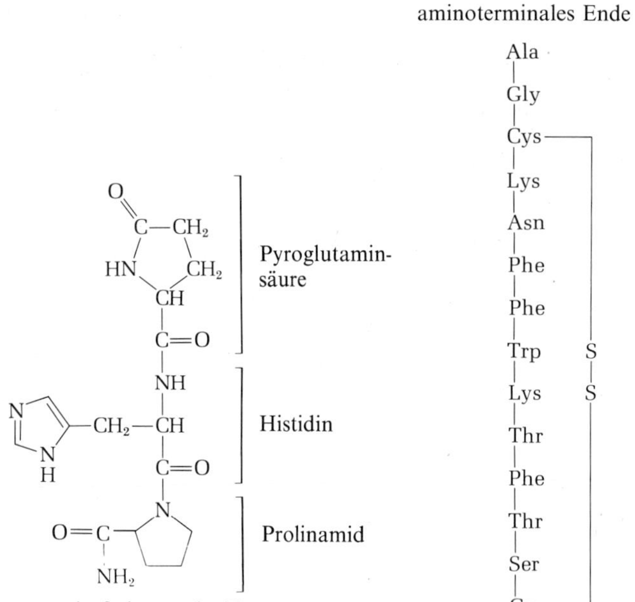

Thyrotropin-freisetzendes Hormon (Thyroliberin)

(a)

Somatostatin

(b)

Abbildung 25-4
Zwei vom Hypothalamus szernierte Hormone.
(a) Thyrotropin-freisetzendes Hormon (Thyroliberin) das die Freisetzung von Thyrotropin aus dem Hypophysenvorderlappen bewirkt. Thyrotropin wiederum stimuliert die Schilddrüse, Thyroxin und Triiodthyronin abzugeben.
(b) Schafs-Somatostatin, das die Freisetzung von Somatotropin aus dem Hypophysenvorderlappen hemmt.

tifiziert werden. Von allen bekannten Hormonen werden die des Hypothalamus in den kleinsten Mengen abgegeben. Aus 4 Tonnen Hypophysengewebe von Schlachttieren konnte z.B. nur 1 mg *Thyrotropin-freisetzendes Hormon* (*Thyroliberin*) isoliert werden. Roger Guillemin von San Diego und Andrew Schally aus New Orleans wurden 1977 mit dem Nobelpreis ausgezeichnet, weil sie als erste Hormone des Hypothalamus isoliert und chemisch aufgeklärt haben. Sie teilten sich die Auszeichnung mit Rosalind Yalow, die den extrem empfindlichen Radioimmuntest für die Bestimmung von Hormonen perfektioniert hat, ohne den ein großer Teil der Erfolge in der Hormonforschung der letzten Jahre nicht denkbar gewesen wäre.

Die Hypothalamushormone gelangen nicht in den allgemeinen Kreislauf, sondern werden direkt durch besondere Gefäße an die nahe gelegene Hypophyse weitergegeben (Abb. 25-5). Die Hypophyse besteht aus zwei Teilen, die verschiedenen embryonalen Ursprungs sind, dem *Vorder*- und dem *Hinterlappen*. Der Vorderlappen produziert mehrere verschiedene Hormone, die alle relativ lange Polypeptide sind. (Tab. 25-3). Sie werden *Tropine* genannt, da sie eine Affinität zum nächst niedrigeren Rang endokriner Drüsen haben und diese stimulieren. So stimuliert *Corticotropin* die Nebennierenrinde (Cortex) und *Thyrotropin* die Schilddrüse (Glandula thyroidea). Die wichtigsten Hormone des Hypophysenvorderlappens konnten isoliert und ihre Aminosäuresequenzen bestimmt werden. Einige dieser Hormone, wie Corticotropin, werden medizinisch eingesetzt, um die natürliche Sekretion zu ersetzen oder zu ergänzen.

Tabelle 25-3 Hypophysenhormone

	Relative Molekülmasse
Hypophysenvorderlappen	
Corticotropin	4500
Thyrotropin	28000
Somatotropin	21500
Follitropin (Follikel-stimulierendes Hormon)	34000
Luteinisierungshormon	28500
Prolactin	23500
Lipotropin	11800
Hypophysenhinterlappen	
Vasopressin	1070
Ocytocin	1070

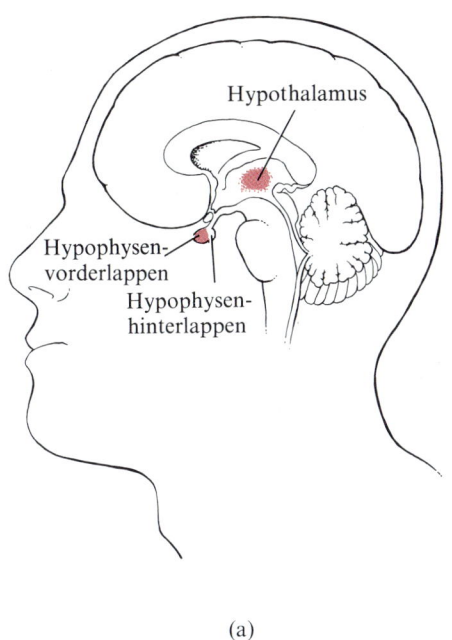
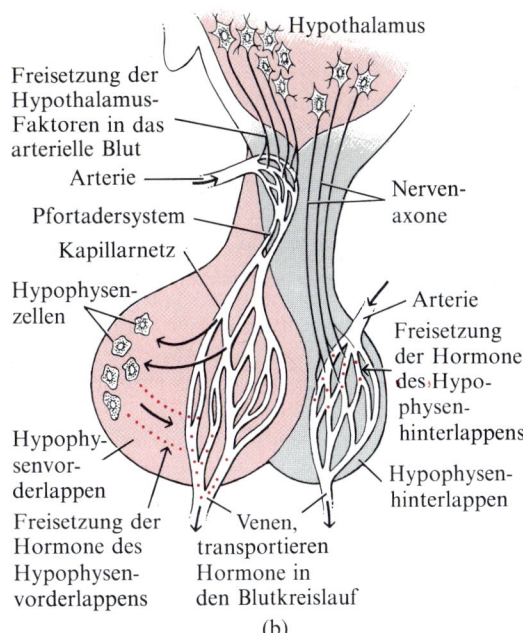

Abbildung 25-5
(a) Die Lage von Hypothalamus und Hypophyse im Gehirn.
(b) Detaillierte Darstellung von Hypothalamus und Hypophyse. Die von den verbindenden Neuronen kommenden Signale stimulieren den Hypothalamus, die für den Hypophysenvorderlappen bestimmten Hormone in ein spezielles Blutgefäß zu sezernieren, durch das sie direkt zu einem Kapillarnetz des Hypophysenvorderlappens gebracht werden. Daraufhin werden die Hormone des Vorderlappens in den allgemeinen Blutkreislauf abgegeben. Die Hormone des Hypophysenhinterlappens werden in Nervenzellen hergestellt, die dem Hypothalamus entstammen, und von deren Axonen zum Hypophysenhinterlappen geleitet, wo sie ins Blut freigesetzt werden.

Im Hypophysenhinterlappen werden zwei charakteristische Hormone hergestellt, *Ocytocin* und *Vasopressin*, Peptide mit neun Aminosäureresten, die aus längerkettigen Vorstufen entstehen (Abb. 25-6). Die Sekretion dieser Hormone wird ebenfalls durch den Hypothalamus kontrolliert. Ocytocin (griech.: „sofort einsetzende Geburt") wirkt auf bestimmte glatte Muskeln, besonders des Uterus. Es wird bei Entbindungen zum Auslösen der Wehen und zur Stimulierung der Lactation verwendet. Vasopressin erhöht den Blutdruck und die Wasser-Rückresorption in die Nieren. Durch zu geringe Sekretion von Vasopressin kommt es zum *Diabetes insipidus* (Ausscheidung übernormal großer Mengen von geschmacklosem Harn), bei dem täglich bis zu 10 l sehr verdünnter Harn ausgeschieden wird (nicht zu verwechseln mit dem *Diabetes mellitus*, der ebenfalls auf einer endokrinen Störung beruht). Auf die Wirkungsweise dieser und anderer Hormone von Hypothalamus und Hyphophyse kommen wir später zurück.

Nun wollen wir die Hormone untersuchen, die den Stoffwechsel der hauptsächlichen Nährstoffe kontrollieren. Dies sind die Hormone, deren Wirkungsweise am besten aufgeklärt ist. Sie werden zur Behandlung einer ganzen Reihe von Erkrankungen der inneren Sekretion eingesetzt, bei denen der Stoffwechsel betroffen ist.

Das Nebennierenmark sezerniert die Aminohormone Adrenalin und Noradrenalin

Adrenalin ist das am besten untersuchte aller Hormone. Seine Wirkungsweise ist bekannt und hat für die Untersuchung anderer Hor-

Kasten 25-1 Der Radioimmuntest (Radioimmunoassay) für Polypeptidhormone.

Tiere bilden Antikörper gegen spezifische Antigene, das sind Fremdproteine, die in den Körper gelangen. Das im Blutserum auftretende Antikörperprotein kann das Antigenmolekül sehr fest, aber dennoch reversibel binden. Jeder Antikörper ist sehr spezifisch und kann nur jeweils *das* Antigen binden, das seine Bildung veranlaßt hat. Dise Spezifität und Affinität der Antokörper für ihre Antigene machten Rosalind Yalow und ihre Mitarbeiter zur Grundlage für die Bestimmung der extrem niedrigen Konzentrationen der Polypeptidhormone in Blut und Geweben. Das zu bestimmende Hormon wird als Antigen (Ag) in Meerschweinen injiziert. Nach einer Reihe solcher Injektionen bildet sich im Blutplasma eine hohe Konzentration des Antikörpers gegen das injizierte Hormon. Der Antikörper (Ak) kann aus dem Serum isoliert werden und wird dann mit einer bekannten Menge des radioaktiv markierten Hormons ($\overset{*}{A}g$) gemischt, wobei sich in einer reversiblen Reaktion der Antigen-Körper-Komplex ($\overset{*}{A}g - Ak$) bildet. Das Gleichgewicht dieser Reaktion liegt weit auf der rechten Seite:

$$\overset{*}{A}g + Ak \rightleftharpoons \overset{*}{A}g - Ak$$

Um die Konzentration dieses Hormons in der Serumprobe eines Patienten zu bestimmen, wird die Probe mit einer bekannten Menge des radioaktiven Komplexes $\overset{*}{A}g - Ak$ gemischt. Der Antikörper kann nicht zwischen dem markierten Hormon, das bereits an ihn gebunden ist, ($\overset{*}{A}g$), und dem unmarkierten Hormon (Ag) in der Blutprobe unterscheiden, so daß Ag und $\overset{*}{A}g$ miteinander um die Bindung am Antikörper konkurrieren. Dadurch verdrängt das Ag einen Teil des markierten Hormons aus der $\overset{*}{A}g - Ak$-Bindung, wie folgende Gleichung zeigt:

$$Ag + \overset{*}{A}g - Ak \rightleftharpoons \overset{*}{A}g + Ag - Ak$$

Nach Ausbildung des vollen Gleichgewichtes zwischen markiertem und unmarkiertem Hormon wird gemessen, wieviel vom radioaktiv markiertem Hormon durch das unmarkierte aus dem Komplex verdrängt worden ist. Daraus läßt sich dessen Konzentration in der Blutprobe berechnen. Wenn die Hormonmenge in der Testprobe z. B. genau gleich groß ist wie die Menge des bereits an den Antikörper gebundenen radioaktiven Hormons, so wird genau die Hälfte des radioaktiven Hormons auf dem Antikörper vom unmarkierten Hormon verdrängt werden. Je höher die Konzentration des unmarkierten Hormons im Serum, desto größer die Menge an radioaktivem Hormon, die aus dem $\overset{*}{A}g - Ak$-Komplex verdrängt wird.

Die Radioimmuntests sind nicht nur hoch spezifisch, sondern auch extrem empfindlich. Bei der Laudatio anläßlich der Nobelpreisverleihung an Rosalind Yalow wurde die extreme Empfindlichkeit des Radioimmuntests mit dem Nachweis eines halben Zuckerwürfels in einem sehr großen See verglichen.

---

mone als Modell gedient. Erfolgsgewebe des Adrenalins sind Leber und Skelettmuskel sowie Herz und Gefäßsystem .

Adrenalin (früher auch Epinephrin genannt) und *Noradrenalin* (früher auch Norepinephrin) sind zwei nahe verwandte Verbindungen. Sie werden vom inneren Teil der direkt oberhalb der Nieren gelegenen Nebennieren (Abb. 25-1), dem *Nebennierenmark*, hergestellt und sezerniert. Das Nebennierenmark ist eigentlich ein Teil des Nervensystems, von dem es Signale empfängt. Adrenalin und Noradrenalin sind beide wasserlösliche Amine, die sich, wie Abb. 25-7 zeigt, vom Tyrosin ableiten. Eines der Zwischenprodukte dabei ist das 3,4-Dihydroxyphenylalanin (*Dopa*), ein anderes das 3,4-Dihydroxyphenylethylamin (*Dopamin*), das selbst eine hormonähnliche Substanz ist. Adrenalin, Noradrenalin und Dopamin werden gemeinsam auch als *Catecholamine* bezeichnet, da man sie als Derivate des *Catechols* (1,2-Dihydroxyphenol) betrachten kann (Abb. 25-7). Catecholamine werden auch im Gehirn und im Nervensystem gebildet, haben dort aber die Funktion von Neurotransmittern. Bei der Parkinson-Krankheit ist die Bildung von Dopamin im Gehirn defekt. Ihre Symptome können durch Verabreichung von Dopa, der Vorstufe von Dopamin, gemildert werden.

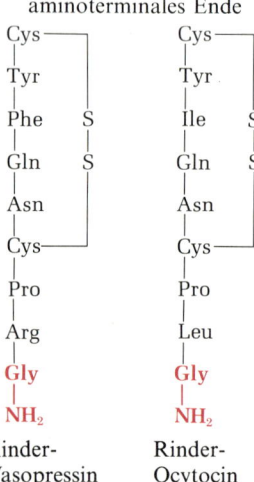

Abbildung 25-6
Die Hormone des Hypophysenhinterlappens. Die carboxyterminalen Reste ($-Gly-NH_2$, in Farbe) sind Glycinamidreste ($-NH-CH_2-CO-NH_2$).

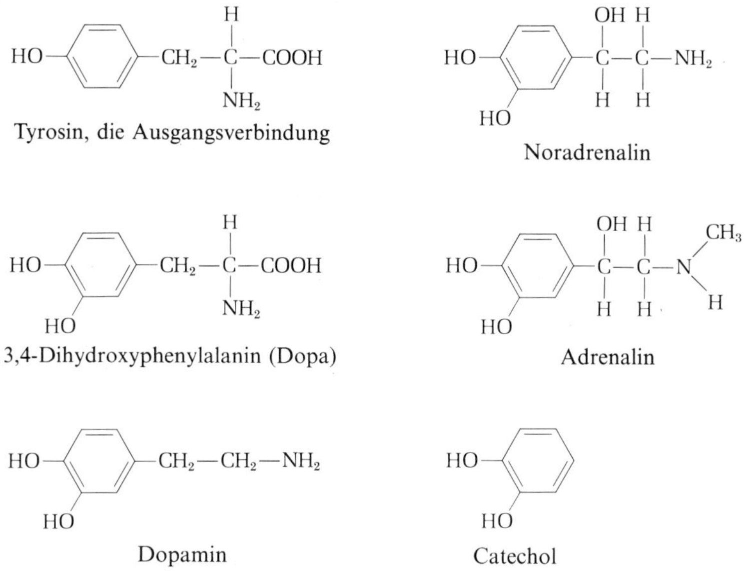

Tyrosin, die Ausgangsverbindung

HO—⟨⟩—CH$_2$—CH(NH$_2$)—COOH

Noradrenalin

HO—⟨⟩(OH)—CH(OH)—CH$_2$—NH$_2$

3,4-Dihydroxyphenylalanin (Dopa)

HO—⟨⟩(OH)—CH$_2$—CH(NH$_2$)—COOH

Adrenalin

HO—⟨⟩(OH)—CH(OH)—CH$_2$—NH(CH$_3$)

Dopamin

HO—⟨⟩(OH)—CH$_2$—CH$_2$—NH$_2$

Catechol

HO—⟨⟩(OH)

Abbildung 25-7
Die Catecholamin-Hormone. Sie entstehen aus der Aminosäure Tyrosin und sind Derivate des unten rechts abgebildeten Catechols (1,2-Dihydroxybenzol). Die Abkürzung Dopa ist von der früheren Bezeichnung *Di*oxy*p*henyl*a*lanin abgeleitet.

Adrenalin wird in den Zellen des Nebennierenmarks in den *chromaffinen Vesikeln* gespeichert. Diese von Membranen umgebenen Strukturen mit einem Durchmesser von etwa 0.1 μm (Abb. 25-8) enthalten etwa 20% Adrenalin und etwa 4% ATP. Durch Nervenimpulse, die im Nebennierenmark eintreffen, kommt es zur Exozytose von Adrenalin aus diesen Granula in die umgebende extrazelluläre Flüssigkeit und von dort ins Blut. Normalerweise beträgt der Adrenalinspiegel im Blut nur etwa 0.06 μg/l (etwa 10^{-10} M), aber sensorische Reize, die ein Tier erschrecken und augenblicklich kampf- oder fluchtbereit machen, bewirken innerhalb weniger Sekunden oder Minuten einen fast 1000-fachen Anstieg der Adrenalinkonzentration im Blut. Adrenalin bereitet das Tier in verschiedener Hinsicht auf lebensgefährliche Situationen vor; Es erhöht die Herzschlagfrequenz, das Herzschlagvolumen und den Blutdruck, so daß das Gefäßsystem für den Notfall gerüstet ist. Außerdem stimuliert Adrenalin den Abbau von Leberglycogen zu Blutglucose, dem Brennstoff für anaerobe Muskelarbeit, und es bewirkt den anaeroben Abbau des Glycogens im Skelettmuskel zu Lactat über die Glycolyse, so daß die glycolytische ATP-Bildung stimuliert wird. Diese Eigenschaften machen das Adrenalin zu einem der wertvollsten Mittel in lebensbedrohlichen Situationen bei akutem Kreislaufkollaps. Es entspannt auch die glatten Muskeln, die die Bronchiolen der Lunge umgeben, und mildert damit die Symptome eines Asthma-Anfalles.

Wir haben heute dank der klassischen Arbeiten des amerikanischen Biochemikers Earl W. Sutherland Jr. und seiner Mitarbeiter ein ziemlich vollständiges Bild von dem biochemischen Mechanismus, über den Adrenalin den Glycogenabbau stimuliert.

Adrenalin stimuliert die Bildung von cyclischem Adenylat

In den frühen 50er Jahren fand Sutherland, daß Adrenalin, wenn man es mit intakten Lebergewebsschnitten in gepuffertem Medium inkubierte, den Abbau von Leberglycogen beschleunigte, und daß freie Glucose im Medium auftauchte. Wenn er das mit Adrenalin behandelte Lebergewebe extrahierte und die bei der Umwandlung von Glycogen beteiligten Enzyme untersuchte, fand er, daß die Aktivität der *Glycogenphosphorylase* stark über den normalen Wert in unbehandelten Leberschnitten angestiegen war. Er schloß daraus, daß die Glycogen-Phosphorylase-Reaktion, die Spaltung von Glycogen in Glucose-1-phosphat, der geschwindigkeitsbestimmende Schritt beim Abbau des Glycogens ist und daß dieser beschleunigt wird, wenn Adrenalin die Leber stimuliert. Wenn Sutherland jedoch gereinigte Präparationen der Glycogen-Phosphorylase mit Adrenalin versetzte, stieg die Aktivität nicht, ein Zeichen dafür, daß die stimulierende Wirkung des Adrenalins auf die Phosphorylase indirekt erfolgt und von einem Faktor abhängt, der in der intakten Leberzelle vorhanden ist.

Wurde das Adrenalin aber zu Leberhomogenaten gegeben, die außerdem noch ATP und Mg^{2+} enthielten, so wurde in Aktivität der Glycogen-Phosphorylase stark stimuliert. Bei diesem Effekt waren zwei Stufen unterscheidbar. In der ersten wirkte das Adrenalin auf die Membranfraktion des Leberhomogenats ein und führte zur Bildung eines löslichen, hitzebeständigen, stimulierenden Faktors, wofür ATP und Mg^{2+} gebraucht wurden. In der zweiten, ebenfalls ATP-abhängigen Stufe bewirkte der hitzebeständige Faktor die Umwandlung von Phosphorylase *b* (S. 466) im löslichen Anteil des Leberhomogenats in die aktive Form, die Phosphorylase *a*. Der im ersten Schritt gebildete, hitzebeständige Faktor, der normalerweise nur in winzigen Mengen in den Zellen anzutreffen war, konnte schließlich kristallisiert werden. Er enthielt Adenin, Ribose und Phosphat im Verhältnis 1:1:1, was vermuten ließ, daß er aus dem ATP entstanden war, das für seine Bildung gebraucht wurde. 1960 konnte er als *cyclische 3,5-Adenylsäure* identifiziert werden, ein Derivat der Adenylsäure, das man bisher noch nicht im biologischen Material angetroffen hatte. Bei dem cyclischen Adenylat ist die eine Phosphatgruppe mit zwei Hydroxylgruppen der Ribose, nämlich der 3'- und der 5'-ständigen, verestert. Es handelt sich also um einen cyclischen Phosphodiester (Abb. 25-9). Durch Zufügen sehr kleiner Mengen des cyclischen Adenylats (*cyclo*-AMP oder *c*AMP) zu löslichen Leberextrakten kommt es in Gegenwart von ATP zur Bildung von Phosphorylase *a* aus der weniger aktiven Phosphorylase *b*.

Weitere Untersuchungen von Sutherland und seinen Kollegen zeigten, daß Adrenalin eine Mg^{2+}-abhängige enzymatische Reaktion von ATP in der Plasmamembran-Fraktion von Leberzellen stark stimuliert. In dieser Reaktion wird ATP unter Verlust des an-

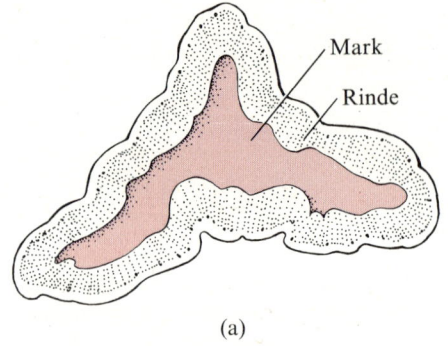

(a)

(b)

Abbildung 25-8
(a) Nebenniere. Das Mark sezerniert Adrenalin und Noradrenalin, die Rinde die Adrenocorticosteroid-Hormone.
(b) Gefrierbruch-Darstellung der chromaffinen Granula im Cytoplasma von Zellen des Ratten-Nebennierenmarks, die große Mengen an Adrenalin und ATP enthalten. Wird das Mark durch hereinkommende Nervensignale stimuliert, so wird der Inhalt der Granula durch Exocytose aus den Zellen ausgeschleust.

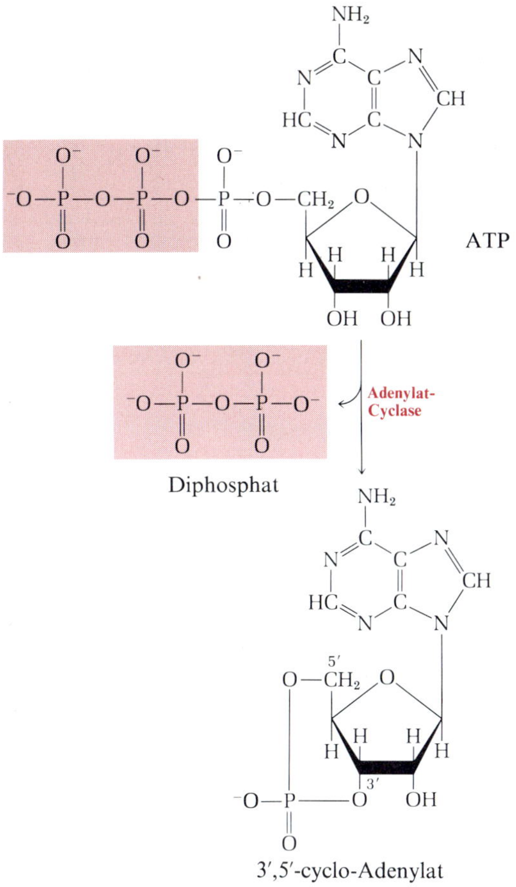

Abbildung 25-9
Die enzymatische Bildung von 3′,5′-cyclo-Adenylat (cyclo-AMP) aus ATP. Durch Abspaltung von Diphosphat wird ein 6gliedriger Ring geschlossen, der die α-Phosphatgruppe mit einschließt. Die Phosphatgruppe ist mit der 3′- und mit der 5′-Hydroxylgruppe verestert.

organischen Diphosphats in *cyclo*-AMP umgewandelt:

$$\text{ATP} \xrightarrow{\text{Mg}^{2+}} 3',5'\text{-}cyclo\text{-AMP} + \text{PP}_i$$

Das katalysierende Enzym, die *Adenylat-Cyclase*, wird in vielen tierischen Geweben gefunden. Es ist fest an die innere Oberfläche der Plasmamembran gebunden und läßt sich nicht leicht in löslicher Form extrahieren. Die Bindung des Adrenalins (*erster Messenger*) an seinen Rezeptor an der Zelloberfläche bewirkt also die Bildung von *cyclo*-AMP innerhalb der Zelle. *Cyclo*-AMP ist der *zweite Messenger*, der dann die Glycogen-Phosphorylase aktiviert.

Cyclo-AMP stimuliert die Aktivität der Protein-Kinase

Auf welche Weise stimuliert *cyclo*-AMP die Umwandlung der inaktiven Phosphorylase *b* in die aktive Phosphorylase *a*? Wir rufen uns ins Gedächtnis zurück (S. 631), daß diese Umwandlung von der *Phosphorylase-Kinase* katalysiert wird. Dabei werden die endständigen Phosphatgruppen zweier ATP-Moleküle auf die Hydroxylgruppen zweier spezifischer Serinreste der Phosphorylase *b* übertragen, die dadurch in die Phosphorylase *a* übergeht:

$$2\ \text{ATP} + \text{Phosphorylase}\ b \rightarrow 2\ \text{ADP} + \text{Phosphorylase}\ a$$

Cyclo-AMP wirkt nicht auf die Phosphorylase-Kinase selbst ein. Auch die Phosphorylase-Kinase kommt in einer aktiven und einer weniger aktiven (inaktiven) Form vor (S. 466). Die inaktive Form wird durch Phosphorylierung, ebenfalls unter Verbrauch von ATP, in die aktive Form umgewandelt.

Nun kommen wir zur regulatorischen Beziehung zwischen *cyclo*-AMP und der Aktivität der Glycogen-Phosphorylase. Das folgende Glied ist das Enzym *Protein-Kinase*, das wiederum in einer aktiven und einer inaktiven Form existiert. Die aktive Form katalysiert die Phosphorylierung von inaktiver Phosphorylase-Kinase durch ATP zur aktiven phosphorylierten Form. Bei dieser Reaktion ist ATP der Phosphatgruppen-Donator, als Aktivator wird Ca^{2+} gebraucht:

Phosphorylase-Kinase + ATP $\xrightarrow{\text{aktive Protein-Kinase, } Ca^{2+}}$

Phosphorylase-Kinase—(P) + ADP

(inaktive Form)   (aktive Form)

Phosphorylase-Kinase ist ein sehr großes Protein mit einer relativen Molekülmasse von mehr als 1 Million. Es besteht aus 16 Untereinheiten, die je einen spezifischen Serinrest tragen, der mit Hilfe der aktiven Protein-Kinase durch ATP phosphoryliert wird.

Protein-Kinase, das Schlüsselenzym, durch das *cyclo*-AMP seine aktivierende Wirkung auf die Phosphorylase ausüben kann, ist ein allosterisches Enzym. In der inaktiven Form enthält es zwei katalytische Untereinheiten (K) und zwei *Regulations-Untereinheiten* (R) (Abb. 25-10). Sind die Untereinheiten zum Komplex (K_2R_2) assoziiert, so ist das Enzym inaktiv. Allosterischer Stimulator der Protein-Kinase ist das *cyclo*-AMP. Wenn vier Moleküle *cyclo*-AMP an die Bindungsstellen auf den zwei regulatorischen Untereinheiten gebunden werden, so dissoziiert der inaktive K_2R_2-Komplex in die freien katalytischen Einheiten, die enzymatisch aktiv sind, und einen R_2-*c*AMP-Komplex, in dem das *cyclo*-AMP gebunden bleibt. *Cyclo*-AMP hebt also die Hemmung der Protein-Kinase auf, indem es die beiden hemmenden Einheiten (Abb. 25-10) entfernt.

Cyclo-AMP hat außer bei Adrenalin noch bei vielen anderen Hormonen die Funktion eines intrazellulären Messengers (Tab. 25-4). Die von *cyclo*-AMP aktivierte Protein-Kinase kann nämlich eine Reihe anderer wichtiger Enzyme in anderen Arten von Erfolgszellen phosphorylieren.

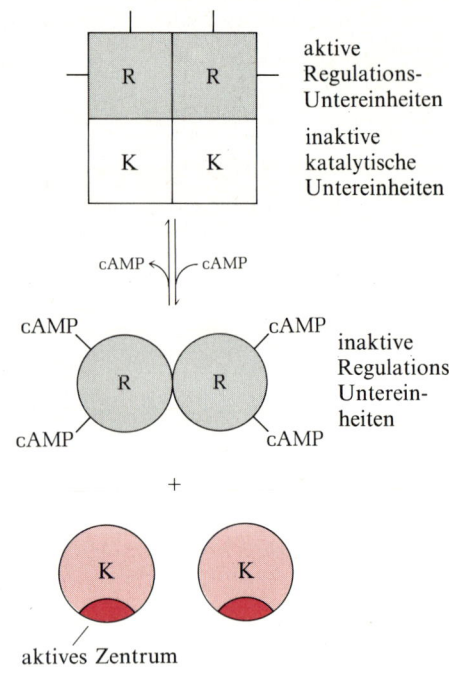

Abbildung 25-10
Die Aktivierung der inaktiven Protein-Kinase durch cyclisches Adenylat (cyclo-AMP), das an die zwei Regulations-Untereinheiten (R) gebunden wird und die zwei katalytischen Untereinheiten (K) freisetzt.

Tabelle 25-4 Hormone, die mit cyclo-AMP als zweitem Messenger arbeiten.

Adrenalin
Corticotropin
Lipotropin
Parathyroidhormon
Thyrotropin
Vasopressin

Die Stimulierung des Glycogenabbaus durch Adrenalin erfolgt über eine Verstärkungskaskade

Lassen Sie uns nun die eben beschriebenen Ereignisse zusammenfassen und auf eine Reihe bringen, die von der Stimulierung durch Adrenalin bis zur Bildung von Blutglucose in der Leber reicht (Abb. 25-11): Adrenalin trifft an der Zelloberfläche ein, wo es an den spezifischen *Adrenalin-Rezeptor* gebunden wird. Die Bindung von

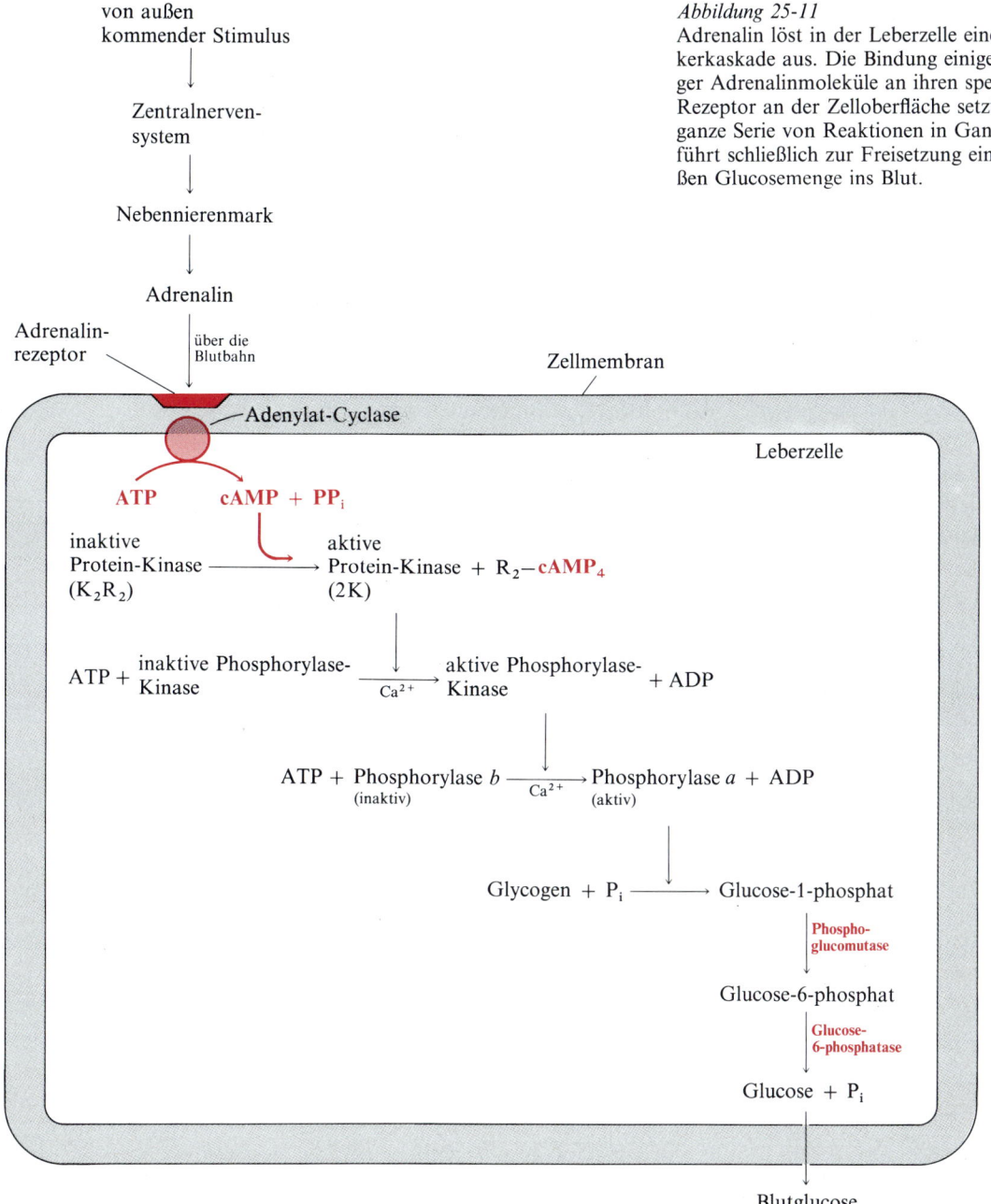

Abbildung 25-11
Adrenalin löst in der Leberzelle eine Verstärkerkaskade aus. Die Bindung einiger weniger Adrenalinmoleküle an ihren spezifischen Rezeptor an der Zelloberfläche setzt eine ganze Serie von Reaktionen in Gang und führt schließlich zur Freisetzung einer großen Glucosemenge ins Blut.

Adrenalin, das selbst niemals in die Zelle hineingelangt, hat eine Veränderung des Rezeptorproteins zur Folge. Die Änderung wird irgendwie durch die Membran hindurch vermittelt und dadurch wird die an der inneren Zelloberfläche gebundene Adenylat-Cyclase „eingeschaltet". Die aktive Form der Adenylat-Cyclase wandelt nun ATP in *cyclo*-AMP, den zweiten Messenger, um, der schnell seine maximale Konzentration von etwa 10^{-6} M im Cytoplasma erreicht. Das *cyclo*-AMP wird an die Regulations-Untereinheit der Protein-Kinase gebunden und bewirkt die Freisetzung der katalytischen Untereinheiten dieses Enzyms in aktiver Form. Die aktivierte Protein-Kinase katalysiert dann die Phosphorylierung der inaktiven oder Dephospho-Form der Phosphorylase-Kinase auf Kosten von ATP zu ihrer aktiven oder Phospho-Form. Die aktive Phosphorylase-Kinase, die für ihre Aktivität Ca^{2+} braucht, katalysiert die Phosphorylierung der relativ inaktiven Phosphorylase *b* mit ATP zur aktiven Phosphorylase *a*. Diese schließlich katalysiert den Glycogenabbau mit sehr hoher Geschwindigkeit. Es entsteht Glucose-1-phosphat, aus dem zuerst Glucose-6-phosphat und dann freie Glucose gebildet wird (Abb. 25-11). Obwohl diese Reaktionsfolge aus vielen Schritten besteht, kann die Glycogen-Phosphorylase wenige Minuten nach der Adrenalinbindung an die Leberzelle ihre maximale Aktivität erreichen.

Die in Abb. 25-11 dargestellte Reaktionsfolge kann man als eine Kaskade von Enzymen ansehen, die wiederum auf Enzyme einwirken. Jedes Enzymmoleküle in dieser Kaskade führt zur Aktivierung vieler Moleküle des nächsten Enzyms. Auf diese Weise kommt es zu einer schnellen Verstärkung des Eingangssignals auf etwa das 25 Millionenfache, so daß die Bindung relativ weniger Adrenalinmoleküle an die Adrenalinrezeptoren in der Leber zu einer schnellen Freisetzung von etlichen Gramm Glucose ins Blut führt.

Die in Abb. 25-11 dargestellte Kaskade ist bis zum Glucose-6-phosphat in Leber und Skelettmuskel identisch. Da Muskeln keine Glucose-6-phosphatase enthalten, bilden sie auch keine Glucose. Statt dessen wird durch den Anstieg der Glucose-6-phosphat-Konzentration im Muskel die Geschwindigkeit der Glycolyse erhöht, bei der Lactat entsteht und ATP für die Kontraktion zur Verfügung gestellt wird. Neuere Untersuchungen haben gezeigt, daß Adrenalin den Glycogenabbau in der Leber auch über einen zweiten Verstärkungsweg stimulieren kann, der parallel zu dem in Abb. 25-11 dargestellten abläuft. Der alternative Weg, der unter bestimmten Bedingungen überwiegt, verläuft über Ca^{2+} als intrazellulärem Messenger.

Wie wir noch sehen werden, wird die in Abb. 25-11 gezeigte Kaskade in der Leber nicht nur durch Adrenalin, sondern auch durch das Pankreas-Hormon Glucagon in Betrieb gesetzt.

Adrenalin hemmt auch die Glycogensynthese

Adrenalin stimuliert nicht nur den Glycogenabbau, sondern es hemmt gleichzeitig in der Leber die Glycogensynthese aus Glucose. Mit dieser doppelten Wirkung wird erreicht, daß maximale Mengen an Glucose im Blut bereitgestellt werden. Abb. 25-12 zeigt, daß die Bindung von Adrenalin an die Leberzelle und die anschließende Bildung von *cyclo*-AMP die von der Protein-Kinase katalysierte Phosphorylierung der Glycogen-Synthase bewirken, die damit von der aktiven oder *Dephospho-Form* in ihre phosphorylierte, inaktive Form übergeht (S. 631). Die Hemmung der *Glycogen-Synthase* wird also durch eine Kette von Vorgängen hervorgerufen. Sie alle werden durch denselben Reiz ausgelöst, der auch eine Beschleunigung des Glycogenabbaus zu Blutglucose bewirkt. Auf diese Weise wird das gesamte Glycogen, Glucose-6-phosphat und andere Vorstufen in Richtung Blutglucose-Produktion gelenkt, so daß die Muskeln mit einem maximalen Vorrat an Brennstoff versorgt werden, mit dem sie einer Notsituation begegnen können.

Adrenalin bewirkt den Abbau von Glycogen nicht nur in der Leber, sondern auch im Skelettmuskel und im Herz, und zwar ebenfalls durch eine Stimulierung der Phosphorylase (Muskel-Phosphorylase) über *cyclo*-AMP. Da es im Muskel und im Herz keine Glucose-6-phosphatase gibt, ist das Produkt des Glucoseabbaus hier nicht Blutglucose, sondern Lactat, das über die Glycolyse aus Glucose-6-phosphat entsteht. Im Muskel führt also die Stimulierung des Glycogenabbaus zu einer Beschleunigung von Glycolyse und ATP-Bildung, wodurch eine verstärkte Muskelarbeit ermöglicht wird.

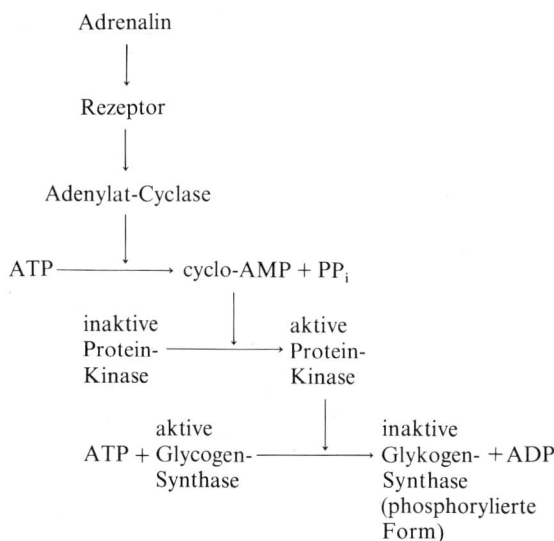

Abbildung 25-12
Hemmung der Glycogensynthese durch Adrenalin. Die cyclo-AMP-aktivierte Protein-Kinase bewirkt die Phosphorylierung der Glycogen-Synthase, die dadurch in ihre weniger aktive Form übergeht (vgl. S. 631).

Die Phosphodiesterase inaktiviert *cyclo*-Adenylat

So lange die lebensbedrohliche Situation andauert und Adrenalin aus dem Nebennierenmark ins Blut abgegeben wird, bleibt das Leber-Adenylat-Cyclase-System voll aktiviert, d.h. die *cyclo*-AMP-Konzentration wird in der Erfolgszelle auf einem relativ hohen Niveau gehalten, so daß eine hohe Abbaugeschwindigkeit von Glycogen aufrechterhalten bleibt. Ist die Lebensgefahr vorüber, so kommt die Adrenalinsekretion zum Stillstand und die Konzentration des Adrenalins fällt schnell ab, weil es in der Leber enzymatisch zerstört wird. Sind dann die Adrenalin-Rezeptoren entleert, kehrt die Adenylat-Cyclase in ihre inaktive Form zurück und es wird kein *cyclo*-AMP mehr gebildet. Das in der Zelle verbleibende *cyclo*-AMP wird durch die *Phosphodiesterase* (Abb. 25-13) zerstört. Die Phosphodiesterase hydrolysiert die 3'-Phosphatbindung in *cyclo*-AMP, so daß freies 5'-Adenylat (5'-AMP) entsteht:

$$3',5'\text{-}Cyclo\text{-}AMP + H_2O \xrightarrow{\text{Phosphodiesterase}} 5'\text{-}Adenylat$$

Mit der Abnahme des *cyclo*-AMP im Cytosol wird das an die Regulations-Untereinheiten der Protein-Kinase gebundene *cyclo*-AMP freigesetzt, so daß sich die regulatorischen wieder mit den katalytischen Untereinheiten verbinden können, wodurch das Enzym in seine inaktive Form übergeht. Danach wird die phosphorylierte Form der Phosphorylase-Kinase wie auch die Phosphorylase *a* mit Hilfe der Phosphorylase-Phosphatase dephosphoryliert. Auf diese Weise entspannt sich das glycogenolytische System wieder zu seinem Ruhezustand. Gleichzeitig wird auch die Glycogen-Synthase durch Dephosphorylierung reaktiviert.

Die Phosphodiesterase wird gehemmt durch die Alkaloide *Coffein* und *Theophyllin*, die in Kaffee bzw. Tee vorkommen. Sie verlängern oder intensivieren die Adrenalinwirkung, indem sie die Abbaugeschwindigkeit des *cyclo*-AMP verringern. In einigen Geweben wird die Phosphodiesterase durch Ca^{2+} stimuliert, ein Effekt, der durch die Bindung von Ca^{2+} an ein spezifisches Ca^{2+}-bindendes Protein, das *Calmodulin*, vermittelt wird. Der Ca^{2+}-Calmodulin-Komplex wird an die Phosphodiesterase gebunden und stimuliert sie. Das erst kürzlich entdeckte Calmodulin ist bei allen Formen von tierischem Leben weit verbreitet und seine Aminosäuresequenz ist bei allen Tierarten fast identisch. Calmodulin ist demnach eines der ältesten und im Sinne der Evolution konservativsten tierischen Proteine. Eine ganze Reihe von Zellfunktionen werden durch die Ca^{2+}-Konzentration im Cytoplasma reguliert. Deshalb können Ca^{2+}-Ionen auch ähnlich wie *cyclo-AMP* als ein wichtiger zweiter Messenger angesehen werden. Calmodulin transportiert die Botschaft, die in einem Konzentrationsanstieg von Ca^{2+} liegt, in Form des Ca^{2+}-Calmodulin-Komplexes ins Cytosol, wo es an das spezifische, durch Ca^{2+}

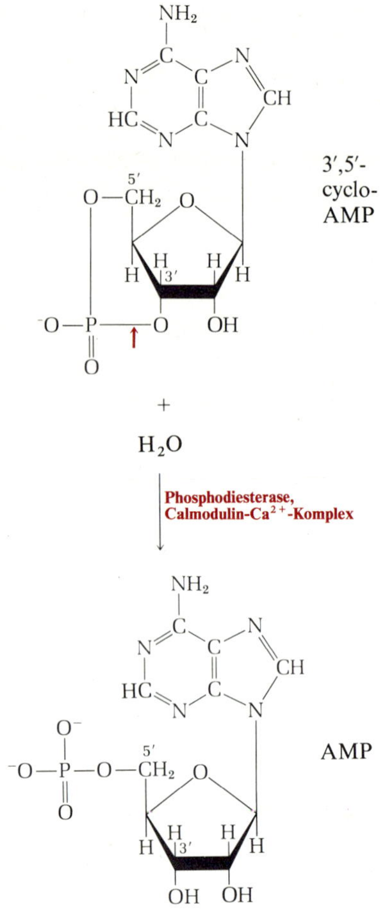

Abbildung 25-13
Die Wirkung der Phosphodiesterase auf cyclo-AMP. In vielen Geweben wird die Phosphodiesterase durch Ca^{2+}-Ionen stimuliert. Der Effekt ist indirekt, denn er wird durch die Bindung von Ca^{2+}-Ionen an das Regulator-Protein Calmodulin (s. Text) ausgelöst. Durch die darauffolgende Bindung des Ca^{2+}-Calmodulin-Komplexes an die Phosphodiesterase wird diese aktiviert.

regulierte Protein gebunden wird und dessen Aktivität stimuliert (Abb. 25-14).

Der Pankreas sezerniert mehrere stoffwechselregulierende Hormone

Wir wollen nun einen anderen Weg beschreiben, über den der Kohlenhydratstoffwechsel, wie auch der Stoffwechsel der Lipide und Aminosäuren, kontrolliert werden kann, und zwar erfolgt diese Kontrolle über eine Gruppe von Hormonen aus dem Pankreas, dessen Aktivität wiederum vom Hypophysenvorderlappen reguliert wird. Der Pankreas hat im wesentlichen zwei biochemische Funktionen. Eine davon ist die Biosynthese mehrerer Enzyme, wie *Trypsin, Chymotrypsin* und *Carboxypeptidase*, die in den Darmtrakt abgegeben werden, um dort die Nahrung zu verdauen. Diese Funktion wird von den *exokrinen Zellen* ausgeübt (exokrin, griech. „außerhalb absondern", hier in den Pankreasgang) (Abb. 25-15). Die andere wichtige Funktion des Pankreas ist die Biosynthese des Insulins und mehrere andere Polypeptidhormone, die den Stoffwechsel der Glucose und anderer Hauptnahrungsmittel regulieren. Diese Funktion wird vom *endokrinen* Gewebe des Pankreas ausgeübt, das sind Anhäufungen spezialisierter Zellen, die *Langerhans-Inseln*. Sie enthalten mehrere verschiedene Zellentypen, von denen jeder ein eigenes Pankreashormon herstellt (Abb. 25-15 und Tab. 25-5). Die von den Inselzellen synthetisierten Hormone sind *Glucagon* (von den A-Zellen), *Insulin* (von den B-Zellen), *Somatostatin* (von den D-Zellen) und *Pankreatisches Polypeptid*. Letzteres ist eine unbestimmte Bezeichnung für ein Hormon, das die F-Zellen des Inselgewebes produzieren. Jedes dieser Hormone hat eine ausgeprägte Wirkung auf den Stoffwechsel, besonders der Kohlenhydrate. Unter ihnen ist das Insulin das wichtigste. Es hat große medizinische Bedeutung für die Behandlung von Diabetes mellitus, aber wir wissen nicht genau, wie es seine lebenserhaltende Wirkung ausübt. Der Suche nach der Wirkungsweise des Insulins gelten besonders intensive Bemühungen der biochemischen und medizinischen Forschung.

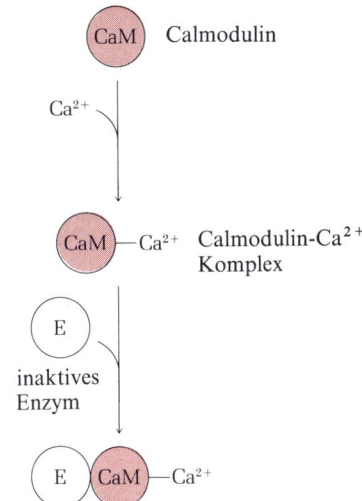

Abbildung 25-14
Calmodulin dient bei vielen enzymatischen Reaktionen und Membran-Transportsystemen als Vermittler der Ca^{2+}-Stimulierung (CaM = Calmodulin).

Tabelle 25-5 Die Pankreashormone.

Bildungsort	Hormon
A-Zellen	Glucagon
B-Zellen	Insulin
D-Zellen	Somatostatin
F-Zellen	Pankreatisches Polypeptid

Insulin ist das hypoglykämische Hormon

Gegen Ende des 19. Jahrhundert fand man, daß nach operativer Entfernung des Pankreas beim Hund ein Zustand eintrat, der dem des Diabetes mellitus beim Menschen sehr ähnlich war (vgl. Kapitel 24). Bei den Versuchstieren war, wie beim Diabetiker, der Blutglucosespiegel abnorm hoch, ein Zustand, der *Hyperglykämie* genannt wird. Dabei wird so viel Glucose im Harn ausgeschieden, daß dieser süß schmeckt (*Glycosurie*). (Diabetes mellitus und Diabetes insipi-

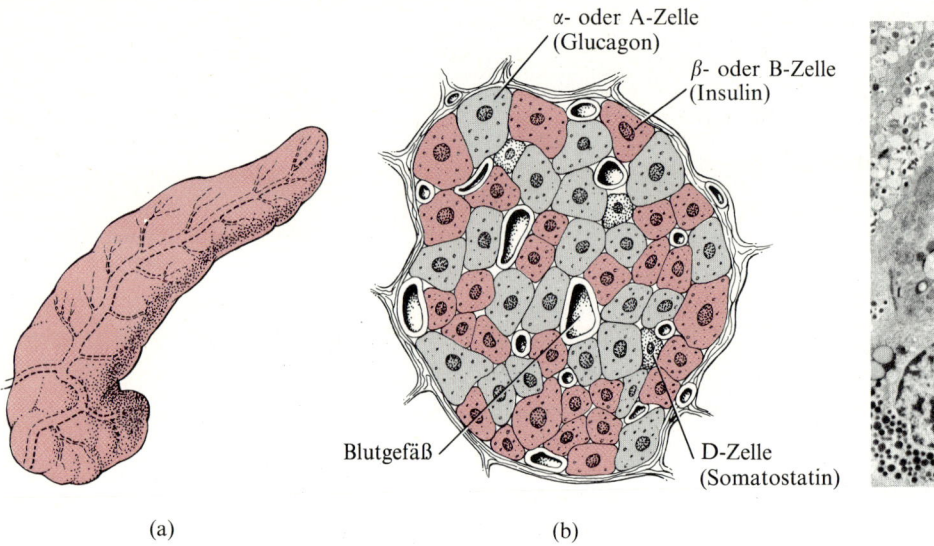
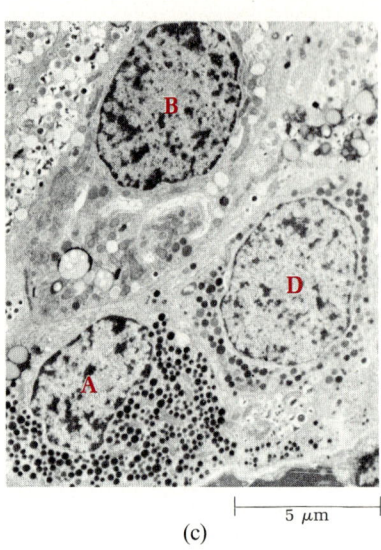

Abbildung 25-15
Das endokrine Gewebe des Pankreas. Neben den exokrinen Zellen, die Verdauungsenzyme in Form ihrer Zymogene sezernieren (Kapitel 24), enthält der Pankreas auch endokrines Gewebe, das zu den Langerhans-Inseln angeordnet ist. Diese Inseln enthalten mehrere verschiedene Zellarten, von denen jede ein bestimmtes Polypeptidhormon sezerniert.
(a) Gesamtansicht des Pankreas.
(b) Schematische Zeichnung einer Insel, in der die verschiedenen, in Tabelle 25-5 aufgelisteten Zellarten dargestellt sind.
(c) Elektronenmikroskopische Aufnahme eines Teils einer Langerhans-Insel, auf der eine A-, eine B-, und eine D-Zelle zu erkennen sind.

dus, die beide zur Bildung großer Harnmengen führen, wurden früher durch den Geschmack des Harns unterschieden). Versuche, die Hunde durch Fütterung mit rohem Pankreasgewebe aus gesunden Tieren zu heilen, schlugen fehl, aber Injektionen von Pankreasextrakten verringerten die Symptome. Nach vielen erfolglosen Versuchen wurde im Jahre 1922 endlich der aktive Faktor der Pankreasextrakte in reiner Form isoliert. Er wurde *Insulin* (Inselsubstanz) genannt, weil man die Inselzellen als Quelle dieses Hormons erkannt hatte. Kurze Zeit später wurde begonnen, Insulin für die Behandlung von menschlichem Diabetes einzusetzen und seitdem ist es zu einem der wichtigsten therapeutischen Wirkstoffe in der Medizin geworden: es hat das Leben unzähliger Menschen gerettet oder verlängert.

Insulin ist ein kleines Protein mit einer relativen Molekülmasse von 5700 (S. 141). Es besteht aus zwei Polypeptidketten (A und B), die durch Disulfidbrücken miteinander verbunden sind (Abb. 25-16). Wir erinnern uns, daß es das erste Protein war, dessen Aminosäuresequenz aufgeklärt wurde (S. 149). Das in der Medizin verwendete Insulin wird aus dem Pankreasgewebe von Schlachttieren gewonnen.

Insulin wird von den B- oder β-Zellen des Pankreas in Form inaktiver Vorstufen hergestellt. Die unmittelbare Vorstufe des Insulins, das *Proinsulin* ist eine einheitliche Polypeptidkette mit je nach Tierart 78 bis 86 Aminosäureresten (Abb. 25-17). Das Proinsulin des Schweines hat 81 Reste und zwei Disulfidbrücken innerhalb der Kette. Es wird in den B-Zellen des Inselgewebes in Granula gespeichert, bis ein Signal für seine Sekretion gegeben wird. In diesem Moment wird das Proinsulin durch eine spezifische Peptidase in aktives Insulin umgewandelt. Dabei werden zwei Peptidbindungen der Proinsulinkette gespalten und ein Mittelstück herausgeschnitten. Von den

Enden dieses Mittelstückes werden noch je zwei Aminosäuren durch die Aktivität einer Peptidase entfernt (Abb. 25-17), und es entsteht das *C-Peptid*. Die beiden endständigen Abschnitte des ursprünglichen Proinsulins werden zur A- und B-Kette des Insulins, die von zwei Disulfidbrücken zusammengehalten werden.

Proinsulin entsteht seinerseits aus einer noch früheren Vorstufe, dem *Präproinsulin*, das am Aminoende noch um 23 Aminosäurereste länger ist als das Proinsulin (Abb. 25-17). Diese aminoterminale Sequenz wird bei der Umwandlung zum Proinsulin durch eine Peptidase entfernt. Bei dieser zusätzlichen Sequenz am aminoterminalen Ende des Präproinsulins handelt es sich um eine genetisch bestimmte „Leader"- oder Signalsequenz, die frisch synthetisierte Peptide an ihren spezifischen Bestimmungsort innerhalb der Zelle dirigiert, in diesem Fall zu den Proinsulin-freisetzenden Vesikeln. Solche Signalsequenzen sind in viele Proteine mit eincodiert, wie wir in Kapitel 29 sehen werden.

Die Insulinsekretion wird hauptsächlich durch die Blutglucose reguliert

Die Abgabe des Insulins aus den B-Zellen der Inseln ins Blut erfolgt in einem komplexen Vorgang, für den Ca^{2+} gebraucht wird, und dessen letzter Schritt die Ausschüttung des Inhalts der Sekretgranula (in denen Insulin und C-Peptid gebildet werden) ins Blut ist. Die Geschwindigkeit der Insulinabgabe wird in erster Linie durch die Konzentration der Glucose im Blut bestimmt. Wenn der Blutzuckerspiegel steigt, wird Insulin mit erhöhter Geschwindigkeit abgegeben. Der angestiegene Insulinspiegel beschleunigt den Eintritt von Glucose aus dem Blut in die Leber und Muskeln, wo sie größtenteils in Glycogen umgewandelt wird. Dadurch fällt die Blutglucose-Konzentration und damit auch die Insulinsekretion wieder auf ihren normalen Wert ab. Es existiert also eine enge Rückkopplung zwischen der Geschwindigkeit der Insulinsekretion und der Blutglucose-Konzentration.

Der zweite Messenger für Insulin ist noch nicht bekannt

Insulinrezeptoren sind auf der Oberfläche von Leber-, Skelettmuskel- und Fettzellen gefunden worden. Sie konnten aus den Zellmembranen extrahiert und gereinigt werden. Isolierter Insulinrezeptor ist ein spezifisches Glycoprotein, das Insulin sehr fest bindet. Die Anzahl der Insulinrezeptoren auf der Zelloberfläche ändert sich je nach den Stoffwechselbedingungen; sie haben auch einen sehr hohen Turnover. Trotz jahrelanger intensiver Bemühungen konnte der cyto-

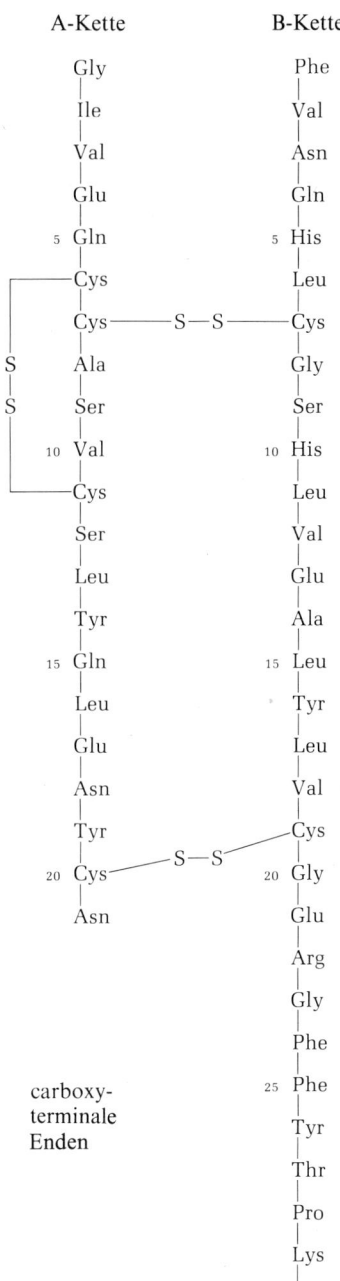

Abbildung 25-16
Die Aminosäuresequenz der A- und B-Kette des Rinderinsulins.

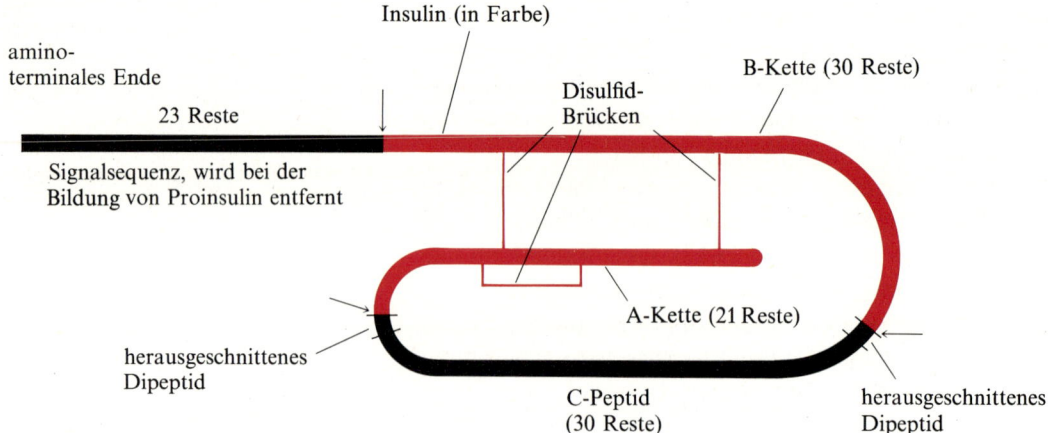

Abbildung 25-17
Die Entstehung von Insulin aus seinen Vorstufen. Die erste Vorstufe des Insulins ist das Präproinsulin, das die gesamte, in der Abb. schematisch dargestellte Struktur einnimmt. Es geht nach enzymatischer Abtrennung von 23 aminoterminalen Resten in das Proinsulin über. Dieses wird durch die Aktivität einer Peptidase an zwei (durch Pfeile markierten) Stellen in das (farbig dargestellte) Insulin umgewandelt. Danach verliert das Zwischenstück an jedem seiner beiden Enden je ein Dipeptid. Dieses verkürzte Zwischenstück wird C-Peptid genannt.

plasmatische zweite Messenger noch nicht gefunden werden, der freigesetzt wird, wenn Insulin an seinen Rezeptor an der Zelloberfläche gebunden wird. Man weiß aber, daß intrazelluläres Ca^{2+} beim Auslösen der Insulinwirkung eine Rolle spielt. Ein weiterer Schlüssel zum Verständnis ist, daß die Pyruvat-Dehydrogenase-Aktivität der Mitochondrien (S. 483) stark erhöht wird, wenn Insulin auf Leberzellen einwirkt. Die Identifizierung des Intrazellulären Messengers für Insulin ist ein wichtiges Ziel der biochemischen Forschung, weil er mit Sicherheit grundlegende Bedeutung für das Verstehen des Diabctcs und seine Behandlung hat.

Insulin beeinflußt auch viele andere Stoffwechselbereiche

Einige andere Wirkungen von Insulinmangel auf den Stoffwechsel sind in Kapitel 24 beschrieben worden. Diabeteskranke Personen sowie Tiere, die diabetisch gemacht wurden, indem man ihnen den Pankreas entfernt oder das Inselgewebe durch den Wirkstoff *Alloxan* (Abb. 25-18) zerstört hat, können keine Fettsäuren und Lipide aus Glucose herstellen. Sie oxidieren Fettsäuren mit übernormaler Geschwindigkeit und verursachen damit eine Überproduktion von Ketonkörpern, die sich im Gewebe, im Blut und im Harn ansammeln. Diesen Zustand nennt man *Ketose*. Bei diabetischen Tieren gelangen auch zirkulierende Aminosäuren aus dem Blut nicht im normalen Ausmaß in die peripheren Gewebe, so daß die Proteinsynthese vermindert ist. Statt dessen werden Aminosäuren in der Leber desaminiert und ihre Kohlenstoffskelette über die Gluconeogenese (S. 618) in Blutglucose umgewandelt. Diese Stoffwechselabweichungen (siehe Tab. 25-6) werden durch Insulingabe wieder ins normale Gleichgewicht zurückgebracht.

Alle diesen vielfältigen, durch Insulinmangel verursachten Stoffwechselveränderungen kann man als Anstrengung des diabetischen

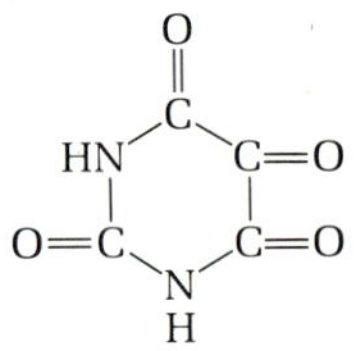

Abbildung 25-18
Strukturformel von Alloxan, einem Pyrimidin-Derivat, das die Inselzellen zerstört, so daß bei Versuchstieren ein experimenteller Diabetes erzeugt werden kann.

Organismus deuten, alle verfügbaren Nährstoffe in Blutglucose umzuwandeln. Die Gewebe haben einen verzweifelten Bedarf an Glucose und die Leber ist ebenso verzweifelt damit beschäftigt, sie herzustellen, mit dem Erfolg, daß ein großer Teil der Blutglucose mit dem Harn verloren geht. Nach dieser Betrachtungsweise der Diabetes-Stoffwechseldefekte sind die Gewebe nicht in der Lage, Glucose bei ihrer normalen Konzentration von 4.5 mM aus dem Blut zu absorbieren, sondern sie brauchen dafür eine wesentlich höhere Konzentration. Übersteigt die Blutglucose-Konzentration jedoch 10 mM, so wird die *Nierenschwelle* für Glucose überschritten und die darüber hinausreichende Glucose wird in den Harn ausgeschieden, was große Glucoseverluste aus dem Körper zur Folge hat.

Es gibt andere ernste Abnormalitäten bei Diabetes mellitus, die nicht durch Insulin behoben werden können. Dazu gehört insbesondere eine defekte Biosynthese der Basalmembran der Blutkapillaren, die zu krankhaft veränderten Blutgefäßen in Herz, Nieren, den Extremitäten und der Netzhaut führt. Erblindung und Nierenversagen sind Spätfolgen von Diabetes. Man nimmt an, daß diese Schäden dadurch entstehen, daß eine Insulininjektion einmal am Tag nicht in der Lage ist, die erforderlichen kurzzeitigen Schwankungen der Insulinsekretion zu simulieren, die ein gesundes Gewebe als Reaktion auf Schwankungen des Glucosespiegels durchführt. Deshalb wird an der Entwicklung automatischer Einrichtungen gearbeitet, die Insulin mit einer Geschwindigkeit in den Kreislauf injizieren, die kontinuierlich durch die Blutglucose-Konzentration bestimmt wird, und die deshalb die Sekretionstätigkeit von normalem Inselgewebe genauer simulieren.

Tabelle 25-6 Stoffwechselveränderungen bei Insulinmangel (Diabetes mellitus).

Beschleunigte Glycogenolyse in der Leber
Erhöhte Gluconeogenese
Verminderte Versorgung der peripheren Gewebe mit Glucose
Hyperglykämie
Glucosurie
Beschleunigte Fettsäure-Oxidation in der Leber
Überproduktion von Ketonkörpern
Ketonurie
Verminderte Fettsäuresynthese
Verminderte Proteinsynthese in den peripheren Geweben
Erhöhte Harnstoff-Bildung und -Exkretion

Glucagon ist das hyperglykämische Pankreashormon

Glucagon, ebenfalls ein Polypeptidhormon, wird von den A-Zellen der Pankreas-Inseln sowie von verwandten Zellen im Magen-Darm-Trakt sezerniert. Es ist ein einkettiges Peptid aus 29 Aminosäureresten mit einer relativen Molekülmasse von 3500 (Abb. 25-19). Neuere Untersuchungen zeigen, daß es für Glucagon, ähnlich wie für Insulin, zwei inaktive biosynthetische Vorstufen gibt, *Proglucagon* und *Präproglucagon*. Das Präproglucagon trägt am aminoterminalen Ende eine Sequenz mit Signalfunktion, die in zwei Stufen unter Bildung des aktiven Hormons entfernt wird.

Glucagon bewirkt einen Anstieg der Blutglucose-Konzentration; seine Wirkung ist also der des Insulins entgegengerichtet (Tab. 25-6). Der hyperglykämische Effekt des Glucagons wird durch zwei verschiedene Aktivitäten erreicht. Erstens bewirkt Glucagon den Abbau von Leberglycogen zu Blutglucose über einen Mechanismus ähnlich dem bei der Adrenalinwirkung. Die Plasmamembran der Leberzelle enthält an ihrer Oberfläche spezifische Rezeptoren für

Glucagon. Werden sie durch das Hormon besetzt, so wird die Adenylat-Cyclase in der Plasmamembran aktiviert und dadurch eine Verstärker-Kaskade in Gang gesetzt, die der bei der Adrenalinwirkung ähnelt (Abb. 25-11). Zweitens hemmt Glucagon – anders als Adrenalin – den Abbau von Glucose zu Lactat über die Glycolyse. Diese Wirkung wird über die indirekte Hemmung des Leber-Typs oder L-Isozenzyms der *Pyruvat-Kinase* (S. 468) in der Glycolyse-Folge erreicht. Die Wirkung des Glycagons unterscheidet sich von der des Adrenalins auch dadurch, daß sie viel länger anhält und weder die Herzfrequenz noch den Blutdruck erhöht.

Somatostatin hemmt die Sekretion von Insulin und Glucagon

Ein weiteres Polypeptidhormon, das *Somatostatin* (Abb. 25-20), wurde zuerst in Hypothalamus-Extrakten entdeckt, und zwar aufgrund seiner Hemmwirkung auf die Sekretion von Somatotropin und anderen Hormonen aus dem Hypophysenvorderlappen (nächster Abschnitt). Somatostatin wird in den D-Zellen der Pankreas-Inseln und in verwandten Zellen des Magen-Darm-Traktes hergestellt. Das im Pankreas gebildete Somatostatin beeinflußt die Sekretion von Insulin und Glucagon in komplexer Weise. Somatostatin wird für die Behandlung einiger Formen von Diabetes mellitus gebraucht.

Somatotropin beeinflußt ebenfalls die Insulinwirkung

Somatotropin, das *Wachstumshormon des Hypophysenvorderlappens*, wurde zunächst durch seine wachstumsfördernde Wirkung auf das Skelett sowie durch die Steigerung des Körpergewichts bei Jungtieren erkannt. Somatotropinmangel hat beim Menschen *Zwergwuchs* zur Folge (Abb. 25-21); zu viel Somatotropin bewirkt *Riesenwuchs* und *Spitzenwachstum* (*Akromegalie*) bei dem Hände, Füße und besonders der Gesichtsknochen unverhältnismäßig schnell wachsen, so daß ein vorspringendes Kinn und schwere Augenbrauen entstehen. Somatotropin beeinflußt außerdem den Kohlenhydratstoffwechsel auf grundlegende Weise. Die Verabreichung einer Überdosis von Somatotropin an Tiere verursacht *hypophysären Diabetes*, der durch die Hemmung der Insulinsekretion durch Somatotropin entsteht. Somatotropin ist ein Polypeptid mit 191 Aminosäureresten ($M_r = 21\,000$). Wie bereits gesagt, wird seine Sekretion durch das Somatostatin des Hypothalamus gehemmt.

Abb. 25-22 zeigt die komplexen Wechselbeziehungen bei der hormonalen Regulation des Glucosestoffwechsels, der von Hormonen

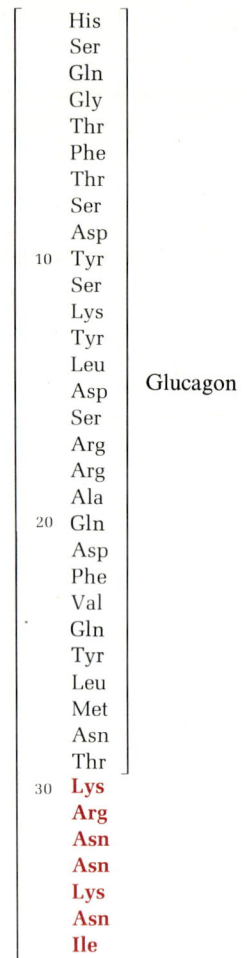

Abbildung 25-19
Strukturformel von Proglucagon und Glucagon des Rindes. Glucagon besteht aus 29 Aminosäureresten und hat eine relative Molekülmasse von 3500. Es entsteht aus dem Proglucagon durch Entfernung von 8 carboxylständigen Aminosäuren (in Farbe).

aus fünf verschiedenen endokrinen Drüsen, einschließlich der Nebennierenrinde (s. unten) beeinflußt wird.

Die Nebennierenrinden-Hormone sind Steroide

Die Hauptvertreter der lipidlöslichen Steroidhormone sind die *Nebennierenrinden-Hormone*, die *Androgene* und die *Östrogene*. Wir besprechen die Nebennierenrinden-Hormone zuerst, weil sie, neben anderen Aktivitäten, auch einen Einfluß auf den Kohlenhydratstoffwechsel haben. Die Sekretion der Nebennierenrinden-Hormone wird vom Hypothalamus kontrolliert. Als Reaktion auf Stress-Situationen sezerniert der Hypothalamus *Corticotropin-freisetzendes Hormon (Corticoliberin)*, das zum Hypophysenvorderlappen gesendet wird und diesen dazu stimuliert, *Corticotropin* ins Blut freizusetzen. Corticotropin ist ein Polypeptid aus 39 Aminosäuren (S. 150). Seine Konzentration im Blut liegt normalerweise zwischen 10^{-11} und 10^{-12} M. Seine Halbwertszeit beträgt nur 10 min, d.h. daß es fortwährend synthetisiert und abgebaut wird, wodurch sich ein Fließgleichgewicht (steady state) einstellt. Das Corticotropin wird an Rezeptoren auf der Oberfläche der Nebennierenrindenzellen gebunden und stimuliert sie, das jeweils für diese Zelle charakteristische Steroidhormon herzustellen. Die Nebennierenrinden-Hormone werden auch als *Corticoide* bezeichnet. Sie lassen sich in drei Klassen aufteilen. Die *Glucocorticoide*, deren wichtigster Vertreter das *Cortisol* ist (Abb. 25-23), sind Gegenspieler des Insulins in bezug auf einige seiner Wirkungen. Cortisol fördert die Gluconeogenese aus Aminosäuren und dem gespeicherten Glycogen der Leber, erhöht die Blutglucose-Konzentration und vermindert die periphere Glucoseverwertung. Es stimuliert auch die Verwertung von Fettsäuren und die Ketogenese. Die Glucocorticoide haben auch bemerkenswerte antiinflammatorische (anit-entzündliche) und antiallergische Wirkungen. Eine zu starke Sekretion von Glucocorticoiden verursacht das *Cushing-Syndrom*. Dabei kommt es zu Erschöpfung und Verlust von Muskelmasse auf Grund einer zu starken Umwandlung von Aminosäuren in Glucose sowie zu einer Neuverteilung von Körperfett, wodurch das Symptom des „Mondgesichts" entsteht.

Die zweite Klasse von Nebennierenrinden-Steroiden umfaßt die *Mineralocorticoide*, die die Retention von Na$^+$- und den Verlust von K$^+$-Ionen durch die Nieren bewirken. Dadurch erhalten diese Hormone das Wasser- und Salzgleichgewicht im Körper aufrecht. Der Hauptvertreter dieser Hormongruppe ist das *Aldosteron* (Abb. 25-23), das außer der eben geschilderten auch eine schwache Glucocorticoidwirkung hat. Umgekehrt besitzt Cortisol eine schwache Mineralocorticoidwirkung.

Die dritte Klasse der Nebennierenrinden-Stereoide hat Eigenschaften, die zwischen denen der Glucocorticoide und denen der Mineralocorticoide liegen. Wichtigstes Hormon dieser Klasse ist das

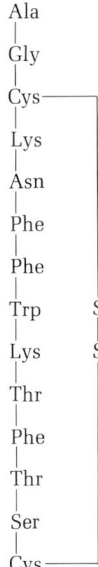

Abbildung 25-20
Strukturformel von Somatostatin des Schafes. Es enthält eine Disulfidbrücke innerhalb der Kette. Somatostatin wird vom Hypothalamus, den Inselzellen des Pankreas und bestimmten Zellen im Darm sezerniert.

Abbildung 25-21
„General" Tom, der Däumling, der vermutlich eine zu geringe Somatotropin-Sekretion hatte, zusammen mit dem Zirkusdirektor P. T. Barnum.

Corticosteron. Wie Abb. 25-23 zeigt, gibt es zwischen den drei Klassen von Corticosteroiden einige strukturelle Gemeinsamkeiten.

Die Nebennierenrinden-Hormone sind lipidlöslich und können daher ohne Schwierigkeiten durch die Zellmembran der Erfolgszellen ins Cytoplasma gelangen, wo sie an spezifische *intrazelluläre* Rezeptorproteine gebunden werden. Ist diese Bindung erfolgt, wandern die Hormon-Rezeptor-Komplexe, die als intrazelluläre Messenger angesehen werden können, in den Zellkern, wo sie die Transkription bestimmter Gene auslösen und damit die Biosynthese spezifischer Enzyme und anderer Proteine einleiten, die dann die charakteristische Wirkung des betreffenden Hormons ausüben.

Mangelhafte Sekretion von Nebennierenrinden-Hormonen ist die Ursache für die *Addison-Krankheit*, die sich in Erschöpfung, Schwäche, Hauptpigmentierung und einem Verlangen nach Salz äußert. Die Patienten sind sehr empfindlich gegenüber Stress und Infektionen.

Die Schilddrüsenhormone überwachen die Geschwindigkeit des Stoffwechsels

Die Schilddrüse sezerniert zwei charakteristische Hormone, L-*Thyroxin* und L-*Triiodthyronin*, abgekürzt T_4 und T_3 (Abb. 25-24). Beide Hormone sind, wie auch Adrenalin, Derivate von Tyrosin. Die Produktion der Schilddrüsenhormone erfolgt auf ein Signal hin, das vom Hypothalamus stammt. Dieser sezerniert sowohl ein *Thyrotropin-freisetzendes Hormon (Thyroliberin)* als auch einen Inhibitor für die Thyrotropin-Freisetzung. Das Thyroliberin stimuliert den Hypophysenvorderlappen, Thyrotropin ins Blut abzugeben. Thyro-

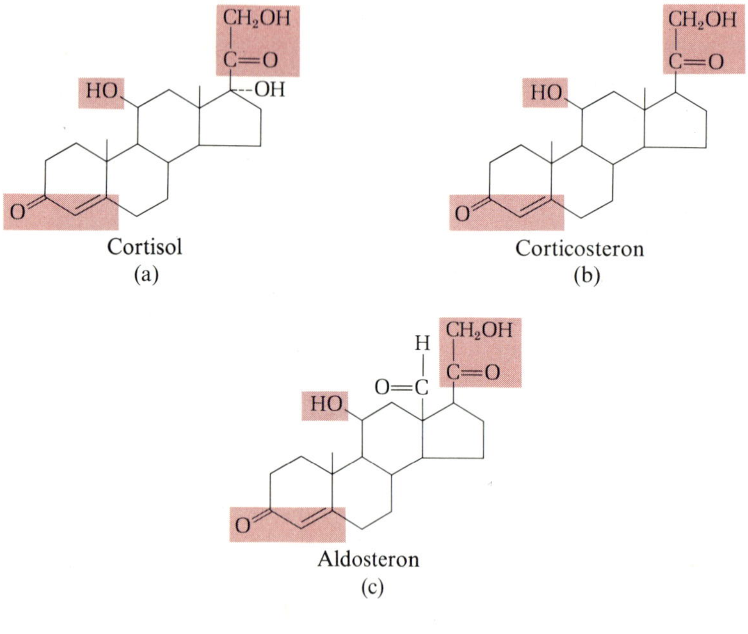

Hyperglykämie

↑ hervorgerufen durch
Glucagon
Somatotropin
Glucocorticoide
Adrenalin

normaler Blutglucosespiegel

↓ hervorgerufen durch
Insulin
Somatostatin

Hypoglykämie

Abbildung 25-22
Die hormonelle Kontrolle des Blutglucosespiegels.

Cortisol
(a)

Corticosteron
(b)

Aldosteron
(c)

Abbildung 25-23
Die drei wichtigsten Nebennierenrinden-Steroide. Die farbig unterlegten Bereiche sind gemeinsame Strukturelemente. Alle drei Hormone haben sowohl Glucocorticoid- als auch Mineralocorticoid-Aktivitäten, wenn auch in verschiedenem Maße. Beim Cortisol überwiegt die Glucocorticoid-Aktivität, beim Aldosteron die Mineralocorticoid-Wirkung. Beim Corticosteron sind beide Aktivitäten gleich stark.
(a) Das Glucocorticoid Cortisol. Es bewirkt Gluconeogenese aus Aminosäuren und hat anti-inflammatorische (entzündungshemmende) Wirkung.
(b) Corticosteron hat sowohl glucocorticoide als auch mineralocorticoide Wirkungen.
(c) Aldosteron ist ein Mineralocorticoid und bewirkt die Retention von Na^+ und den Ausstrom von K^+ durch die Nieren.

tropin wird an seine Rezeptoren an den Schilddrüsenzellen gebunden und stimuliert diese, die Schilddrüsenhormone zu produzieren. Thyroxin und Triiodthyronin werden in einer Folge enzymatischer Reaktionen gebildet, die mit der Iodierung von L-Tyrosinresten im *Thyroglobulin* beginnen, einem Glycoprotein mit einer relativen Molekülmasse von 650000. Dabei werden L-*Monoiodthyrosin*-Reste gebildet (Abb. 25-24). Das benötigte Iod, ein essentielles Spurenelement (Kapitel 26), gelangt über das Blut in die Schilddrüse; es wird vom *Kolloid-Protein* der Schilddrüse begierig gebunden und dann für die Iodierung der Tyrosinreste des Thyroglobins verwendet. Auch während der weiteren Schritte der Synthese der Schilddrüsenhormone bleibt das Iodtyrosin-Derivat am Thyroglobulin gebunden, so daß fast das gesamte neugebildete Thyroxin und Triiodthyronin im Blutplasma an Thyroglobulin fixiert bleibt, bis sie durch proteolytische Enzyme im Blut freigesetzt werden. Die freigesetzten geringen Mengen an Thyroxin und Triiodthyronin haben eine stimulierende Wirkung auf den Stoffwechsel.

Die Schilddrüsenhormone werden mit dem Blutstrom zu ihren Erfolgsorganen gebracht. Die meisten Gewebe sind durch Schildrüsenhormone stimulierbar, mit der bemerkenswerten Ausnahme von ausgewachsenem Gehirn und einigen reproduktiven Geweben. Besonders aktiv sind die Schilddrüsenhormone in der Stimulierung des Stoffwechsels von Muskeln und Leber. Sie werden an spezifische Rezeptorproteine gebunden, die das Thyroxin in den Zellkern befördern. Durch Wechselwirkung des Thyroxin-Thyroxinrezeptor-Komplexes mit bestimmten Genen wird die Erfolgszelle angeregt, große Mengen bestimmter Enzyme und Enzymsysteme zu synthetisieren. Dadurch kommt es in der Hauptsache zu einer Erhöhung des Stoffwechsel-*Grundumsatzes*.

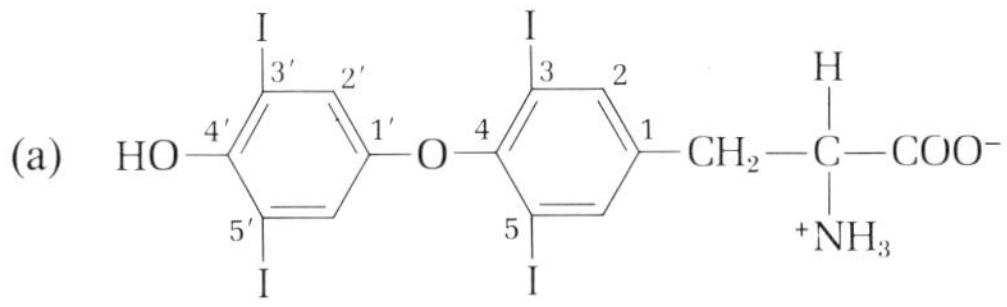

(a) Thyroxin (L-3,5,3′,5′-Tetraiodthyronin)

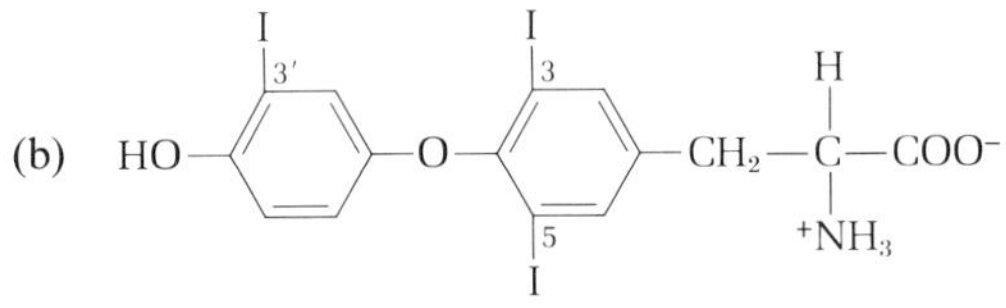

(b) Triiodthyronin (L-3,5,3′-triiodthyronin)

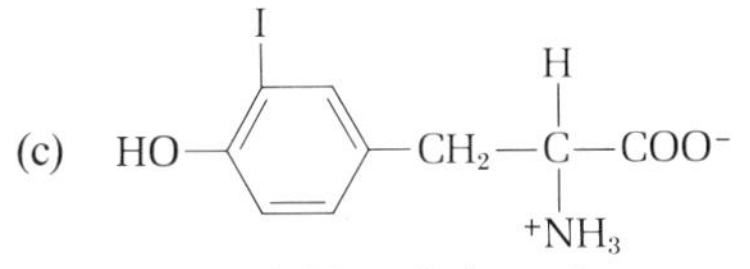

(c) L-3-Monoiodtyrosin

Abbildung 25-24
(a) und (b) Strukturformeln der Schilddrüsenhormone. (c) Monoiodtyrosin, die erste iodierte Vorstufe der Schilddrüsenhormone.

Ein Maß für den Grundumsatz eines Individuums ist der Sauerstoffverbrauch bezogen auf die Körperoberfläche bei völliger Ruhe, 12 h nach einer Mahlzeit. Angegeben werden die Werte in Prozent Abweichung vom Grundumsatz normaler Individuen von gleichem Geschlecht, Gewicht und gleicher Größe. Grundumsatzmessungen werden bei der Diagnose von Krankheiten durchgeführt, die mit einer Einwirkung auf die Schilddrüsenfunktion verbunden sind. Bei Personen mit *Überfunktion der Schilddrüse* ist der Grundumsatz erhöht. Diese Individuen verbrennen ihre Nährstoffe schneller als normal, produzieren mehr Wärme und neigen zur Überaktivität. Zu geringe Sekretion von Schilddrüsenhormonen, also *Schilddrüsen-Unterfunktion*, ist durch einen erniedrigten Grundumsatz gekennzeichnet. Patienten mit Schilddrüsen-Unterfunktion verbrennen die Nährstoffe langsamer, produzieren weniger Wärme und neigen zu Trägheit. Bei nahrungsbedingtem Iodmangel bildet sich ein *Kolloid-Kropf* (Kapitel 26), bei dem das Schilddrüsengewebe stark vermehrt ist, durch abnorm große Mengen an Kolloid-Protein, das produziert wird, um auch noch minimale Mengen zirkulierenden Iods auffangen zu können.

Trotz großen Forschungseinsatzes ist es immer noch ein Rätsel, auf welche Weise genau die Schilddrüse die Aktivität des aeroben Stoffwechsels reguliert. Es ist nicht völlig klar, wie die Schilddrüsenhormone die Aktivität der Mitochondrien beeinflussen, die ja der Ort organisierter Atmungsaktivität und ATP-Bildung sind. Schilddrüsenhormone beschleunigen auch die Entwicklung und Reifung bestimmter Gewebe, z. B. wird die Metamorphose von Kaulquappen zu Fröschen durch Schilddrüsenhormone stimuliert.

Die Sexualhormone sind Steroide

Wie die Nebennierenrinden-Hormone sind auch die *Androgene* (männliche Sexualhormone) und die *Östrogene* (weibliche Sexualhormone) Steroide. Die Nebennierenrinde, die Testes und die Ovarien haben einen gemeinsamen embryonalen Ursprung. Diese Verwandtschaft zeigt sich auch darin, daß Androgene außer von den Testes in geringem Maße auch von der Nebennierenrinde und den Ovarien produziert werden. Ähnlich werden Östrogene nicht nur vom Ovarium, sondern auch von der Nebennierenrinde und den Testes gebildet. Eigentlich hängen Männlichkeit und Weiblichkeit nur von dem Verhältnis zwischen der Sekretion von Androgenen und der von Östrogenen ab. Alle Steroidhormone entstehen aus einer gemeinsamen Vorstufe, dem *Cholesterin*, das wiederum aus Acetyl-CoA aufgebaut wird (S. 668). Die wichtigsten Sexualhormone sind in Abb. 25-25 dargestellt.

Die Androgene stimulieren Wachstum, Reifung und Aufrechterhaltung des männlichen Fortpflanzungssystems und des akzessorischen Sexualgewebes. Östrogene regulieren die Aktivitäten des

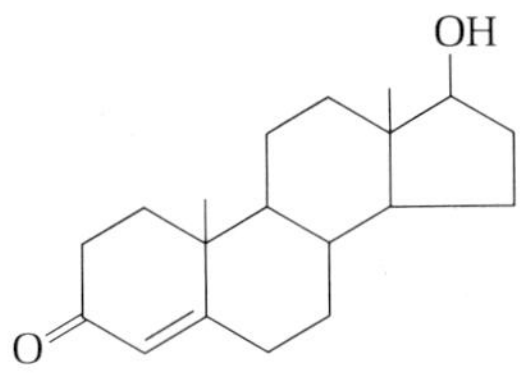

Abbildung 25-25
Die drei wichtigsten Sexualhormone.
(a) Testosteron, das wichtigste männliche Sexualhormon.
(b) β-Östradiol, das wichtigste Östrogen, ein weibliches Sexualhormon, das aus Testosteron entsteht.
(c) Progesteron, das Gelbkörper-Hormon (aus Corpus luteum), ist die Vorstufe sowohl für Testosteron als auch für β-Östradiol.

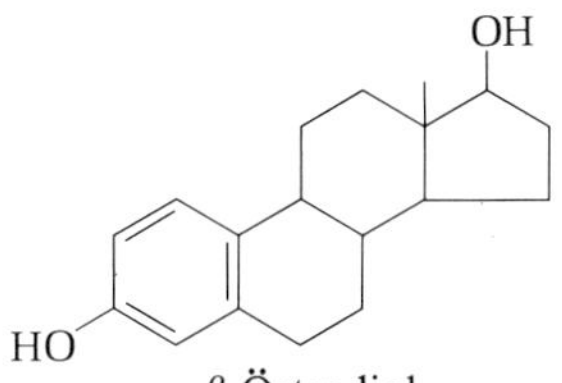

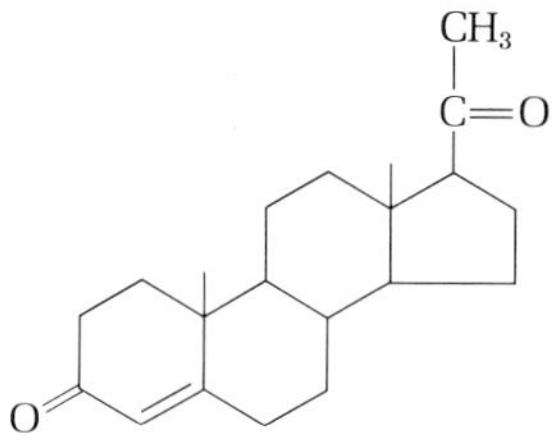

weiblichen Fortpflanzungssystems. Androgene und Östrogene haben jedoch außerdem signifikante Wirkungen auf die meisten anderen, nicht-reproduktiven Gewebe des Körpers, z. B. stimulieren Androgene das Wachstum von Skelettmuskeln. Androgene und bestimmte Androgenderivate werden auch als *anabole Steroide (Anabolika)* bezeichnet. Sie werden oft von Gewichthebern, Fußballspielern und Ringern zur Steigerung der Muskelmasse und -stärke eingenommen. Bei den meisten Sportarten bringen sie jedoch keine nachweisbaren Vorteile. Es ist bekannt, daß Anabolika auch von Athle*tinnen* eingenommen werden, was zu einer Maskulinisierung als Nebenwirkung führt.

Ein drittes Sexualhormon, das *Progesteron* (Abb. 25-25) ist eine Vorstufe bei der Biosynthese der Nebennierenrinden-Steroide und der anderen Sexualhormone. Es hat auch die Funktion, die Implantation des Eies zu stimulieren.

Wir stehen auf der Schwelle zum Verständnis der Östrogenwirkung in ihren Erfolgszellen

Das wichtigste der von den Ovarien der Frauen hergestellten Östrogene ist das β-Östradiol. Es entsteht aus *Testosteron*, dem wichtigsten männlichen Sexualhormon (Abb. 25-26). In den primären Erfolgsgeweben, Uterus und den Milchdrüsen, gibt es spezifische, intrazelluläre Rezeptoren für β-Östradiol. Der *Östrophilin I* genannte Östrogen-Rezeptor hat eine relative Molekülmasse von 200000. Durch die Bindung des Östrogenmoleküls erfährt er eine Umwandlung zu *Östrophilin II*, das man als den zweiten Messenger für die Östrogenwirkung betrachten kann. Östrophilin II gelangt in den Zellkern, wo es mit dem Chromatin reagiert und bestimmte Gene

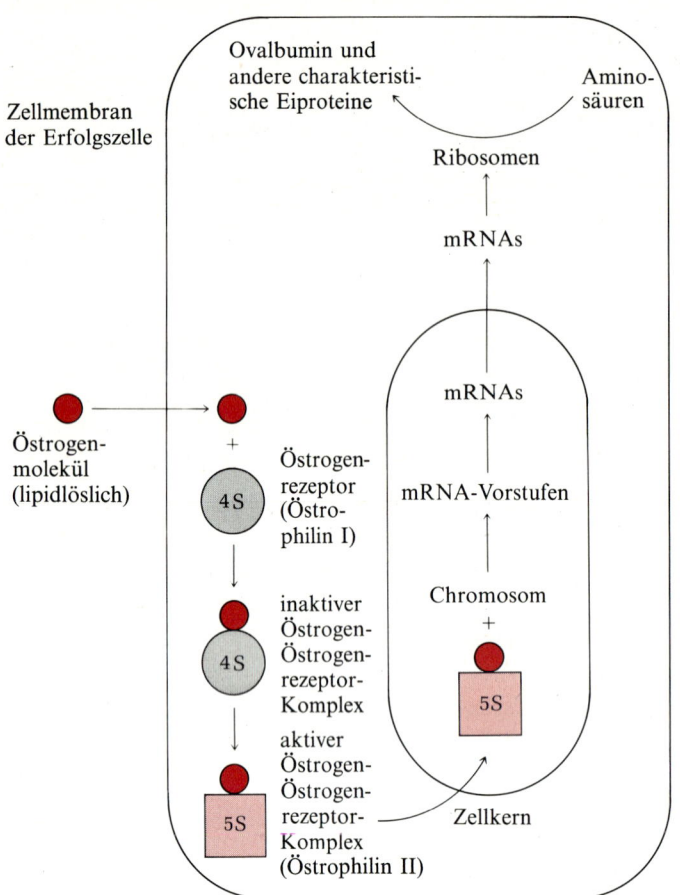

Abbildung 25-26
Schematische Darstellung der Östrogenwirkung in den Erfolgszellen im Eileiter der Henne. Das lipidlösliche Östrogen kann durch die Zellmembran hindurchtreten und wird vom Östrogenrezeptor gebunden, einem Protein mit einem Sedimentationskoeffizienten von 4 S. Der Östrogen-Rezeptor-Komplex wird nun in seine aktive 5 S-Form umgewandelt, die als zweiter Messenger in den Zellkern gelangt. Dort reagiert er mit spezifischen Anteilen des Chromatins und veranlaßt bestimmte Gene, ihre Messenger-RNA (mRNA) zu transkribieren. Diese mRNA verläßt den Zellkern und bildet an den Ribosomen die Matrize für die Synthese bestimmter Proteine, die für den Eileiter charakteristisch sind, wie z. B. Ovalbumin.

anweist, spezifische für dieses Gewebe charakteristische Proteine zu produzieren (Abb. 25-26); z.B. bewirkt an Küken verabreichtes Östradiol einen starken Anstieg der Synthesegeschwindigkeit der charakteristischen Eiproteine im Eileiter (Ovidukt), insbesondere von *Ovalbumin* und *Ovovitellin*. Auf diese Weise trägt Östradiol dazu bei, das Ovar für die Eiproduktion vorzubereiten.

Die Anzahl der Östrogenrezeptoren in der Milchdrüse von Frauen nimmt während der Entwicklung und des Wachstums von Brustkrebs ab. Die Messung der Östrogenrezeptor-Menge in kleinen Proben von Milchdrüsengewebe ist ein diagnostisches Hilfsmittel, um das Stadium der Erkrankung zu erkennen und die Behandlungsmethode danach zu wählen. Früh erkannter Brustkrebs kann manchmal durch eine Änderung des Androgen-Östrogen-Gleichgewichtes aufgehalten werden

Man kennt noch viele andere Hormone

Es wurden noch zahlreiche andere Hormone gefunden, über deren Wirkungsweise auf biochemischer Ebene aber nur relativ wenig be-

Tabelle 25-7 Andere wichtige Polypeptidhormone.

Hormon (Bildungsort)	M_r	Wirkung
Parathyroidhormon (Nebenschilddrüse)	9500	Mobilisiert Ca^{2+} aus den Knochen; kontrolliert dessen Retention in der Niere
Calcitonin (Schilddrüse)	3600	Hemmt die Ca^{2+}-Freisetzung aus den Knochen
Thymosin (Thymusdrüse)	12500	Bewirkt Wachstum des Lymphgewebes
Gastrin (Magen)	2000	Stimuliert die Magensaftsekretion
Sekretin (Dünndarm)	3500	Bewirkt die Sekretion des Pankreassaftes
Cholecystokinin (Dünndarm)	4200	Bewirkt die Sekretion von Verdauungsenzymen

kannt ist. Einige von ihnen sind in Tab. 25-7 zusammen mit ihren wichtigsten Funktionen aufgelistet. Besondere Erwähnung verdient das *Proopiocortin*, eine Hormonvorstufe des Hypophysenvorderlappens (Abb. 25-27). Seinen Namen erhielt dieses große Polypeptid mit etwa 260 Aminosäureresten, weil es gleichzeitig die Vorstufe für Opiatähnliche und für Nebennierenrinden-stimulierende Hormone ist. Tatsächlich entstehen aus *Proopiocortin* durch Peptidasespaltung an bestimmten Stellen mehrere Hormone (Abb. 25-27), darunter zwei Lipotropine, die die Verwertung von Lipiden als Brennstoff stimulieren, und zwei Arten von *Endorphinen*, Hormonen mit schmerzstillender Wirkung, ähnlich der von Morphium und anderen Opiaten. Endorphine sind sozusagen „körpereigenes Opium". Das aus den fünf aminoterminalen Resten des Endorphins bestehende Pentapeptid ist ein *En-kephalin* („im Gehirn"), das im Gehirn an den Rezeptor für Opiate gebunden wird und eine starke Morphiumähnliche Aktivität besitzt. Diese Entdeckungen führten zu ganz neuen Einblicken in die Biochemie der Schmerzempfindung und den Mechanismus der Rauschgiftsucht.

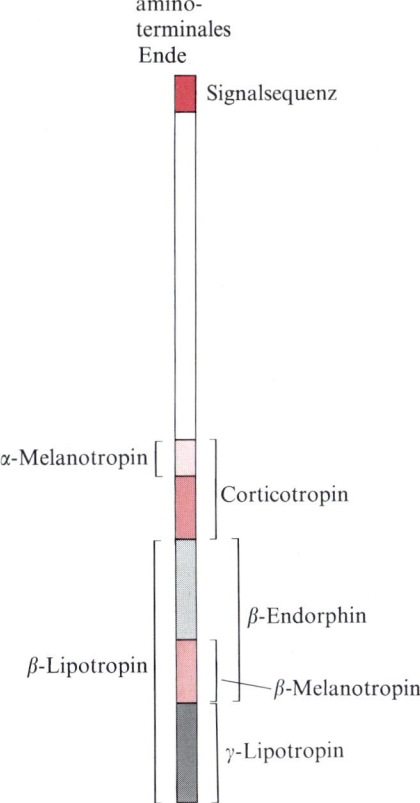

Abbildung 25-27
Proopiocortin, die Vorstufe für mehrere Hormone des Hypophysenvorderlappens, das aus etwa 260 Aminosäureresten besteht. Die Polypeptidkette wird an den angegebenen Stellen gespalten, wobei mehrere Hormone gebildet werden: zwei Arten von Melanozyten-stimulierenden Hormonen (α- und β-Melanotropin), sowie β- und γ-Lipotropin, Corticotropin und β-Endorphin.

Prostaglandine und Thromboxane modulieren die Wirkungen einiger Hormone

Die *Prostaglandine* (Abb. 25-28), eine Familie lipidlöslicher organischer Säuren mit Kohlenstoff-Fünfringen, leiten sich von essentiellen Fettsäuren ab (S. 653), wobei die ungesättigte *Arachidonsäure* als Zwischenprodukt auftritt. Sie sind Regulatoren von Hormonwirkungen und werden Prostaglandine genannt, weil sie zuerst im Sekret der Prostata gefunden und für Regulatoren der Aktivität männlicher Fortpflanzungsgewebe gehalten wurden. In Wirklichkeit werden Prostaglandine aber in praktisch allen Organen gebildet und kommen auch überall zur Wirkung. Sie haben viele verschiedene physiologische Wirkungen. Einige werden zu therapeutischen Zwek-

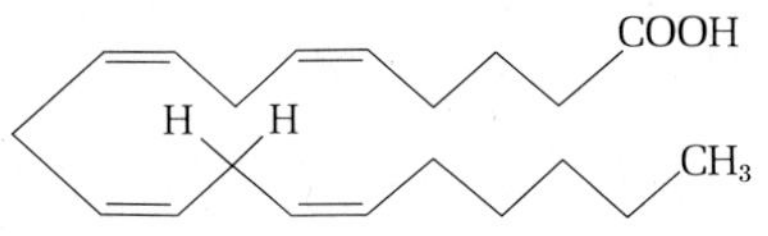

Abbildung 25-28
Ein typisches Prostaglandin (PGE$_2$) und Thromboxan B$_2$. Beide leiten sich von der Arachidonsäure ab (S. 654).

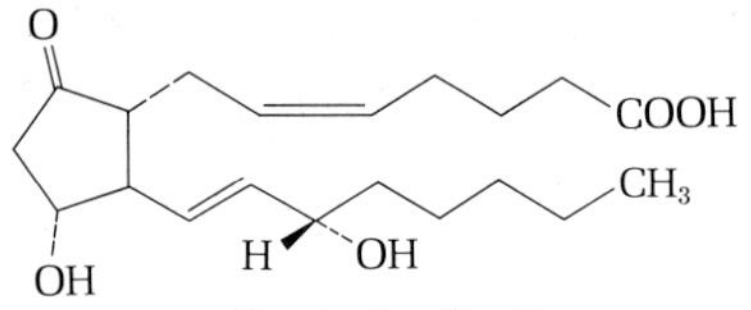

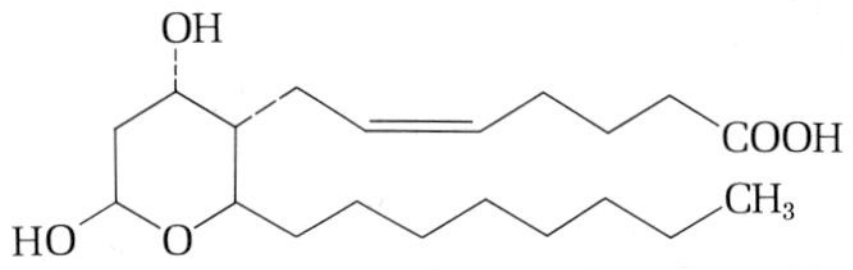

ken eingesetzt. Einige Prostaglandine stimulieren und beschleunigen die Adenylat-Cyclase. *Thromboxane* (Abb. 25-28) sind labile Umwandlungsprodukte von Prostaglandinen, von denen man annimmt, daß sie die Aktivität von Blutplättchen (Thrombozyten) und anderen Zellen regulieren. Aspirin, ein wertvolles Schmerzmittel bei Athritis, ist ein wirksamer Inhibitor der *Prostaglandin-Synthetase*, eines Enzyms der Biosynthese von Prostaglandinen aus Arachidonsäure. Es sieht demnach so aus, als ob bestimmte Prostaglandine eine Funktion bei der Regulation der Schmerzempfindung haben könnten.

Auch von Ca^{2+}-Ionen und dem cytoplasmatischen Ca^{2+}-bindenden Protein *Calmodulin* nimmt man an, daß sie als Modulatoren oder sogar als intrazelluläre Messenger für einige Hormone fungieren. Freie Ca^{2+}-Ionen kommen im Cytosol in sehr geringer Konzentration vor, weniger als 10^{-6} M. Ihre Konzentration nimmt im Verlauf der Wirkung bestimmter Hormone zu. Ca^{2+} hat auf viele intrazelluläre Aktivitäten modulierende Wirkung, wahrscheinlich über eine Bindung an Calmodulin, das die Phosphodiesterase und verschiedene Protein-Kinasen stimuliert, die am Kohlenhydratstoffwechsel sowie an der Muskelkontraktion oder am intrazellulären Transport durch Membranen beteiligt sind.

Zusammenfassung

Hormone sind chemische Boten, die von bestimmten Geweben ins Blut abgegeben werden und dazu dienen, die Aktivität bestimmter anderer Gewebe zu regulieren. Sie wirken in einer Hirarchie zusammen. Nervenimpulse, die vom Hypothalamus aufgenommen werden, veranlassen diesen, spezifische Hormone an die Hypophyse abzugeben, wodurch die Freisetzung verschiedener Tropine stimuliert (oder gehemmt) wird. Der Hypophysenvorderlappen kann seinerseits andere endokrine Drüsen dazu veranlassen, ihre eigenen Hormone zu sezernieren, wodurch deren jeweilige Erfolgsgewebe stimuliert werden.

Adrenalin, eines der drei Catecholamin-Hormone, die vom Nebennierenmark aus Tyrosin hergestellt werden, trägt dazu bei, den Körper auf Überlebenssituationen vorzubereiten, d.h. zu kämpfen oder zu fliehen, indem es Blutglucose aus Glycogen oder anderen Vorstufen mobilisiert. Adrenalin wird an spezifische Rezeptoren gebunden, die sich auf der äußeren Oberfläche von Leber- und Muskelzellen befinden. Dadurch wird die Adenylat-Cyclase an der inneren Oberfläche aktiviert und wandelt ATP in *cyclo*-Adenylat (*c*AMP) um. Das *c*AMP wird dann an die regulatorische Untereinheit der Protein-Kinase gebunden und veranlaßt diese, ihre katalytische Untereinheit abzustoßen, die dadurch aktiviert wird. Die Protein-Kinase phosphoryliert inaktive Phosphorylase-Kinase, die in einem folgenden Schritt die Glycogen-Phosphorylase stimuliert. *Cyclo*-Adenylat wird durch Phosphodiesterase zerstört, die durch Ca^{2+} und ein regulatorisches, Ca^{2+}-bindendes Protein, das Calmodulin, aktiviert und durch Theophyllin gehemmt werden kann.

Insulin, eines der drei wichtigsten Pankreashormone, wird von den B-Zellen in den Langerhans-Inseln sezerniert. Im Überschuß bewirkt es einen erniedrigten Blutzuckerspiegel durch Verstärkung des Glucose-Eintritts in die Gewebe. Insulinmangel ist die Ursache von Diabetes mellitus, der gekennzeichnet ist durch Hyperglykämie, Glycosurie, ausbleibende Fettsäuresynthese, erhöhte Fettsäureoxidation und Ketonkörper-Produktion. Insulin wird an spezifische Rezeptoren gebunden, die sich an den Zelloberflächen vieler Gewebe befinden, aber seine intrazelluläre Wirkungsweise ist noch unbekannt. Das von den A-Zellen abgegebene Glucagon hat eine dem Insulin entgegengesetzte Wirkung, indem es den Abbau von Glycogen zu Blutglucose veranlaßt. Ein weiteres Pankreashormon, das Somatostatin, reguliert die Insulinsekretion.

Die Nebennierenrinde sezerniert Glucocorticoide, wie z.B. Cortisol, das die Gluconeogenese stimuliert und u.a. entzündliche Prozesse hemmt, sowie Mineralocorticoide, hauptsächlich Aldosteron, das die Retention von Na^+-Ionen bewirkt, und weitere Steroidhormone mit einer dazwischen liegenden Wirkungsweise, wie z.B. Corticosteron. Die Nebennierenrinden-Steroide, wie auch die Östrogene und Androgene, können die Plasmamembranen ihrer Erfolgszellen passieren und sich an die Rezeptoren im Cytoplasma binden, die dann im Zellkern zur Wirkung kommen. Dort lösen sie die Expression bestimmter Gene aus.

Aufgaben

1. *Die Bedeutung der Hormonkonzentration.* Unter normalen Bedingungen sezerniert das menschliche Nebennierenmark Adrenalin ($C_9H_{13}NO_3$) mit einer Geschwindigkeit, die zu einer Konzentration von 10^{-10} M im Blutstrom führt. Um sich eine anschauliche Vorstellung von dieser Konzentration zu machen, soll berechnet werden, wie groß der Durchmesser (in Metern) eines 2 m tiefen runden Swimmingpools sein muß, in dem 1 g Adrenalin (etwa ein Teelöffel) die gleiche Konzentration ergibt wie im Blut.

2. *Die Regulation der Hormonspiegel im Blut.* Die Verweildauer der meisten Hormone im Blut ist relativ kurz. Wird z. B. radioaktiv markiertes Insulin in ein Tier injiziert, so ist nach 30 min die Hälfte des Hormons aus dem Blut verschwunden. Worin liegt die Bedeutung dieser relativ schnellen Inaktivierung zirkulierender Hormone? Wie kann in Anbetracht dieser schnellen Inaktivierung der Spiegel der zirkulierenden Hormone unter normalen Bedingungen konstant gehalten werden? Auf welche Weisen kann der Organismus solch schnelle Veränderungen im Spiegel zirkulierender Hormone herbeiführen?

3. *Wasserlösliche und lipidlösliche Hormone.* Die Hormone können aufgrund ihrer physikalischen Eigenschaften in zwei Kategorien eingeteilt werden: in solche, die in Wasser gut löslich sind, aber kaum löslich in Lipiden, z. B. Adrenalin, und solche, die in Wasser relativ unlöslich sind, aber sehr gut löslich in Lipiden, z. B. die Steroidhormone. Die meisten wasserlöslichen Hormone gelangen bei der Ausübung ihrer Funktion nicht ins Zellinnere, lipidlösliche dagegen dringen in ihre Erfolgszelle ein und kommen schließlich im Zellinnern zur Wirkung. Welche Zusammenhänge bestehen zwischen der Löslichkeit der Hormone, der Lokalisation ihrer Rezeptoren und er Wirkungsweise der beiden Kategorien von Hormonen?

4. *Versuche mit Hormonen in zellfreien Systemen.* In den 50er Jahren führten Earl Sutherland und seine Mitarbeiter ihre Pionierarbeiten durch, die zur Aufklärung der Wirkungsmechanismen von Adrenalin und Glucagon führten. Interpretieren Sie jedes der unten aufgeführten Experimente aufgrund unserer heutigen Kenntnisse über die Hormonwirkung (s. Text). Identifizieren Sie die Substanz und geben Sie an, worin die Bedeutung der Ergebnisse liegt.
   (a) Nach Zugabe von Adrenalin zu einem Homogenat oder einer Präparation aus aufgebrochenen Zellen einer gesunden Leber stieg die Aktivität der Glycogen-Phosphorylase. Wurde das Homogenat jedoch vorher hochtourig zentrifugiert und wurde Adrenalin oder Glucagon zum klaren Überstand gegeben, so wurde keine Anstieg der Phosphorylase-Aktivität beobachtet.

(b) Wurde die aus dem Leberhomogenat abzentrifugierte Partikelfraktion mit Adrenalin versetzt, so trat eine neue Substanz auf, die isoliert und gereinigt wurde. Im Gegensatz zu Adrenalin war diese Substanz in der Lage, Glycogen-Phosphorylase zu aktivieren, wenn sie zur Überstandsfraktion des Homogenats gegeben wurde.

(c) Die von der Partikelfraktion gebildete Substanz war hitzestabil, d.h. Hitzebehandlung zerstörte nicht ihre Fähigkeit, die Phosphorylase zu aktivieren. (Hinweis: würde das auch gelten, wenn die Substanz ein Protein wäre?) Die Substanz erwies sich als identisch mit einer Verbindung, die man bei Behandlung von ATP mit Bariumhydroxid erhielt.

5. *Der Effekt von Dibutyryl-cyclo-AMP und von cyclo-AMP auf lebende Zellen.* Es sollte im Prinzip möglich sein, die physiologische Wirkung des Hormons Adrenalin auch durch eine Gabe von *cyclo*-AMP an die Erfolgszellen auszulösen. Tatsächlich erhält man aber nach Zugabe von *cyclo*-AMP an intakte Erfolgszellen nur eine minimale physiologische Reaktion. Warum? Wird jedoch das strukturell verwandte Derivat Dibutyryl-*cyclo*-AMP verwendet,

so ist die zu erwartende physiologische Reaktion leicht erkennbar. Erklären Sie, warum die Zelle auf diese beiden Substanzen so unterschiedlich reagiert. Das Derivat Dibutyryl-*cyclo*-AMP wird allgemein für Untersuchungen über die Funktion von *cyclo*-AMP verwendet.

6. *Die Wirkung von Choleratoxin auf die Adenylat-Cyclase.* Das gramnegative Bakterium *Vibrio cholerae* produziert ein Protein, das Choleratoxin ($M_r = 90\,000$), das für die charakteristischen Symptome der Cholera verantwortlich ist, nämlich den starken Verlust von Körperwasser und Na^+-Ionen durch ununterbrochenen, entkräftenden Durchfall. Werden die Körperflüssigkeit und Na^+-Ionen nicht ersetzt, kommt es zu einer schweren Austrocknung; ohne Behandlung verläuft die Krankheit oft tödlich. Choleratoxin, das in den menschlichen Darmtrakt gelangt, wird fest an bestimmte Stellen auf der Plasmamembran der Dünndarm-Epithelzellen gebunden und bewirkt eine Aktivierung der Adenylat-

Cyclase, die über Stunden oder Tage erhalten bleibt. Welche Wirkung hat das Choleratoxin auf die Konzentration des *cyclo*-AMP in den Darmzellen? Können Sie sich aufgrund der eben gegebenen Information vorstellen, welche Funktion das *cyclo*-AMP normalerweise in den Zellen der Darmmucosa haben könnte? Schlagen Sie eine mögliche Behandlungsmethode für Cholera vor.

7. *Die Stoffwechselunterschiede in Muskel und Leber während einer „Kämpf-oder-flieh"-Situation.* Während einer solchen Situation führt die Freisetzung von Adrenalin zum Abbau von Glycogen in Leber, Herz und Skelettmuskel. Das Abbauprodukt ist in der Leber Glucose, im Skelettmuskel dagegen wird das Glycogen über die Glycolyse weiter abgebaut.
   (a) Warum werden in den beiden verschiedenen Geweben verschiedene Produkte des Glycogenabbaus beobachtet?
   (b) Worin liegt für einen Organismus während einer „Kämpf-oder-flieh"-Situation der Vorteil dieser spezifischen Glycogen-Abbauwege?

8. *Sekretion zu großer Insulinmengen: Hyperinsulinismus.* Bei bestimmten malignen Tumoren des Pankreas kommt es zu einer Überproduktion von Insulin durch die B-Zellen. Die Symptome bei den Patienten sind Zittern, Erschöpfung, Schwitzen und Hunger. Bei langem Anhalten dieses Zustandes kommt es zu Gehirnschäden. Welche Wirkung hat die zu hohe Insulinkonzentration auf den Stoffwechsel der Kohlenhydrate, Aminosäuren und Lipide in der Leber? Welche Ursachen haben die beobachteten Symptome? Warum führt der Zustand, wenn er länger anhält, zu Gehirnschäden?

9. *Wärmeerzeugung durch Schilddrüsenhormone.* Es gibt eine enge Beziehung zwischen den Schilddrüsenhormonen und der Regulation des Grundumsatzes. Das Lebergewebe von Tieren, denen eine Überdosis Thyroxin verabreicht wurde, zeigt einen erhöhten O_2-Verbrauch und eine erhöhte Wärmebildung (Thermogenese), aber die ATP-Konzentration im Gewebe bleibt normal. Für diesen thermogenetischen Effekt des Thyroxins sind verschiedene Erklärungen vorgeschlagen worden. Eine von ihnen ist die, daß ein Überschuß an Schilddrüsenhormon zu einer Entkopplung der oxidativen Phosphorylierung in den Mitochondrien führt. Wie kann ein solcher Effekt die Beobachtungen erklären? Eine andere Erklärung besagt, daß die Thermogenese auf einem beschleunigten ATP-Verbrauch im Schilddrüsen-stimulierten Gewebe beruht. Ist diese Erklärung sinnvoll? Warum?

10. *Die Ovarektomie bei der Behandlung von Brustkrebs (Mammakarzinom).* Eine der Behandlungsmethoden bei Brustkrebs ist die Ovarektomie, d. h. die chirurgische Entfernung der Ovarien. Auf welcher biochemischen Grundlage beruht diese Behandlung? Als Zusatzbehandlung wird männliches Sexualhormon an die weibli-

chen Patienten verabreicht, wodurch die physiologische Reaktion der entsprechenden Erfolgsorgane auf die natürlich vorkommenden Sexualhormone gehemmt wird.

11. *Die Endorphin-Synthese in der Nebenniere.* Außer den Catecholamin-Hormonen stellt das Nebennierenmark auch einige Endorphine her, die manchmal als die „Opiate des Gehirns" bezeichnet werden. Können Sie erklären, warum die Endorphine sowohl vom Gehirn als auch vom Nebennierenmark gebildet werden?

12. *Die Funktion der Prohormone.* Welchen Vorteil hat die Synthese der Pro- oder Präprohormone als Vorstufe der Hormone?

13. *Die Wirkung von Aminophyllin.* Aminophyllin, ein Purinderivat, das dem Theophyllin des Tees ähnelt, wird oft zusammen mit Adrenalin an Patienten mit akutem Asthma verabreicht. Welchen Zweck verfolgt diese Behandlung und auf welcher biochemischen Grundlage beruht sie?

14. *Calmodulin.* Wenn aus dem Muskel der Klaffmuschel isoliertes Calmodulin mit Phosphodiesterase aus Rattenleber zusammengebracht wird, so beobachtet man keinen Effekt auf die mit niedriger Geschwindigkeit ablaufende Hydrolyse von *cyclo*-AMP zu AMP. Wird dem System aber Ca^{2+} zugesetzt, so wird die Phosphodiesterase-Aktivität stark erhöht. Welche biochemische Information steckt in diesen Beobachtungen?

Kapitel 26
Die menschliche Ernährung

Nachdem wir die Koordination des Stoffwechsels im menschlichen Körper untersucht haben, lassen Sie uns nun näher anschauen, wie dieser komplexe Organismus durch die Nahrungsaufnahme in Betrieb gehalten wird.

Die heutigen wissenschaftlichen Ansichten über die menschliche Ernährung gehören zu den wichtigsten Beiträgen der Biochemie; sie haben unzähligen Menschen das Leben gerettet oder ihr Befinden gebessert. Es ist noch nicht lange her, daß Krankheiten wie Pellagra, Beriberi und Rachitis in vielen Teilen der Welt endemisch waren. Heute sind diese Krankheiten vermeidbar, da wir über das Wissen verfügen, um sie zu verhindern. Und doch ist auch heute noch, trotz unserer Kenntnisse über die Ernährung, mehr als ein Achtel der Weltbevölkerung unterernährt. Paradoxerweise sind auch in den reichsten Ländern viele Leute fehlernährt, nicht aus Nahrungsmangel, sondern sie sind einseitig ernährt und überernährt. Eine der wichtigsten Aufgaben der Biochemie ist es, die Bevölkerung über die naturwissenschaftlichen Grundlagen der Ernährung zu informieren und irrationale Anschauungen und Diät-Quacksalberei zu bekämpfen.

Eine gesunde Ernährung besteht aus fünf Grundbestandteilen

Es gibt fünf Klassen von Nährstoffen, aus denen sich eine angemessene Diät zusammensetzt (Tab. 26-1), von denen jede eine ganz besondere Rolle spielt.

Kohlenhydrate

Kohlenhydrate sind der verbreitetste Grundnahrungsbestandteil und die Hauptquelle der durch biologische Oxidation gewonnenen Energie. Außerdem liefern sie die Vorstufen für die Synthese vieler Zellbestandteile.

Fette

Die Triacylglycerine tierischen und pflanzlichen Ursprungs rangieren als Energiequelle dicht hinter den Kohlenhydraten. Auch sie sind

---

Tabelle 26-1 Nahrungsbestandteile, die vermutlich vom Menschen gebraucht werden.

Energiequellen	*Essentielle*
Kohlenhydrate	*Fettsäuren*
Fette	Linolsäure
Proteine	Linolensäure

Essentielle Aminosäuren
- Arginin (für Kinder)
- Histidin
- Isoleucin
- Leucin
- Lysin
- Methionin
- Phenylalanin
- Threonin
- Tryptophan
- Valin

Vitamine
- Thiamin
- Riboflavin
- Nicotinamid
- Pyridoxin
- Pantothensäure
- Folsäure
- Biotin
- Vitamin B_{12}
- Ascorbinsäure
- Vitamine A, D, E und K

Mineralstoffe
- Arsen
- Calcium
- Chlor
- Chrom
- Eisen
- Fluor
- Iod
- Kalium
- Kupfer
- Magnesium
- Mangan
- Molybdän
- Natrium
- Nickel
- Phosphor
- Selen
- Silicium
- Vanadium
- Zink
- Zinn

Tabelle 26-2 Nährstoffempfehlungen für die Bevölkerung der USA (herausgegeben von der amerikanischen Kommission für Ernährung). Angegeben ist der tägliche Bedarf.*

	Alter Jahre	Gewicht kg	Größe cm	Protein g	Fettlösliche Vitamine			Wasserlösliche Vitamine						
					Vitamin A µg**	Vitamin D_3 µg	Vitamin E mg	Vitamin C mg	Thiamin mg	Riboflavin mg	Nicotinamid mg	Vitamin B_6 mg	Folsäure µg	Vitamin B_{12} µg
Kleinkinder	0.0–0.5	6	60	kg × 2.2	420	10	3	35	0.3	0.4	6	0.3	30	0.5
	0.5–1.0	9	71	kg × 2.0	400	10	4	35	0.5	0.6	8	0.6	45	1.5
Kinder	1–3	13	90	23	400	10	5	45	0.7	0.8	9	0.9	100	2.0
	4–6	20	112	30	500	10	6	45	0.9	1.0	11	1.3	200	2.5
	7–10	28	132	34	700	10	7	45	1.2	1.4	16	1.6	300	3.0
Männer	11–14	45	157	45	1000	10	8	50	1.4	1.6	18	1.8	400	3.0
	15–18	66	176	56	1000	10	10	60	1.4	1.7	18	2.0	400	3.0
	19–22	70	177	56	1000	7.5	10	60	1.5	1.7	19	2.2	400	3.0
	23–50	70	178	56	1000	5	10	60	1.4	1.6	18	2.2	400	3.0
	>50	70	178	56	1000	5	10	60	1.2	1.4	16	2.2	400	3.0
Frauen	11–14	46	157	46	800	10	8	50	1.1	1.3	15	1.8	400	3.0
	15–18	55	163	46	800	10	8	60	1.1	1.3	14	2.0	400	3.0
	19–22	55	163	44	800	7.5	8	60	1.1	1.3	14	2.0	400	3.0
	23–50	55	163	44	800	5	8	60	1.0	1.2	13	2.0	400	3.0
	>50	55	163	44	800	5	8	60	1.0	1.2	13	2.0	400	3.0
Schwangere				+30	+200	+5	+2	+20	+0.4	+0.3	+2	+0.6	+400	+1.0
Stillende				+20	+400	+5	+3	+40	+0.5	+0.5	+5	+0.5	+100	+1.0

	Alter Jahre	Gewicht kg	Größe cm	Mineralstoffe					
				Ca mg	P mg	Mg mg	Fe mg	Zn mg	I µg
Kleinkinder	0.0–0.5	6	60	360	240	50	10	3	40
	0.5–1.0	9	71	540	360	70	15	5	50
Kinder	1–3	13	90	800	800	150	15	10	70
	4–6	20	112	800	800	200	10	10	90
	7–10	28	132	800	800	250	10	10	120
Männer	11–14	45	157	1200	1200	350	18	15	150
	15–18	66	176	1200	1200	400	18	15	150
	19–22	70	177	800	800	350	10	15	150
	23–50	70	178	800	800	350	10	15	150
	>50	70	178	800	800	350	10	15	150
Frauen	11–14	46	157	1200	1200	300	18	15	150
	15–18	55	163	1200	1200	300	18	15	150
	19–22	55	163	800	800	300	18	15	150
	23–50	55	163	800	800	300	18	15	150
	>50	55	163	800	800	300	10	15	150
Schwangere				+400	+400	+150	***	+5	+25
Stillende				+400	+400	+150	***	+10	+50

* Die Mengen sind so gewählt, daß sie Spielraum lassen für individuelle Abweichungen, wie sie unter den üblichen Umweltbelastungen auftreten. Die Ernährung sollte vielseitig sein, damit auch die Versorgung mit den Bestandteilen gesichert ist, für die der Bedarf noch nicht so genau feststeht.
** Retinol-Äquivalente; 1 Retinol-Äquivalent = 1 µg Retinol oder 6 µg β-Carotin.
*** Der Eisenbedarf einer schwangeren oder stillenden Frau kann nicht durch eine normale Kost gedeckt werden, so daß empfohlen wird, 30–60 mg Eisen zusätzlich einzunehmen.

wichtige Kohlenstoffquellen, z. B. für die Biosynthese von Cholesterin und anderen Steroiden. Pflanzliche Triacylglycerine liefern außerdem die *essentiellen Fettsäuren*.

Proteine

Die Proteine spielen für die Ernährung in dreierlei Hinsicht eine wichtige Rolle. Sie liefern essentielle und nicht-essentielle Aminosäuren als Bausteine für die Proteinsynthese, und zwar nicht nur für das Wachstum in der Kindheit, sondern auch für den fortlaufenden Ersatz und Turnover der Körperproteine beim Erwachsenen. Aminosäuren sind außerdem Vorstufen von Hormonen, Porphyrinen und vielen anderen Biomolekülen. Die Oxidation des Kohlenstoffskeletts von Aminosäuren liefert einen zwar kleinen, aber nicht zu vernachlässigenden Anteil des gesamten täglichen Energiebedarfs.

Kohlenhydrate, Fette und Proteine sind die Grundnahrungsmittel oder Makronährstoffe. Zusammengenommen werden von ihnen täglich einige Hundert Gramm aufgenommen, je nach Körpergewicht, Alter und Geschlecht.

Vitamine

Die Vitamine sind organische Mikronährstoffe, die nur in Milligramm- oder Mikrogramm-Mengen pro Tag gebraucht werden. Sie werden in *wasser-* und *fettlösliche Vitamine* eingeteilt und stellen die essentiellen Bestandteile bestimmter Coenzyme von Enzymen dar, die am Stoffwechsel oder anderen spezialisierten Aktivitäten beteiligt sind.

Mineralstoffe und Spurenelemente

Die anorganischen Nährstoffe können in zwei Klassen unterteilt werden. Calcium, Phosphor und Magnesium werden in Mengen von einem Gramm oder mehr pro Tag gebraucht, während Eisen, Iod, Zink, Kupfer und viele andere nur in Milligramm- oder Mikrogramm-Mengen erforderlich sind. Die anorganischen Elemente haben vielerlei Funktionen; u.a. sind sie Bestandteile von Knochen und Zähnen, Elektrolyte für die Aufrechterhaltung des Wassergleichgewichts im Gefäßsystem und in den Geweben sowie in prosthetischen Gruppen von Enzymen enthalten.

Mehr als 40 verschiedene Substanzen sind für die menschliche Ernährung unverzichtbar (Tab. 26-1). Dazu gehören 10 Aminosäuren, 13 Vitamine, 20 oder mehr Mineralstoffe, meist in Form löslicher Salze, und ein oder mehrere mehrfachungesättigte Fettsäuren. In die Liste notwendiger Komponenten können wir noch die *Faserbestandteile* aufnehmen, die zu einem großen Teil aus Cellulose bestehen, sowie andere, unverdauliche Zellwand-Polymere pflanzlichen Ursprungs. Die Faserbestandteile sind zwar unverdaulich und spielen daher keine Rolle im Stoffwechsel, tragen aber zu einer ausreichenden Darm-Peristaltik bei.

Die Ernährungskommission (Food and Nutrition Board) der National Academy of Sciences – National Research Council hat für die Bevölkerung der Vereinigten Staaten eine Tabelle herausgebracht, die die *empfohlenen täglichen Mengen* verschiedener Nahrungsbestandteile für die Ernährung von Säuglingen, Kindern, Erwachsenen und schwangeren Frauen (Tab. 26-2) angibt. Bei diesen Angaben handelt es sich nicht um den täglichen Mindestbedarf, sondern um optimale Mengen, die einen reichlichen Sicherheitsspielraum enthalten.

Die Energie wird durch die Oxidation der Grundnahrungsmittel gewonnen

Die Hauptforderung an eine ausreichende Ernährung ist, daß sie die für den Stoffwechsel erforderliche Energie liefern kann. Dies erfolgt durch die Oxidation der Hauptnahrungsbestandteile. Für die Berechnung des Energiebedarfs wird als Maßeinheit das Kilojoule (kJ) verwendet (früher die Kilokalorie, kcal). Das Joule ist die Einheit der Energie im SI-System.

Tab. 26-3 zeigt die von der amerikanischen Komission für Ernährung empfohlenen täglichen Energiemengen für die verschiedenen Altersstufen. Junge Männer um die zwanzig brauchen im Durchschnitt etwa 12 100 und Frauen im selben Alter 8 800 kJ/d (Der Unterschied beruht hauptsächlich auf dem unterschiedlichen Körpergewicht). Ältere Leute brauchen im allgemeinen weniger Energie. Wir können diese Werte mit dem energetischen Grundbedarf (*Grundumsatz*) vergleichen, d. h. mit der Energiemenge, die der Körper bei vollständiger Ruhe 12 Stunden nach der letzten Mahlzeit braucht, wie in Kapitel 25 (S. 814) definiert. Dieser Grundumsatz beträgt für junge Männer etwa 7 500 und für junge Frauen etwa 5 400 kJ/d. Die Differenz zwischen dem Grundumsatz und dem tatsächlichen täglichen Bedarf ist natürlich die Energie, die zur Ausführung der körperlichen Arbeit gebraucht wird. Tab. 26-4 zeigt den Energiebedarf bei verschiedenen Tätigkeiten.

Tabelle 26-3 Die von der amerikanischen Kommission für Ernährung (Food and Nutrition Board, National Academy of Sciences, National Research Council, 1980) empfohlenen täglichen Energiemengen.*

	Alter in Jahren	Gewicht in kg	Energie in J
Kleinkinder	0.0–0.5	6	2 700
	0.5–1.0	9	4 000
Kinder	1–3	13	5 400
	4–6	20	7 100
	7–10	28	10 000
Männer	11–14	45	11 300
	15–18	66	11 700
	19–22	70	12 100
	23–50	70	11 300
	>50	70	10 000
Frauen	11–14	46	9 200
	15–18	55	8 800
	19–22	55	8 800
	23–50	55	8 400
	>50	55	7 500
Schwangere		zusätzlich	1 250
Stillende		zusätzlich	2 100

* Die hier aufgeführten Werte für den täglichen Energiebedarf sind Mittelwerte; der gesamte Bereich erstreckt sich auf mindestens 15 % darüber und darunter.

Tabelle 26-4 Energieverbrauch bei verschiedenen Tätigkeiten in kJ/(kg × h).

Tätigkeit	Männer	Frauen
Sehr leichte Arbeit Sitzende und stehende Tätigkeiten, Malen, Auto oder Lastwagen fahren, Laborarbeit, Schreibmaschine schreiben	6.3	5.4
Leichte Arbeit Wandern (4–5 km/h), Zimmern, Einkaufen, Arbeit im Restaurant, Wäsche waschen, Golf spielen	12.1	10.9
Mittelschwere Arbeit Schnelles Gehen (5.5–6.5 km/h), Dauerlauf, Unkraut jäten, Holz hacken, Radfahren, Tennis spielen, tanzen, Volleyball spielen	18.0	17.2
Schwere Arbeit Mit Gepäck steigen, Holz sägen, Umgraben, Schwimmen, Klettern, Fußball spielen	35.1	33.5

Kapitel 26 Die menschliche Ernährung 829

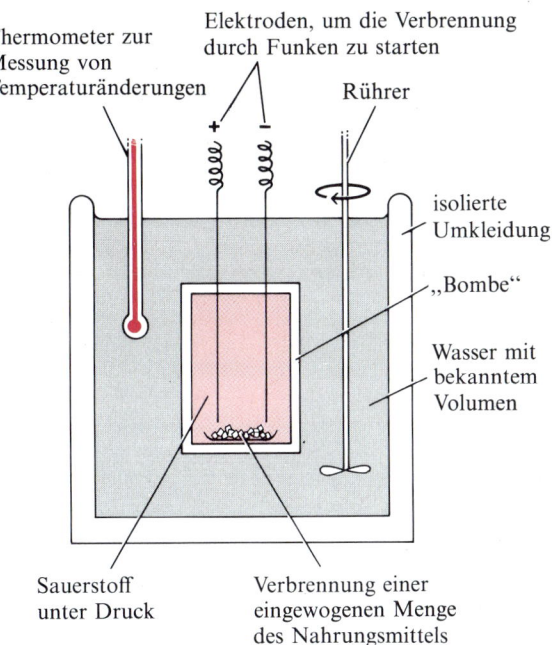

Abbildung 26-1
Das Prinzip des Kalorimeters zur Messung des Energiegehaltes von Nahrungsmitteln. Die Verbrennung einer eingewogenen Menge des Nahrungsmittels wird im Innern einer druckstabilen, unter Überdruck mit Sauerstoff gefüllten Bombe elektrisch eingeleitet. Sie verursacht einen Temperaturanstieg des Wassers in der Ummantelung, dessen Masse bekannt ist. Nach der Beziehung, daß für die Erwärmung von 1 kg H_2O um 1 K 4.184 kJ (= 1 kcal) gebraucht werden, kann die bei der Verbrennung frei gewordene Wärme leicht berechnet werden.
Mit großen Kalorimetern hat man die Wärme gemessen, die ein Mensch entwickelt, der sich in einer geschlossenen Kammer mit einem Sauerstoffvorrat und einer Vorrichtung zur Absorption von CO_2 befindet.

Die bei der Oxidation von Kohlenhydraten, Fetten und Proteinen freigesetzte Energiemenge kann man bestimmen, indem man eine eingewogene Probe in einem Kalorimeter verbrennt und die entstandene Wärmemenge bestimmte (Abb. 26-1). Kohlenhydrate liefern im Durchschnitt 17.6 kJ/g (4.2 kcal/g), Fette 39.7 kJ/g (9.5 kcal/g) und Proteine 18.0 kJ/g (4.3 kcal/g) (Tab. 26-5). Auch der Energiegehalt bestimmter Nahrungsmittel, wie Brot, Kartoffeln, Fleisch, Obst usw., kann durch Verbrennen in einem Kalorimeter bestimmt werden; man kann ihn aber auch dadurch erhalten, daß man die Massenanteile der Kohlenhydrate, Fette und Proteine in einem bestimmten Nahrungsmittel durch chemische Analyse ermittelt, diese mit den in Tab. 26-5 angegebenen Werten multipliziert und dann summiert.

Bei der Oxidation im Körper ergeben die Nährstoffe, wenn sie vollständig verdaut und absorbiert werden, die gleichen Energiemengen wie bei der Oxidation im Kalorimeter. Diese Äquivalenz konnte durch Untersuchungen bestätigt werden, bei denen Versuchspersonen in ein entsprechend großes Kalorimeter gebracht wurden. Da der menschliche Körper zu jedem Zeitpunkt den Gesetzen der Thermodynamik gehorcht, gibt es keine Möglichkeit, diese Energieberechnungen durch irgendeine „magische" Diät, zu umgehen. Energie bleibt eben Energie.

Lassen Sie uns nun zwei der drei Hauptenergielieferanten, die Kohlenhydrate und die Fette, in bezug auf ihre Eigenschaften als Nährstoffe näher betrachten.

Tabelle 26-5 Energieäquivalente der wichtigsten Nahrungsbestandteile.*

	Energieäquivalent in kJ/g
Kohlenhydrate	17.6
Fette	39.7
Proteine	18.0

* Die Werte sind Durchschnittswerte, da die verschiedenen Kohlenhydrate, Fette und Proteine etwas in ihrer chemischen Zusammensetzung variieren.

Die Kohlenhydrate sind die wichtigsten Energiequellen

Kohlenhydrate sind für die menschliche Ernährung nicht essentiell, aber da kohlenhydratreiche Nahrungsmittel überall verbreitet und billiger sind als Fette und Proteine, bilden sie in den meisten Teilen der Welt den Großteil der Ernährung. Bei den vier Fünfteln der Weltbevölkerung, die hauptsächlich von Pflanzenkost leben, machen die Kohlenhydrate mindestens 70 %, oft aber bis zu 90 % der insgesamt aufgenommenen Energie aus. In den wohlhabenden Ländern aber, wo relativ viel Fleisch- und Milchprodukte verbraucht werden, liefern die Kohlenhydrate nur etwa 45 % der aufgenommenen Energie. In den Vereinigten Staaten nehmen junge Männer täglich etwa 400 g Kohlenhydrate zu sich.

In den reichen Staaten sind über 40 % der Kohlenhydrate in der Nahrung Saccharose und andere raffinierte Zucker, meist Glucose und Fructose. Der Rest besteht aus dem Polysaccharid Stärke. In den ärmeren Ländern bestehen fast die gesamten aufgenommenen Kohlenhydrate aus Stärke und nur ein sehr kleiner Teil aus Saccharose. Vor 200 Jahren, zu Beginn der industriellen Revolution, lag der durchschnittliche Zuckerverbrauch in England bei nur 5 g pro Tag und Person, heute sind es mehr als 200 g. In den Vereinigten Staaten hat eine ähnliche Entwicklung stattgefunden (Abb. 26-2). Der Saccharose-Konsum steigt mit dem wachsenden Wohlstand des Landes. Einer der Gründe dafür ist, daß Saccharose in solchen Ländern die bequemste und oft billigste Kohlenhydratquelle ist. Im November 1981 betrug der Einzelhandelspreis für Tafelzucker in den USA 34 Cents pro pound (453 g); Diese Menge entspricht 7870 kJ, deckt also mehr als 60 % des täglichen Energiebedarfs eines jungen Mannes. Für die Erzeugung einer bestimmten Menge an Nahrungsenergie aus Zuckerrohr oder Zuckerrüben wird weniger Land gebraucht, als wenn Kartoffeln oder Getreide angebaut werden. Wahrscheinlich ist Zuckerrohr die produktivste Ackerpflanze überhaupt (S. 736);

Abbildung 26-2
Die Nahrungszusammensetzung in den Vereinigten Staaten früher und heute. (a) Die Durchschnittsverpflegung im Jahre 1910, (b) heutige Verpflegung und (c) Die nach neueren Empfehlungen anzustrebende Verpflegung. Für jeden Nährstoff ist angegeben, wieviel Prozent der insgesamt aufgenommenen Energie auf ihn entfallen.

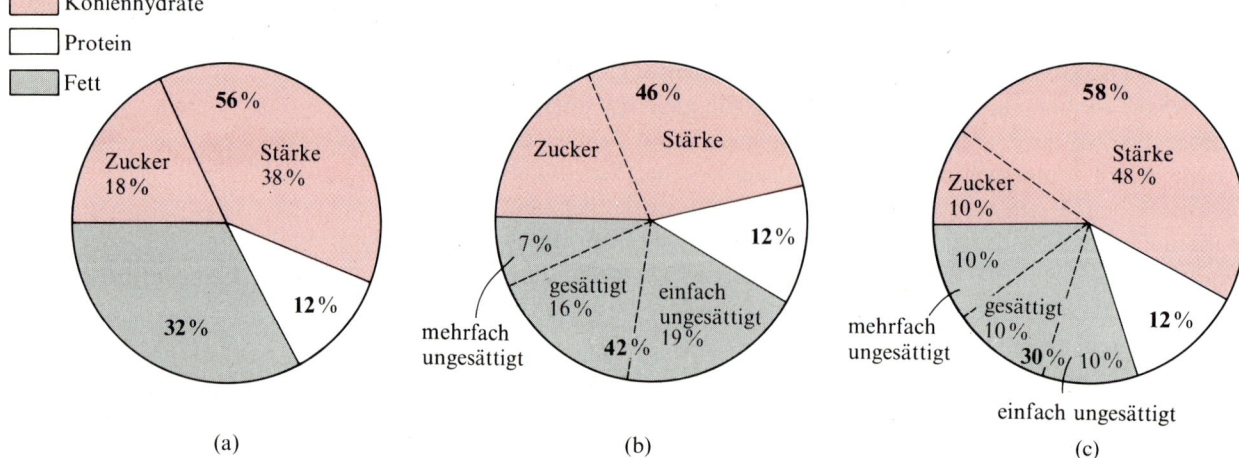

aber ihr ertragreicher Anbau liefert leider nicht die gesündeste Nahrung, denn Saccharose und andere Zucker sind schädlich für die Zähne (S. 857).

Süße Nährstoffe sind sehr oft Genußmittel; es gibt Menschen, die Süßigkeiten nicht widerstehen können. Dieses Verlangen kann ein Wunsch nach oraler Befriedigung sein, der seinen Ursprung in der frühen Kindheit hat. (Muttermilch enthält mehr als doppelt so viel Zucker wie Kuhmilch). Auch viele Tiere ziehen süßes Futter vor, andere Arten jedoch sind gleichgültig dagegen oder vermeiden es sogar.

Süßstoffe sind weit verbreitet

Der künstliche Süßstoff *Saccharin* (Abb. 26-3) ist viele Jahre lang als Diätzusatz bei Diabetes und Fettleibigkeit verwendet worden, ohne daß deutliche Anzeichen für eine schädigende Wirkung aufgetaucht wären. Im Jahre 1969 fand man jedoch, daß er bei Ratten Krebs verursacht, wenn er in extrem hohen Dosen verfüttert wird. Daraufhin kam es zu einer Kontroverse, ob Saccharin Fertigspeisen und Diät-Limonaden zugesetzt werden darf. Da aber der Nutzen von Saccharin als Süßmittel höher eingeschätzt wurde als das sehr geringe Risiko, darf es nach wie vor als Zusatz zu Diät-Getränken verwendet werden. *Natriumcyclamat*, ein anderer synthetischer Süßstoff ohne physiologischen Brennwert, der bei Tieren (Abb. 26-3) wesentlich stärker carcinogen wirkt, ist in den USA für Nahrungsmittel verboten worden. In der Bundesrepublik ist seine Verwendung weiterhin gestattet.

Zur Zeit werden große Anstrengungen gemacht, neue, nicht-toxische Süßstoffe zu finden. Eine ausgiebig untersuchte Verbindung ist das *Aspartam* (Abb. 26-3). Da es sich um den Methylester eines Dipeptids aus zwei Aminosäuren handelt, die normalerweise in Proteinen vorkommen, kann man erwarten, daß es nicht toxisch ist. Aspartam ist in den USA als Zuckerersatz für handelsübliche Nahrungsmittel zugelassen. Ein weiterer Süßstoff ist das *Monellin*, ein Protein ($M_r = 11\,000$) aus der afrikanischen Serendipity-Beere. Es ist, bezogen auf die Masse, 2000mal so süß wie Saccharose (Tab. 26-6). Sein süßer Geschmack beruht auf der spezifischen dreidimensionalen Konfiguration seiner Polypeptidkette und geht daher verloren, wenn es erhitzt oder auf andere Weise denaturiert wird.

Fette liefern Energie und essentielle Fettsäuren

98 % der Lipide in der Nahrung bestehen aus Triacylglycerinen. Die restlichen 2 % sind Phospholipide sowie Cholesterin und dessen Ester. Bei Raumtemperatur sind die Triacylglycerine tierischen Ursprungs, die einen relativ großen Anteil gesättigter Fettsäuren enthalten, gewöhnlich fest. Lipide aus Pflanzen dagegen enthalten einen größeren Anteil ungesättigter Fettsäuren und sind meist flüssig. Bei

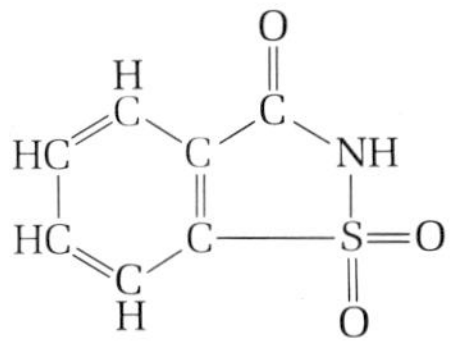

Saccharin

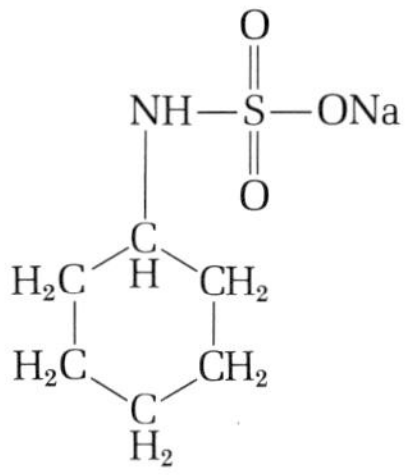

Natriumcyclamat

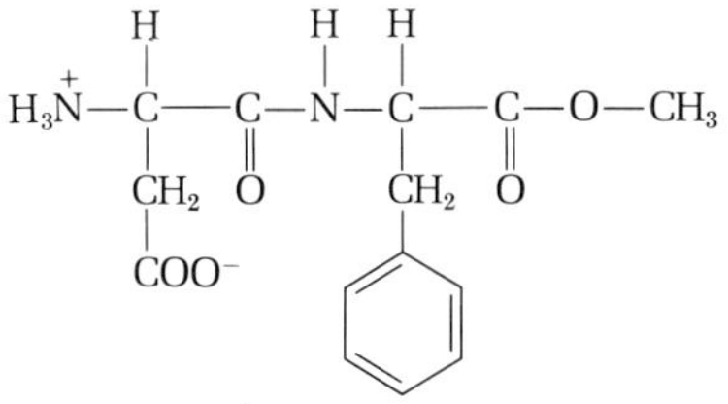

Aspartam
(L-Aspartyl-L-phenylalanin-methyl-ester)

Abbildung 26-3
Einige Süßstoffe. (Relative Süßkraft s. Tab. 26-6). Manche Menschen empfinden den Geschmack von Saccharin als bitter, vermutlich wegen einer genetisch bedingt anderen Geschmacksempfindung.

Tabelle 26-6 Die Süßkraft einiger Zuckerarten und Süßstoffe im Vergleich zur Saccharose.

Saccharose	1.0
Glucose	0.5
Fructose	1.7
Lactose	0.2
Saccharin	400
Natriumcyclamat	30
Aspartam	180
Monellin	2000

der Oxidation in den Geweben liefern beide Formen von Triacylglycerinen bezogen auf die Masse mehr als doppelt so viel Energie wie die Kohlenhydrate (Tab. 26-5). Da Fette länger im Magen bleiben als Kohlenhydrate und langsamer verdaut werden, haben sie auch einen höheren Sättigungswert. Durch Fütterungsversuche konnte gezeigt werden, daß *Linolsäure* und *Linolensäure* (S. 653) von Tieren nicht synthetisiert werden können und daher mit der Nahrung aufgenommen werden müssen. Ein Mangel an diesen Fettsäuren kommt wahrscheinlich beim Menschen nur selten vor, einfach deswegen, weil diese Fettsäuren in pflanzlicher Nahrung, sowie in Fisch und Geflügel sehr verbreitet sind. In Fleisch und Milchprodukten sind sie in wesentlich geringeren Mengen enthalten. Linolsäure (Abb. 26-4) wird als Vorstufe für die *Arachidonsäure* (S. 654) gebraucht, die wiederum als Vorstufe für die *Prostaglandine* und *Thromboxane* (S. 817) dient.

In den wohlhabenden Ländern enthält die Nahrung neben dem großen Anteil an raffiniertem Zucker auch viel Fett, besonders tierischer Herkunft (Abb. 26-2). Man sieht hierin eine der möglichen Ursachen für das vermehrte Vorkommen von Arteriosklerose, Herzkrankheiten und Schlaganfällen in diesen Ländern. Bei der Arteriosklerose bilden sich abnormal starke Fettablagerungen in den arteriellen Blutgefäßen, die den Blutstrom hemmen. Zu einem Schlaganfall kommt es, wenn solche Lipidablagerungen ein Blutgefäß im Herz oder im Gehirn verschließen und das von diesem Gefäß versorgte Gewebe aus Sauerstoffmangel abstirbt (Abb. 26-5).

Tierisches Fett enthält zwei Bestandteile, die *gesättigten Fettsäuren* und *Cholesterin*, von denen man annimmt, daß sie zur Arteriosklerose prädisponieren; allerdings werden die statistischen Beweise für diese Ansicht von einigen Fachleuten angezweifelt. Die meisten tierischen Fette, z. B. die in Fleisch, Milch und Eiern, sind reich an gesättigten und arm an ungesättigten Fettsäuren. Gesättigte und ungesät-

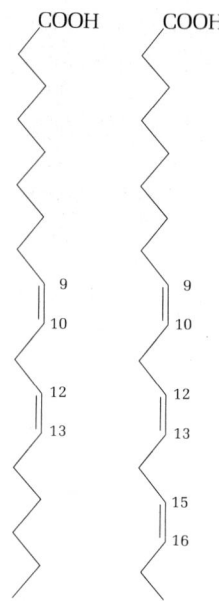

Abbildung 26-4
Essentielle Fettsäuren. Bei Säugern fehlen die Enzyme für die Einführung von Doppelbindungen hinter der Δ^9-Position. Deshalb müssen sie die Linol- und die Linolensäure aus pflanzlichen Quellen aufnehmen. Diese Säuren werden als Vorstufen für andere mehrfach ungesättigte Fettsäuren in den Geweben gebraucht, besonders für die Arachidonsäure und andere mehrfach ungesättigte C_{20}-Säuren, die ihrerseits als Vorstufen für die Prostaglandine dienen. Ein Mangel an essentiellen Fettsäuren kann bei Kleinkindern Ekzeme verursachen.

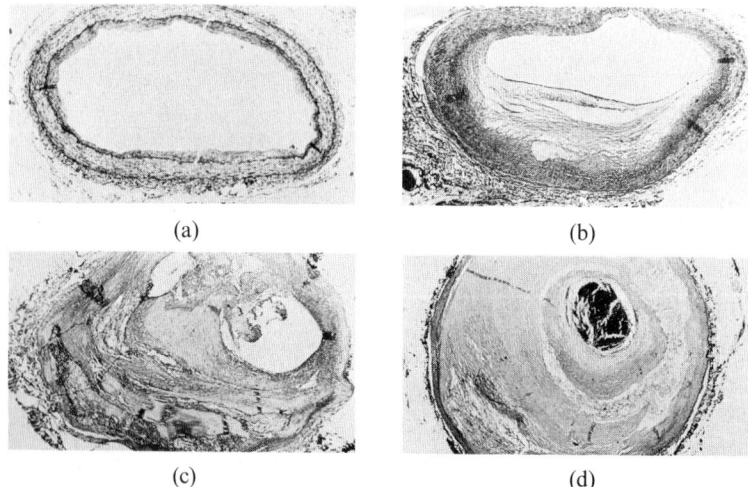

Abbildung 26-5
Arteriosklerose, der fortschreitende Verschluß einer kleinen Arterie durch zunehmende Lipidablagerungen. Die Photos zeigen Querschnitte durch (a) eine normale Arterie, (b) eine Arterie mit sich bildenden Lipidablagerungen, (c) eine Arterie mit verhärteten Ablagerungen und (d) eine durch ein Blutgerinsel vollständig verschlossene Arterie.

tigte Fettsäuren haben zwar fast den gleichen Brennwert, aber eine Nahrung, die viele gesättigte und wenig mehrfach ungesättigte Fettsäuren enthält, führt zu einer Konzentrationsabnahme der Lipoproteine hoher Dichte (*High-density-Lipoproteine*) und zu einem Konzentrationsanstieg der Lipoproteine niedriger Dichte (*Low-density-Lipoproteine*) (S. 349) und des Gesamt-Cholesterins im Blut. Es existiert eine positive statistische Korrelation zwischen der Häufigkeit koronarer Herzerkrankungen, und niedrigen Spiegeln an High-density-Plasmalipoproteinen, sowie hohen Spiegeln an Low-density-Lipoproteinen und Gesamt-Cholesterin. Man meint daher, daß für eine *optimale Ernährung* die gesättigten tierischen Fette in Fleisch, Ei, Milch, Butter und Käse teilweise durch Pflanzenfette ersetzt werden sollten, die reich an mehrfach ungesättigten Fettsäuren sind. Auch die Verwendung von Margarine statt Butter wird empfohlen, da Margarine aus partiell hydrierten Pflanzenölen hergestellt wird (S. 340). Die Hydrierung erhöht zwar den Sättigungsgrad der Öle, aber sie kann kontrolliert dosiert werden, so daß „harte" oder „weiche" Margarine entsteht. Weiche Margarine ist vorzuziehen, da sie noch einen großen Anteil mehrfach ungesättigter Fettsäuren enthält (Tab. 26-7).

Auch das *Cholesterin* in der Nahrung scheint bei einigen Menschen die Mengenverhältnisse der Lipoproteine im Blut zu beeinflussen. Cholesterin (Abb. 26-6) kommt in tierischen Produkten in bedeutenden Mengen vor, besonders in Eidotter, in Butter und in Fleisch, es fehlt aber in pflanzlicher Kost. Die Durchschnittsnahrung eines Amerikaners enthält pro Tag etwa 600 bis 800 mg Cholesterin, wovon das meiste aus Eidotter stammt. Cholesterin wird außerdem im Körper aus Acetyl-CoA (S. 668) synthetisiert und es geht

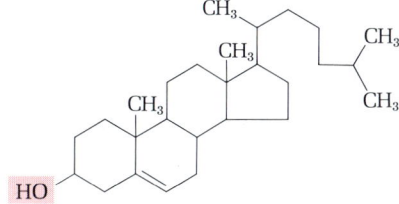

Abbildung 26-6
Cholesterin. Bei den Cholesterinestern ist die (farbig unterlegte) Hydroxylgruppe mit langkettigen Fettsäuren verestert.

Tabelle 26-7 Fettsäurezusammensetzung einiger Tier- und Pflanzenfette in Prozent der Gesamtfettsäuren.

	Gesättigte Fettsäuren	Einfach ungesättigte Fettsäuren	Mehrfach ungesättigte Fettsäuren
Butterfett	60	36	4
Schweinefett	59	39	2
Rinderfett	53	44	2
Hühnerfett	35	43	22[1]
Maisöl	15	31	53
Sojabohnenöl	16	24	60[2,3]
Weiche Margarine	23	22	52[4]

[1] K. Lang, Biochemie der Ernährung, 1979 (Dr. Dietrich Steinkopff-Verlag, Darmstadt), nach Tab. 34, S. 74.
[2] O.W. Thiele, Lipide, Isoprenoide mit Steroiden, 1979 (Thieme Verlag, Stuttgart), nach Tab. 17, S. 96.
[3] A.J. Shappard, J.L. Iverson & J.L. Weihrauch in: Fatty Acids and Glycerides, Hrsg. A. Kuksis, 1978 (Plenum Press, New York, London), umgerechnet nach Tab. IIIA S. 358.
[4] M.I. Gurr u. A.T. James, Lipid Biochemistry: An Introduction, 1980 (Chapman and Hall Ltd., London, New York), nach Tab. 7.1, S. 218.

ihm durch die Umwandlung in Gallensäuren wieder verloren (s. S. 670), die aber nur langsam mit dem Kot ausgeschieden werden. Eine cholesterinreiche Kost erhöht zwar den Blutcholesterin-Spiegel, hemmt aber auch gleichzeitig die Cholesterinbiosynthese in den Geweben (S. 669). Zwischen der Menge des mit der Nahrung aufgenommenen Cholesterins, der Menge des im Körper synthetisierten und der ausgeschiedenen Menge besteht ein fein reguliertes Gleichgewicht. Patienten mit einer Erkrankung der Koronar-Arterien wird oft eine cholesterinarme Diät verschrieben, in der die gesättigten Fette z. T. durch mehrfach ungesättigte ersetzt sind. Ob eine Koronar-Erkrankung eintritt, hängt aber auch stark von genetischen Faktoren und von Risikofaktoren wie Rauchen und Bluthochdruck ab. Es ist somit keineswegs sicher, ob eine Diät mit reduziertem Gehalt an tierischen Fetten und Cholesterin für alle Menschen von Vorteil ist. Arteriosklerose ist eine Krankheit mit vielfältigen Ursachen, und die Empfänglichkeit für diese Krankheit zeigt bei verschiedenen Menschen ausgeprägte Unterschiede. Sie wird ohne Zweifel von der Ernährungsweise beeinflußt, aber wichtiger als jedes Rezept gegen diese Krankheit ist vermutlich die richtige genetische Veranlagung.

Auch Alkohol liefert Energie

In den reichen Ländern ist der Verbrauch alkoholhaltiger Getränke in den letzten 25 Jahren stark angestiegen, so daß Alkohol heute einen wesentlichen Anteil der aufgenommenen Nahrungsenergie liefert (Tab. 26-8). Alkohol, d. h. Ethanol, hat einen hohen Brennwert von 29.3 kJ/g (7.1 kcal/g) und liegt damit zwischen den Kohlenhydraten und den Fetten. Seine Energie kann über die bekannten Stoffwechselwege in ATP umgewandelt werden. Ethanol wird in der Le-

Tabelle 26-8 Der jährliche Pro-Kopf-Verbrauch an alkoholischen Getränken in den Vereinigten Staaten (1978).*

Getränk	Verbrauch in *l*	Ethanolgehalt in Vol-%	Energieäquivalent in kJ
Harte Getränke	11.0	50	138 000
Bier	88.6	5	105 000
Wein	7.2	12	20 500
Zusammen			263 500

* Die in Form von Ethanol aufgenommene Energiemenge beträgt bei Erwachsenen etwa 1000 kJ pro Tag und Kopf. Da der Pro-Kopf-Verbrauch an Nahrungsenergie bei dieser Bevölkerungsgruppe ungefähr 12 500 kJ/d beträgt, liegt der Anteil der Energie aus Ethanol im Durchschnitt bei etwa 8%. In einigen europäischen Ländern, besonders in Frankreich, ist der durchschnittliche Alkoholverbrauch wesentlich höher. Bei schweren Trinkern stammt über die Hälfte der Nahrungsenergie aus dem Alkohol.

ber mit Hilfe der cytosolischen, NAD-abhängigen *Alkohol-Dehydrogenase* zu Acetaldehyd umgesetzt:

$$CH_3CH_2OH + NAD^+ \rightleftharpoons CH_3-\underset{\underset{O}{\|}}{C}-H + NADH + H^+$$

Ethanol   Acetaldehyd

Der Acetaldehyd wird dann durch das ebenfalls NAD-abhängige Mitochondrien-Enzym *Aldehyd-Dehydrogenase* zu Acetat oxidiert:

$$CH_3-\underset{\underset{O}{\|}}{C}-H + NAD^+ + H_2O \rightleftharpoons CH_3COOH + NADH + H^+$$

Die beiden bei diesen Reaktionen gebildeten Moleküle NADH geben ihre Reduktionsäquivalente an die mitochondriale Atmungskette ab und der daran anschließende Elektronentransport zum Sauerstoff führt zur Bildung von $2 \times 3 = 6$ Molekülen ATP aus ADP und P_i. Das aus Ethanol gebildete Acetat wird in der Leber mit Hilfe der Kurzketten-Acyl-CoA-Synthetase zu Acetyl-CoA aktiviert:

$$CH_3COOH + CoA\text{-}SH + ATP \rightleftharpoons$$
$$CH_3-\underset{\underset{O}{\|}}{C}-S-CoA + AMP + PP_i$$

Das Acetyl-CoA wird schließlich über den Citratcyclus oxidiert. Man sagt oft, Alkohol enthalte „leere Kalorien". Diese Formulierung ist irreführend, weil sie vermuten läßt, die Energie des Alkohols würde vom Körper nicht verwertet. Gemeint ist damit aber nur, daß Schnaps, Wein und Bier kaum Vitamine und Mineralstoffe enthalten.

Von den schädlichen sozialen und ökonomischen Folgen des Alkoholismus einmal ganz abgesehen, hat Alkohol auch als Nahrungsenergiequelle eine Reihe von Nachteilen. Erstens wird die in Form von Alkohol über den täglichen Energiebedarf hinaus aufgenommene Energie über Acetyl-CoA in Fett umgewandelt. Ethanol kann im Körper nicht in Glucose oder Glycogen umgewandelt werden. Zweitens führt starker Alkoholkonsum bei vielen Menschen zu Hypoglykämie, weil Alkohol die Gluconeogenese aus Lactat und Aminosäuren hemmt. Drittens ist Alkohol eine sehr teure Energiequelle. Die in Bier enthaltene Energie ist in den Vereinigten Staaten etwa 20mal so teuer wie die entsprechende Energie in Zucker.

Fettleibigkeit ist die Folge kalorischer Überernährung

Fettleibigkeit, die die Gefahr einer Herz-Kreislauferkrankung, eines hohen Blutdrucks und eines Diabetes erhöht, ist die Folge einer zu großen Energieaufnahme. Meistens beginnt sie schon in der Kindheit oder Jugend, und je länger man nichts gegen sie unternimmt, desto geringer werden die Aussichten, sie unter Kontrolle zu bekommen. Sorgfältige Ernährung und regelmäßige sportliche Betätigung vom frühen Erwachsenenalter an sind der sicherste Weg, Fettleibigkeit zu vermeiden. Einige Menschen wandeln einen höheren Anteil einer bestimmten Energiemenge in Körperfett um als andere. Möglicherweise sind sie weniger fähig, Wärme über den Leerlaufcyclus oder durch das braune Fettgewebe zu erzeugen. Man sollte sich klarmachen, daß Fettleibigkeit nicht nur durch zu großen Fettkonsum, sondern allgemein durch zu große Aufnahme von Nahrungsenergie entsteht, ganz gleich, ob es sich dabei um Energie aus Fetten, Kohlenhydraten oder Proteinen handelt.

Ein kg Körperfett entspricht 32 300 kJ. Aus diesem Wert und den Angaben in Tab. 26-3 können wir berechnen, welche Mengen zu viel aufgenommener Nahrung zu welchem Übergewicht führen. Nehmen wir als Beispiel einen 28jährigen Mann mit 10 kg Übergewicht, entsprechend 323 000 kJ. Angenommen, der Mann hat täglich 600 kJ zu viel zu sich genommen (das sind 5.3 % seines täglichen Bedarfes von 11 300 kJ), dann hat sich sein Übergewicht im Zeitraum von 538 Tagen gebildet, also in knapp 18 Monaten. Im allgemeinen entsteht aber Übergewicht im Verlauf mehrerer Jahre. Wenn also unser junger Mann sein Übergewicht von 10 kg in 5 Jahren erworben hat, so wäre es die Folge von nur 177 kJ täglich zu viel aufgenommener Energie, das sind nur 1.6 % mehr als der Bedarf. Diese Zahlen zeigen, wie das Körpergewicht bereits auf einen geringen Überschuß (bzw Mangel) an Energie reagiert, wenn er lange Zeit anhält.

Lassen Sie uns nun überlegen, wie lange es dauert, dieses Übergewicht durch Einschränkung der Nahrung wieder abzubauen. Um 10 kg abzunehmen, müßte unsere übergewichtige Person 77 Wochen lang täglich 1200 kJ weniger aufnehmen als bisher, (das sind 600 kJ weniger als der tägliche Bedarf von 11 300 kJ) oder 38.5 Wochen lang 1800 kJ weniger oder 19 Wochen 3000 kJ weniger (2400 kJ weniger als der Tagesbedarf). Um noch schneller abzunehmen, müßte seine Kost so drastisch gekürzt werden, daß die Arbeitsleistung darunter leiden könnte. Der schnelle Abbau eines solchen Übergewichts erfordert natürlich fast heroische Anstrengungen. Tab. 26-9 zeigt die Brennwerte einiger Nahrungsmittel, die oft im Überschuß konsumiert werden. Daraus läßt sich bestimmen, welche Nahrungsmittel und wie viel von ihnen vom täglichen Speisezettel abgesetzt werden müssen, um eine bestimmte Geschwindigkeit der Gewichtsabnahme zu erzielen. Die Werte in Tab. 26-4 zeigen, wieviel physische Arbeit nötig ist, um eine bestimmte Menge an Gewicht zu verlieren. Der beste Weg zur Vermeidung von Übergewicht ist die Kombination von regelmäßiger sportlicher Betätigung und gleichbleibenden Eßgewohnheiten. Es ist viel leichter, eine Gewichtszunahme zu vermeiden, als Übergewicht wieder loszuwerden.

Tabelle 26-9 Eine Liste der „Weight-Watchers" mit den Energiegehalten einiger energiereicher Nahrungsmittel (umgerechnet, d. Übers.).

Nahrungsmittel	Menge	Energieäquivalent in kJ
Speck	2 Scheiben	402
Pizza	etwa 12 cm breites Stück	770
Gebackene Kartoffeln	1 Stück	390
Pommes frites	10 Stück mittlerer Größe	653
Kartoffelchips	10 Stück mittlerer Größe	477
Reis	1 Tasse	880
Spaghetti	1 Tasse	745
Weißbrot	1 Scheibe	260
Butter	1 Portion	210
Mayonnaise	1 Eßlöffel	390
Erdnußbutter	1 Eßlöffel	364
Glasierter Schokoladenkuchen	2.5 cm breites Stück	1700
Ungefüllter Krapfen	1 Stück	523
Plätzchen	3 Stück	1000
Milchschokolade	10 Gramm	217
Zucker	1 Eßlöffel	192
Erdnüsse	10 Gramm	236
Bier	1/2 Liter	1155
Alkoholfreie Getränke	1/3 Liter	370

„Gewichtssturz-Diäten" geben nur die Illusion von Gewichtsverlusten, ein großer Teil des verlorenen Gewichts ist aber nur Körperwasser. Sie sind über längere Zeit gesehen meist unwirksam und im Anschluß erfolgt fast immer eine Rückkehr zu den früheren falschen Eßgewohnheiten. Diät-Rezepte mit genauen Vorschriften über Art und Menge der Nahrungsmittel haben den Vorteil, daß sie die Berechnung der Joulewerte aus Nahrungstabellen ersparen. Sie begrenzen aber oft die Nahrungsmittelauswahl zu stark und können daher bei Langzeit-Anwendung, zu einem Mangel an bestimmten Vitaminen oder Mineralien führen.

Proteine werden wegen ihres Aminosäuregehaltes gebraucht

Proteine sind nicht als solche für die menschliche Ernährung notwendig, vielmehr ist es ihr Gehalt an bestimmten Aminosäuren, der für die Ernährung essentiell ist (Tab. 26-10). Erwachsene brauchen neun essentielle Aminosäuren in Mengen zwischen etwa 0.5 g/d (Tryptophan) und 2 g/d (Leucin, Phenylalanin). Kinder brauchen 10 Aminosäuren, die zusätzliche ist *Arginin*. Obwohl Arginin normalerweise in der Leber als Zwischenstufe der Harnstoffsynthese hergestellt wird (S. 608), ist seine Produktion bei Kindern nicht groß genug, um sowohl für die Harnstoffsynthese als auch für die Körperproteine auszureichen.

Die für junge Männer um zwanzig ausreichende Proteinmenge beträgt 54 g/d. Das gilt unter der Voraussetzung, daß die Kost eine Mischung verschiedener tierischer und pflanzlicher Proteine enthält. Aus Tab. 26-10 ist ersichtlich, daß mindestens 12 g der gesamten Menge von 54 g essentielle Aminosäuren sein müssen. Der *Nahrungswert* oder die *Qualität eines Proteins* hängt von zwei Faktoren ab: (1) von seinem Gehalt an essentiellen Aminosäuren und (2) von seiner Verdaubarkeit. Die Proteine unterscheiden sich in ihren relativen Aminosäuregehalten beträchtlich (S. 139). Einige Proteine enthalten einen vollständigen Satz von Aminosäuren in geeigneten Mengenverhältnissen, bei anderen können eine oder mehrere der essentiellen Aminosäuren fehlen. Pflanzliche Proteine, besonders die in Weizen oder anderen Getreidearten, werden bei der Verdauung nicht vollständig hydrolysiert, weil die proteinreichen Teile des Kornes von Schutzhüllen aus Cellulose oder anderen Polysacchariden umgeben sind, die von den Darm-Enzymen nicht hydrolysiert werden können. Da nur freie Aminosäuren aus dem Darm absorbiert werden können, ist bei den meisten pflanzlichen Nahrungsmitteln nicht der gesamte Aminosäuregehalt biologisch verfügbar.

Der Ernährungswert eines Proteins kann auf zwei verschiedene Weisen bestimmt werden. Man kann das Protein vollständig hydrolysieren, seine Aminosäurezusammensetzung bestimmen und mit der von Ei- oder Milchprotein als Standard vergleichen. Diese *che-*

Tabelle 26-10 Der tägliche Aminosäurebedarf junger Männer (Alter ungefähr 20 Jahre).

Aminosäure	Masse in g
Arginin	0[1]
Histidin	unbekannt[2]
Isoleucin	1.30
Leucin	2.02
Lysin	1.50
Methionin	2.02
Phenylalanin	2.02
Threonin	0.91
Tryptophan	0.46
Valin	1.50

[1] Nur bei Kindern erforderlich.
[2] Essentiell, aber der genaue Bedarf ist noch nicht bekannt.

mische Bewertung eines Proteins gibt nur seinen potentiellen Wert an. Einen genaueren Meßwert liefert der *biologische Wert eines Proteins*. Er ist umgekehrt proportional zu der Menge eines Proteins, die von einer erwachsenen Versuchsperson oder einem Versuchstier aufgenommen werden muß, um das *Stickstoffgleichgewicht* aufrechtzuerhalten, d. h. den Zustand, bei dem die Aufnahme von Protein-Stickstoff genauso hoch ist wie seine Ausscheidung im Harn und den Fäkalien. Enthält ein Protein alle essentiellen Aminosäuren im richtigen Mengenverhältnis und werden alle freigesetzt und resorbiert, so hat dieses Protein einen biologischen Wert von 100. Das ist ein wesentlich höherer Wert, als ihn ein Protein erreicht, das zwar alle Aminosäuren enthält, aber nicht vollständig abgebaut wird, oder eines, das zwar vollständig verdaut wird, aber von einer oder mehreren essentiellen Aminosäuren nur wenig enthält. Entsprechend diesem Test hat ein Protein, dem nur *eine* einzige essentielle Aminosäure vollständig fehlt, den biologischen Wert Null. Hat ein Protein einen niedrigen biologischen Wert, so muß eine große Menge von ihm aufgenommen werden, um die erforderliche Mindestmenge der essentiellen Aminosäure zu erhalten, deren Gehalt in diesem Protein am niedrigsten ist, gleich um welche es sich dabei handelt. Dabei wird von jeder der anderen Aminosäuren mehr aufgenommen als für die Synthese der Körperproteine gebraucht wird. Der Überschuß wird in der Leber desaminiert und in Glycogen oder Fett umgewandelt oder als Brennstoff verbraucht.

Tabelle 26-11 zeigt die relativen Wertigkeiten einiger Proteine in gebräuchlichen Nahrungsmitteln. Tierische Proteine, z. B. die in Milch, Rindfleisch und Eiern rangieren sehr hoch sowohl in bezug auf den chemischen wie auch auf den biologischen Wert. Das andere Ende der Reihe bilden die Proteine in Getreide und in Weizen-Vollkornbrot. Sie haben niedrige chemische Werte weil ihnen eine oder mehrere essentielle Aminosäuren fehlen; ihr biologischer Wert ist noch niedriger, weil sie nicht vollständig verdaut werden können. Von diesen Pflanzenproteinen muß also eine entsprechend größere Menge aufgenommen werden, um den Mindestbedarf an allen Aminosäuren zu decken. Das soll nicht heißen, daß Vollkornbrot als Nahrungsmittel ungeeignet ist, aber es bedeutet, daß jemand, der ausschließlich davon lebt, eine sehr große Menge braucht, um seinen Bedarf an essentiellen Aminosäuren zu decken. Da eine Scheibe Brot weniger als 2 g Protein enthält und da dieses Protein weniger als 1/3 des biologischen Wertes eines guten Proteins hat, müßte ein 21jähriger Mann 73 Scheiben täglich essen, um seinen Proteinbedarf zu decken. Pflanzliche Nahrungsmittel enthalten im allgemeinen auch weniger Proteine bezogen auf die Trockenmasse als tierische.

Für die Synthese der Körperproteine müssen alle essentiellen Aminosäuren gleichzeitig verfügbar sein. Gibt man Ratten eine synthetische Diät, die alle Aminosäuren außer einer enthält und füttert diese fehlende Aminosäure 3 h später, so wachsen sie nicht. Aminosäuren können nicht gespeichert werden.

Tabelle 26-11 Der Wert der Proteine in einigen Nahrungsmitteln.

Nahrungs-mittel	Chemischer Wert	Biologischer Wert
Muttermilch	100	95
Beefsteak	98	93
Eier	100	87
Kuhmilch	95	81
Mais	49	36
Polierter Reis	67	63
Vollkornbrot aus Weizen	47	30

Bestimmte pflanzliche Proteine können sich gegenseitig ergänzen

Obwohl pflanzliche Proteine im allgemeinen biologisch weniger wertvoll sind als die tierischen Proteine, können bestimmte *Kombinationen aus Pflanzenproteinen* eine vollständige und ausreichend ausgewogene Mischung von essentiellen Aminosäuren enthalten. Getreideproteine sind z. B. arm an Lysin, enthalten aber genügend Tryptophan, während das Protein in Bohnen genügend Lysin, aber nur wenig Tryptophan enthält. Keines von beiden ist ein hochwertiges Protein, aber eine Mischung aus Getreide und Bohnen sichert eine ausreichende Versorgung mit essentiellen Aminosäuren. Diese als *Succotash* bezeichnete Mischung ist eine alte Erfindung der Indianer. Nur Bohnen zum Frühstück und nur Getreide zu Mittag würde den Nutzen dieser Kombination natürlich aufheben. Auch orientalische Völker haben gelernt, bestimmte pflanzliche Nahrungsmittel zu kombinieren, um eine ernährungsmäßig vollständige Aminosäuremischung zu erhalten. Eine solche Kombination ist die von Reis mit Sojabohnen. In Süd- und Mittelamerika, wo Eiweißmangelerscheinungen verbreitet sind, hat eine internationale Ernährungskommission die Verwendung einer Incaparina genannten Mischung mit relativ billigen einheimischen Pflanzenproteinen eingeführt. Diese besteht hauptsächlich aus Mais, Sorghum und Baumwollsamen-Mehl. Obwohl jeder der Bestandteile für sich einen niedrigen biologischen Wert hat, bilden sie zusammengenommen eine ernährungsmäßig vollständige Mischung mit fast dem gleichen biologischen Wert wie Milchprotein.

Marasmus und Kwashiorkor sind Weltgesundheitsprobleme

In einigen Teilen der Welt, besonders auf der Südhalbkugel, werden für die wachsende Bevölkerung nicht genügend Nahrungsmittel produziert. Zu jedem beliebigen Zeitpunkt herrscht irgendwo auf der Welt Hunger, und durch schlechte Ernten und Kriege wird die Situation noch verschlimmert. Man schätzt, daß 500 Millionen Menschen am Rande des Verhungerns leben und daß täglich 12 000 Menschen verhungern. Allein in Indien sterben jährlich 1 Million Kinder an Unterernährung. Zwei Formen der Unterernährung bei Kindern, *Marasmus* und *Kwashiorkor* (Abb. 26-7), die oft gemeinsam auftreten, verursachen dabei die meisten Todesfälle.

Mit *Marasmus* (von griech. verwelken) wird der chronische Mangel an Nahrungsenergie bei Kindern bezeichnet, er zeigt energetisches Verhungern an. Marasmus tritt in Hungerregionen auf, wenn die Kinder entwöhnt werden und eine unzureichende Flaschenfütterung bekommen, entweder einen dünnen, wäßrigen Haferschleim

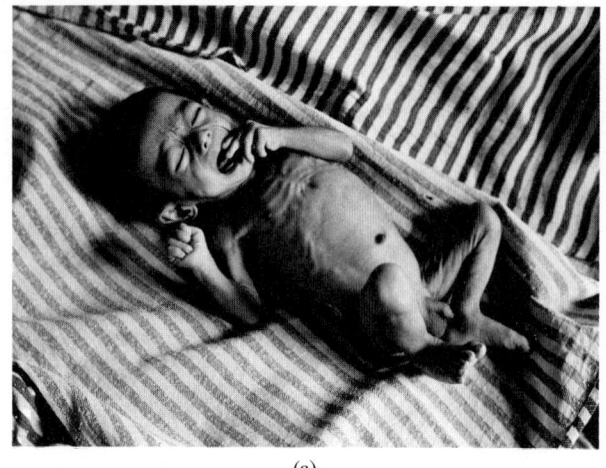 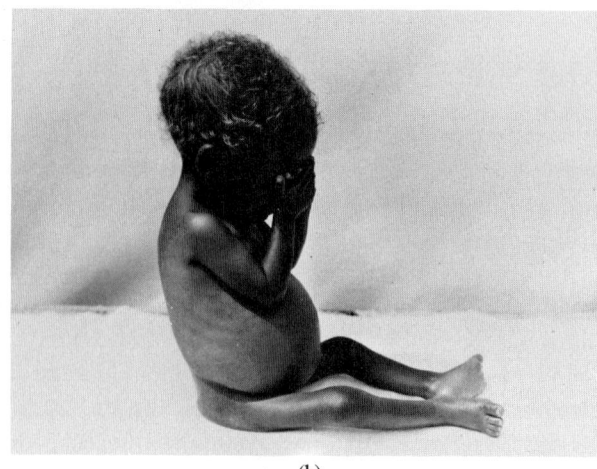

(a) (b)

aus einheimischem Getreide oder andere Pflanzenkost, die meist energie- und eiweißarm zugleich ist, und das zu einem besonders kritischen Zeitpunkt in der kindlichen Entwicklung, in dem sowohl Energie als auch Eiweiß in großen Mengen gebraucht werden. Die Kennzeichen von Marasmus sind Wachstumsstillstand, extremer Muskelschwund, Schwäche und Anämie. Als Komplikation kommen gewöhnlich noch verschiedene Vitamin- und Mineralstoff-Mangelerscheinungen hinzu. Auch wenn später ausreichende Ernährung folgt, hinterläßt Energiemangel in der frühen Kindheit ein bleibendes Defizit an Körperwachstum. Die Sterblichkeitsrate unterernährter Kinder in Hungergebieten ist sehr hoch, bis zu 50% innerhalb der ersten 5 Lebensjahre. Marasmus, ausgelöst durch unzureichende Energiezufuhr, ist nur das eine Ende des Spektrums der durch Hunger ausgelösten Mangelerscheinungen. Das andere Ende ist der Mangel an Proteinen. Die kombinierte Mangelerscheinung heißt *Protein-Kalorien-Unterernährung.*

In vielen Teilen der Welt steht wenig tierisches Eiweiß zur Verfügung. Da der Proteingehalt pflanzlicher Nahrung allgemein niedrig ist und pflanzliche Proteine außerdem von geringem Wert sind, kommt es gerade in diesen Gebieten, die zudem oft großen Bevölkerungszuwachs aufweisen, zu einem ernsten Mangel an wertvollen Proteinen. Der chronische Proteinmangel bei Kindern wird *Kwashiorkor* genannt, ein afrikanisches Wort, das „Entwöhnungskrankheit" bedeutet. Die Kinder Eingeborener werden ziemlich lange gesäugt. Werden sie dann aber entwöhnt, meist um dem nächsten Kind Platz zu machen, erhalten sie zu wenig Proteine. Das Wachstum der Protein-Mangel-Kinder bleibt zurück, sie werden anämisch und die Gewebe werden infolge des niedrigen Serum-Proteingehaltes wäßrig aufgedunsen, weil die normale Wasserverteilung zwischen Gewebe und Blut gestört ist. Außerdem kommt es zu einer starken Degeneration von Leber, Niere und Pankreas. Die Sterblichkeit bei Kwashiorkor ist sehr hoch. Auch wenn die Kinder eine lange Zeit des Proteinmangels überleben, kommt es zu bleibenden physiologischen

Abbildung 26-7
(a) Marasmus, ein schwerer Mangel an Nahrungsenergie, bei einem indonesischen Kind. Meistens kommt hierzu noch ein Mangel an verschiedenen Vitaminen und Mineralstoffen. (b) Ein angolanisches Kind mit den Symptomen von Kwashiorkor, einem schweren Proteinmangel. Wegen der zu geringen Synthese von Serumalbumin kann das Gleichgewicht der Wasserverteilung nicht mehr aufrechterhalten werden, so daß es zur Aufschwemmung einiger Organe kommt.

Defiziten. Wichtiger ist noch, daß eine Protein-Unterversorgung in der frühen Kindheit auch eine Verminderung der Lernfähigkeit und anderer geistiger Leistungen hinterläßt. Diese Defekte sind besonders schwer, wenn Proteinmangel in zwei oder drei aufeinanderfolgenden Generationen geherrscht hat. Kwashiorkor wurde zwar zuerst in Afrika beschrieben, kommt aber fast weltweit überall dort vor, wo die Proteinversorgung unzureichend ist.

Vitaminmangel kann lebensbedrohlich sein

Lassen Sie uns nun die Rolle der Vitamine für die Ernährung betrachten. In Kapitel 10 haben wir bereits die Struktur und die Coenzym-Funktion der Vitamine besprochen. Hier wollen wir uns nun mit dem Bedarf an diesen Vitaminen für die menschliche Ernährung und mit den entsprechenden Mangelerscheinungen befassen.

Wir sind heute ziemlich sicher, daß wir alle Vitamine, die für die Ernährung von Menschen und Ratten nötig sind, identifiziert haben. Je nach dem Ausmaß der spezifischen gesundheitlichen Schädigung, die ihr Mangel verursacht, können sie in zwei Gruppen eingeteilt werden (Tab. 26-12). Mangel an Thiamin, Nicotinsäure, Riboflavin, Folsäure und Ascorbinsäure führt in vielen Teilen der Welt zu lebensbedrohlichen Erscheinungen. Sogar in den hochentwickelten Ländern sind latente Mangelerscheinungen dieser Vitamine relativ verbreitet. Spontan auftretende Anzeichen von Mangel an Pantothensäure, Pyridoxin, Biotin, Vitamin B_{12} sowie an Vitamin A, D, E und K sind jedoch in den reichen Ländern selten.

Der Bedarf einer einzelnen Person an einem bestimmten Vitamin kann je nach der Qualität der übrigen Nahrung, der Aktivität der Mikroorganismen im Darm sowie abhängig von genetisch und rassisch bedingten Faktoren beträchtlich variieren. Der Bedarf an Nicotinamid hängt z. B. sehr stark von der Proteinversorgung ab, besonders vom Gehalt an Tryptophan, das in Nicotinamid umgewandelt werden kann; umgekehrt steigt der Bedarf an Pyridoxin mit dem Proteingehalt der Nahrung. Biotin, Pantothensäure und Vitamin B_{12} dagegen werden von den Darmbakterien in Mengen hergestellt, die für den normalen menschlichen Bedarf ausreichen. Ein Mangel an diesen Vitamine kann höchstens unter sehr ungewöhnlichen Ernährungsbedingungen beobachtet werden.

Die meisten wasserlöslichen Vitamine müssen regelmäßig mit der Nahrung aufgenommen werden, da sie entweder ausgeschieden oder während des normalen Turnovers im Stoffwechsel von Enzymen zerstört werden. Die Einnahme großer Mengen wasserlöslicher Vitamine in „Mega-Vitamintabletten" führt nur zur Ausscheidung der Mengen, die den täglichen Bedarf übersteigen, denn die meisten wasserlöslichen Vitamine können nicht gespeichert werden. Eine zu hohe Dosierung der fettlöslichen Vitamine A und D hat dagegen toxische Wirkungen.

Tabelle 26-12 Die für die menschliche Ernährung notwendigen Vitamine.

Mangelerscheinungen relativ verbreitet
  Thiamin
  Nicotinsäure
  Ascorbinsäure
  Riboflavin
  Folsäure

Mangelerscheinungen in den Vereinigten Staaten selten
  Pantothensäure
  Pyridoxin
  Biotin
  Vitamin B_{12}
  Vitamin A
  Vitamin D
  Vitamin E
  Vitamin K

Thiaminmangel ist auch heute noch ein Ernährungsproblem

Mangel an Thiamin (Abb. 26-8) führt beim Menschen zu einer *Beriberi* genannten neurotischen Störung, die im 19. und frühen 20. Jahrhundert in den Reisländern des Orients endemisch war (S. 279). Die Krankheit war vor der Erfindung der Reispoliermaschine zu Beginn des 19. Jahrhunderts unbekannt. Beriberi wurde viele Jahre lang für eine Infektionskrankheit gehalten. Der erste echte Hinweis darauf, daß es sich um eine Ernährungsstörung handelt, stammt von dem holländischen Arzt C. Eijkman. Er beobachtete 1897 im heutigen Indonesien, daß sich bei Küken, die mit Resten von weißem Reis gefüttert wurden, der für den menschlichen Genuß gekocht worden war, eine Nervenkrankheit entwickelte, die der menschlichen Beriberi ähnlich war. Erhielten die Küken aber ganzen Reis oder die abpolierten Reishüllen, so traten diese Symptome nicht auf. Dieser Bericht veranlaßte Ärzte der japanischen Marine, Beriberi-kranke Seeleute mit unpoliertem Reis zu ernähren, mit geradezu dramatischem Erfolg. Heute wissen wir, daß die Hüllen um das Reiskorn, die beim Polieren entfernt werden, den größten Teil des Thiamins enthalten. Schwere Beriberi ist heute nicht mehr die endemische Geißel, die sie einst war. In den asiatischen Reisländern sowie in Afrika, wo in zunehmendem Maße verfeinertes, weißes Mehl verwendet wird, ist sie aber auch heute noch ein medizinisches Problem.

Kennzeichen der Beriberi sind Schwäche und Verfall der Muskeln, unkoordinierte Bewegungen, periphere Neuritis, geistige Verwir-

Thiamin

Coenzymform: Thiamindiphosphat.
Funktion: Coenzym der Pyruvat-Dehydrogenase, 2-Oxoglutarat-Dehydrogenase und Transketolase.
Empfohlene tägliche Menge (für einen 21-jährigen Mann): 1.5 mg.
Mangelkrankheit: Beriberi.

Abbildung 26-8
Thiamin (Vitamin B_1). Struktur, Funktion und Bedarf (s. a. Abb. 10-2).

(a)

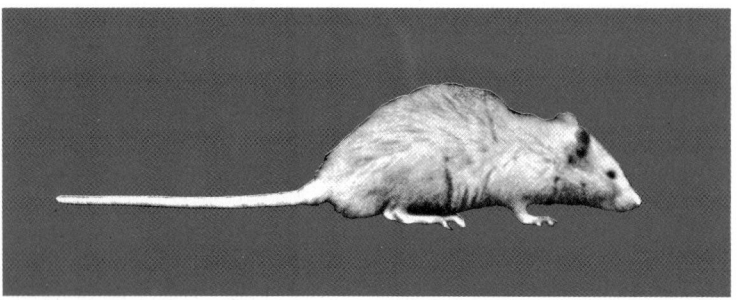

(b)

Abbildung 26-9
(a) Albinoratte, die mit einer praktisch Thiamin-freien Diät aufgezogen wurde. Der Thiaminmangel beeinträchtigt die Nervenzellen und führt zu Polyneuritis und Paralyse. Die Ratte kann ihre Bewegungen nicht koordinieren.
(b) Dramatische Erholung dieser Ratte nach nur 24 h mit einer Diät, die einen normalen Gehalt an Thiamin hatte.

rung, Apathie, niedrige Herzfrequenz und Herzerweiterung. Außerdem können Ödeme und Schwellungen an den Extremitäten auftreten. Als Todesursache tritt im allgemeinen Herzversagen ein. Zu einer besonders schweren Form von Beriberi kommt es bei Säuglingen, deren säugende Mütter von einer Thiamin-armen Kost leben. Bei Beriberi ist die Pyruvatkonzentration im Blut stark erhöht. Das steht in Übereinstimmung damit, daß Thiamindiphosphat ein Coenzym des Pyruvat-Dehydrogenase-Komplexes ist (S. 483). Verabreichung von Thiamin an Kinder oder Tiere mit Thiaminmangel führt zu einer an Wunder grenzenden Erholung innerhalb weniger Stunden (Abb. 26-9).

Einige Nahrungsmittel enthalten besonders viel Thiamin. Die besten Quellen für Thiamin sind mageres Fleisch, Bohnen, Nüsse, Vollkornprodukte und Fisch. Obwohl die Bedeutung des Thiamins schon seit vielen Jahren bekannt ist, vermutet man, daß ein bedeutender Teil der amerikanischen Bevölkerung unzureichend damit versorgt wird. Die empfohlene Tagesdosis für Thiamin beträgt für Erwachsene 1.0 bis 1.5 mg (Abb. 26-8, Tab. 26-2), viele Amerikaner nehmen aber weniger als 1 mg täglich zu sich. Deshalb wird in den USA Weißbrot, das nur sehr wenig davon enthält im allgemeinen mit Thiamin angereichert. Auch weißes Mehl, Nudeln und Spaghetti enthalten sehr wenig Thiamin und werden in den USA oft damit versetzt.

Da Alkoholiker einen großen Teil ihres Energiebedarfs aus alkoholischen Getränken beziehen, die kein Thiamin enthalten, kommt es bei ihnen mit erhöhter Wahrscheinlichkeit zu Thiaminmangel. Eine Form von besonders schwerem Thiaminmangel bei Alkoholikern ist das Wernicke-Korsakoff-Syndrom, das durch neurotische Störungen, Psychosen und Gedächtnisverlust gekennzeichnet ist. Diese irreversible Erkrankung, die zur Hospitalisierung führt, wird nicht durch Alkohol selbst verursacht, sondern durch eine Kombination von Thiaminmangel und einem Defekt am Thiamin-abhängigen Enzym Transketolase (S. 730). Es wurde vorgeschlagen, die bleibenden Schäden der Wernicke-Korsakoff-Krankheit und andere Symptome des Thiaminmangels dadurch zu vermeiden, daß man harte Getränke, Wein und Bier mit Thiamin versetzt. Bemühungen zur Verwirklichung dieser Pläne hatten keinen Erfolg, weil einige Leute glauben, das würde zum Alkoholkonsum ermutigen.

Der Bedarf an Nicotinamid hängt von der Tryptophan-Zufuhr ab

Mangel an Nicotinamid (Abb. 26-10, s.a. S. 282) führt beim Menschen zu *Pellagra* (italienisch: „rauhe Haut"), die zuerst in Europa beobachtet wurde, aber überall dort in der Welt zu Hause ist, wo Mais das Hauptnahrungsmittel ist und nur wenig Fleisch oder Fisch gegessen wird. Heute findet man Pellagra noch in sehr armen ländli-

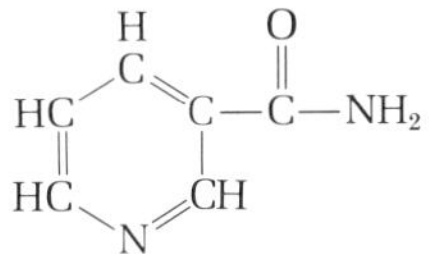

Nicotinamid (Niacinamid).

Coenzymformen: Nicotinamidadenindinucleotid und sein Phosphat (NAD und NADP).
Funktion: Coenzyme vieler Dehydrogenasen.
Empfohlene tägliche Menge: 19 mg.
Mangelkrankheit: Pellagra.

Abbildung 26-10
Nicotinamid. Struktur, Funktion und Bedarf. Nicotinamid wird im amerikanischen Sprachraum auch als Niacinamid bezeichnet.

chen Gegenden sowie in Gefängnissen und psychiatrischen Anstalten, wo die Insassen nur das allernötigste an Nahrung erhalten. Pellagra zeigt sich in Dermatitis, Diarrhoe und geistigem Verfall; sie kann zum Tode führen.

Mais hat zwei biologische Besonderheiten, die zu einem Nicotinamid-Mangel führen, wenn er das Hauptnahrungsmittel ist und wenn Fleisch fehlt. Mais enthält zwar beträchtliche Mengen an Nicotinamid, aber in einer gebundenen Form, in der es nicht vom Darm absorbiert werden kann und folglich biologisch nicht verfügbar ist. Wird Mais jedoch mit verdünnter Lauge behandelt, so wird das gebundene Nicotinamid freigesetzt und kann dann absorbiert werden. Lange bevor die Biochemiker das wußten, haben die Indianer Mittelamerikas bereits den Mais in Kalkmilch (eine Aufschlämmung von Calciumhydroxid) eingeweicht und damit das Thiamin freigesetzt, bevor das Mehl zu Tortillas verbacken wurde.

Die andere Eigenschaft von Mais, die im Zusammenhang mit der Pellagra Bedeutung hat, ist die Tryptophan-Armut seiner Proteine. Der Mensch und die meisten Tiere können Nicotinamid aus Tryptophan herstellen (S. 592). Ist aber die Nahrung arm an Tryptophan, so wird dieses fast vollständig für die Proteinsynthese gebraucht und es bleibt nur wenig oder nichts für die Synthese des Nicotinamids übrig. Rund 60 mg Tryptophan in der Nahrung entsprechen 1 mg Nicotinamid.

Mageres Fleisch, Erbsen, Bohnen, Nüsse und Fisch sind die besten Quellen für Nicotinamid. Milch, Eier und verfeinertes Getreide enthalten dagegen sehr wenig davon. Weißbrot und andere Produkte aus Mais, Weizen und Reis werden in den USA daher gewöhnlich mit Nicotinamid angereichert.

Viele Nahrungsmittel sind arm an Ascorbinsäure

Jahrhundertelang ist bekannt gewesen, daß die durch Trockennahrung verursachte Krankheit *Skorbut*, die früher besonders unter Seeleuten und Expeditionsteilnehmern sehr verbreitet war, durch bestimmte Pflanzen oder deren Säfte geheilt werden kann. Einer der ersten Berichte über die Krankheit war der von Jacques Cartier, der in der Mitte des 16. Jahrhunderts Neufundland und den St. Lorenzstrom erkundete (Kasten 26-1). Es mußten aber noch zwei weitere Jahrhunderte vergehen, bevor die Heilung des Skorbuts durch systematische Versuche untermauert wurde. In den 50er Jahren des 18. Jahrhunderts gab James Lind skorbutkranken Seeleuten 6 verschiedene Diäten. Nur durch eine davon – sie enthielt Zitronensaft – konnte Skorbut geheilt werden. Lind fand, daß eine Vielzahl von frischen Gemüsen oder Früchten, besonders Citrusfrüchten, den Skorbut heilen konnte. Obwohl Lind empfahl, die Ernährung von Seeleuten mit Zitronensaft zu ergänzen, dauerte es noch ein weiteres halbes Jahrhundert, bevor die britische Admiralität diesen Vor-

Kasten 26-1 Einer der ersten Berichte über die Heilung von Skorbut ist der über die Mannschaft der Expedition von Jacques Cartier im Jahre 1535 nach Neufundland*

„Einige von uns kamen ganz von Kräften ... bei anderen war außerdem die ganze Haut mit purpurfarbenen Blutflecken gesprenkelt: dann stieg es von ihren Fußgelenken über die Knie, Oberschenkel, Schultern, Arme und den Nacken. Ihre Münder begannen zu stinken, ihr Zahnfleisch wurde so faulig, daß das ganze Fleisch abfiel, bis auf die Zahnwurzeln, so daß die Zähne fast ausfielen. Unser Kapitän ging eines Tages in Sorge über unseren Zustand, und wie schnell und heftig sich die Krankheit unter uns ausgebreitet hatte, von der Festung fort und sah auf dem Eise gehend einen Trupp von Leuten aus Stadacona kommen. Unter ihnen war Domagaia, der kaum 10 oder 12 Tage zuvor sehr stark an dieser Krankheit gelitten hatte. Seine Knie waren so dick angeschwollen gewesen wie die eines zweijährigen Kindes, seine Nervenkraft war versiegt, seine Zähne verdorben und sein Zahnfleisch verfault und stinkend. Als unser Kapitän ihn so wohlauf sah, war er sehr froh, denn er hoffte, erfahren zu können, wie dieser geheilt worden sei, so daß er seinen Männern Erleichterung und Hilfe würde bringen können. Sobald sie näher kamen, fragte er Domagaia, wie er geheilt worden sei. Dieser antwortete, daß er Saft und Mark der Blätter eines bestimmten Baumes zu sich genommen und sich damit geheilt hätte. Dann fragte unser Kapitän, ob etwas davon in der Umgebung zu bekommen sei ... Domagaia schickte sofort zwei Frauen, etwas davon zu holen, und sie brachten zehn oder zwölf Zweige davon und zeigten, wie sie zu verwenden seien, und das bedeutete, daß die Rinde und die Blätter zusammen gekocht werden müßten und daß man von diesem Sud jeden zweiten Tag trinken sollte ... Der Baum heißt in ihrer Sprache Ameda oder Hamedew und ist wahrscheinlich der Sassafras-Baum. Der Kapitän ließ unverzüglich etwas von dem Getränk für seine Leute herstellen, aber niemanden dürstete es, von dem Trank zu probieren, außer einen oder zwei, die es wagen wollten, davon zu trinken: Als die anderen das sahen, taten sie es ihnen nach, wurden wieder gesund und waren von der Krankheit erlöst, geheilt durch den Trunk. Nachdem der Beweis erbracht war, daß diese Medizin gut war, gab es ein solches Ringen darum, wer sie als erster bekäme, daß sie bereit gewesen wären, sich dafür zu töten. Ein Baum so groß wie eine Eiche in Frankreich wurde leer gepflückt und das beschäftigte alle 5 oder 6 Tage lang und es wirkte so gut, daß wenn alle Ärzte von Montpellier oder Louvain mit allen Medikamenten von Alexandria da gewesen wären, sie nicht in einem Jahr so viel hätten nützen können wie dieser Baum es in sechs Tagen tat, denn er war so erfolgreich, daß, so viele auch von ihm nahmen, alle mit Gottes Gnade ihre Gesundheit wiedererlangten.

* Aus: Hakluyt's Principal Navigators, 1600; in S. Davidson et al. (Hrsg.): Human Nutrition and Dietics, 6. Ausg., Churchill Livingstone, Edinburgh, 1975.

schlag annahm. Todesfälle durch Skorbut gab es bei Arktis- und Antarktisforschern bis ins frühe 20. Jahrhundert. Das Antiskorbut-Vitamin wurde schließlich im Jahre 1932 aus Zitronensaft isoliert und kurze Zeit später synthetisiert. Es erhielt die Bezeichnung Ascorbinsäure (Abb. 26-11).

Ausgeprägter Skorbut ist zwar heute bei Erwachsenen selten, aber viele Menschen, besonders stillende Mütter, nehmen nicht die optimale Menge an Ascorbinsäure zu sich, die nicht so allgemein verbreitet ist wie andere Vitamine. Außerdem ist sie eine instabile Verbindung, die auf verschiedene Weise zerstört werden kann: durch Wärme, alkalische Bedingungen oder durch Einwirkung von Sauerstoff in Gegenwart von Eisen- oder Kupfer-Ionen, wodurch sie zu einem inaktiven Produkt oxidiert wird. Fisch, Eier und Fleisch enthalten ziemlich wenig, getrocknetes Getreide praktisch überhaupt keine Ascorbinsäure. Personen, die nicht regelmäßig frische Früchte und Gemüse essen, besonders ältere, allein lebende Leute sind anfällig für einen subklinischen Ascorbinsäure-Mangel.

Die in den USA empfohlene tägliche Menge (Abb. 26-11 und Tab. 26-2) beträgt für Erwachsene etwa 60 mg, aber das liegt mögli-

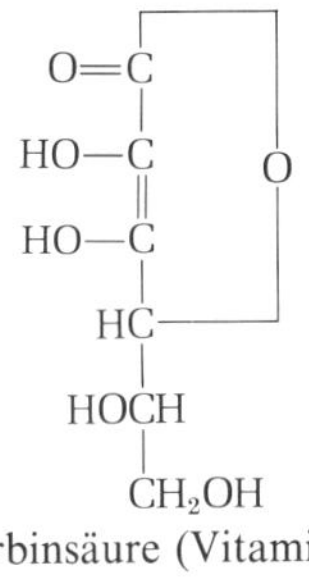

$$\begin{array}{c} O=C \\ | \\ HO-C \\ | \\ HO-C \\ | \\ HC \\ | \\ HOCH \\ | \\ CH_2OH \end{array} \Bigg] O$$

Ascorbinsäure (Vitamin C)

Aktive Form: unbekannt.

Funktion: Cofaktor bei einigen Hydroxylierungsreaktionen.

Empfohlene tägliche Menge: 60 mg.

Mangelkrankheit: Skorbut.

Abbildung 26-11
Ascorbinsäure. Struktur, Funktion und Bedarf.

cherweise schon weit über dem Minimalbedarf. In Großbritannien hält man für Erwachsene bereits 20 mg/d für ausreichend, und schon 10 mg/d scheinen zu genügen, um Skorbut zu verhindern. Die beste Quelle für Ascorbinsäure sind Citrusfrüchte, Tomaten, Ananas, Kohl und grüne Gemüse, jedoch enthalten auch die meisten anderen Frucht- und Gemüsearten in frischem Zustand viel Vitamin C. Wie aus Kasten 26-1 ersichtlich, sind Blätter und Rinde vieler Sträucher und Bäume reich an Ascorbinsäure.

Manche Ernährungsfachleute meinen, daß der Körper durch große Mengen an Ascorbinsäure voll „gesättigt" gehalten werden soll. Sie gehen dabei von der Annahme aus, daß sich der Mensch während der Zeit, in der er als Sammler und Jäger lebte und sich hauptsächlich von rohen pflanzlichen und tierischen Geweben ernährte, an wesentlich höhere Mengen dieses Vitamins genetisch adaptiert haben könnte. Es ist behauptet worden, daß für eine optimale Gesundheit besonders zur Vermeidung von Erkältungen, große Dosen an Ascorbinsäure, bis zu mehreren Gramm täglich, eingenommen werden sollten. Kontrollierte klinische Tests haben aber keinen signifikanten Effekt dieser hohen Dosen auf die Häufigkeit einer Erkältung nachweisen können; andererseits ist nicht auszuschließen, daß diese Dosen für einige Menschen vorteilhaft sein könnten. Ascorbinsäure scheint auch in größeren Mengen nicht toxisch zu sein; ein Überschuß wird unverändert oder in Form verschiedener Oxidationsprodukte ausgeschieden.

Die heute am häufigsten anzutreffende Form von Skorbut ist der *infantile Skorbut*. Er kommt bei Säuglingen vor, die mit pasteurisierter Milch oder aufbereiteter Trockenmilch ernährt werden und nicht zusätzlich Ascorbinsäure erhalten. Solche Kinder leiden unter spontan auftretenden Hämorrhagien unter der Haut, bekommen leicht blaue Flecke und haben starke Schmerzen in den Gliedmaßen.

Ein latenter Riboflavinmangel ist ebenfalls verbreitet

Latenter Mangel an Riboflavin (Abb. 26-12) ist in den meisten Teilen der Welt ziemlich häufig. Da dieser Mangel aber fast nie lebensbedrohlich ist, ist er nicht viel beachtet worden. Riboflavin-Mangel kommt am häufigsten bei Schwangeren, bei Kindern oder bei Personen vor, die physiologischem Stress ausgesetzt sind. Kennzeichen sind wunde, aufgesprungene Lippen und Mundwinkel und eine fettige Dermatitis im Gesicht. Auch Anämie wird beobachtet. Riboflavin-Mangel kommt oft zusammen mit anderen Mangelkrankheiten vor, besonders mit Pellagra.

Die reichsten Quellen für Riboflavin sind Milch, Leber, Eier, Fleisch und gelbe Gemüsearten. Da Getreide und Brot sehr wenig Riboflavin enthalten, werden sie in den USA gewöhnlich mit diesem Vitamin angereichert.

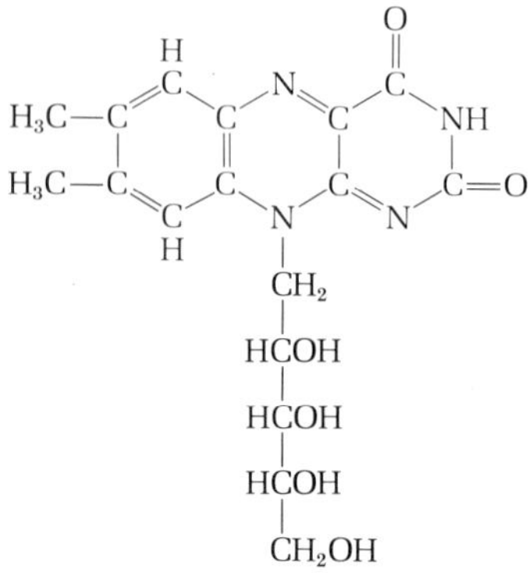

Riboflavin (Vitamin B$_2$)

Coenzymformen: Flavin-mononucleotid und Flavin-adenindinucleotid.
Funktion: Coenzym bei Oxidoreduktionsreaktionen.
Empfohlene tägliche Menge: 1.7 mg.
Mangelkrankheit: Störungen an Haut und Schleimhäuten.

Abbildung 26-12
Riboflavin. Struktur, Funktion und Bedarf.

Folsäure-Mangel ist der am weitesten verbreitete Vitaminmangel

Weltweit gesehen ist vermutlich der Folsäuremangel die häufigste Form von Vitamin-Unterversorgung (Abb. 26-13). Er ist besonders in unterentwickelten tropischen Ländern anzutreffen, in denen vermutlich der größte Teil der Bevölkerung einen zumindest *latenten* Folsäure-Mangel hat. In den Vereinigten Staaten leiden viele arme und alte Leute unter Folsäure-Mangel, der sich in Anämie, Gewichtsverlust und Schwäche zeigt. Auch schwangere Frauen und Kleinkinder sind besonders anfällig. Folsäure-Mangel ist ein Hauptmerkmal der *tropischen Sprue*, bei der ganz allgemein die Absorption vieler Nährstoffe aus dem Dünndarm gestört ist.

Folsäure kommt in Blattgemüse, in Leber, Hefe und Fleisch vor. Sie wird beim Kochen und durch Reduktionsmittel zerstört.

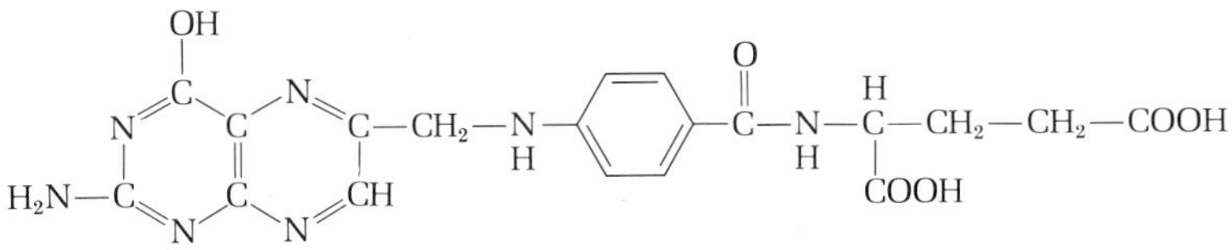

Folsäure

Aktive Form: Tetrahydrofolat.
Funktion: Coenzym bei enzymatischen C_1-Gruppenübertragungs-Reaktionen.
Empfohlene tägliche Menge: 400 µg.
Mangelkrankheit: Anämie.

Abbildung 26-13
Folsäure. Struktur, Funktion und Bedarf.

Ein Mangel an Pyridoxin, Biotin und Pantothensäure ist selten

Pyridoxin, Biotin und Pantothensäure (Abb. 26-14 bis 26-16) kommen in vielen Nahrungsmitteln reichlich vor. Unter natürlichen Bedingungen ist beim Menschen ein Mangel an diesen Vitaminen sehr selten. Er kann aber bei Versuchspersonen erzeugt werden und wird bei Menschen gefunden, die von einer ausgefallenen Diät leben. Ein klassisches Beispiel dafür ist der Fall eines Patienten in einem Bostoner Krankenhaus, der viele Monate lang nichts anderes zu sich genommen hatte als rohe Eier und Wein. Rohe Eier sind zwar reich an Proteinen und den meisten Vitaminen und Mineralstoffen, sie enthalten aber *Avidin*, ein Protein, das Biotin bindet und seine Absorption im Darm verhindert. Bei gekochten Eiern wäre kein Biotin-Mangel aufgetreten, da hitzedenaturiertes Avidin das Biotin nicht mehr binden kann.

Zu einem Mangel an den oben genannten drei Vitaminen kommt es wahrscheinlich bei Alkoholikern. Einige orientalische Rassen ha-

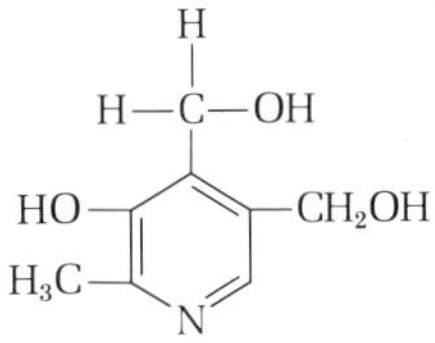

Pyridoxin (Vitamin B_6)

Coenzymform: Pyridoxalphosphat.
Funktion: Coenzym bei Transaminierungen und anderen Reaktionen von Aminosäuren.
Empfohlene tägliche Menge: 2.2 mg.

Abbildung 26-14
Pyridoxin. Struktur, Funktion und Bedarf.

ben bei latentem Pyridoxinmangel eine Neigung zu Nierensteinen aus Calciumoxalat. Vitamin-B$_6$-Mangel wurde auch bei Tuberkulose-Patienten beobachtet, die mit *Isoniazid* behandelt worden waren. Dieses Medikament inaktiviert das Pyridoxalphosphat, die Coenzymform des Pyridoxins.

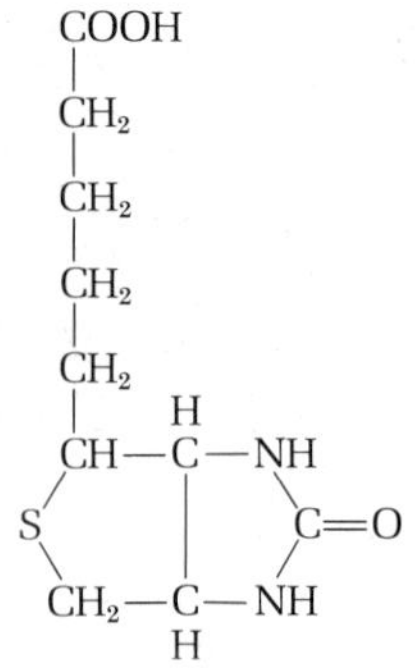

Ein echter ernährungsbedingter Vitamin-B$_{12}$-Mangel ist sehr selten

Vitamin B$_{12}$ (Abb. 26-17) ist das gegen die Perniziöse Anämie wirksame Vitamin (S. 290). Weder Pflanzen noch Tiere können Vitamin B$_{12}$ synthetisieren; es wird nur von bestimmten Bakterien gebildet. Die Bakterien im Darmtrakt des Menschen können genügend Vitamin B$_{12}$ bilden, um den normalen Bedarf zu decken. Vitamin B$_{12}$ wird in großen Mengen von der reichen Bakterienpopulation im Pansen von Wiederkäuern und im *Blinddarm* anderer Pflanzenfresser wie des Kaninchens synthetisiert. Der Blinddarm ist ein Anhang des Darmes, der beim Menschen zum Wurmfortsatz verkümmert ist. Kaninchen fressen zur Deckung ihres Bedarfes an Vitamin B$_{12}$ und bestimmten anderen Vitaminen einen Teil ihrer eigenen Fäkalien.

Die Perniziöse Anämie ist eine schwere Erkrankung, bei der es zu Mangel an roten Blutkörperchen, verminderter Hämoglobin-Bildung und einer schweren Schädigung des Zentralnervensystems kommt. Sie entsteht nicht durch einen Vitamin-B$_{12}$-Mangel in der Nahrung, sondern durch das Unvermögen, das Vitamin aus dem Darm zu absorbieren, bedingt durch die defekte Sekretion eines Glycoproteins in den Magen. Dieses, *intrinsischer Faktor* genannte Glycoprotein wird für die Absorption von Vitamin B$_{12}$ gebraucht. Perniziöse Anämie wird durch Injektion von Vitamin B$_{12}$ oder durch orale Verabreichung großer Mengen des Vitamins behandelt, so daß trotz der verminderten Absorption noch genug aufgenommen werden kann. Da in der menschlichen Leber der Vitamin-B$_{12}$-Bedarf für mehrere Jahre gespeichert werden kann, ist ein wirklicher ernährungsbedingter Mangel äußerst selten. Menschen, die über lange Zeit als strenge Vegetarier leben, erhalten ihr Vitamin B$_{12}$ entweder von ihren Darmbakterien oder von Bakterien, die sie mit der pflanzlichen Kost aufnehmen.

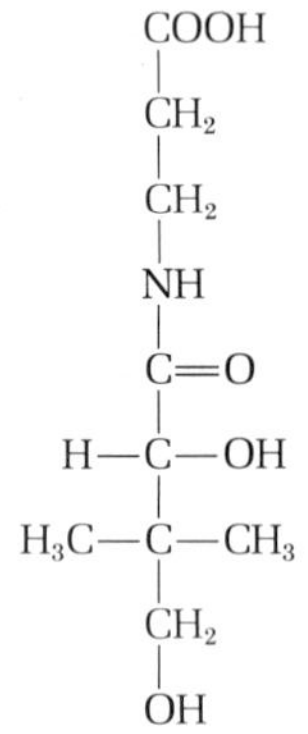

Ein Vitamin-A-Mangel hat vielfältige Auswirkungen

Die Ernährungskrankheiten *Xerophthalmie* („trockene Augen") und *Keratomalazie* (bei der übernormale viel Keratin in der Haut und der Hornhaut der Augen gebildet wird) sind in Südostasien, Süd- und Mittelamerika und in einigen Teilen Afrikas verbreitet, in

Biotin

Aktive Form: Biocytin.
Funktion: prosthetische Gruppe der Pyruvat-Carboxylase und anderer CO_2 transportierender Enzyme.
Wahrscheinlicher täglicher Bedarf: 150 µg.

Abbildung 26-15
Biotin. Struktur, Funktion und Bedarf.

Pantothensäure

Coenzymform: Coenzym A.
Funktion: Acylgruppen-Carrier bei der Fettsäure- und Pyruvat-Oxidation.
Wahrscheinlicher täglicher Bedarf: 5 bis 10 mg.

Abbildung 26-16
Pantothensäure. Struktur, Funktion und Bedarf.

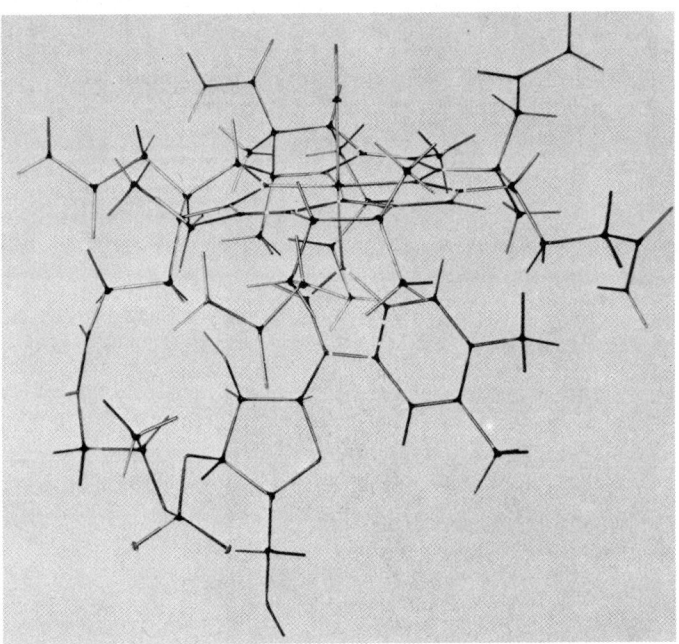

Abbildung 26-17
Räumliches Modell des Strukturgerüstes von Vitamin B_{12} (Cobalamin). Strukturformel s. S. 290.
Coenzymform: Desoxyadenosylcobalamin (Coenzym B_{12}).
Funktion: Coenzym bei der Umwandlung von Methylmalonyl-CoA in Succinyl-CoA (S. 574) sowie bei einzelnen Reaktionen.
Empfohlene tägliche Menge: 3.0 µg.
Mangelkrankheit: Perniziöse Anämie.

den Vereinigten Staaten dagegen selten. Sie entstehen durch einen Mangel an Vitamin A oder Carotin, der Vorstufe von Vitamin A (Abb. 26-18). Carotin ist in gelben Pflanzen wie Mohrrüben und Süßkartoffeln reichlich vorhanden. Kinder in Gegenden mit Protein- und Energieunterversorgung sind für einen Vitamin-A-Mangel besonders anfällig. In den Vereinigten Staaten tritt er bei Personen mit Erkrankungen des Darmes oder Pankreas auf, bei denen die Fettabsorption gestört ist, so daß auch das fettlösliche Vitamin A oder Carotin nicht absorbiert werden kann. Die Xerophthalmie manifestiert sich in ihrem Frühstadium als *Nachtblindheit* (Abb. 26-19), bedingt durch eine gestörte Synthese des Sehpigments *Rhodopsin*. Die aktive Gruppe des Rhodopsins ist das aus Vitamin A gebildete *Retinal* (S. 292, Abb. 26-18). Bei Vitamin-A-Mangel ist die Anfälligkeit für Infektionen in allen Geweben erhöht.

Vitamin A wird in der Leber in einer Menge gespeichert (S. 293), die für viele Monate ausreicht; z. B. reicht eine einzelne Gabe von 30 µg aus, um ein Kind für sechs Monate vor Vitamin-A-Mangel zu schützen. Die Leber eines Erwachsenen kann mehr als 300 µg speichern. Die Leber von Fischen in kalten Gewässern und arktischen Säugetieren ist sehr reich an vorgefertigtem Vitamin A. In großem Überschuß (20- bis 30fache Zufuhr der empfohlenen täglichen Menge) ist Vitamin A allerdings toxisch und führt zu zahlreichen schmerzhaften Symptomen. Es ist vorgekommen, daß Arktisforscher nach dem Verzehr von Eisbärenleber gestorben sind, weil diese enorme Mengen an Vitamin A enthält. Vitamin-A-Vergiftungen sind häufig bei Menschen beobachtet worden, die große Mengen von Vitamintabletten schlucken.

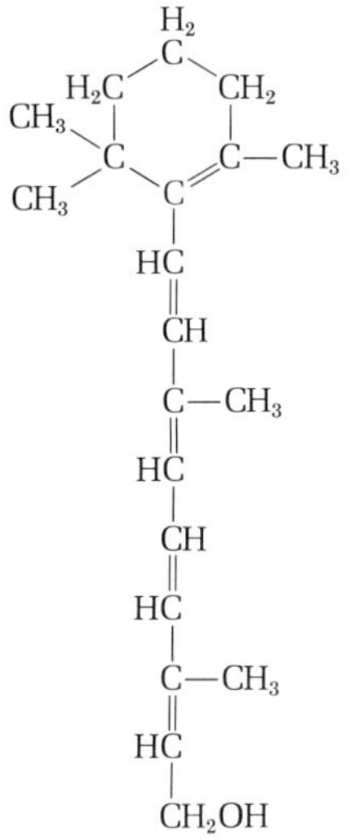

Vitamin A_1 (Retinol)

Aktive Form: unbekannt.
Funktion: Zwischenprodukt beim Stoffwechsel des Sehvorgangs; normale Entwicklung der Gewebe.
Empfohlene tägliche Menge: 1.0 mg.
Mangelerscheinungen: Nachtblindheit, Empfänglichkeit für Infektionen.

Abbildung 26-18
Vitamin A_1 (Retinol). Struktur, Funktion und Bedarf.

(a)

(b)

(c)

Abbildung 26-19
Nachtblindheit bei Vitamin-A-Mangel.
(a) Die Scheinwerfer des näherkommenden Autos werden sowohl von Gesunden als auch von Personen mit Vitamin-A-Mangel gesehen.
(b) Ist das Auto vorbeigefahren, kann der Gesunde eine größere Strecke der Straße einsehen.
(c) Eine Person mit Vitamin-A-Mangel dagegen kann nur ein sehr kleines Stück der Straße sehen und auch die Verkehrsschilder nicht erkennen.

Durch Vitamin-D-Mangel kommt es zu Rachitis und Osteomalazie

Vitamin-D-Mangel ist in den Vereinigten Staaten sehr selten geworden. Früher war er in den nördlichen Ländern weit verbreitet (S. 295). Bei der *Rachitis* der Kinder (und der *Osteomalazie*, der entsprechenden Krankheitsform bei Erwachsenen) sind die Knochen weich und deformiert, weil sie kein Calcium zurückhalten. Dieser Zustand ist nicht durch Calciummangel in der Nahrung bedingt, sondern durch das Fehlen eines Hormons, des *1,25-Dihydroxycholecalciferols* (S. 295), dessen normale Vorstufe das *Vitamin D₃* oder *Calciferol* ist. Vitamin wird so lange nicht in der Nahrung gebraucht, wie die Haut genügend Sonnenbestrahlung erhält, denn durch die Bestrahlung wird Cholecalciferol oder Vitamin D₃ (Abb. 26-20) in einer photochemischen Reaktion aus 7-Dehydrocholesterin gebildet (S. 295). Wird die Haut aber nicht oder nur unregelmäßig mit Sonnenlicht bestrahlt, so muß Vitamin D mit der Nahrung aufgenom-

Vitamin D₃ (Cholecalciferol)

Aktive Form: 1,25-Dihydroxycholecaliferol
Funktion: die aktive Form ist ein Hormon, das den Ca- und Phosphat-Stoffwechsel kontrolliert.
Empfohlene tägliche Menge: 10 µg.
Mangelerscheinungen: Rachitis, Knochenerweichung.

Abbildung 26-20
Vitamin D. Struktur, Funktion und Bedarf.

men werden (S. 294). Bei einem Säugling genügt täglich eine halbe Stunde direktes Sonnenlicht auf die Wangen, um ausreichend Vitamin D zu erzeugen. Eskimos haben im arktischen Winter zwar sehr wenig Sonnenlicht, aber reichlich Vitamin D aus Fischen (Abb. 26-21).

Kleinkinder mit Rachitis können wohlgenährt aussehen, aber ihr Muskeltonus ist gering und sie gehen langsam. Im Schädel, im Rückgrat und in den Beinen treten Deformationen der Knochen auf, wobei die charakteristischen O- und X-Beine entstehen. Bei früher Behandlung mit Vitamin D können schwache Deformationen zurückgebildet werden, aber bei langandauernder Rachitis entstehen bleibende Verformungen.

Osteomalazie ist die Form der Rachitis bei Erwachsenen. Schwangere Frauen sind bei knapper Verpflegung besonders anfällig für Vitamin-D-Mangel, da das Calcium aus den Knochen der Mutter vorrangig vom sich entwickelnden Embryo verbraucht wird.

Zusätze von Vitamin D zur Nahrung erfolgen üblicherweise in Form von bestrahltem *Ergosterin*. Dieses Sterin aus Hefe wird ohne Schwierigkeiten in *Ergocalciferol* umgewandelt, (S. 294), einer Substanz mit starker Vitamin-D-Aktivität. Das fast völlige Verschwinden der Rachitis in den Vereinigten Staaten ist das Ergebnis der Anreicherung der Trinkmilch mit bestrahltem Ergosterin. Erwachsene brauchen bei fehlendem Sonnenlicht etwa 10 µg/d. Dosen über 1.5 mg/d sind sehr toxisch.

Abbildung 26-21
Vitamin-D-Mangel entsteht gewöhnlich durch unzureichende ultraviolette Bestrahlung der Haut, die für die Umwandlung von 7-Dehydrocholesterin zu Vitamin D_3 gebraucht wird. Es gibt eine Hypothese, nach der die Vorfahren des *Homo sapiens* aus tropischen Gebieten stammten und dunkelhäutig waren. Mit ihrer Ausbreitung nach Norden erwies sich die UV-Licht-abschirmende Wirkung des Hautpigments als unvorteilhaft für die Vitamin-D-Synthese in der Haut. Eine genetische Selektion zu Hellhäutigkeit ermöglichte den nördlichen Völkern, mehr ultraviolette Strahlung zu absorbieren. Bei den Eskimos blieb eine solche Selektion aus, da sie in ihrer Hauptnahrung Fisch genügend Vitamin D vorfinden.

Ein Mangel an Vitamin E oder K ist sehr selten

In den Vereinigten Staaten enthält die durchschnittliche Verpflegung mehr als ausreichend Vitamin E und K, um den Bedarf zu decken. Mangelerscheinungen sind deshalb selten. Außerdem wird Vitamin K von den Darmbakterien gebildet. Da beide Vitamine fettlöslich sind, kann ihre Absorption ausbleiben, wenn die Lipidabsorption defekt ist, besonders wenn außerdem die Sekretion von Gallensäuren beeinträchtigt ist. Vitamin E (Abb. 26-22) schützt die Membranlipide gegen die oxidative Zerstörung durch mehrfach ungesättigte Fettsäuren. Als tägliche Dosis werden 10 bis 30 mg α-Tocopherol

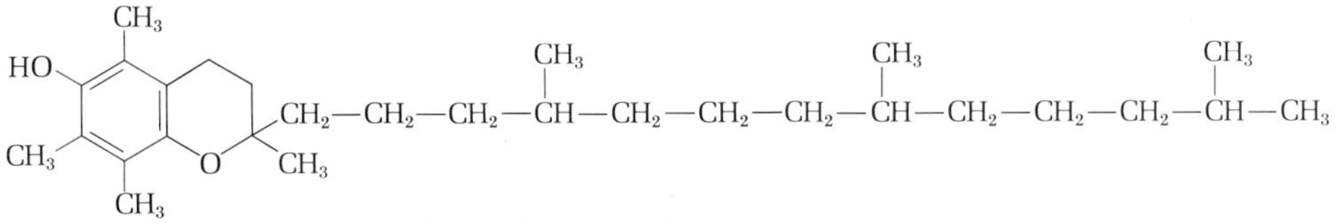

Vitamin E (α-Tocopherol)

Aktive Form: unbekannt.
Funktion: nicht genau bekannt, aber es schützt gegen eine Beschädigung von Membranen durch Sauerstoff.
Empfohlene tägliche Menge: 10 mg.

Abbildung 26-22
Vitamin E. Struktur, Funktion und Bedarf.

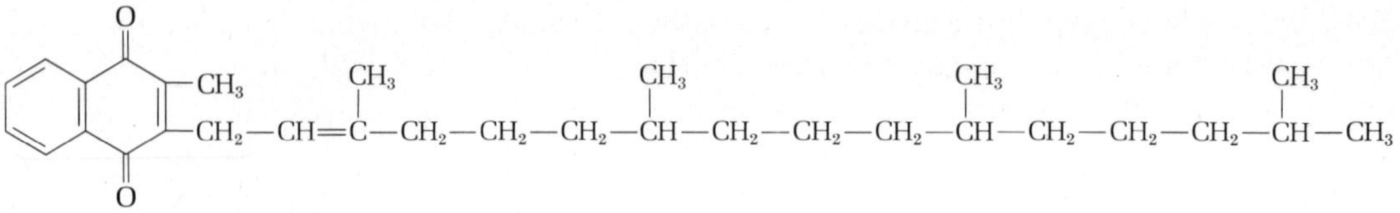

Vitamin K₁ (Phyllochinon)

Aktive Form: unbekannt.
Funktion: Coenzym bei der Carboxylierung von Glutamylresten in Prothrombin und anderen Proteinen.
Wahrscheinlicher täglicher Bedarf: 1 mg.

Abbildung 26-23
Vitamin K₁. Struktur, Funktion und Bedarf.

empfohlen. Tocopherol ist auch in großen Mengen nicht toxisch; andererseits gibt es keinerlei Beweise dafür, daß es in hohen Dosen gut für den Teint ist oder gar gegen Unfruchtbarkeit hilft, wie einige Phantasten behaupten.

Vitamin K (Abb. 26-23) wird Neugeborenen sowie Patienten vor und nach einer Gallenblasen- oder Leberoperation gegeben, um sicherzustellen, daß der Prothrombingehalt im Blut normal ist. Wir erinnern uns (S. 296), daß es bei Vitamin-K-Mangel zu einer verminderten enzymatischen Carboxylierung bestimmter Glutamatreste im Prothrombin und anderen Proteinen kommt, die an der Blutgerinnung beteiligt sind. Sehr hohe Vitamin-K-Dosen sind toxisch.

Für die menschliche Ernährung werden viele chemische Elemente gebraucht

Zusätzlich zu den sechs Grundelementen Kohlenstoff, Wasserstoff, Stickstoff, Sauerstoff, Schwefel und Phosphor, aus denen die Kohlenhydrate, Fette, Proteine und Nucleinsäuren bestehen, weiß man von vielen anderen Elementen, daß sie für die Ernährung verschiedener Versuchstiere und des Menschen gebraucht werden (Tab. 26-13). Bezüglich einiger dieser Spurenelemente sind beim Menschen noch keine Mangelerscheinungen beobachtet worden, vermutlich wegen ihres verbreiteten Vorkommens in den meisten Nahrungsmitteln und im Trinkwasser. Es ist aber in hohem Maße wahrscheinlich, daß alle Elemente, die für die Ratte und das Huhn als essentiell nachgewiesen wurden, es auch für den Menschen sind. Vermutlich werden sich in Zukunft noch andere als die in Tab. 26-13 aufgelisteten Elemente als essentiell herausstellen, wenn bessere experimentelle Methoden zum Nachweis von Mangelerscheinungen entwickelt worden sind und wenn man mehr über die aktiven Zentren der Enzyme weiß.

Will man feststellen, ob ein bestimmtes Element essentiell ist, so genügt nicht einfach eine Mikroanalyse der Gewebe eines Versuchstieres. Tierische und menschliche Gewebe enthalten ausnahmslos Spuren von Elementen, die nicht Bestandteil biologischer Strukturen oder Funktionen sind, sondern die nur zufällig, als Beimengung

Tabelle 26-13 Die für menschliche Ernährung notwendigen chemischen Elemente.

Hauptelemente
  Calcium
  Chlor
  Kalium
  Magnesium
  Natrium
  Phosphor

Spurenelemente
  Eisen
  Fluor
  Iod
  Kupfer
  Mangan
  Molybdän
  Selen
  Zink

Andere Spurenelemente, von denen bekannt ist, daß sie für Tiere und daher sehr wahrscheinlich auch für den Menschen essentiell sind.
  Arsen
  Chrom
  Nickel
  Silicium
  Vanadium
  Zinn

der Nahrung in den Körper gelangt sind. Ein Beispiel hierfür ist das Quecksilber, das als Industriemüll ins Meer gekippt wird und in Thunfisch und anderen Fischen in toxischen Mengen angereichert wird.

Wir wollen hier nur kurz diejenigen Elemente behandeln, deren Mangel in der menschlichen Nahrung relativ verbreitet ist und bekanntermaßen die Gesundheit beeinträchtigt. Die für die menschliche Ernährung notwendigen Elemente können in Massen- und *Spurenelemente* unterteilt werden (Tab. 26-13). Erstere werden in Mengen von mehr als 100 mg/d gebraucht, die Spurenelemente nur in Mengen von wenigen Milligramm pro Tag. Die für die Ernährung wichtigen Elemente sind biologisch nur dann zugänglich, wenn sie in Form löslicher Salze oder löslicher chemischer Verbindungen vorliegen.

Calcium und Phosphor sind für die Entwicklung der Knochen und Zähne essentiell

Der erwachsene menschliche Körper enthält mehr als ein Kilogramm Calcium. Fast die gesamte Menge befindet als *Hydroxylapatit*, eine schwerlösliche anorganische Phosphatverbindung, in Knochen und Zähnen. Calcium spielt außerdem in jeder Zelle eine wichtige Rolle als intrazellulärer Regulator oder Messenger (S. 818); es trägt zur Regulation der Aktivität von Muskelzellen, des Herzens und vieler anderer Gewebe bei. Calcium ist in vielen Nahrungsmitteln enthalten, besonders in Milch und Käse, aber auch in Getreide, Leguminosen (Hülsenfrüchten), Nüssen und Gemüse. Besonders hoch ist der Bedarf an Calcium während der Kindheit, wenn die Knochen noch wachsen, sowie während der Schwangerschaft und der Zeit des Stillens. Die Absorption von Calcium aus dem Dünndarm wird von vielen komplexen Faktoren reguliert; zu ihnen gehören der pH-Wert, das Calcium/Phosphor-Verhältnis in der Nahrung, die Gegenwart von Fettsäuren und bestimmten pflanzlichen Säuren und vor allem das die Calcium-Absorption regulierende Vitamin D. Abhängig von diesen Faktoren wird nur ein Teil des mit der Nahrung aufgenommenen Calciums tatsächlich absorbiert.

Die Calciumversorgung wird noch dadurch kompliziert, daß die Knochen ein sehr großes Reservoir an Calcium darstellen, auf das zurückgegriffen werden kann, wenn die Nahrung wenig Calcium enthält. Schwangere und stillende Frauen, die zu wenig Calcium aufnehmen, bewirken dadurch, daß das für das Wachstum des Fötus oder die Produktion von Milch benötigte Calcium ihrem eigenen Skelett entzogen wird. Das Calcium in den Knochen ist dort nicht auf Dauer abgelagert; ein großer Teil davon unterliegt einem fortwährenden *Turnover*. Täglich können 700 bis 800 mg Calcium die Knochenmasse verlassen oder in diese eintreten. Ein kurzzeitiger Calciumbedarf in irgendeinem Teil des Körpers kann so ohne Schwierigkeiten aus diesem großen Vorrat gedeckt werden.

Die empfohlene tägliche Menge an Calcium beträgt für Erwachsene (Tab. 26-2) 800 mg, für Schwangere, Stillende und Teenager 1200 mg. Das in Getreide enthaltene Calcium kann nicht ohne weiteres absorbiert werden, weil ein großer Teil davon an *Inosit-hexaphosphat gebunden ist, das auch als Phytat* bezeichnet wird (Abb. 26-24). Es liegt als Calcium-Magnesium-Salz von Phytat, als *Phytin*, vor. Phytat bindet, wie wir noch sehen werden, auch andere essentielle Elemente, besonders Zink.

Phosphor kommt ebenfalls überall im Körper vor, also nicht nur in den Knochen, sondern auch in den Nucleinsäuren, in den Nucleotid-Coenzymen und in den ATP-ADP-Phosphat-abhängigen energieübertragenden Systemen der Zelle. Phosphor ist in der Nahrung so verbreitet, daß ein ausgesprochener Mangel darum unbekannt ist. Es wird aber nicht der gesamte Phosphor aus der Nahrung ohne weiteres absorbiert, denn seine Absorption wird durch viele der Faktoren reguliert, die auch die Calciumabsorption bestimmen, besonders durch die Versorgung mit Vitamin D.

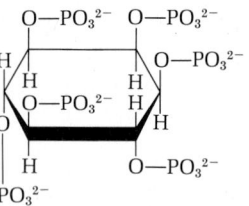

Abbildung 26-24
Das Phytat-Anion. Phytat kann Ca^{2+}, Mg^{2+} und Zn^{2+} sehr fest an die vielen Phosphatgruppen binden und verhindert damit die Absorption dieser essentiellen Metallionen. Phytat kommt nur in pflanzlicher Nahrung vor, besonders in Getreide.

Ein latenter Magnesiummangel ist relativ häufig

Der menschliche Körper enthält etwa 25 g Magnesium, das meiste davon in den Knochen. Die Magnesiumkonzentration ist in allen Zellen ziemlich hoch (5–10 m M). Mg^{2+}-Ionen spielen eine wichtige Rolle für manche Enzymreaktionen, besonders bei der Glycolyse und vielen ATP-abhängigen Reaktionen. Obwohl die meisten Nahrungsmittel beträchtliche Mengen Magnesium enthalten (besonders viel enthält das Chlorophyll in den grünen Blättern von Gemüsen), gibt es zunehmende Anzeichen dafür, daß in den Vereinigten Staaten, vor allem unter den Armen und Alten, latenter Magnesiummangel herrscht. Besonders anfällig sind Alkoholiker. Auch bei Protein- und Energie-Unterversorgung kommt es zu Magnesiummangel. Die für erwachsene Männer empfohlene tägliche Menge beträgt 350 mg.

Natrium und Kalium sind wichtig für die Verhütung bzw. Behandlung von Bluthochdruck

Natrium und Kalium sind in den meisten Nahrungsmitteln reichlich vorhanden und ein ausgesprochener Mangel an diesen Elementen ist selten. Probleme gibt es eher durch unausgewogene Zufuhr als durch Unterversorgung. Na^+, das hauptsächliche extrazelluläre Kation, und K^+, das hauptsächliche intrazelluläre Kation, sind sehr wichtig für die Regulation des Wasser- und Elektrolytgleichgewichtes sowie des Säure-Basen-Gleichgewichtes im Körper (S. 811). Ihre Konzentration wird wiederum durch die mineralocorticoiden Hormone der Nebennierenrinde reguliert (S. 811).

Der Bedarf an Natrium beträgt nur 1 g/d, aber die in den USA durchschnittlich aufgenommene Menge dagegen 5 g/d. Der Verbrauch von Kochsalz hat ähnlich wie der von Zucker in den letzten Jahren erheblich zugenommen. Manche Leute haben ein starkes Verlangen nach Salz und nehmen pro Tag 10 g Natrium zu sich. Fortgesetzte Überdosierung von NaCl bewirkt ein verfrühtes Auftreten von *hohem Blutdruck* bzw. es verschlimmert bereits eingetretenen Bluthochdruck. Für das Auftreten von hohem Blutdruck gibt es eine starke genetische Komponente, die bei der schwarzen Bevölkerung der USA ausgeprägter zu sein scheint als bei der weißen. Menschen mit hohem Blutdruck sollen ihren NaCl-Verbrauch einschränken.

In den Vereinigten Staaten werden im Durchschnitt etwa 4 g Kalium pro Tag mit der Nahrung aufgenommen. Trotzdem kann es zu schwerem Kaliummangel kommen, wenn ein zu großer Teil davon den Körper wieder verläßt, z. B. bei Diabetes, Diarrhoe oder Verlust im Harn nach Einnahme diuretischer Medikamente, wie sie für die Behandlung von Bluthochdruck verwendet werden. Besonders reich an Kalium sind Tomaten, Citrusfrüchte und Bananen.

Eisen und Kupfer werden für die Synthese der Hämproteine gebraucht

Eisenmangel ist einer der häufigsten Ernährungsmängel unter der nordamerikanischen Bevölkerung. Er ist am häufigsten bei Kindern, bei heranwachsenden Mädchen und bei Frauen bis zu den Wechseljahren. Eisen wird nur in seiner zweiwertigen Form (Fe^{2+}) absorbiert; seine Absorption und Exkretion erfolgen relativ langsam und werden von vielen Faktoren kontrolliert. Nur ein kleiner Teil des in der Nahrung vorhandenen Eisens wird tatsächlich absorbiert. Eisen ist zwar in den meisten Nahrungsmitteln enthalten, aber unterschiedlich gut verwertbar. Am besten wird das Eisen aus Fleisch absorbiert, das aus Getreide dagegen nur sehr schlecht. Milch enthält sehr wenig Eisen.

Eisen wird für die Synthese der Eisen-Porphyrin-Proteine Hämoglobin, Myoglobin, der Cytochrome und Cytochrom-Oxidase (Abb. 26-25) gebraucht. Beim Transport im Blut ist es an das Plasmaprotein *Transferrin* gebunden und im Gewebe wird es in Form von *Ferritin* gelagert, einem Eisenprotein, das Eisen(III)-hydroxid und Eisen(III)-phosphat enthält. Viel Eisen findet man in Leber, Milz und Knochenmark. Eisen wird nicht im Harn ausgeschieden, sondern es verläßt den Körper über die Galle mit den Fäkalien oder auch mit dem Menstruationsblut. Da der Eisenverlust während der Menstruation zwei- bis dreimal so hoch ist wie sonst, brauchen Frauen mehr Eisen als Männer. Obwohl Brot und bestimmte andere Getreideprodukte mit Eisen angereichert werden, ist das Problem

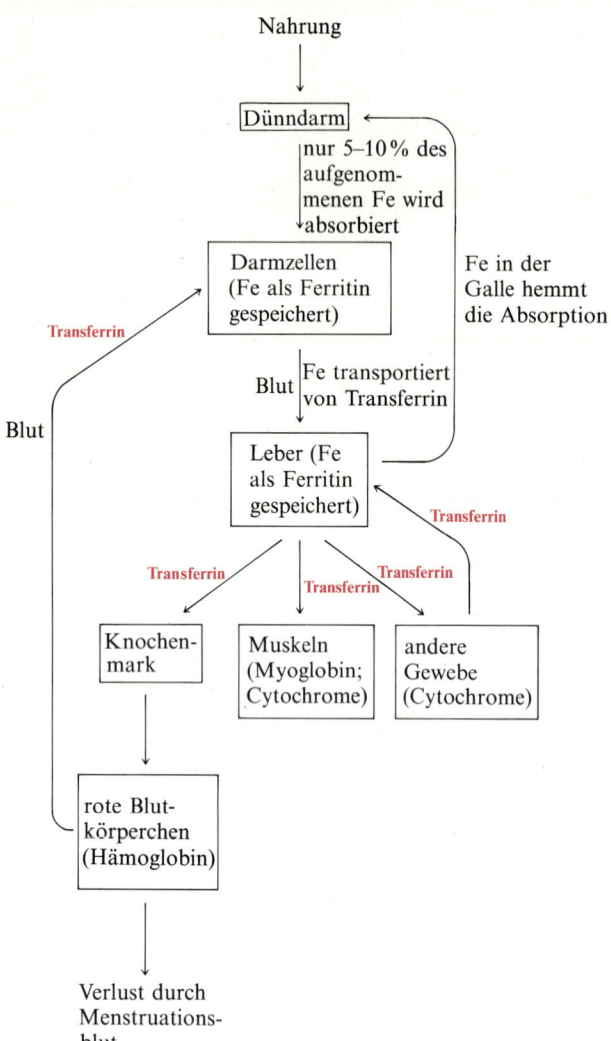

Abbildung 26-25
Die Absorption, Speicherung und Verwendung von Eisen für die Synthese von Cytochromen, Myoglobin und Hämoglobin. Ist Eisen erst einmal aus dem Darm absorbiert, bleibt es immer an Proteine gebunden, und zwar während des Transportes im Blut in Form von Transferrin und während der Speicherung in den Zellen in Form von Ferritin. Eisen wird nur sehr langsam ausgeschieden. Wird die Speicherkapazität des Ferritins überschritten, so reichert sich Eisen in den unlöslichen Hämosiderin-Granula in den Mitochondrien einiger Gewebe an.

des Eisenmangels dadurch nicht gelöst, da Mädchen und Frauen, die auf ihr Körpergewicht achten, im allgemeinen das Brot weglassen. Eisenmangel führt zur *Eisenmangel-Anämie*, bei der die Anzahl roter Blutkörperchen normal bleibt, die Hämoglobinmenge in den Zellen aber relativ gering ist.

Kupfer ist essentiell, weil es an der richtigen Verwertung des Eisens beteiligt ist. Es wird besonders für die Synthese der Cytochrom-Oxidase gebraucht, die sowohl Eisen als auch Kupfer enthält. Außerdem ist Kupfer für die richtige Entwicklung von Bindegewebe und Blutgefäßen nötig. Der Bedarf liegt bei 2.5 bis 5.0 mg/d. Kupfer kommt in Innereien, Meeresprodukten, Gemüse und Nüssen vor, fehlt aber in Milchprodukten.

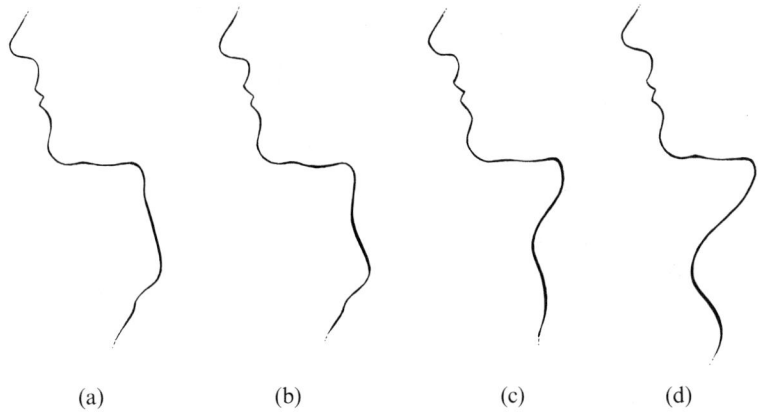

Abbildung 26-26
Halsprofile bei verschiedenen Entwicklungsstadien eines Iodmangel-Kropfes.
(a) Normal, (b) früher Kropf, (c) mäßig stark entwickelter und (d) stark entwickelter Kropf.

Ein Kropf entsteht als Folge von Iodmangel

In einigen Binnenländern, z. B. in den Bergregionen Europas, Zentralafrikas und des amerikanischen mittleren Westens in der Nähe des Großen Salzsees haben viele Leute einen *Kropf*, eine Vergrößerung der Schilddrüse (Abb. 26-26), die dadurch entsteht, daß in diesen von der See weit entfernten Gebieten der Boden zu wenig Iod enthält. In den Vereinigten Staaten ist der Kropf viel seltener geworden, seit tiefgefrorene Meeresprodukte überall erhältlich sind; trotzdem stellt er immer noch ein medizinisches Problem dar.

Die Schilddrüse reichert Iod aus dem Blut an und verwendet es für die Synthese der Schilddrüsenhormone (S. 813). Bei Iodmangel kommt es als Kompensation zu einer Vergrößerung der Schilddrüse, um das wenige Iod effektiver extrahieren zu können. Bei langandauerndem Iodmangel kann die kropfige Schilddrüse zu enormer, lebensbedrohlicher Größe anwachsen und ein Gewicht von mehr als einem Kilogramm erreichen. Schwerer Iodmangel bei Müttern kann bei ihren Kindern zu *Kretinismus* führen, der durch geistiges Zurückbleiben, langsame Körperbewegungen, Zwergwuchs und einen charakteristischen Gesichtsaudruck gekennzeichnet ist.

Die Entstehung eines Kropfes kann durch die Verwendung von iodiertem Speisesalz (0.5 g/kg KI) wirkungsvoll verhindert werden. Leider ist es in vielen Ländern nicht erhältlich oder wird in der Länder, in denen es überall angeboten wird, gerade von den Menschen, die es nötig hätten, nicht benutzt.

Die Zahnfäule ist ein wichtiges Ernährungsproblem

Die Karies ist in den Vereinigten Staaten die häufigste Krankheit überhaupt: sie ist gleichzeitig die am weitesten verbreitete ernährungsbedingte Störung. In manchen Gegenden sind die Folgen der Karies bei bis zu 90 % der Bevölkerung anzutreffen: fehlende und plombierte Zähne, Kronen, Brücken und herausnehmbarer Zahnersatz. Das Vorkommen von Karies ist positiv korreliert mit dem Verbrauch von freiem Zucker und kann als eine Krankheit der Überflußgesellschaft angesehen werden.

Es gibt aber noch einen weiteren Ernährungsfaktor, der mit dem Vorkommen von Karies korreliert ist. Umfassende statistische Untersuchungen wurden durchgeführt, um das Vorkommen von Karies in Gemeinden, deren Trinkwasser mit Fluorid versetzt ist, mit dem in Gemeinden ohne Fluorid im Trinkwasser zu vergleichen (Abb. 26-27). Die Untersuchungen zeigen, daß Fluorid in einer Konzentration von 1 ppm (part per million) das Auftreten von Karies stark verringert. Heute haben mehr als 9000 Gemeinden in den Vereinigten Staaten, in denen etwa die Hälfte der Bevölkerung lebt, fluoridiertes Trinkwasser.

Allerdings gibt es eine sehr heftige Opposition einiger Bürgergruppen gegen die Fluoridierung des Trinkwassers. Einige sind dagegen, weil Fluorid eine Droge oder ein Medikament sei, andere haben das Gefühl, dadurch würde ihre Freiheit der Wahl und somit ihr individuelles Recht verletzt und wieder andere sind einfach Verfechter extremer Ansichten über die Ernährung. Tatsache ist, daß zu viel Fluorid im Trinkwasser schädlich ist und *Fluorose* verursachen kann, die sich in gefleckten Zähnen zeigt, ein Zustand, der bei Kindern in bestimmten Regionen der Vereinigten Staaten auftritt, in denen der Boden und die natürlichen Gewässer einen hohen Fluoridgehalt haben. Fluor ist aber keine Droge, sondern ein essentielles Element, das für eine gesunde Entwicklung von Knochen und Zähnen in der Nahrung gebraucht wird. Fluroid-Ionen werden in das *Hydroxylapatit*, das kristalline Mineral der Knochen und Zähne, eingebaut und bilden *Fluorapatit* (Abb. 26-28). Obwohl nur ein kleiner Teil der Kristalle im Knochen aus Fluorapatit besteht, bewirkt seine Gegenwart, daß die Hydroxylapatit-Kristalle größer, härter und widerstandsfähiger gegen die Einwirkung von Säuren werden. Da Fluorid sowohl in natürlichen als auch in verfeinerten Nahrungsmitteln nicht immer in ausreichenden Mengen enthalten ist, ist die Fluoridierung des Trinkwassers, die ungefährlich durchgeführt werden kann, besonders wichtig für Kinder, die noch wachsen, denn eine ausreichende Versorgung mit Fluorid von Kindheit an hat sehr günstige Langzeitwirkungen (Abb. 26-27).

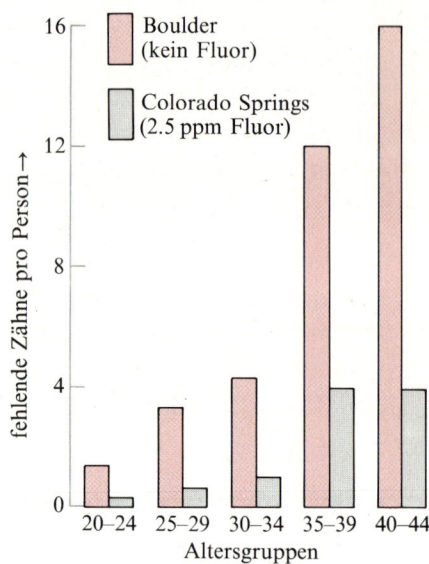

Abbildung 26-27
Die günstige Langzeitwirkung von Fluor: Zahnschäden in zwei vergleichbaren Gemeinden in Colorado, USA. In der Altersstufe 40–44 Jahre beträgt die Anzahl fehlender Zähne in Boulder insgesamt 16 pro Person, in Colorado Springs dagegen nur 4.

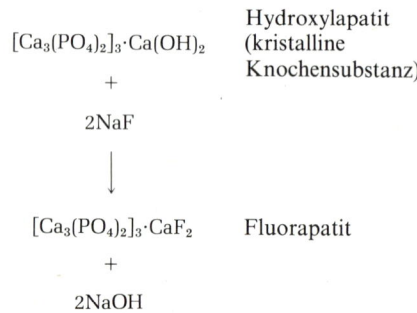

Abbildung 26-28
Wirkung von Fluorid auf Hydroxylapatit.

Zink und mehrere andere Mikroelemente sind für die Ernährung essentiell

Man kennt mehr als 80 Enzyme, die Zink in ihrer prosthetischen Gruppe enthalten. Dazu gehören: Alkohol-Dehydrogenase, Carbonat-Dehydratase, DNA- und RNA-Polymerasen und Carboxypeptidase. Zink wird in hohen Konzentrationen in der Prostata im Sperma und in den Augen gefunden, wo es eine vermutlich wichtige, aber noch unbekannte Rolle spielt. Einen endemischen Zinkmangel gibt es in wenigen Dörfern im Iran. Seine Merkmale sind: Kleinwüchsigkeit, Anämie, niedriger Serumalbuminspiegel und eine verzögerte Entwicklung der Forpflanzungsorgane. Der Mangel entsteht durch die traditionelle Hauptnahrung in dieser Gegend: ungesäuertes Brot aus teilweise verfeinertem Mehl. Solches Brot enthält viel *Phytat* (Abb. 26-24), das Zink sehr fest bindet und dadurch seine Absorption aus dem Darm verhindert. Ein ungewöhnliches Symptom, das in seltenen Fällen bei Zinkmangel auftritt, ist eine Veränderung der Geschmacks- und Geruchswahrnehmung. Manche Gerüche werden so verzerrt wahrgenommen, daß gewöhnliche Nahrungsmittel, wie z. B. gekochte Speisen, als faulig und ekelerregend empfunden werden, was zu Nahrungsverweigerung und dadurch zu Gewichtsverlust führt. Erwachsene brauchen täglich mindestens 15 mg Zink, schwangere und stillende Frauen brauchen mehr (Tab. 26-2). Zink ist in Fleisch, Eiern, Meeresprodukten, Milch und Leber reichlich, in Früchten und grünem Gemüse dagegen kaum enthalten.

Bei Ratten, Hühnern und anderen kleinen Tieren, die unter „ultrasauberen" Bedingungen aufgezogen wurden, d. h. in Plastik-Käfigen, die keinerlei Spuren von Metall enthielten, mit dreifach destilliertem Wasser, gefilterter Luft und hochgereinigten Nährstoffen, konnte gezeigt werden, daß sie für ein gesundes Wachstum und normale Körperfunktionen noch mehrere Spurenelemente brauchten. Vermutlich werden dieselben Elemente auch vom Menschen benötigt. Dazu gehören: *Zinn, Nickel, Vanadium, Chrom* und *Silicium*, die für ein gesundes Wachstum von Knochen und Bindegewebe notwendig sind. *Cobalt* ist ein wichtiger Bestandteil des Vitamins B_{12} und wird daher von den Mikroorganismen gebraucht, die dieses Vitamin synthetisieren. Einige Tiere brauchen wahrscheinlich deswegen Cobalt, weil deren Mikroorganismen im Darmtrakt es für die Vitamin-B_{12}-Synthese verwenden. Auch *Selen*, das in dem Enzym *Glutathion-Peroxidase* enthalten ist, sowie *Molybdän*, ein Teil der prosthetischen Gruppe der Enzyme *Xanthin-Oxidase* und *Aldehyd-Oxidase*, sind essentiell. Ein Zuviel an Selen ist sehr toxisch. In einigen Gegenden im Westen der Vereinigten Staaten und in Neuseeland ist Selen in größeren Mengen im Boden (und folglich auch in der Vegetation) und führt bei Pferden zum sogenannten „Blinden Taumeln" und bei Rindern zur *Alkali-Krankheit*. Kupfer, Zink, Mangan und Nickel sind in geringen Mengen essentiell, in größeren Mengen aber toxisch und stellen ein Gesundheitsrisiko für Arbeiter in Bergwerken und in der Metallindustrie dar.

Eine ausgewogene Ernährung muß abwechslungsreich sein

Die eine, absolut richtige Ernährungsweise, die für jeden alle Bedürfnisse deckt, gibt es nicht. Die 40 verschiedenen notwendigen Nahrungsbestandteile kommen in den Nahrungsmitteln in sehr verschiedenen Verhältnissen vor. Einen sinnvollen, einfachen Leitfaden für eine angemessene Ernährung erhält man, wenn man die Nahrungsmittel in vier Hauptgruppen einteilt (Tab. 26-14). Für eine ausgewogene Ernährung sollte man von jeder dieser Gruppen täglich etwas zu sich nehmen. Unter den Auswahlmöglichkeiten innerhalb jeder der Gruppen sollte täglich gewechselt werden, sollte sich nicht nur auf einen oder zwei Vertreter jeder Gruppe beschränken und die anderen verschmähen. Die beste Garantie für eine gesunde Ernährung ist eine abwechslungsreiche Kost zusammen mit der richtigen Begrenzung der Energie- und Proteinzufuhr, unter Berücksichtigung von Größe, Gewicht und dem Ausmaß an physischer Aktivität.

Die Menschen haben schon immer irrationale Vorstellungen über die Ernährung gehabt, sie haben einigen Nahrungsmitteln beinahe wundertätige Kräfte nachgesagt und andere mit strengen Tabus belegt. Die Auswahl an Nahrungsmitteln wird oft durch religiöse, kulturelle oder ethnische Bedenken eingeschränkt. Außerdem gibt es da noch den Volksmund, der uns weismachen will, daß ein bestimmtes Nahrungsmittel gut für das Gehirn sei und ein anderes wiederum gut für die Haare oder die Fruchtbarkeit. Sogar heute, mit all unseren weitentwickelten wissenschaftlichen Erkenntnissen, sind abergläubische und schrullige Vorstellungen über die Ernährung nicht nur weit verbreitet, sondern manchmal geradezu Modeerscheinungen, wie im Fall der „makrobiotischen" und der „Bio"-Kost oder der Zen-Diät. Es gibt auch verbreitete Irrtümer zum Thema Ernährung. Zum Beispiel wird Sportlern oft geraten, am Morgen vor einem Wettkampf zum Frühstück nur ein proteinreiches Steak und Eier zu sich zu nehmen. Proteine können aber nicht gespeichert werden und sind als Energiequelle weniger nützlich als Kohlenhydrate. Es wäre biochemisch sinnvoller, sich vor einem Wettkampf mit Kohlenhydraten vollzustopfen, um die Glycogenvorräte in den Muskeln und der Leber aufzufüllen, denn während der intensiven physischen Anstrengung ist Glycogen der eigentliche Brennstoff.

Die Kennzeichnungspflicht von Nahrungsmitteln ist ein Schutz für den Verbraucher

Die Verbraucherschutzgesetze fordern die Angabe von Nährstoffanalysen auf den Packungen vieler Nahrungsmittel. Zusammen mit der Preisangabe für die Gewichtseinheit gibt das dem Verbraucher die Möglichkeit zu Preisvergleichen zwischen verschiedenen Sorten der gleichen Art von Produkten. Besonders ausführlich sind diese Angaben bei Frühstücksnahrung. Tab. 26-15 zeigt die Nährwertinformation auf der Packung eines solchen Produkt, dessen Werbung hauptsächlich auf Kinder zielt. Typisch ist der große Gehalt an freiem Zucker. Beachten Sie, daß der einzige natürliche Bestandteil ge-

Tabelle 26-14 Die vier Hauptgruppen der Nahrungsmittel.
Ein Leitfaden für die Versorgung mit den notwendigen Nahrungsmitteln in den richtigen Mengen. Es ist notwendig, innerhalb jeder Hauptgruppe abzuwechseln.

Milchgruppe
  Zwei Gläser Milch oder zwei Portionen Käse, Hüttenkäse, Eiscreme oder andere Milchprodukte.

Fleischgruppe
  Zwei Portionen Fleisch, Fisch, Geflügel oder Eier; als Alternative können Erbsen, Bohnen oder Nüsse genommen werden.

Gemüse- und Obstgruppe
  Vier Portionen grünes oder gelbes Gemüse, Tomaten oder Citrusfrüchte.

Brot- und Getreidegruppe
  Vier Portionen eines Vollkornproduktes oder eines in bezug auf die fehlenden Wirkstoffe angereicherten Getreideproduktes.

Tabelle 26-15 Angaben auf der Packung einer beliebten amerikanischen Frühstücksnahrung aus Getreide.

Energie- und Mengenangaben pro Portion (30 g)

	Ohne Zusatz	Mit 1/2 Tasse Vitamin-D-angereicherter Vollmilch
Energie	486 kJ	795 kJ
Protein	2 g	6 g
Kohlenhydrate	27 g	33 g
Fett	0 g	4 g
Natrium	203 mg	270 mg

Angaben in % des täglichen Bedarfs

	Ohne Zusatz	Mit 1/2 Tasse Vollmilch
Protein	2	10
Vitamin A	25	30
Vitamin C	25	25
Thiamin	25	30
Riboflavin	25	35
Nicotinamid	25	25
Calcium	<2	15
Eisen	10	10
Vitamin D	10	25
Vitamin B_6	25	25
Folsäure	25	25
Phosphor	2	15
Magnesium	<2	4
Zink	<2	4
Kupfer	2	2

Angaben zu den Kohlenhydraten	Ohne Zusatz	Mit 1/2 Tasse Vollmilch
Stärke und verwandte Kohlenhydrate	14 g	14 g
Saccharose und andere Zucker	14 g	19 g
Gesamt-Kohlenhydrate	28 g	33 g

Bestandteile: Gemahlener Mais, Zucker, Salz, Malz-Aroma, Ascorbinsäure, Vitamin A, Palmitat, Nicotinamid, reduziertes Eisen, Pyridoxinhydrochlorid, Riboflavin, Thiaminhydrochlorid, Folsäure, Vitamin D_3 und Konservierungsmittel.

mahlener Mais ist, alle anderen Bestandteile sind Aromastoffe, Konservierungsmittel sowie einige Vitamine und Mineralstoffe. Eine Portion zu 28.4 g (1 Unze) enthält 26 g Gesamt-Kohlenhydrate, 2 g Proteine und kein Fett. Der Kohlenhydratanteil beträgt also 93%; er besteht zu gleichen Teilen aus Stärke und Zuckern. Der Gehalt an freien Zuckern beträgt demnach 47%, viel mehr als für eine gute Ernährung empfohlen wird (Abb. 26-2). Das ist wegen des Zusammenhanges zwischen Karies und Zuckerkonsum besonders für Kinder von Nachteil. Wenn Milch zugefügt wird, liefert diese 67% der Proteine und 40% der Energie dieser Mahlzeit. Das Produkt ist angereichert mit verschiedenen Vitaminen sowie mit Eisen und Zink. Außerdem ist der Natriumgehalt angegeben, beachtenswert vor allem für Personen mit Bluthochdruck.

Der Zucker in einem solchen zuckerreichen Frühstück ist sehr teuer. Im November 1981 wurde das in Tab. 26-15 beschriebene Produkt zu 2.03 Dollar je Pfund verkauft. 1 Pfund einfacher Tafelzucker kostete zu dieser Zeit 0.34 Dollar. Der Zuckeranteil dieser Packung hatte also lediglich einen Wert von 16 Cents.

Aufgaben

1. *Die Bedeutung der empfohlenen täglichen Mengen.* Warum werden in den USA von der Kommission für Ernährung tägliche Dosen festgesetzt (Tab. 26-2), die nicht identisch mit den täglichen Minimaldosen sind?

2. *Das durch Glucose bzw. Fettsäuren gebildete ATP.* Berechnen Sie, wieviel mol ATP pro Gramm Glucose und pro Gramm Palmitinsäure unter Standardbedingungen durch die oxidative Phosphorylierung gebildet werden. Vergleichen Sie ihre Ergebnisse mit den Wärmemengen, die bei der Verbrennung von einem Gramm Glucose und einem Gramm Palmitinsäure in einem Kalorimeter freigesetzt werden (Tab. 26-5).

3. *Der Gewichtsverlust beim Fasten.* Kurz nach Beginn einer Gewichtssturz-Diät kommt es zu einem anfänglichen Gewichtsverlust, der hauptsächlich auf dem Verlust von Körperwasser beruht. Warum? Bei fortgesetztem Fasten ist der tägliche Gewichtsverlust geringer als in der Anfangsphase. Können Sie das erklären?

4. *Nahrungsmittel, die eine Fettleibigkeit begünstigen.* Eine Energiezufuhr, die über lange Zeit höher ist als der tatsächliche Bedarf, führt zu Fettleibigkeit. Welche Art der Ernährung führt mit größerer Wahrscheinlichkeit zu einem Überkonsum und zu Fettleibigkeit, eine zuckerreiche oder eine fettreiche? Geben Sie ihre Gründe dafür an.

5. *Der Brennwert von Nahrungsstoffen.* Eine 9.5-g-Probe Kleieflocken wird in einem Kalorimeter vollständig zu CO_2 und H_2O oxidiert. Die Temperatur der 2 500 g Wasser in der Ummantelung steigt von 15 auf 27 °C.
   (a) Berechnen Sie den Energiegehalt der Kleieflocken in kJ/g.
   (b) Angenommen die Kleieflocken enthielten zu Beginn 25% Feuchtigkeit, wie groß ist dann der Brennwert der festen Bestandteile der Flocken?
   (c) Folgern Sie aus diesen Werten und mit Hilfe anderer Überlegungen, ob die Kleieflocken hauptsächlich aus Kohlenhy-

draten, Proteinen oder Fett bestehen. Begründen Sie Ihre Antwort.

(d) Wird im menschlichen Körper aus den Kleieflocken die gleiche Energiemenge freigesetzt wie im Kalorimeter? Wenn nicht, warum nicht?

6. *Das Energiegleichgewicht.* Eine Studentin stellt fest, daß sie im Laufe des vergangenen Jahres zugenommen hat. Sie nimmt täglich 10 000 kJ zu sich. Nach einer Tabelle, in der Größe, Körperbau und Alter berücksichtigt werden, hat sie 20 % Übergewicht. Die tägliche Energiezufuhr, mit der ein normales Gewicht eingehalten werden könnte, beträgt 8800 kJ. Schlagen Sie nach den Angaben in diesem Kapitel sechs verschiedene Nahrungsmittel und deren Mengen vor, die sie täglich weglassen könnte, um ihr Gewicht auf der „normalen" Höhe zu halten.

7. *Das Stickstoffgleichgewicht und der Proteingehalt der Nahrung.* Ein gesunder Jugendlicher, dessen Verpflegung ein ausgewogenes Angebot an essentiellen Aminosäuren enthält, zeigt eine positive Stickstoffbilanz, d. h., die täglich aufgenommene Stickstoffmenge ist größer als die ausgeschiedene Menge. Im Gegensatz dazu hat ein Erwachsener, in dessen Verpflegung eine essentielle Aminosäure in zu geringer Menge vorliegt, eine negative Stickstoffbilanz, d. h. die täglich aufgenommene Stickstoffmenge ist kleiner als die ausgeschiedene. Geben Sie hierfür eine Erklärung.

8. *Die experimentelle Bestimmung des Aminosäurebedarfs.* Beschreiben Sie die Versuchsanordnung zur Bestimmung des täglichen Minimalbedarfs der Albinoratte an der Aminosäure Phenylalanin.

9. *Der anfängliche Gewichtsverlust bei der Behandlung von Kwashiorkor.* Kleinkinder, die an Kwashiorkor leiden, nehmen nach Beginn einer ausreichenden Ernährung zunächst ab. Erklären Sie dieses Phänomen.

10. *Ernährung und Nierenerkrankung.* Patienten mit begrenzter Nierenfunktion sind nicht in der Lage, Abfallprodukte mit der nötigen Geschwindigkeit auszuscheiden. Sie müssen sich in regelmäßigen Abständen einer Blutdialyse unterziehen. Dabei wird das Blut durch eine Membran dialysiert, um Abfallprodukte, wie Harnstoff und Harnsäure zu entfernen. Außerdem müssen sie eine Diät einhalten, bei der Art und Menge der Proteine kontrolliert werden. Geben Sie hierfür eine Erklärung. Welche Protein-Quelle wäre bei einer solchen begrenzenden Diät für den Patienten die bessere, Eier oder Getreide? Warum?

11. *Der Vitamin-B_6-Bedarf und die Zusammensetzung der Nahrung.* Der Vitamin-B_6-Bedarf steigt mit dem Proteingehalt der Nahrung. Geben Sie eine mögliche Erklärung dafür.

12. *Untersuchungen über die Ernährung werden durch die Darmflora beeinträchtigt.* Eine der Komplikationen bei Untersuchungen über die Ernährung des Menschen ist die Unsicherheit, welche Auswirkungen die Test-Diät auf die Darmbakterien hat. Warum muß man darauf achten?

13. *Der Bedarf an einem bestimmten Nahrungsmittel.* Manche Leute halten an der Meinung fest, daß Milch ein vollkommenes Nahrungsmittel sei und für eine richtige Ernährung auf den Speisezettel aller Menschen gehöre. Ist diese Behauptung richtig? Geben Sie die biochemischen Grundlagen für die Beantwortung dieser Frage an.

14. *Bergsteigerverpflegung.* Stellen Sie sich vor, Sie müßten die Nahrungsvorräte zusammenstellen, die von Bergsteigern bei einem 48stündigen Aufstieg im Himalaya mitgeführt werden sollen.
    (a) Nach welchen Gesichtspunkten muß ihrer Meinung nach die Verpflegung für diesen Zweck ausgesucht werden?
    (b) Welche Arten von Nahrungsmitteln würden Sie auswählen?
    (c) Welche Nahrungsmittel würden Sie nicht für notwendig halten?
    (d) Welche Vitamine und Mineralstoffe würden Sie hinzufügen? Begründen Sie Ihre Antwort.

15. *Alkohol als Vorstufe für Fette und Kohlenhydrate.* Alkohol läßt sich leicht zu Triacylglycerinen umsetzen, kann aber nicht in Glucose oder Glycogen umgewandelt werden. Warum nicht?

16. *Der Energiegehalt von Bier.* Ein Student hat sein Körpergewicht bei einer Gesamtenergiezufuhr von 12 100 kJ/d konstant gehalten und nimmt nun die Gewohnheit an, zusätzlich jeden Tag eine 0.33-*l*-Dose Bier zu trinken. Wieviel zusätzliches Körperfett sammelt sich in 3 Jahren an, wenn alle anderen Faktoren (wie z. B. sportliche Betätigung) gleich bleiben? (Die tatsächliche Gewichtszunahme wird größer sein, da die Ablagerung von Fett im Fettgewebe eine Volumenzunahme von Blut und extrazellulärer Flüssigkeit erfordert).

17. *Fleisch als Energiequelle.* In einzelnen Teilen der Welt mit den entsprechenden natürlichen Ressourcen wird Fleisch in großen Mengen gegessen, oft zu allen Mahlzeiten. Wenn der Fleischkonsum den Energiebedarf übersteigt, kommt es auch bei Fleischessern zu Fettleibigkeit.
    (a) Über welche Stoffwechselwege kann das proteinreiche Fleisch zur Ablagerung von Triacylglycerinen führen?
    (b) Welche anderen Stoffwechseländerungen hat eine solche Verpflegung zur Folge?

Teil IV

Die molekulare Weitergabe der genetischen Information

Nucleotidsequenz des DNA-Chromosoms des kleinen Phagen ΦX174 nach Untersuchungen, die Frederick Sanger und seine Mitarbeiter 1977 in Cambridge, England durchgeführt haben. Der Abschluß dieser Arbeiten bezeichnete den Beginn eines neuen Zeitalters der genetischen Biochemie. Sanger, der hierfür seinen zweiten Nobelpreis erhielt, hatte 25 Jahre vorher als erster die vollständige Aminosäuresequenz eines Proteins, nämlich des Insulins, ermittelt. Die hier abgebildete Sequenz stellte sich später als unvollständig heraus, 11 weitere Nucleotide wurden gefunden, womit sich ihre Anzahl auf 5386 erhöhte.
Ein wichtiges Nebenergebnis dieser Arbeit war die Entdeckung von überlappenden Genen und von „Genen in Genen". Sie wurden durch Vergleich der Basensequenz des ΦX174-Chromosoms mit den Aminosäuresequenzen der codierten Proteine gefunden. Die ΦX174-DNA enthält neun Gene, die mit A bis J bezeichnet sind. Ihre Start- und End-Codons sind eingerahmt. Beachten Sie, daß Gen E innerhalb von Gen D liegt. Die schattierten Einrahmungen bezeichnen die Ribosomenerkennungsstellen.

Im letzten Teil dieses Buches wollen wir biochemische Fragen betrachten, die sich aus der genetischen Kontinuität und der Evolution lebender Organismen ergeben. In welchen Molekülen ist das genetische Material verankert? Wie kann genetische Information mit einem solchen Ausmaß an Zuverlässigkeit weitergegeben werden und wie wird sie in die Aminosäuresequenz der Proteinmoleküle übersetzt?

Die in neuerer Zeit gewonnenen biochemischen Erkenntnisse über Struktur und Funktion von Genen haben in der Biologie zu einer Art intellektueller Revolution geführt, ähnlich wie vor hundert Jahren Darwins Theorie über die Entstehung der Arten. Hiervon ist praktisch jeder Teilbereich der Biologie und Medizin grundlegend betroffen. Die biochemische Genetik hat tiefgreifende neue Einblicke in einige zentrale Fragen der Struktur und Funktionen von Zellen ermöglicht.

Das heutige Wissen über die molekularen Aspekte der Genetik entstammt dem Zusammenwirken dreier Disziplinen: der *Genetik*, der *Biochemie* und der *Molekularphysik*. Beiträge dieser drei Disziplinen lieferten Erkenntnisse, die zu einem neuen Zeitalter in der Biochemie geführt haben. Im Jahre 1953 postulierten James Watson und Francis Crick die Doppelhelix-Struktur der DNA. Ihre Hypothese führte nicht nur zur Aufklärung der DNA-Struktur, sondern sie erklärt auch, wie die DNA identisch repliziert werden kann. Hieraus leitet sich das *zentrale Dogma* der Molekulargenetik ab (s. Abb.), das die drei Hauptschritte der Übertragung genetischer Information definiert. Der erste ist die *Replikation*, das Kopieren von Eltern-DNA unter Bildung von Tochter-DNA-Molekülen mit Nucleotidsequenzen, die mit denen der Eltern-DNA identisch sind. Der zweite Schritt ist die *Transkription*, der Prozeß, bei dem Teile der genetischen Information der DNA in die Ribonucleinsäure (RNA) umgeschrieben werden. Der dritte Schritt ist die *Translation*, in dem die in der RNA codierte genetische Information mit Hilfe der Ribosomen in das 20-Buchstaben-Alphabet der Proteinstruktur übersetzt wird.

In den folgenden Kapiteln werden wir diese drei Schritte näher untersuchen. Dabei begegnet uns zum ersten Mal das Konzept der Speicherung und Übertragung von molekularer Information. Zunächst einmal wollen wir Beschaffenheit, Größe und Konformation der funktionellen Einheiten des genetischen Materials von Zellen und Viren untersuchen, nämlich die Chromosomen und Gene. Danach wollen wir die Reaktionswege und Mechanismen der außerordentlich komplexen Enzymsysteme betrachten, die für die Replikation und Transkription der DNA verantwortlich sind. Dabei werden wir sehen, daß für die Biosynthese der informationstragenden DNA- und RNA-Moleküle Dutzende von verschiedenen Enzymen und spezialisierten Proteinen erforderlich sind, während für die Herstellung nicht-informativer Makromoleküle, wie Glycogen, nur einige wenige Enzyme benötigt werden. Im Anschluß daran wollen wir den Mechanismus der Proteinbiosynthese untersuchen, den komplexesten aller bekannten biosynthetischen Reaktionswege, an dem reichlich 200 verschiedene Enzyme und andere Makromoleküle beteiligt sind. Sie alle werden für die Entzifferung des Codes und seine Übersetzung in die Proteinstruktur gebraucht.

Im letzten Kapitel werden wir dann sehen, daß Chromosomen und Gene keine völlig unveränderlichen Strukturen sind. Sie können Mutationen erleiden, die entweder einen schweren Defekt in der biologischen Funktion eines Proteins bewirken können oder aber auch die Entstehung eines neuen, möglicherweise höherwertigen Proteins. Zwischen Genen oder ganzen Gruppen von Genen kommt es oft zu Austauschen und Rekombinationen, was eine ganze Serie von Merkmalsänderungen bei den Nachkommen bewirken kann. Außerdem werden oft Stücke von Genen ausgetauscht und rekombiniert. Auf diesem Wege wird auch das hochwirksame Immunsystem ermöglicht, das die Wirbeltiere vor dem Eindringen von Mikroben schützt und dazu beiträgt, die Identität der Arten zu erhalten.

Unser Wissen in diesem Bereich der Biochemie wächst mit verwirrender Geschwindigkeit. Kaum ein Monat vergeht ohne wesentliche Entdeckungen. Auf das „Knacken" des genetischen Codes in den frühen 60er Jahren folgte eine schier endlose Reihe von spektakulären Entdeckungen. Zu ihnen gehört die Bestimmung der Nucleotidsequenzen vieler Gene, die Synthese ganzer Gene, das Aufspleißen von Gene zu neuen Kombinationen, der Einbau von Genen in Zellen anderer Arten und die Verwendung solchermaßen genetisch veränderter „Produktions"-Zellen zur Herstellung vieler neuer Proteine für vielfältige Verwendungszwecke. Es hat in der Tat ein neues Zeitalter der genetischen Biochemie begonnen, ein Zeitalter, das in den kommenden Jahren sicherlich viele Bereiche menschlicher Gesundheit und menschlicher Fortschritte beeinflussen wird.

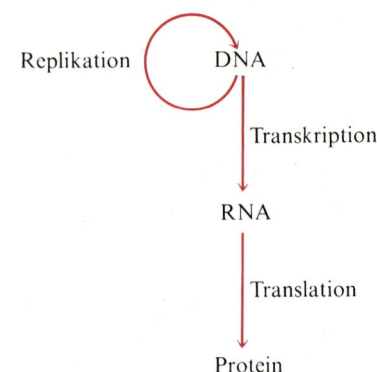

Das zentrale Dogma der Molekulargenetik. Dargestellt ist der Fluß der genetischen Information über die drei grundlegenden Vorgänge: Replikation, Transkription und Translation. Später werden wir sehen, daß das zentrale Dogma modifiziert werden mußte.

Kapitel 27

DNA: Die Struktur von Chromosomen und Genen

Bevor wir unsere Untersuchungen über die DNA als dem Speicher der genetischen Information beginnen, wollen wir uns noch einmal ins Gedächtnis rufen, was Information eigentlich ist. Wir haben bereits gesehen, daß sie soviel wie Ordnung bedeutet und somit einen Gegensatz darstellt zur Entropie, die soviel wie Mangel an Ordnung und statistische Verteilung bedeutet (Kasten 14-1, S. 402). Die Information ist auch als aktive Entropie bezeichnet worden. Wir sehen daraus, daß es eine Beziehung zwischen Information und Entropie gibt, der jedoch ziemlich komplexe Überlegungen in bezug auf Wahrscheinlichkeit und Statistik zugrundeliegen.

Heute, im Zeitalter der elektronischen Rechner, wissen wir alle, wieviel Arbeit durch Speichern, Verarbeiten und Wiederabrufen von Information gespart werden kann. In der digitalen Sprache der Computer bezeichnet man die Informationseinheit als *bit* (Abkürzung von „binary digit"). Ein bit stellt die Menge an Information dar, die benötigt wird, um eine Entscheidung zwischen zwei Möglichkeiten zu treffen. Die Information, die nötig ist, um zwei aufeinanderfolgende Entscheidungen zwischen jeweils zwei Möglichkeiten zu treffen, ist in zwei bit enthalten; demnach hätte die Information, die erforderlich ist, um eine von 16 Karten durch eine Folge binärer Entscheidungen richtig auszuwählen, vier bit. Auf diese Weise kann der digitale Computer Informationen in eine Reihe von binären Entscheidungsmöglichkeiten umwandeln und damit z. B. Inventur machen, Gehaltslisten anfertigen und sogar Symphonien aufzeichnen.

Aber die Menge und Art der Information, die in einer einzigen menschlichen Zelle enthalten ist, übersteigt noch bei weitem die heutigen Programmierungsmöglichkeiten digitaler Computer und auch die Fähigkeit des Biochemikers, Fakten und logische Bezüge in eine digitalisierbare Form zu bringen. Die 20 Aminosäuren, aus denen alle Proteine bestehen, sind nicht einfach 20 Codierungseinheiten, denn ein und dieselbe Aminosäure kann in einem Protein verschiedene Bedeutungen haben. Die Bedeutung von Serin z. B. kann entweder darin liegen, daß es eine polare Hydroxylgruppe liefert, daß es eine Wasserstoffbindung eingehen kann, daß es eine essentielle Gruppe im aktiven Zentrum eines Enzyms bildet (wie in Trypsin) oder eine essentielle Gruppe in einem Regulationszentrum (wie in

Glycogen-Phosphorylase) oder, daß es als Träger von Phosphatgruppen dient (wie im Milchprotein Casein). Die Umwandlung der Vier-Einheiten-Sprache der DNA und der 20-Einheiten-Sprache der Proteine (wobei die Einheiten mehrere Bedeutungen haben können) in die digitale Sprache ist bisher nicht möglich.

Um uns die immense Informationsmenge, die in der DNA enthalten ist, anschaulich vor Augen zu führen, kehren wir der Einfachheit halber zurück zur Basensequenz des kleinen Virus ΦX174 (S. 866), die aus 5386 Basenpaaren besteht. Sie füllt in kleiner Druckschrift eine Seite. Die Basensequenz des *E.-coli*-Chromosoms, das 4 Millionen Basenpaare enthält, würde gedruckt etwa 740 Seiten dieses Buches füllen. Die vollständige Basensequenz der 46 Chromosomen einer menschlichen Zelle würde, in ähnlicher Weise gedruckt, 820 000 Seiten füllen, das entspricht 820 Bänden von der Größe dieses Buches. Aber dieser ganze Text wäre nutzlos ohne die vollständige Kenntnis der Codierungs- und Programmierungs-Prinzipien, die in der Transkription, Translation und der Regulation der Genexpression enthalten sind und die weitere Bände mit zusätzlicher Information füllen würden.

Lassen Sie uns nun damit beginnen, die Struktur der DNA zu untersuchen, sowie die Beweise dafür, daß sie genetische Information speichert, und die Beschaffenheit der übergeordneten funktionellen Einheiten des genetischen Materials, der Chromosomen und Gene.

DNA und RNA üben verschiedene Funktionen aus

Lassen Sie uns zur Orientierung zunächst kurz die Beschaffenheit, Funktion und intrazelluläre Lokalisation der Hauptformen der Nucleinsäuren betrachten. DNA-Moleküle sind extrem lang, sie bestehen aus vielen Tausenden von Desoxyribonucleotiden. Es gibt vier Arten von Nucleotiden, die in einer für den jeweiligen Organismus charakteristischen Sequenz miteinander verknüpft sind. DNA-Moleküle sind normalerweise doppelsträngig. Das Chromosom prokaryotischer Zellen besteht aus einem einzelnen langen DNA-Molekül, das fest gebündelt ist zu einer *nuclearen Zone* bzw. einem *Nucleoid*. Erinnern Sie sich: bei Prokaryoten ist das genetische Material nicht von einer Membran umgeben (S. 20). Eukaryotische Zellen enthalten zahlreiche DNA-Moleküle, von denen normalerweise jedes einzelne viel größer ist als das DNA-Molekül der Prokaryoten. Die DNA-Moleküle der Eukaryoten sind zusammen mit Porteinen zu *Chromatin*-Fasern angeordnet. Diese befinden sich im Zellkern, der von einem komplexen Doppelmembransystem umgeben ist. Die Funktion der DNA ist die Speicherung der gesamten genetischen Information, die notwendig ist, um die Spezifität der Strukturen aller Proteine und RNAs bei allen Arten von Organismen zu gewährleisten, den geordneten Ablauf der Biosynthese von Zell- und

Gewebskomponenten zeitlich und räumlich zu programmieren, alle Aktivitäten eines Organismus während seines ganzen Lebens festzulegen und auch die Individualität eines bestimmten Organismus zu determinieren.

Viren (S. 43) enthalten ebenfalls Nucleinsäuren als genetisches Material, bei einigen ist es DNA und bei einigen RNA (Tab. 27-1). Virus-Nucleinsäuren, die im Vergleich zu den DNAs der Bakterien ziemlich klein sind, codieren für die in Viruspartikeln gefundenen Proteine und außerdem für bestimmte Enzyme, die für die Replikation der Viren in der Wirtszelle erforderlich sind.

Ribonucleinsäuren bestehen aus langen *Ribonucleotid*-Strängen. Obwohl sie viel kürzer sind als die DNA-Moleküle, ist ihr Gehalt in den meisten Zellen viel größer. Sowohl in Prokaryoten als auch in Eukaryoten gibt es drei Hauptklassen von RNA: die *Messenger-RNA* (mRNA), die *ribosomale RNA* (rRNA) und die *Transfer-RNA* (tRNA). Sie bestehen alle aus jeweils einem Ribonucleotid-Einzelstrang, unterscheiden sich aber in ihrer relativen Molekülmasse, Nucleotidsequenz und biologischen Funktion (Tab. 27-2). *Messenger-RNA* dient als Matrize, die von den Ribosomen zur Übersetzung der genetischen Information in die Aminosäuresequenz der Proteine verwendet wird. Die Nucleotidsequenz der mRNA ist komplementär zur genetischen Information in einem spezifischen Abschnitt des Matrizenstranges der DNA. Eine einzige Eukaryotenzelle kann mehr als 10^4 verschiedene mRNA-Moleküle enthalten, von denen jedes für eine oder mehrere verschiedene Polypeptidketten codiert.

Transfer-RNAs bestehen ebenfalls aus einem einzelnen Ribonucleotid-Strang, besitzen aber eine stark gefaltete Konformation. Sie bestehen aus 70–95 Ribonucleotiden, entsprechend einer relativen Molekülmasse von 23 000–30 000. Jeder der 20 Aminosäuren ist eine oder mehrere tRNAs zugeordnet, die die Aminosäure binden, sie zum Ribosom tragen und für sie bei der Übersetzung der Code-Worte in die Aminosäuresequenz als Adaptor dienen. Jede tRNA

Tabelle 27-1 Einige bekannte Viren.

Bakterielle Viren (Bakteriophagen)*
  Mit DNA als Chromosomen
    ΦX174
    λ (Lambda)
    T2
    T4
  Mit RNA als Chromosomen
    f2
    MS2
    R17
    Qβ

Tierische Viren
  DNA-haltig
    Simianvirus 40 (SV40)
    Mäuse-Polyomavirus
    Kaninchen-Papillomavirus
    Herpes-simplex-Virus (human)
    Adenovirus (human)
  RNA-haltig
    Rous-Sarcomavirus (Geflügel)
    Poliomyelitisvirus
    Influenzavirus
    Reovirus (human)

Pflanzliche Viren (RNA-haltig)
  Tabak-Mosaikvirus
  Tomatenzwergbusch-Virus

* Alle aufgeführten Bakteriophagen leben auf *E.coli* als Wirtsorganismus.

Tabelle 27-2 Eigenschaften von *E.coli*-RNAs.

RNA-Klasse	S-Wert*	Relative Molekülmasse	Anzahl der Nucleotidreste	Anteil an der Gesamt-RNA in %
mRNA	6–25	25 000–1 000 000	75–300	≈2
tRNA	≈4	23 000– 30 000	73– 93	16
rRNA	5	≈35 000	≈100	
	16	≈550 000	≈1500	82
	23	≈1 100 000	≈3100	

* S, die Svedberg-Einheit, bezeichnet die Sedimentationsgeschwindigkeit eines Makromoleküls in einem Zentrifugationsfeld und ist abhängig von der Molekülgröße. Die Einheit wurde nach dem Schweden The Svedberg benannt, dem Erfinder der Ultrazentrifuge.

enthält eine spezifische Trinucleotidsequenz, die als ihr *Anticodon* bezeichnet wird. Diese ist komplementär zu einer entsprechenden Trinucleotidsequenz in der mRNA, dem *Codon*, das für eine spezifische Aminosäure codiert.

Ribosomale RNAs (rRNAs) sind die Hauptbestandteile der Ribosomen und machen bis zu 65 % ihrer molaren Masse aus. In Prokaryoten gibt es drei Arten von rRNA (Tab. 27-2), die Ribosomen von Eukaryoten dagegen enthalten vier Arten, wie wir in Kapitel 29 sehen werden. Ribosomale RNAs spielen eine wichtige Rolle für die Struktur und biosynthetische Funktion der Ribosomen.

Bei Eukaryoten gibt es zwei weitere Arten von RNAs: *heterogene nucleare RNAs* (hnRNAs), das sind nucleare Vorstufen von mRNAs, und *kleine nucleare RNAs* (snRNAs), die an der Molekularreifung (processing) der RNA beteiligt sind.

Lassen Sie uns nun die Nucleinsäurestruktur genauer betrachten. Wir beginnen mit ihren Bausteinen, den *Nucleotiden*.

Die Nucleotid-Einheiten von DNA und RNA enthalten charakteristische Basen und Pentosen

Wir erinnern uns von Kapitel 3 her, daß Nucleotide aus drei charakteristischen Komponenten bestehen: (1) einer stickstoffhaltigen Base, (2) einer Pentose und (3) Phosphorsäure. Wie Abb. 27-1 zeigt, sind sie in der Weise verknüpft, daß die Base in einer *N*-glycosidischen Bindung kovalent an das Kohlenstoffatom 1' der Pentose gebunden und die Phosphorsäure mit dem Kohlenstoffatom 5' verestert ist. Die Stickstoffbasen sind Derivate zweier heterocyclischer Grundkörper, der *Pyrimidine* und *Purine* (Abb. 27-2). DNA enthält hauptsächlich die beiden Pyrimidinbasen *Cytosin* (C) und *Thymin* (T) und die beiden Purinbasen *Adenin* (A) und *Guanin* (G). RNAs enthalten ebenfalls hauptsächlich zwei Pyrimidine, *Cytosin* (C) und *Uracil* (U), und die zwei Purine *Adenin* (A) und *Guanin* (G). Der einzige wichtige Unterschied zwischen den Basen von DNA und RNA ist der, daß Thymin in den DNAs häufig ist, in den RNAs dagegen nicht; umgekehrt ist Uracil häufig in RNAs, aber nicht in DNAs. Pyrimidine und Purine sind fast planare Moleküle, die in Wasser ziemlich unlöslich sind (Abb. 27-3).

In Nucleinsäuren werden zwei Arten von Pentosen gefunden. Die periodisch sich wiederholenden Desoxyribonucleotid-Einheiten der DNA enthalten *2'-Desoxy-D-ribose*, die Ribonucleotid-Einheiten der RNA D-*Ribose*. Beide Pentosen kommen in den Nucleotiden in der β-Furanose-Form vor.

Abb. 27-4 zeigt die Strukturformeln der vier häufigsten *Desoxyribonucleotide* (Desoxyribonucleosid-5'-monophosphate), die als strukturelle Codierungseinheiten der DNAs fungieren, sowie die der vier häufigsten *Ribonucleotide* (Ribonucleosid-5'-monophosphate), der Codierungseinheiten der RNAs. Die genetische Information ist in

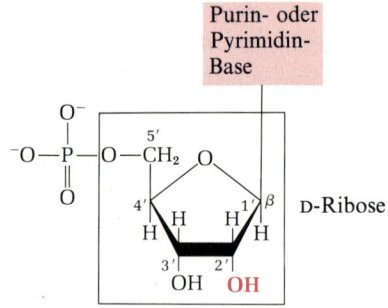

Abbildung 27-1
Die allgemeine Struktur der Nucleotide. Dargestellt ist ein Ribonucleotid. Bei Desoxyribonucleotiden ist die farbig gedruckte OH-Gruppe durch ein H ersetzt. Die Kohlenstoffatome der Pentose sind mit 1', 2', usw. bezeichnet, um sie von der Bezifferung der Basen-Atome zu unterscheiden.

	DNA	RNA
Purine	Adenin Guanin	Adenin Guanin
Pyrimidine	Cytosin Thymin	Cytosin Uracil

Abbildung 27-2
Die häufigsten Pyrimidin- und Purin-Basen der DNA und RNA.

Abbildung 27-3
Strukturformeln der Grundkörper Pyrimidin und Purin sowie der häufigsten Pyrimidin- und Purinbasen der Nucleinsäuren.

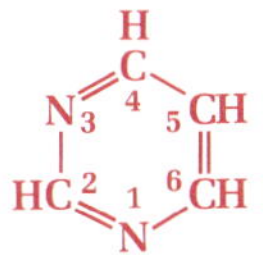

Pyrimidin, der Grundkörper der Pyrimidin-Basen

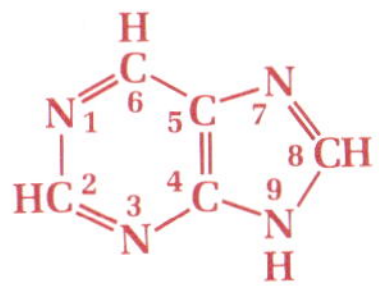

Purin, der Grundkörper der Purinbasen

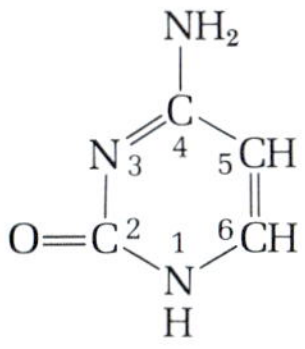

Cytosin

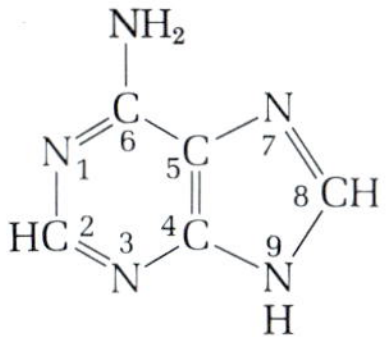

Adenin

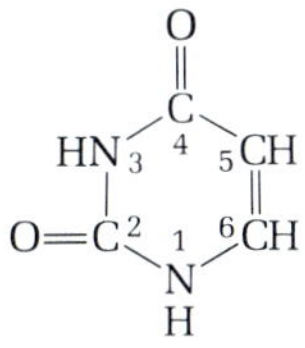

Uracil

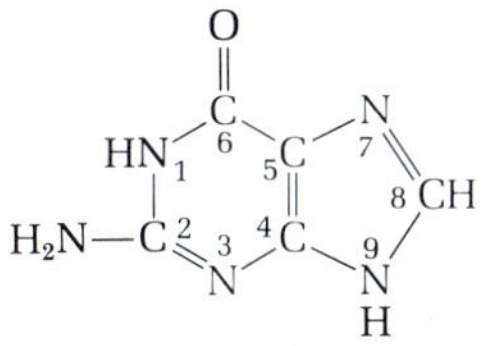

Guanin

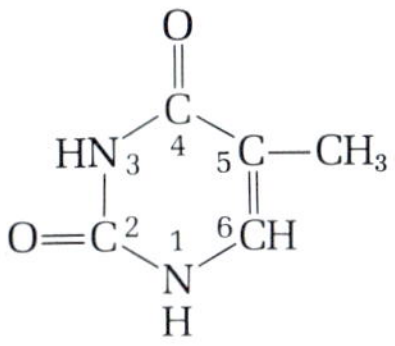

Thymin

spezifischen, langen Sequenzen der Basen A, T, G und C codifiziert. Außer diesen vier Hauptbasen enthält die DNA auch einige seltene Basen. Im allgemeinen sind die seltenen Basen methylierte Formen der Hauptbasen, in einigen Virus-DNAs können einzelne Basen aber auch hydroxymethyliert oder glucosyliert sein. Solche veränderten oder seltenen Basen in den DNA-Molekülen stellen in vielen Fällen spezifische Signale dar, die eine wichtige Rolle für die Programmierung oder den Schutz der genetischen Information spielen. Die seltenen Basen werden auch in RNAs, besonders in tRNAs gefunden.

Phosphodiester-Bindungen verknüpfen die aufeinanderfolgenden Nucleotide der Nucleinsäuren

Die aufeinanderfolgenden Nucleotide sowohl der DNA als auch der RNA sind durch Phosphat-„Brücken" kovalent miteinander verbunden. Die 5'-Hydroxylgruppe der Pentose der einen Nucleotideinheit ist durch eine *Phosphodiester-Bindung* (Abb. 27-5) an die 3'-Hy-

874 Teil IV Die molekulare Weitergabe der genetischen Information

(a)

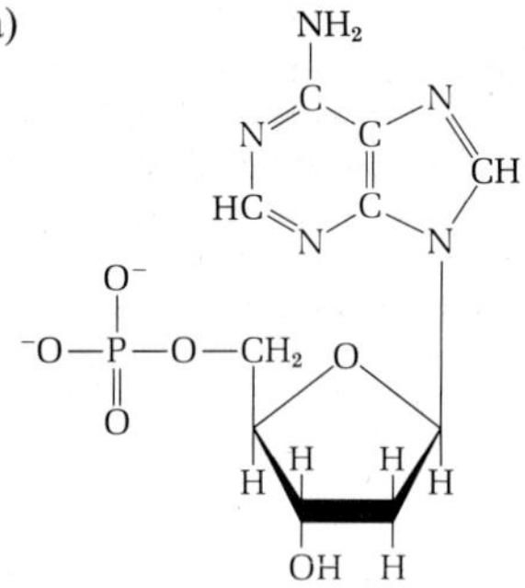

Desoxyadenylat, Desoxyadenosin-5'-monophosphat
Abkürzung: A, dAMP

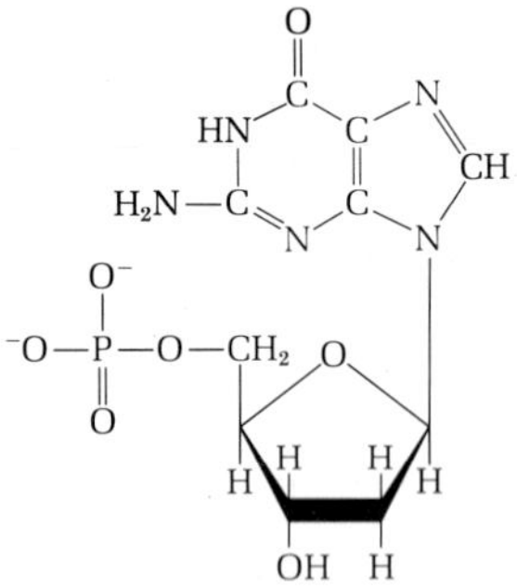

Desoxyguanylat, Desoxyguanosin-5'-monophosphat
Abkürzung: G, dGMP

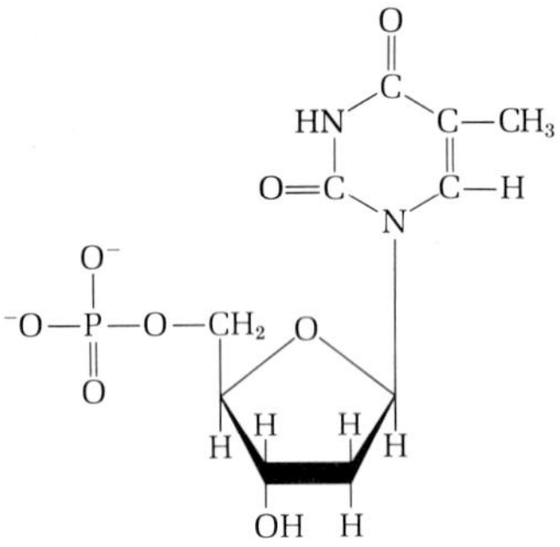

Desoxythymidylat, Desoxythymidin-5'-monophosphat
Abkürzung: T, dTMP

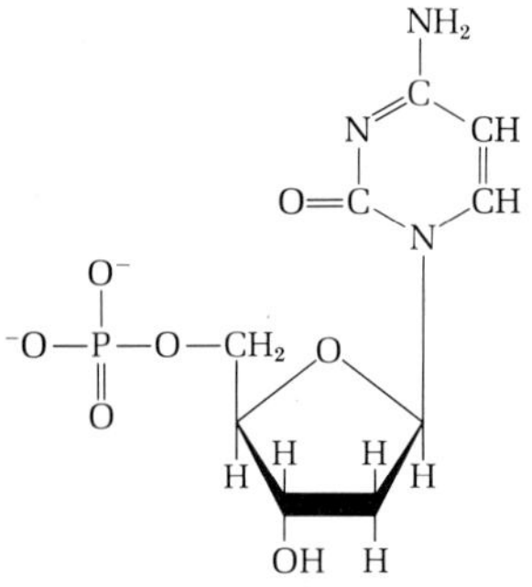

Desoxycytidylat, Desoxycytidin-5'-monophosphat
Abkürzung: C, dCMP

(b)

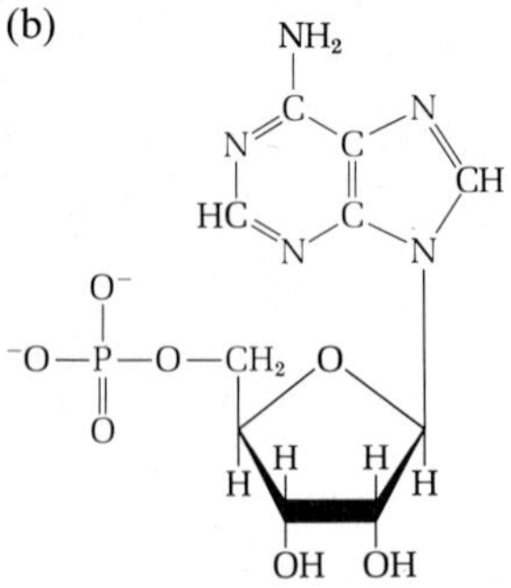

Adenylat, Adenosin-5'-monophosphat
Abkürzung: A, AMP

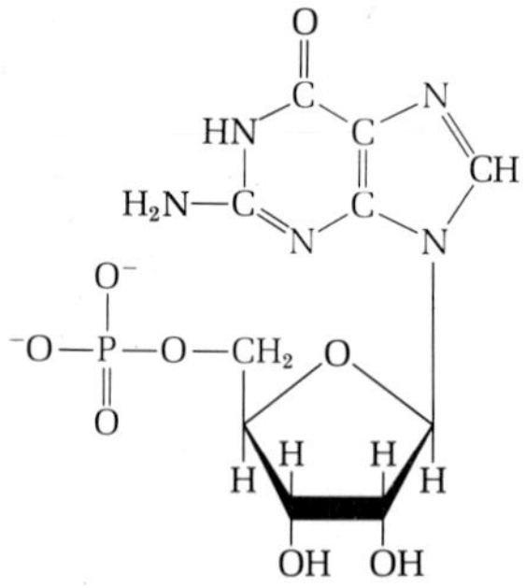

Guanylat, Guanosin-5'-monophosphat
Abkürzung: G, GMP

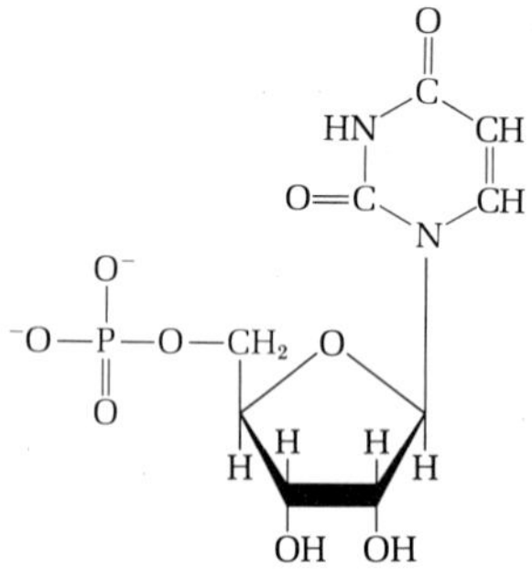

Uridylat, Uridin-5'-monophosphat
Abkürzung: U, UMP

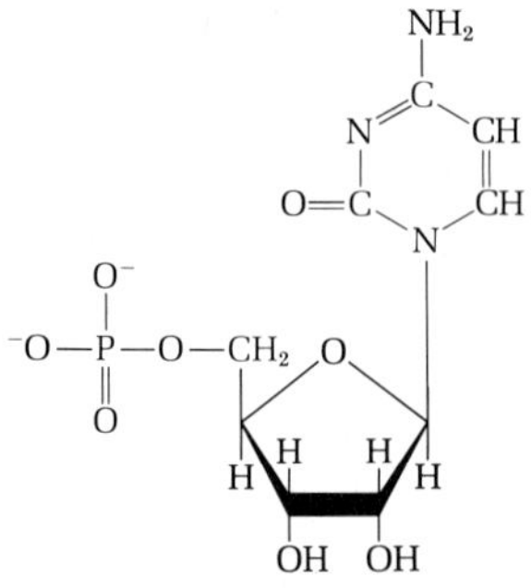

Cytidylat, Cytidin-5'-monophosphat
Abkürzung: C, CMP

Abbildung 27-4
(a) Die Desoxyribonucleotid-Einheiten der DNA in freier Form bei pH 7. Als Bestandteile der DNA-Kette werden sie im allgemeinen mit A, G, T und C bezeichnet (seltener mit dA, dG, dT und dC). dAMP, dGMP, dTMP und cCMP sind die Abkürzungen für die freien Formen.
(b) Die Ribonucleotid-Einheiten der RNA. Die Abkürzungen beinhalten in allen Fällen, daß sich die Phosphatgruppe in der Position 5' befindet.

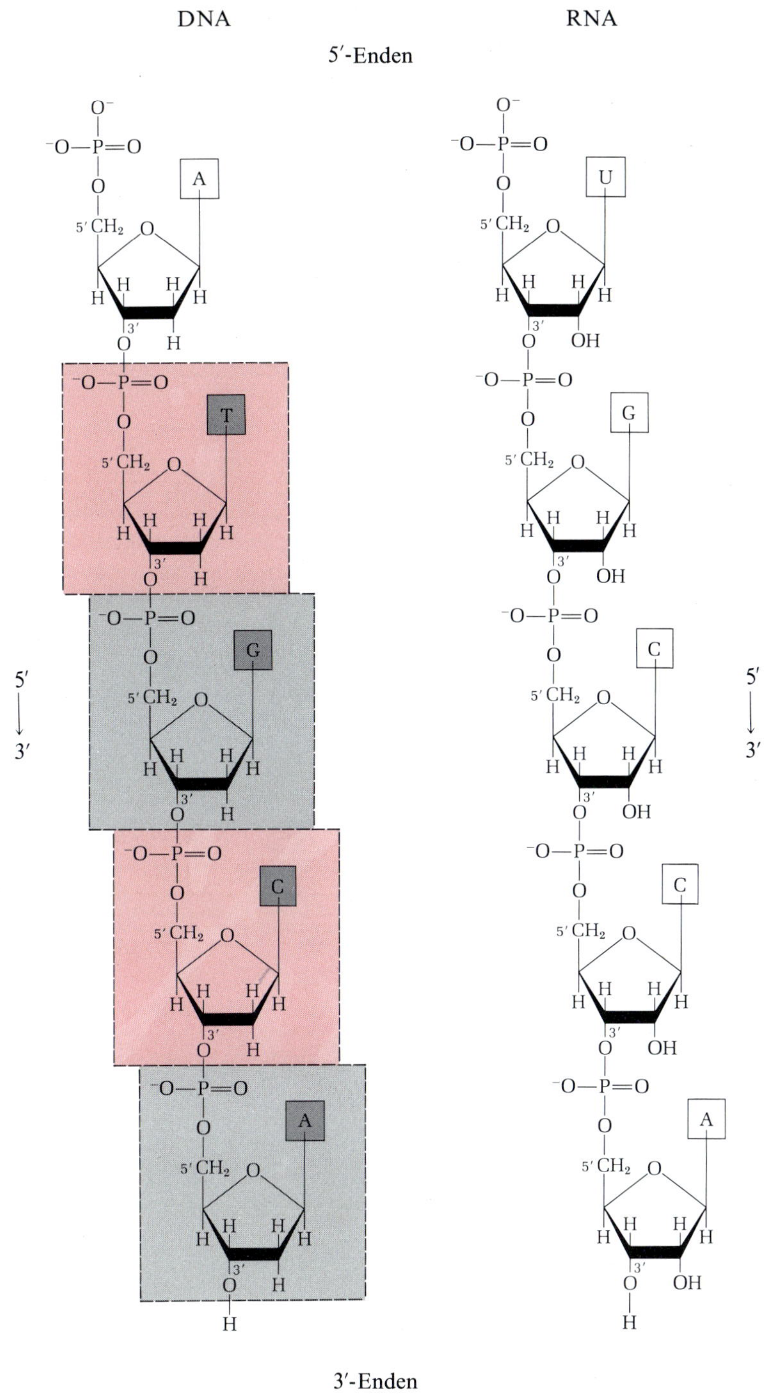

Kapitel 27 DNA: Die Struktur von Chromosomen und Genen   875

DNA   RNA
5'-Enden

Abbildung 27-5
Das kovalent gebundene Rückgrat von DNA und RNA. Die aufeinanderfolgenden Nucleotid-Einheiten (bei der DNA schattiert dargestellt) sind durch Phosphodiester-Brücken miteinander verbunden. Beachten Sie, daß das Rückgrat aus alternierenden Pentose- und Phosphatgruppen bei DNA und RNA ausgeprägt polar ist, während die Basen unpolar und hydrophob sind.

3'-Enden

droxylgruppe der Pentose des nächsten Nucleotids geknüpft. Auf diese Weise bilden die alternierenden Phosphat- und Pentosegruppen ein kovalent gebundenes Rückgrat, während die Basen als seitliche Verzweigungen angesehen werden können, die in regelmäßigen Abständen am Rückgrat befestigt sind. Beachten Sie ferner, daß das Rückgrat sowohl bei der DNA als auch der RNA hochpolar ist, denn die Phosphatgruppen sind sauer und tragen beim pH-Wert der Zelle negative Ladungen, die in Wasser schwerlöslichen Basen dagegen sind hydrophob. Wir stellen ebenfalls fest, daß DNA- und RNA-Stränge eine spezifische *Polarität* oder Ausrichtung besitzen, denn alle Phosphodiesterbindungen haben dieselbe Orientierung entlang der Kette (Abb. 27-5). Wegen dieser Polarität kann man bei jedem linearen Nucleinsäurestrang ein *5'-* und ein *3'-Ende* unterscheiden.

Die Nucleotidsequenz einer Nucleinsäure kann wie folgt schematisch dargestellt werden:

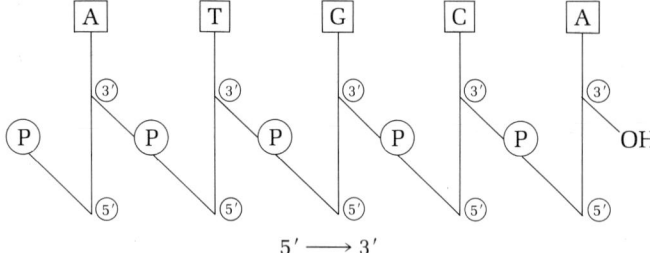

Die Basen sind durch A, T, G und C symbolisiert, die Desoxyribose durch vertikale Linien und die Phosphatgruppen durch ein Ⓟ. Die kleinen Ziffern bezeichnen die Bindungsstellen der Phosphatgruppen an der Desoxyribose. DNA-Einzelstränge werden immer mit dem 5'-Ende nach links und dem 3'-Ende nach rechts geschrieben, d. h. in der 5' → 3'-Richtung. Zwei einfachere Schreibweisen für das oben dargestellte Pentadesoxyribonucleotid wären:

pApTpGpCpA und pATGCA.

Die Internucleotidbindungen von DNA und RNA können chemisch hydrolysiert werden oder auch enzymatisch durch Enzyme, die *Nucleasen* genannt werden. Nucleasen, die Bindungen zwischen Nucleotiden im Innern einer Kette spalten können, heißen *Endonucleasen*. Andere Nucleasen können nur terminale Nucleotidbindungen spalten, einige am 5'-Ende und andere am 3'-Ende; sie werden *Exonucleasen* genannt. *Desoxyribonucleasen*, spezifisch für DNA, und *Ribonucleasen*, spezifisch für RNA, werden in allen Zellen gefunden. Sie werden auch von der Bauchspeicheldrüse in den Darmtrakt sezerniert, wo sie an der Hydrolyse von Nucleinsäuren bei der Verdauung teilnehmen. Wir werden sehen, daß eine Reihe von Endonucleasen zu wichtigen biochemischen Werkzeugen geworden sind, weil mit ihnen kontrollierte Fragmentierungen von DNA und RNA in kleinere Stücke möglich sind, was eine Voraussetzung für die Bestimmung von Nucleotidsequenzen ist.

DNA speichert genetische Information

Die Geschichte der DNA beginnt mit Friedrich Miescher, einem Schweizer Biologen, der als erster systematische chemische Untersuchungen an Zellkernen durchführte. Im Jahre 1868 isolierte Miescher eine phosphorhaltige, von ihm *Nuclein* genannte Substanz aus den Zellkernen von Eiterzellen, die er aus weggeworfenem Verbandsmaterial gewonnen hatte. (Eiterzellen sind weiße Blutkörperchen, Leukozyten). Miescher fand, daß Nuclein aus einem sauren Anteil bestand, den wir heute als DNA kennen, und einem basischen

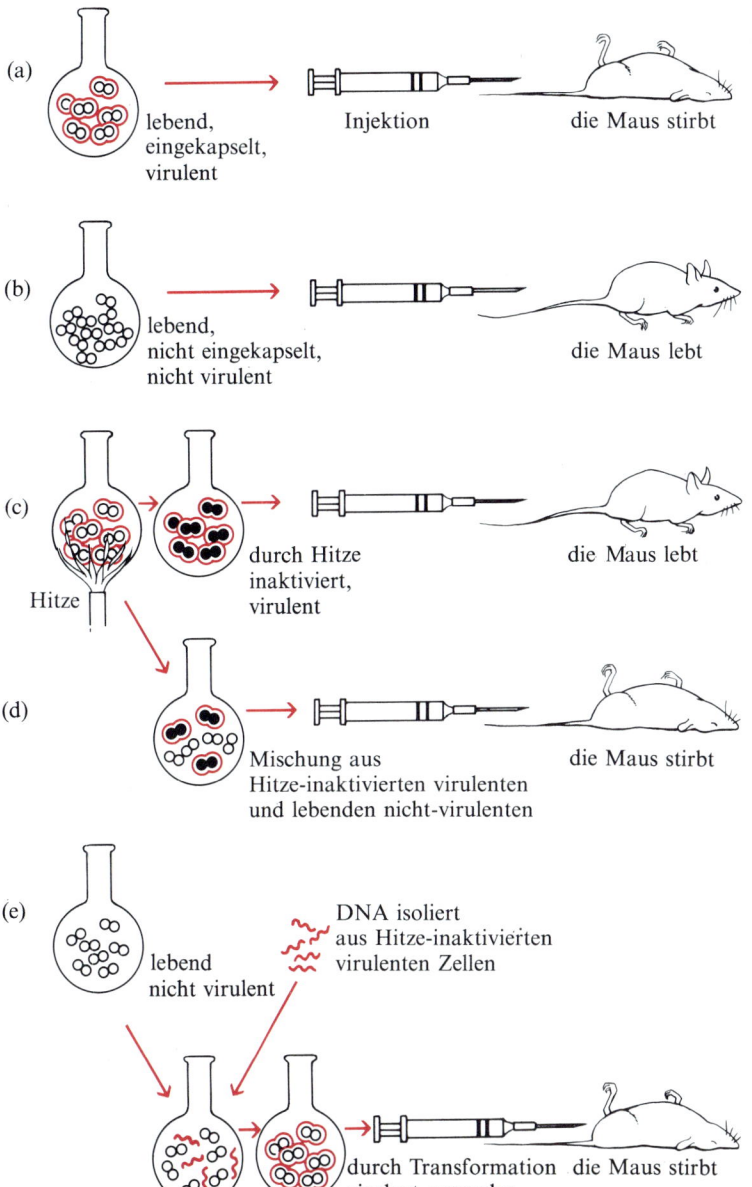

Abbildung 27-6
Das Avery-MacLeod-McCarty-Experiment. Eine Injektion des eingekapselten Stammes von *Pneumococcus* in Mäuse wirkt letal (a), während der nicht-eingekapselte Stamm unschädlich ist (b), und ebenso der Hitze-inaktivierte eingekapselte Stamm (c). (d) Frühere Untersuchungen des Bakteriologen Frederick Griffith haben gezeigt, daß die Zugabe von Hitze-inaktivierten virulenten Zellen (die für sich allein bei Mäusen unschädlich sind) zu lebenden, nicht-virulenten Pneumokokken diese dauerhaft in virulente eingekapselte Zellen umwandelte. Er schloß daraus, daß die Hitze-inaktivierten virulenten Zellen einen transformierenden Faktor enthielten, der in die nicht-virulenten Zellen eingedrungen ist und sie in virulente eingekapselte Zellen umgewandelt hat.
Avery und seine Kollegen identifizieren den von Griffith gefundenen Faktor als DNA. (e) Sie extrahierten die DNA aus Hitze-inaktivierten virulenten Pneumokokken, entfernten das Protein aus der DNA-Präparation so sorgfältig wie möglich und gaben diese DNA zu den nicht-virulenten Zellen. Die nicht-virulenten Pneumokokken wurden dadurch dauerhaft in einen virulenten Stamm umgewandelt. Offensichtlich war die DNA in die nicht-virulenten Zellen gelangt und die Gene für Virulenz und Kapselbildung waren in die Chromosomen der nicht-virulenten Zellen eingebaut worden.

Anteil, der Proteine enthielt. Später fand er eine ähnliche Substanz in den Köpfen von Lachs-Spermien. Obwohl er schon damals eine DNA-Fraktion in Händen hatte und ihre Eigenschaften untersuchen konnte, hat es bis in die späten 40er Jahre unseres Jahrhunderts gedauert, bis die in Abb. 27-5 gezeigte Struktur feststand.

Obwohl Miescher und viele andere nach ihm bereits vermuteten, daß Nuclein bzw. Nucleinsäure etwas mit Vererbung zu tun hat, kam es erst im Jahre 1943 zum ersten Beweis dafür, daß die DNA der Träger der genetischen Information ist, und zwar durch eine Entdeckung von Oswald T. Avery, Colin MacLeod und Maclyn McCarty am Rockefeller-Institut. Sie fanden, daß die DNA aus einem virulenten (krankheitserregenden) Stamm der Bakterie *Streptococcus pneumoniae* (auch als *Pneumococcus* bekannt) einen nichtvirulenten Stamm derselben Art dauerhaft in eine virulente Form transformieren kann (Abb. 27-6). Avery und seine Kollegen schlossen daraus, daß die DNA aus dem virulenten Stamm die genetische In-

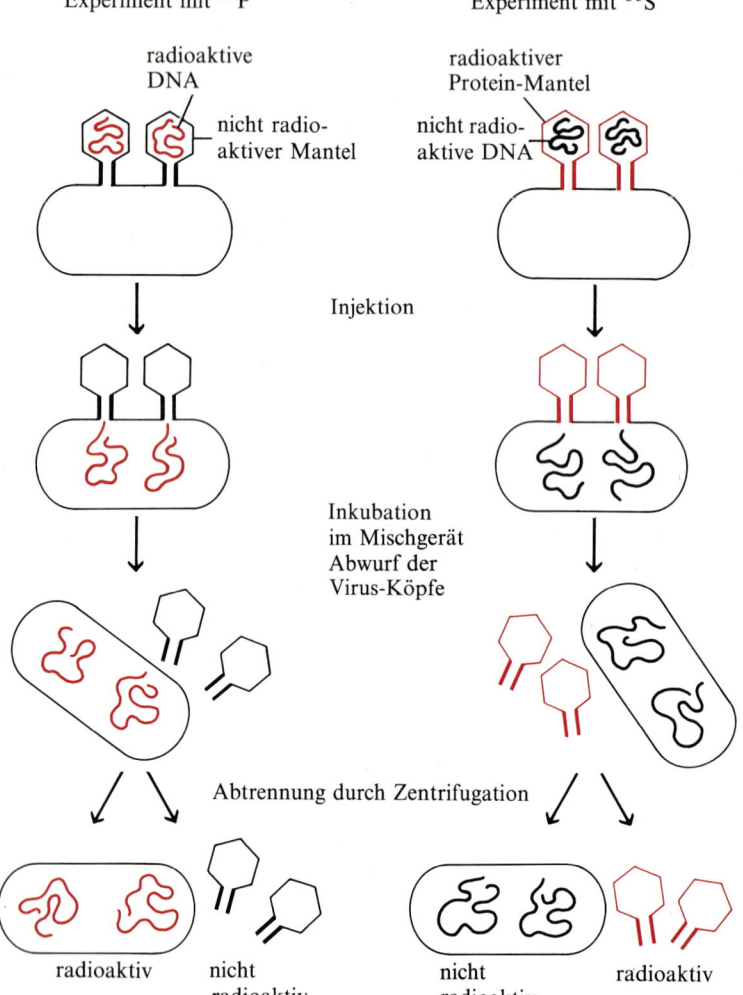

Abbildung 27-7
Zusammenfassung des Hershey-Chase-Experiments. Bakteriophagen wurden in zwei getrennten Ansätzen mit Isotopen markiert, und zwar ein Ansatz mit ^{32}P in den Phosphatgruppen der DNA und der andere mit ^{35}S in den schwefelhaltigen Aminosäuren der Mantelproteine. Dann wurden mit jedem der beiden Phagen-Ansätze unmarkierte Bakterien infiziert und in einem Mischgerät unter Schütteln inkubiert. Die mit ^{32}P-markierten Viren infizierten Zellen enthielten ^{32}P, ein Zeichen dafür, daß die markierte Virus-DNA injiziert worden war. Die abgetrennten leeren Proteinhüllen der Viren enthielten keine Radioaktivität. Die mit ^{35}S-markierten Viren infizierten Zellen waren nach der Inkubation nicht radioaktiv, aber die abgeworfenen Proteinhüllen enthielten das ^{35}S. Da die Viren in beiden Fällen Nachkommen erzeugt hatten, muß die genetische Information für ihre Replikation durch die Virus-DNA weitergegeben worden sein und nicht durch das Virus-Protein.

Errata
Lehninger, Prinzipien der Biochemie
Walter de Gruyter · Berlin · New York 1987

Seite	Absatz	Zeile	richtig muß es heißen	statt
XVI		3	Nicht-kompetitive	Nicht-kompetive
24	2	3	18 nm	18 μm
90	2	4	OH^-	OH^+
106	Abb. 5-2	2	nicht-ionischer	anionischer
113	Abb. 5-7		2H ↓↑ 2H	2H ↓↓ 2H
123	2	2	dinitrobenzol	dinitrophenol
126	2	3	dinitrobenzol	dinitrophenol
128	2	8	dinitrobenzol	dinitrophenol
128	Abb. 5-23		Zeile 5 in der Abb.: $Gly-NH_2$	Der farbig unterlegte Teil
128	Abb. 5-23	1	natürlich	natürliche
128	Abb. 5-23	1 v. u.	linken	rechten
132	Aufg. 11	2	rechten	linken
141	Tab. 6-4	2 v. u.	336 000 3 000 6	1 000 000 ≈ 8 300 ≈ 40
149	3	6 v. u.	oxidiert jeden Cystinrest zu zwei Cystein-sulfonsäureresten	spaltet jeden Cystinrest in zwei Cysteinreste
150	Abb. 6-12		unter der rechten Formel: 2 Cysteinsulfonsäurereste	2 Cysteinsäurereste
158	Aufg. 1	2	2 μm	2 km
159	Aufg. 6	2 v. u.	vorkommen	kommen
183	2	3 v. u.	die Untereinheiten	die unteren Einheiten
195	1	4, 7, 16	Myoglobin	Myosin
199		16 v. u.	ε-Aminogruppe	C-Aminogruppe
205		1	das Gen	die Gen-Codierung
208		2 v. u.	Sauerstoffmolekül	Sauerstoffatom
243		2 v. u.	Spezifität	Spezialität
286		2 v. u.	und über	, usw. ist
298	2	7	Sauerstoffs	Wasserstoffs
318	3	3 v. u.	enzymatisch	enzymisch
319	1	7	verknüpft	knüpft
324	Abb. 11-8	3	Struktur-Polysacchariden	Struktur- und Polysacchariden
330	3	5	$\alpha(1 \rightarrow 4)$	$\alpha(\alpha \rightarrow 4)$
362	Aufg. 7	4	monomolekular	als monomolekulare Schichten
367	1	7	kooperieren	koordinieren

Seite	Absatz	Zeile	richtig muß es heißen	statt
1103			*mittlere Sp., ergänze in Zeile 18 v.u.:* 722	
1106			*rechte Sp., ergänze als Zeile 28:* Oubain 785	
1107			*mittlere Sp., ergänze in Zeile 12:* 800, 817 *und streiche die Zeile darunter*	
1107			*rechte Sp., Zeile 23:* temperente	temperierte
1109			*mittlere Sp., ergänze als Zeile 36:* posttranslationale Modifikation 976	
1110			*rechte Sp., ergänze als Zeile 5:* Pyrophosph ... *s.* Diphosh ...	
1114			*linke Sp., Zeile 8 v.u.:* temperente	temperierte
1115			*mittlere Sp., Zeile 25 v.u.:* Tunicamycin	Tunicamin

formation für Virulenz enthielt und daß diese fest in die DNA der nicht-virulenten Empfängerzellen eingebaut wurde. Diese Schlußfolgerungen wurden zunächst nicht allgemein akzeptiert. Kritiker meinten, daß Spuren von verunreinigenden Proteinen in der DNA-Präparation die eigentlichen Informationsträger gewesen sein könnten. Dieser Einwand ließ sich leicht entkräften, denn es konnte gezeigt werden, daß eine Behandlung der DNA mit proteolytischen Enzymen die transformierende Aktivität nicht zerstörte, wohl aber eine Behandlung mit Desoxyribonucleasen.

Einen weiteren Beweis dafür, daß DNA der Träger der genetischen Information ist, lieferten Alfred D. Hershey und M. Chase im Jahre 1952. Sie konnten mit Isotopenmarkierungsversuchen zeigen, daß bei der Infektion von E.-coli-Zellen durch den Bakteriophagen T2 nicht der Protein-Anteil, sondern die DNA des Virus-Partikels in die Wirtszelle eindringt und somit auch die genetische Information für die Replikation des Virus liefern muß (Abb. 27-7).

Aufgrund dieser wichtigen frühen Experimente und vieler anderer, späterer Beweisführungen steht heute eindeutig fest, daß die DNA im Chromosomenmaterial die genetische Information der lebenden Zelle enthält.

Die DNAs verschiedener Spezies haben unterschiedliche Basenzusammensetzungen

Einen wichtigen Schlüssel zur Strukturaufklärung der DNA lieferte eine Entdeckung, die Erwin Chargaff und seine Mitarbeiter in den späten 40er Jahren an der Columbia-Universität machten. Sie fanden, daß die Mengenanteile der vier Basen bei verschiedenen Arten (Spezies) verschieden sind, daß sie aber unabhängig von der Spezies in festen numerischen Verhältnissen zueinander stehen. Tab. 27-3 zeigt die relativen Mengen der vier Basen in den DNAs von einer Reihe representativer Organismen. Aus solchen Werten, die über eine sehr große Zahl von verschiedenen Spezies zusammengetragen wurden, zogen Chargaff und andere nach ihm folgende Schlußfolgerungen:

1. DNA aus verschiedenen Geweben derselben Spezies hat dieselbe Basenzusammensetzung.
2. Die Basenzusammensetzung der DNA variiert von einer Spezies zur anderen.
3. Die Basenzusammensetzung der DNA in ein und derselben Spezies ändert sich weder mit dem Alter, noch mit dem Ernährungszustand, noch mit den Umweltbedingungen.
4. Die Anzahl der Adeninreste ist bei allen DNAs, unabhängig von der Spezies, gleich der Anzahl der Thyminreste (d.h. A = T), und die Anzahl der Guaninreste ist immer gleich der Anzahl der Cytosinreste (G = C). Aus dieser Beziehung folgt, daß die Summe

Tabelle 27-3 Basenäquivalenzen bei DNAs. Beachten Sie, daß die Basenzusammensetzungen beim Menschen und bei *S. aureus* fast identisch sind. Die Basenzusammensetzungen sind zwar für jede Art festgelegt, aber doch nicht für alle Arten deutlich voneinander verschieden.

Organismus	Basenzusammensetzung in mol/100 mol				Basenverhältnis		
	A	G	C	T	A/T	G/C	Purine / Pyrimidine
Mensch	30.9	19.9	19.8	29.4	1.05	1.00	1.04
Schaf	29.3	21.4	21.0	28.3	1.03	1.02	1.03
Huhn	28.8	20.5	21.5	29.3	1.02	0.95	0.97
Schildkröte	29.7	22.0	21.3	27.9	1.05	1.03	1.00
Lachs	29.7	20.8	20.4	29.1	1.02	1.02	1.02
Seeigel	32.8	17.7	17.3	32.1	1.02	1.02	1.02
Heuschrecke	29.3	20.5	20.7	29.3	1.00	1.00	1.00
Weizenkeime	27.3	22.7	22.8	27.1	1.01	1.00	1.00
Hefe	31.3	18.7	17.1	32.9	0.95	1.09	1.00
E.coli	24.7	26.0	25.7	23.6	1.04	1.01	1.03
Staphylococcus aureus	30.8	21.0	19.0	29.2	1.05	1.11	1.07
Phage T7	26.0	24.0	24.0	26.0	1.00	1.00	1.00
Phage λ	21.3	28.6	27.2	22.9	0.92	1.05	0.79
Phage ΦX174 (replikative Form)	26.3	22.3	22.3	26.4	1.00	1.00	1.00

der Purinreste gleich der Summe der Pyrimidinreste ist; d. h. A + G = T + C.

Diese quantitativen Beziehungen sind nicht nur für die Aufstellung der dreidimensionalen DNA-Struktur von Bedeutung, sondern sie enthalten auch den Schlüssel dafür, wie genetische Information von einer Generation zur nächsten weitergegeben werden kann.

Watson und Crick postulierten die Doppelhelix-Struktur der DNA

Wir haben gesehen, daß mit Hilfe der Röntgenstrukturanalyse die Strukturen der fibrillären und globulären Proteine aufgeklärt wurden (Kapitel 7 und 8). Die von Rosalind Franklin und Maurice Wilkins an DNA-Fasern durchgeführten Röntgenstrukturanalysen erbrachten charakteristische Beugungsmuster (Abb. 27-8). Aus diesen Mustern konnten für die DNA-Fasern zwei Periodizitäten entlang der Längsachse abgeleitet werden, eine primäre von 0.34 nm und eine sekundäre von 3.4 nm. Daraus ergab sich das Problem, ein dreidimensionales Modell für das DNA-Molekül zu formulieren, das nicht nur diesen Periodizitäten Rechnung trug, sondern außerdem

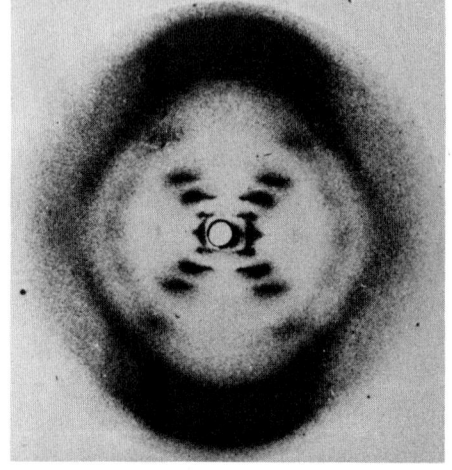

Abbildung 27-8
Röntgenbeugungsmuster von DNA. Die kreuzförmig angeordneten Flecken im Zentrum zeigen die Helixstruktur an. Die stark geschwärzten Bereiche oben und unten entsprechen den sich wiederholenden Basen.

auch den von Chargaff gefundenen Basenäquivalenzen (A = T und G = C).

Im Jahre 1953 postulierten der amerikanische Genetiker James Watson und der britische Physiologe Francis Crick (Abb. 27-9), die in der Universität Cambridge arbeiteten, eine dreidimensionale DNA-Struktur, die beide Bedingungen erfüllte (Abb. 27-10). Sie besteht aus zwei spiralig angeordneten DNA-Ketten, die unter Bildung einer rechtsdrehenden Doppelspirale (Doppelhelix) um dieselbe Achse gewunden sind. In dieser Doppelhelix liegen die zwei Ketten *antiparallel* vor, d. h. ihre 5'-3'-Phosphodiesterbrücken verlaufen in entgegengesetzten Richtungen. Ihre hydrophilen Rückgrate aus Desoxyribose- und negativ geladenen Phosphatgruppen befinden sich an der Außenseite, dem umgebenden Wasser ausgesetzt. Die hydrophoben Basen beider Stränge sind dagegen im Innern der Doppelhelix aufeinandergestapelt. Durch die räumliche Beziehung der Stränge zueinander entstehen eine *größere* und eine *kleinere Furche* zwischen ihnen (Abb. 27-10b). Jede Base des einen Stranges begegnet auf gleicher Ebene einer Base des anderen Stranges und ist mit ihr gepaart. Dabei sind die räumlichen Verhältnisse so, daß nur bestimmte Basen zusammenpassen. Jedes Basenpaar besteht aus einem Purin und einem Pyrimidin, und zwar bilden sich immer die Paare A-T und G-C, und das sind wiederum genau die Basenpaare, deren numerische Äquivalenz Chargaff gefunden hatte (Tab. 27-3). Die Basen eines Paares kommen sich nahe genug, um Wasserstoffbindungen bilden zu können. In Abb. 27-11 sind diese Wasserstoffbindungen zwischen Adenin und Thymin sowie zwischen Guanin und Cytosin dargestellt. Auf einen wichtigen Umstand sollte dabei hingewiesen werden, nämlich, daß zwischen G und C drei Wasserstoffbindungen gebildet werden können (symbolisch dargestellt: G≡C), zwischen A und T aber nur zwei (symbolisch dargestellt: A=T). Andere Basenpaarungen als diese passen nicht in die Doppelhelix-Struktur. Ein Paar aus zwei Purinen wäre zu groß, um innerhalb einer Helix mit diesen Dimensionen Platz zu finden und bei Basenpaaren aus zwei Pyrimidinen wären die Basen für die Bildung von Wasserstoffbindungen zu weit auseinander. Außerdem sind weder zwischen A und C noch zwischen G und T Wasserstoffbindungen in einer solchen räumlichen Anordnung möglich, daß sie in der Helix Platz haben.

Auch die in der Röntgenstrukturanalyse beobachteten Periodizitäten konnten mit dem Watson-Crick-Modell erklärt werden. Die Molekülmodelle zeigten, daß die in der Doppelhelix aufeinandergestapelten Basenpaare einen Abstand von 0.34 nm voneinander haben. Sie zeigten ferner, daß jede vollständige Umdrehung der Spirale etwa 10 Nucleotide enthält. Damit ist auch der zweite periodisch sich wiederholende Abstand von 3.4 nm erklärt (Abb. 27-10). Die Doppelhelix hat eine Dicke von 2 nm. Aufgrund der besprochenen Basenpaarungen müssen die Basensequenzen in den beiden antiparallelen Polynucleotidketten *komplementär* zueinander sein (Abb. 27-

Abbildung 27-9
Watson und Crick mit einem ihrer DNA-Modelle auf einer Photographie aus dem Jahre 1953.

882 Teil IV Die molekulare Weitergabe der genetischen Information

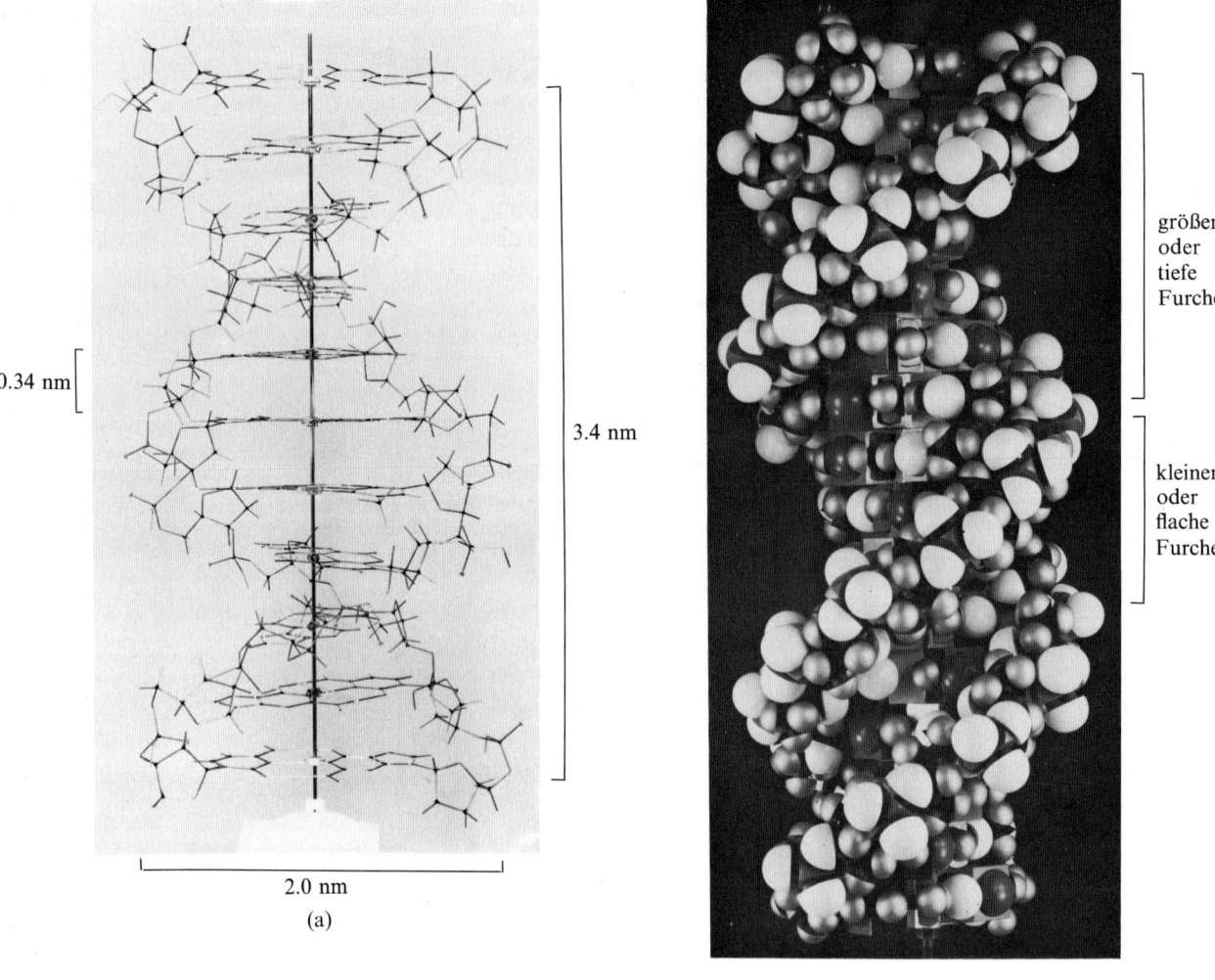

(a)

(b)

Abbildung 27-10
Das Watson-Crick-Modell der DNA-Struktur.
(a) Draht-Modell des Rückgrates.
(b) Raumerfüllendes Modell (Kalottenmodell).

12), denn wo immer sich Adenin in der einen Kette befindet, muß die andere Thymin enthalten, und wo sie Guanin enthält, muß in der anderen Cytosin sein.

Die DNA-Doppelhelix (oder *Duplex*) wird durch zwei Arten von Kräften zusammengehalten: (1) durch Wasserstoffbindungen zwischen komplementären Basenpaaren (Abb. 27-11) und (2) durch hydrophobe Wechselwirkungen. Letztere bewirken, daß die aufeinandergestapelten Basen weitgehend innerhalb der Helix bleiben, vor dem umgebenden Wasser geschützt, und daß das hochpolare Rückgrat sich an der Außenseite befindet, dem Wasser ausgesetzt. Die hydrophoben Wechselwirkungen leisten den Hauptbeitrag zur Stabilität der Doppelhelix, ebenso wie zur Tertiärstruktur der globulären Proteine (S. 199). Beachten Sie, daß bei pH 7 alle Phosphatgruppen des Rückgrates ionisiert, also negativ geladen sind, so daß die DNA stark sauer reagiert.

Es gibt viele chemische und biologische Beweise dafür, daß das Doppelhelix-Modell der DNA-Struktur den tatsächlichen Gegeben-

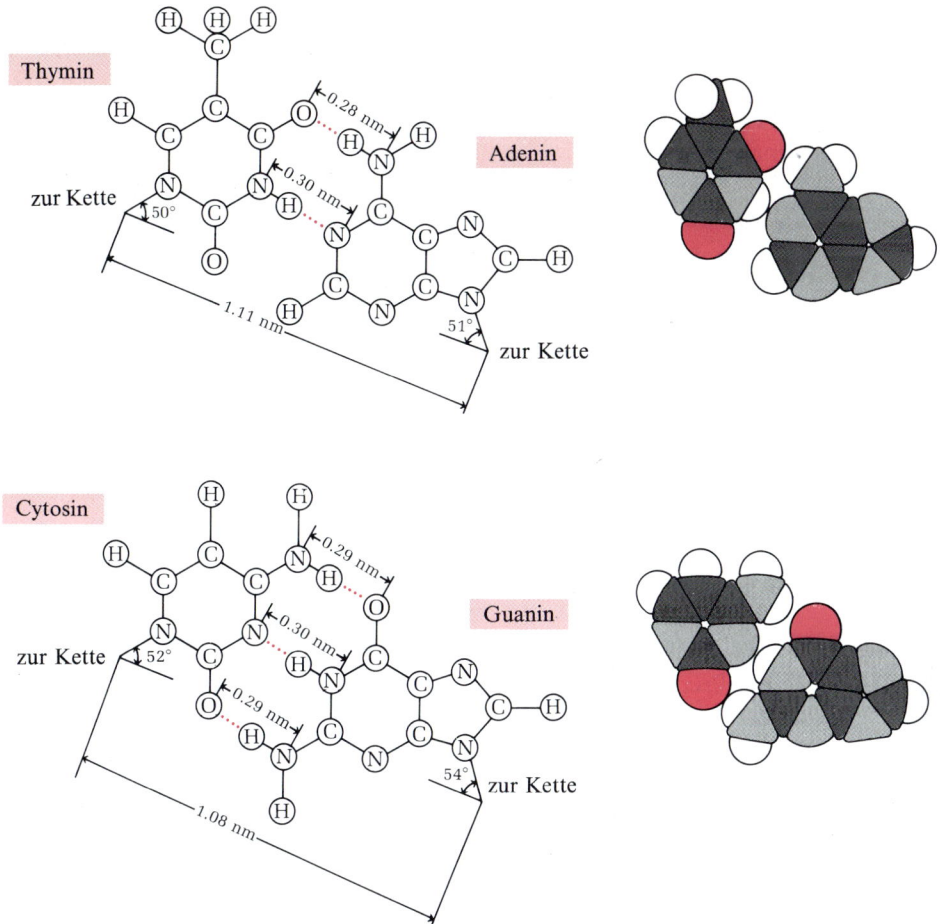

Abbildung 27-11
Maßstabgerechte Zeichnung und Kalottenmodell der Basenpaare Adenin-Thymin und Guanin-Cytosin. Die Wasserstoffbindungen sind durch rote punktierte Linien angedeutet. Das Paar Adenin-Thymin bildet zwei Wasserstoffbindungen aus, das Paar Guanin-Cytosin drei; letzteres hat dadurch eine geringfügig höhere Dichte.

heiten entspricht. Lassen Sie uns nun sehen, wie diese Struktur die genaue Replikation des genetischen Materials ermöglicht.

Die Basensequenz der DNA bildet eine Matrize

DNA-Moleküle sind sehr langgestreckt und enthalten eine spezifische Sequenz aus hauptsächlich vier Basen (A, T, G und C) für die Codierung der genetischen Information. Wir sagen, die Basensequenz in der DNA stellt eine *Matrize* (*Template*) für die DNA-Replikation dar. Nun müssen wir erst einmal verstehen, warum wir für die präzise Replikation, Transkription und Translation der genetischen Information Matrizen brauchen.

Bei der Biosynthese des nicht-informativen Makromoleküls Glycogen, das nur eine einzige Art von sich wiederholenden Einheiten enthält, nämlich die D-Glucose, wird die Identität und Reinheit des Endprodukts durch das aktive Zentrum der Glycogen-Synthase garantiert (S. 630). Dieses Enzym ist substratspezifisch: sein aktives Zentrum nimmt nur UDP-Glucose-Moleküle und nicht-reduzierenden Enden der zu verlängernden Glycogenketten an. Im Prinzip kann man das aktive Zentrum dieses (und aller anderen Enzyme) als Matrizen ansehen (die Worte Matrize und Template bedeuten Hohlform zum Gießen), denn Substratmolekül und aktives Zentrum müssen komplementär zueinander passen.

Die spezifische Sequenz der Codierungseinheiten in den Nucleinsäuren kann jedoch nicht allein durch das aktive Zentrum eines Enzyms zustande kommen. Aktive Zentren von Enzymen sind vergleichsweise klein und können nur einen oder einige wenige Bausteinmoleküle zu einer Zeit in eine Position bringen, die geeignet ist, die Bausteine in der richtigen Reihenfolge anzuordnen. Nucleinsäuren aber mit ihren Tausenden oder Millionen von Nucleotid-Einheiten sind viel zu groß, als daß ihre Sequenzen durch die kleinen aktiven Zentren spezifiziert werden könnten. Daher muß ein Strang als Matrize für die Basensequenz des komplementären Partners dienen.

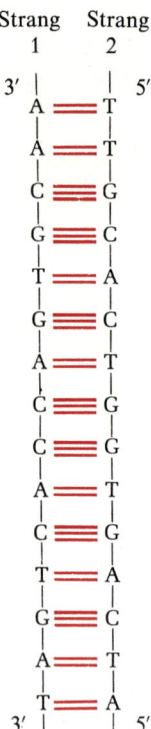

Basenzusammensetzung
Strang 1: $A_5\ T_3\ G_3\ C_4$
Strang 2: $A_3\ T_5\ G_4\ C_3$

Abbildung 27-12
Schematische Darstellung der komplementären, antiparallelen Stränge einer DNA nach Watson und Crick. Beachten Sie, daß sich die basengepaarten, antiparallelen Stränge in ihrer Basenzusammensetzung und ihrer Sequenz unterscheiden. Beachten Sie die Basenäquivalenzen: A = C und G = C.

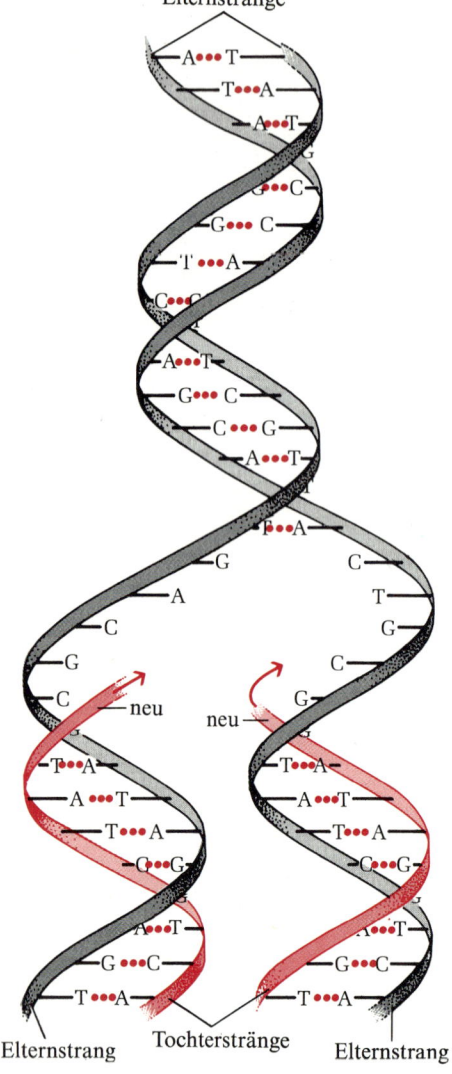

Abbildung 27-13
DNA-Replikation nach Watson and Crick. Die komplementären Elternstränge werden voneinander getrennt und jeder von beiden bildet die Matrize für die Biosynthese eines komplementären Tochterstranges (in Farbe).

Die doppelhelicale Struktur der DNA führt zu einem weiteren Aspekt der Watson-Crick-Hypothese, nämlich der Frage, wie die genaue Replikation der genetischen Information stattfindet (Abb. 27-13). Da die beiden DNA-Stränge strukturell komplementär zueinander sind, enthält ein Strang auch die komplementäre Information des anderen. Watson und Crick forderten, daß die Replikation der DNA während der Zellteilung mit einer Trennung der Stränge voneinander beginnen müsse, wobei jeder der beiden Stränge zur Matrize für die Basensequenz eines neuen komplementären Stranges wird, der mit Hilfe replizierender Enzyme gebildet wird. Die Wiedergabetreue bei der Replikation jedes DNA-Stranges sollte danach durch die Paßgenauigkeit und die Komplementarität der Basenpaare A = T und G = C in den beiden Tochter-Doppelhelices garantiert sein. Es wurde ferner angenommen, daß die beiden neugebildeten Doppelhelices sich unverändert auf die beiden Tochterzellen verteilen. In Kapitel 28 werden wir sehen, wie diese Hypothese experimentell bestätigt wurde.

Die DNA in der Doppelhelix kann denaturiert, d. h. entspiralisiert werden

Lassen Sie uns nun einige chemische und physikalische Eigenschaften der DNA im Hinblick auf die Doppelhelix-Struktur betrachten. Lösungen schonend isolierter DNA sind bei pH 7 und Raumtemperatur (20–25 °C) hochviskos. Werden solche Lösungen extremen pH-Werten oder Temperaturen über 80–90 °C ausgesetzt, so nimmt ihre Viskosität drastisch ab, ein Zeichen dafür, daß sich der physikalische Zustand der DNA ändert. Wir haben bereits gesehen, daß Hitze und extreme pH-Werte bei globulären Proteinen Denaturierung und Entfaltung verursachen (S. 156). Auf die gleiche Weise bewirken solche Bedingungen auch bei der DNA eine Denaturierung, d. h. Entspiralisierung. Das geschieht durch Aufhebung der Wasserstoffbindungen der gepaarten Basen und Aufhebung der hydrophoben Wechselwirkungen, die die gestapelten Basen zusammenhalten. Als Folge davon trennen sich die beiden Stränge voneinander und bilden ein ungeordnetes, statistisches Knäuel. Bei der Denaturierung, die auch als *Schmelzen* bezeichnet wird, werden keine kovalenten Bindungen des Rückgrates gespalten (Abb. 27-14).

Die Denaturierung homogener DNA ist ohne Schwierigkeiten reversibel, solange noch ein Abschnitt der Doppelhelix mit einem Dutzend oder mehr Resten die beiden Stränge verbindet. Wenn Temperatur und pH-Wert auf physiologische Werte zurückgebracht werden, kommt es zu einer spontanen Wiedervereinigung (*annealing*) der getrennten Kettenabschnitte unter Bildung der nativen Duplexform (Abb. 27-14). Sind die beiden Stränge jedoch völlig voneinander getrennt, so findet die Renaturierung in zwei Schritten statt. Der erste erfolgt ziemlich langsam, da sich die beiden Stränge zunächst

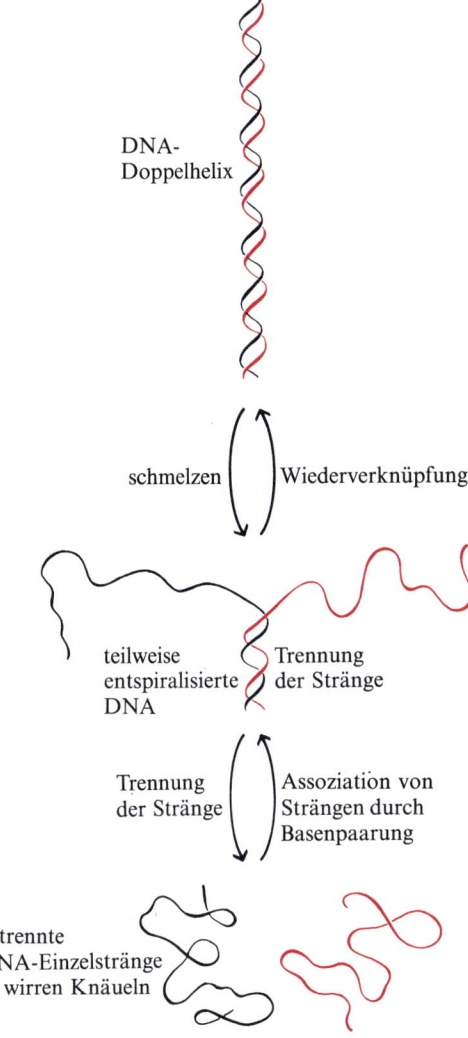

Abbildung 27-14
Verschiedene Schritte bei der De- und Renaturierung von DNA.

einmal durch zufälliges Zusammentreffen „finden" und ein kurzes Segment mit Doppelhelix-Struktur bilden müssen. Der zweite Schritt erfolgt viel schneller, da die verbleibenden Basen nur noch der Reihe nach zueinander gebracht werden müssen. Die beiden Stränge werden dann „reißverschlußartig" zur Doppelhelix zusammengeschlossen.

DNA-Stränge aus zwei verschiedenen Spezies können DNA-DNA-Hybride bilden

Werden DNA-Doppelstränge vom Menschen und von der Maus getrennt hitzedenaturiert, danach gemischt und viele Stunden bei 65°C gehalten, so werden sich die meisten DNA-Stränge der Maus mit den zu ihnen komplementären DNA-Strängen unter Bildung von Mäuse-DNA-Duplexen vereinigen. Ähnlich werden sich die meisten menschlichen DNA-Stränge mit den zu ihnen komplementären Strängen vereinigen. Einige wenige Einzelstränge der Maus werden sich aber mit menschlichen Einzelsträngen verbinden und *hybride Duplexe* bilden, in denen sich Regionen mit Basenpaarungen zwischen menschlichen und murinen DNA-Segmenten befinden. Nur begrenzte Anteile der DNA werden in dieser Weise reagieren, der Rest wird nicht in der Lage sein, zu hybridisieren. Die Bildung hybrider Duplexformen ist nur möglich, wenn die DNA aus den zwei verschiedenen Spezies ein gewisses Ausmaß an Sequenzähnlichkeit besitzt. Je näher zwei Arten miteinander verwandt sind, desto vollständiger werden ihre DNAs miteinander hybridisieren, z. B. hybridisiert menschliche DNA viel stärker mit Mäuse-DNA als mit Hefe-DNA.

Hybridisierungstests (Abb. 27-15) sind eine sehr wirkungsvolle Methode für die Untersuchung vieler Fragen der genetischen Biochemie. Auf diese Weise kann man nicht nur bestimmen, wie nah zwei Spezies miteinander verwandt sind, sondern man kann mit Hilfe von DNA-RNA-Hybridisierungen auch feststellen, wie ähnlich eine bestimmte DNA einer RNA ist. Mit dieser Methode können auch Gene und RNAs isoliert und gereinigt werden.

Einige physikalische Eigenschaften der DNA-Doppelhelix spiegeln das Verhältnis von G≡C- zu A=T-Paaren wider

Virus- und Bakterien-DNAs denaturieren, wenn ihre Lösungen langsam genug erhitzt werden, ziemlich reproduzierbar bei für sie charakteristischen Temperaturen (Abb. 27-16). Der Übergang von der nativen Duplexform in die des denaturierten statistischen Knäuels kann durch einen Absorptionsanstieg im ultravioletten Be-

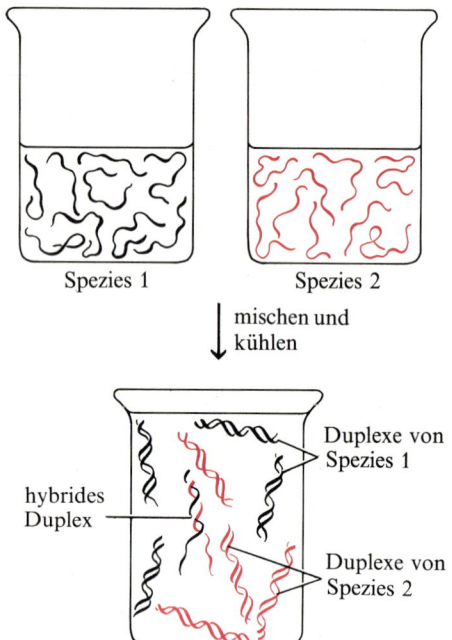

Abbildung 27-15
Das Prinzip des Hybridisierungstests. Zwei DNAs aus verschiedenen Spezies werden bis zur völligen Denaturierung und Trennung ihrer Stränge erhitzt. Mischt man sie und läßt die Mischung langsam abkühlen, so werden sich die komplementären DNAs jeder Spezies finden und wieder zu normalen Doppelsträngen vereinigen. Wenn aber die zwei DNAs signifikante Sequenzhomologien aufweisen, werden sie dazu neigen, partielle Duplexe oder Hybride miteinander zu bilden. Je größer die Sequenzhomologie zwischen den beiden DNAs, desto größer die Zahl der gebildeten Hybride. Die Hybridbildung kann mit verschiedenen Methoden bestimmt werden, z. B. mittels Chromatographie oder Zentrifugation in einem Dichtegradienten. Um die Bestimmung zu vereinfachen, wird normalerweise eine der DNAs radioaktiv markiert.

reich sowie durch die Viskositätsabnahme der DNA-Lösung erkannt werden. Jede DNA hat ihre charakteristische Denaturierungstemperatur oder „Schmelzpunkt". Je höher der G≡C-Gehalt, desto höher der Schmelzpunkt der DNA. Der Grund dafür ist, daß G≡C-Paare stabiler sind und zu ihrer Dissoziation mehr Energie gebraucht wird als für A=T-Paare, was z.T. darauf beruht, daß G≡C-Paare drei Wasserstoffbindungen haben und A=T-Paare nur zwei. Man kann daher durch sorgfältige Schmelzpunktbestimmung bei konstanten Bedingungen (pH-Wert und Ionenstärke) die Basenzusammensetzung einer DNA bestimmen.

Eine zweite physikalische Eigenschaft der DNA, die durch das G≡C/A=T-Verhältnis bedingt wird, ist die *Schwebedichte* (*buoyant density*). Eine DNA mit hohem G≡C-Anteil hat eine geringfügig höhere Dichte als eine mit hohem A=T-Anteil. Die DNA-Proben werden mit hoher Umdrehungsgeschwindigkeit in einer konzentrierten Caesiumchloridlösung (CsCl) zentrifugiert. Die CsCl-Lösung muß eine Dichte im Bereich der Dichten von DNAs haben. Während der Zentrifugation bildet das CsCl einen Konzentrationsgradienten aus, was zu einem Dichtegradienten in der Lösung führt, wobei die Dichte der Lösung auf dem Boden des Zentrifugenbechers am größten ist. Die DNA wird in diesem Gradienten so lange entweder aufsteigen oder absinken, bis sie in den Bereich gelangt, der genau ihrer eigenen Dichte entspricht. Hier verbleibt sie stationär, sozusagen schwebend. Mit dieser Methode, die in Kapitel 28 ausführlicher beschrieben wird, ist es möglich, DNA-Moleküle mit verschiedenem G≡C-Gehalt voneinander zu trennen. Aus der Schwebedichte kann der G≡C- und A=T-Anteil einer DNA errechnet werden.

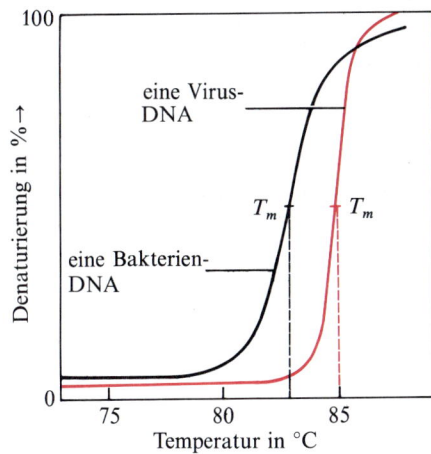

Abbildung 27-16
Die Denaturierungs- oder Schmelzkurven von zwei DNA-Proben. Die Temperatur am Wendepunkt ist der Schmelzpunkt (T_m). Er hängt von pH-Wert und Salzkonzentration ab, d.h. diese müssen mit angegeben werden.

Native DNA-Moleküle sind sehr zerbrechlich

Frühe Messungen ergaben für DNAs relative Molekülmassen von 10 Millionen oder weniger, was etwa 15 000 Basenpaaren entspricht. Mit verbesserten Isolierungsmethoden fand man jedoch, daß die relativen Molekülmassen der DNAs wesentlich höher sind. Heute wissen wir, daß native DNA-Moleküle, wie das aus *E.-coli*-Zellen, so groß sind, daß sie schwer in unversehrter Form zu isolieren sind. Sie werden durch mechanische Scherkräfte sehr leicht gebrochen. Schon durch Rühren oder Pipettieren einer Lösung nativer DNA können die Moleküle in zahlreiche kleinere Bruchstücke zerfallen. Durch vorsichtiges Handhaben ist es möglich, die DNA-Moleküle großer DNA-Viren in unversehrter Form zu erhalten und ihre relativen Molekülmassen mit physikalischen Methoden zu messen. Einzelne DNA-Moleküle können auch direkt mittels Elektronenmikroskopie sichtbar gemacht werden, was eine Messung ihrer Länge ermöglicht. Solche Untersuchungen haben gezeigt, daß die DNA-Moleküle genau festgelegte Größen und Zusammensetzungen besitzen; sie sind keineswegs nur Mischungen von Polymeren mit variablen Größen. Lassen Sie uns nun die Molekülgröße und andere Charakteristika der DNAs aus Viren, Bakterien und Eukaryoten untersuchen.

Die DNA-Moleküle der Viren sind relativ klein

In Tab. 27-4 sind die Partikelmassen für einige DNA-Viren aufgeführt sowie die relativen Molekülmassen ihrer DNAs, die Anzahl ihrer Basenpaare und ihre ungefähre Länge in Nanometern. Aus der relativen Molekülmasse einer doppelsträngigen Virus-DNA kann man die Länge des Partikels (*Fadenlänge, contour length*) berechnen, denn ein Nucleotidpaar hat eine relative Molekülmasse von durchschnittlich 650 und die Doppelhelix enthält, wie wir gesehen haben, ein Nucleotidpaar auf 0.34 nm Länge. Ein typischer kleiner DNA-Virus ist der *Bakteriophage* λ (Lambda) auf *E.coli*. In der intrazellulären oder replikativen Form liegt seine DNA als Doppelhelix vor, deren 5'- und 3'-Enden unter Bildung eines Ringes kovalent miteinander verbunden sind (eher im Sinne eines endlosen Gürtels als eines richtigen Ringes). Doppelsträngige λ-DNA hat eine relative Molekülmasse von etwa 32 Millionen, enthält etwa 48 000 Basenpaare und hat eine Fadenlänge von 17.2 μm (Abb. 27-17). Die DNAs vieler anderer Viren sind ebenfalls Duplexringe. Bei einigen Viren dagegen, z. B. beim *Bakteriophagen T2*, ist die DNA ein lineares doppelsträngiges Molekül, d. h. es hat zwei Enden. Wieder andere, z. B. der *Bakteriophage ΦX174*, enthalten einzelsträngige, ringförmige DNA. Während des Replikationscyclus werden lineare DNAs oft zu Ringen geschlossen und alle einzelsträngigen Virus-DNAs werden doppelsträngig. Solche Erscheinungsformen der DNAs, die nur während der Virus-Vermehrung auftauchen, werden *replikative Formen* genannt.

Ein weiterer wichtiger Punkt bei Virus-DNAs ist, daß sie viel länger sind als die Virus-Partikel, aus denen sie stammen, wie z. B. beim

Tabelle 27-4 Die DNAs einiger Bakteriophagen.

Virus	relative Partikelmasse* des Virus	Längsausdehnung des Partikels in nm	relative Molekülmasse der DNA	Ungefähre Anzahl der Basenpaare
ΦX174 (Duplexform)	6×10^6	15	3 400 000	5.386**
T7	38×10^6	6	25×10^6	40.000
λ (Lambda)	50×10^6	20	32×10^6	48.000
T2, T4	220×10^6	18	120×10^6	182.000

* Definition analog der relativen Molekülmasse.
** Da die vollständige Basensequenz der ΦX174-DNA bekannt ist, kann hier die genaue Anzahl der Basenpaare angegeben werden.

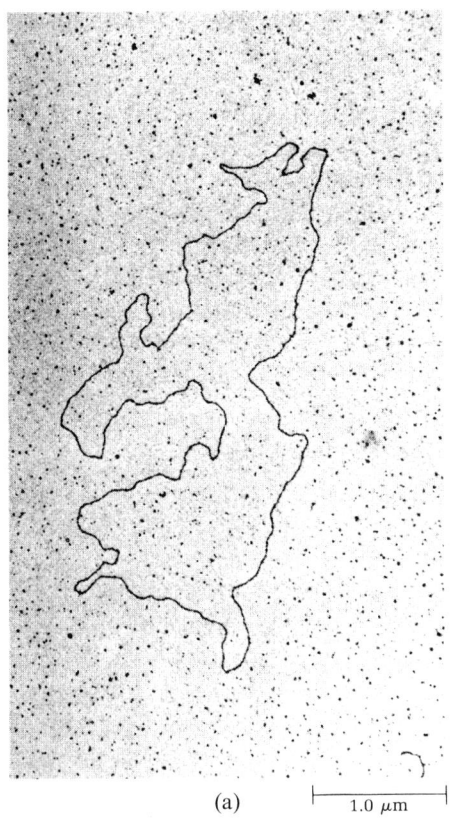
(a) 1.0 μm

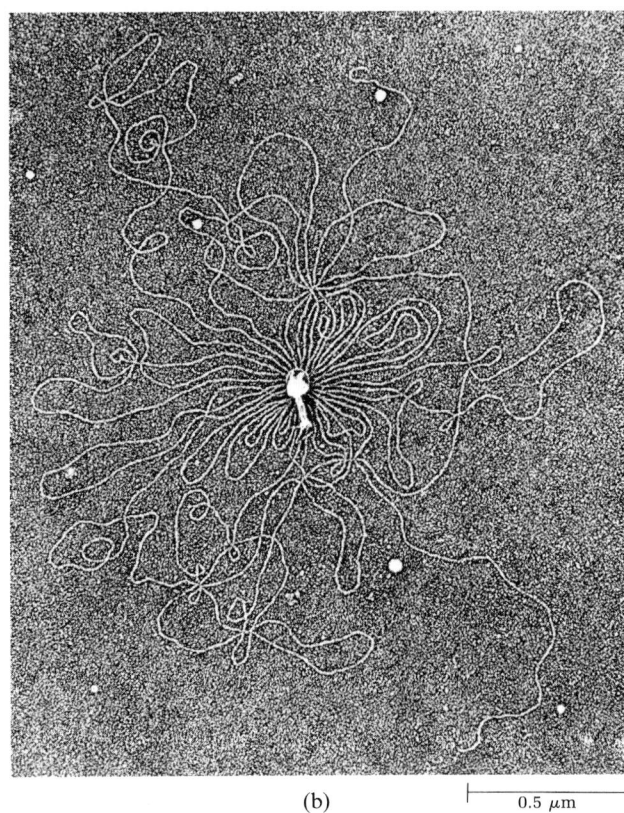
(b) 0.5 μm

Abbildung 27-17
Elektronenmikroskopische Darstellung der DNAs zweier Bakteriophagen.
(a) DNA des Bakteriophagen λ mit einer relativen Molekülmasse von 32 Millionen und einer Länge von 17.2 μm.
(b) Bakteriophage T2 umgeben von seinem einzigen, linearen DNA-Molekül. Die DNA wurde durch Lyse der Zelle in destilliertem Wasser freigesetzt und hat sich an der Wasseroberfläche ausgebreitet.

Phagen T2 (Abb. 27-17, Tab. 27-4). Sie muß also sehr kompakt gebündelt sein, um im Virus-Partikel Platz zu haben.

Bei RNA-Viren dient die RNA als Chromosom. Virale RNAs sind generell ziemlich klein, enthalten nur wenige Gene und sind im allgemeinen einzelsträngig. Alle Pflanzen-Viren enthalten RNA.

Die Chromosomen von Prokaryoten sind einzelne, sehr große DNA-Moleküle

Prokaryoten-Zellen enthalten viel mehr DNA als DNA-Viren. Eine *E.-coli*-Zelle enthält z. B. fast 200mal so viel DNA wie ein Bakteriophage. Genetische Versuche und mikroskopische Verfahren haben gezeigt, daß die DNA einer *E.-coli-* Zelle ein einzelnes, sehr großes Molekül ist. Sie ist ein kovalent geschlossener doppelsträngiger Ring mit einer relativen Molekülmasse von etwa 2600 Millionen, enthält etwa 4 Millionen Basenpaare und hat eine Fadenlänge von 1400 μm = 1.4 mm, d. h. sie ist etwa 700mal so lang wie eine *E.-coli*-Zelle (2 μm). Wieder sehen wir, daß das DNA-Molekül sehr dicht gepackt oder aufgewickelt sein muß, zumal sich die DNA ausschließlich in der nuclearen Zone der Zelle befindet (S. 22). Die DNA von Bakterien scheint an einem oder mehreren Punkten an der inneren Oberfläche der Zellmembran befestigt zu sein.

Zirkuläre DNAs sind superspiralisiert

Zirkuläre DNAs liegen nach schonender Isolierung *superspiralisiert* oder *superverdrillt* (*supercoiled, supertwisted*) vor, d.h. sie erscheinen so, als wenn die Doppelhelix vor dem Ringschluß partiell entspiralisiert worden wäre. Durch diese teilweise Entspiralisierung entsteht eine Torsionsspannung, so daß das ringförmige DNA-Molekül sich um sich selbst aufwickelt (Abb. 27-18). Wird eine solche superspiralisierte DNA, die zusätzliche Energie enthält, der Wirkung einer Endonuclease ausgesetzt, die in der Lage ist, einen Einzelstrang zu spalten, so kann sich der Ring entspannen und die ringförmige DNA nimmt ihren normalen, energiearmen, *entspannten* Zustand wieder ein (Abb. 27-18). Superspiralisierte Virus-DNAs sind kompakter als die entspannten Ringe.

Untersuchungen an schonend isolierter DNA aus *E.coli* haben gezeigt, daß sie eine große Zahl von Schlaufen enthalten, die von Proteinen zusammengehalten werden. Jede dieser Schlaufen ist wiederum superspiralisiert (Abb. 27-19). Schlaufenbildung und Superspiralisierung ermöglichen das Verpacken sehr großer zirkulärer DNA-Moleküle in kleine Volumina ohne umgebende Membran. Lineare DNA-Moleküle können nicht superspiralisiert sein, es sei denn, beide Enden wären verankert. Die Superspiralisierung ist wichtig für viele Vorgänge, an denen DNA beteiligt ist. Viele Enzyme oder andere Proteine werden nur an DNA gebunden, wenn diese superspiralisiert ist. Es gibt Enzyme, die *Topoisomerasen*, die das Ausmaß der Superspiralisierung regulieren können.

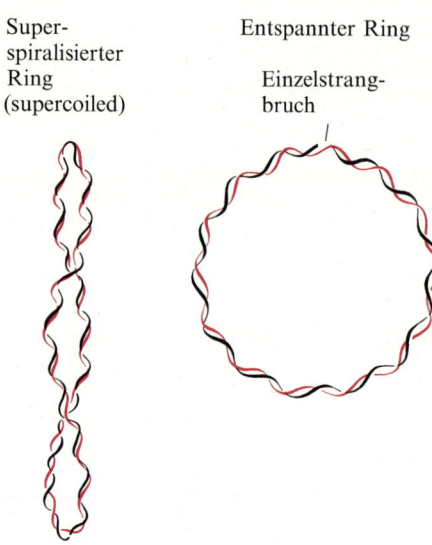

Abbildung 27-18
Superspiralisierung (supercoiling) einer zirkulären DNA durch Verdrillung, umgekehrt zur Drehrichtung der Doppelhelix. Diese überlagerte Spiralisierung kann durch den Bruch eines Einzelstranges aufgehoben werden, wobei sich eine entspannte zirkuläre DNA bildet.

Einige Bakterien enthalten außerdem DNA in Form von Plasmiden

Zusätzlich zu den sehr großen zirkulären DNA-Chromosomen, die in der nuclearen Zone lokalisiert sind, gibt es in den meisten Bakterienarten noch ein oder zwei kleine zirkuläre DNA-Moleküle, die sich frei im Cytoplasma aufhalten. Diese extrachromosomalen Elemente werden *Plasmide* genannt (Abb. 27-20). Die meisten Plasmide sind sehr klein und enthalten nur wenige Gene, während die Chromosomen der Bakterien Tausende von Genen enthalten. In einigen Zellen können die Plasmide jedoch auch recht groß sein. Plasmide enthalten genetische Information und replizieren sich unter Bildung von Tochter-Plasmiden, die bei der Zellteilung auf die Tochterzellen verteilt werden. Normalerweise scheinen die Plasmide ein eigenes Leben zu führen und können über viele Zellteilungen hinweg getrennt vom Chromosom existieren. Machmal jedoch werden Plasmi-

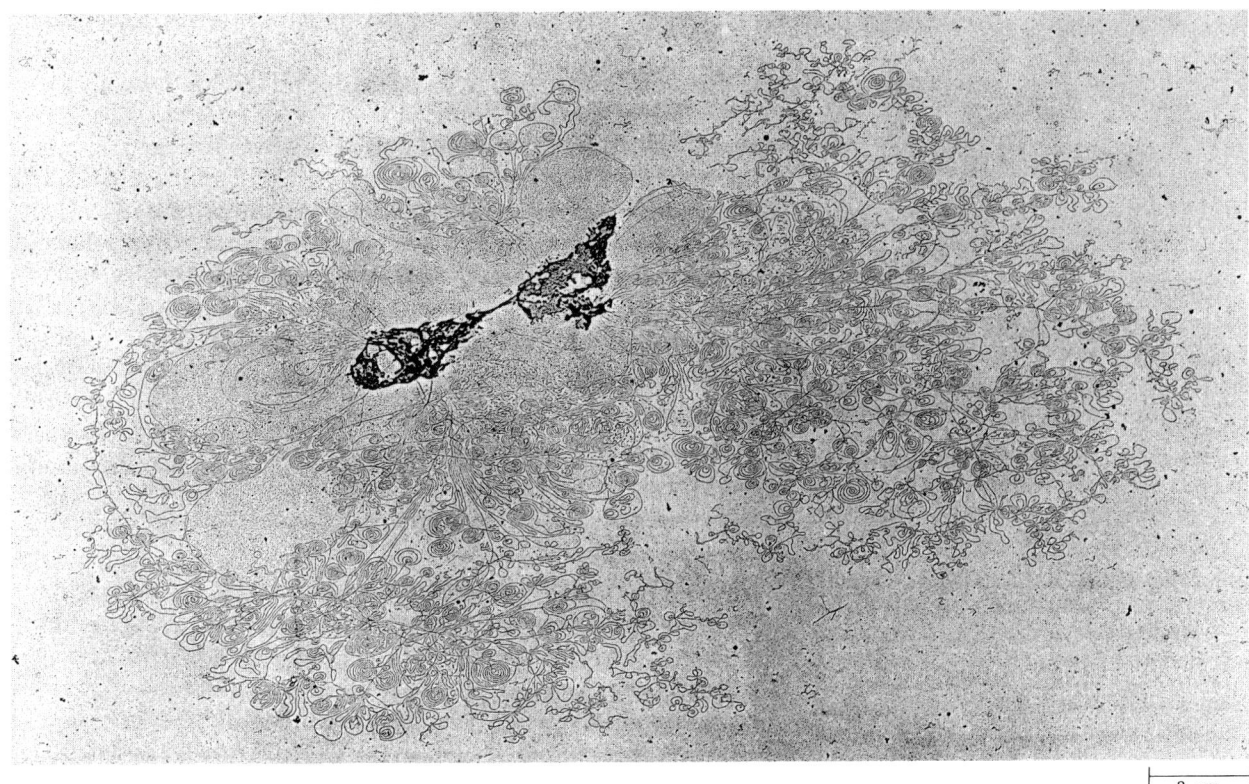

$\vdash$ 2 μm $\dashv$

Abbildung 27-19
Elektronenmikroskopische Abbildung des Chromosoms einer einzelnen *E.-coli*-Zelle. Die DNA ist noch intakt und superspiralisiert, was auf stärkeren Vergrößerungen dieser Aufnahme zu erkennen ist. Die dunklen Flecken links von der Bildmitte sind Fragmente der Zellmembran.

de in die chromosomale DNA integriert und können diese auf koordinierte Weise wieder verlassen.

Einige Plasmide tragen Gene für die Resistenz des Wirts-Bakteriums gegenüber Antibiotika wie Tetracyclinen und Streptomycin. Bakterien, die solche Plasmide enthalten, sind resistent gegenüber diesen Antibiotika. Solche Bakterienzellen können im menschlichen Körper die Behandlung einer Bakterieninfektion mit einem Antibiotikum überleben, das nur die hierfür sensitiven Zellen tötet. Die Antibiotikum-resistenten Zellen können sich dann vermehren und eine Infektion verursachen, die nicht mehr durch Antibiotika unter Kontrolle gebracht werden kann. Deshalb sollten Antibiotika nicht wahllos zur Infektionsbehandlung eingesetzt werden, ohne zu wissen, ob der verursachende Organismus gegenüber dem Antibiotikum sensitiv ist oder nicht. Plasmide können auch von einer Antibiotikum-resistenten Zelle in eine Antibiotikum-sensitive Zelle derselben oder einer anderen Art überwechseln und diese dadurch resistent machen.

Ein anderer wichtiger Gesichtspunkt bei Plasmiden ist, daß sie sehr leicht aus Bakterienzellen isoliert werden können. Neue Gene aus anderen Arten können in isolierte Plasmide eingefügt und das modifizierte Plasmid dannn in seine normale Wirtszelle zurückgebracht werden. Ein solches Plasmid mit einem fremden Gen wird repliziert und transkribiert und veranlaßt die Wirtszelle, das Protein

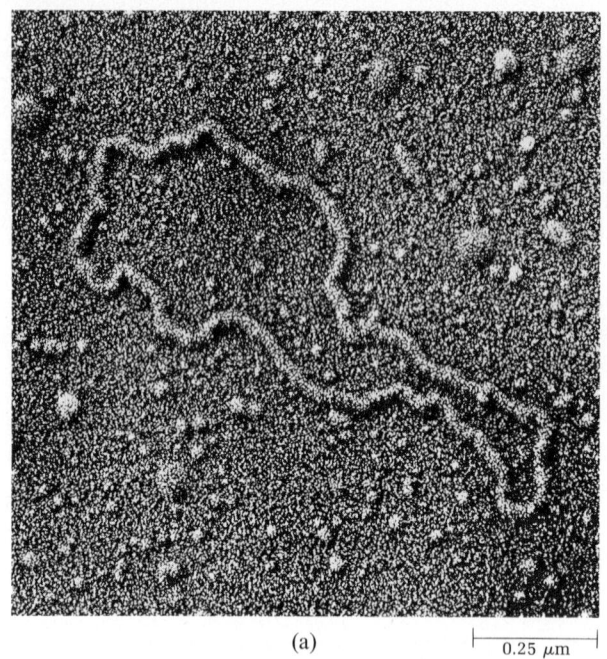
(a) 0.25 µm

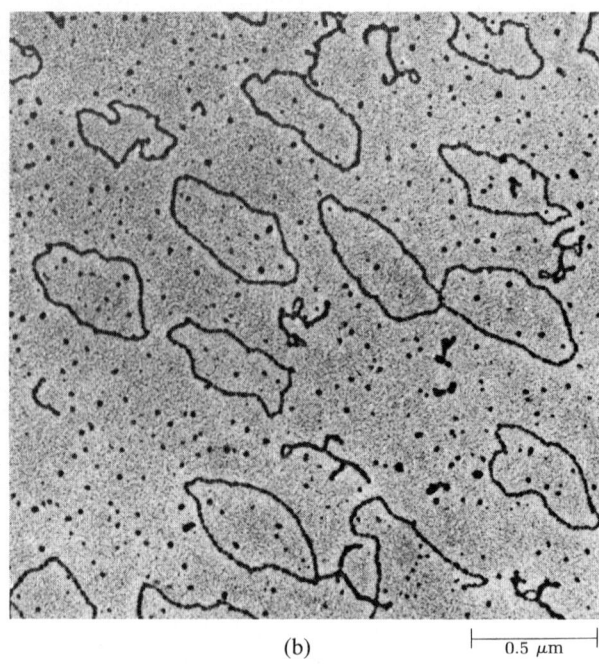
(b) 0.5 µm

zu produzieren, für das das künstlich eingefügte Gen codiert, obwohl es nicht zum normalen Genom der Zelle gehört. Später werden wir sehen, wie solche *rekombinanten DNAs* hergestellt, transkribiert und in potentiell nützliche Produkte übersetzt werden.

Die Zellen von Eukaryoten enthalten viel mehr DNA als Prokaryoten

Nun machen wir einen großen Sprung – von den Prokaryoten zu den viel komplexeren Eukaryotenzellen. Eukaryoten enthalten sehr viel mehr DNA als die Prokaryoten. Eine einzelne Zelle eines Schleimpilzes, eines der niedersten Eukaryoten, enthält mehr als 10mal so viel DNA wie eine *E.-coli*-Zelle. Zellen der Fruchtfliege *Drosophila*, dem Versuchstier der klassischen genetischen Experimente, enthalten 25mal so viel, und menschliche Zellen sowie die Zellen vieler anderer Säugetiere enthalten etwa 600mal so viel DNA wie *E. coli*.

Die gesamte Länge (Fadenlänge) aller DNA-Moleküle in einer menschlichen Zelle beträgt etwa 2 m, die *E.-coli*-DNA dagegen ist nur 1.4 mm lang. Da der Körper eines erwachsenen Menschen aus etwa 10^{13} Zellen besteht, beträgt die Länge aller DNA-Moleküle des Körpers aneinandergereiht ungefähr 2×10^{13} m $= 2 \times 10^{10}$ km (vergleiche Erdumfang = 40 000 km und Abstand Erde-Sonne = 1.44×10^8 km).

Mikroskopische Beobachtungen von Zellkernen in sich teilenden Eukaryotenzellen haben gezeigt, daß das genetische Material in

Abbildung 27-20
Elektronenmikroskopische Abbildung der Plasmide zweier Bakterien-Arten.
(a) pSC101, ein Plasmid von *E. coli*, das Resistenz gegenüber Tetracyclinen überträgt.
(b) Plasmide von *Neisseria gonorrhoeae*, dem Bakterium, das Gonorrhoe verursacht. Die meisten sind in entspannter Form. Die unregelmäßig verdrillten, superspiralisierten Plasmide (z. B. das in der Bildmitte) zeigen, wie wirkungsvoll der Platzbedarf von zirkulärer DNA durch Verdrillung vermindert wird.

Chromosomen aufgeteilt wird, deren Anzahl von Spezies zu Spezies verschieden ist (Tab. 27-5). Menschliche Zellen haben z. B. 46 Chromosomen. Man weiß heute, daß normalerweise jedes Chromosom einer eukaryotischen Zelle, wie z. B. das in Abb. 27-21 dargestellte, ein einziges, sehr großes DNA-Molekül enthält, das 4–100mal so lang ist wie das in *E.-coli*-Zellen. Die DNA in einem der kleineren menschlichen Chromosomen hat z. B. eine Länge von etwa 30 mm, d. h. sie ist 15mal so lang wie die DNA von *E.coli*. Die DNA-Moleküle in den 46 menschlichen Chromosomen sind sehr verschieden groß, das größte ist 25mal so groß wie das kleinste. Eukaryotische DNA-Moleküle sind linear, nicht zirkulär. Bei den Eukaryoten trägt jedes Chromosom einen spezifischen Satz von Genen. Alle Gene einer Zelle bilden zusammen das *Genom*.

Eine typische menschliche Zelle, wie z. B. eine Leberzelle, hat einen Durchmeser von etwa 25 μm. Der Zellkern hat einen Durchmesser von etwa 5 μm und enthält 46 Chromosomen mit zusammengenommen 2 m DNA. Die Art der „Verpackung" der DNA ist, wie wir gleich sehen werden, bei Eukaryoten um vieles anders als bei Prokaryoten.

Tabelle 27-5 Normale Chromosomenanzahl bei verschiedenen Spezies.

Prokaryoten	
Bakterien	1
Eukaryoten	
Drosophila	8
Rotklee	14
Gartenerbse	14
Honigbiene	16
Mais	20
Frosch	26
Süßwasserpolyp	30
Fuchs	34
Katze	38
Maus	40
Ratte	42
Kaninchen	44
Mensch	46
Huhn	78

Die Chromosomen von Eukaryoten bestehen aus Chromatinfasern

Wir haben mit dem Ausdruck Chromosom das Nucleinsäuremolekül bezeichnet, in dem die genetische Information sowohl bei Viren als auch bei Prokaryoten und Eukaryoten gespeichert ist. Das Wort Chromosom („gefärbter Körper") wurde aber ursprünglich in einem anderen Sinn verwendet. Es bezeichnete gut anfärbbare Körper, die nach Anfärben der Zelle im Zellkern lichtmikroskopisch erkennbar waren. Chromosomen in diesem ursprünglichen Sinne des Wortes erscheinen als deutlich umrissene Körper nur kurz vor

Abbildung 27-21
Elektronenmikroskopische Abbildung des menschlichen Chromosoms Nr. 12.

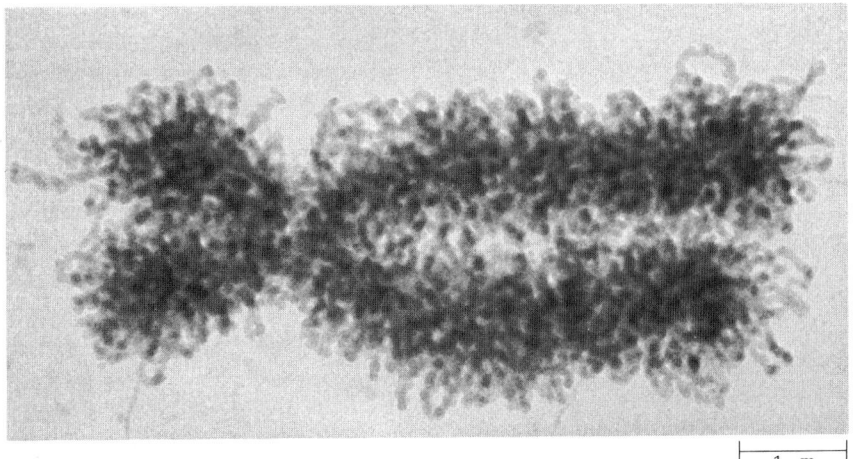

1 μm

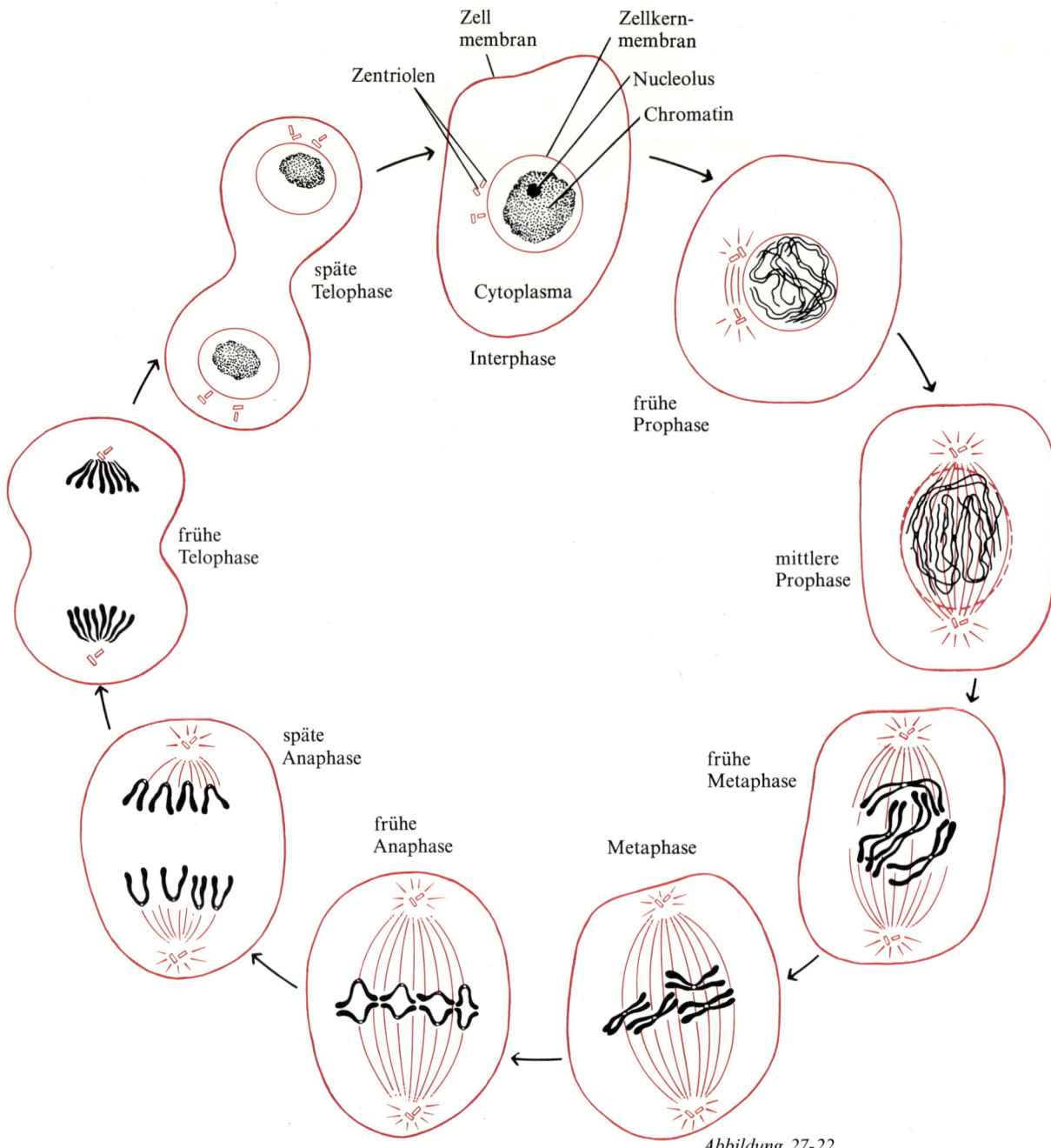

Abbildung 27-22
Die Stadien der Mitose. Beachten Sie die ungeordnete Verteilung des Chromatins während der Interphase (zwischen den Teilungen). Während sich die Zelle zur Teilung anschickt, nimmt das Chromatin eine geordnete Form an unter Bildung erkennbarer Chormosomen. Die gepaarten Tochter-Chromosomen werden in der Anaphase voneinander getrennt. In der späten Telophase (unmittelbar vor der Zelltrennung) verliert das Chromatin beider Tochterzellen seine Ordnung bereits wieder.

oder während der Zellteilung von Eukaryoten, die bei somatischen Zellen als *Mitose* bezeichnet wird (Abb. 27-22). In ruhenden, nicht in Teilung begriffenen Zellen liegt das Chromosomenmaterial, das *Chromatin*, amorph vor und scheint über den ganzen Zellkern ungeordnet verteilt zu sein. Wenn die Zelle sich aber auf eine Teilung vorbereitet, zieht sich das Chromatin zusammen und bildet eine artspezifische Anzahl genau definierter Chromosomen (Abb. 27-22).

Chromatin ist isoliert und analysiert worden. Es besteht aus sehr dünnen Fasern, die etwa 60 % Protein, etwa 35 % DNA und vielleicht 5 % RNA enthalten (S. 28). Innerhalb eines Chromosoms sind die Chromatinfasern durch Faltung und Schlaufenbildung zu vielen Bündeln zusammengefaßt (Abb. 27-21). Die DNA im Chromatin ist sehr eng mit Proteinen assoziiert, die *Histone* genannt werden, und deren Funktion es ist, die DNA in strukturelle Verpackungseinheiten, die *Nucleosomen*, zu unterteilen. Das Chromatin enthält außerdem noch einige Nicht-Histon-Proteine. Im Gegensatz hierzu enthalten die Chromosomen von Bakterien keine Histone, wohl aber kleine Mengen von Proteinen, die die Schlaufenbildung und Kondensierung ihrer DNA erleichtern.

Histone sind kleine, basische Proteine

Histone kommen im Chromatin aller Eukaryoten vor, aber niemals in Prokaryoten. Sie haben relative Molekülmassen zwischen 11 000 und 21 000. Histone sind reich an basischen Aminosäuren; Arginin und Lysin machen zusammen 1/4 aller Aminosäuren aus. Da die Aminosäure-Seitengruppen von Arginin und Lysin bei pH 7 protoniert sind und positive Ladungen tragen, verbinden sich Histone mit den negativ geladenen DNA-Doppelsträngen unter Bildung von DNA-Histon-Komplexen, die durch elektrostatische Bindungen zusammengehalten werden.

Es gibt fünf Hauptklassen von Histonen, die in allen Eukaryotenzellen gefunden werden. Sie unterscheiden sich in ihren relativen Molekülmassen und ihren Aminosäurezusammensetzungen (siehe Tab. 27-6). Histon H1 ist *Lysin-reich* (29 % Lysin), die Histone H2A und H2B enthalten große Mengen an Lysin und Arginin, wobei das Lysin überwiegt, die Histone H3 und H4 enthalten dagegen um einiges mehr Arginin als Lysin und werden als *Arginin-reich* bezeichnet. Zwei der Histone, H3 und H4, haben bei allen Eukaryoten fast identische Aminosäuresequenzen und haben daher auch bei allen Eukaryoten dieselbe Funktion. Die übrigen Histone (H1, H2A und H2B) zeigen weniger stark ausgeprägte Sequenzhomologien beim Vergleich verschiedener Spezies.

Jedes der Histone kann in verschiedenen Formen auftreten, da einige ihrer Aminosäure-Seitengruppen enzymatisch modifiziert werden können, und zwar methyliert, phosphoryliert oder acetyliert. Solche Modifikationen können die elektrische Nettoladung und andere Eigenschaften verändern, z. B. bewirkt Acetylierung der ε-Aminogruppe des Lysinrestes die Eliminierung seiner positiven Ladung.

Tabelle 27-6 Histone

Histon	M_r	Lysin-reste in %	Arginin-reste in %
H1	21.000	29	1.5
H2A	14.500	11	9.5
H3B	13.700	16	6.5
H3	15.000	10	13.5
H4	11.300	11	14

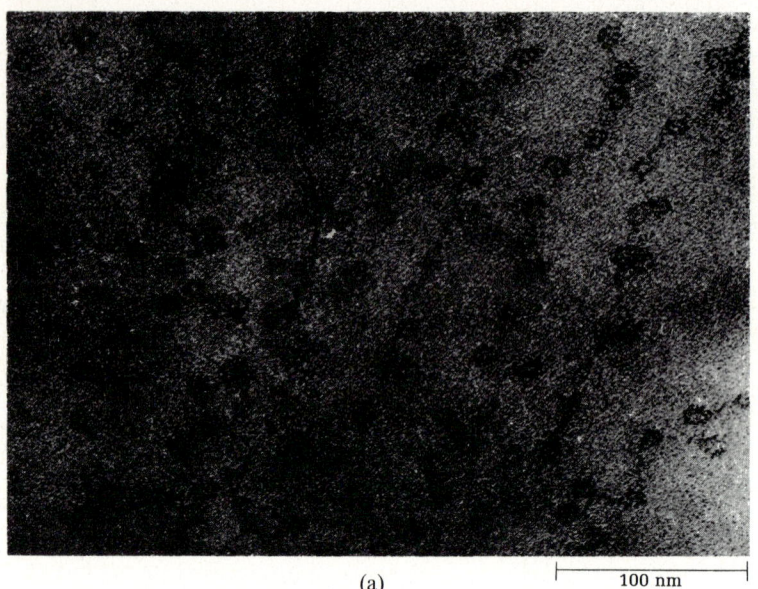

Abbildung 27-23
Nucleosomen.
(a) Elektronenmikroskopische Aufnahme von ausgebreiteten Chromatinfasern mit perlenförmig angeordneten Nucleosomen.
(b) Schematische Zeichnung eines Abschnitts einer ausgebreiteten Chromatinfaser mit Darstellung der Nucleosomenstruktur.
(c) Schematische Zeichnung der Nucleosomen und Zwischenabschnitte in dicht gepackter Form.

DNA-Histon-Komplexe bilden perlenartige Nucleosomen

Chromatin-Fasern haben eine gewisse Ähnlichkeit mit Perlenketten (Abb. 27-23). Die sich wiederholenden perlenartigen Strukturen sind die *Nucleosomen*. Sie bestehen aus einem Abschnitt duplexer DNA mit etwa 200 Basenpaaren, die zweimal um einen Satz von

Histonmolekülen herumgewickelt sind und dabei eine Art von Perle mit 10–11 nm Durchmesser bilden. Jede dieser perlenähnlichen Kerne enthält acht Histonmoleküle, je zwei der Histonen H2A, H2B, H3 und H4. Die DNA ist um die Außenseite dieser Kerne gewickelt.

Zwischen den einzelnen Nucleosomen-Kernen befindet sich ein Zwischenabschnitt der DNA, an den das Histon H1 gebunden ist. Diese verbindenden DNA-Abschnitte sind je nach Art und Zelltyp verschieden lang. Ihre Länge kann zwischen 20 und 120 Nucleotidpaaren schwanken und beträgt beim Menschen etwa 50 Nucleotidpaare. Nucleosomen sind strukturelle Einheiten des Chromatins und haben hauptsächlich eine Verpackungsfunktion. Zusätzlich zur Verkürzung der effektiven Länge der DNA-Stränge durch das Aufwickeln um die Histone wird durch geordnete Packung der Nucleosomen (Abb. 27-23) eine Verminderung der Raumausdehnung erreicht. Auch Nicht-Histon-Proteine tragen zur räumlichen Fixierung des Chromatins bei, indem sie ein Gerüst, die nucleare Matrix, bilden.

Eukaryotische Zellen enthalten auch cytoplasmatische DNA

Bei Eukaryoten gibt es zusätzlich zu der DNA im Zellkern noch sehr geringe Mengen einer DNA mit einer anderen Basenzusammensetzung im Cytoplasma, und zwar in den Mitochondrien. Auch die Chloroplasten photosynthetisierender Zellen enthalten DNA. Der Anteil der DNA in diesen Zellorganellen beträgt in ruhenden somatischen Zellen normalerweise weniger als 0.1% der Gesamt-DNA. In befruchteten und sich teilenden Eizellen jedoch, die eine viel größere Anzahl von Mitochondrien enthalten, ist auch der Anteil der mitochondrialen DNA wesentlich größer. Die Mitochondrien-DNA (mDNA) ist, verglichen mit dem nuclearen Chromosom, ein sehr kleines Molekül. Es hat in tierischen Zellen eine relative Molekülmasse von nur 10 Millionen und liegt als zirkuläre Doppelhelix vor. Die DNA-Moleküle der Chloroplasten sind beträchtlich größer als die der Mitochondrien. Die DNAs dieser Organellen sind nicht mit Histonen assoziiert.

Über die Herkunft der Mitochondrien- und Chloroplasten-DNA ist viel spekuliert worden. Eine Ansicht ist, daß sie Chromosomen-Rudimente von Bakterien sind, die vor Urzeiten in das Cytoplasma der Zellen eingedrungen und zu den Vorstufen dieser Organellen geworden sind. Die Mitochondrien-DNA codiert für die mitochondrialen tRNAs und rRNAs sowie für einzelne Mitochondrien-Proteine. Da aber mehr als 95% der Mitochondrien-Proteine in der nuclearen DNA codiert sind, fragt man sich, warum es überhaupt DNA in Mitochondrien und Chloroplasten gibt. Das Vorkommen dieser DNAs wird damit zu einem der Rätsel der Zellgenetik. Mitochondrien und Chloroplasten teilen sich während der Teilung der

Wirtszelle (Abb. 27-24). Vor und während der Teilung der Mitochondrien wird ihre DNA repliziert und auf die Tochter-Mitochondrien verteilt.

Gene sind DNA-Abschnitte, die für Polypeptidketten oder RNAs codieren

Lassen Sie uns nun die wichtigsten funktionellen Untereinheiten der DNA, die Gene, betrachten. In der klassischen Biologie wurde das Gen als der Teil des Chromosoms definiert, der die Ausprägung einer einzelnen Eigenschaft bzw. eines *Phänotyps* bestimmt, wie z. B. die Farbe der Augen. (Das Wort Phänotyp heißt „Erscheinungsform"). Heute gibt es für das Gen eine molekulare Definition, die zuerst 1940 von George Beadle und Edward Tatum vorgeschlagen wurde. Sie behandelten Sporen des Schimmelpilzes *Neurospora crassa* mit Röntgenstrahlen oder Agentien, die DNA beschädigen und so Mutationen hervorrufen. Bei einigen der Mutanten fehlte das ein oder andere Enzym, was den Ausfall ganzer Stoffwechselwege verursachte (S. 385). Diese Beobachtung führte zu der Schlußfolgerung, daß ein Gen ein Abschnitt des genetischen Materials ist, der für die Bildung eines Enzyms verantwortlich ist: Das war die *Ein-Gen-ein-Enzym-Hypothese*. Später wurde dieses Konzept zur *Ein-Gen-ein-Protein-Hypothese* erweitert, da einige Gene für Nicht-Enzym-Proteine codieren. Die heute gültige Definition für das Gen ist noch etwas präziser.

Erinnern Sie sich, daß viele Proteine aus mehreren Polypeptidketten bestehen (S. 202). Bei manchen mehrkettigen Proteinen sind alle Polypeptidketten identisch, d. h. sie können durch ein und dasselbe Gen codiert werden. Andere jedoch bestehen aus zwei oder mehr verschiedenen Polypeptidketten mit jeweils anderen Aminosäuresequenzen. Hämoglobin z. B. enthält zwei Arten von Polypeptidketten, α- und β-Ketten, die sich in Länge und Aminosäuresequenz unterscheiden. Wir wissen heute, daß sie durch zwei verschiedene Gene codiert werden. Daher sollte die Beziehung „ein Gen – ein Protein" besser durch die Formulierung „*ein Gen – ein Polypeptid*" ersetzt werden.

Es werden aber nicht alle Gene als Polypeptidketten exprimiert. Einige Gene codieren für die verschiedenen Transfer-RNAs, andere für die verschiedenen ribosomalen RNAs. Gene, die für Polypeptide oder RNAs codieren, heißen *Struktur-Gene*: sie bestimmen die Struktur eines Gen-Endprodukts, wie z. B. eines Enzyms oder einer stabilen RNA. Die DNA enthält aber auch Bereiche mit rein regulatorischen Funktionen. Einige dieser regulatorischen Abschnitte stellen Signale dar, die den Beginn oder das Ende eines Struktur-Gens bezeichnen; andere beteiligen sich am Ein- oder Ausschalten der Transkription von *Struktur-Genen* und *Regulator-Genen*.

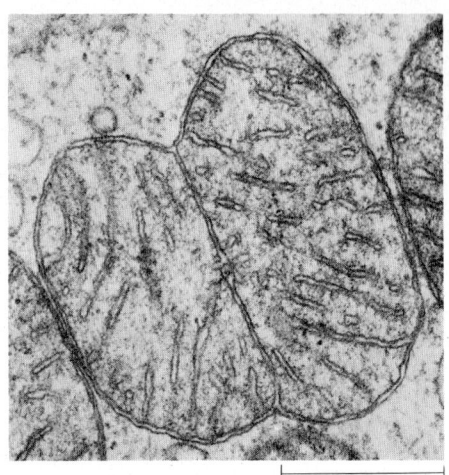

Abbildung 27-24
Teilung eines Mitochondriums aus dem Fettkörper eines Insekts.

Ein einzelnes Chromosom enthält viele Gene

Wieviele Gene enthält ein einzelnes Chromosom? Für *E.coli* können wir eine ungefähre Antwort auf diese Frage geben. Man schätzt, daß ein *E.-coli*-Chromosom mehr als 3000 Gene enthält, wahrscheinlich etwa 5000. Man hat versucht, die Zahl der in *E.-coli*-Zellen insgesamt vorhandenen verschiedenen Polypeptide aus einem zweidimensionalen Elektropherogramm direkt zu ermitteln. Dabei wurden etwa 1100 Flecke gezählt (Abb. 27-25), von denen jeder einem anderen Polypeptid entsprach. Bei diesem Wert handelt es sich um eine Mindestzahl, denn erstens können mit dieser Methode nicht alle Polypeptide getrennt werden und zweitens ist sie nicht empfindlich genug, um auch diejenigen Proteine nachzuweisen, die nur in wenigen Exemplaren pro Zelle vorkommen.

Die sequenzielle Anordnung vieler Gene in den Chromosomen von Viren und Bakterien konnte mit Hilfe verschiedener genetischer Verfahren aufgeklärt (kartiert) werden. Eine partielle genetische Karte von *E.coli* ist in Abb. 27-26 dargestellt. Sie zeigt die relative Lokalisierung einiger Gene entlang der ringförmigen DNA.

Abbildung 27-25
Fraktionierung der *E.-coli*-Proteine. Zweidimensionales Chromatogramm der Polypeptidketten in einem *E.-coli*-Extrakt. Auf dieser „Karte" sind über 1100 verschiedene Polypeptide erkennbar. Vermutlich sind noch viel mehr Polypeptide vorhanden, aber nicht erkennbar. Man hat versucht, alle Polypeptide in den verschiedenen Arten menschlicher Zellen zu trennen und zu zählen.

Trennung aufgrund von Unterschieden in den isoelektrischen Punkten ⟶

Trennung aufgrund der relativen Molekülmassen ↓

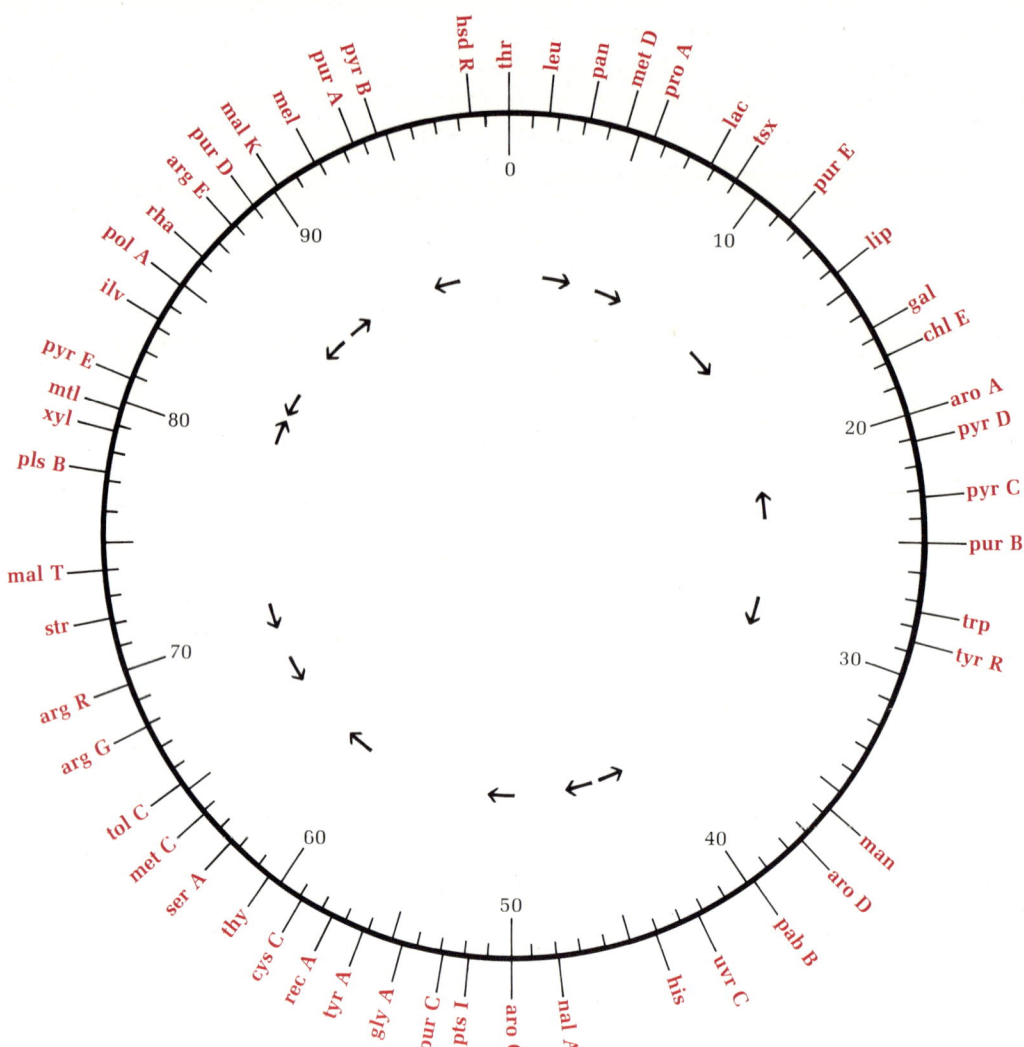

Abbildung 27-26
Die ringförmige Referenzkarte des Chromosoms von *E.coli* K12. Außen sind die Symbole der 52 Gene angegeben, deren relative Genorte mit großer Genauigkeit bekannt sind und die daher als Orientierungspunkte für die Kartierung anderer Gene dienen. Die Ziffern an der Innenseite geben die Zeit des Eintritts nach Beginn der sexuellen Konjugation in min an, d.h. der Transfer des ganzen männlichen Chromosoms in die weibliche Zelle dauert 100 min. Nullpunkt ist das Gen thr. Die Pfeile markieren die Startpunkte des Eintritts sowie Eintrittsrichtungen des männlichen Chromosoms bei verschiedenen Zellstämmen. Von denen mindestens 3000 *E.-coli*-Genen sind bis heute etwa 1000 kartiert worden.

Wie groß sind Gene?

Diese Frage können wir näherungsweise beantworten. Wir haben bereits gesehen (S. 889), daß die DNA in *E. coli* etwa 4 Millionen Nucleotidpaare enthält. Wenn *E. coli* 3000 Gene enthält, so besteht ein Gen im Durchschnitt aus 1300 Nucleotidpaaren. Das ist wahrscheinlich eine zu hohe Schätzung, denn sie berücksichtigt nicht die Existenz von Signalen, Spacern und Regionen mit unbekannter Funktion.

Wir können uns der Frage nach der Gengröße auf direktere Weise nähern. Wir wissen, daß jede Aminosäure einer Polypeptidkette durch die Sequenz dreier aufeinanderfolgender Nucleotide codiert wird (Abb. 27-27). Da es im genetischen Code keine „Kommas" gibt, sind die Code-Tripletts abstandslos aneinander gefügt, entsprechend der Aminosäuresequenz der Polypeptide, für die sie codieren. Abb. 27-27 zeigt die Codierungsbeziehungen zwischen DNA, RNA und Proteinen. Da eine einzelne Polypeptidkette zwischen 50 und

2000 Aminosäurereste enthält (S. 141), muß ein Gen, das für ein Polypeptid codiert, 150–6000 oder mehr Nucleotid-Einheiten enthalten. Wenn ein durchschnittliches Polypeptid aus etwa 350 Resten besteht, so entspricht das 1150 Nucleotidpaaren; die rund 4 Millionen Nucleotidpaare der *E.-coli*-DNA könnten also für $4 \times 10^6 / 1150 = 3500$ Gene ausreichen.

Die Tatsache, daß die Basenpaare in einer DNA-Doppelhelix 0.34 nm Abstand voneinander haben (S. 880), ermöglicht die Berechnung der Länge des Gens für eine durchschnittliche Polypeptidkette: $0.34 \text{ nm} \times 1150 = 410 \text{ nm} = 0.41 \, \mu\text{m}$. Da jedes Nucleotidpaar eine relative Molekülmasse von rund 650 hat, wäre die des Gens $650 \times 1150 = 750000$.

Die Gene, die Transfer-RNAs codieren, sind wesentlich kleiner als die für Polypeptide, denn eine Nucleotid-Einheit einer Transfer-RNA wird durch eine einzige Nucleotid-Einheit der DNA codiert.

Die DNA von Bakterien wird durch Restriktions-Modifikations-Systeme geschützt

Es ist seit langem bekannt, daß unter Millionen von Molekülen der Standard-Basen (A, T, G und C) einzelne vorkommen, die zusätzliche Methylgruppen tragen. Zur Aufklärung der biologischen Bedeutung dieser methylierten Basen führten einige wichtige Entdeckungen, die ganz wesentliche Auswirkungen auf die Genetik und die genetische Biochemie haben sollten. Jede Bakterien-Art verfügt über ein für sie charakteristisches Methylierungsmuster in den Basen ihrer DNA. Gelangt DNA einer anderen Art in eine Bakterienzelle, so wird diese durch das Fehlen des artspezifischen Methylierungsmusters als „fremd" erkannt und dann durch eine spezifische Nuclease zerstört. Diese Nuclease spaltet beide Stränge an der Stelle oder in der Nähe der Stelle, wo Methylgruppen fehlen, die die Wirtszelle besitzt. Auf diese Weise werden die fremden DNAs in Schranken gehalten (*restricted*).

Die DNA von Bakterien wird durch zwei Enzyme geschützt, deren Spezifitäten in enger Beziehung zueinander stehen: (1) eine *modifizierende Methylase* und (2) eine *Restriktionsendonuclease (Endodesoxyribonuclease)*. Die modifizierende Methylase ist verantwortlich für die Bildung eines für die Art charakteristischen Methylierungsmusters. Methyliert wird jeweils innerhalb einer spezifischen kurzen Basensequenz. Diese methylisierte Sequenz kommt in der Wirtszellen-DNA vielfach vor und die Methylgruppen dieser Sequenzen bleiben intakt, so lange die Zelle lebt. Die dazugehörige Restriktionsendonuclease ihrerseits spaltet jede DNA, die genau diese Basensequenzen in *unmethylisierter* Form enthält. Als Beispiel sei die Restriktionsendonuclease *Hin*DII des Bakteriums *Hemophilus influenzae* angeführt (für jede der Restriktionsendonucleasen gibt es eine symbolische Kurzschreibweise). Dieses Enzym spaltet an den

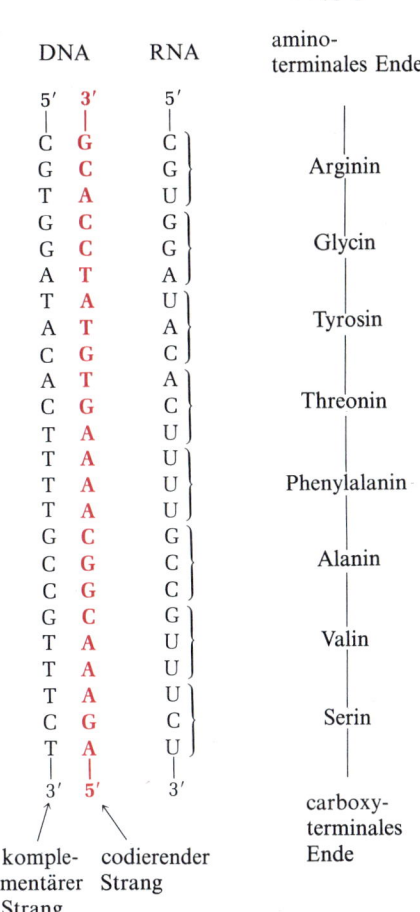

Abbildung 27-27
Kollinearität der Nucleotidsequenzen von DNA und mRNA und der Aminosäuresequenz von Polypeptidketten. Die Nucleotid-Tripletts der DNA bestimmen die Aminosäuresequenz in den Proteinen durch die dazwischengeschaltete Bildung einer mRNA, deren Nucleotid-Tripletts (Codons) komplementär zu denen des DNA-Matrizen-Stranges sind.

mit Pfeilen bezeichneten Stellen beide Stränge einer jeden DNA mit der folgenden Sequenz:

```
                Spalt-
                stelle
                  ↓
    5'  —G—T—Py—Pu—A—C—  3'
                 •
    3'  —C—A—Pu—Py—T—G—  5'
                 ↑
```

Dieselbe Sequenz wird jedoch nicht gespalten, wenn die mit farbigen Sternen markierten Basen methyliert sind:

```
                       *
    5'  —G—T—Py—Pu—A—C—  3'
                 •
    3'  —C—A—Pu—Py—T—G—  5'
         *
```

Bemerkenswert ist, daß diese kurze DNA-Sequenz, ob methyliert oder nicht, eine innere Symmetrie besitzt. Symmetriezentrum ist der farbig eingezeichnete Punkt. Drehung der Formel um 180° in der Papierebene um diesen Punkt ergibt wieder dieselbe Anordnung der Basen. Diese Art von Symmetrie wird *zweizählige Rotationssymmetrie* genannt. Die meisten der bis heute identifizierten Modifikations-Restriktions-Sequenzen haben diese zweizählige Symmetrie. *Hin*DII spaltet im Zentrum dieser Sequenz. Die in beiden Einzelsträngen gespaltene fremde DNA kann nicht repariert und daher auch nicht repliziert werden. Sie wird durch andere Nucleasen zu Mononucleotiden abgebaut.

Tab. 27-7 zeigt die spezifischen Spaltsequenzen für einige typische Restriktionsendonucleasen verschiedener Bakterien. Jede dieser Erkennungssequenzen besitzt eine zweizählige Symmetrieachse. Manche Restriktionsendonucleasen, wie z.B. *Hin*DII, erzeugen gleichmäßig abgeschnittene, stumpfe Enden während andere, wie z.B. *Eco*RI, eine Endonuclease aus E. coli, ungleichmäßig abgeschnittene, überstehende Enden bilden. Die überstehenden Einzelstrangstücke heißen *kohäsive* oder *klebrige Stellen (sticky ends)*, denn sie können miteinander Basenpaare bilden.

Statistisch ist eine bestimmte Sequenz aus sechs Nucleotiden einmal pro 4000 Nucleotidpaare zu erwarten. Da die DNAs von Bakterien Millionen von Nucleotidpaaren enthalten, ist es sehr wahrscheinlich, daß jede fremde Bakterien-DNA durch jede beliebige Restriktionsendonuclease wenigstens einmal gespalten wird. Die methylierte Sequenz der Wirtszellen kann nicht an die Restriktionsendonuclease gebunden und daher nicht gespalten werden.

In den verschiedenen Bakterien-Arten sind bisher etwa 400* verschiedene Restriktionsendonucleasen gefunden worden. Einige Bakterien haben mehr als einen Satz zueinanderpassender Methyla-

* 1982

Tabelle 27-7 Spezifität einiger Restriktionsendonucleasen.*

Bildung von glatt abgeschnittenen Enden
*Hin*DII
```
                      ↓   *
    5'  —G—T—Py—Pu—A—C—  3'
                 •
    3'  —C—A—Pu—Py—T—Gᵃ  5'
         *         ↑
```
*Hpa*I
```
                ↓
    5'  —G—T—T—A—A—C—  3'
               •
    3'  —C—A—A—T—T—G—  5'
               ↑
```

Bildung von versetzt abgeschnittenen Enden
*Eco*RI
```
          ↓   *
    5'  —G—A—A—T—T—C—  3'
               •
    3'  —C—T—T—A—A—G—  5'
               *   ↑
```
*Eco*RII
```
         ↓   *
    5'  —N—C—C—N—G—N—  3'
               •
    3'  —N—G—G—N—C—N—  5'
                   *   ↑
```
*Hin*DIII
```
         *  ↓
    5'  —A—A—G—C—T—T—  3'
               •
    3'  —T—T—C—G—A—A—  5'
                   ↑  *
```

* Der farbige Punkt bezeichnet die zweizählige Drehachse, die farbigen Pfeile geben die Spaltstellen an. Die farbigen Sterne bezeichnen (so weit bekannt) die Basen, die in der Herkunftszelle des Enzyms methyliert sind. Die Herkunftsorganismen sind *Hemophilus influenzae* für *Hin*DII und *Hin*DIII, E.coli für *Eco*RI *Eco*RII und *Hemophilus parainfluenzae* für *Hpa*I. Pu = Purin, Py = Pyrimidin und N = A oder T.

sen und Restriktionsendonucleasen. DNA-Viren haben jedoch gelernt, diesen Abwehrmechanismus ihrer Wirtszellen auf verschiedene Weise zu unterlaufen. Einige Virus-DNAs enthalten verschiedene Arten von Modifikationen, die es ihnen ermöglichen, der Zerstörung durch die Restriktionsendonucleasen der Wirtszellen, in die sie eindringen, zu entgehen. Die modifizierenden Gruppen dieser Virus-DNAs sind Methyl-, Hydroxymethyl- und Glucosylgruppen. Andere Viren haben DNA-Sequenzen entwickelt, die für einige Restriktionsendonucleasen keine Erkennungssequenzen enthalten.

Die Restriktionsendonucleasen haben aus ganz anderen Gründen eine überragende Bedeutung erlangt: sie sind durch ihre Fähigkeit, beide Stränge einer DNA an nur ganz wenigen spezifischen Stellen zu spalten, zu einem sehr wichtigen methodischen Hilfsmittel geworden. Diese Eigenschaft hat ein neues Zeitalter in der Biochemie der Gene eingeläutet. Restriktionsendonucleasen, von denen bereits viele im Handel erhältlich sind, haben eine systematische Unterteilung und Kartierung von Chromosomen ermöglicht und sind unersätzliche Hilfsmittel für die Bestimmung von DNA-Basensequenzen geworden. Zusammen mit anderen Entwicklungen haben Restriktionsendonucleasen die Möglichkeit geschaffen, Gene herauszutrennen (zu spleißen) und in das Genom eines anderen Organismus zu integrieren (Kapitel 30). 1978 erhielten Werner Arber aus der Schweiz sowie Hamilton Smith und Daniel Nathans aus den USA den Nobelpreis für Medizin für die Entdeckung der DNA-Restriktion, der Reaktionsweise der Restriktionsendonucleasen und deren Verwendbarkeit für die Zergliederung von Genen.

Eukaryotische DNA enthält Basensequenzen, die sich vielfach wiederholen

Prokaryoten enthalten normalerweise nur ein Exemplar ihrer DNA pro Zelle, und fast immer enthält jedes DNA-Molekül auch nur ein Exemplar von jedem Gen. Abgesehen von den Regulations- und Signalbereichen gibt es bei Prokaryoten relativ wenig, „schweigende" oder nicht übersetzte DNA. Außerdem ist jedes Gen genau kollinear mit der Aminosäuresequenz (oder RNA-Sequenz), für die es codiert (Abb. 27-27).

Die Organisation der Gene in Eukaryoten-DNA ist strukturell und funktionell sehr viel komplexer. Untersuchungen über die Multiplizität einiger Abschnitte von Mäuse-DNA brachten ein überraschendes Ergebnis. Etwa 10% der Mäuse-DNA bestehen aus kurzen Sequenzen mit weniger als 10 Basenpaaren, die mehrere Millionen mal wiederholt werden. Sie werden *hochrepetitive Sequenzen* genannt. Weitere 20% der Mäuse-DNA werden in Abschnitten gefunden, die mindestens 1000mal wiederholt werden, den *mäßig repetitiven Sequenzen*. Die restlichen 70% bestehen aus einmaligen, d.h. nicht wiederholten Segmenten sowie aus solchen, die nur wenige Male wiederholt werden. Die am stärksten repetitiven Sequenzen sind die Satelliten-DNAs, sie werden vermutlich nicht übersetzt.

Untersuchungen dieser Art wurden auf eine große Zahl von Spezies ausgedehnt und es gilt heute als wahrscheinlich, daß alle eukaryotischen Chromosomen repetitive DNA enthalten, Prokaryoten dagegen im allgemeinen nicht. Die Anteile hoch- und mäßig repetitiver Sequenzen schwanken von einer Eukaryoten-Art zur anderen.

Einige Eukaryoten-Gene kommen pro Zelle in vielen Exemplaren vor

Einige Gene kommen zumindestens während bestimmter Stadien des Zellcyclus in zahlreichen Exemplaren pro Zelle vor. Das auffallendste Beispiel ist der Satz von Genen für die vier ribosomalen RNAs, die ja in einer normalen Zelle in großer Zahl gebraucht werden. In den Eizellen von Amphibien kann die Zahl der Gene für drei dieser vier RNAs noch weiter erhöht sein. Das ist nötig, weil die Eizelle nach der Befruchtung eine schnelle Folge von Zellteilungen durchmacht. Sie braucht dann sehr viele Ribosomen für die Synthese der Zellproteine. Auch die Gene für Histone kommen in manchen Zellen in vielen Exemplaren vor, in verschiedenen Eukaryoten sind es bis zu 1000. Frühe Embryonen müssen während der starken Wachstumsphase ihre Histone sehr schnell herstellen können. Im Genom von Küken kommen die Gene für das Keratin der Federn ebenfalls in zahlreichen Exemplaren vor.

Man könnte nun annehmen daß dies auch für die Gene für andere in großen Mengen vorkommende Proteine, z. B. Hämoglobin, Serumalbumin, Kollagen oder Eialbumin gilt. Das ist aber nicht generell der Fall; die meisten eukaryotischen Gene kommen nur als einzelne Exemplare oder in sehr kleiner Anzahl vor.

Die Eukaryoten-DNA enthält viele Palindrome

Eukaryoten-DNA hat noch eine weitere charakteristische Eigenschaft. Sie enthält zahlreiche (vielleicht viele tausend) *Palindrome*. Mit Palindrom (Bedeutung des griechischen Wortes: „wieder zurücklaufen") bezeichnet man Worte, Sprüche oder Sätze, die vorwärts oder rückwärts gelesen gleich lauten, z.B.:

Ein Neger mit Gazelle zagt im Regen nie

Der Ausdruck wird für Bereiche eukaryotischer DNA verwendet, die inverse Wiederholungen von Basensequenzen mit zweizähliger Symmetrie enthalten, wie die kurzen Erkennungssequenzen für die

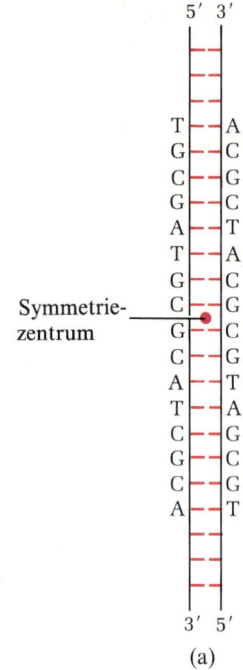

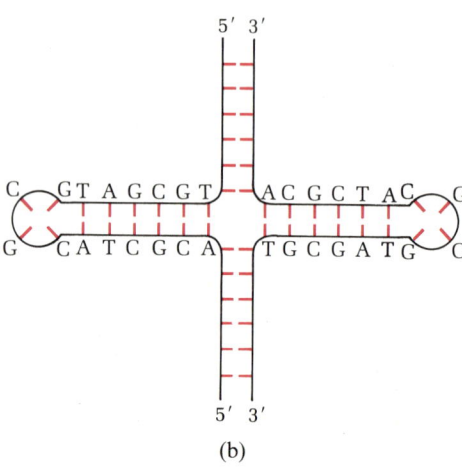

Abbildung 27-28
(a) Ein Palindrom, auch inverses Repetition genannt, mit einer zweizähligen Drehachse und einem Symmetriezentrum.
(b) Kreuzförmige Struktur, die entsteht, wenn die beiden Stränge untereinander statt mit dem Gegenstrang Basenpaare bilden. Manche Palindrome bestehen aus Dutzenden oder Hunderten von Basen, die in einer solchen inversen Sequenz angeordnet sind.

Restriktionsendonucleasen. In Abb. 27-28 ist ein Beispiel hierfür gezeigt.

Viele Palindrome enthalten bis zu 1000 Basenpaare. Die kürzeren stellen möglicherweise spezielle Signale dar, wie z. B. bei den Restriktionssequenzen. Lange Palindrome können durch Basenpaarung innerhalb eines Stranges kreuzförmige Schlaufen bilden (Abb. 27-28). Die Funktion der langen Palindrome ist nicht bekannt.

Viele eukaryotische Gene enthalten intervenierende, nicht transkribierte Sequenzen (Introns)

Viele, wahrscheinlich sogar die meisten eukaryotischen Gene haben eine sehr verwirrende Eigenheit: ihre Basensequenzen enthalten ein oder mehrere dazwischengelagerte Segmente, die nicht für die Aminosäuresequenz des Polypeptids codieren. Diese nicht übersetzten Einschübe unterbrechen die sonst genau kollineare Beziehung zwischen der Nucleotid-Sequenz des Gens und der Aminosäuresequenz des betreffenden Polypeptids (s. Abb. 27-29). Solche nicht übersetzten DNA-Abschnitte in Genen werden *intervenierende Sequenzen* oder *Introns* genannt, die codierenden Abschnitte *Exons*. Ein gut bekanntes Beispiel hierfür ist das Gen für das einzige Polypeptid des Ei-Proteins Ovalbumin. Wie Abb. 27-29 zeigt, hat das Gen sieben Introns, die das Ovalbumin-Gen in acht Exons unterteilen. Darüberhinaus sind die Introns speziell bei diesem Gen viel länger als die Exons; insgesamt machen die Introns 85% der Gesamtlänge des Gens aus (Abb. 27-29). Mit wenigen Ausnahmen *enthalten alle eukaryotischen Gene, die bisher daraufhin untersucht worden sind, Introns. Sie variieren in Anzahl, Position und dem Anteil an der Gesamtlänge des Gens.* Das Gen für Serumalbumin enthält z. B. sechs Introns, das Gen für das Protein Conalbumin im Hühnerei 17. Für das Collagen-Gen wurden 50 Introns gefunden. Eine Ausnahme bilden die Histon-Gene; sie scheinen keine Introns zu haben.

Über die Funktion der Introns ist man sich noch nicht ganz im klaren. Eine Vorstellung ist, daß sie Regulationssignale enthalten, eine andere, daß Introns das Gen in austauschbare Einheiten (Mini-Gene) unterteilen, die während der Evolution der Arten zu neuen Genen rekombiniert werden können. Was immer die Funktion von Introns und Exons sein mag: durch sie sind einige Probleme für die Transkription der Gene (Kapitel 28) aufgetaucht.

Die Basensequenzen einiger DNAs konnten bestimmt werden

1977 wurde die Basensequenz eines ganzen DNA-Moleküls des Bakteriophagen *ΦX*174 bestimmt. Diese außerordentliche Leistung signalisierte die Eröffnung eines neuen Zeitalters in der Biochemie der

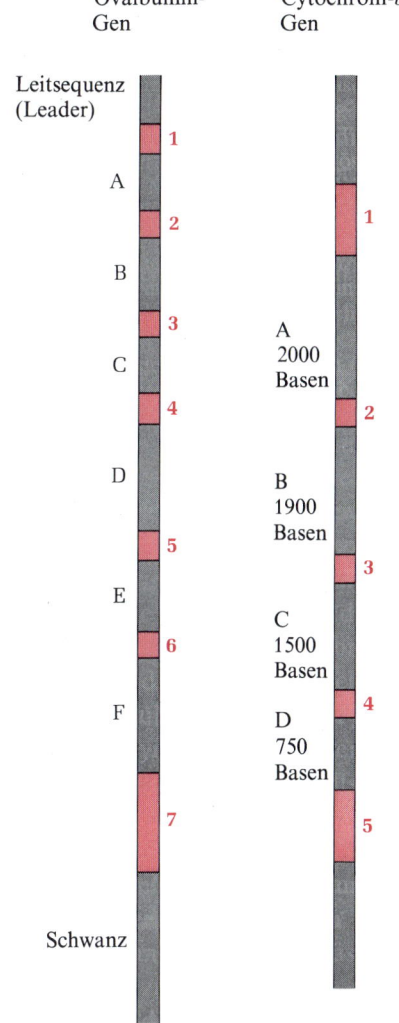

Abbildung 27-29
Intervenierende Sequenzen (Introns) in zwei eukaryotischen Genen. Das Gen für Ovalbumin hat sechs Introns (grau, A bis F) und wird somit in sieben Exon-Bereiche unterteilt (farbig, 1 bis 7). Das Gen für Cytochrom *b* hat vier Introns (grau, A bis D) und fünf Exons (farbig, 1 bis 5). In beiden Fällen enthalten die Introns den größten Teil der DNA. Für das Cytochrom-*b*-Gen ist die Anzahl der Basen in den Introns angegeben.

Gene und Chromosomen. Seitdem wurden die Basensequenzen einer Reihe von Genen bestimmt und es scheint nun im Prinzip möglich zu sein, jede beliebige DNA-Sequenz aufzuklären.

Vor 1977 waren bereits die Basensequenzen vieler RNAs und einiger kleiner mRNAs bestimmt worden. Robert Holley und seine Mitarbeiter haben als erste die Basensequenz einer Nucleinsäure bestimmt, und zwar die der tRNA für Alanin aus Hefe. Die Arbeit daran dauerte mehrere Jahre und war 1965 beendet. Obwohl tRNAs aus weniger als 100 Nucleotiden bestehen, enthalten sie viele, ungewöhnliche modifizierte Basen, die identifiziert werden mußten. Die Hauptschwierigkeit bei der Sequenzierung von DNAs war aber anderer Art. Wir haben gesehen, daß ein *E.-coli*-Gen 1200 Nucleotidpaare enthält und die DNA des Bakteriophagen ΦX174 mehr als 5000. In der Vergangenheit standen keine Methoden für eine selektive Spaltung der DNA zur Verfügung. Auch wenn es eine Möglichkeit gegeben hätte, selektiv an einem der Nucleotidreste zu spalten, z.B. immer am A-Rest, so wäre bei dieser Spaltung noch eine so große Anzahl kleiner Bruchstücke angefallen, daß deren Trennung äußerst schwierig geworden wäre. Und auch, wenn man das geschafft hätte, so wäre man nun vor der fast unlösbaren Aufgabe gestanden, alle diese Bruchstücke in der richtigen Reihenfolge anzuordnen.

Drei wichtige Entwicklungen bewirkten hierin einen Durchbruch. Die erste war die Entdeckung der Restriktionsendonucleasen, die DNA-Moleküle nur an relativ wenigen Stellen spalten. Die Verwendung von zwei oder mehr verschiedenen Restriktionsendonucleasen (Tab. 27-7) machte es möglich, DNA-Moleküle auf unterschiedliche Weise zu fragmentieren, so daß man Sequenzüberlappungen bekam, genau wie eine Polypeptidkette bei Verwendung zweier verschiedener proteolytischer Enzyme, (z.B. von Trypsin und Chymotrypsin) auf verschiedene Weise fragmentiert werden kann (S. 148). So ist z.B. die DNA des Simianvirus 40 (SV40) eines tierischen Virus (Abb. 27-30), der einige Zellen in maligne transformieren kann, mit Restriktionsendonucleasen an verschiedenen spezifischen Stellen unter Bildung von Bruchstücken gespalten worden, wodurch die Lage einzelner Gene bestimmt werden konnte. Abb. 27-31 zeigt eine mit drei Restriktionsendonucleasen erhaltene Spaltungskarte von SV40-DNA.

Der zweite große Fortschritt war die Verfeinerung der elektrophoretischen Methoden zur Trennung von DNA-Fragmenten nach der Anzahl der enthaltenen Nucleotide. Diese Methode ist so empfindlich, daß bei DNA-Fragmenten mit bis zu 200 Nucleotide noch eine Trennung möglich ist, wenn sie sich nur um ein Nucleotid unterscheiden.

Der dritte Fortschritt war die Technik des DNA-Klonierens (Kapitel 30). Sie ermöglichte die Präparation relativ großer Mengen reiner Gene als Ausgangsmaterial zur Sequenzierung. Für die Sequenzermittlung der DNA wurden hauptsächlich zwei Methoden

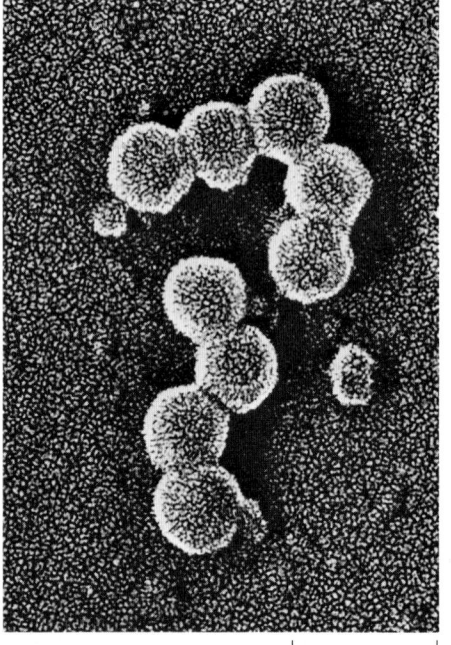

Abbildung 27-30
Der Simianvirus 40 (SV40) verursacht Krebs bei Hamstern und anderen Kleintieren. Er ist einer der kleinsten krebserregenden Viren. SV40 besitzt eine ikosaedrische (20-flächige) Proteinhülle.

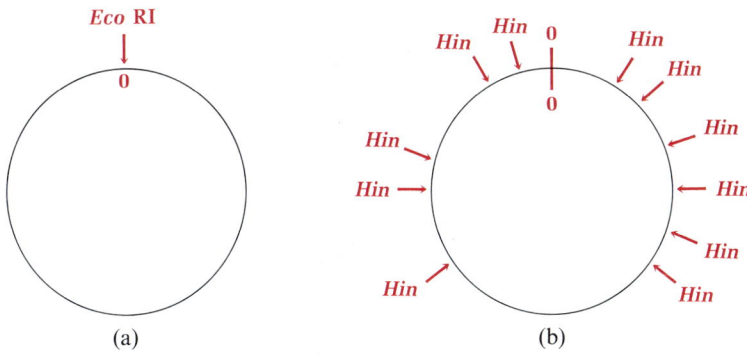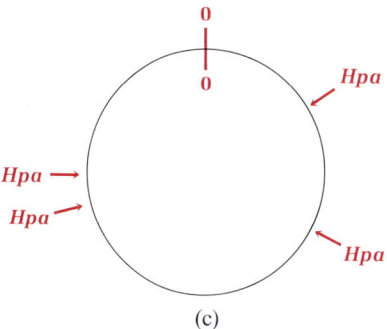

Abbildung 27-31
Spaltungsstellen der drei Restriktionsendonucleasen *Eco*RI, *Hin* und *Hpa* auf dem zirkulären SV 40-DNA-Molekül. Jeder der Nucleasen erkennt eine spezifische Restriktionssequenz und katalysiert dort eine Doppelstrangspaltung.
(a) *Eco*RI spaltet das zirkuläre SV40 nur an einer Stelle, wodurch das Molekül in eine lineare Form übergeht. Das ist die als Nullpunkt bezeichnete Stelle, auf die die Spaltungsstellen der anderen Endonucleasen bezogen werden.
(b) *Hin* (eine Mischung aus *Hin*DII und *Hin*DIII) spaltet an 11 Stellen, so daß 12 Bruchstücke entstehen.
(c) *Hpa* spaltet nur an 4 Stellen und produziert 5 Bruchstücke. Dieses waren die ersten von Daniel Nathans und seinen Kollegen für die Kartierung der SV40-Gene verwendeten Endonucleasen. Inzwischen kennt man die Spaltungsstellen vieler anderer Endonucleasen auf der SV40-DNA.

entwickelt; für jede von beiden gibt es eine Reihe von Variationen. Frederick Sanger, der als erster die Aminosäuresequenz eines Proteins, nämlich die des Insulins, bestimmte (S. 149), hat auch als erster die Basensequenz einer DNA aufgeklärt, und zwar im Jahre 1977 die des Phagen *ΦX*174. Sanger und seine Mitarbeiter entwickelten ein sehr elegantes Verfahren, die Kettenabbruch-Methode (auch als „Plus-Minus-System" bezeichnet). Alan Maxam und Walter Gilbert entwickelten unabhängig hiervon eine andere, die sogenannte *chemi-*

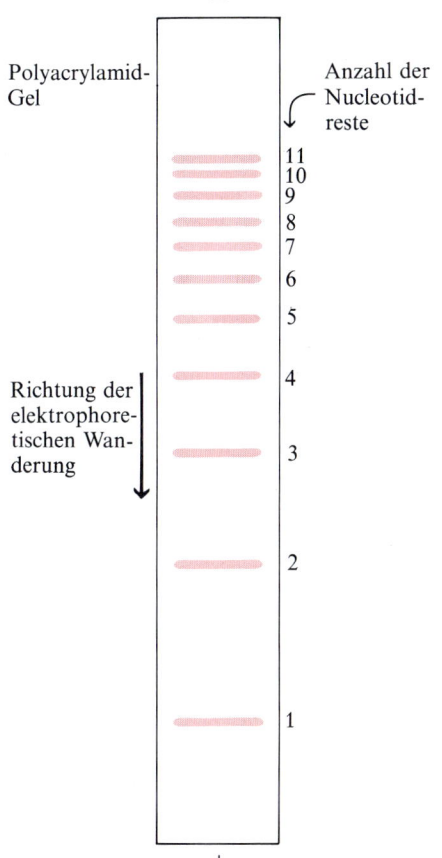

Abbildung 27-32
Elektrophoretische Trennung von Oligonucleotiden aufgrund ihrer Kettenlängen. Die Elektrophorese wird an Blöcken aus Polyacrylamid-Gel durchgeführt. Das kürzeste Nucleotid wandert am schnellsten zur positiven Elektrode. Durch Änderung der Porosität des Polymer-Gels kann das Verfahren für die Trennung viel längerer Oligonucleotidketten angepaßt werden. Auf diese Weise können Oligonucleotide mit bis zu 200 und mehr Resten auch dann noch getrennt werden, wenn sie sich nur um einen einzigen Rest unterscheiden.

Kasten 27-1 Die Sequenzierung eines kurzen DNA-Fragmentes mit der chemischen Methode von Maxam und Gilbert.

Die folgende Beschreibung verzichtet auf einige Details und konzentriert sich auf das Prinzip der Methode. Nehmen wir an, bei der Spaltung einer DNA mit einer Restriktionsendonuclease fällt ein 10 Reste langes Fragment mit folgender Sequenz an:

5'-Ende 3'-Ende
G-A-T-C-A-G-C-T-A-G

Der erste Schritt besteht in der radioaktiven Markierung des Restes am 5'-Ende, was wir durch farbige Unterlegung des 5'-endständigen G-Restes kennzeichnen wollen.

G-A-T-C-A-G-C-T-A-G

Der Versuchsansatz mit diesem 5'-markierten Oligonucleotid wird nun in vier Teile geteilt. Der erste Teil wird einer chemischen Behandlung unterzogen, die das Oligonucleotid in kleinere Stücke spaltet, und zwar so, daß statistisch verteilt einige C-Reste aus der Kette herausgeschnitten werden. Das oben abgebildete, markierte Oligonucleotid kann nach Spaltung mit der C-spezifischen Methode die folgende Mischung von Bruchstücken ergeben:

G-A-T-C-A-G
T-A-G
G-A-T
A-G-C-T-A-G
A-G

Wieder sind die 5'-markierten Reste farbig unterlegt. Beachten Sie, daß zwei der Bruchstücke markiert sind und folglich das 5'-Ende des ursprünglichen Oligonucleotids enthalten, während T-A-G, A-G-C-T-A-G und A-G nicht markiert sind und demnach das 5'-Ende verloren haben müssen. Wir befassen uns jetzt nur noch mit den markierten Bruchstücken.

Der zweite Teil des Ausgangsmaterials wird einem anderen chemischen Verfahren unterworfen, das nur G-Reste entfernt, so daß, wie Abb. 1 zeigt, ein anderer Satz markierter Bruchstücke entsteht. (Die unmarkierten Bruchstücke sind nicht dargestellt.) Mit dem dritten und vierten Teil werden analoge Reaktionen zur Entfernung von A- bzw. T-Resten durchgeführt. Wir haben nun vier verschiedene Mischungen markierter Bruchstücke, die durch vier verschiedene chemische Prozesse entstanden sind (Abb. 1).

Jede der vier Mischungen von Bruchstücken wird jetzt gelelektrophoretisch getrennt, unter Bedingungen, bei denen die Oligonucleotide nur nach der Anzahl ihrer Reste getrennt werden, unabhängig von ihrer Basenzusammensetzung. Dabei wandert das kleinste Bruchstück am schnellsten. Die genaue Position jedes markierten Bruchstückes im Gel wird nun mittels Autoradiographie auf einem photographischen Film ermittelt. Dabei bleiben die Positionen der unmarkierten Bruchstücke unsichtbar, sie werden für die Sequenzanalyse auch nicht gebraucht.

Abb. 1 zeigt die ermittelten Positionen in schematischer Darstellung auf einem unterlegten Verteilungsraster, das die theoretischen Positionen aller Oligonucleotide mit einer Länge von 1–10 Resten andeutet. Wir erkennen, daß die zwei markierten Bruchstücke des ersten Spaltungsansatzes drei und sechs Reste enthalten. Beide Bruchstücke enthielten ursprünglich ein C als nächsten Rest, denn das Verfahren, durch das die Bruchstücke entstanden sind, schnitt nur C heraus. Daher wissen wir jetzt, daß die Reste 4 und 7 (vom 5'-Ende aus gezählt) C-Reste gewesen sein müssen.

Dasselbe machen wir nun mit den drei anderen Gruppen von Bruchstücken, die durch die entsprechenden G-, A- bzw. T-spezifischen Spaltungen entstanden sind. Die Ergebnisse sehen wir ebenfalls in Abb. 1. Die durch Herausschneiden von G erhaltenen Bruchstücke wandern mit Geschwindigkeiten, die anzeigen, daß sie aus 9 bzw. 5 Nucleotiden bestehen; also müssen die Reste 6 und 10 des ursprünglichen Oligonucleotids G gewesen sein. Der dritte, durch Herausschneiden von A entstandene Satz von Bruchstücken zeigt, daß in Position 2, 5 und 9 A gewesen sein muß, und der vierte zeigt, daß Position 3 und 8 T enthalten hatten. Unten in Abb. 1 ist noch einmal die nun aus diesem einfachen Verfahren abgeleitete Basensequenz des ursprünglichen Oligonucleotids dargestellt. Mit dieser Methode kann die Basensequenz von Oligonucleotiden mit 200 oder mehr Resten in oft weniger als zwei Tagen bestimmt werden.

Zur Ermittlung der Basensequenz eines ganzen DNA-Moleküls wird dies zunächst mit einer Restriktionsendonuclease fragmentiert. Jedes Fragment wird dann auf die in Abb. 1 dargestellte Weise sequenziert. Danach wird ein zweiter Teil

---

sche Methode. In beiden Verfahren werden Fragmente aus Spaltungen mit Restriktionsendonucleasen eingesetzt. Der Kasten 27-1 zeigt das Arbeitsprinzip der Sequenzierungsmethode von Maxam und Gilbert.

der Ausgangs-DNA mit einer anderen Restriktionsendonuclease an anderen Stellen gespalten, so daß ein anderer Satz von Fragmenten entsteht. Wenn diese Fragmente ebenfalls analysiert werden, können sie die nötigen Überlappungssequenzen liefern, die man braucht, um den ersten Satz von Fragmenten in die richtige Reihenfolge zu bringen und auf die Basenfrequenz der ursprünglichen nativen DNA zu schließen. Manchmal muß ein dritter und vierter Satz von Fragmenten analysiert werden, wenn einzelne Sequenzbereiche nach den ersten beiden Fragmentierungen ungeklärt bleiben.

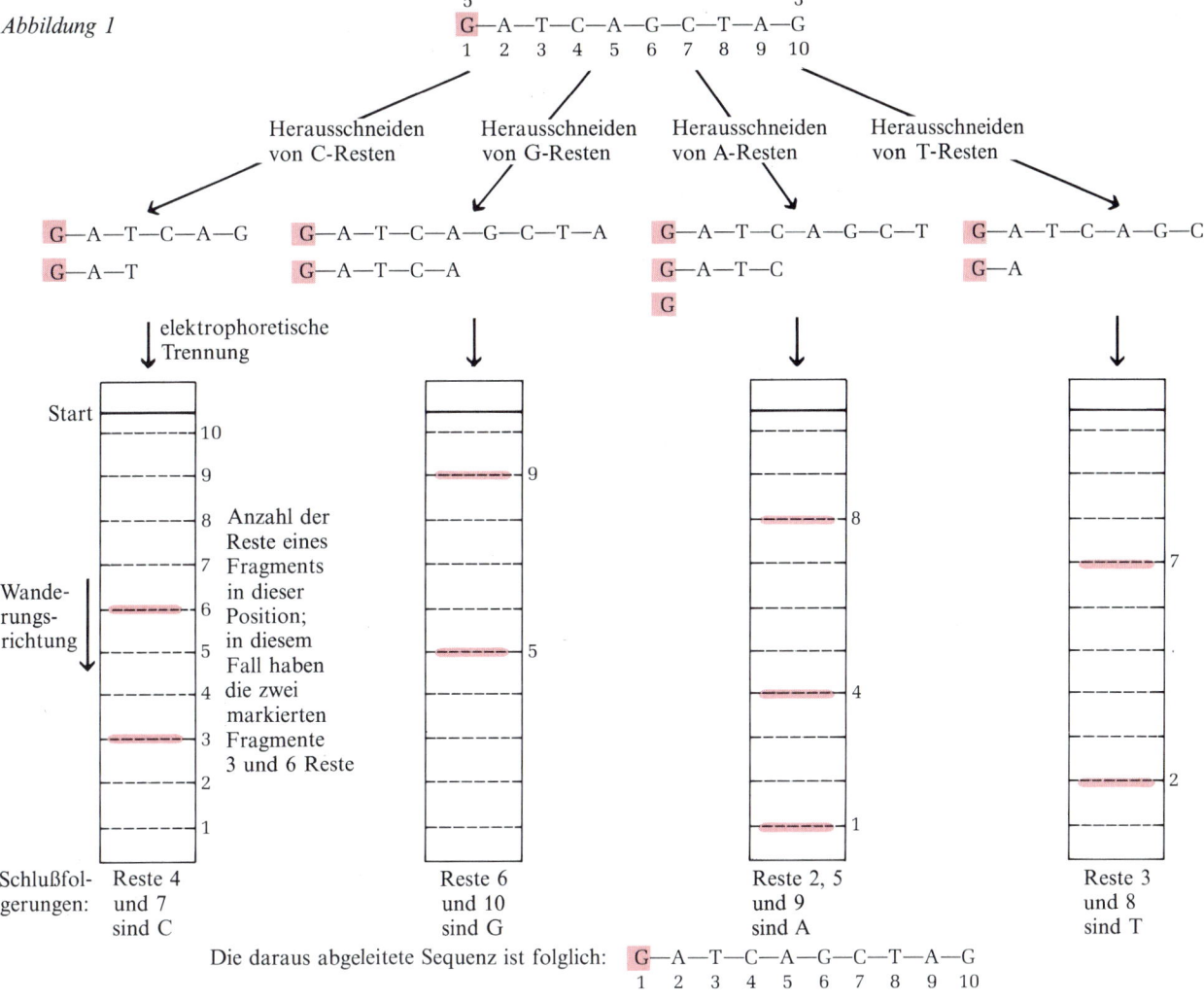

Abbildung 1

Zusammenfassung

Beweisführungen verschiedener Art zeigen, daß DNA genetische Information enthält. Das Avery-McLeod-MacCarty-Experiment hat gezeigt, daß aus einem Bakterienstamm isolierte DNA in die Zellen eines anderen Stammes eindringen und diese transformieren kann, indem sie die Empfängerzelle mit vererbbaren Eigenschaften der Donorzelle ausstattet. Das Hershey-Chase-Experiment zeigt, daß die DNA eines Bakteriophagen, nicht aber seine Proteinhülle die genetische Information für die Replikation des Virus in der Wirtszelle enthält. Alle somatischen Zellen einer gegebenen Art enthalten DNA mit derselben Basensequenz. Diese kann nicht durch andere Ernährung oder Umweltbedingungen verändert werden. Obwohl die Basenzusammensetzung artspezifisch ist und von Art zu Art variiert, ist in allen doppelsträngigen DNAs die Anzahl der Adeninreste gleich der Anzahl der Thyminreste und die der Guaninreste gleich der der Cytosinreste.

Aus Röntgenanalysen an DNA-Fasern und den Basenäquivalenzen in der DNA schlossen Watson und Crick, daß native DNA aus zwei antiparallelen Strängen in doppelspiraliger Anordnung besteht. Die komplementären Basen A und T sowie G und C sind durch Wasserstoffbindungen innerhalb der Helix gepaart und das hydrophile Zucker-Phosphat-Rückgrat befindet sich an der Außenseite. Die Basenpaare sind senkrecht zur Längsachse dicht gepackt. Ihr Abstand voneinander beträgt 0.34 nm; jede vollständige Umdrehung der Doppelhelix enthält etwa 10 Basenpaare. Die komplementären Eigenschaften der Doppelhelix lassen eine Möglichkeit zur genauen Replikation beider Stränge vermuten.

Native DNA erleidet bei Einwirkung von Hitze oder extremen pH-Werten eine reversible Entspiralisierung und Trennung beider Stränge. Da G≡C-Paare stabiler sind als A=T-Paare, ist der Schmelzpunkt von G-C-reicher DNA höher als der von A-T-reicher. Ein denaturierter DNA-Einzelstrang einer Spezies kann mit einem denaturierten DNA-Strang einer anderen Spezies eine hybride Doppelhelix bilden, sofern die Sequenzen eine gewisse Homologie aufweisen. Das Ausmaß der Bildung solcher Hybride ist ein Maß für die Verwandtschaft verschiedener Arten und eine Grundlage zur Untersuchung von Homologien zwischen DNAs und RNAs.

Bei verschiedenen DNA-Phagen kann das einzige DNA-Molekül ein zirkulärer oder linearer Doppelstrang sein; einige virale DNAs, wie die von $\Phi X174$ sind einzelsträngig. Virale DNAs sind superspiralisiert; das erleichtert ihre Verpackung im Innern des Virions. Das einzige Chromosom der Bakterien ist ein viel größerer zirkulärer Doppelstrang. Die DNA von Bakterien ist in vielen Schlaufen aufgefaltet, von denen jede einzelne superspiralisiert ist. Eukaryotische Zellen haben zahlreiche Chromosomen; jedes enthält ein einzelnes, sehr großes lineares DNA-Molekül, das 4- bis 100mal so groß ist wie das Einzelchromosom der Prokaryoten. Eukaryotische DNA ist in regelmäßigen Abständen um einen Satz basischer Proteine (Histone) herumgewickelt, wodurch Nucleosomen gebildet werden.

Struktur-Gene sind DNA-Segmente, die für Polypeptidketten, tRNAs oder ribosomale RNAs codieren. Virus-DNAs enthalten relativ wenige Gene, *E.coli* dagegen enthält 3000 oder mehr, von denen viele an spezifischen Stellen des ringförmigen Chromosoms lokalisiert werden konnten. Viele Bakterien-Arten schützen ihre DNA, indem sie spezifische Basen an bestimmten Stellen mittels modifizierender Methylasen methylieren und fremde DNAs ohne diese identifizierenden Methylgruppen mittels Restriktionsendonucleasen zerstören. Eukaryotische DNA hat viele hoch-repetitive Sequenzen, eine mittlere Anzahl längerer, mäßig repetitiver Sequenzen, denen man eine Rolle bei der Regulation zuschreibt, und eine Anzahl nur einmal vorhandener Segmente, die Struktur-Gene zu sein scheinen. Eukaryotische Gene enthalten dazwischengeschaltete, nicht übersetzte Nucleotidsequenzen, die Introns. Die Nucleotidsequenzen einiger Gene und Virus-DNAs sind mit Hilfe von neu entwickelten Methoden bestimmt worden.

Aufgaben

1. *Die Basenpaarung der DNA.* In zwei DNA-Proben, die aus nicht identifizierten Bakterien isoliert wurden, macht der Adeninanteil 32 bzw. 17% der gesamten Basen aus. Welche relativen Mengen an Adenin, Guanin, Thymin und Cytosin sind in den zwei DNA-Proben zu erwarten? Welche Annahmen haben Sie dabei gemacht? Eine der Bakterien wurde aus einer heißen Quelle isoliert (64 °C). Welche DNA stammt aus den thermophilen Bakterium? Auf welcher Grundlage läßt sich die Frage beantworten.

2. *Die Basensequenz komplementärer DNA-Stränge.* Von einer doppelhelikalen DNA hat ein Strang die Sequenz (5′) ATGCCGTATGCATTC(3′). Schreiben Sie die Sequenz des hierzu komplementären Stranges auf.

3. *Die DNA im menschlichen Körper.* Berechnen Sie die Masse (in mg) eines Moleküls einer DNA-Doppelhelix, die so lang ist wie der Abstand Erde–Mond (320000 km). Die Doppelhelix hat pro 1000 Nucleotidpaare etwa eine Masse von 1×10^{-18} g und pro Basenpaar eine Länge von 0.34 nm. Als interessanter Vergleich: der menschliche Körper enthält etwa 0.5 g DNA.

4. *Wie lang ist das Ribonuclease-Gen?* Wieviele Nucleotidpaare enthält das Gen für pankreatische Ribonuclease (124 Aminosäuren) mindestens? Warum kann die Zahl der Nucleotid-Paare wesentlich größer sein? Worauf beruht diese Unsicherheit?

5. *Die Verpackung der DNA in einem Virus.* Die DNA des Bakteriophagen T2 hat eine relative Molekülmasse von 130 Millionen.

Der Kopf des T2-Phagen ist etwa 100 nm lang. Berechnen Sie die Länge der T2-DNA unter der Annahme, daß die relative Molekülmasse eines Basenpaares 660 beträgt, und vergleichen Sie diese mit der Länge des T2-Kopfes. Die Antwort wird Ihnen verdeutlichen, wie notwendig eine kompakte Packung der DNA im Virus ist.

6. *Die Verpackung der DNA in eukaryotischen Zellen.* Vergleichen Sie die Länge der DNA eines einzelnen Nucleosoms mit dem Durchmesser eines Nucleosoms (10–11 nm) und dann die Länge der gesamten DNA einer menschlichen Zelle mit dem Durchmesser ihres Zellkernes (etwa 2 μm). In welcher der Strukturen ist die DNA dichter gepackt?

7. *Ein Palindrom.* Halten Sie es für wahrscheinlich, daß das in Abb. 27-28 gezeigte Palindrom in isolierter reiner DNA die dargestellte kreuzförmige Struktur spontan annimmt? Wie wird Ihre Antwort ausfallen, wenn sich das Palindrom in einem Chromosom oder in einer lebenden Zelle befindet?

8. *Die DNA des Phagen M13.* Die DNA des Bakteriophagen M13 hat die folgende Basenzusammensetzung: A 23%, T 36%, G 21% und C 20%. Was sagen uns diese Zahlen über die DNA dieses Phagen?

9. *Die Trennung von DNAs in einem Dichtegradienten.* Durch Sedimentation in alkalischen Saccharose-Dichtegradienten können DNAs nach Größe und Gestalt getrennt werden (wobei sie denaturieren). Mit dieser Technik kann man lineare von ringförmiger DNA unterscheiden und die relative Größe von DNA-Fragmenten bestimmen. Die replikative Form II (RFII) von ΦX174-DNA ist ein Doppelstrang-Ring mit einem Einzelstrang-Bruch (nick).
   (a) Welches Ergebnis ist bei einer Zentrifugation von RFII-DNA im alkalischen Saccharose-Dichtegradienten zu erwarten? Welche Arten und Längen von Molekülen sind unterscheidbar? ΦX174 hat 5386 Basenpaare.
   (b) Welche Arten und Längen von Molekülen sind zu erwarten, wenn RFII-DNA vorher mit einer Restriktionsendonuclease behandelt wird, die RFII nur einmal spaltet?

10. *Die Bestimmung der Basensequenz von DNA.* Warum darf die DNA bei der Sequenzbestimmung nach der chemischen Methode nur an einem Ende markiert sein und nicht gleichmäßig über das ganze Molekül?

11. *Die Basenzusammensetzung von ΦX174-DNA.* Die DNA des Bakteriophagen ΦX174 kommt in zwei Formen vor, einzelsträngig im isolierten Virus und doppelsträngig während der Replikation in der Wirtszelle. Würden Sie bei beiden Formen dieselbe Basenzusammensetzung erwarten? Begründen Sie Ihre Antwort.

12. *Die Größe von Eukaryoten-Genen.* Ein Enzym in Rattenleber besteht aus einer Polypeptidkette mit 192 Aminosäuren und wird durch ein Gen mit 1440 Basenpaaren codiert. Erklären Sie das Verhältnis zwischen der Zahl der Aminosäurereste im Enzym und der Zahl der Nucleotidpaare in seinem Gen.

13. *Spezies-spezifische Unterschiede bei DNAs.* Stellen Sie sich vor, die Beschriftung von zwei Reagenzgläsern mit hochgereinigter DNA aus *E.coli* bzw. aus Seeigeln (Tab. 27-3) geht verloren. Wie können Sie bestimmen, welches Glas welche DNA enthält?

14. *„Augen" in teilweise denaturierter DNA.* Eine Probe hochgereinigter DNA aus Crustaceen wird bei 20°C, eine andere Probe nach halbstündigem Erwärmen auf 60°C elektronenmikroskopisch untersucht. Man erhält folgende Bilder:

Wie interpretieren Sie das Ergebnis? Welche sinnvolle Information kann man diesem Phänomen entnehmen?

15. *DNA-Hybridisierung.* Nach allem, was Sie über die Struktur homologer Proteine wissen: Warum würden Sie erwarten, daß DNA-Stränge von verschiedenen Vertebraten bis zu einem gewissen Grade miteinander hybridisieren?

16. *Die Wirkungsweise einer Restriktionsendonuclease.* Eine zirkuläre Virus-DNA mit geschlossenem Ring wird mit Restriktionsendonuclease behandelt. Die gewählte DNA hat für das Enzym nur eine Erkennungssequenz mit folgender Struktur:

    5'—A—T—G—C—T—A—G—C—A—T—3'
    3'—T—A—C—G—A—T—C—G—T—A—5'

    (a) Markieren Sie den Mittelpunkt der Erkennungssequenz mit einem Punkt.
    (b) Woher wissen Sie, daß der gewählte Punkt das Zentrum ist? Wodurch ist er charakterisiert?
    (c) Nachdem das Restriktionsenzym beide Stränge gespalten hat, wird die Mischung erhitzt, um das Enzym zu zerstören, und dann langsam abgekühlt. Die Virus-DNA erscheint im Elektronenmikroskop zirkulär. Wie erklären Sie sich das?
    (d) Wenn die Lösung von (c) mit 0.1M NaOH alkalisch gemacht wird, findet man nur noch lineare, einzelsträngige DNA. Wie erklären Sie diesen Befund?

17. *RNA-Viren: Können Gene aus RNA bestehen?* Die RNA-Viren

von *E.coli* enthalten keine DNA, sondern nur einen RNA-Strang, der als Virus-Chromosom dient. Das bedeutet, daß die Gene dieser Viren aus RNA bestehen und nicht aus DNA. Wird damit das zentrale Dogma der molekularen Genetik verletzt? Begründen Sie Ihre Meinung.

Kapitel 28
Replikation und Transkription der DNA

Nachdem wir die Struktur der DNA und die Eigenschaften von Chromosomen und Genen untersucht haben, wollen wir uns nun anschauen, wie die DNA unter Bildung von Tochtermolekülen repliziert, und unter Bildung komplementärer Messenger-RNAs transkribiert wird.

Die Enzyme und andere Proteine, die an der Replikation teilnehmen, gehören zu den ungewöhnlichsten biologischen Katalysatoren, die man kennt. Sie können nicht nur die enorm langen Makromoleküle der DNA aus ihren Mononucleotid-Vorstufen aufbauen, wozu sie Energie aus energiereichen Phosphatverbindungen benutzen, sondern sie können auch die genetische Information vom Matrizenstrang mit außerordentlicher Genauigkeit auf den neuen Strang übertragen. Dazu kommt, daß diese Enzyme komplizierte mechanische Probleme lösen müssen, denn der elterliche DNA-Doppelstrang muß mit dem Fortschreiten der replizierenden Enzyme entspiralisiert werden, damit die Enzyme Zugang erhalten können zu der Information, die in der Sequenz der Basen im Innern der Doppelspirale codifiziert ist. Darüberhinaus muß das Replikationssystem in den Zellen von Eukaryoten mit der komplexen dreidimensionalen Organisation des Chromatins und der Nucleosomen fertig werden.

Auch Transkriptions-Enzyme haben ungewöhnliche Eigenschaften. Sie müssen nicht nur ein großes Sortiment verschiedener RNAs herstellen können, sondern ihre Arbeit auch an bestimmten Stellen auf dem Chromosom beginnen und beenden und dabei auf verschiedene Regulationssignale achten, so daß in bestimmten Phasen des Zellcyclus nur bestimmte Gene transkribiert werden. DNA- und RNA-Polymerasen sowie die anderen Proteine, die an der Replikation und Transkription der DNA beteiligt sind, stellen also ein lebensnotwendiges Instrumentarium für das Fortbestehen der genetischen Information dar.

Die DNA wird semikonservativ repliziert

Die Watson-Crick-Hypothese besagt, daß jeder Strang der doppelhelicalen DNA als Matrize für die Replikation komplementärer Tochterstränge dient. Auf diese Weise werden zwei Tochter-Doppel-

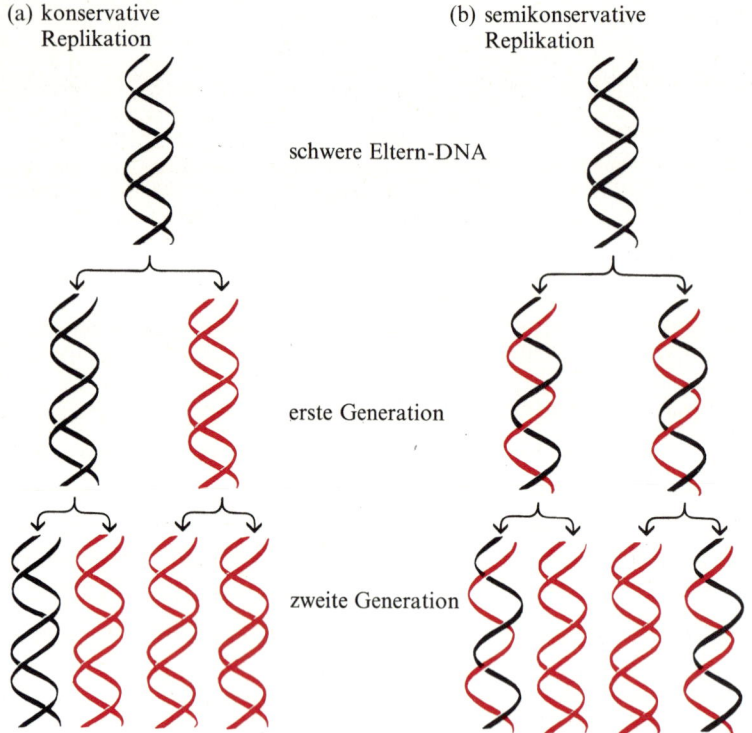

Abbildung 28-1
Das Meselson-Stahl-Experiment zur Unterscheidung zweier möglicher Replikationsmechanismen. Schwere [^{15}N]DNA (schwarz dargestellt) wird in einem „leichten" ^{14}N-Medium repliziert. Die leichten Stränge sind farbig dargestellt.
(a) Konservative Replikation. In diesem Fall müßte aus den beiden schweren Elternsträngen bei der Replikation ein Doppelstrang entstehen, der zwei leichte Ketten enthält, und ein zweiter, der die beiden schweren Elternstränge enthält. Bei Fortsetzung der konservativen Replikation müßte in der nächsten Generation eine schwere und drei leichte DNAs gebildet werden, aber keine hybriden DNAs.
(b) Semikonservative Replikation: in diesem Fall kommt es zur Bildung von zwei Tochter-Doppelsträngen, von denen jeder einen elterlichen schweren und einen leichten Strang enthält. In der nächsten Generation findet man zwei hybride und zwei leichte DNAs.

stränge gebildet, die mit der Eltern-DNA identisch sind, und von denen jeder einen Strang aus der Eltern-DNA übernommen hat. Diese Hypothese konnte 1957 durch ein geistreiches Experiment von Matthew Meselson und Franklin Stahl bestätigt werden.

Abb. 28-1 zeigt das Prinzip ihres Experiments. Sie ließen *E.coli* mehrere Generationen lang in einem Medium wachsen, in dem das als einzige Stickstoffquelle vorhandene Ammoniumchlorid (NH$_4$Cl) das schwere Stickstoffisotop ^{15}N anstelle des normalen Isotops ^{14}N enthielt. Das ^{15}N reicherte sich nun in allen Stickstoffverbindungen der in diesem Medium gewachsenen Zellen einschließlich der Basen ihrer DNA hochgradig an. Die aus diesen Zellen isolierte DNA hatte eine um etwa 1 % höhere Dichte als die normale [^{14}N]DNA. Obwohl dieser Unterschied nicht groß ist, kann eine Mischung aus schwerer [^{15}N]- und leichter [^{14}N]DNA durch Zentrifugation in einem Caesiumchloridgradienten getrennt werden. Caesiumchlorid wird verwendet, weil man hiervon wäßrige Lösungen mit den gleichen spezifischen Dichten herstellen kann, wie sie DNA-Moleküle haben. Wird eine solche Lösung über längere Zeit mit hoher Geschwindigkeit zentrifugiert, so stellt sich ein Gleichgewicht ein, bei dem das CsCl einen Dichtegradienten bildet, der sich nicht weiter verändert. Wegen der Sedimentationskraft ist die CsCl-Konzentration auf dem Boden des Bechers größer und daher die Lösung dort dichter als im oberen Teil des Bechers. Eine darin gelöste DNA-Probe wird sich im Gleichgewichtszustand in der Position befinden, wo ihre Dichte gleich der der umgebenden CsCl-Lösung ist. Da die

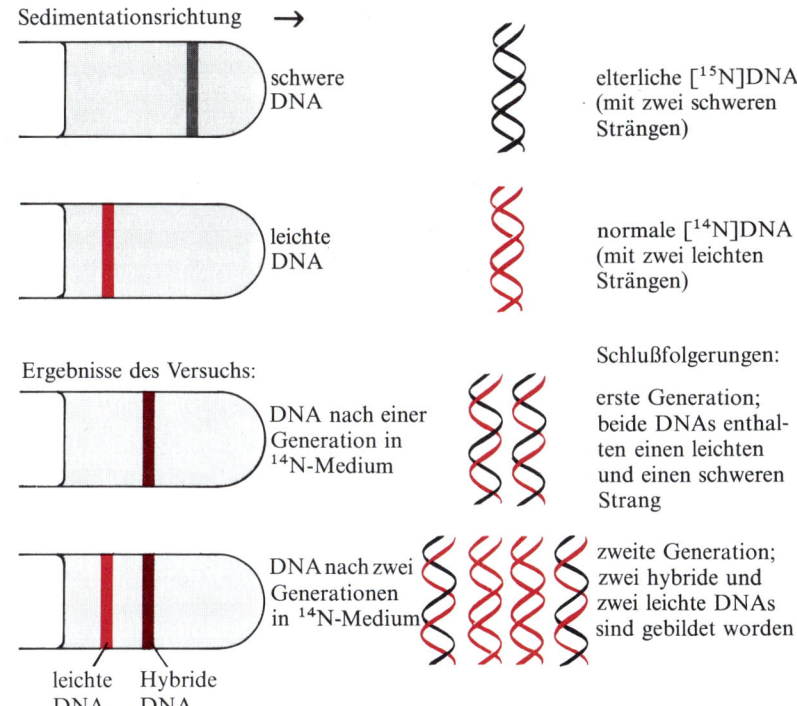

Abbildung 28-2
Ergebnis des Meselson-Stahl-Experimentes. Die schwere [^{15}N]DNA erreicht ihr Gleichgewicht im Caesiumchlorid-Dichtegradienten in einem tiefer gelegenen Bereich als die leichte [^{14}N]DNA, die hybride DNA in einer dazwischen gelegenen Position. Eine Dichteanalyse der Tochter-DNAs der ersten und zweiten Generation ergab, daß die DNA-Replikation semikonservativ verläuft.

[^{15}N]DNA ein wenig dichter ist als die [^{14}N]DNA, wird ihre Gleichgewichtsposition tiefer liegen (Abb. 28-2).

Meselson und Stahl transferrierten in ^{15}N-Medium gewachsene *E.-coli*-Zellen in ein frisches Medium, in dem das NH$_4$Cl wieder das normale Isotop ^{14}N enthielt. Sie ließen diese Zellen im ^{14}N-Medium weiterwachsen, bis sich ihre Zahl genau verdoppelt hatte. Die DNA dieser Zellen wurde isoliert und ihre Dichte auf die oben beschriebene Weise analysiert. Die DNA bilden nur eine Bande im CsCl-Gradienten, die einer Dichte entsprach, die zwischen der normalen „leichten" und der „schweren" DNA lag (Abb. 28-2). Das aber ist genau das, was zu erwarten ist, wenn die Doppelhelices der Tochterzellen einen neuen ^{14}N-Strang und einen alten ^{15}N-Strang aus der Eltern-DNA enthalten (Abb. 28-2).

Wartet man, bis die Anzahl der Zellen sich im ^{14}N-Medium ein zweites Mal verdoppelt hat, so zeigt die isolierte DNA zwei Banden, von denen die eine der normalen leichten DNA und die andere der hybriden DNA, die nach der ersten Zellverdoppelung aufgetreten war, zugeordnet werden kann. Meselson und Stahl zogen daraus den Schluß, daß jeder Tochter-Doppelstrang in beiden Zellgenerationen jeweils einen Elternstrang und einen neusynthetisierten erhalten hatte, was mit der Watson-Crick-Hypothese genau in Übereinstimmung ist. Diese Art der Replikation wird *semikonservativ* genannt, weil nur ein Eltern-Strang in jeder Tochter-DNA beibehalten (conserved) wird (Abb. 28-1 und 28-2). Das Experiment schließt eindeutig eine *konservative Replikation* aus, bei der eine DNA beide Aus-

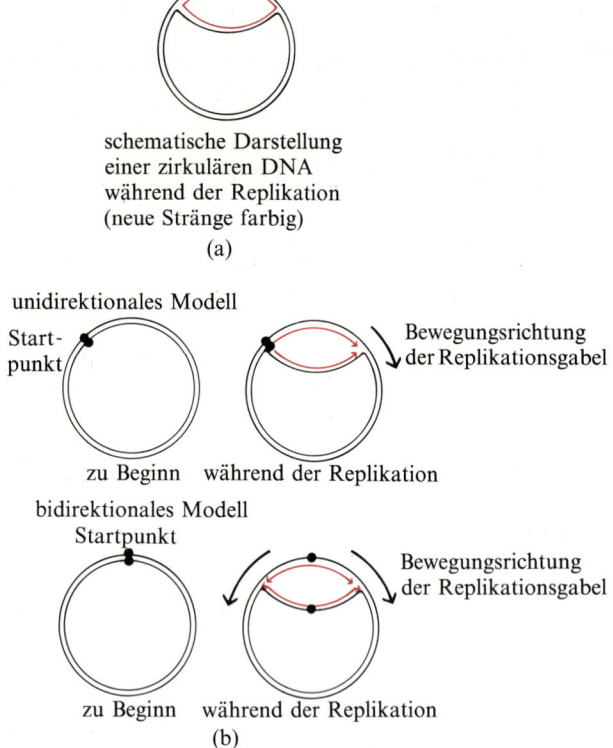

Abbildung 28-3
Replikation von *E.-coli*-Chromosomen.
(a) Schematische Zeichnung der Spur, die ein Tritium-markiertes *E.-coli*-Chromosom auf der photographischen Platte hinterläßt.
(b) Schematische Darstellung der Interpretation der Replikation. Die Tochterstränge sind farbig gezeichnet. Beim unidirektionalen Modell bewegt sich nur eine Replikationsgabel vom Startpunkt fort. Beim bidirektionalen Modell bewegen sich zwei Replikationsgabeln vom Startpunkt aus in entgegengesetzte Richtungen, bis sie sich treffen. Die Chromosomen von *E. coli* und anderen Bakterien sowie viele Virus-DNAs werden bidirektional repliziert.

gangsstränge behalten und die andere die beiden neusynthetisierten bekommen würde. Es scheidet auch einen Streumechanismus (*dispersive* mechanism) aus, bei dem jeder Tochterstrang kurze Abschnitte von elterlicher und neusynthetisierter DNA in zufälliger Verteilung enthalten würde.

Die zirkuläre DNA wird in beiden Richtungen repliziert

Wir haben gesehen, daß die DNA von Bakterien und vielen DNA-Viren als ringförmige Doppelhelix vorliegt. Nach dieser Entdeckung stellte sich die Frage, wie ringförmige DNA repliziert wird. Wird sie vorher gespalten, so daß ein lineares Molekül entsteht, oder kann der Ring als solcher repliziert werden? Versuche von John Cairns zeigten, daß die DNA in intakten *E.-coli*-Zellen in zirkulärer Form repliziert wird. Er ließ *E. coli* in einem Medium wachsen, das *Tritium*-(^{3}H-) markiertes Thymidin enthielt, wodurch die DNA in den Zellen radioaktiv markiert wurden. Wenn die DNA dann schonend in entspannter (d.h. nicht superspiralisierter) Form isoliert und auf einer photographischen Platte ausgebreitet wurde, so bildeten die radioaktiven Thymidinreste eine Spur von Silberkörnern auf der Platte, ein Abbild des DNA-Moleküls. Aus diesen Spuren sah

Cairns, daß das intakte Chromosom einen großen Ring bildete. Dagegen zeigte DNA, die während der Replikation isoliert wurde, eine radioaktive Nebenschleife (Abb. 28-3). Cairns schloß daraus, daß die Schleifen durch die Entstehung zweier radioaktiver Tochterstränge zu erklären seien.

Diese Abbilder wurden zunächst so gedeutet, daß die Replikation an einem festen Start- oder Initiationspunkt auf der Eltern-DNA beginnt und daß sich eine einzige Replikationsgabel in einer Richtung um das ganze ringförmige DNA-Molekül herumbewegt (s. Abb. 28-3). In jüngerer Zeit haben Versuche an Chromosomen von *E.coli* und an Viren zu der Schlußfolgerung geführt, daß die Replikation normalerweise *bidirektional* erfolgt; d. h. es gibt zwei Replikationsgabeln. Beide beginnen am selben Startpunkt und bewegen sich gleichzeitig in entgegengesetzte Richtungen fort, bis sie sich treffen (Abb. 28-3). An diesem Punkt trennen sich die beiden vollständigen ringförmigen Doppelhelices voneinander. Auch hier enthält jede Helix einen alten und einen neuen Strang.

Chromosomen enthalten einen *Startpunkt (origin)*, an dem sich die Replikationsgabeln bilden. Dieser Startbereich besteht aus einer Nucleotidsequenz von 100 bis 200 Basenpaaren, ohne die eine DNA nicht repliziert werden kann. Der Startbereich wird von bestimmten spezifischen Zellproteinen erkannt, die den Replikationszyklus an diesem Punkt initiieren. An diesem Initiationsvorgang greift die Zellregulation ein.

Aus der Geschwindigkeit, mit der sich eine Repliktionsgabel bei *E.coli* vorwärts bewegt, kann man schließen, daß die neue DNA bei 37°C mit einer Geschwindigkeit von 45 000 Nucleotidresten pro Minute und Replikationsgabel synthetisiert wird. Da jede volle Windung der Doppelhelix etwa 10 Basenpaare enthält, (S. 881), muß die Entspiralisierungsgeschwindigkeit der Eltern-DNA in der Replikationsgabel bei *E.coli* mit mehr als 4500 Umdr./min erfolgen. Das ist etwa die Drehzahl eines Automotors bei 112 km/h. Wir können uns vorstellen, daß dieser sehr schnelle Entspiralisierungs- und Replikationsvorgang wegen der doppelhelicalen Form nativer DNA einige mechanische Probleme schafft. Wir werden später sehen, wie die Zellen mit diesem Problem umgehen.

Eukaryoten-DNAs enthalten viele Startpunkte für die Replikation

Es leuchtet ein, daß die Replikation eukaryotischer DNA mit ihrer hochorganisierten Anordnung in Nucleosomen und Chromatin-Fasern ein sehr viel komplexerer Vorgang sein muß als die Replikation von Bakterienchromosomen. Mit Versuchen ähnlich denen von Cairns wurde gezeigt, daß auch die eukaryotische DNA bidirektional repliziert wird; die Replikationsgabeln bewegen sich aber sehr langsam, weniger als 1/10 so schnell wie bei *E.coli*. Wegen der Größe

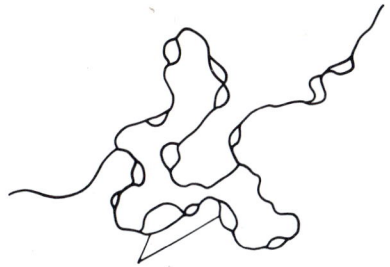

„Blasen", entstanden durch zahlreiche Startpunkte für bidirektionale Replikation
(a)

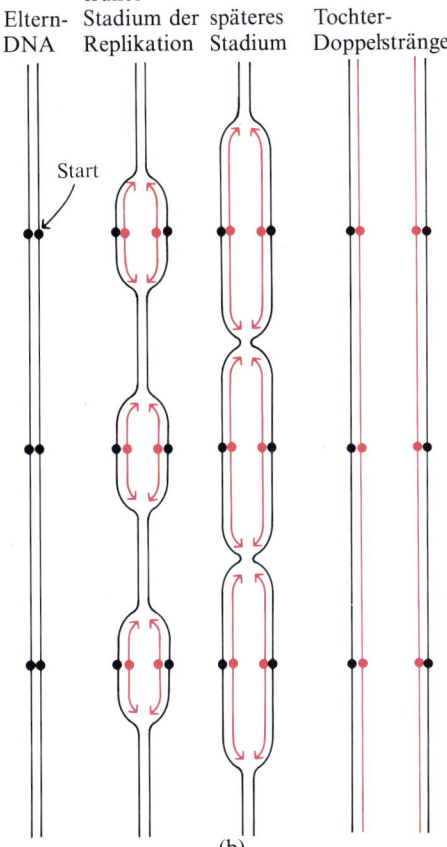

(b)

Abbildung 28-4
Replikation von Eukaryoten-Chromosomen.
(a) Zeichnung eines sich replizierenden DNA-Abschnittes aus den Eiern von *Drosophila melanogaster*. An den vielfach vorhandenen Startpunkten beginnt bidirektionale Replikation, wobei die als „Blasen" oder „Augen" erkennbaren Strukturen entstehen.
(b) Die bidirektionale Replikation beginnt gleichzeitig an Tausenden von Startpunkten. Sie schreitet fort, bis die Tochterstränge (in Farbe) vollständig sind. Dann trennen sich die neuen Doppelstränge; jeder enthält einen Elternstrang (schwarz) und einen Tochterstrang (farbig).

der eukaryotischen Chromosomen würde die Replikation fast zwei Monate dauern, wenn es auf jedem Chromosom nur ein Paar von Replikationsgabeln gäbe. Eine Antwort auf dieses Problem brachte die Entdeckung, daß die Replikation eukaryotischer DNA gleichzeitig an vielen (vielleicht über 1 000) Startpunkten beginnt. Von jedem Startpunkt laufen zwei Replikationsgabeln gleichzeitig in entgegengesetzte Richtungen (Abb. 28-4). Auf diese Weise kann die Replikation der Eukaryoten-Chromosomen in kürzerer Zeit abgewickelt werden als die Replikation eines Bakterienchromosoms. Da eine Eukaryotenzelle viele Chromosomen enthält, die alle gleichzeitig repliziert werden, müssen im Zellkern eines Eukaryoten Tausende von Replikationsgabeln gleichzeitig tätig sein.

Manchmal wird DNA als „rollender Ring" repliziert

Einige DNAs werden in einem unidirektionalen Prozeß als „rollender Ring" (rolling circle) repliziert. Eine Version davon ist in Abb. 28-5 dargestellt. Zuerst wird eine der beiden Stränge der ringförmigen Eltern-DNA durch ein Enzym gespalten. An das 3'-Ende des gespaltenen Stranges werden nun zusätzlich Nucleotide angehängt, so daß ein neuer Strang um die runde Matrize zu wachsen beginnt. Mit fortschreitendem Wachstum wird dabei das 5'-Ende des alten Stranges zunehmend verdrängt. Dieses freiwerdende 5'-Ende wird zu einer linearen Matrize für die Synthese eines neuen komplementären Stranges. Das inzwischen doppelsträngig gewordene 5'-Ende wird verlängert, bis ein zu einer ganzen Umdrehung der ringförmigen Matrize komplementärer Tochterstrang entstanden ist. Der neuentstandene Strang wird durch ein Enzym abgespalten und am freigewordenen 5'-Ende die Synthese eines neuen DNA-Stranges gestartet. Auf diese Weise können viele Kopien von einer einzigen ringförmigen Matrize abgerollt werden. Dieser Abrollmechanismus wird in Oozyten gefunden. Er erhöht die Aktivität der Gene für ribosomale RNAs dadurch, daß er eine serienmäßige Herstellung von Kopien ermöglicht, wodurch mehr ribosomale RNA gleichzeitig entstehen kann. In den Oozyten muß eine große Zahl von Ribosomen in kurzer Zeit hergestellt werden, weil sie für die Proteinsynthese im schnell wachsenden frühen Embryo gebraucht werden.

Bakterien-Extrakte enthalten DNA-Polymerasen

Nachdem wir die Vorgänge bei der DNA-Replikation im Groben betrachtet haben, wollen wir uns nun den enzymatischen Mechanismen zuwenden, durch die die DNA repliziert wird. Diese wurden durch die 1956 begonnenen bedeutenden Untersuchungen von Arthur Kornberg und seinen Mitarbeitern erstmalig einer direkten biochemischen Erforschung zugänglich gemacht. Sie inkubierten *E.-coli-*

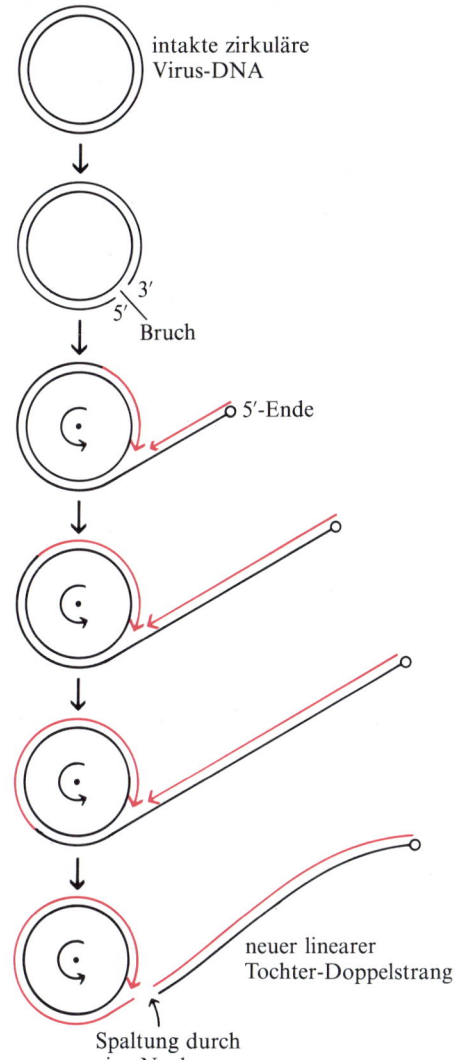

Abbildung 28-5
Replikation nach dem Prinzip des „rollenden Ringes", wie es für einige Virus-DNAs charakteristisch ist. In einem Strang wird ein Bruch erzeugt, und an das 3'-Ende werden neue Nucleotideinheiten angefügt. Während der unterbrochene (nicked) Elternstrang komplementär zum anderen Elternstrang verlängert wird, wird sein freies 5'-Ende aus seiner Lage verdrängt. Dieses freigewordene Ende wird ebenfalls repliziert und dabei kontinuierlich vom Ring abgerollt. Ist der neue Tochter-Doppelstrang vollständig, kann er durch eine Nuclease abgespalten werden, wodurch eine lineare Virus-DNA entsteht. Der andere Tochterstrang wiederholt nun den ganzen Prozeß: sein 3'-Ende wird verlängert und sein 5'-Ende löst sich ab und wird zur Matrize für einen Tochterstrang. Auf diese Weise kann die rollende Matrize viele neue lineare Doppelstränge bilden. Replikation nach diesem Prinzip kommt auch in Eukaryoten vor, und zwar bei der Synthese der serienartig sich wiederholenden Gene für ribosomale RNA. In diesem Fall werden die neugebildeten Gene nicht abgespalten, sondern verbleiben auf einem Strang (s. S. 904 und 942).

Extrakte mit einer Mischung aus dATP, dTTP, dGTP und dCTP, bei denen die α-Phosphatgruppen mit ^{32}P markiert waren (Abb. 28-6). Sie erhielten eine sehr kleine Menge neu gebildeter DNA, die das ^{32}P eingebaut enthielt. Das Enzym, das diese Synthese katalysierte (heute als *DNA-Polymerase I* bezeichnet) wurde gereinigt und seine Eigenschaften im einzelnen untersucht. Es katalysiert das Anknüpfen der aufeinanderfolgenden Desoxyribonucleotid-Einheiten an das DNA-Ende unter Freisetzung von anorganischem Diphosphat, das die β- und γ-Phosphatgruppen der jeweils neu hinzugekommenen Desoxyribonucleosid-5'-triphosphate enthält. Die einfachste Form der Reaktionsgleichung lautet:

$$(dNMP)_n + dNTP \rightleftharpoons (dNMP)_{n+1} + PP_i$$
DNA　　　　　　　　　verlängerte DNA

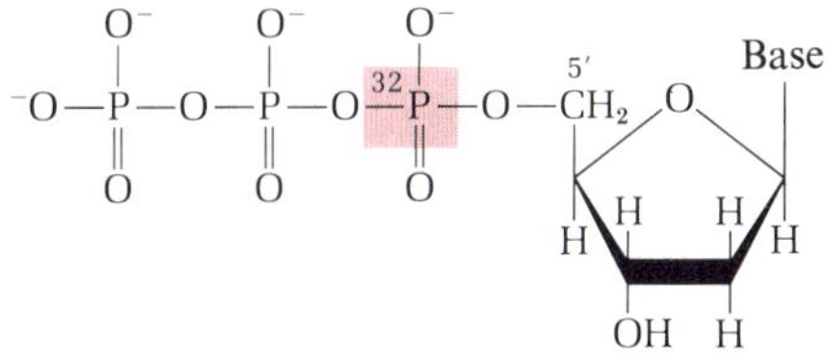

Abbildung 28-6
Ein in α-Stellung mit ^{32}P markiertes Desoxyribonucleosid-5'-triphosphat.

922 Teil IV Die molekulare Weitergabe der genetischen Information

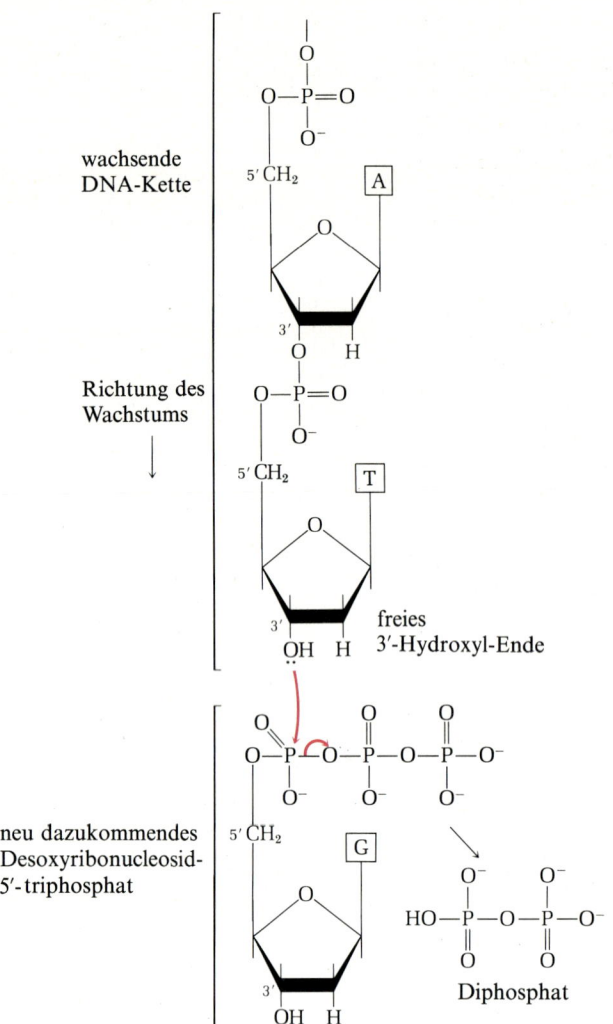

Abbildung 28-7
Verlängerung einer DNA-Kette mittels DNA-Polymerase. Die neue Internucleotid-Bindung kommt durch einen nucleophilen Angriff der freien 3'-Hydroxylgruppe auf das α-ständige Phosphoratom des neuhinzukommenden Desoxyribonucleosidtriphosphates zustande. Dabei wird Diphosphat freigesetzt. Der Strang der Matrizen-DNA ist nicht dargestellt.

Dabei bezeichnen dNMP und dNTP die Desoxyribonucleosid-5'-monophosphate bzw. -5'-triphosphate. Fehlte eine dieser vier Vorstufen, wurde keine DNA gebildet. Eine DNA-Nettosynthese findet also nur statt, wenn alle vier Nucleotid-Vorstufen zur Verfügung stehen. Die 5'-Triphosphate können nicht durch die entsprechenden 5'-Diphosphate oder 5'-Monophosphate ersetzt werden. Das Enzym reagiert auch nicht mit Ribonucleosid-5'-triphosphaten. Die DNA-Polymerase braucht für ihre Aktivität Mg^{2+} und enthält in ihrem aktiven Zentrum fest gebundenes Zn^{2+}.

DNA-Polymerase katalysiert die kovalente Bindung einer neuen Desoxyribonucleotid-Einheit über ihre α-Phosphatgruppe an das freie 3'-Hydroxyl-Ende einer bereits vorhandenen DNA-Kette; die Synthese-Richtung eines DNA-Stranges verläuft demnach vom 5'- zum 3'-Ende (Abb. 28-7). Die Energie für die Bildung einer neuen Bindung des Phosphodiester-Rückgrates wird aus der Spaltung der Phosphatbindung zwischen der α- und der β-Phosphatgruppe der

Desoxyribonucleosid-5'-triphosphat-Vorstufe gewonnen. Das gebildete Diphosphat wird weiter zu Phosphat gespalten, wodurch das Reaktionsgleichgewicht in die Richtung der DNA-Synthese verschoben wird. Ein wichtiges Faktum bei diesem Vorgang ist, daß die DNA-Polymerase-Reaktion nur stattfindet, wenn im System bereits etwas vorgeformte (präformierte) DNA-Doppelhelix vorliegt.

Die DNA-Polymerase braucht für ihre Reaktion präformierte DNA

Kornberg und seine Kollegen fanden, daß diese präformierte DNA in der Polymerase-Reaktion zwei Aufgaben hat: sie dient als Initiatormolekül (*Primer*) und als *Matrize* (*Template*).

Ein Strang der präformierten DNA dient als Primer

DNA-Polymerase knüpft ein Nucleotid nach dem anderen an das 3'-Ende eines schon vorhandenen Stranges, des Primers, so daß die Synthese des neuen Stranges in 5' → 3'-Richtung verläuft. Die DNA-Polymerase kann nicht von sich aus die Bildung eines neuen DNA-Stranges starten; sie kann nur bereits existierende Stränge verlängern und auch das nur, wenn hierfür ein Matrizenstrang zur Verfügung steht.

Der andere Strang der präformierten DNA dient als Matrize

Die Auswahl der an den Primer angefügten Nucleotide erfolgt entsprechend der Basensequenz der Matrize und in Übereinstimmung mit dem Watson-Crick-Modell für die Basenpaarung. Wo immer ein Thyminrest in der Matrize vorkommt, wird im Tochterstrang ein Adeninrest angefügt und umgekehrt. Entsprechend wird, wo immer die Matrize einen Guaninrest enthält, im Tochterstrang ein Cytosinrest eingebaut und umgekehrt. Das Produkt der DNA-Polymerase ist eine basengepaarte Doppelhelix. Abb. 28-8 bringt eine schematische Darstellung der DNA-Polymerase-Reaktion und ihres Bedarfs an präformierter DNA.

Wegen des Bedarfs sowohl an Primer als auch an freien Matrizensträngen kann die DNA-Polymerase allein kein intaktes, natives Chromosom replizieren, weder wenn dieses die Form eines doppelsträngigen oder einzelsträngigen Ringes noch wenn es die eines linearen Doppelstranges hat. Diese Beobachtungen über den Matrizen- und Primer-Bedarf führten zu grundlegenden Fragen bezüglich der Initiation und Verlängerung von DNA-Strängen.

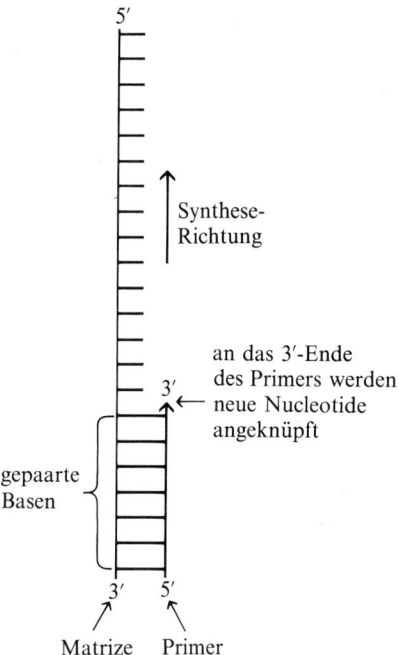

Abbildung 28-8
Struktur der präformierten DNA-Doppelhelix, die für die DNA-Polymerase-Reaktion gebraucht wird. Die Reaktion erfordert einen Primer-Strang, an den neue Nucleotideinheiten angefügt werden können. Außerdem ist ein einzelner ungepaarter Strang nötig, der als Matrize dient.

Für die DNA-Replikation werden viele Enzyme und Protein-Faktoren gebraucht

Obwohl die frühen Entdeckungen von Kornberg und seinen Kollegen bereits das Tor für eine direkte Untersuchung der DNA-Replikation geöffnet hatten, haben wir auch heute noch kein vollständiges Bild von allen Einzelheiten des Replikationsvorganges, nicht einmal für die DNA von Viren mit nur einem kleinen Chromosom. Durch die Arbeiten von Kornberg und anderen Forschern wissen wir heute, daß für die Replikation nicht nur die eine DNA-Polymerase gebraucht wird, sondern vielleicht 20 oder mehr verschiedene Enzyme und Proteine, von denen jedes eine andere Aufgabe in dem komplexen Vorgang hat. Zum Replikationsvorgang gehören viele aufeinanderfolgende Schritte: Erkennen der Startregion, Entspiralisieren des Eltern-Doppelstranges, Auseinanderhalten der Matrizenstränge, Start der Synthese des Tochterstranges, Verlängerung der Tochterstränge, Wiederaufwinden des Stranges und Beendigung der Replikation. Alles das geht mit großer Geschwindigkeit und äußerster Genauigkeit vor sich. Der vollständige Komplex aus den 20 oder mehr Replikationsenzymen oder -faktoren wird *DNA-Replikase-System* oder *Replisom* genannt. Wir wollen jetzt die Hauptschritte der Replikation umreißen, wie wir sie heute kennen.

In *E.coli* gibt es drei DNA-Polymerasen

E.-coli-Zellen enthalten drei verschiedene DNA-Polymerasen, die mit I, II und III bezeichnet werden (Tab. 28-1). DNA-Polymerase I, die häufigste von ihnen, ist das oben beschriebene Enzym. Obwohl Kornberg gezeigt hat, daß dieses Enzym das ganze DNA-Molekül des kleinen ΦX174-Virus replizieren kann, wissen wir, daß es nicht die hauptsächliche Polymerase ist, die normalerweise die DNA-Verlängerung ausführt. Es nimmt zwar daran teil, aber in einer spezialisierten Form, wie wir später sehen werden.

Tabelle 28-1 DNA-Polymerasen aus *E.coli*.*

	I	II	III (Komplex)
Katalysierte Aktivität			
$5' \rightarrow 3'$-Polymerase	+	+	+
$5' \rightarrow 3'$-Exonuclease	+	−	+
$3' \rightarrow 5'$-Exonuclease	+	+	+
Relative Molekülmasse	109 000	120 000	400 000
Moleküle pro Zelle	400		10
Aktivität (Nucleotide pro Minute und Molekül bei 37 °C)	600	30	9 000

* Aus A. Kornberg, DNA Replication, Freeman, San Francisco, 1980, S. 168.

Das für die DNA-Kettenverlängerung hauptsächlich verantwortliche Enzym ist die DNA-Polymerase III. Ihre aktive Form ist ein großer Komplex mit einer relativen Molekülmasse von etwa 550 000, das *DNA-Polymerase-III-Holoenzym* (Abb. 28-9). Das DNA-Polymerase-III-System enthält Zn^{2+} und braucht Mg^{2+}. Es braucht ebenfalls sowohl eine Matrize als auch einen Primer, kann also auch keine Replikation initiieren. Auch die Syntheserichtung ist die gleiche wie bei der DNA-Polymerase I, nämlich von 5' nach 3'. Das Holoenzym besteht aus einer Reihe von Untereinheiten. Die β-Untereinheit oder Copolymerase III wird gebraucht, um einen Primerbereich auf der Eltern-DNA zu erkennen und sich daran zu binden. Ist das Holoenzym an der richtigen Initiationsstelle gebunden, so wird die Copolymerase III freigesetzt. Die Verlängerung der Tochter-DNA wird dann vom DNA-Polymerase-III-Komplex durchgeführt. Sowohl DNA-Polymerase I als auch III haben drei verschiedene enzymatische Aktivitäten. Zusätzliche zur Polymerase-Aktivität können sie auch als 5' → 3' und als 3' → 5'-Exonucleasen wirken, d. h., sie können also von jedem Ende des Stranges endständige Nucleotide abhydrolysieren. Welchem Zweck diese Exonuclease-Aktivitäten der DNA-Polymerasen dienen, werden wir später sehen. Die Funktion der DNA-Polymerase II ist noch nicht bekannt.

Nun wollen wir einige der Probleme untersuchen, die mit zunehmenden Erkenntnissen über die Replikation aufgetaucht sind.

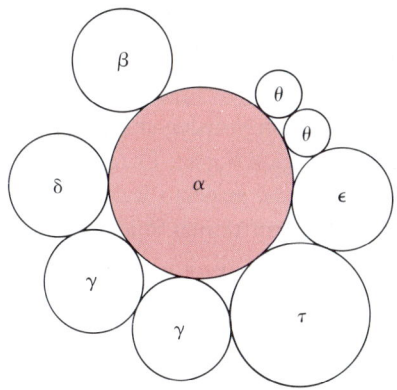

Abbildung 28-9
Das DNA-Polymerase-III-Holoenzym. Es besteht aus der eigentlichen Polymerase (Untereinheit α) und einer Reihe anderer Untereinheiten.

Die gleichzeitige Replikation beider DNA-Stränge wirft ein Problem auf

Die Tatsache, daß die DNA-Polymerase nur am 3'-Ende der DNA eine Einheit anknüpfen kann, wirft eine wichtige Frage auf. Wir haben gesehen, daß bei der Replikation des *E.-coli*-Chromosoms offenbar beide Stränge gleichzeitig repliziert werden. Wir erinnern uns auch, daß die zwei Stränge einer DNA-Doppelhelix antiparallel angeordnet sind. Das heißt, daß auch die wachsenden Tochterstränge antiparallel zueinander liegen. Demnach muß sich von einer der wachsenden Ketten das 3'-Ende und von der anderen das 5'-Ende an der Replikationsgabel befinden. Da DNA-Polymerase Nucleotide nur am 3'-Ende, nicht aber am 5'-Ende anfügen kann, bedeutet das, daß die DNA-Polymerase nur einen der wachsenden Einzelstränge in der Richtung verlängern kann, in der sich die Replikationsgabel bewegt. Das wirft einige Fragen auf: Gibt es zwei Arten von DNA-Polymerasen, eine, die neue Nucleotide an das 3'-Ende anfügt und eine, die sie an das 5'-Ende anfügt? Gibt es DNA-Polymerasen, die an beiden Enden replizieren können? Oder wird ein Strang durch Enzyme repliziert, die sich umgekehrt zur allgemeinen Replikationsrichtung auf dem Strang entlangbewegen?

Die Entdeckung der Okazaki-Stücke löst das Problem

Diese Fragen wurden durch eine wichtige Entdeckung von Reiji Okazaki beantwortet. Er fand daß während der DNA-Replikation bei *E.coli* und anderen Bakterien ein großer Teil der neugebildeten DNA in Form kleiner Stücke anfiel. Diese Fragmente, heute *Okazaki-Stücke* genannt, sind etwa 1000 bis 2000 Basenpaare lang. Okazaki postulierte, daß diese Stücke kurze DNA-Abschnitte seien, die in einem diskontinuierlichen Vorgang repliziert und anschließend miteinander verknüpft werden. Diese Entdeckung führte zu der Schlußfolgerung, daß einer der DNA-Stränge *kontinuierlich* in 5'→3'-Richtung repliziert wird, sich also in der gleichen Richtung bewegt wie die Replikationsgabel; dieser Strang wird als *Hauptstrang (leading strand)* bezeichnet. Der andere Strang wird *diskontinuierlich* in kurzen Stücken hergestellt, ebenfalls durch Anfügen neuer Einheiten an das 3'-Ende, aber in der zur Bewegung der Replikationsgabel umgekehrten Richtung. Die Okazaki-Stücke werden dann enzymatisch miteinander verbunden. Auf diese Weise entsteht der zweite Tochterstrang, der *Folgestrang (lagging strand)* genannt wird (s. Abb. 28-10). Okazaki-Stücke werden auch in tierischen Organismen gebildet, sind dort aber viel kürzer, weniger als 200 Nucleotide lang.

Die Synthese der Okazaki-Stücke erfordert einen RNA-Primer

Nun werden die Dinge noch komplizierter und nehmen eine unerwartete Wendung. Nach der Entdeckung der Okazaki-Stücke tauchte ein neues Problem auf: Wenn die DNA-Polymerase allein keinen neuen Strang initiieren kann, wie werden dann die Okazaki-Stücke initiiert? Wider Erwarten fand man, daß für die Bildung von Okazaki-Stücken in Zellextrakten nicht nur die Anwesenheit von dATP, dGTP, dCTP und dTTP nötig war, sondern auch eine Mischung der Ribonucleosid-5'-triphosphate (ATP, GTP, CTP und UTP). Diese und andere Beobachtungen ließen vermuten, daß für die Synthese von DNA auch RNA-Synthese erforderlich ist.

Das wurde später auch bestätigt. Für die Synthese von Okazaki-Stücken werden als Primer kurze RNA-Stücke gebraucht, die zum DNA-Strang komplementär sind. Diese RNA wird mit Hilfe eines *Primase* genannten Enzyms in 5'→3'-Richtung aus den Vorstufen ATP, UTP, CTP und GTP hergestellt. An das 3'-Ende dieses kurzen einsträngigen RNA-Primers werden nacheinander die zum DNA-Matrizen-Strang komplementären Desoxyribonucleotide angefügt. Wie Abb. 28-11 zeigt, besteht der RNA-Primer gewöhnlich nur aus wenigen Ribonucleotidresten, an die dann mit Hilfe der DNA-Polymerase 1000 bis 2000 Desoxyribonucleotid-Einheiten angefügt wer-

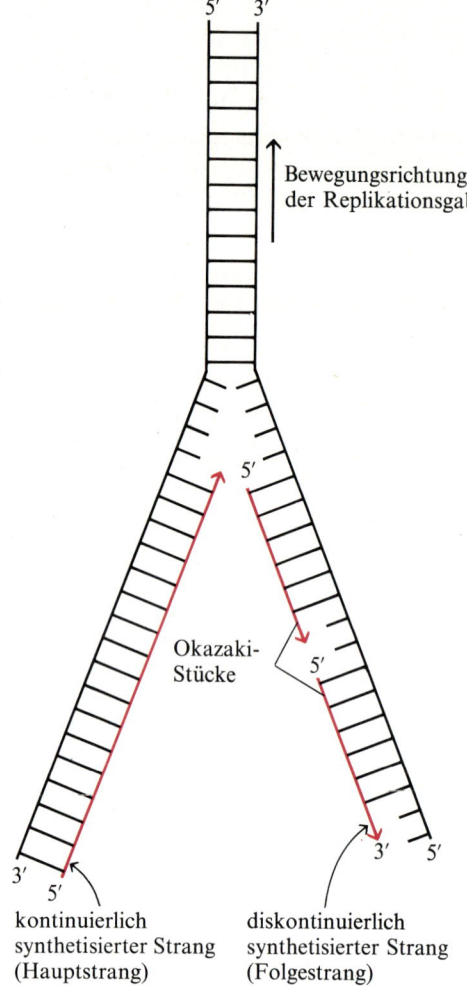

Abbildung 28-10
Diskontinuierliche Replikation des einen DNA-Stranges. Der kontinuierlich in der Wanderungsrichtung der Replikationsgabel replizierte Strang ist der Hauptstrang. Der andere Strang wird in umgekehrter Richtung diskontinuierlich in kleinen Stücken (Okazaki-Stücke) repliziert. Die Okazaki-Stücke werden dann durch die DNA-Ligase zum Folgestrang zusammengespleißt. Bei Prokaryoten sind die Okazaki-Stücke 1000 bis 2000 Nucleotide lang, in tierischen Zellen nur 150 bis 200 Nucleotide.

den, um das Okazaki-Stück zu vervollständigen. Die Basensequenz des neuen Okazaki-Stückes ist selbstverständlich komplementär zur Basensequenz im Matrizenstrang. Der RNA-Primer wird dann mit Hilfe der 5' → 3'-Exonuclease-Aktivität der DNA-Polymerase I Nucleotid für Nucleotid entfernt. Jede Ribonucleotid-Einheit wird nach ihrer Entfernung durch ein Desoxyribonucleotid ersetzt. Katalysator hierfür ist die DNA-Polymerase I mit ihrer Polymerase-Aktivität, wobei sie das 3'-Ende des vorhergehenden Okazaki-Stückes als Primer benutzt. Die DNA-Polymerase I kann aber nicht die letzte Bindung knüpfen, die das Okazaki-Stück mit der wachsenden Kette verbindet. Dafür ist ein weiteres Enzym erforderlich.

Die Okazaki-Stücke werden mit Hilfe der DNA-Ligase zusammengespleißt

Das neue Okazaki-Stück wird durch das Enzym *DNA-Ligase* an den diskontinuierlich wachsenden Strang angeschlossen. Die DNA-Ligase bildet Phosphodiester-Bindungen zwischen den 3'-Phosphatgruppen am Ende der wachsenden DNA-Ketten und den 5'-Hydroxylgruppen des Okazaki-Stückes. Die dafür erforderliche Energie stammt aus der gekoppelten Hydrolyse einer Diphosphatbindung, und zwar bei Bakterien aus NAD^+ und bei tierischen Organismen aus ATP (Abb. 28-12). Die DNA-Ligase-Reaktion, deren Mechanismus ziemlich komplex ist, verläuft am effektivsten, wenn die beiden zu verbindenden DNA-Teile mit der komplementären Matrix völlig basengepaart sind.

Wie wir später sehen werden (Kapitel 30), hat die DNA-Ligase noch andere Spleiß-Funktionen.

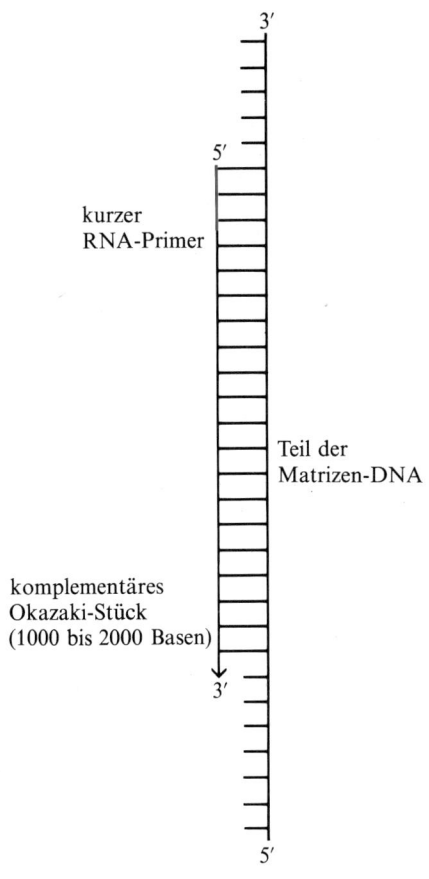

Abbildung 28-11
Die Initiation (priming) der Synthese von Okazaki-Stücken durch kurzkettige komplementäre RNA. Diese RNA wird mit Hilfe von Primase hergestellt, die ihrerseits keinen Primer braucht.

Die Replikation erfordert eine physikalische Trennung der elterlichen DNA-Stränge

Wir haben gesehen, daß die ringförmige DNA-Doppelhelix in beiden Richtungen gleichzeitig repliziert wird, so daß die zwei Replikationsgabeln um das ringförmige Chromosom herum aufeinander zuwandern. Wenn wir uns nun vergegenwärtigen, daß die DNA eine dicht gewundene Struktur besitzt und daß die codierenden Basen sich innerhalb der Helix befinden, so leuchtet es ein, daß die beiden Elternstränge mindestens einen kurzen Abschnitt lang voneinander getrennt werden müssen, damit das replizierende Enzym die Basensequenz der Matrize „ablesen" kann. Obwohl Bakterien-DNA bereits negativ superspiralisiert, d. h. leicht entspiralisiert ist, ist eine weitergehende Entspiralisierung nötig, die mit der Replikationsgabel fortschreitet.

Die Entspiralisierung der Doppelhelix und das Auseinanderhalten der beiden Stränge für die Replikation wird durch mehrere dafür spezialisierte Proteine ermöglicht (Abb. 28-13). *Helicasen* genannte Enzyme entspiralisieren kurze DNA-Bereiche direkt oberhalb der Replikationsgabel. Das Enspiralisieren der DNA erfordert Energie. Die Energie für die Trennung eines einzelnen Basenpaares wird durch die Hydrolyse zweier Moleküle ATP zu ADP gewonnen. Sobald ein Abschnitt entspiralisiert ist, wird ein *DNA-bindendes Protein* (DBP) fest an jeden der getrennten Stränge gebunden, um sie an einer erneuten Basenpaarung zu hindern. Ihre Basenanteile sind jetzt also dem Replikationssystem ausgesetzt. Der Hauptstrang kann von der DNA-Polymerase durch Anknüpfen von Nucleotiden an das 3'-Ende direkt verlängert werden. Andere spezifische Proteine ermöglichen den Zugang der Primase zur Matrize des Folgestranges. Danach kann die Primase an den Folgestrang gebunden werden und die RNA-Primer für die Okazaki-Stücke produzieren. Das Entspiralisieren ist einer der interessantesten Vorgänge bei der DNA-Replikation, aber auch ein sehr komplexer Prozeß. Es bleibt noch viel Arbeit zu tun, bis wir ein vollständiges Bild davon haben, wie die lebende Zelle dieses mechanische und biochemische Problem löst. Abb. 28-13 faßt die für die DNA-Replikation hauptsächlich benötigten Proteine zusammen.

Das schnelle Entspiralisieren des Elternstranges (4500 Umdr./min) erzeugt ein weiteres Problem. Ohne einen besonderen Entkopplungsmechanismus müßte der gesamte vor der Replikationsgabel gelegene Teil des Chromosoms sich mit dieser Geschwindigkeit drehen. Man nimmt an, daß die Zelle, um diesem Problem zu begegnen, eine Art Drehstück in die DNA eingefügt hat, möglicherweise direkt vor die Replikationsgabel, so daß nur eine kurze Sequenz rotieren muß. Das wird durch einen vorübergehenden Bruch in einem der DNA-Stränge bewirkt, der sehr schnell und mit großer Genauigkeit nach einer oder mehreren Umdrehungen wieder geschlossen wird. Das vorübergehende Brechen und wieder Schließen wird durch Enzyme bewirkt, die man *Topoisomerasen* nennt. Bei Prokaryoten heißt die Topoisomerase *DNA-Gyrase*. Dieses Enzym erlaubt nicht nur einen Drehausgleich der DNA, sondern es verdrillt die DNA auch aktiv in die Richtung, die eine Entspiralisierung des Matrizenstranges an der Replikationsgabel unterstützt, so daß es der Helicase bei der Entspiralisierung hilft. Die Spiralisierung der DNA durch die Gyrase, die an eine Hydrolyse von ATP zu ADP und P_i gekoppelt ist, bewirkt auch die Spiralisiernug des Chromosoms. Die Gyrase dient bei allen ringförmigen DNAs in Bakterien der Aufrechterhaltung der superspiralisierten Form (Abb. 28-14).

Mit der Vollendung des Anspleißens ist ein weiteres Stück des diskontinuierlich erzeugten Stranges fertiggestellt worden und damit bewegt sich das Replikationssystem auf der DNA ein Stück weiter. Für die Ausbildung der α-Helixstruktur wird weder Energie benötigt noch wird ein „Spiralisierungs-Enzym" gebraucht.

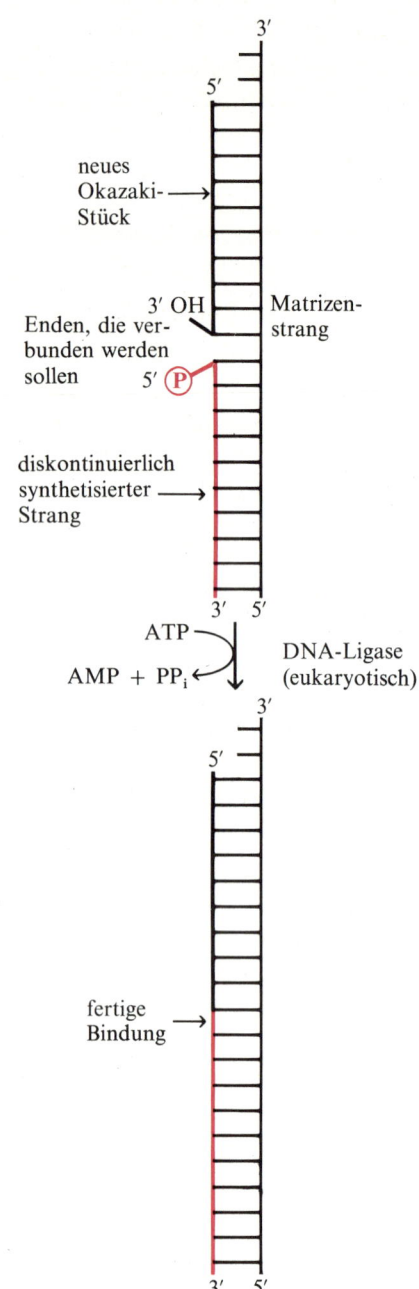

Abbildung 28-12
Anspleißen eines Okazaki-Stückes an den diskontinuierlich synthetisierten Strang mit Hilfe von DNA-Ligase. Die beiden zu verbindenden Nucleotide müssen mit dem Matrizenstrang basengepaart sein. Die Reaktion findet in mehreren Schritten statt.

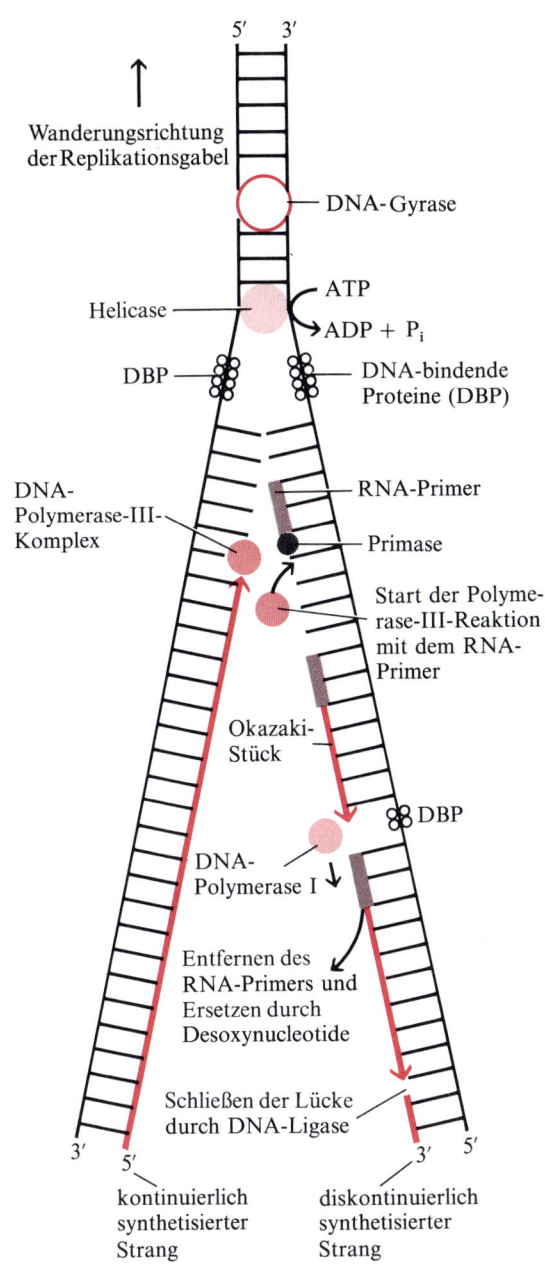

Abbildung 28-13
Zusammenfassung der wichtigsten Schritte der DNA-Replikation. Eine gewisse Unsicherheit herrscht noch über den genauen Ort der DNA-Gyrase-Wirkung.

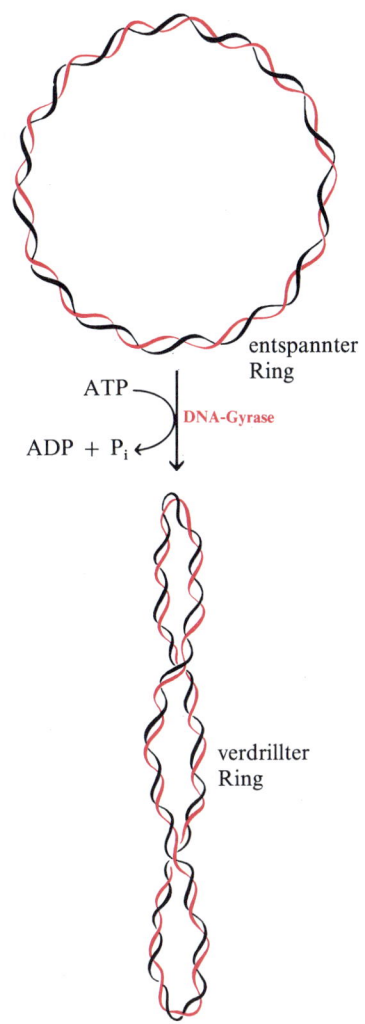

Abbildung 28-14
Erzeugung von Verdrillungen durch DNA-Gyrase. Die erforderliche Energie stammt aus der Hydrolyse von ATP. Das Enzym trennt einen Strang und repariert ihn wieder, nachdem sich der intakte Strang durch die Lücke hindurchgeschoben hat.

DNA-Polymerasen können korrekturlesen und Fehler korrigieren

Man hat ausgerechnet, daß bei der DNA-Replikation in *E.coli* nicht mehr als ein Fehler auf 10^9 bis 10^{10} Nucleotide vorkommt. Da ein Chromosom etwa 4.5×10^6 Basenpaare enthält, ist bei 10 000 Zellteilungen nur ein falsches Nucleotid zu erwarten. Man hat lange geglaubt, daß dieses hohe Maß an Wiedergabetreue bei der Replika-

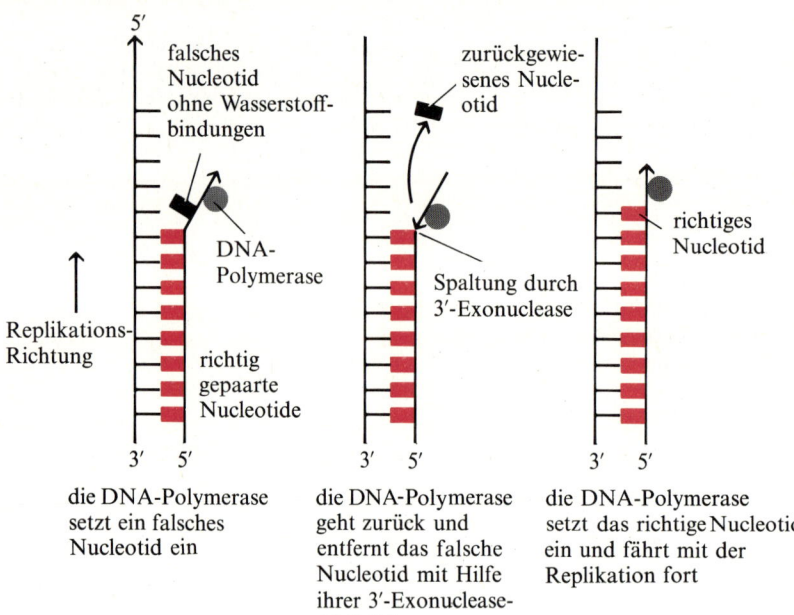

Abbildung 28-15
Fehlerkorrektur mit Hilfe der 3'-Exonuclease-Aktivität der DNA-Polymerase.

tion der genetischen Information allein durch die Präzision der Watson-Crick-Basenpaarung bedingt ist. Neue Untersuchungen haben aber gezeigt, daß eine Replikation, deren Genauigkeit nur auf die Präzision dieser Paarung angewiesen ist, ein falsches Nucleotid pro 10^4 bis 10^5 Reste bringen müßte. Es muß also noch einen oder mehrere Faktoren geben, die in vivo die Fehlerhäufigkeit bei der Replikation ganz erheblich verringern.

Eingehende Untersuchungen an hochgereinigter DNA-Polymerase haben zumindestens eine Teilantwort auf dieses Problem gebracht. Erinnern wir uns, daß die DNA-Polymerasen I und III drei verschiedene Enzymaktivitäten haben. Wir haben gesehen, wie das Enzym als DNA-Polymerase funktioniert und wie es Nucleotidreste vom 5'-Ende eines DNA-Abschnittes entfernen kann. Die 3'-Exonuclease-Aktivität der beiden Polymerasen bereitete dagegen zunächst einiges Rätselraten, denn sie bedeutet, daß diese Enzyme auch rückwärts wandern können, indem sie 3'-Nucleotidreste in der zur Polymerase-Reaktion umgekehrten Richtung wegnehmen können. Die 3'-Exonuclease-Aktivität der DNA-Polymerasen I und III dient zum Korrekturlesen neusynthetisierter DNA-Stränge und zum Korrigieren von Fehlern, die durch die Polymerase-Reaktion entstanden sind (Abb. 28-15). Wenn die DNA-Polymerase ein „falsches" Nucleotid eingefügt hat, so erkennt das Enzym dessen Unfähigkeit, eine Basenpaarung mit dem entsprechenden Matrizen-Nucleotid einzugehen. Es wandert dann zurück und hydrolysiert das falsche Nucleotid vom 3'-Ende ab. Danach setzt das Enzym das richtige Nucleotid ein und nimmt seine normale 5' → 3'-Richtung wieder auf. Auf diese Weise wird der Einbau jedes Nucleotids geprüft. Die Korrekturlese-Funktion der DNA-Polymerase ist sehr effizient und steigert die

Wiedergabetreue der Polymerase-Reaktion mindestens um den Faktor 10^4. Die Gesamtfehlerrate der Replikation ist das Produkt aus der Fehlerrate bei der Polymerase-Reaktion und der Fehlerrate beim Korrekturlesen. Sie ist nicht höher als ein Irrtum auf 10^9 bis 10^{10} Reste.

Bei der Replikation ist eine hohe Genauigkeit viel wichtiger als bei der Transkription. Fehler bei der Replikation wären ein Risiko für die Identität der Art oder ihre Überlebensfähigkeit. Fehler bei der Transkription oder Translation können viel eher toleriert werden, denn sie beeinträchtigen nur die RNA- oder Proteinsynthese in einer Zelle, ohne den genetischen Stammbaum einer Art zu ändern. Korrekturlesen durch die DNA-Polymerase ist vielleicht nur einer von verschiedenen Wegen, um eine hohe Wiedergabetreue sicherzustellen. Tatsächlich könnte die extreme Komplexität des Replikationsvorganges mit den vielen daran teilnehmenden Proteinen nötig sein, um diese Genauigkeit zu garantieren. Interessant ist, daß bei einigen Eukaryoten die DNA-Polymerase kein Korrekturlesen durchführt. Vermutlich haben Eukaryoten andere Mechanismen, um die Genauigkeit der Replikation sicherzustellen.

Die Replikation in Eukaryotenzellen ist ein sehr komplexer Vorgang

Die Replikation eukaryotischer DNA muß natürlich viel komplexer sein als die von *E.-coli*-DNA, da Eukaryotenzellen viele Chromosomen enthalten, die alle gleichzeitig repliziert werden, und viel größer sind als in Prokaryoten. Außerdem ist die DNA abschnittweise um die perlenähnlichen Nucleosomen herumgewickelt, die selbst wiederum dicht gepackt in spiraliger Anordnung vorliegen (S. 896). Bei der Replikation eukaryotischer DNA sind also zusätzlich zur Entspiralisierung der DNA noch eine Reihe weiterer mechanischer und geometrischer Änderungen notwendig, um die Basensequenz für das Replikase-System zugänglich zu machen.

Obwohl wir noch sehr wenig über die einzelnen Schritte und all die enzymatischen Faktoren wissen, die für die Vorgänge gebraucht werden, die bei den Eukaryoten die Replikation einleiten, gibt es doch eine Menge Beweismaterial dafür, daß der der Replikation zugrunde liegende enzymatische Prozeß bei Eukaryoten ähnlich verläuft wie bei Prokaryoten, sobald er erst einmal „eröffnet", d. h. mechanisch zugänglich gemacht worden ist. Zellkerne von Eukaryoten enthalten DNA-Polymerase, DNA-Ligase und verschiedene entspiralisierende Enzyme und Proteine. Eukaryotische DNA wird ebenfalls über Okazaki-Stücke repliziert, die viel kürzer sind als in Bakterien, aber auch durch RNA-Primer initiiert werden. Für Säugerzellen ist berechnet worden, daß die Geschwindigkeit, mit der die Replikationsgabel wandert, nur etwa 60 Basen/s beträgt, das ist ungefähr 1 μm/min. Wie wir jedoch gesehen haben (Abb. 28-4) sind in eukaryotischen Chromosomen tausend oder mehr Replikationsgabeln gleichzeitig in Betrieb.

Gene werden unter Bildung von RNAs transkribiert

Nun wollen wir uns dem nächsten Schritt im Fluß der genetischen Information zuwenden: der *Transkription* genetischer Information aus der DNA in die RNA. Bei diesem Vorgang wird mit Hilfe eines Enzymsystems ein RNA-Strang mit einer zur DNA komplementären Basensequenz synthetisiert. Die Transkription muß zuverlässig ausgeführt werden, wenn die Zellproteine die natürlichen, genetisch determinierten Aminosäuresequenzen erhalten sollen. Produkte der Transkription sind drei Klassen von RNA. Die erste ist die *Messenger-RNA* (mRNA), die zu den Ribosomen geschickt wird, um für die Aminosäuresequenz eines oder mehrerer Polypeptide zu codieren, und damit die Information aus einem Gen oder einem Satz von Genen im Chromosom weiterzugeben. Etwa 90 bis 95 % des *E.-coli*-Chromosoms codieren für Messenger-RNA, der Rest für Transfer-RNA (tRNA), ribosomale RNA (rRNA) und für regulatorische Sequenzen: Leader-, Spacer- und Schwanz-Sequenzen.

Es gibt einen wichtigen Unterschied zwischen der Replikation und der Transkription: bei der Replikation wird das gesamte Chromosom repliziert, bei der Transkription dagegen werden normalerweise nur einzelne Gene oder Gruppen von Genen transkribiert. Die Transkription der DNA erfolgt also selektiv, sie wird durch spezifische Regulationssequenzen an- und abgeschaltet, die Anfang und Ende des DNA-Abschnittes anzeigen, der transkribiert werden soll.

Messenger-RNAs codieren für Polypeptidketten

Daß die genetische Information für die Proteinsynthese durch eine RNA transportiert wird, wurde zunächst aus der Tatsache geschlossen, daß das Vorkommen der eukaryotischen DNA fast ausschließlich auf den Zellkern beschränkt ist, während die Proteinsynthese hauptsächlich an den Ribosomen des Cytoplasmas stattfindet. Die genetische Information muß also durch andere Moleküle als die DNA aus dem Kern in die Ribosomen transportiert werden. Da RNA sowohl im Kern als auch im Cytoplasma vorkommt, galt sie als Anwärter für diese Rolle. Es wurde auch beobachtet, daß der Beginn der Proteinsynthese in Zellen von einem Anstieg des RNA-Gehaltes im Cytoplasma und einer Zunahme der Turnover-Geschwindigkeit begleitet ist. Diese und andere Ergebnisse führten Francis Crick zu einer Annahme, die einen Teil des zentralen Dogmas der molekularen Genetik darstellt. Die Annahme besagt, daß die genetische Information durch RNA von der DNA zum Ort der

Proteinsynthese am Ribosom transportiert wird. Später, 1961, schlugen Francois Jacob und Jaques Monod den Namen *Messenger-RNA* für die RNA vor, die die genetische Information von der DNA zu den Ribosomen trägt. Dort bildet der Messenger die Matrize für die Synthese von Polypeptidketten mit spezifischen Aminosäuresequenzen.

Wachsende *E.-coli*-Zellen enthalten zu jedem Zeitpunkt eine komplexe Mischung von Hunderten verschiedener mRNAs. Lange Zeit war es unmöglich, aus diesem Gemisch eine einzelne Art von mRNA-Molekülen zu isolieren. Inzwischen ist es aber mit Hilfe verbesserter Methoden gelungen, ein ziemlich vollständiges Bild von der Struktur der mRNA zu gewinnen.

Messenger-RNAs sind einzelsträngige Moleküle von sehr unterschiedlicher Länge. Bei Prokaryoten gibt es mRNA-Moleküle, die für eine einzelne Polypeptidkette codieren (sie werden *monogen* oder *monocistronisch* genannt) und solche, die für zwei oder mehrere verschiedene Polypeptidketten codieren und *polygen* oder *polycistronisch* genannt werden. Die Mindestlänge einer mRNA ist durch die Länge der Peptidkette gegeben, für die sie codiert. Eine Polypeptidkette mit 100 Aminosäure-Resten erfordert z. B. eine RNA-Codierungssequenz von mindestens 300 Nucleotiden, da jede Aminosäure von einem Nucleotid-Triplett codiert wird (S. 900).

Heute wissen wir jedoch, daß Bakterien-DNAs immer etwas länger sind, als es für das (die) Polypeptid(e) nötig ist, für die sie codieren, denn sie enthalten eine nicht-codierende Leitsequenz am 5'-Ende. Solche Leitsequenzen können 25 bis 150 Basen lang sein. Polygene mRNAs können auch nicht übersetzte *intergene* oder *Spacer-Regionen* enthalten, die die einzelnen für die Polypeptidketten codierenden Bereiche voneinander trennen und die offenbar mit zur Regulation der Translationsgeschwindigkeit beitragen. Polygene mRNAs codieren normalerweise für zwei oder mehrere Polypeptidketten mit einer gemeinsamen Funktion, z. B. für zwei oder mehr Enzyme, die an derselben Stoffwechselfolge beteiligt sind. Ab. 28-16 faßt die allgemeine Struktur prokaryotischer mRNAs zusammen.

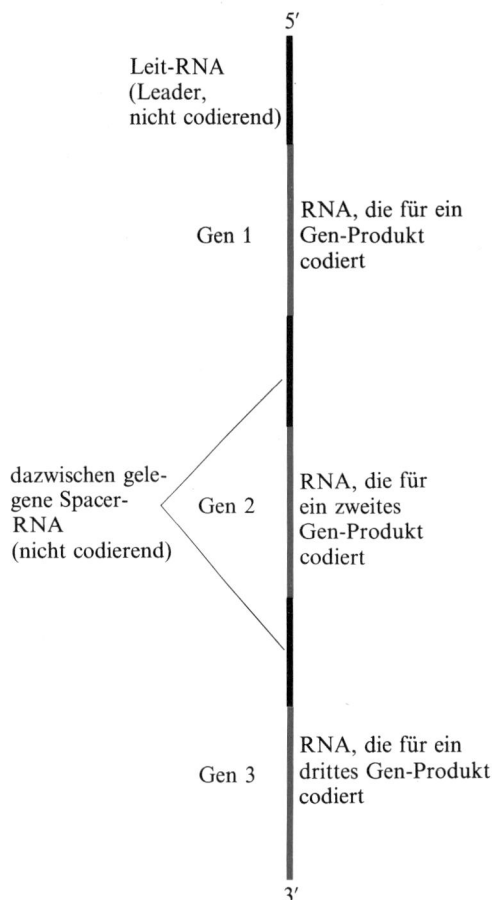

Abbildung 28-16
Schematische Darstellung einer polygenen mRNA aus Prokaryoten, im vorliegenden Fall ein Transkript von drei Genen. Die einzelnen Gen-Transkripte sind durch intergene oder Spacer-DNA voneinander getrennt.

Messenger-RNA wird durch eine DNA-abhängige RNA-Polymerase gebildet

Die Entdeckung der DNA-Polymerase und ihrer Abhängigkeit von einer DNA-Matrize führte natürlich zur Suche nach Enzymen, die einen zur DNA-Matrize komplementären RNA-Strang herstellen können. 1959 entdeckten vier verschiedene amerikanische Arbeitsgruppen fast gleichzeitig und unabhängig voneinander ein solches Enzym, das in der Lage war, ein RNA-Polymer aus Ribonucleosid-5'-triphosphaten herzustellen. Dieses Enzym, die *DNA-abhängige RNA-Polymerase*, ist in mancher Hinsicht der DNA-Polymerase ähnlich. Die RNA-Polymerase braucht als Vorstufen alle vier Ribonucleosid-5'-triphosphate (ATP, GTP, UTP und CTP) und Mg^{2+}. Das gereinigte Enzym enthält Zink als essentiellen Bestandteil des aktiven Zentrums. RNA-Polymerase verlängert einen RNA-Strang durch Hinzufügen von Ribonucleotid-Einheiten zum 3'-Hydroxyl-Ende der RNA-Kette, d.h. es baut RNA-Ketten in der $5' \rightarrow 3'$-Richtung auf. Aus den β- und γ-Phosphatgruppen der Nucleosid-5'-triphosphat-Vorstufen entsteht Diphosphat. Die Reaktionsgleichung lautet:

$$n(NMP)_n + NTP \rightleftharpoons (NMP)_{n+1} + PP_i$$

RNA Ribonucleosid- verlängerte RNA
 5'-triphosphat

RNA-Polymerase braucht für ihre Aktivität vorgeformte DNA. Am aktivsten ist sie mit natürlicher doppelsträngiger DNA als Matrize, die sowohl vom selben wie auch von einem anderen Organismus stammen kann. Dabei wird nur einer der beiden DNA-Stränge transkribiert. Uracil (U) wird an den Stellen in die neugebildete RNA eingebaut, an denen die DNA-Matrize Adeninreste enthält; Adenin und Uracil bilden komplementäre Basenpaare. Umgekehrt werden Adeninreste in die RNA-Positionen eingebaut, an denen sich bei der DNA Thyminreste befinden. Analog bestimmen die Guanosin- und Cytosinreste in der DNA die Cytosin- bzw. Guaninreste in der neuen RNA. Die neuen RNA-Stränge haben eine zu der des Matrizenstranges komplementäre Basenzusammensetzung und eine zu der des Matrizenstranges umgekehrt verlaufende Polarität. Obwohl RNA-Polymerase keinen Primer braucht, kann sie nicht in Funktion treten, bevor sie nicht an ein spezifisches Initiationssignal am DNA-Matrizenstrang gebunden ist. Das Enzym beginnt dann mit dem Aufbau einer neuen RNA. Der Aufbau geht vom 5'-Ende aus und beginnt meistens mit einem GTP- oder ATP-Rest, dessen 5'-Triphosphatgruppe (mit ppp bezeichnet) nicht als anorganisches Diphosphat (PP_i) abgespalten wird, sondern während der ganzen Transkription erhalten bleibt. Der neue RNA-Strang bildet während der Transkription vorübergehend Basenpaare mit dem DNA-Matrizenstrang. Dabei entsteht ein kurzes Stück einer hybriden DNA-RNA-Doppelhelix, wodurch die Richtigkeit der Ablesung sichergestellt wird. Der hybride Doppelstrang existiert aber nur vorübergehend, kurz nach seiner Bildung schält sich die RNA wieder ab. (Abb. 28-17).

In *E. coli* gibt es nur eine DNA-abhängige RNA-Polymerase, die nicht nur mRNAs, sondern auch tRNAs und rRNAs herstellen kann. Sie ist ein großes ($M_r = 500000$) und komplexes Enzym, das fünf Polypeptid-Untereinheiten enthält: zwei α-Ketten und je eine β-, β'- und σ- (Sigma-) Kette, so daß die Struktur des Holoenzyms der Polymerase mit $α_2, β, β', σ$ wiedergegeben werden kann. Erster Schritt der Transkription ist die Bindung des Holoenzyms an eine spezifische Stelle der DNA, den sogenannten *Promotor*. Er besteht

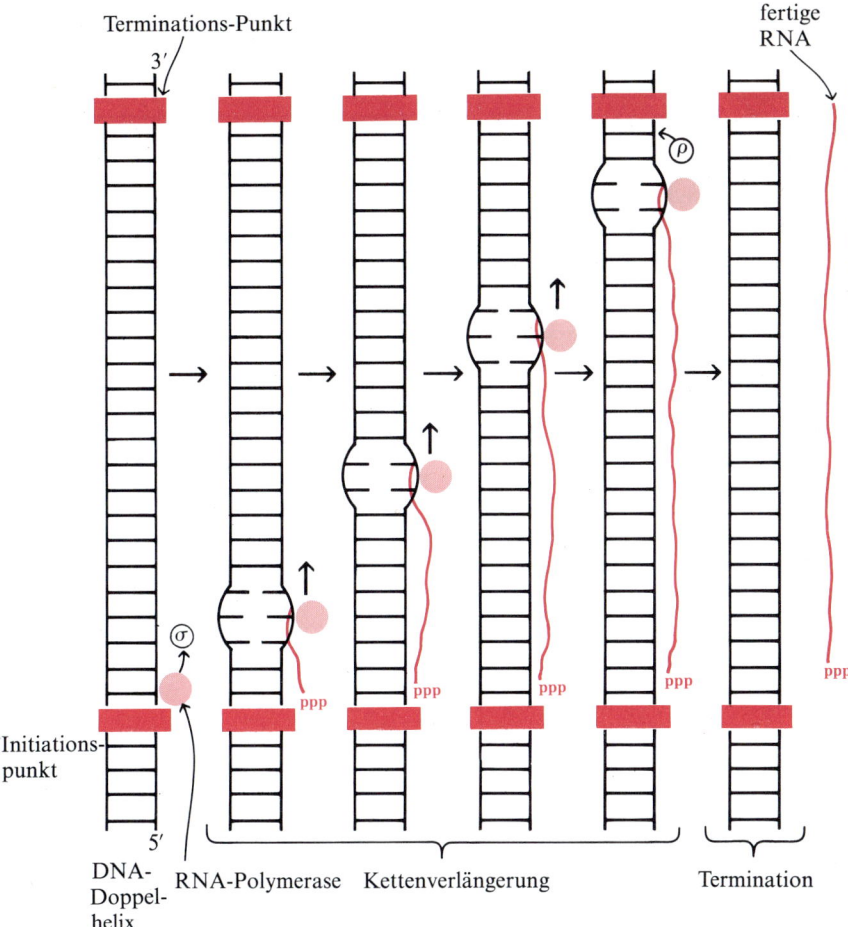

Abbildung 28-17
Zusammenfassung der Schritte bei der Transkription. Die RNA-Polymerase der Prokaryoten muß sich zuerst im Bereich des Promotors an die DNA binden (Kapitel 29). Dann wandert sie in der 5'→3'-Richtung zur Initiationssequenz und beginnt am richtigen Nucleotid zu transkribieren. Die Abb. zeigt nicht die tatsächliche Länge der DNA-RNA-Hybride, die etwa zwölf Nucleotide beträgt. Nach der Initiation fällt die σ-Untereinheit fort. Für die Termination der Kette wird die ϱ-Untereinheit gebraucht.

aus einer kurzen Sequenz, die von der RNA-Polymerase erkannt wird. Verschiedene Promotoren haben etwas verschiedene Sequenzen, die möglicherweise darüber bestimmen, wie effizient ein bestimmtes Gen transkribiert wird. Wenn die Polymerase am Promotor gebunden ist und bereits einige Phosphodiester-Bindungen geknüpft hat, dissoziiert die σ-Untereinheit vom Holoenzym ab. Die RNA wird dann Schritt für Schritt von dem verbleibenden Rumpfenzym verlängert. Das Ende der transkribierten Gene wird durch eine spezifische *Terminations-Sequenz* auf der DNA-Matrize angezeigt. Um die Transkription zu beenden und eine Freisetzung der RNA-Polymerase von der DNA zu bewirken, ist ein anderes spezifisches Protein nötig, das mit ϱ (Rho) bezeichnet wird. Es gibt also drei Phasen bei der RNA-Synthese: die *Initiation* die *Ketten-Verlängerung* und die *Termination* (Abb. 28-17).

Viele Forscher haben sich zum Ziel gesetzt, die Nucleotidsequenzen der DNA-Bereiche aufzuklären, an denen die RNA-Polymerase die Transkription beginnt und beendet, aber es bleibt noch viel zu tun, bis wir diese wichtigen Signale verstehen können.

Eukaryotische Zellkerne enthalten drei RNA-Polymerasen

In eukaryotischen Zellkernen gibt es drei verschiedene RNA-Polymerasen, die mit I, II und III bezeichnet werden (Tab. 28-2). RNA-Polymerase I ist im Nucleolus lokalisiert und hauptsächlich für die Biosynthese ribosomaler RNA zuständig, während die RNA-Polymerasen II und III im Chromatin und im Nucleoplasma gefunden werden. RNA-Polymerase II wirkt mit bei der mRNA-Synthese und RNA-Polymerase III bei der Synthese von tRNA und 5S-rRNA. Mitochondrien enthalten, wie die Bakterien, nur eine einzige RNA-Polymerase. Die eukaryotischen DNA-abhängigen RNA-Polymerasen verlängern RNA-Ketten auf die gleiche Weise wie das *E.-coli*-Enzym, die beiden Enzyme unterscheiden sich aber in der Struktur ihrer Untereinheiten und in ihren Regulations-Einheiten. Das ist auch zu erwarten, da eukaryotische RNA-Polymerasen eine DNA transkribieren müssen, die in den Nucleosomen fest an die Histone gebunden ist und mit anderen Zellkern-Proteinen im Chromatin assoziiert vorliegt.

Tabelle 28-2 Produkte der eukaryotischen DNA-abhängigen RNA-Polymerase.

Enzym	Produkte
RNA-Polymerase I	5.8S-, 18S- und 28S-rRNAs
RNA-Polymerase II	mRNAs
RNA-Polymerase III	tRNAs; 5S-rRNA

Die DNA-abhängige RNA-Polymerase kann selektiv gehemmt werden

Die Verlängerung von RNA-Ketten durch RNA-Polymerase kann sowohl in Prokaryoten als auch in Eukaryoten durch das Antibiotikum *Actinomycin D* spezifisch gehemmt werden (Abb. 28-18). Der flache Teil des Moleküls *interkaliert* in die Doppelhelix, d.h. er schiebt sich zwischen zwei aufeinanderfolgende G≡C-Basen-

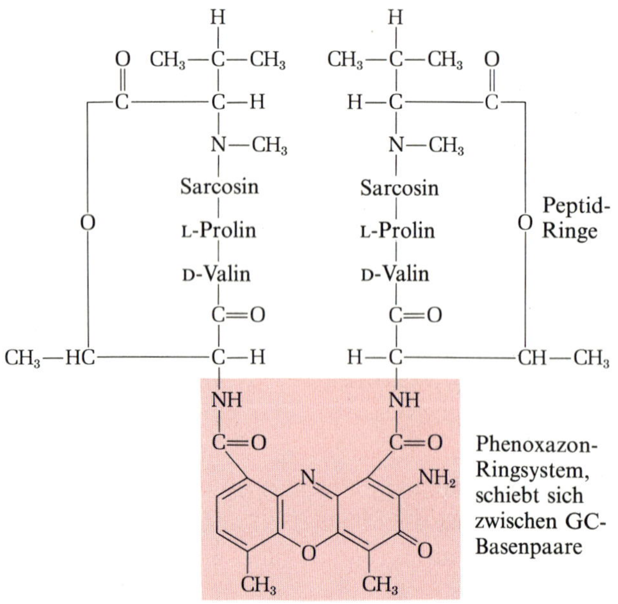

Abbildung 28-18
Strukturformel von Actinomycin D, einem Inhibitor der DNA-Transkription. Der farbig unterlegte Bereich kann sich im DNA-Doppelstrang zwischen zwei aufeinanderfolgende GC-Basenpaare schieben (interkalieren). Die zwei cyclischen Peptidanteile des Moleküls werden in der kleineren Furche der Doppelhelix gebunden. Sarcosin ist *N*-Methylglycin. Die Bindungen zwischen Sarcosin, L-Prolin und D-Valin sind Peptidbindungen.

paare und bewirkt dadurch eine Verformung der DNA-Matrize. Diese örtliche Verformung verhindert die Wanderung der Polymerase über diesen Punkt hinaus: Actinomycin zerstört sozusagen den „Reißverschluß". Da Actinomycin D diese Hemmwirkung sowohl in der lebenden Zelle als auch im Zellextrakt hat, ist es zu einem wichtigen experimentellen Hilfsmittel geworden, um festzustellen, welche Zellprozesse von der RNA-Synthese abhängig sind. Ein anderer interkalierender Inhibitor ist *Acridin*, das ebenfalls ein flach gebautes Molekül ist.

Ein weiterer wichtiger antibiotischer Inhibitor der RNA-Synthese ist *Rifampicin*. Es wird an die β-Untereinheit der RNA-Polymerase von Prokaryoten gebunden und verhindert die Initiation der RNA-Synthese. Rifampicin hemmt nicht die RNA-Synthese bei Eukaryoten. Ein spezifischer Inhibitor für die RNA-Synthese bei Eukaryoten ist das α-*Amanitin*, ein Wirkstoff aus dem Gift des Knollenblätterpilzes *Amanita phalloides*. Es blockiert die Synthese der Messenger-RNA durch Hemmung der RNA-Polymerase II, hat aber keine Wirkung auf die RNA-Synthese in Prokaryoten.

Die RNA-Transkripte werden weiter umgewandelt (processed)

Die durch RNA-Polymerasen hergestellten Transkripte unterliegen im allgemeinen weiteren enzymatischen Veränderungen, bevor sie die ihnen zugedachte biologische Aktivität annehmen. Diese Veränderungen heißen *posttranskriptionale Molekularreifung (posttranscriptional processing)*. Ribosomale RNAs und Transfer-RNAs entstehen in Form von längeren Vorstufen, die dann zu den endgültigen Produkten modifiziert und gespalten werden. Bei den Eukaryoten – nicht aber bei den Prokaryoten – unterliegen auch die mRNA-Transkripte einer Molekularreifung.

Ribosomale RNAs sowohl von Prokaryoten als auch von Eukaryoten entstehen als längerkettige Vorstufen, als *präribosomale RNAs*. Bei Prokaryoten können die 16S- und 23S-RNAs der Ribosomen (Kapitel 29) aus einer einzigen langen 30S-RNA-Vorstufe entstehen, die eine relative Molekülmasse von 2 000 000 hat. Diese wird an bestimmten Basen methyliert und zu 17S- und 25S-RNA-Zwischenprodukten gespalten, die dann durch Abspalten von Resten mit Hilfe von Nucleasen zu den für Prokaryoten charakteristischen 16S- und 23S-rRNAs „zurechtgestutzt" (getrimmt) werden (Abb. 28-19). Die 5S-rRNA entsteht getrennt von den anderen aus dem 3'-Ende der 30S-Vorstufe.

Bei den Eukaryoten werden die 18S- und die 28S-rRNAs in einer ganzen Reihe von Schritten aus einer 45S-präribosomalen RNA gebildet. Die Molekularreifung (processing) der 45S-RNA findet im Nucleolus statt. Die 45S-Vorstufe wird zunächst durch Methylie-

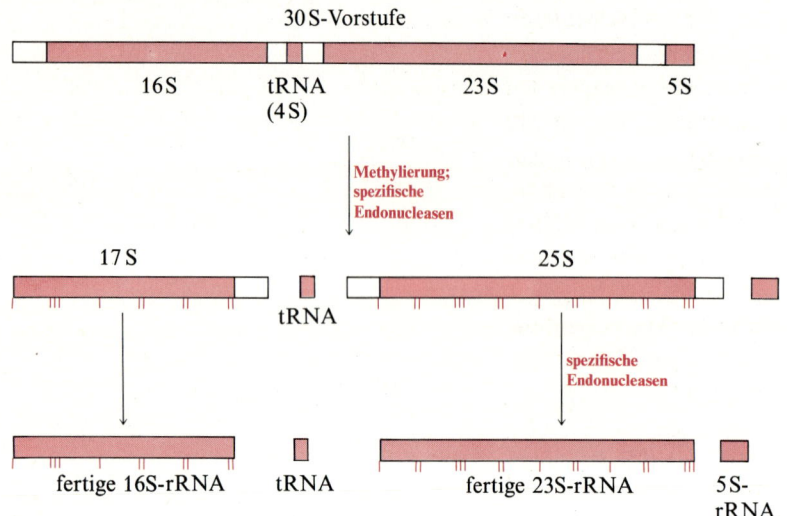

Abbildung 28-19
Molekularreifung (processing) eines rRNA-Transkripts in Prokaryoten. Die Endprodukte 16S- und 23S-rRNA werden mit Hilfe spezifischer Nucleasen aus einer längeren 30S-Vorstufe hergestellt. Vor der Spaltung wird die 30S-RNA an bestimmten Basen methyliert (kurze farbige Linien). Aus dem mittleren Abschnitt wird eine einzelne tRNA gebildet.

rung von über 100 ihrer 14000 Nucleotide modifiziert, und zwar meist an den 2'-Hydroxylgruppen der Ribose-Einheiten. Wie die Abb. 28-20 zeigt, findet danach eine Reihe enzymatischer Spaltungen statt, die schließlich die für eukaryotische Ribosomen charakteristischen 18S-, 28S- und 5.8S-rRNAs liefern. Die 5S-rRNA wird separat hergestellt.

Transfer-RNAs werden ebenfalls aus längeren RNA-Vorstufen enzymatisch herausgespalten. In manchen Fällen entstehen zwei oder mehrere tRNAs aus einer einzigen langen Vorstufe. Wie wir noch sehen werden (S. 983) gibt es mindestens 32 verschiedene tRNAs, wahrscheinlich sind es aber viel mehr.

Zusätzlich zur Entfernung der Kopf- (Leader-) und Schwanz-Bereiche unterliegen die tRNA-Vorstufen noch zwei anderen Arten

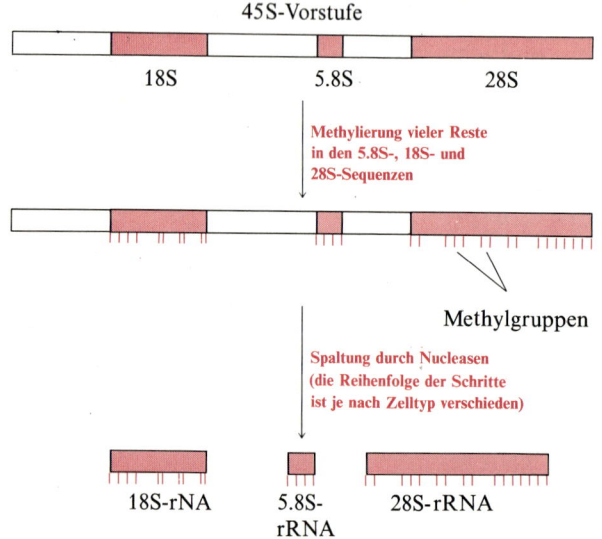

Abbildung 28-20
Molekularreifung (processing) eines rRNA-Transkripts in Eukaryoten. Vor der Spaltung wird die 45S-Vorstufe methyliert, und zwar an den 2'-Hydroxylgruppen der Ribose-Einheiten derjenigen Bereiche, die sich später im fertigen Produkt wiederfinden. Die 5S-RNA entsteht getrennt hiervon.

von posttranskriptionaler Molekularreifung: (1) Bei einigen tRNAs wird an den 3'-Terminus die Trinucleotidsequenz -C-C-A(3') angehängt. (Die anderen tRNAs haben diese 3'-Sequenz bereits auf dem Transkriptionswege erhalten). Wir werden sehen, daß der 3'-terminale A-Rest der Teil der tRNA ist, an den die Aminosäure für die wachsende Proteinkette kovalent gebunden wird. (2) Einige der Basen der tRNAs werden in charakteristischer Weise modifiziert, einige durch Methylierung, andere durch Desaminierung oder Reduktion. Wie wir in Kapitel 29 sehen werden, enthalten alle tRNAs in bestimmten Positionen charakteristisch modifizierte Basen.

Heterogene nucleare RNAs sind Vorstufen der eukaryotischen Messenger-RNAs

Die Molekularreifung der Vorstufen der eukaryotischen Messenger-RNA ist ein sehr komplexer Vorgang. Eukaryotische mRNA ist in der Form, in der sie im Cytoplasma vorkommt, durch drei strukturelle Merkmale gekennzeichnet: (1) Eukaryotische mRNAs sind im allgemeinen monogen, während viele prokaryotische mRNAs polygen sind. (2) Am 3'-Ende haben die meisten eukaryotischen mRNAs einen Schwanz aus 100 bis 200 aufeinanderfolgenden A-Resten, der *Poly(A)-Schwanz* genannt wird. Dieser Schwanz wird, ausgehend von ATP, mit Hilfe der *Polyadenylat-Polymerase* gesondert synthetisiert. Dieses Enzym wirkt im wesentlichen auf die gleiche Weise wie die RNA-Polymerase. Es katalysiert die Reaktion:

$$n\,\text{ATP} \rightarrow \underset{\text{Poly(A)}}{(\text{AMP})_n} + n\text{PP}_i$$

Das Enzym braucht keine Matrize, benötigt aber die mRNA als Primer. (3) Das dritte Merkmal der meisten eukaryotischen mRNAs ist die *5'-Kappe* (*5'cap*), ein *7-Methylguanosinrest*, der auf sehr ungewöhnliche Weise, nämlich über eine Triphosphatbindung, mit dem 5'-terminalen Rest der mRNA verknüpft ist (Abb. 28-21). Die Funktionen der 5'-Cap- und 3'-Poly(A)-Regionen sind noch nicht mit Sicherheit bekannt. Der 5'-Cap-Bereich nimmt möglicherweise an der Bindung der mRNA an die Ribosomen und somit an der Initiation der Translation teil (S. 967). Es ist auch möglich, daß diese beiden Bereiche die mRNA vor enzymatischem Abbau schützen.

Die Intron-RNA muß aus der mRNA-Vorstufe entfernt werden

Weitere Schritte in der Molekularreifung eukaryotischer mRNA betreffen die Entfernung der *Intron-RNA* (S. 905). Der Zellkern enthält eine spezielle Art von RNA, die während der Proteinsynthese einen hohen Turnover (Umsetzungsgeschwindigkeit) hat. Sie wird *heterogene nucleare RNA (hnRNA)* genannt und besteht aus einer Mischung sehr langkettiger RNA-Moleküle. Man hatte zwar schon lange vermutet, daß die hnRNA die Vorstufe der cytoplasmatischen mRNA ist, konnte sich aber einige Unterschiede zwischen der Struktur der hnRNAs und der mRNAs nicht erklären: Zum einen sind die hnRNAs viel länger als die mRNAs, zum anderen ist die Vielfalt der Nucleotidsequenzen bei den hnRNAs viel größer als bei den mRNAs. Diese Diskrepanzen blieben über lange Zeit rätselhaft, bis sie schließlich durch die Entdeckung nicht übersetzter, dazwischengeschalteter (*intervenierender*) *Sequenzen* oder *Introns* gelöst werden konnten. Erinnern Sie sich, daß die Introns oft viel länger sind als die Exons, die codierenden Anteile der Gene (S. 905). Nach der Entdeckung der Introns in der DNA tauchte natürlich die Frage auf, ob sie zusammen mit den Exons kollinear transkribiert werden, so daß eine sehr lange Vorstufen-mRNA entsteht, die komplementär und kollinear sowohl zu den Exons als auch den Introns ist, oder ob die RNA-Polymerase die Introns „überspringt" und nur die Exons transkribiert.

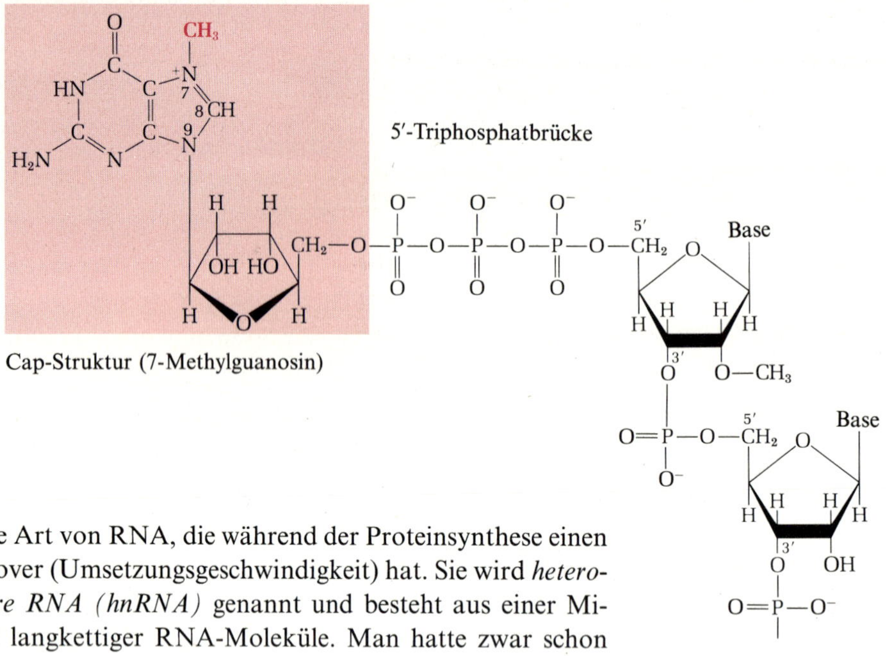

Diese Frage konnte beantwortet werden. Die RNA-Polymerase transkribiert Exons und Introns unter Bildung einer sehr langkettigen Vorstufen-RNA genau in der Reihenfolge, die sie im Gen haben. Sie enthält Abschnitte, die nicht übersetzt werden und komplementär zur Basensequenz der Introns sind. Diese Vorstufen werden nur im Zellkern gefunden. Sie stellen einen großen Teil der hnRNAs dar und sind auch für die vorher nicht erklärbaren Sequenzunterschiede zwischen den hnRNAs und den entsprechenden mRNAs verantwortlich.

Kaum war dieses Rätsel gelöst, tauchte das nächste auf: Wie wird diese RNA-Vorstufe, die Intron-Blöcke enthält, in die endgültige cytoplasmatische RNA umgewandelt, die diese Blöcke offenbar nicht enthalten darf? Wenn die Vorstufen-RNA einfach nur an jeder

Abbildung 28-21
Die aus 7-Methylguanosin bestehende Cap-Struktur (Kappe) am 5'-Terminus der eukaryotischen Messenger-RNA; die Methylgruppe ist fett gedruckt. Beachten Sie, daß der Cap-Bereich über eine Triphosphatbrücke an das 5'-terminale Nucleotid gebunden ist. Fast alle eukaryotischen mRNAs besitzen an ihrem 5'-Ende Cap-Strukturen.

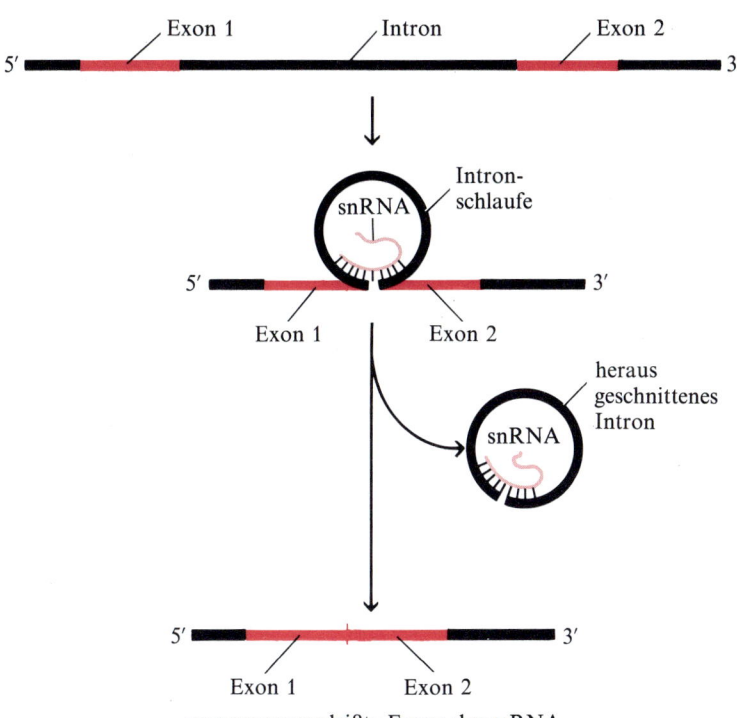

Abbildung 28-22
Die Funktion der kleinen nuclearen RNA (snRNA) beim Zusammenspleißen von Exons und Herausschneiden von Introns. Die beiden Enden eines Introns bilden Basenpaare mit einem Segment der snRNA. Spleißen und Herausschneiden sind miteinander gekoppelt.

Stelle gespalten wird, an der ein Exon endet und ein Intron beginnt oder ein Intron endet und ein Exon beginnt, so gäbe es im Zellkern bald eine große Menge von mRNA-Vorstufen-Segmenten, von denen einige für einen Teil der Polypeptidkette codieren und andere nicht. Wie können die getrennt vorliegenden Codierungsteile in der richtigen Reihenfolge angeordnet und zur endgültigen mRNA miteinander verbunden werden?

Kleine nuleare RNAs helfen bei der Entfernung der Intron-RNAs

Eine genaue Antwort auf diese Frage beginnt sich abzuzeichnen. Es gibt zahlreiche Beweise dafür, daß bei der Entfernung der nicht zu übersetzenden Introns die Exons oder Codierungsabschnitte der mRNA niemals physikalisch voneinander getrennt werden. Bei dem präzise ablaufenden Zusammenspleißen der aufeinanderfolgenden Exons ist eine neue Klasse von RNA-Molekülen behilflich. Dabei handelt es sich um die nur im Zellkern vorkommenden *kleinen nuclearen RNAs (small nuclear RNAs = snRNAs)*. Sie sind etwa 100 Nucleotide lang. Ihre Funktion blieb so lange ein Rätsel, bis sich herausstellte, daß ihre Basensequenzen komplementär zu den Enden der Introns sind. Durch Basenpaarung zwischen der snRNA und den Enden der Intron-Schleife werden die Sequenzen der beiden Exons in die für das enzymatische Zusammenspleißen der Exons und die Entfernung der sie trennenden Introns richtige Stellung nebeneinander gebracht. Die snRNA dient also vorrübergehend als Matrize, um die beiden Enden der Exons so zusammenzuhalten, daß das Spleißen an der richtigen Stelle erfolgt (Abb. 28-22). Ein Irrtum beim Spleißen um nur ein Nucleotid würde den Ablesemodus von der Stelle an ändern und zur Synthese eines falschen Proteinmoleküls führen.

Mit der Entfernung aller Introns ist die Molekularreifung (processing) beendet, und die fertige mRNA verläßt den Zellkern. Hierzu wird sie an zwei spezielle Proteine gebunden, die anscheinend die mRNA durch die Poren der Zellkern-Umhüllung in das Cytoplasma geleiten (S. 29). Diese Poren, die von komplex angeordneten Proteinen umgeben sind, erlauben offenbar nur völlig ausgereiften, „fertigen" mRNAs, den Zellkern zu verlassen. Die RNA-Bruchstücke, die bei der Molekularreifung anfallen, werden von Nucleasen abgebaut. Die entstehenden Nucleosid-5'-phosphate werden durch ATP zu den Triphosphaten rephosphoryliert und für die RNA-Synthese im Zellkern wiederverwendet.

Der Transkriptionsvorgang kann sichtbar gemacht werden

In den Oozyten des Südafrikanischen Krallenfrosches *Xenopus* kommen die Gene für ribosomale RNA in großer Anzahl vor. Diese Gene müssen sehr schnell transkribiert werden, um die Ribosomen herstellen zu können, die nach der Befruchtung für das Wachstum des frühen Embryos gebraucht werden. Die elektronenmikroskopi-

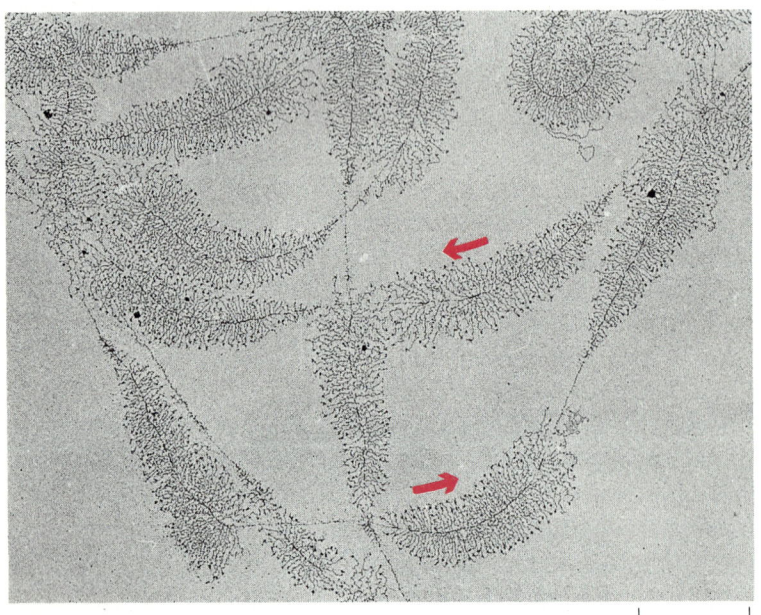
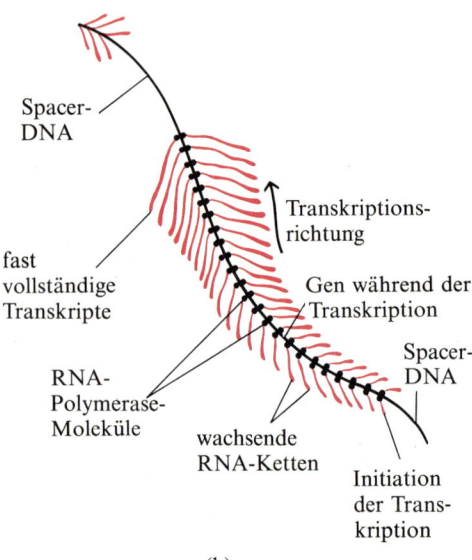

Abbildung 28-23
(a) Elektronenmikroskopische Aufnahme von rRNA-Genen des Krallenfrosches *Xenopus* während der Transkription durch viele gleichzeitig am selben DNA-Strang arbeitende RNA-Polymerase-Moleküle.
(b) Schematische Interpretation des in (a) gezeigten Transkriptionsprozesses. Die neuen, einzelsträngigen RNA-Moleküle erscheinen viel kürzer als die DNA, von der sie transkribiert wurden, bedingt durch die Ausbildung der Sekundärstruktur.

sche Aufnahme solcher Zellen zeigt viele dünne, schleifenbildende *Zentralfasern (core fibers)* mit etwa 20 nm Durchmesser; sie sind in periodischen Abständen umgeben von ausgebreiteten, haarähnlichen *radialen Fibrillen* von zunehmender Länge (Abb. 28-23). Die zentrale Faser, die sich durch diese Strukturen kontinuierlich hindurchzieht, besteht aus DNA, assoziiert mit Protein. Die seitlichen haarähnlichen Fibrillen, von denen jeder Abschnitt etwa 100 enthält, sind wachsende RNA-Stränge. Die aufeinanderfolgenden, von den RNA-Fibrillen umgebenen DNA-Abschnitte sind repetitive Gene für rRNA, die in einer Sequenz hintereinanderliegen und gerade mit hoher Aktivität transkribiert werden. An jedem Gen werden viele RNA-Ketten gleichzeitig gebildet, jede mit Hilfe eines eigenen Moleküls RNA-Polymerase, das von einem Ende des Gens zum anderen wandert, wobei die RNA-Ketten an Länge zunehmen. Die dunklen Granula auf der DNA, an der Basis der RNA-Fibrillen, sind Moleküle der DNA-abhängigen RNA-Polymerase. Sie liegen sehr dicht hintereinander, sozusagen „auf Anstoß" und bewegen sich das Gen entlang. Die transkribierten DNA-Abschnitte sind 2 bis 3 μm lang. Das ist etwa die Länge, die nötig ist, um für die 45S-Vorstufe der Eukaryoten-mRNA zu codieren. Die nicht transkribierten Abschnitte der Zentralfaser sind Spacer-DNAs.

Von manchen Virus-RNAs kann DNA mittels einer reversen Transkriptase transkribiert werden

Bestimmte krebserregende RNA-Viren aus tierischen Geweben, wie z. B. der *Rous-Sarcomavirus* des Geflügels, enthalten in ihrem Virus-Partikel eine RNA-abhängige DNA-Polymerase, auch *reverse Transkriptase* genannt. Gelangt ein solcher Virus in eine Wirtszelle, so kann die Virus-Polymerase die enzymatische Synthese einer DNA katalysieren, die komplementär zur Virus-RNA ist. Die gebildete DNA, die krebsverursachende Gene enthält, wird oft in das Genom der eukaryotischen Wirtszelle eingebaut, wo sie schlafend, d. h. nicht exprimiert, viele Generationen bleiben kann (Abb. 28-24). Unter bestimmten Bedingungen werden solche schlafenden Virus-Gene aktiviert und veranlassen die Replikation des Virus; unter anderen Bedingungen können sie auch die Transformation der Zelle in eine Krebszelle verursachen.

Das Vorkommen der reversen Transkriptase, deren Existenz in DNA-Tumor-Viren von Howard Temin an der University of Wisconsin 1962 vorausgesagt worden war, wurde schließlich 1970 von ihm und unabhängig von David Baltimore am Massachusetts Institute of Technology in solchen Viren nachgewiesen. Ihre Entdeckung erregte großes Aufsehen besonders deswegen, weil sie einen molekularen Beweis dafür erbrachte, daß genetische Information manchmal auch von der RNA zur DNA „zurückfließen" kann. Sie lieferte außerdem eine Erklärung dafür, wie Krebs-Gene, die in Form von

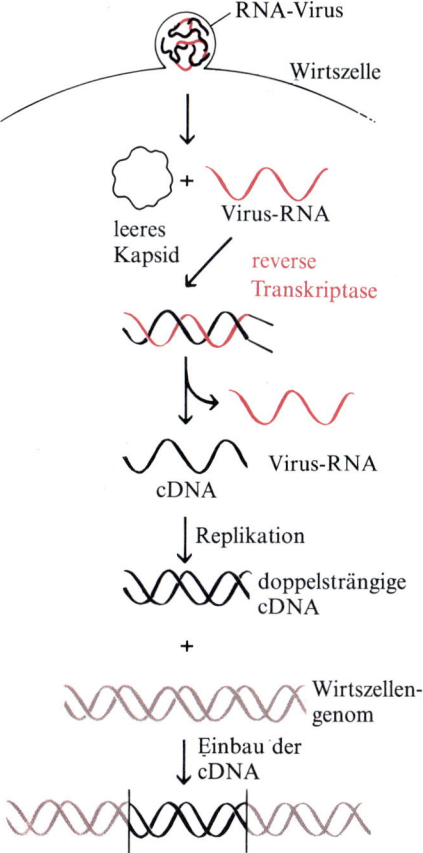

Abbildung 28-24
Die Wirkungsweise der reversen Transkriptase. Synthese komplementärer DNA (cDNA) aus einsträngiger Virus-RNA in tierischen Zellen. Die neue cDNA kann in das Genom der Wirtszelle eingebaut werden.

RNA in den RNA-Viren vorkommen, in das Genom der Wirtszelle eingebaut werden können. Wegen dieser Entdeckung mußte das Dogma der Molekularbiologie erweitert werden (Abb. 28-25). RNA-Viren, die reverse Transkriptase enthalten, werden auch als *Retroviren* bezeichnet (Retro (lateinisch): zurück).

Die Entdeckung der reversen Transkriptase lieferte die lange ausstehende Antwort auf die Frage: Wie kann die genetische Information eines krebserregenden RNA-Virus in die DNA der Wirtszelle eingebaut werden? Es gibt immer mehr Beweise dafür, daß die DNA vieler Tierarten Gene enthält, die aus RNA-Viren stammen, und zwar sogar dann, wenn die Tiere, aus denen die DNA isoliert wurde, diesen Viren gar nicht ausgesetzt gewesen waren. Diese Beobachtungen lassen vermuten, daß die Gene von RNA-Viren nach Transkription in die DNA in die Chromosomen der Vorfahren dieses Tieres eingebaut worden waren, möglicherweise in einem frühen Zeitabschnitt der Evolution dieser Spezies. Durch Replikation der gesamten DNA der Zelle, einschließlich der Krebs-Gene, die ursprünglich als Virus-RNA in die Zelle gelangt waren, sind sie von einer Generation zur anderen weitergegeben worden. Tatsächlich besagt eine der Theorien über die Krebsentstehung, daß wir alle in unseren Chromosomen schlafende, nicht exprimierte Krebs-Gene mit uns herumtragen, die in Form von RNA-Viren vor vielleicht Tausenden oder Millionen von Jahren in die Chromosomen unserer Vorfahren gelangt sind. Diese Theorie besagt weiter, daß solche Krebs-Gene (Oncogene) normalerweise nicht transkribiert werden, daß sie aber vielleicht durch Einwirkung carcinogener Agentien, aktiviert werden können und dann transkribiert und übersetzt werden unter Bildung von Gen-Produkten, die eine Transformation der normalen menschlichen Zelle in eine maligne Zelle bewirken.

Die reversen Transkriptasen der Viren enthalten wie alle DNA- und RNA-Polymerasen Zn^{2+}. Sie sind am aktivsten mit der RNA der eigenen Virus-Art, können aber auch zur Herstellung komplementärer DNA von einer ganzen Reihe anderer RNAs verwendet werden. Reverse Transkriptasen brauchen einen Primer. Sie synthetisieren die DNA in $5' \rightarrow 3'$-Richtung und ähneln den DNA-Polymerasen noch in vielem anderen.

Reverse Transkriptasen sind, ähnlich wie die Restriktionsendonucleasen (S. 901), zu einem sehr wichtigen biochemischen Hilfsmittel für die Untersuchungen von DNA-RNA-Wechselwirkungen geworden. Reverse Transkriptase ermöglicht die Synthese einer DNA, die komplementär zu der als Matrize eingesetzten RNA ist, gleich ob es sich dabei um eine mRNA, tRNA oder rRNA handelt. Eine auf diese Weise im Labor synthetisierte DNA wird *komplementäre DNA (cDNA)* genannt. Mit reverser Transkriptase ist es möglich, synthetische Gene herzustellen, z.B. eine cDNA aus der mRNA für eine der Hämoglobin-Polypeptidketten. Die mRNAs für die Hämoglobinketten können leicht aus unreifen roten Blutkörperchen isoliert werden. In diesem und vielen anderen Fällen, in denen das natürli-

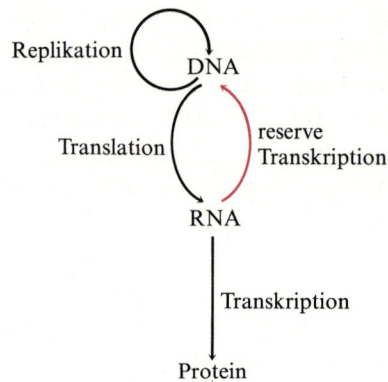

Abbildung 28-25
Erweiterung des zentralen Dogmas der Molekulargenetik, die durch die Entdeckung der reversen Transkriptase nötig geworden ist, und dem Fluß der genetischen Information von der RNA zur DNA Rechnung trägt.

che Gen für ein eukaryotisches Peptid nicht leicht zu isolieren ist, wohl aber seine mRNA, kann man mit Hilfe der mRNA und der reversen Transkriptase ein synthetisches Gen herstellen. Wir werden später sehen, wie cDNAs zum Klonen rekombinierter DNA (Kapitel 30) verwendet werden.

Einige Virus-DNAs werden durch eine RNA-abhängige RNA-Polymerase repliziert

Die Chromosomen einiger *E.-coli*-Bakteriophagen bestehen aus RNA und nicht aus DNA. Diese Viren, zu denen die Phagen f2, MS2, R17 und Qß gehören (Tab. 27-1), haben für die Untersuchungen über Struktur und Funktion von mRNAs Bedeutung erlangt. Die RNAs dieser Viren, die für die Synthese von Virus-Proteinen als mRNA fungieren, werden in der Wirtszelle durch Enzyme repliziert, die man *RNA-abhängige RNA-Polymerasen* oder *RNA-Replikasen* nennt. Diese Enzyme kommen in *E.-coli*-Zellen normalerweise nicht vor, werden aber in ihnen auf Weisung der Virus-RNA produziert.

Die RNA-Replikase aus Qß-infizierten *E.-coli*-Zellen katalysiert die Bildung einer zur Virus-RNA komplementären RNA aus Ribonucleosid-5'-triphosphaten. Die Reaktionsgleichung ist ähnlich wie die für DNA-abhängige RNA-Polymerase:

$$\text{NTP} + (\text{NMP})_n \xrightarrow{\text{Matrize aus Virus-RNA}} (\text{NMP})_{n+1} + \text{PP}_i$$
$$\text{RNA} \qquad\qquad\qquad\qquad \text{verlängerte RNA}$$

Die Synthese des neuen RNA-Stranges schreitet in der 5' → 3'-Richtung fort. Die RNA-Replikase braucht RNA als Matrize und ist mit DNA inaktiv. Im Gegensatz zu den DNA- und RNA-Polymerasen ist die RNA-Replikase jedoch matrizenspezifisch. Die RNA-Replikase aus dem Virus Qß kann also nur mit RNA dieses Virus arbeiten; die RNAs der Wirtszellen werden nicht repliziert. Damit erklärt sich, warum RNA-Viren in einer Wirtszelle, die viele andere Arten von RNA enthält, bevorzugt repliziert werden.

Gereinigte Qß-RNA-Replikase kann also eine Nettosynthese von neuen, biologisch aktiven Qß-RNA-Molekülen katalysieren. Ausgehend vom infektiösen Qß(+)-Strang als RNA-Matrize kann die Replikase einen komplementären Qß(−)-Strang herstellen, der dann in einem anderen Inkubationsansatz mit diesem Enzym dazu verwendet werden kann, synthetische, voll infektiöse Qß-RNA zu bilden, die mit dem Ausgangs-(+)-Strang identisch ist. Die Eigenschaften dieses Enzyms machen eine nochmalige Erweiterung des zentralen Dogmas der Molekulargenetik nötig (Abb. 28-26).

Vom Virus R17 wurden die vollständige Nucleotidsequenz des RNA-Chromosoms und die Aminosäuresequenzen der drei Hüllproteine, für die die RNA codiert, ermittelt. Dieser Erfolg hat wich-

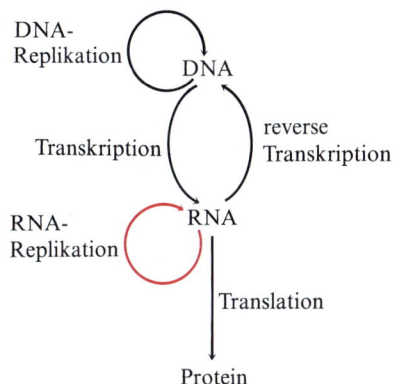

Abbildung 28-26
Erneute Erweiterung des zentralen Dogmas der Molekulargenetik, das nun auch die RNA-Replikation mit einschließt.

tige Informationen über den genetischen Code und über die spezifischen Signale für die Initiation und Termination der Polypeptidketten-Synthese gebracht (Kapitel 29).

Polynucleotid-Phosphorylase erzeugt RNA-ähnliche Polymere mit statistisch verteilten Basensequenzen

1955 entdeckten Marianne Grunberg-Manago und Severo Ochoa die *Polynucleotid-Phophorylase*, das erste Enzym, das langkettige Polymere synthetisieren konnte. (Kurze Zeit später berichtete Kornberg über die Entdeckung der DNA-Polymerase.) Die offenbar nur in Bakterien vorkommnde Polynucleotid-Phosphorylase katalysiert die Reaktion:

$$NDP + (NMP)_n \rightleftharpoons (NMP)_{n+1} + P_i$$

wobei NDP ein Nucleosid-5'-diphosphat ist, $(NMP)_{n+1}$ ein verlängertes Polynucleotid und P_i anorganisches Phosphat. Das Enzym braucht die 5'-Diphosphate der Nucleoside und kann weder mit den entsprechenden 5'-Triphosphaten noch mit den Desoxyribonucleosid-5'-diphosphaten reagieren. Als Metall braucht es Mg^{2+}. Das durch Polynucleotid-Phosphorylase gebildete RNA-ähnliche Polymer enthält 3', 5'-Phosphodiester-Bindungen, die durch Ribonuclease hydrolysiert werden können. Die Reaktion läßt sich leicht umkehren und kann durch Erhöhen der Phosphatkonzentration in Richtung des Abbaus von Polyribonucleotiden verschoben werden.

Die Polynucleotid-Phosphorylase verwendet keine Matrize und die polymeren Produkte haben keine spezifischen Basensequenzen. Für die Reaktion wird zwar ein Primer gebraucht, aber nur, um eine freie 3'-Hydroxylgruppe zu liefern, an die die neuen Nucleotidreste angehängt werden können. Die Reaktion verläuft sowohl mit nur einer Art von Monomeren als auch mit allen vier. Die Basenzusammensetzung des gebildeten Monomeren spiegelt die relativen Konzentrationen der monomeren Vorstufen im Medium wieder. Es ist daher unwahrscheinlich, daß die natürliche Aufgabe der Polynucleotid-Phosphorylase die Herstellung von RNA ist; sie scheint eher am Abbau von RNAs beteiligt zu sein.

Auch die Polynucleotid-Phosphorylase ist zu einem wertvollen Hilfsmittel im Labor geworden, denn sie kann zur Präparation vieler verschiedener Arten RNA-ähnlicher Polymere mit verschiedenen Sequenzen und Basenhäufigkeiten verwendet werden. Solche synthetischen RNA-Polymere ermöglichten die Ableitung der genetischen Code-Wörter für die Aminosäuren (Kapitel 29).

Zusammenfassung

Die RNA von *E. coli* wird semikonservativ repliziert, wobei jede der Tochter-Doppelhelices einen Elternstrang und einen neusynthetisierten Strang erhält. Die Replikation eines zirkulären Bakterien-Chromosoms erfolgt bidirektional und beginnt für beide Richtungen an einem gemeinsamen Startpunkt. Einige Virus-DNAs werden nach dem Modell des „rollenden Ringes" repliziert.

RNA-Polymerase I aus *E. coli* katalysiert die Synthese von DNA aus den vier Desoxyribonucleosid-5′-triphosphaten. Die Kette wächst in 5′ → 3′-Richtung. Für die Reaktion wird eine bereits fertige DNA gebraucht, von der ein Strang als Matrize und einer als Primer (Starter) dient. Das Enzym produziert einen zur Matrize komplementären DNA-Strang; die Polarisation des neuen Stranges verläuft umgekehrt zu der des Matrizenstranges. *E. coli* enthält drei DNA-Polymerasen. DNA-Polymerase III ist das hauptsächliche Replikationsenzym, während DNA-Polymerase I nur eine Hilfsfunktion bei der Replikation hat. Einer der DNA-Stränge wird kontinuierlich in 5′ → 3′-Richtung repliziert, der andere diskontinuierlich in kurzen Stücken, den sogenannten Okazaki-Stücken. Diese Stücke sind in Prokaryoten bis zu 2000 Nucleotide lang und wachsen entgegengesetzt zur Replikationsrichtung. Der Bildung jedes Okazaki-Stückes geht die Bildung eines kurzen Primer-Stückes aus komplementärer RNA vorraus, das durch eine Primase erzeugt wird. Das DNA-Stück wird dann, ausgehend vom 3′-Ende des RNA-Primers, mit Hilfe der DNA-Polymerase III produziert. Als Nächstes wird der Primer herausgeschnitten und durch komplementäre DNA ersetzt, die dann durch eine Ligase an das Ende des diskontinuierlich wachsenden Stranges angeschlossen wird. Außerdem werden für die Replikation noch eine Helicase und DNA-bindende Proteine gebraucht, um die Matrizenstränge vor dem Eingreifen der DNA-Polymerase zu entspiralisieren und auseinanderzuhalten. Das Entspiralisieren wird erleichtert durch eine Gyrase, die die Drehbewegung gegenüber dem Rest des Stranges entkoppelt. Nach Beendigung der Replikation wird die Gyrase auch zur Ausbildung der Superspiralisierung gebraucht. Die DNA-Polymerase I besitzt auch 3′ → 5′-Exonuclease- und 5′ → 3′-Exonuclease-Aktivitäten. Die Erstere spielt eine Rolle beim Korrekturlesen, indem sie die nicht gepaarten Nucleotide eliminiert, letztere wird für das Entfernen des RNA-Primers vom Okazaki-Stück und die Reparatur von DNA gebraucht. Auch die DNA-Polymerase III hat 3′ → 5′- und 5′ → 3′-Exonuclease-Aktivitäten.

Die Transkription wird durch die DNA-abhängige RNA-Polymerase katalysiert, ein komplexes Enzym, das aus Ribonucleosid-5′-triphosphaten eine RNA herstellt, die zu einem der DNA-Stränge komplementär ist. Prokaryoten-RNA-Polymerase braucht eine spezielle σ- (Sigma-) Untereinheit, um auf der DNA die Promotor-Region, das Signal für die RNA-Initiation, zu erkennen. Von einem

Gen können viele RNA-Ketten gleichzeitig transkribiert werden. Ribosomale RNAs und Transfer-RNAs entstehen aus längeren Vorstufen, die durch Nucleasen gespalten und enzymatisch zu den fertigen Produkten modifiziert werden. Bei den Eukaryoten werden auch die mRNAs aus längeren Vorstufen gebildet. Diese als heterogene nucleare RNAs bezeichneten Vorstufen unterliegen anschließend mehreren Modifikationen. An das 3'-Ende wird ein langer Poly-(A)-Teil angehängt, an das 5'-Ende eine Methylguanosinkappe. Die zwischen den genetisch informativen Bereichen liegenden Introns werden mit Hilfe kleiner nuclearer RNAs entfernt.

RNA-abhängige DNA-Polymerasen, auch reverse Transkriptasen genannt, werden in tierischen Zellen nach Infektion mit krebserregenden RNA-Viren gebildet. Dieses Enzym transkribiert die RNA des Virus-Chromosoms in eine komplementäre DNA. Auf diese Weise können Krebs-Gene (Oncogene) in das Genom von Tierzellen eingebaut werden.

RNA-abhängige RNA-Replikasen werden in Bakterien nach Infektion mit bestimmten RNA-Viren gefunden. Sie sind matrizenspezifisch. Polynucleotid-Phosphorylase kann in einer reversiblen Reaktion RNA-ähnliche Polymere aus Ribonucleosid-5'-diphosphaten herstellen. Obwohl sie Ribonucleotide unter Bildung von Polymeren an das 3'-Hydroxyl-Ende anhängen kann, wirkt sie normalerweise als RNA abbauendes Enzym.

Aufgaben

1. *Schlußfolgerungen aus dem Meselson-Stahl-Experiment.* Das Meselson-Stahl-Experiment hat gezeigt, daß die DNA in *E. coli* semikonservativ repliziert wird. Beim „Streu"-Modell der DNA-Replikation werden die elterlichen DNA-Stränge zu Bruchstücken mit statistisch verteilten Größen gespalten und dann mit Stücken der neugebildeten DNA verbunden, so daß Tochter-Doppelstränge entstehen, bei denen beide Stränge statistisch verteilt Abschnitte von schwerer und leichter DNA enthalten. Erklären Sie, wie durch das Meselson-Stahl-Experiment ein solches Modell ausgeschlossen wurde.

2. *Das Cairns-Experiment.*
   (a) Warum verwendet Cairns radioaktives Thymidin, um den Verlauf der DNA-Replikation zu verfolgen?
   (b) Wäre radioaktives Adenosin oder Guanosin ebenso brauchbar?
   (c) Zeigen Sie die enzymatischen Schritte auf, über die radioaktives Thymidin in die *E.-coli*-DNA eingebaut wird.

3. *Die Anzahl der Windungen im E.-coli-Chromosom.* Wie viele Windungen des *E.-coli*-Chromosoms müssen während der Replikation entspiralisiert werden?

4. *Die Replikations-Zeit in E. coli.*
   (a) Schließen Sie aus den Angaben in diesem Kapitel, wie lange es dauern würde, ein *E.-coli*-Chromosom bei 37 °C zu replizieren, wenn zwei Replikationsgabeln vom Startpunkt ausgehen.
   (b) Unter bestimmten Umständen können sich *E.-coli*-Zellen alle 20 min teilen. Können Sie sich vorstellen, wie das ermöglicht wird?

5. *Die Replikationsgabeln in E. coli und in menschlichen Zellen.*
   (a) Berechnen Sie die Zeit, die zur Replikation des Ribonuclease-Gens von *E. coli* (104 Aminosäurereste) gebraucht wird, wenn eine Replikationsgabel sich pro Sekunde um 750 Basenpaare weiterbewegt.
   (b) Eine Replikationsgabel bewegt sich in menschlichen Zellen nur mit 1/10 der Geschwindigkeit wie in *E. coli*. Welche zusätzliche Information brauchen Sie, um die Mindestgeschwindigkeit für die Replikation des menschlichen Gens für ein Protein mit 104 Aminosäureresten zu berechnen?

6. *Die Basenpaarungen während der Replikation und der Transkription.*
   (a) Schreiben Sie die Basensequenz eines DNA-Abschnittes auf, der mit Hilfe von DNA-Polymerase auf der folgenden DNA-Matrize repliziert wurde. (Bedenken Sie dabei, daß die Sequenzen von DNA und RNA in der $5' \rightarrow 3'$-Richtung geschrieben werden.)

   (5') AGCTTGCAACGTTGCATTAG (3')

   (b) Schreiben Sie nun die Basensequenz des entsprechenden Abschnittes der Messenger-RNA auf, die durch Transkription des neu replizierten DNA-Stranges mit Hilfe von RNA-Polymerase entsteht.

7. *Basenzusammensetzung eines RNA-Transkriptes.* Ein DNA-Strang hat 10^5 Nucleotidreste und folgende Basenzusammensetzung: A: 21 %, G: 29 %, C: 29 % und T: 21 %. Er wird durch DNA-Polymerase zu einem komplementären Strang repliziert, der mit dem alten Strang eine Doppelhelix bildet. Diese dient einer RNA-Polymerase als Matrize bei der Transkription des neugebildeten der beiden Stränge in einen RNA-Strang mit der gleichen Anzahl von Resten.
   (a) Bestimmen Sie die Basenzusammensetzung der neu entstandenen RNA.
   (b) Angenommen, die RNA-Polymerase wird nach der Transkription von nur 2000 Resten gehemmt. Wie könnte die Basenzusammensetzung der kurzen neuen RNA aussehen?

8. *Die Basenzusammensetzungen von DNAs, die mit Hilfe von einzelsträngigen Matrizen hergestellt werden.* Stellen Sie sich vor, Sie

haben eine äquimolare Mischung aus den beiden komplementären Strängen der zirkulären ΦX174-DNA (d.h. die replikative Form). Welche Basenzusammensetzung können Sie bei der mit Hilfe von DNA-Polymerase synthetisierten DNA erwarten, wenn beide ΦX174-Stränge als Matrizen dienen und wenn die Basenzusammensetzung des einen Stranges die folgende ist: A 24.7%, G: 24.1%, C: 18.5% und 32.7% T. Welche Annahme muß man machen, um diese Frage zu beantworten?

9. *Die Hybridisierung von DNA mit mRNAs.* DNA bildet Hybride mit der mRNA, die von ihr selbst transkribiert worden ist. Wie erklären Sie sich, daß nicht mehr als 50% der gesamten *E.-coli*-DNA hybrisieren, wenn alle bekannten *E.-coli*-mRNAs angeboten werden?

10. *Die Okazaki-Stücke.*
    (a) Wie viele Okazaki-Stücke werden etwa bei der Replikation des *E.-coli*-Chromosoms gebildet?
    (b) Durch welche Faktoren wird garantiert, daß die zahlreichen Okazaki-Stücke in der neuen DNA in der richtigen Reihenfolge angeordnet werden?

11. *Kontinuierlich und diskontinuierlich gebildete Stränge.* Listen Sie die bei beiden Arten von Strängen während der DNA-Replikation benötigten Enzyme und die dabei Auftretenden Vorstufen auf. Stellen Sie Vergleiche an.

12. *Die Wiedergabe-Genauigkeit bei der Replikation von DNA.*
    (a) Welche Faktoren sind bei der Synthese des kontinuierlich gebildeten Stranges für die Gewährleistung einer hohen Wiedergabe-Genauigkeit mit verantwortlich?
    (b) Würden Sie für die Synthese des nicht kontinuierlich gebildeten Stranges dieselbe Wiedergabe-Genauigkeit erwarten? Geben Sie Gründe an.

13. *Die Initiation der Replikation.* Das DNA-Replikase-System erfordert sowohl einen Matrizenstrang als auch einen Primer-Strang; außerdem kann es keine intakte zirkuläre DNA replizieren, außer unter besonderen Umständen.
    (a) Welche biologische Bedeutung haben diese Eigenschaften?
    (b) Welches sind die besonderen Bedingungen, unter denen das DNA-Replikase-System eine intakte zirkuläre DNA replizieren kann?

14. *Die Unterschiede zwischen RNA-Polymerase und Polynucleotid-Phosphorylase.* RNA-Polymerase braucht zur Transkription Nucleosid-5'-triphosphate als Vorstufen und kann nicht mit Nucleosid-5'-diphosphaten reagieren. Polynucleosid-Phosphorylase dagegen braucht Nucleosid-5'-diphosphate und kann nicht mit den 5'-Triphosphaten reagieren.

(a) Geben Sie mögliche Gründe für den Unterschied im Vorstufen-Bedarf beider Enzyme an.

(b) In Bezug auf Ihre Antwort zu (a): welche anderen Unterschiede beider Enzyme sind von Bedeutung?

15. *Die Fehlerkorrektur durch RNA-Polymerase.* DNA-Polymerasen haben die Fähigkeit, die Wiedergabe-Genauigkeit zu überwachen und Fehler zu korrigieren. RNA-Polymerasen haben diese Fähigkeit jedoch anscheinend nicht. Da ein Irrtum bei einer Base sowohl bei der Replikation als auch bei der Transkription zu einem Fehler in der Proteinsynthese führen kann, stellt sich die Frage nach einer möglichen biologischen Erklärung für diesen auffallenden Unterschied. Wie könnte eine biologische Erklärung hierfür aussehen?

Kapitel 29
Die Proteinsynthese und ihre Regulation

Die Erforschung des Mechanismus der Proteinbiosynthese mit seiner Vielzahl an biologischen Aktivitäten und Spezies-Spezifitäten ist eine der größten Herausforderungen in der Geschichte der Biochemie gewesen. Sogar sehr einfache Fragen hinsichtlich der Proteinsynthese konnten lange Zeit nicht beantwortet werden. Zum Beispiel: wird bei der Entstehung der Proteine immer nur ein Aminosäurerest angehängt oder werden viele kurze, vorfabrizierte Peptide miteinander verbunden? Oder entstehen alle Proteine einer Zelle aus einem einzigen langen Vorstufen-Polypeptid, dessen Aminosäure-Seitenketten anschließend spezifisch modifiziert werden? Tatsächlich war es bis in die frühen 50er Jahren nicht einmal sicher, ob Proteine spezifische chemische Verbindungen mit einer definierten Molekülmasse, Aminosäurezusammensetzung und Sequenz sind.

Heute wissen wir sehr viel mehr über die Proteinsynthese, aber vielleicht doch nur einen Bruchteil dessen, was noch an Erkenntnissen auf uns wartet. Auf jeden Fall ist die Proteinsynthese der komplexeste aller biosynthetischen Mechanismen mit einer sehr großen Zahl von daran beteiligten Enzymen und anderen spezifischen Makromolekülen. Dazu gehören bei den Eukaryoten die über 70 ribosomalen Proteine, die 20 oder mehr Enzyme für die Aktivierung der Aminosäure-Vorstufen sowie ein Dutzend oder mehr Hilfsenzyme und andere spezifische Proteinfaktoren für Initiation, Elongation und Termination der Polypeptide und möglicherweise 100 oder mehr zusätzliche Enzyme für die abschließenden Veränderungen bei den verschiedenen Arten von Proteinen. Dazu kommen 70 oder mehr verschiedene Transfer- und ribosomale RNAs. Es müssen also fast 300 verschiedene Makromoleküle zusammenwirken, um eine Polypeptidkette zu synthetisieren. Viele dieser Makromoleküle sind in komplexen, dreidimensionalen Strukturen, den Ribosomen angeordnet, die eine schrittweise erfolgende Translokation der mRNA mit fortschreitender Montage der Polypeptidketten ermöglichen.

Trotz dieser großen Komplexität können die Proteine mit außerordentlich hoher Geschwindigkeit gebildet werden. Ein *E.-coli*-Ribosom braucht z. B. nur etwa 5 Sekunden, um eine vollständige Polypeptidkette von 100 Resten herzustellen. Außerdem werden wir sehen, daß die Synthese von Tausenden verschiedener Proteine in jeder Zelle streng reguliert wird, so daß immer nur die für die jeweils herrschenden Stoffwechselbedingungen notwendige Zahl von Molekülen eines Proteins gebildet wird.

Frühe Entdeckungen schaffen die Grundlagen

Drei grundlegende Entdeckungen der 50er Jahre haben das Fundament für unsere heutigen Kenntnisse der Proteinbiosynthese geschaffen. In den frühen 50er Jahren fragte sich Paul Zamecnik und seine Mitarbeiter am Massachusetts General Hospital wo in der Zelle die Proteine synthetisiert werden. Auf der Suche nach einer Antwort injizierten sie Ratten radioaktive Aminosäuren. Zu verschiedenen Zeiten nach der Injektion wurden die Lebern der Tiere entfernt, homogenisiert und fraktioniert zentrifugiert (S. 391). Die subzellulären Fraktionen wurden nun auf radioaktive Proteine untersucht. Ließ man Stunden oder Tage zwischen der Injektion und der Aufarbeitung vergehen, so enthielten *alle* intrazellulären Fraktionen markierte Proteine. Waren aber nur Minuten vergangen, so konnte man die frisch markierten Proteine nur in den Fraktionen finden, die kleine Ribonucleoprotein-Partikel enthielten. Auf diese Weise wurden diese, schon vorher elektronenmikroskopisch entdeckten Partikel (S. 37) als der Ort der Proteinsynthese erkannt; sie wurden später *Ribosomen* genannt (Abb. 29-1).

Der zweite große Fortschritt war die Entdeckung von Mahlon Hoagland und Zamecnik, daß Aminosäuren durch Inkubation mit ATP und einer Cytosolfraktion aus Leberzellen „aktiviert" werden können. Bei diesem enzymatischen Vorgang wurden Aminosäuren an eine besondere Art hitzestabiler löslicher RNA gebunden, die später *Transfer-RNA* genannt wurde.

Der dritte grundlegende Fortschritt wurde gemacht, als Francis Crick sich fragte: wie wird die in der 4-Buchstaben-Sprache der Nucleinsäuren codifizierte genetische Information in die 20-Buch-

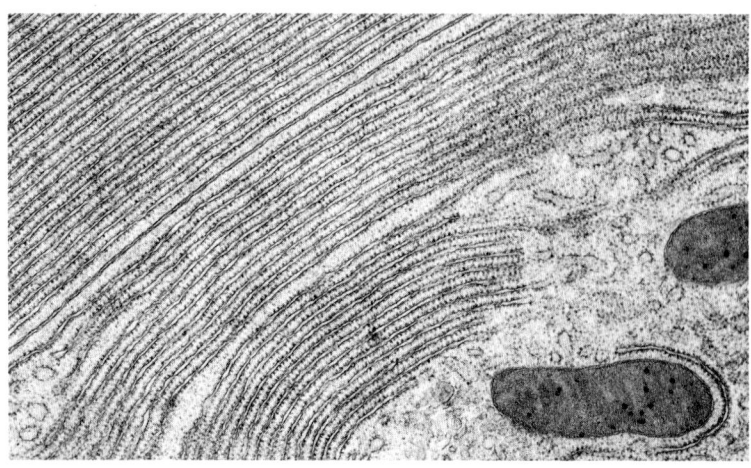

Abbildung 29-1
Teil einer Pankreaszelle mit Ribosomen, die an der Außenseite des endoplasmatischen Reticulums befestigt sind.

staben-Sprache der Proteine übersetzt? Cricks Vorstellung war, daß die Transfer-RNA als *Adapter* dienen müsse, in der Form, daß ein Teil des tRNA-Moleküls eine spezifische Aminosäure binden und ein anderer Teil des Moleküls eine kurze Nucleotidsequenz in der Messenger-RNA erkennen kann, die für eben diese Aminosäure codiert (Abb. 29-2).

Diese Entwicklung führte bald darauf zur Entdeckung der Hauptstufen der Proteinbiosynthese und schließlich zur Aufklärung der Code-Wörter für die Aminosäuren.

Die Proteinsynthese verläuft in fünf Hauptschritten

Wir wissen heute, daß es in der Proteinsynthese fünf Hauptschritte gibt, von denen jede eine ganze Reihe von Komponenten erfordert. Tab. 29-1 zeigt die bei *E. coli* und anderen Prokaryoten benötigten Komponenten; bei den Eukaryoten erfolgt die Proteinsynthese nach

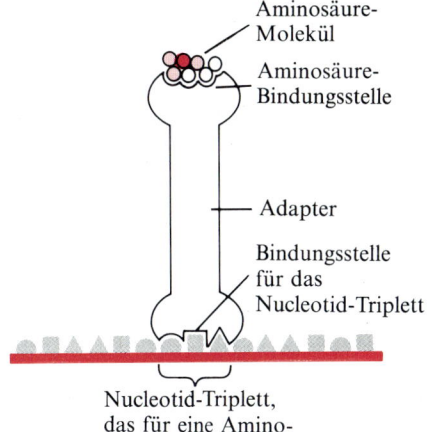

Abbildung 29-2
Die Hypothese von Crick über die Adapter-Funktion der Transfer-RNA. Heute wissen wir, daß die Aminosäure kovalent gebunden ist, während ein spezifisches Nucleotid-Triplett an einer anderen Stelle des Transfer-RNA-Moleküls sein Codon-Triplett auf der mRNA erkennt. Das Erkennen erfolgt durch die Ausbildung von Wasserstoffbindungen zwischen komplementären Basen.

Tabelle 29-1 Faktoren, die für die fünf Hauptstufen der Proteinsynthese bei *E. coli* gebraucht werden.

Stufe	Faktoren
1. Aminosäure-Aktivierung	20 Aminosäuren 20 Aminoacyl-tRNA-Synthetasen 20 oder mehr tRNAs ATP Mg^{2+}
2. Initiation	mRNA *N*-Formylmethionyl-tRNA Initiationscodon auf der mRNA (AUG) 30S-Ribosomen-Untereinheit 50S-Ribosomen-Untereinheit GTP Mg^{2+} Initiationsfaktoren (IF-1, IF-2, IF-3)
3. Elongation	Funktionelle 70S-Ribosomen (Initiations-Komplex) Durch Codons spezifizierte Aminoacyl-tRNAs Mg^{2+} Elongationsfaktoren (Tu, Ts, G) GTP Peptidyltransferasen
4. Termination	ATP Terminationscodon auf der mRNA Polypeptid-freisetzende Faktoren (R_1, R_2, S)
5. Faltung und Molekularreifung	Spezifische Enzyme und Cofaktoren zur Entfernung von Initiationsresten und Leitsignalen, zur Modifizierung von terminalen Bereichen, zur Bindung von prosthetischen Gruppen bei Enzymen und zur kovalenten Modifikation von Aminosäure-Seitenketten durch Anknüpfen von Phosphat-, Methyl-, Carboxyl- oder Kohlenhydratgruppen

demselben Grundmuster, aber mit einigen Unterschieden in den Details. Es folgt zunächst ein Überblick:

Stufe 1: Aktivierung der Aminosäuren

Auf dieser Stufe, die im Cytosol stattfindet, also nicht an den Ribosomen, wird jede der 20 Aminosäuren unter Verbrauch von ATP-Energie kovalent an eine spezifische Transfer-RNA gebunden. Diese Reaktionen werden von einer Gruppe von Mg^{2+}-abhängigen aktivierenden Enzymen katalysiert, von denen jedes für eine Aminosäure und eine dazugehörende tRNA spezifisch ist.

Stufe 2: Initiation der Polypeptidkette

Als nächstes wird die Messenger-RNA, die den Code für das herzustellende Polypeptid enthält, an die kleinere Untereinheit eines Ribosoms gebunden, gefolgt von der an ihre tRNA gebundenen ersten (initiierenden) Aminosäure, wodurch ein *Initiations-Komplex* entsteht. Die tRNA dieser ersten Aminosäure bildet Basenpaare mit einem spezifischen Nucleotid-Triplett oder Codon auf der mRNA, das den Anfang der Polypeptidkette signalisiert. Dieser Vorgang, der Guanosintriphosphat (GTP) benötigt, wird durch drei cytosolische Proteine unterstützt, die *Initiationsfaktoren* genannt werden.

Stufe 3: Elongation

Die Polypeptidkette wird nun durch kovalentes Anknüpfen der aufeinanderfolgenden Aminosäure-Einheiten verlängert. Jede Aminosäure wird von der zu ihr gehörenden tRNA zum Ribosom gebracht und an die richtige Stelle gesetzt, währenddessen die tRNA mit dem ihr entsprechenden Codon in der mRNA eine Basenpaarung eingeht. Die Kettenverlängerung (Elongation) wird durch *Elongationsfaktoren* genannte cytosolische Proteine unterstützt. Die für die Bindung einer jeden neu hinzukommenden Aminoacyl-tRNA sowie für den Weitertransport des Ribosoms um ein Codon entlang der Messenger-RNA benötigte Energie stammt aus GTP. Für jeden Rest der wachsenden Kette werden zwei Moleküle GTP hydrolysiert.

Stufe 4: Termination und Freisetzung

Die Vollständigkeit der Polypeptidkette wird durch ein *Terminationscodon* auf der mRNA angezeigt. Daraufhin erfolgt die Freisetzung der Polypeptidkette durch *freisetzende Faktoren (releasing factors)*.

Stufe 5: Faltung und Molekularreifung (processing)

Um seine native biologische Aktivität zu erhalten (S. 189), muß ein Polypetid jedoch erst in seine richtige dreidimensionale Konformation gefaltet werden. Vor oder nach dieser Faltung kann die endgültige Ausformung (processing) dieses Polypeptids erfolgen. Hierzu gehören enzymatische Reaktionen wie die Entfernung initiierender Aminosäuren, der Einbau verschiedener Gruppen, wie Phosphat-, Methyl-, Carboxyl- oder anderer Gruppen in bestimmte Aminosäurereste oder das Anhängen von Oligosaccharidketten oder prosthetischen Gruppen.

Lassen Sie uns nun die einzelnen Stufen genauer betrachten.

Die Transfer-RNAs werden für die Aktivierung der Aminosäuren gebraucht

Um verstehen zu können, wie Transfer-RNAs als Adapter bei der Übersetzung der Nucleinsäure-Sprache in die Protein-Sprache fungieren, müssen wir zunächst ihre Struktur untersuchen. Transfer-RNAs sind relativ kleine einsträngige Moleküle. In Bakterien und im extramitochondrialen Cytosol der Eukaryoten enthalten sie zwischen 73 und 93 Nucleotidresten, das entspricht relativen Molekül-

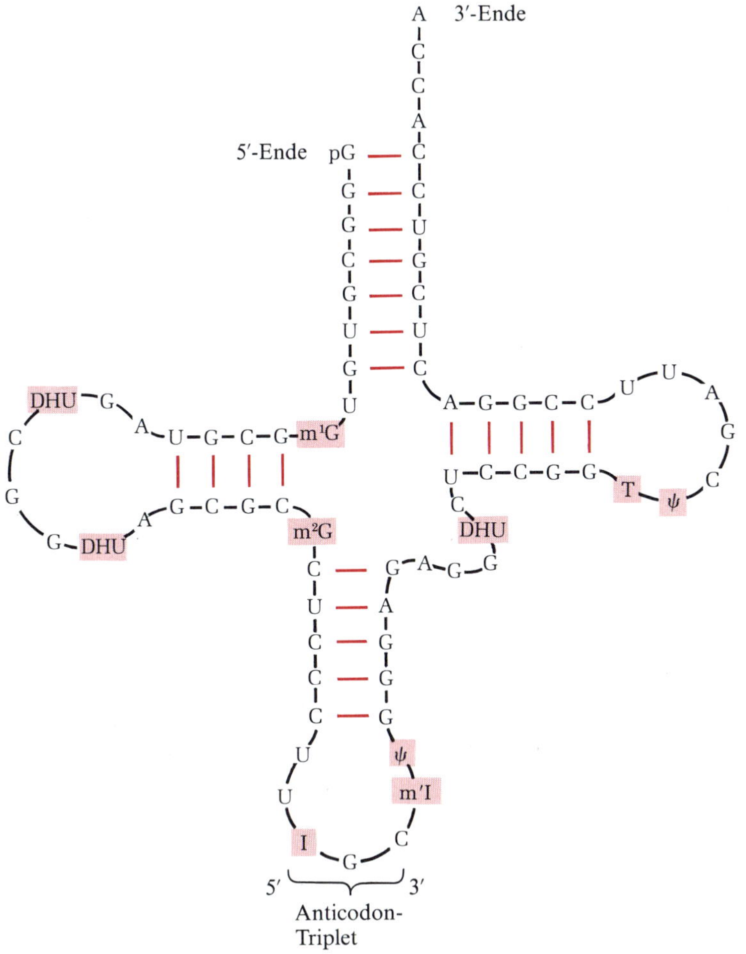

Abbildung 29-3
Die Nucleotidsequenz von Alanin-spezifischer tRNA aus Hefe nach Holley und seinen Mitarbeitern, dargestellt in der Kleeblatt-Konformation. Zusätzlich zu A, G, U und C kommen modifizierte Nucleoside in der Sequenz vor, die mit folgenden Symbolen bezeichnet werden: Ψ = Pseudouridin, I = Inosin, T = Ribothymidin, DHU = 5,6-Dihydrouridin, m^1I = 1-Methylinosin, m^1G = Methylguanosin, m^2G = N^2-Methylguanosin. Die Symbole für die modifizierten Nucleoside sind farbig unterlegt. Die farbigen Linien zwischen den parallelen Abschnitten bezeichnen Basenpaarungen. Das Anticodon hat die Fähigkeit, das Codon für Alanin auf der mRNA zu erkennen. Andere Besonderheiten der tRNA-Struktur werden im Text und in Abb. 29-4 beschrieben. In RNAs kann G sowohl mit C als auch mit U Basenpaare bilden. Allerdings ist das G-U-Paar weniger stabil als das Watson-Crick-Paar G-C.

massen zwischen 24000 und 31000. (Mitochondrien enthalten besondere tRNAs, die etwas kleiner sind.) Für jede Aminosäure gibt es mindestens eine Art von tRNA; einige Aminosäuren haben zwei oder mehr spezifische tRNAs. Um alle Aminosäure-Codons erkennen zu können (S. 984), braucht man mindestens 32 tRNAs, einige Zellen enthalten aber wesentlich mehr als 32.

Viele der tRNAs sind isoliert worden. 1965 beendeten Robert W. Holley und seine Kollegen an der Cornell University nach mehrjähriger Arbeit die Aufklärung der vollständigen Nucleinsäuresequenz der Alanin-Transfer-RNA aus Hefe. Das war die erste vollständig sequenzierte Nucleinsäure, mit 76 Nucleotidresten, von denen 10 modifiziert sind (Abb. 29-3). Inzwischen sind die Basensequenzen von Dutzenden anderen tRNAs für die verschiedene Aminosäuren und aus verschiedenen Organismen aufgeklärt worden, wobei viele Gemeinsamkeiten in der Struktur zutage getreten sind. Im allgemeinen tragen acht oder mehr der Nucleotidreste modifizierte Basen, von denen viele methyliert sind. Die meisten tRNAs haben am 5'-Ende einen Guanylsäurerest (pG), und alle tragen am 3'-Ende die Trinucleotidsequenz -C-C-A(3'). Schreibt man die tRNA-Sequen-

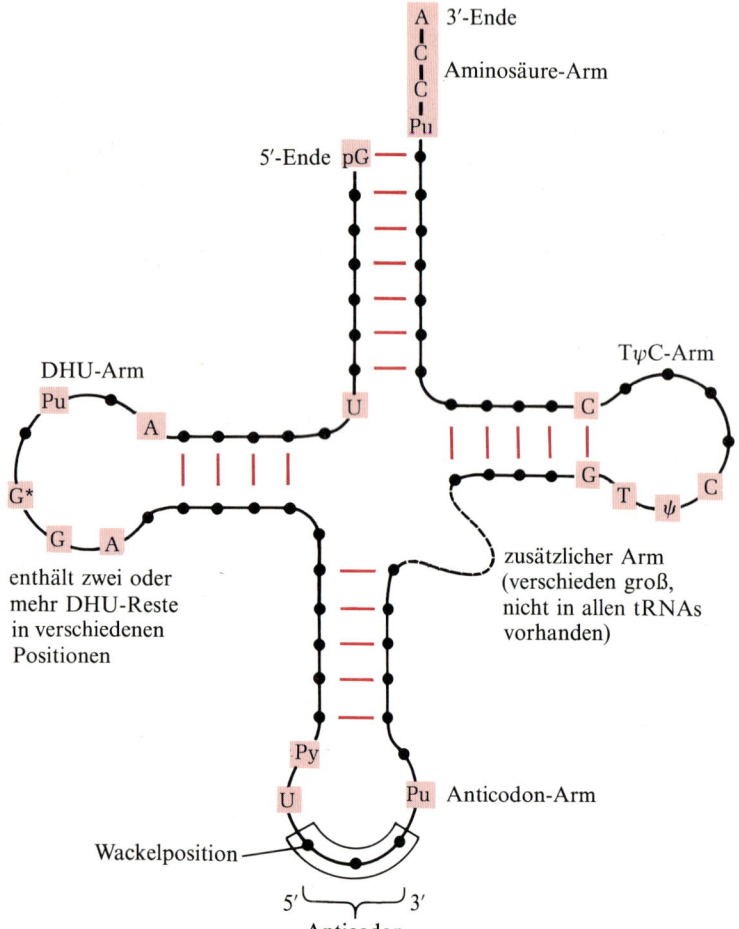

Abbildung 29-4
Die allgemeine Struktur der tRNAs. Sucht man die Konformation mit der maximalen Zahl von Basenpaarungen innerhalb der Kette, so findet man für alle tRNAs eine Kleeblattstruktur. Die Punkte auf der Linie stellen die Nucleosidreste dar, die farbigen Striche die Wasserstoffbindungen der Basenpaare. Charakteristische und/oder unveränderliche Reste, die alle tRNAs gemeinsam haben, sind farbig unterlegt. Die Länge der tRNA variiert zwischen 73 und 93 Nucleotiden. Zusätzliche Nucleotide kommen in dem zusätzlichen Arm oder im DHU-Arm vor. Am Ende des Anticodon-Armes befindet sich die Anticodon-Schlaufe, die immer sieben ungepaarte Nucleotide enthält. Der DHU-Arm enthält je nach tRNA bis zu drei Dihydrouridinreste. Bei manchen tRNAs hat der DHU-Arm nur drei Basenpaare.

Zeichenerklärung:

Pu	=	Purinnucleosid
Py	=	Pyrimidinnucleosid
Ψ	=	Pseudouridin
G*	=	Guanosin oder 2'-O-Methylguanosin
T	=	Ribothymidin
DHU	=	Dihyrouridin

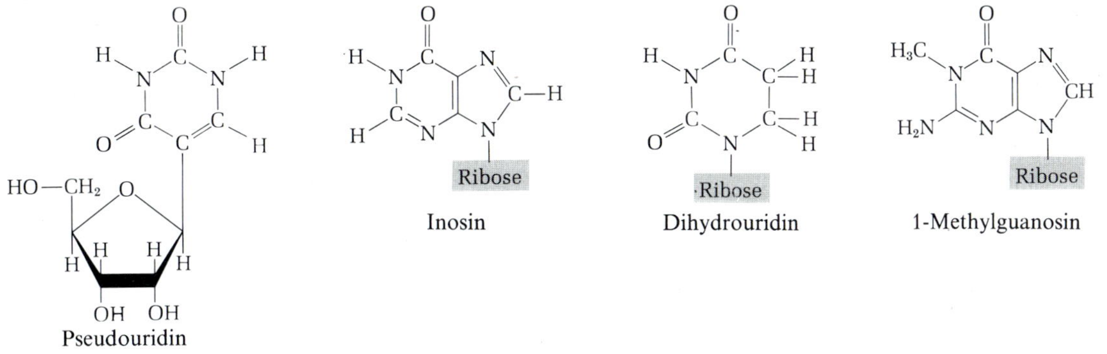

Abbildung 29-5
Einige der seltenen oder modifizierten, in tRNAs vorkommenden Nucleoside.

zen in der Form nieder, daß man eine maximale Anzahl gepaarter Basen (über die erlaubten Paarungen A-U, G-C und G-U) erhält, so ergibt sich für alle tRNAs die sogenannte Kleeblattform mit vier Armen; die längeren tRNAs haben einen kurzen zusätzlichen fünften Arm (Abb. 29-3 und 29-4). Zwei dieser Arme spielen eine Rolle bei der Adapterfunktion der tRNAs. Der *Aminosäure-Arm* (oder AA-Arm) trägt die spezifische Aminosäure, die über ihre Carboxylgruppe an die 2'- oder 3'-Hydroxylgruppe des 3'-ständigen A-Restes der tRNA gebunden ist. Der *Anticodon-Arm* enthält das *Anticodon*, das spezifische Nucleotid-Triplett, das komplementär ist zu dem ihm entsprechenden Codon-Triplett auf der mRNA und mit diesem in antiparalleler Ausrichtung Basenpaare bilden kann. Jede tRNA hat ein charakteristisches Anticodon-Triplett. Die anderen Arme sind der *DHU-* oder *Dihydrouridin-Arm*, der das ungewöhnliche Nucleosid *Dihydrouridin* enthält, und der *TψC-Arm*. Dieser enthält das Nucleosid Ribothymidin (T), das normalerweise in RNAs nicht vorkommt, und das Nucleosid *Pseudouridin* (ψ), das eine ungewöhnliche Kohlenstoff-Kohlenstoff-Bindung zwischen der Base und der Pentose enthält (Abb. 29-5).

Phenylalanyl-tRNA ist aus Hefe kristallisiert worden. Durch Röntgenstrukturanalyse konnte bestätigt werden, daß die tRNA in

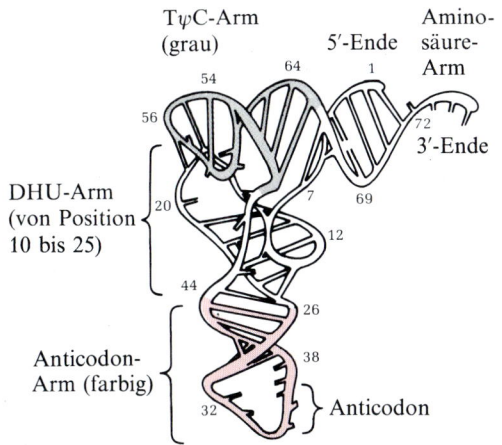

Abbildung 29-6
Die mit Hilfe der Röntgenstrukturanalyse bei 0.3 nm Auflösung erhaltene Konformation der Phenylalanin-spezifischen tRNA aus Hefe. Sie ähnelt einem auf dem Kopf stehenden „L". [Nach S.H. Kim et al., Science (1974), **185**, S. 436.]

der Form mit der maximalen Zahl an Basenpaarungen vorliegt; die tatsächliche dreidimensionale Form sieht aber mehr aus wie ein verdrilltes L als wie ein Kleeblatt (Abb. 29-6). Zusätzlich zu den Wasserstoffbindungen zwischen den Basenpaaren gibt es bei der tRNA noch andere Arten von Wasserstoffbindungen, die mit zur Aufrechterhaltung ihrer Tertiärstruktur beitragen. Da die Basenpaarungen in RNAs weniger fest sind als in DNAs, sind die basengepaarten Abschnitte der tRNAs etwas unregelmäßiger in der Form und nicht so fest und stäbchenförmig wie in der DNA-Doppelhelix; das tRNA-Molekül besitzt daher noch ein beträchtliches Maß an Flexibilität.

Lassen Sie uns nun sehen, wie eine spezifische Aminosäure enzymatisch an ihr tRNA-Molekül gebunden wird.

Aminoacyl-tRNA-Synthetasen befestigen die richtigen Aminosäuren an den tRNAs

Der erste Schritt der Proteinbiosynthese, der im Cytosol der Zelle stattfindet, ist die Veresterung der 20 verschiedenen Aminosäuren mit den zu ihnen gehörenden Transfer-RNAs mit Hilfe 20 verschiedener aktivierender Enzyme, der *Aminoacyl-tRNA-Synthetasen*. Jede von ihnen ist spezifisch für eine Aminosäure und die dazugehörige tRNA. Fast alle Aminoacyl-tRNA-Synthetasen von *E. coli* sind isoliert und einige von ihnen auch kristallisiert worden. Sie katalysieren folgende Gesamtreaktion:

$$\text{Aminosäure} + \text{tRNA} + \text{ATP} \overset{Mg^{2+}}{\rightleftharpoons} \text{Aminoacyl-tRNA} + \text{AMP} + \text{PP}_i$$

Die Aktivierungsreaktion erfolgt in zwei Schritten am katalytischen Zentrum des Enzyms. Im ersten Schritt wird ein enzymgebundenes Zwischenprodukt, *Aminoacyl-adenylat* (Abb. 29-7), aus ATP und der Aminosäure gebildet. Bei dieser Reaktion wird die Carboxylgruppe der Aminosäure in einer Anhydridbindung unter Verdrängung von Diphosphat an die 5'-Phosphatgruppe des AMP gebunden:

$$\text{Aminosäure} + \text{ATP} + \text{E} \rightleftharpoons \text{E—[Aminoacyl-adenylat]} + \text{PP}_i$$

In der zweiten Reaktion wird die Aminoacylgruppe vom enzymgebundenen Aminoacyl-adenylat auf die dazugehörige spezifische Transfer-RNA übertragen:

$$\text{E—[Aminoacyl-adenylat]} + \text{tRNA} \rightleftharpoons \text{Aminoacyl-tRNA} + \text{Adenylat} + \text{E}$$

In diesem zweiten Schritt wird die Aminoacylgruppe auf die 2'- oder die 3'-Hydroxylgruppe des terminalen A-Restes am tRNA-Molekül

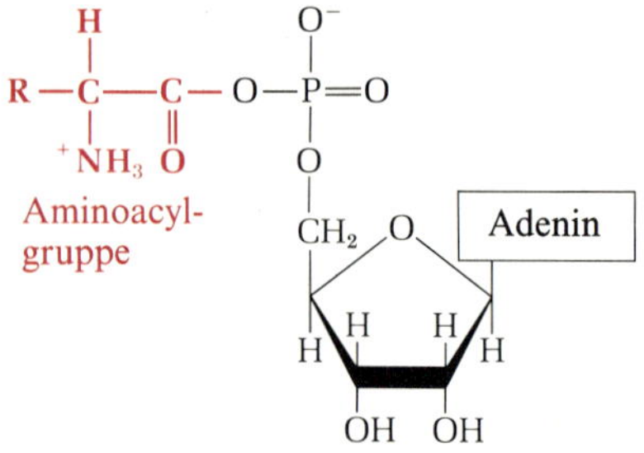

Abbildung 29-7
Die allgemeine Formel der Aminoacyl-adenylate, die am aktiven Zentrum der Aminoacyl-tRNA-Synthetasen gebildet werden.

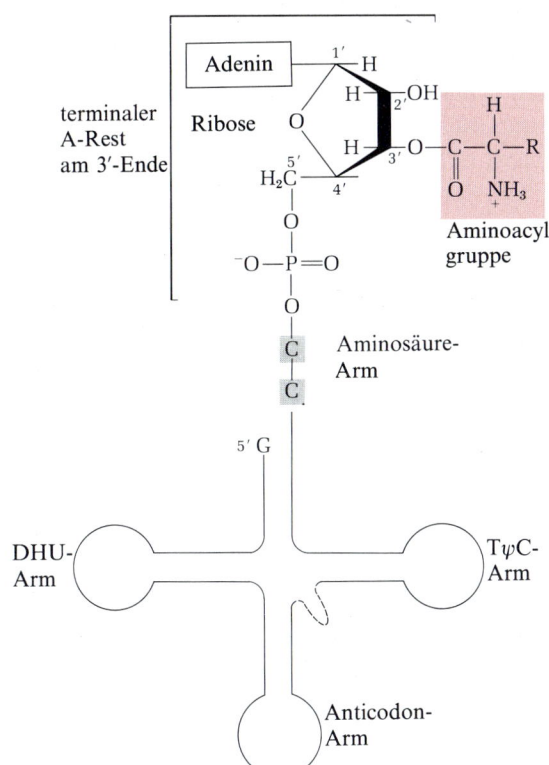

Abbildung 29-8
Die allgemeine Struktur der Aminoacyl-tRNAs. Die Aminoacylgruppe in 3'-Stellung des terminalen A-(Adenylat-)Restes ist farbig unterlegt. R bedeutet die Aminosäure-Seitengruppe. Die Aminoacylgruppe kann zwischen der 2'- und der 3'-Stellung auf der Ribose hin- und herwechseln.

übertragen (Abb. 29-8); auch danach kann sie noch zwischen der 2'- und der 3'-Hydroxylgruppe hin- und herspringen.

Die Esterbindung zwischen der Aminosäure und der tRNA hat den Charakter einer energiereichen Bindung; $\Delta G^{\circ\prime}$ für die Hydrolyse beträgt etwa -29.3 kJ (-7.0 kcal)/mol. Das bei der Aktivierungsreaktion gebildete anorganische Diphosphat wird durch die Diphosphatase (S. 427) zu Orthophosphat hydrolysiert. Es werden also *zwei* energiereiche Phosphatbindungen für die Aktivierung jedes Aminosäuremoleküls gebraucht, wodurch die Gesamtreaktion der Aminosäure-Aktivierung praktisch irreversibel wird:

Aminosäure + tRNA + ATP $\xrightarrow{Mg^{2+}}$

Aminoacyl-tRNA + AMP + 2P_i
$\Delta G^{\circ\prime} = -29.3$ kJ/mol

Die Aminoacyl-tRNA-Synthetasen sind sowohl für die tRNAs als auch für die Aminosäuren spezifisch. Wird eine falsche Aminosäure an eine tRNA gebunden, so daß eine fehlbesetzte Aminoacyl-tRNA entsteht, so wird der falsche Aminosäurerest in die Polypeptidkette eingebaut. Einige der Aminoacyl-tRNA-Synthetasen sind jedoch „schlaue" Enzyme; sie können, ähnlich wie die DNA-Polymerasen, korrekturlesen und ihre eigenen Fehler korrigieren. Die Aminosäure-Seitenketten von Valin und Isoleucin z. B. sind strukturell ähnlich (der einzige Unterschied ist, daß Isoleucin eine -CH$_2$-Gruppe mehr hat), so daß man erwarten könnte, daß Valin oft anstelle von Isoleucin eingebaut wird. Die Fehlerhäufigkeit beim Isoleucineinbau ist jedoch nicht größer als bei anderen Aminosäuren, nämlich etwa 1 auf 3000 bis 4000 Reste, denn die Isoleucyl-tRNA-Synthetase kann korrekturlesen und einen solchen Irrtum verhindern. Sie „merkt", wenn sie ein falsches Aminoacyl-adenylat gebildet hat und korrigiert den Fehler durch Hydrolyse des Valyl-AMP, solange es noch am aktiven Zentrum sitzt:

$$E—[Valyl\text{-}AMP] + H_2O \rightarrow Valin + AMP + E$$

Die Isoleucyl-tRNA-Synthetase beginnt dann von neuem und bildet das richtige Isoleucyl-AMP-Zwischenprodukt, das zur Bildung der richtigen Isoleucyl-tRNA^{Ile} führt:

$$Isoleucin + ATP \rightleftharpoons Isoleucyl\text{-}AMP + PP_i$$
$$E—[Isoleucyl\text{-}AMP] + tRNA^{Ile} \rightleftharpoons Isoleucyl\text{-}tRNA^{Ile} + AMP + E$$

Da die Seitenkette von Valin etwas kleiner ist als die von Isoleucin, paßt zwar das Valyl-AMP in das hydrolytische Zentrum von Isoleucyl-tRNA-Synthetase, aber nicht umgekehrt. Aminoacyl-tRNA-Synthetasen haben vier spezifische Bereiche, die an der Erkennung, Katalyse und Fehlerkorrektur beteiligt sind: einen für die Aminosäure, einen für die tRNA, einen für das ATP und einen für das Wasser bei der Hydrolyse fehlerhafter Aminoacyl-AMPs.

Transfer-RNA ist ein Adapter

Ist ein Aminosäure-Rest einmal mit seiner tRNA verestert, so trägt er nicht mehr zur Spezifität der Aminoacyl-tRNA bei, denn die Aminoacylgruppe selbst wird weder vom Ribosom noch von der mRNA-Matrize erkannt. Die Spezifität der Aminoacyl-tRNA liegt allein in der Struktur ihres tRNA-Anteiles. Das konnte überzeugend bewiesen werden durch Experimente, bei denen enzymatisch gebildete Cysteinyl-tRNA^{Cys} isoliert und dann chemisch in Alanyl-tRNA^{Cys} umgewandelt wurde. Diese hybride Aminoacyl-tRNA, die Alanin trägt, aber das Anticodon für Cystein enthält, wurde dann in einem zellfreien System für Proteinbiosynthese inkubiert. Beim neugebildeten Polypeptid fand man Alanin in den Positionen, die mit Cysteinresten besetzt sein sollten. Dieses Experiment ist ein Beweis für die Adapter-Hypothese von Crick.

Polypeptidketten werden vom aminoterminalen Ende aus gebildet

Nun taucht eine weitere Frage auf. Wächst die Polypeptidkette vom amino- oder vom carboxylterminalen Ende aus? Isotopen-Markierungsversuche brachten die Antwort. Radioaktives Leucin wurde mit Retikulozyten inkubiert, das sind unreife rote Blutkörperchen, die mit hoher Aktivität Hämoglobin synthetisieren. Die Aminosäure Leucin wurde deshalb gewählt, weil sie sowohl in der α- als auch in der β-Kette des Globins häufig vorkommt. Zu verschiedenen Zeiten nach Zugabe des radioaktiven Leucins wurden Proben fertig synthetisierter α-Ketten aus den Retikulozyten isoliert und die Radioaktivitätsverteilung entlang der α-Kette bestimmt. Bei den Globin-Ketten, die nach 60minütiger Inkubation isoliert wurden, waren fast alle Leucinreste radioaktiv, diejenigen fertig synthetisierten Ketten aber, die nur wenige Minuten nach Zugabe des radioaktiven Leucins isoliert worden waren, enthielten nur am carboxylterminalen Ende radioaktive Leucinreste (Abb. 29-9). Aus diesen Ergebnissen wurde geschlossen, daß Polypeptidketten vom Amino-Ende aus wachsen und durch Zufügen von Resten zum Carboxyl-Ende verlängert werden.

Wir werden sehen, wie der aminoterminale Rest die Biosynthese der Polypeptidketten initiiert.

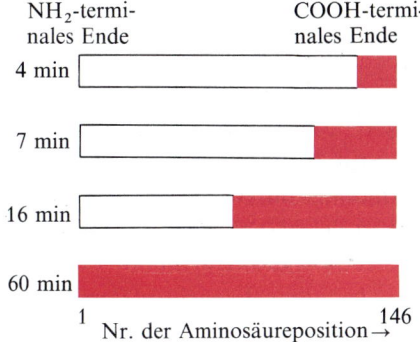

Abbildung 29-9
Der Beweis, daß Polypeptidketten vom Amino- zum Carboxylende wachsen, (durch Hinzufügen neuer Reste an das Carboxylende). Die farbigen Abschnitte zeigen die Anteile der Hämoglobinketten, die zu verschiedenen Zeiten nach Gabe von radioaktivem Leucin eingebaute Radioaktivität enthielten. Nach 4 min erhielt man Ketten, bei denen nur wenige radioaktive Reste an das vorher schon fast fertige Molekül angehängt worden waren. Bei Verlängerung der Inkubationszeiten mit radioaktivem Leucin enthielten zunehmend längere Kettenabschnitte Radioaktivität, immer ohne Unterbrechung vom Carboxylende ausgehend. Das bedeutet, daß die Polypeptidkette durch sukzessives Anhängen von Aminosäureresten an das Carboxyl-Ende wächst.

N-Formylmethionin ist die initiierende Aminosäure bei den Prokaryoten und Methionin die bei den Eukaryoten

Bei *E. coli* und anderen Prokaryoten ist die erste Aminosäure am Amino-Ende immer das *N-Formylmethionin* (Abb. 29-10). Ihre aktivierte Form ist *N*-Formylmethionyl-tRNA^{fMet} (fMet-tRNA^{fMet}), das in zwei aufeinanderfolgenden Reaktionen gebildet wird. Zuerst wird Methionin mit Hilfe von Methionyl-tRNA-Synthetase an eine spezielle Methionin-spezifische tRNA gebunden, die als tRNA^{fMet} bezeichnet wird:

Methionin + tRNA^{fMet} + ATP →
   Methionyl-tRNA^{fMet} + AMP + PP$_i$

In der zweiten Reaktion wird eine Formylgruppe auf die Aminogruppe des Methionylrestes übertragen. Die Übertragung erfolgt mit Hilfe einer spezifischen Formyltransferase und mit N^{10}-*Formyltetrahydrofolat* als Formylgruppendonator:

N^{10}-Formyltetrahydrofolat + Met-tRNA^{fMet} →
   Tetrahydrofolat + fMet-tRNA^{fMet}

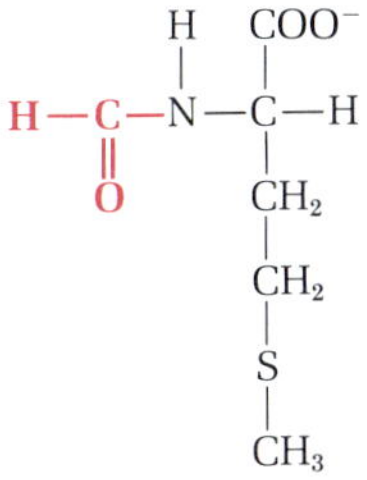

Abbildung 29-10
N-Formylmethionin, die startende Aminosäure bei den Prokaryoten. Die *N*-Formylgruppe ist farbig dargestellt.

Das Enzym kann freies Methionin nicht formylieren. Es gibt zwei Arten von Methionin-spezifischen tRNAs, die tRNA^{Met} und die tRNA^{fMet}. Beide können in der Aktivierungsreaktion Methionin binden, aber nur Methionyl-tRNA^{fMet} kann formyliert werden und somit die startende Aminosäure liefern. Die andere, die Methionyl-tRNA^{Met}, wird gebraucht, um Methionin in *innere* Positionen der Polypeptidkette einzubauen. Die Blockierung der Aminogruppe des Methionins durch die *N*-Formylgruppe verhindert einerseits den Einbau des Methionins in innere Positionen und ermöglicht andererseits die spezifische Bindung von fMet-tRNA^{fMet} an einen spezifischen Initiationsbereich auf dem Ribosom, der weder Met-tRNA^{Met} noch irgendeine andere Aminoacyl-tRNA annimmt.

Bei den Eukaryoten beginnen alle Polypeptidketten, die durch extramitochondriale Ribosomen synthetisiert werden, mit einem *Methioninrest*, der von einer speziellen, initiierenden Methionyl-tRNA übertragen wurde. Dagegen beginnen Polypeptide, die durch Ribosomen in Mitochondrien und Chloroplasten synthetisiert werden, mit *N*-Formylmethionin. Diese und andere Ähnlichkeiten im Proteinsynthese-Mechanismus zwischen diesen Organellen und Bakterien sind als Stütze für die Ansicht gewertet worden, daß Mitochondrien und Chloroplasten von Bakterien abstammen könnten, von denen sie sich in der Frühzeit der Eukaryoten-Evolution abgezweigt haben sollen (S. 29 und 542). Andererseits gibt es in bezug auf bestimmte andere Aspekte der Transkription und Translation signifikante Unterschiede zwischen Bakterien und Mitochondrien.

Wir stehen nun vor einem Rätsel. Es gibt nur ein Codon für Methionin, nämlich (5')AUG(3'). Wie kann dieses eine Codon dazu dienen, sowohl die startende Aminosäure *N*-Formylmethionin (oder Methionin bei Eukaryoten) zu identifizieren als auch die Methioninreste, die in den inneren Positionen von Polypeptidketten vorkommen? Die Antwort wird später gegeben, wenn wir den *Initiationsschritt* untersuchen. Zuvor müssen wir uns aber die Struktur der Ribosomen näher ansehen.

Ribosomen sind molekulare Maschinen zur Herstellung von Polypeptidketten

In *E.-coli*-Zellen gibt es 15 000 oder mehr Ribosomen, die zusammen fast ein Viertel des Trockengewichtes der Zelle ausmachen. Die Ribosomen von Prokaryoten bestehen zu etwa 65% aus ribosomaler RNA und zu 35% aus Proteinen. Sie haben eine relative Partikelmasse* von etwa 2.8 Millionen, einen Durchmesser von etwa 18 nm und einen Sedimentationskoeffizienten von 70 S.

---

* Partikelmasse relativ zu $\frac{1}{12}$ der Masse eines Atoms des Nuklids ^{12}C (Definition analog der relativen Molekülmasse).

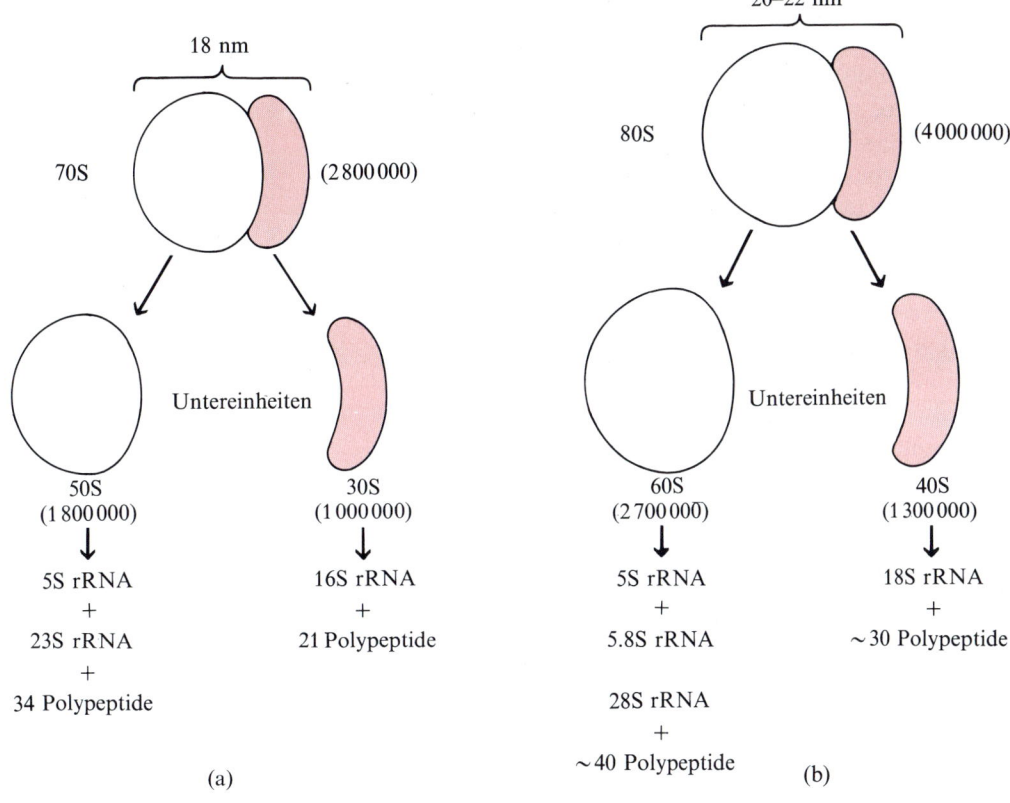

Abbildung 29-11
Zusammensetzung (a) eines prokaryotischen und (b) eines cytosolischen eukaryotischen Ribosoms. Die Ribosomen in den Mitochondrien und Chloroplasten der Eukaryoten, ähneln denen der Prokaryoten. Die eingeklammerten Zahlen sind die relativen Molekülmassen.

Prokaryotische Ribosomen bestehen aus zwei ungleich großen Untereinheiten (Abb. 29-11) mit den Sedimentationskoeffizienten 50S und 30S, dem entsprechenden relative Partikelmassen von 1.8 bzw. 1.0 Millionen. Die 50S-Untereinheit enthält ein Molekül 23S-rRNA (etwa 3200 Nucleotide), ein Molekül 5S-rRNA (etwa 120 Nucleotide) und 34 Proteine. Die 30S-Untereinheit enthält ein Molekül 16S-rRNA (1600 Nucleotide) und 21 Proteine. Die Proteine jeder Untereinheit werden durch Nummern bezeichnet; die in der großen 50S-Untereinheit werden L1 bis L34 genannt (L für „large"), die in der kleinen Untereinheit S1 bis S21 (S für „small"). Alle Proteine der E.-coli-Ribosomen sind isoliert und viele auch sequenziert worden; sie unterscheiden sich erheblich voneinander. Ihre relativen Molekülmassen variieren zwischen etwa 6000 und 75000.

Auch die Nucleotidsequenzen der einsträngigen ribosomalen RNAs von *E. coli* sind bestimmt worden. Jede der drei rRNAs hat eine spezifische dreidimensionale Konformation, die durch Basenpaarungen festgelegt ist. Abb. 29-12 zeigt die 5S-rRNA in der Konformation, die auf Grund maximaler Basenpaarungen zu erwarten ist. Die ribosomalen RNAs bilden offenbar ein Grundgerüst, an das die Polypeptid-Untereinheiten in spezifischer, genau festgelegter Anordnung gebunden werden. Isoliert man die 21 Polypeptide und die 16S-rRNA der 30S-Untereinheit und mischt sie dann in der richtigen Reihenfolge bei der richtigen Temperatur, so assoziieren sie spontan zu 30S-Untereinheiten, die in Struktur und Aktivität mit den nativen identisch sind. Ähnlich können sich auch die 50S-Untereinheiten aus ihren 34 Polypeptiden sowie der 5S- und 23S-rRNA selbst zusammensetzen, vorausgesetzt, die 30S-Untereinheit ist ebenfalls anwesend. Man nimmt an, daß jedes der 55 Proteine im Prokaryoten-Ribosom in der Polypeptidsynthese eine spezifische Rolle spielt, und zwar entweder als Enzym oder als Hilfsfaktor im Gesamtprozeß. Genaue Kenntnisse über die Funktion hat man aber erst bei einigen wenigen dieser Proteine.

Die Ribosomen werden meistens so dargestellt, als wären die 50S-Untereinheiten Kugeln, auf denen die 30S-Untereinheiten wie Kappen sitzen (wie in Abb. 29-11). In Wirklichkeit sind sie aber nicht symmetrisch, sondern die beiden Unterheiten haben überraschend unregelmäßige Formen. Abb. 29-13 zeigt die dreidimensionalen Strukturen, die mit Hilfe der Röntgenstrukturanalyse und der Elektronenmikroskopie ermittelt worden sind. Wenn sich die beiden eigentümlich geformten Untereinheiten zusammenlagern, bleibt ein Spalt frei, den die mRNA passiert, wenn sich das Ribosom während der Translation an ihr entlang bewegt, und aus dem die neu gebildete Polypeptidkette herauskommt.

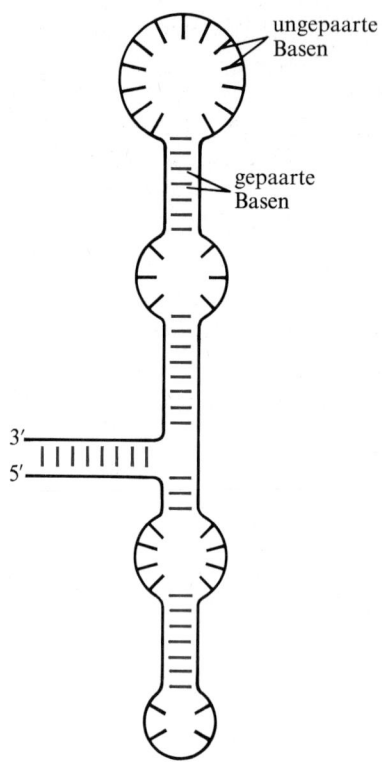

Abbildung 29-12
Schematische Darstellung einer möglichen Sekundärstruktur der 5S-rRNA von Prokaryoten. Das Strukturmodell wurde aufgestellt unter der Annahme der maximalen Anzahl von Basenpaarungen (farbig dargestellt).

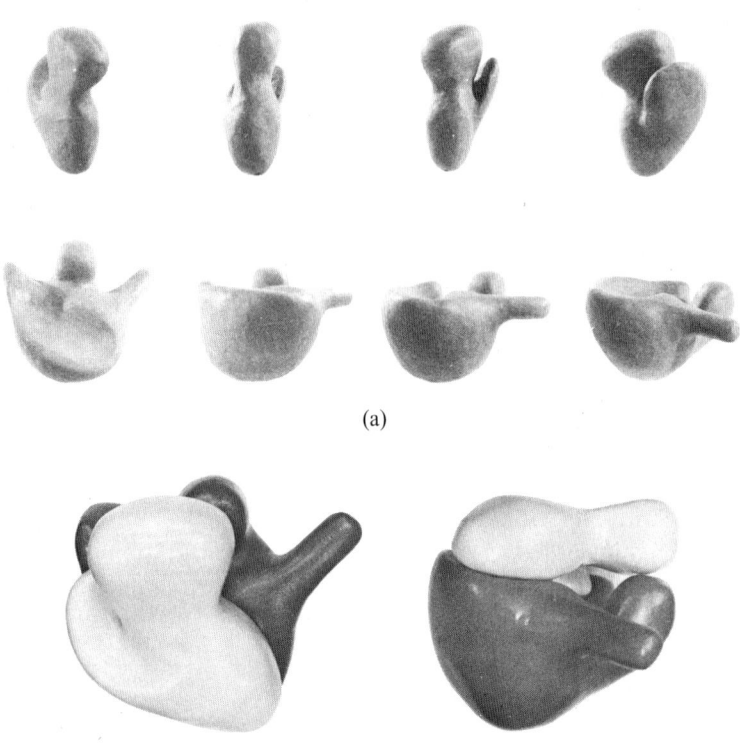

Abbildung 29-13
Die Untereinheiten der *E.-coli*-Ribosomen haben eigentümliche Formen, die durch Röntgenstrukturanalyse und Elektronenmikroskopie ermittelt werden konnten.
(a) Einige Ansichten eines Modells der 30S-Untereinheiten (obere Reihe) und der 50S-Untereinheiten (untere Reihe).
(b) Zwei Ansichten des vollständigen 70S-Ribosoms. Die 30S-Untereinheit ist weiß und die 50S-Untereinheit schwarz wiedergegeben.

Die extramitochondrialen Ribosomen der Eukaryoten sind größer und komplexer

Die extramitochondrialen Ribosomen der Eukaryoten sind größer als die prokaryotischen Ribosomen (Abb. 29-11). Sie haben einen Durchmesser von 21 nm, einen Sedimentationskoeffizienten von etwa 80S und eine relative Partikelmasse von etwa 4 Millionen. Sie bestehen ebenfalls aus zwei Untereinheiten, die je nach der Spezies etwas in ihrer Größe variieren, aber im Durchschnitt Sedimentationskoeffizienten von 60S und von 40S aufweisen. Die kleine Untereinheit enthält eine 18S-rRNA, die große 5S-, 5.8S- und 28S-rRNAs. Sie enthalten zusammen über 70 verschiedene Proteine. Die ribosomalen RNAs und die meisten der Proteine von eukaryotischen Ribosomen sind isoliert worden.

Die beiden Untereinheiten der Ribosomen sind nicht ständig miteinander verbunden. Wie wir sehen werden, müssen die Ribosomen jedesmal in ihre Untereinheiten dissoziieren, wenn die Synthese einer neuen Polypeptidkette gestartet wird.

Die Initiation eines Polypeptids erfolgt in mehreren Schritten

Die Initiation einer Polypeptidkette erfordert bei Prokaryoten (1) die 16S-rRNA enthaltende 30S-Untereinheit, (2) die für das herzustellende Polypeptid codierende mRNA, (3) die initiierende N-Formylmethionyl-tRNA^{fMet}, (4) einen Satz von drei Proteinen, die sogenannten *Initiationsfaktoren* (IF-1, IF-2 und IF-3) und (5) GTP (Tab. 29-1).

Die Bildung des *Initiationskomplexes* vollzieht sich in drei Schritten. Im ersten Schritt bindet die 30S-Untereinheit den *Initiationsfaktor 3* (IF-3), der die Assoziation der beiden Untereinheiten verhindert. Danach wird die mRNA an die 30S-Untereinheit gebunden, wobei das Start-Codon in der mRNA [das Triplett (5')AUG(3')] an einer bestimmten Stelle eine Bindung mit der 30S-Untereinheit eingeht (Abb. 29-14). Das Start-Codon AUG wird durch ein spezielles *Initiationssignal* auf der mRNA an die richtige Stelle auf der 30S-Untereinheit geleitet. Dieses Signal ist 5'-wärts vom AUG-Codon lokalisiert; Es enthält hauptsächlich A- und G-Reste, meist 6 bis 8 an der Zahl. Diese Sequenz wird von einer komplementären Sequenz in der 16S-rRNA der 30S-Untereinheit durch Basenpaarung erkannt. Dadurch wird die mRNA in die richtige Stellung für den Beginn der Translation gebracht. Da es nur ein Codon für Methionin gibt, das sowohl für die startenden als auch für die im Innern gelegenen Methioninreste codiert, bestimmt das Initiationssignal auf der 5'-Seite des AUG-Codons die Stelle, an die fMet-tRNA^{fMet} gebracht wird. Die im Innern der mRNA gelegenen AUG-Codons sind spezifisch für Met-tRNA^{Met} und können keine fMet-tRNA^{fMet} binden.

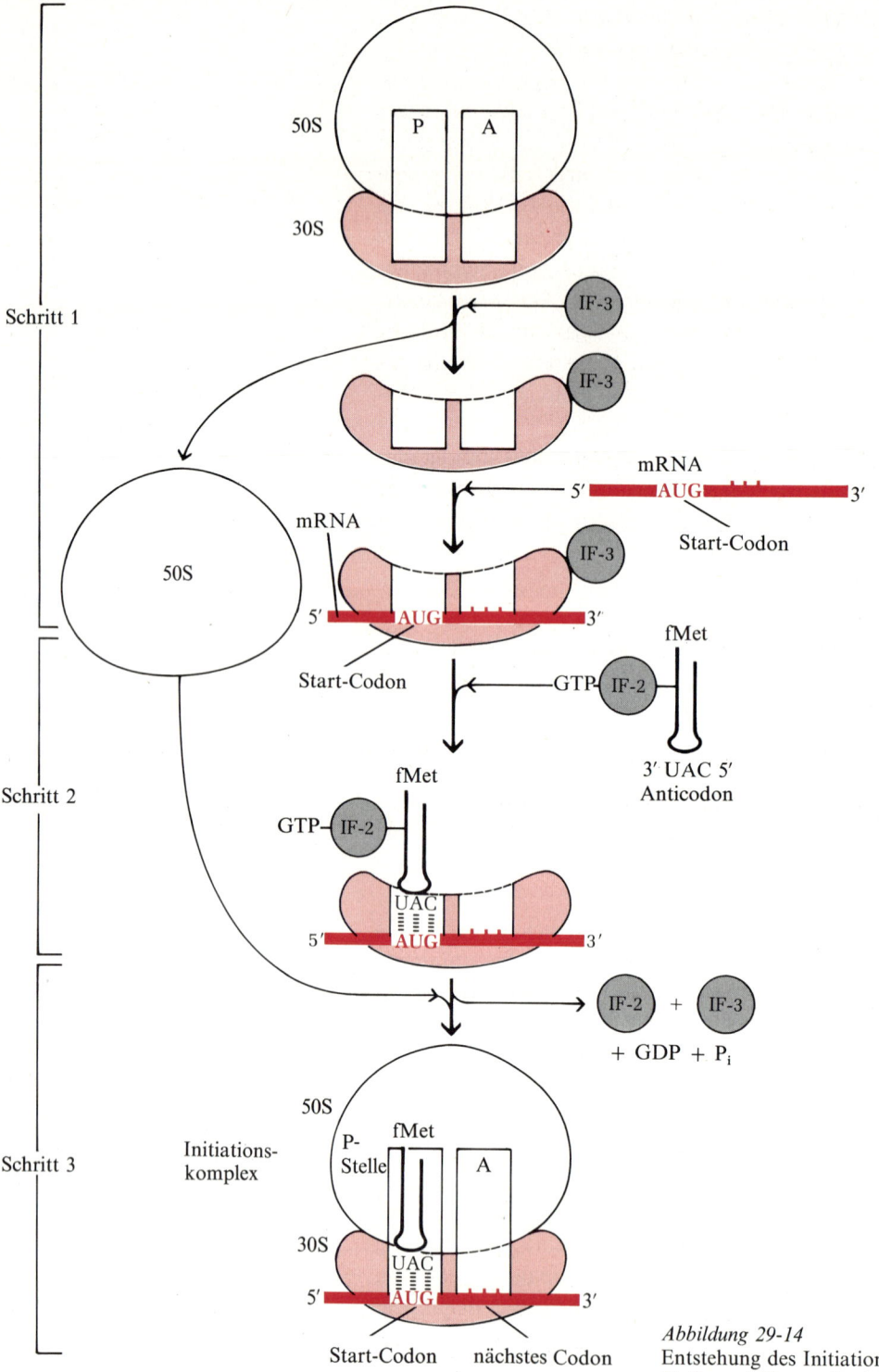

Abbildung 29-14
Entstehung des Initiationskomplexes in drei Stufen auf Kosten der bei der Hydrolyse von GTP zu GDP und P_i frei werdenden Energie. IF-1, IF-2 und IF-3 sind Initiationsfaktoren. P bezeichnet die Peptidbindungsstelle. Die Rolle von IF-1 ist noch nicht vollständig bekannt.

Im zweiten Schritt des Initiationsprozesses (Abb. 29-14) vergrößert sich der Komplex aus 30S-Untereinheit, IF-3 und mRNA dadurch, daß noch das Initiationsprotein IF-2 hinzukommt, das seinerseits bereits GTP und fMet-tRNA^{Met} gebunden hat. Dabei wird das Anticodon von fMet-tRNA^{fMet} mit dem Initiationscodon verpaart.

In einem dritten Schritt verbindet sich dieser große Komplex mit der 50S-Untereinheit, wobei das an IF-2 gebundene GTP zu GDP und Phosphat hydrolysiert wird, die freigesetzt werden. IF-2 und IF-3 lösen sich nun ebenfalls vom Ribosom ab. Wir haben jetzt ein funktionelles 70S-Ribosom, den *Initiationskomplex*, vor uns, der mRNA und fMet-tRNA^{fMet} enthält. Die richtige Bindung des fMet-tRNA^{fMet} im 70S-Initiationskomplex ist durch zwei Erkennungs- und Basenpaarungs-Regionen gewährleistet. In der ersten bildet das Anticodon-Triplett der initiierenden Aminoacyl-tRNA antiparallele Basenpaarungen mit dem Codon-Triplett auf der mRNA. Der zweite Bereich für die Anheftung der initiierenden Aminoacyl-tRNA ist die P-Bindungsstelle auf dem Ribosom. Ribosomen haben zwei Bindungsstellen für Aminoacyl-tRNAs, nämlich die *Aminoacyl-* oder *A-Stelle* und die *Peptidyl-* oder *P-Stelle*. Jede ist aus spezifischen Anteilen der 50S- und 30S-Untereinheiten zusammengesetzt. Die startende fMet-tRNA kann nur an die P-Stelle gebunden werden (Abb. 29-14), was aber die Ausnahme ist, denn alle anderen neu hinzukommenden Aminoacyl-tRNAs werden an die A-Stelle gebunden, während die P-Stelle der Ort ist, von dem aus die „entleerten" tRNAs das Ribosom verlassen und an den die wachsende Peptidyl-tRNA gebunden wird.

Der Initiationskomplex ist jetzt einsatzbereit für die Reaktionen der Kettenverlängerung (Elongation).

Die Elongation der Polypeptidkette ist ein sich wiederholender Vorgang

Die Anknüpfung eines jeden Aminosäurerestes an die wachsende Peptidkette erfolgt in drei Schritten. Dieser Cyclus wird so lange wiederholt, wie Reste anzuhängen sind. Für die Verlängerung brauchen wir (1) den oben beschriebenen Initiationskomplex, (2) die nächste Aminosäure, die durch das nächste Codon-Triplett auf der mRNA spezifiziert ist, (3) einen Satz von drei löslichen cytosolischen Proteinen, die *Elongationsfaktoren* EF-Tu, EF-Ts und EF-G sowie (4) GTP. Die Elongationsfaktoren werden oft nur als Tu, Ts und G bezeichnet.

Beim ersten Schritt des Elongationscyclus (Abb. 29-15) wird die nächste Aminoacyl-tRNA zuerst an einen Komplex aus dem Elongationsfaktor Tu und einem Molekül GTP gebunden. Der entstandene Aminoacyl-tRNA-Tu-GTP-Komplex wird nun an den 70S-Initiationskomplex gebunden; gleichzeitig wird das GTP hydrolysiert,

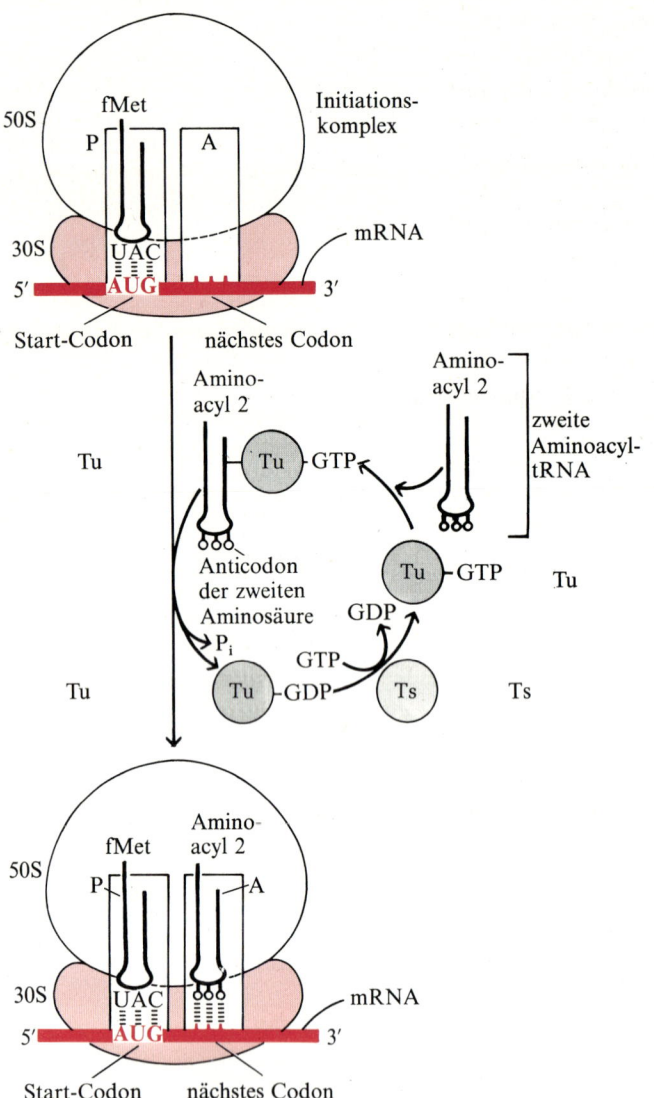

Abbildung 29-15
Der erste Verlängerungsschritt, die Bindung einer zweiten Aminoacyl-tRNA. Die Aminoacyl-tRNA wird vorher an den Elongationsfaktor gebunden, der bereits ein GTP gebunden hat. Die Bindung der zweiten Aminoacyl-tRNA ist von der Hydrolyse des gebundenen GTP begleitet. Das so entstandene, immer noch gebundene, GDP wird durch GTP rephosphoryliert. Die Rephosphorylierung wird durch den Elongationsfaktor Ts katalysiert. Die Nucleotide für das Anticodon und das Codon der nächsten Aminosäuren sind durch kleine Kreise bzw. kurze Striche dargestellt.

dann zusammen mit dem Faktor Tu als Tu-GDP-Komplex vom Ribosom freigesetzt und durch den Faktor Ts und GTP wieder zu einem Tu-GTP regeneriert.

Die Bindung der neuen Aminoacyl-tRNA an die *Aminoacyl-* oder *A-Bindungsstelle* erfolgt durch antiparallele Basenpaarung zwischen dem Anticodon der neuen Aminoacyl-tRNA und dem entsprechenden Codon auf der mRNA. (Wir werden die verschiedenen Codon- und Anticodon-Sequenzen später kennenlernen). Die Codon-Anticodon-Wechselwirkung reicht jedoch nicht aus, um sicher zu gehen, daß die richtige Aminoacyl-tRNA gebunden worden ist. Ihre Identität wird durch eine zweite Bindungswechselwirkung innerhalb der A-Bindungsstelle geprüft. Dabei tritt ein anderer Teil des tRNA-Moleküls mit der ribosomalen RNA in Wechselwirkung. Nur wenn beide Wechselwirkungen richtig stattgefunden haben, erfolgt der nächste Schritt.

Beim zweiten Schritt des Verlängerungscyclus wird die neue Peptid-Bindung zwischen den Aminosäuren geschlossen, deren tRNAs sich an der A- und P-Bindungsstelle befinden. Dieser Schritt erfolgt durch die Übertragung der initiierenden N-formylierten Aminoacylgruppe von ihrer tRNA auf die Aminogruppe der neuen Aminosäure, die die A-Bindungsstelle gerade betreten hat. Dieser Schritt wird durch die *Peptidyltransferase* katalysiert, ein ribosomales Protein aus der 50S-Untereinheit (Abb. 29-16). Das Ergebnis dieser Reaktion ist, daß eine Dipeptidyl-tRNA an der A-Stelle entstanden ist und daß die nun entladene initiierende tRNA^{fMet} an der P-Bindungsstelle bleibt.

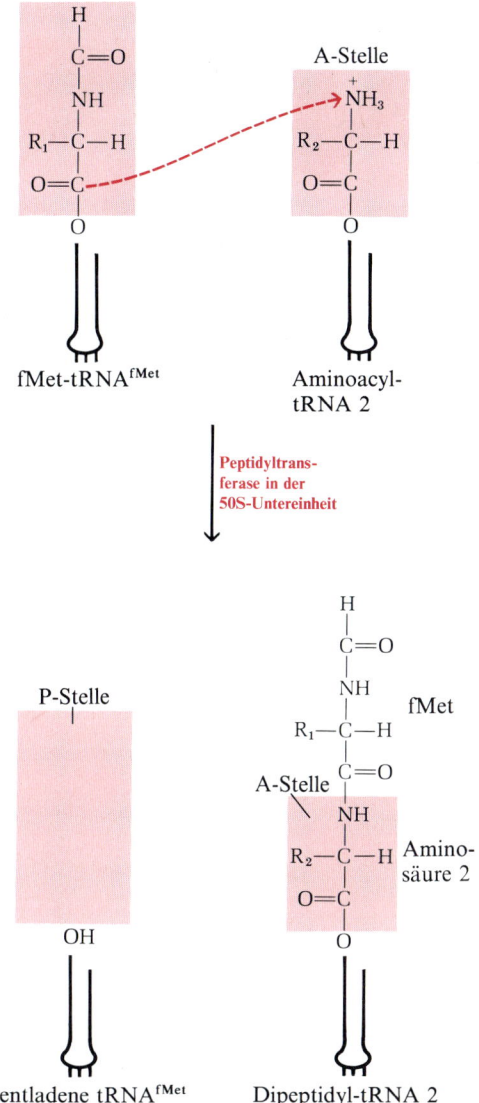

Abbildung 29-16
Die erste Peptidbindung wird gebildet. Die N-Formylmethionylgruppe wird auf die Aminogruppe der zweiten Aminoacyl-tRNA übertragen. Dadurch entsteht eine Dipeptidyl-tRNA an der A-Bindungsstelle.

Beim dritten Schritt des Verlängerungscyclus bewegt sich das Ribosom um die Länge eines Codons (drei Basen) auf der mRNA in Richtung auf deren 3'-Ende entlang. Da die Dipeptidyl-tRNA noch mit dem zweiten Codon der mRNA verbunden ist, zieht die Ribosomenbewegung die Dipeptidyl-tRNA von der A-Stelle auf die P-Stelle hinüber, wodurch die vorhergehende tRNA von ihrem Platz verdrängt und zurück ins Cytosol entlassen wird. Nun sitzt das dritte Codon der mRNA an der A-Stelle und das zweite Codon an der P-Stelle. Diese Verschiebung des Ribosoms auf der mRNA wird *Translokation* genannt; hierfür wird der Elongationsfaktor G (auch *Translokase* genannt) und ein weiteres Molekül GTP gebraucht (Abb. 29-17). Man nimmt an, daß für die Weiterbewegung auf der mRNA eine Änderung der dreidimensionalen Konformation des gesamten Ribosoms stattfindet. Die Energie für die Translokation wird durch die Hydrolyse des GTP-Moleküls geliefert.

Das Ribosom mit der gebundenen Dipeptidyl-tRNA und mRNA ist nun bereit für die nächste Runde des Verlängerungscyclus, in der der dritte Aminosäurerest angehängt wird, und zwar in genau derselben Weise wie der zweite Rest. Für jeden angehängten Aminosäurerest werden zwei Moleküle GTP zu GDP und P_i hydrolysiert. Während das Ribosom sich von Codon zu Codon auf der mRNA entlangbewegt, und dabei eine Aminosäure nach der anderen angehängt wird, bleibt die Peptidkette immer an die tRNA der jeweils letzten Aminosäure gebunden.

Die Termination der Polypeptidsynthese erfordert ein spezielles Signal

Schließlich wird die letzte Aminosäure angehängt und die von der mRNA codierte Polypeptidkette ist nun vollständig. Der Kettenabbruch (Termination) des Polypeptids wird durch eins der drei existierenden Terminations-Tripletts signalisiert, das auf der mRNA unmittelbar auf das letzte Aminosäure-Codon folgt. Die Terminations-Tripletts UAA, UAG und UGA codieren für keine Aminosäure. Sie werden *Nonsense-Tripletts* (Unsinn- oder eigentlich sinnfreie Tripletts) genannt, denn man fand sie zuerst als Folge von Ein-Basen-Mutationen einiger Aminosäure-Codons in *E. coli*, die zu *Nonsense-Mutanten* geworden waren, weil die Synthese bestimmter Polypeptidketten vorzeitig abgebrochen wurde. Diese Nonsense-Mutanten, auch als *Amber-*, *Ochre-* oder *Opal*-Mutanten bezeichnet, ermöglichen die Identifizierung von UAA, UAG und UGA als Terminations-Codons.

Wenn das Ribosom am Terminations-Codon angelangt ist, werden drei *Terminations-* oder *Freisetzungsfaktoren* gebraucht. Es sind dies die Proteine R_1, R_2 und S, die an folgenden Reaktionen teilnehmen: (1) Freisetzung des Polypeptids durch hydrolytische Abspaltung seiner terminalen tRNA, (2) Freisetzung der letzten, jetzt ent-

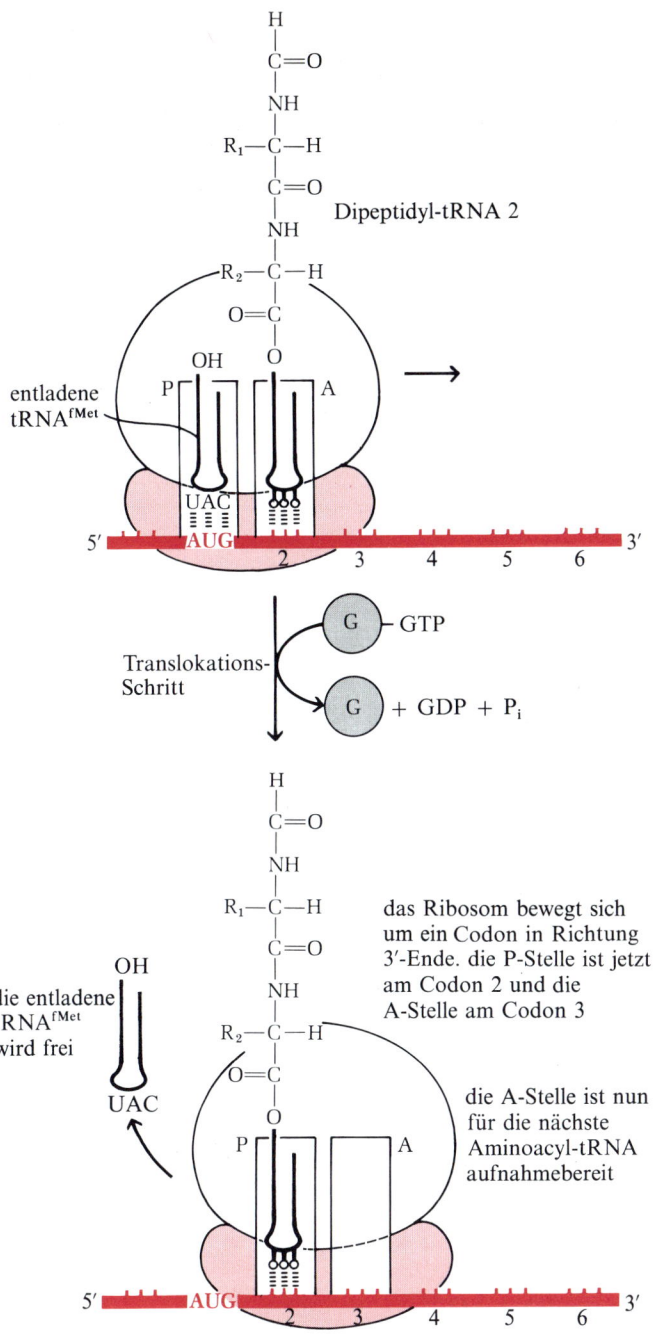

Abbildung 29-17
Der Translokations-Schritt. Das Ribosom bewegt sich um ein Codon in Richtung auf das 3'-Ende der mRNA weiter. Die Bewegung erfolgt unter Verbrauch der Energie, die durch die Hydrolyse eines am Elongationsfaktor G gebundenen GTP frei wird. Die Dipeptidyl-tRNA 2 befindet sich nun an der P-Bindungsstelle, wodurch die A-Stelle für die neuankommende Aminoacyl-tRNA 3 freigeworden ist.

ladenen tRNA von der P-Stelle und (3) Dissoziation des 70S-Ribosoms in seine 30S- und 50S-Untereinheiten, die nun für die Synthese einer neuen Peptidkette zur Verfügung stehen.

Für die Sicherstellung der Wiedergabetreue bei der Proteinsynthese wird Energie gebraucht

Wie wir auf S. 961 gesehen haben, werden für die enzymatische Synthese jeder Aminoacyl-tRNA zwei energiereiche Phosphatgruppen verbraucht. Die Korrektur der von der hydrolytischen Aktivität der Aminoacyl-tRNA-Synthetasen entdeckten Fehler verbraucht zusätzlich ATP-Moleküle. Während des ersten Verlängerungsschrittes wird ein GTP-Molekül zu GDP und Phosphat gespalten und während des Translokationsschrittes ein zweites. Für die Bildung einer jeden Peptidbindung werden also insgesamt vier energiereiche Bindungen gebraucht. Das bedeutet einen äußerst starken thermodynamischen „Schub" in Richtung der Synthese, denn es werden mindestens $30.5 \times 4 = 122$ kJ/mol an Phosphatgruppen-Energie verbraucht, um eine Peptidbindung zu bilden, deren freie Standard-Hydrolyseenergie nur etwa -21 kJ/mol beträgt. Der Netto-Energieverbrauch ist also -101 kJ/mol Peptidbindung. Obwohl dieser hohe Energie-Preis wie Verschwendung aussieht, ist er einer der wichtigsten Faktoren für die fast fehlerfreie Wiedergabe bei der biologischen Übersetzung der genetischen Information der mRNA in die Aminosäuresequenz der Proteine.

Polyribosomen ermöglichen die gleichzeitige Entstehung mehrerer Polypeptidketten an einer Messenger-RNA

Wenn man Ribosomen vorsichtig aus Geweben isoliert, in denen eine sehr aktive Proteinsynthese stattfindet, z.B. aus Pankreas, so findet man sie oft zu Anhäufungen angeordnet, die bis zu 80 oder mehr Ribosomen enthalten und die *Polyribosomen* oder *Polysomen* genannt werden. Sie werden durch Ribonuclease in die einzelnen Ribosomen gespalten, das heißt, sie werden durch einen RNA-Strang zusammengehalten. Tatsächlich kann man im Elektronenmikroskop eine verbindende Faser erkennen (Abb. 29-18). Dieser verbindende RNA-Strang ist eine Messenger-RNA, die von vielen, ziemlich dicht aufeinanderfolgenden Ribosomen gleichzeitig übersetzt wird (Abb. 29-18). Dadurch wird die Effizienz der mRNA-Matrize stark erhöht.

In Bakterien gibt es eine sehr enge Kopplung zwischen Transkription und Translation. Wie Abb. 29-19 zeigt, beginnen die Ribosomen die Messenger-RNA bereits zu übersetzen, während sie noch von der DNA-abhängigen RNA-Polymerase synthetisiert wird. Ein anderes Merkmal der Proteinsynthese in Bakterien ist, daß die mRNA-Moleküle nur eine Lebensdauer von wenigen Minuten haben; sie werden schnell von Nucleasen abgebaut. Deshalb muß die mRNA für ein bestimmtes Protein oder einen bestimmten Satz von

Proteinen kontinuierlich gebildet werden und mit maximaler Effektivität als Matrize dienen, wenn eine konstante Protein-Synthesegeschwindigkeit aufrecht erhalten werden soll. Wie wir später sehen werden, ermöglicht die kurze Lebensdauer der mRNAs bei Prokaryoten ein schnelles Abschalten der Proteinsynthese, wenn ein bestimmtes Protein nicht mehr gebraucht wird.

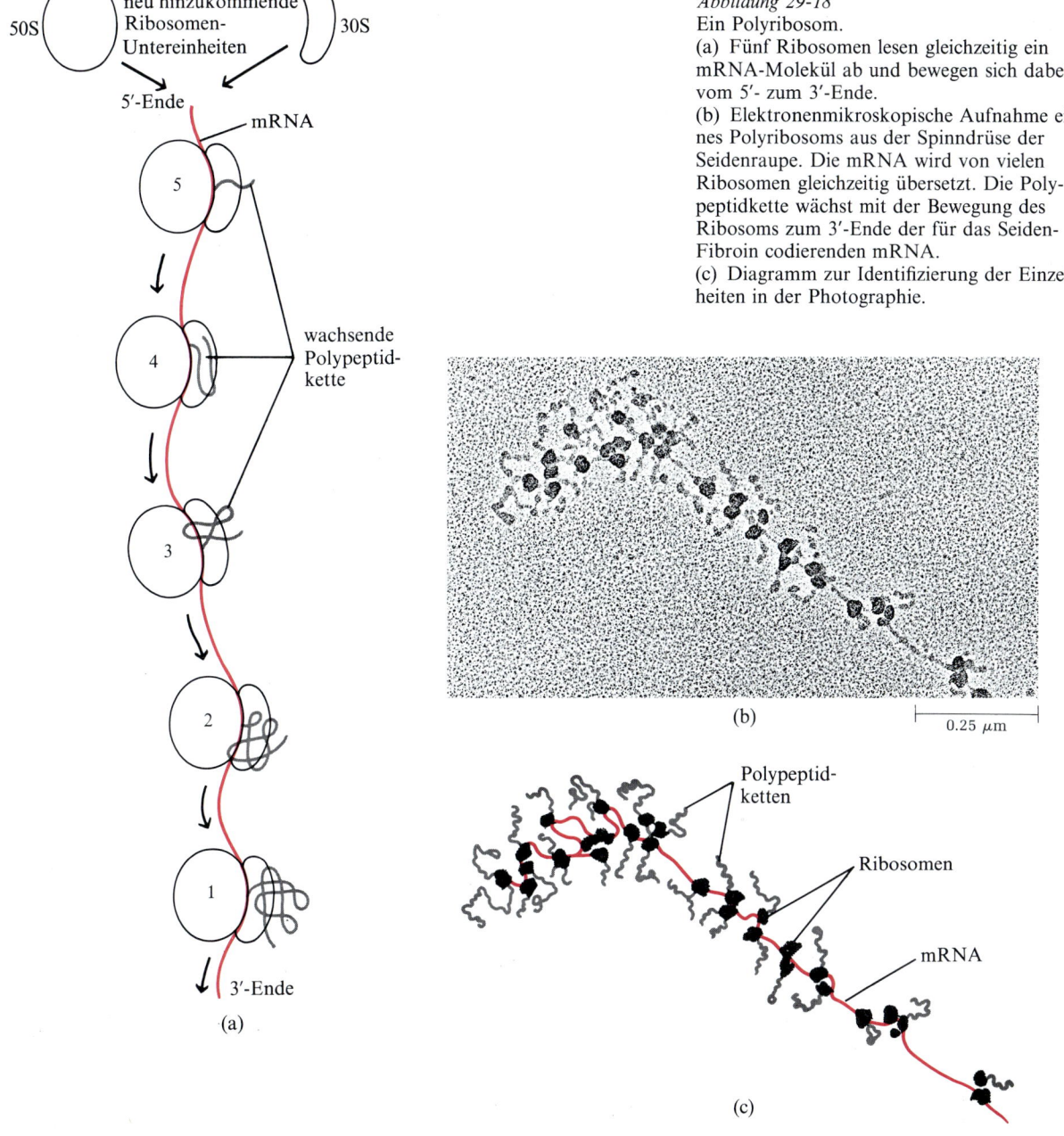

Abbildung 29-18
Ein Polyribosom.
(a) Fünf Ribosomen lesen gleichzeitig ein mRNA-Molekül ab und bewegen sich dabei vom 5'- zum 3'-Ende.
(b) Elektronenmikroskopische Aufnahme eines Polyribosoms aus der Spinndrüse der Seidenraupe. Die mRNA wird von vielen Ribosomen gleichzeitig übersetzt. Die Polypeptidkette wächst mit der Bewegung des Ribosoms zum 3'-Ende der für das Seiden-Fibroin codierenden mRNA.
(c) Diagramm zur Identifizierung der Einzelheiten in der Photographie.

Polypeptidketten werden gefaltet und unterliegen einer Molekularreifung

Wie wir in den Kapiteln 7 und 8 gesehen haben, ist ein Protein nicht biologisch aktiv, wenn es nicht seine native Konformation hat, das heißt die durch seine Aminosäuresequenz bestimmte Faltung. Zu irgendeinem Zeitpunkt während oder nach ihrer Synthese nimmt die Polypeptidkette spontan ihre natürliche Konformation an (S. 199). Auf diese Weise wird die lineare, eindimensionale genetische Information, wie sie in der Messenger-RNA vorliegt, in die spezifische dreidimensionale Struktur der neu synthetisierten Polypeptide umgewandelt. Oft erhält die neu synthetisierte Polypeptidkette ihre biologisch aktive Konformation aber erst durch eine *Molekularreifung (processing)* oder *kovalente Modifikation*. Solche Veränderungen am Molekül werden *posttranskriptionale Modifikationen* genannt. Je nach Protein können verschiedene Arten von Molekularreifung stattfinden.

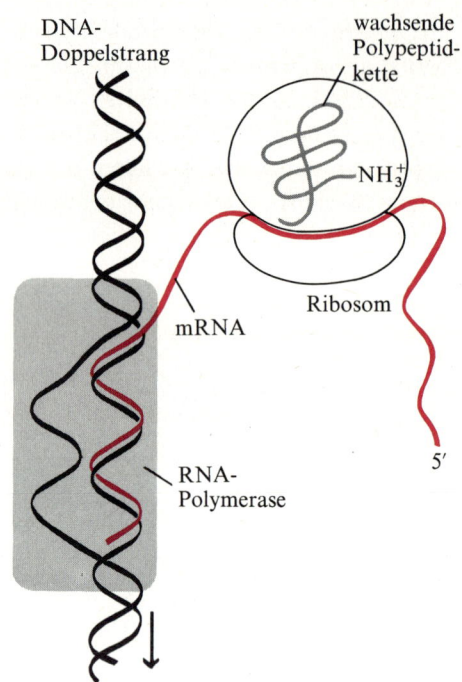

Abbildung 29-19
Die Kopplung von Transkription und Translation bei Bakterien. Die mRNA wird bereits von Ribosomen übersetzt, während sie noch an der DNA durch die RNA-Polymerase transkribiert wird. Das ist bei Bakterien deshalb möglich, weil die mRNA nicht von einem Zellkern in ein Cytoplasma transportiert zu werden braucht.

Aminoterminale und carboxylterminale Modifikationen

Die Synthese aller Polypeptide beginnt zwar mit *N*-Formylmethionin (bei Prokaryoten) oder Methionin (bei Eukaryoten) (vgl. S. 963), doch müssen diese *N*-Termini nicht im fertigen Protein erscheinen, da entweder die Formylgruppe oder der startende Methioninrest, oft aber auch eine größere Zahl *N*-terminaler Reste durch spezifische Enzyme entfernt werden können.

Bei einigen Proteinen wird die Aminogruppe des aminoterminalen Restes nach der Transkription acetyliert, bei anderen kann der carboxylterminale Rest modifiziert werden.

Entfernung von Signalsequenzen

Wie wir sehen werden, erhalten einige Proteine zunächst einen zusätzlichen, *N*-terminalen Abschnitt von 15 bis 30 Resten, der die Aufgabe hat, das Protein an seinen Bestimmungsort in der Zelle zu dirigieren. Solche *Signalsequenzen* werden nach Erfüllung ihrer Aufgabe durch spezifische Peptidasen entfernt.

Phosphorylierung von Hydroxyaminosäuren

Die Hydroxylgruppen bestimmter Serin-, Threonin- und Tyrosinreste in einigen Proteinen werden enzymatisch mit Hilfe von ATP zu *Phosphoserin, Phosphothreonin und Phosphotyrosin* phosphoryliert. Die Phosphatgruppen führen negative Ladungen in die Polypeptide ein. Das Milchprotein *Casein* enthält viele Phosphoserinreste, die die Aufgabe haben, Ca^{2+} zu binden. Da die Jungen von Säugetieren sowohl Ca^{2+} und Phosphat als auch Aminosäuren brauchen, liefert das Casein gleich drei der notwendigen Nährstoffe. Die Phosphorylierung der Hydroxylgruppen bestimmter Serinreste ist bei manchen Enzymen nötig, um diese zu aktivieren, z. B. bei der Glycogen-Phosphorylase (S. 264). Phosphorylierung bestimmter Tyrosinreste in einigen Proteinen ist als wichtiger Schritt bei der Transformation von normalen Zellen in Krebszellen erkannt worden.

Carboxylierungsreaktionen

Die Asparaginsäure- und Glutaminsäurereste einiger Proteine können zusätzliche Carboxylgruppen erhalten. Das Blutgerinnungsprotein *Prothrombin* z. B. enthält in seinem aminoterminalen Bereich eine Reihe von γ-Carbonylglutamylresten (Kapitel 24), die durch ein Vitamin-K-abhängiges Enzym eingeführt werden. Diese Gruppen binden das Ca^{2+}, das beim Start des Gerinnungsvorganges gebraucht wird.

Methylierung von Aminosäure-Seitenketten

Die Lysinreste einiger Proteine werden enzymatisch methyliert. Monomethyl- und Dimethyllysinreste werden in einigen Muskelproteinen und in Cytochrom *c* gefunden. In anderen Proteinen werden die Carboxylgruppen einiger Glutamatreste methyliert, wodurch ihre negativen Ladungen aufgehoben werden.

Befestigung von Kohlenhydrat-Seitenketten

Die Kohlenhydrat-Seitenketten der Glycoproteine werden während oder nach der Synthese der Polypeptidketten kovalent befestigt. In einigen Glycoproteinen werden sie an Asparaginreste, in anderen an Serin- oder Threoninreste enzymatisch gebunden. Viele extrazellulär fungierende Proteine sowie die als Schmierstoffe dienenden Proteoglycane, die die Schleimhäute bedecken, enthalten Oligosaccharid-Seitenketten.

Bindung prostetischer Gruppen

Viele Enzyme enthalten kovalent gebundene prosthetische Gruppen, die für ihre Aktivität unerläßlich sind; sie werden ebenfalls erst angefügt, nachdem das Polypeptid das Ribosom verlassen hat. Zwei Beispiele hierfür sind das kovalent gebundene Biotinmolekül in der Acetyl-CoA-Carboxylase (S. 645) und die Hämgruppe des Cytochroms *c* (S. 529).

Ausbildung von Disulfid-Quervernetzungen

Viele Proteine von Eukaryoten, die die Zelle verlassen, werden, nachdem sie sich spontan gefaltet haben, durch enzymatische Disulfidbrücken-Bildung zwischen den Cysteinresten innerhalb einer oder auch zwischen zwei Ketten quervernetzt (S. 149 und 150). Diese Quervernetzung trägt dazu bei, die native Faltung zu erhalten und das Protein vor Denaturierung zu schützen.

Neu synthetisierte Proteine werden oft an ihren Bestimmungsort geleitet

Einige der neu synthetisierten Proteine werden einfach in das Cytosol der Zelle entlassen, andere werden zu verschiedenen Zellorganellen gebracht, einige werden in die extrazelluläre Umgebung abgegeben und wieder andere in die Zellmembranen eingebaut, um dort als Transportproteine oder Membranenzyme zu fungieren. Es ist daher wichtig, daß ein neu synthetisiertes Protein seinen Weg zum richtigen Ort innerhalb der Zelle findet. Welche Erkennungszeichen haben diese Proteine, und wie werden sie an ihren Bestimmungsort abgeschickt?

Viele Proteine tragen an ihrem aminoterminalen Ende spezifische Leitsequenzen (leaders), die als Signale dienen, um sie an ihren richtigen Bestimmungsort zu geleiten. Diese *Signalsequenzen* sind treffend mit der Postleitzahl einer Adresse verglichen worden. Die von den Ribosomen am rauhen endoplasmatischen Reticulum von Pankreaszellen hergestellten sezernierten Proteine, wie Trypsinogen und Procarboxypeptidase (S. 753), tragen an ihrem aminoterminalen Ende Signalsequenzen aus 15 bis 30 oder mehr Resten, von denen viele hydrophobe Aminosäure-Seitenketten besitzen (Abb. 29-20). Diese aminoterminalen Bereiche werden bei der Synthese des Sekretproteins als erste gebildet und sie werden von spezifischen Rezeptorstellen an der Außenseite des endoplasmatischen Reticulums bereits erkannt, bevor die Synthese des Proteins beendet ist. Der hydrophobe, lipidlösliche Teil der Leitsequenz dringt durch die Membran in den Zwischenraum (Zisterne) des endoplasmatischen Reticulums ein, gefolgt von der wachsenden Polypeptidkette. Dort wird die Leitsequenz durch eine spezielle Peptidase entfernt. Das fertige Protein geht dann seinen Weg durch den Golgi-Apparat, wird in ein sekretorisches Vesikel eingeschlossen und schließlich in die Umgebung der Zelle sezerniert. Viele sezernierte Proteine, die außerhalb der Zelle wirken, wie z. B. die Blutplasmaproteine, Polypeptidhormone, Antikörper und Mucoproteine, werden auf diese Weise an ihren Bestimmungsort gebracht.

Bei Bakterien gibt es einen ziemlich ähnlichen Vorgang. E.-coli-Zellen besitzen eine äußere Membran aus Lipiden und Proteinen. Diese Proteine werden von Ribosomen synthetisiert, die an die innere Oberfläche der inneren Membran gebunden sind. Signalsequenzen am aminoterminalen Ende geleiten sie durch die innere Membran und durch die Zellwand hindurch an einen geeigneten Platz in der äußeren Membran, wo das Polypeptid eingebaut wird. Durch Bakterien-Mutanten kann man Aufschluß erhalten über die Genetik der Signalsequenzen und die Peptidasen, die sie nachher entfernen.

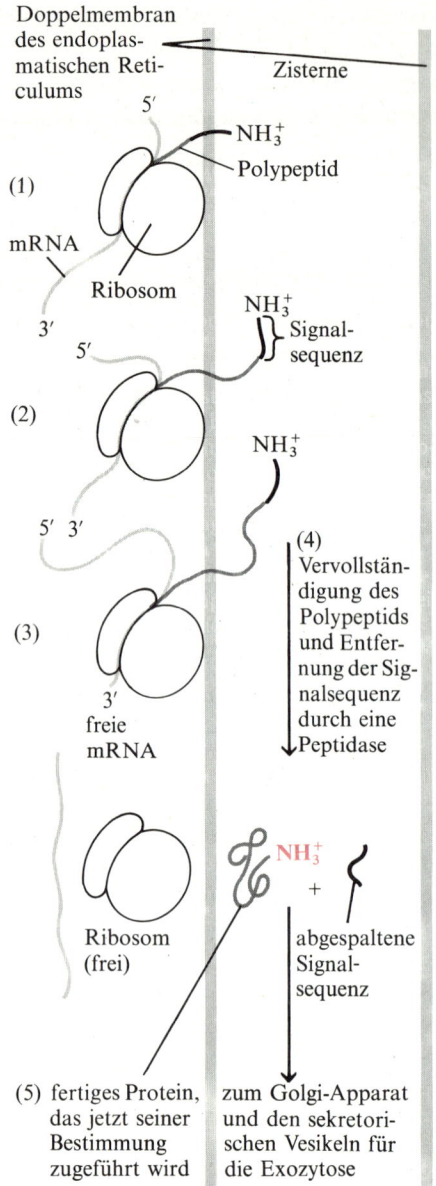

Abbildung 29-20
Die Reaktionsschritte bei der Synthese eines Proteins, das von der Zelle sezerniert wird (1 bis 5), wobei die Bildung und das weitere Schicksal einer Signalsequenz gezeigt werden, wie sie am Aminoende vieler Proteine vorkommt, die von den Ribosomen des rauhen endoplasmatischen Reticulums hergestellt werden. Diese Leitsequenzen (leader) helfen, das neue Polypeptid durch die Membran in die Zisterne (Membran-Zwischenraum) zu geleiten. Sie werden während oder nach dem Eintritt des Polypeptids in die Zisterne von einer Peptidase entfernt.

Die Proteinsynthese wird durch zahlreiche verschiedene Antibiotika gehemmt

Die Proteinsynthese kann durch viele verschiedene Antibiotika in charakteristischer Weise gehemmt werden. Das ist vom biologischen Standpunkt aus interessant, da Antibiotika als eine Art „chemischer Waffen" betrachtet werden können, die von einigen Mikroorganismen hergestellt werden und extrem toxisch für andere sind. Einige Antibiotika sind zu wertvollen Hilfsmitteln für die Untersuchung der Proteinbiosynthese geworden, da für fast jeden Schritt dieses Prozesses ein Antibiotikum gefunden wurde, das ihn spezifisch hemmt.

Eines der wichtigsten inhibierenden Antibiotika ist das *Puromycin*, das vom Schimmelpilz *Streptomyces alboniger* hergestellt wird. Strukturell ähnelt das Puromycin dem 3'-Ende einer Aminoacyl-tRNA (Abb. 29-21). Es unterbricht die Peptidketten-Verlängerung, indem es die Rolle einer neuankommenden Aminoacyl-tRNA übernimmt, so daß ein *Peptidyl-puromycin* gebildet wird, an das kein weiterer Aminosäurerest angehängt werden kann. Als Folge davon wird das Peptidyl-puromycin vom Ribosom abgelöst, so daß die Synthese dieser Peptidkette abgebrochen wird.

Tetracycline, eine andere Klasse von Antibiotika, hemmen die Proteinsynthese durch Blockierung der A-Bindungsstelle auf dem Ribosom, so daß diese die Fähigkeit verliert, Aminoacyl-tRNA zu

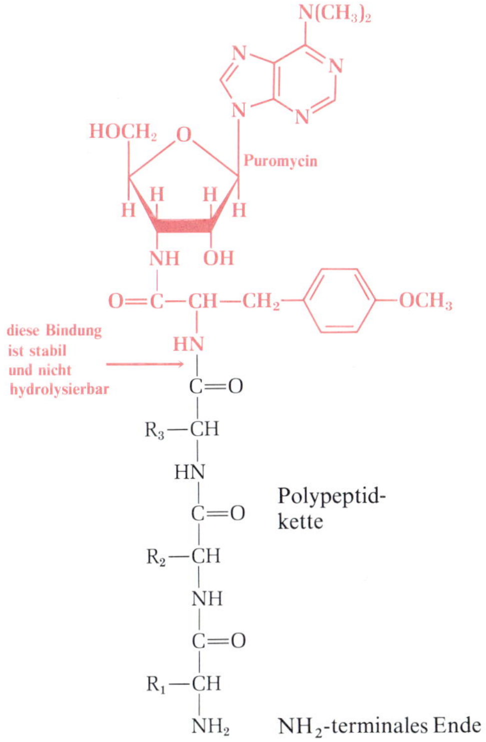

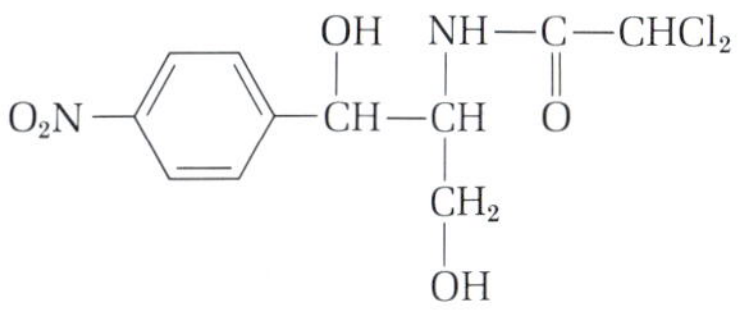

Abbildung 29-21
Antibiotika als Inhibitoren der Proteinbiosynthese.
(a) Puromycin (farbiger Teil der Formel) ähnelt dem Aminoacyl-adenylat-Ende einer Aminoacyl-tRNA und reagiert mit dem Carboxylende der wachsenden Peptidyl-tRNA unter Bildung eines Peptidyl-puromycin-Komplexes. Da jedoch die Bindung zwischen Puromycin und Peptid enzymatisch nicht spaltbar ist, kann das Peptid nicht weiter verlängert werden, und das Peptidyl-puromycin wird vom Ribosom freigesetzt.
(b) Cycloheximid, das die Proteinsynthese an den 80S-Ribosomen der Eukaryoten hemmt, aber nicht bei Prokaryoten oder in den Mitochondrien.
(c) Chloramphenicol, das die Proteinsynthese an prokaryotischen und Mitochondrien-Ribosomen hemmt, aber nicht an den 80S-Ribosomen der Eukaryoten.

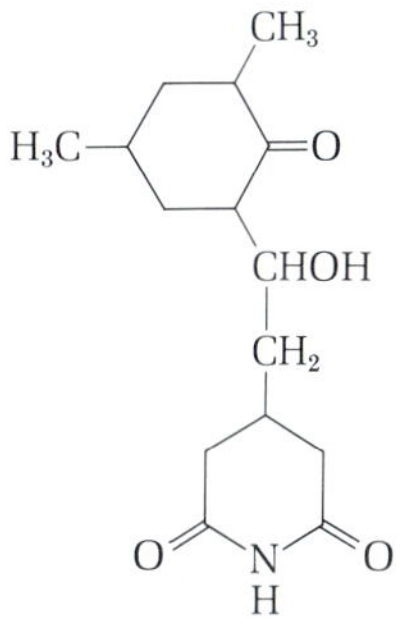

binden. *Chloramphenicol* hemmt die Proteinsynthese an prokaryotischen (und mitochondrialen) Ribosomen, beeinflußt aber nicht die extramitochondriale Proteinsynthese in Eukaryoten. Umgekehrt hemmt *Cycloheximid* die Proteinsynthese an eukaryotischen 80S-Ribosomen, aber nicht an den 70S-Ribosomen der Mitochondrien und Prokaryoten. *Streptomycin* verursacht Fehlablesung des genetischen Codes und *Tunicamycin* verhindert die Anheftung von Oligasaccharid-Seitenketten bei bestimmten Glycoproteinen.

Darüberhinaus gibt es noch Inhibitoren der Proteinsynthese wie das *Diphtherie-Toxin*, das einen Elongationsfaktor inaktiviert, oder das *Ricin*, ein extrem toxisches Protein aus den Samen der Rizinus-Pflanze, das die 60S-Untereinheit eukaryotischer Ribosomen inaktiviert.

Der genetische Code wurde geknackt

Wir wollen uns nun im einzelnen anschauen, wie die 4-Buchstaben-Sprache der DNA in die 20-Buchstaben-Sprache der Proteine übersetzt wird. Man hat schon lange angenommen, daß mindestens drei Nucleotidreste auf der DNA nötig sind, um für eine Aminosäure zu codieren, da die vier Code-Buchstaben (A, T, G und C) nur $4^2 = 16$ verschiedene Zweier-Kombinationen ergeben, also nicht genug, um für alle 20 Aminosäuren zu codieren. Dagegen gibt es $4^3 = 64$ verschiedene Möglichkeiten, Dreier-Gruppen aus den vier Elementen zu kombinieren. Frühe genetische Versuche bewiesen nicht nur, daß ein Code für eine Aminosäure tatsächlich aus einem Triplett besteht, sondern auch, daß es keine Interpunktion zwischen den Codons für aufeinanderfolgende Aminosäuren gibt. Was blieb, war die entscheidende Frage: Wie sehen die Code-Wörter für die verschiedenen Aminosäuren genau aus? Mit welchen Experimenten könnte man sie identifizieren?

Im Jahre 1961 berichteten Marshal Nirenberg und Heinrich Matthaei von einer Beobachtung, die den Durchbruch brachte. Sie inkubierten das synthetische Polyribonucleotid *Polyuridylsäure* mit einem *E.-coli*-Extrakt, GTP und einer Mischung der 20 Aminosäuren in 20 verschiedenen Gläschen. In jedem Gläschen war eine andere Aminosäure radioaktiv markiert. Da die Polyuridylsäure [abgekürzt poly(U)] als ein künstlicher Messenger angesehen werden kann, sollte sie die Synthese eines radioaktiven Polypeptids bewirken können, das aus nur einer Aminosäure besteht, nämlich der, für die das Triplett UUU codiert. Tatsächlich fand man nur in einem der Versuchsansätze ein radioaktives Polypeptid, und zwar in dem mit dem markierten Phenylalanin. Dieses Polypeptid erwies sich als Polyphenylalanin, und Nirenberg und Matthaei schlossen daraus, daß das Triplett UUU für Phenylalanin codiert. Bald danach wurde auf die gleiche Weise gefunden, daß der synthetische Messenger Polycytidylsäure [poly(C)] für ein Polypeptid codiert, das nur Prolin enthält (Polyprolin) und Polyadenylsäure [poly(A)] für Polylysin. Das bedeutet, daß das Triplett CCC für Prolin codiert und das Triplett AAA für Lysin.

Die für diese Versuche verwendeten synthetischen Polynucleotide wurden mit Hilfe der *Polynucleotid-Phosphorylase* (S. 946) hergestellt, die problemlos RNA-ähnliche Polymere aus ADP, UDP, GDP und CDP bildet. Dieses Enzym stellt ohne Matrize Polymere her, deren Basenzusammensetzung die relativen Konzentrationsverhältnisse der Nucleosid-5-diphosphate im Medium wiederspiegelt. Aus Uridindiphosphat als einziger Vorstufe macht Polynucleotid-Phosphorylase nur poly(U), aus einer Mischung von zwei Teilen ADP und einem Teil GDP macht sie ein Polynucleotid, das zu zwei Dritteln aus A und zu einem Drittel aus G besteht. Solch ein zufällig zusammengesetztes Polynucleotid wird wahrscheinlich viele AAA-Tripletts enthalten, eine geringere Anzahl von AAG-, AGA- und GAA-Tripletts, nur wenige AGG-, GGA und GAG-Tripletts und vereinzelte GGG-Tripletts. Mit Hilfe solcher künstlichen mRNAs, die aus verschiedenen Mischungen ADP, GDP und CDP hergestellt worden waren, konnten für alle Aminosäuren die in ihren Codons enthaltenen Basen identifiziert werden. Was nach diesen Versuchen noch offen blieb, war die *Sequenz* der Basen innerhalb der Tripletts, d. h. die „Schreibweise" der Code-Wörter.

1964 gelang Nirenberg und Philip Leder ein weiterer Durchbruch, der zur Lösung dieses Problems führte. Sie fanden, daß isolierte *E.-coli*- Ribosomen eine spezifische Aminoacyl-tRNA in Abwesenheit von GTP binden, wenn der entsprechende synthetische Polynucleotid-Messenger anwesend ist. Inkubiert man sie aber mit poly(U)

zweiter Buchstabe des Codons

	U		C		A		G	
U	UUU	Phe	UCU	Ser	UAU	Tyr	UGU	Cys
	UUC	Phe	UCC	Ser	UAC	Tyr	UGC	Cys
	UUA	Leu	UCA	Ser	UAA	End	UGA	End
	UUG	Leu	UCG	Ser	UAG	End	UGG	Trp
C	CUU	Leu	CCU	Pro	CAU	His	CGU	Arg
	CUC	Leu	CCC	Pro	CAC	His	CGC	Arg
	CUA	Leu	CCA	Pro	CAA	Gln	CGA	Arg
	CUG	Leu	CCG	Pro	CAG	Gln	CGG	Arg
A	AUU	Ile	ACU	Thr	AAU	Asn	AGU	Ser
	AUC	Ile	ACC	Thr	AAC	Asn	AGC	Ser
	AUA	Ile	ACA	Thr	AAA	Lys	AGA	Arg
	AUG	Met	ACG	Thr	AAG	Lys	AGG	Arg
G	GUU	Val	GCU	Ala	GAU	Asp	GGU	Gly
	GUC	Val	GCC	Ala	GAC	Asp	GGC	Gly
	GUA	Val	GCA	Ala	GAA	Glu	GGA	Gly
	GUG	Val	GCG	Ala	GAG	Glu	GGG	Gly

erster Buchstabe des Codons (5'-Ende)

Abbildung 29-22
Das „Wörterbuch" der in den Messenger-RNAs vorkommenden Aminosäure-Codewörtern. Die Codons sind in 5'→3'-Richtung geschrieben. Die ersten und zweiten Basen sind schwarz wiedergegeben, die dritten, farbig wiedergegebenen Basen sind weniger spezifisch als die ersten beiden. Die drei Terminationscodons sind grau, das Initiationscodon AUG ist farbig unterlegt. Beachten Sie, daß alle Aminosäuren mit Ausnahme von Methionin und Tryptophan mehr als ein Codon besitzen.
Die in der DNA vorkommenden Aminosäure-Codewörter sind komplementär zu denen in der mRNA, aber in antiparalleler Anordnung. Sie enthalten T-Reste in Positionen, die komplementär sind zu A, und A-Reste in Positionen, die komplementär sind zu U. Als Beispiel seien die mRNA- und DNA-Codons für Methionin aufgeführt:

mRNA (5')AUG(3')
DNA (3')TAC(5')

Normalerweise werden Codons und Anticodons von links nach rechts in der 5'→3'-Richtung geschrieben.

und Phenylalanyl-tRNA^{Phe}, so wird beides gebunden; inkubiert man sie aber mit poly(U) und einer anderen Aminoacyl-tRNA, so wird letztere nicht gebunden, da sie die UUU-Tripletts der poly(U) nicht erkennen kann. Durch Verwendung einfacher Tripletts mit bekannter Sequenz war es möglich, die Basensequenz der Codons aufzuklären, die die verschiedenen Aminoacyl-tRNAs spezifizieren. Mit Hilfe dieses und anderer Denkansätze konnten innerhalb kurzer Zeit die Sequenzen in den Code-Wörtern für jede der Aminosäuren ermittelt werden. Die Ergebnisse sind mit zahlreichen Methoden bestätigt worden. Das vollständige „Wörterbuch" für die Aminosäure-Codons ist in Abb. 29-22 wiedergegeben. Die Entschlüsselung des genetischen Codes gilt als die größte wissenschaftliche Leistung der 60er Jahre.

Der genetische Code hat einige interessante Besonderheiten

Eine davon ist die Tatsache, daß keinerlei Interpunktion oder Signal nötig ist, um das Ende des einen und den Anfang des nächsten Codons anzuzeigen. Daher muß das Ablesen eines mRNA-Moleküls an genau der richtigen Stelle beginnen und von einem Triplett zum nächsten fortschreiten. Wird der Start um ein oder zwei Basen verschoben oder läßt das Ribosom versehentlich ein Nucleotid der mRNA aus, so werden alle folgenden Codons falsch gelesen, was zu einem Protein mit völlig veränderter Aminosäuresequenz und ohne biologischen Sinn führt.

Zweitens sehen wir, daß drei der 64 möglichen Tripletts (UAG, UAA und UGA) für keine Aminosäure codieren (Abb. 29-22); sie sind *Nonsense-Codons*, die normalerweise den Abbruch einer Kette (Termination) signalisieren. AUG ist nicht nur das Start-Codon bei Prokaryoten und Eukaryoten, sondern es codiert auch für Methionin in inneren Positionen des Polypeptids.

Der dritte wesentliche Punkt ist, daß die Aminosäure-Codewörter (Abb. 29-22) bei allen untersuchten Arten, einschließlich Mensch, *E. coli*, Tabak-Pflanzen, Amphibien und Viren identisch sind. Demnach scheinen alle Arten, ob Pflanze oder Tier, von einem gemeinsamen Vorfahren abzustammen, dessen genetischer Code während der gesamten biologischen Evolution unverändert erhalten geblieben ist. Nachdem die Universalität des Codes bereits allgemein als gesicherte Tatsache galt, gab es eine Überraschung. Man entdeckte, daß bei der Proteinsynthese in Mitochondrien unter Verwendung von Mitochondrien-Ribosomen, -tRNAs und -mRNAs einige der beteiligten Codons *nicht* mit denen im Standard-Code-Wörterbuch (Abb. 29-22) identisch sind. Hefe-Mitochondrien verwenden z. B. AUA als Codon für Methionin und nicht für Isoleucin und UGA als Codon für Tryptophan, obwohl es normalerweise ein Terminations-Codon ist. Nun stand man vor neuen Fragen, und es setzte eine intensive Suche nach anderen signifikanten Abweichungen in der genetischen Biochemie der Mitochondrien ein, die den Schlüssel zur Frage des Ursprungs der Mitochondrien und der eukaryotischen Zellen liefern könnten.

Das vielleicht eindrucksvollste Merkmal des genetischen Codes aber ist, daß er *degeneriert* ist. Mit diesem mathematischen Ausdruck ist gemeint, daß eine Aminosäure mehr als ein für sie spezifisches Codon haben kann (Tab. 29-2). Diese Degeneration ist nicht etwa eine Art von Unzulänglichkeit, denn es gibt kein Codon, das für mehr als eine Aminosäure codiert. Die Zahl der Codons ist ungleichmäßig auf die Aminosäuren verteilt. Methionin und Tryptophan sind die beiden einzigen Aminosäuren, für die es nur ein Codon gibt, die anderen haben zwei bis sechs Codons.

Codons, die für ein und dieselbe Aminosäure codieren, unterscheiden sich meistens in der dritten, d.h. 3′-endständigen Base (Abb. 29-22). Alanin wird z.B. von GCU, GCC, GCA und GCG codiert, d.h. die ersten zwei Basen bei den Codons für Alanin sind immer die gleichen. Generell kann man die Codons für fast alle Aminosäuren auf die Formel $XY{A \atop G}$ oder $XY{U \atop C}$ bringen. Offensichtlich wird die Spezifität eines Codons hauptsächlich durch die ersten beiden Buchstaben bestimmt, während das Nucleotid am 3′-Ende des Codons weniger spezifisch ist. Dieses Phänomen wollen wir nun näher untersuchen.

Tabelle 29-2 Der Aminosäure-Code ist degeneriert.

Aminosäure	Anzahl der Codons
Ala	4
Arg	6
Asn	2
Asp	2
Cys	2
Gln	2
Glu	2
Gly	4
His	2
Ile	3
Leu	6
Lys	2
Met	1
Phe	2
Pro	4
Ser	6
Thr	4
Trp	1
Tyr	2
Val	4

Der „Wackel"-Mechanismus erlaubt einigen tRNAs mehr als ein Triplett zu erkennen

Man sollte meinen, daß das Anticodon-Triplett einer bestimmten tRNA pro Watson-Crick-Paarung nur ein Codon-Triplett erkennen kann, so daß es für jedes Codon einer Aminosäure eine eigene tRNA geben sollte. Die Zahl der verschiedenen tRNAs für eine Aminosäure ist jedoch nicht gleich der Anzahl ihrer Codons. Außerdem enthalten einige tRNAs im Anticodon das Nucleosid *Inosin* (abgekürzt: I). Es enthält die Base *Hypoxanthin*, die durch Hydrolyse der 6-Aminogruppe des Adenins entsteht. An Molekül-Modellen kann man erkennen, daß I mit drei verschiedenen Basen, U, C und A, Wasserstoffbindungen bilden kann, die aber viel schwächer sind als die in den Watson-Crick-Basenpaaren G-C und A-U. Eine der Arginin-tRNAs hat z.B. das Anticodon (5′)I-C-G(3′), das drei verschiedene Arginin-Codons erkennen kann, (5′)C-G-A, (5′)C-G-U und (5′)C-G-C. Die ersten beiden Codons sind identisch (C-G) und bilden mit den entsprechenden Basen des Anticodons starke Watson-Crick-Basenpaare (in Farbe):

Anticodon   (3′) **G—C**—I (5′)   (3′) **G—C**—I (3′) **G—C**—I

Codon   (5′) **C—G**—A (3′)   (5′) **C—G**—U (5′) **C—G**—C

Die dritten Basen des Arginin-Codons (A, U und C) bilden dagegen schwache Wasserstoffbindungen (schwarz) mit den I-Resten des Anticodons. Die Untersuchung dieser und anderer Codon-Anticodon-Paarungen führte Francis Crick zu der Schlußfolgerung, daß die dritte Base der meisten Codons mit der entsprechenden Base ihres Anticodons nur ziemlich lockere Paarungen ausbildet, was er bildhaft „wackeln" nannte. Crick stellt eine Vier-Punkte-Hypothese auf, genannt die „Wobble"-Hypothese (*Wackel-Hypothese*):

1. Die ersten beiden Basen eines Codons bilden immer starke Watson-Crick-Basenpaare mit den dazugehörigen Basen des Anticodons und tragen am meisten zur Spezifität der Codierung bei.
2. Die erste Base einiger Anticodons (in 5′ → 3′-Richtung gelesen) gibt diesen Anticodons die Möglichkeit, mehr als ein Codon von ein und derselben Aminosäure abzulesen. Ist die erste Base eines Anticodons C oder A, so kann es nur *ein* Codon ablesen; ist sie U oder G, so kann es zwei verschiedene Codons ablesen. Ist die Wackelbase eines Anticodons aber I oder eine bestimmte andere modifizierte Base, so kann es drei verschiedene Codons ablesen. I in der ersten Position eines Anticodons ermöglicht also das Er-

---

Tabelle 29-3 Die Base in der 5′-Position (Wackel-Position) des Anticodons einer tRNA entscheidet darüber, wieviele Codons einer bestimmten Aminosäure es erkennen kann.

Im folgenden bedeuten X und Y komplementäre Basen, die in der Lage sind, starke Watson-Crick-Basenpaare miteinander zu bilden. Die Basen in der Wakkel-Position (der 3′-Position der Codons und der 5′-Position der Anticodons) sind farbig dargestellt.

1. Wenn das Anticodon einer tRNA in seiner 5′-Position C oder A enthält, so kann es nur ein Codon erkennen, das in seiner 3′-Position G bzw. U hat. C und A bilden Watson-Crick-Basenpaare mit G bzw. U.

   Anticodon   (3′) X-Y-**C** (5′)   (3′) X-Y-**A** (5′)
   Codon   (5′) Y-X-**G** (3′)   (5′) Y-X-**U** (3′)

2. Wenn das Anticodon einer tRNA in seiner 5′-Position U oder G enthält, so kann es zwei verschiedene Codons erkennen. Mit einem davon bildet es in der 5′-Position eine lockere Paarung, mit der anderen ein festes Watson-Crick-Paar.

   Anticodon   (3′) X-X-**U** (5′)   (3′) X-Y-**G** (5′)
   Codon   (5′) Y-X-**A** (fest)   (5′) Y-X-**C** (fest)
                        G (locker)   **U** (locker)

3. Wenn das Anticodon einer tRNA in seiner 5′-Position I oder eine andere modifizierte Base enthält, so kann es drei verschiedene Codons erkennen, die alle drei nur lockere Paarungen bilden.

   Anticodon   (3′) X-Y-**I** (5′)
                        A
   Codon   (5′) Y-X-U (alle Paarungen locker)
                        C

kennen einer maximalen Anzahl von Codons für die betreffende Aminosäure. Diese Beziehungen sind in Tab. 29-3 zusammengefaßt.
3. Für jede gegebene Aminosäure brauchen solche Codons, die sich in einer der beiden ersten Basen unterscheiden, verschiedene tRNAs.
4. Um alle 61 verschiedenen Codons zu übersetzen, sind mindestens 32 tRNAs erforderlich.

Welchen Grund könnte diese unerwartete Komplexität der Codon-Anticodon-Wechselwirkung haben? Man nimmt an, daß die ersten zwei Basen den Hauptanteil zur Codon-Anticodon-Spezifität beitragen. Die „wackelnde" dritte Base trägt ebenfalls zur Spezifität bei; auf Grund ihrer lockeren Paarung erlaubt sie aber ein schnelles Abdissoziieren der tRNAs von ihren Codons auf der mRNA. Eine feste Watson-Crick-Paarung aller drei Basen würde das Abdissoziieren und damit die gesamte Proteinsynthese stark verlangsamen. Die biochemische Evolution hat demnach für die meisten Codon-Anticodon-Wechselwirkungen das Optimum an Genauigkeit und Geschwindigkeit gefunden.

Virus-DNAs enthalten manchmal Gene innerhalb von Genen oder überlappende Gene

Lange Zeit hat es als Grundprinzip der Molekularbiologie gegolten, daß die Nucleinsäuresequenz eines Gens genau kollinear ist zur Sequenz ihrer Messenger-RNA und der des Polypeptids, für das es codiert. Wie wir aber gesehen haben, besitzen viele eukaryotische Gene intervenierende, nicht übersetzte Sequenzen oder Introns, die die kollineare Beziehung zwischen dem Gen und seinem Polypeptid unterbrechen (S. 905, 940).

Eine andere überraschende Entdeckung stellte das Prinzip der Kollinearität erneut in Frage. Bei einer Anzahl von Viren codiert ein und dieselbe DNA-Sequenz für zwei verschiedene Proteine, wobei verschiedene Leseraster (reading frames) verwendet werden. Zur Entdeckung dieser „Gene in Genen" kam es, als man feststellte, daß die DNA des Bakteriophagen ΦX174 aus nur 5386 Nucleotidresten besteht und damit nicht lange genug ist, um für die neun verschiedenen Proteine zu codieren, von denen man wußte, daß sie Produkte des ΦX174-DNA-Genoms sind. Nachdem die Gesamtsequenz des ΦX174-Chromosoms von Sanger und seinen Mitarbeitern erarbeitet worden war (S. 866), suchten sie diese sorgfältig nach denjenigen Sequenzbereichen ab, die nach den Aminosäuresequenzen der codierten Proteine zu erwarten waren. Sie fanden mehrere überlappende Gen-Bereiche in der ΦX174-DNA. Abb. 29-23 zeigt, daß die Gene B und E in die Gene A bzw. D eingebettet sind und daß in fünf Fällen der Startbereich des einen Gens sich mit dem Terminationsbe-

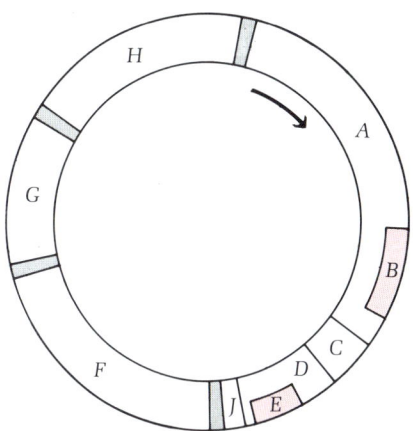

Abbildung 29-23
Gene innerhalb von Genen. Die DNA von ΦX174 enthält neun Gene (A bis J). Aus der Tatsache, daß die von dieser DNA codierten Proteine mehr Aminosäurereste enthalten als den 5368 in der DNA enthaltenen Nucleotiden entspricht, schloß man, daß ein Teil der DNA für mehr als ein Protein codieren muß. Ein Vergleich der DNA-Nucleotidsequenz mit den Aminosäuresequenzen der von ihr codierten Proteine ergab, daß Gen B (in Farbe) innerhalb der Sequenz von Gen A liegt und ein anderes Leseraster benutzt als A. In ähnlicher Weise liegt Gen E (in Farbe) innerhalb von Gen D und verwendet ebenfalls ein anderes Leseraster (s. Abb. 29-24). Die grau dargestellten DNA-Bereiche sich nichtübersetzte Zwischenregionen (Spacer).
Außer diesen Genen in Genen enthält die ΦX174-DNA noch kurze Überlappungen zwischen anderen Genen. In fünf Fällen überlapt das Startsignal eines Gens mit dem Terminationssignal des vorhergehenden Gens: auch bei diesen Überlappungen gelten für die Signale verschiedene Leseraster.

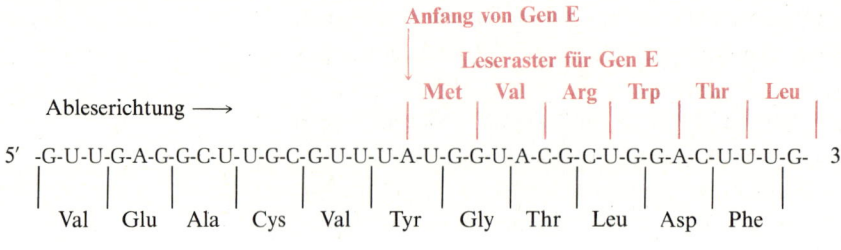

Abbildung 29-24
Ein Teil der Nucleotidsequenz des mRNA-Transkripts von Gen D der ΦX174-DNA. Die Darstellung zeigt, in welcher Weise die Gene D und E verschiedene Leseraster benutzen.

reich des nächsten Gens überlappt. Abb. 29-24 zeigt, auf welche Weise die Gene D und E einen DNA-Bereich unter Verwendung verschiedener Leseraster gemeinsam benutzen. Das gleiche gilt für die Gene A und B. Die Summe aller Sequenzüberlappungen und -einbettungen enspricht genau dem vorher aus dem Vergleich mit den codierten neun Proteinen errechneten Defizit (s. a. S. 866).

Kurz nach dieser Entdeckung folgten ähnliche Beobachtungen bei anderen Viren, darunter der Phage λ, der krebserregende Simianvirus 40 (SV40) und der Phage G4, ein naher Verwandter von ΦX174. Bei G4 ist bemerkenswert, daß mindestens ein Codon von *drei* verschiedenen Genen benutzt wird. Man nimmt an, daß überlappende Gene oder Gene in Genen nur in Viren vorkommen. Die festgelegte Größe der Virus-Kapsel erfordert eine ökonomische Ausnutzung der begrenzten DNA-Menge, um für die Proteine zu codieren, die der Virus für die Infektion der Wirtszelle und seine eigene Reproduktion braucht.

Die Proteinsynthese wird reguliert

Lebende Zellen besitzen sorgfältig programmierte Regulationsmechanismen für die Synthese ihrer verschiedenen Proteine. Dadurch wird jede Zelle mit der nötigen Anzahl von Molekülen eines jeden Proteins versorgt, so daß die Stoffwechsel-Aktivitäten glatt abgewickelt werden können. Wir haben gesehen, daß *E.-coli*-Zellen Gene für mehr als 3000 verschiedene Proteine enthalten. Diese Proteine sind aber in der Zelle nicht mit der gleichen Anzahl von Exemplaren vertreten, sondern ihre Anzahl variiert über einen weiten Bereich. Außerdem ist die Anzahl bei einigen Proteinen festgelegt, bei anderen ist sie veränderlich. Eine *E.-coli*-Zelle enthält etwa 15 000 Ribosomen, so daß jedes der 50 oder mehr ribosomalen Proteine in 15 000 Exemplaren pro Zelle vorhanden ist. Die Enzyme der Glycolyse scheinen ebenfalls in einer feststehenden und zwar sehr großen Anzahl pro Zelle vorzukommen. Andererseits enthält eine *E.-coli*-Zelle meistens nur etwa fünf Moleküle des Enzyms β-Galactosidase. Diese Anzahl kann aber, wie wir sehen werden als Antwort auf die Verfügbarkeit bestimmt Nährstoffe in der Umgebung drastisch ansteigen. Die Regulation der Enzymsynthese ermöglicht einerseits, daß jeder Zelltyp mit der für seinen Zellhaushalt nötigen Grundausstattung von Enzymen versorgt wird und daß andererseits bei der Synthese solcher Enzyme, die nur gelegentlich oder nur in geringer Menge gebraucht werden, mit dem Aminosäure-Vorrat ökonomisch umgegangen wird.

In höheren Organismen ist die Regulation der Proteinsynthese ein sehr komplizierter Vorgang. Obwohl jede Zelle der Vertebraten das gesamte Genom des Organismus enthält, wird in einem bestimmten Zelltyp immer nur ein Teil der Struktur-Gene exprimiert. Bei höheren Tieren enthalten fast alle Zellen die ganze enzymatische Grundausrüstung, die für die Haupt-Stoffwechselwege gebraucht wird. Verschiedene Zelltypen, wie Muskel-, Leber- und Gehirnzellen, haben jedoch charakteristische Strukturen und Funktionen, die von der Ausstattung dieser Zellen mit spezifischen Proteinen abhängen. So sind Skelettmuskelzellen angefüllt mit räumlich ausgerichteten Myosin- und Aktinfilamenten (S.420), die in Leberzellen nur in geringen Mengen vorkommen. Gehirnzellen enthalten die für die Synthese von Neurotransmittern nötigen Enzyme, Leberzellen aber nicht. Andererseits enthält die Leber von Säugern alle Enzyme, die sie braucht, um Harnstoff zu synthetisieren, was keine anderes Gewebe kann (S.605). Außerdem muß bei dem geordnet verlaufendem Wachstum und der Differenzierung höherer Organismen die Biosynthese verschiedener Gruppen von speziellen Proteinen zeitlich genau programmiert sein. Wir wissen bis jetzt vergleichsweise wenig über die Regulation der Gen-Expression in den mutiplen Chromosomen eukaryotischer Organismen, dagegen haben wir beträchtliche Kenntnisse über die Regulation der Proteinsynthese bei Prokaryoten. Einige Aspekte dieser Synthese wollen wir nun untersuchen.

Bakterien besitzen konstitutive und induzierbare Enzyme

Konstitutive Enzyme sind solche Enzyme, die in Bakterienzellen in konstanten Mengen vorkommen, unabhängig vom Stoffwechselzustand des Organismus. Dazu gehören die Enzyme, die an den Haupt-Abbauwegen, wie der Glycolyse beteiligt sind. Dagegen können die Konzentrationen *induzierbarer Enzyme* in den Zellen sehr stark variieren. Ein induzierbares Enzym ist normalerweise nur in Spuren vorhanden. Seine Konzentration kann aber schnell auf das Tausendfache oder mehr ansteigen, wenn sich sein Substrat im Medium befindet, besonders, wenn dieses Substrat die einzige Kohlenstoffquelle für die Zelle darstellt. Unter solchen Bedingungen kann das induzierbare Enzym die Aufgabe haben, das Substrat in die Zelle zu transportieren und in ein Zwischenprodukt zu verwandeln, das von der Zelle verwertet werden kann. Ein solches Enzym ist die *β-Galactosidase*, die die Hydrolyse von Lactose zu D-Glucose und D-Galactose katalysiert, den ersten Schritt bei der Lactoseverwertung

(S. 463). Normalerweise, wenn genügend Glucose zur Verfügung steht, verwendet *E. coli* keine Lactose und enthält dann nur etwa fünf Moleküle β-Galactosidase pro Zelle. Wird *E. coli* aber in ein Kulturmedium gebracht, das Lactose als einzige Energie- und Kohlenstoffquelle enthält, so beginnt es innerhalb von 1 bis 2 min, β-Galactosidase zu synthetisieren, bis eine Zelle mehr als 1000 Moleküle enthält. Die induzierte β-Galactosidase hydrolysiert Lactose zu D-Glucose und D-Galactose, die dann als Brennstoff oder als Kohlenstoffquelle verwendet werden können. Werden die Lactose-induzierten *E.-coli*-Zellen nun in ein frisches Medium mit Glucose, aber ohne Lactose transferiert, so wird die weitere Synthese von β-Galactosidase sofort unterbunden. Wie wir sehen, ist die Enzyminduktion ein ökonomischer Vorgang. Induzierbare Enzyme werden nur bei Bedarf hergestellt. Substanzen, die in der Lage sind, die Synthese eines Enzyms oder einer Gruppe von Enzymen zu induzieren, heißen *Induktoren* oder *induzierende Agentien*.

Wird ein β-Galactosid, wie Lactose, in Abwesenheit von Glucose zu einer *E.-coli*-Kultur gegeben, so werden nicht nur β-Galctosidase-Moleküle in großer Anzahl hergestellt, sondern außerdem zwei andere Proteine, die mit β-Galactosidase funktionell in Beziehung stehen, nämlich die *Galactosid-Permease* und das *A-Protein*. Die Permease ist ein Membranprotein, das den Transport von β-Galactosiden aus dem Medium in die Zelle bewirkt. Die Funktion des A-Proteins ist nicht völlig geklärt, es hat möglicherweise etwas mit der Stoffwechselverwertung von Galactosiden zu tun. Wenn eine Gruppe miteinander in Beziehung stehender Enzyme oder Proteine wie in diesem Fall von einem einzigen Induktor induziert wird, so nennt man diesen Vorgang *koordinierte Induktion*. Wir wissen heute, daß *E. coli* und andere Bakterien in der Lage sind, viele verschiedene Enzyme oder Gruppen miteinander in Beziehung stehender Enzyme als Reaktion auf verschiedene induzierende Agentien zu synthetisieren. Diese Eigenschaft befähigt die Bakterien, sich schnell und ökonomisch an verschiedene mögliche Nährstoffe zu adaptieren, die in ihrer Umgebung auftreten.

Bei Prokaryoten ist auch die Repression der Proteinsynthese möglich

Es gibt noch einen anderen wichtigen Mechanismus zur Konzentrationsänderung von Enzymen in Bakterien, der das Gegenstück zur Induktion darzustellen scheint, nämlich die *Enzymrepression*. Läßt man *E.-coli*-Zellen auf einem Medium wachsen, das ein Ammoniumsalz als einzige Stickstoffverbindung enthält, so können sie alle stickstoffhaltigen Substanzen aus NH_4^+ und einer Kohlenstoffquelle herstellen. Solche Zellen enthalten offenbar alle Enzymsysteme, die für die Synthese der 20 Aminosäuren nötig sind. Wird jedoch nur eine einzige Aminosäure, z. B. Histidin, dem Medium zugesetzt, so wird der ganze Satz von Enzymen, der für die Synthese von Histidin aus Ammonium und einer Kohlenstoffquelle gebraucht wird, nicht mehr hergestellt, die übrigen Enzymsysteme aber, die für die 19 anderen Aminosäuren gebraucht werden, werden weiterhin gebildet. Da die Zellpopulation weiter wächst und sich teilt, nimmt die spezifische Aktivität der erhaltengebliebenen Histidin-synthetisierenden Enzyme ab. Das durch die Zugabe von Histidin bewirkte Ausschalten der Synthese der Histidin-synthetisierenden Enzyme wird *Enzymrepression* genannt. Die Repression folgt wie die Induktion dem Prinzip der Ökonomie: Enzyme zur Histidinproduktion, die die Zelle nicht mehr braucht, werden auch nicht mehr hergestellt. Enzymrepression kommt meistens bei Enzymen vor, die an einer Biosynthese beteiligt sind, besonders bei Aminosäure-synthetisierenden Enzymen. Erfolgt die Repression eines ganzen Enzymsatzes, der eine Folge von biosynthetischen Reaktionen katalysiert durch ein Endprodukt dieser Reaktionsfolge, wie im Falle der Histidin-Enzyme, so wird diese *koordinierte* oder *Endprodukthemmung* genannt.

Die Operon-Hypothese

Die molekulargenetischen Vorgänge bei der Enzyminduktion und Enzymrepression konnten durch die genetischen Untersuchungen von François Jacob und Jaques Monod am Pasteur-Institut in Paris aufgeklärt werden. Ihre klassische Arbeit über die Induktion der β-Galactosidase-Aktivität in *E.-coli*-Zellen führte zur Aufstellung der *Operon-Hypothese* über die genetische Kontrolle der Proteinsynthese bei Prokaryoten, eine Hypothese, die seitdem durch direkte biochemische Versuche vollkommen bestätigt worden ist. Dieser Regulationsmechanismus wird *Transkriptionskontrolle* genannt, da die Kontrolle hauptsächlich auf die Geschwindigkeit der Transkription der Gene ausgeübt wird. Es gibt noch einen anderen allgemeinen Mechanismus der Proteinsynthese-Regulation, das ist die Translationskontrolle, d.h. die Kontrolle der Geschwindigkeit der Polypeptidsynthese an der RNA-Matrize. Die Transkriptionskontrolle scheint der hauptsächliche Regulationsmechanismus für die Gen-Expression bei Bakterien zu sein. Die Translationskontrolle, die noch weniger gut aufgeklärt ist, scheint bei Bakterien von untergeordneter Bedeutung zu sein, von großer Wichtigkeit dagegen bei Eukaryoten. Weiterhin gibt es noch Mechanismen, die die Feinabstufung der Geschwindigkeit der Proteinsynthese ermöglichen.

Jacob und Monod schlossen aus ihren Experimenten, daß die drei Struktur-Gene *z*, *y* und *a*, die für die Synthese von β-Galactosidase, β-Galactosid-Permease bzw. A-Protein codieren und die alle durch Lactose induziert werden können, auf dem *E.-coli*-Chromosom direkt hintereinander lokalisiert sind (Abb. 29-25). Sie schlossen ferner, daß es in der Nähe dieser Gene einen DNA-Bereich geben müsse, ein Hemmzentrum *i*, das die Transkription der drei Gene *z*, *y* und

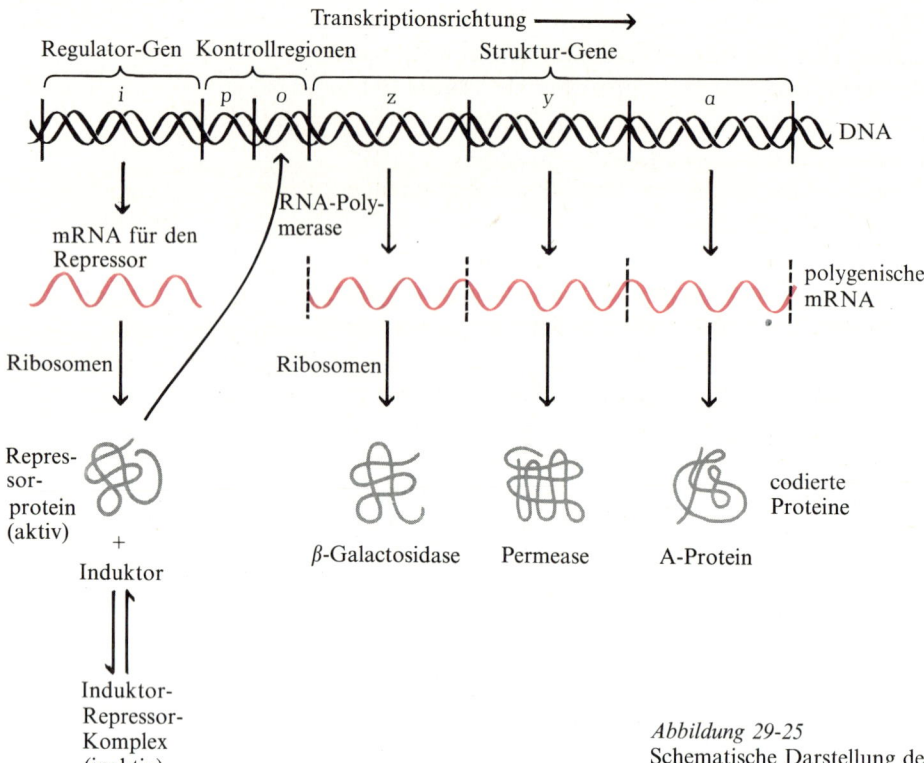

Abbildung 29-25
Schematische Darstellung des *lac*-Operons. Die drei *lac*-Struktur-Gene z, y und a grenzen aneinander. Ihnen vorangestellt sind die Kontrollregionen p (für Promotor) und o (für Operator). Die Zeichnung ist nicht maßstabgetreu, die p- und o-Regionen sind im Vergleich zu den Genen sehr kurz. Ein Regulator-Gen i codiert für das Repressorprotein. Das Repressorprotein hat zwei Bindungsstellen, eine für den Operator und eine für den Induktor. In der aktiven Form wird das Repressorprotein an den Operator gebunden, verhindert dadurch die Bindung der RNA-Polymerase und dadurch wiederum die Transkription der Struktur-Gene, z, y und a. Unter diesen Bedingungen werden die β-Galcatosidase und die beiden anderen Proteine von der Zelle nicht hergestellt. Ist jedoch Lactose vorhanden, aber keine Glucose, so wird der Induktor an den Repressor gebunden, der sich dadurch in die inaktive Form umwandelt, die nicht an den Operator gebunden werden kann. In diesem Fall kann die RNA-Polymerase an die p-Stelle gebunden werden, durch die o-Stelle hindurchwandern und anfangen, die drei Struktur-Gene in eine polygenische mRNA zu transkribieren, die für die Synthese der drei *lac*-Proteine an den Ribosomen codiert. Die Funktion der p-Stelle ist in Abb. 29-27 im einzelnen dargestellt.
Lactose selbst ist kein Induktor für das *lac*-Operon, aber sie wird in ihr Isomer Allolactose, den eigentlichen Induktor, umgewandelt.

a hemmen kann. Von der *i*-Region wurde gefordert, daß sie ein *Regulator-Gen* sein solle (S. 898), das für die Aminosäuresequenz eines Regulatorproteins codiert, das *Repressor* genannt wird. Bei der Transkription des *i*-Gens wird eine mRNA gebildet, die zu den Ribosomen diffundiert und dort als Matrize für die Synthese des Repressors fungiert. Das Repressorprotein besitzt eine Bindungsstelle für einen anderen DNA-Bereich, den sogenannten *Operator* (Abb. 29-25). Es wurde postuliert, daß das Repressorprotein an die Operatorstelle der DNA gebunden wird, um die Transkription der drei Gene durch die RNA-Polymerase zu verhindern oder zu reprimieren, so daß keine mRNA-Matrize gebildet wird und damit auch keine Gen-Produkte.

Um die Wirkung dieses Induktors zu erklären, der in Aktion tritt, wenn Glucose fehlt und nur Lactose vorhanden ist, nahmen Jacob und Monod an, daß er an ein zweites aktives Zentrum auf dem Repressorprotein, das *Induktions-Zentrum*, unter Bildung eines *Induktor-Repressor-Komplexes* gebunden wird. Durch die Bindung mit dem Induktor wird die Affinität des Repressors für den Operatorbereich auf der DNA vermindert, so daß sich der Repressor vom Operator ablöst. Sobald der Induktor-Repressor-Komplex abgelöst ist, werden die Struktur-Gene für β-Galactosidase und die anderen zwei Proteine für die Transkription durch die RNA-Polymerase zugänglich und die entsprechenden mRNAs können gebildet werden.

Tabelle 29-4 Einige in Bakterien gefundene Operons.

Operon	Anzahl der Enzymproteine	Funktion
lac	3	Hydrolyse und Transport von β-Galactosiden
his	9	Histidinsynthese
leu	4	Umwandlung von α-Oxoisovalerat in Leucin
ara	4	Transport und Verwertung von Arabinose

Mit diesen mRNA-Matrizen können dann an den Ribosomen die drei Proteine synthetisiert werden, die es der Zelle ermöglichen, Lactose als Kohlenstoff- und Energiequelle zu verwerten.

Angenommen, die Zellen werden nun aus dem lactosehaltigen Medium herausgenommen, gewaschen und in ein Medium gebracht, das statt Lactose D-Glucose enthält, die zu verwerten die Zellen jederzeit in der Lage sind. Da die Lactosekonzentration in der Zelle nun verschwindend gering wird, dissoziiert das an den Induktor gebundene Repressormolekül ab und liegt daher wieder in seiner aktiven Form vor, so daß es nun mit hoher Affinität an die Operatorstelle gebunden wird. Als Folge davon können die Struktur-Gene für die β-Galactosidase und die beiden anderen Proteine nicht mehr transkribiert und aus Mangel an mRNA die dazugehörigen Proteine nicht mehr synthetisiert werden. Auf diese Weise kann also ein Repressorprotein durch seine Fähigkeit, sich reversibel entweder an den Induktor oder an den Operator (aber nicht an beide gleichzeitig) zu binden, sowohl die Induktion als auch die Repression der Galactosidase-Synthese bewirken.

Die drei Struktur-Gene *z*, *y* und *a* wurden zusammen mit ihrem Operator *o* von Jacob und Monod als *Operon* bezeichnet, in diesem speziellen Fall als *lac-Operon* (Abb. 29-25). Ein Operon besteht also aus einer Gruppe funktionell verwandter Struktur-Gene, die koordiniert an- oder abgeschaltet werden können, und ihrem Operator. In *E. coli*, *Salmonella typhimurium* und anderen Bakterien sind viele Operons identifiziert worden (Tab. 29-4). Eines der komplexesten Operons ist das der Histidinbiosynthese: es besitzt neun Struktur-Gene, die für einen Satz von an der Histidinbiosynthese beteiligten Enzymen codieren. Das Regulator-Gen des *his*-Operons codiert für ein Repressorprotein, das an den *his*-Operator gebunden wird und so die Transkription des gesamten Satzes von neun Proteinen verhindert, sobald genügend Histidin im Medium ist.

Es ist gelungen, Repressormoleküle zu isolieren

Im Jahre 1967 gelang es Walter Gilbert und Benno Müller-Hill, den postulierten *lac*-Repressor zu isolieren. Sie konnten zeigen, daß es sich tatsächlich um ein Protein handelte und daß es getrennte Bindungsstellen für den Induktor und für einen spezifischen Bereich auf der E.-coli-DNA hat. Ist seine Induktor-Bindungsstelle unbesetzt, so wird das lac-Repressor-Protein sehr fest an diese spezifische DNA-Stelle gebunden; wird aber die Induktor-Stelle besetzt, so wird der Repressor vom Operator freigesetzt. Die Isolierung des lac-Repressors war sehr schwirig, da eine normale E.-coli-Zelle nur etwa 10 Exemplare davon enthält.

Das lac-Repressorprotein hat eine relative Molekülmasse von etwa 150000. Es hat in Abwesenheit des Induktors eine außerordentlich hohe Affinität für seinen spezifischen Ort auf der E.-coli-DNA. Schon bei einer Repressor-Konzentration von nur 10^{-13} M findet halbmaximale Bindung des Repressors an den Operatorbereich statt. Abb. 29-26 zeigt eine elektronenmikroskopische Aufnahme eines an die Operatorregion eines E.-coli-DNA gebundenen lac-Repressorproteins.

Operons haben auch eine Promotorregion

Wir haben gesehen, daß der Induktor in Abwesenheit von Glucose und bei Anwesenheit von Lactose an den Repressor gebunden wird, wodurch dieser vom Operator freigesetzt wird und damit die Transkription der lac-Gene und die darauffolgende Synthese der lac-Proteine ermöglicht. Nehmen wir nun einmal an, es seien sowohl Glucose als auch Lactose im Medium vorhanden. Unter solchen Bedingungen verwendet E. coli nur Glucose und ignoriert die Lactose. Außerdem hören die Zellen auf, die lac-Proteine zu produzieren. Die Repression der lac-Proteine durch Glucose wird *Kataboliten-Repression* genannt. E.-coli-Zellen können mit Hilfe eines anderen Regulationsmechanismus wahrnehmen, ob Glucose verfügbar ist oder nicht. Dieser Mechanismus kontrolliert die Synthese der lac-Enzyme durch Kooperation mit dem lac-Repressor und dem Operator.

Zusätzlich zum i-Gen und der Operatorregion gibt es noch ein weiteres Kontrollzentrum, die *Promotor-* oder *p-Stelle*, die zwischen den i- und o-Stellen liegt (Abb. 29-27). Der Promotor besteht aus zwei unterschiedlichen Regionen, von denen jede eine bestimmte Funktion hat. Angrenzend an den Operator befindet sich die *RNA-Polymerase-Eintrittsregion*, an die die RNA-Polymerase als erstes gebunden wird. Der andere Teil des Proteins ist die spezifische Bindungsstelle für ein weiteres Regulatorprotein, das *Katabolit-aktivierende Protein* (CAP). Die CAP-Region kontrolliert die Polymerase-Eintrittsregion. Bei Abwesenheit von Glucose bildet sich ein Komplex zwischen CAP und cyclischem AMP (cAMP), welcher an die CAP-Region gebunden wird und der Eintrittsregion „erlaubt", RNA-Polymerase zu binden. Ist Lactose anwesend, so ist der o-Bereich offen, da der Operator den Repressor-Induktor-Komplex nicht binden kann. In diesem Fall bewegt sich die RNA-Polymerase

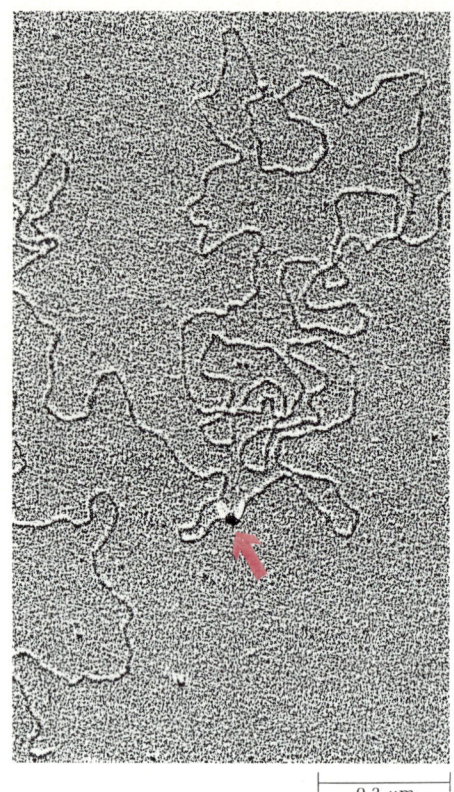

Abbildung 29-26
Elektronenmikroskopische Aufnahme eines Abschnitts der E.-coli-DNA. Der Pfeil zeigt ein an den lac-Operator gebundenes lac-Repressor-Molekül.

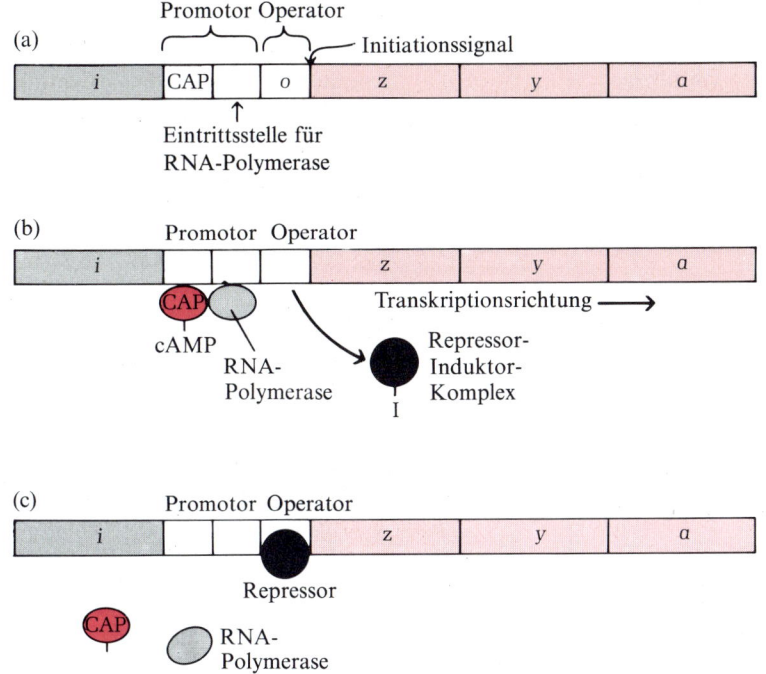

Abbildung 29-27
(a) Die Kontrollregionen des *lac*-Operons. Der CAP- (catabolite activator protein) Bereich des Promotors kann den CAP-cAMP-Komplex binden, nicht aber CAP allein. Die RNA-Polymerase kann nur dann an ihre Eintrittsstelle gebunden werden, wenn der CAP-Bereich besetzt ist. Der Repressor kann nur in Abwesenheit von Induktor an den Operator gebunden werden.
(b) Die drei Struktur-Gene des lac-Operons, *z*, *y* und *a*, werden transkribiert, wenn Lactose, aber keine Glucose für die Zelle verfügbar ist. In diesem Fall ist die Operator-Region nicht vom Repressor besetzt, so daß der CAP-cAMP-Komplex an den Promotor gebunden wird und damit der RNA-Polymerase erlaubt, sich an die Eintrittsstelle zu binden, sich „stromabwärts" zum Initiationscodon zu bewegen und mit der Transkription der drei Struktur-Gene zu beginnen.
(c) Ist reichlich Glucose im Medium vorhanden, so wird kein cAMP gebildet und das Protein CAP kann nicht an den Promotor gebunden werden. Unter diesen Bedingungen kann die RNA-Polymerase nicht in das System eintreten und die *lac*-Gene können nicht transkribiert werden.

von ihrer Eintrittsregion über den Operator hinweg und fängt an, die drei *lac*-Gene zu transkribieren. Ist andererseits ausreichend Glucose vorhanden, so ist die Konzentration an cAMP sehr niedrig und der Komplex aus cAMP und CAP kann sich nicht bilden. Da die CAP-Region die Eintrittsregion nur dann für RNA-Polymerase verfügbar machen kann, wenn diese an den CAP-cAMP-Komplex gebunden ist, kann die RNA-Polymerase in diesem Fall nicht eintreten und die *lac*-Gene können nicht transkribiert werden. Deshalb ist die Transkription der drei *lac*-Gene nur in Abwesenheit von Glucose möglich. Das *lac*-Operon wird also sowohl positiv durch die *p*-Stelle als auch negativ durch die *o*-Stelle kontrolliert.

Wie kann CAP die Glucose wahrnehmen? Das CAP-Molekül hat zwei Bindungsstellen, eine, wie oben gezeigt, für die *CAP-Region* auf der Promotor-DNA und eine zweite für *cAMP*. Erinnern wir uns, daß cAMP bei den Reaktionen einer Anzahl von Hormonen in Vertebratenzellen (Kapitel 25) als zweiter oder intrazellulärer Messenger dient. Auch bei *E. coli* fungiert cAMP als Messenger, aber für einen anderen Zweck: es signalisiert, ob Glucose als Brennstoff zur Verfügung steht oder nicht. *E.-coli*-Zellen enthalten das Enzym Adenylat-Cyclase (S. 799), das cAMP aus ATP bilden kann. Sie enthalten außerdem eine Phosphodiesterase, die cAMP hydrolysieren und damit inaktivieren kann. Ist die Glucosekonzentration hoch und für den Zellbedarf ausreichend, so ist die cAMP-Konzentration in der Zelle sehr niedrig (Abb. 29-27). Sinkt jedoch der Glucosespiegel, so steigt der cAMP-Spiegel, bedingt durch eine erhöhte Adenylat-Cyclase-Aktivität und eine erniedrigte Phosphodiesterase-Aktivität

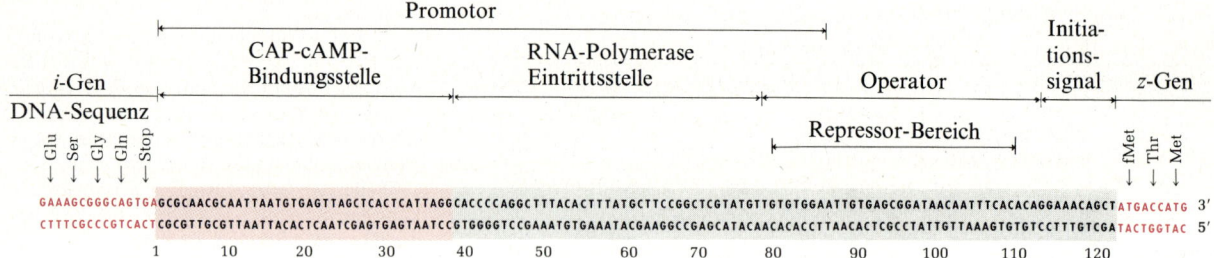

Abbildung 29-28
Die Struktur der Promotor-Operator-Region des *lac*-Operons in *E. coli*. Von den letzten 15 Basen des *i*- oder Regulator-Gens bis einschließlich zu den ersten 9 Basen des *z*-Gens ist die Basensequenz beider DNA-Stränge gezeigt. Wie man sieht, gibt es eine Überlappung zwischen Promotor und Operator. Die Bindungsstelle für den CAP-cAMP-Komplex ist etwa 38 Basen lang, die RNA-Polymerase-Eintrittsstelle etwa 40 Basen. Die Bindungsstelle für den *lac*-Repressor im Operator ist etwa 28 Basenpaare lang und weist eine zweizählige Drehachse auf.

(S. 804). Das gebildete cAMP wird an das CAP-Protein gebunden und der CAP-cAMP-Komplex wiederum an die CAP-Region des Promotors. Nur in diesem Zustand kann die CAP-Region die Bindung der RNA-Polymerase an die Initiationsstelle ermöglichen, so daß mit der Transkription der *lac*-Gene begonnen werden kann (Abb. 29-27). Daher ist cAMP bei Bakterien als „Hungersignal" bezeichnet worden.

Der größte Teil der Basensequenzen des lac-Operons von *E. coli* ist bestimmt worden. Für den Operator und den Promotor sind die Sequenzen vollständig bekannt. Der Promotor hat insgesamt 85 Basenpaare, die CAP-Region enthält etwa 38 und die RNA-Polymerase-Eintrittsregion 40 Basenpaare (Abb. 29-28).

Außer den Operons und den dazugehörenden Regulator-Genen besitzen Bakterien noch andere Arten von Regulationsmechanismen für die Proteinsynthese. Einige ermöglichen eine graduelle Verminderung oder Verlangsamung der Proteinsynthese anstelle einer Alles-oder-nichts-Kontrolle. Andere reagieren auf Ammoniak oder andere Stickstoffquellen und ermöglichen den Bakterien, ihren Protein-Haushalt an magere Zeiten anzupassen. Bakterien verfügen über äußerst empfindliche Mechanismen für die Enzymsynthese-Regulation, wodurch sie in der Lage sind, ihren Stoffwechsel optimal nach ökonomischen Gesichtspunkten auszurichten.

Zusammenfassung

Aminosäuren werden durch spezifische Aminoacyl-tRNA-Synthetasen im Cytosol für die Proteinsynthese aktiviert. Diese Synthetasen katalysieren die Bildung von Aminoacyl-Estern mit homologen Transfer-RNAs unter gleichzeitiger Spaltung von ATP zu AMP und Diphosphat. Transfer-RNAs enthalten zwischen 73 und 93 Nucleotid-Einheiten, von denen viele modifizierte Basen tragen. Sie haben einen Aminosäure-Arm mit der terminalen Sequenz (3′)A-C-C-, an die die Aminosäure verestert wird, einen Anticodon-Arm, einen TψC-Arm und einen DHU-Arm; einige tRNAs haben noch einen fünften Arm. Das Anticodon-Nucleotidtriplett auf der tRNA ist verantwortlich für die Spezifität der Wechselwirkung der Aminoacyl-tRNA mit dem komplementären Codon-Triplett auf der mRNA. Das Wachstum von Polypeptidketten an den Ribosomen beginnt mit der NH_2-terminalen Aminosäure und schreitet durch aufeinanderfolgendes Anhängen neuer Reste an das COOH-terminale Ende fort. Prokaryoten haben 70S-Ribosomen mit einer großen 50S-Untereinheit und einer kleinen 30S-Untereinheit. Die Ribosomen der Eukaryoten sind deutlich größer und enthalten mehr Proteine als die prokaryotischen Ribosomen.

Bei Bakterien ist der startende, NH_2-terminale Rest für alle Proteine *N*-Formylmethionyl-tRNA. Sie bildet einen Komplex mit dem Initiationsfaktor IF-2, der 30S-Ribosomen-Untereinheit, mRNA und GTP; dieser Komplex verbindet sich mit der 50S-Untereinheit zum Initiationskomplex, unter gleichzeitiger Spaltung von GTP zu GDP und Abdissoziation von IF-2. In den darauffolgenden Verlängerungsschritten werden GTP und drei Elongationsfaktoren für die Bindung der eintretenden Aminoacyl-tRNA an die Aminoacyl-Bindungsstelle auf dem Ribosom gebraucht. Bei der Peptidyltransferase-Reaktion wird der fMet-Rest auf die Aminogruppe der neu hinzukommenden Aminoacyl-tRNA übertragen. Die verlängerte Peptidyl-tRNA wird dann von der Aminoacyl-Stelle auf die Peptidyl-Stelle umgesetzt. Dieser Vorgang erfordert die Hydrolyse von GTP. Nach einer großen Anzahl solcher Verlängerungscyclen kommt es zum Abbruch der Polypeptidkette mit Hilfe von freisetzenden Faktoren. Polyribosomen bestehen aus mRNA, an die mehrere oder auch viele Ribosomen gebunden sind, die alle unabhängig voneinander die mRNA ablesen und ein Protein synthetisieren. Für die Ausbildung einer Peptidbindung werden mindestens vier energiereiche Phosphatbindungen gebraucht. Vermutlich ist dieser Energieaufwand nötig, um die Wiedergabetreue der Übersetzung zu garantieren.

Die Codons für die Aminosäuren bestehen aus spezifischen Nucleotid-Tripletts. Zur Aufklärung der Basensequenzen dieser Tripletts wurden synthetische Messenger-RNAs mit bekannten Zusammensetzungen bzw. Sequenzen eingesetzt. Der Aminosäure-Code hat für fast alle Aminosäuren mehrere Code-Wörter. Die dritte Position eines jeden Codons ist viel weniger spezifisch als die ersten beiden, sie ist locker. Die Standard-Codewörter sind möglicherweise universell, d.h. für alle Arten gleich. Allerdings weichen einige Codons der Mitochondrien hiervon ab. Die startende Aminosäure *N*-Formylmethionin wird durch AUG codiert, braucht aber ein A- und G-reiches Startsignal am 5'-Ende von AUG. Die sinnfreien Tripletts UAA, UAG und UGA codieren für keine Aminosäure, sondern dienen als Kettenabbruchsignale. Bei einigen Virus-DNAs können zwei verschiedene Proteine durch dieselbe Nucleinsäuresequenz codiert werden, indem verschiedene Leseraster verwendet werden.

Die Regulation der Proteinsynthese findet bei den Prokaryoten hauptsächlich auf der Ebene der Transkription der DNA in die mRNA statt. Die Transkription eines ganzen Satzes von funktionell verwandten Genen wird durch Bindung eines spezifischen Proteins, des Repressors, an die Operator-Region der DNA reguliert. Der Operator und der Satz verwandter Gene bilden zusammen das Operon. Die Transkription eines solchen Gensatzes kann durch einen bestimmten Nährstoff induziert werden, wie z. B. durch Lactose, die an einen Repressor gebunden werden kann und dadurch dessen Freisetzung vom Operator bewirkt. Dadurch wird die Transkription der Gene möglich, die für diejenigen Proteine codieren, die gebraucht werden, um Lactose als Kohlenstoff- und Energiequelle nutzen zu können. Einige Operons haben auch eine Promotor-Region; sie enthält einen Regulationsteil, den CAP-Bereich für die Bindung eines Komplexes aus dem Katabolit-aktivierenden Protein und cyclischem AMP. Dieser Komplex, der gebildet wird, wenn keine Glucose verfügbar ist, ermöglicht der RNA-Polymerase den Zugang zum Initiationsbereich der Transkription für die Gene des Lactoseabbaus.

Aufgaben

1. *Die Translation von Messenger-RNA.* Wie müssen die Aminosäuresequenzen von Peptiden aussehen, die von Ribosomen mit Hilfe der unten angegebenen Messenger gebildet werden? Die erste Base links soll dabei jeweils der Anfang des startenden Codons sein.
   (a) GGUCAGUCGCUCCUGAUU
   (b) UUGGAUGCCCCAUAAUUUGCU
   (c) CAUGAUGCCUGUUGCUAC
   (d) AUGGACGAA

2. *Kann man aus der Aminosäuresequenz eines Polypeptids auf die Basensequenz ihrer Messenger-RNA schließen?* Eine gegebene Basensequenz in einer Messenger-RNA codiert für eine und nur eine Aminosäuresequenz in einem Polypeptid, sofern das Leseraster festgelegt ist. Können wir von einer gegebenen Aminosäuresequenz in einem Protein, wie dem Cytochrom *c*, auch auf die Basensequenz einer bestimmten Messenger-RNA schließen, die für dieses Protein codiert hat? Begründen Sie ihre Antwort.

3. *Wie viele mRNAs können ein und dieselbe Aminosäuresequenz spezifieren?* Veranschaulichen Sie sich das in der vorigen Frage aufgeworfene Problem dadurch, daß Sie alle Basensequenzen aufschreiben, die als Messenger-RNA für das einfache Tripeptid Leu-Met-Tyr in Frage kommen. Ihre Antwort wird Ihnen eine Vorstellung davon vermitteln, wie groß die Zahl der möglichen mRNAs ist, die für ein Polypeptid codieren können.

4. *Zur Codierung eines Polypeptids durch eine DNA-Doppelhelix.* Der transkribierte Strang einer DNA-Doppelhelix enthält die Sequenz

   (5') CTTAACACCCCTGACTTCGCGCCGTCG

(a) Welche Sequenz hat die mRNA, die von diesem Strang transkribiert werden kann?

(b) Wie sähe die Aminosäuresequenz aus, wenn sie von dieser Sequenz in umgekehrter Leserichtung (vom 5′-Ende aus) codiert würde?

(c) Angenommen, der andere Strang dieser DNA würde transkribiert und übersetzt. Wäre die resultierende Aminosäuresequenz die gleiche wie in (b)? Erklären Sie die biologische Bedeutung Ihrer Antworten zu (b) und (c).

5. *Für Methionin gibt es nur ein Codon.* Methionin ist eine der beiden Aminosäuren mit nur einem Codon. Dennoch kann dieses eine Codon sowohl den startenden Aminosäurerest als auch die Methioninreste im Innern einer von *E. coli* synthetisierten Polypeptidkette spezifizieren. Erklären Sie genau, auf welche Weise das möglich ist.

6. *Synthetische Messenger-RNAs.* Wie würden Sie ein Polyribonucleotid herstellen, das als Messenger-RNA hauptsächlich für viele Phenylalaninreste und für eine kleine Anzahl von Leucin- und Serinresten codiert? Welche anderen Aminosäuren würden in wesentlich kleineren Mengen auch von diesem Polyribonucleotid codiert werden?

7. *Der direkte Energieaufwand bei der Proteinbiosynthese.* Bestimmen Sie den Mindestenergieaufwand für die Biosynthese der β-Kette des Hämoglobins (146 Reste) in Form von energiereichen Phosphatbindungen, ausgehend von einem Pool aller nötigen Aminosäuren, ATP und GTP. Vergleichen Sie das Ergebnis mit dem direkten Energieaufwand für die Biosynthese einer linearen Glycogenkette aus 146 Glucoseresten in α(1 → 4)-Bindung, ausgehend von einem Pool aus Glucose und ATP. Wie hoch ist demnach der zusätzliche Energieaufwand für die Weitergabe der dem β-Globinmolekül innewohnenden genetischen Information?

8. *Der indirekte Energieaufwand der Proteinbiosynthese.* Zusätzlich zu dem in der vorigen Frage behandelten direkten Energieaufwand für die Synthese eines Proteins gibt es noch einen indirekten, nämlich die Energie, die gebraucht wird, um die für die Proteinsynthese nötigen Biokatalysatoren herzustellen. Stellen Sie für eine eukaryotische Zelle diesen indirekten Energieaufwand für die Synthese einer linearen α(1 → 4)-Glycogenkette demjenigen für die Biosynthese eines Polypeptids gegenüber.

9. *Voraussagen für das Anticodon aufgrund des Codons.* Für die meisten Aminosäuren gibt es mehr als ein Codon, mehr als eine tRNA und mehr als ein Anticodon. Schreiben Sie alle möglichen Anticodons für die vier Glycin-Codons (5′)GGU(3′), GGC, GGA und GGG nieder.

(a) Welche der Positionen in diesen Anticodons bestimmen

hauptsächlich die Codon-Spezifität für, in diesem Fall, Glycin?

(b) Welche dieser Anticodon-Codon-Paarungen bildet ein lockeres Basenpaar?

(c) Bei welcher der Anticodon-Codon-Paarungen werden in allen drei Positionen feste Watson-Crick-Wasserstoffbindungen ausgebildet werden?

(d) Für welche der Anticodon-Codon-Paare ist es am wenigsten wahrscheinlich, daß es für die biologische Proteinsynthese verwendet wird? Warum?

10. *Eine ungewöhnliche tRNA.* Kürzlich wurde eine tRNA entdeckt, deren Anticodon eine Tetranucleotidsequenz auf der mRNA erkennt und bindet. Sagen Sie den Effekt voraus, den diese ungewöhnliche tRNA auf die Aminosäuresequenz des Polypeptids hat, an dessen Synthese sie teilnimmt.

11. *Der Effekt von Ein-Basen-Änderungen auf die Aminosäuresequenz.* Ein großer Teil des Beweismaterials, das den Aminosäure-Code bestätigte, wurde aus den Aminosäuresequenzen der Proteine von Mutanten mit Ein-Basen-Änderungen erhalten. Welche der folgenden Austausche von Aminosäuren sind in Übereinstimmung mit dem Code durch Ein-Basen-Mutation erklärbar und welche nicht? Warum?

(a) Phe, Leu
(b) Lys, Ala
(c) Ala, Thr
(d) Phe, Lys
(e) Ile, Leu
(f) His, Glu
(g) Pro, Ser

12. *Die Grundlage der Sichelzellen-Mutation.* Das Sichelzellen-Hämoglobin enthält in Position 6 der β-Kette einen Valinrest anstelle des Glutaminsäurerestes bei normalem Hämoglobin A. Können Sie schlußfolgern, welche Änderungen im DNA-Codon der Glutaminsäure stattgefunden haben müssen, um den Austausch der Glutaminsäure gegen ein Valin zu bewirken.

Kapitel 30
Mehr über Gene: Reparatur, Mutation, Rekombination und Klonen

Chromosomen sind keineswegs inaktive, stabile Gebilde, in denen die genetische Information wie ein toter Vorrat gespeichert ist, sondern sie erleiden ständig Veränderungen. Einige dieser Veränderungen erfolgen zufällig und werden schnell repariert. Es kann z. B. während der Replikation der DNA, bei der die beiden Stränge der Doppelhelix mit hoher Geschwindigkeit getrennt und entspiralisiert werden müssen, zu Einzelstrangbrüchen kommen. Diese Brüche werden von der DNA-Polymerase I und der DNA-Ligase repariert. Auch falsch eingesetzte Nucleotide, die kein richtiges Basenpaar bilden können, werden durch die DNA-Polymerase herausgeschnitten und ersetzt, sie hat die Fähigkeit, eine Art Korrekturlesen durchzuführen (S. 930). In diesem Kapitel werden wir sehen, daß die DNA auch durch Faktoren der Umgebung verändert werden kann. Wenn eine solche Veränderung den zellulären Reparaturmechanismen entgeht, resultiert daraus eine bleibende, erbliche Mutation.

Es gibt bei Chromosomen auch Änderungen und Umstellungen in der Anordnung von Bestandteilen, die ein Teil ihrer biologischen Funktionen sind. Bei den Eukaryoten kommt es auch nach der Vereinigung von Ei- und Spermazelle zu genetischen Rekombinationen, so daß Nachkommen mit neuen Gen-Kombinationen entstehen. Außerdem können Gene und Teile von Genen gespleißt und an andere Stellen im Chromosom transportiert werden. Auch bei einer Infektion der Zelle mit Viren können Gene ausgetauscht und rekombiniert werden.

Trotz dieser fortwährenden Beschädigungen, Reparaturen, Austausche, Transponierungen und Spaltungen von Genen wird die Identität der Arten lebender Organismen von Generation zu Generation mit außerordentlicher Genauigkeit weitergegeben. Das wird ermöglicht durch die bemerkenswerte Fähigkeit bestimmter Enzyme, die spezifische Basensequenz der Chromosomen eines jeden Organismus zu schützen oder wiederherzustellen. Durch die Entdeckung dieser Enzyme wurde es möglich, neue Arten von DNA-Molekülen im Labor zu konstruieren, z. B. Kombinationen von Genen verschiedener Spezies. Diese Erfolge haben uns ein neues Zeitalter der genetischen Biochemie gebracht und ein neues Gebiet, nämlich die Gentechnologie.

Lassen Sie uns nun einige der verschiedenen Arten von DNA-Veränderungen untersuchen.

Die DNA ist fortwährend zerstörenden Einflüssen ausgesetzt.

Praktisch alle Formen von Leben sind energiereicher Strahlung ausgesetzt, die in der Lage ist, chemische Veränderungen in der DNA hervorzurufen. Die *ultraviolette Strahlung* (Wellenlänge 200 bis 400 nm), die einen wesentlichen Anteil des Sonnenlichts ausmacht, kann chemische Änderungen in der DNA von Bakterien und in menschlichen Hautzellen bewirken. Absorption von ultraviolettem (UV-)Licht kann Purin- oder Pyrimidinbasen in seinen angeregten Zustand versetzen, der zu kovalenten Strukturänderungen führt. Eine andere Form von Strahlung, die *ionisierende Strahlung*, kann ein oder mehrere Elektronen aus einem Biomolekül entfernen, so daß ein extrem unstabiles Ion oder ein Radikal entsteht. Solche hochreaktiven Substanzen können abnorme chemische Reaktionen in der DNA verursachen. Wir sind ständig einer konstanten ionisierenden Strahlung, der *kosmischen Strahlung*, ausgesetzt, die tief in die Erde eindringen kann. Außerdem gibt es die Strahlung, die von den natürlich vorkommenden radioaktiven Elementen ausgeht, wie Radium, Plutonium, ^{14}C und Tritium (^{3}H). Eine weitere Form ionisierender Strahlen sind die *Röntgenstrahlen*, die für medizinische und zahnmedizinische Untersuchungen sowie zur Therapie von Krebs und anderen Krankheiten verwendet werden. Andere mögliche Strahlungsquellen sind die radioaktiven Fallouts von Atombombentests und radioaktive Abfälle aus Atomreaktoren. Ultraviolette und ionisierende Strahlung sind für etwa 10 % aller DNA-Beschädigungen verantwortlich, die durch nicht-biologische Faktoren entstehen. Glücklicherweise werden die meisten dieser Schäden mit Hilfe spezifischer Enzymmechanismen in der Zelle schnell wieder behoben.

Durch ultraviolette Strahlung entstandene Schäden können herausgeschnitten und repariert werden

Durch ultraviolette Strahlung können zwei aufeinanderfolgende Pyrimidinreste im DNA-Strang, meistens zwei nebeneinanderliegende Thyminreste, kovalent zu einer *dimeren* Base verbunden werden (Abb. 30-1). Wird ein solches *Thymin-Dimer* nicht entfernt und repariert, so verhindert es, daß die DNA-Polymerase den Strang über diesen Punkt hinaus replizieren kann. Die Thymin-Dimeren werden herausgeschnitten und das Loch wird durch die aufeinanderfolgenden Reaktionen von vier Enzymen geflickt (Abb. 30-2). Das erste, die *Ultraviolett-* oder *UV-Endonuclease*, spaltet den beschädigten

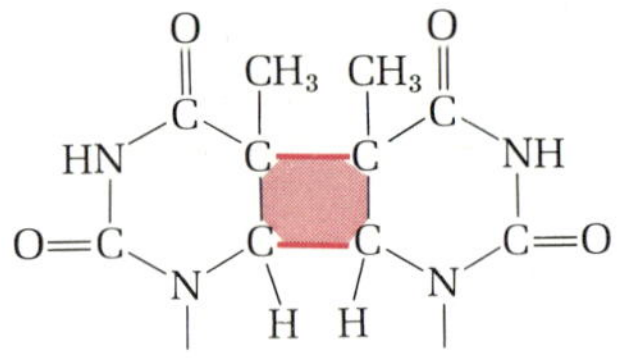

Abbildung 30-1
Die Bildung eines Thymin-Dimers durch ultraviolette Strahlung. Zwischen zwei aufeinanderfolgenden Thyminresten auf einem DNA-Strang werden zwei neue Kohlenstoff-Kohlenstoff-Bindungen (in Farbe) ausgebildet.
(a) Zweidimensionale und (b) dreidimensionale Darstellung der Struktur. Der durch die neuen Bindungen entstandene Vierring ist farbig schattiert.

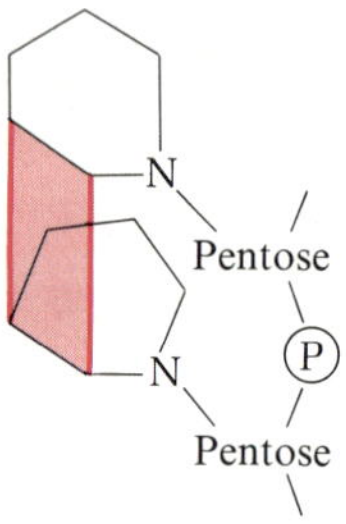

Strang auf der 5'-Seite des Thymin-Dimers. Im zweiten Schritt fügt die DNA-Polymerase I die richtigen Desoxyribonucleotide an das offene 3'-Ende des beschädigten Stranges und stellt einen kurzen Abschnitt von zur Matrize komplementär DNA her. Während dieses Vorganges wird der das Thymin-Dimer enthaltende Strang abgeschält. In einem dritten Schritt wird der defekte Abschnitt durch eine Endonuclease herausgeschnitten. Im letzten Schritt wird der neue „Flicken", der die richtige basengepaarte DNA enthält, mit Hilfe einer DNA-Ligase in den Strang eingefügt (Abb. 30-2).

Pyrimidin-Dimere können nicht nur in Bakterien durch ultraviolette Strahlung entstehen, sondern auch in Hautzellen von Menschen, die ungefiltertem Sonnenlicht ausgesetzt sind. Bei Patienten mit der seltenen Krankheit *Xeroderma pigmentosum* ist der enzymatische Reparaturmechanismus für Schäden durch UV-Strahlung genetisch defekt. Die Haut dieser Patienten ist extrem empfindlich gegen Sonnenlicht, sie wird sehr trocken und dick, die Hautzellen vermehren sich abnorm stark und es kommt fast immer zur Entstehung von Hautkrebs. Die Krankheit verläuft oft tödlich, wenn die Haut nicht sorgfältig vor Sonneneinstrahlung geschützt wird. Biologische und genetische Untersuchungen haben ergeben, daß bei der häufigsten Form von Xeroderma die UV-Endonuclease defekt ist, die den defekten Einzelstrang an der 5'-Seite des Pyrimidin-Dimers spaltet. Der Ausfall dieses einen Enzyms bewirkt also, daß Sonnenbestrahlung verheerende Folgen hat.

Der ultraviolette Anteil des Sonnenlichtes, der für die Sonnenbräunung verantwortlich ist, wird durch Glas zurückgehalten sowie durch Sonnenschutzpräparate, die UV-absorbierende chemische Verbindungen enthalten.

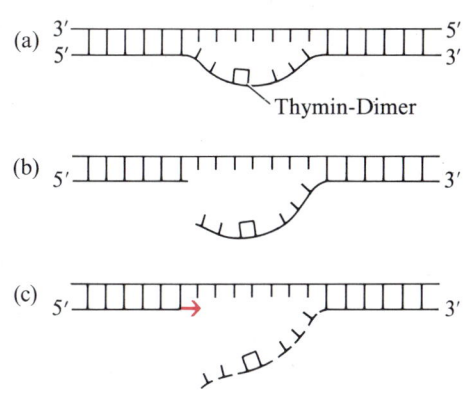

Abbildung 30-2
Reparatur einer Thymin-Dimer-Stelle.
(a) Eine spezielle UV-Endonuclease spaltet den Strang an der 5'-Seite des Dimers
(b) DNA-Polymerase I beginnt den Strang zu flicken und 5'→3'-Endonuclease entfernt das Thymin-Dimer und einige angrenzende Nucleotide.
(c) Die Ergänzung wird vervollständigt und
(d) durch DNA-Ligase in die Kette eingespleißt (e).

Die spontane Desaminierung von Cytosin zu Uracil kann repariert werden

Die DNA kann auch durch die Instabilität der Base Cytosin in wäßrigen Systemen verändert werden. Cytosinreste verlieren von selbst sehr langsam ihre Aminogruppen durch Hydrolyse und gehen dabei in Uracilreste über, die normalerweise in der DNA nicht vorkommen (Abb. 30-3). Wenn ein Uracil-haltiger DNA-Strang repliziert wird, so kann das Uracil keine festen Wasserstoffbindungen mit Guanin-(G-)resten, den normalen Partnern von Cytosin, bilden. Das Uracil wird statt dessen dazu neigen, sich mit einem Adenin(A-)rest zu paaren. Wird der neue DNA-Strang mit einem falschen A-Rest nun seinerseits wieder repliziert, so wird natürlich in diese Stelle ein T-Rest eingebaut. Das Ergebnis wird eine Tochter-Doppelhelix mit einem A-T-Paar anstelle des ursprünglichen G-C-Paares sein.

Diese Art von Beschädigung wird auf eine neue Weise repariert (Abb. 30-4). Ein besonderes Reparaturenzym, die *Uracil-DNA-Gly-*

cosidase, entfernt das fehlerhafte Uracil aus dem Strang. Der verbleibende Desoxyribosephosphat-Rest, dem jetzt die Base fehlt, wird dann auf der 5′-Seite der Phosphodiesterbindung mittels DNA-Polymerase I gespalten, die auch das richtige Cytidinphosphat an das nun offene 3′-Ende des veränderten Stranges anfügt, so daß diese mit dem G-Rest des unveränderten Stranges ein Basenpaar bilden kann. Die Reparatur wird nun durch kovalentes Spleißen mit Hilfe von DNA-Ligase beendet.

Die Glycosidase, die die Uracil-Base aus der DNA entfernt, muß sehr spezifisch sein, denn sonst würde sie viel mehr Schaden verursachen als sie reparieren kann. Glücklicherweise entfernt dieses Enzym weder Uracilreste aus RNA noch Thyminreste aus DNA. Diese Beobachtung läßt vermuten, warum DNA Thymin anstelle von Uracil enthält, eine Tatsache, die über lange Zeit als rätselhaft galt. Würde nämlich die DNA normalerweise Uracil neben Cytosin enthalten, so gäbe es keine Möglichkeit, zwischen dem auf normalem Wege und dem durch Zerfall von Cytosin entstandenen Uracil zu unterscheiden. Man nimmt daher an, daß DNA deshalb die stabileren Thyminreste enthält, aber normalerweise kein Uracil, damit ein Reparatursystem die durch spontane Hydrolyse des Cytosins entstandenen Uracilreste erkennen und entfernen kann.

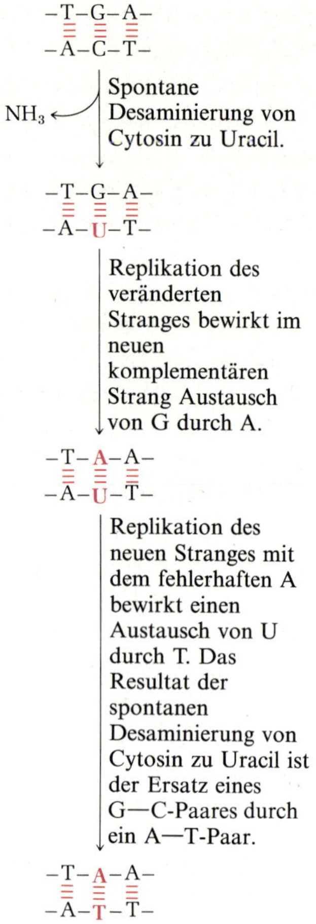

Auch Beschädigungen durch externe chemische Substanzen können repariert werden

Die DNA kann auch durch reaktionsfähige Chemikalien beschädigt werden, die durch die industrielle Produktion in die Umgebung gelangen. Diese Produkte müssen nicht unbedingt selbst schädlich sein, sondern sie können auch in der Zelle in schädliche Verbindungen umgewandelt werden. Es gibt drei Hauptklassen solcher reaktionsfähiger Chemikalien: (1) *desaminierende Agentien*, besonders salpetrige Säure (HNO_2) oder Verbindungen, die in salpetrige Säure oder Nitrite umgewandelt werden können, (2) *alkylierende Agentien* und (3) Verbindungen, die die normalerweise in der DNA vorhandenen Basen simulieren können (Abb. 30-5).

Salpetrige Säure, die aus organischen Vorstufen wie Nitrosaminen sowie aus Nitriten und Nitraten entsteht, ist eine sehr reaktionsfähige Substanz, die die Aminogruppen aus *Cytosin, Adenin* und *Guanin* entfernen kann (Abb. 30-6). Salpetrige Säure beschleunigt die Desaminierung von Cytosin zu Uracil, die wir bereits untersucht haben. In ähnlicher Weise desaminiert salpetrige Säure Adenin unter Bildung von *Hypoxanthin* und Guanin unter Bildung von *Xanthin* (Abb. 30-6). Die gebildeten Hypoxanthin- und Xanthinreste können durch spezifische Enzyme erkannt und entfernt werden. Darauf folgen dann die Reaktionen von DNA-Polymerase I und DNA-Ligase, die im wesentlichen so ablaufen, wie es in Abb. 30-4 für die Entfernung der Uracilreste gezeigt wurde. Nitrate und Nitrite werden als

—T—G—A—
—A—C—T—

↓ NH₃ ← Spontane Desaminierung von Cytosin zu Uracil.

—T—G—A—
—A—U—T—

↓ Replikation des veränderten Stranges bewirkt im neuen komplementären Strang Austausch von G durch A.

—T—A—A—
—A—U—T—

↓ Replikation des neuen Stranges mit dem fehlerhaften A bewirkt einen Austausch von U durch T. Das Resultat der spontanen Desaminierung von Cytosin zu Uracil ist der Ersatz eines G—C-Paares durch ein A—T-Paar.

—T—A—A—
—A—T—T—

Abbildung 30-3
Die spontane Desaminierung eines Cytosinrestes in einer DNA zu Uracil kann eine Mutation hervorrufen, wenn keine Reparatur erfolgt.

Konservierungsstoffe für Fleisch- und Wurstwaren verwendet. Darüber, ob sie bei dieser Verwendung für den Menschen schädlich sein können, herrscht allerdings noch keine Einigkeit. Die Verwendung anderer Vorstufen von salpetriger Säure in der Industrie ist weit verbreitet.

Alkylierende Agentien können bestimmte DNA-Basen verändern. Das hochaktive Dimethylsulfat (Abb. 30-5) kann Guaninreste zu *O-Methylguanin* methylieren (Abb. 30-7), das mit Cytosin, dem normalen Partner von Guanin, kein Basenpaar bilden kann. Sowohl Bakterien als auch tierische Gewebe enthalten Enzyme, die *O*-Methylguanin spezifisch entfernen und durch die normale Base Guanin ersetzen können, und zwar durch Schneiden, Flicken und Spleißen, ähnlich, wie in Abb. 30-4 gezeigt.

Es sind viele andere DNA-Reparaturmechanismen gefunden worden, aber diese Beispiele mögen genügen, um zu zeigen, in welcher Weise spezifische Reparaturenzyme dazu beitragen, die Indentität der Chromosomen einer jeden Art zu erhalten. Obwohl es in den Zellen zahlreiche Enzyme gibt, die beschädigte DNA reparieren können, enthalten sie kein einziges für die Reparatur von RNA. Die Unversehrtheit der DNA-Sequenz ist unverzichtbar für die Erhaltung der Art, während die Unversehrtheit der RNA-Sequenz nur für die eine Zelle lebensnotwendig ist, in der sich der Fehler in die RNA eingeschlichen hat, oder in der sie beschädigt worden ist.

Die Änderung eines einzelnen Basenpaares bewirkt eine Punktmutation

Obwohl das DNA-Korrekturlesen und die Reparaturmechanismen von hoher Effektivität sind, bleibt es nicht aus, daß einige Replikationsfehler unkorrigiert oder einige DNA-Schäden unrepariert bleiben, so daß es zu Veränderungen kommt, die durch die Vererbung im Genom des Organismus verewigt werden können. Solche bleibenden Änderungen, die durch die Replikation weitergegeben werden, heißen *Mutationen*.

Mutationen, bei denen eine Base durch eine andere ersetzt ist, werden *Substitutionsmutationen* genannt. Durch eine solche Mutation wird in dem betroffenen Gen nur ein Codon verändert. Das kann den Ersatz einer Aminosäure in dem von diesem Gen codierten Polypeptid durch eine andere Aminosäure zur Folge haben oder auch nicht. Beispiele für solche Ein-Punkt-Mutationen und ihre Folgen sind in Tab. 30-1 zusammengestellt. Oft hat der Ersatz einer Aminosäure durch eine andere keine signifikante Änderung der biologischen Eigenschaften des codierten Proteins zur Folge. Solche Mutationen werden *stille Mutationen* genannt. In anderen Fällen kann ein solcher Ersatz einer Aminosäure zu einem Protein führen, das unfähig ist, seine normale biologische Funktion auszuüben. Sol-

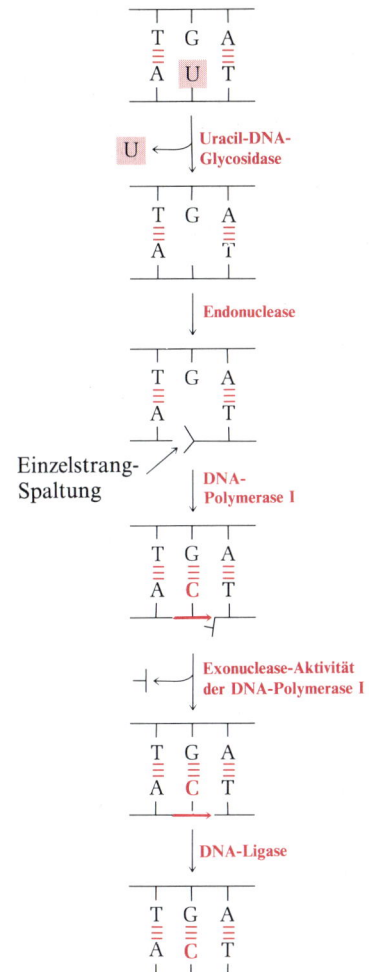

Abbildung 30-4
Reparatur nach spontaner Umwandlung von Cytosin in Uracil. Das Uracil wird enzymatisch entfernt und das „leere" Desoxyribosephosphat durch den richtigen Desoxycytidinphosphat-Rest ersetzt.

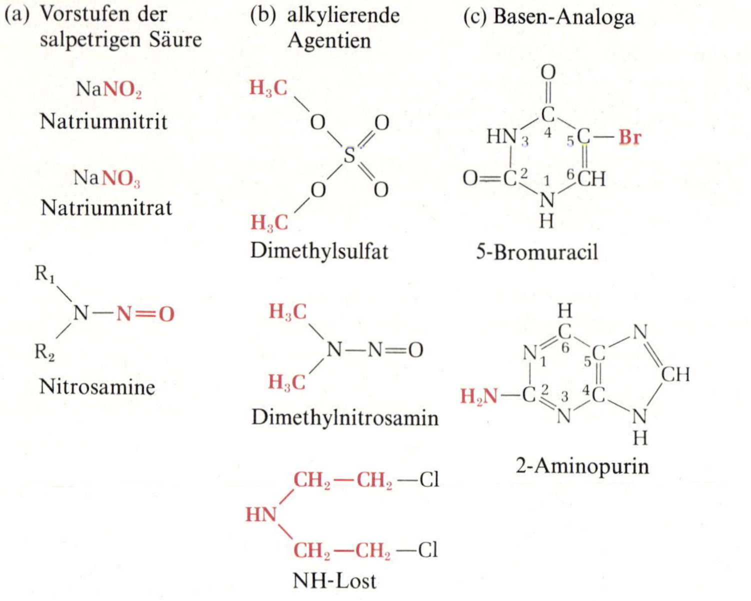

(a) Vorstufen der salpetrigen Säure

NaNO$_2$
Natriumnitrit

NaNO$_3$
Natriumnitrat

Nitrosamine

(b) alkylierende Agentien

Dimethylsulfat

Dimethylnitrosamin

NH-Lost

(c) Basen-Analoga

5-Bromuracil

2-Aminopurin

Abbildung 30-5
Einige chemische Verbindungen, die die Struktur von Purin- oder Pyrimidinbasen in der DNA verändern können. Solche Verbindungen können dauerhafte, vererbbare Mutationen hervorrufen, wenn die von ihnen bewirkten Veränderungen von den Reparaturmechanismen übersehen werden. Sie werden deshalb Mutagene genannt. Das aktivste unter den desaminierenden Agentien ist die salpetrige Säure, die aus verschiedenen Vorstufen entstehen kann.
(a) Alkylierende Agentien (b) wirken durch Übertragen einer Alkylgruppe auf ein dafür geeignetes Sauerstoff- oder Stickstoffatom einer Base, wodurch die charakteristischen Wasserstoffbindungen verändert werden. Basen-Analoga (c) bewirken Mutationen durch Verdrängen einer Base während der DNA-Synthese, so daß es zu fehlerhafter Basenpaarung kommt. Die toxischen oder nicht-normalen Gruppen sind farbig dargestellt.

che Mutationen sind für eine Zelle oft letal. Der spezifische Serinrest eines Enzyms der Seringruppe ist z. B. ein unverzichtbarer Bestandteil des aktiven Zentrums (S. 222). Eine Punktmutation im Codon dieses Serinrestes, die dessen Ersatz durch eine andere Aminosäure bewirkt (Tab. 30-1), muß den vollständigen Aktivitätsverlust des

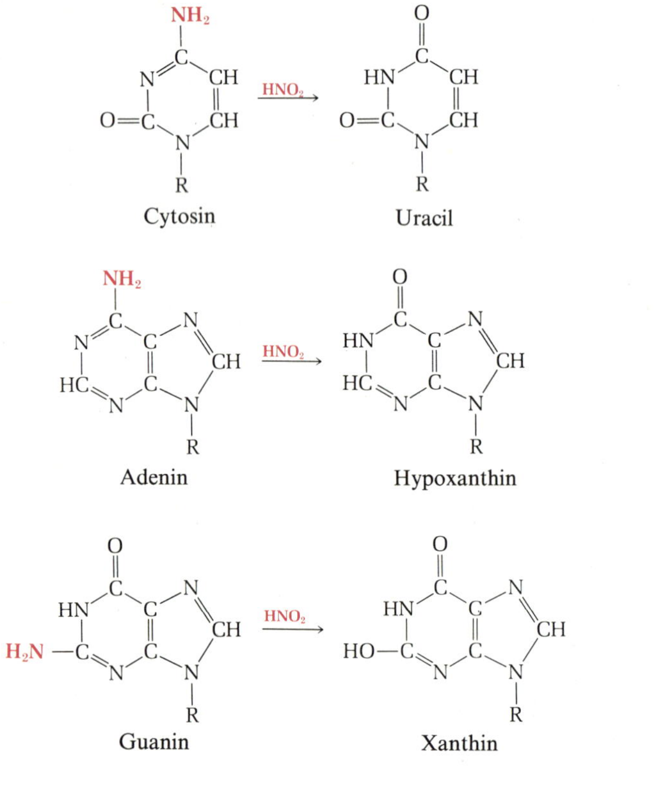

Cytosin → (HNO$_2$) → Uracil

Adenin → (HNO$_2$) → Hypoxanthin

Guanin → (HNO$_2$) → Xanthin

Abbildung 30-6
Desaminierung von DNA-Basen durch salpetrige Säure. Die Aminogruppe, die entfernt wird, ist farbig dargestellt. R bedeutet den Rest des Desoxyribonucleotids. Die Entfernung der Aminogruppe ändert die Fähigkeiten der Basen, Wasserstoffbindungen auszubilden.

Tabelle 30-1 Die Wirkung einiger hypothetischer Ein-Basen-Mutationen auf die biologische Aktivität der daraus resultierenden Proteine.

Art der Mutation	Wildtyp* (unmutiertes DNA-Triplett)	Mutiertes Triplett*
Eine Ein-Basen-Substitution, die keine Änderung der Aminosäuresequenz bewirkt: stille Mutation	(3')–GGT–(5') (5')–CCA–(3') –|Pro|–	–GGA– –CCU– –|Pro|–
Eine Ein-Basen-Mutation, die eine Aminosäure austauscht, bewirkt keine Änderung der biologischen Aktivität des Proteins, wenn der Austausch in einer nicht-kritischen Position stattfindet und wenn die neue Aminosäure der alten ähnelt: ebenfalls eine stille Mutation	(3')–TAA–(5') (5')–AUU–(3') –|Ile|–	–GAA– –CUU– –|Leu|–
Eine letale Ein-Basen-Mutation, bei der ein für die Enzymaktivität essentieller Serinrest unter Bildung eines enzymatisch inaktiven Produkts durch einen Phenylalaninrest ersetzt ist	(3')–AGA–(5') (5')–UCU–(3') –|Ser|–	–AAA– –UUU– –|Phe|–
Eine Durchlaßmutation, bei der der Aminosäure-Austausch zu einem Protein führt, bei dem zumindest noch ein Teil der normalen Aktivität erhalten geblieben ist	(3')–CGT–(5') (5')–GCA–(3') –|Ala|–	–CCT– –GGA– –|Gly|–
Eine hypothetische nützliche Mutation, bei der durch den Aminosäure-Austausch ein Protein mit verbesserter biologischer Aktivität entsteht, das für den mutierten Organismus einen Vorteil bedeutet; es ist nicht möglich, vorteilhafte Aminosäure-Austausche vorauszusagen	(3')–TTC–(5') (5')–AAG–(3') –|Lys|–	–TGC– –AGG– –|Arg|–

* Die erste Zeile gibt jeweils die DNA-Matrize wieder, die zweite Zeile das RNA-Codon und die dritte Zeile (in Kästchen) die Aminosäure.

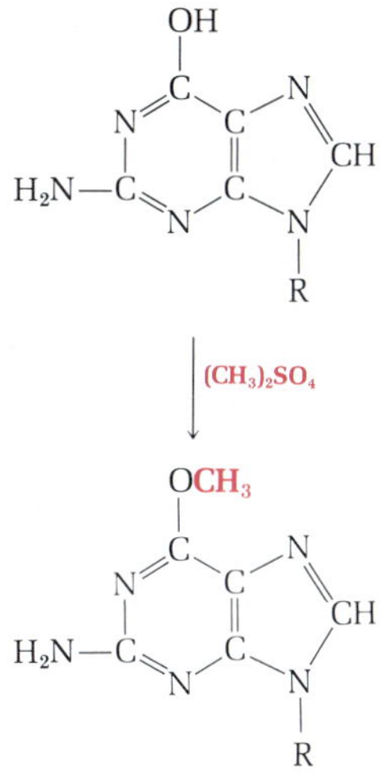

Abbildung 30-7
Methylierung von Guanin (Enolfrom) durch ein aktives Methylierungsmittel. Die Methylierung ändert die Spezifität der vom Guanin ausgebildeten Wasserstoffbindungen und führt zu fehlerhafter Basenpaarung.

von diesem Gen codierten Serin-Enzyms zur Folge haben. Ist dieses Enzym Bestandteil eines der Haupt-Stoffwechselwege, so ist eine solche Mutation letal.

Es kann auch geschehen, daß durch den Austausch einer einzelnen Aminosäure ein Protein entsteht, das zwar noch aktiv ist, aber andere Reaktionscharakteristika aufweist und weniger effizient ist als das normale Protein. Ist das mutierte Protein ein Enzym, so kann es einen hohen K_m-Wert, einen niedrigen V_{max}-Wert oder beides haben. Mutationen, die zur Bildung eines solchen veränderten, aber noch teilweise funktionsfähigen Proteins führen, werden *Durchlaßmutanten (leaky mutants)* genannt (Tab. 30-1). Es kann aber auch vorkommen, daß eine Mutation zu einem Polypeptid führt, das seine Funktion unter den Umweltbedingungen, unter denen der Organismus lebt, besser ausüben kann als die unmutierte Form. Solche Mutationen führen zu einer Nachkommenschaft, die für den Kampf um das Überleben besser ausgestattet ist. Eine Reihe solcher verbessernder Mutationen kann dann zur Entwicklung einer neuen Art führen.

Substitutionen von Basen durch andere sind bei Bakterien nur für einen kleinen Teil der bleibenden Mutationen verantwortlich. Häufiger und öfter letal sind *Insertions-* und *Deletionsmutationen*.

Insertionen und Deletionen verursachen Leseraster-Mutationen

Wird eine Mutation durch Einfügung oder Wegfall eines Basenpaares verursacht, so kann ein viel ausgedehnterer genetischer Schaden verursacht werden, weil dadurch die normale Kollinearität zwischen den DNA-Codons und der Aminosäuresequenz im Polypeptid unterbrochen wird. Die Unterbrechung beginnt an der Stelle der Einfügung bzw. des Wegfalls einer Base, weil es dort zur Verschiebung des Leserasters auf der DNA kommt. Als Folge davon wird die Aminosäuresequenz zwar bis zur Mutationsstelle noch richtig sein, von diesem Punkt an aber völlig verändert (Abb. 30-8). Leseraster-Mutationen erzeugen oft Terminationscodons innerhalb des Gens, die zur Bildung verkürzter vorzeitig freigesetzter Ketten führen. Die große Mehrzahl aller Ein-Basen-Leseraster-Mutationen führt zur Bildung biologisch inaktiver Genprodukte.

Manchmal kann eine solche Mutation durch eine zweite ausgelöscht werden. Ist eine Leseraster-Mutation durch den Verlust eines Basenpaares bedingt, so kann durch eine zweite Mutation, bei der in der Nähe der ersten eine Base eingefügt wird, das normale Raster nach Passieren beider Mutationsstellen wieder aufgenommen werden, d. h. die zweite Mutation unterdrückt die erste und wird *Suppressor-Mutation* genannt. In seltenen Fällen kann es vorkommen, daß drei aufeinanderfolgende Basen verloren gehen oder zusätzlich eingefügt werden. In solchen Fällen wird das gebildete Polypeptid eine Aminosäure mehr oder weniger enthalten, bei sonst unveränderter Sequenz. Diese Art von Mutationen, ist normalerweise harmlos. Leseraster-Mutationen, Suppressor-Mutationen und Drei-Basen-Mutationen haben eine wichtige Rolle bei der Beweisführung gespielt, daß der genetische Code aus Nucleotid-Tripletts besteht.

Leseraster-Mutationen können durch eine Reihe von Substanzen induziert werden, deren Moleküle Ähnlichkeit mit einem normalen Basenpaar haben, d. h. die groß, flach und basisch sind. Solche Moleküle haben die Tendenz, sich zwischen zwei aufeinanderfolgende Basenpaare einzufügen (zu *interkalieren*), so daß dieser Strang das fremde Molekül wie eine Extra-Base enthält. Bei der Replikation

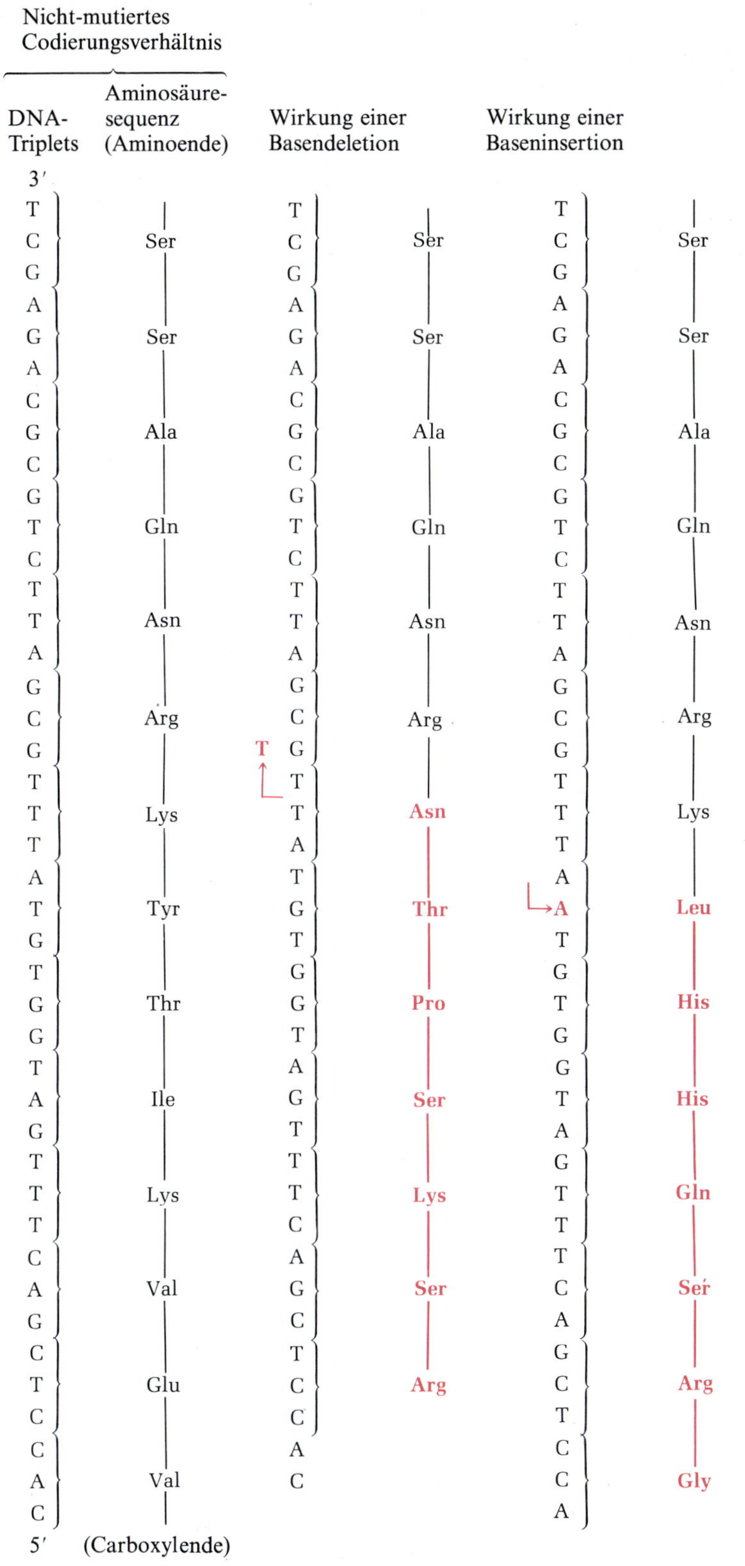

Kapitel 30 Mehr über Gene: Reparatur, Mutation, Rekombination und Klonen

Abbildung 30-8
Leseraster-Mutationen, hervorgerufen durch die Entfernung (Deletion) oder Einfügung (Insertion) einer Base (farbige Pfeile). Angefangen mit dem Codon, in dem die Base verlorenging oder hinzukam, ist die Aminosäuresequenz vollständig entstellt (in Farbe). Die meisten Leseraster-Mutationen sind letal.

Nicht-mutiertes Codierungsverhältnis

DNA-Triplets	Aminosäuresequenz (Aminoende)	Wirkung einer Basendeletion		Wirkung einer Baseninsertion	
3′					
T		T		T	
C	Ser	C	Ser	C	Ser
G		G		G	
A		A		A	
G	Ser	G	Ser	G	Ser
A		A		A	
C		C		C	
G	Ala	G	Ala	G	Ala
C		C		C	
G		G		G	
T	Gln	T	Gln	T	Gln
C		C		C	
T		T		T	
T	Asn	T	Asn	T	Asn
A		A		A	
G		G		G	
C	Arg	C	Arg	C	Arg
G		T← G		G	
T		T		T	
T	Lys	T	**Asn**	T	Lys
T		A		T	
A		T		A →A	
T	Tyr	G	**Thr**	T	**Leu**
G		T		G	
T		G		T	
G	Thr	G	**Pro**	G	**His**
G		T		G	
T		A		T	
A	Ile	G	**Ser**	G	**His**
G		T		A	
T		T		G	
T	Lys	T	**Lys**	T	**Gln**
T		C		T	
C		A		T	
A	Val	G	**Ser**	C	**Ser**
G		C		A	
C		T		G	
T	Glu	C	**Arg**	C	**Arg**
C		C		T	
C		A		C	
A	Val	C		C	**Gly**
C				A	
5′ (Carboxylende)					

kommt es dann zu einer fehlerhaften Basenpaarung mit dem interkalierenden Molekül und zum Einbau einer zusätzlichen Base in den Tochterstrang. Ein Beispiel für ein solches interkalierendes Mutagen ist das *Acridin* (Abb. 30-9).

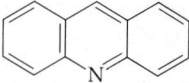

Abbildung 30-9
Acridin, ein Mutagen, das Leseraster-Mutationen erzeugt. Das Acridin-Molekül ist flach, und seine Ringstruktur hat einige Ähnlichkeit mit einer Purinbase. Acridin schiebt sich zwischen zwei aufeinanderfolgende Basenpaare der DNA (interkaliert) und trennt sie dadurch etwas voneinander. Bei der Replikation dieser DNA wird in die neue Kette gegenüber von Acridin eine zusätzliche Base eingefügt.

Mutationen sind zufällige, beim einzelnen Individium seltene Ereignisse

Im wirklichen Leben sind Mutationen, bezogen auf die individuellen Organismen, sehr seltene Ereignisse. Die Wahrscheinlichkeit, daß es während der Lebenszeit einer *E.-coli*-Zelle zu einer Mutation kommt, ist $1:10^9$. Für eine menschliche Zelle ist sie größer, ungefähr $1:10^5$. Diese Wahrscheinlichkeit wurde aus dem natürlichen Auftreten der *Hämophilie* berechnet, eines genetischen Defektes im Blutgerinnungs-Mechanismus, der zu länger anhaltenden Blutungen führt, bevor die Gerinnung eintritt. Hämophilie war eine der ersten erkannten Erbkrankheiten des Menschen. Ein klassischer Fall ist die Familiengeschichte der Königin Viktoria von England. Das Auftreten der Krankheit ließ sich über drei Generationen ihrer Nachkommen verfolgen. Sie trat in den Königshäusern von England, Preußen, Spanien, Griechenland und Rußland auf. Obwohl einige Mutationen in menschlicher DNA harmlos oder auch vorteilhaft sind und daher keine Probleme verursachen, haben viele von ihnen doch genetische Defekte zur Folge, die die normalen Aktivitäten und Funktionen eines Menschen beeinträchtigen. Bis heute sind Mutationen in etwa 2500 verschiedenen menschlichen Genen gefunden worden, von denen viele irgendeine Funktion beeinträchtigen oder letal sind. Vermutlich sind noch viel mehr menschliche Gene durch Mutation betroffen, die nur noch nicht entdeckt sind. Deshalb müssen wir annehmen, daß mit der wachsenden Zahl der für die Erkennung von Mutationsfolgen zur Verfügung stehenden Methoden auch die Zahl der erkannten Erbkrankheiten noch steigen wird. Die Erkennung und Behandlung von Erbkrankheiten ist eine große Aufgabe für die Biochemie und die Medizin.

Viele mutagene Agentien sind auch carcinogen

Es ist statistisch nachgewiesen, daß die Einwirkung bestimmter Chemikalien auf den Menschen, besonders am Arbeitsplatz, zum vermehrten Auftreten spezifischer Krebserkrankungen führt. Bei Arbeitern in den Industriezweigen, die Naphthylamine verwenden oder herstellen, kommt z. B. Blasenkrebs viel häufiger vor als bei der übrigen Bevölkerung. Man schätzt, daß bis zu 90% der menschlichen Krebserkrankungen durch physikalische oder chemische Agentien hervorgerufen werden, die in der Lage sind, eine normale Zelle in eine maligne umzuwandeln. Deshalb besteht ein beträchtliches öffentliches Interesse an der Frage, ob die Chemikalien, denen wir ständig ausgesetzt sind, carcinogene Wirkung haben. Dazu gehören Industriechemikalien, Lebensmittelzusatzstoffe, Autoabgase, Farbstoffe, Aromastoffe, Medikamente, Kosmetika und andere. Große Anstrengungen sind gemacht worden, um die mögliche carcinogene Wirkung solcher Chemikalien festzustellen. Das aber ist ein schwieriges Problem, denn es handelt sich um schätzungsweise mindestens 50 000 verschiedene chemische Verbindungen, die laufend von der Industrie zur Herstellung oder Veredelung der Produkte verwendet werden, mit denen wir häufig Kontakt haben; und jedes Jahr werden 1000 oder mehr neue Chemikalien in Gebrauch genommen. Außerdem dauert ein gründlicher Test einer neuen Chemikalie auf Toxizität und carcinogene Wirkung zwei oder drei Jahre und kostet rund 250 000 Mark. Alle chemischen Verbindungen, denen wir zunehmend ausgesetzt sind, im Tierversuch auf carcinogene Wirkung zu testen, wäre also eine aufwendige Sache.

Bruce Ames und seine Mitarbeiter von der Universität of California haben einen einfachen Bakterientest auf krebserregende Wirkung entwickelt. Er ist billig und kann in weniger als einem Tag ausgeführt werden. Der Test beruht auf der Annahme, daß carcinogene Wirkstoffe auch Mutagene sind. Er wird mit einer Histidin-Mangelmutante des verbreiteten Bakteriums *Salmonella typhimurium* durchgeführt. Diese Mutante kann kein Histidin synthetisieren, weil bei ihr ein Enzym des Histidin-Biosyntheseweges genetisch defekt ist. Ab und zu kommt es jedoch zu einer spontanen Rückmutation der Histidin-Mangelmutante, so daß sie ihre Fähigkeit, Histidin aus den normalen Vorstufen herzustellen, zurückgewinnt. Solche Rückmutationen sind leicht aufzufinden, da sie auf einem Medium wachsen können, das kein Histidin, sondern nur Ammoniak als Stickstoffquelle enthält (Abb. 30-10). Da die Zahl der Rückmutationen durch Mutagene beträchtlich gesteigert wird, ist es möglich, die mutagene Wirkung verschiedener Substanzen miteinander zu vergleichen, z. B. der Substanzen, die man im Verdacht hat, carcinogen zu sein. Dem in diesen Tests verwendeten Histidin-freien Nährmedium wird ein Rattenleber-Extrakt zugesetzt, der Enzyme des endoplasmatischen Reticulums enthält. Diese Enzyme können viele körperfremde organische Verbindungen durch Hydroxylierung oder andere Umsetzungen in die eigentlichen carcinogenen Formen umwandeln.

Mehr als 300 chemische Verbindungen, von denen aus Tierversuchen feststand, daß sie carcinogen sind, wurden nach der Ames-Methode getestet, und über 90 % von ihnen erwiesen sich in diesem Bakterientest als mutagen. Dieser hohe Grad an Korrelation zwischen carcinogener und mutagener Wirkung zeigt, daß der Bakterientest geeignet ist, eine krebserregende Wirkung vorherzusagen. Fast 3000 andere Chemikalien wurden dem Ames-Test unterworfen, darunter typische Industriechemikalien, Konservierungsstoffe, Pestizide, Aromastoffe, synthetische Polymere und Kosmetika. Viele

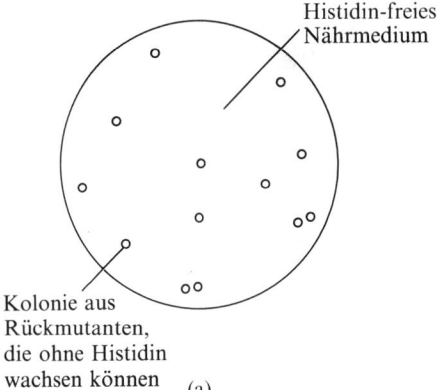

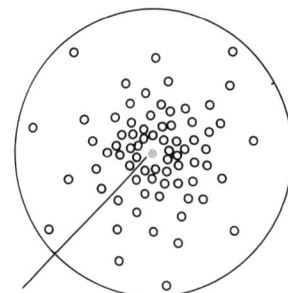

Abbildung 30-10
Der Ames-Test auf carcinogene Wirkung basiert auf der mutagenen Wirkung dieser Substanzen.
(a) Eine Histidin-Mangelmutante von *Salmonella thyphimurium* wird auf Histidin-freiem Medium ausgestrichen. Einige wenige Kolonien wachsen als Folge spontaner Rückmutationen.
(b) Auf einen sonst identischen Nährboden mit derselben Anzahl von Zellen wird ein Stück Filterpapier gelegt, das mit einem Mutagen getränkt ist (in Farbe). Dadurch steigt der Anteil der Rückmutationen und damit die Zahl der Kolonien stark an. In der freien Zone um das aufgetragene Mutagen herum ist dessen Konzentration so hoch, daß sie für die Zellen letal ist. Je mehr das Mutagen nach außen diffundiert, desto verdünnter wird es und erzeugt Rückmutationen bei nicht mehr letalen Konzentrationen. Die Mutagene werden in Bezug auf den von ihnen hervorgerufenen Anstieg der Mutationsrate miteinander verglichen.

dieser Produkte erwiesen sich als mutagen. Es wurde z. B. gefunden, daß 90% der früher in den Vereinigten Staaten verkauften und von Millionen von Menschen benutzten Haarfärbemittel mutagen waren. Seitdem hat die kosmetische Industrie die Bestandteile ihrer Präparate durch nicht-mutagene ersetzt. Der Test wird jetzt in einer Reihe von Variationen für Serientests eingesetzt, bei denen chemische Produkte auf ihre mögliche carcinogene Wirkung hin untersucht werden.

Gen-Rekombinationen sind häufig

Bisher haben wir Gen-Änderungen besprochen, die spontan, zufällig oder umweltbedingt erfolgen. Lassen Sie uns nun Veränderungen betrachten, die im Rahmen des normalen Zellgeschehens in den Genen und Chromosomen stattfinden.

Der normale biologische Austausch oder die Anfügung von Genen verschiedener Herkunft unter Bildung eines veränderten Chromosoms, das repliziert, transkribiert und übersetzt werden kann, wird *genetische Rekombination* genannt. Sie kommt in einer Reihe verschiedener biologischer Situationen vor. Eine Art von genetischer Rekombination haben wir bereits kenengelernt, nämlich die *Transformation* von Bakterien durch exogene DNA, wie sie das klassische Avery-MacLeod-McCarty-Experiment zeigt (siehe Abb. 27-6, S. 877). Wir erinnern uns, daß DNA aus einem virulenten *Pneumococcus*-Stamm in die Zellen eines nicht-virulenten Stammes gelangen und diesen dauerhaft in einen virulenten umwandeln kann. Das in der DNA der Donatorzelle vorhandene Gen für Virulenz war offenbar dauerhaft in das Genom der Empfängerzelle eingebaut oder mit diesem rekombiniert worden. Zu solchen Transformationen von Bakterienzellen durch Gen-Rekombinationen kommt es nicht nur im Labor, sondern auch unter natürlichen Bedingungen.

Eine andere Form natürlich vorkommender genetischer Rekombination ist das Phänomen der *Lysogenität*. Bei bestimmten Phagen-Arten kann es passieren, daß die DNA nach der Infektion einer Bakterienzelle kovalent in das ringförmige Chromosom der Wirtszelle eingebaut wird, statt zu einer sofortigen Phagen-Vermehrung und anschließenden Lyse der Zelle zu führen, wie es normalerweise bei Virusinfektionen der Fall ist. Ist das Virus-Genom erst einmal in das Wirts-Chromosom eingebaut, kann es viele Generationen lang repliziert werden, ohne in Form einer Virus-Vermehrung exprimiert zu werden. Die Expression des schlafenden Virus-Gens und damit die Bildung der Virus-Nachkommenschaft und Lyse der Zelle kann jedoch zu irgendeinem späteren Zeitpunkt durch ein auslösendes Ereignis in Gang gesetzt werden (Abb. 30-11). Phagen, die ihre DNA in einer solchen, nicht-exprimierten Form in das Wirtszellen-Chromosom einbauen können, werden *temperierte* oder *lysogene Phagen* genannt. Der Phage λ ist der am besten bekannte temperierte

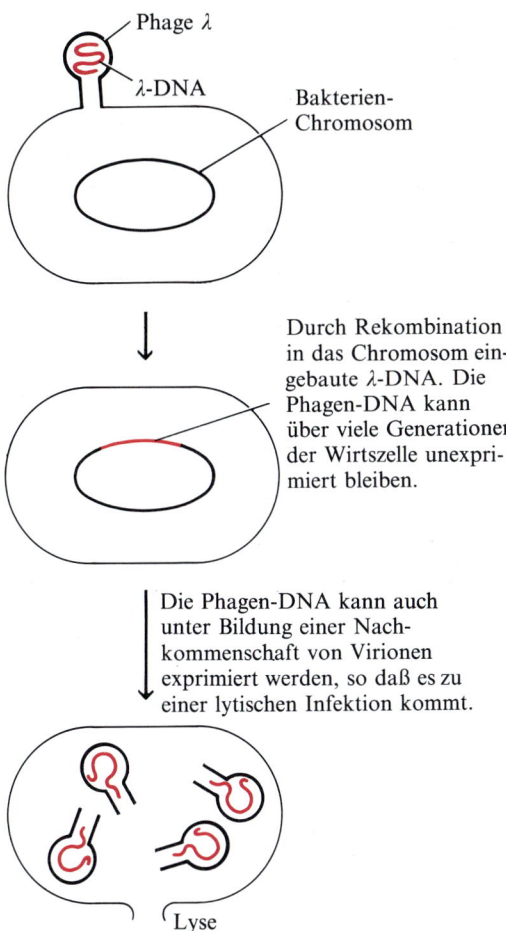

Abbildung 30-11
Der Einbau der DNA eines λ-Phagen in ein *E.-coli*-Chromosom, wo sie in nicht-exprimierter Form viele Generationen lang repliziert werden kann. Als Folge bestimmter auslösender Vorgänge kann das Virus-Genom zur Expression gebracht werden. Es bildet dann λ-Phagen-Partikel, was zur Lyse der Zelle führt.

Phage; sein Einbau in das *E.-coli*-Chromosom ist bis in alle Einzelheiten untersucht worden. Man nimmt an, daß diese Art von genetischer Rekombination bei der Infektion des Menschen mit dem *Herpes-simplex-Virus* vorkommt, der Abszesse und Geschwüre an den Genitalien verursacht. Die DNA des *Herpes-simplex*-Virus kann in das Genom der menschlichen Zelle eingebaut werden und dort schlafend überdauern, bis irgendein Ereignis die Übersetzung in das infektiöse Virus-Partikel auslöst.

Bei der *Transduktion* findet wieder eine andere Art von genetischer Rekombination statt (Abb. 30-12). Wird eine Bakterienzelle mit einem bestimmten DNA-Phagen infiziert, so kann ein kleiner Teil des Wirtszellen-Chromosoms kovalent an die Virus-DNA gebunden, mit dieser repliziert und so in die DNA der Virus-Nachkommenschaft eingebaut werden. Infizieren diese Partikel eine andere Zelle, so transportiert die Virus-DNA einen Anteil des Chromosoms der ersten Zelle in das Chromosom der zweiten Zelle. Transduktion, was so viel bedeutet wie „Überführung" oder „Übertragung", ist ein natürlicher Vorgang, der im Labor dazu verwendet wird, Bakterien und Chromosomen zu kartieren.

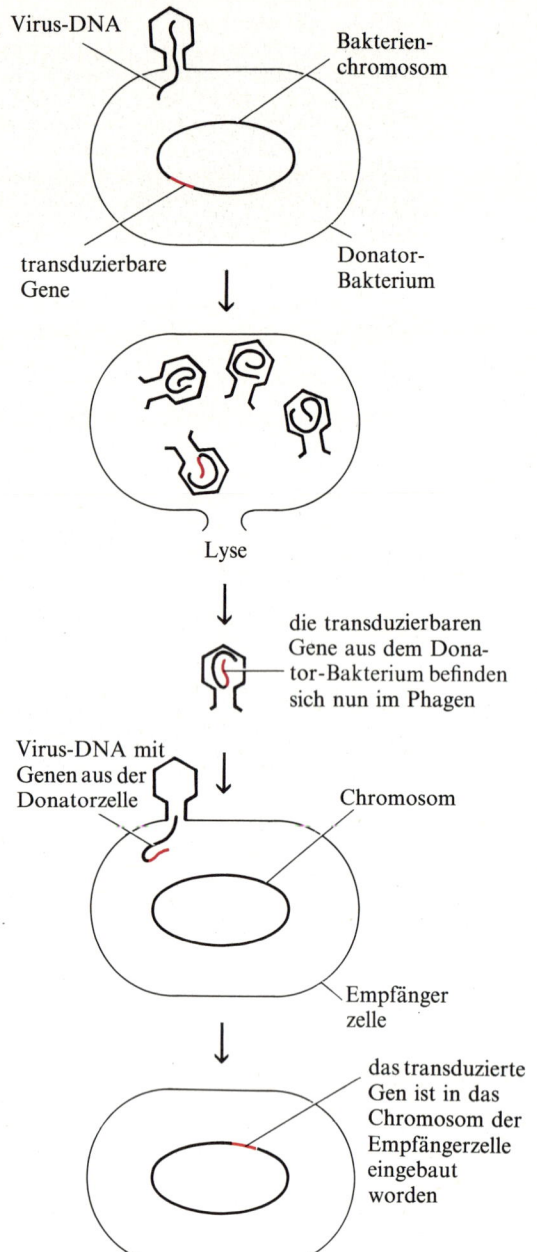

Abbildung 30-12
Genetische Rekombination bei der Transduktion von Bakterien-Genen durch Viren von einer Donatorzelle in eine Empfängerzelle.

Die *Bakterienkonjugation* stellt ein weiteres Beispiel für eine genetische Rekombination dar. Bakterien vermehren sich normalerweise asexuell durch einfaches Wachstum und Teilung. Bei einigen Arten kommt es aber gelegentlich zu *sexuellen Konjugationen*. Bei diesem Vorgang wird ein Strang des Chromosoms einer Donatorzelle, die als F^+- oder (+)-Zelle bezeichnet wird, weil sie den Sexualfaktor F trägt, ganz oder teilweise in eine Empfängerzelle der gleichen Art, die (−)-Zelle, der der Faktor F fehlt, transferiert. Der Transfer erfolgt durch einen *Pilus*, eine lange, röhrenförmige Verbindung

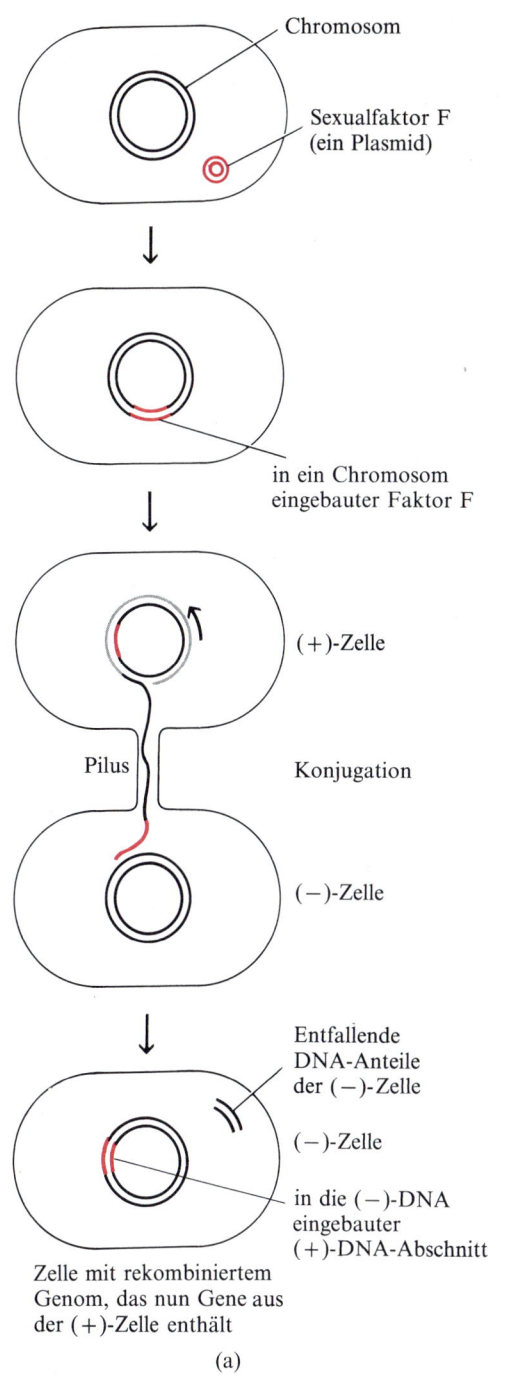

Abbildung 30-13
(a) Transfer und Rekombination von Genen während der Bakterien-Konjugation. Die DNA der (+)-Zelle wird nach dem „rolling circle" Mechanismus repliziert und der entstehende einsträngige, den F-Faktor enthaltende Strang wird in die (−)-Zelle eingeführt.
(b) Elektronenmikroskopische Aufnahme von konjugierenden *E.-coli*-Zellen. Die (+)-Zelle oben auf dem Bild ist mit der (−)-Zelle durch einen einzigen langen Pilus verbunden.

(Abb. 30-13). Durch diesen Vorgang erhält die Empfängerzelle einige neue Gene, die sie in ihr Chromosom aufnimmt.

Bei eukaryotischen Organismen erfolgt die genetische Rekombination durch die sexuelle Vereinigung von Ei- und Spermazelle, bei der beide Eltern-Chromosomen bestimmte Gene für die Tochter-Chromosomen beisteuern, die dann in den Zellen der Nachkommenschaft enthalten sind (Abb. 30-14). Bei diesem Vorgang werden die Chromosomen sowohl der Sperma- als auch der Eizellen an homologen Punkten geteilt, dann werden Teile der Chromosomen beider Elternzellen ausgetauscht und zu neuen Gen-Kombinationen zusammengefügt, mit dem Ergebnis, daß die Nachkommen nun charakteristische Erscheinungsformen beider Elternteile aufweisen. Dieses, während der sexuellen Konjugation von Eukaryoten natürlich vorkommende Schneiden, Neuanordnen und wieder Zusammenfügen von Genen und Sätze von Genen erfolgt mit großer Genauigkeit, so daß es dadurch weder im Leseraster noch in den Signalen auf der DNA zu Störungen kommt.

Einige Chromosomenabschnitte werden oft transponiert

Chromosomen können noch auf andere Art biologisch verändert werden. Es gibt genetische und biochemische Beweise dafür, daß einige Gene oder Sätze von Genen prokaryotischer oder eukaryotischer Chromosomen ihre ursprüngliche Position oft verlassen und andere Orte im Genom aufsuchen. Solche beweglichen Gen-Elemente werden *transponierbare Elemente* oder *Transposons* genannt. Die Fähigkeit der Transposons, an verschiedene Stellen in der DNA eingefügt zu werden, wird ihnen durch kurze Bereiche an jedem ihrer beiden Enden verliehen, die sogenannten *Insertionssequenzen* (s. Abb. 30-15), die invertierte Basensequenzen enthalten. Das Einfügen des Transposons an verschiedenen Stellen von Chromosomen und Plasmiden erfolgt durch ein spezifisches Enzymsystem, das die Insertionssequenzen erkennt und das Transposon an seinem neuen Ort einspleißt. Auf diese Weise kann ein Gen oder ein Satz von Genen von einer Stelle an eine andere Stelle desselben Chromosoms oder von einem Plasmid oder Phagen in ein Bakterien-Chromosom oder von einem Plasmid in einen Phagen transponiert werden.

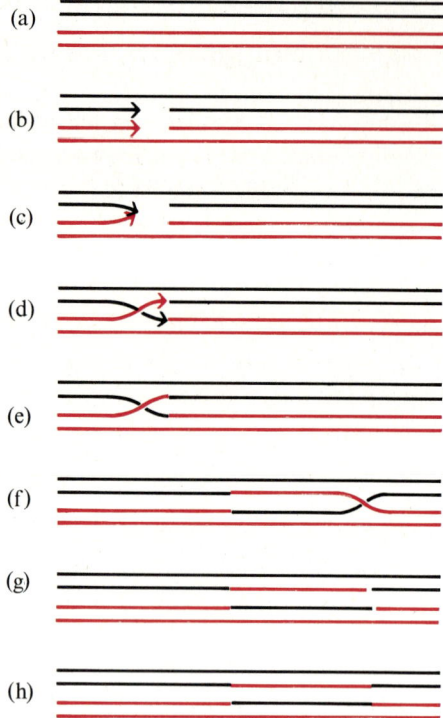

Abbildung 30-14
Schematische Darstellung des „Ein-Strang-Austausch"-Modells für den Austausch von Genen zwischen zwei (in (a) gezeigten) homologen Eltern-DNAs (schwarz und in Farbe). In jeder der DNAs wird ein Strang unterbrochen (b), zur anderen DNA hinübergeleitet (c, d) und mit dem gegenüberliegenden Strang fest verbunden (e). Der Austausch der DNA-Stränge schreitet das Chromosom entlang fort (f). An einem bestimmten Punkt werden die ausgewechselten Stränge erneut unterbrochen (g) und in der neuen Position wieder verknüpft, womit Austausch und Rekombination der Gene abgeschlossen sind.

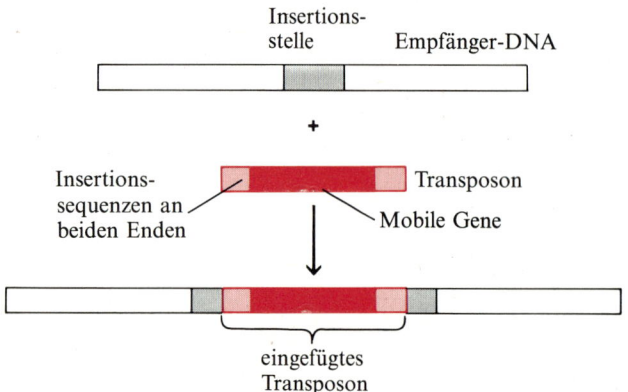

Abbildung 30-15
Einfügung (Insertion) eines Transposons in eine Empfänger-DNA. An beiden Enden des Transposons befinden sich die invertierten Insertionssequenzen.

Die Vielfalt der Antikörper ist das Ergebnis von Transponierungs- und Rekombinations-Vorgängen

Zu einer der außergewöhnlichsten Formen von genetischer Rekombination kommt es bei der Bildung der Gene, die bei den Wirbeltieren für die verschiedenen Antikörper codieren. Antikörper oder Immunglobuline sind Proteine, die von den spezifischen Lymphozyten oder Immunozyten der Wirbeltiere als Antwort auf das Eindringen eines körperfremden Makromoleküls, des *Antigens*, in den Körper hergestellt werden (S.152). Jede Art von Antigenen kann sich an eine Art von Immunozyten binden und diese zu Wachstum und Zellteilung stimulieren, so daß eine einheitliche Zell-Linie oder ein *Zell-Klon* aus identischen Zellen entsteht. Die Zellen dieses Klone produzieren nur eine Art von Immunglobulin, das spezifisch nur das Antigen bindet, das ihre Vermehrung induziert hat. Durch Bindung des Antigens an seinen Antikörper entsteht der Antigen-Antikörperkomplex, in dem das Antigen im allgemeinen biologisch inaktiviert ist. Das Außergewöhnliche daran ist, daß der menschliche Körper buchstäblich Millionen verschiedener Arten von Antikörpern produzieren kann, von denen jeder die Fähigkeit hat, nur eines von den Millionen verschiedener Antigene zu binden, denen der Körper ausgesetzt sein kann. Antikörper können nicht nur gegen die meisten Proteine anderer Tierarten, Bakterien, Viren, Parasiten und Pflanzen gebildet werden, sondern gegen fast alle Makromoleküle, auch gegen künstliche.

Man sollte meinen, daß die Immunozyten für die Produktion der verschiedenen Antikörperproteine, von denen jedes jeweils nur an eines von vielen Millionen verschiedener Antikörper gebunden werden kann, über Millionen verschiedene Antikörper-Gene verfügen, von denen jedes nur für eine Art von Antikörper codiert. Das ist lange Zeit für unmöglich gehalten worden, denn es gibt hierfür einfach nicht genug DNA in den menschlichen Zellkernen.

Abbildung 30-16
Schematische Darstellung eines Antikörpermoleküls. Das Molekül besitzt zwei leichte (L) und zwei schwere (H) Ketten, von denen jede eine variable (V) Region (in Farbe) und eine konstante (C) Region aufweist (in Grau). Die konstanten Regionen der schweren Ketten bestehen aus drei verschiedenen Domänen, C_H1, C_H2 und C_H3. Das Molekül enthält zahlreiche Disulfidbrücken. An die schweren Ketten sind außerdem Kohlenhydratgruppen gebunden.

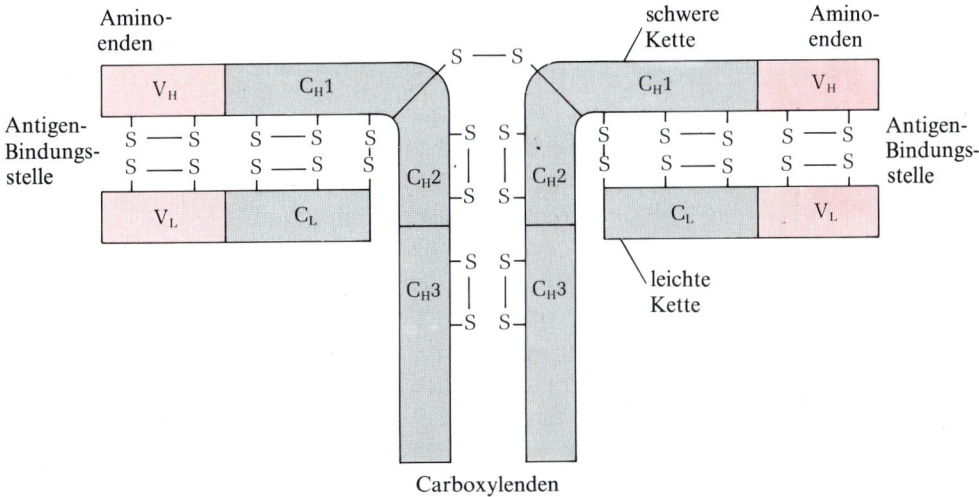

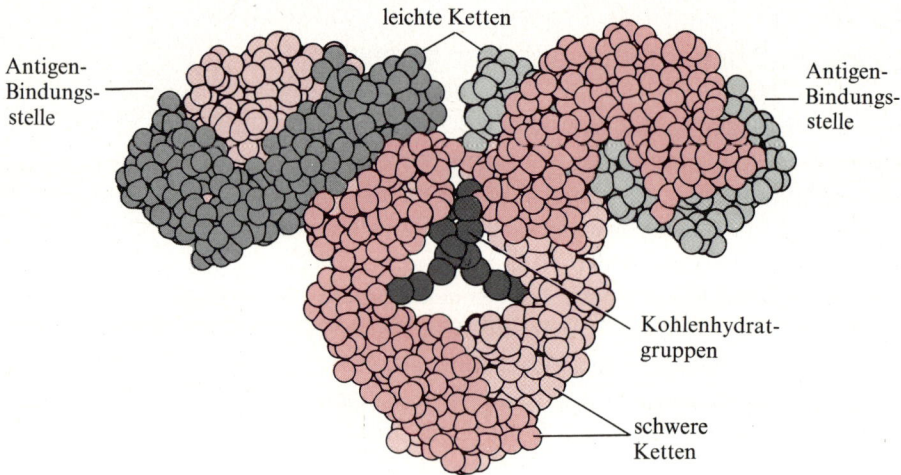

Abbildung 30-17
Strukturmodell eines Immunglobulins, das aus der Röntgenbeugungsanalyse abgeleitet wurde.

Die Antwort auf dieses Rätsel wurde bei Untersuchungen über die Struktur der Antikörpermoleküle und die dafür codierenden Gene gefunden. Abb. 30-16 zeigt die Struktur eines Antikörpermoleküls mit einer relativen Molekülmasse von etwa 160 000. Es besteht aus zwei *schweren* oder langen Peptidketten (446 Aminosäurereste) und zwei *leichten* oder kurzen Ketten (214 Reste). Die Ketten sind durch Disulfidbrücken miteinander verbunden; außerdem haben alle vier Ketten noch —S—S—Brücken innerhalb der Kette. Jede schwere und jede leichte Kette enthält Bereiche mit invariabler Aminosäuresequenz, die für jede Art charakteristisch ist und *konstante* oder C-Region genannt wird. Jede Kette hat außerdem eine *variable* oder V-Region, in der die Aminosäuresequenz für jeden spezifischen Antikörper verschieden ist. Die konstante Region der schweren Ketten enthält drei Domänen mit jeweils ähnlichen Aminosäuresequenzen. Das Antikörpermolekül hat zwei *Antigen-Bindungsstellen*, die sich im Spalt bzw. in der Tasche zwischen den Enden der variablen Regionen der schweren und leichten Kette befinden. Abb. 30-17 zeigt ein Molekül-Modell eines Antikörpers.

Die Existenz von konstanten und variablen Regionen hat schon vor langer Zeit zu der Vermutung geführt, daß die für die leichte Kette codierende DNA aus dem Zusammenschluß zweier Gene entstanden sein könnte, nämlich aus einem für die variable und einem für die konstante Region. Das wurde von Susumu Tonegawa und seinen Mitarbeitern bewiesen, die fanden, daß die Gene für den konstanten und den variablen Teil einer bestimmten Art leichter Ketten auf der DNA der Immunozyten, die diesen Typ von leichten Ketten herstellen, sehr nahe beieinander liegen, aber auf der DNA anderer Zell-Linien, nämlich von Immunozyten, die diesen Typ von leichten Ketten nicht herstellen können, sehr weit auseinanderliegen. Sie schlossen daraus, daß Immunozyten DNA-Abschnitte, die für den variablen Teil einer Antikörperkette codieren, aus verschiedenen, weit auseinanderliegenden Teilen des Zell-Genoms auswählen und

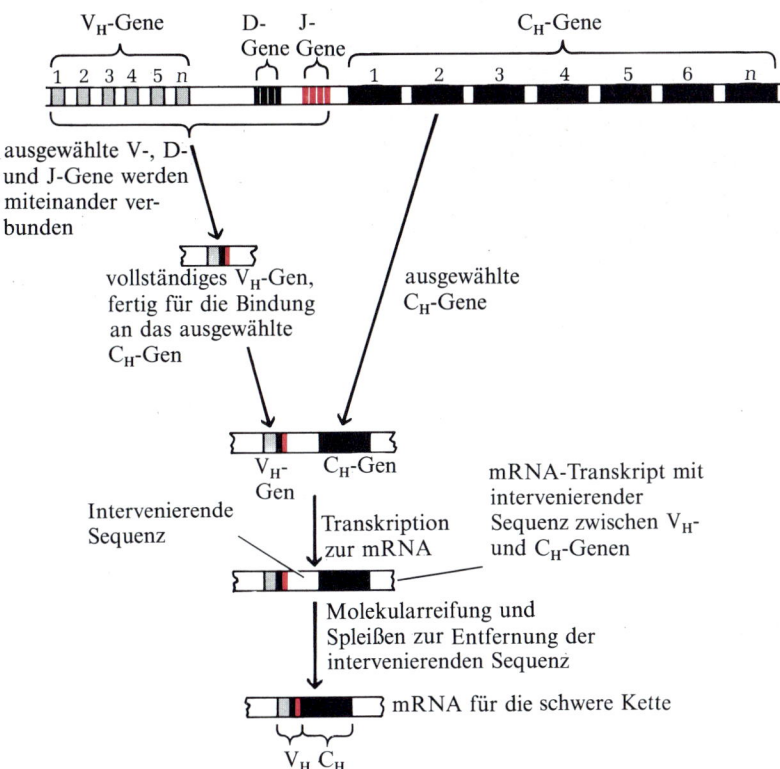

Abbildung 30-18
Die schematische Darstellung zeigt, wie ein Gen für die schwere Kette eines Antikörpers zusammengestellt werden kann. V-, D- und J-Gene aus verschiedenen Teilen des Genoms werden transponiert und bilden ein vollständiges V_H-Gen, das an ein C_H-Gen gebunden wird. Von diesem Gen wird eine mRNA transkribiert, aus der bei der Molekularreifung der Spacer entfernt wird, wodurch die mRNA des Gens für die schwere Kette ihre endgültige Form erhält.

diese in eine Position neben dem Gen für die konstante Region einer bestimmten leichten Kette transponieren können. Nachdem die konstanten und variablen Sequenzen vereinigt sind, kann die RNA-Polymerase ein einziges mRNA-Molekül herstellen, das nun für die gesamte leichte Kette codiert.

Spätere Untersuchungen haben ergeben, daß die für die variablen Regionen sowohl der leichten als auch der schweren Ketten codierende DNA aus verschiedenen Arten von Genen besteht, die über das Genom verstreut sind und durch Transponierung in verschiedener Reihenfolge angeordnet werden können (Abb. 30-18). Die DNA für die variablen Regionen wird aus etwa 400 verschiedenen *variablen* (V-) *Genen*, etwa 12 *Vielfältigkeits-Genen* (*diversity genes* oder D-Genen) und 4 *Verbindungs-Genen* (*joining genes* oder J-Genen) hergestellt, die in verschiedenen Kombinationen angeordnet die DNA für 20 000 oder mehr variable Regionen ergeben. Diese wiederum erleiden zusätzliche Änderungen ihrer Basensequenz und werden mit der DNA verschiedener konstanter Regionen verbunden, so daß Millionen verschiedener Antikörper-Gene gebildet werden können. Obwohl noch viele Fragen unbeantwortet sind, kann man sagen, daß die Transponierung und Rekombination von Genen oder Teilen von Genen Vorgänge sind, die mit hoher Aktivität und großer Präzision erfolgen und die die Produktion von Antikörpern gegen fast jedes Makromolekül ermöglichen.

Gene verschiedener Organismen können künstlich rekombiniert werden

Wir haben nun mehrere Arten von natürlich vorkommenden genetischen Rekombinations-Vorgängen untersucht, die in verschiedenen Zell-Arten zu den normalen biologischen Vorgängen gehören. Man kann Gene und Sätze von Genen aber auch im Reagenzglas rekombinieren, um neue Kombinationen herzustellen, die nicht natürlich vorkommen. Es ist z. B. möglich, Gene für zwei verschiedene Proteine aus zwei verschiedenen Spezies zu isolieren und zu einer neuen Kombination zu verbinden. Solche künstlich rekombinierten DNAs sind zu wichtigen Hilfsmitteln für die genetische Forschung geworden. Wie wir noch sehen werden, finden sie aber auch praktische Verwendung. Die Entwicklung von Methoden für die Isolierung und das Zusammenspleißen von Genen zu neuen Kombinationen war ein wichtiger biochemischer Fortschritt, mit dem ein neues Zeitalter der genetischen Forschung begann.

Der erste Schritt auf dem Wege zur Rekombination von Genen im Labor war die Entdeckung der Restriktions-Endonucleasen (Endodesoxyribonucleasen). Nehmen wir einmal an, wir wollen zwei DNA-Doppelstränge zusammenspleißen, die aus verschiedenen Arten stammen (Abb. 30-19). Die beiden DNAs werden jede für sich mit derselben Restriktions-Endonuclease behandelt und zwar mit einer solchen, die den Doppelstrang so zerschneidet, daß überhängende Enden entstehen (S. 902). Nehmen wir an, daß jede der beiden DNAs nur eine Erkennungsstelle für dieses Enzym hat. Die überhängenden Enden der zwei DNAs haben komplementäre Sequenzen. Werden die beiden so geschnittenen DNAs nun gemischt, erhitzt und langsam abgekühlt, so kommt es zwischen ihren kohäsiven Enden zur Basenpaarung unter Bildung einer neuen, nicht-kovalent gebundenen, rekombinierten DNA, wie es in Abb. 30-19 dargestellt ist. Werden diese durch ihre kohäsiven Enden zusammengehaltenen DNAs nun mit DNA-Ligase behandelt und genügend Energie zugeführt, so entsteht eine neue, kovalent gebundene, rekombinierte DNA.

Ein anderes Enzym, das häufig für das Zusammenspleißen von DNAs verwendet wird, ist die *terminale Transferase*, die mehrere Desoxyribonucleotid-Reste nacheinander an das 3'-Ende von DNA-Strängen anhängen kann. Dieses Enzym ist nicht spezifisch und kann dATP, dTTP, dGTP oder dCTP als Vorstufen benutzen. Da es keine Matrize braucht, kann die terminale Transferase 3'-Schwänze bilden, die nur aus einer Art von Resten bestehen. So können poly(G)-Schwänze an den 3'-Enden beider Stränge der einen Doppelhelix und poly(C)-Schwänze an den 3'-Enden der anderen DNA gebildet werden. Da diese Schwanzbereiche komplementär zueinander sind, befähigen sie die beiden DNAs, sich durch Basenpaarung ihrer kohäsiven Enden miteinander zu verbinden (Abb. 30-20), die dann durch DNA-Ligase zusammengespleißt werden können.

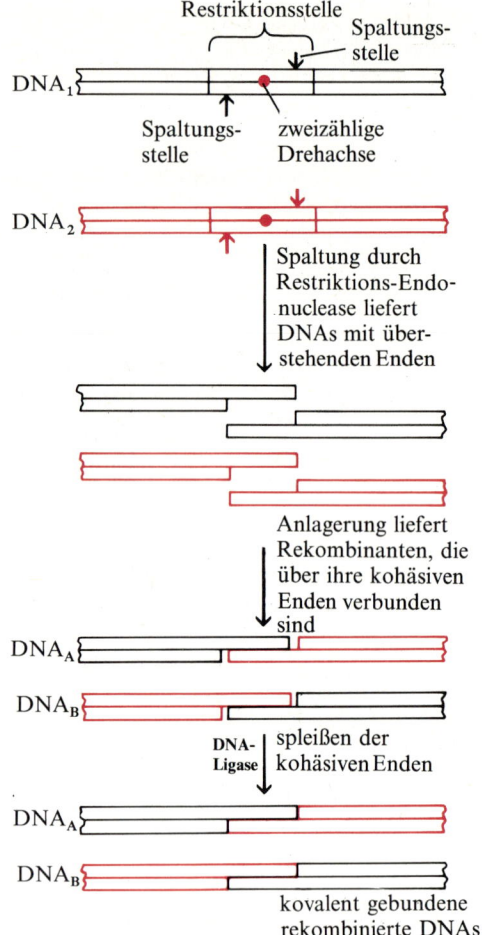

Abbildung 30-19
Verwendung einer spezifischen, kohäsive Enden bildenden Restriktions-Endonuclease zur Spaltung zweier DNAs (DNA_1 und DNA_2) und Gewinnung der entstandenen Bruchstücke für die Rekombination. Da viele Restriktions-Endonucleasen nur an spezifischen Restriktionsstellen mit einer zweizähligen Drehachse spalten, können die entstandenen kohäsiven überstehenden Enden mit den Enden jeder anderen DNA Basenpaare bilden, die mit derselben Endonuclease gespalten worden ist. Im Anlagerungsprozeß können auch DNA_1 und DNA_2 aus ihren jeweiligen Bruchstücken wiedergebildet werden. Werden aber die Bruchstücke von DNA_1 mit denen von DNA_2 verknüpft, so entstehen, wie die Abbildung zeigt, neue rekombinierte DNAs. Das kovalente Spleißen wird mit DNA-Ligase durchgeführt.

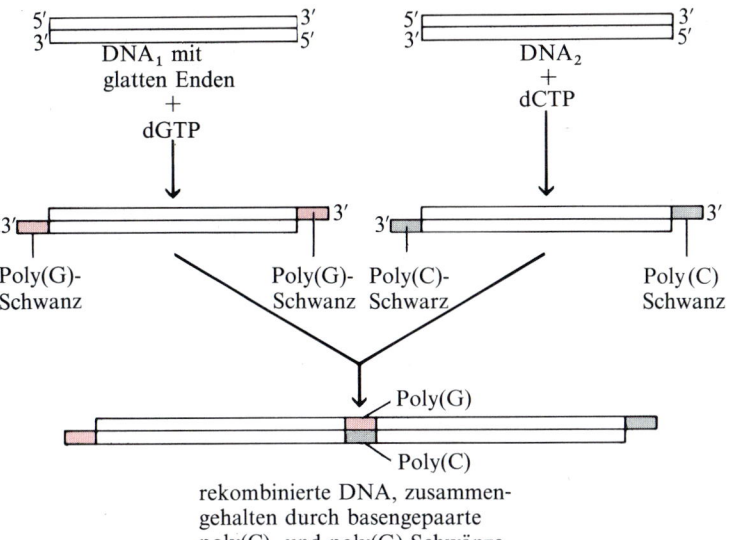

Abbildung 30-20
Verwendung einer terminalen Transferase zur Herstellung komplementärer kohäsiver Enden.

Unter Verwendung dieser und anderer Enzyme sind viele verschiedene DNAs miteinander verbunden worden. In einem der ersten erfolgreichen Versuche wurde das Gen für eine ribosomale RNA des Krallenfrosches *Xenopus laevis* in ein *E.-coli*-Plasmid eingebaut. In einem anderen frühen Experiment wurde die DNA des Affen-Virus SV40 (S. 906) in die DNA des Phagen λ eingefügt, so daß das Chromosom eines tierischen Virus mit dem eines Bakterien-Virus verbunden wurde. Seit der Durchführung dieser Pionier-Versuche sind hunderte künstlich rekombinierte DNAs im Labor hergestellt worden.

Plasmide und der Phage λ sind Vektoren für die Einführung fremder Gene in Bakterien

Der nächste Schritt bei der Entwicklung der DNA-Rekombinationstechnologie bestand darin, fremde Gene in eine Wirtszelle einzuführen. Für die Einführung fremder Gene in das *E.-coli*-Genom sind Plasmide und λ-Phagen-DNA die am meisten verwendeten Träger oder *Vektoren* geworden. Plasmide (S. 892) sind kleine ringförmige DNA-Doppelstränge, die im Cytoplasma der meisten Bakterien anzutreffen sind. Ein Plasmid enthält zwischen 2000 und 100 000 Basen, die kleineren Plasmide kommen in 20 oder mehr Exemplaren pro Zelle vor, die größeren nur in ein oder zwei Exemplaren. Jedes Plasmid enthält mehrere oder manchmal auch viele Gene, die unabhängig von den chromosomalen Genen, aber gleichzeitig mit ihnen repliziert, transkribiert und übersetzt werden. Sie können leicht isoliert und von den Bakterienchromosomen abgetrennt werden, von denen sie sich in Größe, Basenzusammensetzung und Dichte unterscheiden. Plasmide haben zwei bemerkenswerte und für die genetische Manipulation nützliche Eigenschaften. Sie werden erstens von einer Zelle zur anderen weitergereicht, ja sogar von einer Bakterien-Art zu einer anderen. Zellen von *Salmonella typhimurium* können z. B. eine bleibende Resistenz gegenüber bestimmten Antibiotika wie Penicillin erlangen, wenn sie mit einem *E.-coli*-Stamm gemischt werden, der gegenüber Penicillin resistent ist. Das Gen für die Penicillin-Resistenz, der R-Faktor, befindet sich in einem Plasmid von *E. coli* und kann von *E. coli* auf *S. typhimurium* übertragen werden. Zweitens lassen sich fremde Gene leicht in die Plasmide einbauen und quasi als „Passagiere" in die *E.-coli*-Zelle transportieren, so daß sie zu einem Bestandteil des Wirtszellen-Genoms werden.

Auch mit Hilfe der λ-Phagen-DNA können fremde Gene in die *E.-coli*-Zelle gebracht werden. Wird die rekombinierte λ-DNA mit ihrem „Passagier"-Gen mit dem Mantelprotein des λ-Virus gemischt, so assoziieren sich die Bestandteile zu infektiösen Phagen, sofern die Größe der rekombinierten DNA von der natürlichen λ-DNA nicht zu weit abweicht. Dieses ist die bevorzugte Art, fremde Gene in *E. coli* einzuführen, denn die Einführung von λ-DNA in die Wirtszelle erfolgt viel leichter als die von Plasmiden. Da λ ein temperierter Phage ist (S. 1011), kann seine DNA zusammen mit dem fremden Gen, das sie trägt, in das *E.-coli*-Chromosom eingebaut werden. In diesem Fall wird die λ-DNA und das fremde Gen bei jedem Zellteilungscyclus mitrepliziert werden.

Lassen Sie uns nun detaillierter besprechen, wie Gene isoliert, in Wirtszellen eingeführt, geklont und zur Herstellung verschiedener Gen-Produkte veranlaßt werden. Das Wort *Klon* kommt aus dem Griechischen und bedeutet Schößling oder Ableger (für die Vermehrung von Pflanzen). Heute wird das Wort in zwei Bedeutungen verwendet. *Zellklonierung* heißt die Bildung einer Reihe genetisch identischer Zellen, die alle von einer Zelle abstammen, z. B. eine Zell-Linie von Immunozyten, die dafür programmiert sind, nur eine Art von Antikörpern zu produzieren. *Molekül-* oder *Gen-Klonierung* ist die Bildung vieler identischer Exemplare von Genen, die von einem einzigen, in die Wirtszelle eingeführten Gen repliziert worden sind.

Die Isolierung von Genen und die Darstellung von cDNAs

Obwohl bereits eine Anzahl von Genen direkt aus Bruchstücken von Virus- und Bakterienchromosomen isoliert werden konnte, ist die Isolierung spezifischer Gene aus Fragmenten eukaryotischer Chromosomen immer noch eine ziemlich schwierige und zeitraubende Angelegenheit. Es gibt hauptsächlich zwei Wege, um zu spezifischen Genen zu gelangen, die dann rekombiniert und geklont werden können. Bei der „Schrotschuß"-Methode wird die gesamte DNA der Zelle mit einer Restriktions-Endonuclease behandelt, die überstehende Enden bildet. Die erhaltenen DNA-Stücke werden in *E.-coli*-Plasmide eingebaut, die mit derselben Endonuclease „geöffnet" worden sind. Das Ergebnis ist eine extrem komplexe Mischung aus vielleicht Tausenden von verschiedenen rekombinierten Plasmiden, von denen vielleicht nur eines das gewünschte Gen enthält. Für das Aussieben des Plasmids, das dieses Gen enthält, sind Methoden entwickelt worden, von denen eine auf S. 1025 beschrieben wird.

Die zweite Methode, ein Gen zu isolieren, verläuft über die Herstellung der komplementären DNA (cDNA) aus der mRNA dieses Gens. Obwohl, wie wir schon wissen, die meisten Zellen eine Mischung aus vielen verschiedenen mRNAs enthalten, die schwer zu trennen sind, ist es bei solchen Zellarten, die überwiegend eine Art von Proteinen herstellen, manchmal möglich, die mRNA für dieses Protein in reiner Form zu gewinnen. Die mRNAs für die α- und β-Ketten des Hämoglobins können z.B. aus Reticulozyten isoliert werden, das sind unreife rote Blutkörperchen, bei denen 90% des synthetisierten Proteins Hämoglobin sind. Ähnlich kann die mRNA für Proinsulin aus den B-Zellen der Langerhans'schen Inseln des menschlichen Pankreas (S. 806) isoliert werden. Eine allgemeine Methode für die Gewinnung der mRNA eines bestimmten Gens ist die Lyse der Zellen, anschließendes Abzentrifugieren der Polyribosomen und Behandlung der Polyribosomen mit einem Antikörper, der spezifisch ist für das Protein, dessen Gen gesucht wird. Unter den vielen Polyribosomen dieser Population werden einige sein, die gerade dieses Protein synthetisieren, und an denen es in verschiedenen Stadien der Vollendung anzutreffen ist (S. 975). Der spezifische Antikörper wird sich nur an die fertigen oder fast fertigen Proteinketten binden, die noch an den Polyribosomen hängen. Aus diesem Antikörper-Präzipitat kann die für dieses Protein spezifische mRNA durch chromatographische Methoden in fast reiner Form, frei von anderen mRNAs, isoliert werden.

Die spezifische mRNA für das Protein, dessen Gen gesucht wird, wird nun als Matrize für die enzymatische Synthese ihrer komplementären DNA (cDNA) verwendet, die mit Hilfe der reversen Transkriptase (S. 943) durchgeführt wird. Zuvor muß aber die Primer-DNA hergestellt werden, die die reverse Transkriptase braucht. Wir erinnern uns (S. 939), daß mRNAs am 3'-Ende einen poly(A)-Schwanz besitzen. Gibt man nun poly(T) zur mRNA, so kommt es zur Basenpaarung mit dem poly(A)-Ende der mRNA (Abb. 30-21). Dieser Komplex dient als Primer für die reverse Transkriptase, die die mRNA transkribiert und aus einer Mischung von dATP, dTTP, dGTP und dCTP einen komplementären cDNA-Strang herstellt. Dann wird die mRNA aus dem mRNA-cDNA-Hybrid entfernt und die einsträngige cDNA wird mittels DNA-Polymerase I unter Bildung einer haarnadelförmigen Doppelstrang-DNA repliziert. Die Haarnadel wird gespalten, der A·T-Schwanz abgetrennt (Abb. 30-21) und als Produkt bleibt eine doppelsträngige cDNA zurück, die spezifisch ist für das Protein, dessen Gen gesucht wird. Zur Erleichterung der noch folgenden Prozeduren wird die cDNA gewöhnlich durch Verwendung von [^{32}P]Desoxyribonucleosid-5'-triphosphaten als Vorstufen radioaktiv markiert.

Wir haben nun eine synthetische cDNA vor uns, die die Aminosäuresequenz eines bestimmten Proteins spezifizieren kann. Bedenken Sie jedoch, daß diese cDNA, wenn sie von einer eukaryotischen mRNA erhalten wurde, keinesfalls identisch ist mit dem natürlichen Gen für dieses Protein, denn sie enthält weder Introns noch „Start"--„Stopp"-Signale, die für die Gene der meisten Proteine von Eukaryoten charakteristisch sind.

Konstruktion des Gen-tragenden Vektors

Die so dargestellte cDNA wird nun in ein Plasmid oder einen viralen Vektor eingebaut. Für den Einbau in ein Plasmid muß die cDNA passende „Schwänze" oder kohäsive Enden erhalten (Abb. 30-21). Das geschieht am besten durch Anhängen einer Anzahl sich wiederholender Desoxyribonucleotid-Reste derselben Art (z. B. A-Reste) an die sich gegenüberstehenden 3'-Enden der beiden DNA-Doppelstränge mit Hilfe einer terminalen Transferase. Mit dATP als Vorstufe kann ein poly(A)-Schwanz von vielleicht 50 bis 100 Resten an das 3'-Ende der DNA-Doppelhelix geknüpft werden. Die so ergänzte DNA ist nun fertig für den Einbau in den Plasmid-Vektor (Abb. 30-21).

Das Plasmid wird durch Spaltung mit einer Restriktions-Endonuclease, die glatt abgeschnittene Enden erzeugt (siehe S. 902), an einer Stelle geöffnet. Die 3'-Enden des linearen Plasmids werden mit Schwänzen versehen, die komplementär zu denen der einzusetzenden DNA sind, d.h. wenn die cDNA einen poly(A)-Schwanz bekommen hat, erhält das Plasmid einen aus poly(T). Die solchermaßen „geschwänzten" Plasmid- und cDNA-Moleküle mischt man jetzt einfach und läßt sie Basenpaare ausbilden. Unter den Produkten wird sich ein vergrößertes ringförmiges Plasmid befinden, das das neue Gen enthält, das aber bis jetzt lediglich durch Basenpaarung der Schwanzenden mit dem Plasmid verbunden ist. Mit einer DNA-Ligase können die Enden jedoch kovalent zu einem ringförmigen Plasmid geschlossen werden, das das neue Gen enthält (Abb. 30-22).

Einbau der „beladenen" Plasmide in das *E.-coli*-Chromosom

Die rekombinierten Plasmide werden nun mit den zu transformierenden *E.-coli*-Zellen gemischt. Nur wenigen Plasmiden wird es gelingen, einzudringen und in das Chromosom eingebaut zu werden. Die Häufigkeit des Eindringens von Plasmiden kann durch die Zu-

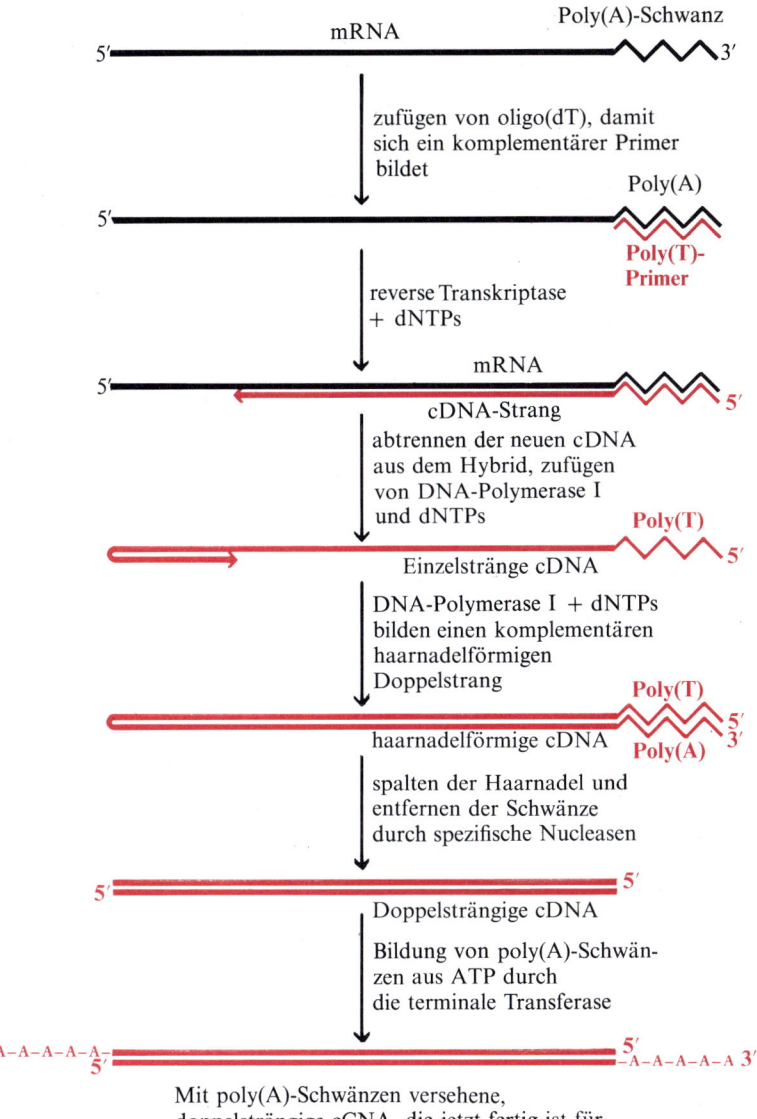

Abbildung 30-21
Konstruktionsplan für die Herstellung einer doppelsträngigen cDNA aus einer mRNA. Hat man die mRNA für ein bestimmtes Gen erst einmal isoliert, so kann diese mit Hilfe der reversen Transkriptase unter Bildung einer komplementären DNA transkribiert werden. Das Enzym braucht einen DNA-Primer. Diese Funktion kann von poly(dT) übernommen werden, das ja komplementär zum 3'-poly(A)-Schwanz der mRNA ist. Der neue cDNA-Strang, der normalerweise durch radioaktive dNTP-Vorstufen Isotopen-markiert ist, wird abgetrennt und dient der Polymerase I (S.923) bei der Herstellung eines haarnadelförmigen cDNA-Doppelstranges sowohl als Primer wie auch als Matrize. Die Haarnadel wird gespalten und „gestutzt", und der entstandene DNA-Doppelstrang mit glatten Enden wird nun mit poly(A)-Schwänzen versehen (Abb. 30-20). Die „geschwänzte" cDNA kann nun in einen Vektor eingespleißt werden (Abb. 30-22). Radioaktive cDNA kann dazu verwendet werden, aus fragmentierten Chromosomen das ihr entsprechende natürliche Gen zu gewinnen.

gabe von Ca^{2+} erhöht werden. Die einfachste Methode, die Zellen herauszufinden, die die rekombinierten Gene enthalten, ist, die Zellen auf einer Platte mit Nährmedium wachsen zu lassen, von jeder Zellkolonie die DNA zu isolieren und zu testen, ob sie mit der radioaktiven, ursprünglich über die isolierte mRNA dargestellten cDNA hybridisiert. Die Kolonie oder Zell-Linie von *E.coli*, von der man auf diese Weise festgestellt hat, daß sie rekombinierte Plasmide enthält, wird nun viele Generationen lang mit neuem Nährmedium in großem Maßstab gezüchtet, so daß die Anzahl der rekombinierten Plasmide um den Faktor 10^{12} oder mehr zunimmt.

Eine solche rekombinierte DNA, die nicht miteinander verwandte

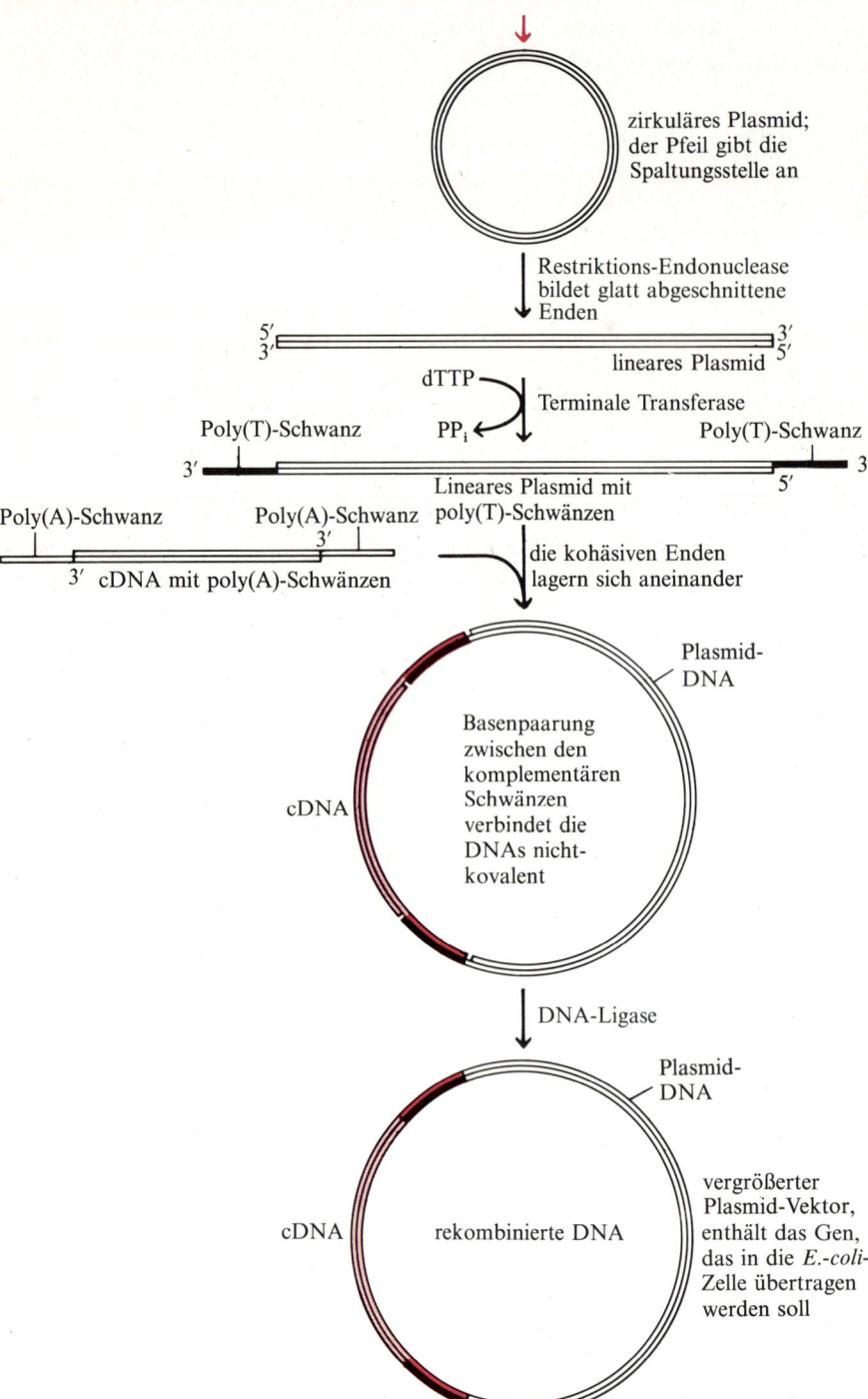

Abbildung 30-22
Rekombination einer mit poly(A)-Schwänzen versehenen cDNA mit einem Plasmid, das durch eine Restriktions-Endonuclease gespalten und mit poly(T)-Schwänzen versehen worden ist. Um die einzelnen Schritte deutlich sichtbar zu machen, sind die cDNA und das Plasmid nicht in ihren wahren Größenverhältnissen dargestellt. Plasmide sind wesentlich größer als cDNAs einzelner Gene.

Gene aus zwei verschiedenen Arten von Organismen enthält, wird *DNA-Chimäre* oder *chimärische DNA* genannt. In der Ilias von Homer war die Chimäre eine mythologische Gestalt mit dem Kopf eines Löwen, dem Körper einer Ziege und dem Schwanz einer Schlange.

Geklonte cDNAs können dazu verwendet werden, das entsprechende natürliche Gen wiederzufinden

Die in einem rekombinierten Plasmid auf die eben beschriebene Weise wiedergefundene geklonte cDNA ist nicht identisch mit dem nativen Gen für das Protein, denn es enthält nicht die Introns, die normalerweise in vielen, wenn nicht den meisten eukaryotischen Genen enthalten sind, die für Proteine codieren (S. 905), Erinnern wir uns, daß vor der Übersetzung einer kollinear von einem eukaryotischen Gen transkribierten mRNA die zu den Introns komplementären Bereiche entfernt werden (S. 939). Die geklonte cDNA kann nun dazu verwendet werden, das echte, native Gen für dieses Protein unter tausenden von anderen im Genom der Zelle vorhandenen Genen „herauszufischen". Die gesamte DNA des betreffenden Organismus wird extrahiert und mit einer Restriktions-Endonuclease abgebaut. Die vielen entstandenen DNA-Fragmente werden mit einer der oben beschriebenen Methoden in geeignete Vektoren eingebaut, normalerweise verwendet man dazu λ-Phagen-DNA. Die rekombinierte λ-DNA wird dann durch Zugabe von Mantelprotein in Virus-Partikel verpackt. Mit den entstandenen veränderten λ-Phagen, die das Passagier-Gen enthalten, infiziert man normale *E.-coli*-Zellen. Aus den Lysaten dieser Zellen kann man viele verschiedene Virus-DNAs erhalten, die die meisten oder sogar alle Gene des Donator-Organismus enthalten. Aus dieser „Gen-Bibliothek" kann das natürliche Gen für das betreffende Protein einfach und spezifisch durch Zufügen der entsprechenden ^{32}P-markierten cDNA isoliert werden. Nach Erhitzen und Abkühlenlassen werden sich hybride Doppelstränge zwischen den cDNA-Strängen und den Strängen des natürlichen Gens bilden. Trotz der vielen Intron-Sequenzen des natürlichen Gens werden seine Exons die cDNA erkennen und mit ihr hybridisieren. Die dabei gebildeten radioaktiven Hybride können isoliert und das natürliche Gen des Proteins, dessen Gen ja gesucht werden sollte, kann daraus gewonnen und wie bereits beschrieben über ein Plasmid oder einen λ-Phagen-Vektor geklont werden.

Da man heute DNA-Sequenzen schnell und genau analysieren kann (S. 905), kann man aus der Sequenz einer durch Klonen erhaltenen cDNA auf die Aminosäuresequenz des Proteins schließen, für das sie codiert, sowie auf die Sequenz seiner mRNA. Obwohl die cDNA nicht die gesamte Basensequenz des natürlichen Gens für ein eukaryotisches Protein enthält, kann das natürliche Gen mit Hilfe der markierten cDNA isoliert und geklont werden.

Die Expression geklonter Gene wird durch einen Promotor beschleunigt

Die Transkription vieler Gene und die darauffolgende Übersetzung ihrer mRNAs in spezifische Gen-Produkte erfordert einen Promotor und einen Operator, die den Punkt angeben, an den die RNA-Polymerase gebunden werden muß und von dem aus sie zu transkribieren beginnt (S. 992); wenn diese fehlen, ist es nicht sicher, daß ein fremdes, in die Empfängerzelle eingebautes Gen transkribiert und übersetzt wird. Will man sicherstellen, daß ein eingebautes Gen auch transkribiert wird, ist es oft nötig, das betreffende Gen in einen Bereich eines Plasmids oder einer λ-DNA einzubauen, der sich „stromabwärts" von dessen Promotor- und Operator-Regionen befindet. Das Gen kann z. B. in einen Abschnitt der *E.-coli*-DNA eingesetzt werden, der das *lac*-Operon enthält, aber es muß ein Punkt unterhalb der *lac*-Promotor- und -Operator-Region sein (S. 992). Wenn *E.-coli*-Zellen mit einer solchen rekombinierten DNA in ein Lactose-Medium gebracht werden, das keine Glucose enthält, so wird das eingesetzte Gen zusammen mit der *lac*-DNA, die sich zwischen dem Operator und dem eingesetzten Gen befindet, transkribiert und übersetzt werden.

Diese Technik wurde für das Klonen des *Somatostatin*-Gens gewählt. Somatostatin ist ein Peptidhormon des Hypothalamus aus 14 Resten, das die Sekretion von Insulin, Glucagon und Wachstumshormon reguliert. Das Gen für Somatostatin wurde in diesem Fall chemisch synthetisiert und an das Ende des β-Galactosidase-Gens angehängt. Die beiden miteinander verbundenen Gene wurden in ein *E.-coli*-Plasmid eingebaut und dieses Plasmid dann in *E.-coli*-Zellen eingeführt. Die Folge war, daß die Zellen große Mengen eines *Hybrid-Proteins* produzierten, in dem die β-Galactosidase und Somatostatin kovalent miteinander verbunden waren. Ein solches hybrides Paar von Proteinen, in diesem Fall aus einem *E.-coli-* und einem Vertebraten-Protein, wird *chimäres Protein* genannt. Die β-Galactosidase-Somatostatin-Chimäre wurde dann an *der* Peptidbindung gespalten, die die beiden Proteine miteinander verband, so daß man freies, biologisch aktives Somatostatin erhielt.

Viele Gene sind in verschiedenen Wirtszellen geklont worden

Variationen des oben beschriebenen Verfahrens sind in vielen Fällen zum Rekombinieren und Klonen von Genen in *E.-coli*-Zellen angewandt worden. Die neuen Gene sind dann oft unter Bildung der spezifischen Proteine oder mRNAs exprimiert worden. Bei einer Art des Klonens sind zusätzliche Exemplare eines *E.-coli*-Gens in normale *E.-coli*-Zellen rekombiniert worden. Solche Zellen produzieren entsprechend viele zusätzliche Exemplare des betreffenden Gen-Produkts. Bei einer anderen Art von Rekombinationsversuchen sind Gene verschiedener Eukaryoten mit Erfolg in *E. coli* geklont worden, darunter die Gene für Insulin, Somatotropin (das Wachstumshormon aus der Hypophyse), α- und β-Globine, ribosomale RNAs, Somatostatin und Ovalbumin. Auch die umgekehrte Art von Rekombination ist durchgeführt worden: Bakterien-Gene sind in das Genom eukaryotischer Zellen eingesetzt worden. Das *E.-coli*-Gen für β-Galactosidase (S. 987) ist z. B. in die Zellen einer Mäusezellkultur eingebaut worden. Von besonderem Interesse ist der Einbau des *E.-coli-Gens* für das Enzym *Hypoxanthin-Phophoribosyltransferase* (S. 697) in Zellkulturen aus dem Bindegewebe eines Patienten mit Lesch-Nyhan-Syndrom, bei dem dieses Enzym defekt ist. Das eingesetzte *E.-coli*-Gen wurde exprimiert und bildete das Bakterien-Enzym. Auf diese Weise konnte in vitro der genetische Defekt einer menschlichen Zelle durch Einbau des entsprechenden Bakterien-Gens korrigiert werden.

Eukaryotische Gene sind auch in Zellen anderer Eukaryoten-Arten rekombiniert und exprimiert worden. Das Kaninchen-Gen für die Hämoglobin-α-Kette ist z. B. in Mäusezellkulturen eingebaut und exprimiert worden. Die Rekombination eines fremden Gens in eukaryotischen Zellen muß nicht immer zu Transkription und Übersetzung in aktive Proteine führen. Bis heute sind die Regulationsmechanismen eukaryotischer Gene noch nicht genau genug bekannt (S. 987), um darauf einen logischen Plan für die Expression rekombinierter Gene von Eukaryoten aufzubauen. An der Entwicklung eines solchen Plans wird aber gearbeitet.

Das Rekombinieren von DNA und das Klonen von Genen eröffnet der genetischen Forschung neue Möglichkeiten

In der Presse finden im wesentlichen die praktischen Anwendungsmöglichkeiten für die DNA-Rekombinationstechnik Beachtung. Die Möglichkeit, Gene zu klonen, hat aber auch neue Verfahren für die Lösung vieler molekulargenetischer Grundprobleme erschlossen, die auf andere Weise nur äußerst schwierig zu lösen gewesen wären. Man kann heute praktisch jedes Gen isolieren und in Mengen darstellen, die ausreichen, um seine Nucleotidsequenz und die Sequenz seiner mRNA oder die des Proteins, für das es codiert, zu untersuchen. Damit wird eine direkte Kartierung der Gene in den Chromosomen möglich. Von besonderer Bedeutung sind die Isolierung, Klonierung und Identifizierung verschiedener Signal- und Regulationsbereiche der DNA, wie das *i*-Gen, Promotoren und Operatoren. Auch die Sequenz und Funktion der Introns in den eukaryotischen Struktur-Genen kann jetzt untersucht werden. Die Vermehrung von Genen, d. h. die Synthese vieler Kopien eines einzelnen Gens, wie sie in der frühen Embryonalentwicklung vorkommt, ist ein weiterer Vorgang, der mit Hilfe der Klonierungsmethode untersucht werden kann, ebenso die Identifizierung der verschiedenen Gene, die bei den Wirbeltieren miteinander verbunden werden und die DNA bilden, die für die leichten und schweren Ketten der Antikörper codieren. Auch die Identifizierung der Regulationsmechanismen, die in eukaryotischen Chromosomen Repression und Derepression bewirken, ist damit in den Bereich des Möglichen gerückt. Bei all diesen Fragestellungen haben die Techniken zur Rekombination und Klonierung von DNA eine wichtige Rolle gespielt und werden sie in Zukunft noch spielen.

Die Erforschung der Rekombinanten-DNA könnte viele praktische Anwendungsmöglichkeiten haben

Das Klonen von Rekombinanten-Genen und ihre Expression in Form von Protein-Produkten durch *E.-coli-* oder Hefezellen, die in enormen Mengen gezüchtet werden können, ermöglicht die kommerzielle Produktion vieler nützlicher Proteine, die auf andere Weise schwer in großen Mengen zu erhalten sind. Diese Erwartungen haben das Gebiet der *Gentechnologie (genetic engineering)* entstehen lassen.

Ein einfaches Beispiel hierfür ist das Bakterien-Enzym DNA-Ligase, das wegen seiner Bedeutung für die biochemische Forschung käuflich erhältlich ist. Es wird in großen Mengen in *E.-coli*-Zellen hergestellt, die viele zusätzliche Exemplare des DNA-Ligase-Gens enthalten. Solche Zellen produzieren mehrere hundert mal so viel dieses Enzyms wie normale *E.-coli*-Zellen. Durch solches Einklonen zusätzlicher Gen-Kopien in *E.-coli-* oder Hefezellen können auch viele andere industriell bedeutende Enzyme mit hoher Ausbeute hergestellt werden. Ein anderes Projekt ist, in häufig vorkommende unschädliche Bakterien Gene einzusetzen, die ihnen die Fähigkeit verleihen, die Kohlenwasserstoffe von Petroleum zu oxidieren. Damit hätte man ein Mittel gegen Ölverschmutzungen.

Die Gene für einige medizinisch wichtige Proteine sind bereits geklont worden. Das für die Behandlung von Diabetikern benötigte Insulin wird aus dem Pankreas von Schlachttieren gewonnen. Obwohl auf diese Weise genug Insulin erhalten werden kann, um den gegenwärtigen Bedarf zu decken, könnte das steigende Auftreten von Diabetes mellitus (von dem bereits mehr als 5% der Bevölkerung in den Vereinigten Staaten betroffen sind) eines Tages zu einem Bedarf führen, der durch die zur Verfügung stehenden Vorräte nicht gedeckt werden kann. Außerdem ist das Insulin der Schlachttiere in seiner Aminosäuresequenz nicht mit dem menschlichen Insulin identisch und bei manchen Menschen entweder unwirksam oder es wird von ihrem Körper nicht toleriert. Die Synthese von menschlichem Insulin durch *E.-coli*-Zellen, in denen das menschliche Insulin-Gen geklont vorliegt, ist gelungen, und auf diesem Wege erhaltenes menschliches Insulin wird bereits zur Behandlung von Diabetes verwendet. Auf ähnliche Weise müßte auch die Produktion des menschlichen Wachstumshormons aus der Hypophyse (Somatotropin), das bisher nicht für einen medizinischen Einsatz zur Verfügung steht, mit Hilfe von Rekombinanten-DNA möglich sein. Wachstumshormon aus Schlachttieren ist für die Behandlung von menschlichem Zwergwuchs unwirksam, vermutlich weil es sich vom menschlichen Hormon in der Aminosäuresequenz unterscheidet.

Auch verschiedene für die Landwirtschaft nützliche Proteine könnten in großen Mengen von Wirtszellen produziert werden, die die passenden Rekombinanten-Gene tragen. Mit Hilfe der Gentechnologie könnte z. B. eine neue und hochwirksame Vaccine gegen die Maul- und Klauenseuche von Rindern, Schafen und Schweinen erzeugt werden. Diese Virus-Erkrankung, die Zuchtvieh unbrauchbar für die Ernährung macht, ist auf andere Weise nicht heilbar. Da diese Krankheit in der Dritten Welt endemisch ist, verursacht sie große ökonomische Schäden. Das Protein-Antigen dieses Virus wurde geklont und für die Herstellung von Vaccine gegen diese Krankheit verwendet. Ein anderes, besonders wichtiges Gebiet ist der Einbau von Genen und anderen Proteinen der Stickstoff-Fixierung in das Genom von Ackerpflanzen, die normalerweise keinen Stickstoff fixieren. Ein praktischer Erfolg dieser Bemühungen scheint zwar noch in weiter Ferne zu liegen, er wäre aber von grundlegendem Einfluß auf die Landwirtschaft der ganzen Welt.

Interferon-Gene sind geklont worden

Interferone sind Proteine, die bei Virus-Infektionen von bestimmten Zellen der Wirbeltiere sezerniert werden. Sie werden an die Plasmamembran nicht-infizierter Zellen gebunden und machen diese immun gegen die Infektion mit diesen oder anderen Viren. Auf die Existenz solcher Substanzen wurde zuerst aus der Bobachtung geschlossen, daß Patienten, die bereits *eine* Virus-Krankheit haben, sich nicht gleichzeitig eine zweite zuziehen können. Das ließ vermuten, daß die erste Virus-Infektion die Entwicklung einer zweiten stört. Als das Interferon in den 50er Jahren entdeckt wurde, hoffte man, es zur Behandlung von Virus-Erkrankungen einsetzen zu können, die einer Behandlung mit Medikamenten und Antibiotika meistens nicht zugänglich sind. Zu diesen Krankheiten gehört die gewöhnliche Erkältung, die Grippe, die Kinderlähmung, die Windpocken, Herpes, die infektiöse Gelbsucht und viele andere. Die größte Hoffnung aber war die, daß es möglich sein könnte, Interferon gegen solche Formen von menschlichem Krebs einzusetzen, von denen man schon seit langem annahm, daß sie von Viren verursacht würden. Das Interferon blieb jedoch viele Jahre hindurch eine mysteriöse Angelegenheit. Da es in den infizierten Zellen nur in winzigen Mengen gebildet wird, hatte man kaum Hoffnung, es jemals in Mengen isolieren zu können, die für Struktur-Untersuchungen und biologische Tests ausreichen würden.

Inzwischen wurden aber Methoden entwickelt, die eine Isolierung und Identifizierung von Proteinen und ihren Genen auch dann erlauben, wenn sie in winzigen Mengen vorliegen. Die Interferone konnten als Glycoproteine mit etwa 160 Aminosäureresten identifiziert werden. Jede Art von Säugern kann während einer Virusinfektion mindestens drei verschiedene Arten von Interferonen bilden. Eine wird von den Fibroblasten des Bindegewebes gebildet, eine andere von den weißen Blutkörperchen und eine dritte von den T-Lymphozyten (S. 154). Durch Bindung an die Membran einer gesunden Zelle bewirken die Interferone die Bildung spezifischer Enzyme, die die viralen mRNAs zerstören und einen Initiationsfaktor für die ribosomale Proteinsynthese inaktivieren können, wodurch die Expression des Virus-Gens durch die Wirtszelle verhindert wird.

Im Jahre 1980 wurde das Gen für das menschliche Interferon aus weißen Blutkörperchen von Arbeitsgruppen in der Schweiz und in den Vereinigten Staaten isoliert und in ein *E.-coli*-Plasmid rekombiniert. Man bemüht sich zur Zeit, menschliches Interferon in großem Maßstab mit Hilfe von in *E.-coli*-Zellen geklonten Interferon-Genen zu gewinnen. Obwohl es noch ungewiß ist, ob eine Behandlung von Krebs mit Interferon möglich sein wird, können diese Untersuchungen zu einem neuen Zeitalter im Verstehen menschlicher Virus-Erkankungen führen.

Zusammenfassung

Sowohl prokaryotische als auch eukaryotische Zellen enthalten Enzymsysteme, die in der Lage sind, Replikations-Irrtümer und verschiedene Arten von DNA-Beschädigungen zu korrigieren. Beschädigungen können durch Hydrolyse erfolgen oder durch äußere mutagene Agentien, wie ultraviolette und ionisierende Strahlung oder desaminierende und alkylierende Substanzen. DNA-Schäden, die nicht durch einen solchen Mechanismus korrigiert werden, führen zu erblichen Mutationen, die letal, „durchlässig", „still" oder sogar vorteilhaft sein können, je nach Ort und Art des Schadens. Eine Art von Mutationen bewirkt den Einbau einer falschen Base in die DNA, was zur Änderung eines einzelnen Codons und in den meisten Fällen zu einem Aminosäure-Austausch im Proteinprodukt führt. Bei dem zweiten Haupttyp von Mutationen, den Leseraster-Mutationen, kommt es zu einem Verlust oder Zugewinn eines oder mehrerer Nucleotide. Die Folge davon ist eine Verschiebung des Lerasters und die Synthese eines Proteins, in dem die Aminosäuresequenz von dem Punkt der Nucleotid-Veränderung an völlig entstellt ist. Mutationen erfolgen im allgemeinen zufällig. Ihre Häufigkeit kann aber durch mutagene Agentien stark erhöht werden. Hierzu gehören desaminierende, alkylierende und andere Substanzen, die in der Lage sind, die Basenstruktur zu ändern. Fast alle carcinogenen Verbindungen sind Mutagene. Die carcinogene Wirkung kann durch einen einfachen Bakterien-Wachstumstest geprüft werden.

Die Rekombination von Genen und ganzen Sätzen von Genen

erfolgt normalerweise bei bestimmten biologischen Vorgängen, wie Bakterien-Transformation, Virus-Transduktion, Bakterien-Konjugation und Austausch von Genen während der sexuellen Konjugation von eukaryotischen Keimzellen. Gene und Sätze von Genen können auch von einer Stelle eines Chromosoms zu einer anderen desselben oder eines anderen Chromosoms transportiert werden. Die Antikörper-Proteine z. B., die von den Plasmazellen oder Immunozyten der Wirbeltiere gegen Millionen verschiedener fremder Makromoleküle gebildet werden können, werden von DNA-Sequenzen codiert, die durch Transposition und Umgruppierung aus einer relativ kleinen Zahl verschiedener Gene entstanden sind. Durch Transkription dieser Sequenzen entstehen die mRNAs für die Millionen verschiedener Antikörper und Proteine, von denen jedes die Fähigkeit zur spezifischen Bindung von einer einzigen Art von Antigen-Molekülen hat.

Neue Gen-Kombinationen können auch künstlich im Labor hergestellt werden. Dazu werden Enzyme wie Restriktions-Endonucleasen, DNA-Ligase und terminale Transferase verwendet. Um ein fremdes Gen in das Genom einer *E.-coli*-Zelle einzusetzen, wird das Gen zuerst in einen Träger oder Vektor eingespleißt. Dieser ist entweder ein *E.-coli*-Plasmid oder der DNA-Phage λ. Die gebildete Rekombinanten-DNA kann in die *E.-coli*-Zelle eintreten, kovalent in deren Chromosom eingebaut und repliziert werden. Wenn das neue, in der Rekombinanten-DNA enthaltene Gen die passenden Signalsequenzen besitzt, die die Initiations- und Terminationsstellen anzeigen, so wird es transkribiert und in das Proteinprodukt übersetzt. Viele Gene aus tierischen Zellen sind in Bakterienzellen eingeführt worden; umgekehrt sind auch Bakterien-Gene in Eukaryotenzellen eingebaut worden. Durch Einführung der passenden Gene in Bakterien können viele medizinisch verwendbare menschliche Proteine, wie Insulin, Wachstumshormon und Interferone hergestellt werden.

Aufgaben

1. *DNA-Reparaturmechanismen*
    (a) Warum würden Sie erwarten, daß UV-Endonuclease eher an der 5'- als an der 3'-Seite eines Thymin-Dimers spaltet?
    (b) Warum ist es unwahrscheinlich, daß Enzyme gefunden werden, die beschädigte mRNA ebenso effizient reparieren, wie es bei beschädigter DNA geschieht?
    (c) Stellen Sie sich vor, ein Gen würde Röntgenstrahlen ausgesetzt, die häufig Doppelstrangbrüche verursachen. Was würden Sie nach allem, was Sie über DNA-Reparaturmechanismen wissen, für die wahrscheinliche Folge dieser Strahlenschädigung halten?

2. *Die Auswirkungen eines Ein-Basen-Austausches.* Zählen Sie die

verschiedenen möglichen Wirkungen auf, die eine durch einen Ein-Basen-Austausch verursachte Mutation haben kann, die in einem für ein Enzym codierenden, eukaryotischen Abschnitt entstanden ist.

3. *Die Rekombination von Restriktions-Endonuclease-Fragmenten.* Stellen Sie sich vor, Sie haben zwei doppelsträngige DNA-Moleküle A und B. Strang 1 von DNA_A hat die Sequenz:

(5′)   ATATGAATTCAATT   (3′)

und Strang 1 von DNA_B die Sequenz:

(5′)   CGCGGAATTCCCGG(3′)

Jede der beiden DNAs wird mit Restriktions-Endonuclease *Eco*-RI gespalten. Die Fragmente von beiden werden gemischt, zum Rekombinieren inkubiert und dann mit DNA-Ligase kovalent gebunden.
Schreiben Sie die Sequenzen aller Rekombinanten-DNAs auf und geben Sie die neuen Rekombinanten an.

4. *UAA als Signal.* Die Nucleotidreste einer prokaryotischen mRNA werden derart numeriert, daß die für das initiierende Methionin des 140 Aminosäurereste langen Proteinproduktes codierenden Nucleotide (AUG) mit 1, 2 und 3 beziffert werden. Welchen Effekt hat es auf das Produkt, wenn sich in den Positionen 330–332, 334–336 oder 338–340 das Triplett (5′) UAA befindet? Wie wäre die Antwort bei einem eukaryotischen Gen?

5. *Die Konstruktion der Restriktionskarte eines Virus.* Die DNA eines Virus, der tierische Zellen infiziert, besitzt die üblichen Basenäquivalenzen und ist gegenüber allen bekannten Exonucleasen resistent.
   (a) Was sagen uns die Fakten über die dreidimensionale Struktur der DNA?
   (b) Spaltung mit der Restriktions-Endonuclease *Eco* RI ergibt nur eine Art von DNA-Doppelhelix mit einer relativen Molekülmasse von 3.4×10^6. Was sagt dieses Ergebnis über die Struktur der DNA aus?
   (c) Durch Spaltung der ursprünglichen Virus-DNA mit Restriktions-Endonuclease *Hpa* I aus *Hemophilus parainfluenzae* entstehen drei Fragmente, die sich durch Gelelektrophorese trennen lassen und relative Molekülmassen von 1.4×10^6, 0.7×10^6 und 1.3×10^6 haben. Wird die ursprüngliche Virus-DNA der kombinierten Wirkung von *Eco* RI und *Hpa* I unterworfen, so entstehen vier Fragmente. Das kleinste hat eine relative Molekülmasse von 0.6×10^6 und das größte eine von 1.3×10^6. Die Fragmente werden in der Reihenfolge ihrer Größe bezeichnet, das größte mit A. Welche relativen Molekülmassen haben die beiden anderen durch die kombinierte Wirkung entstandenen Fragmente?

(d) Nach partieller oder unvollständiger Einwirkung beider Enzyme wurde die elektrophoretische Bande, die dem Fragment mit der relativen Molekülmasse 1.3×10^6 entsprach, isoliert und einer vollständigen Spaltung mit *Hpa* I unterworfen. Elektrophorese der entstandenen Produkte ergab drei Banden: eine, die mit einer Geschwindigkeit entsprechend einer relativen Molekülmasse von 1.3×10^6 wanderte, und zwei Banden, die kleineren Fragmenten entsprachen, Konstruieren Sie eine mögliche Spaltungskarte für die Fragmente A bis D der Virus-DNA und geben Sie die Spaltstellen an.

(e) Die DNA aus einer Mutanten desselben tierischen Virus ergab nach vollständiger Spaltung mit den beiden Restriktions-Enzymen nur drei Fragmente, mit den relativen Molekülmassen 2.1×10^6, 0.6×10^6 und 0.7×10^6. Wie ist die Mutation, die zu diesem neuen Spaltungsmuster führte, am einfachsten zu erklären?

6. *Funktionelle Domänen in Proteinen.* Es gibt Beweise dafür, daß die Proteine von Eukaryoten aus funktionellen Domänen zusammengesetzt sind, d.h. aus voneinander unabhängigen Regionen, von denen jede für einen Aspekt der Funktionen oder Eigenschaften des Proteins zuständig ist. Es ist postuliert worden, daß diese Domänen einen Vorteil für die Evolution darstellen, da die für jede der Domänen codierenden DNA-Abschnitte neu arrangiert werden können, d.h. unter Austausch und Rekombination neue Gene bilden können, wodurch Proteine mit neuen Kombinationen von Funktionen und Eigenschaften entstehen. Welches Phänomen bei der eukaryotischen Transkription könnte zur Entstehung solcher neuer Gene beitragen und warum?

7. *Das Klonen von menschlichem Interferon.* Durch die Rekombinanten-DNA-Technologie wird eine große Produktionssteigerung für seltene Proteine möglich. Interferone – antivirale und möglicherweise anticanceröse Agentien – können aus weißen Blutkörperchen isoliert werden. Die Ausbeute beträgt aber nur etwa $1\ \mu g/l$ menschlichen Blutes. Interferon ist also eine kostbare Substanz. Die Gene für Interferone können geklont und in Bakterien exprimiert werden, die dann ohne Schwierigkeiten in Nährlösungen gezüchtet werden können.

(a) Berechnen Sie, wieviel Interferon pro Liter Nährlösung durch Klonen eines Interferon-Gens in Bakterien hergestellt werden könnte, wenn man annimmt, daß es in einer voll ausgewachsenen Kultur 10^9 Bakterienzellen/ml gibt und daß jede Zelle 10^{-1} Picogramm Protein enthält, wovon 5% Interferone sind.

(b) Wenn das Interferon eine relative Molekülmasse von 300 000 hat, wieviele Moleküle Interferon werden dann pro Zelle hergestellt? (Hinweis: die Avogadro-Konstante, die Anzahl der

Moleküle in einem Mol einer Verbindung, beträgt 6.02×10^{23} mol^{-1}).

(c) Welche Masse an geklontem menschlichem Interferon könnte theoretisch aus 100 l Kulturmedium erhalten werden, wenn die unter (a) gemachte Annahme gilt?

8. *Die Rekombination zirkulärer DNAs.* Stellen Sie sich vor, Sie haben zwei doppelsträngige, zirkuläre DNAs, eine große und eine kleine, die zu einem einzigen zirkulären Doppelstrang kombiniert werden sollen. Ihnen steht eine Restriktions-Endonuclease zur Verfügung, die jede der DNAs einmal unter Bildung überstehender Enden spalten kann.

(a) Wie werden Sie vorgehen, um die große und die kleine DNA zu einem großen Ring zu kombinieren?

(b) Geben Sie die Struktur des hauptsächlichen Nebenproduktes der Rekombination an.

Anhang A
In der biochemischen Literatur häufig verwendete Abkürzungen

A	Adenosin oder Adenylsäure
ACP	Acyl-Carrier-Protein
ACTH	Adrenocorticotropes Hormon (Corticotropin)
Acyl-CoA (Acyl-S-CoA)	Acyl-Derivate von Coenzym A
AMP, ADP, ATP	Adenosin-5'-mono-, di-, -triphosphat
cAMP	3',5'-cyclo-AMP
dAMP, dGMP dADP, etc.	Desoxyadenosin-5'-monophosphat, Desoxyguanosin-5'-monophosphat, Desoxyadenosin-5'-diphosphat, usw.
Ala	Alanin
Arg	Arginin
Asn	Asparagin
Asp	Asparaginsäure
ATPase	Adenosintriphosphatase
C	Cytidin oder Cytidylsäure
CAP	Catabolit-Aktivatorprotein
cDNA	Komplementäre DNA
CMP, CDP, CTP	Cytidin-5'-mono-, di-, -triphosphat
CoA (CoA-SH)	Coenzym A
CoQ	Coenzym Q (Ubichinon)
Cys	Cystein
dATP, dGTP, etc.	2'-Desoxyadenosin-5'-triphosphat, 2'-Desoxyguanosin-5'-triphosphat, usw.
DNA	Desoxyribonucleinsäure
DNase	Desoxyribonuclease
DOPA	Dihydroxyphenylalanin
EC (mit anschließender Nummmer)	Enzym-Kommission (Die Nummer bezieht sich auf die systematische Einteilung der Enzyme)
EDTA	Ethylendiamintetraessigsäure
ETP	Elektronentransfer-Partikel (aus der Mitochondrienmembran)
FA	Fettsäure
FAD, $FADH_2$	Flavinadenindinucleotid und seine reduzierte Form
FCCP	Carbonylcyanid-*p*-trifluormethoxyphenylhydrazon
Fd	Ferredoxin

FDNB (DNFB)	1-Fluor-2,4-dinitrobenzol
FFA	Freie Fettsäure
FH_2, FH_4 (THFA)	Dihydro- und Tetrahydrofolsäure
fMet	N-Formylmethionin
FMN, $FMNH_2$	Flavinmononucleotid und seine reduzierte Form
FP	Flavoprotein
Fru-1,6-P_2 (FDP)	Fructose-1,6-bisphosphat
$\Delta G^{\circ\prime}$	Änderung der freien Standardenergie
ΔG	*Änderung der freien Energie*
ΔG_p	Änderung der freien Energie der ATP-Hydrolyse unter nicht standardisierten Bedingungen
G	Guanosin oder Guanylsäure
Gal	D-Galactose
GalNAc	N-Acetyl-D-galactosamin
GDH	Glutamat-Dehydrogenase
Glc	D-Glucose
GlcNAc	N-Acetyl-D-glucosamin
Glc-6-P (G6P)	Glucose-6-phosphat
Gln	Glutamin
Glu	Glutaminsäure
Gly	Glycin
cGMP	$3^\prime,5^\prime$-cyclo-GMP
GMP, GDP, GTP	Guanosin-$5^\prime$-mono-, -di-, -triphosphat
G3P	Glycerinaldehyd-3-phosphat
GSH, GSSG	Glutathion u. seine oxidierte Form
Hb, HbO^2, HbCO, MetHb	Hämoglobin, Oxyhämoglobin, Kohlenmonoxid-Hämoglobin, Methämoglobin
His	Histidin
hnRNA	Heterogene nucleare RNA
Hyp	Hydroxyprolin
I	Inosin
Ile	Isoleucin
IMP, IDP, ITP	Inosin-$5^\prime$-mono-, -di-, triphosphat
iPr_2P-F (DIFP)	Diisopropylphosphofluoridate
αKG	2-Oxoglutarat
LDH	Lactat-Dehydrogenase
Leu	Leucin
LH	Luteinisierungshormon (Lutropin)
Lys	Lysin
Mb, MbO_2	Myoglobin, Oxymyoglobin
MDH	Malate-Dehydrogenase
Met	Methionin
MSH	Melanozyten-stimulierendes Hormon (Melanotropin)
mtDNA	Mitochondriale DNA
NAD^+, NADH	Nicotinamidadenindinucleotid und seine reduzierte Form

NADP$^+$, NADPH	Nicotinamidadenindinucleotidphosphat und seine reduzierte Form
NMN$^+$, NMNH	Nicotinamidmononucleotid und seine reduzierte Form
OxAc	Oxalacetat
P_i	Anorganisches Orthophosphat
PAB	4-Aminobenzoesäure
PEB	Phospho*enol*pyruvat
3PG	3-Phosphoglycerat
PGA	Pteroylglutaminsäure (Folsäure)
PGP	3-Phosphoglyceroylphosphat
Phe	Phenylalanine
PP$_i$	Anorganisches Diphosphat
PQ	Plastochinon
P-Rib-*PP* (PRPP)	5-Phosphoribosyl-1-diphosphat
Pro	Prolin
Q	Coenzyme Q (Ubichinon)
Rib	D-Ribose
RNA	Ribonucleinsäure
hnRNA	Heterogene nucleare RNA
mRNA	Messenger-RNA
rRNA	Ribosomale RNA
snRNA	Niedermolekulare nucleare RNA
tRNA	Transfer-RNA
RNase	Ribonuclease
RQ	Respirationsquotient
Ser	Serin
T	Thymidin oder Thymidylsäure
TH	Thyrotropes Hormon (Thyrotropin)
Thr	Threonin
TMP, TDP, TIP	Thymidin-5'-mono-, -di-, -triphosphat
TMV	Tabakmosaikvirus
TPP	Thiamindiphosphate
Trp	Tryptophan
Tyr	Tyrosin
U	Uridin oder Uridylsäure
UDP-Gal	Uridindiphosphatgalactose
UDP-Glc	Uridindiphosphatglucose
UMP, UDP, UTP	Uridin-5'-mono-, -di-, triphosphat
UV	Ultraviolettes Licht
Val	Valin

Anhang B
Einheitenzeichen, Vorsätze, Konstanten und Umrechnungsfaktoren

A	Ampere	M	Molare Konzentration
Å	Ångström	m	Molale Konzentration
bar	Bar	m	Meter
C	Coulomb	mg	Milligramm
Ci	Curie	min	Minute
cm	Zentimeter	ml	Milliliter
d	Tag	mm	Millimeter
dm	Dezimeter	mol	Mol
g	Gramm	mV	Millivolt
h	Stunde	nm	Nanometer
Ipm	Impulse pro Minute	s	Sekunde
J	Joule	S	Svedberg
kJ	Kilojoule	Upm	Umdrehungen pro Minute
K	Kelvin		
l	Liter	V	Volt
µm	Mikrometer	Zpm	Zerfälle pro Minute
µmol	Mikromol		

Physikalische Konstanten

	Symbol	Wert
Avogadro-Konstante	N_A	6.02×10^{23} mol^{-1}
Curie	Ci	3.70×10^{10} Zerfälle s^{-1}
Atomare Masseneinheit	u	1.661×10^{-24} g
Faraday-Konstante	$\mathscr{F}$	96.485 C mol^{-1}
molare Gaskonstante	R	8.314 J mol^{-1} K^{-1}
Planck-Konstante	h	6.626×10^{-34} J · s

Mathematische Konstanten

$\pi = 3.1416$
$e = 2.718$
$\ln(\log_e) x = 2.303 \log_{10} x$

Vorsätze und Vorsatzzeichen

Faktor	Vorsatz	Vorsatzzeichen	Faktor	Vorsatz	Vorsatzzeichen
10^6	Mega	M	10^{-3}	Milli	m
10^3	Kilo	k	10^{-6}	Mikro	μ
$\rightarrow \Omega^{-1}$	Dezi	d	10^{-9}	Nano	n
10^{-2}	Zenti	c	10^{-12}	Piko	p

Umrechnungsfaktoren

Länge	1 cm = 10 mm = 10^4 μm = 10^7 nm = 10^8 Å = 0.394 in, 1 in = 2.54 cm
Masse	1 g = 10^{-3} kg = 10^3 mg = 10^6 μg = 3.53×10^{-2} oz, 1 oz = 28.3 g
Temperatur	K = °C + 273
Energie	1 J = 10^7 erg = 0.239 cal, 1 cal = 4.184 J

Anhang C
Protonenzahlen (Ordnungszahlen) und relative Atommassen der Elemente

Name	Symbol	Protonen-zahl	relative Atommasse	Name	Symbol	Protonen-zahl	relative Atommasse
Actinium	Ac	89	227,0278	Iod	I	53	126,9045
Aluminium	Al	13	26,98154	Iridium	Ir	77	192,22
Americium	Am	95	(243)	Kalium	K	19	39,098
Antimon	Sb	51	121,75	Kohlenstoff	C	6	12,011
Argon	Ar	18	39,94	Krypton	Kr	36	83,80
Arsen	As	33	74,9216	Kupfer	Cu	29	63,546
Astat	At	85	(210)	Lanthan	La	57	138,9055
Barium	Ba	56	137,33	Lawrencium	Lr	103	(260)
Berkelium	Bk	97	(247)	Lithium	Li	3	6,941
Beryllium	Be	4	9,01218	Lutetium	Lu	71	174,967
Bismut	Bi	83	208,9804	Magnesium	Mg	12	24,305
Blei	Pb	82	207,2	Mangan	Mn	25	54,9380
Bor	B	5	10,81	Mendelevium	Md	101	(258)
Brom	Br	35	79,904	Molybdän	Mo	42	95,94
Cadmium	Cd	48	112,41	Natrium	Na	11	22,98977
Caesium	Cs	55	132,9054	Neodym	Nd	60	144,24
Calcium	Ca	20	40,08	Neon	Ne	10	20,17
Californium	Cf	98	(251)	Neptunium	Np	93	237,0482
Cer	Ce	58	140,12	Nickel	Ni	28	58,69
Chlor	Cl	17	35,453	Niob	Nb	41	92,9064
Chrom	Cr	24	51,996	Nobelium	No	102	(259)
Cobalt	Co	27	58,9332	Osmium	Os	76	190,2
Curium	Cm	96	(247)	Palladium	Pd	46	106,42
Dysprosium	Dy	66	162,50	Phosphor	P	15	30,97376
Einsteinium	Es	99	(252)	Platin	Pt	78	195,08
Eisen	Fe	26	55,847	Plutonium	Pu	94	(244)
Erbium	Er	68	167,26	Polonium	Po	84	(209)
Europium	Eu	63	151,96	Praseodym	Pr	59	140,9077
Fermium	Fm	100	(257)	Promethium	Pm	61	(145)
Fluor	F	9	18,998403	Protactinium	Pa	91	231,0359
Francium	Fr	87	(223)	Quecksilber	Hg	80	200,59
Gadolinium	Gd	64	157,25	Radium	Ra	88	226,0254
Gallium	Ga	31	69,72	Radon	Rn	86	(222)
Germanium	Ge	32	72,59	Rhenium	Re	75	186,207
Gold	Au	79	196,9665	Rhodium	Rh	45	102,9055
Hafnium	Hf	72	178,49	Rubidium	Rb	37	85,4678
Helium	He	2	4,00260	Ruthenium	Ru	44	101,07
Holmium	Ho	67	164,9304	Samarium	Sm	62	150,36
Indium	In	49	114,82	Sauerstoff	O	8	15,9994

Name	Symbol	Protonen-zahl	relative Atommasse	Name	Symbol	Protonen-zahl	relative Atommasse
Scandium	Sc	21	44,9559	Titan	Ti	22	47,88
Schwefel	S	16	32,06	Unnilpentium	Unp	105	(262)
Selen	Se	34	78,96	Unnilquadium	Unq	104	(261)
Silber	Ag	47	107,868	Uran	U	92	238,0289
Silicium	Si	14	28,0855	Vanadium	V	23	50,9415
Stickstoff	N	7	14,0067	Wasserstoff	H	1	1,0079
Strontium	Sr	38	87,62	Wolfram	W	74	183,85
Tantal	Ta	73	180,947	Xenon	Xe	54	131,29
Technetium	Tc	43	(98)	Ytterbium	Yb	70	173,04
Tellur	Te	52	127,60	Yttrium	Y	39	88,9059
Terbium	Tb	65	158,9254	Zink	Zn	30	65,38
Thallium	Tl	81	204,3383	Zinn	Sn	50	118,69
Thorium	Th	90	232,0381	Zirconium	Zr	40	91,22
Thulium	Tm	69	168,9342				

Anhang D
Logarithmen

N	0	1	2	3	4	5	6	7	8	9
10	0000	0043	0086	0128	0170	0212	0253	0294	0334	0374
11	0414	0453	0492	0531	0569	0607	0645	0682	0719	0755
12	0792	0828	0864	0899	0934	0969	1004	1038	1072	1106
13	1139	1173	1206	1239	1271	1303	1335	1367	1399	1430
14	1461	1492	1523	1553	1584	1614	1644	1673	1703	1732
15	1761	1790	1818	1847	1875	1903	1931	1959	1987	2014
16	2041	2068	2095	2122	2148	2175	2201	2227	2253	2279
17	2304	2330	2355	2380	2405	2430	2455	2480	2504	2529
18	2553	2577	2601	2625	2648	2672	2695	2718	2742	2765
19	2788	2810	2833	2856	2878	2900	2923	2945	2967	2989
20	3010	3032	3054	3075	3096	3118	3139	3160	3181	3201
21	3222	3243	3263	3284	3304	3324	3345	3365	3385	3404
22	3424	3444	3464	3483	3502	3522	3541	3560	3579	3598
23	3617	3636	3655	3674	3692	3711	3729	3747	3766	3784
24	3802	3820	3838	3856	3874	3892	3909	3927	3945	3962
25	3979	3997	4014	4031	4048	4065	4082	4099	4116	4133
26	4150	4166	4183	4200	4216	4232	4249	4265	4281	4298
27	4314	4330	4346	4362	4378	4393	4409	4425	4440	4456
28	4472	4487	4502	4518	4533	4548	4564	4579	4594	4609
29	4624	4639	4654	4669	4683	4698	4713	4728	4742	4757
30	4771	4786	4800	4814	4829	4843	4857	4871	4886	4900
31	4914	4928	4942	4955	4969	4983	4997	5011	5024	5038
32	5051	5065	5079	5092	5105	5119	5132	5145	5159	5172
33	5185	5198	5211	5224	5237	5250	5263	5276	5289	5302
34	5315	5328	5340	5353	5366	5378	5391	5403	5416	5428
35	5441	5453	5465	5478	5490	5502	5514	5527	5539	5551
36	5563	5575	5587	5599	5611	5623	5635	5647	5658	5670
37	5682	5694	5705	5717	5729	5740	5752	5763	5775	5786
38	5798	5809	5821	5832	5843	5855	5866	5877	5888	5899
39	5911	5922	5933	5944	5955	5966	5977	5988	5999	6010
40	6021	6031	6042	6053	6064	6075	6085	6096	6107	6117
41	6128	6138	6149	6160	6170	6180	6191	6201	6212	6222
42	6232	6243	6253	6263	6274	6284	6294	6304	6314	6325
43	6335	6345	6355	6365	6375	6385	6395	6405	6415	6425
44	6435	6444	6454	6464	6474	6484	6493	6503	6513	6522
45	6532	6542	6551	6561	6571	6580	6590	6599	6609	6618
46	6628	6637	6646	6656	6665	6675	6684	6693	6702	6712
47	6721	6730	6739	6749	6758	6767	6776	6785	6794	6803
48	6812	6821	6830	6839	6848	6857	6866	6875	6884	6893
49	6902	6911	6920	6928	6937	6946	6955	6964	6972	6981

Anhang D Logarithmen

N	0	1	2	3	4	5	6	7	8	9
50	6990	6998	7007	7016	7024	7033	7042	7050	7059	7067
51	7076	7084	7093	7101	7110	7118	7126	7135	7143	7152
52	7160	7168	7177	7185	7193	7202	7210	7118	7226	7235
53	7243	7251	7259	7267	7275	7284	7292	7300	7308	7316
54	7324	7332	7340	7348	7356	7364	7372	7380	7388	7396
55	7404	7412	7419	7427	7435	7443	7451	7459	7466	7474
56	7482	7490	7497	7505	7513	7520	7528	7536	7543	7551
57	7559	7566	7574	7582	7589	7597	7604	7612	7619	7627
58	7634	7642	7649	7657	7664	7672	7679	7686	7694	7701
59	7709	7716	7723	7731	7738	7745	7752	7760	7767	7774
60	7782	7789	7796	7803	7810	7818	7825	7832	7839	7846
61	7853	7860	7868	7875	7882	7889	7896	7903	7910	7917
62	7924	7931	7938	7945	7952	7959	7966	7973	7980	7987
63	7993	8000	8007	8014	8021	8028	8035	8041	8048	8055
64	8062	8069	8075	8082	8089	8096	8102	8109	8116	8122
65	8129	8136	8142	8149	8156	8162	8169	8176	8182	8189
66	8195	8202	8209	8215	8222	8228	8235	8241	8248	8254
67	8261	8267	8274	8280	8287	8293	8299	8306	8312	8319
68	8325	8331	8338	8344	8351	8357	8363	8370	8376	8382
69	8388	8395	8401	8407	8414	8420	8426	8432	8439	8445
70	8451	8457	8463	8470	8476	8482	8488	8494	8500	8506
71	8513	8519	8525	8531	8537	8543	8549	8555	8561	8567
72	8573	8579	8585	8591	8597	8603	8609	8615	8621	8627
73	8633	8639	8645	8651	8657	8663	8669	8675	8681	8686
74	8692	8698	8704	8710	8716	8722	8727	8733	8739	8745
75	8751	8756	8762	8768	8774	8779	8785	8791	8797	8802
76	8808	8814	8820	8825	8831	8837	8842	8848	8854	8859
77	8865	8871	8876	8882	8887	8893	8899	8904	8910	8915
78	8921	8927	8932	8938	8943	8949	8954	8960	8965	8971
79	8976	8982	8987	8993	8998	9004	9009	9015	9020	9025
80	9031	9036	9042	9047	9053	9058	9063	9069	9074	9079
81	9085	9090	9096	9101	9106	9112	9117	9122	9128	9133
82	9138	9143	9149	9154	9159	9165	9170	9175	9180	9186
83	9191	9196	9201	9206	9212	9217	9222	9227	9232	9238
84	9243	9248	9253	9258	9263	9269	9274	9279	9284	9289
85	9294	9299	9304	9309	9315	9320	9325	9330	9335	9340
86	9345	9350	9355	9360	9365	9370	9375	9380	9385	9390
87	9395	9400	9405	9410	9415	9420	9425	9430	9435	9440
88	9445	9450	9455	9460	9465	9469	9474	9479	9484	9489
89	9494	9499	9504	9509	9513	9518	9523	9528	9533	9538
90	9542	9547	9552	9557	9562	9566	9671	9576	9581	9586
91	9590	9595	9600	9605	9609	9614	9619	9624	9628	9633
92	9638	9643	9647	9652	9657	9661	9666	9671	9675	9680
93	9685	9689	9694	9699	9703	9708	9713	9717	9722	9727
94	9731	9736	9741	9745	9750	9754	9759	9763	9768	9773
95	9777	9782	9786	9791	9795	9800	9805	9809	9814	9818
96	9823	9827	9832	9836	9841	9845	9850	9854	9859	9863
97	9868	9872	9877	9881	9886	9890	9894	9899	9903	9908
98	9912	9917	9921	9926	9930	9934	9939	9943	9948	9952
99	9956	9961	9965	9969	9974	9978	9983	9987	9991	9996

Anhang E
Lösungen der Aufgaben

Kapitel 2

1. (a) 600 Zellen. (b) 1×10^5 Mitochondrien. (c) 2×10^{10} Moleküle.
2. (a) 1.1×10^4 Moleküle. (b) 1×10^{-4} M.
3. (a) 1×10^{-12} g (1 Picogramm). (b) 5%. (c) 4.6%.
4. (a) 1.3 mm; die DNA ist 650mal so lang wie die Zellen und muß daher dicht aufgewunden sein. (b) 3200 Proteine.
5. (a) Die Stoffwechselgeschwindigkeit wird durch die Diffusion begrenzt und diese durch die Oberfläche. (b) 12×10^6 m^{-1} für Bakterien; 4×10^4 m^{-1} für Amöben. (c) Der Quotient Oberfläche durch Volumen beträgt beim Menschen 19 m^{-1}. Das Verhältnis dieses Quotienten beim Bakterium zu dem beim Menschen beträgt $(0.63 \times 10^6)/1$.
6. (a) 8100. (b) 3.1×10^{-10} m^2. (c) 2.86×10^{-9} m^2. (d) 810%.

Kapitel 3

1. Die Vitamine aus beiden Quellen sind identisch, der Körper kann sie nicht unterscheiden.

2. (a) H$_2$N—CH$_2$—CH$_2$—OH : Amin, Hydroxyl
   (b) Glycerin-artig: drei —C—OH Gruppen: Hydroxyle
   (c) Phosphoenolpyruvat-artig: —O—P(=O)(O$^-$)—O—, C=C, —C(=O)—O$^-$: Phospho, Carboxylat
   (d) Threonin-artig: H$_2$N—C—H mit —COOH und —CH(OH)—CH$_3$: Amin, Carboxyl, Hydroxyl, Methyl
   (e) Carboxylat, Amid, Hydroxyl, Methyl, Hydroxyl (längere Kette mit —COO$^-$, —CH$_2$—CH$_2$—NH—C(=O)—CH(OH)—C(CH$_3$)$_2$—CH$_2$—OH)
   (f) Zucker-artig: Aldehyd, Amin, Hydroxyl, Hydroxyle (H—C(=O)—CH(NH$_2$)—CH(OH)—CH(OH)—CH(OH)—CH$_2$—OH)

3. HO—C$_6$H$_3$(OH)—C*H(OH)—CH$_2$—NH—CH(CH$_3$)—CH$_3$

   Die Wechselwirkungen der beiden Enantiomeren mit einem chiralen biologischen „Rezeptor" (einem Protein) sind verschieden.

4. Dexedrin enthält nur ein einziges Enantiomer, während Benzedrin aus einem razemischen Gemisch besteht.

5. (a) 3 Phosphorsäure-Moleküle, α-D-Ribose, Adenin.
   (b) Cholin, Phosphorsäure, Glycerin, Ölsäure, Palmi-

tinsäure. (c) Tyrosin, 2 Glycerin-Moleküle, Phenylalanin, Methionin.
6. (a) CH_2O; $C_3H_6O_3$.

(b)

[Strukturformeln 1–12: zwölf isomere Strukturen mit OH-, CHO- und C=C-Gruppen]

(c) Daß X ein chirales Zentrum enthält. Durch diese Beobachtung werden alle Formeln in (b) mit Ausnahme von **6** und **8** eliminiert. (d) Daß X eine funktionale Säuregruppe enthält. Das eliminiert **8**. **6** stimmt mit allen Daten überein. (e) Formel Nr. **6**. Zwischen zwei möglichen Enantiomeren kann nicht unterschieden werden.

Kapitel 4

1. 9.6 M.
2. 3.35 ml.
3. 1.1.
4. 7.5×10^{-6} mol.
5. Für das Gleichgewicht $HA \rightleftharpoons H^+ + A^-$ lautet die dazugehörige Henderson-Hasselbalch-Gleichung: $pK' = pH + \lg[A^-]/[HA]$. Ist die Säure zur Hälfte ionisiert, so gilt: $[HA] = [A^-]$. Dann ist $[A^-]/[HA] = 1$, $\lg 1 = 0$ und $pK' = pH$.
6. (a) In der Zone um pH 9.3. (b) 2/3. (c) 10^{-2} l. (d) $pH - pK' = -2$.
7. (a) 0.1 M HCL. (b) 0.1 M NaOH. (c) 0.1 M NaOH.
8. (d)
9. Im Magen.
10. $NaH_2PO_4 \cdot H_2O$, 5.80 g; Na_2HPO_4, 8.23 g.
11. (a) Der pH-Wert des Blutes wird durch das Kohlenstoffdioxid/Hydrogencarbonat-Puffersystem kontrolliert, wie folgende Gleichung zeigt:

$$CO_2 + H_2O \rightleftharpoons H^+ + HCO_3^-.$$

Während der *Hypoventilation* steigt die CO_2-Konzentration in den Lungen und im arteriellen Blut, so daß das obige Gleichgewicht zur rechten Seite hin verschoben wird und die Wasserstoffionenkonzentration zunimmt, d. h. daß der pH-Wert sinkt.
(b) Während der *Hyperventilation* sinkt die CO_2-Konzentration in den Lungen und im arteriellen Blut. Dadurch wird das Gleichgewicht nach links verschoben, d. h. die Wasserstoffionenkonzentration wird geringer und der pH-Wert steigt über den normalen Wert von 7.4 an. (c) Milchsäure ist eine mäßig starke Säure ($pK = 3.86$), die unter physiologischen Bedingungen vollständig dissoziiert ist:

$$CH_3CHOHCOOH \rightleftharpoons CH_3CHOHCOO^- + H^+.$$

Sie erniedrigt den pH-Wert im Blut und Muskelgewebe. Hyperventilation ist sinnvoll, weil sie Wasserstoffionen entfernt [Teil (b)], wodurch der pH-Wert in Blut und Gewebe als Gegenreaktion zur Säurebildung erhöht wird.

12. (a)

[Strukturformel: Tripeptid Ala-Ala-Ala mit $pK_2' = 8.03$ (NH-Ende) und $pK_1' = 3.39$ (COOH-Ende)]

(b) Die Ionisierung des ersten Protons sowohl Alanin als auch im Ala-Oligopeptid führt zur Bildung der zwitterionischen konjugierten Base. Das Gleichgewicht wird wegen der Bildung der günstigen Ladungs-Ladungs-Wechselwirkung zwischen dem Carboxylat-Anion und der protonierten Aminogruppe auf die rechte Seite verschoben. Da die protonierte Aminogruppe im Alanin näher am Carboxylat-Anion liegt als im Ala-Oligopeptid, wird das Gleichgewicht beim Alanin stärker verschoben, was durch den niedrigeren pK_1-Wert angezeigt wird.
(c) Die Ionisierung des zweiten Protons zerstört sowohl im Alanin als auch im Ala-Oligopeptid die günstige Ladungs-Ladungs-Wechselwirkung. Da die Ladungen im Alanin näher zusammenliegen als im Ala-Oligopeptid, ist es im Alanin schwerer, das zweite Proton zu entfernen als im Ala-Oligopeptid, und folglich ist der pK_2-Wert für Alanin höher als der für das Oligopeptid.

Kapitel 5

1. +17.9; die spezifische Drehung zeigt nicht an, ob Citrullin eine D- oder L-Aminosäure ist.

2. Bestimmen Sie die absolute Konfiguration des α-C-Atoms und vergleichen Sie diese mit D- und L-Glycerinaldehyd.
3. (1) Glycerin, (b); (2) Alanin (f); (3) Valin (f); (4) Serin (a); (5) Prolin (h); (6) Phenylalanin (e); (7) Tryptophan (e); (8) Tyrosin (j); (9) Aspartat (i); (10) Glutamat (i); (11) Methionin (d); (12) Cystein (k); (13) Histidin (g); (14) Arginin (l); (15) Lysin (c); (16) Asparagin (m).
4. (a) I (b) II (c) IV (d) II (e) IV (f) II und IV (g) III (h) III (i) II (j) V (k) III (l) IV (m) V (n) II (o) III (p) IV (q) V (r) I, III und V (s) V
5. (b) 1 Teil auf 10^7 Teile (ein Zehnmillionstel).
6. (a)

[Strukturen 1–4 des Histidins bei verschiedenen Protonierungszuständen mit $pK_1' = 2.3$, $pK_2' = 6.0$, $pK_3' = 9.3$]

(b)

pH	Struktur	Nettoladung	wandert in Richtung
1	1	+2	Kathode (−)
4	2	+1	Kathode (−)
8	3	0	wandert nicht
12	4	−1	Anode (+)

7. 0.879 l 0.1 M Glycin und 0.121 l 0.1 M Glycinhydrochlorid.
8. (a) Zur Anode: Glu. (b) Zur Kathode: Lys, Arg und His. (c) Am Startpunkt bleiben: Gly und Ala.
9. (a) Asp. (b) Met. (c) Glu. (d) Gly. (e) Ser.
10. (a) 27. (b) 6.
11. (a) 2. (b) 4.

(c) [vier Fischer-Projektionen mit COOH, H_2N–C–H bzw. H–C–NH_2, CH_3, CH_2, CH_3]

(d) 2S, 3R, 2S, 3S, 2R, 3R bzw. 2R, 3S.

Kapitel 6

1. 3500 Moleküle
2. (a) 32 100. (b) 2.
3. 1200; 12 200.
4. + 1; 0; pI = 7.2.
5. − COO^-; Asp und Glu.
6. Lys, His, Arg; elektrostatische Anziehung zwischen den negativ geladenen Phosphatresten der DNA und den positiv geladenen basischen Resten in den Histonen.
7. (a) $(Glu)_{20}$; (b) $(Lys-Ala)_3$; (c) $(Asn-Ser-His)_5$; (d) $(Asn-Ser-His)_5$.
8. Phe⫶Val−Asn−Glu−His−Leu−$CySO_3H$−Gly−Ser−
   ⓒ
   His−Leu−Val−Glu−Ala−Leu−Tyr⫶Leu−Val−$CySO_3H$−
   ⓒ
   Gly−Glu−Arg⫶Gly−Phe⫶Phe⫶Tyr⫶Thr−Pro−Lys⫶Arg,
   Ⓣ   ⓒ   ⓒ   ⓒ   Ⓣ

   Wobei die gepunkteten Linien Spaltstellen mit geringer Ausbeute angeben.
9. Tyr-Gly-Gly-Phe-Leu.
10. (a) (1) Anode; (2) Kathode; (3) Kathode; (4) Anode. (b) pH 7−9.
11. (a) Durch hohe Konzentrationen zugegebener Salze wird das Hydratationswasser aus den Proteinmolekülen entfernt und dadurch ihre Löslichkeit verringert. (b) Indem man eine $(NH_4)_2SO_4$-Konzentration wählt, bei der Protein A ausfällt und Protein B noch in Lösung bleibt. Das ausgefällte Protein A kann durch Zentrifugation abgetrennt werden.
12. Indem man die Säule mit einem großen Überschuß an freien Liganden wäscht, um den an das Polymer gebundenen Liganden aus seiner Bindung zu verdrängen.
13. [Zyklisches Peptid: Orn→Leu→Phe→Pro→Val→Orn→Leu→Phe→Pro→Val→ (zurück zu Orn)]

Kapitel 7

1. (a) Kurze Bindungen sind starke Bindungen und eher Mehrfach- als Einfachbindungen. Die C-N-Bindung liegt etwa in der Mitte zwischen einer Einfach- und einer Doppelbindung. (b) Die Struktur der Peptidbindung beruht auf zwei Resonanzstrukturen. (c) Die Rotation um die Peptidbindung ist bei physiologischen Temperaturen erschwert.
2. Die wichtigsten strukturellen Einheiten der Polypeptide in Wollfasern sind die Windungen der α-Helix, die mit einem Abstand von 0.54 nm aufeinanderfolgen. Durch Dehnung und Bedampfung der Fasern entstehen gestreckte Polypeptidketten, bei denen der Abstand der R-Gruppen in der β-Struktur etwa 0.70 nm beträgt.
3. Etwa 40 Peptidbindungen pro Sekunde.
4. Die Abstoßung der negativ geladenen Carboxylgruppen der Polyglutaminsäuren voneinander führt zu einer Entfaltung des Moleküls. Ähnlich führt auch eine Abstoßung der positiv geladenen Ammoniumgruppen im Polylysin bei pH 7 zu einer Entfaltung.
5. Die Disulfidbrücken in den Cystinresten bilden Quervernetzungen, die die Steifheit, mechanische Festigkeit und Härte erhöhen.
6. Wolle läuft ein, wenn die in β- (= Faltblatt-) Struktur vorliegenden Polypeptidketten in die α-Helix-Konformation übergehen.
7. Cystinreste verhindern die vollständige Entfaltung des Proteins.
8. (a) $\{-S-S-\} + 2\ HSCH_2CH_2OH \rightleftharpoons$
   Überschuß
   $\{-SH\ HS-\} + \begin{array}{c}S-CH_2CH_2OH\\|\\S-CH_2CH_2OH\end{array}$
   (b) Durch Luftoxidation der Cysteinreste zu Cystinresten.
9. In den Faltblättern stehen sich die Gly-Reste gegenüber und Ala/Ser steht gegenüber Ala/Ser.
10. Annähernd 97%.
11. Die Beobachtung, daß [^{14}C]Hydroxyprolin nicht in Collagen eingebaut wird, spricht gegen den Weg Nr. 1, ist aber in Übereinstimmung mit Weg Nr. 2.
12. Das Eindringungsvermögen des Bakteriums beruht auf seiner Fähigkeit, die Bindegewebsschranke des Wirtsorganismus durch die Sekretion einer Collagenase zu zerstören. Bakterien enthalten kein Collagen.

Kapitel 8

1. In Pos. 7 und 19; In Pos. 13 und 24.
2. Äußere Oberfläche: Asp, Gln, Lys; im Innern: Leu, Val; auf der Oberfläche und im Innern:
3. In den meisten Fällen stellt die funktionelle dreidimensionale Faltung (aktive Struktur) die stabilste Konformation des Proteins dar. Folglich falten sich die Proteine spontan unter Bildung der richtigen dreidimensionalen Konformation, obwohl sie als lineare Polymere synthetisiert werden. Diese These wird gestützt durch die klassischen Arbeiten von Anfinsen über die Ribonuclease (s. Abb. 8-8).
4. Nur die Kombinationen, die in den nativen Strukturen vorkommen, haben eine funktionelle Aktivität. (b) Die native Struktur wird durch die Primärstruktur determiniert. (c) Beim Insulin ist die native Struktur nicht die stabilste Konformation.
5. (a) Ein Vergleich zwischen den Stoffmengen des Derivats und der Stoffmenge von Val ergibt die Anzahl der Aminoenden und damit die Anzahl der Polypeptidketten. (b) 4.
6. (a) 16400. (b) Daß es 4 Stück sind.
7. (a) 3.2×10^{-11} g. (b) 300 Millionen. (c) 90 μm^3. (d) 0.55. (e) Hämoglobinvolumen = 94 μm^3. (f) Die obige Berechnung zeigt, daß die Hämoglobinmoleküle sich gegenseitig berühren und den ganzen Erythrozyten ausfüllen. Deshalb muß sich, wenn sich die Wechselwirkung zwischen benachbarten Molekülen ändern soll, auch die Form der Zelle ändern. Bei der Sichelzellenanämie erfolgt die Packung des Hämoglobins bevorzugt in langen, parallelen Filamenten und nicht in kugeliger Form. Folglich bekommen auch die Zellen eine längliche Form in der Richtung der Filamente.
8. (a) 7.8×10^{-4} g O_2/kg Gewebe. (b) 1.3×10^{-2} g O_2/kg Gewebe; 17/1. (c) 7.7%.
9. (a) Hämoglobin F. (b) Sie stellen sicher, daß der Sauerstoff vom mütterlichen zum fötalen Blut fließt. (c) 2,3-Diphosphoglycerat (Glyc-P_2) verringert die Sauerstoff-Affinität. Die Beobachtung, daß die Sättigungskurve für Hämoglobin A nach Bindung von Glyc-P_2 eine größere Verschiebung zeigt als die Sättigungskurve für Hämoglobin F, läßt vermuten, daß Hämoglobin A das Glyc-P_2 fester bindet als Hämoglobin F.
10. (a) Es spaltet die Peptidbindung auf der Carboxylseite von Lys- und Arg-Resten. (b) $G_{Philadelphia}$. (c) Elektrophorese der intakten α-Kette.
11. Elektrophorese bei pH = 7.

Kapitel 9

1. Durch die Hitzedenaturierung wird die enzymatische Aktivität für die Umwandlung von Zucker in Stärke zerstört.
2. 1×10^{-5} M.
3. 9.5×10^8 Jahre.
4. (a) 15.5 nm; 18.8 nm. (b) Die dreidimensionale Faltung des Enzyms bringt diese Aminosäuren in unmittelbare Nähe zueinander. (c) Das Protein

dient als Gerüst, um die katalytischen Gruppen in der exakten Ausrichtung zu halten.
5. Durch die Bestimmung des K_m-Wertes; Messung der Anfangsgeschwindigkeit (Geschwindigkeit, mit der das NADH aufgrund von spektrophotometrischen Messungen verschwindet) bei verschiedenen Enzymkonzentrationen.
6. $V_{max} \approx 140$ μmol/($l \times$ min); $K_m \approx 1 \times 10^{-5}$ M.
7. Sie hatten wahrscheinlich dieselbe Enzymform isoliert. Der V_{max}-Wert hängt von der Enzymkonzentration ab. Um die Diskrepanz zu lösen, müssen Sie von jeder Enzymprobe die Wechselzahl (turnover number) bestimmen.
8. (a) 1.7×10^{-3} M. (b) 0.33; 0.66; 0.91.
9. $K_m = 2.5$ mM; $V_{max} = 0.56$ mg/min.
10. 2.0×10^7 min^{-1}.
11. 29 000. Wir hatten die Annahme gemacht, daß jedes Enzymmolekül nur eine titrierbare Sulfhydrylgruppe enthält.
12. Der Enzym-Substrat-Komplex ist stabiler als das isolierte Enzym ohne sein Substrat.
13. Messen Sie die Gesamtaktivität der sauren Phosphatase in Gegenwart und Abwesenheit von Tartrat-Ionen.
14. Die Beobachtung, daß Acetazolamin den V_{max}-Wert des Enzyms herabsetzt, aber den K_m-Wert unverändert läßt, zeigt, daß es ein nicht-kompetitiver Inhibitor ist.
15. Ethanol konkurriert mit Methanol um das aktive Zentrum der Alkohol-Dehydrogenase.
16. Glu 35 protoniert; Asp 52 deprotoniert.

Kapitel 10

1. (a) Nicotinsäure ist entweder essentiell für die Biosynthese von Trp oder es kann aus Trp synthetisiert werden. (b) Mais ist arm an Trp.
2. Thiaminmangel.
3. Die Geschwindigkeit der Milchsäurebildung hängt von der Riboflavin-Menge im Kulturmedium ab.
4. Das Pyridoxin wird in Pyridoxalphosphat umgewandelt, d.i. eine prosthetische Gruppe, die eine zentrale Rolle bei Transaminierungsreaktionen spielt.
5. (a) Bakterienwachstum. (b) Avidin bindet freies Biotin und verhindert Bakterienwachstum. (c) Dadurch wird der sich entwickelnde Embryo vor zerstörend wirkendem Bakterienwachstum geschützt.
6. Durch Zusatz von Thymidin zum Wachstumsmedium wird die Notwendigkeit umgangen, die folsäureabhängige Biosynthese von Tetrahydrofolat durchzuführen.
7. Vitamin-B_{12}-Mangel in der Bakterienflora.
8. Die leichte Löslichkeit der Vitamine des B-Komplexes führt zu ihrer schnellen Exkretion.
9. Die reife Leber speichert Vitamin A.
10. Vitamin D_3; geschädigte Nieren verhindern die vollständige Hydroxylierung von Vitamin D_3 zu seiner biologisch aktiven Form.
11. (a) Es könnte als Inhibitor Vitamin-K-abhängiger enzymatischer Reaktionen wirken. (b) Es kommt zu einem apparenten Vitamin-K-Mangel und dadurch zu abnormalen Blutungen. (c) Der Vitamin-K-Antagonist senkt die Konzentration von Blutgerinnungsfaktoren.
12. Vitamin-B_{12}-Mangel.
13. (a) Phytinsäure bindet Zink und verhindert dessen Absorption im Darm. (b) Hefe zerstört Phytinsäure.

Kapitel 11

1. (a)

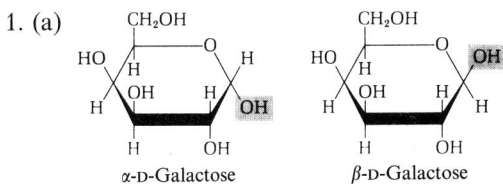

α-D-Galactose   β-D-Galactose

(b) Eine frisch angesetzte Lösung von α-D-Galactose unterliegt der Mutarotation und es bildet sich eine Gleichgewichtsmischung aus α- und β-D-Galactose. Die sich durch Mutarotation einstellende Mischung der beiden Formen ist immer dieselbe, gleich, ob von einer reinen α- oder einer β-D-Galactose-Lösung ausgegangen wird. (c) 72% β-Form und 28% α-Form.
2. (a) Messen Sie die Änderung der optischen Drehung in Abhängigkeit von der Zeit. (b) Weil die optische Drehung der Mischung im Vergleich zu der der Saccharose-Lösung negativ (invertiert) ist. (c) 63% sind Glucose und Fructose; 37% liegen als Saccharose vor.
3. Stellen Sie für die Füllung eine Aufschlämmung aus Saccharose und Wasser her. Fügen Sie eine kleine Menge Fructofuranosidase (Invertase) hinzu und überziehen Sie das Ganze unmittelbar danach mit Schokolade.
4. (a)

(b) Die Hydrolyse von α- oder β-Lactose liefert eine Mischung aus α- und β-D-Glucose und α- und β-D-Galactose.
5. Saccharose ist ein nicht-reduzierender Zucker.
6. 8000 Reste/ s.
7. Native *Cellulose* besteht aus Glucoseeinheiten, die durch β (1 → 4) glycosidische Bindungen miteinander verknüpft sind.
Die β-Verknüpfung zwischen den Glucoseeinheiten zwingt die Polymerkette in die ausgestreckte Konformation (s. Abb. 11–16). Eine Serie solcher paralleler Ketten bildet intermolekulare Wasserstoffbindungen und aggregiert zu langen, festen, unlöslichen Fasern. *Glycogen* besteht ebenfalls aus Glucoseeinheiten, die aber α (1 → 4)-verknüpft sind. Die α-Bindung zwischen diesen Glucoseeinheiten bewirkt einen Knick in der Kette und verhindert die Bildung langer Fasern. Außerdem sind die Glycogenmoleküle hochverzweigt (Abb. 11–15). Diese strukturellen Eigenschaften haben zur Folge, daß Glycogen hochgradig hydratisiert ist; denn dadurch ist eine große Anzahl der Hydroxylgruppen dem Wasser ausgesetzt. Deshalb kann Glycogen mit heißem Wasser als Dispersion extrahiert werden.
Die physikalischen Eigenschaften dieser beiden Polymere befähigen sie zu ihrer jeweiligen biologischen Aufgabe. Cellulose dient bei Pflanzen als strukturerhaltendes Material, wobei sich die Cellulosemoleküle parallel zu unlöslichen Fibrillen zusammenlagern. Glycogen dient bei Tieren als Brennstoffspeicher. Die hydratisierten und exponiert angeordneten Glycogen-Granula können durch die Glycogen-Phosphorylase in kurzer Zeit zu Glucose-1-phosphat hydrolysiert werden. Da dieses Enzym nur die nicht-reduzierenden Enden angreift, werden durch die starke Verzweigung viele Angriffspunkte für das Enzym geschaffen.
8. Etwa 10 s.
9. (a) Der Verzweigungspunkt liefert 2,3-Dimethylglucose, während aus den anderen Resten 2,3,6-Trimethylglucose entsteht. (b) 4.1%.
10. α-D-Glucopyranosyl-(1 → 1)-α-D-glucopyranosid.

Kapitel 12

1. Der Schmelzpunkt hängt von der Anzahl der *cis*-Doppelbindungen ab. Jede der *cis*-Doppelbindungen verursacht in der Kohlenwasserstoffkette einen Knick, wodurch es schwieriger wird, diese Ketten zu einer Kristallgitterstruktur anzuordnen.
2. Ungesättigte Fette (z. B. Butter) können durch Luftsauerstoff oxidiert werden.
3. Das Phosphatidylcholin emulgiert die Fett-Tröpfchen.
4. (a) Die Natriumsalze von Palmitin- und Stearinsäure plus Glycerin. (b) Bei milder Hydrolyse: Die Natriumsalze von Palmitin- und Ölsäure plus Glycerin-3-phosphorylcholin; unter verschärften Bedingungen: auch die Natriumsalze von Palmitin- und Ölsäure, aber dann Phosphorsäure, Glycerin und Cholin.
5. (a) 0; (b) 0; (c) -1.
6. Sie verhindern Wasserverluste.
7. 63.
8. Hydrophobe Bausteine: (a) 2 Fettsäuren; (b), (c), (d) 1 Fettsäure und die Kohlenwasserstoffkette des Sphingosins; (e) das Kohlenwasserstoffgerüst.
Hydrophile Bausteine: (a) Phosphoethanolamin; (b) Phosphocholin; (c) D-Galactose; (d) mehrere Zuckermoleküle; (e) die Alkoholgruppe ($-OH$).
9. (a) Die Doppelschichten bildenden Lipide sind amphipathische Verbindungen, d.h. sie enthalten hydrophobe und hydrophile Bausteine. Um den Anteil des hydrophoben Bereiches, der dem Wasser ausgesetzt ist, minimal zu halten, bilden sie zweidimensionale Blätter, bei denen die hydrophilen Teile dem Wasser zugewandt sind und die hydrophoben Bereiche sich im Innern des Blattes befinden. Ebenfalls, um eine Berührung mit dem Wasser zu vermeiden, rollen sich die Ränder der blattförmigen Schichten ein. Wird ein solches Blatt durchlöchert, so können sich die Löcher auf ähnliche Weise wieder schließen. Das wird durch die semifluide Konsistenz der Membran ermöglicht. (b) Diese Eigenschaften haben wichtige biologische Auswirkungen. Dadurch können solche Schichten als geschlossene Membranen Zellen oder Kompartimente innerhalb von Zellen (Organellen) umschließen.
10. Weil sie den unpolaren inneren Bereich der Membran passieren müssen.
11. Natriumdodecylsulfat und Natriumcholat machen die hydrophoben Anteile der Membranproteine dadurch löslich, daß sie wie Seifen oder Detergenzien reagieren (Abb. 12–2).
12. (a) Zucker sind hydrophil. (b) Glycoproteine können nicht von einer Seite auf die andere überwechseln.
13. (a) Die inneren Membranproteine müssen sich in einer flüssigen Umgebung befinden, damit ihre funktionelle Konformation sichergestellt ist. (b) Der gestiegene Gehalt an ungesättigten Fettsäuren erniedrigt den Schmelzpunkt der Membran.

Kapitel 13

1. (a) Glycerinaldehyd-3-phosphat + P_i + NAD^+ → 3-Phosphoglyceroylphosphat + NADH + H^+
3-Phosphoglyceroylphosphat + ADP → 3-Phosphoglycerat + ATP
3-Phosphoglycerat → 2-Phosphoglycerat

2-Phosphoglycerat → Phospho*enol*pyruvat + H$_2$O
Phospho*enol*pyruvat + ADP → Pyruvat + ATP
Pyruvat → CO$_2$ + Acetaldehyd
Acetaldehyd + NADH + H$^+$ → Ethanol + NAD$^+$
(b) Glyceraldehyd-3-phosphat + P$_i^+$ + 2 ADP →
       Ethanol + CO$_2$ + 2 ATP + H$_2$O
(c) Glyceraldehyd-3-phosphat

```
Glycerinaldehyd-3-phosphat
   P_i ↘      ↙ NAD+
        ↓   ↗ NADH + H+
3-Phosphoglyceroylphosphat
   ADP ↘
        ↓
   ATP ↙
3-Phosphoglycerat
        ↓
2-Phosphoglycerat
   H_2O ↙
        ↓
Phosphoenolpyruvat
   ADP ↘
        ↓
   ATP ↙
Pyruvat
   CO_2 ↙
        ↓
Acetaldehyd
        ↓
Ethanol
```

2. (a) Oxalat + Formyl-CoA → Formiat + Oxalyl-CoA
   Oxalyl-CoA + H$^+$ → CO$_2$ + Formyl-CoA
   Formiat + NAD$^+$ → CO$_2$ + NADH
   (b) Oxalat + H$^+$ + NAD$^+$ → 2 CO$_2$ + NADH
3. [^{14}C]Glucose wird zu kleineren Einheiten abgebaut, die dann für die Synthese von Histidin verwendet werden. Unmarkiertes Histidin wirkt als Rückkopplungshemmer und blockiert den Histidin-Biosyntheseweg.
4. (a) Durch den β-Galactosidase-Spiegel. (b) Wegen des Enzym-turnovers. (c) Der Induktionsvorgang ist hoch spezifisch.
5. (a) Glucose + 2 ATP → Fructose-1,6-bisphosphat + 2 ADP. (b) Fructose-1,6-bisphosphat + 2 H$_2$O → Glucose + 2 P$_i$. (c) Die Unterschiede bestehen darin, daß der katabole Weg zwei Moleküle ATP verbraucht, während der anabole Weg zwei Moleküle Wasser verbraucht. Folglich sind die beiden Wege nicht die Umkehrungen voneinander.

(d) Durch zwei thermodynamisch bevorzugte Phosphatübertragungen von ATP auf Glucose. (e) Die Glucose-Glucose-6-phosphat-Umwandlung kann nicht in beiden Richtungen von demselben Enzym katalysiert werden, weil die Reaktionen nicht dieselben sind, wie man aus der Nettogleichung erkennen kann.
6. (a) 5×10^{-4} M. (b) 3.9×10^6 Ipm.
7. 1.1×10^{-4} M.

Kapitel 14

1. (a) -4.77 kJ/mol. (b) $+7.61$ kJ/mol. (c) -13.8 kJ/mol.
2. (a) 250 M. (b) 590 M. (c) 0.28.
3. 8.9.
4. (a) 4.9×10^{-3} M^{-1}; 1.1×10^{-7} M; nein. (b) 10.6 M; nein. (c) $\Delta G^{\circ\prime} = -16.7$ kJ/mol; $K'_{eq} = 660$; die notwendige Glucosekonzentration ist 1.48×10^{-7} M; ja. (d) nein. (e) Durch den direkten Transfer der Phosphatgruppe vom ATP auf Glucose wird das durch die Phosphatgruppe transferierte Potential (die „Tendenz" oder der „Reaktionsdruck") ausgenutzt, ohne hohe Konzentrationen von Zwischenprodukten zu erzeugen. Der wesentliche Teil dieses Transfers ist natürlich die enzymatische Katalyse.
5. (a) -12.6 kJ/mol. (b) -14.6 kJ/mol.
6. -10.0 kJ/mol.
7. 46.0 kJ/mol.
8. (a) 46.0 kJ/mol. (b) 46 kg; 68%. (c) ATP wird nach Bedarf synthetisiert und seine Konzentration wird auf gleichbleibender Höhe gehalten.
9. (a) 1.1 s. (b) Phosphocreatin + ADP → Creatin + ATP. (c) Mit Hilfe von ATP-Synthese über den Katabolismus von Glucose, Aminosäuren und Fettsäuren.
10. (a) 13.0 kJ/mol. (b) Diphosphatase katalysiert die Hydrolyse von Diphosphat und treibt die Gesamtreaktion in die Richtung der Acetyl-CoA-Synthese.

Kapitel 15

1. Glucose + 2 ATP → 2 Glyceraldehyd-3-phosphat + 2 ADP + 2 H$^+$; $\Delta G^{\circ\prime} = +2.34$ kJ/mol.
2. Glycerinaldehyd-3-phosphat + 2 ADP + P$_i$ + H$^+$ → Lactat + ATP + H$_2$O; $\Delta G^{\circ\prime} = -62.8$ kJ/mol.
3. Fructose + 2 ADP + 2 P$_i$ → 2 Lactat + 2 ATP + 2 H$_2$O.
4. (a) ^{14}CH$_3$-CH$_2$-OH; (b) [3,4-^{14}C]Glucose.
5. Der K_m-Wert für die Hexokinase ($K_m = 0.1$ mM) beträgt nur 1/100 des Wertes für die Glucokinase ($K_m = 10.0$ mM). Bei einer normalen Blutglucose-Konzentration von 5 mM ist die Hexokinase völ-

lig gesättigt und arbeitet mit voller Kapazität, während die Glucokinase nur teilgesättigt ist. Die Hexokinase wird bei erhöhter Glucose-6-phosphat-Konzentration stillgelegt, außer wenn der Bedarf an Glucose-6-phosphat hoch ist (z. B. bei anstrengender Arbeit). Auf diese Weise kann die Glucose auch noch bei niedrigen Blutglucose-Spiegeln verwertet werden. Die Glucose-Verwertung wird jedoch stillgelegt, wenn der Bedarf an Glucose-6-phosphat gering ist. Anders die Glucokinase: sie wird nicht durch Glucose-6-phosphat gehemmt. Das ist eine wichtige Eigenschaft, durch die sichergestellt wird, daß Glucose auch bei minimalem Bedarf an Glucose-6-phosphat von der Leber verwertet werden kann (z. B. bei der Glycogenbiosynthese). Die Glucokinase-Aktivität erlischt dagegen, wenn die Blutglucose-Spiegel auf normale Werte absinken, so daß keine Glucose mehr von der Leber verwertet wird.

6. Nein; die Lactat-Dehydrogenase wird benötigt, um das bei der Oxidation von Glycerinaldehyd-3-phosphat entstandene NADH in den Kreislauf zurückfließen zu lassen.

7. (a) Das Produkt ist 3-Phosphoglycerat. (b) In Gegenwart von Arsenat gibt es unter anaeroben Bedingungen keine ATP-Nettosynthese.

8. (a) Die Stöchiometrie der alkoholischen Gärung ergibt, daß pro mol Glucose 2 mol P_i gebraucht werden. (b) Die Reduktion von Acetaldehyd zu Ethanol ist nötig, um das NADH dem Kreislauf wieder zuzuführen. Während der Gärung reichert sich Fructose-1,6-bisphosphat an, um den Adeninnucleotid-Pool wieder aufzufüllen. (c) In Gegenwart von Arsenat findet keine ATP-Nettosynthese statt.
(d) Die physiologische Reaktion befindet sich nicht im Gleichgewicht; die Phosphofructokinase wird reguliert.

9. Glycerin + 2 NAD$^+$ + ADP + P_i →
$$\text{Pyruvat} + 2\,\text{NADH} + \text{ATP} + 2\,\text{H}^+$$

10. (a) $Q = 0.029$ (b) $K'_{eq} = 254$ (c) Die physiologische Reaktion befindet sich nicht im Gleichgewicht; die Phosphofructokinase wird reguliert.

11. (a) Es gibt zwei Bindungsstellen für ATP: eine katalytische und eine regulative. (b) Der glycolytische Fluß wird vermindert, wenn reichlich ATP vorhanden ist. (c) Die Graphik zeigt, daß Zugabe von ADP die Hemmung durch ATP unterdrückt. Da der Pool der Adenylatphosphate ziemlich konstant ist, führt ein Verbrauch von ATP zu einem Anstieg des ADP-Spiegels. Die Ergebnisse zeigen, daß die Phosphofructokinase-Aktivität durch das ATP/ADP-Verhältnis reguliert werden kann.

12. (a) Glycogen-Phosphorylase katalysiert die Umwandlung von gespeichertem Glycogen in Glucose-1-phosphat. Glucose-1-phosphat ist die Vorstufe von Glucose-6-phosphat, einem Zwischenprodukt der Glycolyse. Bei anstrengender Arbeit braucht ein Skelettmuskel große Mengen an Glucose-6-phosphat. Die Leber dagegen verwendet den Abbau von Glycogen dazu, zwischen den Mahlzeiten einen gleichbleibenden Blut-Glucose-Spiegel aufrecht zu erhalten. (b) Im aktiv arbeitenden Muskel, wo der ATP-Fluß sehr hoch sein muß, muß Glucose-1-phosphat schnell gebildet werden können, wofür ein hoher V_{max}-Wert gebraucht wird.

13. Fall A: f,3; Fall B: c,3; Fall C: a,4; Fall D: d,6.

14. Bei Galactokinase-Mangel reichert sich Galactose an. Bei Galactose-1-phosphat-Uridylyltransferase-Mangel reichert sich Galactose-1-phosphat an. Letzteres ist toxischer.

Kapitel 16

1. (a) *Citrat-Synthase:*
Acetyl-CoA + Oxalacetat + H_2O →
$$\text{Citrat} + \text{CoA-SH} - \text{H}^+$$
Aconitat-Hydratase: Citrat → Isocitrat
Isocitrat-Dehydrogenase:
Isocitrat + NAD$^+$ →
$$\text{2-Oxoglutarat} + CO_2 + \text{NADH}$$
2-Oxoglutarat-Dehydrogenase:
2-Oxoglutarat + NAD$^+$ + CoA-SH →
$$\text{Succinyl-CoA} + CO_2 + \text{NADH}$$
Succinyl-CoA-Synthetase
Succinyl-CoA + P_i + GDP →
$$\text{Succinat} + \text{GTP} - \text{CoA-SH}$$
Succinat-Dehydrogenase:
Succinat + FAD → Fumarat + $FADH_2$
Fumarat-Hydratase: Fumarat + H_2O → Malat
Malat-Dehydrogenase:
Malat + NAD$^+$ → Oxalacetat + NADH + H^+
(b), (c): Schritt 1: CoA, Kondensation; Schritt 2: Isomerisation; Schritt 3: NAD$^+$, Oxidation, Decarboxylierung; Schritt 4: NAD$^+$, CoA, Thiamindiphosphat, Oxidation, Decarboxylierung; Schritt 5. CoA, Phosphorylierung; Schritt 6: FAD, Oxidation; Schritt 7: Hydratisierung; Schritt 8: NAD$^+$, Oxidation.
(d) Acetyl-CoA + 3 NAD$^+$ + FAD + GDP + P_i + 2 H_2O → 2 CO_2 + 3 NADH + $FADH_2$ + GTP + 2 H^+ + CoA.

2. (a) Oxidation; Methanol → Formaldehyd + H—H.
(b) Oxidation; Formaldehyd → Ameisensäure + H—H.
(c) Reduktion; CO_2 + H—H → Ameisensäure.
(d) Reduktion; Glycerinsäure + H—H →
$$\text{Glycerinaldehyd.}$$
(e) Oxidation;
Glycerin → Dihydroxyaceton + H—H.

(f) Oxidation; $2\,H_2O + $ Toluol $\to$
Benzoesäure $+ 3\,H\!\!-\!\!H$.
(g) Oxidation; Succinat $\to$ Fumarat $+ H\!\!-\!\!H$.
(h) Oxidation; Brentraubensäure $+ H_2O \to$
Essigsäure $+ H\!\!-\!\!H + CO_2$.
3. (a) Ethanol $+ NAD^+ \to$
Acetaldehyd $+ NADH + H^+$.
(b) 3-Phosphoglyceroylphosphat $+ NADH + H^+ \to$
Glycerinaldehyd-3-phosphat $+ NAD^+ + HPO_4^{2-}$.
(c) Pyruvat $+ H^+ \to$ Acetaldehyd $+ CO_2$.
(d) Pyruvat $+ NAD^+ \to$
Acetat $+ NADH\ H^+ + CO_2$.
(e) Oxalacetat $+ NADH + H^+ \to$ Malat $+ NAD^+$.
(f) Acetacetat $+ H^+ \to$ Aceton $+ CO_2$.
4. Der Sauerstoffverbrauch ist ein Maß für die ersten beiden Stufen der Zellatmung, d. h. für die Glycolyse und den Citratcyclus. Die Zugabe von Oxalacetat oder Malat stimuliert den Citratcyclus und stimuliert damit die Atmung. (b) Das zugefügte Oxalacetat oder Malat spielt im Citratcyclus eine katalytische Rolle, da es in der zweiten Hälfte des Cyclus zurückgebildet wird.
5. (a) 6.2×10^{-6}. (b) 1.24×10^{-8} M. (c) 31 Moleküle.
6. (a) $^-OOCCH_2CH_2COO^-$ (Succinat).
(b) Malonat ist ein kompetitiver Inhibitor für die Succinat-Dehydrogenase. (c) Eine Blockierung im Citratcyclus unterbricht die NADH-Bildung; dadurch kommt der Elektronentransport zum Erliegen und damit auch die Atmung. (d) Durch einen großen Überschuß an Succinat.
7. (a) Fügen Sie statistisch markierte [^{14}C]Glucose hinzu und verfolgen Sie die Freisetzung von $^{14}CO_2$.
(b) Gleiche Verteilung auf die Positionen 2 und 3 des Oxalacetats. (c) Eine unbegrenzte Zahl von Durchläufen.
8. (a) In 1-Stellung. (b) In 3-Stellung. (c) In 3-Stellung. (d) In der Methylgruppe. (e) Gleichmäßig auf die -CH$_2$-Gruppen verteilt. (f) In 4-Stellung. (g) Gleichmäßig auf die -CH$_2$-Gruppen verteilt.
9. Nein; Carboxylierung von Pyruvat.
10. (a) Hemmung der Aconitat-Hydratase. (b) Fluorcitrat; es konkurriert mit Citrat; durch einen großen Überschuß an Citrat. (c) Citrat und Fluorcitrat sind Inhibitoren der Phosphofructokinase.
(d) Weil alle katabolen Prozesse, die zur ATP-Bildung führen, ausgeschaltet werden.
11. 2 Pyruvat $+ ATP + 2\,NAD^+ + H_2O \to$
2-Oxoglutarat $+ CO_2 + ADP + P_i +$
$2\,NADH + 2\,H^+$.
12. 2 Acetyl-CoA $+ 2\,NAD^+ \to$
Oxalacetat $+ 2\,NADH + 2\,H^+$.
13. Das Verhältnis zwischen dem aus [1-^{14}C]Glucose und aus [6-^{14}C]Glucose gebildeten $^{14}CO_2$ ist 2 : 1.

Kapitel 17

1. (1): (a), (d) NADH; (b), (e) E—FMN;
(c) NADH/NAD$^+$
und E—FMNH$_2$/E—FMN
(2): (a), (d) E—FMNH$_2$; (b), (e) Fe^{3+};
(c) E—FMNH$_2$/E—FMN und Fe^{2+}/Fe^{3+}
(3): (a), (d) Fe^{2+}; (b), (e) Q; (c) Fe^{2+}/Fe^{3+}
und Q/QH$_2$
2. (a) NAD$^+$/NADH; (b) Pyruvat/Lactat; (c) in Richtung der Lactatbildung; (d) -25.1 kJ;
(e) 1.6×10^4.
3. Ferridoxin-reduzierendes Substrat $\to$ Ferridoxin $\to$ Cytochrom b_6 $\to$ Cytochrom f $\to$ Plastocyanin. Der erste und der letzte Schritt können unter Standardbedingungen aller Wahrscheinlichkeit nach nicht zur Bildung von ATP führen.
4. (a) 39; (b) 12; (c) 20; (d) 76.
5. (a) 1.14 V; (b) -220.1 kJ; (c) etwa 7.
6. Die Gleichgewichtskonstante ist für die Succinat-Oxidation um das 10^{12}-fache geeigneter.
7. (a) Cyanid blockiert die durch Cytochrom aa_3 katalysierte Reduktion des Sauerstoffs.

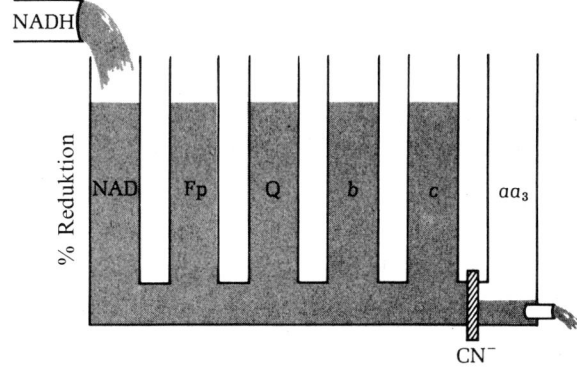

(b) In Abwesenheit von Sauerstoff werden die reduzierten Carrier nicht reoxidiert.

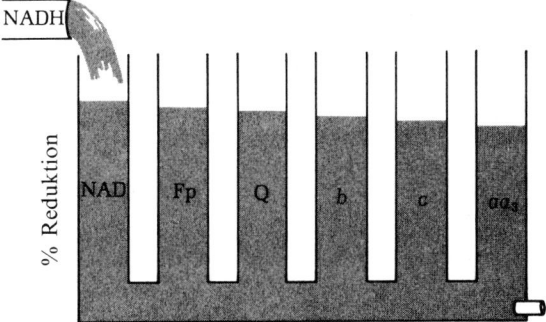

(c) In Abwesenheit von NADH werden alle Carrier durch O_2 oxidiert.

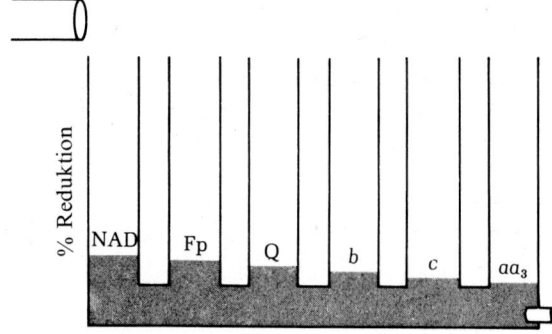

(d) Vgl. Abb. 17–14a.
8. (a) Die Hemmung der NADH-Dehydrogenase durch Rotenon vermindert die Elektronentransport-Geschwindigkeit und dadurch wird auch die Geschwindigkeit der ATP-Bildung verringert. Reicht die verminderte ATP-Bildung nicht mehr aus, um den Bedarf des Organismus zu decken, so tritt der Tod ein. (b) Antimycin A ist ein starker Inhibitor für die Oxidation von Ubichinol in der Transportkette. Dadurch verringert es die Elektronentransport-Geschwindigkeit, was zu den unter (a) beschriebenen Konsequenzen führt. (c) Antimycin A.
9. (a) In Gegenwart eines Entkopplers steigt die Elektronentransport-Aktivität, die nötig ist, um den ATP-Bedarf zu decken, und als Folge davon nimmt der P/O-Quotient ab; (b) der P/O-Quotient nimmt ab. (c) Die in Gegenwart eines Entkopplers erhöhte Elektronentransport-Aktivität macht es nötig, daß zusätzlicher Brennstoff abgebaut wird. (d) Es könnte die Wirkung eines Entkopplers haben.
10. (a) Die ATP-Bildung ist gehemmt. (b) Die ATP-Bildung ist eng an die Elektronentransportkette gekoppelt; 2,4-Dinitrophenol ist ein Entkoppler der oxidativen Phosphorylierung. (c) Oligomycin.
11. (c) Oligomycin hemmt beides; Atractylosid beeinträchtigt in den umgestülpten Vesikeln weder den Elektronentransport noch die ATP-Synthese.
12. (a) Braunes Fettgewebe erzeugt Wärme, um das Jungtier warm zu halten. (b) Entkopplung der oxidativen Phosphorylierung; erhöhter ATP-Verbrauch; weniger als 3 Phosphorylierungsstellen.
13. (a) Die Glycolyse geht in ihre anaerobe Phase über. (b) Der Sauerstoffverbrauch nimmt ab. (c) Die Lactatbildung sollte steigen. (d) Die ATP-Bildung hört schlagartig auf.
14. (a) Weil NADH dann über den Elektronentransport zurückgebildet wird. (b) Weil die oxidative Phosphorylierung effizienter ist. (c) Das hohe Massenwirkungsverhältnis des ATP-Systems hemmt seine Phosphofructokinase.
15. (a) Muskelkontraktion; (b) Sie stimuliert die Glycolyse und die Atmung. (c) Vgl. Abb. 17-29.
16. (a) Äußeres Medium: 4.0×10^{-8}M; Matrix: 2.0×10^{-8}M; (b) 2:1; (c) 22; (d) nein; (e) aus dem transmembranösen Potential.

Kapitel 18

1. Im Fettsäureanteil.
2. (a) 4×10^5 kJ; (b) 48 d; (c) 225 g/d.
3. Der erste Schritt der Fettsäureoxidation ist analog der Umwandlung von Succinat zu Fumarat, der zweite Schritt ist analog zur Umwandlung von Fumarat zu Malat; der dritte Schritt ist analog zur Umwandlung von Malat zu Oxalacetat.
4. (a) R—COOH + ATP → Acyl-AMP + PP_i
   Acyl-AMP + CoA-SH → R—CO—S—CoA + AMP;
   (b) Durch die irreversible Hydrolyse von Diphosphat zu anorganischem Phosphat mit der Hilfe der Diphosphatase der Zelle.
5. Ja; das Tritium erscheint letztlich im tritiierten Wasser.
6. 1.1 *l* Wasser/kg Fett.
7. Durch vollständige Oxidation der Kohlenwasserstoffe zu Kohlenstoffdioxid und Wasser.
8. (a) Phenylessigsäure; $M_r = 136$; (b) ungeradzahlig.
9. Da der Coenzym-A-Pool in den Mitochondrien nur klein ist, muß das Coenzym A über die Bildung von Ketonkörpern in den Pool zurückfließen, um den für die Energiegewinnung notwendigen β-Oxidationsweg aufrechtzuerhalten.
10. Ein Kohlenhydratmangel wird zu einer niedrigen Aktivität des Citratcyclus führen; (b) ungeradzahlige.
11. (a)
$$CH_3(CH_2)_{12}-\overset{O}{\underset{\|}{C}}-S-CoA + $$
$$6CoA\text{-}SH + 6FAD + 6NAD^+ + 6H_2O \to$$
$$7\,\text{Acetyl-CoA} + 6FADH_2 + 6NADH + 6H^+$$

(b) $CH_3(CH_2)_{16}COOH + ATP + 9CoA\text{-}SH +$
$8FAD + 8NAD^+ + 9H_2O \to 9\,\text{Acetyl-CoA} +$
$AMP + 2P_i + 8FADH_2 + 8NADH + 8H^+$

(c)
$$CH_3-\overset{OH}{\underset{H}{\overset{|}{\underset{|}{C}}}}-CH_2COOH +$$
$$NAD^+ + ATP + 2CoA\text{-}SH + H_2O \to$$
$$2\,\text{Acetyl-CoA} + NADH + AMP + 2P_i + H^+$$

12. (a) $CH_3-\overset{O}{\underset{\|}{^{14}C}}-S-CoA$

(b) $^-OOC-CH_2-\overset{OH}{\underset{COO}{\overset{|}{\underset{|}{C}}}}-CH_2-\overset{O}{\underset{\|}{^{14}C}}-O^-$

(c) Keine Markierung

13. $CH_3-\underset{\underset{H}{|}}{\overset{\overset{OH}{|}}{C}}-CH_2-\overset{\overset{O}{\|}}{C}-OH + \tfrac{9}{2}O_2 + 25\,ADP + 25\,P_i \longrightarrow$
$4\,CO_2 + 29\,H_2O + 25\,ATP$

Kapitel 19

1. (a) $^-OOC-CH_2-\overset{\overset{O}{\|}}{C}-COO^-$ Oxalacetat

   (b) $^-OOC-CH_2-CH_2-\overset{\overset{O}{\|}}{C}-COO^-$ 2-Oxoglutarat

   (c) $CH_3-\overset{\overset{O}{\|}}{C}-COO^-$ Pyruvat

   (d) Phenyl-$CH_2-\overset{\overset{O}{\|}}{C}-COO^-$ Phenylpyruvat

2. Der beschriebene Test besteht aus einer gekoppelten Reaktion, bei der das Produkt der langsamen Reaktion (Pyruvat) in einer darauffolgenden, von Lactat-Dehydrogenase katalysierten Indikatorreaktion schnell weiterreagiert. Bei der Indikatorreaktion kann das Verschwinden der charakteristischen gelben Farbe des NADH bei 340 nm im Spektrophotometer verfolgt werden.

3. Nein; der Stickstoff kann durch Transaminierung vom Alanin zum Oxalacetat transportiert werden, wodurch Aspartat gebildet wird.

4. (a) Phenylalanin-4-Monooxygenase; eine phenylalaninarme Diät. (b) Der normale Weg des Phenylalanin-Stoffwechsels über Hydroxylierung zum Tyrosin ist blockiert, so daß sich Phenylalanin ansammelt. (c) Phenylalanin wird durch Transaminierung in Phenylpyruvat umgewandelt und durch Reduktion in Phenyllactat. (d) Tyrosin ist eine Vorstufe in der Synthese von Melanin, einem Pigment, das den Farbstoff im Haar bildet.

5. Der Katabolismus der Kohlenstoffketten von Valin, Methionin und Isoleucin wird beeinträchtigt.

6. Für ein Molekül Lactat werden 17 ATP gebildet, für ein Molekül Alanin 15 ATP, wenn die Ausscheidung des Stickstoffs berücksichtigt wird.

7. (a) $^{15}NH_2-CO-^{15}NH_2$
   (b) $^-OO^{14}C-CH_2-CH_2-^{14}COO^-$
   (c) $R-NH-\overset{\overset{^{15}NH}{\|}}{C}-^{15}NH_2$
   (d) $R-NH-\overset{\overset{O}{\|}}{C}-^{15}NH_2$

(e) Keine Markierung

(f) $^-OO\,^{14}C-\underset{\underset{H}{|}}{\overset{\overset{^{15}NH_2}{|}}{C}}-CH_2-^{14}COO^-$

8. (a) Isoleucin → II → IV → I → V → III → Acetyl-CoA + Propionyl-CoA. (b) 1. Schritt: Transaminierung; 2. Schritt: oxidative Decarboxylierung, analog zur oxidativen Decarboxylierung von Pyruvat zu Acetyl-CoA; 3. Schritt: Oxidation, analog zur Dehydrierung von Succinat; 4. Schritt: Hydrierung, analog zur Hydrierung von Fumarat zu Malat; 5. Schritt: umgekehrte Aldolkondensation, analog zur Thiolasereaktion.

9. (a) Das Fasten führt zu einem niedrigen Blutglucosespiegel; so daß die darauffolgende Verabreichung der Versuchsdiät zu einem schnellen Abbau der glucogenen Aminosäuren führt. (b) Durch die oxidative Desaminierung steigt der Ammoniakspiegel, und das Fehlen von Arginin (einem Zwischenprodukt des Harnstoffcyclus) verhindert die Umwandlung von Ammoniak zu Harnstoff. Die von der Katze synthetisierten Argininmengen sind nicht groß genug, um die durch diesen Versuch erzeugten Stoffwechselbelastungen auszugleichen. (c) Ornithin wird im Harnstoffcyclus zu Arginin und Harnstoff umgesetzt.

10. O_2 + 2 Glutamat + CO_2 + 2 ADP + 2 P_i → 2-Oxoglutarat + 3 H_2O + 2 ATP + Harnstoff

Kapitel 20

1. Für die Umwandlung von 2 Molekülen Pyruvat in ein Molekül Glucose müssen Energie (4 ATP + 2 GTP) und Reduktionsäquivalente (2 NADH) zugeführt werden. Diese Energie und Reduktionsäquivalente stammen aus dem Citratcyclus und der oxidativen Phosphorylierung, die durch den Katabolismus von Aminosäuren, Fettsäuren und anderen Kohlenhydraten gespeist werden.

2. (a) Kein primärer ^{14}C-Einbau; (b) [3,4-^{14}C]Glucose.

3. Pyruvat-Carboxylase ist ein Mitochondrienenzym. Das gebildete [^{14}C]Oxalacetat mischt sich mit dem Oxalacetat-Pool des Citratcyclus. Mit der Zeit bildet sich ein Gleichgewicht aus zwischen [^{14}C]Oxalacetat und den Zwischenprodukten des Citratcyclus, wobei [1,4-^{14}C]Succinat und schließlich [1,4-^{14}C]Oxalacetat gebildet wird. Das in Position 4 markierte Oxalacetat führt zur Bildung von [3,4-^{14}C]Glucose (s. Übungsaufgabe 2).

4. Die durch AMP aktivierte und durch ATP gehemmte Phosphofructokinase reguliert die Glycolyse; die durch ATP aktivierte und durch AMP ge-

hemmte Fructosebisphosphatase reguliert die Gluconeogenese.
5. (a),(b) und (d) sind glucogen, (c) und (e) nicht.
6. (a) Durch den schnellen Anstieg der Glycolyse; der Anstieg von Pyruvat und NADH hat einen Anstieg von Lactat zur Folge. (b) Weil Lactat in Glucose umgewandelt wird. (c) Das Gleichgewicht der Lactat-Dehydrogenase-Reaktion begünstigt die Lactat-Bildung.
7. Wenn die Reaktionsfolgen des Katabolismus und Anabolismus der Glucose gleichzeitig ablaufen, wird ATP verbraucht, ohne daß es zu einer Nettosynthese von Glucose kommt. Diese cyclischen Vorgänge werden als Leerlaufcyclen bezeichnet.
8. Die Beobachtung, daß die Glycogen-Synthase von allen untersuchten Glycogen-synthetisierenden Enzymen die niedrigste Aktivität hat, läßt vermuten, daß dieser enzymatische Schritt im Fluß der Zwischenprodukte den Flaschenhals darstellt und daher ein Regulationspunkt ist. Das wird bestätigt durch die Beobachtung, daß eine Stimulierung der Glycogensynthese durch eine Aktivierung des Regulationsenzyms zu einer Abnahme der Konzentrationen der Zwischenprodukte vor dem Regulationspunkt führt und zu einem Anstieg der Konzentrationen der Zwischenprodukte danach. Eine Aktivierung der Glycogen-Synthase erhöht den Fluß der Metaboliten durch diesen Engpaß. Dadurch wird die Gleichgewichtskonzentration von UDP-Glucose verringert und die von UDP erhöht.
9. Für die Speicherung wird 1 Molekül ATP pro Molekül Glucose verbraucht. Der Wirkungsgrad der Speicherung beträgt 95%.
10. Die UDP-Glucose-Diphosphorylase.
11. Die Umleitung von Glucose und ihrer Vorstufe Oxalacetat zur Milchproduktion unter den Bedingungen eines ausgedehnten Fettsäurekatabolismus führt zur Ketose. Wiederkäuer können Propionat leicht in Succinyl-CoA umwandeln (Abb. 20–7) und dadurch auch in Oxalacetat, womit die Ketose abgewendet wird.
12. Durch die UDP-Galactose-Diphosphorylase ist eine Möglichkeit gegeben, Galactose über folgenden Weg abzubauen:

Galactose + ATP $\xrightarrow{\text{Galactokinase}}$

Galactose-1-phosphat + ADP

UTP + Galactose-1-phosphat $\xrightarrow{\text{neues Enzym}}$

UDP-Galactose + PP$_i$

UDP-Galactose $\xrightarrow{\text{Galactose-4-Epimerase}}$ UDP-Glucose

Summe: Galactose + ATP + UTP $\longrightarrow$
UDP-Glucose + ADP + PP$_i$

UDP-Glucose wird dann für die Synthese von Glycogen verwendet, oder es kann zu UMP und Glucose-1-phosphat hydrolysiert werden.

Kapitel 21

1. CO_2 ist ein Reaktionsteilnehmer an der Acetyl-CoA-Carboxylase-Reaktion; Inkubation mit $^{14}CO_2$ führt nicht zum Einbau von ^{14}C ins Palmitat.
2. (a) Statistisch markiertes [^{14}C]Acetyl-CoA wird in [^{14}C]Malonyl-CoA umgewandelt. Beide Vorstufen zusammen liefern statistisch markiertes [^{14}C]Palmitat. (b) Wird eine Spur statistisch markiertes [^{14}C]Acetyl-CoA in Gegenwart eines großen Überschusses an unmarkiertem Malonyl-CoA angeboten, so wird der Stoffwechsel-Pool von Malonyl-CoA nicht markiert, folglich wird nur [15,16-^{14}C]Palmitat gebildet.
3. 15 ATP + 14 NADPH + 13 H$^+$ + 2 H$_2$O $\longrightarrow$
Palmitat + 8 CoA-SH + 15 ADP + 15 P$_i$ + 14 NADP$^+$
4. (a) 3 Deuteriumatome pro Palmitat-Molekül; alle befinden sich am C-Atom 16. (b) 7 Deuteriumatome pro Palmitat-Molekül;

$$CH_3-CH_2-\underset{D}{\overset{H}{(C}}-CH_2)_6-\underset{D}{\overset{H}{C}}-COO^-$$

5. Acetyl-CoA (mitochondrial) + NADH + NADP$^+$ + 2 ATP + H$_2$O $\rightarrow$ Acetyl-CoA (cytosolisch) + NAD$^+$ + NADPH + 2 ADP + 2 P$_i$ + H$^+$
6. Geschwindigkeitsbestimmender Schritt bei der Fettsäurebiosynthese ist die durch Acetyl-CoA-Carboxylase katalysierte Carboxylierung von Acetyl-CoA. Hohe Konzentrationen an Citrat und Isocitrat zeigen an, daß die Bedingungen für die Fettsäuresynthese günstig sind, denn sie bedeuten, daß der Citratcyclus aktiv ist, d.h. das große Mengen an ATP, reduzierten Pyridinnucleotiden und Acetyl-CoA gebildet werden. Folglich stimuliert Citrat den geschwindigkeitsbestimmenden Schritt der Fettsäurebiosynthese (Anstieg des V_{max}-Wertes). Außerdem verschiebt das Citrat das Gleichgewicht Protomer $\rightleftharpoons$ filamentöse (= aktive) Form des Enzyms in Richtung zur aktiven Form, da es mit dieser eine festere Bindung eingeht. Im Gegensatz dazu verschiebt Palmitoyl-CoA (das Endprodukt der Fettsäurebiosynthese) das Gleichgewicht auf die Seite der inaktiven Form, so daß die Fettsäurebiosynthese verlangsamt wird, wenn sich ihr Endprodukt ansammelt.
7. 3 Palmitinsäure + Glycerin + 7 ATP + H$_2$O $\rightarrow$
Tripalmitin + 7 ADP + 7 P$_i$
8. Dihydroxyacetonphosphat + NADH + H$^+$ + Palmitinsäure + Ölsäure + 3 ATP + CTP + Cholin +

$4 H_2O \rightarrow$ Phosphatidylcholin $+ NAD^+ + 2 AMP + ADP + CMP + 5 P_i$; 7 ATP pro Phosphatidylcholin.

9. β-Sitosterin hat in bezug auf einige Funktionen die gleiche Regulationswirkung wie Cholesterin, z. B. auf die Hemmung von Enzymen der Cholesterinbiosynthese, auf die Absorption von Cholesterin und die Hemmung der Enzymsynthese.
10. $^{14}CH_3-CH_2-(^{14}CH_2-CH_2)_6-^{14}CH_2-COO^-$; Alanin kann auch als Palmitat-Vorstufe dienen.
11. (a) Sie sind nicht einfach die Umkehrung des jeweils anderen. Beim anabolen Weg müssen für jeden Durchgang 3 ATP-Moleküle mehr hydrolysiert werden. (b) Es sind die in Tab. 21-1 aufgelisteten Unterschiede.

Kapitel 22

1. Ist die Phenylalanin-Hydroxylase defekt, so ist der Biosyntheseweg zum Tyrosin blockiert, und Tyrosin muß aus der Nahrung bezogen werden.
2. Glucose $+ 2 CO_2 + 2 NH_4^+ \rightarrow$
   2 Aspartat $+ 4 H^+ + 2 H_2O$
3. Bei der Biosynthese von Inosinsäure reichern sich die folgenden Zwischenprodukte an:

4. Bakterien-Mutanten, die kein Glycin, Aspartat oder Glutamin bilden können, brauchen die Zufuhr der Purine Adenin und Guanin. Die Aspartat- und Glutamin-auxotrophen Mutanten brauchen außerdem Uridin und Cytosin, nicht aber die Glycin-auxotrophen.
5. (a) Bei sich schnell teilenden Zellen, z.B. Krebszellen, hängt die Teilungsgeschwindigkeit von einer schnellen DNA-Synthese ab. Da die DNA-Synthese durch die Verfügbarkeit von Thymidylat begrenzt wird, verringert eine Blockierung von dessen Synthese durch eine irreversible Hemmung der Thymidylat-Synthase mittels F-dUMP die Geschwindigkeit der Zellteilung und damit das Wachstum des Gewebes. (b) Tetrahydrofolat wird während der Biosynthese von Glycin aus Serin in N^5, N^{10}-Methylentetrahydrofolat umgewandelt:

   Serin + Tetrahydrofolat $\longrightarrow$
   Glycin + N^5, N^{10}-Methylentetrahydrofolat + H_2O

   Die Hemmung der Dihydrofolat-Reduktase durch Methotrexat verhindert die Rückumwandlung von Dihydrofolat in N^5, N^{10}-Methylentetrahydrofolat. Wenn also Zellen an N^5, N^{10}-Methylentetrahydrofolat verarmen, das für die dTMP-Synthese gebraucht wird, so wird die DNA-Synthese verringert und damit die Zellteilungsgeschwindigkeit und das Wachstum des Gewebes. Obwohl dieses Medikament auch auf normale Zellen eine Wirkung hat, ist diese nicht kritisch, da normale Zellen sowieso langsamer wachsen.
6. Organismen speichern keine Nucleotide, um sie als Brennstoffe zu benutzen, und sie bauen sie nicht vollständig ab, sondern hydrolysieren sie eher zu ihren Basen, um sie über den Wiederverwendungsweg zu recyclisieren. Wegen des niedrigen Verhältnisses von Kohlenstoff- zu Stickstoffatomen sind Nucleotide als Energiequellen unergiebig.
7. (a) Wie Abb. 22-7 zeigt, ist 4-Aminobenzoesäure eine Komponente des N^5, N^{10}-Methylentetrahydrofolats, des Cofaktors, der am Transport von Ein-Kohlenstoff-Einheiten beteiligt ist. (b) Sulfanilamid ist ein Strukturanaloges von 4-Aminobenzoesäure. In Gegenwart von Sulfanilamid können Bakterien kein Tetrahydrofolat synthetisieren. Dieser Cofaktor ist aber nötig für die Umwandlung von 5'-Phosphoribosyl-4-carboxamid-5-aminoimidazol in 5'-Phosphoribosyl-4-carboxamid-N^5-formylaminoimidazol durch Anhängen von —CHO und deshalb reichert sich die Vorstufe an. (c) Die Zugabe eines Überschusses von 4-Aminobenzoesäure hebt Wachstumshemmung und Ribonucleotid-Anreicherung auf, denn 4-Aminobenzoesäure und Sulfanilamid konkurrieren um dieselben aktiven Stellen auf dem Enzym, das an der Tetrahydrofolat-Biosynthese beteiligt ist (kompetitive Hemmung). Solche kompetitiven Hemmungen (Kapitel 9) können durch die Zugabe eines Substratüberschusses aufgehoben werden.
8. Die Behandlung mit Allopurinol hat zwei biochemische Folgen. Erstens wird die Umwandlung von Hypoxanthin in Harnsäure gehemmt, wodurch sich Hypoxanthin anreichert, das löslicher ist und daher leichter ausgeschieden wird als Harnsäure. Das lindert die mit dem AMP-Abbau verbundenen klinischen Probleme. Zweitens wird auch die Umwandlung von Guanin in Harnsäure gehemmt, wodurch Xanthin angereichert wird, das aber leider noch weniger löslich ist als Harnsäure. Das ist die Ursache für die Xanthin-Steine. Da die Menge des abgebauten GMP im Verhältnis zu der des AMP gering ist, ist auch das Auftreten von Hypoxanthin-Steinen seltener als bei unbehandelter Gicht, denn der Hauptweg vom Hypoxanthin zum Xanthin wird durch Allopurinol gehemmt.
9. Die Bakterien in den Wurzelknollen leben mit der Pflanze in einer symbiotischen Beziehung: Die Pflanze liefert ATP und Reduktionsäquivalente, während die Bakterien Ammoniak durch Reduk-

tion von atmosphärischem Stickstoff liefern. Für die Reduktion werden große Mengen an ATP gebraucht.

10.

[Strukturformel: Uracil-Derivat mit COO⁻-Gruppe, markierte Positionen mit *]

Kapitel 23

1. Diese Beobachtung läßt vermuten, daß bei Licht ATP und NADPH hergestellt werden. Die Umwandlung kommt zum Stillstand, wenn der Vorrat an NADPH und ATP erschöpft ist.
2. Für eine maximale Photosynthese-Geschwindigkeit müssen Photosystem I (Absorption bei 700 nm) und Photosystem II (Absorption bei 680 nm) zusammenarbeiten.
3. Purpur-Schwefelbakterien verwenden H_2S als Wasserstoffdonator bei der Photosynthese. Sauerstoff wird nicht entwickelt, weil das Photosystem II fehlt.
4. 0.57.
5. DCMU blockiert den Elektronentransport zwischen dem Photosystem II und der ersten ATP-Bildungsstelle.
6. (a) 56.1 kJ; (b) 0.29 V.
7. X ist 3-Phosphoglycerat und Y ist Ribulose-1,5-bisphosphat.
8. Eine Erniedrigung des K_m-Wertes für CO_2 bei Anstieg des pH-Wertes im Medium bewirkt eine Aktivierung der Ribulose-1,5-bisphosphat-Carboxylase und damit einen Anstieg der Geschwindigkeit der CO_2-Fixierung. Beleuchtung erhöht den pH-Wert des Mediums und deshalb nimmt nachts im Dunklen die Aktivität der Ribulose-1,5-bisphosphat-Carboxylase und damit auch die Geschwindigkeit der Photorespiration ab.
9. Im Mais wird Kohlenstoffdioxid über den Hatch-Slack-Weg fixiert. Über diesen Weg wird Phospho*enol*pyruvat schnell zu Oxalacetat carboxyliert (von dem ein Teil zu Aspartat transaminiert wird) und zu Malat reduziert. Erst nach der darauffolgenden Decarboxylierung betritt das CO_2 den Calvin-Cyclus.
10. Das zur decarboxylierenden Malat-Dehydrogenase des Hatch-Slack-Weges analoge Enzym des Citratcyclus ist die Isocitrat-Dehydrogenase.
11. Da das Photosystem I ATP über die cyclische Photophosphorylierung bilden kann, wird in den Mesophyllzellen für den Hatch-Slack-Weg nur Photosystem I gebraucht.
12. Während der Bestrahlung werden die Protonen durch das Bacteriorhodopsin in die Phospholid-Vesikel gepumpt. Der so gebildete Protonengradient wird dann von der Mitochondrien-F_0F_1ATPase für die ATP-Synthese genutzt.

Kapitel 24

1. 34.7 kJ; 0.60 mol.
2. Das Pankreassekret enthält eine hohe Konzentration an HCO_3^-, das den pH-Wert bei Mischung mit Magensekret auf den optimalen Wert einstellt.
3. Da β-Casein nur eine schwach ausgeprägte Struktur besitzt und seine native Konformation einem statistischen Knäuel ähnelt, sind alle Teile der Proteinkette für die Hydrolyse durch Pepsin und die Pankreas-Enzyme leicht zugänglich. Im Gegensatz dazu ist bei den α-Keratinen mit ihrem hohen Grad an Sekundär- und Tertiärstruktur, mit reichlich vorhandenen S-S-Brückenbindungen, die auch bei dem niedrigen pH-Wert im Magen nur begrenzt denaturiert werden, der Zugang der Verdauungsenzyme zu den Peptidbindungen erschwert, so daß sie nur wenig hydrolysiert werden.
4. (a) Die Aktivierung von Pepsinogen erfolgt in der sauren Umgebung des Magens spontan. Das dabei entstehende Pepsin katalysiert die Aktivierung der restlichen Pepsinogen-Moleküle. (b) Pepsinogen wird in den Hauptzellen als inaktive Vorstufe in einem schwach alkalischen Medium produziert und gelagert. Falls das Bruchstück vom Pepsinogen abgespalten wird, wird es an das aktive Zentrum des Pepsins gebunden, d.h. es fungiert als Inhibitor.
5. Vom Pankreas sezernierte proteolytische Enzyme beschädigen die Dünndarmwand aus mehreren Gründen nicht: (a) weil die Konzentration der Nahrungsproteine höher ist als die der Proteine an der Oberfläche der Epithelzellen; (b) weil die Pankreas-Enzyme sich selbst verdauen, sobald die Verdauung der Nahrungsproteine abgeschlossen ist; (c) weil die Sekretion der Pankreas-Enzyme von Hormonen reguliert wird; (d.h. es wird nur sezerniert, wenn der Magen eine proteinreiche Mahlzeit enthält) und (d) weil die Epithelzellen des Dünndarms eine schleimige Auskleidung abscheiden, die die Zelloberfläche schützt.
6. Mit fortschreitender Verdauung werden die Proteine durch die Endopeptidasen des Pankreas zu immer kleineren Polypeptiden gespalten. Deshalb ist in den späteren Stadien der Verdauung die Anzahl der für die Carboxypeptidase zur Verfügung stehenden carboxyterminalen Enden größer und damit auch die Effektivität der Carboxypeptidase.
7. Die verantwortliche Substanz ist die Lactose. Die Fähigkeit, Lactase, das für die Hydrolyse von Lac-

tose zuständige Enzym, zu sezernieren, nimmt mit dem Alter ab. Die nicht absorbierte Lactose gelangt dann durch den Dünndarm in den Dickdarm, wo sie von den Darmbakterien vergoren wird.

8. Wenn sich unter den Lipiden im Stuhl nicht-hydrolysierte Triacylglycerine befinden, kann man als wahrscheinliche Ursache für die Steatorrhoe eine insuffiziente Pankreassekretion annehmen; (das Pankreassekret enthält auch Lipase.) Enthalten die Lipide im Stuhl aber hydrolysierte Triacylglycerine, so ist die wahrscheinliche Ursache eine unzureichende Gallensekretion.

9. Die höheren Konzentrationen von Alanin und Glutamin sind ein Zeichen für die Bedeutung des Glucose-Alanin-Cyclus sowie des Transports von Ammoniak als Glutamin.

10. Fast 3/4 des in den Nieren synthetisierten ATP wird für die Ionen-Pumpen verwendet.

11. Antimycin A und Iodacetat hemmen den Elektronentransport bzw. die Glycolyse. Die Energiequelle für die Kontraktion ist der Phosphocreatin-Vorrat.

12. Die ATP-Konzentration wird im Fließgleichgewicht durch den Nachschub von Phosphat aus Phosphocreatin aufrechterhalten. Fluor-2,4-dinitrophenol hemmt die Creatin-Kinase.

13. Ammoniak ist für Nervengewebe sehr toxisch, besonders im Gehirn. Ein Überschuß von Ammoniak wird durch die Umwandlung von Glutamat in Glutamin entfernt, mit diesem zur Leber transportiert und dort in Harnstoff umgewandelt. Das zusätzliche Glutamat entsteht so: Durch die Umwandlung von Glucose wird 2-Oxoglutarat gebildet, das zu Glutamat transaminiert wird. (Dadurch ist es möglich, zusätzliches Ammoniak zu entfernen.)

14. Glucose $\xrightarrow{\text{Glycolyse}}$ Dihydroxyacetonphosphat
$\xrightarrow[\text{NAD}^+]{\text{NADH + H}^+}$ Glycerin-3-phosphat → Triacylglycerine

15. Die Menge zirkulierenden Albumins steht in einem bestimmten Verhältnis zum Gesamt-Plasmavolumen. Der Verlust von Albumin führt bei nephrotischen Patienten zu einer osmotischen Druckdifferenz zwischen dem Blutplasma und dem extrazellulären Raum. Das wiederum bewirkt eine Nettobewegung von Wasser in den extrazellulären Raum.

16. Die Pankreassekretion wird von Menge und Art der aufgenommenen Nahrung gesteuert, besonders durch Proteine. Durch die intravenöse Verabreichung der Glucose-Salz-Lösung wird die verminderte Aufnahme von Flüssigkeit, Kalorien und Elektrolyten kompensiert. Gereiztes Pankreasgewebe setzt weniger Insulin frei und daraus resultiert Hyperglycämie.

17. Durch erhöhte Muskelaktivität steigt der notwendige ATP-Fluß, und diesem entspricht ein erhöhter Sauerstoffverbrauch. Während des Laufs wandelt der Muskel einen Teil des Glycogens in Lactat um. Nach dem Lauf wird das Lactat in die Leber gebracht, wo es in Glucose und Glycogen zurückverwandelt wird. Dieser Vorgang erfordert ATP und damit zusätzlichen Sauerstoff über den Bedarf im Ruhezustand hinaus.

18. Die Ausscheidung von Phosphat (PO_4^{3-}) muß von der Ausscheidung eines kationischen Gegenions (Na^+ oder H^+) begleitet sein, damit der Urin elektrisch neutral bleibt. Um den Na^+-Verlust während der Phosphat-Ausscheidung gering zu halten, wird im distalen Abschnitt des Tubulus das Natrium gegen ein Proton ausgetauscht. Dadurch wird die Protonenkonzentration im Urin erhöht.

19. (a) Das flache und unregelmäßige Atmen bei Überdosis eines Narkotikums bewirkt eine CO_2-Ansammlung in den Lungen. Der Konzentrationsanstieg des CO_2 verschiebt das folgende Gleichgewicht auf die rechte Seite und erniedrigt den pH-Wert des Blutplasmas:

$CO_2 + H_2O \rightleftharpoons H_2CO_3 \rightleftharpoons H^+ + HCO_3^-$

(b) Das mechanische Belüften verringert die CO_2-Konzentration und verschiebt das Gleichgewicht auf die linke Seite. Der daraus resultierende höhere pH-Wert im Blutplasma und in den Lungen erhöht die Affinität des Hämoglobins für Sauerstoff. (c) Es erhöht den pH-Wert und steigert die Pufferkapazität des Blutplasmas.

20. Glucose ist der Hauptbrennstoff des Gehirns. Die Thiamin-abhängige oxidative Decarboxylierung des Pyruvats zu Acetat ist eine Schlüsselreaktion des Glucose-Katabolismus. Daher vermindert Thiaminmangel die Glucoseverwertung durch das Gehirn.

21. Der aktive Transport von Na^+ während der Rückresorption aus den Nierentubuli wird durch die ATP-abhängige Na^+, K^+-ATPase durchgeführt. Bei diesem gekoppelten Prozeß erfordert die Rückresorption von drei Na^+-Ionen die gleichzeitige Sekretion von zwei K^+-Ionen.

22. Durch das Trinken großer Mengen von Seewasser wird die Gesamt-Elektrolytkonzentration in der extrazellulären Flüssigkeit viel höher als in der intrazellulären Flüssigkeit. Dieser Konzentrationsgradient bewirkt einen Netto-Wassertransport vom Zellinnern in den extrazellulären Raum. Dadurch erleidet die Zelle einen Wasserverlust, durch den die feinen Zellorganellen (z. B. Mitochondrien) schrumpfen und einen irreversiblen Schaden erleiden.

Kapitel 25

1 1.87×10^2 m (Das ist etwa die Länge von zwei Fußballplätzen).

2. Die schnelle Inaktivierung schafft die Voraussetzung, die Hormonkonzentration schnell ändern zu können. Eine konstante Insulinkonzentration wird durch gleiche Geschwindigkeiten von Synthese und Abbau erhalten. Andere Möglichkeiten, die Hormonkonzentration zu ändern sind: Änderung der Freisetzungsgeschwindigkeit von gespeicherten Hormonen und die Umwandlung eines Prohormons in das aktive Hormon.

3. Wegen ihrer geringen Lipidlöslichkeit können die wasserlöslichen Hormone nicht durch Zellmembranen hindurchwandern und werden deshalb eher an einen Rezeptor an der Zelloberfläche gebunden. Im Fall des Adrenalins ist dieser Rezeptor ein Enzym, das die Bildung großer Mengen des zweiten Messengers (cyclo-AMP) im Innern der Zelle katalysiert. Im Gegensatz dazu können lipidlösliche Hormone das hydrophobe Membraninnere leicht durchdringen. In der Zelle angekommen, können sie *direkt* auf ihre Rezeptoren einwirken.

4. (a) Da die Adenylat-Cyclase ein membrangebundenes Protein ist, sedimentiert die Adenylat-Cyclase-Aktivität bei der Zentrifugation mit der Partikelfraktion. (b) Adrenalin stimuliert die Bildung von cyclo-AMP, einer löslichen Substanz, die die Glycogen-Phosphorylase stimuliert. (c) Cyclo-AMP ist eine hitzestabile Verbindung. Sie kann aus ATP durch Behandlung mit Bariumhydroxid hergestellt werden.

5. Im Gegensatz zum cyclo-AMP kann Dibutyryl-cyclo-AMP die Zellmembran passieren.

6. Choleratoxin erhöht den cyclo-AMP-Spiegel in den Darmepithelzellen. Die Beobachtungen lassen vermuten, daß cyclo-AMP die Durchlässigkeit für Na^+-Ionen reguliert. Die Behandlung besteht aus einem Ersatz der verlorengegangenen Körperflüssigkeit und Elektrolyte.

7. (a) In Herz und Skelettmuskel fehlt das Enzym Glucose-6-phosphat-Phosphatase. Folglich tritt das gesamte entstandene Glucose-6-phosphat in den Glycolyseweg ein und wird bei Sauerstoffmangel in Lactat umgewandelt. (b) Die elektrische Ladung der Zwischenprodukte verhindert ihr Entweichen aus der Zelle, da die Zellmembran für geladene Verbindungen undurchlässig ist. In einer „Kämpf-oder-flieh"-Situation muß die Konzentration glycolytischer Vorstufen als Vorbereitung für die Muskelaktivität hoch sein. Durch das Beibehalten der Phosphorylierung wird das Entweichen der Vorstufen aus dem Muskelgewebe verhindert. Die Leber dagegen stellt die Glucose für die Aufrechterhaltung des Blutglucose-Spiegels zur Verfügung. Folglich ist es gerade in einer „Kämpf-oder-flieh"-Situation wünschenswert, daß die Glucose leicht aus der Leberzelle in den Blutstrom gelangen kann, was durch die Glucose-6-phosphat-Phosphatase-katalysierte Dephosphorylierung erreicht wird.

8. Eine zu starke Insulinsekretion durch den Pankreas bewirkt eine zu hohe Verwertung von Blutglucose durch die Leber, so daß es zu Hypoglycämie kommt. Durch einen hohen Insulinspiegel wird außerdem der Katabolismus von Aminosäuren und Fettsäuren stillgelegt. Auf diese Weise verfügen die Patienten nur über wenig zirkulierenden Brennstoff für ihren ATP-Bedarf. Bei längerer Dauer führt Hyperinsulinismus zu Gehirnschäden, weil Glucose die Hauptbrennstoffquelle für das Gehirn ist.

9. Die Beobachtung, daß die Inkubation von Lebergewebe mit Thyroxin die Atmung und Wärmeproduktion steigert, während die ATP-Konzentration konstant bleibt, ist in Übereinstimmung mit der Annahme, daß Thyroxin die oxidative Phosphorylierung entkoppelt. Entkoppler wirken durch eine Erniedrigung des P/O-Quotienten von Geweben, daher muß das Gewebe seine Atmung steigern, wenn es den normalen ATP-Bedarf decken will. Die beobachtete Wärmeproduktion könnte auch durch einen erhöhten ATP-Verbrauch im Schilddrüsenstimulierten Gewebe bedingt sein. In solchen Geweben wird der erhöhte ATP-Bedarf durch eine gesteigerte oxidative Phosphorylierung (Atmung) gedeckt und daraus resultiert die Wärmebildung. Trotz ausgedehnter Forschung sind die Einzelheiten der Regulation des aeroben Stoffwechsels durch die Schilddrüsenhormone nach wie vor ein Rätsel.

10. Das weibliche Hormon Östrogen dient der Enwicklung der sekundären weiblichen Geschlechtsmerkmale. Eines dieser Merkmale ist das Wachstum und die Entwicklung des Brustgewebes. Da sich das Carcinom im Brustgewebe befindet, wird jeder Umstand, der das Wachstum des Brustgewebes vermindert, auch das Wachstum des Carcinoms verlangsamen. Eine solche Verlangsamung kann durch eine Senkung der Östrogenkonzentration durch Ovarektomie erreicht werden. Manchmal wird bei der Behandlung auch noch ein Antagonist des Östrogens gegeben, also ein Hormon, dessen Wirkung der des Östrogens entgegengesetzt gerichtet ist, z.B. Testosteron.

11. Die direkt oberhalb der Nieren gelegenen Nebennieren sind eigentlich ein Teil des Nervensystems, von dem sie Signale erhalten. Daher ist es nicht verwunderlich, daß die Synthese von Endorphinen sowohl im Gehirn als auch im Nebennierenmark erfolgt.

12. Mehrere der Polypeptidhormone, besonders Insulin und Glucagon, werden in Form inaktiver Prohormone synthetisiert, die aus längeren Peptidketten bestehen als das aktive Hormon. Ein Vorteil der Prohormone ist, daß sie, da sie inaktiv sind, in großen Mengen in sekretorischen Granula gespeichert werden können. Die Aktivierung kann sehr schnell erfolgen, durch eine enzymatische Spaltung, die durch ein entsprechendes Signal ausgelöst wird.

13. Adrenalin wird an Asthma-Patienten gegeben, weil es die glatte Muskulatur um die Bronchiolen der Lunge herum entspannt. Die Verabreichung von Adrenalin stimuliert die Bildung von cyclo-AMP in den Erfolgszellen. Cyclo-AMP wird jedoch durch eine Phosphodiesterase-katalysierte Hydrolyse zerstört. Da die Phosphodiesterase durch die Purinderivate Coffein, Theophyllin und Aminophyllin gehemmt wird, können diese Wirkstoffe die Adrenalinwirkung dadurch verlängern und intensivieren, daß sie den Abbau von cyclo-AMP vermindern.
14. Diese Beobachtungen zeigen, daß die Aktivität der Phosphodiesterase von Ca^{2+}-Ionen stimuliert wird, vermittelt durch Calmodulin. Das ist in Übereinstimmung mit den bekannten Eigenschaften des Calmodulins als Ca^{2+}-bindendes Protein. Eine Bindung des Calmodulin-Ca^{2+}-Komplexes an die Phosphodiesterase stimuliert ihre cyclo-AMP-hydrolysierende Aktivität.

Kapitel 26

1. Die empfohlenen Mengen liegen über dem Minimalbedarf, um einen Sicherheitsspielraum zu gewährleisten.
2. 0.21 mol ATP/g Glucose, 0.50 mol ATP/g Palmitinsäure; 17.6 kJ/g Glucose, 39.8 kJ/g Palmitinsäure. Ein Vergleich der beiden Wertepaare zeigt, daß das Verhältnis der gewonnenen ATP-Mengen dasselbe ist wie das Verhältnis der freigesetzten Wärmemengen.

$$\frac{0.50 \text{ mol ATP/g}}{0.21 \text{ mol ATP/g}} = 2.4 \qquad \frac{39.8 \text{ kJ/g}}{17.6 \text{ kJ/g}} = 2.3$$

3. Innerhalb der ersten Stunden nach Beginn des Fastens beginnt der Blutglucose-Spiegel zu sinken, weil die Glucose von den Geweben aufgenommen wird. Um den Blutglucose-Spiegel aufrechtzuerhalten, werden beim Menschen glucogene Aminosäuren abgebaut. Dieser Vorgang macht die Ausscheidung von Stickstoff in Form von Harnstoff nötig, die von der Abgabe großer Wassermengen begleitet ist. Innerhalb weniger Tage fortgesetzten Fastens schaltet der Körper für die Energiegewinnung vom Aminosäureabbau auf den Fettsäureabbau um, wodurch der tägliche Wasserverlust erheblich verringert wird.
4. Fettleibigkeit ist die Folge einer Energieaufnahme, die den Bedarf übersteigt. Bei einer Diät, bei der die Dosierung grammweise erfolgt, wird eine fettreiche Diät eher dick machen als eine zuckerreiche, weil sie mehr Kalorien pro Gramm enthält. Andererseits sind Süßigkeiten ein Genußmittel und daher findet sich bei fettleibigen Menschen die vorherrschende Tendenz, zu viel Zucker zu sich zu nehmen.
5. (a) 13.2 kJ/g; (b) 17.6 kJ/g; (c) Die Überlegungen gehen davon aus, daß Kleieflocken aus einer Mischung von Proteinen und Kohlenhydraten bestehen, und daß in der Elementaranalyse nur wenig Stickstoff gefunden wird. Daher müssen Kohlenhydrate die Hauptkomponente bilden. (d) Nur bei vollständiger Verdauung des Nahrungsmittels ist die Wärmefreisetzung bei der Oxidation im Körper dieselbe wie bei der Oxidation im Kalorimeter.
6. 3.1 gebackene Kartoffeln, 18.5 mittelgroße Pommes frites, 25.0 mittelgroße Kartoffelchips, 4.6 Scheiben Weißbrot, 5.7 Portionen Butter, 0.52 l Bier.
7. Ist in der Nahrung von einer der essentiellen Aminosäure nur wenig vorhanden, so läuft die Proteinsynthese nur so lange weiter, bis der Vorrat erschöpft ist. Um den Vorrat wieder aufzufüllen, ist eine weitere Zufuhr dieser ungünstigen Mischung notwendig, oder es kommt zum Abbau von Körperproteinen. Dadurch erhält man einen Überschuß der anderen Aminosäuren, die anschließend abgebaut werden und deren Stickstoff ausgeschieden wird. Daraus resultiert die negative Stickstoffbilanz.
8. Die Ratte erhält eine sorgfältig kontrollierte Diät, die alle Aminosäuren außer Phenylalanin enthält. Um die Gesamt-Stickstoffzufuhr über die ganze Serie von Experimenten konstant zu halten, wird eine entsprechende Menge Harnstoff zugesetzt. Da es an der einen Aminosäure mangelt, wird die Stickstoffbilanz negativ sein, d.h. die ausgeschiedene Stickstoffmenge wird größer sein als die aufgenommene (s. Übungsaufgabe 7). Danach wird der Nahrung Phenylalanin zugegeben und die Stickstoffbilanz erneut gemessen. Der tägliche Minimalbedarf ist die Menge Phenylalanin, die nötig ist, um eine normale (oder schwach positive) Stickstoffbilanz aufrechtzuerhalten.
9. Kleine Kinder, die an Kwashiorkor leiden, haben aufgedunsene Bäuche wegen des in den intrazellulären Räumen zurückgehaltenen Wassers, als Folge eines zu geringen Serumalbumin-Spiegels im Blutplasma. Bei ausreichender Verpflegung kehren die Serumalbuminwerte auf das normale Niveau zurück, die Unterschiede im osmotischen Druck kehren sich um und es kommt zum Verlust von Wasser.
10. Patienten mit begrenzter Nierenfunktion müssen sich einer regelmäßigen Dialyse unterziehen, um toxische Abfallprodukte aus dem Blut entfernen zu lassen, hauptsächlich Harnstoff und Harnsäure. Um die Notwendigkeit für diese Prozedur herabzusetzen, sollte die Stickstoffausscheidung gering gehalten werden. Das wird durch eine Diät erreicht, bei der Menge und Verteilung der Aminosäuren ausbalanciert sind, d.h. bei der die biologische

Wertigkeit der Proteine nahe 100 ist. Da Eier alle essentiellen Aminosäuren enthalten und eine höhere biologische Wertigkeit haben als Getreide, sind sie das für diese Patienten geeignetere Nahrungsmittel.

11. Vitamin B_6, Pyriodoxin, wird für die Synthese des Coenzyms Pyridoxalphosphat gebraucht, einem Coenzym der Aminotransferasen, die den ersten Schritt des Aminosäurestoffwechsels katalysieren.
12. Die Darmbakterien synthetisieren einen bedeutenden Anteil der nötigen Vitamine und geben sie an ihren Wirt ab. Eine Ernährung, die die Darmflora reduziert, könnte zu einem Vitaminmangel führen.
13. Vom ernährungsphysiologischen Standpunkt gesehen braucht der Mensch eine ausgewogene Ernährung, die den biologischen Energiebedarf deckt und die Bausteine und Cofaktoren für die Biosynthesen liefert. Dieses Erfordernis kann durch eine Vielzahl von Nahrungsquellen gedeckt werden. Es gibt keinen Beweis dafür, daß ein bestimmtes Nahrungsmittel, wie z.B. Milch, für eine gute Ernährung unverzichtbar sei.
14. (a) Sie muß eine ausreichende Menge an Energie für die schweren Anstrengungen und zur Aufrechterhaltung der Körpertemperatur enthalten. (b) Nahrungsmittel, die den Glycogenvorrat auffüllen, z.B. leicht verdauliche Kohlenhydrate (Honig, getrocknete Früchte, Schokolade usw.). (c) Proteine und Fett. (d) Eventuell Na^+ und K^+.
15. Säuger, einschließlich dem Menschen, besitzen keinen Stoffwechselweg für die Umwandlung von C_2-Einheiten (Acetyl-CoA) in C_3-Einheiten (Pyruvat), die für die Gluconeogenese gebraucht werden. Daher kann Ethanol, obwohl es zu Acetyl-CoA umgewandelt werden kann, keine Glucose bilden.
16. 7 kg.
17. (a) Die Hydrolyse der Proteine im Dünndarm führt zu einem Aminosäuregemisch. Diese Aminosäuren können in zwei Kategorien eingeteilt werden: die glucogenen, bei denen der Abbau der Kohlenstoffkette zur Bildung von Pyruvat führt, und die ketogenen, bei denen der Abbau der Kohlenstoffkette zur Bildung von Acetyl-CoA führt. Da Pyruvat zu Acetyl-CoA umgewandelt werden kann, kann das Kohlenstoffgerüst aller Aminosäuren zur Bildung von Fettsäuren und damit zur Ablagerung von Triacylglycerinen führen. (b) Der Aminosäureabbau ist von der Sekretion von Stickstoff in Form von Harnstof begleitet. Für die Herstellung eines verdünnten Harns sind große Mengen an Wasser nötig.

Kapitel 27

1. Die eine DNA enthält 32% A, 32% T, 18% G und 18% C, die andere 17% A, 17% T, 33% G und 33% C. Die Werte lassen vermuten, daß beide doppelsträngig sind. Die DNA mit 33% G und 33% C muß aus dem thermophilen Bakterium stammen, da diese DNA hitzestabiler sein müßte als die andere. G-C-Paare haben drei Wasserstoffbindungen und sind somit fester aneinander gebunden als A-T-Paare mit nur zwei Wasserstoff-Bindungen.
2. (5′)GAATGCATACGGCAT(3′)
3. 0.94 mg.
4. 372 Basenpaare; die tatsächliche Länge ist möglicherweise viel größer, da fast alle eukaryotischen Gene Introns enthalten, die länger sein können als die Exons; die meisten eukaryotischen Gene codieren auch für eine Leader- und Signalsequenz in ihren Protein-Produkten.
5. 200 000 Basenpaare; die gesamte T2-DNA ist 68 000 nm lang und der T2-Kopf nur 100 nm.
6. Das Verhältnis von DNA-Länge zum Durchmesser des Partikels beträgt für das Nucleosom 6.8 und für den Zellkern 10^5. Die Packung ist also im Kern viel dichter.
7. Nein, denn die maximale Zahl von Basenpaaren wird sich nicht ausbilden. In der lebenden Zelle dagegen wären in einigen DNA-Bereichen die negativen Ladungen des Rückgrates durch Histone neutralisiert. Dadurch erhält die DNA mehr Flexibilität für die Ausbildung einer kreuzförmigen Struktur.
8. Da weder die A- und T-Reste noch die G- und C-Reste miteinander gepaart sein können, muß die M13-DNA einzelsträngig sein.
9. (a) Eine einzelsträngige, lineare DNA mit der Fadenlänge des gebrochenen (nicked) Stranges von RFII und eine einzelsträngige, ringförmige DNA, d.i. der intakte RFII-Strang. (b) Es sind drei lineare Einzelstränge zu erwarten, ein ungebrochener Strang mit 5386 Basen und zwei kleinere, die aus dem gebrochenen stammen.
10. Ohne spezifische Markierung des 5′-Endes der DNA gibt es keinen Bezugspunkt für die Zuordnung der Bruchstücke zur Sequenz.
11. Nein; die beiden Stränge der DNA-Doppelhelix haben verschiedene Basenzusammensetzungen (s. Abb. 27–12).
12. Die Exons dieses Gens enthalten $3 \times 192 = 576$ Basenpaare. Die restlichen 864 Basenpaare sind Introns und möglicherweise eine Leader- oder Signal-Sequenz.
13. Zentrifugieren beider DNAs im Caesium-Dichtegradienten wird zeigen, daß die *E.-coli*-DNA mit ihrem höheren G-C-Gehalt dichter ist und ihr Gleichgewicht daher an einem tiefer gelegenen Punkt im Gradienten erreicht als die Seeigel-DNA (s. Tab. 27–3).
14. Die „Augen" entstehen durch Entspiralisieren örtlich begrenzter Bereiche der DNA-Doppelhelix. Diese Bereiche sind reich an A-T-Paaren, die weni-

ger hitzestabil sind als G-C-Paare. Dieses Verfahren kann verwendet werden, um Unterschiede in der Basenzusammensetzung entlang der Doppelhelix aufzufinden.
15. Weil homologe Proteine verschiedener Arten Homologien in ihren Aminosäurezusammensetzungen aufweisen.
16. (a)

—A—T—G—C—T—A—G—C—A—T—
—T—A—C—G—A—T—C—G—T—A—

(b) Der Punkt ist das Zentrum der doppelten Rotationssymmetrie; nach Drehung um 180° um diesen Punkt erhält man dieselbe Basensequenz.
(c) Die Restriktionsendonuclease hat offensichtlich einen gestaffelten Schnitt erzeugt, wobei die kohäsiven Enden noch miteinander verbunden geblieben sind. Daher behält die DNA ihre Ringform bei. (d) Das alkalische Milieu hat eine Entspiralisierung bewirkt und eine Trennung der kohäsiven Enden unter Bildung zweier linearer Stränge.
17. Nein; das zentrale Dogma besagt, daß genetische Information von der DNA über die RNA zum Protein fließt. Das RNA-Chromosom kann die Information ohne Beteiligung der DNA an die Proteine weitergeben.

Kapitel 28

1. Hätte die Replikation nach dem Streu-Mechanismus stattgefunden, so wäre die Dichte der DNA in der 1. Generation die gleiche gewesen, wie sie tatsächlich beobachtet wurde, nämlich eine einzelne Bande in der Mitte zwischen der leichten und der schweren DNA. In der 2. Generation würde wieder die gesamte DNA in einer einzigen Bande auftreten, aber nun in der Mitte zwischen der in der 1. Generation beobachteten und der leichten DNA.
2. (a) Da Thymidinreste nur in der DNA vorkommen und nicht in der RNA, wird mit Thymidin nur die DNA markiert und die Experimente können ohne Störungen durch markierte RNA durchgeführt werden. (b) Weder Guanosin noch Adenosin wären brauchbar, da beide sowohl in DNA als auch in RNA vorkommen. (c) Thymidin wird durch ATP in folgenden Schritten zu Thymidin-5'-triphosphat phosphoryliert:

Thymidin + ATP $\longrightarrow$ Thymidin-5'-phosphat + ADP
TMP + ATP $\longrightarrow$ TDP + ADP
TDP + ATP $\longrightarrow$ TTP + ADP.

3. 400 000 Windungen.
4. (a) 44 min. (b) Eine Möglichkeit ist, daß jedes E.-coli-Chromosom mit 4 Replikationsgabeln repliziert wird, die von 2 Startregionen ausgehen.
5. (a) 0.42 s. (b) Die Anzahl der Basenpaare in den Introns, den Leader- und den Signalsequenzen.
6. (a) (5')CTAATGCAACGTTGCAAGCT(3')
   (b) (5')AGCUUGCAACGUUGCAUUAG(3')
7. (a) A: 21%; U: 21%; G: 29%; C: 29%. (b) Sie kann die gleiche sein wie in (a) oder auch nicht.
8. Mit der gegebenen Matrize hergestellte DNA müßte die Basenzusammensetzung 32.7% A, 18.5% G, 24.1% C und 24.7% T haben. Die mit dem hierzu komplementären Strang als Matrize hergestellte DNA müßte die Basenzusammensetzung 24.7% A, 24.1% G, 18.5% C und 32.7% T haben. Die Basenzusammensetzung der beiden neuen DNA-Stränge zusammen wäre dann 28.7% A, 21.3% G, 21.3% C und 28.7% T. Es wird angenommen, daß die beiden Matrizenstränge vollständig repliziert werden.
9. Die RNAs werden nur von einem Strang der DNA-Doppelhelix transkribiert.
10. (a) Etwa 2000. (b) Okazaki-Stücke werden durch DNA-Polymerase III mit Hilfe eines RNA-Primers und einer DNA-Matrize hergestellt. Da Okazaki-Stücke in E. coli etwa 2000 Basenpaare lang sind, ist die Basenpaarung mit dem Matrizenstrang ziemlich fest. Jedes dieser Stücke wird durch die hintereinander erfolgenden Reaktionen von DNA-Polymerase I und DNA-Ligase schnell mit dem diskontinuierlich wachsenden Strang verbunden, so daß damit die richtige Reihenfolge der Stücke gesichert ist. Aus diesem Grunde bildet sich nie ein gemischter Pool mit verschiedenen, von ihrer Matrize abgelösten Okazaki-Stücken.
11. Kontinuierlich gebildeter Strang.
    Vorstufen: dATP, dGTP, dCTP, dTTP.
    Enzyme: DNA-Gyrase, Helicase, DNA-bindende Proteine, DNA-Polymerase III, anorganische Diphosphatase
    Cofaktoren: $Zn^{2\oplus}$, $Mg^{2\oplus}$.
    Diskontinuierlich gebildeter Strang.
    Vorstufen: ATP, GTP, CTP, UTP, dATP, dGTP, dCTP, dTTP.
    Enzyme: DNA-Gyrase, Helicase, DNA-bindende Proteine, Primase, DNA-Polymerase III, DNA-Polymerase I, DNA-Ligase, anorganische Diphosphatase.
    Cofaktoren: $Zn^{2\oplus}$, $Mg^{2\oplus}$, $NAD^{\oplus}$.
12. (a) 1. Die Basenpaarung nach Watson und Crick zwischen der Matrize und dem kontinuierlich gebildeten Strang. 2. Hydrophobe Stabilisierung durch Stapelung der Basenpaare. 3. Enzymatische Hydrolyse des bei der DNA-Polymerase-Reaktion gebildeten Diphosphats, womit gewährleistet wird, daß die Reaktion bei jedem Schritt näherungsweise vollständig abläuft. 4. Korrekturlesen und Entfernen von falsch eingesetzten Nucleotiden durch die

3′-Exonuclease-Aktivität der DNA-Polymerase III. (b) Da die vier Faktoren, die die Wiedergabe-Genauigkeit der Replikation gewährleisten, mit beiden Strängen reagieren, ist anzunehmen, daß der diskontinuierlich entstandene Strang mit etwa der gleichen Genauigkeit gemacht wird. Da aber die Anzahl der chemischen Operationen, die an der Herstellung beteiligt sind, beim diskontinuierlich wachsenden Strang größer ist, könnten bei diesem auch mehr Irrtümer möglich sein.

13. (a) Sie gewährleisten, daß fremde intakte zirkuläre DNAs in (z. B.) *E.-coli*-Zellen nicht repliziert werden können, es sei denn, sie hätten eine Startregion, die mit der von *E. coli* identisch ist. (b) Die DNA-Replikase von *E. coli* muß bei der Replikation eines *E.-coli*-Chromosoms an dessen Startregion beginnen, die eine ganz bestimmte Basensequenz hat.

14. (a) Der Bedarf der RNA-Polymerase an NTPs macht es möglich, daß ein Spaltprodukt (Diphosphat) gebildet wird, das selbst wiederum spaltbar ist (durch Diphosphatase), so daß das Reaktionsgleichgewicht der Polymerase-Reaktion in Richtung einer vollständigen Spaltung der NTPs verschoben werden kann, wodurch die Genauigkeit der Reakion erhöht wird. Polynucleotid-Phosphorylase arbeitet mit NDPs, so daß als Nebenprodukt Phosphat entsteht. Da die Phosphatkonzentration in der Zelle ziemlich groß ist, ist auch die Wahrscheinlichkeit groß, daß Polynucleotid-Phosphorylase in umgekehrter Richtung wirkt, nämlich RNA-abbauend. (b) RNA-Polymerase braucht alle vier NTPs und eine Matrize, während Polynucleotid-Phosphorylase weder alle vier NDPs noch eine Matrize braucht, ein weiteres Argument, das für ihre Funktion beim Abbau von RNA spricht.

15. Ein Irrtum bei einer Base während der DNA-Replikation, der nicht korrigiert wird, würde bewirken, daß eine der beiden Tochterzellen und deren gesamte Nachkommenschaft ein mutiertes Chromosom enthalten. Ein in einer Zelle durch RNA-Polymerase verursachter Irrtum würde das DNA-Chromosom unverändert lassen und zur Bildung einiger defekter Exemplare des betroffenen Proteins führen, aber da mRNAs einen hohen Turnover haben, wäre die Hauptmenge des Proteins und damit die Nachkommenschaft der Zelle normal.

Kapitel 29

1. (a) Gly—Gln—Ser—Leu—Leu—Ile
   (b) Leu—Asp—Ala—Pro
   (c) His—Asp—Ala—Cys—Cys—Tyr
   (d) Met—Asp—Glu bei Eukaryoten; fMet—Asp—Glu bei Prokaryoten.

2. Dadurch, daß es für fast alle Aminosäuren mehr als ein Codon gibt (für Leucin z. B. sechs), kommt man für die Codierung eines gegebenen Polypetids auf eine große Anzahl von Basensequenzen, wenn man die verschiedenen Codons für jede Aminosäure auf verschiedene Weise miteinander kombiniert.

3. UUAAUGUAU, UUGAUGUAU, CUUAUGUAU, CUCAUGUAU, CUAAUGUAU, CUGAUGUAU, UUAAUGUAC, UUGAUGUAC, CUUAUGUAC, CUCAUGUAC, CUAAUGUAC, CUGAUGUAC

4. (a) (5′)CGACGGCGCGAAGUCAGGGGUGUUAAG(3′)
   (b) Arg—Arg—Arg—Glu—Val—Arg—Gly—Val—Lys
   (c) Nein, denn der komplementäre, antiparallele Strang der DNA-Doppelhelix hat in der 5 → 3-Richtung nicht dieselbe Basensequenz. RNA wird nur von einem der beiden Stränge transkribiert. Die RNA-Polymerase muß daher den richtigen Strang erkennen und sich an diesen binden.

5. Für Methionin gibt es zwei tRNAs, die startende tRNA^{fMet} und tRNA^{Met}, die das Methionin in innere Positionen des Polypeptids einfügen kann. tRNA^{fMet} reagiert mit Methionin zu Methionyl-tRNA^{fMet}. Die Reaktion wird katalysiert durch die Methionyl-tRNA-Synthase. Dann wird die Aminogruppe des Methionin-Restes durch N^{10}-Formyltetrahydrofolat zu N-Formylmethionyl-tRNA formyliert. Freies Methionin oder Methionyl-tRNA^{Met} können nicht formyliert werden. Nur N-Formylmethionyl-tRNA^{fMet} kann an das Methionin-Startcodon AUG auf der DNA gebunden werden, denn nur dieses kann außerdem ein spezifisches Initiationssignal erkennen, das sechs oder mehr A- und G-Reste enthält und sich stromaufwärts von AUG befindet. Dieses Signal kann nicht von Methionyl-tRNA^{Met} erkannt werden. AUG in inneren Positionen kann nur Methionyl-tRNA^{Met} binden und einbauen.

6. Man müßte Polynucleotid-Phosphorylase mit einer Mischung aus UDP und GDP reagieren lassen, in der die UDP-Konzentration z. B. fünfmal so hoch ist wie die GDP-Konzentration. Das Ergebnis wäre ein RNA-ähnliches Polymer, das viele UUU-Tripletts enthielte (die für die Phe codieren) und eine geringe Anzahl von UUC (Phe), UCU (Ser) und CUU (Leu). Außerdem entstünden in sehr geringen Mengen UCC (auch für Ser), CCU (Pro) und CUC (Leu).

7. Mindestens 583 energiereiche Phosphatbindungen. Je nach Anzahl der Fehler, die entdeckt und mit Hilfe der Aminoacyl-tRNA-Synthetasen korrigiert werden, können es mehr sein. Für die Korrektur eines Fehlers werden zwei energiereiche Phosphatbindungen verbraucht.

8. Für die Synthese eines Proteins aus Aminosäuren muß eine eukaryotische Zelle mindestens 20 aktivierende Enzyme, 70 ribosomale Proteine, 4 ribosomale RNAs, 20 oder mehr tRNAs und 10 oder mehr Hilfsenzyme herstellen. Im Gegensatz dazu werden für die Synthese einer α(1→4)-Glycogenkette aus Glucose nur 4 oder 5 Enzyme gebraucht.

9.

Glycin-Codons	Anticodons, die sie erkennen können		
(5')GGU	(5')ACC	und	(5')GCC
GGC	GCC		ICC
GGA	UCC		ICC
GGG	CCC		UCC

(a) Die Basenpaare in der mittleren Position und am 3'-Ende des Anticodons (entspricht dem 5'-Ende des Codons). (b) Lockere Basenpaare wird es zwischen dem Anticodon (5')ICC und seinen beiden Codons GGC und (5')GGA geben, außerdem zwischen dem Anticodon (5')GCC und seinem Codon (5')GGU und zwischen dem Anticodon (5')UCC und seinem Codon GGG.
(c) Feste Basenpaare wird es bei Paarungen geben, an denen die Anticodons (5')ACC und CCC teilnehmen sowie bei Paarungen zwischen dem Anticodon (5')GCC und seinem Codon (5')GGC und zwischen dem Anticodon (5')UCC und seinem Codon (5')GGA. (d) Für die Paare mit den unter (c) aufgeführten Anticodons, denn die sie enthaltenden tRNAs werden wegen der festen Bindung aller drei Anticodonbasen langsamer freigesetzt als die anderen tRNAs für Glycin.

10. Die ungewöhnliche Aminoacyl-tRNA würde eine Verschiebung des Leserasters bewirken, und zwar von der Stelle ihrer Bindung an.

11. (a), (c), (e) und (g); die Mutationen (b), (d) und (f) können nicht das Ergebnis von Ein-Basen-Mutationen sein; (b) und (f) würden die Änderung von zwei Basen voraussetzen und (d) die von allen drei Basen.

12. Die zwei DNA-Codons für Glu sind (5')TTC und (5')CTC und die vier DNA-Codons für Val sind (5')TAC, (5')CAC und (5')AAC und (5')GAC. Ein Austausch einer Base bei (5')TTC (Glu) zu (5')TAC (Val) oder bei (5')CTC (Glu) zu (5')CAC (Val) könnte für den Aminosäure-Austausch im Sichelzellen-Hämoglobin verantwortlich sein. Viel weniger wahrscheinlich sind Austausche zweier Basen von (5')TTC zu (5')CAC, (5')AAC und (5')GAC sowie von (5')CTC zu (5')TAC, (5')AAC und (5')GAC.

Kapitel 30

1. (a) Der Schaden muß von DNA-Polymerase I repariert werden, die nur in der 5'→3'-Richtung arbeitet.
(b) mRNA ist einsträngig, so daß es keinen Matrizenstrang gibt, nach dem korrigiert werden kann.
(c) Durch Röntgenstrahlen verursachte Doppelstrangbrüche können nicht repariert werden, da es sehr unwahrscheinlich ist, daß die Bruchstellen sich in der richtigen Weise wieder vereinigen.

2. (1) Keine Änderung, wenn durch die Mutation ein anderes Codon für dieselbe Aminosäure entsteht, (2) keine Änderung, wenn die Mutation in einem funktionslosen Bereich innerhalb des Introns stattfindet, (3) ein Aminosäuren-Austausch, der zu einem verbesserten, unverändert aktiven, weniger aktiven oder inaktiven Protein führt, (4) Verkürzung des Proteins durch Entstehung eines Terminationssignals aus einem Aminosäure-Codon oder (5) Verlängerung durch Mutation eines Terminationssignals zu einem Aminosäure-Codon.

3. Es entstehen folgende Produkte: (Die durch *Eco* RI gebildeten kohäsiven Enden sind bezeichnet)

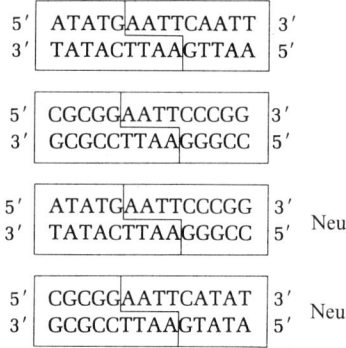

4. UAA wird bei Prokaryoten-mRNA nur in Pos. 334–336 einen Kettenabbruch des produzierten Polypeptids bewirken, nicht in Pos. 330–332 oder 338–340, da sich diese nicht im richtigen Leseraster befinden. Bei einer Eukaryoten-mRNA wird ein Kettenabbruch in Pos. 334–336 dann erfolgen, wenn sich davor keine intervenierenden Sequenzen befinden. Kommt UAA innerhalb einer intervenierenden Sequenz vor, so bleibt das wahrscheinlich ohne Wirkung. Befindet sich UAA in einem anderen als dem ersten Exon, so hängt die Wirkung auf das Protein davon ab, wieviele Nucleotide die mutierte Stelle von dem vorhergehenden Intron entfernt ist.

5. (a) Es handelt sich um einen doppel- oder einzelsträngigen Ring. (b) Es handelt es sich um einen doppelsträngigen Ring, da *Eco* RI eine einsträngige DNA nicht spalten würde. (c) A = 1.3×10^6; B = 0.8×10^6; C = 0.7×10^6; D = 0.6×10^6. (d) Die

Fragmente C und D grenzen aneinaner, aus Teil (d) der Frage wissen wir, daß die Fragmente B und D aneinandergrenzen.

```
            (0.8)
              B
       ╱──────────╲                    ▌ Spaltstelle
(1.3) A            D (0.6)               von EcoRI
       ╲──────────╱                    ▎ Spaltstelle
              C                          von HpaI
            (0.7)
```

(e) Die Erkennungssequenz (Restriktionsstelle) zwischen den Fragmenten A und B ist zerstört worden.

6. Exons könnten für funktionelle Domänen von Proteinen codieren. Ein spezifisches Exon, das für eine Domäne eines bestimmten Proteins codiert, kann mit einem Exon für eine andere Domäne eines anderen Proteins kombiniert werden, unter Bildung eines Gens für ein neues Protein, das die Domänen beider Proteine besitzt.

7. (a) $50\,mg/l$; (b) 10^5 Moleküle; (c) $0.5\,g$.

8. (a) Man spaltet zwei DNAs mit der Restriktions-Endonuclease, mischt die Ansätze und erhitzt sie, um die Endonuclease zu inaktivieren und die Spaltstellen voneinander zu trennen. Die Mischung läßt man abkühlen, so daß nicht-kovalent gebundene Rekombinanten entstehen, die man dann mit DNA-Ligase kovalent bindet. (b) Zusätzlich zum erwünschten zirkulären Doppelstrang, in dem die beiden ursprünglich zirkulären DNAs miteinander kombiniert sind, fallen Nebenprodukte an, unter denen sich die ursprünglichen großen und kleinen zirkulären DNAs befinden und zwei weitere DNA-Ringe, von denen einer aus zwei großen und der andere aus zwei kleinen DNAs entstanden ist. Außerdem wird man lineare Rekombinanten finden, die aus den zwei großen DNAs oder den zwei kleinen DNAs bestehen und solche, die aus großer und kleiner DNA zusammengesetzt sind, wobei es zwei Möglichkeiten für die Reihenfolge der beiden DNAs gibt.

Anhang F
Glossar

Abbruchcodon (Engl.: nonsense codon, termination codon): Ein Codon, das keine Aminosäure spezifiziert, sondern das Signal für den Abbruch der Polypeptidkette darstellt (UAA, UAG u. UGA)

Abbruchmutation (Engl.: nonsense mutation): Mutation, die zum vorzeitigen Abbruch einer Polypeptidkette führt

Abgeschlossenes System: System, das weder Materie noch Energie mit der Umgebung austauschen kann

Absolute Konfiguration: Die spezifische räumliche Konfiguration der vier Substituenten um ein asymmetrisches Kohlenstoffatom, bezogen auf D- und L-Glycerinaldehyd

Absorption: Transport von Verdauungsprodukten aus dem Darmtrakt in das Blut

Actin: Ein Muskelprotein, aus dem das dünne Myofilament besteht, das aber auch in den meisten anderen tierischen Zellen vorkommt

Actomyosin: Ein molekularer Komplex aus Actin und Myosin; das grundlegende kontraktile Element im Muskel

ADP (Adenosindiphosphat): Ein Ribonucleosid-5'-diphosphat, das als Akzeptor einer weiteren Phosphatgruppe eine wesentliche Rolle im Energiecyclus der Zelle spielt

Änderung der freien Energie unter Standardbedingungen (Änderung der freien Standardenergie; Engl.: standard free energy change): Die Zunahme bzw. Abnahme der freien Energie bei einer chemischen Reaktion, bezogen auf die Temperatur $T = 298.16$ K ($\vartheta = 25\,°C$), den Druck $p = 1.013$ bar und die Stoffmenge $n = 1$ mol (bzw. die Konzentration $c = 1$ mol/l)

Aerobier: Organismen, die zum Leben Sauerstoff benötigen

Aktiver Transport: Der energieverbrauchende Transport einer gelösten Substanz durch eine Membran gegen ein Konzentratonsgefälle

Aktivierte Form: s. Übergangszustand

Aktives Zentrum (auch katalytisches Zentrum) (Engl.: active site, catalytic site): Die Region eines Enzymmoleküls, an die das Substrat gebunden wird und die für den eigentlichen katalytischen Prozeß verantwortlich ist

Aktivierter Zustand (Engl.: transition state): Aktiver Übergangszustand eines Moleküls, in dem dieses Molekül die Fähigkeit erhält, eine chemische Reaktion einzugehen.

Aktivierungsenergie: Diejenige Energie, die die Moleküle in 1 mol einer reagierenden Substanz mindestens besitzen müssen, um in den angeregten Zustand überzugehen

Aktivität: Das wahre thermodynamische Potential oder die thermodynamische Aktivität einer Substanz – im Gegensatz zur einfachen Angabe der molaren Konzentration

Aktivitätskoeffizient: Der Faktor, mit dem die Konzentration einer Lösung mulitpliziert werden muß, um die thermodynamische Aktivität zu erhalten

Akzeptorkontrolle: s. Atmungskontrolle

Aldose: Ein einfacher Zucker, bei dem sich die Carbonylgruppe am Ende der Kohlenstoffkette befindet

Alkaloide: Stickstoffhaltige, organische Verbindungen pflanzlichen Ursprungs, oft basisch, mit intensiver biologischer Aktivität

Alkalose: Ein Stoffwechselzustand, bei dem die Fähigkeit des Körpers, OH-Ionen zu puffern, verringert ist; im allgemeinen verbunden mit einem Anstieg des Blut-pH-Wertes

Allosterische Enzyme: Enzyme, deren katalytische Aktivität durch Bindung eines spezifischen Metaboliten modifiziert werden kann; die Bindung des Modulators erfolgt an einer anderen Region als dem katalytischen Zentrum. Diese Enzyme werden auch als „regulierbare Enzyme" (Engl.: regulatory enzymes) bezeichnet

Allosterisches Zentrum (Engl.: allosteric site): Die spezifische „andere" Region auf der Oberfläche eines allosterischen Enzyms, an die der Effektor oder Modulator gebunden werden kann

Ames-Test: Ein einfacher bakterieller Test für Carcinogene, der auf der Annahme beruht, daß Carcinogene auch mutagen sind

Aminoacyl-tRNA: Ein Aminoacyl-Ester einer tRNA

Aminoacyl-tRNA-Synthese: Ein Enzym, das die Aminosäureaktivierung bei der Proteinsynthese katalysiert

Aminosäureaktivierung: Die Vorbereitung einer Aminosäure zur Proteinsynthese durch ATP-abhängige enzymatische Veresterung seiner Carboxylgruppe mit einer 3'-Hydroxylgruppe des entsprechenden tRNA-Moleküls

Aminosäuren: α-Aminosubstituierte Carbonsäuren, die Bausteine der Proteine sind

Aminotransferasen: Enzyme, die eine Übertragung von Aminogruppen von einem Metaboliten zu einem anderen katalysieren; früher auch Transaminasen genannt

Amniozentese: Entnahme von Amnionflüssigkeit, z. B. zur Diagnose bei Verdacht auf genetische Abnormitäten.

Amphiboler Stoffwechselweg. (Engl.: amphibolic pathway): Ein Stoffwechselweg, der sowohl für katabole als auch für anabole Reaktionen benutzt wird

Amphipathische Verbindung (Engl.: amphipathic compound): Eine Verbindung mit sowohl polaren als auch unpolaren Regionen

Ampholyte (auch amphotere Elektrolyte): Verbindungen, die einerseits als Protonendonator und andererseits als Protonenakzeptor fungieren können – die also sowohl als Säuren als auch als Basen reagieren können

Amphotere Elektrolyte: s. Ampholyte

Anabolismus: Die Phase des intermediären Stoffwechsels, in der Zellkomponenten durch energieverbrauchende Reaktionen aus kleineren Vorstufen synthetisiert werden

Anaerobier: Organismen, die ohne Sauerstoff leben können

Anaplerotische Reaktion: Eine enzymkatalysierte Reaktion, die das Angebot an Intermediärprodukten im Tricarbonsäurecyclus ergänzt

Angeregter Zustand (Engl.: excited state): Ein energiereicher Zustand eines Atoms oder Moleküls, der auftritt, wenn ein Elektron von seinem stabilen Orbital auf ein Orbital höherer Energie angehoben wird; ein Resultat z. B. der Absorption von Strahlungsenergie

Angström (Å): Ein Längenmaß (10^{-10} m $\triangleq$ 0.1 nm), um molekulare Dimensionen zu beschreiben (ab 1978 – SI-System! – keine zugelassene Bezeichnung mehr)

Anomere: Zwei Stereoisomere eines gegebenen Zuckers, die sich nur in der Konfiguration um das Carbonyl-(anomerische)-Kohlenstoffatom unterscheiden

Antibiotikum: Eine von Mikroorganismen (oder evtl. auch von Pflanzen) gebildete Substanz mit toxischer Wirkung auf andere Mikroorganismen – wahrscheinlich als Abwehrsystem entwickelt

Anticodon: Eine spezifische Sequenz von drei Nucleotiden eines Transfer-RNA-Moleküls, komplementär zu einem Codon für eine Aminosäure auf einem Messenger-RNA-Molekül

Antigen: Ein Molekül, das die Fähigkeit besitzt, bei Vertebraten die Synthese eines spezifischen Antikörpers zu induzieren.

Antikörper: Vom Immunsystem höherer Organismen synthetisierte Abwehrproteine. Sie werden spezifisch an das Fremdmolekül (Antigen) gebunden, das ihre Synthese induziert hat

Antiparallelität: Umgekehrte Polarität oder Orientierung (Eigenschaft zweier linearer Polymere)

Asymmetrisches Kohlenstoffatom: Ein Kohlenstoffatom, an dem vier verschiedene Gruppen kovalent gebunden sind, die in zwei verschiedenen tetraederförmigen Konfigurationen existieren können

Atmungskette (Engl.: respiratory chain): Die Elektronentransportkette: eine Sequenz elektronentransportierender Proteine, die in aeroben Zellen Elektronen vom Substrat auf molekularen Sauerstoff übertragen

Atmungsketten-Phosphorylierung (Engl.: respiratory chain phosphorylation): = Oxidative Phosphorylierung

Atmungskontrolle (auch Akzeptorkontrolle) (Engl.: acceptor control): Die Regulation der Atmungsgeschwindigkeit durch die Verfügbarkeit von ADP als Phosphatakzeptor

ATP (Adenosintriphosphat): Ein Ribonucleosid-5'-triphosphat, das als Phosphatgruppendonor im Energiecyclus der Zelle eine Rolle spielt

ATPase: Ein Enzym, das ATP zu ADP und anorganischem Phosphat hydrolysiert; normalerweise mit einem energieverbrauchenden Prozeß gekoppelt

ATP-Synthetase: Ein Enzymkomplex in der inneren mitochondrialen Membran mit der Aufgabe, bei der oxidativen Phosphorylierung ATP aus ADP und Phosphat zu bilden

Autotrophe Organismen: Organismen, die ihre eigenen Makromoleküle aus sehr einfachen Stoffen – z. B. Kohlenstoffdioxid und Ammoniak – bilden können

Auxotrophe Mutante: Eine Mutante eines Mikroorganismus, die zur Synthese eines bestimmten Stoffwechselprodukts nicht fähig ist. Für ein normales Wachstum muß dieses Produkt dem Medium zugefügt werden

Avogadro-Konstante: Die Anzahl der Moleküle in einem mol einer Substanz ($N_A = 6.023 \times 10^{23}$ mol^{-1})

Azidose: Ein Stoffwechselzustand, bei dem die Fähigkeit des Körpers, H$^+$-Ionen zu puffern, verringert ist; im allgemeinen verbunden mit einer Abnahme des Blut-pH-Wertes

Bakteriophage: Ein Virus, das sich in einer Bakterienzelle vermehren kann

Basenpaar: Zwei Nucleotide, die sich in verschiedenen Nucleinsäureketten befinden und deren Basen durch Wasserstoffbindungen gepaart sind, z. B. A mit T oder U und G mit C

Bausteinmolekül (Engl.: building block molecule): Ein Molekül, das eine strukturelle Einheit eines biologischen Makromoleküls darstellt, z. B. eine Aminosäure, einen Zucker oder eine Fettsäure

Bindungsenergie: Die Energie, die benötigt wird, um eine Bindung zu sprengen, (nicht zu verwechseln mit dem Ausdruck „Energie einer Phosphatbindung" – „phosphate bond energy")

Biomolekül: Eine organische Verbindung, die als essentielle Verbindung in lebenden Organismen vorkommt

Biosphäre: Die Gesamtheit der lebenden Materie auf und in der Erde, in der See und der Atmophäre

CAP: s. Katabolit-aktivierendes Protein
Capsid: Der Proteinmantel eines Virions oder Viruspartikels
Carcinogen: Ein krebsverursachendes chemisches Agens
Carotinoide: Aus Isopreneinheiten zusammengesetzte, lipidlösliche Fotosynthesepigmente
Catecholamine: Hormone, die Aminoderivate von Catechol sind, wie Adrenalin
cDNA: s. komplementäre DNA

Chemoosmotische Kopplung: die Kopplung der ATP-Synthese mit dem Elektronentransport mittels eines elektrochemischen H$^+$-Gradienten durch die Membran

Chemotaxis: Wahrnehmung eines spezifischen chemischen Agens durch eine Zelle und verbunden damit die Annäherung an dieses Agens oder die Entfernung davon

Chimärische DNA (DNA-Chimäre): eine rekombinante DNA, die Gene zweier verschiedener Spezies enthält

Chimärisches Protein (Protein-Chimäre): kovalent verbundene Proteine aus verschiedenen Spezies, deren Synthese mit Hilfe der entsprechenden chimärischen DNA erfolgte

Chirale Verbindungen: Verbindungen mit einem asymmetrischen Zentrum, die in Form zweier spiegelbildlicher, nicht deckungsgleicher Isomeren vorkommen können

Chlorophyll: Grüne Pigmente, die bei der Photosynthese eine Rolle spielen. Sie bestehen aus Magnesium-Porphyrin-Komplexen

Chloroplasten: Chlorophyll-enthaltende, membranumgebende Organellen im Cytoplasma eukaryotischer, zur Photosynthese befähigter Zellen; in ihnen wird Licht in chemische Energie umgewandelt

Chromatin: Ein filamentöser Komplex aus DNA, Histonen und anderen Proteinen, aus dem die Chromosomen der Eukaryoten aufgebaut sind

Chromatographie: Ein Prozeß, bei dem komplexe Molekülgemische durch vielfach wiederholte Trennungsvorgänge zwischen einer mobilen Phase und einer stationären Phase getrennt werden

Chromosom: Ein einzelnes großes, doppelhelicales DNA-Molekül, das viele Gene enthält und dessen Funktion die Speicherung und Abgabe genetischer Information ist

Chylomikronen: Große, neutrale Fett-Tröpfchen im Blut, die durch kleine Mengen Protein und Phospholipid stabilisiert werden

Citratcyclus: Eine cyclische Aufeinanderfolge enzymatischer Reaktionen zur Oxidation von Acetylresten zu CO_2, deren erster Schritt die Bildung von Citrat ist; ein zentraler Stoffwechselweg der Zellatmung

Clone: Nachkommen einer einzigen Zelle. Der Ausdruck wird in letzter Zeit auch für Plasmide angewendet

Codon: Eine Sequenz aus drei benachbraten Nucleotiden in einer Nucleinsäure, die für eine bestimmte Aminosäure codiert

Coenzym: Ein organischer Cofaktor, der für die Funktion bestimmter Enzyme benötigt wird; er enthält oft ein Vitamin als Baustein

Coenzym A: Ein Panthotensäure-enthaltendes Coenzym, das als Übertrager von Acetylgruppen in bestimmten enzymatischen Reaktionen fungiert

Cofaktor: Eine niedermolekulare anorganische oder organische Komponente, die für die Aktion eines Enzyms benötigt wird

Corticosteroide: In der Nebennierenrinde gebildete Steroidhormone

Colligative Eigenschaften: siehe kolligative Eigenschaften

Cyclischer Elektronenfluß: Vom Licht ausgelöster Elektronenfluß in den Chloroplasten grüner Pflanzen, der zu den Chlorophyllmolekülen des Photosystems I zurückkehrt, von dem er ausgegangen ist

CycloAMP (cAMP): Ein wichtiger „zweiter messenger", dessen Bildung aus ATP durch die Adenylat-Cyclase von einer Reihe von Hormonen stimuliert wird

Cytochrome: Hämoproteine (-proteide), die bei der Zellatmung und bei der Photosynthese als Elektronen-Carrier dienen

Cytoplasma: Zellinhalt außerhalb des Zellkerns (= Nucleus, bei Eurkaryoten) bzw. des Nucleoids (bei Prokaryoten)

Cytoskelett: Das filamentöse Skelett im Cytoplasma

Cytosol: Die wäßrige Phase des Cytoplasmas einer Zelle mit den darin gelösten Komponenten

Degeneration des Codes: Ein Code, bei dem ein Element in der einen Sprache die gleiche Bedeutung hat wie mehrere Elemente in der anderen Sprache

Dehydrogenasen: Enzyme, die eine Abspaltung von Wasserstoffatom-Paaren von spezifischen Substraten katalysieren

Deletionsmutation: Mutation, bei der es in einem Gen zur Deletion (zum Verlust) von einem oder mehr als einem Nucleotid gekommen ist

Denaturierung: Eine partielle bzw. vollständige Entfaltung der spezifischen nativen Konfiguration der Polypeptidkette(n) von Proteinen

Desoxyribonucleinsäure: s. DNA

Desoxyribonucleotide: Nucleotide, die 2-Desoxy-D-ribose als Pentosekomponente enthalten

Desaminierung: Die enzymatische Abspaltung von Aminogruppen von Aminosäuren

Diabetes mellitus: Eine durch Fehlen des Hormons Insulin hervorgerufene Stoffwechselkrankheit; sie ist charakterisiert durch die Unfähigkeit, bei einer normalen Blutzuckerkonzentration Glucose vom Blut in die Zellen zu transportieren

Dialyse: Entfernen von kleinen Molekülen aus eine Lösung von Makromolekülen, indem man sie durch eine semipermeable Membran in Wasser diffundieren läßt

Diastereoisomere: Ein Paar von Stereoisomeren, die in Bezug auf ein zweites asymmetrisches Zentrum isomer angeordnet sind. Für jedes der beiden Isomere hinsichtlich des ersten asymmetrischen Zentrums existiert ein solches Paar von Diastereoisomeren

Differentialzentrifugation: Die Auftrennung von Zellorganellen und anderen Partikeln in einem Zentrifugationsfeld aufgrund ihrer unterschiedlichen Sedimentationsgeschwindigkeiten

Differenzierung: Spezialisierung von Struktur und Funktion einer Zelle während des embryonalen Wachstums und der Entwicklung

Diffusion: Die Wanderung von Molekülen oder Ionen zu Stellen geringerer Konzentration

Diphosphatase: Ein Enzym, das anorganisches Diphosphat zu zwei Molekülen P_i: (Ortho)-Phosphat hydrolysiert $PP_i \rightarrow 2\ P_i$

Diphosphatspaltung: Die enzymatische Spaltung von ATP zu AMP und Diphosphat (PP_i); gewöhnlich mit der Knüpfung einer anderen Art von Bindung gekoppelt

Diphosphorylasen: Enzyme, die die Bildung von Nucleosiddiphosphat-Zuckern und Diphosphat aus einem Zuckerphosphat und einem Nucleosid-5'-triphosphat katalysieren

Dipol: Ein Molekül mit sowohl positiven als auch negativen elektrischen Ladungen, deren Schwerpunkte nicht zusammenfallen

Diprotische Säuren: s. zweibasische Säuren

Disaccharide: Kohlenhydrate, die aus zwei Monosacchariden bestehen, die glycosidisch verbunden sind

Dissoziationskonstante: Eine Gleichgewichtskonstante für die Dissoziation einer Verbindung, z.B. die Dissoziation einer Säure unter Bildung ihres Anions und eines Protons

Disulfidbrücke: Eine kovalente Vernetzung zwischen zwei Polypeptidketten durch einen Cystinrest

DNA (Desoxyribonucleinsäure): (Engl.: deoxyribonucleic acid): Polynucleotid mit spezifischer Sequenz von Desoxyribonucleotid-Einheiten; die DNA ist der Träger der genetischen Information

DNA-Ligase: Enzym, das zwischen dem 3'-Ende des einen DNA-Abschnitts und dem 5'-Ende des anderen eine Phosphodiesterbindung ausbildet, während beide DNA-Abschnitte durch Basenpaarung an einen Matrizenstamm gebunden sind

DNA-Polymerase: Ein Enzym, das die Synthese der DNA aus ihren Vorstufen – Desoxyribonucleosid-5'-triphosphaten – in einer matrizenabhängigen Reaktion katalysiert

DNA-Replicase-System: Der gesamte Komplex aus Enzymen und spezialisierten Proteinen, der für die biologische DNA-Replikation gebraucht wird

Doppelhelix: Die natürliche, gewundene Konfiguration zweier antiparalleler, komplementärer DNA-Stränge

Doppelmembran: (Engl.: bilayer): Eine Doppelschicht orientierter Phospholipidmoleküle, in denen die Kohlenwasserstoffketten unter Bildung einer kontinuierlichen unpolaren Phase nach innen zeigen

Dritter Hauptsatz der Thermodynamik (*Nernst*scher Wärmesatz): Die Entropie eines perfekten Kristalls ist am absoluten Nullpunkt Null

Dunkelreaktionen: Die lichtunabhängigen enzymatischen Reaktionen in Zellen, die zur Photosynthese befähigt sind; diese Reaktionen hängen mit der Synthese von Glucose aus CO_2, ATP und NADPH zusammen

Druchlaßmutante (Engl.: leaky mutant): Mutante, bei der das Produkt des mutierten Gens noch einen Teil der normalen biologischen Aktivität besitzt

E. coli (Escherichia coli): Ein verbreitetes aerobes Bakterium, das im Darm von Wirbeltieren gefunden wird

Effektor (Modulator): Ein Metabolit, der die Maximalgeschwindigkeit (V_{max}) oder den K_m-Wert eines regulierbaren Enzyms verändert, wenn er an das allosterische Zentrum gebunden wird

Einbasische Säuren (Engl.: monoprotic acids): Eine Säure, die nur ein Proton abgeben kann

Elektrochemischer Gradient: Die Summe der Gradienten an Masse und elektrischer Ladung für ein Ion durch ein Membran

Elektronenakzeptor (Engl.: electron acceptor): Ein Atom oder Molekül, das bei einer Redoxreaktion Elektronen aufnehmen kann

Elektronen-Carrier: Spezialisierte Proteine, wie Flavoproteine und Cytochrome, die Elektronen aufnehmen und abgeben können und deren Funktion der Elektronentransport von den organischen Nahrungsstoffen zum Sauerstoff ist

Elektronendonator (Engl.: electron donor): Ein Atom oder Molekül, das bei einer Redoxreaktion Elektronen abgeben kann

Elektronentransport (Engl.: electron transport): Der Transport von Elektronen von Substraten zum Sauerstoff; er wird durch die Atmungskette katalysiert

Elektrophorese: Die Wanderung geladener gelöster Teilchen in einem elektrischen Feld; wird oft zur Auftrennung von Mischungen ionisierte Verbindungen benutzt

Elongationsfaktoren: Spezifische Proteine, die für die Verlängerung von Polypeptidketten an den Ribosomen gebraucht werden

Eluat: Die bei einer Säulenchromatographie abfließende Lösung

Enantiomere, Spiegelbildisomere, optische Antipoden: Isomere, die sich spiegelbildlich gleichen, aber nicht miteinander zur Deckung gebracht werden können

Endergonische Reaktion: Eine chemische Reaktion mit positiver Änderung der freien Energie; eine „Aufwärts"-Reaktion, bei der freie Energie verbraucht wird

Endokrine Drüsen: Gruppen von Zellen, spezialisiert für die Synthese und Exkretion von Hormonen ins Blut, wodurch andere Arten von Zellen reguliert werden

Endonuclease: Ein Enzym, das die Fähigkeit besitzt, Polynucleotidbindungen im Inneren einer Nucleinsäure zu hydrolysieren: Gegensatz: Exonuclease, die Nucleinsäuren von den Enden her abbaut

Endoplasmatisches Reticulum: Ein ausgedehntes System von Doppelmembranen im Cytoplasma eukaryotischer Zellen; dazu gehören sezernierende Gänge und es ist teilweise mit Ribosomen besetzt

Endprodukt-(feedback)-Hemmung: Die Hemmung eines Enzyms am Anfang einer Multienzym-Sequenz durch das Endprodukt des Stoffwechselweges, das als allosterischer Modulator wirkt

Energie einer Phosphatbindung (Engl.: phosphate group energy): Die Abnahme der freien Energie, wenn ein mol einer phosphorylierten Verbindung zum Gleichgewichtszustand bei pH = 7.0 und 25°C in einer 1.0 molaren Lösung hydrolysiert wird

Energiearme Phosphatverbindung (Engl.: low-energy phosphate compound): Eine phosphorylierte Verbindung, bei deren Hydrolyse die negative Änderung der freien Standardenergie relativ gering ist

Energiekopplung: Die Übertragung von Energie von einem Vorgang auf einem anderen

Energiereiche Bindung (Engl.: high energy bond): Eine chemische Bindung, deren Aufspaltung durch Hydrolyse mit einer erheblichen negativen Änderung der freien Standardenergie verbunden ist

Energiereiche Phosphatverbindung (Engl.: high energy phosphate compound): Eine phosphorylierte Verbindung, deren Hydrolyse mit einer erheblichen negativen Änderung der freien Standardenergie verbunden ist

Enthalpie: Der Wärmeinhalt eines Systems

Entkoppelnde Substanz (Engl.: uncoupling agent): Eine Substanz, die die Phosphorylierung von ADP vom Elektronentransport in der Atmungskette „abkoppeln" kann: ein Beispiel ist 2,4-Dinitrophenol

Entropie: Physikalische Zustandsfunktion eines Systems, die den Grad der statistischen Verteilung („Unordnung") der Teilchen des Systems angibt

Enzyme: Proteine, die dafür spezialisiert sind, eine bestimmte Stoffwechselreaktion zu katalysieren

Enzym-Repression: Eine Hemmung der Enzymsynthese, die durch das Produkt der von diesem Enzym katalysierten Reaktion ausgelöst wird

Epimerase: Ein Enzym, das die reversible Ineinander-Umwandlung zweier Epimere katalysiert

Epimere: Zwei Stereoisomere mit zwei oder mehr asymmetrischen Kohlenstoffatomen, die sich nur in der Konfiguration an einem Kohlenstoffatom unterscheiden

Erster Hauptsatz der Thermodynamik (Satz von der Erhaltung der Energie): Die Gesamtenergie eines abgeschlossenen Systems bleibt während eines beliebigen Prozesses konstant; d.h. die Änderung der inneren Energie des Systems ist gleich der Summe aus Wärme und Arbeit, die bei einem Prozeß zwischen Teilen des Systems ausgetauscht wird

Essentielle Aminosäuren: Aminosäuren, die vom Menschen (oder anderen Wirbeltieren) nicht synthetisiert werden können und daher mit der Nahrung aufgenommen werden müssen

Essentielle Fettsäuren: Eine Gruppe ungesättigter pflanzlicher Fettsäuren, die für die Ernährung von Säugetieren benötigt wird

Eukaryoten (eukaryotische Zellen) (Engl.: eucaryotes): Eine Hauptklasse von Zellen, die Kernmembranen, membranumgebene Organellen und mehrere Chromosomen besitzen; sie teilen sich durch Mitose

Exergonische Reaktion: Eine chemische Reaktion mit negativer Änderung der freien Energie; eine „Abwärts"-Reaktion, bei der freie Energie abgegeben wird

Exon: Abschnitt eines eukaryotischen Gens, der in mRNA transkribiert wird. Er codiert für eine bestimmte Domäne eines Proteins

Exonuclease: Ein Enzym, das nur terminale Nucleotide einer Nucleinsäure abspalten kann

FAD: s. Flavin-adenin-dinucleotid

Fakultative Anaerobier: Zellen, die sowohl mit als auch ohne Sauerstoff existieren können

Faltblattstruktur (Engl.: pleated sheet): Nebeneinander angeordnete, parallele, durch Wasserstoffbrücken zusammengehaltene Polypeptidketten in der gestreckten Form der β-Konformation

„Feedback"-Hemmung: s. Endprodukthemmung

Fermentation: veraltete Bezeichnung, s. Gärung

Fettgewebe: Ein spezialisiertes Bindegewebe mit der Funktion, große Mengen Fett (Triacylglycerine) zu speichern

Fettsäure: Eine langkettige aliphatische Carbonsäure, die in natürlichen Fetten und Ölen vorkommt

Fibrilläre Proteine (Engl.: fibrous proteins): Unlösliche Strukturproteine, in denen die Polypeptidkette nur in einer Richtung „fadenförmig" ausgedehnt oder gewunden ist

Fingerprints, s. Peptidkartierung

Flagellum (Geißel): Ein Zellanhang, der als Antriebsorgan dient

Flavinabhängige Dehydrogenasen: Dehydrogenasen, die eines der Riboflavin-Coenzyme (FMN oder FAD) enthalten

Flavin-adenin-dinucleotid (FAD): Coenzym bestimmter Oxidoreduktionsenzyme; es enthält Riboflavin

Flavin-mononucleotid (FMN): Ein Coenzym bestimmter Oxidoreduktionsenzyme; es enthält Riboflavin

Flavoprotein: Ein Enzym, das ein Flavinnucleotid als prosthetische Gruppe enthält

Fließgleichgewicht (Engl.: steady state): Der Zustand eines offenen, sich nicht im Gleichgewicht befindlichen Systems, durch das die Komponenten jedoch so „fließen", daß ihre Konzentrationen konstant bleiben

Fluoreszenz: Emission von Licht, zu der es kommt, wenn angeregte Moleküle in ihren Grundzustand zurückkehren
Frame shift: s. Rasterverschiebung
Freie Energie (Engl.: free energy): Der Anteil der Gesamtenergie eines Systems, der Arbeit bei konstanter Temperatur und konstantem Volumen leisten kann
Freie Enthalpie (Engl.: free enthalpy): Der Anteil der Gesamtenthalpie eines Systems, der Arbeit bei konstanter Temperatur und konstantem Druck leisten kann
Furanose: Ein Zucker, der den Furanring (5 Kohlenstoffatome) enthält
Futile cycle, s. Leerlaufcyclus

Gärung (Engl.: fermentation): Ein energieliefernder anaerober Abbau von Nährstoffen – wie zum Beispiel von Glucose
Gallensalze: (Salze der Gallensäuren): Amphipathische Steroidderivate mit Detergens-Wirkung besonders auf die Verdauung und Absorption von Lipiden
Gekoppelte Reaktionen: Zwei chemische Reaktionen mit einem gemeinsamen Zwischenprodukt, die dadurch die Möglichkeit bieten, Energie von einer Reaktion zur anderen zu übertragen
Gelfiltration: Eine chromatographische Methode zur Trennung von Molekülgemischen nach ihrer Größe (ermöglicht durch die Eigenschaft poröser Polymere, gelöste Substanzen oberhalb einer bestimmten Größe auszuschließen)
Gemeinsames Zwischenprodukt: Eine chemische Verbindung, die an zwei chemischen Reaktionen teilnimmt, und zwar entweder als Substrat oder als Produkt
Gen: Ein mutierbares Segment eines Chromosoms, das für eine einzelne Polypeptidkette oder ein RNA-Molekül codiert
Gen-Bibliothek: Eine zufällige Sammlung von DNA-Buchstücken, die die gesamte genetische Information einer bestimmten Spezies umfassen; manchmal Schrotschuß-Sammlung genannt
Genetische Information: Die vererbbare Information, die in Form einer Basensequenz in chromosomaler DNA oder in RNA enthalten ist
Genetischer Code: Die Zuordnung der Basentriplett-„Worte" in der DNA zu den einzelnen Aminosäuren der Proteine bzw. zu Start und Abbruch der Synthese einer Polypeptidkette
Genkarte: (Engl.: genetic map): Ein Diagramm, das die relative Lage und Aufeinanderfolge bestimmter Gene auf dem chromosomalen DNA-Molekül veranschaulichen soll
Genom: Die Gesamtheit der Gene eines Organismus
Gen-Spleißen: Die enzymatische Befestigung eines Gens oder Teiles eines Gens an ein anderes; auch die Entfernung von Introns mit anschließendem Spleißen der Exons während der mRNA-Synthese
Gesättigte Fettsäuren: Fettsäuren, deren Alkylkette vollständig gesättigt ist, das heißt keine C=C-Doppelbindungen besitzt
Geschlossenes System: System, das Energie mit der Umgebung austauschen kann, Materie dagegen nicht
Gleichgewicht (Engl.: equilibrium): Der Zustand eines Systems, in dem keine weiteren makroskopischen Veränderungen erfolgen und in dem die freie Energie ein Minimum erreicht hat
Gleichgewichtskonstante (Engl.: equilibrium constant): Eine für jede chemische Reaktion charakteristische Konstante. Sie gibt das Verhältnis der molaren Konzentrationen (Aktivitäten) der Produkte zu denen der Ausgangsstoffe unter definierten Bedingungen (Temperatur und Druck) an
Globuläre Proteine (Engl.: globular proteins): Lösliche Proteine, bei denen die Polypeptidkette dreidimensional gefaltet ist und somit eine kompakte „kugelförmige" Struktur annimmt
Glucogene Aminosäuren: Aminosäuren, deren Kohlenstoffketten im Stoffwechsel zu Glucose oder Glycogen umgewandelt werden können
Glucogenese: Die Biosynthese neuer Kohlenhydrate aus Nichtkohlenhydrat-Vorstufen
Glycolipide: Lipide, die Kohlenhydratgruppen enthalten
Glycolyse: Die Form der Gärung, bei der Glucose anaerob in zwei Moleküle Pyruvat umgewandelt wird
Glycoproteine: Proteine, die mindestens eine Kohlenhydratgruppe enthalten
Glyoxylatcyclus: Eine Variation des Citratcyclus; er ermöglicht eine Nettoumwandlung von Acetat in Succinat und damit die Bildung neuer Kohlenhydrate
Glyoxysomen: Membranumgebene Vesikel, die bestimmte Enzyme des Glyoxylatcyclus enthalten
Golgi-Apparat: Komplexe, membranumgebene Zellorganellen eukaryotischer Zellen, deren Funktion die Herstellung neuer Membranen, speziell der Plasmamembranen, ist
Grundumsatz (Engl.: basal metabolic rate): Die Geschwindigkeit des Sauerstoffverbrauchs eines Körpers im vollkommenen Ruhezustand, geraume Zeit nach einer Mahlzeit
Grundzustand: Die normale stabile Form eines Atoms oder Moleküls (im Unterschied zum angeregten Zustand)

Häm: Die prosthetische Eisen-Porphyrin-Gruppe der Hämproteine
Hämoglobin: Ein Hämprotein der roten Blutkörperchen, das am Sauerstofftransport beteiligt ist; es besteht aus vier Polypeptidketten und vier Hämgruppen
Hämproteine: Proteine bzw. Proteide, die ein Häm als prosthetische Gruppe enthalten
Halbwertzeit (Engl.: half-life): Die Zeit, in der 50% einer gegebenen Komponente verschwunden bzw. umgesetzt sind
Harnstoffcyclus: Stoffwechselweg in der Leber, der für die Synthese von Harnstoff aus Aminogruppen und CO_2 verantwortlich ist
α-Helix: Gewundene, spiralförmige Konformation einer Polypeptidkette mit einer maximalen Anzahl von Wasserstoffbindungen zwischen den Windungen derselben Ketten – z.B. bei den α-Keratinen
Henderson-Hasselbalch-Gleichung: Mathematische Gleichung, in der pH mit pK' und dem Verhältnis der Protonenakzeptor-Konzentration zur Protonendonator-Konzentration in Beziehung steht:

$$pH = pK' + \log \frac{[\text{Protonenakzeptor}]}{[\text{Protonendonator}]}$$

Hetertropes Enzym: Allosterisches Enzym, dessen Modulator nicht auch sein Substrat ist
Heterotrophe Zellen: Zellen, die komplexe Nährstoffmoleküle – wie Glucose, Aminosäuren usw. – zur Energieerzeugung und als Bausteinmoleküle für die Synthese von Makromolekülen benötigen
Hexose: Ein einfacher Zucker mit einer linearen Kohlenstoffkette mit sechs C-Atomen
Hill-Reaktion: Die Bildung von Sauerstoff und die Photoreduktion eines künstlichen Elektronenakzeptors durch Chloroplasten-Präparationen in Abwesenheit von Kohlenstoffdioxid
Homologe Proteine: Proteine, die in verschiedenen Spezies identische Funktionen und ähnliche Eigenschaften haben, z. B. das Hämoglobin
Homotropes Enzym: Allosterisches Enzym, das sein Substrat als Modulator verwendet
Hormon: Eine chemische Substanz, die

in kleinsten Mengen von einem Organ (endokrine Drüse) synthetisiert wird und als Übermittler (messenger) bei der Regulation der Funktion eines anderen Gewebes oder Organs dient
Hormonrezeptor: Eine spezifische Hormonbindungsstelle an der Zelloberfläche oder innerhalb der Zelle
Hydrolyse: Die Spaltung eines Moleküls in zwei oder mehrere kleinere Moleküle durch Reaktion mit Wasser
Hydronium-Ion: Das hydratisierte Wasserstoff-Ion (H_3O^+)
Hydrophil: Wasseranziehend; bezieht sich auf Moleküle oder Gruppen, die mit Wasser chemisch reagieren oder sich mit ihm physikalisch assoziieren können
Hydrophob: Wasserabstoßend; bezieht sich auf unpolare Moleküle oder Gruppen, die nicht in Wasser löslich sind
Hydrophobe Wechselwirkung: Die Assoziation von unpolaren Gruppen in wäßriger Lösung, hervorgerufen durch das Bestreben der umgebenden Wassermoleküle, eine möglichst stabile Anordnung einzunehmen
Hyperchromer Effekt: Der erhebliche Anstieg der Lichtabsorption bei 60 nm, der auftritt, wenn eine DNA-Doppelhelix „geschmolzen", d. h. in ihre Einzelstränge gespalten wird

Immunantwort: Die Fähigkeit von Wirbeltieren, Antikörper zu bilden, die spezifisch gegen körperfremde Makromoleküle (Antigene) gerichtet sind
Immunglobulin: Ein Antikörperprotein, das spezifisch gegen ein Antigen hergestellt worden ist
Induktor: Ein Molekül, das die Synthese eines bestimmten Enzyms induzieren kann, für gewöhnlich das Substrat des Enzyms
Induzierte Paßform (Engl.: induced fit): Die Formveränderung eines Enzyms, durch die es das für sein Substrat geeignete Paßform erhält
Induziertes Enzym: Ein Enzym, das von der Zelle nicht hergestellt wird (d. h. reprimiert ist), außer wenn es durch sein Substrat oder eine mit ihm nahe verwandte Verbindung induziert wird
Informationsmoleküle (Engl.: informational molecules): Moleküle, die Information in Form spezifischer Sequenzen verschiedener Bausteine enthalten; hierzu gehören Proteine und Nucleinsäuren
Initiationscodon: AUG. Es codiert für die erste Aminosäure einer Polypeptidsequenz, die bei Prokaryoten immer N-Formylmethionin ist und bei Eukaryoten immer Methionin
Initiationsfaktoren: Spezifische Proteine, die gebraucht werden, um die Synthese eines Polypeptids durch Ribosomen zu starten
Initiationskomplex: Komplex eines Ribosoms mit einer mRNA und dem startenden Met-tRNA^{Met} bzw. fMet-tRNA^{fMet}, der bereit ist für den Elongations-Schritt
Insertionsmutation: Eine Mutation, die durch Insertion einer zusätzlichen Base oder durch ein Mutagen zwischen zwei nacheinanderfolgenden Basen einer DNA verursacht wird
Insertionssequenz: Spezifische Basensequenz an einem der beiden Enden eines transponierten DNA-Abschnitts
Interferon: Ein Protein, das von virusinfizierten Vertebraten-Zellen hergestellt wird und die Infektion mit einer zweiten Art von Virus verhindert
Interkalierendes Mutagen: Ein Mutagen, das sich zwischen zwei aufeinanderfolgende Nucleotide einschiebt und eine Rasterverschiebungsmutation verursacht
Intermediärstoffwechsel: Die enzymkatalysierten Reaktionen, die in Zellen chemische Energie von Nährstoffmolekülen verwerten und sie zum Bau von Makromolekülen verwenden; diese Reaktionen sind zum Zellwachstum nötig
Intron: In ein Gen eingeschobener Zwischenbereich, der zwar transkribiert, aber vor der Translation herausgeschnitten wird
In vitro (Lat.: im Glas): bezieht sich auf Experimente, die mit isolierten Zellen, Geweben oder zellfreien Extrakten „in (Glas)-Reaktionsgefäßen" durchgeführt werden
In vivo (Lat.: im Leben): bezieht sich auf Experimente an lebenden, intakten Organismen
Ionenaustauscher: Ein Polymeres (Kunstharz, Cellulose, Dextran usw.), das festgebundene, geladene Gruppen enthält; in der Chromatographie zur Auftrennung ionischer Verbindungen verwendet
Ionenprodukt des Wassers (K_w): Das Produkt aus der H^+- und OH^--Ionenkonzentration des Wassers ($K_w = 1 \times 10^{-14}$ bei 25 °C)
Ionisierende Strahlung: Eine Art von Strahlung, wie Röntgenstrahlung, die bei manchen organischen Verbindungen den Verlust von Elektronen bewirkt, wodurch die Verbindungen reaktiver werden
Irreversibler Prozeß: Ein „nicht-umkehrbarer" Prozeß, bei dem das System nicht ohne Änderungen in der Umgebung in seinen Anfangszustand zurückgeführt werden kann; bei irreversiblen Kreisprozessen nimmt die Entropie zu

Isoelektrisches pH oder isoelektrischer Punkt: Der pH-Wert, bei dem eine gelöste Substanz keine elektrische Nettoladung aufweist
Isoenzyme (auch Isozyme): Multiple Formen von Enzymen, die gleiche Reaktionen katalysieren, sich jedoch in ihrer Substrataffinität, in ihrer Maximalgeschwindigkeit oder in ihrer Regulierbarkeit voneinander unterscheiden
Isomerase: Ein Enzym, das die Umwandlung einer Verbindung in ihr Positionsisomer katalysiert
Isopren: Der Kohlenwasserstoff: 2-Methylbutadien-1,3, der als repetitive Grundeinheit der Terpene vorkommt
Isothermer Prozeß: Ein Prozeß, der bei konstanter Temperatur abläuft
Isotope (Engl.: isotopes): Atomarten eines Elements, die unterschiedliche atomare Massen, jedoch die gleichen chemischen Eigenschaften haben; Isotope werden bei biochemischen Untersuchungen als „tracer" verwendet. Einige Isotope sind instabil und senden radioaktive Strahlung aus

Katabolismus: Die Gesamtheit der Stoffwechselreaktionen, bei denen Nährstoffmoleküle zur Energiegewinnung abgebaut werden
Katabolit-aktivierendes Protein (CAP): Ein spezifisches Regulatorprotein, das den Beginn der Transkription von Genen für solche Enzyme kontrolliert, die von einer Zelle gebraucht werden, wenn sie in Abwesenheit von Glucose auf die Verwertung anderer Nährstoffe ausweichen muß
Katalytische Region: s. aktives Zentrum
Keimzellen (Engl.: germ cells): Eine Art von Zellen, die sich früh in der Embryogenese von den anderen Zellen abzweigen und sich entweder durch Mitose vermehren oder durch Meiose Zellen bilden können, die sich zu Eizellen oder Spermien entwickeln
Keratine: Unlösliche Schutz- oder Strukturproteine, die aus parallel angeordneten Polypeptidketten in α-Helix- oder β-Konformationen bestehen
Ketogene Aminosäuren: Aminosäuren, deren Kohlenstoffskelette die Vorstufe für Ketonkörper sein können
Ketonkörper: Acetacetat, D-β-Hydroxybutyrat und Aceton, Produkte, die durch partielle Oxidation der Aminosäuren entstehen
Ketose: Ein einfaches Monosaccharid, das seine Carbonylgruppe an einer anderen als der terminalen Position hat
Kinase: Ein Enzym, das die Phosphorylierung eines Akzeptormoleküls mittels ATP katalysiert

Kohäsive (oder abgestufte) Enden: DNA-Doppelhelix-Ende mit überhängendem Einzelstrangstück, das komplementär ist zu einem anderen Einzelstrang-Ende von derselben oder einer anderen DNA-Kette mit derselben Polatrität

Kohlenhydrate: Polyhydroxyl-aldehyde oder -ketone

Kolligative Eigenschaften: Ein Gruppe von Eigenschaften von Lösungen, die von der Zahl der gelösten Partikel pro Volumeneinheit abhängig ist

Kollinearität: Die lineare Entsprechung zwischen der Aminosäuresequenz eines Polypeptides und den Nucleotidsequenzen der DNA und mRNA, die für dieses Protein codieren

Kompetitive Hemmung (Engl.: competitive inhibition): Die Art einer Enzyminhibition, bei der die Hemmung durch Erhöhung der Substratkonzentration aufgehoben werden kann

Komplementäre DNA (cDNA): Eine DNA, die man im allgemeinen mit Hilfe der reversen Transkriptase herstellt und die komplementär zu einer gegebenen Messenger-RNA ist; kann durch DNA-Clonieren vervielfältigt werden

Konfiguration: Die Anordnung der Substituenten um ein asymmetrisches C-Atom herum

Konformation: Die dreidimensionale Anordnung und Form eines Makromoleküls

β-Konformation: Eine langgestreckte Zickzackordnung einer Polypeptidkette (Faltblattstruktur)

Konjugation: Der Vorgang, bei dem DNA von einem F^+-Bacterium in ein F^--Bacterium transferiert wird

Konjugiertes Säure-Basen-Paar: Ein Protonendonator und sein deprotonierter Anteil; z. B. das Essigsäure-Acetat-Paar

Konstitutive Enzyme: Enzyme der zentralen Stoffwechselwege, die in normalen Zellen immer anzutreffen sind

Koordinierte Induktion: Die Induktion eines ganzen Satzes miteinander in Beziehung stehender Enzyme durch einen einzelnen Induktor

Koordinierte Repression: Repression eines Satzes miteinander in Beziehung stehender Enzyme durch einen einzelnen Repressor

Kovalente Bindung: Chemische Bindung, bei der ein oder mehrere Elektronenpaare beiden Bindungspartnern gemeinsam sind

Leerlaufcyclus (Engl.: futile cycle): Eine enzymkatalysierte cyclische Serie von Reaktionen, die zur Freisetzung von Wärmeenergie durch die Hydrolyse von ATP führt

Letale Mutation: Mutation eines Gens, dessen Produkt lebenswichtig ist und nun in vollkommen defekter Form anfällt

Lichtreaktionen: (Engl.: light reactions): Die Reaktionen der Photosynthese, die Licht benötigen, d.h. im Dunkeln nicht ablaufen

Lichtquant: Einheit der Lichtenergie (siehe Photon)

Ligand: Ein Molekül oder Ion, das an ein Protein gebunden ist

Lineweaver-Burk-Gleichung (und -Diagramm): Eine algebraische Transformation der Michaelis-Menten-Gleichung, mit deren Hilfe eine genaue Bestimmung von V_{max} und K_m möglich ist

Linksdrehendes Isomeres: Das Isomere einer optisch aktiven Verbindung, das die Ebene des polarisierten Lichts nach links dreht

Lipid: Ein wasserunlösliches Biomolekül von fettähnlicher oder öliger Beschaffenheit

α-Liponsäure (Engl.: lipoic acid): Ein Vitamin für einige Mikroorganismen; es fungiert als Zwischenträger von Wasserstoffatomen und Acylgruppen bei α-Oxosäure-Dehydrogenasen

Lipoproteine: Konjugierte Proteine, die ein Lipid oder eine Gruppe von Lipiden enthalten (auch Lipoproteide)

Lithosphäre: Die gesamte Gesteinsschicht der Erdkruste (bis etwa 1200 km Tiefe);

Lysogenie: Eine der zwei möglichen Folgen bei der Infektion einer Wirtszelle mit einem temperierten Phagen. Zur Lysogenie kommt es, wenn das Phagen-Genom reprimiert wird; bei seltenen Anlässen kann diese Phagen-DNA induziert werden, die so gebildeten Phagenpartikel führen zur Lyse der Wirtszelle

Lysosomen: Membranumgebene Organellen im Cytoplasma eukaryotischer Zellen, in denen viele hydrolytische Enzyme lokalisiert sind

Makromolekül: Molekül mit einer molaren Masse zwischen einigen Tausend und vielen Millionen Gramm durch Mol

Massenwirkungsgesetz (MWG): Es besagt, daß für jede Reaktion der Quotient aus dem Konzentrationsprodukt der entstehenden Stoffe und dem Konzentrationsprodukt der Ausgangsstoffe im Gleichgewicht einen konstanten Wert hat

Matrize: (Engl.: template): Eine makromolekulare Gußform oder ein Modell für die Synthese eines informationstragenden Moleküls

Membrantransport: Beschleunigter Transport eines gelösten Stoffes durch eine Membran, im allgemeinen mit Hilfe eines spezifischen Membranproteins

Messenger-RNA (mRNA): Klasse von RNA-Molekülen – komplementär zu einem Abschnitt auf einem der beiden DNA-Stränge in der Zelle – deren Funktion der Transport der genetischen Information vom Chromosom zum Ribosom ist

Metabolit: Ein chemisches Zwischenprodukt, das bei enzymkatalysierten Reaktionen im Stoffwechsel entsteht

Metallo-Enzym: Ein Enzym, das ein Metallion als prosthetische Gruppe enthält

Micellen: Eine Assoziation einer Anzahl von amphipathischen Molekülen, die im Wasser eine Struktur bilden, in der die unpolaren Teile nach innen und die polaren Teile nach außen weisen; d. h. die polaren Teile sind dem Wasser zugekehrt

Michaelis-Konstante (K_m): Die Substratkonzentration, bei der ein Enzym mit der Hälfte seiner Maximalgeschwindigkeit arbeitet

Michaelis-Menten-Gleichung: Eine Gleichung, aus der die Reaktionsgeschwindigkeit eines Enzyms in Abhängigkeit von der Substratkonzentration hervorgeht

Microbodies: s. Peroxysomen

Mikrofilamente: Sehr dünne Filamente im Cytoplasma der Zellen

Mikrosomen: Vom endoplasmatischen Reticulum eukaryotischer Zellen stammende Vesikel, die beim Aufbrechen der Zellen entstehen und durch Differentialzentrifugation gewonnen werden

Mikrotabulares Netzwerk: Ein komplexes Netzwerk aus sehr dünnen Cytoplasmatischen Filamenten; kann nur mit Hochspannungs-Elektronenmikroskopie sichtbar gemacht werden

Mikrotubuli: Dünne Tubuli, die aus zwei Arten von globulären Proteineinheiten aufgebaut sind. Sie kommen in Cilien (Wimpern) Flagellen (Geißeln) und anderen kontraktilen oder beweglichen Strukturen vor

Mischfunktionelle Oxidasen, Monooxygenasen (Engl.: mixed function oxidases): Enzyme, die gleichzeitig die Oxidation zweier Substrate katalysieren; eines der Substrate ist oftmals NADPH (oder NADH)

Mitochondrien: Membranumgebene Organellen im Cytoplasma aerober Zellen, in denen die Enzymsysteme für den Citratcyclus, den Elektronentransport und die oxidative Phosphorylierung lokalisiert sind

Mitose: Zellteilung eukaryotischer Zellen mit Replikation der Chromosomen und deren gleichmäßiger Verteilung auf die Tochterzellen, im Gegensatz zur Meiose (Reifeteilung), bei der die Chromosomen unrepliziert aufgeteilt werden

Modulator: s. Effektor

Mol: 1 mol ist diejenige Stoffmenge einer gegebenen Substanz, die genau soviel Teilchen enthält wie 12 g des Nuklids ^{12}C

Molale Lösung: 1 mol einer Substanz, gelöst in 1000 g Wasser

Molare Lösung: 1 mol einer Substanz, gelöst in Wasser, aufgefüllt auf 1 l

Molekularreifung, s. Posttranslationale Modifikation

Monomolekulare Schicht (Engl.: monolayer): Extrem dünne Schicht, deren Dicke im Bereich molekularer Abmessungen (Moleküldurchmesser bzw. Moleküllänge) liegt

Monoprotische Säuren: s. einbasische Säuren

Monosaccharid: Ein Kohlenhydrat, das aus einer einzelnen einfachen Zuckereinheit besteht

Mucopolysaccharide: Saure Polysaccharide, die in mukösen Sekreten und in der Interzellularsubstanz bei höheren Tieren enthalten sind

Mucoproteine: Zusammengesetzte Proteine (Proteide), die saure Mucopolysaccharide enthalten; auch Proteoglycane genannt

Multienzymsystem: Eine Sequenz von Enzymen, die am selben Stoffwechselweg teilnehmen

Mutagene Substanz: Ein chemischer Stoff, der in der Lage ist, eine Mutation hervorzurufen

Mutarotation: Die Veränderung der spezifischen Drehung eines Zuckers (Pyranose, Furanose oder Glycosid) bei der Einstellung des Gleichgewichts seiner α- und β-Formen

Mutase: Ein Enzym, das die Umlagerung einer funktionellen Gruppe in einem Substrat katalysiert

Mutation: Vererbbare Veränderung in einem Chromosom

Myofibrillen: Aus dicken und dünnen Filamenten bestehende Grundstruktur der Muskelfasern

Myosin: Ein Muskelprotein; Bestandteil der dicken Filamente des kontraktilen Systems

NAD, NADP: s. Nicotinamid-adenin-dinucleotid und Nicotinamid-adenin-dinucleotid-phosphat

Native Konformation: Die biologisch aktive Konformation eines Proteinmoleküls

Neurospora crassa: Ein gewöhnlicher Schimmelpilz, der häufig zur genetischen Analyse von Stoffwechselwegen verwendet wird

Neurotransmitter: Eine niedermolekulare Verbindung (meist stickstoffhaltig), die von einer Nervenendigung sezerniert und vom nächsten Neuron gebunden wird; dient als Transmitter für den Nervenimpuls

Neutralfette: Trivialname für die Fettsäureester der drei Hydroxylgruppen des Glycerins – sonst als Triacylglycerin bezeichnet

Nicht-essentielle Aminosäuren: Aminosäuren, die von Menschen und anderen Vertebraten aus einfacheren Vorstufen gebildet werden und daher nicht mit der Nahrung eingenommen werden müssen

Nicht-Häm-Eisen-Proteine (Engl.: non-heme-iron proteins): Elektronentransportierende Proteine, die Eisenatome, jedoch keine Porphyringruppen enthalten

Nichtkompetitive Hemmung: Typ der Enzymhemmung, bei dem die Inhibition nicht durch Erhöhung der Substratkonzentration aufgehoben werden kann

Nichtpolare Gruppen: s. unpolare Gruppen

Nichtcyclischer Elektronenfluß: (Engl.: noncyclic electron flow): Lichtinduzierter Elektronenfluß vom Wasser zum $NADP^+$ bei der Sauerstoff entwickelnden Photosynthese; verläuft über Photosystem I und II

Nicotinamid-adenin-dinucleotid (NAD) und Nicotinamid-adenin-dinucleotid-phosphat (NADP): Nicotinamid enthaltende Coenzyme, die als Protonen- und Elektronen-Überträger (carrier) in bestimmten enzymatischen Redoxreaktionen fungieren

Ninhydrinreaktion: Eine Farbreaktion, die beim Erhitzen von Ninhydrin mit Aminosäuren und Peptiden auftritt; sie dient zu deren Nachweis und Bestimmung

Nitrogenase-System: Ein System von Enzymen, die in der Lage sind, atmosphärischen Stickstoff in Gegenwart von ATP zu Ammoniak zu reduzieren

Nonsecodon, s. Abbruchcodon

Nonsensemutation, s. Abbruchmutation

Normalpotential (Engl.: standard reduction potential): Die Potentialdifferenz zwischen dem Potential eines Redoxsystems und dem Potential der Wasserstoffelektrode unter Standardbedingungen ($p = 1.013$ bar, $\vartheta = 25\,°C$, Aktivität der gelösten Stoffe $a = 1$). Es ist ein Maß für das relative Bestreben eines Stoffes, Elektronen aufzunehmen oder abzugeben

Nuclease: Ein Enzym, das die Fähigkeit besitzt, die Bindungen zwischen den Nucleotiden einer Nucleinsäurekette zu hydrolysieren

Nucleinsäuren: Polynucleotide, lange Ketten aus Mononucleotiden, in denen die Glieder durch aufeinanderfolgende $3' \rightarrow 5'$-Phosphodiesterbindungen miteinander verbunden sind

Nucleoid (Engl. auch nuclear body): Nucleare Zone (Kernzone) in einer Prokaryotenzelle, die das Chromosom enthält, aber nicht von einer Membran umgeben ist

Nucleoli: Runde, granuläre Strukturen, die im Zellkern (Nucleus) eukaryotischer Zellen vorkommen; sie sind an der Synthese von rRNA und von Ribosomen beteiligt. In ihnen wird die ribosomale RNA (rRNA) synthetisiert

Nucleophile Gruppe: Eine elektronenreiche Gruppe mit starker kernanziehender Tendenz

Nucleosid: Eine Verbindung aus einer Purin- oder Pyrimidinbase, die kovalent an eine Pentose gebunden ist

Nucleosiddiphosphat-Zucker: Ein coenzymähnlicher Übertrager eines Zuckermoleküls, der bei der Synthese von Polysacchariden und Zuckerderivaten eine Rolle spielt

Nucleosid-Diphosphokinase: Ein Enzym, das die Übertragung einer terminalen Phosphatgruppe eines Nucleosid-5'-triphosphats auf ein Nucleosid-5'-monophosphat katalysiert

Nucleotid: Ein Nucleosid, das an einer der Hydroxylgruppen der Pentose phosphoryliert ist

Nucleus, s. Zellkern

Offenes System (Engl.: open system): Ein System, das Materie und Energie mit der Umgebung austauschen kann

Oligomeres Protein: Ein Protein mit zwei oder mehr Polypeptidketten

Oligosaccharid: Mehrere Monosaccharideinheiten, die durch glycosidische Bindungen miteinander verbunden sind

Operator: Ein DNA-Bereich, der mit dem Repressor-Protein in Wechselwirkung tritt und dadurch die Expression eines Gens oder einer Gruppe von Genen kontrolliert

Operon: Eine Einheit für genetische Expression, die aus einem Gen oder mehreren miteinander in Beziehung stehenden Genen besteht sowie den Operator-

und Promotorsequenzen, die ihre Transkription regulieren

Optische Aktivität: Die Eigenschaft einiger Substanzen, die Ebene von polarisiertem Licht zu drehen

Organellen: Membranumgebene Strukturen in eukariotischen Zellen. Sie enthalten Enzyme und andere für eine spezielle Zellfunktion notwendige Komponenten

Orthophosphatspaltung: Die enzymatische Spaltung von ATP unter Bildung von ADP und (Ortho)-Phosphat; gewöhnlich mit einem energieverbrauchenden Prozeß gekoppelt

Osmose: Diffusion von Wasser durch eine semipermeable Membran innerhalb einer Lösung in einen Bereich höherer Konzentration eines gelösten Stoffes

Osmotischer Druck: Der Druck, der durch Osmose in der Zelle entsteht, in die das Wasser durch die Membran diffundiert

Oxidation: Die Abgabe von Elektronen

β-Oxidation: Der oxidative Abbau von Fettsäuren zu Acetyl-CoA durch stufenweise Oxidationen am β-Kohlenstoffatom

Oxidationsmittel (Engl.: oxidizing agent (oxidant)): Der Elektronenakzeptor in einer Redoxreaktion

Oxidative Phosphorylierung: Die mit dem Elektronentransport vom Substrat zum molekularen Sauerstoff „gekoppelte" enzymatische Phosphorylierung von ADP zum ATP

Oxido-Reduktions-Reaktion: s. Redoxreaktion

Oxygenase: Ein Enzym, das eine Reaktion katalysiert, bei der Sauerstoff in ein Akzeptormolekül eingebaut wird

Palindrom: Ein Abschnitt einer DNA-Doppelhelix mit einer inversen Repetition, in dem die Basen der beiden Stränge so aufeinanderfolgen, daß eine zweizählige Drehachse zwischen den Strängen entsteht

Pathogen: krankheitserregend

Pentose: Ein einfacher Zucker, dessen Grundstruktur fünf Kohlenstoffatome enthält

Pentosephosphat-Weg: Der Stoffwechselweg, auf dem Glucose-6-phosphat oxidiert wird und der Pentosephosphate liefert

Peptid: Zwei oder mehr Aminosäuren, die durch Peptidbindungen kovalent miteinander verknüpft sind

Peptidase: Enzym, das eine Peptidbindung hydrolysiert

Peptidbindung: Eine kovalente Bindung zwischen zwei Aminosäuren, bei der die α-Aminogruppe des einen Rests mit der α-Carboxylgruppe des anderen unter Abspaltung eines Moleküls Wasser kovalent verbunden ist

Peptidkartierung (Engl.: fingerprinting): Das charakteristische zweidimensionale Fleckmuster, das eine Mischung von Peptiden (die durch partielle Hydrolyse eines Proteins entstanden sind) nach einer kombinierten Chromatographie und Elektrophorese auf dem Papier bildet

Peroxysomen (microbodies): Cytoplasmatische, membranumgebene Vesikel, die bestimmte oxidierende Enzyme und Katalase enthalten

pH: Der negative dekadische Logarithmus der Wasserstoffionenkonzentration einer wäßrigen Lösung

Phänotyp: Das äußere Erscheinungsbild eines Organismus

pH-Optimum: Der pH-Wert, bei dem ein Enzym die maximale katalytische Aktivität zeigt

Phosphagen: Eine energiespeichernde Verbindung mit einer sehr energiereichen Phosphatgruppe, die in erregbarem Gewebe vorkommt und für gewöhnlich mit der endständigen Phosphatgruppe von ATP in enzymatischem Gleichgewicht steht

Phosphat-Bindungsenergie: s. Energie einer Phosphatbindung

Phosphodiester: Ein Molekül, das zwei Alkohole enthält, die mit einem Molekül Phosphorsäure verestert sind, das als Brücke zwischen ihnen fungiert

Phosphogluconat-Weg oder Pentosephosphat-Weg: Ein oxidativer Stoffwechselweg, der mit Glucose-6-phosphat beginnt und über 6-Phosphogluconat zur Bildung von NADPH, Pentosen und anderen Stoffwechselprodukten führt

Phospholipide: Lipide, die eine oder mehrere Phosphatgruppen enthalten

Phosphorylierung: Bildung des Phosphoderivates eines Biomoleküls durch enzymatische Übertragung einer Phosphatgruppe von ATP

Photon (Lichtquant): Elementarteilchen der elektromagnetischen Strahlung im sichtbaren Spektralbereich

Photoreduktion: Lichtinduzierte Reduktion eines Elektronenakzeptors in Zellen, die zur Photosynthese befähigt sind

Photorespiration: Sauerstoffverbrauch in beleuchteten Pflanzen der gemäßigten Klimazone, der hauptsächlich auf der Oxidation von Phosphoglycolat beruht

Photosynthese: Die enzymatische Umwandlung von Lichtenergie in chemische Energie und ihre Verwendung zur Synthese von Kohlenwasserstoffen und Sauerstoff aus CO_2 und H_2O in grünen Pflanzenzellen

Photosynthetische Phosphorylierung (Photophosphorylierung): Die enzymatische Bildung von ATP aus ADP in Verbindung mit dem lichtabhängigen Elektronentransport vom angeregten Chlorophyll in photosynthetisierenden Organismen

Photosystem: Eine funktionelle Gruppe von lichtabsorbierenden Pigmenten und den damit verknüpften Elektronenakzeptoren in photosynthetisierenden Zellen

Pili: Anhänge der Bakterienzelle, die für den Transfer von Genen während der Konjugation von einer Zelle zur anderen gebraucht werden

pK: Der negative dekadische Logarithmus einer Gleichgewichtskonstante

Plasmamembran: Die Membran, die das Cytoplasma einer Zelle unmittelbar umgibt

Plasmaproteine: Die Proteine, die im Blutplasma vorhanden sind

Plasmid: Ein extrachromosomales, kleines zirkuläres DNA-Molekül, das sich unabhängig von der übrigen DNA repliziert

Plastid: Selbstreplizierendes Organell in Pflanzen, das sich zu einem Chloroplasten differenzieren kann

Polare Gruppe: Ein Molekül oder Molekülteil mit nach außen wirksamer, lokalisierter positiver und negativer Ladung (Dipol); polare Gruppen haben hydrophilen (wasseranziehenden) Charakter

Polarimeter: Ein Meßinstrument zur Bestimmung der Drehung der Ebene von polarisiertem Licht, die durch eine Lösung verursacht wird

Polarität: In der biochemischen Genetik unterscheidet man damit die 5′→3′- von der 3′→5′-Laufrichtung der Nucleinsäurekette

Polynucleotid: Eine Sequenz kovalent miteinander verbundener Nucleotide, in der die 3′-Position der Pentose eines Nucleotids durch eine Phosphatgruppe mit der 5′-Position der Pentose des nächsten verbunden ist

Polypeptid: Eine lange Kette von Aminosäuren, die durch Peptidbindungen verbunden sind

Polyribosom oder Polysom: Ein Komplex aus einem Messenger-RNA-Molekül und zwei oder mehr Ribosomen

Polysaccharide: Lineare oder verzweigte Makromoleküle aus vielen Monosaccharid-Einheiten, die durch glycosidische Bindungen verknüpft sind

Porphyrine: Komplexe, stickstoffhaltige Ringstrukturen mit vier Pyrrolringen, die gewöhnlich mit einem zentralen Metallatom komplexiert sind

Posttranslationale Modifikation: (im Engl. auch processing, im Dtsch. auch Molekularreifung) Enzymatische Modifikation eines Polypeptids nach seiner Translation durch seine mRNA

Primärstruktur von Proteinen: Die kovalente Grundstruktur eines Proteins, einschließlich seiner Aminosäuresequenz und seiner inter- und intramolekularen Disulfidbrücken

Processing: s. Posttranslationale Modifikation

Prochirales Molekül: Ein symmetrisches Molekül, das mit einem Enzym, das ein asymmetrisches aktives Zentrum hat, asymmetrisch reagieren kann

Prokaryoten: Einfache, einzellige Organismen (Bakterien und Blaugrünalgen) ohne Kernmembran und ohne membranumgebene Organellen und mit einem einzelnen Chromosom

Promotor: Ein DNA-Bereich, an den die RNA-Polymerase gebunden werden muß, um die Transkription zu starten

Prostaglandine: Eine Klasse lipidlöslicher, hormonähnlicher Regulationsmoleküle, die aus Arachidonsäure und anderen mehrfach ungesättigten Fettsäuren gebildet werden

Prosthetische Gruppe: Ein Metallion oder eine anorganische Gruppe, die aber keine Aminosäure ist und mit einem Protein verbunden als dessen aktive Gruppe dient

Protein: Ein Makromolekül, das aus einer oder mehr als einer Polypeptidkette besteht, von denen jede eine charakteristische Aminosäuresequenz und Molekülmasse hat

Protein-Kinase: Ein Enzym, das die Phosphorylierung bestimmter Aminosäure-Reste in einem bestimmten Protein katalysiert

Proteid, zusammengesetztes Protein (Engl.: conjugated protein): Ein Protein, das außer seiner Polypeptidkette noch andere – Nicht-Aminosäurebestandteile – enthält (z. B. Metall oder eine organische prosthetische Gruppe)

Proteoglycan: Ein hybrides Makromolekül, in dem ein Oligosaccharid oder Polysaccharid mit einem Polypeptid verbunden ist. Dabei ist das Polysaccharid der Hauptbestandteil

Proteolytisches Enzym: Ein Enzym, das die Hydrolyse von Proteinen oder Peptiden katalysiert

Protonenakzeptor: Verbindung, die Protonen von einem Protonendonator aufnehmen kann

Protonendonator: Verbindung, die Protonen abgeben kann; eine Säure z. B. kann der Donator eines Protons in einer Säure-Basen-Reaktion sein

Protoplasma: Ein allgemeiner Begriff für den gesamten Zellinhalt

Puffer: Ein System, das Änderungen des pH-Werts ausgleichen kann; es besteht aus einem konjugierten Säure-Basen-Paar, in dem die Konzentrationen von Protonendonator und -akzeptor vergleichbar groß sind

Purin: Eine basische, stickstoffhaltige Verbindung mit einem kondensierten Pyrimidin- und einem Imidazolring, die in Nucleotiden und Nucleinsäuren enthalten ist

Puromycin: Ein Antibiotikum, das die Proteinsynthese hemmen kann, indem es mit den Aminoacyl-tRNAs um den Einbau in die Polypeptidkette konkurriert

Pyranose: Ein einfacher Zucker, der einen Pyranring enthält

Pyridinnucleotid: Ein nucleotidähnliches Coenzym, das ein Pyridinderivat – nämlich Nicotinamid – enthält

Pyridinnucleotidabhängige Dehydrogenasen (Engl.:pyridin-linked dehydrogenases): Dehydrogenasen, die als Coenzym ein Pyridinnucleotid – entweder NAD oder NADP – benötigen

Pyridoxalphosphat: Ein Coenzym, das das Vitamin Pyridoxin enthält und an der Übertragung von Aminogruppen beteiligt ist

Pyrimidin: Eine stickstoffhaltige heterocyclische Base, die Bestandteil eines Nucleotids oder einer Nucleinsäure ist

Quartärstruktur: Die dreidimensionale Struktur eines oligomeren Proteins, die speziell durch die Art der Kettenverknüpfung charakterisiert ist

Racemat: Eine äquimolare Mischung von D- und L-Stereoisomeren einer optisch aktiven Verbindung

Radioaktives Isotop: Isotop mit einem instabilen Kern, der sich durch Abgabe einer ionisierenden Strahlung stabilisiert

Radioimmunoassay (Radioimmuntest): Eine empfindliche quantitative Bestimmungsmethode für Spuren von Hormonen oder anderen Biomolekülen. Gemessen wird die Fähigkeit der zu bestimmenden Substanz, die radioaktive Form dieses Hormons aus ihrer Bindung an ihren spezifischen Antikörper zu verdrängen

Rasterverschiebung (Engl.: frame shift): Eine Mutation, die durch eine Insertion oder Deletion von einem oder mehr als einem Nucleotidpaar zustande kommt, und zwar so, daß das Leseraster für die Codons verschoben wird. Die Folge davon ist, daß die Aminosäuresequenz von der Mutationsstelle an vollkommen entstellt ist

Rechtsdrehendes Isomeres: Ein Stereoisomeres, das die Schwingungsebene des polarisierten Lichtes nach rechts dreht

Redoxpaar: Ein Elektronendonator und seine entsprechende oxidierte Form

Redoxreaktion: Eine Reaktion, bei der Elektronen von einem Donator- auf ein Akzeptormolekül übertragen werden

Reduktion: Elektronenaufnahme in ein Atomorbital

Reduktionsäquivalent: Allgemeine Bezeichnung für ein Elektron oder ein äquivalentes Wasserstoffatom in einer Redoxreaktion

Reduktionsmittel (Engl.: reductant): Ein Elektronendonator in einer Redoxreaktion

Regulatorgen: Ein Gen, dessen Produkt an der Regulation der Expression eines anderen Gens beteiligt ist; z. B. ein Gen, das für ein Repressor-Protein codiert

Regulatorsequenz: Ein DNA-Abschnitt, der an der Regulation der Expression eines Gens beteiligt ist, z. B. ein Promotor oder Operator

Regulierbare oder allosterische Enzyme: Enzyme, die eine regulierbare Funktion besitzen durch ihre Fähigkeit, die katalytische Aktivität durch kovalente oder nicht-kovalente Bindung eines spezifischen Metaboliten – des Modulators – zu verändern

Rekombinante DNA: DNA, bei der Gene verschiedener Herkunft zu neuen Kombinationen miteinander verbunden sind

Rekombination: Das Verknüpfen von Genen, Gengruppen oder Teilen von Genen zu neuen Kombinationen, entweder in der Natur oder durch Eingriffe im Labor

Renaturierung: Wiederauffaltung eines entfalteten (d. h. denaturierten) globulären Proteins

Replikation: Die Synthese einer neuen DNA-Helix, die mit der Ausgangs-Doppelhelix identisch ist

Repression: s. Enzym-Repression

Repressor: Ein Protein, das an die Regulatorsequenz oder den Operator eines Gens gebunden wird und damit die Transkription dieses Gens blockiert

Reprimierbares Enzym: Ein Enzym, dessen Synthese gehemmt wird, sobald sein Reaktionsprodukt in der Bakterienzelle ausreichend zur Verfügung steht

Resonanzhybrid: Die stabile Form eines organischen Moleküls, die dadurch entsteht, daß bestimmte Elektronen auf ein niedrigeres Energieniveau „sinken" und damit eine Hybridform zwischen zwei oder mehr kanonischen Formen bilden

Resorption (Engl.: absorption): Transport der Verdauungsprodukte vom Dünndarm ins Blut

Respiration, s. Zellatmung

Restriktionsendonuclease (empfohlene Bezeichnung: Endodesoxynuclease): Endonuclease, die beide Stränge einer DNA in spezifischen Palindrom-Bereichen spaltet. Diese Enzyme sind ein wichtiges Hilfsmittel für die Gentechnologie

Retrovirus: RNA-Virus, der eine reverse Transkriptase enthält, d. h. eine RNA-abhängige DNA-Polymerase

Reverse Transkriptase: Eine RNA-abhängige DNA-Polymerase, die in Retroviren gebildet wird. Mit ihrer Hilfe kann man DNAs herstellen, die zu einer bestimmten RNA komplementär sind

Reversibler Prozeß: Ein „umkehrbarer" Prozeß, bei dem das System ohne Änderungen in der Umgebung in seinen Anfangszustand zurückgeführt werden kann; bei reversiblen Kreisprozessen bleibt die Entropie konstant

R-Gruppe: Die charakteristische Seitenkette einer α-Aminosäure

Ribonuclease: Eine (Endo-)Nuclease, die bestimmte Bindungen in der RNA zwischen den Nucleotiden hydrolysieren kann

Ribonucleinsäure (RNA): Ein Polyribonucleotid, bei dem die Grundeinheiten durch 3'→5'-Phosphodiesterbindungen verknüpft sind

Ribonucleotide: Nucleotide, die D-Ribose als Pentosekomponente enthalten

Ribosomale RNA (rRNA): Eine Klasse von RNA-Molekülen, die als Struktureinheiten der Ribosomen dienen

Ribosomen: Kleine Zellpartikel – 20 nm im Durchmesser – die aus RNA und Protein zusammengesetzt sind und an denen die Proteinsynthese abläuft

RNA-Polymerase: Ein Enzym, das die Bildung von RNA aus Ribonucleosidtriphosphaten nach der Matrize eines DNA- (oder RNA-)Stranges katalysiert

Röntgenkristallographie (Engl.: X-ray cristallography): Methode zur Aufklärung der Kristallstruktur mittels Röntgenstrahlen

Rückmutation (Engl.: back mutation): Eine Mutation, die zur Folge hat, daß ein mutiertes Gen seine Wildtyp-Basensequenz zurückerhält

Sarcomer: Die funktionelle und strukturelle Einheit des kontraktilen Systems im Muskel

Sauerstoffschuld: Die Sauerstoffmenge, die in der Erholungsphase nach physischer Anstrengung zusätzlich (d. h. über das normale Ruheniveau hinaus) verbraucht wird.

Saure Mucopolysaccharide: Saure Polysaccharide, die in mukösen Sekreten und in Interzellulärräumen höherer Tiere gefunden werden

Sedimentationskoeffizient: Eine physikalische Konstante, die die Geschwindigkeit angibt, mit der ein Partikel im Zentrifugalfeld unter definierten Bedingungen sedimentiert

Sekundärstruktur eines Proteins: Die fortlaufende räumliche Anordnung der aufeinanderfolgenden Aminosäurereste einer Polypeptidkette zueinander

Sichelzellanlage (Engl.: sickle-cell trait): Die Träger dieser Anlage sind heterozygot für das mutierte Hämoglobin-β-Ketten-Gen. Sie sind im allgemeinen symptomfrei

Sichelzellenanämie: Eine menschliche Erbkrankheit, bei der die Hämoglobinmoleküle defekt sind, bedingt durch ein homozygot auftretendes mutiertes Allel für die Hämoglobin β-Kette. Erkennungsmerkmale: die roten Blutkörperchen nehmen bei geringem Sauerstoffdruck eine sichelförmige Gestalt an

Signalsequenz: Eine von der 5'-Leadersequenz der DNA codierte Aminosäuresequenz am N-Terminus des Polypeptids, die ein Signal darstellt, für welchen Ort innerhalb der Zelle das frisch synthetisierte Protein vorgesehen ist. Sie geleitet das Protein durch eine spezifische Membran an seinen Platz

Somatische Zellen: Sämtliche Körperzellen mit Ausnahme der Keimzellen und der Zellen, von denen diese abstammen

Spezifische Aktivität: Die Anzahl der Enzymeinheiten pro mg Protein; Einheiten der Enzymaktivität: 1 U = die Masse Enzym, die bei 25 °C unter optimalen Bedingungen pro min 1 μmol (10^{-6} mol) Substrat umsetzt. Heute ist die Verwendung von cat statt U empfohlen – Definition wie U, aber pro s und pro 1 mol Substrat

Spezifische optische Drehung (Rotation): Der Grad der Drehung der Ebene des polarisierten Lichts (D-Linie des Natriums, 589.3 nm) durch eine optisch aktive Verbindung bei 25 °C, bezogen auf die Konzentration $c = 1$ g/ml Lösung und die Schichtdicke (Länge des Substanzröhrchens) $l = 1$ dm: $[\alpha]_D 25 °C = \alpha \times 100/(c \times l)$. α ist der abgelesene Drehwinkel bei beliebiger Substanzkonzentration und Schichtdicke

Spezifische Wärme: Die Wärmemenge, die benötigt wird, um die Temperatur von 1 g einer Substanz um 1 °C zu erhöhen

Spontane Reaktion: Prozeß, bei dem Energie abgegeben wird; eine spontane Reaktion ist stets irreversibel und meist mit einer Zunahme der Entropie verbunden

Spurenelement: Chemisches Element, das vom menschlichen Organismus nur in sehr geringen Mengen benötigt wird

Standard-Reduktionspotential: s. Normalpotential

Standardzustand: Die stabilste Form einer Substanz bei einem Druck von 1.013 bar und einer Temperatur von 25 °C (298K). Bei gelösten Substanzen gilt die Konzentration 1 M

Staupunkt (Engl.: crossover point): Der Punkt in einem Multienzym-System, bei dem es nach einer Hemmung zu einer Akkumulation der vorausgehenden und einer Konzentrationsabnahme der nachfolgenden Zwischenprodukte kommt

Stereoisomere: Isomere Molekülstrukturen, die zueinander spiegelbildlich aufgebaut sind

Steroide: Eine Klasse von Lipoiden, die ein Cyclopentano-perhydrophenanthren-Ringsystem enthalten

Stickstoff-Fixierung: Umwandlung von atmosphärischem Stickstoff (N_2) in eine lösliche, biologisch verwertbare Form durch Stickstoff-fixierende Organismen

Stickstoffcyclus: Kreislauf verschiedener Stickstoffverbindungen zwischen der Pflanzen-, Tier- und Mikrobenwelt und der Atmosphäre und Geosphäre

Stoffwechsel (Engl.: metabolism): Die enzymkatalysierte Transformation organischer Nährstoffmoleküle in lebenden Zellen

Stoffwechselumsatz (Engl.: metabolic turnover): Die im Fließgleichgewicht (Engl.: steady state) ständig erfolgende Erneuerung von Zellkomponenten

Struktur-Gen: Ein Gen, das die Primärstruktur eines Proteins codiert

Stumme Mutation (Engl.: silent mutation): Eine Mutation eines Gens, die keine erkennbare Veränderung der biologischen Eigenschaften des Genproduktes zur Folge hat

Substitutionsmutation: Die Mutation, die durch den Austausch einer Base durch eine andere entsteht

Substrat: Die spezifische Substanz, die von einem Enzym umgesetzt wird

Substrat-Phosphorylierung (Engl.: substrat-level phosphorylation): Die Posphorylierung von ADP oder einem anderen Nucleosid-5'-diphosphat, die vor dem Elektronentransport in der Atmungskette mit einer Einstufenoxidation eines organischen Substrats „gekoppelt" ist

Suppressionsmutation: Eine Mutation, die die durch eine primäre Mutation verlorengegangene Funktion ganz oder teilweise wieder herstellt, aber an einer anderen Stelle lokalisiert ist als die primäre Mutation

Svedberg-Einheit (S): Eine Maßeinheit für die Geschwindigkeit, mit der ein Partikel in einem Zentrifugalfeld sedimentiert

System: Eine beliebige Menge Materie; Alles außerhalb der gedachten oder realen Begrenzungen nennt man die Umgebung des Systems

Temperierter Phage: Ein Phage, dessen DNA in das Wirtszellen-Genom eingebaut werden kann, ohne exprimiert zu werden (im Gegensatz zu einem virulenten Phagen, der die Wirtszelle zerstört)

Template: s. Matrize

Terminale Transferase: Ein Enzym, das das Anfügen gleichartiger Nucleotidreste an das 3'-Ende einer DNA-Kette katalysiert

Terminationscodon, s. Abbruchcodon

Terminationsfaktoren (auch freisetzende Faktoren, Engl.: releasing factors, termination factors): Proteinfaktoren im Cytosol, die für die Freisetzung der fertigen Peptidkette vom Ribosom benötigt werden

Terminationssequenz: Eine DNA-Sequenz, die am Ende des Transkriptionsbereiches auftaucht und das Ende der Transkription anzeigt

Terpen: Ein organischer Kohlenwasserstoff oder ein Derivat desselben, zusammengesetzt aus aneinandergereihten Isopreneinheiten

Tertiärstruktur (eines Proteins): Die dreidimensionale Konformation der Polypeptidkette eines globulären Proteins in seinem nativen Faltungszustand

Tetrahydrofolsäure: Die reduzierte, aktive Coenzymform des Vitamins Folsäure

Thermodynamik: s. Erster und Zweiter Hauptsatz der Thermodynamik

Thioester: Ein Ester zwischen einer Carboxylsäure und einem Thiol bzw. Mercaptan

Thymin-Dimer: Kovalent gebundenes Dimer zweier aufeinander folgender Thyminreste in der DNA; es entsteht durch Absorption von ultraviolettem Licht

Titrationskurve: Graphische Darstellung eines Titrationsverlaufs, z. B. einer Säure mit einer Base; es werden die pH-Werte gegen die verbrauchten Basenäquivalente aufgetragen

Tocopherole: Formen des Vitamins E

Topoisomerasen: Enzyme, die die positive oder negative Verdrillung (supercoiling) cyclischer DNA-Doppelhelices katalysieren

Toxine: Substanzen, die, von einer Art von Organismen produziert, für andere Spezies toxisch (giftig) sind

Transaminasen: s. Aminotransferasen

Transaminierung: Die enzymatische Übertragung einer Aminogruppe von einer Aminosäure auf eine Ketosäure

Transduktion: Transfer von genetischem Material von einer Zelle zur anderen mit Hilfe eines viralen Vektors

Transfer-RNAs (tRNAs): Eine Klasse von RNA-Molekülen (molare Masse 25000–30000 Da), die kovalent eine spezifische Aminosäure binden können; die resultierende Aminoacyl-tRNA kann dann durch Wasserstoffbrücken an ein Nucleotid-Triplet oder Codon der mRNA angeheftet werden

Transformation: Einführung einer exogenen DNA in eine Zelle, die dadurch einen neuen Phänotyp annimmt

Transkription: Der enzymatische Prozeß, durch den die in der DNA enthaltene genetische Information dazu benutzt wird, eine komplementäre Basensequenz in einer RNA-Kette festzulegen

Transkriptionelle Kontrolle (Kontrolle auf der Transkriptionsebene): Regulation der Proteinsynthese durch Regulation der Synthese ihrer mRNA

Translation: Der Vorgang, bei dem die in einem mRNA-Molekül enthaltene genetische Information die Aminosäuresequenz während der Proteinsynthese festlegt

Translationelle Kontrolle: (Kontrolle auf der Translationsebene): Die Regulation der Proteinsynthese durch die Kontrolle der Translationsgeschwindigkeit am Ribosom

Translocase: Ein Membran-Transportsystem. Diese Bezeichnung wird auch für ein Enzym verwendet, das eine Bewegung verursacht, wie z. B. die Bewegung eines Ribosoms entlang der mRNA

Transpiration: Die Wanderung von Wasser aus den Wurzeln einer Pflanze über das Gefäßsystem und die Blätter in die Atmosphäre

Transposition: Der Ortswechsel eines Gens oder einer Gruppe von Genen von einer Stelle im Genom zu einer anderen

Transposon (transponierbares Element): Ein DNA-Abschnitt, der von einer Position im Genom in eine andere Position transportiert werden kann

Triacylglycerin: Ein Neutralfett; Ester des Glycerins mit drei Fettsäuremolekülen

Tricarbonsäurecyclus: s. Citratcyclus

Tropin (tropisches Hormon): Ein Hormon, das das Zielorgan dazu stimuliert, sein eigenes Hormon zu sezernieren, z. B. stimuliert das Thyrotropin der Hypophyse diese, ihr Thyroxin zu sezernieren

Turnover: s. Stoffwechselumsatz

Übergangszustand (Engl.: transition state): Der „angeregte" Zustand eines Moleküls, in dem es die für eine Reaktion notwendige Energie besitzt

Ultraviolettstrahlung: Elektromagnetische Strahlung der Wellenlänge 200–400 nm

Unpolare Gruppen: Hydrophobe Gruppen, meistens aus Kohlenwasserstoffen bestehend

Ungesättigte Fettsäure: Eine Fettsäure, die eine Doppelbindung oder sogar mehrere enthält

UV-Endonuclease: Eine Endonuclease, die eine DNA-Kette auf der 5'-Seite eines (durch UV-Strahlung entstandenen) Thymin-Dimers spalten kann

Vektor: Ein DNA-Molekül, von dem bekannt ist, daß es sich in einer Wirtszelle autonom repliziert. An diesen Vektor kann ein DNA-Abschnitt angespleißt werden, von dem man so eine höhere Stückzahl erhalten kann. Als Vektoren dienen Plasmide oder die DNA temperierter Phagen

Verdauung (Engl.: digestion): Eine enzymatische Hydrolyse der Hauptnährstoffe im Magen und Dünndarm, um ihre Bausteinmoleküle freizusetzen

Verdampfungswärme: Die Wärme (Energie), die benötigt wird, um 1 mol eines Stoffes bei konstanter Temperatur und konstantem Druck vom flüssigen in den gasförmigen Zustand zu überführen

Verseifung (Engl.: saponification): Die alkalische Hydrolyse von Neutralfetten (Triacylglycerinen) zu Fettsäuresalzen als Seifen

Verteilungskoeffizient: Eine Konstante, die angibt, in welchem Konzentrationsverhältnis sich eine gegebene Substanz zwischen zwei nichtmischbaren Flüssigkeiten im Gleichgewichtszustand verteilen wird

Viren: Sich selbst reproduzierende, infektiöse Nucleinsäure-Protein-Komplexe, die zur Replikation eine intakte Wirtszelle benötigen und die ein Chromosom aus entweder DNA oder RNA enthalten
Virion: Ein Viruspartikel
Vitamine: Substanzen, die bei einigen Spezies in Spuren in der Nahrung enthalten sein müssen und die als Komponenten gewisser Coenzyme fungieren
V_{max}: Die Maximalgeschwindigkeit einer gegebenen Enzymreaktion;

Wasserstoffbindung (Engl.: hydrogen bond): Eine schwache elektrostatische Anziehung zwischen einem elektronegativen Atom und einem Wasserstoffatom, das kovalent an ein weiteres elektronegatives Atom gebunden ist

Wechselzahl oder molekukare Aktivität (Engl.: turnover number): Die Anzahl von Substratmolekülen, die ein Enzymmolekül pro Minute umsetzen kann (unter Bedingungen, die eine maximale Aktivität gestatten)
Wobbeln (Engl.: to wobble = wackeln): Damit bezeichnet man die relativ lockere Basenpaarung zwischen der Base am 3'-Ende eines Codons und der zu ihr komplementären Base am 5'-Ende des Anticodons.

Zellatmung (Engl.:respiration): Der energieliefernde oxidative Abbau von Nährstoffmolekülen unter Sauerstoffverbrauch in aeroben Zellen
Zellkern: Membranumgebene Organelle bei Eukaryoten, die die Chromosomen enthält

Zell-Organellen: Membranumgebene Strukturen in eukaryotischen Zellen: sie enthalten Enzyme für spezielle Zellfunktionen
Zentrales Dogma der Molekulargenetik: Das Prinzip des genetischen Informationsflusses von der DNA über die RNA zum Protein
Zweibasische Säure: Säure, die zwei Protonen abgeben kann
Zweiter Hauptsatz der Thermodynamik: Die Entropie eines abgeschlossenen Systems nimmt während eines irreversiblen Prozesses zu und hat im Gleichgewichtszustand ihr Maximum erreicht
Zwitterion: Ein dipolares Ion mit räumlich getrennten positiven und negativen Ladungen
Zymogen: Eine inaktive Vorstufe eines Enzyms, wie z. B. das Pepsinogen

Abbildungsnachweis

Umschlag, Robert Langridge, Competer Graphics Laborator, University of California, San Francisco; © Dekanat der University of California

Gegenüber S. 1, Eingangsillustration zu Teil I, © California Institute of Technology und Carnegie Institution of Washington

1-1 (a) Michael A. Walsh; (b) Treat Davidson, National Audubon Society Collection/PR; (c) Languepin, Rapho/PR; (d) Camera Pix, Rapho/PR

1-9 L. A. MacHattie, *J. Mol. Biol.*, **11**:648 (1965

S. 16, Mikroskopische Aufnahme von Karen L. Anderson, zur Verf. gestellt von K. R. Porter

2-2 E. S. Barghoorn, *Science*, **152**:758–763 (1966); © AAAS

2-3 D. Greenwood

2-4 Mikroskopische Aufnahmen von A. Ryter

2-5 Mikroskopische Aufnahme von Norma J. Lang, *J. Phycol.*, **1**:127–143 (1965)

2-7 G. Decker

2-8 (a) U. Goodenough; (b) D. Branton

2-10 Mikroskopische Aufnahme von K. R. Porter

2-12 (a) K. R. Porter; (b) D. Fawcett

2-13 (a) C. J. Flickinger, *J. Cell. Biol.*, **49**:221 (1971); (b) D. Fawcett, aus William Bloom und D. W. Fawcett, *A Textbook of Histology*, 10. Aufl., Saunders, Philadelphia, 1975

1-14 (a) D. Fawcett; (b) G. Decker

2-15 (a) E. Lazarides, *J. Cell Biol.*, **65**:549 (1975); (b) K. Weber und U. Groeschel-Stewart, *Proc. Nat. Acad. Sci., U.S.*, **171**:4561 (1974)

2-17 K. R. Porter

2-19 D. Fawcett

2-20 J. C. Wanson

2-21 Mikroskopische Aufnahme von Michael A. Walsh

2-11 Mikroskopische Aufnahme von C. Arntzen

2-23 R. D. Preston

2-25 (a), (b) L. D. Simon; (c) K. Allen; (d), (e) J. D. Almeida und A. F. Howatson, *J. Cell. Biol.*, **16**:616 (1963)

S. 50, D. P. Wilson, Eric und David Hosking

3-9 (a) L. M. Beidler; (b) R. D. Preston

3-14 (a) H. Ris

3-15 S. Jonasson, aus R. Anderson et al., *Science*, **148**:1179–1190 (1965); © AAAS

4-6 Nach E. Luria, S. J. Gould, und S. Singer, *A View of Life*, Benjamin/Cummings, Menlo Park, Calif., 1981

4-14 Larry Pringle, Photo Researchers

5-1 Jack Dermid

6-2 (a) E. Margoliash; (b) M. Kunitz

6-14 (b) Nach M. O. Dayhoff, C. M. Park, und P. J. McLaughlin, p. 8, in M. O. Dayhoff (ed.), *Atlas of Protein Sequences and Structure*, Bd. 5, National Biomedical Research Foundation, Washington, D.C., 1972

7-3 John Mais

7-6 (b) Aus L. Pauling und R. B. Corey, *Proc. Int. Wool Text. Res. Conf.*, **B**:249 (1955)

7-12 J. Gross

7-14 Nach R. E. Dickerson und I. Geis, *The Structure and Action of Proteins*, Benjamin/Cummings, Menlo Park, Calif., 1969

8-4 I. Geis

8-5 I. Geis

8-6 Nach Dickerson und Geis, *op. cit.*

8-7 I. Geis

8-10 I. Geis, nach R. E. Dickerson und Irving Geis, *Proteins: Structure, Function, and Evolution*, 2. Aufl., Benjamin/Cummings, Menlo Park, Calif., 1982

8-11 (b) Nach M. F. Perutz, "The Hemoglobin molecule"; © 1964, Scientific American

8-13 Aus C. R. Cantor und P. R. Schimmel, *Biophysical Chemistry*, Part I, Freeman, San Francisco, 1980; ursprünglich von Dr. Thomas Steitz, Department of Molecular Biophysics, Yale University

8-15 Margaret Clark

S. 215, Kasten 8-1, Abb. 1(b), I. Geis

8-20 (a) Patricia Farnsworth; (b) Margaret Clark; (c) Johanna Dobler

8-21 Nach Cantor und Schimmel, *op. cit.*

8-24 Nach A. C. Allison, "Sickle Cells and Evolution"; © 1956 Scientific American

9-1 M. Kunitz

9-13 Nach A. Dafforn und D. E. Koshland, Jr., *Biochem. Biophys. Res. Commun.*, **52**:780 (1973)

S. 252, Kasten 9-4A, Abb. 1, I. Geis

S. 253, Kasten 9-4B, Abb. 2, I. Geis

S. 254, 255, Kasten 9-4C, Abb. 1–8, I. Geis, nach I. Geis, in M. Stroud, "A Family of Protein-Cutting Proteins," *Sci Am.*, **231**:244–288, Januar (1974); © 1974 Stroud, Dickerson und Geis

S. 256, Kasten 9-4D, Abb. 1 und 2, I. Geis

S. 263, Kasten 9-5, Abb. 1, von Cantor und Schimmel, *op. cit.*, ursprünglich von H. L. Monaco, J. L. Crawford und W. N. Lipscomb. *Proc. Nat. Acad. Sci., U.S.* **75**:5276 (1978)

9-24 Ylla, Rapho-Guillemette/PR

11-14 (a) Myron C. Letbetter; (b) D. Fawcett

11-16 (c), (d) I. Geis

11-17 Eric V. Gravé

11-19 (a) R. D. Preston; (b) Grant Heilman

11-21 D. Greenwood

11-23 S. Ito, *Fed. Proc.*, **23**:12 (1969)

S. 334, A. D. Greenwood

12-5 (a) D. Fawcett, aus D.W. Fawcett, *The Cell, Its Organelles and Inclusions*, Saunders, Philadelphia, 1967; (b) K.R. Porter

12-6 Russ Kinne, Photo Researchers

S. 353, Kasten 12-1, Abb. 1, J.D. Robertson; Abb. 2, H. Latta, W. Johnson und T. Stanley, *J. Ultrastruct, Res.*, **51**:354 (1975); Abb. 4, P. Pinto da Silva und D. Branton, *J. Cell Biol.*, **45**:598 (1970)

12-18 Nach S.J. Singer und G.L. Nicolson, *Science*, **175**:720–731 (1972); ©AAAS

S. 364, Eingangsillustration zu Teil II, nach einem Schema von D.E. Nicholson, University of Leeds, veröffentlicht von Koch-Light Laboratories, Ltd., Colnbrook, England

13-3 R.D. Estes

13-10 Alfred Sussman

13-23 G. Decker

14-11 John Dominis, LIFE Magazine; © 1967, Time, Inc.

S. 428, Kasten 14-3, Abb. 1, Grant Heilman

16-5 L.J. Reed, S. 213, in P.D. Boyer (Hrsg.), *the Enzymes*, 1, Bd. 1, 3. Aufl.; © 1970 Academic Press

16-10 *Biochem. Soc. Bull.*, **2**(2):5 (1980)

17-15 Nach E. Racker, *Essays in Biochemistry*, Bd. 6, S. 1–22, Academic Press, New York, 1970

17-16 (a) D.E. Smith; (c), (d) M. Amzel und P. Peterson

17-28 C.R. Hackenbrock

19-26 Bernard G. Silberstein, Photo Researchers

S. 616 P. Drochmans

S. 640 Cedric S. Raine, aus P. Morell (ed.), *Myelin*, Plenum, New York, 1977

21-14 N. Mrosovsky

21-22 (a) Herbert A. Fischler, Isaac Albert Research Institute of the Kingsbrook Jewish Medical Center; (b) John S. O'Brien

22-7 the Nitragin Co.

S. 706 T.E. Adams

23-2 (c) Eric V. Gravé, Photo Researchers; (d) Walter Dawn, Photo Researchers; (e) Kent Cambridge Scientific Instruments; (f), (g) D.P. Wilson, Eric und David Hosking

23-6 (a) A.D. Greenwood; (c) D. Branton

23-7 Ray F. Evert

23-31 D. Oesterhelt

S. 744, Teil III, Einleitung, The Bettmann Archive

24-2 (b)–(d) Aus Richard D. Kessel und Randy Kardon, *Tissues and Organs: A Text-Atlas of Scanning Electron Microscopy*, Freeman, San Francisco, 1979

24-5 Kessel und Kardon, *op. cit.*

24-13 (b) K.R. Porter

24-15 (b) John Heuser

24-16 Kessel und Kardon, *opt. cit.*

24-23 (b) K.R. Porter

25-8 (b) Daniel Friend

25-15 (b) Marie H. Greider und Paul E. Lacy

25-21 The Bettmann Archive

26-5 American Heart Association

26-7 (a) Bernard Wolff, Photo Researchers; (b) F.A.O.

26-9 From Bernard L. Oser (Hrsg.), *Hawk's Physiological Chemistry*, 14th ed., p. 601, McGraw-Hill, New York, 1965; Smith und Munsell, USDA Circ. No. 84, 1929

26-17 Dreiding Stereo-Modelle, Büchi Laboratory Techniques, Ltd.

26-19 The Upjohn Co.

26-21 L.L. Rue, III, Photo Researchers

S. 866, Teil IV, Eingangsillustration, aus John Fiddes, "Nucleotide Sequence of a Viral DNA," *Sci. Am.*, **236**:64–65, Dezember (1977)

27-6 Nach Derry D. Koob und William E. Boggs, *The Nature of Life*, Addison-Wesley, Reading, Mass., 1972

27-8 J. Watson, aus James D. Watson, *The Double Helix*, Atheneum, New York, 1968

27-9 *Ibid.*

27-10 (a) Dreiding Stereo-Models, Büchi Laboratory Techniques, Ltd.; (b) M.H.F. Wilkins, King's College Biophysics Department, London

27-11 Gezeichnet nach L. Pauling und R.B. Corey, *Arch. Biochem. Biophys.*, **65**:164 (1956)

27-13 Aus James D. Watson, *Molecular Biology of the Gene*, 3. Aufl., Benjamin/Cummings, Menlo Park, Calif., 1976

27-14 Nach A. Worcel und E. Burgi, *J. Mol. Biol.*, **71**:143 (1972)

27-16 Gezeichnet nach P. Doty, S. 8, in D.J. Bell und J.K. Grant (Hrsg.), *Biochem. Soc. Symp.*, Bd. 21, Cambridge University Press, London, 1962

27-17 (a) R. Davis; (b) A.K. Kleinschmidt, D. Land, D. Jacerts und R.K. Zahn, *Biochim. Biphys. Acta*, **61**:857–864 (1962)

27-19 H. Delius und A. Worcel, *J. Mol. Biol.*, **82**:108 (1974)

27-20 (a) Stanley N. Cohen; (b) S. Palchaudhuri, M.R.J. Salton und E. Bell, *Infect. Immun.*, **11**:1141 (1975)

27-21 E.J. DuPraw, *DNA und Chromosomes*, Holt, New York, 1970

27-23 (a) Ada L. Olins, *Amer. Scientist*, **66**(6): 704–711, November-Dezember (1978); (b), (c) nach F.J. Ayala und J.A. Kiger, Jr., *Modern Genetics*, Benjamin/Cummings, menlo Park, Calif., 1980

27-24 W.J. Larsen, *J. Cell. Biol.*, **47**:353 (1970)

27-25 P.J. O'Farrell, *J. Biol. Chem.*, **250**:4007–4021 (1975)

27-26 Gezeichnet nach Barbara J. Bachman, K. Brooks Low und Austin L. Taylor, *Bacteriol. Rev.* **40**, S. 116–117, März (1976)

27-30 Jack D. Griffith

28-4 (a) Gezeichnet nach H.J. Kriegstein und D.S. Hogness, *Proc. Nat. Acad. Sci., U.S.*, **71**:136 (1974)

28-9 Aus A. Kornberg, *DNA Replication*, Freeman, San Francisco, 1980

28-13 Nach *ibid.*

28-23 (b) O.L. Miller, Jr., und Barbara R. Beatty, *J. Cell Physiol.*, **74**(Supplement):225–232 (1969)

29-1 K.R. Porter

29-6 Nach S.H. Kim et al., *Science*, **185**:436 (1974), © AAAS

29-13 James A. Lake, *J. Mol. Biol.*, **105**:131–159 (1976)

29-18 (b) Steven L. McKnight und O.L. Miller, Jr., Department of Biology, University of Virginia

29-26 R. Abermann

29–28 Nach R.C. Dickson, J. Abelson, W.M. Barnes, und W.S. Reznikoff, *Science*, **187**:32 (1975) © AAAS

30-13 (b) Judith Carnahan und Charles C. Brinton, Jr.

30-17 Gezeichnet nach einr Darstellung von Richard J. Feldmann, National Institutes of Health

Register

Bei der alphabetischen Einordnung werden die Umlaut ä, ö, ü wie die Vokale a, o, u behandelt; Vorsätze von *Verbindungsnamen*, wie *allo-*, D-, L-, *N*-, α-, bleiben unberücksichtigt; dagegen wird z. B. L-Konfiguration unter L, α-Helix unter A eingeordnet. Fett gedruckte Seitennummern weisen auf eine Strukturformel hin.

A *Abk. für* Alanin
A-Bande 421
abgeschlossene Systeme 401
abiotische Synthese 68
Abkürzungen für Aminosäuren 106
absolute Konfiguration 107 ff
Absorption von
 Verdauungsprodukten 747 ff
Acetacetat **58, 577**, 578, 580, 759
Acetacetat-Decarboxylase 578
Acetacetyl-CoA **577** ff
– beim Aminosäureabbau 591 ff
– bei der Cholesterinsynthese 667, 669
Acetacetyl-S-ACP 648 ff
Acetaldehyd **471**
– aktiver 280
– beim Aminosäureabbau 592
– aus Ethanol 835
– bei der Gärung 471
Acetaldehydgruppe, aktive 279
– aus Glucosegärung 626
– im Stoffwechsel 388
Acetatm, aus Ethanol 835
Acetazolamid, Enzyminhibitor 273
2-Aceto-2-hydroxybutyrat 683
Acetolactat-Synthase 683
Aceton **577**, 578
– bei Diabetes mellitus 780
Acetylcholin 100, **101**
– Hydrolyse-Hemmung 245 f
– als Neurotransmitter 766
Acetylcholinesterase 766
– Hemmung 245 f
Acetyl-CoA **577** ff
– beim Aminosäureabbau 590 ff
– bei der Cholesterinsynthese 667 ff
– im Citratcyclus 491 ff, 501 f
– beim Ethanolabbau 835
– in Fettgewebe 767
– bei der Fettsäureoxidation 565, 569 f
– bei der Fettsäuresynthese 642 ff, 647
– in der Gluconeogenese 619 f, 623
– im Glyoxylatcyclus 503
– als Inhibitor 469
– im Katabolismus 373 f
– im Leberstoffwechsel 756 ff
– im Muskel 761
– in der Zellatmung 481 ff, 491
Acetyl-CoA-Acetyltransferase *s. a.* Thiolase 569
Acetyl-CoA-Carboxylase 645, 673

– Regulation 654
Acetyl-Co-A-Carboxylase-
 Reaktion 644 f, 648
Acetyl-Coenzym A *s.* Acetyl-CoA
N-Acetyl-D-galactosamin **346**
– in Chondroitin 328 f
– in Gangliosiden 346, 664
– in Glycoproteinen 326
N-Acetyl-D-galactosamin-4-sulfat 328
N-Acetyl-D-glucosamin **324**, 325, 328 f, 634
N-Acetylglutamat 607
Acetylgruppenshuttle 644
Acetylgruppentransfer 284
N-Acetylhexosaminidase, Defekt 663 f
Acetylliponsäure **485**
N-Acetylmuraminsäure **325**
N-Acetylneuraminat **346**
Acetylsalicylsäure **102**
N-Acetyltyrosin-methyl-ester **102**
– pK 102
Acidose 87, 781
Ackee-Baum 576
cis-Aconitat **488, 489**
– im Citratcyclus 482, 491
Aconitat-Hydratase 491 f
ACP *s.* Acyl-Carrier-Protein
ACP-Acetyltransferase 646 f
ACP-Malonyltransferase 646 f
Acridin 937, **1008**
Actin 137, 139, 181
– Faser- 181
– fibröses 420 f
– globuläres 181, 420 f
– in Mikrovilli 748
– Molekülmasse 181
– im Muskel 762 f
– Struktur 180
Actinfilamente 34
– Mikroaufnahme 34
Actinomycin D **936**
Acyladenylat 565, **567**
Acyl-AMP **582**
Acylcarnitin 566
Acyl-Carrier-Protein (ACP) 642, **645**, 646
– M_r 646
Acyl-CoA
– bei der Fettsäureoxidation 565 f
– Hydrolyse, freie Energie 565
– in der Lipidsynthese 655 f
Acyl-CoA-Dehydrogenase 568, 571 f
Acyl-CoA-Oxygenase 653

Acyl-CoA-Synthetasen 565, 627, 655
Acyl-CoA-Synthetase-Reaktion 581
Acylphosphat 451
Acyl-S-CoA *s.* Acyl-CoA
Addison-Krankheit 812
Adenin 63, **65**, 430
– in *S*-Adenosylmethionin 679
– Desaminierung **1002**
– in DNA 872, 879 f, 881 ff
– Recycling 696
– in RNA 872, 934
Adeninnucleotide, intrazelluläre Konzentration 412
Adeninnucleotid-Pool 550
Adeninnucleotid-Translokase 545
– Hemmung 545
Adenocorticotropin-freisetzendes Hormon 793
Adenosin
– in der Aminosäuresynthese 679
– beim AMP-Abbau 696
Adenosindesaminase 696
Adenosin-5'-diphosphat (ADP) 11, 378, 410, **411**, 412 ff
– Biosynthese 688 ff
– im Calvin-Cyclus 728 f
– im Citratcyclus 500 ff
– bei der Enzymregulation 382, 468, 627
– bei der Fettsäureoxidation 567
– in der Glycolyse 448 ff, 455
– Herzmuskel-Konzentration 477
– Hydrolyse, $\Delta G^{\circ\prime}$ 413
– Konz. in Chloroplasten 742
– Membrantransport 544 f
– Magnesium-Komplex 412
– in der Photosynthese 711, 719, 723 ff
– Reduktion zu dADP 694 f
– Resonanzhybride 414 f
– Transportsysteme 546
Adenosin-5'-monophosphat (A, AMP) 411 ff, **874**
– Abbau 696
– Biosynthese 688 ff
– Desaminierung 602
– bei der Enzymregulation 382, 468, 619, 622, 624, 684
– bei der Fettsäureoxidation 581
– Hydrolyse, $\Delta G^{\circ\prime}$ 413
Adenosin-5'-triphosphat (ATP) 10, **11, 378**, 379, 411 ff
– Abbau zu AMP 427 f

Adenosin-5'-triphosphat (ATP)
- beim Acetyltransport 644
- für aktiven Transport 424 ff
- bei der Aminosäuresynthese 676 ff
- beim Ammoniaktransport 601
- Bestimmung 428
- für Bewegungsvorgänge 422 f
- Bilanz bei der Glucoseoxidation 547
- Bildung von cyclo-AMP 798
- bei Biolumineszenz 428
- Biosynthese 688 ff
- im Calvin-Cyclus 728 f
- als chemischer Transmitter 11
- bei der Cholesterinsynthese 669
- im Citratcyclus 493, 497, 500 ff
- bei der Creatinsynthese 685
- Cyclus 399, 411
- Diphosphatspaltung 427 f
- bei der DNA-Replikation 926 ff
- in der Elektronentransportkette 516, 523 f
- Energiekanalisierung 431
- im Energiecyclus von Zellen 410 ff
- zur Enzymphosphorylierung 800 f
- beim Ethanolabbau 835
- zur Fettsäureaktivierung 564
- zur Fettsäureoxidation 565, 567, 569, 571 ff
- bei der Fettsäuresynthese 645, 652
- Fließgleichgewicht 431 f
- $\Delta G^{\circ\prime}$ in lebenden Zellen 416
- im Gehirn 765 f
- gekoppelte Synthese 379
- in der Gluconeogenese 619 ff, 626 f
- bei der Glycogensynthese 629, 631 f
- in der Glycolyse 441 ff, 446 ff, 451 ff, 459, 461, 463, 465, 468
- Halbwertszeit, Phosphatgruppe 432
- im Harnstoffcyclus 607 ff
- Herzmuskel-Konzentration 477
- Hydrolyse 413 ff
- Hydrolyse, $\Delta G^{\circ\prime}$. 413 f
- Ionisationsgrad 414
- Kalottenmodell 11, 411
- Konzentration in Chloroplasten 742
- in Leerlaufcyclen 628 f
- in der Lipidsynthese 655, 660 f
- Magnesium-Komplex 412
- Membrantransport 545
- in Mitochondrien 30, 518
- als Modulator 382
- im Muskel 420 ff, 429, 437, 761 ff, 785
- in der Niere 768 ff
- bei der Nucleotidsynthese 689, 691, 693
- Orthophosphatspaltung 427
- als Phosphat-Überträger 415 ff
- in der Photosynthese 711, 719, 721, 723 ff, 734 f
- bei der Proteinsynthese 955 f, 960 f, 963, 974
- zur RNA-Synthese 934
- bei der Stickstoff-Fixierung 700 f
- im Stoffwechsel 372 f, 378 f
- Synthese s.a. ATP-Synthese 756 f, 759
- für Zellaktivitäten 379
- in de Zellatmung 482
Adenosintriphosphatase s. ATPase
Adenosylcobalamin **290**, 291
S-Adenosylhomocystein 659 f, **661**
- in der Aminosäuresynthese 679 f
- bei der Creatinsynthese 685
Adenosylhomocysteinase 680
S-Adenosylmethionin 659 f, **661**, 662
- in der Aminosäuresynthese 679 f
- bei der Creatinsynthese 685
Adenovirus 44 f, 871
- EM-Aufnahme 45
Adenylat (A, AMP) s.a. Adenosin-5'-monophosphat 874
Adenylat-Cyclase 382, 799 f, 801 ff, 810, 993
- Regulation 821
Adenylat-Kinase 518, 691
- ATP-Spiegel 429
- M_r 201
Adenylat-Kinase-Reaktion 428 f
Adenylsäure s. Adenosin-5'-monophosphat
Adipozyten (Fettzellen) 341, 766 f
- Mikroaufnahmen 340, 767
ADP s. Adenosin-5'-diphosphat
ADP-Glucose 731 f
Adrenalin 382, 467, 594, 767, 790, 792 f, 795 f, **797**, 798, 800, 812
- Adenylat-Cyclase-Regulation 798 f, 801
- Blutspiegel 797, 820
- Funktionen 797
- bei der Glycogenphosphorylase-Regulation 798 ff
- bei der Glycogen-Synthase Regulation 803 f
- im Muskel 762, 763
- Regulation des Glycogenstoffwechsels 633
- Speicherung 797
Adrenocorticosteroide 798
Aerobier 368 f
afferente Arteriole 770
Affinitätschromatographie 161
Ahornsirup-Krankheit 596, 599
Akromegalie 810
Aktionspotential 765 f
aktive Acetaldehydgruppe 279, 388, 626
aktiver Acetaldehyd 280
aktiver Transport s.a. Transportsysteme 424 ff, 770
- Kalium 425 f
- Natrium 425 f
aktives Zentrum s. Enzyme
Aktivierungsenergie 233 ff
Aktivität, spezifische 243

Akzeptor-Kontrolle 549
Akzeptor-Kontroll-Quotient 549
Ala s. Alanin
Alanin 57 ff, 63, **64**, 111, **112**
- Abbau 591 f
- Abkürzungen 106
- beim Ammoniaktransport 602 f
- Biosynthese 678
- in Blut 784
- in Collagen 176
- Desaminierung 586, 758 f
- Enantiomere **59**
- im Glucose-Alanin-Cyclus 602
- zur Glucosesynthese 625
- isoelektrischer Punkt 117
- Isomerie 58 f, 164
- Konfigurationen 107 f, **198**
- Länge 19
- Molekülmodelle 55
- optische Isomere 108
- pK'-Werte 116, 119
- in Proteinen 193
- Pufferwirkung 116 f
- spez. Drehung 107
- Titrationskurve 116
Alanin-Aminotransferase 586, 588 f, 602
Alanin-tRNA, Nucleotidsequenz 958
Alanyl-alanin **126**
Albinismus 267, 385, 596
Albumin
- Fettsäuretransport 564
- pI 143
Aldehyd-Dehydrogenase 835
Aldehyde 57
Aldehyd-Oxidase 859
Aldohexosen 309 f
Aldolase 449 f, 461, 729 f
Aldolkondensation 449
Aldonolactonase 506
Aldopentosen 309 f
Aldosen 308 ff
D-Aldosen **310**
Aldosteron 811, **812**
Aldotetrosen 309 f
Algen s.a. Cyanobakterien
- Mikroaufnahme 706
- Photosynthese 710
Alkali-Krankheit 859
Alkalische Phosphatase
- Disulfidbindungen 225
- pH-Aktivitätsprofil 97
Alkalose 87
Alkaptonurie 267, 385, 596 f
Alkohol
- Abbau 835 f
- als Energiequelle 833 f
Alkohol-Dehydrogenase 140, 299, 471, 835, 858
- Cofaktor 231
Alkohole 56 f
alkoholische Gärung 440, 471 ff, 476
alkoholische Getränke 833
Alkoholismus, Thiaminmangel bei 843

Alkoholverbrauch 833
alkylierende Agentien 1002f, **1004**
Allantoin, beim Purinnucleotidabbau 696, **697**
allo (Vorsilbe) 109
Allolactose 990
Allopurinol, Inhibitor **698**
D-Allose **310**
allosterische Enzyme 258ff, 381
allosterische Regulation 258ff, 466, 468, 497, 682, 684, 694
allosterisches Zentrum 259f
Alloxan **808**
α(1 → 4)-Bindung 315
α-Helix 168ff
– Anteil in Proteinen 195
– Entspiralisierung 173
– Modelle **168**
– Verdrillung 171
α-Helixstruktur, Einschränkungen 169f
α-Partikel 616
α-Zellen s. A-Zellen
Altersbestimmung, durch Aminosäure-Chemie 110
D-Altrose **310**
Aluminium, als Spurenelement 301
Alveolen 96
– EM-Aufnahme 778
Amanita phalloides 937
Amanitin 127, 937
Amber-Mutanten 972
Ameisensäure, K, pK 88
Ames, Bruce 1009
Ames-Test 1009f
Amide 57
Amido-Gruppe 57
Amidophosphoribosyltransferase 689
Amine 56f
Aminoacyl-adenylate **960**, 962
Aminoacyl-tRNA 956f, **961**, 962, 969ff, 979, 981
– Hydrolyse, ΔG 961
Aminoacyl-tRNA-Synthetasen 960ff
– Korrekturlesen 961f
4-Aminobenzoat *s.a.* 4-Aminobenzoesäure 290
4-Aminobenzoesäure **705**
– in Folsäure 288ff, 290
4-Aminobutyrat, als Neurotransmitter 766
Aminogruppen 56f
– im Harnstoffcyclus 606f
Aminogruppenakzeptor 586
Aminogruppendonator 586
α-Aminogruppenübertragung 585f
Aminohormone 792f
5-Aminolävulinat **686**
Aminopeptidase 752f
Aminophyllin 823
2-Aminopurin **1004**
2-Amino-3-oxoadipat **686**
– bei der Porphyrinsynthese 686f
Aminosäureanalysator 122, 151

Aminosäuren 7, 57, 63, 105ff, 124
– Abbau des Kohlenstoffgerüstes 590ff
– Abkürzungen 106
– allgemeine Struktur **106**
– Altersbestimmung mit 110
– im Anabolismus 375
– Analyse 119ff
– asymetrisches C-Atom 106
– automatisierte chromatogr. Analyse 122
– besondere 114
– im Blut 773
– chemische Reaktionen 122ff
– Codons 981f
– Desaminierung 758
– dipolare Form (Zwitterion) **114**
– essentielle 610f, 676
– essentielle, Biosynthese 682
– essentielle, 2-Oxosäureanaloga 610f
– Evolution 66
– gemeinsame strukturelle Eigenschaften 105ff
– in globulären Proteinen 193
– glucogene 600, 625
– im Harn 769
– Ionenaustauschchromatographie 120ff
– Ionisierungstendenz 117
– im Katabolismus 373
– ketogene 600
– Klassifikation 111ff, 193
– im Leberstoffwechsel 757ff
– als Nahrungsbestandteil 825
– mit negativen R-Gruppen **112**, 113
– Nettoladung 117f
– nicht-essentielle (Tab.) 676
– nicht-ionische Form **114**
– in der Niere 768
– Ninhydrin-Reaktion 122, **123**
– normale 106
– optische aktive 106
– oxidativer Abbau 585ff
– Papierelektrophorese 120f
– pK'-Werte (Tab.) 119
– mit polaren R-Gruppen 111, **112**
– mit positiven R-Gruppen **112**, 113
– primäre 106
– Reagenzien auf 122f
– R-Gruppen 62, **112**
– Säure-Base-Verhalten 114ff
– Sequenz s. Aminosäuresequenz
– spezifische Drehung 107
– Standard- 106
– im Stickstoffkreislauf 370, 698f
– Stoffwechsel, genetische Defekte 594ff, 613f
– Strukturen **64**, **112**
– Synthese, Koordination 684ff
– Synthese, Regulation 682ff
– Titrationskurven 115ff
– mit unpolaren R-Gruppen 111, **112**
– bei der Zellatmung 481f
Aminosäuresequenz 14
– Bestimmung 144ff
– von Corticotropin 150

– von Ribonuclease 150
– von Rinderinsulin 149
Aminosäuresequenzen, mögliche Anzahl 136
Aminosäuresequenz-Homologie 193
Aminostickstoff, Ausscheidung 603ff
aminoterminaler Rest 124
– Identifizierung 145
– Markierung 126, **127**
Aminotransferasen 286, 585ff, 683
– in der Diagnostik 589
– prosthetische Gruppe 587
Aminotransferase-Reaktion 586
Ammoniak
– im Aminosäureabbau 589f
– zur Aminosäuresynthese 676ff, 681
– Ausscheidung 603f, 605
– Basenstärke 87
– Bildungsenthalpie 700
– Bindung in 53
– Blutspiegel 615
– großtechnische Synthese 702
– im Harn 769
– im Harnstoffcyclus 606
– beim Purinnucleotidabbau 696
– Stickstoffausscheidung mit 603
– im Stickstoffkreislauf 370, 698ff
– Toxizität 600
– Transport 601ff
Ammoniakvergiftung 615
Ammonium, als Stickstoffquelle 988
Ammoniumchlorid 916f
Ammonium-Ionen
– K, pK 88
– Titrationskurve 90f
Ammoniumnitrat 700
Ammonotelische Tiere 603f
Amniozentese 665
AMP s. Adenosin-5'-monophosphat
amphibole Stoffwechselstufe 377
amphibolischer Stoffwechselweg 501
amphipatische Verbindungen 79
Ampholyte 115
amphotere Verbindungen 115
Amylase 315, 320, 748
α-Amylase 320
β-Amylase 320
– Wechselzahl 243
Amylopectin 319, **320**
– Verzweigungsgrad 333
Amylose 319, **320**, 322
α-Amylose 319
Amytal 532
Anabaena azollae, EM-Aufnahme 24
anabole Steroide 815
Anabolika 815
Anabolismus *s.a.* Biosynthese 372ff
– Divergenz der Wege 374
– Unterschiede zum Katabolismus 375, 395f
anaerobe Glycolyse 440f, 443, 457
Anaerobier 368f
Anämie 775
Anaphase 894

anaplerotische Reaktionen 501 ff, 620
Androgene 792, 811, 814
– Wirkung 814 f
Anfisen, Christian 150, 199
angeregter Zustand 714
Anionenaustauscher 121
Anode 118
Anomere 313
anomeres Kohlenstoffatom 313
anorganische Diphosphatase 565
Anoxie 589
Anregung, Moleküle 713 f
Antennen 39, 360
Antennenmoleküle 716 f
Antibiotika 127 f
– Hemmung der Proteinsynthese 979 f
   Antibiotikaresistenz 891
Anticodon 872, 957, 959, 968 ff, 981, 983 ff
Antigen-Antikörper-Komplex 154 f, 1015
Antigene 152, 154 f, 1015
– beim Radioimmuntest 796
Antikörper s.a. Immunglobuline 113, 137, 152, 154 f, 1015 ff
– M_r 1016
– Radioimmuntest 796
– Struktur 1015 f
Antikörper-Gene 1015 ff
Antikörper-Präzipitate 1021
Antimycin A 532, 558, 785
Antiperniziosafaktor 291
Antiserum 154
Anti-Skorbut-Faktor 291
Aorta 763
Apoenzyme 231
A-Protein 987, 989 f
D-Arabinose 310
Arachidinsäure 337
Arachidonsäure 337, 817 f, 832
– aus Palmitinsäure 653 f
ara-Operon 991
Arbeit, Energieverbrauch 828
Arber, Werner 903
Arg s. Arginin
Arginase 299, 606, 608, 610
– Cofaktor 231
– pH-Optimum 242
Arginin 64, 112, 113
– Abbau 591, 597 f
– Abkürzungen 106
– in Carboxypeptidase 270
– bei der Creatinsynthese 685
– zur Glucosesynthese 625
– im Harnstoffcyclus 605 ff
– in Histonen 895
– Mangeldiät 615
– Mangelmutanten 386 f
– pK'-Werte 119
– in Proteinen 193
– spez. Drehung 107
– Synthese 682
– Synthese, Aufklärung 385 f
– tägl. Bedarf 837

Argininbernsteinsäure-Krankheit 596
Argininsuccinat, im Harnstoffcyclus 607 ff
Argininsuccinat-Lyase 596, 608 f
Argininsuccinat-Synthetase 608 f
Arnon, Daniel 723
Arsen, als Spurenelement 298
Arsenat-Vergiftung 476
Arterien, Mikroaufnahme 832
Arteriosklerose 349, 670, 768, 832 ff
Ascorbinsäure s.a Vitamin C 71, 291, 292
– Bedarf 845 f
– Funktion 278, 845
– in der Nahrung 845 f
– im Stoffwechsel 505 f
Asn s. Asparagin
Asparagin 64, 106, 111, 112
– Abbau 599
– Abkürzungen 106
– Biosynthese 678
– zur Glucosesynthese 625
– in Proteinen 193
Asparaginase 599
Asparaginsäure s.a. Aspartat 64, 112, 113
– Abkürzungen 106
– in Enzymen 253 ff, 257, 274
– pK'-Werte 119
– in Proteinen 193
Asparagin-Synthetase 678
Aspartam 831
Aspartase-Reaktion, Substrat-Spezifität 244
Aspartat s.a. Asparaginsäure
– Abbau 599
– in der Aminosäuresynthese 678
– Biosynthese 678
– Desaminierung 586
– im Harnstoffcyclus 607 ff
– im Malat-Aspartat-Shuttle 546
– als Neurotransmitter 766
– bei der Nucleotidsynthese 689, 692, 693, 694
– Transportsystem 546
Aspartat-Aminotransferase 586, 588 f, 608
Aspartat-Aminotransferase-Reaktion 239
Aspartat-Carbamoyl-Transferase 692 ff
– K_m 694
– molekulare Daten 201
– Regulation 694
– Struktur 263
– V_{max} 694
Aspirin 102, 818
Astbury, Williams 166
Asthma 775
asymetrisches C-Atom 58
– von Aminosäuren 106
Atkinson, Daniel 550
Atmosphäre, CO_2-Gehalt 368
Atmung s.a. Zellatmung 481
Atmungsazidose 786

Atmungskette s.a. Elektronentransportkette 481
Atmungsketten-Phosphorylierung 493
Atome, chirale 58 f
Atomradien 55
ATP s. Adenosin-5'-triphosphat
ATP-abhängige Asparagin-Synthetase 678
ATPasen 536
– Ca^{2+}- 426
– H^+- 425 f
– Ionen-transportierende 426
– Na^+, K^+- 425 f
ATP:Glucose-Phosphotransferase s.a. Hexokinase 232
ATP-Synthese
– Beschleunigung durch Adrenalin 803
– beim Citratcyclus 533
– in Halobakterien 738
– Hypothesen 537
– im Muskel 625 f
– und oxidative Phosporylierung 523, 526, 533 f, 536 ff
– Regulation 515
ATP-Synthetase 518, 534 ff
– in Thylakoiden 725
Atractylosid 545
Atrium 763
Auge 858
Aussalzeffekt 82
Aussalzen, Proteine 160 f
Autokatalyse 751
Autotrophen 367 f
Autoxidation 340
Avery, Oswald D. 878
Avery-MacLeod-McCarty-Experiment 877
Avidin 286, 847
Avogadro-Zahl 80
Axiome der molekularen Logik 7 ff, 12, 14
Axon 359, 640, 765, 795
Azaserin 703
A-Zellen 805 f
Azidose s. Acidose
Azotobacter 699

bacillus brevis 162
Bacteriorhodopsin 186, 294, 738 f
– Kristalle 739
– M_r 738
Badeseife 337
bakterielle Toxine 138
bakterielle Viren 871
Bakterien 20 ff
– denitrifizierende 370
– DNA in 901 ff, 918 f
– Einteilung 21
– gramnegative 326
– grampositive 325
– halophile 738 f
– nitrifizierende 370
– Operons 989 ff
– Pathogenität 21

Register 1087

Bakterien 20ff
- photosynthetisierende 21, 367
- Pilus 1012f
- Proteinsynthese in 974ff, 987ff
- stickstoff-fixierende 369f, 699, 701
- Stoffwechsel 389
Bakterien-Geißeln s. Geißeln
Bakterienkonjugation 1012f
- EM-Aufnahme 1013
Bakteriophage ΦX174 s.a. ΦX174 44
Bakteriophage λ s.a. λ 44
Bakteriophage MS2 s.a. MS2 44
Bakteriophagen 43f, 871
- E. coli- 44
Bakteriophagenreplikation 43
Bakteriophage T4 s.a. T4 44
Baltimore, David 943
Bambus 332
Bären, Winterschlaf 657f
Basen 87ff
Basen-Analoga **1004**
Basen (Purin- und Pyrimidin-) 872, **873**
- abiotische Synthese 68f
Basenpaare, DNA 881f, **883**
Basenpaare, tRNA 957
Basensequenzbestimmung 906ff
basische Lösungen 85
Basizität 86
Bauchspeicheldrüse 748, 750, 753
Bausteinmoleküle 7, 61ff
- Strukturen 62ff, **64, 65**
Bazillen, EM-Aufnahme 21
Beadle, George 898
Belegzellen 750f
Benesch, Reinhold 214
Benesch, Ruth 214
Benzedrin **72**
Benzoesäure **564**
- Löslichkeit 101f
Beriberi 279, 486, 842
Bernsteinsäure s.a. Succinat **305**
besondere Aminosäuren 114
β(1→4)-Bindung 315
β-Oxidation 564
β-Partikel 616
β-Struktur (β-Konformation) 172f
- Anteil in Proteinen 195
- Beständigkeit 180
β-Zellen s. B-Zellen
Bewegungsproteine 137
Bierherstellung 471
Bierwürze 472
Bilirubin **688**
Bindegewebe 174, 328
Bindung, chemische 52ff
- Wasserstoff- 65, 75ff
Biocytin 232, 286ff, **287**, 848
- N-Carboxy-Derivat **287**
Bioelemente 52
Bioenergetik 365, 399
Biolumineszenz, Reaktionscyclus 428
Biomasse 21
Biomoleküle 1ff, 51ff
- abiotische Bildung 67f

- asymetrische 58
- chemische Evolution 66f
- chirale 59
- Form und Größe 19, 53ff
- funktionelle Gruppen 56ff
- Hauptklassen 60f
- Molekülmassen 61
- im Ozean 69
- polyfunktionell 57
- Stereospezifität 58
- Strukturbestimmung 73
- im Weltraum 69
- Zusammensetzung 51ff
Biosphäre 22, 367ff
Biosynthese s.a. Anabolismus 372, 375, 617f
Biotin 286ff, **287**
- Funktion 278, 848
- als prosthetische Gruppe 501f, 644f
- Tagesbedarf 848
Biotinmangel 847
Biotinyllysin-Rest s.a. Biocytin 287
2,3-Bisphosphoglycerat **214**
- in Blut 775
Bisubstrat-Reaktionen 241
bit 869
black tongue 277
Blaugrünalgen s. Cyanobakterien
Blinddarm 748, 848
Blindes Taumeln 859
Bloch, Konrad 667, 669
Blow, David M. 253
Blut s.a. Blutplasma 206f, 626, 763, 770ff
- CO_2-Transport 775ff
- Dialyse 863
- Gerinnung 329
- Glucosebestimmung 314
- Hämoglobingehalt 226
- Hochdruck 855
- Lipoproteine 348f
- pH-Regulation 103, 610
- Puffersysteme 775
- Sauerstoff-Partialdruck 208f
- Sauerstofftransport 772, 774f
- Volumen 771
- Zusammensetzung 771f
Blutkörperchen 771
- rote s.a. Erythrozyten
- weiße s.a. Leukozyten
Blutplasma s.a. Blut 207
- Kalium-Konzentration 425
- Natrium-Konzentration 425
- pH-Wert 86, 96, 771
- Puffersystem 95
- Zusammensetzung 771ff
Blutplasma-Lipoproteine 348f
Blutplättchen s.a. Thrombozyten 771
Blutzellen s. Blutkörperchen
B-Lymphozyten 155
Bohnen, als Nahrungsquelle 838, 843f
Bohr, Christian 210
Bohr-Effekt 210f, 213
Bombardier-Käfer 530

Bombyx mori 186
Bor, als Spurenelement 301
Botulinus-Toxin 137
Bowmansche Kapsel 770
Bradykinin 127f
braunes Fettgewebe 541, 559, 768
Brennstoffe, fossile 707
Bromcyan-Spaltung 146
5-Bromuracil **1004**
Bronchie 778
Bronchiolen 778
Brot, als Nahrungsquelle 837
Brustkrebs 816, 822
Buchanan, John 689
Buchner, Eduard 230
Bürstensaum 748
buschig wachsender Tomatenvirus 44
trans-Δ^2-Butenoyl-S-ACP 649f
Butter, Fettsäureanteile 339, 883
Butyrat, aus Glucosegärung 626
Butyryl-CoA 576
Butyryl-S-ACP 649f
B-Zellen 805ff

C Abk. für Cystein
Ca^{2+}-ATPase 426
Caesiumchloridgradient 887, 916f
Cairns, John 918f
Calcitonin 817
- M_r 817
Calcium
- als Aktivator 800ff, 804f, 808
- im Citratcyclus 492f, 497, 500
- Cytosol-Konzentration 818
- empfohlene Tagesmenge 826, 854
- in der Ernährung 853f
- bei der Glycolyse 466, 468
- im Harn 769
- bei der Hormonregulation 818
- bei der Hormonsekretion 807
- in Knochen 297, 817, 851
- Membrantransport 541, 544
- als Messenger 542f
- im Muskel 420f, 762, 764
- Zell-Konzentration 541
- als zweiter Messenger 804
Calcium-Calmodulin-Komplex 804f
Calmodulin 804, 818, 823
Calvin, Melvin 69, 727
Calvin-Cyclus 727ff
cAMP s. cyclo-AMP
CAP 992ff
CAP-cAMP-Komplex 992ff
Capping 355
Carbamino-Hämoglobin 211
N-Carbamoylaspartat **693**
- bei der Nucleotidsynthese 692ff
Carbamoyl-Gruppe **222**
Carbamoylphosphat 606f, **608**
- als Inhibitor 684
- bei der Nucleotidsynthese 692, **693**, 694
Carbamoylphosphat-Synthetase I 606f
- Regulierung 607

Carbamoylphosphat-Synthetase II 692
Carbonat-Dehydratase 776f
– Hemmung 273
– K_m 237
– Wechselzahl 243
Carbonat-Dehydrogenase 858
– Cofaktor 231
– Molekülmasse 272
Carbonat-Hydratase 299
Carbonylgruppen 56f
Carboxyglutaminsäure 114, 297
Carboxylgruppen 56f
Carboxylierungsreaktionen 287
carboxylterminaler Rest 124
– Identifizierung 145
Carboxypeptidase 146, 270, 299, 752f, 805, 858
– pH-Optimum 783
– Strukturdaten 195
Carcinogenität 1008ff
– Ames-Test 1009f
Cardiolipin 336, 343, **344**
– Synthese 662
cardiovaskuläres System 763
Carnitin 279, 566, **568**, 579
Carnitin-Acyltransferase I 566
– Hemmung 579
Carnitin-Acyltransferase II 566
Carnitin-Acyltransferase-Reaktion 568
β-Carotin **293**, **716**
Carotinmangel 849
Carotinoide 293
– in Membranen 715f
– bei der Photosynthese 716f
Cartier, Jaques 844f
Casein 137, 976
β-Casein, M_r 783
Catalase 33, 298
– Cofaktor 231
– K_m 237
– pH-Optimum 242
Catechol 553, 796f
Catecholamine 796f
Catechol-1,2-Dioxygenase 553
C-C-Einfachbindung 52f
cDNA s. DNA, komplementäre 943
CDP-Cholin, bei der Phospatidylcholinsynthese 660ff
CDP-Ethanolamin, bei der Phosphatidylethanolamin-Synthese **660**
CDP-Glucose, zur Cellulosesynthese 731f
C_2-Einheiten, bei der Fettsäuresynthese 642, 648
Cellubiose 315
Cellulose 321ff, **322**
– Hydrolyse im Pansen 626
– Synthese 732
– Verdauung 321, 323, 750
Cellulosefibrillen, EM-Aufnahme 42
Cerebroside 336, 344, **345**
– Stoffwechselstörungen 663
CF_1 724

C_1-Gruppen-Übertragung 288f
Chaetomorpha, EM-Aufnahme 324
Chargaff, Erwin 879
Chase, M. 879
chemische Elemente
– Bioelemente 52
– in der Erdkruste 52
– essentielle (Tab.) 852
– im menschlichen Körper 52
– im Meerwasser 52
chemische Evolution
– von Biomolekülen 66ff
– Simulierung 67
chemische Kopplungshypothese 537
chemoosmotische Hypothese 537, 539f, 725
– offene Fragen 542f
– Schleifen-(Loop-)-Mechanismus 543
Chemotaxis 25, 359
Chimären 1024, 1026
Chiralität 58f, 106
Chitin 324
Chlamydomonas
– Photosynthese 709f
– Zellkern (EM-Aufnahme) 27
Chloramphenicol **979**
Chlorella 742
Chlorid
– im Blut 771
– im Harn 769
– im Magensaft 771
– Membranpermeabilität für 538
Chlorophyll 41
– Anregung 714
– in Membranen 715f
– bei der Photosynthese 714ff, 719
Chlorophyll a 714, **715**
– Absorptionsspektrum 717
Chlorophyll b **715**
Chloroplasten 4, 40ff
– Bau 712
– DNA in 897
– Länge 19
– Mikroaufnahmen 4, 40f, 713
– Photosynthese 712, 718
– Ribosomen 965
Chloroplastenmembran, H^+-ATPase 426
Cholecalciferol s.a. Vitamin D_3 294, **295**, 850
Cholecystokinin 817
Cholera 821
Choleratoxin 821f
– M_r 821
Cholesterin 347, 348
– im Blut 773
– aus C_2-Einheiten 667
– Halbwertszeit 389
– Herkunft der C-Atome 667
– für Hormone 814
– in Membranen 352
– in der Nahrung 832ff
– Synthese 756f, 759f, 667ff
– Syntheseregulierung 669

Cholesterinester **347**, **833**
Cholin **65**, **101**
– als Hilfsvitamin 662
– in Lipiden 343
– in der Phospholipidsynthese 661f
Cholin-Kinase 661
Cholsäure **775**
Chondroitin 328f
Chondrozyten 175
Chrom, als Spurenelement 298, 301, 859
chromaffine Granula 798
chromaffine Vesikeln 797
– EM-Aufnahme 798
Chromatide 28
– EM-Aufnahme 896
Chromatin 28, 870, 893ff
Chromatogramm 122
chromatographische Trennung, von Peptiden 146
Chromatophoren 723
Chromosomen 28, 889f, 893ff
– Anzahl 893
– EM-Aufnahmen 891, 893
– Gene in 899
Chromosomen-Konjugationen 27
Chromosomentrennung 423
Chylolymphe 754f
Chylomikronen 348, 351, 754f, 767f, 772
– Zusammensetzung 349
Chymotrypsin 139, 246, 805
– aktives Zentrum 253f, 257
– K_m 237
– Kristalle 230
– M_r 752
– Mechanismus 254f
– molekulare Daten 141
– Peptidhydrolyse 125f
– pH-Optimum 783
– Strukturdaten 195
– Substrat-Spezifität 244f
Chymotrypsinogen 253, 752
– Aminosäureanzahl 151
– Aminosäurezusammensetzung 139
– M_r 752
– pI 143
Chymotrypsin-Spaltung ·146
Cilien 35ff
– ATP-Energie 422
– Mikroaufnahme 37
– Schlagbewegung (Abb.) 422
cis-trans-Isomere 164
Citrat 488, **489**
– im Acetylgruppen-Shuttle 644
– im Blut 773
– im Citratcyclus 482, 487, 491f, 499f
– als Inhibitor 468
– als Modulator 624, 645, 654
– prochirale Eigenschaft 498
Citratcyclus 481ff
– als amphibolischer Stoffwechselweg 501
– Aufklärung 488ff, 498f
– Enzymlokalisation 491
– Evolution 495f
– in Fettgewebe 767

Citratcyclus 481 ff
– im Gehirn 765
– im Katabolismus 373
– in der Leber 757, 759
– Markierungsversuche 496, 498 f
– im Muskel 761 f, 764
– in der Niere 768
– Regulation 498 ff, 551 ff
– Zusammenfassung 495
Citrat-Lyase 644
Citrat-Synthase 491 f, 644
– Regulation 499 f
Citrat-Synthase-Reaktion 284
Citronensäure s. Citrat
Citronensäurecyclus s. Citratcyclus
Citroyl-CoA 491
Citrullin **128**
– im Harnstoffcyclus **605**, 606 ff
Citrullus vulgaris 128
Clausius, Rudolf 402
Clostridium perfringens 187
CoA s. Coenzym A
CoA-SH s. Coenzym A
Cobalt 859
– in Enzymen 300
– in Vitamin B_{12} 290 f
Cobaltbedarf, Wiederkäuer 303
Cobamid s. Coenzym B_{12} 291
Cocoonase 246
Code, genetischer s. genetischer Code
Codon-Anticodon-Wechselwirkung 970, 983 ff
Codons 872, 957 f, 967 ff, 981 ff
Coenzym A 232, 283, **284**
– beim Acetyltransport 644
– als Acylgruppencarrier 284
– bei der Cholesterinsynthese 667, 669
– bei der Fettsäureoxidation 565 ff
– im Glyoxylatcyclus 503
– in der Lipidsynthese 655 f
– in Palmitoyl-CoA 566
– Pool 566
– bei der Zellatmung 484
Coenzym B_{12} s. a. Adenosylcobalamin 232, **290**, 291, 575, 627, 849
Coenzyme 231, 277
– Tabelle 232
Coenzym Q s. Ubichinon
Cofaktoren 231, 275
Coffein 804
Colipase 754
– M_r 754
Collagen 137, 139, 174 ff
– Aminosäure-Zusammensetzung 176
– Eigenschaften 176
– Helixstrukturen 176 ff
Collagenfibrillen 175, 177
– EM-Aufnahme 175
Conalbumin, Gen 905
Concanavalin A 358
Copepoda 706
Copolymerase III 925
core-Proteine 329
Corey, Robert 167

Cornea (Hornhaut) 178
Cornforth, John 669
Corpus luteum 792, 815
Corrin-Ringsystem **290**
Corticoide 811 f
– Wirkung 811 f
Corticoliberin 793, 811
Corticosteroide s. a. Corticoide 812
Corticosteron **812**
Corticotropin 126, 137, 790, 792, 794, 800, 811, 817
– Aminosäuresequenz 150
– Blutspiegel 811
– Halbwertszeit 811
– M_r 794
Corticotropin-freisetzendes Hormon 811
Cortisol 792, 811, **812**
– Wirkung 811
Cosubstrat 553 f
C-Peptid 807 f
C_3-Pflanzen 731, 733
C_4-Pflanzen 733, 736
Creatin
– Biosynthese 685, 687
– im Muskel 762
Creatinin
– im Blut 773
– im Harn 769
Creatin-Kinase 589
– Phosphat-Transfer 423
Creatinphosphat s. Phosphocreatin
Crick, Francis 144, 867, 881 f, 884 f, 932, 954 f, 962, 984
Cristae 29
crossover point s. Staupunkt
C-terminaler Rest 124
CTP s. Cytidintriphosphat
CTP-Synthetase 693
Cumarin **304**
Curie 396
Cushing-Syndrom 811
Cuticula 166, 171
C_3-Weg 733
– Wirkungsgrad 737
C_4-Weg 733 ff
Cyanid, Inhibitor 532
Cyanobakterien (Blaugrünalgen) 20, 24, 368 f, 699
– EM-Aufnahme 24
– Photosynthese 710
Cyanocobalamin **290**, 291
Cyanogenbromid-Spaltung 148
cyclische 3,5-Adenylsäure s. a. cyclo-AMP 798, **799**
cyclische Photophosphorylierung 723 f
cyclischer Stoffwechselweg 371
cyclisches Adenylat, s. a. cyclo-AMP 382
cyclo-AMP 798, **799**
– Cytoplasmakonzentration 80
– Inaktivierung 804
– Protein-Kinase-Regulation 799 ff
– bei der Proteinsynthese 992 ff
– als zweiter Messenger 800
Cycloheximid **979**, 980

Cys s. Cystein
Cystathionin, in der Aminosäuresynthese 679
Cystathionin-γ-Lyase 679 f
Cystathionin-β-Synthase 679 f
– Defekt 267, 596
Cystein **64**, 111, **112**
– Abbau 591 f
– Abkürzungen 106
– Biosynthese 679
– in Enzymen 247, 451, 528, 646 f, 650 f
– zur Glucosesynthese 625
– Oxidation **113**
– in Proteinen 193
– pK'-Werte 119
Cystin
– aus Cystein **113**
– in Proteinen 197 ff
Cystinbrücken s. a. Disulfidbrücken
– in Keratin 170 f, 173 f
– Spaltung 185
Cytidindiphosphatcholin 660 ff
Cytidindiphosphatethanolamin **660**
Cytidin-5'-monophosphat (C, CMP) **874**
– Biosynthese 692 ff
Cytidinnucleotide, für die Lipidbiosynthese 660
Cytidinphosphatethanolamin 660 f
Cytidintriphosphat 429, **430**, 431
– Biosynthese 692 ff
– bei der DNA-Replikation 926
– als Inhibitor 684
– in der Lipidsynthese 660 f
– zur RNA-Synthese 934
Cytidylat s. Cytidin-5'-monophosphat **874**
Cytochrom
– im braunen Fettgewebe 541
– in der Elektronentransportkette 529
Cytochrom a 530
– in der Elektronentransportkette 523 f, 529 f, 531 f
– Standardpotential 522
Cytochrom a_3 530
– in der Elektronentransportkette 524, 529 f, 531 f
– Standardpotential 522
Cytochrom aa_3 s. a. Cytochrom-Oxidase 529 f
– in der Elektronentransportkette 529 f
– bei der Zellatmung 482
Cytochrom b
– in der Elektronentransportkette 516, 523 f, 529, 531 f
– Standardpotential 522
– bei der Zellatmung 482
Cytochrom b_6, Standardpotential 556
Cytochrom b_{563}, in der Photosynthese 719, 722, 724
Cytochrom c 139, 977
– Absorptionsspektrum 529
– Aminosäuresequenz 152
– Aminosäurezusammensetzung 139
– in der Elektronentransportkette 516, 523, 529

Cytochrom c
- Gen 905
- invariante Reste 152f
- Kristalle 139
- Molekülmasse 152, 529
- pI 143
- Standardpotential 522f
- Strukturdaten 195
- Tertiärstruktur **194**
- bei der Zellatmung 482

Cytochrom c_1
- in der Elektronentransportkette 516, 523, 529, 531f
- Standardpotential 522
- bei der Zellatmung 482

Cytochrom f
- in der Photosynthese 719, 722, 724
- Standardpotential 556

Cytochrom-Oxydase *s.a.* Cytochrom aa_3 298f, 531f
- Cofaktor 231
- Hemmung 532
- molekulare Daten 201

Cytochrom P-450 298, 554
Cytoplasma 16ff, 23ff, 28ff, 37f
- EM-Aufnahmen 16, 334

Cytosin 65, 430, 873
- Desaminierung 1002, **1004**
- in DNA 879ff, 872
- in RNA 872, 934
- spontane Desamininierung 1001f

Cytoskelett 34ff
- eines Fibroblasten (EM-Aufnahme) 36

Cytosol 18, 25, 38
- Fettsäuren im 564
- Fettsäuresynthese 642ff
- Gluconeogenese 619ff
- Harnstoffcyclus 607
- Kalium-Konzentration 425
- Natrium-Konzentration 425
- pH-Wert 241
- Stoffwechsel 389f

D *Abk. für* Asparaginsäure
dADP *s.* 2'-Desoxyadenosin-5'-diphosphat
D-*allo*-Konfiguration 109
dAMP *s.* 2'-Desoxyadenosin-5'-monophosphat
Dampfdruckerniedrigung 80f
Dansylchlorid **145**
Darmtrakt 748
Darwin, Charles 69
dATP *s.* 2'-Desoxyyadenosin-5'-triphosphat
Dauerwellen 173f
Davies, Robert 785
DCMU 741f
dCTP *s.* 2'-Desoxycytidin-5'-triphospat
Debranching enzyme 458
- Defekt 634
decarboxylierende Malat-Dehydrogenase 652, 733

Decarboxylierung, oxidative 484ff, 491, 493
L-Dehydroascorbinsäure **292**
7-Dehydrocholesterin 294, **295**, 850f
Dehydrogenasen 283, 524ff, 571
- in der Elektronentransportkette 524ff
- NAD(P)-abhängige 524ff
- Reaktionen (Tab.) 526
Deletionsmutationen 1006f
Delphine 4, 191
Denaturierung, DNA 885ff
Denaturierung, Proteine 155ff, 189, 198
Dendriten 765
Denitrifikation 698f
denitrifizierende Bakterien 370
Dentin, zur Altersbestimmung 110
Depotfett 338
Dermatansulfat 328f
Desacylierung 577
desaminierende Agentien 1002
Desaminierung 586
Desmosin **114, 178**, 179
2'-Desoxyadenosin-5'-diphosphat 694f
Desoxyadenosin-5'-monophosphat (A, dAMP) **874**
2'-Desoxyadenosin-5'-triphosphat 429, **430,** 431
- bei der DNA-Replikation 926
- Synthese 695
5'-Desoxyadenosylcobalamin *s.a.* Coenzym B_{12} 232, 291, 627, 849
- bei der Methylmalonyl-CoA-Mutase-Reaktion 575f
Desoxyadenylat (A, dAMP) **874**
Desoxycytidin-5'-monophosphat (C, dCMP) **874**
2'-Desoxycytidin-5'-triphosphat 429, 431
- bei der DNA-Replikation 926
- Synthese 695
Desoxycytidilat (C, dCMP) **874**
2'-Desoxyguanosindiphosphat, Biosynthese 694
Desoxyguanosin-5'-monophosphat **874**
2'-Desoxyguanosin-5'-triphosphat 429, 431
- bei der DNA-Replikation 926
- Synthese 696
Desoxyguanylat (G, dGMP) **874**
Desoxyhämoglobin **203, 212**, 213f
- in Sichelzellen 218
Desoxyribonucleasen 876
Desoxyribonucleinsäure (DNA) 7
- Anzahl von Basenpaaren 888f
- Austausch 1013f
- in Bakterien 13, 889ff, 901ff, 918f
- Basenäquivalenzen 880, 884
- Basenfolge, komplementäre 881f, **884**
- Basenpaare 881f, **883**
- Basenverhältnis 880
- Basenzusammensetzung 879f, 884
- Bestandteile 872f

- Bestimmung der Basensequenz 905ff
- chimärische 1024
- in Chloroplasten 897
- in Chromatin 895
- in Chromosomen 870, 889, 890, 891, 893
- cytoplasmatische 897
- Denaturierung 885ff
- Doppelhelix 881, **882**, **883**
- *E. coli*, EM-Aufnahme 992
- Eigenschaften 885ff
- Einzelstrangbrüche 999
- 3'-, 5'-Ende 876
- Entspiralisierung 885ff
- in Eukaryoten 870, 892ff, 903ff, 919f
- Fragmente, Trennung 908f
- Funktion 870f
- Gradienten-Zentrifugation 887, 912, 916
- von *Hämophilus influenzae* 13
- Hybride 886
- Hybridisierungstest 886
- hydrophobe Wechselwirkungen 882
- Informationsgehalt 870
- Informationsspeicherung 877
- Insertionssequenzen 1014
- Introns 905
- kohäsive Enden 1018f, 1024
- komplementäre 943f
- komplementäre, geklonte 1025
- komplementäre, synthetische 1021ff
- komplementäre Anordnung **14**
- künstliche Rekombination 1018ff
- M_r 888f
- als Matrize 883ff, 923, 925f, 934f
- methylierte Basen in 901
- mitochondriale 30, 897
- Moleküllänge 888f, 892
- Okazaki-Stücke 926ff, 931
- Palindrome 904f
- Phosphodiester-Bindung in 873, **875,** 876
- Plasmide 890f
- Polarität 876
- als Primer 923, 925f
- in Prokaryoten 870, 889ff
- Promotor 934f
- rekombinante 892
- Renaturierung 885f
- repetitive Sequenzen 903
- Replikation *s.* DNA-Replikation
- replikative Formen 888
- Restriktion 901ff
- Röntgenbeugungsaufnahme 880
- saure Reaktion 882
- Schädigung *s.* DNA-Schädigung
- Schmelzen von 885, 887
- Schmelzkurve 887
- schwere 916
- Schwebedichte 887
- Spacer 943
- Startpunkt 919

Desoxyribonucleinsäure (DNA)
- strukturelle Komplementarität 881, 884f
- Superspiralisierung 890
- Terminations-Sequenz 935
- Transkription 932ff
- Transkription, EM-Aufnahme 942
- Transkription, Hemmung 936f
- in Viren 871, 888f, 985f, 1010f
- Wasserstoffbindungen 881 ff
- Watson-Crick-Modell 881 ff
- Zerbrechlichkeit 887
- zirkuläre 890, 918f
- Zusammensetzung, artenspezifische 879f
- zweizählige Symmetrie 902, 904
2'-Desoxyribonucleosid-5'-triphosphate 429, **430**, 431
Desoxyribonucleotide 7, **874**
- Biosynthese 694
- in DNA 872ff
2'-Desoxy-D-Ribose **65**, **309**
- in DNA 872
Desoxythymidin-5'-diphosphat 695
Desoxythymidin-5'-monophosphat (T, dTMP) **289**, **874**
- Synthese 695
2'-Desoxythymidin-5'-triphosphat 429, **430**, 431
- bei der DNA-Replikation 926
- Synthese 695
Desoxythymidylat s. Desoxythymidin-5'-monophosphat
Desoxyuridin-5'-monophosphat 695
Desoxyuridylat **289**
Dexedrin **72**
Dextran 143
Dextrin 320
DFP 245
dGTP s. 2'-Desoxyguanosin-5'-triphosphat
Diabetes insipidus 795
Diabetes mellitus 314, 448, 578, 583, 585, 625, 777ff, 805ff, 809
- Altersform 778
- Blut-pH-Wert 781
- Diagnose 779, 781
- juveniler 778
- Stoffwechselveränderungen 778ff, 808f
- Symptome 779
Diacylglycerin 660, **661**, 662, **655**, 656
- Synthese 655
Diacylglycerin-3-phosphat 656
Dialyse 142f
Diastereoisomere 109
Diät, Gewichtssturz- 837
Diatomeen
- Mikroaufnahmen 709
- Photosynthese 710
O-(2-Diazoacetyl)-L-serin **703**
Dibutyryl-cyclo-AMP **821**
Dicarboxylat-Transportsysteme 546, 560, 644

2,6-Dichlorphenolindophenol 718
3-(3,4-Dichlorphenyl)-1,1-dimethylharnstoff 741 f
Dickdarm 748
dicke Filamente 181, 420f
Dictyostelium discoideum 745
Dicumarol **304**
Dicyclohexylcarbodimid (DCCD) 559
differentielle Zentrifugation 391
Dihydrofolat 289
Dihydrofolat-Reduktase 289
- Hemmung 704
Dihydrogenphosphat, pK 88
- Titrationskurve 90f
Dihydrolipoamid-Acetyltransferase 484ff
- M_r 484
Dihydrolipoamid-Dehydrogenase 484ff
Dihydroliponsäure **485**
Dihydroorotase 692f
Dihydroorotat s. Dihydroorotsäure
Dihydroorotsäure, bei der Nucleotidsynthese 692, **693**
Dihydrosphingosin 344
5,6-Dihydrouridin, in tRNA 957f, **959**
Dihydroxyaceton **309**
Dihydroxyacetonphosphat
- im Calvin-Cyclus 728ff
- in der Glycolyse 444, 447, 449f, 459, 461
- in der Lipidsynthese 655
1,25-Dihydroxycholecalciferol **295**, 850
α,β-Dihydroxy-β-methylvalerat 683
1,2-Dihydroxyphenol 796
3,4-Dihydroxyphenylalanin 796, **797**
3,4-Dihydroxyphenylethylamin 796, **797**
Dihydroxysäure-Dehydratase 683
Diisopropylfluorophosphat 460
- Enzymhemmung durch 245f
5,6-Dimethylbenzimidazolribonucleotid **290**
2,3-Dimethylglucose **333**
Dimethylnitrosamin **1004**
Dimethylsulfat 1003, **1004**
Dimethylsulfid, beim Bierbrauen 472
2,4-Dinitrofluorbenzol s. Fluor-2,4-dinitrobenzol
2,4-Dinitrophenol **538**
2,4-Dinitrophenylaminosäure **123**
2,4-Dinitrophenyltetrapeptid **127**
Dinoflagellaten
- Mikroaufnahmen 709
- Photosynthese 710
Dioxygenasen 553
Dioxyphenylalamin 797
Dipeptid 123ff
Dipeptidyl-tRNA 971ff
Diphosphat
- ΔG, Hydrolyse 565
- bei der Glycogensynthese 629
- Hydrolyse 427
- in der Lipidsynthese 660

Diphosphatase 427, 629
Diphosphatspaltung, ATP 427
Diphterie-Toxin 137, 980
Diplokokken 21
dipolare Ionen 114f
Dipolnatur von Aminosäuren 114
Disaccharide 308, 315ff
- in der Glycolyse 463
- Hydrolyse 463
- im Stoffwechsel 375
- Verdauung 750
Dispersion 337
Dissoziation des Wassers 83f
Dissoziationskonstante 87
distaler Tubus 770
Disulfidbrücken
- in Antikörpermolekülen 1015f
- in Enzymen 253
- in Hormonen 808, 811
- in Keratin 170f, 173f
- in Proteinen 198f, 225
- in Ribonuclease 150, 196f
- Spaltung 185
Disulfid-Gruppe 57
Diureticum 273
Diuron 742
diversity genes 1017
D-Konfiguration 107
DNA-abhängige RNA-Polymerase 933ff
- M_r 934
DNA-bindendes Protein 928f
DNA-Gyrase 928f
DNA-Histon-Komplexe 895ff
DNA-Ligase 926ff, 999, 1001f, 1018, 1022
- aus Gentechnologie 1028
DNA-Polymerase I 921, 924f, 927, 929f, 999, 1001f, 1021, 1023
- Aktivität 924
- M_r 924
DNA-Polymerase II 924f
- Aktivität 924
- M_r 924
DNA-Polymerase III 924f, 929f
- Aktivität 924
- M_r 924f
DNA-Polymerase-III-Holoenzym 925
DNA-Polymerasen 299, 921, 924f
- Cofaktor 231
- zur Fehlerkorrektur 930
DNA-Polymerase-Reaktion 921 ff
DNA-Replikase-System 924
DNA-Replikation 884f, 915ff
- Abrollmechanismus 920f
- bidirektionale 919
- diskontinuierliche 926
- Entspriralisierung der DNA 927f
- Fehlerrate 931
- Folgestrang 926
- Geschwindigkeit 919f, 931f
- Hauptstrang 926
- kontinuierliche 926
- Korrekturlesen 929

DNA-Replikation 884f, 915ff
- Markierungsexperimente 916ff, 921
- Okazaki-Stücke 926ff
- semikonservative 915ff
DNA-Schädigung
- durch Chemikalien 1002ff
- durch spontane Desaminierung 1001f
- durch Strahlung 1000
- Reparatur 1000ff
DNA-Viren 871, 903
- Partikelmasse 888
n-Dodecansäure 337
Dopa 796, **797**
Dopamin 796, **797**
Doppelbindungen 52
- konjugierte 715f
Doppelhelix, DNA 881, **882**
Doppel-Verdrängungsreaktionen 241, 286
Drehung s. spezifische Drehung
Drehung des polarisierten Lichtes 58
Dreifachbindungen 53
Drosophila, DNA 892
Drosophila melanogaster 919
Druck, osmotischer 80f
Drüsen, endokrine 789
dTDP s. Desoxythymidin-5'-diphosphat
dTTP s. 2'-Desoxythymidin-5'-triphosphat
Dünger 700
Dunkelreaktion 711f, 726ff
- Regulation 732
Dünndarm 747f, 750, 754f, 817
dünne Filamente 181, 420f
Duodenum s. Zwölffingerdarm
Duplex, DNA 882
Durchlaßmutationen 1005
dynamisches Gleichgewicht 500
Dynein 137
- in Mikrotubuli 422
D-Zellen 805f

E *Abk. für* Glutaminsäure
E. coli s. *Escherichia coli*
E.-coli-Bakteriophagen 44, 871
Edman, Pehr 146
Edman-Abbau 146f
Effektoren (Modulatoren) 259ff, 381
efferente Arteriole 770
n-Eicosansäure **337**
Eicosatriensäure, aus Palmitinsäure 653
Eier, als Nahrungsquelle 837
Eijkman, C. 842
Einfachbindung 52ff
einfache Proteine 140
einfache Triacylglycerine 338
Einfachzucker s. Monosacharide 308
Ein-Gen-Defekte 385
Einzel-Verdrängungsreaktionen 241
Eis, Kristallstruktur 76
Eisen
- Ausscheidung 855
- in Cytochrom c 194
- in Eisen-Schwefel-Zentren 527, **528**

- empfohlene Tagesmenge 826
- in Enzymen 231, 281, 298f, 700f
- in der Ernährung 855f
- in Ferredoxin 722
- in Häm 191
- Isotope 387
- als Spurenelement 297
- Transport 773
- Verwendung 856
Eisen(III)-hydroxid 855
Eisenmangel-Anämie 856
Eisen(III)-phosphat 855
Eisen-Schwefel-Enzyme 298
Eisen-Schwefel-Zentren 491, 494, 524, 527f, 532
Eiterzellen 877
ekliptische Konformation 164, **165**
Elastase 246
Elastin 137, 174
- Struktur 178ff
elektrisches Potential, an Membranen 539, 544
elektrochemischer Gradient 539f, 544
elektromotorische Kraft 520f
Elektronenakzeptor 519
Elektronen-Carrier
- in der Atmungskette 524, 531f
- in der Photosynthese 719ff
Elektronendonator 519
Elektronen-Loch 717, 720ff
elektronentransportierendes Flavoprotein (ETFP) 571
Elektronentransport(kette) 481f, 491, 515ff
- Änderung der freien Energie 522ff
- in Bakterien 542ff
- Blockierung 532f
- in Chloroplasten 542f
- Elektronen-Carrier 524, 531f
- Energiekonservierung 533f
- hydraulisches Analogon 532
- Inhibitoren 532f
- Lokalisierung 517f
- im Muskel 761
- Redoxpaare (Tab.) 522
- Richtung des Elektronenflusses 523
- Standardpotentiale (Tab.) 522
- Übersicht 516
- unvollständige Red. von O_2 530
Elektronentransport-Komplexe 531f
Elektrophorese 120, 143f, 266, 907
- von Peptiden 146
- von Proteinen 144
Elongationsfaktoren 956, 969f
Elution 122
Elvehjem, Conrad 277
EMK 520f
Emulsion 337
Enantiomerie 58, **59**, 107
Enddarm 748
Endodesoxyribonucleasen *s.a.* Restriktions-Endonucleasen 901, 1018
endokrine Drüsen 126, 789
endokrines Gewebe 805

- Mikroaufnahme 806
Endokrinologie 789
Endonucleasen 876, 1001
endoplasmatisches Reticulum 26f, 30f, 978
- EM-Aufnahme 31
- glattes 31
- Membranlipide 662
- rauhes 31
- Stoffwechsel 390
β-Endorphin 817
Endorphine 817
endotheliales System 351
Endproduktthemmung 989
Energie
- freie s. freie Energie
- Maßeinheiten 405
- SI-Einheit 406
- Verwendung in Zellen 410
- Wärme- 378, 400
energiearme Phosphat-Verbindungen 413, 418, **419**
Energiebedarf
- Nahrungs- 828
- bei verschiedenen Tätigkeiten 828
Energiebeladung 550
Energiegehalt, Nahrungsmittel 829
Energiekonservierungsstellen 517
Energiequellen, für Zellen 404
energiereiche Phosphatbindungen 415
energiereiche Phosphatgruppen 424
energiereiche Phosphat-Verbindungen 413, 417ff
Energiespeicher 424
Energieversorgung, von Organismen 9
Energiezustand, Zelle 549f
Enkephaline 127f, 817
Enolase
- in der Glycolyse 451, 454
- M_r 454
*Enol*pyruvat 455
Enoyl-ACP-Reduktase 646, 650
cis-Δ^3-Enoyl-CoA 572f, **573**
trans-Δ^2-Enoyl-CoA 568, 570, 573
Enoyl-CoA-Hydratase 568, 572f
Enoyl-CoA-Isomerase 573
Enterokinase 752
Enteropeptidase 752
Entgiftung 759
Enthalpie 401
Enthalpieänderung ΔH 401
Entkoppler 538, 558
Entropie 8, 400ff
- und Information 403
Entspiralisierung, Helix 173
Enzymdefekte 267f, 384f
Enzyme 10, 136, 229ff
- aktives (katalytisches) Zentrum 56, 196, 231, 244, 250f
- Aktivität 242f
- Aktivität, Einheiten 243
- allosterische 258ff, 381
- allosterische Regulation 258ff, 466, 468, 497, 682, 684, 694

Enzyme
- Bestimmung 242f
- Bisubstrat-Reaktionen 240f
- chem. Elemente in 297ff
- Coenzyme 231f
- Cofaktoren 231
- Endprodukthemmung 989
- genetische Mutationen 267f
- heterotrope 260, 262
- homotrope 260ff
- hydrolysierende 32
- Inaktivierung 231
- induzierbare 987
- induzierte Anpassung 216, 249f, 256f
- irreversible Hemmung 272
- $K_{0,5}$ 261
- K_m 236ff
- als Katalysatoren 233ff
- katalytische Defekte 267f
- katalytische Wirksamkeit 249ff
- Klassifikationsziffer 232
- Klassifizierung 232f
- Konformationsänderungen 257
- konstitutive 987
- Lokalisation 518
- pH-Aktivitätsprofil 97, 241f
- pH-Optimum 97, 241f
- prosthetische Gruppen 231
- proteolytische 125f
- Reaktionsgeschwindigkeit 235ff
- Reaktionsmechanismus 233ff
- regulatorische (regulierbare) 206, 229, 257ff
- reprimierbare 685
- Röntgenstrukturanalyse 251ff
- Rückkopplungshemmung 258f
- stereospezifische 110
- strukturelle Merkmale 251ff
- Substrat-Sättigungskurve 236f, 261f
- Substratspezifität 243ff
- V_{max} 235ff
- Wasserstoffperoxid-bildende 33
- Wechselzahlen 243
Enzymeinheiten 242f
Enzymforschung, Geschichte 230f
Enzymhemmung 245ff
- allosterische 260, 497, 682, 684,
- doppeltreziproke Darstellung 249
- irreversible 245ff
- kompetitive 247f
- konjugierte 684
- konzertierte 685
- nicht-kompetitive 247ff
- reversible 247ff
- Rückkopplungshemmung 258f, 685
Enzym-Induktion 383, 987f
Enzym-Inhibitor-Komplex 248
Enzymkinetik 235ff
Enzym-Modifikator 634
Enzymrepression 988f
Enzymstrukturen 252
Enzym-Substrat-Komplexe 235f, 251

Eobakterium isolatum 20
Epimerasen 572f, 729
Epimere 311f
Epinephrin 796
Epiphyse 789f
Erbkrankheiten 267, 1008
Erbsen, als Nahrungsquelle 844
Erdkruste, Zusammensetzung 51f
Erfolgsorgane 799f
Ergocalciferol (Vit.D$_2$) 294, **295**, 851
Ergosterin 294, 851
Erkennungsstellen 359
Erkrankungen, lysosomale 665f
Ernährung, menschliche 825ff
- ausgewogene 859f
- Fette 825f, 829, 831ff
- Kohlenhydrate 825, 829ff
- Mangel- 839
- Mineralstoffe 827
- notwendige chem. Elemente 852
- Proteine 826, 829, 837ff
- tägl. Energiemenge 828
- Über- 835
- Vitamine 827, 841ff
Ernährung, tierische
- notwendige Elemente 297f
erster Hauptsatz der Thermodynamik 399ff
erster Messenger 799
D-Erythrose **310**
Erythrose-4-phosphat, im Calvin-Cyclus 728ff
Erythrozyten 206f, 771ff
- Adeninnucleotid-Gehalt 412
- Agglutination 358
- Anzahl in Blut 226
- CO$_2$-Transport 776
- fötale 227
- $\Delta G^{o'}$ von ATP in 416
- Na$^+$-, K$^+$-Transport 425
- Phosphat-Gehalt 412
- Phosphocreatin-Gehalt 412
- REM-Aufnahme 207
- sichelförmige (REM-Aufnahme) 217
Erythrozyten-Membran 356f
- EM-Aufnahme 353
Escherichia coli 6, 44, 47, 158, 200, 879
- Adeninnucleotid-Gehalt 412
- Aminosäuresynthese-Regulation 682ff
- Aufbau 22ff
- Chromosom, EM-Aufnahme 891
- Chromosomenreplikation 918f
- DNA in 889
- DNA-Polymerasen in 924f
- DNA-Zusammensetzung 880
- EM-Aufnahmen 23
- Gen-Karte 899f
- Genmanipulationen 1020
- Glutamin-Synthetase in 265, 684
- Lactose-Stoffwechsel 394f
- Länge 19

- auf markierter Glucose 394
- molekulare Bestandteile 60
- Nucleotidsynthese 691
- Peptidoglycangerüst 326
- Phosphat-Gehalt 412
- Phosphocreatin-Gehalt 412
- Plasmid, EM-Aufnahme 891
- Pyruvat-Dehydrogenase-Komplex 484, 487
- auf radioaktivem Sulfat 396f
- Ribosomen in 964, 966
- Ribosomen (EM-Aufnahme) 67
- RNA's in 871
Eskimos 850f
essentielle Aminosäuren 610f, 676
- Biosynthese 682
- 2-Oxosäureanaloga 610f
essentielle Elemente (Tab.) 852
essentielle Fettsäuren 653
- in der Nahrung 832
essentielle Spurenelemente 297f
Essigsäure s.a. Acetat 87, 473
- C-14-markierte 387
- K, pK 88
- Titrationskurve 89, 91
Essigsäure-Acetat-Puffer 92f
Essigsäurebakterien 473
Ester 57
Ester-Gruppe 57
Ethan, Konformationen 164, **165**
Ethanol
- als Energiequelle 833f
- Gärung 471f
Ethanolamin
- in Lipiden 343
- in der Lipidsynthese 660
Ethanolamin-Kinase 660
Ethanolamin-Phosphotransferase 660
Ether 57
Ether-Gruppe 57
Ethylenglycol 100
Euglena 27, 335
- Photosynthese 709f
Eukaryoten 20, 25ff
- Chromosomen 870
- Cilien u. Geißeln 422
- DNA in 892ff, 903ff, 919
- photosynthetisierende 710
- Proteinsynthese 963f, 967ff
- Ribosomen 965, 967
- RNA in 870ff, 937, 939f
- RNA-Polymerasen in 936
- Stoffwechsel 389ff
- Zellkern 26, 28f
- Zellteilung von 894
Eukaryoten-Zellen
- Evolution 30
- Größe 25
- Mitose 26
- supramolekulare Einheiten 63f
Evolution
- biologische 1, 66, 69
- chemische 66ff
- von Eukaryoten-Zellen 30

Evolutionskarten 152f
Exitonen 714ff
Exocytose 32, 797, 798
exokrine Zellen 805
– EM-Aufnahme 753
Exons 905, 939ff
Exonucleasen 876
Exoskelett 324
extrinsische Proteine 352, 354

F *Abk. für* Phenylalanin
F_0 534f
F_1 534ff
f2 (Virus) 871, 945
Fabry-Syndrom 666
F-Actin *s.a.* Actin 181, 420f
FAD *s.* Flavin-adenin-dinucleotid
fakultative Anaerobier 369
Farnesyldiphosphat 668
Faserbestandteile 827
Faserproteine 138, 163ff
– Sekundärstruktur und Eigenschaften 180
Fasten 578f, 585, 669
F_1ATPase 534, 536
– Kristalle 535
– molekulare Daten 201
– Molekülmasse 536
FDNB *s.* 1-Flour-2,4-dinitrophenol
Federn 165, 180
feedback inhibition *s.* Rückkopplungshemmung
feedback-Linie 259
Fermente 230
Ferredoxin 298
– M_r 700, 722
– in der Photosynthese 719, 721
– Standardpotential 556
– bei der Stickstoff-Fixierung 700f
Ferredoxin-NADP-Oxikoreduktase 722
Ferredoxin-reduzierendes Substrat, Standardpotential 556
Ferritin 137, 140, 855f
Fette *s.a.* Triacylglycerine 338ff
– als Energiequelle 829, 831ff
– Fettsäureanteile 833
– in der Nahrung 825
– tierische 832
Fettgewebe, braunes 541, 559, 768
Fettgewebe, Stoffwechsel 766ff
Fetthärtung 339f
Fettleibigkeit 837ff
fettlösliche Vitamine 278, 292ff
Fettsäurebiosynthese 641ff, 757f
– bei Insulinmangel 808f
– Regulation 654
Fettsäure-CoA-Ester 427
Fettsäuren 355ff
– Aktivierung 563
– im Anabolismus 375
– Anteil in Fetten 833
– im Cytosol 564
– essentielle 653, 825f, 832

– im Fettgewebe 767
– Funktion 63
– gesättigte 336, 832
– im Katabolismus 373f
– Leberstoffwechsel 759f
– im Muskel 761, 764
– in der Niere 768
– Oxidation *s.a.*
  Fettsäureoxidation 563ff
– aus Palmitinsäure 652f
– im Plasma 760
– Schmelzpunkte 361
– Tabelle 337
– Transport 564ff, 773
– ungesättigte 336
– als Wasserquelle 582
– bei der Zellatmung 481f
Fettsäureoxidation 563ff
– bei Diabetikern 583
– Hemmung 576
– bei Insulinmangel 808f
– Regulierung 579
– Summengleichung 571
– bei ungerader C-Anzahl 574ff
– ungesättigte Fettsäuren 572ff
Fettsäureoxidationscylus 569f
Fettsäure-Synthase-System 642, 645ff
– M_r 645
Fettsäure-Verlängerungssysteme 652f
Fett-Tröpfchen, Mikroaufnahme 340
Fettzellen *s.* Adipozyten
F_0F_1ATPase 534ff, 544f
– EM-Aufnahme 535
– H^+-Poren 539, 541
FH_4 *s.* Tetrahydrofolsäure
ΦX174 44, 871, 985f
– DNA 888
– DNA-Zusammensetzung 880
ΦX174-Chromosom, Nucleotidsequenz 866f, 870
fibrilläre Proteine 138, 163ff
Fibrillen 175
Fibrin 297
Fibrinogen 137, 297
– im Blut 773
– M_r 773
Fibroblasten 34ff, 175
– EM-Aufnahmen 34, 36
Fibroin 137, 139, 166, 172f
Fibronectin 327
– in Membranen 357
fibröses Actin 420f
Filamente 181, 420f
– Actin- 34, 181
– in Eukaryoten-Zellen 33
– Mikro- 34
– Myosin- 34, 181
– 10-nm- 34
Fisch, als Nahrungsquelle 843f
Fischer, Emil 230
Fischer-Projektion, Monosaccharide 310f
Fiske, Cyrus 411
Flagellae *s.a.* Geißeln 24

Flavin-adenin-dinucleotid (FAD) 232, **281**, 846
– in Enzymen 492, 494
– bei der Fettsäureoxidation 570ff
– als prosthctische Gruppe 568
– bei der Zellatmung 484ff
Flavin-Dehydrogenasen 281, 301, 526
Flavin-Enzyme 527
Flavinmononucleotid 280, **281**, 846
– als Elektronen-Carrier 524
– als prosthetische Gruppe 527
Flavinnucleotide 280ff
– H-Transfer **282**
Flavoproteine 140, 281, 527
Fleisch, als Nahrungsquelle 837, 843f
flickering clusters 77
Fließgleichgewicht 12, 14, 236
– ATP-System 431f
Fluor
– in der Ernährung 858
– als Spurenelement 298
Fluoracetat **513**
Fluorapatit **855**
1-Fluor-2,4-dinitrophenol **123**, 126f, 145, 785
Fluoreszenz 714
Fluorose 855
Fluoruracil **704**
Flüssigkeiten
– pH-Werte 86
– polare 77
– unpolare 77
– Schmelzpunkte 75
– Siedepunkte 75
Flüssigkeits-Szintillationszählung 396
Flüssig-Mosaik-Modell 354f
FMN *s.* Flavinmononucleotid
Folkers, Karl 291
Follikel-stimulierendes Hormon 790, 794
– M_r 794
Follitropin 790, 794
– M_r 794
Folsäure **288**, 289f, **847**
– empfohlene Tagesmenge 826, 847
– Funktion 278, 847
Folsäurebedarf, Bakterien 303
Folsäuremangel 847
Food and Nutrition Board 827
Formeln
– perspektivische **108**
– Projektions- **108**
Formiminogruppentransfer 288f
Formylgruppentransfer 288f
N-Formylmethionin **963**
– bei der Proteinsynthese 963f
N-Formylmethionyl-tRNA^{fMet} 963, 967f
N^{10}-Formyltetrahydrofolat 963
fossile Brennstoffe 707
fötale Erythrozyten 227
fötales Hämoglobin 205, 227
Fragmentierung, Polypeptide
– 146ff

Franklin, Albert 723
Franklin, Rosalind 880
freie Drehbarkeit der C-C-Bindung 53
freie Energie 8, 371, 378, 400 f
– für aktiven Transport 424 f
– Änderung 405 f
– Unterschied $\Delta G/\Delta G^{\circ\prime}$ 408 f
freie Standardenergie 404
– Additivität 409 f
– Änderung 405 f
– Berechnung 406 f
– chemischer Reaktionen 406 f
– bei der Hydrolyse v. Phosphatbindungen 413 ff
– Unterschied $\Delta G/\Delta G^{\circ\prime}$ 408 f
freisetzende Faktoren 956
Frostschutz-(Glyco)proteine 138, 326 f
Frostschutzmittel 100
Fructobisphosphatase s.a. Fructose-1,6-bisphosphatase 621
– M_r 622
– Regulation 622, 624
α-D-Fructofuranose 313
β-D-Fructofuranose 313
β-D-Fructofuranosidase 317
Fructokinase 459, 461
D-Fructose **309**, 311
– im Blut 773
– bei der Glycolyse 446, 459, 461
– im Sperma 474
– spez. Drehung 311
– Süßkraft 317, 831
Fructose-1,6-bisphosphat
– im Calvin-Cyclus 728 f
– Dephosphorylierung, $G^{\circ\prime}$ 622
– in der Gluconeogenese 621 f
– in der Glycolyse 442, 444, 447 ff, 465, 468
– Konzentration 477
Fructosebisphosphat-Aldolase 447, 449
Fructose-1,6-bisphosphatase, Defekt 634
Fructose-1-phosphat **461**
– in der Glucolyse 459, 461
Fructose-6-phosphat
– im Calvin-Cyclus 728 ff
– in der Gluconeogenese 621 f
– in der Glucolyse 444, 447 f, 459, 461, 463, 465, 468
– Hydrolyse, $\Delta G^{\circ\prime}$ 413
– Konzentration 447
Fructosephosphat-Aldolase 459
Frühstücksnahrung 860 f
Fucose, in Lectin 358
Fumarase, pH-Optimum 242
Fumarat s.a. Fumarsäure
– beim Aminosäureabbau 590 f, 594 f, 599
– im Citratcyclus 482, 487, 493 f
– aus dem Harnstoffcyclus 607 ff
Fumarat-Hydratase 491, 493 f
– M_r 494
Fumaroylacetacetase 595

4-Fumaroylacetacetat, beim Phenylalaninabbau 595
Fumarsäure s.a. Fumarat **164**
Funk, Kasimir 276
funktionelle Domänen 1033
funktionelle Gruppen 56 ff
– Rangordnung im RS-System 109
Furan 313
Furanosen 313
futile cycle 628
F-Zellen 805

G *Abk. für* Glycin
G4 (Virus) 985
G-Actin s.a. Actin 181, 420 f
Galactocerebroside **345**, 346
Galactokinase 461
Galactosämie 267, 462 f, 479 f, 639
D-Galactose 310, 634
– in Gangliosid G_{M2} 664
– bei der Glycolyse 459, 461 f
– in Lipiden 345, **346**
– optische Drehung 331
Galactose-1-phospat 461 f
Galactose-1-phosphat-Uridyltransferase, Defekt 267
β-Galactoside 750, 986 ff
– Defekt 666
– Gen-Klonierung 1027
– K_m 237
– Wechselzahl 243
β-Galactosid-Permease 988 ff
Galactosylceramid-β-Galactosylhydrolase, Defekt 666
Galactosyltransferase 634
Gallenblase 748, 755
Gallensäure-Salze 754 ff
– Synthese 759 f
Ganglioside 336, 344, **346**, 347
– in Membranen 357, 359 f
– Stoffwechselstörungen 663 f
Gangliosid G_{M1} 346
Gangliosid G_{M2} 664
Gangliosid G_{M3} 664
Gangliosidose 666
Gargoylismus 666
Gärung
– alkoholische 440, 471 ff, 476
– Milchsäure- 440
Gasbrand 187
Gaskonstante 405
Gastrin 750, 817
– M_r 817
GDP s. Guanosin-5'-disphosphat
GDP-Glucose, zur Cellulosesynthese 731 f
Gefrierbruch-Methode 27, 353
Gefrierpunkterniedrigung 80 f
Gefrier-Stop 470, 477
Gehirn
– Adeninnucleotide im 412
– Giftwirkung von Ammoniak 600 f
– Opiatrezeptoren 817
– Phosphatkonzentration 412

– Phosphocreatinkonzentration 412
– Sauerstoffverbrauch 773
– Sphingolipid-Stoffwechseldefekt 665 f
– Stoffwechsel 764 ff
– Stoffwechsel-Turnover 389
– beim Tay-Sachs-Syndrom (EM-Aufnahme) 664
Geißeln 35 ff
– ATP-Energie 422
– bakterielle 23 f, 543, 545
Gelatine 176
Gelbkörper 792
Gelbkörper-Hormon **815**
Gelbsucht 688
Gelfiltration 143
gemischte Triacylglycerine 339
Genaustausch 1013 f
Gen-Defekte s.a. genetische Defekte 385
Gene 893, 898
– für Antikörper 1015 ff
– Definition 898
– Einführung in Bakterien 1019 f, 1022 f
– EM-Aufnahme 942
– in Eukaryoten 904 f
– Exons 905
– geklonte 1025 f
– geklonte, Transkription 1025 f
– Größe 900 f
– Introns 905
– Isolierung 1020 f
– Krebsgene 943
– künstliche Rekombination 1018
– Regulator- 990
– Struktur- 898, 989 ff
– synthetische 944 f
– Transduktion 1011 f
– Transkription 932, 942
– Transponierung 1014
– überlappende 985 f
genetische Defekte
– beim Aminosäurestoffwechsel 594 ff, 613 f
– bei der Gluconeogenese 633
– beim Glycogenstoffwechsel 633 f
– im Harnstoffcyclus 610 f
– beim Lipidstoffwechsel 663 ff
– bei der Porphyrinsynthese 687 f
genetische Information
– einer Bakterienzelle 12
– in DNA 12
– einer menschlichen Keimzelle 12
– von RNA zu DNA 943 f
– Transport 932 f
genetische Mutation s. Mutation
genetischer Code 980 ff
– Aufklärung 980 ff
– Degeneration 983
– Wackelmechanismus 983
genetische Rekombination 1010 ff
Gen-Kartierung 899. 1027
Gen-Klonierung 1020 ff

Genom 893
Genrekombination 1010ff
Genrepression 685
Gentechnologie 1028
Gentransfer 1012f
geometrische Isomere 164
Geranyldiphosphat, bei der Cholesterinsynthese 668
gesättigte Fettsäuren 336
– in der Nahrung 832
geschlossene Systeme 401
gestaffelte Konformation 164, **165**
Getränke, alkoholische 833
Getreide, als Nahrungsquelle 838f, 843f
Gewebe
– pH-Wert 211, 774
– Sauerstoffpartialdruck 774
Gewebe, endokrines 805
– Mikroaufnahme 806
Gicht 697, 705
Gierke-Krankheit 633
Giftsumach 102
Gilbert, Walter 907f, 991
Glaselektrode 103
Glaukom 273
Gleichgewichtskonstante 82ff, 405ff
– und $\Delta G^{o\prime}$ 406
– und Reaktionsrichtung 406
Gliadin 137, 754
Gln s. Glutamin
α-Globin 151
β-Globin 151
Globine 151, 202
– Gen-Klonierung 1026
globuläre Proteine 138, 189ff
– biologische Funktionen 189
– Denaturierung 189
globuläres Actin 181, 420f
Globuline
– im Blut 773
– M_r 773
α-Globuline 773
β-Globuline 773
γ-Globuline 773
– molekulare Daten 141
– pI 143
glomeruläres Filtrat 769
Glomeruli 768ff
Glu s. Glutaminsäure
Glucagon 126, 790, 792, 805f, 809f, 812
– Aminosäuresequenz 810
– Bildung 809
– M_r 809f
– Regulation des Glycogenstoffwechsels 633
– Wirkung 809f
Glucocerebrosidase, Defekt 666
Glucocerebroside 346
Glucocorticoide 811f
glucogene Aminosäuren 600, 625
glucogene Substrate 637
Glucokinase
– in der Glycolyse 446ff
– K_m 448, 475

Gluconeogenese 602, 618ff
– und Alkoholkonsum 627
– bei Diabetes mellitus 780
– genetische Defekte 633
– und Glycolyse, gemeinsame Schritte 618ff
– bei Insulinmangel 808f
– in der Leber 761f
– Markierungsversuche 636f
– nach Muskelarbeit 625f
– Reaktionsfolge 623
– Regulierung 619, 623
– Summengleichung 622
– bei Wiederkäuern 626
Gluconolactonase 504
α-D-Glucopyranose **312**, **313**, 314
β-D-Glucopyranose **312**, **313**
Glucosamin-6-phosphat, als Inhibitor 684
D-Glucose 57f, 63, **309**, **310**, 756ff
– aerober Abbau 457
– Aktivierung 419
– anomere Formen 313
– im Blut 771, 773
– in Enzymen 206
– Epimere **311**
– in Fettgewebe 767
– in Gangliosid G_{M2} 664
– Gärung 471
– im Gehirn 764f
– im Glucose-Alanin-Cyclus 602
– bei der Glycogensynthese 629
– in der Glycolyse 441, 443ff
– im Harn 769
– bei der Insulinregulation 807
– im Katabolismus 373
– Länge 19
– in Lipiden 346
– im Muskel 761f, 764
– in der Niere 768
– Nierenschwelle 809
– Oxidation 483
– aus Photosynthese 711, 733ff, 726ff
– Sekundärstoffwechsel 504ff
– spezifische Drehung 311
– Süßkraft 317, 831
– Synthese s. Gluconeogenese
α-D-Glucose **65**
– spezifische Drehung 312
β-D-Glucose, spezifische Drehung 312
Glucose-Alanin-Cyclus 602, 758f
Glucose-1,6-bisphosphat, als Cofaktor 459, **460**
Glucose-Isomerase 317
Glucose-Oxidation 402ff, 483
– ATP-Bilanz 547f
– Energieausbeute 548
– Gesamtgleichung 548
Glucose-1-phosphat
– in der Glycolyse 461f, 465
– bei der Glycogensynthese 629
– Hydrolyse, $\Delta G^{o\prime}$ 413
– Sekundärstoffwechsel 505ff
Glucose-6-phosphat **419**

– im Calvin-Cyclus 728f
– zur Cellulosesynthese 731
– Dephosphorylierung, $\Delta G^{o\prime}$ 622
– in der Gluconeogenese 618, 622
– in der Glycolyse 444, 446, 447f, 465
– bei der Glycogensynthese 629
– Hydrolyse, $\Delta G^{o\prime}$ 413f
– im Leberstoffwechsel 756f
– als Modulator 632
– im Pentosephosphat-Weg 504, 756
– zur Saccharosesynthese 731
– zur Stärkesynthese 731
Glucose-6-phosphatase 467, 622, 757
– Cofaktor 231
– Defekt 634
– pH-Aktivitätsprofil 241
Glucose-6-phosphat-Dehydrogenase 504f, 525, 652
Glucose-1-phosphat-Uridyltransferase 629
Glucosesirup 317
Glucose-Spiegel 759
– bei Diabetes mellitus 779
Glucosestoffwechsel, hormonelle Regulation 812
Glucose-Toleranztest 779
Glucosevergärung, im Pansen 626
α-D-Glucosidase (Maltase) 750
α(1→6)-Glucosidase 320
– Defekt 634
Glucosurie 779, 809
D-Glucuronat s.a. D-Glucuronsäure 328, 329, 505f
Glucuronat-Reduktase 506
D-Glucuronsäure s.a. Glucuronat 328f, 505
Glutamat s.a. Glutaminsäure
– Abbau 591, 597f
– beim Aminosäureabbau 586, 589f, 595f, 599
– in der Aminosäuresynthese 678, 681
– bei der Ammoniakausscheidung 605
– beim Ammoniaktransport 601f
– Biosynthese 676f, 681
– zur Glucosesynthese 625
– im Harnstoffcyclus 607f
– im Malat-Aspartat-Shuttle 546
– als Neurotransmitter 765
– bei der Nucleotidsynthese 689
Glutamat-Dehydrogenase 525f, 602, 605f, 676f
– M_r 589
– molekulare Daten 141, 201
– Regulation 589
Glutamatkinase-Dehydrogenase 677
Glutamat-Oxalacetat-Transaminase (GOT) 589
Glutamat-Pyruvat-Transaminase (GPT) 589
Glutamatsemialdehyd **598**
Glutamin **64**, 111, **112**
– Abbau 591, 597f
– Abkürzungen 106
– in der Aminosäuresynthese 678

Glutamin
- bei der Ammoniakausscheidung 605
- beim Ammoniaktransport 601
- Biosynthese 676f
- in Blut 784
- zur Glucosesynthese 625
- pK'-Werte 119
- als Neurotransmitter 765
- bei der Nucleotidsynthese 689, 692f
Glutaminase 601, 605
Glutaminsäure s.a. Glutamat 64, 106, **112**, 113
- Abbau 591, 597f
- Abkürzungen 106
- in Carboxypeptidase 270
- in Hämoglobin 218ff
- isoelektr. Punkt 119
- in Lysozym 274
- pK'-Werte 119
- in Proteinen 193, 199
- spezifische Drehung 107
- Titrationskurve 118f
Glutamin-Synthetase 265, 601, 605, 676f
- molekulare Daten 201
- Quartärstruktur 206
- Regulation in *E. coli* 683f
Glutamyl-5-phosphat **601**
- bei der Aminosäuresynthese 677
Glutathion (GSH) **300**
Gluthathion-Peroxidase 300, 859
- Cofaktor 231
Glutenin 185
Gly s. Glycin
Glycane s.a. Polysaccharide 318
Glyceraldehyd s. Glycerinaldehyd
Glycerin 65, **338**, 339
- Aktivierung 419
- in Fetten 338
- im Katabolismus 373f
- in der Lipidsynthese 655f
Glycerinaldehyd **309**
- bei der Glycolyse 459, 461
- Konfigurationen 107, **108**
- Phosphorylierung 461
D-Glycerinaldehyd **310**
L-Glycerinaldehyd **310**
Glycerinaldehyd-3-phosphat
- im Calvin-Cyclus 728ff
- in der Glycolyse 442, 444, 447, 449ff, 453
Glycerinaldehyd-3-phosphat-Dehydrogenase
- Aminosäure-Anzahl 151
- in der Glycolyse 451ff
- Hemmung 452
- M_r 452
- Mechanismus 453
Glycerin-Kinase 655
- Phosphat-Transfer 419
Glycerin-1-phospat, Hydrolyse, $\Delta G^{\circ\prime}$ 413
Glycerin-3-phosphat 419
- in der Lipidsynthese 654ff

Glycerinphosphat-Dehydrogenase 655
Glycerinphosphatide, Biosynthese 654f, 659ff
Glycerinphosphat-Shuttle 547f
Glycin 64, 106, 111, **112**
- Abbau 591f
- Abkürzungen 106
- Biosynthese 680f
- in Collagen 176
- bei der Creatinsynthese 685
- zur Glucosesynthese 625
- in Glycocholat **755**
- als Neurotransmitter 766
- bei der Nucleotidsynthese 689
- pK'-Werte 119
- bei der Porphyrinsynthese 686f
- in Proteinen 193
- als Puffer 101
- Titrationskurve 130
Glycinamid **128**
- in Hormonen 796
Glycin-Synthase 592f, 681
Glycocalyx 327
- Mikroaufnahmen 327, 353
Glycocholat **755**
Glycogen 318ff
- Biosynthese 629ff, 756f, 803f
- Biosynthese, Hemmung 803
- im Gehirn 764
- bei der Glycolyse 458f, 464f
- Halbwertszeit 389
- Hydrolyse 320
- Molekülmasse 319
- im Muskel 761f, 764
- Phosphorolyse 458
- Verdauung 748, 750
Glycogenabbau 458ff
- anaerober, im Muskel 625f
- Regulation 264
- Stimulierung durch Adrenalin 801ff
Glycogengranula 37, 318
- EM-Aufnahmen 38, 319, 616
Glycogenolyse, bei Insulinmangel 809
Glycogen-Phosphorylase 320, 382, 458ff, 464
- Regulation 264f, 382, 466f, 631ff
Glycogenstoffwechsel, genetische Defekte 633f
Glycogen-Synthase 629ff, 757
- Defekt 634
- Regulation 631ff
Glycogen-Synthase a 631ff
Glycogen-Synthase b 631ff
Glycogen-Synthase D 632
Glycogen-Synthase I 633
Glycogen-Synthase-Reaktion 630
Glycolat, bei der Photorespiration 736, 737
Glycolipide 327
- in Membranen 352, 357
Glycolsäure s.a. Glycolat 737
Glycolyse 417, 439ff, 602
- Beschleunigung durch Adrenalin 803

- anaerobe 440f, 443
- ATP in der 441ff, 446ff
- Bilanzgleichung 441
- Energieausbeute 442
- Energiekonservierung 450f
- im Gehirn 765
- Gesamtbilanz 457f
- und Gluconeogenese, gemeinsame Schritte 618ff
- im Muskel 761f
- phosphorylierte Zwischenprodukte 445
- präparative Stufe 442, 444ff
- Regulation 464ff, 551f, 619, 623
- Regulation, Aufklärung 469ff
- Sauerstoffschuld 443
- Schema der 444
Glycophorin 327, 356
- M_r 356
Glycoproteine 140, 326f, 807
- in Membranen 357
Glycosaminoglycane s.a. saure Mucopolysaccharide 328
Glycosidbindung 315
Glycosphingolipide 346
Glycosurie 805
Glycosyl-(4→6)-Transferase 631
Glycylglycin 271f
Glyoxylat
- im Glyoxylatcyclus **503**
- bei der Photorespiration **736**, 737
Glyoxylatcyclus 502f
Glyoxysomen 503
GMP s. Guanosin-5'-monophosphat
Golgi, Camillo 31
Golgi-Apparat 26f, 31f
- EM-Aufnahme 32
- Membranlipide 662
- Stoffwechsel 390
Gonionemus murbachii, Mikroaufnahme 50
Gossypium 332
Gradientenmethode 887, 916
Gram-Färbung 325f
Gramicidin 538
Gramicidin S **128**
gramnegative Bakterien 326
grampositive Bakterien 325
Grana 712f
Granula 37
- chromaffine 798
- Stoffwechsel 389f
Greenberg, Robert G. 689
Griffith, Frederick 877
Grunberg-Manago, Marianne 946
Grundnahrungsmittel 827
Grundumsatz 813f, 828
Grundzustand 714
GSH (Glutathion) **300**
GTP s. Guanosin-5'-triphosphat
Guanidinoacetat, bei der Creatinsynthese **685**
Guanidinogruppe 113
Guanidogruppe **57**

Guanin 65, 430, 873
– Desaminierung 1002
– in DNA 872, 879f, 881ff
– beim GMP-Abbau 696
– Methylierung 1003, 1005
– Recycling 697
– in RNA 872, 934
Guanin-Desaminase 696
Guano 611
Guanosin, beim GMP-Abbau 696
Guanosindesaminase 696
Guanosin-5'-diphosphat
– Biosynthese 688ff
– im Citratcyclus 493
Guanosin-5'-monophosphat (G, GMP) 874
– Abbau 696
– Biosynthese 688ff
Guanosin-5'-triphosphat 429, 430, 431
– Biosynthese 688ff
– im Citratcyclus 482, 493
– bei der DNA-Replikation 926
– in der Gluconeogenese 619
– als Phosphatgruppendonator 621
– bei der Proteinsynthese 956, 968ff, 972ff
– zur RNA-Synthese 934
Guanylat s.a. Guanosin-5'-monophosphat 874
Guillemin, Roger 794
L-Gulonat 505, 506
L-Gulonolacton 505, 506
Gulonolacton-Oxidase 505f
D-Gulose 310
Gummi 292
Guttapercha 292
Györgyi, Albert 488

H Abk. für Histidin
Haare 165, 171f, 180, 342
Haar-Keratin 171, 184
Haber-Bosch-Verfahren 702
Halbacetale 312f
Halbketale 313f
Halbzellen 521
Halobacterium halobium 186, 738f
Halobakterien 294, 738f
Häm 190, 191, 298
– in Cytochrom c 194
– in Hämoglobin 202ff
– in Myoglobin 204
Häm A 530
Hämagglutinine 358
Häm-Enzyme 298
Hämgruppe s. Häm
Hämoglobin 63, 137, 201f, 203, 206ff
– Aminosäuresequenz 151
– Bisphosphoglyceratbindung 214f
– Blutspiegel 226
– Bohr-Effekt 210f, 213
– in Erythrozyten 773f
– Evolution 204f
– fötales 205, 227
– Gen-Klonierung 1027

– Histidingehalt 119
– invariante Reste 219
– Kohlenstoffdioxidtransport 210ff
– Konformationsänderung 212, 213ff
– Länge 19
– maternales 227
– molekulare Daten 141, 201
– Mutationen 219ff
– Oxygenierung 775f
– Peptid-Kartierung 218
– pI 143
– Protonentransport 210ff
– Sauerstoff-Affinität 208, 210, 214, 216
– Sauerstoffbindung 210ff, 774f
– Sauerstoffbindung, Modelle 216
– Sauerstoffsättigung 207, 774
– Sauerstoff-Sättigungskurven 208ff, 211, 213, 215, 227f, 774
– Sichelzell- 217ff
– bei Sichelzellenanämie 65f
Hämoglobin A 217ff, 227f
Hämoglobin C 221
Hämoglobin D$_{Punjab}$ 221
Hämoglobin E 221
Hämoglobin F 227f
Hämoglobin G$_{Honolulu}$ 221
Hämoglobin G$_{Philadelphia}$ 221
Hämoglobin G$_{San\ Jose}$ 221
Hämoglobin I 221
Hämoglobin M$_{Boston}$ 221
Hämoglobin M$_{Saskatoon}$ 221
Hämoglobin Norfolk 221
Hämoglobin O$_{Indonesia}$ 221
Hämoglobin S 217ff, 221
Hämoglobin Zürich 221
Hämolyse 505
Hämophilie 1008
Hämophilus influenzae, DNA 13
Hämosiderin-Granula 856
Hämproteine 140, 195
Hamster-Leberzelle, Mikroaufnahme 38
Harden, A. 476
Harn 769f
– Glucosebestimmung 314
– Hauptbestandteile 769
– pH bei Milchdiät 786
Harnblase 770
Harnleiter 770
Harnröhre 770
Harnsäure 697
– im Blut 771, 773
– im Harn 769
– beim Purinnucleotidabbau 696f
– zur Stickstoffausscheidung 603, 611
– Tautomerie 611
– Überproduktion 697
Harnstoff 603
– im Blut 771, 773
– bei Diabetes mellitus 780
– im Harn 769
– aus dem Harnstoffcyclus 605ff
– bei Insulinmangel 809
– in der Niere 768

– Stickstoffausscheidung mit 603
– Synthese 757
Harnstoffcyclus 585ff, 602, 605ff
– Energieverbrauch 610
– genetische Defekte 610f
– Gesamtgleichung 608
– in der Leber 758
Hatch, M.D. 733
Hatch-Slack-Weg 733ff
H$^+$-ATPase 425f, 738
Hauptsätze der Thermodynamik 399ff
Hauptsubstrat 553
Hauptzellen 751
Haushaltsseife 339
Haut 165, 329
– Sauerstoffverbrauch 773
Haworth-Projektion 313f
HDL s.a. High-density-Lipoproteine 349
Hefe 27
– DNA-Zusammensetzung 880
Helfer-Funktion 155
Helicase 929
Helix s. α-Helix und DNA, Doppelhelix
Hemmung s. Enzymhemmung
Hemophilus influenzae 901
Hemophilus parainfluenzae 1032
Henderson-Hasselbalch-Gleichung 93f
Henlesche Schleife 770
Henri, Victor 235
Henseleit, Kurt 490, 605
Heparin 329
Hepatitis 266
Hepatozyten s.a. Leberzellen
– Mikroaufnahmen 26, 38, 39
Heptosen 309
Heroin 127
Herpes-simplex-Virus 871, 1011
Hershey, Alfred D. 879
Hershey-Chase-Experiment 878
Herz, Sauerstoffverbrauch 773
Herzinfarkt 764, 768
Herzkammer 763
Herzkreislaufsystem 763
Herzmuskel
– EM-Aufnahme 763
– Stoffwechsel 763f
Herzversagen 775
Herzvorkammer 763
Heteropolysaccharide 318, 328
heterotrope Enzyme 260, 262
Heterotrophen 368
Heuschrecke, DNA-Zusammensetzung 880
n-Hexadecansäure 337
Hexokinase 233, 459, 461, 463ff, 470
– Cofaktor 231
– in der Glycolyse 446f
– Hemmung 464
– induzierte Anpassung 256f
– K_m 237, 446, 475
– molekulare Daten 141, 201
– Phospat-Transfer 418f
– Quartärstruktur 205f, 256

Hexokinase-Glucose-Komplex, Quartärstruktur 256
Hexokinase-Reaktion 629
Hexosaminidase, Defekt 267
Hexosen **309**
– in der Glycolyse 459
– im Katabolismus 373f
– in der Photosynthese 726
Hierarchie der Zellstrukturen 63ff
High-density-Lipoproteine (HDL) 349, 772, 833
Hilfspigmente 716f
Hill, Robert 717
Hill-Reagenz 718
Hill-Reaktion 718
Hirn s. Gehirn
His s. Histidin
his-Operon 991
Histidin 364, **112**, 113
– Abbau 591, 597f
– Abkürzungen 106
– in Enzymen 247, 253ff
– zur Glucosesynthese 625
– in Hormonen 128, 794
– als Inhibitor 684
– Operon 991
– pK'-Werte 119
– in Proteinen 193, 199
– Pufferwirkung 119
– spezifische Drehung 107
– Synthese 682
– tägl. Bedarf 837
– Titrationskurve 118f
Histone 895ff, 904
– M_r 895
– pI 159
Histohämatine 529
Histokompatibilitätszentren 359
hnRNA s. RNA, heterogene nucleäre
Hoagland, Mahlon 954
H$_2$O-Dehydrogenase 722
Holley, Robert 906, 957f
Holoenzyme 231
Holz 324
Homocystein, bei der Cysteinsynthese 679f
Homocystinurie 267, 596
Homogentisat, im Phenylalaninstoffwechsel 385, **595**, 596
Homogentisat-1,2-Dioxygenase 595f
– Defekt 267, 596
homologe Proteine 151ff, 204
Homo-Polysaccharide 318
Homo sapiens 745f, 851
homotrope Enzyme 260ff
Hooker, Sir Joseph 69
Hormone 126f, 789ff
– Amino- 792f
– Blutkonzentration 792
– Funktion 791ff
– Klassifizierung 792
– Löslichkeit 820
– Peptid- 792f
– Radioimmuntest 792, 796
– Steroid- 792
– in zellfreien Systemen 820
hormonelle Regulation 382
Hormonrezeptoren 40, 791, 793
Hormonsekretion, Regulierung 789f
Hörner 165
Hornhaut (Cornea) 178
H$^+$-transportierende ATPase 425f, 738
Hufe 165
Huhn, DNA-Zusammensetzung 880
Hühnerfett, Fettsäureanteile 833
Hurler-Syndrom 666
Hyaluronidase 328
Hyaluronsäure 318, 328
Hybride, DNA 886
Hybrid-Moleküle 174, 326ff
Hydratation, von Ionen 79
Hydrid-Ionen 519f
Hydrid-Übertragung 283
Hydrogencarbonat
– im Blut 771, 775ff
– im Harn 769
– im Harnstoffcyclus 608f
– K, pK 88
Hydrogencarbonat-Puffer 93, 95f
– im Blut 96
– bei Diabetes mellitus 781
– und Lungenfunktion 96
Hydrogenphosphat, im Harn 769
Hydrogensulfid, als Inhibitor 532
Hydrolasen 233
Hydrolyse
– von ATP 413ff
– von Peptidbindungen 125f, 245
– von Phosphaten 413ff
– von Proteinen 139f
– $\Delta G^{\circ\prime}$ 407f
Hydronium-Ion 83
hydrophobe Wechselwirkung 80, 199
Hydroxid 82
– Membranpermeabilität für 538, 544
3-Hydroxyacyl-ACP-Dehydratase 646, 650
D-3-Hydroxyacyl-CoA 573, **574**
L-3-Hydroxyacyl-CoA 568, 570, 573, **574**
3-Hydroxyacyl-CoA-Dehydrogenase 526, 568, 572
3-Hydroxyacyl-CoA-Epimerase 573
D-3-Hydroxybutyrat **577**, 578, 580, 759
– im Gehirn 764f
D-3-Hydroxybutyrat-Dehydrogenase 526, 577f
3-Hydroxybutyryl-S-ACP 649f
25-Hydroxycholecalciferol 295
α-Hydroxyethyl-thiamindiphosphat **279**
Hydroxylapatit 279, 853, **858**
Hydroxylasen 554
Hydroxlgruppen 56f
– in Enzymen 247
5-Hydroxylysin **114**, 176
3-Hydroxy-3-methylglutaryl-CoA 577, 580
– bei der Cholesterinsynthese 667, 669
Hydroxymethylglutaryl-CoA-Lyase 577
Hydroxymethylglutaryl-CoA-Reduktase 667, 669
Hydroxymethylglutaryl-CoA-Synthase 577
4-Hydroxyphenylpyruvat
– Aminierung 586
– im Phenylalaninstoffwechsel 385, 595
4-Hydroxyphenylpyruvat-Dioxygenase 595
Hydroxyprolin **114**, 176
– in Collagen 176
– in Proteinen 292
Hypercholesterinämie 673f
Hyperglykämie 786, 779, 805, 809, 812
Hyperinsulinismus 822
Hyperkaliurie 787
Hypervalinämie 596
Hyperventilation 103
Hypoglycin **576**
Hypoglykämie 627, 812, 835
hypophysärer Diabetes 810
Hypophyse 789ff
Hypophysenhinterlappen 794f
Hypophysenhormone 794f
Hypophysenvorderlappen 794f, 810f, 817
Hypothalamus 789ff, 811
Hypothalamus-Hormone 793f
Hypothalamus-Regulationshormone 790
Hypoventilation 103
Hypoxanthin 983, 1002, **1004**
– beim AMP-Abbau 696, 697
– zur Inosinsäuresynthese 697
Hypoxanthin-Guanin-Phosphoribosyltransferase 1027
Hypoxanthin-Phosphoribosyl-Transferase 1027
Hypoxie 214

I *Abk. für* Isoleucin
ideale Lösung 80
D-Idose **310**
D-Iduronat *s.a.* D-Iduronsäure 328
α-L-Iduronidase, -Defekt 666
D-Iduronsäure *s.a.* D-Iduronat 329
Ile *s.* Isoleucin
Imidazolgruppe **57**, 113
– in Enzymen 247
Immunglobuline *s.a.* Antikörper 113, 137, 152, 155
– im Blut 772
Immunozyten 1015f
Immunreaktion 152, 154f
Incaparina 837
Indikatorfarbstoffe 86
Indolacetat **594**
induced fit *s.* induzierte Anpassung
Induktion, koordinierte 988
Induktionszentrum 990
Induktor 988, 990ff
Induktor-Repressor-Komplex 990
induzierbare Enzyme 987

induzierte Anpassung 216, 249f, 256f
infantiler Skorbut 846
Influenzavirus 871
Information s.a. genetische Information 403, 869
Informationseinheit 869
Informationsgehalt, Makromoleküle 62
Informationstheorie 403
Ingenhousz, Jan 708
Ingram, Vernon 218
Inhibitoren s.a. Enzymhemmung 245ff
Initiationsfaktoren 955f, 967f
Initiations-Komplex 955f, 967ff
Initiationssignal 967
innere Membranproteine 354
Inosin **959**
– beim AMP-Abbau 696
– in tRNA 957, 959, 983
Inosinsäure **690**
– aus Hyposanthin 697
– bei der Nucleotidsynthese 689ff
Inosit 279, 343
Inosithexaphosphat 215, **854**
Insektizide 246
Insertionsmutationen 1006f
Insertionssequenzen 1014
Insulin 113, 126, 137ff, 767, 790, 792, 805f, 812
– Aminosäuresequenz 149, 807
– Bildung 806f
– bei Diabetes mellitus 778
– Disulfid-Bindungen 225
– Gen-Klonierung 1026
– aus Gentechnologie 1028
– molekulare Daten 141
– Molekülmasse 149, 806
– Sekretionsregulation 807, 810
– Übersekretion 822
Insulinmangel, Stoffwechselveränderungen 808f
Insulinrezeptoren 807f
interacting clusters 355
Interferone 1029f
– aus Gentechnologie 1029f
Interkalation 936, 1006, 1008
Intermediärstoffwechsel 371
Interphase 894
intervenierende Sequenzen 905
intrazelluläre Messenger 382, 791, 793
interzellulärer Zement 328
Intrazellulärflüssigkeit, pH-Wert, Zusammensetzung 771
intrinsische Membranproteine 354
intrinsischer Faktor 848
Introns 905, 939ff, 1027
invariante Reste 151f, 193
Invertase 317
Iod
– empfohlene Tagesmenge 826
– in Hormonen 813f
– Isotope 387
– als Spurenelement 297

Iodacetamid 247
Iodacetat **785**
– als Enzyminhibitor 452f
Iodmangel 857
Ionen, dipolare 114f
Ionenaustauschchromatographie
– 120ff, 143
Ionenprodukt, Wasser 84ff
Ionisationsgrad, Wasser 82
Ionisationskonstante 87
Ionische Anziehungskräfte, in Proteinen 199
ionisierende Strahlung 1000
Ionisierung, von Wassermolekülen 82
Ionisierungstendenz, von Aminosäuren 117
Ionophore 538
iPr$_2$P-F 245
irreversible Inhibitoren 245
Isoalloxazin-Ringsystem 280, **281**
Isocitrat **503**
– im Citratcyclus 482, 487, 491f
– im Glyoxylatcyclus 503
Isocitrat-Dehydrogenase 419f, 500, 526, 572
– molekulare Daten 201
Isocitrat-Lyase 503
Isodesmosin 179
isoelektrischer pH-Wert 117
– von Proteinen 143
Isoelektrischer Punkt s. isoelektrischer pH-Wert
Isoenzyme 265ff, 685
Isoleucin **64**, 111, **112**
– Abbau 591, 598f
– Abkürzungen 106
– Biosynthese 682f
– zur Glucosesynthese 625
– oxidativer Abbau 576
– in Proteinen 193
– spezifische Drehung 107
– Stereoisomere 108
– Syntheseregulation 682, 684f
– tägl. Bedarf 837
isolierte Systeme 401
Isomerasen 233, 572f, 729
Isomerase-Verfahren 317
Isomere
– cis-trans- 164
– geometrische 164
– Konfigurations- 164
– optische 58, 107
– Stereo- 58
Isoniazid 848
Δ^3-Isopentenyldiphosphat 668, **669**
– als Vorstufe für Biomoleküle 670
Isopren **292**
Isopreneinheit, aktivierte 668
Isopropanol, als Wasserstoffdonator 710
Isoproterenol **72**
Isotope, radioaktive 387
– Bestimmung 396
– Halbwertzeiten 387

Isotopenmarkierung s.a. Markierungsversuche 387f
Isozym-Analysen 266
Isozyme 265ff
– elektrophoretische Trennung 266
Itano, Harvey 217

Jacob, Francois 933, 989
Jagendorf, André 725
joining genes 1017
Joule (J) 405f
Joule, James 406

K Abk. für Lysin
$K_{0,5}$ 261
K'_a s. Dissoziationskonstante
K'_{eq} s. Gleichgewichtskonstante
K_m s. Enzyme, K_m
K_w s. Ionenprodukt
Kaffein 698
Kala Azar 351
Kalium
– im Blut 425, 771
– im Cytosol 425
– in Enzymen 231
– in der Ernährung 854f
– in der Glycolyse 451, 455
– im Harn 769
– als Inhibitor 468
– in Intrazellulärfl. 771
– Isotope 387
– Transport 425f
– Membranpermeabilität für 538, 544
– Membrantransport 765
Kaliumseifen 339
Kalorie (cal) 405
Kalorimeter 829
Kaplan, Nathan 283
Karies 857f
Kat 243
Katabolismus 372ff
– und Anabolismus 395f
– Konvergenz der Wege 374
– Unterschiede zum Anabolismus 375ff
Katabolit-aktivierendes Protein (CAP) 992ff
Kataboliten-Repression 992
Katal 243
Katalase 530
Katalysatoren 10, 233f
Katalyse
– kovalente 251, 255
– Säure-Base- 250f, 255
katalytisches Zentrum s. Enzyme
Kathode 118
Kationenaustauscher 121
Keilin, David 529
Keimzellen 26
Kendrew, John 190
Kennedy, Eugen 490, 660
Kennzeichnungspflicht 860f
Keratine 137ff
– Biologie 165ff
– Röntgenanalyse 166f

α-Keratine 165 ff
– Aminosäuregehalt 170 ff
– Cystin(Disulfid-)-brücken 170 f, 173 f
– Helixstruktur 168 ff
β-Keratine 172 ff
Keratomalazie 848
Kernfusion 9
Kernkörper 18
Kernmembran 28
Kernporen 28
Kernzone 18
Keto-Enol-Umlagerung 455
ketogene Aminosäuren 600
Ketohexosen 309 f
Ketolgruppe **730**
Ketonämie 780
Ketone 56 f
Ketonkörper 576 ff, 759
– im Blut 773
– bei Diabetes mellitus 780 f
– in der Niere 768
– im Muskel 761, 764
Ketonkörperbildung, Regulierung 579
Ketonurie 780, 809
Ketopentosen 309 f
*Keto*pyruvat s. Pyruvat
Ketose 578, 639, 780, 808
Ketosen 308 ff
– Systematik 311
Ketotetrosen 309 f
Kettenabbruch-Methode 907
Kieselalgen 27
Kinase, Phosphat-Transfer 417
King, C. Glen 291
Klone 1015, 1020
Knochen 853, 855
Knochenmatrix 180
Knoop, Franz 563 f
Knorpel-Proteoglycane 329
Koagulation 156
Kochsalz, in der Ernährung 855
Kodierungssystem 14
Kögl, Frits 286
Kohlenhydratabbau, Regulation 464
Kohlenhydrate s. a. Mono-, Di-, Polysaccharide 307 ff
– biologische Funktion 307
– Biosynthese in Tieren 617
– im Blut 773
– Einteilung 307 ff
– als Energiequelle 829 ff
– in der Nahrung 825
– Verdauung 747, 748, 750
– bei der Zellatmung 481
Kohlenhydratstoffwechsel, Leerlaufcyclus 628 f
Kohlensäure s. a. Kohlenstoffdioxid
– im Blut 775 ff
– K, pK 88
Kohlenstoff
– in der Biosphäre 368
– Isotope 387 f
Kohlenstoffatom

– anomeres 313
– asymmetrisches 58
Kohlenstoffbindungen 52 ff
– Bindungslängen 54
Kohlenstoffdioxid 323
– in der Aminosäuresynthese 681, 683
– Ausscheidung 756 f, 759
– in Blut 775 ff
– im Citratcyclus 492, 501 f
– bei der Fettsäuresynthese 642 ff, 648
– in der Gluconeogenese 619 ff
– in der Photosynthese 708, 710 f
– in der Zellatmung 482, 488
Kohlenstoffdioxidfixierung
– Calvin-Cyclus 727 ff
– C$_4$-Weg 733 ff
– Hatck-Slack-Weg 733 ff
– Regulation 732
– Ribulosebisphosphat-Carboxylase-Reaktion 727
Kohlenstoffdioxidkreislauf 368
Kohlenstoffdioxidtransport 210 ff
Kohlenstoffisotope, als Marker 498 f
Kohlenstoff-Kohlenstoff-Bindungen 53 f
Kohlenstoffkreislauf 370
Kohlenstoffmonoxid, Inhibitor 532 f
Kohlenstoffmonoxidvergiftung 191
Kohlenwasserstoffe 56
Kokken, EM-Aufnahme 21
kolligative Eigenschaften 80 f
Kollinearität 901, 903, 940, 985, 1006
Kolloid-Kropf 814
Kolloid-Protein 813 f
Kompartimente 17, 388 ff
Kompartimentierung, von Stoffwechselsequenzen 390
kompetitive Hemmung, doppelreziproke Darstellung 249
kompetitive Inhibitoren 247 f
Konfiguration 59, 163 f
– absolute 107 ff
Konfigurationsisomere 164
Konformation 54, 163 f
– ekliptische 164, **165**
– gestaffelte 164, **165**
– native 165
– von Proteinen 164 f
Konformations-Kopplungshypothese 537
konjugierte Base 87
konjugierte Doppelbindungen 715 f
konjugierte Proteine 140
konjugierte Redoxpaare 519 f
konjugierte Säure 87
konjugiertes Säure-Basen-Paar 87
konstitutive Enzyme 987
kontraktile Elemente 420 f
kontraktile Proteine 137
Konzentrationsarbeit 424
Konzentrationsgradienten, in Membranen 425
konzertierte Hemmung 685
kooperative Wechselwirkungen 208

Kooperativität 208 f
koordinierte Hemmung 989
koordinierte Induktion 988
Kornberg, Arthur 920, 924
kosmische Strahlung 1000
kovalente Bindungen 52 f
– Bindungsenergie 65
kovalente Katalyse 251, 255
kovalente Modifikation 264 f, 466, 976 f
kovalente Querverbindungen, in Proteinen 199
Krabbe-Syndrom 666
Krallen 165
Krebs 552 f, 669, 831, 1008
Krebs, Hans 488 ff, 605
Krebs-Bicyclus 608
Krebs-Cyclus s. Citratcyclus
Krebs-Gene 943
Kretinismus 857
Kropf 814, 857
Kunstessig 100
Kupfer
– in der Atmungskette 524, 531
– in Enzymen 231, 299, 530
– in der Ernährung 855 f
– in Proteinen 722
– als Spurenelement 297
– Transport 773
Kwashiokor 839 ff

L *Abk. für* Leucin
Lachs, DNA-Zusammensetzung 880
Lackmus 86
lac-Operon 990 ff
– Basensequenz 994
– Struktur 994
lac-Repressor 991
– EM-Aufnahme 992
– M_r 992
α-Lactalbumin 634
Lactalbumin-Galactosyltransferase 634
Lactase 315, 463, 750
Lactat s. a. Milchsäure
– Blutspiegel 637, 773
– in der Glycolyse 441, 443, 445, 451, 455 f
– im Muskel 761 f
– bei Muskelarbeit 625 f
– als Wasserstoffdonator 710 f
Lactatbildung, im Muskel 625 f
Lactat-Dehydrogenase 525
– Bestimmung 270 f
– in der Glycolyse 451, 456
– Hemmung 456
– molekulare Daten 201
Lactat-Dehydrogenase-Isozyme 265 f
Lactat-Dehydrogenase-Reaktion 265
Lactobacillus casei 303
β-Lactoglobulin, pI 143
Lactose 315, **316**, 987 ff
– Anomere 332
– in der Glycolyse 461, 463
– Operon 990 f

Lactose, Repressor 991f
– Stoffwechsel in *E. coli* 394
– Süßkraft 317, 831
– Synthese 634
– Syntheseregulation 634
– Verdauung 750
Lactose-Intoleranz 315f, 463, 750
Lactose-Synthase 634
Lactose-Toleranztest 479
lagging strand 926
Laktation 634
L-*allo*-Konfiguration 109
λ (Phage) 44, 871, 1010f, 1019f
– DNA 880, 888
– DNA, EM-Aufnahme 889
– DNA, als Vektor 1019f, 1025
Längeneinheiten 19
Langerhans-Inseln 805
– Mikroaufnahme 806
Lanosterin, bei der Cholesterinsynthese 668
Larinus maculatus 333
Laurinsäure 337, 569
Lauroyl-CoA 569
LDH s. Lactatdehydrogenase
LDL s.a. Low-density-Lipoproteine 349
leading strand 926
leaky mutants 1005
Leben 5
lebende Materie, Eigenschaften 3
Leber 748, 755
– Aminosäurestoffwechsel 758
– Ammoniakstoffwechsel 601f
– bei der Entgiftung 760
– Glucokinaseaktivität 446, 448
– Gluconeogenese 618, 626
– Glucosestoffwechsel 756f
– Glycogengehalt 319, 464, 633
– Glycogenphosphorylaseaktivität 467
– Glycogensynthese 629ff
– Harnstoffcyclus 601ff, 758
– Ketonkörperbildung 576ff
– Lipid-Stoffwechsel 759f
– Mitochondrien 29, 518
– Mitochondrien, EM-Aufnahme 549
– Proteinsynthese 758
– Schäden 589
– Stoffwechsel-Turnover 389
– Stimulierung durch Adrenalin 801f
– Stimulierung durch Glucagon 809f
– Vitamin-A-Speicherung 849
Leberstoffwechsel 756ff
Leberzellen 19, 26, 38, 39
– Adeninnucleotide in 412
– DNA 893
– EM-Aufnahmen 26, 38, 39
– Fett-Tröpfchen 340f
– Kompartimentierung 390
– Länge 19
– Phosphocreatinkonzentration 412
– Phosphatkonzentration 412
Lectine 358
Leder, Philip 981

Leerlaufcyclen 628f
Leghämoglobin 699
Leguminosen 699
Lehninger, Albert 490, 564
Leinöl 340
Leishmaniase 351
Leitbündelscheidenzellen 733, 735f
– EM-Aufnahme 734
Leloir, Luis 462, 631
Leopard 422
Lesch-Nyhan-Syndrom 697, 1027
Leserastermutationen 1006ff
letale Mutationen 1004f, 1007
Leu s. Leucin
Leuchtkäfer 411, 428
Leucin **64**, 111, **112**
– Abbau 591ff
– Abkürzungen 106
– Desaminierung 586
– pK'-Werte 119
– in Proteinen 193
– tägl. Bedarf 837
Leucin-Aminotransferase 586
Leucin-Enkephalin, Sequenzbestimmung 159f
Leukoplasten 42
Leukozyten 771f
leu-Operon 991
Licht, sichtbares 712
lichtabsorbierende Pigmente 714ff
Lichtabsorption 712, 714
Lichtquanten 712
Ligamente 180
Liganden, von Proteinen 209
Ligasen 233
Lignin 324
Lignocerinsäure 337
Lind, James 844
linearer Stoffwechselweg 371
Lineoylat 573
Lineoyl-CoA 573
Lineweaver-Burk-Darstellung 240
Lineweaver-Burk-Gleichung 240
Linoleninsäure 337
Linolenoylat 573
Linolensäure 337
– in der Ernährung **832**
α-Linolensäure, Synthese 653
γ-Linolensäure, Synthese 653f
Linolsäure
– in der Ernährung **832**
– Oxidation 573
– aus Palmitinsäure 653
Lipase 339, 754f
– Defekt 768
Lipid-Doppelschichten 349ff, 357, 662
Lipide 60f, 140, 335ff
– bilayers s.a. Lipid-Doppelschichten 349ff
– Biosynthese 641ff, 756ff
– im Blut 773
– Einteilung 335
– im Katabolismus 373f
– im Membranen 335, 342, 351f, 354

– Micellenbildung 337, 349f
– monolayers 349f
– polare 335, 342, 349ff, 662
– strukturelle Einheiten 62
– Transport 773
– unverseifbare 347
– Verdauung 747, 754ff
– verseifbare 347
Lipidstoffwechsel, genetische Defekte 663ff
Lipidverteilung, asymmetrische 356
Lipman, Fritz 283, 411, 490
Liponsäure 279, **485**
– in der Zellatmung 484f
Lipoproteine 137, 140, 348f
Lipoprotein-Lipase 767
Liposomen 350
Lipotropin 794, 800
– M_r 794
β-Lipotropin 817
γ-Lipotropin 817
Lipscomb, Williams 263
L-Konfiguration 107
Logik, molekulare 1, 2, 6
Lohmann, Karl 411
Lokant 315
Lösungen
– basische 85f
– ideale 80
– saure 85
Lösungsmittel, Wasser als 78ff
Low-density-Lipoproteine 349, 772, 833
Luciferase 428
Luciferin **428**
Luciferyladenylat **428**
Luftröhre 778
Luliberin 793
Lunge 778
– pH-Wert 211, 774
– Sauerstoff-Partialdruck 208f, 214, 774
Lungenalveolen s. Alveolen
Lungenbläschen s.. Alveolen
Lungenkapillaren 763
luteinisierendes Hormon 790, 794
– M_r 794
Luteinisierungshormon-freisetzendes Hormon 793
Lutropin 790
Lyasen 233
Lymphgefäße 754
Lymphgewebe 817
Lymphoblasten 155
Lymphozyten 154f, 1015
Lynen, Feodor 564, 669
Lysin **64**, **112**, 113
– Abbau 591ff
– Abkürzungen 106
– in Enzymen 485, 501f, 645
– zur Glucosesynthese 625
– in Histonen 895
– isoelektr. Punkt 119
– pK'-Werte 119
– in Proteinen 193, 199

Lysin, spezifische Drehung 107
– Synthese 682
– Syntheseregulation 684f
– tägl. Bedarf 837
Lysin-Oxydase 299
lysogene Phagen 1010
Lysogenität 1010
lysosomale Erkrankungen 665f
Lysosomen 26, 32f
– EM-Aufnahme 33
– pH-Wert 665
– Stoffwechsel 390
– bei Tay-Sachs-Syndrom 664
Lysozym
– Disulfid-Bindungen 225
– Funktion 195
– Kalottenmodell 195
– katalytisches Zentrum 196
– molekulare Daten 141
– pH-Aktivitätsprofil 274
– pI 143
– Strukturdaten 195
Lysozym-Substrat-Komplex 252
D-Lyxose 310

M Abk. für Methionin
M 13 (Phage), DNA 912
Mac Leod, Colin 878
Magen 748, 755, 817
Magen-Darm-Trakt 748
Magensaft 751, 817
– HCl-Konzentration 425
– pH-Wert 241, 771
– Zusammensetzung 771
Magensäure 100
Magenwand 751
Magenwandzellen, H$^+$-Konzentrationsgradient 425
Magnesium
– in Chlorophyll 714ff
– im Citratcyclus 492f, 497, 501
– bei der DNA-Replikation 925
– empfohlene Tagesmenge 826, 854
– in Enzymen 231, 431, 722, 730,
– in der Ernährung 854
– bei der Fettsäureoxidation 574
– in der Gluconeogenese 621ff
– in der Glycolyse 445f, 448, 451, 454f, 461, 463, 468
– im Harn 769
– im Harnstoffcyclus 608
– in Intrazellulärflüssigkeit 771
– als Katalysator 418
– in der Lipidsynthese 660f
– im Muskel 762
– im Pentosephosphatweg 504
– bei der Proteinsynthese 961
– zur RNA-Synthese 934
– bei der Stickstoff-Fixierung 701
Magnesium-ADP-Komplex 412
Magnesium-ATP-Komplex 412
Mais, als Nahrungsquelle 844
Maisblatt, EM-Aufnahme 40
Maisöl, Fettsäureanteile 833

Makrofibrillen 171
Makromoleküle
– aus Bausteinmolekülen 61ff
– biologische 6f
– mit Informationsgehalt 62
Makronährstoffe 276, 827
Malaria 221f
Malat **503**
– im Citratcyclus 482, 487, 493f
– zur CO_2-Fixierung 733f
– in der Gluconeogenese 619f
– im Glyoxylatcyclus 503
– Transportsystem 546
Malat-Aspartat-Shuttle 546ff
Malat-Dehydrierung, $\Delta G^{\circ\prime}$ 511
Malat-Dehydrogenase 491, 493f, 526
– im Acetylgruppen-Shuttle 644
– decarboxylierende 652
– bei der Fettsäureoxidation 572
– in der Gluconeogenese 620
– im Malat-Aspartat-Shuttle 546
Malat-Dehydrogenase-Isozyme 266
Malat-Dehydrogenase-Reaktion 283, 767
Malathion 246
Malat-Synthase 503
Maleinsäure, Konfiguration **164**
4-Maleoylacetacetat **595**
Maleoylacetacetat-Isomerase 595
Malonat **489**
– als Inhibitor 247f, 488f
Malonyl-CoA **579**
– bei der Fettsäuresynthese 642ff, 647, 653
– bei der Regulation der Fettsäureoxidation 579
Maltase 315, 463, 750
Maltose 315, **316**
– Hydrolyse 463
– Süßkraft 317
– Verdauung 750
Malz 472
Malzen 472
Mammakarzinom s. Brustkrebs
Mangan
– im Citratcyclus 492, 502
– in Enzymen 231, 299f
– in der Glycolyse 455
– als Spurenelement 297
Mangelmutanten 386f, 1009
D-Mannose **310**
– in der Glycolyse 446, 459, 463
Mannose-6-phosphat
– in der Glycolyse 459, 463
α-Mannosidase, Defekt 666
Mannosidose 666
Marasmus 839f
Margarine, Fettsäureanteile 833
Marker 34, 121
Markierungsversuche 387, 394, 496, 498f, 667, 672f, 741f, 878f
Massenwirkungsgesetz 82f
– bei der ATP-Hydrolyse 414
– bei der Glycolyse 455

Massenwirkungsquotient 549, 551
maternales Hämoglobin 227
Mathaei, Heinrich 980
Matrix 29
Matrize, DNA 883ff
Maul- und Klauenseuche 1029
Maxam, Alan 907f
Maximalgeschwindigkeit s. Enzyme, V_{max}
Mayer, Robert 708
McCarty, Maclyn 878
McElroy, William 428
α-Melanotropin 817
β-Melanotropin 817
Membranen 335, 351ff
– Asymmetrie 355f
– Eigenschaften, Funktionen 352, 359
– EM-Untersuchungen 353
– von Erythrozyten 356f
– Flüssig-Mosaik-Modell 354f
– Hauptbestandteile 351f, 354
– Lipidzusammensetzung 352
– Skelettstruktur 356f
Membran-Glycoproteine 327
Membrangradienten 539ff, 544
Membranlipide 342ff
– Halbwertszeit 641
– in tierischen Zellen (Tab.) 662
Membranpotential 539, 544
Membran-Protein-Cluster 355
Membranproteine 354
– Extraktion 363
Menachinon (Vit. K_2) **296**
Mensch, DNA 880, 892f
Menten, Maud 235
2-Mercaptoethanol **186, 198**
Meselson, Mathew 916f
Meselson-Stahl-Experiment 916f
Mesophyllzellen 733, 735f
– EM-Aufnahme 734
Messenger
– erster 799
– intrazelluläre 382, 791, 793
– künstliche 980
– zweiter 793, 799
Messenger-RNA (mRNA) 383, 871
– in E. coli 871
– in Eukaryonten 871
– intergene (Spacer-)Regionen 933
– Isolierung 1021
– 5'-Kappe 939f
– Leit-RNA (Leader) 933
– als Matrize 1021f, 1023
– molekulare Daten 871
– Molekularreifung 937, 939ff
– monogene (monocistronische) 933
– Poly(A)-Schwanz 939
– polygene (polycistronische) 933, 990
– prokaryotische 933
– bei der Proteinsynthese 932f, 956
– Synthese 933ff
– Terminations-Tripletts 972
– Translation 974
Met s. Methionin

Metaboliten 38, 371
- Konzentrationsmessung 477
Metalloenzyme 298
Metalloproteine 140
Metaphase 894
Methämoglobin 300
Methan 323
- Bindung in 52f
- Oxidation 483
Methanolvergiftung 274
Methenylgruppentransfer 288f
Methionin **64**, 111, **112**
- Abbau 591, 598f
- Abkürzungen 106
- in S-Adenosylmethionin 679
- aktiviertes 660
- in der Aminosäuresynthese 679f
- zur Glucosesynthese 625
- Konzentrationsmessung 396f
- oxidativer Abbau 576
- in Proteinen 193
- bei der Proteinsynthese 963f
- Synthese 682
- Syntheseregulation 684f
- tägl. Bedarf 837
Methioninadenosyl-Transferase 680
Methionin-Carrier 679
Methionin-Enkephalin **73**
Methionyl-tRNA 963f
Methotrexat **704**
2-Methylbutadien **292**
Methylcobalamin 291
Methylencyclopropylacetat **576**
Methylen-cyclopropylacetyl-CoA **576**
Methylengruppentransfer 288f
N^5, N^{10}-Methylentetrahydrofolat 288f, **682**
- zur dTMP-Synthese 695
- bei der Glycinsynthese 681
Methylgruppentransfer 288f
O-Methylguanin 1003, **1005**
Methylguanosin, in tRNA 957, **959**
7-Methylguanosin 939, **940**
1-Methylinosin, in tRNA 957
N-Methyllysin **114**
Methylmalonsäure **305**, 576
Methylmalonyl-Azidämie 576
Methylmalonyl-CoA 627
- beim Aminosäureabbau 599
D-Methylmalonyl-CoA **574**
L-Methylmalonyl-CoA **574**, 576
Methylmalonyl-CoA-Epimerase 574
Methylmalonyl-CoA-Mutase 575, 627
- Defekt 576
Methylmalonyl-CoA-Mutase-Reaktion 575
Mevalonat s. Mevalonsäure
Mevalonat-5-diphosphat 669
Mevalonat-5-phosphat 669
Mevalonsäure, bei der Cholesterinsynthese 667ff
Micellen 79f, 349f
- kritische Konzentration 362
- M_r 362

Michaelis, Leonor 235
Michaelis-Menten-Gleichung 236ff
- doppeltreziproke Darstellung 240
Michaelis-Konstante s. Enzyme, K_m
Microbodies 33, 390
Miescher, Friedrich 877f
Mikrofibrillen 171
Mikrofilamente 33ff, 748
- EM-Aufnahme 749
Mikrofossil, EM-Aufnahme 20
Mikrokörper 33, 390
Mikronährstoffe 276
mikrotrabekulares Geflecht 34ff
Mikrotubuli 28, 35f, 182
- 9+2-Anordnung 36f
Mikrovilli 39, 748f
- Mikroaufnahmen 39, 327, 749
Milch, als Nahrungsquelle 837
Milchdrüse 816
Milch-Intoleranz 784
Milchsäure s.a. Lactat **58**
-K, pK 88
Milchsäure-Gärung 440
Miller, Stanley 67
Mineralocorticoide 811f
Mineralstoffe
- empfohlene Tagesmenge 826
- als Nahrungsbestandteil 825ff
Minot, Georg 290
mischfunktionelle Oxidasen 554
mischfunktionelle Oxidation 653
Mitchell, Peter 537, 543
Mitochondrien 26f, 29, 41, 63, 190, 485
- biochemische Anatomie 517f
- im braunen Fettgewebe 541, 559
- Citratcyclus 490f
- DNA in 897
- EM-Aufnahmen 549
- Evolution 30
- Fettsäureoxidation 564ff
- Funktion 29f
- Gluconeogenese 619ff
- Harnstoffcyclus 607f
- im Herzmuskel 763f
- Länge 19
- Matrix 29
- oxidative Phosphorylierung in 534ff
- in Pankreaszellen, EM-Aufnahme 29
- Ribosomen in 965
- Stoffwechsel 390
- Struktur (EM-Aufnahme) 29
- Teilung 898
Mitochondrienmembran
- Acetylgruppen-Shuttle 644
- Durchlässigkeit 538
- H^+-ATPase 426
- Zusammensetzung 351f
Mitose 26, 28, 894
Modell des flüssigen Mosaiks 354f
Modifikation, konvalente 976f
modifizierende Methylase 901
Modulation, allosterische s. allosterische Hemmung, allosterische Enzyme

Modulatoren (Effektoren)
- negative 259, 261, 382
- positive (stimulierende) 260ff, 382
Modulatormoleküle 258
Molalität 80
molekulare Logik, Axiome 7ff, 12, 14
molekulare Pumpe 425
Molekulargenetik, zentrales Dogma 867f, 944
Molekularreifung 937ff
Molekularsiebe 142
Moleküle, chirale 59
Moleküle, organische 53
Molekülklonierung 1020
Molekülmodelle 55f
Molybdän 859
- in Enzymen 231, 301, 700f
- als Spurenelement 297
Monellin 138, 831
Monoacylglycerine 754f
Monoacylglycerin-3-phosphat 656
Monod, Jaques 933, 989
Monohydrogenphosphat-Ion
- K, pK 88
L-3-Monoiodtyrosin **813**
Monooxygenasen 553f
Monosaccharide 308ff
- Aldosen 308ff
- Anomere 313
- als chirale Moleküle 310ff
- Epimere **311**, 312
- Furanosen 313
- Halbacetale 312f
- Halbketale 313f
- Ketosen 308ff
- D-, L-Konfiguration 311
- Mutarotation 312
- opt. Aktivität 310ff
- Perspektivformeln 310
- Projektionsformeln 310, 313f
- Pyranosen 312
- reduzierende 314
- Ringform 312f
Moore, Stanford 150
Morphin 127
mRNA s. Messenger-RNA
MS2 (Virus) 44, 871, 945
Mucin 328
Mucopolysaccharide, saure 328f
Müller-Hill, Benno 991
Multienzymsequenzen 371
Multienzymsysteme 257f
Mund 748
Murein 325
Murphy, William 290
Muskelentspannung 421, 763
Muskelfibrillen 420
Muskelkontraktion 420ff, 762ff
Muskeln 420ff
- Adeninnucleotid-Gehalt 412
- ATP-Spiegel 437
- Glycolyse 626
- Phosphocreatin-Gehalt 412, 437
- Phosphat-Gehalt 412

Muskeln, rote 443
- Stoffwechsel 761 ff
- Stoffwechsel-Turnover 389
- weiße 443
Muskelzellen, Bau 420 f
Mutagene **1004**
- interkalierende 1006, 1008
Mutagenität, Ames-Test 1009 f
Mutanten *s.a.* Mutationen 384 ff, 972
- auxotrophe 386 f
- Mangel- 386 f, 1009
- Rück- 1009
Mutarotation 312
Mutasen 454
Mutationen 13, 220 f, 384 f, 972, 1003 ff
- Deletions- 1006 f
- Durchlaß- 1005
- Häufigkeit 1008
- Insertions- 1006 f
- Leseraster- 1006 ff
- letale 1004 f, 1007
- Punkt- 1003 f
- stille 1003, 1005
- Suppressor- 1006
Mycoplasma pneumoniae 47
Mycoplasmen 19
Myelinmembran, Zusammensetzung 351
Myelinscheiden 344, 640
Myocardinfarkt 589
Myofibrillen 421
Myoglobin 137, 190 ff
- Evolution 204 f
- Funktion 190
- invariante Reste 204 f
- Länge 19
- molekulare Daten 141
- Molekülmasse 190
- pI 143
- Röntgenbeugungsaufnahme 191
- Röntgenstrukturanalyse 190 ff
- Sauerstoff-Affinität 208
- Sauerstoffsättigungs-Kurve 208 f
- Sekundärstruktur 192
- Strukturdaten 195
- Tertiärstruktur 192
- verschiedener Spezies 193
Myoglobingehalt, Gewebe 227
Myoinosithexaphosphat **305**
Myosin 137, 139, 181, 420 f
- Länge 19
- leichte, schwere Ketten 181
- in Mikrovilli 748
- Molekülmasse 181
- im Muskel 762 f
- Struktur 181
Myosinfilamente, Mikroaufnahme 34
Myristinsäure **337**, 569
Myristoyl-CoA 569 f

N *Abk. für* Asparagin
Nachtblindheit 849 f
NaCl-Gitter 79

NAD *s.* Nicotinamid-adenin-dinucleotid
NADH *s.* Nicotinamid-adenin-dinnucleotid, reduzierte Form
NADH-Dehydrogenase 482, 546, 571
- in der Elektronentransportkette 516, 527, 531
- Hemmung 558
- prosthetische Gruppe 527
- Standardpotential 522
NADH-Ubichinon-Redukatase 528, 531
$NAD^+/NADH$, Standardpotential 556
NADP *s.* Nicotinamid-adenin-dinucleotid-phosphat
NAD(P)-abhängige Dehydrogenasen 524 ff
- Reaktionen (Tab.) 526
NADPH *s.* Nicotinamid-adenin-dinucleotid-phosphat, reduzierte Form
NAD(P)-Transhydrogenase 526
Nägel 165, 180
Nährstoffanalyse 860
Nährstoffempfehlungen 826
Nahrung, essentielle Bestandteile 825
Nahrungsenergie 828 ff
Nahrungsenergiemangel 839 f
Nahrungsfette, Zusammensetzung 339
Nahrungskette 22
Nahrungsmittel
- Energiegehalt (Tab.) 836
- Hauptgruppen 860
- Kennzeichnungspflicht 860 f
Nahrungszusammensetzung, USA 830
Na^+K^+-ATPase 425 f, 771
- Hemmung 785
- in Nervenzellenmembranen 765
- in der Niere 769
Naphtochinone 296
β-Naphtol **102**
- pK 102
Naphtylamine 1008
Nathans, Daniel 903
native Konformation 165
native Proteine 156
Natrium
- im Blutplasma 425, 771
- im Cytosol 425
- in der Ernährung 854 f
- im Harn 769
- in Intrazellulärfl. 771
- Isotope 387
- im Magensaft 771
- Membranpermeabilität für 538
- Membrantransport 425 f, 765
Natriumcyclamat 831
Natriumdodecylsulfat 362
Natriumglycocholat **755**
Natriumtaurocholat **755**
Nebennieren 770, 789 f, 792, 798
- EM-Aufnahme 798
Nebennierenmark 795 ff
Nebennierenrinde 790 ff, 798, 814

Nebennierenrinden-Hormone 811 f
Nebenschilddrüse 789, 817
negative Kooperativität 209
negative Modulatoren 259, 261, 382
Negativ-Kontrastierung 353
Neisseria gonorrhoeae 48
- Plasmid, EM-Aufnahme 892
Nephronen 770
Nephrose 785 f
Nervenfasern, Mikroaufnahme 640
Nervengase 246
Nervenzellen 359
Nettoladung, Aminosäuren 117
Neuronen 765
Neurospora crassa 898
- Mikroaufnahme 386
- Mutanten 385 ff
Neurotransmitter 765 f
Neutralfette 335, 338
NH-Lost **1004**
Niacin *s.* Nicotinsäure
Nicht-Häm-Eisenatome 527
nicht-kompetitive Inhibitoren 247 ff
Nickel 297, 859
- in Enzymen 231, 301
Nicolson, Garth 354
Nicotinamid **277, 282**, 843
- empfohlene Tagesmenge 826, 843
- Funktion 843
- in der Nahrung 843
Nicotinamid-adenin-dinucleotid 232, **282**, 283
- beim Aminosäureabbau 589 f, 592
- in der Aminosäuresynthese 680 f
- im Citratcyclus 492, 494
- als Coenzym 283
- bei der DNA-Replikation 927
- in der Elektronentransportkette 516, 523 f, **525**, 526, 531
- beim Ethanolabbau 835
- bei der Fettsäureoxidation 568 ff, 577 f
- bei der Gärung 471
- in der Gluconeogenese 619 f, 622
- in der Glycolyse 444, 451 f, **452**, 453, 456, 458, 462, 465
- in Mitochondrien 518
- bei der Nucleotidsynthese 692
- Reduktion 525
- Standardpotential 522 f
- bei der Zellatmung 482, 484, 486
Nicotinamid-adenin-dinucleotid, reduzierte Form **283**
- im Citratcyclus 500
- in der Gluconeogenese 619
- in der Lipidsynthese 655
- Oxidation, Shuttle-Systeme 546 f
- bei der Zellatmung 482, 484, 486
Nicotinamid-adenin-dinucleotidphosphat 277, **282**, 283, **380**
- im Aminosäurestoffwechsel 590
- im Calvin-Cyclus 728
- im Citratcyclus 492
- Cyclus 380

Nicotinamid-adenin-dinucleotidphosphat, in der Elektronentransportkette 525
– bei der Fettsäuresynthese 642, 648 ff, 652 f
– in der Photosynthese 711, 718 ff, 733 f
– Standardpotential 522
– im Stoffwechsel 372 f
Nicotinamid-adenin-dinucleotidphosphat,
– reduzierte Form **380**
– beim Aminosäureabbau 595
– bei der Aminosäuresynthese 676 ff, 681, 683
– im Calvin-Cyclus 728 f
– bei der Cholesterinsynthese 667, 669
– bei der Desoxyribonucleotidsynthese 694 f
– in Fettgewebe 767
– im Pentosephosphat-Weg 504 f
– in der Photosynthese 711, 719 f, 721, 733 f
– bei der Stickstoff-Fixierung 700 f
– im Stoffwechsel 380
– Synthese 756 f
Nicotinsäure 593, **594**
– Funktion 278
Nicotinsäurebedarf 302
Nicotinsäuremangel s. a. Pellagra 282
Niel, Cornelius van 711
Niemann-Pick-Krankheit 663, 666
Nieren 770
– Sauerstoffverbrauch 773
– Stoffwechsel 768
Nierenrinde 770
Nierenschwelle 809
Nierentubuli 768 ff
Ninhydrin 120
Ninhydrin-Reaktion 122, **123**
Nirenberg, Marshal 980 f
Nitrate 1002, **1004**
– im Stickstoffkreislauf 370, 698 f
Nitrat-Reduktasen 698
– Cofaktor 231
Nitrifikation 698 f
nitrifizierende Bakterien 370
Nitrit 1002, **1004**
– im Stickstoffkreislauf 698 f
Nitrogenase-Reaktion 701
Nitrogenase-System 699 ff
– Aktivitätsbestimmung 701
Nitrosamine 1002, **1004**
Nocardia 582
Nonsense-Codons 982
Nonsense-Mutanten 972
Nonsense-Tripletts 972
Noradrenalin 594, 796, **797**, 798
Norepinephrin 796
Nortrop, John 230
Nucleasen 876
Nuclein 877
Nucleinsäuren s. a. Desoxyribonucleinsäure, Ribonucleinsäure 6, 60 f

– Komplementarität 13
– strukturelle Einheiten 62
Nucleoide 20, 870
– in *E. coli*, EM-Aufnahme 23
– Stoffwechsel 389
Nucleolus 26 ff
– Stoffwechsel 390
Nucleosidase 696
Nucleosiddiphosphat-Kinase 691
Nucleosid-Diphosphokinasen 431, 493
Nucleosidmonophosphat-Kinase 691
Nucleosid-5′-triphosphate 429 ff, **430**
Nucleosomen 896 f
5′-Nucleotidase 696
Nucleotide 7
– Biosynthese 688 ff, 757, 759
– in DNA und RNA 872 ff
Nucleotidsequenz 14
Nucleus s. Zellkern
Nüsse, als Nahrungsquelle 843 f
N-terminaler Rest 124

Ochoa, Severo 946
Ochre-Mutanten 972
n-Octadecansäure **337**
Octan 582
Ocytocin 127, **128**, 790, 794 f
– Aminosäuresequenz 796
– M_r 794
offene Systeme 401
Ogston, Alexander 499
Okazaki, Reiji 926 f
Okazaki-Stücke 926 f, 931
Oleoyl-carnitin 573
Oleoyl-CoA **572**, 653
Oleylalkohol 341
oligomere Proteine 141, 200 f
– molekulare Daten 201
Oligomycin 534, 724
Oligonucleotide, Trennung 907
Oligosaccharide 308
– in Membranen 356 f
Olivenöl 339
Ölpest 582
Ölsäure **65**, 336 f, 341
– Oxidation 575
– aus Palmitinsäure 653
Oncogene 944
Oozyten 920, 942
Opal-Mutanten 972
Oparin, A. I. 66
Operator 990 ff, 994, 1026 f
Operon-Hypothese 989 ff
Operons 990 ff
Opsin 293
optische Aktivität 106 ff
– Monosaccharide 310 ff
optische Isomere 106 ff, 164
– Aminosäuren 106 f
– DL-System 107 ff
– RS-System 109
Organe, Sauerstoffverbrauch 772
Organellen 63
organische Moleküle 53

organische Säuren 56 f
Organismen, Energieversorgung 9
Orientierungszentrum 245
Orn s. Ornithin
Ornithin 128, **162**
– bei der Creatinsynthese 685
– im Harnstoffcyclus **605**, 606 ff, 610
Ornithin-Carbamoyltransferase 608
Orotat s. Orotsäure
Orotat-Phosphoribosyl-Transferase 693
Orotidylat s. Orotidylsäure
Orotidylat-Decarboxylase 693
Orotidylsäure, bei der Nucleotidsynthese 692, **693**
Orotsäure, bei der Nucleotidsynthese 692, **693**
Orthophosphatspaltung, ATP 427
Osmose 81
osmotischer Druck 80 f
Osteomalazie 850 f
β-Östradiol 790, 792, **815**
Östrogene 792 f, 811, 814
– Rezeptoren 815 f
– Wirkung 814 ff
Östrogen-Rezeptor-Komplex 816
Östrophilin I 815 f
– M_r 815
Östrophilin II 815 f
Ovalbumin 137, 816
– Gen 905
– Gen-Klonierung 1026
Ovarektomie 822
Ovarien 789 ff, 814
Ovidukt 816
Ovovitellin 816
Oxalacetat **489**, 579
– beim Acetyltransport 644
– Aminierung 586
– beim Aminosäureabbau 590 f, 599
– zur Aminosäuresynthese 678
– im Citratcyclus 482, 487 f, 491 ff, 499 ff
– zur CO_2-Fixierung 733 f
– in der Gluconeogenese 619 ff
– als Inhibitor 248
– in Malat-Aspartat-Shuttle 546
Oxalacetatweg 599
Oxalat, im Stoffwechsel 394
Oxidasen, mischfunktionelle 554
Oxidation, Methan 483
Oxidation, mischfunktionelle 653
Oxidationen, $\Delta G^{\circ\prime}$ 407 f
Oxidationsmittel 519
oxidative Decarboxylierung 484 ff, 491, 493
oxidative Desaminierung 589 f
oxidative Phosphorylierung 481 f, 493, 515 ff, 523, 526, 533 f, 536 ff
– Entkoppelung 538
– im Fettgewebe 767
– im Muskel 761, 764
– Regulation 548, 551 f
– Unterbindung 538
oxidierendes Agens 519

Oxidoreduktasen 233
Oxidoreduktion 518 f
3-Oxoacyl-ACP-Reduktase 646, 648, 650
3-Oxoacyl-ACP-Synthase 646, 648
3-Oxoacyl-CoA 568 ff
3-Oxoacyl-CoA-Transferase 578
2-Oxobutyrat 679 f, 683
2-Oxoglutarat 488, **489**
– Aminierung 286
– beim Aminosäureabbau 586 f, 589 ff, 595 ff, 601 f
– bei der Aminosäuresynthese 676 ff, 681, 683
– bei der Ammoniakausscheidung 605
– im Citratcyclus 482, 487, 492 f, 501
– im Malat-Aspartat-Shuttle 546
2-Oxoglutarat-Dehydrogenase 526, 572
– Coenzym 842
2-Oxoglutarat-Dehydrogenase-Komplex 491 ff, 500
2-Oxoisocaproat, Aminierung 586
2-Oxo-3-methylvalerat 683
Oxosäure-CoA-Transferase 595
2-Oxosäure-Dehydrogenase 599
2-Oxosäuren
– Aminierung 286
– beim Aminosäureabbau 586 ff
Oxosäure-Reduktoisomerase 683
Oxygenasen 553
Oxyluciferin 428
Oxyhämoglobin **203**, 212 f
Oxymyoglobin 208

P *Abk. für* Prolin
P-430 719, 721, 724
P-680 719, 722
P-700 717, 719, 721, 724
Palindrome 904 f
Palmitat *s.* Palmitinsäure
– tritiummarkiertes 582
Palmitinsäure **65**
– $\Delta G^{\circ\prime}$ 572
– Oxidation 569 f
– Synthese 642 ff
– Unterschiede Abbau/Synthese 653
– als Vorstufe für Fettsäuren 652 ff
Palmitoleinsäure **337**
– aus Palmitinsäure 653
Palmitoleoyl-CoA 653
Palmitoylcarnitin 568
Palmitoyl-CoA 566
– bei der Fettsäureoxidation 566, 568 ff
– bei der Fettsäuresynthese 653 f
– Hydrolyse, $\Delta G^{\circ\prime}$ 427
Palmitoyl-S-ACP 651
Pankreas 748, 750, 753 ff, 789 ff, 805 f
– Mikroaufnahme 806
Pankreashormone 805 ff
Pankreassaft 817
Pankreatische Amylase 750
Pankreatisches Polypeptid 805

Pankreatitis 754, 786
Pansen 323, 626, 848
Panthothensäure 283, **284**, **848**
– in ACP 645
– Funktion 278, 848
– Tagesbedarf 848
Panthotensäuremangel 847
Papierelektrophorese 120 f
Papillomavirus 871
Parasiten, intrazelluläre 43
Parathormon 138
Parathyroid-Hormon 800, 817
– M_r 817
Parkinson-Krankheit 796
Partialladungen 76
partielle Hydrolyse, Proteine 146
Pasteur, Louis 230, 427 f, 560
Pasteur-Effekt 560
pathogene Bakterien 21, 290
pathogene Viren 44
Pauling, Linus 167, 217
Pellagra 277, 282, 843 f
Pendel-Transportsysteme (Shuttles) 546
Penicillin 326
Pentapeptid 123, **124**
Pentosen 309
– in DNA, RNA 872
– im Katabolismus 373 f
Pentosephosphat-Weg 504 f, 757, 767
Pepsin 230, 751 f
– pH-Aktivitätsprofil 97, 241
– pH-Optimum 242
– pI 143, 158
– M_r 751 f
Pepsinogen 751 f
– Aktivierung 783
– M_r 751 f
Pepsin-Spaltung 146
Peptidbindung 123, **167**
– Eigenschaften 183
– Hydrolyse 125 f
Peptide 105, 123 ff
– Benennung 124
– biologische Aktivitäten 126 f
– chromatogr. Trennung 146
– Edman-Abbau 146 f
– Elektrophorese 146
– Hydrolyse, Mechanismus 254
– Ionisation, el. Ladung **126**
– pK-Werte 133
– Reaktionen 125 f
– Säure-Base-Verhalten 125
– Sequenzbestimmung 144 ff
– Trennung 124 f
– Umsetzung mit 1-Fluor-2,4-dinitrophenol 126 f
Peptid-Fingerprinting *s.* Peptidkartierung
Peptidfragmente
– Sequenzbestimmung 146 f
– Sequenzüberlappung 148 f
Peptidgruppe, Geometrie **167**
Peptidhormone 792 f, 817
Peptid-Kartierung 146, 218

Peptid-Mapping *s.* Peptid-Kartierung
Peptidoglycan 325
Peptidyl-puromycin **979**
Peptidyltransferase 971
Perameisensäure-Spaltung **149**, 150
periphere Proteine 354
Peristaltik 754
perniziöse Anämie 290 f, 848
Peroxidasen 231, 298
Peroxisomen 26, 33
– EM-Aufnahme 33
perspektivische Formeln 108
– Monosaccharide 310
Perutz, Max 202
Petroleum, als Nahrungsquelle 582
Pflanzenzellen, eukaryotische 41 ff
Pflanzen-Zellwand, EM-Aufnahme 42
Pflanzen-Viren 44, 871
Pfortader 755
pH *s.* pH-Wert
pH$_i$ *s.* isoelektrischer pH-Wert
Phagen 43 f
– temperierte (lysogene) 1010
pH-Aktivitätsprofil, Enzyme 97, 241 f
Phäoporphyrin 714
Phänotyp 898
Phe *s.* Phenylalanin
Phenolentgiftung 505 f
Phenolphthalein 86
Phenolrot 86
Phenoxazon-Ringsystem **936**
Phenylacetat 613
Phenylalanin **64**, 111, **112**
– Abbau 591 ff, 595 ff, 599
– Abkürzungen 106
– in der Aminosäuresynthese 678
– zur Glucosesynthese 625
– in Proteinen 193
– spez. Drehung 107
– Stoffwechselstörung 595 ff
– Synthese 682
– tägl. Bedarf 837
– Urinkonzentration 613
Phenylalamin-Hydroxylase 595
Phenylalanin-4-Monooxygenase 595 f, 678
– Defekt 267
Phenylalaninstoffwechsel, Ein-Gen-Defekte 385
Phenylalanin-Tyrosin-Weg 595 ff
Phenylalanyl-tRNA 959
Phenylessigsäure **564**
Phenylfettsäuren 564, 582
Phenyl-Gruppe 57
Phenylisothiocyanat **147**
Phenylketonurie 267, 385, 554, 595 f
Phenylpyruvat **596**
– Urinkonzentration 613
Phenylthiocarbamoylgruppe **147**
Phenylthiohydantoin-Derivat **147**
pH-Gradient 539
– in Halobacterium 738 f
– in Membranen 725
Phillips, David C. 252

pH-Meter, Eichung 103
pH-Optimum, Enzyme 97, 241 f
Phosphagene 424
Phosphat
– im Blut 771
– in Chloroplasten 742
– in der Gluconeogenese 619
– als Inhibitor 468
– in Intrazellulärfl. 412, 771
– Membrantransport 544 f
Phosphatase 729
– Substrat-Spezifität 244
Phosphatasen, saure 273
Phosphatbindungen, energiereiche 415
Phosphat-Carrier 545
Phosphatgruppen
– in AMP, ADP, ATP **411**
– in der Glycolyse 445, 452 f, 455
– in Lipiden 344
α-Phosphatgruppen 441
β-Phosphatgruppen 411
γ-Phosphatgruppen 411
Phosphatgruppen-Übertragung 415 ff, **418**, 419
– Reaktionsschema 419
Phosphatidat **342, 655,** 656
Phosphatidat-Phosphatase 655 f
Phosphatidsäure s. a. Phosphatidat 343, 656
Phosphatidylcholin 73, 336, **343**
– Abbau 663
– Biosynthese 659 ff
– Länge 19
– in Membranen 355
Phosphatidylethanolamin 336, **343**
– Biosynthese 659 ff
– in Membranen 355
Phosphatidylinosit 336, **343**
Phosphatidylserin 336, **343**
– in Membranen 355
– Synthese 662
Phosphat-Puffer 93
Phosphat-Transferreaktionen 415 f
Phosphat-Translocase 545
Phosphat-Verbindungen
– energiereiche, -arme 413, 417
– Hydrolyse, $\Delta G^{\circ\prime}$ 413
Phosphoarginin 424
Phosphocholin **660**, 661
– in Lipiden 344, **345**
Phosphocreatin **424**
– Biosynthese 685, 687
– Hydrolyse, $\Delta G^{\circ\prime}$ 413
– intrazelluläre Konzentration 412
– Konz. im Muskel 437
– im Muskel 762, 764, 785
– als Phosphat-Speicher 423 f
Phosphodiesterase 804, 993
Phosphodiester-Bindung, in DNA, RNA 873, 875 f
3-Phospho-5-diphosphomevalonat 668 f
Phospho*enol*pyruvat **418**
– im Citratcyclus 502
– zur CO$_2$-Fixierung 734 f

– in der Gluconeogenese 618 ff
– in der Glycolyse 444, 451, 454 f, 465, 469
– Hydrolyse, $\Delta G^{\circ\prime}$ 413, 418
– Phosphat-Transfer 417 ff
Phospho*enol*pyruvat-Carboxykinase 502, 621
– Defekt 634
Phospho*enol*pyruvat-Carboxylase 733, 735
Phosphoethanolamin 659, **660**
– in Lipiden 344
Phosphoethanolamin-Cytidyltransferase 660
Phosphofructokinase 447 ff, 465, 477 ff, 621
– Defekt 634
– Regulation 467 f, 478, 551 f
Phosphoglucoisomerase 447
Phosphoglucomutase 246, 406, 757
– bei der Glycogensynthese 629
– in der Glycolyse 458 f, 462
– Hemmung 460
– Wechselzahl 243
6-Phosphogluconat **504**
6-Phosphogluconat-Dehydrogenase 504
Phosphogluconat-Weg s. Pentosephosphatweg
6-Phosphoglucono-1,5-lacton 504
2-Phosphoglycerat **451**
– in der Gluconeogenese 623
– in der Glycolyse 444, 451, 454, 465
3-Phosphoglycerat **451**, 736 f
– in der Aminosäuresynthese 680 f
– im Calvin-Cyclus 728 f
– bei der CO$_2$-Fixierung 727 f
– bei der Gluconeogenese 623
– in der Glycolyse 444, 451, 453 f, 465
Phosphoglycerat-Dehydrogenase 681
Phosphoglycerat-Kinase 417 f, 451 f
Phosphoglycerat-Mutase 451, 454
Phosphoglyceride 336, **342**, 350
– Biosynthese 659 ff
– Halbwertszeit 389
3-Phosphoglyceroylphosphat **418**
– in der Glycolyse 444, 451 ff
– Hydrolyse, $\Delta G^{\circ\prime}$ 413, 418
– Phosphat-Transfer 417 ff
Phosphoglycolat **736**, 737
Phospho-Gruppe 57
3-Phosphohydroxypyruvat 680 f
Phospholipasen 344
Phospholipase A$_1$ 663
Phospholipase A$_2$ 663
Phospholipase C 663
Phospholipase D 663
Phospholipide 342 ff
– Biosynthese 659 ff
– in Blut 773
– Halbwertszeit 389, 641
– in Membranen 352
Phosphomannoisomerase 459, 463
4'-Phosphopantethein **645**

– in ACP 645 ff
Phosphopentose-Isomerase 504
Phosphoproteine 140
Phosphoprotein-Phosphatase 632
Phosphor
– empfohlene Tagesmenge 826
– in der Ernährung 853 f
– Isotope 387
– in Lipiden 342
5-Phospho-ribosylamin **689**, 690 ff
5'-Phosphoribosyl-4-carbamoyl-5-aminoimidazol **705**
5-Phosphoribosyl-1-diphosphat **689**, 691
– zum Purinrecycling 696 f
Phosporsäure **65**
– K, pK 88
Phosphorylase 459
– Defekt 634
Phosphorylase a 264, 465 f, 631 ff, 798 ff, 804
– M_r 465
Phosphorylase-a-Phosphatase 466
Phosphorylase b 264, 465 f, 631 ff, 798 ff
Phosphorylase-b-Kinase 466 f
Phosphorylase-Kinase 264, 799 ff, 804
– Defekt 634
Phosphorylase-Phosphatase 264, 631
Phosphorylat-Kinase 631
Phosphorylierung
– Atmungsketten- 493
– oxidative 481 f, 493
Phosphorylierung
– photosynthetische 723 ff
– Substratketten- 493
Phosphorylierungs-Potential 415
3-Phosphoserin **681**, 976
– in der Aminosäuresynthese 680 f
Phosphoserin-Aminotransferase 681
Phosphoserin-Phosphatase 680 f
Phosphothreonin 976
Phosphotransferasen 233
Phosphotyrosin 976
Photoatmung 736 ff
photochemisches Reaktionszentrum 716 f, 719
photochemisches Wirkungsspektrum 117
Photonen, Energiegehalt 712
Photophosphorylierung 723 ff
– cyclische 723 f
Photorespiration 736 ff
Photosynthese 707 ff
– allg. Gleichung 708
– Calvin-Cyclus 727 ff
– cyclischer Elektronenfluß 723 f
– Dunkelreaktion 711 f, 726 ff, 732
– Lichtreaktion 711 ff, 722
– Regulation 732
– Summengleichung 725
– -Z-Schema 719 ff
photosynthetisierende Bakterien 21, 367
photosynthetisierende Organismen 709 f

Photosystem I 717
– cyclischer Elektronenfluß 723 f
– Z-Schema 719 ff
Photosystem II 717, 719 ff
Photosysteme 715 ff
pH-Skala 85
pH-Wert 85 ff
– Berechnung 86
– biologische Kontrolle 97
– des Blutplasmas 86, 96, 771
– einiger Flüssigkeiten 86
– in Gewebe 211, 774
– in der Lunge 211, 774
– Messung 86
Phyllochinon s.a. Vitamin K_1 **296**
physikalische Größen 19
Phytansäure
   (Myoinosithexaphosphat) **305**
Phytat **854**
Phytin **854**
Phytohämagglutine 358
Phytol, in Chlorophyll 714, **715**
Phytoplankton, Photosynthese 710
Phytosterine 674
pI s. isoelektrischer pH-Wert
Pigmente, lichtabsorbierende 714 ff
Pili
– in E. coli 23
– bei der sexuellen
   Konjugation 1012 f
Pinealorgan s. Epiphyse
Ping-Pong-Reaktionen 241, 587
PKU-Test 597
pK'-Werte, Aminosäuren 119
Plasma-Lipoproteine 348 f
Plasmamembran 18, 26
– ATPase in 426
– Stoffwechsel 390
– Zusammensetzung 351 f
Plasmaproteine 773
Plasmide 23, 890 f
– als Vektoren 1019 f, 1022 ff
Plastide 41 f
Plastochinon, in der Photosynthese
   719, 722
Plastochinon A **722**
Plastocyanin
– in der Photosynthese 719, 722, 724
– Standardpotential 556
Plastohydrochinon A **722**
Pneumococcus 877 f
Pockenvirus 44
pOH-Wert 86
poison oak 102
poison ivy 102
polare Flüssigkeiten 77
polare Lipide 335, 342, 349 ff
– Einbau in Zellmembranen 662
Polarimeter 58
polarisiertes Licht, Drehung 58
Poliomyelitis-Virus 44, 871
– Länge 19
Polyadenylat-Polymerase 939
Polyadenylsäure 981

Polycytidylsäure 980
Polydipsie 779
polyfunktionelle Biomoleküle 57 f
Polyglutaminsäure 184
Polylysin 184
Polymavirus 871
Polymerasen 858
Polyneuritis 302
Polynucleotide, synthetische 981
Polynucleotid-Phosphorylase 946, 981
Polypeptide s.a. Proteine 123
– Fragmentierung 146 ff
Polypeptidhormone s.a. Peptidhormone 126
Polypeptidketten, Faltungsgeschwindigkeit 200
Polyribosomen s. Polysomen
Polysaccharide 60 f, 308, 318 ff
– als Speicher 318 ff
– im Stoffwechsel 373 ff
– Struktur- 321 ff
– strukturelle Einheiten 62
Polysomen 24, 974 f
– EM-Aufnahme 975
Polyuridylsäure 980
Polyurie 779
Porphobilinogen **686**, 687
Porphyrin 190 f, 687
Porphyrinsynthese 757, 759
– genetische Defekte 687 f
positive Kooperativität 208
positive (stimulierende)
   Modulatoren 260 ff, 382
postsynaptische Nervenenden 765 f
posttranscriptional processing 937 ff
Pottwal 658
Pottwal-Myoglobin 191
PP_i s. Diphosphat
Präproglucagon 809
Präproinsulin 807 f
präsynaptische Nervenenden 765 f
Präzipitations-Reaktion 154
Priestley, Joseph 707 f
Primaquin 505
Primärstruktur 135, 155
Primase 926 ff
Prinzip von der Erhaltung der Energie 400
Pro s. Prolin
Procarboxypeptidase 852 f
prochirale Moleküle 499
Proelastase 754
Progesteron 790, 792, **815**
Proglucagon 809 f
Prohormon 792
Proinsulin 792, 806 f
Projektionsformeln 108
Prokaryoten 20 ff
– Chromosomen 870
– DNA in 870, 889 ff
– parasitierende 42
– photosynthetisierende 710
– Proteinsynthese 955, 963
– Ribosomen 965 f

– RNA in 871 f, 937 f
– Stoffwechsel 388 f
Prolactin 790, 794
– M_r 794
Prolactin-freisetzendes Hormon 793
Prolactin-hemmendes Hormon 793
Prolactoliberin 793
Prolactostatin 793
Prolin **64**, 111, **112**
– Abbau 591, 597 f
– Abkürzungen 106
– in Actinomycin C 936
– Biosynthese 676 ff
– in Collagen 186
– zur Glucosesynthese 625
– in Peptidketten 170
– in Proteinen 193, 197
– spez. Drehung 107
– Synthese 676 ff
– Syntheseregulation 677
Prolinamid **128**
– in Hormonen 796
Prolipase 754 f
Promotor 990, 992 ff, 1025, 1027
Proopiocortin **817**
Prophase 894
Propionat s.a. Propionsäure **627**
– aus Glucosegärung 626 f
– zur Glucosesynthese 627
Propionsäure s.a. Propionat 574
– K, pK 88
Propionyl-CoA **575**, 627
– beim Aminosäureabbau 599
– aus der Fettsäureoxidation 575 f
Propionyl-CoA-Carboxylase 574, 627
Prostaglandine 832
– als Hormonregulatoren 817 f
– aus Palmitinsäure 653 f
Prostaglandin E_2 653, **818**
Prostaglandin $F_{2\alpha}$ 653
Prostaglandin G_1 653
Prostaglandin G_2 653
Prostaglandin-Synthese 818
Prostata 858
prosthetische Gruppe 140, 231
Proteine s.a. Polypeptide 6, 60 f, 105, 135 ff
– Aussalzen 82, 160 f
– Bausteine 62
– Bestimmung der Aminosäurezusammensetzung 144
– Best. der Aminosäuresequenz 144 ff
– biologische Funktion 136 ff
– Biosynthese s. Proteinsynthese
– im Blut 771
– chimäre 1026
– Denaturierung 155 ff, 198
– einfache 140
– Einteilung 136 ff
– Elektrophorese 144
– empfohlene Tagesmenge 826
– als Energiequelle 829
– extrinsische 352, 354
– Faser- 163 ff

1110 Register

Proteine
– fibrilläre 138
– globuläre 138, 189ff
– Halbwertszeit 388f
– Histone 895ff, 904
– homologe 151ff, 204
– Hydrolyse 139f
– in Intrazellulärfl. 771
– invariante Reste 151f, 197
– isoelektrischer Punkt 143
– Isolierung 142ff
– im Katabolismus 373
– Konformation 164f
– konjugierte 140
– kontraktile 137
– in Lipiden 348f
– Löslichkeit 171f
– mechanische Eigenschaften 184
– Membran- 352ff
– Molekularreifung 976f
– in der Nahrung 826, 837
– Nahrungswert 837f
– native 156
– oligomere 141, 200f
– partielle Hydrolyse 146
– periphere 354
– Primärstruktur 135, 155
– Quartärstruktur 200f
– regulatorische 137, 138
– Reinigung 142ff
– relative Molekülmasse 141
– Renaturierung 198
– Sekundärstruktur 170
– Sequenzisomere 136
– Signalsequenzen (leader) 978
– Struktur 180
– Tertiärstruktur 190, 199f
– Transport 978
– variable Reste 152
– Verdauung 747, 750ff
– Verteidigungs- 137f, 358
– zusammengesetzte 140
Protein-Kalorien-Unterernährung 839
Protein-Kinase 631f
– Regulation 800ff
Proteinmangel 840f
Proteinsynthese 757ff, 932f, 953ff
– Aminosäureaktivierung 955ff
– Elongation 955f, 969ff
– Energiebedarf 974
– Faltung 955f, 976f
– Geschwindigkeit 953
– Hauptschritte 955
– Hemmung 979
– Initiation 955f, 967ff
– bei Insulinmangel 808f
– Markierungsversuche 954, 963
– Molekularreifung 955f, 967f
– Regulation 986ff
– Termination 955f, 972f
– Translokation 972f
Proteoglycane 137, 174, **326**, 328f
Prothrombin 297, 773, 977
– M_r 773

Protofibrillen 171
Protonenakzeptoren 87
Protonendonatoren 87
Protonengradient 539ff, 544
– zentrale Funktion 541
Protonentransport, durch Hämoglobin 210ff
Protonophore 538
Protoporphyrin 191
Protoporphyrin IX **686**
– Biosynthese 686f
Protozoen 27
proximaler Tubus 770
Pseudomonas 394, 582
Pseudouridin, in tRNA 957f, **959**
Pteridin-Derivat, in Folsäure **288**
Pteroyl-L-glutaminsäure *s.a.* Folsäure 289
Puffer 91ff
– biologische 93ff
– Essigsäure-Acetat- 92f
– Hydrogencarbonat- 93, 95f
– Phosphat- 93
– in Säugetieren 93
– Standard- 103
Pufferlösung 92
puffernder Bereich 92
Puffersysteme 91ff
Pufferwirkung 92
Pulse-chase-Experiment 475
Punktmutationen 1003f
Purin **873**
Purinbasen
– in DNA-Helix 881, 883
– in DNA, RNA 872f
– Recycling 696
Purinnucleotide
– Abbau 696
– Biosynthese 688ff
– Syntheseregulation 691f
Purin-Ringsystem 611
Puromycin **979**, 980
Purpurbakterien 186
Purpurflecke 738
Purpur-Schwefelbakterien 710
Pyran 312
Pyranosen 312ff
Pyridin **873**
Pyridin-Ion, pK 102
Pyridinnucleotide, in der Elektronentransportkette 524ff
Pyridoxal **285**, 286
Pyridoxalphosphat 232, **285**, 286, **587**, 588, 847f
Pyridoxamin **285**, 286
Pyridoxaminphosphat **285**, 286, **587**, 588
Pyridoxin *s.a.* Vitamin B$_6$ **285**, 286
– Funktion 278, 847
Pyridoxinmangel 847f
Pyrimidinbasen
– in DNA-Helix 881, 883
– in DNA, RNA 872f
Pyrimidinnucleotide

– Biosynthese 692ff
– Syntheseregulation 693
Pyrimidinring 280
Pyroglutaminsäure **128**, 794
Δ-Pyrrolincarboxylat **677**
Pyrrolincarboxylat-Reduktase 677
Pyruvat **451**, 488f
– Aminierung 586
– beim Aminosäureabbau 591f
– zur Aminosäuresynthese 678, 683
– beim Ammoniaktransport 602f
– im Blut 773
– Carboxylierung 620
– im Citratcyclus 501
– zur CO$_2$-Fixierung 733f
– in Fettgewebe 767
– in der Gärung 471
– in der Gluconeogenese 618ff, 622, 758f
– im Glucose-Alanin-Cyclus 602
– in der Glycolyse 439ff, 444f, 451, 455f
– im Katabolismus 373f
– oxidative Decarboxylierung 484ff, 491
– bei Thiaminmangel 843
– Transportsystem 546
– bei der Zellatmung 482ff
Pyruvat-Carboxylase 620, 623
– im Citratcyclus 501f
– Defekt 634
– M_r 501
– prosthetische Gruppe 848
Pyruvat-Carboxylase-Reaktion 287f
– Stimulierung 501f
Pyruvat-Decarboxylase 471
Pyruvat-Decarboxylase-Reaktion 280
Pyruvat-Dehydrogenase 484ff, 499, 525
– Coenzym 842f
– Regulation 497, 623
Pyruvat-Dehydrogenase-Kinase 497
Pyruvat-Dehydrogenase-Komplex 483ff, 491
– EM-Aufnahme 487
– M_r 484
– molek. Daten 201
– Regulation 497
Pyruvat-Dehydrogenase-phosphat 497
Pyruvat-Dehydrogenase-phosphat-Phosphatase 497
Pyruvat-Dehydrogenase-Reaktion 284
Pyruvat-Kinase 465, 467, 810
– Cofaktor 231
– in der Glycolyse 417f, 451, 455
– M_r 455
– Regulation 468f, 624
Pyruvat/Lactat, Standardpotential 556
Pyruvat-Oxidation, Regulierung 496ff, 500, 551
Pyruvat-Phosphat-Dikinase 735

Q *Abk. für* Glutamin
Qβ (Virus) 871, 945
Quabain 785

Quant 712
Quartärstruktur 200f
Quecksilber, in der Nahrung 853

R *Abk. für* Arginin
R 17 (Virus) 871, 945
Racemate 110
Rachitis 294, 850f
Racker, Ephraim 534, 743
radioaktive Isotope 387
Radioaktivität 396
Radioimmuntest 792, 796
Ratten-Hepatozyten, EM-Aufnahmen 26, 39
Reaktionen, $\Delta G^{\circ\prime}$ 407f
Reaktionen, reversible 82ff
Reaktionsablauf 234
Reaktionsgeschwindigkeit 234
Reaktionszentrum, photochemisches 716f, 719
rechtsgedrehte Helix 169
red drop 720
Redoxpaare 519ff
– Standardpotentiale (Tab.) 522
Redoxreaktionen *s.* Oxidoreduktion
Reduktase 719
Reduktionsäquivalente 520, 546f
– in der Atmungskette 526ff
– Transfer durch NADP 380
Reduktionsmittel 519
Reduktionspotentiale 521f
reduzierende Zucker 314
reduziertes Agens 519
Reed, Lester 484
Referenzatom 107
Regen, saurer 98f
Regulator-Gene 990
regulatorische (regulierbare) Enzyme 206, 229, 257ff
regulatorische Proteine 137f
regulatorisches Zentrum 259
Reinheitsgebot 472
Reinigung, von Proteinen 142ff
releasing factors 956
renale Osteodystrophie 304
Renaturierung 198
Reovirus 871
Replikation *s.a.* DNA-Replikation 14, 867
Replikationsgabeln 918ff, 926, 928
Replisom 924
Repressoren 137f, 990ff
reprimierbare Enzyme 685f
Resilin 138
Resonanz-Hybride 412f
Respiration 481f
Rest-Dextrin 320
Reste, invariante 151f
Reste, variable 152
Restriktionsendonucleasen 901ff, 906ff, 1018, 1020, 1022, 1024f
– Spezifität 902
reticuloentheliales System 350f
Reticulozyten 207, 963, 1021

Retinal, Vitamin-A-Aldehyd 293, **294**, 738, 849
Retinal-Opsin-Komplex 293
Retinol *s.a.* Vitamin A_1 292, **293**
Retinol-Äquivalent 826
reverse Transkriptase 943ff, 1021, 1023
reversible Denaturierung 198
reversible Inhibitoren 247ff
reversible Reaktionen 82ff
Rezeptoren 359
reziproke Regulierung 623, 631ff
R-Gruppen, Aminosäuren 62, 111ff, **129**
Rhodopsin 293f, 849
Rhus toxicodendrum 102
Riboflavin (Vitamin B_2) 280f, 527, **846**
– Bestimmung 303
– empfohlene Tagesmenge 826, 846
– Funktion 278, 846
Riboflavinmangel 846
Ribonuclease 137, **196**, 231, 876
– Aminosäuresequenz 150
– Disulfid-Querverbindungen 150, 225
– molekulare Daten 141
– pH-Optimum 242
– Renaturierung 198f
– Strukturdaten 195
Ribonucleinsäure *s.a.* Messenger-RNA, ribosomale RNA, Transfer-RNA 14, 28
– Bestandteile 872f
– in Chromatin 895
– 3'-, 5'-Ende 876
– in Eukaryoten 871f
– heterogene nucleare 872, 940
– Hybride 886
– Intron- 939ff
– Klassen 871f
– kleine nucleare 872, 941f
– komplementäre 945
– als Matrize 945
– Molekularreifung 937ff
– Phosphodiesterbindung in 873, 875f
– Polarität 876
– präribosomale 937
– als Primer 926f, 929, 931, 939
– in Prokaryoten 871f
– Replikation 945
– synthetische 946
– Virus- 943ff
Ribonucleotide **874**
– in RNA 872ff
Ribonucleotid-Reduktase 695
D-Ribose 65, **309**, **310**
– im Pentosephosphatweg 504
– in RNA 872
Ribose-5-phosphat 504, **689**
– im Calvin-Cyclus 728f
– bei der Nucleotidsynthese 689
– im Pentosephosphat-Weg 504f

– Synthese 757f
Ribosephosphat-Diphospotransferase 689
ribosomale RNA (rRNA) 871, 932
– in *E. coli* 871
– in Eukaryoten 872
– Gen-Klonierung 1026
– M_r 937
– molekulare Daten 871
– Molekularreifung 937f
– bei der Proteinsynthese 967
– in Ribosomen 872, 964ff
– Struktur 966
Ribosomen 18, 25, 27f, 30, 37, 63
– Aminoacyl-(A)-Stelle 968ff
– in *E. coli* 23f
– EM-Aufnahmen 67, 954
– Länge 19
– Peptidyl-(P)-Stelle 968ff
– Polysomen *s.dort*
– bei der Proteinsynthese 954, 967ff
– rRNA in 872
– Stoffwechsel 389f
– Struktur, Eigenschaften 964ff
– strukturelle Organisation 67
Ribothymidin, in tRNA 957ff
D-Ribulose **311**
Ribulose-1,5-bisphosphat 736, 737
– im Calvin-Cyclus 728ff
– bei der CO_2-Fixierung **727**, 728
– Oxygenierung 736
Ribulosebisphosphat-Carboxylase 727, 734ff
– M_r 727
– Regulation 732
Ribulosebisphosphat-Carboxylase-Reaktion 727
Ribulose-5-phosphat **504**
– im Calvin-Cyclus 728f
Ribulosephosphat-Kinase 729
Ricin 137f, 358, 980
Rickes, Edward 291
Riesenwuchs 810
Rifampicin 937
Rinderfett, Fettsäureanteile 339, 833
R-Konfiguration 109
RNA *s.* Ribonucleinsäure
RNA-abhängige DNA-Polymerase *s.a.* reverse Transkriptase 943
RNA-abhängige RNA-Polymerase *s.a.* RNA-Replikasen 945
RNA-Polymerase I 936
RNA-Polymerase II 936f
RNA-Polymerase III 936
RNA-Polymerasen 299, 933ff, 990, 992ff
– Hemmung 936f
– M_r (*E.coli*) 201
– Produkte 936
RNA-Replikasen 945
RNA-Viren 871, 914, 943ff
Robben 191
Roberts, R.B. 394
Rohrzucker *s.* Saccharose 308

Röntgenstrahlung 1000
Rosettastein 13
Rotabfall 720
Rotationsfreiheit 163 ff, 167
rote Blutkörperchen s. Erythrozyten
rote Blutzellen s. a. Erythrozyten 206 f
– sichelförmige 217
Rotenon 532, 558
Rous-Sarcomavirus 871, 943
rRNA s. ribosomale RNA
RS-System 108 f
Rückkopplungshemmung 258 f
– sequentielle 685
Rückmutationen 1009
Ruheatmung 548 f
Ruhepotential 765

S Abk. für Serin
Saccharase 317, 463
Saccharin 317, **318**, **831**
Saccharose 315, **316**, 317
– als Energiequelle 830
– Funktion in Pflanzen 732
– Hydrolyse 463
– Süßkraft 317, 831
– Synthese 731 f
– Verdauung 750
Saccharose-α-D-Glucohydrolase 750
Saccharose-6-phosphat 731
Salmonella typhimurium 990, 1009, 1020
salpetrige Säure 1002 ff
– Desaminierung von DNA **1004**
Salzsäure 751
Sammelkanal 770
Sanger, Frederick 144, 867, 907
Sapindaceae 576
Sarcomere 420 f
Sarcoplasma 421, 762 f
sarcoplasmatisches Reticulum 426, 762 ff
Sarcosin, in Actinomycin 936
Sauce Bearnaise 361
Sauerstoff
– in der Aminosäuresynthese 678
– Isotope 387
– in der Photosynthese 708, 710 f
– Standardpotential 522 f
– in der Zellatmung 482
Sauerstoff-Affinität, Hämoglobin 208, 210, 214 f, 216
Sauerstoff-Affinität, Myoglobin 208
Sauerstoffkreislauf 368, 370
Sauerstoff-Partialdruck
– im Blut 208 f
– in der Lunge 208 f, 214
Sauerstoffschuld 443, 625, 762
Sauerstoff-Sättigungskurven 208 ff, 211, 213, 215, 227 f
Sauerstoffverbrauch 772 f, 786
Säure-Base-Eigenschaften, von Aminosäuren 114 ff, 118
Säure-Base-Katalyse 250 f, 255

Säure-Base-Paare, konjugierte 87
Säure-Base-Verhalten, von Peptiden 125
saure Lösungen 85
saure Mucopolysaccharide 328 f
Säuren 87 ff
– Dissoziationskonstanten (Tab.) 88
– konjugierte 87
– organische 56 f
saure Phosphatasen 273
saurer Regen 98 f
Schaf, DNA-Zusammensetzung 880
Schally, Andrew 794
Schiffsche Basen **588**
Schilddrüse 789 ff, 812, 817, 857
– Überfunktion 814
– Unterfunktion 814
Schilddrüsenhormone 812 ff
– Bildung 812 f
– Wirkung 813
Schildkröte 105
– DNA-Zusammensetzung 880
Schildkrötenpanzer 165
Schlaganfall 832
Schlangengifte 137 f
Schlankheitsmittel 538
Schleimpilze 27
Schmerzmittel 818
Schokolade 331
Schrittmacherenzyme 257 f
Schutz-Polysaccharide 324
schwache Basen 87
schwache Säuren 87 ff
Schwannsche Zellen 640
schwarze Zunge 277
Schwebedichte, DNA 887
Schwefel
– in Eisen-Schwefel-Zentren **528**
– Isotope 387
– aus Photosynthese 710
Schwefelbakterien, grüne 710
Schwefelwasserstoff, als Wasserstoffdonator 710
Schweinefett, Fettsäureanteile 833
D-Sedoheptulose **311**
Sedoheptulose-1,7-bisphosphat, im Calvin-Cyclus 728 ff
Seehund (Abb.) 341
Seeigel, DNA-Zusammensetzung 880
Seewasser, Toxizität 787
Sehnen 180
Sehvorgang 293 f
Seide 172, 180, 186
Seiden-Fibroin 172
Seidenraupe 246
Seifen 337, 754
Seifenmicelle 80
Sekretin 751, 817
– M_r 817
sekundäre Stoffwechselwege 383
Sekundärstruktur 170
Selen 297, 859
– in Enzymen 231, 300
Selenocystein **300**

Sequenator 151
sequentielle Rückkopplungshemmung 685
Sequenzbestimmung, Peptide
– 146 f
Sequenzisomere 136
Sequenzüberlappung 148 f
Ser s. Serin
Serin 64, 111, **112**
– Abbau 591 f
– Abkürzungen 106
– in der Aminosäuresynthese 679, 681
– Biosynthese 680 f
– in Enzymen 246 f, 253 ff, 257, 264, 460, 631 f, 645 f, 800
– zur Glucosesynthese 625
– in Lipiden 343
– pK'-Werte 119
– in Proteinen 193, 197, 199
– spezifische Drehung 107
Serinenzyme 460
Serin-Hydroxymethyl-transferase 681
Serotonin 593, **594**
Serumalbumin 137, 773
– Aminosäure-Anzahl 151
– im Blut 773, 786
– Fettsäurebindung 767
– Gen 905
– molekulare Daten 141
– Molekülmasse 190, 773
– Polypeptidkette 190
Sesselform, Pyranosen **314**
Sexualhormone 814 ff
sexuelle Konjugation 1012 ff
Shakespeare, William 403
Shemin, David 686
Shorb, Mary 291
Shuttle-Systeme 546 f
Sialinsäure s. a. N-Acetylneuramin 347
Siamkatze (Enzymdefekt) 268
Sichelzellanlage 217
Sichelzellen, EM-Aufnahmen 217
Sichelzellenanämie 65, 216 ff, 220
– molekulare Heilung 222
Sichelzellen-Gen, Häfigkeit 221 f
Sichelzell-Hämoglobin 217 ff
sichtbares Licht 712
Siebröhren 732
Siedepunktserhöhung 80 f
Silicium 859
– für Solarzellen 739
– als Spurenelement 298, 301
Siliciumdioxid 709
Simianvirus 40 (SV 40) 44, 871, 985, 1019
– EM-Aufnahme 906
Singer, Jonathan 354
Singer-Nicolson-Modell 354 f
β-Sistosterin **674**
Skelettmuskeln s. a. Muskeln 420 ff
– Sauerstoffverbrauch 773
– Stoffwechsel 761 ff

Skleroproteine 163 ff
S-Konfiguration 109
Skorbut 291, 844 f
– infantiler 846
Slack, C. R. 733
Smith, Hamilton 903
Smith, Lester 291
snRNA s.a. RNA, kleine nucleare 872
Sojabohnen, als Nahrungsmittel 838
Sojaöl, Fettsäureanteile 833
Solarzellen 739
Somatoliberin 793
Somatostatin 790 f, 793, **794**, 805 f, 810 ff
– Aminosäuresequenz 811
– durch Gentechnologie 1026
Somatotropin 790, 794, 810, 812
– Gen-Klonierung 1026
– M_r 794, 810
– Wirkung 810
Somatotropin-freisetzendes Hormon 793
Somatotropin-hemmendes Hormon 793, **794**
Sonnenenergie, zur Photosynthese 707 f
Sonnenlicht, Entstehung 712
Spaltöffnungen 735
Spectrin 357
Speicherfett 338
Speicherlipide 340 f
Speicherproteine 137
Speiseröhre 748
Spermien 36 f, 858
spezifische Aktivität 243
spezifische Drehung 107
Sphingolipide 336, 344 ff
– Stoffwechselstörungen 663
Sphingomyelinase, Defekt 663
Sphingomyeline 336, 344, **345**
– in Membranen 355
– Stoffwechselstörungen 663
Sphingosin **344**, 345, 664
Sphinxmotte 4
Spindelapparat 28
Spindelfasern 28
Spinnweben 172
Spirillen, EM-Aufnahme 21
Spirogira 706
Spitzenwachstum 810
Sprue 847
Spurenelemente 52, 275, 297 ff, 852 f
– biologische Funktionen 297 ff
– als Cofaktoren 297
– essentielle 297 f
– in der Nahrung 827
– als prosthetische Gruppe 297
Squalen 668, **670**
Squalus 668
Stacheln 165
Stahl, Franklin 916 f
Stammbaum 152 f
Standard-Aminosäuren 106

Standardbedingungen 403 ff
Standardenergie, freie s. freie Standardenergie
Standard-Oxidoreduktionspotential 520 ff
– Tabelle 522
Standardpotentiale 520 ff
– Tabelle 522
Standard-Puffer 103
Standard-Reduktionspotentiale 521 f, 556
– Tabelle 522
Standard-Wasserstoffelektrode 521
staphylococcus aureus 325
– DNA-Zusammensetzung 880
– EM-Aufnahme 326
Staphylokokken 21
Stärke 318 ff
– als Energiequelle 830
– Hydrolyse 320
– Synthese 732
– Verdauung 748, 750
starke Basen 87
Stärkegranula 318
– Mikroaufnahme 319
Stärkekörner, REM-Aufnahme 61
Stärke-Phosphorylase 458
starke Säuren 87
Staupunkt 469 f
steady state 12
Stearinsäure **336**, 337
– aus Palmitinsäure 652 f
Stearoyl-CoA 653
Steatorrhoe 784
Stein, William 150
Steitz, Thomas A. 256
Stereoisomere 58
– absolute Konfiguration 107 ff
– DL-System 107 f
– mögliche Anzahl 108
– RS-System 108 f
Sterin-Carrier-Protein 669
Sterine 336, 348
Steroidalkohole 347 f
Steroide 347 f, 814
– anabole 815
Steroidhormone 792 f, 811 f, 814
Stickstoff, in der Biosphäre 699
Stickstoffausscheidung 611
Stickstoffbilanz 863
stickstoff-fixierende Bakterien 369 f
Stickstoff-Fixierung 698 ff
– Gen-Technologie 1029
– Summengleichung 701
– symbiontische 370, 699 f
Stickstoffgleichgewicht 838
Stickstoff-Isotope 387
Stickstoffkreislauf 369 f, 698 ff
Stigmasterin 348
stille Mutationen 1003, 1005
stimulierende (positive) Modulatoren 260 ff, 382
Stoeckenius, W. 743
Stoffwechsel

– amphibole Stufe 377
– in Bakterienzellen 389
– und Bioenergetik 365
– Energietransport durch ATP 378 f
– Funktionen 367
– Grundumsatz 814
– hormonelle Kontrolle 812 ff
– Intermediär (Zwischen-)- 371
– Kompartimentierung 388 ff
– Ökonomie 381
– Regulation 381 ff
– turnover 388
– Übersicht 367 ff
Stoffwechselaufklärung
– mit genetischen Mutanten 384 ff
– durch in-vitro-Untersuchungen 384
– durch Isotopenmarkierungen 387 f
Stoffwechselnebenwege 383
Stoffwechselschema 364 f
Stoffwechsel-turnover, in Rattengeweben 389
Stoffwechselwege
– cyclische 371
– lineare 371
– sekundäre 383
Strahlung, DNA-Schädigung 1000
strenge Anaerobier 369
Streptococcus faecalis 303
streptococcus pneumoniae 878
Streptokokken, EM-Aufnahme 21
Streptomyces 532
Streptomyces alboniger 979
Streptomycin 980
Stroma 41, 712 f, 715
Strukturgene 898, 989 ff
Strukturpolysaccharide 321 ff
Strukturproteine 137
Subbarow, Yellapragada 411
Subklavikulararterie 755
Substitutionsmutationen 1003
Substrate, glucogene 637
Substratkettenphosphorylierung 454 f, 493
Substrat-Sättigungskurve 236 f, 261 ff
Succinat 488, **489**, 578
– ATP-Bildung 533
– im Citratcyclus 482, 487, 492 ff, 501
– im Glyoxylatcyclus **503**
– Transportsystem 546
Succinat-Dehydrogenase 140, 488 f, 491, 493 f, 518, 571 f
– Hemmung 247 f, 494
– M_r 494
Succinat-Dehydrogenase-Reaktion 281
Succinat-Ubichinon-Reduktase 531 f
Succinyl-CoA **574**, 575, 578, 627
– beim Aminosäureabbau 590 f, 595, 598 f
– im Citratcyclus 482, 487, 492 f, 499 f
– bei der Porphyrinsynthese 686 f
Succinyl-CoA-Synthetase 491, 493, 572
Succotash 837
Sucrase 750

Sucrose s. Rohrzucker 308
Sukkulenten 362
Sulfanilamid **290, 705**
Sulfat
– im Blut 771
– im Harn 769
– in Intrazellulärflüssigkeit 771
Sulfhydryl-Gruppen
– in Enzymen 247
– essentielle 646
– Titration 272
Sulfonamide 290
Sumner, James 230
super-energiereiche Phosphat-Verbindungen 413, 417ff, 451
Superoxid 530
Superoxid-Dismutase 530
Suppressor-Mutation 1006
Süßkraft 317, 831
Süßmittel 138
Süßstoffe 318, 831
Sutherland, Earl W. jr. 797f
Suttie, John 297
SV-40 s.a. Simianvirus 40
Svedberg 871
symbiontische Stickstoff-Fixierung 370, 699f
Synapsen 245, 765
– EM-Aufnahme 766
synaptischer Spalt 766
synaptische Vesikel 766
Synthase 667
synthetische Gene 944f
Syphiliserreger 21
Systeme (Thermodynamik) 401
Szent-Györgyi, Albert 511

T *Abk. für* Threonin
T 2 (Virus) 871, 879
– DNA 888, 911
– EM-Aufnahme 889
– M_r 911
T 4 (Virus) 44f, 871, 888
– EM-Aufnahme 45
T 7 (Virus) 880, 888
Tabakmosaikvirus 19, 43ff, 871
– EM-Aufnahme 45
D-Talose **310**
Tatum, Edward 898
Taurin, in Taurocholat **755**
Taurocholat **755**
Tautomerie, Harnsäure **611**
Tay-Sachs-Syndrom 32, 267, 663ff
TDP s. Thiamindiphosphat
Telophase 894
Temin, Howard 943
temperierte Phagen 1010
terminale Transferase 1018f, 1022
Terminationscodon 956
Terminationsfaktoren 972
Terminations-Tripletts 972
Termiten 323
Terpene 348
Tertiärstruktur 190

– Einflüsse auf die 197f
– Stabilisierung 199f
Testes 789ff, 814
Testosteron 790, 792, **815**
n-Tetracosansäure **337**
Tetracylin 979
n-Tetradecansäure **337**
Tetrahydrofolat s.a. Tetrahydrofolsäure 232, 289, **593**
– beim Aminosäureabbau 592f
– in der Aminosäuresynthese 681
– N^5, N^{10}-Methylenderivat 592, **593**
Tetrahydrofolat-Dehydrogenase 695
Tetrahydrofolsäure s.a. Tetrahydrofolat **288**, 289, 847
Tetrapeptide 123, 126f, 136, 325
Tetrosen 309
Theobromin 698
Theophyllin 804
Thermodynamik, Hauptsätze 399ff
Thermogenese 822
Thiamin (Vitamin B_1) 278ff, **529**, 530, **842**
– empfohlene Tagesmenge 826, 842
– Funktion 278, 842
Thiamindiphosphat 232, **279**, 280, 842
– bei der Gärung 471
– als prosthetische Gruppe 730
– bei der Zellatmung 484ff
Thiaminmangel 786, 842f
Thiaminpyrophosphat s. Thiamindiphosphat
Thiazolring 280
Thioester 284, 642
Thioester-Bindung 565f
Thiolase 569, 577f, 667
Thiole 57, 273
Thiol-Gruppe 57, 247
Thiolyse 569
Thioredoxin, zur Desoxyribonucleotidsynthese 694
Thioredoxin-Reduktase 695
Thoraxgang 755
Thr s. Threonin
Threonin 64, 106, 111, **112**
– Abbau 591f, 599
– Abkürzungen 106
– zur Glucosesynthese 625
– pK'-Werte 119
– in Proteinen 193, 197
– spez. Drehung 107
– Stereoisomere 108, **109**
– Synthese 682
– Syntheseregulation 684f
– tägl. Bedarf 837
D-*allo*-Threonin **109**
L-*allo*-Threonin **109**
Threonin-Dehydratase 683
– Hemmung 259
– K_m 237
Thrombin 137, 297
Thrombophlebitis 304
Thromboxan B_2 **818**
Thromboxane 654, 832

– als Hormonregulatoren 817f
Thrombozyten 771f, 818
Thylakoide 712
– EM-Aufnahme 713
– Membran 715ff, 724f
– Photosynthese 715ff, 719, 724f
Thylakoid-Scheiben 41f
Thymidylat-Synthase 695
– Hemmung 704
– in DNA 872, 879ff, 1000f
Thymin **65, 430**
Thymin-Dimer **1000**, 1001
– Reparatur 1000f
Thymosin 817
– M_r 817
Thymus 789f
Thymusdrüse 817
Thyroglobulin 791
Thyroliberin 127, **128**, 791ff, **794**, 812
Thyrotropin 127, 790f, 794, 800, 812
– M_r 794
Thyrotropin-freisetzender Faktor s.a. Thyroliberin 127f
Thyrotropin-freisetzendes Hormon s. Thyroliberin
Thyroxin 594, 773, 790ff, 812, **813**
Tier-Viren 44, 871
Tierzellen, Oberfläche 39f, 327
Titration 88f
Titrationskurve 89
– vom Alanin 116
– von Aminosäuren 116ff
– von Ammonium-Ionen 90f
– von Dihydrogenphosphat 90f
– von Essigsäure 89, 91
– von Glutaminsäure 118f
– von Glycin 130
– von Histidin 118f
– von schwachen Säuren 88f
T-Lymphozyten 155
α-Tocopherol s.a. Vitamin E 295, **296**, **851**
β-Tocopherol 295f
γ-Tocopherol 295f
Tomatenvirus, buschig wachsender 44
Tomatenzwergbusch-Virus 871
tomato bushy stunt virus 44
Tonegawa, Susumu 1016
Topoisomerasen 890, 928
Toxine, bakterielle 138
TPP s. Thiamindiphosphat
Transaminasen s. Aminotransferasen 286
Transaminase-Reaktion 285
Transaminierungen 285f, 586, 678
Transduktion, von Genen 1012
Transferasen 233
Transferrin 772, 855f
Transfer-RNA (tRNA) 871, 932, 998
– Adapterfunktion 955, 962
– allgemeine Struktur 958ff
– Aminosäure-Arm 958
– Anticodon-Arm 958f
– Anticodons 983ff

Transfer-RNA (tRNA), Dihydrouridin-Arm 958f
– in *E. coli* 871
– M_r 871, 958
– molekulare Daten 871
– Molekularreifung 937ff
– Nucleotidsequenz 957f
– bei der Proteinsynthese 956ff
– Wackel-Position 958, 984
transition state 234
Transketolase 729f, 843
– Coenzym 842
Transkription s. a. – Desoxyribonucleinsäure, Transkription 867
Transkriptionskontrolle 989
Translation s. a. Messenger RNA, Translation 867
Translationskontrolle 989
Translokase 972
Transponierung, von Genen 1014
Transport, aktiver s. aktiver Transport u. Transportsysteme
Transportproteine 136f
Transportsysteme 359, 544ff
– Acetylgruppen- 644
– (Cl^-/HCO_3^-)- 776f
– Dicarboxylat- 644
– in der Niere 769
– Tricarboxylat- 644
Transposons 1014
Trehalose, Strukturbestimmung 333
Treibhauseffekt 368
Triacylglycerine 335f, **338**, 339ff, 579
– Autoxidation 340
– Biosynthese 654ff
– Biosyntheseregulation 656f
– im Blut 773
– einfache 338
– als Energiespeicher 657ff
– in Fettgewebe 767f
– Funktion 657f
– gemischte 339
– Halbwertszeit 389
– Hydrierung 339f
– Löslichkeit 339
– Speicherung 340f
– Störung der Synthese 657
– Übersicht 659
– Verdauung 754
– Verseifung 339
Triacylglycerin-Lipase 754
Tricarbonsäurecyclus s. Citratcyclus
Tricarboxylat-Transportsysteme 546, 644
Trichonympha, Mikroaufnahme 323
Triglyceride s. Triacylglycerine 338
Trihexosylceramid-Galactosylhydrolase, Defekt 666
Trijodthyronin 790f, 793, 812, **813**
Trinkwasser, fluoridiertes 858
Trioleoylglycerin 339
Triose-Kinase 459, 461
Triosen **309**
3-Triosephosphate 465
Triosephosphat-Isomerase 459

– in der Glycolyse 447, 449f
Tripalmitoylglycerin **338**, 339
Tripelhelix 177f
Tripeptide 123
– Sequenzisomere 136
Tristearoylglycerin 339
tRNA s. Transfer-RNA
Trockenmasse von Zellen 52
Tropine 794
Tropocollagen 176ff
– Molekülmasse 177
Tropoelastin 179
Troponin 420f, 762
Trp s. Tryptophan
Trypsin 137, 139, 230, 246, 253, 752, 805
– Kristalle 139
– M_r 752
– Peptidhydrolyse 125f
– pH-Aktivitätsprofil 97
– pH-Optimum 242, 783
Trypsin-Inhibitor 754
Trypsinogen 752
– Aminosäure-Anzahl 151
– M_r 752
Trypsin-Spaltung 146
Tryptophan 64, 111, **112**
– Abbau 591ff
– Abkürzungen 106
– zur Glucosesynthese 625
– als Inhibitor 684
– in Proteinen 193
– Synthese 682
– tägl. Bedarf 837
α-Tubulin 35, 182
β-Tubulin 35, 182
Tubuline 35, 137, 182
Tumorzellen, Agglutination 358
Tunicamin 980
turnover 388f
turnover number (Wechselzahl) 243
Tyr s. Tyrosin
Tyroglobulin 813
– M_r 813
Tyrosin 64, 111, **112**
– Abbau 591ff, 595, 599
– Abkürzungen 106
– Desaminierung 586
– zur Glucosesynthese 625
– in Enzymen 270
– aus Phenylalanin 385, 678
– pK'-Werte 119
– in Proteinen 193
Tyrosin-Aminotransferase 586, 595
Tyrosin-3-Monooxygenase, Defekt 267, 596
Tyrosinose 385

U s. Unit
Übergangszustand 234
überlappende Gene 985f
Ubichinon **528**
– in der Elektronentransportkette 516, 523f, 526ff

– bei der Fettsäureoxidation 570f
– Reduktion 528
– Standardpotential 522
– bei der Zellatmung 482
Ubihydrochinon (Ubichinol) **528**, 558
Ubihydrochinon-Cytochrom-c-Reduktase 531f
UDP s. Uridindiphosphat
UDP-Galactose 459, 461f, 634
UDP-Glucose 459, 461f, 505, **506**
– bei der Glycogensynthese 629f
– zur Saccharosesynthese 731
UDP-Glucose-Dehydrogenase 506
UDP-Glucose-4-Epimerase 462f
UDP-Glucose:α-D-Galactose-1-phosphat-Uridyltransferase 461f
UDP-Glucose-Pyrophosphorylase 462
UDP-Glucuronat 505, **506**
ultraviolette Strahlung 1000
Umgebung (Thermodynamik) 401
Umlagerungen, ΔG^{01} 407f
UMP s. Uridin-5'-monophosphat
ungesättigte Fettsäuren **336**
Unit 243
unpolare Flüssigkeiten 77
Unterleibsorgane, Sauerstoffverbrauch 773
unverseifbare Lipide 347
Uracil **65**, 430, 873
– in DNA 1001f, 1004
– in RNA 872, 934
Uracil-DNA-Glycosidase 1002f
Urate **611**
Uratmosphäre 66, 68
Urat-Oxidase 696f
– Kristalle 33
Urease 230, 269, 301
– Cofaktor 231
– katalytische Wirksamkeit 249f
– pI 143
ureotelische Tiere 603, 610
Uridin, in UDP-Glucose 630
Uridindiphosphat (UDP), in der Glycolyse 461
Uridin-5'-monophosphat (U, UMP) **874**
– Biosynthese 692ff
Uridintriphosphat 429, **430**, 431
– Biosynthese 692ff
– bei der DNA-Replikation 926
– bei der Gluconeogenese 619
– bei der Glycogensynthese 629
– zur RNA-Synthese 934
Uridylat s. Uridin-5'-monophosphat
urikotelische Tiere 603, 611
Urin s. a. Harn 769f
Urknall 1
Urmeer 66, 69
Uroporphyrinogen I 687
UTP s. Uridintriphosphat
UV-Endonuclease 1000f

V *Abk. für* Valin
V_{max} s. Enzyme, V_{max}

Vakuolen 40, 42
Val s. Valin
Valin **64**, 111, **112**
– Abkürzungen 106
– Abbau 576, 591, 598 f
– in Actinomycin C 936
– zur Glucosesynthese 625
– in Hämoglobin 218 ff
– in Proteinen 193
– tägl. Bedarf 837
Valin-Aminotransferase, Defekt 596
Valinomycin 538, **539**
Vanadium, als Spurenelement 297, 301, 859
Van-der-Waals-Radien 55
van Niel, Cornelius 711
variable Gene 1017
variable Reste 152
Vasopressin 769, 790, 792, 794 f, 800,
– Aminosäuresequenz 796
– M_r 794
Vektoren 1019, 1022
Ventrikel 763
Verbindungen, amphipatische 79
Verbindungen, chirale 58
Verbindungsgene 1017
Verdampfungswärme 75, 77
Verdauung 747 ff
– Kohlenhydrate 748, 750
– Lipide 754 ff
– Proteine 750 ff
Verdauungsenzyme, Sekretion 817
Verdrillung, Helix 171
verseifbare Lipide 347
Verseifung 339
Verteidigungsproteine 137 f, 358
Very-low-density-Lipoproteine (VLDL) 349, 772
Verzweigtketten-2-Oxosäure-Dehydrogenase, Defekt 596
Verzweigungsenzym, Defekt 634
Vesikel 32
Vesikeln, chromaffine 797
– EM-Aufnahme 798
Vielfältigkeitsgene 1017
Villi 748
Viren 43 ff
– Aufbau 43
– bakterielle 871
– DNA 871, 888 f, 986
– Eigenschaften 44
– Einteilung 44
– Genüberlappung 986
– Pathogenität 44
– pflanzliche 871
– RNA- 871, 914
– Tabelle 44, 871
– tierische 44, 871
– Vermehrung 43
Virione 43 f, 1011
Vitalismus 5
Vitamin A 292 ff
– empfohlene Tagesmenge 826, 849
– Funktion 278, 849

– Speicherung 849
Vitamin A_1 s. a. Retinol 292, **293**, 849
Vitamin A_2 292
Vitamin-A-Aldehyd, Retinal 293, **294**, 738
Vitamin-A-Mangel 848 ff
Vitamin-A-Vergiftung 849
Vitamin B_1 s. Thiamin
Vitamin B_2 s. a. Riboflavin 280 f
Vitamin B_6 s. a. Pyridoxin 285 f
– empfohlene Tagesmenge 826, 847
– Minimalbedarf 277
Vitamin B_{12} s. a. Cyanocobalamin **290**, 291, 576
– empfohlene Tagesmenge 826, 849
– Funktion 278, 849
– Minimalbedarf 277
– räumliches Modell 849
Vitamin-B_{12}-Mangel 848
Vitamin C s. a. Ascorbinsäure 71, 291, **292**
– empfohlene Tagesmenge 826
Vitamin D 294 f
– Funktion 278
Vitamin D_2 s. a. Ergocalciferol 294, **295**
Vitamin D_3 s. a. Cholecalciferol 294, **295**, 850
– empfohlene Tagesmenge 826, 850
– Funktion 850
Vitamin-D-Mangel 850 f
Vitamine 275 ff
– Coenzymform (Tab.) 278
– Einteilung 278
– empfohlene Tagesmenge 826
– fettlösliche 278, 292 ff
– Funktion (Tab.) 278
– als Nahrungsbestandteil 825, 827, 841 ff
– wasserlösliche 278 ff
Vitamin E (α-Tocopherol) 295, **296**, **851**
– Funktion 278, 851
– empfohlene Tagesmenge 826, 851
Vitamin-E-Mangel 851 f
Vitamin K 296 f
– Funktion 278, 297, 852
– tägl. Bedarf 852
Vitamin K_1 s. a. Phyllochinon **296**, **852**
Vitamin K_2 (Menachinon) **296**
Vitamin-K-Antagonist 304
Vitamin-K-Mangel 851 f
Vitaminmangel 841 ff
VLDL 349, 772
Volvox 706
Vorsätze für Einheiten 19

W Abk. für Tryptophan
Wachse 336, **341**, 342
Wachstumshormon 137 f, 810
Wackel-Hypothese 984 f
Wald, George 293
Wale 191

Walrat, Funktion 658
Wannenform, Pyranose **314**
Warburg, Otto 277, 490
Warfarin **304**
Wärmeenergie 378, 400
Wärmemaschine 404
Wasser 75 ff
– Bindung in 53, 77
– Dipolnatur 76
– Dissoziation 83 f
– flickering clusters 77
– Ionenprodukt 84 ff
– Ionisationsgrad 82
– Kristallgitter 76
– als Lösungsmittel 78 ff
– in der Photosynthese 710 f
– physikalische Eigenschaften 75 f, 84, 98
– Struktur 75 f
– als Umwelt für Organismen 97
– Verdampfungswärme 75, 97
– als Wärmepuffer 97
– als Wasserstoffdonator 710 f
Wasserabspaltungen, $\Delta G^{0\prime}$ 407 f
Wasserläufer (Abb.) 98
wasserlösliche Vitamine 278 ff
Wasserstoff
– Bindung in 53
– Isotope 387
– Standardpotential 522
– bei der Zellatmung 482
Wasserstoffbindungen 75 ff, 199
– Bindungsenergie 65, 77
– in biologischen Systemen 77
– in Cellulose 322
– in DNA 881 ff
– Halbwertszeit 77
– in Ribonuclease 196
– Stärke 78
Wasserstoffdonatoren, bei der Photosynthese 710 f
Wasserstoff-Elektroden 521
Wasserstoffionen 82
– in Blut 776 f
– im Harn 769
– im Magensaft 771
– Membrandurchlässigkeit für 538, 544
– Membrantransport 539
Wasserstoffperoxid 33, 530
Watson, James D. 144, 867, 881 f, 884 f
Watson-Crick-Basenpaare 983 f
Watson-Crick-Hypothese 915
Waugh, W. A. 291
Wechselwirkung, hydrophobe 80
Wechselwirkungen, kooperative 208
Wechselzahl 243
weiße Blutkörperchen s. Leukozyten
Weizenkeime, DNA-Zusammensetzung 880
Wernicke-Korsakoff-Syndrom 843
Wiederkäuer 303, 323
Wilkins, Maurice 880

Williams, Robert R. 280
Williams, Roger 283
Willstätter, Richard 230
Winterschläfer 629, 657 ff, 768
Wirkungsgrad, einer Wärmemaschine 404
Wirkungsspektrum, photochemisches 717
Wirtszelle (von Viren) 43
Wirt-Virus-System 43
Wobble-Hypothese 984 f
Wolle 165, 184, 342
Woodward, Robert 667
Wooley, D. Wayne 277

Xanthin 696, **697**, 1002, **1004**
Xanthin-Oxidase 301, 696 f, 859
– Hemmung 698
Xanthophyll 716
Xenopus laevis 745, 1019
– Gen-Transkription, EM-Aufnahme 942
Xeroderma pigmentosum 1001
Xerophtalmie 293, 304, 848 f
D-Xylose **310**
Xylulose-5-phosphat, im Calvin-Cyclus 728 ff

Y *Abk. für* Tyrosin
Yalow, Rosalind 794, 796
Young, W. 476

Z (Elektronen-Carrier) 722
Zähne 853

Zahnfäule *s.* Karies
Zamecnik, Paul 954
Zellatmung 481 f
– Schema 482
Zellen 17 ff
– Abmessungen 18 ff
– autotrophe 367 f
– Energiequellen 404
– heterotrophe 368
– Hierarchie der molek. Organisation 66
– photosynthetisierende 41
– Struktur 17 ff
– Trockenmasse 52
Zellextrakt, Fraktionierung 391
Zellkern 18, 26
– von *Chlamydomonas* (EM-Aufnahme) 27
– Stoffwechsel 390
– Struktur bei Eukaryoten 28
Zellkernmembran 27 f
Zellklonierung 1020
Zellkompartimente 388 ff
Zell-Lyse 1010, 1021
Zellmantel 327
Zellmembran 18, 25, 38 f
– Stoffwechsel 389
Zellorganellen 18 f
Zellpole 28
Zellstoffwechsel, Regulation 11 f
Zellstrukturen, Hierarchie 63 ff
Zellteilung 894
Zellwand 324 ff
– EM-Aufnahme 324

Zement, interzellulärer 328
zentrales Dogma 867 f, 944 f
Zentrifugation, differentielle 391
Zentriolen 28, 894
Zink 854
– empfohlene Tagesmenge 826, 859
– in Enzymen 231, 277, 299, 753, 925, 934, 944
– in der Ernährung 858 f
– in der Glycolyse 449
– als prosthetische Gruppe 858
– als Spurenelement 297
Zinkmangel 305, 859
Zinn, als Spurenelement 298, 301, 859
Zirbeldrüse *s.* Epiphyse
Zöliakie 754
Zotten 748 f
Zucker *s.a.* Mono-, Disaccharide
– als Energiequelle 830
– Evolution 66
– Süßkraft 317
Zuckerrohr 830 f
zusammengesetzte Proteine 140
zweiter Hauptsatz der Thermodynamik 399 ff
zweiter Messenger 793, 799
Zwergwuchs 810
Zwischenprodukte 371
Zwischenstoffwechsel 371
Zwitterion 114
Zwölffingerdarm 748, 750, 753 ff
Zymogene 253, 752, 754
Zymogengranula 753

A. L. Lehninger
Grundkurs Biochemie

Übersetzt und bearbeitet von D. Neubert und F. Hucho.
2., verbesserte Auflage.
18 cm x 24 cm. X, 526 Seiten. Formeln, Abbildungen, Diagramme. 1984. Flexibler Einband.

E. Buddecke
Grundriß der Biochemie
Für Studierende der Medizin, Zahnmedizin und Naturwissenschaften

8., neubearbeitete Auflage.
17 cm x 24 cm. Ca. 660 Seiten. Mit Abbildungen, Tabellen und Formeln. September 1989. Flexibler Einband.

Mit Korrelationsregister zur „Sammlung von Gegenständen, auf die sich der schriftliche Teil der Ärztlichen Vorprüfung bezieht".

E. Buddecke
Pathobiochemie
Ein Lehrbuch für Studierende und Ärzte

2., neubearbeitete Auflage
17 cm x 24 cm. XXXVI, 477 Seiten. 255 Abbildungen, Tabellen und Formeln. 1983. Flexibler Einband.

T. G. Cooper
Biochemische Arbeitsmethoden

Übersetzt und bearbeitet von Reinhard Neumeier und H. R. Maurer.
17 cm x 24 cm. XVI, 416 Seiten. 247 Abbildungen.
56 Tabellen. 1980. Fester Einband.

H. Wachter · A. Hausen
Chemie für Mediziner

6., bearbeitete und erweiterte Auflage.
17 cm x 24 cm. Ca. 350 Seiten. Mit Abbildungen, Tabellen und Formeln. September 1989. Flexibler Einband.
(de Gruyter Lehrbuch)

Mit Korrelationsregister zur „Sammlung von Gegenständen, auf die sich der schriftliche Teil der Ärztlichen Vorprüfung bezieht".

de Gruyter · Berlin · New York

B. Krieg
Chemie für Mediziner
zum Gegenstandskatalog

4., neubearbeitete Auflage. 17 cm x 24 cm. XVI, 370 Seiten. 205 Abbildungen, z.T. zweifarbig, zahlreiche Tabellen. 1987. Flexibler Einband. (de Gruyter Lehrbuch)

Raven · Evert · Curtis
Biologie der Pflanzen

Ins Deutsche übertragen von Rosemarie Langenfeld-Heyser

2., verbesserte Auflage. 21,0 cm x 27,5 cm. XVIII, 766 Seiten. 792 Abbildungen. 1987. Fester Einband.

Das Lehrbuch **Biologie der Pflanzen** behandelt die klassischen Gebiete der Botanik, berichtet aber auch über Themen und Ergebnisse der neueren Forschung. Der Text wird durch zahlreiche ausgezeichnete Bilder veranschaulicht und unterstützt. Die Querverweise zwischen den einzelnen Gebieten der Botanik führen zu einem besseren Verständnis des Lebens pflanzlicher Organismen in der Natur.

E. R. Unanue · B. Benacerraf
Immunologie

2., verbesserte und erweiterte Auflage.
17 cm x 24 cm. X, 324 Seiten. Zahlreiche Abbildungen und Tabellen. 1987. Flexibler Einband.

Einführung in die **Immunologie** – besonders für **Studenten** und **Fortgeschrittene** der **Medizin** und **Biologie**.

E. Welzl
Biochemie der Ernährung

17 cm x 24 cm. XIV, 375 Seiten. 65 Abbildungen. 1985. Flexibler Einband.

Concise Encyclopedia Biochemistry

Second edition, revised and expanded by Thomas Scott and Mary Eagleson.

1988. 17 cm x 24 cm. 640 pages. Hardcover.

Now more complete and up-to-date: Includes all areas of biochemistry. A single quick reference source for all those who must keep abreast of a broad range of biochemistry. Indispensible for biochemists, clinical chemists, clinical biochemists, clinicians, plant scientists, medical researchers, experimental biologists, students in life sciences.

Preisänderungen vorbehalten

de Gruyter · Berlin · New York